자동차용어사전편찬회

편찬위원장

신원향 : 한국자동차협회 교통교육원 부원장
　　　　아주자동차대학 겸임교수

편찬위원(가나다 순)

김만배 : 도로교통공단 교통과학연구원 교통안전정책실장
김민정 : 서울시자동차전문정비조합 이사
박문수 : 한국산업기술대학교 겸임교수
신현승 : 구미대학교 교수
엄명도 : 국립환경과학원 교통환경연구소 연구관
이재득 : 조선이공대학교 교수
전라문 : 서울시자동차전문정비조합 이사
정대기 : 서울시자동차전문정비조합 이사
정동기 : 한국자동차튠업연구회 전 회장
정동화 : 순천제일대학교 교수
지명석 : 아주자동차대학 교수
채　수 : 오산대학교 교수

일진사

머리말

　자동차 산업은 부품 제조와 조립, 정비, 판매, 할부 금융, 보험 등과 전후방으로 연관성을 가진 대표적인 종합 산업이다. 따라서 자동차 산업은 다른 산업 분야에 미치는 파급 효과와 경제 효과가 크기 때문에 지속적인 첨단 기술 개발과 성장이 이루어지고 있는 산업이기도 하다. 최근 세계 각국은 환경, 연비, 안전 규제 강화로 인하여 화석 연료의 사용 비중을 낮추고, 전기 에너지를 주로 사용하는 그린 카(green car)의 개발과 판매를 확대하고 있는 실정이다.

　특히, 우리나라 자동차 산업은 1955년에 미군용 지프를 개조하여 시발자동차를 생산한 이래 현재, 세계 제4위의 수출국을 유지하고 있으며, 현대 · 기아자동차는 세계 제5위의 자동차 그룹으로 성장하였다.

　이에 따라, 우리 **일진사**에서는 그동안 산업 현장이나 연구실, 교육계에서 꼭 필요로 하는 『기계용어사전』, 『화학용어사전』, 『전기용어사전』, 『정보통신용어사전』, 『센서용어사전』, 『해양용어사전』, 『컴퓨터·IT 용어대사전』, 『한국의 야생식물』 등을 발간해 온 노하우를 바탕으로 우리나라 자동차 산업 발전과 글로벌 시대에 알맞은 『자동차용어사전』을 발간하게 되었다.

　따라서 이 책은 자동차에 관한 정확한 지식뿐만 아니라, 이와 연관된 기술을 제대로 습득하고 이해하기 쉽도록 다음 사항에 역점을 두었다.

첫째, 자동차와 관련된 모든 용어는 물론 전기, 전자, 기계, 기술, 철강, 섬유, 물리학, 화학, 자연 과학, 교통 환경 과학, 건축, 공조 냉동, 금속 재료 공학, 광물학, 지구 과학, 도금, 도장(塗裝), 용접, 비파괴 검사, 타이어, 컴퓨터 공학, 카레이스 등의 지식을 섭렵하여 모두 수록하였다.

둘째, 이 책에 수록한 표제어는 총 11,200여 개이며, 부수되는 보충 설명용 그림도 1,000여 개에 이른다.

셋째, 표제어는 별색으로 표시함으로써 시각적인 효과를 꾀하였다.

　이 책은 그동안 사전 발간의 축적된 경험과 노력의 결정체라고 하지만, 여기에 안주하지 않고 앞으로도 계속 연구 · 보완할 것을 약속한다.

엮은이 씀

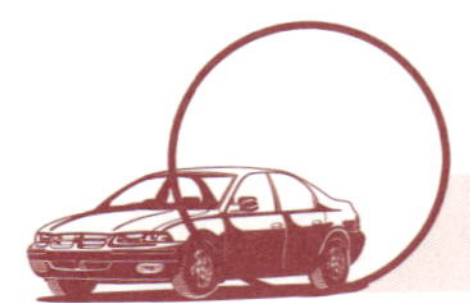

일러두기

1. 사전의 편성

　본『자동차용어사전』에 선정된 관련 용어의 표제어는 가나다 순으로 배열하였고,「찾아보기」에서는 관련 용어의 영문과 약어(略語)를 알파벳 순으로 배열하였다.
　「부록 편」에서는 각종 단위와 단위 환산표 및 화학 원소명과 수에 대한 실용 접두어, 중요 물리 상수를 실었다.

2. 표제어의 구성

◆ 표제어는 고딕체를 써서 알아보기 쉽게 하였고, 시각적인 효과를 고려하여 별색으로 처리하였다.
◆ 표제어가 모두 한자어(漢字語)일 경우 ( ) 안에 한자를 넣었고, 영문을 병기하였다.
◆ 표제어 영문이 영어가 아닐 경우, 독일어는 독, 프랑스어는 프와 같이 어원을 표시하였다. 〈보기〉 프 décalcomanie, 독 Mangan
◆ 한글과 영문이 섞인 표제어는 영문을 한글 발음으로 바꿔 올렸다. 〈보기〉 티이음 (T 이음, T joint)
◆ 외래어의 한글 표기는 교육과학기술부의 편수자료「외래어 표기법」에 따라 통일하였고, 학술 용어로 이미 굳어진 외래어 및 관용어는 그대로 수록하였다.

3. 표제어 설명

◆ 모든 표제어는 뜻이 여러 가지일 때 자동차와 관련된 내용으로 설명하였다.
◆ 하나의 표제어에 2가지 이상의 뜻으로 설명될 때에는 (1), (2), (3), ……으로 구분하여 실었다.
◆ 표제어 설명이 문장만으로 부족하다고 생각되는 곳에는 〈도표〉로 나타내거나 〈그림〉으로 보여 줌으로써 쉽게 이해하도록 하였다.
◆ 설명 중 필요한 단어에 한자를 병기함으로써 의미 파악이 쉽도록 하였다.
◆ 설명에서 사용된 화살표의 용도는 다음과 같다.
　⇒ : 다음의 표제어를 찾아가 보라는 뜻
　⇔ : 반대어 개념의 표제어

차 례 Contents

가교 반응(架橋反應) bridging reaction 수지(樹脂)의 분자가 서로 다리를 놓는 것처럼 결합하는 것으로, 우레탄이나 소부 도료(燒付塗料)가 경화될 때 일어나는 반응이다. 이 가교 반응에 의하여 3차원 구조의 페인팅이 형성된다.

가니시 garnish '장식'이란 뜻으로, 차체에 붙여진 여러 가지 장식물을 말하는데, 자동차의 경우는 리어(rear) 가니시를 통칭한다. 일체화하여 디자인된 테일 램프나 방향 지시등을 총칭할 때가 많다. 사이드 가니시의 경우 차체의 장식뿐만 아니라 돌이나 칩으로부터 보디 면을 보호하는 이중 역할을 한다.

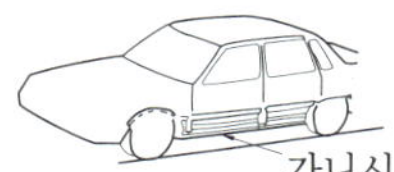
가니시

가니시 몰딩 garnish moulding 도어 트림 패널을 유지하기 위하여 도어 어셈블리에 사용하는 것으로, 도어 패널 상의 어퍼 몰딩(upper moulding)을 말한다.

가단성(可鍛性) malleability 재료에 외부의 힘을 가했을 때, 이 외부의 힘에 의하여 재료가 깨지지 않고 변형될 수 있는 성질을 말한다.

가단 주물(可鍛鑄物) malleable cast iron ⇨ 가단 주철

가단 주철(可鍛鑄鐵) malleable cast iron 열처리를 해서 가단성을 늘린 주철로서, 얇으면서도 단단한 주물(鑄物)을 만들 수 있다. 자동차의 브레이크슈, 스프링, 브래킷, 섀클, 페달 등에 사용한다. 가단 주물이라고도 한다.

가도식(可倒式) 미러(mirror) 아웃사이드 미러는 차체에서 바깥쪽으로 튀어나온 형태를 하고 있기 때문에, 주차 시에는 보행자 등의 보호를 위하여 미러를 가도식, 즉 접을 수 있는 방식으로 되어 있다.

가동 베인 유량 센서 moving vane flow sensor 유체의 흐르는 힘에 의해 가동(可動) 베인을 밀어 넣는 형의 유량(流量) 센서로서, 흐름이 없을 때에 가동 베인은 스프링에 의하여 통로가 닫히게 되어 있다. 흐름이 있을 때는 유체가 가동 베인을 미는 힘과 스프링의 힘의 균형이 잡히는 위치에서 가동 베인은 정지한다. 따라서 가동 베인의 위치를 알면 유량을 알 수 있다. 그림은 자동차의 가동 베인 유량 센서로서, 가동 베인에 연동한 퍼텐쇼미터에 의하여 가동 베인의 위치(회전각)를 검출하고 있다. 비교적 간단한 구성이지만 압력 손실이 크다.

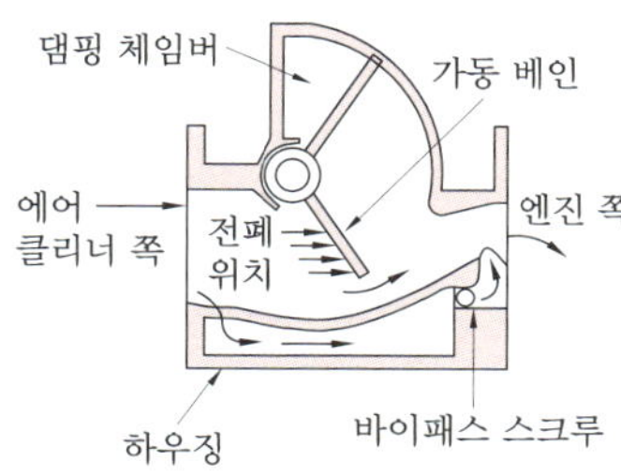

자동차용 가동 베인 유량 센서

가동식 리어 스텝 위로 젖힐 수 있는 구조의 리어 스텝을 말한다. 오프로드 주행 시 장애물 등에 접촉하더라도 리어 스텝이 가동해서 주행에 방해가 되지 않는다.

가동식 리어 스포일러 ⇨ 액티브 에어로 시스템

가동식 프런트 벤투리 스커트 ⇨ 액티브 에어로 시스템

가동(可動) 코일형 센서 moving coil-type

sensor　운동 물체에 그림에서 보는 것과 같은 스프링으로 추가 지지되어 있는 진자 장치를 고정시켰을 때, 외부 진동수가 이 시스템의 고유 진동수보다 현저히 큰 경우에는 장치 전체의 변위 x_0와 추와 장치와의 상대 변위 x의 관계는 $x = x_0$가 되어 진동 변위계로서 사용할 수 있다. 그와 반대로 외부 진동수가 고유 진동수보다 현저히 작은 경우에는 상대 변위 x는 외부 진동 변위 x_0의 2회 미분에 비례하고, 진동 가속도계로서 사용할 수 있다. 외부 진동수와 고유 진동수가 같은 정도일 때 상대 변위 x는 외부 진동의 속도에 비례하여 진동 속도계가 된다.

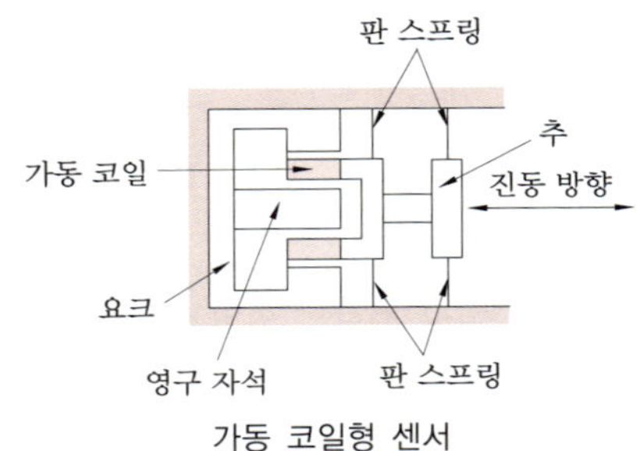

가동 코일형 센서

가동 플레이트식 에어 플로미터 movavle plate type air flowmeter ⇨ 플랩식 에어 플로미터

가로놓기형 엔진 cross type engine　세로놓기와는 반대로, 엔진을 가로로 배치한 방식이며, FF(front engine, front wheel drive) 차에 많다. 엔진을 가로로 놓으면 차 앞부분의 길이를 줄일 수 있고, 그만큼 실내 공간을 크게 잡을 수 있어 제한된 공간을 유효하게 쓰도록 설계할 수 있다.

가로 배치/세로 배치 width/length arrangement　엔진의 배치 형식을 말하는데, 가로 배치는 차의 진행 방향에 따라 엔진을 가로 방향으로 싣는 방식으로서 전륜 구동차에서 많이 볼 수 있으며, 세로 배치는 가로 배치와는 반대로 엔진을 세로로 배치한 방식이다. 세로로 배치하는 경우 엔진부의 두 측면에 여유가 생기고 정비성이 좋게 된다.

가로축 토션 바 transverse torsion bars　프레임을 가로지르도록 연결해서 설치한 토션 바를 말한다.

가변 공기 블리드 VAB ; variable air bleed　가변 공기 블리드는 ECC(electronic controlled carburetor) 시스템에 사용되고 있다. 기화기의 공연비 특성을 일정하게 보정하는 목적으로 ECC 메인 솔레노이드 밸브와 기화기의 메인 에어 블리드 통로 간에 마련되어 벤투리 부압을 감지해서 작동한다. 구조는 다이어프램 니들 밸브 미터링 제트(needle valve metering jet)로 구성되어 있다.

가변 기어비 variable gear ratio　중심 부근과 좌우 회전 시 부근의 기어비를 바꾼 것이다. 이것은 직진 주행 시의 조향 안정성 향상을 목적으로 한 것으로서, 중립 부근에서는 기어비를 그다지 크게 하지 않고 (16 : 1), 스티어링 조향이 증가함에 따라서 기어비를 크게 하여(19 : 1) 조향력의 경감을 도모하고 있다.

가변 기통수식 엔진 SSC system ; suzuki saving control system　주행 시의 부하에 대해서 흡기 통로 제어 밸브에 따라 흡기 매니폴드의 NO. 2 실린더의 흡기 통로를 개폐하고 작동 기통수를 가변시키는 방식이다. 흡기 통로 제어 밸브에 의해서 흡기 통로가 차단되면 2기통 운전으로 된다. SSC 시스템의 작동 조건은 다음과 같다. ① 한랭 시 및 냉기 시 : 한랭 시의 조작성 확보, 난기 촉진을 위한 3기통 운전. ② 난기 상태로 아이들링 시 : 저속 경부하 주행 (평지 직진 상태에서 톱기어로 약 45 km/h 이하)에서는 2기통 운전. ③ 급가속 시, 등판 시, 고속(고부하) 주행 시 : 3기통 운전으로 된다. 캐딜락 648인 경우에는 등판 시나 고부하 시 8기통 모두가 작동되고 약간의 경사 길이나 저속 중부하 시에는 6기통이 작동된다. 그리고 고속 도로와 같이 경부하 도로를 운행 시 4기통만 작동되어 에너지 절약과 대기 오염 배출 가스를 줄이고 있다.

가변 배기량 기구(可變排氣量機構)　MD 엔진에 적용되고 있는 밸브 제어 기구이다. 엔진에 부하가 적은 정속 운전 시나 정차 중의 아이들링 상태에서는 4기통 중 2기통의 밸브 작동을 중지시키고, 우수한 저연비를 실현한다.

가변 배기량 엔진 variable piston displacement engine　4사이클 가솔린 엔진에서 공회전 상태이거나 또는 정상 운전 등 부하가 걸리지 않는 상태에서는 일부 실린더의 작동을 정지시키고, 나머지 실린더에 부하를 집중시킴으로써 연소 효율 및 연료 소비율을 향상시키려는 목적의 엔진으로, 가변 실린더 엔진이라고도 한다. 미쓰비시의 MIVEC 엔진, 스즈키의 3-2실린더 가변 배기량 엔진, GM이 캐딜락에 채용한 8·6·4 가변 실린더 엔진 등이 있다.

가변 배기 장치(可變排氣裝置) variable exhaust system　배기가스의 통로를 바꾸어 배기 소음을 적게 함과 동시에 배기 저항을 감소시키는 장치이다. 소음기 내에 복수의 통로를 설치하여 중·저속에서는 배기가스가 긴 경로를 통과하게 하여 배기 소음을 적게 하고, 고속 운전에서는 제어 밸브를 열어 바이패스나 배기 파이브를 충분히 사용하여 배기 저항을 적게 한다.

가변 밸브 타이밍 시스템　⇨ 베리어블 밸브 타이밍 시스템

가변 밸브 타이밍 및 리프트 기구　미쓰비시의 MIVEC 엔진에 적용되고 있는 밸브 제어 기구를 말한다. 저회전 구간과 고회전 구간 각각에 최적의 밸브 타이밍과 리프트 양을 설정한 두 종류의 캠 프로필을 약 5,000회전을 경계로 바꿀 수 있는 시스템으로서, 캠 프로필 절환 기구라고도 한다.

가변 밸브 타이밍 장치 variable valve timing system　엔진의 운전 상태에 따라 밸브 타이밍 즉 개폐 시기 등을 바꾸어, 적정한 출력을 얻음과 동시에, 넓은 회전 범위에서 흡·배기의 효율을 높이고 연료 소비율의 개선을 도모하는 장치이다.

가변 벤투리 variable venturi　벤투리 부분이 기화기를 통과하는 공기의 흐름이 증가하면 더 커지게 되는 형식을 말한다.

가변 벤투리식 variable venturi type　흐르는 공기의 속도를 빠르게 하는 벤투리가 매니폴드 안의 기압 조건에 따라 단면적을 변화시키는 방식을 일컫는다. 피스톤 또는 다이어프램으로 흡입되면 벤투리가 확대되고 동시에 연료의 유출도 늘어난다. SU형, 스트롬버그형으로 대표된다.

가변 벤투리식 기화기 variable venturi type carburetor　기관의 흡입 공기량에 따라 벤투리의 단면적이 자동으로 변하는 기화기로서, 흐르는 공기 속도를 조절하는 벤투리가 매니폴드 내의 기압 조건에 따라 자동적으로 변화함으로써 동시에 연료의 양도 조절하게 된다. 가변 벤투리 카뷰레터라고도 한다.

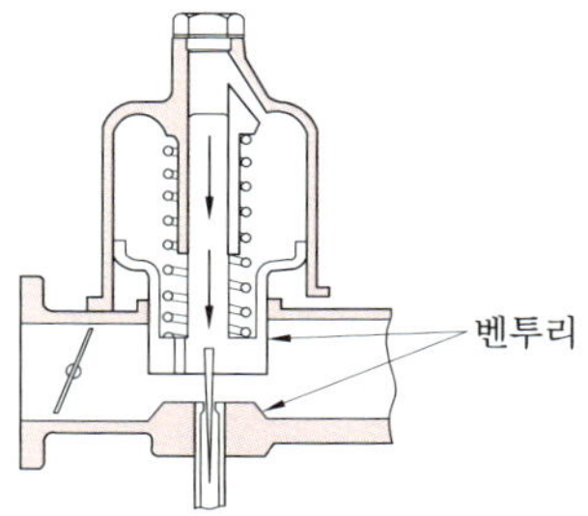

가변 벤투리식 기화기

가변 벤투리 카뷰레터 variable venturi carburetor　⇨ 가변 벤투리식 기화기

가변 변속 구동(可變變速驅動)　물 펌프, 냉각 팬, 교류 발전기 등의 변속 구동은 크랭크축의 회전을 풀리와 벨트로 전달하며 그 회전수를 제어하는 장치를 말한다. 구동 풀리와 피동 풀리의 피치 반지름을 변경하여 회전수를 제어하는 가변 풀리 방식이 일반적이며, 전자 클러치로 회전을 단속하는 방식과, 유압 펌프를 사용하여 그 토출량으로 회전수를 변화시키는 방식도 있다.

가변 스티어링 휠 variable steering wheel　조향(操向) 핸들의 각도나 길이를 자유로이 바꿀 수 있게 되어 있는 조향 장치로서, 각도를 바꿀 수 있는 것을 틸트 스티어링 또는 틸트 핸들이라고 한다. 조향 축을 최대한 세워 타고 내리기 쉬운 위치로 하고, 또한 이것보다도 눕혀서 운전자에게 운전하기 쉬운 위치를 선택할 수 있도록 한 메커니즘이므로, 고속 주행 시와 시가지 주행에서 각도를 변환시키는 것도 가능하고, 운전자에 맞추어 각도를 변환시키는 것도 가능하다.

가변식 쇼크 업소버 adjustable shock absorber　가변식 충격 완충기를 말하는 것으로, 다이얼 조정식 충격 완충기를 일컫는다. 감쇠력 가변식 쇼크 업소버를 가리키는 경우도 있는데, 일반적으로 말하는 '쇽업소버'는 콩글리시의 전형이다.

가변식 이중 흡기 매니폴드 variable type dual intake manifold　4밸브의 엔진에 채용되고 있는 가변 흡기 방식의 한 가지로서, 각 실린더로 향하는 흡기 다기관을 도중에서 2가닥으로 나누어 한쪽에 흡기 제어용 셔터 밸브를 설치하고, 저·중속에서는 이 밸브를 달아 다른 쪽 혼합 가스의 흐름 속도를 빠르게 함과 동시에 흡기 맥동 효과에 따라 충전 효율을 향상시키는 것이다. 두 개로 나누어진 흡기 다기관에서는 일단 한 개로 모은 다음, 다시 두 개로 나누어져서 흡기 포트에 연결되어 있다.

가변 실린더 엔진 cariable cylinder engine ⇨ 가변 배기량 엔진

가변 에이/아르 A/R, A by R　터빈의 분출 노즐 단면적을 A, 터빈 축 중심으로부터 노즐 중심까지의 지름을 R라 하고, 터보의 특성을 결정하는 요소로, A가 작으면 터빈 가속이 예민해지지만 고속에서는 배기 저항이 된다.

가변 에이/아르 터보 시스템 variable A/R turbo system　저속 회전 시에는 통로의 길이를 길게 하여 부스팅 효과를, 고속 시에는 통로를 짧게 하여 흡입 효율을 좋게 할 수 있어서 양측의 회전력을 높일 수 있다. 그 종류의 하나는 제트 터보에서 배기가스를 배출시키는 구멍에 가동식 플랩을 설치하여 A/R를 조정하는 것이 있고, 또 하나는 로터리 엔진의 트윈 스크롤 터보에서는 배기가스의 유입구를 둘로 나누어 저속 회전에서는 한쪽 통로만, 고속 회전에서는 양쪽 통로를 사용하여 A/R를 제어하고 있다.

가변 오디오 보드　필요할 때 스피커를 팝업(끌어올림)할 수 있는 기구를 갖는 리어 스피커용 리어 셀프 패널을 말한다.

가변 용량 오일 펌프 variable capacity oil pump　오일 펌프의 용량을 0에서부터 최대까지 변화시킬 수 있는 펌프를 말한다. 오일 펌프 축이 회전함에 따라 실린더 자체가 펌프의 케이스 내에서 회전하면 피스톤은 실린더와 함께 회전하면서 왕복 운동을 하게 된다. 피스톤은 경사판이 기울어짐에 따라 피스톤의 행정이 바뀌어 펌프에서 송출되는 오일의 양이 변화된다.

가변 저항기(可變抵抗器) rheostat　저항값을 일정한 범위 안에서 변화하게 하는 저항기로서, 저항체에 대하여 이동할 수 있는 접점을 한쪽 단자(端子)로 하여 저항체의 다른 쪽 끝 단자 사이의 범위를 변동하게 함으로써 저항값을 변화하게 한다.

가변 토출 펌프 variable delivery pump　용적형 펌프에서 동일 회전수로 작동되더라도 토출량을 변화시킬 수 있는 펌프이다.

가변 피치 팬 variable pitch fan　원심력에 의해 변형되는 냉각 팬을 말하며, 이 형식에서 속도가 증가하면 피치는 감소한다. 따라서 동력 손실 및 소음이 적다.

가변 흡기 매니폴드 variable intake manifold　흡기 매니폴드의 각 실린더마다의 흡기 포트를 프라이머리 포트와 세컨더리 포트로 분할하고, 포트에 설치된 컨트롤 밸브를 엔진 회전수에 따라서 개폐하는 흡기 제어 시스템이다. 이것을 이용하여 4밸브 엔진에서 발생하기 쉬운 저속 성능 저하를 방지하고, 저·중속 영역에서의 연비 향상을 도모하고 있다. 즉, 저속 영역에서는 프라이머리 포트만을 이용함으로써 흡입 공기 유속을 빠르게 하고, 관성 과급 효과를 높이고 있다.

가변 흡기 시스템 variable intake system　엔진이 어떤 회전 범위에서도 최적한 흡기를 할 수 있도록 제어하는 시스템을 말한다. 엔진의 흡기 포트(port)는 저속 회전의 경우에는 가늘고 긴 것이 토크(회전력)를 얻기 쉽고, 고속 회전 범위에서는 굵고 짧은 것이 파워가 발생하기 쉬운 특성을 가지고 있다. 그 특성을 생각해서 가늘고 긴 포트와 굵고 짧은 포트를 조합시킨 것이 가변 흡기 시스템이다. 회전 범위에 맞추어서 포트를 변화하여 성능 향상을 도모한다.

가변 흡기 조절 서보 variable induction control servo　컴퓨터의 제어 신호에 의해 흡입 공기 흐름 회로를 조절하여 엔진의 회전수에 따라 최대 토크가 발생되도록 하는 서보이다. 엔진의 회전수에 따라 서보 밸브의 목표 위치를 미리 설정해 두고, 실제 값 사이의 차이가 발생되면 가변 흡기 조절 밸브 위치 센서에서 그 차이를 감지하여 컴퓨터에 입력한다. 이때 컴퓨터

는 VIC 서보 밸브 구동 전동기를 작동시켜 공기 흐름의 회로를 조절하여 실제 값이 일치하도록 제어한다.

가사 시간(可使時間) pot life   2액형(二液型) 도료에서 주제(主劑)와 경화제를 혼합한 후, 정상적인 도장(塗裝)에 사용하는 시간을 말한다. 이것을 초과하면 젤리 상태가 되어 분사 도장을 할 수 없게 된다. 우레탄 도료에서는 8∼10시간(20℃)이 일반적이다. 단, 도료의 종류 및 기온에 따라 차이가 있다.

가성(苛性) 소다 caustic soda   금속 나트륨의 수산화물인 수산화나트륨을 일컫는다. 탄산나트륨의 수용액에 석회수를 첨가하여 끓이거나 식염의 수용액을 전기 분해하여 얻는 백색 반투명의 조해성 고체로서, 이산화탄소를 흡수하여 일부는 탄산소다로 변화된다. 분자식은 NaOH로, 합성 섬유나 비누의 제조 및 펄프 공업에 많이 사용된다.

가소성(可塑性) plasticity   고체가 외부에서 탄성 한계 이상의 힘을 받아 형태가 바뀐 뒤, 그 힘이 없어져도 변형된 상태에서 원상태로 되돌아가지 않는 성질을 말한다. 천연수지, 합성수지 등이 이러한 성질을 지닌다.

가소올 gasohol   가솔린 90 %, 에탄올 10 %로 혼입된 연료를 말한다.

가소제(可塑劑) plasticizer   (1) 합성수지나 합성 고무 등의 고체에 첨가하여 가공성을 향상시키거나 유연성을 높이기 위하여 쓰는 물질을 말한다. (2) 섬유소 도료에 넣어서 도막의 탄성 및 유연성을 증가시키는 것을 통틀어 일컫는다.

가속(加速) acceleration   점점 속도를 더하거나 또는 그 속도를 말한다.

가속 농후(加速濃厚) acceleration enrich-ment   가속하는 동안 연비가 높아지는 상태를 말하는데, 이것은 흡기 다기관 내벽에 연료가 응축되기 때문이다.

가속 능력(加速能力) accelerating ability   자동차가 일반 평지에서 주행 시 가속할 수 있는 최대 여유 능력을 말하는데, 출발 가속 능력과 추월 가속 능력으로 구분한다. 출발 가속 능력(standing start ac-celerating ability)은 자동차를 정지 상태에서 출발시킨 후 적당히 변속하여 일정 거리를 주행하는 시간으로부터 구해지는 최대 가속 능력을 말하고, 추월 가속 능력(passing accelerating ability)은 자동차가 어떤 초속에서 변속하지 않고 일정 속도까지 가속되는 시간으로부터 구해지는 최대 가속 능력을 말한다.

가속도(加速度) acceleration   단위 시간에 대한 속도 변화의 비율을 나타내는 양 또는 순간적으로 낼 수 있는 속도를 말한다.

가속도계(加速度計) accelerometer   일반적으로 사용되는 가속도 센서는 사이즈모 시스템이라 불리는 스프링과 질량으로 되는 시스템의 변위를 측정하는 방식이다. 질량 부분의 고유 각 진동수에 비하여 측정하는 각 진동수가 낮은 경우 질량 부분의 변위는 거의 가속도에 대응한다. 이런 종류의 가속도 센서로서는 가동 코일형, 압전형, 정전 용량형, 변형 게이지형, 서보형, 차동 트랜스형 등이 있다. 가동 코일형은 추에 장착한 자석과 코일의 상대적 위치가 변화했을 때에 발생하는 기전력을 측정하는 방식의 것이다. 압전형, 정전 용량형, 변형 게이지형, 차동 트랜스형 등은 질량 부분의 변위를 각각 압전 소자, 정전 용량, 변형 게이지, 차동 트랜스 등을 이용하여 검출하는 것이다. 또 서보형에서는 질량 부분의 변위를 보조 기구를 사용하여 제로로 돌리고, 그때의 구동 코일에 흐르는 전류로부터 가속도를 구한다. 이 형의 센서는 직선성이 좋고 정밀도가 높다. 압전형의 센서는 정적인 측정에 많이 쓰인다. 변형 게이지형도 소형으로서 정적인 측정에도 사용할 수 있다. 최근에는 미세 가공 기술에 의하여 만들어진 실리콘 반도체 가속도 센서가 개발되어 있다. 1개의 실리콘 칩 위에 길이가 다른 빔을 다수 형성시켜 주파수 분석적인 방법이 가능한 센서도 시험 제작되고 있다.

가속도 센서 acceleration sensor   ⇨ 가속도계

가속 성능(加速性能) accel performance   어떤 속도에서의 구동력과 그 속도의 주행 저항과의 차는 그 속도에서의 가속력으로 표시하는데, 가속 성능은 이 가속력의 크기와 비례 관계가 있으며, 실린더 체적,

총감속비, 정미 평균 유효 압력에 비례하고 자동차 중량 및 타이어의 유효 반지름에 비례한다.

가속 시 혼합비(加速時混合比)　가속할 때 일시적으로 혼합 가스가 희박해지지 않도록 하는 혼합비를 말한다. 가속할 때 스로틀 밸브를 급격히 열면 흡입되는 공기량은 증가되나 가솔린은 관성 때문에 공기 속도를 따라가지 못한다. 이 때문에 혼합 가스는 가속하는 순간 희박해져 동력의 발생이 중지되므로 가솔린 공급량을 8~11 : 1 정도의 농후한 혼합 가스를 공급하여야 한다.

가속 장치(加速裝置) accelerator　⇨ 액셀러레이터

가속 저항(加速抵抗) accelerating resistance　자동차를 가속할 때 필요한 힘으로, 역학의 관성 법칙에서 나타내는 관성에 의한 저항과 동일하다. 자동차의 엔진, 변속기, 추진축, 바퀴 등은 자동차가 주행과 동시에 회전 운동을 하고 있는 부분으로서, 자동차가 가속할 때 회전 부분의 회전 속도를 빠르게 즉 각가속(角加速)을 하는 것이 필요하다. 따라서 회전 부분을 내장하고 있는 경우는 그 각가속에서 필요한 양만큼 여분의 출력이 필요하다. 자동차가 가속할 때는 자동차의 중량이 실제 중량보다 증가되는 효과가 있으므로 이 중량의 증가분을 회전 부분 상당 중량이라 한다.

가속 펌프 acceleration pump　급하게 엔진을 가속할 때, 즉 스로틀 밸브를 급하게 여는 경우, 공기의 양은 증가하나 연료의 양이 이에 따르지 못하므로 이를 보상하기 위하여 연료를 압축하여 추가로 공급하는 기화기 내의 작은 펌프 장치를 말한다.

가속 펌프 회로 accelerating pump circuit　가속한 순간 일시적으로 혼합 가스가 희박해지는 것을 방지하는 회로이다. 주행 중 스로틀 밸브를 급격히 열게 되면 공기의 이동 속도는 증가하지만 연료는 관성이 크기 때문에 공기의 이동 속도를 따라가지 못하므로 혼합 가스가 일시적으로 희박해진다. 따라서 일시적으로 펌프를 작동시켜 다량의 연료를 별도로 설치된 가속 노즐을 통하여 분출하기 때문에 혼합 가스가 희박해지는 것을 방지하게 된다.

가속 페달 accelerator pedal　엔진 회전을 가속시키는 페달로, 액셀러레이터를 일컫는다. 운전자가 불필요하게 가속 페달을 작동시키면 연료가 과다 분사하여 시동이 되지 않는데, 이런 현상을 노크되었다고 한다.

가속 회로(加速回路) acceleration circuit　급가속 시 원활한 가속을 위하여 연료를 뿜어 주는 회로로서, 운전자가 페달을 밟으면 가속 펌프 로드가 밑으로 내려가면서 연료를 노즐로 분사시켜 준다.

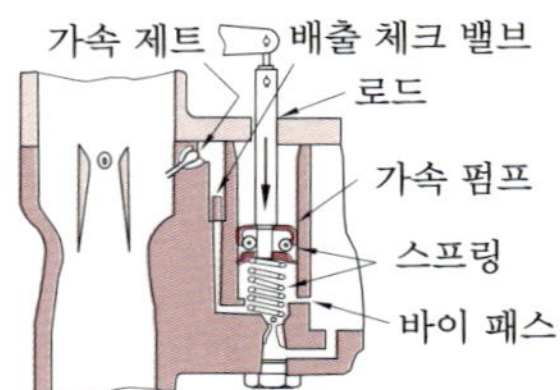

가속 회로

가솔린 gasoline　석유의 휘발 성분을 이루는 무색의 투명한 액체로서, 원유를 증류하거나 증류한 후 화학 처리를 하여 얻는다. 가솔린은 천연의 원유에서 정제되는 원유 가솔린과 석탄에서 만들어지는 인조(합성) 가솔린으로 구분된다. 원유 가솔린은 탄소(C) + 수소(H)와 약간의 유기 화합물로 되어 있는데, 생산지에 따라 성질이 조금씩 다르다. 제조법에 따라 직류 가솔린, 분해 가솔린, 천연가스 가솔린 등으로 구분된다.

가솔린 기관 gasoline engine　⇨ 가솔린 엔진

가솔린 엔진 gasoline engine　석유 제품 중에서 질이 좋은 휘발유 또는 그에 가까운 액화 석유 가스(LPG)를 연료로 사용해야 연소되는 엔진을 통틀어서 이르는 말로, 가솔린 기관을 일컫는다. 기본 원리는 공기 14 g에 휘발유 1 g이 섞인 혼합 가스를 흡입시키고, 그것을 피스톤으로 8~10배 압축한 다음에 전기 불꽃으로 점화시켜 폭발적인 에너지를 이끌어낸다. 현재 자동차에 사용되는 대표적인 엔진으로는 다른 엔진에 비해 출력이 크며 진동과 소음이 적어 승용차에 주로 사용되고 있다.

가솔린 연료 분사 gasoline fuel injection　가솔린이 흡기 밸브의 바로 앞, 흡기구에

서 흡기 다기관 속으로 압송 분사되거나, 매니폴드(스로틀 보디 인젝션) 앞 스로틀 보디 속으로 압송 분사되는 시스템을 말한다.

가스 가우징 gas gouging　가스 불꽃과 산소로 홈을 파는 방법을 말한다.

가스 거즐러 gas guzzler　가스 소비가 많은 대형 자동차를 말한다. 가스 이터(eater)라고도 한다.

가스 거즐러 택스 gas guzzler tax　대형 자동차 특별세를 일컫는다.

가스 경랍 땜 gas brazing　가스 불꽃으로 가열하여 땜질하는 경랍 땜을 말한다.

가스 돔 gas dome　일반적으로 탱크의 전체적은 액체로 채워질 수 없다. 휘발성 액체의 경우 탱크 체적의 5~10 % 정도의 공간은 액체로부터 증발하는 고압가스를 수용하기 위해 공백으로 남겨 두어야 한다. 다른 종류의 액체도 보통 0~10 % 정도의 공백 공간이 있어야 한다. 보통 가솔린과 같은 가연성 액체를 운반하기 위한 탱크의 전 체적은 90~95 %가 탱크에 설계된 적재 용량이며, 그 밖의 공간 체적은 가스 돔이라고 한다.

가스 라인 동결 gas line freeze　연료 장치 내에 습기가 축적됨으로써 연료 라인 내부가 빙결되어(얼음이 생겨) 오일 통로가 막히거나 부분적으로 연료의 흐름이 제한되는 상태를 말한다.

가스 리프터 gas lifter　도어의 개폐를 쉽게 하기 위하여 실린더에 가스가 충전되어 있다.

가스봄베 톡 Gasbombe　압축한 고압가스나 액화 가스 등을 넣는 원통형 용기를 말한다.

가스 분석계 gas analyzer　가스 성분을 측정하는 장치로서, 가스 크로마토그래피, 적외선 가스 분석계, 산소 분석계, 열전도형 분석계 등이 주된 것이다.

가스 센서 gas sensor　가스를 검출하는 센서의 총칭으로, 각종 가스가 에너지원으로 이용되기 시작하면서 공업 분야는 물론, 가정용으로서도 요구가 높아진 센서의 하나이다. 가스의 성분을 측정한 후 그 결과에 따라 장치를 제어하거나 경보를 발신하기 위해서는 기체 속에 포함되어 있는 특정

가스 성분량에 의해 신호를 발신하는 가스 센서가 사용된다. 가스 센서의 검출 방법은 가스의 종류, 농도에 따라 다르기 때문에 종류가 매우 많다. 가연성 가스 센서로서는 접촉 연소식 센서, 반도체 센서, 세라믹 가스 센서 등이 있다. 산소 센서에는 ZrO_2, TiO_2, CoO, $LaAlO_3$ 물질을 사용한 것이 알려져 있다. 검출 방식으로 분류하면 전기 화학적 방법(용액 도전 방식, 정전위 전해 방식, 격막 전극법), 광학적 방법(적외선 흡수법, 가시부 흡수법, 광간섭법), 전기적 방법(수소 이온화법, 열전도법, 접촉 연소법, 반도체법) 등으로서 가스 크로마토그래피법이 있다.

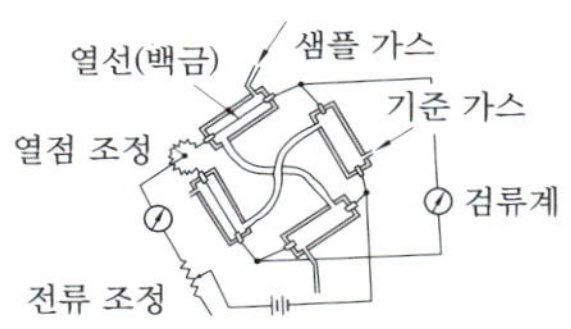

가스 센서의 종류

가스 쇼크 업소버 gas shock absorber　쇼크 업소버는 자동차가 달릴 때 서스펜션의 스프링이 일으키는 반복 진동을 흡수한다. 쇼크 업소버는 팔뚝 굵기의 쇠통 안에 오일을 넣는 것이 일반적이지만, 최근에는 질소 가스 등의 기체를 사용하는 성능 좋은 것이 이용되는데, 이를 가스 쇼크 업소버라고 한다.

가스식 쇼크 업소버 gas type shock absorber　유압식 쇼크 업소버의 일종으로, 하나의 실린더에 댐퍼 밸브(damper valve)가 붙어 있는 피스톤이 왕복함에 따라 오일이 밸브를 통하여 상하로 이동하고 아랫부분에 설치된 고압의 질소 가스가 압축

되면서 작용하는 것이다. 감쇠 효과가 좋고 구조가 간단하며 방열이 잘되어 널리 쓰인다.

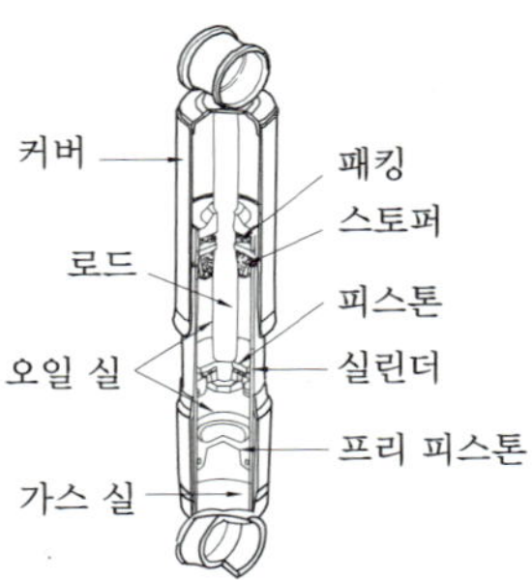

가스식 쇼크 업소버

가스 실드 gas shield　중성 또는 환원성 가스로 대기 중의 산소, 질소의 침입을 막고 용착 금속을 보호하는 작용을 말한다.

가스 압력의 변동 gas pressure of change　피스톤에 작동하는 가스 압력을 회전력으로 바꾸는 4실린더 기관에서 각 실린더는 크랭크 2회전에 1회 폭발이 되어 회전력을 일으키며 토크 변동이 일어난다. 4실린더에는 1회전에 2회, 6실린더에는 1회전에 3회의 비율로 이런 토크 변동이 생기는데, 이것이 변속기에 전달된다.

가스 압접 gas pressure welding　가스 불꽃의 열을 이용하는 압접(壓接)을 말한다.

가스 용접 gas welding　아세틸렌, 수소 등을 산소나 공기로 태울 때 나오는 높은 온도의 불꽃으로 쇠붙이를 녹여 이어 붙이는 일을 말한다.

가스 이터 gas eater　⇨ 가스 거즐러

가스 절단 gas cutting　아세틸렌 등을 산소로 태울 때 나오는 높은 온도의 불꽃으로 쇠붙이를 자르는 일을 말한다.

가스 차지 gas charge　여기서 가스는 우리가 흔히 말하는 가스가 아니라 가솔린(휘발유)의 준말로서, 가스 차지란 휘발유를 차에 보급하는 일을 뜻한다. 내구 레이스에서는 경주 도중의 휘발유 보급이 필수적인데, 'GAS'라는 피트 사인으로 경주 중의 드라이버를 피트로 불러들여 가스 차지를 하는 일이 많다.

가스 처리 gassing　충전 중 형성되는 높은 폭발성의 수소 가스가 배터리로부터 빠져나가는 것을 말한다.

가스 체인저 gas changer　가스 변환기의 뜻으로, 액체 상태의 연료를 기체 상태로 변환시키는 것을 말한다.

가스 터빈 gas turbine　고온·고압의 연소 가스를 팽창시켜 터빈을 돌림으로써 회전력을 얻는 회전식 내연 기관을 말한다. 가스 터빈은 왕복식 내연 기관이나 증기 터빈에 비하여 기구가 간단하고 가벼우며, 취급이 용이하고, 큰 마력을 얻을 수 있으며, 저품위 연료의 사용이 가능하고, 고장이나 진동이 작은 것이 장점으로서 발전(發電), 기관차, 선박, 항공기 등에 이용된다.

가스 터빈 엔진 gas turbine engine　내연 기관의 일종으로, 엔진축은 축에 부착된 곡선 날개에 부딪치는 연소 가스 압력에 의해 회전하도록 되어 있는 형식이다.

가스 터빈 자동차 gas turbine automobile　가스 터빈은 다른 내연 기관과 같이 내부에서 연소하여 동력을 얻는 것은 동일하지만, 동력을 얻는 방법이나 구조는 전혀 다르다. 다른 엔진들은 폭발 행정에서만 동력을 얻지만, 가스 터빈은 열에너지에 의해 가스 자체에 고속의 유동을 준다. 이 유동의 반동 에너지에 의해 터빈의 날개차를 회전시켜 동력을 얻기 때문에, 동력이 연속적이고 엔진의 작동이 원활하며 열효율이 높다.

가스 토치 gas torch　용접 불꽃을 일으키는 기구로서, 토치의 용량은 1시간 동안 표준 불꽃으로 용접할 경우 아세틸렌의 소비량으로 나타낸다. 가스 용기에서 적색의 아세틸렌 호스와 녹색의 산소 호스를 연결하여 혼합 연소시킴으로써 용접 불꽃을 일으키는 기구를 말한다.

가스 포켓 gas pocket　가스로 채워진 암석 가운데 있는 공동(空洞)으로, 특히 석유 포켓 위에 있는 것을 일컫는다.

가시광선(可視光線) visible light　사람의 눈으로 볼 수 있는 빛으로, 보통 가시광선의 파장 범위는 380～780 nm이다. 가시광선에는 등적색, 등색, 황색, 녹색, 청색, 남색, 자색의 7가지가 있다.

가시광(可視光) 센서 visible light sensor　가시광선(380～780 nm)을 검출하는 센서이다. 광전광과 같은 외부 광전 효과를 이용하는 것과 반도체의 광전도 효과나 광기전력 효과를 이용하는 것이 있지만, 소형으로서 다루기 쉬운 반도체 광센서가 많이 쓰인다. 광전관의 일종인 광전자 증배관은 외부 광전 효과에 의하여 광전면에서 방출되는 광전자를 더 다단 전극으로 증배하는 것으로서 높은 광감도를 얻을 수 있다. 반도체 광센서에서는 광여기(光勵起) 캐리어에 의하여 저항값이 감소되는 광도전형과 pn 접합에 존재하는 내부 전계에 의하여 광여기 캐리어를 분리하는 광기전력형이 있다. 광도전형 센서에서는 금제 대폭이 큰 CdS나 CdSe가 가시광에 대하여 큰 감도를 나타내기 때문에 많이 쓰이고 있다. 광기전력형에서는 Si 포토다이오드가 있고, 고감도 고속 응답에는 애벌런시 포토다이오드나 pin 포토다이오드가 사용된다. 또 Si은 금제 대폭이 1.1 eV이기 때문에 근적외 영역에도 감도가 있다. Si보다 금제 대폭이 큰 GaAsP 포토다이오드도 사용되고 있다.

가압 냉각 방식(加壓冷却方式) pressurized cooling system ⇨ 가압식 라디에이터

가압력(加壓力) welding force 접착시키기 위하여 용접 부분에 가하는 압력을 말한다.

가압식(加壓式) 라디에이터 pressure water circulation radiator 물은 가열되면 팽창해서 부피가 늘어나 냉각 계통의 물이 넘치게 된다. 일정 온도의 압력까지는 스프링이 작용하는 뚜껑을 마련하여 물이 새어 나가지 못하게 한 라디에이터로, 오버히트가 쉽게 일어나지 않는 구조이다. 가압 냉각 방식이라고도 한다.

가압 테르밋 용접 pressure thermite welding 테르밋 반응열을 이용하면서 압력을 가하여 접합하는 용접이며, 이때의 반응으로 나타난 용융 금속은 용가재로 쓰이지 않는다.

가압판(加壓板) platen 일반적으로 평면을 가지며 전극 받침대, 위치 결정 장치 등을 고정할 수 있고, 전극 가압력이나 오프셋 힘을 전달하는 저항 용접기의 구성 부분을 말한다.

가역식(可逆式) reversible type 가역식은 앞바퀴로 조향 핸들을 회전시킬 수 있는 형식으로서, 각 부의 마모가 적고 복원성을 이용할 수 있는 장점이 있으나, 주행 중 조향 핸들을 놓치기 쉬운 단점이 있다.

가연(加鉛) 가솔린 leaded gasoline 가솔린의 내폭성을 증대시키기 위하여 내폭제로서 사에틸납을 첨가한 가솔린으로, 유연 가솔린 또는 에틸 가솔린이라고도 한다. 사에틸납을 첨가하지 않은 가솔린은 무연(無鉛) 가솔린 또는 기(基)가솔린이라고 한다. 사에틸납의 최대 첨가량은 가솔린 1L당 자동차용 가솔린에서는 $0.29\,cm^3$, 항공기용 가솔린에는 $1.1\,cm^3$로 되어 있다. 사에틸납에서 생성되는 산화납이 배기 밸브 등에 침적되는 것을 방지하기 위해 이브로민화에틸렌이나 이염화에틸렌 등을 가한 에틸액으로 만들어 사용한다. 1970년 이후 자동차의 배기가스에 의한 납 공해 문제가 중시되면서부터 사에틸납의 첨가량을 줄이거나 무연 가솔린을 사용하는 방향으로 엔진을 개량하는 노력을 기울이고 있다. ⇦ 무연 가솔린

가연성(可燃性) inflammable 불에 잘 탈 수 있거나 타기 쉬운 성질을 말한다. 비교적 낮은 온도에서 쉽게 인화 또는 착화되는 성질이다.

가연성(可燃性) 가스 센서 inflammable gas sensor 액화 석유 가스(LPG), 액화 천연 가스(LNG) 등 가연성 가스의 검출에 사용할 수 있는 센서를 말한다. 반도체식과 접촉 연소식으로 대별할 수 있다. 반도체식 가스 센서로는 SnO_2형 가스 센서, 산화철형 가스 센서가 주력 센서이다. 접촉 연소식 가스 센서는 가연성 가스 검출법으로서 종래부터 이용되고 있던 것이지만, 가정용 가스 누설 경보기가 보급됨에 따라 기술적 진전을 본 센서의 하나이다.

가열 공기 흡입 장치(加熱空氣吸入裝置) heated air intake system 외기 온도의 변화에 관계없이 일정 온도의 공기를 에어 클리너로 유입시키는 장치로서, 기화기에서의 기화를 촉진시켜 CO와 HC의 배출을 줄이고 엔진의 웜업 특성을 향상시키며 기화기의 아이싱(icing)을 최소화시키는 역할을 한다. 전자 분사식의 경우에는 에어 클리너 내에 흡기 온도 센서가 있어 가열 공기 흡입 장치가 따로 필요없다.

가열로(加熱爐) heating furnace 금속 재료를 가열할 때 또는 금속을 녹일 때 사용하는 노(爐)이다. 금속 압연이나 단련 등

의 가공을 하기 위하여 일정 기간 적당한 온도로 가열한다. 가열로는 밀폐로, 반사식 가열로, 가스로, 중유로, 전기로 등으로 분류된다.

가용접(假鎔接) tack welding 본용접을 하기 전에 정한 위치에 용접물의 부재(部材)를 잠정적으로 유지하기 위해 하는 비교적 짧은 길이로 된 용접을 말한다. 가용접은 균열, 기공, 슬래그 혼입 등의 결함을 동반하기 쉬우므로 원칙적으로는 본용접을 실시하는 홈 내에서는 가용접이 바람직스럽지 않다. 가접(假接)이라고도 한다.

가융(可融) 링크 fusible link 합금으로 만든 와이어(wire)로 도선 자체가 녹는 온도보다 낮은 온도에서 녹아서 회로를 차단한다.

가이드 롤러 guide roller (1) 드럼의 상단부를 지지해 주는 2개의 롤러가 있는데, 이것들은 밴드를 따라서 구른다. (2) 자기 테이프 장치에서 테이프가 흔들리지 않도록 눌러 주는 롤러를 말한다.

가이드 링 guide ring (1) 프로펠러 수차 또는 캐플런 수차(Kaplan turbine)의 유입량을 조절하기 위하여 안내 날개를 개폐하는 기구에 내장되어 있는 것으로서, 조속기에 의해 안내 날개의 회전축이 회전을 하게 되고 다시 로드에 의해 가이드 링이 회전하며, 링크와 크랭크 암을 거쳐 안내 날개가 설치된 축의 회전 운동에 연동된다. (2) 베인, 레이디얼 피스톤 또는 플런저 펌프 및 모터에 사용하며, 피스톤 또는 플런저의 왕복 운동을 규제하는 안내륜으로서 캠 링이라고도 한다. (3) 유체 클러치 및 토크 컨버터에 설치되어 펄프 임펠러에서 유출된 오일이 터빈 러너를 통하여 동력을 전달할 때 유체의 와류를 방지하여 동력 전달 효율이 떨어지는 것을 방지하는 역할을 한다.

가이드 바 guide bar 코터 윈도 글라스를 보호하기 위해 실내 측에 장치된 철봉을 말하며, 상용차의 장치로 보안 기준상 의무화되고 있다.

가이드 브래킷 guide bracket 파워 스티어링 리저버 탱크를 설치하기 위하여 먼저 차체에 조립되는 브래킷을 말한다.

가전자(價電子) valence electron ⇨ 원자가 전자(原子價電子)

가접(假接) tack weld ⇨ 가용접

가주성(可鑄性) causability 재료를 가열하였을 때 유동성이 증가되어 주물(鑄物)이 될 수 있는 성질을 말한다.

가죽 벨트 leather belt 내유성과 유연성이 좋은 쇠가죽을 이용하여 만든 벨트로서, 아교 접착이 쉽다.

가청 주파수(可聽周波數) audio frequency 정상적인 청력을 가진 사람이 들을 수 있는 주파수로 대략 16~20,000 Hz이다. 가청 진동수라고도 한다.

가청 진동수(可聽振動數) ⇨ 가청 주파수

각속도(角速度) angular velocity 회전 운동을 하는 물체가 단위 시간에 움직이는 각도를 말한다. 각속도는 진동수에 원주율의 두 배를 곱한 것으로, 물체의 회전 속도, 회전축의 방향이나 회전 방향을 나타내는 벡터양으로 표시한다. 단위는 라디안/초(r/s)이다.

각속도(角速度) 센서 angular velocity sensor 단위 시간당의 각변위를 측정하기 위한 센서이다. 각속도는 회전각의 시간 미분이기도 하기 때문에 각속도 센서와 회전각 센서는 공통되는 바가 많다. 또 속도 센서의 다수는 각속도 측정에 이용할 수 있다. 일반적으로는 인코더형의 센서가 많이 사용된다. 그것은 회전체에 부착한 기어 형상의 요철이나 자석(자극)의 위치를 홀 소자, 자기 저항 소자, 픽업 코일, 위건드 와이어, 리드 스위치, 포토 커플러 등에 의하여 검출하는 방식이다. 비교적 간편하게 측정할 수 있다. 레이저 자이로는 회전체 상에서 서로 역방향으로 나아가는 레이저의 위상차가 회전 각속도에 비례하는 것을 이용한 것이다. 광범위한 각속도를 측정할 수 있을 뿐만 아니라 정밀도도 비교적 높다.

간극(間隙) clearance 움직이거나 고정된 두 부품 사이의 틈을 말하며, 보통 두 부품이 움직이는 경우 윤활유가 공급된다.

간극 용적(間隙容積) clearance volume 피스톤이 하사점에 있을 때 피스톤 위의 총 공간 용적을 말한다(연소실 용적＋실린더 용적).

간섭각(干涉角) interference angle 밸브 시트에 밸브 헤드가 안치되는(접착되는) 각도를 말한다.

간섭 펄 도장　펄 도장의 마이카분은 이산화티탄으로 코팅하고 있다. 간섭 펄 도장은 이 이산화티탄의 코팅을 두껍게 하여, 빛의 티탄 표면 반사와 티탄과 마이카와의 경계면 반사의 위상을 크게 함으로써 빛의 간섭을 이용하여 발색하도록 한 것이다. 티탄의 코팅이 엷은(위상 불균형이 작은) 경우는 파장이 긴 빛이 증폭하며, 코팅이 두꺼운(위상의 균형이 큰) 경우는 파장의 짧은 빛이 증폭한다. 코팅층을 엷은 쪽에서 두꺼운 쪽으로 변화시키면 백색에서 금색(황색), 적색, 자색, 청색, 녹색으로 변화한다.

간이형 적외선(簡易型赤外線) 센서 plain infrared sensor　적외선 센서는 극히 적은 방사 열에너지를 검출하는 것으로서, 종래는 정밀하고도 고가인 것이었지만, 재료 및 가공 기술이 진보됨에 따라 다음 표와 같은 것이 손쉽게 사용되게 되었다. 간이형의 적외선 온도계는 물론이고 자동 조리기나 방재(화재, 인체의 검출) 등에도 사용되고 있다.

[간이형 적외선 센서]

센 서	센서의　기구 등
초전형 적외선 센서	세라믹 또는 유기물계 강유전체의 초전 효과를 이용한다.
서미스터 블로미터	후막, 박막 또는 소형의 비드형 NTC를 사용한다.
열전기 파일	반도체의 가공 기술을 응용하여 열전 재료를 다수 직렬로 배열한다.
Si 반도체 센서	태양 전지와 같은 원리로 근적외선을 검출한다.

간접 분사(間接噴射) indirect injection　연료 분사 장치의 한 형식으로, 연료는 예연실이나(직접 분사식에서와 같이 주연소실 대신에) 와류실식으로 분사되는 형식을 말한다.

간접 손상(間接損傷) indirect damage　차가 충돌 시 그 충격으로 인하여 동일 차량에 나타나는 현상이다. 종감속 장치, 추진축 등 같은 곳의 손상은 대부분 간접 손상이다. 왜냐하면 이 부분은 다른 차량과의 접촉으로 파손되지 않기 때문이다. ⇔ 직접 손상

간접 압출법(間接壓出法) inverted process　압출 가공의 종류로서, 금속 재료를 컨테이너에 넣고 램으로 강력한 압력을 가할 때 금속 재료는 다이를 통하여 램의 중앙을 거쳐 램의 이동 방향과 반대 방향으로 소재가 압출되도록 하는 방법이다. 후방 압출법이라고도 한다.

간헐 기구(間歇機構) intermittent motion mechanism　회전을 계속하고 있는 원동축으로부터 단속적으로 종동축에 회전을 전달하는 기구 또는 종동축에 간헐적으로 왕복 운동을 전달하는 기구를 말한다.

간헐(식) 와이퍼 intermittent wiper　눈·비가 적게 올 때나 짙은 안개, 가랑비 등의 운행 조건 시 저·중·고속 기능의 불편을 개선한 와이퍼로, 약 3초에서 15초 사이에 조절 위치에 따라 규칙적인 시간을 두고 작동하게 함으로써 운전 중 피로를 줄인다. 보통 와이퍼는 비가 많이 올 때는 고속, 적을 때는 저속의 2단계로 되어 있다. 그러나 비가 아주 적게 내릴 때는 와이퍼가 계속 움직이는 것보다는 잠시 정지한 뒤 다시 움직이는 이른바 간헐식 와이퍼가 스무드하게 작동되고 시계를 확보하는 데도 도움이 된다. 고급 차에 이어 일반 차에도 점차 쓰이는 추세이다.

간헐 연료 분사(間歇燃料噴射) intermittent fuel injection　연료 분사 장치의 한 형식으로 연료는 짧게 분출하며, 연료 송출은 펄스 폭(pulse width) 또는 인젝터가 열려 있는 시간에 의해 제어된다.

간헐 운동(間歇運動) intermittent movement　일정한 시간 간격을 두고 주기적으로 또는 단속적으로 이루어지는 운동을 가리킨다.

감광식(感光式) 룸 램프 room lamp　차량 주행 전후의 주차나 정차 시 도어를 개폐할 때 필요한 안전과 시야 확보상 편의 장치 중의 하나이다. 도어가 열릴 때 룸 램프가 점등되고, 도어가 닫힐 때 즉시 75 % 감광후 서서히 감광하여 4~6초 후에 완전히 소등된다.

감마선 gamma rays　방사성 물질에서 나오는 방사선의 하나로서, 파장이 매우 짧고 물질 투과성이 강한 전자기파이다. 금속의 내부 결함을 탐지하거나 인체의 암을 치료하는 데 널리 쓰인다.

감마제(減摩劑) ⇨ 그리스

감속(도) deceleration　(1) 더 높은 속도에서 공회전 속도로 엔진을 내려가게 두는 것을 말한다. (2) 속도가 감소한다는 뜻으로, 가속(加速)의 반대이다.

감속 밸브 deceleration valve　액추에이터(actuator)를 감속시키기 위하여 캠 조작 등으로 유량(流量)을 서서히 감속시키는 밸브를 말한다.

감속 브레이크 refarder brake, 3rd brake　자동차의 고속화와 대형화로 주 브레이크인 풋 브레이크(foot brake)와 보조 브레이크인 핸드 브레이크(hand brake) 외에 다른 형태의 비상 브레이크 장치를 요구하기에 이르러 개발·사용되고 있는 엔진 브레이크, 배기 브레이크 등을 말한다. 제동력이 급격하고 강하지는 않으나 유압식처럼 베이퍼 로크나 페이드 현상 등이 없고 핸드 브레이크보다는 제동력이 확실하기 때문에 실제 대형 차량에 많이 설치되고, 운전 시 적절히 사용하고 있다.

감속비(減速比) moderating ratio　감속 장치의 원동축(原動軸)과 종동축(從動軸)이 돌아가는 속도의 비를 말한다.

감속 시 배출 가스 감소 장치 BCDD; boost controlled deceleration device　감속 시의 배출 가스 감소 장치로, 본 장치는 2차 측 기화기 측면에 설치되고 BCDD 작동 압력 이하에서 작용하는 제3의 기화기이다. 그림에 나타내듯이 공기 입구는 2차 측 에어 혼(air horn)에 설치되어 있어 공기는 A1A₁으로부터 A₂, A₃으로, 통로를 흘러서 2차 밸브 하류에서 흡입관으로 빨려 들어간다. 단, 몸체에는 에어 블리드 B 및 흡입 부압(負壓)에 의해서 개폐하는 혼합 조절 밸브(mixture control valve)가 설치되어 있다. 한편 연료는 뜨게실에서 2차 메인 제트를 통하여 BCDD 제트로 계량되면 그 바로 위에 있는 에어 블리드 A로부터 들어가는 공기와 혼합해서 미립화하고, 감속 시 배출 가스 감소 장치의 노즐로부터 공기 통로로 흡출된다. 흡입 부압이 설정 압력(압력 조정 스크루로 조정)을 넘으면 다이어프램이 스프링의 힘을 이겨내고 잡아당기게 되면서 혼합 조절 밸브가 열린다. 이에 의해서 혼합 가스의 통로가 열려 흡입관으로 빨려 들어간다. 혼합 가스 농도는 에어 블리드 A, B 및 감속 시 배출 가스 감소 장치(BCDD) 제트에 의해서 결정되고, 혼합 가스량은 제어 밸브에 의해서 결정된다.

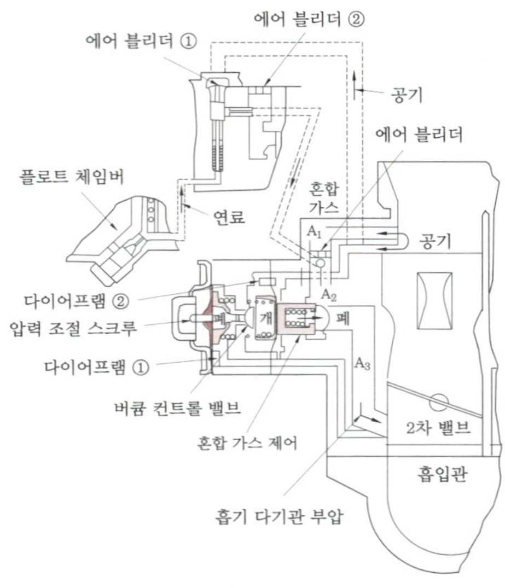

감속 시 배출 가스 감소 장치

감속(시) 제어 장치 DCS; deceleration control system　차량이 감속 중에 필요 이상의 연료가 공급되어 발생하는 연료 소모 및 HC 가스를 감소시키는 역할을 하는 장치로서, 감속 시 스로틀 밸브가 갑자기 달히면 그 직후 과농 혼합 가스가 연소실에 공급되고 CO, HC의 배출 농도가 높아지게 되어 경우에 따라서는 역화(back fire) 현상도 일어난다. 이것을 방지하기 위해 감속 직후의 높은 매니폴드 부압을 이용해서 밸브를 작동시켜 과농 혼합 가스 및 역화를 방지하는 장치이다.

감속 장치(減速裝置) reduction gear　내연기관 또는 증기 터빈은 일반적으로 빠른 회전 속도로 운전되기 때문에 이들을 원동기로 삼을 때는 회전이 너무 빨라서 그대로 사용할 수 없다. 원동기의 축에 작은 기어를 장치하고 피동축에 큰 기어를 장치해서 맞물리게 하면 기어의 잇수에 비례하여 회전수를 적게 할 수 있다. 이와 같이 기어를 사용하는 장치를 기어 감속 장치라고 하며, 보통 지름이 다른 여러 개의 기어를 조합해서 감속한다.

감속 희박 경향(減速稀薄傾向) deceleration leaning 스로틀 밸브가 닫히고 다기관의 진공이 연료보다 공기를 더 많이 흡기 다기관으로 유입하게 될 때 타성 운전 기간 동안 나타나는 상태, 즉 혼합 가스가 희박해지는 상태를 말한다.

감쇠(減衰) attenuation (1) 힘이나 세력 등이 줄어서 약해지는 것을 말한다. (2) 파동이나 입자가 물질을 통과할 때 일부가 흡수되거나 산란되면서 에너지 또는 입자의 수가 감소하는 현상을 말한다. 감쇠의 원인에 따라 쿨롱 감쇠 또는 마찰 감쇠, 점성 감쇠 또는 유체 감쇠, 구조 감쇠 등으로 나눌 수 있다.

감쇠력(減衰力) damping force 스프링의 진동을 멈추게 하기 위한 쇼크 업소버의 저항력을 감쇠력이라고 한다. 감쇠력은 댐퍼를 신축하는 속도(피스톤 속도)에 따라 변화해서 피스톤 속도 0.3 m/s를 기준으로 비교한다. 감쇠력이 너무 크면 스프링의 움직임에 저항을 일으켜 딱딱한 느낌이 되고, 반대로 너무 작으면 스프링의 움직임을 억제하지 못해 푹신푹신한 승차감이 된다. 스포츠형의 차들은 보통 차들에 비해 스프링을 딱딱하게 하여 댐퍼 감쇠력을 크게 설계한다.

감쇠력 가변식 쇼크 업소버 감쇠력을 바꿀 수 있는 쇼크 업소버이다. 안정된 승차감, 조정 안정성을 확보하기 위한 것, 승차 인원이나 하중의 중량에 따라서 감쇠력을 자동적으로 2단계로 바꿀 수 있는 적재량 감응식의 것, 쇼크 업소버의 측면에 장착된 감쇠력 교환 로터리 밸브를 수동으로 조작함으로써 감쇠력을 여러 단계로 설정할 수 있는 것, 또한 타이어의 노면에서의 입력 주파수 및 스트로크 양에 따라서 감쇠력이 자동적으로 교환된 주파수 감응, 위치 의존식 등이 있다.

감쇠 작용(減衰作用) aperiodic motion 쇼크 업소버가 판 스프링이나 코일 스프링 등과 같이 설치되어 이들이 발생시키는 진동을 흡수하는 작용이다.

감쇠 진동(減衰振動) damped vibration 진동체에 저항력이 작용한 후 시간이 지날수록 진폭이 점차 줄어가는 진동을 말한다.

감압기(減壓器) regulator 압력을 낮추는 장치로, 증기 터빈에서 열의 낙차를 조절하거나 냉동기에 냉매 액체를 증발기의 압력까지 팽창시키는 데 쓴다.

감압 다이오드 pressure sensitive diode 외부의 압력으로 전압이나 전류 특성이 크게 변하는 다이오드로서, 감압 스위치나 무접점 볼륨 등에 쓴다.

감압 밸런스 기구 decompression balance fixture 이 기구는 1차 감압실의 압력을 외부의 기온이나 LPG 조성에 관계없이 언제나 일정하게 유지한다. 봄베 내의 압력이 일정한 경우 1차 다이어프램 스프링에서 1차 감압실의 압력을 조정하지만, 봄베 내의 압력이 외부의 기온에 의해 높아지면 밸런스 다이어프램에 가해지는 압력도 높아진다. 따라서 밸런스 로드는 1차 페이스 밸브 레버가 닫히는 방향으로 밀어 LPG 통로를 좁게 한다. 봄베의 압력이 낮아지면 밸런스 기구는 반대로 작동되어 1차 감압실의 압력을 일정하게 유지한다.

감압 밸브 reducing valve (1) 유압 회로 내의 높은 압력을 낮추어 압력을 일정하게 유지하는 조절 밸브이다. (2) 유량이나 입구 쪽 압력은 변함이 없으며, 출력 쪽 압력을 입구 쪽 압력보다 낮은 설정 압력으로 조정하는 압력 제어 밸브이다. (3) 감압 밸브는 자동 변속기 로어 밸브 보디에 설치되어 있으며, 라인 압력을 근원으로 하여 항상 라인 압력보다 낮은 압력으로 조절하는 역할을 한다. 또 압력 조절 솔레노이드 밸브(PCSV), 댐퍼 클러치 조절 솔레노이드 밸브(DCCSV)로부터 제어 압력을 만들어 압력 조절 밸브(PCV)와 댐퍼 클러치 조절 밸브(DCCV)를 작동시킨다.

감압 장치(減壓裝置) decompression device 디젤 엔진을 시동할 때 운전실에서 감압 레버를 잡아당겨 캠축의 운동과 관계없이 흡기 및 배기 밸브를 강제적으로 열어 실린더 내의 압력을 감압시켜 엔진의 회전이 원활하게 이루어지도록 하는 장치로서, 엔진의 시동이 쉽도록 하는 시동 보조 장치이다. 이 장치는 엔진을 정지시킬 때도 사용된다. 디젤 엔진은 가솔린 엔진과 달라 엔진을 정지시키려면 연료 분사를 차단하거나 실린더 내의 압축을 정지시켜야 한다.

감열 저항(感熱抵抗) 온도에 감응하는 저항기이다. 자동차용에 있어서 감열 저항은 대개 냉각수 온도 센서 및 공기 유량 센서로 사용된다.

감온 소자(感溫素子) temperature transducer 온도를 전기량으로 바꾸는 장치로서 저항 온도계, 서미스터, 열전기쌍, 액정 등이 있다.

감온 자동 조정식 공기 청정기(感溫自動調整式空氣淸淨器) temperature modulated air cleaner 엔진의 온도를 기본으로 하여 실린더에 공급되는 공기의 온도를 자동적으로 조절할 수 있도록 밸브가 설치되어 있는 공기 청정기이다.

감자(減磁) demagnetization 열 또는 급격한 충격 등에 의해 자성체의 잔류 자기를 제거하는 것, 또는 자속(磁束)을 감소시키는 것을 말한다. 소자(消磁)라고도 한다.

감청(紺靑) prussian blue 파랑과 남색을 섞은 색으로, 교육용 20색상환 중의 하나인 색 이름이다. 청색 안료로서, 두 면 사이의 접촉 부위를 판단하는 데 유용하다.

강(鋼) steel 탄소 0.035~1.7%를 함유한 철의 총칭이다. 열처리에 의해서 탄성이나 경도를 증감할 수 있고, 자성이 생기는 등의 성질을 나타낸다. 경도에 따라서 극연강, 연강, 극경강으로 나눈다. 보통의 강을 탄소강이라 하며, 다른 원소(Ni, Mn, Cr) 등을 성분으로 하는 것을 특수강이라 한다. 커터, 스프링, 교량, 레일, 철사, 병기 등 사용 분야가 매우 넓다.

강도(强度) (1) strength 물체의 강한 정도를 말하는 것으로, 재료에 하중이 걸린 경우, 재료가 파괴되기까지의 변형 저항을 그 재료의 강도라고 한다. 인장 강도, 압축 강도, 굽힘 강도, 비틀림 강도 등이 있다. **(2) intensity** 개개의 사상(事象)의 두드러진 정도를 말하는 것으로, 단위 시간당 또는 단위 면적당의 사상을 개수나 양의 다소에 의해서 나타내기도 한다. 빛의 강도, 소리의 강도 등이 이에 속한다.

강류식(降流式) downdraft 연료 분사 장치의 한 형식으로, 이 형식에서의 흡입 공기는 에어플로(airflow) 센서판을 아래 방향으로 누르게 된다.

강류식 기화기(降流式氣化器) downdraft carburetor ⇨ 다운드래프트

강류식 라디에이터 downflow radiator 라디에이터에서 냉각수가 라디에이터의 윗부분에서 들어와 아래 방향으로 흐르면서 지나는 공기에 의해 냉각되는 라디에이터를 말한다.

강복 전압(降伏電壓) brake down boltage 실리콘 다이오드에서 역방향으로 흐르는 전류는 전압을 허용값까지 상승시켜도 적은 전류만 흐르게 된다. 그러나 전압이 허용값 이상이 되면 전류의 흐름이 급격히 상승하게 되는데, 이렇게 많은 전류가 흐르기 시작할 때의 전압을 강복 전압이라고 한다.

강복점(降伏點) ⇨ 항복점

강성(剛性) rigidity 재료에 외부에서 변형을 가할 때 그 재료가 주어진 변형에 저항하는 정도를 수치화한 것이 강성이다. 탄성체에 외부의 힘이 가해졌을 때의 변형은 힘이나 모멘트의 크기 외에 탄성체의 형상, 지지 방법, 재료의 탄성 계수 등에 따라서 달라진다. 일반적으로 재료의 강성은 단위 변화량에 대한 외력의 값으로 나타낸다. 인장(引張)에서 신장(伸張)은 외력에 비례하는데, 단위 신장을 주는 외력을 신장 강성이라고 한다.

강인강(强靭鋼) high strength steel 강도와 인성이 뛰어난 강철이며, 합금 원소량이 1% 전후인 저합금의 구조용 강철이다. 인장 강도 1,000~2,000 MPa의 것으로 이보다 강력한 것은 초강인강이라고 한다. 강철은 담금질·풀림 등의 열처리를 되풀이함으로써 강도와 인성을 증가시킬 수 있다. 이때 열처리를 보다 효과적으로 하기 위하여 강철에 탄소를 0.3~0.4% 함유하는 것 외에 니켈, 크롬, 망간, 몰리브덴강, 바나듐, 붕소 등을 첨가하여 구조용 합금강으로 만드는 것이 보통이다. 사용할 때는 달군 다음 급랭시켜 강도를 증가시킨 후 650℃ 정도로 달구어 쓴다.

강자성(强磁性) ferromagnetic 물체가 외부의 자기장에 의하여 강하게 자기화(磁氣化)되어, 자기장을 없애도 자기화가 그대로 남아 있는 성질을 말한다. 영구 자석을 만드는 재료인 철·니켈·코발트 등이 이런 성질을 가지고 있다.

강자성체(強磁性體) ferromagnetic substance 강자성을 가지는 물체를 이른다. 자심(慈心) 재료, 영구 자석, 기억 소자 등으로 쓰는데, 철·니켈·코발트 등이 있다.

강제력(強制力) forced power 강제 진동을 발생시키는, 외부에서의 주기적인 힘을 강제력이라고 한다.

강제 배기(強制排氣) forced exhaust 듀얼 플로트 에어컨의 기능 중의 하나로서, 스위치 조작(ON) 및 담뱃불 점등기 사용 시에 약 4분간 강제적으로 실내 공기를 배출하는 기능이다. 그랜저에 적용된 에어 퓨리파이어 퍼지 듀얼 에어컨은 담배 연기를 검출하여 자동적으로 강제 배기하는 기능을 가지고 있다.

강제 순환 방식(強制循環方式) forced water circulation type 수랭식 엔진을 냉각하는 물을 펌프를 이용하여 강제로 순환시키는 방식을 말한다.

강제 순환식(強制循環式) forced water circulation system 실린더 블록과 헤드에 설치된 워터 재킷(물통로) 내에 냉각수를 순환시켜 냉각 작용을 하도록 한 것이며, 그 주요부는 워터 재킷을 비롯하여 라디에이터, 물 펌프, 냉각 팬, 수온 조절기 등으로 되어 있다.

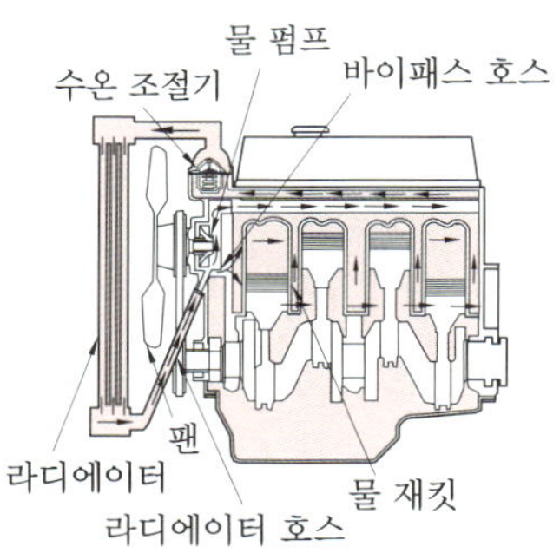

강제 순환식

강제 윤활(強制潤滑) forced lubrication 베어링 면에 기어 펌프나 플런저 펌프 등으로 윤활유를 강제적으로 압송하는 방법으로, 고속 베어링에 이용된다.

강제 진동(強制振動) forced vibration 진동체에 외부로부터 주기적으로 변화하는 힘이 가해지면 이 힘이 변동 진동수가 완전히 같은 진동수의 진동체를 지속한다. 이것을 강제 진동이라고 한다.

강제 통풍식(強制通風式) forced air cooling type 냉각 팬을 사용하여 강제로 공기를 라디에이터 쪽으로 통과시키도록 하여 냉각시키고 실린더 블록도 냉각시키는 방식으로, 현재의 모든 자동차가 이 방식을 이용하고 있다.

강제 환기식(強制換氣式) PCV ; positive crankcase ventilation 통풍관인 블리드 파이프를 에어 클리너나 흡기 다기관에 연결하여 크랭크케이스 내에서 발생하는 대기 오염 가스 등을 강제로 환기시켜 재연소시키기 위한 장치를 말한다.

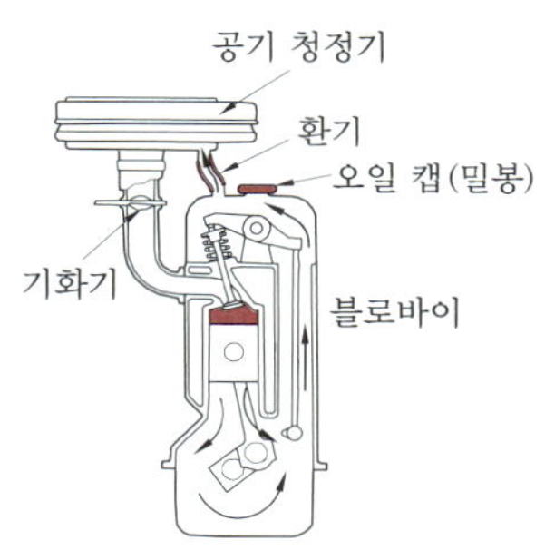

강제 환기식

강철 벨트 steel belt 압연 강판으로 만든 벨트로서, 가격이 비싸고 마찰 계수가 적지만 인장 강도가 크다.

강체 진동(剛體振動) rigid body vibration 1개의 물체가 스프링에 의해 현가되고, 단지 반복해서 일하는 경우의 진동을 강체 진동이라고 한다.

강 파이프 steel pipe 관의 지름이 크고 압력이 높은 경우에 사용되는 파이프로서, 유압 회로에 사용한다. 배관용 강 파이프와 압력 배관용 강 파이프로 분류된다. 배관용 강 파이프는 가스, 물, 증기, 오일, 공기 등의 수송 또는 여러 가지 용도에 이용되고 있다. 배관용 강 파이프는 강괴로부터 파이프를 만드는 공정에 따라 인발 강 파이프, 단접 강 파이프, 전봉 파이프의 3종류가 있으며, 어느 것이나 비교적 저압의 배관에 사용된다. 압력 배관용 탄소강 파이프의 사용 압력은 $70 \, kgf/cm^2$ 이하, 고압 배관용 탄소강 파이프의 사용 압력은 $70 \, kgf/cm^2$ 이상에서 사용된다.

강한 와류(渦流) 흡기 구멍 high swirl port CEAPS-C 및 SCS에 사용된 엔진 개량의

한 방법이다. 흡입 포트 통로에 약간의 비틀림을 주어 흡입 행정 시에 연소실의 원주 방향으로 혼합 가스의 소용돌이를 형성시키고자 하는 것이다.

강화 글라스 tempered glass　⇨ 강화 유리

강화 유리(强化琉璃) tempered glass　고열로 열처리하여 기계적 강도를 향상시킨 특수 유리로, 일반 유리에 비해 강도가 3～5배이다. 성형 유리판을 약 600℃로 가열된 공기를 뿜어 급랭시켜서 만든다. 깨지더라도 조각이 모나지 않게 콩알처럼 부스러진다. 가공이 불가능하므로 제작 전에 나사 구멍, 절단 등의 작업을 해야 한다. 건축용·산업용으로 많이 쓰인다. 인장 강도는 $2,000\,kg/cm^2$이고, 경도는 7 정도이며, 휨 강도는 보통 유리의 20배 정도이다. 일반 유리와 외관은 같지만, 내충격·내압성·휨성이 크고, 내열성도 우수하여 200℃에서도 깨지지 않는다. 급격한 온도에도 견디며, 파편에 의한 부상이 거의 없어 안전성이 좋다. 두께 5～12 mm짜리는 절단이 불가능하므로 열처리 전에 소요 치수로 절단을 해야 한다. 강화 글라스라고도 한다.

개라지 잭 garage jack　차고나 자동차 정비 공장에서 사용하는 유압잭으로, 작은 바퀴가 설치되어 손으로 끌고 쉽게 이동할 수 있다. 페달이나 손잡이를 겸한 레버로 유압을 상승시켜 자동차를 들어 올리고 정비한다.

개로 이동(開路移動) open circuit transition　(1) 직렬접속으로 연결된 2개의 전동기가 병렬접속으로 바뀔 때 모든 전동기의 회로가 한 번 열리는 상태로 되는 것을 말한다. (2) 전동기가 반복 진행되는 단계에 전원으로부터 전류의 공급이 일시 끊어지게 되어 있는 시동 방법이다.

개로 전압(開路電壓) open circuit voltage　아크 용접기에 있어서 아크를 아직 발생하지 않을 때의 2차 회로 양 단자 사이의 전압을 말한다.

개방 고리 가동 open loop operation　하나 또는 그 이상의 센서의 엔진 상태가 이론적 공연비에 들지 않음을 나타낼 경우, 연료 공급 형태 컴퓨터는 그에 따라 연료 공급을 조정한다.

개방 사이클 open cycle　배출 가스를 대기 중에 내보내고 상온의 작업 유체를 압축기 속으로 빨아들이는 열기관의 순환을 일컫는 말이다. 내열 기관, 내열 터빈, 비응축식 증기 원동기 등이 이에 속한다.

개방형 노즐 open type nozzle　끝이 항상 열려 있는 형식의 노즐을 이른다. 노즐 스프링, 니들 밸브 등 운동 부분이 전혀 없기 때문에 이들에 의한 고장이 없고, 분사 파이프 내에 공기가 머물지 않으며, 구조가 간단하여 제작비가 싸다.

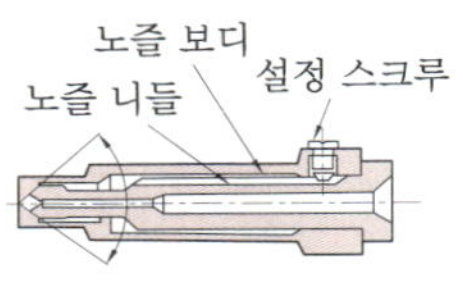

개방형 노즐

개방 회로(開放回路) open circuit　두 단자에 아무런 연결이 없는 상태를 말한다. 두 단자의 저항을 측정하면 무한대의 값이 된다.

개방 회로 제어(開放回路制御) open circuit control　컴퓨터에 들어 있는 수치를 토대로 한 제어를 말한다. 엔진의 시동, 워밍업, 과부하 작동, 감속 시에는 그때의 엔진 속도, 냉각 수온, 스로틀 밸브 개방각에 맞는 임의값(컴퓨터의 ROM 안에 내장된 수치)에 의해 조절된다.

개선(開先) beveling　(1) 용접을 하기 위해 모재(母材)에 용접면을 일정한 각도로 깎아내어 용접 홈(root)을 만드는 것 또는 그 홈을 이른다. (2) 면과 면이 만드는 모서리를 빗면으로 또는 둥글게 가공하는 것을 말한다.

개스킷 gasket　실린더의 이음매나 파이프의 접합부 등을 메우는 데 쓰는 얇은 판 모양의 패킹을 뜻한다.

개스킷 시멘트 gasket cement　개스킷을 설치할 때 사용되는 액체용 접착제 또는 실(seal)의 종류를 말한다.

개스킷 이음 gasket mounting　개스킷을 사용하여 기기를 연결하는 것을 말한다.

개조 자동차(改造自動車) altered vehicle　자동차 회사에서 대량 생산·판매하는 양산 차량은 모든 소비자의 욕구를 충족시켜 주지 못하기 때문에 양산 차량을 사용 목적

과 용도에 맞게 개조한 자동차를 말한다.

개회로 제어 (開回路制御) open loop control
피드 포워드(feed forward) 제어라고도 부르며, 제어 대상과 동작 신호의 관계가 분명할 경우에 사용된다. 제어계를 논리대로 설계하고 제작하는 것이 곤란하여 많이 사용되지 않고 있다.

객실 길이 stateroom length 차량의 중심선을 기준으로, 계기판에서 맨 뒷부분의 좌석 등받이 뒷면까지의 거리를 말한다.

객실 길이

객실 너비 stateroom width (1) 승용 자동차 및 밴형 화물 자동차는 객실 중앙 부분에서 차량 중심선에 직각인 양 방향의 최대 거리를 말한다. (2) 승합자동차는 창문 아래 지점을 기준으로 차량 중심선에 직각 방향의 최대 거리를 말한다.

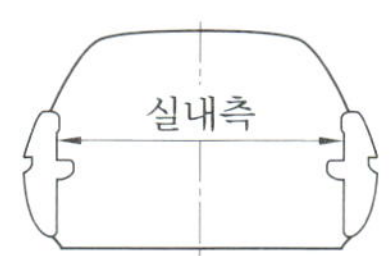

객실 너비

객실 높이 sateroom height 차량 중심선 주위의 국부적인 요철면과 좌석 전용 부분으로 이용되는 바닥면을 제외한 바닥면과 실내등을 제외한 천장 내장재 사이의 최대 수직 거리를 말한다.

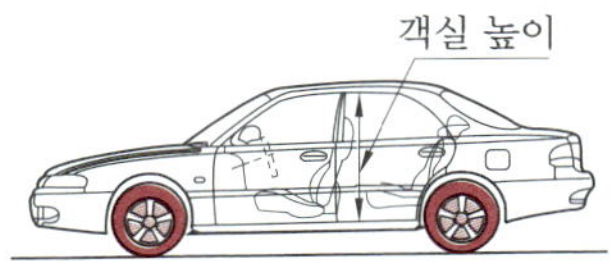

객실 높이

갤러리 gallery 실린더 벽이나 주물 내부에 형성된 주 통로로, 실린더 블록 내의 주 오일 갤러리(주 오일 통로)는 엔진의 모든 부품으로 오일을 보내기 위한 주 오일 통로이다.

갭 gap 간극 즉 두 도체 사이의 공기 간극을 뜻한다. 점화 플러그에서 두 전극 사이의 간극 또는 구형 배전기에서 접점 간의 간극 등이 있다. 주로 스키에서 사용되는 용어로, 최근에는 자동차 경주에서도 쓰인다. 노면상에 있는 돌기물을 이르는데, 돌이나 바위가 솟은 것이 아니라 도로 자체가 평탄하지 않고 솟아 있는 것을 가리킨다. 랠리 경기 도중의 러프 로드에는 갭이 종종 나타나 차가 크게 점프하기도 한다. 갭을 통과할 때는 타이밍을 맞추어 액셀러레이터를 컨트롤하고 안정된 자세를 유지해야 한다.

갱생 타이어 remold tire
마모된 타이어의 카커스 (carcass)는 사용하고 트레드 고무만을 새롭게 한 타이어를 말한다. 마모된 타이어의 트레드 고무를 깎아 내고 고무를 늘려

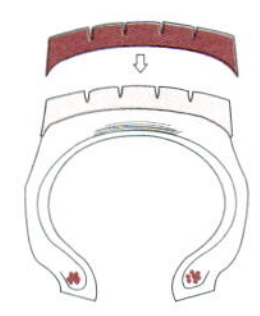

갱생 타이어

붙여신품 타이어로 제작한 것이다. 원형과 같은 크기의 금형에 넣어 만든다. 재생 타이어라고도 하는데, 국내의 공식적인 명칭은 갱생 타이어이다. 리몰드 타이어, 리캡 타이어, 리트레드 타이어라고도 한다.

갱 슬리터 gang slitter 절단기의 일종으로, 여러 개의 절단기를 조합하여 폭이 넓은 판금 작업에서 평행한 좁은 폭의 띠 판으로 여러 개를 동시에 절단하는 경우에 사용하는 절단기이다.

거리(距離) 센서 distant sensor 2점 사이의 거리를 측정하는 경우 3각 측량 방식(적외선 이용식, 자연광 이용식), 초음파 방식 등이 있다. 종래의 3각 측량의 원리와 같이 2개의 경로에서 온 피측정물을 직각 프리즘으로 반사하여 2개의 이미지 센서에 입사(入射)시켜 상대적 위치가 합치했을 때, 2점 간의 거리가 표시된다. 이 경우 자연광으로 하는 방법과 적외선을 발사하여 행하는 방법이 있다. 초음파 방식은 피측정물에 지향성이 날카로운 초음파를 송신하여 피측정물로부터의 반사파를 수신하기까지의 시간을 측정하여 거리를 아는 방식인데, 수신 센서는 압전 소자가 사용된다.

거버너 governor 조속기를 이른다. 디젤 차량에서 엔진의 회전과 부하에 따라 연료량을 조절해 주는 장치로서 기계식과 자동식이 있다. 기계식은 가속 페달을 밟으

면 슬라이드 레버가 제어 래크를 움직여 플런저를 회전하게 함으로써 연료량에 변화가 생기고, 또한 엔진의 회전으로 캠축이 회전하면 회전 속도에 따라 원심추가 벌어지거나 오므라지며, 슬리브는 좌우로 움직이면서 가이드 레버를 움직여 제어 래크를 좌우로 이동하게 한다. 이렇게 함으로써 운전자의 페달 조작에 따라서 연료량이 변하고 속도에 따라서도 연료량에 변화를 주어 엔진 회전을 원활하게 한다. 자동식인 자동 타이머는 인젝션 펌프의 캠축 끝에 장착된 타이머로, 회전 속도가 빠를수록 원심추는 벌어지면서 롤러가 플런저 (캠축)를 회전시키게 되므로 캠축을 회전시킬수록 분사되는 분사 시기는 빨라지게 된다.

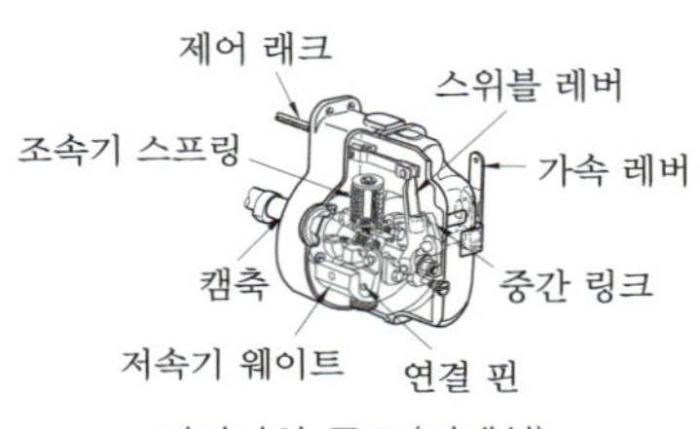

거버너의 구조 (기계식)

거버너 밸브 governor valve　거버너는 ‘조속기(調速機)’의 뜻이다. 거버너 밸브는 자동차의 속도에 알맞은 오일의 압력을 형성하기 위한 밸브로서, 자동 변속기의 출력축에 설치되어 있다.

거버너 웨이트 governor weight　원심식 자동 진각 장치(遠心式自動進角裝置)로 회전 속도를 검출하는 추를 이른다. 배전기의 구동판(드라이빙 플레이트) 위에 2개가 장치된다. 추(웨이트)의 일부는 핀으로, 나머지 부분은 거버너 스프링으로 연결되어, 캠의 회전이 상승하면 원심력에 의하여 거버너 스프링과 균형을 이루는 곳까지 바깥쪽으로 벌어져 구동 판과 일체를 이루고 있는 캠을 회전 방향으로 움직임으로써 진각된다.

거싯 플레이트 gusset plate　철골 구조의 절점(節點)에 모이는 부재(部材)들을 접합시키는 데 쓰이는 철판으로, 계판(繫板)이라고도 한다. 주로 강판 용접 구조물의 접합 부분 구석 양쪽 면에 걸쳐 붙이는 보강판을 말한다. 두 강판 사이의 각도를 유지하는 강도를 높이기 위한 것으로, 철골 트러스 구조의 절점 구성에 많이 사용한다.

거주성(居住性) dwelling ability　자동차 객실 내의 편리함이나 쾌적함의 정도를 말하는 것으로, 실내 공간의 크기, 컬러링, 내장, 시트, 시계(視界) 등 여러 가지 요인으로 결정된다.

거즈 브러시 gauze brush　얇고 부드러운 천 모양으로서 구리(銅)로 만든 망(網)을 압축 성형한 브러시이다.

거즈 필터 gauze filter　연료가 통과하는 라인에 비교적 입자가 굵은 먼지나 이물질 등의 혼입을 걸러 주는 필터이다.

거터 gutter　보디 개구부(開口部)의 윤곽을 따라 설치되어 있는 홈통으로, 물을 배수시키고 개구부의 밀폐를 돕는다.

거품 방지 우산 부착 리시버　리시버 내에 설치한 우산에 의해 거품을 억제하고, 거품이 혼재되어 있는 액 냉매 범위를 적게 함으로써 냉매량의 저감을 도모한 리시버를 말한다. 리시버 자체의 밑부분이 원추형으로서 더욱 냉매량을 저감시킨다.

건메탈 gunmetal　청동(靑銅)의 대표적인 것으로, 주석 8~12 %를 함유한 것이다. 단조성이 좋고 강력하며 내식성(耐蝕性)이 있어서 밸브, 코크, 기어, 베어링의 부시 등의 주물에 널리 사용된다. 포금(砲金)이라고도 한다.

건설용 타이어 OTR tire ; off the road tire　장비 특성에 따라 독특한 타입의 타이어가 있다.

건식 단판 클러치 dry type single-plate clutch　엔진의 동력을 동력 전달 장치에 전달하거나 끊을 때 사용하는 클러치로, 클러치의 가장 일반적인 형식이다. 한 장의 클러치 디스크를 압력 판으로 엔진의 플라이휠에 압착시켜 동력을 전달하는 것이다. 클러치 디스크가 오일에 잠겨져 있는 습식에 대하여, 반대로 건식이라고 부른다.　⇨ 클러치

건식 라이너 dry liner　라이너가 냉각수와 직접 접촉하지 않고 실린더 블록을 거쳐 냉각되는 방식을 말한다.

건식 믹서 dry mixer　건식 믹서는 배처 (batcher) 플랜트가 습식 믹서 또는 애지테이터의 사용을 허용할 수 있는 거리 안

에 없을 때 사용된다. 믹싱 드럼에 추가하여 건식 믹서는 대형 물탱크가 장착되어 있다. 건식 믹서는 캐리어로서뿐만 아니라 휴대용 배처로서의 역할을 수행한다. 건식 믹서는 초기 일부 주행 동안에 건식으로 뒤섞인 모래, 쇄석, 시멘트만으로 플랜트로부터 건식 믹서의 가동을 시작한다. 가동 시에 적당한 지점에서 탱크의 물을 드럼으로 부어 뒤섞는다. 믹서가 건설 현장에 도착할 때 콘크리트는 완전히 혼합되어 사용할 수 있게 된다. 구조적으로 대형 물탱크와 물을 드럼으로 주입하기 위한 메커니즘이 장착된 것을 제외하고는 습식 형식과 비슷하며, 보통 건식 믹서는 습식 믹서로 대체할 수 있다.

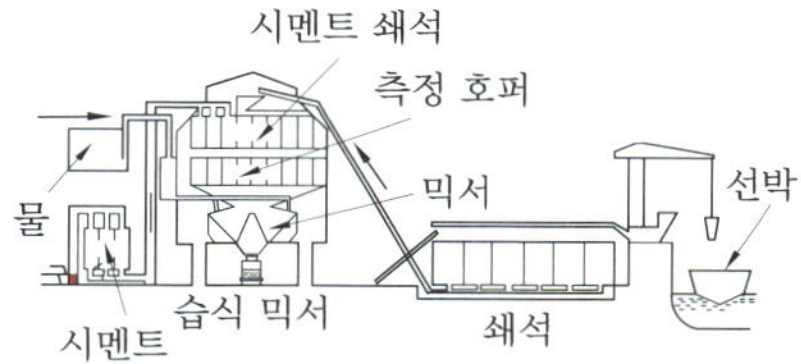

건식 믹서의 구도

건식 에어 클리너 dry air cleaner　건식 공기 청정기는 먼지 등을 깨끗이 걸러 주고 공기 유입이 잘 되는 특수 종이로 만들어져 있어 점검 및 교환이 용이한 방식이다. 여과 성능이 우수하지만 자주 교환을 해 주어야 한다. 주로 승용차에 많이 사용된다.

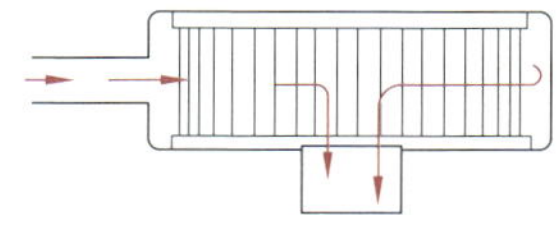

건식 에어 클리너

건식 충전 배터리 dry charged battery　배터리 제작 회사에서 충전시킨 후 전해액을 빼낸 새 배터리로, 사용할 때는 전해액을 주입하여 배터리를 활성화하여 사용한다.

건식 클러치 dry clutch　건식 클러치는 이름 그대로 클러치판의 표면이 마른 상태의 클러치이다. 소형차는 건조 단판식 다이어프램 스프링, 스트랩 드라이브식을 적용하고 있다.

건전지(乾電池) dry cell　전해액과 화학 물질을 종이나 솜에 흡수시키거나 반죽된 형태로 만들어 유동성 액체를 사용하지 않고 만든 전지이다. 축전지를 2차 전지라고 하는 데 비해 다시 충전하여 사용할 수 없으므로 1차 전지라고도 한다. 휴대에 편리하여 라디오, 테이프 레코더, 면도기, 전화 벨, 손전등 등에 널리 쓰인다.

건조(乾燥) drying　칠한 도료의 얇은 층이 액체에서 고체로 변화되는 현상이다. 도료 건조의 방법에는 용매의 휘발, 증발, 도막 형성, 요소의 산화, 중합, 축합 등이 있고, 건조의 조건에는 자연 건조, 강제 건조, 가열 건조 등이 있다.

건조기(乾燥機) drier　(1) 자동차의 도장(塗裝)에서 도료의 건조 또는 건조 장치를 말한다. (2) 주조(鑄造)에서 열풍을 불어 넣어 주형을 건조시키는 기계를 이른다.

건조 시간(乾燥時間) drying time　도료가 건조하는 데 필요한 시간으로, 가열 건조에서는 가열 장치에 넣은 순간부터 완전 건조 상태로 될 때까지의 시간을 뜻한다.

건조제(乾燥劑) desiccant　냉매 장치(에어컨 장치) 또는 반도체 내에 둠으로써 습기를 제거하여 건조시키는, 흡습성(吸濕性)이 강한 물질을 말한다.

걸링식 마스터 실린더 Girling type master cylinder　⇨ 플런저식 마스터 실린더

걸윙 도어 gull-wing door　자동차의 위쪽으로 열리는 문을 말한다. 1954년 독일의 자동차 회사 벤츠가 발표한 벤츠 300SL에서 유래했는데, 이 차에서는 양쪽 도어를 갈매기 날개처럼 위로 접어 올릴 수 있게 하였다. 이후 1990년대 중반부터 일부 스포츠카나 콘셉트카, 경주용 자동차 등에 채택되기도 하였으나. 지금은 차량 무게나 제조 원가 등에서 문제점이 많아 거의 채택되지 않고 있다.

걸윙 멀티 유스 레버 gull-wing multi-use lever　갈매기 날개형 스위치 레버를 말한다. 스티어링 칼럼에 장착되어 있고, 턴 시그널 스위치, 라이팅 스위치, 와이퍼 스위치 등이 조합되어 있다.

검 gum　어떤 종류의 금속, 이를테면 산소와 열이 있는 곳에서의 구리 또는 가솔린의 잔류물에 의해 생기는 끈끈한 물질로, LPG 엔진의 베이퍼라이저나 솔레노이드 등에서 많이 발생한다.

검사(檢査) inspect　어떤 부품 또는 장치의 표면 상태 또는 기능을 점검하는 것을 말한다.

게르마늄 Germanium　회백색의 금속 원소로, 부스러지기 쉬우며, 황화 광물을 제련하거나 석탄을 태울 때 부산물을 얻는다. 특수한 조건에서만 금속으로서의 물리·화학적 성질을 나타내는 반도체이다. 반도체 소자, 트랜지스터, 광학 유리, 각종 합금 등의 주요 재료로 쓰인다. 원자 기호는 Ge, 원자 번호는 32, 원자량은 72.59이다.

게이지 gauge　공작물을 재거나 검사할 때에 길이·각도·모양 등의 기준이 되는 것을 통틀어 이르는 말이다. 자동차용에는 타이어 공기압을 측정하는 에어 게이지, 두께나 틈새를 재는 시크니스(thickness) 게이지, 플러그 갭 게이지 등이 있다.

게이지 세트 gauge set　매니폴드 게이지로, 매니폴드(파이프 연결용 배출구가 여러 개 설치되어 있는 게이지)에 부착되어 에어컨 내의 압력을 측정하는 데 사용되는 한 개 또는 그 이상의 계기를 이른다.

게이지 압력 gauge pressure　압력계로 측정한 압력을 기준으로 한다. ‘절대압＝대기압＋게이지압’의 관계가 있다. 진공 상태일 때의 압력을 기준으로 해서 측정한 압력이 아니고 대기압을 기준으로 해서 측정한 압력의 단위를 말한다. 일반적으로 단위는 kg/cm^2로 표시한다.

게인 gain　신호 증폭의 정도를 표시하는 말로서, 게인을 올리는 것은 신호의 강도를 높이는 것을 의미하고, 게인을 내리는 것은 신호의 강도를 약하게 하는 것을 의미한다. 오디오나 비디오 신호의 상대적인 강도를 나타낼 때 쓰인다.

게트라그사 Getrag 社　독일의 트랜스미션 전문 메이커로서, 유럽을 중심으로 고성능 차량용 트랜스미션을 개발 및 생산하고 있다.

겔화 gelation　용액 속의 콜로이드 입자가 유동성을 잃고 엉겨서 굳어지는 현상, 또는 솔(sol)이 겔로 되는 현상을 말한다. 솔의 온도를 낮추거나 다른 용매나 염을 더하거나 기계적 충동을 주면 일어난다.

겨울용 타이어 snow tire　트레드에 거칠고 깊은 홈이 패여 있어서 눈을 움켜쥐어 파내는 듯한 효과가 있고 제동력과 견인력이 뛰어나다. 러그형의 트레드는 구동력의 전달 효율을 극대화시키고, 리브형의 트레드는 옆 미끄럼 방지를 하므로 눈길에서 매우 안정적인 주행이 가능하다. 트레드 고무는 내한성이며 고속 주행 시에는 발열이 심하여 조기 손상되므로 저속 운전을 해야 한다.

격리체(隔離體) separator　축전지 극판 사이에 설치되는 절연판을 말한다.

격막(膈膜)　⇨ 다이어프램

격자(格子) grid　격자는 납과 안티몬의 합금으로 만든 극판의 뼈대로서, 작용 물질을 지지하여 탈락을 방지하고 외부의 작용 물질에 전기·전도 작용을 한다. 또한 가공성이 양호하고 전기·전도성은 물론 기계적 강도가 크다. ⇨ 그리드

견인 능력(牽引能力) tractive ability　최대 적재 상태의 자동차가 견인할 수 있는 최대 여유 구동력을 말한다.

견인력(牽引力) traction　엔진에서 동력은 트랜스미션, 리어 액슬, 구동 타이어를 통하여 도로의 지면에 전달된다. 견인력(F)은 엔진 회전력, 트랜스미션 기어비, 리어 액슬비, 구동 타이어 크기 등의 요소에 의하여 결정된다.

$$F=\frac{T\times0.95\times\gamma^t\times\gamma^t\times\gamma^a\times\eta}{R}[\text{kg}]$$

여기서, T　: 엔진 회전력
　　　γ^t　: 트랜스미션 기어비
　　　γ^a　: 리어 액슬비
　　　R　: 구동 타이어의 반지름 (m)
　　　η　: 파워 트레인의 기계 효율
　　　흡입 효율 : 0.95

자동차의 제원에 나타난 엔진 토크(T)는 JIS 규격의 값이며, 에어 클리너를 통하여 유입된 공기에 섞인 방해물과 머플러 및 테일 파이프에서의 후압(back pressure)으로 발생되는 5%의 손실을 보장하기 위하여 0.95를 곱한다. 토크는 트랜스미션(t), 프로펠러 샤프트, 리어 액슬의 마찰로 인한 토크의 기계적인 손실을 보정하기 위하여 기계 효율을 나타내는 보통 0.913의 인자 η를 곱한다. η의 값은 사용된 구동 시스템의 형식에 따라 다르다.

결정(結晶) crystal　원자, 이온, 분자 등이 규칙적으로 일정한 법칙에 따라 배열되고,

외형도 대칭 관계에 있는 몇 개의 평면으로 둘러싸여 규칙 바른 형체를 이루는 것, 또는 그 물질을 일컫는다.

결정격자(結晶格子) crystal lattice　결정의 미시적 구조에 있어 등가인 점을 연결하여 생기는 3차원을 말한다. 일반적으로 순수한 고체는 결정을 이루고 있으며, 그 결정의 내부에서 몇 개의 구성단위가 일정한 규칙에 따라 공간 내에 반복하여 배열되어 있는데, 이러한 배열을 결정격자 또는 공간격자라고 한다. 이때의 구성단위로는 이온, 원자, 분자 또는 원자단 등이 된다.

결함 분석(缺陷分析) fault analysis　시스템이나 시스템 컴포넌트 또는 소프트웨어 프로그램 등의 결함 내용을 지속적인 품질 향상을 목적으로 분석하는 것이다.

결합재(結合材) binding material　숫돌을 만들 때 숫돌 입자를 결합시켜 적당한 숫돌의 형상을 유지하도록 하는 것으로서 고무, 베이클라이트, 실리케이트 셸락(shellac), 마그네사이트 등이 사용된다.

겹치기 용접 lap welding　두 장 이상의 패널 가장자리를 겹쳐 용접하는 것을 이른다. 겹치는 부분에 단붙임 가공을 할 경우가 많다.

겹치기 이음 lap joint　2부재의 일부를 겹쳐 부재의 표면과 두께면에서 필릿 용접을 하는 이음을 말한다.

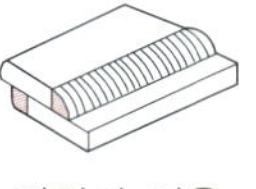

겹치기 이음

겹치기 저항 용접 lap resistance welding　점 용접, 롤러 점 용접, 심 용접 등과 같이 겹친 이음의 양쪽에서 압력을 가하며 접합하는 저항 용접을 말한다.

겹판 스프링 laminated leaf spring, multi-leaf spring　⇨ 리프 스프링

경계 마찰(境界摩擦) boundary friction　고체가 서로 마찰할 때 이 접촉면에 서로 다른 분자가 흡착하여 흡착 분자층을 형성한다. 이때의 마찰을 경계 마찰이라고 한다. 상당히 얇은 유막을 씌운 물체 간의 마찰, 2개의 섭동면 사이에 윤활유가 있지만 점도가 낮거나 하중이 무겁거나 미끄럼 속도가 느릴 때는 유막이 얇아져 간신히 윤활되는 상태가 된다. 이와 같은 유막을 경계로 하여 발생되는 마찰도 경계

마찰이라고 할 수 있다. 자동차 엔진을 시동할 때 피스톤 링과 실린더 벽 사이에서 일으키는 마찰을 들 수 있다.

경계부(境界部) boundary　용착 금속과 모재(母材)의 경계, 또는 용착 금속이 없는 경우에는 접합한 모재 경계를 말한다.

경계 윤활(境界潤滑) boundary lubrication　얇은 유막(油膜)으로 싸여진 두 물체 간의 마찰로 상대 속도나 점성이 작아지고 작용하는 하중이 커지거나 충격적으로 가해지는 경우에는 결국 유막이 얇아져 파괴되어 금속 접촉을 하게 된다. 불완전 윤활이라고도 한다.

경계층(境界層) boundary layer　모든 유체는 점성(粘性)을 가지고 있다. 점성을 가진 공기가 고체 표면을 흘러가면 공기 입자가 고체와 접촉하는 면에서 공기의 점성 때문에 고체의 표면에 달라붙는다. 고체와 떨어지면서 유체는 점점 자신의 속도를 회복해서 고체 표면으로부터 어느 정도 떨어진 곳에서는 자유 흐름의 속도를 갖게 된다. 이때 유체가 점성으로 인해 고체 표면의 영향을 받아 속도가 변하는데, 그 얇은 층을 경계층이라고 한다.

경고등(警告燈) warning light　운전자에게 차량의 상태, 즉 높은 냉각수 온도, 낮은 유압 상태를 알리기 위해 점등하는 등을 말한다.

경고 플래셔 warning flasher　긴급 자동차, 위험물 운반차 등의 경고등에 흐르는 전류를 일정한 주기로 단속하여 램프를 점멸시킴으로써 위험을 알리는 장치이다.

경금속(輕金屬) light metal　다른 금속에 비하여 무게가 가벼운 금속으로, 주로 비중이 5 이하인 금속을 말한다. 일반적으로 베릴륨(1.85), 마그네슘(1.74), 알루미늄(2.7), 타이타늄(4.5) 등이 대표적이다. 비중이 작은 점으로는 규소(2.3), 이트륨(4.3)이나 나트륨, 칼륨, 리튬 등의 알칼리 금속(1 이하) 및 칼슘(1.5)과 같은 알칼리 토금속도 경금속에 들어가지만, 보통 경금속이라고 할 경우에는 구조용 재료가 되는, 앞에 예로 든 4가지 금속을 가리킨다.

경도(硬度) hardness　광물의 단단한 정도 곧 굳기를 말한다. 광물 표면이 외부의

힘에 대해 얼마나 단단한가를 숫자로 나타낸 것이다. 광물의 경도는 모스 경도계를 기준으로 한다. 그 순서는 1-활석, 2-석고, 3-방해석, 4-형석, 5-인화석, 6-정장석, 7-석영, 8-황옥, 9-강옥. 10-금강석이다.

경도 시험 (硬度試驗) hardness test　경도 시험은 손쉽게 측정할 수 있게 하기 위해, 재료의 기계적 성질을 판정하는 방법으로 흔히 사용된다. 인장 시험과 달리 수치로 비교하는데, 경도를 표시하는 방법으로는 브리넬 경도(Brinell hardness, H_B), 비커스 경도(Vickers hardness, H_V), 로크웰 경도(Rockwell hardness, H_R), 쇼어 경도(Shore hardness, H_S)가 대표적이고, 이 밖에 마이크로 경도, 긁기 경도, 마이어(Meyer) 경도, 크놉(Knop) 경도 등이 있다.

경랍(硬鑞) hard solder　450℃보다 높은 용융점을 가진 경랍 땜에 쓰이는 용가재(熔加材)를 말한다.

경랍 땜 soldering　경랍을 사용하여 모재(母材)를 용융시키지 않고 붙이는 방법을 말한다.

경로 유도(經路誘導) 시스템 course guidance system　⇨ 내비게이션 시스템

경사계(傾斜計) inclinometer　자기가 타고 있는 차의 차체 자세가 어떻게 되어 있는가를 알기 위해 피칭 방향(전후 경사)과 롤 방향(좌우 경사)의 경사 각도를 나타내는 미터를 말한다.

경사(傾斜) 분할식 커넥팅 로드 oblique split connecting rod　고출력 엔진이나 실린더 수가 많은 엔진에서는 실린더 안지름에 비해 크랭크축 지름의 증가 비율이 크다. 따라서 크랭크 핀의 지름이 커지면 수평 분할식에서 대단부의 형상이 커지고 분해할 때 커넥팅 로드의 어깨 부를 실린더 쪽에서 빼낼 수 없기 때문에 경사 분할식으로 하여 크기를 최소화하고 있다.

경사형 엔진 oblique type engine, slanted engine　엔진을 한쪽으로 기울어지게 한 것과 같이 실린더 블록이 기울어져 있다. 흡기 다기관을 위한 충분한 공간이 마련될 수 있는 장점이 있다.

경수(硬水) hard water　칼슘 염류 및 마그네슘 염류를 비교적 다량 함유하는 천연수를 경수(센물)라고 한다. 우리나라에서는 물 100 mL 중에 산화칼슘으로서 1 mg을 함유할 때를 경도 1도로 하고 마그네슘은 $1.4\,MgO = 1CaO$의 관계로 산화칼슘의 양으로 환산한다. 천연수 중 지하수는 일반적으로 경수에 가깝다. 경수는 공업용수로서는 부적당하며, 엔진 냉각수로서도 사용하지 않는 것이 좋다.

경유(輕油) light oil　디젤 엔진용 경유의 외관은 등유와 비슷하지만, 등유에 비교하여 약간 탁하며 점성을 띠고 있고, 색깔도 등유가 무색투명한 데 비해 경유는 미황색을 띤다. 비중은 0.82~0.87이다. 디젤 엔진용으로는 미세한 먼지도 포함하지 않고 적당한 점도를 갖는, 세탄가가 높고 유황분이 적은 것이 양호하다. 또한 ① 착화성이 좋을 것, ② 적당한 점도를 가질 것, ③ 수분이나 불순물이 없을 것. ④ 유황 분이 적을 것 등의 조건을 갖는다.

경음기(警音器) horn　다른 자동차나 보행자에게 주의를 주고자 할 때 사용하며, 버스나 트럭 등 대형 차량에 사용하는 공기식과 일반 차량에서 많이 사용하는 전기식이 있다. 진공판의 진동수에 따라 고음 경음기(high pitch horn)와 저음 경음기(low pitch horn) 및 중음 경음기(medium pitch horn)로 분류되며, 최근에는 차량의 고속 주행화에 따라 지향성이 강하고 먼 거리까지 소리가 미칠 수 있는 소형의 평음 경음기가 많이 사용되고 있는 추세이다.

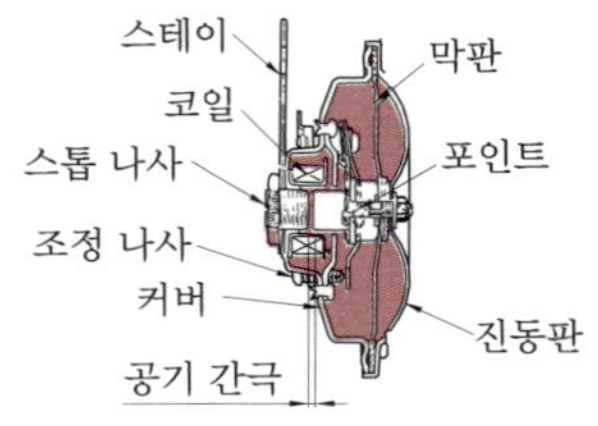

경음기의 구조

경제 공연비(經濟空燃比) economical air-fuel ratio　엔진을 일정한 상태로 운전하면서 공연비를 바꾸었을 때, 연료 소비율이 가장 적게 되는 연비를 말한다. 일반적으로 가솔린 엔진에서는 L당 16~18 km의 범위이다.

경제속도 (經濟速度) economical speed　자동차나 선박이 연료를 가장 적게 사용하면

서 가장 많은 거리를 갈 수 있는 속도이다. 이보다 빠르거나 느리게 운행하면 연료의 소모량이 커진다. 자동차의 경제속도는 70~80km/h이다.

경제 혼합비(經濟混合比) economical mixture ratio 최소의 연료 소비를 얻을 수 있는 혼합비를 말한다. 연료 소비율은 가능한 한 적은 것이 이상적이며, 이론 혼합비(14.7 : 1)보다 약간 희박한 곳에서 얻어진다.

경질 고무 hard rubber 신축성이 적고 단단한 고무를 일컫는다. 생고무에 30~70 %의 황을 배합하여 만든 에보나이트이다. 자동차의 조향 핸들, 축전지 케이스, 자동차에 사용되는 플렉시블 조인트, 전기의 절연물, 절연관, 개폐기 등에 사용된다.

경 트럭용 타이어 LT tire ; light truck tire 튜브 타입과 튜브리스 타입이 있고, 림(타이어를 끼우는 외륜)의 종류가 다양하다.

경합금 휠 light alloy wheel 가볍고 강성이 높은 알루미늄이나 마그네슘 등 경금속의 합금을 소재로 하여 만들어진 휠이다. 각각 알루미늄 휠, 마그네슘 휠이라고 한다. ⇨ 캐스팅 휠

경화(硬化) hardening 금속 표면의 내마모성을 높이거나 강성을 주기 위하여 적절하게 가공이나 열처리를 하는 것을 말한다.

경화 덧붙임 hard facing ⇨ 표면 경화

경화제(硬化劑) curing agent 경화 또는 건조의 온도를 낮게 하는 촉진제이다. 플라스틱의 성형 재료나 인조 수지 계통의 도료 및 접착제 등에 혼합시켜 경화 및 건조를 촉진시키는 역할을 한다.

경화 촉매(硬化觸媒) hardening catalyst 중합(重合) 또는 경화(硬化)를 촉진하거나 반응을 쉽게 일으키게 하기 위해 첨가하는 것을 말한다. 인산, 수산 등이 이에 속한다.

계기등(計器燈) instrument lamp 계기의 글자판을 비추어 주는 등을 말한다. 밝기는 3촉광 정도이다.

계기판(計器板) dashboard, instrument cluster 자동차의 주행 상태와 각 장치의 작동에 관한 정보를 정확하게 운전석에 전달함으로써 자동차를 안전하게 운행하도록 하기 위한 장치이다. 표시 방법은 지침

식 계기와 표시등이 있으며, 최근에는 전자 회로를 이용한 전기식 미터, 발광 다이오드, 형광 표지판 등의 새로운 형식을 채용한 숫자(digital) 표시나 바 그래프(bar graph) 표시도 사용되고 있다.

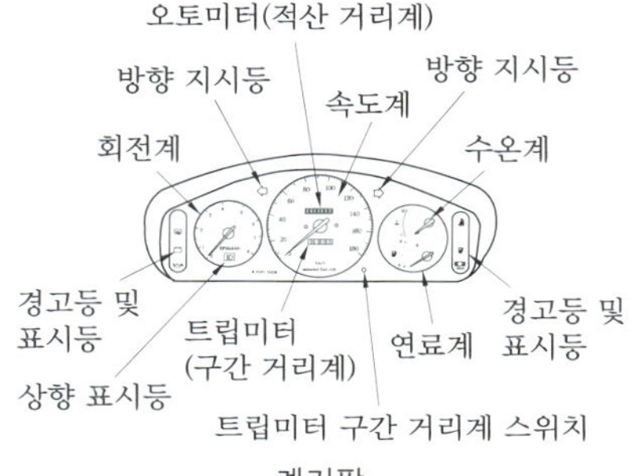

계단 지름형 휠 실린더 step bore type wheel cylinder 계단 지름형 휠 실린더는 피스톤에 의해 작동되는 슈의 제동력을 다르게 하기 위한 것으로서, 실린더 양쪽의 지름이 서로 다른 크기로 되어 있다.

계량 조색(計量調色) weigh mixing colors 새 자동차의 보디 컬러에 맞추어 작성된 원색 배합표의 기준에 따라 계량기를 이용하여 원색을 필요한 양만큼 혼합하는 배색 방법을 이른다.

계자(界磁) 릴레이 field relay 엔진이 회전할 때 알터네이터의 계자와 배터리 간을 연결하는 마그네틱 스위치로, 엔진이 정지되면 차단된다.

계자 철심(界磁鐵心) field core 계자극의 코일을 감는 철심이다. (1) 기동 전동기의 계자 철심은 인발 성형강(引拔成形鋼) 또는 단조강으로 만들며, 주위에 코일을 감아 전류가 흐르면 전자석이 되어 자계를 형성한다. 또한 전기자와 대면하는 곳은 면적을 넓게 하여 자속이 통하기 쉽게 하고 동시에 계자 코일을 유지하는 역할을 한다. 계자 철심의 수에 따라 극수가 정해지며, 4개이면 4극이다. (2) DC 발전기 계자 철심은 계철 안쪽에 볼트로 고정되어 계자 코일을 지지한다. 계자 철심은 계자 코일에 전류가 흐르지 않아도 소량의 자기가 존재하고 있다가 계자 코일에 전류가 흐르면 각각 강력한 전자석이 되어 N극과 S극을 형성한다.

계자 코일 field coil　계자 철심에 감겨져 전류가 흐르면 자력을 일으켜 계자 철심을 자화시키는 역할을 한다. 전기자 코일과 계자 코일은 직류 직권식이기 때문에, 전기자 전류와 같은 크기의 전류가 계자 코일에 흐르므로 평각 동선을 사용하며, 자력의 세기는 전기자 전류의 크기에 따라 좌우된다.

계자 코일 회로 테스트 field coil circuit test　시동 전동기 계자 회로에서의 단락·단선 또는 접지 여부를 측정하기 위한 테스트를 말한다.

계자 프레임 field frame　계자 코일에 감겨지는 시동 전동기 내의 연철 프레임(soft iron frame)을 말한다.

계철(繼鐵) yoke　주철·주강으로 만들어진 전동기·발전기 등의 기체를 이루는 부분이다. 코일에 둘러싸여 있지 않으며, 전자석, 변압기, 기기의 자극 등의 코어를 고정하거나 고정자나 회전자의 톱니를 받치는 데 사용된다.

고강성 보디　강성이라는 것은 물체의 하중에 대한 변형 저항을 말한다. 즉, 고강성 보디라는 것은 여러 가지 하중(힘)에 의한 영향(진동, 찌그러짐, 비틀림)이 적은 보디를 말한다. 고강성 보디는 차의 종합 성능을 높이는 데 필요한 요소이다.

고광택 도장(高光澤塗裝) high-luster coating　일부 보디 컬러에 사용되고 있는 고품질 도장 방법으로, 종류는 다음과 같다. ① 솔리드 : 중도, 상도에 흐름 방지제를 첨가하여 후막화함과 동시에 상도를 수연하고, 그 위에 클리어 리치 상도를 추가하여 광택, 선명도, 심도감을 향상시키고 있으며, 종합 막 두께는 120마이크로미터 이상이다. ② 메탈 : 중도, 상도, 클리어에 흐름 방지제를 첨가해서 후막화함과 동시에 클리어 사이를 수연해서 2코트화하여 광택, 선명도, 심도감을 향상시킨 것으로, 종합 막 두께는 130마이크로미터 이상이다.

고글 goggles　쇠부스러기, 오물, 먼지의 비산, 냉매의 분무 등으로부터 눈을 보호하기 위해 착용하는 보안경이다. 보통 안경보다 눈언저리를 넓게 가리도록 되어 있다.

고급 가솔린　⇨ 프리미엄 가솔린

고급 주철(高級鑄鐵) high grade cast iron 보통 주철보다 기계적·물리적 성질이 뛰어난 주철을 통틀어 말하는데, 일반적으로 인장 강도는 $30\,\mathrm{kgf/mm}^2$ 이상이다.

고도계(高度計) altimeter　대기압과 고도(해발)가 거의 비례 관계에 있음을 이용하여, 대기압 변화에 따른 다이어프램의 팽창·수축을 검출하여 증폭해서 고도를 표시하는 미터를 말한다.

고도 보상 센서 altitude correction sensor 압력 센서의 일종으로서, 해면(海面) 고도의 차이에 따라 기압의 변화를 감지하고 엔진에 흡입된 공기 밀도의 변화에 따라 공연비(空燃比)의 차이를 수정하기 위하여 사용되는 센서이다.

고도 보정기(高度補正器) high altitude compensator　고도에서 과도하게 농후한 혼합 가스가 되는 것을 막기 위해 흡입 매니폴드로 공기가 들어가도록 허용하는 밸브를 말한다.

고도 제어(高度制御) altitude control　(1) 고도의 변화에 따라서 엔진에 공급하는 공기와 연료의 비율을 조절하는 것으로서, 기화기(氣化器)의 제어 장치를 자동 또는 수동으로 조절한다. (2) 항공기의 고도를 소정의 높이로 유지하는 것으로서, 기압의 변화를 검출하여 자동 또는 수동으로 승강타(昇降舵) 및 스로틀을 조절한다.

고도 조절 장치(高度調節裝置) altitude mixture control　차량이 지대가 높은 곳을 주행할 때는 동일한 출력에 대하여 공기의 밀도가 적어 엔진에 공급되는 혼합 가스가 농후해지므로 공기를 추가 보충하여 정상적인 혼합 가스를 엔진에 공급되도록 조절하는 장치이다.

고든 베네트 컵 레이스 Gordon-Bennett cup race　세계 최초의 국제 자동차 경주로서, 1900~1906년에 6차례 열렸던 이벤트이다. 미국의 신문사를 경영하는 제임스 고든 베네트의 창안에 따라 경주가 개최되어 레이스 명칭에 그의 이름이 붙었다. 프랑스에서 4회, 북아일랜드에서 1회, 독일에서 1회가 열렸으며, 1906년부터는 그랑프리로 이어졌다.

고무벨트 rubber belt　고무로 만든 벨트이다. 면포 또는 마포(麻布)에 고무를 침투시켜 이것을 여러 장 합쳐서 압축 가류(加

硫)하여 만든 것으로, 겹친 장수를 플라이(ply)라고 한다. 보통 전동용 벨트, 운반용 컨베이어 벨트, V벨트 등에 사용한다.

고무 부싱 rubber bushing　2중으로 만들어진 금속제의 구리(銅)나 바퀴(輪) 사이에 고무를 봉해 넣은 구조를 이르는 말로, 러버 부싱이라고도 한다.

고무 부싱 섀클 rubber bushed shackle　판 스프링인 리프 스프링과 프레임 사이에 연결되어 스프링의 작용에 따라 스프링 길이 변화가 있게 되는데, 이때 앞뒤로 길이의 변화를 원만하게 작용시키는 것이 섀클이다. 섀클로 전해 오는 충격을 흡수하기 위한, 그리고 마모 등을 방지하기 위해 사용되는 부싱으로, 고무 부싱과 청동(포금제) 부싱이 있다.

고무 스프링 rubber spring　고무 고유의 탄성을 이용한 보조 스프링으로, 형태가 매우 다양하다. 옆 방향에 대한 강성도 있고, 내부 마찰에 의한 감쇠 작용도 있다.

고무 패드 rubber pad　겹판 스프링인 리프 스프링 사이사이에 삽입되는 작은 고무 조각들을 말한다.

고무호스 rubber hose　유압 회로에 사용하는 호스로, 작동유를 송유하는 동시에 유압 회로의 진동을 방지하는 장점이 있다. 고무호스는 외측으로부터 커버 고무층, 면 블레이드층, 와이어 블레이드층, 내면 고무층으로 구성되어 있으며, 고압에 따라서 와이어 블레이드 층수가 증가된다.

고발열량(高發熱量) gross heating value　수소 또는 물을 함유한 연료를 연소시키면 연소 가스에 수증기가 포함되므로, 이 수증기의 응축열을 발열량에 넣느냐 넣지 않느냐에 따라서 그 값이 달라진다. 응축열을 발열량에 넣었을 때를 고발열량이라 하고, 넣지 않았을 때를 저발열량 또는 정미 발열량이라고 한다.

고분자(高分子) macromolecule　분자량이 큰 화합물을 말한다. 일반적으로 분자량이 1만 이상인 것을 고분자 화합물 또는 고분자라고 한다. 고분자 화합물은 종류가 많으면서 우리 주변에 가까이 있기 때문에 의식주와 밀접한 관계가 있다. 근년에는 고분자 화합물인 합성 고무, 합성 섬유, 합성 수지 등이 개발되어 고분자의 중요성이 더

욱 높아지고 있다.

고분자계 재료(高分子係材料)　엔지니어링 플라스틱을 말한다. 내열성이 우수하여 변형하기 어렵고 충격에도 강한 성질을 가지고 있다. 1941년에 비로소 자동차용 패널 부재(部材)로서 사용된 역사 있는 소재이다. 경량화에 의한 연비 절약과 복잡한 형태를 일체 성형할 수 있기 때문에 자유로운 보디 디자인이 가능하다. 또한 내구성·내식성이 우수하다는 특성을 갖기 때문에 자동차의 플라스틱화는 앞으로 더욱 진행될 것으로 전망된다.

고상 용접(固狀鎔接) solid phase welling　두 개의 깨끗하고 매끈한 금속 면을 원자와 원자의 인력이 작용할 수 있는 거리에 접근시키고 기계적으로 밀착하여 붙이는 용접이다.

고선영성 강판(高鮮影性鋼板)　도장(塗裝)된 자동차 외관에 물체를 투영할 경우 표면에 비치는 물체의 윤곽이 왜곡됨이 없이 뚜렷하게 보이는 강판을 말한다. 우리나라는 그동안 수입에 의존해 오던 이 자동차 외관용 특수 강판을 자체 개발에 성공함으로써 연간 100억 원 이상의 수입 대체 효과를 거둘 수 있을 것으로 예상하고 있다.

고셀룰로오스계 high cellulose type　피복제 계통의 하나이다.

고속도강(高速度鋼) high-speed steel　금속 재료를 빠른 속도로 절삭하는 공구에 사용되는 특수강이다. 표준 조성은 텅스텐 18 %, 크롬 4 %, 바나듐 1 %로 이루어져 있으며, 이것을 '18-4-1' 고속도강이라고 한다. 줄여서 하이스라고도 한다. 이전의 공구강은 250℃에서 무디어졌으나, 이것은 500~ 600℃까지 무디어지지 않는다.

고속 부분 부하 회로(高速部分負荷回路) high speed part load circuit　스로틀 밸브의 열림 정도에 따라 저속 회로와 겹쳐 작용하며 주행 중 주로 작동되는 회로이다. 스로틀 밸브가 많이 열리면 메인 노즐이 설치되어 있는 벤투리의 부압이 크게 되어 연료가 메인 노즐에서 유출하게 된다. 이때 저속 회로는 작용을 중지하지 않고 고속 부분 부하 회로의 대부분에 걸쳐 작용한다.

고속 안정성(高速安全性) high speed stability　문자 그대로 고속 주행 시의 안정성

을 가리키며, 공력 특성이나 서스펜션 성능 등에 좌우되는 경우가 많다.

고속 전 부하 회로(高速全負荷回路) high speed full-load circuit　스로틀 밸브가 완전히 열린 고출력 회로이다. 등판 주행 및 고속 운전에서 농후한 혼합 가스를 공급하기 위해 메인 제트와 연결되어 있는 파워 제트를 개방하여 더 많은 연료를 메인 노즐에서 분출하며, 회로의 대부분이 고속 부분 부하 회로와 겹쳐 작용한다.

고속 캠 high speed cam　엔진의 성능은 캠축의 밸브 타이밍에 의해 크게 좌우된다. 특히 흡기 밸브나 배기 밸브가 개방되는 각도(작용각)를 크게 하거나, 흡기 밸브와 배기 밸브가 동시에 열리고 있는 각도(밸브 오버랩 각도)를 크게 하여 고속으로 흡기 간섭이나 배기 간섭을 이용하면 출력이 향상된다. 이와 같은 형을 고속 캠이라고 한다. 그러나 저속 회전 구간에서는 오버랩 시의 배기의 취반이나 내부 EGR이 커지고 토크는 낮아지며, 연료 소비율도 나빠진다.

고속 회로(高速回路) high speed circuit　피드백 카뷰레터(FBC)의 고속 회로는 공기 블리더 조절 밸브(air bleeder control valve)를 컴퓨터에 의해 조절하여 적절한 공연비가 되도록 한다. 공전 및 고속 회로의 피드백 시스템은 공회전 스위치의 신호에 의해 컴퓨터가 구분하여 공기 조절 밸브(air control valve)를 조절하며, 컴퓨터는 저온에서 운전성 향상을 위해 엔진의 냉각수 온도가 일정한 온도 이하에서는 피드백을 하지 않는다.

고압 라인 high-pressure lines　에어컨 압축기의 출구와 서모스태틱 팽창 밸브 또는 오리피스 튜브 입구를 연결하는 라인으로서 고압의 냉매가 이동한다. 두 개의 가장 긴 고압 라인은 배출 라인과 유체 라인이다.

고압 배전 기구(高壓配電機構) high voltage distributor mechanism　로터는 배전축이 회전하면서 배전기 캠에 고압선이 연결되어 점화 코일로부터 고압이 전달되면 로터를 통해 각 실린더의 고압 배선에 전달되고 다시 점화 플러그에 불꽃 방전을 한다.

고압 스월 인젝터 high pressure swirl injector　120기압의 압력으로 연료를 분사

시키는 인젝터이다. 연료의 평균 입자 지름이 $20\,\mu\text{m}$ 이하로 분사가 가능하기 때문에 기화가 빨라 연소하기 쉬운 혼합 가스가 형성되며, 인젝터의 니들 밸브에 고압이 가해지기 때문에 니들 밸브를 열기 위해서는 큰 전류가 필요하다. 큰 전류는 콘덴서 방전을 이용하여 전압을 일시적으로 승압시켜 대전류를 방전시켜 인젝터 구동 전류를 공급한다.

고압 자석 점화 방식(高壓磁石點火方式) high tension magneto ignition system　고압 전류를 발생하는 자석 발전기를 이용하여 연소실 내에 압축된 혼합 가스에 고온의 전기적 불꽃으로 점화하는 방식으로서, 전원과 배전부가 일체로 되어 있다. 따라서 작고 가벼우며 축전지가 필요 없는 장점이 있지만, 저속 회전에서 점화 불꽃이 약하고 점화 시기 조정 범위가 좁은 단점이 있다.

고압 케이블 high tension cable　점화 코일에서 발생한 2차 전압을 배전기의 중심 전극에 연결하고 이를 다시 점화 플러그에 전하는 케이블로서, 중심부의 도체를 고무로 절연하고 그 표면을 비닐 등으로 보호한다.

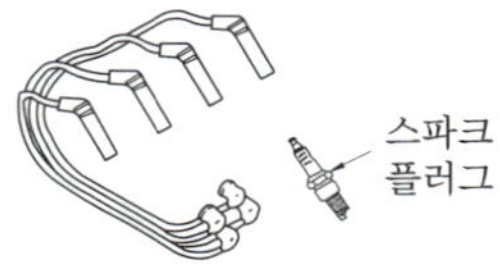

고압 케이블

고압 코드 high tension code　$20,000\sim25,000\,\text{V}$의 전기가 흐르는 케이블로서, 점화 코일 2차 단자에서 디스트리뷰터 중심 부분에 그리고 디스트리뷰터에서 스파크 플러그로 연결되는 코드를 말한다.

고압 타이어 high pressure tire　버스, 트럭에서부터 지게차, 크레인, 로더 등 중장비에 이르기까지 대형차와 특수 차량의 큰 하중과 고속 주행을 가능하게 설계된 타이어로, '타이어의 바깥지름×타이어의 폭×플라이 수'로 표시된다.

고압 필터 high pressure filter　유압 펌프와 제어 밸브 사이에 설치되어 유압유에 혼입되어 있는 $10\sim20\,\mu\text{m}$ 정도의 불순물을 여과시키는 역할을 하는 것이 고압 필터

인데, 펌프 출구의 고압에 견디기 위해서 견고한 구조로 되어 있다. 내장형 탠덤 밸브(tandem valve)의 경우에는 리턴 오일을 1개의 리턴 라인에 모으기 어렵기 때문에 고압 필터가 사용된다.

고에너지 점화 HEI ; high energy ignition 브레이커 포인트를 사용하지 않은 제너럴 모터스 사에서 사용하는 전자식 점화 시스템으로, 높은 전압 (35,000 V)을 낼 수 있다.

고에너지 점화 장치 HEI ; high energy ignition system 제너럴 모터스 사에서 개발한 점화 장치로, 보통 점화 코일과 배전기가 하나로 조합되어 있다.

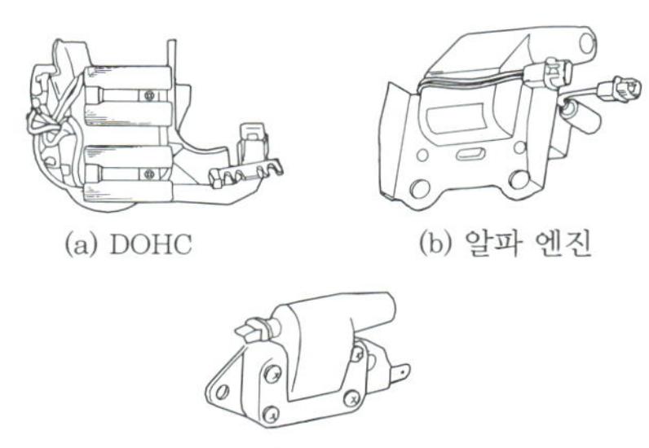

(a) DOHC   (b) 알파 엔진

(c) MPI

고에너지 점화 장치

고열선 흡수 글라스 태양 에너지의 흡수율을 높인 유리로서, 유리 색은 그린 계통으로 일반적인 착색유리보다 약간 짙으며, 다음과 같은 특징을 갖는다. ① 태양 에너지의 흡수율이 높고, 차의 실내 온도 저감 효과가 높다. 주행 중에는 흡수한 열의 차외 방출이 크게 되어 효과가 현저하게 두드러진다. ② 자외선 투과율이 낮기(일반 착색유리의 약 50 %) 때문에 내장재의 열화 방지의 효과가 있다.

고온 도전성 (高溫導電性) pyroconductivity 상온에서 비전도성의 고체는 온도가 높아짐에 따라 용해되어 전류가 흐르는 성질을 말한다.

고온 센서 sensor 고온 센서는 MCC(manifold catalytic converter) 또는 UCC(underflow catalytic converter) 출구의 배기가스 온도를 검지하고 이상 고온이 되었을 경우 경고등을 점등시켜 드라이버에게 경고하기 위해 장치되어 있다. 열전대식으로 촉매 변환기의 출구부에 장치되어 있으며,

촉매를 통과한 배기가스의 온도에 따라서 양 단자 사이에 기전력(전위차)을 발생하게 한다.

고온 크랙 hot crack 응고 직후 아직 연성이 부족한 용착 금속이 수축 응력의 당기는 힘에 의해 갈라지는 현상으로, 이것은 필릿 용접부 및 크레이터에 많이 생긴다.

고용체(固溶體) solid solution 어느 한정된 범위 내에서 특별한 상의 변화 없이 화학적 조성에 변화를 보이는 단일 결정질 광물을 말한다. 두 가지 이상의 화합물이 섞이는 경우 평형 상태에서 하나의 상을 이루는 고체이다. 즉, 둘 이상의 결정체가 섞인 것이라고 할 수 있다.

고위 발열량(高位發熱量) higher order of heating value 단위 양의 연료가 완전 연소되었을 때 발생하는 열량으로 총발열량이라고도 한다.

고유 저항(固有抵抗) natural resistance 고유 저항은 물질의 조직에 의해서 발생되는 저항으로서 재질, 단면적, 형상, 온도에 따라 변화되며, 기호는 ρ를 사용한다. 물질의 고유 저항은 길이 $1\,\mathrm{m}$, 단면적 $1\,\mathrm{m}^2$인 도체의 두 면 사이의 저항값을 비교하여 나타낸 것으로 비저항(比抵抗)이라고 하며, 단위는 $\Omega\mathrm{m}$이나 실제로 $1\,\mathrm{m}^2$는 너무 크기 때문에 $1\,\mathrm{cm}^2$의 고유 저항은 단위 $\Omega\mathrm{cm}$를 사용한다.

고유 진동수(固有振動數) natural frequency 스프링은 저마다의 딱딱한 정도에 따라 공진하는 진동수를 갖고 있는데 이를 고유 진동수라고 하며, 스프링 위쪽 무게에 따라 변한다. 보통 주행 상태에서 스프링의 공진이 일어나면 차체가 크게 흔들려서 공진해도 불쾌감이 없는 범위 내에서 공진시키고 있으나 이 수치가 낮을수록 승차감은 좋다. 즉, 수치가 낮다는 것은 스프링이 부드럽다는 것을 뜻한다. 반대로 스프링이 너무 부드러우면 롤각이 커지거나 승차한 사람의 수에 따라 자세의 변화가 커지는 등 결점도 많다.

고율 방전 테스트 high rate discharge test 배터리를 높은 전류로 방전할 때 셀 전압(cell voltage)을 점검하는 테스트를 말한다.

고율 충전기(高率充電器) high rate charger 짧은 시간에 배터리의 충전 전압을 올리

기 위해 높은 전류를 발생시킬 수 있게 된 배터리 충전기를 말한다.

고장력강(高張力鋼) high tensile steel　연강에 비해 다량의 합금 원소를 함유하여, 항복점 약 $39\,kg/mm^2$ 이상, 인장 강도 약 $49\,kg/mm^2$ 이상인 강을 말한다.

고장력 강판(高張力鋼板) high tension steel plate　자동차에 쓰이는 강판은 튼튼하면서 가벼워야 한다. 따라서 가공 시 가열과 냉각하는 속도와 방법을 바꾸어 강도를 크게 하기 위해 여러 가지 조직과 원소를 결합시키고 있다. 이렇게 해서 만든 인장 강도가 큰 강판을 고장력 강판이라고 한다. 고장력 강판은 두께가 얇고 고강도, 고강성을 지닌 철판으로, 차체의 외관상 또는 중요 요소에 사용함으로써 차량 중량을 감소함과 동시에 강성과 강도를 높여 내구성을 높인다.

고저항 인젝터 high resistor injector　솔레노이드 코일의 저항이 크기 때문에 인젝터에 저항이 없이 축전지 전압이 직접 연결되어 있는 인젝터가 고저항 인젝터이다. 이 인젝터는 극히 일부에 사용하며, 전류 제어식으로 인젝터를 구분하는 방법은 2개의 단자가 한쪽으로 치우쳐 설치되어 있고 커넥터가 청색이다.

고전압 케이블 high-tension cable　고전압을 코일에서 스파크 플러그로 운반하는 이 차 또는 스파크 플러그 케이블을 말한다.

고정 나사(固定螺絲) setscrew　축에 휠을 고정시키거나 위치를 조정할 때 등 그다지 힘이 걸리지 않는 곳을 고정시키는 데 사용되는 작은 나사를 말한다. 세트스크루라고도 하는 고정 나사는 2개의 부품을 결합하기 위해 쓰이는 것이다.

고정 벤투리식 fixed venturi type　흡입하는 공기의 속도를 올리기 위해서 관을 가늘게 놓은 곳을 벤투리라고 한다. 보통 카뷰레터는 이 부분이 일정한 굵기로 되어 있는데 이것이 고정 벤투리식이다.

고정 벤투리식 기화기 fixed venturi type carburetor　벤투리의 단면적이 변하지 않는 형식의 기화기로서, 흡입되는 공기의 속도를 빠르게 하기 위해 관을 가늘게 한 것을 벤투리라 하는데, 이 부분이 일정한 굵기로 되어 있는 것을 말한다. 많은 공기를

고속으로 통과시키기 때문에 벤투리는 2중, 3중으로 된 것이 많다.

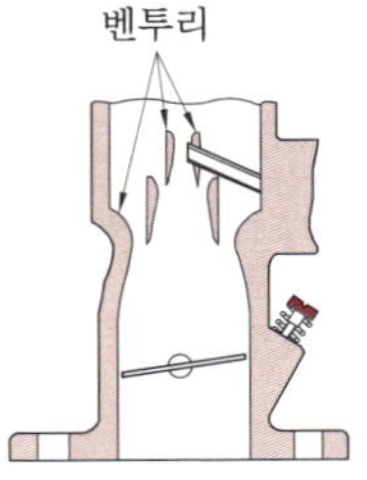

고정 벤투리식 기화기

고정 벤투리 카뷰레터 fixed venturi carburetor　가변 벤투리 카뷰레터에 쓰이는 용어로서, 벤투리의 변화가 없는 일반적인 카뷰레터를 말한다. 흡입하는 공기의 속도를 높이기 위하여 관을 가늘게 한 것을 벤투리라고 한다. 일반적으로 카뷰레터는 이 부분이 일정한 굵기로 유지되고 있다. 이것이 고정 벤투리식이다. 많은 공기를 고속으로 통하게 하기 위하여 벤투리가 2중, 3중으로 되어 있는 것이 많다.

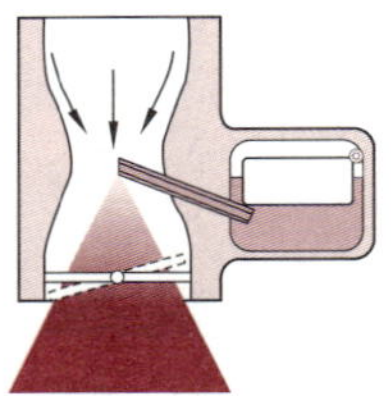

고정 벤투리 카뷰레터

고정식(固定式) stationary type　커넥팅 로드에 동합금의 부시(bush)를 끼우고 피스톤 핀은 피스톤 보스에 고정하게 되어 있다. 중·대형 기관에 많이 사용된다.

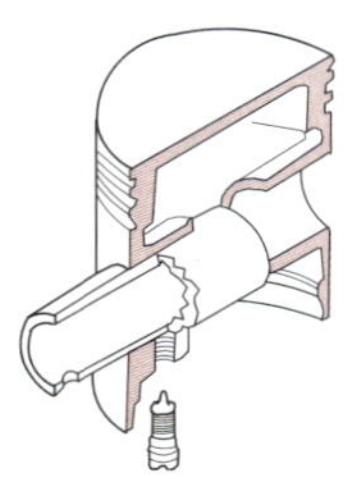

고정식

고정식 캘리퍼 stationary type caliper　고정식 캘리퍼는 그림과 같이 휠과 함께 회전하는 디스크와 고정된 캘리퍼로 구성되어 있으며, 캘리퍼의 양단에 실린더가 장

착되어 있다. 실린더에는 피스톤 및 자동 조정 장치가 내장되어 있고, 마스터 실린더로부터의 유압을 받아서 피스톤 선단의 패드를 디스크의 양면에 압착해서 제동 작용을 하도록 되어 있다.

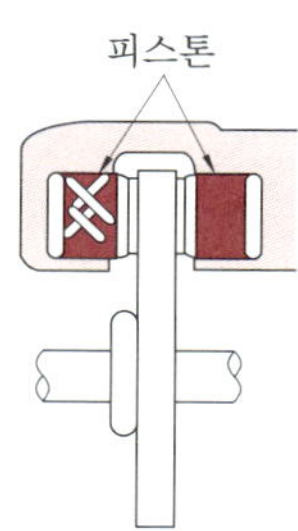

고정자(固定子) stator　전동기나 발전기 등에서 고정되어 있는 부분, 즉 권선을 지지하는 철심과 철심을 부착하는 프레임으로 이루어져 있다. 회전자(回轉子)에 대한 상대적인 말이다.

고정 장치(固定裝置) fixture　부품을 기계에 고정시키는 것으로, 부품을 가공할 때 부품이 움직이지 않도록 고정하는 장치를 말한다.

고정 접점(固定接點) stationary point　점화 1차 회로를 단속하는 접점 중 브레이커 판 위에 고정되어 있는 접점을 말한다.

고정 주행(固定走行) fixed traveling　오버드라이브가 불필요할 때 오버드라이브를 고정시키고 주행하는 상태로 변속기 주축의 고정축과 피동축이 직결되는 상태를 말한다. 이 상태에서는 구동축의 선 기어와 유성 기어 캐리어가 클러치 쪽으로 이동하여 물리게 되고 선 기어와 유성 기어 캐리어가 일체가 되기 때문에 오버드라이브 기어와 전체가 일체가 되어 변속기 주축이 직접 추진축에 연결되는 상태가 된다.

고정축 이음 rigid shaft coupling　연결하고자 하는 2개의 축이 일직선상에 있을 때 사용하는 이음으로 볼트나 키로 연결한다. 고정축 이음에는 플랜지형과 분할형 이음이 있다.

고정축 현가(固定軸懸架) solid axle suspension　견고하거나 분리되지 않는 액슬이나 액슬 하우징의 양쪽 끝에 휠을 부착하는 현가 시스템을 말한다.

고정형 캘리퍼 fixed type caliper　2개의 피스톤을 사용하여 너클과 캘리퍼가 일체로 조립된 형식으로, 제동력이 캘리퍼와 너클에 분산되어 캘리퍼에 진동이 없고 2개의 피스톤으로 디스크를 양쪽에서 밀어 주기 때문에 브레이크 성능이 우수하다. 그래서 용량이 커야 하는 고급 승용차나 튜닝용 레이싱카에 많이 사용되고 있다.

고주파(高周波) high-frequency　주파수가 높은 파동이나 전자기파를 말한다. 전력 공학 분야에서는 상용(商用) 주파수인 50~60 Hz 이상을 고주파라고 하며, 보통의 전기 계기에서도 같다. 그리고 통신 공학에서는 가청 주파수대인 20~20,000 Hz 이상을 가리키는 일이 많다. 또 슈퍼 헤로다인 방식의 수신기에서는 희망 수신 주파수가 일반적으로 중간 주파수보다 높으므로 이것을 고주파라 하고 있다. 즉, 중파 수신기에서는 500~1,600 kHz가 고주파이고, FM 수신기나 텔레비전 수상기에서는 80 MHz 부근의 90~220 MHz대가 고주파이다.

고주파 경화법(高周波硬化法) high-frequency hardening method　코일 속 또는 코일 곁에 철강의 피가열체를 두고 코일에 흘린 고주파 전류에 의하여 발생한 전자 유도 전류에 의해서 피가열체의 표면층만을 급속히 가열한 다음, 곧바로 물을 분사하여 급랭시킴으로써 표면층만을 담금질하는 방법이다. 이 방법을 쓰면 피가열체의 내부 성질은 처리 전의 상태 그대로 유지되기 때문에 인성이 요구되는 부품의 처리법으로서 적합하다.

고주파 유도 용접(高周波誘導鎔接) high-frequency induction welding　용접부를 가압하며 고주파 유도열을 이용하여 접합하는 맞대기 용접법이다. 이음매 용접법이라고도 한다.

고주파 저지 장치(高周波沮止裝置) harmonic suppressor　전기 장치에서 발생하는 고주파 성분을 제거하기 위해 기기의 적당한 부위에 삽입하는 필터로서 고압 케이블, 노이즈 등이 이에 속한다.

고주파 저항 용접(高周波抵抗鎔接) high-frequency resistance welding　용접부를 가압하며 고주파 전류를 직접 모재에 공급하여 접합하는 저항 가열 용접법을 말한다.

고주파　진동 (高周波振動) high-frequency vibration of body　주행 중인 차체에 일어나는 진동 가운데서 대체로 10 cyl/s 이상이고 차체가 탄성체로서 운동을 하고 있는 진동을 말한다.

고주파 트랜지스터 high-frequency transistor 고주파의 증폭, 발진 등에 적합하도록 만들어진 트랜지스터로서, 컬렉터 용량과 베이스 확산 저항이 작아지도록 베이스의 폭을 아주 좁게 하는 역할을 한다.

고지 보정 기능(高地補正機能) 산악지 드라이브 등으로 고도가 높아지면 산소 농도가 희박해지고 연소 효과가 떨어진다. 이것을 보정하기 위해 센서로 대기압을 검출하고, 고도에 맞는 분사량이 되도록 제어하는 기능이다. ECI 엔진에 장치되어 있는 기능 중의 하나이다.

고착 용제(固着溶劑) bonded flux　분말 원료를 고착제로 사용하여 고결 입상화한 용제를 말한다.

고체 마찰(固體摩擦) solid friction　접촉면이 건조한 상태에 있는 두 물체 사이에서 상대 운동을 시작하려고 할 때, 또는 상대 운동을 하고 있을 때 접촉면에 상대 운동을 저지하려는 마찰력이 발생한다. 이 마찰력을 고체 마찰이라고 한다.

고체 전해질(固體電解質) solid electrolyte 고체 상태에서 큰 이온 전도를 보이는 물질을 말한다. 양이온 전도를 보이는 것과 음이온 전도를 보이는 것이 있다.

고체 전해질 가스 센서 solid electrolyte gas sensor　고체 전해질(固體電解質)과 분위기 산소 사이의 전기 화학적 반응을 이용한 것이다. 고체 전해질을 벽으로 놓고 한쪽에는 측정 가스를 접촉시키면 발생되는 기전력에 의하여 기준 가스와 산소 분압에 대한 측정 가스 안의 산소 분압의 비를 검출하게 된다.

고체 전해질 일산화탄소 센서 solid electrolyte carbon monoxide gas sensor　고체 전해질(固體電解質)의 기전력에 의하여 CO 농도를 측정하는 센서이다. 안정화 지르코늄판의 양면에 전극을 설치하고, 또 그 한쪽 면에 다공질의 CO 산화 촉매를 설치한 구조로 되어 있다. CO가 없는 경우, 양 전극 간의 출력 전압은 0 V이지만, CO가 있으면 촉매를 설치한 쪽에서는 CO의 산화 반응이 일어나 근방의 산소를 사용하기 때문에 전극 표면 부근의 실효 산소 분압이 감소된다. 그 때문에 양 전극 간에 CO의 농도에 비례한 기전력이 발생하는 것을 이용하여 CO를 측정할 수 있다.

고체형(固體形) solid state　주로 실리콘 칩을 이룬 전자 부품으로, 종래에 사용하던 진공관의 대치품이다.

고체형 조정기(固體形調整器) solid-state regulator　알터네이터 내에 설치되는 조정기로서, 실리콘 칩 등을 이용하여 전압을 조정하는 작용을 한다.

고탄소강(高炭素鋼) high carbon steel　탄소량에 의해 강철을 분류할 때 탄소가 0.5% 이상 함유한 강철을 말한다. 성형성·용접성이 낮고 내마모성·고항복점을 요구하는 공구, 베어링, 스프링, 레일 등에 사용한다.

고합금강(高合金鋼) high alloy steel　탄소 이외의 합금 원소가 많이 들어 있는 강철을 말한다. 특수강의 주요 부분을 차지하고 있으며, 스테인리스강이 대표적이다.

고회전형 high speed type　최고 출력과 최대 토크가 높은 회전에서 발생하는 성격의 엔진을 말하며, 경쾌한 주행에는 항상 엔진 회전을 높게 유지할 필요가 있으므로 주로 스포티카에 많다. 그것은 출력을 높일 수 있는 이점이 있기 때문이다.

곡률 반지름 radius of curvature　곡선의 미소(微小)한 부분을 생각하면 원호(圓弧)로 간주할 수 있다. 이 원호의 반지름을 곡률 반지름이라 하고, 그 역수를 곡률이라고 한다.

곡선 가위 circular snip　판금용 가위로서, 판재를 곡선으로 자르는 데 사용한다.

공간격자(空間格子) space lattice　⇨ 결정 격자

공간 필터식 각속도 센서 angular velocity sensor using spacial filter　회전하는 물체 표면의 무작위(無作爲)의 빛을 원주 방향으로 같은 피치로 배열한 센서(공간 필터)로 검출하고, 회전 속도에 비례한 주파수를 얻음으로써 물체의 각속도를 측정하는 방식의 센서이다. 그림 (a)에 있어서 대상이 각속도 ω로 회전하고 있을 때, 렌즈에 의하여 대상의 상이 공간 필터 검출

기 상에 맺혀 있으면 공간 필터의 출력 주파수 f는 $f=m(\omega/\theta)$으로 줄 수 있다. 여기서, θ는 공간 필터의 1피치 각, m은 광학 배율이다. 따라서 공간 필터의 출력 주파수로부터 대상의 각속도를 측정할 수 있다. 공간 필터 검출기는, 예컨대 그림 (b)와 같은 포토다이오드로서 2개의 톱니 모양의 패턴이 서로 맞물린 형상으로 되어 있다. 각 톱니는 슬릿(격자)의 기능을 하는 동시에, 거기에 대조되는 빛의 강도에 비례한 전류를 발생한다. 전류는 각 톱니 밑에 있는 전극으로 모아져(공간적 적분의 실행과 등가) 외부로 꺼내진다. 또 2개의 전류 출력의 차를 검출하는 차동 구성으로 되어 있어서 S/N이 증가한다. 그리고 이와 같은 특별한 형상의 포토다이오드 대신, 격자와 포토다이오드로 공간 필터를 구성해도 된다. 또 정보의 매체로서는 측정 대상에 따라 빛 이외에 초음파, 정전 용량, 인덕턴스, 전기 저항 등을 이용할 수 있다.

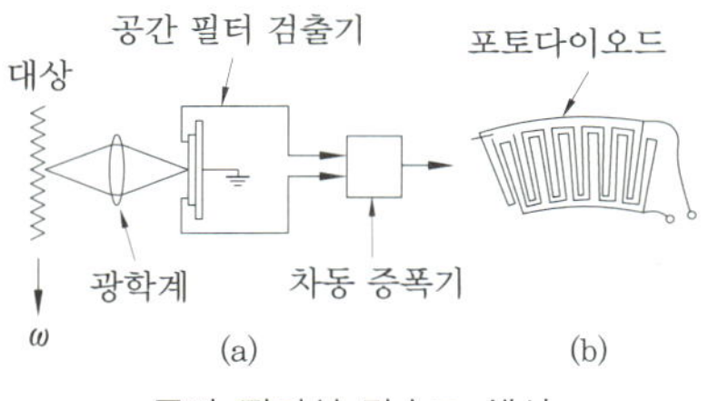

공간 필터식 각속도 센서

공간 필터식 속도 센서 velocity sensor using spacial filter   이동하는 물체 표면의 빛을 이동 방향으로 등간격이 되게 배열한 센서(공간 필터)로 검출하여 이동 속도에 비례한 주파수를 얻음으로써 물체의 속도를 측정하는 방식의 센서이다. 그림 (a)에 있어서 대상이 속도 v로 이동하고 있을 때 렌즈에 의하여 대상의 상이 공간 필터 검출기 상에 맺혀 있다면, 이 공간 필터의 출력 주파수는 $f=m(v/p)$로 주어진다. 여기서, p는 공간 필터의 1피치, m은 광학 배율이다. 따라서 공간 필터의 출력 주파수로부터 대상의 속도를 측정할 수 있다. 공간 필터 검출기는, 예컨대 그림 (b)와 같은 n형을 Si를 기판으로 하는 포토다이오드로, p형의 Si 부분(감지 부분)을 2개의 톱니 모양의 패턴이 서로 맞물린 것 같이 가공해 놓았다. 각 톱니는 슬릿

(격자)의 기능을 하는 동시에, 거기에 비춰지는 빛의 강도에 비례한 전류를 발생한다. 전류는 전극에 모아져(공간적 적분의 실행과 등가) 외부로 꺼내진다. 또 2개의 전류 출력의 차를 검출하는 차동 구성으로 되어 있어서 S/N이 향상되고 있다. 그리고 이와 같은 특별한 형상의 포토다이오드 대신 격자와 포토다이오드로 공간 필터를 구성해도 된다. 또 정보의 매체로서는 측정 대상에 따라 빛 이외에 초음파, 정전 용량, 인덕턴스, 전기 저항 등을 이용할 수 있다. 공간 필터식 속도 센서는 벨트 컨베이어, 강판, 종이, 자동차 등의 주행 속도를 검출하는 것으로부터 응용하기 시작하여 차츰 회전계, 풍속계, 유량계로 응용 범위가 확대되어 가고 있다.

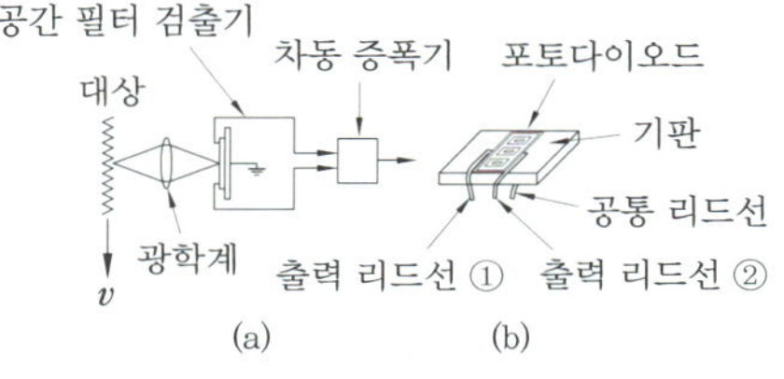

공간 필터식 속도 센서

공구(工具) tools   물건을 만들거나 고치는 데 쓰는 기구나 도구를 통칭하는 말이다. 공구의 종류에는 절삭 공구, 연삭 공구, 손다듬질용 공구, 계측기, 손작업용 공구 등이 있다.

공급 펌프 supply pump   연료 탱크로부터 연료를 받아들이기 위해 디젤 엔진의 분사 장치 내에 사용되는 펌프를 말한다.

공급 회로(供給回路) supply circuit   배터리의 ⊕단자에서 차량의 전기 부품들까지 전류를 흐르게 하는 배선을 말한다.

공기 간극(空氣間隙) air gap   점화 포인트 (ignition point) 또는 점화 플러그의 접점 간의 간극을 말하며, 또 교류 발전기에서 자장(磁場, magnetic field) 사이의 간극을 말하기도 한다.

공기 과열 장치(空氣過熱裝置) (1) air heated choke   초크용 바이메탈 코일 장치를 말하며, 이 장치는 배기 다기관 측면에 설치되는 열교환기(heat exchanger)로부터 오는 공기 온도에 의해 과열된다. (2) heated air system   서모스태틱으로 제어하는 공

기 청정기로 웜업 기간 동안 스토브(stove)나 배기 주위의 슈라우드에서 기화기에 온도(溫度, 따뜻한 공기)를 공급하기 위한 장치를 말한다.

공기 과잉률(空氣過剩率) excess air factor 엔진에 공급되는 공기와 연료의 질량비를 공연비(空燃比)라고 하며, 실제 운전에서 흡입된 공기량을 이론상 완전 연소에 필요한 공기량으로 나눈 값을 공기 과잉률이라고 하는데, 이 값의 역수를 등량비(等量比)라고 한다.

공기량 감지식 전자 제어 연료 분사 장치(空氣量感知式電子制御燃料噴射裝置) 독일 보슈(Bosch) 사의 특허로서 휘발유 엔진용 연료 분사 시스템의 한 형식인 L-제트로닉을 이른다. 연료 분사 장치는 기계 제어 방식과 전자 제어 방식으로 크게 나누어지지만, L-제트로닉 방식은 후자의 전자 제어 방식이다. 현재 연료 분사 장치(EFI, EGI, ECL, ECGI)의 기본 시스템은 모두가 이 L-제트로닉 방식이다. K-제트로닉 방식의 연속 분사 방식에 대한 L-제트로닉 방식은 단속(斷續) 간헐 분사 방식을 취한다. 일정 압력으로 컨트롤된 연료를 흡입관 내로 분사하는 방식이 일반적이어서 분사량의 제어는 연료 인젝터를 매 사이클당 흡입 공기량에 대해서 필요 시간만큼 열어 놓는 데 따라 행해진다. 전자 제어 방식은 엔진의 운전 상태의 검출을 전기적으로 모두 행하기 때문에 적합 자유도가 크며, 또한 보정 요소가 용이하게 추가될 수 있다는 등의 이점이 있다. 분사량은 앞에서 언급한 바와 같이 연료 인젝터에 들어오는 전기 펄스의 시간만으로 결정되기 때문에 제어가 높은 정밀도인 것이다. 보슈 사의 전자 제어식 연료 분사 장치에는 L-제트로닉 방식 외에 초기의 전자 제어식 연료 분사 장치 차에서 많이 채용된 D-제트로닉 방식이 있다. 그런데 L-제트로닉 방식 쪽이 일반적으로 성능이 뛰어나 오늘날에는 거의 이 방식을 택하고 있다. 인젝터로부터 연료 분사량은 기본 분사량($K \times$흡입 공기량/엔진 회전수) + (증량(增量) 보정 분사량)으로 구성되어 있다(여기서 K는 계수).

공기 마이크로미터 pneumatic micrometer, air gauge 미세한 변위(變位)를 공기의 유량이나 압력의 변화로부터 측정하는 변위 센서이다. 노즐에서 공기를 피측정물에 뿜어내면 노즐과 피측정물과의 틈새와 유량(압력)의 사이에 특정한 관계가 있기 때문에 그 유량의 변화로부터 변위를 측정할 수 있다. 일정한 압력의 노즐에서 공기를 뿜어 유량의 변화로부터 변위를 측정하는 유량식과, 일정 유량에서의 배압의 변화로부터 측정하는 배압식이 있다. $1 \mu m$ 이하의 미세한 변위를 측정할 수 있으나, 피측정물의 표면 상태의 영향을 받기 때문에 공급 압축 공기는 물, 기름, 먼지 등을 제거하고 사용할 필요가 있다. 노즐을 연구함으로써 직선 변위뿐만 아니라 원통의 안지름·바깥지름, 두께 등 각종 측정에 응용할 수 있다.

공기 모니터 air monitor 대기 오염을 감지하기 위해 사용하는 경보기를 설치한 측정 장치를 말한다.

공기 밀도(空氣密度) air density 단위 체적 중에 포함된 공기의 질량을 말한다. 공기는 일정한 성분으로 조성된 혼합 기체이지만, 수증기는 변동이 큰 성분의 하나이다. 같은 온도와 압력 조건에서 습윤한 공기의 밀도는 건조 공기의 밀도보다 낮다.

공기 밸브 air valve 공기 밸브는 연소실 안으로 흡입되는 공기를 조절하는 밸브 장치로, 동절기 시동이나 워밍업 전까지 스로틀 밸브의 열림 양이 적어 엔진의 운전이 원활하지 못하므로 공기를 추가로 공급하여 흡기 다기관에 분사된 연료와 혼합되어 실린더에 공급되기 때문에 엔진의 회전 속도가 공회전 위치에서 상승되어 원활하게 작동한다. 엔진의 온도가 저상 운전 온도에 가까워지면 히팅 코일에 의해 바이메탈 스프링이 가열됨으로써 리턴 스프링의 장력으로 닫히게 되어 스로틀 밸브로만 흡입되므로 규정의 공회전 속도를 유지하게 된다.

공기 분사(空氣噴射) air injection 배기 시스템 내로 신선한 공기를 분사하는 배기 조정 장치로서, 그 이유는 다음과 같다. 즉, ① 배기 시스템에서 배기가스의 연소를 지속하기 위해, ② 산소 센서를 가동 온도로 예열하기 위해, ③ 촉매 변환기의 효율을 증가시키기 위해서이다.

공기 분사(식) 장치 air injection system 배기 장치 내로 신선한 공기를 분사하는 배기 조정 장치로, 배기 장치 내에서 배기가스의 연소를 지연하기 위함과 산소 센서를 가동 온도로 예열하고 촉매 변환기의 효율을 증대하기 위한 장치를 말한다. 이 장치는 에어 펌프나 원 웨이 체크 밸브(일방향 밸브)를 통해서 공기를 끌어들이기 위해 배기 펄스를 이용하는 장치를 사용한다. 에어 인젝션 시스템이라고도 한다.

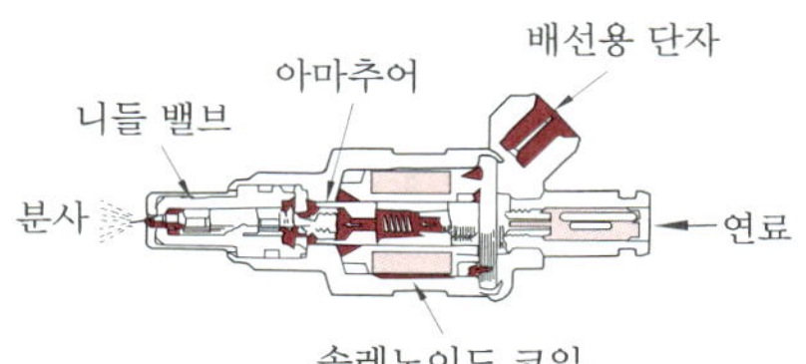

공기 분사(식) 장치

공기 블리드 air bleed 가솔린이 기화기 내부 회로를 통하여 흐를 때 가솔린 내에 공기를 혼입하기 위해 마련한 공기구멍을 말한다.

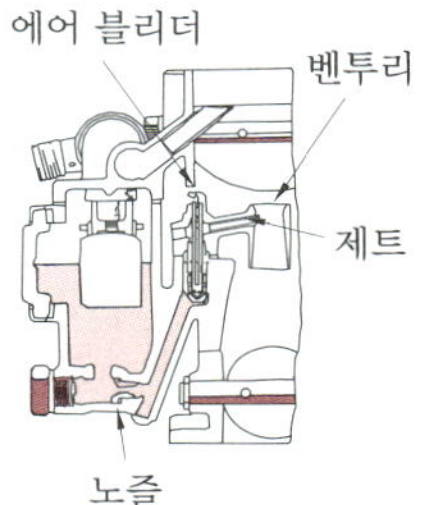

공기 블리드

공기 스프링 (1) air spring 공기의 탄성을 이용한 완충기로서, 매우 유연하게 충격을 흡수할 수 있고 승차감 또한 매우 우수하다. (2) pneumatic spring or air spring 공기의 유연한 탄성을 이용한 것으로, 벨로스(bellows)나 다이어프램식(diaphragm type)으로 되어 있으며, 공기탱크 내·외부의 형태와 체적을 변화시켜 크고 작고 넓은 범위의 충격과 진동을 흡수한다. 그리고 레벨링 밸브가 있어 차량 중량의 불균일에 따른 체적 및 압력의 변화를 균일하게 조정하여 차체의 높이 또한 일정하게 유지한다. 주로 장거리 주행용의 관광·고속버스에 많이 적용된다.

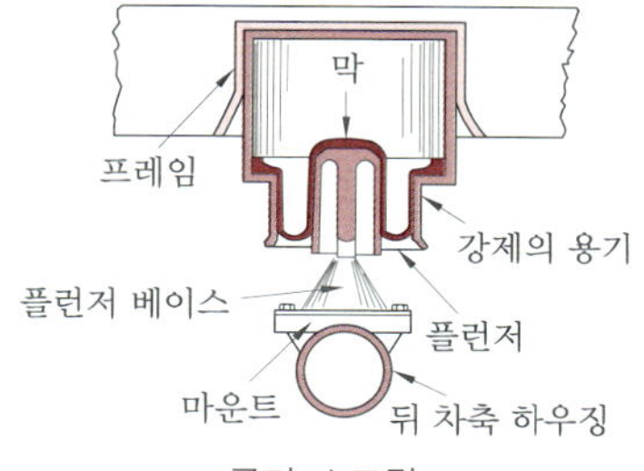

공기 스프링

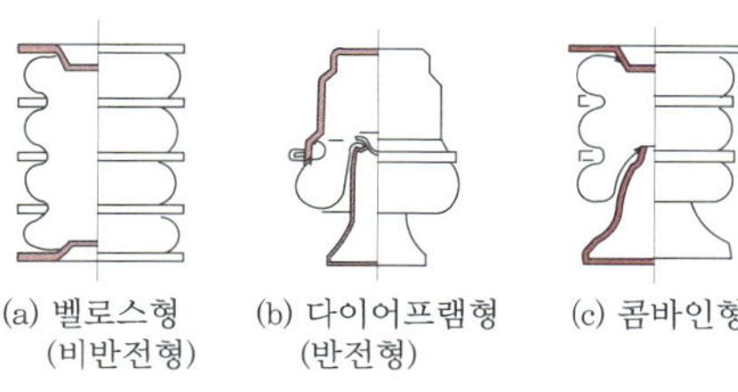

공기 스프링의 구조

공기 스프링의 종류

공기 스프링 밸브 air spring valve 공기 현가장치에서, 컴프레서에서 압송된 공기는 체크 밸브를 지나 메인 탱크로 보내지고 이곳으로부터 앞과 뒤쪽의 레벨링 밸브의 작동에 의하여 압축 공기는 자동차가 표준 높이에 이르기까지 서지 탱크(surge tank)와 벨로스(bellows)라 불리는 막판으로 보내지게 된다. 이때 공기의 통로 크기를 가감할 수 있는 공기 스프링 밸브를 설치하여 벨로스와 서지 탱크와의 압력을 가감하는 밸브를 말한다.

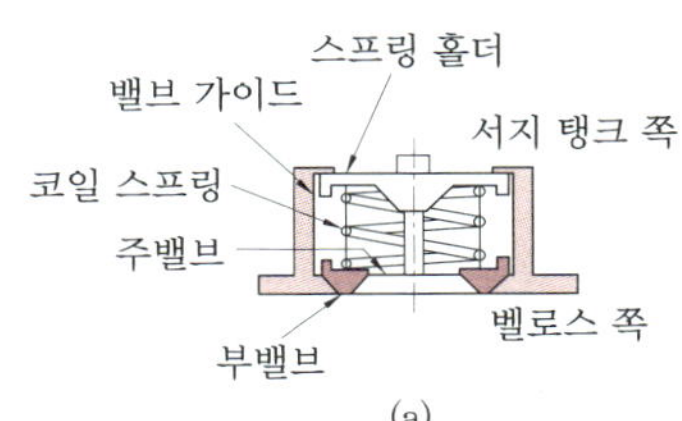

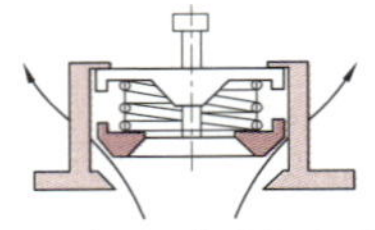

(b) 벨로스에 압축될 때

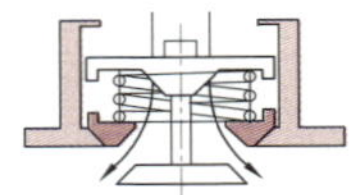

(c) 벨로스가 늘어날 때

공기 스프링 밸브의 작동

공기 스프링 현가장치 air spring suspension

엔진에 의해 압축 공기를 생산하는 공기 압축기(air compressor), 생산된 공기를 저장하는 서지 탱크(surge tank), 벨로스(bellows)나 막(air phragm) 형식의 공기 스프링(air spring), 생산된 공기를 일정한 방향으로 보내는 체크 밸브(check value) 라인 내에 균일한 압력을 유지하여 차고를 항상 일정하게 유지시키는 레벨링 밸브(leveling value), 탱크 내 압력 초과 시 공기를 배출시키는 배출 밸브 또는 압력 캡, 공기 스프링을 고정 및 연결시키는 링크(link) 등으로 구성되어, 차고의 높낮이에 따라 변화된 레벨링 밸브 레버 각도가 수평이 될 때까지 공기 스프링 내의 공기를 주입 또는 배출하여 항상 일정한 높이를 유지하는 형식이다.

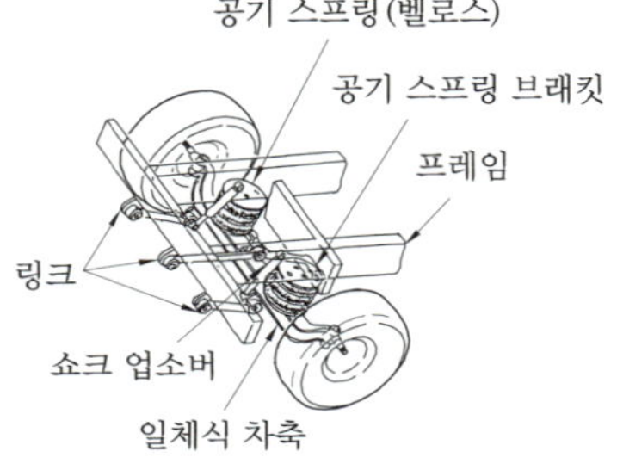

(a) 앞 현가장치의 구조

(b) 뒤 현가장치의 구조

공기 스프링 현가장치

공기식 디젤 엔진 air cell type diesel engine

디젤 엔진으로서 주연소실과 부연소실을 가지고 있으며, 부연소실식과는 반대로 연료를 주연소실에서 부연소실로 분사하는 방식이다. 팽창 행정은 착화가 최초에 주연소실에서 일어나 공기와 연료가 부연소실 내에 들어가면 연소가 시작되어 그 혼합 가스가 주연소실에 분출되어 완전히 연소되는 과정을 거친다. 연소실 주위의 구조가 복잡하여 현재는 사용되지 않는다.

공기(식) 배력 장치 hydro air pack system, hydraulic & air combined system

일반 유압 브레이크 장치에 공기 압축기(air compressor), 공기탱크(air tank), 하이드로 에어팩을 두어 브레이크 페달을 밟으면 마스터 실린더에서 발생한 유압이 에어팩을 통해 탠덤 마스터 실린더를 작동시키고 라인을 통하여 각 휠 실린더로 오일을 공급한다. 이때 압축 공기와 대기압의 압력 차로 작동하는 에어팩에서는 펌핑을 하듯 추가적이고 계속적인 유압을 압축 공기압으로 동시에 발생시켜 주기 때문에 강력한 제동력을 얻을 수 있다.

공기(식) 브레이크 air brake

압축 공기를 이용하여 제동력을 얻는 브레이크 방식으로, 페달을 밟았을 때 발생하는 압축 공기의 압력을 이용하여 브레이크슈를 드럼에 압착시켜 제동력을 얻으며 작은 페달 조작력으로 큰 제동력을 얻기 때문에 대형 트럭, 버스, 트레일러 등에 쓰인다. 공기 파이프의 배관은 앞뒤가 각각 독립되어 있어 만일 한쪽이 고장 난 경우에도 다른 한쪽은 정상 작동하도록 되어 있다.

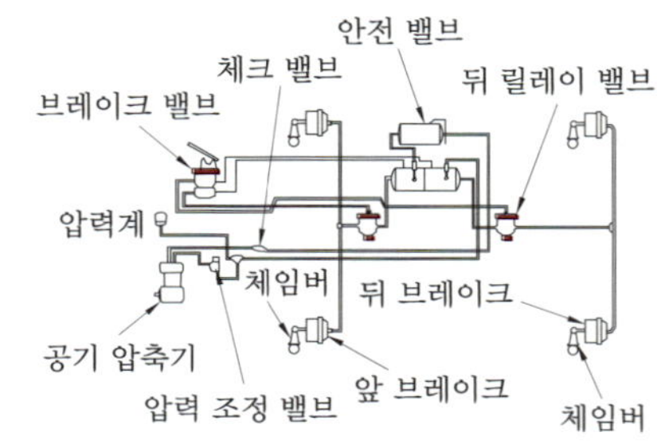

공기식 브레이크

공기식 조속기(空氣式調速機) air type governor

공기식 조속기는 소형 디젤 기관에

사용되는 것으로서, 엔진의 회전 속도와 흡기 다기관의 진공 변화에 따라 연료의 분사량을 조절하며 모든 회전 속도 범위를 제어하는 전 속도 조속기이다. 제어 래크는 다이어프램에 의해 연결되어 있고, 다이어프램에 의해 진공실과 대기실로 나누어져 진공실은 보조 벤투리에 호스로 연결되어 있으며, 대기실은 에어 클리너 입구에 파이프로 연결되어 있다. 진공실의 메인 스프링은 제어 래크를 최대 분사량 위치로 밀고 있다가 엔진의 회전 속도가 증가하면 보조 벤투리의 진공에 의해 다이어프램이 제어 래크를 감소 방향으로 잡아당겨 엔진의 회전 속도를 감소시킨다. 또한 엔진의 회전 속도가 감소하면 진공도 약해져 메인 스프링이 제어 래크를 밀어 회전 속도가 증가된다. 뉴매틱 거버너(pneumatic governor)라고도 한다.

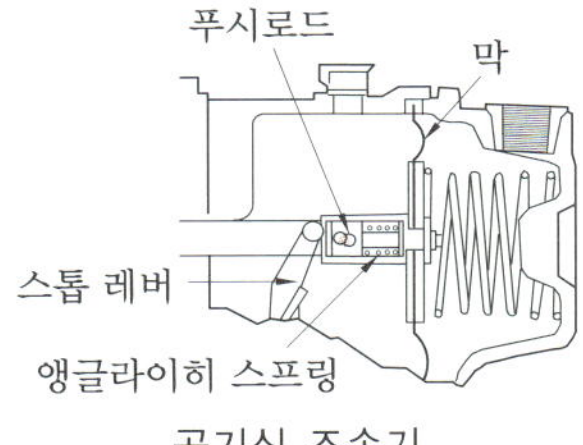

공기식 조속기

공기실식(空氣室式) air cell system

공기실식 연소실의 특징은, 예연소실식과 와류실식의 경우 부실에 분사 노즐이 설치되어 있음에 비해서, 이 형식은 부실의 대칭되는 위치에 노즐이 설치되어 있다. 연

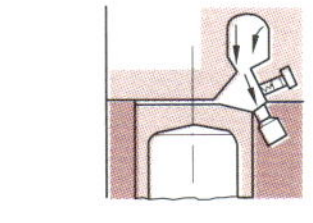
공기실식 연소실

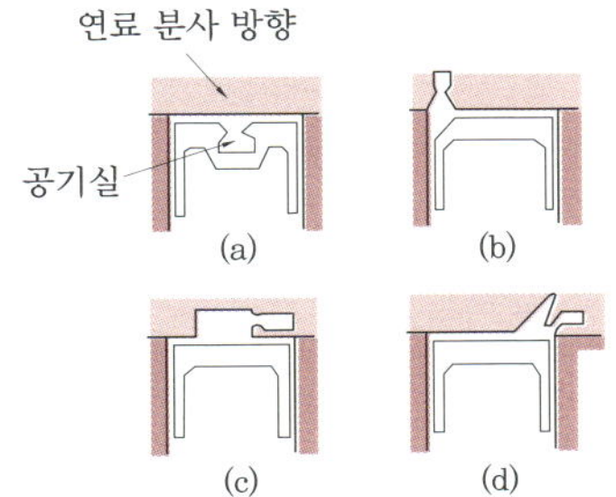

공기실식 연소실의 예

료의 분사 방향이 부실을 향해서 수행되는 것이 외관상 다른 부실식과 구별되며, 일명 후실식이라고도 한다. 공기실의 분출공이 가열되므로 착화 지연이 짧고, 연료의 성질에 둔감하며, 연료 분사 압력이 낮고($45\sim60\ \mathrm{kg/cm^2}$), 노킹이 잘 일어나지 않으며, 최고 압력이 낮아 운전이 정숙하다. 시동이 직접 분사식 다음으로 쉽기 때문에 예열 플러그 없이도 냉간 시 시동이 용이하다.

공기압(空氣壓) air pressure

흔히 운전자들은 타이어 자체에만 눈길을 두고 그 속에 든 공기는 잊어버리기 쉽다. 그러나 타이어에 걸리는 하중 가운데 타이어가 스스로 지탱하는 것은 10 % 정도이고, 공기를 충전해야 비로소 타이어는 제 기능을 발휘한다. 공기압이 너무 낮아지면 고속에 대한 내구성이 작아지고 굴림 저항이 늘어나 조절 성능이 나빠지는 등 좋지 않은 영향이 나타나는데, 모터스포츠에서는 경기 전에 반드시 공기압을 체크한다. 알맞은 공기압은 타이어가 바깥 기온과 같은 정도일 때 조정해 두지 않으면 안 된다. 보통 차에서도 한 달에 한 번은 공기압을 체크해야 된다.

공기압 센서 pneumatic sensor

공기압을 사용하여 물체의 유무, 위치, 상태 등을 검지하여 신호를 보내는 감지기의 총칭이다. 공기 마이크로미터가 노즐과 물체와의 거리를 측정하는 데 사용된다. 공기 마이크로미터의 원리를 이용한 것이 많고, 노즐에서 물체로 공기를 분출했을 때 노즐의 배압(背壓)과 물체와의 거리가 일정한 관계를 갖는 것을 이용한다. 공급 공기의 습기 제거, 지방(脂肪) 제거 등의 관리가 필요하지만 공기 마이크로미터만큼 엄밀하지 않다. 공기 압력을 사용하고 있기 때문에 시정수가 크므로 서보 기기를 구성하는 경우에는 주의를 요한다.

공기압 액추에이터 pneumatic pressure actuator

공기압 에너지를 동력원으로 하여 기계적인 운동으로 변환시키는 작동 기기를 말한다. 에어 실린더와 요동 모터 그리고 에어 모터로 구분할 수 있다.

공기압-전류 변환기(空氣壓-電流變換器) pneumatic pressure to current conveyer

공기압 신호를 전류 신호로 변환하는 변환기를 이른다. 공업 프레스용 검출기에는 공기압을 동력원으로 하는 공기식과 전기를 동력원으로 하는 전자식이 있다. 출력 신호는 공기압 신호 0~100 kPa, 전기 신호가 4~20 mA DC로 통일되어 있어서 서로의 신호 변환이 필요해지는 경우가 있다. 특히 공기식 검출기로부터의 공기압 신호를 전자식 제어 시스템에 결합시키는 경우가 많아 종종 이용된다. 변환기에 사용되는 압력 센서는 차동 인덕턴스식, 정전 용량식, 저항 변형 게이지식 등 각종 원리에 입각한 것이 있다.

공기 압축기(空氣壓縮機) air compressor 작은 공간(연소실) 내로 공기를 압축하여 공기의 유입 압력(流入壓力)을 상승시켜 흡입 효율을 높이기 위한 장치를 말하는데, 공기를 활용하기 위해 에어 탱크를 장착하여 사용한다.

공기 역학(空氣力學) aerodynamics 움직이는 물체(유체)와 관계한 공기의 응용 또는 연구, 즉 유체 역학(流體力學)의 원리를 공기에 응용하는 학문을 말한다.

공기 역학적 특성(空氣力學的特性) 공기 흐름이 있는 물체에 미치는 영향(공기 저항 등)의 성질을 말한다.

공기/연료비 A/F ratio 연소실 내로 보내는 혼합 가스에서 연료에 대한 공기의 비(ratio)를 말한다.

공기 연료비 센서 air fuel ratio sensor 엔진이나 보일러 등의 연소 기관에 있어서, 기관에 공급되는 공기와 연료의 중량비를 공기 연료비라고 하며, 그것을 계측하는 센서를 공기 연료비 센서라고 한다. 배기(排氣) 중의 배출물을 감소시키고, 연소 효율을 개선할 목적으로 공기 연료비 센서의 출력으로 공기 연료비를 피드백 제어하는 용도에 이용하고 있다. 공기 연료비 센서는 용도별로 보면, 이론 공기 연료 비용과 린 공기 연료 비용으로 나눌 수 있다. 여기서 이론 공기 연료비란 공기와 연료의 조성비가 바로 화학량비(化學量比)로 될 때의 공기 연료비로서, 이 경우 완전 연소하면 공기도 연료도 모두 타 버려 과부족을 일으키지 않는다. 또 린 공기 연료비란 이론 공기 연료비보다 연료가 적은

경우의 공기 연료비를 말한다. 한편 동작 원리상으로 분류하면 농담(濃淡) 전지식, 반도체 저항식, 전기 화학 펌프식으로 대별할 수 있다. 원래 이들은 모두 산소 농도를 측정하는 센서이지만, 공기 연료비와 배기 중의 산소 농도 사이에 일정한 관계가 있기 때문에 공기 연료비 센서로서 이용된다. 농담 전지식과 전기 화학 펌프식은 모두 지르코늄 고체 전해질을 이용한 것으로서, 전자에서는 기전력을, 후자에서는 전류 또는 시간을 출력으로 하고 있다. 또 반도체 저항식에서는 TiO_2(티타늄), Nb_2O_5, CoO 등의 산화물 반도체식의 전기 저항이 산소 농도에 대응하여 변화하는 현상을 이용하고 있다.

공기/연료 비율[1](空氣/燃料比率) air/fuel ratio 공기/연료 충전물에서 기화된 연료의 양에 비교한 공기의 양을 말한다. 이상적인(stoichiometric) 비율은 14.7 : 1이다. 즉, 14.7 lbs의 공기에 1 lbs의 연료이다.

공기 연료 비율[2](空氣燃料比率) stoichiometric AFR 연소실 내에서 탄화수소(HC)와 결합할 수 있는 정확히 필요한 질소(N_2)와 산소 분자(O_2)가 있음을 나타낸다. 공기와 연료의 비율은 공기 14.7의 양과 연료 1의 양의 비율이다.

공기/연료 충전물(空氣/燃料充電物) air/fuel charge 실린더로 들어가는 공기와 연료의 혼합 가스를 말한다.

공기 연료 혼합 가스 air fuel mixture 엔진 내 연소실로 보내어지기 위하여 기화기 내에서 적절한 비율로 혼합한 가솔린 또는 디젤 연료와 공기와의 혼합 가스를 말한다.

공기 온도 센서 air temperature sensor 엔진 흡기 장치에 들어가는 공기의 온도를 측정하기 위한 장치로서, 이때 감지된 온도는 필요한 제어 회로에 전기적으로 송신하게 된다.

공기 유량 센서 AFS ; air flow sensor 스로틀 보디에 설치되어 에어 클리너로 흡입되는 공기량을 계측하여 모듈레이터에서 숫자를 디지털 신호로 변환시켜 ECU로 보내고, ECU는 기본 분사 시간을 결정하도록 하는 센서로서, 에어 플로 센서라고도 한다.

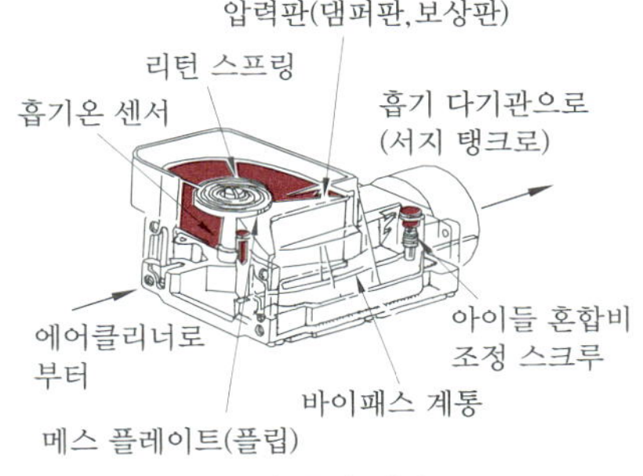

공기 유량 센서

공기 유통 조정기 AFC ; air flow control 엔진 내로 들어가는 측정량의 공기에 근거해서 연료를 계량하는 벤딕스(Bendix)나 보슈(Bosch)의 L-제트로닉(Jetronic)과 같은 전자식 연료 분사 시스템을 말한다.

공기 인렛 장치 air inlet system 유입 공기의 여과, 역화에 의해 생기는 화염 억제, 유입 공기의 웜업 등을 위한 기화기의 입구 장치를 말한다.

공기 저항(空氣抵抗) air resistance 공기 저항은 자동차가 운행 중 공기로부터 받는 저항으로, 자동차의 정면 면적에 비례하고 자동차 속도의 제곱에 비례한다.

$$R_a = \lambda A V$$

여기서, A : 자동차의 투영된 정면 면적(m^2)
　　　　V : 운행 중 자동차의 속도 (km/h)
　　　　λ : 저항 계수

등판능력은 1단 기어에 주어지며, 여기서 속도는 매우 늦어 약 10 km/h이다. 트럭의 경우에 트럭 정면의 면적 평균 $A = 4.5$ m^2이고, 계수 $\lambda = 0.0035$이다. 그러므로 10 km/h로 주행하는 트럭의 공기 저항은 $R_a = 0.0035 \times 4.5 \times 102$ kg 또는 약 1.5 kg 정도로 무시할 수 있는 작은 값이다.

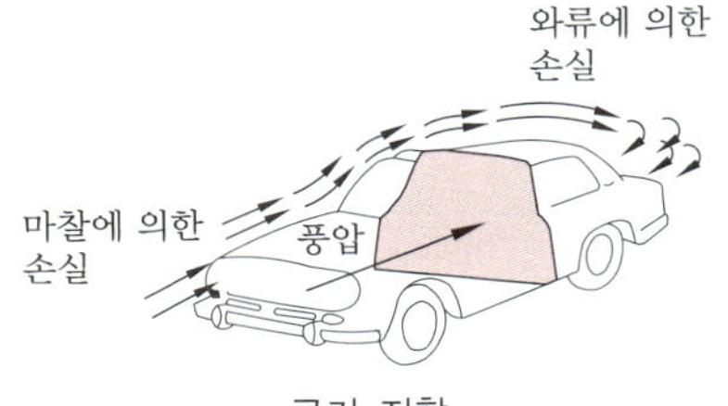

공기 저항

공기 저항 계수(空氣抵抗係數) air resistance coefficient 공기의 흐름에 대항하는 계수로서 일반적으로 Cd로 표시하며, 이 수치가 적어지면 적어질수록 공기 저항이 작은 차가 된다. 승용차는 0.35~0.45, 스포츠카는 0.3 정도로, 이 수치는 보디 스타일만이 아니라 표면의 매끈함과 바닥면의 공기 흐름 등에도 영향을 받는다. 공기 저항은 여기에 전면 투영 면적을 곱한 것으로, 공기 저항 계수가 작더라도 차체가 큰 차는 그만큼 공기 저항이 커지게 된다.

공기 전환 밸브 ASV ; air switching valve 공기 분사 장치 구성 부품의 하나로, 촉매 컨버터의 내부 온도가 약 730℃ 이상으로 되었을 때 배기 포트에의 2차 공기를 중지하고 촉매의 산화 반응을 억제해서 컨버터 내부 온도의 이상 상승을 방지하는 작용을 한다.

공기 제어 밸브 ACV ; air control valve 솔레노이드 밸브, 스텝 모터, 비례 전자 밸브가 사용되며, 컴퓨터의 신호에 의해 기화기의 공연비 보상을 위한 공기 제어 밸브이다.

공기 제어 장치(空氣制御裝置) air control system 삼원 촉매 장치가 사용되는 공기 제어 장치를 말하며, 웜업 기간 동안 HC나 CO의 산화를 촉진하기 위해 필요한 만큼 배기 매니폴드로 가는 공기의 제어를 전환하기 위한 장치를 말한다.

공기 조절(空氣調節) air conditioning 기계 장치를 이용하여 실내 공기의 온도 및 습도를 조절하고 위생 또는 생산성 향상을 위하여 쾌적한 실내 분위기를 유지하는 것을 말한다.

공기 조절 나사(空氣調節螺絲) AAS ; air adjust screw 아이들링 상태의 혼합 가스 농도를 조절하는 나사(screw)인데, 일반적으로 혼합 가스 농도의 조절은 혼합 조정 스크루(mixture adjust screw)로 연료 유량을 조정해서 운행하지만, 그림에서 보여 주는 것처럼 기화기는 에어 바이패스(air bypass)형으로 되어 있어 MAS 외에 에어 바이패스 유량 조정용의 공기 조절 나사(AAS)가 설치되어 있다. 따라서 MAS 및 TAS(throttle adjust screw)는 보통 페인트 로크(faint lock, 살짝 감겨진 상태)로 되어 있어 슬로 회전은 AAS만으로 조절하게 되어 있다. 단, 아이들링 시의 연료 유량 혼합이 잘못되었음을 발견할 경우에는 MAS로 연료를 규정량으로 조정한다.

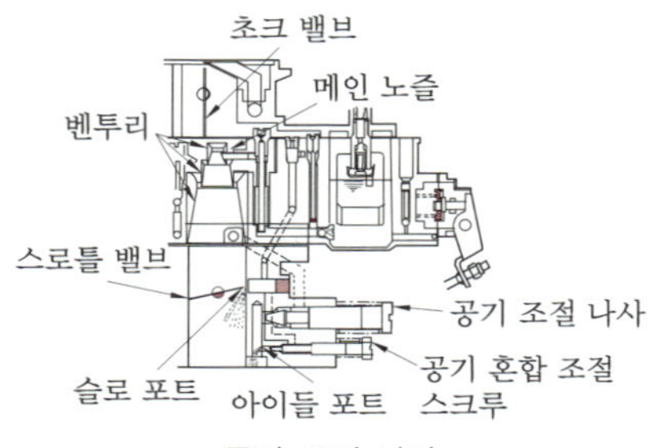

공기 조절 나사

공기 조절 밸브 ACV ; air control valve　2차 공기 분사 장치로 엔진의 부하와 회전수에 비례한 2차 공기량을 엔진의 배기관에다 공급하는 작용을 하는 밸브를 말한다.

공기 질량 센서 MAF ; mass airflow sensor　얼마나 많은 공기가 엔진으로 들어가고 있는지를 흡입 공기 통로에 있는 가열 필름으로 측정한다. 그리고 필름을 공정된 온도로 유지시키기 위해 소요되는 전력이 디지털 신호(주파수)로 바뀌어져 컴퓨터로 보내진다.

공기 차단 밸브 ACV ; air cut valve　공기의 도입을 차단하는 것을 목적으로 사용되고 있는 밸브를 말한다. 기본적으로는 공기 조절 밸브(ACV)와 같은 것이다. 사용에는 퀵 펄스 시스템(quick pulse system)이다.

공기 청정기(空氣淸淨器) air cleaner　오염된 공기를 정화하여 깨끗한 공기로 바꾸는 장치를 통틀어 이르는 말로, 에어 클리너라고도 한다. 자동차의 공기 청정기는 기관에 흡입되는 공기 속의 먼지나 토사를 제거함으로써 실린더의 마모를 방지하고, 또 공기가 실린더 내로 흡입될 때 일어나는 소음을 방지하는 역할을 한다. 습식과 건식의 두 종류가 있다. 습식은 청정기 바닥에 기름이 들어 있어 흡입된 공기가 이 유면(油面)에 충돌하여 방향을 바꿀 때 먼지 등을 제거한다. 건식은 여과지나 여과포를 여과재로 사용한 것으로, 청정기 내에는 8메시 정도의 철망이 봉입되어 있어, 이 철망이 먼지 등의 제거와 역화(逆火)에 의해 일어나는 화재의 방지를 겸하고 있

다. 일반적으로 대형 기관에는 습식이, 소형 기관에는 건식이 사용되는데, 정화 효과는 98 %로 높지만 먼지의 부착에 의한 저항의 증가가 크기 때문에 정기적으로 청소를 해야 한다.

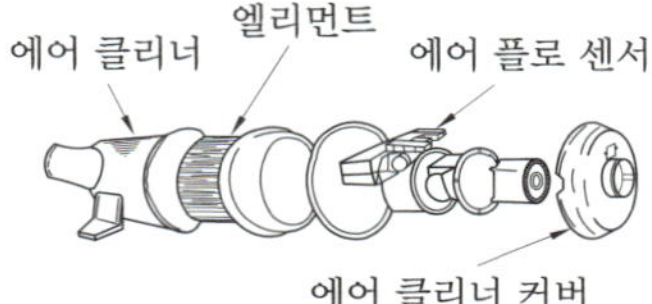

공기 청정기와 에어플로 센서

공기 청정 장치(空氣淸淨裝置)　공기 중의 먼지나 담배 연기 등의 미립자를 제거하는 장치로서, 정전기에 의하여 미립자를 제거하는 정전기식과 필터를 사용하는 여과식이 있다. 활성탄으로 냄새를 제거하거나 자외선으로 공기를 소독하는 장치를 설치한 것도 있다.

공기 타이어 pneumatic tire　공기가 가진 탄성을 이용하여 바퀴의 충격을 줄이도록, 튜브에 압축된 공기를 불어 넣어 만든 고무 타이어로서, 솔리드 타이어에 비하여 견고성과 큰 하중에 견디는 힘은 적지만 승차감, 주행성, 소음·충격 흡수 등의 장점이 뛰어나 매우 널리 쓰인다. 자전거, 자동차, 항공기 등의 바퀴에 쓰인다.

공기탱크 air tank　압축 공기를 담아 두는 탱크로서, 공기 압축기에서 압축된 공기를 저장하여 각 작동부에 공급하는 역할을 한다. 공기탱크에는 과잉의 압력을 방출하여 공기탱크의 안전을 유지하기 위해 안전밸브가 설치되어 있으며, 공기탱크 내의 규정 압력은 $5{\sim}7\,kgf/cm^2$이다.

공기 펌프 air pump　공기를 압축 또는 이동시키기 위한 펌프로서, 배기 이미션 제어 장치의 공기 분사 장치와 같은 경우에는 공기를 배기 다기관 속으로 압입하기 위한 장치이다.

공기 필터 air filter　공기가 흐를 때 공기로부터 먼지나 각종 입자를 제거하기 위해 사용되는 필터로서, 작은 구멍이 형성된 여과지로 만들어져 있다.

공기 항력 계수(空氣抗力係數)　일반적으로 Cd로 표시되는 공기의 흐름에 대한 형태의 계수인데, 이 값이 적어질수록 공기 저

항이 적은 자동차라고 할 수 있다. 현재 승용차는 0.35~0.4, 스포츠카는 0.3 정도이지만, 이 값은 보디의 형상뿐만 아니라 표면의 매끈함이나 바닥의 공기 흐름 등에도 영향을 받는다. 공기 저항은 여기에 전면 투영 면적을 곱한 것으로, Cd 값이 적어도 보디 사이즈가 큰 자동차는 그만큼 공기 저항도 커진다.

공기 해머 air hammer　단조용 기계로 압축 공기의 압력을 이용하여 피스톤을 상하로 작동시킬 때 발생되는 타격력을 이용하여 열간 단조 작업에 사용되는 해머로, 증기 해머보다 조작이 간단하고 소요 경비가 싸다.

공기 호이스트 air hoist　압축 공기로 기관을 회전시켜 드럼에 로프를 감아 무거운 물건을 들어 올리는 장치를 말한다.

공기 혼입(空氣混入) aeration　액체에 공기가 미세한 기포의 상태로 혼합되는 현상 또는 혼합되어 있는 상태로서, 유체 기기의 열에 의하여 증발된 가스와 오일이 혼합되어 기포 상태가 형성되는 것을 말한다.

공기 흐름 센서 AFS ; air flow sensor　흡입 공기량을 측정하는 센서로, 일부 자동차에 사용되는 공기 흐름 센서는 카르만 보텍스(Karman Vortex) 방식을 채택하여 공기의 흐름률을 감지하며 그 감지된 공기 흐름률을 ECU에 공기 흡입량 신호로 보내 준다. ECU에서는 이 흡입 공기량 신호와 엔진 회전수 신호를 기초로 하여 기본적인 연료 분사 작동 시간을 결정한다.

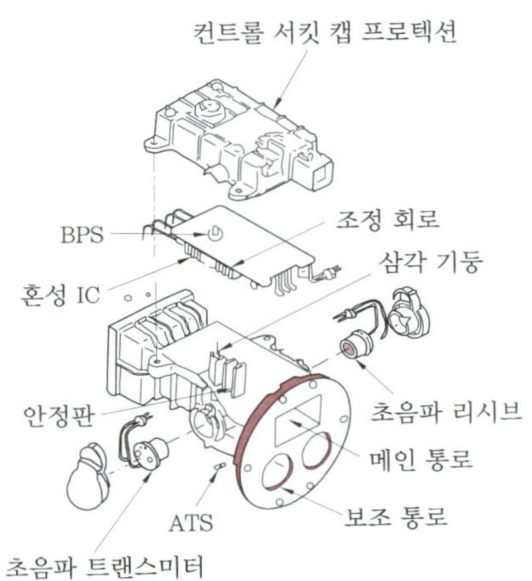

공기 흐름 센서 구조

공동(空洞) cavity　도체 벽으로 감싸인 빈 공간으로, 이 공동을 마리크로파로 여진(勵振)하면 도체 벽의 모양이나 크기로 규정되는 특정한 주파수에 공진(共振)하므로, 마이크로파용 공진기로 많이 이용되고 있다.

공동식(共同式) common rail system　공동식은 1개의 연료 분사 펌프와 공동 레일에 연결되어 있는 어큐뮬레이터를 이용하여 분사하는 형식으로, 어큐뮬레이터에 고압의 연료를 저장하였다가 공동 레일을 거쳐 각 실린더에 설치된 분사 노즐로 공급하여 분사하도록 되어 있다. 구조가 간단하고 조정하기 쉬운 반면, 다기통 엔진에는 부적합한 면이 있다.

공동 현상(空洞現象) cavitation　(1) 액체 속을 고속도로 움직이는 물체의 표면은 액압이 떨어지는데 이를 '베르누이의 정리'라고 한다. 그렇게 되면 압력이 액체의 포화 증기압보다 낮아진 범위에 증기가 발생하거나 액체 속에 녹아 있던 기체가 나와서 공동 현상이 나타난다. 이것은 수력 터빈이나 선박용 프로펠러를 운전할 때 자주 발생하는 현상으로, 압력면에 발생하는 경우도 있지만 주로 날개의 등 부분에 발생한다. 발생한 기포는 압력이 높은 부분에 이르면 급격히 부서져 소음이나 진동의 원인이 되며 터빈이나 프로펠러의 효율을 떨어뜨린다. (2) 강한 초단파가 물속에 전달될 때 기포가 발생하는 경우가 있는데, 이것도 공동 현상이라고 할 수 있다.

공랭(空冷) air cooling　내연 기관이나 공기 압축기 등에 있어서 실린더 부분을 냉각하기 위해서 실린더 및 두부에 냉각핀을 설치하여 공기의 흐름에 의해 냉각하는 방법으로, '공기 냉각'을 줄여 이르는 말이다.

공랭식(空冷式) air cooling type　엔진의 발생열을 제거하기 위해 실린더 및 블록 주위에 공기를 흐르게 하여 냉각시키는 냉각 장치의 한 형식으로, 이 형식에서는 엔진 내를 통하여 흐르는 냉각수가 필요 없으며 라디에이터도 필요하지 않다. 냉각핀이 설치되어 공기가 이 냉각핀을 냉각시키게 되는데, 강제 냉각 방식과 자연 냉각 방식이 있다.

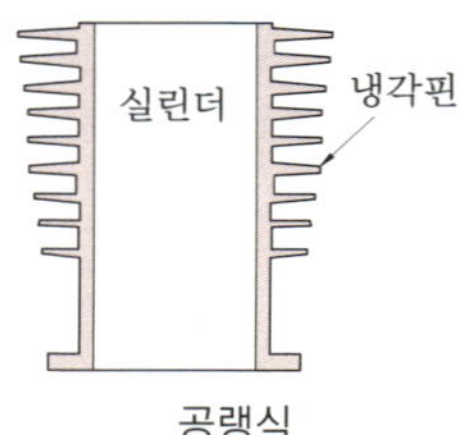

공랭식

공랭식 냉각 장치(空冷式冷却裝置) air cooling system 실린더 벽의 바깥 둘레에 냉각핀을 마련하여 여기에 외부 공기를 접촉시켜 냉각하는 공기 방식으로, 주행 시 접촉하는 바람을 이용한 자연 냉각 방식과 냉각 팬으로 강제 송풍하는 강제 냉각 방식이 있다.

공랭식 엔진 air cooled engine 엔진을 어느 일정한 온도로 유지하면서 운전하기 위해서는 냉각이 필요한데, 냉각 방법으로는 공기가 외부에서 직접 엔진에 닿게 하는 형식을 취한다. 엔진이 노출되어 있는 오토바이에서 많이 볼 수 있지만, 승용차에서는 엔진룸 내에 설치된 방열을 위한 냉각 팬을 이용하여 강제적으로 바람을 보내야 한다. 그러나 대체로 소음이 심하며 여름철에는 과열이 잦기 때문에 현재는 별로 사용하지 않는다. ⇔ 수랭식 엔진

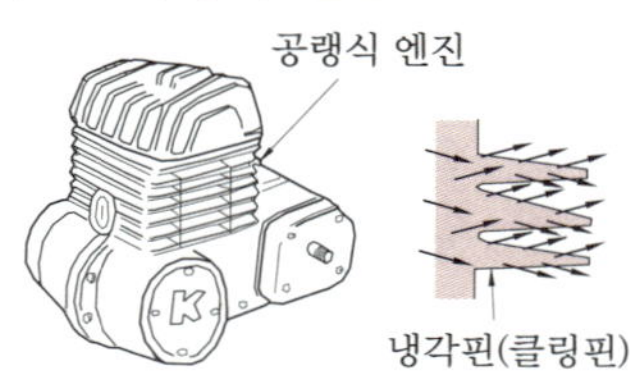

공랭식 엔진

공랭식 인터쿨러 air cooling type inter cooler 인터쿨러의 일종으로, 주행 중에 받는 바람을 이용하여 냉각하는 형식이다. 구조가 간단하고 속도가 높을수록 효율적으로 냉각되기 때문에, 터부차저 엔진을 사용한 레이싱 카에서는 대부분 이 방식을 채용하고 있다.

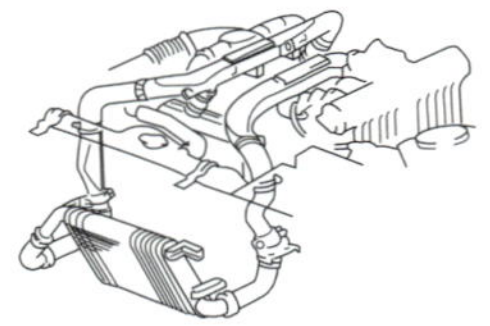

공랭식 인터쿨러

공력 소음(空力騷音) aerodynamics noise 자동차가 주행할 때 차체 주위의 기류에 의하여 발생하는 소음을 통틀어 이르는 말이다.

공력 6분력(空力六分力) 자동차에 작용하는 공기력을 3차원 좌표로 3개의 힘과 3개의 모멘트로 나누어 생각해 보기로 한다. 전면 투영 면적(기준 면적)을 A, 휠베이스(기준 길이)를 l, 동압(動壓)을 δ로 하고 그것들을 아래와 같이 정의한다.

① 전후 방향 : 공기 저항 또는 항력(抗力)
$$F_d = C_d \delta A$$
② 좌우 방향 : 횡력(橫力) $F_s = C_s \delta A$
③ 상하 방향 : 양력(揚力) $FI = C_l \delta A$
④ 앞차축 주위의 롤링 모멘트 $M_r = C_r \delta A_l$
⑤ 좌우축 주위의 피칭 모멘트 $M_p = C_p \delta A_l$
⑥ 수직축 주위의 요잉 모멘트 $M_y = C_y \delta A_l$

여기서, C_d : 공기 저항 계수 또는 항력 계수
　　　　C_s : 횡력 계수
　　　　C_l : 압력 계수
　　　　C_r : 롤링 모멘트 계수
　　　　C_p : 피칭 모멘트 계수
　　　　C_y : 요잉 모멘트 계수

이들의 계수를 총칭하여 공력 6분력 계수라고 한다.

공력 중심(空力重心) aero center 옆바람에 의해 횡력(橫力)이 작용하는 점을 말한다.

공력 특성(空力特性) aerodynamics characteristics 공기의 흐름(氣流) 중에 놓인 물체가 그 공기의 흐름에 의하여 받는 힘의 총칭으로, 노상을 주행하는 자동차나 풍동(風洞, 인공적으로 빠르고 센 공기의 흐름을 일으키는 터널 모양의 장치) 내에 고정된 모형이 공기의 흐름에 의하여 받는 힘을 상하·좌우·전후의 힘과 모멘트(공력 6분력)로 나누어 생각할 때 이것을 공력 특성이라고 부른다.

공률(工率) rapte of production ⇨ 일률

공명(共鳴) resonance 공명은 소리를 포함해 보통의 역학적 진동, 전기적 진동 등 모든 진동에서 일어나는 현상인데, 이 중에서 전기적·기계적 공명일 때는 이를 공진(共振)이라고도 한다. 자동차의 진동·소음이 문제가 될 경우 이 현상이 관계될 때가 많으며, 부품이나 공간의 크기는 될 수 있는 한 공명이 일어나지 않도록

할 필요가 있다. 공명 과급 시스템과 같이, 이 현상을 엔진의 출력을 높이는 수단으로 이용하는 예도 있다.

공명 과급 시스템 variable resonance induction system　가변 흡기 방식으로 그 일부를 공명실이나 공명관으로 하고 공명 현상을 이용하여 과급(過給) 효과를 얻는 장치이다. 흡기 다기관 내의 기주(氣柱)는 관의 길이와 음속(音速)으로 결정되는 기본 진동수를 가지고 있으며, 또 기체의 진동은 진한 절(節)과 얇은 복(腹)으로 연속된 조밀파이다. 예컨대, 4사이클 엔진의 흡입 밸브는 크랭크축 2회전마다 1회 열림으로 흡기 다기관 내로 흐르는 혼합 가스나 공기는 엔진 회전수에 따라 결정되는 주파수만큼 진동한다. 따라서 공명실과 공명관 기주(氣柱)의 길이와 엔진의 회전수를 적절한 관계로 하면 흡기 다기관에 공명 현상이 일어나 진동의 밀도가 진한 부분은 흡입구로 흡입되어 마치 과급기를 설치한 것과 같은 효과가 생긴다.

공명기(共鳴器) resonator　공명 현상을 이용해서 복잡한 음 가운데서 한 진동수의 음만을 빼내거나 또는 주어진 높이의 음에 공명시켜서 그 진동수를 알아내는 데 사용한다. 보통 사용되는 헬름홀츠-쾨니히(Helmholtz-König)의 공명기는 관 또는 구형(球形)으로서 한쪽은 약간 넓게 열려 있고 다른 쪽은 작은 구멍이 있으며, 귀에 꽂고 듣도록 되어 있다. 쾨니히의 공명기는 2개의 원통을 서로 끼우도록 하여 관 속의 용적을 바꾸어 연속적으로 공명 진동수를 변화시켜 그 진동수를 즉석에서 눈금으로 읽을 수 있도록 되어 있다.

공색 도장(空色塗裝)　은폐력(隱閉力)이 나쁜 색을 사용할 때, 은폐력이 좋은 비슷한 색을 미리 발라 두는 것을 이른다. 여러 번 덧칠하지 않아도 되기 때문에 도료 및 시간이 절약된다. 컬러 실러(color sealer)라고도 한다.

공석강(共析鋼) eutectic steel　공석 조성(共析組成)으로 만든 강철을 말한다. 철-탄소의 이원계(二元系)의 공석점은 탄소 0.87%의 위치이며, α철에 소량의 탄소가 용해된 고용체(固溶體, 페라이트)와 철과 탄소의 화합물인 Fe_3C(시멘타이트)가 줄

무늬 모양으로 섞인 펄라이트라는 공석강이 된다.

공석 반응(共析反應) eutectic reaction　고체 상태에서 고용체가 어느 일정 온도에서 동시에 2개가 석출되는 상태를 말한다. 반응이 생기는 점을 공석점(共析點)이라고 하며, 이때의 결정을 공석정(共析晶)이라고 한다.

공석점(共析點) eutectic point　⇨ 공석 반응

공석정(共析晶)　⇨ 공석 반응

공압 공구(空壓工具) pneumatic tool　압축 공기에 의해 구동되는 동력 공구를 이른다.

공압 조작 방향 제어 밸브 air pressure operated directional control valve　파일럿 밸브를 이용하여 소형 변환 밸브를 작동시켜서 공기 압력을 메인 스풀에 보내어 변환하는 것으로, 조작력을 경감하기가 용이하며, 인칭 조작을 할 수 있기 때문에 건설 기계에 많이 사용된다.

공업 낙진(工業落塵) industrial fallout　중공업의 여러 공정에 의해 입자들이 공기 중에 비산(飛散)하여 자동차의 표면에 축적되어 발생되는 현상을 말한다. 이들 입자는 보디 표면에 녹 또는 탈색된 부분을 만들기도 한다.

공연비(空燃比) A/F ; air fuel ratio　공기와 연료(가솔린)의 중량비로서 '공기 중량(g)/자동차 연료 중량(g)'을 말한다. 공연비의 수치가 커진다는 것은 공기의 중량비가 커진다는 것으로 '보다 희박한 혼합 가스'를 뜻하며, 반대로 공연비의 수치가 적어진다는 것은 공기의 중량 비율이 적어진다는 것으로 '보다 농후한 혼합 가스'가 된다는 것을 뜻하는 것이다. 이론 공연비란

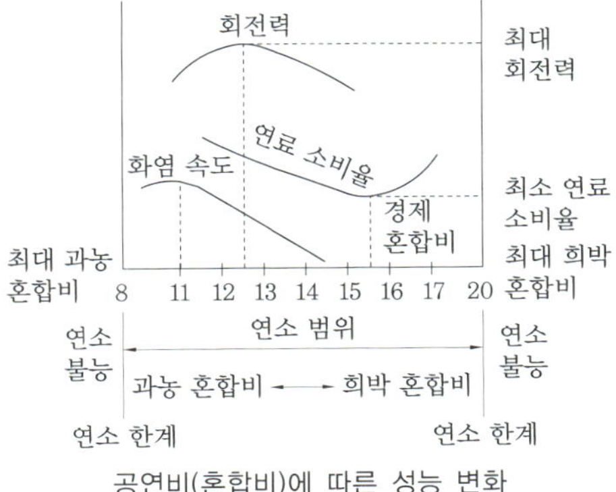

공연비(혼합비)에 따른 성능 변화

휘발유(C_nH_m)와 산소(O_2)가 산화 반응을 일으켜서 완전 연소를 하기 위한 중량 비율을 화학식에 의해 이론적으로 구한 값으로, 휘발유는 각종 탄화수소의 혼합물이기 때문에 모든 휘발유에 대해서 하나의 치수로 그것을 표시한다는 것은 불가능하지만, 통상적으로 옥탄가의 이론적 공연 비율은 15 : 1로 나타낸다.

공연비 보상 장치(空燃比補償裝置) 공연비를 제어하기 위한 장치이다.

공연비 보정 밸브 AFCV ; air fuel ratio control valve　터보차저의 과급에 의한 희박 경향을 보정하기 위한 밸브로, 과급압에 의해서 작동하고 적정한 공연비로 컨트롤한다.

공연비 센서 air fuel ratio sensor　배기가스 중 산소 농도를 검출하는 센서이다. 산소 센서도 공연비 센서의 한 종류이지만, 이 센서로는 이론 공연비 부근의 산소 농도밖에 검출할 수 없다. 특히, 희박 연소 제어를 하기 위해서는 더 넓은 범위의 산소 농도를 검지(檢知)할 필요가 있는데, 이를 위하여 개발된 광범위한 산소 농도 센서를 말한다.

공연비 자동 제어 밸브 ABCV ; air bleed control valve　EFC(electronic feedback carburetor) 시스템으로 채용되고 있으며, 컴퓨터의 지령에 따라서 밸브 개도를 바꾸고 기화기의 슬로 계통 및 메인 계통의 에어 블리드 유량을 변화시키고 공연비를 제어하는 밸브로 기화기에 부착되어 있다. 스토퍼 모터를 내장하고 있어, 컴퓨터의 신호에 의해서 회전 방향 및 회전 각도를 제어한다. 이 모터의 회전은 웜에 의해서 니들 (needle)의 직선 운동으로 변환되어, 니들의 위치에 따라 에어 블리드 양이 결정된다.

공연비 자동 제어 장치(空燃比自動制御裝置) EFC system ; electronic feedback carburetor system　전자 제어 기화기의 일종으로 EFC 시스템의 개요도를 그림에 보여 주고 있다. 삼원 촉매를 사용하기 때문에, 연소실로 흡입하는 혼합 가스를 이론 공연비 부근에서 제어하기 위한 시스템으로 기화기, 에어 블리드 컨트롤 밸브(ABCV), O_2 센서, 컴퓨터에 의해서 구성되어 있다.

O_2 센서의 출력 전압에 의해 컴퓨터로 공연비의 상대를 알고, ABCV의 밸브 개도를 변화시켜서 기화기의 슬로 및 메인 에어 블리드로 흡입하는 공기량을 제어한다. 이 시스템은 아이들링 및 경중 부하 운전 시에 작동한다. 즉. 냉각 수온 40℃ 이하에서는 수온 스위치가 OFF하고 시스템은 작용하지 않는다. 냉각 수온 40℃ 이상에서는 수온 스위치가 ON으로 되고 시스템은 스로틀 밸브 개도(열림 폭)에 의한 운전 상태에 따라 공연비 제어를 한다.

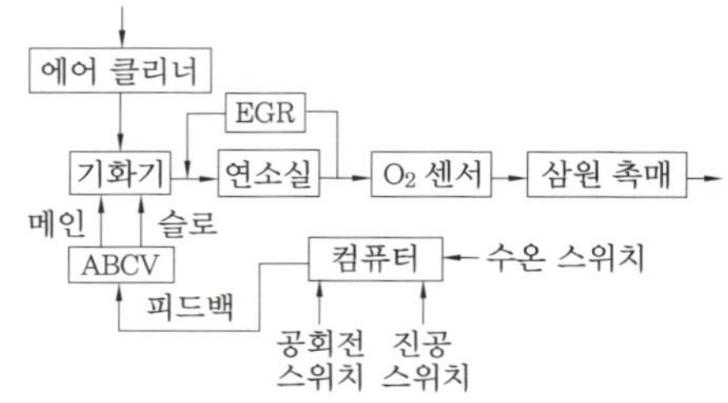

공연비 자동 제어 장치 시스템 개요도

공연비 제어(空燃比制御) air fuel ratio control　엔진에 흡입되는 공기량에 대하여 연료의 양을 변화시켜 공연비를 제어하는 것을 말한다. 가솔린 엔진의 경우는 연소실에 화염이 전파되는 속도(화염 속도)가 가장 빠르다. 엔진 출력이 최대가 되는 공연비는 이론 공연비보다 농후한 12~13의 공연비일 때이며, 연료 소비율은 이론 공연비보다 희박한 16 전후의 공연비일 때 가장 낮아진다. 또 배출 가스의 성분에 포함되는 유독 가스의 농도도 공연비의 영향을 크게 받는다. 따라서 엔진의 운전 상태를 컴퓨터에 전달하여 시시각각으로 가장 적절한 양을 판단하여 제어한다.

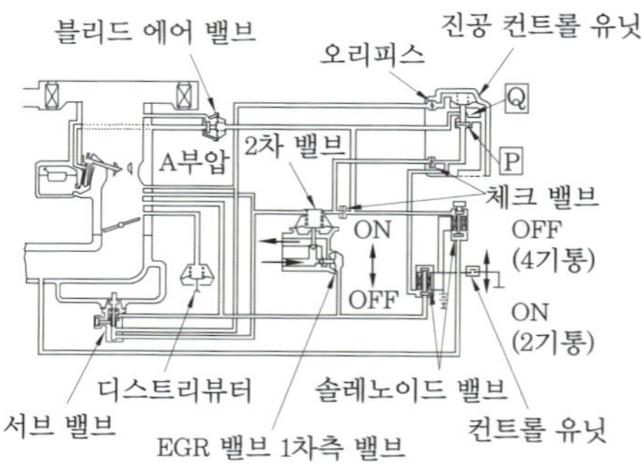

공연비 제어 시스템

공연비 피드백 시스템 air fuel ratio feedback system ⇨ 연료 피드백 컨트롤

공전(空轉) idle　공전 또는 공회전(空回轉)은 차바퀴나 기관이 헛돌면서 바퀴만 고속으로 회전하는 일을 가리키는 말이다. 이 현상의 대책은, 무게의 변화를 적게 하고 무게에 따른 인장력을 미리 제어하며 회전력을 크게 감소시키기 위해 공전이 작을 때 재접착하도록 하는 것과, 모래 등을 이용해 접착 계수를 크게 하는 방법 등이 있다.

공전 구멍 idle port　기화기에서 공전 회로로부터 연료를 방출(discharge)하기 위해 마련된 스로틀 보디 내의 구멍을 말한다.

공전 및 저속 회로 idle and low speed circuit　(1) 기화기의 공전 및 저속 회로는 엔진의 회전을 고르게 하는 무부하 저속용의 회로이다. 공전 및 저속 회로는 뜨개실과 연결하는 통로로 스로틀 밸브 아래쪽에 공전 및 저속 포트가 있으므로 가속 페달을 밟지 않아도 엔진의 회전이 유지된다. 이때 스로틀 밸브는 열림 정도가 적어 메인 노즐에서 연료가 유출되지 않는다. 스로틀 밸브가 공전 상태에서 조금 더 열리면 저속 포트를 통하여 연료가 공급된다. 저속 포트는 스로틀 밸브의 열리는 정도에 따라 유효 면적이 변화되도록 만들어져 저속에서 고속으로 바뀔 때 연결을 원활하게 하며 공전 포트에는 공전 혼합 가스 조정 스크루가 설치되어 있다. (2) LPG의 공전 및 저속 회로는 엔진의 회전을 고르게 하는 회로이다. 스로틀 밸브가 닫혀 있으므로 메인 노즐로부터 유출된 LPG는 믹서의 측면에 있는 공전 및 저속 포트를 통하여 실린더에 공급된다. (3) 피드백 카뷰레터(FBC)의 공전 및 저속 회로는 종전에 사용하던 카뷰레터의 공전 회로와 메인 회로에 공기 블리더 제어 밸브를 추가로 설치한 것이며, 공기 블리더는 컴퓨터에 의해 조절되므로 공전 회로를 통하여 유입되는 혼합 가스와 공기 블리더에 흡입되는 공기가 혼합되어 실린더에 유입된다.

공전 속도 제어(空轉速度制御) idle speed control　공전 속도 제어는 ISC 서보가 스로틀 밸브 개도를 조절하는 방식이다. ISC 서보는 각 센서의 신호를 연산한 후 ISC 모터를 구동한다.

공전 속도 제어 서보 idle speed control servo　바이패스 통로를 열고 닫음으로써 엔진의 공전 회전수를 조절하는 서보이다. 공전 속도 조절 서보 모터(스텝 모터)는 스로틀 보디의 바이패스 통로에 설치되어 컴퓨터의 제어 신호에 의해 포트를 열고 닫음으로써 공전 속도를 조절하며, 스텝 모터는 전·후진 방향의 설정이 매우 자유롭기 때문에 모터 위치 센서가 필요 없다.

공전 일산화탄소 idle CO　공전 속도에서 차량 배기 장치로부터 들어오는 일산화탄소의 양을 말한다.

공전 장치(空轉裝置) idle system　무부하 상태에서 정확한 양의 공기/연료의 양이 공급되도록 하기 위한 기화기 장치의 일부를 말한다.

공전 진동(空轉振動) idling vibration ⇨ 아이들링 진동

공전 혼합 가스 idle mixture　공전 속도에서 엔진에 공급되는 공기와 연료의 혼합 가스를 말한다.

공전 혼합 가스 조정 스크루 idle mixture adjusting screw　공전 시 혼합 가스를 희박 또는 농후하게 하기 위한 조정 스크루를 말한다.

공전 혼합 가스 포트 idle mixture port　카뷰레터식에서 공전 중에 흡입 매니폴드로 연료가 들어가도록 하는 스로틀 밸브 밑에 있는 구멍을 말한다.

공전 혼합비(空轉混合比) ⇨ 무부하 저속 혼합비

공조 상태 표시 ⇨ 에어컨 컬러 모니터

공조 장치(空調裝置) air conditioning　공기 조절 장치를 말한다. 차실 내의 온도, 습도, 공기의 청정도, 흐름을 쾌적하게 유지하는 시스템의 총칭이다. 윈도의 안개나 서리를 제거하여 시야를 넓게 유지하는 장치도 포함된다.

공주 거리(空走距離) free running distance　운전자가 보행자나 정지 표시 등 위험을 시각적으로 인식하고 상황에 대처하여 특정 동작을 실행하는 데까지는 일정한 시간이 걸린다. 여기서 지각 지연 시간은 위

험 상황을 시각적으로 받아들인 후 위험하다는 것을 이해하는 데 걸리는 시간이다. 그리고 반응 지연 시간은 상황에 맞는 행동을 결정하고 실제로 그 행동을 수행하는 데 걸리는 시간이다. 자동차의 경우, 이 시간 동안 자동차는 처음 속력 그대로 진행할 수밖에 없다. 또한 브레이크를 밟았다고 하더라도 브레이크의 유격 등에 의해 실제로 브레이크가 작동하기까지는 시간이 지연된다. 이렇게 운전자가 위험을 인식하고 브레이크가 실제로 작동하기까지 걸리는 시간 지연을 공주시간(空走時間)이라 하고, 그 시간 동안 진행한 거리를 공주 거리라고 한다.

공주시간(空走時間) free running time ⇨ 공주 거리

공진(共振) resonance　진동체의 강제 진동에 대해서 외력의 크기가 일정한 주파수로 변화되고 있을 때 시스템 고유 진동수의 부근에서 위상, 속도, 압력 등이 극대치로 되는 현상, 또는 그런 극대치를 취한 상태를 말한다. 극대치가 진폭에 있는지 속도에 있는지에 따라 진폭 공진, 속도 공진 등으로 말하기도 한다. 좁은 의미로는 속도 공진을 말하는 경우가 많다. 공명(共鳴)은 공진과 같은 뜻이다.

공진 회로(共振回路) resonance circuit　서로 다른 에너지 사이의 가역적 변환에 의해서 일어나는 자유 진동의 주파수와 외력의 주파수가 매우 가까울 때 발생하는 공진 현상을 전기적으로 일으키는 회로를 말한다. 보통은 콘덴서의 정전(靜電) 에너지와 인덕턴스의 전자기(電磁氣) 에너지가 자유로이 변환될 수 있도록 이어진 회로를 말하며, 축전기와 유도기가 직렬 접속된 직렬 공진 회로와 이들이 병렬 접속된 병렬 공진 회로가 기본이 된다. 동조 회로라고도 하며, 라디오나 텔레비전의 동조 회로에 오랫동안 사용되어 왔다. 코일과 콘덴서로 된 전기 회로에서는 코일과 콘덴서의 값으로 결정되는 특정 주파수에서 전기적으로 공명하고, 코일과 콘덴서의 전기적 성질이 외관상 소멸하여 약간의 양자 고유 전기 저항분만의 회로가 있다.

공차 상태(空車狀態) unloaden situation　자동차에 사람이 승차하지 아니하고 물품(예비 부분품 및 공구 기타 휴대 물품을 포함함)을 적재하지 아니한 상태로서 연료·냉각수 및 윤활유를 만재(滿載)하고 예비 타이어(예비 타이어를 장착할 수 있는 자동차에 한함)를 설치하여 운행할 수 있는 상태를 말한다.

공차 중량(空車重量) empty vehicle weight　사람 및 짐이 실리지 않은 상태에서 연료, 냉각수, 오일 등 기본적인 것만 갖추고 측정한 차의 무게를 말한다.

공칭 마력(公稱馬力) NHP ; normal horsepower　엔진이나 보일러 등에 과세하거나 매매할 때 부르는 마력의 수를 이른다. 상업적으로 매우 간단하게 기관의 역량을 나타내는 데 사용된다.

공회전(空回轉) idle ⇨ 공전

공회전 속도 제어(空回轉速度制御) idle speed control　스로틀 밸브를 바이패스하는 보조 공기 통로에 부착된 ISC(idle speed controller)에 컨트롤 유닛으로부터 ON, OFF 신호를 보내 아이들링 스피드 컨트롤러의 밸브를 여는 시간을 제어하고 아이들링 시의 공기 유량을 제어하며 아이들링 회전수가 컴퓨터에 기억하고 있는 목표 회전수가 될 수 있도록 피드백을 제어한다. 컴퓨터에 기억되어 있는 목표 회전수는 냉각 수온 에어컨의 ON, OFF, A/T차 경우의 변속 범위 위치에 따라 다르다. 아이들링 스피드 컨트롤러의 시스템 회로는 그림과 같다.

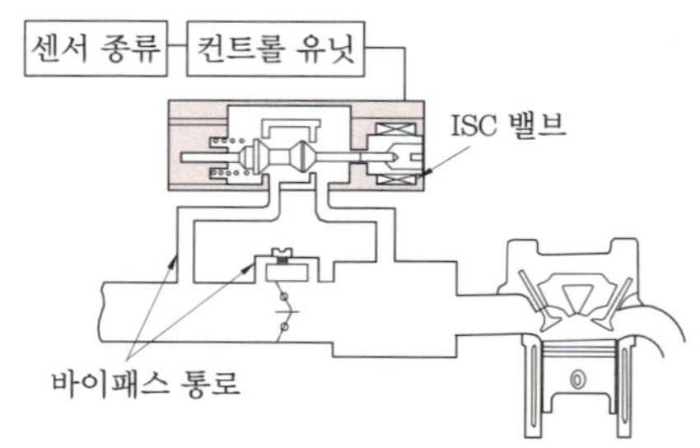

공회전 속도 제어 회전

공회전 조정(空回轉調整) idle adjust ⇨ 아이들 어저스트

공회전 회로(空回轉回路) racing circuit　엔진의 공회전 속도란 엔진이 회전할 때 엔진 스스로 기계적 무리를 주지 않고 회

전할 수 있는 가장 낮은 회전수이다. 이 때 운전자는 가속 페달을 밟지 않아도 엔진 회전이 유지되어야 하며, 그 회로는 스로틀 밸브가 닫혀 있을 때 공회전 통로로 공기와 연료가 나오게 되며, 이 연료의 양은 공회전 조정 스크루의 조정량에 따라 결정되게 된다.

과거 코드 historical codes　어떤 특정 이상이 기능에 대하여 과거에 발생했던 것을 나타내는 트러블 코드의 한 형태(대개 간헐적인 문제를 나타냄)를 말한다.

과공석강(過共析鋼) hyper eutectoid steel 탄소 함유량이 공석 조성보다 높은 강, 즉 탄소량 0.8% C 이상을 함유한 강을 이른다. 이러한 표준 조성에서는 원래의 오스테나이트 입계에서 석출한 초석 시멘타이트와 공석정에서 석출한 펄라이트가 생성된다.

과공정 알루미늄 블록 hyper eutectic aluminium cylinder block　알루미늄 실린더 블록의 일종이다. 실리콘을 많이 함유한 알루미늄 합금재 A390(AC 9C)을 재료로 하여 실린더 블록을 주조하면 실리콘이 과공정(過共晶)되어 알루미늄 중에 산재(散在)된 상태의 블록이 된다. 이 실린더 블록의 안쪽 벽 부분에 통상 행하는 도금과 역방향으로 전류를 흘려 표면 처리하면 실리콘 입자가 표면에 나와 굳은 표면을 가진 실린더가 되며, 실리콘 입자 사이의 윤활유를 넣으면 주철제 라이너와 같은 내마모성이 얻어진다.

과급(過給) supercharging　피스톤식 내연 기관에서 대기에서 공기를 직접 흡입하지 않고 미리 압축한 공기를 흡입하거나 또는 그런 방법을 말한다. 그리고 과급에 사용하는 송풍기를 과급기(supercharger)라고 한다. 항공기용의 피스톤 기관에서는 고도와 함께 공기 밀도가 떨어져 출력이 감소되므로 과급하지 않으면 안 된다. 그러나 과급기 출구의 공기 온도가 높아서 가솔린 기관에서는 노크(knock)를 일으키기 쉬우므로 공기 냉각기를 설치하여 냉각할 필요가 있다. 한편 흡입 공기의 온도 상승에 의해 착화성이 좋아지는 디젤 기관에서는 그 출력을 증가할 목적으로 과급이 널리 행해지고 있다.

과급기(過給器) supercharger　⇨ 과급

과급 방식(過給方式) supercharging type 자연의 대기압이 아니고 압력을 높인 공기를 흡입시키는 방식으로, 흡입 효율은 2배까지 되어 엔진 출력이 커진다. 슈퍼차저, 터보차저는 이렇게 가압하는 장치이다. 대기압보다 높은 기압의 공기를 과급압(過給壓)이라고 한다.

과급압(過給壓) boost pressure　과급기 터보차저의 압축기로 만들어내는 정압을 말한다. 이 정압에 의해 엔진 내로의 가스 충전 효율을 높이고 출력 증대를 도모한다.

과급 압력 조절기(過給壓力調節器) super pressure relief　과급 압력이 규정 이상으로 상승되는 것을 방지하는 조절기이다. 과급 압력을 조절하지 않으면 허용 압력 이상으로 상승하여 엔진이 파괴되므로 조절하여야 한다. 압력을 조절하는 방법으로는 배기가스를 바이패스시키는 방법과 흡입되는 공기를 조절하는 방식이 있다.

과급압(過給壓) 컨트롤 super pressure control　과급압은 터보압과 같은 말이다. 배기 터보는 엔진의 배기가스 양이 늘어나면 더 빨리 회전하고 컴프레서는 고압을 발생하게 된다. 엔진의 압축비는 휘발유의 연소에 알맞은 한도가 있어 그 이상이 되면 이상 폭발하여 엔진이 파괴된다. 이 때문에 설계된 대로의 흡기압이 되도록 과급압을 컨트롤하는 장치가 필요하다.

과다 진각(過多進角) excessive advance　피스톤이 상사점에 도달하기 훨씬 이전에 스파크가 발생하는 상태를 말한다.

과랭(過冷) (1) supercooling　① 융체(融體) 또는 고용체(固溶體)가 응고 온도 또는 용해 온도 이하로 냉각되어도 타성 때문에 액체 또는 고용체 상태를 지속하는 경우가 있다. 이것을 과랭이라고 한다. ② 냉동기에 있어서 응축기로 액화한 냉매를 다시 냉각하여 그 포화 온도 이하로 냉각하는 것을 말한다. (2) over cooling 자동차의 냉각 장치에서 엔진의 작동 온도 이하로 냉각된 상태를 말한다.

과류 방지 밸브 EFV ; excess flow valve 배관 및 연결부의 파손으로 LPG가 유출되는 것을 방지하는 밸브이다. 과류 방지 밸브는 믹서 형식의 경우 배출 밸브의 안

쪽에 입체식으로 설치되어 있고, LPI의 경우 연료 펌프 멀티 밸브 부분에 설치되어 배관의 연결부 등이 파손되었을 때 LPG가 과도하게 흐르면 밸브는 닫힌다. LPG가 정상으로 송출되면 스프링 장력으로 밸브가 열리지만, 배관이 파손되어 LPG가 과도하게 흐르면 체크 플레이트를 미는 압력이 높아져 밸브가 닫히게 된다.

과부하(過負荷) overload (1) 기기나 장치가 다룰 수 있는 정상치를 넘은 부하를 말한다. 과부하가 되면, 신호 처리 회로의 신호는 왜곡이 생기며, 전력 처리 회로는 구성 부품의 과열 등이 생긴다. 대부분의 기기나 장치는 정격 부하 용량을 초과하여도 이상 없이 운전할 수 있도록 약간의 과부하 용량을 가지고 있다. (2) 기계나 사람이 일을 너무 많이 맡은 상태를 이르기도 한다.

과부하(정격) 출력 overloaded power 일정 속도로 사용되는 정치 기관, 중기 기관 및 선박용 기관에 쓰이는 출력으로, 정치용과 중기용 기관의 경우는 정격 회전 속도에서 정격 출력의 10 % 증가를, 그리고 선박용 기관은 세제곱 곡선(프로펠러 곡선)에 의한 회전 속도로서 연속 최대 출력의 10 % 증가를 일컫는다.

과열(過熱) overheat ⇨ 오버히트

과전류 아크 발생법 hot start 아크를 발생시킬 때 단시간에 용접 전류를 많이 흐르게 하는 아크의 초기 발생법을 말한다.

과충전(過充電) overcharge 배터리가 충전된 상태에 이른 후에도 충전을 계속하는 것을 이른다. 이런 작용은 배터리를 손상시키고 수명을 단축시킨다.

과충전 밸브 overcharge valve 플로트와 함께 충전 연속선상에 조립되어 봄베 내에 내장되어, LPG 주입 시 과충전 밸브를 통하여 봄베 내로 유입되도록 하여 과충전 방지 장치의 플로트가 85 %를 감지할 경우 연료의 유입을 차단하는 밸브를 이른다.

과회전(過回轉) over RPM 엔진 회전수가 지나치게 높은 상태로, 액셀러레이터를 계속 밟고 있으면 과회전 현상이 일어나지만, 일반적으로 시프트다운에 의한 과회전 쪽이 많다.

관류 부하(貫流負荷) 차체 부근에서 대류에 의해 받는 열부하(熱負荷)를 이르는데, 주행 중에 대류가 활발하게 일어나며, 특히 엔진의 발생 열이 많이 작용한다.

관성(慣性) inertia 모든 물체는 자신의 운동 상태를 그대로 유지하려는 성질이 있다. 정지한 물체는 계속 정지해 있으려 하고, 운동하는 물체는 원래의 속력과 방향을 그대로 유지하려고 한다. 힘을 가하지 않으면 물체는 정지해 있거나 등속 직선 운동을 한다. 힘을 가하면 관성이 깨지고 속력이나 운동 방향이 변한다. 관성의 크기는 질량에 비례한다. 즉, 질량이 클수록 관성이 크다.

관성 고정형(慣性固定型) inertia lock type ⇨ 이너셔 로크 형식

관성 과급(慣性過給) inertia supercharging 자연 흡기(NA) 엔진에 사용되는 시스템으로, 공기와 가솔린의 혼합 가스가 갖는 관성을 이용해서 효율적으로 실린더 내에 혼합 가스를 송입하는 것을 말한다. 흡기관의 형상, 길이, 굵기 등을 판단하여 그것에 최적한 밸브 타이밍으로 혼합 가스를 흡입시키면 특정의 회전 범위에서 마치 과급한 것처럼 실린더 내에 유입하는 현상이 일어난다. 이것에 의해 엔진 성능이 향상된다.

관성 과급 효과(慣性過給效果) 흡기 관성에 의해 흡기의 충전 효율이 향상하는 것을 말한다. ⇨ 흡기 관성

관성 섭동식(慣性攝動式) ⇨ 벤딕스식

관성 주축 엔진 마운트 방식 FF 차량과 같이 횡배치시키는 엔진 마운트의 조건으로서, ① 엔진을 지탱한다. ② 진동을 차단한다. ③ 엔진 구동에 따르는 토크(엔진 자체가 회전하려고 하는 힘)를 받아들이는 등 엔진의 롤 방향 관성 주축 가까이에 주 마운트를 배치해야만 한다. 엔진 자체의 진동을 최대한 억제하고, 차체에 진동이 전달되지 않도록 한 마운트 방식을 말한다.

관성 항법 장치(慣性航法裝置) INS ; inertial navigation system 복수의 자이로와 가속도계를 조합시켜 그 신호를 컴퓨터로 처리하여 항공기의 위치나 자세 등의 항법 정보를 얻는 장치이다. 관성 항법 장

치(INS)에서는 수평면 내의 직교 2방향(동서 및 남북)과 연직(鉛直) 방향의 합계 3방향의 기체 가속도를 검출하고, 그것을 2회 적분하여 비행 거리를 산출한다. 또 이것을 출발점의 위도나 경도 정보와 함께 계산 처리하여 기체의 현재 위치를 구한다. 가속도계는 이 기체 가속도를 검출하기 위해서, 그리고 자이로는 3방향의 기준축의 위치를 위해서 사용된다.

관용 나사(管用螺絲) pipe thread 절단된 파이프를 연결할 때 파이프 끝에 나사산을 내고 원통 이음쇠관으로 연결한다. 파이프는 나사산으로 인해 강도가 떨어지는데, 나사의 생성으로 인한 파이프의 강도 저하를 적게 하기 위하여 나사산의 높이가 낮은 관용 나사를 사용한다. 관용 나사에서 나사산의 각도는 55°이며, 나사의 크기를 정하기 위한 표준 치수는 1인치에서의 나사산 수를 기준으로 하고 있다.

관통도(貫通度) degree of penetration 연소실 내에서 분사된 연료 입자가 압축된 공기층을 통과하여 먼 곳까지 도달할 수 있는 힘으로, 연료 입자가 지나치게 작으면 관통도가 약하여 노즐 주위에 모이게 되므로 불완전 연소나 노크(knock)를 일으키는 원인이 된다. 또한 연료의 입자가 크면 무화(霧化) 작용이 불량하여 불완전한 연소가 이루어진다. 따라서 분사된 연료는 알맞은 관통도가 있어야 한다.

관통 볼트 through bolt 연결할 두 부분에 구멍을 뚫고 여기에 볼트를 관통시켜 반대쪽에서 너트를 끼워 결합시킬 때 쓰는 볼트이다.

광 검출기(光檢出器) photo detector 빛을 검출하여 그 강도를 전기 신호로 변환하는 트랜스듀서(변환기)로서, 광전지(실리콘, 셀렌), 광도전 소자(황화카드뮴, 셀렌화카드뮴), 포토다이오드, 포토트랜지스터 등이 있다.

광도(光度) candle 광도는 빛의 강도를 나타내는 정도로서, 어떤 방향의 빛의 세기이다. 단위는 칸델라(Cd)이며, 1 Cd는 광원에서 1 m 떨어진 $1\,m^2$ 면에 1 Lm(루멘)의 광속이 통과하였을 때 빛의 세기이다.

광도계(光度計) photometer 일정 방향에서 본 광원의 밝기를 측정하는 장치로서, 광도의 단위 칸델라(Cd)는 주파수 540×1,012 Hz의 단색을 반사하는 광원의 반사 강도가 1 W/st의 683분의 1일 때, 그 방향의 광도(光度)로서 정의한다. 이 정의에 따라 설정된 광도 표준 전구와 피검(被檢) 광원 중 어느 것이든 큰 쪽의 최대 크기의 약 10배의 거리를 두고, 표준 시감도(視感度)를 가진 수광기를 배치한다. 2개의 광원에 대한 수광기의 지시 비교로부터 광도를 구한다. 각종의 광전 변환 소자 또는는 육안에 의하여 빛의 강도를 측정하고, 물질의 농도와 혼탁도, 반사율, 흡수 계수, 발광 등을 측정하는 장치를 광도계라고 하는 경우도 있다.

광도전(光導電) 셀 photo conductive cell 반도체의 표면에 빛을 비추면 캐리어가 증가하여 저항이 낮아지는 성질을 광도전성(光導電性)이라고 한다. 또한 광도전성을 가진 것을 사용하여 빛의 강약을 전류의 강약으로 변환하는 소자를 광도전 셀이라고 한다. 적외선 검출, 광통신, 온도 측정, 사진기의 자동 조리개 등에 널리 사용되고 있다.

광명단(光明丹) red lead 일산화납을 400∼450℃로 장시간 가열하여 만든 아름다운 황적색의 분말로서, 금속의 녹 방지, 그림물감이나 플린트(flint) 유리의 제조, 자동차의 기어 접촉 검사, 그 밖의 끼워 맞춤이나 전기 공업 등에 사용된다.

광(光)센서 photo sensor 센서란 인간의 감각 기관 구실을 하는 장치를 말하는데, 그중에서 시각에 해당하는 것이 광센서이다. 그래서 이를 시각 센서라고도 한다. 광센서는 빛의 양, 물체의 모양이나 상태, 움직임 등을 감각함에 있어 눈의 구실을 하는 것이 렌즈이다. 예전에는 자연의 빛을 감각하는 것이었으나, 지금은 인공적으로 큰 빛을 발하여, 그 빛이 물체에 부딪혀 반사되어 오는 것을 받아들여, 그 물체의 움직임이나 빠르기 등을 알아내는 구조가 많아졌다. 광센서를 사용하면 로봇을 자동적으로 이동시킬 수 있다.

광속(光束) liminous flux 빛의 방사 에너지가 일정한 면을 통과하는 비율 또는 광원으로부터 방출되는 빛의 양을 말한다. 광속의 단위는 루멘(lumen)이다. 광원의 광 효율은 광원에 공급된 전력에 대해 방출된 루멘의 양으로서 lm/W로 나타낸다.

광속도(光速度) velocity of light　빛의 속도는 일반적으로 빛의 진동수와 전달되는 물질의 종류에 따라 다르나, 진공 속에서는 진동수에 관계없이 일정한 크기를 가진다. 그 값은 매초 약 30만 km, 정확하게는 299790.2±0.9 km/s라고 알려져 있다. 이것은 1초에 지구를 일곱 바퀴 반을 돌 수 있는 속도이며, 이 속도로 지구에서 달까지 가는 데는 1초 정도 걸린다. 태양까지는 약 8분 거리이다.

광(光) 스위치 optical switch　광도파로(光導波路)를 전파하는 광신호를 빛 그대로 차단하거나 변환하는 소자이다. 광신호의 변조나 다중화(多重化) 변환을 하기 위해서 스위칭 속도와 소광비(消光比)가 특성상 중요하다. 거울이 광도파로의 위치를 변화시키는 기계적인 소자 외에, 음향 광학 효과, 전기 광학 효과, 자기 광학 효과, 열광학 효과 등을 이용한 것이 고려되고 있다. 열이나 자기를 이용하는 광 스위치는 광섬유와 결부시킴으로써, 이른바 광섬유 센서의 검출부로서도 사용할 수 있다.

광유(鑛油) mineral oil　원유를 정제하는 과정에서 생성되는 부산물로서, 이를 미네랄 오일 또는 액체 석유라고도 한다. 주성분은 알칸(alkan)과 파라핀이다. 광유는 상대적으로 값이 싼 물질이며, 매우 대량으로 생산된다.

광전관(光電管) photoelectric tube　기본적으로 빛을 받아 광전자(光電子)를 방출하는 음극과 광전자를 모아 광전류로 만드는 양극을 가진 진공관이다. 외부의 빛을 신호로 사용하여 화재 탐지기, 자동문, 도난 경보기, 제품의 빛깔 검사, 화학 변화에 의한 변색의 측정 등에 사용한다.

광전식(光電式) 인코더 optical encorder　회전각의 변위(變位) 또는 직선 변위를 부호판과 광전 소자를 사용하여 측정하는 센서이다. 변위의 증가분과 감소분을 출력하는 증분형과 측정치 전체를 출력하는 절대형이 있다.

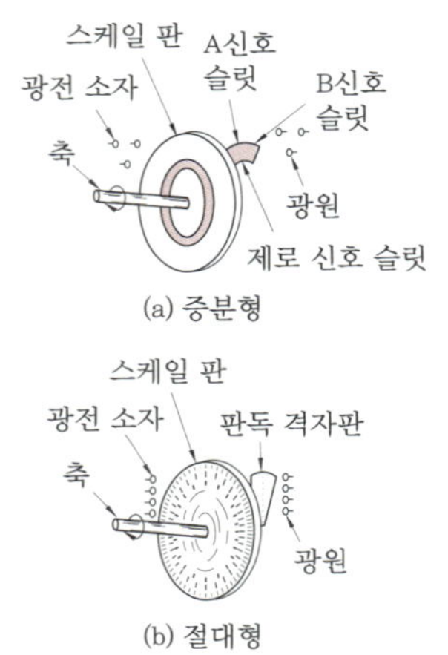

광전식 인코더

광전식 차속 센서　⇨ 차속 센서

광전식 회전 센서 photo revolution sensor　슬릿(slit) 원판을 회전축에 설치한 후 광원(발광 다이오드)과 광전 소자(photodiode)를 장착하여 회전수나 속도를 검출할 수 있다. 이것은 광원으로부터 발사되어 슬릿 원판을 지나는 빛의 명암을 검출하기 때문에 슬릿을 가늘게 하여 많이 둘수록 고감도, 고정도 센서가 된다.

광전지(光電池) photoelectric cell　반도체의 감광 기전 효과를 이용하여 기전력을 일으키는 데 사용하는 반도체 소자이다. 셀레늄 광전지, 실리콘 태양 전지는 광전지의 일종이다.

광택(光澤) gloss　물체의 표면이 물리적 성질에 의해 빛을 반사하여 번쩍거리는 현상이다. 광택은 물체 표면의 구성 물질, 거칠기, 형상에 의존한다. 미감(美感)을 수반하는 심리적인 광택감(윤기)과 상관성이 크지만 같지는 않다. 도막(塗膜)에서는 입사각 : 반사각을 45° : 45° 또는 60° : 60° 등으로 하여 거울면 광택도를 측정해서 광택의 척도로 한다.

광통신(光通信) optical communication　영상, 음성, 데이터 등의 전기 신호를 레이저 광선의 강약으로 바꾸어 가느다란 유리 섬유로 된 광케이블로 전송하는 통신 방식을 말한다. 동축 케이블과 비교해서 많은 용량의 정보를 효율적으로 보낼 수가 있어 자기(磁氣)나 전기에 의한 장애에도 강하기 때문에 유선 통신망의 주류를 이루고 있다. 종래의 유선 통신에는 주로 동축 케이블을 사용해 왔으나, 광케이블과 비교해서 전송 용량이 적어 자기나 전기의 영향을 받기 쉽다는 등의 문제가 있다. 광통신은 이와 같은 문제를 모두 해결할 수가 있다. 광통신 방식의 실용화는 간단하게 레이저광을 얻을 수 있는 레이저 다이오드와 광파이버 케이블 발명이 기초가 된다. 전파의 주파수가 높을수록 대량의 정보를 실을 수 있는데, 빛은 현재 사용되고 있는 주파수 최대의 전파보다도 거의 1,000배나 주파수가 높아 대량 정보 시대의 통신 수단으로 기대된다.

광파이버 optical fiber　지름 1 mm 정도의 플라스틱 파이버로, 외측의 굴절률이 작고 내측이 크기 때문에 파이버가 굽어도 빛이 파이버 안을 진행하는 특성을 갖는다. 즉, 빛은 직사하는 것이고 굽어지는 것은 아니지만, 가는 유리관 속을 반사하면서 전달해 간다면 똑바로 진행되는 빛은 흡사 굽어서 진행해 온 것처럼 보일 수가 있다. 이 반사 원리를 이용한 것이 광파이버이다. 에어컨 컨트롤 유닛과 뒷좌석 리모트 유닛 사이의 다중 신호 전송로로서 광파이버가 사용되고 있다.

광폭 인터 림 IRM ; inter rim advanced　림 형상의 하나이다. 기호 IRA로 표시되며, 트럭과 버스용으로 사용된다. 한쪽 림 플랜지를 벗길 수 있도록 되어 있으며, 이 플랜지를 사이드 링이라고 한다.

광 픽업 optical pickup　CD, 레이저 디스크 등의 광학 디스크에 기록된 pit(요철)를 빛에 의해 독해하여 전기 신호로 변환하는 장치를 말한다.

광학식 카르만 와류 에어플로 미터 optical Karman vortices air flow meter　카르만 와류(渦流) 에어플로 미터로서, 카르만 와류에 의한 압력 변화가 플레이트를 진동하고 이 진동을 발광 다이오드와 포토트랜지스터에 의하여 검출하는 것이다.

광화학 스모그 photochemical smog　차량 통행이 번잡한 지역에서 일어나는 현상으로, 자동차의 배기가스에 함유되어 있는 탄화수소와 질소 산화물이 강한 자외선을 받으면 옥시던트라는 산화물이 생성되어 아황산가스와 함께 사람의 눈이나 목의 점막에 통증을 일으키는 공해를 말한다. 대도시의 교통 집중 지역에서 볼 수 있는 현상으로, 미국에서는 대기 중 함량이 0.5 ppm 이상이면 경보를 발하고, 1 ppm 이상이면 오염 물질을 방출하는 지정 공장의 작업 중지를 명하며, 2.5 ppm 이상이면 모든 차량의 운행을 중지시킨다.

교류(交流) AC ; alternating current　교류 전류(交流電流)에 대한 약자로 사용되며, 시간의 흐름에 따라 전압과 전류가 시시각각으로 변화하고 전류의 흐름 방향도 $\oplus$ 방향과 $\ominus$ 방향으로 차례로 반복되는 전류를 말한다. 교류 발전기에 의해 교류 전류가 발생되지만, 자동차에는 직류(DC) 전류가 사용되기 때문에 교류 발전기 내부에 설치되어 있는 다이오드에 의해 교류 전류를 직류 전류로 정류시켜 사용하게 된다.

교류 발전기(交流發電機) AC generator　일명 AC 제너레이터라고도 하며, 차량 배터리를 충전시키고 전기 장치 액세서리 등을 작동시키기 위해 기계적 에너지를 전기적 에너지로 바꾸기 위한 전기 발생 장치를 말한다. 축전지 직류 전원의 여자(勵磁) 전류가 흘러 자속을 형성하는 타여자 방식으로 스테이터 코일에 유도된 3상 교류 전류를 실리콘 다이오드에 의해 정류되어 외부의 B단자를 거쳐 직류 전기가 외부의 각 전장부에 공급되게 된다.

교류 아크 용접 AC arc welding　교류 아크를 사용하는 용접을 말한다.

교류 전류 (交流電流) alternating current　⇨ 교류

교반기(攪拌機) agitator　용액, 현탁액 등 주로 액체 상태의 물질을 혼합·교반하는 기계로 애지테이터라고도 한다. 액체-액체 또는 고체-액체, 기체-액체 등의 이종 물질의 혼합을 목적으로 하는 경우와, 교반에 의해 전열 속도, 용해 속도, 추출 속도 등을 증가시키는 것을 목적으로 하는 경우가 있다. 프로펠러형, 노형, 나사형, 분사식 등이 있지만, 액체의 물성이나 조작 목적 등에 따라 사용 형식이 결정된다.

교반 엔진 stirring engine　피스톤이 보일러 내에서 생기는 증기에 의해 움직여지는 외연 기관을 말한다.

교반 저항(攪拌抵抗) agitate resistance (1) 엔진의 기계 손실 요인의 하나로, 크랭크 축이 오일 팬 내의 오일이 튀어 오르게 함으로써 발생하는 저항을 말한다. (2) 동력 전달 계통에서 발생하는 에너지 손실의 하나로, 변속기 및 종감속 장치 내부의 기어나 축(軸)이 희석된 윤활유에 의해 발생되는 저항이다. 이것을 방지하는 방법으로 윤활을 방해하지 않는 범위에서 될 수 있는 대로 점도가 낮은 오일을 사용하는 것이 바람직하다.

교정(較正) calibration 계기류의 정밀도 등을 표준기와 비교하여 바로잡는 것을 말한다.

교축(絞縮) throttling 유체 통로의 일부에 밸브, 콕 또는 가느다란 구멍이 뚫린 판 등을 부착하여 흐름의 단면적을 좁히면 유체는 일을 하지 않고 팽창하여 압력이 강하하는데 이런 현상을 말한다. 교축 전후에 있어서 유체의 차압은 유량에 비례하기 때문에 유량계에 교축 기구가 이용된다.

교축 밸브식 throttle valve type 분사 압력을 변화시키고 이로 인해 일정한 분사 기간 동안에 총 분사량이 증감되도록 하는 방식이다.

교축 변환 밸브 throttling valve 밸브 내의 유로 면적을 외부로부터 바꾸어 오일의 유로에 저항을 부여하여 유량을 조정하는 밸브로서, 구조가 간단하며 값이 싸고 밸브 출입구의 압력차 변동에 의해서 유량이 변화되는 단점이 있으나, 큰 정밀도를 요하지 않는 곳에는 충분히 사용할 수 있다.

교합 손실(嚙合損失) 교합은 기어가 물리는 상태로서, 교합 손실이란 맞물리고 있는 기어가 기어 면의 미끄럼으로 인한 마찰 손실에 의해 손실된 동력을 말한다.

구간 거리계(區間距離計) trip odometer 오도미터(주행계) 바로 옆에 설치되어 있으며, 수동으로 0으로 세팅시켜 주행 거리를 측정할 수 있는 계기이다.

구동력(驅動力) driving force 어떤 속도로 기계를 움직이거나 배·자동차 등을 주행시킬 때 그 운동 저항을 이기기 위한 힘을 말한다. 구동력 = 구동륜 하중×구동력 계수

구동륜(驅動輪) driving wheel 축에서 전달된 회전력으로 회전축 전체를 움직이는 바퀴를 말한다.

구동 메커니즘 driving mechanism 믹서에는 하이드롤릭 드럼 구동 메커니즘이 장착되어 있다. 하이드롤릭 펌프를 구동하기 위한 동력은 일반적으로 트럭의 프런트 드라이브 PTO, 트랜스미션 PTO 또는 플라이휠 PTO로부터 얻어진다. 하이드롤릭 드럼 구동 메커니즘의 중요 특징은 크기가 소형이고 작동이 용이하며 저소음이라는 점이다. 드럼 구동 메커니즘을 자동 컨트롤로 장착했을 경우 드럼의 회전을 엔진 rpm의 변화에 관계없이 일정한 수준에서 유지할 수 있다. 따라서 믹서가 출발하거나 등판 중일 때 자동 컨트롤 장치는 PTO에서 엔진 동력을 추출하지 않도록 작동된다. 즉, 자동 컨트롤 장치는 트럭의 주행 성능을 향상시키고 드럼의 회전을 조정하여 운전자가 드럼의 콘크리트 혼합을 조정할 필요 없이 적당하게 혼합시킨다.

구동 벨트 drive belt 냉각 팬과 알터네이터를 연결하는 플렉시블한 벨트로, 이것은 크랭크축 끝에 설치한 풀리에 의해 연동된다.

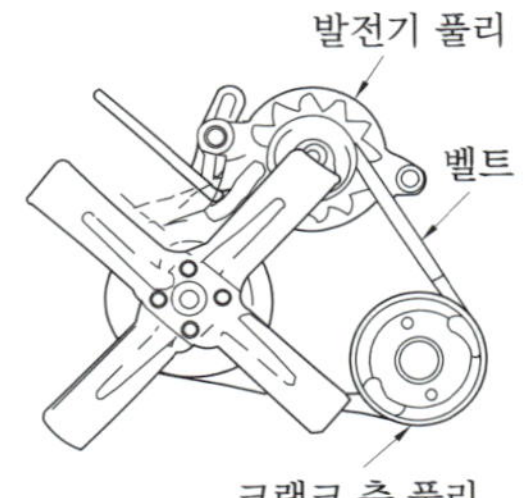

구동 벨트

구동축(驅動軸) drive shaft 원동기의 회전 동력을 기계의 작동 기구에 전달하는 주축(主軸)을 이른다.

구동 피니언 drive pinion 다른 기어에 회전 운동을 전달하는 회전 기어로, 보통 크고 작은 두 개의 기어가 교합(嚙合)될 때 작은 쪽 기어를 말한다.

구름 베어링 rolling bearing 외륜과 내륜 사이에 볼과 롤러를 넣어 회전 접촉을 시켜서 마찰을 경감한 베어링이다. 구름 베

어링은 전동체(볼, 롤러)의 형태, 궤도륜, 하중의 방향 등에 따라 많은 종류로 나뉘는데, 전동체에 의한 분류로는 볼 베어링, 롤러 베어링 등이 있다. 볼 베어링은 주로 트랜스 미션, 종감속 기어, 액슬(차축) 등에, 롤러 베어링은 스티어링, 종감속 기어 등에 이용되고 있다.

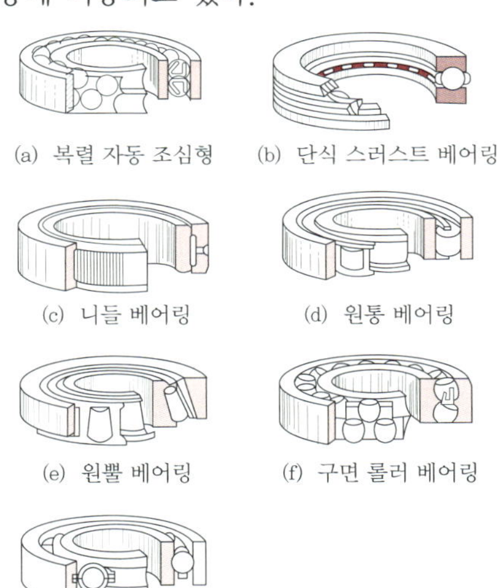

(a) 복렬 자동 조심형 (b) 단식 스러스트 베어링

(c) 니들 베어링 (d) 원통 베어링

(e) 원뿔 베어링 (f) 구면 롤러 베어링

(g) 단열 깊은 홈
고정형 베어링

구름 베어링의 종류

구름 저항 rolling resistance 구르는 타이어는 항상 도로면으로부터 저항을 받게 되는데, 트럭에 짐을 적재한 상태에서 타이어는 눌려서 형상이 찌그러진다. 부드러운 표면을 가진 비포장 도로 상에서 타이어는 표면에 내려앉아 타이어 앞에 작은 경사를 이루는데, 이들이 구름 저항을 구성한다. 트럭의 중량이 크면 클수록, 도로 재질이 부드러우면 부드러울수록 구름 저항(R_r)은 비례적으로 더 커진다.

$$R_r = \mu W \cos \theta$$

여기서, W : 타이어를 통하여 지면에 전달된 트럭의 중량 (차량 총중량)
    θ : 트럭이 주행한 도로의 기울기
    μ : 저항 계수

구름 저항 계수 rolling resistance coefficient 타이어의 구름 저항값을 타이어에 가해진 하중으로 나눈 값을 말한다. 타이어의 구름 저항은 하중에 비례하여 증가되므로 타이어의 구름 저항 성능을 비교

할 때의 기준으로 이 계수를 이용한다.

구름점 cloud point 폴리에틸렌글리콜 사슬을 친수기로 하는 비이온성 계면 활성제는 친수기의 주위에 용매인 물이 수소 결합하여 물에 용해하고 있지만, 온도가 높아지면 수소 결합이 절단되기 위해서 수용성이 현저히 감소하여 계면 활성제를 석출한다. 이 온도를 구름점이라고 한다. 유화제의 경우, 구름점 이하에서는 저용성이 되기 때문에 W/O형의 에멀전이 생기는 것으로 된다.

구리 copper 구리는 특유한 적색 광택을 가진 금속으로, 전성(展性)·연성(延性)·가공성이 뛰어날 뿐만 아니라 강도도 있다. 열 및 전기의 전도율은 은에 이어 2번째로 크고, 결정은 등축정계(等軸晶系)이다. 가열하면 어두운 빛깔의 산화 제이구리(CuO)가 되고, 1,000℃ 이상으로 가열하면 적자색인 산화 제일구리(Cu_2O)가 된다. 황, 염소, 인과도 직접 화합한다.

구리 피복 copper clad 전기적인 전도율을 크게 하기 위해 철선 등에 구리층을 입힌 것을 말한다.

구멍 게이지 hole gauge 2개의 게이지를 짝지어 한쪽은 최대 허용 치수로, 다른 쪽은 최소 허용 치수로 만들어 구멍의 치수가 이 2개의 허용 한도 내가 되도록 만들어졌는가를 검사하는 게이지이다. 이 2개의 부분을 구멍에 넣었을 때 최소 허용 치수 쪽은 들어가고 최대 허용 치수 쪽은 들어가지 않아야 그 구멍은 한계 치수 내에 맞게 가공된 것이다.

구멍형 노즐 hole type nozzle 분사 노즐의 한 형식으로, 니들 밸브가 안쪽으로 움직여 열린다. 분사 형태는 팁(tip) 내의 구멍에 의해 결정되는데, 노즐 끝에 0.2~0.4 mm 지름의 구멍이 1~10개 정도 뚫려 분무 입자의 크기와 분무의 도달 거리에 적합하도록 되어 있다. 분사 압력이 높기 때문에 가공하기가 조금 어렵지만, 기관의 기동이 쉬우며 연료가 완전 연소될 수 있어 연료 소비량이 적다.

구면 캠 spherical cam 회전하는 구면(球面)을 이용하는 캠이다. 원동절의 회전에 의해 구면 위에 나 있는 홈의 점이 이동하고, 그것에 동반하여 홈에 의해 구속되어

있는 종동절의 핀도 이동한다. 이 같은 운동의 연속에 의해 종동절은 왕복 운동을 한다.

구배 저항(句配抵抗) gradient resistance　비탈진 길 위를 움직이는 자동차 등의 중량에서 도로의 겉면에 평행으로 작용하는 저항을 이른다. 일반적으로 도로면의 구배는 탄젠트의 백분율로 나타낸 값을 사용한다.

구상 흑연 주철(球狀黑鉛鑄鐵) spheroidal graphite cast-iron　흑연이 구슬 모양으로 된 강력한 주철을 말한다. 불순물 특히 황이 적은 선철을 녹여 Ce이나 Mg을 첨가하고 다시 페로실리콘을 $0.4 \sim 0.8\%$ 가해 흑연을 구슬 모양으로 만든다. 항장력은 $70 \, kgf/mm^2$ 정도이며, 늘어나기율이나 내열성도 보통 주철보다 훨씬 우수하고, 용접성과 가삭성(可削性)은 거의 같다. 압연 롤러, 철광, 차량 부품, 밸브, 캠축 등 다방면에 쓰인다. 노듈러 주철이라고도 한다.

구성품(構成品) component　어떤 유닛 전체 또는 어떤 장치의 부품을 말한다.

구속 전자(拘束電子) restriction electron　원자핵의 구속력을 갖는 전자를 말한다. 내부 궤도를 돌고 있는 전자는 원자핵과 거리가 가까워 결합력이 강하고 외부의 영향을 거의 받지 않는다.

구심력(求心力) centripetal force　원운동을 하는 물체나 입자에 작용하는, 원의 중심으로 나아가려는 힘을 구심력이라고 한다. 자동차가 곡선 도로에서 회전할 때 바깥쪽으로 튀어나가지 않는 까닭은, 자동차 바퀴와 지면 사이에 마찰력이 구심력으로 작용하기 때문이다. 질량이 m인 물체가 V의 속도로 반지름이 r인 원주를 돌 때의 구심력은 $F = (mV^2/r)$의 관계식을 만족한다. 물체의 속도와 질량이 크고 궤도 반지름이 작을수록 원운동에 필요한 구심력의 크기는 커진다.

구즈 goods　화물, 상품의 뜻이다. 예를 들면, 서머 구즈는 여름 상품, 레저 구즈는 레저 상품을 말한다.

국부 전지(局部電池) local cell　액체 중에서 일어나는 금속 재료의 부식의 한 형태로, 금속 표면상의 인접한 2점에 접하는 액체 속에서 금속 이온, 용존 산소 등의 농도차를 만들거나 또는 금속의 조성이 국부적으로 불균일하게 됨으로써 전지가 형성되고, 그것이 금속 재료를 통하는 단락에 의해서 전지 반응이 일어나고 음극에 해당하는 부분이 용출되어 부식하게 된다. 이와 같이 생기는 전지를 국부 전지라 부르고, 이것이 국부 부식의 원인이 된다. 국부 전지가 형성되면 자기 방전이나 극판의 부식이 발생한다.

국적 마크 nationality mark　등록된 자동차에 그 자동차가 소속된 나라를 표시하는 마크로서, 옆으로 긴 타원형의 백색 바탕에 검은 글씨로 D(독일), F(프랑스), GB(영국) 등과 같은 약자로 표시한다. 특히, 국경을 넘어서 자동차가 이동할 기회가 많은 유럽에서는 자기 나라 차량과 다른 나라 차량의 식별이 필요한 경우를 고려하여 이 마크의 표시가 의무화되어 있다.

국제단위계(國際單位系) 프 Système International d'Unitès　미터 협약에 따른 측정 단위를 국제적으로 통일한 체계로서 SI단위라고도 한다. 기본 단위로서 길이에 미터(m), 질량에 킬로그램(kg), 시간에 초(s), 전류에 암페어(A), 온도에 켈빈(K), 물질량에 몰(mol) 및 광도에 칸델라(cd)의 7개가 있으며, 다른 모든 측정 단위는 이들로부터 유도된 것이다. 1960년 제11회 국제 도량형 총회에서 결정하였다. 우리 나라에서도 국가표준기본법 제10조~제12조 규정에 의거하여 SI단위를 법정 단위로 채택하고 있다.

굴림 저항 rolling resistance　타이어는 고무와 섬유로 되어 있어 이들 고분자 재료는 변형을 되풀이하는 것을 일으키고 이것이 타이어의 굴림 저항이 된다. 타이어 변형이 작을수록 굴림 저항도 작아져 벨트 효과로 트레드부의 움직임이 적은 레이디얼 타이어는 연비가 좋아진다. 또 공기압을 높이면 굴림 저항이 얼마쯤 작아진다.

굽히기 bending　자유 단조 작업으로서, 재료를 구부리는 작업을 이른다. 벤딩이라고도 한다.

굿 디자인 good design　산업자원부의 의장 장려심의회에서 우량품이라고 인정된, G 마크를 인가받은 우량품을 말한다.

권양기(捲揚機) winch ⇨ 윈치

궤적(軌跡) trajectory 자동차 바퀴가 지나간 자국이라는 뜻으로, 물체가 움직이면서 남긴 움직임을 알 수 있는 자국을 이르는 말이다. 자동차의 앞바퀴와 뒷바퀴가 남긴 길의 관계인데, 앞바퀴의 트레드 거리와 뒷바퀴의 트레드 거리의 중심선과의 일직선을 말한다.

귀 flash, burr 맞대기 용접, 저항 용접을 할 때 용융 금속이 압력의 작용으로 늘리면서 밀려나와 용착부 둘레에 응고한 것을 말한다. 덧살이라고도 한다.

귀금속(貴金屬) noble metals 보통 금, 은 및 백금족 원소(루테늄, 로듐, 팔라듐, 오스뮴, 이리듐)를 말하는데, 산출량이 적어 값이 비싸다. 화폐, 장신구, 메달, 공예품 등의 재료로 사용되는 값비싼 금속류를 말하는 경우와, 비금속에 비해 녹는점이 높고 연신성(延伸性)이 뛰어나며 약품에 잘 녹지 않고 열·전기의 전도성이 높은 금속을 말하는 경우가 있다.

귀환(歸還) feedback (1) 자동차 배기가스의 산소 농도를 감지하여 혼합 가스가 농후하면 컴퓨터가 약간 희박하도록 제어하고 EGR 밸브를 작동시켜 배기가스 일부를 실린더에 되돌려 보내어 재연소시키는 것을 말한다. (2) 증폭기의 출력 중 일부를 되돌려 보내어 입력으로 사용하는 것을 말한다.

규격(規格) specification 서비스하려는 차량에 대해 제조 회사에서 추천하는 측정치를 말한다.

규소(硅素) silicon 비금속인 탄소족 원소의 하나로, 원자 기호는 Si이며, 실리콘이라고도 한다. 규소는 벼, 대나무, 속새 풀 등의 식물체와 털, 손톱, 이 등의 동물체에도 포함되어 있고, 공업적으로는 규석이나 규사에 코크스를 섞어 전기로에서 가열 및 환원하여 만든다. 다이오드, 트랜지스터 등의 반도체를 만드는 데 널리 쓰인다.

규소강(硅素鋼) silicon steel 철에 1~5%의 규소를 첨가한 특수 강철이다. 탄소 등의 불순물이 아주 적고 투자율(透磁率)과 전기 저항이 높으며, 자기 이력 손실이 적어, 발전기, 변압기 등의 철심을 만드는 데 쓴다.

규제 흐름 metered flow 유압 장치에서 유량이 이미 정하여진 값으로 제어되어 흐르는 것을 말한다.

균열(龜裂) crack (1) 보일러 본체나 관류가 과열된 경우, 증기 압력이나 온도의 변화에 의해 신축 작용이 생기기 쉬운 장소나 가성 취화가 생긴 부분에서 재료가 갈라지는 손상을 이른다. (2) 열적 또는 기계적 응력 때문에 일어나는 국부적인 파단에 의해 생기는 틈 또는 불연속부를 말하는 것으로, 가공 공정에 따라 용접 균열, 단조 균열, 수축 균열 등이 있다.

균열 감수성(龜裂感受性) crack sensitivity 균열에 민감한지 어떤지의 성질을 나타내는 척도이다.

균형추(均衡錘) counter weight 크랭크축 저널 중심에 대해서 크랭크 핀의 무게에 대한 반대쪽의 무게 균형을 이루기 위해 설치한 추(weight)를 말한다. 다시 말해, 하중으로 인한 모멘트에 대항시키기 위해 마련된 추이다.

그라운드 ground 전기 회로 또는 장치의 적당한 곳을 대지에 대하여 의도적으로 접속하는 것을 말한다. 대지 대신에 그에 대치될 만한 도체를 사용하는 수도 있지만, 목적은 전압의 기준점을 설정하기 위해서이며, 인체의 안전을 확보하거나 기기의 확실한 동작을 보증하는 데 있다. 약해서 GND로 표시한다.

그라운드 리턴 시스템 ground return system 자동차의 섀시와 프레임에 배터리 또는 AC 발전기로의 전기 복귀 회로로 이용되는 일반화된 전기 배선 방식이다. 싱글 와이어 시스템(single wire system)이라고도 한다.

그라운드 시뮬레이션 ground simulation 풍동(風洞) 실험에서 모형으로 자동차의 공력(空力) 특성을 조사할 때 실제 차량이 받는 지면 효과를 재현하고 실제 주행에 가까운 공기의 유속 분포를 모의(시뮬레이션) 시험하는 것을 말한다.

그라운드 이펙트 ground effect 지면과 공기의 흐름, 물체의 운동 등의 상관관계에서 발생하는 지면 효과를 말한다. 주로 공기압과 공기 흐름의 속도와 관계가 많다. 그라운드 이펙트 카(vehicle)는 지면 효과에 의하여 다운포스를 얻어 타이어의 코너링 포스(cornering force)를 크게 하여 코너링 속도를 빠르게 한 레이싱 카이다.

그라운드 클리어런스 ground clearance 최저 지상고(最低地上高)의 뜻으로, 지표로부터 크랭크샤프트까지의 거리를 말한다. 레이싱카와 포뮬러카를 제외한 공인 생산차가 레이스에 출장할 때는 공식 차 검사에서 높이 10 cm, 가로 80 cm, 세로 80 cm의 판자를 드라이버가 탄 상태로 통과해야 한다.

그라운드 클리어런스 컨트롤 ground clearance control 차고 조정 장치를 말한다. 차내의 스위치 조작에 의해 차고를 프런트에서 30 mm, 리어에서 40 mm 올리는 것이 가능하다. 차고를 올림으로써 어프로치 앵글, 디파처 앵글, 램프 브레이크 오버 앵글도 증가하고, 또한 오프로드에서의 주행성이 향상된다. 차고의 증가는 파워 유닛(오일 펌프)에서 발생하는 유압을 각 스프링 지지부의 조정 실린더에 가함으로써 스프링의 차체측 장치부를 변형시켜 이루어진다. 차고 상승 시에 차속이 50 km/h를 넘어서면 자동적으로 차고를 노멀로 되돌려서 주행 안정성을 확보하고 있다.

그라인더 grinder 고속도로 회전하는 연삭숫돌을 사용해서 공작물의 면을 깎는 기계로, 연삭기라고도 한다. 숫돌은 매우 미세한 절삭 날을 가지고 있는 커터라고 볼 수 있다. 다듬질면의 거칠기는 보통의 바이트로 절삭한 것과는 비교가 되지 않을 정도로 정밀하다.

그래벌 gravel 랠리 경기는 다양한 종류의 노면을 달리며 펼쳐진다. 그중에서 비포장도로를 통틀어 그래벌이라고 한다. 타맥(tarmac)에 대응하는 용어로 불린다. 더트(dirt)와 동의어이다.

그래벌 베드 gravel bed 레이싱 코스의 세이프티 존에 만들어진 자갈밭을 이른다. 코스를 벗어난 경주차가 이곳에 들어오면 급격한 감속이 가능하여 안전성을 높여주므로 F1 레이스가 열리는 세계적인 코스에서 최근 늘어나고 있다. 자갈 크기는 최소 2 mm, 최대 8 mm이며, 자갈밭의 깊이는 25 cm 이상으로 규정하고 있다. 벙커(bunker)는 일본식 용어이다.

그래파이트 도장 graphite coat 그래파이트(흑연)를 칼라 코트(collar coat)에 혼합시킨 도장(塗裝)으로서 메탈릭(metalic)과 같은 도막 구성을 갖는다. 그래파이트라는 것은 일반적으로 흑계 안료(카본 블랙)와 같은 탄소이지만, 카본 블랙이 비결정성인 데 반해 그래파이트는 결정성이라는 점이 다르다. 특징은 카본 블랙과 비교해서 입경(粒徑)이 크고 은폐성이 뒤떨어지며, 광택감이 우수하다. 경자동차에서 사용되고 있는 오션그린에서는 녹색 안료, 화이트 마이카 안료 등을 혼합시켰고, 정면에서 보면 마이카의 광휘감을 볼 수 있으며, 투과하여 보면 실키(silky)한 흑색을 띤 깊이 있는 발색이 된다.

그래픽 시트 graphic seat 해치백의 일부 차종에 적용된, 암창(暗窓)화된 리어 쿼터 패널에 접착하는 스티커를 말한다.

그래픽 이퀄라이저 사운드 이펙터 graphic equalizer sound effector 차 실내의 음장(音場)은 직접음과 반사음이 혼입되어 실내의 크기, 현상 등에 따라서 특수한 음장이 형성된다. 이 특수한 조건하에서 보다 와일드한 사운드의 추구를 도모하기 위한 기구를 말한다.

그랜드스탠드 grandstand 서킷에서 관객용 메인스탠드를 일컫는다. 바로 이 스탠드 앞에 스타트와 피니시 지점이 있다. 또 그랜드스탠드에서 각 피트가 잘 보이게 하는 것이 세계적으로 가장 흔한 레이아웃이다.

그랜드 투어링 카 GT car ; grand touring car 유럽 대륙 등에서 국경을 넘어 장거리 여행을 하는 데 필요한 쾌적한 거주성과 내구성(耐久性), 대형 트렁크 등의 짐 실을 공간을 갖추고 고속으로 장시간의 연속 드라이브가 가능한 성능을 더한 스포츠카가 그랜드 투어링 카이다. 그래서 스포츠카보다는 차 무게가 커지고 또 고성능으로 만들기 위해 엔진도 대형화된다. 모터스포츠의 차량 규칙에도 GT의 종류가 있다.

그램/마일 grams per miles 대기 중으로 방출된 차량 배기가스, 즉 공해 물질 무게의 측정 단위이다. 환경 연구소(EPA)는 배기가스의 최대 한계치를 g/mile의 단위로 해서 그 규제법을 정하고 있다.

그레이드 grade　(1) 등급, 계급을 말한다. (2) 도로·철도 등의 물매, 경사도를 말한다.

그레이드 어빌리티 grade ability　클라이밍 어빌리티(climbing ability)라고도 하는데, 차량에 주어진 규정의 하중을 싣고 등판할 수 있는 그레이드의 퍼센트이다. 1%의 그레이드란 수평 거리의 100피트 앞에서 1피트 상승한 기울기를 말한다.

그로밋 grommet　어떤 부품 주위를 감싸거나 지지하기 위해 사용되는 경고무 장치(hard rubber system)를 말한다.

그로스 웨이트 gross weight　총 중량(자동차)으로, 화물의 자체 중량과 포장 중량을 합한 것을 말한다.

그로스 토크 gross torque　엔진 점화 장치가 적절하게 조정된 상태에서 엔진에 발생되는 최대 회전력을 말한다.

그로스 파워 gross power　자동차 엔진 본체만의 출력을 말한다. 자동차에 탑재하여 사용하는 데 필요한 모든 장치를 붙여 테스터 위에서 운전했을 때의 축 출력인 정미 출력과 대조적으로 쓰이는 용어이다.

그론 groan　자동차에서, 회전축에 고정되어 바퀴와 같이 도는 등근 강판을 패드로 누름으로써 회전을 멎게 하는 장치를 디스크(원판) 브레이크라고 한다. 이 브레이크에서 페달을 약하게 밟았을 때 나는 소리를 그론이라고 하는데, 200~300 Hz의 '구구' 또는 '기기'와 같이 신음하는 것처럼 나는 소리를 말한다.

그루브 groove　타이어의 트레드 형상에 따라 패인 홈으로, 배수성, 조종 안정성, 견인력, 방열성, 제동성, 소음 완화 등의 기능이 있다.

그루브 원더 groove wander　노면에 새겨진 레인 그루브에 의하여 자동차의 진행 방향이 흐트러지는 현상을 말한다. 레인 그루브가 나란히 줄 처진 홈의 각과 타이어의 트레드 세로 방향으로 홈의 에지와 간섭하여 옆 방향의 힘이 발생되므로 자동차가 흔들리게 된다.

그루빙 grooving　트레드에 전용 공구를 이용하여 홈을 가공하는 것을 말하는데, 경주차에서는 저마다에게 가장 어울리는 크기의 타이어가 이용되고, 때에 따라 크기가 다른 타이어도 사용하게 된다. 마른 노면에서 사용되는 슬립 타이어와 같이 트레드 패턴을 가진 젖은 노면용 레이스 타이어를 만들면 금형 제작에 너무 많은 비용과 시간이 들게 된다. 그래서 젖은 노면용 타이어로 마른 노면에서 사용하는 슬립 타이어의 금형을 써서 트레드 재질의 두께를 늘린 타이어를 만들고, 여기에 그루빙을 해서 완성한다.

그루빙 툴 grooving tool　타이어의 트레드에 홈을 가공하기 위한 전기 공구를 말한다. 전기가 통하면 발열되는 특수한 금속제 날과 스위치로 되어 있으며, 날을 고무에 누르면 통전되어 날이 뜨거워져 고무를 눌러 끊도록 되어 있다.

그룹 분사 group injection　독립 분사와 같이 1사이클에 1회 분사하는 점은 같으나, 두 개의 행정에서 동시 분사가 된다. 독립 분사식과 같이 인젝터의 최저 분사 시간이 결정된 상황에서 보다 짧은 분사량을 제어할 수 있다. 이 방식은, 제어 폭을 크게 할 수 있고, 회전 속도가 좋은 엔진이나 고출력의 엔진에 응용하기 용이하다.

그룹 분사 방식 group injection system　다기통 이상의 가솔린 분사에서 흡입 행정에 서로 이웃하고 있는 실린더를 그룹으로 묶어 그룹별로 연료의 분사를 행하는 형식이다. 예컨대, 6실린더 엔진에서 3실린더씩 2개의 그룹으로 나눌 경우 2그룹 분사, 2실린더씩 3개의 그룹으로 나눌 경우 3그룹 분사라고 부른다.

그룹 시 group C　모터 스폿에서는 경기 차량을 A~E 및 N의 6가지 그룹으로 분류하고 있다. 그룹 C는 '스포츠 프로토 타입 카'로서 2개의 도어를 가지고, 모든 구성 요소를 커버하는 보디를 가지고 있어야 하며, 윈도 스크린 치수 등도 상세하게 규정하고 있다.

그룹 에이 group A　자동차 경주에 참가하는 차량의 각종 성능 및 제원에 대한 제한이 전혀 없다면 경주는 공평하게 치를 수 없다. 극단적인 경우에는 한 경기를 목적으로 특수 차량을 한 대만 만들어 출전하는 일도 일어날 것이다. 이러한 상황을 초래하지 않도록 세계자동차연맹에서는 경주 참가 차량을 몇 가지로 구분하고, 각 경주 차마다 조건이 같도록 규정하고 있다. 기본적으로는 연속 12개월 동안 생산되는 대수를 기초로 그룹을 나누는데, 그룹 A는 연간 5,000대, 그룹 B는 연간 200대가 기준이 된다. 또한 각 클래스는 제각기 차량 규칙이 정해져 있어 차량 개조 범위를 제한하고 있다. 그룹 A는 '투링크 카'의 부분으로서, 공인을 위한 기본 조건은 4좌석의 차량이며, 연속 12개월 동안에 5,000대 이상 생산된 것으로 되어 있다. 1987년부터 세계 랠리 선수권전(WRC)은 그룹 A 차량으로 진행되고 있으며, 또 하나가 투어링 카 레이스이다.

그룹 엔 group N　경기용 프로덕션 카를 일컫는 분류로서, 국제스포츠법전 부칙 J항에서 정하여진 국제적인 차량 구분의 하나이다. 4좌석 이상의 대규모 양산 시판 차량을 말한다. 적어도 5,000대 이상 동일 규격 차량이 연속적으로 12개월간 생산된 차량으로 국제적인 공인을 받는 것이 필요하다. 고속 주행을 위한 개조보다 안전을 위한 개조에 중점을 둔다.

그리드 grid　(1) 격자(格子)를 뜻한다. 축전지 극판의 골격이 되는 부분을 말하며, 여기에 연고성(paste)의 활성 물질이 압착(壓着)된다. (2) 스타트 위치라는 뜻이다. 보통은 공식 예선에서의 순서에 따른다. 2열씩(2-2-2 그리드)의 경우와 3열과 2열이 교차(3-2-3-2 그리드)하여 스타트 위치에 늘어서는 2개의 방법이 널리 쓰인다.

그리드 스타트 grid start　자동차가 주행 중인 자세에서 경주가 시작되는 플라잉 스타트와는 달리, 공식 예선을 통해 정해진 위치(그리드)에 자리 잡고 스타트 신호가 떨어질 때까지 정지한 상태로 있다가 출발하는 방법이다. 자동차 경주에서는 이 방식의 스타트가 가장 널리 채용되고 있다.

그리스 grease　감마제(減磨劑)의 일종으로서, 기유(基油)에 증주제(금속 비누 또는 유기 화합물)를 적당히 분산시키기 위해 각종 첨가제를 첨가하여 사용하는 고점도의 반고체상을 말한다. 주유(注油)하기 힘든 곳, 고온(高溫)이고 저속 회전하는 섭동부 등 윤활유를 사용할 수 없는 부분에 사용한다.

그리스 건 grease gun　기계용 윤활유 주입기로서, 베어링에 그리스를 주입하는 기구이다. 수동식과 동력식이 있다.

그리스 니플 grease nipple　그리스 주입구를 뜻한다.

그리스 실버 grease silver　알루미늄 입자의 크기를 고르게 하고, 원주 형상을 직선적인 것으로 통일하여 알루미늄 입자로부터의 난반사를 감소시킴으로써 실현된 고휘도의 실버 도장색(塗裝色)을 말한다.

그리스 컵 grease cup　베어링부에 그리스를 공급하기 위하여 그리스를 채워 두는 용기를 이른다.

그린 하우스 green house　차의 외관을 윈도 하부의 선에서 상하로 나누고, 상부의 유리 부분과 루프, 필러를 포함한 부분을 말한다. 영어로는 온실을 뜻하는데, 승용차에서는 조수석 부분을 지칭할 때가 많다.

그릴 grille　그릴은 일반적으로 라디에이터 앞에 격자(格子) 모양으로 설치되어 통풍구 역할을 하지만, 차량의 전체적인 이미지를 결정하는 중요한 요소이기도 하다. 최근에는 공기 저항을 줄이기 위해 작아지는 추세이며, 극단적인 경우에는 아예 그릴을 없애기도 한다.

그릴 가드 grill guard　외관상의 아름다움과 안전을 위해 라디에이터 그릴 앞에 설치된 창살 등을 일컫는 용어로서, 주차장이나 차고 입구 등에서 저속 시의 충돌에 의한 프런트 패널부의 손상을 방지하기 위하여 지프 등 일부 차종에 장착되어 있다. 그릴 가드의 로워 크로스 파이프는 견인 혹으로서의 견인 능력을 보유하고, 프런트 범퍼의 후단부 보호재 역할도 하고 있다. 그릴 가드는 일반적으로 4WD에 설치된다.

그립 grip　타이어의 접지력을 말하는데, 타이어와 노면의 마찰력을 표현할 때 쓰이며 '꽉 붙잡는다'라는 의미이다. 그립 대신 점착(粘着)을 뜻하는 어드히전(adhesion)이라는 단어와 접지력이라는 말도 사용한다.

그립 주법 grip drive method　타이어의 접지력 범위 안에서 달리는 방법으로, 미끄러운 노면에서도 되도록 타이어를 미끄러지지 않게 그립시키고 달리면 옆으로 미끄러지는 데 따른 저항 손실이 적어진다. 부드럽고 안정된 주행으로 핸들뿐 아니라 액셀 워크가 힘들다.

그립 주행 grip driving　코너에서 타이어를 슬라이드시키지 않는 주행 테크닉이다. 빠른 랩 타임 기록을 내기 위한 것으로, 속도를 낮추어 타이어를 슬라이드시키지 않는 것과는 다르다. 그립 주행과 상반되는 코너링 기법은 드리프트 주행이다.

그릿 grit　(1) 연마재의 하나로, 뾰족한 입자로 된 연삭숫돌의 성분이다. (2) 볼밀이나 해머밀로 분쇄한 날카로운 각이 있는 강립편으로서, 그릿 블라스트에 쓰인다.

극압성 윤활유(極壓性潤滑油) lubricating oil with extreme pressure additve　⇨ 하이포이드 기어오일

극압제(極壓劑) extreme pressure additives　중하중(重荷重)이 걸릴 때 유막이 끊어져 급속 접촉이 생기는 경우 금속과 반응하여 표면에 극압막을 만들어 타 버리거나 마모되는 것을 방지해 준다.

글라스 루프 glass roof　승용차 지붕의 개폐식 채광창인 선루프(sunroof)의 일종으로서, 루프(지붕)의 일부가 유리로 만들어진 것을 이른다.

글라스 리드 glass lid　선루프를 덮는 유리로 만든 뚜껑(lid)으로, 이 뚜껑은 돌리거나 들어 올려서 열게 되어 있다.

글랜저 익스터널 조인트 glaenzer external joint　트리포드형 유니버설 조인트로서, 조인트의 좌우 방향의 움직임이 고정되어 있는 것이다. GE로 줄여 표시하기도 한다.

글랜저 인보드 조인트 glaenzer inboard joint　트리포드형 유니버설 조인트로서, 조인트가 슬라이드식으로 신축하는 형식이다. GI로 줄여 표시하기도 한다.

글러브 박스 glove box　본래는 방사성 물질이나 대기 속의 불안정한 물질을 취급하기 위해 사용하는 장갑이 딸린 상자를 일컫는데, 자동차에서는 계기판 옆에 설치해 놓은 자그마한 수납고를 이르는 말로,

영어로는 글로브 컴파트먼트(glove compartment)라고 한다. 운전자 앞에는 대시 보드가 있고 계기류들이 있으나, 조수석 앞에는 빈 공간이 생겨 그곳에 글로브 박스를 마련하고 있다. 보통 열쇠로 잠글 수 있게 되어 있으며, 장갑이나 연장 등 여러 가지 물건을 둘 수 있다. 야간에도 내부를 볼 수 있도록 램프가 설치되어 박스를 열면 자동으로 불이 켜지는 사양도 있다. 또 도어의 안쪽에도 포켓이라 불리는 공간이 마련되기도 한다. 모두 차 안의 좁은 공간을 유효하게 쓰려고 만든 것이다.

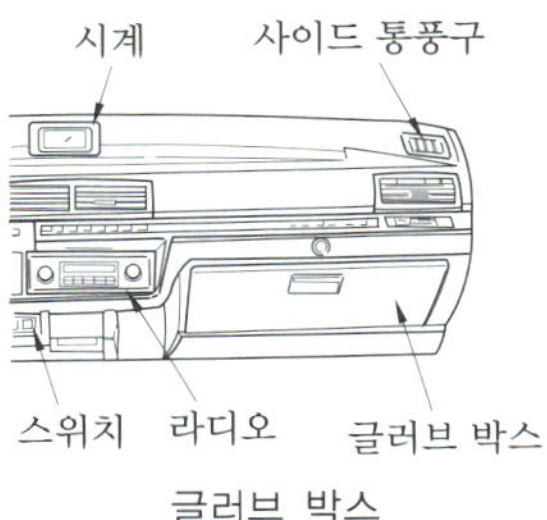

글러브 박스

글레이즈 glaze　실린더 벽의 마무리 공정으로, 거울과 같이 평활하게 마무리하는 것을 말한다.

글레이즈 브레이커 glaze breaker　실린더 벽의 글레이징 작업을 하는 데 사용되는 회전용 공구를 말한다.

글레이징 glazing　숫돌차의 숫돌 입자가 마모되어 숫돌면이 번들거리고 금속성의 소리를 내며 발열이 심하면서 거의 절삭성(切削性)을 잃은 상태를 가리킨다.

글로스 gloss　자동차에서는 도장(塗裝) 면이나 실내의 부품 등의 광택을 말한다.

글로 인디케이터 glow indicator　디젤 엔진에서 예열 장치의 상태를 운전자에게 알리는 램프이다. 히트 코일이나 글로 플러그에 전기가 전달되는 동시에 바로 점등된다.

글로 플러그 glow plug　사늘한 엔진의 착화를 돕는 전열선 예열 플러그로, 시동 전에 예열해서 예열 플러그라고도 한다. 세라믹을 개량 사용하여 디젤 엔진의 약점이었던 예열 시간을 단축시키고 있다.

글로 플러그 파일럿 glow plug pilot　글로 플러그 파일럿은 운전자에게 글러 플러그의 적열 상태를 알리는 역할을 하는 것

으로, 히트 코일과 그것을 지지하는 단자 및 보호 커버로 구성되어 있다. 글로 플러그 파일럿의 전기 회로는 글로 플러그와 직렬로 접속되어 있다.

글리세린 glycerin　유지(油脂)가 가수 분해를 할 때 지방산과 함께 생성되는 액체이다. 무색투명하고 단맛과 끈기가 있다. 의약품, 폭약, 화장품 등의 원료나 기계류의 윤활제로 쓴다. 화학식은 $C_3H_8O_3$이다.

금속(金屬) metal　열이나 전기를 잘 전도하고, 전성(展性)과 연성(延性)이 풍부하며, 특수한 광택을 가진 물질을 통틀어 이르는 말이다. 수은을 제외하고는 모두 상온에서 고체이다. 비중이 4 내지 5 이하의 것을 경금속, 4 내지 5 이상의 것을 중금속이라고 한다. 그리고 산출량이 적고 아름다운 색을 띠며 화학 약품에 대한 저항이 큰 것을 귀금속이라고 한다.

금속 산화물 반도체 센서 metal oxide semiconductor sensor　가스를 흡착하는 방식으로, 반도체 표면에 가스가 접촉되면 저항치가 변화되는 양을 검출한다. 통상 200~500℃ 온도 범위에서 사용할 수 있기 때문에, 센서 소자에 전극을 겸한 히터를 보충해 넣거나 소자 주변에 히터를 배치한 것이 많다.

금속 아크 용접 metal arc welding　용착 금속이 될 금속봉과 모재(母材)를 2극으로 하는 아크 용접법을 말한다.

금속 타음(金屬打音)　일반적으로 크랭크샤프트와 그 베어링 사이에서 발생하는 타음으로서, 커넥팅 로드 베어링과 크랭크 샤프트에서 발생하는 것의 2종류가 있다. 이상 마모 등에 의한 베어링 간극의 증가가 메탈 타음의 원인이 되고 있다.

급가속 시 혼합비(急加速時混合比) accelerating mixture ratio　가속할 때 갑자기 스로틀 밸브를 열어 주면 흡기량은 즉시 이에 응해서 증가하지만, 실린더에 공급되는 가솔린은 관성 때문에 즉시 증가하지 못하므로 혼합 가스는 실질적으로 희박해진다. 이것을 보정하기 위해서 일시적으로 공기 연료비를 8 : 1 정도의 농후한 혼합비로 공급한다.

급결 도료(急結塗料)　조색(調色), 경화제의 혼합, 시너 희석을 완료하여 즉시 분사할

수 있는 상태의 도료를 가리키는 말이다.

급속 귀환 운동(急速歸還運動) quick return motion　작업 진행 방향의 속도가 느리고 복귀하는 속도는 빠른 것으로, 원리는 큰 기어와 크랭크가 설치되었을 때 큰 기어가 일정한 회전을 할 경우 크랭크 핀은 큰 기어에 고정되어 있으므로 작업 행정의 소요 시간은 느리고, 귀환 행정에 소요되는 시간은 빠르게 된다. 급속 귀환 운동을 이용하는 것은 복사기, 셰이퍼, 플레이너, 슬로터 등이 있다.

급속 예열 장치(急速豫熱裝置) fast glow system　디젤 엔진에서 사용되는 예열 장치의 제어 장치를 말한다. 여기에서 12 V의 펄스 전압을 6 V 플러그에 가하여 예열 시간을 감소시키고 있다.

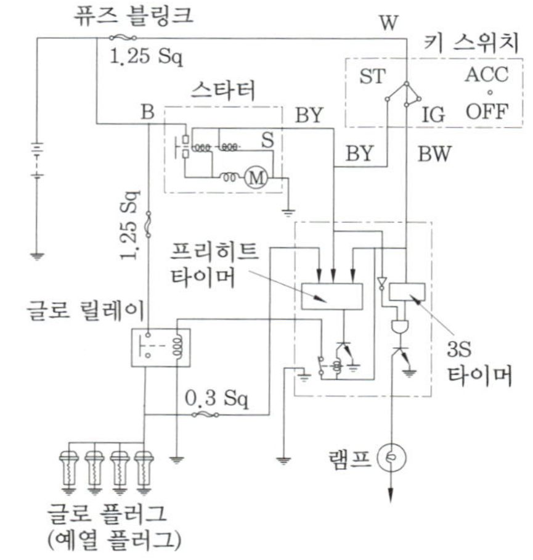

급속 예열 장치

급속 충전(急速充電) quick charging　급속 충전은 시간적인 여유가 없을 때 축전지를 자동차에 설치한 채로 급속 충전기를 이용하여 축전지 용량의 50 % 전류로 충전하는 방법이다. 이때 충전지의 ⊕, ⊖ 케이블을 떼어 내고 충전기 클립을 연결하여야 AC 발전기의 실리콘 다이오드를 보호할 수 있다.

급속 충전기(急速充電機) ⇨ 배터리 퀵 차저

기경성(氣硬性) ⇨ 자경성

기계 가공(機械加工) machine work, machining　손다듬질 또는 손가락 가공에 의하지 않고 기계를 사용하여 가공하는 것을 가리킨다.

기계 소음(機械騷音) mechanical noise　엔진이 운동하는 각 부분의 진동과 충격에 의해서 생기는 소음을 말한다.

기계 손실(機械損失) mechanical loss　기계적 원인에 의한 손실, 예를 들면 실린더와 피스톤, 축과 축받이(베어링) 사이의 마찰에 의한 손실 등을 말한다.

기계식 가속 펌프 MAP ; mechanical acceleration pump　모든 회전 속도에서 가속 성능을 향사시키기 위한 펌프로서, 링크에 의해 가속할 때 연료를 분사한다.

기계식 가솔린 분사 instrument type gasoline injection　컴퓨터를 사용하지 않고 기계적으로 연료의 양을 조절하는 기계식 노즐을 사용하는 연료 분사 방식이다. 그 하나로 흡입 공기량에 따라 연료 통로가 제어되어 펌프로 가압된 가솔린이 소정의 양만큼 분사되는, 독일 보슈 사의 K-제트로닉이 있다.

기계식 리프터 mechanical type lifter　일체식으로 되어 있으며, 캠의 접촉면 형상에 따라 볼록면 리프터, 평면 리프터, 롤러 리프터 등으로 구분된다. 리프터의 밑면은 편마멸되지 않도록 하기 위해 리프터 중심과 캠의 중심을 오프셋시켜 리프터가 회전하도록 함으로써 접촉 부분이 계속 바꾸어지게 된다.

기계식 브레이크 mechanical brake　브레이크 페달의 조작력을 로드(rod)나 와이어(wire)를 거쳐 제동 기구에 전달하여 제동력을 발생시키는 것으로, 핸드 브레이크에 사용한다.

기계식 연료 분사(機械式燃料噴射) mechanic fuel injection　연료의 양을 재서 분사하는 메커니즘을 기계식으로 하는 것으로, 간헐(間歇) 분사와 연속 분사가 있다. 실용 차에서는 거의 모두가 플런저식 간헐 분사이고, 경주 차에서는 연속 분사도 이용한다. 메르세데스 벤츠는 플런저식인 기계식 분사를 채택하고 있다. K-제트로닉이라고 불리는 기계식 분사는, 흡입하는 공기량을 기계식으로 재서 거기에 가장 알맞은 양의 연료를 기계식으로 각 기능에 나누어 분사하는 방식이다.

기계식 연속 연료 분사 장치(機械式連續燃料噴射裝置) Kontinuierlich Einspritz system　K-제트로닉을 일컫는다. 독일 보슈 사의 특허에 의한 가솔린 엔진용 연료 분사 장치의 한 형식으로, 기본 시스템은 그림(a)와 같다. 연료 분사 장치는 기계 제어 방식과 전자 제어 방식으로 크게 나눌 수 있는데, K-제트로닉은 기계 제어 방식이며, 일반적으로 유럽 차에 많이 채용되고 있다. 연료 분사(continuous injection)의 의미로 CI 시스템이라고 부르는 경우도 있다. 그 이름과 같이 엔진이 회전하면 인젝터로부터 연속해서 연료가 분사되는데, 연료 분사량의 컨트롤은 매

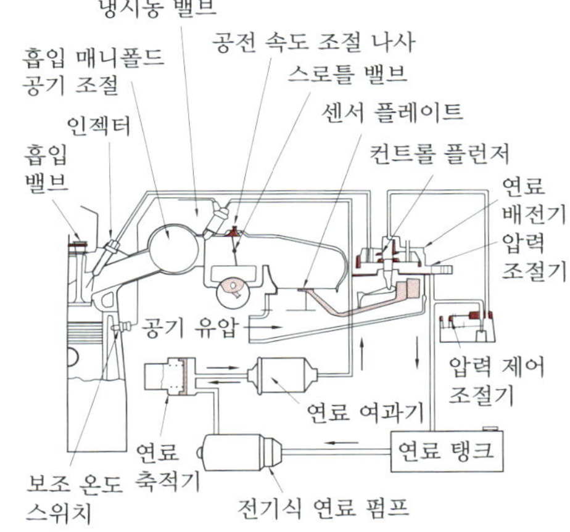

(a) K-제트로닉 기본 장치

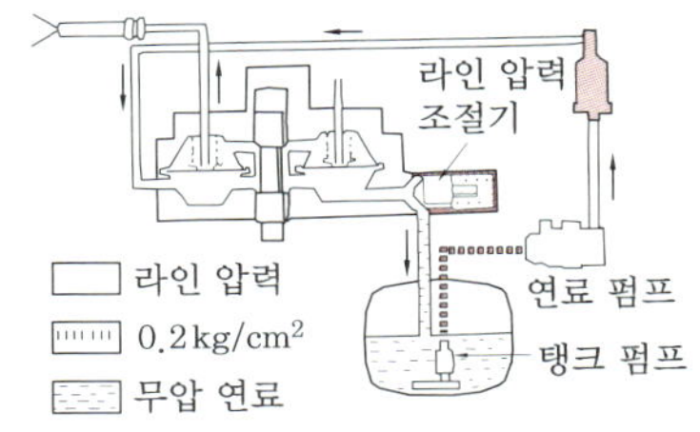

(b) 연료 압력 제어 기구

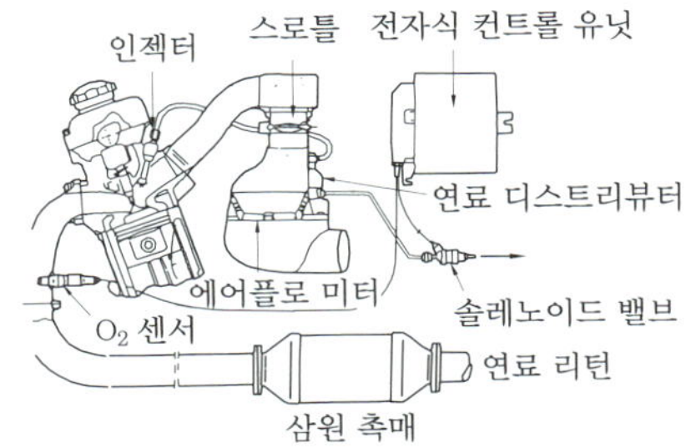

(c) K-제트로닉의 공연비 제어 시스템

기계식 연속 연료 분사 장치

스 플로 형식(mass flow type)의 에어플로 센서와 그것에 연동하는 연료 디스트리뷰터로 행해진다. 흡입 공기량에 대하여 반응하는 센서 플레이트에 의해 컨트롤 플런저가 반응하는 데 따라 인젝터에 통하는 연료 통로 면적을 변화시키고 연료 분사량이 컨트롤된다. 연료 라인의 기준 압력은 전자식 제어 방식이 $2.5\,kg/cm^2$에 비해 $0.5\,kg/cm^2$로 고압이다. 그림(b)에 연료 압력 컨트롤 장치의 개략을 보이고 있다. 또한 K-제트로닉이라도 산소 센서를 사용한 공연비 피드백 제어 시스템도 고안되고 있다. 그림(c)에 K-제트로닉의 공연비 피드백 시스템을 나타내고 있다. 일렉트로닉 컨트롤 유닛(컴퓨터)을 사용, 산소 센서의 출력에 응해서 연료 디스트리뷰터의 금속 다이어프램 아래쪽의 압력을 솔레노이드 밸브를 사용해서 줄이고 분사 압력을 변화시키는 방법이다.

기계식 조속기(機械式調速機) mechanical type governor 기계식 조속기는 연료 분사 펌프의 캠축에 설치되어 회전 속도 변화에 따른 원심추의 원심력 변화를 이용하여 연료 분사량을 조절한다. 제어 래크를 최대 분사 방향으로 밀고 있다가, 회전 속도가 증가하면 원심추가 바깥쪽으로 벌어지면서 제어 래크를 감소 방향으로 당겨 연료 분사량을 감소시킨다. 회전 속도가 낮아지면 원심추가 원심력의 감소로 본래의 위치로 복원되어 공전 스프링의 장력은 원심력과 평형을 이루어 제어 래크가 정지되므로 공전 속도를 유지하게 된다.

기계어(機械語) mechine language 컴퓨터가 직접 해독할 수 있는 2진 숫자(binary digit)로 나타낸 언어로, 프로그래밍 언어의 기본이 된다. 즉, 컴퓨터를 작동시키기 위해 0과 1로 나타낸 컴퓨터 고유 명령 형식이다. 프로그램은 기계어로 번역되어야만 컴퓨터가 그 내용을 이해하고 작동하는데, 기계어로 번역하는 프로그램에는 어셈블러와 컴파일러가 있다. 그런데 기계어는 이해하기 어렵고 컴퓨터 구조에 대한 충분한 지식이 없으면 프로그램 작성을 할 수 없기 때문에 범용성이 부족하고, 숫자(0과 1)를 사용함에 따라 프로그래머의 수고가 많이 필요하고 시간이 많이 걸린다. 그래서 많은 프로그래밍 언어들이 개발되었으며, 얼마 전부터는 기계어로 프로그램을 작성하는 것은 거의 사라졌다.

기계적 성질(機械的性質) mechanical property 금속에 힘을 가해서 당겼을 경우, 응력과 변형 간의 관계에 포함되는 금속의 제 성질을 기계적 성질이라고 한다. 탄성 한계, 항복점, 인장 강도, 굽힘, 파단 강도, 연신률, 단면 수축률, 피로 한계 등은 기계적 성질에 속한다.

기계 효율(機械效率) mechanical efficiency (1) 기계에서 일을 하기 위해 발생하는 힘 중의 몇 %가 실제로 이용되는지를 알려 주는 값이 기계 효율이다. 기계에서 발생하는 힘을 L_i라 하고, 실제로 이용되는 힘을 L_e라고 하면, 기계 효율은 $\eta_m = \dfrac{L_e}{L_i} \times 100[\%]$이다. (2) MU는 산업 공학의 용어로서, 기계 효율이라는 것은 machine utilization으로 생산 공장에서 기계의 유효한 활용 정도를 표시하며, MU라고 약칭한다. 이 기계 효율은 하나의 작업 사이클에서 그 기계가 유효하게 운전되고 있는 시간 t 및 기계 간섭 시간 T와 전 작업 시간과의 비로 표시한다. 작업 시간에는 기계가 정지했던 시간 t 및 기계 간섭 시간 i가 포함되므로 $MU = \dfrac{T}{T+t+i} \times 100$이 된다. (3) 실린더 내에서 공기를 압축하기 위해서 가해진 작업량과 기계를 운전하는 데 실제로 소비되는 작업량과의 비, 즉 압축에 소요된 지시 마력과 원동기의 축마력과의 비를 말한다.

기공(氣孔) blowhole, gas pocket 고체 재료 속에 주로 기포가 들어감으로써 생긴 중공(中空)의 구멍으로, 주물 내부 결함의 대표적인 것이다. 이는 용해되어 있던 것이 형틀에 주입되고 그것이 냉각 응고될 때 함유되어 있던 가스를 기포로 방출하는데, 이 가스를 밖으로 배출해 주지 못했을 때 발생한다. 블로홀이라고도 한다.

기관(機關) engine ⇨ 엔진

기관실(機關室) ⇨ 엔진 컴파트먼트

기능 불량(機能不良) malfunction 기계 등의 기능 부전이나 고장 또는 컴퓨터의 오작동 등을 일컫는 말이다.

기동 장치(起動裝置) starter system 기동 장

치 또는 시동 장치(starter, starting motor)는 엔진 시동 키(starter switch, ignition switch)를 돌려 배터리에서 보내오는 전류로 기동 장치를 회전시키면 오버러닝 클러치에 연결된 피니언(작은 기어)이 엔진의 크랭크샤프트에 연결된 플라이휠 바깥의 링 기어와 맞물려 회전되는 것으로, 감속비는 약 10 : 1이다.

기동 전동기(起動電動機) starting motor 엔진을 시동하는 전동기로서, 점화 스위치에 의하여 작동된다. 전동기가 회전을 시작함과 동시에 마그네틱 스위치가 선단에 부착된 피니언을 밀어서, 피니언이 플라이휠의 링 기어와 맞물려 엔진을 회전시키도록 설계되어 있다. 시동 모터라고도 불린다. 엔진이 시동되면 반대로 엔진이 기동 전동기를 회전시키게 되어 과회전으로 파손될 위험이 있으므로, 전동기와 피니언 사이에 힘이 한 방향으로만 전달되는 오버러닝 클러치를 넣어 이것을 방지한다.

기동 전동기 스위치 starting motor switch 기동 전동기 스위치는 전동기에 흐르는 주전류(B단자, F단자)를 개폐하는 역할을 한다. 스위치에 흐르는 전류는 자동차의 회로 중에서 가장 많으므로 강도, 재질, 내구력 등에서 상당히 우수한 구리 합금의 재질로 되어 있다.

기동 토크 starting torque 전동기가 기동하는 순간 발생하는 토크를 말한다. 이 값이 부하가 요구하는 토크보다 크지 않으면 전동기는 그 부하를 지고 기동할 수 없다. 직권 전동기는 기동 토크가 가장 크다.

기동 혼합비(起動混合比) 엔진의 시동을 양호하게 하는 혼합비이다. 차가운 엔진을 시동할 때에는 실린더 내의 온도가 낮아 카뷰레터에서 공급되는 가솔린의 일부만 기화되므로 연소 범위의 혼합 가스를 형성하려면 5~9 : 1의 농후한 혼합 가스를 공급하여야 한다.

기록(記錄) recording, write 전산 용어로, 정보를 레지스터나 주기억 장소, 보조 기억 장소 또는 외부 출력 매체 등에 저장하는 것을 이른다. 주로 자기 디스크, 자기 테이프, 자기 드럼 등에 대하여 사용되는 경우가 많다.

기류(氣流) air flow ⇨ 에어 플로

기류음(氣流音) flow noise 흡배기 계통에 있어서 유체의 흐름에 의해 2차적으로 발생하는 소음을 말한다.

기본 주파수(基本周波數) fundamental frequency 주기적 진동의 경우에 그 주기에 상당하는 주파수를 말한다. 주기적 진동이 없는 경우에는 그 성분 중 최소 주파수를 말한다.

기본파(基本波) fundamental wave 주기적 복합파인 경우는 그 주기에 상당하는 주파수를 가진 정현파, 주기적이 아닌 경우는 그 성분 중 주파수의 최소의 것을 말한다.

기어 gear 2개 또는 그 이상의 축 사이에 회전이나 동력을 전달하는 장치를 이른다. 기어는 동력이나 회전의 전달이 확실하며, 정확한 각속도비로 전달할 수 있고, 구조도 비교적 간단하며, 동력 손실도 적고 수명도 긴 장점이 있어 기계 구조에 널리 쓰인다.

기어 감속 기동 전동기 gear reduction starter 기어 감속 기동 전동기는 플라이휠의 지름이 작아 필요로 하는 감속비를 얻을 수 없는 경우에 전기자축과 피니언축을 별도로 설치하여 감속비를 크게 하는 전동기이다.

기어 구동식 gear drive type 크랭크축 기어와 캠축 기어의 맞물림에 의해 구동되는 형식으로, 디젤 엔진에 많이 사용한다. 회전을 원활하게 하고 소음을 적게 하기 위해 헬리컬 기어가 사용되며, 크랭크축 2회전에 캠축은 1회전한다. 크랭크축 기어와 캠축 기어의 재질을 서로 다르게 하여 소음 발생과 마멸을 방지하며, 각 기어에는 타이밍 마크(timing mark)가 표시되어 있다.

기어 레이쇼 gear ratio ⇨ 기어비

기어리드 엠피에이치 geared MPH 엔진의 회전수를 기준으로 기어비와 1시간 동안의 타이어 회전수를 조합해서 계산된 마일/시의 계산 값이다.

기어 모터 gear motor 케이싱 내에 2개 이상의 기어가 조합되어 유압의 액체에 의해서 기어가 회전하는 형식의 유압 모터를 말한다. 기어 모터는 구조적으로 기어 펌프와 동일하며, 물림점 주위의 기어 이와 이로 둘러싸여 있는 기어 잇면에 작용하는 압력의 면적 차이에 의해서 회전력이 발생된다.

기어 박스 gear box　전동에 사용하는 기어 장치를 내장한 상자형 프레임을 말한다. 기어 케이스라고도 한다.

기어비 gear ratio　서로 맞물리는 두 기어에서 큰 기어의 톱니수에서 작은 기어의 톱니수로 나누는 값을 말한다. 두 개의 톱니바퀴(기어)가 맞물리고 있는 톱니수(지름)에 따라 감속되는 비율이 정해진다. 보통 승용차의 트랜스미션 기어비는 4단을 3.2：1, 2.0：1, 1.5：1, 1.0：1처럼 배분하여 꾸미는데, 앞에 단서가 없으면 트랜스미션 기어비를 말한다. 차의 성격에 따라 기어비는 가장 알맞은 배분이 되도록 설계한다. 기어 레이쇼(gear ratio)라고도 한다.

기어 소음 (1) gear noise　기어의 맞물림에 의해서 발생되는 진동 강제력이 초래하는 현상이다. (2) transmission gear noise T/M 기어의 맞물림에 의해서 생긴 진동 강제력이 T/M 케이스, T/M 마운트, 시프트 레버에 전달되고, 이것으로부터 나온 진동이 보디에 전달되어 생긴 맞물림 주파수와 조화 성분(배음)을 포함한 고주파수를 말한다. T/M 직결 시프트 위치 이외에서 잘 발생되는 "우-" "뽕-" 하는 높은 음으로 귀에 압박감이 없으며, 소리가 맑아서 다른 소리와 구별하기도 쉽다.

기어시프트 gearshift　기어 변환 장치로서, 수동 또는 자동 변속기에서 기어의 위치를 바꾸는(변속을 위하여) 것을 말한다.

기어식 오일 펌프 gear type oil pump　기어가 회전하면 오일이 흡입되면서 기어가 펌프 보디 사이로 오일이 이동되어 오일 출구로 나가게 되는 펌프이다.

기어식 유압 펌프 gear type oil hydraulic pump　하나의 케이싱 내에 2개의 기어가 맞물림에 의하여 펌핑 작용을 하는 펌프로, 경량이고 구조가 간단하며, 역류하지 않도록 되어 있기 때문에 밸브가 필요 없다. 기어식 유압 펌프는 비교적 부하 변동이나 회전 변동이 많은 가혹한 조건에도 내구성이 좋지만 송출량의 맥동이 다른 형식의 펌프에 비해서 크며, 소음이나 진동의 원인이 발생된다.

기어 오일 gear oil　변속기나 디퍼렌셜 그리고 트랜스 액슬 등에 사용되는 오일로서, 엔진 오일보다 점도가 높고 압력 등에 견딜 수 있는 첨가제가 들어 있으며, SAE 구분에 의해 75~250번 정도가 사용되고 있다.

기어 울림 gear vibration　시프트 체인지 때 기어의 물림이 불량해 발생하는 소리로, 기어가 마모되어 있든지 싱크로에 이상이 있을 때 발생한다.

기어 윤활 gear lubrication　기어를 윤활하게 하기 위해 사용되는 그리스 또는 오일 종류를 말한다.

기어 전동 gear drive　접촉면이 서로 미끄러지면서 동력을 전달하는 장치를 이른다. 기어 전동의 특징은 축 압력이 작고 동력 전달 효율이 높다는 것이다. 큰 감속비를 얻을 수 있고, 전동이 확실하며, 회전비가 정확하다. 충격을 흡수하는 성질이 약하므로 소음과 진동이 발생한다.

기어 체인징 gear changing　변속 조작의 뜻이다. 영어로는 시프트(shift)라는 말이 많이 쓰인다. 따라서 시프트 기어(shift gear)는 변속이라는 말이며, 증속 작용은 업 시프트(up shift), 감속은 다운 시프트(down shift)가 된다. 그러므로 체인지 레버와 시프트 레버는 같은 뜻이라고 할 수 있다.

기어 트레인 gear train　기어 열의 뜻이다. 기어의 동력을 전달하는 장치를 말하며, 종류는 엔진의 타이밍 기어, 트랜스미션의 변속 기어의 치합, 디퍼렌셜의 차동 기어 등이 있다.

기어 펌프 gear pump　회전(로터리) 펌프의 일종으로, 같은 모양인 2개의 기어(회

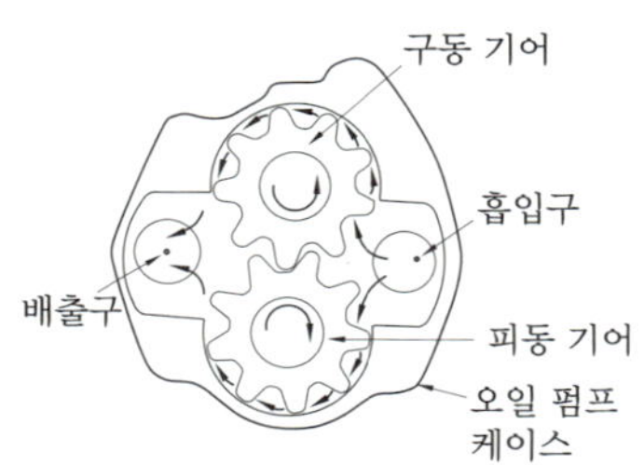

기어식 오일 펌프

전자)의 맞물림에 의하여 송액(送液)하는 펌프이다. 경량이고 구조가 간단하며 역류하지 않도록 되어 있기 때문에 밸브가 필요 없다. 원리는 서로 맞물리는 2개의 기어를 이것에 외접하는 케이스 속에 넣고 기어를 회전시켜 톱니의 홈과 둘레의 벽 사이에 생기는 공간의 이동을 이용하는 것이다. 구조는 외측 맞물림 기어와 내측 맞물림 기어의 두 종류가 있다.

기어형 축 이음 geared type shaft coupling 양 축단(軸端)에 외접 기어가 붙은 내부 케이싱을 끼워 넣어, 이것에 같은 매수의 내접 기어를 가진 외부 케이싱을 맞물려 양 축을 연결하는 축 이음이다.

기어형 펌프 gear type pump 두 개의 회전하는 기어가 작동하여 오일을 흡출(吸出, 빨아들이고 내보내는 것)하는 형식의 펌프를 말한다.

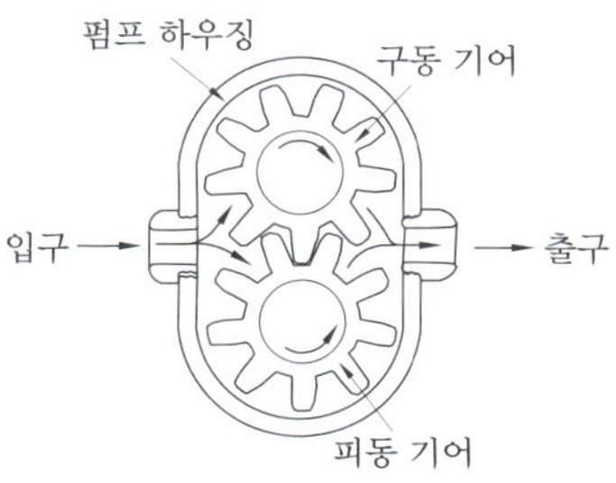

기어형 펌프

기억 장치(記憶裝置) memory unit 컴퓨터가 필요로 하는 정보, 컴퓨터가 자료를 처리하여 얻은 결과 등을 저장하는 기능을 하는 장치를 말한다. 데이터를 저장해야 하는 기간이 얼마인지, 얼마나 자주 사용하는 정보인지 등의 차이에 따라 그 종류가 달라진다.

기울기 저항(R_g) 트럭이 언덕을 올라갈 때 트럭을 아래로 잡아당기는 중력이 작용된다. 즉, 이것이 기울기 저항이다. 중력의 힘(기울기 저항)은 언덕의 기울기가 가파를수록, 트럭의 중량이 증가할수록 더 커진다. 그 힘은 다음 식으로 나타낸다.

$$R_g = W\sin\theta$$

기유(基油) 광유(鑛油)를 각종 정제 공장에 따라 제조한 것을 윤활유 기유라고 한다.

기자력(起磁力) magnetomotive force 자기 회로에서 자속(磁束)을 발생시키는 원동력이 되는 힘으로, 전기 회로의 기전력에 해당한다. 크기는 자기 회로에 따라서 단위 정자극(正磁極)을 한 바퀴 돌도록 했을 때의 힘으로 표시된다. 권선 수 N인 코일에 I[A]의 전류를 흘렸을 때의 기자력은 $F = NI$ [A]로 된다.

기전력(起電力) electromotive force 도체 내에서 전류를 흐르게 하는 힘을 말한다. 도체 내 두 점 간의 기전력은 도체 내 전계의 선적분(線積分)으로 주어지며, 국제 단위계(SI)에서 정한 단위는 전위차와 동일한 볼트(V)이다.

기준 신호 발생기(基準信號發生器) reference signal generator ⇨ 클록 발생기

기체 배출 밸브 vapor exhaust valve 기체 배출 밸브는 봄베(LPG 연료 탱크)의 기체 상태 부분에 설치된 적색 핸들의 밸브이다. 기체 솔레노이드 밸브에 연결되어 엔진을 시동할 때 연료를 공급하고, 냉각수 온도가 15℃ 이하일 때만 작동하며, 15℃ 이상이면 수온 스위치에 의해 차단된다.

기초용 볼트 foundation bolt 파운데이션 볼트로, 기계나 구조물을 토대로 고정하기 위한 볼트를 말한다.

기통 분배(汽筒分配) cylinder division 각 기통에 어느 정도의 연료가 분배되는지를 나타낸다. 기통 분배가 나쁘면 각 기통의 공연비가 달라짐으로써 엔진이 원활하게 회전하지 못한다. 싱글 포인트 인젝션이나 기화기의 경우, 이 기통 분배성이 문제가 되기도 있다.

기포(氣泡) bubble 도막의 내부에 생긴 거품으로, 도료를 칠했을 때 생긴 거품이 사라지지 않고 남아 있는 것이다.

기화(氣化) carburetion 액체 연료를 증기 가스로 바꾸는 단계를 말하며, 자동차에서는 연소용 혼합 가스를 만들기 위해 기화기 내에서 공기와 혼합시킨다.

기화기(氣化器) carburetor 연료를 미세하게 작은 입자로 만들어 공기와 혼합시켜 기화하기 쉽게 한 다음, 기관의 운전 상태에 따라 적절한 혼합 가스 양을 공급하는 장치이다. 초크 밸브를 통하여 흡입되는 공기 통로에 벤투리라는 가는 관을 두어 공기가 빠른 속도로 통과할 때 적정량의

가솔린을 빨아들이게 되는데, 스로틀 밸브가 있어 혼합 가스 양을 조절한다. 시스템으로서는 플로트(float) 계통, 메인 계통, 스로트(throat) 계통, 가속 계통, 시동 계통 등이 주된 구성으로서, 기타 배기가스 대책상 여러 가지 시스템으로 구성된 기화기가 그 기능을 수행한다.

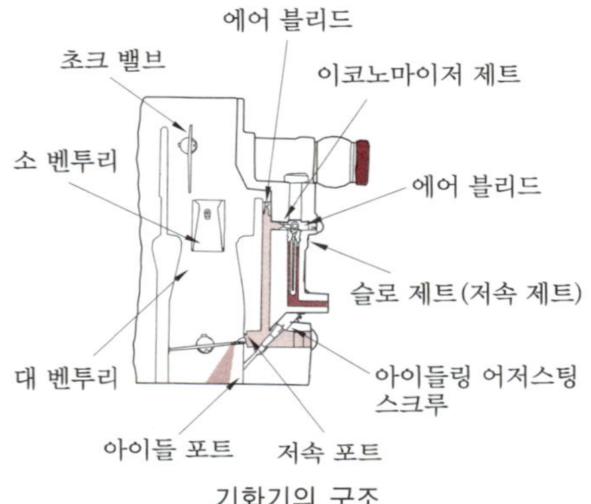

기화기의 구조

기화기 개스킷 carburetor gasket　기화기와 흡기 다기관이 접합하는 사이에 사용되는 것으로, 이 부품은 볼트로 체결된다.

기화기 과열 공기(氣化器過熱空氣) carburetor heated air　더욱 완전한 연소가 될 수 있도록 배기 다기관에서 오는 뜨거운 공기를 이용해서 기화기 표면을 웝업(따뜻하게 해 줌)해 주는 장치를 말한다. 적당하게 엷은 공기/연료의 혼합 가스는 엔진 성능을 향상시키고 저공해를 보장한다.

기화기 단열판(氣化器斷熱板) carburetor insulator　엔진의 과도한 열이 기화기로 전도되는 것을 방지하기 위해 기화기와 엔진 사이에 사용되는 열 차단판을 말한다.

기화기 배럴 carburetor barrel　기화기의 중앙 통로를 말하는데, 이 통로를 통해서 공기가 흘러 증발된 연료와 섞인다. 이 통로의 상부(입구 쪽)에는 초크 밸브가 설치되고, 하부(출구 쪽)에는 스로틀 밸브가 설치되며, 중간 부분은 벤투리를 형성하기 위해 약간 좁게 되어 있다.

기화기 빙결(氣化器氷結) carburetor icing 공기가 벤투리를 지날 때 공기의 유속이 급상(急上)하면 기화기의 표면이 냉각되고 그 결과 기화기의 내부 표면에 수증기가 빙결하는 현상을 말한다. 이것은 연료가 증발하는 데 냉기류를 형성하므로 방해가 된다.

기화기 진공(氣化器眞空) carburetor vacuum 흡기 다기관 대신 스로틀 밸브 부근에 형성된 구멍으로부터 얻을 수 있는 진공을 말한다. 이 진공의 크기는 스로틀 밸브의 개도(開度, 열림 정도)에 따라 결정된다.

기화기 킥다운 carburetor kickdown　패스트 아이들 속도 조정 스크루를 캠(cam)상에서 낮은 속도의 단계로 움직이기 위한 가속 작용의 조정을 말한다.

길들임 운전 accustomed driving of new vehicle　기계류의 회전부나 미끄럼 운동부를 알맞게 길들이는 것을 이른다. 이렇게 함으로써 새 차에 나타나는 헛된 마찰 저항이나 미끄럼 저항을 줄이고 안정된 성능을 얻을 수 있으며, 길들임 주행을 하지 않는 것보다 연료 소비율과 가속 성능이 향상된다.

깊이 녹임 용접 deep penetration welding 깊이 녹이고자 하는 피복 아크 용접이다. 후피복계가 있으며, 큰 전류의 사용에 견디고, 용입은 봉경 이상인 것이 보통이다. 용융 속도가 빠르므로 용착 효율이 크다.

끌림 계수 coefficient of drag　차량의 유선형(steam lining) 및 바람의 영향을 측정함으로써 차량의 공기 역학을 설명할 때 사용하는 용어로, 마찰 손실은 공기 역학에 의한다.

끝가공 edge preparation　용접하기 위하여 모재의 가장자리를 적당한 경사각으로 가공하는 것을 말한다.

나사(螺絲) screw　직각삼각형의 종이를 원통에 감았을 때 그 빗변이 만드는 선을 따라 홈을 판 것을 나사라고 한다. 이때 생기는 돌기를 나사의 산(山)이라 하고, 홈의 바닥을 골이라고 한다. 또 나사의 산에서 산까지 또는 골에서 골까지의 거리를 피치(pitch)라 하고, 나사를 1회전시켰을 때 나사가 이동하는 거리를 리드(lead)라고 한다.

나사 리치 thread reach　점화 플러그에서 나사 부분의 길이를 말한다.

나사 섀클 thread shackle　스프링 아이에 고무 부싱을 둔 고무 부싱 섀클을 이른다. 유(U)자형의 섀클에 나사가 파져 있는 나사 섀클과 청동 부싱이 설치되어 있는 청동 부싱으로 구분한다. 나사 섀클은 접촉면이 넓고 옆 방향의 움직임이 방지되는 장점이 있다.

나사 펌프 screw pump　수나사를 회전시켜 나사 홈에 불어 넣은 기체를 토출하는 방식의 펌프로, 2~3개의 수나사를 맞물린 것이 유압 펌프로 사용된다.

나스카 NASCAR ; national association for stock car auto racing　나스카는 미국 내 대표적인 자동차 경주 대회로 F1, 카트(CART)와 더불어 세계 3대 자동차 경주 대회로 꼽힌다. F1 대회의 차량이 전용 경주용 차인 것과 달리, 나스카 차량의 겉모습은 세단 형태이다. 그래서 미국 개조(改造) 자동차 경주 대회라고 한다. 나스카 경기를 관람하는 인파는 20만~30만 명에 이른다. 특히 나스카는 팬 중 85 %가 중산층이고, 팬 중 70 % 이상은 나스카를 후원하는 브랜드로 제품을 바꿀 만큼 마케팅 효과가 뛰어난 스포츠 대회로 꼽힌다.

나스카 윈스턴 컵 NASCAR Winstion Cup　스톡 카(시판용 승용차를 개조한 경주 차)에 의한 미국 국내의 선수권 시리즈로, NASCAR(national association for stock car auto racing)가 관할하는 각종 스톡 카 레이스 중에서도 최고봉으로 군림한다. 시속 300 km가 넘는 초고속 코스와 1주 800미터, 시속 100 km 안팎의 저속 코스 등에서 1년에 약 30전으로 치러진다.

나이트라이드 nitride　⇨ 질화물

나이트라이딩 스틸 nitriding steel　⇨ 질화강

나이트로젠 nitrogen　⇨ 질소

나이하르트 스프링 Neidhart spring　고무의 탄성을 이용한 현가 스프링을 말한다. 사각의 고무통 중앙에 캠을 끼우고 스윙 암(swing arm)의 움직임에 따라 캠이 회전할 때 캠 주위에 있는 고무를 압축하여 진동이나 충격을 흡수하는 스프링이다.

나인 모드 nine mode　오스트레일리아에서 중형 트럭의 배출 가스 측정에 사용되는 운전 방법으로, 모두 9개의 정상 모드로 구성되어 있다.

나트륨 natrium　소듐(sodium)을 일컫는다. 열을 가하여 녹인 수산화나트륨을 전기 분해를 하여 얻는 알칼리 금속 원소이다. 바닷물, 광물, 암염 등이 다량으로 들어 있으며, 동물의 몸 안에서 생리 작용에 중요한 구실을 한다. 원자로의 냉각제·환원제, 합금 금속, 촉매 등으로 널리 사용된다. 원자 기호는 Na, 원자 번호는 11, 원자량은 22.98977이다.

나트륨 냉각식 밸브　고속 출력 기관의 밸브는 밸브 스템의 약 40~60 % 정도를 중공(中空, hollow)으로 만들고, 그 속에 나트륨을 넣어 냉각 효과를 좋게 한 밸브를 사용한다. 이 밸브는 밸브 헤드의 온도를 약 100℃ 떨어뜨릴 수 있다. 금속 나트륨

의 융점은 97.5℃로 떨어뜨릴 수 있고, 금속 나트륨의 비점은 882.9℃이다.

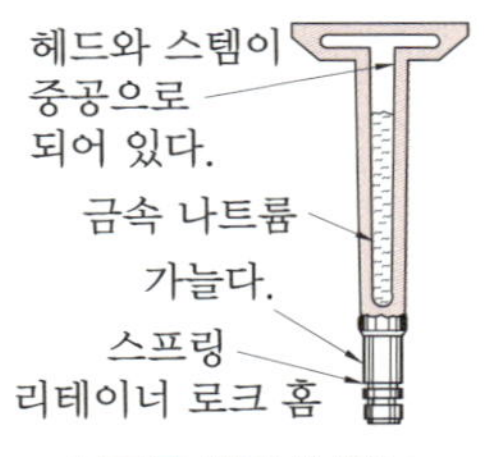

나트륨 냉각식 밸브

나트륨 램프 sodium lamp　나트륨 증기 중의 방전으로부터 나오는 빛을 이용한 램프이다. 효율은 높지만 황색의 단색광으로, 일반 조명 광원으로는 적당하지 않다. 고속 도로나 터널, 산악 도로 등의 조명에 사용된다. 전기가 통한 뒤부터 발광까지 시간이 오래 걸리고, 피부색이 회황색으로 보이는 등, 색이 자연색과 크게 다르게 보이는 것이 단점이다.

나트륨 밸브 natrium valve　밸브 스템을 중공(中空)으로 하고, 열전도성이 좋은 금속 나트륨을 중공 체적의 40~60 % 정도 봉입하여 엔진 작동 중 밸브 헤드의 열을 받아 금속 나트륨이 액체가 될 때 밸브 헤드의 열을 약 100℃ 정도 저하시킬 수 있다. 나트륨의 융점은 97.5℃이며 비점은 882.9℃이다.

나트륨 봉입 중공 배기(封入中空排氣) 밸브　밸브 스템(축)을 중공화하고, 경량화를 도모함과 동시에, 중공 부분에 비열이 크도록 하여 운전 중의 온도역에서는 액화하는 금속 나트륨을 봉입하고, 밸브 온도의 저감을 도모한 것이다. 밸브 추종성과 고열 부하에서의 내구 신뢰성이 향상된다.

나트륨 콜드 밸브 natrium cold valve　나트륨을 밸브에 넣어 냉각 효과를 증대시킨 밸브를 말한다.

나프타 naphtha　석유 원유나 콜타르 등을 증류해서 얻어지는 비점이 낮은 탄화수소의 혼합유 또는 중질 가솔린으로, 150~220℃에서 유출된다.

나프탈렌 naphthalene　2개의 벤젠 고리가 서로 오르토 자리에 결합한 축합 고리 화합물이다. 방향족 탄화수소는 모두 어미가 -ene으로 명명되므로 나프탈렌이라는 명칭이 되지만, 독일어에서는 Naphthalin이

라고 하므로, 영어가 일반적이 되기 이전에는 나프탈린이라는 명칭이 사용되었다. 현재도 타르 공업에서는 공업 제품으로서 나프탈린이라는 명칭이 사용되고 있다. 콜타르에서 얻어지며, 염료의 출발 원료로 중요하다.

나프탈린 naphthalin　⇨ 나프탈렌

나프텐족 탄화수소 naphthene hydrocarbon　고리식 포화 탄화수소의 총칭으로, 석유 공업에서 예로부터 사용되고 있는 시클로파라핀의 동의어이다. 석유 중에 함유되어 있는 것은 대부분이 C_5, C_6의 탄화수소이다.

나흐라우프 배치 〔독〕 Nachlauf Versatz　독일어로서 자동차의 앞바퀴(前輪)를 옆에서 보았을 때, 타이어 중심이 킹 핀축의 중심선보다 뒤에 있는 모양의 킹 핀축 배치를 말한다. 일반적으로 캐스터 각은 작지만 트레일(trail)이 큰 앞 차축에서 볼 수 있다. 나흐라우프는 뒤를 좇는 것을 뜻한다. ⇦ 포어라우프 배치

낙하 해머 drop hammer　⇨ 드롭 해머

난기(暖氣)　엔진이나 고온용 송풍기 등을 가동하기 전에 미리 소정의 온도까지 서서히 예열하는 것을 말한다. ⇨ 워밍업

난기 조절 밸브 HACV ; hot air control valve　냉간 시의 난기(暖機) 특성 향상 및 내(耐)아이싱성의 향상을 도모하고, 온간 시에는 냉기를 흡입하여 내(耐)퍼콜레이션 성능을 향상시킴과 동시에, 냉기를 흡입하는 데에 따라서 출력 향상을 도모하는 등 여러 가지 조건하에서의 운전성을 향상시키기 위해 채용된 냉난기 자동 전환식 에어 클리너의 난기 조절 밸브이다.

난드 회로 NAND circuit　⇨ 부정 논리적 회로

난류(亂流) turbulence　유체 역학에서 정의된 용어로, 유체의 각 부분이 시간적이나 공간적으로 불규칙한 운동을 하면서 흘러가는 것을 말한다. 엔진의 경우에는 방향성이 없는 와류를 뜻하는데, 이에 대해서 방향성이 있는 와류를 스월(swirl)이라고 하지만, 실제로 양자 모두 동의어로서 알맞게 사용되어 구별해서 사용되는 경우는 많지 않다.

난류 생성 포트 TGP ; turbulence generating pot　일반적으로 희박 혼합 가스를 사용한다든지 대량의 EGR를 행하든지 하면 착화성이 나쁘게 되어 속도가 늦어지고 출력 저하, 연료 소비율의 악화를 동반하게 된다. 본 난류 생성 포트(TGP) 방식도 연소 개선을 위해 연소실 가운데 그림(a)에서처럼 난류 생성 포트를 부착하고 그 포트 내 또는 근처에 마련된 점화 플러그의 불꽃에 의해 포트 내의 혼합 가스가 연소하고, 그림(b)에서처럼 화염 분류로 되어 연소실 내에 분출하는 데 따라서 비교적 희박한 혼합 가스라도 안정된 연소를 할 수 있게 되는 것이다. 따라서 CO, HC, NOx를 저감할 수 있게 된다. 난류 생성 포트(TGP)는 그림(a)에 보는 바와 같이 3개의 분출을 가진 스테인리스 강제의 컵 형상으로 되어 있는데, 실린더 헤드에 압입 후 주위를 고정시킨다.

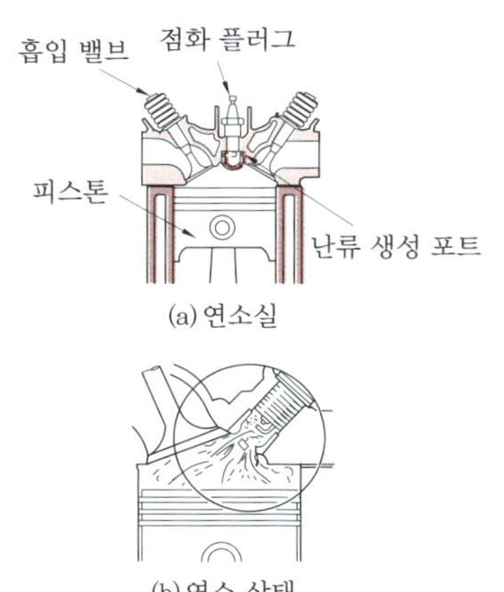

난류 생성 포트 방식

난방 장치(煖房裝置) heater　⇨ 히터

납(鉛) lead　푸르스름한 잿빛의 금속 원소로, 금속 가운데 가장 무겁고 연하며, 전성(展性)은 크지만 연성(延性)은 작다. 공기 중에서 산화 피막을 만들어 안장하며 불에 잘 녹는다. 땜납 또는 화합물로서 연판(鉛版), 연관(鉛管), 활자 합금 등으로 공업 분야에서 많이 사용된다. 원자 기호는 Pb, 원자 번호는 82이다.

납땜 brazing, soldering　접합하고자 하는 금속보다 녹는점이 낮은 별도의 금속 또는 합금을 녹인 상태에서 모재(母材)의 금속과 알맞게 접합하는 것을 이른다. 이러한 납땜에는 450℃ 이상에서 접합하는 경납 땜과 450℃ 이하에서 접합하는 연납 땜이 있다.

납산 축전지 lead-acid storage battery　자동차용 납산 축전지는 전해액으로 묽은 황산 ($2H_2SO_4$)을 넣은 용기 속에 양극판과 음극판을 넣은 것으로, 양극판에는 과산화납 (PbO_2)을, 음극판에는 해면상납 (Pb)을 사용하는 전지이다. 납산 축전지의 작용 즉 충전과 방전은 극판의 화학 작용에 의해 이루어진다.

낫 회로 NOT circuit　⇨ 부정 회로

내개(內開) 밸브 internal open valve　디젤 엔진 연료 분사 노즐 형식의 하나이다. 내부가 깔때기 모양으로 되어 있는 분사 구멍에 니들이 안쪽으로 연결되어 밸브가 닫혀 있다가 분사할 때에 니들이 안쪽 방향으로 들어 올려져 열리는 형식이다. 반대로, 분사 구멍의 밖에서 화살촉 모양의 니들이 덮개 역할을 하고 있어 분사할 때에 연소실 쪽으로 밀리면서 열리는 형식을 외개(外開) 밸브라고 한다.

내경 행정비(內徑行程比) bore-stroke ratio　보어 스트로크 비를 나타내는 것으로, 보어는 실린더의 안지름, 스트로크는 피스톤이 왕복할 때의 길이(행적)를 나타내며, 피스톤 행정과 안지름의 비율(행정을 안지름으로 나눈 것)을 말한다. 이 수치가 1인 엔진을 스퀘어(정사각형) 엔진, 1보다 큰 엔진을 안지름보다 행정이 길다는 의미에서 언더 스퀘어(장행정) 엔진이라고 하며, 반대로 1보다 작은 엔진을 오버 스퀘어(단행정) 엔진이라고 부른다.

내구성(耐久性) durability　자료 원래의 특성이 유지되는 동안, 시간의 경과에 따라 약화나 퇴화를 막는 자료적 성능을 말한다.

내기 순환(內氣循環) recirculation　자동차 에어컨을 작동할 때 자동차 실내의 공기만 이배퍼레이터로 냉각(난방 시는 히터 코어로 가열)하기 때문에 급속 냉·난방이 가능하며, 외기의 먼지나 냄새 및 가스를 차단할 수 있는 이점도 있다. 그러나 신선한 외기를 도입할 수 없기 때문에 실내 공기가 탁해져도 환기가 되지 않으므로, 때때로 외기 도입으로 전환하거나 창을 열어 놓아야 한다. 또한 압축기를 작동시키지 않으면 창유리가 흐려지기 쉽다.
내마멸성(耐磨減性) wear resisting quality
섭동면의 마찰에 의한 마멸이 적은 성질
을 나타낸다.
내면 오프셋 internal offset　트럭의 뒷바퀴
에 여러 개의 복륜(復輪)으로 림의 중심 면
과 디스크 허브와의 접촉면 사이의 거리를
말한다.　⇨ 휠 오프셋
내부 냉각 밸브 sodium cooled valve　고
성능 엔진에 사용되는 열전도성을 향상시
킨 밸브의 일종이다. 밸브 스템을 중공
(中空)으로 하여 금속 나트륨을 내용적의
40~60 % 봉입하고, 융점 95℃에서 액상
으로 된 나트륨을 스템 속에서 흔들리게
하여 밸브의 열전도성을 높여 고온이 잘
되지 않도록 한 것이다.
내부 레일 방식 슬라이드 도어　좁은 주차
공간에서의 승강성 및 큰 화물이나 중량
물의 반입성에 우수한 슬라이드 도어의
이점과 승용차 RV에 알맞은 세련된 외관
의 조화를 도모하기 위해, RVR로 사용된
신기구의 슬라이드 도어를 말한다. 도어
에 슬라이드 레일(센터 레일)을 내장하기
때문에 종래의 슬라이드 도어처럼 차 외
부에 슬라이드 레일이 노출됨 없이 승용
차 스타일의 풍부한 곡면 형상을 살리는
디자인이 가능하게 된다. 그리고 이 슬라
이드 도어에는 충돌 시의 도어 개방을 방
지한 더블 클러치 구조, 오르막길 주차
등에서 도어가 자동으로 닫히는 것을 방
지한 전개 시 로크 기구 등이 사용되고
있으며, 안전성에도 충분한 배려가 되어
있다.
내부 트리거 internal trigger　엔진 하니스
로부터의 엔진 RPM 신호 대신에 AC 주
파수에 근거한 스윕률을 이용하여 파형 스
크린을 쓰는 방법이다.
내비게이션 navigation　지도 안내를 통해
길찾기를 도와주는 장치 또는 프로그램을
말한다. 일반적으로 자동차에 장착되어
사용자에게 위치와 주변 지도 등의 정보를
전송하고 목적지에 이르는 경로나 최단
거리 등을 알려 줄 때 사용된다.
내비게이션 램프 navigation lamp　야간 주
행에서 내비게이션을 이용할 때 사용하는
램프이다. 자동차 경주에서 달리는 내비게

이터는 지도를 보거나 계산을 하게 된다.
이때 드라이버에게 방해되지 않게 특별히
조수석에 장착한 것이 내비게이션 램프이
다. 보통 승용차의 실내등보다는 밝지만
비추는 범위가 좁다. 주로 플렉시블 튜브
(flexible tube)가 많이 이용되고 센터 필
러에 붙이는 경우가 많다. 고급품은 감광
장치까지 되어 있는 것도 있다.
내비게이션 시스템 navigation system　운전
석에 앉아 대시 보드에 장착된 액정 보드
를 들여다보면 패널에 지도와 함께 현재
의 주행 위치가 표시됨으로써, 목적지까
지 최선의 코스를 제시하는 도로 안내 시
스템으로, 경로 유도 시스템이라고도 한다.
자동차 내비게이션 시스템은 자신이 운전
하는 자동차가 지금 어디에 있는지, 목적
지까지 어떻게 가면 좋은가 하는 정보를 차
내에 설치된 디스플레이로 표시하는 시스
템으로, 미국 국방성이 쏘아 올려 관리하
고 있는 24기의 인공위성(NAVSTAR)을 이
용한 3각 측량(GPS, 전 지구 측위 시스템)
으로 자신의 현재 위치를 알 수 있다. GPS
위성은 지상 약 21,000 km 상공을 원 궤
도로 회전하고, 약 반나절 동안 지구를 1회
전 하고 있는데, 각 위성에는 상당히 정밀
한 원자시계(오차 1/100만 초)가 탑재되어
있어서 시각 신호를 지상의 GPS 보정국으
로 보내고 있다. 그 전파를 송수신하기 위
해 소요 시간을 계산하는 한편, 스스로 구
상의 전파 방사로 3차원으로 물체의 위치
를 계측하는 것이다. GPS는 상시 3~4개의
위성에 따라 3각 측량의 방식을 취할 수
있다. 계산한 위치 정보는 차내 모니터상
의 지도에 변환되어 표시가 된다. 그때 지
상에 있는 GPS 보정국에서 보내지는 수신
데이터와 조합하여 차의 현재 위치를 보다
확실히 측정하게 된다.
내비게이터 navigator　(1) 한 지점으로부터
다른 지점으로 정확히 도착하게 하는 데
이용하는 차량용 항법 장치를 말한다. 구
체적으로는 차 안에 수신기와 발신기를
부착하고, 주행 중에 주위 차량과 대화를
나누는 시스템을 통해 사고를 일으킨 차
가 수백 미터 후방에 있는 차에 감속을
알리는 메시지를 발신하거나, 교차로에서
직진 또는 우회전 등을 할 때 그 진행 방

향을 음성이나 카 내비게이터 화면 등으로 알릴 수 있게 된다. (2) 랠리 드라이버의 조수 임무를 맡은 승무원을 말한다. 조수라고는 하지만 내비게이션이라는 막중한 임무를 수행하므로 랠리에서의 승패를 좌우한다고 해도 과언이 아니다. 냉철한 판단력이 필요하고, 드라이버와의 호흡이 잘 맞아야 함은 물론이다.

내비 5 NAVI 5 ; new advanced vehicle with intelligence 일본의 이스즈 자동차가 개발한 자동 변속 장치 이름이다. 일반적인 수동 5단 변속기가 마이콤에 의하여 변속 레버와 클러치를 유압으로 조작하는 대 반해, 내비 5는 유압을 사용한 토크 컨버터를 사용하지 않기 때문에 연료 소비율이 떨어지지 않는다. 대형 차량애도 장착할 수 있으며, 수동 변속 조작으로 전환이 가능하다.

내셔널 레이싱 컬러 national racing color 국제스포츠법전(法典) 부칙 1항에 정해진 세계 각국 경주 차의 보디 컬러를 이른다. 예를 들어, 미국은 흰색과 청색, 영국은 녹색, 프랑스는 청색, 독일은 은색, 이탈리아는 적색, 스위스는 적색과 백색, 네덜란드는 오렌지색, 브라질은 엷은 황색과 녹색, 일본은 아이보리색에 일장기 등이다. 그러나 최근 F1에서의 보디 컬러는 위의 색상과는 관계없이 스폰서 컬러로 칠해지는 경우가 많아졌다. 팀 운영에 많은 돈이 든다는 것이 그 이유이다. 하지만 현재도 내셔널 레이싱 컬러의 규정은 살아 있어 페라리(이탈리아)의 적색과 리지에(프랑스)의 청색 등에서 찾아볼 수 있다. 또 내셔널 레이싱 컬러는 엔트런트의 국적으로 결정되므로, 차를 만든 메이커 및 드라이버의 국적과는 다른 경우도 있다.

내식성(耐蝕性) non scaling property 어떤 물질이 부식이나 침식에 잘 견디는 성질로, 내부식성이라고도 한다. 예를 들어, 스테인리스강은 녹이 슬지 않아 내식성이 좋다고 하고, 철은 녹이 잘 슬어 내식성이 나쁘다고 한다.

내압성(耐壓性) pressure resisting quality 400~600기압까지 이르는 높은 압력도 견딜 수 있는 성질을 말한다.

내연 기관(內燃機關) (1) internal combus-tion engine 가솔린, 등유, 경유, 증유 및 가스 등 액체 연료와 기체 연료를 직접 기관 내에서 연소시켜 동력을 얻는 엔진을 말한다. 출력 대 중량(ps/kg)의 비가 다른 원동기에 비해 크고 취급하기 쉬우며 견고하기 때문에 자동차용으로 적합하지만, 저속이나 고속에서 운전이 원활하지 못한 결점이 있어 변속기 등을 사용한다. 현재 자동차에 사용되고 있는 것은 가솔린 엔진, 디젤 엔진, LPG 엔진, 로터리 엔진, 가스 터빈, 제트 엔진, 로켓 엔진 등이다. (2) internal combustion 실린더 속에서 공기와 혼합된 연료 가스를 폭발시켜 피스톤에 왕복 운동을 하게 하는 열기관을 말한다.

내열강(耐熱鋼) heat resisting steel 고온에서 충분한 기계적 성질을 유지하고 산화 등 화학적 작용에 잘 견디는 강철이다. 적어도 600℃ 이상에서 크롬–몰리브덴강, 13 % 크롬강 또는 스테인리스강을 사용하고, 900℃에서는 고크롬강(28 %) 또는 고니켈·고크롬강(20~25 %) 등을 사용하여 충분한 강도와 내산화성을 기대한다. 고온 열기관, 고온 화학 공업 기계, 원자로 등에 쓰인다.

내열성(耐熱性) heat resistance 더위나 높은 열에 변형되거나 변질되지 않고 견디는 것을 말한다.

내접 기어식 오일 펌프 internal gear type oil pump 최근 가장 많이 사용하는 방식으로, 주로 크랭크축에 의해 안쪽 기어가 구동되며, 이 구동으로 내측 기어와 외측 기어가 회전하면 A 부분은 체적이 넓어지며(흡입) B 부분은 좁아진다(압송).

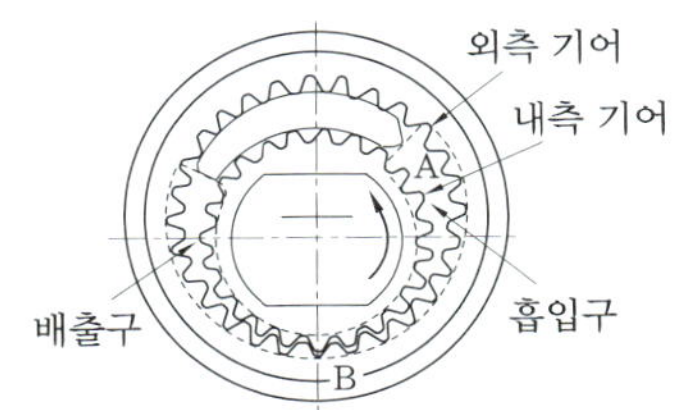

내접 기어식 오일 펌프

내추럴 드래프트 natural draft 자연 통풍이라는 뜻으로, 온도차로 인하여 생기는 자연 대류에 의해서 통풍을 하는 것을 말한다.

내추럴리 애스퍼레이티드 엔진 naturally as-pirated engine　자연 흡기 엔진을 말하는 것으로, 줄여서 NA라고도 한다. 피스톤이 하강할 때 부압에 의하여 혼합 가스나 공기를 흡입하는 엔진을 말한다. 압축기로 엔진에 흡입되는 공기의 압력을 높이는 슈퍼차지드 엔진과 대조적으로 사용되는 용어이다.

내추럴 벤틸레이션 natural ventilation　자연 통풍 환기법을 말하는 것으로, 일반적으로 겨울철에는 바람을 차단하고, 여름철에는 최대한 이용하기 위해 통풍이 잘 되게 해야 한다.

내추럴 서큘레이션 natural circulation　자연 순환을 일컫는 말로, 냉각수 라디에이터와 실린더 사이의 온도차에 의해 자연 순환되는 것을 말한다.

내폭성(耐爆性)　내연 기관의 실린더 안에서 이상 연소나 폭발을 일으켜 금속성 타음이 나는 것을 방지하려고 부여한 가솔린의 성질을 말한다.

내피로성(耐疲勞性) fatigue resistance　경화, 균열, 변형에 충분히 견딜 수 있는 성질을 말한다. 엔진 베어링은 맥동적인 반복 하중을 받기 때문에 구부러지고 경화되며 시간이 경과되면 균열이 발생되므로, 충분히 견딜 수 있는 성질 즉 내피로성을 가지고 있어야 된다.

내후성[1] (耐候性) weather resistance　재료를 옥외에서 사용하는 경우에 일광(자외선), 풍우, 더위, 추위 등의 기후 조건에 견디는 성질을 말한다.

내후성[2] (耐朽性) durability　잘 썩지 않는 성질을 말한다.

냉각 계통(冷却系統) cooling system　냉각 계통은 엔진이 정상 작동 온도를 유지할 수 있도록 엔진을 식히는 구성 요소를 말한다. 여기에는 냉각수, 라디에이터, 워터 재킷, 워터 펌프, 서모스탯 등이 있다.

냉각 손실(冷却損失) cooling loss　내연 기관에서 냉각수, 냉각 공기 등에 의해 외부로 빼앗기는 열 손실을 말한다. 수랭식 엔진의 경우 대부분이 냉각수로 방열되는데, 그 열량은 전체 에너지의 30～35 %라고 한다.

냉각수(冷却水) coolant　냉각수는 실린더 주변을 돌며 엔진의 열을 식히는 액체를 말한다. 일반적으로 수돗물에 부동액, 방청제 등을 혼합해서 쓰는데, 부동액은 기온이 낮을 때 냉각수가 얼어붙는 것을 막기 위해 물의 어는점을 떨어뜨리는 액체이고, 방청제는 일반적으로 부동액에 섞여 냉각 계통 내부에 녹이 스는 것을 방지해 준다. 냉각수에 지하수를 사용하면 지하수에 섞여 있는 금속, 미네랄 성분이 냉각 계통에 엉겨 붙거나 녹이 쉽게 슬게 하기 때문에 냉각수로는 적당하지 않다.

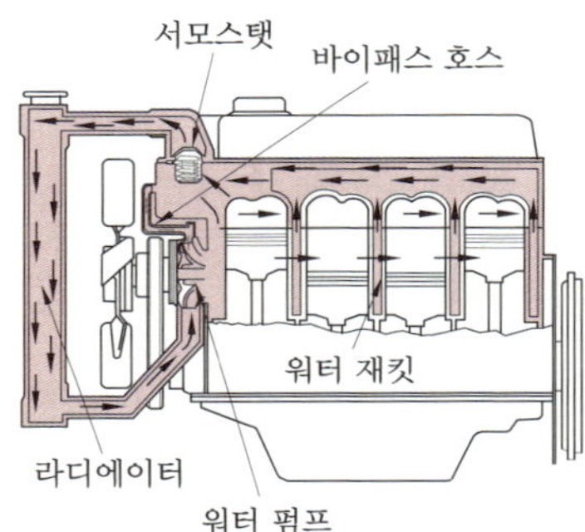

냉각수의 순환 경로

냉각수 가열식 흡기 매니폴드 coolant heated intake manifold　매니폴드 주위에 별도의 통로를 두고 엔진의 뜨거운 냉각수를 흐르게 하여 흡기 매니폴드를 웜업(warm-up, 따뜻하게 하는 것)하게 한 장치를 말한다.

냉각수 온도 게이지 water temperature gauge　게이지 쪽에는 바이메탈을, 유닛 쪽에는 서미스터를 조합한 것으로서, 서미스터의 저항은 온도보다 크게 변화하고, 온도가 낮을 때는 저항값이 크고 높을 때는 작다. 이 서미스터의 온도 특성을 유닛에 사용하여 게이지의 열선과 직렬로 접속하고, 서미스터의 저항 대소에 따라서 열선을 컨트롤하여 바이메탈을 작동시켜 지침을 작동하게 하는 것이다.

냉각수 온도 센서 coolant temperature sen-sor　(1) 냉각수의 온도를 검출해서 이 정보를 온-보드 컴퓨터로 공급한다. 대개 부(－)의 온도 계수 저항체이다. (2) 엔진 냉각수 온도를 측정하기 위한 센서를 말하며, 전자 제어 모듈에 이 온도를 알리기 위해 신호(signal)를 보낸다.

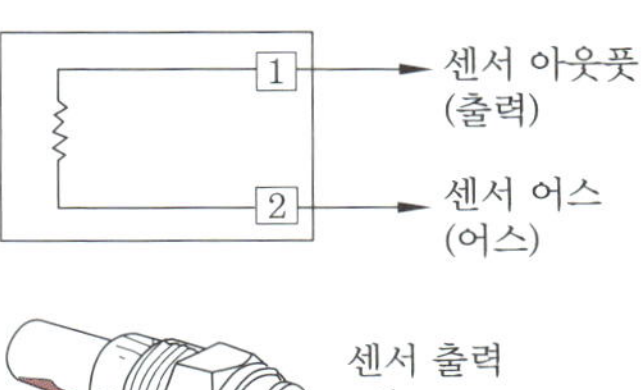

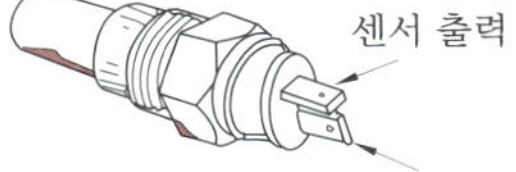

냉각수 온도 센서

냉각수 재킷 coolant jacket ⇨ 물 재킷

냉각수 통로(冷却水通路) water jacket 냉각수가 흐르는 통로로, 실린더 블록과 실린더 헤드 사이에 비어 있는 공간의 형태로 만들어진다. 실린더 내벽과 밸브 주변, 연소실 등 엔진의 주요 부분을 물이 감싸고 있는 모습 때문에 워터 재킷(water jacket)이라는 이름이 붙었다.

냉각수 펌프 coolant pump 엔진 내의 물 재킷 통로와 라디에이터 사이를 냉각수가 순환하도록 작동하는 펌프로, 워터 펌프 또는 물 펌프라고도 한다.

냉각수 회수 탱크 coolant recovery tank 일명 냉각수 회수용 저장기라고도 하는데, 반투명의 플라스틱 용기이다. 냉각수는 경우에 따라 라디에이터에 있는 냉각수 회수 장치로부터 이 탱크로 보내어진다.

냉각액(冷却液) coolant (1) 쇠붙이를 깎거나 자를 때에 나는 열을 식히는 데 쓰는 액체를 말한다. (2) 실린더 주별을 돌며 엔진의 열을 식히기 위해 사용되는 냉각수를 이르기도 한다.

냉각 작용(冷却作用) cooling action 미끄럼 운동 부분에서 발생된 열을, 오일이 흡수하여 오일 팬에서 열을 방출하는 것을 이른다. 마찰열을 냉각시키지 않으면 윤활부가 국부적으로 고온이 되어 고착되기 때문이다.

냉각 장치(冷却裝置) cooling device, cooling system 내연 기관의 폭발 행정에서 생기는 고온에 의한 실린더의 과열을 방지하는 장치를 이른다. 냉각 장치를 구조에 의하여 크게 나누면 공랭식과 수랭식의 2가지가 있다. ① 공랭식 냉각 장치: 실린더 주위에 냉각핀을 마련하고 이것에 의해 실린더 내의 온도의 일부를 대기 속으로 방산하도록 한 것으로, 냉각 작용은 수랭식에 비해 뒤지기 때문에 소형 기관 외에는 사용하자 않는다. ② 수랭식 냉각 장치: 실린더의 주위에 설치된 물 재킷, 라디에이터, 팬, 온도 조절기(서모스탯) 등으로 되어 있다. 구조는 공랭식에 비해 다소 복잡하지만, 냉각 작용이 훨씬 우수하기 때문에 내연 기관의 냉각 장치에 널리 사용된다.

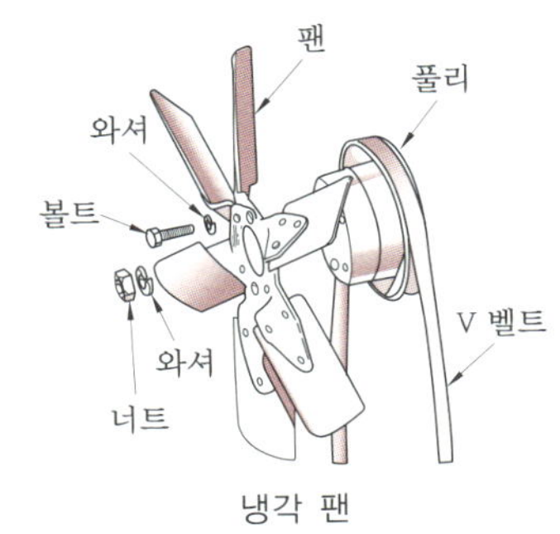

냉각 장치 구조

냉각 팬 cooling fan 라디에이터가 냉각수를 식히는 것을 돕기 위해서 방열판으로 공기를 끌어들이는 장치이다. 자동차가 빠른 속도로 달릴 때는 자연적 바람에 의해서도 냉각이 이루어질 수 있지만, 느린 속도로 달릴 때나 멈춰 있을 때는 자연적으로 냉각되는 것이 어렵기 때문에 냉각 팬이 필요하다. 팬은 엔진 회전을 벨트로 연결하여 돌리거나 따로 마련한 전동식 팬을 사용하는, 전동 팬은 냉각수의 온도가 올라가면 자동적으로 움직인다. 최근 가장 많이 사용되는 방식으로는, 냉각수 온도가 약 90℃ 정도가 되면 전기 모터가 자동으로 회전하여 작동하게 되는 전동식과, 라디에이터의 온도에 따라 팬의 회전수가 변화하는 유체 커플링식이 있다.

냉각 팬

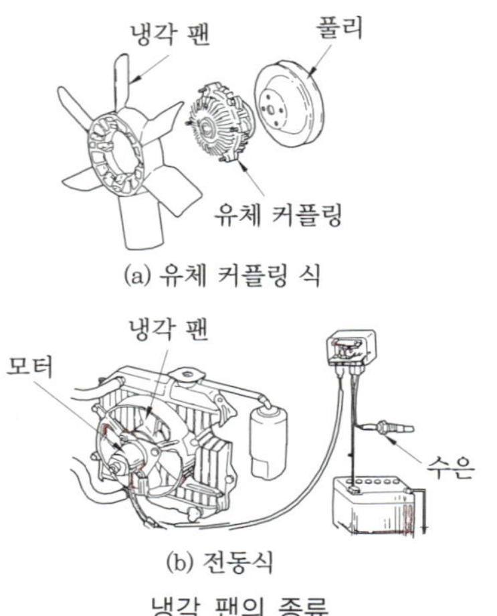

냉각 팬의 종류

냉각 펌프 cooling water pump　수랭식 엔진에서 냉각수를 순환시키기 위한 펌프이다. 통상적으로 엔진 앞부분에 놓이며, 원심식의 소용돌이형 펌프로 크랭크 풀리에서 V벨트로 구동된다. 임펠러의 회전으로 원심력을 이용해서 물을 바깥 둘레로 뿜어내서 펌프 작용을 하게 된다.

냉각 핀 cooling fin　공랭식 기관에서 실린더, 실린더 헤드 등에 부착된 냉각용 지느러미 같은 것으로, 냉각 면을 확장함으로써 냉각 작용을 증대하는 역할을 한다. 냉각핀은 알루미늄 합금을 사용하며, 고주파 진동을 방지하기 위하여 리브(rib)를 만들어야 한다.　⇨ 엔진 핀

냉간 가공(冷間加工) cold working　금속 등의 결정체(結晶體)에 재결정이 일어나는 온도보다 상당히 낮은 온도에서 소성 변형을 주는 가공을 말한다. 이에 대하여, 재결정 온도보다 높은 온도에서 하는 가공을 열간 가공(熱間加工)이라고 한다. 일반적으로 사용되는 공업 재료에서 냉간 가공은 열간 가공과 같은 큰 소성 변형을 시키기는 어렵지만, 다듬질 치수의 정밀도가 좋으므로 판(板), 선(線), 관재(管材) 등의 다듬질 가공에 이용된다.

냉간 시동 시험(冷間始動試驗) cold start test　엔진이 웜업되기 전 이미션(emission)을 측정하기 위한 연방 시험(federal test) 절차로, 이 시험은 20~25℃에서 12시간 동안 차량을 세워 둔 후에 행하게 되어 있다.

냉간 시동용 인젝터 cold start injector　엔진이 냉간 상태에서 크랭킹할 때 여분의 연료를 엔진에 분사하기 위한 인젝터를 말한다.

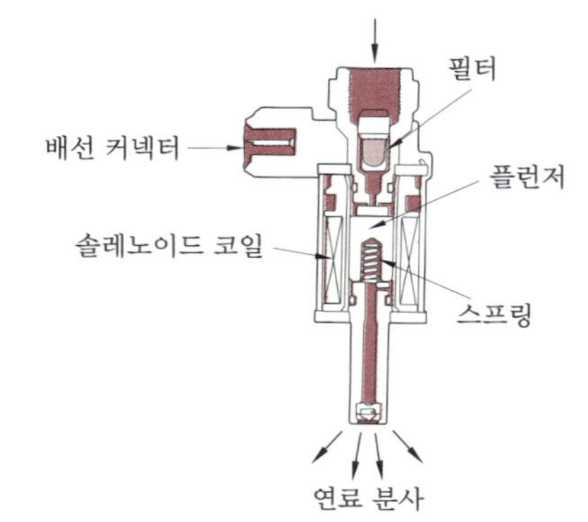

냉간 시동용 인젝터

냉간 압연(冷間壓延) cold rolling　⇨ 압연

냉간 압연 강판(冷間壓延鋼板) cold rolled steel sheet　열연 코일을 소재로 표면 스케일을 제거하고 두께 0.15~3.2 mm 정도까지 압연한 후 소둔과 조질 압연을 거쳐 생산한다. 냉연 강판은 열연 강판에 비해 두께가 얇고, 두께 정도(精度)가 우수하며, 표면이 미려하고, 평활하며, 가공성이 우수하다. 이러한 특성에 따라 자동차, 가전기기, 가구, 사무용품, 차량, 건축 등에 직접 사용되거나 아연, 알루미늄, 주석, 크롬 등의 도금용 원판으로 사용된다.

냉간 압접(冷間壓接) cold pressure welding　외부로부터 열이나 전류를 가하지 않고 연성 재료의 경계부를 상온에서 강하게 압축하여 접합면을 국부적으로 소성 변형시켜서 압접하는 방법이다.

냉간율(冷間率) cod rate　냉간율은, 배터리의 방전율에서, 0℉에서 300 A의 전류로 방전하여 셀당 전압이 1 V 강하하기까지 소요된 시간(분)을 말한다.

냉간 크랭킹률 cold cranking rating　배터리의 어떤 셀이 1.2 V 이하로 떨어지지 않고 0℉에서 30초 동안 전류(A)를 공급할 수 있는가에 대한 배터리율(battery rating)을 말한다.

냉간 플러그 cold plug　저열가(低熱價)의 점화 플러그로서, 조기 점화(preignition)에 대해서는 높은 저항을 가지고 있지만, 오염에 대해서는 낮은 저항을 가지고 있다.

냉·난방 장치(冷煖房裝置) air-conditioning & heating equipment 냉·난방 장치는 주위의 각종 변화에 따른 온도 및 습도와 공기의 환경을 적당하게 유지함으로써 승차한 사람에게 쾌적한 느낌을 줄 수 있도록 하기 위한 장치이다. 따뜻한 온도를 유지시켜 주는 난방 장치와, 차가운 온도를 유지시켜 주는 냉방 장치로 구분한다.

냉동 사이클 refrigeration cycle 냉동 사이클에는 '증발 → 압축 → 응축 → 팽창'의 네 가지 행정이 있으며, 냉매(冷媒)는 액체에서 기체로, 기체에서 액체로 상태 변화를 반복하면서 순환하게 된다. ① 증발 과정에서는 냉매는 액체에서 기체로 변화한다. ② 압축 과정에서는 냉매를 상온으로 액화하기 쉬운 상태로 만든다. ③ 응축 과정 중 냉매는 액체에서 기체가 된다. ④ 팽창 과정에서는 냉매액을 증발하기 쉬운 상태로 만든다. 냉매는 이와 같이 네 가지 작용을 순차적으로 반복하면서 냉동 장치의 시스템 내를 순환하여 열을 온도가 낮은 냉장고에서 온도가 높은 냉각수 또는 냉각 공기로 이동시키는 역할을 한다.

냉매(冷媒) refrigerate 차게 하기 위한 매체를 말한다. 에어컨의 프레온 R-12(CFC-12) 등이 그것이다. 즉, 냉방을 할 때와 같이 상온 상태에서 낮은 온도로 적극적으로 차게 할 때 사용하는 매체물을 말한다. 자동차용 에어컨의 냉매로서 사용되고 있는 프레온 R-12(CFC-12)는 지금 세계적으로 권장되고 있는 프레온 규제의 대상이 되고 있기 때문에, 현재 냉매로서는 R-134a(HFC-134a)로의 교체가 적극 권장되고 있다.

냉방 사이클 컴프레서, 콘덴서, 리시버(receiver) 어셈블리, 익스펜션 밸브, 이배퍼레이터(evaporator) 등과 같은 기기로 구성되어 있으며, 이배퍼레이터에 들어간 냉매(액체)는 파이프 표면에서 열을 빼앗아 증발한다. 이때 쿨러 팬에 의해 차내의 따뜻한 공기를 이 파이프 사이로 통해서 보내면 공기 중의 열을 빼앗는다. 따라서 나오는 공기는 냉풍이 되어 차내 온도를 내려 냉방 작용을 한다. 또한 차내의 공기가 차가와지면 공기 중의 수분이 제거되어 제습이 이루어진다. 이러한 일련의 사이클을 냉방 사이클이라고 한다.

냉형 플러그 cold type spark plug 열을 발산하기 쉽고, 전극부의 온도가 상승하기 어려운(열값이 높은) 형식의 점화 플러그를 냉형(冷型) 플러그라고 한다. 엔진의 특성이나 혼합 가스의 농도, 점화 시기 등의 운전 조건에 따라 다르지만, 고속 주행이나 등판 주행이 많고, 고속 회전이 많은 엔진에서는 연소실의 온도는 높은 상태가 계속되므로 점화 플러그는

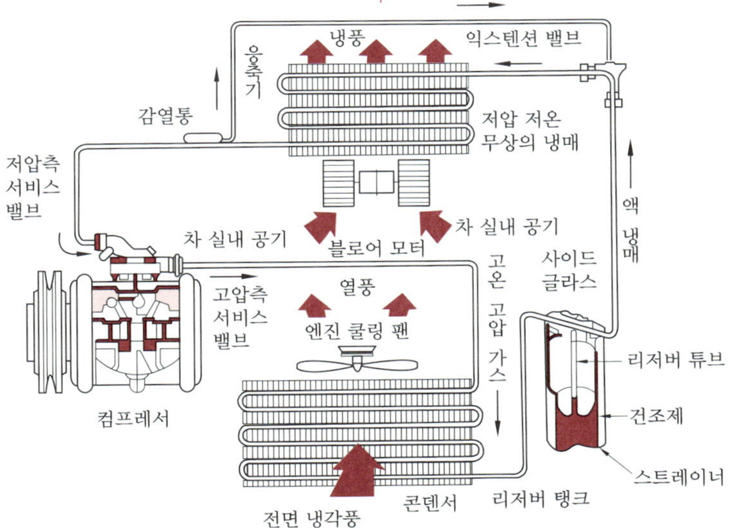

냉동 사이클

열이 방출되기 쉬운 냉형을 사용한다. 이 형식의 점화 플러그는 엔진을 많이 회전시키지 않는 저속 주행에서 오래 사용하면 전극부의 온도가 높아지지 않아 불완전 연소로 생긴 카본이 부착하여 불꽃 방전이 어려워진다.

너깃 nugget　(1) 겹치기 저항 용접에서 용접부에 나타나는 용융 응고된 부분을 말한다. 여기서 겹치기 저항 용접이란 점용접, 투사 용접, 심(seam) 용접 등과 같이 겹쳐진 이음매의 양쪽에서 가압하여 행하는 용접을 말한다. (2) 사금 광상에서 얻을 수 있는 자연 그대로의 둥그스름한 큰 금덩어리를 말하며, 괴금(塊金)이라고도 한다.

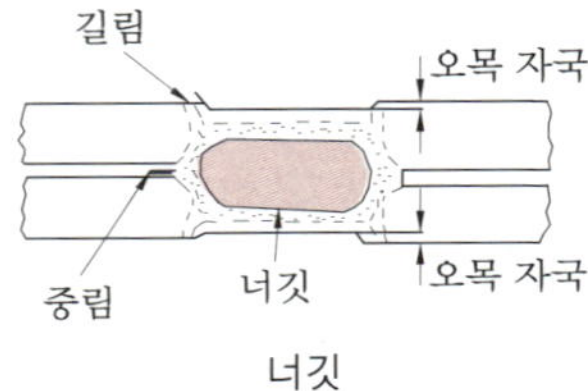

너깃

너클 knuckle　앞바퀴 조작 부분의 일부로, 앞바퀴 조작 회전이 중심인 킹핀에 직결해 타이 로드(스티어링 로드)와 볼링으로 연결되어 있는 부분이다. RC차에서는 너클을 킹핀이 관통하는 타입이 많지만, 실제 차에서는 너클에 킹핀이 있는 예가 많다. 단, 너클 암은 너클과 일체가 되어 있다.

너클 나사 knuckle thread　⇨ 둥근나사

너클 스토퍼 knuckle stopper　조향 너클의 좌우 움직임의 한계를 결정하는 것인데, 나사로 그 위치를 조종할 수 있도록 되어 있다.

너클 스핀들 knuckle spindle　키잡이 너클과 일체가 된 차바퀴 장치를 말하는 것으로, 짧은 축을 말한다.

너클 암 knuckle arm　너클과 타이 로드 연결대를 말한다. 타이 로드에 연결되어 타이 로드로부터의 힘을 너클에 전하는 팔과 같은 작용을 하는데, 앞바퀴는 핸들을 꺾는 것으로 방향을 바꾸고, 앞바퀴 서스펜션을 구성하는 부품 중에서 좌우 방향으로 목을 흔드는 부분을 너클이라고 부른다. 너클을 좌우로 움직이는 것은 핸들 장치로부터의 힘이고, 그 힘을 받아

너클을 움직이는 팔이 너클 암이다. 핸들 시스템의 배치에 따라 앞을 향한 것과 뒤를 향한 것이 있고, 붙이는 각도에 따라 핸들 특성이 달라진다.

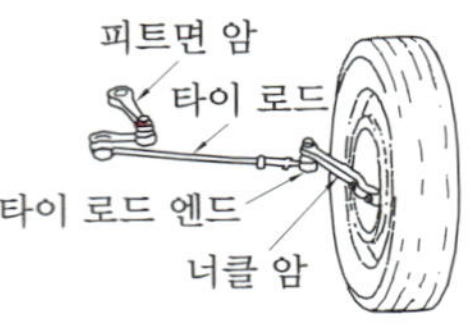

너클 암 장착 위치도

너클 조인트 knuckle joint　너클 이음을 말한다. 한쪽 축 끝이 두 가지로 분기되어 있는데, 이것에 다른 쪽 축 끝을 끼워 핀으로 접합한 축 이음을 말한다.

너클 핀 knuckle pin　너클을 장치하는 핀을 말한다.

너트 nut　수나사인 볼트에 끼워 기계 부품의 체결 고정에 사용하는 암나사를 이른다. 일반용 너트의 모양은 보통 6각형으로 되어 있고, 그 평행면을 스패너로 돌려서 죈다. 특수한 것으로 4각형, 8각형 또는 나비 모양의 죔 손잡이가 붙어 있는 나비 너트 등이 있다. 볼트와 같이 마무리 정도와 모양, 치수 등에 따라 상(上)너트, 중(中)너트, 검은 너트의 세 종류가 있다. 상너트는 모양의 치수 정밀도가 높고 외관도 고우며, 중너트는 6각의 측면만 상너트보다 정밀도가 떨어져 표면에 단조 흑피(鍛造黑皮)가 약간 남아 있을 뿐 정밀도는 상너트에 못지않고 죔 성능도 같다. 검은 너트는 바깥쪽이 단조 흑피 그대로이며 정밀도는 떨어진다.

넌 머신 커뮤니케이션 none machine communication　일본의 혼다 자동차 회사가 1970년에 도쿄에서 열린 모터쇼에 출품하였던 음주 운전 방지 장치에 붙인 명칭이다.

널 knurl　피스톤 외부 표면이나 밸브 가이드 내면에 돌기부를 둔 것을 말한다. 널은 과도한 간극을 줄이고 각 홈에 오일을 유지함으로써 윤활성을 좋게 할 뿐만 아니라 작동을 정숙하게 할 수 있다.

널라이징 머신 knurlizing machine　중고(中古) 피스톤의 가공 또는 피스톤 스커트의 확대 등에 사용하는 특수 전동 기계(電動機械)의 일종이다.

널링 knurling　기계 공업 분야에서 주로 원통 형상의 공작물의 외면에 미끄럼을 방지하기 위한 목적으로 만들어지는 깔쭉깔쭉한 모양을 가리킨다. 공구나 기계류 등에서 손가락으로 잡는 부분이 미끄러지지 않도록 가로 또는 경사지게 톱니 모양을 붙이는 공작법이다.

널링 공구 knurling tool　선반 작업에 있어 공작물에 널링 메시(mesh)를 낼 때 사용하는 공구를 말한다. 메시는 체의 입자나 가루 입자의 크기를 나타내는 단위이다.

넘버 플레이트 램프 number plate lamp ⇨ 번호판등

네거티브 negative　(1) 물리, 전기에서 음(陰) 또는 부(負)라는 뜻이다. (2) 사진의 원판으로, 농담이 피사체와 반대로 되는 음화(陰畵)를 이른다. 네거라고도 한다. (3) 수학의 음수, 음량. ⇔ 포지티브

네거티브 비 negative ratio ⇨ 시랜드 비

네거티브 스크러브 negative scrub ⇨ 네거티브 스티어링 오프셋

네거티브 스티어링 오프셋 negative steering offset　타이어의 접지 중심이 킹핀 중심선 노면과의 교차점보다 안쪽애 오도록 설정되어 있는 휠 얼라이먼트를 이른다. 제동하였을 때 브레이크의 쏠림이나 타이어와 노면의 마찰력 차이 등에 따라 좌우 타이어의 제동력이 다를 경우 자동차의 무게 중심 주위에 브레이크가 잘 듣는 쪽으로 돌려고 하는 모멘트가 작용한다. 그러나 자동차에서 네거티브 킹핀 오프셋은 타이어로부터 역방향으로 자동차를 향하게 하려고 하는 모멘트가 발생하기 때문에 그 결과 자동차의 자세가 안정되는 효과를 얻을 수 있다. 네거티브 스크러브 또는 역(逆) 스크러브라고도 한다. ⇨ 킹핀 오프셋

네거티브 오프셋 negative offset　킹핀 오프셋이 부(−)인 경우를 말하고, 스트럿 장착점과 볼 조인트를 연결하는 선(타이어의 전방 조향 중심선)과 노면과의 교점을 타이어 접지면의 중심점보다 외측으로 가져가는 오프셋을 네거티브 오프셋이라고 말한다. 전륜이 네거티브 오프셋되어 있으면, 펑크 시에도 조향이 불가능해지는 일 없이 거의 똑바로 정차할 수 있다. 이

러한 이유는 다음과 같다. 만일 타이어가 펑크 난 경우에는(그림에서는 좌측 전륜의 경우) 일반적으로 좌측으로 향하려고 한다. *A* 즉 좌측 전륜만 저항력이 증가하고 다른 차륜은 그대로 진행하려고 하기 때문이다. FF 차량의 경우 전륜이 네거티브 오프셋이 되어 있고, 그림과 같이 이 점을 중심으로 타이어를 우측으로 회전시키는 힘 *B*가 자연적으로 발생하여 차체가 좌측으로 회전하려는 힘 *C*를 없애고 차량 전체로서는 직진한다. 그래서 펑크가 나도 안전하게 정지할 수 있다.

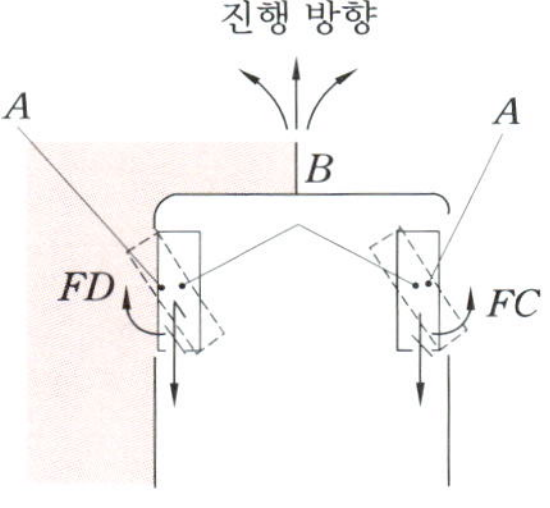

네거티브 오프셋

네거티브 오프셋 지오메트리 negative offset geometry　주행 쪽 한쪽 타이어가 펑크나거나 미끄러운 노면 위에 놓여 있을 경우 제동을 걸면 차체는 노면 저항이 큰 쪽으로 기울어지지만, 엘란트라는 킹핀 오프셋을 타이어 접지 중심보다 외측으로 배치하여 차체 진행 방향과 타이어 진행 방향을 서로 상쇄시킴으로써 차량을 직진 상태로 유지하여 제동 시의 직진 안정성을 증대시킨다. 또한 타이어 펑크 시 차체 안정감을 유지하고 미끄러운 노면에서 직진 안정성이 탁월하다.

네거티브 캐스터 negative caster　마이너스 캐스터 또는 부(負) 캐스터라고도 한다. 프런트 휠 얼라인먼트에 있어서 킹핀이 전방으로 기울어져 있는 상태로, 자동차에 물건을 적재하거나 주행 시는 0 (제로) 상태로 된다.

네거티브 캠버 negative camber　별명은 마이너스 캠버이며, 휠 얼라이먼트의 한 수단이다. 즉, 캠버각을 마이너스(−)로 하여 코너링 특성을 향상시키는 데 목적이 있다. 일반적으로 생산 차의 캠버각은 플러스(+)로 되어 있다. 그러나 고속 코

너링을 위해서는 캠버각을 마이너스로 하는 것이 유리하다. 단, 비포장도로에서는 너무 강한 네거티브 캠버는 이롭지 않다 (0° 또는 −1° 정도가 무난). 또한 극단적인 네거티브 캠버는 옆 방향의 외력에 대한 강성을 잃어버려 직진 때 안정성을 찾기 어렵다. 가장 이상적인 것은, 직진 때는 제로 캠버, 코너링 때는 네거티브 캠버로 바꿀 수 있는 가변 캠버이다.

네덜란드 그랑프리 Dutch Grand Prix　네덜란드에서 열리던 F1 GP 레이스를 일컫는다. 1949년에 제1회 경주가 개최되었고, 1952년부터 F1 그랑프리의 정규 시리즈가 되었다. 1985년의 F1 GP(제11전)를 마지막으로 코스 개수에 들어가 지금은 열리지 않는다.

네 바퀴 굴림(4WD)/네 바퀴 굴림차 4 wheel drive car　네 바퀴를 모두 굴리는 차를 말한다. 전에는 이른바 지프 타입이 중심이었으나, 눈길이나 비포장도로에서 성능이 좋아 요즘에는 승용차, 원 박스 카에도 쓰이고 있다. 안전성을 높인다는 뜻에서 네 바퀴 굴림 승용차가 늘어나는 경향이다.

네오프렌 neoprene　클로로프렌의 중합체인 합성 고무의 하나로, 천연고무보다 우수하며, 석유계의 기름에 녹지 않는다. 도료, 접착제 외에 전선의 피복이나 호스, 패킹, 고무벨트 등에 쓰인다. 클로로프렌 고무의 상품명이다.

네온 neon　대기 중에 소량으로 존재하는 가스 상태의 원소이다. 빛깔도 냄새도 맛도 없으며, 화학적으로 비활성이다. 방전관에 넣으면 아름다운 색을 내므로, 네온 전구 및 광고용 네온사인으로 널리 이용한다. 원자 기호는 Ne, 원자 번호은 10, 원자량은 20.183이다.

네온 점화 플러그 테스터 neon spark plug tester　네온을 이용한 점화 플러그 테스터이다. 점화 플러그를 테스터에 설치하여 고전압의 전류를 흐르게 하면 적광색의 빛이 발생하게 되는데, 빛을 발생하지 않으면 실화(失火), 중간 정도의 빛이 발생되면 양호한 상태, 밝은 빛을 발생하면 스파크 플러그의 중심 전극과 접지 전극 사이의 간극이 과대한 상태이다.

네온 타이밍 라이트 neon timing light　네온관의 발광을 이용한 섬광 라이트로서, 점화 플러그에서 불꽃이 발생될 때마다 섬광 라이트가 발생되어 타이밍 마크와 크랭크축 풀리 마크가 일치하는지를 확인하는 테스터의 일종이다. 타이밍 라이트의 사용 목적은 점화 시기와 점화 진각 상태를 확인하기 위한 것이다.

네트워크 network　1대 또는 그 이상의 컴퓨터를 연결하여 근거리나 원거리 통신을 제공하고 서로 연결된 요소들 간의 데이터 등을 전송하는 통신망을 말한다. 차량에서는 각각의 시스템을 제어하기 위해 필요로 하는 각종 입출력 신호들을 각각의 유닛에 1 : 1로 접속하는 대신, 통신 유닛에서 신호를 받아 한두 가닥의 신호선으로 처리하는 방식이다.

네트 웨이트 net weight　정미(正味) 중량을 이르는 말로, 자동차의 경우 공차(空車) 상태의 중량을 로드 미터로 측정한 값을 말한다.

네트 파워 net power, installed power　자동차에 필요한 모든 장치를 설치하고, 다이너모미터 상에서 운전하였을 때의 정미(net) 출력을 말한다. 엔진에 필요한 부속 장치만을 설치하고, 다이너모미터에서 운전하였을 때의 정미 출력인 그로스 파워와 대조적으로 사용되는 용어이다. 카탈로그에 표시된 정미 출력은 네트 파워로 표시되는 것이 일반적이다.

넥시아 Nexia　대우 '씨에로'는 1994년에 출시된 승용차로, 기존 르망의 차체에 앞과 뒷모습만 변경되었을 뿐 르망과 별 차이가 없다는 이유로 인기가 없었다. 1995년 해치백 모델인 '넥시아'가 나오지만, 결국 르망과 씨에로의 통합 후속인 라노스가 출시되면서 씨에로와 넥시아는 1996년에 단종되었다. 그러나 동부 유럽 국가에서는 인기가 높아, 우즈베키스탄 공장에서는 현재까지도 생산하고 있다.

노(爐) 내 경랍 땜 furnace brazing　노(용광로) 안에서 가열하여 땜질하는 경랍 땜을 말한다. 철랍(鐵鑞)으로 바이트 날을 붙이는 경우 등에 사용한다.

노듈러 주철 nodular cast-iron　⇨ 구상 흑연 주철

노드 node 컴퓨터 데이터 통신망에서, 데이터를 전송하는 통로에 접속되는 하나 이상의 기능 단위로서, 주로 통신망의 분기점이나 단말기의 접속점을 이른다.

노멀라이징 normalizing 결정(結晶) 조직이 큰 것 또는 변형이 있는 것을 정상 상태로 만들기 위한 목적으로 하는 열처리를 일컫는 말이다. 보통 강을 오스테나이트 범위까지 가열한 다음 서서히 공기 속에 내놓아 식힌다. 경우에 따라 다르지만, 그 목적은 조직의 개선, 결정립 미세화, 약간의 퀜칭 경화, 주물이나 주조품의 조직 개선 등에 있다. 구조용 강은 압연 그대로보다 노멀라이징하면 연성이 향상된다. 용착 비드의 조잡, 주조 조직은 다음 층의 비드의 열 영향으로 노멀라이징되어 연성이 현저히 증가한다.

노멀 헵탄 normal heptane 헵탄은 탄소 원자 7개와 수소 원자 16개로 이루어진 곧은 사슬 모양 탄화수소이다. 이 헵탄에는 9종의 이성질체가 존재하는데, 노멀 헵탄이 그 대표적인 이성질체이며 그냥 헵탄이라고 할 때도 있다. 이성질체 중 2,2-다이메틸펜테인, 2,2,3-트라이메틸부테인 이외의 것은 모두 석유 속에 함유되어 있다. 또 노멀 헵탄은 폭발 연소하는 액체이며, 가솔린의 앤티노크성을 판정하는 표준으로 사용한다.

노면 감각(路面感覺) road feel 자동차 바퀴에 의해 반대로 핸들에 전달된 느낌을 말한다.

노면 곡면(路面曲面) road crown 도로 중심에서 가장자리까지의 경사나 경사도를 말한다.

노면 충격(路面衝擊) road shock 스티어링 기어나 연결 장치를 경유해서 노면으로부터 핸들로 전달된 충격이나 움직임을 말한다.

노미네이티드 드라이버 nominated driver 직역하면 '지명된 드라이버'라는 뜻으로, 정식 명칭은 'FIA 시디드(seeded) 드라이버'이다. FIA(국제자동차연맹)에서는 전년도의 성적을 근거로 연간 시드 선수를 매년 결정하며, 어떤 이벤트에서도 노미네이티드 드라이버가 스타트 순서의 우선권을 갖는다.

노블티 novelty 본래는 '새롭고 진기한 것'이라는 뜻인데, 신문에서는 뉴스 결정 요소의 하나인 진기성(珍奇性)을 말하고, 광고에서는 상품의 판매 촉진을 위해 회사명이나 상품명을 넣어 고객 등에게 제공하는 달력, 연필, 라이터, 비망록, 수첩, 열쇠고리와 같은 사은품이나 증정용품을 말한다.

노어 회로 NOR circuit ⇨ 부정 논리합 회로

노이즈 noise ⇨ 소음

노이즈 레벨 noise level ⇨ 소음 레벨

노이즈 서프레서 noise suppressor 소음 방지 장치를 말한다.

노이즈 시뮬레이터 noise simulator 기기(機器)가 실제로 사용되는 환경애서의 소음을 모의적으로 만들어 내는 소음 발생기를 말하며, 이것으로 소음 테스트를 시행한다.

노이즈 일리미네이터 noise eliminator 소음 방지기 또는 잡음 제거기를 말한다.

노이즈 콘덴서 noise condenser 잡음 제거 콘덴서를 말한다.

노즈 nose (1) 용접부의 홈 가공 밑바닥 부분의 접합면을 말한다. (2) 도로 교통이 합류 또는 분류할 때에 흐름을 둘로 나누고 있는 구조물의 끝을 말하는 것으로, 예를 들면 고속도로 출입로와의 분기점에서 변속 차선이 끝나는 점이나 교통도의 끝이 그것이다. (3) 포유 동물은 코가 몸의 제일 앞쪽으로 나와 있어서 차 앞부분을 이렇게 표현하기도 한다. 따라서 프런트 노즈라는 말은 조금 어색하다. 원래는 맨 앞부분을 가리키지만, 앞쪽 전체를 말하는 것으로도 쓰인다.

노즈 다운 nose down 자동차를 제동할 때 바퀴는 정지하고 차체는 관성에 의해 이동하려는 성질 때문에 앞 범퍼 부분이 내려가는 현상으로, 구동 방식이나 무게 중심의 변화에 따라 다르게 발생한다.

노즈 다이브 nose dive 운전 중 긴급한 상황이나 돌발 상황에 처하여 브레이크를 강하게 밟으면 차체의 무게 중심은 서스펜션보다 높은 위치에 있으므로 달리던 관성에 따라 차체 앞부분이 고꾸라지는 듯한 피칭 운동이 일어나는데 이를 노즈 다이브

또는 그냥 다이브라고 한다. 이와 반대로 급출발 시에는 노즈 업이 일어난다.

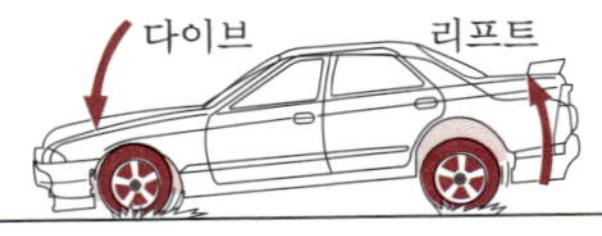

노즈 다이브

노즈 박스 nose box　경주용 자동차인 포뮬러 카의 차체 선단 부분을 이른다. F1 레이싱 카에서는 고강도 카본과 에폭시 레진의 합성 소재가 사용되는데, 정면 충돌에서의 충격으로부터 운전자의 발을 보호하기 위하여 정하여진 기준값 이상의 강도가 요구되고 있다.

노즈 스포일러 nose spoiler　자동차의 앞부분에 설치되는 스포일러(고속 주행 시 차체가 뜨는 것을 방지하는 장치)를 말한다. 기류에 의해 노즈를 눌러 앞바퀴의 하중을 증가시킴과 동시에 보디 밑으로 들어오는 공기량을 감소시킬 목적으로 부착한다. 프런트 엔진 자동차에서는 엔진 밑의 기압이 떨어지므로 라디에이터 → 엔진 → 자동차 하부로 흐르는 공기의 양이 증가하여 엔진의 냉각 효율이 좋아진다.

노즈 업 nose up　⇨ 노즈 다이브

노즐 nozzle　기체나 액체를 분출시키는 꼭지쇠나 짧은 관(管)을 말한다. 단면적이 흐름 방향으로 작아지도록 끝으로 갈수록 가늘어지며, 유체(流體)의 높은 압력을 속도로 바꾸는 작용이 있다. 소방 노즐, 살수전(撒水栓)의 노즐, 내연 기관의 연료 분사 노즐, 제트 엔진이나 로켓의 배기 노즐 등이 있다.

노즐 면적 계수　nozzle area coefficient　노즐로부터 내뿜는 유체의 흐름이 평행한 분류를 이룰 때의 단면적과 노즐 출구 면적과의 비율을 말한다.

노즐 뮤 에프 특성 nozzle μ-F characteristics　디젤 엔진 분사 노즐 특성의 하나로서, 니들 밸브(needle valve)의 상승량(μ)과 노즐의 개구 면적(F)의 관계를 말한다. 세로축에 개구 면적과 가로축에 니들 밸브의 상승량을 나타낸 그래프로 표시된다.

노즐 유량 계수 discharge coefficeint of nozzle　노즐 고압 쪽의 압력, 노즐의 유효 길이와 지름, 저압 쪽으로 나온 연료 속도 등의 관계를 나타내는 계수이다. 어떤 비중, 점도, 입자의 지름, 분산도(分散度), 관통도(貫通度)는 노즐의 유량 계수에 따라 변하기 때문에 분사 펌프, 분사 노즐의 성능이 유량 계수의 양부(良否)로 결정된다.

노즐 테스터 nozzle tester　(1) 경유 차량 및 농기계의 노즐 검사 시에 사용하는 기기이다. (2) 발동 발전기의 노즐 상태를 점검하는 장비이다. 발동 발전기란 등댓불을 켜기 위한 전기를 생산하는 기계로, 여기서 생산된 전기는 축전지에 저장된다.

노즐 효율 nozzle efficiency　노즐의 입구와 출구 사이의 압력 강하 또는 열낙차(熱落差)로 인하여 발생하는 노즐 출구에서의 속도 에너지와 실제로 발생하는 속도 에너지와의 비율을 말하며, 노즐 속도 계수의 제곱과 같다.

노 체크 no check　랠리 경기는 많은 체크 포인트로 구분되어 있다. 어떤 이유로 모든 차의 주행 조건이 같지 않거나 날씨 관계로 차가 달리지 못할 경우에는 그 구간의 경기가 취소되기도 한다. 어느 구간이 경기에서 제외된다는 것은 체크 포인트가 성립되지 않는 것이므로 이것을 노 체크라고 한다.

노치 notch　(1) 유량 측정에 사용되는 가림판의 일부를 잘라낸 유수로 단면의 부분을 말한다. (2) 재료에 국부적으로 만든 요철부를 노치라고도 한다. (3) 부재의 접합을 위해 잘라낸 부분을 말한다. (4) 삼각 흔적 또는 작은 흠집을 말하며. 결집이나 결함이 있는 부분을 가리킨다.

노치드 쿠페 notched coupe　⇨ 쿠페

노치백 notchback　차의 모양을 표현하는 용어로, 주로 중형 이상의 차에 적용하는데, 우리가 가장 흔하게 볼 수 있는 승용차의 외관 스타일이다. 차체를 옆에서 보았을 때 엔진 룸, 객실, 트렁크의 구분이 뚜렷하다. 각각의 부분을 1박스로 쳐서 3박스 카라고도 하고 세단형이라고도 한

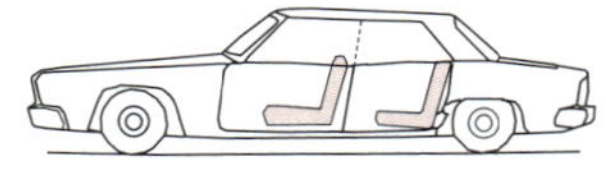

노치백

다. 소나타, 스텔라, 캐피탈 등이 여기에 속한다.

노치 취성 notch brittleness　흠, 날카로운 모서리 또는 노치 등이 있는 부분의 취성(脆性)을 말한다. 재료에 노치가 있으면 응력 집중 및 변형의 가속화가 일어나 피로 강도와 충격값이 감소하는데 이 성질을 노치 취성이라고 한다. 홈이 없을 때는 충분히 연신성을 나타내는 재료라도 홈이 있으면 취약하게 파괴될 때가 있다. 이 취성을 말한다.

노크 knock　실린더에서 사용 연료가 부적당하여 이상 폭발을 일으켜 금속음을 발생하는 현상으로, 보통 디토네이션 또는 스파크 노크(spark knock)로 알려져 있다.

노크 백 knock back　디스크 브레이크 로터의 변형에 의해 캘리퍼 피스톤이 눌려 브레이크 페달의 유격이 커지는 현상이다.

노크 센서 knock sensor　엔진의 노킹을 검출하는 센서이다. 노크 센서를 장착한 엔진에서는 노킹이 일어나면 노크 센서에서 그것을 감지하고 이 신호를 받아서 배전기의 지각 제어를 함으로써 노킹을 피해 간다. 노크 센서는 압전 소자를 사용하고, 엔진 진동의 크기를 전기 신호(전압)로 변환하는 것이다. 과급기(터보차저, 슈퍼차저) 부착 엔진 및 무연 프리미엄 가솔린 사양의 엔진에 장착되어 있다. 검출 특성으로서는 노킹 주파수에 센서 자신이 공진 특성을 갖는 공진형과 주파수에 대해서 평탄한 검출 감도를 보이는 비공진형이 있다. 강자성체(強磁性體, 니켈과 철의 합금)의 코어와 코일 및 영구 자석에 의해서 구성되어 진동을 받으면 그림의 Ⓐ부에 진동이 전해지고 휘어지는 데 따라 사이에 끼어 있는 코어에 힘이 가해지기 때문에 내부 비틀림을 받게 되어 자속이 변화해서

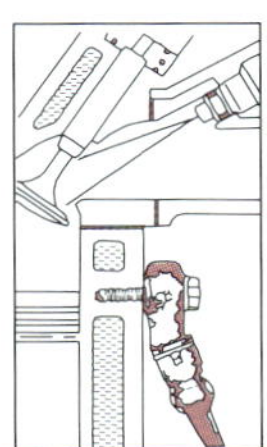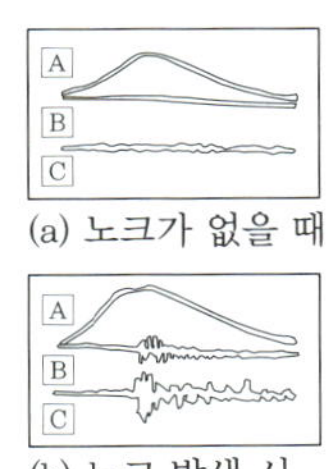

노크 센서 장착 위치와 출력 파형

미리 노킹 발생 시의 진동 주파수에 맞추어 놓은 공진점에서 급격한 전압이 발생한다. 엔진은 끊임없이 진동하고 있지만, 노킹 발생 시의 진동 주파수는 6~8 kHz이기 때문에 센서에는 약 7 kHz의 공진점이 주어져 있다. 노킹 센서라고도 한다.

노크 제어 장치 knock control system　엔진의 노킹 발생을 방지하기 위해서 점화 시기를 제어하는 장치로서, 일반적으로 노킹 발생 한계에 가까운 점화 시기에서의 운전은 연소 효율을 향상시켜 출력이나 연비 성능면에서 좋은 결과를 가져온다. 그러나 반면에 노킹의 발생은 엔진의 수명을 단축시켜 극단적인 경우에는 엔진 파괴가 되는 경우도 있다. 특히 터보차저(TC, 과급기) 부착 엔진의 경우에는 큰 문제점이 될 수도 있다. 이 경우, 기계적인 점화 시기 컨트롤 장치만으로는 제작 시의 정밀도나 시판 휘발유의 품질차를 고려한다면 최적 진각값에 대해서 어떤 폭의 마진을 가져야 할 필요가 있어 앞에서 말한 효과가 엷어지게 된다. 그리하여 노크 센서를 사용해서 전기적으로 섬세하고 치밀하게 점화 시기를 제어하도록 하고, 최대의 효과를 발휘하는 노킹 한계를 항상 유지하고자 하는 것이 노크 제어 장치이다.

노크 컨트롤 부착 전자 점화 제어 시스템　정상적인 점화 화염이 전파하기 전에 미연소 가스가 자기 착화 (self-ignition)하여 급격한 연소를 일으키는 노킹을 방지하기 위한 시스템이다. 예를 들면, 노크 주파수에만 반응하는 공진형 노크 센서와 연산 처리 속도가 빠른 16비트 마이컴을 조합한 새로운 노크 컨트롤 방식을 개발하여 DOHC에 적용하고 있는 경우도 있다.

노크 핀 knock pin　2개의 부품을 조립할 때 그 관계 위치를 정확하게 유지하기 위해 양 부품을 짜 맞추어 박아 넣는 테이퍼 핀을 말한다. 평행 핀, 양 끝의 굵기가 다른 테이퍼 핀, C자형의 단면으로 된 스프링의 역할도 하는 스프링 핀 등이 있다.

노크 한계 knock limit　노킹 음이 나기 시작하는 한계를 말한다. 혼합 가스는 노킹이 발생하기 직전 상태에서 가장 높은 효율로 연소하기 때문에, 엔진의 점화 시기

를 조금씩 빨리 하고 노킹 발생 직전의 점화 시기를 조사하여 최적 점화 시기를 결정한다.

노킹 knocking 가솔린 엔진의 연소실 벽을 작은 해머로 빠른 속도로 두드리는 것 같은 소리 또는 그 소리를 발생시키는 현상을 말한다. 이것은 점화 후 화염이 전파되어 가기 전에 미연소 혼합 가스가 자체 발화를 일으켜 일시에 급속한 연소를 일으키고, 이때의 음속을 넘는 충격파가 연소실 벽에 반사되어 발생하는 소리이다. 이것은 다량의 열이 지나치게 많이 실린더나 피스톤에 전달되어 출력이 감소되고 나아가서는 엔진이 과열되어 파손을 야기시킨다. 이 현상은 연료의 옥탄가가 맞지 않거나 점화 시기가 부적절할 때 나타난다. 또한 실린더 벽의 마모로 피스톤과의 간격이 클 경우에도 노킹 음은 발생한다. 이 상태에서 운전을 계속하면 실린더 온도는 순식간에 상승하여 윤활유를 변질시키고 피스톤과 밸브에 손상을 입힌다.

노킹 방지 장치 knocking prevention system 실린더 블록에 노크 센서를 설치하여 노크가 발생되면 점화 시기를 느리게 조절하여 노크가 발생되지 않도록 한다. 노크는 과급 압력이 높거나 흡기 온도가 높으면 발생되기 쉬우나 점화 시기를 늦추면 발생하지 않는다.

노킹 방지제 antiknock agent 0∼3 mL/gal, 현재 실용되고 있는 4에틸납뿐이며, 각종 첨가제를 더하여 실용 상품화한 것을 에틸 액(ethyl fluid)이라고 한다. 노킹이 가솔린 엔진에 미치는 영향을 보면, 베어링 융착 등에 의한 손상과 피스톤 및 배기 밸브의 소손, 실린더의 마멸, 기관의 과열, 출력 저하, 점화 플러그의 소손 등이 발생하며, 심한 경우 피스톤이나 크랭크샤프트가 소손되기도 한다. 노킹 방지책은 점화 시기를 늦추거나 혼합 가스를 진하게 하거나 퇴적된 카본을 떼어내야 하고 고옥탄가 연료를 사용해야 한다.

노킹 센서 knocking sensor ⇨ 노크 센서

노하우 know-how 기술의 사용이나 응용 방법에 관한 비밀 지식 또는 경험을 말한다. 이러한 지식이나 경험은 특허, 실용신안(實用新案) 등의 공업 소유권과 마찬가지로 기술 도입 등의 경우에 교섭의 대상이 되는 일이 많다.

노화(老化) aging (1) 시간의 경과에 따라서 도막(塗膜)의 성질, 성능, 외관이 열화(劣化)되는 현상을 말한다. (2) 고무를 장기간 사용할 때 빛, 열 등에 의해 재료 물질이 열화하는 것을 말한다.

녹(綠) rust 공기 중에서 금속 표면에 생긴 고체의 부식 생성물로, 금속의 산화물, 수산화물, 탄소염, 기타의 피막을 일컫는다. 녹은 금속을 공기 중에 방치해 두면 공기 중의 산소, 물, 이산화탄소, 이산화황, 염분 등과 반응하여 생성된다.

녹다운 knockdown 운반 등의 편의를 위하여 제품을 쉽게 조립할 수 있는 상태로 분할 제작하여 놓은 상태를 말한다.

녹다운 수출 knockdown export 부품이나 반제품의 형태로 수출하고 현지에서 조립하여 완성품으로 판매하는 무역 방식을 말한다. 자동차·기계 등과 같은 플랜트류의 수출 상품이 주로 이 수출 방식을 택하고 있다.

녹스 NOx ⇨ 질소 산화물

녹 억제 rust inhibiting 금속의 산화 즉 녹이 스는 것을 지연시키는 일을 이른다.

논리곱 회로 logical AND circuit 컴퓨터 동작의 기본이 되는 논리 연산 회로로, AND 회로라고도 한다. 둘 이상의 입력 단자와 하나의 출력 단자로 구성되고, 모든 입력 단자에 1이 입력될 때에 한해 출력 단자에서 1이 출력되는 회로이며, 논리대수에서 논리곱을 실현하는 회로이다. 논리적(論理積) 회로라고도 한다.

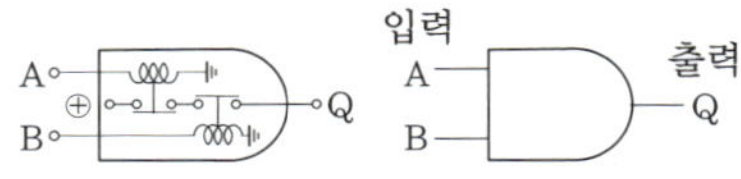

논리곱 회로의 기호와 구조

논리적 회로 ⇨ 논리곱 회로

논리턴 밸브 non-return valve 양쪽 방향으로의 공기의 흐름에 큰 차이가 있거나 어떤 조건이 갖추어졌을 때에만 공기의 흐름을 허용하는 밸브이다. 역류 방지 밸브 또는 체크 밸브라고도 한다.

논리합 회로(論理合回路) OR circuit 기본적인 논리 회로 중의 하나로, OR 회로라고도 한다. 둘 또는 그 이상의 입력 중 하나

라도 1이면 출력이 1이 되는 회로이다. 논리합 회로는 스위치의 병렬 회로와 같다. 즉, 입력 A, B 중 어느 스위치가 연결되어도 출력을 얻을 수 있다.

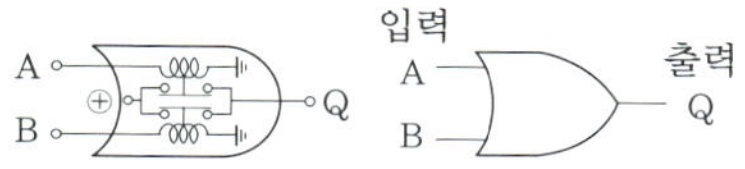

논리합 회로의 기호와 구조

논서보 브레이크 타입 *non-servo brake type* 브레이크가 작동될 때 해당 슈에만 자기 작동 작용이 일어나는 형식으로, 전진 방향에서 자기 작동하는 슈를 전진 슈라 하고, 후진 방향에서 자기 작동을 하는 슈를 후진 슈라고 한다.

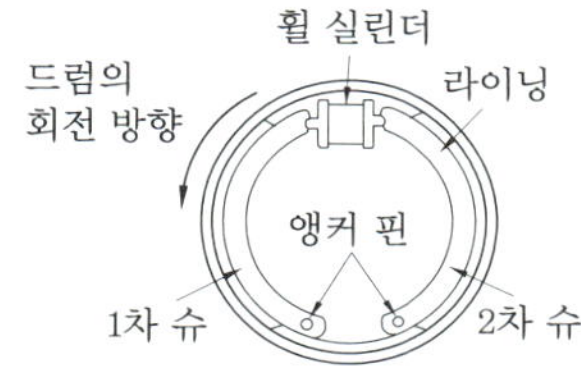

논서보 브레이크 타입

논슬립 디퍼렌셜 *non-slip differential* 일반적인 노면상에서 급발진할 경우 차체가 좌우로 흔들리는 현상이 일어나는데, 이러한 증상을 해결하기 위한 제한 장치가 달린 차동 장치를 말한다.

논슬립 디프 *non-slip diff* 한쪽의 구동륜이 슬립하여 공전하면 또 다른 한쪽의 구동륜이 멈추어 버리는 것을 방지하는 기구를 말한다. 스포츠카 등에 사용되고 있다.

논스핀 형식 *non-spin type* 도그 클러치를 이용하여 좌우 구동 바퀴의 회전력 차이를 제한하는 형식을 일컫는다. 차동 기어 케이스에는 스파이더와 도그 클러치가 있으며, 사이드 기어의 스플라인으로 액슬과 도그 클러치가 연결되어 있다. 자동차가 직진할 때 스파이더는 양쪽의 클러치를 구동하므로 좌우 바퀴는 동일하게 회전하지만, 선회할 때는 안쪽 바퀴가 바깥쪽 바퀴보다 저항이 크기 때문에 안쪽 바퀴의 액슬축과 연결되어 있는 클러치와 스파이더 사이의 간극만큼 회전 방향으로 이동하게 된다. 이때 바깥쪽 바퀴의 액슬축과 연결되어 있는 클러치는 스파이더와 물림이 해제되어 프리 휠링 상태가 되므로 안쪽 바퀴만 구동하게 된다.

논 아스베스토스 *non asbestos* 원재료에 석면을 사용하지 않는 것을 말한다. 값이 싸고 내열성이 뛰어나기 때문에 개스킷이나 브레이크슈 등의 재료로 오랫동안 사용되어 온 석면은 발암성이 있는 것으로 알려져 있다. 따라서 종래 석면이었던 소재나 부품에 석면을 사용하지 않음을 명시하는 데 사용하는 말이다. 아스베스토 프리 (*asbestos free*)라고도 한다.

논유니퍼미티 *non-uniformity* 타이어 접지면에 발생되는 힘의 불균일성을 말한다.

논 터보차저 엔진 *non-turbocharged engine* 터보차저(내연 기관의 출력 강화 장치)가 장착되어 있지 않은 자연 흡입 엔진을 말한다.

농경용 타이어 *AG tire ; agriculture tire* 전륜·후륜이 구분되고 대개 장착 방향이 표시되어 있다.

농후(濃厚) *enrichment* 이상적(理論的)인 공기/연료의 혼합비보다 공기에 대한 연료의 비율이 더 높은 상태를 말한다.

놓은 채 꺾기 *steer without driving* 차량을 멈춘 상태에서 조향 핸들을 조작하는 것을 이르는데, 좁은 장소에서의 방향 전환이나 차고에 넣을 때 사용된다. 동력 조향 장치를 장착하지 않은 차량은 놓은 채 꺾기의 조향력이 최대 조향력이 되며, 차량이 조금이라도 움직이고 있으면 이때의 1/3에서 1/4 정도, 일반적인 주행에서는 1/10 이하의 힘으로 조향할 수 있다. 조향 핸들이 무거워서 잘 꺾이지 않을 때는 차량을 약간 움직이면서 돌리면 가벼운 힘으로 핸들을 조작할 수 있다.

누설 검출기(漏洩檢出器) *leak detector* 압력 용기나 밀봉 용기, 진공 용기 등의 누설을 탐지하는 검출기이다. 간단한 누설 검출법으로는 용기에 압력을 주어 누설하는 가스나 액체를 탐지하는 방법이 있지만, 검출기로서는 진공계를 사용한 것과 초음파 누설 검출기와 헬륨 누설 검출기가 있다. 그중에서도 헬륨 누설 검출기의 감도가 높아 널리 사용되고 있다.

누설 방지 용접(漏洩防止鎔接) *leak seal weld* 유체의 누설 방지를 목적으로 하는 용접을 말한다.

누설 센서 leak sensor　기체나 액체 등의 누설(漏洩)을 검지하는 데 사용되는 센서이다. 직접 검지 방식과 간접 검지 방식으로 대별할 수 있다. 전자는 액체나 가스를 물리·화학적 특성을 이용하여 검지하는 것으로서, 반도체 가스 센서나 접촉 연소식 가스 센서 등이 이 분류에 든다. 후자는 유량차나 압력차 등으로부터 간접적으로 누설을 측정하는 센서로서, 차압계와 유량계 등이 이용된다. 누전 센서도 누설 센서의 일종이다.

누설 시험기(漏洩試驗器) leak tester　기체나 액체의 누설 상태를 측정하기 위한 계기이다. 진공도의 측정에 사용하는 누설 시험기로는 피라니 진공계, 이온화 진공계, 열음극형 마그네트론 이온화 진공계와 헬륨 누설 검출기 등이 있다.

누설 자속 탐상법(漏洩磁束探傷法) magnetic flux leakage inspection method　자분(磁粉) 탐상법의 자분을 이용하는 대신 자기 센서를 사용하여 직접 자속 누설을 검지하여 결함을 검지하는 비파괴 검사법이다. 누설 자속을 검출하는 센서로는 서치 코일, 홀 소자, 홀 IC, 자기 저항 효과 소자, 자기 다이오드 등이 사용된다. 이 방법은, 누설 자속량은 피검사체의 표면으로부터의 거리의 제곱에 역비례하여 감소하기 때문에, 센서와 피검사물 표면과의 거리를 일정하게 하는 것이 중요한다. 센서의 주사 방식으로는 ① 센서 고정, 피검사 물체 회전 직진, ② 센서 직진, 피검사 물체 회전, ③ 센서 회전, 피검사 물체 직진의 3가지가 있는데, 피검사 물체의 형상에 따라 구분하여 사용할 필요가 있다. 본 검사법은 축 방향의 결함 검사를 주로 하고 있기 때문에, 자화법은 극간법(요크법)에 의해 둘레 방향으로 자화하고 있으므로 주사법 ①, ②는 교류가, ③은 직류가 자화 전류로 사용되고 있다.

누설 전류(漏洩電流) leakage current　절연체에 전압을 가했을 때 흐르는 약한 전류를 말한다. 내부를 흐르는 것과 표면을 흐르는 것이 있는데, 보통 표면을 흐르는 것이 더 크며, 이것을 표면 누설 전류라고 한다. 내부 상태나 표면의 상태·형상에 따라 크게 차이가 난다. 옴의 법칙에서 벗어나는 수가 많으며, 내부 온도나 표면의 습도 등 주위의 조건에 의해서도 좌우된다.

누출(漏出) leakage　누설을 통하여 흐르는 질량의 흐름 단위를 말한다. 즉, 단위 시간당 압력 및 체적으로 액체 또는 기체와 같은 유체로 표현된다.

눌러 붙이기 up-setting　⇨ 업세팅

뉘르부르크링 서킷 Nürburgring Circuit　독일 라인란트팔트주의 뉘르부르크에 있는 F1 서킷으로, 여기서 FIA(국제자동차연맹) 주최로 세계 최고의 자동차 경주 대회인 F1의 독일 그랑프리, 유럽 그랑프리, 룩셈부르크 그랑프리가 개최되었다. 간단히 '링(ring)'이라고 부르기도 하는데, 총길이는 20 km이며, 남쪽에 있는 길이 5.148 km, 코너 16개의 GP-슈트레케(Strecke)와 북쪽에 있는 길이 22.8km, 코너 73개의 노르트슐라이페(Nordschleife)로 나누어진다. F1 외에 ADAC(독일과 유럽의 최대 자동차 클럽 대회), 뉘르베르크 24시간, 뉘르베르크 1000 km 등의 경기 대회가 열린다.

뉴로컴퓨터 neurocomputer　신경망 이론을 바탕으로 인간의 시각, 청각 등과 유사한 지능적인 처리가 가능하도록 개발하는 컴퓨터로, 이를 신경망 컴퓨터라고도 한다. 문자, 음성 인식 등에 적합하며, 복잡한 인간의 뇌세포에 해당하는 각각의 프로세서 유닛을 두고 모든 유닛은 다른 유닛과 연결되어 있다. 내부의 정보 처리 방법은 단순 반복 작업을 수행하도록 하고, 입력과 출력 단자 사이에 하나의 처리 모듈이 존재하도록 한다.

뉴매틱 거버너 pneumatic governor　⇨ 공기식 조속기

뉴매틱 타이어 pneumatic tire　공기가 들어 있는 타이어로, 그 주된 기능은 차체 등의 하중을 견디고, 구동력이나 제동력을 노면에 전하며, 코너를 돌기 위한 힘을 노면에 전하고, 노면의 요철에 의한 충격을 완화시키는 것이다. 그런데 이러한 뉴매틱 타이어를 장착한 차량은 거친 환경이나 폭발물에 의해 펑크가 날 가능성이 높기 때문에 군사용 차량에서는 약점으로 작용하고 있다. 이에 대한 대안으

로 공기를 넣지 않아도 되는 공기 없는 타이어가 고려되고 있다.

뉴매틱 트레일 pneumatic trail   단면이 크고 저압인 타이어일수록 고속 주행을 함에 따라서 그 바깥 둘레가 변형하여 접지면의 중심이 차차 뒤로 이동해서 트레일이 증가하는 현상으로, 이것은 캐스터가 증가한 것과 마찬가지이며, 고속에서 조향이 어려워진다.

뉴 세라믹스 new ceramics   도자기와 내화물 등 예로부터 존재하는 세라믹스(주된 원료는 규산염)에 대해 알루미나(Al_2O)와 티탄산바륨($BaTiO_3$) 등 주로 금속 산화물을 소성 교화하여 제작한 것을 이른다.

뉴욕-파리 레이스 New York-Paris Race   1908년에 열렸던 뉴욕과 파리를 연결하는 대륙 간 자동차 레이스를 이른다. 1907년에 개최된 북경-파리 랠리의 성공에 힘입어, 프랑스와 미국의 신문사가 공동으로 개최했다. 뉴욕을 출발하여 알래스카-시베리아를 거쳐 파리에 이르는 약 20,000km의 대장정이 약 6개월간 펼쳐졌다. 7대가 출전하여 3대가 완주했다.

뉴턴 N ; Newton   MKS(미터-킬로그램-초) 단위계에서 힘을 나타내는 절대 단위로, 기호는 N이다. 1N은 10^5dyn(다인)에 해당한다. 중력 가속도가 $9.8 \, m/s^2$인 지점에서 1kg의 물체에 작용하는 중력(重力)의 크기는 9.8N이고, 1N의 힘으로 물체를 힘의 방향으로 1m만큼 움직이는 동안에 한 일은 1J(줄)이다.

뉴트럴 neutral   일반적으로는 중립을 뜻하는 말이지만, 자동차 용어에서는 트랜스미션의 뉴트럴 위치를 나타내는 용어로 많이 쓰이고 있다. 미션 레버가 뉴트럴(N)의 위치에 있으면 엔진의 회전이 파워 트레인(power train, 동력 전달 계열)에 전달되지 않는 상태를 말한다.

뉴트럴 메모리 부착 워크 인 시트   조수석을 워크 인 기구로 전방으로 이동한 후 후방으로 복귀시켰을 때 시트가 전 이동량의 중간 위치(뉴트럴)까지 이동해서 정지하고 그 위치에서 기록되는 기능을 갖는 시트를 말한다.

뉴트럴 세이프티 스위치 neutral safety switch   기어 레버 작동 시 스타터 모터의 작동을 제어하는 스위치로, 이 스위치가 고장인 경우 시동이 걸리지 않는다.

뉴트럴 스타트 스위치 neutral start switch   자동 변속기(AT) 차량의 점화 스위치에 연결되어 변속기의 변속 레버가 N(뉴트럴, 중립) 위치에 있을 때만 엔진 시동이 가능하게 되어 있는 것으로, 이는 엔진의 시동이 걸림과 동시에 자동차가 출발하는 위험을 방지하기 위한 장치의 하나이다.

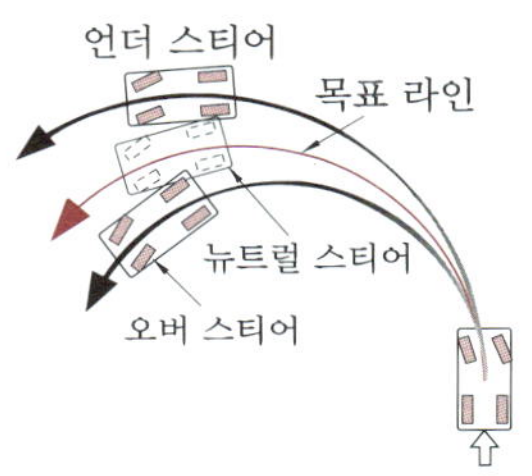

뉴트럴 스타트 스위치

뉴트럴 스티어 neutral steer   실제로 이런 특성을 가진 차는 없지만, 일정한 속도로 코너를 돌고 있는 차가 스피드를 올려도 언더도 아니고 오버도 아닌 상태로 스티어링 휠을 꺾는 대로 커브를 돌아가는 특성을 말한다.

뉴트럴 스티어 포인트 neutral steer point   코너링 포스(cornering force, 커브를 돌 때 차가 받는 힘)가 작용하는 점을 말한다.

늘리기 drawing   ⇨ 드로잉

니들 노즈 needle nose   포뮬러카, 특히 F1 레이싱 카의 앞부분(노즈)이 바늘(니들)처럼 가느다랗고 뾰족하게 생긴 모양을 말한다. 최근의 추세로는 공기력(空氣力) 효과를 고려하여 노즈가 매우 가늘어져 가고 있다.

니들 밸브 needle valve   가변 벤투리식 카뷰레터에서는 부하 변화로 오르내리는 석션(suction, 흡입) 피스톤에 끝이 가는 바늘을 붙여 일정한 지름의 제트에 대하여

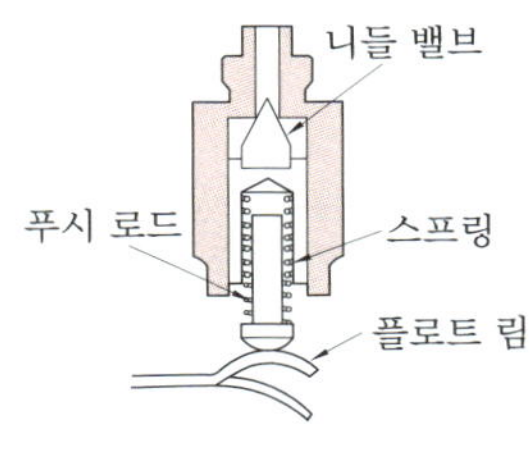

니들 밸브

니들 밸브가 오르내려, 틈새를 바꾸어 공급 펌프에서 공급되는 연료의 양을 조절하는데, 이 바늘 모양의 부품을 니들 밸브라고 한다.

니들 베어링 needle bearing　바늘과 같이 가늘고 긴 원통형 롤러를 사용한 베어링을 말한다. 변속기 및 자재 이음에 사용되고 있다.

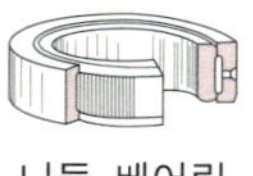

니들 베어링

니 레스트 knee rest　목적은 풋 레스트와 비슷한데 무릎을 받쳐 준다. 드라이버 쪽의 도어 내부에 설치하는 것이 일반적이다. 니 레스트 내부는 작은 물건을 넣는 박스로 이용하는 경우도 많다.

니룸 kneeroom　자동차·비행기 등의 앞뒤 좌석 사이의 공간을 말한다. 즉, 자동차 뒷좌석에 앉았을 때 무릎(knee) 주위의 여유 공간을 이른다. 니 클리어런스라고도 한다.

니블링 nibbling　판금에서 둥글거나 사각이거나 별 모양의 구멍을 펀칭으로 뚫어 주는 작업을 니블링이라고 한다.

니블링 머신 nibbling macine　연속 왕복 운동에 의하여 판재(板材)를 임의의 형상으로 절단하는 기계의 일종이다.

니켈 nickel　은백색의 강한 광택이 있는 금속이다. 공기 중에서 변하지 않고 산화 반응을 일으키지 않아 도금이나 합금 등을 통해 동전의 재료로 사용된다. 그리고 니켈강, 모넬메탈, 스테인리스강, 니크롬 등의 합금의 중요 성분이다. 전이 금속 원소로, 원소 기호는 Ni, 원자 번호는 28, 원자량은 58.70 g/mol이다.

니켈강 nickel steel　탄소강에 니켈을 첨가하여 담금질이 잘 되게 하여 강철을 강인하게 만든 특수강으로, 나중에 침탄(浸炭)해서 사용할 경우 탄소량이 0.2 % 이하인 것을 사용하지만, 보통 구조용으로 담금질이나 뜨임질을 해서 사용할 경우에는 탄소량을 0.3 % 정도로 하고, 5 % 이하의 니켈을 첨가해서 사용한다. 주로 자동차용·교량용으로 사용되며, 침탄한 것은 기어, 차축, 크랭크축, 볼트 등의 재료로 사용된다.

니켈-크롬강 nickel-chrome steel　니켈 1.0 ~3.5%, 크롬 0.5~1.0%를 함유한 합금강이다. 경도가 높고 인장 강도가 크며, 용도는 기어, 터빈의 날개 등에 쓰인다. 기계 구조용으로는 값이 비싸기 때문에 특수한 용도에만 사용된다.

니켈 크롬 몰리브데넘 강 nickel chrome molybdenum steel　탄소강에 니켈(Ni), 크롬(Cr), 몰리브덴(Mo)을 첨가한 강으로, 고급 특수강의 일종이다. 소입성과 인성이 구조용 강 중에서 가장 높다. 값이 고가여서 자동차용 부품에는 주로 고장력 볼트 등에만 사용되고 있고, 일반 경강제 볼트보다 2배 정도 강도가 높다. 볼트의 머리에 9라고 표시되어 있다.

니크롬 nichrome　니켈 합금의 일종으로 니크롬선을 일컫는다. 니켈 60~90 %, 크롬 35~105 %이며, 기타 철, 망간 등을 소량 함유한다. 고온에서도 산화되기 어렵고, 내식성이 있으며, 전열선으로 널리 사용된다.

니크롬선 nichrome wire　⇨ 니크롬

니 클리어런스 knee clearance　⇨ 니룸

니트라이드 nitride　'나이트라이드'를 잘못 읽은 것이다.

니트라이딩 스틸 nitriding steel　'나이트라이딩 스틸'을 잘못 읽은 것이다.

니트로젠 nitrogen　'나이트로젠'을 잘못 읽은 것이다.

니플 nipple　짧은 관의 양 끝에 수나사를 절삭해 넣은 이음매로서, 짧은 거리의 배관이나 엘보를 사용하여 배관의 방향을 바꾸는 경우 등에 암나사를 절삭하여 다른 이음매에 박아서 사용한다.

닙 nip　(1) 겹판 스프링에 있어서 하중이 없을 때 인접하는 스프링 간의 틈새를 말한다. (2) 롤(roll)과 롤 사이의 선상(線上) 접촉면을 말한다.

닛산 Nissan　(1) 한자로는 일산(日産)을 나타내며, 메이드 인 저팬(made in Japan)을 뜻한다. (2) 닛산자동차(日産自動車)를 뜻한다. 1933년에 일본에서 설립된 세계적인 자동차 제조 회사이다. 요코하마에 본사를 두고 있으며, 소형 승용차 닷산(Datsun)과 차량 부속품의 생산업체로서 출발하였다.

다공성(多孔性) porosity 내부에 많은 작은 구멍을 가지고 있는 성질을 말한다. 다공성 재료는 가볍고 단열, 흡음 등의 효과가 크다.

다공질 재료(多孔質材料) cellular material 섬유나 세립(細粒) 등의 틈새나 발포 재료 내부의 기포가 서로 연속하고 있는 재료를 말한다. 일반적으로는 흡음 재료로 사용된다.

다공질(多孔質) 크롬 도금 라이너 porpus Cr plating liner 실린더의 미끄럼 운동면에 크롬 도금을 하여 내마멸성을 향상시키고 연소 가스에 의한 부식도 방지한다. 이 경우 크롬 자체에 윤활성을 주기 위해서 다공질의 도금을 한다. 크롬 도금한 실린더에는 크롬 도금한 피스톤 링을 사용하면 안 된다.

다공형 노즐 multiple hoe nozzle 연료의 분사 구멍이 2~10개가 설치된 노즐로서, 분무의 미립화와 분산성을 향상시킨다. 소형 엔진에서는 2~4개의 분사 구멍이 사용되고, 중·대형 엔진에서는 5~10개의 분사 구멍이 사용된다.

다구형(多球型) spherical type 반구형을 하나하나의 밸브에 맞추어 늘어놓은 형식으로, 반구형을 더욱 복잡하게 만든 것이다. 그만큼 출력 향상을 기대할 수는 있지만, 구조가 반구형 이상으로 복잡해지고 값도 비싸진다.

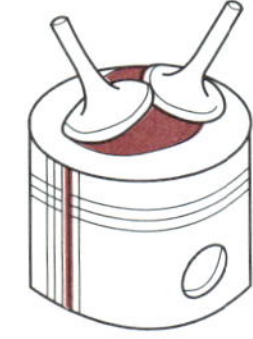

다구형

다구형 연소실(多球型燃燒室) multi-circle combustion chamber 여러 개의 연소실을 가진 복잡한 형으로 되어 있다. 반구형 연소실을 압축 와류(渦流)가 발생하기 쉽도록 개량한 것으로, 멀티 밸브(multi valve) 엔진에 적용되지만 가공이 복잡하고 표면 용적률이 커지는 것이 단점이다.

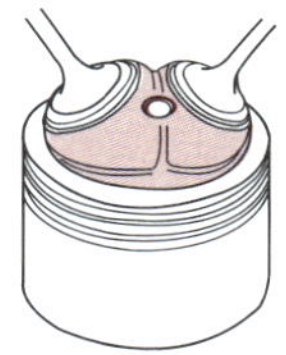

다구형 연소실

다기통(多氣筒) multi cylinder 2기통 이상을 말하는 것으로, 자동차에서는 8기통을 넘을 때 다기통이라고 한다. 자동차에서는 2, 3, 4, 5, 6, 8, 12기통이 실용되고, 경주차에는 16기통 엔진도 있다. 멀티 실린더라고 하기도 한다.

다기통 엔진 multi cylinder engine 실린더 수가 많은 엔진을 말한다. 실린더가 1개인 엔진은 단기통 엔진, 2개 이상의 엔진은 다기통 엔진이다. 통상 다기통 엔진이라고 하면 실린더 수 8개 이상의 엔진을 가리키며, 멀티 실린더 엔진이라고도 한다.

다단 흡기 레조네이터 흡기 계통의 공명음을 억제하는 소음기이다. 에어 클리너의 전후에 복수의 콤팩트한 레조네이터(resonator)를 설치하여 엔진 전회전 구간에서 성능을 손실시키지 않고 소음 레벨을 저감시킨다.

다리 길이 leg length 이음의 루트로부터 필릿 용접의 직각변 끝까지의 거리를 이른다.

다우 메탈 dow metal　알루미늄 11~18 %, 망간 0.1~0.5 %, 나머지는 마그네슘의 경합금이다. 가볍기 때문에 강도가 필요하지 않는 항공기·자동차 및 계산기 등의 부분품 재료에 사용된다.

다운드래프트 downdraft　강류식 기화기 또는 하향 통풍식이라고도 하는 다운드래프트는, 카뷰레터의 벤투리가 향하고 있는 방향을 말한다. 다운드래프트는 위에서 아래로 공기가 통하는 방식이다. 비교적 긴 매니폴드를 쓰는 엔진이 어울린다.

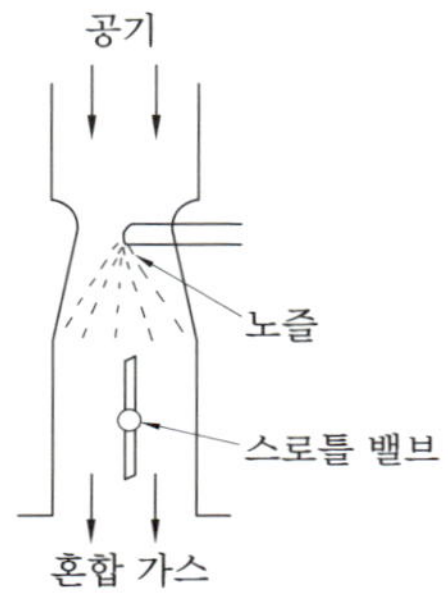

다운드래프트(하향 통풍)

다운사이징 downsizing　대형 컴퓨터에서 수용하던 프로그램을, 개인용 컴퓨터 등 소규모인 컴퓨터들과 이들을 연결하는 근거리 통신망(LAN)으로 이루어진 분산 시스템에서 실행할 수 있도록, 비교적 작은 사이즈로 만든 것을 말하는 것으로 처음에는 사용되었다. 그렇지만 최근에는 다양한 분야에서 이 용어가 일반화되어 사용되고 있다.

다운 포스 down force　공기 역학적으로 차의 보디를 노면 쪽으로 억압 하향하는 힘을 말한다. 이 다운 포스가 증가함으로써 고속 안정성은 보다 높아진다. 프런트 에어림이나 리어 스포일러 등이 장치되어 있는 것은 다운 포스에 의한 접지성을 향상시키기 위한 것이다.

다운플로 라디에이터 downflow radiator　라디에이터 상하에 탱크를 배치하고 물을 위에서 아래로 흐르게 하는 방식으로, 버티컬 플로식 라디에이터라고도 한다.

다월 핀 dowel pin　케이스에 커버를 올바른 위치로 결합시키기 위하여 각각 일치되는 홀에 끼우는 핀으로, 얇고 둥근 쇠막대를 짧게 자른 형태이다.

다이 die　(1) 수나사를 절삭하는 공구로서, 원형 다이스와 각형 다이스가 있다. (2) 선재(線材)의 바깥지름 다듬질용 공구를 이른다. (3) 판금 가공용이나 다이캐스트용의 금형을 말한다.

다이내믹 댐퍼 dynamic damper　용수철을 이용하여 진동의 감쇠(減衰), 진폭의 감소 등을 위해 사용하는 장치이다. 강제 진동을 받는 진동체 A에 진동체 B(다이내믹 댐퍼)를 실으면 B는 외력(外力)에 의한 강제 진동을 흡수해 진동하고 A는 진동하지 않는다.

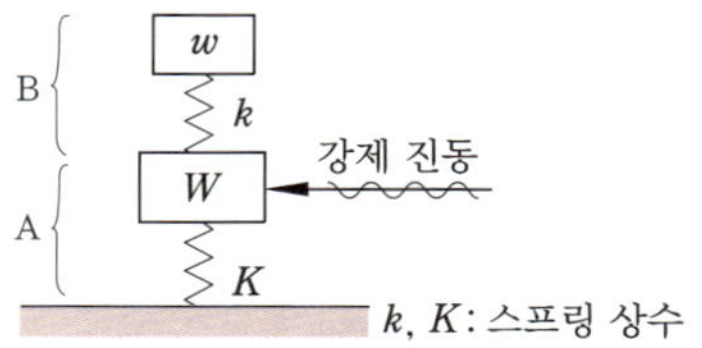

다이내믹 댐퍼

다이내믹 레이트 dynamic rate　동적으로 휘는 비율을 말한다.

다이내믹 레인지 dynamic range　다이내믹 영역이라고도 한다. 음향 신호를 전송하거나 녹음할 때 취급하는 최강음과 최약음의 비를 데시벨(dB)로 나타낸다. 즉, 허용 출력 왜곡으로 제한된 최대 신호 진폭과 잡음·드리프트가 허용되는 최소 신호 진폭의 비이다.

다이내믹 로드 dynamic load　⇨ 동하중

다이내믹 밸런스 dynamic balance　⇨ 동적 밸런스

다이내믹 브레이크 dynamic brake　엔진 브레이크처럼, 마찰 브레이크 이외의 방법으로 제동력을 얻는 브레이크를 말한다.

다이내믹 서스펜션 dynamic suspension　엔진 지지법에 있어서, 장착부에 고무 또는 스프링을 넣어 움직임을 방지하기 위한 가동 지지 방식을 말한다.

다이너모 dynamo　'직류 발전기'의 뜻이다. 다이너모는 발전기 및 자기장 안에서 운동하는 도체에 발생하는 기전력을 이용하여 전기를 일으키는 장치를 뜻한다. 미국에서는 제너레이터(generator)라고 한다.

다이너모미터 dynamometer　⇨ 동력계

다이너 플로 dyna flow　1940년 GM사가 자동 변속기의 일종으로 발매한 것으로,

전진 2속에 후진 기어(back gear)를 가진 유성(遊星) 기어식 수동 변속기를 조합한 것이다.

다이렉트 감각 direct feeling 다이렉트 필링이라고도 하는데, 자동차를 운전하고 있을 때의 조향 감각으로, 조향 조작이 자동차의 움직임과 직접 연결되어 있는 것처럼 느껴지는 감각을 말한다. 자동차의 테스트 주행을 할 때 잘 쓰이는 말이다.

다이렉트 드라이브 direct drive 전동기의 회전력을 기어 박스 등의 기구를 통하지 않고 직접 구동 대상에 전달하는 방식 또는 그 기구를 말한다.

다이렉트 리모컨 미러 direct remote control mirror 차 실내에서 미러에 연결되어 있는 레버를 조작하여 수동으로 미러 각도를 조절하는 타입의 도어 미러를 말한다.

다이렉트 시프트 direct shift 플로어 시프트로서, 변속기 케이스에 직접 변속 레버가 부착되어 있는 형식이다. 확실한 조작감을 얻는 장점이 있는 반면, 레버에 진동이 전달되기 쉬운 경향이 있다.

다이렉트 액팅 브레이크 부스터 direct acting brake booster 브레이크 부스터의 일종으로, 부압과 압축 공기 등을 이용하여 큰 출력을 얻는 장치이다. 승용차와 소형 트럭에서는 흡기 다기관 부압이나 진공 펌프의 부압을 이용하는 진공(배큠식)이 많이 사용된다.

다이렉트 OHC direct OHC OHC(overhead camshaft)는 실린더 헤드에 캠축을 1개 또는 2개가 설치되어 밸브를 개폐시키는데, 캠이 밸브를 직접 개폐시키는 것이 다이렉트형이다.

다이렉트 이그니션 시스템 direct ignition system ⇨ 동시 점화 장치

다이렉트 인젝션 direct injection 연료를 엔진 연소실로 직접 분사하는 방식을 말한다. 디젤 엔진에 연소실이 별도로 마련되지 않은 연료 분사의 한 방식이다.

다이렉트 필링 direct feeling ⇨ 다이렉트 감각

다이버시티 수신 diversity reception 전파의 전파 도중에 일어나는 페이딩(전파 수신음이 커졌다 작아졌다 하는 현상)을 제거하고 항상 일정한 강도로 수신할 수 있게 하는 방식을 말한다. 출력 방식에 따라 여러 가지가 있으며, 단파 통신에서는 공간 다이버시티가 주로 쓰인다.

다이버시티 안테나 diversity antenna 지향성이 다른 안테나를 몇 개 조합한 고감도 안테나를 이른다. 최상의 상태의 전파를 수신할 수 있고, 멀티 펄스 노이즈(multi pulse noise)가 저감된다.

다이 번 die burn 맞대기 저항 용접에 있어서 용접 전류를 통할 때 부적당한 용접 조건 때문에 전극 받침대(다이)의 접촉면 또는 그 근방에 나타나는 모재(母材)의 표면 홈을 말한다.

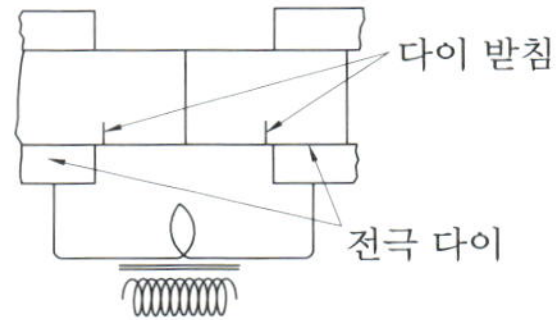

다이 번

다이브 dive ⇨ 노즈 다이브

다이스 dies 수나사를 내거나 볼트의 나사산이 파손되었을 때 사용하는 공구이다. 자동차 정비에서는 다이스 핸들을 병용하여 수작업으로 나사를 만드는 데 사용된다.

다이아몬드 공구 diamond tool 천연 다이아몬드나 인조 다이아몬드를 사용하는 공구이다. 다이아몬드 공구에는 연삭숫돌의 눈 세우기용 공구인 다이아몬드 드레서, 절삭용 공구인 다이아몬드 바이트, 금 긋기용 공구인 다이아몬드 다이스, 천공용 공구인 다이아몬드 드릴비트, 연삭용 공구인 다이아몬드 휠 및 다이아몬드 유리칼, 다이아몬드 바늘 등이 있다. 모두 다이아몬드의 경도·마모도가 우수하고 열팽창 계수가 낮은 특질을 공업 생산에 이용한 것으로, 공업 제품의 정밀도를 높여 품질 향상을 도모하는 데 공헌하고 있다.

다이아몬드 드레서 diamond dresser ⇨ 드레서

다이아웃 die out 자동차의 움직임에 관계없이, 액셀 페달에서 발을 뗀 상태에서 엔진이 정지하는 것을 말한다.

다이애거널 링크식 서스펜션 diagonal link type suspension 세미 트레일링 암식과 스윙 액슬식을 혼합한 중간 형태의 서스

펜션이다. 피벗 축이 45°로 대각선과 같은 각도라는 데에서 이러한 이름을 가지게 되었다. 세미 트레일링 암에 비하여 드라이브 샤프트가 고정되기 때문에 자동차의 제작 단가는 절감되지만, 급하게 코너링을 할 때 잭업 현상이 발생하는 단점을 가지고 있다. 다이애거널 스윙 액슬과 같은 뜻이다.

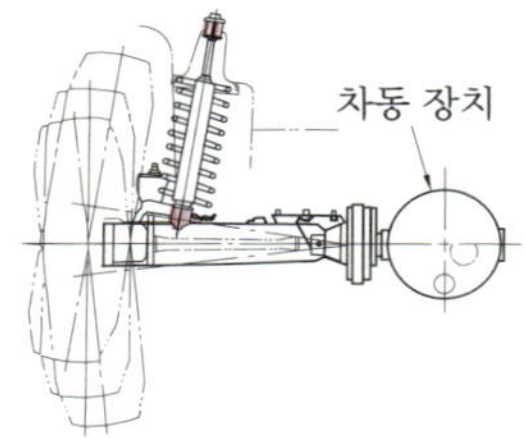

다이애거널 링크식 서스펜션

다이애거널 스윙 액슬 diagonal swing axle ⇨ 다이애거널 링크식 서스펜션

다이애거널 2계통 diagonal dual circuit 브레이크 파이프의 배관에서 마스터 실린더의 유압을 오른쪽 앞바퀴와 왼쪽 뒷바퀴, 왼쪽 앞바퀴와 오른쪽 뒷바퀴를 대각선 형태로 배관하여, 어느 한쪽에 이상이 발생하더라도 앞·뒷바퀴에 제동력이 작용하도록 한 배관 방식을 이른다. 앞의 두 바퀴와 뒤의 두 바퀴에 분배하는 배관 방식에서는 앞바퀴에 이상이 생긴 경우 제동력이 크게 떨어지지만, 다이애거널 2계통 방식은 이를 완화시킬 수 있다. 앞바퀴의 제동력 배분이 큰 FF 차량에 많이 채용되고 있다.

다이애거널 타이어 diagonal tire 타이어의 원주 방향 중심선에 대하여 어느 각도(보통 25~40°)를 가지고 서로 결합된 타이어를 말하는 것으로, 이를 바이어스 타이어 또는 크로스 플라이(cross ply) 타이어라고 한다.

다이어그노스틱 diagnostic '진단'의 뜻으로, 컴퓨터에서 하드웨어의 오류를 발견하고 그 원인을 찾아내는 것을 이른다.

다이어그노스틱 루틴 diagnostic routine 컴퓨터 내부 각 기능의 오작동 또는 프로그램의 잘못을 발견하기 위하여 만들어진 루틴(특정한 작업을 실행하기 위한 일련의 명령)을 이른다.

다이어그노스틱 메시지 diagnostic message 운영 체제나 컴파일러, 어셈블리 등이 입력 정보를 검사하여, 그 결과 오류가 발생되면 오류의 상태 등을 지적해서 출력하는 메시지이다.

다이어그노스틱 코드 diagnostic code 엔진 정지 지시등의 점등 및 스캐너의 표시로 지시되는 결함을 의미하는 고장 진단 코드로, 시스템의 오작동 여부를 파악하는 데 사용된다.

다이어그노스틱 터미널 diagnostic terminal 결함 코드를 얻기 위해 접지되어 있는 ALDL 커넥터의 접속부인 고장 진단 터미널로, 이것을 접지시켜 엔진을 구동시키면 시스템은 '개회로/폐회로 상태 점검' 모드로 된다.

다이어그노스틱 프로그램 diagnostic program 하드웨어의 특정한 부분을 시험하여 비정상적인 기능을 체크하기 위한 목적으로 사용되는 프로그램으로서, 기능상의 오류를 감지하여 그 내용을 프린트헤 볼 수도 있다.

다이어그노시스 diagnosis 자동차의 주요 기능 부품에 대해서 고장을 조기에 발견하고 적절한 처리를 취하는 것이 중요한데, 근래와 같이 제어 장치가 복잡하고 정밀하게 되면서 고장이 발생해도 그 원인과 고장 부위의 발견이 곤란한 경우가 적지 않다. 따라서 이와 같은 고장을 점검하는 수단이 필요하게 되었으며, 이러한 고장 진단을 다이어그노시스라고 한다.

다이어그램 diagram 다이어그램은 2차원 기하학 심벌을 이용해 정보를 시각화하는 기술이다. 때때로 이 기술은 2차원 표면에 투사되어 3차원 공간에 시각화되기도 한다. 다이어그램이라는 용어는 공통적으로 두 가지 의미를 지닌다. ① 정보 시각화 장치 : 다이어그램 일러스트레이션과 같은 용어는 그래픽, 기술적 드로잉, 표 정보 등의 기술적 유형의 집합을 대표한다. ② 특정 종류의 시각 표현 : 데이터의 성질을 표현하기 위해 선, 화살표 등의 시각적 고리들로 연결된 형태의 유형만을 말한다. 과학 분야에서 이 용어가 두 가지 방법으로 사용되는 것을 확인할 수 있다. 다이어그램은 추상적이고 정보를 대표할 수 있는 그림이며, 사진과 영상을 제외한 지도, 선 그래프, 바 차트, 공학적 청사진, 건축 스케치 등이 다이어그램의 예가 될 수 있다.

다이어프램 diaphragm　격막을 일컫는 말이다. 유체 압력이 기계 작용을 일으키게 하거나 그 반대로 하는 데 쓰이는 얇은 막(대부분 고무임)으로, 연료 펌프, 진공 진각 장치 또는 기타 제어 장치 등에 널리 사용되고 있다. 진공 진각 다이어프램의 한쪽에 진공이 걸렸을 때 압력차가 생기는데, 다이어프램의 압력에 의한 변위는 변형 게이지나 대향한 전극과의 사이에서 커패시턴스의 변화에 의하여 구하는 것이 많다. Si 단결정을 다이어프램으로 하고, 이 기판 상에 확산에 의한 반도체 게이지를 구성한 압력 센서도 만들어지고 있다. 다이어프램은 대개 진공 진각, 진공 모터 등과 같은 어떤 움직이는 장치에 기계적 연결 장치로 연결되어 있다. 연료 펌프에서 다이어프램의 상하 운동은 액체(연료)를 움직인다.

다이어프램 스프링 diaphragm spring　원판 스프링 또는 접시 스프링을 말하는 것으로, 원판의 중심에서 많은 방사 형태의 리벳을 부착한 것이다. 다이어프램 스프링은 용수철 강판을 프레스 가공 후 열처리한 것으로서, 구조가 간단하고 압력이 원주 전체에 걸쳐서 작용하기 때문에, 압력판에 뒤틀림이 발생하지 않고, 단속 작용이 원활하고, 클러치 페이싱이 마모하더라도 용수철 힘이 떨어지지 않는 점 등 많은 특징을 가지고 있다.

다이어프램식 연료 펌프 diaphragm type fuel pump　기계식 연료 펌프로, 다이어프램과 이것을 받치는 스프링으로 되어 있으며, 엔진의 캠축에 설치된 편심 캠에 의하여 다이어프램을 상하로 움직여 연료를 흡입하는 밸브(인렛 체크 밸브)와 밀어내는 밸브(아웃렛 체크 밸브)가 서로 번갈아 작용하여 연료를 보내는 구조로 되어 있다.

다이어프램 형식 공기 스프링 diaphragm type air spring　다이어프램은 금속으로 만든 용기에 플런저와 상하 운동하는 막으로 구성되어, 자동차의 진동에 따라 플런저가 상승하면 다이어프램에 의해 공기가 압축되어 스프링 작용을 하는 것을 이른다.

다이얼 dial　문자판·눈금판의 총칭으로, 계기류의 지침판, 라디오의 다이얼, 전화기의 회전판, 금고의 잠금 다이얼 등을 말한다. 디지털 번호 기판은 조작이 쉽고 다이얼을 매번 돌리지 않아도 되므로 편리하다.

다이얼 게이지 dial gauge　다이얼 인디케이터라고도 한다. 측정물의 길이를 직접 측정하는 것이 아니라 길이를 비교하기 위한 것으로, 평면의 요철, 공작물의 부착 상태, 축 중심의 흔들림, 직각의 흔들림 등을 검사하는 데 사용한다. 스핀들에는 래크가 새겨져 있어 스핀들의 움직임을 기어에 전달한다. 스핀들이 1 mm 움직이는 데 대해 지침이 1회전하는 것이 흔히 사용된다. 눈금판은 1 눈금판이 0.01 mm인 것과 0.001 mm인 것이 있다. 0.01 mm의 것으로는 10 mm 것을 측정할 수 있고, 0.001 mm인 것으로는 0.3 mm, 1 mm, 2 mm 등을 측정할 수 있다. 다이얼 게이지의 오차는 보통 최대 한 눈금~몇 눈금이 허용된다.

다이얼식 히터 컨트롤 스위치　통풍구 선택, 온도 조절, 블로어의 각 스위치가 다이얼식인 것을 말한다. 조작성과 조작감이 양호하다.

다이얼 인디케이터 dial indicator　⇨ 다이얼 게이지

다이얼 조정식 쇼크 업소버 dial adjustable shock absorber　어저스터블 또는 쇠력 가변식 쇼크 업소버에 부착되어 있는 다이얼을 돌려서 미리 설정되어 있는 몇 개의 감쇠력 특성 중 하나를 선택할 수 있도록 되어 있는 것이다. 피스톤 로드의 상부를 돌려 조정하는 로드 조정식 쇼크 업소버와 바깥쪽 통에 부착된 다이얼을 돌리는 암스트롱식 쇼크 업소버가 있다.

다이오드 diode　2극 진공관 및 반도체 다이오드를 통틀어 이르는 말이다. 정류(整流) 기능을 이용하여 정류기, 검파기 등에 쓰는 일반용 다이오드와, 터널 다이오드, 광 다이오드, 발광 다이오드 등의 특수 목적용 다이오드가 있다.

다이오드 로터 디스트리뷰터 DRD ; diode rotor distributor　배전기의 배전 로터 내에 다이오드를 내장하여 각 전극으로 배전하는 방

식이며, 배전기의 구조는 그림과 같다. 이것은 점화 진각 폭을 크게 설정될 수 있도록, 각 전극 간의 거리를 크게 할 목적으로 채용되고 있다. 배전기 캡 안쪽의 세그먼트를 내외 두 그룹으로 나누어 세그먼트 간의 거리를 벌어들이고 있다. 따라서 로터도 내측(No. 4, 5, 6기통)과 외측(No. 1, 2, 3기통)의 2개의 로터 브러시를 가지고 있다.

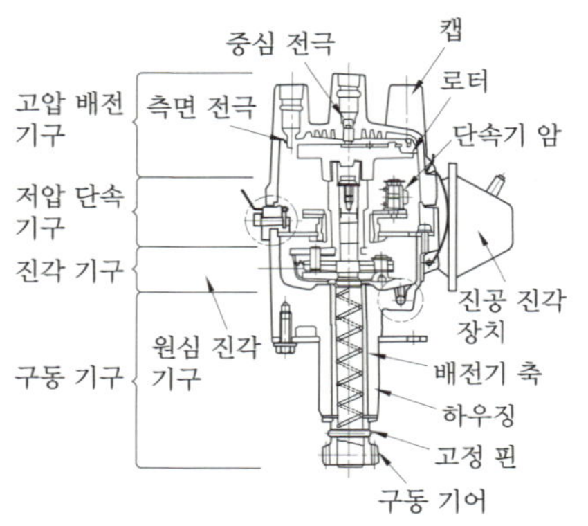

배전기의 구조

다이오드 온도 센서 diode temperature sensor　Ge 다이오드 및 Si 다이오드의 순방향 단자 전압의 온도 의존성을 이용한 온도 센서로서, 그림과 같이 100℃ 이상의 넓은 온도 폭으로서 거의 직선적인 특성을 가지고 있다. 소자의 수를 증가함으로써 −10 mV/℃ 이상의 출력을 꺼낼 수 있지만 정전류 또는 정전압의 전원이 필요하고, 온도 센서용으로 특별히 만들어진 다이오드가 없어 일반 시판품 다이오드를 사용하기 때문에 특성에 오차가 있어서 호환성이 부족한 결점이 있다.

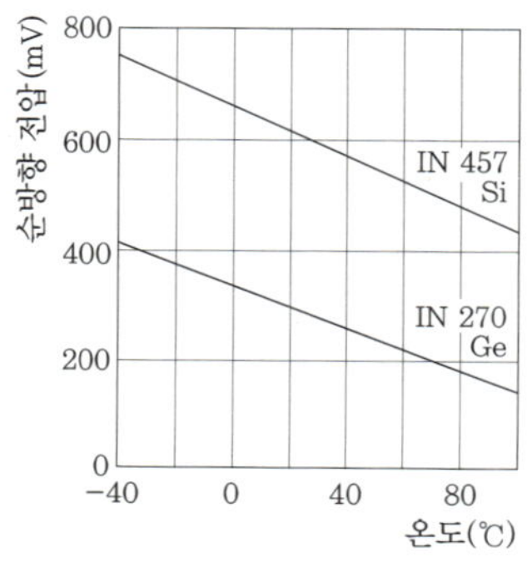

다이오드 온도 센서의 특성

다이오드 트리오 diode trio　⊕, ⊖ 6개의 다이오드를 사용하여 알터네이터 스테이터 코일 각 끝의 앞뒤에 짝으로 배열되어 있다. 교류 전류 사이클의 양상(兩相, both phase)을 정류할 목적으로 사용된다.

다이 캐스팅 die casting　다이 주조라고도 하는데, 필요한 주조 형상에 완전히 일치하도록 정확하게 기계 가공된 강제(鋼製)의 금형에 용융 금속을 주입하여 금형과 똑같은 주물을 얻는 정밀 주조법이다. 치수가 정확하므로 다듬질할 필요가 거의 없는 장점 외에, 기계적 성질이 우수하며 대량 생산이 가능하다는 특징이 있다. 제품으로는 자동차 부품이 많으며, 전기 기기, 광학 기기, 차량, 방직기, 건축, 계측기의 부품 등이 있다.

다인 dyne　힘의 CGS 단위이다. 질량 1 g의 물체에 작용하여 $1\,\mathrm{cm/s^2}$의 가속도가 생기게 하는 힘으로, 기호는 dyn(다인)이다. 힘의 SI 단위인 뉴턴(N)과 비교하면 $1\mathrm{dyn}=10^{-5}\,\mathrm{N}$이 된다.

다(전)극 점 용접기(多電極點鎔接機) multiple electrode spot welding machine　여러 개의 전극이 있는 점 용접기를 말한다.

다줄 나사 multiple thread screw　2개 이상의 나사산을 갖는 나사를 이른다. 나선의 줄 수에 따라 2줄 나사, 3줄 나사로 분류된다. 줄 수가 많을수록 리드각은 크게 된다.

다중 전송 방식(多重傳送方式) multiplex transmission system　전화국 간의 중계선 등에서 하나의 회선을 여러 사람이 공유하여 통화하거나 데이터 교환을 할 수 있는 전송 방식이다. 현재 국간 중계선이나 장거리·국제 회선에서는 모두 이 방식이 사용되고 있다.

다중 통신 방식(多重通信方式) multiplex communication system　다중화 장치를 이용하여 하나의 회선 또는 전송로를 분할함으로써 복수의 통신로(다중 통신로)를 설정하여 다수의 개별적인 신호를 동시에 송수신하는 통신 방식이다.

다층 용접(多層鎔接) multi-layer welding　용착 비드(bead)를 여러 층으로 겹치는 용접을 말한다.

다층 이경도(多層異硬度) 우레탄 패드 urethane pad 경도가 부위에 따라서 다른 우레탄 패드로, 승차감 및 안락성 향상을 위해 고안된 패드이다. 그림은 스포츠 시트의 시트 쿠션의 한 예로서 상층, 하층, 사이드 부를 각각 최적의 경도를 갖도록 함으로써 쾌적한 착석감과 피트감 및 홀드성을 실현시키고 있다.

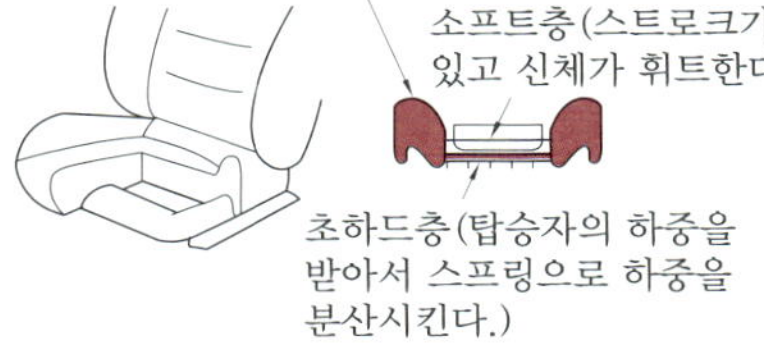

다층 이경도 우레탄 패드

다판 스프링 multi-plate spring　여러 개의 판으로 되어 있는 스프링을 말한다. 겹판 스프링인 리프 스프링이 다판 스프링에 적용된다.

다판식 LSD multi-plate type LSD　자동 제한 차동 장치의 일종이다. 유압으로 피스톤을 밀어 다판 클러치의 마찰 토크를 제어하여 차동 제한력을 발생시킨 다음 LSD (limited slip differential)식으로 작동하는 형식인데, 자동 변속기의 유압을 이용하는 것으로 자동 변속기 차량에서만 사용되고 있다.

다판 클러치 multiple disc clutch　마찰을 이용한 클러치를 말한다. 마찰판은 석면과 가는 금속선을 함께 짜서 플라스틱으로 굳힌 것으로서, 이것을 여러 장 교대로 겹치게 하여 판면에 압력을 가함으로써 생기는 마찰력으로 토크를 전달한다.

다판 클러치식 multi-plate clutch type　다판 클러치식은 기동 전동기에서 오버러닝 클러치의 하나이다. 이 형식은 피니언에 고정된 파동 클러치판과 전기자 축에 연결된 어드밴스 슬리브에 고정된 구동 클러치판을 이용하여 플라이휠의 회전력이 기동 전동기에 전달되지 않도록 하는 것이다. 전동기에서 플라이휠에 회전력이 전달되는 상태에서는 클러치판이 미끄러지지 않기 때문에 동력이 전달되지만, 엔진이 시동되면 엔진의 회전력에 의해 2개의 클러치는 미끄러지게 되어 엔진의 회전력이 차단된다.

다판 클러치식 LSD multi-plate clutch type LSD　토크 비례식 LSD(limited slip differential)의 일종이다. 통상의 차동 장치에서 사이드 기어는 좌우 차축에 직접 연결되어 있지만, 이 LSD에서는 사이드 기어와 차동 기어 케이스 사이에 다판식 마찰 클러치가 설치되어 있다. 좌우 바퀴의 구동력이 달라지면 구동력이 큰 쪽의 사이드 기어를 미는 힘이 생기도록 차동 피니언의 축의 모양이 설계되어 있으며, 한쪽 바퀴가 공전하면 차동 피니언 축의 작용으로 다른 쪽(타이어가 고정되어 있는 쪽)의 사이드 기어가 밀려서 클러치가 연결되어 구동 토크를 많이 전달하는 구조로 되어 있다.

단계식 경랍 땜 step brazing　고융점 납에서 차례로 저융접 납을 사용하는 식으로, 융점의 차이를 이용하여 행하는 납땜을 말한다.

단공형 노즐 single hole nozzle　단공형 노즐은 연료의 분사 구멍이 1개인 노즐로서, 관통력은 좋지만 연소실 내에서의 분사된 연료는 분포 상태가 나쁘다. 연료의 분사 각도는 4~5°이다.

단기통(單氣筒) single cylinder　실린더는 피스톤이 오르내리는 통으로 흔히 기통(氣筒)이라고 한다. 단기통은 1기통을 말하며, 실린더가 하나밖에 없는 것으로 50~250cc인 오토바이 엔진에 널리 쓰이고 있다. 배기량이 큰 자동차 엔진에는 단기통으로 된 것은 거의 없다.

단기통 엔진 single cylinder engine　실린더가 1개인 엔진을 말한다. ⇔ 다기통 엔진

단독 요동식 와이퍼　윈드 실드 와이퍼(wind shield wiper)가 1개 있는 것을 말한다.

단독 제어(單獨制御) single control　주 전동기에 직렬로 저항을 접속하고 이 저항 값을 바꾸어서 주 전동기에 가해지는 단자 전압을 변화시키는 제어 방식이다.

단동 2리딩 슈 브레이크 single acting two leading shoe brake　단동 휠 실린더를 배킹 플레이트(backing plate) 상하에 나누어 설치한 브레이크이다. 이 브레이크는 전진 시 브레이크를 작동하면 강력한 제동력이 발생되지만, 후진 시에는 브레이크를 작동하면 제동력이 1/3로 감소되는 단점이 있다.

단동식 쇼크 업소버 single shock absorber 쇼크 업소버의 한 형태로, 리바운드할 때만 내부 오일의 흐름(유동) 저항으로 감쇠력을 발생시켜 진동을 제어하는 형식이다. ⇔ 복동식 쇼크 업소버

단동 실린더 single acting cylinder 피스톤 한쪽에만 유압이 작용하여 출력이 한쪽 방향으로만 발생되며, 복귀 작용은 자중이나 스프링 및 외력에 의해서 이루어지는 실린더를 말한다.

단락(短絡) short circuit 전기 회로 가운데 전원의 양극이 도중에 부하 없이 직접 연결되는 것으로, 이를 방지하기 위해서는 회로에 반드시 퓨즈를 삽입해야 한다.

단락 아크 용접 short circuiting arc welding 탄산가스 아크 용접, 불활성 가스 금속 아크 용접 등에 있어서 와이어가 용융 풀에 접촉할 때마다 단락 전류에 의하여 와이어가 용융 방울로 되어 모재(母材)에 이행하는 아크 용접을 말한다.

단류 소기식(單流掃氣式) uniflow scavenging type 소기(掃氣) 포트에서 들어온 새로운 공기가 방향을 바꾸지 않고 한 방향으로 흐르게 하는 형식을 이른다. 소기 효율이 다른 형식에 비해 양호하다.

단말기(端末機) terminal 중앙에 있는 컴퓨터와 통신망으로 연결되어 있는 데이터를 입력하거나 처리 결과를 출력하는 장치를 이른다. 금융 기관의 업무, 좌석 예약 등의 특정한 업무에 맞도록 만들어진 전용(專用) 단말기와, 일반적인 입출력 업무에 사용하는 범용(汎用) 단말기가 있다.

단면도(斷面圖) sectional view 물건의 내부 구조를 명료하게 나타내기 위하여 이것을 절단한 것으로 가정한 상태에서 그 단면을 그린 그림이다. 단면은 물건의 기본이 되는 중심선에 따라 절단한 면으로 나타내는데, 필요에 따라서는 기본 중심선 이외의 위치나 일부분만을 절단하여 그리는 경우도 있다. 단면 정도에 따라 전단면도, 반단면도, 부분 단면도 등이 있다.

단별 전류 충전(段別電流充塡) stepped current charging 충전 초기에 큰 전류로 충전하고 시간이 경과함에 따라 전류를 2~3단계로 감소시켜 충전하는 방법이다. 이 충전은 충전 효율을 높이고 전해액 온도 상승을 완만하게 하며, 충전 말기에 전류를 감소시켜 가스 발생 시의 전력 손실을 방지하고 가스에 의한 위험도 적게 한다.

단상 교류(單相交流) single phase alternating current 하나의 전원과 부하 사이를 2개의 선으로 연결한 가장 간단한 회로이다. 위상이 다른 몇 개의 단상 교류를 조합하면 다상(多相) 교류가 된다. 예컨대, 3개의 기전력이 있고 이들의 위상이 1/3 주기씩 어긋난 단상 교류를 조합한 것이 3상 교류이다.

단상 전류(單相電流) single phase current 한 세트의 권선에 의해 발생되는 교류 전류로, 여기에서는 ⊕에서 ⊖로 출력이 일정하게 변한다.

단속기 암 contact breaker arm 콘택트 브레이커 암을 일컫는 말로, 단속기 암 스프링, 접점, 러빙 블록으로 구성된 가동 부분으로서 배전기 하우징 내의 단속기 판에 설치되어 배전기 캠에 의하여 작동되는데, 캠 로브(cam lobe)가 러빙 블록(rubbing block)과 접촉될 때 접점이 열리게 된다.

단속기 암 스프링 contact breaker arm spring 접점의 접촉 상태를 유지하는 역할을 하는 스프링이다. 접점 암력은 스프링 장력에 의해 생기며, 스프링 장력이 약하면 고속 회전에서 접점의 접촉이 나빠져 실화의 원인이 되고, 장력이 너무 세면 배전기 캠이나 러빙 블록이 마멸되기 쉽다. 따라서 스프링 장력은 400~500 g을 유지해야 한다.

단속기 접점(斷續器接點) contact breaker points 엔진의 회전에 따라 점화 시기에 맞추어 점화 코일에 흐르는 1차 전류를 접속시키거나 차단하는 스위치 역할을 하는 것으로, 단속기 암 접점과 접지 접점으로 되어 있다. 단속기 암 접점은 배전기 캠 로브에 의해 러빙 블록과 접촉될 때 열려 1차의 장력에 의해서 접점이 닫혀 1차 전류가 흐르도록 한다.

단속기 판(斷續器板) contact breaker plate 단속기 암과 접점 지지대를 설치하는 판으로, 진공 진각 장치의 링크가 연결되어 엔진이 작동 중 부하에 따라 움직여 점화 시기도 조정된다.

단속 필릿 용접 intermittent fillet weld 용

접한 부분과 용접하지 않은 부분이 서로 어긋매김으로 존재하는 필릿 용접을 말한다. 띄엄 필릿 용접이라고도 한다.

단순보 simple beam　2개의 받침점으로 받쳐지는데, 한쪽은 핀(pin) 지점, 다른 쪽은 롤로 지점으로 되어 있는 보이다. 정정(靜定)보의 일종으로, 힘의 균형 조건만으로 반동 변형력이 정해진다.

단식 아크 용접기 single operator welding machine　용접공 1인이 사용하도록 만들어진 용접기를 말한다.

단식 와이퍼 single wiper　간헐식 와이퍼로 개선되기 전의 제품으로서, 전·후면 유리에 부착되는 눈, 비 등의 양에 따라 1, 2단이나 저·중·고속으로 바뀌는 형식이다. 최근에는 간헐식에 비하여 불편하므로 그다지 채택되지 않고 있다.

단실식(單室式) single chamber type　단일의 연소실에 연료를 직접 분사하여 연소시키는 형식으로, 직접 분사실식이 이 형식에 속한다.

단열재(斷熱材) heat insulating material　일정한 온도가 유지되도록 하려는 부분의 바깥쪽을 피복하여 외부로부터의 열손실이나 열의 유입을 적게 하기 위한 재료를 말한다. 사용 온도에 따라 100℃ 이하의 보랭재(保冷材), 100~500℃의 보온재(保溫材), 500~1,100℃의 단열재, 1.100℃ 이상의 내화(耐火) 단열재로 나뉘는데, 열전도율을 작게 하기 위해서 다공질(多孔質)이 되도록 만든다.

단위 분사기(單位噴射機) unit injector　단위 분사기는 연료 분사 펌프와 노즐이 일체로 되어 있어 고압의 연료 라인이 필요 없다.

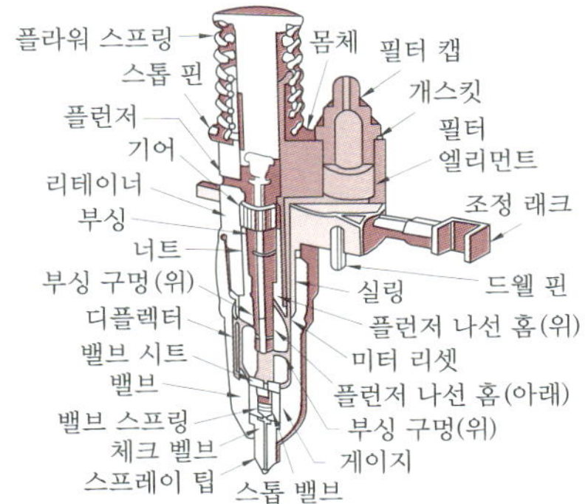

단위 분사기의 구성 부품

분사 시기는 실린더 헤드에 설치되어 캠이 구동하는 로커 암에 의해서 작동된다.

단일 구경형 휠 실린더 single bore type wheel cylinder　한쪽에만 구멍이 뚫려 있는 휠 실린더로서, 한쪽 방향으로만 유압이 작동하여 제동력이 발생되도록 한 것이다. 이 형식은 전진 시에 브레이크를 작동할 때 강력한 제동력이 발생되지만, 후진 시에는 제동력이 감소된다. 단동 2리딩 슈 형식과 유니서보 브레이크 형식에서 사용된다.

단자(端子) terminal　전기 기계나 기구 등에서 전력을 끌어들이거나 보내는 데 쓰는 회로의 끝 부분을 말한다.

단자 기둥 terminal post　축전지 커버에 노출되어 있는 기둥이다. 외부의 회로와 확실하게 접속되도록 부착되어 있으며, 양극 단자 기둥과 음극 단자 기둥이 있다. 또한 양극 단자 기둥은 음극 단자 기둥보다 크게 되어 축전지 케이블이 잘못 접속되는 것을 방지한다.

단접(鍛接) forge welding　가열한 2개의 금속의 접촉부를 두드리거나 압력을 가하여 접합하는 방법이다.

단조(鍛造) forging　고체인 금속 재료를 해머 등으로 두들기거나 일정한 온도로 가열한 다음 압력을 가하여 성형(成形)하는 작업을 말한다.

단조 경화(鍛造硬化) forged hardening　열간 단조(熱間鍛造)를 할 때의 잔열을 이용하여 직접 물이나 수용성 소입액 등의 소입 모체(燒入母體) 중에서 소입된 후 뜨임을 실시하고 소점의 경도를 조정하는 열처리 방법이다. 종래의 담금질(소입)과 뜨임에 비하여 재료의 소입성이 크게 향상되어 재료의 가격이 안정적이며 온도를 높이는 데 에너지가 없어도 되는 등의 이점이 있다.

단짓기 setting down　자유 단조 작업으로, 어느 선을 경계로 하여 한쪽만 압력을 가하여 가늘게 하는 작업을 말한다.

단차(段車) stepped pulley　지름이 다른 몇 개의 벨트 풀리를 하나로 연결시킨 것이다. 일정한 회전수를 가진 원동축에서 벨트 전동에 의해 종동축을 변화시킬 필요가 있을 때 사용한다. 두 개의 단차를 반대 방향으로 설치하고 거기에 벨트를 걸어 속도비를 바꾼다.

단체(單體) simple substance　수소, 산소, 오존, 구리 등과 같이 단일한 원소로 되어 있으면서 고유한 화학적 성질을 가진 물질로, 홑원소 물질이라고도 한다.

단체 초크 integral choke　서모스태틱 바이메탈 코일이 기화기의 일부로 되어 있는 초크 장치를 말한다. 여기서 초크란 엔진 시동 시 가솔린의 혼합비를 높이기 위해 공기의 흡입을 적게 하는 일을 말한다.

단판 스프링 single plate spring　한 개의 스프링으로 된 완충 장치를 말한다.

단판 스프링

단판 클러치 single plate clutch　구조가 간단하고 만족도가 매우 높아 널리 쓰이는 방식으로, 플라이휠, 클러치축, 클러치판, 압력판, 클러치 스프링, 릴리스 레버, 릴리스 베어링 등으로 구성되어 있다. 클러치 페달을 밟지 않은, 즉 동력 전달이 될 때에는 클러치 압력판 스프링에 의해 클러치판이 플라이휠 접촉면과 압력판 사이에 압착되어 스플라인을 거쳐 클러치축이 회전하며, 클러치 페달을 밟으면 릴리스 베어링이 릴리스 레버를 밀고 클러치 스프링이 눌려지면서 압력판이 뒤로 밀려 클러치판의 접촉이 없어지므로 스플라인은 클러치축을 돌리지 못하게 되어 동력이 끊어지는 것이다.

단행정 엔진 short stroke engine　실린더 안지름에 대한 피스톤 행정 비율이 1보다 작은 엔진을 말한다. 같은 배기량의 장행정 엔진과 비교하면, 피스톤 평균 속도를 크게 하지 않고 회전수가 높아지며 배기량 당의 출력이 커지는 장점이 있다. 안지름이 행정보다 크기 때문에 오버스퀘어 엔진이라고도 한다. ⇔ 장행정 엔진

단행정 엔진

닫힘 용접 enclosed welding　용융 금속이 용접부에서 흘러나오지 않도록 용융 풀을 만들어 금속으로 둘러싸서 아래로부터 위로 용접해 가는 방법이다. 인클로즈드 용접이라고도 한다.

담금 경랍 땜 dip brazing　용융된 금속 또는 화학 약품 통 속에 피접합물을 담가 경랍 땜하는 방법이다. 딥 경랍 땜이라고도 한다.

담금질 quenching　급랭함으로써 금속이나 합금의 내부에서 일어나는 변화를 막아 고온에서의 안정 상태 또는 중간 상태를 저온·온실에서 유지하는 조작으로, 전에는 소입(燒入)이라고 하였다. 영어로는 퀜칭(quenching)인데, 그 뜻이 광범위하여 냉각뿐만 아니라 승온(昇溫)에 수반되어 일어나는 변화를 급열(急熱)함으로써 저지하는 경우에도 사용한다.

담색(淡色) tint color　흰색에 가까운 엷은 색을 말한다. 도료의 KS에서는 흰색 도료에 유색 도료를 혼합해서 만든 도료의 도막(塗膜)에 대해서 회색, 핑크색, 크림색, 엷은 초록색, 물색과 같은 엷은 색으로서, 명도가 6 이상, 채도가 6 이하인 색을 말한다

담체(擔體) carrier　촉매 기능을 갖는 물질을 분산시켜 안정하게 흡착하게 하는 고체를 말한다. 촉매 기능을 향상시키기 위해서 표면적이 큰 다공성 물질로 만든다. 담체 재료에는 실리카, 알루미나를 비롯해서 각종 금속 산화물이 사용된다.

답력(踏力) pedal effort　페달을 밟는 데 필요한 힘을 말한다. 브레이크를 걸기 위해 실제로 페달을 밟은 힘이 가벼운 경우 ‘답력이 가볍다’고 한다. 최근의 자동차는 대부분 답력을 증가시키기 위해 부스터 등의 장치가 되어 있기 때문에 과거에 비해 현저히 좋아졌다.

당김 pull　차가 한쪽으로 방향을 바꾸는 경향을 말한다.

대기식 응축기(大氣式凝縮機) atmospheric condenser　냉각관의 외면을 따라서 수막(水膜)처럼 물을 흐르게 하여 냉매를 냉각시키는 구조로 된 응축기를 말한다. 냉각 효과 중에서 물의 증발에 의한 효과는 증발식 응축기에 비하여 작다.

대기압(大氣壓) (1) barometer pressure　그냥 기압이라고도 하며, 대기의 압력을 말한다. 보통 수은주의 높이 또는 밀리바 단위로 기압의 크기를 나타낸다. 따라서 대기압은 고도에 따라 변화하며, 만약 온도가 일정하다고 하면 해면 위 10 m마다 약 1.2 밀리바씩 낮아진다. (2) atmospheric pressure　76 cm의 수은 기둥이 누르는 압력이며, 이것은 약 1,000 km 높이의 공기 기둥이 누르는 압력과 같다. 만약 수은 대신에 물을 사용한다면 물은 수은보다 13.6 배 가벼우므로 대기압에 의해 물은 76 cm×13.6 = 1033.6 cm 즉 10.33 m 정도 올라갈 것이다. 이것은 진공 펌프를 이용할 때 물을 수면에서 10 m 이상은 올릴 수 없음을 뜻한다.

대기압 센서 BPS ; barometric pressure sensor　대기압 센서는 에어 플로 센서(AFS)에 부착되어 대기압을 측정하여 전압으로 변환한 신호를 컴퓨터로 보낸다. 컴퓨터는 이 신호를 이용해 차의 고도를 계산하여 적정한 공연비가 되도록 연료 분사량과 점화 시기를 조정한다. 그리고 대기압 센서는 스트레인 게이지의 저항값이 압력에 비례하여 변화하는 것을 이용하여 압력을 전압으로 변환시키는 반도체 피에조(piezo) 저항형 센서이다.

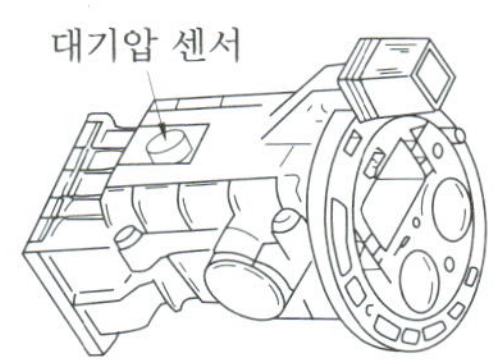

대기압 센서

대기 오염(大氣汚染) air pollution　자동차 사용에 있어서 연료의 미연소 부분 및 기타 연소 생성물이 대기 중으로 방출됨으로써 환경을 오염시키는 것을 말하며, 이 산화탄소의 증가로 인하여 지구의 온난화, 프레온 가스로 인한 오존층의 파괴 등이 문제시되고 있다. 대기 오염 방지의 기술적 대책으로는, 각종 공장에 대하여 유해 가스 처리 시설로서 집진 장치, 아황산가스 처리 장치 등을 설치하기도 하고, 자동차 내연 기관의 개선과 자동차 배기가스 정화 장치를 설치하기도 한다.

대단부(大端部) big end　커넥팅 로드에서 크랭크축에 연결되는 큰 쪽 단부를 말한다.

대량 생산(大量生産) mass production　기계를 이용하여 동종의 제품을 대량으로 생산하는 것을 이른다. 수주 생산에서 예측 생산으로, 다종(多種) 생산에서 소종(少種) 생산으로 이동할 때에 취해지는 생산 방식이다.

대류(對流) convection　열전달의 방법에는 전도, 대류, 복사의 세 가지 방법이 있는데, 그중 대류는 기체나 액체와 같이 유동성이 있는 유체 내에서 일어나는 열전달 방법이다. 대류는 온도차에 의해서 생겨난 유체의 흐름에 의해서 열이 전달되는 것이다. 대류는 자연계에서 흔히 일어나는 열전달 방법일 뿐 아니라, 건물의 냉난방이나 자동차 엔진의 냉각 장치, 몸의 체온 조절 등에도 이용된다.

대시보드 dashboard　운전석과 조수석 정면에 있는 운전에 필요한 각종 계기들이 달린 부분을 말한다. 원래 차량의 실내와 엔진룸을 격리하는 격벽(隔壁)에서 출발하여 지금의 형태로 발전했다. 이 명칭은 마차의 앞부분에 달려 있는 흙받이에서 유래했다고 한다. 속도계를 비롯하여 운전에 필요한 정보를 표시해 주는 계기판, 자동차 방향을 조작하는 스티어링 휠, 오디오와 에어컨의 조절판이 있는 센터페시아 등으로 이루어진다. 대시보드는 탑승자를 보호하기 위해 우레탄 등의 부드러운 재질의 소재를 이용하여 만든다. 지역에 따라 다른 이름을 사용하는데, 영국에서는 대시 패널(dash panel) 또는 벌크 헤드(bulk head)라 하고, 미국에서는 엔진의 열을 막아 주므로 파이어 월(fire wall)이라고 한다.

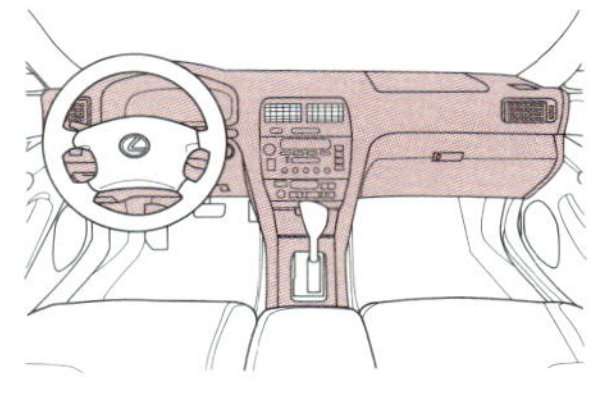

대시보드

대시 패널 dash panel　⇨ 대시보드
대시 포트 dash pot　스로틀이 너무 급격하게 닫히는 것을 방지하기 위한 기화기 내의 배기가스 감소 장치를 일컫는다. 감속 시나 고속 시에 액셀 페달을 급히 밟았을 때에 서서히 스로틀 밸브를 닫아서 급격한 부압 변화를 완화시킴으로써 미연소 가스의 배출을 방지한다. 그 작동은 감속 시 스로틀 밸브를 닫을 때 어떠한 설정 닫힘 폭(開度)이 되면 스로틀 샤프트 암이 대시 포트 스템 선단에 닿아서 공기실 내의 공기를 압축한다. 압축된 공기는 서서히 연결된 구멍을 통해서 외부로 빠져나가기 때문에 스로틀 밸브의 닫힘이 지연된다. 한편 액셀 페달을 밟고 스로틀 샤프트 암이 대시 포트 스템 선단에서 떨어지면 대시 포트 스프링의 작용에 의해서 대시 포트 스템은 밑으로 이동하고 공기실 내에는 부압이 되기 때문에 공기는 필터를 통해서 체크 밸브를 열고 공기실로 들어가므로 공기실은 대기압까지 회복된다.

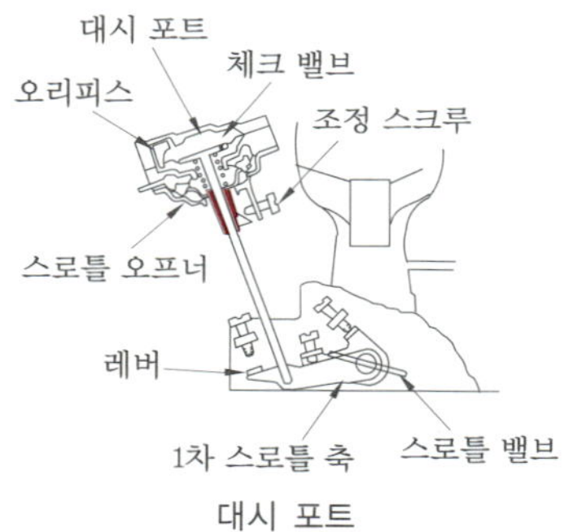

대시 포트

대시 포트 제어 dash pot control　감속 시나 변속 시 가속 페달을 급히 놓았을 때, 즉 스로틀 밸브를 급히 닫아 버리면 진동 쇼크를 발생함과 동시에 배출가스 중에 HC가 증가된다. 또한 종래부터 기계적인 대시 포트가 사용되어 왔지만 ISC에 있어서도 같은 작동으로 스로틀 밸브를 서서히 닫는 제어를 행한다.

대전(帶電) electrification　물체가 전하(電荷)를 띠는 현상, 또는 전하를 띠게 하는 조작이나 전하를 띠고 있는 상태를 말한다.

대전 방지 시트 antistatic sheet　정전기의 대전 방지 처리가 된 천을 사용한 시트를 이른다. 승강 시에 손과 도어 핸들 사이에서 발생하기 쉬운 정전기 발생에 의한 불쾌한 쇼크를 방지한다.

대전체(帶電體) electrified body　+ 또는 −의 전하를 띤 물체를 말한다. 예를 들어, 유리와 송진을 마찰하면 유리는 양전하를 대전하고 송진은 음전하를 대전하는데, 이 경우 유리와 송진은 대전체이다.

대좌(對坐) 시트　그레이스와 같은 차량에서, 2열 시트의 시트 백을 반전시킴으로써 3열 시트와 서로 마주 보도록 한 시트를 말한다.

대체 연료(代替燃料) alternative fuel　석유의 대체물로서의 연료로, 앞으로 석유 자원의 고갈에 대비하여 자동차용 대체 연료 개발에 힘쓰고 있다. 이 대체 연료로서 유망한 것은 알코올, 식물성 기름, 어유(魚油), 석탄 액화유 등이다. 이미 브라질과 미국에서는 알코올과 가솔린을 혼합한 가소올로 움직이는 자동차가 운행되고 있으며, 브라질에서는 순수 알코올로만 움직이는 자동차도 선보였다.

대칭 링크식 조향 링크 장치 symmetry link steering link system　좌우 너클 암에 따로따로 연결된 타이 로드를 릴레이 로드(=센터 링크)와 연결하고 한쪽 타이 로드 또는 릴레이 로드를 움직여서 조향하는 방식을 이르는데. 링크의 배치가 좌우 대칭으로 되어 있기 때문에 이러한 이름이 붙여졌다.

대향 2피스톤 알루미늄 캘리퍼 디스크 브레이크　알루미늄제의 고정식 캘리퍼를 사용한 디스크 브레이크이다. 브레이크 디스크 양면에 마주 보는 형태로 2개의 피스톤을 갖는 데서 대향 2피스톤이라고 한다. 패드, 피스톤 이외의 습동부를 가지고 있지 않기 때문에 일반적인 디스크 브레이크와 비교하여 캘리퍼 강성이 높고, 모든 사용 조건하에서 안정된 제동력과 양호한 페달 감을 준다. 또한 캘리퍼를 알루미늄제로 함으로써 용수철 하중량(荷重量)의 경감도 도모하고 있다.

대향 4피스톤 알루미늄 캘리퍼 디스크 브레이크　브레이크 디스크의 양측에서 서로 마주 보는 형태로 2개씩 모두 4개의 피스톤을 가지며, 캘리퍼에 알루미늄을 사용한 디스크 브레이크를 말한다. 브레이크 디스크를 양측에서 균일하게 조이는 대향 4피스톤은 대형 패드의 적용을 가능하게 했으며, 경량 알루미늄 캘리퍼는 용수철 하중량(荷重量)의 경감에 연결된다.

대향성 와이퍼 opposite wiper　윈드실드 와이퍼를 닦는 방법으로 분류한 것으로서, 2개의 와이퍼가 마주 보며 역 방향으로 움직이는 형식이다. 대형 버스 등에 널리 쓰인다.

대향식 와이퍼 opposed type wiper　대형 버스의 경우 앞 유리가 넓고 높기 때문에, 와이퍼는 두 지점에 설치되어 마주 보는 방향으로 움직인다. 이러한 형태의 와이퍼를 대향식 와이퍼라고 한다.

대향 피스톤형 디스크 브레이크 opposite piston disk brake　⇨ 오퍼짓 실린더형 디스크 브레이크

대향형 캘리퍼 opposite caliper　디스크 브레이크의 캘리퍼로서, 디스크를 사이에 끼우고 마주 보는 실린더에 유압을 보내 양쪽에서 패드로 디스크를 압착시키는 구조로 되어 있다.

대형 소프트 페이서　프런트 또는 리어의 주변 부품(범퍼, 라디에이터 그릴, 프런트 에어 댐, 리어 패널 가니시)이 일체화되어 보디와 연속감이 있으며, 가벼운 충돌 시 변형이 회복되는 기능을 갖는 대형 부품을 말한다.

댐퍼 damper　진동 에너지를 흡수하는 장치로, 제진기(制振器), 흡진기(吸振器)라고도 한다. 완충기가 주로 최초의 1행정에 대한 힘의 상태를 문제로 하는 데 견주어, 댐퍼는 그 뒤의 진동 경과 및 정상 상태에서의 진동을 그 대상으로 한다. 그러나 실제로는 이 두 가지를 겸한 장치가 적지 않다. 예로서 자동차, 철도 차량 등의 바퀴와 차체 사이에 장치되어 있는 서스펜

션, 항공기가 착륙할 때 충격을 피하기 위해 다리에 장치한 완충기 등이 있다. 그 밖에 문이 급격히 개폐될 때의 소음을 방지하기 위해 문에 장치하기도 한다. 또 굴뚝, 노(爐), 덕트 등에서 공기, 가스의 송풍량을 가감하기 위해 사용하는 문도 댐퍼라고 한다.

댐퍼 부착 리드　완충 기구가 부착된 리드(뚜껑)를 말한다. 힌지부에 스프링이나 쇼크 업소버를 장착하여 리드의 개폐가 천천히 그리고 조용히 이루어지도록 한 것이다. 예를 들면, 트렁크 리드, 센터 액세서리 박스의 리드 등이 있다.

댐퍼 스프링 damper spring　완충 스프링을 말한다.

댐퍼 스프링 부착 댐퍼 클러치　ELC A/T의 댐퍼 스프링을 조합하여 댐퍼 클러치 자체에 토크 변동 흡수 기능을 갖게 한 것이다. 원활한 주행 감각을 유지하면서 토크 컨버터의 슬립 양은 절감시켜 저연비를 실현시켰다.

댐퍼 클러치 damper clutch　자동 변속기의 토크 컨버터 내부의 유체 클러치를 플라이휠과 직결하여 유압에 의한 동력 손실을 방지하는 기계식 전동 장치이다.

댐퍼 풀리 damper pulley　크랭크축 앞쪽에 설치되어 있는 풀리로서, 비틀림 진동 방지기(torsional damper)와 일체로 만들어져 있다. 물 펌프나 에어컨의 압축기 등을 구동하는 V벨트가 걸리는 풀리가 댐퍼의 플라이휠에 이용되는 것과 그렇지 않은 것이 있다.

댐퍼 프릭션 damper friction　용수철, 고무 쇼크 업소버 등의 완충 부품이 완충 작용(용수철, 고무의 휘어짐, 쇼크 업소버의 신축)을 할 때 발생하는 마찰을 말한다.

댐핑 damping　(1) 탐촉자에서 댐퍼에 의해 불필요한 진동이 흡수되는 현상을 말한다. (2) 전기적 또는 기계적으로 연속하는 사이클 진폭을 감소시켜 펄스 압력을 받는 탐촉자로부터 신호의 지속을 제한하는 것을 이른다.

댐핑실 damping chamber　⇨ 댐핑 체임버

댐핑 체임버 damping chamber　댐핑실이라고도 하는데, 댐핑 체임버는 엔진이 작동하여 메저링 플레이트가 열릴 때 진동

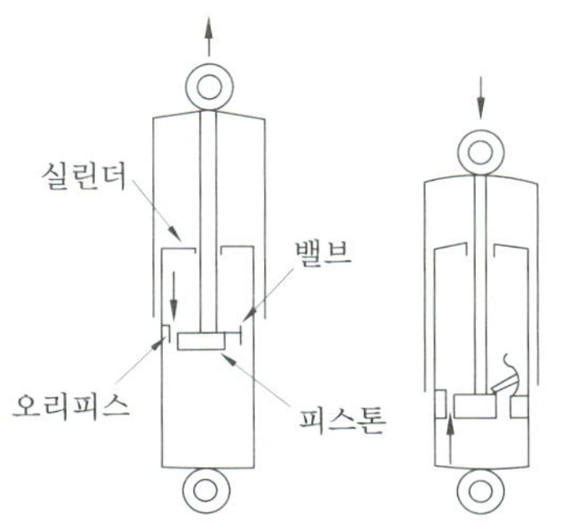

댐퍼의 구조

을 흡수하는 역할을 한다. 메저링 플레이트가 열릴 때 보상 판 뒤쪽에 공기의 압축에 따라 평형을 이루면서 열리기 때문에 보다 정확하고 안정된 흡입 공기량을 측정할 수 있다.

더미 dummy (1) 그 자체는 계측하지 않지만 그림자의 역할을 띤 것을 말한다. (2) 실험용 인체 모형을 이른다. 가짜 인형이라는 뜻으로, 자동차의 충돌 실험에 사용되는 인형을 가리킨다.

더미 그리드 스타트 dummy grid start 정규 스타팅 그리드의 앞에 있는 또 다른 스타팅 그리드를 더미 그리드라 하고, 이 더미 그리드로부터 각 경주차가 동시에 천천히 정규 스타트 위치를 향해 전진하여 엔진을 멈추지 않고 출발 준비를 갖추고 일단 정지한 시점에서 출발 신호를 받는 방법을 더미 그리드 스타트라고 한다. 현재는 이러한 스타트 방법을 사용하지 않고 있다.

더미 차속 발진기 실차 주행 상태와 동일한 차속 신호(더미 차속 신호)를 만들어 내는 것이다. 차속 센서를 사용한 전자 제어 시스템(전자 제어 서스펜션, 전자 제어 파워 스티어링, ETACS 등)에 입력해서 각 기능이 정상적으로 작동하는지의 여부를 실제로 주행하지 않고도 점검할 수 있다.

더블 끈 램프 좌우에 단자가 있고 싱글 필라멘트가 있으며, 주로 룸 램프에 사용된다.

더블 DIN 센터 래크 double DIN center rack 1DIN 사이즈(약 180×50 mm)를 2개 겹친 공간을 갖는 센터 래크를 이른다. 고급 오디오도 미관이 양호하도록 간편하게 장착할 수 있다.

더블 래치 기구 double latch mechanism RVR에 사용된 이너 레일 방식 슬라이드 도어의 안전 기구의 하나이다. 도어 전후에 래치를 설치한 것으로서, 2개의 래치에 의해 충돌 시에 도어가 개방되는 것을 방지하고 탑승자의 안전을 확보한다.

더블 서킷형 캘리퍼 double circuit type caliper 2계통의 브레이크 계통을 갖춘 이중 회로 브레이크에서 사용되는 캘리퍼로서, 디스크 브레이크 실린더가 2계통의 유압으로 작용하도록 되어 있다.

더블 시트 double seat 오토바이의 앞좌석과 뒷좌석이 일체로 되어 있는 시트를 말한다.

더블 액션 리어 시트 double action rear seat 리어 시트의 접는 조작이 2단계로 되어 있는 시트로서, 스플릿 타입의 리어 시트 부분만을 사용해도 가능하도록 되어 있다.

더블 액션 키 릴리스 double action key release 주행 중에 착오로 점화 키를 빼지 않도록 하기 위해 키를 빼는 데 두 번의 조작을 필요로 하는 시스템이다. 예컨대, M/T에서는 푸시 버튼을 누르지 않으면 로크(lock) 위치에 돌아가지 않고 키를 뺄 수 없게 한 방식이다. 또한 A/T 차량에서는 시프트 레버를 'P' 위치에 두지 않으면 로크 위치에 돌아가지 않고 키가 빠지지 않는 인터로크 시스템을 적용하고 있다.

더블 액팅 타입 double acting type 댐퍼는 늘어날 때와 줄어들 때 모두 감쇠력을 발생시키는데 이를 가리키는 말이다. 댐퍼는 스프링의 진동수와 크기를 줄이는 것이 목적일 뿐 스프링 구실을 제한하는 것은 아니다. 그래서 감쇠력이 큰 것만으로는 안 되기 때문에, 보통 줄어드는 쪽의 감쇠력을 작게 하여 노면으로부터 떠받쳐지는 충격을 작게 하면서 승차감을 좋게 한다. 한편 늘어나는 쪽은 스프링 작용을 억누르기 위해 줄어드는 어느 쪽보다 강하게 하여, 늘어나는 쪽과 줄어드는 쪽의 감쇠력 비율은 7 : 3 정도이다.

더블 앵커 브레이크 형식 double anchor brake type 더블 앵커 브레이크 형식은 앵커 핀 2개가 배킹 플레이트에 설치되어 브레이크슈의 힐을 지지하며, 앵커 핀이 편심으로 되어 있어 브레이크 드럼 간극을 조정할 수 있다. 이 형식은 브레이크를 작동할 때 해당 슈만이 자기 작동을 하기 때문에 논 서보 브레이크에 사용된다.

더블 오버헤드 밸브 DOHV ; double overhead valve 실린더 배열이 V형식일 때 헤드가 2개이므로 좌우로 나누어서 OHC가 2개 있는 방식으로, DOHV라고도 한다.

더블 오버헤드 캠샤프트 DOHC ; double overhead camshaft (1) 흡입 효율을 향상시

켜 엔진 출력을 높이는 방식으로, 헤드 위에 2개의 캠축이 설치된 것이다. 1개의 실린더에 4개의 밸브가 장착된다. (2) 캠샤프트가 실린더 헤드에 2개가 설치된 형식으로, 캠이 밸브를 직접 밀어서 작동시킨다. 고속용 엔진에 적합하며, 흡·배기 밸브 위치를 변경시킬 수 있기 때문에 흡·배기 밸브 지름을 크게 할 수 있어 흡·배기 효율이 높아 큰 동력을 얻을 수 있다. 따라서 고성능차에 어울리는 엔진으로 경주차들은 거의가 이 방식을 쓴다. 이에 터보차저를 더한 것이 메커니즘으로는 최고이다. DOHC라고도 한다.

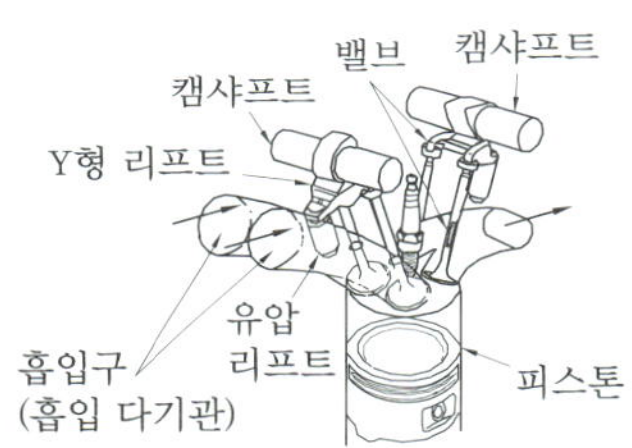

더블 오버헤드 캠샤프트

더블 오버헤드 캠샤프트 엔진 DOHC engine ; double overhead camshaft engine 흔히 DOHC 엔진이라고 부른다. 오버헤드 캠샤프트 엔진(overhead camshaft engine ; OHC 엔진)이란 흡기 밸브와 배기 밸브를 개폐하는 캠축을 실린더의 윗부분에 장치한 가솔린 엔진이다. 이때 캠축이 1개이면 싱글 오버헤드 캠샤프트 엔진(single overhead camshaft engine ; SOHC 엔진)이고, 흡기 밸브와 배기 밸브에 2개의 캠축이 있으면 더블 오버헤드 캠샤프트 엔진(double overhead camshaft engine ; DOHC 엔진)이다.

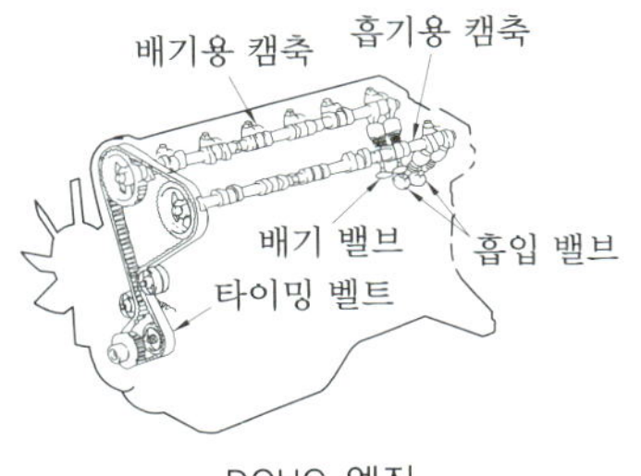

DOHC 엔진

더블 위시본 double wishbone 위시본은 새의 빗장뼈를 말한다. 서스펜션의 차륜

과 섀시를 연결하는 부분(암)의 모양(A자형이나 I자형을 하고 있는 것이 많음)이 빗장뼈의 모양과 닮은 데에서 위시본이라고 불린다. 이 위시본 중 상하 둘(더블)로 사용되어 있는 형식이 더블 위시본이라고 하는 서스펜션이다. 일반적으로 프런트 서스펜션에 적용되지만, 최근에는 리어 서스펜션에도 적용되고 있다. 승차감도 좋고 조종성도 높은 것이 특징으로, 고급차에 많이 사용하기는 하지만, 스포티한 주행에는 부적합하다.

더블 위시본 서스펜션 double wishbone suspension 2개의 암이 V 또는 Y자 모양이고 새의 빗장뼈(wishbone) 모양을 닮았다고 하여 더블 위시본 서스펜션이라고 불린다. 오늘날에는 형태에 관계없이 컨트롤 암이 상하 2개인 서스펜션을 가리키는 말로 쓰인다. 2개의 암이 동시에 바퀴를 지지하므로 설계가 자유롭고 형태나 배치 방식에 따라 얼라인먼트 변화나 차량의 자세를 자유롭게 조절할 수 있으며, 강성(剛性)과 내구성, 조종 안정성이 모두 높아 안정성을 중시하는 고급 승용차나 경주용 차량에 많이 쓰인다. 그러나 다른 형식에 비해 구조가 복잡하여 가격이 비싸고 공간도 많이 차지하는 것이 단점이다.

더블 인슐레이터 서스펜션 double insulator suspension 서스펜션 시스템 전체를 고무 부시로 탄성 지지한 것으로, 진동과 소음이 저감된다. 보디에 고무 부시를 통하여 장치된 크로스 멤버에 서스펜션 암(로어 암, 어퍼 암)이 장치되어 있기 때문에, 노면에서 보디로 전달되는 진동은 먼저 서스펜션 암의 부시로 전달되고, 나아가서 크로스 멤버의 부시로 저감된다. 이와 같은 방진 구조 때문에 더블 인슐레이터(이중으로 저지) 서스펜션이라고 하며, 듀얼 인슐레이터 서스펜션이라고도 한다.

더블 카단 조인트 double cardan joint 십자 이음 2개를 복합 접속한 방식을 말한다.

더블 코트 double coat 자동차 도장(塗裝)에서 싱글 코트를 2회 반복하는 것을 이른다. 특별히 지정하지 않는 한 '1회의 도장'이란 더블 코트를 가리키는 경우가 많다.

더블 콘 싱크로나이저 double cone synchronizer 수동 트랜스미션에 적용된 싱크로나이저를 이른다. 확실한 시프트 작용에 첨가하여 시프트 감각의 향상을 도모할 수 있다. 더블 콘 싱크로나이저는 스피드 기어, 클러치 기어(스피드 기어와 일체), 이너 콘 싱크로나이저 링크, 아우터 콘, 싱크로나이저 허브, 싱크로나이저 슬리브, 싱크로나이저 키 등으로 구성되어 있다.

더블 쿠션 리어 시트 double cushion rear seat 시트 쿠션을 어퍼 쿠션과 로어 쿠션의 이중 구조를 한 리어 시트를 말한다. 간단한 조작으로 어퍼 쿠션을 인출하거나 수직으로 세우거나 할 수 있고, 다양한 어레인지먼트가 가능하다.

더블 클러치 double clutch 시프트다운 등을 할 때 굴림 바퀴의 로크를 막고 원활하게 엔진 회전을 올리는 방법으로, 스포츠 드라이빙의 입문(入門) 기술 중의 하나이다. 클러치를 끊고 중립으로 한 뒤 다시 클러치를 이어 액셀러레이터를 밟고, 다시 클러치를 끊고 기어를 넣는 조작을 하여 두 번 클러치를 끊는다는 뜻에서 더블 클러치라고 한다. 클러치 조작 순서는 다음과 같다. ① 클러치 페달을 밟는다. ② 기어를 뉴트럴(중립)로 한다. ③ 클러치 페달에서 발을 뗀다. ④ 액셀 페달을 순간적으로 깊게 밟아 회전을 높인다. ⑤ 다시 클러치 페달을 밟는다. ⑥ 낮은 기어로 시프트다운한다. ⑦ 클러치를 연결한다(클러치 페달에서 발을 뗀다). 그러나 최근의 레이스에서는 더블 클러치가 별로 사용되지 않고, 원 클러치 시프팅이 널리 쓰이고 있다.

더블 트레일링 링크 double trailing link 진행 방향과 평행으로 배치된 위·아래 두 개의 링크를 말하는데, 바퀴들을 유지하는 시스템으로 피벗이 앞바퀴보다 앞에 있다. 트레일링 암은 한 개의 링크이고 암과 바퀴가 고정되어 있으나, 트레일링 링크의 경우에는 링크의 양끝이 핀으로 결합되어 있고 뒷바퀴용 위시본이나 멀티 링크에 함께 쓰인다.

더블 트레일링 암식 서스펜션 double trailing arm type suspension A자 형에 가까운 모양의 스윙 암을 앞 현가장치에 채용한 스윙 암식의 일종으로서, 앞바퀴에 사용하기 위하여 트레일링 암을 상하 2단(더블)으로 배치하고, 현가장치가 상하로 작동하여도 트레일 각이 변화되지 않도록 한 것이다. 가로 방향의 강성(剛性)이 약한 것이 결점이다. 더블 트레일링 암식 현가장치라고도 한다.

더블 펌프 double pump 동일 축에 2개의 펌프 작용 요소를 가진 펌프가 각각 독립된 펌프 작용을 하는 펌프를 말한다.

더블 피벗 도어 힌지 double pivot door hinge 2개의 축이 서로 맞물려 사용되어 암을 움직이는 방식의 도어 힌지를 말한다. 도어 전단에서의 개구 치수를 크게 함으로써 도어 개폐 각도가 작은 경우에도 발밑 승강 공간을 충분히 확보할 수 있는 구조이다.

더블 픽업 double pick up 적재함에 덮개가 없고 사이드 패널이 운전실과 일체로 만들어진 소형의 트럭을 픽업이라고 하는데, 운전실 내의 시트가 2열(더블)로 되어 있는 것을 더블 픽업이라고 한다.

더블 헬리컬 기어 double helical gear 경사진 치형을 대칭으로 한 2개의 헬리컬 기어를 조합시킨 형태의 기어로, 감속 장치에 이용된다. 이 기어는 추력이 없어 속도비가 커도 원활한 운전을 할 수 있다.

더블 헬리컬 기어

더블형 램프 double type lamp 각각 2개의 필라멘트와 단자가 있으며, 몸체 자체가 접지된다.

더빙 dubbing 녹음을 할 때, 대사만을 수록한 자기 테이프 등의 녹음 매체를 재생하여, 여기에 필요한 효과음 등을 첨가해서 다른 녹음 매체에 녹음하여 완성된 프로그램을 만드는 작업을 말한다.

더스트 실 dust seal 더스트 실은 유압 실린더의 로드 패킹의 외측에 설치되어 외부로부터 이물질이 실린더로 침입하는 것을 방지하는 역할을 하는데, 이를 스트레이퍼라고도 한다. 더스트 실은 유압 실린더 로드 패킹의 외측에 설치되므로 윤활성이 나쁘며 외기의 온도, 일광 등에 노출되므로 손상되기 쉽다.

더스트 실드 dust shield 허브와 브레이크 디스크에 이물질의 침입을 막기 위해서 허브 안쪽에 설치되는 금속판을 말한다.

더스트 인디케이터 dust indicator 에어 클리너에서 엘리먼트의 막힘 정도를 표시하는 장치를 말하는데, 엔진의 흡입 부압(負壓)으로 피스톤이 작동하고 조그맣게 뚫어 놓은 관찰용 창으로 나타나는 색깔의 분리(황·적)에 따라 엘리먼트의 청소 및 교환 시기를 가리킨다. 디젤 엔진의 대형차에 사용된다.

더스트 커버 dust cover 로어 암에 결합된 볼 조인트 상부에 끼워진 고무 캡으로, 주유된 그리스의 주유와 내부에 이물질 유입을 방지하며 볼 조인트의 수명을 연장시킨다.

더스팅 dusting (1) 분체(粉體, 고체 입자가 많이 모여 있는 상태의 물체)를 취급하는 기계(분쇄기 등)에서 분체가 새어서 부근의 대기를 오염시키는 현상을 말한다. 더스팅의 원인은 분체를 취급하는 기계에 리크(leak)가 있기 때문이다. (2) 도료의 건조가 너무 빨라서, 도장(塗裝) 면에 안개 모양처럼 부착되거나 먼지처럼 부착되는 상태를 이르는 말로, 고온에서 건조가 빠른 시너를 많이 혼합할 경우에 발생된다. 드라이 스프레이가 지나친 상태이다.

더트 dirt 포장되지 않은 노면을 통틀어 이르는 말이다. 더트에는 흙길, 모랫길, 자갈길, 암반로 등 많은 종류가 있다. 더트 중에서도 특히 노면 상태가 험한 것을 러프 로드라고 한다. 그래벌(gravel)도 더트와 거의 같은 뜻으로 쓰인다.

더트 로드 dirt road 포장되어 있지 않은 도로를 말한다. 포장도로는 페이브먼트 로드(pavement road)라고 한다. 더트 로드에서도 평탄한 노면일 때도 있지만, 대개 '악로(惡路)'의 일례로서 사용될 때가 많다.

더트 트라이얼 dirt trial 더트 코스를 달리는 주행을 말한다. 예전에는 랠리 드라이버의 트레이닝 과정으로 이용되었지만, 최근에는 하나의 스포츠 종목으로 발전하여 더트 트라이얼 스페셜리스트(전문가)도 탄생했다. 종류도 넘버가 붙은 차가 참가하는 클래스로부터 프로토 타입 차의 클래스까지 여러 가지로 구분되어 많은 팬을 확보하고 있다. 코스는 트라이얼 전용 더트 코스 또는 하천변에 파일런과 타이어 등을 이용하여 만든 특설 코스를 사용한다. 어떤 경우든 코스 길이는 최대 5~6km 정도이며 짧게는 1km의 코스 길이도 있다. 경기는 1대씩 달려 시간을 재는 방식으로 진행되고, 2대 이상의 차가 동시에 출발하여 경쟁하는 것은 인정되지 않는다.

덕 테일 duck tail '오리 꽁지'라는 뜻으로, 뒷부분이 치켜 올라간 오리 꼬리 같은 모양의 형식을 말한다. 덕 테일은 옆에서 보면 뒷부분이 낮아지는 대신, 맨 끝에서는 오히려 올라간 모습이어서 공기 역학적인 효과가 있다. 예전부터 있었으나 그 효과가 그다지 크지 않아 현재는 별로 사용되지 않는 형식이다.

덕 테일형

덕트 duct 어떤 한 곳에서 다른 곳으로 공기 또는 액체를 보내기 위한 튜브 또는 채널로, 이미션 장치에서 기화기로 가는 흡기 온도를 용이하게 조절할 수 있도록 진공 모터를 가지고 있는 공기 청정기 상의 튜브를 말한다.

덤프 힌지 dump hinge 덤프 적재함은 힌지로 프레임과 연결되어 있다. 즉, 힌지는 적재함이 기울어지는 동안 회전하는 피벗이다.

덧살 flash, burr ⇨ 귀

덮개판 이음 strapped joint 부재(部材) 표면과 덮개판 두께 면에서 필릿 용접을 하는 이음을 말한다.

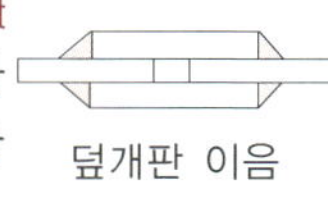

덮개판 이음

데드 센터 dead center (1) 공작 기계에서 공작 중에 회전을 하지 않고 정지 상태에 있는 센터로서, 선반(旋盤)의 심압대나 원통 연삭기의 센터 등을 말한다. (2) 엔진의 피스톤에서 행정을 바꿀 때 크랭크축과 커넥팅 로드는 움직여도 피스톤은 정지된 상태를 이르는 말이다.

데드 쇼크 dead shock 차량을 고속·고부하로 연속 주행한 직후 엔진을 정지한 상태로 방치하는 것을 이른다. 한 여름 고속 연속 주행 후 엔진을 정지시켜 두면 엔진룸 내의 분위기 온도가 상승하여 80~100℃ 정도의 높은 온도 상태가 된다. 따라서 고온 시의 드라이버빌리티를 평가할 때 이용하는 운전 모드이다.

데드 액슬 dead axle　프레임에 고정되어 회전하지 않는 차축을 말한다.

데드 타임 dead time　(1) 자동 제어계에 있어서 입력이 변화하고 나서 출력의 변화가 인지될 때까지의 결과 시간을 이른다. 데드 타임 즉 낭비 시간은 동특성(動特性)을 나타내는 중요한 것이다. (2) 정비 작업에서 실제로 정비ㆍ검사 및 운반에 소요되는 시간 이외에 정체하는 시간을 말한다. 대기 시간에는 정비 대기, 운반 대기, 부품 대기 및 전표 대기 등이 있다.

데드 히트 dead heat　레이스에서 앞서거니 뒤서거니 하면서 경쟁이 치열한 순간을 말한다. 또한 두 대의 경주자가 거의 동시에 피니시 라인을 통과하는 경우의 표현으로도 사용된다. 피니시 때의 이러한 상황은 클로즈 피니시(close finish)라고 한다.

데몬스트레이션 카 demonstration car　견본차를 말한다.

데미지 damage　파손이나 손해에까지는 이르지 않았더라도 그러한 상태에 이르는 어떤 조짐이 이미 재료 내부에 형성, 누적되고 있다고 생각되는 상태를 말한다. =손상

데스모드로믹 밸브 desmodromic valve　흡ㆍ배기 밸브는 캠에 의하여 열리고 스프링 장력에 의하여 닫히는 것이 일반적인데, 이를 캠을 사용하여 밸브의 개폐를 동시에 강제적으로 이루어지도록 하는 방식의 밸브를 이른다. 밸브의 추종성(追從性)을 향상시키고, 엔진의 고속 회전을 촉진하는 수법으로 주목되고 있다.

데시벨 decibel, dB　파워(전력, 음향, 출력 등)나 음의 강도, 그런 양을 비교하는 데 이용하는 dimension 단위이다. 소음을 측정하고 취급할 경우에는 이 데시벨이라는 단어를 잘 이해해 둘 필요가 있다. 이 데시벨의 deci는 10분의 1의 단위가 된다. 그리고 bel이란 원래 2개의 양을 비교해서 그 비의 크기를 상용로그로 표시하는 것이다.

데시컨트 desiccant　건조제를 말한다. 에어컨에서 건조제는 냉매로부터 수분을 제거하기 위한 리시버 드라이어(receiver drier) 내에 위치한다.

데이타임 러닝 램프 daytime running lamp　낮에 자동차가 앞에서 오는 것을 알 수 있도록 전면 좌우의 라이트가 점화 스위치 ON 시에 자동으로 점등되는 것을 말한다. 1982년도에는 스웨덴과 핀란드에서, 1985년도부터는 캐나다에서도 장착이 의무화되어 있다.

데이터 로거 data logger　데이터 축적 시스템을 말한다. 자동차의 실제 차량 시험이나 레이싱 카 등에서 사용하고 있으며, 주행 중에 각종 센서에 의하여 얻어진 데이터를 컴퓨터의 메모리 직접 회로에 일단 기억시켜 정지된 때에 출력하거나 텔레미터 시스템과 조합하여 주행 중에 읽어낼 수 있는 것이다. 기록할 수 있는 항목은 많은데 메모리 용량은 적은 것이 결점이다. 로거는 자동 기록 장치를 말한다.

데이터 센서 data sensors　작동 장치의 온도, 속도 또는 기타 상태를 감지하기 위해 사용되는 전자 장치로, 이 센서는 정보를 전기적 임펄스(electrical impulse)로 바꾸어 전자 제어 모듈로 보낸다.

데이터 시트 data sheet　부품(전자 부품 등), 하부 시스템(전원 공급 장치 등), 소프트웨어 등의 성능ㆍ특성 등을 모아 놓은 문서이다. 일반적으로 데이터 시트는 제조사에서 만든다. 가끔 데이터 시트에 '일반적으로 사용되는 회로도'가 포함되는 경우가 있는데, 매우 자세한 회로도를 애플리케이션 노트로 분리시키기도 한다.

데이터 축적 시스템　⇨ 데이터 로거

데이터 통신 data communication　전기 통신 회선에 컴퓨터의 본체와 그에 부수되는 입출력 장치 및 기타의 기기를 접속하고 이에 의하여 정보를 송수신 또는 처리한다. 즉, 2진수로 표시된 디지털 형태의 정보를 수집ㆍ가공ㆍ처리ㆍ저장ㆍ분배 등의 기능을 수행하는 기기들을 전기 통신 회선을 통하여 서로 접속하여 교신하는 것을 말한다. 여기서 기기는 주로 컴퓨터이므로 데이터 통신을 컴퓨터 통신이라고도 하며, 단순히 데이터의 교신뿐만

아니라 컴퓨터에 의한 데이터 처리까지 포함하여 확대 정의하는 경우도 있다. 또한 통신을 음성 통신과 비음성 통신으로 크게 나누어 비음성 통신을 모두 데이터 통신으로 보는 경우도 있다. 데이터 통신은 전보·전화 등 전달하고자 하는 목적물을 오류 없이 그대로 수신측에 전달하고자 한 종래의 통신보다 진보된 통신으로, 목적물의 가공·변형 등도 포함된 유연성 있는 통신이라고 할 수 있다.

데이토나 서킷 Daytona Circuit　미국 플로리다주의 해안 휴양지에 자리한 서킷으로, 타원형 초고속 바깥 코스와 인필드의 저속 코스가 혼합된 형태이다. 1959년에 완성되었으며, 스톡 카에 의한 500마일 레이스, 스포츠카에 의한 24시간 레이스가 유명하다. 1주 5.729 km와 4.023 km(바깥 코스만)이다.

데칼 decal　⇨ 데칼코마니

데칼본 타입 쇼크 업소버　유압식 쇼크 업소버에 가스실을 설치하여 그곳에 가스를 봉입한 형태의 쇼크 업소버이다. 한쪽 끝에 불활성 가스가 봉입되어 있다. 가스 봉입식이라든가 가스 쇼크라고도 한다. 봉입된 가스는 쇼크 업소버 속에 또 하나의 쇼크 업소버가 들어가 있는 것 같은 효과를 내고, 쇼크 업소버가 되돌아갈 때도 천천히 돌아가는 이점이 있다.

데칼코마니 㘘 dècalcomanie　데칼(decal)로 약칭된다. 특수 가공한 인쇄물 디자인을 유리창이나 문 등에 그대로 전사(轉寫)하는 것으로서, 네임 플레이트, 트레이드 마크, 광고, 윈도 사인, 특수 바니스를 사용해서 전사하는 바니시 데칼, 래커 처리를 한 래커 데칼, 매우 얇은 투명지를 바탕으로 하는 트랜스패런시 등이 있다.

데토네이션 detonation　니트로글리세린과 같은 폭약이나 화약류에 강한 충격을 가하거나 또는 급하게 고온을 가하면 격렬한 폭음과 함께 폭발하는 현상으로, 이상 폭발, 폭굉(爆轟)이라고도 한다. 이 경우 불꽃의 전파 속도는 급격히 상승하여 1,000 ∼3,500 m/s까지 달하며, 거기서 발생하는 충격파는 음속을 초과할 때가 있다. 이때 데토네이션 현상이 일어난다.

덱 리드 deck lid　⇨ 트렁크 리드

덴트 dent　움푹 들어간 곳, 찌그러진 곳을 말한다. 자동차 보디에 가벼운 접촉이나 튕겨진 돌로 인하여 생긴 흠집을 말하는데, 이런 손상은 부분 도색(塗色)을 해야 한다.

델코 아이 delco eye　배터리 캡을 제거하지 않은 상태에서 전해액 수준이 낮아진 것을 지시하는 벤트 캡(vent cap)을 말한다.

델타 결선 delta connection　3상 교류 회로에 있어서 변압기 또는 부하 등을 세모지게 연결하는 방법이다. 즉, 삼각 결선이라는 말로서, 다음과 같은 장점이 있다. ① 선로에 제3고조파가 발생하는 것을 억제시킨다. ② V결선으로 사용할 수 있으므로 결선 변압기의 1상분에 고장이 생겨도 고장상을 제거시켜 3상급전을 계속할 수 있다. ③ 저전압축에 적합하다.

델파이법 Delphi method　사회 과학의 조사 방법 중 정리된 자료가 별로 없고 통계 모형을 통한 분석을 하기 어려울 때 관련 전문가들을 모아 의견을 구하고 종합적인 방향을 전망해 보는 기법이다. 미국의 랜드 코퍼레이션이 1964년 개발한 기술 미래 예측의 방법으로, 기원전 7세기 아폴론 신전이 있던 고대 그리스의 도시 델포이(Delphoi)가 어원이다. 이 기법은 미래 과학 기술의 방향을 예측하거나 신제품의 수요 예측을 위해 보다 정교하게 다듬어지면서 사회 과학 분야의 대표적인 분석 방법 중 하나로 자리 잡게 되었다.

뎀버 효과 Dember effect　pn 접합을 가지고 있지 않은 반도체의 일부분이 빛을 조사(照射) 받음으로써 빛이 닿은 부분과 닿지 않은 부분 사이에 기전력이 생기는 효과를 일컫는 말로, 뎀버가 발견하였기 때문에 뎀버 효과라고 한다. 반도체에 그 에너지 갭 이상이 되는 에너지의 빛을 조사하면 전자와 홀의 쌍이 생기는데, 전자의 이동도가 홀의 이동도에 비하여 충분히 큰 경우 빛이 조사된 전자는 점차 확산되어 홀은 남게 되고, 그 결과 빛이 닿은 부분은 플러스로 대전하고, 닿지 않은 부분과의 사이에서는 전위차를 일으킨다.

뎁스식 depth type　오일 필터의 엘리먼트 형식으로, 목면(木棉) 섬유 등을 도넛 형태로 채운 다음 그 두꺼운 층에 의하여 이물질이 흡착되면 여과가 이루어진다.

도(度) degree　자나 수량을 계산하는 단위 또는 매긴 눈이라는 뜻이다. 예를 들어 각도, 온도, 굴절도 등의 어떤 값을 측정할 때를 말한다. 각도는 원주를 360 등분한 호(弧)에 대한 중심각을 말한다. 기호로는 °를 쓴다. 보조 단위로서 초, 분 및 항공·항해에서 사용되는 점(點)이 있는데, $1''$(초) $= 1/3600°$, $1'$(분) $= 1/60°$, 1 pt(점) $= 11.25°$로 규정해 놓고 있다. 또 온도의 단위 기호는 섭씨온도에서 ℃, 화씨온도에서 °F, 캘빈 온도에서 K로 쓰고 있다.

도가니로(爐) 제강 crucible steel process　도가니로를 제강(製鋼)에 사용할 때 이를 도가니로 제강이라고 한다. 고철, 탈산제 등의 원료를 도가니에 넣고 밀봉하여 노에 넣은 후 외부에서 가열하면, 소재(素材)의 녹이나 노 안의 공기에 의해 경도(輕度)의 산화 제련이 이루어져 고급강이 되므로, 공구강·스프링강의 제조에 사용한다. 생산적인 것은 아니지만 고급 금속 재료를 소규모로 용해하기 위해 사용된다.

도그 클러치 dog clutch　서로 맞물리는 조(jaw)를 가진 플랜지(flange)의 한쪽을 원동축으로 고정하고 다른 방향은 축 방향으로 이동할 수 있도록 한 클러치이다.

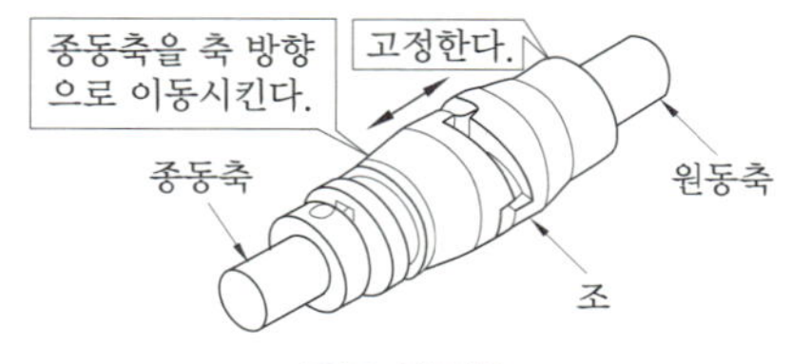

도그 클러치

도그 트랙 dog track　차축의 지지력이 불량하면 차체가 한쪽으로 쏠려 직진 주행이 어렵게 된다. 이럴 때 운전자는 직진 주행을 위해서 조향 핸들을 오조작으로 주행하게 된다. 따라서 자동차가 주행하고 나면 바퀴 자국이 지그재그로 나타나는데, 이런 바퀴 자국을 도그 트랙이라고 한다.

도그파이트 dogfight　개들이 싸우면 서로 꼬리를 물고 빙빙 돌거나 상대의 엉덩이를 노린다는 의미에서, 제2차 세계대전 당시 프로펠러 비행기들이 공중전을 하면서 상대 비행기의 뒤를 물고 늘어져서 기관총을 난사하는 전투를 하게 되어 이를 도그파이트라고 하였다. 레이싱에서는 뒤에 바짝 붙어서 추격하는 경우를 도그파이트라고 한다.

도금(鍍金) plating　금속 표면에 다른 금속의 얇은 층을 입히는 것을 말한다. 도금이라고 하면 일반적으로 전기 도금을 말하는 경우가 많다. 도금은 장식적인 면, 부패 방지 및 내마모성, 접촉 저항의 개선 등을 위해 한다.

도너 donor　(1) 주개(주는 것이라는 뜻) 또는 공여체라고도 하는데, 모체 원자보다 원자가가 큰 불순물 원자를 말한다. 규소 결정 속의 인, 비소, 안티몬 등이나 결정 속에 음이온이 있어야 할 격자점이 비어 있는 것을 말한다. (2) 단순히 반도체를 n형으로 하기 위하여 가하는 불순물을 가리킬 때도 있다. 원자가 전자를 1 원자당 4개 가진 게르마늄, 규소 등으로 된 순수(진성) 반도체에 도너로서 5개의 원자가 전자를 가진 인, 비소를 미량 첨가한 결정은 불순물 원자 1개당 전자 1개가 상온에서 자유 전자가 되어 n형 반도체로 된다.

도닝턴 파크 Donington Park　영국의 캐슬도닝턴에 있는 서킷이다. 1930년대에 애용되다가 제2차 세계대전 때 군대가 점유하여 황폐화되었다. 그 후 1970년대 후반에 코스가 복원되어 현재는 F3000, F3 등의 경주가 열린다. 1주 길이는 4.023 km. 도닝턴 공원 옆에 있어 수풀로 둘러싸인 아름다운 코스가 자랑이며, 1970~1980년대의 포뮬러 머신을 전시하는 F1 박물관도 근처에 있다.

도료(塗料) paint and varnish　페인트나 에나멜과 같이 고체 물질의 표면에 칠하여 고체막을 만들어 물체의 표면을 보호하고 아름답게 하는 유동성 물질을 통틀어 이르는 말이다. 칠할 때에는 일반적으로 겔(gel) 모양의 유동 상태이고, 칠한 후에는 빨리 건조 경화(硬化)하는 것이 좋다.

도막(塗膜) dry paint film, paint film　도료를 도포하여 형성되는 피막을 말한다. 도막은 수지, 식물성 기름, 건조제, 셀룰로오스 유도체, 안료 등의 조합으로 이루어지며, 색은 안료에 의해 나타나지만, 건조 속도, 광택, 굳기, 내구성 등의 성질은 주로 안료 이외의 성분에 의해 좌우된다. 바탕칠의 도막은 녹 방지 효과, 바탕과의 좋은 부착성, 사포에 의한 연마의 용이성 등의 특성을 가지도록 배합된다. 상층의 도막은 외관이 아름답고 단단한 착력을 가지도록 각각 사용 목적에 따라 도막 성분이 배합된다.

도시 마력(圖示馬力) indicated horsepower ⇨ 지시 마력

도시 연료 소비율(圖示燃料消費率) indicated specific fuel consumption 도시 출력 1ps당 매시간 소비되는 연료의 양을 그램으로 표시한 값이다. 내연 기관에서 도시 연료 소비율이라고 하는 것은 그 도시 출력(kW)에 대하여 산출한 것으로서, 축 출력(軸出力, 정미 출력)에 대하여 산출한 연료 소비율을 특히 정미 연료 소비율이라고 하여 구분하기도 한다.

도시 열효율(圖示熱效率) indicated thermal efficiency 도시 마력(圖示馬力)을 기초로 한 열효율을 말한다. 도시 열효율에 기계 효율을 곱하면 정미 열효율(正味熱效率)이 구해진다. 불완전 연소나 냉각 손실 등으로 인한 손실이 있으므로 이론 열효율보다 항상 작다.

도시 평균 유효 압력(圖示平均有效壓力) indicated mean effective pressure 인디케이터 선도(線圖)에서 얻은 도시 출력 N_t [PS]를 다음 식으로 나타냈을 때 p_t[kg/cm^3]가 도시 평균 압력으로 정의된다.

$$N_t = \frac{p_t D^2 szk\pi/4}{75 \times 100} \cdot \frac{n}{60}$$

여기서 D는 실린더의 안지름[cm], s는 행정[cm], z는 실린더의 수, n은 회전 속도[rpm], k는 4사이클 기관에서 1/2, 2사이클 기관에서 1이다. 또 p_t는 인디케이션 선도의 압력을 전 행정에 대하여 평균했을 때의 압력이라고 생각할 수 있다. ⇨ 평균 유효 압력

도어 door 자동차의 도어는 일반적으로 바깥쪽의 아웃 패널과 안쪽의 이너 패널을 합쳐서 창유리를 둘러싼 틀(도어 프레임)을 부착한 구조로 되어 있다. 도어에는 도어 프레임과 아웃 패널을 일체로 성형하여 만든 것이 있는데, 이것을 프레스 도어 또는 풀 도어라고 한다.

도어 글라스 런 door glass run 도어 프레임의 유리창과 접촉하는 부분에 부착되어 있는 가느다란 막대 모양으로서, 유리창이 오르내릴 때 안내 역할을 하는 장치이다. 유리와 프레임 사이에 기밀과 수밀을 유지하는 외에 주행 중 또는 도어를 닫았을 때 유리창의 진동을 흡수하는 역할도 한다. 표면에 나일론을 부착하거나 우레탄 계통의 수지를 코팅하여 유리창에 밀착성을 좋게 함과 동시에, 한랭지에서 동결을 방지하도록 한 것도 있다.

도어 레귤레이터 door regulator 도어 유리의 오르내림을 조절하는 장치로서, 작동법에 따라 수동식과 전동식(전자식)이 있다. 도어 레귤레이터의 장착이 부정확하게 되었을 경우에는 도어 유리의 오르내림이 부드럽지 않게 된다.

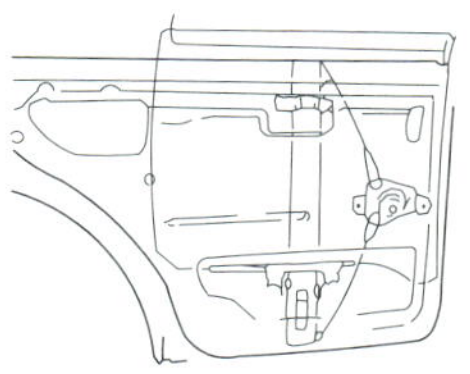

도어 레귤레이터

도어 로크 door lock 주행 중에는 도어의 개폐가 전혀 필요 없게 된다. 따라서 도어를 닫힌 상태로 유지하기 위한 장치가 요구되는데, 이것이 바로 도어 로크이다. 래치와 그에 맞물리는 스트라이커로 잠기게 한다. 보통은 실내의 노브를 잠그도록 되어 있으며, 노브를 누른 채로 도어를 닫으면 잠기는 것을 셀프 로크, 노브를 누르고 도어를 닫아도 셀프 로크되지 않은 것을 셀프 캔슬이라고 한다. 최근에는 운전석 도어를 잠그면 모든 도어가 자동으로 잠기는 오토 도어 로크가 많이 채택되고 있다.

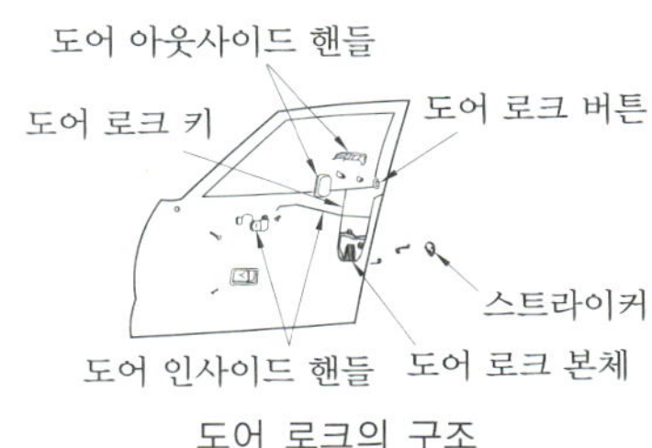

도어 로크의 구조

도어 로크 노브 door lock knob 도어를 잠글 때 사용하는 도어 내측의 노브로서, 도

어 내부에 있는 래치와 로드로 연결되어 있어 누르면 래치가 로킹되어 외부에서도 도어를 열 수 없게 된다.

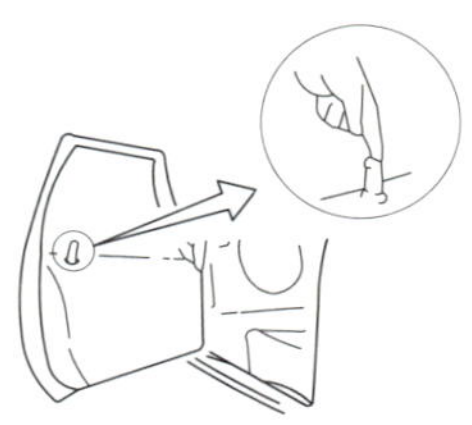

도어 로크 노브

도어 로크 스트라이커 door lock striker　보디에 설치되어 있는 핀이나 훅이 도어 로크에 내장된 래칫(ratchet)과 맞물려서 도어를 닫은 상태로 유지하는 것을 이른다.

도어 미러 door mirror　앞좌석 좌우측 도어 앞이나 그 앞의 가까운 곳에 설치하여 좌우측 후방의 주행 조건을 관찰하는 후면경으로, 전에는 주로 전방 펜더 좌우측 상부에 설치하였다. 거울 면적이 넓고 위치 조정 및 손질이 용이하여 대부분의 차량에 선택되고 있다. 사이드 미러(side mirror)라고도 한다.

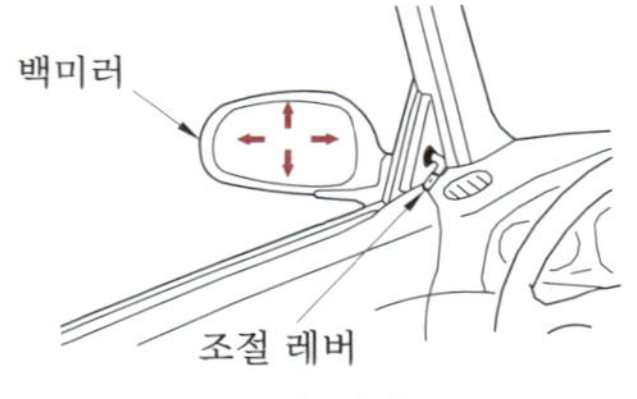

도어 미러

도어 벤틸레이터 윈도 door ventilator window　⇨ 삼각창

도어 스킨 door skin　도어의 아우터 시트 메탈 패널을 가리킨다. 대부분의 자동차는 패널의 교체가 가능하다.

도어 스텝 램프 door step lamp　⇨ 도어 코티시 램프

도어 암 레스트 door arm rest　도어의 안쪽에 부착되어 있는 팔꿈치 걸이이다.

도어 어자 워닝 램프 door ajar warning lamp　자동차의 도어가 완전히 닫히지 않았을 때 계기판에 점등되는 경고등을 말한다. 필러에 스위치를 설치하여, 도어가 열리면 스위치가 연결되어 점등되고, 도어를 닫으면 스위치가 눌려 램프가 소등

된다. 도어 워닝 램프 또는 도어 인디케이터 램프라고도 한다.

도어 워닝 램프 door warning lamp　⇨ 도어 어자 워닝 램프

도어 윈도 글라스 door window glass　사이드 윈도 글라스 중 도어 부분에 부착되어 있는 글라스를 이른다.

도어 인디케이터 램프 door indicator lamp　⇨ 도어 어자 워닝 램프

도어 전개 시 로크 기구　RVR에 사용된 이너 레일 방식 슬라이드 도어의 안전 기구 중의 하나이다. 이것은 오르막길 주차에서 슬라이드 도어가 자체의 무게에 의해 닫히는 것을 방지하는 로크 기구로서, 로크 기구 자체는 체크 어셈블리와 로크 핀으로 구성되고 도어의 두 곳에 설치되어 있다. 이 로크 기구는 도어의 인사이드 핸들 또는 아웃사이드 핸들과 연동해서 해제된다.

도어 체크 링크 door check link　도어를 반쯤 열린 상태로 유지하며, 더 열었을 때 스토퍼의 역할을 하는 링크이다. 도어 열림의 양 즉 개도(開度)는 60~70°가 일반적이다.

도어 코티시 램프 door courtesy lamp　도어를 열었을 때 실내의 발밑이나 발을 내딛는 노면을 밝히는 램프를 이른다. 도어 스텝 램프라고도 한다.

도어 트림 door trim　도어 패널을 감싸는 부재(部材)를 이른다. 패널 전체를 감싸는 풀 트림과 패널 일부가 노출되어 있는 하프 트림이 있다. 구조에 따라 도어 패널에 트림을 붙이기만 한 넓적한 도어 트림과 암 레스트 등을 일체로 성형한 성형(成形) 도어 트림으로 나누어진다. 실내 장식뿐 아니라 차음(遮音), 흡음(吸音), 충돌할 때 승객 보호 등의 기능을 가진다. 보디 사이드 트림이라고도 한다.

도어 패널 door panel　도어를 구성하는 금속이나 플라스틱으로 가공한 판을 말한다.

도어 프레임 door frame　도어에 부착되어 있는 창틀을 말한다.

도어 핸들 door handle　도어의 손잡이를 말한다. 도어 바깥쪽의 손잡이를 도어 아웃사이드 핸들이라 하고, 안쪽의 손잡이를 도어 인사이드 핸들이라고 한다.

도어 힌지 door hinge　도어를 여닫는 데서 중요한 구실을 한다. 도어를 제자리에 유지하는 기능도 있어서 구조가 간단할 듯하면서도 아주 까다롭다. 보디 외관 밖으로 힌지(경첩)가 나오는 형식과 보디 안쪽에 숨어 버리는 타입이 있다.

도요타 MAC 시스템 Toyota multifunctional automobile communication system　주행 중의 자동차는 아무리 하여도 정보 단절 상태에 놓이게 되는 것이 오늘의 교통 시스템의 최대 결함으로 되어 있다. 따라서 종래 사용되고 있는 전파를 다시 정리·통일해서 자동차의 커뮤니케이션에 이용하려는 것이 도요타가 생각해 낸 시스템이다. 첫째로 자동차 자체의 안전을 유지하고 기능을 제어하기 위해서, 둘째로 자동차 상호간의 안전을 유지하여 효율적으로 제어하기 위해서, 셋째는 자동차가 이동 중에도 통신 기능을 유지하기 위해서, 이상과 같은 목적으로 통신 회로에 신기축(新機軸)을 부여한 것이 이 시스템이다.

도장 조건(塗裝條件)　도료의 점도, 시너의 희석량, 공기 압력, 도료의 토출량 등 도장의 마감에 영향을 주는 각종 조건을 이른다.

도저 dozer　프레임을 펴는 이동식 기계이다. 보디를 수정하는 메인 빔과 유압식 당김 장치가 조합되어 있으며, 이동이 간단한 것이 특징이다.

도전율(導電率) celectric conductivity　전류 밀도 J, 전계 E 사이의 관계는 비례계수 σ를 사용하여 $J = \sigma E$의 식으로 표시된다. 이 비례계수 σ는 전류의 흐르기 쉬운 정도를 나타내는 지표이다.

도전 페인트 conductive paint　적당한 용매(溶媒)에 은이나 구리 또는 탄소 등의 미세한 분말을 혼합시켜 만든 도료로서, 인쇄 저항기를 만들거나 절연물의 표면에 대전(帶電)되는 것을 방지하는 도료로 사용된다.

도지 Dodge　도지는 자전거 제조업을 하다가 자동차 회사를 차린 존(John Dodge)과 호레이스(Horace Dodge) 형제의 이름에서 나왔다. 이들은 처음에는 포드 자동차 회사의 부품 조달을 하다가, 1914년부터는 직접 자동차를 제작하기 시작했다.

흔히 닷지라고 부른다.

도체(導體) conductor　전기 또는 열에 대한 저항이 매우 작아 전기나 열을 잘 전달하는 물체를 이른다. 은, 구리, 알루미늄 등이 있으며, 전도체라고도 한다.

도출 (逃出) 밸브 rent valve　유량 또는 압력이 필요량 이상이 되었을 때 그 여분의 유량 또는 압력을 다른 데로 빼돌려 적정한 유량 또는 압력을 유지하도록 역할을 하는 밸브를 말한다.

도통 시험(道通試驗) continuity test　회로 또는 기기에 실제로 전류를 흘려서 단선의 유무와 전류 용량의 적정 여부 등을 살피는 것을 이른다.

도플러 효과 Doppler effect　파동을 발생시키는 파원(波源)과 그 파동을 관측하는 관측자 중 하나 이상이 운동하고 있을 때 발생하는 효과로, 파원과 관측자 사이의 거리가 좁아질 때에는 파동의 주파수가 더 높게, 거리가 멀어질 때에는 파동의 주파수가 더 낮게 관측되는 현상이다. 이 효과는 1842년에 오스트리아의 물리학자 도플러(Doppler, Christian Johann)가 처음으로 발견하였다. 예컨대, 기차가 관측자 쪽으로 다가올 때는 기적 소리가 높게 들리다가 관측자를 지나친 직후에는 갑자기 낮게 들리는 것이 도플러 효과를 보여 주는 대표적인 예이다.

도핑 doping　(1) 반도체 결정 중에 필요한 불순물을 회망하는 양만큼 첨가하는 것으로, 불순물 첨가라고도 한다. 반도체의 전기 전도가 불순물의 영향을 받게 되므로, 반도체 공학에서는 함유 불순물을 조절할 필요가 있기 때문이다. (2) 금속 공학에서 고의로 미량의 다른 물질을 재료에 첨가하여 그 성질을 개선하는 일로, 전구나 전자관에 사용되는 텅스텐의 필라멘트는 백열(白熱)되면 재결정(再結晶)에 의한 입성장(粒成長)을 일으켜서 단선(斷線)되므로 약 0.2%의 알루민산나트륨 또는 실리카를 첨가하여 재결정을 방지한다. 이 밖에 반도체의 재료 등에서는 도핑에 의한 효과가 매우 중요하므로 많이 사용되고 있다.

독립 분사(獨立噴射) sequential injection ⇨ 동기 분사

독립식(獨立式) independence type ⇨ 펌프 제어식

독립식 현가장치(獨立式懸架裝置) independent type suspension 좌우 두 바퀴가 각각 독자적으로 움직일 수 있게 만들어진 형식으로, 현재 대부분의 승용차에 쓰이고 있으며, 사륜 독립식이 주류를 이루고 있다. 바퀴 하나가 울퉁불퉁한 길을 지나도 다른 바퀴에 영향을 주지 않으므로 안전성이 높고 승차감도 좋다. 또 스프링 하부 중량이 가볍고 차축째 위아래로 움직이는 고정차축에 비해 차량 바닥을 낮게 할 수 있으므로 타이어의 접지력이 뛰어나다. 특히 뒷바퀴 굴림 방식 차량의 경우에는 좌우 바퀴의 구동력을 효율적으로 노면에 전달하는 데 효과적이다. 얼라인먼트 설정도 비교적 자유로워 조종성과 안전성의 균형을 유지할 수 있지만, 구조가 복잡하며 정비하기 어렵고 가격도 비싸다. 크게 스윙 암식, 위시본식, 스트럿식의 세 가지로 나뉜다.

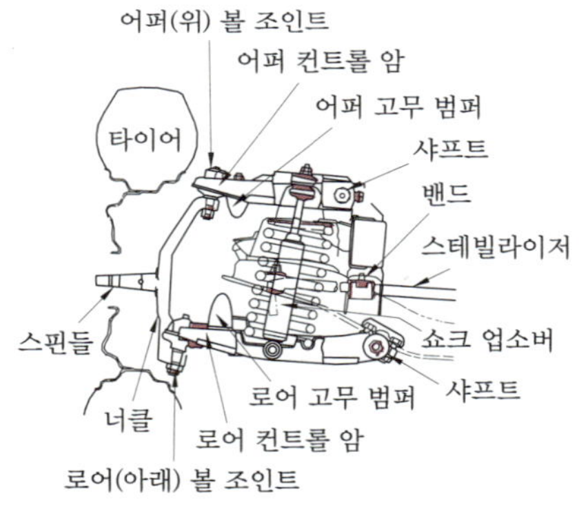

독립식 현가장치

독립형 연료 분사 펌프 independence type fuel injection pump (1) 디젤 엔진의 연료 분사 펌프의 일종으로, 1개의 분사 펌프 케이스에 엔진의 실린더 수와 동일하게 펌프 엘리먼트가 설치되어 있으며, 펌프 엘리먼트는 각 실린더에 해당하는 분사 노즐과 분사 파이프로 연결되어 있다. 분사 펌프의 캠축이 크랭크축으로부터 동력을 받아 회전할 때 분사 순서에 따라 각 실린더에 해당하는 노즐에 연료를 공급하여 분사된다. 특징은 구조가 복잡하고 조정이 어렵지만, 다기통 엔진 및 고속 회전하는 엔진에 적합하다. 분사 펌프는 펌프 엘리먼트의 작동 부분과 연료의 분사량을 자동적으로 제어하는 조속기, 연료의 분사 시기 조정기의 세 부분으로 크게 분류된다. (2) 전자 제어 디젤 엔진의 독립형 분사 펌프는 ECU의 제어 신호에 의해서 컨트롤 래크(rack) 액추에이터가 플런저의 유효 행정을 변화시켜 연료의 분사량을 제어하고, 컨트롤 슬리브 액추에이터가 플런저 배럴 내에 설치되어 있는 컨트롤 슬리브를 상·하 수직으로 이동시켜 스필 포트(spill port)의 개폐 시기를 변화시켜 연료 분사 시기를 제어한다.

독서등(讀書燈) reading lamp 세단이나 리무진의 뒷좌석에 설치되어 있는 램프로서, 서류나 책을 읽기 위한 조명이다.

독일 국가 규격(獨逸國家規格) DIN ; Deutsches Institut fur Normung DIN(딘)으로 약칭된다. 1917년에 설립된 독일 표준원에서 제정되는 국가 규격으로서, 약 27,500종의 규격을 발행하고 있으며, 영문판은 6,600여 종이 있다.

독일 그랑프리 German Grand Prix 독일의 자동차 경주 대회로, FIA(국제자동차연맹)의 국제적인 장거리 자동차 경주 대회인 F1(포뮬러 원) 그랑프리에 속한다. 정식 명칭은 ‘F1 독일 그랑프리’, 약어는 ‘독일 GP’이다. 1926년부터 열렸으며, F1 그랑프리 정규전으로 채택된 것은 1951년부터이다. 뉘르부르크링 서킷에서 펼쳐지다가, 1970년대 후반부터 호켄하임링 서킷으로 장소를 옮겼으며, 1984년부터는 뉘르부르크링과 호켄하임링을 번갈아 이용한다.

돌기점 용접(突起點鎔接) projection spot welding 접합할 금속 부재(部材)의 접합 개소에 만든 돌기부를 접촉시켜 가압하고, 여기에 금속판을 포개어 마치 나무판을 못으로 접합하는 요령으로, 판을 전극 사이에 끼워 큰 전류를 흐르게 하여 눌러 붙이는 저항 용접의 한 방법이다.

돌리 dolly (1) 차축이 트레일러의 중심 부근에 있는 1축 트레일러로서, 풀 트레일러의 전축(前軸)으로 이용되는 경우가 많다. (2) 리벳 치기를 하는 공구의 하나로, 붉게 가열된 리벳을 판금 구멍에 박고 리벳 머리

를 누르는 공구이다. (3) 리벳을 체결할 때 리벳 머리를 지지하는 받침쇠로, 리벳 홀더(rivet holder)라고도 한다.

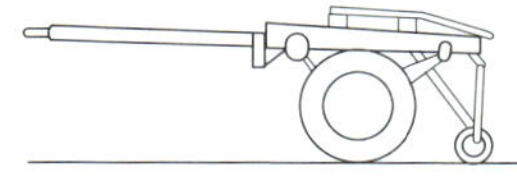

돌리

돌리 블록 dolly blocks　보디 패널 및 펜더를 곧게 펴는 데 사용하는 다양한 모양의 금속 블록을 이른다. 돌리 블록을 패널의 한쪽 면에 대고 특수 해머로 반대편을 때린다.

돌림 용접　필릿 용접(fillet welding)으로 붙인 부재(部材)의 끝 부분을 돌려서 용접하는 방법이다.

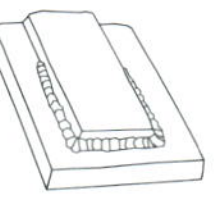

돌림 용접

돌비 NR Dolby noise reduction　돌비 노이즈 리덕션('감소'의 뜻) 시스템을 가리킨다. ⇨ 돌비 노이즈 리덕션 시스템

돌비 노이즈 리덕션 시스템 Dolby noise reduction system　테이프 히스 등의 노이즈를 경감하기 위한 녹음 재생 이퀄라이저로서, 청취감의 특성을 바꾸지 않고도 노이즈를 적게 하는 방식이다. 돌비는 영국의 돌비 연구소가 개발한 노이즈 리덕션 시스템, 멀티채널 스테레오 시스템을 가리킨다.

돌출 플러그 extended spark plug　점화플러그의 전극을 일반적인 것보다 3~6mm 길게 하고, 연소실 내에 돌출시킨 플러그이다. 전극을 될 수 있는 대로 연소실 중앙 가까운 쪽에 놓고 화염 전파 거리를 짧게 한 다음 연소 효율을 높일 목적으로 만들었다.

돔 라이트 dome light　차내등을 가리키는 영어로서, 영국에서는 루프(roof) 라이트라고 한다. 미국에서 루프 라이트라고 하면 일반적으로 고속도로의 페트롤 카 등에서 지붕 위에 점멸되는 적색등을 가리킨다.

동결 방지제(凍結防止劑) anti-icers　겨울철에 노면의 동결을 방지하기 위한 것으로, 염화나트륨(소금), 에틸렌글리콜. 프로필렌글리콜 등이 있다. 가솔린과 혼합하여 사용할 때에는 2% 정도의 고급 알코올(amyl alcohol)이 첨가된다.

동기 모드 synchronized mode　연료 분사 장치 내의 제어 장치로, 여기에서 전자 제어 모듈은 엔진 속도에 동기(同期)하여 펄스(pulse)를 보낸다.

동기 물림식 synchromesh type　일정 기어비 변속기에서 섭동 기어식이나 상시 물림식에서는 기어나 클러치 기어를 물릴 때 물리는 기어의 속도가 일치되지 않으면 소음이 나고 심한 경우 기어가 파손되는 경우가 생기게 된다. 특히 고속에서 저속으로 변속할 때는 속도의 차이가 많아 더블 클러치로 조작해야 결함을 보충할 수 있는데, 이렇게 고안된 것이 동기 물림식이다. 이는 돌고 있는 기어와 물리는 기어의 속도를 일치시켜 이의 물림을 쉽게 한 방식이다.

동기 분사(同期噴射) sequential injection　독립 분사 또는 순차 분사라고도 한다. 각 실린더별로 배기 행정 말기에서 1사이클(크랭크 2회전)에 각각 1회씩 분사를 한다. 이 방식은 일반적으로 과도 상태에서의 공연비 제어성이 뛰어나며 엔진 응답성 또한 상당히 좋다. 그리고 인젝터의 최저 분사 시간이 결정된 상황에서 보다 짧은 분사량을 제어할 수 있다. 또한 유효하지 못한 분사 시간에서는 단 1회로만 끝나기 때문에 유효한 분사 시간이 길어진다. 따라서 이 방식은 분사량의 제어 폭을 크게 할 수가 있고, 회전 속도가 좋은 엔진이나 고출력의 엔진에 응용하기가 용이하다. 그러나 이 방식은 길어지는 제어 프로그램의 신속한 처리가 필요하며, 제어용 CPU는 보다 고속이면서 다기능한 것이 요구되기 때문에 가격 상승 문제가 따르는 결점도 있다.

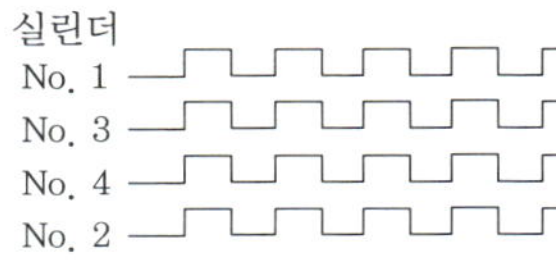

동기 분사

동기식 모터 synchronous motor　AC 모터의 일종으로, 여기서 속도는 공급 전류 주파수와 모터의 극수(pole number)에 의해 결정된다.

동기 치합식(同期齒合式) synchromesh type　동기 치합식은 상시 치압식에서의 단점을 개선시킨 것으로, 변속 시 소음이 거의 없고, 변속이 용이하며, 변속하기 위해서 특별히 가속 페달을 밟거나 더블 클러치를 조작할 필요가 없다. 또한 헬리컬 기어형이므로 하중 부담 능력이 크다. 동기화란 주축상에서 자유로이 회전하는 클러치 기어의 테이퍼와 싱크로나이저링의 안쪽 테이퍼 사이의 접촉 마찰을 매개로 하여 클러치 허브와 단 기어의 원주 속도와 같아져 슬리브 기어가 변속 기어와 쉽게 물리게 되는 과정을 말한다.

동력(動力) power　(1) 기계가 일을 할 때 단위 시간에 이루어지는 일의 양을 나타내며, 일률, 공률(工率)이라고도 한다. 동력의 단위로는 와트(1 W = 1 J/s), 킬로와트(1 kW = 10^3 W), 메가와트(1 MW = 10^3 kW), 미터마력(1 PS = 75 kg·m/s = 0.7355 kW), 영국 마력(1 hp = 0.746 kW) 등을 사용한다. (2) 기동력, 원동력 등과 같은 의미가 있으며, 동력을 발생하는 에너지원을 가리키는 경우도 있다. 인류가 최초로 사용한 동력은 인력(人力), 축력(畜力)이었지만, 그 후 범선이나 풍차 등을 이용한 풍력, 물레방아 등을 이용한 수력(水力)을 사용하기 시작하였다. 그리고 18세기 중엽 증기 기관의 발명에 의해서 증기 동력을 이용할 수 있게 됨에 따라 동력을 대량으로 쉽게 얻을 수 있게 되었다. 그 결과 산업 혁명이 급격히 진척되었고, 기술의 발달과 함께 내연 기관, 가스 터빈 등에 의한 내연 동력, 각종 전기 기기의 발달에 따른 전력, 원자력 개발에 의한 원자력 발전 등을 이용하게 되었다. 또한 우주 개발과 함께 연료 전지 등 우주 공간에서 사용하는 기기에 대한 우주용 동력의 연구가 진척되고 있다.

동력계(動力計) dynamometer　내연 기관, 증기 기관 또는 기타 원동기의 동력을 측정하는 계기로, 다이너모미터라고도 한다. 흡수 동력계는 기계에서 발생하는 마력의 대부분을 흡수하여 그 토크를 측정하고, 회전계로 측정한 회전수로부터 마력을 계산한다. 프로펠러를 공기 속 또는 물속에서 돌려 측정하는 공기 동력계·수동력계 등도 있으며, 발전기를 돌려서 그 고정자(固定子)의 반동력을 측정하는 전기

식 등이 널리 사용되고 있다. 전달 동력계는 토크계라고도 하는데, 전동축(傳動軸)의 비틀림 변위를 측정하여 전달 마력을 계측한다.

동력 공구(動力工具) power tool　동력원으로 인력(人力)을 사용하지 않고 전력 또는 압축 공기로부터 동력을 얻는 공구를 말한다.

동력 밸브 power valve　엔진에 있어서 동력 계통의 연료의 유량(流量)을 제어하는 밸브를 이른다. 그리고 고속 전 부하일 때 LPG를 증가시켜 주는 밸브를 이르기도 한다. 저속에서는 스로틀 밸브가 닫혀 있으므로 흡기 다기관의 진공에 따라 닫혀 있으며, 고속 전 부하일 때는 스로틀 밸브가 많이 열려 동력 밸브에 직용하는 진공이 약하므로 동력 다이어프램 스프링 장력으로 열리게 된다. 이때 LPG는 동력 포트를 통하여 메인 노즐에 공급되어 증가된다.

동력 실린더 power cylinder　(1) 하이드로 서보 브레이크의 동력 실린더는 흡기 다기관의 진공과 대기 압력을 이용하여 마스터 실린더에서 발생한 유압을 증대시키는 실린더로서, 동력 피스톤에 의해 2개의 체임버(chamber)로 분리시켜 평소에는 흡기 다기관의 진공이 작용되어 동력 피스톤이 움직이지 않는다. 브레이크를 작동시키면 한쪽은 진공이 작용되고 다른 한쪽은 대기 압력이 작용되어 배력 작용을 한다. (2) 동력 조향 장치의 동력 실린더는 피스톤과 피스톤 로드로 구성되어 유압에 의해 조향 핸들의 조작력을 돕게 된다. 피스톤은 볼 조인트에 의해 피스톤 로드와 연결되고, 피스톤 로드는 프레임에 설치되어 있으며, 동력 실린더는 하나의 원통에 2개의 실린더로 된 복동식으로 오일펌프에서 발생된 유압이 제어 밸브에 의해 한쪽 실린더로 공급되면 다른 쪽 실린더에 충만된 오일이 배출되면서 피스톤 로드를 중심으로 실린더가 좌우로 이동하여 조향을 돕게 된다.

동력 인출 장치(動力引出裝置) PTO system; power take off system　엔진에서 발생된 동력은 주목적 이외에 부가적인 용도로 이용하기 위해 변속기 옆면에 설치되

어 벨트 또는 기어를 설치할 수 있게 부축 또는 기어 등이 나와 있는데, 일방향 타입과 조작 레버에 의해 방향 전환이 가능한 타입이 있다. 주로 견인차, 소방차, 믹서 트럭, 트랙터 등 특수 차량에 많이 쓰이고 있다.

동력 전달 계통(動力傳達系統) power train 동력을 전달하는 장치로서 클러치, 변속기, 추진축, 감속기, 차동기, 후차축 등의 부품들을 말한다.

동력 전달 계통 잡음(動力傳達系統雜音) drive train ratting noise 변속기에서 종감속 기어에 이르는 동력 전달 계통에서 발생하는 이상한 음을 말한다.

동력 전달 장치(動力傳達裝置) power train system 엔진의 출력을 구동 바퀴에 전달하는 장치로서, 보통 엔진→클러치→변속기→추진축(앞 엔진, 뒷바퀴 구동의 경우)→종감속 장치 및 차동 기어 장치→차축→구동 바퀴의 순서로 전달된다. 클러치는 마찰판과 압력판으로 되어 있다. 보통 스프링의 힘으로 압착하여 동력을 전달하게 되어 있으며, 운전석의 클러치 페달을 밟으면 마찰판과 압력판의 접속이 떨어져 동력이 전달되지 않게 된다. 클러치는 수동식인 기어 변속기의 변속을 할 때, 또는 짧은 시간 동안 관성 운전을 할 때 등에 사용한다. 엔진은 일정한 속도로 운전할 때 큰 출력을 내는데, 자동차는 그 속도를 저속에서부터 고속까지 내야 한다. 이를 위해 기어를 조합하여 회전 속도와 힘이 변화하도록 한 것이 변속기이다. 엔진의 출력이 큰 대형 자동차에는 전진 3단, 후진 1단의 것이 많고, 엔진의 출력이 비교적 작은 소형차에는 전진 4~5단, 후진 1단의 것이 많으며, 스포츠카에는 전진 5단 이상, 후진 1단의 것도 있다.

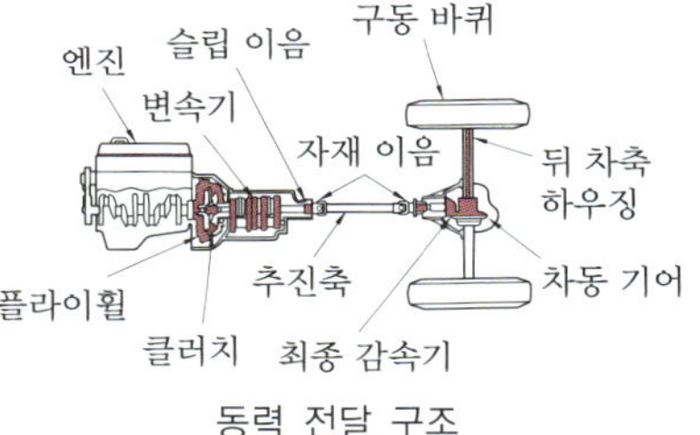

동력 전달 구조

동력 전달 효율(動力引出裝置) mechanical efficiency of power transmission 클러치, 변속기, 감속기 등의 동력 전달 장치를 통하여 구동 바퀴에 전달된 출력의 엔진 제동 마력에 대한 비율(%)을 말한다.

동력 조향 장치(動力操向裝置) power steering system 핸들의 조작력을 가볍게 하는 장치로, 대형 자동차나 저압 타이어를 사용한 차에서는 앞바퀴의 접지 저항이 크기 때문에 핸들 조작력이 커지고 신속한 조향 조작이 어려운데, 이를 원활하게 하기 위하여 엔진의 힘으로 오일펌프를 구동시켜 발생한 유압을 조향 장치 중간에 설치된 배력(倍力) 장치로 보내어 핸들의 조작력을 가볍게 한 것이다. 제어 밸브와 동력 실린더가 하나로 되어 있어 대형 트럭이나 버스에 주로 사용되는 조합형과, 밸브와 실린더가 서로 분리되어 있어 소형 트럭이나 승용차에 사용되는 분리형 및 주요 기구가 조향 기어 하우징 안에 일체로 결합된 일체형 등이 있다.

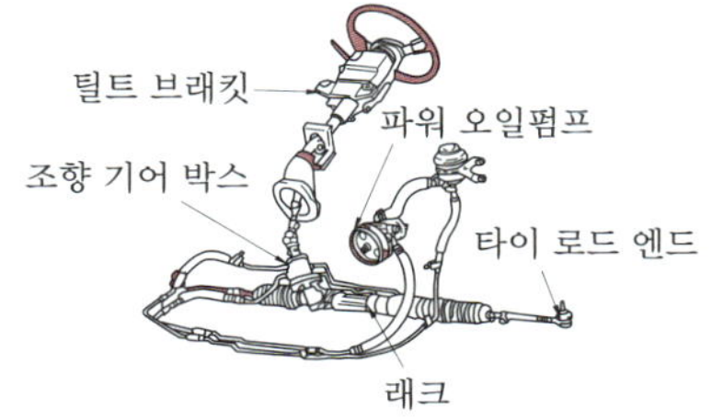

동력 조향 장치(파워 핸들)

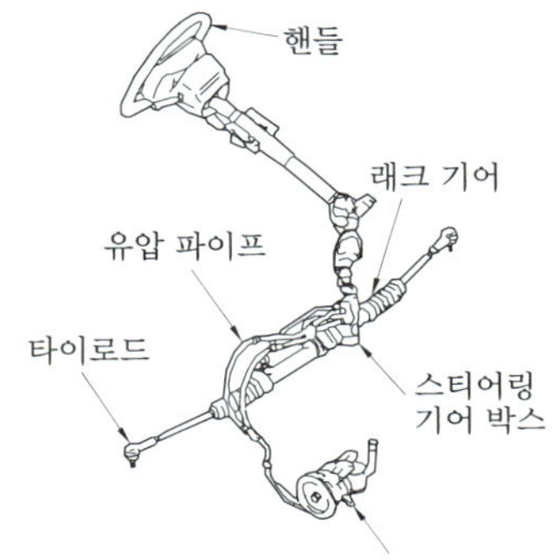

동력 조향 장치 구성도

동력 피스톤 power piston 하이드로 서보 브레이크의 동력 피스톤은 동력 실린더 내에 설치되어 그 양쪽의 압력 차이에 의하여 하이드롤릭 피스톤을 움직여 강력한 유압이 발생되도록 한다. 동력 피스톤은 2개의 원판 사이에 보혁유(保革油)가 적셔져 있는 펠트(felt)와 가죽 패킹이 함께 중심부의 푸시로드에 연결되고 패킹 안쪽에는 실린더와의 기밀(氣密)을 잘 유지시키기 위한 판스프링 모양의 링이 설치되어 있다.

동력 회로(動力回路) power circuit 엔진에 부하가 걸렸을 때 연료를 추가로 공급해 주는 회로를 말한다.

동배율(動倍率) dynamic ratio 정(靜) 스프링 정수(定數)에 대한 동(動) 스프링 정수의 비율을 말하며, 엔진 마운트나 방진고무의 진동 감쇠의 기준이 된다. 일반적으로 방진고무에서는 고무의 탄성 때문에 정적인 스프링 정수보다 동적인 스프링 정수가 크고 그 값은 고무 재료에 따라 다르지만, 동배율이 크면 감쇠 계수(減感衰係數)도 크다. 동 스프링 정수는 주파수에 따라 변하므로 측정 시의 주파수로 나타난다.

동소 변태(同素變態) allotropie transformation 온도를 상승 또는 하강시켰을 경우 한 상(相)에서 다른 상으로 전이하는 것을 변태라 하고, 변태가 일어나는 온도를 변태점이라고 한다. 변태는 공간격자의 변화이므로 물리적·기계적·화학적 성질의 변화를 가져오게 된다. 특히 동일 원소에서의 변태를 동소 변태라고 한다. 이 동소 변태는 변태점에서 모든 성질이 급격하게 그리고 불연속적으로 변화한다. 순금속에서의 변태는 비교적 간단하지만, 합금에서의 변화는 대개 여러 종류의 상이 존재함에 의해 대단히 복잡하다. 일정 조성의 합금에서 온도의 변화에 따라 일어나는 변태는 원자의 확산 여부에 따라 확산 변태, 무확산 변태로 구분되며, 확산 변태에는 석출 변태, 규격화 변태 등이 있으며, 무확산 변태에는 마텐자이트 변태 등이 속한다.

동시 분사(同時噴射) simultaneous injection (1) 각 실린더의 흡입·압축·폭발·배기 행정에 관계없이 크랭크축 1회전에 일정한 위치에서 1회 분사(1사이클에 2회 분사)를 한다. 즉, 각 실린더의 흡입 요구량 중 2분의 1씩 분사를 한다. (2) 시동 시 또는 아이들 포지션 스위치(IPS)가 OFF된 상태에서 스로틀 밸브 개도 변화율이 규정값보다 같거나 클 때, 즉 급가속 시 4개의 인젝터가 동시에 연료를 분사한다.

[각 분사 방식의 특징]
○ ……… 동시 분사
△ ……… 그룹 분사
✡ ……… 독립 분사

1번 실린더	흡입 ○ ✡ △	압축 ○	폭발	배기
2번 실린더	배기 ○ △	흡입 ○ ✡	압축	폭발
3번 실린더	폭발 ○	배기 ○ △	흡입 ✡	압축
4번 실린더	압축 ○	폭발 ○ △	배기	흡입 ✡

동시 점화 장치(同時點火裝置) simultaneous ignition system 실린더별 독립 점화 장치를 이른다. 엔진의 각 실린더마다 점화 코일을 설치하고 컴퓨터가 파워 트랜지스터를 제어하여 1차 전류를 단속함으로써 점화 플러그에 직접 2차 전류를 공급하는 방식이다. 점화 시기의 제어가 정확히 이루어짐과 동시에 고전압 부분이 짧아져 전류의 손실이나 전파 장애의 발생을 거의 없앨 수 있다. 점화 시기는 크랭크 각 센서의 신호 등에 의하여 엔진을 제어하는 컴퓨터가 결정한다. 다이렉트 이그니션 시스템이라고도 한다.

동심도(同心度) concentricity 기준 축심(軸心)과 동일한 직선 위에 축심을 가져야 할 원통 부분에 있어서 그 원통 부분의 축심과 기준 축심의 오차의 크기를 말한다. 기계나 장치에 사용되는 회전축의 축심이 기준 축심으로부터 벗어나면 축이 편심(偏心) 운동을 하므로, 높은 회전 정밀도나 고속 회전이 요구될 때에 지장을 초래한다. 한국산업규격(KS)에서는 이 측정법과 표시표를 정하고 있다. 또 이 단위에는 mm 또는 μm가 사용되고 있다.

동심원(同心圓) concentric circle 같은 중심을 가지며 반지름이 다른 두 개 이상의 원을 말한다.

동심 케이블 concentric cable 2심 케이블의 양쪽의 심선을 동심에 배치한 전력용 케이블을 말한다.

동압(動壓) dynamic pressure 유체(流體)가 나타내는 총압(總壓) 가운데 흐름의 속도에 관계되는 부분의 압력을 동압이라고 한다. 유체의 밀도를 p, 속도를 v로 할 때 그 크기는 $\frac{1}{2}pv^2$이다.

동요점(動搖點) rock position 왕복 운동을 하는 피스톤이 상사점(上死點)이나 하사점(下死點) 부근일 때에는 피스톤이 멈추는 기간이 생기게 되는데, 이것이 동요점이라고 불리는 구간이다.

동위상 조향(同位相操向) same direction steering between front and rear wheels 4륜 조향 장치에서 뒷바퀴의 조향이 앞바퀴와 같은 조향을 말한다. 자동차의 주행 안정성이 중요한 고속 주행에서 급히 조향 핸들을 꺾을 때나 변속을 하였을 때 요잉(yawing)이 적다. 그리고 일반적으로 자동차의 움직임이 앞바퀴 조향의 경우에 비교해서 안정되어 있다. ⇔ 역위상 조향

동일 직격형 휠 실린더 equal bore type wheel cylinder 양쪽 슈의 제동력을 동일하게 하기 위한 것으로, 실린더 양쪽의 지름이 같기 때문에 브레이크를 작동할 때 강력한 제동력이 발생된다. 이 형식은 복동 2리딩 슈 형식과 논서보 브레이크 및 듀오 서보 브레이크에 사용된다.

동적 관성(動的慣性) dynamic inertia 움직이고 있는 차체가 계속 움직이려고 하는 경향을 말한다.

동적 밸런스 dynamic balance 움직이고 있는 차체의 밸런스를 말하며, 다이내믹 밸런스라고도 한다. 타이어가 옆 방향으로 흔들리는 형태로 충격을 일으키며, 동적 밸런스가 불량하면 차체가 옆으로 흔들린다. 교정 방법은 양쪽의 림에 웨이트를 설치하여 균형을 맞추면 된다.

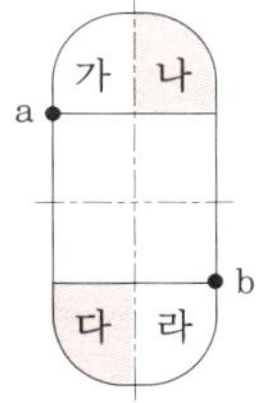

동적 밸런스

동적 스프링 정수 dynamic spring constant 방진고무에 진동을 부여하거나, 타이어를 회전시키는 등 물체에 동적인 변형이나 하중을 부여한 상태에서 측정된 스프링 정수를 이른다. 여기서 스프링 정수란 스프링이 하중 W[kgf]을 받아 δ[mm]의 변형을 발생할 때 그 비 κ[kgf/mm]의 값이며, 비틀림 스프링에서는 비틀림 모멘트 T[kgf/mm]와 비틀림각 θ[rad]의 비 κt[kgf·mm/rad]의 값이다.

동적 시험(動的試驗) dynamic test 하중 및 변형량이 시간의 흐름과 더불어 변화하는 시험을 말하며, 피로 시험, 크리프 시험, 충격 시험 등이 있다.

동적 언밸런스 dynamic unbalance 회전축 주위의 원주 방향에 대한 질량의 균형, 즉 정적(靜的) 밸런스가 잡힌 타이어를 회전시켰을 때 나타나는 타이어 축 방향의 질량 불균형성과, 회전축에 대하여 좌우의 진동을 일으키는 언밸런스를 말한다.

동전기(動電氣) dynamic electricity, galvanic electricity 정전기(靜電氣)에 대하여 쓰이는 말로, 움직이는 상태에 있는 전기(전류)를 말한다. 우리가 일반적으로 알고 있는 전기는 이 동전기를 이르는 것이다. 동전기에는 가정 전기나 공장 전기와 같은 교류 전기와, 건전지, 충전지, 자동차 배터리 등과 같은 직류 전기가 있다.

동점도(動粘度) kinematic viscosity 동적 점성도(動的粘性度)라고도 한다. 동점도는 유체의 점도를 그 유체의 질량 밀도로 나눈 값이다. 동점도 단위는 MKSA 단위계에서는 m^2/s이고, CGS 단위계의 스토크스(St)도 사용되는데 $1\,St = 1\,cm^2/s$이다.

동하중(動荷重) dynamic load 정하중(靜荷重)에 대해 동적으로 작용하는 하중으로, 그 크기, 방향이 일정하지 않은 하중을 말한다. 다이내믹 로드라고도 하며, 활하중(活荷重)이라는 별명도 있다. 동하중은 작동하는 양식에 따라 계속적으로 반복되는 반복 하중, 하중의 크기와 방향이 바뀌는 교반 하중, 순간적으로 작용하는 충격 하중이 있다.

동합금(銅合金) copper alloy 구리를 주성분으로 하고 여기에 다른 금속이나 비금속을 융합시켜서 만든 합금으로, 구리 합금이라고도 한다. 동합금에는 청동, 황동,

알루미늄 청동, 니켈 청동 및 헬륨 청동 등이 있다. 구조 재료로서는 주석과의 합금인 청동, 아연과의 합금인 황동 등이 사용되고 있다. 또한 니켈과의 합금인 인청동, 벨리륨 동 및 양은은 탄력 특성이 뛰어나므로 기능재료로 많이 사용된다.

두랄루민 duralumin 강하고 가벼운 알루미늄 합금류의 상품명이다. 알루미늄에 구리, 마그네슘, 망간을 섞어 만들어서 가볍다. 구리가 섞여 있어 내식성이 떨어지지만, 경도가 높고 기계적 성질이 우수하여 항공기나 경주용 자동차 등을 만드는 데 쓴다. 1906년 독일의 빌름(Wilm, A.)이 발명하였다.

둥근나사 round thread 나사산의 단면이 원호(圓弧) 모양으로 되어 있는 형태의 나사로서, 모난 곳이 없으므로 먼지나 가루 등이 나사부에 끼이기 쉬운 곳에 사용된다. 둥근나사는 전구(電球)의 마구리 쇠와 같이 박판에 프레스 가공을 가하며 나사를 찍어 내는 데 적합하다. 너클(knuckle) 나사라고도 한다.

둥글지 못함 out-of-round 휠이나 타이어가 둥글지 않은 휠이나 타이어의 결함을 말한다.

뒤 엔진 뒤 구동 방식 RR ; rear engine rear drive type 엔진, 변속기, 액슬 등이 모두 자동차 뒤쪽에 설치되어 있고 후륜으로 구동되는 방식을 말한다.

뒤 엔진 뒤 바퀴 구동식(RR차)

뒤 엔진 후륜 구동차 rear engine rear drive 엔진이 뒤에 있고 뒷바퀴를 구동하는 RR 방식으로, 실내 유효 공간이 넓고 소음이 없으며 등판능력도 우수하지만, 구조가 복잡하고 정비성이 나쁘며, 제작비가 비싸다.

뒤 오버행 rear overhang 맨 뒷바퀴의 중심을 지나는 수직면에서 자동차의 맨 뒷부분까지의 수평 거리이다(그림의 a). 견인 장치, 범퍼 등 자동차에 부착된 것은 모두 포함된다.

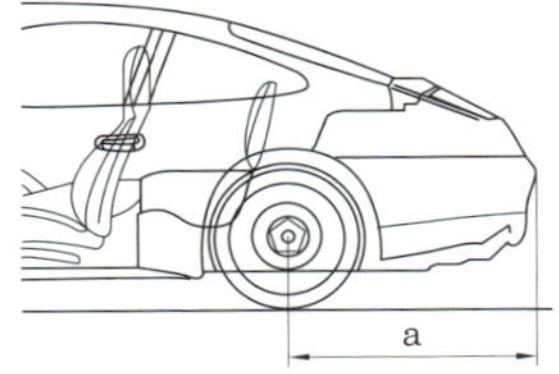

뒤 오버행

뒤 오버행 각 rear overhang angle or departure angle 자동차의 뒷부분 하단에서 뒷바퀴 타이어의 바깥 둘레에 그은 선과 지면이 이루는 최소 각도이다(그림 a). 이 각도 안에는 어떠한 부착물도 장착해서는 안 된다.

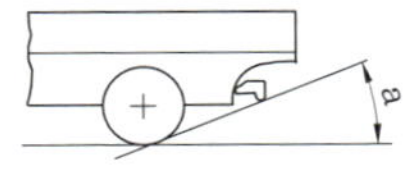

뒤 오버행 각

뒤 차대 오버행 rear frame overhang ⇨ 차대 오버행

뒤 차축 어셈블리 rear axle assembly 뒤 차축 어셈블리는 자동차의 중량을 지지함과 동시에 엔진의 회전력을 구동 바퀴에 전달하는 것으로 종감속 기어, 차동 기어장치, 차축 및 하우징으로 구성되어 있다.

뒤 현가장치 rear suspension 뒤 차축과 차체 사이를 연결하여 차의 하중을 지지하고 바퀴의 진동을 흡수하는 일련의 장치를 말한다.

뒷결 용접봉 back bead welding electrode 홈의 앞쪽에서 용접하여 뒤쪽에도 쉽게 균일한 비드를 형성하는 목적으로 만들어진 피복 아크 용접봉을 말한다.

뒷면 고르기 back chipping ⇨ 밑면 따내기

뒷면 막기 용접 backing weld 아크 용접에 있어, 용융 금속이 뒷면으로 빠져 떨어지는 것을 방지하기 위하여 미리 뒷면에서 하는 용접을 말한다.

뒷면 용접 back run 한쪽 맞대기 용접에서, 뒷면의 용접 부족을 보완하기 위하여 하는 가벼운 용접으로, 이면 용접이라고도 한다.

뒷받침쇠 backing strip ⇨ 받침쇠

뒷좌석 backseat 자동차 등에서 뒷자리에 있는 좌석을 말한다. 백시트(backseat) 또는 리어(rear) 시트라고도 한다.

뒷좌석용 레그 서포트 조수석 시트 백 배면에 설치된 수납식의 백 서포트로, 다리를 뻗거나 디럭스 드라이브를 즐길 수 있다.

듀라 스파크 dura spark 더욱 높은 전압과 더욱 오래 지속하는 2차 점화 펄스를 내도록 설계된 포드(Ford)의 점화 시스템을 말한다.

듀보네식 서스펜션 dubonnet type suspension 독립 현가장치의 일종으로서, 승용차의 앞바퀴용으로 이용되며, 킹 핀을 차체에 고정하고, 조향 너클에 리딩 암 또는 트레일링 암을 부착한 형식의 현가장치이다. 스프링 밑 중량이 가볍고, 바퀴가 상하로 움직여도 얼라이먼트 변화가 없는 특징이 있지만, 킹 핀 오프셋이 크므로 킥백이 강하고 킹 핀 주위의 관성 중량이 큰 단점도 있다.

듀얼 글라스 톱 dual glass top 천장에 전후 2분할의 강화 유리제 루프 리드를 장착한 것을 이른다. 환기 성능, 채광성 및 개방감이 풍부한 밝은 캐빈을 실현하고 있으며, 듀얼 글라스 톱은 다음과 같은 특징을 가지고 있다. ① 전후 모드 틸트 핸들 레버에 의해 유리 후부를 약 60 mm 올릴 수 있는 틸트 업 기구를 사용한다. ② 전후 모두 루프 글라스 리드를 떼어낼 수가 있으며, 오픈카 감각의 개방감을 실현하고, 또한 트렁크에 떼어낸 유리를 격납하는 수납 및 고정 벨트를 장착한다. ③ 강한 햇빛을 차단하는 탈착식 선셰이드를 장착한 것 등이다.

듀얼 다이어프램 dual diaphragm 이중 고무막 장치를 말한다. 배전기 진각 장치 등에 쓰인다.

듀얼 링크식 서스펜션 dual link type suspension 맥퍼슨 스트럿식 현가장치의 일종으로서, 2개의 링크로 이루어진 로어 암(lower arm)과 앞으로 뻗어 있는 로드(스트럿 로드)로 구성되어 있는 형식이다. 타이어로부터 상하 압력을 스트럿으로, 좌우 압력을 암으로, 전후 압력을 로드로 각각 흡수하는 구조로서, 소형 FF(front engine front drive) 차량의 뒤 현가장치로 많이 사용되고 있다.

듀얼 머플러 커터 dual muffler cutter 후방에서 보기 좋게 하기 위해 배기 파이프의 테일 파이프에 장착되어 있는 머플러 커터가 2개 있는 것으로, 스포츠카(예 : DOHC 엔진 차량)에 장착되어 있다.

듀얼 모드 댐퍼 dual mode damper 크랭크 샤프트 댐퍼의 일종으로, 비틀림 진동 외에 굽힘 진동도 감쇄하는 타입을 말한다. 일반적인 댐퍼의 외주 질량 외에 내주 질량을 부가해서 듀얼 모드로 한 것으로, 크랭크축 선단의 굽힘 진동을 동시에 억제하므로 소음 억제에 효과가 있다.

듀얼 모드 램프 dual mode lamp 프로젝터 타입의 안개등과 리플렉터 타입의 드라이빙 램프를 조합한 것이다. 헤드램프와 연동해서 하이빔 점등 시는 드라이빙 램프가 점등되고, 멀리까지 밝게 비추며, 로 빔 점등 시(또는 스몰 램프 점등 시)는 안개등으로 교체되어 세로 방향을 광범위하게 걸쳐서 비춘다.

듀얼 모드 머플러 dual mode muffler 2개의 머플러(소음기)를 절환 밸브로 구별하여 사용함으로써 저속 회전에서는 소음 효과를 높이고 고속 회전에서는 배기 저항을 낮게 하여 고출력을 발휘할 수 있도록 한 것이다. 머플러에 흡음재를 많이 사용함으로써 배기 소음을 경감할 수 있지만, 이 경우 배기 저항이 증가되어 출력이 감소하므로 컨트롤 유닛을 통해 저속 회전에서 2개의 머플러를 사용하여 배기음을 줄이고, 고속 회전에서는 1개의 머플러만을 써서 배기 저항을 경감하도록 제어한다.

듀얼 모드 미터 dual mode meter 아날로그 표시와 디지털 표시를 운전자 임의로 선택할 수 있는 콤비네이션 미터를 말한다. 아날로그 표시 모드는 가감속이 심한 시가지 주행에 적합하고, 디지털 표시 모드는 고속도로 등의 정속 주행에 적합하다.

듀얼 모드 서스펜션 dual mode supension 프런트 스태빌라이저의 특성과 프런트·리어 쇼크 업소버의 감쇄력을 동시에 2단계로 교체하는 서스펜션이다. 운전석에서의 스위치 조작으로, 스포츠 차량의 조정 안정성(스포츠 모드) 또는 고급 투어링 차량의 조정 안정성과 승차감(투어링 모드)을 선택할 수 있다. 이를 통해 1대의 차로 두 종류의 주행이 가능하다. 스태빌라이저 특성은 차체 좌측의 스태빌라이저 링크의 유압 실린더로 교체 가능하며, 쇼크 업소버의 감쇠력은 쇼크 업소버 내의 오일 통로를 교체함으로써 변경 가능하다.

듀얼 모드 터보 dual mode turbo　가변 가급 터보차저의 일종이다. 과급 압력을 2단계로 조절하고, 고속 주행이나 등판할 때에는 하이(high) 모드, 빗길이나 눈길 주행에서는 과급 압력이 낮은 로(low) 모드를 차실 내에 설치되어 있는 셀렉트 스위치로 선택할 수 있도록 한 것이다.

듀얼 바이레벨 히터 dual bi-level heater　'발에는 온풍, 얼굴에는 냉풍'은 종래의 바이레벨 히터 방식이었지만, 여기에 추가하여 '디프로스트에 온풍, 얼굴에는 냉풍'이 듀얼 바이레벨 히터 방식이다. 장마 시에 프런트 윈도의 흐림을 온풍으로 제거하면서 얼굴에는 시원한 바람을 보낼 수 있다.

듀얼 베드 모놀리스 dual bed monolith　모놀리스 촉매 컨버터에서 모놀리스 촉매 2개를 직렬로 나란히 배열한 것을 이른다. 최초의 촉매로 정화할 수 없는 배기가스를 2번째의 촉매로 다시 정화하도록 한 것이다. 베드는 지층(地層) 등의 층을 뜻한다.

듀얼 베드 캐털라이저 dual bed catalyzer　산화 촉매와 환원 촉매를 하나의 케이스에 넣은 것을 말한다.

듀얼 벤투리 카뷰레터 dual venturi carburetor　트윈 초크라고도 불리는 카뷰레터 형식의 하나이다. 같은 지름의 배럴 2개를 갖추고, 각각의 스로틀 밸브가 동시에 개폐하며, 각각의 실린더에 혼합 가스를 공급하는 것으로서, 실린더 수가 많은 V8 엔진 등에 쓰인다.

듀얼 비전 미터 dual vision meter　주행 속도와 엔진 회전수를 일반적으로 표시하는 미터와, 속도를 허상(虛像)으로 표시하는 미터의 2개(듀얼) 중 어느 쪽이든 선택할 수 있는 미터를 이른다.

듀얼 서킷 브레이크 dual circuit brake　브레이크가 고장 났을 때 안전성을 확보하기 위하여 브레이크 회로를 2계통으로 한 것으로, 이를 2계통 브레이크라고도 한다. 브레이크 마스터 실린더를 2개 설치하여 1개는 왼쪽 앞바퀴와 오른쪽 뒷바퀴에, 또 1개는 오른쪽 앞바퀴와 왼쪽 뒷바퀴에 브레이크 힘을 전달하게 되어 있는 것이 일

반적이다. 브레이크 회로가 1계통밖에 없는 것을 싱글 서킷 브레이크, 3계통 이상으로 되어 있는 것을 멀티 서킷 브레이크라고 부른다.

듀얼식 dual carburetor　듀얼식은 2개의 카뷰레터를 일체로 한 형식을 말한다. 1개의 뜨개실을 이용하여 연료를 공급하며 각 배럴에는 각각 독립된 기본 회로가 있다. 전체 실린더를 각 배럴이 분담하여 혼합 가스를 공급하므로 혼합 가스의 분배가 우수하다.

듀얼 에어컨 dual air cone　앞좌석과 뒷좌석 양쪽에 에어컨을 설치한 시스템을 말한다.

듀얼 이그조스트 시스템 dual exhaust system　배기 간섭을 방지(경감)하기 위해 순차적으로 연소를 반복하는 4기통 중 배기관을 1번·3번과 2번·4번의 2계열로 나누고 서로의 배기 행정이 중복되지 않도록 한 방식이다. 배기 효율이 향상하여 출력 향상으로 연결된다.

듀얼 인슐레이터 서스펜션 dual insulator suspension　⇨ 더블 인슐레이터 서스펜션

듀얼 콘형 스피커 dual cone type speaker　콘 페이퍼(cone paper)를 2매 사용해서 만든다. 큰 콘으로 중저음을, 작은 콘으로 고음을 재생하는 스피커를 말한다.

듀얼 투 리딩 브레이크 dual two leading brake　⇨ 듀오 투 리딩 브레이크

듀얼 풀 오토 에어컨 dual full auto air cone　프런트와 리어에 각각 독립한 에어컨을 갖는 공조 시스템이다. 원하는 온도를 설정하면 프런트 에어컨은 자동적으로 차내 통풍 공기 온도, 풍량, 통풍 방향, 내·외기 방향을 제어하며, 리어 에어컨은 프런트 에어컨과 차 실내를 쾌적한 공조 상태로 만든다. 이에 추가해서 일광에 대비한 에어 커튼 역할을 하는 리어 선반 중앙의 냉방용 통풍구의 설치, 캔 주스 등의 보랭을 가능하게 하는 냉풍식 쿨 박스를 사용하고 있는 것도 있다.

듀얼 프로포셔닝 밸브 dual proportioning valve　2개의 프로포셔닝 밸브를 하나로 만든 것을 이른다. 보기에는 1개의 밸브이지만, 브레이크 유압을 제어하는 밸브부는 2개가 있다. 브레이크 배관이 2계통 X

형의 것은 각각의 계통에 프로포셔닝 밸브를 장치하기 때문에 프로포셔닝 밸브가 2개 필요하게 된다.

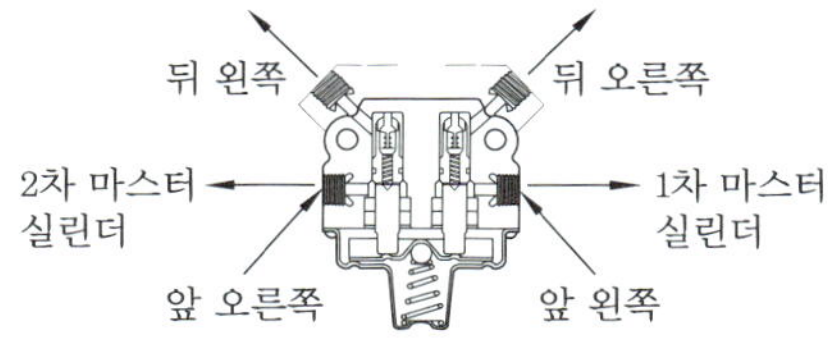

듀얼 프로포셔닝 밸브

듀얼 하이트 어저스터 dual height adjuster 시트 쿠션의 전반부, 후반부의 높이를 각각 독립해서 조절할 수 있는 기구를 말한다.

듀엣 스티어링 서스펜션 duette steering suspension 전자 제어 파워 스티어링과 슈퍼소닉(초음파) 현가장치를 조합한 장치를 일컫는 말이다. 일반적으로 상반되는 조종성과 승차감을 운전자의 취향에 맞게 조화시키는 것을 이른다. 조향하였을 때 조향각 센서로서 보디와 노면 간의 거리를 자동차 선단에 설치된 신호의 초음파를 소너(sonar)로 측정하여 주행 속도와 제동등 스위치의 ON · OFF에 의해서 컴퓨터에 입력하여 쇼크 업소버의 감쇠력과 파워 스티어링의 조향력을 최적 상태로 조절한다.

듀엣 엔진 오토매틱 트랜스미션 duette engine automatic transmission 엔진과 자동 변속기를 종합적으로 제어하는 장치를 일컫는 말이다. 가속 페달을 깊게 밟은 상태에서 1속에서 2속, 2속에서 3속으로 시프트 업(up)할 때 울컥거리는 현상을 연료 차단에 의하여 부드럽게 하는 변속 제어이다. 감속할 때에는 연료를 차단하여 연료 소비율의 향상을 돕는 연료 제어 등의 기능을 갖추고 있다.

듀오 서보 duo-servo 투 리딩을 더욱 개량한 것으로, 2개의 슈를 링크로 잇고, 하나의 핀으로 고정시킨 구조로 되어 있다. 1차 쪽 리딩 슈가 휠 실린더에 의해 드럼에 밀어붙이면 그 출력(드럼과 함께 돌려는 힘)이 2차 쪽의 리딩 슈를 밀어붙여 2 L이나 LT보다도 큰 제동력이 생긴다. 그러나 그 효능은 슈에 붙은 라이닝의 마찰 계수에 민감하고 열에 따라 성능의 변화가 생기고, 또 슈가 접촉하는 방식에 따라 한쪽만 작동된다는 결점이 있다.

듀오 서보식 duo-servo type 양 브레이크 슈가 휠 실린더에 의해 양쪽으로 밀려나며 양쪽 슈 모두 앵커 핀으로 고정되어 있지 않고 어저스터로 연결되어 있어, 드럼의 회전 방향에 의해 슈의 고정된 쪽이 변화되도록 되어 있는 방식이다. 전 · 후진 시 강력한 제동력을 얻는 장점이 있다.

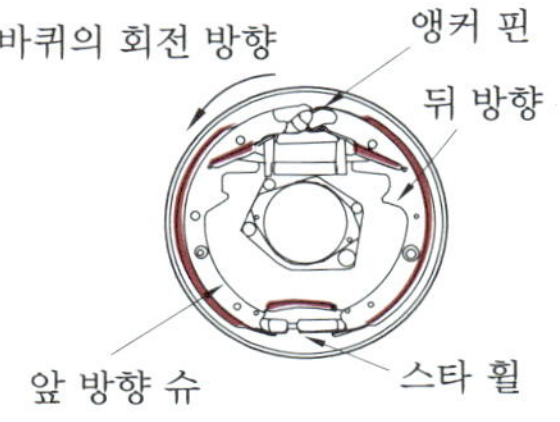

듀오 서보식

듀오 서보형 브레이크 duo-servo brake 복동형 브레이크라고도 하며, 휠이 어느 쪽으로 향해서 회전하더라도 양 방향의 슈가 리딩 슈가 되는 서브 효과(1차 슈가 2차 슈의 압착력을 증가시키는 작용)를 가장 잘 활용한 드럼 브레이크이다.

듀오 서브 브레이크 타입 duo-serve brake type 전 · 후진 자기 작동 작용이 모든 슈에 일어나는 형식으로, 앵커 링크 형식과 단 · 복동은 리딩 슈 형식에서 1차, 2차 슈가 이 기능을 한다.

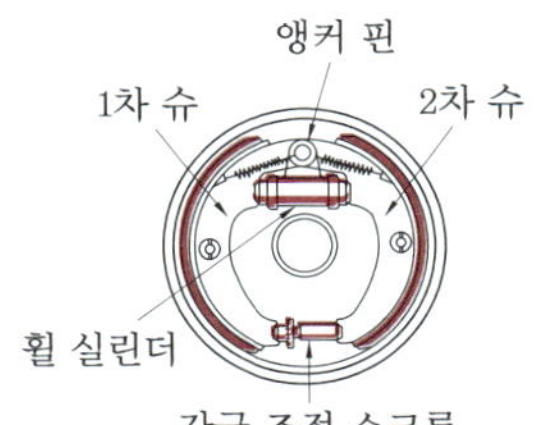

듀어 서브 브레이크 자동 조정 장치

듀오 투 리딩 브레이크 duo two leading brake 복동 2리딩 슈 브레이크를 말한다. 드럼 브레이크의 일종으로서 듀얼 투 리딩 브레이크라고도 불리며, 2개의 슈가 전 · 후진 모두 리딩 슈로서 작용하는 형식이다.

듀티 사이클 duty cycle (1) 혼합 가스 조정기(MC) 솔레노이드에 전기가 통하는 시간의 백분율로, 만일 솔레노이드 듀티가 50 %이면 솔레노이드는 주어진 시간의 절반은 ON이 된다. 듀티는 MC 솔레노이드 드웰을 읽을 수 있는 또 다른 방법이다 (드웰을 얻으려면 듀티에 4실린더는 0.9, 6실린더는 0.6을 곱하면 된다). (2) 어떤 주어진 기간 중의 일정한 반복 부하(負荷)의 패턴을 말하며, 그 사이클 기간에 대한 운전 시간의 비율로 나타낸다.

듀플렉스 체인 duplex chain 하나의 고정 유닛이나 장비 체인으로 여러 가지 다른 소스를 복합적으로 수용할 수 있도록 한 설비를 말한다. 예컨대, 롤러 체인을 이중으로 설치한 타입의 체인이 있는데, 타이밍크 체인으로서 많이 사용되고 있다.

드 디옹식 서스펜션 de Dion type suspension 리지드 액슬(일체 차축) 현가장치의 일종으로서, FR(front engine rear drive) 차량의 뒤 현가장치로 이용된다. 1개의 하우징(드 디옹 튜브)으로 좌우 차축을 연결하고, 종감속 기어 박스는 별도로 차체에 부착되어 있는 형식이다. 바닥을 낮게 할 수 있고 스프링 밑 중량이 가벼워 승차감이 좋고, 로드 홀딩이 뛰어나며, 선회 중에 타이어의 캠버 변화가 없는 등의 장점이 있지만, 구조가 복잡하고 가격이 높다는 것이 단점이다.

드 디옹 액슬 de Dion axle 프랑스의 드 디옹 회사가 채용한 후차축의 한 형식으로, 리지드 액슬에서 디퍼렌셜과 드라이브 샤프트를 빼낸 뒤 차체 쪽에 붙인 방식의 액슬이다. 스프링 아래의 무게가 가벼워져서 승차감이 좋아지고 접지력도 커진다. 그러나 드라이브 샤프트가 신축하지 않으면 안 되고, 구조는 독립 현가처럼 복잡해진다. 예전에 애스턴 마틴, 로버, 닛산 등이 채택되었으나 주류가 되지는 못했다.

드 디옹 액슬의 구조

드라이버 driver 과거에는 내구 레이스에서 한 대의 차를 2명의 드라이버가 번갈아 모는 경우 한 사람을 정(正) 드라이버, 다른 한 사람을 부(副) 드라이버라고 불렀다. 그러나 현재는 2~3명의 드라이버가 운전하기 때문에 이 호칭이 사라지고 제1, 제2, 제3 드라이버라고 부른다. 스포츠 프로토타입(prototype) 카와 그룹 A 투어링 카 등에서 행해지는 내구 레이스에서는 2명 또는 3명의 드라이버가 한 대의 차를 위해 출전해야 한다. 참가 신청을 할 때는 제1~제3 드라이버를 지명하여 등록하지만, 스타트를 끊는 드라이버와 경주 도중의 드라이버 교체는 등록 순서와 관계없이 경주 진행 요원에게 신청하면 된다. 또한 레이스에 따라 최대 연속 운전 시간이 3시간 30분, 4시간 등으로 정해져 있고, 드라이버 한 사람의 주행 거리가 총 주행 거리의 3분의 2를 넘으면 안 된다는 등의 규정도 있다.

드라이버빌리티 drivabillity 자동차의 드라이빙에 관한 종합적인 평가를 말한다. 가속성, 승차감, 핸들링, 브레이크나 소음, 기타 여러 가지 자동차의 밸런스가 잡힌 것을 표현하는 말이다. "드라이버빌리티가 좋다"는 것은 "운전자의 뜻에 따라서 운전할 수 있다"는 것을 의미한다.

드라이버스 카 driver's car 오너 스스로가 운전하는 것을 전제로 운전하기가 편하도록 만들어진 자동차를 말한다. 스포츠카나 스포티카도 여기에 넣을 수 있다.

드라이버 시트 driver seat 운전석을 드라이버 시트라 하고, 그 옆의 패신저 시트는 조수석이라고 한다. 예전에는 엔진 시동을 걸 때 차에서 내려 크랭크 막대를 돌리고 또 차의 점검 유지가 중요한 일이었다. 운전석 옆에 탄 사람이 이런 일을 하는 경우가 많아 조수석이라는 이름이 남아 있지만 현재는 이름뿐이다.

드라이브 라인 drive line 변속 기어에서 주행 조건에 알맞게 바꾸어진 출력을 구동축에 전달하는 부분으로, 추진축과 조인트, 슬립 이음 등으로 구성되어 있다. 주행 시 노면 충격과 차량 무게에 따라 차고의 상하좌우 충격 및 진동 발생에 의한 추진축의 각도 변화에 대해서는 조인트를, 추진축의 길이 변화에 대한 부분은 슬립 이음을 설치하고 있다.

드라이브 레인지 drive range 자동 변속기의 D레인지를 말한다.

드라이브 바이 와이어 drive by wire　자동차의 기계적인 링키지(연결대)를 전기적인 링키지로 바꿔 놓고, 자동차의 기본적인 조작을 전자 제어에 따라 행하는 기술이다. 비행기의 플라이 바이 와이어에 대응하는 표현으로 사용되는 용어로서, DBW 라고 약칭한다.

드라이브 샤프트 drive shaft　파이널 드라이브와 휠을 연결하는 샤프트이다. 독립 현가장치에서 파이널 드라이브는 차체에 고정되어 있으나, 양쪽 바퀴가 독립하여 움직이기 때문에 자유롭게 위아래로 움직이는 샤프트가 필요하다. 중앙으로부터 절반씩 구동시키기 때문에 하프(half) 샤프트라고도 한다. FF 차량은 앞바퀴가 독립 현가라 자유롭게 움직이는 드라이브 샤프트가 필요하다.

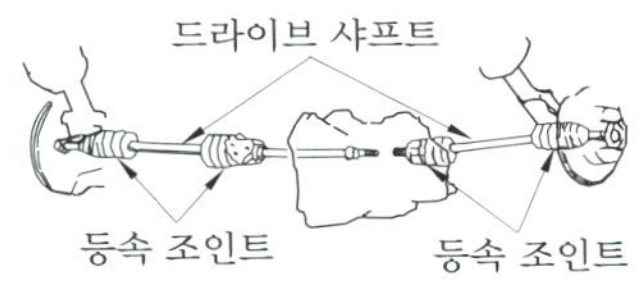

드라이브 샤프트

드라이브 스프로킷 drive sprocket　체인용의 기어로 구동하는 것인데, 엔진의 타이밍 체인에서 크랭크축에 설치되어 있는 스프로킷을 말한다.

드라이브 코일 drive coil　솔레노이드 플런저를 코일 쪽으로 끌어당기기 위해, 자장을 형성하는 데 사용되는 솔레노이드 내의 지름이 큰 와이어로 만든 코일을 말한다.

드라이브 풀리 drive pulley　엔진 크랭크축 풀리에 연결된 V 벨트에 의해 회전되는 파워 스티어링 펌프의 구동 풀리를 말한다.

드라이빙 라이선스 driving licence, driver's licence　운전 면허증을 일컫는 말이다. 한국에서는 제1종 운전 면허증은 7년마다, 제2종 운전 면허증은 9년마다 갱신이 필요하다.

드라이빙 라이트 driving light　랠리용으로 쓰이는 추가 조명 장치의 하나이다. 감각적으로는 헤드램프의 하이빔(상향등)의 조사각(照射角)에 약간 가깝다. 빛의 색깔은 백색과 황색이 있는데, 일반적으로 백색이 널리 쓰인다. 추가 조명 장치를 달 때는 랠리카의 개조 규정에 충분히 유의해야 한다.

드라이빙 램프 driving lamp　헤드램프로서 추가로 사용되는 램프인데, 먼 곳을 비추기 위해 장착된다.

드라이빙 미러 driving mirror　'운전용 거울'이라는 의미의 드라이빙 미러는 차체 안에 부착되어 있는데, '뒤를 보는 거울'이라는 의미로 리어 뷰 미러(rear view mirror)라고도 한다. '백미러'니 '후사경(後寫鏡)'이니 하는 일본식 표현은 쓰지 않도록 한다.

드라이빙 포지션 driving position　운전할 때의 자세를 뜻한다. 고속으로 코너를 돌 때 핸들 조작과 재빠른 기어 변속, 그리고 액셀러레이터, 브레이크, 클러치 등의 페달류를 정확하고 민첩하게 조작하기 위해서는 드라이빙 포지션의 결정이 중요하다. 따라서 레이싱카의 시트는 드라이버의 몸에 알맞게 만들어진다.

드라이빙 플레이트 driving plate　배전기의 원심력 거버너 기구로서, 거버너 웨이트의 개폐와 연동하여 캠을 진각 또는 지각하기 위한 연결판이다.

드라이 섬프 dry sump　엔진 윤활 장치의 한 형식으로, 여기에서는 오일이 오일 팬에 주입되지 않고 분리 탱크(separate tank)에 주입된다.

드라이 섬프식 dry sump type　엔진 오일을 오일 탱크에 저장하여 오일펌프로 엔진의 여러 부분에 보내서 윤활하고, 오일 팬에 떨어진 오일은 다른 흡입 펌프로 오일 탱크에 되돌아오게 순환시킨다. 오일 팬의 용량이 작아도 되고, 윤활 신뢰성이 높아 레이스 등에 쓰이는 방식이지만, 시스템은 조금 복잡하다.

드라이 스타트 dry start　엔진을 시동할 때에 윤활유가 충분히 윤활되지 않는 상태를 말한다. 장시간 정지 후 엔진을 시동했을 때는 몇 초 동안 오일펌프의 엔진 오일 공급량이 부족하게 된다. 이때 엔진 회전 부분의 마모가 발생된다.

드라이 스프레이 dry spray　(1) 페인트의 안료가 바인더에 의해 적절히 유지되지 않거나, 페인트가 표면에 도달하기 전에 바인더가 증발해 버리는 현상을 이른다. (2)

스프레이건의 공기 압력에 비하여 적은 양의 페인트가 사용되어 밝고 얇은 건조한 페인트 막이 생기는 현상을 말한다.

드라이어 drier 유성 도료의 건조를 촉진하는 물질을 말한다. 주성분은 납, 망간, 코발트 등의 금속 비누 또는 이러한 금속의 나프테산염이다.

드라이 코트 dry coat 도장(塗裝) 면에 분사한 페인팅 중에 용제분이 적어 좀 매끄럽지 못한 느낌이 있는 상태, 또는 그렇게 만들기 위한 도장 방법을 이른다.

드라이 타이어 dry tire ⇨ 슬릭 타이어

드라잉 램프 drying lamp 적외선 건조용 램프로서, 자동차 보디의 페인팅이 끝난 다음 건조시킬 때 사용하는 램프를 말한다.

드래그 drag 가스 절단면에서 절단 기류의 입구점과 출구점 사이의 수평 거리를 말한다. 가스 절단을 정해진 속도로 실시할 때 대개 일정한 간격으로 평행 곡선이 나타나는데, 이 곡선을 드래그라인이라고 부른다. 진행 방향으로 측정한 1개의 드래그라인의 시작점과 끝점과의 거리를 드래그라고 한다. 강판 중에 라미네이션과 같은 결함이 있는 곳에서는 드래그라인이 흩어지므로 이 모양으로부터 결함을 알 수도 있다.

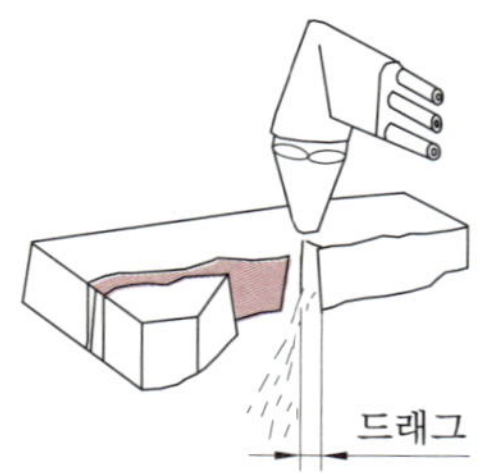

드래그

드래그 레이스 drag race 1948년 제2차 세계대전 직후 미국에서 시작된 자동차 경주를 이른다. 평탄한 직선의 0.25마일(402.33 m) 코스에서 정지부터 출발까지 그 소요 시간과 통과 속도를 겨루는 레이스이다. 이 레이스를 미국인들은 흔히 '자동차 번개 경주'라고 부른다. 엔진 파워가 2,000 마력이 넘는 세계에서 가장 출력이 높은 엔진을 단 차들이 순간 가속도를 다루는 경주이기 때문이다. 공기 저항과 노면 접지력을 극대화하기 위해 로켓 모양으로 차

를 만들기도 하고, 공기 저항을 줄여 주는 장치를 달아 기묘한 모양으로 차를 꾸미기도 한다. 순간적으로 워낙 힘이 넘치기 때문에 정지할 때에는 안전을 위해 낙하산을 펼치거나 때로는 갈퀴까지 사용하기도 한다. 이 레이스는 일정 시간 간격을 두고 집단으로 달리는 레이스와는 달리, 단독으로 또는 2대 내지 3대가 함께 출발하는 특징이 있다. 출발을 알리는 푸른 신호등이 커지면 2~3대의 드래그스터는 엄청난 굉음과 함께 타이어 마찰로 인한 연기를 내뿜으며 앞으로 튀어나간다. 보통 드래그 레이스 차량의 앞바퀴는 자전거 바퀴처럼 가볍고 브레이크도 없어 차의 무게가 뒤에 쏠려 갑자기 출발하게 되면 앞바퀴가 공중으로 들리기도 한다.

드래그 링크 drag link 피트먼 암과 조향 너클을 연결하는 로드로, 양 끝이 볼 이음으로 되어 있다. 볼 섭동부 마모를 적게 하고노면 충격을 흡수하기 위하여 볼 속에는 스프링이 들어 있다.

드래그스터 dragster 미국 특유의 모터스포츠에서 SS 4분의 1마일의 가속성을 경쟁하기 위해서 특별 설계 제작된 드래그 레이스용 자동차이다. 정지 상태에서 출발하여 가장 빠른 시간에 주파하기를 겨루는 가속 경주용으로 만들어진 차이다. 드래그스터는 가늘고 긴 보디에 앞바퀴가 마치 자전거의 바퀴와 같이 왜소한 것에 비해서, 인디애나폴리스 500마일 레이스에 출장하는 자동차에 장치되는 것과 같이 큰 휠에 폭넓은 타이어를 뒷바퀴로 사용한 것이 있다.

드래그 토크 drag torque 동력 전달 계통의 회전 저항을 말하며, 부하가 걸려 있지 않은 상태의 동력 전달 계통을 회전시키는 데 필요한 토크를 이른다. 변속기나 종감속 기어의 맞물림 손실(저항), 오일의 교반 저항(攪拌抵抗), 베어링의 마찰 손실 또는 브레이크의 끌림에 따라 발생하는 저항, 휠 베어링의 회전 저항 등이 포함된다.

드럼 drum (1) 수관 보일러에 있어서 수관이 부착된 드럼(胴)을 말한다. 드럼의 판 두께 등은 정해진 계산식으로 산출하는데, 드럼은 다수의 수관을 부착하기 위한

부착용 구멍이 뚫려 있기 때문에 수관군을 부착하는 부분의 판 두께는 다른 부분보다 두꺼울 필요가 있다. (2) 콘크리트는 드럼에서 혼합되며, 드럼의 총 체적은 드럼의 총 용량이다. 믹서 용량은 내용물이 밖으로 흘러나오지 않고 혼합될 수 있는 용량이다. 그러므로 믹서 용량을 드럼의 실질적인 믹싱 혹은 애지테이터 용량이라고 한다. 이것은 내용물을 밖으로 흘리지 않고 드럼 내에서 적당하게 혼합될 수 있는 콘크리트의 양을 나타낸다. 믹서의 용량을 설정할 때 고려해야 하는 중요한 요소는 차량의 총 중량인데 이것을 초과하지 말아야 한다.

드럼 샤프트 drum shaft　이 샤프트는 드럼 하단부에서 드럼을 지지하며, 건식 믹서에서 물은 샤프트의 중공 중심을 통하여 믹서 드럼으로 주입된다.

드럼(식) 브레이크 drum brake　자동차용 브레이크 장치로, 바퀴와 함께 회전하는 브레이크 드럼 안쪽으로 라이닝(마찰재)을 붙인 브레이크슈를 압착하여 제동력을 얻는다. 브레이크슈, 휠 실린더, 백 플레이트 및 브레이크 드럼 등으로 이루어진다. 페달을 밟으면 브레이크슈는 확장 기구에 의해 드럼 내면에 압착되고, 브레이크슈에 부착된 라이닝과 드럼 내면의 마찰력에 의해 바퀴가 정지하는 방식이다.

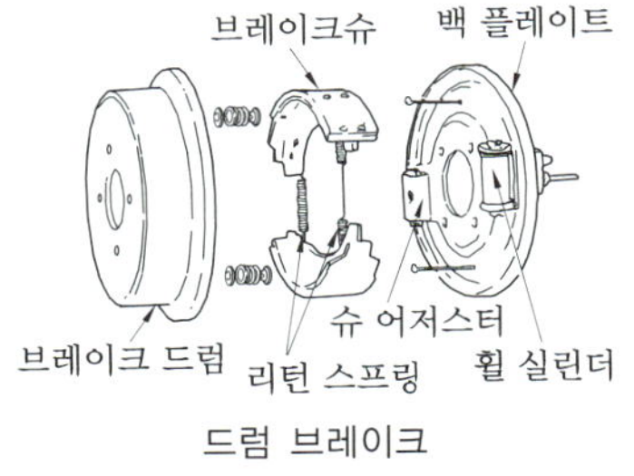

드럼 브레이크

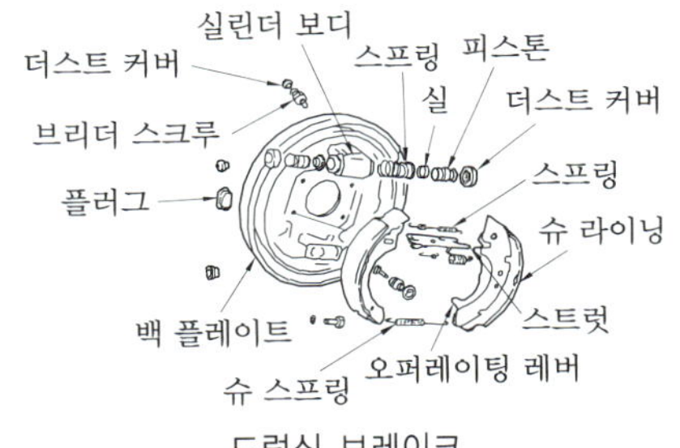

드럼식 브레이크

드럼 인 디스크 브레이크 drum in disk brake　리어 디스크 브레이크 차로서, 파킹 브레이크의 효과를 더욱 향상시키기 위해 브레이크 디스크 내부에 파킹 브레이크 전용의 드럼 브레이크를 내장한 것을 말한다. 이 형식의 브레이크를 드럼 인 디스크 브레이크라고 한다.

드레서 dresser　다이아몬드 드레서를 말하는 것으로, 숫돌의 표면에 그레이징(grazing), 로딩(loading), 마모 현상이 생길 때 숫돌차의 날을 세우기 위해 사용하는 공구를 말한다.

드레싱 dressing　그레이징이나 로딩이 생긴 때 드레서를 사용하여 숫돌차 표면의 숫돌 입자를 제거하고 새로운 숫돌 입자를 내는 작업을 이른다.

드레인 drain　증기 기관이나 증기를 사용하는 기계 장치 내에서 증기가 응결하여 생긴 물을 이른다.

드레인 콕 drain cock　배출 콕을 이르는 말로, 냉각 장치로부터 냉각수를 배출시키기 위해서 사용되는 라디에이터 아랫부분에 설치되어 있는 밸브를 말한다.

드레인 플러그 drain plug　냉각 장치로부터 냉각수를 배출시키기 위해 엔진 블록에 설치되어 있는 플러그를 말한다.

드레인 회로 drain line　유압 장치에서 오일을 배출시키는 바이패스 회로나 탱크 등에 유도시키는 회로를 말한다.

드로 바 테스트 draw bar test　모래땅이나 눈길을 주행할 때 3 m 정도로 끊은, 전봇대 정도로 굵은 통나무를 옆으로 끌어당겨서 타이어에 접지력을 조사하는 방법을 말한다.

드로 스루 충전 draw through charging　터보 차징 장치에서 컴프레서가 기화기와 흡기 매니폴드 사이에 설치되는 형식으로, 공기와 연료 모두 에어 컴프레서를 경유하게 된다.

드로잉 drawing　선재(線材)나 가는 관(管)을 만들기 위한 금속의 변형 가공법으로 인발(引拔)이라고도 하는데, 정해진 굵기의 소선재(素線材)를 다이(die)라는 틀을 통해서 다른 쪽으로 끌어내어 다이에 뚫려 있는 구멍의 모양에 따른 단면 형상의 선재로 뽑는 작업이다. 드로잉 재료로서 가장 일반적인 것은 강선(鋼線)과 구리선이다. 늘리기라고도 한다.

드로핑 저항 dropping resistor　1차 점화 회로 내의 저항으로, 전압 및 전류를 안정시키는 일을 한다.

드롭라이트 droplight　이동식 램프로, 긴급 작업 부위를 비추기 위하여 정비소에서 사용하는 긴 전선을 가진 이동식 라이트를 말한다.

드롭사이드 및 테일게이트 형식 트럭　적재함은 사이드 보드와 테일게이트로 되어 있는데, 리어 덤프의 경우 보통 모래 토양과 같은 푸석푸석한 짐은 뒤쪽으로 내린다. 그러나 리어 덤핑이 불가능한 위치에서는 이러한 타입 장착 시 사이드 보드를 풀고 손이나 삽을 사용하여 짐을 내리게 된다. 테일게이트는 상부가 힌지식으로 게이트의 하단부 끝은 고정되어 있다가 보디가 기울어질 때 자동적으로 풀린다.

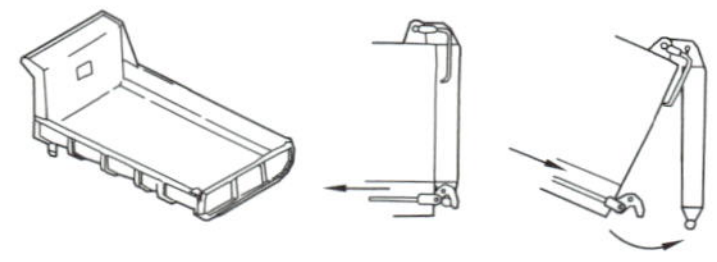

드롭사이드 및 테일러 게이트

드롭 센터 림 drop center rim　림 형상의 하나로서 기호 DC로 표시되며, 림의 중앙 부분에 타이어의 탈착이 쉽도록 홈이 설치되어 있는 것을 이른다. 타이어의 비드 베이스가 밀착하는 비드 시트에 테이퍼(경사)가 설치되어 있으며, 승용차 타이어용 림에서는 테이퍼 각도가 5°, 트럭의 튜브 리스타이어용 림은 15°로 되어 있어 각각 5° DC 림, 15° DC 림으로 구별하여 부른다. 또한 비드 시트에는 타이어의 비드 베이스가 안쪽으로 미끄러지지 않도록 험프(hump)라고 불리는 어묵형의 단면을 가진 띠(帶)가 설치되어 있다.

드롭 암 drop arm　⇨ 피트먼 암

드롭 윤활 drop lubrication　윤활유를 통하여 오일 탱크로부터 윤활유에 구멍, 니들, 밸브, 등심(燈心) 등을 통하여 한 방울씩 떨어뜨리는 주유 방법을 말한다.

드롭 해머 drop hammer　(1) 단조용 해머를 이른다. 경강제(硬鋼製)의 해머를 일정한 높이로 끌어 올렸다가 낙하시켜 단조에 사용한다. 해머의 무게는 100~500 kgf 정도이고, 낙하 거리는 1~2 m이다. (2) 파일 해머를 이른다. 타격용 주철제 추를 건설 기계의 크레인에 설치하여 윈치(권양기)를 써서 일정한 높이로 잡아당긴 다음 낙하시켜 파일을 박는 해머로, 낙하 해머라고도 한다. 추의 무게는 200~300 kgf이다.

드리븐 기어 driven gear　원동 기어에 맞물려 돌아가는 기어로, 종동(從動) 기어 또는 피동(被動) 기어라고 한다. 드리븐 기어에 대한 구동축의 원동 기어는 드라이브 기어라 하고, 2개의 기어의 조립으로서 오일펌프, 스피드미터 기어 등에 사용된다.

드리븐 스프로킷 driven sprocket　체인용 기어로 구동되는 부분으로서, 자동차의 타이밍 체인에서 캠축에 설치된 스프로킷을 말한다.

드리프트 drift　코너를 돌 때 액셀러레이터 페달을 끝까지 밟으면 뒷바퀴(레이싱카에서는 주로 뒷바퀴가 굴림 바퀴임)가 옆으로 미끄러지는데(슬라이드) 이런 상태를 드리프트라고 하며, 드라이버가 카운터 스티어 등의 테크닉으로 컨트롤할 수 있는 범위의 상태이다. 액셀 페달을 밟은 상태의 슬라이드이므로 '파워 슬라이드' 또는 '파워 드리프트'라고도 한다. 코너로 들어서기 위해 핸들을 꺾은 시점에서도 차에는 아직 직진하려는 관성이 남아 있다. 코너로 꺾어 액셀 페달에서 발을 떼면 이 관성 때문에 뒷바퀴가 미끄러지기 시작하는데, 이것을 '관성 드리프트'라고 한다. 또한 코너로 꺾어서도 브레이크를 계속 밟아 뒷바퀴를 슬라이딩시키는 것은 '브레이크 드리프트'라고 부른다.

드리프트 아웃 drift out　굴림 방식에 관계 없이 코너링 때 차체의 Z축 중심의 모멘트 이상으로 횡축으로 작용하여, 본래의 커브와는 다른 접속 방향으로의 슬라이드가 발생하는 상태를 이른다. 결국 코너링 중에 네 바퀴가 미끄러져 서서히 회전 반지름이 커지고 코너 바깥쪽으로 향하게 된다. 이때는 타이어의 옆 방향의 힘을 복원시키는 것이 가장 좋은 컨트롤 요령이다.

드리프트 업 앵글 drift up angle　바퀴의 진행 방향과 차체의 진행 방향이 서로 엇갈려 생긴 각을 이른다. 자동차가 커브 길을 선회할 때는 원심력과 옆바람의 영향을 받아 차체가 한쪽으로 쏠리게 된다. 이때 자동차 바퀴는 수직 상태를 유지하지 못하고 한쪽으로 약간 기울어지기 때문에 자동차 바퀴의 진행 방향과 차체가 진행하는 방향이 서로 엇갈리게 되는 것이다.

드리프트 주법 drift method 드리프트는 타이어 넷이 동시에 어떤 각도로 옆으로 미끄러지면서 컨트롤된 차의 상태를 이른다. 드리프트 주법은 앞뒤 타이어가 옆으로 미끄러지는 것을 계산에 넣어 컨트롤하면서 방향을 잡는 주법으로, 아주 빠른 속도나 미끄러지기 쉬운 노면에서 쓸 수 있지만, 타이어를 비롯한 차의 성능이 이에 맞지 않으면 위험하다. 레이스, 랠리 등에서는 알맞은 타이어, 리미티드 슬립 디퍼렌셜, 강한 굴림 토크가 전제 조건이다.

드리프트 주행 drift drive 코너에서 높은 탈출 속도를 유지하기 위해 운전자가 자동차의 컨트롤을 유지하면서 의도적으로 뒷바퀴를 미끌리게 하여 과조향 상태를 유발하여 코너를 통과하는 기술이다. 코너링하기 직전 뒤 타이어의 슬립 앵글이 앞 타이어의 슬립 앵글보다 크고 앞바퀴의 방향이 회전 방향과 반대(즉, 왼쪽으로 코너링하는 경우 앞바퀴는 오른쪽으로 향함)일 때, 그리고 운전자가 이런 요소들을 컨트롤할 때 드리프트할 수 있다.

드릴 drill 금속에 구멍을 뚫는 것을 드릴이라고 한다. 종류가 많은데, 일반적으로 드릴이라고 하면 둥근 구멍을 뚫는 트위스트 드릴을 가리킨다. 흔히 드릴링 머신에 장치하여 사용하지만, 전기 드릴 또는 핸드 드릴(래칫 드릴)에 장치하여 수동 작업으로 구멍을 뚫는 경우도 있다. 평 드릴은 깊고 곧은 구멍을 뚫는 데 사용되는 드릴이며, 이것에는 날홈에 비틀림각이 없다. 따라서 칩(깎아 낸 부스러기)이 잘 빠져나가지 못하며, 가공 속도를 빠르게 할 수 없다. 스폿 페이싱 드릴은 볼트의 머리 등이 표면 밑으로 묻히도록 구멍의 가장자리를 도려낼 때 사용한다. 센터 드릴은 기계 가공에 필요한 센터 구멍을 뚫을 때 사용되며, 보통 선반에 장치해서 사용한다. 전기 드릴은 금속 가공용으로 소형 전동기의 회전자 끝에 드릴 척을 갖추고 있어 비교적 지름이 작은 구멍을 뚫는 데 사용된다. 핸드 드릴은 손으로 돌려 선단에 고정한 드릴로 구멍을 뚫는다. 드릴의 재질은 보통 고속도강이지만, 지름이 큰 것은 초경합금(超硬合金)을 날 끝에 납땜하여 붙인다. 또 날 끝에 다이아몬드를 붙인 다이아몬드 드릴도 있는데, 이것은 유리나 석재(石材)의 구멍 뚫기에 사용된다.

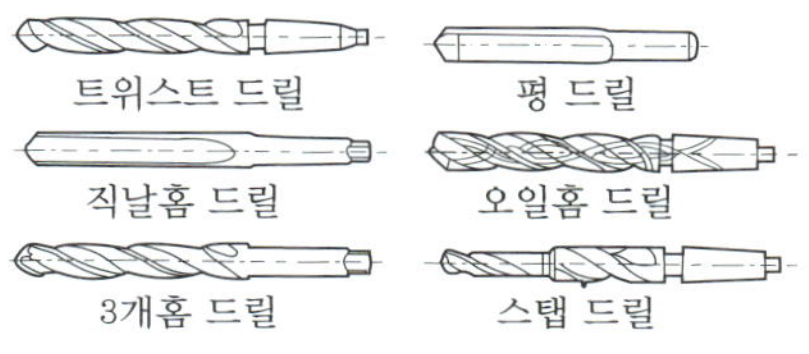

드릴

드릴 게이지 drill gauge 드릴의 치수, 드릴 선단 날끝각 등을 검사하는 데 사용하는 게이지이다. 하나의 얇은 강판에 작은 치수의 구멍에서부터 큰 치수의 구멍까지 여러 가지 치수의 구멍이 뚫어져 있다.

드릴링 머신 drilling machine 공작물에 구멍을 뚫는 기계를 이른다. 회전하는 주축에 드릴 등 절삭 공구를 장치하고 이것을 회전시킴과 동시에 상하 운동을 시켜 공작물에 구멍을 뚫는다. 드릴링 머신으로 할 수 있는 작업은 드릴링, 리밍, 보링, 나사 내기, 스폿 페이싱, 카운터 실링, 카운터 보링 등 많이 있다.

드립 몰딩 drip molding 루프 가장자리를 둘러싸고 있는 굴곡진 금속 몰딩으로서, 물이 사이드 윈도로 들어오는 것을 막아 멀리 흐르도록 한다.

드웰 dwell (1) 전기 부품이 에너지를 받고 있는 시간의 양을 측정한 측정값을 이른다. 높은 드웰은 부품이 더욱 오랜 시간 동안 에너지를 받고 있음을 나타내고, 낮은 드웰은 부품이 더욱 짧은 기간 동안 에너지를 받고 있음을 나타낸다. 드웰은 1차 점화 회로와 혼합 조정기 솔레노이드에서 측정된다. (2) 접점이 닫혀 있는 동안 배전기축이 회전한 각을 말한다.

드웰 각 dwell angle 점화 장치에서, 포인트가 닫힌 상태에서 캠이 회전한 각도(4기통 50~55°, 6기통 36° 정도임)를 말한다.

드웰 각 제어 dwell angle control　무접점식 및 트랜지스터식 점화 장치에서는 점화 코일에 1차 전류가 흐르는 시간을 드웰 기간이라고 한다. 드웰 각과 드웰 기간은 비례한다. 드웰 각이 일정할 때 점화 코일에 저장되는 에너지는 엔진의 회전 속도에 반비례하고 배터리 전압에는 비례한다. 엔진의 회전 속도에 관계없이 점화 코일에 저장되는 에너지를 일정 수준 이상으로 유지하기 위해서는 드웰 각을 제어해야 한다. 드웰 각 특성도를 컴퓨터에 미리 기억시키고 엔진의 회전 속도와 배터리 전압의 변화에 따라 최적의 드웰 각을 연산한 다음 드웰 각 특성도와 비교하여 트리거 수준을 이동시켜 제어한다.

드웰 미터 dwell meter　드웰 각을 측정하기 위한 측정 장치이다.

드웰 변화 시험 dwell variation test　엔진이 가속될 때 드웰의 변화 상태를 측정해 봄으로써 배전기의 마모 및 브레이커판의 상태를 점검해 볼 수 있는 테스트를 말한다.

드웰 타임 dwell time　연료 분사 장치에 사용되는 시스템으로, 여기에서 람다 제어 밸브(lamda control valve)가 연료 복귀 회로를 통해서 보다 많거나 적은 연료가 되돌아가도록 개폐된다.

드웰 태코미터 dwell tachometer　캠 각과 엔진의 회전수를 측정할 수 있는 테스터이다. 각각 독립적으로 제작된 테스터가 있지만, 캠 각의 측정이나 엔진의 회전수를 측정할 때는 배전기의 사이드 단자에서 측정되기 때문에 하나로 조합된 것이 많다.

등가 관성 중량(等價慣性重量) equivalent inertia weight　배기가스 규제 시험이 있을 때 섀시 다이너모 상에서 차량을 주행시키는 형태로 행한다. 이때 구동륜으로 드럼을 회전시켜서 운전을 하고 있는 상황을 만들어 내지만, 이 드럼에 웨이트(관성 중량)를 가하여, 통상 주행 시와 같은 상황으로 하고 있다. 이 웨이트의 중량을 등가 관성 중량이라고 한다. 관성 중량＝차량 중량＋승원 2명(55 kg×2). 차량 중량은 차마다 상세히 이 웨이트를 설정할 수 없기 때문에 차량 중량의 어느 범위마다 대표 중량을 정하고 있다. 이것을 등가 관성 중량 등급(rank)이라고 부른다.

등가 저항(等價抵抗) equivalent resistance　회로 전체에 분포되어 있는 개개 저항체의 저항값과 같은 전력 손실을 발생하는 집중 저항을 이른다.

등가 탄소량(等價炭素量) carbon equivalent　용접부의 경화성, 균열 감수성, 그 밖의 용접성을 모재(母材)의 화학 성분에서 추정하기 위한 수단으로 쓰이는 것으로, 예를 들어 경화성에 미치는 각 합금 원소의 영향에 대하여 동등의 효과를 갖는 탄소량으로 환산하는 다음의 여러 식이 있다.

$$\text{voldrich} : eq = C + \frac{1}{4}\,(Mn + Si)$$

$$\text{tremlett} : Ceq = C + \frac{1}{6}\,Mn + \frac{1}{15}\,Ni + \frac{1}{5}\,Cr + \frac{1}{4}\,Mo + \left(\frac{1}{13}\,Cu + \frac{1}{2}\,P\right)$$

등감 곡선(等感曲線) sophonic contours　주파수가 다른 순음은 세기(단위 면적을 통과하는 파워)가 같을지라도 귀로 청취한 세기의 감각량(음의 크기)은 같지 않다. 이 관계를 명시하기 위하여 가로축에 순음의 주파수를 대수 척도로 잡고, 세로축에 음의 세기를 대수 척도로 잡아서 같은 감각이 생기는 점을 연결하는 곡선을 그린 것을 등감 곡선이라고 한다.

등량비(等量比) equilibrium ratio　가솔린 엔진에서 이론 공연비(理論空燃比)를 공급된 혼합 가스의 공연비로 나눈 것을 말한다. 이 역수(逆數)를 공기 과잉률(空氣過剩率)이라고 한다. ⇨ 공기 과잉률

등속 자재 이음 constant velocity universal joint　일반 자재 이음은 각도 때문에 피동축의 회전 각속도가 일정하지 않아 진동이 수반되는데, 이것을 방지하기 위해 제작된 것이 등속 자재 이음이다. 등속 자재 이음은 드라이브 각도가 크게 변화해도 동력 전달의 효율이 높지만 구조가 복잡하다.

등속 조인트 constant velocity joint　전륜 구동차의 앞차축으로 사용되는 조인트이다. 구동축과 일직선상이 아닌 피동축 사이에 회전각 속도의 변화 없이 동력 전달이 균등하게 되도록 한 자재 이음으로서, 꺾임 각이 큰 자재 이음을 축의 양 끝에 부착하여 회전각 속도의 변화를 상쇄시키는 것이다. 제파 타입, 버필드 타입, 와이스 타입, 트랙터 타입 등이 있다. 보통 CV 조인트라고 한다. 등속 조인트에는 다음과 같은 종

류가 있다. ① 이중 십자 이음(double cross joint) : 2개의 십자축을 마주 대고 중심 요크로 결합한 형식. ② 제파 자재 이음(Rzeppa universal joint) : 동력 전달용의 볼을 볼 리테이너에 삽입하고 다른 한 축은 하우징을 만들어 볼 리테이너와 하우징을 결합한 형식. ③ 벨 타입 자재 이음(bell type joint) : 제파형 자재 이음을 개량한 것으로, 6개의 볼(ball)이 볼 리테이너에 들어 있는 형식. ④ 더블 오프셋 자재 이음(DOJ ; double offset joint) : 볼형의 자재 이음에 슬립 이음을 추가한 형식으로, 6개의 볼이나 3개의 롤러가 동력 전달 작용을 하는 형식.

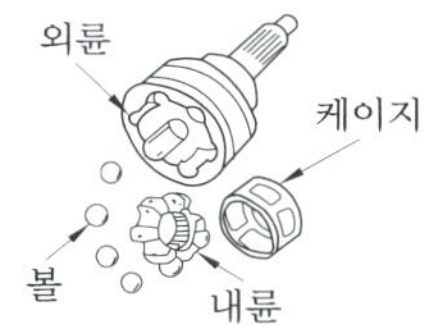

등속 조인트의 구조

등압선(等壓線) isobar (1) 물체의 상태량(狀態量) 중에서 압력을 일정하게 유지하면서 다른 양, 예컨대 온도·체적 간의 관계 등을 나타내는 곡선을 말한다. (2) 일기도에서 기압이 같은 지점을 연결하여 이은 선이다. 고기압이나 저기압의 분포 상태를 나타내기 위한 것으로, 보통 4밀리바(mb) 간격으로 그린다.

등온 변화(等溫變化) isothermal change 온도 일정의 조건하에서 일어나는 변화를 말한다. 온도 변화의 영향을 제거하기 위해 실험실에서는 정온조를 사용하여 등온 변화를 연구하는 경우가 많다. 등온 변화라 하여도 팽창할 경우에는 외부로부터 매우 적으나마 열을 받는다(수축할 때는 그와 반대로 서서히 식혀 주어야 함). 그 열은 기체가 팽창할 때 밖으로 하는 일에 쓰이고, 내부 에너지의 증가에는 쓰이지 않는다. 즉, 외부로부터의 일이 0일 경우에는 헬름홀츠의 자유 에너지가 감소하고, 압력이 일정할 경우에는 기브스의 자유 에너지도 동시에 감소한다.

등온 압축(等溫壓縮) isothermal compression 가스의 온도를 일정하게 유지한 상태에서의 압축 과정을 말한다.

등온 팽창(等溫膨脹) isothermal expansion 가스의 온도가 일정한 상태에서의 팽창 과정을 뜻한다.

등용도(等容度) degree of constant volume 엔진의 이론 사이클의 하나인 사바테 사이클(sabet cycle)로서, 압축 행정이 끝난 시점에서 연소실 내의 압력과 최대 압력의 비(比)를 말한다.

등장 구동축(等長驅動軸) FF 차량의 경우 가로놓임 엔진이 주류로 되어 있기 때문에 그의 구성상 좌우 구동축의 길이를 같게 할 수 있지만, 이 구동축의 길이가 서로 다르면 급발진했을 때 핸들을 빼앗기는 현상(torque steer)이 발생한다. 이 현상을 방지하기 위해서 좌우 같은 길이의 구동축을 사용하는데 이것을 등장 구동축이라고 한다.

등장(等長) 드라이브 샤프트 드라이브 샤프트의 좌우 길이가 같은 것을 말한다. 예컨대 FF 차량은 엔진, 트랜스미션의 레이아웃 때문에 드라이브 샤프트의 좌우 길이가 달라질 경우가 있고, 급격한 가속을 하는 경우 등에 좌우의 타이어에 전달되는 토크의 차가 생기며, 약간이긴 하지만 스티어링 휠을 잡는 경우가 생긴다. 이것을 토크 스티어라고 한다.

등장(等長) 프런트 배기 파이프 V6 DOHC 엔진에 적용된 프런트 배기 파이프 전후에 뱅크의 프런트 파이프 길이를 동일하게 함으로써 배기 간섭을 감소시켜 배기음의 음색 향상을 도모한 것을 말한다.

등판능력(登坂能力) gradability 등판능력은 차량 총 중량(트럭의 경우에는 연결 시 차량 총 중량)을 적재한 자동차가 1단 기어에서 등판할 수 있는 능력을 말한다. 3가지 형식(tan, sin, %)이 등판능력을 표시하기 위하여 쓰인다. 보통 퍼센트(%)를 사용하며, 견인력과 구름 저항, 기울기 저항, 공기 저항에 따라 등판능력이 결정된다. ① 탄젠트 : 여기서 등판능력은 $\tan \theta$로 표현되는데, $\tan \theta = AC/BC$ 이것은 이동한 수평 거리에 대한 등판한 수직 거리의 비를 나타낸다. ② 사인 : 여기서 등판능력은 $\sin \theta$로 표현되는데, 그것은 주행한 언덕의 거리에 대하여 등판한 실제 거리를 나타낸다. 즉, $\sin \theta = AC/AB$ $\tan \theta$를

$\sin\theta$와 비교할 때 $\tan\theta$의 수치가 더 커지게 됨을 알게 된다. ③ 퍼센트(%) : 이것은 주행한 수평 거리에 대한 올라간 수직 거리의 %이다. (AC/BC)×(%)로 주어진다.

등판 성능(登坂能力) hill climbing ability 자동차가 어느 정도의 경사길을 올라갈 수 있는지의 정도를 말하는 것으로, 자동차가 최대 적재 상태에서 경사길 중간에 멈추었다가 다시 출발할 수 있는 능력을 말하는데, 이는 엔진의 힘과 중량에 관계가 깊다. 다시 말해서, 건조한 포장 노면 위에서 차량 총 무게(승용차라면 차 무게＋55 kg×정원수) 상태로 발진할 수 있는 최대 경사를 의미한다. 단위는 $\tan\theta$를 쓰는데 수평 거리에 대한 고도차의 비, 즉 밑변분의 높이로 나타내어진다. 숫자가 클수록 급경사에 강한 것이다. 같은 출력, 토크라도 차 무게나 중량 배분, 구동축 형식 등으로 등판 성능은 변한다.

등판 시험(登坂試驗) hill climbing test 자동차의 등판능력을 알아보기 위하여 실시하는 것이다. 일정한 기울기를 가진, 길이 20 m 이상의 측정 구간을 가지고, 미끄럼 방지 시공이 되어 있는 포장도로에서 테스트하는 것이 바람직하다.

등판 저항(登坂抵抗) gradient resistance 자동차가 경사진 언덕길을 올라가는 경우는 항상 중력이 경사면에 평행인 분력(分力)이 가해져 자동차의 전진을 방해하는 저항으로, 이 저항을 구배 저항(勾配抵抗)이라고도 한다.

디개서 degasser 자동차 감속 시 농후 가스를 억제시키는 장치를 이른다. 고속 상태에서 갑자기 엑셀러레이터를 놓았을 때 스로틀 밑에 생기는 높은 부압(負壓)을 다이어프램에 작용시켜 아이들(idle) 계통의 연료를 차단하여 농후 가스의 발생을 억지하는 공해(公害) 방지 장치이다.

디그리스 degrease 도장(塗裝)할 표면으로부터 그리스를 닦아 제거하는 것을 이른다.

디더 dither 스풀 밸브 등에 마찰이나 고착 현상 등의 악영향을 감소시키기 위하여 가하는 비교적 높은 주파수의 진동을 말한다.

디덴덤 dedendum 기어의 이밑 깊이를 말하는 것으로, 이뿌리원에서 피치원까지의

반지름 길이이다.

디렉셔널 패턴 directional pattern 타이어의 회전 방향에 따라 특성이 다르며, 지정된 방향으로 회전하도록 자동차에 부착할 필요가 있는 트레드 패턴을 이른다. 트레드 홈의 방향이나 배치를 고안하여 주로 젖은 노면에서 배수 효과를 좋게 하거나, 선회 성능을 높일 목적으로 많이 사용한다.

디렉션스 directions 지시서(指示書)를 뜻한다. 랠리 경기에는 많은 지시 사항이 있는데, 이 지시 사항이 모두 모아져 있는 서류를 지시서라고 한다. 지시서에는 그날의 일기 상황, 코스, 급유 시간, 지시 속도 등 각종 변동 사항 및 주의 사항을 기록한다. 지시서는 스타트 직전에 건네주는 경우가 많으므로 내비게이터는 이것을 주의 깊게 읽어 랠리의 진행 방법을 확실히 파악하고 거기에 충분히 대처하는 것이 중요한 임무이다.

디머 스위치 dimmer switch 헤드램프의 빔을 하이 빔에서 로(low) 빔으로 또는 역으로 전환하기 위한 스위치로, 방향 지시등 스위치와 일체로 되어 있는 것이 많다.

디바이더 divider 양 다리 끝이 모두 침상(針狀)으로 되어 있는 컴퍼스 모양의 제도 용구로, 분할 컴퍼스라고도 한다. 제도나 판금에서 금 긋기를 할 때 선분을 분할하거나 등분하는 데 사용한다.

디바이드형 림 divided type rim 강판을 플러스 가공하여 림과 디스크를 일체로 만들어 볼트와 너트로 고정한 것을 이른다. 기호 DT로 나타내며 경트럭, 산업용 차량, 농기계용 휠로 사용되고 있다.

디셀러레이션 deceleration 속도가 줄어든다는 감속(減速)의 의미이다. 가속(加速, acceleration)의 반대어이다.

디셀러레이션 밸브 deceleration valve 액추에이터(actuator)를 감속시키기 위해서 캠 조작 등으로 유량(流量)을 서서히 감소시키는 밸브를 말한다.

디셀 셧 오프 decel shut off 차량이 타력(惰力)으로 주행하는 동안 연료 공급을 중단시키기 위한 전자 연료 분사 장치 내의 셧 오프 장치를 말한다.

디소올 disohole 디젤유와 알코올을 혼합한 연료를 말한다.

디스어셈블 disassemble　(1) 기계나 구조물을 분해하다. 어떠한 장치 또는 부품을 분해하는 것을 말한다. (2) 컴퓨터에서 역(逆)어셈블하다. 컴퓨터 코드를 인간 언어로 바꾸다.

디스차지 라인 discharge line　에어컨의 압축기 배출구와 응축기(콘덴서)의 흡입구를 연결하는 튜브를 이른다. 이 라인을 통하여 고압의 냉매가 흐른다.

디스차지 에어 discharge air　에어컨의 냉동 유닛으로 나오는 차게 조절된 공기를 말한다.

디스차지 프레셔 discharge pressure　에어컨의 압축기에서 배출되는 냉매의 압력을 이른다.

디스크 disk　(1) 양쪽 표면에 강자성의 물체를 입힌 원형의 저장 매체로, 플로피 디스크 또는 하드 디스크라고도 한다. (2) 휠 허브(wheel hub)에 설치되어 휠과 함께 회전하고, 양면에 패드나 슈의 마찰에 의해 제동 기능을 하며, 특수 주철로 제작된다.

디스크 로터 disc rotor　디스크 브레이크의 주요 부품으로 주철로 된 원판이다. 마찰면이 속까지 철제로 된 것을 솔리드(solid) 디스크라고 하는데, 보통 두께는 15 mm 정도이고, 디스크 로터는 운동 에너지를 열에너지로 바꾸는 것이어서 온도가 400℃ 이상 되기도 하고, 냉각을 좋게 하기 위해 두 마찰면 사이에 냉각을 위한 구멍을 뚫은 것이 벤틸레이티드 디스크이다. 디스크 로터는 지름이 큰 쪽이 큰 제동력을 발생시키지만, 로터는 캘리퍼와 함께 휠 속에 들어가게 되어 지름을 마음대로 크게 할 수는 없다.

디스크 브레이크 disc brake　자동차용 브레이크로, 원판 브레이크라고도 한다. 차바퀴와 함께 회전하는 디스크 양면에 패드를 압착한 뒤 마찰을 일으켜 제동력을 얻는다. 밀폐형 드럼 브레이크의 경우, 반복적으로 사용하면 마찰열로 드럼이 팽창되어 작동하지 않는 단점을 보완하기 위한 것이다. 주요 부품은 휠 허브와 함께 회전하는 디스크, 디스크에 밀착되어 마찰력을 일으키는 패드, 유압이 작용하는 휠 실린더, 휠 실린더가 들어 있는 캘리퍼 등으로 이루어진다. 디스크가 공기 중에 노출되어 있으므로 방열성이 우수하여 반복적으로 사용해도 제동력이 떨어지지 않으며, 마찰 계수의 변동에 따른 영향을 적게 받아 제동력이 안정적이다. 또 구조가 간단하여 패드 교환 등 점검·정비가 쉬운 것이 장점이다. 이에 반하여, 패드 면적이 작고 제한되어 있으므로 충분한 제동 효과를 얻기 위해서는 높은 유압이 필요하며, 외부에 노출되어 있어 빗물이나 진흙 등에 오염되기 쉬운 것이 단점이다.

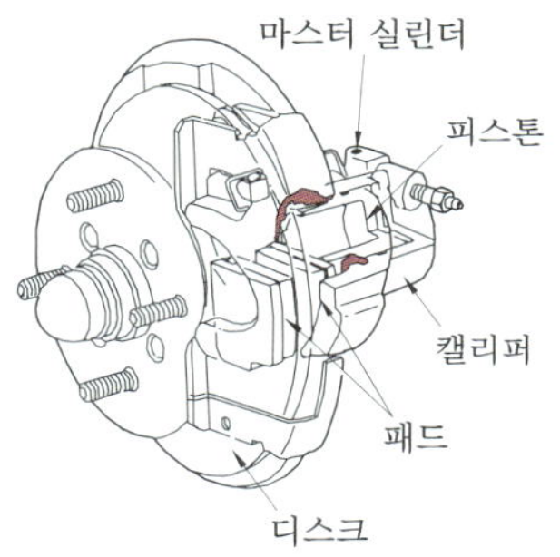

디스크 브레이크

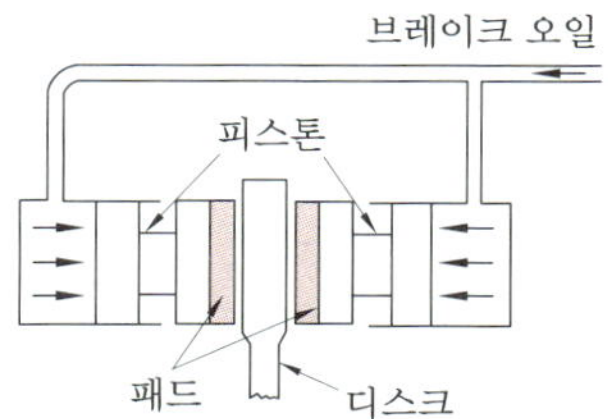

디스크 브레이크의 단면도

디스크 브레이크 울림 disc brake noise　제동 시 "치-" 등의 소리가 나는 것을 말한다. 울림은 1 kHz 이상 20 kHz(가청 최대 주파수)까지 발생되고, 제동 중 패드 마찰제의 상태(제동 유압, 온도, 이력)에 따라 소리가 나지 않기도 한다.

디스크 브레이크 캘리퍼 disc brake caliper　자동차의 패드를 디스크 브레이크에 밀착시켜 앞바퀴 브레이크를 잡아 주는 장치로, 유압에 의해 작동된다. 앞바퀴 브레이크 디스크를 감싸는 형태를 하고 있는데, 앞바퀴 휠에 있는 구멍으로 보면 붉게 도색된 캘리퍼가 보인다. 작동 원리는 다음과 같다. 브레이크가 작동하고 있을 때 매스터 실린더가 유압을 받으면 실린더 안의 브레이크 오일이 유압을 발생시켜 실린더 안에서 좌우로 힘이 작용하게 된다. 이때 좌로 작용하는 힘은 피스톤을 미끄러지게 만들어 안쪽 패드를 디스크에 입착하고, 우로 작용하는 힘은 하우징을 오른쪽으로 미끄러지게 만든다. 이렇게 되면 바깥쪽 패드가 디스크에 압착되어 안쪽 패드와 동시에 마찰력을 일으킨다. 다음으로 브레이크를 해제할 때는 실(seal) 피스톤의 복원력에 따라 피소톤이 제자리로 돌아오고, 안쪽 패드는 디스크 회전에 의해 디스코와 간극을 유지하게 된다. 동시에 바깥쪽 패드는 하우징 슬라이딩 작용에 의해 압착력이 해제되면서 디스크와 간격을 유지하게 되고, 이로써 잔류 토크가 제거된다.

디스크 휠 disc wheel　(1) 연강판으로 프레스 성형한 디스크를 림과 리벳 또는 용접으로 결합한 부품으로서, 구조가 간단하고 대량 생산에 알맞아 각종 자동차에 널리 사용된다. ⇨ 캐스팅 휠. (2) 타이어를 유지하는 림과 차의 허브(hub)에 붙이는 디스크를 함께 디스크 휠이라고 부른다. 타이어는 디스크 휠에 붙여지고 공기를 넣어야 기능을 발휘할 수 있고, 타이어에 작용하는 힘은 모두 디스크 휠을 통하여 차에 전해진다. 요즘에는 디스크 휠의 중요성을 알게 되어 가볍고 강성이 높은 알루미늄이나 마그네슘 등 경금속 합금을 소재로 한 휠이 널리 쓰이고 있다.

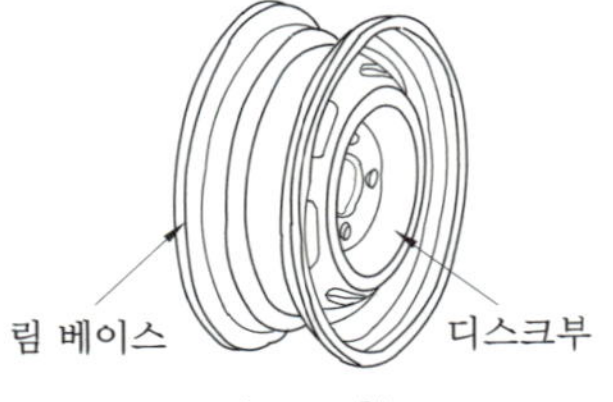

디스크 휠

디스크 휠 오프셋 disk wheel offset　디스크 휠의 림 중심선과 차량과의 장착면 거리를 말한다.

디스턴스 워닝 distance warning　차간 거리 경보 장치를 말한다. 레이저 광의 반사를 이용한 레이더에 의해 차간 거리를 측정하고, 자차 속도, 상대차 속도 등을 고

려해서 추돌 방지 경고를 하는 시스템으로서, 다음과 같이 기능이 있다. ① 이 시스템은 차속 15 km/h 이상에서 작동하고, 10 km/h 이하에서 정지한다. 또한 큰 커브나 스톱 램프 작동 시 등은 오경보를 방지하기 위해 경보 정지 상태가 되며, 스위치에 의해 경보를 정지시킬 수도 있다. ② 프런트 범퍼 내의 헤드 유닛으로부터 레이저광을 발사하여, 선행 차의 리플렉터로부터의 반사광에 의해 선행 차와의 거리를 산출해서 미터 내에 표시한다. ③ 다음에 컨트롤 유닛으로 차간 거리, 자차 속도 그리고 선행 차와의 상대 속도 등을 고려하면서 경보 차간 거리를 산출하여, 그 이내가 되면 램프 점등, 알람을 울리고, 감속 보조로서 시프트의 OD(오버 드라이브)를 자동적으로 해제하는 것 등이다.

디스트리뷰션 옥탄가 distribution octane number　가솔린의 옥탄가로서, 실험실 옥탄가 측정법의 하나인 디스트리뷰션법에 의하여 얻어진 것이다. CFR 엔진의 흡기 다기관에 냉각 장치를 부착하여 리서치법에 따라 측정한 것으로, 다기통 엔진에서 가솔린의 앤티노크성을 나타낸 것이다. DON으로 줄여 표시한다.

디스트리뷰터 distributor　(1) 자동차 부품의 하나로, 점화(點火) 코일에 발생한 고전압을 점화 순서대로 점화 플러그에 배전하는 기기이다. 단속기(斷續器), 점화 시기 조정 장치, 배전부(配電部) 등으로 구성되어 있다. ⇨ 배전기. (2) 벨트 컨베이어로 운반되어 온 석탄이나 광석 등 산적 하물(散積荷物)을 저장소에 쌓아 올리는 기계로, 보통 스태커라고 하는 경우가 많다. 레일 위를 컨베이어를 따라 주행하며, 하물을 벨트 컨베이어로부터 받아 기다란 붐(boom) 끝에서 좌우로 살포하여 저장한다. 보통 붐은 선회 운동으로 사용되던 브리지형 크레인이나 인입 크레인에 비해 시설비가 적게 들고 운전이 수월하다. 능력은 대체로 매시 300~1,000 t 정도의 것이 많지만, 연속 운반이 되기 때문에 대용량의 취급이 가능하여 매시 수천 t에 이르는 것도 있다.

디스트리뷰터리스 점화 장치 distributorless ignition　배전기가 없는 점화 장치로서,

정확한 점화 시기를 검출하는 센서를 설치하여 감지하는 신호를 컴퓨터로 보내어 점화 2차 고전압의 전류를 발생시켜 점화 코일에서 직접 점화 플러그에 보내는 점화 장치이다. 따라서 점화 코일을 점화 플러그 가까이 설치할 수 있어 고압 케이블의 저항에 의한 실화를 방지하며, 고압 배전으로 인한 방해 전파가 일어나지 않는다. 특히 원심식 및 진공식 진각 장치의 기계적 소음과 단속기 암 스프링의 피로에 의한 영향이 적어 고속 회전에서 늦어지기 쉬운 점화를 확실히 하는 방식이다.

디스트리뷰터 캡 distributor cap 중앙 단자(코일선용)와 원형 형태로 캠 주위에 일정한 간격으로 있는 일련의 단자(스파크 플러그마다 1개씩)가 있는 디스트리뷰터를 위해 절연된 캡이다. 고전압이 중앙 단자를 통해 코일로부터 갑자기 증대해지고 로터에 의해 외부 단자들로 전달된다. 몇몇 점화 시스템(GM HEI 및 Toyota ⅡA)에서 점화 코일은 디스트리뷰터의 일부분이고 별도의 코일선이 없다.

디스트리뷰팅 센싱 distributing sensing 타깃 휠(target wheel) 센싱 방법과는 달리, 디스트리뷰터에 내장된 원판에 슬릿(slit)을 가공하여(80개의 홀) 크랭크 각도 및 엔진 회전수를 측정하는 방법을 말한다.

디스펜서 dispenser (1) AE제 용액의 계량 장치로, 부피를 계량하는 것이다. (2) 온수 디스펜서는 보일러에 있는 물이 직접 나오는 곳이므로, 가끔 보일러에 고여 있는 이물질이 같이 나와 이곳에 쌓여 있을 수 있다. 그러므로 주기적으로 분리를 해서 청소를 해 주어야 한다. (3) 자동 디스펜서는 자동 커피머신과 같이 버튼 또는 손잡이를 한 번 누르면 정해진 양만이 공급되도록 고안된 도구이다.

디스플레이 display 상품 진열장이나 진열실, 전람회장 등에 특정 계획과 목적에 따라 상품과 작품을 전시하는 기술을 이른다. 평면적인 진열뿐만 아니라 전시용의 방이나 건물 등의 설계까지를 포함한다. 디스플레이의 종류는, 판매를 목적으로 하는 것으로서 쇼윈도나 점포 안의 디스플레이가 있고, 판매 목적은 아니지만 선전을 위해 넓은 공간을 조형 처리하여 전시 효과를 올리려는 쇼룸이 있다. 쇼윈도는 도시의 과밀화, 교통량의 증대를 비롯하여 건축 구조와 양식의 변화로 감소하는 추세이고, 점차 점포 안 전체가 쇼화하는 경향을 볼 수 있다. 또 PR를 목적으로 한 엑스포지션 디스플레이로서 쇼, 박람회, 견본시 등 대규모로 광대한 공간에 전시되는 경우가 많다. 이로써 디스플레이는 기업 PR나 상품 선전이 독자적 형태로 이루어지므로 유력한 매체로서 중요시되고 있다.

디스플레이스먼트 displacement (1) 배의 배수량(排水量) 즉 배의 무게를 말한다. 디스플레이스먼트 타입이란 물을 헤쳐 나가는 배의 유형을 가리킨다. 종래의 기선, 요트 등은 거의 이 유형인데, 근래에는 수면을 활주하는 배가 출현했다. 이것을 플레이닝 타입이라고 부르며, 종전의 것을 디스플레이스먼트 타입이라고 부른다. (2) 압축기의 형식은 크게 디스플레이스먼트형과 다이내믹형으로 나눌 수 있다. 디스플레이스먼트형 압축기의 대표적인 예로는 왕복 피스톤식 압축기가 있으며, 공장용 압축 공기의 공급에 많이 사용된다. 이 압축기는 실린더 내 피스톤의 왕복 운동과 밸브의 개폐에 따라 공기를 흡입하여 압축 후 배출하는 사이클로 이루어져 있다. 이 형태는 일반적으로 유량(流量)보다는 높은 압력이 필요할 때 많이 사용된다. 다이내믹형 압축기는 회전차(回轉差)를 아주 빠른 속도로 회전시켜 얻어지는 큰 유동 속도로 인한 운동량으로 기체의 압력을 상승시키는 장치인데, 큰 유량이 필요할 때 많이 사용된다.

디시 DC ; direct current 직류를 말한다. 시간이 지나도 전류의 크기와 방향이 변하지 아니하는 전류이다.

디시드 피스톤 헤드 dished piston head 피스톤 상부가 접시 모양으로 오목하게 파진 형식으로, 이 형식은 편평형 피스톤보다 혼합 가스의 와류가 더욱 잘된다.

DC 제너레이터 direct current generator ⇨ 직류 발전기

DC 조셉슨 효과 direct current Josephson effect 극저온에서 출현하는 초전도 현상의 터널 전류에 관계되는 효과로서, 약하게 결합된 2개의 초전도체 간에 전압이

제로에서 전류가 흐르는 현상을 말한다.

디에스 DS ; diesel severe 미국 석유 협회인 API의 운전 조건에 따라 분류되는 디젤 엔진용 오일 구분 중에서 터보차저(과급기, 슈퍼차저)가 있는 엔진 등 마멸이나 침전물이 많은 상태인 고온, 고부하, 급출발, 급정지, 잦은 발차와 정지, 장시간 연속 주행 등 가혹한 조건에서 사용된다.

DS 큐빅 DS^3 ; digital super surround system 최대 출력 250 W, 10스피커 시스템 DSP(디지털 시그널 프로세서)를 적용한 다기능·최첨단의 카 오디오 시스템이다. DS^3은 디지털 슈퍼 서라운드 시스템으로, DSP를 탑재하여 고도의 음질 컨트롤 기능을 구비하고 있으며, 기능은 다음과 같다. ① 액티브 서라운드 컨트롤 기능 : 터널 통과 시 주행 상태나 노면 상태에 따라서 시시각각으로 변하는 차내의 음에 따라서 음질, 음향을 DSP에 의해 컨트롤하고 항상 최상의 음을 창조한다. ② 서라운드 필드 컨트롤 기능 : 재즈, 클래식 등 음악의 장르에 맞춰 DSP가 음질을 최적의 상태로 컨트롤하는 기능, 홀이나 스타디움에서의 음의 퍼짐을 자유로이 설정할 수 있는 기능, 또한 전후좌우로 스피커 음을 원터치 조정하는 포지션 기능, 이러한 모든 기능을 가진 DSP가 컨트롤하여 리얼한 사운드를 제공한다.

DSSS direct sequence spread spectrum 직접 확산 방식으로, 스펙트럼 확산 방식의 하나이다. 디지털 신호를 매우 작은 전력으로 넓은 대역으로 분산하여 동시에 송신하는 것이다. 통신 중에 노이즈가 발생하더라도, 복원 시에 노이즈가 확산되기 때문에 통신에의 영향은 작다. 또한 강한 신호를 발생하지 않기 때문에 좀처럼 다른 통신을 방해하지 않는다. 내장애성 면에서는 FH-SS에 뒤떨어지지만, 전송 속도가 빠르며, 다대일 통신에 적합하다. 무선 LAN의 IEEE 802.11b가 DS-SS를 사용하고 있다(IEEE 802.11은 FH-SS를 사용). 휴대 전화에서 사용되고 있는 CDMA 방식에는 FH-SS와 DS-SS와 양자를 혼합시킨 하이브리드 방식이 있다.

디에스엠 DSM ; digital speed meter 디지털 스피드 미터 또는 디지털 속도계라고도 하는데, 마이콤(micom)과 형광 표시관 등 최신의 일렉트로닉스를 응용하여 종래의 지침식 속도계보다 표시 정도 및 판독성을 좀더 향상시킨 것으로, 차속 센서와 차속 계수 회로, 형광 표시판으로 구성되어 있다.

DA 변환기 digital to analog converter 디지털 신호를 그 수치에 대응한 전압이나 전류 등의 아날로그 신호로 변환하는 기기나 소자로서, AD 변환기의 역의 기능을 가지고 있다. 또 AD 변환기의 비교 방식에 있어서는 DA 변환기를 내부에 사용하고 있고, AD 변환기와 DA 변환기는 디지털 계측 기술에 필수불가결한 것이다. DA 변환기의 방식에는 시분할 DA 변환 방식, 사다리꼴 DA 변환 방식, 무게 저항형 DA 변환 방식과 전류 가산형 DA 변환 방식 등이 있는데, 대별하면 저항 회로망을 사용한 것과 기준 전압의 시분할을 이용한 것으로 된다. 시분할 방식의 경우, 분압 저항군을 필요로 하지 않기 때문에 저항값의 온도 변화나 경년 변화의 영향을 받지 않고 정밀도 높은 것이 기대된다. 그러나 발생 전압을 기준 전압의 시간 분할비로 결정하기 때문에 고속 DA 변환기에는 부적합하다. 저항 회로망을 사용한 방식의 정밀도는 기본적으로 아날로그 스위치의 온-오프 저항 및 분압 저항의 안정도와 상호 크기로 결정된다.

디엘아이 DLI ; distributor less ignition 전자 배전 점화 장치를 말하는데, 기존의 차량에서 배전기(distributor)를 제거한 대신 컴퓨터를 이용한 전자 배전 방식으로서, 고압을 점화 코일에서 점화 플러그로 직접 배전하여 점화 효율이 증대된 시스템이다.

디엠 DM ; Diesel moderate 미국 석유 협회인 API의 운전 조건에 따라 분류되는 디젤 엔진용 오일 구분 중에서 상당히 가혹한 조건에서 운전되는 경우에 사용되는 DG와 DM 중간에 해당되며, DS보다 윤활성의 요구가 심하지 않는 경우에 사용된다.

디오에이치브이 DOHV ; double overhead valve ⇨ 더블 오버헤드 밸브

디오에이치시 DOHC ; double overhead camshaft ⇨ 더블 오버헤드 캠샤프트

D-제트로닉 D-jetronic ; Druck Menge Messer system 흡입 부압 감지 전자 제어식 연료 분사 장치로, 보슈(Bosch) 사의 특허에 의한 휘발유 엔진용 연료 분사 시스템의 한 형식이다. 연료 분사 장치는 기계 제어 방식과 전자 제어 방식으로 크게 나누어지지만, D-제트로닉 방식은 후자의 전자 제어 방식이다. 초기의 일본 차 연료 분사 장치(EFI, EGI, ECGI)의 기본 시스템은 이 D-제트로닉 방식이며, 그 후 대량 생산 방식의 L-제트로닉 방식으로 바뀌었다. K-제트로닉 방식의 연속 분사 방식에 대해서는 D-제트로닉 방식의 단속(斷續) 분사 방식을 취한다. L-제트로닉 방식과의 최대 상이점은 흡입 공기량의 검출 방법이며, D-제트로닉 방식에서는 압력 센서를 사용하는 방식에서의 흡입관 압력과 엔진 회전수로 흡입 공기량을 산출하는 스피드 덴시티(speed density) 방식을 쓰고 있다. 그 밖에도 기본적으로는 L-제트로닉 방식과 다를 바 없지만 분사 타이밍의 검출은 디스트리뷰터 내에 설치한 전용의 트리거 스위치에 의존하고 있다. ⇨ L-제트로닉, K-제트로닉

디젤 노즐 테스터 Diesel nozzle tester 연료 분사 노즐의 작동 상태를 시험하는 데 사용되는 고압 시험 기기(high pressure instrument)를 말한다.

디젤 노크 Diesel knock 디젤 기관에서 일어나는 노크 현상을 이른다. 디젤 기관의 연소실에 연료가 분사되면서 점화하기까지의 시간이 길면 연소실 내의 연료량이 많아지므로 점화했을 때 한꺼번에 다량의 연료가 연소하여 그 결과 급격한 압력 상승이 일어나 노크 음(音)이 생긴다. 세탄값이 낮고 연소성이 나쁜 연료는 노크의 원인이 되며, 같은 연료라도 기관이 냉각되어 있을 때는 노크가 많이 생긴다.

디젤링 Dieseling 엔진의 점화 스위치를 끈 뒤에도 과열된 점화 플러그나 연소실 내에 부착된 카본 등이 발화원이 되어 자연 발화되는 현상을 뜻하는데, 디젤 엔진처럼 점화가 없어도 스스로 작동이 된다고 하여 붙여진 이름이다. 런온(run-on) 현상이라고도 한다.

디젤 미립자 필터 Diesel particulate filter 디젤 엔진의 배출 가스 중 디젤 미립자를 제거하기 위한 여과 장치(필터), 세라믹을 폼(foam, 거품) 형태로 성형한 폼 필터나, 금속의 가는 선 등으로 만들어진 여과재로서 미립자를 제거한다. 그러나 현재의 기술로는 비교적 단기간에 필터를 교환해야 하는 불편이 있어, 수명이 긴 필터 트랩을 개발 중에 있다.

디젤 사이클 Diesel cycle 맨 먼저 공기만을 실린더 속으로 흡입하고 이것을 압축하여 공기의 압력과 온도가 높아질 때 디젤 연료를 분사하여 압축열에 의해 연소시킴으로써 동력 행정이 일어나게 하는 모든 과정 즉 사이클을 말한다. 일정 압력 하에서 연소가 일어나기 때문에 정압 사이클이라고도 한다. 디젤이 발명한 엔진이 이러한 정압 연소이어서 디젤 사이클이라고 불린다. 현재의 고속 사이클 디젤 엔진(자동차용)은 여기에 해당되지 않는다.

디젤 사이클 기관 Diesel cycle engine 일정한 압력하에서 연소하는 사이클로서 공기 분사식이며, 저속 디젤 엔진에 사용된다.

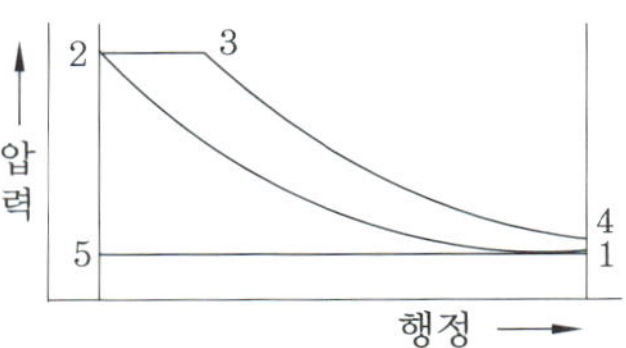

(디젤 사이클 지압 선도)
1~2 : 압축 행정,　2~3 : 연료 분사(정압)
3~4 : 팽창 행정,　4~1 : 배기 시작
1~5 : 배기 행정,　5~1 : 흡기 행정

디젤 사이클 기관

디젤 스모크 Diesel smoke 디젤 엔진에서 배출되는 연기로서 검은색과 흰색이다. 검은색 연기는 탄소의 미립자에서 발생되는 그을음으로, 가속 페달을 많이 밟았을 때 나오기 쉽다. 연료가 다량으로 연소실에 분사되었으나 완전 연소하기 위한 산소가 부족할 때 나오기 쉽다. 흰색 연기는 연료가 타지 않고 미립자로 되어 배출되는 것으로서, 기온이 낮은 곳에서 엔진을 시동할 경우에 많이 발생한다.

디젤 엔진 Diesel engine 휘발유보다 급이 낮은 경유를 연료로 사용하는데, 공기를 18~25배쯤 높은 비율로 압축한 뒤, 경유를 주사기처럼 생긴 노즐로 분사하면 고압축의 열에 의해 스스로 연소된다. 이를

압축 착화 또는 자연 발화라고도 한다. 압축비가 높아 진동과 소음이 크다. 이 때문에 트럭 등에는 지장이 없지만, 승용차에 쓸 때에는 이를 막는 설계를 해야 한다. 기름값이 싸고 성능이 좋아져서 요즘에는 디젤 엔진을 사용한 승용차가 늘어나고 있다.

디젤 엔진 연료 필터 Diesel engine fuel filter　연료 장치 내에 이물질을 제거하는 장치이며, 특히 디젤 장치는 정밀하게 가공된 분사 펌프가 있으므로 연료 필터를 잘 관리해야 한다. 연료 공급 펌프에서 들어오는 연료는 필터 엘리먼트를 통과하면서 깨끗이 여과된 후 분사 펌프로 들어간다. 또한 연료 라인 내에 공기를 빼 주는 공기 배출 스크루가 있다.

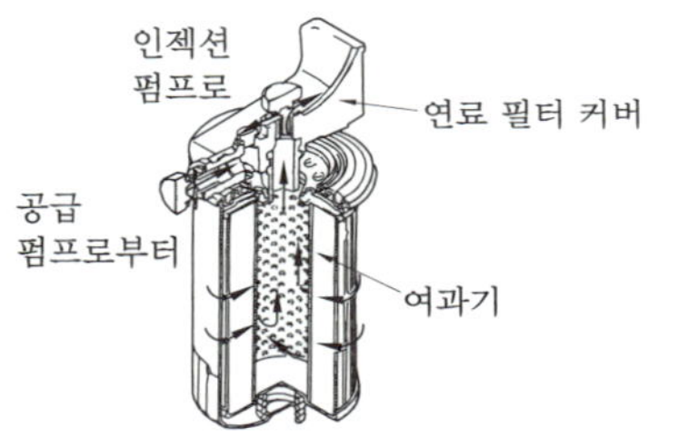

디젤 엔젠 연료 필터

디젤 연료 분사 방식 Diesel fuel injection　디젤 연료가 분사 펌프와 인젝터로 구성되는 정밀한 분배 및 계량 장치(metering system)에 의해 실린더 속으로 유입(분사)하게 되어 있는 방식이다.

디젤 연료 분사 펌프 Diesel fuel injection pump　가솔린 엔진의 기화기 및 분사 펌프의 모든 기능을 조합하고 있을 뿐만 아니라 스파크 점화 장치의 타이밍 조정 기능까지 가지고 있는 디젤 엔진용 분사 펌프를 말한다.

디젤 지수 Diesel index　디젤 연료의 자기 발화성의 가늠으로 하는 지수이다. API 비중×아닐린점(°F)/100으로 계산된다. 여기서 API 비중은 미국석유협회에서 제정한 비중 표시 방법이다. 세탄값에 가깝고 또한 세탄값의 측정은 매우 복잡하므로 디젤 지수로 대용되는 경우가 있다. ⇨ 세탄 지수

디젤 터보 Diesel turbo　터보는 휘발유 엔진에 사용되는 경우가 많지만 디젤 엔진과도 잘 어울린다. 그 이유는 휘발유 엔진의 숙명이라고 할 노킹 문제가 없고, 배기 온도가 휘발유 온도보다 낮다는 이점도 있다. 1960년대에는 대형 디젤에 터보가 달렸고, 1979년에는 프랑스의 푸조가 승용차에 이용했다.

디종 프레누아 서킷 Dijon-Prenois Circuit　프랑스 부르고뉴주의 디종 부근 프레누아에 있는 서킷을 이른다. 1970~1980년대에 FIA(국제자동차연맹) 주최로 세계 최고의 자동차 경주 대회인 F1 '프랑스 그랑프리'와 '스위스 그랑프리'가 열렸다. 서킷 길이는 3,801 km이며, 코너는 8개이다. 커브가 빠르고 급격하며 구불구불한 트랙으로 알려져 있다. 현재는 지역 자동차 경주 대회가 열리고 있다.

디지 DG ; Diesel General　미국석유협회인 API의 운전 조건에 따라 분류되는 디젤 엔진용 오일 구분 중에서 가장 좋은 조건에서 운전되는 엔진에 사용된다. 그리고 유황분이 적은 연료와 알맞은 온도, 알맞은 부하에서 운전되며, 마멸이나 침전물의 문제가 없는 상태의 엔진에 사용한다. 산화 방지제, 방청제, 청정제 등이 첨가되어 있다.

디지털 digital　아날로그와 대응되는 의미로, 임의의 시간에서의 값이 최솟값의 정수배로 되어 있고, 그 이외의 중간값을 취하지 않는 양을 가리킨다. 구체적인 예로 디지털시계의 표시를 들 수 있는데, 시계가 바늘로써 연속적으로 시간을 표시하는 것이 아니라 시, 분, 초 등으로 구획하여 문자로 표시한다. 따라서 디지털이란 일반적으로 데이터를 한 자리씩 끊어서 다루는 방식이라고 할 수 있으며, 애매모호한 점이 없고, 정밀도를 높일 수 있다는 특징이 있다. 이 디지털에 대한 각종 연산을 하는 것이 일반적으로 말하는 컴퓨터(디지털 컴퓨터)이다. 이에 대하여, 시계처럼 데이터를 연속량으로서 다루는 컴퓨터를 아날로그 컴퓨터라고 하며, 미분방정식 처리 등에 적합하기 때문에 자동 제어계의 설계, 각종 장치의 제어 등 특수한 용도에 쓰인다.

디지털 데이터 처리 digital data processing　측정량과 출력 신호와의 사이에 이산적(離散的)인 일정한 값을 대응시키는 신

호 처리를 말한다. 출력 신호는 양적으로나 시간적으로나 이산적인 값을 취하게 되므로, 출력 신호의 부호화의 길이로 변환의 정밀도와 분해력이 좌우된다. 또 변환 과정에서의 양자화(量子化) 오차 등이 정확도에 영향을 준다. 그러나 출력 신호의 판독에는 아날로그 변환의 경우와 같은 애매함은 없다. 물리량을 직접 디지털 변환하는 센서의 대표적인 것으로서 직선 변위나 각(角) 변위를 계측하는 인코더가 있다.

디지털 멀티미터 DMM ; digital multimeter 디지털 전압계(DVM ; digital voltmeter) 중에는 전압 측정 외에 전류나 저항을 측정할 수 있는 것이 있는데, 그와 같은 기능을 가진 디지털 전압계를 디지털 멀티미터 또는 DMM이라는 약칭으로 부르고 있다. 전압계는 아날로그 전압계와 디지털 전압계로 나뉜다. 디지털 전압계는 아날로그 전압계에 비해서 확실도가 높고 분해력이 높으며, 고속인 점에서 전압 측정의 주류를 차지한다. 이에 비해서 아날로그 전압계는 사용될 기회가 비교적 적다고는 하나 그다지 높은 정확도를 필요로 하지 않고 신호의 완만한 변화를 기록한다든지, 직관적으로 전압을 판독하는 경우에 적합하다. DVM이나 DMM에서는 아날로그 입력을 그것과 등가인 디지털 양으로 AD 변환기에 의해 변환하여 로직 회로를 통하여 표시한다든지 외부에 전송한다든지 할 수 있다.

디지털 멀티플렉서 digital multiplexer n 개의 입력 중에서 로직 회로를 통하여 하나를 선택하고, 그 논리값을 출력하는 기능을 가진 신호 처리 회로이다. TTL이나 MOS의 로직 회로로 구성되며, n 은 2의 배수로 설정되어 있는 경우가 대부분이다. 입력이

아날로그 양인 경우는 로직 회로 대신 반도체의 아날로그 스위치나 계전기(릴레이) 등이 사용되며, 이들은 주사기(走査器)라고 불린다. 그림에 8개의 입력에서 하나를 선택하는 8라인-1라인 디지털 멀티플렉서의 논리 회로가 나와 있다.

디지털 메모리 digital memory 0과 1로 부호화한 신호를 기억하는 장치이다. 정보를 처리하기 위해서 데이터나 프로그램 등을 보관할 수 있고, 또 그것이 필요하게 되었을 때 읽어 내어 쓸 수 있다. 자기 테이프 메모리와 플렉시블 디스크 메모리, 자기 디스크 메모리, 광디스크 메모리, 반도체 메모리 등이 있다. 이들 기억 장치는 주로 컴퓨터의 부품이나 주변 장치에 많이 사용된다. 이들 메모리 중에서 회로 부품으로서 사용되는 반도체 메모리(IC 메모리)에는 바이폴러형과 MOS형이 있는데, 전자는 기억 용량이 작지만 매우 고속이고, 후자는 대용량인 점이 특징이다.

디지털 미터 digital meter 지침 이동 대신 LCD 계기판을 이용하여 숫자로 정한 조건의 수치를 나타내는 게이지를 말한다. 예전에는 시계에만 사용되었지만, 1980년대에 접어들어 스피드 미터에 디지털 표시가 시작되어 여러 곳에 사용되고 있다. 스피드 미터에 이어 엔진 회전수의 표시도 눈금식으로 불이 켜지는 방식이 쓰이고, 계기류의 배치와 디자인이 예전과는 다른 스타일로 되고 있다. 여러 계기는 발광 다이오드, 형광 표시관, 액정 등을 이용하고 있다. 이와는 달리 오래 사용되어 온 지침 눈금에 의한 표시는 아날로그 미터라고 한다. ⇔ 아날로그 미터

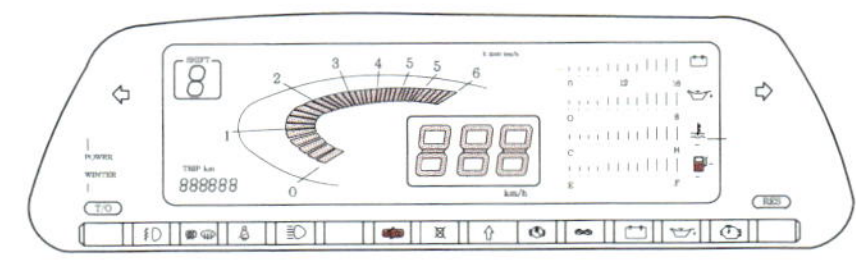

디지털 미터

디지털 변환기 digital converter 종래의 아날로그 방식 대신 디지털 컴퓨터를 중심으로 측정이나 제어가 행해지게 되면서 필요하게 된 기기이다. 당초에 주로 전기량이나 전압, 전류 등의 측정 분야에서 널리 보급되었다. 그 후 디지털 처리 기술의

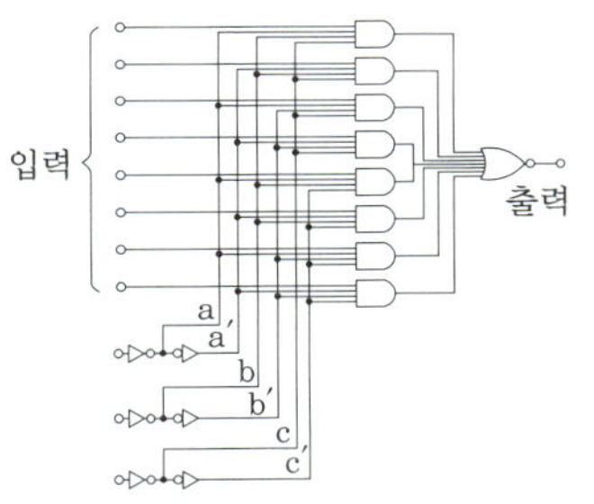

디지털 멀티플렉서

발달과 마이크로컴퓨터의 보급에 따라 전기량뿐 아니라 온도나 압력 등의 물리량과 개수를 계측하는 데도 널리 사용되게 되었다. 디지털 변환기는 측정량 q를 정해진 양자량 a의 n배라는 이상적인 수치로 변환한다. 모든 양은 양자량 a로 나눌 수 없기 때문에 디지털로 변환함으로써 양자화 오차가 반드시 생긴다. 그 때문에 디지털 변환을 하는 경우의 자릿수는 필요한 정확도나 분해력을 고려하여 양자화 오차가 영향 받지 않게 정할 필요가 있다.

디지털 센서 digital sensor 디지털 신호를 출력 신호로 하는 센서이다. 입력 변수와 출력 신호의 관계가 아날로그 센서에서는 연속적인 데 대해, 디지털 센서에서는 이산적(離散的)으로 결정된다. 대표적인 디지털 센서로서 직선 변위나 각(角) 변위를 계측하는 인코더가 있는데, NC 공작기계나 로봇 등에 많이 사용되고 있다. 마이크로컴퓨터가 보급됨에 따라 디지털 센서의 편리성과 유용성이 증대되고 있지만, 물리량을 직접 디지털 변환하는 센서는 매우 적다. 출력 신호와 표시가 디지털의 형식으로 되어 있는 경우에는 AD 변환 등의 신호 처리로 디지털 출력을 얻고 있을 뿐이고, 본질은 아날로그 센서인 것이 많다. 또 기계 진동자나 표면 탄성파 소자를 사용한 주파수 출력형의 센서가 디지털 센서라고 불리는 경우도 있지만, 카운터에 의하여 쉽사리 디지털 신호로 변환할 수 있을 뿐이고, 이들은 본질적으로 디지털 센서는 아니다.

디지털 슈퍼 서라운드 시스템 digital super surround system DS 큐빅이라고 불리는 다기능, 최첨단 카 오디오 시스템을 말한다. ⇨ DS 큐빅

디지털 스피드 미터 digital speed meter (DSM) ⇨ 디에스엠

디지털 신호 digital signal 연속적으로 주어진 아날로그 신호를 전류의 유무나 극성, 위상의 동일, 반대 등 물리적 현상을 이용하여 편의상 0과 1로 대응시켜 나타내는 신호를 말한다.

디지털 오디오 테이프 리코더 DAT ; digital audio tape recorder 디지털로 녹음·재생할 수 있는 카세트 레코드를 이른다.

CD(콤팩트디스크)의 테이프 판이라고도 할 수 있는 것으로, 차세대 오디오로서 개발 당초부터 주목받고 있다. DAT는 아날로그 신호를 디지털 신호로 변환하는 회로와 고주파 기록을 할 수 있는 리코더로 구성되어 있으며, 녹음·재생·주파수에 있어서 CD보다 우수한 고음질을 얻을 수 있다. 복사를 하여도 음질이 열화하지 않기 때문에 저작권 보호를 둘러싼 문제가 되어 발매가 지연되어 왔다.

디지털 전압계 DVM ; digital voltmeter 전압을 측정하는 계측기로서, 측정한 전압을 발광 다이오드나 액정을 사용하여 숫자로 표시하는 것이다. 아날로그 전압을 그와 등가인 디지털 양으로 AD 변환기에 의해 변화하여 로직 회로를 통해서 표시한다든지 외부로 전송한다든지 할 수 있다. DVM으로 약칭되기도 한다. 디지털 전압계는 측정 전압을 지침으로 지시하는 아날로그 전압계에 비하여 높은 확실도와 높은 분해력을 가지며, 고속인 점에서 전압 측정의 주류를 차지하고 있다.

디지털 제어 digital control 마이크로컴퓨터를 사용하는 제어이다 마이크로컴퓨터는 프로그램 처리가 가능하고 또한 그 처리 속도도 빠르기 때문에 제어 자유도가 크다. 현재 전자 제어 가솔린 분사는 거의 모두가 디지털 제어이다.

디지털형 컴퓨터 digital computer 계수형 계산기를 일컫는다. 전자계산기의 일종으로서 디지털 계산기 또는 숫자식 계산기라고도 한다. 그 특징을 보면, 모든 연산을 가감승제의 사칙형으로 실행하며, 계산의 정확도는 아날로그형에 비해 월등히 우수하다고 할 수 있다.

디치 ditch 원래는 U자 또는 V자형의 도랑이나 배수구를 뜻하지만, 랠리에서는 다른 차가 앞서서 달려 생긴 타이어 자국을 말한다. 바퀴 자국이 깊을 때는 고속 주행을 피해야 한다. 자칫하면 움푹 팬 디치에 빠져 곤경에 처하기 때문이다. 가장 이

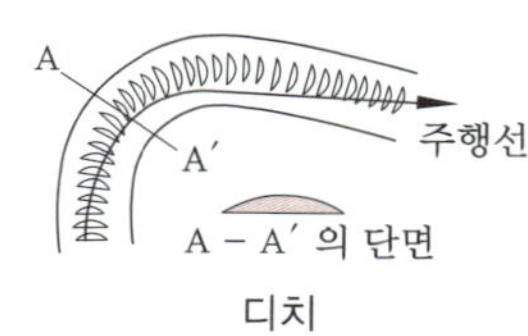

디치

상적인 주행은 좌우의 바퀴 자국의 벽을 뱅크 삼아 달리는 것이다.

디컴프레서 decompressor　디젤 엔진을 시동할 때 크랭킹(cranking)을 쉽게 하기 위하여 각 실린더의 흡기 로커 암을 눌러 주는 감압 장치를 말한다. 디컴프(decomp)로 약칭하기도 한다.

디컴프레션 decompression　프리스트레스트(prestressed) 콘크리트 부재의 콘크리트에 도입된 프리스트레스(콘크리트에 보강용 강철선을 넣음)에 의한 압축의 연응력(緣應力)이 외력의 작용에 의해 제로로 된 상태를 말한다.

디코크 decoke　최근에는 엔진이나 엔진 오일, 가솔린도 좋아졌으므로 실린더 내에 카본이 축적하는 일은 별로 없다. 따라서 실린더 헤드를 분해하여 카본 청소를 하는 일은 없어졌다. 이와 같은 카본 청소 작업을 디코크라고 한다. 이것을 영어로는 디카보니제이션(decarbonization)이라고 한다.

디텐트 detent　래칫 기구(ratchet mechanism)에 있어서, 래칫에 의해서 톱니바퀴를 구동하여 축을 보낸 다음 축이 되돌아오지 않도록 톱니에 물리는 멈춤쇠를 말한다.

디텐트 가속 detent acceleration　자동 변속기(AT) 차량의 가속 방법으로서, 킥다운(kickdown)을 하지 않고 기어가 한 단 밑으로 되돌아가기 직전의 스로틀 밸브 개도(開度)를 유지하면서 가속하는 것을 이른다.

디텐트 플레이트 detent plate　자동 변속기(AT)의 변속 레버의 정위치를 유지함과 동시에 절도 있는 변속이 될 수 있도록 하기 위해, 변속 레버 밑부분에 부착되어 홈이 패어 있는 판을 말한다.

디토네이션 detonation　폭발적인 연소, 폭연(爆燃)을 이르는 말이다. 정상적인 연소의 화염 속도는 매초 수십 미터이지만, 이 경우는 음속을 초월하는 비정상적인 고속으로 화염이 전파된다. 이러한 충격적 입력파에 의해 노킹이 발생하고 엔진 파괴의 원인이 된다. 고압축비 엔진이나 압축 혼합 가스 온도가 높을 때, 또는 낮은 옥탄가 연료를 사용할 때도 발생하기 쉽다.

디토네이션파 detonation wave　실린더 내의 미연소 가스가 자연 발화 온도를 넘으면 자연 발화에 의하여 전부 연소되므로, 실린더 내의 화염 전파 속도가 300〜2,000 m/s에 달한다. 이때 발생하는 충격파를 디토네이션파라고 하며, 이 충격파는 노크를 일으킨다.

디트로이트 그랑프리 Detroit Grand Prix　1982년부터 1988년까지 미국에서 열리던 F1 GP의 하나이다. 자동차의 도시인 미시간주 디트로이트 시가지 코스(1주 길이 4.0233 km)를 달렸다. 1989년부터는 피닉스에서 열리는 미국 GP로 바통을 넘겼다.

디파처 앵글 departure angle　자동차의 뒷부분 하단에서 후륜 타이어 외주로의 접평면이 지면과 이루는 최소 각도를 이른다. 오프로드용의 4WD를 점검할 때 중요한 항목의 하나로서, 차에 어떠한 고착 부분도 이 각도에는 존재하지 않는 범위이다. 보디의 후단부로부터 뒤 타이어의 외주로 향해서 그린 접선과 기면이 이루는 각도인데, 이것이 크면 요철(凹凸)이 많은 오프로드를 주행하고 있을 때 꽁무니를 스칠 가능성이 적어진다.

디퍼렌셜 기어 differential gear　흔히 파이널 드라이브를 가리키는 경우가 많다. FR 차량은 파이널 드라이브 기어가 베벨 기어로 엔진으로부터 전달된 회전을 차축 방향과 직각으로 고치면서 최종 감속하고 있다. 엔진을 가로놓은 FF 차량에서는 엔진의 회전 방향이 같은 보통 기어이다. 디퍼렌셜 기어는 파이널 드라이브 기어 안에 있는 작은 기어이고 감속용 기어는 아니다. 자동차가 커브를 돌 때 생기는 안팎 바퀴의 차이 때문에 오른쪽과 왼쪽 타이어의 회전하는 거리가 달라, 안쪽과 바깥쪽 타이어 회전수에 자동적으로 차이를 용납하면서 힘을 전달하는 장치이다.

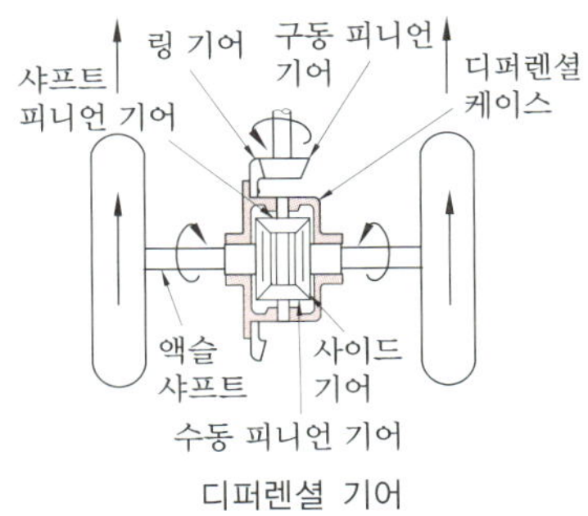

디퍼렌셜 기어

디퍼렌셜 기어 소음 differential gear noise
주로 50 km/h 이상의 가속·정속·감속 주행 어느 경우에서나 발생되고, "우", "흥 –"하는 높은 음인데, 귀에 압박감은 없다. 소리가 맑기 때문에 다른 소음과 구별이 쉽다. 발생 속도는 변속 위치에 관계없이 항상 결정된다. 디퍼렌셜 기어 소음과 혼동하기 쉬운 소리에는 기어 소음(시프트 위치에 따라서 발생 음이 다름), 배기계의 이음(엔진 레이싱 시에도 발생), 타이어 패턴 노이즈(클러치를 뗄 때에도 발생) 등이 있다.

디퍼렌셜 밸브 differential valve　엔진의 회전 속도가 증감되어 배출구로 통과하는 연료의 양이 많거나 적음에 관계없이 배출구의 압력 차이를 항상 0.102 kgf/cm^{2}가 되도록 유지하는 밸브이다. 엔진의 회전 속도가 1/2로 줄어들면 센서 플레이트의 변화량도 1/2로 줄어들어 압력 차이는 항상 일정하다.

디퍼렌셜 압력 밸브 differential pressure valve　연료 분사 장치의 인젝터 내에 있는 밸브로, 각 인젝터에서 연료의 흐름량을 동일하게 하는 일을 한다.

디퍼렌셜 오일 differential oil　디퍼렌셜 기어 윤활에 사용되는 오일을 통틀어 일컫는 말로, 일반적으로 기어오일이라고 줄여 부른다. 하이포이드 기어오일을 포함한다. 윤활 외에 기어의 냉각이나 방청 역할도 한다.

디퍼렌셜 캐리어 differential carrier　FR 차량에서 일체로 구성되어 있는 종감속 기어와 차동 기어를 설치하는 경우를 말한다. 사용되는 기어의 형식과 모양에 따라 여러 가지 형태로 만들어진다. 가단 주철제(可鍛鑄鐵製)가 주종이지만, 알루미늄 합금제도 있으며, 냉각용의 팬을 설치한 것도 있다.

디퍼렌셜 케이스 differential case　차동 기어 케이스를 이른다. 차동 기어의 사이드 기어와 피니언이 들어 있는 케이스로서, 종감속 기어의 링 기어와 일체로 되어 회전한다.

디퍼렌셜 프레서 센서 differential pressure sensor　⇨ 차동 압력 센서

디포거 defogger　리어 윈도 글라스의 습기 제거 장치를 이른다. 윈도 글라스 내면에 저항 회로를 설치하고 그곳에 전류를 흘려보내 발열시켜 유리의 습기를 제거한다.

디포짓 deposit　(1) 보일러 전열면(傳熱面)의 내면에 침전, 부착하는 불순물과 전열 외면에 부착하는 그을음이나 재 등을 통틀어서 디포짓이라고 한다. (2) 용접부의 용착 금속(鎔着金屬)을 이른다.

디퓨저 diffuser　저공해차에 사용되게 된 디퓨저는 배기 파이프 말단의 바깥쪽에 설치되어 있으며, 고온의 배기가스에 외기를 혼입해서, 열을 확산시키고 온도를 내리는 것이 목적이다. 이 경우는 확산기의 의미이다. 터보차저에 있어서도 압축기 하우징부에 디퓨저가 있다. 이 디퓨저의 역할은 임펠러에 공기가 주는 운동 에너지를 효율성 있는 압력으로 변환시켜 가는 것이다. 효율성이 나쁜 디퓨저이면 압력이 변환될 때 압축에 의한 온도 상승 이상으로 공기 온도가 상승한다.

디프레션 체임버 depression chamber　디프레션 체임버라는 것은, 2배럴 기화기 2차 스로틀 밸브를 개폐하기 위한 진공 모터의 일종이다. 기화기식 터보에서는 오버 부스트 때에 이 작동 부압을 대기로 누설시킴으로써 2차 스로틀 밸브를 닫고 연료를 저감시키며, 엔진의 과회전을 방지하기 위해서도 사용된다.

디프로스터 defroster　윈도 글라스의 성애 제거 장치를 이른다. 자동차 앞뒤 윈도 글라스의 성애나 흐림을 히터 열풍이나 열선으로 제거하는 장치를 말한다.

디프로스팅 패턴 defrosting pattern　창유리의 일부가 물방울이나 서리 등으로 흐려져 있을 때 투명한 부분을 말한다.

디플렉션 deflection　(1) 휨, 빛의 굴절, 편향(偏向)을 뜻한다. 즉, 자력(磁力)을 사용하여 음극선관(陰極線管)의 전자 빔을 굴절시키는 일을 말한다. (2) 구동 벨트가 이완된 정도(양) 또는 전기 측정기에서 지침이 지시하는 정도(크기)를 말한다.

디플렉터 deflector　펠턴 수차의 니들 밸브 앞에 있고, 니들 밸브 조작 때 분류(噴流)를 버킷으로부터 젖혀지게 하는 판을 이른다. 펠턴 수차의 속도 조정을 할 때

갑자기 밸브를 닫으면 수격 작용을 일으키기 때문에 분류의 일부를 구부려 버킷에 닿지 않도록 한다.

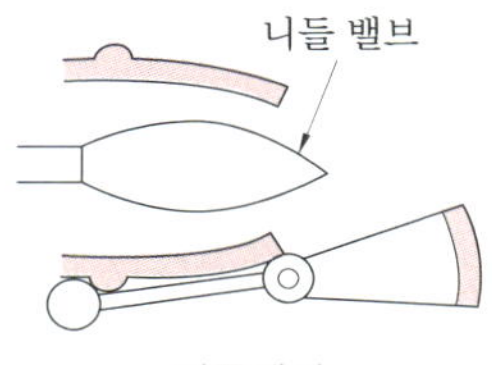

디플렉터

딜러 옵션 dealer option ⇨ 옵셔널 파트

딜레마 dilemma 선택해야 할 길은 두 가지 중 하나로 정해져 있는데, 그 어느 쪽을 선택해도 바람직하지 못한 결과가 나오게 되는 곤란한 상황을 뜻한다.

딜레이 밸브 delay valve 지연 밸브라는 뜻으로, 어떠한 지령 전달(부압 전달 등)을 어느 정도 지연시키도록 작동하는 밸브를 말한다. OSAC 밸브 등도 이에 해당된다.

딜리버리 밴 delivery van 화물을 실을 수 있는 화물칸이 달려 있는 차량을 밴이라고 하는데, 딜리버리 밴은 소형의 패널 밴으로, 이를 라이트 밴(light van)이라고도 한다.

딜리버리 밸브 delivery valve 디젤 엔진에서 연료를 분사할 때는 통로를 열어서 연료를 통하게 하고, 분사 끝에는 급격히 파이프 내의 연료 압력을 감소시켜서 분사의 단속을 양호하게 하고 노즐로부터의 후기 누설(after drop)을 방지하는 밸브이다. 이 밸브는 분사 후의 연료의 역류를 방지해서 파이프 내의 압력이 항상 평균화되도록 유지하는 작용도 한다.

딜리버리 파이프 delivery pipe ECI-MUL-TI(electronic controlled injection MULT point injection)에서 각 인젝터에 연료를 분배하는 파이프를 말한다.

딥 경랍 땜 dip brazing ⇨ 담금 경랍 땜

딥드 빔 dipped beam ⇨ 로 빔

딥 소켓 렌치 deep socket wrench 점화 플러그처럼 소켓 렌치를 사용할 수 없는 볼트의 렌치를 끼우는 각이 진 부분보다 길게 노출된 부품을 풀고 조이는 데 사용하는 렌치이다.

딥스틱 dipstick 오일 레벨 게이지 즉 윤활유 등의 계량봉(計量棒)을 일컫는다. 엔진 크랭크 케이스 내에 오일량을 점검하기 위한 막대형 게이지로서, full(가득참)↔low(오일량 부족) 또는 max(최대량)↔min(최소량) 등의 문자가 표시되어 있다. 시리얼 콘스트럭션(serial construction)이라고도 한다.

뜨개 float 플로트라고도 하는데, 부력에 의해 니들 밸브를 작동시켜 뜨개실의 유면 높이를 조정해 주는 역할을 한다. 동판으로 만든 뜨개를 사용하다가, 최근에 눈 플라스틱 종류로 만든 뜨개를 사용하고 있다.

뜨개 높이 float level 뜨개실 내의 연료의 높이로, 이 높이(수준)는 니들 밸브와 뜨개에 의해 자동으로 조정된다.

뜨개 볼 float bowl 연료 펌프에서 압송 보내 온 연료를 일정한 수준으로 저장하기 위한 작은 저장기를 말한다. 뜨개실이라고도 한다.

뜨개실 float chamber ⇨ 플로트 체임버

뜨개 회로 float circuit 연료를 저장하는 회로로서, 연료에 뜰 수 있는 뜨개와 연료를 개폐시켜 주는 니들 밸브로 구성되어 있다. 연료 펌프에서 압송된 연료는 뜨개실로 들어오게 되며, 이 들어오는 연료는 뜨개의 상하 움직임에 따라 니들 밸브가 개폐된다. 뜨개실에 연료가 차게 되면 뜨개가 떠서 밸브가 닫히고, 연료가 소모되면 뜨개가 내려가 밸브는 열려서 연료가 유입된다.

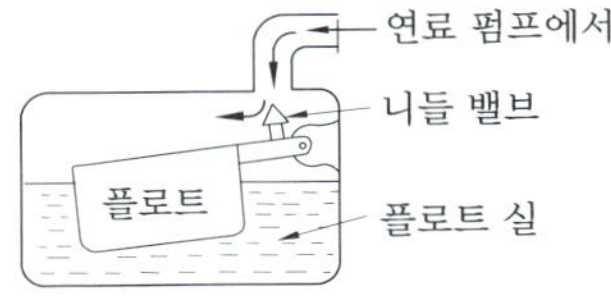

뜨개 회로

뜨임 tempering ⇨ 템퍼링

띄엄 필릿 용접 intermittent fillet weld ⇨ 단속 필릿 용접

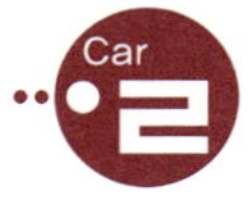

라노바 연소실 lanova combustion cham—ber　트럭이나 산업용 디젤 엔진에 사용되는 연소실 형식으로, 에너지 셀(energy cell)이라고 하는 작은 연소실이나 개량된 개방형 체임버(open chamber)를 사용하고 있다.

라듐 radium　1898년 퀴리 부부가 발견한 알칼리 토류 금속에 속하는 방사성 원소의 하나이다. 우라늄과 함께 피치블렌드(pitchblende) 속에 존재하는 것으로서, 얻기 어려운 은백색의 금속이다. 알파선, 베타선, 감마선의 3가지 방사능을 방사하면서 라돈으로 변하고 마지막에 납이 된다. 물리 화학 실험과 의료용 및 방사능의 표준으로 사용한다. 기호는 Ra, 원자 번호는 88이다.

라드 rad　물질이 흡수한 방사선의 양 즉 흡수선량(吸收線量)의 단위이다. 방사선이 물질에 들어가면 물질은 방사선의 에너지를 흡수하여 여러 가지 영향을 받는다. 흡수한 반사선의 에너지가 물질 질량 1 g당 100에르그(erg)일 때의 흡수선량이 1 rad인데, 1 rad = 100 erg/g이다. 국제단위계에 속하는 흡수선량의 단위 그레이(Gy)와는 1 rad = 10^{-2}Gy의 관계가 있다.

라디안 radian　원둘레 위에서 반지름의 길이와 같은 길이를 갖는 호에 대응하는 중심각의 크기이다. 기호는 rad이고, 1 rad은 약 57도 17분 44.8초이다.

라디에이터 radiator　내연 기관에서 발생한 열의 일부를 냉각수를 통해서 대기 속으로 방출하는 장치를 일컫는다. 내연 기관은 항상 고온·고압의 가스를 점화·연소시키므로, 방치해 두면 과열되어 금속이 녹고, 실린더와 피스톤 등이 타 버릴 수 있다. 따라서 실린더 주위에 물 재킷을 설치하고 그 속에 냉각수를 순환시켜 냉각하는데, 이 냉각수도 그대로 두면 끓어서 냉각시킬 수 없게 된다. 이 때문에 뜨거워진 냉각수를 라디에이터에서 순환시켜 냉각하는 것이다. 자동차에는 라디에이터가 보통 앞부분에 있기 때문에, 차량이 달릴 때 라디에이터 그릴로부터 흘러 들어오는 찬 공기로 냉각된다. 라디에이터의 뒤쪽에는 보통 뜨거운 공기가 머무는 것을 방지하는 냉각 팬이 있다.

라디에이터 그릴 radiator grille　라디에이터의 냉각에 필요한 공기를 받아들이는 통풍구 역할을 하는 장치로, 일반적으로 라디에이터 앞에 격자 모양으로 설치되어 있다. 라디에이터는 차량의 전체적인 이미지를 결정하는 중요한 요소가 되어, 자동차의 외관을 아름답게 장식해야 한다는 이중적 임무를 띤 부품이다. 최근에는 공기 저항을 줄이기 위해 크기가 작아지고 있으며, 극단적인 경우에는 아예 그릴을 없애기도 한다. 헤드라이트 부분까지 합쳐 프런트 그릴이라고 부르기도 한다.

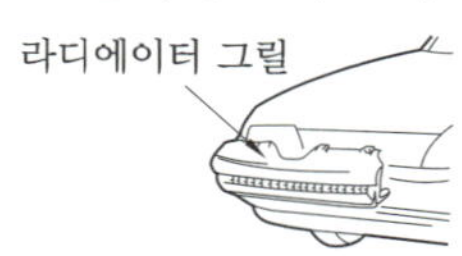

라디에이터 그릴 구조

라디에이터 서포트 패널 radiator support panel　라디에이터를 지지하는 패널로서, 이 패널에는 라디에이터, 헤드램프 및 라디에이터 그릴 등이 장착되고, 상단 부위에는 자동차 일련번호가 부착되어 있다.

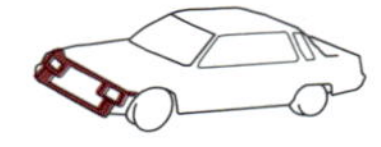

라디에이터 서포트 패널

라디에이터 셔터 radiator shutter, radiator blind 라디에이터의 바로 뒤나 앞부분에 붙여 라디에이터로 통하는 공기의 양을 가감함으로써 엔진의 온도를 조절하는 역할을 한다.

라디에이터 캡 radiator cap 냉각수를 주입시키거나 냉각수에 압력을 주어 물의 비등점을 높임으로써 냉각 성능을 향상시키는 역할을 한다. 진공 밸브와 압력 밸브가 있어 라디에이터 내의 압력을 자동으로 조정해 준다. 냉각수가 뜨거워지면 수증기가 발생하여 라디에이터 캡의 압력 밸브에 압력을 주게 된다. 이 압력이 스프링 장력보다 크게 되면 수증기는 저장 탱크로 가게 되는데, 이 발생 압력으로 인해 냉각수의 끓는점이 110℃ 정도로 올라가게 된다.

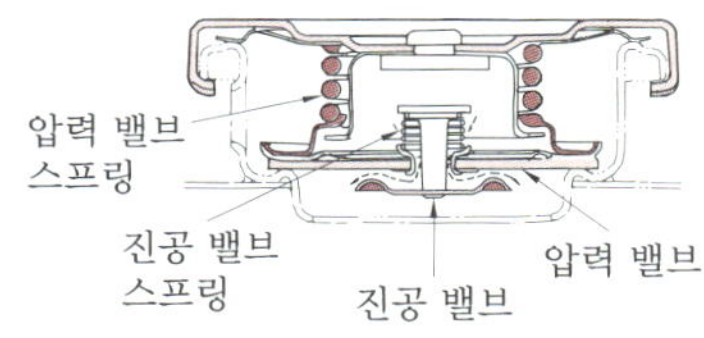

라디에이터 캡

라디에이터 캡 테스터 radiator cap tester 라디에이터 캡의 시험기로서, 라디에이터와 캡의 기밀(機密)을 시험하는 공구인데. 수동식 펌프와 압력계가 붙어 있다. 시험하는 방법으로는 테스터에 어댑터를 끼운 다음 라디에이터 캡을 설치하고 테스터의 펌프를 작동하여 규정의 압력으로 상승시켜 6초 정도 유지되면 정상이다.

라디에이터 코어 radiator core 라디에이터의 냉각수를 냉각시키는 부분으로, 냉각수를 통과시키는 물 통로(튜브)와 냉각 효과를 크게 하기 위해 튜브와 튜브 사이에 설치되는 냉각 핀으로 구성된다. 코어의 막힘률이 20 % 이상이면 라디에이터를 교환한다. 냉각 핀의 종류로는 플레이트 핀, 코러게이트(corrugate) 핀, 리본 셀룰러 핀 등이 있다.

라디에이터 통풍 유효 면적 라디에이터의 앞쪽에 있는 냉각 바람을 전혀 통과시키지 않는 저항체의 투영 면적을 라디에이터 코어의 통풍 면적에서 공제한 나머지 면적을 말한다. 저항체의 투영 면적이란 라디에이터의 전방에 있는 그릴이나 범퍼를 말한다.

라디에이터 프레셔 캡 radiator pressure cap 자동차 냉각 장치 내의 압력을 대기 압력보다 높게 하여 냉각수의 비점(沸點)을 높이고 냉각 효율을 향상시키기 위해 제압 밸브와 진공 밸브를 장치한 라디에이터 캡을 이른다.

라디에이팅 핀 radiating pin (1) 공랭식 엔진의 실린더 블록이나 실린더 헤드 주위에 설치되어 공기의 접촉 면적을 크게 함으로써 엔진에서 발생된 열을 냉각시키는 역할을 한다. (2) 브레이크 드럼 외부에 설치되어 제동할 때 발생하는 마찰열을 냉각시켜 페이드(fade) 현상의 발생을 방지한다.

라디오 radio (1) 방사(放射) 에너지, 특히 전파를 의미하는 접두어이다. (2) 방사능 또는 그것에 관련된 것을 의미하는 접두어이다.

라디오 컨트롤 radio control 무선 전파에 의하여 멀리 떨어진 곳에서 장치를 조종·제어하는 것으로, 모형(模型)을 비롯하여 인공위성·자동차 및 유도 폭탄 등의 무선 조종 등에 응용되고 있다.

라디칼 radical (1) 원자와 분자의 내부 전자가 기저 상태에서 여기된 상태를 나타내는 화학 용어이다. 다른 전자나 이온에 의하여 충돌되거나 또는 촉매 등의 작용으로 여기되어 다른 물질과 반응하기 쉬운 것 같은 상태를 말한다. (2) 유리기(자유기)와 동의어이다. 화합물에 있어서 특정한 원자 집단으로 행동하고 그대로의 형태로 화학 반응에 관여하는 원자 그룹과 라디칼은 종래 애매하게도 모두 기(基)라고 불렸다. 일반적으로는 원자 그룹을 기라고 하므로, 라디칼의 경우는 유리기(자유기)라고 하여 구별할 필요가 있다.

라머 궤도 larmor orbit 일정한 자기장 중에서 하전 입자가 원운동을 할 때에 그리는 궤적(軌跡)으로, 입자의 각운동량 벡터가 자기장 벡터의 방향과 일치하는 것과 같은 감쇠력을 받으면 나선 궤도를 그리고 궤도의 반지름이 점차적으로 작아진다.

라메트 ramet (1) 고경도(高硬度)의 물질인 TiC(티타늄 카바이드)를 주성분으로 하는 소결 탄화물(燒結炭化物)의 합금 공구 삼풍명이다. (2) 단일 세포 또는 개체로부터 무성 증식으로 생긴, 유전적으로 동일한 세포군 또는 그런 개체군을 클론(clone)이라 하고, 한 클론에 속하는 각 개체를 라메트라고 한다.

라벨 연비 label combustion ratio　미국에서 시판되고 있는 자동차의 모델에 대하여 공식적으로 부르는 연료 소비율을 이르는 말이다. 자동차에 그 수치가 기입된 상표(라벨)에서 이러한 명칭이 붙게 되었다.

라비 도장 처리　인스트루먼트 패널(콤비네이션 미터 후드와 디프로스터 가니시)에 사용된 도장으로서, 인스트루먼트 패널이 프런트 윈드 글라스에 반사 투영하는 것이 저감되고 운전 시의 안전성이 향상된다.

라스트 랩 last lap　최종 주회(最終周回), 즉 서킷 레이스에서 결승점을 앞두고 맨 마지막으로 도는 한 바퀴를 말한다.

라우드니스 loudness　라우드니스는 소리의 감각적인 크기를 나타내는 척도이다. 사람의 청각은 소리의 물리적인 세기가 같더라도 주파수에 따라 그 감각량에 차이가 있으며, 또 그 감도차가 세기의 절댓값에 의해서도 변화하는 복잡한 특성을 지니고 있다. 이 특성을 실험적으로 구한 것이 소리의 등(等)라우드니스 곡선이고, 그 척도에 라우드니스와 라우드니스 레벨이 있다. 여기서 라우드니스의 단위는 sone으로, 크기가 2배로 되면 값도 2배가 되는 척도이다. 그리고 라우드니스 레벨의 단위는 phon으로, 어떤 소리의 크기를 그것과 같은 크기로 들리는 1,000 Hz 순음의 음압(音壓) 레벨의 값으로 나타낸 것인데, 크기가 2배로 될 때마다 약 10 phon씩 증가한다.

라우드니스 컨트롤 loudness control　인간의 귀 청감은 음량의 대소에 따라서 각각 다른 주파수 특성을 가지고 있다. 즉, 음량이 큰 곳(100혼) 이상에서는 낮은 주파수 음으로부터 높은 주파수 음까지 거의 플랫(flat)하게 들리지만, 음량이 작아짐에 따라서 저음과 고음이 듣기 어려워진다. 이 것을 보정하기 위해 볼륨을 줄인 위치에서 저음과 고음을 업(up)하도록 한 것이 라우드니스 컨트롤이다.

라우탈 獨 Lautal　알루미늄에 구리 4％, 규소 5％를 가한 주조용 알루미늄 합금으로, 490~510℃로 담금질한 다음, 120~145℃에서 16~48시간 뜨임을 하면 기계적 성질이 좋아진다. 열처리와 가공을 적당히 조합함으로써 두랄루민과 같은 정도의 강도를 갖는 것을 만들 수가 있다. 용도는 자동차, 항공기, 선박 등의 부분품으로 사용된다.

라운드 백 round back　3차 곡면 리어 유리를 포함한 경자동차 백 스타일의 호칭이다. 둥근 백 스타일은 한눈에 경자동차라고 말할 수 있는 특징임과 동시에, 후륜에서 튀어 올라 붙는 오염을 방지하는 기능성도 우수하다.

라운드 셸 round shell　안심, 애착, 부드러움을 테마로 개발된 경자동차 스타일의 호칭으로, ‘둥근 형’이라는 의미이다. 초 쇼트(short) 노즈, 빅 캐빈, 넓은 유리 면적의 특징 있는 마일드한 실루엣을 창출하고, 따뜻하고 보람 있는 생명체를 느끼게 하는 면 처리를 실시함과 동시에 안전, 공기 역학적 특성도 배려한 감성시대를 겨냥한 스타일이다.

라운드 타입 인스트루먼트 패널 round type instrument panel　인스트루먼트 패널의 양단이 도어 트림으로 매끄럽게 연결되어, 앞좌석 탑승자의 주위를 둘러싸도록 되어 있는 디자인의 인스트루먼트 패널을 말한다.

라운지 타입 쿼터 트림 lounge type quarter trim　리어 시트에 앉은 사람을 편하게 하는 디자인, 재질, 기능을 가진 쿼터 트림을 말한다. 그림과 같이 매끄럽고 따뜻한 곡면으로 구성되며 팔걸이도 붙어 있다.

라운지 타입 쿼터 트림

라이너 liner　(1) 서로 마찰하는 부분에 삽입하는 끼움쇠 또는 매개쇠를 이른다. 실린더 라이너나 베어링 끼움쇠와 같은 것이다. (2) 엔진의 평면 베어링과 같이 셸(shell)에 베어링 재료를 녹여 붙인 것으로 베어링 두께를 말한다. (3) 일정한 항로를 정기적으로 운항하는 정기선(定期船)을 이르는 말이다. 항로, 기항지, 발착 일시, 취항 척수, 항해 횟수가 일정하게 정해져 있다.

라이너리스 알루미늄 블록 linerless aluminium block　실린더 라이너가 별도로 필요 없이 일체식으로 제작된 알루미늄 블록을 일컫는다.

라이닝 lining　(1) 노(爐)의 가열면에 내화 벽돌이나 점토를 바르는 것을 말하기도 하지만, 일반적으로 금속 표면에 녹이 스는 것을 방지하거나 방식(防蝕)을 목적으로 다른 물질을 비교적 두껍게 피복하는 것을 말한다. 코팅(얇은 피복)과의 차이는 분명하지 않다. (2) 터널에서 굴착부의 본바닥을 피복하는 것 또는 그 피복을 말한다. 복공에 쓰이는 재료로서는 현장치기 콘크리트가 보통이지만, 벽돌, 돌쌓기, 프리캐스트 콘크리트 또는 철제의 세그먼트 등도 쓰인다.

라이드 레이트 ride rate　타이어를 포함한 현가장치의 스프링 정수를 일컫는 말로, 타이어의 휘어짐을 무시한 휠 레이트와 비교하여 사용하는 용어이다.

라이브 live　(1) 데드(dead)에 반대되는 말로, 잔향 시간이 긴 방을 말한다. 평균 흡음률이 작은 방은 울리는 방으로 '라이브인 방'이라고 한다. 소음도가 높은 방이다. (2) 에너지를 부여하여 대지와 다른 전위 상태로 충전된 기기나 장치의 상태를 말한다. (3) 미리 녹음하거나 녹화한 것이 아닌, 그 자리에서 행해지는 연주나 방송 등을 말한다.

라이브 비전 live vision　고화질 6인치 브라운관을 적용한 자동차용 텔레비전 시스템을 이르는 말이다. 브라운관이기 때문에, 각도에 따라서 보기가 쉽다. VHF의 1~12인치 채널, UHF의 13~62채널의 수신이 가능하고, 비디오 덱이나 비디오 카메라와 접속할 수 있는 단자도 장치되어 있다. 또한 시스템은 안전성을 고려하여 주행 중에는 음성만으로 된다.

라이선스 licence　'허가증', '면허증'이라는 뜻이다. 카레이스에서의 라이선스는 드라이버 라이선스(경기 운전자 허가증)와 엔트런트 라이선스(경기 참가자 허가증), 오피셜 라이선스(공인 심판원 허가증) 등이 있다. 드라이버와 엔트런트 라이선스는 국제 및 국내의 2종, 오피셜 라이선스는 1급, 2급, 3급 등 3종으로 구분된다. 또한 각 서킷에서의 스포츠 주행을 허가하는 서킷 라이선스도 있는데, 이것은 각 서킷에서 발급된다.

라이선스 플레이트 licence plate　자동차 앞·뒤에 부착된 번호판으로, 뒤쪽에 설치된 번호판은 왼쪽 볼트가 봉인되어 있다. 자동차 등록 번호판의 종류는 소형, 보통, 대형으로 구분되며, 차종별 기호, 용도별 색깔이 다르게 되어 있다.

라이선스 플레이트 라이트 또는 램프 license plate light or lamp　⇨ 번호판등

라이저 riser　(1) 주형에 쇳물을 흘렸을 때 주형 내의 공기를 외부에 방출하거나 주형 내에 발생하는 가스나 슬러그, 모래 등을 흘려 내리며, 쇳물의 흐름 상태를 들여다보는 구멍을 이른다. (2) 해저 유정(油井)과 해상 플랫폼을 잇는 파이프 형태의 구조를 이른다.

라이저 실 riser room　흡기 가열을 실시하기 위하여 배기 다기관과 흡기 다기관의 접속 부분에 설치된 공간을 이른다. 온도가 낮은 상태에서는 라이저 실에 배기가스를 유도하여 흡기 다기관을 따뜻하게 하고, 온도가 상승하면 히트 컨트롤 밸브에 의하여 배기가스의 유입이 멈추게 되어 있는 것이 일반적이다.

라이즈 업 rise up　자동차의 와이퍼가 정지할 때 작동 범위보다 더 큰 각도로 윈드실드의 하단까지 움직여서 정지되어 시계(視界)를 방해하지 않도록 한 것을 이른다.

라이트 밴 light van　⇨ 딜리버리 밴

라이트 버스 light bus　승차 정원 30명 미만의 중형 버스를 이른다. 승합 자가용으로 승차 정원 10~20명 정도의 소형이 많이 이용되고 있다.

라이트 에미티드 다이오드 light emitted diode　발광 다이오드를 말하며, 순방향(順方向)으로 전류를 흐르게 하면 빛을 발한다. 방전관(放電管) 램프보다 낮은 전압에서 발광하며, 백열전구보다 전력 손

실이 적다. 적색·녹색 및 오렌지색 등이 있다.

라이트 컨트롤 시스템 light control system 램프의 점등, 소등 또한 빔의 변환을 자동적으로 행하는 시스템을 이른다. 포토다이오드 등 광센서를 이용하면 날씨가 어두워질 때 미등(尾燈, tail lamp)이, 야간 또는 터널에 진입하였을 경우 헤드램프(head lamp)가 점등된다. 빔의 변환은 대향(對向) 차량의 헤드램프를 감지하고 행한다. 또한 전구 라이트 장치의 감시 작용도 한다.

라이트 필터 light filter 스펙트럼의 어떤 범위 안에 들어온 광선만을 통과시키기 위한 장치로서, 색유리 또는 특수 유리, 색소로 염색한 젤라틴 막. 유리 용기에 넣은 색소 용액 등이 사용된다.

라이팅 모니터 lighting monitor 라이팅 스위치 ON 상태에서 점화 키를 빼면 도어 알람 또는 버저를 울린다. 음성 통보형 ETACS는 "라이트가 켜져 있습니다."를 2회 통보한다.

라이프 서포트 시스템 life support system 자동차 경주에서 만일의 화재 사고에 대비한 것으로, 드라이버가 발 등이 끼어 머신에서 즉시 탈출할 수 없는 경우, 스위치를 넣으면 머신에 장치된 에어 봄베(air bombe, 압축 공기 탱크)로부터 호스를 통해 헬멧 속에 공기를 보내는 장치를 이른다. 이 시스템이 설치된 경우에는 헬멧 옆에 호스가 나와 있다. 공기는 20초 정도밖에 보낼 수 없으므로 그 사이에 빠져나오거나 밖으로부터 구조 받아야 한다.

라인 드라이버 line driver 논리 회로의 출력으로 전송 케이블, 표시 램프, 계전기, 기억 장치, 전동기 등의 부하를 구동할 때 양자 간에 필요한 전력을 공급하고 고속으로 제어할 수 있는 속도와 전력 곱(積)을 가진 구동 전용의 게이트를 이른다. 논리 회로의 로딩을 감소시키고 오동작을 방지하는 효과도 있다.

라임 티타니아계 lime-titanium type 피복제 계통의 하나로 라임과 티탄이 많이 들어 있고, 일미나이트계와 산화 티탄계의 장점을 따서 기계적 성질과 작업성이 모두 좋다.

라쿤 윈도 racoon window 도어 윈도와 쿼터 윈도의 주위를 흑색으로 도장(塗裝)해서 스포티한 악센트를 강조한 것이다.

람다 lambda 연소에서 혼합 가스의 공연비에 대한 측정 단위로서, 람다의 이상적인 공연비는 14.7 : 1이다.

람다 센서 lambda sensor 목적 가스의 유무에 따라 센서의 출력 신호가 크게 변화하는 출력 특성이 있는 가스 센서를 이른다. 연소 제어용의 센서가 전형적인 예이다. 공기/연료비를 가로축에, 세로축에 출력을 취하면 완전 연소의 당량점에서 출력 신호가 크게 변화하고, 그 변화의 형이 λ문자와 비슷하므로 이런 명칭이 생겼다.

람다 컨트롤 lambda control 공연비를 피드백 제어하는 것을 이른다. 람다(λ)는 공기 과잉률을 기호로 표현한 것으로, 이론상 연료가 완전 연소하는 이론 공연비에 있어서는 $\lambda=1$이다. 삼원 촉매를 사용하여 배기가스를 정화하는 엔진에서는 산소 센서를 사용하여 항상 λ가 1이 되도록 흡입 공기량과 엔진의 회전수에서 계산된 적정 연료를 공급한다. 일정한 운전 상태에서는 문제가 없지만, 엔진 회전수가 변화하는 과도 상태나 고부하에서는 λ의 값이 1보다 큰 진한 혼합 가스가 필요하다. 따라서 미리 컴퓨터에 여러 가지 엔진의 부하 상태에 따라 가장 적합한 λ값을 기억시켜 공연비를 조절하여 연료 소비율과 출력의 균형을 맞추어야 한다.

래그 조인트 rag joint 고무 처리된 구조의 디스크나 물을 포함하고 있는 구부러질 수 있는 커플링으로, 대개 조향 시스템에 쓴다.

래더 빔 ladder beam 베어링 캡과 오일 팬 레일을 일체로 제작한 것으로서, 크랭크축을 끼워 실린더 블록에 장착되어 있다. 강성이 높은 사다리 모양의 구조로 되어 있다고 해서 이 명칭이 붙었다. 유럽 자동차 엔진에 많이 사용되고 있다.

래미네이션 lamination 얇은 필름 모양의 것을 두 종류 이상 맞붙이는 것 또는 그 물건을 일컫는다. 예를 들면, 내절(耐折) 강도, 인열(引裂) 강도가 약한 알루미늄박을 얇은 종이에 맞붙인 담배의 포장 등에서 볼 수 있다. 또 알루미늄박과 폴리에틸렌을 맞붙이면 알루미늄박의 결점인 강도나 내약품성이 향상된다. 폴리염화비닐과 셀로판 폴리에틸렌의 래미네이트화(化)된 필름은 습기나 가스의 투과를 막고, 열로 봉입할 수도 있기 때문에 도시락용 포장, 진공 포장에 사용된다. 셀룰로오스 아세테이트와 사란을 맞붙인 필름은 내투습(耐透濕)·내투기(耐透氣)·내유지성(耐油脂性)의 성질이 있어 약제의 포장용으로 적합하다.

래미네이트 laminate　(1) 종이나 플라스틱 필름, 금속박 등을 접착제나 용융 수지를 사용하여 겹쳐서 맞붙이는 일 또는 그렇게 만든 물건을 이른다. 포장 재료나 장식용으로 또는 치약의 튜브로 쓴다. (2) 인쇄물 등의 표면에 폴리에틸렌 필름을 열로 압착하여 붙이는 일을 말한다.

래미네이티드 글라스 laminated glass　자동차용 안전유리의 일종으로, 두 장의 유리 사이에 접착성이 강한 합성수지 필름을 넣어 압착시킨 유리이다. 내관통성이 일반 유리의 3.5배 정도이며, 충돌 사고로 인한 파손 시에도 날아 흩어지는 유리 파편에 의한 피해를 막아 주고, 내부의 승객이 밖으로 튕겨 나가는 것도 방지해 준다.

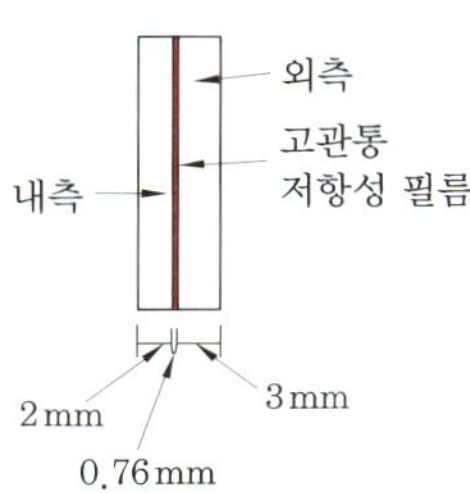

래미네이티드 글라스

래버린스 labyrinth　회전하는 축의 밀봉 장치는 대부분 래버린스로 케이스와 축 사이에 설치되어 실(seal)의 기능을 한다. 래버린스는 화이트 메탈, 황동 핀, 니켈 핀 등으로 끝이 뾰족하게 되어 있기 때문에, 축과 접촉되어 그 부분이 녹아도 축에는 큰 손상을 미치지 않게 되어 있다. 외부로 누설되는 기체는 여러 번 좁은 틈을 지나 그때마다 압력 강하를 받는다. 모든 틈에서의 압력 강하의 합이 내

외의 압력차가 일치하도록 누설량이 정해진다. 누설량은 래버린스의 틈 면적을 A, 틈의 단수(段數)를 Z 라고 할 때 $A/\sqrt{Z}$ 에 비례한다.

래버린스 패킹 labyrinth packing　케이싱과 회전축의 틈새로부터 기체가 누설하는 것을 막기 위해 널리 사용되고 있는 패킹을 말하는데, 이것은 기체가 급격히 팽창하면 압력이 떨어져 그 에너지가 상실되는 원리를 응용한 것이다.

래시 lash　기계적인 결합체에서 자유롭게 움직일 수 있는 양으로, 이를테면 밸브 기구나 기어의 치합 등을 들 수 있다.

래시 어저스터 lash adjuster　밸브의 간극을 자동으로 조절하여 주는 유압식 밸브 간극 조정 장치를 말한다. 엔진이 폭발하면 고열에 의해 밸브 간극이 늘어나게 되고, 이에 따라 소음도 커지게 되므로, 밸브 간극을 자동으로 해 주는 장치로서 소음 방지에 좋은 역할을 한다.

래시 어저스터

래칫 ratchet　폴(pawl, 멈춤쇠)의 작용에 의해 한쪽 방향으로만 회전을 전하고 반대 방향으로는 운동을 전하지 않는 톱니바퀴로, 래칫 휠이라고도 한다. 손목시계의 태엽을 감을 때 한쪽 방향으로 돌렸을 때만 감기고 반대 방향으로 돌렸을 때는 감기지 않고 용두가 공전하도록 되어 있는 것이 그 예이다. 일반적으로 폴이 기어의 바깥쪽에 있는 외치(外齒) 래칫이 많으며, 일정한 방향으로는 회전하지만 반대 방향으로 돌리려고 하면 폴이 이(齒)에 걸려서 돌아가지 않는다. 기어의 이가 안쪽에 붙어 있는 내치 래칫도 있다. 또 편심원 호형(偏心圓弧形)의 폴을 장치하여 톱니바퀴가 화살표의 반대 방향으로 돌려고 하면 폴과 톱니바퀴의 마찰에 의해서 톱니바퀴를 돌리기 어렵게 하여 역전을 방지하는 마찰 래칫도 있다. 기어에

의한 전자의 래칫은 회전할 때 폴이 이
와 접촉하여 찰칵찰칵 하는 소리를 내지
만, 마찰 래칫은 소리가 나지 않으므로
무음(無音) 래칫이라고도 한다.

래칫 핸들 ratchet handle　래칫은 한쪽 방
향으로만 회전하는 기구를 말한다. 래칫
핸들은 그 기구를 이용하여 나사를 풀거나
죄는 작업을 하는 공구이다. 래칫 핸들에
소켓을 끼워 래칫 핸들의 레버(또는 다이
얼)를 변환시킴으로써 시계 방향으로 돌게
도 하고 시계 반대 방향으로 돌게 할 수도
있다. 나사를 돌릴 때 소켓을 빼낼 필요
없이 일련의 조작으로 나사를 죄거나 풀
수가 있기 때문에 기계의 조립 ·분해 작
업을 하는 경우 능률이 오른다.

래칫 형식 조정 장치 ratchet type adjuster
래칫 형식 조정 장치는, 브레이크 드럼 간
극이 클 때 전진 또는 후진에서 브레이크
를 작동시키면 브레이크슈가 조정음의 편
심륜을 회전시키는 레버를 당겨 스트럿
바에 설치된 래칫과의 상대 위치를 변화
시켜 드럼 간극을 자동적으로 조정하는
형식이다.

래커 lacquer　넓은 뜻으로는 셀룰로오스
유도체를 기재(基材)로 하고 여기에 수지,
가소제(可塑劑), 안료, 용제 등을 첨가한
도료를 말하지만, 좁은 뜻으로는 나이트
로셀룰로스를 주요 성분으로 하는 도료를
가리킨다. 나이트로셀룰로스는 질소 성분
이 10.8~12.2 %인 것이 사용되는데, 도막
(塗膜)은 단단하지만 부서지기 쉽고 인성
(靭性)이나 부착성이 부족하기 때문에 수
지나 가소제를 첨가해서 질을 개선하였
다. 도막 형성은 주로 용제의 증발에 따른
건조에 의한다. 도막의 건조에는 보통 10
~30분이 걸려 시간이 빠르기 때문에 백
화(白化)를 일으키기 쉽다. 그래서 건조 시
간을 지연시킬 목적으로 시너를 첨가하는
경우도 있으며, 도장(塗裝)은 주로 뿜어
칠하는 것이 능률적이다. 또 도막이 단단
하고 불접착성이며 내마모성, 내수성, 내
유성이 우수하고, 에나멜 도막은 내후성
도 양호하다. 속건성(速乾性)이며 견고한
도막을 얻을 수 있어서 오늘날에는 도료의
한 분야를 차지하게 되었다. 그리고 과거
에는 자동차 도장의 대부분이 래커계 도료

를 사용하고 있었기 때문에 자동차 도장
전반을 가리키는 수도 있다.

래커 에나멜 lacquer enamel　금속·목재
면의 유색 불투명한 도장(塗裝)에 적합한
액상의 휘발 건조성 도료로서, 초산셀룰
로오스, 수지, 가소제(可塑劑) 등을 용제
에 녹여서 만든 용액에 안료를 분산시켜
만든 것을 이른다.

래크 rack　곧고 평평한 막대기에 톱니를
붙인 것을 이른다. 베벨 기어의 지름이 무
한대라고 생각하여 바퀴는 아니지만 기어
로 취급한다. 피니언과 맞물려 회전 운동
을 직선 운동으로 바꾸는 데 사용한다. 자
동차의 조향 장치, 디젤 연료 분사 펌프
등에 사용되고 있다.

래크 앤드 피니언 rack & pinion　작은 톱니
바퀴와 래크로 된 핸들 장치로, 핸들에
결합시킨 스티어링 샤프트 끝에 작은 톱
니바퀴(피니언)가 있고, 피니언은 톱니 모
양으로 제작된 둥근 막대(래크)에 맞물려
있다. 핸들을 돌리면 피니언이 회전하여
래크를 좌우로 움직인다. 이 같은 래크의
움직임을 타이 로드로 바퀴에 전해 바퀴
가 좌우로 방향을 바꾼다. 래크 앤드 피
니언은 구조가 간단해서 강성이 높고, 확
실한 핸들 감각을 얻을 수 있다. 또 스페
이스(설치 공간)도 작게 잡아서 FF 차량
에 많이 쓰인다. 예민한 방향 전환을 할
수 있어서 고성능 차에 어울리지만, 노면
으로부터의 킥백이 큰 것이 결점이다.

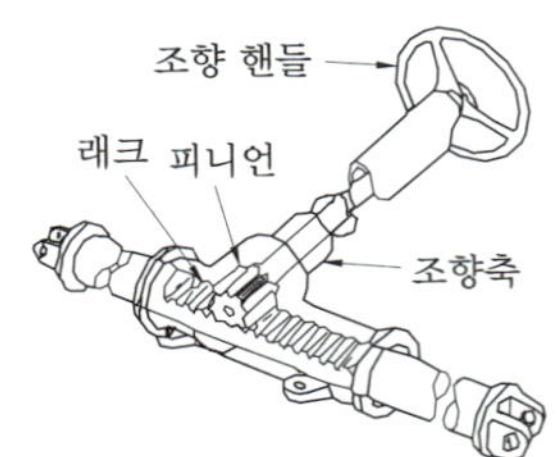

래크 앤드 피니언식

래크 앤드 피니언 링크식 스티어링 링크 장치
rack & pinion link type steering link sys-
tem　조향 링키지의 하나로서, 래크와 피
니언식 조향 기어 좌우의 끝 또는 중간
부분에 좌우 너클 암이 연결되는 타이 로
드를 연결하여 조향을 하는 방식의 장치
이다.

래크 앤드 피니언 스티어링 기어 rack and pinion steering gear　조향축에 부착된 작은 피니언 기어를 이용하여 래크 기어라고 부르는 긴 톱니가 달린 바를 움직이도록 한 스티어링 기어를 이른다. 래크 기어의 끝은 타이 로드를 이용하여 스티어링 암에 부착되어 있다.

래크 앤드 피니언 타입 스티어링 기어 박스 rack and pinion type steering gear box 스티어링 샤프트의 선단에 피니언을 장착하여 래크와 맞물리게 하여 피니언의 회전 운동을 래크의 가로 방향으로 움직이도록 바꾸고, 양방의 타이 로드를 나누어 차륜을 조작하는 방식이다. 피트먼 암이나 릴레이 로드, 기타 링키지가 생략되기 때문에 구조가 간단하고 스페이스가 적어도 된다. 이 방식은 노면으로부터의 쇼크가 스티어링 휠에 전달되기 쉬운 단점이 있지만 꺾임이 샤프하다는 장점도 있다.

래크 앤드 피니언 형식 rack & pinion type 조향 기어의 한 형식으로, 조향축의 회전력은 조향축 끝 부분의 피니언이 회전 운동을 조향 로드와 연결된 래크를 통해 직선 운동으로 전달한다. 조향축에 탄성 이음이나 댐퍼 등을 두어 노면 충격을 흡수하고 래크의 리턴이 용이하도록 스프링을 설치하기도 한다. 소형차에 많이 사용하고 있는 형식 중의 하나이다.

래터럴 런 아웃 lateral runout ⇨ 런 아웃

래터럴 로드 lateral rod 래터럴은 가로 방향이란 뜻으로, 좌우 방향의 움직임을 규제하기 위하여 차축과 프레임 사이를 가로지른 막대를 가리킨다. 래터럴 로드는 붙이는 위치에 따라 액슬의 움직임에 변화를 일으켜, 새로운 설계에서는 수평에 배치하고 좌우 바퀴 움직임을 같게 하거나 타이어의 중심 선상에 붙여 각 서스펜션에 꼬이는 힘이 걸리지 않게 한 것도 있다.

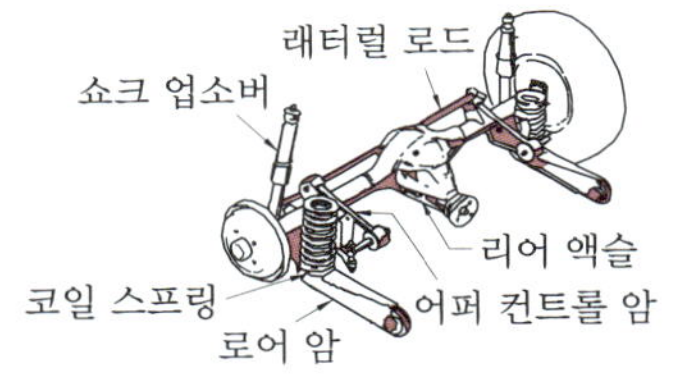

래터럴 로드 장착 위치도

래터럴 컨트롤 포스 lateral control force

⇨ 코너링 포스

래터럴 포스 lateral force ⇨ 사이드 포스

래터럴 포스 디비에이션 lateral force deviation　타이어의 균일성을 나타내는 단위의 하나로, 타이어에 미치는 가로 방향 힘의 평균값을 의미한다. LFD로 약칭하기도 한다.

레터럴 포스 베리에이션 lateral force variation　타이어의 균일성을 나타내는 단위의 하나로, 타이어에 미치는 가로 방향 힘의 변동의 크기를 의미한다. LFV로 약칭하기도 한다.

래틀링 노이즈 rattling noise　기계식 변속기의 중립 상태에서 클러치를 연결하면 발생되는 잡음을 이른다. 엔진의 회전 변동이 변속기 내의 기어에 전해져 기어 이빨이 부딪치면서 발생되는 소리로, 3속 이상의 변속 위치로 가속 또는 감속 중에 발생되는 덜거덕거리는 소리를 말한다.

래프트 벨트 wrapped belt　동력 전달용 V-벨트의 일종이다. 섬유 제품의 심(芯)을 넣은 벨트로서, 단면 형상은 고무벨트를 고무 헝겊으로 감싼 구조이다.

래핑 lapping　랩이라는 공구와 랩제를 사용하여 마모와 연삭 작용에 의해 공작물을 다듬질하는 정밀 가공법이다. 랩을 공작물에 대고 랩제를 가해 적당한 압력으로 상대 운동을 시키면 그 움직임에 의해 공작물 표면의 돌기 부분이 제거된다. 랩은 보통 주철제(鑄鐵製)이지만, 구리, 납 또는 나무로 만드는 경우도 있다. 랩제로는 거친 다듬질 때는 탄화규소계의 것을 사용하는데, 보통은 산화물계의 것을 사용한다. 손으로 작업하는 것을 핸드 래핑, 래핑 머신을 사용하는 것을 기계 래핑이라고 한다. 또 랩제에 윤활유를 가하는 경우를 습식 래핑, 가하지 않는 경우를 건식 래핑이라고 한다.

랜덤 액세스 메모리 random access memory　데이터가 저장되어 있는 위치에 관계없이 일정한 시간 내에 기억 내용을 읽거나 쓸 수 있는 기억 장치를 일컫는다. 컴퓨터의 주기억 장치로서 널리 이용되며, 프로그램이나 데이터가 기억되는 장소로 모든 작업의 중심이 된다. RAM(램)으로 약칭한다.

랜덤 체인 random chain　스프로킷(기어 전동 장치)에 대한 맞물림이 약간씩 다른 두 종류의 링크에서, 체인의 치합음 저감의 효과가 있도록 불규칙한 접속을 한 체인을 말한다.

랜도 톱 landau top　랜도(landau)는 접을 수 있는 포장이 달린 4륜 마차의 일종이다. 랜도 톱은 운전석에 지붕이 없는 리무진으로, 승객의 좌석 위의 지붕은 포장으로 되어 있으므로 접어서 갤 수 있다.

랜드 land　피스톤에서 피스톤 링이 끼워지는 홈과 홈 사이를 프스톤 랜드라고 한다.

랠리 rally　자동차를 이용하여 정해진 구간을 달리는 경기를 이른다. 레이스가 폐쇄된 특별 서킷에서 비교적 단거리로 실시하는 데 비해, 랠리는 일반 공공 도로에서 5,000km 또는 5일간 등 장거리·장시간에 걸쳐 실시한다. 유럽에는 각국에 국제적인 대(大)랠리가 있어 제각기 득점을 합계하여 매년 유럽 랠리 챔피언이 탄생한다. 국제적으로 유명한 것은 겨울에 유럽 전역에서 전개되는 몬테카를로 랠리, 여름의 알프스를 중심으로 실시하는 알펜 랠리, 동부 아프리카의 황야를 무대로 전개되는 이스트 아프리칸 사파리, 유럽에서 아프리카를 잇는 파리-다카르 랠리 등이 있다.

랠리 스프린트 rally sprint　비포장지(非鋪裝地)에 코스를 설정하여, 그곳을 한 대씩 주파하여 소요 시간을 다투는 경기를 이른다. 2회 주행 중 양호한 쪽의 기록이 경기자의 타임이 된다.

램 RAM ; random access memory　⇨ 랜덤 액세스 메모리

램스 울 보닛 lamb's wool bonnet　마지막 광내기에 사용되는 새끼 양털로 된 둥근 패드를 가리킨다.

램 압 ram pressure　배행 중 기관의 흡입구에 동압(動壓)으로 공기가 밀려들어 올 때의 공기의 압력을 일컫는다.

램제트 ramjet　제트 엔진의 일종이다. 압축기나 터빈이 없이, 고속으로 불어 넣은 공기를 원통 안에서 압축하고 연료를 분사·점화·연소하여 추진력을 얻는다. 마하 3 이상의 초음속 비행에 적당하다.

램제트 엔진 ramjet engine　램 압으로 압축된 공기 속에 연료를 분사하여 연소시켜, 연소 가스를 직접 분출하는 제트 기관이다.

램프 lamp　램프는 조명뿐 아니라 다른 차와 보행자에 대한 신호, 커뮤니케이션의 수단이라는 기능도 갖고 있다. 이와 함께 성능이 향상되어 차 전체의 스타일을 이룩하는 부분으로, 디자인과 패션성도 무시할 수 없게 되었다.

램프 단선 센서 bulbs burnout sensor　자동차의 전조등, 정지등, 미등(尾燈) 등의 램프의 단선(斷線)을 검출하는 장치를 말한다.

램프 브레이크 오버 앵글 ramp break over angle　주행 중 전륜이 타고 넘은 돌기(또는 둔턱)를 하체 밑이 받히지 않도록 하기 위한 한계 각도를 이른다(그림에서 각 C). 4WD는 26.5°(메탈 톱 차)와 충분한 앵글을 보유하여 거친 길에서도 주행성이 우수하다.

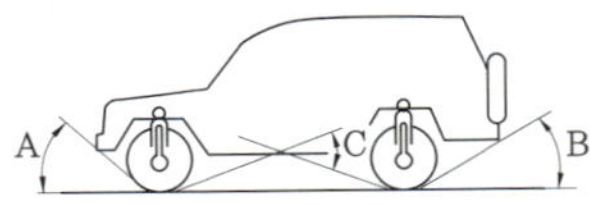

램프 브레이크 오버 앵글

램프 페일류어 센서 lamp failure sensor　헤드램프나 브레이크 램프가 끊어졌을 때 운전자에게 램프가 끊어졌음을 알려 주는 센서이다. 램프의 벌브 등에 의하여 램프 회로의 전류 값이 감소되는 것을 전자적으로 검지하며 운전석의 계기판의 경고등(위닝 램프)을 점등시킴으로써 운전자에게 경고한다.

랩 lap　(1) 정밀 다듬질의 일종이다. 접촉하는 두 표면을 고운 연마제로 다듬질하여 수밀(水密, liquid-tight)이나 기밀(氣密, gas-tight)을 유지할 수 있다. (2) 주회(周回), 즉 코스를 한 바퀴 도는 것을 이른다. 선두로 첫 번째 바퀴를 돌아 컨트롤 라인을 통과하면 "1주째의 랩을 땄다"라고도 한다. 또한 랩 차트(lap chart)는 주회 기록표로 피트에서 각 주회마다의 랩 타임과 순위를 기록한다.

랩 라운드 타입 wrap round type　주위가 양측면으로 둘러싸인 형태의 것을 총칭하여, 랩 라운드 리어 시트나 랩 라운드 테

일 램프, 또한 랩 라운드 리어 윈도 유리 등의 사용법이 있다.

랩 벨트 lap belt ⇨ 2점식 시트 벨트

랩 조인트 lap joint 변압기 철심의 계철 (繼鐵)과 각철(脚鐵)을 이은 부분에 있어서 각 부분의 철판을 한 장씩 지그재그형으로 조립한 구조를 말한다.

랩 충돌 lap crash ⇨ 오프셋 크러시

랩 타임 lap time 코스를 한 바퀴 도는 데 걸린 시간, 정확히 말하면 컨트롤 라인을 떠나 컨트롤 라인을 다시 지날 때까지의 시간이다. 예선에서의 랩 타임에 따라 결승에서의 스타트 위치가 결정된다.

랩 히터 lap heater 운전석 주위에 덕트를 설치하여 충분한 풍량을 보내는 강력한 모터와, 온풍을 만들어 내는 대용량의 히터 코어를 구비하여 균일한 온풍을 송출할 수 있는 히터로서, 무릎도 따뜻하고 또한 뒷좌석의 발에도 덕트에 의해 온풍을 송출할 수 있다.

랭 레인지 드라이빙 램프 lang-range driving lamp 이것을 다른 말로 하면, 스폿 램프(spot lamp)가 된다.

랭스 서킷 Reims Circuit 1925년에 완성된 서킷으로, 프랑스를 대표하는 고속 코스로 애용되었다. 일반 공도를 이용하며 프랑스 GP가 자주 열렸다. 1960년대 말 레이스 개최 불능 판정을 받아 사라졌다.

랭킨 사이클 Rankine cycle 2개의 단열 변화와 2개의 등압 변화로 구성되는 사이클 중 작동 유체가 증기와 액체의 상변화(相變化)를 수반하는 것을 랭킨 사이클이라고 하며, 이를 증기 사이클, 베이퍼 사이클이라고도 한다. 내연 기관이나 가스 터빈과 같이 작동 유체가 사이클 중 항상 가스 상태인 것은 가스 사이클이라고 하여 이것과 구별하고 있다. 증기 발전소에서는 급수 펌프(단열 압축), 보일러 및 과열기(등압 가열), 터빈(단열 팽창) 및 복수기(등압 방열)의 각 요소에 의해 랭킨 사이클이 실현되고 있다. 또한 열효율의 향상 등을 위해 재생 사이클이나 재열 사이클로 하는 경우가 많다. 가솔린 자동차의 배기 가스 규제에 의해 랭킨 사이클 기관을 탑재한 자동차가 저공해차로서 주목을 끌고 있다. 이것은 증기 자동차 기술에 최근의 내연 기관이나 가스 터빈 등의 기술을 조합한 것이다. 그러나 연료 소비가 가솔린 자동차에 비해 많다는 것, 물을 사용할 때 한랭으로 인한 동결이 나타난다는 것 및 승용차로서 사용 조건에 맞는 제어가 곤란하다는 것 등이 해결해야 할 문제점으로, 이들의 해결 여하가 랭킨 사이클 기관, 그리고 새로운 증기 자동차의 장래를 결정하게 될 것이다.

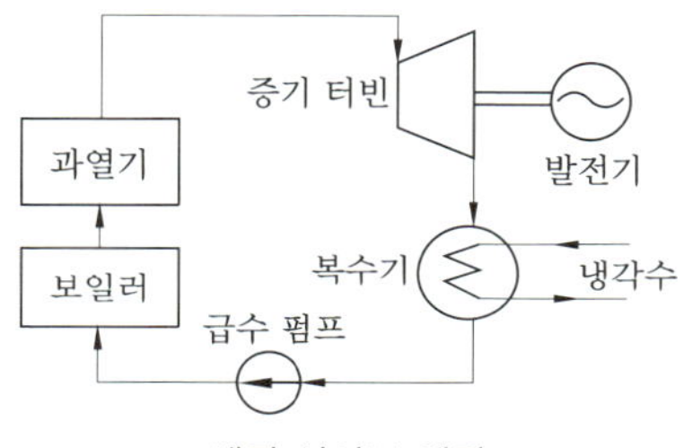

랭킨 사이클 엔진

러그 lug (1) 볼트 구멍이나 기타 가공을 하기 위하여 주물의 두께를 부분적으로 두껍게 보강한 돌기부를 말한다. (2) 손잡이, 튀어나온 부분이라는 뜻이다.

러그 패턴 lug pattern 타이어의 원주 방향에 대하여 직각의 홈을 넣은 패턴으로서, 군용 자동차나 비포장도로에서 주로 사용하는 트럭 등 험한 길에서 구동(traction)이 필요한 자동차에 적합하다. 포장도로를 주행하면 옆 방향 홈이 연속적으로 노면을 두들기므로 패턴에 특유한 주파수로 소음을 발생한다.

러그형 lug type 타이어 트레드 패턴의 하나로, 타이어 원둘레 방향과 직각으로 좌우에 홈을 둔 것이다. 견인력이 뛰어나고 방열성이 좋아 대형차에 주로 사용한다. 제동력과 구동력이 좋으며, 비포장도로에서 견인력이 강하지만, 고속 주행 시 소음이 많아 고속용으로 부적합하다.

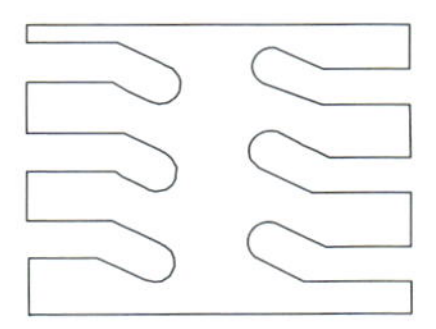

러그형 패턴

러기지 룸 luggage room ⇨ 러기지 스페이스

러기지 룸 램프 luggage room lamp 트렁크 안을 조명하는 램프로, '트렁크 룸 램프'라고도 한다.

러기지 스페이스 luggage space 화물실의 크기 즉 트렁크의 공간을 말한다. 3박스 자동차인 경우 트렁크 안에 스페어타이어가 들어 있어서 짐을 실을 수 있는 양이 제한되지만, FF 차량에서는 뒤쪽의 자유도가 커서 이 공간을 크게 할 수 있다. 러기지 룸(room)이라고도 한다.

러기지 스페이스

러기지 시스템 박스 luggage system box 카고 룸 매트의 아래에 설치된 기능적인 수납 박스를 말한다. 공구류 등의 수납에 적합하다.

러기지 컴파트먼트 도어 luggage compartment door 승용차의 화물실(트렁크)을 여닫는 도어(뚜껑)로서, 도어의 힌지에는 원 포인트식과 링크식이 있다. 도어를 닫으면 자동적으로 고정되는 것이 많지만, 키 실린더가 설치된 푸시 버튼이나 손잡이를 조작하여 키로 잠그지 않는 한 자유롭게 열 수 있도록 한 것도 있으며, 편리함과 도난 방지 및 안전성의 여부를 판단하여 어떤 것을 선택하는가에 따라 결정된다. 운전자 시트 옆에 레버를 설치하여 이것과 연결한 케이블로 잠금을 여는 형식이 일반적인데, 전자 스위치에 의하여 잠금을 해제하는 형식도 있다.

러기지 트림 luggage trim 트렁크 룸 내를 보기 좋게 하고 차체를 보호하기 위한 내장 부품을 이른다.

러닝 온 running on 점화 키를 OFF로 했을 때도 점화 키와 플라이휠의 관성에 의해 흡입된 연료와 연소실 내에 남아 있는 미연소 가스가 과열된 스파크 플러그와 연소실 내에 쌓인 카본 등이 자연 발화되는 현상을 말한다.

러버 rubber 러버 즉 고무는 고무나무의 분비 유액(latex)을 응고시킨 생고무를 주원료로 하고, 산화아연, 탄산마그네슘, 카본 블랙 등을 첨가하여 가류(加硫)시켜 만든 것이다. 연질고무는 탄성이 뛰어나고 내수성, 전기 절연성이 크다.

러버 그리스 rubber grease 식물유에 리튬 비누를 가한 그리스이다. 고무 부분에 악영향을 주지 않는 특징이 있고, 브레이크의 마스터 실린더나 휠 실린더의 조립에 쓰인다.

러버 마운팅 rubber mounting 러버(고무)로 만든 엔진 장착용의 고무 부품이다. 종류로는 엔진의 중량이 주로 고무의 압축력으로 가해지는 압축형과 고무의 전단력으로 가해지는 전단형 및 압축과 전단의 양쪽 모두의 힘이 가해지는 경사형 등이 있는데, 경사형을 많이 사용하고 있다.

러버 부싱 rubber bushing ⇨ 고무 부싱

러버 엘리먼트 rubber element 자동차 유리에 닿는 와이퍼 블레이드의 날 부분을 이르는 말로서, 천연 고무나 크롤로프렌 고무 또는 양자를 혼합한 고무를 사용한다. 그 재질과 형상에 따라 닦이는 성능이 좌우된다.

러빙 블록 rubbing block 배전기의 가동 접점에 설치되어 접점이 열릴 때 캠과 접촉되는 부분으로, 베이클라이트로 되어 있다. 러빙 블록이 마멸되면 접점 간극이 적어져 캠 각이 크게 되며, 점화 시기가 빨라진다.

러빙 콤파운드 rubbing compound 페인트를 매끄럽게 하고 광택을 내기 위해 사용하는 부드러운 연삭재를 이른다.

러스트 rust 녹을 일컫는 말로, 대기 중의 산소, 수소 등의 작용으로 금속 표면에 발생하는 산화물이나 수산화물 등을 말한다.

러칭 lurching (1) 가로축 방향으로 차체 전체가 상하 왕복 운동을 하는 것을 말한다. (2) 선체가 옆에서 돌풍을 받든지 또는 파랑 중에서 대각도 조타를 하면 선체는 갑자기 큰 각도로 기울어지게 되는데, 이러한 현상을 러칭이라고 한다.

러프니스 roughness 러프니스는 거칠기, 조도(粗度)를 나타내는 말로, 타이어 불균일성의 원인으로 발생하며, 현가장치를 거쳐 차량에 전달되는 진동을 이른다. 미끄러운 노면을 주행하고 있을 때 느껴지며, 섬프(thump)보다 주파수가 높다.

러프 아이들 rough idling 엔진의 공회전이

일정하지 않고 회전 변동이나 진동이 큰 상태를 말한다. 흡입 계통이나 점화 계통의 이상으로 실린더나 사이클에 대한 연소 상태가 이상이 있을 경우에 발생하는 일이 많다.

럭스 lux 조명이 밝은 정도를 말하는 조명도에 대한 실용 단위로, 기호는 lx이다. $1\,m^2$의 넓이에 1lm(루멘)의 광속(光束)이 균일하게 분포되어 있을 때의 면의 조명도, 즉 1cd(칸델라)의 점광원으로부터 1m 떨어진 곳에 있는 광선에 수직인 면의 조명도가 1lx이다. 미터촉광은 광도의 예전 단위로서, 1.0067cd가 1촉(燭)에 해당한다.

런던-멕시코 월드컵 랠리 London-Mexico World Cup Rally 1970년에 열린 대륙 간 레이스로, 4년마다 개최되는 월드컵 축구를 기념하기 위해 전(前) 월드컵 개최지와 다음번 월드컵 개최지 사이를 달리는 랠리로 기획되었다. 그러나 1973년 말의 오일 쇼크의 영향으로 실제 경주는 런던-멕시코 간에서 단 1회만 열렸다.

런아웃 runout 타이어의 흔들림을 일컫는 말이다. 휠의 축을 고정하고 타이어를 1회전시켰을 때 트레드 중심선이 움직이는 모양으로 나타낸다. 타이어의 세로 흔들림을 레이디얼(radial) 런아웃이라 하고, 가로 흔들림을 래터럴(lateral) 런아웃이라고 한다.

런 아이들 run idle 기계의 공전을 말하며, 자동차에서는 아이들링이라고 한다. 자동차가 발진하기 전이나 신호 대기 중일 때, 곧바로 출발할 수 있는 상황에서 엔진을 공회전시키고 있는 상태를 아이들링이라고 하는데, 자동차에 있어서 꼭 있어야 하는 패턴이다.

런온 run-on 엔진 키를 돌려 엔진을 멈춘 뒤에도 엔진이 정지하지 않고 한참 동안 계속 돌아가는 상태를 말한다. 연소실에 남아 있는 가스가 열로 타 버려 폭발하는 것으로, 요즘에는 이를 방지하기 위해 키를 돌리면 연소를 중단시키는 기구를 장비한 차들이 늘고 있다. 디젤링 현상이라고도 한다.

런플랫 타이어 run-flat tire 자동차의 타이어가 펑크로 인해 타이어 안의 공기가 없어져 공기압이 감소하여도 타이어의 형상을 유지하여 일정한 속도(보통 80km)로 100km 전후 거리를 주행할 수 있는 타이어를 말한다. 노상에서의 위험하고 귀찮은 타이어 교환 작업이 필요 없고, 스페어타이어를 갖고 다니지 않아도 된다는 장점이 있어, 여러 타이어 메이커들이 큰 관심을 보이고 있다. 현재 던럽사가 '데노보'라는 상품명으로 유럽에서 판매하고 있으나, 특수한 림을 써야 하고 스프링 아랫부분의 무게가 늘어나는 등의 결점이 있어 널리 보급되지는 못하고 있다. 이 타이어에는 'RUNFLAT'이라는 글자와 마크가 표시되어 있다.

럼버 서포트 lumber support 시트에서 옆구리를 받쳐 주는 등받이 양 측면의 부풀어진 부분을 말한다. 일반 차량 시트는 럼버 서포트 부분이 쿠션이 들어가 부드러운 강도를 가지고 있지만, 버킷 시트에서는 등받이 면과 거의 90° 각으로 선 정도여서 몸을 확실하게 버텨 준다. 장거리 운전 등 시트에 오랜 시간 앉아 있으면 등이 피로하기 때문에 이런 기능을 채용한 것이다. ⇨ 사이 서포트

럼블 rumble 기관의 압축비가 9.5 이상으로 높은 경우에는 노크 음과 다른 저주파의 둔한 뇌음을 내며 기관의 운전이 거칠어지는 현상으로, 연소실이 더러울 경우 주로 발생된다.

럼블 시트 rumble seat 지금까지의 로드스터나 쿠페의 뒤에 설치한 접이식의 보조 시트를 이른다.

레귤러 가솔린 regular gasoline ⇨ 프리미엄 가솔린

레귤레이션 regulation '규정, 회전수, 조정' 등을 뜻한다. 엔진의 회전수 상승에 따라 발생 전압도 상승되는데, 규정값보다 높은 전압 발생 시 전압을 규정값까지 강하시키는 역할을 한다. 각종 전기 장치 보호와 과충전 방지를 위한 전압 조정기라고도 한다. 레귤레이터는 알터네이터 안쪽에 또는 차량의 온보드 컴퓨터 내의 엔진 부위에 위치한다.

레귤레이터 regulator (1) 조정(調整) 기기의 총칭으로서, 압력 조정기, 속도 조정기, 전압 조정기, 유량 조정기 등에 사용

되는 말이다. (2) 공압(空壓) 기기에서는 공기압을 설정 및 조절하는 장치이다. 즉, 외부 공급 공기압이 $8 \, kg/cm^2$이고, 어느 장비(기계 설비)에서 필요로 하는 공기압이 $6 \, kg/cm^2$라고 한다면, 장비에 들어가는 곳에 레귤레이터를 설치하고서 설정압을 $6 \, kg/cm^2$로 설정해 놓으면, 장비에 공급되는 공기압을 $6 \, kg/cm^2$가 되도록 하는 장치이다.

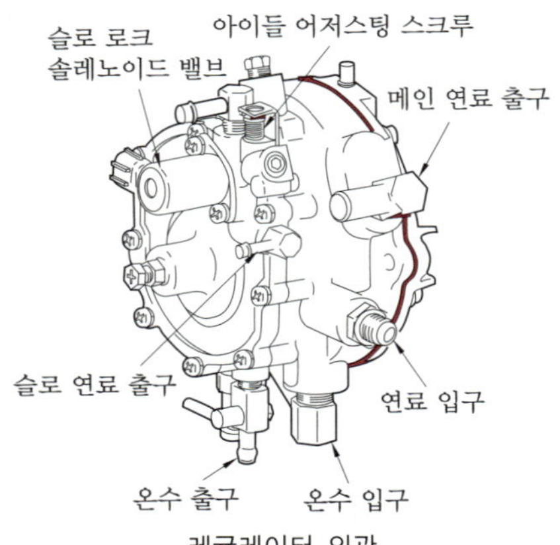

레귤레이터 외관

레귤레이팅 밸브 regulating valve 디젤 엔진의 분배형 분사 펌프에 설치된 피드 펌프 보디에 설치되어 과잉의 연료를 피드 펌프의 흡입 쪽으로 바이패스시킨다. 송유 압력이 레귤레이팅 밸브 스프링의 장력보다 낮으면 연료는 플런저 배럴(펌프실)에 공급되고, 송유 압력이 스프링 장력보다 높으면 흡입 쪽으로 바이패스시켜, 피드 펌프의 회전수와 관계없이 연료의 압력을 항상 일정하게 유지시키는 역할을 한다.

레그 룸 leg room 차량 탑승자가 시트에 앉았을 때 다리가 놓이는 공간을 말한다. 실내 치수의 하나로서, 자동차마다 성격에 따라 그 측정 방법이 다르다.

레드우드 점도 Redwood viscosity 중유 등의 점도(粘度) 표시법의 하나로서, 일정 온도에서 가는 관 속에 흐르는 $50 \, cm^3$의 유체가 용기 바닥의 가는 구멍으로부터 유출하기 시작하여 끝날 때까지 걸리는 수 초(秒)로서 나타낸다.

레드우드 점성계 Redwood viscometer 공업적으로 사용되는 점도계의 하나이다. 온조(溫槽)애 각 부분의 치수가 규격에 의해서 정해져 있는 원통 용기를 넣는다. 용기의 바닥 부분에 있는 작은 구멍을 닫고, 용기 안의 일정한 높이까지 시료(試料)를 넣어 시험 온도에 이르렀을 때 구멍을 열고 시료를 떨어뜨려 $50 \, cm^3$의 시료가 떨어지는 데 소요되는 초수(秒數)를 측정하여 점도를 나타낸다. 이것을 레드우드초라고 한다.

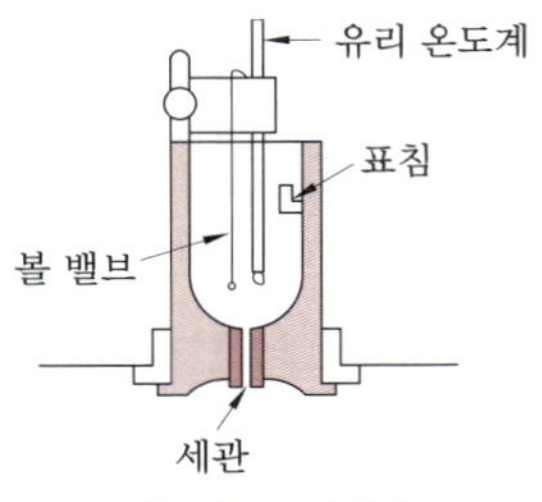

레드우드 점성계

레드 존 red zone 엔진의 회전 허용 한계 또는 태코미터(회전 속도계) 상의 빨간 부분을 말한다. 이 부분 이상까지 엔진을 돌리면 밸브 기능이 떨어지든가 연료 부족으로 인한 과열, 엔진 오일의 연소 등으로 고장을 일으킬 수 있다.

레드 체크 red check 염색 탐상법(探傷法)의 하나로, 붉은색의 발색 시험을 말한다. 금속 등의 녹을 점검하는 방법으로, 점검 부위를 세정액으로 세정하고 붉은색 침투액을 도포한 다음 다시 흰색 현상액을 도포하면, 잠시 후 녹이 있는 곳에는 붉은색 침투액이 스며들어 흰색 현상액의 표면에 붉은색이 나타난다. 실린더 블록, 실린더 헤드, 트랜스미션 케이스 등의 큰 부품이나 작은 정밀 부품에 두루 사용된다.

레버리지 leverage 바퀴가 상하로 움직인 거리(wheel stroke)와 스프링 신축량과의 관계를 나타내는 것으로서, 휠 스트로크의 제곱을 스프링의 변형(휨)량의 제곱으로 나눈 수치로 나타낸다.

레버 크랭크 기구 lever crank mechanism 4개의 링크로 되어 있는 4절의 회전 기구로서, 1개의 링크는 회전 운동을 하고, 다른 링크는 왕복 각운동(角運動)을 한다. 셰이핑 머신의 급속 귀환 기구나 증기 기관, 내연 기관 등에 응용된다.

레벌루션 센서 revolution sensor 컴프레서(압축기)가 고정되었을 때의 컴프레서 제어용 센서이다. 컴프레서에 장치되어 있으며, 컴프레서의 회전수를 검출한다.

레벨 게이지 level meter, level gauge 액체면의 높이를 검출하는 계측기 즉 액면계(液面計)를 이른다. 탱크 내의 액체의 레벨을 검출하는 경우가 많지만, 하천이나 호수의 수위 측정, 하수나 배수로의 액체면 측정 등에도 이용된다. 부자(浮子)를 사용한 부력식과 액체의 압력을 이용한 기포식(氣胞式), 압력식(투입식) 또는 차압식(差壓式), 그리고 액체의 유전율을 이용한 정전 용량식과 같은 전액 방식 외에, 초음파나 마이크로파, 방사선을 이용한 비접액 방식도 있다. 측정 범위와 측정 정밀도, 액체의 상태(온도, 점성도, 압력, 부식성 등)에 따라 방식을 선택할 필요가 있다. 높이의 측정은 체적이나 유량, 질량 등의 간접 측정을 목적으로 행해지는 경우가 많은데, 그 경우 측정 정밀도에 대해서는 탱크 등의 형상이나 크기, 정밀도를 충분히 고려하지 않으면 안 된다. 레벨 게이지 외에, 탱크 등의 레벨의 상·하한을 관리할 목적에 사용되는 것으로서 레벨 스위치가 있다.

레벨 경고 스위치 level warning switch 탱크 내의 브레이크액의 감소를 검출하여 경고하기 위한 스위치이다. 브레이크액이 일정량 이하로 떨어지면 ON으로 되어 경고등이 점등한다.

레벨링 leveling (1) 기계를 설치하는 경우의 수평 내기를 말한다. (2) 소지(素地)의 극히 작은 요철(凹凸)이나 흠집을 전기 도금으로 평활하게 만드는 것을 이른다. (3) 완곡한 판을 교정 롤(roll) 사이로 넣어 편평하게 만드는 가공법을 가리킨다. (4) 수평을 맞추기 위해 물이 들어 있는 비닐관이나 고무관을 당기거나 또는 수평기를 이용하여 기준이 되는 수평면을 찾는 것을 이른다.

레벨링 밸브 leveling valve 레벨링 밸브는 차체의 높이가 항상 일정하게 유지되도록 압축 공기를 자동적으로 공기 스프링에 공급하거나 배출하는 역할을 한다.

레벨 플러그 level plug 미션이나 액슬 등의 오일 주입구에 체결되는 플러그로, 수평 상태에서 이 플러그를 빼 보면 플러그의 장착 부위까지 오일이 차 올라온 상태가 적정 레벨임을 확인할 수 있다.

레브 리미터 rev limiter 엔진의 최고 회전 속도를 규제하는 장치를 이른다.

레브 리밋 rev limit 엔진이 나타내는 최고 회전 속도를 이른다.

레스피레이터 respirator 인공호흡기를 일컫는다. 흡입하는 공기 속의 입자 및 증기를 여과하기 위해 코와 입에 착용하는 보호 장구이다.

레시프로케이팅 엔진 reciprocating engine 왕복 기관, 피스톤식 기관을 일컬으며, 레시프로(recipro) 엔진으로 약하기도 한다. 보통 가솔린 엔진에서는 피스톤이 실린더 내에서 상하 운동(왕복 운동)을 하는 작동 방식에 의해 피스톤 부분이 회전함으로써 동력이 발생한다. 로터리 엔진에 상대적인 의미의 레시프로 엔진이다. 연소 공정의 차이에 따라 4사이클, 2사이클로 나누어지며, 사용 연료의 차이에 따라 가솔린과 디젤의 두 가지 타입이 있다.

레오스탯 rheostat 야간 등의 라이트 점등 시 계기판의 패널 밝기를 자유롭게 조절할 수 있는 스위치를 이른다. 밝기의 조절에 따라 미터나 게이지의 확인이 용이하게 되고 운전자 눈의 피로를 감소시키는 역할을 한다. 가변 저항으로 램프의 전압을 변경하여 조도를 조절하는 저항식과, 램프에 가해지는 전압을 주기적으로 ON·OFF함으로써 조도를 조절하는 트랜지스터식이 있다. '리어스탯'은 잘못 표기한 것이다.

레이놀즈수 Reynolds number 영국의 유체 역학자 레이놀즈가 발견한 것으로, 움직이는 유체 내에 물체를 놓거나 유체가 관 속을 흐를 때 난류(亂流)와 층류(層流)의 경계가 되는 값을 말한다. 유체의 점성률(粘性率)을 ν, 밀도를 ρ, 유속(流速)을 v, 물체의 모양을 정하는 길이 즉 구(球)나 원관(圓管)이면 반지름의 길이, 육면체이면 변의 길이를 l이라고 할 때, $R = \rho l v / \nu$로 구해지는 무차원수(無次元數)를 말한다. 흐름을 연구하는 데 중요한 것으로, 이 값이 작을 때는 흐름이 규칙적인 층류가 되지만, 어떤 값 이상이 되면 난류가 된다. 일반적으로 이와 같은 난류와 층류의 경계가 되는 R의 값을 임계 레이놀즈수라고 한다. 그 값은 원관 내의 물의 흐름에서 약 2,300이다. 경계의 모양이 닮은 두 물체를 서로 다른 흐름 속에 놓았을 때 각각 레이놀즈수가 같다면, 길이와 시간의 단위를 적당히 잡으면 두 흐름의 상태는 완전히 일치한다. 이것을 레이놀즈의 상사 법칙이라고 한다.

레이더 radar 무선 탐지와 거리 측정(radio detecting and ranging)의 약어(略語)로, 마이크로파(극초단파, 10∼100 cm 파장) 정도의 전자기파를 물체에 발사시켜 그 물체에서 반사되는 전자기파를 수신하여 물체와의 거리, 방향, 고도 등을 알아내는 무선 감시 장치이다.

레이디어스 로드 radius rod 반지름 간(杆)의 차축과 프레임을 지지하는 버팀대로서, 용도에 따라 추진 및 제동의 응력을 받는 것과 구동 토크를 받는 것, 보강용 등이 있다.

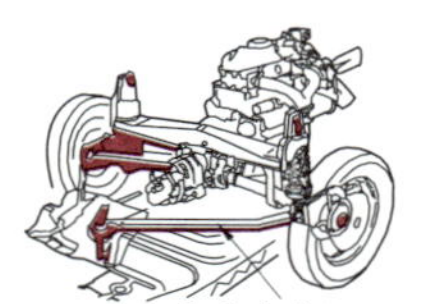

레이디어스 로드

레이디어스 로드 구동 방식 radius rod drive 반지름 간(杆)에 의한 구동 방식을 이른다. 두 차축 하우징과 프레임 사이에 가설한 반지름 간에 의하여 차체에 추진력을 전달하는 방식이다. 다만, 그 반지름 간이 구동 토크를 흡수하는 것에 있어서는 토크 로드 구동 방식이라고 한다.

레이디어스 암 구동 radius arm drive 구동륜과 구동력을 차체에 전달하는 방식의 하나로, 구동륜에 의한 추력과 리어 엔드 토크 등을 액슬축과 차체 사이에 연결된 쇼크 업소버, 컨트롤 암, 코일 스프링과 함께 흡수 전달하는 형식이다.

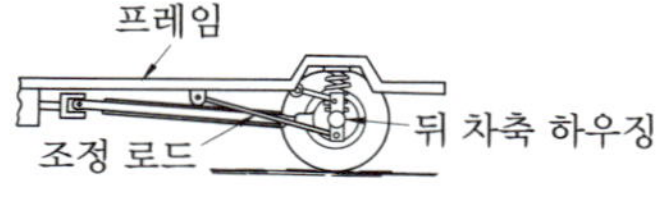

레이디어스 암 구동

레이디어스 타이어 radius tire 카커스 코드가 트레드의 중심선에 대하여 직각으로 배열된 타이어를 말하며, 레이디얼 타이어라고도 한다.

레이디얼 radial 반지름 방향, 원심(遠心) 방향, 축과 직각 방향이라는 의미로서, 레이디얼 펌프, 레이디얼 하중, 레이디얼 타이어 등으로 사용되고 있다.

레이디얼 간극 radial clearance 구름 베어링의 반지름 방향(레이디얼)의 틈새를 이른다. 베어링의 끼워짐과 하중이나 온도에 따라 간극의 변화 등을 고려하여 적당한 크기로 정해져 있다.

레이디얼 런아웃 radial runout 회전체를 회전시켰을 때 반지름 방향의 넓이(동심도 또는 편심)를 표시하는 것으로, 다이얼 게이지를 회전축에 대고 직각 방향에 대한 값을 측정한다. ⇨ 런아웃

레이디얼 베어링 radial bearing 축과 직각 방향의 하중을 받는 베어링으로, 보통은 볼베어링을 분류하기 위해 이용하는 용어이다. 축 방향의 하중(스러스트 하중)은 거의 받지 않지만, RC 헬리콥터의 경우 공간이나 중량 관계로 레이디얼 베어링에 스러스트 하중을 두는 경우도 많다.

레이디얼 엔진 radial engine 1개의 크랭크축을 중심으로 실린더를 별 모양으로, 즉 방사상(放射狀)으로 배열한 형식의 발동기이다. 항공기 엔진에 사용한다.

레이디얼 타이어 radial tire 타이어를 이루는 부분을 외형상 크게 나누어 보면, 골격을 이루는 부분인 카커스(carcass)와 지면에 직접 닿는 부분인 트레드(tread), 그리고 타이어의 옆면인 사이드 월(side wall)로 구성된다. 이 중 카커스는 타이어 코드와 고무로 이루어진 층인데. 여기 사용되는 타이어 코드가 바퀴 진행 방향에 수직으로 배열되어 있는 타이어를 레이디얼 타이어라고 한다.

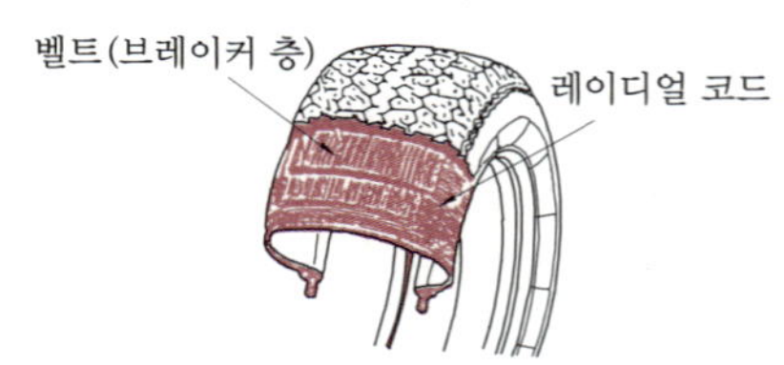

레이디얼 타이어

레이디얼 터빈 radial turbin 터보차저의 부품인데, 배기가스의 힘으로 터빈 휠을 회전하여 발생한 회전력으로 압축기를 돌린다. 터빈 플레이트가 회전축을 중심으로 방사상(放射狀)으로 배치되어 있어 이와 같은 이름이 붙게 되었다.

레이디얼 포스 베리에이션 radial force variation 타이어를 차축과 노면 사이의 거리를 일정하게 하고 회전시켰을 때 접지면에 발생하는 힘의 변동(포스 베리에이션) 중 타이어의 반지름 방향의 성분을 이르는데, RFV라고 줄여 말한다. 휠과의 조합 위치를 변경하여 세로 방향의 흔들림을 적게 함에 따라 RFV를 작게 할 수 있다.

레이디얼 플라이 타이어 radial ply tire 레이디얼 타이어라고도 한다. 1947년경 프랑스에서 개발되어 승용차·버스 및 트럭 등에 널리 사용하게 되었다. 타이어의 가장 안쪽 면의 레이디얼 플라이를 타이어의 원주 방향으로 설치하고 브레이크를 길이 방향으로 붙여 강성(剛性)이 높도록 만든 타이어로서, 마모가 적고 전동(轉動) 저항이 적기 때문에 연료 소비가 10 % 이상 감소되고 안정성, 조향성이 좋다.

레이디얼 플런저 모터 radial plunger motor 플런저 왕복 운동의 방향이 구동축과 거의 직각인 플런저 모터를 말한다. 실린더 블록의 바깥 둘레에 중심을 향하여 방사상(放射狀)으로 플런저를 편심이 되도록 설치하여 슬라이드 링 속에서 회전시켜 상대적인 플런저의 운동에 의해 구동 토크를 발생시키는 모터를 말한다.

레이디얼 플런저 펌프 radial plunger pump 편심(偏心) 로터의 바깥 둘레에 중심을 향하여 방사상(放射狀)으로 플런저를 설치하여 슬라이드 링 속에서 회전시켜 상대적인 플런저의 운동에 의해 흡입 및 송출하는 펌프를 이른다.

레이디얼 플레이 radial play 반지름 방향의 유극(遊隙)으로 축과 베어링이 헐거워져서 덜거덕거리는 것을 이른다.

레이디얼 피스톤 펌프 radial piston pump 피스톤 왕복 운동의 방향이 구동축과 거의 직각인 피스톤 펌프를 이른다. 실린더 블록의 바깥 둘레에 중심을 향하여 방사상(放射狀)으로 피스톤을 편심이 되도록 설치하여 슬라이드 링 속에서 회전시켜 상대적인 피스톤의 운동에 의해 흡입 및 송출하는 펌프를 말한다.

레이디얼형 임펠러 radial type impeller 터보차저의 임펠러 플레이트가 축의 중심에서 방사상(放射狀)으로 배열되어 있는 것을 이른다. 백워드형 임펠러와 비교하면, 간단하고 고속 회전에 적합하며 제조하기에 용이하다.

레이버 레이트 labor rate 한 시간당 공임(工賃)으로, 이것과 지수를 곱한 것이 해당 작업의 공임 매상액이 된다.

레이서 racer 경주하는 데에 쓰는 자동차, 오토바이, 요트 등의 탈것, 또는 그것을 타고 경주하는 사람을 이른다.

레이쇼 체인저 ratio changer 유압 브레이크 등에 있어서 앞뒤 브레이크에 걸리는 유압의 비율을 바꾸는 장치를 말한다.

레이스 race (1) 레이디얼 볼 베어링이나 롤러 베어링에 있어서 볼(ball)이나 롤(roll)을 삽입하고 전동(轉動)하는 바퀴를 이른다. 바깥쪽에 있는 아우터 레이스(outer race)와 안쪽에 있는 이너 레이스(inner race)로 구성되어 있다. (2) 동시에 출발하는 참가자 또는 자동차들이 각각의 속도로 겨루는 경기로, FIA 국제스포츠법전에서는 속도가 순위 판정의 결정적 요소가 되는 경기라고 정의되어 있다.

레이싱 racing 자동 제어에서, 자동 조정을 하는 계(系) 안에 에너지를 축적하는 부분을 포함하는 경우, 조정 감도를 어느 한도 이내로 하면 제어량이 규정값의 상하로 진동하여 멈추지 않는 현상이 생긴다. 이것을 레이싱 또는 난조라고 한다. 제어 장치를 피제어계에 접속한 것만으로 자려적(自勵的)으로 계가 발진하는 경우와 외란(外亂)이나 추종 목표의 급변에 대해서 과대한 타려(他慮) 진동을 일으키는 경우가 있다.

레이싱 마스크 racing mask 만일의 화재 때 드라이버의 얼굴과 머리를 보호하기 위한 마스크를 이른다. 눈 부분을 제외한 머리 전체를 덮는 것이 보통이다. 불에 잘 견디는 내화(耐火) 섬유로 만들어지며, 이 마스크를 쓴 뒤 헬멧을 착용한다.

레이싱 슈즈 racing shoes 레이싱 드라이버용 신발로서, 페달류의 조작을 쉽게 할 수 있도록 만들어진다. 발뒤꿈치 부분이 두껍지 않은 것이 좋으며, 화재에 대비한 내화(耐火) 슈즈도 있다.

레이싱 수트 racing suit　자동차나 오토바이 경주에서 드라이버가 입는 '이어진 의복'이라는 뜻이다. 레이싱 스트라이프를 취하기도 하여 패션적인 면도 있지만, 한편 방염 가공 등 기능적인 면에도 힘을 기울이고 있다. 오버올 스타일뿐만 아니라 점퍼와 팬츠 상·하 한 벌로 된 것도 많이 볼 수 있다. 이 옷 속에는 내화 섬유로 된 언더웨어 상·하복을 입는다. 이전의 레이싱 수트는 상·하가 분리되어 있었으나, 만일의 사고로 드라이버가 차에서 스스로의 힘으로 탈출할 수 없을 때 구조 요원이 드라이버의 옷을 잡아당겨도 벗겨지지 않도록 최근에는 대부분이 원피스형으로 만들어진다. 또한 레이싱 슈트는 여름용·겨울용의 구별이 없기 때문에, 한여름에는 상당히 무겁고 더워서 답답하지만, 안전을 위해 참아야 한다.

레이싱 카 racing car　경주용으로 사용되는 자동차를 이른다. 자동차의 성능, 드라이버의 운전 능력을 겨루어 보기 위하여 제작되었다.

레이싱 퀸 racing queen　자동차 경주에서 '스타트 3분 전' 등의 보드를 들고, 표창식에서는 입상자에게 트로피와 상금을 수여하고 화환을 걸어 주는 등의 임무를 맡은 여성을 이른다.

레이저 laser　laser란 "light amplification by stimulated emission of radiation"이라는 영어의 머리글자를 따서 조합한 합성어로, 원래의 의미는 "복사선의 유도 방출에 의한 빛의 증폭"이다. 그러나 일반적으로 레이저라는 말은 툭수한 성질을 띤 빛 자체를 말하거나 레이저 빛을 발생하는 장치를 가리킨다. 레이저 빛은 어떠한 물체의 원자, 분자를 자극하여 가지고 있는 광에너지를 빼앗아 마주 보는 거울로 빛을 증폭하여 한쪽 방향으로 일시에 내보내는 것이다. 레이저 빛은 한 가지 파장으로 된 빛으로서 단색성(單色性)을 갖는다. 태양빛은 프리즘을 통과할 때 7색으로 분리되지만, 레이저는 단색만을 나타낸다. 또

아무리 멀더라도 빛의 세기가 줄어들지 않는 지향성(指向性)이 있다. 형광등이나 백열등에서 나오는 빛은 앞으로 나가면서 점점 넓어지지만, 레이저 빛은 우주 간의 거리 측정에까지 쓰일 정도로 확산 정도가 작다. 에너지의 집중도도 뛰어나다. 태양빛을 모으면 종이나 나무 등을 태울 수 있는 정도이지만, 레이저 빛을 모으면 금속을 자를 뿐 아니라 핵융합까지 가능하다. 이러한 레이저 빛은 지구상에서는 자연 상태에서 존재하는 것은 아직 발견된 바 없고, 인위적인 조작을 통해서만 얻을 수 있다. 레이저 빛은 매질을 통과하여 만들어져 나오게 되는데, 레이저 기기의 종류에 따라 다른 매질을 사용한다. 매질의 종류에 따라 기체 레이저, 액체 레이저, 고체 레이저, 반도체 레이저의 네 가지로 분류한다. 역사상 최초의 레이저는 1960년 미국 휴즈연구소에서 발명한 고체 레이저인 루비 레이저, 이어 1961년에 벨연구소에서 기체 레이저를, 1962년에는 MIT, IBM, GE연구소가 동시에 반도체 레이저를 발명하였다. 레이저는 자동차 제조 용접이나 반도체 D램 생산 등 여러 산업이 제조 공정에 사용할 뿐만 아니라, 의료용 및 홀로그래피와 광통신 등 다양한 분야에 응용되고 있다.

레이저 가열 laser heating　카뷰레터의 바로 아래에 있는 부분으로 흡기 다기관의 집합부(중앙부)에 위치한다. 저온에서 카뷰레터의 무화(霧化)를 촉진시켜 운전성의 향상 및 HC의 배출을 줄이기 위하여 레이저를 가열한다. 일반적으로 배기 가열과 수온 가열 방법이 이용되는데, 주로 수온 가열 방법이 사용된다.

레이저 빔 용접 laser beam welding　레이저 발신기에는 CO_2 레이저와 YAG 레이저가 있으며, 전자는 대출력, 후자는 저출력 용접에 사용된다. 전자 빔과 같이 높은 에너지 밀도가 얻어지며, 좁고 깊이 융합하기 때문에 피용접재의 열 변형이나 재료 특성의 열화가 적다. 구동 부품의 기어류, 섀시의 정밀 부품, 보디의 박판 및 강판의 용접 등에 적용된다.

레이저 처리(處理)　레이저의 고에너지 밀도를 가진 빔(beam)을 사용하여 재료를 가

공하는 것을 말한다. 자동차 부품의 가공에는 레이저 매체에 탄산가스를 사용한 CO_2 레이저나 고체 레이저를 사용한다. YAG 레이저에서 기어류나 차체의 얇은 강판(綱板)을 용접하는 레이저 빔 용접과 레이저 광선을 열처리에 이용하는 레이저 소입(燒入) 등의 기술을 이용하고 있다.

레이저 홀로그래피 laser holography 레이저광으로 물체를 비추어 물체에서 나오는 파면(波面)을 감광 재료에 기록하고, 그것을 조명하여 물체의 상을 만드는 광학 기술이다. 물체에서 나오는 파면을 기록하기 위해서는 그림(a)에서 보는 바와 같은 광학적 배치에 의하여 한다. 레이저 장치에서 나온 레이저광은 거울로 2개로 나누어진다. 한쪽의 빛은 렌즈에서 발산되기만 하면 감광 재료에 달한다(참조광). 다른 한쪽의 빛은 렌즈에 의해 발산된 후 물체를 조명하고, 물체에 의해 반사되어 감광 재료에 도달한다(물체광). 참조광과 물체광을 감광 재료면 상에서 중합시켜 기록한 것을 홀로그램이라고 한다. 이 홀로그램을 그림(b)에서 보듯이 기록 시의 참조광과 같은 성질의 빛으로 조명하여 홀로그램 쪽에서 보면 물체가 원래 있었던 위치에 입체상으로서 보인다.

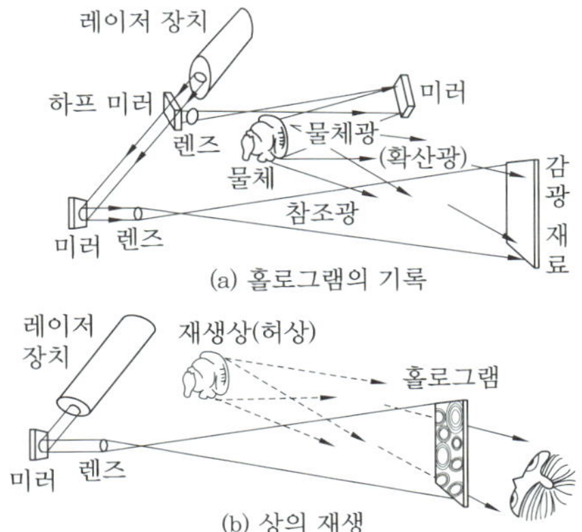

(a) 홀로그램의 기록

(b) 상의 재생

레이저 홀로그래피

레이트 rate (1) 비율, 율, 등급을 의미한다. (2) 자동차 정비 또는 자동차 판금의 견적을 내는 것을 이른다.

레인 거터 rain gutter 우천 시 앞 와이퍼가 닦아 낸 빗물이 옆 유리창으로 넘어가 측면 시야를 방해하지 못하도록 앞 유리창 좌우에 설치한 거터(gutter)로서, 후방에는 루프(roof)에서 흘러 내려오는 물이 뒤 유리창으로 흘러 후방 시야를 방해하지 않도록 루프 후방에 홈이 파여져 있다.

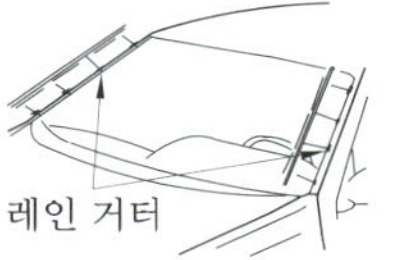

레인 거터

레인 그루브 rain groove 수막현상(水膜現象)이 쉽게 일어나지 않도록 포장도로 노면에 새겨 있는 배수용의 홈(溝)을 이른다. 특히, 노면이 세밀한 콘크리트 포장 고속도로에서 많이 볼 수 있다. 폭과 깊이가 각각 3 mm 정도의 홈이 20~30 mm의 피치(pitch)로 차량의 주행 방향으로 일정하게 파여져 있다.

레인드롭스 센싱 오토 와이퍼 raindrops sensing auto wiper 윈드실드 와이퍼가 젖으면 자동적으로 작동하는 와이퍼이다. 보닛 위에 설치된 센서에 빗방울이 접촉되면 그 충격과 물의 부착에 의하여 정전 용량의 변화를 감지하고 빗물의 양에 따라 닦는 속도나 간격을 조종하는 방식이다.

레인 드립 rain drip 빗물 받침을 말한다. 드립 채널이라고도 한다.

레인 아웃 워닝 시스템 lane-out warning system 자동차가 방향 표시기를 사용하지 않고 레인 마크를 횡단하고자 할 때 소리로 이것을 경고하는 장치이다. 리어 뷰 미러(rear view mirror)의 앞에 카메라를 설치하여 컴퓨터에 의한 화상 처리로 레인 마크를 검출하여 마크와 차량과의 거리를 감지한 다음, 졸음운전 등으로 말미암아 자동차가 주행 차선에서 이탈하는 위험을 방지하기 위한 것이다.

레인 이로전 rain erosion 고속으로 충돌하는 액체 방울에 의하여 재료가 손상되는 현상을 말한다.

레인지 range 오토매틱 차의 자동 변속을 어떤 조건으로 하는가 하는 구별을 레인지라고 한다. 안전을 위해 국제적으로 이 레인지의 배열 방법이 정해져 있다. 보통 3단 AT 때는 6포지션, 2단 AT 때는 5포지션이다.

레인 체인저 rain changer　차선 변경기를 말한다. 차선 변경 시 윙크로 후속 차에 신호를 보내거나 할 때 턴 시그널 레버에 가볍게 접촉하는 것만으로 접촉하는 동안 턴 시그널 램프가 점멸하는 편리한 기구이다.

레인 타이어 rain tire　젖은 노면을 달리기 위한 레이싱 타이어로서, 젖은 도로에서는 타이어와 노면 사이의 물을 어떻게 효율적으로 배수하고 물로 된 막을 제거하여 트레드 고무와 노면을 접촉시키는가가 중요한 일이다. 그러므로 젖은 노면에서는 건조한 노면에서 사용하는 슬릭 타이어보다는, 트레드 폭은 좁지만 넓은 폭의 스트레이트 그루브(groove)를 가져 젖은 노면에 대한 접지력이 좋은 트레드 컴파운드 타이어가 사용된다. 웨트(wet) 타이어라고도 한다.

레조네이터 resonater　브랜치관과 마찬가지로, 흡기계의 공명음을 억제하기 위한 소음 장치이다.

레지스터 resistor　(1) 저항기를 말한다. 전류와 전압을 직접적으로 결정하는 3대 요소 중의 하나로, 전류의 양을 조절하는 특징을 가진다. 회로의 기호는 R이며, 저항값(레지스턴스)의 단위는 Ω(옴)이다. (2) 〈컴퓨터〉 특정한 목적으로 외부 정보를 일시적으로 기억하는 장치를 이른다. 데이터를 읽고 쓰는 기능이 매우 빠르며, 중앙 처리 장치 안에 사용된다.

레지스턴스 resistance　(1) 전류 회로에 있어서의 전기 저항 또는 자기 회로에 있어서의 자기 저항을 일컫는다. (2) 힘·압축 및 인장 등이 작용하는 방향과 반대 방향으로 저지하려는 힘을 이른다.

레지스티브 코드 resistive cord　점화 코일에서 발생한 고전압을 점화 플러그까지 유도하는 고압 저항 전선을 이른다. 전송 손실이 적고 잡음 방지 효과와 내열 및 내전압성이 우수해야 한다. 하이텐션 코드라고도 한다.

레진 몰드 resin mold　각종 배합제에 레진(수지)을 섞어 열 사이로 프레스 경화시키는 방법 또는 이러한 제조 방법으로 만들어진 마찰 재료를 일컫는다. 대부분의 디스크 브레이크 패드와 드럼 브레이크 라

이닝이 이 방법을 이용한다.

레크리에이셔널 차량 recreational vehicle　레크리에이셔널 비이클(vehicle)이라고도 하며, 약하여 RV라고 불린다. 재생을 의미하는 레크리에이션(recreation, 개조)에서 나온 말로, 스포츠나 게임 등 야외에서 오락을 위해 주로 사용하는 자동차를 말한다. 오프로드(off road, 도로 이외에 고르지 못한 땅)를 주행하기 위한 4WD(4륜구동) 자동차와 간단한 취사를 할 수 있도록 설비를 갖춘 것도 있다.

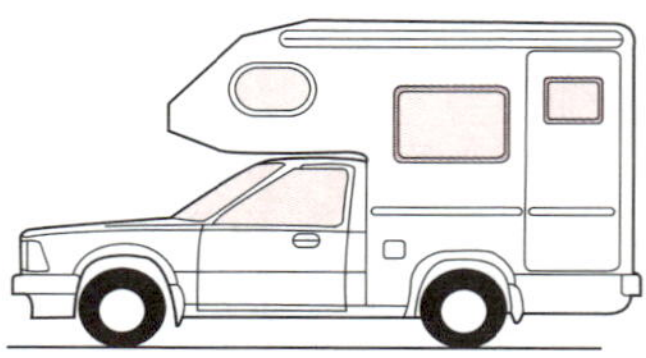

레크리에이셔널 차량

레플리카 (1) replica　물체의 표면을 플라스틱으로 덮고 이것을 벗기면 표면의 형상이 플리스틱에 전사된다. 이렇게 해서 생긴 것이 레플리카이다. 회전 격자의 제작과 직접 관찰할 수 없는 전자 현미경 샘플의 형상을 보고자 할 경우 등에 레플리카가 만들어진다. (2) replicar＜replica+car　클래식 카의 복제차로, 엔진이나 부품은 새것이다.

렌더링 rendering　평면인 그림에 형태, 위치, 조명 등 외부의 정보에 따라 다르게 나타나는 그림자, 색상, 농도 등을 고려하면서 실감나는 3차원 화상을 만들어 내는 과정 또는 그러한 기법을 일컫는다. 즉, 평면적으로 보이는 물체에 그림자나 농도의 변화 등을 주어 입체감이 들게 함으로써 사실감을 추가하는 컴퓨터 그래픽상의 과정이 곧 렌더링이다. 자동차의 경우, 디자인의 아이디어 스케치에 분위기나 재질 등을 첨가하여 최종적인 완성 차량으로 묘사한 것을 이른다.

렌츠의 법칙 Lenz's law　1834년 독일의 물리학자 렌츠가 발명한 전자기 유도의 방향에 관한 법칙이다. 전자 유도로 생기는 유도 기전력(誘導起電力)에 의한 유도 전류의 방향에 관한 법칙으로, "회로를 지나는 자기력선속(磁氣力線束)이 변할 때 흐르는 유도 전류는 그 변화를 방해하는

방향으로 흐른다"고 발표했다. 즉, 자기력선속이 감소할 때는 이 감소를 보충하는 자기력선속을 만드는 방향으로 전류가 흐른다. 도선의 상대적 운동으로 기전력을 만드는 경우에도 운동을 자기력선속의 변화로 치환하면 같아지고, 여기에 '플레밍의 오른손 법칙'이 유도된다.

렌치 wrench 볼트, 너트, 나사 등의 머리를 죄거나 푸는 공구를 이른다. 스패너라고도 한다. 메가 렌치, 멍키 렌치, 소켓 렌치, 토크 렌치, 플러그 렌치, 휠 렌치 등 용도에 따라 여러 가지가 있다.

로고타이프 logotype 회사나 제품의 이름이 독특하게 드러나도록 만들어 상표처럼 사용되는 글자체로, 간단히 로고(logo)라고도 한다. 로고타이프는 다음과 같은 조건을 필요로 한다. ① 광고주 또는 제품이 지니는 이미지를 쉽게 전하고, ② 인상 깊고 기억에 남으며, ③ 모든 매체에 이용할 수 있고, ④ 대중에게 호감을 줄 수 있어야 한다. 로고타이프는 시대에 따라 바뀌기도 한다.

로 기어 low gear 급발진, 급한 기울기의 언덕, 저속으로 달릴 때 등에 쓰이는 힘이 있는 기어로, 주로 출발할 때 많이 사용된다. 엔진 회전수가 높고 경제성에서는 뒤진다. 기어비가 가장 커서 3.0 ; 1 이상이다.

로 기어드 low geared 종감속 기어의 감속비를 크게 하여 같은 엔진 회전수로 구동력을 크게 한 것을 말한다. ⇔ 하이 기어드

로듐 rhodium 백금족 금속 중에서 전기 도금에 가장 많이 이용되고 있다. 경도가 높고(Hv 800~1,000), 공업용 크롬 도금 피막에 필적하며, 내마모성도 크롬 도금 피막 다음으로 크다. 귀금속이기 때문에 화학적으로 안정하고, 빛의 반사율이 높고(80 %), 백색으로 아름다운 광택은 변하지 않고, 내열성이 뛰어나 500℃ 이하에서도 산화되지 않는다. 전기 저항은 백금족 금속 중에서 가장 낮다($4.9\mu\Omega$/cm로 금의 약 2배). 전기 도금 외에 열전대, 촉매에도 많이 사용된다. 원자 기호는 Rh, 원자 번호는 45, 원자량은 102.9055이다.

로드 rod (1) 야드파운드법에서의 길이의 단위로, 기호는 rd이다. 원래 막대를 뜻하는 말인데. 길이의 단위로도 쓰인다. 1rd는 1야드의 5.5배로 5.029 m에 해당한다. (2) 착암기(鑿巖機)로, 암석에 구멍을 뚫는 데 사용되는 강철 막대를 일컫는다. 섕크 및 샤프트의 두 부분으로 되어 있다. 로드의 끝은 비트(bit)가 착탈되도록 나사를 내거나 테이퍼로 되어 있는 것이 보통이다. 샤프트 부분은 용도에 따라 여러 가지가 있으며, 예컨대 해머용으로는 22 mm, 스토퍼에는 25~29 mm의 가운데 구멍이 뚫린 육각의 강철 막대를 사용한다.

로드 그립 road grip '노면을 단단히 붙잡는다'는 뜻에서, 타이어와 노면 간의 저항을 말하는 단어가 되었다. 로드 그립은 타이어와 노면 간의 저항의 크기로 변화한다. 타이어와 노면 간의 저항이 클수록 미끄러지기 어렵기 때문에 로드 그립은 양호하게 된다.

로드 기어 road gear 로드 노이즈의 일종으로, 모랫길이나 거친 포장도로를 주행할 때 속도에 관계없이 들리는 '웅~' 하고 나는 소리를 이른다.

로드 노이즈 road noise 자갈길과 거친 포장도로를 저속·중속의 일정 속도로 주행할 때 타이어와 노면 사이에서 발생하는 소음을 일컫는 말로, 타이어 노이즈라고도 한다. 일반적으로 바이어스(bias) 타이어보다 레이디얼(radial) 타이어가 트레드(tread)면이 딱딱하므로 로드 노이즈가 크다. 노이즈 원인의 대부분은 트레드 패턴에 있다고 생각된다. 패턴의 종류에 따라 노이즈가 다르다. 특히 블록 패턴(block pattern)의 타이어에서 소음이 높다.

로드 레이서 road racer (1) 도로 경기를 일컫는 말로, 경륜장에서 하는 스피드 경기 또는 트랙 경기에 대하여, 도로상에서 행해지는 경주를 뜻한다. 코스는 출발선에서 일정 거리를 정하여 결승선을 설정하는 방법과, 반환점을 설정하여 왕복하는 방법 등이 있다. 예를 들면, 프랑스의 일주 경기와 같이 도시와 도시를 연결하는 도로상에서 여러 날에 걸쳐 진행되는 것이 있는가 하면, 편도 코스에서 행해지는 경주도 있고, 1주 10 km 정도의 주회(周回) 코스를 도는 올림픽 도로 경주나 세계

선수권 도로 경주와 같이 시행하는 방법이 있다. 도로 경주에 사용하는 자전거를 로드레이서라고 하는데, 양 바퀴에 브레이커가 붙어 있으며, 뒷바퀴의 굴대는 프리 기어를 장치했고, 기어의 톱니 수를 바꾸어 바퀴의 회전을 조절하는 장치(변속 기어)를 한 것이 많다. (2) 경주 전용 자동차 또는 이의 운전자(rider)를 뜻한다. 간단하게 레이서라고도 한다.

로드 레인지 road range　미국의 규격으로 타이어 강도를 나타내는 데 사용되는 알파벳 기호인데, 종전에 사용되던 PR와 대응하여 2PR를 A, 4PR를 B, 6PR를 C, ……와 같이 표시한다.

로드 부싱 rod bushing　로어 암 멤버에 끼워지는 부싱으로, 섭동 시 마모를 최소화한다.

로드 센싱 밸브 load sensing valve　자동차의 중량에 따라 앞뒤 브레이크의 유압을 변환시켜 제동력의 균형을 이루게 하는 밸브를 말한다. 브레이크 장치는 제동을 하는 처음에는 후륜에 제동력이 강하게 작용하다가 정지될 무렵 전륜에 작용하는 것이 이상적이지만, 일반적으로는 전후 동일하게 된다. 이를 해결하기 위해 후륜 하중을 밸브가 감지하여 하중의 적재량에 따른 적절한 유압을 배분해 줌으로써 최적의 제동력을 발휘하여 제동 장치의 수명을 늘이고 안전하게 한 것이다. 일반적으로 로드 센싱 프로포셔닝 밸브라고도 한다.

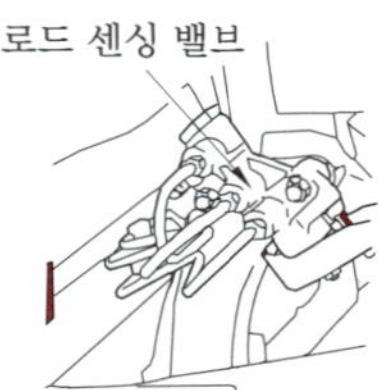

로드 센싱 밸브

로드 센싱 프로포셔닝 밸브 load sensing proportioning valve　⇨ 로드 센싱 밸브

로드 셀 load cell　하중계나 하중 센서 또는 힘 센서라고도 한다. 힘 또는 하중을 측정하기 위한 변환기로서, 출력을 전기적으로 꺼낼 수 있는 것을 말한다. 측정 대상으로서 하중(힘)을 전기 신호로 변환하기 쉬운 양, 예컨대 변위나 변형으로 변환하는 1차 변환 요소와, 1차 변환 출력(변위/변형)을 전기 신호로서 출력 가능한 양, 예컨대 인덕턴스 변화, 용량 변화, 저항 변화 등으로 변환하는 2차 변환 요소로 구성된다.

로드스터 roadster　2~3인승의 뚜껑이 없는 자동차로서, 흔히 차실 밖에 접어 개는 좌석이 있었으나 요즘에는 보이지 않는다. 보닛이 긴 것이 특징인데, 흔히 말하는 스포츠카가 바로 이 타입이다.

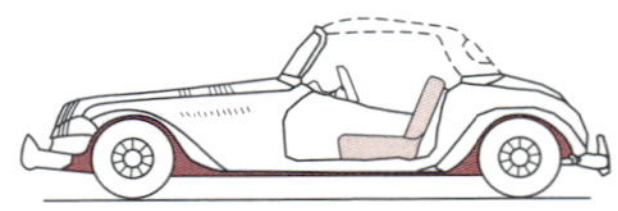

로드스터

로드 어저스터블 쇼크 업소버 rod adjustable shock absorber　⇨ 다이얼 조정식 쇼크 업소버

로드 엔드 rod ends　⇨ 스페리컬 조인트

로드 임프레션 road impression　차를 운전했을 때의 인상, '주행감'이라는 뜻이다. 시장에 나온 차를 일반 도로에서 달리게 하여, 계측 장치를 활용하지 않고 테스트 드라이버의 경험과 오감으로 실용 성능을 평가하는 방법으로, 학술적으로는 관능(官能) 시험법이라고도 한다. 자동차 전문지들의 시승 인상기에서 생긴 말이다.

로드 클리어런스 road clearance　⇨ 최저 지상고

로드 홀딩 road holding　타이어와 노면의 밀착 안정성을 말한다. 차가 주행 중에 타이어와 노면은 항상 접하고 있으므로 서스펜션의 메커니즘과 타이어에 의하여 노면에 어느 정도 밀착하고 있는가를 표현할 때 로드 홀딩이 좋다든가 나쁘다는 표현을 쓴다. 주행 중 울퉁불퉁한 곳에서 타이어와 노면이 떨어지지 않고 잘 달려 주면 로드 홀딩이 좋다고 표현한다. 반대로, 노면에 울퉁불퉁한 곳에서 타이어와 노면이 떨어져 있으면 로드 홀딩이 나쁘다고 말한다. 일반적으로, 독립 현가의 서스펜션은 로드 홀딩이 좋다고 하고, 리지드 서스펜션의 차는 로드 홀딩이 나쁘다고 한다. 노면 변화에 대하여 어느 정도의 추종성이 있고 그 성능이 높은지의

여부가 로드 홀딩이라고 하여도 좋을 것이다.

로딩 loading　(1) 숫돌바퀴가 공작물에 비해 지나치게 경도가 높거나 회전 속도가 느리면 숫돌바퀴 표면에 기공(氣孔)이 생겨 이곳에 절삭 가루가 끼어 막히는 현상을 말한다. 그 결과 다듬질면에 깊은 홈이 생기고 기계가 진동하게 되는 원인이 된다. (2) 기체-액체 또는 액체-액체의 향류 접촉 장치(특히 충전탑)에서 연속상의 유속이 어느 값 이상으로 증가하면 분상상의 홀드업이 증가함과 동시에 압력 손실도 증가하는 현상을 이른다. 로딩을 초과하여 더욱 유속을 증가시키면 플루딩이 된다. 실제 장치는 로딩보다 약간 낮은 유속으로 조작된다.

로브 lobe　다이폴 안테나에서 발사되는 전파 에너지는 축과 각 θ를 이루는 방향에 대해서 $\sin^2\theta$에 비례하는데, 다이폴 안테나를 여러 개 조합한 안테나계에서 발사되는 에너지는 여러 개의 방향 극댓값, 극솟값을 갖는다. 이와 같은 안테나의 지향 특성의 도형은 여러 개의 갈라진 조각으로 이루어져 있다. 이 조각 하나하나를 로브라 하고, 에너지가 가장 많이 방사되는 방향의 로브를 메인 로브(main lobe), 그 양쪽에 나타나는 비교적 작은 에너지의 로브를 사이드 로브(side lobe)라고 한다.

로 빔 low beam　빔은 빛이나 전자파 또는 입자 등의 흐름을 일컫는 말로, 로 빔은 낮게 비추는 하향의 전조등 광선으로, 딥드 빔이라고도 한다.

로 앤드 플랫 플로어 low & flat floor　앞좌석 밑에서 테일 게이트 개폐부까지를 평면화하여 실용성을 높인 플로어를 이른다. RVR에서는 연료 탱크, 배기 파이프, 서스펜션 높이를 고려한 레이아웃과 크로스 멤버의 유효 배치로 플로어 강성을 손상하지 않고 로 앤드 플랫 플로어를 실현하였다. 이로 인해 여성이나 아이들까지도 편하게 타고 내릴 수 있으며, 뒷좌석은 백본 없는 넓은 발판 공간에 의해서 쾌적성을 더욱 향상시켰다. 또한 레저용품 등의 수납 운반에 최적이고, 단차가 없는 넓은 카고 룸으로도 사용할 수 있다.

로어 데드 센터 lower dead center　⇨ 하사점

로어 링크 lower link　⇨ 로어 암

로어 백 패널 lower back panel　트렁크 리드와 리어 범퍼 사이에 있는 보디 시트 메탈을 이른다.

로어 암 lower arm　위시본형 서스펜션의 아래쪽(로어) 암을 말한다. 내측은 부싱으로 크로스 멤버나 프레임에 연결되고, 외측은 볼 조인트로 조향 너클에 연결되며, 또한 조향 기구가 설치되어 주행 시 노면 충격과 조향 기구 작용에 따른 높낮이와 각도 변화 그리고 진동을 흡수한다. 모양은 A형, I형 등이 있으며, 가로 방향의 힘과 앞뒤 방향의 힘을 받아 보디에 붙인 부분에는 러버 부시를 갖고 전후좌우로도 조금 움직이게 되어 있다. 이것은 진동을 차단하여 승차감을 좋게 하기 위한 것이다. 로어 링크도 같은 뜻으로 쓰인다.

로어 암 스토퍼 lower arm stopper　로어 암이 설치되는 멤버에 장착될 때 로어 암 부싱 좌우에 끼워지는 스페이서로, 부싱 작용 시 고무 부분과 멤버 사이에 마주 닿아 마찰하는 일이 없도록 하고 부싱 내외부 금속이 멤버와 간섭이 없도록 한다.

로어 암 컴플리트 lower arm complete　로어 암 어셈블리와 로어 암에 끼워지는 볼 조인트, 부싱 등을 통틀어 일컫는 말이다.

로어 커버 lower cover　스티어링 휠과 일체가 되어 스티어링 샤프트에 조립되는 뼈대를 말한다.

로어 플레이트 lower plate　부싱이나 고무의 아랫부분에 설치되어, 작용 시 발생되는 이상 변형과 불필요한 간섭을 방지하고, 이물질에 의한 손상을 막으며, 전체적인 결합을 단단히 하기 위해 설치한 금속판이다.

로 에지 벨트 row-edge belt　V자형의 홈을 가진 풀리(pulley)를 연결하여 동력을 전달하는 V벨트의 일종으로서, 고무나 심재(芯材)를 겹쳐 제작하며, 재료의 끝머리(edge) 일부분이 노출되어 있는 것을 말한다.

로엑스 합금 Lo-Ex alloy　Al-Si 합금에 Cu, Mg, Ni을 소량 첨가한 것이다. 선팽

창 계수가 $20 \times 10^{-8}/℃$로 작고 내열성이 좋으며, 또한 주조성·단조성이 뛰어나므로 자동차 등의 엔진 피스톤 재료로 널리 사용되고 있다. Lo-Ex는 low expansion을 줄인 말이다.

로즈 조인트 Rose joint　스페리컬(spherical) 조인트로서, 영국의 로즈(Rose)사가 가장 먼저 스페리컬 조인트를 제조·판매한 것에서 비롯되었다.

로커 암 rocker arm　밸브 개폐를 위한 힘의 방향을 바꿔 주는 방향 전환 기능의 암으로, OHV와 OHC처럼 헤드에 밸브가 있는 형식의 엔진에서는 밸브를 아래쪽으로 누르면 열리게 된다. 이와 같은 밸브의 개폐를 위해 힘의 방향을 변환시키는 로커 암은 실린더 헤드에 부착된 로커 암 샤프트에 그 중간 부분이 지지되어 있으며, 한쪽 끝을 푸시로드로 밀어 올리면 다른 쪽 끝은 밸브 스템 엔드를 눌러 밸브를 여는 작동을 하게 된다.

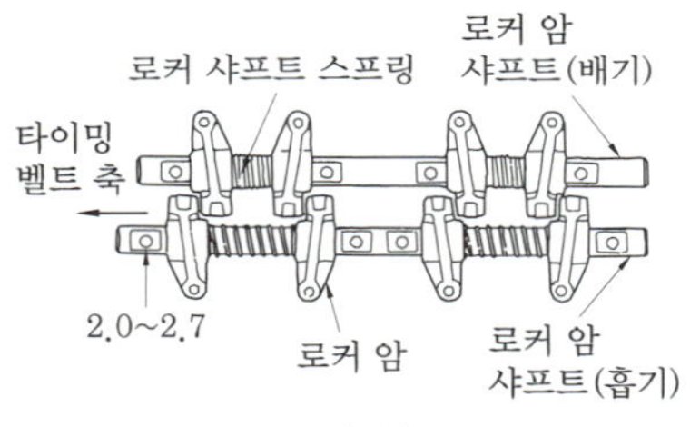

로커 암

로커 암 축 rocker arm shaft　로커 암을 지지하는 것으로, 내부는 중공으로 되어 있어 오일펌프에서 오일을 공급받아 로커 암의 윤활 작용을 한다.

로커 암 커버 rocker arm cover　⇨ 실린더 헤드 커버

로커 패널 rocker panel　자동차를 옆에서 보았을 때 도어 아랫부분을 말한다. 일부 차종에서는 뼈대 역할을 하는 중요한 부분이다. 에어 댐처럼 이 로커 패널에 공기 흐름을 원활하게 하기 위한 장치가 있는데 이를 사이드 스커트(side skirt)라고 부른다.

로크 백 와이퍼 lock back wiper　와이퍼 브레이드를 유리면에 수직으로 세우게 된 와이퍼이다. 힌지부에 장치한 스프링이 와이퍼를 들어 올리면 턴 오버되어 와이퍼

브레이드 고무의 변형 및 동결을 방지할 수 있다.

로크업 lockup　토크 컨버터의 펌프 쪽과 터빈 쪽을 직결하는 것을 이른다. 토크 컨버터는 오일 흐름에 따라 동력을 전달하는 것으로서, 유체 마찰에 의한 에너지 손실을 발생한다. 이와 같은 손실을 방지하기 위해 펌프 쪽과 터빈 쪽의 회전이 같게 되었을 때 두 쪽을 고정할 수 있는 것을 고안하였다. 설정된 속도 이상이 되면 토크 컨버터 내의 오일 흐름이 자동적으로 변화하여 터빈 날개에 부착되어 있는 클러치(로크업 클러치)가 펌프 날개의 프런트 커버에 유압으로 밀어 일체가 되어 회전하는 구조로 되어 있다.

로크업 클러치 lockup clutch　토크 컨버터는 오일을 이용하여 터빈을 돌려 동력을 전달하기 때문에 보통 마찰식 클러치처럼 100 % 힘이 전달되지 않는 결점이 있다. 이것은 기름을 절약하는 면에서 불리하여 개량한 것이 로크업식 토크 컨버터이다. 구조는 유압으로 터빈에 붙어 있는 마찰 클러치판에 직결한다. 또 클러치는 오일 속에 들어 있고 습식(濕式)이다. 토크 컨버터가 가진 무단 변속 기능을 멈추고 직결하기 위해 너무 저속에서 로크하면 진동과 가속 불량이 생길 염려가 있다. 이 때문에 보통은 고속 때 전용으로 하든가 전자식으로 컨트롤하여 이를 예방한다.

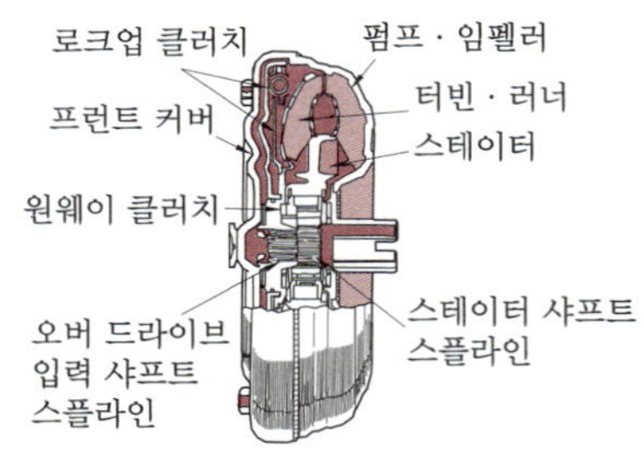

로크업 클러치

로크 투 로크 lock to lock　조향 핸들의 회전을 멈추었을 때 핸들의 총 회전수를 이른다. 조향 핸들의 조작을 멈춘 각은 타이어를 한쪽으로 최대한 꺾은 위치에서 반대쪽으로 최대한 꺾었을 때의 각도이다. 조향 핸들의 총 회전수는 조향 기어비, 타이어의 최대 꺾은 각 등에 따라 결정되며,

너클 스토퍼나 조향 기어 박스의 냅 스토퍼 등에 의하여 규제된다.

로크트 마스터 실린더 locked master cylinder　브레이크 및 클러치용으로 사용되고 있는 마스터 실린더로, 피스톤 컵이 장착되어 1차 컵이 닫힌 실린더 내벽에 설치된 포트와의 연통 압력을 높이는 구조로 되어 있다. 이때 실린더와 피스톤의 지름은 같다.

로크 필러 lock pillar　도어 로크 스트라이커(door lock striker)가 부착된 쿼터 패널을 이른다.

로킹 암 locking arm　레이싱 카의 인보드 서스펜션에 사용되는 암이다. 밸브 로커 암과 마찬가지로, 지레의 원리에 의하여 휠의 움직임을 작게 하고, 보디 내의 스프링 또는 댐퍼 유닛에 전달하는 역할을 한다. 어퍼 암(upper arm)이 로커 암으로 사용된 예도 있으나, 현재는 푸시로드나 풀로드에 의하여 움직이도록 되어 있는 것이 보통이다.

로킹 암 커넥터 locking arm connector　소전류 회로용 소형 커넥터로서, 다기능(콤비네이션) 스위치와 같이 협소한 곳에 위치한 부품에 사용된다. 원통형 단자와 하우징으로 구성되어 공간 효율이 우수하다.

로터 rotor　발전기, 전동기, 터빈, 수차 등의 회전 기계에서 회전하는 부분을 통틀어 이르는 말이다. 회전자(回轉子)라고도 한다. (1) 점화 디스트뷰터에서 로터는 디스트리뷰터 축의 상단에 부착되고 캡의 중앙 단자와 접촉하고 있다. 로터가 회전할 때 캡 둘레의 외부 단자에 높은 전압 펄스를 전도한다. (2) 알터네이터에서, 로터는 엔진 구동 벨트로 회전되는 전자석으로 도체(고정자)에 잘려 AC 전압을 유도하는 자력선을 일으킨다.

로터리-리드 밸브 방식 rotary-lead valve type　2사이클 엔진의 흡입 기구는 로터리 밸브 방식과 리드 밸브 방식을 병용하여, 저속~중속 회전에서는 리드 밸브 방식에 준하고, 고속 회전을 할 때에는 리드 밸브를 개방한 상태에서 로터리 디스크 밸브에 의하여 흡입하는 방식이다.

로터리 방식 오일펌프 rotary type oil pump　구동축의 회전에 따라 내측 오일펌프 로터와 외측 로터가 회전되며, 이에 따라서 부피가 넓어지는 쪽(흡입)과 체적이 좁아지는 쪽(압송)이 발생하여 오일을 흡입 또는 압송한다.

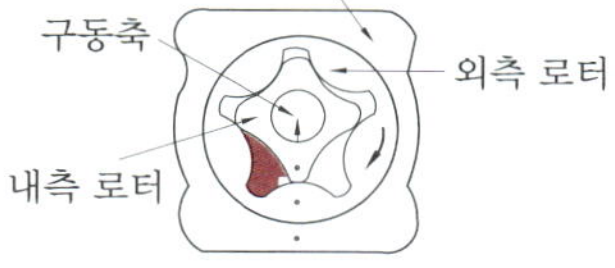

로터리 방식 오일펌프

로터리 밸브 방식 rotary valve type　정식으로는 로터리 디스크 방식이라고 한다. 크랭크샤프트에 직결시킨 디스크(원판) 1회전으로 흡입과 배기를 한다. 구조가 복잡해지지만 가장 확실한 방법으로 힘을 이끌어낼 수 있다.

로터리 사이클 rotary cycle　최근에 로터리 엔진이 세계의 자동차계에서 주목을 받고 있는데, 통상 로터리 엔진을 줄여 말해서 RE 또는 로터리 사이클이라고 하여 RC라고 한다. 하지만 1945년에 독일의 NSV 회사와 일본이 공동으로 발명한 로터리 엔진은 F. 방켈 박사의 것이지만 이것을 방켈 사이클이라고는 하지 않는다.

로터리 엔진 rotary engine　회전형 내연기관을 일컫는다. 피스톤의 왕복 운동을 회전 운동으로 전환시키는 기구 대신에 연소 가스의 폭발로 피스톤을 직접 회전시키는 기관이다. 1959년에 독일의 F. 방켈(Wankel)이 발명했다. 왕복 기관의 실린더에 상당하는 로터의 하우징의 내면 모양은 에피트로코이드 곡선으로 되어 있으며, 이 속에 삼각형 모양의 로터가 있다. 로터와 하우징 사이에 3개의 공간이 구성되고, 이들 공간은 로터의 회전에 따라 회전 방향으로 주기적으로 변화시키면서 회전한다. 흡기구, 배기구, 점화 플러그가 있는 대신에 밸브는 없고, 흡입·압축·폭발·배기의 4행정을 독립적·순차적으로 거친다. 로터가 1회전하는 동안 각 행정은 3회씩 과정을 거치며, 이 사이에 편심축은 3회전하도록 되어 있으므로, 편심축의 1회전에 대해 1회의 폭발·팽창 행정이 있게 된다. 그러므로 로터리 엔진은 왕복 기관의 2사이클 기관에 해당한다고 볼 수 있으며, 정확하게 말하면 로터리 피스톤 엔진이 된다.

로터리 엔진 공연비 REAPS ; rotary engine anti-pollution system　로터리 엔진은 연소실 용적에 대한 표면적의 비가 크고 더욱이 연소 속도도 완만하기 때문에 연소 온도가 낮고, HC의 배출량은 많지만 NOx의 배출량은 적기 때문에 저공해 엔진으로서의 처리가 유리한 엔진으로 주목되었다. 로터 등의 내부 부품에 HC 대책을 세우고 서멀 리액터로 CO와 HC를 정화한다. 서멀 리액터가 채용된 요인으로서는 연소 지연이 크기 때문에 배기 온도가 높고 배출 가스가 장시간 연속적으로 배출되어 점화 위치와 점화 시간의 적절한 설정에 의해 온도 컨트롤이 용이하다는 성능상의 특징과, 실린더 수가 적고 포트 구조도 간단하기 때문에 서멀 리액터 부착의 구조적 조건도 적합하다는 것이다.

로터리 엔진 로터 rotary engine rotor　로터리 피스톤의 피스톤 부분으로, 이상한 세모꼴로 되어 있다. 세 개의 정점이 있어 두 개의 정점 사이의 하우징의 오목하게 들어간 부분이 만드는 공간의 부피 변화로 흡입·압축·폭발·배기 등 한 사이클을 이룬다. 이 로터는 편심으로 회전하고 누에고치 모양의 안쪽 벽과 정점이 계속 접해 있다. 정점에는 아펙스 실(apex seal), 측면에는 사이드 실이 있어 피스톤 링 대신 기밀성을 유지한다. 로터 중심에는 회전력을 이끌어내는 기어가 있다.

로터리 엔진 위상 치차(位相齒車) rotary engine phase gear　로터의 회전 운동을 컨트롤하는 기어로서, 사이드 하우징에 고정되어 있는 고정 톱니바퀴와 로터에 붙은 로터 톱니바퀴로 이루어져 있다. 둘의 기어비(比)는 2:3이고, 로터와 축력축의 회전수 비율은 1:3이 된다.

로터리 엔진 자동차 rotary engine automobile　방켈 기관이라고도 하며, 하우징 내부에서 로터가 회전하고 피스톤에 해당하는 로터의 모서리 부분이 둥근 삼각형으로 되어 있다. 3개의 정점은 회전 중 항상 하우징 둘레의 벽면에 접촉되어 기밀 누설 작용을 하고 고정소 기어(stationary gear)는 하우징과 옆쪽 벽에 고정된 기어

로서 출력과 연결되어 있다. 기어 외부에는 로터에 고정된 내접 기어(internal gear)가 고정소 기어에 물려서 편심된 회전 운동을 하며, 흡입·압축·폭발·배기 작용을 하여 동력을 얻는데, 크랭크축 1회전으로 2회의 동력을 얻는다. 로터리 엔진의 특징은 밸브 개폐 기구 등이 없어 진동, 소음이 적으며, 고속 시 출력이 떨어지는 일이 없고 소형으로서 경량이다.

로터리 엔진 출력축 rotary engine output shaft　로터리 엔진에는 크랭크샤프트가 없어서 출력을 이끌어내는 것이 출력축이다. 로터는 직접 출력을 내는 것이 아니고 로터가 한 번 회전할 때 출력축이 3회전하는 비율의 기어로 연결되어 있기 때문에 로터 1회전에 대해 3개의 연소실이 있어 출력축이 1회전할 때마다 한 번씩 폭발한다. 마쓰다(松田)의 2로터식은 1회전에 2회의 폭발이 있는 2사이클 2기통, 4사이클 4기통과 같다.

로터리 엔진 하우징 rotary engine housing　하우징은 일반적으로 집처럼 들어갈 수 있는 것을 말하지만, 로터리 엔진의 경우에는 엔진 블록과 실린더에 해당하는 본체이다. 실린더에 해당하는 것은 누에고치 모양의 내벽을 갖고 양옆은 평면이다. 이런 누에고치 모양이 회전하는 모습을 트로코이드(trochoid) 곡선이라고 한다. 하우징은 쇠로 만든다.

로터리 컴프레서 rotary compressor　카 쿨러의 압축기를 이르는데, 회전 운동에 따라 냉매를 흡입·압축하는 방식으로 되어 있다. 이의 대표적인 것에 스크롤 압축기가 있다.

로터리 터보 rotary turbo　저회전의 흡·배기가 불안정한 로터리를 자연 흡입이 아닌 터보차저로 만들면 효율이 크게 개선된다. 현재 일본 마쓰다(松田) 회사 제품뿐으로, 사반나와 카페라 등에 실려 있다.

로터리 트라이블레이드 커플링 rotary tri-blade coupling　4WD의 센터 디퍼렌셜에 사용되는 커플링을 이른다. 실리콘 오일 속에 설치된 트라이-블레이드라고 불리는 3매의 얇은 날개 스크루 모양을 한 원판과 습식 다판 클러치를 조합한 것으로, 트랜스퍼 케이스와 종감속 기어 중간

에 설치되어 있으므로 앞·뒷바퀴에 회전차가 발생하면 트라이-블레이드가 회전하여 실리콘 오일에 압력이 생겨 피스톤이 습식 다판 클러치를 연결하여 자동적으로 앞·뒷바퀴에 평등한 토크 배분을 한다.

로터리 펌프 rotary pump　회전 운동으로 액체를 운반하는 펌프로, 회전 펌프라고도 한다. 왕복 펌프의 피스톤에 해당하는 로터가 회전 운동을 하고, 흡입·송출 밸브 없이 로터의 회전에 의해서 액체를 운송한다. 적은 유량과 고압의 양정을 요구하는 경우에 알맞고, 구조가 간단하며, 취급하기가 쉽다. 계속 유체를 운반하므로 일반적인 왕복 펌프처럼 송출량이 맥동하지 않는다. 왕복 펌프보다 효율은 떨어지지만, 기름기가 많거나 끈적임이 심한 유체를 수송하는 데 적합하며, 유압 펌프로도 이용할 수 있다.

로터리 피스톤 엔진 rotary piston engine ⇨ 로터리 엔진

로터 자심 rotor core　로터 철심은 돌출부가 4~6개로 된 자극(磁極)을 서로 맞대어 조립한 것으로 8~12극을 형성한다. 로터 코일에 축전지 전류가 흐르면 한쪽 자심은 N극, 다른 한쪽은 S극으로 자화되어 자계를 형성한다.

로터 코일 rotor coil　로터 축 위에 코일을 원통형으로 감고 양쪽 끝을 슬립 링에 접속하여 축전지에서 전류를 공급받아 로터 자심(慈心)을 자화(磁化)시킨다.

로터 하우징 rotor housing　로터 하우징은 일반적으로 알루미늄으로 만든다. 내면에는 2절의 에피트로코이드(epitrochoid) 곡선으로 되어, 하우징 안에 로터를 끼우면 3개의 작동실이 된다. 로터 하우징에는 점화 플러그를 끼우는 구멍 및 배기 구멍이 마련되어 있고, 하우징의 안둘레면은 내마모성을 좋게 하기 위해 경질 크롬 도금을 한다.

로 패스 필터 회로 low pass filter circuit　신시사이저로부터 나온 음성 신호에 필터를 걸어서 음성 이외의 잡음 성분을 제거하는 회로를 말한다.

로 프로필 타이어 low profile tire　아스펙트 레이쇼(偏平率)가 작은 타이어를 통틀어 일컫는 말로, 편평률 60%인 60타이어나 50%인 50타이어 등을 말한다. 편평 타이어 또는 와이드 타이어라고도 한다.

록웰 경도 Rockwell hardness　공업 재료 등의 경도(硬度)를 표시하는 방법으로, 강구(鋼球) 또는 다이아몬드 제의 원추를 시험편에 압입할 때 생기는 압흔(壓痕)의 깊이로 나타낸다. 시험편 위에 일정한 하중으로 압자(壓子)를 세게 눌러, 움푹 팬 깊이를 측정하고, 10 kg의 기준 하중으로 눌렀을 때의 값과의 차를 구한다. 깊이를 h[mm]라고 하면 록웰 경도 H_R는 $H_R = A - 500h$이다. 여기에서 A는 정수인데, 다이아몬드 압자일 경우는 $A = 100$, 강구일 경우 $A = 130$이 된다. 단단한 재료일 때에는 하중 150 kg, 꼭지각 120°, 선단(先端) 반지름 0.2 mm의 원뿔형 다이아몬드로 된 압자를 사용하고, 연한 재료일 때에는 하중 100 kg, 지름 4.23 mm의 강구로 된 압자를 사용하는데, 전자를 C 스케일, 후자를 B 스케일이라고 한다. 록웰 경도의 수치는 모두 시험기의 눈금으로 지시되는 간편한 측정법이므로, 공업적인 많은 제품의 신속한 측정이나 시험에 널리 사용된다.

록웰 경도 시험 Rockwell hardness test　일정 하중으로 압자(壓子)를 시료면에 밀어붙여 압자 끝이 들어간 깊이로 재료의 경도(硬度)를 측정하는 시험 방법의 하나이다. 록웰 경도는 지름이 1.588 mm인 강구(鋼球)를 누르는 방법과, 꼭지각이 120°, 선단(先端)의 반지름이 0.2 mm인 원뿔형 다이아몬드를 누르는 방법의 두 가지가 있다. 전자를 록웰 경도값 B 스케일, 후자를 록웰 경도값 C 스케일이라고 한다. 이 양쪽의 경도 수가 직접 시험기의 다이얼에 지시된다. 압입 깊이의 차이가 자동적으로 다이얼 게이지에 나타나 재료의 경도를 표시한다. 록웰 경도 측정에서 하중은 추에 의해서 부가되며, 다이얼 게이지로부터 직접 경도값을 읽을 수 있다. 여러 하중 조건에 따라 각기 다른 종류의 압입자가 사용되므로 넓은 범위의 경도값이 정확하게 측정된다. 이 시험 방법은 브리넬 경도 시험 방법보다 압입 자국을 적게 내며, 따라서 더 얇은 시편(試片)을 측정할 수 있다. 그러나 그만큼 시편의 표

면은 브리넬의 경우보다 더 편평해야 정확한 값을 갖는다. 이 시험 방법은 열처리, 합금강, 공구강, 금형강 등의 연질 및 경질 재료의 금속에 폭넓게 사용되며, 작동이 간편하고 고정도를 유지하는 시험 방법으로서 신속한 시험을 할 수 있다.

록 투 록 rock to rock 스티어링(steering)을 어느 한쪽에서 반대 방향으로 끝까지 돌렸을 때의 각도를 말한다. 이것이 적을수록 스포티한 스티어링이라고 할 수 있다.

롤 각 roll angle 자동차가 코너를 돌 때 차체가 기울어지는 각도로, 이를 롤 앵글이라고도 한다. 이 각은 중심이 높을수록, 스프링이 연할수록, 스태빌라이저가 약할수록, 또 트레드(tread)가 작을수록 커진다. 롤 센터가 낮아도 롤 각이 커지게 된다. 롤 각은 차의 속도에 따라서도 변하며, 속도가 빠를수록 커진다. 어떤 일정한 반지름의 원을 일정한 속도로 돌았을 때(일정 횡가속도)의 롤 각을 롤률이라고 한다. 보통은 횡가속도 0.5 G(보통 달리기에서는 꽤 심한 코너링) 때 3~4°쯤 된다.

롤 강성 roll stiffness 코너를 돌 때 차체가 기우는 것은 차체에 롤 모멘트(roll moment)가 발생하기 때문이다. 롤 모멘트는 보디가 무거울수록, 롤 센터가 낮을수록 커진다. 롤 모멘트에 거슬려서 차체를 롤하지 않게 하는 것이 롤 강성이다. 스프링이 딱딱할수록, 스태빌라이저가 딱딱할수록, 롤 센터로부터 스프링까지의 거리가 길수록(트레드가 클수록) 롤 강성이 높다. 롤 강성은 롤 각마다의 롤 모멘트(kg·m/deg)로 표시한다.

롤러 굽힘 시험 roller bend test 그림과 같이 두 롤러로 지지하고 눌러 굽히는 시험편을 말한다.

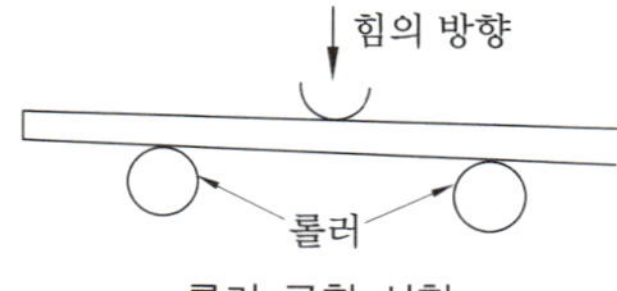

롤러 굽힘 시험

롤러 로커 암 roller rocker arm 니들 베어링을 적용시킨 로커 암 방식으로, 캠과 로커 암의 접촉 운동을 구름 운동으로 바꾸어 저속·중속에서 일어나는 마찰 손실을 제거함으로써 흡·배기 밸브의 정확한 개폐는 물론 완전 연소 및 연비 향상을 도모한다.

롤러 베어링 roller bearing 구름 베어링의 일종으로서, 내외륜(內外輪) 사이에 다수의 롤(roll)을 삽입한 베어링이다. 볼 베어링보다 접촉면이 넓으므로 큰 하중에 견디고, 따라서 타격력이 많이 작용하는 곳에 사용된다.

롤러식 오버러닝 클러치 roller type over running clutch 롤러식은 전기자(電機子) 축에 연결되어 있는 아웃 레이스와 피니언에 연결되어 있는 이너 레이스 사이에 쐐기형 홈과 롤러를 설치하여 플라이휠의 회전력이 기동 전동기에 전달되지 않도록 하는 형식이다. 전기자 축이 회전하면 아웃 레이스도 회전하지만 이너 레이스는 플라이휠링 기어에 의해 일시적으로 저항을 받게 되어 롤러는 아웃 레이스에 의해 쐐기형 홈의 좁은 쪽으로 이동하므로 2개의 레이스가 고정되어 전동기의 회전력이 전달된다. 그러나 엔진이 시동된 다음에는 플라이휠의 이너 레이스를 회전시키므로 아웃 레이스는 전동기의 회전력에 의해 저항을 받게 되어 롤러를 쐐기형 홈의 넓은 쪽으로 이동시켜 2개의 레이스가 분리되어 회전하므로 엔진의 회전력이 차단된다.

롤러 전극 roller electrode 심 용접이나 롤러 점용접 등에 사용하는 전극을 말한다. 원판상의 두 전극 사이에 용접할 재료를 끼우고, 용접하면서 전극을 회전시켜 용접한다.

롤러 점용접 roller spot welding 롤러 전극을 사용하여 일정한 간격을 두고 연속적으로 접합하는 점용접을 말한다.

롤러 체인 roller chain 강판(鋼板)으로 만든 롤러 링크와 핀 링크를 서로 핀으로 연결한 체인을 이른다. 체인 전동에 이용되고, 롤러가 자유로이 회전하기 때문에 마찰이 적다. 대표적인 것은 자전거나 오토바이에서 흔히 볼 수 있는 구동용 체인이다.

롤러 체인

롤러 펌프 roller pump　회전 펌프의 일종으로, 원형의 케이싱 내에 로터(회전자)가 조립되고, 이 로터의 둘레에 있는 4~6개의 톱에 롤러가 끼여 있어 로터의 회전에 의해 물을 양수하는 펌프를 말한다.

롤 레이트 roll rate　차량의 롤 운동의 속도인 롤 속도를 각속도로 나타낸 것이다.

롤률 roll ratio　일정한 반지름의 원을 일정한 속도로 돌았을 때의 롤 각을 롤률이라고 한다. ⇨ 롤 각

롤링 rolling　(1) 항공기, 선박, 자동차 등 교통 기관의 주행 중에 생기는 가로 흔들림을 말하는 것으로, 피칭(세로 흔들림)에 대응하는 말이다. 자동차의 경우, 노면이 고르지 못해 일어나는 가로 흔들림이나 고속에서 경사진 길을 돌 때의 원심력에 의한 기울기를 말한다. 롤링이 심하면 조종성(操縱性)이나 승차감에 나쁜 영향을 줄 뿐만 아니라, 때로는 전복될 위험마저 있다. 일반적으로 무게 중심이 낮고 차체의 폭에 대해 트레드(좌우 바퀴의 간격)가 넓으며, 스프링이 단단한 것일수록 롤링이 적어진다. ⇨ 피칭. (2) 냉간 가공 또는 열간 가공에 의하여 전조(轉造) 다이스 또는 전조 공구로 나사나 기어를 만드는 방법을 말한다.

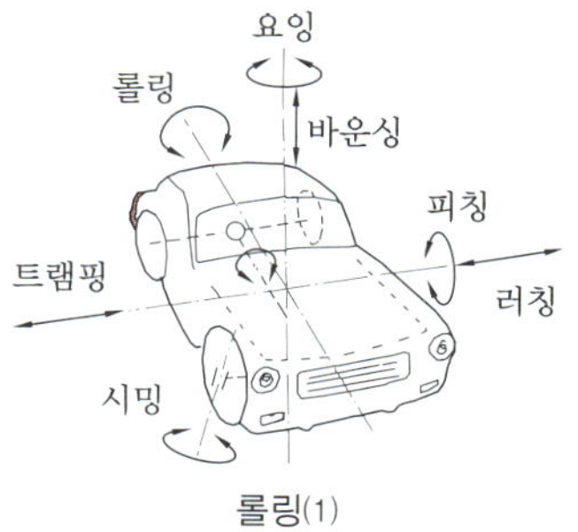

롤링(1)

롤링 레지스턴스 rolling resistance　주행 중 타이어가 노면으로부터 받는 저항을 말하는데, 일종의 구름 저항이다.

롤링 베어링 rolling bearing　구름 베어링이라고도 하는데, 축과 베어링의 볼 또는 롤러가 접촉하며 회전하면 볼 또는 롤러도 같이 회전하기 때문에 마찰 저항은 작다. 회전하는 기계 축에는 하중이 축과 수직으로 걸리는 경우와 축 방향으로 걸리는 경우가 있으며, 베어링은 이와 같은 하중에 견디면서 회전 운동을 확실히 해야 한다. 롤러 베어링은 20세기에 와서 사용하게 된 것으로, 대량 생산과 사용 시의 교환성이라는 점에서 유리하지만, 하중 조건이 변하면 수명이 짧아질 수 있다

롤 모멘트 roll moment　⇨ 롤 강성

롤 바 roll bar　차량이 뒤집혔을 때 탑승자를 보호할 목적으로 설치한 안전장치로, 롤 케이지(roll cage)라고도 한다. 운전자 및 탑승자의 안전을 확보하려는 목적으로 차 안에 둘러치는 쇠파이프나 구조물을 말한다. 흔히 경주용 차량의 차체를 보강하기 위하여 쓰이며, 픽업트럭의 화물 적재 장소에 장착하기도 한다. 차체와 접합되는 수에 따라 4점식, 6점식 등이 있다. 접합점이 많을수록 효과가 크지만, 쇠파이프인 만큼 무게가 많이 나가므로 목적에 맞게 적절한 개수를 설치해야 한다.

롤 블라인드 roll blind　후방으로부터의 햇빛을 차단하기 위해 리어 윈드에 장치하는 블라인드로, 감는 방식이어서 수납이 간단하다.

롤 센터 roll center　코너링 때 차체는 이 롤 센터를 중심으로 기운다. 모든 서스펜션은 링크(암)에 따라 컨트롤되므로 그 배치를 보아 롤 센터를 찾아낼 수 있다. 흔히 앞바퀴 롤 센터는 거의 지면상에 있고 뒷바퀴 쪽은 이보다 높다. 앞뒤 롤 센터를 이은 선을 롤 축이라 하고, 차체는 코너링 때 이 축을 중심으로 기울게 된다. 다른 모든 조건이 같은 차에서는 롤 센터가 낮은 쪽이 코너링 때 더 크게 기운다.

롤 속도 roll velocity　자동차가 롤 축 주위를 굴러가는 속도로, 롤 레이트(roll rate)로 나타내는 것이 일반적이다. 여기서 롤 축이란 중심(重心)을 통과하는 앞·뒤 차축을 이른다.

롤스로이스 Rolls-Royce　영국의 고급 자동차 및 항공기 엔진 제조 회사 이름이다. 1906년 맨체스터에서 수공(手工)으로 자동차를 만들고 있던 전기 기사 로이스와 런던의 귀족 출신 자동차 레이서인 롤스의 사업 합병에 의하여 설립되었다. 견고하고 아무리 빨리 달려도 차 안에서는 시계 소리만 들리고 찻잔 위의 커피 잔이 흔들리지 않는 자동차를 만들어 이름을

떨쳤다. 이처럼 부드럽고 안락감이 뛰어나 '달리는 별장'이라는 애칭을 가지고 있다. 엠블럼인 RR는 두 사람 성의 첫 자를 딴 것이다.

롤 스티어 roll steer　차량은 선회 시에 원심력에 의해 밖으로 나가려는 힘이 타이어의 접지력에 의해 밀리지 않고 결국 차체만 기울어지게 된다. 이때 외륜의 스프링은 압축이 되고, 내륜의 스프링은 인장이 된다. 그리고 스프링의 압축이나 인장에 의해서 얼라인먼트가 변화하는데, 그중에서 토우의 변화는 선회 중의 선회 특성(언더 스티어인가 오버 스티어인가)에 영향을 주게 된다. 이러한 차체의 기울어짐에 의한 토우 변화를 롤 스티어라고 한다.

롤 스티어 계수 roll steer coefficient　롤 스티어가 발생한 상태에서 롤 각에 대한 조향각의 비율을 계수로 나타낸 것이다. 차량의 언더 스티어를 약화하는 방향을 플러스(+), 강화하는 방향을 마이너스(−)로 표시한다. 전자를 롤 오버 스티어, 후자를 롤 언더 스티어라고 한다.

롤 앵글 roll angle　⇨ 롤 각

롤 오버 roll over　차량이 옆으로 움직이거나 전복되는 것을 이른다. 중심(重心) 위치가 높고 트레드가 좁은 차량일수록 전복되기 쉬운 경향이 있다.

롤 캠버 roll camber　차체의 롤링에 의하여 바퀴의 캠버 각이 변화하는 것을 이른다. 리지드 액슬(rigid axle)에서는 좌우 타이어 압력의 차이에 따라 약간 발생하는 정도이지만, 독립 현가장치에서는 차축과 암(arm)의 설치에 따라 대체로 롤 캠버가 발생한다. 미리 바퀴에 부(負)의 캠버를 부여하여 코너링할 때 자동차의 롤링에 따라 타이어가 바로서기로서 최대의 접지 면적을 얻도록 한다.

롤 케이지 roll cage　⇨ 롤 바

롤 토 인 roll toe in　롤 캠버(roll camber)와 함께 코너링 때의 롤에 의해 얼라인먼트를 변화시키는 서스펜션 형상을 말한다. 롤 토 인은 코너링 때에 후륜의 내·외륜이 함께 토 인하는 것을 말하고, 롤 캠버라는 것은 코너링 때에 외륜은 네거티브 캠버로, 내륜은 포지티브 캠버가 되는 것을 말한다. 이 두 개를 조합하여 코너링

시 롤 토 인에 의한 언더 스티어 경향과 롤 캠버에 의한 오버 스티어 경향이 밸런스되어, 종합적으로는 적당하고 약한 언더 스티어 특성을 갖는 조정 안정성이 좋은 서스펜션이 된다.

롬 ROM ; read only memory　컴퓨터의 판독 전용 기억 장치로, 전원을 꺼도 데이터가 없어지지 않기 때문에 비휘발성 기억 장치라고도 한다. 현재는 거의 반도체 소자가 사용된다. 문자 패턴 발생기나 코드 변환기처럼, 행하는 처리가 일정하고 다량으로 사용되는 것은 기억할 정보를 소자의 제조와 동시에 설정할 수 있기 때문에 마스크 롬(mask ROM)이라고 한다. 이 롬은 정보를 소자의 구조로서 기억하므로 바꾸어 쓸 수는 없다.

롱 노즈 플라이어 long nose plier　끝이 뾰족하고 긴 플라이어로서, 물체를 물게 되는 부분이 길어 가는 구리선이나 철사를 끊거나 좁은 장소에서 세공(細工)할 때 사용한다. 물리는 부분이 길기 때문에 굵은 철사를 물고 비틀면 선단 부분이 변형되거나 파손되므로 피하도록 한다. 호칭 치수는 전체 길이로 표시되며, 125 mm, 150 mm, 175 mm의 3 종류가 있다.

롱 디스턴스 랠리 long distance rally　랠리에는 많은 종류가 있는데, 크게 나누면 스프린트(단거리) 타입, 롱 디스턴스(장거리) 타입, 터프(거친 길) 타입이 있다. 롱 디스턴스와 터프 타입을 혼합한 형태는 콤비네이션 타입이라고 한다. 롱 디스턴스 랠리는 이름 그대로 장거리 랠리를 말한다. 사파리 랠리, 파리−케이프타운 랠리 등이 대표적이다. 장거리 랠리에서 가장 빛나는 성적을 올린 드라이버로는 스코틀랜드 출신의 앤드류 코완 (1936~)이 손꼽힌다. 그는 1968년과 1977년의 런던−시드니 마라톤 랠리, 1978년의 남미 일주 랠리, 서든 크로스 랠리(7회 우승) 등을 휩쓸어 마라톤 맨이라는 닉네임을 얻었다.

롱 라이프 쿨런트 long life coolant　장기간 동안 사용할 수 있는 냉각액으로, 엔진의 냉각액에 부동액이나 방청제, 산화 방지제 등을 첨가하여 냉각 계통의 산화를 방지하고 겨울철에 동결되거나 여름철의 과

열이 발생하지 않도록 한 것이다. 장기간 서비스 프리로 사용할 수 있고 수명이 긴 (long life) 냉각액이라는 뜻에서 붙여진 이름이다.

롱 레인지 라이트 long range light 추가 조명 장치의 하나로, 특히 먼 쪽을 밝게 비추는 라이트를 말한다. 펜스포트 라이트도 이 종류에 속한다. 때로는 비행기의 랜딩(착륙용) 라이트를 사용하는 경우도 있다. 사파리 랠리 등에서 흔히 쓰는 펜더 위의 라이트는 롱 레인지 라이트가 바람직하다.

롱비치 Long Beach 미국 캘리포니아주의 서킷으로, 태평양에 접한 미국 서해안을 달리는 시가지 코스이다. 1975년 처음으로 레이스가 열렸고, 1976년부터 1983년까지는 F1 GP가 개최되었다. 일반 공도이기 때문에 매년 레이스 때만 서킷으로 변모한다. 1984년 이후에는 인디카 월드 시리즈의 무대로 이용되고 있다. 1주 길이는 2.688 km이다.

롱 스트로크 long stroke 실린더의 안지름에 대해 행정(스트로크)이 긴 것을 롱 스트로크(짧은 것은 쇼트 스트로크)라고 표시한다. 롱 스트로크는 일반적으로 저회전에서 토크 발생이 크다고 한다.

롱 스트로크 엔진 long stroke engine 보어보다 스트로크가 길게 설계된 엔진을 이른다. 고회전에는 부적당하지만, 끈기가 있고 경제성에서 유리한 엔진이다.

롱 슬라이드 리어 시트 long slide rear seat 리어 시트는 고정식이라고 하는 고정 관념을 타파하고 300 mm의 시트 슬라이드를 가능하게 한 리어 시트를 말한다. 이로 인해 넉넉한 뒷좌석 레그 스페이스가 실현되었다.

롱 웨이빙 루프 long waving roof '길고 넉넉하게 굽어진 지붕'이라는 뜻으로, 자동차의 지붕 형태가 공기 흐름에 적합하도록 매끄러운 곡면인 것을 이른다.

뢰브로 조인트 Löbro joint 독일 뢰브로사가 개발한 등속 조인트로서, 프로펠러 샤프트의 조인트 등에 적용되고 있다. 축방향의 습동 저항이 작고, 고회전에 적합하다. 축 방향으로 경사진 홈을 갖는 내륜, 외륜과 볼 및 볼을 유지하는 케이지로 구성되고 있다. 전후 방향 및 축 방향의 각도가 달라졌을 때는 케이지에 지지된 볼이 내륜, 외륜의 홈에 따라서 이동한다.

루멘 lumen 광속(光速)의 실용 단위로서 기호는 lm으로 나타내며, 국제단위계에 속한다. 1 cd(칸델라)의 균일한 광도(光度)의 광원(光源)으로부터 단위 입체각의 부분에 방출되는 광속을 1 lm으로 한다. 전체 구면(球面)의 중심에 대한 입체각은 4π이므로, 1 cd의 점광원(點光源)에서 방출되는 전체 광속은 4π lm이 된다.

루미네선스 luminescence 형광(螢光)이나 인광(燐光)처럼 열을 동반하지 않는 발광 현상을 말한다. 백열전구와 같이 물질은 일반적으로 고온이 되면 빛을 방출하는데, 열이 아닌 다른 자극에 의해 빛을 방출하는 경우를 말하며, 따라서 냉광(冷光)이라고도 한다. 일반적으로 물질이 빛, X선, 체렌코프 복사, 레일리 산란, 라만 산란 등 특수한 것을 제외한 발광 현상을 말한다.

루버 louver 폭이 좁은 판을 비스듬히 일정 간격을 두고 수평으로 배열한 것으로, 밖에서는 실내가 들여다보이지 않고, 실내에서는 밖을 내다보는 데 불편함이 없는 것이 특징인데, 채광(採光), 일조(日照) 조정, 통풍, 환기 등의 목적으로 사용한다.

루브리케이터 lubricator 루브리케이터는 급유를 필요로 하는 전자 밸브나 액추에이터(실린더 등)를 사용할 경우 이용된다. 케이스에 기름(터빈유 ISO VG 32)을 넣어 두고 IN축에서 OUT축으로 공기를 흐르게 하여 급유를 행한다. IN축에서 들어온 공기는 케이스 내의 유면을 가압함과 동시에 댐퍼의 좁은 통로를 통해 OUT축으로 흐른다. 댐퍼를 통과함에 의해 차압이 발생하여 기름이 밀려 올라가 적하창의 내부로 기름이 적하되고, 적하된 기름은 OUT축으로 공기가 흐름과 동시에 입자 형태로 되어 운반된다. 적하량은 니들에 의해 조절된다.

루스 쿠션 시트 loose cushion seat 시트 표면 천에 여유를 갖도록 처리한 시트를 말한다. 앉았을 때 뻣뻣한 감이 없고 확실한 홀드감을 얻을 수 있다.

루츠 블로어 Roots blower ⇨ 루츠 송풍기

루츠 송풍기 Roots blower 누에고치 모양의 2개의 로터(회전자)가 서로 반대 방향으로 회전하여 로터와 케이싱 사이의 공간에 있는 기체를 압송하는 송풍기로, 루츠 블로어라고도 한다. 풍량은 일반적으로 200~300 m³분 정도의 것이 사용되고, 효율은 30~50 %로서 터보 송풍기보다 낮지만, 압력 증대 시의 용량 감소가 적고 취급도 간단해서 비중이 가벼운 가스의 압송이나 진공용(루츠 진공 펌프)으로 적합하다.

루츠 진공 펌프 Roots vacuum pump 루츠 송풍기의 케이싱 내에 소량의 물을 주입한 펌프를 말하며, 내부 틈새를 밀봉하여 압축으로 발생하는 열을 제거하기 때문에 효율을 높일 수 있다. 거르개 등의 진공 탈수용이나 화학 공업용 등으로 널리 사용되고 있다.

루츠형 과급기 Roots supercharger 용적형 과급기의 일종으로서, 벨트를 이용하여 엔진의 동력으로 누에고치 모양의 로터를 회전시켜 과급하는 형식을 이른다. 과급기에 전자석 클러치가 설치되어 엔진의 부하가 적을 때 클러치를 OFF시켜 연료 소비율을 향상시키고, 부하가 커지면 클러치를 ON시켜 엔진의 출력을 향상시킨다. 이때 클러치의 ON·OFF는 컴퓨터에 의해 제어된다. 기계식 슈퍼차저로서는 가장 긴 역사를 가지고 있다.

루터 router 고속으로 회전하는 수직 주축, 칼럼(기둥), 센터 핀을 갖추고 승강 가능한 테이블 등으로 구성되며, 주로 센터 핀을 안내로 해서 공작물에 조각, 모떼기, 오려내기 등의 가공을 한다. 이 기계에 의한 재해는 주로 절삭 공구의 마모에 의해 무리하게 송급하는 중에 발생하고 있다.

루트 root (1) 수학에서의 거듭제곱근을 이른다. (2) 용접의 단면에서 용착 금속의 밑바닥과 모재(母材)가 만나는 점을 말한다. 또 용접한 2개의 부재(部材)가 가장 가깝게 접근한 부분을 말하기도 한다. (3) 나사의 끝 밑바닥을 이른다. (4) 기어의 이뿌리를 이른다.

루트 간격 root opening 용접 이음에 있어서 2개의 부재(部材) 사이에 설치한 그루브의 밑부분의 간격을 말한다.

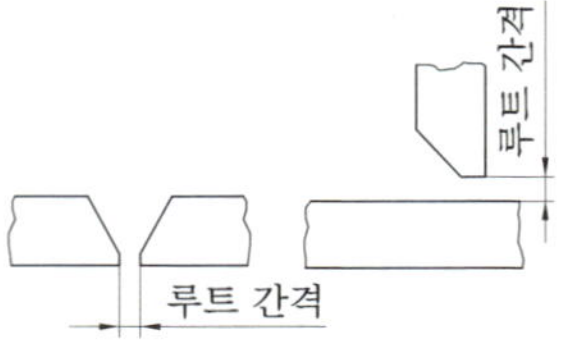

루트 간격

루트 굽힘 시험편 root bend specimen 맞대기 용접 이음의 루트 쪽에 인장력이 걸리도록 굽히는 시험편을 말한다.

루트 면 root face 용접부의 밑바닥 부분에 있어서의 접합면을 말한다.

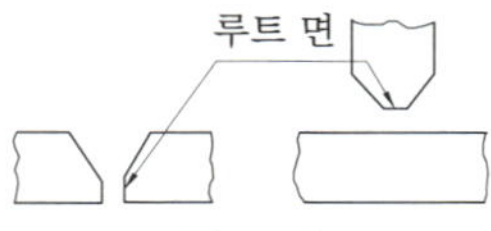

루트 면

루트 반지름 root radius (1) 용접에서 J형, U형 및 H형 그루브의 밑바닥 면의 둥근 홈의 반지름을 말한다. (2) 노치(notch)가 있는 충격 시험편의 노치 홈의 반지름을 말한다.

루트 반지름

루틴 routine 컴퓨터에 원하는 작업을 시킬 수 있도록 올바른 순서로 배열된 1쌍의 명령 계열이다. 루틴은 기본이 되는 메인 루틴과 클로즈드 서브루틴으로 구성된다. 클로즈드 서브루틴이란 메인 루틴의 어떤 점에서 이것에 옮겨 시작하고, 끝나면 메인 루틴의 적당한 점에 제어를 복귀시키도록 만들어진 것이다. 대부분의 프로그램에 공통되며, 자주 사용되는 연산 지령군(演算指令群)은 한 번 만든 것을 보존했다가 서브루틴으로 반복 사용한다.

루프 roof 자동차의 윗부분에 씌우는 덮개 패널이다. 자동차의 지붕으로서, 공기 저항 및 배수의 효율을 높이기 위해 모서리 부분이 곡선으로 기울어져 있으며, 루프 패널의 일부분을 개폐할 수 있도록 한 선루프 차량도 있다.

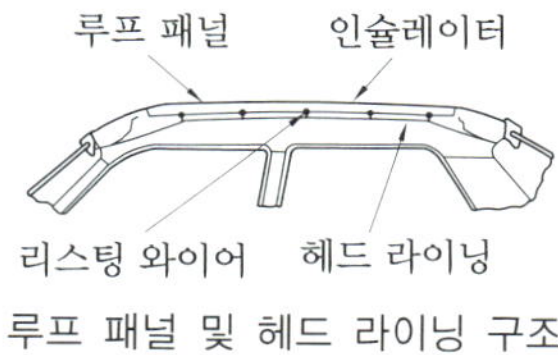

루프 패널 및 헤드 라이닝 구조

루프 래크 roof rack　⇨ 루프 캐리어

루프 레일 roof rail　⇨ 루프 캐리어

루프 사이드 레일 roof side rail　이너 및 아우터 패널로 이루어진 하나의 박스로, 프런트 엔드 프레임으로부터 리어 쿼터 사이드 패널까지 연결되어 있으며, 도어 보디 개구부의 어퍼 라인을 형성한다.

루프 소기 loop scavenging　2사이클 기관의 소기법(掃氣法)의 한 형식으로, 소기의 흐름이 실린더 내에서 루프를 그리듯이 흐른다. ⇨ 반전 소기

루프 소기 방식 loop scavenging type　실린더 아래쪽에 소기(掃氣)·배기(排氣) 양 포트를 둔 형식으로, 소기 포트의 방향이 위쪽으로 향해져 있으며, 소기는 배기 포트를 스치는 방향으로 밀려 들어가게 되는 방식이다.

루프 스포일러 roof spoiler　루프 후단에 장착된 스포일러로, 고속 주행 시 후방의 양력 발생을 억제하는 용도 및 미관을 위한 것이다.

루프 캐리어 roof carrier　부피가 커서 트렁크나 내부에 실을 수 없는 짐을 싣기 위해 차량의 지붕 위에 별도로 설치하는 장치로, 루프 래크(roof rack) 또는 루프 레일(roof rail)이라고도 부른다. 쉽게 말해 부피가 큰 물건을 얹어 운반할 수 있도록 차량 지붕에 임시로 설치하는 짐칸 또는 짐받이를 일컫는다. 예를 들어, 산악자전거나 스키용품과 같이 부피가 큰 물건은 일반 승용차에는 싣기가 어렵다. 따라서 이런 물건을 운반하기 위해서는 별도의 장치가 필요한데, 자동차에서 내부 말고 활용할 수 있는 공간은 지붕밖에 없다. 가장 많이 쓰이는 형태는 레일식으로, 레일 위에 짐을 올려놓고 주행 중에도 움직이지 않도록 고정시키면 된다. 캐리어(짐받이)만 떼었다 달았다 하는 방식, 자동차 실내 장치까지 떼어 내야 하는 방식 등 떼고 붙이는 방식에 따라 종류가 많다. 루프 레일이 스키 캐리어를 고정하기 위해 설치한 2개의 막대인 것에 견줘, 루프 래크는 다양한 짐을 실을 수 있도록 여러 개의 파이프를 그물 모양 또는 격자 모양으로 연결하여 선반 형태로 만든 것이다. 왜건형이나 RV 차량에 많이 장착된다.

루프 톱 안테나 roof top antenna　자동차 지붕에 설치되어 있는 막대형 안테나로서,

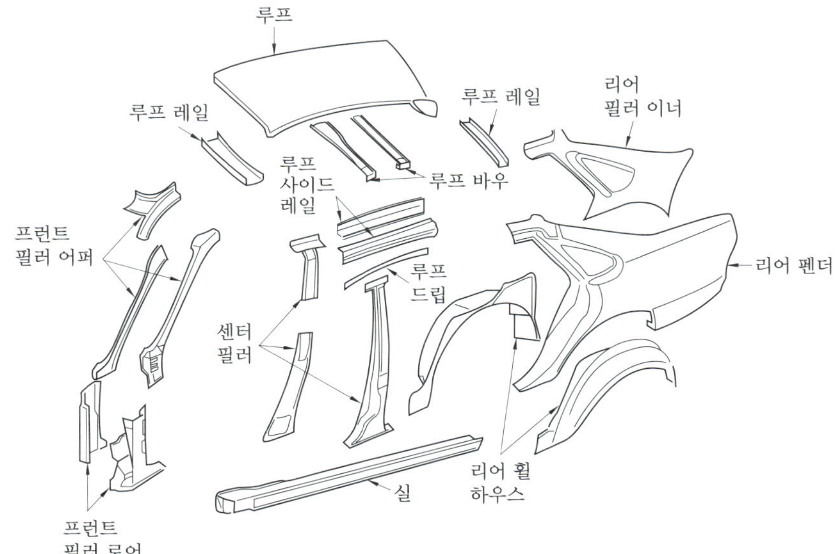

루프 사이드 레일

회전식의 힌지에 의하여 안테나의 경사를 변경하도록 되어 있는 것이다.

룰렛 roulette 일정한 곡선 A에 접하면서 그 위를 다른 곡선 B가 미끄러지지 않고 굴러갈 때, B 위의 고정된 점 P의 자취를 룰렛이라고 한다. 이때 A를 밑선, B를 전곡선(轉曲線), P를 극(極)이라고 한다. 특히 A가 직선, B가 원주이고, 극 P가 B 위에 있을 때의 룰렛을 사이클로이드라고 한다. 밑선 A, 전곡선 B가 모두 원주이고, 극 P가 B 위에 있을 때 A, B가 외접하는 경우의 룰렛을 에피사이클로이드, 내접할 때의 룰렛을 하이포사이클로이드라고 한다. ⇨ 사이클로이드

룸 라이트 room light ⇨ 실내등

룸 램프 room lamp ⇨ 실내등

룸 미러 room mirror 운전자가 차량 뒤쪽의 움직임을 잘 볼 수 있도록 차량 안쪽의 운전석과 조수석 사이의 중간 지점 바로 위쪽에 설치하는 거울로, 인사이드(inside) 미러라고도 한다. 옆으로 긴 원형에 모서리는 곡선으로 처리되어 있다. 모서리를 곡선으로 처리한 것은, 거울이 떨어지거나 실수로 거울에 부딪칠 경우 일어날 수 있는 상해를 최소화하기 위해서이다. 뒤쪽을 보기 위해 설치하는 것이기 때문에 룸 미러를 맞출 때에는 운전석에 앉은 상태에서 뒷유리 전체가 보일 수 있도록 하는 것이 좋다. 또 야간 주행을 하다가 뒤에 오는 차량의 전조등이 너무 밝아 거슬릴 때에는 룸 미러를 조금 위쪽으로 올려 주는 것이 좋다. 이는 룸 미러가 프리즘 구조여서 약간 위로 올려 주기만 하면 불빛은 줄어드는 대신 뒤쪽은 그대로 보이는 특성 때문이다.

르망 24시간 레이스 Le Mans 24-hours Race 르망 서킷에서 열리는 스포츠카 레이스를 이른다. 1923년에 시작되어 자동차의 고속 성능과 내구력 테스트에 주안점을 두었다. 문자 그대로 연료 보충 및 드라이버 교체를 하면서 24시간 내내 달리는 가혹한 레이스이다. 시속 370 km 이상의 스피드가 나오는 고속 구간도 있다. 1955년에 80명의 사망자를 낸 대 참사로 경주가 중지된 일도 있다.

르망 서킷 Le Mans Circuit 1906년 최초의 프랑스 그랑프리가 열린 서킷을 이른다. 1923년 24시간 레이스가 시작될 때는 코스 길이가 1주 17.262 km였으나, 현재는 13.535 km로 줄었다. 1967년 F1 프랑스 GP가 열리기도 했으며, 지금은 24시간 경주와 F3000 등이 펼쳐진다.

르망식 스타트 Le Mans start 스탠딩 스타트 방식의 하나로, 출발할 때 드라이버가 각자의 차로부터 일정한 거리에 떨어져서 출발 신호를 기다리는 방식이다. 이 방식은 출전 차가 많은 내구 레이스 등에 이용되는데, 제1코너에 여러 대의 차가 동시에 진입하여 혼란해지는 것을 막기 위함이 목적이다. 프랑스의 세계적인 자동차 경주인 르망 24시간 레이스가 예전에 이 방식을 채택했던 데서 르망식 스타트라는 이름이 붙여졌다. 출발 신호와 동시에 드라이버들은 각자의 차로 달려가 타는데, 출발 전에 반드시 시트 벨트를 매야 하는 룰을 지키는지에 대한 확인과 판정이 어려워, 현재의 르망 24시간 레이스는 롤링 스타트로 바뀌었다. 스타트를 맡은 드라이버가 운전석에서 시트 벨트를 매고 대기하고, 또 한 사람의 드라이버가 출발 신호와 동시에 뛰어와서 서로의 손을 터치한 후, 엔진 시동을 걸고 스타트하는 변칙 르망식 스타트도 있다.

르모앙 타입 lemoine type 조향 너클 설치 방식의 하나로, 앞 차축이 너클에 얹혀져 끼워지는 형식이다.

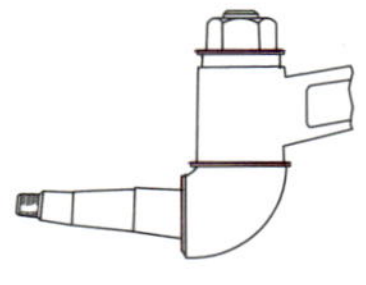

르모앙 타입

리 그루브 타이어 regrooved tire 대형 타이어로서 트레드 수명을 늘리기 위하여 사용되는 방법으로, 트레드 고무가 마모되어 홈이 얕아진 타이어를 전용 공구를 사용하여 홈의 깊이를 늘리도록 한 것을 이른다.

리니어리티 linearity 원래는 '직선적인 성질'이라는 뜻으로, 자동차 용어로는 운전자가 조작한 것에 대해 그 반응이 일정하게 직선적으로 변해 가는 것을 뜻한다. 어떤 시점

에서 갑자기 변화의 정도가 강해지는 특성은 리니어리티가 결여되었다고 표현한다. 예를 들어, 핸들을 조작할 때 핸들을 돌리는 정도에 따라 방향 변경이 일정하면 리니어리티가 좋다고 하고, 어떤 각도 이상이 되면 핸들이 급히 안쪽으로 먹혀 들어가는 듯한 특성을 가진 경우에는 리니어리티가 결여되었다고 표현한다.

리니어 모터 linear motor　유도 전동기를 축을 따라 절개한 평면상에 전개한 것과 같은 구조로, 고정자와 리액션 레일로 구성되고, 레일 방향의 직선적인 구동력을 발생시키도록 한 것이다. 자기 부상 열차는 고정자와 리액션 레일의 한쪽을 차체에, 다른 쪽을 지상에 장치한다. 동력 전달에는 차륜의 접착력을 필요로 하지 않으므로, 차륜을 레일에서 자기력 등에 의해서 약간 부상시킴으로써 고속 운전을 할 수 있다.

리니어 모터 카 linear motor car　자석의 반발력을 이용해 차체를 궤도 위에 띄우고 추진 동력도 자석의 반발력에 의한 리니어 모터를 사용해 궤도 위를 미끄러지듯이 고속으로 진행하는 열차 곧 자기 부상 열차(磁氣浮上列車)를 이른다. 차륜이 없기 때문에 주행 중의 저항은 공기 저항뿐이고, 고속 운전이 가능해 소음이나 진동 등 주변 환경에 미치는 영향도 훨씬 적게 된다. 초전도(超傳導) 자석을 사용해 자력을 발생시키는 것이 초전도 리니어 모터 카이고, 보통의 전자석을 사용하는 것이 상전도(常電導) 자기 부상 열차이다.

리니어 어시스트 파워 스티어링 linear assist power steering　속도 감응형 파워 스티어링으로서, 유압 모터가 속도 센서의 역할을 하여 조향력을 결정하는 방식이다. 속도가 상승함에 따라 모터의 회전이 빨라져 유압이 올라가고, 그 결과 조향 핸들의 조작력이 무거워지도록 되어 있다.

리더 보드 leader board　경기장에 설치된 전광판으로, 경주 도중의 주회수(周回數)나 순위 등이 표시된다. 1위부터 6위까지의 차 번호와 순위가 표시되는 경우가 많다.

리덕션형 스타터 reduction type starter　내부 감속형의 스타터를 말하고, 리덕션(감속) 기어로 1단 감속되며, 소형 경량으로 종래의 스타터 이상의 출력 성능을 갖는다.

리듀서 reducer　(1) 지름이 서로 다른 관과 관을 접속하는 데 사용하는 관 이음쇠를 이른다. (2) 지름의 단면이 차츰 작아지는 것의 총칭으로, 배관에서는 이경관(異徑管), 가공에서는 지름을 차츰 가늘게 가공하는 기계를 말한다. (3) 아크릴 에나멜 등 산화 중합형 도료(塗料)에 쓰이는 희석제로, 사용 방법은 시너와 같다. 용해력은 래커 시너나 우레탄 시너보다 약하고, 소지(素地)를 침범하지 않기 때문에 탈지제(脫脂劑)로도 사용한다.

리드[1] lead　(1) 코일상의 한 점이 그 선에 따라서 1회전 할 때 축 방향으로 진행한 거리를 리드라고 한다. 그리고 나사가 1회전했을 때 나사가 진행한 거리나, 기어에서 이의 1회전에 대한 진행도 리드라고 한다. (2) 배선에서 전류를 운반하는 케이블이나 도체 또는 자동차 배터리에 쓰이는 중금속을 말한다. (3) 리드는 오른쪽 리드와 왼쪽 리드가 있으며, 오른쪽 리드는 오른쪽으로, 왼쪽 리드는 왼쪽으로 돌리면 연료 분사량이 많아진다. 제어(조정) 방법에 따라 정리드, 역리드, 양리드의 3종류가 있는데 다음과 같다. ① 정리드 : 분사 초기 및 말기를 조정한다. ② 역리드 : 분사 초기와 말기를 일정히 한다. ③ 양리드 : 분사 초기와 말기를 조정한다.

리드[2] lid　뚜껑을 이르는 말로, 트렁크 룸이나 선루프를 덮는 뚜껑을 가리키는 용어이다. 선루프의 유리 제품을 글라스 리드, 금속 제품을 메탈 리드라고 부른다.

리드 밸브 lead valve　엔진이 워밍업 때, 감속 때, 열간 출발 때 배기가스의 산화를 촉진시키기 위해서 배기 매니폴드에 2차 공기를 공급하는 밸브를 말한다. 일부 자동차에 장착되는 리드 밸브는 배기 매니폴드의 맥동에 의하여 발생되는 배기 진공에 의해 작동되는 방식이다.

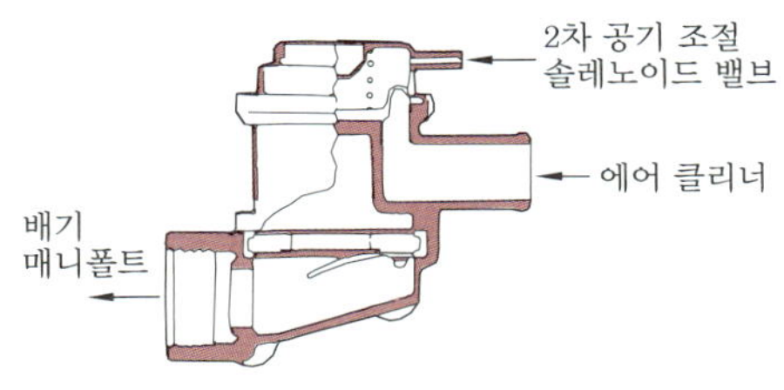

리드 밸브

리드 밸브 방식 lead valve type　엷은 금속 판을 리드라 하고, 이것을 이용하여 혼합 가스를 연소실에 보내거나 중단시키는 방식으로 흡입 포트에 2개 리드의 한쪽을 고정시켜 중앙부를 여닫는다. 고회전이 되면 스무드하게 여닫을 수 없게 되는 것이 결점이다. 이를 보완하기 위해 리드의 재질과 장수로 조절한다.

리드 서포트 어셈블리 lid support assembly　승용차에서 트렁크 도어의 개폐를 쉽게 하기 위한 장치이다. 세단에서는 토션 바(torsion bar)의 스프링 힘을 도어의 힌지에 전달하여 도어가 쉽게 움직이도록 한 것이 일반적이지만, 해치백과 같이 백 도어가 큰 경우 실린더에 가스나 오일을 봉입한 가스 리프터를 사용하여 도어의 중량과 균형을 지지하여 개폐를 쉽게 하고 있다.

리드 스위치식 차속 센서　⇨ 차속 센서

리드 안테나 lid antenna　트렁크 리드 전체를 라디오 안테나로 한 것으로서, 폴 안테나와 같은 작동 상태가 불필요하며, 동시에 풍절음이 없고, 감도가 좋은 이점이 있다.

리드 증기 압력 reid vapor pressure　연료가 증발하기 쉬운 정도나 안전성에 기준이 되는 연료 증기압으로서, 기체 상태의 연료의 양과 액체 상태의 연료 양의 비가 4：1일 경우 증기압은 기온 37.8℃에서 측정했을 때의 수치를 말한다. 리드는 측정 방법의 명칭이며, 증기압이 높은 연료는 베이퍼 로크(vapor lock)나 퍼컬레이션(percolation)을 발생하기 쉽다.

리드 페록사이드 lead peroxide　배터리 양극판에 사용되는 산화납 재료를 말한다.

리딩 슈 leading shoe　타입의 제동 기구에서 회전 중인 바퀴에 제동을 걸면 큰 제동력이 발생하는데 이것을 자기(自己) 서보 작용이라고 한다. 이와 반대로, 회전 방향과 반대로 슈를 밀어붙이면 제동력은 약하다. 전자를 리딩 슈, 후자를 트레일링

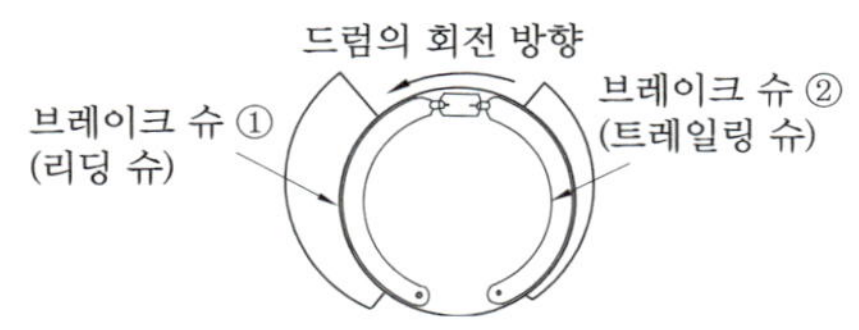

리딩 슈와 트레일링 슈의 관계

슈(trailing shoe)라고 한다. 그리고 하나의 드럼 속에 두 개의 리딩 슈를 넣은 것을 투 리딩, 리딩 슈와 트레일링 슈를 함께 넣은 것을 리딩 트레일링이라고 한다.

리딩 암 방식 leading arm　트레일링 암 방식은, 피벗이 바퀴보다 앞에 있고 보디가 바퀴를 이끌어 가는 방식이다. 리딩 방식은 이와는 반대로 바퀴가 피벗보다 앞에 있는 것을 말하는데, 널리 알려진 모델은 시트로엥 2 CV로, 이 차의 앞바퀴가 이 방식을 채택하여 사용하고 있다. 장점은 프레임을 짧고 가볍게 할 수 있는 것으로, 앞바퀴의 캠퍼 변화가 0인 것은 언더 스티어를 강하게 하여 바람직하지 않다. 2 CV는 이를 큰 캐스터로 보충하고 있는데, 이것은 경량 차에 가능한 일이다.

리딩 암식 서스펜션 leading arm type suspension　차축이 앞에 있어 스윙 암이 뒤로부터 타이어를 유지하도록 되어 있는 것이다. 장점은 프레임을 짧고 가볍게 할 수 있다는 것이지만, 앞바퀴에서 캠버가 변하지 않아 언더 스티어가 강하게 발생하게 하므로 호감이 가지 않는 타입이다. ⇔ 트레일링 암식 서스펜션

리딩 에지 leading edge　보닛의 맨 앞쪽 끝을 말한다. 이 부분이 날카롭고 뾰족하며 공기 저항이 작은 것으로 보이지만, 기류의 박리(剝離)가 발생하고, 역으로 공력적인 부조화 때문에 완만한 곡선으로 처리하면 공기의 흐름을 원활하게 한다.

리딩 트레일링 슈식 leading trailing shoe type　한 개의 휠 실린더를 사용하여 슈의 한끝을 고정한 방식으로, 브레이크를 백플레이트(back plate)에 설치하는 형식에 따라 고정식, 어저스터식, 링크식으로 구분된다.

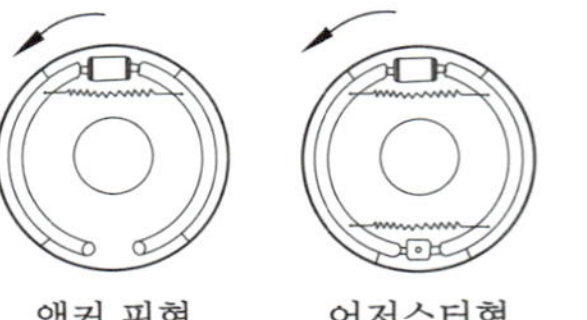

리딩 트레일링 슈식의 종류

리딩 트레일링 슈형 브레이크 leading trailing shoe brake　이 형식은 차량의 전진・

후진에 상관없이 제동력이 같은 특징을 가지고 있다. 회전하는 드럼 사이에 마찰력을 발생하게 하는 2개의 브레이크슈는, 각각의 슈 한쪽이 핀으로 고정되고, 또 다른 한편이 드럼 내면에 압착되어 있다.

리럭터 reluctor ⇨ 릴럭터

리머 reamer 드릴로 뚫은 구멍을 정확한 치수로 넓히거나, 진원(眞圓)으로 다듬질하거나, 지름을 정밀하게 다듬질하는 데 사용하는 공구이다. 보통 외주(外周)에 많은 날이 있는 절삭날 부분과 자루로 되어 있으며, 절삭날은 축선(軸線)에 평행인 것과 경사진 것이 있다. 가공하는 구멍의 종류에 따라서 리머의 종류를 선택한다.

리머 볼트 reamer bolt 리머로 다듬질한 구멍에 박아 체결하는 볼트로서, 구멍과 볼트의 축 부분이 꼭 맞도록 다듬질한 볼트를 사용한다.

리모컨 미러 emote control mirror ⇨ 리모트 컨트롤 미러

리모컨 코너 폴 프런트 범퍼에 장착되고 있는 전동 코너 폴로, 운전석으로부터의 스위치 조작으로 신축한다. 차폭 확인에 도움이 된다.

리모트 컨트롤 remote control 기계 등을 직접 사람의 손이나 발로 하지 않고 신호를 보내어 간접적으로 조작하거나 조종하는 일을 말하는데, 줄여서 리모컨이라고 한다. 공기압이나 유압을 사용하는 기계적 방법과 유선·무선에 의한 전기적 방법이 있다. 원격 제어, 원격 조작이라고도 하는데, 이 제어 방식은 전력, 철강, 화학, 수송 등의 전체 산업 분야에서 사용되고 있다. 모형 비행기나 모형 선박을 멀리서 무선 조종하는 것은 리모트 컨트롤의 한 예이다. 기계 가공의 자동 기계인 트랜스 머신을 조종반으로 조작하거나 석유 정제 공장에 따로 설치된 제어실에서 정제의 공정을 조작하는 것도 원격 제어이다. 또한 사람이 직접 조작하기에는 위험한 경우에 원격 제어가 응용된다. 방사선 물질을 취급할 때 밀폐된 별실에서 조종기를 조작해서 다루거나, 제철 공장에서 높은 온도로 가열한 동괴(銅塊)를 취급할 때에 멀리 떨어진 제어실에서 조작하는 것도 그 예이다.

리모트 컨트롤 미러 remote control mirror 자동차의 외부에 설치된 아웃 미러로서, 실내에서 미러의 각도를 조정할 수 있는 구조의 미러이다. 보통 리모컨 미러로 줄여서 부른다.

리몰드 타이어 remold tire ⇨ 갱생 타이어

리무진 limousine 원래 리무진은 독일어로 '세단'이라는 뜻이다. 그렇지만 자동차 스타일에서 리무진은, 세단과 구별하여, 운전석과 뒷좌석 사이를 유리 칸막이(좌우 또는 상하로 열림)로 분리한 승용차를 뜻한다. 이것은 마차 시대에 마부석에는 지붕이 없었던 것에서 유래한다. 일반적으로 운전사가 따로 있고 실내가 넓고 화려하게 장식된 고급형 승용차를 의미한다. 운전석은 검은 가죽으로, 뒷좌석은 고급 직물로 씌운다. 2~3인분의 보조석을 갖추고 있는 것이 일반적이다. 국가 원수의 공식 승용차나 귀빈 접대용 등으로 쓰인다. 롤스로이스, 벤츠, 캐딜락 등 이른바 최고급 승용차에서 볼 수 있다.

리미티드 슬립 디퍼렌셜 LSD ; limited slip differential 디퍼렌셜 기어가 좌우 타이어의 회전차를 자유롭게 해 주는 장치이지만, 리미티드 슬립 디퍼렌셜 기어는 이와는 반대로 좌우의 자유로운 회전을 제한하는 장치이다. 도로가 아주 미끄러울 때 디퍼렌셜 기어의 작용으로 한쪽 바퀴가 공전하면 반대쪽은 굴러가지 않게 된다. 진흙탕에서 탈출할 때 등은 디퍼렌셜 기어의 작용을 멈추는 쪽이 좋아서 리미티드 슬립 장치의 효과가 생긴다. 좌우측이 회전차로 움직이는 원심식 다판(多板) 클러치로, 논슬립(non-slip) 디퍼렌셜이라고도 한다.

리미티드 슬립 디퍼렌셜 기어 limited slip differential gear 디퍼렌셜 기어는 좌우 바퀴의 회전 차이를 자유롭게 조절해 주지만, 리미티드 슬립 디퍼렌셜 기어는 회전을 제한하는 장치로서 논슬립(non-slip) 디퍼렌셜 기어라고도 한다. 도로가 아주 미끄러울 때 디퍼렌셜 기어의 작용으로 한쪽 바퀴가 공전하면 반대쪽은 움직이지 않게 된다. 또한 진흙탕 등에서 탈출할 때 디퍼렌셜 기어의 작용을 멈추는 것이 좋아 리미티드 슬립 장치의 효과가 돋보이

게 된다.

리미팅 밸브 limiting valve　　액압(液壓)에 응답하여 압력을 차단하고 출구 압력을 일정하게 유지하는 밸브를 이른다.

리밋 스위치 limit switch　　기구(機構) 부품의 일부, 또는 물체가 소정의 위치에 왔을 때 전기 접점을 개폐하는 스위치를 말한다. 기계적 리밋 스위치, 빔형 리밋 스위치, 근접 스위치로 나눌 수 있다. 좁은 뜻으로는 기계적 리밋 스위치만을 가리키고, 근접 스위치와 구별하는 경우도 있다. 기계적 리밋 스위치는 암, 푸시로드 등의 기계적인 수단에 의해서 전기 접점을 움직이는 것으로서, 직선적인 운동에 의해 작동하는 것과 회전 운동에 의해 작동하는 것이 있다. 실제의 형상이나 접점 용량은 용도에 따라 가지각색이다. 빔형 스위치는 빛, 소리, 공기의 흐름, 액체의 흐름 등의 빔을 물체가 차단함으로써 스위치를 작동시키는 것이다. 빛의 경우는 전구나 발광 다이오드와 같은 발광부와 광전도체, 포토트랜지스터와 같은 수광부(受光部)와의 조합이 이용된다. 소리의 경우는 주로 초음파 발신자와 초음파 수신자의 조합이 이용된다. 이러한 것들은 비접촉으로 작동하는 것이 큰 특징이다. 근접 스위치는 자기나 전기 용량, 전자(電磁) 유도 등을 이용하여 물체가 어떤 거리에 접근했을 때 스위치를 작동하게 한 것이다. 전자 유도를 이용하는 것에는 차동 트랜스형, 고주파 발진형 등이 있다.

리밋 슬리브 limit sleeve　　디젤 엔진을 가동할 때 제어 래크가 최대 송출량 이상으로 움직이는 것을 방지하는 역할을 하는 슬리브를 이른다.

리밋 오브 일래스틱 limit of elastic　　재료의 $1\,m^2$의 면에 힘을 가할 수 있는 탄성 한계를 말한다. 다시 말해서, $1\,m^2$의 면에 힘을 가해도 변형하지 않고 원상태로 돌아가는 한계까지 가할 수 있는 힘을 말한다.

리밍 reaming　　드릴로 뚫은 구멍의 내면을 리머로 다듬질하는 작업 곧 리머 가공을 이른다. 리밍에 의하여 구멍의 정확한 치수, 깨끗한 내면이 다듬질된다.

리바운드 스토퍼 rebound stopper　　자동차의 좌석에 장착한 유아용 안전 시트가, 사고 시나 급제동 시 발생하는 반사 충격을 최소화시켜 주는 시스템을 이른다.

리바운드 스톱 rebound stop　　서스펜션이 최대로 확장되었을 때 서스펜션의 움직임을 규제하고 충격을 작게 하기 위하여 설치되어 있는 완충재이다.

리바운드 스트로크 ebound stroke　　바퀴의 기준 위치에서 반동 방향으로 움직일 수 있는 거리를 이른다.

리바운드 클립 rebound clip　　차체가 리바운딩할 때 스프링 판이 흩어지는 것을 막기 위해 판스프링의 좌우 중간 부분에 설치하는 것을 말한다.

리버사이드 국제 레이스웨이 Riverside International Raceway　　미국 캘리포니아주의 남부 리버사이드에 있었던 서킷이다. 1957년에 ‘리버사이드 국제 모터 레이스웨이’로 개장하였고, 1960년 국제적인 장거리 자동차 경주 대회인 F1 미국 그랑프리가 열렸다.

리버스 기어 reverse gear　　후진 기어를 이르는데, 기호는 R로 약하여 시프트 레버에 적혀 있다. 기어비는 로 기어와 거의 같은 3~4 : 1로서, 힘은 가장 좋다. 싱크로메시로 되어 있지 않으므로, 전진하고 있을 때에는 일단 차를 완전히 정지시킨 후 기어를 넣을 필요가 있다.

리버스 미스 시프트 방지 장치 reverse miss shift resrict　　주행 중에 기어가 후진으로 들어가면 위험하므로, 시프트의 작동 메커니즘 중에 이것을 방지하는 장치가 설치되어 있다. 수동 변속기는 중립 위치가 아니면 리버스로 들어가지 않는 구조이지만, 체인지 레버를 위로 당겨 올리거나 밑으로 누르면서 후진 위치로 시프트하는 구조로 되어 있다. 자동 변속기에서도 레버에 부착되어 있는 버튼을 누르는 등의 특별한 조작을 하지 않으면 후진 위치로 시프트할 수 없도록 되어 있다.

리버스 스티어 reverse steer　　코너링 때 어느 지점까지는 언더 스티어 경향을 나타내고 도중에서 오버 스티어로 변하는 특성을 말한다. 일반적으로 약한 언더 스티어인 차가 급격히 코너를 선회하면서 얼라인먼트가 변화해 오버 스티어로 바뀌는 경우가 있다. 스티어 특성이 변하는 지점을 리버스 포인트라고 한다.

리버스 위치 경고 reverse position warning 시프트 로크 시스템(shift lock system)의 하나로서, 변속 레버를 후진으로 하면 경고음이 울리도록 되어 있는 것을 이른다.

리버스 포인트 reverse point ⇨ 리버스 스티어

리버스 홉 reverse hop 후진 기어로 급발진할 때 발생하는 호핑(hopping) 현상을 이른다. ⇨ 호핑

리버싱 램프 reversing lamp ⇨ 백업 램프

리벳 rivet 강판을 죄어 맞추기 위하여 사용하는 연강봉(軟鋼棒)의 한쪽 끝에 머리가 달려 있는 것으로, 이것을 빨갛게 달구어서 리벳 구멍을 통하여 강판을 합치고 다른 쪽 끝을 손 또는 동력으로 두들겨 찌그려서 죄어 맞춘다. 두랄루민판에는 알루미늄 리벳을, 동판에는 구리 리벳을 사용한다.

리벳 해머 rivet hammer 리벳을 쳐서 체결하는 해머로서, 철골·철판의 접합 등에 사용한다.

리벳 홀더 rivet holder 리벳을 체결할 때 리벳 머리를 지지하는 받침쇠로, 돌리(dolly)라고도 한다.

리본 셀룰러 핀형 ribbon cellular fin type 냉각수 튜브가 파도 모양의 상자로 된 구조로, 전면에서 보면 벌집 형식으로 만들어져 있어 리본 셀룰러 핀 형식이라고도 한다. 제작비가 많이 들어 주로 고급 승용차에 사용된다.

리브 rib 부재(部材)를 보강하기 위하여 부착한 가늘고 긴 판 모양의 것을 이른다. 또는 개개로 독립되어 있는 아치 링(arch ring)의 의미로도 이용된다. 실린더 블록, 펌프 및 배전기 등 자동차 부품 보디에 주름을 잡아 놓은 것같이 되어 강성을 증대시키는 기능을 한다.

리브-러그형 rib-lug type 타이어의 트레드 패턴의 하나로, 숄더부에는 러그형을 두고, 트레드 중앙부는 리브형으로 제작되어, 리브형과 러그형의 장점을 고루 갖추고 있다. 중앙의 리브는 조종성, 안전성을 좋게 하고, 숄더(shoulder)의 러그는 견인력을 부여한다. 그리고 사륜 자동차(4W)나 고속버스 등에 주로 사용된다.

리브-러그형 패턴

리브형 rib type 타이어 트레드 패턴의 하나로, 타이어의 원둘레 방향으로 지그재그 형태나 일직선 또는 파도 형태의 홈을 여러 개 둔 것이다. 옆 방향 미끄럼에 대한 저항이 크고, 배수성이 좋으며, 주행성이 우수하여 고속 주행이 용이한 소형차에 주로 사용된다. ⇨ 리브-러그

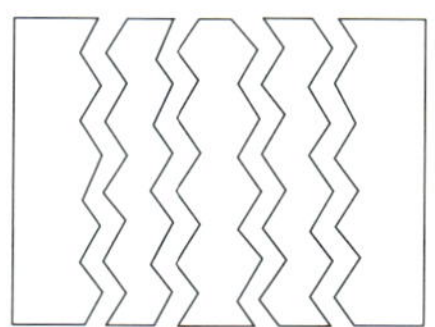

리브형 패턴

리빌트 부품 rebuilt parts 자동차의 분해·정비를 하고 나서 신품과 같은 모양으로 다시 조립한 부품으로, 재생 부품이라고도 한다. 기능은 신품과 같고, 가격은 당연히 신품 부품보다 싸다. 얼터네이터, 스타터, 드라이브 시프트, 엔진 등의 리빌트 부품이 있다.

리사이클 recycle 한 번 사용한 제품, 원료 등을 회수하여 재생·이용함으로써 유한 자원의 효율적인 이용을 도모하는 것으로, 재순환을 말한다. 리사이클을 하는 방법으로서는 다음과 같은 세 가지가 있다. ① 재이용 : 사용 후 폐기된 것을 그대로의 형으로 이용하는 방법이다. ② 재생 이용 : 사용 후 폐기된 제품을 원료로 되돌려 다시 동일 소재를 제품으로 재생·사용하는 방법이다. ③ 재자원화(에너지 회수) : 사용 후 폐기된 제품을 회수하여 일단 소원료나 중간 원료로 되돌려 자원으로서 별도의 형으로 재이용하는 방법이다.

리서치법 옥탄가 research octane number CFR 엔진의 리서치법에 규정되어 있는 저속 회전 조건에서 측정하는 옥탄가를 이른다. 경하중 패밀리카의 엔진이나 저속

주행할 때 엔진의 내폭성을 나타내는 것으로, 통상적으로 옥탄가라고 하면 이 리서치 옥탄가를 가리키며, RON이라고 약칭하여 부른다. ⇔ 모터법 옥탄가

리서큘레이팅 볼 타입 스티어링 recirculating ball type steering 볼 순환식 스티어링을 말한다. 웜 기어의 홈에 많은 스틸 볼(강구)을 넣어 웜과 너트가 면 접촉하지 않고 선 접촉된 것으로서, 마찰이 적기 때문에 조향력이 가볍고 내구성이 크다는 특징을 갖는다.

리세스 recess (1) 연소실 체적을 작게 하여 압축비를 높인 자동차 엔진이 밸브 오버랩인 상태에서는 흡·배기 밸브가 동시에 열려 있기 때문에 피스톤이 상사점에 위치한 상태에서 밸브의 작동을 방해하게 된다. 이러한 간섭을 방지하기 위해 피스톤 헤드에 깊숙하게 파 놓은 부분을 말한다. (2) 두 번 굽힘의 경우, 최초의 굽힘 치수에 따라서는 재료가 금형에 간섭하는 경우가 있다. 이 간섭을 피하기 위해 금형에 여유를 두는 것을 말한다.

리숄므 압축기 Lysholm type compressor 헬리컬형의 2개의 로터(회전자)가 서로 맞물고 회전함으로써 기체를 압축·송출하는 기계를 말한다.

리스닝 룸 listening room 음악을 듣기 위한 방으로, 스테레오 등 음악용 음향 기기가 있는 방을 말한다. 혼자 사용할 수 있는 리스닝 룸을 갖는다는 것은 오디오 애호가들의 간절한 소망이다. 그런데 자동차 실내는 어찌 보면 음악 애호가에게 가장 개인적이면서 훌륭한 리스닝 룸이다. 전후방에 배치된 스테레오 스피커와 함께 창문을 닫으면 완전히 밀폐되어 소리가 바깥으로 새나가지 않기 때문이다. 그래서 음악 애호 운전자들은 카 오디오에도 적지 않은 비용을 투자한다. 그들에게 자동차는 '탈것'이 아닌 '듣는 것'이기도 하다. 고급 승용차의 경우 고가의 카 오디오 전문 시스템이 차량에 기본 내장되기도 한다.

리스트 핀 wrist pin 피스톤을 커넥팅 로드에 연결하는 핀(보통 피스톤 핀)을 말한다.

리스폰스 response '응답, 반응'이라는 뜻으로, 운전자가 운전 중 실시한 조작에 대한 차의 반응을 가리킨다. 스티어링을 조작하든지 액셀러레이터를 밟은 후 그 효과가 나타날 때까지의 타임래그가 적은 것을 리스폰스가 좋다고 한다. 또한 반응이 '예민하다, 둔하다' 하는 것은 반응이 '좋다, 나쁘다'는 뜻이다. 보통은 가속 성능과 핸들링의 반응에 대해 말할 때 표현하는 용어이다.

리시버 receiver (1) 전화 수화기가 아닌, 튜너와 앰프가 조합된 것을 가리킨다. 또한 백(back) 센서의 수신기도 리시버라고 부른다. (2) 공기탱크, 증기 탱크류를 말한다.

리시버 드라이어 receiver drier 보통 에어컨 가스통이라고 부르는 리시버 드라이어는 라디에이터 근처나 에어컨 컴프레서 주변에 있는데. 긴 원통 모양에 알루미늄으로 되어 있다. 리시버 드라이어는 냉매를 저장하는 탱크이면서 냉매 속에 섞여 있는 습기를 제거하는 역할을 한다. 이 리시버 드라이어 위에 사이트 글라스라고 하는 지름 1cm 정도의 작은 유리창이 있는데. 바로 이곳으로 냉매의 양을 확인한다.

리시버 어셈블리 receiver assembly 완전히 액체가 된 냉매를 비축한 기기를 말한다. 리시버에는 드라이어 스트레이너가 조립되어 있고, 여기에서 냉매 중의 수분, 이물질이 제거된다.

리시트 압력 reseat pressure 체크 밸브 또는 릴리프 밸브 등에서 밸브의 입구 압력이 떨어져 밸브가 닫히기 시작하고, 밸브의 누설량이 규정된 양까지 감소하였을 때의 압력을 말한다.

리액션 체임버 reaction chamber 리액션 체임버는 동력 조향 장치에서 조향할 때 밸브 스풀의 움직임에 대하여 리액션(반발력)이 발생되어 운전자에게 확실한 조향 감각을 느낄 수 있도록 한다. 액추에이터 내에 설치된 리액션 스프링은 밸브 스풀의 중심 위치 유지와 조향 휠을 조작할 때 압축되어 반발력이 발생한다. 이 반발력은 운전자가 확실한 조향 감각을 느낄 수 있도록 하는 조향 감각을 제공한다.

리액턴스 reactance 교류 회로에서 저항은 임피던스(Z)로 나타낸다. 이 임피던스의 요소는 저항(R)과 리액턴스(X)이고, 단위는 옴(Ω)을 사용한다. 리액턴스 역시 저

항과 같이 전류의 흐름은 방해하는 역할을 하지만 교류일 경우만 나타나며, 접속된 전압과 흐르는 전류의 위상이 서로 다르게 나타난다. 인덕터에 의한 리액턴스를 유도 리액턴스라 하고, 축전기에 의한 리액턴스를 용량 리액턴스라고 한다.

리어 덤프 rear dump　적재함을 기울여 적재물을 내리게 되어 있는 덤프트럭에서, 적재함을 뒤쪽으로 기울게 한 형식을 리어 덤프라고 한다. 참고로, 적재함이 옆으로 기울게 한 형식은 사이드 덤프(side dump)라고 한다.

리어 덤프

리어 디스크 오토 어저스터 기구　브레이크 페달을 밟음으로써 리어 디스크 브레이크 페달과 디스크의 간극 규정값으로 조정되어 파킹 레버의 당김을 항상 일정하게 유지하는 기구를 말한다.

리어 디퍼렌셜 로크 rear differential lock　디퍼렌셜의 차동을 임의로 고정하는 시스템을 이른다. 좌·우륜의 차동이 고정됨으로써 도그 클러치가 연결되어 좌·우륜은 항상 동일 회전되기 때문에 보통의 디퍼렌셜처럼 한쪽 바퀴가 공전할 때 전체 구동력이 상실됨이 없이 산악지 등에서 탈출이 용이하게 된다. 단, 디퍼렌셜 로크 시에는 조종성이 대폭 변화하기 때문에 로크 상태의 전환을 12 km/h 이하로 제한하는 것도 있다

리어 디플렉터 rear deflector　루프 후단에 장착된 디플렉터(풍도관) 주행 시 루프 상면의 바람의 흐름을 이용해서 리어 윈도에 더러운 것이 부착하는 것을 방지한다.

리어 리드 램프 rear lid lamp　트렁크 리드 등 가니시 내에 테일 램프, 스톱 램프 등을 내장한 것으로서, 점등할 때 차량의 와이드감을 주며, 후속 차로부터의 감지성을 향상시킨다.

리어 보디 rear body　차체(body shell)의 뒷부분을 말하는데, 세단과 해치백, 왜건 등 차의 스타일에 따라 그 모양이 다르다. ⇔ 프런트 보디

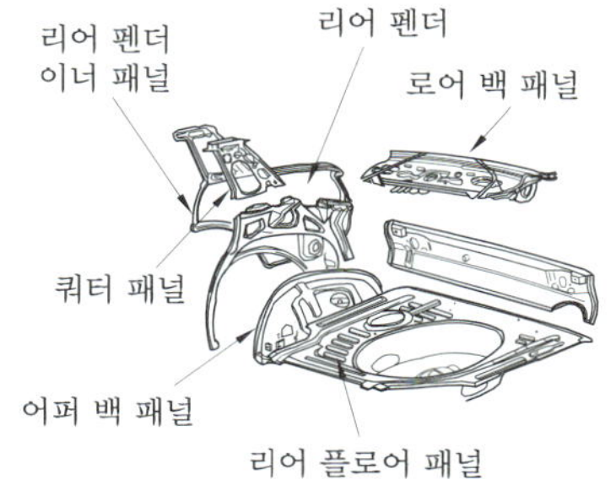

리어 보디의 구성

리어 보디 오프셋 rear body offset　트럭의 경우, 뒤 차축 중심으로부터 리어 보디(하대) 중심까지의 수평 거리를 리어 보디 오프셋이라고 한다. 뒤 차축이 2차축인 경우 뒤 차축의 중심은 앞·뒤 차축의 중앙을 뒤 차축의 중심으로 한다. 하대의 중심이 뒤 차축의 앞에 있는 경우를 정(正, +), 뒤에 있는 경우를 부(負, −)라고 한다.

리어 분할 파워 시트　시트를 오른쪽 40, 왼쪽 60의 비율로 분할하여, 각각 독립해서 시트 조절을 할 수 있게 한 리어 파워 시트이다. 시트 조절은 슬라이드 조절 및 헤드레스트 상하 조절이 가능하고, 그 밖에 다음의 기능을 갖는다. ① 이지 액세스(easy access) 기능 : 리어 도어를 닫으면 시트는 최후단 위치까지 슬라이딩하여 승강을 보조하며, 도어를 닫으면 원위치로 복귀한다. ② 메모리 기능 : 메모리 스위치를 사용해서 좌우 각각 2인분의 시트 위치(슬라이드 위치, 헤드레스트 높이)를 기억하며, 스위치를 누르면 자동적으로 재생이 된다. ③ 리세트 기능 : 앞 좌석으로부터 리세트 스위치를 ON으로 하면 시트는 최후단 위치까지, 헤드레스트는 최하단 위치까지, 좌우 동시에 이동하여 운전자의 후방 시계를 높인다.

리어 뷰 모니터 rear view monitor　후방 감시 카메라를 말한다. 후진 시 차량 후방의 모습을 모니터 화면에 비추어 안전 운전의 보조가 되는 시스템으로, 카메라는 리어 스포일러에 내장되어 있고, 점화 스위치 ON의 상태에서 기어를 후진에 시프트시키면 자동적으로 차량 후방의 노면 상

황을 화면에 표시한다. 표시 범위는 좌우 120°, 상하 90°를 커버하며, 야간에도 백업 램프와 스톱 램프에 의한 조명으로 확인할 수 있게 되어 있다.

리어 뷰 미러 rear view mirror ⇨ 드라이빙 미러

리어 브레이크 rear brake 외부 수축식 밴드 브레이크로, 유성 기어 캐리어 드럼에 설치되어 유압에 의해 유성 기어 캐리어를 고정할 때 작용된다.

리어 서포트 바 rear support bar 강 파이프로 된 바를 이른다. 캔버스 톱이 갖는 크로스 컨트리 성능을 강조함과 동시에 보디 강도 향상을 도모한다. 리어 서포트 바에는 탑승자 보호를 위해 커버가 설치되어 있다.

리어 셸프 rear shelf 셸프는 선반을 말한다. 후방의 트렁크 룸 상면의 판을 뜻한다. 해치백 차량에서와 같이 테일 게이트와 연동해서 개폐할 수 있는 것도 있다.

리어 셸프 박스 rear shelf box 뒷좌석 리어 셸프 센터 부근에 설치한 수납 박스를 말한다. 트렁크 내에 돌출한 부분에는 소프트 라테리얼을 넣어서 플렉시블하게 상하로 움직일 수 있도록 하여 큰 화물에 방해가 되지 않도록 한 구조를 말한다.

리어스탯 rheostat ⇨ 레오스탯

리어 스트레이크 rear strake 에어로 파트의 하나로서, 그림에서는 리어 범퍼 하부에 장착되어 있다. 효과는 프런트 스트레이크와 마찬가지이며, 리모컨 코너 폴, 운전석으로부터의 스위치 조작으로 신축한다. 차폭 확인에 도움이 된다. ⇨ 프런트 스트레이크

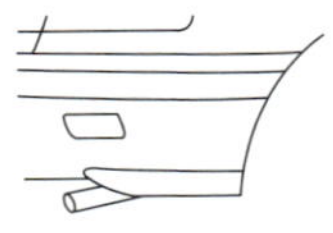

리어 스트레이크

리어 스포일러 rear spoiler 차량 뒤쪽에서 일어나는 공기의 와류 현상을 없애기 위해 자동차의 지붕 끝이나 트렁크 위에 장착하는 장식 겸용 장치로서, 테일 스포일러 (tail spoiler) 또는 리어 윙(rear wing)이라고도 한다. 자동차는 주행 시 앞쪽에서 공기를 상하좌우로 밀어내고, 이때 밀린 공기

는 뒤쪽으로 가면서 원래의 위치로 돌아가게 된다. 그러나 공기가 원래의 위치로 돌아가는 데는 시간이 걸리고, 시간이 오래 걸리면 걸릴수록 차 뒤쪽에는 많은 진공 부분이 생기게 된다. 여기서 형성된 진공이 차를 뒤에서 잡아당겨 자동차는 공기의 저항을 받게 되고, 이때 와류 현상이 발생한다. 이 와류 현상으로 인하여 차량이 고속으로 달리면 차체가 뜨는 양력 현상이 일어나는데, 이를 막기 위하여 차량 뒤쪽에 다는 날개 모양의 공력 장치를 리어 스포일러라고 한다. 차량 뒤쪽을 눌러 고속으로 달릴 때 차량의 안정성을 확보하는 것이 목적인데, 스포티한 스타일 때문에 멋으로 장착하는 경우도 많다.

리어 시트 rear seat ⇨ 뒷좌석

리어 시트 팬 rear seat pan 리어 시트 밑에 위치한 언더 보디 어셈블리의 일부분을 이른다.

리어 액슬 rear axle 뒤 차축을 이르는 말로, 이는 다시 드라이브 액슬과 데드 액슬로 나뉜다. 드라이브 액슬은 차량의 무게를 분담하고 구동력을 차바퀴에 전달하는 역할을 하며, 데드 액슬은 차량의 무게를 지탱하는 역할만 한다. 드라이 액슬에는 차동 기어가 볼트에 의해 액슬 케이스에 고정된다.

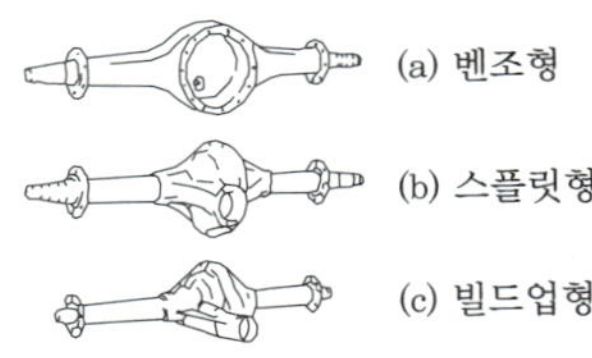

리어 액슬의 종류

리어 액추에이터 rear actuator ECS 장착 차량의 뒷부분에 설치되는 현가장치의 상단부에 위치하여, 주행 시 발생되는 노면 충격의 정도를 전기적인 신호로 바꾸어 CPU에 전달하는 기능을 한다.

리어 엔드 토크 rear end torque 구동 초기에 구동축에서 발생되는 것으로, 구동하고자 하는 반대 방향으로 돌아가려는 작용력을 말한다. 즉, 엔진 출력이 동력 전달 장치를 통하여 구동 바퀴를 돌리면 구동축에는 그 반대 방향으로 돌아가려는 힘이 작용되는데 이 힘을 말한다.

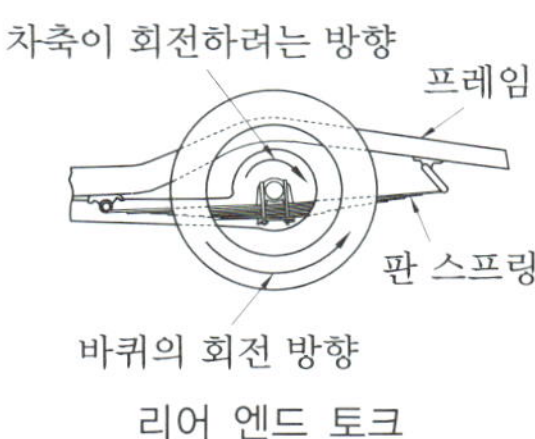

리어 엔드 토크

리어 엔드 패널 rear end panel　리어 컴파트먼트 개구부(開口部)의 바로 밑에서 보디의 가장 뒷부분을 가로지르는 보디 패널이다.

리어 엔진 리어 드라이브 rear engine rear drive　엔진을 차량 뒷부분에 장착하고 뒷바퀴를 구동하는 방식으로, RR라고 약칭하기도 한다. 프런트 엔진 프런트 드라이브 FF(front engine front drive)와는 정반대인 형태라고 볼 수 있다. 엔진의 냉각적인 면을 생각하면 라디에이터는 앞에 있는 편이 더 좋고, 또 코너링 중에 큰 중량물이 맨 뒤에 있으면 뒷바퀴가 미끄러져 자동차의 앞부분이 코너 중심부로 쏠려 안쪽으로 크게 선회하게 된다. 일반 운전자는 핸들을 더 돌리는 대응은 쉽지만, 순간적으로 핸들을 역회전시키는 경우는 드물다. 그러나 이 성질은 이용하면 코너를 재빠르게 선회할 수 있어 포르쉐 911 등의 모델에서 채용하고 있다. 또 중량물을 구동 바퀴에 전달하기 쉽고 자동차의 공간을 유효하게 사용할 수 있는 장점을 이용하여 대형 버스에는 RR 방식을 이용하고 있다. 버스는 구불구불한 코너를 고속으로 달릴 필요가 없기 때문이다. 같은 이유로 일부 상용 경자동차에도 이용되고 있다.

리어 오버행 rear overhang　⇨ 오버행

리어 우레탄 범퍼 rear urethane bumper　리어 쇼크 업소버의 상단부에 설치되어, 최단 행정 시 발생할 수 있는 쇼크 업소버와 스트럿의 손상을 보호하기 위하여 사용되는 우레탄 재질의 쿠션을 가진 둥근 형태의 범퍼를 말한다.

리어 윈도 rear window　자동차의 뒤쪽 창문을 가리키는 것으로서, 백 윈도라고도 한다. 일반적으로 강화(強化) 유리를 사용하지만, 이중 유리를 사용하는 차량도 있다.

리어 윈도 안테나 rear windows antenna　리어 윈도 글라스의 실내 쪽 상부에 디포거(defogger)와 마찬가지로 프린트한 라디오 안테나를 말한다. 상하 조작이나 풍절음이 없는 것이 장점이다. 이 안테나로 수신한 전파는 안테나 앰프에서 증폭되어 라디오로 들어간다. 또한 디포그 패턴을 경유해서 리어 윈도 안테나에 혼입하는 잡음을 방지하기 위해 초크 코일이 함께 설치되어 있다.

리어 윈도 와이퍼 rear window wiper　리어 윈도에 부착되어 있는 와이퍼를 이른다. 해치백 자동차나 1박스 카 등은 주행 중 보디의 후방에 물보라나 먼지가 달라붙어 세단형보다 리어 윈도가 빨리 더러워지기 때문에, 리어 윈도에 와이퍼와 워셔를 설치하는 경우가 많다.

리어의 추종성 rear conformability　스티어링을 조작해 프런트가 회전하기 시작했을 때 리어가 그 움직임에 어느 정도 따라오는가를 나타낸다. 리어의 추종성이 좋으면 작은 회전에도 잘 듣고 코너링 성능도 좋다.

리어 체크 백업 램프 rear check backup lamp　통상의 백업 램프가 투사하는 빛 이외의 백업 램프 렌즈의 형상을 연구해서, 스폿 광이 비스듬히 후방을 투사하도록 하여 후방 거리를 확인할 수 있게 한 것이다. 후방에 벽 같은 장애물이 있는 장소에서 차를 후진시킬 때 스폿 광이 차체에 가려지는(스폿 광이 차의 측면부 연장선상을 투사하는) 위치까지 왔을 때 차체 후부와 벽과의 거리는 약 50 cm이다.

리어 커버 rear cover　⇨ 익스텐션 하우징

리어 컴파트먼트 리드 rear compartment lid　뒤쪽 화물실을 덮고 있는 이너 패널과 아우터 패널로 이루어진 도어를 일컫는다.

리어 컴파트먼트 팬 rear compartment pan　언더 보디 중 화물실의 내부 바닥을 이루는 부분을 일컫는다.

리어 콘솔 rear console　뒷좌석 암레스트(팔걸이)의 뚜껑을 열면 수납공간이 있는데 이를 이른다. 여기에 오디오나 에어컨의 리모컨을 넣기도 한다.

리어 콤비네이션 램프 rear combination lamp　자동차의 뒷부분에 붙어 있는 램프류를 통틀어서 이르는 말로, 후진 기어를 넣을 때 켜지는 백 램프. 브레이크 페달을 밟을 때

켜지는 브레이크 램프. 윙커 등으로 구성되어 있다. 번호판을 비추는 램프는 라이선스 플레이트 램프라고 한다.

리어 쿼터 윈도 rear quarter window 리어 쿼터 패널에 위치한 가장 뒤쪽의 사이드 윈도를 이른다.

리어 클러치 rear clutch 리어 클러치는 프런트 클러치와 같은 구조로, 구동판은 프런트 클러치 외면에 설치된 스플라인에 끼워지고, 파동판은 리어 클러치 드럼 내면의 스플라인에 설치되어 있다. 리어 클러치 외면에 설치된 스플라인에는 선 기어 드럼이 끼워져 유압으로 선 기어에 동력을 전달하거나 차단한다.

리어 텀블 시트 rear tumble seat 시트 백을 뒤집은 상태에서 시트 쿠션 후단을 들어 올려 수직으로 유지할 수 있는 시트이다. 이렇게 해서 넓은 카고 룸을 얻을 수 있다.

리어 퍼스널 램프 rear personal lamp 세단이나 리무진 등의 뒷좌석에 서류 또는 책을 읽기 위해 설치되어 있는 램프를 이른다.

리어 펜더 rear fender 후륜 상부에 부착된 흙받이를 이른다.

리어 포그 램프 rear fog lamp 차량의 뒷부분에 설치되어 있는 안개등을 이르는데, 안전을 위하여 안개, 가랑비, 눈보라 등으로 시계(視界)에 장애가 있을 경우 뒤 차량에게 알기 쉽도록 하기 위하여 설치한 것이다.

리어 플레어 립 rear flare lip 고속 주행 시 공기 저항을 원활히 하기 위해 리어 범퍼 하단에 장착하는 날개 모양의 립이다. 고속 주행 시 차체 바닥을 타고 흐르던 공기가 뒤 범퍼를 타고 올라오면서 저항을 발생시켜 주행성을 떨어뜨리게 되므로, 범퍼 하단부를 플레어 타입으로 디자인하여 차체 바닥에서 나오는 공기의 마찰 저항을 줄여 줌으로써 주행성을 높인다.

리어 플레어 립

리어 필러 rear pillar 필러는 차량의 차체와 지붕을 연결하는 기둥으로, 차량 앞쪽에서부터 A필러, B필러, C필러라고 부르는데, 리어 필러는 C필러로서 뒷 유리와 옆 유리 사이에 있는 필러이다.

리어 홀딩 캔버스 rear holding canvas 사이드 캔버스를 제거함으로써 간단하게 개폐할 수 있는, 접는 식으로 된 격납 캔버스로서 사용되고 있다.

리어 휠 브레이크 드럼 rear wheel brake drum 제동 방식이 드럼 형식인 구성 부품의 하나로, 백 플레이트에 부착된 구성 부품 대부분을 덮고 있으며, 후륜 허브에 장착되어 일체로 회전하다가 내부에서 확장되는 라이닝과의 마찰로 인하여 제동된다. 현재 차량 후륜에 대부분 사용되고 있다.

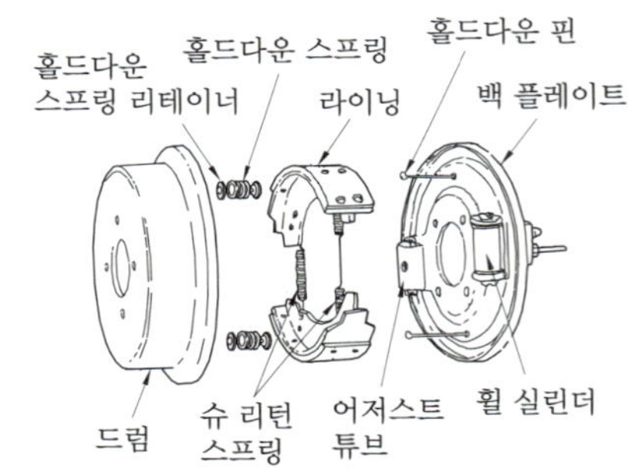

리어 휠 브레이크 장치

리어 휠 브레이크 디스크 rear wheel brake disc 제동 방식이 디스크 브레이크 형식인 구성 부품의 하나로, 후륜에 사용된 브레이크 디스크를 말하며, 후륜 허브에 결합되어 일체로 회전하고 외부에서 수축되는 브레이크 패드와의 마찰로 인하여 제동을 발휘한다. 드럼 형식에 비하여 방열성이 뛰어나고 제동 성능이 우수하여 점차 사용이 늘고 있다.

리엔트런트형 연소실 reentrant type combustion chamber 직접 분사식 디젤 엔진의 피스톤 정상 부근에 설치한 凹형 연소실로서, 패인 곳이 안쪽이 넓게 되어 있는 형식이다. 'reentrant'란 수학에서 쓰이는 요각(凹角)으로, 180°보다 크고 360°보다 작은 각이다.

리우데자네이루 서킷 Rio de Janeiro Circuit 브라질의 리우데자네이루 근교에 있는 서킷으로 1978년에 완성되었다. 1980년대에 들어와 F1 GP의 무대로 이용되었다.

1주 5,031 km로 자카레파구아(Jacarepagua)
라는 별명을 갖고 있으며, 브라질 출신의
명레이서인 넬슨 피케(1990년까지 F1 통산
22회 우승, 1990년에도 두 차례 우승)를
기념하여 지금은 넬슨 피케 서킷이라 불
린다.

리저버 밴드 reservoir band　클러치 마스
터 실린더 몸체에 리저버 탱크를 고정시
키는 밴드를 말한다.

리저버 탱크 reservoir tank　리저브 탱크라
고도 부르는 저장 통으로, 액체를 채운 계
통에서 온도의 변화에 따라 액체의 체적
이 변할 경우를 대비하여 설치된다. 라디
에이터에서 넘치는 냉각수를 수용하거나
부족한 액을 보충하는 탱크가 그 보기이
다. 익스팬션 탱크(expansion tank)라고도
한다.

리저버 탱크 캡 reservoir tank cap　클러치
오일 리저버 탱크에 오일 주입 및 배출을
위한 캡으로, 중앙부에는 기공이 뚫려 있
어 클러치 작동 시 오일의 레벨(level) 변
화에 따른 공기의 출입을 돕는다.

리저버 필터 reservoir filter　파워 스티어링
리저버 탱크 내부의 오일 주입 시 오일 주
입구 부분에 설치된 필터이다.

리저브 reserve　리저브는 모듈레이터 내에
설치되어 ABS가 작동 중 감압할 때에 휠
실린더에서 되돌아오는 오일을 일시적으
로 저장하는 역할을 한다.

리저브 탱크 reserve tank　⇨ 리저버 탱크

리줌 resume　자동 속도 조정 장치가 해제
된 후 리줌 스위치를 ON시키면 차량 속
도는 해제시키기 전의 고정 속도로 돌아
온다. 차량 속도가 최저 속도 한계 이하
로 주행하고 있을지라도 차량 속도를 40
km/h 이상으로 증속시키고 리줌 스위치
를 ON시키면 해제 전의 고정 속도로 회
복된다. 메인 스위치를 OFF시키거나 점화
스위치를 OFF시키면 컨트롤 유닛의 기억
회로에서 고정 속도는 완전히 지워진다.
그 후 리줌 스위치를 ON시켜도 원래의
고정 속도로 회복되지 않는다.

리지 ridge　융기한 부분, 단(段)이 붙은
부분을 말한다. 피스톤의 작용으로 엔진
의 실린더 상부에 만들어진 턱으로, 리지
리머를 사용하여 제거할 수 있다.

리지드 액슬 rigid axle　⇨ 리지드 액슬 서
스펜션

리지드 액슬 서스펜션 rigid axle suspen-
sion　간단하게 리지드 액슬이라고도 부른
다. 양 끝에 휠을 설치한 차축을 스프링
중간에 두고 차체에 설치하는 타입의 서스
펜션으로서, 승용 자동차의 차축에 많이 사
용되고 있다.

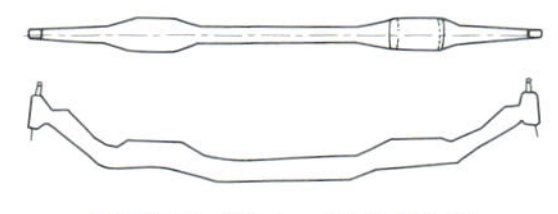

리지드 액슬 서스펜션

리치 믹스처 rich mixture　농후한 혼합 가
스로서 15 : 1 미만인 혼합 가스를 이른다.
혼합 가스에 포함되는 가솔린이 상대적으
로 많은(rich) 것으로, 이론 공연비를 기
준하여 말하는 것이 일반적이다. ⇔ 린
믹스처

리캐핑 recapping　새 트레드 재의 캡을
낡은 케이싱에 대고 제 위치에 접착 또는
경화시키는 타이어 수리 방법을 말한다.

리캡 타이어 recap tire　⇨ 갱생 타이어

리퀴드 라인 liquid line　LNG선에 설치된
리퀴드 라인은 저온용 스테인리스 스틸
파이프를 용접하여 플랜지가 없으며, 4개
의 카고 탱크의 리퀴드 돔(dome)에서 매
니폴드에 연결되어 있다. 리퀴드 돔에 연
결된 리퀴드 라인으로는 펌프에 연결된
디스차지 라인과 로딩 라인, 이머전시 펌
프 라인, 스프레이 라인이 있다.

리크 leak　액이나 증기, 가스 등이 새는 것
을 말하지만, 이것을 누전이라고 한다. 누
전은 전선의 피복이 벗겨져 절연 상태가 불
량하게 되었거나 또는 전선이 잘려서 누설
하는 전류를 말하는데, 전신(電信) 선로의
누전은 통신 불능 상태가 된다. 일반적으
로 정비 공장에서는 리크하고 있다고 할
때는 전기가 새고 있다는 뜻으로 사용할
때가 많다.

리크 다운 leak down　유압식 밸브 리프터
에서 밸브가 작동될 때 플런저와 보디 사
이로 오일이 누출되어 플런저와 밸브가 완
전히 상승되지 않는 현상을 말한다.

리크 디텍터 leak detector　진공의 기밀(氣
密) 누설을 검출하기 위한 장치로 누설 검

출기라고 한다. 보통 질량 분석관과 헬륨 가스를 쓰고, 헬륨 이온만이 특히 검출할 수 있도록 그 전자계를 조정해 둔다. 검출하는 곳에 헬륨을 내뿜을 때 만약 리크가 있으면 민감하게 질량 분석관에 감지하게 되므로 즉시 검출된다.

리클라이닝 시트 reclining seat　좌석의 등받이 부분을 조절할 수 있게 된 좌석으로, 편한 자세를 취하기 위해 약간씩 조절하는 것 외에도 휴식이나 수면 등을 위해 등받이를 눕힐 수 있다. 예전에는 고급 차에만 설치되었으나, 현재는 거의 모든 차의 표준 장비로 되어 있다. 시트 슬라이드와 리클라이닝 시트 등을 통틀어 시트 어저스트(seat adjust)라고 한다.

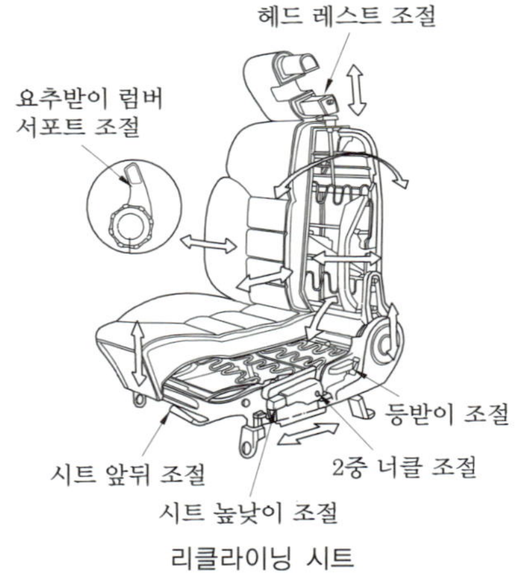

리클라이닝 시트

리타더 retarder　(1) 긴 언덕길이나 고속 주행 중에 브레이크를 걸 때 생기는 페이드(fade) 현상을 완화하기 위하여 기계적 에너지의 일부를 본래의 브레이크 이외의 것으로 흡수하는 장치로서, 가장 간단한 것으로는 배기 구멍을 닫고 엔진 브레이크를 강화한 배기 브레이크가 있다. 이 밖에 맴돌이 전류나 유체 마찰을 이용한 것 등이 있다. 감속에 사용되고, 차를 정지시킬 수는 없으나, 안전성을 높여 주는 특성이 있다. 트럭이나 버스 등의 대형 자동차에 사용되고 있다. (2) 도장(塗裝)에서 백화(白化) 방지용 시너(thinner)를 리타더라고 한다. 리타더를 시너에 소량 첨가하면 도료의 분산이 향상됨과 동시에 증발이 늦기 때문에 도장하는 표면이 매끄럽게 형성된다. 리타더를 사용하는 것은 온도가 높을 때나 습도가 높을 때이며, 증발이 느리기 때문에 습도가 높을 때의 백화 현상을 방지하는 것에는 효과가 있다.

리타드 retard　'속도를 감하다, 늦게 하다, 방해하다'라는 뜻으로서, 예를 들면 '점화 시기를 늦추다'의 뜻이기도 하다.

리터 마력 liter horse power　기관 행정 체적 1L당의 출력을 말하고, 이것은 기관 출력 용량을 나타내는 것이 아니라 성능을 나타내는 것이다. 총 배기량을 V_s 라 하면,

$$K_l = \frac{P_{mb}}{V_s} = \frac{P_{mb}}{A \cdot S \cdot N} \times 1{,}000$$

여기서, A : 실린더 단면적($\mathrm{cm^2}$),
　　　S : 행정(cm), N : 실린더 수
　　　K_l : 리터 마력, P_{mb} : 제동 마력

리터 카 liter car　배기량이 1,000~1,500 cc급인 엔진을 탑재한 전장 3.8 m 이하의 차량으로, 경차와 소형차 사이에 위치하는 차량이다.

리턴 라인 return line　액추에이터의 작동이 완료된 유압유가 탱크로 리턴되는 유로(油路)를 이른다. 오일 탱크의 유면보다 리턴 회로가 위에 있을 때에는 기포가 발생되므로 유면 아래에 리턴 회로를 설치한다.

리턴 클립 return clip　클러치 릴리스 포크에 클러치 릴리스 베어링을 결합시키고 베어링의 작동을 전후하여 원래의 상태로 복귀시키는 반원형의 강철 클립을 말한다.

리턴 펌프 return pump　리턴 펌프는 ABS 감압 작동 시 로크된 바퀴의 브레이크 압력을 마스터 실린더로 되돌려 보내는 작동을 한다. 리턴 펌프 모터 작동에 의해 피스톤의 좌측으로 이동하면 피스톤 내에 압력이 증가하고, 아웃렛 밸브의 피스톤과 피스톤 리턴 스프링 및 아웃렛 볼과 리턴 스프링이 동시에 압축되어 압력이 증가한다. 편심된 캠의 작동에 의해 아웃렛 밸브가 리턴 스피링 힘에 의해 피스톤이 빨리 되돌아오고, 아웃렛 볼은 리턴 스피링에 의해 천천히 리턴되면서 통로가 개방되어 압력이 고압 완충기로 배출된다. 리턴 펌프의 최대 토출 압력은 양 300 kg/cm^{2}까지 발생되므로, ABS 작동 시 브레이크 페달에서 킥백 현상을 느낄 수 있다.

리턴 포트 return port ⇨ 마스터 실린더 릴리프 포트

리턴 호스 return hose 오일 연료 등을 밸브에서 탱크로 되돌리는 호스이다.

리테이너 retainer 볼 베어링이나 롤러 베어링에서 볼이나 롤이 언제나 같은 간격을 유지하도록 끼워져 있는 부품을 이른다. 링처럼 생긴 모양이 많아 리테이너 링이라고 부르기도 한다.

리테이너 링 retainer ring ⇨ 리테이너

리트랙터 retractor 자동 격납 장치로, 예를 들면 시트 벨트 리트랙터가 있다.

리트랙터블 리어 헤드레스트 retractible rear headrest 트리플 평션 리어 시트에 적용된 헤드레스트로서, 사용하지 않을 때에는 시트 백에 수납 가능한 구조로 되어 있다.

리트랙터블 헤드램프 retractable head lamp 가동식(可動式) 헤드램프를 말하는데, 노즈를 낮게 하여 스포티한 스타일의 차로 만든다면 헤드램프가 전면에 없는 것이 유리하다. 따라서 사용하지 않을 경우에는 보디 내에 집어넣고 사용할 경우에만 뚜껑을 열어 라이트를 점등시키는 방식이다.

리트레드 타이어 retread tire ⇨ 갱생 타이어

리페어 repair '수리(修理), 수선(修繕), 수리하다, 수선하다'의 뜻이다.

리페이서 refacer 기계를 정비할 때 면을 재다듬질하는 기계를 이른다. 리페이스(reface)는 손상된 평면을 다시 평활하게 다듬질한다든 뜻이다.

리프 리밋 ref-limit 엔진의 허용 회전수를 말한다. 이 이상 회전을 올리면 엔진이 파손되는 한계의 회전수이다. 통상은 센서가 감지하여 그 회전수의 직전에서 연료를 차단하여 엔진이 파손되는 것을 방지해 주는 장치가 붙어 있다.

리프 스프링 leaf spring 스프링 강재로 만든 널빤지 모양의 평판을 7~8매 또는 10여 매를 포갠 스프링으로, 겹판 스프링이라고도 한다. 철도 차량이나 자동차의 차체를 지지하는 부분에 사용된다. 가장 긴 금속판을 모판(母板)이라 하고, 양쪽 끝에 스프링 귀를 만들어 여기에서 지지하게 한다. 이 스프링은 길이가 다른 금속판을 몇 겹으로 겹쳐 만든 완충 장치로서, 구조는 간단하지만 승차감과 안정성이 뛰어나다. 이 스프링은 코일 스프링이 개발되기 전까지 자동차용 최고의 서스펜션이었으나, 오늘날에는 화물차에서만 주로 쓰인다. ⇨ 판스프링

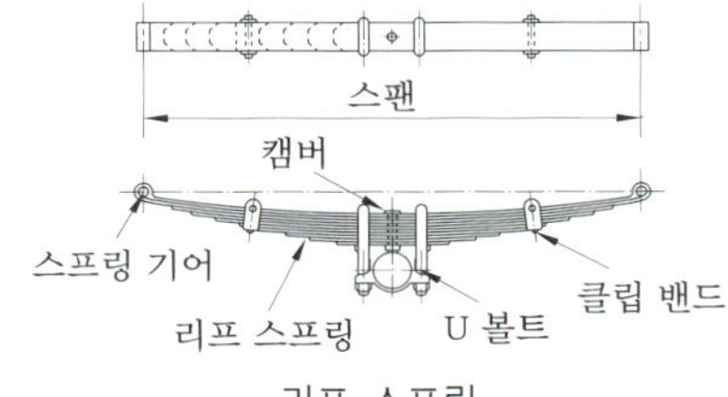

리프 스프링

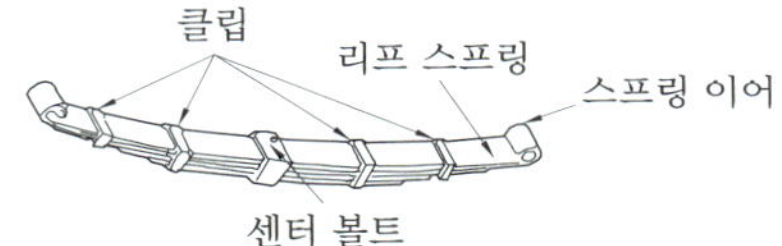

리프 스프링의 구조

리프 스프링 스팬 공진 leaf spring span resonance 무거운 판으로 이루어진 리프(판) 스프링이 가지고 있는 여러 가지의 고유 진동 중에서 한쪽이 진동할 때 다른 쪽은 그다지 진동하지 않는 현상이 있다. 이때 프런트 스팬의 진동이 클 때를 프런트 스팬이라 하고, 공진 리어 스팬의 진동이 클 때를 리어 스팬 공진이라고 한다.

리프트 lift (1) 엘리베이터를 이른다. (2) 크레인이 매달아 올리는 높이를 말한다. (3) 양력(揚力)을 이른다. (4) 양정(揚程), 즉 펌프가 물을 빨아올리는 높이를 말한다. 흡입 수면으로부터 토출 수면까지의 높이를 실양정(實揚程), 도중의 손실을 고려하여 실양정에 손실 양정을 가산한 것을 전양정(全揚程)이라고 한다. (5) 나사 잭의 들어 올리는 높이를 나타낸다. (6) 콘크리트 댐의 콘크리트 타입 시, 하나의 블록에서 1회 연속 타입하는 부분의 콘크리트 1회분의 높이를 이른다.

리프트 밸브 lift valve 밸브 몸체를 위로 들어 올리거나 아래로 내려서 밸브 시트를 개폐하는 밸브로, 앵글 밸브, 니들 밸브, 글러브 밸브, 리프트 체크 밸브 등이 있다.

리프트 카 lift car 도로 조명, 교통 표시판 등의 높은 곳에 설치된 것의 점검 수리를

위한 작업용 기계로, 트럭 섀시에 수직식·굴절식·텔레스코프식 등의 유압식 빔을 장치하고, 빔 최상단에 작업대를 부착한 기계이다.

리프트 트럭 lift truck　비행장에서 항공기의 화물을 싣기 위하여 적재함 전체를 들어 올릴 수 있는 장치를 갖춘 트럭을 말한다.

리프팅 lifting　(1) 건조 경화한 도막(塗膜)이 어떤 원인에 의해 벗겨지는 현상으로, 반경화 도막에 겹칠을 하였을 때 자주 볼 수 있디. 이 경우에는 밑칠 도료가 윗칠 도료의 용제보다 팽윤하여 박리한다. 박리가 부분적으로 일어나는 결과, 도면은 지렁이가 기어간 것 같은 상태가 된다. (2) 톱 페인트 코트가 칠해지거나 건조하는 동안 표면이 비틀리거나 주름지는 것을 이른다. 분사 후 주름이 발생할 위험이 있는 시간대(時間帶)를 리프팅 존(lifting zone)이라고 한다.

리프팅 존 lifting zone　⇨ 리프팅

리플레이스 replace　사용했던 부품이나 어셈블리를 탈착하고 그 위치에 새로운 부품이나 어셈블리를 설치하는 것을 말한다. 필요에 따라 세정·급유 및 조정이 필요하다.

리플렉터 reflector　(1) 가설 공사 등에서 사용되는 조명용의 투광기를 이른다. (2) 일반적으로는 반사경 또는 반사판을 말한다. 승용차에서는 테일 램프 내에 조립되어 있으며, 후부 반사경을 말한다. 후속차의 헤드 램프의 빛을 반사하고, 야간 안전성을 높이고 있다. 백미러도 리플렉터라고 한다.

리히트식 온도 컨트롤 reheating type heater control　에어컨에서 나오는 바람의 온도를 조절하는 방식의 하나로서, 이배퍼레이트를 통과한 냉풍을 다시 히터 코어를 통과하도록 함으로써 온도를 제어한다. 엔진의 온수 유량을 변경하는 방식과 온수 온도를 변경하는 방식이 있다.

린 lean　2륜 자동차에서 차체를 기울게 하는 것으로서, 코너링 할 때 운전 자세를 나타내는 용어로 사용된다. 리닝, 린 아웃 및 린 위즈의 3가지가 있다. ① 리닝 : 오토바이보다 안쪽으로 신체를 기울이고 코너링함과 동시에 차체를 되도록 세워서 안전성을 증가시키는 방법으로서, 로드레이스에서 볼 수 있다. ② 린 아웃 : 역으로 차체를 눌러 억제하는 형태로 선회하는 방법으로서, 모터 크로스의 러프 로드에서 선회할 때 많이 사용한다. ③ 린 위즈 : 가장 일반적인 코너링 자세로서, 오토바이의 기울기와 신체의 기울기가 같으며, 사람과 차체가 일체로 된 기본 자세를 말한다.

린 공기 연료비 센서 lean air-fuel ratio sensor　이론 공기 연료비보다도 공기가 많고 연료가 적은(희박한) 공기 연료비(린 공기 연료비라고 함)를 검출하는 센서로, 린 믹스처 센서 또는 린번 센서라고도 한다. 연료가 충분히 희박한 린 공기 연료비로 엔진을 운전하면 연료비가 향상될 뿐 아니라 NOx의 배출량도 감소되어 배기 정화면에서도 유효하다. 이와 같은 목적을 위해서 린 공기 연료비 센서가 사용되고 있다. 린 공기 연료비 센서에는 농담 전지형, 산화물 반도체형, 전기 화학 펌프형 등이 있다. 이들은 모두 연소 농도에 감응하는 센서로서, 공기 연료비와 배기 중의 산소 농도에 일정한 대응 관계가 있는 것을 이용하여 공기 연료비를 검출하고 있다. 전기 화학 펌프형 센서는 공기 연료비에 대하여 거의 직선적인 출력을 나타내고, 농담 전지형이나 산화물 반도체형에 비해서 감도가 높다. 현재 실제로 사용되고 있는 센서는 전기 화학 펌프형에 속하는 한계 전류식 린 공기 연료비 센서이다.

린 믹스처 lean mixture, weak mixture　혼합 가스에 포함되는 가솔린의 양이 상대적으로 적은(lean) 것을 이른다. ⇔ 리치 믹스처

린 믹스처 센서 lean mixture sensor　⇨ 린 공기 연료비 센서

린번 lean-burn　엔진의 연소실 안에서 연료를 태우는 하나의 방법을 말한다. 기존의 가솔린 엔진은 공기와 연료의 혼합 가스를 될 수 있는 한 이론 공연비(질량비로 하여 공기 14.7에 연료 1.0의 비율)에 맞게 하여 실린더 안으로 들여보낸 다음, 여기에 스파크를 튀겨 혼합 가스를 태우는 방법을 택한다. 반면에, 린번은 이론 공연비보다 희박한 공연비의 혼합 가스를 실린

더 안으로 들여보내어 태우는 방법을 말한다. 자동차 엔지니어들은 혼합 가스의 혼합 상태를 말할 때, 연료가 더 많이 들어간 상태를 '농후(rich)'라 말하고, 그 반대의 상태인 공기가 정해진 양보다 더 적게 들어간 상태를 '희박(lean)'이라고 말하는데, 린번이라는 말은 여기서 나온 것이다.

린번 센서 lean-burn sensor　⇨ 린 공기 연료비 센서

린번 엔진 lean-burn engine　엔진의 실린더로 들어가는 혼합 가스에서 공기가 차지하는 비율을 높이고 연료의 비율을 적게 하여 연비 성능을 향상시키는 엔진을 말한다. 가솔린 엔진에서 연소되기 적합한 공기와 연료의 질량비는 14.7 : 1이다. 이 질량비보다 비율이 적은 경우를 '희박(lean)' 상태라고 하는데, 이 희박 상태의 혼합 가스를 연소시키는 엔진을 린번 엔진이라고 한다. 이 희박 상태 혼합 가스의 질량비 한계는 22~23 : 1 정도로 알려져 있다. 린번 엔진은 일정 속도로 달리는 것과 같이 고출력이 필요 없는 상황에서 극단적으로 연료가 희박한 혼합 가스를 연소시킴으로써 연비 향상을 꾀한다. 시스템이 복잡하지 않아 설치 비용도 적게 드는 편이다. 그러나 희박 혼합 가스 상태에서는 착화율이 떨어져 연소 상태가 불안정하므로, 연소실과 흡기 부분을 개량하여 공기와 연료가 잘 섞이도록 해야 한다. 또 연비가 좋아지는 반면, 이상적인 완전연소가 이루어지지 않으므로, 배기가스의 정화에도 특별한 기술이 필요하다.

린 포스먼트 lean forcement　자동차 주행 중에 급브레이크를 밟았을 때 탑승자의 몸이 안전벨트 밑으로 들어가는 것을 서브머린 현상이라고 한다. 이 서브머린 현상이 일어나면 하반신에 상해를 입기 쉽기 때문에 방지 시트에는 무릎 가까운 부위에 린 포스먼트를 설치하면, 충격을 받아도 앉는 면의 변형이 최소한으로 줄어들어 사람이 앞쪽으로 미끄러지는 것을 방지하게 된다.

릴럭터 reluctor　구형 자동차의 점화 장치는 회전하는 배전기 캠에 의해 조절되는 단속점(breaker point)을 써서 고압 펄스를 발생시키는데, 신형 자동차에서는 단속점이 전기적 장치로 대체되었다. 지금은 대부분 릴럭터라는 자기적 장치를 사용하는데, 이것은 배전기 축으로 작동되어 주기적인 전기 신호를 발생시키며, 이 신호는 증폭되어 유도 코일에 흐르는 전류를 조절하는 데 사용한다. 이러한 신형 점화 장치들은 구형보다 더 신뢰할 만하고, 더 나은 기관 조정을 가능하게 하며, 점화 플러그에 고압의 출력을 발생시킨다.

릴레이 relay　입력이 어떤 값에 도달하였을 때 작동하여 다른 회로를 개폐하는 장치로서, 접점이 있는 릴레이, 서멀(thermal) 릴레이, 압력 릴레이, 광 릴레이 등이 있다.

릴레이 로드 relay rod　아이들러 암이 사용되는 조향 장치의 링크 기구로서, 좌우에 분할된 타이로드와 연결되어 조향력을 전달하는 로드를 이른다.

릴레이 밸브 relay valve　공기압식 자동 제어 장치에 있어서 플래퍼(flapper)의 변위를 공기압으로 변환하여 신호로 하는데. 이 공기압의 범위가 좁고 또한 노즐 배압은 공기의 절대량이 적어 큰 출력은 낼 수 없기 때문에, 변화 범위를 넓혀 큰 출력을 낼 수 있도록 하기 위한 기구를 릴레이 밸브라고 한다.

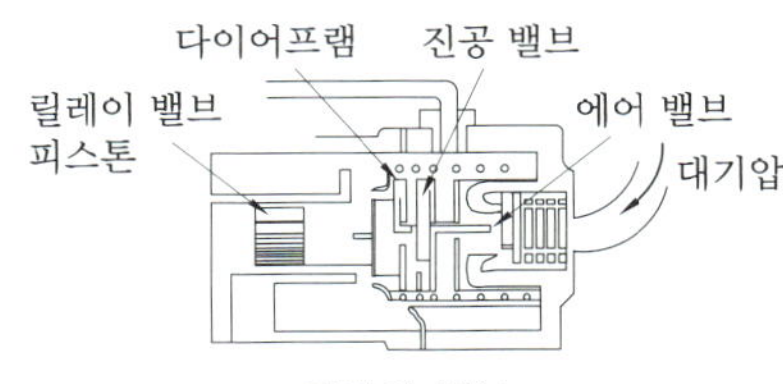

릴레이 밸브

릴레이 밸브 피스톤 relay valve piston　진공 배력식 브레이크 장치의 릴레이 밸브 피스톤은 브레이크를 작동시킬 때 유압에 의해 릴레이 밸브를 작동시키는 역할을 한다. 릴레이 밸브 피스톤에 푸시로드와 다이어프램이 설치되어 유압이 릴레이 밸브 피스톤 뒷면에 작용하면 릴레이 밸브를 밀어 진공 밸브를 닫고 공기 밸브를 열어 대기 압력이 도입되도록 한다.

릴레이션 relation　인간관계를 휴먼 릴레이션(human relation)이라고 한다. 서비스 공장을 경영하는 경우에도 이와 같은 관계 부분의 릴레이션이 중요한 포인트가 되는데, 그중에서도 중요한 릴레이션은 세 가지가 있다. 그중의 하나는 고객 관계(customer relation)인데, 이것은 딜러 공장 (dealer shop)뿐 아니라 자기가 판매한 차에 대하여 메이커와 밀접한 관계를 유지하면서 정기 정비를 하여 보증 정비를 해야 한다. 또 하나의 중요한 관계는 딜러 내의 각 부문이 밀접한 관계에 있는 것이다. 서비스에서 세일즈, 수리, 업무 각 부문 등 여러 가지 관계가 있지만, 이와 같은 회사 내의 관계를 인터 디파트먼트 릴레이션 (inter department relation)이라고 한다.

릴리스 레버 release lever　릴리스 베어링에 의해 한쪽 끝 부분이 눌리면 반대쪽은 클러치 판을 누르고 있는 압력판을 분리시키는 레버로, 굽히는 힘이 반복되어 작용하기 때문에 충분한 강도와 강성이 있어야 한다.

릴리스 베어링 release bearing　릴리스 베어링은 릴리스 포크에 의해 클러치 축 방향으로 움직여 회전 중인 릴리스 레버를 눌러 클러치를 개방하는 작용을 한다. 베어링 칼라에 스러스트 볼 베어링이 내장된 케이스가 압입되어 그리스가 영구 주유되어 있다. 릴리스 베어링에는 볼 베어링형, 앵귤러 접촉형, 카본형이 있다. 특히 클러치를 분해·정비하기 위해 떼어냈을 때 솔벤트 등의 세척제 속에 넣고 닦아서는 안 된다.

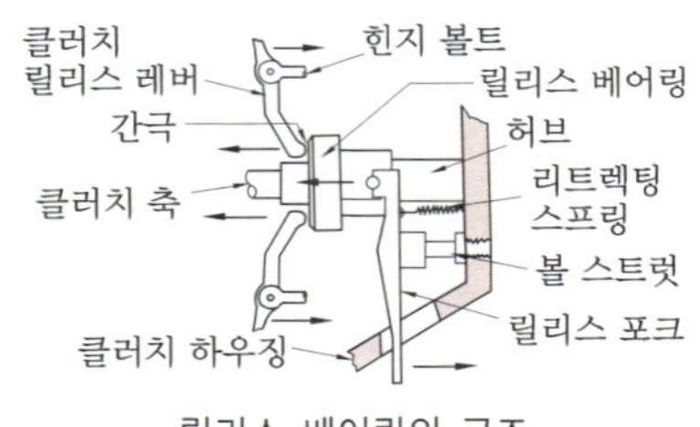

릴리스 베어링의 구조

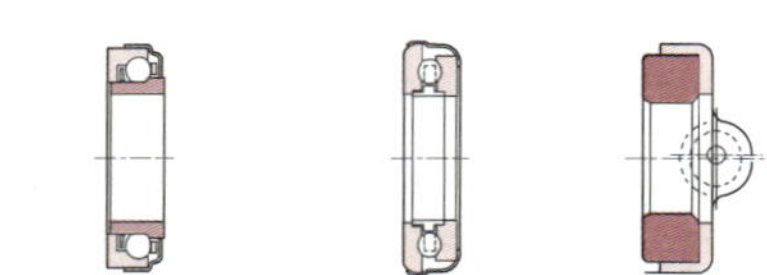

릴리스 베어링의 종류

릴리스 실린더 release cylinder　⇨ 오퍼레이팅 실린더

릴리스 포크 release fork　릴리스 베어링 칼라에 끼워져 릴리스 베어링에 페달의 조

작력을 전달하는 작동을 한다. 구조를 보면 요크(york)와 핀 고정부가 있으며, 끝부분에는 리턴 스프링을 두어 페달을 놓았을 때 신속하게 원위치로 복귀된다.

릴리스 포크 부트 release fork boot　클러치 커버의 클러치 릴리스 포크 삽입구에 끼워지는 자바라 형태의 고무 부트(rubber boot)로, 릴리스 포크 커버리고도 한다. 이것은 클러치 릴리스 포크를 클러치 커버에 간섭되지 않도록 사각 홀(hole)의 중간에 위치하게 하고 그 홀을 통하여 클러치 커버 내부에 이물질의 유입을 방지하는 기능을 한다.

릴리스 포크 커버 release fork cover　⇨ 릴리스 포크 부트

릴리스 형식 release type　밸브가 열렸을 때 엔진의 진동으로 회전하는 형식을 이른다. 스프링 리테이너, 와셔형 로크 및 팀 컵으로 구분되며, 밸브 리프터가 팀 컵을 밀면 로크와 리테이너에 운동이 전달되고 밸브 스프링이 압축되며 밸브를 열게 된다. 이때 밸브는 스프링의 장력을 받지 않게 되어 밸브는 엔진의 진동으로 회전하게 된다.

릴리프 감압(유압) 밸브 pressure reducing and reliving valve　한쪽 방향의 흐름에는 감압 밸브로서 작동하고, 그 역방향의 흐름에는 유입 쪽의 압력을 감압하는 밸브로서의 설정 압력으로 유지하는 릴리프 밸브로서 작동하는 밸브를 말한다.

릴리프 밸브 relief valve　오일 회로에 흐르는 압력이 규정 압력 이상이 되면 배출구로 오일을 바이패스시켜 최고 압력을 조절하는 밸브로서, 자동차의 속도와 가속 페달의 밟는 정도에 따라 적합한 유압을 자동적으로 조절하는 역할을 한다.

릴리프 포트 relief port　브레이크 마스터 실린더의 리저브와 압력실이 작은 연통공 (連通孔)을 이른다. 브레이크 해제 후 압력실에 남은 브레이크액은 연통공을 지나 리저버 안으로 되돌아간다. 이 연통공이 막혔을 경우, 브레이크 페달을 놓아도 리저버로 브레이크 액이 돌아가지 않기 때문에, 휠 실린더의 피스톤은 브레이크 슈를 민 상태가 되어 브레이크의 끌림 현상을 일으킨다.

림 rim 휠의 일부로 타이어가 부착된 부분을 말한다. 림의 종류는 분할 림(경자동차), 심저 림(drop center, 승용차·경트럭용), 평저 림(plat base, 버스·트럭용)으로 구분된다. 기밀성이 중요한 튜브리스 타이어는 특히 정확한 치수와 모양이 쉽게 변하지 않는 림에 부착해야 한다. 이 때문에 타이어 치수 표시에는 인치 단위를 많이 쓰고, 림 폭을 표시하도록 되어 있다.

림드강 rimmed steel 강(鋼)의 잉곳(ingot ;용융 금속을 일정한 형틀에 주입하여 응고시킨 것)을 만들 때 탈산(脫酸)의 정도에 따라 분류했을 때의 명칭으로, 킬드강(killed steel)에 대응하는 말이다. 킬드강은 제강로에서 강이 나올 때에 페로실리콘이나 알루미늄을 첨가·탈산하여 완전히 진정시키지만, 림드강에서는 충분히 산소를 남기고, 조괴(造塊)하는 동안에 C+O↔CO의 반응이 일어나는 것을 이용해서 적당히 부풀어 오르게 한다. 킬드강에 비해 강괴(鋼塊)의 표면이 곱고, 분괴(分塊)의 생산 비율도 좋으며, 값이 싸다.

림 사이즈 rim size 림의 호칭은 14×5 J와 같이 '림의 지름(인치)×림의 폭(인치)·플랜지의 모양을 나타내는 기호(알파벳)'로 표시하고 있다.

림 오프셋 rim offset 휠 디스크에서 림 센터와 디스크 장착면과의 직선거리를 이른다.

림 지름 rim diameter 림 플랜지에 접하는 림 베이스의 지름을 말한다.

림 터치 rim touch 타이어 공기 압력이 낮은 상태로 급격하게 회전했을 때, 타이어가 크게 변형하여 림의 플랜지가 노면에 접촉하는 것을 말한다.

림 폭 rim width 림 플랜지의 내면 간극을 말한다.

림 플랜지 rim flange 림의 가장자리에 해당하는 옆 부분을 말하며, 타이어의 비드부를 측면으로 지지하며 림을 보호하는 역할을 하는 것으로, 비드 플랜지라고도 한다. 드롭 센터 림과 플랫 센터 림을 떼어낼 수 있는 부분의 림은 스프링 플랜지 또는 사이드 림이라고 한다.

림 플랜지 높이 rim flange height 림 플랜지의 바깥지름에서 림 지름을 제외한 수치의 2분의 1을 말한다.

립 몰딩 lip molding 펜더의 바깥쪽 가장자리를 펜더 패널 또는 펜더 웰에 연결하는 몰딩을 이른다.

링 ring (1) 피스톤 링과 같이, 일반적으로 원형, 고리, 환상(環狀)으로 된 것을 말한다. (2) 어떤 장치나 용기 등을 지탱하기 위해 철제 스탠드에 클램프로 고정시켜 사용하는 둥근 모양의 테두리를 말한다. 링을 만드는 재료에는 주철, 황동, 알루미늄제가 많으며, 둥근 고리 모양의 테두리에 있는 막대를 철제 스탠드에 고정시켜 비커, 플라스크, 쇠그물 등의 기구를 임의의 공간에 지탱할 때 사용한다.

링 게이지 ring gauge 지름이 작은 것이나 두께가 얇은 공작물의 측정에 사용되는 게이지로, 스냅 게이지에 비해 가격이 비싸지만, 테일러의 원칙에 따라 통과측에는 이 게이지를 사용하는 것이 바람직하다.

링 그루브 ring groove 링 홈이라고 말하며, 피스톤 상부 주위에 설치되어 있는 홈으로서 피스톤 링을 보호한다. 오일 링 홈에는 여분(餘分)의 오일을 피스톤 안쪽으로 흐르게 하는 구멍이 마련되어 있다.

링 기어 ring gear 자동차의 감속 기어처럼, 보스(boss)도 암(arm)도 없는 원판상(圓板狀)의 기어를 말한다.

링 나사 게이지 ring pitch gauge 나사용 한계 게이지로, 볼트의 유효 지름을 측정하는 게이지이다.

링 레이저 자이로스코프 ring laser gyroscope 루프상의 광로에 빛을 전반(傳搬)시켰을 때 광학계에 회전이 가해지면 좌우 양 회전의 빛이 이 루프를 한 바퀴 회전하는 데 걸리는 시간의 차이를 이용하여 회전 각도를 알아내는 자이로를 말한다. 링 공진기형(링 레이저 자이로)과 간섭형(광 파이버 자이로)으로 구분된다.

링 모터 ring motor 링 정방기용(精紡機用)으로 쓰이는 전동기로서, 데리모터 또는 이중 농형 유도 전동기가 쓰인다. 속도를 광범위하게 제어할 필요가 있으므로, 후자의 경우는 벨트로 구동한다.

링 엔드 갭 ring end gap 피스톤 링을 피스톤 링 홈(piston ring groove)에 끼우기 위하여 그 일부가 절단되어 있는 부분을 링

갭(링 이음부)이라고 한다. 세로 방향으로 끊겨 있는 버트 조인트(butt joint), 경사지게 끊겨 있는 앵글 조인트(angle joint), 계단 모양을 한 랩 조인트(lap joint) 등이 있다.

링 익스팬더 ring expander 피스톤 링의 안쪽에 부착하여 피스톤 링을 밀어붙여 넓히는 실(seal) 효과를 증대시키는 역할을 하는 것으로, 주로 오일 링에서 사용한다.

링잉 ringing 전기 회로에서 입력 신호의 급격한 변화에 대하여 과도적 현상으로 출력 파형(波形)에 진동을 일으키는 것을 말한다.

링 조인트 ring joint 피스톤 링의 이음 방식의 하나이다. 피스톤 링의 이음 방식에는 버트(butt) 조인트, 앵글(angle) 조인트, 랩(lap) 조인트 등이 있다. 4사이클 엔진은 버트 조인트, 2사이클 엔진은 랩 조인트를 많이 사용한다. 이음 틈새에 열팽창이 있으므로 일정한 틈이 필요하며, 조립할 때 실린더에 틈새를 삽입하여 점검해야 한다.

링 캐리어 삽입 피스톤 ring carrier insert piston 디젤 기관 등에서 일어나는 링 홈 등의 마멸 방지를 위해 주철제의 인서트를 제1링과 제2링 홈에 주입한 피스톤을 이른다. 주철과 알루미늄은 그 팽창 계수가 다르기 때문에 인서트가 빠져나올 우려가 있어, 주철로는 오스테나이트(austenite)를, 알루미늄 합금으로는 로엑스를 사용하고 있다.

링크식 리지드 액슬 서스펜션 link type rigid axle suspension 리지드 액슬 서스펜션의 한 종류로, 리프 스프링 대신 코일 스프링으로 차축을 지지하고 링크로 위치를 결정하는 방식이다. 리프 스프링 방식보다 바닥이 낮아 승차감이 좋다. 링크 배치에 따라 3링크, 4링크, 5링크, 와트 링크 등으로 다시 나뉜다.

링크 장치 link work 몇 개의 링크(가늘고 긴 막대)를 핀 이음으로 연결하고 일정한 한정(限定) 운동을 하게 한 장치이다. 링크를 조합하는 방법, 구속을 주는 방법 등에 따라서 많은 종류의 운동을 할 수 있다. 기계의 각 부분에 대한 동력의 전달, 운동의 전달 등에 널리 사용되며, 거의 모든 기계에 이용된다.

링크 체인 link chain 로프 소켓에 걸어서 동력을 전달하는 데 쓰이는 체인으로, 하역 기계용으로 광산에서는 광차, 인차 등의 영결용으로 많이 사용된다.

링크 퓨즈 link fuse 퓨즈의 양 끝에 고리를 설치하여 퓨즈 홀더에 볼트로 조인 구조의 퓨즈를 이른다.

링크형 호이스팅 장치 link type hoisting work 호이스팅 실린더와 링크식 기어가 조밀하게 결합되어 적재함 하단부에 장착되어 있으며, 적재함 기울이기는 짧은 실린더 행정에 의해 적재함을 기울일 수 있다. 또 하일, 가이드 또는 마렐 형식의 링크 메커니즘이 덤프 기구로 사용되며, 이 형식은 섀시 측면의 비틀림에 대한 메커니즘의 비틀림 강도가 현저하게 크다. 기본적인 호이스팅 메커니즘은 그림과 같다. 호이스트 실린더의 로드는 점 A에서 화살표의 방향으로 민다. 점 P에서 링크는 텐션 로드에 의하여 제지되기 때문에 메인 볼스터에 연결된 B는 화살표의 방향으로 밀어서 적재함을 위쪽으로 경사지게 한다.

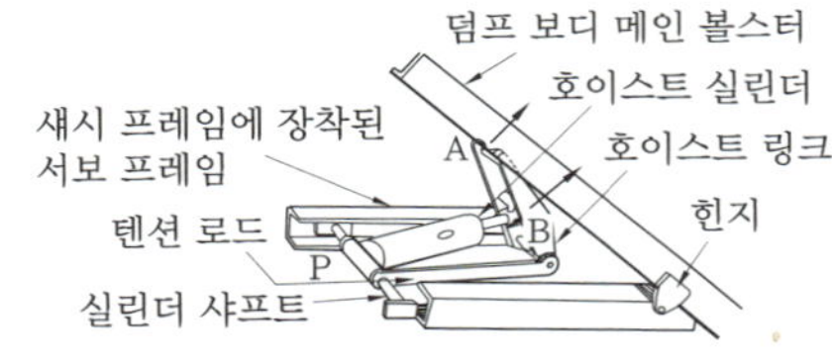

링크형 호이스팅 장치

링클링 wrinkling 압축에 견디는 막재(膜材)가 거시적인 압축 변형을 받아서 주름이 생기는 현상을 말한다.

링키지 linkage 2개의 회전짝을 연결하는 링크의 조합으로 구성되는 기계 부품을 말한다.

링키지형 파워 스티어링 linkage power steering 동력 조향 장치 형식의 하나로서, 동력 실린더를 조향 링키지 중간에 둔 것인데, 제어 밸브의 설치 위치에 따라 조합형과 분리형이 있다. 조합형은 제어 밸브와 동력 실린더가 일체로 된 것으로, 설치 장소가 비교적 넓은 대형 트럭이나 버스 등에 사용된다. 그리고 분리형은 제어 밸브와 동력 실린더가 각각 분리되어 있는 방식으로, 설치 장소가 좁은 소형 트럭이나 승용차 등에서 사용되는 방식이다.

링 홈 ring groove ⇨ 링 그루브

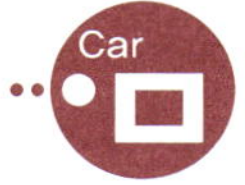

마그나 플럭스 magna-flux 주물 제품의 결함을 검사하는 방법으로, 일종의 침투 탐사법이다. 침투 탐사 검사는 부품 등의 표면 결함을 아주 간단하게 검사하는 방법으로, 침투액, 현상액, 세척액 3종류의 약품을 사용하여 결함의 위치, 크기 및 지시 모양을 관찰하는 검사 방법이다. 염색 침투에 의해서 어느 정도의 결함까지 발견할 수 있는가는 검사물의 재질, 표면 상태, 결함의 종류, 탐상 조건 등에 따라 다르지만, 대략 크랙 깊이 100μ 정도까지 충분히 검출할 수 있다.

마그네슘 magnesium 은백색의 가벼운 금속 원소의 하나로, 산에 잘 녹고, 수소를 발생하며, 전성(展性)이 좋다. 천연으로는 탄산염, 규산염 등으로 광물 속에 섞여 있거나 바닷물이나 광천, 동·식물의 몸 안에 들어 있으며, 주로 소금물의 전기 분해로 얻는다. 실용 금속 중에서 가장 가벼운 경합금이며, 항공기, 차량, 카메라 등의 재료로 쓰인다. 원자 기호는 Mg, 원자 번호는 12, 원자량은 24.31이다.

마그네슘 전지 magnesium cell 보통 전지의 전해액(電解液) 대신 분말 마그네슘과 염화 제일구리를 이용하는 전지를 말한다. 재래식 전지보다 가볍고 수명이 긴 것이 특징이다. 남극 예비 관측대의 휴대용 무전기의 전원으로 사용되어 우수성이 입증되었다.

마그네슘 합금 magnesium alloy 알루미늄보다 가벼운 마그네슘을 주성분으로 하고 각종 원소를 첨가하여 기계적 강도를 갖게 함으로써 피삭성(被削性)을 좋게 한 경합금을 말한다. 주조용과 단조용이 있다.

마그네슘 휠 magnesium wheel 마그네슘을 소재로 하여 만든 휠이다. 알루미늄

휠보다 가벼우며 레이싱카에 사용되고 있지만, 주조(鑄造)가 어려워 기계 가공을 할 때에 발화하기 쉬우므로 고도의 제조 기술이 필요하다.

마그네토 magneto ⇨ 마그네토 발전기

마그네토 발전기 magneto generator 마그넷 점화(點火)에 이용되는, 영구 자석을 이용한 특수 소형 자석 발전기로, 그냥 마그네토라고도 한다.

마그네토 점화 magneto electric ignition 고압 전기 점화(點火)의 한 방법인데, 전지 점화 방식의 전지 대신에 영구 자석을 사용한 소형 발전기를 전원으로 한다.

마그네토 하이드로다이내믹 구동 magneto hydrodynamic drive 마그네토 하이드로다이내믹스(전자 유체 역학)를 사용하여 왕복동(往復動) 발동 발전기에 의해 교류를 발생시키고, 이것을 각 바퀴에 부착된 전동기에 급전(給電)하면 자동차를 구동시킬 수 있으며, 나아가서는 회로의 변환으로 브레이크 작용을 작동시킬 수도 있다. 특징은 저압의 고전류를 사용하는 것으로, 발동기부의 연료의 연소도 양호하고, 부족한 경우에는 애프터버너를 단다. 점화 장치, 클러치, 변속기, 브레이크 기구 등이 불필요하며, 전동기의 로터(회전자)는 수은 등의 액체라도 무방하다. 모빌 MHD라고도 한다.

마그네트론 magnetron 자기장 속에서 극초단파를 발진하는 2극 진공관으로, 자전관(磁電管)이라고도 한다. 원통형의 양극과 그 중심축에 음극을 가지며, 대출력의 펄스가 생기므로 레이더, 전자레인지 등에 쓴다.

마그네틱 밸브 magnetic valve 컨트롤 실린더나 파워 체임버에 공급되는 압축 공기

나 부압 공기를 컨트롤하는 밸브로, 전기적인 신호에 의하여 작동된다.

마그네틱 브레이크 magnetic brake　전자력을 이용하여 브레이크 디스크에 브레이크슈를 압착시켜 제동력을 발생시키는 브레이크로서, 마그네틱 클러치와 같이 접촉되었다 떨어졌다 하는 브레이크를 말한다.

마그네틱 스위치 magnetic switch　모터를 회전시킬 때 전원을 단속하고 피니언 기어를 플라이휠 링 기어에 치합시키는 역할을 하는 스위치를 이른다. 풀인 코일과 홀딩 코일이 감겨져 있는데, 풀인 코일에 전류가 흐르면 플런저를 강하게 잡아당기게 되며(풀인 코일이 계속 유지시킴), 시프트 레버에 의해 피니언 기어를 링 기어 쪽으로 밀어 붙여지게 된다. 풀인 코일의 작용으로 플런저가 당겨짐과 동시에 축전지 전원이 솔레노이드 스위치 접점을 통하여 시동 모터를 구동하게 되고, 이에 따라 엔진은 회전한다.

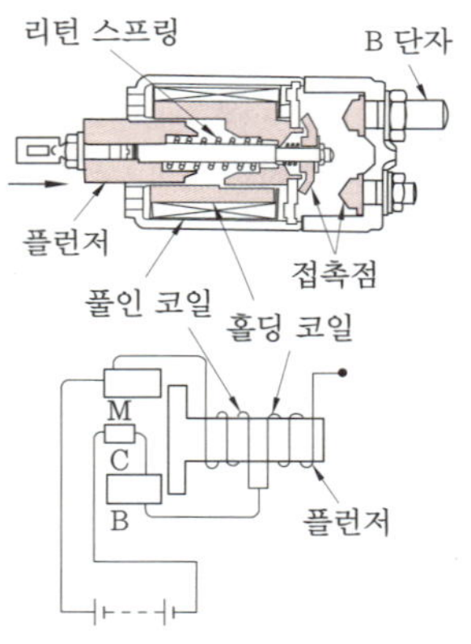

마그네틱 스위치

마그네틱 클러치 magnetic clutch　에어컨 작동 후 차실 내의 온도가 설정 온도에 도달했거나, 겨울철에 에어컨을 작동할 필요가 없는 경우에는 에어컨 압축기를 작동시킬 필요가 없다. 이처럼 압축기를 필요에 따라 회전과 정지를 가능하게 하는 제어 장치를 마그네틱 클러치라고 한다.

마그넷 magnet　자석(磁石)을 이른다.

마그넷 밸브 magnet valve　2조로 된 쿨링 유닛을 사용하여 자동차의 실내를 냉방하는 에어컨에서, 각 유닛을 제어하는 밸브를 말한다. 리퀴드 탱크와 팽창 밸브 사이

에 장치되어 있으며, 코일에 전기가 흐르게 되면 밸브를 개폐시켜 냉매를 제어하게 된다.

마그넷 플러그 magnet plug　엔진, T/M, 액슬 등의 오일 팬이나 언더커버 배출구를 막아 주는 플러그를 말한다. 일반 플러그와 달리, 플러그의 중앙부에 마그넷 성질을 가진 금속을 결합시켜, 오일 속에 함유된 금속분을 흡착시켜 오일을 맑게 하고, 오일 교환 시 배출을 용이하게 한다.

마력(馬力) HP ; horse power　기계적인 동력의 실용 단위로, 1마력이란 1초 동안 75 kg을 1 m 거리만큼 들어 올리는 데 필요한 동력(힘)을 말한다. 마력에는 프랑스 마력과 영국 마력이 있는데, 프랑스 마력은 독일 마력이라고도 하며, PS(Pferd Starke, 독일어)로 표시하고, 영국 마력은 HP로 표시한다. 프랑스 마력과 영국 마력과의 관계는 다음과 같다.

$1\,HP = 1.0143\,nps$, $1\,PS = 0.9859\,HP$

마력 하중비(馬力荷重比) power weight ratio　마력 하중을 말하며, 1마력당의 차체 중력인 kg/PS로 표시하는데, 이 수치가 작으면 작을수록 고성능임을 의미한다. F1에서는 1.2 정도인데, 일반 승용차는 6~8의 값을 가진다.

마모(磨耗) abrasion, wear　마찰에 의해 물질의 표면이 문질러지거나 깎이거나 소모되는 것을 말한다. 접촉 양면 간의 미끄러짐에 의한 마모(wear)와, 연마재 작용에 의한 마모(abrasion)가 있다. 물품의 마모는 바람직하지 않으나, 연마라는 면에서는 필요한 현상이다.

마모 표시(磨耗表示) tread wear indicator, slip sign　타이어의 사용 한도를 눈으로 판단할 수 있도록, 타이어의 트레드에 설치되어 있는 트레드 웨어 인디케이터와 플랫폼의 총칭이다. ⇨ 트레드 웨어 인디케이터

마모 한도 표시기(磨耗限度表示器) abrasion wearlimit indicator　타이어에 표시된 마모 한도의 표시로서, 타이어의 사이드 월에 제작되어 있는 튀어나온 부분을 말한다 마모 한도 표시기가 나오면 타이어를 교체해야 한다.

마모 한도 표시기

마몬 타입 marmon type 조향 너클 설치 방식의 하나로, 앞 차축에 너클이 얹혀져 끼워지는 형식이다.

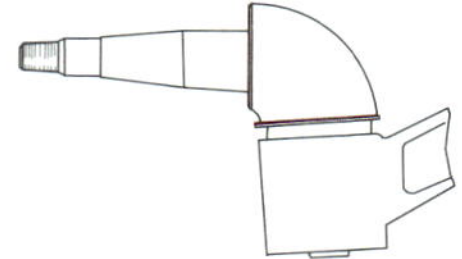

마몬 타입

마셜 카 marshal car 코스를 감독하는 차를 말한다. 이 차에 감독관 (책임자)이 타고 예선 및 결승 레이스를 하기 전에 주행 코스에 장애물이 없는지, 코스 진행자들이 모두 각 담당 부서에 배치되어 있는지의 여부를 확인하기 위해 코스를 한 바퀴 돈다. 정식 명칭은 파일럿 카 (pilot car)라고 한다.

마스크 롬 mask ROM 제조 공정 중에 사용되는 마스크에 정보를 입력해 놓고 ROM (읽기 전용 메모리)에 기억시켜 나가기 때문에 다시 쓰기가 불가능한 ROM이다. 이 것은 메모 셀을 1개 트랜지스터로 만들 수 있으므로 집적 밀도가 높고 대용량인 칩이 가능하다.

마스크 범퍼 mask bumper 자동차에 마스크를 씌운 것같이, 범퍼를 라디에이터 그릴이나 펜더의 일부를 포함하여 일체화시킨 것으로, 스포츠카에 많이 볼 수 있다.

마스크트 시트 헤드 MSH ; masked seat head CEAPS-C, SCS 엔진 등의 엔진 개량의 한 방법으로 사용되는데, 흡입 밸브 주변에 벽을 설치하고, 흡입 혼합 기류에 방향성을 갖도록 해서 연소실 내에 와류(swirl)를 발생하도록 한 것이다. 하이 스월 포트(high swirl port)와 같이 구성되어 사용된다.

마스킹 masking (1) 갑, 을 두 음이 들리고 있을 때, 갑의 음의 세기를 일정하게 유지하고, 을의 음의 세기를 증가시켜 나가면 결국에는 갑의 음이 을의 음에 흡수되어 들리지 않게 된다. 이것을 마스킹이라 하고, 을의 음이 갑의 음을 마스크했다고 한다. 순음에서는 주파수가 낮은 음은 높은 음을 쉽게 마스크하지만, 반대로 높은 음은 낮은 음을 마스크하기가 어렵다. (2) 도장(塗裝)하지 않는 부위를 선별하는 작업으로, 도장하지 않은 부분에 도료(塗料)가 묻지 않도록 예방하기 위해 그 부분을 종이나 테이프로 덮는 것을 말한다. (3) 내약품(耐藥品) 피막에 의해서 가공품의 패턴을 형성시키는 처리를 말한다.

마스터 백 master vac 흡기부 압력과 대기압력과의 차이를 이용하여 답력(踏力)을 배력하여 마스터 실린더에 전달하는 장치로, 브레이크 페달과 마스터 실린더 사이에 장치한다. 내부 다이어프램 등의 상태가 불량해진 경우에도 마스터 실린더에 답력을 전달할 수 있다.

마스터 실린더 master cylinder 유압식 브레이크에 있는 부품으로서, 브레이크 페달을 밟는 힘 즉 답력(踏力)을 유압으로 전환하는 장치이다. 내부에는 브레이크액과 피스톤이 들어 있어 발생된 유압을 브레이크 파이프를 통하여 휠 실린더에 전달한다. 휠 실린더 안에 있는 피스톤은 유압으로 밀려 브레이크슈나 브레이크 패드를 드럼이나 디스크에 밀어 붙여 제동력을 발생시킨다. 유압 계통에 브레이크액이 새는 등의 고장이 생기면 제동이 안

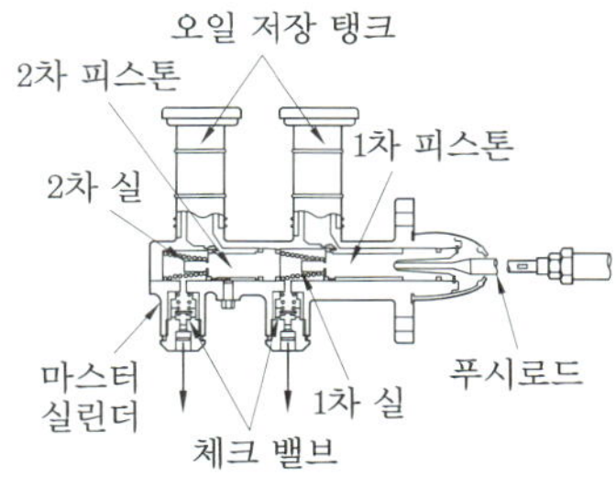

마스터 실린더

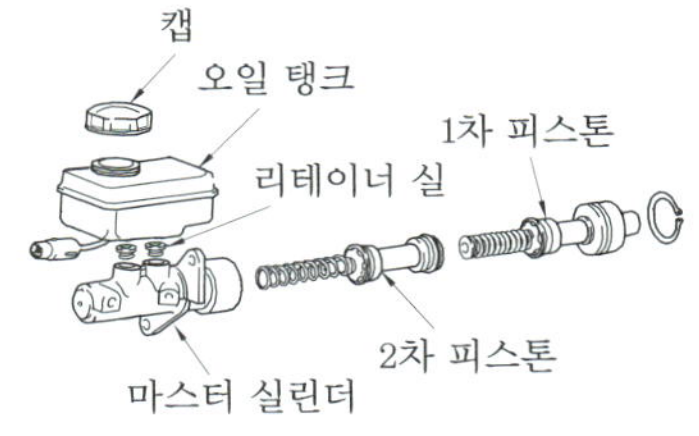

마스터 실린더의 구성 부품

되는 결점을 보완하고 안전성을 높이기 위하여 2개의 마스터 실린더를 직렬로 배치하여 한 개의 실린더 안에 앞바퀴용과 뒷바퀴용 피스톤이 각각 결합되어 있는 탠덤형(tandem type)도 있다. 몸체, 오일 탱크, 푸시로드, 피스톤, 피스톤 컵, 체크 밸브, 리턴 스프링 등으로 구성되어 있으며, 브레이크 마스터 실린더와 클러치 마스터 실린더의 두 가지가 있다.

마스터 실린더 리저버 master cylinder reservoir　브레이크 오일을 저장해 두는(리저브) 용기를 이른다.

마스터 실린더 릴리프 포트 master cylinder relief port　보상 구멍(컴펜세이팅 포트) 또는 리턴 포트라고도 하며, 컴펜세이셔널식 마스터 실린더로서 실린더와 마스터 실린더 리저버를 연결하여 브레이크가 해제된 후 브레이크액이 리저버에 되돌아오기 위한 통로를 말한다.

마스터 실린더 보디 master cylinder body 위 부분에는 오일 탱크를 두고 있으며, 그 내부에 칸막이를 두어 실린더의 1차 쪽과 2차 쪽에 오일을 공급한다. 아래 부분은 알루미늄 합금 또는 주철로 된 실린더로서, 속에는 1차 피스톤과 2차 피스톤이 설치되어 브레이크 페달의 힘을 받아 유압을 발생시켜 송출한다.

마스터 실린더 부스터 master cylinder booster　마스터 실린더와 브레이크 페달 사이에 설치되어 브레이크 페달을 밟을 때 흡기 다기관 내의 진공부압(vacuum)에 의해 브레이크 페달의 조작력을 증압시켜 주는 배력 장치이다.

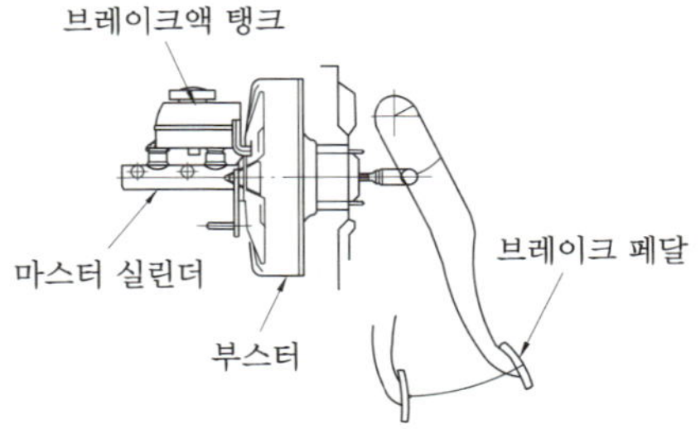

마스크 실린더 부스터

마스터 실린더 서플라이 포트 master cylinder supply port　브레이크 마스터 실린더에서 실린더와 마스터 실린더 오일 탱크를 연결하여 브레이크액을 공급하는 구멍을 말한다.

마스터 카뷰레터 master carburetor　카뷰레터를 생산함에 있어서, 유량(流量)을 검사하기 위한 기준이 되는 카뷰레터 배기가스의 특성, 연비 특성, 운전성을 만족하는 공연비의 상한 및 하한값에서 중앙값을 설정한 다음, 이 중앙값의 공연비 특성을 갖도록 한 카뷰레터를 말한다.

마이너스 캐스터 minus caster　전경(前傾) 상태, 즉 킹 핀의 머리 부분이 앞쪽으로 기울어진 상태를 말한다. 차가 출발할 때 연직(鉛直) 또는 플러스(後傾) 캐스터가 되는 경향이 있다.

마이너스 캠버 minus camber　자동차의 앞바퀴 위쪽이 차의 안쪽으로 기울어지는 현상을 말하는데, 이 현상은 킹 핀의 마모 등으로 말미암아 생긴다.

마이너 체인지 minor change　모델 라이프 중에서 실시되는 부분적 모델 체인지를 말한다. 즉, 차체의 일부, 엔진이나 기능 부품의 부분적인 변경이나 라디에이터 그릴, 램프류 등의 변경에 따라 모델의 원형에 가깝도록 시도하는 것이다.

마이백 엔진　미쓰비시(三菱) 자동차의 독자적인 캠 프로파일(캠 형상) 교체 기구를 구비한 DOHC 엔진을 말한다.

마이카 mica　운모(雲母)를 이른다. 운모는 전기적 및 열적 성질이 우수하여 전기 절연 재료 중 중요한 것인데, 주로 백운모, 호박운모가 운모 테이프, 마이카지, 마이카나이트 등으로 사용된다.

마이카나이트 micanite　경질 또는 연질의 벗긴 마이카를 적당한 접착제로 붙여서 가열 압축하여 만든 판(板)으로, 사용 목적에 따라 여러 종류가 있다. 일반 전기 절연용, 정류자(整流子) 세그먼트용, 기타 전열기의 내열 절연용에 사용된다.

마이카 컬러 mica color　안료의 입자가 천연 운모(mica)에 얇은 투명 물질인 산화티탄(TIO$_2$)이 코팅된 색상을 말한다. 표면 광택도가 뛰어날 뿐만 아니라, 진주 광택 효과(빛의 일부는 표면에서 반사되고 나머지 일부는 투과되는 효과)에 의해 보는 각도에 따라 이중 색상 효과를 주어, 더욱 심오하며 고급스러운 분위기를 자아낸다.

이 마이카 도료는 1984년 미국 크라이슬러사에서 최초로 적용한 이래 세계 시장에서 점차 증가 추세에 있다.

마이컴 micom ⇨ 마이크로컴퓨터

마이컴 오토 에어컨 micom processed automatic air conditioner 마이크로컴퓨터를 통해 각 액추에이터를 정밀 제어함으로써 자동차의 실내를 항상 쾌적하게 보전하는 공조 장치를 말한다. 각 센서에서 마이크로컴퓨터에 입력한 정보에 의하여 풍량의 전환, 댐퍼 개도, 흡입구 및 취출구 전환, 워터 밸브 개폐 및 압축기의 ON·OFF를 제어하여 실내 온도를 자동으로 제어한다.

마이컴 제어 엔진 microcomputer controlled engine 마이크로컴퓨터에 의하여 제어되는 엔진을 말한다. 엔진을 부드럽게 가동하기 위해서는 엔진의 상태에 따라 연료의 공급·점화 등이 이루어져야 한다. 마이크로컴퓨터는 회전 센서, 수온 센서 등 각종 센서의 신호로부터 엔진 상태를 감지한 다음 최적의 연료 공급량, 공연비 점화 시기 등을 산출한다. 또한 연료를 공급하는 인젝터나 점화 플러그 등에 제어 신호를 보내어 최적의 연료 공급 및 점화가 이루어지도록 명령한다.

마이크로 micro 여러 가지 단위 앞에 붙이는 것으로, 100만분의 1을 가리킨다. 1 마이크로미터(μm)는 1 m의 100만분의 1 길이를 뜻한다. 마이크로초(μs), 마이크로그램(μg), 마이크로암페어(μA) 등과 같이 단위의 이름 앞에 붙여서 사용한다. '작다'는 뜻의 그리스어에서 유래한다.

마이크로 모터 micro motor 음향 기기, 측정 기기, 자동 제어 기기, 계산기 주변 기기 등에 사용되는 소형 전동기로 입력 3 W 이하의 것이다. 최대 치수 50 mm 이내인 것으로, 미니어처 모터(미국)라고도 한다. 치수, 무게당의 출력이 크고 제어성, 효율, 신뢰성이 좋은 것이 요구된다. 전원은 보통 직류(건전지)가 사용된다.

마이크로미터 micrometer (1) 나사의 회전각과 축 방향의 이동 거리 관계에 의한 확대 기구를 이용한 현장에서 주로 사용되는 측정기이다. 보통 나사의 피치가 0.5 mm, 최소 눈금 0.01 mm짜리가 많이 사용된다. 나사를 사용한 기계식 외에 전기 마이크로미터와 공기 마이크로미터가 있다. (2) 미터법에 의한 길이의 단위로, 1마이크로미터는 1미터의 100만분의 1이다. 1967년 국제 도량형 총회에서 폐지된 '미크론' 대신에 사용한다. 기호는 μm이다.

마이크로 산화티탄 도장 입경(粒徑)이 빛 파장과 비교하여 매우 작기 때문에 투과광은 황색을, 산란광은 청색을 띠는 특성이 있는 마이크로 산화티탄을 칼라 코트에 혼합시켜 도장하여 메탈릭과 같은 도막 구성을 갖는다. 보스니아 블루에서는 마이크로 산화티탄을 청색 계통 안료, 알루미늄 계통의 안료와 혼합시켜서 정면에서 볼 때는 황색을 띤 블루 메탈릭으로, 투시 방향에서 볼 때는 소프트하고 이색적인 오팔(보석)과 같은 빛이 된다.

마이크로스위치 microswitch 미소 접점 간격과 스냅 동작 기구를 가졌고, 규정된 동작과 규정된 힘으로 개폐 동작을 하는 접점 기구가 케이스로 덮여지고, 그 외부에 액추에이터를 갖추어 소형으로 만들어진 스위치이다. 그림에 마이크로스위치의 내부 구조와 그 동작 원리가 나타나 있다. 마이크로스위치의 사용 분야는 다방면에 걸쳐 있는데, 그 이유는 마이크로스위치의 신뢰성이 높고 성능이 우수하며 소형이지만, 높은 용량, 낮은 가격, 기기의 풍부함, 보수 점검이 용이한 점 등을 갖추었기 때문이다.

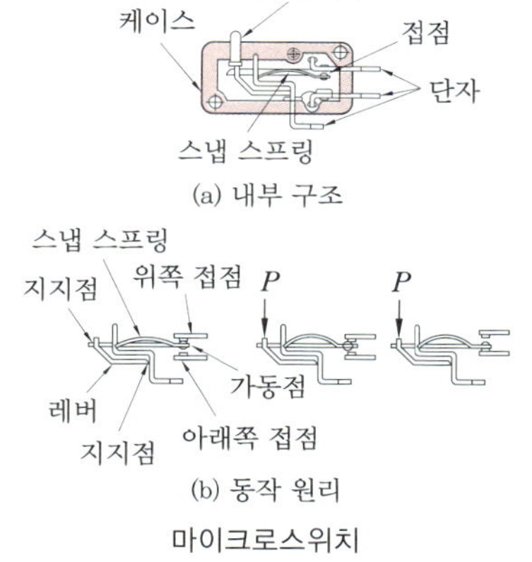

마이크로스위치

마이크로컴퓨터 microcomputer 컴퓨터의 연산 처리부를 1개 또는 수 개의 대규모 집적 회로(LSI)로 구성한 마이크로프로세서에, 기억 장치 및 주변 장치와의 인터페이스 회로 등을 붙인 보드에 탑재한 극소형 컴퓨터로, 마이컴이라고 약칭하여 부르기도 한다. 1971년 인텔사가 일본의 컴퓨터 회사의 발주에 따라 세계 최초의 마이크로컴퓨터를 개발한 이래, 프로그램에 따라 각종 용도에 적용할 수 있는 범용의 전자 부품으로 용도가 확대되었다. 대규모 집적 회로 기술의 진보로 비약적으로 발전하여 여러 산업 분야에 컴퓨터가 응용되는 결정적인 계기를 이루었다. 마이크로컴퓨터는 미니컴퓨터, 공작 기계, 공장의 공정 제어용 장치, 사무 자동화 기기, 자동차나 가전제품 등 컴퓨터 프로그램에 의하여 각종 기기를 제어하는 분야에 널리 쓰이고 있다.

마이크로폰 microphone　음향 에너지를 전기 에너지로 변환하여 음성 등의 진동 현상을 검지하는 센서이다. 동작 원리나 변환 기구 등에 따라 분류되고 있다. 음향 전기 변환 기구에 따라 마이크로폰, 가동 코일형 마이크로폰, 전자(電磁)형 마이크로폰, 정전(靜電)형 마이크로폰, 압전형 마이크로폰, 전왜형 마이크로폰 등으로 분류된다. 정전형 마이크로폰은 콘덴서 마이크로폰이라 불린다. 탄소 마이크로폰은 전화용 송화기에 널리 사용되어 왔다. 가동 코일형은 다이내믹형이라고도 불리는 것으로, 편극 (偏極)용의 직류 자장과 동(動) 코일과의 사이에 작용하는 전자적 상호 작용을 이용하고 있으며, 비직선 변형이 적은 고급품을 만들 수 있는 특징을 가졌다. 압전형은 크리스탈 마이크로폰이라고 불리는 것으로, 로셸염 등의 압전체 재료가 이용되고 있다. 무지향성의 특징이 있다.

마이크로프로그램 microprogram　컴퓨터의 명령을 해독하여 실행하는 전자 회로의 제어에 사용되는 프로그램을 이른다. 컴퓨터의 중앙 처리 장치는 기억 장치에서 명령을 꺼내 해독하고, 그에 따라 필요한 데이터를 기억 장치에서 읽고, 산술 연산 등을 하거나 결과를 기억 장치에 저장한다. 중앙 처리 장치는 보통 먼저 명령 체계를 정하고, 그것에 맞추어 전용의 전자 회로를 설치한다. 이 전자 회로는 데이터를 기록하기 위한 레지스터, 가산기, 감산기 등의 연산 회로와 그것들을 올바른 조합과 순서로 작동시키기 위한 제어 회로로 만들어진다. 컴퓨터는 프로그램에 의해 각종 기기를 제어하는 데 널리 쓰이는데, 그와 같은 수법으로 중앙 처리 장치 내의 레지스터나 연산 회로를 제어할 수 있다. 그래서 기능적으로 초소형의 컴퓨터를 끼워 넣어 그것에 프로그램을 줌으로써 중앙 처리 장치를 제어한다. 이와 같은 프로그램이 마이크로프로그램이고, 거기에 사용되는 명령을 마이크로 명령이라고 한다.

마이크로프로세서 microprocessor　초소형 연산 정치이다. 컴퓨터의 CPU(중앙 연산 처리 장치)의 기능만을 LSI(대규모 집적 회로)에 갖추도록 한 것으로, CPU 기능을 IC화한 것이 협의의 마이크로프로세서이며, 이에 대해 기억 기능과 데이터의 입·출력 제어도 회로에 원 ′칩(one chip)화한 것이 마이크로컴퓨터이다. 이 마이크로프로세서에는 시계, 전자 계산 전용의 마이크로프로세서와 퍼스널 컴퓨터 심장부 등에 사용되는 범용의 마이크로프로세서가 있다.

마이크로프로세서 조정 유닛 MCU ; microprocessor control unit　기화식 시스템에서 사용하는 포드(Ford)의 컴퓨터화된 엔진 조정 시스템이다. MCU 시스템의 진단용 커넥터는 포드의 EEC 시스템처럼 단선의 돼지 꼬리 모양 배선을 갖고 있지 않다.

마이크로 홀 소자 micro-hall element　반도체의 미세 가공 기술을 이용하면 매우 작은 홀 소자를 제작할 수 있다. 특히 단결정 반도체를 사용하면 소자의 미세화가 용이하고, 특성이 좋은 마이크로 홀 소자가 된다. 홀 소자란, 홀 효과를 이용한 자계(磁界)의 세기를 측정하기 위한 반도체 소자를 말한다.

마이터 기어 miter gear　두 축이 이루는 각이 직각이 될 때 사용하는 잇수가 같은 한 쌍의 베벨 기어를 말한다.

마이티 백 mighty back　수동 진공 펌프로, 엔진의 점검 등에 사용된다. 수동 펌프로 부압을 발생시키거나 진공계(배큠 미터)로 작동 부압을 확인할 수 있다.

마일 mile 야드파운드법과 미국 단위계의 길이 단위이다. 1마일은 약 1.60934킬로미터이고, 5.280피트이다.

마일드 플로 벤틸레이션 mild flow ventilation 인스트루먼트 패널 상부에 통풍구를 설치하고, 앞좌석 탑승자의 상반신부로 송풍한다. 이 벤틸레이터(ventilator)에서 통풍(通風)함으로써 센터 벤틸레이터로부터의 바람을 부드럽게 하고 부드러운 송풍을 얻을 수 있다.

마일러 Myler 폴리에스테르 플라스틱 막에 대한 뒤퐁사의 상품명이다. 일반 절연물로 또는 자기 테이프의 기체(基體) 재료로 많이 사용된다.

마일리지 인디케이터 milage indicator 주행 거리의 적산계(積算計)로서, 자동차의 전체 주행 거리를 나타낸다. 일반적으로 속도계(速度計, 스피드미터) 속에 들어 있다.

마진 margin (1) 전신 기계의 정상적인 복조(複調)를 주는 일그러짐의 최대를 말하며, 실효 마진, 공칭 마진, 이론 마진 등이 있다. 또 조보기에 대해서는 동기 마진 등이 있다. CCITT에서는 신호가 올바르게 원문으로 변환되는 경우 신호의 일그러짐을 말한다. (2) 드릴이 구멍 내면과 접하는 랜드의 가장자리, 또는 리벳 이음의 판(板) 가장자리 부분을 말한다.

마찰(摩擦) friction 한 물체가 다른 물체와 접촉한 상태에서 움직이기 시작할 때 또는 움직이고 있을 때 그 접촉면에서 운동을 저지하려고 하는 현상을 말한다. 정지한 상태에 있는 물체를 움직이려고 할 때 생기는 저항을 정지 마찰이라 하고, 움직이고 있는 물체에 작용하는 저항을 운동 마찰이라고 한다. 일반적으로 정지 마찰이 운동 마찰보다 더 크다. 또 운동 형태에 의하여 물체의 면을 따라 미끄러질 때의 마찰을 미끄럼마찰, 물체의 면을 따라 구를 때의 마찰을 구름마찰이라고 한다. 단순히 마찰이라고 하면 미끄럼마찰을 말한다.

마찰각(摩擦角) friction angle 수평면 위에 물체를 올려놓고 그 평면을 점점 기울여 물체가 미끄러지기 시작할 때의 각도를 말한다. 즉, 마찰이 있는 빗면에 놓인 물체는 빗면의 각도가 마찰각보다 커지면 미끄러지기 시작한다.

마찰 개조형(摩擦改造形) friction modification 두 부품 사이에서 유막(oil film) 내의 마찰 손실을 줄이기 위해 엔진 오일에 첨가하는 화학 첨가제이다. 첨가제로는 흑연 또는 몰리브덴 화합물 등이 있다.

마찰 계수(摩擦係數) (1) coefficient of friction 두 물체가 접촉하면서 상대 운동을 하려고 하거나 또는 하고 있을 때, 그 접촉면을 따라서 작용하는 마찰 저항력의 크기 F와 접촉면에 수직으로 두 물체를 밀어붙이고 있는 힘 P의 비 F/P로 정의되는 양이다. 이 양은 운동 조건과 접촉면의 물리적 상태에 의존하고 있다. 윤활제의 시험·연구 시에 측정된다. (2) friction factor 고체 물체와 유체가 상대 운동을 하고 있을 때, 유체의 점성으로 인해 접촉면을 따라 마찰 저항이 작용한다. 이 경우의 마찰 계수는 유체 역학에 의해 정의된다. 화학 공학 용어로서의 마찰 계수는 그것에 의하고 있으며, 일반적으로 레이놀즈수의 함수로서 부여되고. 흐름계 장치 설계를 위한 기본 인자의 하나이다.

마찰 댐퍼 friction damper 마찰에 의해 진동을 감쇠시키는 장치로, 축에 보스(boss)가 고정되어 이것에 마찰재를 사이에 두고 2개의 풀리가 자유롭게 회전할 수 있도록 설치되어 있다. 축의 각속도가 일정하면 풀리는 축과 함께 회전하지만, 축에 비틀림 진동이 일어나면 축과 풀리 사이에 엇갈림이 생겨 그때의 마찰력에 의해 진동을 감쇠시킨다.

마찰력(摩擦力) friction 스티어링 휠에 느끼는 마찰력을 말한다. 핸들은 차의 방향을 바꿀 뿐만 아니라 타이어와 노면이 어떤 상태인가를 운전자에게 전하지 않으면 안 된다. 이것은 차를 컨트롤하는 데 아주 중요한 일로서, 핸들 계통에 마찰이 크면 이 같은 미묘한 느낌을 전할 수 없게 된다.

마찰 마력(摩擦馬力) FHP ; friction horse power 손실 마력(lost horse power)이라고도 하며, 기계 부분의 마찰에 의하여 손실되는 동력과 새로운 가스를 흡입하고 배출하는 데에서 오는 동력의 손실을 말

한다. FHP＝IHP－BHP
여기서, FHP : 마찰 마력(LHP)
　　　　IHP : 지시 마력
　　　　BHP : 제동 마력

마찰 브레이크 friction brake　기계적 마찰에 의해서 회전체의 운동.진 자신에 의하여 소비되는 일을 말한다. 피스톤, 베어링 및 밸브 계통 등의 기계적인 마찰 손실과 배전기나 물 펌프 등의 보조 기계류를 구동하는 데 필요한 일을 말한다.

마찰 전기(摩擦電氣) friction electricity　서로 다른 두 물체의 마찰에 의하여 그 표면에 나타나는 전하로서 정전기(靜電氣)의 일종이다. 전기는 크게 흐르는 전기와 흐르지 않는 전기로 나눌 수 있는데, 흔히 흐르는 전기를 전류(電流), 흐르지 않는 전기를 정전기라고 부른다. 정전기를 유도하는 방법 중의 하나는 대전(帶電)이 잘 되는 물체 간의 마찰을 이용하는 것이며, 이로 인해 생기는 정전기를 마찰 전기라고 한다. 마찰 전기의 현상은 BC 600년경 탈레스가 호박(琥珀)을 마찰했을 때 발견되었다.

마찰차(摩擦車) friction wheel　기계요소 가운데 2개의 바퀴 면을 직접 접속시켜 접촉면의 마찰력을 이용해 동력을 전달하는 동력 전달 장치이다. 가장 기본적인 동력 전달 장치로, 두 축에 바퀴를 만들어 구름(轉) 접촉을 통해 순수한 마찰력만으로 동력을 전달한다. 이렇게 마찰차를 이용해 동력을 전달하는 것을 마찰차 전동이라고 한다. 마찰력만을 이용하기 때문에 동력을 전달할 때 미끄럼 현상이 발생할 수 있어 정교한 회전 운동이나 큰 전동에는 알맞지 않다. 따라서 동력을 전달하면서 마찰차를 이동시킬 수 있는 변속 장치나 자동차의 클러치 등에 주로 사용한다. 작은 힘을 전달하거나 정확한 회전 운동을 하지 않는 곳에 쓰이는 동력 전달 장치가 마찰차이다.

마찰 클러치 frictional clutch　원판의 클러치 디스크를 접속시켜 발생하는 마찰력을 이용하여 회전력을 전달하는 클러치를 말한다. 엔진과 항상 결합되어 회전하는 1개 또는 다수의 구동판과 피동판, 커버, 스프링, 레버 등으로 구성되어 회전력을 단속하는 일을 한다. 즉, 고체와 고체 사이의 마찰을 이용하여 동력을 전달하는 것으로 널리 쓰이고 있다. 마찰 클러치는 열과 마모에 견디는 라이닝이 필요하며, 원판의 수는 단식과 복식이 있다. 또 클러치가 건조한가, 오일 속에 있는가에 따라 건식과 습식으로 나뉜다. 자동차에서는 일반적으로 건식이 쓰인다. 기계식 또는 메커니컬 클러치라고 한다.

마카오 그랑프리 Macau Grand Prix　중국 동남부, 홍콩 인근의 마카오에서 매년 11월 셋째 주 주말에 열리는 포뮬러 카 레이스로, 1954년에 시작되어 아시아의 자동차 경주 중 가장 역사가 깊다. 오토바이와 자동차 레이스가 동시에 진행되는 유일한 대회로, 시내 도로를 이용하여 만든 경주 코스가 유명한 대회이다. 아시아 최대의 모터 스포츠 축제장으로 F3뿐만 아니라 오토바이 레이스, 투어링 카 레이스, 클래식 카 레이스 등 다양한 경주가 동시에 열린다. 오토바이 경주와 자동차 경주가 같은 곳에서 열리는 것은 마카오 그랑프리가 유일하기 때문에 오토바이 마니아와 자동차 마니아 모두를 포용할 수 있는 대회이다.

마커 램프 marker lamp　⇨ 사이드 마커 램프

마케팅 marketing　생산자로부터 소비자 또는 사용자에게로 재화 및 서비스가 유통되도록 하는 경영 활동을 통틀어 일컫는 말로, 일체의 상품 활동, 광고 선전, 시장 조사 등을 포함한다.

마크 mark　(1) 기업이나 단체 등의 표시로서 씌어지는 기호를 말한다. 글자나 도형을 상징화하여 디자인한 것으로, 상업용 마크를 상표라 하고, 상품을 상징화한 것이나 도시 또는 단체 등의 마크를 심벌마크라고 한다. (2) 표시하다, 점(點) 찍다.

마텐자이트 martensite　강철을 고온의 오스테나이트 상태에서 담금질하였을 때 얻어지는 매우 단단하고 치밀한 침상(針狀) 조직에 대한 명칭이다. 탄소를 공용하고 있는 α-철로서, 결정 구조가 체심 정방 정계의 것을 α-마텐자이트, 체심 입방 정계를 β-마텐자이트라고 한다. 마텐자이트가 생기는 상변태를 마텐자이트 변태라고 한다. 마텐사이트나 마르텐사이트는 잘

못 표기한 것이다.

막(膜) film 표면에 기판(基板)을 부착한 다른 고체 물질의 매우 얇은 층을 이른다. 이 얇은 층은 기판 없이는 존재할 수 없다.

만 연소실 Man combustion chamber 독일의 디젤 자동차 및 자동차 부품 생산업체인 만(MAN)사가 개발한 직접 연료 분사식 디젤 엔진의 연소실(燃燒室)이다.

망간 manganese 톡 Mangan 주기율표 제7족에 속하는 은백색의 금속 원소로, 원소 기호는 Mn, 원자 번호는 25, 원자량은 54.983, 녹는점은 1.247℃, 비중은 7.2이다. 외관은 철과 비슷하나 철보다 단단하고 부서지기 쉽다. α, β, γ, δ 4개의 동소체(同素體)가 있고, 여러 가지 물질과 잘 반응하여 화합물을 만들며, 공기 중에서 잘 산화된다. 제선용(製銑用), 철합금, 제강용(製鋼用) 기타 여러 종류의 합금 원료로 많이 사용된다. 이 밖에 이산화망간은 건전지의 감극제(減極劑), 화학 약품, 유리, 법랑(琺瑯)의 착색제, 사진 현상액, 전해(電解) 아연의 탈산, 탈철제(脫鐵劑), 비료 등으로 사용된다.

망간강 manganese steel 연강(軟鋼)에 1.6% 정도의 망간을 첨가한 저망간강, 또는 11~14%의 망간과 0.9~1.35%의 탄소를 함유한 고망간강을 통틀어 망간강이라고 하는데, 보통은 저망간강을 말한다. 저망간강은 기계적 성질과 전연성이 탄소강보다 뛰어나 구조용으로 쓰이고, 고망간강은 담금질을 하면 내마모성이 크지만 절삭 가공이 곤란하기 때문에 주물로 사용한다.

망간 건전지 manganese cell 건전지(乾電池)의 하나이다. 양극의 활성 물질로 이산화망간(MnO_2)을, 음극의 활성 물질로 아연(Zn)을, 전해질로 염화암모늄(NH_4Cl) 등을 사용한 것으로, 1차 전지 중 가장 널리 보급되어 있는 건전지로, 기전력은 1.5V이다.

맞대기 심 용접 butt seam welding 금속 부재(部材)의 끝 면을 맞대고, 그 맞댄 면의 일부에 전류를 공급하여 가열과 동시에 그 부재를 가압하여 이음을 따라 연속적으로 접합하는 일종의 저항 용접으로, 이를 버트 심 용접이라고도 한다. 주로 관 제조에 사용된다.

맞대기 용접 butt welding 맞대기 이음에 이용하는 용접을 말한다. 다른 저항 용접법과 달리, 용접물을 서로 겹치지 않고 선재, 관, 판 등의 끝 면을 서로 맞대고 이 맞댄 상태에서 전류를 흘려서 발생하는 저항 열에 의해 가열해서 용접하는 방법이다.

맞대기 이음 butt joint 두 부재가 대략 같은 면 안에서 마주 보는 이음을 말한다.

맞대기 저항 용접 butt resistance welding 오프셋 용접, 플래시 용접과 같이 두 부재의 면과 면을 맞대고 압력을 가하여 접합하는 저항 용접을 말한다.

맞물림 겹치기 이음 jog gled lap joint 겹치기 이음의 한쪽 모재(母材)에 단(段)을 붙여, 양모재의 면이 거의 동일 평면 위에 오도록 한 겹치기 이음이다.

맞물림 겹치기 이음

매그넘 전자 인젝터 MEGI ; magnum electronic gasoline injection FE 엔진(통칭 매그넘 엔진이라고 한다. Magnum은 라틴어의 Magnus '위대'를 어원으로 하고 있다)에 채용되고 있는 전자 제어식 연료 분사 시스템을 이른다. 기본적으로 ECI와 같은 것이지만, ECI는 인젝터가 2개를 사용하고 있는 데 반해서 MEGI에서는 1개로 되어 있는 것이 그 특징이다.

매그휠 mag wheel 스타일을 가진 크롬, 알루미늄, 오프셋 또는 와이드 림(wide-rim) 휠에 붙여진 이름으로, 마그네슘, 알루미늄 등의 합금 휠이다.

매뉴얼 manual 사람의 손으로 조작한다는 의미로 사용된다. 매뉴얼 트랜스미션이라고 하는 것은 수동 변속기의 의미로, 오토매틱 트랜스미션(자동 변속기)에 상대적인 것으로 사용되고 있다. 바꾸어 말하면, 자동이 아니라는 의미로 매뉴얼이라는 용어를 사용할 때가 많다. 또한 매뉴얼에는 '참고서, 안내서, 소책자, 편람'이라는 뜻도 있고, 정비 지침서를 서비스 매뉴얼이라고 한다.

매뉴얼 밸브 manual valve 운전석에 설치되어 있는 시프트 레버(변속 레버)에 의해 작동되는 수동용 밸브로서, 오일 라인에 압력을 P, R, N, D, 2, L 레인 인에 따라 작동 부분에 유도된다.

매뉴얼 브레이크 manual brake　배력(培力) 장치를 사용하지 않고 답력(踏力)만으로 마스터 실린더에 힘을 가하여 유압을 발생시킨 뒤 이를 전륜(前輪)에 전달하여 제동력을 얻는 브레이크 장치를 이른다.

매뉴얼 시프트 manual shift　기어 선택을 수동으로 하는 것으로, 매뉴얼은 수동 시프트로 기어를 바꾸는 동작을 말한다. 손으로 변속할 필요가 없는 오토매틱 시프트와 반대되는 말로 쓰인다.

매뉴얼 트랜스미션 MT ; manual transmission　수동으로 조작하는 변속기로, 약해서 'MT'라고 하며, 수동 변속기라고도 한다. 변속을 수동으로 조작하는 자동차를 영어로는 'stick shift car'라고 부르는 경우도 있다.

매니폴드 manifold　내부에 배관의 역할을 하는 통로가 형성되어 있고, 외부에 다수의 기기(機器) 접속구(接續口)를 갖춘 다기관(多岐管)을 이른다. 다(多) 실린더 기관에서 각 실린더의 흡기 또는 배기를 인도하기 위해 사용하는 것으로서, 전자를 흡기 매니폴드라 하고, 후자를 배기 매니폴드라고 한다.

매니폴드 개스킷 manifold gasket　실린더 헤드와 흡기 다기관 또는 배기 다기관 사이에 사용되는 개스킷을 말한다. 석면이나 비금속 재료로 제작한 소프트 개스킷, 소프트 개스킷에 사용되는 재료와 금속을 조합한 세미메탈 개스킷 및 메탈 개스킷이 있다.

매니폴드 게이지 세트 manifold gauge set　에어컨 계통의 압력을 점검하는 데 사용하는 게이지로, 고압 게이지 1개와 저압 게이지 1개가 세트로 함께 장착되어 있다.

매니폴드 내장형 촉매 컨버터 MCC ; manifold catalytic converter　배기관 집합부에 내장된 타입의 촉매 컨버터 장치를 말한다. 주철제 배기관 내에 내열성 코어를 조립한 구조로 팔레트식(palette type)과 모놀리스식(monolith type)이 사용되고 있다.

매니폴드 리액터 manifold reactor　배기 매니폴드를 높은 온도로 유지하고, 여기에 재차 공기를 도입하여 일산화탄소(CO)나 탄화수소(HC)를 산화시키는 장치이다.

매니폴드 압력 조정기 MPC ; manifold pressure control　연료 계량에서 주요 입력으로 매니폴드 압력(진공) 센서를 사용하는 전자식 연료 분사 시스템을 이른다. Bosch D-제트로닉은 MPC 시스템이다.

매니폴드 절대 압력 센서 manifold absolute pressure sensor　MAP 센서라고도 부르는데, 엔진 부하와 속도 변화에 기인하는 흡입 매니폴드 압력의 변화를 측정한다.

매니폴드 컨버터 manifold converter　배기 다기관에 촉매 컨버터를 장착한 것을 이른다. 엔진룸 내의 설계의 연구가 필요하지만, 배기가스의 온도가 높은 상태에서 촉매 작용을 효율적으로 할 수 있으며, 촉매 컨버터를 작게 할 수 있는 장점이 있다.

매스 mass　'덩어리, 무리. 대량(大量)' 등의 뜻으로, 매스 미디어(mass media, 대량 전달 매체), 매스 마켓(mass market, 대량 판매 시장). 매스컴(mass comunication, 대량 전달)처럼 쓰인다.

매스 댐퍼 mass damper　대상으로 하는 진동체의 고유 진동수를 공진 진동수로부터 멀리하기 위해 장착하는 추를 말한다.

매스 플로 방식 mass flow type　흡입 공기량을 계측하는 방법으로, 공기 흐름 센서가 흡입 공기와 직접 접촉한 다음 계측하여 전기적 신호로 바꾸어 컴퓨터에 보내는 방식인데, 이에는 메저링 플레이트 방식, 핫 와이어 방식 및 카르만 와류식이 있다.

매연(煤煙) smoke　각종 연료를 연소시키거나 원자재를 열처리하는 과정에서 발생하는 고체, 기체, 휘발성 증기 등과 같이 주로 눈에 보이는 연기의 성분을 말한다. 환경보전법에서는 연료 또는 기타 물질의 연소 시에 발생하는 검댕, 입자상(粒子狀) 물질 또는 황산화물을 매연이라 정의하고 있다. 검은 연기는 물질이 불완전 연소할 때 배출되는 덜 연소된 탄소 즉 검댕의 주된 원인 물질이며, 붉은 빛깔의 연기는 산화철이 주된 원인 물질이고, 흰색 내지 회색 연기는 수증기와 회분(灰分)이 주된 원인 물질이다. 특히 디젤 기관의 매연은 압축된 공기와 분무된 연료가 충분히 혼합되지 않아 국부적으로 불완전 연소가 일어났을 때 발생되는 것으로서, 부유하는

미립자와 기체로 구성되는 그을음이 혼합
된 배출가스이다. 검은색 연기는 탄소의
미립자에서 발생되는 그을음이며, 일반적
으로 가속 페달을 많이 밟았을 때 연료가
다량으로 연소실에 분사되었으나 완전 연
소시키기 위한 산소가 부족할 때 발생되기
쉽다.

매연 테스터 smoke tester　⇨　스모크 미터

매입성(埋入性) embedability　베어링 표면
속으로 불필요한 작은 입자를 묻어 버리
는 성향을 말한다.

매직 아이 magic eye　그리드 전압의 변화
를 형광막(형광 표적)에 의해 가시적으로
지시하도록 설계된 전자관(電子管)으로,
동조 지시관 또는 형광 전자관이라고도 한
다. 구조는 보통 상하 두 부분으로 되어
있다. 윗부분은 음극과 형광 물질을 칠한
표적(양극)과, 그 사이에 개재하여 전자의
흐름을 제어하는 나이프 전극(제어 전극)
으로 되어 있다. 나이프 전극의 전위를 낮
추면 전자의 흐름은 그곳을 피해서 흐르므
로, 표적 위에는 전자가 닿지 않는 부분이
부채꼴의 그늘을 이룬다. 이 그늘(패턴)의
개도(開度)는 나이프 전극의 전위에 따라
변하는데, 나이프 전압이 충분히 높으면
닫히고, 낮으면 열린다. 구조의 아랫부분
은 3극관부로 되어 있으며, 나이프 전극은
3극관부의 플레이트에 접속되어 있다. 표
준 회로로서는 3극관부의 플레이트와 표
적을 $1M\Omega$ 정도의 고저항 R_p를 통해서
접속한다. 그래서 3극관부의 그리드에 가
해지는 신호 전압이 양(陽)의 방향으로 변
화하면 플레이트 전압이 증가하고, 그 결
과 R_p에서의 전압 강하가 증가되어 플레
이트 전압과 나이프 전극의 전위가 낮아져
서 패턴의 부채꼴은 넓게 열린다. 반대로
신호 전압이 음(陰)으로 변하면 부채꼴은
닫힌다. 종류는 부채꼴 패턴이 머리부에
나타나는 것, 측면에서 발광부의 길이가
변하는 것, 머리부의 마이카 스크린의 발
광 면적이 변하는 것 등이 있다. 주요 용
도는 수신기의 동조 지시, 시그널 트레이
서, 그리드 딥미터, 콘덴서 체커, 온도 검
류계, 물의 순도계 등 넓은 분야에 걸쳐
사용된다.

맥동 아크 용접 pulsed arc welding　불활

성 가스 아크 용접에서 전류를 주기적으
로 증감시켜 전류 파형을 펄스 상태로 하
여 실행하는 용접을 말한다.

맥동 용접(脈動鎔接) pulsation welding　한
곳의 접합 장소에 압력을 가하면서 2회 이
상 동일한 전류를 통하여 접합하는 저항
용접으로, 점 용접, 프로젝션 용접, 오프셋
용접에 응용한다.

맥레오드 게이지 Mcleod gauge　$10^{-1}\sim10^{-5}$
mmHg의 진공도를 측정할 수 있는 계측기
로, 측정하고자 하는 기체의 일정한 부피를
압축하여 그때의 압력과 기체의 부피를 U
자형의 마노미터(manometer)로 읽어 원래
의 압력을 알아내는 게이지이다.

맥스 쿨 바이패스 max cool bypass　부착
유닛 최대 냉방 시 히터 케이스에 유입되는
공기 일부를 직접 통풍구로 토출하는 바
이패스 통로를 가진 히터 유닛을 말한다.
히터 케이스에 유입된 공기량을 감소시킴
으로써 히터 케이스 내에서 발생하는 난기
류를 억제하고 소음을 줄인다.

맥시멈 maximum　미니멈(minimum)의 반
대로서 최댓값, 최대수 또는 최대량을 뜻
한다. 자동차에서는 엔진 오일, 파워 스티
어링 오일, 축전지 전해액 및 브레이크액
을 점검하는 레벨 게이지에 표기되어 있다.
오일을 보충할 때 MAX선까지 넣어야 하
며, 이를 상한선이라고도 한다.

맥퍼슨 스트럿식 서스펜션 Macpherson strut
type suspension　영국 포드의 E. S. 맥
퍼슨이 고안한 스트럿식 서스펜션으로, 주
로 앞바퀴에 많이 사용하며, 스프링과 댐
퍼를 내장한 원주에 앞바퀴가 조립된 것이
다. 원래는 I형의 가로놓인 링크와 스태빌
라이저로 로어 암을 이루고 코일 스프링과
쇼크 업소버로 된 스트럿을 모노코크 보디
에 붙였었다. 지금도 기본적으로 이와 별
로 다를 것이 없으나, 로어 암은 튼튼한 A
형 암으로 한 것이 많다. 또 코일 스프링

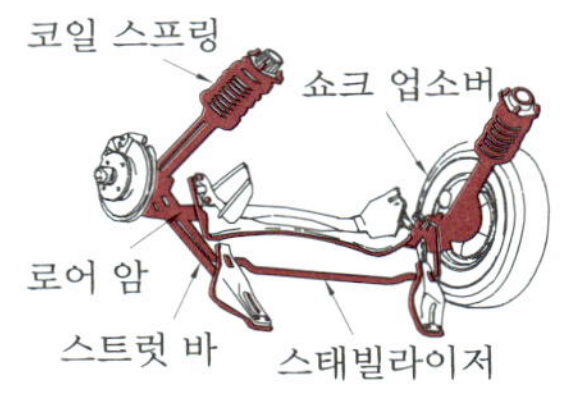

맥퍼슨 스트럿식 서스펜션

을 쇼크 업소버에 감지 않고 별도로 배치
한 스트럿도 있다. 위시본에 비하면 구조
가 간단하고 제작비가 저렴하여 요즘에는
서스펜션의 주류를 이루고 있다.

맥퍼슨 형식 Macpherson type　조향 너클
과 일체로 되어 있으며, 쇼크 업소버가
들어 있는 스트럿 및 볼 이음, 컨트롤 암,
스프링으로 구성되어 있다. 스터럿 위쪽
에는 현가 지지를 통해 차체에 설치되며,
현가 지지에는 스러스트 베어링이 들어 있
어 스트럿이 자유롭게 회전할 수 있다.
그리고 아래쪽에는 볼 이음을 통하여 현
가 암에 설치되어 있다. 코일 스프링은 스
트럿과 스프링 시트 사이에 설치하며, 스
프링 시트는 현가 지지의 스러스트 베어
링과 접촉되어 있다. 따라서 차량의 중량
은 현가 지지를 통하여 차체를 지지하고,
조향할 때는 조향 너클과 함께 스트럿이
회전한다.

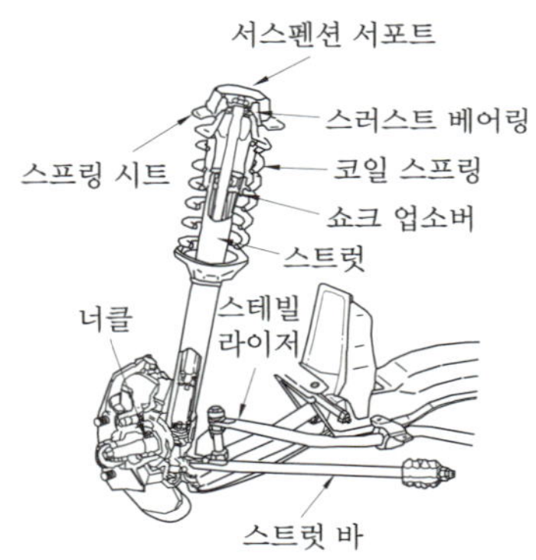

맥퍼슨 형식의 구조

맨홀 manhole　청소나 검사 등의 목적으로
드럼 내부에 사람이 출입하기 위해 만든
구멍을 말한다. 원통 보일러에서는 드럼
의 꼭대기에, 수관 보일러에서는 경판의
중심부에 설치하는 것이 보통이다. 맨홀
의 형상은 원형과 타원형이 있다.

맴돌이 전류 eddy current　도체의 내부에
서 만들어지는 전류로, 도체 전체가 아닌
일부분에 소용돌이 모양으로 닫힌 통로를
흐르는 전류를 말한다. 와전류(渦電流) 또
는 발견자의 이름을 따서 푸코 전류(Fou-
cault current)라고도 한다. 맴돌이 전류
는 자기장의 변화에 저항하는 전류로, 이
는 자기장 내에서 움직이는 도체의 운동

을 방해하는 효과로 나타난다. 전동기나
발전기 등은 자기장을 만드는 부분과 자
기장에서 움직이는 도체로 이루어지며, 이
를 통해 역학적 에너지와 전기 에너지를
변환한다. 이때 발생하는 맴돌이 전류는
구동 부분의 역학적 에너지를 줄열 가열
(Joule heating)로 소모시켜 효율을 떨어
뜨린다. 맴돌이 전류가 움직임을 감쇄시
키는 이러한 점을 이용한 예로 맴돌이 브
레이크가 있다. 맴돌이 브레이크는, 일반
적인 마찰 브레이크와는 달리, 물리적인
마찰을 이용하지 않기 때문에 마모나 소
음 등의 문제에 대해서 비교적 자유롭고
전기적으로 제어하기가 쉽다는 장점을 갖
는다.

맵 map　(1) 어떤 대상의 구조를 나타내는
표로서 도표 또는 리스트를 의미한다. 예
를 들면, 메모리 맵(memory map)은 기억
영역 내 대상물의 배치를 보여 주는 도표
이고, 기호 맵(symbol map)은 한 프로그
램 내의 기호 이름과 기억 영역 주소의 결
합 관계를 보여 주는 목록이다. (2) 하나의
값을 다른 값으로, 한 데이터 집합을 다른
데이터 집합으로 번역하는 것, 또는 2개의
데이터 집합 사이에 1:1의 대응 관계를
설정하는 것으로, 이때의 맵은 사상(寫像)
한다는 의미이다. 예를 들면, 컴퓨터 그래
픽스에서 3차원 대상을 평면에, 2차원 이
미지를 구체(球體) 위에 사상할 수 있다.
또한 가상 기억 시스템상의 가상 주소를
컴퓨터가 물리적 주소로 번역하는 것도
사상한다는 의미이다.

맵 램프 map lamp　지도나 책 등을 읽기
위한 조명등으로, 천장에 장착하는 것이
일반적이나, 마음대로 구부릴 수 있는 플
렉시블 튜브의 끝에 라이트를 설치한 형
식도 있다.

맵 매칭 map matching　내비게이션(navi-
gation) 모드에 적용되고 있는 차량의 현
재 위치를 구하는 방법으로, 센서 데이터
에 의해 산출한 현재 위치와 지도의 데이
터를 비교하면서 현재 위치를 구하고, 상
세도가 있는 지역에서는 차량의 현재 위
치가 지도상에 나타나도록 수정한다.

맵 센서 MAP sensor ; manifold absolute
pressure sensor　공기와 연료의 혼합 가

스는 흡기 매니폴드라는 관을 통해 실린 더 내부에 공급된다. 흡기 매니폴드 내의 압력은 매니폴드 절대 압력(MAP)이라고 하며, 중요한 엔진 변수의 하나이다. 이를 측정하는 센서가 맵 센서이다. 맵 센서는 매니폴드 압력의 평균값에 거의 비례한 전압을 출력하며, 이 출력 전압은 엔진의 전자 제어 시스템 중에 여러 가지 목적으로 쓰인다.

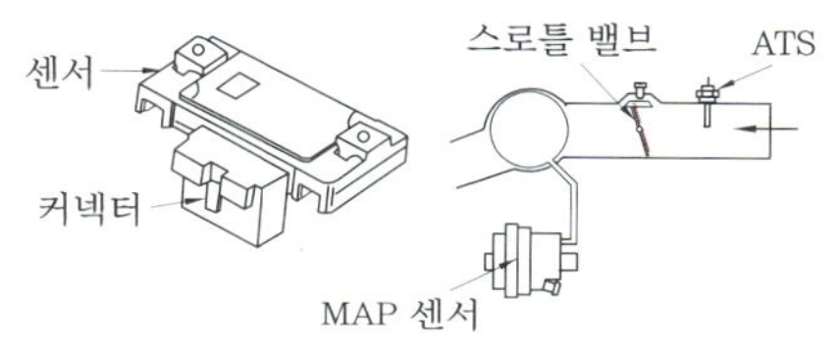

맵 센서의 장착 위치

머드가드 mudguard 뒤에 오는 차량에 대해 먼지를 날리게 하거나 돌이 튀는 것을 막기 위해 뒷바퀴 뒤 쪽에 설치한 흙받기를 말한다. 주행 시 타이어의 회전으로 인한 흙이나 돌 등이 차량 후미로 튀지 않도록 휠 하우징 후미에 고무판을 장착한 것이다. 재질은 고무계가 주였지만, 내구성에 문제가 있기 때문에 최근에는 EVA 수지나 ABS 수지, 합성 고무가 중심이 되고 있다. 랠리 경기에서 머드가드의 설치가 의무화되어 있는 경우가 많다. 머드가드 설치에 대한 방법이 상세히 규정되는 경우에는 경기 중 머드가드가 파손되면 페널티가 주어지기도 한다.

머드 앤드 스노 mud and snow ‘진흙 및 눈길’을 뜻한다.

머드 플랩 mud-flap 타이어에서 튄 진흙이나 돌멩이 등이 차체에 닿지 않도록 보호해 주는 장치로, 흙받기를 일컫는 말이다. 펜더 뒤쪽에 장착되며, 차체에 오물이 튀거나 흠이 생기는 것을 막아 준다. 해치백 차량의 경우에는 뒷 유리에 오물이 묻는 것을 막아 주는 역할도 한다. 험로를 주행하는 랠리용 차량에는 특별히 크고 튼튼한 머드 플랩을 장착한다.

머스키 법 Muskie Act 1970년 미국의 상원 의원 ‘머스키’의 제안에 의하여 법제화된 「가솔린 금지법」으로, 이 법에 의하면 탄화수소와 질소 산화물을 1/7 수준으로 대폭 저감해야 한다는 것이 주요 골자로, 3원 촉매와 엔진의 전자 제어에 의해 가솔린 엔진 차에서 대응할 수 있었다. 혼다의 CVCC가 그 대표적인 엔진이다.

머신 스크루 machine screw 뒤 허브에 끼워지는 볼트로, 허브와 장착되는 부분은 장착 방향의 스플라인으로 고정되며, 브레이크 디스크와 드럼 그리고 림이 장착된다. 왼나사와 오른나사의 두 가지가 있다.

머플러 muffler 내연 기관이나 환기 장치로부터 나오는 소음(騷音)을 줄이기 위한 장치로, 금속제의 원통이나 직사각형의 상자 모양을 하고 있다. 소음(消音) 효과를 높이면 배기의 흐름에 대한 저항이 증가되어, 엔진의 출력을 저하시키므로 설계자는 양쪽의 균형에 고심해야 한다. 그 때문에 레이싱 카는 머플러를 장치하지 않는 것이 보통이다. 작동 원리에 따라 가는 관에서 넓은 공간으로 확산시켜 소리를 작게 하는 팽창식, 가는 관의 많은 구멍에서 넓은 공명실(共鳴室)로 확산시켜 서로 음을 상쇄시키는 공명식(共鳴式), 스틸 울(금속을 실 모양으로 한 것)에 흡수시키는 흡수식 및 앞의 세 가지 방식을 혼합한 격벽식(隔壁式) 등이 있다.

먼셀 표색계 Munsell color system 미국의 화가 먼셀이 고안한 표색법으로, 여러 가지 색깔을 색상, 명도, 채도의 세 속성에 따라 규칙적으로 배열하고 각각 십진법으로 나타내었다. 색상은 적색(R), 황색(Y), 녹색(G), 청색(B), 보라색(P) 및 그들의 중간색에 의해서 10개로 분할되고, 이것을 원판상의 부채꼴 영역으로 표시한다. 원판의 중심에서부터 바깥 테두리를 향하여 동심원으로 채도를 구분 표시한다.

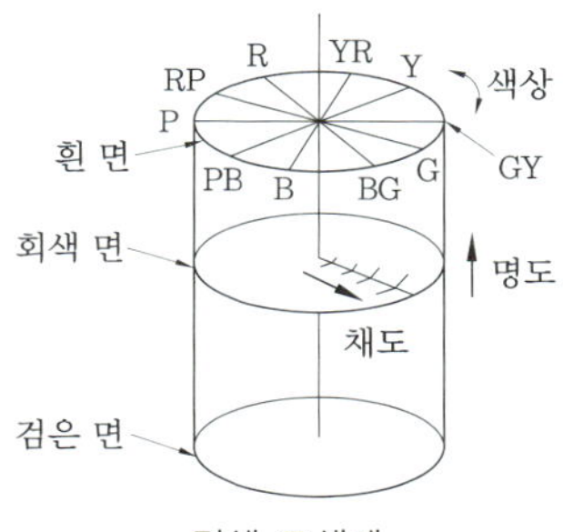

먼셀 표색계

또 명도는 원판에 직각으로 세운 중심축 위에 흑색(반사율 0 %)을 0, 백색(반사율 100 %)을 1로 하고, 그 중간에 각종 회색을 시각적으로 일정한 스텝으로 구분 표시한다.

먼지 분리기 dust separator　기체 중에서 먼지 모양의 고체 미립자를 분리시키는 장치로, 체로 치는 방법, 사이클론, 더스트 콜렉터, 포대를 사용하는 배그 필터, 물을 분사하여 씻어 내는 방법 등이 있다.

멀티 그레이드 오일 multi-grade oil　영하의 날씨와 영상의 날씨에 고루 사용할 수 있게 점도(粘度)의 특성을 개량한 오일을 이른다.

멀티 디스플레이 multi display　멀티 디스플레이는 디스플레이 패널을 감싸는 프레임을 최소화하여 패널의 간격을 좁히고 여러 대의 패널에서 독립적인 플레이뿐만 아니라 하나의 패널처럼 연계하여 플레이시킬 수 있다. 또한 프레임은 설치 장소와 인테리어에 맞추어 적합하도록 주문 생산이 가능하다. 따라서 최근 떠오르고 있는 변하는 그림 액자 형식의 디스플레이 활용도 가능하다.

멀티 링크 multi link　자동차의 바퀴를 여러 개의 링크로 지지하는 서스펜션의 방식이다. 보디와 노면의 다양한 변화에 대해 차륜을 적정하게 유지하는 능력이 탁월하며, 우리나라의 고급 차도 많이 사용하고 있다. 주로 리어 서스펜션에 채용된다.

멀티 링크 서스펜션 multi link suspension　3~5개의 링크를 사용하여 타이어가 노면에 수직으로 접지되도록 설계된 독립식 서스펜션으로, 더블 위시본 서스펜션을 기본으로 하여 개발한 방식이다. 위아래 두 개의 서스펜션 암으로 이루어지는 더블 위시본 서스펜션과 달리, 독립된 여러 개의 암으로 이루어진다. 모든 암이 물리적으로 떨어져 있으므로, 배치가 자유롭고 설계를 정교하게 할 수 있다.

멀티 링크식 리어 서스펜션 multi link type rear suspension　링크 기구를 멀티(복수)로 사용한 서스펜션으로서, 현재 승용차에 가장 많이 사용되고 있는 서스펜션 형식이다. 이러한 서스펜션은 접지성이 양호한 더블 위시본과 승차감이 우수한 트레일링 암의 양쪽 이점을 조합하여 새롭게 설계한 것으로서, 직진 안정성과 승차감은 물론이고 선회할 때에도 탁월한 안정성을 발휘한다.

멀티 링크식 스로틀 레버 multi link type throttle lever　큰 배기량의 차량이 가진 특유의 급발진을 억제하기 위해 액셀러레이터 페달을 밟기 시작했을 때의 스로틀 개도(開度)를 적게 하는 링크 기구를 추가한 스로틀 레버를 이른다. 페달 밟는 힘을 경감하는 효과도 있다(그랜저에 적용).

멀티 모드 ABS multi-mode ABS　앤티 로크 브레이크 시스템의 일종이다. 슈퍼 실렉터 4WD의 각 포지션에 대응시킨 시스템으로서, 다음과 같은 특징을 갖는다. ① 2WD, 4WD(센터 디퍼렌셜 프리), 4WD(센터 디퍼렌셜 로크), 리어 디퍼렌셜 로크의 모든 주행 시에 작동(세계 최초) : 4센서 3채널 방식을 베이스로 각 구동 상태에 따라서 제어를 변환시켜서 대응한다. ② 4WD(센터 디퍼렌셜 로크) 시의 ABS 작동에 의한 잔동을 방지 : 전·후륜이 서로 간섭하는 4WD(센서 디퍼렌셜 로크) 시에 일어나기 쉬운 진동(judder)을 ABS 제어에 의해 방지한다. ③ 4WD 시의 차체 속도 추정에 선형 G 센서를 적용 : 선형 G 센서(출력 전압 변위 검출 방식)로, 차체의 속도를 정도 높게 검출하여 효율이 좋은 제어를 실현하며, 각 구동 모드에 대한 ABS 제어 등이 있다.

멀티미터 multimeter　전압, 전류, 전기 저항 등 여러 가지 측정 기능을 결합한 전자 계측기이다. DEA 볼트미터 범위는 0에서 250볼트이고 10메가옴 임피던스를 갖고 있다. 옴미터 범위는 0에서 510,000 Ω(510kΩ)이다.

멀티 밸브 multi valve　엔진의 밸브수를 나타내는 용어로서, 엔진 1기통당 흡·배기 합하여 3밸브 이상의 것을 말한다.

멀티 밸브 엔진 multi valve engine　1실린더당 흡·배기 밸브가 각각 2개 이상 설치된 엔진을 말한다. 밸브 헤드의 개구(開口) 면적이 넓어 흡·배기 효율은 좋으며, 밸브의 동작은 가볍고 양호하다. 이 때문에 반응이 좋은 고출력 엔진은 멀티 밸브로서 흡입 밸브, 배기 밸브가 각각 2개씩 있는 4밸브 엔진이 많다. 4밸브 이상의 엔진으로서는 1실린더당 흡입 밸브 3개, 배기 밸브 2개를 가진 5밸브 엔진도 양산화되고 있다.

멀티 서킷 브레이크 multi circuit brake
⇨ 듀얼 서킷 브레이크

멀티 스로틀 밸브 multi throttle valve　스로틀 밸브를 실린더의 흡기 다기관마다 설치하고 스로틀 밸브와 흡입 포트의 간격을 짧게 하여 가속 페달의 반응을 향상시킨 스로틀 밸브를 말한다.

멀티 스트로크형 모터 multi stroke motor　모터의 용량을 더욱 증대시키기 위하여 실린더 블록을 1회전시킬 때 피스톤이 2행정 이상을 하는 모터를 이른다. 작동 원리는 커버에 고정된 분배 밸브의 유입 포트로부터 공급된 높은 유압에 의해서 하강 행정에 있는 피스톤을 밀면 피스톤 헤드 부분의 니들 베어링을 통하여 케이싱의 캠 면에 작용하면 그의 반작용에 의해서 실린더 블록과 출력축이 회전한다. 또한 상승 행정에 있는 피스톤으로부터의 낮은 유압유는 분배 밸브의 송출 포트를 경유하여 모터로 배출된다. 따라서 케이싱의 캠은 1회전 중에 4~8의 캠이 되므로 4~8행정을 하는 결과가 된다. 분배 밸브는 출력축과 연동하여 회전하기 때문에 유출입 포트로부터의 유압유는 순서대로 피스톤에 분배되어 연속적으로 유연한 출력 회전을 할 수 있다.

멀티 실린더 엔진 multi cylinder engine
⇨ 다기통 엔진

멀티웨이 스피커 multiway speaker　오디오 주파수를 몇 개의 음역대로 분할하여, 저음·중음·고음용 등 각각 전용의 스피커를 결합한 스피커로, 2웨이형, 3웨이형 등이 있다.

멀티 유스 레버 multi use lever　스티어링 칼럼에 부착된 2개의 레버로서, 라이트 관계, 와이퍼와 와셔 관계 등의 스위치가 조립되고 있다.

멀티 유스 테스터 MUT ; multi use tester　다이어그노시스(자기 진단) 기능이 내장된 각종 전자 제어 시스템의 고장 진단 용이화를 도모하기 위한 특수 공구로, 기능은 다음과 같다. ① 셀프 다이어그노시스 코드의 표시·소거, ② 서비스 데이터의 표시, ③ 액추에이터의 강제 구동, ④ 유사 차속의 출력

멀티 칩 IC multi chip IC　멀티 칩 IC(integrated circuit)는 각 부품을 반도체로 만들어 절연기판에 붙이고 배선으로 연결한 것이다. 각 부품이 개별적으로 조립되므로, 회로 소자의 종류나 성능도 임의로 선택할 수 있다.

멀티 테스터 multi tester　전압, 전류 및 저항 등의 값을 하나의 계기로 측정할 수 있게 만든 기기로, 회로 시험기라고도 한다. 이 기기로는 단락 점검과 다이오드, TR 및 기타 여러 가지 전자 부품의 양부(良否) 판별도 할 수 있다.

멀티 톱 multi-top　프런트 루프부에 강화 유리제의 루프 리드를 장착하고, 리어 루프부에는 스포츠 웨어 등 경량물의 수납에 편리한 수지제 캡슐을 장착한 것을 말한다. 높은 환기 성능 및 채광성을 가짐과 동시에, 기능성이 풍부한 외관을 실현하고 있으며, 멀티 톱은 다음과 같은 특징을 갖는다. ① 루프 글라스 리드는 틸트 핸들 레버에 의해 유리 후부를 약 65 mm 들어 올릴 수 있는 틸트업 기구를 사용. ② 루프 글라스 리드는 탈착 가능하고, 트렁크 루프에서 제거할 때는 유리를 격납하는 수납대 및 고정대를 장착하고 있다. ③ 강한 햇빛을 차단하는 탈착식 선셰이드를 장착. ④ 캡슐은 내·외 각 2중 구조로 되어 있고, 캡슐 하면에 하향식 리드를 설치하여 실내로부터 출입을 할 수 있는 작은 물체 격납으로서 활용할 수 있는 구조를 사용하고 있다.

멀티 파라볼라식 안개등　⇨ 멀티 파라볼라식 헤드 램프

멀티 파라볼라식 헤드 램프　리플렉터의 반사면을 가공해 반사광 패턴을 만든 헤드 램프로, 멀티 파라볼라식 안개등이라고도 한다. 아우터 렌즈에는 가공이 필요 없기 때문에 투명감 있는 렌즈 디자인을 얻을 수 있다.

멀티 패스 multi path　텔레비전이나 FM 방송국에서 발사된 전파가 직접 또는 산이나 건물 등에 반사되는 등 여러 다른 경로를 통해서 수신 안테나에 도달하는 현

상으로, 이를 다경로 전파라고도 한다. 이와 같이 경로가 다른 둘 이상의 전파가 수신 안테나에 수신되면, 텔레비전에서는 고스트로 나타나고, FM 방송에서는 복잡한 수신 장애로 나타나서 듣기 거북한 소리가 된다. 이런 현상을 방지하려면, 수신 안테나의 지향성을 날카롭게 해서 안테나의 최대 감도 방향을 방송국 방향으로 향하게 하든지, 수신 안테나의 감도를 높게 하여 직접파롸 반사파의 레벨 비를 크게 하는 것이 좋다. 특히 자동차용 FM 수신기에서는 차가 이동하기 때문에 이 방해를 받기 쉬운데, 이것을 제거하기 위한 멀티 패스 잡음 감소용 안테나 등이 개발되어 있다.

멀티 패스 노이즈 multi-pass noise　FM 전파는 주파수가 높고 또한 직진성도 강하지만, 건물이나 산 등에서 반사하기 때문에 송신소로부터의 전파와 간섭하여 수신기에서는 노이즈로 되어 나오는 것을 말한다.

멀티퍼포스 그리스 multipurpose grease 다용도로 사용되는 그리스, 즉 일반 그리스를 말한다.

멀티 포인트 인젝션 MPI ; multi-point injection　연료 분사에서 각 기통마다 인젝터를 설치하여, 흡기 포트에 따로따로 연료를 분사하는 방식으로, 약해서 MPI라고 부르기도 한다. 흡기 매니폴드의 집합점에 분사하는 싱글 포인트 인젝션과 비교하여 단가는 높지만, 성능이 좋은 엔진을 얻을 수 있다.

멀티 포켓 multi pocket　소화물을 넣어 두는 캡 홀드로, 귀중품 등을 넣어 두며, 시크릿 트레이가 콤팩트한 수납 박스이다. 3가지 사용법이 있으며, 작은 물건 정리에 매우 편리하다.

멀티 퓨얼 엔진 multi-fuel engine　하나의 엔진으로 두 가지 이상의 연료를 사용할 수 있는 엔진을 이른다. 예를 들면, 가솔린과 LPG와 같이 두 종류 이상의 연료를 사용하는 엔진을 뜻한다. 가스터빈 엔진이나 스털링 엔진 등에도 석유 이외의 연료를 포함한 여러 종류의 연료를 사용하는 엔진이 연구되고 있다.

멀티플 multiple　3개 이상의 독립된 부분으로 하나의 물건을 구성하고 있는 경우에 사용하는 말이다.

멀티플 기화기 multiple carburetor　다실린더 기관에서 1개 또는 여러 개의 실린더마다 1개씩 기화기(氣化器)를 달고 스로틀 밸브의 레버를 하나로 통합했을 때 이것을 멀티플 기화기라고 한다. 이것으로 흡기의 저항과 실린더마다의 간섭이 줄고 혼합 가스의 배합이 좋아지므로 출력과 연비가 향상된다.

멀티플 디스크 클러치 multiple disc clutch, multi-plate clutch　일반적으로 자동 변속기에서 사용되고 있는 습식 유압 다판 클러치를 말한다. 강판에 마찰재를 접착한 클러치 디스크를 몇 장이라도 더 사용하여 전달 토크 용량을 크게 하고 있다.

멀티플렉스 multiplex　(1) 다중 채널의 자료를 단일 채널을 통하여 동시에 송신하는 과정을 말한다. 여러 다른 정보 채널에 대해서 각기 다른 전송 주파수를 사용함으로써 동일 채널 상에서 동시에 정보를 전송하는 방법도 있지만, 통상 각 채널의 정보를 일정한 시간 간격에 따라 차례로 샘플링하여 이들을 출력 채널에 하나씩 보내는 방법을 사용한다. (2) 2개 이상의 스크린을 가진 영화관으로, 복수 스크린과 단일 매표소를 특징으로 한다. 영화 전용 건물일 수도 있고, 기존 건물의 한 부분일 수도 있다. 오늘날의 기준으로는 5개 이상의 스크린을 가진 영화관을 말한다. (3) FM 스테레오 방송처럼, 하나의 전파를 사용해서 2개 이상의 신호를 보내는 다중 방송을 말한다.

멍키 렌치 monkey wrench　볼트나 너트를 조이거나 풀 때에 사용하는 공구로, 스패너와는 달리 개구부(開口部)의 한쪽 입이 가동식으로 되어 그 폭을 자유롭게 조절할 수 있어 각종 치수의 볼트, 너트의 조임이 가능하다.

멍키 스패너 monkey spanner　일정 범위 내에서 그 개구부(開口部)의 간격을 자유롭게 조절할 수 있는 스패너로, 개구부한쪽이 나사를 돌림으로써 움직이게 되어 있다. 너트의 크기에 맞출 수가 있으므로, 멍키 스패너 하나로 치수가 다른 여러 개의 너트를 돌릴 수 있다. 개구부의 한쪽이 고정되어 있지 않으므로 움켜쥐는 힘은 보통 스패너에 비해 떨어진다.

메가 mega　'100만 배'를 나타내는 보조 단위로, 기호는 M으로 적는다. 사용되는 예로는 MV(메가볼트), MW(메가와트), MHz(메가헤르츠), Mt(메가톤) 등이다. 원래는 그리스어의 '크다, 거대'의 뜻에서 유래한 것으로, 이를테면 메가폰(megaphone)은 확성기, 메갈로사우르스(megalosaur)는 공룡(恐龍), 메갈로마니아(megalomania)는 과대망상증을 의미한다.

메거 Megger　절연 저항계를 말하며, 메거는 상품명이다. 수동 발전기 또는 전지를 내장하여 100 V, 250 V, 500 V, 1,000 V, 2,000 V 등의 전압을 발생시키며, 고저항을 측정하는 저항계의 일종이다. 절연 저항은 고압이 되면 일정하지 않고 전압에 의해 서로 다르기 때문에, 기기를 사용할 수 있을 정도의 전압으로 시험을 할 필요가 있다.

메나스코 타입 범퍼 Menasco type bumper　메나스코사(社)가 개발한 에너지 흡수 범퍼로서, 강철제의 범퍼에 쇼크 업소버와 흡사한 구조의 오리피스를 가진 피스톤과 실린더로 구성된 업소버를 부착하여, 오일이 오리피스를 통과할 때 점도에 의하여 충돌 에너지를 완화하도록 만든 것이다.

메디컬 체크 medical check　국제·준국제 레이스 개최 당일 아침에 혈압 측정, 당뇨 검사, 경우에 따라서는 심전도 검사 등을 행하는 것을 이른다. 담당 의사에 의해 적합하다는 진단을 받아야 레이스에 나갈 수 있다. 혈압의 경우, 최소 혈압 95 mmHg, 최대 혈압 160 mmHg를 초과하면 안 된다.

메디컬 폼 medical form　레이싱 드라이버의 국제 신체 검사증을 이른다. 혈액형, 시력, 파상풍, 백신 접종 날짜, 경기 중의 사고 등의 기록이 기재되어 있고, 연 1회 건강 진단을 받은 의사의 사인도 있다. 2대 이상의 차량이 동시에 스타트하는 국제·준국제 레이스에 참가하는 모든 드라이버는 이 검사증을 제시해야 하고, 이것이 없을 경우에는 자동적으로 예선 및 레이스에 출장할 수 없다.

메르세데스 벤츠 Mercedes Benz　1890년 다임러가 설립한 다임러와 1883년에 K. 벤츠가 설립한 벤츠가, 1926년에 합병하여 다임러벤츠가 설립되면서 출시한 브랜드이다. 메르세데스는 다임러의 이사였던 에밀 옐리넥의 막내딸의 이름에서 따왔다. 메르세데스 벤츠의 자동차는 과거 수차례에 걸친 자동차 경주에서의 경험을 살린 진보적 설계와 정성 들인 공작으로 절대적인 신뢰를 받는다. 이로 인해 세계적으로 신앙에 가까울 정도의 신용을 얻었다. 걸윙 도어가 독특한 1954년형 스포츠카 300SL 걸윙을 비롯하여, 세계의 왕후귀족이나 대부호를 위한 대형 리무진 600, 고가의 대형 세단 S 클래스 등이 대표적이다. 컴팩트카부터 스포츠카, 세단, SUV까지 다양한 상품을 내놓고 있으며, 2002년 최고급 럭셔리 세단 브랜드인 마이바흐를 출시하였다.

메모리 memory　메모리에는 ROM과 RAM의 2종류가 있다. ① ROM(read only memory)은 미리 데이터로 입력되어 있으며, 교환할 수 없는 메모리이다. 음향을 예로 들면 레코드판과 같은 역할을 한다. 컴퓨터에서는 계산의 순서라든가, 일을 하기 위한 특정 순서 등은 여기에 기억되고 있다. ② RAM(random access memory)은 데이터의 출입이 자유로운 메모리. 테이프 리코더의 테이프와 같은 역할을 한다. 계산값을 일시적으로 기억하고자 할 때에 RAM이 사용된다.

메모리 기능 부착 리크라이닝 기구　미리 시트 백의 각도를 메모리해 둠으로써, 시트 백을 앞으로 기울어지게 하거나 뒤로 경사지도록 하였을 때도 쉽게 메모리에 설정한 위치로 복귀시킬 수 있는 기구를 말한다.

메모리 엘리먼트 memory element　기억 소자(記憶素子)를 말하는데, 데이터를 저장하는 기능이 있는 소자 또는 회로의 단위로, 저장된 내용을 수정할 수 있는 것과 수정할 수 없는 것이 있다. 일반적으로 사용되고 있는 메모리 엘리먼트는 자성 소자, PNPN 트랜지스터 및 MOS 트랜지스터 등의 반도체 소자 등이다.

메모리 텐션 로크 memory tension lock　시트 벨트 기구의 하나로서, 시트 벨트를 버클에 넣고 벨트를 감은 뒤 몸에 맨 다음 조금씩 끌어냄으로써 약간 느슨한 상태로 감아들이는 힘을 정지시킨다. 상체의 움직임에 따라 벨트를 끌어당기기도 하며, 버클을 뗄 때까지 기억 장치가 변하지 않는다.

메시식 컬랩서블 스티어링 샤프트 mesh type collapsible steering shaft　충돌의 충격으로부터 가는 철망으로 된 칼럼 튜브가 꺾여지면서 충격을 흡수하는 스티어링의 안전장치를 말한다. ⇔ 벨로즈식 컬랩서블 스티어링 샤프트

메시지 디스플레이 message display　액정 디스플레이를 사용해서 운전 정도나 트립 카운터 등의 차량 정보를 알기 쉽게 그림이나 문자 등으로 다량 표시하는 시스템을 이른다. 표시 항목에는 연료 잔량, 와셔액 레벨, 4WS 오일 레벨, 4WD-A/T액 온도, 엔진 각 센서의 체크 결과 등과 워닝 표시 또는 트립, 평균 차속, 주행 시간 등의 주행 상태 표시 외에 시트 벨트나 면허증 표시 등이 있다.

메이커 옵션 maker option ⇨ 옵셔널 파트

메이커 평균 연비 CAFE ; corporate average fuel economy　기업 평균 연비(CAFE)로, CAFE는 자동차 메이커 또는 수입상이 미국 내에서 판매하는 모든 차량 모델에 대한 가중 평균 연비를 의미하는 것이다. 이에 의하면, 차종별 평균 연료 효율이 기준에 미달하는 경우 과징금을 부과하도록 되어 있다.

메이크 브레이크 접점 make break contact　메이크 점점과 브레이크 접점의 2개를 가지고, 작동할 때 브레이크 접점이 떨어짐과 거의 동시에 메이크 접점이 접촉하게 되어 있는 배열의 접점을 말한다.

메이크업 밸브 make-up valve　메인 유압 펌프에서 송출되는 오일의 양보다 액추에이터의 작동 속도가 빠를 때 회로 내에 진공이 형성되어 캐비테이션 현상이 발생되므로, 부족한 오일을 공급하여 캐비테이션 현상을 방지하는 밸브이다.

메이크 접점 make contact　일반적으로 자동차에서 많이 사용되는 것인데, 작동되면 접점이 닫히는 스위치로 a 접점이라고도 한다.

메인 갤러리 main gallery　'주회랑(主回廊)'의 뜻으로, 윤활 장치에서는 실린더 블록 내에 설치된 주된 오일 통로를 말한다.

메인 노즐 main nozzle　뜨개실로부터 벤투리부로 연료를 공급하는 주된 통로가 되는 노즐이다.

메인 릴리프 밸브 main relief valve　흡입 포트와 제1섹션 사이에 설치되어, 유압 펌프로부터 송출되는 유압유를 전량 배출시킬 수 있는 용량을 가진 밸브를 말한다.

메인 베어링 main bearing, crankshaft journal bearing　내연 기관에서 크랭크축을 지지하는 미끄럼 베어링을 말한다.

메인 빔 main beam ⇨ 주행 빔

메인 샤프트 main shaft　주축(主軸)을 말한다. 변속기에서 엔진의 동력을 추진축 또는 종감속 장치의 구동 피니언 기어에 동력을 전달하는 출력축을 말한다. 엔진으로부터의 토크는 변속기 입력축과 구동 기어를 통하여 부축(副軸)의 각 기어와 주축 상의 맞물림 기어에 전달되지만, 각 맞물림 기어는 공전한다. 주축의 세레이션(serration)에 설치되어 있는 싱크로나이저 허브에 결합된 싱크로나이저 슬리브가 각 기어의 콘 기어와 결합되면 토크가 증폭되어 주축으로 전달된다.

메인 저널 main journal　크랭크축의 회전 중심을 형성하는 축 부분으로, 크랭크축을 3~5개의 평면 분할 베어링으로 크랭크 케이스에 지지하여 하중을 지탱한다.

메인 제트 main jet　카뷰레터의 휘발유 분출구를 노즐이라고 한다. 그리고 이 부분의 분출량을 결정하기 위한 일정한 지름을 가진 조절관이 메인 제트이다. 메인은 으뜸가는 계량을 하는 곳이다. ⇨ 미터링 제트

메인터넌스 maintenance　점검·수리·조정 등을 말하는데, 밸브 간극 조정이나 클러치 및 변속기 등은 정비 숙련자가 필요하고, 자동차 관리법으로 운전자가 하지 못하도록 규제되어 있지만 어느 정도의 점검이 필요하다. 엔진 오일이나 배터리 점검 등 운전자가 할 수 있는 일상 점검과 정기 점검도 메인터넌스에 포함된다.

메인터넌스 이퀴프먼트 maintenance equipment　성능이 불량한 자동차의 점검·정비에 필요한 공구를 이른다. 정비용 기기

는 잭, 공기 압축기, 오일 교환기, 크랭크 축 연마기 등이 있으며, 검사용 기기로는 엔진 스코프, 브레이크 테스터, 휠 얼라인먼트 인디케이터, 사이드슬립 테스터, 헤드라이트 테스터, 음량계 등이 있다.

메인터넌스 프리 maintenance-free　점검이나 정비가 불필요한 것을 이른다.

메인터넌스 프리 배터리 MF battery ; maintenance-free battery　특수 극관을 사용해서 전해액의 감소를 매우 적게 함으로써 보수의 간편화를 도모한 배터리로, 약해서 MF 배터리라고도 한다. 일반적으로 상용 상태에서는 보수가 불필요하지만, 차의 사용 빈도가 높고 주위 온도가 높은 가혹한 조건에서 사용할 경우에는 액면 저하가 발생하므로 점검하여 액의 감소가 있으면 보충할 필요가 있다(밀폐 형식 MF 배터리는 보수 불필요). 또한 인디케이터에 의해 충전 상태를 체크할 수 있는 구조로 되어 있는데, 인디케이터가 청색이면 양호, 백색일 때는 충전이 불충분한 것이다.

메인 회로 main circuit　고속 부분 부하 또는 고속 전 부하 회로를 이른다. 스로틀 밸브가 열리는 정도에 따라 공기의 흐름이 빨라져 연료가 메인 노즐로부터 유출된다. 이 연료는 공기와 혼합되어 연소실에 공급되며, 흡입 공기가 많으면 연료 공급도 증가된다.

메저링 플레이트식 measuring plate type　엔진에 흡입되는 공기의 부피는 여러 가지 방법으로 측정할 수 있다. 공기 통로에 문을 달아 두면, 공기가 흡입되는 힘에 의해 문이 자연히 열리게 된다. 이런 원리로 문이 열린 정도에 따라 공기의 양을 산출하는 방식을 메저링 플레이트식이라고 하는데, 가장 단순하고 기계적인 방식이다. 플레이트가 열리는 정도는 가변 저항에 의해 저항값이라는 전기적인 수치로 바뀌어 ECU(전자 제어 장치)에 입력된다. 흡입할 때 생기는 대기압과의 압력차를 측정해서 공기의 양을 검출하기도 한다.

메저링 플로트 measuring float　엔진의 회전수와 관계없이 연료의 유면(油面)을 항상 일정하게 유지하는 역할을 하는 뜨개(浮漂)를 이른다.

메카트로 mechatro　단순한 자동 기계를 대신해서 마이크로일렉트로닉스(microelectronics)의 두뇌를 가진 새로운 기계 용어로서, 메커니즘의 주기능인 파워 기능, 정보 제어 기능에 일렉트로닉스를 도입하여 메커니즘과 일렉트로닉을 유기적으로 결합한 시스템이라고 할 수 있다.

메커니즘 mechanism　기계적 구조를 말한다. 기계는 몇 가지 부분이 서로 끼워 맞춰져 성립하는데, 메커니즘은 이러한 구조를 가리키는 동시에 그것에 의한 과정을 말한다. 이 구조는 유기적 구조와는 다르다.

메커니컬 거버너 mechanical governor　기계식 조속기를 말하며, 디젤 엔진의 연료 분사량을 조종하는 거버너의 일종이다. 분사 펌프의 캠축과 함께 회전하는 원심추(플라이웨이트)가 회전 속도의 상승에 따라 원심력에 의하여 바깥쪽으로 벌어지는 작용을 링크로 전달하여 연료 분사량을 조정하는 것이다.

메커니컬 슈퍼차저 mechanical supercharger　컴프레서를 사용하여 엔진에 흡입되는 혼합 가스의 압력을 높이는 장치를 슈퍼차저라고 한다. 슈퍼차저에는 컴프레서를 회전시키는 데 엔진의 축 출력을 이용하는 메커니컬 슈퍼차저와 배기가스의 압력을 이용하는 터보차저가 있는데, 일반적으로 메커니컬 슈퍼차저를 단순이 슈퍼차저라고 한다. 처음에는 레이싱카나 항공기 엔진용으로 개발되어, 지금은 일반 자동차에도 사용되게 되었다. 과대한 공기를 공급하는 기계라고 해서 과급기라고도 하는데, 정확하게 표현하면 기계 구동 과급기라고 한다.

메커니컬 옥탄가 mechanical octane number　노크(knock)에 대한 엔진의 내폭성을 나타내는 것으로, 같은 운전 조건으로 어디까지 낮은 옥탄가의 가솔린이 사용될 수 있는가를 보여 준다. 낮은 옥탄가의 가솔린을 사용해도 노킹이 발생하지 않는 엔진을 메커니컬 옥탄가가 높다고 말한다.

메커니컬 윈치 mechanical winch　4WD 자동차의 앞부분에 설치되어 있는 견인 장치로서, 엔진의 동력을 변속기나 트랜스퍼 케이스에 장착되어 있는 동력 인출 장치로부터 인출하여 견인하는 것을 이른다.

메커니컬 트레일 mechanical trail ⇨ 캐스팅 트레일

메커닉 mechanic 기계공, 정비공을 뜻한다. 통상적으로 레이싱 카의 점검·정비 및 수리 등을 손으로 직접 작업하는 사람을 말한다. ⇨ 미캐닉

메커트로닉스 mechatronics 'mechanics(기계 공학)'와 'electronics(전자 공학)'의 합성어인데, '메커'는 기구나 기계요소 등의 기계 기술을 의미하고, '트로닉스'는 제어 요소나 신호 처리 등의 전자 기술을 의미한다. 최근에 이르러서는 정보 기능을 포함하여 보다 큰 의미로서의 메커트로닉스를 정의하며, 자동화 로봇, NC 공작 기계 등 단체 기기의 자동화로부터 공장 자동화에 이르기까지 기술의 적용 범위가 확대되고 있다. 따라서 메커트로닉스란 '기계 기술'과 '전자 제어 기술' 그리고 '정보 처리 기술'을 응용하여 어떠한 목적에 적합한 시스템을 구성하는 기술로 정의할 수 있다.

메타메리즘 metamerism ⇨ 조건 등색

메탄올 methanol 메틸알코올이라고도 하며, 화학식은 CH₃OH이다. 천연가스 또는 코크스로 가스 중의 메탄올 산소와 수증기의 존재 하에 일산화탄소와 수소로 구성된 합성 가스로 한 뒤, 이것을 다시 촉매 존재 하에서 반응시켜 메탄올로 한다. 용도는 포르말린 제조를 주로 하며, 각종 에스테르류와 할로겐화물 외에 아세트산의 제조에도 쓰인다.

메탄올 엔진 methanols fueled engine 메탄올(메틸알코올)을 연료로 사용하는 엔진을 통틀어 이르는 말이다. 석유의 대체 연료를 사용하는 엔진의 하나로 개발되어 NOx(질소 산화물) 등의 유해 가스가 적고 깨끗한 엔진이다. 메탄올에는 금속을 부식시키는 성질이 있으므로, 탱크나 파이프의 연료 계통과 배기 계통에 부식을 방지하는 가공이 필요하다. 또한 배기가스 중 미연소 메탄올, 포름알데히드 등을 제거하기 위한 촉매 컨버터가 필요한 것이 단점이다. 보급하기 위한 최대의 걸림돌은 연료 계통의 정비라고 한다.

메탄올 연료 methanols fuel 메탄올은 메틸알코올로서 화학 방정식은 CH₃OH이다. 메탄올 엔진의 연료로 사용되는 메탄올 연료는, 기화가 어려운 반면에 연소 후에 유해 물질이 적다. 열량은 가솔린의 1/2밖에 안 되고 금속 부식성이 있다는 등의 문제점이 있다. 100 % 메탄올(M-100)은 저온에서 시동성이나 엔진을 워밍업하기까지의 회전 안전성이 불량하다.

메탄올 자동차 methanol automobile 알코올은 메탄올과 에탄올로 나누어진다. 메탄올은 석탄이나 석유, 천연가스로부터 만들어지는 경제성과 자원성, 저공해성을 가진 대체 연료로, 선진국은 정부 주도로 메탄올 자동차의 실용화 연구와 보급 확대 방안을 추진하고 있다. 현재 미국은 「Clean Air Act」 개정안에 의해 가장 공기 오염이 심각한 9개 도시 지역에 청정 연료 자동차(clean fueled vehicle) 판매를 요청하면서 청정 연료로서 메탄올이 추천되고 있다. 이에 메탄올과 가솔린이 85 : 15 비율로 포함된 M85가 주된 사용 연료가 될 것으로 보이며, 이를 혼합 또는 겸용하는 플렉시블 연료 자동차(FFV, flexible fuel vehicle)의 개발이 크게 확대될 전망이다.

메탈 metal 금속을 말하며, 상온과 상압(常壓)에서 불투명한 고체로서 금속광택과 전성(展性), 연성(延性)을 지니며, 그 밖에 현장에서는 흔히 베어링을 메탈이라고 한다.

메탈 개스킷 metal gasket 실린더 헤드 개스킷의 일종으로서, 철이나 스테인리스 판(板)을 단층 또는 적층(積層)하여 성형한 것을 말한다. 내압·내열성은 좋으나, 금속의 탄성만으로 밀봉하기 때문에 접합면의 완벽한 완성 정도가 필요하다. 주로 디젤 엔진에 사용되고 있다.

메탈 그래파이트 개스킷 metal graphite gasket 실린더 헤드 개스킷의 일종으로, 스틸베스토(steel-bestos) 개스킷의 석면 대신 팽창 흑연(그래파이트)을 압착한 것이다.

메탈 래틀 metal rattle 일반적으로 크랭크샤프트와 베어링 사이에 발생되는 타음(打音)인데, 커넥팅 로드 베어링과 크랭크샤프트 사이에서 발생되는 것과 크랭크샤프트 베어링과 크랭크샤프트 사이에 발생되는 것의 두 종류가 있다. 이상 마모 등

에 의한 베어링 간극이 커져서 메탈 타음의 원인이 된다. 메탈 타음이라고도 한다.

메탈 리드 metal lid ⇨ 리드[2]

메탈릭 디스크 브레이크 패드 metallic disc brake pad ⇨ 메탈 패드

메탈릭 브레이크 라이닝 metallic brake lining 드럼 브레이크 라이닝의 재료로서 석면(아스베스토)을 사용하지 않고 스틸 울 등 금속 파이버와 유리 섬유 등 석면 이외의 소재를 사용한 것을 말한다. ⇨ 메탈 패드

메탈릭 컬러 metallic color 금속 표면과 같은 재질감의 색채를 말한다. 알루미늄 분말을 투명 바니시에 혼합한 도료는 금속감이 강조된 것으로 온수관, 라디에이터, 자동차 등에 쓴다. 고급스럽고 하이테크한 이미지는 1990년대 이후 오디오 카메라, 주방 제품의 기본색이 되었다. 스테인리스 스틸, 실버, 알루미늄, 티타늄 등 메탈릭 재질에 의한 색채감은 뉴트럴 계열이 주류를 이루며, 자연스러운 재질과 색감 표현을 위해 헤어라인과 같은 부식 처리가 응용되기도 한다. 속도감과 시대적 기술을 상징하는 빛나는 은색은, 디지털 혁명과 함께 시대를 대표하는 이미지로 휴대폰에서 대형 건축물에 이르기까지 널리 사용되고 있다.

메탈릭 페인트 metallic paint 유색 안료에 작은 금속 박편(薄片)들을 첨가하여 금속 같은 느낌을 주는 래커 또는 에나멜 페인트를 이른다.

메탈 백 실드 빔 metal back sealed beam 미러에 금속 재료(메탈)를 사용한 실드 빔을 이른다.

메탈 서브스트레이트 metal substrate 금속(메탈)의 얇은 판으로 일체가 되게 성형하여 제작한 모놀리스 서브스트레이트를 말한다. 세라믹으로 제작한 서브스트레이트와 비교하면, 온도가 급격히 상승하여 시동 직후의 배기가스 정화 성능이 양호하다. 서브스트레이트란 '기질(基質)', '회로 기판'이라는 뜻이다.

메탈의 장력 tension of metal 메탈의 자유 상태에서의 지름이 베어링 하우징의 지름보다 큰 것을 메탈의 장력이 크다고 말한다. 이 장력으로 하우징에서의 밀착을 좋게 하고 있다.

메탈층의 두께 lining thickness 베어링 메탈층의 두께는 두꺼운 것보다 얇은 것이 유리하며, 두께는 대략 0.1~0.3 mm이다. 두꺼우면 길들임성, 매립성은 향상되지만 내피로성이 떨어지며, 얇으면 불순물의 매립성 불량으로 저널이 긁히게 된다.

메탈 컨디셔너 metal conditioner 금속의 녹 및 부식을 제거하고 점착이 더 잘 되도록 에칭(etching)을 하는 인산아연 용액으로, 더 이상의 부식을 억제하는 막도 형성한다.

메탈 타음 metal rattle ⇨ 메탈 래틀

메탈 패드 metallic brake pad 패드의 소재(素材)로서 일반적으로 사용하고 있는 석면을 사용하지 않는 브레이크 패드를 이른다. 메탈릭 디스크 브레이크 패드라고도 말한다. 스틸 울(steel wool) 등 금속 파이버를 주원료로 한 유리 섬유 등 석면 이외의 단열재를 사용한 것으로서, 브레이크 효과는 양호하지만 금속 분말에 의한 브레이크 디스크의 마모가 큰 것과 열전도가 크기 때문에 페이드 현상의 발생이 쉬운 경향이 있다. 이에 따라 브레이크 장치에 이러한 대책이 필요하다. 같은 재료를 드럼 브레이크의 라이닝으로 사용한 것은 메탈릭 브레이크 라이닝이라고 부른다.

메탈 피니싱 마크 metal finishing marks 거친 그라인더 디스크를 줄로 깎아 내거나, 샌딩을 하거나, 너무 거친 샌드페이퍼를 사용하는 경우와 같이, 표면에 자국이 생기는 현상을 이른다. 이들 마크는 금속 연마 과정에서 제거되지 않았거나, 퍼티 글레이즈로 적절히 메워지지 않은 것이다.

메틸알코올 methyl alcohol ⇨ 메탄올

멕시코 그랑프리 Mexican Grand Prix 멕시코시티 근교의 에르마노스로드리게스 서킷에서 열리는 F1 그랑프리 시리즈의 하나이다. 1963~1970년에 열렸다가 중단되었으나, 16년의 공백 후 1986년부터 다시 부활하여 1992년까지 모두 15회에 걸쳐 F1 멕시코 그랑프리가 열렸다.

멤버 member 기계 또는 어셈블리의 필수적인 각 지지 부품을 이른다.

메세박람회장 Messe 독일의 프랑크푸르트암마인은 박람회의 거리라고 할 수 있다. 국제 박람회장이 최초로 열린 것은 12세기에 들어서 유럽 각국의 상인들이 모여든 시장에서 비롯되었다. 지금은 실내 면적이 32만 m^2이고 실외 면적이 7만 6천 m^2의 규모를 자랑하고, 박람회장 1번 홀 옆에는 무역 박람회와 전시회가 개최된다. 그중에서도 가장 유명한 것은 국제 도서전과 모터쇼이며, 각 전시관은 통로로 연결되어 있고 무빙 워크까지 갖추고 있다. 박람회장 내부 시설은 기능적으로 잘 조합되어 있는데, 은행, 환전소, 우체국, 약국, 레스토랑, 카페, 휴게실, 탁아소, 인터넷망 등 편의 시설이 잘 갖추어져 있다.

메김 경랍 땜 face fed brazing 미리 납땜 온도로 가열된 부분에 용융 납을 첨가하여 행하는 용접을 말한다.

모 mho 직류 회로에서의 컨덕턴스, 교류 회로에서의 임피던스의 역수인 어드미턴스의 MKSA 단위이다. 저항을 나타내는 단위인 옴(Ω)을 거꾸로 하여($\mho$) 기호로 삼았다. 전기 저항의 역수값으로서, 1Ω인 저항체가 가지고 있는 컨덕턴스를 $1\mho$라고 한다.

모나코 그랑프리 Monaco Grand Prix 모나코의 공도를 사용한 특설 시가지 코스에서 열리는 F1 GP 시리즈의 하나이다. 코스의 폭이 좁고 직선이 짧으며 급경사와 급커브가 많고 터널까지 있는 난코스(1주 3,328 km)이기 때문에 F1 GP 중 속도가 가장 느리다. 약 2초마다 무려 3천 번이나 기어를 변속해야 할 정도이지만, 격조 높고 매력적인 레이스로 사랑받는다. 1929년의 첫 그랑프리 이후 빠르게 발전했으며, 1950년에는 F1 월드 챔피언십에 처음으로 포함되어, 매년 열리고 있다.

모넬 메탈 monel metal 구리와 니켈로 이루어진 합금의 하나이다. 60~75 %의 니켈과 26~30 %의 구리 및 소량의 철, 망가니즈, 규소 등이 들어 있는 자연 합금으로, 내식성과 높은 온도에서 강도가 높아 각종 화학 기계, 열기관 등에 쓰인다. 캐나다 서드베리의 광산에서 나오는 니켈 광석을 제련하여 얻는 자연 합금으로, 1905년 캐나다 인터내셔널 니켈 회사의 상품명이다.

모노레일 monorail 한 줄의 레일을 달리는 교통 기관을 말한다. 보통 콘크리트제의 굵은 레일을 사용하는데, 레일 위를 달리는 과좌식(跨座式)과 레일 아래 매달려 가는 현수식(懸垂式)이 있다. 차륜에 고무 타이어를 사용하면 철도처럼 시끄럽지 않고 승차감도 자동차와 비슷하며, 급경사에도 견딜 수 있다. 레일을 고가(高架)로 하면 토지의 이용도를 높일 수 있어 경제적이다.

모노레일 체인 블록 monorail chain block 자동차 생산 라인 또는 정비 공장의 천장에 설치된 모노레일 양쪽에 바퀴가 부착된 호이스트가 전동기에 의해 이동하는 체인 블록으로, 호이스트 크레인이라고도 한다. 실린더 블록과 자동차 보디 등 중량물을 필요한 곳으로 쉽게 이동할 수 있다.

모노 스파이럴 벨트 mono spiral belt 레이디얼 타이어의 벨트로서, 조인트리스 벨트라고도 한다. 한 가닥의 타이어 코드를 원주 방향으로 연속 감아 붙인 구조를 말하는데, 실제로는 제조 편의상 몇 가닥을 나란히 하여 동시에 감아 붙인다. 일정한 각도를 가진 플라이를 겹쳐 만든 일반적인 벨트와 비교하면, 접지 부분이 부드러워 벨트의 효과를 보전하면서 접지 면적이 증가할 수 있다. 따라서 점착 성능이 향상됨과 동시에 고속 주행을 할 때 원심력에 의한 변형이 쉽지 않아 초고속 주행용 타이어로 많이 사용되고 있다.

모노 제트로닉 Mono-Jetronic 1987년 발표된 독일의 자동차 부품/시스템 전문 메이커인 보슈(Bosch)사의 싱글 포인트 인젝션 시스템의 명칭이다. 모노 제트로닉은 전자적으로 제어되는 싱글 포인트 연료 분사 장치로서, 스로틀 밸브 위의 중심점에 설치된 인젝터를 통하여 간헐적으로 연료를 분사한다.

모노코크 구조 monocoque structure 보디와 프레임이 하나로 되어 있는 차량 구조를 이른다. 독립된 프레임에 엔진, 변속기. 서스펜션을 조립해 넣어 섀시를 만들고 그 위에 별도로 만든 차체를 얹는 구조의 제조법은 일반적이다. 그러나 이제는 보디 자체를 견고하고 가벼운 상자형으로 만들어, 이것에 엔진이나 서스펜션 등을 조립하는 제조 방법이 더 많이 쓰인다. 이 방법은 생산성이 좋아지므로 양산 효과가 높아지며, 결과적으로 가격이 내려가고 경량화되므로, 성능이 향상되고 내구성이 높아진다. 따라서 소형차는 대부분 이 구조를 취하고 있다.

모노코크 보디 monocoque body　프레임이 없는 보디의 대표로, 요즘의 승용차는 거의가 이런 구조로 되어 있다. 보디가 그대로 섀시, 프레임과 일체로 되어 있기 때문이다. 또한 모노코크 보디로 하면 가벼워지고 충돌했을 때 에너지 흡수도 잘된다는 이점이 있다. 이는 밖에서 들어오는 힘을 보디 전체로 받아들이는 구조로 되어 있기 때문이다. 섀시 부분을 보디에 직접 붙여서 승차감은 프레임 구조의 차보다 뒤진다고 하지만, 현재는 서스펜션과 엔진 마운트 기술의 개량으로 이런 결점이 사라졌다. 또 프레임 구조인 차체와 비교하면 차 실내 바닥을 낮게 한다는 이점도 있다. ⇨ 일체형 프레임

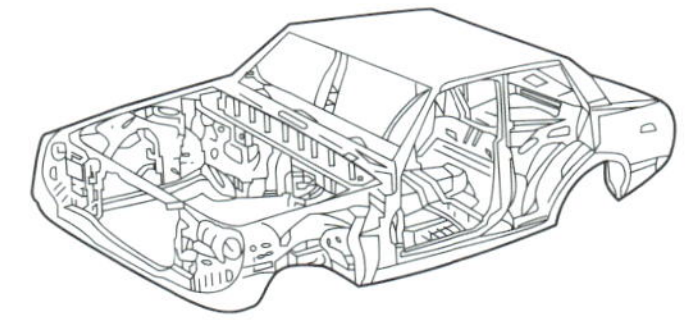

모노코크 보디

모노톤 monotone　'단색조', '단조로운 반복'의 뜻인데, 자동차 용어로서는 'two-tone(2색조)'과 대비해서 단일색을 말한다.

모노 튜브 댐퍼 mono tube damper　보통 쇼크 업소버가 두 겹 통으로 되어 있는 것과 달리 이것은 하나의 통으로 되어 있다. 코드에 붙어 있는 피스톤 아래쪽에 다시 자유로운 상태로 있는 피스톤을 넣고, 그 아래쪽에 고압가스를 넣은 것이다. 트윈 튜브의 리저버실에 해당하는 것을 압축 가능한 가스실로 바꾸어 놓고 있다. 구조가 간단하고 쇼크 업소버 안의 오일이 가압되어 있어 오일 속의 공기가 섞이는 일 없이 안정된 감쇠력(減衰力)을 얻을 수 있는 장점이 있다. 고압가스는 스프링 작용을 한다.

모노 튜브식 쇼크 업소버 mono tube type shock absorber　단통 가스식 쇼크 업소버라고도 불린다. 한 개의 통(筒, 모노 튜브) 안에 특수한 성분의 기름을 가득 채운 오일 실(seal)과 20〜30기압(2〜3 MPa)의 고압 산소 가스를 봉입한 가스실과 나누어져 자유로이 움직이는 칸막이(프리 피스톤)로 설치되어 있다. 오일 실(seal)의 가운데에 오일 통로(오리피스나 포트)와 밸브를 지닌 피스톤을 설치하여 감쇠력(減衰力)을 발생하도록 한 것이다. 트윈 튜브식과는 달리 어떤 형태에도 사용되며, 오일과 가스가 완전히 분리되어 있기 때문에 에어레이션은 발생하지 않으나 전장(全長)이 길어지는 것이 단점이다. ⇔ 트윈 튜브식 쇼크 업소버

모노 포스트 mono post　1인승을 기본으로 한 경주차를 말한다. 당연히 운전석이 하나밖에 없다. 그러나 투어링 카 등과 같이 튜닝을 하는 과정에서 좌석을 떼어낸 경우는 모노 포스트와 다르다. 주로 F1 머신과 같은 포뮬러카에서 모노 포스트의 전형을 볼 수 있다. 스포츠카의 투시터(two-seater)와 상대적으로 싱글 시터(single seater)라고 부르기도 한다.

모노 플런저 펌프 mono-plunger pump　디젤 엔진의 연료 분사용 단일 피스톤형 펌프로서, 직렬형과는 달리 플런저는 1개이며, 분배 장치에 의해 각 노즐에 분배된다.

모놀리스 monolith　하나의 돌(건축에서 돌기둥), 돌 하나로 된 단일체의 뜻을 가지지만, 촉매의 형태로 사용하는 경우에는 많은 세라믹 원통이 일체로 된 담체(擔體)의 표면에 백금(Pt), 팔라듐(Pd), 로듐(Rh) 등의 촉매를 코팅한 형을 말한다. 모놀리스식 촉매 컨버터라고 하면 일체형 촉매 컨버터도 모놀리스식이다. 매 컨버터는 펠리트식과 비교해서 촉매 열화에 대한 교환은 시간, 비용 모두 불리하지만, 촉매의 신뢰성이 높아져서 특별한 경우가 아닌 교환이 불필요한 현재로서는 배기 저항이 적게 될 수 있는 등의 이점이 인정되어 많이 채용되고 있다.

모놀리스 서브스트레이트 monolith substrate　모놀리스는 돌 하나로 만든 기둥이나 석상의 뜻이고, 서브스트레이트는 '기체(基

體), 회로 기판'의 뜻이다. 마그네슘, 산화 알루미늄 및 규소 산화물의 혼합물로서 무수한 미세한 구멍을 가진 코지라이트라는 재료에서 모놀리스를 만드는데, 여기에 촉매를 부착시킨 것을 모놀리스 서브스트레이트라고 하며, 모놀리스 촉매 컨버터로 사용하고 있다.

모놀리스 촉매 컨버터 monolith catalytic converter　배기가스 정화 장치의 하나로, 여러 개의 구멍을 지닌 모놀리스는 자신은 변화하지 않고 다른 물질의 화학 변화를 돕는 촉매를 부착시킨 것이다. 스테인리스 강판으로 만든 원통 모양으로 된 용기에 이것을 넣고, 배기가스를 흐르게 하여 화학 반응을 발생시켜 배기가스 중의 유해한 성분을 감소시키는 장치이다. 촉매 컨버터에는 펠릿 촉매 컨버터도 있지만, 이것과 비교하면 가스의 유통이 원활하여 열용량이 적고, 압력 손실이 적은 단점이 있다.

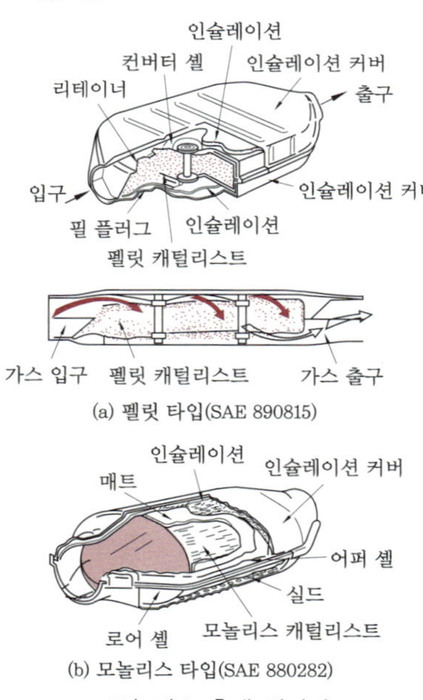

(a) 펠릿 타입(SAE 890815)

(b) 모놀리스 타입(SAE 880282)

모놀리스 촉매 컨버터

모놀리틱 IC monolithic integrated circuit 모놀리식 직접 회로로, 하나의 실리콘 반도체 기기 내에 모든 부품이 증착(蒸着)되어 적당한 회로를 형성한 것이다. 기판과 부품이 일체로 되어 있고, 하나의 케이스에 밀봉되어 외부로 입력 및 출력의 단자가 노출되어 있다.

모니터 monitor　권고자, 조언자의 뜻으로, 방송 용어로는 ① 방송국에서 방송 기술상의 감시를 하는 일, 또는 그를 위한 장치 및 기술자를 말하며, ② 방송국 등이 주로 외국의 방송을 청취하는 일, ③ 방송국이 일반 시청자 가운데서 일정한 인원을 정하여 그 방송국의 방송을 정기적으로 시청시켜서 그 비판이나 감상을 보고하도록 하는 경우, 그 의뢰받은 사람들을 말한다. ③의 모니터는 내용면의 감시 임무를 하게 되지만, 특정한 방송국만이 의뢰하는 것이 아니라 방송국 이외의 기관이 방송 프로그램의 모니터를 조직하여 방송 비평의 활동을 하는 경우도 있다.

모닝 스폿 morning spot　⇨ 플랫 스폿

모닝 시크니스 morning sickness　입덧 시기의 '아침 구역질'을 뜻하는데, 자동차의 경우 아침에 출발할 때 나타나는 증상을 말한다. 특히 주행이 시작되어 최초의 브레이크가 강하게 듣는 증상을 가리킨다.

모델 라이프 model life　자동차에서 차종(車種)의 수명으로, 통상적으로 자동차의 새 모델이 시판되면서부터 풀 체인지를 하여 또 다른 새 자동차가 시판되기 시작할 때까지의 기간을 말한다.

모델러 modeler　자동차의 디자인이 진행되는 과정에서 클레이 모델을 시작으로 각종 모형을 실제로 만드는 사람을 이른다. 자동차 메이커의 디자인 부문은 일반적으로 스타일리스트, 모델러 및 엔지니어로 구성된다. 스타일리스트의 지시에 의하여 작업을 하는 사람을 '숍 워커'라고 부르는 메이커도 있다.

모델 이어 model year　연 단위로 수행되는 신제품 생산 및 판매 계획 수립 단위를 말한다. 이런 경우에는 보통 연식을 기준으로 '××모델 2010년형' 형태로 이름을 붙인다. 자동차 그릴, 램프 형태 등 외관을 소폭 바꾸고 내장에 있어서 각종 편의 사양이 추가되는 정도이다. 물론 모델 이어가 변경되면 편의 사양이 바뀜에 따라 가격에 변동이 올 수 있다. 예를 들어, 2009년 7월 1일부터 출시된 2010년형 아반떼는 2006년 출시된 아반떼 HD의 모델 이어만 변경된 모델이다. 2010년형 아반떼는

라디에이터 그릴 디자인 변경, 헤드램프와 미러의 변경, 클러스터 변경, 편의 사양의 추가 등이 이루어졌다.

모델 체인지 model change　이미 시판하고 있는 자동차의 디자인, 엔진, 구성 부품 및 부속품 등 사양을 변경하는 것을 말한다. 모델 체인지에는 그 규모에 따라 완전히 변경하는 풀 모델 체인지, 차체의 외판(外板)만을 변경하는 풀 스킨 체인지, 사양의 일부를 변경하여 새로움을 시도하는 마이너 체인지, 극히 부분적인 변경만을 실행하는 페이스 리프트 등이 있다.

모듈 module　(1) 공업 제품의 제작이나 건축물의 설계나 조립 시에 적용하는 기준이 되는 치수 및 단위를 일컫는다. (2) 기어의 톱니 크기를 나타낸 값으로, 밀리미터로 나타낸 피치원의 지름을 톱니 수로 나누어 구한다. (3) 프로그램을 기능별로 분할한 논리적인 일부분을 말한다. (4) 컴퓨터 시스템에서 부품을 떼 내어 교환이 쉽도록 설계되어 있을 때의 각 부분을 말한다.

모듈러스 modulus　(1) 응력과 변형의 비를 나타내는 탄성 계수로, 섬유의 경우에는 일반적으로 인장(引張)에 대한 탄성 계수(영률)의 뜻으로 사용된다. 재료의 경도(硬度)나 연도(軟度)를 나타내는 수치로 면, 양모, 나일론, 사란 등은 작고, 고무, 스판텍스의 모듈러스는 현저하게 낮다. (2) 페이저의 절대값으로 진폭이라고도 한다.

모듈레이터 modulator　조정기, 변조기를 이른다. 에어 플로 센서 내의 조정기는 수신한 음파를 전기 신호(펄스)로 변환하고 있다.

모드 mode　(1) 패션업계에서 유행 복식을 말한다. (2) 기기 등이 작동되는 특정한 방식을 이른다. (3) 수학에서 최빈값을 말한다. (4) 컴퓨터에서 특정한 작업을 할 수 있는 어떠한 상태를 말한다. 예를 들어, 키보드에서 한글 모드란 한글을 사용할 수 있는 상태를 말하며, 영어 모드란 영어를 사용할 수 있는 상태를 이른다.

모따기 chamfering　공구나 공작물의 모서리 또는 구석을 비스듬하게 깎아내서 사면 또는 둥그런 모양으로 만드는 가공법을 말한다.

모멘트 moment　어떤 종류의 물리적 효과가 하나의 물리량뿐만 아니라 그 물리량의 분포 상태에 따라서 정해질 때에 정의되는 양이다. 예를 들면, 회전 운동에서의 관성 모멘트는 물체의 질량이 같더라도 그 분포도에 따라 다른 값을 갖게 되는 것을 알 수 있다.

모빌 MHD mobile magneto hydrodynamic drive　⇨ 마그네토 하이드로다이내믹 구동

모서리 이음 corner joint　용접하려고 하는 2개의 모재(母材)를 직각(L자형)으로 유지하고 모서리를 접합하는 이음을 말한다.

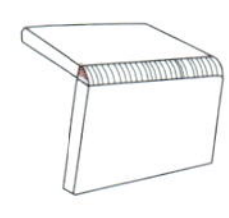

모서리 이음

모션 스터디 motion study　작업 동작을 최소의 요소 단위로 분해하여, 그 각 단위의 변이를 측정해서 표준 작업 방법을 알아내기 위한 연구로, 동작 연구 또는 시동(時動) 연구라고도 한다. 보통 시간 연구와 함께 실시된다.

모재(母材) base metal, parent metal　용접 또는 가스 절단의 소재가 되는 금속을 말한다. 용접 조건의 선정이나 용접의 난이(難易)는 모재의 성질에 따라 결정되는 경우가 많으므로, 모재에 적합한 용접법을 사용하는 것이 바람직하다.

모켓 moquette　면사 또는 화섬사를 바탕실로 하고 양모사나 화섬사를 파일사로 사용하여 첨모 조직으로 짜서 표면에 긴 털을 나타내어 벨벳 모양으로 만든 첨모직(添毛織)을 말한다. 의자의 천이나 승용차의 좌석을 씌우는 데 사용된다.

모터 motor　전동기(電動機)라고도 하는데, 전류가 흐르는 도체가 자기장 속에서 받는 힘을 이용하여 전기 에너지를 역학적 에너지로 바꾸는 장치이다. 내연 기관, 증기 기관, 수력 원동기 등의 동력 발생기를 통틀어 이르는 말이다.

모터리제이션 motorization　자동차가 사회 생활 속에 밀접하게 관련되어 광범위하게 보급된 현상을 말한다. 보통 승용차 보유율로 그 정도를 판단하지만, 넓은 뜻으로는 상업용(버스, 트럭)도 포함한다. 모터리제이션은 사람들에게 자유로이 이동할 수 있는 편익을 주었으나, 한편으로는 대도시 지역 등에서 승용차의 가속적 보급

에 따른 심각한 자동차 공해를 초래하고
있다. 이런 경향은 1970년대 이후에 현저
히 나타나, 유럽 각국에서는 교통 규제와
새로운 공공 수송 기관 개발에 의한 해결
책이 검토되고 있다. 또 과소지(過疎地)
나 지방 도시에서는 철도, 버스의 운행 횟
수 감소나 노선 폐지가 늘어나 그 대책도
필요하게 되었다.

모터링 motoring　일반적으로는 자동차 운
전 즉 드라이브를 이르는 말이지만, 구체
적으로는 기관의 길들이기 운전이나 기관
의 기계 손실을 측정하기 위한 모터링 테
스트로서, 전동기로 기관을 공운전하는
것을 말한다.

모터바이시클 motorbicycle　모터를 달고
달리는 자전거로, 모터바이크(motorbike)
라고도 한다. 가솔린 엔진을 원동기로 장
치하여 동력을 얻게 된 자전거를 이른다.

모터법 옥탄가 motor octane number　CFR
엔진의 모터법에 규정되어 있는 고속 회
전 조건에서 측정한 옥탄가를 이른다. 자
동차가 고속 또는 고부하 주행할 때 엔진
의 내폭성을 나타내며, 또 한 가지의 측정
법인 리서치법으로 구한 옥탄가보다 10옥
탄 정도 작은 값으로 되는 것을 일반적으
로 'MON'이라고 약한다. ⇔ 리서치법 옥
탄가

모터 블록 motor block　체인을 감아올리
고 푸는 것을 전동기로 하는 체인 블록
을 말한다.

모터사이클 motorcycle　원동기를 장착하
여 그 동력으로 주행하는 이륜차를 말하
는데, 영어의 오토바이시클(autobicycle)을
약해서 오토바이라고도 한다. 한국의 도
로 교통법에서는 모터사이클을 이륜자동
차라고 한다. 모터사이클은 일반적으로 소
형의 기관(엔진)을 탑재한 이륜차를 가리
키지만, 자전거에 모터를 설치한 모페드
(moped)와 초경량의 스쿠터(scooter), 삼
륜식인 사이드카(sidecar) 등을 모터사이
클에 포함시킨다.

모터쇼 motor show　주요 자동차 메이커들
이 새로운 기술과 디자인을 선보이는 자리
로, 현재 가장 잘 팔리고 있는 차뿐만 아
니라 앞으로 3~4년 안에 나올 자동차도
콘셉트 카 형태로 미리 공개된다. 세계 최

초의 모터쇼는 1897년 독일에서 개최된
프랑크푸르트 모터쇼이다. 그 이후 프랑
스가 1898년 파리 모터쇼를 개최하였으며,
미국이 1899년 디트로이트 모터쇼, 1903
년 시카고 모터쇼를, 영국이 1903년 버밍
엄 모터쇼를 개최하는 등 경쟁적으로 모터
쇼를 개최하였다. 프랑크푸르트, 디트로이
트, 파리, 도쿄 모터쇼가 메이저급 모터쇼
인데, 여기에 제네바 모터쇼를 합해 세계
5대 모터쇼라고 한다. 한편 OICA(세계자
동차공업협회)에서는 매년 각국에서 공인
을 신청한 모터쇼에 대하여 전시 규모, 참
가국, 참가업체 등을 심사하여 기준을 충
족시킬 경우 1국 1개 모터쇼에 한하여 공
인을 해 주고 있다. 우리나라에서는 서울
모터쇼가 1997년부터 OICA 공인을 받았
는데, 홀수 해 4월 서울과 고양에서 격년
제로 열리고 있다.

모터스쿠터 motor scooter　바퀴가 작고 안
장이 의자식으로 된 자동 이륜차이다. 1
실린더 4사이클 기관으로서, 2마력 내외
이다.

모터 안테나 motor antenna　모터 구동에
의해 오르내리는 안테나로서, 라디오 스
위치의 ON/OFF에 연동되어 자동적으로
승강되는 구조로 되어 있다.

모터 위치 센서 MPS ; motor position sen-
sor　모터 위치 센서는 모터 포지션 센서라
고도 하는데, ISC(idle speed control) 서
보의 플런저 위치를 검출한 신호를 컴퓨
터에 보내어 공전 및 냉각수 온도, 에어컨
및 주행 속도 신호를 이용하여 스로틀 밸
브를 제어함으로써 공전 속도를 조절한
다. 가변 저항으로 센서의 슬라이딩 핀은
플런저 끝 부분에 접촉되어 플런저가 작동
할 때 내부 저항이 변화되므로 출력 전압
도 변화한다. 이때 변화된 전압이 컴퓨터
에 전달되면 모터를 회전시켜 엔진의 회전
속도를 약간 상승시킨다.

모터 제너레이터 motor generator　유도 전
동기와 직류 발전기를 같은 베드 위에 장
착한 전동 발전기를 말한다. 주로 전지의
충전 또는 소형 직류 전동기의 전원 등에
사용되고 있다.

모터 포지션 센서 MPS ; motor position sen-
sor ⇨ 모터 위치 센서

모텔 motel　자동차 여행자가 자동차와 함께 이용할 수 있는 숙박 시설로, 오토 코트(auto court)라고도 한다. 모텔은 모터(motor)와 호텔(hotel)의 합성어이다. 1908년 미국 애리조나 주 댈러스 시에 단출한 목조 집을 짓고 1박에 50센트로 유숙시킨 것이 그 효시이다.

모트로닉 톡 Motronic　모트로닉은 독일의 보슈(Bosch)사가 1979년에 만든 전자식 점화 시스템으로, 점화 장치와 연료 분사 장치를 결합하여 전자적으로 제어하는 것이다. 점화 장치와 연료 분사 장치를 개별적으로 제어하는 것보다 더 큰 유연성과 더 많은 기능을 얻을 수 있다. 특징은 여러 가지 기능을 필요에 따라 프로그램화할 수 있어 많은 수의 3차원 점화 기능을 가지고 있다. 연료 분사 및 점화에 동일한 센서를 사용할 수 있어 저렴한 비용으로 더 큰 효과를 얻을 수 있다.

모틀링 mottling　도막(塗膜)의 두께 차이로 불균일한 색이 나타나는 것을 말한다.

모티프 프 motif　회화, 조각, 소설 등의 예술 작품을 표현하는 동기가 된 작가의 중심 사상을 말한다. 장식에서는, 여러 무늬가 하나의 무늬로 통합되어 그 연속에 의해서 하나의 제품을 구성하는 기본 단위를 이르기도 한다.

목 두께 throat depth　용접부에 있어서 용접봉이 녹아 형성된 용착철(鎔着鐵)의 두께를 말한다. 목 두께는 그림과 같이 이론 목 두께와 실제 목 두께로 나누어지는데, 계산할 때에는 이론 목 두께를 사용한다.

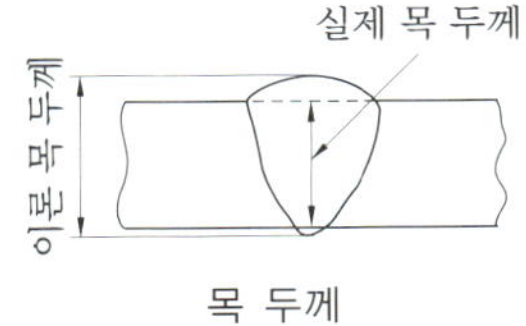

목 두께

목업 mock-up　비행기나 자동차 등 제품을 개발할 때에, 장치를 제작하기에 앞서 각 부분의 배치를 좀 더 실제적으로 검토하기 위하여 나무 또는 이와 비슷한 것으로 만드는 실물 크기의 모형을 말한다.

목의 실제 두께 actual throat depth　필릿 용접부에서는 단면에서 용접부의 루트로부터 표면까지의 최단 거리를 말하며, 맞대기 용접에서는 용착 금속의 단면에서 용접부의 루트를 통하는 최소의 두께를 말한다.

목의 이론 두께 theoretical throat depth　필릿 용접의 경우는 필릿 용접의 크기로 정해지는 3각형인 필릿 용접부의 루트로부터 측정한 높이를 말하며, 맞대기 용접의 경우는 맞대기 용접에서 접합하는 부재의 두께로, 두께가 다를 때는 얇은 쪽 부재의 두께로 한다.

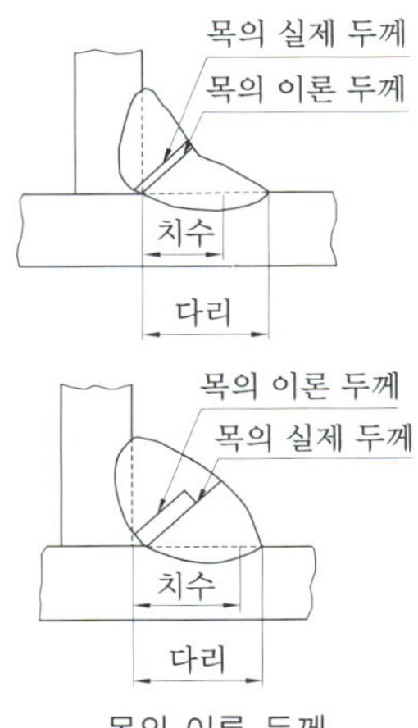

목의 이론 두께

목형(木型) wooden pattern　주형(鑄型)을 만들 때 사용하는 나무로 만든 모형으로, 주물의 모양, 크기, 개수에 따라서 달라진다. 사형(砂型) 주물을 만들 때, 보통 제품 모형의 목형을 만들고 이것을 모래에 묻은 다음 빼내어 생긴 공동(空洞)에 주조하는 경우가 많다. 재료로는 일반적으로 목재가 많이 사용되며, 그 종류에는 삼나무, 소나무, 밤나무, 마호가니, 티크가 있다.

몬차 서킷 Monza Circuit　1922년에 문을 연 이탈리아 밀라노 근교의 서킷으로, 몬차 시내 로얄 공원 안에 있어 숲이 울창하다. 4개의 직선과 5개의 고속 코너로 이루어진 권총형 서킷에 평탄한 노면으로 되어 있어 초스피드를 낼 수 있다. 1987년 윌리엄즈 혼다 팀의 넬슨 피케가 시속 352.136 km를 기록한 바 있다. 티포시(tifosi, 이탈리아의 열광적인 팬)들의 우렁찬 함성이 축제 분위기를 돋운다. 현재 F1 GP 이탈리아전의 개최지이며, 스포츠카, 투어링카, F3 레이스 등도 열린다. 1주 길이는 5.8 km이다.

몬테카를로 랠리 Monte Carlo Rally　모나코를 거점으로 펼쳐지는 랠리로, WRC의 1전이다. 1911년부터 시작되어 역사가 깊은 이벤트인데, 유럽 각지의 몇 개의 지점으로부터 모나코로 집결하는 독특한 스타일을 채택하여 매력적인 랠리로 손꼽힌다. 보통 1월에 열리므로 눈길을 헤쳐야 하는 경우도 많다.

몰 mole　물질량의 단위로, 국제 단위계(SI)의 7가지 기본 단위 중의 하나이며, 기호는 mol이다. ^{12}C의 0.012 kg에 함유되는 원자의 수와 같은 수의 요소 입자를 함유하는 계의 물질량이 1몰이다. 이 단위를 사용할 때에는 요소 입자가 무엇이라는 것을 명시해야 한다. 예를 들면, 1몰의 Hg_2Cl_2, 1몰의 $Fe_{0.91}S$와 같이 사용한다.

몰드 mold　융해 금속(쇳물)을 흘려 넣어 주물(鑄物)을 만드는 형(型)을 말한다.

몰드 라이닝 mold lining　짧은 섬유의 석면을 아스팔트, 고무질 등 합성수지를 섞은 다음 고온·고압에서 성형한 후 다듬질한 것으로서 내열·내마모성이 우수하다.

몰드 페이싱 mold facing　짧은 섬유 석면 원료에 첨가물이나 결합제를 사용하여 가압 성형한 클러치 페이싱을 말한다. 고무를 결합제로 쓴 세미 몰드, 합성수지를 혼입하여 이어 붙인 레인지 몰드가 있으며, 주로 기계적 강도가 센 세미 몰드가 사용된다.

몰드형 이그니션 코일 mold type ignition coil　철심과 코일을 수지로 일체 성형한 것을 말한다. 개자로 함으로써 철심이 자속의 통로가 되어 누설 자속이 적어지고 코일을 감소시킴에 따라 소형·경량화를 실현, 절연성·내진성·내식성이 우수하지만, 통형 점화 코일에 비해 제작비가 높아진다.

몰딩 molding　(1) 라디에이터 그릴과 범퍼 등의 주위에 붙이는 금속광택과 검은 광택을 지우기 위한 장식적인 것을 말하는데, 액자의 테두리와 같은 것으로 장식뿐 아니라 이음새를 덮고, 손과 손가락의 보호, 다른 부품과의 시각적인 균형을 이루

는 역할도 한다. (2) 동차 외관의 밋밋한 곳에 칼라, 띠, 면 등을 사용하여 부착된 장식물로, 테두리 등에 삽입된 고무 형태의 띠를 말한다. 이것이 건축에서는 기단(基壇), 문설주, 주두, 아치 등의 모서리나 표면을 밀어서 두드러지거나 오목하게 만드는 장식법이 된다.

몰딩 클립 molding clips　패널에 메탈 트림을 잡아 주는 클립을 말한다.

몰리브덴 molybdenum 圖 Molybdän　크롬족에 속하는 전이 원소의 하나로, 원자 기호는 Mo, 원자 번호는 42, 원자량은 95.94이다. 은백색의 광택이 나는 금속으로, 휘수연석 등의 광석에서 얻는다. 식물의 질소 동화 작용이나 산화 환원 효소의 촉매 작용에 중요한 원소이다. 특수강의 합금 재료나 전자기 재료, 내열 재료 등에 쓰인다.

몰리브덴 용사 싱크로나이저 링 molybdenum thermal spraying synchronizer ring　마찰 면에 몰리브덴을 용사(溶射)하여 보통 것보다도 높은 내구 신뢰성을 갖게 하는 싱크로나이저 링을 말한다.

몰 비열 molar heat　어떤 물질 1 mol의 온도를 1℃ 올리는 데 필요한 열량으로, 물질의 분자량과 비열을 곱한 값이다.

몰톤 하이드라가스 서스펜션 Moulton hydragas suspension　몰톤(Moulton)사가 하이드로 뉴매틱 서스펜션을 능가하기 위하여 개발한 서스펜션(현가장치)으로서, 하이드로래스틱 서스펜션에 다이어프램으로 칸막이를 하고 질소 가스를 봉입한 가스실을 첨가한 구조의 서스펜션이다.

몽레리 서킷 Montlhéry Circuit　프랑스 파리 근교의 대규모 서킷으로, 1924년에 문을 열었다. 제2차 세계대전 무렵까지 각종 레이스와 속도 기록 도전 등에 애용되었으나, 근래에는 그다지 이용되지 않고 있다.

무게 배분비 weight distribution ratio　각 차축의 배분 무게의 백분비(%)를 말한다. 여기서 배분 무게란 차축에 배분된 무게로, 이를 축중(軸重)이라고 한다.

무기 분사(無氣噴射) airless injection　디젤 기관의 실린더 속으로 연료를 분사해 무화시키는 방법의 일종으로, 연료에 직접 고압을 가하여 노즐로부터 분사시키는 방

법이다.

무기 분사식 디젤 기관 airless injection diesel engine 연료 펌프에 의해 연료를 직접 실린더 안에 분사하는 디젤 기관을 말한다. 디젤 기관은 처음에는 연료유를 공기로 분사했으나, 내열강(耐熱鋼)·고속도강의 발명에 따른 재료의 개발과 함께 정밀 공작 기술이 발달하여 연료 펌프, 연료 밸브 등이 완성되어 공기 압축 펌프를 사용하지 않는 디젤 기관이 1925년경부터 만들어지게 되었다. 고속 회전에 적당하며, 소형 고속 기관에서는 분사 압력이 $100 \sim 120 \, \mathrm{kg/cm^2}$이다.

무단 변속기(無段變速機) CVT ; continuously variable transmission 기존 기어 대신에 벨트를 사용하여 연속적인 변속비를 얻을 수 있는 변속기로 CVT라고 약칭한다. 일반적으로, 유단 변속기는 5단의 수동 변속기나 4단의 자동 변속기와 같이 일정한 변속비를 가지고 필요에 따라 조정할 수 있다. 이에 견주어, CVT는 일정한 범위 안에서 연속적으로 변속비를 변화시킬 수 있는 변속 장치이다. 다시 말해, 변속을 위하여 기존의 1단부터 5단까지의 각 단계를 사용하는 것이 아니고, 일정 범위 내에서 연속적으로 무한한 변속을 할 수 있다. 또 액셀러레이터를 조작하는 것만으로도 변속이 되므로, 승차감이 뛰어나고 연료 소비율이나 가속 성능이 향상된다. 자동 변속기보다 부품 수가 적어 생산 원가도 줄일 수 있다. 엔진을 항상 최적의 회전 상태로 유지함으로써 최적의 동력 성능과 최저의 연비(수동 대비 6~10 %)를 얻을 수 있고, 이로 인해 배출 가스량을 최소화할 수 있다. 다만, 내구성이 약하기 때문에 엔진 출력이 좋으면 이를 받쳐 주지 못하므로, 아직은 경차에만 장착되고 있다.

무배전기 2코일 점화 방식 distributor less 2 coil ignition method 배전기(配電器)를 사용하지 않는 2개의 점화 코일에 의한 전자 제어 점화 방식으로, 엔진의 고회전 구간까지 충분한 점화 에너지를 얻을 수 있다. 1번·3번 기통용과 2번·4번 기통용의 2개의 점화 코일 각각의 1차 전류를 2개의 파워 트랜지스터에 의해 상호 단속함으로써 1(4)-3(2)-4(1)-2(3) 기통 순으로 점화가 행하여진다.

무배전기 3코일 점화 방식 distributor less 3 coil ignition method 4기통 DOHC 엔진에 적용되고 있는 무배전기(無配電器) 2코일 점화 방식을 6기통용으로 변경한 것을 말한다. 1번·4번 기통용, 2번·5번 기통용 및 3번·6번 기통용의 3개의 점화 코일의 각 1차 전류를 3개의 파워 트랜지스터에 의해 순차 단속함으로써 1(4)-2(5)-3(6)-4(3)-5(2)-6(1) 기통의 순으로 점화한다.

무부하 속도(無負荷速度) no-load speed 전동기를 정격 전압, 정격 주파수에서 무부하로 운전한 경우의 속도를 말한다. 직류 분권 전동기의 경우, 그 계자 전류는 정격 상태의 값으로 유지하고 무부하로 한 경우의 속도를 말한다. 직권 전동기는 이론상 손실이 없으면 무부하 속도는 무한대가 된다.

무부하시 회전수(無負荷時回轉數) 공회전(아이들링)할 때 엔진의 회전수를 말한다.

무부하 운전(無負荷運轉) idling of engine 원동기나 공작 기계에 있어서 부하(負荷)를 걸지 않고 운전하는 것이다.

무부하 저속 혼합비(無負荷低速混合比) 엔진의 회전을 고르게 하는 혼합비를 말한다. 공회전 운전에서는 스로틀 밸브가 조금 열려져 있기 때문에 잔류 가스로 희석되는 비율이 커지므로 농후한 혼합 가스를 공급할 필요가 있다. 연료 소비율보다 엔진의 회전 상태가 중요하므로 12 : 1의 혼합 가스가 공급되어야 한다. 공전 혼합비라고도 한다.

무부하 점검(無負荷點檢) no-load test 시동 모터를 부하 없이 작동시킨 상태에서의 스타트 점검을 이른다. 전류 수요와 규정된 전압에서 아마추어 속도를 본다.

무부하 최저 회전 속도(無負荷最低回轉速度) minimum idling speed 엔진이나 전동기를 무부하 상태에서 안정을 유지하면서 운전할 수 있는 최저 회전 속도를 말한다.

무소음 축(無騷音軸) silent shaft ⇨ 사일런트 샤프트

무수 알코올 absolute alcohol, anhydrous alcohol 완전 탈수된 알코올을 말한다. 일반적으로 99.5 % 이상의 에탄올을 무수 알코올 또는 무수 에탄올이라고 한다.

무안정 멀티바이브레이터 astable multivibrator 콘덴서와 저항을 조합한 발진기를 말한다. 외부로부터의 입력에 직류 전압을 걸어 두면 결정된 주파수로 발진을 계속하는 출력이 나온다. 주파수는 콘덴서 및 저항에 의해 자유로이 바꿀 수 있다. 간헐 와이퍼 등의 제어에 사용된다.

무연 가솔린 unleaded gasolinl 납을 첨가한 가솔린에는 납이라는 유독물을 첨가하였다는 표시로서 자동차용은 붉은 빛깔, 그리고 항공기용은 푸른 빛깔로 착색되어 있는 것이 상례이다. 무연 가솔린은, 자동차 배기가스에 섞여서 나오는 납으로 인한 오염과 피해를 절감하려는 노력이며, 매우 중요한 연구 과제이다. 즉, 가솔린의 옥탄가를 높이기 위해서 테트라에틸렌납 등 알킬납이 첨가되는데, 이 납이 배기가스와 함께 방출됨으로써 인체에 나쁜 영향을 미치는 것은 물론, 배기가스 중의 일산화탄소 또는 탄화수소의 양을 감소시키기 위해 설치한 촉매식 배기가스 점화 장치의 촉매에도 나쁜 영향을 미침으로써 점화 기능을 저해하기 때문에 문제가 유발된다. 한편, 무연 가솔린을 사용한 경우에는 납을 첨가한 가솔린을 사용하는 경우보다 배기가스 중의 탄화수소 HC도 증가하고, 또 유해한 알데하이드도 10~14 % 증가한다는 문제가 있다. ⇔ 가연 가솔린

무연 연료(無鉛燃料) unleaded fuel 납 성분을 제거한 무공해 가솔린을 말한다. 자동차 공해 문제 해결을 위한 연료의 가장 첫 변화는 촉매 사용을 위하여 연료를 무연화(無鉛化)하는 것이다. 유연(有鉛) 연료를 사용하면 촉매 표면이 납으로 피막되어 촉매 기능을 할 수 없기 때문에 연료의 무연화는 필수적인 것이다.

무연 하이 옥탄 가솔린 unleaded high octane gasoline 옥탄가 향상제(사에틸납)를 넣지 않고 옥탄가 98~100을 실현시킨 가솔린을 말한다. 이제까지의 무연 보통 가솔린(옥탄가 91~92)에 비교하여 반노크성이 우수하다. 석유 메이커 측에서는 파워 향상을 올리고 있지만 일본특수도업(NGK)의 실험에 의하면 반면 카본 발생이 10 % 정도 많고, 약간 그을리기 쉽다는 결과도 나와 있다. 이 가솔린 사용에서 출력 향상을 도모하기 위해서는 규정된 점화 시기를 바꿀 필요가 있고(실제는 법규상 금지되어 있다), 그대로는 거의 바라기 어렵다고도 할 수 있다. 그러나 이 가솔린 사용을 전제로 한 고성능 엔진도 증가하고 있으며, 또한 이러한 엔진은 어느 것이나 노크 컨트롤 시스템을 적용하고 있기 때문에 보통 가솔린 사용에 대해서도 충분한 실용성을 확보하고 있다.

무음 체인 silent chain ⇨ 사일런트 체인

무접점식 배전기(無接點式配電器) breakless distributor 기계적 단속(斷續) 부분이 없는 배전기를 일컫는 말이다. 즉, 기계식 접점이 없이 1차 점화 회로에 흐르는 전류를 단속하는 시그널 제너레이터, 트랜지스터 이그나이터 및 픽업 장치 등으로 구성되어 있는 전자 제어식 엔진에 사용하는 배전기를 말한다.

무접촉 스위치 contactless switch 기계적인 접촉 부분의 단속 없이 전기 회로를 개폐하는 기능을 가진 스위치를 이른다. 고주파를 이용하는 것, 자기를 이용하는 것 및 빛을 이용하는 것이 있다. 고주파 방식인 것은 고주파에 의해서 금속 물체에 생긴 와전류 손실(eddy current loss)이 고주파 코일의 임피던스를 변화시키는 것을 이용하고 있다. 자기(磁氣) 방식에서는 홀 소자나 자기 저항 소자를 이용하여 자성체 금속이나 영구 자석의 접근으로 인한 자계의 변화를 검지하여 트랜지스터 등의 회로를 전자적으로 스위치한다. 빛에 의한 방식에서는 발광부와 수광부 사이의 광로를 물체로 차단함으로써 수광량의 변화를 검지하여 후단의 전자 회로의 입력 신호로서 전자적으로 스위치한다. 비접촉 스위치, 비접점 스위치 또는 무접점 스위치라고도 한다.

무접촉 퍼텐쇼미터 contactless potentiometer 자기 저항 소자와 영구 자석이 만드는 자계를 조합시켜 소자의 저항을 자석의 변위에 대응시킨 퍼텐쇼미터로서, 소자와 자석은 무접촉의 상태로 작동하며, 신뢰성이 높고 수명이 길다. 3단자 소자와 4단자 소자의 두 종류가 대표적이다. 큰 자기 저항 효과를 얻을 수 있도록 홀 전계의

단락용 금속 전극이 다수 들어 있고, 저항의 증가 비율은 한 쌍의 단락 전극에 끼인 미소한 부분의 자기 저항 효과에 의해서 결정된다. 자기 저항 소자를 사용하는 이점으로서는 외부 회로와의 임피던스 접합이 쉬워서 충분히 큰 출력 전압을 얻는 회로의 설계가 가능한 것을 들 수 있다.

무조정식 클러치 릴리즈 기구 new adjustable clutch release mechanism 클러치 디스크가 마모되었을 때 릴리즈 실린더의 푸시로드를 조정할 필요가 없는 기구를 말한다. 클러치 디스크가 작아지면 다이어프램 스프링이 릴리즈 베어링을 밀어 간극(클리어런스)을 조정하지만, 이 장치는 릴리즈 실린더 내의 스프링을 통해 릴리즈 베어링이 다이어프램 스피링에 가볍게 접촉되어 있어 조정을 하지 않아도 된다.

무한궤도(無限軌道) caterpillar 긴 바퀴로 된 주철제(鑄鐵製) 벨트를 바퀴에 걸고 돌리면 벨트가 움직여 차체가 움직이도록 하는 장치로, 캐터필러라고도 한다. 동륜(動輪)을 축에 고정시켜 놓고, 종륜(從輪)은 무한궤도가 늘어지지 않게 해 축을 조절할 수 있도록 되어 있다. 주로 탱크나 트랙터에 쓰인다. 바퀴만 있는 차에 비하면 속도는 느리지만, 지면에 닿는 면이 넓으므로 요철이 심한 도로나 진흙 바닥에서도 자유로이 달릴 수 있고, 회전 속도를 조절해 방향 전환을 자유로이 할 수도 있다.

무화(霧化) atomization 아주 작은 입자로 깨뜨리는 것을 말한다. 보통 연료의 무화(미세화)를 말하며, 안개 모양으로 분사되는 것을 일컫는다.

무효 분사 시간(無效噴射時間) ineffective injection time 인젝터에 전기를 공급하면 인젝터의 솔레노이드 코일이 자화되어 인젝터 밸브(니들 밸브)가 개방되기까지는 약간의 시간이 경과되며, 이것은 전자석 코일을 이용하는 형식에서는 필연적으로 발생하는 현상인데, 이 현상을 무효 분사 시간이라고 한다. 무효 분사 시간은 인젝터 코일의 인덕턴스에 따라 변화되고, 가솔린 전자 제어 시스템에서는 실제 인젝터 작동 시간에 무효 분사 시간을 포함하여 설정한다.

문 루프 moon roof 자동차의 선루프(차 지붕의 개폐식 채광창)가 점점 넓어지고 있다. 차 안에서 자연을 더 많이 느끼고 싶은 소비자들의 욕구 때문이다. 그런데 그 이름이 ‘문 루프’, ‘파노라믹 글라스 루프(panoramic glass roof)’ 등으로 바뀌고 있다. 선루프라는 이름은 단지 태양빛을 지붕으로 받아들인다는 의미이지만, ‘문 루프’는 밤에 차 안에 누워서도 달과 별을 편하게 볼 수 있다는 뜻이다. ⇨ 슬라이딩 루프

묻힘 키 sunk key ⇨ 성크 키

물 분리기 water separator 증기 속 또는 가스 속에 부유(浮游)하고 있는 수분(물)을 분리하는 장치를 말한다.

물 분사 water injection 가스 터빈의 연소실 또는 공이 압축기의 실린더 속에 물을 무상(霧狀)으로 분사(噴射)하여 가스 또는 공기의 온도를 떨어뜨리는 것을 말한다.

물 재킷 water jacket 수랭식(水冷式) 기관에서, 실린더 및 실린더 헤드의 고온부(高溫部) 바깥쪽에 냉각용 물을 저장하거나 또는 냉각수를 순환시키는 부분으로, 냉각수 재킷이라고도 한다.

물질(物質) matter 물체를 이루는 재료 또는 본바탕을 이른다. 우리 주위의 물체는 물질로 이루어져 있다. 크기나 겉모습에 중점을 둘 때는 물체로, 그 물체를 이루는 재료에 중점을 둘 때는 물질로 말하여진다. 예를 들어, 플라스틱으로 만들어진 자(ruler)는 물체라고 하며, 그 재료가 되는 플라스틱은 물질이 된다. 물질이란 사전적 의미로 일정한 공간을 점유하고 질량을 갖는 것을 의미하지만, 화학에서는 화합물을 포함한 순물질과 혼합물을 합한 것을 말한다.

물탱크 water tank 애지테이터와 습식 믹서는 사용 후 드럼을 청소하는 데 물이 필요하기 때문에 약 200 L 용량의 작은 탱크가 장착되어 있으며, 건식 믹서는 콘크리트를 형성하는 데 많은 양의 물이 필요하기 때문에 1,000 L 이상의 큰 탱크가 장착되어 있다. 애지테이터와 습식 믹서의 경우에는 전기식 펌프를 이용해 물을 드럼으로 주입하고, 건식 믹서는 기계식 펌프를 사용한다.

물 펌프 water pump ⇨ 냉각수 펌프

뮤 mu 그리스 문자의 열두째 자모, M, μ로 쓴다. (1) 길이의 단위인 미크론의 기호로 쓰인다. 1미크론은 1 m의 100만분의 1이다. (2) 노면의 미끄러운 상태를 표시하는 단위로 쓰인다. 이 수치가 작을수록 미끄러운 노면이다. 예를 들어, 포장도로는 0.5～1.0, 젖은 포장도로로는 0.3～0.9, 자갈길은 0.4～0.6, 쌓인 눈길은 0.2～0.5, 얼어붙은 길은 0.1～0.2 정도의 뮤를 나타낸다.

뮤 에스 특성 μ-S characteristics 타이어의 슬립률(S)에 의하여 타이어와 노면 사이의 마찰 계수(μ)가 어떻게 변화하는가를 나타내는 특성이다. 세로축에 μ, 가로축에 S로 하면 건조한 포장 노면에서는 S가 10～30%일 때 μ가 최대가 되는 것이 일반적이다.

뮤팅 muting (1) 디지털 오디오 기록에 있어서 발생하는 샘플링 오차를 보정하는 방법의 하나로서, 오차를 발생한 개소를 무조건 0 신호로 하여 버리는 방법이다. 점자화 직전의 샘플값을 그대로 사용하는 홀드법이나 전후의 몇몇의 샘플값을 사용하여 행하는 보간법에 비하여 가장 간단하다. (2) 증폭기 등에 있어서 적당한 SN비를 갖지 않은 등의 입력 신호를 억압하는 것을 말한다.

미국 그랑프리 United States Grand Prix 미국에서 열리는 F1 그랑프리 레이스를 이른다. 미국 GP의 전신은 1908～1916년에 펼쳐지다가 오랜 동안 중단되었다. 그 후 1959년 F1 GP의 정규 레이스로 부활하였다. 1959년 세브링, 1960년 리버사이드를 거쳐, 1961～1980년에는 와트킨스글렌이 그 무대였고, 1982～1988년까지 디트로이트 GP로 대를 이었다. 또한 1976～1983년에는 서해안 롱비치의 시가지 코스를 무대로 미국 서(西)그랑프리가 열렸고, 1981～1982년에는 라스베이거스 GP, 1984년에는 댈러스 GP가 미국에서 개최되었다. 1989년부터 미국 그랑프리라는 명칭을 되찾고, 피닉스 시가지 코스에서 열리고 있다.

미국석유협회(美國石油協會) API ; American Petroleum Institute ⇨ 에이피아이

미국자동차기술협회(美國自動車技術協會) SAE ; Society of Automotive Engineers ⇨ 에스에이이이

미국표준협회(美國標準協會) American National Standards Instute ⇨ 에이엔에스아이

미국환경보호청(美國環境保護廳) EPA ; Environment Protection Agency 미국 내의 환경 오염과 공해 방지에 관한 여러 가지 대책을 통일하고, 환경 대책을 통합적으로 추진하기 위하여 1970년에 설치한 정부 기관이며, 환경 보전에 관한 행정 기관이다.

미그 용접 metallic inert gas arc welding 불활성 가스 아크 용접에 있어서, 전극에 모재(母材)와 거의 동종의 금속선(wire)을 사용하는 용접을 말한다. 머리 문자를 조합시켜 미그(MIG) 용접이라고 한다. 이 용접은 알루미늄, 마그네슘 및 그들 합금 등과 같은 금속의 중·후판 용접에 이용되며, 동시에 불활성 기체(아르곤)에 소량의 산소를 첨가한 기체를 사용하여 스테인리스강의 중·후판 용접에도 사용하고 있다.

미끄럼 slip (1) 기어나 풀리처럼 접촉 운동을 하고 있는 경우, 어느 시간 내의 대응하는 부분의 길이의 차를 말한다. (2) 유도 전동기의 회전 속도가 자계의 회전 속도에 비해 늦어지는 비율로, 부하 상태에 따라 값이 달라진다. 전 부하에서는 5% 정도이다.

미끄럼 각도 slip angle 코너링 시 원심력에 의해 생기는 차의 방향과 타이어의 방향 사이의 각도로, 슬립 앵글이라고도 한다. 차의 진행 방향과 타이어의 방향 차이로 인한 미끄럼 각도에 의해 차가 미끄러지기 쉽게 된다.

미끄럼 밸브 slide valve 평면 또는 원통면을 따르는 직선 왕복 운동에 의하여 급기구(給氣口)와 배기구(排氣口)가 개폐하는 밸브를 말한다. 1개의 밸브에 의하여 피스톤 양쪽의 급·배기를 한다.

미끄럼 베어링 sliding bearing 베어링이 저널부의 표면 전부 또는 표면의 일부를 둘러싼 것같이 되어 있으며, 베어링과 저널의 접촉면 사이에 윤활유가 있는 베어링을 말한다. 미끄럼 베어링은 면과 면이 접촉하기 때문에 축이 회전할 때 마찰 저항이

구름 베어링보다 크지만, 하중을 지지하는 능력은 일반적으로 크다. 미끄럼 베어링은 축이 회전할 때의 마찰열을 방지하기 위해 적절한 윤활이 필요하며, 사용 중 마모로 인해 구멍이 커지므로 가락지와 같은 부시(bush) 메탈을 저널과 접촉하는 구멍부에 끼워 넣는 것이 일반적이다.

(a) 분할형   (b) 부시형(부싱)

미끄럼 베어링

미끄럼식 아이들러 암 sliding type idler arm 스티어링 지오메트리 또는 토인 변화를 규제하기 위하여 피트먼 암과 너클 암 사이의 조향 링크 기구 중간에 설치된 링크를 지지하기 위한 암으로, 베어링에 수지 부시를 사용한 것이 많다. 회전 토크를 낮추고 강성을 올릴 수가 있다.

미끄럼 운동 sliding motion 한 물체가 다른 물체의 표면을 따라서 계속 접촉하면서 운동하는 것을 말한다.

미끄럼 접촉 sliding contact 전기 기기의 접속 또는 개폐 방법으로서, 고정 접촉편 상에 가동 접촉자를 압착 접촉시키고 가동 접촉자는 접촉면에 평행으로 운동하며 접촉면을 접동하는 형식의 접촉을 말한다.

미끄럼 키 sliding key ⇨ 페더 키

미네랄 스피릿 mineral spirits 비점이 140 ～220℃의 각종 탄화수소 혼합물로, 방향족을 많이 함유한 것은 용해력이 크다. 이 소파라핀이 주성분인 것을 무취(無臭) 미네랄 스피릿이라고 한다. 비교적 값이 싸므로 유성 도료, 합성수지 조향 페인트의 용제 및 시너로 대량 사용된다.

미니멈 minimum 최소한, 최솟값, 극소량의 뜻으로, 맥시멈(maximum)의 반대 의미이다. 자동차에서는 액체의 양을 점검하는 레벨 게이지에 표기되어 있으며, 하한선이라고도 한다. 액체의 레벨이 MIN선에 있으면 즉시 보충해 주어야 한다.

미니멈-맥시멈 거버너 minimum-maximum governor M-M 거버너라고도 한다. 디젤 엔진의 연료 분사량을 조절하는 거버너로서, 최저 속도와 최고 속도 부분만의 분사 속도를 조절하는 거버너이다.

미니밴 minivan 자동차 보디 타입 중의 하나이다. 실내 공간이 넓고, 3열 시트를 갖춰 많은 승객을 태울 수 있는 1.5 박스 타입이나 2 박스 타입이 일반적인 미니밴이다. 미니밴은 보통 승용차 플랫폼을 통해 만들어지므로, 상용차 플랫폼을 통해 만들어진 업무용 밴과 구별된다.

미니 콤팩트 카 mini compact car 미국 연방 정부에서 정한 자동차 분류 기준은 자동차 내부의 용량이다. 이에 의한 분류에서, 승용차를 인테리어 볼륨(객실과 화물실의 용적)으로 분류할 때 가장 작은 자동차를 말한다.

미동 마모(微動磨耗) fretting wear ⇨ 프레팅 마모

미드십 midship 미드십은 '배의 중앙부'를 뜻하는 말로, 엔진이 앞뒤 차축의 중간에 있고 뒷바퀴를 굴리는 형식을 이른다. 레이싱카와 스포츠카에 많이 쓰인다. 차의 중심(重心)이 중심부와 가까워지고 앞뒤의 무게 배분이 좋아지기 때문에 운동 성능의 향상을 기대할 수 있다. 그 대신 실내 공간이 좁아져서 패밀리카로서는 적합하지 않다.

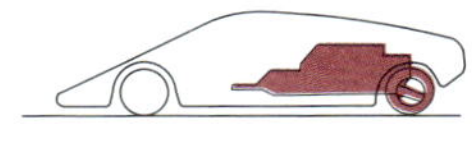

미드십

미드십 방식 midship method RR 방식의 엔진 위치를 약간 수정해 앞으로 빼낸 것이다. RR 방식의 경우 엔진의 위치가 트렁크 쪽으로 가 있지만, 이 미드십 방식은 뒷좌석 부분으로 엔진이 위치해 있다. 물론 RR 방식과 같은 뒷바퀴 구동에 속한다. 엔진이 차의 중심 가까이 위치해 있기 때문에 고속 시의 코너링, 급가속, 급발진 등 운동 성능이 한 단계 높아진 방식이다. 따라서 스포츠카나 경주차 등에 이 방식을 사용하고 있다.

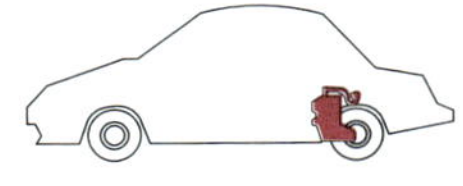

미드십 방식

미드십 4WD midship four wheel drive 4 륜을 구동하는 미드십 엔진 자동차를 말

한다. 미드십 엔진 리어 드라이브 자동차의 구동 성능을 더욱 높일 목적으로 개발한 것으로서, 자갈길이나 눈길 등 미끄러지기 쉬운 노면에서 그 위력을 발휘한다.

미들 클래스 middle class 배기량을 기준으로 2.5리터급의 자동차를 일컫는다.

미등(尾燈) tail lamp ⇨ 테일 램프

미디어 media (1) 어떤 작용을 한쪽에서 다른 쪽으로 전달하는 역할을 하는 것을 이른다. (2) 영어 medium(매체)의 복수형으로, 배럴 연마에서는 물품과 함께 배럴 내에 장착되어 연마 작용을 함과 동시에 물품 간의 충돌을 방지하는 격리 작용도 하는 물질을 말하며, 연마제마다 다른 미디어를 사용한다. 자연 연마석, 인조 연마석, 플라스틱 미디어, 금속 미디어, 유기질 미디어 등이 있으며, 인조 연마석이 가장 많이 사용된다.

미러 mirror 주행 중에 운전자가 차량의 전후좌우를 잘 살펴볼 수 있도록 차량 안팎에 다는 거울을 통틀어 일컫는 말이다. 미러는 크게 차량 외부의 앞쪽 좌우 창문 앞에 다는 사이드 미러와 안쪽에 다는 룸미러로 구분된다. 사이드 미러는 차량 양쪽에 다는 거울이라는 뜻으로, 밖에 단다는 뜻에서 아웃사이드 미러, 차량 외부의 뒤쪽을 본다는 뜻에서 백미러라고도 한다. 왼쪽에 운전석이 있는 한국의 경우 사이드 미러의 왼쪽은 평면거울, 오른쪽은 볼록거울이다. 오른쪽이 볼록인 이유는 눈에 보이지 않는 사각(死角)을 줄이기 위한 것이다. 룸미러는 인사이드 미러라고도 한다. 차량 안쪽에서 뒤쪽을 보기 위해 장착하는 거울이다. 그 밖에 거울 면 가장자리에 빛의 강약을 조절하는 센서가 붙은 전자식 미러, 사각 방지를 위해 사용하는 보조 미러 등이 있다.

미스 코스 mis course 랠리 경기는 어떤 경우든 주최자의 지시에 따라 경주 코스가 정해지는데, 규정된 코스를 벗어나는 것을 미스테이크 코스(mistake course)라고 하며, 이를 줄여 미스 코스라 부르기도 한다. 국제적인 랠리에서는 코스 지도가 일찍 전달되고 굽은 길에는 안내판이 분명하게 서 있기 때문에 미스 코스를 일으킬 염려는 없다. 또한 랠리를 관전하는 관중도 많아서 미스 코스를 일으킬 가능성은 더욱 희박하다. 다만, 일부 국가의 소규모 국내 랠리에서는 스타트 직전에 코스 지도를 나누어 주는 경우가 많고, 이 지도 외에는 코스를 파악할 수단이 없어서 미스 코스가 종종 일어난다.

미스트 mist 기체 속에 부유하고 있는 입경(粒徑) 10미크론 이하의 액체 미립자를 말한다. 증기가 기체 속에서 응축한 것이 많으며, 안개보다 농도가 낮다. 연무질(煙霧質)의 일종이다.

미스트 와이퍼 mist wiper 와셔 스위치를 0.6초 미만으로 ON시키면 와이퍼가 1회 작동하는 기능을 말한다.

미스트 코트 mist coat 증발이 느린 시너를 사용하여 묽게 희석한 페인트를 저압으로 밀어내어 분사하는 기술을 이르는데, 매우 약하게 분사하여 보수 부분 주위에 부착되어 있는 페인트와 잘 융합시키기 위한 목적으로 실시한다.

미스파이어 misfire 연소실에서의 혼합 가스의 연소 상태가 나쁜 경우를 말하는 것으로, 실화(失火)라고도 한다. 미스파이어가 일어나면 애프터 파이어 등을 일으킨다. 그리고 가솔린 엔진에 경유 연료를 사용하면 연소가 나빠져 미스파이어를 일으킨다.

미쓰비시 멀티 커뮤니케이션 시스템 Mitsubishi multi communication system 운전자를 둘러싼 수많은 정보를 CRT(브라운관) 화면에 보여 주거나 운전자에게 제공하는 시스템으로, 지도 표시 기능, 사운드 기능, 텔레비전 기능, 차량 정보 기능, 개인 정보 기능, 에어컨 작동 표시 기능, 리어뷰 모니터 표시 기능 등을 갖는다(기능은 차종에 따라 일부 다르다). 또한 지도의 검색 등에서는 운전자가 표시 화면에 터치하여 조작할 수 있는 적외선 터치 스위치 방식을 적용함과 동시에, 표시부에는 고정밀도, 고선명도의 자동차용 6인치 컬러 CRT를 사용하고 있다.

미제트 카 레이스 Midget Car Race 미국의 포뮬러카 레이스의 하나로, 스프린트 카 비슷하지만 사이즈는 소형이다.

미캐닉 mechanic 차의 튜닝과 차량 점검, 조정, 수리 등을 담당하는 정비 전문가를 이른다. 경주용 자동차는 미캐닉의 기술과 드라이버의 섬세한 지적에 의하여 완벽한 경주용 차로 태어난다. 카레이스에서는 피트 요원으로 등록된 사람만이 피트에서 대기할 수 있고, 레이스 중에 자신이 담당한 차가 이상이 생겨 피트로 들어오면 신속하게 수리·조정하며, 장거리 레이스에서는 타이어 교환과 연료 보급도 미캐닉의 중요한 임무이다. ⇨ 메커닉

미캐닉, 오토 리페어맨 mechanic, auto repairman 우리나라에서는 정비사라는 용어로 통일되어 있으나, 미국에서는 정비사라는 말에 해당하는 것은 오토 리페어맨(auto repairman)이다. 이것을 직역하면 자동차 수리공이 된다. 또한 더 넓은 뜻으로는 미캐닉(mechanic)이라는 말이 사용되는데, 이것은 어디까지나 '수리한다'는 뜻이 포함되어 있다.

미터나사 metric thread 나사산의 각도가 60°인 삼각나사로, 표준적으로 가장 많이 쓰인다. 나사의 지름과 피치의 크기를 mm 단위를 기준으로 정했다. 기계 부품을 결합하거나 위치 조정을 하는 데 사용한다.

미터링 밸브 metering valve 앞바퀴에 디스크 브레이크, 뒷바퀴에 드럼 브레이크가 장치된 경우, 뒷바퀴에는 리턴 스프링이 있기 때문에 어느 정도의 유압(油壓)까지는 작동하지 않는 데 반하여, 앞바퀴에는 거의 제로 유압에서 브레이크가 작동한다. 그렇기 때문에 아주 가볍게 브레이크를 밟아도 앞바퀴에만 브레이크가 작동하여 패드를 빨리 마모시키는 것을 방지하기 위하여, 일정 유압까지는 앞바퀴에 유압이 작용하지 않도록 하기 위한 밸브이다.

미터링 제트 metering jet 저속 제트, 메인 제트 및 파워 제트 등 연료의 통로에 삽입하여 연료의 공급량을 규제하는 작은 구멍(분출구, 제트)을 통틀어 일컫는 말이다.

미터 아웃 시스템 meter out system 액추에이터의 출구 쪽 관로(管路)에서 유량을 교축(絞縮)하여 작동 속도를 조절하는 방식을 말한다. 미터 인(meter in) 시스템도 마찬가지이다.

미터 인 시스템 meter in system ⇨ 미터 아웃 시스템

미터 컬러 체인지 meter color change 야간 미터(계기) 내부 조명의 색을 연한 초록색 또는 오렌지색으로 바꿀 수 있는 것을 말한다.

미하나이트 주철 meehanite cast iron 마하나이트 메탈이라고도 하는데, 시멘타이트 또는 펄라이트 일부분을 남겨서 적당한 강도와 경도(硬度) 등을 유지하게 한 것이다. 1923년경 미국의 G.E. 미한(Meehan)이 발견한 제조법에 따라 미하나이트메탈회사가 제조한 주철에 붙인 상품명이다. 이 제조 기술은 세계 각국에 도입되어, 기계용 부품 등의 제조에 사용되고 있다. 미하나이트는 흑연의 석출 상태를 마음대로 제어할 수 있도록 원료, 용해법, 주입법 등 전반에 걸친 주철 기술에 의한 주철을 의미하는 것인데, 보통 주철에서부터 내산(耐酸) 주철 및 내열 주철까지 각종 제품을 포함한다.

믹서 mixer 가솔린 엔진의 카뷰레터가 설치되는 부분에 장착이 되고 베이퍼라이저에서 기화된 LPG를 공기와 혼합하여 연료실에 공급하는 장치이다. 가솔린 엔진의 카뷰레터와 같은 작용을 하며, 기화 성능이 우수하고, 카뷰레터보다 구조가 간단하다.

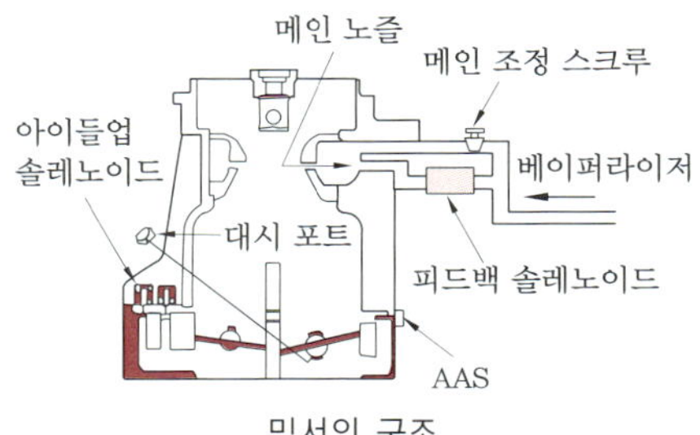

믹서의 구조

믹서 트럭 mixer truck 믹서 트럭은 시멘트, 모래, 쇄석, 물을 혼합하는 배처 플랜트에서 건설 현장까지 콘크리트를 운반하는 것으로, 이와 같이 혼합된 콘크리트를 운반하는 데는 습식 혼합 방식과 애지테 이팅 방식이 있다. 여러 형식의 믹서가 있지만, 슬랜드 배럴 타입이 가장 보편화되어 있다. 그림과 같이 뒤쪽으로 향해서 기울어진 입구를 갖고 있는 항아리와 같은 모양으로 더블 스파이럴 블레이드가 드럼 내측으로 고정되며, 드럼은 일정하게 회전한다. 주입 및 믹싱(애지테이팅)과 배출은 드럼

의 회전 방향을 반대로 해서 실행된다.

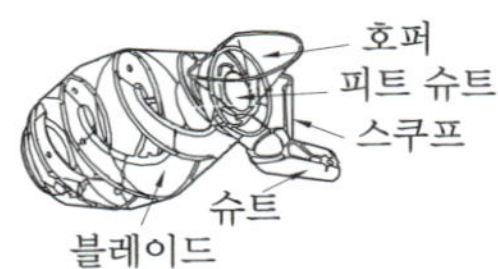

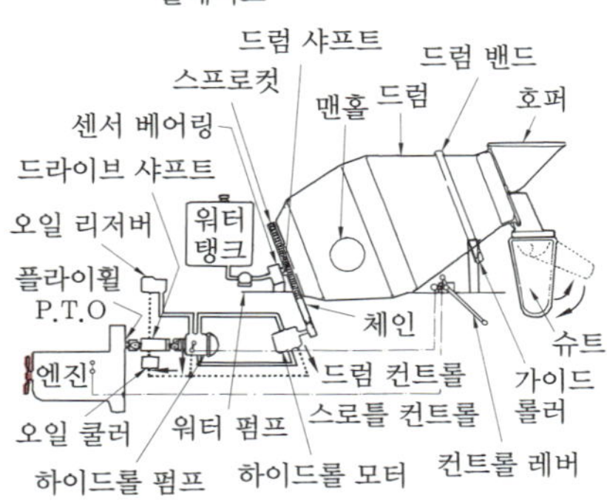

밋서 트럭의 구조

믹스처 어저스트 스크루 MAS ; mixture adjust screw　공회전 조정 나사로, 아이들 어저스팅 스크루(idle adjusting screw)라고 부른다. 엔진이 공전 상태에 있을 때 혼합 가스의 농도를 조절하기 위하여 연료의 공급량을 규제하는 나사이다. 영어의 머리글자를 인용하여 'MAS'라고 약한다. 슬로 조정 나사는 'SAS'라고도 부른다.

믹스처 컨트롤 밸브 mixture control valve　스로틀 리턴 제어 장치의 하나로, 스로틀 밸브가 설치되어 있는 보어(공기 통로)와 평행하게 스로틀 밸브의 앞뒤를 연결하는 공기의 통로를 설치한다. 그런 다음 감속할 때 스로틀 밸브가 닫히면 흡기 다기관의 부압에 따라 이 공기 통로에 설치된 밸브가 열려 공기를 통과시켜 일정 시간 후에 밸브가 닫히도록 한 것이다.

믹싱 체임버 mixing chamber　카뷰레터의 연료를 미립화(微粒化)하여 공기와 혼합(믹싱)하는 부분을 이른다.

밀도(密度) density　어떤 물리적 양이 공간, 면 및 선상에 분포하고 있을 때, 미소(微小) 부분에 포함되는 양의 부피, 넓이 및 길이에 대한 비를 나타내는 양이다. 이때 부피, 면, 선에 관한 것을 각각 부피 밀도, 면밀도, 선밀도로 구별하며, 일반적으로는 부피 밀도를 가리킨다. 각종 물리량이나 수학량에 대해 사용되어 질량, 전기량 등의 분포를 나타낸다. 흔히 밀도라고 하면 질

량에 대한 밀도를 가리키는 것이 보통이다. 또 기하학적으로 점이 공간, 면, 선상에 분포되어 있을 때나 평행선이 면상에 분포되어 있을 때에도 이들의 밀도를 똑같이 정의한다. 물질의 밀도는 온도, 압력 등에 따라 약간의 변화가 있다.

밀러 사이클 Miller cycle　엔진의 과급(過給) 장치에서 적용되는 사이클로서, 1940년대 미국인 밀러에 의하여 고안되었다. 흡입 행정 도중에서 흡입 밸브를 닫고 과급에 의한 압력을 높인 혼합 가스의 유입을 빨리 멈추고 압축비를 낮추어 과급 엔진의 연료 소비율을 향상시킨 것이다.

밀러 사이클 엔진 Miller cycle engine　4사이클의 가솔린 엔진은 흡입→압축→팽창→배기의 모든 행정에서 피스톤이 움직이는 거리는 같다(Otto cycle). 현재 일반적인 과급(過給) 엔진은 이 오토 사이클의 흡입 행정에서 압력을 높인 공기를 실린더에 밀어 넣고 있으나, 많은 공기를 채워 넣으면 압축 행정에서 고온이 되어 노킹이 발생하기 쉬운 한계가 있다. 밀러 사이클은 압축 행정에서 피스톤이 약 1/5 상승할 때까지 흡입 밸브를 열어 놓아 실질적인 압축비를 낮추도록 함으로써 노킹의 발생을 방지하는 것이다. 맨 처음 밀러 사이클을 자동차용 엔진에 적용한 마쯔다의 경우 같은 배기량의 오토 사이클 엔진에 비교하여 1.5배의 높은 토크와 10~15 %의 연료 소비율의 향상을 얻고 있다.

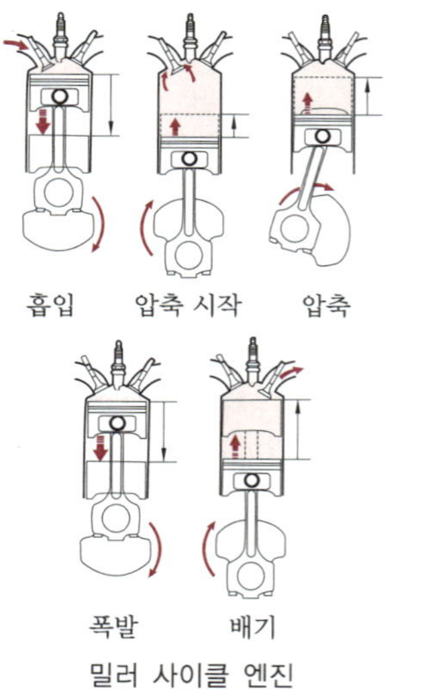

밀러 사이클 엔진

밀레 밀리아 Mille Miglia　이탈리아에서 열리던 스포츠카 레이스를 이른다. 밀레 밀리아는 '1,000마일'이라는 뜻이다. 이탈리아의 일반 공도를 1,000마일(약 1,600 km)이나 달려야 하는 가혹한 이벤트였다. 1927년에 시작되었으나, 1957년에 대사고가 일어나 중지되었다.

밀리세컨드 millisecond　1,000분의 1초를 이르는데, 스파크 플러그 점화 시간과 연료 분사기 펄스폭은 밀리세컨드로 측정한다.

밀링 머신 milling machine　밀링 커터를 회전시켜 상하·좌우·전후의 선형(線形) 이송 운동을 준 공작물을 절삭하는 공작 기계로, 프레이즈반이라고도 한다. 적당한 밀링 커터를 사용함으로써 평면 절삭, 홈 절삭, 절단 등 복잡한 절삭이 가능하며, 용도가 넓다. 밀링 커터를 장착하여 회전 운동을 하는 주축과 가공물을 장치하여 이송하는 테이블이 있으며, 그 구조에 따라 니(knee)형과 베드형으로 분류한다. 또 주축이 수평인 것을 수평형, 세로로 된 것을 직립형이라고 한다. 가장 많이 사용되고 있는 것은 니형으로, 주축은 컬럼의 상부에 수평으로 조립되고, 테이블과 새들을 얹은 니가 상하로 활동(滑動)한다. 새들은 주축 방향으로 움직이고, 새들 위의 테이블은 새들과 직각 방향으로 움직이게 되어 있다. 구동용(驅動用) 전동기, 전동 장치 등은 컬럼 안에 조립되어 있다.

밀봉 리저버 air seal reservoir　⇨ 에어 실 리저브

밀봉 압력식(密封壓力室) sealed pressure system　라디에이터 캡을 밀봉하고 냉각수의 팽창과 맞먹는 크기의 저장 탱크를 두어 냉각수가 외부로 누출되지 않게 하는 형식으로, 냉각수의 유출에 의한 손실이 작기 때문에 오랫동안 냉각수의 점검이나 보충을 하지 않아도 되는 장점이 있다.

밀봉 작용(密封作用) sealing up action　윤활유의 중요한 성질의 하나로서, 피스톤 링과 실린더 벽에 유막(油膜)을 형성하여 압축 및 폭발 행정에서 혼합 가스 또는 연소 가스의 누출을 방지하는 작용을 말한다. 밀봉 작용은 점도 지수, 점도, 유막의 형성력 등이 관계된다.

밀폐 사이클 closed cycle　동작 유체를 몇 번이라도 반복하여 사용하는 사이클로서, 개방 사이클에 대한 말이며, 냉동 사이클이 여기에 속한다.

밀폐식 라디에이터 enclosure type radiator　라디에이터 캡은 물을 채우고 난 뒤 밀폐하여 탱크와 보조 탱크를 호스로 이어 둔다. 가열되어 팽창했을 때 물은 보조 탱크 쪽으로 밀려갔다가 엔진이 냉각되면 냉각수로의 압력이 내려가서 물은 다시 라디에이터로 되돌아가도록 작용한다(진공 작용).

밀폐식 일체형 브레이크 마스터 실린더　저장(reserve) 탱크 내의 브레이크 액체가 다이어프램에 의해 대기가 완전히 차단되고 있는 타입의 마스터 실린더를 말한다.

밀폐식 크랭크실 환기 closed crankcase ventilation　크랭크실 내에서 생성되는 증기가 외기(外氣)로 방출되지 않고 흡기 장치로 보내져 연소될 수 있도록 되어 있는 형식의 환기를 말한다.

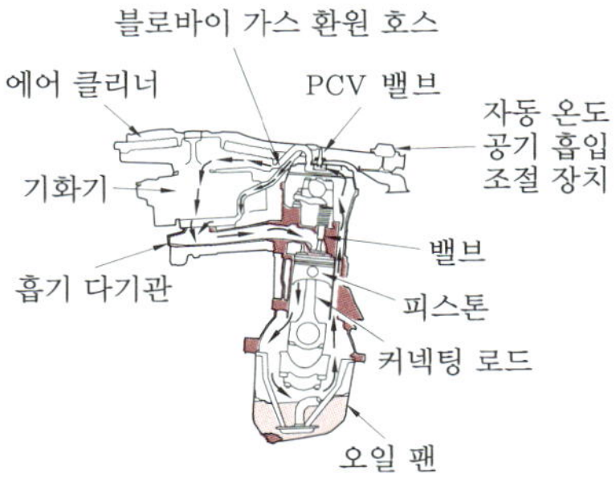

밀폐식 크랭크실 환기

밑깔기 용접 under laying　살붙임 용접을 할 때 터지거나 떨어지는 것을 방지하기 위하여 미리 터지기 어려운 금속을 모재(母材) 면에 용착하는 것을 말한다.

밑면 따내기 back chipping　맞대기 용접에서, 밑 부분의 용입이 불량한 부분 또는 제1층의 부분을 뒷면에서 떼어내는 것으로, 이를 뒷면 고르기라고도 한다.

바[1] bar 미터 단위에서 압력이나 강도를 나타낼 때 사용되는 단위로, 1바는 14.67 psi 또는 100킬로파스칼과 같다.

바[2] var 'volt ampere reactive'의 약어로, 무효 전력의 단위이다.

바나듐 vanadium 철광 속에 존재하는 원소로서, 단단하고 내식성(耐蝕性)이 크며 특수강을 만드는 데 사용된다. 오산화(五酸化) 바나듐은 자동차의 촉매 컨버터의 산화 촉매로 쓰인다. 원소 기호는 V, 원자 번호는 23, 원자량은 50.95이다.

바나듐 강 vanadium steel 탄소 외에 바나듐을 첨가하여 물리적·기계적 특성을 개량한 특수 강철을 말한다. 경도(硬度), 전성(展性), 항장력(抗張力)이 커서 고급 공구, 구조용 고급 강철로 사용된다.

바니시 varnish (1) 투명한 도막(塗膜)을 만드는 데 사용되는 도료이다. (2) 윤활유에 포함된 화합물의 산화에 의하여 만들어진 액상 생성물(precursor)이 중합(重合) 또는 축합(縮合)하여 오일에 용해되지 않는 상태인 것을 레진(resin)이라고 하며, 레진이 고온 부분에 붙어 열에 의하여 경화한 것이 바니시이다. 바니시에 그을음이나 마모 가루(磨耗粉), 유분(油分) 등이 섞인 것을 슬러지(sludge)라고 한다.

바닥 높이 floor height, loading height 접지 면에서 바닥 면의 특정 장소(버스의 승강구 위치 또는 트럭의 맨 뒷부분)까지의 높이이다.

바닥 밑 엔진 자동차 under floor engine auto mobile 엔진을 차체 밑바닥에 장착한 자동차로서, 버스나 단거리 운행 기차에도 사용되었다. 엔진을 자동차의 중심 부분에 설치하여 안전성은 좋은 반면, 정비성이 떨어지는 것이 단점이라 할 수 있다.

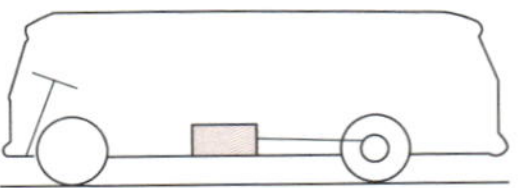

바닥 밑 엔진 자동차

바람막이 windshield 자동차 운전석의 앞 유리를 말한다.

바로미터 barometer 대기압(大氣壓)을 측정하기 위한 기압계를 말한다.

바로 프레서 센서 BPS ; baro pressure sensor 대기의 압력을 측정하여 ECU로 보냄으로써 연료 분사량과 점화 시기를 보정한다.

바리오로서 variolosser 전압 또는 전류에 의해 값을 제어할 수 있는 저항 감쇠 망을 일컫는다.

바리오미터 variometer 가변 인덕터로서, 2 또는 그 이상인 코일의 상대 위치 변화에 따라 인덕턴스 값을 바꾸게 되어 있는 것을 이른다.

바 마그넷 bar magnet 막대형으로 생긴 영구 자석을 말한다.

바 발생기 bar generator 일정한 시간 간격으로 펄스를 발생하는 신호 발생기를 이른다.

바스레프 스피커의 뒷면으로부터 나오는 소리의 위상을 발전시켜 전면에서 내는 방식인 캐비닛(cabinet)으로서, 일명 위상 반전 캐비닛이라고 한다. 이 캐비닛을 사용한 스피커 시스템은 저역(低域)의 특성이 좋아진다.

바운드 스토퍼 bound stopper 현가장치가 최대한 압축되었을 때 보디와 현가장치의 일부가 부딪히지 않도록 하기 위하여 설치된 고무 완충재이다. 바운드는 튀어 오르는 것을 말한다.

바운드 스트로크 bound stroke ⇨ 휠 스트로크

바운딩 bounding 주행 중 스프링 진동에 의해 발생되는 고유 진동으로, 차체의 상하 진동과 Z축 방향의 평행 운동을 말한다.

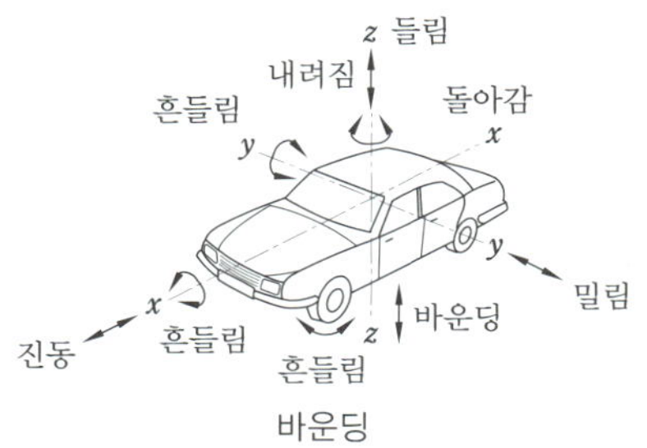

바운딩

바운싱 bouncing 차체 전체가 위·아래로 진동하는 것으로, 피칭은 앞뒤가 교대로 위·아래로 오르내리지만, 바운싱은 앞뒤가 동시에 같은 방향으로 진동하는 상태를 말한다.

바이메탈 bimetal 열팽창률이 서로 다른 두 금속에 의해 작용되는 열 감지 장치로, 온도가 변하면 바이메탈은 휘어지거나 변형되어 다른 구성품을 작동시킨다. 구성 재료로는 100℃ 이하 황동과 니켈(34 %), 200℃ 이하 황동과 인바, 250℃ 부근 모넬메탈 (58~64 %)과 니켈강 (34~42 %)이 있으며, 용도는 서모스탯, 바이메탈 온도계용이다. 종래에는 열간 접착 압연법으로 만들어졌지만, 최근에는 냉간 접착 압연법에 의해 신뢰성 높은 바이메탈이 만들어지고 있다. 바이메탈은 형상에 따라 여러 가지가 있다. 한쪽 평판형은 가장 단순한 형상으로 일반적인 서모스탯에 사용되고, 나선형 및 소용돌이형은 바이메탈 온도계에 사용되고 있다. 원판형 및 양쪽 평판형은 어떤 온도 범위에서 스냅 반전 동작을 한다.

바이메탈릭 bimetallic 두 금속을 서로 접합 (接合)하여 만든 것을 말한다.

바이메탈 서모스탯 bimetal thermostat 바이메탈이 온도 변화로 인해서 구부러지는 것을 이용하여 전기 접점을 개폐하는 온도 스위치이다. 온도 센서 부분과 액추에이터 부분을 일체로 할 수 있어서 염가로 되고, 큰 전류의 온-오프를 할 수 있기 때문에 자동차나 가전(家電), 방재(防災) 등 넓은 분야의 온도 스위치로 이용되고 있다. 이 서모스탯에는 완동형과 속동형이 있다. 완동형은 온-오프의 온도 차가 작지만 전기 잡음원이 되기 쉬워서, 온도 조절 정밀도가 좀 낮더라도 속동형을 사용하는 경우가 많다.

바이메탈식 에어 밸브 bimetal type air valve 열팽창률이 다른 두 종류의 금속을 맞붙인 것으로, 전자 제어 연료 분사 장치에서 엔진의 워밍업 시간을 단축시킨다. 엔진이 워밍업되기 전에는 바이메탈의 수축으로 게이트 밸브가 열리면, 바이패스 통로를 통하여 흡입 공기가 증가되어 엔진의 회전수가 상승된다. 엔진이 워밍업된 후에는 바이메탈의 팽창으로 게이트 밸브가 닫혀 엔진의 회전수는 공회전 상태로 유지된다.

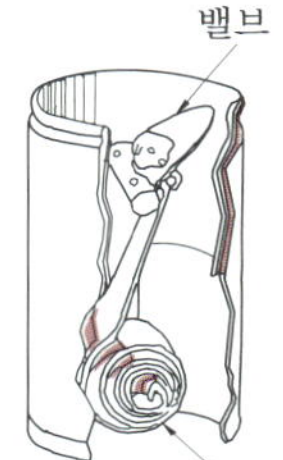

바이메탈식 에어 밸브

바이메탈 온도계 bimetal thermometer 나선형 또는 소용돌이형 바이메탈의 한 끝을 고정하고, 다른 한 끝에 지침을 고정시킨 온도계를 말한다. 전기 입력 없이 동작하고, 큰 눈금판의 계기로 되기 때문에 멀리서도 온도를 측정할 수 있다. 가정용이나 플랜트의 온도 감시에 편리하다. 소용돌이형 바이메탈은 실내 온도 측정용 등의 벽걸이 온도계로 사용되고, 나선형 바이메탈은 보호관 속에 넣어 공업 계측용으로 사용된다.

바이메탈 진공 스위칭 밸브 BVSV ; bimetal vacuum switching valve 각종 배기가스 정화 장치의 온도를 제어하는 데, 사용된다. TVSV와 같은 형태로 작용하는데, 감온재로 왁스 대신 바이메탈을 사용한다. 바이메탈은 접시 모양이며, 온도 변화에 따라 스냅 액션(요철의 반전)을 이용하여 통로를 개폐한다.

바이메탈형 bimetal type　열팽창률이 서로 다른 두 종류의 금속판을 맞붙인 것으로, 온도의 변화에 비례하여 꽤 크게 변형한다.

바이브레이션 vibration　빠른 전후 운동으로, 오실레이션이라고도 한다.

바이브레이션 댐퍼 vibration damper　크랭크샤프트는 회전이 점차적으로 빨라지면 진동이 감소되지만, 회전을 높이면 진동은 점차로 심하게 되어 크랭크샤프트를 파손시킬 우려가 있다. 이런 현상을 억제하기 위하여 정지 상태에서의 균형과 회전 상태에서의 균형에 대하여 충분히 고려하여 크랭크샤프트에 밸런스 웨이트를 장치하거나 크랭크샤프트 앞부분에 바이브레이션 댐퍼(제진기)를 장치하여 진동을 방지한다.

바이브레이터 vibrator　(1) 직류 전원을 교류 전원으로 만들기 위하여 전자적(電磁的)으로 직류를 단속(斷續)하는 장치를 말한다. (2) 진동을 발생시키는 기기나 장치를 말한다.

바이브레이터 코일 vibrator coil　전류가 흐르는 1차 회로를 끊는 진동자가 설치된 변압기를 말한다. 오실로스코프, 인버터, 타이밍 라이트 등에 사용된다.

바이스 vise　공작물을 절단하거나 구멍을 뚫을 때 공작물을 끼워 고정하는 공구이다. 바이스의 종류에는 턱(jaw)이 평행하게 움직이며 다듬질용으로 사용하는 벤치 바이스, 벤치 바이스에 파이프 바이스를 조합한 벤치 파이프 바이스, 공작 기계 테이블에 설치되어 가공 중인 공작물을 고정하는 데 사용하는 테이블 바이스, 피스톤을 고정할 때 사용하는 피스톤 바이스 등이 있다.

바이스 그립 vise grip　용접용 클램프(clamp)로서, 용접 작업을 할 때 패널을 고정하기 위하여 사용하는 기구이다. 배력 기구가 갖추어져 있어 강력한 압력으로 패널을 조일 수 있으며, 모양은 끝이 뾰족한 것, 속이 깊숙한 것 등 여러 가지가 있어 부위에 따라 적절한 것을 사용한다. 원래는 특정 상품명인데, 일반적으로 널리 통용되고 있다.

바이스 플라이어 vise plier　물체를 고정할 목적으로 사용된다. 턱에 주름이 있어 물체가 미끄러지지 않으며, 물체의 크기에 따라 턱을 조정하여 사용한다.

바이어스 bias　반도체 접합부(junction)에 공급되는 전압을 말한다.

바이어스 벨티드 타이어 bias belted tire　⇨ 벨티드 바이어스 타이어

바이어스 비 bias ratio　⇨ 차동 토크비

바이어스 타이어 bias tire　카커스 코드(carcass code)가 타이어의 주방향 중심선에 대하여 어떤 각도(코드각, 보통 20~40°)를 갖고 서로 끼워 넣은 구조를 가진 타이어를 말한다. 타이어의 코드 방향이 타이어의 중심선과 약 35°의 각을 이루고 있으며, 접지부의 움직임이 크기 때문에 마모가 빠르다. 크로스 플라이 타이어 또는 다이애거널 타이어라고도 한다. 바이어스는 헝겊을 비스듬히 자르는 것이고, 크로스 플라이는 플라이가 교차하고 있는 것이며, 다이애거널은 비스듬한 것을 뜻한다. 이것으로 충격을 흡수해서 코드각이 작은 타이어일수록 코드가 겹치는 점이 많아서 카커스가 움직이기 힘들어져 타이어가 딱딱해진다.

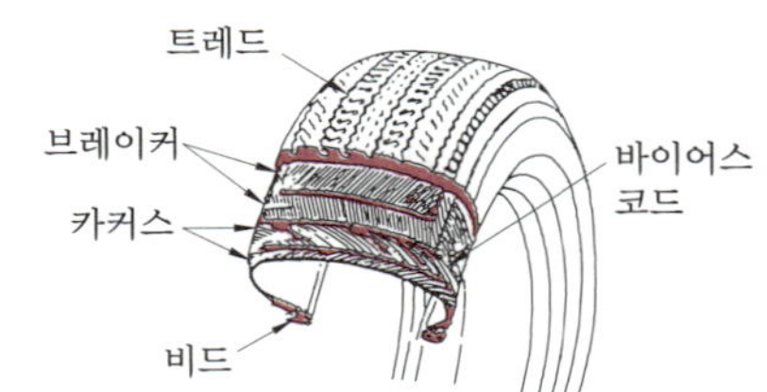

바이어스 타이어

바이오매스 알코올 biomass alcohol　사탕수수, 감자 및 곡물 등을 발효시켜 만든 에탄올(에틸알코올)을 말한다. 브라질에서는 주로 사탕수수로 만든 에탄올을 자동차의 연료로 사용하며, 미국의 일부에서도 곡물로 만든 에탄올을 가솔린에 혼합하여 사용하고 있다. 바이오매스는 식물이나 미생물 등을 에너지원으로 이용하는 생물체를 말한다.

바이오테크놀로지 biotechnology　생물학(바이올로지)과 기술(테크놀로지)을 합한 조합어이다. 옛날부터 행하여진 발효나 식물 육종의 기술을 바탕으로 1970년대 이후 급속히 발달해 온 유전자 변환이나 세포 융합 등과 같은 기술의 총칭을 말한다.

바이자흐 액슬 Weissach axle '포르셰 (Porshe) 928'의 뒤쪽에 사용하고 있는 현 가장치의 명칭이다. 로어 트레일링 암 (lower trailing arm)의 끝이 짧은 링크와 고무 부시를 조합하여 보디에 부착하고, 래터럴 링크가 앞·뒤로 약간 움직이도록 되어 있다. 급감속이나 제동에 의해 타이어에 후진력이 가해지면 고무 부시의 탄력 때문에 전체가 토인(toe-in) 방향으로 변화되어, 코너링 중 가속 페달을 놓거나 제동할 때 자동차의 안전성을 높인다. 바이자흐 액슬은 링크의 움직임을 조절하여 자동차의 조종성·안정성을 향상시키는 멀티 링크 현가장치의 선구가 되었다. 바이자흐는 포르셰의 연구 개발 부서가 있는 독일의 지명이다.

바이턴 Viton 불소(弗素) 고무의 상품명이다. 불소 고무는 내열, 내유(耐油), 내약품성이 우수한 합성 고무로, 유압 계통의 패킹, 개스킷(gasket) 재료 등으로 널리 사용된다.

바이트[1] bite 공작 기계에 사용되는 절삭 공구(切削工具)로서, 보링 머신, 선반 등에서 금속의 절삭에 사용된다.

바이트[2] byte 비트(bit)로 구성된 값을 말한다. 1바이트＝8비트.

바이패스 bypass 어떤 액체, 가스 또는 전류를 정상 회로(또는 배관)가 아닌 다른 회로(배관)로 흐르도록 하기 위해 추가한 분리 회로(배관)를 말한다.

바이패스 밸브 bypass valve 오일 필터가 막혔을 때, 윤활부로 계속 오일을 급유할 수 있도록 하기 위해 사용되는 밸브를 말한다.

바이패스식 오일 필터 엔진 오일의 여과 성능을 향상시키기 위해 하나의 카트리지 속에 종래의 필터와 함께 바이패스 필터를 내장한 것이다. 바이패스 필터는 오일 판 내부의 오일을 여과한다. 1986년형 이후의 디젤 차량에 적용되고 있다.

바이패스 에어 컨트롤 밸브 BACV ; bypass air control valve 이스즈 자동차의 삼원 촉매 방식의 공연비 피드백 제어 시스템에 사용되고 있는 에어 클리너로부터 흡기 다기관의 기화기를 우회하는 부조 공기 유량을 컨트롤하는 밸브이다. 그림(a)에 바이패스 에어 컨트롤 밸브의 구조를 보여 주고 있다. 유량의 특성은 그림(b)에서 보여 주는 것처럼 공회전 시 안정성의 향상을 도모하고 있다. VCS로부터 시그널 부압(負壓)을 받아서 작동한다.

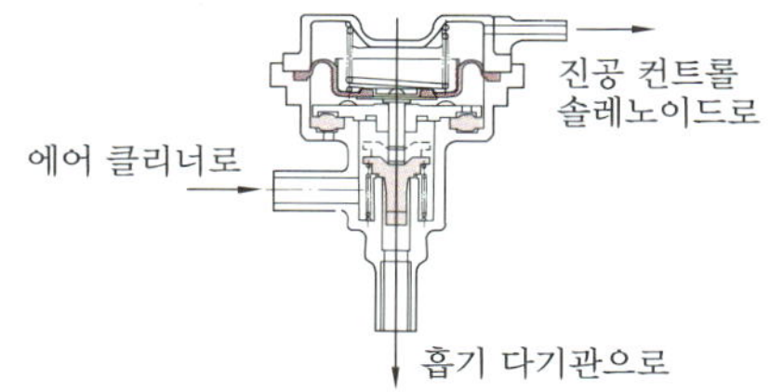

(a) 바이패스 에어 컨트롤 밸브의 구조

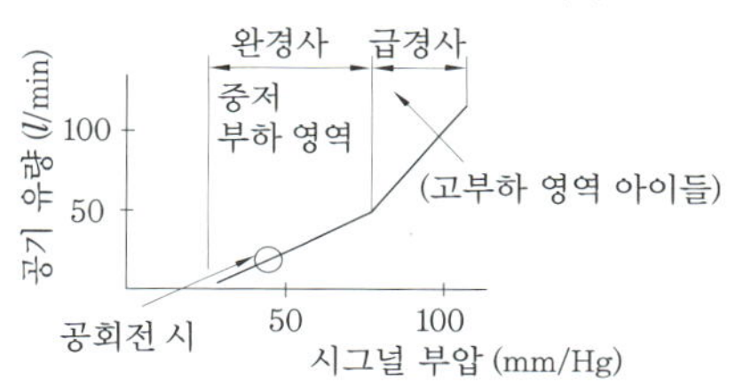

(b) 바이패스 에어 컨트롤 밸브

바이패스 에어 컨트롤 밸브

바이패스 필터 bypass filter 엔진 오일을 여과하는 방식으로, 계통 내를 환류(還流)하는 윤활유의 일부분만 여과하는 방식을 말한다. ⇔ 풀 플로 필터

바이패스 회로 bypass line 유압 장치의 유압 회로에서 필요에 따라 오일의 전부 또는 일부를 분기(分岐)하는 파이프를 말한다.

바이폴러 bipolar (1) 구동 방식의 하나로서, 모터의 코일에 흐르는 전류의 방향이 바뀌는 방식이다. 전류의 방향이 일정한 것은 유니폴러(unipolar)라고 한다. 스텝 모터의 회전각의 정도(情度)가 좋고, 큰 회전 토크를 얻을 수 있다. (2) 양극성(both polarities)의 전류가 반도체 물질을 통하여 흐를 때의 NPN 또는 PNP 트랜지스터의 일반적인 이름을 말한다.

바이폴러 트랜지스터 bipolar transistor 전자와 정공 두 종류의 캐리어를 이용하여 작동하는 트랜지스터를 말한다.

바인더 binder 안료 입자끼리 또는 안료 입자를 도장면(塗裝面)에 접착하여 페인트 막을 형성하는 접착제 역할을 하는 페인트의 성분을 말한다.

바인딩 binding　(1) 자동차 각 부품이 과열 또는 과냉으로 작동이 원활하지 못한 상태를 말한다. (2) 브레이크 드럼 간극이 적기 때문에 라이닝과 드럼이 접촉되어 브레이크를 해제해도 질질 끌리는 상태를 말한다.

바 코드 bar code　컴퓨터가 판독하고 입력하기 쉬운 형태로 만들기 위하여, 문자나 숫자를 흑과 백의 막대 기호로 조합한 코드이다. 광학식 마크 판독 장치로 자동 판독되며, 상품의 종류, 도서 분류, 신분증 명서 등에 사용된다.

바퀴 wheel　휠(wheel)과 타이어(tire)의 조합체로, 자동차 전체의 중량을 분담하여 지탱하고, 주행 시 발생되는 현상 즉 제동력, 회전력, 노면 충격, 선회 시 원심력, 횡력 등에 대응한다.

바 타입 도어 핸들 bar type door handle　횡봉(바) 모양의 도어 아우터 핸들을 말한다.

박리(剝離) flaking　(1) 자동차 보디의 도장면(塗裝面)의 일부가 벗겨져 떨어지는 현상을 말한다. (2) 도금(鍍金)한 표면의 일부가 벗겨져 떨어지는 것을 말한다. (3) 베어링의 회전으로 말미암아 반복하여 접촉 하중을 받아 표면이 비늘 모양으로 벗겨지는 현상을 말한다.

박막(薄膜) thin film　(1) 얇은 막, 다이어프램을 말한다. (2) 기판(基板) 위에 진공 증착(眞空蒸着), 스퍼터링 등으로 만들어진 막을 말한다.

박막 소자(薄膜素子) thin film element　증착, 스퍼터링 등의 방법으로 절연성(絕緣性)이 좋은 기판(基板) 위에 박막을 형성시켜 만든 수동 소자를 말한다.

박막 IC thin film integrated circuit　회로 패턴의 마스크를 통하여 진공 증착 등에 의하여 세라믹이나 유리 기판의 표면에 금속 또는 절연체 등으로 회로를 형성하고, 트랜지스터나 다이오드 칩을 부착한 집적 회로이다.

박막 트랜지스터 thin film transistor　기판(基板) 위에 진공 증착 등의 방법으로 형성된 박막을 사용하여 만들어진 트랜지스터이다.

박스 box　자동차를 상자로 비유해서 분류하였을 때의 표현 방법으로, 박스란 전체가 하나의 상자와 같은 보디 형상을 하고 있는 자동차(미니 밴 또는 왜건)를 말한다. 마찬가지의 분류 방법으로, 엔진부와 캐빈부의 2가지로 이루어지는 자동차를 2박스, 엔진 부분과 캐빈부, 트렁크부로 나누어지는 차를 3박스라고 한다.

박스 타입 리어 스피커 box type rear speaker　견고한 스틸제의 박스에 장착되어 있는 리어 스피커를 말한다. 박스 내는 세퍼레이터 좌우가 별개의 상자 구조로 되어 있어서, 좌우 스피커음의 간섭을 방지하고, 우수한 스테레오 효과를 얻을 수 있다. 또한 하니스 등 키트(별매 옵션)를 사용하면 차 외부로 가지고 나갈 수 있다.

박음 filling　채우기로서, 피스톤 링에 매입(inlaid)한 금속 코팅을 말한다.

반가역식(半可逆式) semi-reversible type　한계가 있는 어떤 힘이 가해지면 앞바퀴가 조향 핸들을 회전시켜 복원할 수 있는 형식으로, 가역식과 비가역식의 중간 성질을 갖는다.

반구형(半球形) semi-spherical type　둥근 원을 절반으로 한 모양이 되어 앞에 적은 어느 것보다도 연소실의 표면적을 넓게 할 수 있다. 밸브를 크게 할 수 있고, 흡배기 포트의 구부러진 부분도 완만하여 밸브의 냉각이 손쉬운 것 등이 장점으로, 연소실로서는 이상적인 모양이다. 그러나 밸브 메커니즘이 복잡하고 비용도 많이 들어 고성능차에만 쓰인다.

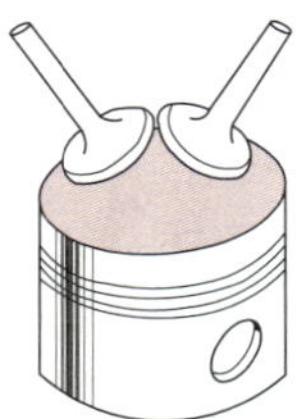

반구형

반구형 연소실(半球形燃燒室) semi-spherical combustion chamber　글자 그대로 반구형으로 생긴 연소실을 말한다. 연소실이 콤팩트하여 연소실 체적당의 표면적(체적비)이 작아 연소실이 적으며 지름이 큰 밸브를 설치할 수 있고, 또 밸브 구멍의 배열을 알맞게 할 수 있어 체적 효율을 높일 수 있다. 또한 스파크 플러그를 중앙에 배치시킴으로써 화염 전파 거리도 균일하게 작아지며 연소 효율도 향상된다.

반다듬질 베어링 semifitted bearing　대략 알맞은 크기로 제작된 베어링으로서, 설치한 다음 가공할 여유를 둔다. 설치한 베어링은 라인 보링 머신으로 가공하여야 한다. 현재 자동차 엔진 베어링은 이 형식의 베어링을 사용한다.

반달 키 woodruff key　반원판형의 키로서 우드러프 키를 일컫는다. 축에 테이퍼가 있어도 사용할 수 있으므로 편리하다. 축에 홈을 깊이 파야 하므로 축이 약해지는 결점이 있어 큰 힘이 걸리지 않는 곳에 사용된다.

반달형 정 round chisel　반달 모양의 본체에 손잡이가 달린 형태의 정이다. 밸브 시트 링을 교환할 때 안쪽에 대고 해머로 두드리는 공구를 말한다.

반 도어 알람　에탁스 기능 중 하나로, 도어가 열려 있거나 반 도어일 때 그대로 달리면 경고 램프가 점등해서 운전자에게 알려준다.

반도체(半導體) semiconductor　대부분 솔리드 스테이트 회로 또는 부품으로 사용되는 일반적인 호칭을 말한다. 반도체는 2원자의 바깥 궤도에 4개의 전자를 가지고 있는 것으로, 그 상태에 따라 도체 또는 반도체의 특성을 나타낸다.

반도체 센서 semiconductor sensor　센서의 동작을, 외부로부터의 갖가지 신호를 전기 신호로 변환하는 것이다. 좁은 뜻으로는 물리량을 전기량으로 변환하는 기능 (여러 가지의 '효과')이 이용된다. 이 변환 기능에 반도체의 여러 가지 효과가 이용되며, 이것을 이용하는 다양한 센서를 통틀어 반도체 센서라 부른다. 외계의 상태를 파악하려고 할 때 빛이나 자기, 온도, 압력, 변형, 가스, 습도 등의 양들이 대상이 되지만, 이와 같은 기본적인 물리량을 전기량(또는 다른 물리량)으로 변환하는 센서는 기본 센서라 한다.

반도체식 압력 센서 semiconductor pressure sensor　실리콘(Si) 반도체로 다이어프램을 만든 후 그 일부분에 불순물을 칠해 변형된 막(게이지 부분)을 이용하며, 압력에 따라 규소 다이어프램 변형을 측정하는 방식의 압력 센서이다. 최근에는 규소 다이어프램 주변에 IC를 부가하여 집적화한 센서도 등장하고 있다.

반도체 일산화탄소 센서 semiconductor carbon monoxide sensor　CO 가스 검지에 사용되는 반도체 가스 센서이다. SnO_2, ThO_2, AIN, $ZnO \cdot Pd$ 등의 재료를 사용한 센서가 있다. SnO_2, ThO_2와 AIN 센서는 CO에 접했을 때만 발진 현상이 나타나는 특성을 가지고 있다. $98\,SnO_2$, $1\,PdCl_2$, $1\,MgO$(wt%비)를 혼합하고, 여기에 $5\,wt\%$의 ThO_2를 가하여 소수성(疏水性) 실리카 졸 $3{\sim}15\,wt\%$와 혼합한다. 이것을 유기 용제에 균일 분산하여 후막용 페이스트를 만들어 전극이 달린 알루미나 판에 스크린 인쇄한 후, $400{\sim}600\,℃$에서 소성(燒成)하여 센서를 만든다. $SnO_2 \cdot ThO_2$ 센서에서는 소자 가열 온도가 $145\,℃$가 되면 특정한 CO 농도 영역에서 발진 현상이 나타나기 때문에 CO 센서로서 이용할 수 있다.

반력(反力) reaction force　외력(外力)을 받는 물체가 한 지지점에서 지지되어 균형을 이루고 있을 때 지지점이 물체를 반대쪽으로 미는 힘을 말한다.

반복 하중(反復荷重) repeated load　동하중(動荷重)의 일종으로, 스프링과 같이 하중의 크기와 방향이 일정한 상태에서 반복적으로 작용되는 하중을 말한다.

반부동식(半浮動式) semi-floating type　요동식(oscillating type)이라고도 하는데, 커넥팅 로드의 작은 피스톤 핀을 끼우고 클램프 볼트로 끼우게 한 것이며, 핀이 피스톤 보스에서 요동을 한다. 따라서 피스톤 보스에 부시가 끼워져 있고 또 핀이 축 방향으로 움직이지 않게 핀의 중앙에 홈을 두어 볼트로 확실하게 고정하고 있다. 구형의 자동차 기관 및 디젤 기관에 많이 사용한다.

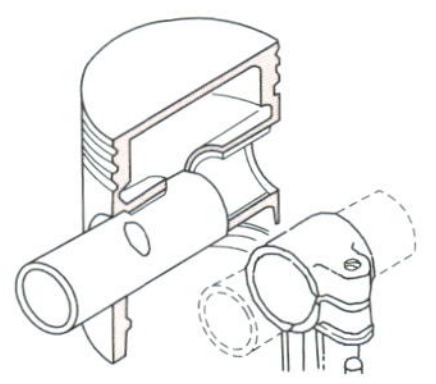

반부동식

반부동식 차축(半浮動式車軸) semi-floating axle　휠이 직접 구동축에 장착되어 베어링이 구동축과 액슬 하우징 사이에 설치되어 있는 차축 형식이다. 구동축에는 비틀림 모멘트 외에 차륜에 걸리는 상하좌우 방향의 하중에 의한 굽힘 모멘트가 작용한다.

반부동식 피스톤 핀 semi-floating piston pin　커넥팅 로드와 핀이 고정되고, 핀은 피스톤 보스에서 자유롭게 움직이는 형식의 피스톤 핀을 말한다.

반사판(反射板) reflector ➪ 리플렉터

반사형 광센서 reflection type photosensor　물체로부터의 반사광을 검출하는 센서이다. 보통 발광 다이오드나 반도체 레이저 등의 광원과 포토다이오드 등의 검출기를 조합하여 구성된다. 대표적인 응용 예는 반사광의 유무에 의하여 물체를 검출하는 검출기로서, 자동문의 인체 검출기나 생산 라인에서의 물체의 위치 검출기 등에 사용된다.

반 원심력 클러치 semi-centrifugal clutch　반 원심력 클러치는 릴리스 레버에 원심 추를 설치하여 회전수와 더불어 증가되는 원심력에 의해 더 큰 압력이 압력판에 작용하도록 한 것이다. 회전하지 않으면 클러치 스프링의 장력이 압력판에 작용되지만, 회전하면 즉시 클러치 스프링의 장력과 원심 추에 의한 원심력이 작용하여 압력판에 가해지는 압력이 증가되어 고속에서 슬립(slip) 현상을 방지한다.

반응 시간(反應時間) response time　운전자가 제동을 가해야 할 상태를 감지하고 실제 동작을 시작할 때까지의 시간으로, 보통 0.4~0.5초 정도이다.

반자동 아크 용접 semi-automatic arc welding　용접봉의 이송이 자동으로 되는 장치를 사용하고 용접 헤드의 이동은 손으로 하는 아크 용접을 말한다.

반자성체(反磁性體) diamagnetic substance　자기장에 놓을 때 자기장과 반대 방향으로 자화(磁化)되는 물질로서 물, 수은, 납, 구리, 안티몬 등이 있다.

반작용(反作用) reaction　힘은 항상 두 물체 사이에서 상호 작용하는 운동에 의하여 나타나므로, 한쪽에서 미치는 힘에 대하여 반발하는 작용을 말한다.

반전 대좌 프런트 시트　시트 백을 시트 쿠션 전방으로 반전 이동시킴으로써 리어 시트와 대좌 상태가 되는 프런트 시트를 말한다. 간단한 조작으로 대좌 상태가 되며, 리어 시트의 조합으로 쾌적한 리빙 룸 감각을 제공한다. 또한 안정성을 확보하기 위해 운전석이 정좌 위치(주행 시 등)에서는 조수석을 대좌할 수 없는 구조로 되어 있다.

반전 소기(反轉掃氣) reverse flow scavenging　2행정 사이클 엔진의 소기 방식의 하나이다. 실린더 벽에 소기 포트를 두고, 여기에서 배기 포트의 반대편 실린더 벽을 향하여 새로운 공기를 보내어 반전시켜 연소 가스를 배출하는 것이다. 루프 소기 또는 시닐레식 소기라고도 한다.

반점(玟瑞) mottle　도포면이 부분적으로 광택이 없거나 희미하거나 또는 불규칙한 무늬가 생긴 현상을 말한다.

반지름 게이지 radius gauge　기계 가공 부품에 있는 둥근 모양을 검사하는 윤곽 게이지를 말한다.

반 클러치 half clutch　페달에 발을 얹고 절반쯤의 힘으로 밀어 클러치가 이어지려는 정도의 상태를 말한다. 자주 사용하면 클러치 마모가 빨라져 클러치 슬립이 일어나게 된다.

반 타원 리프 스프링 half-elliptic leaf spring　리프 스프링은 활 모양으로 휜 철판 몇 개를 겹친 것으로, 타원을 절반으로 나눈 모양으로 휘어져 있다. 리프 스프링 두 쌍을 서로 등지게 한 것으로, 스프링이 휜 것은 스프링 캠버라고 한다.

반 트랜지스터 방식 semi-transistor type　세미 트랜지스터 방식을 이른다. 반 트랜지스터 방식 점화 장치의 배전기는 축전지 점화 방식과 같으며, 접점에 흐르는 수백 mA의 전류로 1차 코일에 흐르는 큰 전류를 제어하므로 접점에 가해지는 전압도 낮아져 접점이 불에 타 버리는 것을 방지한다. 따라서 저속 회전에서의 2차 전압 발생도 안정되며, 접점의 접촉 불량에 의한 시동 곤란 요인이나 엔진의 출력이 저하되는 것을 방지할 수 있다.

반 트랜지스터식 조정기 semi transistor type regulator　트랜지스터 조정기는 트랜지스터를 로터 코일과 직렬로 접속하고 트랜지스터의 베이스 전류를 릴레이 접점으로 ON·OFF시켜 발생 전압을 제어하는 조정기이다. 릴레이의 접점이 닫혀 있으면 베이스에 전류가 공급되어 트랜지스터가 통전되므로 로터에 공급되는 여자 전류(勵磁電流)는 이미터와 컬렉터를 통하여 흐르므로 발생 전압이 높아진다. 발생 전압이 규정 값보다 높아지면 릴레이의 전자석에 의해 접점이 열리므로 로터 전류가 차단되어 발생 전압이 낮아진다.

반파 정류(半波整流) half-wave rectification AC 발생 전압 사이클의 절반(1/2)만 직류로 전환하는 것(바꾸는 것)을 말한다.

반 후연 밸브 AAV ; anti afferburn valve 반역화(反逆火) 밸브(ABV ; anti backfire valve)를 말한다. 감속 시에 스로틀 밸브를 급히 닫아 버리면, 감속 직후에 흡입 혼합 기체는 밀도가 커지게 되기 때문에 불완전 연소를 일으켜 애프터번(afterburn)을 발생하게 된다. 이를 방지하게 하기 위해 감속 시에 흡입관 부압(負壓)을 알아내고, 일정 시간을 흡입관에다 2차 공기를 공급해서 과농한 혼합 가스를 희박하게 하는 역류 방지 밸브이다.

받침 backing 용접 밑면에 금속 또는 석면을 받치는 것을 말한다.

받침쇠 backing strip 받침을 하는 금속으로, 뒷받침쇠라고도 한다.

발광 다이오드 LED ; light emitting diode pn접합 등에 의하여 소수 캐리어를 주입하여 이것이 다수 캐리어와 재결합될 때 천이(遷移)에 상당하는 에너지가 빛으로서 방출되는 것을 이용하여 전류를 빛으로 변환하는 소자이다. 보통 3볼트(V) 이하의 낮은 전압으로 구동할 수 있고, 응답 속도가 다른 광원에 비해 현저히 고속이기 때문에 각종 표시 소자나 광통신용 신호원으로 사용되고 있다. 발광 파장은 재료와 불순물에 의하여 결정되며, GaAs를 사용한 적외 발광 다이오드, GaAsP, GaAlAs 등의 혼정(混晶)을 사용한 적색의 소자가 있다. 또 GaP는 특수한 불순물을 혼합시킴으로써 적, 황, 녹 등의 발광색을 얻고 있다. 또 보다 단파장인 청색의 소자에 대해서는 SiC, GaN, ZnSe 등의 재료를 사용한 것이 시험되고 있다.

발광 도료(發光塗料) luminous paint 어두운 곳에서도 도막(塗膜)이 발광하도록 만든 도료로서, 광고, 도로 표지, 시계 문자판 등에 사용된다.

발광 플라스틱 luminescent plastics 황화아연, 황화바륨, 황화칼슘 등의 형광 물질을 첨가하여 가공한 플라스틱 제품을 말한다.

발수 시트 시트 천에 불소 가공 처리한 시트이다. 시트 위에 흘린 물이나 주스 등을 시트에 침투시키지 않고 강력히 발수한다. 또한 이 성능을 장기간 유지시키기 위해 특수 밀착 가공을 실시하여 내구성을 높이고 있다.

발열량(發熱量) calorific value 어떤 연료를 완전히 연소하였을 경우에 발생하는 열량을 말한다. 연소시키면 물이 생기며 이 물을 증발시키기 위해서 어느 정도 열량이 소비되는데, 수분이 많이 포함된 연료일수록 실제로 이용할 수 있는 열량이 작아지게 된다. 연소로 생긴 수증기의 숨은열을 포함하는 총발열량은 고발열량(high calorie)이라고 하며, 수증기의 숨은열을 빼는 진발열량은 저발열량(low calorie)이라고 한다.

[연료의 발열량]

연료	발열량(kcal/kg)
가솔린	11,000
LPG(프로판)	2,000
LPG(노멀부탄)	11,863
벤졸	9,600
알코올	600~6,400
경유	10,500
중유	10,000
목탄	8,000
석탄	5,000~8,000
코크스	7,000
장작	5,000
메탄(가스)	12,000
수소(가스)	28,800
아세틸렌(가스)	11,800

발열 작용(發熱作用) 도체에 전류가 흐르면 열이 발생하는 작용이다. 도체에는 저항이 있기 때문에 전류가 흐르면 열이 발생하는데, 열의 발생량은 전류가 많이 흐를수록 또는 저항이 클수록 크다. 발열 작용을 이용한 것으로는 자동차의 전구, 자동차의 담배 라이터, 예열 플러그, 전열 기구 등이 있다.

발전기(發電機) alternator 자동차의 각 전기 장치에 전력을 공급하는 전원 발생 장치이다. 벨트에 의해 크랭크샤프트 풀리와 연결되어 회전하는 발전기는 스타터 모터와 반대의 회전력으로 전기를 만들며, 로터는 엔진과 연결된 V 벨트에 의해 구동된다. 엔진에 의해 구동되어 엔진이 고속 회전하게 되면 전류가 증대되므로 이것을 제어하는 전압 조정기가 필요하다.

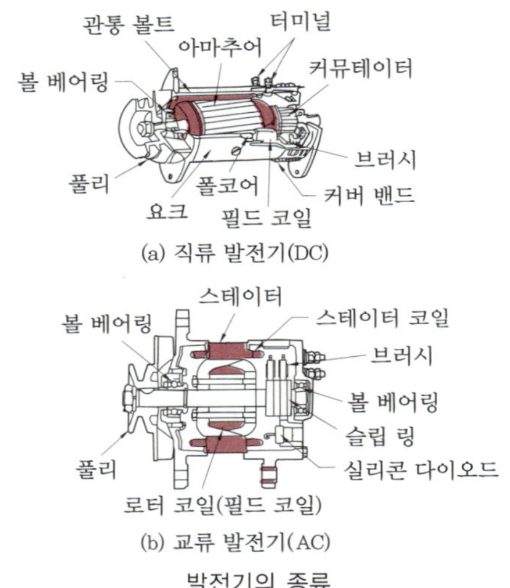

발전기의 종류

발전기 L 단자 generator L connect 전자 제어 현가장치(ECS)에서 엔진 시동 여부를 발전기의 발생 전압으로 감지하여 ECU(컴퓨터)에 입력한다. ECU는 엔진의 작동 상태를 감지하면 자동차의 높이를 조절하며, ECS는 자동차의 속도가 3 km/h 이상일 때 모든 기능의 작동을 가능하게 한다.

발전식 회전 센서 rotating sensor using generator 영구 자석을 회전시켜 속도에 비례한 전압 출력을 검출 코일에서 검출하는 방식과, 영구 자석을 고정하고 코일을 회전시켜 전압 출력을 얻는 두 가지 방식이 있다.

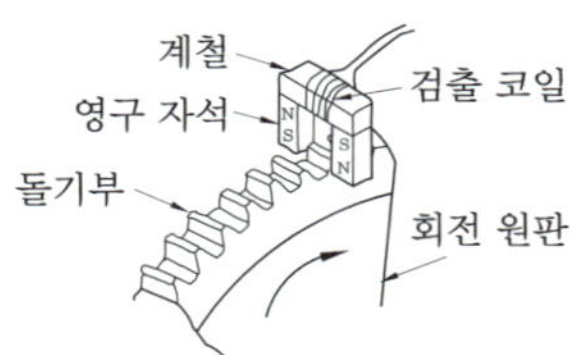

발전식 회전 센서

발전식 회전 속도계(發電式回轉速度計) dynamo type tachometer 발전식 회전 센서라고도 한다. 그림과 같이 둘레 위에 볼록한 부분이 있는 디스크가 회전축에 고정되고, 코일과 영구 자석으로 되는 자기 센서의 자기 회로를 그 볼록부가 폐자로(閉磁路)로 하면 센서 회로를 흐르는 자속(磁束)이 증대한다. 볼록부가 통과하여 개자로(開磁路)가 되면 자속이 감소된다. 따라서 축의 회전에 따라 자속이 시간 변화를 하고, 코일에 기전력이 발생한다. 이 기전력의 주파수로부터 회전수를 알 수 있다.

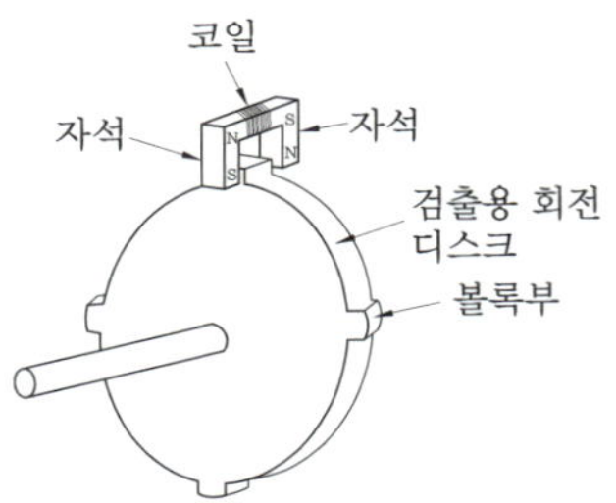

발전식 회전 속도계

발전식 회전 속도 센서 rotating sensor using generator 발전기(태코제너레이터)의 기전력(起電力)으로부터 회전수를 측정하는 아날로그 측정기이다. 발전기는 교류 발전을 하는 것과 직류 발전을 하는 것이 있는데, 어느 경우나 모두 회전수와 전압 신호는 비례한다. 전원은 필요가 없으며, 원격 지시도 가능하다. 직류형은 회전 방향을 계측할 수 있지만 브러시의 마모는 피할 수 없어서, 반도체 정류기를 손쉽게 이용할 수 있는 요즘에는 교류형이 더 많이 보급되고 있다. 이 회전 센서는 계측기 이외에 서보계의 속도 피드백 소자로 많이 사용되고 있다.

발진(發振) oscillation 전기적 진동이 일어나는 것을 말한다. 즉, 어떤 양의 크기가 시간에 따라 어떤 기준값보다 크게 되거나 작게 되는 변동 현상이다. 기계계의 발진 현상을 진동이라고 한다.

발진 가속 능력(發振加速能力) accelerating ability 일종의 최대 가속 능력을 말하는데, 자동차가 정지 상태로부터 알맞게 변하여 일정 거리를 주행하는 시간으로 구해진다.

발진기(發振器) oscillator　전자 회로를 이용하여 연속파의 교류 신호를 발생하는 회로로서 전자관, 트랜지스터, 증폭기 등을 사용하여 그 출력의 일부를 양극성으로 피드백하여 입력시키면 발진이 지속된다.

발진 회로(發振回路) oscillation circuit　외부로부터 가해진 신호가 아니고 전원으로부터의 전력으로 지속되는 전기 진동을 발생시키는 회로이다.

발화점(發火點) ignition point　연료는 그 온도가 높아지면 외부로부터 불꽃을 가까이 하지 않아도 자연 발화하여 연소되는데 이때의 최저 온도를 말하며, 이그니션 포인트 또는 착화점이라고도 한다. 발화점은 가솔린 300℃, 벤졸 538℃, 등유 255℃, 경유 250℃, 중유 250~380℃이다.

방빙(防氷) anti-icing　한랭기에 가스 라인의 빙결을 방지하기 위해 가솔린에 첨가하는 이소프로필알코올(isopropyl alcohol) 등을 말한다.

방사상 불균형(放射狀不均衡) radial runout　휠 또는 휠 및 타이어 어셈블리에서 방사상으로의 진동으로 둥글지 못함을 말한다.

방사성 유격(放射性遊擊) radial ply　회전축에 대해 90° 방향으로의 움직임을 말한다.

방위 센서 direction sensor　일렉트로 멀티 비전 및 내비콘에서 지자기(地磁氣)에 대한 차의 방위를 검출하는 것으로, 센서는 환상 퍼멀로이 코어, 여자 권선(勵磁 券線), 직교하는 2개의 검출 코일로 구성된다. 여자 코일에 교류 전압을 가함으로써 2개의 검출 코일에 발생하는 전압 V_1, V_2의 계측에 따른 지자기에 따른 방위각 I의 계산식은 다음과 같다. $I=\tan^{-1} V_1 / V_2$

방음(防音) sound proof　외부의 소음이 실내에 유입되지 못하도록 하는 것을 말한다. 소음이 외부에 흘러나가지 않도록 하는 것에는 차음(들어오는 소리를 막음), 흡음(들어온 음을 흡수함), 진동 전달 방지 등이 있다.

방전(放電) (1) arc, arcing　두 개의 도체 사이의 공간을 건너뛰는 전기 스파크를 말하며, 이러한 전기 스파크(불꽃) 때 발생되는 아크열로 땜질하는 것이 전기 용접기이다. (2) discharge　배터리 또는 콘덴서 등에 저장된 전기가 소모되는 상태를 말한다.

방전 가공(放電加工) electric spark machining　각종 공작물에 전극 사이의 방전에 의하여 가공을 하는 방법이다. 방전에 의해 전극이 소모되는 현상을 이용하여 절단, 구멍 뚫기, 조각 등을 하는 방법이다. 금속, 다이아몬드, 루비 및 사파이어 등의 가공에 이용된다.

방전율(放電率) discharge rate　방전 전류의 크기를 나타낸다. 방전율을 표시할 때 방전 전류의 크기로 표시하는 전류율과 방전 시간으로 표시하는 시간율이 있다. 자동차용 축전지의 용량은 20시간율 암페어시(Ah)로 표시한다.

방전 종지 전압(防電終止電壓) final dis charge voltage　전지의 방전을 중지하는 전압으로서, 방전 말기 전압이라고도 한다. KS 방전 시험에서는 정해진 모드로 방전하면서 규정 전압으로까지 단자 전압이 떨어지는 데 최소 경과 시간이 정해져 있다.

방전 충격 용접(防電衝擊鎔接) percussion welding　미리 저축한 전기 에너지를 금속의 접촉면을 통하여 급격히 방전시킬 때 발생하는 아크로서, 접합부를 가열하고 방전하는 동안, 또는 방전 직후에 충격적 압력을 가하여 접합하는 용접을 말한다.

방진 강판(防振鋼板) vibration proof steel plate　두 장의 강판 사이에 합성수지에 끼워 넣어 강판의 진동을 흡수하고 차실 내의 소음을 낮추는 것이다. 제진 강판(制振鋼板)이라고도 한다.

방진고무 vibration proof rubber　고무의 탄성으로 진동을 흡수하는 것으로서, 형성된 고무를 상하 또는 측면에서 철판으로 고정 나사를 설치한다. 고주파 진동의 에너지를 열에너지로 변화하여 흡수하기 때문에 방음에도 유효하다. 그러나 고유 진동이 작은 경우에는 형체가 커져서 불리하다. 또 70℃ 이하의 장소에서는 수명을 단축시키고, 0℃ 이하에서는 급격히 탄성이 떨어진다.

방진식 프로펠러 샤프트 vibration isolation propeller shaft　샤프트를 이너 튜브와 아우터 튜브로 분할하여, 그 사이에 방진고무를 넣은 프로펠러 샤프트로서, 구동계로부터의 진동·소음을 저감시킨다.

방진재(防振材) vibration insulating material　진동 전달을 막는 재료로 금속, 스프링, 고무 등이 있다.

방청 강판(防鏽鋼板)　특수 강판 중의 하나로서, 내부식성을 향상시키기 위해 강판 표면에 아연, 주석, 알루미늄 등의 금속 도금 처리를 한 강판을 말한다. 그중에도 아연 도금 강판은 비교적 싸고, 또 신뢰성 높은 방청이 가능하므로 대량으로 생산되고 있다. 이 때문에 차의 보디에도, 특히 방청을 필요로 하는 곳에는 아연 도금 강판이 사용되고 있다.

방청 도료(防鏽塗料) anticorrosive paint　산화 부식 방지 효과가 있는 도료(塗料)로서, 방청을 목적으로 제조된 페인트를 말한다.

방청 작용(防鏽作用)　미끄럼 운동 면에 유막을 형성하여 수분 및 부식성 가스의 침투를 방지하고 침투한 것을 치환하는 작용이다. 방청 작용이 불량하면 미끄럼 운동 면에 녹이 슬고 부식이 발생한다.

방청제(防鏽劑) anti-rust additives　금속 표면에 피막을 만들어 공기나 수분을 접촉하지 못하게 하고 표면에 녹이 생기는 것을 방지한다.

방켈 엔진 Wankel engine　독일인 방켈에 의해서 개발된 3로브(lobe) 로터를 가진 엔진을 말한다. 로터는 동력을 발생시킬 때 오벌형 연소실(oval chamber) 내에서 편심을 이루며 회전한다. 로터리 엔진이라고도 한다.

방향성(方向性)　보는 각도에 따라 색감이 다르게 보이는 성질로서, 원색에는 방향성이 강한 것과 약한 것이 있다. 메탈릭 베이스는 알루미늄 입자의 정렬 방향에 따라 정면과 기울기에서 빛나는 방향이 다르지만, 이것도 방향성의 일종이라고 할 수 있다.

방향성 패턴 directional pattern　타이어의 회전 방향에 따라 특성이 다르며, 지정 방향으로 타이어가 회전하도록 자동차에 장치할 필요가 있는 트레드 패턴이다.

방향 제어 밸브 directional control valve　유압 펌프에서 송출되는 작동유의 통로를 변환하여 오일의 흐름을 규제함으로써 필요한 액추에이터에 동력을 확실하게 접속하는 역할을 하는 밸브를 말한다. 방향 제어 밸브에서는 역류 방지를 위하여 한쪽 방향으로만 흐르게 하는 체크 밸브, 액추에이터의 시동과 정지 및 운동 방향을 변환하는 방향 변환 밸브 등이 있다.

방향족 화합물(芳香族化合物) aromatic compound　벤젠 고리가 두 개 이상 축합된 고리를 가진 화합물을 말한다. 벤젠, 나프탈렌 같은 탄소와 수소만으로 된 방향족 탄화수소와 그 수소의 일부를 작용기로 치환한 유도체를 포함하는데, 일반적으로 향기로운 것을 방향족이라고 부른다. 6개의 탄소 원자가 정육각형의 정점에 배치시킨 구조를 가진 벤젠은 유기 화합물의 기본적인 재료로서 잘 알려져 있다.

방향 지시기(方向指示器) direction indicator　자동차의 좌우 회전 진행 방향을 알리는 등화 점멸 장치이다. 자동차의 전후·좌우에 설치되어 있고, 계기판에 파일럿램프를 설치하여 정상적으로 작동하고 있는지 운전석에서 확인할 수 있다. 핸들을 직진 방향으로 돌리면 작동이 정지된다.

방향 지시기 플래셔 유닛 direction indicator flasher unit　방향 지시등에 흐르는 전류를 일정한 주기로 단속(斷續)하여 점멸시켜 자동차의 주행 방향을 알리는 장치이다.

방향 지시등(方向指示燈) turn signal lamp　자동차의 진행 방향을 다른 차나 보행자에게 알리는 램프를 말한다. 램프, 스위치, 플래셔 유닛(전자 열선식, 축전지식, 수은식, 반도체식)으로 구성되었다.

방현식 미러 day/night rearview mirror　주간의 위치에서 조정한다. 밤에 운행할 때는 뒤따라오는 차량의 전조등으로 인한 눈부심을 줄이기 위해 레버를 운전자 쪽으로 당긴다.

방황하다 wander　차가 주행 중에 어느 한 방향으로 쏠리고, 다시 핸들을 바로 하면 다시 반대 방향으로 쏠려, 노면 위에서 표류하는 현상을 말한다.

배그 필터 bag filter　사이클론 집진기(集塵機)로 포집(捕集)할 수 없는 미세한 불순물을 자루 속에 투과시켜 포집하는 장치를 말한다.

배기(排氣) exhaust　엔진 배기 장치를 통해서 배출되는 연소 또는 미연소 가스의 총칭이다.

배기가스 exhaust gas 연소 후에(공기/연료 혼합 가스에서) 남는 연소된 가스와 연소되지 않은 가스를 말한다.

배기가스 규제 exhaust gas regulation 자동차에서는 해로운 가스가 배출되어 그 확산을 방지하지 않으면 안 된다. 여러 나라에 배기가스 규제에 관한 법규가 생겼고, 그중에서도 1975년에 제정된 미국의 머스키 법이 가장 유명하다. 이것을 기준으로 승용차, 버스 등에 맞는 저마다의 규제를 만들고 있다.

배기가스 바이패스식 exhaust gas by-pass type 터빈으로 들어가는 배기가스 일부를 배출하여 과급 압력을 조절하는 방식이다. 과급 압력이 규정 압력 이상으로 상승하면 바이패스 포트로 흐르도록 하여 터빈으로 들어가는 배기가스의 양을 감소시켜서 터빈이 그 이상 회전하지 않는다.

배기가스 분석기 exhaust gas analyzer 배기가스 중에 섞여 있는 대기 오염 물질의 양을 감지하기 위한 장치로, 이 분석기는 HC나 CO를 점검한다. 그러나 NOx를 테스트하기 위해서는 실험 분쇄기(laboratory analyzer)가 사용된다. 어느 선택품 모듈을 설치했는가에 따라 디지털 엔진 분석기(digital engine analyzer)는 CO만 또는 HC, O_2, CO_2를 측정한다.

배기가스 산소 센서 exhaust gas oxygen sensor 배기가스 중에 섞여 있는 산소의 양을 감지하기 위해 이미션 제어 장치 내에서 사용되는 장치를 말한다. 따라서 이 센서는 정보를 전자 제어 모듈에 보내 이상적인 배기의 이미션 수준이 되게 하고 또 유닛이 공기/연료의 혼합 가스를 조정할 수 있게 한다.

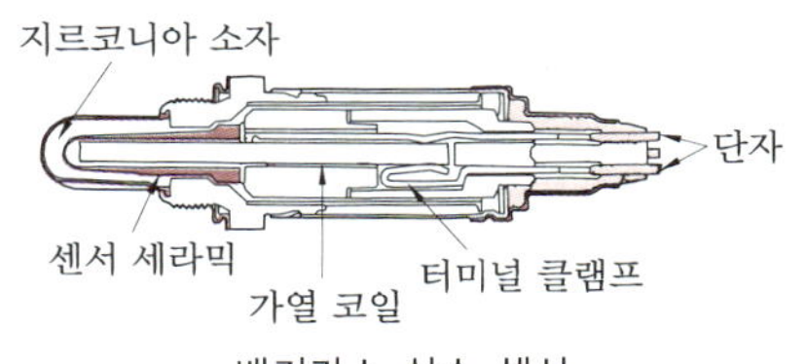

배기가스 산소 센서

배기가스 성분 exhaust gas component 엔진 연소로 배기가스 중에 포함된 유해 성분을 말한다. 주로 문제가 되는 것은 CO, HC, NOx 등이다.

배기가스 재순환 EGR ; exhaust gas recirculation 엔진에서 배출되는 배기가스의 일부를 흡기 계통에 재순환시켜, 이를 새 공기와 섞어 연소를 낮아지게 함으로써 질소 산화물의 발생을 억제하는 것을 말한다.

배기가스 재순환 밸브 exhaust gas recirculation valve 배기가스 재순환 장치의 구성 부품의 하나로, 배기가스 재순환 통로의 최종부에 설치되어서 컨트롤계의 제어 진공의 크기에 따라 배기가스의 재순환량을 제어하는 밸브이다. 일반적으로는 이 EGR 밸브가 1개 사용되고 있지만, 배기가스 재순환 제어의 정밀도를 더욱 향상시킬 목적으로 여러 개의 EGR 밸브를 사용하는 경우도 있다. 국내 차량은 대부분 1개의 EGR 밸브를 채택하고 있으며, 차종에 따라서는 급격한 배기가스 재순환으로 인한 출력 손실(EGR shock)을 방지하기 위해 진공 조절 밸브(vacuum regulator valve), EGR 솔레노이드 밸브 등을 채택하고 있다.

배기가스 재순환 장치 EGR ; exhaust gas recirculation 배기가스 내의 NOx를 저감하는 한 방법으로, 불활성인 배기가스의 일부를 흡입 계통으로 재순환시키고, 엔진에 흡입되는 혼합 가스에 혼합되어서 연소 시의 최고 온도를 내려 NOx의 생성을 적게 하는 장치이다. 보다 효과적으로 EGR를 가동시키고 NOx의 저감을 도모하는 외에, 운전성 확보를 위해서 흡기 온도, 냉각수 온도, 차속이나 변속 기어 위치를 감지하고 운전 상태에 따라 가장 적합한 제어 하에서 배기가스의 일부를 흡입관으로 재순환시킨다. NOx 저감을 위해

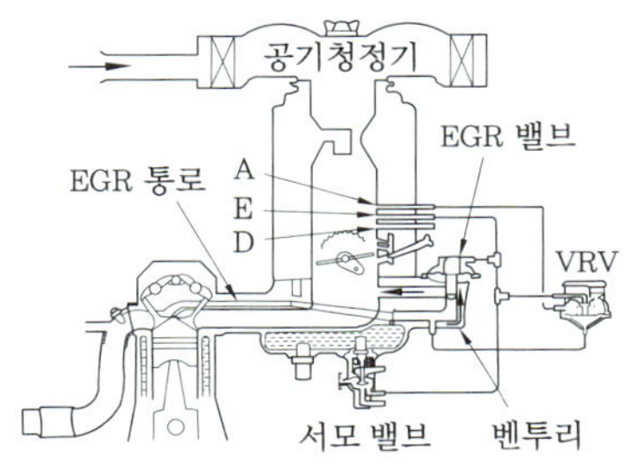

배기가스 재순환 장치

서는 부하나 차속에 관한 EGR율이 일정한 것이 바람직하다. EGR율이란 다음 공식에 의해서 나타낸다.

$$EGR = \frac{\text{배기가스 재순환량}}{\text{흡입 공기량} + \text{배기가스 재순환량}} \times 100$$

배기가스 정화 장치 exhaust gas consecration system　연소 가스의 해로운 성분이 발생하지 않도록 방지하는 기술과 발생한 뒤에 처리하는 기술이 있다. 발생 방지 기술은 배기 성분 검출과 피드백에 의한 혼합 가스의 적정화, 연소실 개량과 점화 시기의 적정화에 의한 연소 속도의 개선, EGR(배기 순환)에 의한 연소 온도의 저감 등이 있다. 또 발생 후 처리 기술에는 서멀 리액터(미연소 가스 연소 장치), 산화 촉매, 삼원(三元) 촉매 등이 있다.

배기가스 제어 장치 exhaust emission control system　연료가 연소된 후 배기 파이프를 통해 나오는 유해 가스를 억제하는 장치로서, 촉매 변환기, 배기가스 재순환 장치, 2차 공기 공급 장치, 가열 공기 흡입 장치, 제트 에어 장치 등으로 구성되어 있다.

배기가스 중 산소량 EGO ; exhaust gas oxygen　배기가스 중에 함유된 산소량을 말하며, 혼합 가스의 농후도 또는 희박도의 측정치로 사용된다.

배기 가열식 자동 초크 choke stove　초크를 자동적으로 작동시키는 장치의 하나이다. 전열식 자동 초크의 전열 대신에 배기가스의 열을 이용한다.

배기 간섭(排氣干涉) exhaust interference　배기가스는 각 기통에서 차례로 나온다. 그 뒤 배기 매니폴드에 하나로 모이면 그 뒤의 저항에 따라 다른 배기 포트로 거꾸로 흘러 그 기통의 배기를 방해한다. 이 때문에 배기 매니폴드가 모이는 곳까지의 길이는 배기가 지나는 속도와 관계가 있다. 잘 설계하면 간섭이 없어지고 오히려 적극적으로 배출할 수 있게 된다.

배기계 방사음(排氣計放射音) exhaust shell noise　배기가스의 자극에 의해 배출될 때 발생되는 소리를 말한다.

배기관(排氣管) exhaust pipe　배기 매니폴드 이후의 배기가스가 지나는 파이프로, 자동차 뒤쪽으로 배출하기까지의 배기가스를 유도한다. 파이프는 굵고 구부러진 부분이 적을수록 저항이 작지만, 차의 바닥 부분을 지나게 하는 제약이 있어 파이프를 두 개로 나누는 일도 있다.

배기구(排氣口) exhaust port　2행정 사이클 엔진에서 실린더 벽 높은 쪽에 형성되어 있는 구멍으로, 이 구멍들을 통해서 배기가스는 실린더에서 배기 매니폴드로 압출된다. 로터리 연소 엔진에서는 이 구멍을 통해서 가스가(배기 밸브를 통과하는 대신) 실린더에서 제거된다.

배기 규제(排氣規制) emission regulation ⇨ 배출 가스 규제

배기 다기관(排氣多岐管) exhaust manifold ⇨ 배기 매니폴드

배기 디바이스 exhaust device　2행정 사이클 엔진의 배기 효율을 높이기 위해 배기 계통에 부착되어 있는 장치(디바이스)의 총칭이다. 배기 다기관의 집합부에 가변 밸브를 설치하여 그 열림 정도를 엔진의 회전수가 변화시킨다.

배기량(排氣量) displacement　피스톤이 실린더 내에서 1행정하였을 때 흡입한(또는 배출한) 공기 또는 혼합 가스의 체적을 말한다. 각 기통의 실린더 면적×스트로크×기통수로 나타내며, cc나 리터(L)로 표시한다. 배기량은 엔진 크기의 척도가 차 자체의 급수를 밝혀 준다. 자동차 세금도 배기량을 기준으로 세율이 정해져서 차의 제원(諸元)에서 가장 기본이 된다.

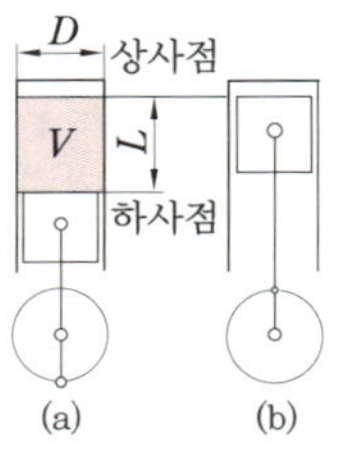

배기량

배기 매니폴드 exhaust manifold　배기구에 연결되는 구성품으로서 연소된 배기가스를 모아 배기 파이프를 통해 배출하는 장치를 말한다. 인테이크 매니폴드에 반대되는 말이다. 배기 방해를 일으키면 엔진 성능에 좋지 않은 영향을 미치게 되므로 여러 갈래로 된 다기관(多岐菅)으로 만든다. 배기 다기관이라고도 한다.

배기 맥동(排氣脈動) exhaust pulse　배기 구멍은 배기 행정에서만 열리고 그 이외의 행정에서는 닫혀 있으므로, 배기가스의 흐름에 강약이 생긴다. 이것을 배기가스의 맥동, 즉 배기 맥동이라고 한다. 각 실린더로부터 배기가스가 정확한 타이밍으로 차례차례 배출되고 맥동의 행정이 원활하면 배기가 순조롭게 이루어진다.

배기 바이패스 waste gate　높은 회전 속도나 부하에서 터보차저에로의 압력(과급압)의 지나친 상승을 제한하기 위해 사용되는 장치를 말한다.

배기 밸브 exhaust valve　이그조스트 밸브라고도 하며, 흡입 밸브와 비슷한 역할을 하고 모양도 거의 같다. 폭발한 배기가스를 실린더로부터 밀어낼 때만 열리는 밸브로, 언제나 높은 온도에 노출되므로 내열성이 뛰어난 것이어야 한다.

배기 브레이크 exhaust brake　(1) 배기 계통(exhaust system)의 배기가스를 압축하는 동시에 인젝션 펌프의 공급 유량을 줄이거나, 배기가스를 차단하는 동시에 흡입 공기를 차단하는 방식을 말한다. 이는 피스톤이 상하 운동에 저항하는 대항 압력을 급속히 발생시키는 것으로, 엔진 브레이크에 비하여 빠르고 큰 제동력을 얻는다. (2) 배기의 통로를 차단하여 엔진 브레이크의 효과를 높이는 일종의 감속기이다. 배기 파이프 중간에는 배기가스의 배출을 억제하는 배기 브레이크 밸브와 이 밸브가 작용할 때 배기 매니폴드 안의 압축된 가스가 밸브의 오버랩(over lap)에 의하여 흡기 매니폴드로 나와서 발생하는 특유의 소음을 방지하는 흡기 매니폴드 밸브가 설치되어 있다. 이들 밸브를 닫으면 엔진이 압축기의 역할을 하게 되어 제동력을 얻는다. 주로 디젤 기관을 사용하는 대형차에 사용된다.

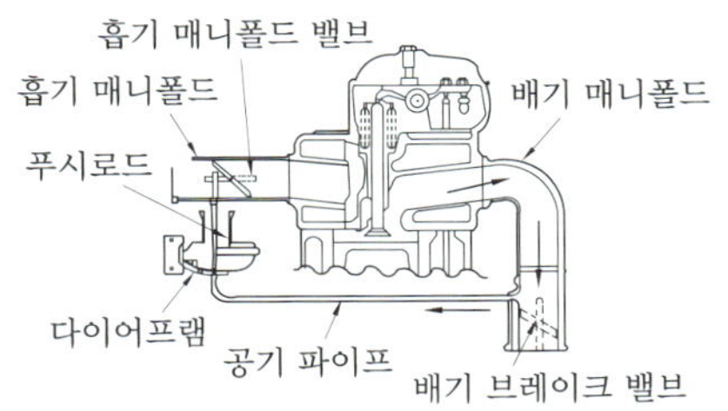

배기 브레이크

배기 브레이크 밸브 exhaust brake valve　배기 다기관이나 배기 파이프 중간에 설치되어 배기가스를 개폐하는 밸브이다. 조정 레버에 의해 날개가 45°의 행정으로 움직이는데, 배기 브레이크가 작동할 때에는 배기 방향과 45° 방향으로, 작동하지 않을 때는 배기 방향과 평행으로 설치된다.

배기색(排氣色) smoke in exhaust　자동차 배기 중에 나타나는 가시적인 흑·청색 물질을 말한다. 청색을 띠면 연소실에 과도한 오일이 침입하고 있음을 나타내는 것이고, 검은색을 띠면 연료의 혼합 가스가 너무 농후함을 나타내는 것이다.

배기 소음(排氣騷音) exhaust noise　배기가스가 배기구로 배출될 때 발생되는 소음을 말한다.

배기에 의해 가열되는 흡기 매니폴드 exhaust heated intake manifold　흡기 매니폴드 바닥을 데우기 위해 흡기 매니폴드의 외부에 특별히 마련해 둔 통로로, 이 통로를 통해서 배기가스의 일부가 지나가게 되어 있다.

배기 온도 경보 제어(排氣溫度警報制御) exhaust gas temperature alarm　촉매가 이상 고온 시에 대시 버저(dash buzzer)를 작동시켜 이상을 알린다. 이 스위치 모듈 기능은 컨트롤 유닛에 편성되어 있다.

배기 온도 센서 exhaust gas temperature sensor　서미스터나 열전대 등 배기 온도의 측정에 사용되는 센서이다. 배기가스 정화 장치는 촉매에 의해 화학 반응이 일어나 고온이 발생하므로, 온도가 높아지는 것을 검출하는 것이다.

배기 이미션 exhaust emissions　배기구 및 테일 파이프 사이의 어떤 개구(開口, 구멍)를 통해서 방출되는 오염 물질을 말한다.

배기 장치(排氣裝置) exhaust system　엔진에서 연소된 가스를 외부로 배출하는 장치이다. 배출 시에 발생하는 소음도를 줄여 주는 소음기, 유해 가스를 정화해 주는 촉매 장치, 산소 센서 등이 장착되어 있다.

(a) 유연 차량

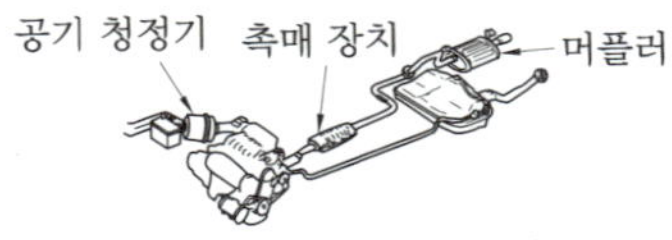

배기 장치의 구분

배기 크로스오버 exhaust crossover　배기 가스가 지나가는 흡기 매니폴드 내의 통로로, 이 통로를 통하여 배기가스가 지나가면서 흡기 매니폴드 바닥을 데운다.

배기 터빈 exhaust turbine　컴프레서 휠을 교차하여 흐르는 배기가스에 의해서 구동되는 터빈 컴프레서를 말한다.

배기 행정(排氣行程) exhaust stroke　동력 (폭발) 행정 다음에 이어지는 행정으로, 배기가스를 외기로 몰아내기 위해 2행정 기간 동안 배기 밸브가 열려 있다. 피스톤은 하사점에서 상사점으로 움직이며, 기계적인 에너지로 바꾼 가스를 배기 밸브를 통하여 실린더 밖으로 배출한다. 배기 가스의 온도는 600~700℃이며, 압력은 보통 3~4 kg/m^2 정도이다.

배너티 미러 vanity mirror　화장(배너티)을 하기 위한 거울을 말한다. 선바이저나 글러브 박스 뚜껑의 뒤쪽에 설치되어 있는 경우가 많다.

배럴 barrel　기화기(氣化器) 중앙을 관통하는 통로로서, 이 통로를 통해 공기가 유입(流入)되어 가솔린과 섞이게 된다. 초크 밸브는 이 배럴의 상부(입구)에 있고, 스로틀 밸브는 배럴의 하부에 설치되어 있다. 그리고 배럴의 중앙부는 벤투리(venturi)를 형성하기 위해 좁은 통로를 이루고 있다.

배리어 barrier　레이싱 서킷에서 주행 코스 주위에 만든 장애물이다. 레이싱 머신이 코스에서 이탈했을 때 위험을 최소화하기 위해 에너지를 잘 흡수하는 성질의 물질로 만든다.

배분 무게 distributed weight　최대 적재 상태에서 자동차의 각 차축에 배분된 무게를 말하며, 이것을 합하면 차량 총 무게가 된다. 각 차축에 배분된 바퀴의 수로 나눈 값을 윤하중(輪荷重)이라고 한다.

배빗 babbitt　베어링의 층을 형성하기 위해 사용되는 납, 주석, 구리, 아연, 안티몬 등의 합금을 말하며, 베어링 배면은 강 (steel)으로 되어 있다.

배빗 메탈 babbitt metal　이것은 주석(Sn) 80~90 %, 안티몬(Sb) 3~12 %, 구리(Cu) 3~7 %가 표준 조성이고, 이 밖에 납 (Pb), 아연(Zn) 등이 포함된 것도 있다. 배빗 메탈은 경도가 비교적 작기 때문에 축과의 친화력이 좋고, 국부적인 하중에 대해 쉽게 변형이 안 되며, 유막 유지가 확실하다. 납 계통과 주석 계통의 두 가지가 있다.

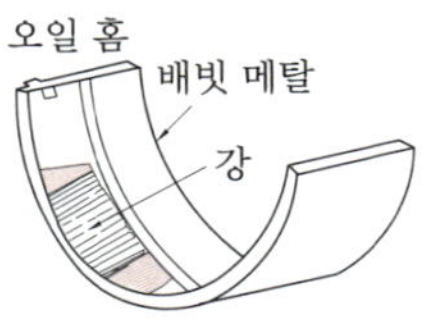

배빗 메탈

배스터브형 연소실 bathtub type combustion chamber　⇨ 욕조형 연소실

배압(背壓) back pressure　배기가스가 받는 배출 저항을 말한다. 연소실에서 나온 배기가스는 별안간 부피가 크게 늘어나서 배기 밸브, 배기 포트, 배기 매니폴드, 배기관, 머플러 등의 저항을 받는다. 이 저항이 커지면 고속 회전에서 연소 효율이 나빠진다. 머플러의 소음 구조 원리는 다음과 같다. ① 흡음재(吸音材)를 채운다. ② 가스를 확장, 수축시킨다. ③ 특정 주파수의 공명을 일으키는 공간을 만든다. ④ 반사와 간섭을 이용한다.

배압 제어식 EGR 장치　엔진의 배압을 이용하여 EGR 밸브에 작용하는 E 부압을 제어, 저속 영역에서 주행성의 향상을 도모하는 것을 말한다. 싱글식 EGR 밸브, 진공 레귤레이터 밸브, 서모 밸브 등으로 구성된 종래의 서브 EGR 밸브는 없고 1986년형의 일부 차종부터 적용되고 있다.

배압 트랜스듀서 BPT ; back pressure transducer　자동차 배출 가스 규제 대책을 위해서 채용된 배압 컨트롤 방식으로 사용되고 있는 EGR 부압을 제어하는 밸브이다. 그림(a)에서 배압 제어 방식의 기능 설명 도면을 보여 주고 있다. 배압 제어의 주역은 도면 가운데의 BPT 밸브로서, 이것은 기화기와 EGR 시그널 부압 통로의 대기압 통로를 컨트롤해서 EGR 시스널 부압을 제어하는 기능을 갖는다. 그림(b)에서 BPT 밸브의 단면도를 나타내고 있다. 이 BPT 밸브의 작동은 배압 P2가 상승하면 BPT 밸브의 다이어프램을 밀어 올려 기화기로부터의 부압에 의해서 EGR 제어 밸브가 작동하고 P2 상승을 제어하는 피드백 방식이고, P2는 거의 일정하게 유지된다.

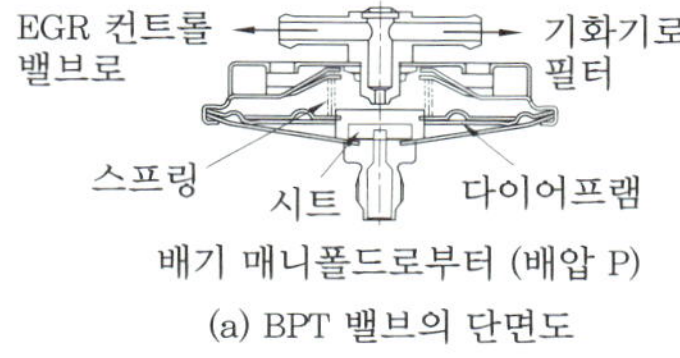

(a) BPT 밸브의 단면도

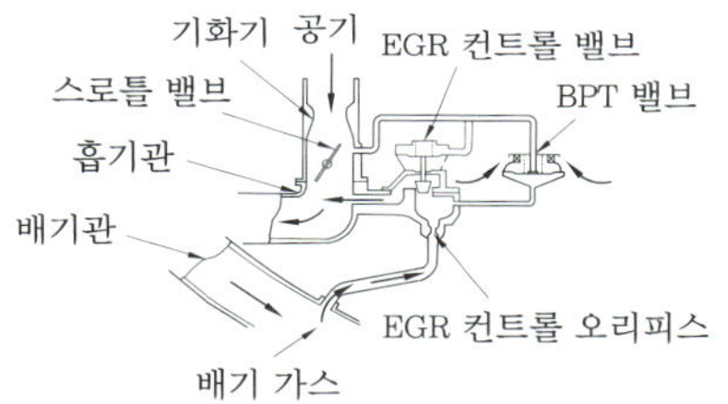

(b) EGR 배압 컨트롤 방식

배압 트랜스듀서

배전기(配電機) distributor　고압의 전기를 점화 코일로부터 받아 점화 순서대로 각 실린더의 점화 플러그에 전달하는 기능(배전부)과 엔진의 회전수와 부하에 따라 점화 시기를 조절하여 주는 역할을 하며(진각부), 1차 전류를 차단하여(단속부) 점화 코일에서 2차 전압을 발생시키도록 하는 기능을 하고 있다. 배전기는 캠축의 헬리컬 기어에 의해 구동된다. 인젝터 등을 사용하는 배전기는 크랭크각 센서(NO.1 실린더 TDC 센서)에서 배전부까지로 되어 있다.

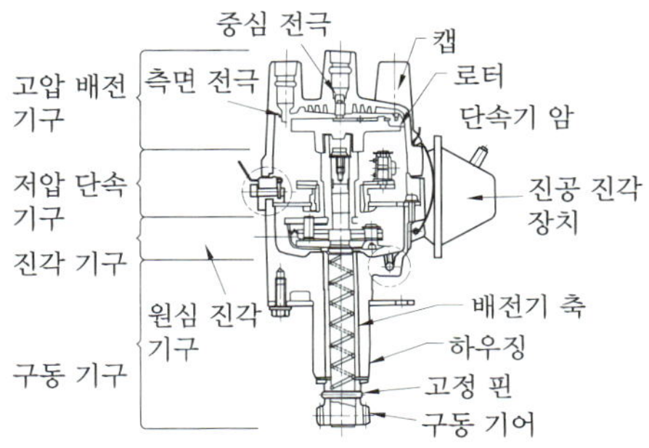

배전기의 구조

배전기 어셈블리 distributor assembly　(1) 접점식 배전기 어셈블리는 점화 코일에서 유도된 고압의 전류를 점화 순서에 따라 점화 플러그에 분배하는 기구로서, 고압 배전부, 저압 단속부, 점화 시기 조정부 및 구동부로 나누어진다. 구동부는 피니언 또는 커플링에 의하여 엔진의 캠축이나 크랭크축 기어에 물려 엔진 회전수의 1/2로 회전한다. (2) 전 트랜지스터식 점화 장치에 사용되는 배전기는 픽업 코일, 마그넷 및 시그널 로터로 구성되어 있으며, 시그널 로터는 배전기 축에 의해 회전한다. 엔진에 의해 시그널 로터가 회전하면 시그널 발전기에서 전기적 점화 신호를 발생하여 이그나이터에 공급하면, 점화 코일에 흐르는 1차 전류를 트랜지스터에 의해 단속한다. 또한 최근에는 점화 코일과 이그나이터가 배전기 내에서 결합된 것도 있으며, 진각 장치는 접점식 배전기와 같이 원심식 및 진공식 또는 컴퓨터 제어에 의해 진각 기능을 수행한다.

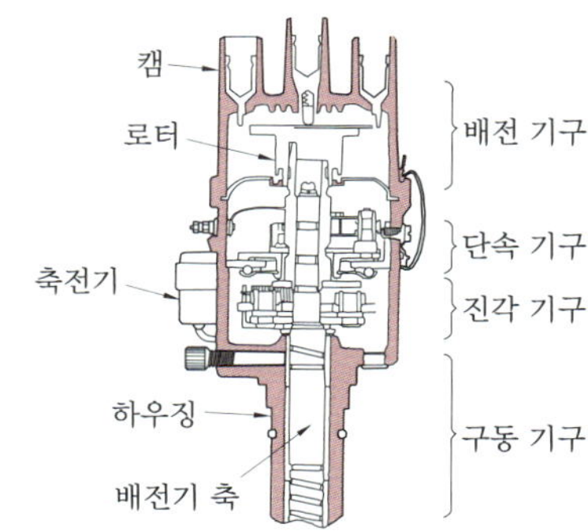

배전기 어셈블리

배전기 저항 시험(配電機抵抗試驗) distributor resistance test　코일의 단자에서 배전기 및 접점(트랜지스터)을 지나 접지(ground)까지 과대한 회로 저항은 없는지를 측정하기 위한 시험으로, 일명 접점 저항 시험(point resistance test)이라고도 한다.

배전기 진각(配電機進各) distributor advance　피스톤 행정(行程)에서 그 속도와 위치에 따라 점화 스파크 시간을 앞당기는 것을 말한다.

배전기 축(配電機軸) distributor shaft　배전기의 중심이 되는 축으로, 보통 엔진 캠축에 의해 구동되며, 접점을 열거나 고전압을 분배할 수 있도록 작동한다.

배전기 캠 distributor cam　이것은 종래 접점식 점화 장치에서 볼 수 있는 것으로, 배전기 상부에 축과 함께 회전하는 캠이 있어 배전기 접점(1차 회로)을 단속한다.

배전기 캡 distributor cap　배전기의 덮개로, 각 점화 플러그로 연결되는 케이블을 설치하기 위한 고압 단자(tower)가 엔진 실린더 수만큼 있다. 그리고 중심 단자(cen- ter tower)는 점화 코일의 고압 전기를 배전기 로터에 전달하기 위한 수단이다.

배제 용적(排除容積) displacement　용적형 펌프 또는 모터의 1회전당 배제되는 기하학적 체적을 말한다.

배척(倍尺) enlarged scale　제도(製圖)에서 동형을 실물보다 크게 그리는 경우에 사용되는 척도이다. $\frac{1}{2}$, $\frac{1}{5}$, $\frac{1}{10}$ 등이 있다.

배출 가스 exhaust gas　배기관으로부터 배출되는 기체나 미립자를 말하며, 수증기(H_2O)와 탄산가스(CO_2)가 대부분이지만, 그 밖에 일산화탄소(CO), 탄화수소(HC), 질소산화물(NOx), 납 산화물(가솔린에 알킬납이 혼입되어 있는 경우), 탄소 입자(스모그) 등이 포함되어 있다. 배기, 배기가스, 이그조스트 가스 또는 이미션이라고도 한다.

배출 가스 규제 emission regulation　자동차가 배출하는 유해한 가스를 법적으로 규제하는 것으로, 배기 규제라고도 한다. 배기관으로부터 나오는 가스나 연기 외에 블로바이 가스 또는 연료 증발 가스도 대상이 된다. 세계 최초의 배출 가스 규제는 광화학 스모그가 문제가 되었던 미국 캘리포니아 주에서 1963년부터 블로바이 가스를 규제하기 시작하여, 1970년에 성립된 머스키법이 유명하다. 우리나라에서는 자동차 배출 가스 규제가 1987년에 시작되어, 매년 추가 및 수정이 되고 있다. 현재는 세계 모든 나라가 배출 가스에 대하여 여러 가지 규제를 실시하고 있다.

배출 가스 제어기 CE, EC ; emission controller　각 스위치나 센서로부터 전기 신호를 받아 그 신호를 증폭하여 미리 입력된 프로그램에 따라 제어 목적에 적합하도록 연산 처리하고, 관련 액추에이터(배기가스 제어 관계에서는 주로 진공 스위칭 밸브나 연료 차단 밸브 등의 솔레노이드 밸브)에 지령을 내리는 유닛으로, 트랜지스터, IC LSI라고 하는 전자 회로로 구성되어 있다. 각 장치를 제어하는 장치이기 때문에, 일반적으로 컨트롤 유닛이라고 불린다.

배출 가스 제어 장치 emission control system　자동차 정차 시 또는 주행 시 배출하는 각종 배출 가스를 적절히 제어하기 위한 장치로서, 크랭크케이스 배출 가스 제어 장치, 증발 가스 제어 장치 그리고 배기가스 제어 장치 등으로 나누어진다.

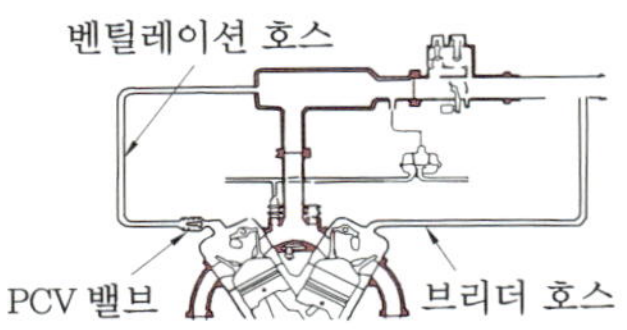

배출 가스 제어 장치

배킹 backing　샌딩 페이퍼나 마스킹 테이프의 바탕이 되는 종이 또는 포(布)를 말한다. 배킹에 접착제가 발라져 있다.

배터리 battery　축전지 또는 2차 전지라고도 한다. 자동차가 정지되면 배터리 내에서 발생하는 화학적 작용에 의해 전기적 에너지로 변환시켜, 시동 시 시동 모터를 구동하고, 발전기 고장 시 예비 전원을 공급하는 역할을 한다. 보통 납 축전지, 알칼리 축전지, MF 축전지로 구분하는데, 다음과 같다. ① 납 축전지 : 일반적으로 사용하는 축전지이다. ② 알칼리 축전지 : 전해액으로 수산화나트륨을 사용하는 축전지로, 주로 선박에 사용되며 가격이 비싸고 수명이 길다. ③ MF 축전지 : 극판이 납 칼슘으로 구성되어 있어, 가스 발생이 적고 전해액 보충이 필요 없으며 자기 방전이 적다.

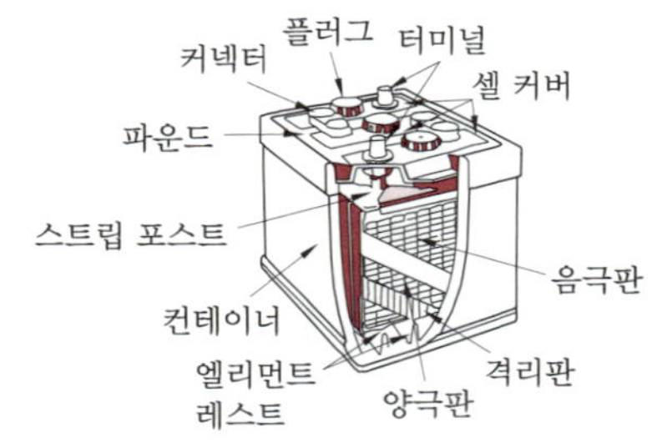

배터리의 구조

배터리 방전 dead battery　배터리의 전압이 내려가 전장 부품이 작동하지 않는 상태를 말한다. 엔진이 회전하고 있어도 올터네이터(교류 발전기)의 발전량보다 전기를 많이 사용하면 배터리의 용량이 소모될 수 있다. 소비 전력이 가장 많은 것은 에어컨, 헤드램프의 순이다. 또한 전동 팬이나 윈도의 열선도 전력 소비가 많기 때문에 동시에 사용할 때에는 주의가 필요하다.

배터리 산 battery acid　축전지 내에 사용되는 물과 황산의 혼합액으로, 일명 배터리액 또는 전해액이라고도 한다.

배터리 셀 battery cell　배터리 내에서 양극판과 음극판으로 조합된 1조로, 하나의 격실로 된 케이스 내에서 전해액 속에 담가 다른 셀과 분리되어 있다. 차량용 배터리의 1셀은 2볼트의 전압을 나타낸다. 따라서 12볼트용 배터리는 6개의 셀이 있다.

배터리 엘리먼트 battery element　격리판과 함께 양극판, 음극판 군을 이룬 유닛(단위)으로, 배터리 셀 내의 전해액 속에 수용되어 있다.

배터리 전압 battery voltage　배터리 내부에는 각 방이 있는데, 이 방을 셀(cell)이라 하고, 셀에서 나오는 전압을 배터리 전압이라 한다. 1셀당 2.1볼트가 나오기 때문에 12볼트용 배터리는 셀이 6개가 있다. 배터리 전압은 전기 장치에 부하가 걸리지 않았을 경우, 배터리의 상태를 검사하기 위해 크랭킹(스타팅) 및 충전을 하는 동안 전압을 측정한다.

배터리 충전 battery charge　전류를 배터리에 공급했을 때, 그 화학 작용으로 전기를 채워 그 본래 상태로 회복시키는 것을 말한다.

배터리 충전기 battery charger　배터리를 충전시킬 때 사용하는 일종의 정류기(rectifier)로, 교류를 직류로 바꾼 다음 충전하게 된다.

배터리 카 battery car　축전지를 동력원으로 하는 차를 말한다. 주로 공장이나 창고 등에서 근거리 운반차로 사용하는데, 전지의 충전 시간이 길고 연속 사용 시간이 짧은 단점이 있다. 현재는 전지 승용차로도 이용하고 있다.

배터리 퀵 차저 battery quick charger　배터리를 단시간에 충전하는 급속 충전기를 말한다. 일반적으로 퀵 차저라고 한다. 급속 충전은 배터리의 수명을 단축하므로 일반적인 충전도 가능하며, 엔진에 연결하여 시동을 돕는 부스터 기능을 갖추고 있는 것이 많다.

배터리 효율 battery efficiency　여러 가지 차량에 전류를 공급할 수 있는 배터리의 능력을 말하며, 그것은 온도와 방전율에 따라 변한다.

배튼 batten　느슨하게 휘어진 곡선을 그릴 때 쓰는 자를 말한다. 제도용 배튼, 현장용 배튼, 제관용(製罐用) 배튼 등이 있다.

배틀 왜건 battle wagon　고급 승용차, 경찰 페트롤 카 등이 해당된다.

배플 baffle　자동차가 급출발하거나 급정거할 때에 오일의 출렁거림을 방지하기 위해 오일 팬에 설치한 칸막이를 말한다.

배플 플레이트 baffle plate　배플 플레이트는 기체나 액체의 출렁임을 방지하기 위하여 탱크에서 수직 방향의 세로로 장착된다. 벌크 헤드가 없는 물탱크의 경우에 배플 플레이트는 탱크의 횡단면에 평행하게 장착될 수 있다.

백그라운드 노이즈 background noise　(1) 자동차의 경음기(혼), 주행 음 또는 배기 음을 측정할 때 주위에서 발생하는 소음으로서 암 소음을 말한다. 경음기, 주행 음 또는 배기 음이 측정 대상음이다. (2) 녹음 또는 재생 장치에서 신호가 없을 때 발생되는 장치의 소음이다. (3) 반송파에 대해 신호에 의한 변조가 되지 않았을 때 수상기에 발생되는 잡음이다.

백금(白金) platinum　전성(展性)과 연성(延性)이 풍부한 은백색의 금속 원소이다. 은보다 단단하고 녹슬지 않는다. 산화·환원 촉매, 장식품, 도량형기(度量衡器), 전극 등 다방면에 사용되며, 원자 번호는 78, 원자 기호는 Pt, 원자량은 195.084 g/mol이다.

백금 플러그　전극부에 백금 칩을 융착한 플러그를 말한다. 수명이 길고 10만 km는 사용 가능하며, 교환이 불필요하다.

백 도어 내장 공구 박스　백 도어에 설치된 연장통을 말한다. 공구를 진열 방식으로 수납하기 때문에 미관상·사용상의 장점이 있다.

백 도어 포켓 back door pocket　백 도어의 안쪽에 설치된 포켓을 말한다. 회중전등 등과 같이, 만일의 경우에 유용한 작은 물건의 보관에 편리하다.

백라이트 backlight　⇨ 백업 램프

백래시 backlash　두 개의 기어가 맞물렸을 때 두 톱니 사이의 틈을 말한다.

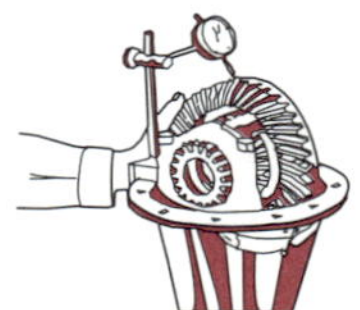

백래시 측정

백 램프 back lamp　후진등을 말한다. 영어로는 배경의 조명이나 역광선을 의미하며, 후진등을 가리키는 경우에는 백업 램프라고 한다.

백레스트 backrest　시트의 등받이 부분을 말한다. 스쿼브(squab)라고도 한다.

백 모니터 back monitor　후방의 장애물을 확인하기 위하여 설치되어 있는 TV 카메라를 말한다. 디스플레이 장치로서, 원 맨 카나 후방 시야가 좁은 대형 차량에 부착되는 경우가 많다.

백미러 back mirror　운전석 앞에 붙은 백미러는 인사이드 미러라고도 하는데, 일반적으로는 평면경을 사용한다. 밤에 뒤차의 헤드라이트 반사광이 운전자의 눈에 들어오지 않도록 특수 장치를 한 백미러도 있는데, 이것은 프리즘 거울의 표면 반사와 이면(裏面) 반사를 이용한 것으로, 미러의 반사율을 바꾸어 뒤차의 반사광량을 적게 하는 구조로 되어 있다. 현재는 거의 모든 인사이드 미러가 이런 구조를 갖고 있다.

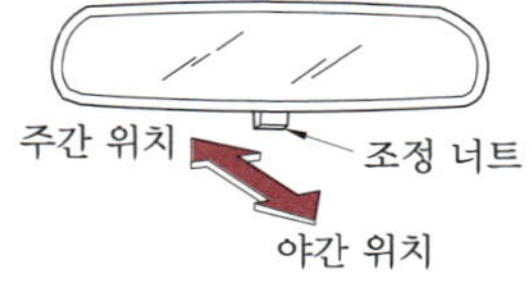

백미러

백미러 시계 back mirror area　백미러로 볼 수 있는 범위로서, 법규에 의하여 그

최저치가 정해져 있다. 적차 상태에서 운전자가 최소 20° 방향 수평각의 시계(視界)와 자동차 뒤쪽 61 m 지점의 평탄한 노면을 확인할 수 있다.

백본 프레임 backbone frame　차의 중심부에 등뼈 비슷한 굵은 프레임을 지나게 하여 그것으로 프레임을 만들어 이런 말이 생겼다. 흔히 백본에는 파이프 등을 사용하고 그 중앙 부분에 프로펠러 샤프트와 배기관, 머플러 등을 배치하여 좌석 위치를 낮게 할 수 있다. 프레임 강성은 크지만 생산성이 좋지 않아 대량 생산에는 맞지 않는다. 로터스 에스프리, 알피누 A 310 등 스포츠카에서 쓰고 있다.

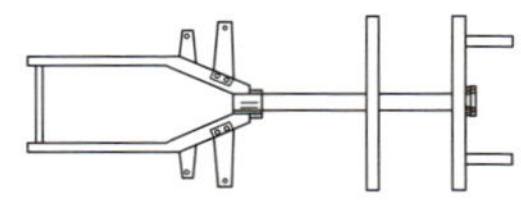

백본 프레임

백 센서 back sensor　차량의 후진 시에 초음파에 의해 차량 후방의 장애물을 검지해서, 차량 후단(後端)과 장애물과의 거리에 따라서 경보음으로 라디오의 리어 스피커(우측)로부터 경보하는 장치를 말한다.

백 소나 back sonar　사람에게 들리지 않는 40 kHz의 초음파를 이용하여 자동차가 후진 시에 뒤쪽의 장해물을 검지한 후 장애물의 거리와 위치를 램프나 경보음의 강약으로 운전자에게 알리는 장치로, 표시부(display)와 초음파 송·수신기, 제어부(control unit)로 구성되어 있다.

백 스쿼브 back squab　두꺼운 쿠션의 등받이를 의미한다.

백스텝 용접 back step welding　용착(鎔着) 방향과 용접 방향이 반대로 된 용접 방법을 말한다.

백스톱 클러치 backstop clutch　한쪽 방향으로만 동력을 전달하는 클러치로서, 원 웨이 클러치(one way clutch)라고도 한다. 자동 변속기의 일 방향 클러치, 토크 컨버터의 일 방향 클러치 및 기동 전동기의 오버러닝 클러치를 말한다.

백스트레치 backstretch　결승점이 있는 코스의 반대쪽에 있는 직선 주행 구간을 말한다. 원형 코스에서 많이 사용되는 용어이다.

백스핀 턴 backspin turn 유럽의 얼어붙은 랠리 등에서는 차가 잘못되어 스핀 현상을 일으켜 반대 방향을 향했을 때, 의도적으로 다시 스핀 턴을 하여 방향을 바로잡는 방법으로, 관성을 이용한 특수 기술이라고 할 수 있다.

백시트 backseat ⇨ 뒷좌석

백심 cone, flame core ⇨ 불꽃 흰색 부분

백악화(白堊化) ⇨ 초킹

백업 backup 백업 기능이란 어느 시스템 일부에 고장이 발생한 경우, 그 시스템이 정상적인 기능을 발휘할 수 있도록 하거나 기본 성능을 보장하여 시스템 전체의 기능 정지를 방지하는 기능을 말한다.

백업 라이트 backup light ⇨ 백업 램프

백업 램프 back up lamp, reversing lamp 후진등으로서, 백업 라이트, 백라이트, 백 램프 및 리버싱 램프라고도 한다. 기어를 후진에 넣음과 동시에 점등되며, 자동차가 후퇴하는 것을 표시하고 후방을 조명하는 라이트이다. 안전 기준에서는, 너무 눈부시지 않도록 밝기는 위쪽에서는 80 cd 이상 600 cd 이하이고, 아래쪽에서는 80 cd 이상 5,000 cd 이하로 후방 75 m 이상을 비추지 않도록 정해져 있다.

백업 링 back up ring 70 kgf/cm^2 이상의 유압이 작용하면 O링이 변형되어 틈새가 발생되는데, 이러한 변형을 방지하기 위하여 유압이 작용하는 뒤쪽(O링 뒤쪽)에 넣는 링을 말한다.

백연(白煙) white smoke 디젤 엔진으로부터 배출되는 흰 연기로서, 연료의 HC와 그 산화물이 주성분이다. 시동할 때나 저온 등 연소 상태가 나쁜 경우에 배출될 수 있다.

백열 취성(白熱脆性) white brittleness 강철에 유황의 함유량이 많을 때 1,050~1,100℃에서 취성이 발생되는 현상을 말한다.

백워드형 임펠러 backward type impeller 터보차저의 임펠러 플레이트가 임펠러의 회전 방향과 역방향으로(백워드) 완만한 곡선을 이루고 있는 방식으로서, 오늘날 대부분의 터보차저가 백워드 방식을 사용하고 있다. 임펠러에는 복잡한 굽힘 응력이 작용하여 강도 설계가 어렵고 특수한 주조 방법이 필요하지만, 레이디얼형에 비하여 출구 공기 속도가 낮아 공기량이 적은 저속 회전에서도 효율이 높다.

백 윈도 back window ⇨ 리어 윈도

백주철(白鑄鐵) white cast iron 주철 중 파단면(破斷面)이 백색을 띠고 있으며 탄소가 시멘타이트로 존재하는 주철이다. 단단하고 취성(脆性)이 있으며, 흑연이 거의 존재하지 않는다.

백파이어 backfire 역화(逆火), 배기 폭발을 말한다. 크랭킹이나 감속할 경우 흡입이나 배기 장치에서 공기나 연료 혼합 가스의 폭발에 의해 생기는 소음으로서, 카뷰레터 위로 폭음과 함께 불꽃이 발생하기도 한다. 점화 시기가 지나치게 느리거나 밸브 간극이 너무 작을 경우, 밸브 개폐 시기가 부정확하고 혼합 가스가 희박할 경우, 점화 순서가 틀릴 경우(고압 배선 잘못 연결) 발생한다.

백 패널 back panel 자동차의 가장 후미에 장착되는 패널로, 리어 콤비네이션 램프 및 트렁크 리드 스트라이커가 장착되어 있다.

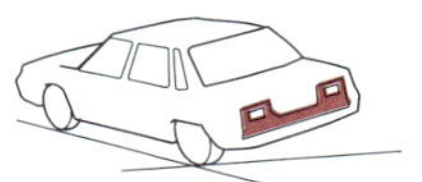

백 패널

백 프레서 back pressure 역압(逆壓), 배압(背壓)으로서, 가동하고 있는 엔진의 배기 매니폴드 내의 압력을 말한다. 배기 장치가 막히면(머플러 또는 캐털리틱 컨버터) 역압이 증가한다.

백 플레이트 back plate 배킹판 앙가방으로도 부르는데, 휠 실린더와 브레이크 라이닝 등이 장착되는 판을 말한다.

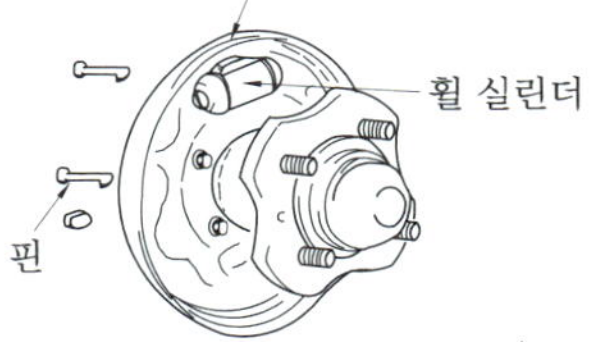

백 플레이트

밴 van 지붕이 고정된 상자 모양의 화물칸을 구비하고 있는 트럭을 말한다.

밴더빌트 컵 레이스 Vanderbilt Cup Race
1900년대부터 1910년대에 미국에서 열리던 빅 이벤트이다. W. K. 밴더빌트의 제안에 따라 1904년에 시작되어 1916년까지 성대하게 치러졌다. 서킷이 일정하지 않고 해마다 바뀌었다. 1936~1937년에 일시적으로 부활되기도 했다.

밴도어네식 변속기 Vandoorne type transmission ⇨ 벨트식 무단 변속기

밴드 브레이크 band brake (1) 자동 변속기에서 유성 기어 장치의 회전을 조절하는 브레이크이다. 유성 기어 장치가 들어 있는 드럼 둘레에 띠(밴드)를 감아, 액추에이터로 밴드의 안쪽에 부착되어 있는 마찰재를 드럼에 압착시켜 브레이크가 걸리도록 되어 있다. (2) 핸드 브레이크의 일종으로, 동력 전달 장치의 일부에 설치되어 있는 드럼의 주위에 브레이크가 걸리도록 밴드를 감은 구조이다. 트럭에 사용되고 있다.

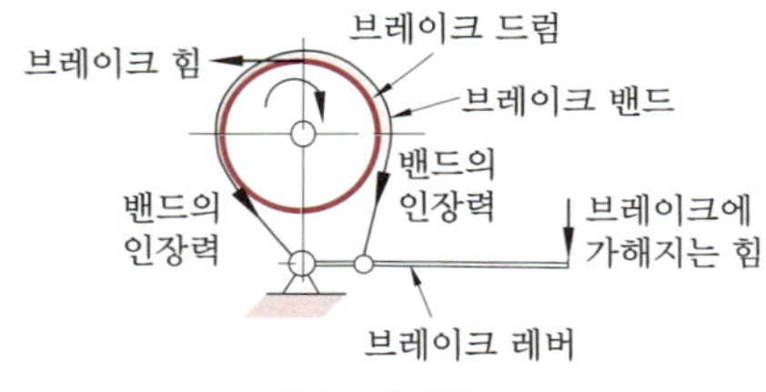

밴드 브레이크

밴드 스토퍼 band stopper 현가장치의 충격 흡수재로서, 고무나 발포 우레탄으로 만들어진다. 일반적으로 현가장치가 가동 범위의 한계에 이르렀을 때, 휠에서의 충격이 보디에 직접 전달되지 않도록 하는 역할을 한다. 맥퍼슨 스트릿 현가에서는 쇼크 업소버의 로드 상단에 부착되며, 현가 암이나 판 스프링에도 사용되고 있다.

밴조형 banjo type 액슬 하우징의 한 형태이다. 중앙부의 커버를 떼어내면 종감속 기어와 차동(差動) 기어를 꺼낼 수 있는 형태로 되어 있으며, 가장 널리 쓰인다.

밴조형 액슬 banjo type axle 밴조는 현악기이다. 밴조형은 액슬 하우징의 중간 부분을 둥글게 하여 차동 기어 캐리어를 액슬 하우징에서 떼어낼 수 있게 된 형식으로, 종감속 기어를 조정하는데 다루기 쉽고 대량 생산에 알맞다.

밴조형 액슬 하우징 banjo type axle housing 액슬 하우징의 형상이 악기의 밴조와 닮았기 때문에 이 명칭이 붙었다. FR 및 4WD 승용차의 대부분이 이 형식을 사용하고 있다. 이 방식은 액슬 하우징을 차체에 장착한 채로 디퍼렌셜 장치를 빼낼 수 있기 때문에 정비성이 양호하다.

밸러스트 ballast '중량, 무게, 짐' 등을 뜻한다. 공식 차량 검사의 중량 측정에 있어서 규정 무게에 못 미친다고 판명된 경우, 이 밸러스트를 경주 차에 고정하여 재측정을 받아 패스해야만 공식 예선에서 달릴 수 있다. 결승 레이스에서도 밸러스트를 차에 고정한 채 달려야 한다.

밸러스트 저항 ballast resistor 안정 저항이라고도 하며, 1차 전류를 안정시키기 위하여 1차 회로에 직렬로 연결한 저항으로서, 코일의 온도에 정비례해서 전압을 감소시키려는 저항이다. 밸러스트는 점화 장치에 대해 전류 제한 역할을 하는데, 크랭킹하는 동안 대개 바이패스된다.

밸런서 balancer (1) 휠의 중량 불균형을 측정하는 기계를 말하며, 통상적으로 정적·동적의 양 밸런스를 동시에 측정하고, 평형추로 균형을 잡는다. 자동차에 타이머를 부착한 상태로 밸런스를 측정하는 것을 '온 더 카 타입(on the car type)', 자동차에서 탈거(脫去)하여 측정하는 것을 '오프 더 카 타입(off the car type)'이라고 한다. (2) 방향 탐지기에서 방향 지시를 정확히 하기 위해 사용되는 부분이다. (3) 단상 3선식 배선에서 부하의 불균형을 감소시키기 위해서 배선 끝에 설치하는 단권변압기(單捲變壓器)를 말한다.

밸런스 balance 균형으로서, 센터 라인(중심선)의 양쪽에서의 무게 또는 힘의 동일성, 즉 어느 한쪽으로 치우치지 않고 고른 상태를 말한다.

밸런스 바 기구(機構) balance bar mechanism 지렛대의 이론을 응용하여 제동력의 앞뒤 배분을 손쉽게 바꿀 수 있도록 한 메커니즘으로, 경주 차에 장착하여 사용되고 있다. 앞바퀴와 뒷바퀴에서는 마스터 실린더를 병렬(並列)로 늘어놓아 밸런스 바를 가로 방향으로 건네고, 두 개 마스터 실린더의 중간을 페달로 민다. 미는 위치에

따라 제동력의 앞뒤 배분이 달라져 페달을 밟는 힘의 작용점을 조절할 수 있게 되어 있다. 작용점은 앞바퀴용 마스터 실린더에 가깝게 하면 앞바퀴, 반대로 멀어지게 하면 뒷바퀴의 브레이크력이 커진다.

밸런스 샤프트 balance shaft　균형축으로서, 엔진의 진동을 줄이기 위해 사용되는 축을 말한다.

밸런스 웨이트 balance weight　타이어와 휠에 무게의 불균형이 있으면 바퀴가 돌아갈 때 원심력으로 회전축이 흔들리는데, 이와 같은 불균형을 바로잡기 위해 휠에 부착하는 평형 장치를 말한다. 이것은 납을 주성분으로 한 합금으로, 림 플런지에 붙이는 것과 휠에 붙이는 것이 있다.

밸런싱 디스크 balancing disc　냉각 장치에 사용되는 터빈 펌프 축에는 냉각수를 퍼 올릴 때 측압(thrust)이 발생된다. 이 힘을 균형화하기 위해서 날개 뒤쪽에 부착된 원판을 말한다.

밸런싱 코일식 balancing coil type　유압계로서, 계기와 엔진의 윤활 장치 회로에 설치된 유닛을 전선으로 연결하고 있다. 오일 유닛은 유압에 따라 상하로 변화되는 다이어프램과 가변 저항이 설치되어 있어, 유압이 상승되면 전기 저항이 변하여 밸런싱 코일의 한쪽에 전류가 많이 흐르게 된다. 이때 계기 내부에 설치된 아마추어 코일의 자력(磁力)도 변화되므로 계기 바늘이 움직여 유압을 표시한다.

밸런싱 테스트 balancing test　회전체의 평형을 수정하기 위하여 불균형 개소를 찾아내기 위한 시험이다. 회전체의 상하 불균형을 찾아내는 것을 정적(靜的) 시험이라 하고, 좌우의 불균형을 찾아내는 것을 동적(動的) 시험이라고 한다. 모든 회전체는 상하, 좌우의 불균형이 없어야 원활한 작동이 가능하다.

밸브 valve　액체 또는 가스의 흐름을 제어할 목적으로 흐름 통로를 개폐하기 위한 밸브를 말한다. 혼합 가스를 연소실 안에 흡입하거나 연소된 배기가스를 배출하기 위해 실린더에 설치된 구성 부품으로, 흡기 밸브와 배기 밸브는 피스톤이 1사이클을 작동하는 극히 짧은 시간에 원활히 작동함으로써 체적 효율을 높이고, 두 밸브

가 닫혀 있는 압축 및 연소 행정에서는 충분한 기밀을 유지함과 동시에 연소 가스의 고온이나 장시간의 운전에 견디는 등의 어려운 조건을 충족해야 한다.

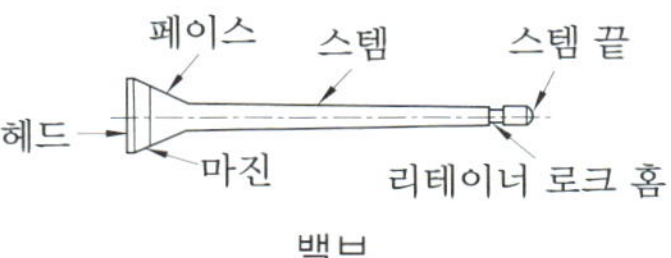

밸브

밸브 가이드 valve guide　밸브가 개폐할 때 움직임을 안내하기 위한 원통형의 작은 관을 말한다.

밸브 간극 valve clearance　온도가 상승함에 따라 밸브 기구가 팽창하여 밸브 면과 밸브 시트가 밀착되지 않는 것을 방지하기 위한 인위적 간극으로, 밸브 스템 엔드와 로커 암 사이의 틈새를 말하며, 조정 나사로 조정할 수 있다. 밸브 간극이 변화하면 밸브 개폐 시기에 영향을 주는데, 간극이 너무 크면 소음이 나고 밸브 기구에 충격을 주므로 항상 적절한 양으로 조정되어야 한다.

밸브 간섭 각 valve interference angle　작동 중에 열팽창을 고려하여 밸브 면과 시트 사이에 1/4~1° 정도의 차이를 두어 작동 온도가 되면 밸브 면과 시트가 완전히 접촉되도록 한다. 이것은 밸브 지름이 작은 자동차용 엔진에서는 그다지 효과가 없다.

밸브 개폐 시기 valve timing　피스톤이 상사점과 하사점을 왕복하여 사이클을 완성할 때 밸브의 열고 닫는 시기를 말하는데, 흡입 시에는 흡입 효율의 증대를 위해서 상사점 전 10°에서부터 흡입 밸브를 열고 하사점 후 45° 정도에서 닫는다. 또한 배기 행정 시에는 배기 효율을 높이기 위해서 하사점 전 30° 정도에서 미리 열고 상사점 후 10° 정도에서 나중에 닫는다.

밸브 개폐 시기

밸브 개폐 시기 선도 valve timing diagram
밸브의 개폐 시기를 표시하는 그림으로서, 밸브가 행정 중 정확히 상사점이나 하사점에서 개폐하지 않고 상사점 전후 또는 하사점 전후에서 개폐되고 있음을 나타낸다.

밸브 그라인딩 valve grinding 밸브 연마를 말한다. 특수형의 동력 공구(power tool)로 밸브 면을 다시 가공하는 것이다.

밸브 기구 valve mechanism L 헤드 밸브 기구와 오버헤드 밸브 기구, F 헤드 밸브 기구로 구분된다.

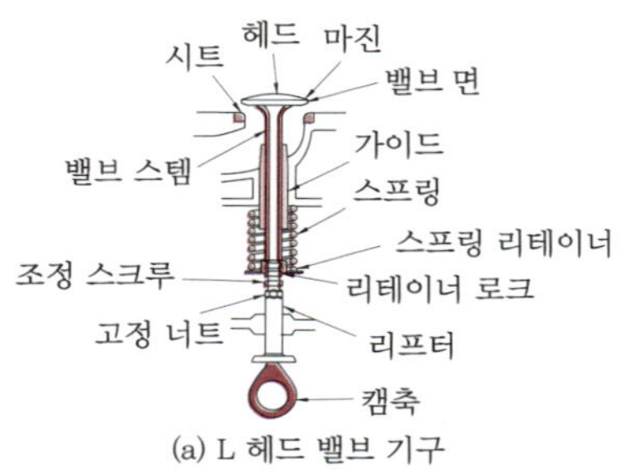

(a) L 헤드 밸브 기구

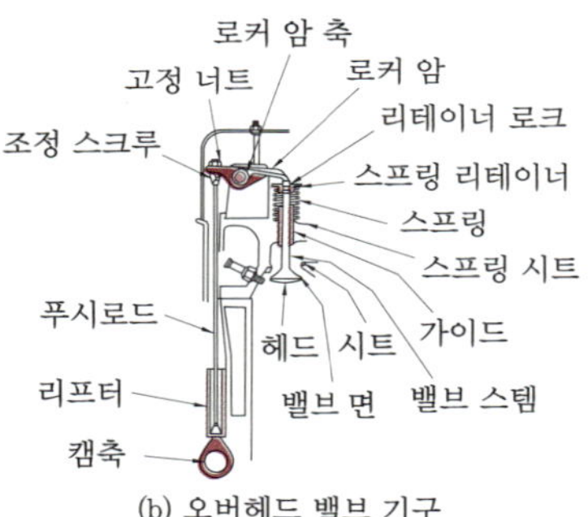

(b) 오버헤드 밸브 기구

밸브 기구

밸브 래시 valve lash 밸브에서 자유 간극 즉 밸브 간극을 말한다.

밸브 래시 기구 hydraulic valve lash compensator 유압식 밸브 리프터로서, 밸브 간극을 항상 제로로 유지하는 유압 기구이다. 래시는 간극(틈)을 말하며, 밸브 간극이 없게 함으로써 밸브와 로커 암 등을 접촉시켜 간극이 없도록 한다. OHV의 유압 밸브 리프터와 OHC의 밸브 래시 어저스터 등이 있다.

밸브 래시 어저스터 valve lash adjuster ⇨ 하이드롤릭 래시 어저스터

밸브 로커 암 valve rocker arm 로커는 '요동하는 물건'을 말하며, OHC 엔진에서는

캠의 회전 운동을, OHV 엔진에서는 푸시로드의 상하 운동을 밸브의 선단(밸브 스템 엔드)에 전달하여 밸브를 개폐한다. 암의 중간 부분에 설치되어 있는 축(밸브 로커 축)을 지지점으로 하는 중지점(中支點) 방식과, 암의 한끝을 지지점으로 하여 상하로 운동하는 스윙 암 방식이 있다. 스윙 암 방식에는 지지점을 밸브의 안쪽에 두는 내지지점 방식과 바깥쪽에 두는 외지지점 방식이 있다.

밸브 로커 암 샤프트 valve rocker arm shaft, rocker shaft 밸브 로커 암이 로버벌(roberval) 저울과 같은 운동의 지지점이 되는 중공(中空)식 축으로서, 작동하는 밸브 기구는 윤활유의 통로로도 사용된다.

밸브 로테이터 valve rotator 밸브 회전 기구이다. 밸브가 열릴 때마다 밸브를 가볍게 회전시키기 위한 장치를 말하며, 이렇게 함으로써 밸브 면이나 스템에 부착된 오물(연소 생성물 등)을 제거하여 밸브 면에서 시트로 열전도가 잘되게 한다.

밸브 리세스 valve recess 피스톤 헤드에 설치된 오목한 것으로, 밸브가 완전히 들렸을 때 피스톤 상사점(上死點)에서 밸브와 충돌하지 않도록 한다. 밸브 포켓이라고도 하며, 리세스는 '오목하다'는 뜻이다.

밸브리스 엔진 valveless engine 엔진에 흡입 및 배기 밸브를 설치하는 대신 배기 포트, 흡입 포트, 소기 포트 등이 설치되어 있는 2사이클 엔진이나 로터리 엔진을 말한다.

밸브 리프터 valve lifter 일명 밸브 태핏(valve tappet)이라고도 하는데, 캠 샤프트 위쪽의 실린더 블록 또는 실린더 헤드에 있는 리프트 구멍으로 지지되고 그 밑면은 캠의 모양에 따라 다양하다. 볼록면 캠일 때는 평면, 접선일 때는 볼록면,

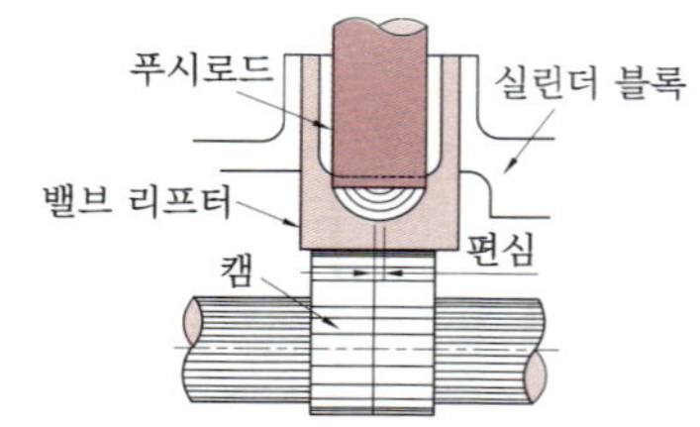

밸브 리프터의 구조

오목면 캠일 때는 롤러로 되어 있는데, 자동차용 엔진은 리프터의 밑면이 평면인 것을 가장 많이 사용한다.

밸브 리프트 valve lift 밸브가 열릴 때의 높이로 캠 리프트와 같다. 밸브 리프트는 캠 샤프트의 회전 운동을 상하 운동으로 바꾸는 역할을 한다. 로브(lobe) 및 로커 암 비(rocker arm ratio), 밸브 기구 간극에 따라 달라질 수 있다.

밸브 리프트 양 valve lift quantity 밸브 양정(揚程)으로서, 밸브 페이스가 밸브 시트로부터 얼마만큼 떨어져 있는가를 나타낸다. 리프트 양이 클수록 흡배기 효율이 좋아진다.

밸브 면 valve face 밸브 시트와 접착(接着)하는 밸브 헤드의 경사 부분을 말한다.

밸브 보디 valve body 자동 변속기에서 유압 제어를 위해 유로(油路)를 전환하거나 압력을 조정하기 위한 밸브가 내장된 유압 제어 장치의 본체를 말한다.

밸브 부동 현상 valve float 밸브가 완전히 닫히지 않았거나 적당한 시간에 닫히지 않은 상태를 말한다.

밸브 서징 valve surging 엔진의 허용 회전수를 넘어 과회전시키면 흡배기 밸브가 이상 진동하여 출력이 떨어지는 현상이다. 흔히 서징이라고 하며, 엔진이 파손되는 원인이 된다.

밸브 설치 각도 valve included angle 밸브 협각(夾角)이라고도 하며, 연소실에 설치되는 흡배기 밸브의 각도이다. 이 각도가 작으면 출력은 크지만 토크의 폭이 적어진다. 같은 DOHC에서도 설치 각이 큰 엔진은 토크형이라고 한다.

밸브 스템 valve stem 길고 가는 막대형의 밸브 자루(기둥)로, 밸브 스템이 가이드 내에서 섭동(攝動)하면서 왕복 운동을 한다.

밸브 스템 가이드 valve stem guide 밸브 가이드라고도 하며, 밸브 스템(축)을 지지하는 관이다. 가이드와 스템의 간극은 엔진 오일로 윤활되지만, 오일이 과다하면 연소실까지 침입하므로 오일의 양(量)을 조정하기 위하여 고무 제품의 오일 실(스템 실)이 부착되어 있다.

밸브 스템 실 valve stem seal 오일이 가이드와 스템 사이로 흘러 들어가는 것을 방지하기 위해 밸브 스템에 설치되는 오일 실을 말한다.

밸브 스템 엔드 valve stem end 밸브에 운동을 전달하는 로커 암과 직접 접하는 부분이다. 로커 암과의 사이에 밸브 간극이 설정되며 평면으로 다듬질되어야 한다.

밸브 스프링 valve spring 흡배기 밸브가 열리고 닫힐 때 중요한 구실을 하는 스프링으로 밸브를 지지하고, 밸브가 닫혀 있을 때는 연소실을 밀폐시키는 작용을 한다. 일반적으로 코일 스프링이 사용되는데, 밸브 스프링이 한끝을 지지하는 것을 밸브 스프링 리테이너라 하고, 스프링을 밸브와 연동시킨다.

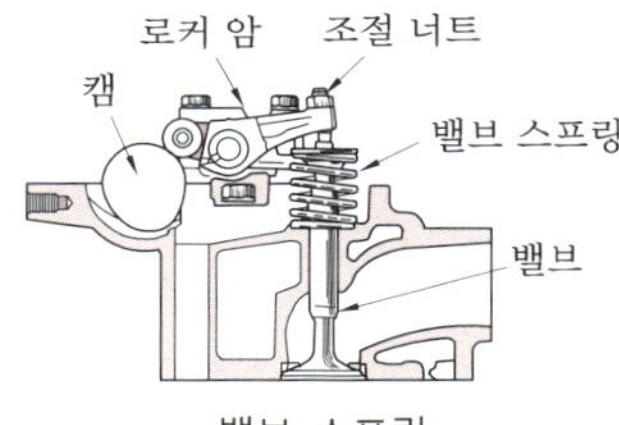

밸브 스프링

밸브 스프링 리테이너 valve spring retainer 밸브 스프링을 밸브 스템에 지탱시키기 위해 사용되는 지지용(支持用) 키를 말한다. 스프링 캡이라고도 한다.

밸브 스프링 리테이너 로크 그루브 valve spring retainer lock groove 밸브 스프링을 지지하는 스프링 리테이너를 고정하기 위한 로크나 키를 끼우는 홈을 말한다.

밸브 스프링 시트 valve spring seat 흡배기 밸브가 안치(안전하게 설치)되는 실린더 헤드 부분을 말한다.

밸브 스프링 컴프레서 valve spring compressor 밸브를 정비하거나 교환하기 위하여 분해할 때 스프링을 압축하기 위한 공구를 말한다.

밸브 시트 valve seat 실린더 헤드에서 밸브의 면(face)이 밀착하여 기밀(氣密)을 유지시키기 위한 부분을 말한다.

밸브 시트 리머 valve seat reamer 밸브 시트 커터로, 리머의 테이퍼 구멍에 파일럿 스템의 테이퍼 부를 설치하고 파일럿 부를 안내면으로 하여 핸들을 돌림으로써 내연 기관의 밸브 시트의 마모를 수정하기 위한 공구이다.

밸브 시트 리세션 valve seat recession
리세션은 '침하' 즉 '가라앉아서 낮아진다'는 뜻이다. 밸브와 밸브 시트가 접촉할 때 충격을 받아 밸브 시트가 점점 마모되는 현상을 말한다.

밸브 시트 인서트 valve seat insert　밸브 시트의 역할을 하도록 실린더 헤드에 장착되는 금속 링을 말한다.

밸브 실렉터 valve selector　밸브 선택기로서, 엔진에서 높은 출력을 필요로 하지 않을 때 실린더의 일부를 제거하는 배기량 조정형 엔진의 한 장치를 말한다. 이 엔진에서 로커 암 작용이 안 되도록 오프 센터된(편심된) 피벗 운동 부분을 움직이기 위해 로커 암이 솔레노이드로 제어된다.

밸브 양정 valve lift　캠 로브(cam lobe), 로커 암 비(rocker arm ratio) 및 밸브 기구에서의 간극 등에 의해 결정되는 밸브의 양정(밸브가 열리는 양)을 말한다.

밸브 어저스트 스크루 valve adjust screw
밸브 간격을 조정하기 위하여 푸시로드나 로커 암에 부착되어 있는 나사를 말한다.

밸브 오버랩 valve overlap　밸브 타이밍으로 밸브가 열려 배기하고 있을 때, 흡입 밸브가 열리는 의도적인 시간차를 말하며, 이 오버랩은 크랭크축의 회전각으로 나타낸다. 흡기의 흐름을 이용한 흡배기의 기술로, 오버랩이 크면 고회전에서는 좋지만 저회전이면 안정되지 않는다. 오버랩이 작은 것은 일반적으로 저속형이라고 할 수 있다.

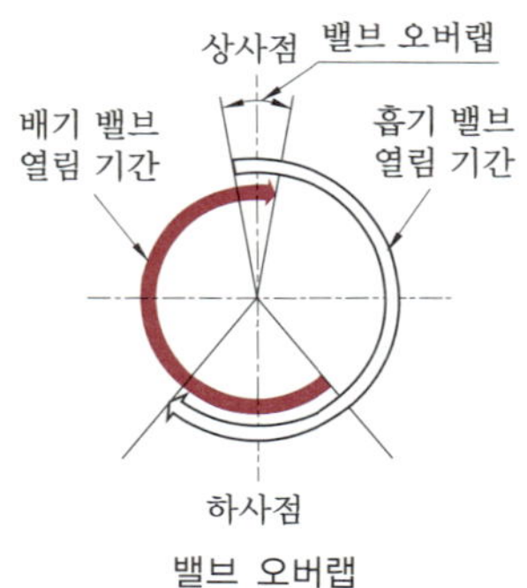

밸브 오버랩

밸브 장치 valve gear　엔진 작동 시 흡입, 압축, 폭발, 배기를 원활히 수행할 수 있도록 알맞은 시기에 열고 닫는 장치로서, 밸브 설치 위치에 따라 L형, F형, T형, I형(overhead valve)으로 구분된다.

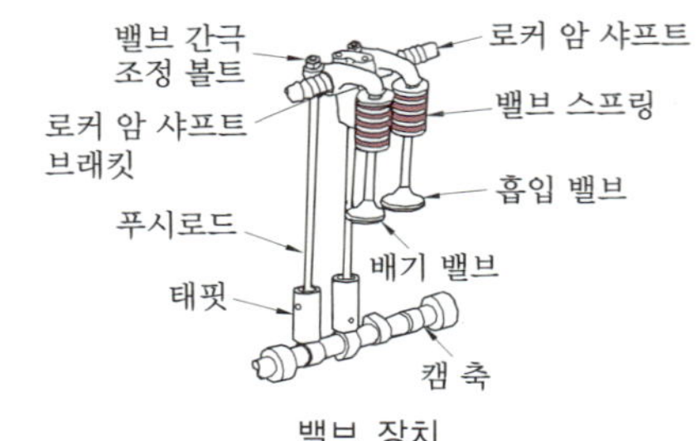

밸브 장치

밸브 지름 valve diameter　밸브 헤드의 지름을 말한다. 엔진 흡배기 효율을 높이고 출력을 증가시키는 데는 밸브 지름이 큰 것이 바람직하다. 그러나 지름이 크면 밸브의 열림은 적어도 되지만, 중량이 무거워지고, 냉각이 힘들어진다.

밸브 커버 valve cover　로커 암 및 밸브 장치를 덮어 보호하는 커버로, 이것은 외부로부터 이물질이 침입하는 것을 막고, 내부로부터 오일이 비산(飛散)하여 나가는 것을 방지하기 위한 것이다.

밸브 코어 valve core insert　타이어 속에 설치되어 있는 튜브 밸브나 튜브리스타이어의 림에 부착된 림 밸브 속에 설치되어 있는 심(코어)이다. 작은 코일 스프링이 밸브를 눌러 공기를 밀봉하는 구조로 되어 있고, 심봉(心棒)으로 스프링을 다시 눌러 공기를 주입하고 배출하도록 되어 있다.

밸브 크라운 valve crown　⇨ 밸브 헤드

밸브 클리어런스 valve clearance　밸브의 틈새를 말한다. 밸브가 닫혀 있을 때의 밸브와 밸브를 밀어 올리는 것의 아주 근소한 틈이다. 오토 래시 어저스터 장치에서 밸브 클리어런스는 제로가 된다.

밸브 타이밍 valve timing　엔진 기통마다의 점화 사이클에 맞추어 흡배기 밸브의 개폐를 결정하는 시기를 말한다. 흔히 저속형 엔진에서는 밸브가 열리는 시기가 늦고, 고속형은 그 반대이다.

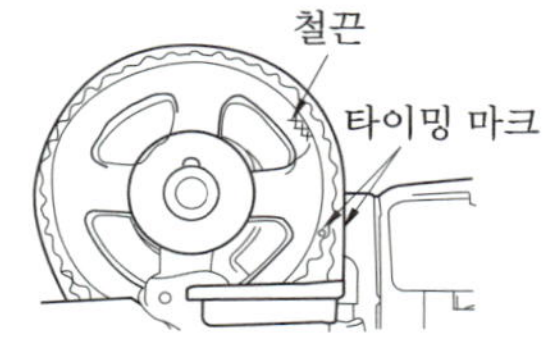

밸브 타이밍

밸브 타이밍 다이어그램 valve timing dia-

gram　밸브 타이밍을 크랭크축의 회전 각도로 도시(圖示)한 것이다. 흡배기 밸브의 개폐 시간이나 밸브 오버랩을 파악하는 데 편리하다.

밸브 태핏 valve tappet　⇨ 밸브 리프터

밸브 트레인 valve train　캠축으로부터 밸브 시트까지의 모든 밸브 작동 기구를 말한다.

밸브 페이스 valve face　흡배기 밸브의 일부분이다. 밸브 시트와 접촉하고 연소실의 기밀(氣密)을 유지하는 부분으로서 30°, 45°, 60°의 원뿔 모양으로 만들어져 있다.

밸브 포켓 valve pocket　⇨ 밸브 리세스

밸브 플러터 valve flutter　밸브 동요(動搖)이다. 밸브가 그 시트에 밀착하지 않았을 때 생기는 현상으로, 이때 밸브는 그 스프링의 장력을 이기고 밀려서 열릴 수 있다.

밸브 헤드 valve head　밸브 헤드의 상부, 즉 밸브 크라운이라고도 한다.

밸브 협각(挾角) valve included angle　연소실에 들어가는 흡배기 밸브의 각도를 말하는데, 이 각도가 작으면 출력 우선 엔진이 되고 토크 폭은 작아진다. 같은 DOHC라도 이 각도가 큰 엔진은 토크형이라고 할 수 있다.

밸브 회전 기구 valve rotation compensator　⇨ 밸브 로테이터

뱅크 bank　⇨ 캔트

뱅크 각 bank angle　V형 엔진에 있어서 양 뱅크(bank)가 이루는 각도는 45°, 60°, 90° 등이 일반적이지만, 그랜저 V 등에서는 FF 가로 설치하기 때문에 정비성(벨트의 조정 교환, 점화 플러그, 오일 필터, 알터네이터의 탈착), 탑재성, 정숙성에 유리한 60°를 적용하고 있다.

버 burr　쇠가시로서, 줄(file) 또는 다른 공구로 어떤 금속을 잘랐을 때 생기는 가시 모양의 그루터기를 말한다.

버니어 vernier　버니어 캘리퍼스의 부척(副尺)으로서 본척(本尺)의 1눈금을 1/10 또는 1/20까지 정확히 읽는 장치이다.

버니어 엔진 vernier engine　장거리 탄도 미사일의 최종 단계 추진 로켓이 모두 연소된 다음, 속도를 조정하고 진로의 오차를 정확히 수정하기 위한 보조 로켓 엔진을 말한다.

버니어 캘리퍼스 vernier calipers　본척(本尺)과 부척(副尺)의 눈금으로 측정물의 바깥지름, 안지름을 측정하는 기구이다. 버니어 캘리퍼스는 바깥지름, 안지름을 측정할 수 있는 최소 눈금이 1/20 mm이고, 본척의 눈금이 1 mm인 M형, 바깥지름·안지름을 측정할 수 있는 최소 눈금이 1/50 mm이고 본척의 눈금이 0.5 mm인 CB형 등이 있다.

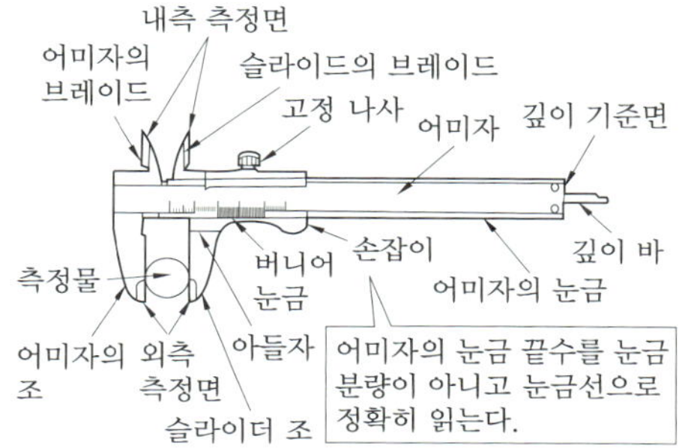

버니어 캘리퍼스

버닝 burning　(1) 금속 재료를 지나치게 가열하면 국부적으로 용해되기 시작하는 것을 말한다. (2) 열처리 된 감광막(感光膜)의 내산성(耐酸性)을 높이기 위한 처리이다.

버스 bus　(1) 운임을 받고 정해진 길을 운행하는 대형 합승 자동차이다. (2) 몇 개의 전원 또는 공급 회로가 접속되는 공통 도체로서, 동과 알루미늄 합금이 사용된다. (3) 컴퓨터 내부의 회로에서, 중앙처리 장치, 주기억 장치, 입출력 장치 사이에 정보를 전송하는 데 공용(共用)하는 전기적 통로를 말한다.

버스트 burst　카커스가 열과 외상 등으로 별안간 터져서 흩어지는 현상을 말한다. 타이어 공기압이 낮아져 스탠딩 웨이브가 발생하고 열에 의해 파괴되는 경우가 가장 많다. 이때 타이어에 열파괴의 흔적이 있는 경우도 있으나 내압(內壓) 저하가 빠르게 이루어졌을 때는 발열을 보여 주는 자취가 없어 버스트의 원인을 알기 힘들다. 펑크의 일종이라 할 수 있는데, 흔히 말하는 '파스'는 '버스트'를 잘못 일컫는 말이다.

버저 buzzer　전자석의 코일에 단속 전류(斷續電流)를 흐르게 하여 자력으로 철편

(鐵片)의 진동을 발생시켜 소리를 내게 하는 장치를 말한다.

버전 version '번역, 역본, 설명, 이야기' 등을 뜻한다. 어떤 것에 대한 특수한 형태 또는 변형체 등을 의미한다. 자동차에 사용되는 경우는 '전용 사양'이라는 의미를 갖는다.

버추얼 리얼리티 virtual reality 가상 현실감을 말한다. 머리나 손의 동작을 센서가 포착하여, 거기에 맞춰서 컴퓨터 그래픽 등에 의한 장면을 만들어 내며, 인공적인 영상을 변화시킬 뿐만 아니라 그 속의 손이나 물체를 움직이고 촉감을 피드백함으로써 마치 실제로 그 환경 내에서 행동하고 있는 것처럼 느끼게 할 수 있는 기술을 말한다.

버클 buckles 충격으로 인한 보디 패널의 비틀림을 말한다.

버클링 buckling 좌굴(挫屈) 봉(棒)이나 판(板) 등의 길이 방향(축 방향)으로 힘을 가했을 때 옆 방향으로 변형하는 현상이다.

버클 조립식 시트 시트 벨트의 버클(고정구)을 시트에 장착한 것이다. 시트를 전후로 이동해도 시트가 항상 신체에 알맞도록 되어 있다.

버킷 시트 bucket seat 버킷은 '통'이란 뜻이며, 버킷 시트는 등받이가 깊어 몸을 감싸 주는 형태의 의자를 말한다. 요즘의 승용차 앞좌석은 이런 형식으로 되어 있다. 코너링 때 자세를 바로잡아 주는 좌석은 특히 스포츠 시트라 하기도 한다. 커브나 고르지 않은 노면을 빨리 달려도 의자에서 운전자의 몸이 쉽게 흔들리지 않아 경주용 차에 많이 사용된다.

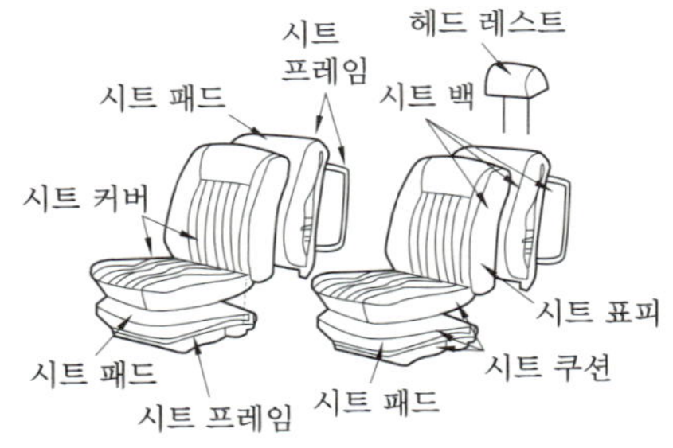

버킷 시트의 구조

버킷 펌프 bucket pump 오일 주유기로서, 버킷형 밸브를 레버로 상하 왕복 운동시키면 유압이 발생되어 급유할 수 있는 펌프를 말한다.

버터링 buttering 맞대기 용접을 할 때 모재(母材)의 영향을 방지하기 위하여 홈 표면에 다른 종류의 금속을 표면 피복 용접하는 것을 말한다.

버터플라이 밸브 butterfly valve 기화기(氣化器) 내에서 공기 또는 혼합 가스의 흐름을 제어하기 위해 사용되는 초크 또는 스로틀 밸브를 말한다.

버트 심 용접 butt seam welding ⇨ 맞대기 심 용접

버튼 교환식 파트타임 4WD 밴, 트럭에 적용된 4WD 시스템을 말한다. 2WD, 4WD 전환 스위치 작용에 의한 것으로서, 경차의 경우 2WD, 4WD 전환부의 싱크로나이저 및 프런트 디퍼렌셜부의 프리 휠 클러치 기구의 적용에 의해 주행 중 전환이 가능해졌다.

버티컬 어저스터 vertical adjuster 시트를 상하 조정하는 기구로서, 시트 쿠션 전체 또는 앞쪽이나 뒤쪽만을 상하 조정하는 것을 말한다. 버티컬은 상하 방향의 의미이다.

버티컬 어저스트 vertical adjust ⇨ 시트 리프터

버티컬 보텍스 엔진 vertical vortex engine 초희박 연소 방식을 이용하여 저연비를 실현시킨 엔진을 말한다.

버티컬 플로식 라디에이터 vertical flow radiator ⇨ 다운플로 라디에이터

버퍼 buffer (1) 스프링이나 유압을 이용하여 기계적인 충격을 흡수하여 완화시키는 완충기로서 범퍼, 쇼크 업소버라고도 한다. (2) 컴퓨터에서 입출력을 위해 데이터를 일시적으로 저장하는 기억 장치이다. (3) 엘리베이터가 승강로의 하단부에 스프링 또는 유압 장치를 설치하여 엘리베이터가 최하층을 넘어 하강하였을 때의 충격을 흡수 완화하는 장치이다. (4) 전기 회로에서 구동 회로가 반작용을 받지 않도록 중간에 설치하는 격리 회로이다. (5) 계산기의 어떤 디바이스에서 다른 디바이스로 정보를 전송할 때 흐름의 속도가 다르거나 정보의 발생 시점이 다를 때 보정하기 위하여 일시 기억시키는 장치이다.

버퍼 스프링 buffer spring 완충 스프링으로, 충격을 완화하기 위해서 사용하는 코일 스프링을 말한다.

버퍼 클리어런스 buffer clearance 적차 상태에 있어서 현가부의 여유 간격(α)을 버퍼 클리어런스라고 한다.

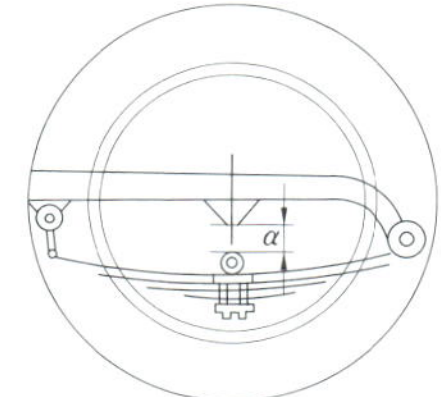

버퍼 클리어런스

버플 플레이트 디플렉터 buffle plate deflector (1) 공랭식 엔진에서 공기의 흐름을 유도하기 위해 설치된 냉각핀으로서, 냉각 효과를 증대하고 냉각이 균등하게 이루어지도록 한다. (2) 브레이크 드럼의 외부 또는 디스크와 디스크 사이에 설치된 냉각핀이다.

버필드 조인트 Birfield joint 등속(等速) 조인트의 일종으로, 전륜 구동용 드라이브 샤프트의 휠 허브 쪽에 사용되는 조인트이다. 자동차가 주행 중 요철 도로 및 조향에 의해 동력 전달 각도가 변하더라도 회전의 불균형이 없이 구동 바퀴에 전달하며, 전달 효율이 높고 진동 및 소음이 적다.

번 burn 연소하는 것을 말한다.

번 아웃 burn out 전기 회로의 단락(short) 등의 원인으로 과전류(過電流)가 흘러 전기 부품 또는 도체 등이 소손(燒損)되는 현상을 말한다.

번인 burn-in 제작된 엔진 또는 물품을 사용하기 전에 그 특성을 안정시키고 조기에 고장을 방지하기 위하여 조작하는 길들임 작업을 말한다.

번호등(番號燈) number plate lamp ⇨ 번호판등

번호판등(番號版燈) license plate lamp 자동차 뒷면에 설치된 번호판을 야간 식별이 가능하도록 조명하는 등으로, 번호등이라고도 하는데, 영어로는 라이선스 플레이트 라이트 또는 라이선스 플프레이트 램프라고 한다. 번호판등은 번호판의 상하 또는 좌우의 위치에서 조명할 수 있도록 설치하고, 램프는 5~10W를 사용하며, 내면에 확산 처리를 한 렌즈를 사용하여 번호판을 균일하게 조명해야 한다.

벌룬 타이어 balloon tire 저압 타이어로, 접지(接地) 면적이 커서 안정도가 높고 완충도가 크다. 1920년대 말경에 개발되어 1930년대에 보급되었는데, 그때까지 공기 주입식 타이어는 $3.5\sim4.5\ \mathrm{kgf/cm^2}$의 공기 압력이 사용되고 있었으나, 구조 개량에 따라 $2\ \mathrm{kgf/cm^2}$ 전후로 사용할 수 있게 되어 풍선(벌룬)처럼 부드러워 승차감이 좋은 타이어라는 데서 붙여진 명칭이다.

벌브 bulb 안에 광원을 가지고 있는 조립품으로서, 일반적으로 램프에 사용된다.

벌지 bulge 벌지는 '팽창'이라는 뜻이며, 차에서는 단차(段車)를 말한다. 벌지 부착 후드는 부분적으로 부풀게 한 악센트를 부착한 것을 말한다.

벌지 타입 부시 bulge type bush 현가장치의 부시에서 안쪽의 중앙 부분을 부풀린(벌지) 형식이다.

벌징 bulging 금형(金型) 내에 삽입된 원통형 용기 또는 관에 높은 압력을 가하여, 용기 또는 관의 일부를 팽창시켜 성형하는 방법이다. 용기의 입구보다 몸통을 크게 만드는 작업을 말한다.

벌커니제이션 vulcanization, cure 고무의 성질을 가진 분자를 화학적으로 연결하는 것이다. 고무나무의 수액을 산(酸)으로 굳혀서 얻어진 생고무에 유황을 혼합하여 가열하면 고무 특유의 탄성을 가진 안정된 물질을 얻을 수 있다는 사실을, 미국의 굿이어가 발견하였다. 황(S) 화산(火山, volcano)이라는 연상에서 벌커니제이션이라 부른다.

벌크 로드 섀시 bulk load chassis 갓 모양으로 된 차대(車臺)를 일컫는다.

벌크헤드 bulkhead 운전대와 엔진 룸의 칸막이 벽이라는 뜻이며, 미국에서는 흔히 파이어 월(fire wall)이라고 한다.

범퍼 bumper 차 앞뒤에 장착되어 보디를 보호하기 위해서 마련된 장치로, 충돌했을 때 순간 충격을 흡수하는 작용을 한다. 예전에는 철제로 보디보다 조금 나와 있는 정도였으나, 미국에서 대형 범퍼가 쓰

이게 되면서 에너지 흡수 범퍼가 일반화 되었다. 우레탄 등을 사용하여 충격 흡수 력을 크게 하고 있으나, 보디와 일체화된 디자인 등으로 차량 외관을 아름답게 꾸 며 주는 역할도 한다.

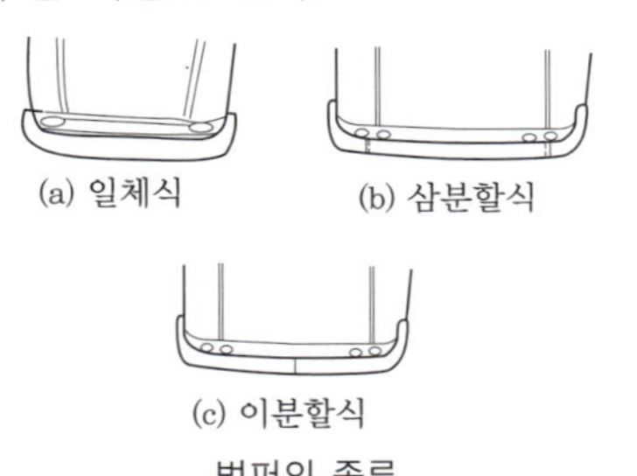

범퍼의 종류

범퍼 익스텐션 bumper extension　에어로 파 트의 하나로, 공기 역학적 특성 향상을 도모 함과 동시에 전면 스타일이 힘차고 용맹스 러운 인상을 준다.

범퍼 투 범퍼 라인 bumper to bumper line 자동차 옆면의 웨이스트라인을 프런트 범 퍼로부터 리어 범퍼까지 프로텍션 몰딩이 나 보디라인의 곧은 선으로 연결하여, 보 디를 길고 경쾌하게 보이게 하는 것이다.

범프 bump　시험을 위해서 몇 번이나 반 복하는 완만한 충격을 말한다.

범프 러버 bump rubber　노면으로부터의 쇼크를 완화하기 위해 스트럿이나 리어 쇼 크 업소버의 상부 등에 장착되어 있는 완 충 부품이다. 고무 또는 발포 폴리우레탄 으로 되어 있다.

범프 스톱 bump stop　고무나 발포 우레탄 제의 충격 흡수재이다. 현가장치의 작동 범 위(스트로크)의 한계까지 휘었을 때 휠로 부터의 충격이 보디에 직접 전달되지 않도 록 충격을 흡수한다. 맥퍼슨 스트럿식에 서는 쇼크 업소버의 로드 상단에 부착된 것 외에, 현가 암이나 판스프링 등에도 부 착되어 있다.

범핑 해머 bumping hammer　판금용 해머 로, 자동차의 보디 또는 판재의 찌그러진 부분을 펴는 데 사용한다.

벗겨짐 peeling　도막(塗膜)이 부착성을 잃 고 밑층에서 부분적으로 벗겨지는 현상으 로, 벗겨진 면의 대소에 따라 분류하는데, 작은 벗겨짐(flaking)은 지름이 약 3 mm 이하로 작은 비닐 모양의 벗겨짐을 말하

고, 큰 벗겨짐(scaling)은 지름이 약 3 mm 이상으로 큰 비닐 모양의 벗겨짐을 말한다.

베드식 수정 장치　공장의 베드 면에 앵커 나 레일을 묻고, 그것을 거점으로 하여 사 고 차량의 고정이나 당김 작업을 하는 수 정 장치이다.

베르나스 VELNAS　차속 센서(스피도미터 내장)와 ECI의 인젝터로부터의 신호를 마 이크로컴퓨터에서 연산 처리하여 운전에 필요한 정보를 드라이버에게 제공하는 것 을 목적으로 개발한 것이다. 평균 차속, 주행 거리, 연료 소비량, 연비, 알람 부 착 시계, 스톱워치의 표시 기능을 가지고 있다.

베르누이 원리 principle of Bernoulli　벤투 리관을 흐르는 유체가 단면적이 큰 곳과 작은 곳을 흐를 때, 단면적이 큰 곳은 유 체의 흐름이 느리고 압력은 높으며, 단면 적이 작은 곳은 유체의 흐름이 빠르고 압 력은 낮다. 이와 같이 속도와 압력이 일정 한 관계를 갖는 원리이다.

베르누이의 정리 Bernoulli's theorem　유체 가 단면적이 작은 곳과 큰 곳을 흐를 때 단 면적이 작은 곳은 유체 흐름의 속도는 빠르 고 압력은 작다. 즉, 에너지에 있어서는 유 체의 압력 에너지가 속도 에너지로 변환된 다. 또한 단면적이 큰 곳은 유체 흐름의 속 도는 느리고 압력은 높다. 에너지에 있어서 는 유체의 속도 에너지가 압력 에너지로 변 환된다. 따라서 정상적으로 유체가 흐를 때 유체의 단위 중량당의 속도 에너지, 압력 에너지 및 위치 에너지의 합이 어느 곳이나 일정하다는 것을 말한다.

베르리나 berlina　이탈리아어로 '세단'이라 는 뜻이다.

베르린 berline　프랑스어로 '세단'이라는 뜻이다.

베리어블 레이쇼 타입 스티어링 기어 variable ratio type steering gear　볼 너트식 조향 기어로서, 섹터 기어 중앙 부분 톱니의 피 치를 작게, 끝 부분 톱니의 피치를 크게 하 여, 직진할 때에는 조향 핸들의 꺾음을 좋 게 하고, 주차할 때와 같이 조향 핸들을 크 게 회전시키는 경우에는 가볍게 움직이도 록 한 것이다. 베리어블 레이쇼는 기어비를 바꿀 수 있다는 것을 뜻한다.

베리어블 밸브 타이밍 시스템 variable valve timing system　엔진의 작동 상태에 따라 흡기와 배기의 밸브 타이밍을 조정하는 가변 밸브 타이밍 시스템으로서, 타이밍을 최적으로 조정함에 따라 저속 토크와 고속에서의 파워에 더해서 연비 향상에도 기여한다.

베리어블 파워 스티어링 variable power steering　조향력이 변화하는 속도 감응형 파워 스티어링과 회전수 감응형 파워 스티어링을 함께 일컫는다.

베리에이션 variation　'변화, 변동, 변종' 등을 뜻한다. 기본형의 차량에서 발생한 차를 말하는 경우와, 기본 차종과 일부 사양이 다른 차종을 베리에이션이라 하는 경우가 있다. 카탈로그상에서 베리에이션이라고 하는 경우에는 후자의 의미를 말할 때가 많지만, 트랜스미션, 엔진 등의 차이로 사양이 다른 차종을 말할 때는 "베리에이션으로서 CX, GSR 등도 있다" 등으로 서술될 때가 많다.

베릴륨 청동 beryllium bronze　구리에 베릴륨 1~2.5 %가 함유되어 있는 합금이다. 담금질하여 시효 경화시키면 기계적 성질이 합금강에 뒤떨어지지 않으며, 내식성(耐蝕性)도 우수하여 기어, 베어링, 판스프링 등에 이용된다.

베벨 각 bevel angle　용접할 부재에 홈을 만들기 위하여 가공한, 끝면과 부재 표면에 수직인 평면 사이에 이르는 각을 말한다.

베벨 기어 bevel gear　다른 기어나 축에 어떤 각을 두고 동력을 전달하고자 할 때 사용되는 콘 모양의 기어(cone shaped gear, 원추형 기어)를 말한다. 테이퍼 롤러 베어링에 지지된 구동 피니언이 링 기어의 중심선상에 위치하며 회전력을 전달하는 것으로, 이물림 비율이 크고 전동 효율이 높아 회전이 원활하며 마멸도 적다.

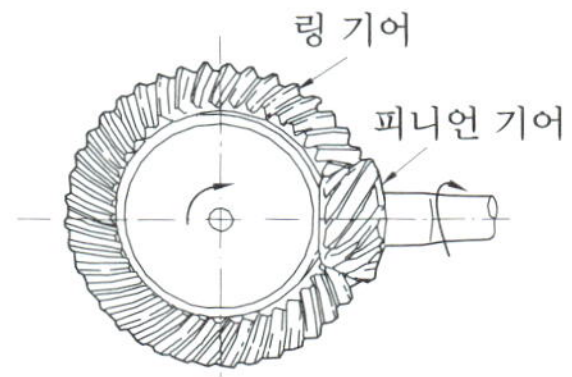

베벨 기어

베벨 앵글 bevel angle　⇨ 베벨 각

베벨 절단 bevel cut　경사 각도를 갖도록 절단하는 것을 말한다.

베세머 법 Bessemer process　노(爐) 밑바닥에 바람을 불어넣는 산성 전로법으로, 베세머 제강법이라고도 한다. 장독 모양으로 된 기울일 수 있는 전로에 용선(鎔銑)을 주입하고 노 밑에 있는 바람구멍으로 공기를 불어넣어 선철 중의 규소·망가니즈를 산화하여 정련한다.

베스트 랩 타임 best lap time　공식 예선에서 각 드라이버가 가장 빨리 코스를 한 바퀴 돈 기록을 말하며, 줄여서 베스트 랩이라고도 한다. 모든 드라이버 중에서 베스트 랩 타임을 기록한 선수는 결승에서 폴 포지션의 유리한 위치를 차지한다.

베어링 bearing　회전축을 지지함과 동시에 마찰을 감소시키는 부품을 말한다. 베어링은 구조에 따라 평면 베어링과 구름 베어링으로 나뉘고, 하중을 받는 모양에 따라서 레이디얼 베어링과 스러스트 베어링으로 구별된다. 축 방향의 하중을 받는 것이 스러스트 베어링이고, 축과 직각 방향의 하중을 받는 것이 레이디얼 베어링이다. 회전 베어링에는 그 구조에 따라서 볼 베어링, 롤러 베어링, 니들 롤러 베어링 등이 있다.

베어링 간극 bearing clearance　회전하는 축과 베어링 사이의 간극을 말하며, 이 간극은 윤활유가 흐를 수 있도록 하기 위한 간극이 된다.

베어링 그루브 bearing groove　베어링 면에 형성된 오일 분배용 통로를 말한다.

베어링 돌기 bearing lug　베어링의 하우징에서 축 방향이나 회전 방향으로 회전하거나 이탈하는 것을 방지하며, 하우징이나 캡의 홈에 끼워진다.

베어링 두께 bearing thickness　베어링의 두께는 반원의 중앙부 두께로 표시한다. 베어링 양 끝 부분을 중앙보다 얇게 하여 조립이 용이하고 운전 중에 유막(油膜)이 끊어지는 것을 막는다. 베어링의 두께는 스틸 볼(steel ball)과 바깥지름 마이크로미터를 이용하여 측정한다.

베어링 메탈 bearing metal　미끄럼 베어링에서 베어링 구멍에 끼우는 통형(筒形)의 부품이다. 보통 두 쪽으로 갈라진 형태이며, 한 몸으로 된 통형 베어링도 있는데 이것을 부시(bush)라고 한다. 자동차용 엔진에는 배빗 메탈, 켈밋 메탈, 알루미늄 메탈 등이 사용되고 있다.

베어링 보어 bearing bore　베어링의 배면(背面, 뒷면)을 지지하기 위해 기계 가공된 둥근면을 말한다. 이 보어는 두 개로 나누어져, 볼트로 고정되는 것과 전체가 하나의 구멍(hole)으로 된 것이 있다.

베어링 서포트 bearing supports　베어링을 설치하기 위해 엔진 블록에 기계 가공한 부분으로서, 여기에 설치된 베어링에 의해 크랭크축이 지지된다.

베어링 셸 bearing shell　철강이나 구리 합금으로 만들어진 평면 베어링의 외각 부분을 형성하는 것으로서, 베어링 합금을 융착시켜 소정의 치수로 베어링을 만든다.

베어링 스크레이퍼 bearing scraper　베어링을 정밀하게 다듬질하는 공구이다. 베어링을 교환할 때에는 축에 광면단을 발라 접촉 검사를 하고 다듬질하여 사용한다.

베어링 스프레드 bearing spread　베어링을 끼우지 않았을 때 베어링 바깥쪽 지름과 베어링 하우징의 안지름 차이를 말한다. 스프레드를 두는 이유는 베어링 조립에서 크러시가 압축됨에 따라 안쪽으로 찌그러지는 것을 방지할 수 있기 때문이다.

베어링 캡 bearing cap　베어링의 절반되는 부분에 나머지 절반(베어링 캡)을 볼트로 고정하는 캡을 말한다.

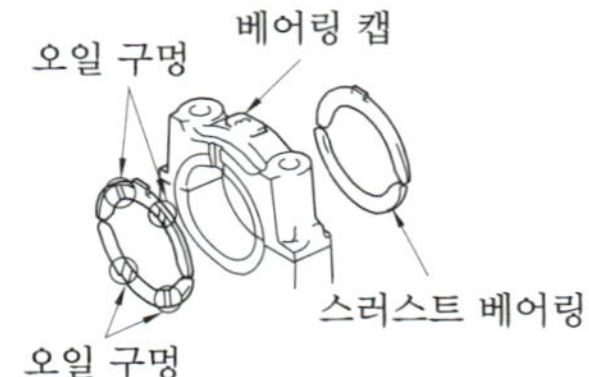

베어링 캡

베어링 크러시 bearing crush　베어링이 새들(saddle) 면보다 약간 더 높은 사이즈이다. 이것은 볼트로 죄었을 때 새들 내에서 베어링이 강하게 눌려서 베어링 보어(bore)와 베어링이 압착(壓着)되도록 하기 위한 것이다.

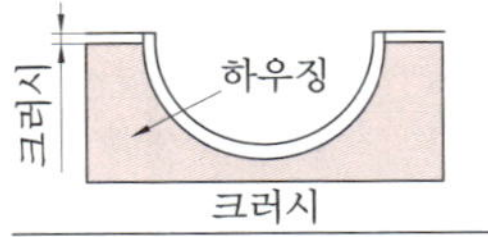

베어링 크러시

베이스 base　트랜지스터의 하나의 단자이며, 이 단자에서 트랜지스터가 도통되도록(전류가 흐르도록) 하기 위해서 전자가 빠져 나가거나(NPN) 또는 추가된다(PNP).

베이스 밸브 base valve　트윈 튜브식 쇼크 업소버의 실린더 속에 낮게 설치되어 있는 밸브로서, 쇼크 업소버가 압축되었을 때 감쇠력(減衰力)이 발생한다.

베이스 코트 base coat　금속 표면 위에 마지막으로 칠하는 페인트 코트이다.

베이식 서클 basic circle　기초원으로 캠축 캠 로브(cam lobe)에서 상승(lift) 작용을 하지 않는 부분을 말한다.

베이크 하드성 bake harden able　'BH성'이라고도 하며, 금속을 도장(塗裝)하는 공정에서 가열하였을 때 항복점(降伏點)이 높아져 견고하게 되는 성질이다. 알루미늄을 보디 재료로 사용하였을 경우 강도는 높지만 여리므로, 강도는 조금 낮지만 프레스로 금이 가거나 파괴되는 것을 방지하는 상태로 가공한 다음, 베이크 하드성을 이용하여 최종적으로 강도가 높은 보디를 얻을 수 있다.

베이크 하드성 강판 bake harden able steel sheet　'BH 강판'이라고도 하며, 도장(塗裝)의 공정에서 가열하는 정도에 따라 경화(硬化)되는 성질을 갖는 강판이다. 냉간 압연 강판의 일종으로서, 프레스 성형을 할 때에는 비교적 부드러워 가공이 쉽고, 도장 열처리 후에는 견고하게 되어 변형이 어렵게 되므로 후드, 도어, 펜더 등의 외판(外板)에 사용된다.

베이클라이트 bakelite　부품들 사이에 상호간 전기적으로 절연시키기 위해 사용되는 주형 물질(molded material)로 기어, 용기 등에 사용된다.

베이킹 바니시 baking varnish　전기 기기의 코일의 함침(含浸), 코어의 절연, 에나멜 동선 등에 사용하는 가열 건조성의 바니시로서, 그 조성은 수지, 건성유, 용제로 된다.

베이퍼 vapor　연료 파이프나 인젝터, 브레이크 파이프 등에서 발생하는 액체의 증기이다. 여름에 고속으로 연속 주행 직후나 등판 주행 직후에 엔진룸 내에서 발생하기 쉽다.

베이퍼라이저 vaporizer　가솔린 엔진의 카뷰레터에 해당되는데, 봄베에서 공급되는 액체 연료를 강제로 증발시켜서 엔진이 필요로 하는 기체 LPG를 공급하는 작용을 한다. LPG를 강제로 증발시키기 위하여 감압(減壓) 작용과 기화 작용 그리고 압력을 조정하는 작용을 한다.

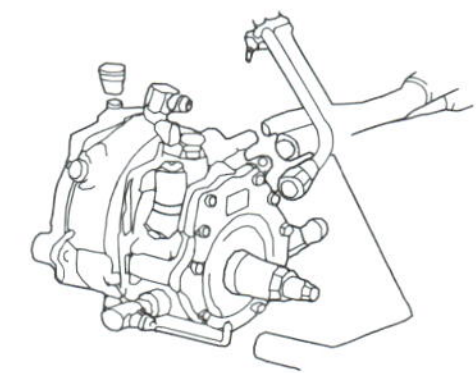

베이퍼라이저

베이퍼 로크 vapor lock　연료의 과열 또는 불량 연료의 사용으로 연료 내에 기포가 형성되어 압력 전달이 안 되는 현상을 말한다. 주로 연료 라인 내에 공기가 흡입되거나 보닛 안의 온도가 높아 연료 내에 기포가 발생하는 현상을 말한다. 주로 여름철에 많이 발생한다. 기온이 높은 날 자동차를 장시간 운행하거나 장시간 주차했을 때 발생하며, 주행 중 급가속이 안 되거나 엔진이 부조 현상을 일으키고 심하면 시동 불량이 된다. 베이퍼 로크와 퍼콜레이션 현상이 발생하였을 때는 자동차를 그늘진 곳으로 옮기거나 보닛을 열고 물수건으로 엔진의 연료 부품에 적셔서 엔진실 내에 온도를 낮추면 곧 시동이 걸리게 된다. 잘 걸리지 않을 때는 가속 페달을 최대로 밟고서 크랭킹을 하면 시동이 걸린다.

베이퍼 로크 현상 vapor lock phenomenon　유압이나 연료 회로 내에서 과도한 사용이나 과열 또는 부품과 오일의 불량으로, 해당 기구의 회로 내에 부분적인 증발로 기포가 발생하여 압력의 전달, 연료의 공급이 중단되거나 불량인 상태를 말한다.

베이퍼 엔진 vapor engine　물 이외의 유기물을 작동 유체로 하여 증기를 만들어 사용하는 엔진을 말한다. 증기의 발생에 프레온 등을 사용한 엔진도 있으나 시험 제작 단계에 머물고 있다.

베인 모터 vane motor　로터 내에 캠 링에 접촉되어 있는 베인이 설치되어 베인과 베인 사이에 유입된 유체에 의해서 로터가 회전하는 형식의 유압 모터를 말한다. 전체 효율은 95 % 정도이고, 최고 회전 속도는 2,500 rpm 정도이다.

베인식 유압 펌프 vane type oil hydraulic pump　캠 링에 날개를 접촉시켜 회전시킴으로써 베인과 베인 사이에 흡입된 유체를 송출측으로 밀어내는 펌프로서, 평형형 베인 펌프와 편심형 베인 펌프가 있다. 평형형 베인 펌프는 1회전에 흡입과 송출을 2번씩 하므로 역학적으로 안정된 구조이다. 송출량이 회전 각도에 대하여 거의 일정하도록 캠 링을 만들어서 기어 펌프보다 맥동(脈動)이 적고 소음이나 진동도 비교적 적다. 유압은 $140 \sim 175 \, \text{kgf/cm}^2$이며, 펌프의 효율은 80~85 %이다.

베인 컴프레서 vane compressor　베인은 풍차의 날개를 뜻하며, 날개 모양의 금속제 판(板)을 사용한 압축기이다. 회전축과 편심인 로터의 둘레에 몇 개의 홈(축과 평행한 슬릿)을 파고 날개를 설치하면, 로터가 회전할 때 홈 안의 스프링 장력에 의하여 날개가 실린더와 접촉하면서 실린더 안에 몇 개의 칸막이를 만든다. 편심 축을 회전시키면 칸막이로 만들어진 작은 방의 용적이 변화하므로 이것을 압축기로 이용한다.

베인 펌프 vane pump　날개 펌프를 말한다. 펌프실 내에 편심해서 장착된 로터에 2장 이상의 날개가 부착되어, 이것이 펌프실 벽에 압착되면서 회전한다. 송유량은 많지만 날개가 마모되기 쉽다. 파워 스티어링의 유압 펌프 등에 적용되고 있다.

베즐 bezel　라이트의 보디 또는 개구부를 둘러싸고 있는 프레임 또는 림을 말한다.

베테랑 카 veteran car　이탈리아 초기의 클래식 카로서, 1906년 제1회 그랑프리 레이스 이전에 제작한 자동차 또는 1914~1918년 제1차 세계대전 이전에 제작한 자동차를 말한다. 베테랑은 경험이 풍부한 사람을 말하지만, 장기간 사용하였다는 뜻도 있다.

벤딕스 스타터 bendix starter　기동 전동기 형식의 하나로서, 회전축이 일종의 웜 기어로 되어 있어 스위치를 넣으면 스크루를 축으로 한 피니언이 미끄럼 운동을 하여 엔진 플라이휠 링 기어에 물린다.

벤딕스식 bendix type　관성 섭동식으로, 피니언의 관성과 기동 전동기가 무부하 상태에서 고속 회전하는 성질을 이용하여 전동기에서 발생한 회전력을 플라이휠에 전달하는 방식이다. 구조가 비교적 간단하고 전기적 고장도 적지만, 큰 회전력을 필요로 하는 엔진에서는 내구성이 약하다.

벤딕스 와이스형 유니버설 조인트 bendix weiss type universal joint　등속 조인트의 일종으로서, 3개의 핀과 조합한 3개의 롤러가 마주보는 튤립형의 하우징 구조이며, 회전을 전달함과 동시에 축 방향으로 미끄럼 운동을 할 수 있도록 만들어져 있다. 축 방향의 움직임을 고정한 GE 방식과 미끄럼 운동하는 GI 방식이 있다.

벤딩 bending　재료를 구부리는 작업을 말한다.

벤딩 댐퍼 bending damper　크랭크축에 발생하는 굽힘 진동을 흡수하는 장치이다. 고무를 사이에 두고 회전축과 평행하게 뭉치형이 되는 강철제 링크를 장착하여 고무의 히스테리시스에 의한 진동을 흡수한다. 통상적으로 비틀림 진동 방지기(토셔널 댐퍼)와 조합하여 듀얼 모터 댐퍼로 사용한다.

벤딩 모멘트 bending moment　굽힘 모멘트로서, 보에 어떤 하중이 가해질 때 발생되는 힘의 모멘트를 말한다.

벤젠 benzene　방향족 탄화수소의 기본이 되는 화합물로서, 콜타르를 증류하고 정제하여 얻는다. 정육각형 구조를 가진 무색의 휘발성 액체로 독특한 냄새가 난다. 수지 따위의 용제나 염료, 향료, 폭약, 살충제 등의 원료로 사용된다.

벤츠 Benz　⇨ 메르세데스 벤츠

벤치 드릴 bench drill　작업대에 고정시킨 소형의 드릴링 머신을 말한다. 지름 13 mm 이하의 구멍 뚫기와, 태핑 작업을 하는 데 사용된다.

벤치 시트 bench seat　벤치형의 시트로, 버킷 시트나 세퍼레이트 시트에 대한 표현이다. 조금 큰 6인승 승용차의 경우 앞 좌석에도 이 방식이 쓰인다. 현재는 차의 고성능화가 진행되고 승객의 앉은 자세가 고려되어 벤치 시트는 별로 볼 수 없게 되었다.

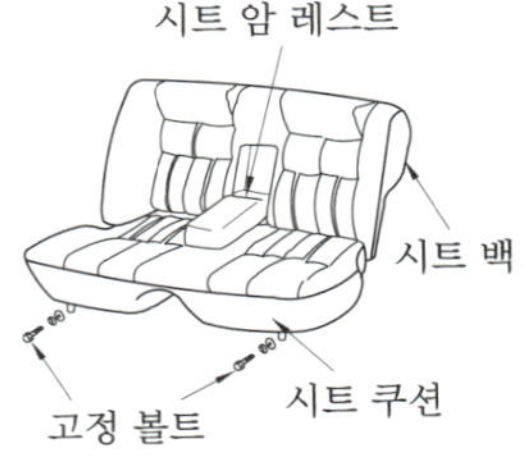

벤치 시트

벤치식 수정 장치 bench type modification system　리프트에 의해 오르내리도록 되어 있거나, 한쪽 편을 기울여(tilt) 자동차를 싣고 들어갈 수 있는 벤치 위에 사고 차량을 고정하고 보디를 수리하는 수정 장치이다. 계측 장치나 당김 장치도 벤치 위에 설치된다.

벤치 테스트 bench test　자동차 부품을 작업대에 설치하고 가동시켜 보면서 시험하는 것이다. 벤치는 '긴 의자'의 뜻으로서, 이것과 비슷한 긴 작업대나 업무대를 말한다.

벤투리 venturi　(1) 주 연료 노즐의 선단 부근에서 압력을 떨어뜨리기 위해서 설치한 단면이 좁은 통로를 말하며, 이곳을 공기가 흐르면 베르누이 정리에 의해서 압력이 강하므로 뜨개실의 연료는 흡입된다. (2) 카뷰레터에서 이를 통해 움직이는 공기 속도를 증가시키는 좁혀진 통로이다. 메인 노즐로부터의 연료 방출에 책임이 있는 진공을 일으킨다. 또한 'barrel(통)'이라 부른다. 2-barrel 카뷰레터는 2개의 벤투리를 갖고 있다.

벤투리관 venturi tube　관의 내부에 잘록한 부분이 있는 짧은 도관으로, 유체의 흐름을 측정하거나 펌프로 사용된다. 이탈리아의 물리학자 벤투리의 이름에서 유래했으며, 유체(流體)가 벤투리관을 통해 흐를 때 도관의 가는 부분에서 유속(流速)은 증가하고 압력은 낮아지는 원리이다. 기화기(氣化器)에서 공기가 벤투리관을 통해 흐를 때 가는 부분에서의 낮은 압력으로 가솔린 증기가 이 부분에 뚫려 있는 작은 구멍으로 흡입된다.

벤투리 진공 venturi vacuum 이 부분을 지나는 공기의 빠른 유속 때문에 낮은 압력(부분 진공)이 형성되는 것을 말한다.

벤투리 진공 증폭기 venturi vacuum amplifier 공기의 빠른 유속으로 형성되는 낮은 압력을 더욱더 증폭시켜 주는 부분을 말한다.

벤투리 진공 트랜스듀서 VVT ; venturi vacuum transducer EGR 장치로 부하 비례 방식의 경우에 채용하고 있는 EGR 컨트롤 밸브에의 전달 부압을 제어하는 밸브로 대기압, 벤투리 부압, 배압, EGR 포트 부압의 4개가 고려되어 있다.

벤트 vent 밀폐실에 공기가 통과할 수 있도록 만든 구멍을 말한다.

벤트 루프형(지붕형) 연소실 DOHC 엔진 등에 적용되고 있는 연소실 형상으로서, S/V (S는 연소실 표면적, V는 연소실 체적)가 작고 평면으로 구성되어 있기 때문에 연소실의 형상이 제작하기 쉽고, 스쿼시(분출류)의 발생도 많은 특징을 가지고 있으며, 또한 다른 종목의 4밸브 엔진에서도 널리 이용되고 있다.

벤트 웰 vent wells 전해액 위에 적당한 공기 스페이스를 마련해 주기 위해 있는 축전지 셀의 상부 공간을 말하며, 이 부분으로 셀의 가스가 증발되므로 전해액이 유출(流出)되는 것을 방지할 수 있다.

벤트 튜브 vent tube '벤트'란 벤틸레이션 (ventilation)의 접두어로서 '통기공', '공기구멍' 등의 의미도 있다. 즉, 벤트 튜브라는 것은 통기용의 관을 말한다. 예컨대, 기화기의 뜨개실에 벤트 튜브가 조립되어 있다.

벤트 포트 vent port 대기에 개방되어 있는 배기구(排氣口)를 말하며, 통기구(通氣口)는 블리더라고 한다.

벤트 플러그 vent plug (1) 축전지 커버에 설치되어 전해액 또는 물을 보충하고 막는 마개 중앙에 구멍이 뚫려 있어, 축전지 내부에서 발생된 수소 가스나 산소 가스를 방출한다. (2) 디젤 엔진의 연료 장치 각 부품에 설치되어 있는 플러그로, 공기를 빼는 데 이용된다.

벤틸레이터 ventilator 차 실내로 공기가 뿜어져 나오는 곳으로, 보통은 대시보드 양 끝 공간이 있어 실내 환기를 한다. 실내로 들어오는 공기는 라디에이터 그릴에서 덕트를 통한다.

벤틸레이티드 디스크 ventilated disk 디스크 브레이크는 마찰면이 공기 중에 노출되어 있기 때문에 방열성이 용이하다. 그러나 디스크의 지름은 그다지 크게 할 수 없기 때문에 스포츠카 등 제동 하중이 큰 차에서는 디스크에 하모니카 모양의 구멍을 만들어서 방열성을 높인 디스크를 사용하는 것을 말한다.

벤틸레이티드 디스크 브레이크 ventilated disc brake 디스크 브레이크의 성능을 더욱 높인 것으로, 디스크 마찰 양쪽 면의 중심 부분에 지름 방향으로 구멍을 뚫어 냉각을 더욱 좋게 한 디스크 브레이크이다. 열에 대해 높은 저항력을 가져 경주용으로 개발되었으나, 현재는 고성능 승용차에 사용되고 있다. 디스크 온도를 보통 브레이크보다 30 % 정도 낮게 할 수 있어 안정된 브레이크 성능을 얻고, 패드 수명도 길게 할 수 있다.

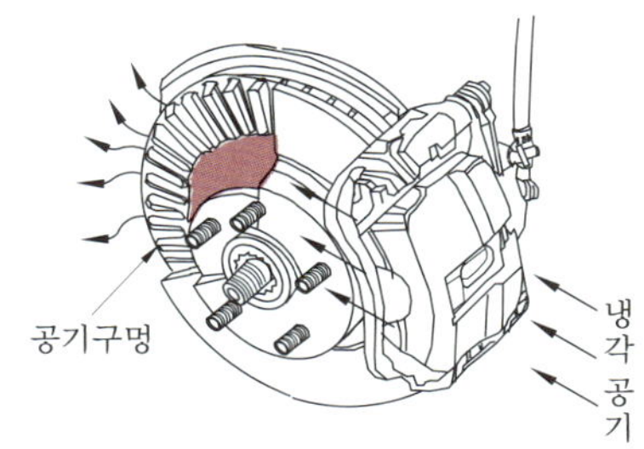

벤틸레이티드 디스크 브레이크

벤틸레이티드 브레이크 ventilated brake 디스크 브레이크의 디스크에 냉각을 위한 구멍이나 홈을 파 놓은 형식을 말한다. 따라서 냉각성이 높고 브레이크의 효율도 좋다.

벤틸레이팅 홀 ventilating hole 통풍을 위해 구석이나 천장, 바닥 등에 뚫어 놓은 구멍을 말한다.

벨 bel 음향 수준의 단위이다. 2개의 음향 파워량의 비율로서, 10을 베이스로 한 대수값과 같다. 벨이라는 단위는 실제로 너무 크기 때문에 벨의 1/10인 데시벨(dB)이 사용된다.

벨기에 그랑프리 Belgian Grand Prix 벨기에에서 열리는 F1 GP의 하나이다. 벨기에 GP 자체는 1925년부터 열렸으며, F1 세계선수권전이 시작된 1950년부터 F1 레이스로 개최되었다. 1920년대 당시에는 14.12 km 길이의 일반 도로를 이용했으나, 1983년에 대대적인 보수를 단행하여 일반 도로와 상설 서킷이 혼합된 스파프랑코르샹 서킷에서 열린다.

벨기에 로드 Belgian road 대표적인 악로(惡路)로, 화강암의 블록을 사용하여 인공적으로 만든 시험로이다. 대표적인 것이 벨기에의 석첩로(石疊路)이다.

벨로즈 bellows 압력계 등의 1차 변환 소자로서 사용되는 주름통 모양의 탄성 소자이다. 그림에서 보는 바와 같이, 아코디언 모양의 주름이 있는 원통형으로서 황동이나 베릴륨동, 인청동, 구리, 니켈, 합금 등으로 만들어지고, 내·외압에 의해 축 방향으로 신축하는 것을 이용하여 압력-변위 변환을 한다. 히스테리시스를 작게 하고, 직선성을 좋게 하기 위해서 바깥쪽에서 압력을 가하여 사용하는 경우가 많다.

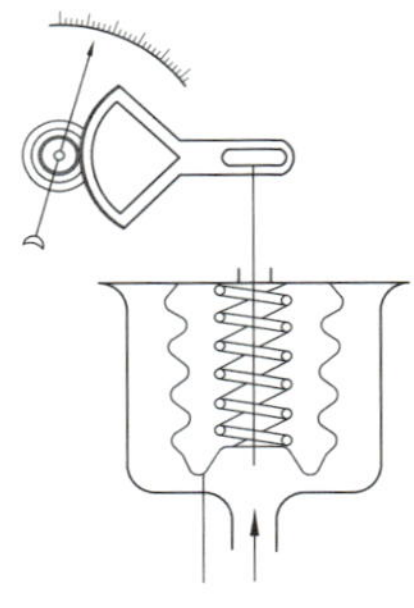

벨로즈

벨로즈식 컬랩서블 스티어링 샤프트 bellows type collapsible steering shaft 충돌의 충격으로 주름 형태의 칼럼 튜브가 꺾이면서 충격을 흡수하는 스티어링의 안전장치를 말한다. 메시식 컬랩서블 스티어링 샤프트라고도 한다.

벨로즈형 bellows type 기기의 일부에 유연성, 밀봉성 등을 필요로 할 때 사용되는 벨로즈형의 신축 이음을 말한다.

벨로즈형 공기 스프링 bellows type air spring 벨로즈는 '주름상자'라는 뜻이다. 벨로즈형 공기 스프링은 공기가 들어갈 수 있는 고무 자루에 주름을 잡아 압축되거나 늘어날 때 지름이 달라지지 않도록 밴드가 둘레에 감겨 있는 형식의 스프링이다. 제작이 쉽고 옆 방향의 강성이 없기 때문에 링크 기구가 보조적으로 설치되어야 한다.

벨로즈형 서모스탯 bellows-type thermostat 라디에이터의 정온기(整溫機)의 일종이다. 황동으로 만들어진 벨로즈(초롱 모양의 용기) 안에 에테르를 밀봉한 것으로, 열에 의하여 에테르(ether)가 팽창하면 밸브가 열리고 온도가 내려가면 닫힌다. 왁스 펠릿형 서모스탯과 비교하면 수압의 영향을 받기 쉽다.

벨로즈형 압력계 bellows gauge 주름통 모양의 벨로즈를 탄성 변환 소자로 사용한 압력계이다. 벨로즈에 외압을 가하면 축 방향으로 신축한다. 이 변위량을 검출, 확대하여 압력 눈금으로 지시한다. 압력 지시계 외에 압력 제어용 소자로도 널리 쓰인다.

벨루어 velour 표면 전체가 털이 있는 매끄러운 직물로, 고급스럽다.

벨리 커버 valley cover V형 엔진에서 캠축, 푸시로드 및 밸브 리프터 등을 보호하기 위해 실린더 뱅크 사이의 부분에 씌우는 커버이다.

벨 크랭크 bell crank ㄱ자 모양으로 90° 각도로 꺾인 형태의 레버이다. 꺾인 점을 지지점으로 하여 한쪽 끝에서 받은 운동이나 힘을 그 방향과 크기를 변경하여 다른 한쪽 끝을 통해 다른 물체에 전달한다.

벨 테스트 bel test 디지털 또는 아날로그 멀티 테스터에서 건전지와 벨을 사용하여 회로의 도통(導通) 상태를 음향으로 테스트한다.

벨트 belt (1) 벨트 전동(傳動)에 사용되며, 보통 쇠가죽을 사용하여 끝이 없는 고리 모양의 띠이다. 떨어져 있는 두 축에 장치된 풀리에 벨트를 걸고 벨트와 풀리의 마찰력을 이용하여 동력을 전달한다. 두 축이 떨어져 있어서 기어나 마찰 바퀴 등으로는 직접 회전을 전하기 적당하지 않은 경우에 사용된다. 부하가 걸렸을 경우에는 슬립을 일으켜 안전장치의 역할을 한다. 벨트의 종류에는 가죽 벨트, 고무 벨트, 직물 벨트, 강철 벨트가 있다. (2) 타이어에서 브레이커와 마찬가지로 트레드와 카커스 사이에 위치하는 코드 층으로, 레이디얼 타이어 트레드부의 움직임을 제한한다.

벨트 구동식 belt drive type   캠축 구동을 체인 대신에 벨트로 하며, 벨트와 스프로킷은 스퍼 기어 모양의 돌기 부분을 맞물고 회전하여 동력을 전달하는 방식으로, 현재 가장 많이 사용하고 있다.

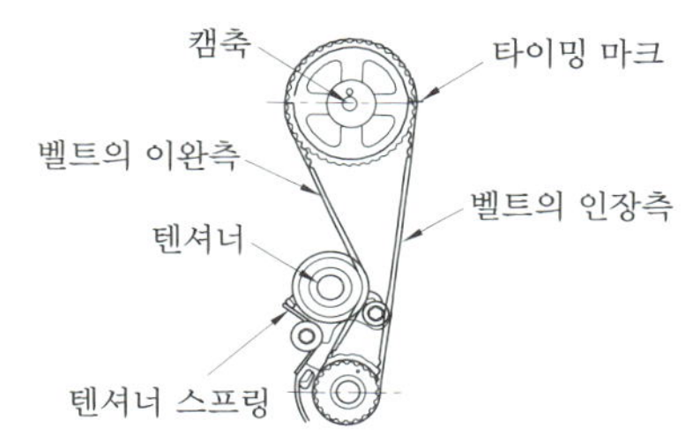

벨트 구동식

벨트라인 beltline   윈도와 보디 경계부의 선을 말한다.

벨트라인 핀 스포일러 beltline pin spoiler   에어로 파트의 하나로서, 차체 후부의 벨트로 라인상에 장착되어 있다. 차체 후부의 양력 저감에 효과가 있고, 고속 주행 안정성이 향상됨과 동시에, 외관의 박력감도 증가한다.

벨트 레이싱 belt lacing   벨트를 연결할 때 사용하는 이빨이 있는 이음쇠로서, 벨트 파스너, 벨트 클램프라고도 한다.

벨트 샌더 belt sander   도막(塗膜) 제거용 벨트 연마기(研磨機)를 말한다. 샌딩 페이퍼(sanding paper)를 사용하는 에어 샌더(air sander)로서, 스폿 용접부의 페인팅을 벗기거나 좁고 깊숙한 부위의 샌딩에 편리하다. 판금 작업에서 스폿 용접 전에 도막을 제거하는 데 많이 사용된다.

벨트식 무단 변속기 CVT ; continuously variable transmission   자동 변속기의 일종으로서, 동력의 입력축과 출력축에 간격이 변하는 측판(測板)을 지닌 풀리를 부착하여 이것을 강철 벨트나 체인으로 연결한 구조이다. 측판에 테이퍼를 부착하고 풀리의 폭을 넓게 하여 벨트가 축 중심으로 접근함에 따라 풀리의 폭을 유압으로 조정하여 변속하는데, 입력 쪽이 넓을 때는 저속, 좁을 때는 고속이 된다. 이것은 기어의 지름을 작게 하고 톱니 수를 적게 한 것과 같은 효과를 내는 원리이다. 양측 풀리의 폭을 변화시켜 감속 비율을 무 단계로 바꿀 수 있다. 변속비 2.5~0.5 사이에서 무 단계로 변화한다. V벨트는 강철 벨트에 끼운 끼움 목으로 구성되어 도미노(넘어뜨리기)처럼 누르는 방향으로 힘이 전달되어 구동한다. 엔진 토크가 그다지 크지 않은 대중 자동차용이며, 벨트 방식은 네덜란드의 벤도어네(Vendoorne)사, 체인 방식은 미국의 BWA사가 개발하기 때문에 밴도어네식 변속기라고도 한다. 전자 클러치를 설치하여 조절하는 것은 일렉트로닉의 E자를 붙여 ECVT라고 한다.

벨트 자력 belt tension   구동 벨트의 장력(긴장도)을 말한다.

벨트 체인 텐셔너 belt or chain tensioner   벨트나 체인을 눌러 그 장력을 유지하게 하는 부품을 말하며, 텐셔너 내부의 스프링 장력이 약해지면 벨트가 미끄러지거나 체인에서 소리가 난다.

벨트 층 belt layer   카커스를 세게 조여 트레드부의 강성을 높인다.

벨트 캐치 텐셔너 belt catch tensioner   자동차의 충격에서 G(가속도)를 감지했을 때 시트 벨트를 순간적으로 잡아당겨 승객을 시트에 고정하는 장치이다.

벨트 컨베이어 belt conveyer   일정한 거리를 연속 방식으로 운반하는 기계이다. 폭이 넓은 벨트의 양 끝을 이어 2개의 벨트 차에 걸어 놓은 상태에서 전동기로 회전시켜 벨트를 움직임으로써 물품을 운반한다.

벨트 풀리 belt pulley   벨트를 구동하는 경우 벨트를 걸기 위하여 축에 장치하는 바퀴이다. 벨트 풀리는 중앙을 볼록하게 하여 벨트가 벗겨지는 것을 방지한다.

벨티드 바이어스 타이어 belted bias tire   바이어스 타이어의 카커스 위에 벨트를 얹은 것으로, 주행 중 트레드의 움직임을 줄여 수명을 연장시킨 것이다. 일반용 타이어로는 레이디얼 타이어가 바이어스 타이어보다 뛰어난 점에 착안하여 바이어스 타이어에 벨트를 추가한 것으로, 중간적인 특성을 얻을 수 있다. 그러나 중형 이상의 승용차에 사용할 경우 노면으로부터의 충격을 흡수하기 힘들고 운동 성능의 조화도 힘들어 요즘에는 거의 사용되지 않는다. 바이어스 벨티드 타이어라고도 한다.

변두리 이음 edge joint　두 개 이상이 거의 평행하게 겹친 부재(部材)의 끝 면 사이의 이음을 말한다.

변색(變色) discoloration　도막(塗膜)의 색상, 채도, 명도 중 어느 하나 또는 그 이상이 변화하는 현상을 말한다. 주로 채도가 작아지거나 또는 명도가 커지는 것을 회색이라고 한다.

변속기(變速機) transmission　엔진과 추진축 사이에 설치되거나 액슬과 일체형으로 설치되어 엔진에서 발생된 동력을 주행 상태에 알맞은 회전력과 속도로 바꾸어 주는 장치로 수동과 자동이 있다.

변속기 오일 냉각기 transmission oil cooler　자동 변속기의 오일을 냉각시키기 위해 사용되는 소형 라디에이터이다.

변속 레버 change lever　변속 장치나 변속기를 조작하는 레버로서, 상면(床面) 또는 핸들 포스트에 장치한다. 핸들 포스트는 설치 장소를 많이 필요하지 않고 조작 거리가 가까워 편리하지만, 조작력은 상면식(床面式)이 적게 든다.

변속비(變速比) gear ratio　감속비로서 엔진의 회전수와 추진축(또는 변속기 주축)의 회전수와의 비를 말한다. 즉, 변속기 입력축의 회전수와 출력축의 회전수와의 비율이며, 변속 위치에 따라 기어비가 다르다. 회전력은 작으나 구동력이 큰 저속에서는 기어비가 크고, 회전력은 크고 구동력이 작은 고속에서는 기어비가 작아진다.

변속 쇼크 shift shock　자동 변속기의 변속은 유성 기어 장치의 입력 요소와 출력 요소의 조합, 차단 및 출력 요소의 고정, 개방 등의 교체에 의해 이루어지는데, 변속 시에 요소 간의 분담, 토크의 변화, 회전 멤버의 관성력의 영향 등에 의해 출력축 토크가 변동된다. 이 토크 변동에 의해서 발생되는 차량의 가속도 변화를 승객이 느끼는 경우도 있다.

변압기(變壓器) transformer　전자 유도 작용을 이용하여 교류 전압을 높이거나 낮추는 장치를 말한다. 여기에는 2개의 코일이 있는데, 이 중 한 코일은 다른 것보다 가늘고 더 많은 횟수로 되어 있으며, 흐르는 전류가 변할 때 전압이 증감되도록 되어 있다.

변위(變位) 센서 displacement sensor　물체가 이동한 거리 또는 위치를 계측하는 것은 여러 가지 역학량을 측정하는 기초가 되는 것으로서, 역학량을 일단 변위로 변화시키고 변위 측정에서 역학량을 구하는 것도 있다. 변위를 전기량으로 변환하는 데 정전 용량 변화나 인덕턴스 변화, 전기 저항 변화, 발생 기전력 변화를 이용하는 것이 많다. 또한 수많은 변위 센서가 시판되고 있다. 변위 센서는 도표와 같이 직선 변위 센서와 회전 변위 센서로 대별할 수 있다. 직선 변위 센서로서는 수십 mm 이상의 계측에는 스케일이 사용되고, 수 mm의 범위에서는 각종의 퍼텐쇼미터, 차동 변압기가 많이 사용된다. 회전 변위 센서로서는 싱크로, 리졸버, 로터리 인코더, 펄스 제너레이터도 많이 이용된다.

[변위 센서]

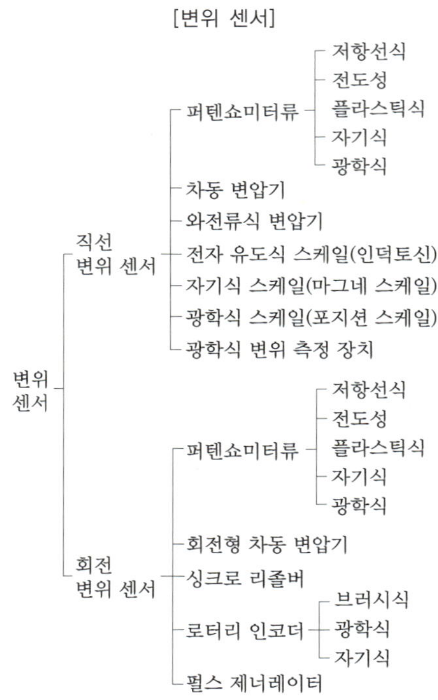

변태(變態) transformation　온도를 상승 또는 하강시켰을 경우 한 상(相)에서 다른 상(相)으로 전이하는 것을 말한다. 공간격자(空間格子)의 변화가 일어나며 고체에서 액체로, 액체에서 기체로의 변화는 모든

물질에서 공통으로 일어날 수 있는 변태이다.

변태점(變態點) transformation point 금속이 변태를 일으키는 온도이다. 금속의 변태점은 열분석법, 비열법, 전기 저항법, 열팽창법, 자기 분석법 및 X선 분석법으로 측정한다. 철의 변태점으로는 A_0 변태점이 210℃, A_1 변태점이 721℃, A_2 변태점이 768℃, A_3 변태점이 1,400℃이다.

변행정식 variable stroke type 플런저의 행정이 변화하면서 분사량이 변화되는 것으로, 플런저의 행정을 바꾸는 방법에는 캠에 의한 방법, 쐐기에 의해서 플런저의 행정을 변화시키는 방법과 캠에 대한 플런저 운동의 비율을 바꾸는 것이다.

변환(變換) conversion (1) 변속기가 저속 기어에서 고속 기어로, 고속 기어에서 저속 기어로 위치를 바꾸는 것이다. (2) 어떤 수학 관계에서 그 좌표를 변경하거나 일정한 함수를 변환하는 것이다. (3) 2진법에서 10진법으로 또는 그 반대로 표현 방법으로 바꾸는 것이다. (4) 신호 또는 양을 액추에이터에 대응하는 다른 종류의 신호 또는 양으로 바꾸는 것이다. (5) 물건의 성질 또는 상태 등을 바꾸거나 바뀌는 상태를 말한다.

변환 밸브 directional control valve 2 이상의 흐름 형태가 있으며, 2개 이상의 포트가 있는 방향 제어 밸브를 말한다.

변환 스위치 change-over switch, transfer switch 회로를 한쪽에서 다른 쪽으로 변환하는 개폐기를 말한다.

변환 포트 transfer port 2행정 사이클 엔진에서 크랭크케이스와 연소실을 잇는 연결부를 말한다. 이 형식의 엔진에서, 흡기 행정에서 공기/연료의 혼합 가스는 크랭크케이스 내로 들어온 다음 이 변환 포트를 통해서 연소실로 들어가도록 되어 있다.

병렬(竝列) parallel (1) 직렬(直列)에 대한 상대적인 말로서, 기기를 복수 이상의 개개의 열로 배열하는 것이다. (2) 복수의 전기 기기의 동종 단자(端子)를 일괄하여 회로 중에 접속하는 것이다. (3) 선 또는 면이 어디서나 같은 간격을 유지하는 것이다. (4) 둘 이상의 프로세서가 동시에 진

행하는 경우로서, 몇 개의 장치를 필요 수만큼 사용하여 동시에 처리하는 것이다.

병렬식(竝列式) (1) english system 로프 전동에서 로프를 필요한 줄의 수만큼 병렬로 배열하여 감는 방식이다. (2) individual system 직렬식에 대한 상대적인 말이다.

병렬접속(竝列接續) parallel connection 모든 저항을 두 단자에 공통으로 연결하는 것으로서, 전류를 이용할 때 연결한다. 총 저항은 그 회로에 사용하는 가장 적은 저항 값보다 적다. 각 회로에 흐르는 전류는 다른 회로의 저항에 영향을 받지 않으므로 양 끝에 걸리는 전류는 상승한다. 각 회로에 동일한 전압이 공급되며, 축전지를 병렬연결할 때 전압은 1개 때와 같으나 용량은 개수의 배가 된다. 큰 저항과 연결하면 그중 큰 저항은 무시된다.

병렬 회로(竝列回路) parallel circuit 액추에이터를 각각 독립적으로 조작할 수 있는 회로로서, 모든 스풀을 동시에 조작할 때에는 가장 부하가 적은 액추에이터부터 작동이 시작된다. 이때 각각의 스풀이 열리는 상태를 가감하여 액추에이터에 흐르는 유량(流量)을 동일하게 하면 액추에이터는 동시에 작동된다.

병진 운동(竝進運動) translation 질점계(質點系) 또는 강체의 운동 중에 각 점의 동일한 평행 이동만으로 이루어지는 운동이다.

보[1] beam (1) 수직재의 기둥에 연결되어 하중을 지탱하고 있는 수평 구조 부재(部材)로, 축에 직각 방향의 힘을 받아 주로 휨에 의하여 하중을 지탱한다. (2) 빛이나 전파 또는 전자 흐름의 가는 선의 묶음이다. (3) 브라운관 내의 전자 흐름이나 레이더의 전파 또는 레이저 광선 등이 가늘게 접속된 상태이다.

보[2] baud 데이터 전송에서 변조 속도를 나타내는 단위로, 1보는 1초에 1요소(要素)를 보내는 속도이다.

보[3] bow 가로 방향의 하중 또는 열에 의해서 모재(母材)의 모양이 원호 상으로 변형되는 현상이다.

보강 용접(補强熔接) reinforcement of weld 홈이나 필릿 용접의 치수 이상으로 표면에 덧붙인 용착 금속을 말한다.

보그워너 방식 싱크로메시 Borg-Warner type synchromesh　싱크로메시의 일종으로, 슬리브 링과 변속 기어를 직접 연결하지 않고 그 사이에 싱크로나이저링을 끼운 클러치로 사용한다. 구성이 간단하여 기어가 서로 물릴 때 충격이 없고 현재 가장 많이 사용되고 있다.

보기 bogie　차체의 중량을 각 바퀴에 골고루 분배함과 동시에 차체가 자유로이 방향을 변환하여 자동차의 주행을 원활하게 하는 것을 말한다.

보기 액슬 bogie axle　차대(車臺)가 수직 축의 둘레를 회전할 수 있게 되어 있는 차축이다.

보닛 bonnet　엔진 후드라고도 하는데, 차 앞부분에 있는 엔진부 위의 뚜껑을 말하고, 앞쪽에서 열리는 것과 뒤쪽에서 열리는 것이 있다. 앞쪽에서 열리는 보닛은 엔진 룸의 작업이 수월하나 잘못되어 달리는 중에 열리면 위험하다. 뒤쪽에서 열리는 후드는 이와는 반대로 되어 있다. 보닛은 보디 외면 중에서 강도 부재(强度部材)로서의 역할이 그다지 중요하지 않기 때문에 경량화를 꾀할 때는 특수 플라스틱처럼 가벼운 것이 쓰이기도 한다. '본넷'은 잘못 읽은 것이다.

보닛 래치 bonnet latch　보닛을 누르는 것뿐 아니라 잠근다는 뜻이 포함되어 있다. 보닛 로크(bonnet lock)도 마찬가지이며, 후드 로크(hood lock)도 같은 뜻이다. 미국에서는 1974년부터 후드도 의무적으로 잠그게 되어 있으나, 종래에는 단순히 후드를 고정시키는 것뿐이므로 주로 후드 캐치(hood catch) 또는 후드 패스너(hood fastener)라고 한다.

보닛 밴 bonnet van　보닛 타입의 2박스 밴을 말하며, 미니카 에코노가 있다.

보닛 사이드 피스 bonnet side piece　지금은 보닛이 한 장의 철판으로 되어 있으나, 옛날 승용차에서는 보닛을 열어도 양쪽 옆은 철판으로 막혀 있는 모양의 것이 많았다. 후드 사이드 패널(hood side panel)이라는 것은 이와 같은 양쪽 사이드의 철판을 말하는 것이다. 이 밖에도 미국에서는 후드 실드(hood shield)라는 말을 사용하지만 현재는 트럭에만 사용한다.

보닛 캐치 bonnet catch　보닛 또는 보닛 패스닝 클립(bonnet fastening clip)이라고도 하는데 까다롭다. 미국에서는 보닛을 후드(hood)라고 하기 때문에 후드 세이프티 캐치(hood safety catch)라고도 하는데, 세이프티(safety)라는 말을 덧붙인 것에는 그 의미가 크다. 또한 후드 래치(hood latch)라고 하면 단순히 잠근다는 뜻이 된다.

보닛 타입 bonnet type　차의 스타일에서, 차 앞부분에 엔진이 있을 때 엔진부의 보디를 보닛(후드)이라 한다. 이렇게 보닛이 있는 차를 보닛 타입(형)이라 한다. 보통은 트럭, 버스와 구별하기 위해서 쓰는 경우가 많다.

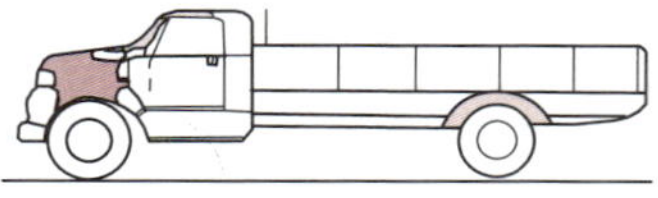

보닛 타입 트럭

보드 트랙 레이스 Board Track Race　미국에서 열리던 자동차 레이스의 하나이다. 1910년대부터 1920년대 말까지 목재 판자를 길게 깔아 만든 트랙에서 열린 스피드 레이스였다.

보디 body　자동차 등의 차체를 말한다. 코치(coach)라고 하면, 보디보다 뜻이 넓고 옛날의 승합 마차 등의 색채가 강하다. 프랑스어로는 카로세리어(carosserie)라고 하며, 영어로도 쓰이지만 철자(spelling)가 한 자 다르다(earosserie). 또한 보디를 만드는 작업을 코치 워크(coach work) 또는 보디워크(bodywork)라고 한다.

보디라인 몰딩 body-line moulding　차체 측면의 가운데 부분에 볼록하게 옆으로 뻗어나간 것을 보디라인이라고 하는데, 그 위에 광택 있는 철판을 가공하여 붙인 것을 말한다. 미국에서는 몰딩 또는 벨트 몰딩(belt moulding)이라고 하는데, 정확하게 말하려면 보디 벨트 몰딩(body belt moulding)이라고 해야 한다.

보디 로크 필러 body lock pilar　로크 스트라이커 플레이트를 가진 보디 필러이다. 일반적으로 센터 필러 또는 리어 쿼터 어셈블리의 부분이다.

보디 마운트 body mount　프레임 구조의

자동차로서, 차체를 프레임에 고정하기 위한 부품이다. 차체를 보전하면서 프레임으로부터 진동을 차단하기 위하여 일반적으로 스프링 정수가 낮은 고무로 제작되어 있다.

보디 마운팅 body mounting 자동차의 섀시에 보디를 설치할 때 소음 및 진동을 방지하기 위해 섀시와 보디 사이에 끼우는 쿠션 고무를 말한다.

보디 마킹 body marking 지금의 어셈블리 라인과 달라서, 보디를 만드는 데는 일종의 예술적 센스가 필요하다. 그러므로 단순히 만드는 것뿐 아니라 보디 패션(body fashion)이라는 말이 사용된다. 보디 스타일링(body styling)도 같은 뜻이다. 보디워크(bodywork), 코치 빌딩(coach building), 코치 워크(coach work) 등은 단순히 보디를 만드는 일을 의미한다.

보디 메이커 body maker 포드 T형 마스프로 시대까지는 보디와 섀시의 제작자가 구분되어 있었기 때문에 이와 같은 말이 남아 있다.

보디빌더 bodybuilder '배 목수'라는 뜻도 되지만, 승합 마차를 만드는 차 목수 겸 대장장이와 같은 작업을 말한다. 캐리지 빌더(carriage builder), 캐리지 매뉴팩처(carriage manufacture)라는 말도 있다. 코치 빌더(coach builder), 코치 메이커(coach maker)라고도 할 수 있다.

보디 사이드 몰딩 body side moulding 지면과 거의 평행으로 보디의 외부 둘레에 장착하는 장식 몰딩이다.

보디 사이드 트림 body side trim 트림이라고 하는 것은 내장을 말하는데, 보디 내부에 탄 사람이 접촉하는 보디 부분은 충격 같은 것으로부터 쿠션의 역할을 할 수 있도록 부드러운 재료 등이 들어 있으며, 몰딩되어 있는 것도 있다. 또한 도어의 안쪽은 도어 트림이라 하고, 플로어 부분은 플로어 트림이라고 한다.

보디 셸 body shell 사람이 오르내리기 위한 도어, 엔진 점검을 위해 여는 보닛, 뒷부분의 트렁크 뚜껑 등 차의 여닫는 부분은 차체의 바깥쪽에 있다. 이들을 제외한 바깥 면 부분을 보디 셸이라 총칭한다. 즉, 차체 외관의 총칭으로, 자동차의

후드(hood) 패널, 트렁크(trunk) 패널, 도어(door) 패널 등의 외면 부분을 뜻하며, 이것을 크게 프런트 보디, 리어 보디, 언더 보디 및 사이드 보디로 나눌 수 있다. 따라서 펜더와 천장도 보디 셸에 포함된다.

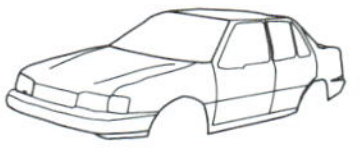

보디 셸

보디 수리 body repair 넓은 의미로는 사고 차량의 입고부터 출고까지의 모든 수선 작업을 말한다. 또는 종래의 판금 작업에 보디 수정, 패널 교환, 퍼티 작업도 포함한 것이다.

보디 수정 body modification 변형된 보디를 원형대로 복원하는 작업이다. 넓은 의미로 패널 교환이나 맞춤 새 조정도 포함한다. 얼라이닝(aligning)과도 비슷한 의미이다.

보디 스푼 body spoon 보디 작업에 사용되는 수공구이다.

보디 얼라인먼트 body alignment 보디 각부의 치수를 말한다. 이것으로 새 자동차와 동일한 상태로 복원되면 보디 수정은 완성된다.

보디 인티그럴 위드 프레임 body integral with frame 문자 그대로 프레임이 보디 속에 조립된 것이다. 섀시리스 보디(chassisless body) 또는 프레임리스 보디(frameless body)라고도 한다. 또한 유니타이즈드 보디(unitized body)도 쓰이지만, 인티그럴 보디 앤드 프레임(integral body and frame)이라고 하면 조금 어렵다.

보디 치수도 body dimension line 새 자동차일 때 보디 치수를 기록한 도면이다. 보디 수정에 필요한 자료이지만, 부분적인 변경이나 생산상의 오차 등으로 수치가 맞지 않는 경우도 있다.

보디 캐치 body catch 이것은 덤프가 주행 중에 적재함이 튀어나오지 않도록 프레임에 적재함을 고정시키는 것을 이른다.

보디 트림 body trim 보디 및 뒤쪽 화물실의 내부를 꾸미는 데 사용하는 재료이다.

보디 패널 body panels 함께 조립되어 자동차의 보디를 이루는 금속 또는 플라스틱으로 된 판이다.

보디 필러 body filler　⇨ 판금 퍼티

보디 하드웨어 body hardware　보디 내·외부의 외관 및 기능상의 부품을 말하며, 도어 핸들, 윈도 크랭크 등이 여기에 해당한다.

보링 boring　실린더 보링의 줄인 말이다. 일체식 실린더가 마멸 한계 이상으로 마모되었을 때 보링 머신으로 피스톤 오버 사이즈에 맞추어 진원으로 절삭하는 작업이다. 피스톤 오버 사이즈는 0.25 mm씩 6단계로 되어 있으며, 제작 회사에 따라 다르나 실린더 안지름이 70 mm 이상인 엔진은 1.0 mm까지, 70 mm 이하인 엔진은 1.25 mm까지 보링한다.

보링 머신 boring machine　공작물에 미리 뚫린 구멍을 보링용 공구로 원하는 치수에 따라 정확하게 넓히는 공작 기계이다. 자동차 엔진의 실린더 보링은 바이트를 회전시키면서 상하로 이동시켜 절삭한다.

보메 baumé　물을 기준으로 어떤 용액의 비중을 눈금으로 나타내는 비중계이다. 보메는 °Bé로 표시하며, 물보다 가벼운 용액에 쓰는 경액용과 물보다 무거운 용액에 쓰는 중액용 2가지가 있다.

보메 비중계 baumé's hydrometer　(1) 보메의 눈금을 가진 비중계로서, 액체의 비중을 측정하기에 간편하다. (2) 축전지의 비중을 측정하여 충·방전 상태를 판정할 수 있는 비중계이다.

보상(補償) compensation　자동 제어 계통 등에서 어떤 특성에 대하여 성능을 개선 또는 향상시키기 위해서 사용되어 수정 작동을 가지게 하는 효과를 말한다.

보상 장치(補償裝置) compensator　(1) 온도 보상 장치로, 어떤 장치에서 오차나 외부의 영향으로 발생되는 오차를 방지하기 위해서 사용되는 부품이나 장치 등을 말한다. (2) 무선 방향 탐지기에서 방향 지시에 대하여 편차의 전부나 일부를 수정하는 장치이다.

보상 코일 compensating coil　다른 코일에 의한 기자력(起磁力)의 일부나 전부를 상쇄하기 위하여 반대의 기자력이 발생하도록 배치된 코일로서, 계자 코일 및 전기자 회로와 직렬로 연결된다.

보상 회로 (補償回路) compensating circuit　회로 또는 소자가 지니고 있는 바람직하지 않은 특성을 보상하기 위한 회로로서, 그 특성과 반대 특성을 가지게 하여 본래의 특성에 의한 영향을 없앤다.

보색(補色) complementary color　색상 대비를 이루는 한 쌍의 색상을 말한다. 빨강과 청록(靑綠), 노랑과 청자(靑紫) 등 너무 많이 가한 색의 색감을 없애는 등 조색(調色)에 응용할 수 있다.

보스 boss　(1) '사마귀, 돌기 물, 점, 장식용 조각'의 뜻이다. 피스톤 보스부는 비교적 두껍게 되어 있으며, 피스톤 핀에 의해 피스톤과 커넥팅 로드의 소단부를 연결하는 부분으로, 지름은 피스톤 핀의 마찰열에 의해 열팽창이 되므로 측압부보다 작다. (2) 핸들이나 각종 바퀴 등의 축을 끼우는 구멍의 가장자리를 보강하기 위하여 고정하는 두꺼운 부분이다.

보어 bore　실린더 안지름(또는 지름)을 말하며, 상사점에서 하사점까지의 길이를 나타내는 행정(行程)의 크기에 따라 배기량이 달라진다. 행정보다 안지름이 크면 단행정 엔진으로 고속용 엔진이라 하고, 행정보다 안지름이 작으면 장행정 엔진으로 힘을 필요로 하는 자동차의 엔진에 사용된다.

보어 스트로크 bore stroke　실린더의 안지름을 보어, 피스톤의 상하 이동량을 스트로크라 하고, 단위는 mm로 나타내며, 실린더의 크기를 나타내는 척도가 된다. 보어에 비해서 스트로크의 수치가 작은 것을 쇼트 스트로크 타입이라고 하며, 스트로크의 수치가 큰 것을 롱 스트로크 타입이라고 한다. 일반적으로 쇼트 스트로크 타입이 고회전형의 엔진이라고 한다.

보어 업 bore up　보어는 엔진에서 피스톤이 왕복 운동하는 엔진 블록의 실린더 안지름이다. 보어 업은 실린더 안지름을 크게 해 배기량을 늘리는 것을 말한다. 출력을 높이는 방법의 하나로 효과가 좋은 보어 업은 스트로크를 손대지 않아 기술적으로도 비교적 쉽다.

보어 피치 bore pitch　실린더와 실린더의 간격을 말한다. 정확하게는 보어의 중심과 인접 보어의 중심까지의 거리를 보어 피치라고 한다. 최근에는 사이아미즈형 엔진의 등장으로 실린더와 실린더 간격을 좁히는 경향이 강해졌다. 이 때문에 실린더 격벽 내의 워터 재킷을 폐지하거나, 대단히 얇게 한 구조의 엔진으로 변하고 있다.

보이드 void 납땜 이음매 중 납땜이 안 되어 있는 공동(空洞)을 말한다.

보이스 인디케이터 voice indicator ⇨ 음성 표시 시스템

보일-샤를의 법칙 Boyle-Charle's law 일정량의 기체의 체적은 압력에 반비례하고 절대 온도에 정비례한다는 법칙이다.

보일유 boiled oil 아마인유, 야자유, 유동(油桐) 기름 등의 건성유에 망간이나 납, 코발트 등의 건조제를 가하여 가열해서 건조성을 한층 높인 것으로, 페인트, 인쇄 잉크, 인주 등의 용제(溶劑)나 유지(油紙)에 사용된다.

보일의 법칙 Boyle's law 일정 온도에서 기체의 압력과 그 부피는 서로 반비례한다는 법칙으로, 영국의 보일(Boyle)이 실험을 통하여 발견하였다.

보정(補正) compensation 계기류 또는 전자 제어 계통의 지시값에서 오차를 감지하여 올바른 측정치가 되도록 수정하는 것이다.

보정값 correction 원래의 측정값 또는 계산값에 보정을 목적으로 가해지는 값이다. 이것은 오차와 크기가 같고 부호는 반대이다.

보정 시간(補正時間) correction time 제어 계통에서 독립 변수의 변화 또는 작동 조건의 변화에 의해서 최종의 제어 목표값 범위에 근접할 때까지 소요되는 시간으로, 정정 시간이라고도 한다.

보조 가속 펌프 auxiliary acceleration pump 엔진이 냉각되었을 때 가속 펌프의 역할을 돕기 위하여 벤투리에 연료를 분사하는 장치이다. 가속 펌프와는 별도로 설치되어 흡기 다기관의 부압(대기의 압력보다 낮은 압력)에 따라 작동하는 다이어프램에 의하여 연료가 송출되는 구조로 되어 있다.

보조 가속 펌프 시스템 AAP ; auxiliary acceleration pump system 피드백 카뷰레터(FBC) 연료 장치의 보조 가속 펌프 장치는 저온에서 가속 성능을 향상시키기 위하여 일정 온도 이하에서 가속할 때 기계식 가속 펌프의 연료 분사와 함께 보조 가속 펌프가 작동하여 연료를 추가로 분사하는 장치이다.

보조 간극 플러그 auxiliary gap plug 중심 전극 상단부와 단자 사이에 간극을 두어 강한 점화가 일어나도록 만든 점화 플러그이다. 배전기에서 공급되는 고압의 전류를 일시적으로 축적하여 오손된 점화 플러그에서도 강한 불꽃을 발생케 하여 실화되지 않도록 하며, 단자에는 구멍이 뚫려 있으므로 보조 간극에서 고압의 전류가 이동할 때 불꽃 방전으로 발생한 오존 가스를 환기시킨다.

보조 공기(補助空氣) auxiliary air 시동 또는 웜업 기간 동안 연료 분사 장치에 추가로 공급되는 공기를 말한다.

보조 변속기(補助變速機) auxiliary gear box 자동 변속기(오토매틱 트랜스미션)에서 사용되는 유성 기어는 토크 컨버터를 가진 변속 기능을 보조하는 역할을 한다. 또한 수동 변속기(매뉴얼 트랜스미션)로서 다시 변속 단수를 증가시키기 위하여 첨가한 기어 장치를 일컫기도 한다.

보조 브레이크 auxiliary brake 브레이크 효과를 보충하는 역할로, 예를 들면 배기 브레이크가 있다.

보조 스위치 auxiliary switch 다른 회로의 작용에 의해 제어되거나 조작되는 스위치를 말한다.

보조 회로(補助回路) auxiliary circuit 주 회로 옆에 있는 또 하나의 다른 회로로서, 보통 제어 회로로 사용된다.

보증 내압(保證耐壓) proof pressure 유압 장치에서 정격 압력으로 복귀되었을 때 성능이 저하되지 않고 견디는 압력으로서, 이 압력은 정해진 조건에서의 값을 말한다.

보충전(補充電) recharge 자기 방전에 의하거나 사용 중에 소비된 용량을 보충하기 위해 실시하는 충전이다. 자동차용 축전지는 주행 중에 발전기로 충전이 되므로 보충전을 할 필요가 없지만, 발전기 또는 발전 조정기의 고장으로 충전이 불량할 때, 기동 전동기의 고장, 전기 회로에서의 과다 방전 등 충전이 불충분할 때에는 충전기에 의해 보충전을 해야 한다. 보충전

에는 정전류 충전, 정전압 충전, 단별 전류 충전, 급속 충전 등이 있으며, 급정전류 충전을 가장 많이 이용한다.

보카시 ⇨ 칠 날림 부분

보크 링 baulk ring　싱크로메시나 오버 드라이브 기구에 설치되어 있는 링으로서, 기어의 회전을 방해한다.

보터밍 bottoming　기복이 심한 도로 통과 시 보디의 상하 방향의 운동이 클 때, 커다란 웅덩이나 돌기를 넘을 때 생기는 것으로, 보디를 돌기에 부딪치는 듯한 충격 쇼크를 말한다. 체중이 무거운 사람이 탔을 때나 트럭에 적재량이 많을 때 후륜에 발생되며, 뒷좌석의 사람이 특히 불쾌하게 느낀다. 스프링 아래와 위가 부딪히는 듯한 충격이 있고, 양 틈새가 작은 경우나 스토퍼가 딱딱하면 충격이 크게 된다.

보텀 데드 센터 bottom dead center ⇨ 하사점

보텀 링크 bottom link　2륜 자동차의 프런트 포크 하단(보텀)에 링크 기구가 설치되어 있는 것을 말한다.

보텀 바이패스 bottom bypass　라디에이터와 엔진 사이에 냉각수가 통하는 바이패스를 설치하고 서모스탯의 바닥(보텀)에 부착한 밸브의 개폐에 따라 수량(水量)을 조정하는 방식이다. 고온에서는 바이패스가 닫혀서 라디에이터에 환류 수량(還流水量)이 증가되어 냉각 효율을 향상시킬 수 있다.

보텀 밸브 bottom valve　각 화물칸마다 보텀 밸브가 장착되어 있는데, 이 탱크의 상부에 있는 보텀 밸브에 의해서 작동(개방/차단)된다.

보텍스 스태빌라이저 vortex stabilizer　날개의 양 끝에 수직으로 붙어 있는 판(板)을 말한다. 날개에서는 아래쪽 공기가 위쪽보다 빨리 흘러 아래쪽은 부압이 되어 하향력(下向力, 다운 포스)을 발생하지만, 날개 끝에는 이 부압이 생긴 부분에 소용돌이가 발생하여 유효 면적이 작게 된다. 그래서 날개의 끝에 공기가 돌면서 몰리게 되는 것을 방지하는 판을 두어 날개의 전면을 유효하게 이용한다.

보텍스 제너레이터 vortex generator　공력적(空力的)인 연구가 집중되어 복잡한 모양

을 한 포뮬러카의 프런트 윙(front wing)의 엔드 플레이트(end plate, 날개 끝판)라는 뜻이다. 단순한 판 모양의 엔드 플레이트일 경우, 후단 부분에 소용돌이가 발생하여 이것이 차체의 밑면을 들어 올리면서 뒤로 흐른다. 날개 끝의 형상을 기류가 바깥쪽으로 부드럽게 흘러가도록 하면 보디 밑면에 공기의 흐름이 부드러워져 안정된 다운 포스를 얻을 수 있다.

보텍스 페어 vortex pair　트레일링 보텍스란 뜻이며, 주행 중 차체의 양쪽 뒤쪽에 1조가 설치되어 기류의 소용돌이(보텍스)가 이루어질 수 있게 한다.

보통 개스킷 ordinary gasket　동판이나 강판으로 석면을 싸서 만든 개스킷으로, 제작이 용이하여 널리 사용되고 있다.

보통 점화 방식(普通點火方式) average ignition system　예전에는 포인트식이라 했으나 보통 점화식이라고도 한다. 배터리를 전원으로 하는 12볼트 전기는 콘택트 브레이크 포인트를 여닫아 점화 시기에 맞는 1차 전류가 되어 이그니션 코일이 1차 축을 흐른다. 이 감응 코일은 1차 축에서 약 2만 볼트의 고압이 되어 연소실에 있는 스파크 플러그의 전극 틈새에서 불꽃을 튀긴다.

보통 주철(普通鑄鐵) common grade cast iron　선철에 고철(scrap) 등을 혼합 용해시킨 주철이다. 충격을 적게 받고, 형상이 간단한 주물에 사용되며, 인장 강도는 10~20 kgf/mm^{2}이다.

보통 프레임 ordinary frame　앞에서 뒤로 가로지르는 두 개의 긴 측면 멤버(side member)에 여러 개의 짧은 교차 멤버(cross member)를 결합한 형태의 프레임으로, H형과 X형 등이 있다.

보호안경(保護眼鏡) goggle, safety glass　엔진 또는 기타 차량 부품을 다룰 때 튀어오르는 입자로부터 눈을 보호하거나 용접 작업 시에 자외선 및 적외선을 잘 흡수하여 눈을 보호하기 위한 황록색의 안경을 말한다.

보호 유리(保護琉璃) cover glass　용접할 때 튀는 이물질로부터 필터 유리를 보호하기 위한 투명한 유리를 말한다.

보호통(保護筒) cylinder　용접할 때 용접봉

끝에 생기는 현상으로, 심선(心線)이 쑥 들어가고 피복제가 통 모양으로 생기는 것을 말하며, 후피복에 많이 있다.

복권(復捲) compound-wound 직류 기구에서 분권과 직권 두 형식의 계자 코일이 감겨 있는 것을 말한다. 양 코일의 기자력(起磁力)이 합해지도록 작용하는 것을 화동 복권 방식이라 하며, 역 방향으로 작용하는 것을 차동 복권 방식이라고 한다.

복권식 모터 compound motor 직권식 계자 권선과 복권식 계자 권선이 조합된 모터로, 차량용 시동 전동기에 많이 사용되고 있다.

복동식 쇼크 업소버 double tube shock absorber 쇼크 업소버의 한 형태로, 상하 운동 시 모두 내부 오일의 흐름 저항으로 감쇠력을 발생시켜 진동을 제어하는 형식이다.

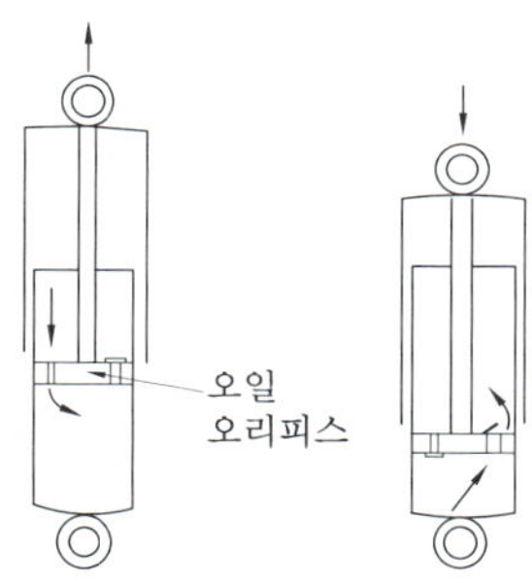

복동식 쇼크 업소버의 구조

복동 실린더 double acting cylinder 피스톤 양쪽에 유압이 작용하여 출력이 신장(伸長) 및 수축 양쪽으로 작용한다. 동력 조향 장치에 사용되는 유압 실린더는 복동 실린더를 사용한다.

복동 2리딩 슈 브레이크 double acting two leading shoe brake 동일 지름 휠 실린더를 배킹 플레이트 상하에 설치하여 전·후진에서 브레이크를 작동할 때 강력한 제동력이 발생하도록 한 형식으로서, 각각의 휠 실린더 한쪽에 간극 조정기가 설치되어 있다.

복류 발전기(複流發電機) multiple current generator 계자 부분과 전기자 철심을 공통으로 하여, 둘 이상의 전기자 권선(捲線)을 가지고 2종 이상의 전력을 동시에 발생하는 발전기이다.

복륜(複輪) dual wheels, twin wheels, dual tires 자동차의 차축 한쪽에 2개의 바퀴를 설치한 상태이다. 한 개의 타이어(바퀴)로는 하중을 지탱할 수 없을 때나 험한 길에서 주파성(走破性)을 높일 때에 사용한다.

복사 부하(輻射負荷) 태양으로부터 복사되는 열부하(熱負荷)로서, 자동차 유리를 통하여 복사되는 열에너지는 $180{\sim}200\,kcal/h$ 정도이다.

복수기(復水器) condenser (1) 증기 기관으로, 증기 터빈에 있어서 배출된 증기를 냉각하여 물로 환원시키는 장치이다. (2) 전기의 도체에 다량의 전기를 저장하는 축전기이다. (3) 광선의 방향을 원하는 방향으로 꺾이게 하기 위한 렌즈 또는 반사경을 말한다.

복수 점화 플러그 double spark plug 한 실린더에 2개의 점화 플러그를 사용한 것이다.

복스 렌치 box wrench 오픈 렌치를 사용할 수 없는 오목한 볼트·너트를 조이고 풀 때 사용하는 렌치로서, 볼트나 너트의 머리를 감쌀 수 있어 미끄러지지 않는다.

복스 카 box car 하나의 상자 형태로 된 자동차를 말한다. 변형된 형태로 1복스 카, 1.5복스 카가 있다. 승용차보다 많은 좌석을 배치할 수 있다.

복식 아크 용접기 multiple operator welding machine 1대로 2인 이상 용접공이 동시에 사용할 수 있도록 만들어진 용접기를 말한다.

복식 인젝터 duplex injector 고압 급수용으로 인젝터 2개를 직렬로 설치한 것이다. 제1단 인젝터로부터 분출된 물과 분사 증기의 복수(復水)가 혼합되면서 제2단 인젝터에 흡입되어 압축된다.

복실식(復室式) double chamber type 주연소실 위쪽에 부연소실을 두어 부연소실에 연료를 분사하는 형식으로서, 예연소실식, 와류실식 및 공기실식으로 분류된다.

복원력(復元力) restoring force 평형을 유지하던 자동차, 선박 및 비행기 등이 외력(外力)을 받아 기울었을 때, 부력과 중력 등의 외력이 짝힘으로 작용하여 원래의 위치로 복원하는 힘이다.

복원성(復元性) stability 정지 또는 일정한 범위 안에서 운동하고 있는 물체에 매우 작은 변화를 주었을 때 물체가 본래의 정지 또는 운동 상태로 되돌아가려는 성질을 말한다.

복원 토크 self aligning torque ⇨ 셀프 얼라이닝 토크

복통식 쇼크 업소버 twin tube shock absorber ⇨ 트윈 튜브식 쇼크 업소버

복판 클러치 double plate clutch 클러치에 의해 전달되는 회전력을 높이기 위해 클러치판을 2개 둔 것으로, 하나는 플라이휠에 또 하나는 압력판 사이에 설치되어 있으며, 큰 출력을 필요로 하는 차량에 이용되고 있다.

복합 곡면(複合曲面) 여러 가지 곡면이 연속하여 직선과 평면이 없는 것을 말한다.

복합 재료(複合材料) composite 2종류 이상의 소재를 조합함으로써 물리적 및 화학적으로 원래 소재와는 다른 성질을 만들어 내고, 우수한 기능을 갖게 한 재료를 말한다. 경량이 되더라도 강도나 내구성이 변하지 않는 등 특정한 목적·요구에 응하여 개발되고 있다. 예컨대, 알루미늄 합금 등과 같은 금속이나 자동차용 강화 섬유로서 사용되고 있는 유리 섬유, 유기 섬유, 탄소 섬유, 탄화규소 섬유, 보론 섬유 등을 들 수 있다.

복합 제진 강판(複合制振鋼板) high damping composite steel sheet 2장의 강판 사이에 금속분을 함유한 고분자 재료를 사이에 첨가시킨 것으로서, 진동 전달이 적기 때문에 소음 발생이 적어진다. 예를 들면, DOHC 엔진의 타이밍 벨트 커버 등에 사용되고 있다.

복합 코너 combined corner 하나로 보이는 커브 속에 반지름이 다른 두 개 이상의 커브가 결합되어 있는 것으로, 입구는 커브가 심하지 않은데 점차로 심해지거나 반대로 출구에서 완화되는 코너이다. 경주장에 이런 곳을 만든다. 복합 코너는 일반 도로뿐만 아니라 산길에도 많다.

복합 타입 개스킷 composite type gasket 실린더 헤드 개스킷으로서 석면, 고무, 흑연 등의 압축재를 연 강판으로 싼 것이다. 압축재로서 석면과 고무를 사용한 스틸 베스토 개스킷, 철사를 심재(芯材)로 한 와이어 오번 개스킷, 팽창 흑연을 압축재로 한 메탈 그래파이트 개스킷(metal graphite gasket) 등이 있다.

복합 펌프 combination pump ⇨ 콤비네이션 펌프

복합형 카뷰레터 composite type carburetor 복수(複數)의 배럴과 스테이지를 조합한 카뷰레터로서, 일반적으로 1차 벤투리와 2차 벤투리로 되어 있다. 저속 회전에서는 1차 쪽만 사용하고, 고속 회전이 되면 2차 쪽도 사용하여, 보다 많은 공기와 연료를 엔진으로 보낸다.

본넷 bonnet ⇨ 보닛

본드 bond (1) 접착제로 나무, 가죽, 고무 등의 물건을 붙이는 데에 쓴다. (2) 다수의 원자가 분자나 결정 등을 구성할 때 원자들 간에 작용하는 결합력을 말한다. (3) 팽창, 수축, 진동의 흡수, 접착 등의 목적으로 물체와 물체 사이의 작은 틈새를 채우거나 칠하여 틈새에 주입하는 충전재이다. (4) 금속부 상호 간의 비도전부의 전기 접속을 확실히 하거나 전위(電位)를 같게 하기 위한 접속이다.

본드 플럭스 bonded flux 여러 가지의 약품이 혼합된 것을 말한다.

본딩 bonding 한 원자의 베일런스 링 (valence ring) 내의 전자가 다른 원자의 베일런스 링과 공유(share)하는 과정을 말한다.

본 오프 born off 숫돌 입자의 날 끝이 마모한 상태로 숫돌 입자가 탈락하는 현상이다. 숫돌 입자의 결합도가 낮은 경우에 생긴다.

본체(本體) ⇨ 셸 보디

볼 가이드 폼 ball guide form 변속 레버의 하단을 볼 관절로 지지하고 그 아래쪽이 시프팅 포크의 홈 부분에 삽입되어 변속 레버의 상단을 움직여 변속하는 방식이다.

볼러타일 volatile 쉽게 증발하는 현상으로, 예를 들면 Refrigerant-12는 실내 온도에서 휘발성이 높다.

볼러틸리티 volatility 액체가 증발하기 쉬운 정도로, 연료의 인화성과 직접적인 관계가 있다.

볼록 캠 convex cam　캠의 플랭크는 원호로 되어 있어 제작하기가 쉬우므로 고속용 엔진에 많이 사용한다. 원호 캠(circular arc cam)이라고도 한다.

볼록 필릿 용접 convex fillet weld　표면이 볼록한 필릿 용접을 말한다.

볼록형 피스톤 헤드 domed piston head　피스톤 헤드가 볼록한 형상으로 된 피스톤이다. 이 형식은 편평형 피스톤보다 와류(渦流) 현상이 좋다.

볼륨 volume　(1) 부피, 체적, 용적의 뜻이다. (2) 전기 회로에서 복잡한 음성 주파수의 크기를 표준 음량 지시계로 측정하여 구한 값을 말하며, 그 값은 음량 단위 VU로 표시한다. (3) 기억 매체로, 1개의 판독·기록 장치를 이용하여 접근한다.

볼베어링 ball bearing　서로 상대적으로 움직이는 두 기계 부재(部材)의 운동 마찰 저항이 최소가 되도록 연결하는 기능이 있다. 볼베어링은 홈이 파인 고리 모양의 내륜(이너 레이스), 외륜(아우터 레이스), 여러 개의 볼 등의 3가지 부품으로 되어 있다. 구조 축에 직각으로 하중을 받는 것을 레이디얼 베어링(radial bearing), 축 방향(세로 방향)의 하중을 지지하는 것을 스러스트 베어링(thrust bearing)이라고 부른다. 레이스의 방향에 따라 종횡 방향의 하중을 지지하는 앵귤러 볼 베어링(angular ball bearing)도 있다. 레이스와 볼이 점 접촉을 하면서 회전하므로 마찰 계수는 적지만 내(耐)압력은 롤러베어링보다 약하다. 레이디얼 베어링에는 단열(單列) 방식과 복열(複列)이 있다. 단열 중에는 고정 방식과 앵귤러 접촉 방식(angular contact type)이 있으며, 복열에는 자동 조심(自動調心) 방식과 앵귤러 접촉 방식이 있다.

볼 벤트 밸브 BVV ; bowl vent valve　워밍업 재시동 시의 과잉 농후를 방지하기 위해서 매니폴드 부압으로 작동하는 밸브를 말한다. 점화 스위치 OFF 시, 기화기 뜨개실에서 발생한 연료 증발 가스는 BVV를 경유하여 캐니스터에 흡착된다. 엔진이 시동되면 매니폴드 부압이 BVV에 작용하여 밸브 열림이 되고, 연료 증발 가스는 엔진에 흡입된다. 또한 매니폴드 부압이 작은 고부하 시에도 솔레노이드에 의해 밸브는 열림으로 유지된다. 엔진 정지 시에는 점화 ON이라도 밸브는 닫혀 있다.

볼보 Volvo　라틴어로 '나는 굴러 간다'라는 뜻으로, 스웨덴의 자동차 제조업체이다. 라디에이터 앞에 사선을 그은 모양의 엠블럼은 약진을 뜻한다. 1926년 구스타프 라르손과 아사르 가브리엘손이 스웨덴 최대의 볼베어링 회사인 SFK의 자본으로 스웨덴 예테보리에 볼보자동차를 설립하였다. 1927년부터 자동차 생산에 들어갔으며, 1935년 이후 제2차 세계대전 때까지 제조업체를 흡수하는 등 사세를 확장하였다. 1999년 승용차 부문이 포드자동차에 인수되었으며, 한국에는 1990년에 진출하여 볼보자동차코리아를 통해 서비스 및 부품을 생산하고 있다.

볼 부시 ball bush　현가장치의 부시로서, 내부 실린더의 중앙 부분이 볼 모양으로 되어 있다. 필로 볼 내장 부시라고도 한다.

볼 스크루 ball screw　스티어링 휠의 회전을 감속하고 그 방향을 바꾸어 링키지(linkage)에 전하는 장치를 스티어링 기어 박스라 하고, 볼 스크루는 그중의 하나로 많이 사용하고 있다. 핸들을 꺾으면 스티어링 샤프트 끝에 있는 웜 기어가 돌아가고, 이에 맞물린 섹터 기어가 감속되어 돌아간다. 이때 두 톱니바퀴 사이에 발생하는 큰 마찰력을 줄이기 위해 볼을 채워 넣고 볼을 통해 힘을 전달하도록 하는 스티어링 기어 장치이다. 리서큘레이팅 볼(recirculating ball)이나 볼 너트(ball nut)라고도 한다.

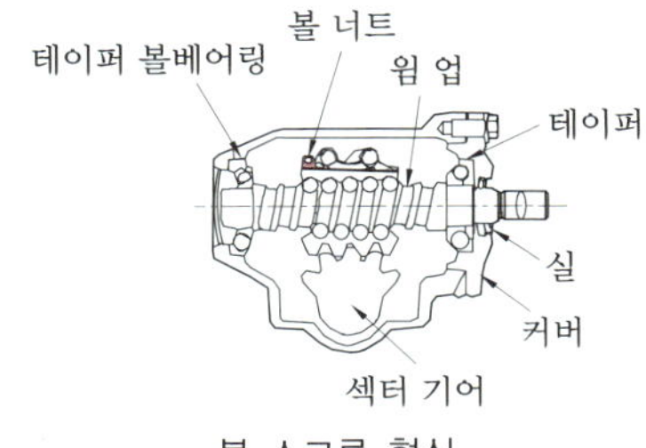

볼 스크루 형식

볼 앤드 너트 형식 ball & nut type　조향 기어의 한 형식으로, 조향축과 섹터축의 스크루와 너트 사이에 다수의 볼(ball)이 들어 있어 볼의 섭동(攝動) 접촉으로 조향력을 너트에 전달함으로써 마모가 적고 큰 하중에 견디기 때문에, 현재 많이 사용하고 있는 형식의 하나이다.

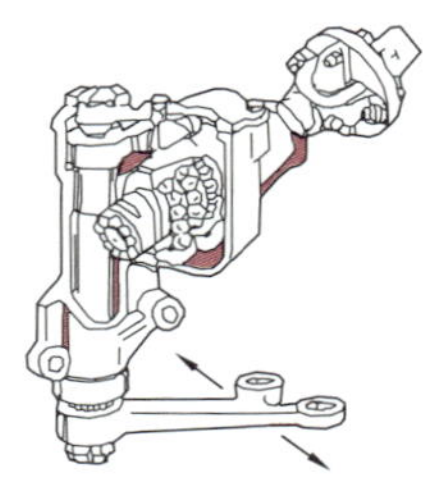

볼 앤드 너트 형식

볼 앤드 트러니언 조인트 ball & trunnion universal joint　요철 형태가 조합된 것으로, 둥글게 파인 보디(body, 몸체)에 추진축의 볼(ball) 모양의 끝이 삽입되고 핀을 끼운 다음 양 끝에 볼을 조립한 것으로, 각도 변화는 물론 약간의 길이 변화도 소화하지만, 마찰이 많고 전달 효율이 낮아 작은 동력을 전달하는 부분에 사용되고 있다.

볼 조인트 ball joint　볼 스터드를 감싸 넣어 자유롭게 움직이는 소켓과 결합하여 마모가 없도록 스프링을 넣은 구조이다.

볼 체크 밸브 ball check valve　볼과 시트 형식으로 된 밸브로, 유체(流體)를 한쪽 방향으로만 흐를 수 있게 되어 있고 반대 방향으로부터의 흐름은 볼과 시트를 밀어서(밀착시켜) 통로를 밀폐하는 역할을 한다.

볼타 법칙 Volta's law　각각 다른 도체 간의 전위차(電位差)에 대한 법칙이다. 두 도체를 접촉시키면 도체 사이에 전위차가 발생하는데, 3개의 도체를 나란히 접촉시켰을 때 양 끝에 있는 도체 사이의 전위차는 가운데 있는 도체와 양 옆에 위치한 도체 사이의 전위차의 합과 같다.

볼타 전지 Volta battery　볼타가 고안한 최초의 1차 전지이다. 전해액(묽은 황산이나 식염수)에 2종의 금속판(구리와 아연)을 삽입한 구조이며, 기전력은 약 1.1 V 정도이다. 편극(偏極) 및 자기 방전으로 인해 기전력이 곧 떨어지므로 현재 실용적이지는 않다. 일반적으로 화학 전지를 볼타 전지라고도 한다.

볼 타입 싱크로메시 ball type synchromesh

콘스턴트 로드형 싱크로메시라고도 불리며, 싱크로메시의 일종으로서 동시 물림 기어가 개발된 초기에 사용하였다. 회전 속도가 다른 기어를 결합하려면 안쪽의 기어에 원추형의 싱크로나이저 콘을 설치하고 스플라인 위에 설치되어 있는 같은 원추면을 가진 싱크로나이저를 실렉터로 미끄러지게 한다. 그리고 원추면끼리 접촉시켜 그 마찰력에 따라 회전 속도를 일치시키고 그 후 양쪽 기어와 맞물리게 한 것이다. 스프링을 지지하는 볼을 사용하여 실렉터와 싱크로나이저의 움직임을 규제한다.

볼트[1] volt　약호는 V이며, 전기적 전위(電位)의 측정 단위이다. 1볼트란 1옴(Ω)의 저항에 1 A의 전류를 흐르기 위해 필요한 전압을 말한다.

볼트[2] bolt　두 물체를 죄거나 붙이는 데 사용하며, 육각이나 사각의 머리를 가진 나사이다. 보통 너트와 함께 사용한다.

볼트미터 voltmeter　⇨ 전압계

볼트 오브 스프링 bolt of spring　리프 스프링을 섀시에 장치하기 위해서 쓰이는 볼트를 말한다. 간단히 스프링 볼트라고 해도 상관없다. 스프링의 끝을 둥글게 감아서 그 구멍에 넣기 때문에 아이볼트(eyebolt)라고도 하며, 또한 후부의 섀클 부분에 사용할 때에는 스프링 섀클 볼트(spring shackle bolt)라고도 한다.

볼트 온 bolt-on　부품 따위를 볼트와 너트로 결합하는 것, 또는 결합된 것을 말한다. 용접(웰딩)과 대조적인 말로 사용한다.

볼트 축력 bolt tension　볼트나 너트를 죄었을 때 볼트의 축에 걸리는 장력을 말한다.

볼티지 레귤레이터 voltage regulator　전압 조정기로서, 발전기의 출력 전압이 지나치게 상승하지 않도록 조절하는 장치이다. 발전기의 발생 전압은 회전 속도와 자계(磁界)의 강도에 비례하여 상승하지만, 볼티지 레귤레이터는 발전기의 계자 전류를 제어하여 자계의 강도를 조절함으로써 발생 전압을 일정하게 보전하는 것으로, 접점식과 IC식 등이 있다.

봄베 bombe　(1) 압축 가스, 액화 가스를 저장하거나 운반하기 위한 원통형의 내압 (耐壓) 용기이다. 두꺼운 강철로 만들어진 긴 원통형이며, 상부에 가스 분출구가 있고, 감압 밸브가 설치되어 있다. (2) LPI 차량용의 봄베는 충진 밸브, 연료 펌프 어셈블리, 연료 펌프 드라이버, 연료 송출 밸브, 수동 밸브, 연료 차단 솔레노이드 밸브, 과류 방지 밸브, 유량계 등이 부착되어 있다. 연료 압력을 발생시키는 펌프가 내장되어 있는데, 안전을 고려하여 봄베 체적의 최고 85 % 정도까지 충전하도록 하고 있다.

봄베 가스 cylinder gas　봄베에 충전하는 가스의 총칭으로서 산소, 수소, 염소, 아세틸렌, LPG 등을 말한다.

봉 게이지 bar gauge　(1) 측정기의 일종이다. 블록 게이지로 측정하기 어려운 것을 측정한다. (2) 구멍용 한계 게이지의 일종이다. 지름 250 mm를 초과하는 구멍을 검사한다.

봉 지름 diameter of electrode　피복 아크 용접봉 심선(心線)의 지름을 이른다.

부도체(不導體) non-conductor　절연체(絶緣體)를 말한다. 전기 또는 열에 대한 저항이 커서 전도율이 극히 적은 물질로서 종이, 나무, 유리, 고무 등이 있다.

부동(浮動) floating　(1) 정류기(整流器)와 축전지를 부하(負荷)에 병렬로 접속하고, 축전지의 자기 방전을 계속 보충하여 부하에 전력을 공급하는 것이다. (2) 제어 과정에서 원인과 그에 따른 최종 제어 요소의 작동 속도 사이에 일정한 관계가 있는 제어 동작이다. (3) 회로 상태가 변환되었을 때 회로 전체의 전위가 대지에 대하여 변동하도록 되어 있는 것이다.

부동식 캘리퍼 floating caliper　싱글 실린더 부동식 캘리퍼라고 말하며, 디스크 브레이크 형식의 일종이다. 브레이크 실린더는 한 개이고 캘리퍼는 좌우로 이동할 수 있는 구조이다.

부동액(不凍液) anti-freeze　비점(boiling point)을 높이고 빙결점을 낮추기 위해 엔진 냉각수에 주입하는 에틸렌글리콜(ethylene glycol)을 말한다. 겨울철에 이를 주입하지 않아 냉각수가 빙결되면 체적이 증가하여 실린더 블록이 파괴된다.

부동제(不凍劑) non freezing solution　겨울철에 냉각수의 동결을 방지하기 위하여 냉각용수에 혼합하는 액체로서 메탄올, 에틸알코올, 글리세린, 에틸렌글리콜 등이 있다.

부동 차축(浮動車軸) floating axle　차축의 중앙부에 종감속 기어 장치를 설치하고 좌우 양축에 하중을 분산 부동(浮動)시켜 바퀴에 회전력을 전달하는 차축을 말한다.

부동 축전지(浮動蓄電池) floating battery　축전지를 충전용 기기와 병렬로 접속하고 축전지 1개당 2.15~2.25 V의 전압을 가하여 자기 방전을 보충하는 정도의 작은 전류로 충전하여 항상 충전 상태를 유지한다. 작은 부하는 충전 기기에서, 일시적인 큰 부하는 축전지에서 전류가 공급된다.

부등 피치 스프링　비선형(非線型) 특성의 용수철 상수를 갖는 스프링이다. 서스펜션 스프링으로서 사용하면 약한 진동은 피치의 작은 부분으로 흡수하고, 큰 하중은 피치의 큰 부분으로 흡수하기 때문에 승차감 및 조정 안정성의 향상을 도모할 수 있다.

부르동관 Bourdon tube　탄력성이 있는 금속관을 원호형(圓弧形)으로 구부려 끝을 밀폐한 것이다. 19세기 중엽 프랑스의 부르동이 고안한 것으로, 압력 및 온도 측정에 사용한다. 이 관의 한쪽 끝을 고정하고 내압을 가하면 관이 늘어나 구부러진 정도가 변화하고 끝이 이동한다. 또 관 속에 알코올이나 에테르 같은 액체를 채우면, 온도 변화에 따른 액체의 팽창을 이용하여 자기 온도계(自記溫度計)로도 사용된다.

부르동 튜브식 Bourdon tube type　윤활 장치의 오일 통로에서 부르동 튜브를 유압

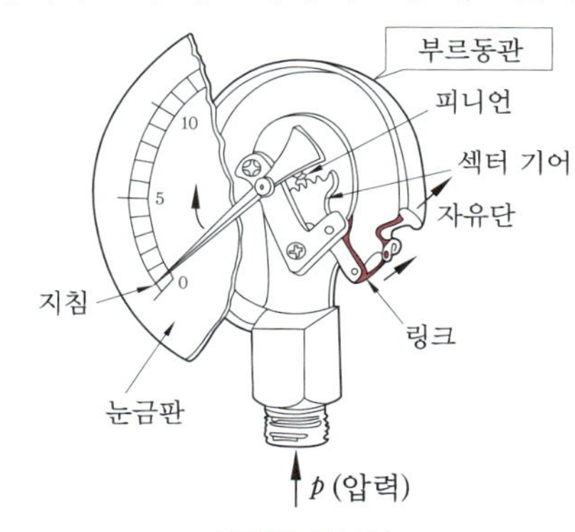

부르동 튜브식

파이프로 연결하여 유압이 증가하면 부르동 튜브 내의 공기가 압축되므로 직선으로 퍼지게 된다. 이때 부르동 튜브 끝에 설치되어 있는 기어가 계기 바늘을 움직여 유압을 표시한다.

부밍 노이즈 booming noise 실내 소음 속에서 비교적 주파수가 낮고(30~200 Hz) 압박감을 주는 소리를 일반적으로 부밍이라고 한다. 차속에 따라 저속 부밍(30~50 km/h), 중속 부밍(50~80 km/h), 고속 부밍(80 km/h 이상)으로 분류된다.

부분 강화 유리(部分强化琉璃) partial-toughened glass 강화 유리가 파손되었을 때 시야가 가려진다는 결점을 보충한 것이다. 운전자의 시야 확보에서 중요한 중앙 부분을 강화 처리하기 위해 냉각 속도를 느리게 한다. 이렇게 하면 파손될 때 중앙부의 파편만이 거칠게 되어 앞창 유리로 쓸 수 있다.

부분 부하(部分負荷) partial load 하프 스로틀을 말한다. 전부하에 대응하는 용어이다.

부분 부하 혼합비(部分負荷混合比) partial load mixture ratio 최대 출력을 100으로 보았을 때 스로틀 밸브를 80 % 정도 열고 운전을 하는 경우를 말한다. 이때 연료 소비율은 최소가 되어 경제적이어서, 경제 혼합비라고도 한다.

부분 연소(部分燃燒) 연소 행정(行程)에서 화염의 전파가 충분히 진행되지 않는 상태로 행정이 중단되는 것을 이른다.

부속 장치(附屬裝置) accessory 차량을 작동하는 데 필수적이 아닌 장치로서, 라디오, 에어컨, 파워 윈도 및 기타 유사 장치를 말한다.

부스터 booster 승압(昇壓) 변압기를 말한다. 공기 압력, 유압, 전압 등을 가하여 압력을 높이거나 증폭·확대하는 것으로서, 엔진의 터보차저, 제동 장치의 배력 장치 및 점화 장치의 점화 코일 등을 일컫는다.

부스터 마그네토 booster magneto 오토바이에 설치되어 있는 고압 자석 발전기를 말한다.

부스터 미터 booster meter 전자식으로서 부스터 센서로부터의 입력 신호에 따라서 여러 개의 발광 다이오드를 좌측에서 순차적으로 점등시켜 터보 과급압(過給壓)을 표시한다. 터보 과급 조건을 충족하고 있지 않거나 과급압이 낮을 때는 오렌지색, 과급압이 증가하면 초록색, 더욱 증가하면 적색이 표시된다.

부스터 브레이크 booster brake 엔진 진공을 이용하여 작은 제동력으로 큰 제동력을 얻는 장치를 말한다.

부스터 케이블 booster cable 엔진을 시동할 때 축전지(battery)의 방전으로 자동차가 움직이지 않는 경우, 다른 자동차로부터 전기를 얻기 위하여 사용하는 전선(케이블)이다. 전극은 각각 적색인 플러스(+) 또는 흑색인 마이너스(−)를 같은 극끼리 연결한다.

부스트 boost 압축 공기가 흡기 다기관에 압송될 때 다기관의 압력은 대기압보다 더 높게 상승하게 되는데, 이때 터보차저에 의해 생기는 흡기압(吸氣壓)을 말한다.

부스트 센서 boost sensor ECI 터보 차량에서 마스트 백 상부 차체 쪽에 장치되어 있고, 흡기 매니폴드 압력을 검출하여 전압으로 변환하는 센서를 말한다. 엔진 컨트롤 유닛은 흡기관 압력 신호를 흡기 공기량(중량)으로 환산하며, 경차 등에 적용되고 있다. 구조로서는 저항을 확산한 실리콘 휠에 압력이 가해지면 필링 내의 저항체가 변화하고 여기에 전극을 장치하여 전압 변화로 출력한다. 이 전압을 바탕으로 내부 회로에서 처리하여 그 다음 신호를 출력하고 있다.

부스트 제어 boost control 항공기 엔진에 사용되며, 흡기압(吸氣壓)이 항상 일정한 허용치를 유지하도록 기화기의 스로틀 밸브를 개폐하는 것을 말한다.

부스트 제어 밸브 BCV ; boost control valve 감속 시의 매니폴드 부압 제어용 밸브로서, 전자 제어식 연료 분사 장치(EGI)에 사용되고 있다. 부스트 제어 밸브 또는 진공 리미터(vacuum limiter)라고 한다. 스프링의 힘을 이용한 체크 밸브로 그 구조 및 부착도는 그림에서 보여 주고 있다. 스로틀 밸브를 바이패스해서 에어 박스와 흡입관을 연결한 공기 통로에 설치되어 통상, 주행 시는 매니폴드 부압이 낮아 부스트 제어 밸브의 스프링 쪽 힘이 강하기 때문에 밸브는 닫혀 있고, 바이패스 에어는 흡입관으로 흐르지 않는다. 그러나 감속 시 급히 스로틀 밸브가 닫히고 매니폴드 부압이 설정 압력 이상이 되면 밸브에 걸리는 부압이 스프링 힘을 누르기에, 그림에 나타나듯이 밸브가 열리고 바이패스 에어가 공기 통로에서 흡입관으로 흘러 매니폴드 부압을 적정치로 유지하기 때문에 감속 시의 일산화탄소(CO), 탄화수소(HC)의 발생이 억제된다.

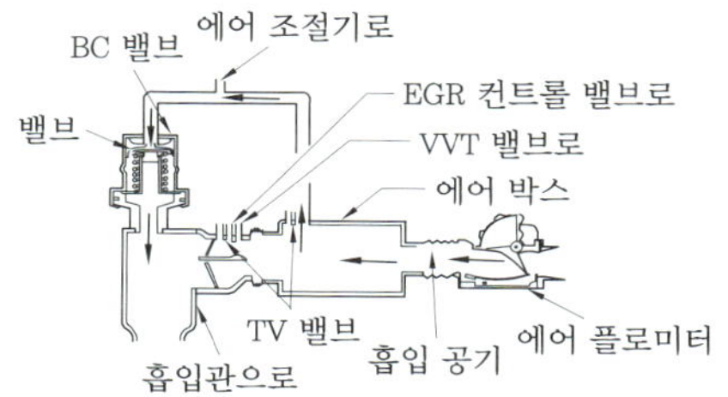

부스트 제어 밸브의 작동

부스트 컴펜세이터 boost compensator 디젤 터보 엔진의 분사 펌프에 장착되어 있는 기구로서, 터보에 의해 실린더로 보내지는 공기량의 증가에 대응해서 연료의 분사량도 증가시켜 출력을 향상시키는 장치이다. 매니폴드 내의 압력이 높아지면, 그 부스트를 도입하고 다이어프램을 억제하여 컨트롤 슬리브를 연료 증가량의 방향으로 이행시킨다.

부시 bush 진동 흡수를 위해 서스펜션이나 엔진 마운트 등에 장착되는 고무 등으로 만들어진 탄성체를 말한다.

부식(腐蝕) corrosion 보통 산(酸)에 의해서 생기는 화학 작용을 말하며, 이 작용으로 금속이 침식된다.

부식 마모(腐食磨耗) corrosive wear 주로 윤활제가 부재(部材)를 부식시킴에 따라 발생되는 마모를 말한다.

부실(副室) prechamber 예연소실(豫燃燒室)을 말한다. 부실식 디젤 엔진으로서 주연소실 외에 따로 설치된 작은 연소실을 가리키며, 연료를 분사하여 착화시킨다. 일반적으로 모든 연소실의 40~55 %를 점유하고 있다.

부실 용적비(副室容積比) 부실식 디젤 엔진으로서, 연소실 전체의 용적에서 부실의 용적이 점유하는 비율을 말한다.

부실식(副室式) 디젤 엔진 auxiliary chamber type 간접 연료 분사식(IDI)이라고도 한다. 연소실 외에 부연소실을 설치하고 부연소실 안에 연료를 분사한다. 직접 연료 분사보다 연료와 공기가 잘 혼합되어 안정된 성능을 나타내며, 시동 시에는 예열(豫熱) 플러그(glow plug)가 필요하다.

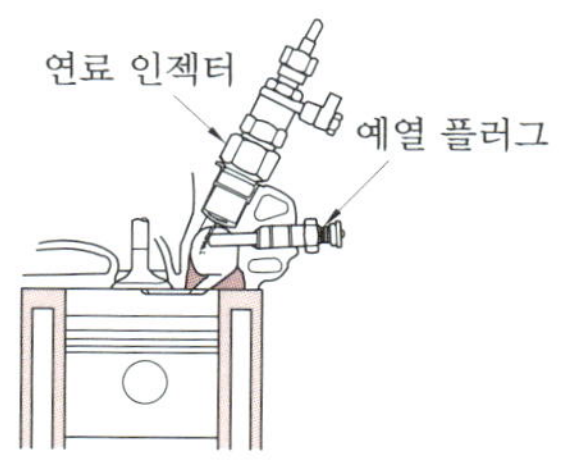

부실식 디젤 엔진

부싱 bushing 보어(bore) 내에 끼워지는 단체형(單體型) 슬리브(sleeve)로서, 보통 소형 전원 마찰 베어링(friction bearing)의 마찰 면이 된다.

부압(負壓) negative pressure 표준 대기압(760 mmHg) 미만의 압력을 말한다.

부압 제어 밸브 VCV ; vacuum control valve, VCU ; vacuum control unit 배출 가스 대책 시스템에서 부압(負壓)은 불필요한 요소이지만 점화 시기 제어 장치, 2차 공기 공급 장치, 감속 장치, EGR 장치에는 사용되고 있다.

부압 제어 전자 밸브 VCMV ; vacuum control modulator valve 엔진 집중 전자 제어 시스템(ECCS)의 컨트롤 유닛으로부터 제어 신호를 받아 보조 공기 컨트롤 밸브(auxiliary air control valve)에 걸리는 부압을 제어하는 전자 밸브이다. 매니폴드 부압을 일정하게 제어하는 다이어프램식의 정압 밸브와 보조 공기 밸브 컨트롤 및 EGR 컨트롤 밸브를 제어하는 2개의 솔레노이드 밸브로 되어 있다. 부압실에 작용하는 매니폴드 부압은 운전 상태에 의해서 변한다. 그리고 정압 밸브부의 부압실은 매니폴드 부압이 120 mmHg 이상으로 되도록 일정하게 유지된다. 여기서 솔레노이드 밸브가 OFF로 되어 있으면 보밸브에는 부압 120 mmHg가 그대로 걸리지만, 컨트롤 유닛으로부터의 신호에 의해서 필요한 제어 부압을 얻게 되는 것이다.

부압 지연 밸브 (1) DV ; delay valve 소결 합금(燒結合金) 타입의 오리피스와 체크 밸브에 의해서 구성된다. 부압 및 공기의 전달을 일정 시간 늦추는 지연 밸브의 타입은 용도에 따라서 오리피스 부분이 핀 홀 형식(pin hole type)과 소결 합금 타입의 종류가 있다. 핀 홀 타입은 작은 구멍에 의해서 오리피스를 만들지만, 소결 합금 타입은 금속의 입자 간(粒子間)을 이용해서 오리피스로 한다. 따라서 핀 홀 타입은 공기의 유량이 비교적 많은 곳에서 이용되고 소결 합금 타입은 공기 유량이 적고 지연 시간이 긴 곳에 사용한다. (2) VTV ; vacuum transmitting valve 그림에서 공기는 B→A로 체크 밸브가 열려 쉽게 흐를 수 있고, 반대로 A→B로는 체크 밸브도 닫혀 오리피스를 통과하더라도 소결 합금제의 이 오리피스는 공기량을 규제하여 아주 적은 양밖에는 흐르지 않는다. 그러므로 B측 부압이 A측 부압보다 적게 될 때에는 소정의 시간만큼 늦어져서 같은 부압이 된다. 더욱이 VTV는 부압 지연 밸브에 대한 약칭이지만, SDV라고도 하며 구조는 똑같다.

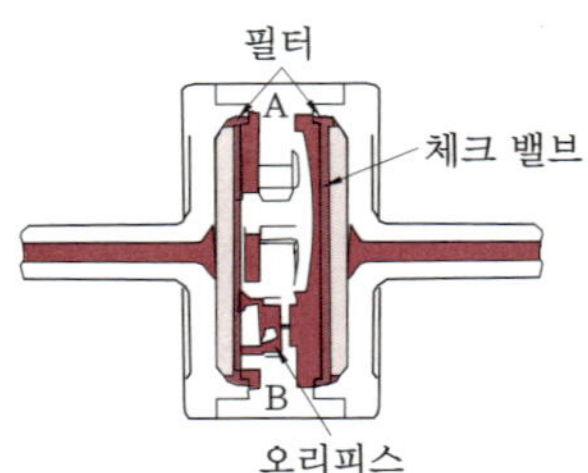

부압 지연 밸브의 단면도

부온도 계수 저항기(負溫度係數抵抗器) NTCR ; negative temperature coefficient resistor 온도가 올라갈 때 저항이 감소하는 저항기로서, 냉각수 온도 센서나 공기 온도 센서에 널리 쓰인다.

부(負)의 캐스터 negative caster 킹핀의 경사각이 수직선보다 자동차의 앞쪽으로 기운 상태로, 네거티브 캐스터 또는 마이너스(−) 캐스터라고 부른다.

부(負)의 캠버 negative camber 바퀴 윗부분 중심이 수직선보다 내측으로 기울어진 상태로, 네거티브 캠버 또는 마이너스(−) 캠버라고 한다.

부자 용기(浮子容器) float bowl 카뷰레터에서 연료를 측정하고 부자가 위치해 있는 용기이다.

부정 논리적 회로(否定論理積回路) NAND circuit 부정 회로와 논리적 회로를 복합한 회로이다. 스위치 2개 중 1개를 OFF하면 출력할 수 있고, 스위치 2개를 동시에 ON하면 출력할 수 없다.

부정 논리적 회로의 기호

부정 논리합 회로(否定論理合回路) NOR circuit 부정 회로와 논리합 회로를 복합한 회로이다. 스위치 2개를 동시에 OFF하면 출력할 수 있고, 스위치 2개 중 1개를 ON하면 출력할 수 없다.

부정 논리합 회로의 기호

부정 분사(不整噴射) 디젤 엔진이 저속 회전할 때 연료 분사 펌프에서 연료 공급이 늦으면 분사 노즐이 정상적으로 작동하지 않으므로 연료가 단속적(斷續的)으로 분사되는 현상이다.

부정 회로(否定回路) NOT circuit 1개의 입력 스위치와 1개의 출력 스위치를 병렬로 접속한 회로이다. 입력 스위치가 ON일 때는 출력 스위치는 OFF되어 출력할 수 없고, 입력 스위치가 OFF이면 출력 스위치가 ON되어 출력할 수 있다.

부정 회로의 기호

부채꼴 오목부 scallop 용접선의 교차를 피하기 위하여 부재(部材)에 파 놓은 부채꼴의 오목하게 들어간 부분으로, 스캘럽이라고도 한다.

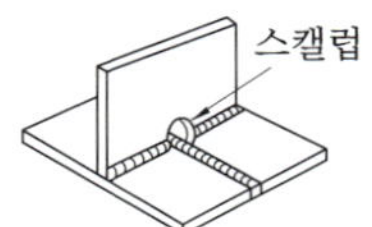

부채꼴 오목부

부축식 트랜스미션 counter transmission 카운터 샤프트를 가진 변속기이다.

부칭(浮秤) aerometer　액체에 띄워 비중을 측정하는 기계이다. 눈금을 표시한 유리나 금속으로 만든 관의 아래쪽을 볼록하게 하고 그 속에 수은이나 납덩어리의 추를 넣어 액체에 띄우면 똑바로 서게 되어 있으며, 액면 양의 눈금을 보고 그 액체의 비중을 측정한다.

부탄 butane　정상 대기압과 $0℃(32℉)$ 이하에서 메탄계 탄화수소에 속하며, 프로판과 더불어 액화 석유 가스의 주성분이다.

부트 boot　마스터 실린더, 휠 실린더, 케이블, 전선 또는 커넥터 등 임의의 부분을 보호하기 위해서 씌우는 고무를 말한다.

부틸 고무 IIR ; isobutylene-isoprene rubber　이소부틸렌과 이소프렌의 공중합체(共重合體)로서, 정식 명식은 이소부틸렌 이소프렌 러버라고 한다. 기체 투과성이 작은 특성이 있다. 탄성 등은 천연고무에 못 미치지만, 인장 강도(引張強度), 내마찰성은 거의 같으며, 타이어의 튜브로 사용된다.

부풀음 blistering　도막(塗膜)의 내부에 공간이 생겨 빵 모양으로 부풀어 오른 현상이다. 수분, 휘발 성분, 용매를 함유한 면에 도료를 칠한 경우 또는 도막 형성 후 가스, 공기, 수분 등이 도막 안으로 들어간 경우에 발생한다.

부품(部品) (1) parts　기계 따위의 어떤 부분에 쓰는 물품을 말한다. (2) component 코일, 저항, 스위치, 트랜지스터 등 어떤 전기적 특성이나 일부의 기능을 가진 것으로, 다른 부품과 접촉하여 회로 또는 장치를 구성한다.

부하(負荷) load　에너지를 소비하는 것의 총칭이다. 자동차 전체에서는 스피드를 내는 것, 하물을 많이 적재하는 것, 급격한 기울기를 오르는 것 등이 부하가 커지게 한다.

부호(符號) (1) code　정보를 나타내는 기호 체계, 프로그램을 작성할 때 명령과 수치를 문자에 의한 코드로 표시하고, 숫자는 2진법에 의한 코드로 표현할 수 있다. (2) sign　양수·음수를 나타내는 기호를 말한다. 양수를 나타내는 기호 '+'를 양의 부호, 음수를 나타내는 기호 '−'를 음의 부호라고 한다. +, −를 합하여 수의 부호라고 한다.

북경-파리 레이스 Peking-Paris Race　1907년 6~8월에 열린 대륙 간 레이스이다. 1903년을 마지막으로 도시 간(파리) 레이스가 중단되자, 그것을 광대한 대륙 간에서 펼치기로 하여 기획된 경주이다. 총 주행 거리 16,000 km로 2개월간이나 진행되었다. 일본 미쓰비시 상사 주최로 1991년 9~10월, 파리-모스크바-북경 레이스가 다시 열려(격년제) 새롭게 관심을 끌었다.

분(分) minute　1도의 1/60에 해당하는 각도(30°)에서와 같이, 대개 숫자 뒤에 1°로 약자로 쓴다.

분권 발전기(分捲發電機) shunt generator　계자 권선(界磁捲線)과 전기자 권선(電氣子捲線)이 병렬로 연결된 직류 발전기이다. 전지의 충전에 사용하는 것 이외에, 전기자 저항을 적게 하여 정전압(定電壓) 발생에 사용한다.

분권 전동기(分捲電動機) shunt motor　계자 권선(界磁卷線)과 전기자 권선(電氣子捲線)이 병렬로 전원에 연결되는 전동기를 말한다.

분류기(分流器) shunt　(1) 전류계에 병렬로 접속시켜 전류의 측정 범위를 넓히기 위해 사용하는 일종의 저항기이다. (2) 상당한 저항 또는 임피던스를 가지고 있으며, 다른 디바이스 또는 장치와 병렬로 접속된 요소로서, 약간의 전류를 분류하기 위한 것이다. (3) 일부를 다른 부분에 대하여 병렬로 접속한 것이다.

분류 밸브 flow dividing valve　유압원(油壓原)으로부터 2개 이상의 유압 회로에 분류시킬 때 각각 회로의 압력 여하에 관계없이 일정 비율로 유량을 분할하여 흐르게 하는 밸브이다. 2개 이상의 액추에이터에 동일한 유량을 분배하여 속도를 동기시키는 경우에 사용한다.

분류식(分類式) bypass filter　오일펌프에서 공급한 오일은 엔진 윤활부에 직접 공급

분류식

하고, 바이패스되는 오일은 여과하여 오일 팬에 보내는 방식으로, 많이 사용되지 않는다.

분리 급유 방식(分離給油方式)　2사이클 엔진에서 가솔린에 윤활유를 혼입하는 혼합 급유 방식으로, 연료 계통과 윤활 계통을 별도로 한다. 혼합 급유 방식은 엔진을 소형화할 수 있으나 오일의 소비량이 많고 배기가스에 HC가 많다. 현재에는 레이싱 카에만 사용된다.

분리기(分離器) separator　(1) 2차 전지의 전극 사이에 넣어 단락을 방지하는 나무로 만든 얇은 판이다. (2) 기체 속에 포함되어 있는 고형분(固形分)을 분리하는 장치이다. (3) 콘크리트의 형틀 간격을 일정하게 유지하기 위한 기구이다.

분리 초크 divorced choke　서머스태틱 바이메탈 코일이 링키지 장치에 의해 초크 밸브로부터 분리되어 있는 초크 장치를 말한다.

분말 절단(粉末切斷) powder cutting　철분말 또는 용제 분말을 연속적으로 절단용 산소에 혼입 공급하여 그 산화열 또는 용제(溶劑) 작용을 이용한 절단 방법이다.

분무각(噴霧角) angle of spray　엔진 연소에 적합한 연료의 분포를 얻기 위하여 노즐 중심에 대하여 설치된 각도이다.

분무기(噴霧器) atomizer, sprayer　물이나 약품 따위를 안개처럼 뿜어내는 도구이다.

분무 노즐 spraying nozzle　액체를 작은 구멍으로 분출·비산시켜 미립화하는 구조의 노즐을 말한다.

분배기(分配器) distributor　(1) 점화 코일에서 발생한 고전압을 점화 시기에 맞추어 점화 플러그에 분배하는 장치이다. (2) TV를 공동으로 시청할 때 간선(幹線)의 임피던스가 바뀌지 않게 하고 수신 에너지를 여러 곳에 전송하기 위해서 사용된다. (3) 공통 또는 단일 회로에서 다른 복수의 회로에 적당한 시간 간격으로 신호를 분배하는 장치이다. (4) 주기억 장치와 계산기 내의 다른 부분 사이에 정보를 주고받거나, 주기억 장치와 외부 장치의 사이에서 데이터 브레이크를 할 때 버퍼 레지스터로서 사용된다.

분배식(分配式) distributor system　분사

펌프에 분배 밸브를 조합하여 각 실린더에 고압의 연료를 분배하는 형식이다. 소형 고속 디젤 엔진에 사용하며, 엔진의 실린더 수에 관계없이 한 개의 분사 펌프를 사용하여, 연료를 각 실린더에 공급하기 때문에 구조가 간단하고 조정하기가 쉽지만 다기통 엔진에는 적합하지 않다.

분배형 연료 분사 펌프 distributor fuel injection pump　분배는 영어의 '디스트리뷰션'의 직역으로, 펌프는 공통으로 한 개를 갖고 그 압력으로 각 기통에 분배하는 디스트리뷰터가 있다. 플런저식보다 메커니즘이 간단하고 값이 싸서 승용차용으로 쓰인다.

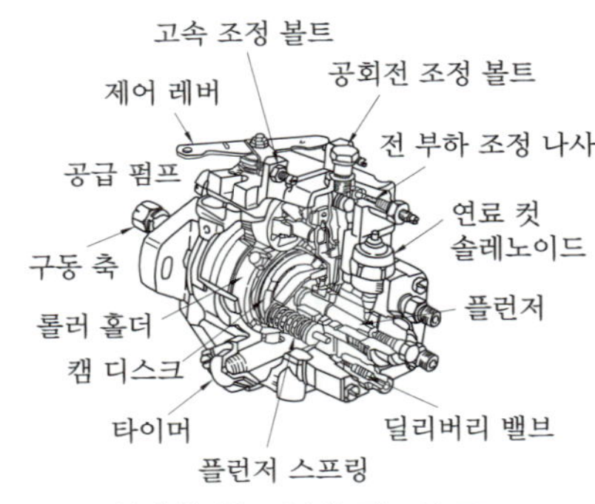

분배형 연료 분사 펌프의 구조

분배형 펌프 distributor pump　기화기 또는 가솔린 분사 장치 및 스파크 점화 장치의 타이밍 기능 등의 모든 기능을 조합한 펌프를 말한다.

분사(噴射) injection　액체나 기체 따위에 압력을 가하여 세차게 뿜어 내보내는 것이다.

분사각(噴射角)　디젤 엔진에서 연료가 분사 노즐로부터 분출하는 각도를 말한다.

분사 개시 압력(噴射開始壓力) opening pressure　디젤 엔진의 연료 분사에서 니들 밸브가 열릴 때의 분사 압력을 말한다.

분사 기간(噴射期間) injection period　연료 분사 기관의 연료를 분사하기 시작하여 끝나기까지 분사가 계속되고 있는 기간을 말한다.

분사 노즐 injection nozzle　(1) 실린더 헤드 연소실에 장착되어 엔진이 압축 시 연료를 분사하는 역할을 한다. 분사 펌프에서 고압의 연료가 연료 파이프를 통하여

노즐에 도착하면 고압의 연료(약 50~60 kg/cm^2)는 노즐 팁을 밀어 올려 압력 스프링의 장력을 이기면서 연료가 분사된다. 노즐의 분사 압력은 압력 스프링의 장력에 의해 결정되며, 노즐 팁을 분해 교환 시 조정할 수 있도록 수정 스크루가 마련되어 있다. (2) 연료가 기화기의 벤투리 또는 연료 분사 장치의 경우 연소실 속으로 방출될 때 연료가 통과하는 제트(jet) 또는 구멍을 말한다. 고압으로 압축된 연소실에 부착되어 공기가 새어 나가지 않고, 분사할 때 알맞게 확산되는 구조로 되어 있어야 한다. 펌프로부터 압송되어 온 연료가 니들 밸브(needle valve)를 밀어, 열려 있는 동안만 분사한다. 종류는 단공(單孔) 노즐, 피스톤 노즐, 스로틀 노즐 등이 있고, 스로틀 노즐이 가장 널리 쓰인다.

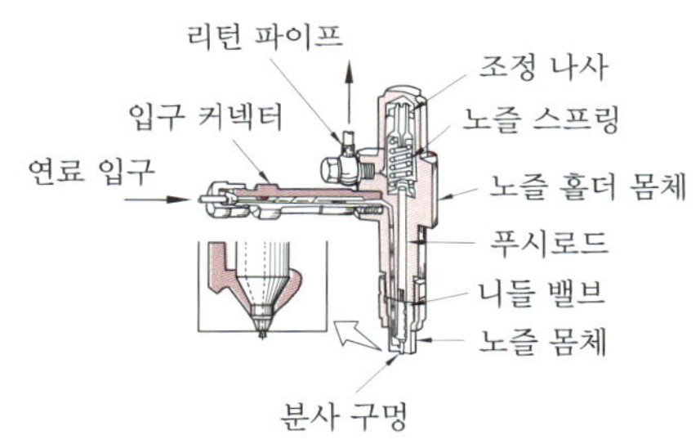

분사 노즐의 구조

분사 래그 injection lag　분사의 시작과 노즐이 열리는 시간 사이의 짧은 시간을 말한다.

분사량 보정(噴射量補正) control of injection fuel quantity　인젝터의 기본 구동 시간은 AFT에서의 흡입 공기량 신호와 크랭크 각 센서 신호(엔진 회전수 신호)에 따라 결정된다. 그리고 각 센서의 신호에 의한 구동 시간이 보정된 후 주행 상태에 최적인 인젝터 구동 시간(연료 분사량)이 결정된다.

분사량 불균율(噴射量不均率)　각 실린더의 분사량 차이의 평균값을 말하며, 불균율이 크면 엔진의 진동이 일어나고 효율이 떨어진다. 불균율은 분사 펌프 시험기로 측정하는데, 일반적으로 전부하 상태에서 ±3 %이며, 무부하 상태에서는 10~15 % 정도이다. 제어 피니언과 제어 슬리브의 관계 위치를 변경시켜 조정한다.

분사 시간(噴射時間) injection time　연료 분사 장치에서 연료가 실린더 속으로 분출되는 데 필요한 시간을 말한다.

분사 시기(噴射時期) injection timing　연료 분사 장치에서 노즐로 연료를 분사하는 시기를 말한다.

분사 시기 조정기(噴射時期調整器) injection timer　기관의 부하 및 회전 속도에 따라 시기를 변화시키는 것이 분사 시기 조정기이다. 분사 시기 조정기에는 수동식(hand timer)과 자동식의 2종류가 있으며, 차량용에는 자동식이 많이 쓰인다.

분사 압력(噴射壓力) injection pressure　작은 구멍으로 액체를 분출하는 데 필요한 압력을 말한다.

분사율(噴射率) rate of injection　디젤 엔진에서 연료 분사 펌프로 가압된 연료를 연소실로 공급함에 있어서 시간에 따른 연료 공급량의 변화 비율이다. 주로 분사 펌프의 캠 스피드, 플랜지 지름, 분사 노즐의 유량 특성에 따라 다르다.

분사 컷 오프 injection cut off　노즐로부터 연료 분사가 정지되는 것을 말한다.

분사 파이프 injection pipe　디젤 엔진의 연료 분사 펌프와 분사 노즐을 연결하는 고압의 파이프를 말한다.

분사 펌프 injection pump　⇨ 인젝션 펌프

분산도(分散度) degree of dispersion　연료가 분사 노즐로부터 분사되었을 때 분사 범위의 각 장소에 분무되는 중량을 말한다. 노즐의 형상과 설치 각, 연소실의 형상, 공기의 와류(渦流) 등 조건에 맞게 분산되어야 한다. 노즐의 중심 연장선상의 어떤 거리에서 중심선으로부터 여러 반경의 동심원 내에 포함되는 분량을 측정하고 전 분사량을 비교하여 결정한다.

분산제(分散劑) dispersant　각종 이물 또는 불순물이 윤활 장치 내에서 막히거나 고착되는 것을 방지하기 위해 엔진 오일에 첨가하는 첨가제의 일종이다.

분자(分子) molecule　화학 물질로 나눌 수 있는 가장 작은 입자를 말한다.

분출 구멍 squirt hole　커넥팅 로드의 측면(side)에 있는 구멍으로, 이 구멍을 통해서 압송된 오일이 실린더 벽에 분출된다.

분출 구멍 면적(噴出孔面積)　부실식(副室式)

디젤 엔진에서 주연소실과 부연소실을 연결하는 통로의 단면적을 말한다. 예연소실식은 피스톤 면적의 0.3~0.6%, 와류실식은 피스톤 면적의 1~13.5%로 되어 있다.

분포(分布) distribution of drop size　연료가 연소실에 분사되면 연료의 입자가 연소실 전체에 균일하게 분포되어야 한다. 연료의 입자가 밀집되면 공기가 부족하고, 연료가 도달되지 않으면 공기가 많아 불완전 연소를 일으키게 된다.

분포 하중(分布荷重) distributed load　전 하중이 부재의 특정 면적 위에 분포하여 걸리는 하중을 말한다.

분할 링 split ring　기계의 회전하는 부품에 체결하는 금속 링으로, 회전 부품으로의 회로를 구성하는 일을 한다.

분할 베어링 split bearing　몸체를 분할할 수 있는 베어링이다. 베어링 메탈이 마모되면 조정할 수 있도록 대(臺), 캡, 베어링 메탈의 3부분으로 분해되며, 축받이 면에 베어링 메탈을 갈아 끼운 다음 볼트로 체결하게 되어 있다.

분할 핀 split pin　핀의 중간이 갈라져 분리된 형태의 핀으로, 스플릿 핀이라고도 한다. 해당 핀홀(pinhole)에 끼워진 후 서로 엇갈리게 꺾어지므로 결합된 와셔나 너트 또는 볼트의 이탈을 방지한다.

분할형(分割型) split type　액슬 하우징의 한 형태로, 하우징 중간에서 측면을 떼어내야 내부 정비를 할 수 있는데, 조정 및 정비성이 곤란하여 점차 사용이 줄고 있다.

분해(分解) decomposition　(1) 여러 부분이 결합되어 이루어진 것을 낱낱의 각 부분으로 분리시키는 것이다. (2) 화합물이 홑원소 또는 보다 간단한 화합물들로 나뉘는 것을 말한다.

분해 가솔린 cranked gasoline　등유나 경유 또는 중질유를 열분해하여 제조한 것인데, 검댕(gum)이 생기는 단점이 있지만 옥탄가가 높아 노킹을 잘 일으키지 않는 장점이 있다.

불규칙 진각 insufficient advance　피스톤이 상사점(上死點)에 도달한 이후에 스파크가 일어나는 상태를 말한다.

불균등 전후 토크 분배　풀타임 4WD 차량의 전륜, 후륜으로서의 토크 분배에 차이를 갖게 하는 것을 말한다.

불균치(不均値)　분사 펌프 내의 각 펌프 엘리먼트에서 분사한 분사량 중에 최대 분사량에서 최소 분사량을 뺀 값을 말한다. 평균 분사량을 기준으로 최대 또는 최소 분사량 중 그 차가 많은 것을 선택한다.

불균형(不均衡) unbalance　회전체의 회전축에 대해 질량 분포의 균형이 잡히지 않아 어느 한쪽으로 치우친 상태를 말한다. 상하의 균형이 잡히지 않은 것을 정적 불균형, 좌우의 균형이 잡히지 않은 것을 동적 불균형이라고 한다.

불꽃 간극 spark gap　점화 플러그에서 불꽃 방전을 시키기 위하여 중심 전극과 접지 전극 간의 틈새를 말한다.

불꽃 경화 flame hardening　가스 불꽃으로 경화(硬化)를 하는 방법을 말한다.

불꽃 시험 spark test　(1) 점화 플러그의 성능을 검사하기 위해서 플러그 테스터에 점화 플러그를 설치하여 불꽃 방전을 시켜 그 상태를 점검하는 것이다. 자색의 불꽃이 발생되면 정상, 황색의 불꽃이 발생되면 양호, 적색의 불꽃이 발생되면 불량이다. (2) 연삭기를 사용하여 주로 강재(鋼材)의 탄소량을 추정하는 시험이다. 표준 불꽃과 추정하려고 하는 강재의 불꽃을 비교하여 판정한다.

불꽃 전파 용접 fire cracker welding　피복 아크 용접봉을 이음부에 밀착시켜 동재(銅材)의 지그로 누르고 한끝에서 아크를 발생시켜 자동적으로 용접하는 방법이다.

불꽃 절단 flame cutting　모재(母材)에 열을 가하여 경사지게 놓고 흘려 버리며 하는 절단 방법이다.

불꽃 점화 spark ignition　실린더 안에 전기 불꽃을 튀게 하여 연료와 공기의 혼합 가스에 점화하는 것을 말한다.

불꽃 점화 엔진 spark ignition engine　불꽃 점화에 의해 연소 행정을 시작하는 엔진의 총칭이다. 일반적으로 SI 엔진이라고 하며, CI 엔진(압축 점화 엔진)에 대비되는 용어이다.

불꽃 청소 flame cleaning　금속 표면을 금속으로 가열한 후 녹이나 검은 껍질 등을 제거하여 표면을 깨끗이 하는 것을 말한다.

불꽃 흰색 부분 cone, flame core　백심으로서, 가스 불꽃 안의 팁 끝에 나타나는 흰색의 원뿔형 부분을 말한다.

불변강(不變鋼) invariable steel　온도에 의한 성질의 변화가 극히 적은 강의 총칭이다. 선팽창 계수에 대해서는 인바, 탄성 계수에 대해서는 엘린바를 말한다.

불소 클리어 도장　보디 본체의 상도장 위에 공연(空研)을 한 다음에 불소 수지계의 클리어를 도장(塗裝)한 것으로, 다음과 같은 특징이 있다. ① 통상 도장과 비교하여 신차시의 광택을 장기간 보유하게 된다. ② 통상 도장과 비교하여 신차시의 발수성을 장기간 유지할 수가 있다. 그 사이의 유지 보수(광택 유지 왁스)가 불필요하게 된다. ③ 산성비에 의한 변색이 거의 없다.

불순물(不純物) impurities　결정을 구성하는 원소 이외의 다른 원자로, 반도체에 첨가시켜 전기적 성질을 제어한다.

불완전 연소(不完全燃燒) incomplete combustion　연료 속의 탄소, 수소 등이 완전히 산화되지 않은 연소 상태를 말한다. 배기가스 속에 일산화탄소, 탄소, 미연소 탄화수소 등의 가연(可燃) 성분이 남아 있는 상태로 배출한다.

불평형 기화기(不平衡氣化器) unbalanced carburetor　뜨개실에 대기 압력이 직접 작용하도록 한 형식이다.

불활성 가스 inert gas　아르곤, 헬륨 등 보통 상태에서는 다른 원소와 거의 화합하지 않는 가스를 말한다. 아크 용접 중에 용접 부위가 바깥 공기와 접촉하는 것을 방지하기 위하여 아르곤 가스를 토치로 내뿜어서 용접 부위의 공기를 차단한다. 강판의 용접에서는 탄산가스로 할 수 있지만, 알루미늄이나 스테인리스강의 용접에는 아르곤이 필요하다.

불활성 가스 금속 아크 용접 MIG welding; inert-gas metal-arc welding　불활성 가스 아크의 일종이며, 용접 심선(心線)을 전극으로 하는 용접을 말한다.

불활성 가스 아크 용접 inert-gas shielded arc welding　아르곤, 헬륨 등 불활성 가스 또는 여기에 소량의 활성 가스를 첨가한 가스 분위기 안에서 하는 아크 용접을 말한다.

불활성 가스 텅스텐 아크 용접 TIG welding, inert-gas tungsten arc welding　불활성 가스 아크의 일종이며, 텅스텐 등 기타 용이하게 소모되지 않는 금속을 전극으로 하는 용접을 말한다.

불휘발성 메모리 nonvolatile storage　이그니션 스위치를 OFF해도 기억된 데이터가 지워지지 않고 남아 있는 메모리로서, 고장 진단용, 공연비 학습 제어용 등으로 사용된다.

붐 boom　엔진 센서 하니스를 받쳐 주는 DEA에 있는 선택 품목 구조물이다.

붕사(硼沙) borax　붕산나트륨의 결정체로서, 연하고 가벼운 무색의 결정성 물질이며 수용성이다. 천연으로는 고체로 산출되며, 인공적으로는 붕산에 탄산나트륨을 첨가하여 중화한다. 유리, 유약의 원료, 용접제, 방부제 등으로 사용된다.

뷰익 Buick　스코틀랜드에서 이민 온 뷰익(David Dumbar Buick)씨는 자동차 배관 정비업에 종사하다가 1903년부터는 자신이 직접 엔진을 설계해서 뷰익 자동차 회사를 세웠다. 뷰익 씨는 자동차업뿐 아니라 금광과 석유업에도 손을 댔지만 실패하고 그 여파로 회사는 GM에 흡수되었다. 하지만 지금도 뷰익이란 이름으로 생산되고 있다.

브라우 brow　랠리에서 페이스 노트를 작성할 때 노면 상태를 표현하는 데 쓰이는 용어이다. 브라우란 도로의 기복에 의해 그 앞이 보이지 않는 경우를 말하며, 극단적인 경우에는 차가 점프하기도 한다.

브라이트 프런트 그릴 bright front grill　프런트 그릴 도금부를 광택 처리한 그릴로 고급스러워진다.

브라인 brine　간접식 냉동법에서 냉매와 냉각되는 물건 사이를 돌며 열 흡수를 매개하는 용액으로 어는점이 낮다. 보통 식염수, 염화칼슘 수용액 따위를 쓴다.

브라인 펌프 brine pump　브라인을 냉각기로 냉각하여 제빙(製氷) 장치, 냉장고, 카 에어컨 등에 순환시키는 펌프를 말한다.

브라질 그랑프리 Brazil Grand Prix　브라질에서 열리는 F1 그랑프리 시리즈이다. 1972년에 제1회 경주가 열렸으며, 1973년부터 F1 GP의 하나가 되었다. 초기에는 상파울루 근교의 인털라고스 서킷에서 많이 열렸으나, 1980년대에 들어와 리우데 자네이루 근교의 넬슨 피케 서킷으로 장소를 옮겼다. 그러다가 1990년부터 다시 인털라고스 서킷에서 열리고 있다.

브래킷 bracket　벽이나 기둥 등으로부터 돌출시켜 축 등을 지지할 목적으로 사용하는 것이다. 자동차에서는 차체 등 비교적 커다란 부품을 장착하거나 받치기 위하여 설치되는 연결용 부품을 말한다.

브랜즈 해치 Brands Hatch　영국의 서킷으로, 처음에는 오토바이 전용 코스였으나, 제2차 세계대전 후 개수(改修)하여 1964년부터는 실버스톤 서킷과 교대로 영국 GP가 열리기도 했다. 코스의 기복이 심하여 1주 길이는 4.206 km이다.

브랜치관　레조네이터와 마찬가지로, 흡기계의 공명음을 억제하기 위한 것으로, 레조네이터와 함께 일부 차종에 장치되었다.

브러시 brush　(1) 돌아가는 발전기나 전동기의 정류자(整流子)에 닿아서 밖으로 전류를 끌어내거나 밖으로부터 전류를 끌어들이는 장치이다. 또는 집전환(集電環) 따위에 접속하는 도체 조각이다. (2) AC 발전기에 사용되는 브러시는, 스프링 장력으로 슬립링에 접촉되어 하나는 전류를 로터 코일에 공급하고, 다른 하나는 전류를 유출한다. 또한 브러시는 로터가 작동하는 동안 슬립링과 미끄럼 접촉을 하고 있으므로, 접촉 저항이 적고 내마멸성이 좋은 금속계 흑연을 사용한다. (3) DC 발전기 브러시는 정류자와 경사지게 설치되어 전기자에서 발생된 전류를 외부에 보내는 역할을 한다. 브러시는 엔진의 운전과 동시에 작용되기 때문에 정류자의 마멸을 적게 하는 전기 흑연 계통이다.

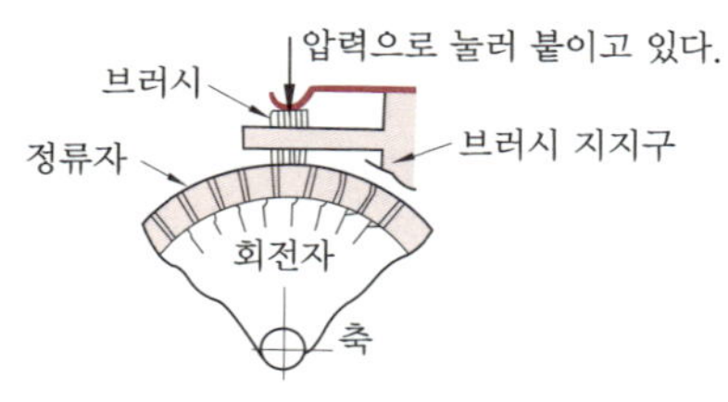

브러시

브러시 스프링 brush spring　브러시를 정류

자(整流子)에 압착시켜 홀더 내에서 미끄럼 운동을 하도록 한다. 스프링의 장력은 브러시의 성질, 진동, 정류, 마멸도 등에 따라 다르나 대략 $0.5 \sim 1.5 \, \mathrm{kgf/cm^2}$이다.

브러시 홀더 brush holder　회전 전기 기기에 있어서 브러시를 정류자 또는 슬립링 표면의 적당한 위치에 장치하여 적당한 압력으로 그 면에 접촉하도록 하기 위하여 마련하는 장치이다. 브러시가 들어가는 상자와 스프링, 스프링 조절 기구를 갖추고 있다.

브레스트 드릴 breast drill　가슴 또는 배에 가슴받이를 대고 핸들을 돌려 구멍을 뚫는 드릴을 말한다.

브레이스드 트레드 타입 braced tread type　이것은 트레드를 보강한 타이어라는 뜻이지만, 일반적으로 레이디얼 플라이 타입 (radial-ply type)이라고 한다.

브레이즈 용접 braze welding　경랍 용접의 경우와 마찬가지로, 홈을 가진 이음매에 납을 용융 첨가하여 모재(母材)를 녹이지 않고 접합하는 용접을 말한다.

브레이징 brazing　납땜의 한 종류로서, 모재(母材) 사이에 용융된 납을 흘려 넣어 모재를 용융하지 않고 결합하는 방법이다. 융점이 450℃보다 높은 경납 브레이징과 이것보다 낮은 연납 브레이징이 있다. 보디 수리에서는 패널 이음새의 단차(段差) 메움이나 당김 작업을 할 때 클램프의 거점으로 쓰는 얇은 판의 부착 등에 사용한다.

브레이커 braker　(1) 가정용 회로 차단기로, 전력을 계약량 이상 사용하거나 합선에 의한 이상 전류가 흐를 때 자동으로 회로를 끊도록 되어 있다. (2) 점화 장치에서 1차 회로를 차단시키는 단속기이다. (3) 바이어스 타이어의 카커스를 보호하기 위해 트레드와 카커스 사이에 삽입된 코드층으로, 외부 충격을 완화시키고 트레드의 절상이나 변형 등이 카커스의 분리를 막아 주는 기능을 하기 위해 몇 겹의 코드층을 내열성의 고무로 둘러싼 형태로 되어 있다. 또한 노면 충격을 완화하며, 카커스의 손상도 방지한다. 브레이커에서 특히 테 효과를 나타내는 것을 벨트라고 한다.

브레이커 포인트 breaker points 디스트리뷰터 내의 캠에 의해서 열리는 한 조의 접촉 포인트를 말한다. 포인트가 1차 점화 회로를 개방시켜 코일 내에 20,000~25,000볼트(V)의 높은 2차 전압을 유도한다.

브레이크 brake 제동 장치, 브레이크 장치라고도 한다. 운동하고 있는 기계의 속도를 감속하거나 정지시키는 장치를 말한다. 브레이크는 보통 운전자의 조작력 또는 보조 동력으로 발생한 마찰력을 이용해 자동차의 운동 에너지를 열에너지 등으로 바꾸어 제동 작용을 일으키는 방식이다.

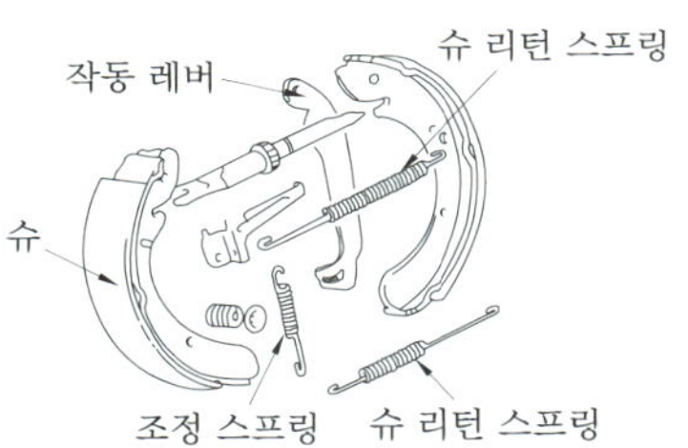

브레이크의 구조

브레이크 경고등 brake warning lamp 주차 브레이크가 당겨져 있을 때 또는 브레이크 오일 부족 시 점등된다.

브레이크 노이즈 brake noise 브레이크를 밟으면 라이닝과 드럼이 마찰을 일으켜 소리가 나고, 브레이크를 밟지 않더라도 패드와 로터가 접촉하여 소리를 내는 경우가 있다. 원인은 패드가 접촉하는 방식이나 재질, 브레이크 계통의 강성 등에 의한 경우가 많고, 드럼 브레이크 때 라이닝이 낡으면 딱딱해져서 소리가 나기도 한다. 디스크 브레이크에는 새 차를 조립할 때, 소음 방지 대책을 한 것도 있다.

브레이크다운 전압 breakdown voltage 역방향으로 전류가 흐르기 시작할 때의 역방향 전압으로서, 역방향 전압이 서서히 증가하면 어느 전압에 도달한 시점에서 공유 결합된 가전자(價電子)는 역방향 전압이 에너지에 의해 자유 전자로 변화되어 전류가 흐르기 시작한다. 이 시점에서 제너 다이오드에 역방향 전압이 제너 전압보다 높게 가해지면 급격히 전류가 흐르기 시작한다.

브레이크다운 토크 breakdown torque 유도 전동기(誘導電動機)에서 1차 권선이 전원에 접속되어 정격 주파수의 정격 전압(定格電壓)이 주어졌을 때 규정의 동작 온도에서 생기는 최대의 축 출력 토크이다.

브레이크다운 플라스마 breakdown plasma 반도체 디바이스에서 항복 영역 내의 캐리어 농도가 높기 때문에 높은 도전성을 가진 영역으로 볼 수 있는데, 일반적으로 역바이어스된 pn접합에서 전하의 밀도가 높아지면 이 영역은 자기 효과를 수반한 플라스마의 성질을 띠게 된다.

브레이크 더스트 커버 brake dust cover 디스크 브레이크의 디스크와 캘리퍼의 일부분을 덮어씌워 먼지(dust)나 진흙이 들어가는 것을 방지하는 커버이다.

브레이크 드래그 brake drag 운전자가 브레이크 페달을 밟지 않아도 제동력이 발생하는 상태를 이른다. ① 질질 끌려가는 토크의 일부분으로서 회전 부분의 접촉 등으로 브레이크에 제동력이 발생한 상태이다. ② 주차 브레이크의 해제를 잊었거나 불충분한 원인으로 브레이크가 걸려 있는 상태로 주행하는 것이다.

브레이크 드럼 brake drum 휠 허브(wheel hub)에 볼트로 설치되어 바퀴와 함께 회전하며 슈의 내부 또는 외부가 마찰되어 제동력을 발생시키는 것이다. 재질면에서 마찰 계수가 크고 내열성, 내마모성, 방열성이 풍부해야 하며, 고온 및 피로 강도가 크고 정적·동적 평형(static & dynamic balance)을 요구한다.

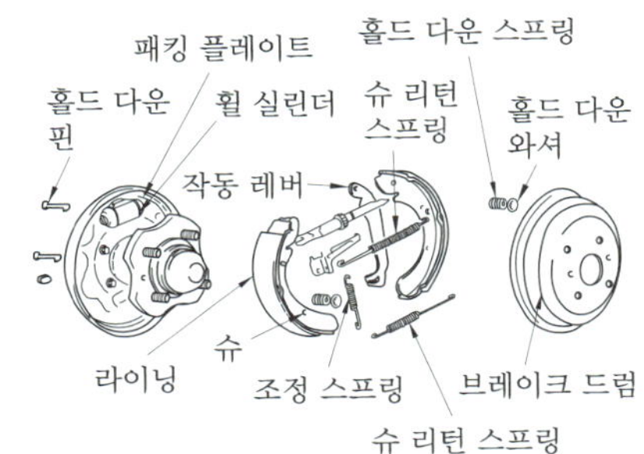

브레이크 드럼

브레이크 드리프트 brake drift 코너 입구에서 의도적으로 급브레이크를 걸어 뒷바퀴의 중량 배분을 순간적으로 바꾸어 드리프트의 계기로 삼는 방법으로서, 고도의 기술이 필요한 드라이빙이다.

브레이크 디스크 brake disc　디스크 브레이크에서 브레이크 패드를 압착시켜 제동 효과를 발생하는 원판(圓板)을 말하며, 디스크 로터라고도 한다. 보통 회색의 주철로 제작된다. 냉각 때문에 통풍 구멍이 설치되어 있는 벤틸레이티드 방식과 구멍이 없는 솔리드 방식이 있다. 통풍 구멍으로 인해 온도 상승을 억제하여 페이드(fade) 현상을 방지하고 패드의 수명을 연장할 수 있다. 레이싱 카에서는 카본 파이버를 사용한 카본 디스크도 사용되고 있다.

브레이크 라이닝 brake lining　브레이크 드럼과 직접 접촉하여 브레이크 드럼의 회전을 멎게 하고 운동 에너지를 열에너지로 바꾸는 마찰재이다. 브레이크 드럼으로부터 열에너지가 발산되어, 브레이크 라이닝의 온도가 높아져도 타지 않으며 마찰 계수의 변화가 적은 라이닝이 좋다. 또한 온도의 변화나 물 등에 의한 마찰 계수의 변화가 적고 기계적 강도도 큰 것이어야 한다. 석면을 이겨서 구운 것(몰디드 아스베스토)이나 석면과 함께 금속 가루를 섞은 것(세미 메탈릭), 소결 합금(메탈릭) 등의 라이닝이 있다.

브레이크 램프 brake lamp　브레이크 페달을 밟으면 점등하는 적색의 라이트를 말한다. 제동 등, 스톱 라이트, 브레이크 등, 브레이크 라이트라고도 한다.

브레이크 레버 brake lever　파킹(핸드) 브레이크를 조작하기 위한 손잡이를 말한다.

브레이크 로크 brake lock　브레이크를 걸었을 때 자동차는 움직이려고 해도 타이어가 회전하지 않는(로크) 상태이다.

브레이크 마스터 실린더 brake master cylinder　브레이크 페달을 밟을 때 발생하는 기계적인 힘을 유압의 힘으로 바꾸는 유압 실린더로서, 브레이크 라이닝을 작은 힘으로도 작동시킬 수 있도록 한다. 주철제 보디를 사용하는데, 알루미늄 합금제로 바뀌어 사용되고 있다.

브레이크 메이크 접점 break make contacts　진동 접점식 발전 조정기와 같이, 한쪽의 회로를 닫기 전에 다른 한쪽의 회로가 열리게 되어 있는 접점이다. 하나의 접점이 자력에 의해서 상대쪽 접점에서 열린 다음 제3의 접점이 닫히도록 되어 있는 것이다.

브레이크 밴드 brake band　브레이크 드럼의 주위에 감아 붙이는 띠 모양의 끈이다. 드럼을 레버 장치로 밴드가 죄어 생기는 마찰력으로 제동한다.

브레이크 밸런스 brake balance　경주 차의 대부분은 제동력의 앞뒤 배분을 자유롭게 조정할 수 있도록 앞쪽 브레이크와 뒤쪽 브레이크의 마스터 실린더가 각각 따로 설치되어 있다. 이것은 코스의 조건에 따라 세팅을 바꿀 수 있을 뿐 아니라, 내구 레이스 등에서 연료의 잔량 변화에 대응하여 앞뒤의 제동력을 차내에서 드라이버가 변경하기 위해서이다. 랠리 카에도 이 시스템이 장치되어 있어서 드라이버가 실내에서 조작을 한다. 이 방식은 크게 2가지로 나누어지는데, BCV를 사용하는 것과 기계적 브레이크 페달의 위치를 바꾸는 밸런스 바가 그것이다.

브레이크 밸브 brake valve　공기 브레이크 지령(指令)을 내리기 위해 운전자가 조작하는 밸브로서, 공기 브레이크에 있어서 페달을 밟는 힘에 비례한 공기압(空氣壓)을 발생하는 데 목적이 있다. 보통 페달과 한 몸으로 만들어지는 일종의 강압 밸브이다. 브레이크를 놓았을 때 브레이크관의 압력이 재빨리 내려가게 장치되어 있다.

브레이크 부스터 brake booster　제동 배력 장치로, 예를 들면 진공 배력 장치나 공기 배력 장치를 들 수 있다. 하이드로 마스터(hydro master)라고도 하며, 진공식 제동 배력 장치에서 흡기 매니폴드나 진공 펌프에서 진공을 받아들여 브레이크 페달을 밟는 힘을 증가시키는 장치이다.

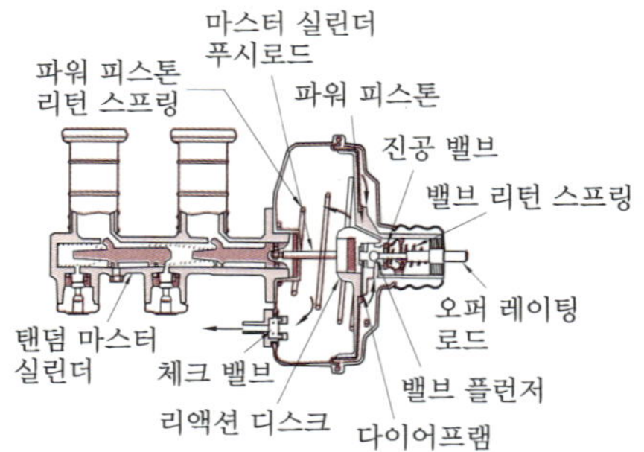

브레이크 부스터

브레이크슈 brake shoe　브레이크 드럼

안에 배치되어 있는 주철로 된 호형(弧型)의 부분으로, 브레이크슈에는 마찰재인 브레이크 라이닝이 붙어 있으며, 휠 실린더에 가해지는 유압으로 브레이크 드럼에 밀어붙여져 제동력이 발생되었다가 유압이 개방되면 리턴 스피링의 힘에 의해 자동적으로 제자리에 돌아온다. 소형 자동차에는 강판을 용접하여 접합한 것을 주로 사용한다.

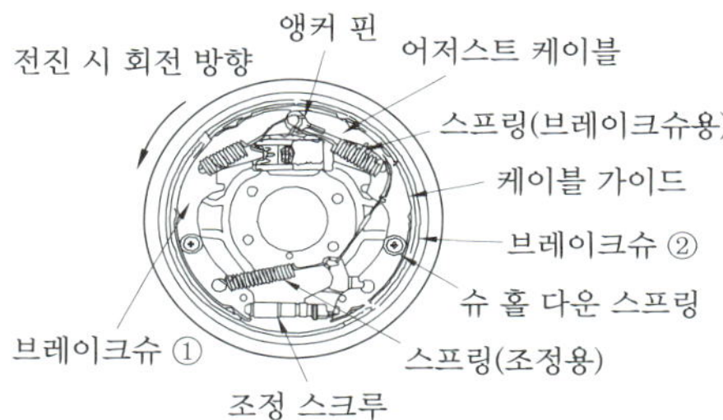

브레이크슈 자동 조정 장치

브레이크슈 리턴 스프링 brake shoe return spring 브레이크 압력 해제 시 드럼과의 압착 상태에서 슈를 제자리로 돌아오게 하여 드럼과 슈의 간극을 항상 일정하게 유지시켜 주는 스프링이다.

브레이크 스루 break through 정류 회로에서 소자가 전류의 흐름을 차단하여야 할 때 순방향 저지(沮止) 기능을 상실하여 전류의 흐름을 차단하지 못하고 흐르는 이상 현상이다. 순방향 저지 기간에 정류 소자가 전압 저지 기능을 상실하여 통전(通電) 상태로 이행하는 이상 현상을 말한다.

브레이크 스위치 brake switch (1) 전자 제어 현가장치(ECS)에서 브레이크의 조작 여부를 ECU에 입력하는 역할을 한다. 브레이크를 작동하면 축전지 전원이 ECU에 입력되어 자동차의 높이를 조절하게 된다. (2) 하이브리드 전기 자동차에서 브레이크 상태를 감지하여 하이브리드 컨트롤 유닛(HCU)에 입력하는 역할을 한다. HCU는 이 신호를 차량이 정지되었을 때 아이들 스톱 등의 제어에 이용한다.

브레이크 스퀼 brake squeal, brake squeak 브레이크에서 발생하는 잡음으로서 높은 소리이다. 제동 중 브레이크 부품의 공진(共振)에 따라 발생하는 1,000~15,000 Hz의 소리를 스퀼이라 하고, 제동하고 있지 않는 상태에서 브레이크로부터 들리는 8,000~10,000 Hz의 연속음을 스퀵(squeak)이라고 한다.

브레이크 스프링 플라이어 brake spring plier 드럼 브레이크에서 브레이크슈 리턴 스프링을 삽입하거나 제거할 때 사용한다.

브레이크 액 brake fluid 자동차의 유압 브레이크용으로 사용되는 비광유계(非鑛油系) 액체이다. 피마자유, 에틸렌글리콜 또는 에탄올과 지방유의 혼합물이다. 작동 온도에서 변질하지 않고, 고무와 금속을 침해하지 않으며, 계통 내에서 페이퍼로크 등을 일으키지 않도록 적당한 끓는점의 것이 요구된다.

브레이크 오버 brake over 사이리스터를 OFF 상태에서 애노드와 캐소드 사이에 전압을 규정 이상으로 계속 상승시키면 누설 전류가 증가하여 어떤 값에 이르면 게이트에 신호를 주는 것과 같이, ON 상태가 되어 전류가 흐르는 것을 말한다.

브레이크 오일 brake oil 브레이크 오일보다는 브레이크 액이라고 하는 것이 정확한 표현인데, 에틸렌글리콜과 피마자유를 혼합하여 만들어진다. 브레이크 페달을 밟으면 마스터 실린더에서 만들어진 압력에 의해 힘을 전달하는 작동액이다.

브레이크 음 brake noise 제동 시에 브레이크 구성 부품 및 현가 계통 부품이 진동하여 이들 부품으로부터 발생되는 소음을 말한다.

브레이크 자동 조정 장치 brake auto adjusting system 라이닝이 마모됨에 따라 조정하는 불편을 덜기 위해 드럼 내부에서 라이닝의 마모로 드럼과의 간극이 규정치 이상으로 확대되면 제동 시 앵커 핀과 조정 레버 사이에 연결된 케이블이 당겨져 슈가 벌어지고, 조정 레버가 당겨지면 조정 스크루의 톱니 위를 1칸 넘어가게 된다. 이어서 브레이크 해제 시 조정용 스프링의 힘에 의해 조정 레버를 제자리로 복귀시키는 동시에 조정 스크루의 톱니는 1칸이 돌아가 간극이 자동 조정되는 것으로, 슈와 드럼의 간극은 항상 일정한 범위 내에서 유지된다.

브레이크 장치 brake equipment 주행 중인 자동차의 속도를 감속시키거나 정지 또는 주차 상태를 유지하기 위한 장치이다. 주로 마찰력을 이용하여 운동 에너지를 열에너지로 바꾸어 제동을 하며, 발생된 열은 방산된다. 풋 브레이크, 핸드 브레이크로 구분된다.

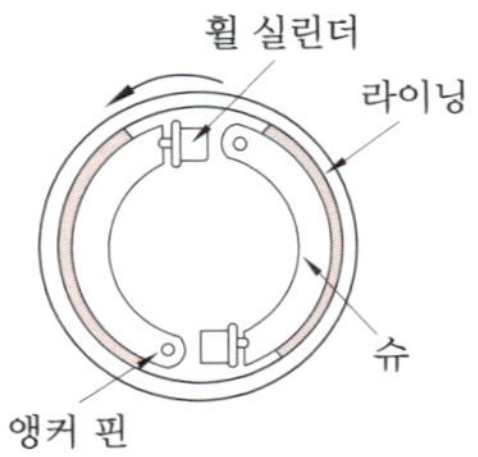

브레이크 장치 구조

브레이크 저더 brake judder 제동 시 브레이크의 마찰면에서의 제동력 변동에 의한 현가 계통, 구동 계통의 진동이 이상하게 발달되는 현상을 말한다. 중속 또는 고속에서 가볍게 브레이크를 밟을 때 계기판, 스티어링 휠, 때로는 보디 전체가 진동되고, 다시 브레이크 페달로부터 차륜 회전 수와 같은 주기의 맥동이 발에 전달되어지는 현상으로, 60～80 km / h에서 발생되는 것이 일반적이다.

브레이크 접점 break contact 평상시에는 접점이 접촉되어 닫은 상태에 있다가, 접촉을 떼기 위해 자력이나 그 밖의 힘으로 누르거나 당겼을 때에만 전기 회로를 여는 접점이다.

브레이크 체임버 brake chamber 공기의 압력을 제동력으로 바꾸는 역할을 한다. 브레이크 페달을 밟지 않았을 때 다이어프램이 리턴 스프링에 의해 한쪽으로 밀려 있다가 브레이크 페달을 밟아 압축 공기가 도입되면 다이어프램이 리턴 스프링을 압축하면서 푸시로드가 브레이크 캠을 작동시켜 제동력이 발생되도록 한다. 브레이크 페달을 놓았을 때는 다이어프램의 리턴 스프링에 의해 브레이크가 해제된다.

브레이크 캘리퍼 brake caliper 패드 바깥쪽에 있는 하우징을 말한다. 피스톤과 오일 통로가 있어 마스터 실린더의 압력을 직접 패드에 전달하는 역할을 하며, 하나의 바퀴에 2개의 피스톤으로 양쪽에서 디스크를 조이는 대향(opposed) 피스톤형과, 하나뿐인 피스톤으로 반대쪽의 패드를 그

반력으로 디스크에 밀어붙이는 부동(floating)형이 있다.

브레이크 테스터 brake tester 주행 자동차의 브레이크 능력을 실내에서 검사하기 위한 장치로서, 홈이 팬 길쭉한 2개의 롤러 위에 차바퀴를 올려놓고 전동기로 구동시켜 그 반력(反力)에 의해 제동력을 측정하는 롤러 구동형과, 길쭉한 답판 4장 위에 차바퀴를 올려놓고 브레이크를 걸어 용수철저울의 원리에 의해 제동력을 측정하는 답판(踏板) 이동형이 있다.

브레이크 파이프 brake pipe 자동 공기 브레이크 장치에서 브레이크 명령을 전달하기 위해 열차의 전 차량을 관통하여 연결해 놓은 관이다. 이 관의 공기를 방출하여 감압하면 브레이크가 걸리는 구조로 되어 있으며, 주로 강철제 고압 파이프를 말한다.

브레이크 팝 제동 시에 발생하는 차륜의 상하 운동을 말한다.

브레이크 패드 brake pad 브레이크 디스크와 직접 접촉하여 브레이크 디스크의 회전을 멈추게 하고, 운동 에너지를 열에너지로 바꾸는 마찰재로, 얇은 철판에 석면과 레진, 소량의 쇳가루를 혼합 소성한 것이다. 평탄한 패킹 플레이트에 마찰재인 브레이크 라이닝을 바른 것으로 디스크 브레이크의 캘리퍼 내부에 장착되어 있다. 드럼 브레이크의 브레이크슈와 같은 작용을 하며, 그 넓이는 브레이크슈보다 훨씬 작지만 디스크 로터에 밀어붙여지는 힘은 몇 배 크다. 이 때문에 브레이크슈보다 부담이 많아 패드 수명은 브레이크슈보다 짧다.

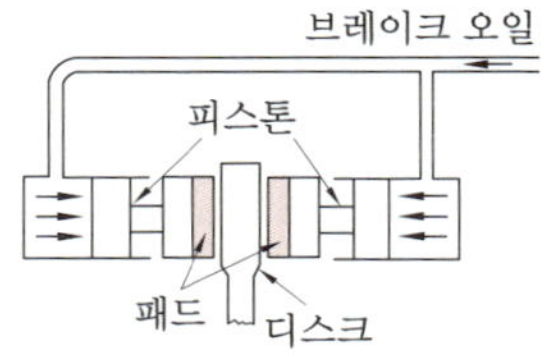

브레이크 패드

브레이크 페달 brake pedal 지렛대의 원리를 이용한 것으로, 작용점을 중심으로 설치되어 페달을 밟으면 고정점에서 푸시로드에 작용하는 힘이 마스터 실린더의 피스톤을 밀어 유압이 발생되고, 이 유압은

각 휠 실린더에 일정하게 전달된다. 지렛대의 작용을 이용하여 밟는 힘이 3~6배 정도의 힘을 마스터 실린더에 전하는 것이 주목적으로, 사람과 기계가 상관되는 접점이다. 브레이크의 효력과는 별도로, 페달 행정이 너무 작으면 나무를 밟고 있는 것 같아 컨트롤하기 힘들고 느낌도 나쁘다. 반대로 행정(스트로크)이 너무 커져도 물렁물렁한 느낌으로 좋지 않다. 또 드럼이 편심(偏心)되어 있으면 브레이크 페달의 반력(킥백)를 느끼게 되고, 앤티로크 브레이크도 작동 중에는 킥백이 있다.

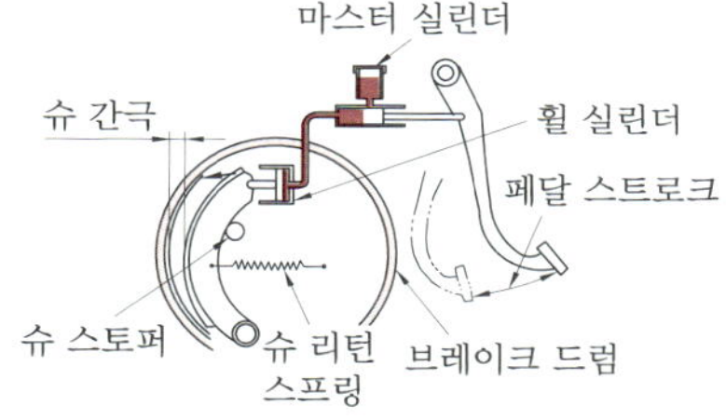

브레이크 페달

브레이크 페달 자유 유격 brake pedal free play 브레이크 페달을 밟았을 때 마스터 실린더 유압이 브레이크 라이닝을 밀어서 드럼에 닿을 때까지의 간격이다. 브레이크 라이닝이 드럼과 붙어 있으면 마찰에 의해 파열되어 제동력이 떨어지므로 일정한 간격을 두어야 한다.

브레이크 포인트 break point 단속 접점을 말한다. 디스트리뷰터인 배전기(配電機) 내의 캠에 의해서 열리는 한 조의 차단 포인트로서, 포인트가 1차 점화 회로를 개방시켜 코일 내에 고압인 2차 전압을 유도한다.

브레이크 풀 brake pull 브레이크 페달을 밟았을 때 좌우 제동력이 다른 것이다. 그 결과로 자동차가 한쪽 방향으로 쏠려 조향 핸들을 빼앗기게 되는 현상으로, 제동 편향(偏向)이라고도 한다.

브레이크 호스 brake fluid hose 브레이크 액의 유압을 전달하는 호스이다. 차체나 현가장치처럼 상대적으로 움직이는 부분과 연결되어 있다. 내유성(耐油性)이 있는 고무 튜브에 섬유나 고무로 만든 커버를 겹쳐서 만들며, 높은 유압에 의한 팽창을 최소한으로 억제한다. 플렉시블 호스라고

도 한다.

브레이크 홉 brake hop 자동차가 전진 또는 후진할 때 브레이크를 걸었을 경우, 바퀴가 한 바퀴 또는 두 바퀴 뛰는 것을 말한다. ⇨ 호핑

브레이킹 braking 브레이크 페달을 밟아 브레이크를 거는 것을 이른다.

브레이킹 드리프트 braking drift 코너링 테크닉의 하나이다. 드리프트할 때 브레이크를 병용해서 앞바퀴 하중을 높이고 뒤쪽을 좀더 바깥쪽으로 흔들어 모든 드리프트각(角)을 증대시키는 테크닉이다. 그렇게 함으로써 고속으로 코너에 진입할 때 일어나기 쉬운 언더 스티어를 방지하고, 입구로부터 클리핑 포인트로 향해 차를 끌고 나갈 수 있게 된다.

브레이킹 인 breaking in, wear in-in, running-in 신 차량 또는 엔진이나 동력 전달 계통을 분해하여 정비한 자동차를 운행할 때 저속, 저 부하로 주행하여 회전 부분이나 접촉 부분을 길들이는 것이다. 길들이기 주행이라고도 한다.

브레이킹 포인트 braking point 제동을 개시하는 지점이다. 이 브레이킹 포인트가 코너에 가까울수록 돌입하는 속도가 빨라진다. 그렇다고 해서 코너에 너무 가까우면 코너링 스피드가 떨어져 손해를 볼 수도 있다.

브레이킹 현상 braking phenomenon 센터 디퍼렌셜이 없는 4WD 자동차가 4륜 구동 상태로 주행할 경우, 작은 선회를 할 때 앞뒤 바퀴의 회전 반지름이 달라서 브레이크가 걸린 상태처럼 주행하기 힘들어지는 현상이다. 정식 명칭은 '타이트 코너 브레이킹 현상'이다.

브레이턴 사이클 Brayton cycle 정압(定壓) 연소를 행하는 가스 터빈의 기본 사이클이다. 동작 유체를 공기로 하고 손실은 없다고 가정하며, 압축, 팽창은 단열 변화이며, 수열(受熱)과 방열(放熱)은 정압 변화 아래 이루어지는 열기관의 이상적 사이클이다.

브로엄 brougham 운전석에 지붕이 없는 리무진을 말한다.

브로치 broach 여러 가지 모양의 구멍이나 홈 또는 면을 깎는 공구이다. 축의 바깥 둘레에 여러 개의 비슷한 모양의 날이

크기순으로 배열되어 있으며, 브로칭 머신에 설치하여 사용한다.

브로칭 머신 broaching machine 브로치라고 하는 특수한 공구를 사용하여 비교적 복잡한 모양을 한 가공물의 내면 또는 표면을 절삭 가공할 때 이용한다. 작업이 매우 능률적이고, 정밀도가 높으며, 대량 생산에 적합하다. 브로치의 이동 방향에 따라 펀치형과 인발형, 브로치의 장치 방법에 따라 수평형과 수직형으로 분류한다. 구멍 내면을 절삭하는 내면 브로칭 머신과 표면을 절삭하는 표면 브로칭 머신으로도 나눈다.

브론즈 글라스 bronze glass 브론즈색으로 착색한 유리를 말한다. 자외선을 차단하고, 햇빛을 받아도 눈부심이 완화되며, 항상 시계를 맑게 하고, 외관도 좀 더 예리하게 볼 수 있다.

브론징 bronzing 안료의 변질에 따라 페인팅 위로 금속성 광택이 생기는 것이다. 유기계(有機系)의 빨강, 파랑, 녹색 계통의 안료에 생기기 쉽다.

브루클랜즈 서킷 Brooklands Circuit 영국의 서킷으로, 제2차 세계대전으로 파괴될 때까지 영국에서 가장 애용되던 레이스 트랙이었다. 1907년 세계 최초의 레이스 전용 코스로 완성되었고, 뱅크(bank, 옆으로 경사진 도로)도 설치되었다.

브리넬 경도 Brinell hardness 강구(鋼球) 압자(壓子)를 사용하여 시험편에 구상(球狀)의 압입 자국을 만들었을 때, 하중을 압입 자국의 지름으로부터 구한 압입 자국의 표면적으로 나눈 값을 말한다.

브리더 breather 기름 탱크나 크랭크케이스 등에 공기를 빼거나 공기가 드나들 수 있도록 뚫어 놓은 구멍을 말한다.

브리더 파이프 breather pipe 통풍관으로서, 라마카스 파이프라고도 부르는데, 크랭크케이스 내부를 통풍시켜 주는 역할을 한다. 코로나 이전의 자동차에서는 통풍관 역할을 하였지만, 지프(jeep) 등은 오일을 주유하는 곳으로 사용하기도 하고 유량계도 설치되었다. 또 크랭크케이스 내부에서 발생하는 가스를 파이프나 호스 등을 통해 에어 클리너로 보내기 위한 호스 연결부가 만들어져 있다. 강제 환기식

(PCV ; positive crankcase ventilation)이 이에 속한다.

브리더 플러그 breather plug 기어 상자 안의 압력을 조정하여 기름이 새는 것을 방지하기 위한 장치이다. 기어가 회전하면 기어 상자 안의 온도가 상승하고 내압이 증대되어 오일 실 등에서 기어 상자 내·외부의 압력 차이로 기름이 유출된다. 내부의 공기를 외부로 방출하여 압력 차이를 없앰으로써 기름 유출을 방지하고, 내부의 압력이 떨어진 경우 외부로부터 이물질이 들어오는 것을 억제한다.

브리지 bridge (1) 전류가 0이 되는 평형 조건이 전압에 관계없이 회로 소자만으로 결정되는 전기 회로이다. 전기 저항이나 자기 따위를 측정하는 데 쓴다. (2) 복수의 통신망, 부분망, 채널 등을 상호 접속하여 회선을 집합시키고, 데이터를 정확하고 신속하게 전송하기 위해 사용하는 장치이다. (3) 배선이 절연 불량 등으로 인하여 단락되는 것이다. (4) 한 개의 전기 회로를 다른 전기 회로와 병렬로 접속하는 것이다.

브리지 정류기 bridge rectifier 4개의 소자를 브리지형으로 접속한 전파 정류기를 말한다. 마주 보는 한 쌍의 접속점에 교류 전압을 인가했을 때, 다른 또 한 쌍의 마주 보는 접속점에서 직류 전압을 이끌어 낼 수 있다.

브리지 회로 bridge circuit 4개의 임피던스를 마름모꼴로 접속하고 마주 보는 코너를 전원 분기와 검출기 분기로 브리지한 회로이다. 브리지가 평형이 되면 검출기 분기에 전류가 흐르지 않는다.

브리징 bridging (1) 표면의 스크래치 등 결점이 완전히 메워지지 않았을 때 일어나는 언더 코트의 특징이다. 일반적으로 프라이머를 완전히 녹이지 않았거나 너무 빠른 용제를 사용해서 발생된다. (2) 실렉터 스위치에서 인접한 2개의 접점에 접촉되도록 가동 접점의 폭을 넓게 하여 접점을 건너갈 때 회로가 차단되지 않도록 한 스위치 동작이다. (3) 접점의 조합 구조에서의 메이크, 브레이크 동작이다. (4) 하나의 전기 회로를 다른 전기 회로와 병렬로 접속하는 것이다.

브릭 로드 노이즈 brick road noise 로드

노이즈의 일종으로, 벽돌 포장길이나 레인 그루브 등이 일정한 간격으로 돌출된 노면에서 주행했을 때 현가장치와 차체가 공진하여 발생하는 소리이다.

브릭 범퍼 brick bumper　범퍼의 선단, 후단에 장착된 상자 모양의 합성 고무 제품으로 충격을 흡수하는 것을 말한다.

브와튀레트 레이스 Voiturette Race　제2차 세계대전 이전에 유럽에서 열리던 소배기량 포뮬러 레이스의 총칭이다. 브와튀레트는 프랑스어로 소형 자동차라는 뜻이다. 제2차 세계대전 후 포뮬러카의 카테고리는 F1과 F2로 나뉘는데, 브와튀레트는 이를테면 F2의 전신 격이다.

브이아이에스 VIS ; variable induction system　엔진 자동 제어 장치에 의해 저속·중속·고속 시의 흡입관 통로를 변화시켜 공기 유입량을 늘려줌으로써 전 영역에서 출력 및 토크를 극대화시키는 장치이다.

브이아이엔 VIN ; vehicle identification number　등록 또는 행정용으로 제작사에 의해 각 차량에 부여하는 번호를 말한다.

브이-8 엔진 V-8 engine　하나의 실린더 열(row)이 각각 V형을 형성하고 있고, 하나의 열(또는 뱅크)이 각각 4실린더로 된 엔진을 말한다.

브이형 실린더 V-type cylinder　매 기통마다 교대로 각도를 주어 V형으로 늘어놓은 형식의 실린더로서, 직렬형에 비해 구조가 복잡하나 실린더 수에 비해 길이가 짧고 강성(剛性)을 확보하는 장점이 있기 때문에 V6, V8 등 6기통 이상의 기관에 많이 이용되며, 크랭크샤프트의 균형이 잘 잡혀 진동이 적은 장점이 있다.

V형 엔진 V-type engine　하나의 크랭크축에 대해 실린더를 V형으로 배열한 기관으로서, 자동차용으로는 V형 8 실린더, 항공용으로는 V형 12 실린더가 많고, 디젤 기관에도 사용되고 있다. 균형이 좋고 소형이어서 널리 사용되고 있다.

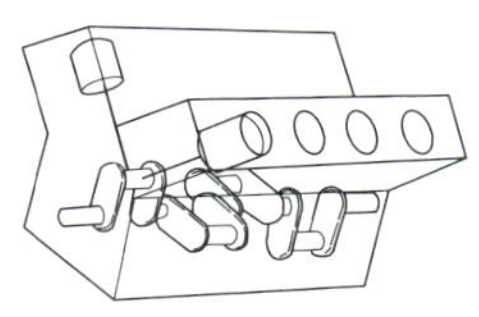

V형 엔진

V형 홈 single V groove　홈의 모양이 V자형으로 된 홈을 말한다.

블라인드 blind　(1) 눈을 가리는 물건을 말한다. (2) 창에 달아 볕을 가리는 물건을 말한다.

블라인드 체크 포인트 blind check point　랠리에서 숨겨진 체크 포인트를 말한다. 이곳의 위치는 경기자에게 알리지 않는다. 목적은 경기 규칙을 위반하는 차를 적발하여 감점하기 위한 것이다. 레이더를 이용하여 속도위반을 감시하기도 한다.

블라인드 캡 blind cap　파이프나 구멍을 폐쇄할 목적으로 덮어씌운 뚜껑을 말한다.

블라인드 코너 blind corner　앞이 보이지 않는 코너, 즉 코너에 진입할 때 어떤 장해에 의해 확인되지 않는 코너를 말한다. 또 내리막 코너에서 진입 시에 클리핑 포인트를 확인할 수 없는 코너도 블라인드 코너의 일종이다. 이러한 곳에서는 대향차의 가능성을 염두에 두고 그에 대처할 수 있는 태세를 갖추어 코너링해야 한다. 동시에 앞이 확실히 보일 때까지는 전속력을 내지 말고 스피드를 줄이면서 코너링해야 안전하다.

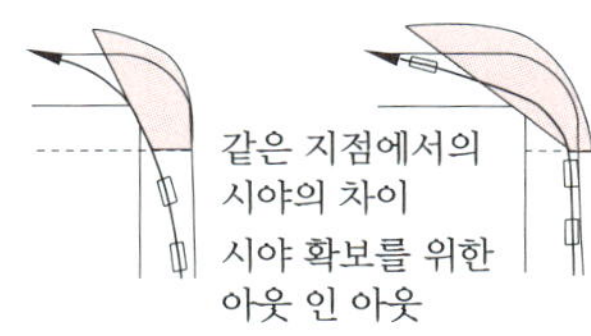

블라인드 코너

블라인드 쿼터 blind quarter　뒷좌석 부위를 감싸는 넓은 C-필러를 말한다.

블랙 라이트 black light　가시역(可視域)에 가까운 자외선 부분으로, 공학상 형광 물질에 대한 효과가 크기 때문에 조명등 분야에 이용되고 있다.

블랙 마크 black mark　급브레이크나 스핀에 의해 노면 상에 생긴 검은 타이어 자국을 말한다. 스키드 마크(skid mark)라고도 한다. 바퀴가 회전을 멈춘 채 노면 위를 미끄러지면서 생긴다.

블랙 테이프 black tape　면 또는 스프레이용 천에 점착성 흑색 고무 혼합물을 양면에 바른 테이프로, 점착성이 있어 전선, 케이블 등의 접속부의 절연용에 쓴다.

블랙 히든 black hidden '검은색으로 싸서 감추어진'이란 뜻이 있다. 예컨대 흑색으로 완성된 흑색 도장(塗裝) 등 필러를 블랙 히든 필러라고 말한다.

블랭킹 blanking 펀치와 다이(die)를 사용하여 여러 가지 형태로 판금 가공하는 것을 말한다.

블러싱 blushing 도료의 건조 과정에서 일어나는 도막(塗膜)의 백화(白化) 현상을 말한다.

블레이드 blade (1) 유체 클러치, 토크 컨버터, 송풍기, 압축기, 증기 터빈, 펌프, 수차 등에 사용되는 날개의 총칭이다. (2) 건설 기계의 불도저, 모터그레이더 등에 설치되어 있는 토공판이다. (3) 편평한 도체로 된 가동 접촉부에서 접촉 클립에 들어가거나 또는 이것을 둘러싸도록 클립화되어 있는 차단기이다.

블렌드 도어 blend door 기화기의 온도를 정상적인 일정 온도로 유지할 목적으로 열 슈라우드(heat shroud)로부터 오는 온기(溫氣, heated air)를 섞기 위하여 기화기 에어 덕트 위에 설치되는 진공 제어 장치를 말한다.

블렌드 프로포셔닝 밸브 BPV ; blend proportioning valve 공차 시와 적차 시의 중량차에 의해 브레이크 특성은 크게 변화한다. BPV 기구는 공차 시의 리어 브레이크의 조기 고정되는 것을 방지함과 동시에 적차 시의 리어 브레이크 역부족을 보완한다.

블로 blow (1) 주형(鑄型)의 수분이 과다하거나 가스 배출이 나쁠 때 쇳물의 열에 의해 수증기나 가스가 발생하여 주물에 기포가 생기는 결함이다. (2) 판금 작업에서 해머로 보디를 타격하는 것이다.

블로 다운 blow down 2행정 사이클 엔진의 동력 행정 끝에서 피스톤이 소기 구멍을 열면 연소 가스가 자체의 압력으로 배출되는 것을 말한다. 피스톤은 하강하지만, 연소 가스 자체의 압력으로 배출된다.

블로램프 blowlamp 가솔린에 압력을 가하면서 분무 상태로 하고, 이것을 취관(torch tube)에서 분출하여 점화·연소시키는 램프이다. 납땜 작업, 충전재를 가열하여 금속을 접합할 때, 금속면의 페인트를 벗길 때 등에 이용된다.

블로바이 blow-by (1) 실린더와 피스톤 사이로 압축 또는 폭발 가스가 새는 것을 말한다. (2) 피스톤 링을 지나 크랭크케이스에 들어오는 연소 가스, 수증기, 산, 미연소 연료 등을 말한다.

블로바이 가스 blow-by gas 실린더와 피스톤의 기밀 유지가 불완전하거나 심한 녹 때문에 피스톤 둘레의 일부가 녹아서 크랭크케이스로 분출되어 나가는 다량의 열 가스를 말하는데, 차량이 노후되었을 때 특히 많이 발생한다. 또한 엔진 회전 중에는 피스톤이 내려올 때, 오일 팬에 공기 압력이 생겨 가열된 오일을 포함한 가스가 뿜어진다. 이것이 블로바이 가스이다. 대기 중에 배출되지 않고 에어 클리너에 흡입되도록 규제하고 있다.

블로바이 가스 제어 blow-by gas control 흡기 매니폴드의 진공량이 많아지면 PCV 밸브가 개방되고 블로바이 가스는 연소실에 유입되어 연소된다.

블로바이 가스 환원 장치 PCV ; positive crankcase ventilation 블로바이 가스 환원 장치에는 클로즈식(closed type)과 실드식(sealed type)이 있다. 실드식은 피스톤과 실린더 사이를 빠져나간 블로바이 가스(HC)가 타이밍 체인 홀(timing chain hole) 및 실린더 블록 실린더 헤드의 오일 구멍을 거쳐 실린더 헤드 커버 내로 빨아 올려져서 헤드 커버 상부의 배플 플레이트(baffle plate)로 윤활유를 분리되게 한 후 흡입관에 마련된 오리피스를 통해서 흡입관으로 강제로 흡입되어 혼합 가스와 함께 연소한다. 또한 전 부하 운전 등으로 블로바이 가스 발생이 오리피스의 유량 능력을 상회하는 경우에는, 에어 클리너에 마련된 오일 분리기에 의해서 윤활 유립(油粒)과 가스를 분리하고 에어 클리너로 흡인시켜서 이것을 보조한다. 한편 크랭크케이스 내는 에어 클리너에서 헤드 커버로 연결한 호스에 의해서 새로운 공기를 도입하여 환기한다.

블로백 blowback 압축 행정 또는 폭발 행정일 때 가스가 밸브와 밸브 시트 사이에서 누출되는 현상을 이른다.

블로 스루 차징 blow through charging 터

보차저 시스템을 말한다. 이 시스템에서 기화기는 컴프레서와 흡기 다기관 사이에 있으며, 공기는 터보차저의 컴프레서를 통과하게 된다.

블로어 blower　(1) 실린더에 공기를 불어 넣는다는 뜻으로, 슈퍼차저의 임펠러를 감싸고 있는 케이스를 말한다. (2) 에어컨의 송풍기를 일컫는다.

블로업 타이어 blow-up tire　블론(blown), 블로아웃(blow-out)과 같이 공기를 넣은 타이어라는 뜻으로, 블로 타이어라고 할 수 있다. 에어 필드 타이어(air-filled tire), 에어 인플레이티드 타이어(air-inflated tire), 뉴매틱 타이어(pneumatic tire)라고도 한다. 공기를 넣지 않는 통타이어는 솔리드 타이어(solid tire)라고 한다.

블로킹 blocking　뒤에서 쫓아오는 차에게 추월당하지 않기 위한 테크닉의 하나이다. 자신의 차를 벽으로 삼아 상대 차가 앞서 나가지 못하도록 하는 행위로, 블로킹 또는 블록이라 한다. 예를 들어, 코너에서의 추월은 인사이드(커브의 안쪽)에서 하면 성공률이 높지만, 반대로 추월당하지 않으려면 뒤차가 코너 입구에서 인사이드로 뛰어들기 전에 먼저 인사이드로 들어가야 한다.

블로홀 blowhole　⇨ 기공

블록 block　엔진 블록은 실린더를 하나하나 분리하지 않고 한 덩어리로 엔진을 형성하는 기본 본체를 말하며, 이 블록에 모든 엔진 부품이 설치된다.

블록 게이지 block gauge　길이의 기준으로 사용되는 계기이며, 생산 공장의 현장에서 공작용·검사용으로도 사용된다. 게이지 블록이라고도 하며, 스웨덴의 요한슨이 고안한 것으로, 요한슨 블록이라고도 한다. 단면이 35 mm×9 mm 또는 30 mm×9 mm 인 직사각형이며, 평행으로 편평한 측정면을 가진 블록으로 되어 있다. 2개의 블록 게이지의 측정면은 서로 밀착되어 조합된 치수의 합과 같게 되어 있다.

블록 설치형 캠축 in-block camshaft　실린더 헤드에 캠축이 설치되는 엔진으로, 이 형식은 캠축의 작용이 밸브에 직접 전달되므로 긴 푸시로드가 필요하지 않다.

블록 용착법 block sequence, block weld-ing　다층 용접하는 이음의 각 작은 부분을 각각 여러 층씩 용접하여 차례로 다른 부분에 미치는 용착 방법이다.

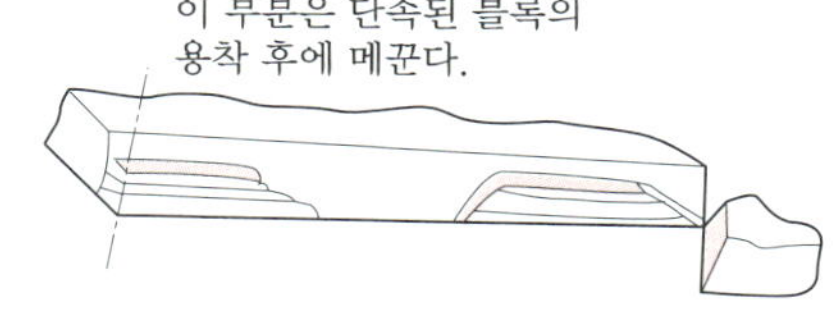

블록 용착법

블록 체크 block check　엔진의 라디에이터 주입구 목에 삽입하여 배기가스가 냉각 장치로 누설되는 것을 탐지하는 테스터이다.

블록 패턴 block pattern　타이어 트레드 패턴의 하나로, 격자형의 홈이 파여 있어 구동력이 좋고 옆 방향 미끄럼에 대한 저항도 크지만, 진동과 소음이 커서 그다지 사용되지 않는다. 그러나 제동력, 구동력이 우수하고 눈길이나 진흙, 진창길에서 조종, 안정성이 좋다. 스노(snow) 타이어나 건설용, 산업용 차량에 쓰인다.

블록 히터 block heater　보통 일반 가정 전기에 의해 작동되는 히팅 장치이며, 이 히팅 장치는 하나의 액세서리 장치로, 코어 홀(core hole)을 통해서 엔진 블록 내에 설치되며, 시동이 잘 되도록 엔진 냉각수와 엔진 오일을 데우는(웜업, warm-up) 일을 한다.

블론아웃 타이어 blown-out tire　'블로(blow)'의 과거 완료를 사용함으로써 뜻이 달라진다. 단순히 펑크 난 것을 말하는 것인데, 미국어의 플랫 타이어(flat tire)와 같은 뜻이다. 동일한 '평평하다'는 뜻이라도 공기가 샌다는 의미에서 디플레이티드 타이어(deflated tire)라고도 한다. 또한 최근의 안전 조향 장치(操向裝置)와 같이 수축한다는 뜻에서 콜랩스드 타이어(collapsed tire)라고도 한다.

블루 코팅 도어 미러 blue coating door mirror　푸른 거울을 사용한 도어 미러를 말한다. 야간 주행 시, 후속 차에 의한 헤드라이트의 눈부심을 완화해 준다.

블리더 스크루 bleeder screw　유압식 클러치, 유압식 브레이크, 디젤 연료 장치 등에서 회로 내에 침입한 공기를 배출하는 볼트를 말한다.

블리더 스크루 캡 bleeder screw cap　블리더 플러그의 출구를 보호하기 위한 고무 또는 플라스틱 재질의 캡을 말한다.

블리더 저항 bleeder resistance　부하(負荷) 전류가 변화할 때 전압 변동이 일어나는 것을 방지하기 위해 부하에 관계없이 항상 일정한 전류가 흐르도록 하는 저항이다. 이 저항은 부하에 병렬로 접속하기 때문에, 부하 전류는 증가하지만 부하 전류 변화에 의한 전압 변동을 억제한다.

블리더 플러그 bleeder plug　탱크나 실린더의 이상 발생 시 해당 부품의 수리, 조정, 교환 후 이물질, 에어, 오일 등을 배출하기 위한 플러그로, 내부 나사산에 홈이 파여 있어 조금만 풀어도 내부 물질이 밖으로 배출된다.

블리드 bleed　블리드는 색이나 냄새 등이 스며드는 것을 말하며, 이것을 방지하는 실러(sealer)를 블리드 실러라고도 한다.

블리드 스크루 bleed screw　브레이크 액 속에 들어 있는 공기 빼기용 스크루(볼트)를 이른다.

블리드 스크루 캡 bleed screw cap　블리드 스크루에 먼지 등이 들어가지 않도록 씌우는 고무로 된 캡을 말한다.

블리드 오프 방식 bleed off system　유압 장치에서 액추에이터에 흐르는 유량의 일부를 탱크에 분기(分岐)하여 작동 속도를 조정하는 방식을 말한다.

블리딩 bleeding　유압 장치로부터 공기(air)를 제거하는 방법으로, 공기 거품을 제거하기 위해 장비를 작동시키면서 공기를 배출한다.

블리스터 blister　(1) 모재(母材) 표면이 부풀어 일어난 부분을 말하는데, 도금이나 도장면(塗裝面)에서 모재와의 결합이 불완전할 때 일어난다. (2) 레이싱 타이어의 트레드에서 볼 수 있는 것과 같이 불에 덴 것 같이 부풀어 오르는데, 고무가 자신의 발열에 의하여 분해되면서 기화(氣化)한 스펀지 형태로 된 것이다. (3) 주행을 계속하면 표면에 고무가 떨어져 화산의 분화구와 같은 모양이 되는 것이다.

블리스터링 blistering　새로운 페인트 코트에 작은 기포들이 형성되는 것을 말한다.

블리스터 펜더 blister fender　블리스터는 보디로부터 약간 부푼 모양을 말하며, 그 형태를 가진 펜더를 블리스터 펜더라고 한다.

블리스터 펜더 휠룸　블리스터 펜더를 장착한 에어로 휠을 말한다. 또는 오르가닉 서피스 보디라고 부른다.

비(比) ratio　비율로서, 혼합물에 들어 있는 둘 이상의 물질의 상대적인 양을 말한다.

비가역식(非可易式) non reversible type　앞바퀴로는 조향 핸들을 복원할 수 없는 형식이다. 주행 중 조향 핸들을 놓치는 경우가 없으며, 노면의 충격이 조향 핸들에 전달되지 않는 반면, 복원성이 없고 마멸이 많다.

비가스 보호 아크 용접 non gas shielded arc welding　외부에서 보호 가스를 공급하지 않고 진행하는 용접을 말한다.

비교 광고(比較廣告) comparative advertising　경쟁 상대를 대상으로 해서 자사의 유리함을 어필하는 것을 말한다. 국제적으로 보면, 선진국에서는 미국이 비교 광고를 활발히 하고 있는 유일한 나라이다.

비금속[1] **(非金屬)** nonmetal　금속의 성질을 가지지 않은 물질을 통틀어 말한다. 일반적으로 상온에서 기체 상태인 것이 많고, 공유 결합을 하기 쉬우며, 산화물은 산성을 띤다.

비금속[2] **(卑金屬)** base metal　공기 중에서 쉽게 산화하는 금속을 통틀어 말한다. 일반적으로 이온화 경향이 크고, 산화물은 물에 잘 녹는다.

비금속 개재물(非金屬介在物) nonmetallic inclusion　용착 금속에 섞여 들어간 비금속 산화물을 말한다.

비닐 테이프 vinyl tape　염화비닐에 가소제(可塑劑)를 첨가한 연질 수지 필름에, 점착제를 도포하여 테이프 모양으로 만든 것이다.

비대칭 스프링 unsymmetrical leaf spring　센터 볼트의 위치가 스팬의 중앙에 있지 않는 겹판 스프링을 말한다.

비대칭 타이어 unsymmetrical tire　트레드 패턴이 타이어의 중심선에 대하여 대칭이 아닌 타이어이다. 일반 타이어의 트레드 패턴도 의장이나 패턴·노이즈(소음) 등에서 대칭이 아닌 것이 많으므로 자동차에 장착 방법(안·밖 또는 회전 방향)을 규정할 필요가 있다. 주행 중 얼라인먼트 변화에 따라 트레드의 접지 부분이 변화하는 것을 이용하여, 타이어의 구동, 제동 성능, 선회 성능을 함께 제고할 목적으로 사용되는 경우가 많다. 회전 방향이 일정해야 하는 타이어를 유니디렉셔널 패턴의 타이어라고 한다.

비대칭 프로그레시브 리프 스프링 unsymmetrical progressive leaf spring　비대칭이라는 것은 차축의 지지점이 리프 스프링(판스프링)의 중앙에 대해 차량 전방에 있음을 말한다. 이로 인해 저속 시에 발생하는 와인드업을 방지한다. 또한 프로그레시브 리프 스프링이라는 것은 호상판(弧狀板) 스프링 아래에 똑바로 판스프링을 겹친 것으로서, 하중이 증대하면 스프링의 힘도 강해진다.

비동기 가동(非同期稼動) asynchronous operation　EFI 시스템의 인젝터들이 각 플러그 발화 신호와 동기되지 않는다. 좀 더 농후한 혼합 가스에는 좀 더 여러 번, 희박한 혼합 가스에는 빈도수가 작게 발화할 수 있다.

비동기 분사(非同期噴射) non-sequential injection　크랭크샤프트 회전각에 동기하지 않는 임시적인 분사를 비동기 분사라고 한다. 주행하다가 급가속을 할 경우, 일반적으로 가속 보정을 통하여 급가속에 필요한 추가적인 연료를 공급한다. 그런데 일반적인 가속 보정에 의한 증량 보정은 동기 분사이다. 이 동기 분사에 의한 증량 보정으로도 충족될 수 없는 급가속 소요 연료량을 비동기 분사를 통하여 추가적으로 공급하는 것이다.

실린더　　　　　비동기 분사
No. 1
No. 3
No. 4
No. 2
스로틀 밸브
개도 변화율

비동기 분사

비드 bead　(1) 1회의 용접 패스의 결과 생긴 염주 모양의 용착부를 말한다. (2) 타이어를 림에 고정하는 부분으로, 스틸 와이어(비드 와이어)의 묶음을 섬유와 고무로 싼 것으로 되어 있다. 비드로부터 사이드 월에 걸친 부분의 강성은 타이어의 동적 성능에 커다란 영향을 미쳐 고성능을 지향한 하이 퍼포먼스 타이어에서는 이 부분의 구조에 각별한 관심을 기울이고 있다.

비드 냉각 플랜지 evaporative cooling system　물 재킷 내에서 물을 비등(沸騰)시켜 물의 기화열을 이용하여 냉각하는 것을 말한다. 비등에 따라 발생한 수증기는 응축기에서 원래의 물이 되어 다시 엔진으로 되돌아온다. 물이 많은 기화 잠열(潛熱)을 이용하므로 냉각 계통을 간결하게 할 수 있으나 장치가 복잡하다.

비드 밑 터짐 underbead crack　열 영향부에 나타난 터짐의 일종으로, 모재(母材)의 표면까지 나타나지 않는 것을 말하며, 보통 비드에 아주 접근하여 나타난다.

비드부 bead part　비드부는 비드 힐(bead heel), 비드 코어(bead core), 비드 베이스(bead base)로 구분되며, 휠의 림과 직접 접촉되어 접착시키고 코드지의 끝 부분을 감아 주어 공기압이 급격히 감소되어도 타이어가 림에서 빠져나가지 않도록 하는데, 이것은 내부에 비드선(bead wire)이 원둘레 방향으로 몇 가닥 들어 있기 때문이다.

비드 시트 bead seat　타이어의 비드 베이스가 밀착하는 림의 부분을 말한다. 둘레 방향으로 어긋나지 않도록 널링 공구(knurling tool)로 가공되어 있는 림도 있다. ⇨ 드롭 센터 림

비드 음 bead noise　50~200 Hz의 음이 주기적으로 세기를 변화시키는 현상으로, 엔진의 회전만으로도 비드 음이 발생한다. 주행 중 변속 레버를 중립으로 하면 없어지기도 하며, 중립이라도 엔진 회전수를 주행 속도에 맞추면 비드 음이 발생하기도 한다.

비드 플랜지 bead flange　⇨ 림 플랜지

비등점(沸騰點) boiling point　액체가 끓는 온도로서 비점(沸點)이라고도 한다. 물의 비등점은 100℃이지만, 자동차용 가솔린은 30~210℃, 디젤의 경유는 160~400℃로서 범위가 넓다.

비딩 beading　판금 작업에서 편평한 판

금 또는 성형 판금에 줄 모양의 돌기를 만드는 가공법으로, 비딩 머신으로 작업을 한다.

비례 캠 proportional cam　블록 캠의 일종으로, 특정한 회전수에서 밸브 기구의 변형을 고려하여 설계한 캠을 말한다. 캠의 가속도 변화가 원활하여 밸브 기구에 충격이 없다.

비례 한계(比例限界) proportional limit　물체에 하중을 가하면 변형하여 응력과 변형을 일으키고, 이 양자는 응력이 일정한 값에 달하기까지 정비례하는데, 그 관계가 유지되는 최대한도를 말한다.

비분산형 적외선 분석계(非分散型赤外線分析計) NDIR ; non-dispersive infrared analyser　배기가스 분석 장치의 한 형식이다. 일반적으로 다원자 분자는 어떤 특정 파장의 적외선을 흡수하는 성질을 갖고 있어 일산화탄소(CO), 이산화탄소(CO_2), 탄화수소(HC) 등의 2원 분자에서는 원자 간의 진동, 회전에 따라 적외선 에너지가 흡수된다. 비분사형 적외선 분석계는 이 원리를 응용한 것으로, 그 구조는 그림에 나타내었다. 그림에서 조합 광원(照合光源)과 시료 광원(試料光源)은 동형의 광원이고, 이 광원에서 나온 빛은 각각 시료 셀과 조합 셀 속을 통하여 검출기의 좌우실로 조사(照射)된다. 검출기는 유연한 엷은 막으로 조합실과 시료 둘로 나누어져 있고, 이 박막과 고정 금속으로 콘덴서를 형성하고 있어, 내부에는 광원에 사용되는 특정 파장의 적외선을 흡수하는 가스가 좌우실에 봉입되어 있다. 또한 조합 셀에는 당해 파장의 적외선 에너지를 흡수하지 않는 불활성 가스(통상의 N_2)가 봉입되어 있다. 시료 셀에는 측정 가스가 연속적으로 흘러나가도록 한다. 따라서 셀을 통과하는 빛은 셀 내에서 적외선 에너지가 흡수되지 않지만, 시료 셀을 통과하는 빛은 셀 내에서 통하는 측정 가스 중의 해당 성분의 분자 개수에 비례하는 적외선 에너지가 흡수되기 때문에 검출기 좌우실에 보내지는 에너지 사이에 에너지 차가 생긴다. 그 결과로 좌우실 간에 압력차가 생겨 그림에서처럼 흡수 에너지량(해당 성분의 분자 개수)에 응한 거리만큼 시료

실 측에 밀려서, 콘덴서 용량은 이동 거리에 따라서 변화한다. 이 용량 변화를 검출하는 데 따라 시료를 검출하게 되는 것이다. 비분산형 적외선 분석계는 측정하는 시료에 따라 흡수 파장이 다르기 때문에 각종 시료가 분석되지만, 닮은 파장의 흡수되는 시료의 경우에는 정밀도가 좋지 않다.

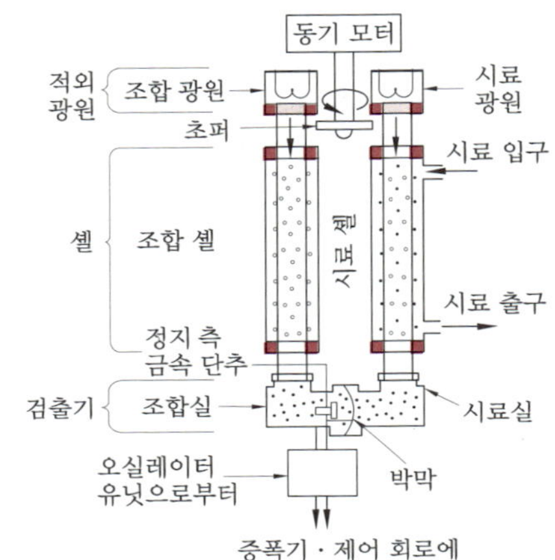

비분산형 적외선 분석계의 구조

비산식(飛散式) splash lubrication system　커넥팅 로드 대단부에 붙어 있는 주걱(dipper)으로 오일 팬 안의 오일을 각 윤활부에 뿌리게 되어 있다. 이 방식은 단기통이나 2기통의 소형 기관에서만 사용된다.

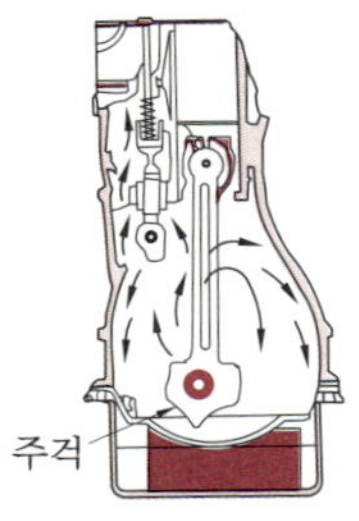

비산식

비산식 급유 장치(飛散給油裝置) splash feed oil system　오일이 움직이는 부품에 직접 튀기게 하여 윤활하는 장치를 말한다.

비산 압력 조합식(飛散壓力組合式) splash and forced combination lubrication system

비산식과 압송식을 조합한 것이며, 크랭크축 베어링, 캠축 베어링, 밸브 기구 등은 압력식에 의해 윤활되고, 실린더벽 피스톤 핀 등은 비산식에 의해 윤활된다. 자동차용 기관에서는 이 형식을 가장 많이 사용한다.

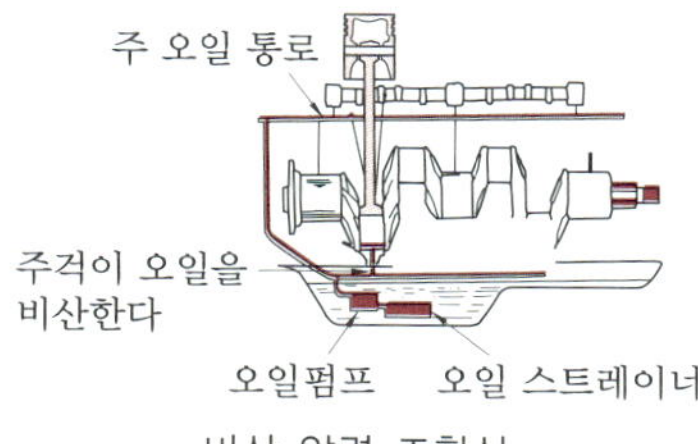

비산 압력 조합식

비상등(非常燈) hazard '해저드'란 영어로 '우연', '위험' 등의 의미를 갖는다. 위험을 알리기 위한 램프로서, 좌우의 플래시 램프를 동시에 점등시켜 후속 차, 대향차(對向車)에 위험을 알린다. 좌우의 플래시를 모두 점멸하는 데에서 '4웨이 플래시'라고 하는 경우도 있다.

비상 밸브 emergency valve 화재 또는 파이핑에 손상이 있을 경우 액체를 하적하는 동안에 비상 정지를 위해 장착된다. 비상 밸브의 컨트롤 레버는 보통 탱크의 뒤에 장착되어 평지에 서 있는 사람에 의하여 작동될 수 있다. 화재가 발생한 경우에 화염은 밸브의 히트 퓨즈를 녹여 자동적으로 밸브가 잠기게 된다.

비상 브레이크 장치 emergency brake system 통상 이머전시 브레이크라고 하면 핸드 브레이크의 작용을 생각한다. 이를테면 만약에 주 브레이크인 풋 브레이크의 작용이 안 될 경우에 긴급용으로 사이드 브레이크를 사용한다. 그러나 사이드 브레이크는 단순한 주차 브레이크이며 이머전시 브레이크가 아니라는 것이 미국 엔지니어의 사고방식이다. 따라서 이머전시 브레이크는 풋 브레이크 시스템을 2계통으로 분리하여, 만일 그중 하나가 못 쓰게 되어도 다른 한 계통이 작동하게 되어 있는 기구이다.

비상 신호 시스템 emergency signal system ⇨ 위험 경고 시스템

비상 점멸 표시등(非常點滅表示燈) hazard flasher lamp 방향 지시등을 비상시의 신호로 사용한다.

비색계(比色計) colorimeter 용액의 색 농도(색조)를 표준액의 그것과 비교하여 물질을 정량하는 화학 분석법에 사용하는 측정 기구나 장치를 이른다. 시각에 의해서 색의 농담을 비교하는 시각 비색계로부터 광전(光電) 광도계(분광 광도계)를 사용한 것까지 여러 가지가 있다. 시각 비색계의 원리는, 이미 알고 있는 농도의 용액을 나열한 표준액과, 미지의 시료 용액과의 색조를 비교하여 같은 것을 찾아낸다. 광전 비색계의 원리는, 시료 용액에 빛을 비추어 흡수 전과 흡수 후의 빛의 강도를 광전관 또는 광전지에 의하여 받아 투광도 T_s(흡광도 A_s)를 측정하여 $a_s bc = \log I_0/I = -\log_{10} T_s = A_s$ 로부터 농도를 산출한다. 여기서, a_s는 흡광 계수, b는 액층의 길이(cm), c는 정색(呈色) 물질의 농도(g/L)이다.

비선형 스프링 non-linear spring 보통 스프링은 하중에 대해서 늘어남이 일정하도록 되어 있다. 그 관계를 그래프로 나타내면 직선이 되기 때문에 선형이라고 한다. 이것은 하중이 클 때나 작을 때에도 같은 경도의 스프링이라고 할 수 있다. 이에 대해, 하중이 작을 때는 변형이 크고(부드럽고), 하중이 클 때는 변형이 작게(강하게) 될 수 있도록 하는 스프링이 그래프에서 직선이 되지 않기 때문에 비선형이라고 한다. 비선형 스프링은 사람이나 화물이 적을 때는 승차감이 적고, 많을 때는 하중에 대해서 확실하게 견딜 수 있다. 부등 피치 오일 스프링이나 비대칭 프로그레시브(progressive) 리프 스프링이 여기에 해당된다.

비 센서 rain sensor 강우의 시작과 그 강도를 검출하여 전기 출력을 하는 센서이다. 전기 저항식과 압전체식이 대표적인 방식이다. 전기 저항식은 절연 기판 위에 대향(對向) 전극을 설치하여 그 사이의 전기 저항을 측정한다. 빗방울에 의하여 두 전극이 단락되어 전기 저항이 급격히 감소되는 것을 검출한다. 간단한 방법이지만 오손(汚損)으로 인한 오동작이 많고, 또 일단 비에 젖으면 복귀도 늦다. 압전체식은 압전 마이크로폰 등에 이용되는 것과 같이 압전

체에 빗방울에 의한 충격을 주어 그때 일어나는 전압 펄스를 측정한다. 전압 펄스의 크기나 빈도 및 그 적분치 등으로부터 비와 다른 요인과의 판별이 가능하고, 비의 정도도 어느 정도 구별이 된다. 이 방식은 자동차의 와이퍼 제어에 사용되는데, 비 센서에 닿는 강수량에 따라 와이퍼 속도의 고저 및 정지를 제어한다.

비스 vis 작은 나사못의 총칭이다. 쇠, 황동, 스테인리스제 등의 것이 있으며, 금속판의 부착에 쓰인다.

비스커스 viscous 흐름에 저항하는 성질이 있는 유체이다.

비스커스 LSD viscous LSD 비스커스 커플링의 특성(압력 측과 출력 측의 회전차가 작을 때는 힘을 전달하지 않고 회전차가 생겼을 때에 봉입된 실리콘 오일의 점성에 의해서 힘을 전달함)을 이용한 리미티드 슬립 디퍼렌셜이며, 커브를 돌 때에 한쪽 바퀴가 공전하면 디프에 내장된 비스커스 커플링이 작동하여 공전하고 있는 바퀴의 구동력을 억제하고 양 바퀴에 모두 구동력을 전달하여 원활한 커브길 주행을 할 수 있게 한다.

비스커스 커플링 viscous coupling 하우징 내에 2종류의 형상이 다른 플레이트(하우징에 고정되어 있는 아우터 플레이트 및 허브에 고정된 이너 플레이트)를 상호 배치하여, 점도 높은 실리콘 오일을 봉입한 조인트이다. 하우징(아우터 플레이트)과 허브(이너 플레이트)에 회전 속도 차이가 발생하면 아우터 플레이트와 이너 플레이트 사이의 실리콘 오일에 점성 전단력이 발생하여 하우징과 허브 사이에 토크 전달을 하는 특성이 있다. 4WD 차량에서는 센터 디퍼렌셜의 차동(差動) 제한 장치로 사용되고 있으며, 회전 속도 차이가 작을 때는 하우징과 허브 사이에 차동 토크 전달을 거의 하지 않고 전후륜의 회전 속도 차이를 제한하지 않는 것에 반해, 회전 속도 차이가 클 때는 큰 차동 토크를 전달하고 센터 디퍼렌셜의 차동을 제한하여 전후륜의 회전 속도 차이를 제한함으로써 험로 주행성을 높이고 있다.

비스커스 커플링식 리미티드 슬립 디퍼렌셜 viscous coupling type limited slip dif-ferential 비스커스 커플링을 사용하여 디퍼렌셜의 차동(差動) 작용을 억제하는 방식의 리미티드 슬립 디퍼렌셜이다. 차륜의 공전을 저감하고 악로 주행성, 눈길, 진흙길에서의 탈출성이 향상된다.

비스커스 커플링 온 디멘드 방식 풀타임 4WD 보통은 전륜 구동이지만, 전륜이 공전해서 구동력이 없는 후륜보다 회전속도가 높아지면 비스커스 커플링에 의해 자동적으로 후륜에도 토크가 전달되고 4륜 구동이 되는 것을 말한다. 전후륜의 구동력 배분비는 전륜 100 %에서 전륜 50 %/후륜 50 %까지 무단계로 변화한다. 풀타임 4WD 차량에 장착하고 있다.

비스커스 커플링 유닛 VCU ; viscous coupling unit 비스커스 커플링을 사용한 장치이다.

비스커스 커플링 차동 제한식 센터 디퍼렌셜 방식 풀타임 4WD 4WD 차량의 센터 디퍼렌셜에 비스커스 커플링을 차동 제한 장치로서 장착하고, 구동력을 전후륜에 자동으로 그리고 이상적으로 배분하는 풀타임 4WD를 말한다. 차의 발진 가속성, 직진 안정성, 조정 안정성, 악로 주파성이 향상됨으로써 높은 레벨의 주행을 할 수 있다. 통상의 상태(전후륜에 회전 속도 차가 거의 없는 경우)에서는 센터 디퍼렌셜에 의해 전후륜에 토크비 50 : 50으로 구동력이 배분되고 있다. 전후륜에 회전 속도 차가 발생한 경우, 비스커스 커플링에 의해 센터 디퍼렌셜의 차동이 제한되어 순식간에 자동적으로 전후륜에 최적한 구동 토크를 배분한다. 센터 디퍼렌셜식 4WD에서는 구동력이 회전 속도가 빠른 차륜에 집중하여 결과적으로 구동력이 떨어진다.

비스커스 트랜스미션 viscous transmission 비스커스 커플링을 동력 전달 장치로 사용한 경우에 일컫는다. 비스커스 커플링을 일종의 변속기로 본 것이다.

비엠더블유 BMW ; Bavarian Motor Works 독일 뮌헨 지역을 예전엔 바바리안 지역이라고 불렀으며 BMW는 바바리안 자동차 공장이란 뜻을 나타낸다. 그리고 BMW의 엠블럼은 비행기의 프로펠러를 상징하며, 파란색과 흰색은 하늘과 흰 눈을 상징한다.

BMW를 입 큰 여자(big mouth woman)라는 우스갯소리로 표현하기도 한다.

비열(比熱) specific heat 어떤 물질 1g의 온도를 1℃ 또는 1K 높이는 데 필요한 열량이다. 단위로는 J(joule)이 사용되며, 비열은 물체를 가열하는 상태에 따라 달라진다. 특히 기체에서는 열팽창이 크기 때문에 정압(定壓) 비열과 정적(定積) 비열로 나누어진다.

비용극(非溶極) non-consumable electrode 융점이 높고 아크열에도 소모하기 어려운 전극을 말한다.

비이클 vehicle '타는 것, 차, 운반구, 매체, 수단' 등을 뜻한다.

비이클 감지 ELR(emergency locking retractor)가 차량의 급격한 가감속을 감지하는 것을 말한다. ELR는 이로 인해 고정되어 시트 벨트를 고정시킨다.

비자성체(非磁性體) non-magnetic material 자성(磁性)을 거의 갖지 않는 물질로서, 알루미늄, 황동, 백금 등이 있다.

비저항(比抵抗) resistivity ⇨ 고유 저항

비점(沸點) boiling point ⇨ 비등점

비접촉(非接觸) 센서 non-contacting sensor 비접촉으로 측정 대상으로부터 정보를 얻는 센서이다. 대상에서 방출하고 있는 빛이나 전자파 등을 검출하여 필요한 정보를 얻는 것으로는 가시광이나 적외선 검출기를 사용한 온도계가 있다. 측정 대상에 빛이나 전자파, 초음파 등을 발사하여 반사파를 측정함으로써 위치나 속도, 변위 등을 아는 방법도 있고, 레이더나 어군 탐지기, 적외선 방범 장치, 스피드 건 등이 있다. 이와 같이 빛(전자파)이나 초음파를 이용하는 경우에는 비접촉형의 측정이 된다. 또 측정 대상과 대향시킨 전극판에 의하여 형성되는 정전 용량의 측정과, 측정 시스템의 인덕턴스 측정에 의해 비접촉으로 위치나 변위(變位), 속도 등을 아는 방법도 흔히 사용된다. 비접촉형의 측정에서는 센서와 측정 대상 사이의 공간 상태가 측정치에 영향을 주기 쉽다.

비중(比重) specific gravity 물의 무게와 그것과 같은 양의 다른 물질의 무게와의 비로, 1.00 이하의 비중으로 된 물질은 물보다 가볍고, 1.00 이상의 비중으로 된 물질은 물보다 무겁다. 물속에 포함된 다른 물질(배터리의 산이나 부동액과 같은)의 양은 혼합 비중을 측정하여 판정할 수 있다.

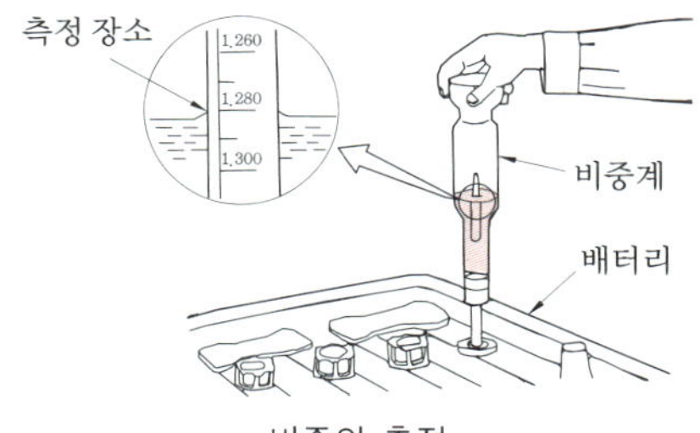

비중의 측정

비중계(比重計) specific gravity meter 고체나 액체, 기체의 비중을 측정하는 계기의 총칭이다. 일반적으로는 액체용의 부표를 비중계라고 하는 경우가 많다. 부표는 상하를 밀봉한 유리관의 하부에 납 또는 수은을 넣고, 상부에는 눈금이 붙어 있는 것이다. 액체에 띄웠을 때 부표의 가라앉은 부분의 체적과 같은 체적의 액체 중량과 같은 부력을 받는다. 또 부표의 질량과 같은 액체의 질량 체적이 구해지기 때문에 액체의 밀도를 알 수 있다. 따라서 일정한 온도 하에서의 비중을 구할 수 있다.

비치 카 beach car 해안에서 물이나 모래 위를 자유로이 주행할 수 있는 4륜 구동차를 말한다.

비커스 경도 시험 Vickers harness test 대면각 136°의 정사각뿔인 다이아몬드 압자를 일정한 시험 하중으로 시료의 시험면에 압입하여 생긴 오목부의 크기로 시료의 경도를 측정하는 시험이다. 비커스는 영국의 철강 회사 'Vickers Armstrong LTD'의 이름이다.

비트 bit 컴퓨터는 1과 0으로 되어 있는 코드 형태의 디지털 신호를 사용한다. '1'은 높은 전압의 디지털 신호를 나타내고, '0'은 0 V(볼트)를 나타낸다. 개개의 0과 1은 하나의 '비트'의 정보로 간주된다.

비트음 beat 주파수가 서로 다른 2개의 정현파(正弦波)가 서로 만났을 때 생기는 진폭의 주기적 변화로, 1초 간 생기는 진폭 변화의 횟수는 2개의 정현파의 주파수 차이와 같다.

비트 주파수 beat frequency 비트음으로

부터 발생되는 원인이 되는 2개의 음의 주파수 차이를 말한다.

비틀거림 waddle　차가 옆으로 움직이는 것을 말한다. 대개 비뚤어지게 설치된 벨트가 있는 타이어가 원인이다.

비틀림 torsional　강성 보디가 밖으로부터 가해지는 비틀림에 대하여 얼마나 강한가를 나타내는 것이다. 비틀림 강성이 낮으면 험한 길이나 턱을 타고 넘을 때 보디에 삐걱거리는 소리가 발생하여 승차감이 나쁘거나 조종성에도 나쁜 영향을 미친다.

비틀림 댐퍼 torsional damper　추진축의 회전 시 발생되는 진동을 흡수하기 위해 센터 베어링의 주위 또는 뒷부분에 설치되어 있다.

비틀림 모멘트 torsion moment　⇨ 토크

비틀림 진동 torsional vibration　탄성축에 회전력을 가하여 비틀면, 작은 범위의 비틀림각에서는 회전력에 비례한 각만큼 비틀린다. 이 비틀림 에너지에 의한 복원 모멘트와 탄성축 끝에 부착된 물체의 관성 회전력에 의해 탄성축이 원주 방향으로 진동을 일으키는데, 이를 비틀림 진동이라고 한다.

비틀림 진동 방지기 torsional vibration damper　피스톤에 작용하는 힘이 크랭크축에 주기적으로 전달되면 크랭크축이 탄성체이므로 진동을 발생하는데, 이때 발생하는 크랭크축의 고유 진동이 일치하면 공진(共振)을 일으켜 크랭크축과 관련되는 기어 물림에서 충격이나 소음이 발생되므로 비틀림 진동 방지기의 흡진(吸振) 작용에 의해 진동을 방지한다. 크랭크축이 긴 엔진에서는 비틀림 진동 방지기를 크랭크축 앞쪽에 크랭크축 풀리와 일체로 설치하여 진동을 흡수한다.　⇨ 크랭크 댐퍼

비틀림 코일 스프링 torsional coil spring　토셔널은 '비트는, 꼬이는'의 뜻이다. 비틀림 코일 스프링은 클러치판이 플라이휠에 접속되어 동력 전달이 시작될 때 회전 방향의 충격을 흡수한다.

비틀림 하중 torsional load　비틀려고 하는 하중을 말한다.

비티디시 BTDC ; before top dead center　⇨ 상사점 전

비티유 B.T.U. ; British thermal unit　영국 열량 단위의 약자로, 1파운드의 물을 1°F 상승시키는 데 필요한 열량을 말한다. 1 B.T.U. = 252 g/cal이다.

비파괴 시험(非破壞試驗) non-destructive test　재료나 제품을 파괴하지 않고 행하는 시험으로 외관 검사법, 선 투과 시험, X선 투과 시험, 자기 검사, 초음파 검사, 침투 시험 등이 있다.

비회전식 스티어링 휠 스위치　조향 핸들에 경음기(horn) 패드를 고정하고, 자동 속도 제한 장치나 라디오 관련 스위치를 부착하여 신호 전달에 광통신 방식을 이용한 것이다.

빅 엔드 big end, crankpin end　연접봉(連接棒)이 크랭크축에 연결되는 큰 쪽 단부(端部)를 말한다. ⇔ 스몰 엔드

빈티지 카 vintage car　이탈리아의 클래식 카로서, 유럽 경제가 번영하였던 1918년부터 1931년 사이에 제작된 차량이다. 빈티지란 어떤 해에 수확하여 제조한 포도주란 의미로서, 특히 당해 연도의 연호(年號)를 기입하여 판매하는 것을 빈티지 와인이라 불러온 것에서 유래된다.

빌드 build　축적된 페인트 막의 깊이 또는 두께로서, 단위는 마일이다.

빌드업형 build-up type　액슬 하우징의 한 형태로, 중앙부를 주철로 만들고 양쪽 하우징을 중앙부에 압입한 형태로 거의 사용되지 않고 있다.

빌드업 크랭크샤프트 built-up crankshaft　컴포넌트를 따로 만들어 조립하는 크랭크축으로, 단기통이나 2기통 엔진에 많다.

빌트인 디스크 브레이크 built-in disk brake　상용의 디스크 브레이크와 주차 브레이크를 일체로 한 것이다. 캘리퍼의 피스톤을 상용 브레이크로 사용할 때 유압 장치에 따라 주차 브레이크로 사용할 경우에는 기계적으로 작동시킨다. 소형 승용차에 사용되고 있다.

빌트인 머드 가드 built-in mud guard　빌트인(built-in) 이라는 것은 '만들어진'이라는 뜻으로서, 최초부터 각 가니시 종류나 리어 범퍼 등과 일체화해서 만들어진 머드 가드이다.

빔 beam　(1) 광선이나 광속을 말한다. 헤드램프에는 대향차(對向車)가 없는 도로

를 주행할 때 사용하는 주행(high) 빔과, 맞은편 자동차와 교행할 경우나 시가지를 주행할 때 사용하는 교행(low) 빔이 있다. ⑵ 건물이나 구조물의 들보나 도리(서까래를 받치기 위하여 기둥 위에 건너지르는 나무)를 말한다.

빗방울 감지식 와이퍼 raindrop sensing wiper 빗방울을 감지하여 자동적으로 작동하는 와이퍼를 말한다. 빗방울 센서에는 전극 간에 빗방울이 닿으면 전기 저항이 변화하는 원리 등이 이용되고 있다. 자동차의 보닛에 센서가 장착되어 있어서 비가 오기 시작하면 와이퍼가 자동적으로 작동하기 시작한다.

빙결 방지 장치(氷結防止裝置) anti-icing system 기화기(氣化器) 내의 표면이나 통로가 빙결되는 것을 방지하기 위해 기화기 보딩 열을 가하는 장치이다.

사각나사(四角螺絲) square thread　동력 전달용 나사로, 나사산의 단면이 사각으로 되어 있어 마찰 저항이 적으므로 힘을 필요로 하는 잭, 나사 프레스 및 선반 등의 이송 나사에 사용된다.

사각 헤드램프 square head lamp　헤드램프는 예전에는 둥근 것이 대부분이었으나, 차체가 멋지게 디자인되면서 점차 거기에 맞는 스타일로 디자인되고 있다. 이에 따라 둥근 것 대신 네모난 것이 널리 쓰이게 되었다. 최근에는 공기 저항을 작게 하기 위해 램프를 장착하는 그릴의 높이가 낮아지는 경향이 있어 색다른 램프가 늘고 있다.

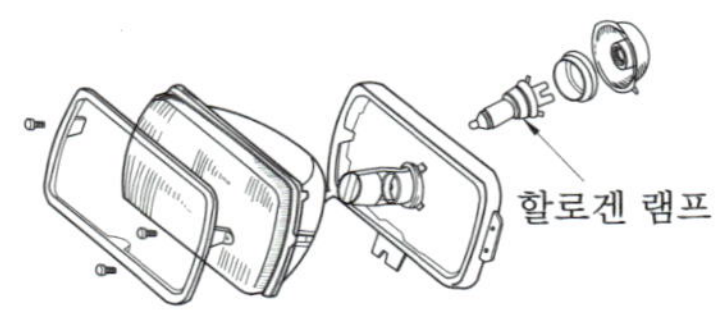

사각 헤드램프

사계절용 타이어 all season tire　겨울이 되면 여름용 타이어를 겨울용 타이어로 교환하는 번거로움을 덜기 위해 고안된 타이어로, 레이디얼 타이어가 벨트의 효과로 눈길에서 어느 정도 주파성을 가진 것을 이용하여 레이디얼 타이어의 트레드 패턴을 눈길용으로 개량한 것이다. 또한 적설량이 적은 지방에서는 사용해도 무관하지만, 눈이 많이 오는 지역에서는 스노 성능을 100% 발휘할 수 없기 때문에 겨울용 타이어를 사용하는 것이 더욱 안전하다. 트레드의 중앙부는 리브형, 숄더부는 러그형, 가운데는 볼록형으로 되어 있으며, 경제적이고 습지대나 빗길에서도 안정성이 우수하여 수요가 점차 증가하고 있다. 스노타이어로 바꾸어 끼지 않고 1년 내내 사용할 수 있게 한 타이어로서, 북미에서 개발되어 미국에서는 신차용 타이어로 널리 보급되고 있다.

사다리꼴나사 trapezoidal thread　동력 전달용 나사로, 애크미 나사라고도 한다. 나사산의 각도는 미터 계열이 30°이고, 휘트워스 계열이 29°이며, 사각나사보다 가공이 쉽다. 나사산의 모양은 나사산의 끝 부분이 사각나사보다 좁게 되어 있다.

사다리꼴 프레임 trapezoidal frame　H형 프레임이라고도 말하는 사다리꼴로 된 프레임이다. 만들기 쉽고 강성이 크다는 이점이 있으나, 프레임의 사이드 멤버가 보디 플로어 밑으로 오기 때문에 바닥면이 그만큼 높아진다. 현재는 거의 쓰지 않고 롤스로이스, 모건 등에서만 쓰고 있다.

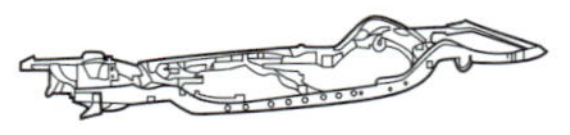

사다리꼴 프레임

4단 오토매틱 four stage automatic　3단 오토매틱에 다시 1단을 더해 4단으로 한 것으로, 4단은 기어비를 오버드라이브로 하여 0.68쯤이 된다. D레인지로 달리면 1, 2, 3, 4단으로 자동 변속하지만, OD 오프(off) 스위치로 3단까지로 제한할 수도 있다. 4단인 OD는 엔진 회전을 낮춰 연비와 정숙성을 높인다. 고속 도로에서의 가속에는 3단이 이용되고, 4단으로는 조용하게 달릴 수 있다.

4WD 방식 four wheel drive type　네 바퀴 굴림 방식으로, 원래는 군용차와 지프차에 많이 채택되어 사용되었으나, 험로에서도 주행 성능이 좋고 등판력이 뛰어난 장점 때문에 승용차에도 이 방식을 채택한 경우

가 있다. 또한 최근에는 연료 낭비와 각종 기관의 무리를 방지하기 위해 일반 도로에서는 앞바퀴 또는 뒷바퀴만 구동시키는 파트타임 4WD 방식이 있다.

4WS four wheel steering ⇨ 4륜 조향

사(4)도어 four door ⇨ 2도어

사륜구동(4WD) 방식 4wheel drive type 트랜스퍼 케이스를 통해 엔진의 회전력을 전후의 모든 바퀴에 전달하여 구동하는 방식을 말한다. 이 4WD 방식은 원래 군용 차량에 많이 사용해 오고 있었으나, 전쟁이 끝난 후 민간인들의 요구에 의해 현재는 4WD 오프로드 카뿐만 아니라 승용차에도 이 개념을 적용시키고 있다. 앞뒤 4바퀴를 구동시키기 때문에 험로 등에서 그 성능이 다른 방식에 비해 훨씬 뛰어나다.

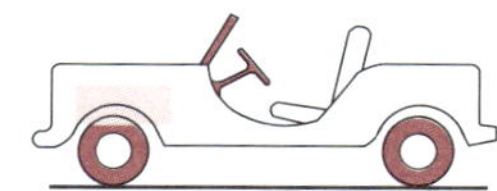

사륜구동 방식

사(4)륜구동 자동차 four wheel drive 엔진의 동력을 앞뒤 4바퀴에 전달하여 구동할 수 있는 자동차를 말한다. 4륜구동 방식에는 상시 4륜구동(full time 4WD)과 일시 4륜구동(part time 4WD)의 두 가지가 있다.

4륜 멀티 링크 서스펜션 four wheel multi link suspension 전·후륜 공히 멀티 링크 형식을 사용한 서스펜션 시스템이다. 상하의 암으로 형성되는 더블 위시본 고조에 의해 얻어지는 확실한 운동성과 분할 배치된 로어 암에는 우수한 승차감을 양립시킨 서스펜션으로서, 다음의 특징을 갖는다. ① 상하 암으로 형성되는 더블 위시본 구조에 위해 선회 시 등에 타이어의 접지성을 높이고, 항상 타이어의 성능을 충분히 끌어내어, 슬립 등에 의한 손실이 적고 높은 코너링 힘을 얻을 수 있다. ② 분할 배치된 로어 암에 의해 타이어의 방향을 교란함이 없이 노면에서부터의 쇼크를 완화할 수 있다. 이 때문에 서스펜션의 전후 강성을 유연하게 함으로써 우수한 승차감이 얻어진다. ③ 하이 캐스터에 적용, 킹 핀 오프셋의 최적 설정에 의해 우수한 직진 안전성을 얻을 수 있다.

사(4)륜 얼라인먼트 테스터 four wheel alignment tester 자동차 네 바퀴의 정렬 관계를 전체적으로 측정할 수 있는 얼라인먼트 테스터이다. 컴퓨터와 연동(連動)하고 있어, 표준값과 비교하거나 조정한 결과를 화면에 표시함과 동시에 함께 인쇄도 가능하다.

사(4)륜 조향 four wheel steering system 4WS라고도 하며, 4륜 자동차의 앞뒤 바퀴를 함께 조향하는 방식이다. 앞뒤 바퀴를 같은 방향으로 향하게 하여 자동차의 요잉(yawing)을 적게 하고 고속 주행에서의 안전성을 높이는 동위상 조향과, 앞뒤 바퀴를 역방향으로 조향하여 중·저속에서 조향성을 향상시키고 회전 반지름을 작게 한 역위상 조향이 있다.

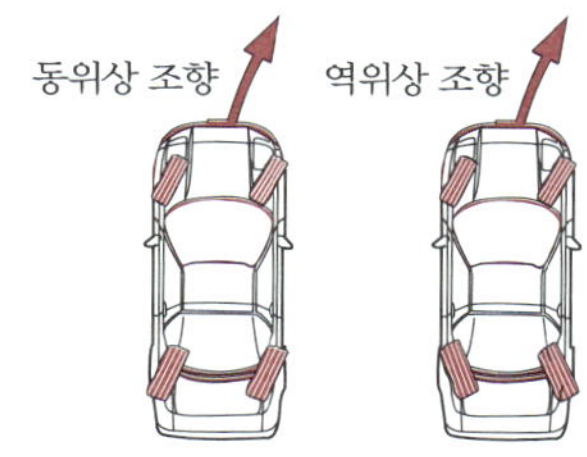

사륜 조향

4륜 조향 장치(四輪操向裝置) four wheel steering system 차량의 조정성·안전성을 향상시키기 위하여 앞뒤 4바퀴가 모두 조향되도록 한 장치로, 저속에서는 역위상으로 하여 최소 회전 반지름을 감소시키고, 고속에서는 동위상으로 하여 차량의 운동 특성을 향상시킬 수 있다. 4WS 차량은 안정감이 있고, 선회 성능이 우수하며, 최소 회전 반지름이 작은 장점이 있다.

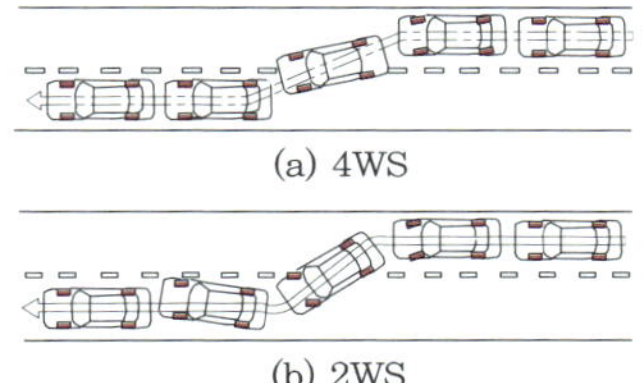

4륜 조향 장치

4링크 four link 4링크는 진행 방향에 평행한 로워 링크를 좌우 하나씩 갖고, 어퍼 링크를 여덟팔(八) 자형으로 비스듬히 배치하여, 역방향의 힘을 맡게 한다.

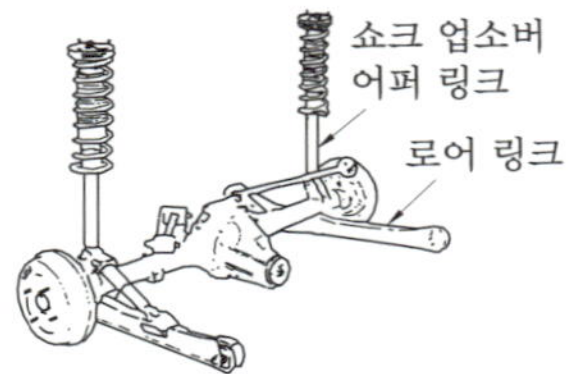

4링크식

4링크 서스펜션 four-link suspension 리어 리지드 서스펜션에 사용되며, 컨트롤 암을 액슬의 상하로 배치하여 그 전단을 보디의 핀까지 조인트하면, 리어 액슬의 주위에 변형의 평행4변형이 생기고, 컨트롤 암의 선단을 중심으로 액슬이 상하 운동을 한다. 이것이 4링크 서스펜션이다.

사면(斜面) 캠 swash plate cam ⇨ 사판 캠

사바테 사이클 기관 sabathe cycle engine 정적 정압 사이클 또는 합성 사이클이라고도 하는데, 일정한 체적과 압력 하에서 연소하는 사이클로서 고속 디젤 자동차용 엔진에 사용되며, 무기 분사식 디젤 기관이 이 사이클을 기준으로 하여 작동하는 기관이다.

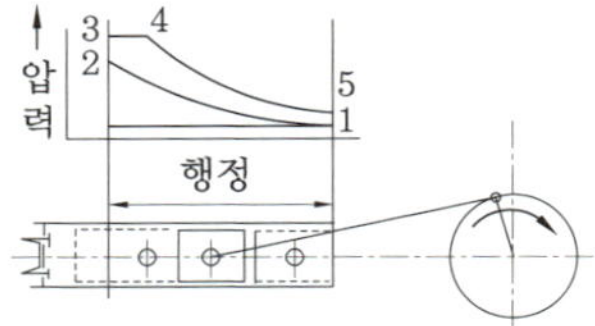

(사바테 사이클 지압 선도)
1~2 : 압축 행정　　　2~3 : 연료 분사(정적)
3~4 : 연료 분사(정압)　4~5 : 팽창 행정
5~1 : 배기 시작　　　5~2 : 배기 행정
2~5 : 흡기 행정
사바테 사이클 기관

사(4)배럴식 four barrel carburetor 4배럴식 기화기는 4개의 기화기로 된 형식이다. 1차 쪽의 두 개의 배럴은 기화기의 기본 회로이며, 2차 쪽의 두 개 배럴은 고속 회로로 되어 혼합 가스의 분배가 우수하다.

사(4)밸브식 four valve type 고속 회전의 DOHC 엔진에서 밸브의 관성 중량(慣性重量)을 낮추고 흡·배기 효율을 향상시키기 위하여 작은 지름의 밸브를 흡입과 배기 쪽에 각각 두 개씩 설치하여 4밸브 형태로 한 것이다. 같은 연소실식이라면 2밸브 식에서 한 개의 큰 밸브보다 4밸브 식에서는 면적이 크게 되어 유리하지만, 밸브가 증가한 만큼 기구가 복잡하게 된다. 연소실 중앙에서 점화되기 때문에 연소 효율이 좋은 것도 특징이다.

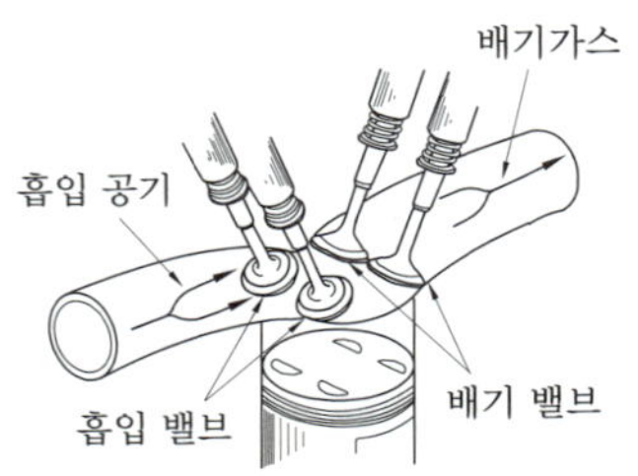

4밸브식

사분의 삼(3/4) 부동식 차축 three quarter floating axle 전부동식(全浮動式)과 반부동식의 중간적인 구조로서, 액슬 샤프트의 외단에 휠 허브를 장착하여 액슬 하우징 상의 1개의 베어링으로 허브를 지지하는 방식이다. 차량의 좌우로 기울어진 경우, 하중의 일부가 액슬 샤프트에 걸리도록 되어 있다.

사분의 일(1/4) 타원 판스프링 quarter elliptic leaf spring 판스프링에서 활 모양을 한 반타원 판스프링의 절반을 사용한 스프링이다.

사브 SAAB ; svenska aeroplan aktiebolaget 스웨덴어의 첫머리 글자 합성어로서 '스웨덴 항공기 회사'라는 뜻이다. 사브는 원래 비행기 제조 회사였는데, 제2차 세계 대전으로 대 호황기를 맞이했다가 전쟁이 종전되면서 자동차를 제조하기 시작한 회사이다.

사(4)사이클 엔진 four cycle engine 크랭크샤프트가 2회전(4스트로크) 하는 동안에 1사이클이 완료되는 엔진으로, 2회전에 한 번 폭발한다. 메커니즘으로는 가장 완성된 것으로, 현재 승용차용 엔진의 주류를 이룬다.

사(4)속 오토매틱 fourth speed automatic 3속 오토매틱에 다시 1단 기어를 추가하여 4속으로 한 것으로, 4속의 기어 비는 오버드라이브 비인 0.68 정도이다. D레인지로 주행하면 1, 2, 3, 4속으로 자동 변속되지만, 우리나라에서는 OD(over drive) OFF 스위치로 3속까지 제한할 수 있다. 4속 오

버 드라이브의 목적은, 엔진 회전수를 낮추어 연료 소비율과 정숙성을 향상시키기 위한 것이다. 고속 도로에서 가속은 3속에서 이루어지고, 4속으로 정숙하게 주행할 수 있다.

사시(斜視) strabismus　페인팅의 색을 비스듬히 보는 것으로, 정면에서 볼 경우와 비스듬히 볼 경우에 서로 달리 보이는 색이 있기 때문에, 조색(調色)할 때에는 빼놓을 수 없다.

사양서(仕樣書) specification　설명서를 말하는 것으로, 일반적으로 자동차의 상세한 설계 사양을 이른다. 스페시피케이션이라고도 한다.

4에틸납 tetraethyllead　테트라에틸납으로, 납 원자에 에틸기 4개가 결합한 화합물이다. 무색 가연성 액체로, 독성이 매우 강하다. 자동차나 항공기 연료의 내폭성을 높이기 위하여 휘발유에 섞어 넣는다. 화학식은 $(C_2H_5)_4Pb$이다.

사오(4·5) 링크식 서스펜션 4·5 link type suspension　인체 차축식 현가장치의 일종으로, FR 차량의 뒤 현가장치에 많이 채용되어 있으며, 차축을 4개 또는 5개의 링크로 지지하는 조직을 가진 것이다. 4링크식은 자동차를 위에서 보았을 때 두 개의 비교적 긴 로(low) 컨트롤 암을 八자형으로, 두 개의 짧은 어퍼 컨트롤 암을 역 八자형으로 배치한 것이 많다. 어퍼 링크를 한 개로 하고, 가로 방향으로의 위치 결정을 래터럴 로드에 의하여 지지하는 형식도 있다. 5링크식은 4링크식의 4개 링크를 차체의 앞뒤 방향에 거의 평행으로 배치하고, 가로 방향의 위치 결정을 래터럴 로드나 와트 링크에 의하여 지지하는 형식이다.

사운드 머플러 sound muffler　배기 음이 스포티하게 들리도록 설정한 소음기의 명칭이다.

사운드 스코프 sound scope　청음기, 이음(異音) 탐지기, 의사의 청진기와 유사한 엔진의 이음이 발생되는 곳을 탐지하는 기구이다.

사운드 실렉터 기능　ASS(auto station selector) 부착 어쿠스틱 오디오의 기능 중 하나이다. 음악 장르에 알맞은 음질을 선택하는 기능으로 클래식, 보컬, 록, 재즈 등 4종류에 가장 적합한 주파수 특성을 설정한다.

사운딩 sounding　(1) 초음파 임펄스를 발사하여 물의 깊이를 측정하는 것을 말한다. (2) 과학적인 목적을 위하여 수중 또는 대기 중에서 측정하는 것을 말한다.

사워 가솔린 sour gasoline　장기간 방치하였거나 고온에 노출된 성분의 일부가 산화 또는 산화 중합되어 고무 성질이 많아진 가솔린을 이른다. 고무 성질은 가솔린을 증발시킬 때 최후에 남는 고형 물질로서 엔진 기능에 악영향을 끼친다.

4웨이 파워 시트 four-way power seat　슬라이드, 리클라이닝, 듀얼 하이트(프런트 하이트, 리어 하이트) 등의 4개의 시트 조절을 전동으로 행하는 시트(조절 항목은 차종에 따라 다름)로서, 간단한 스위치 조작으로 최적의 시트 위치를 얻을 수 있다. 또한 일부에는 메모리 기능을 가진 것도 있으며, 마이크로컴퓨터 제어에 의해 시트 위치가 기억되고, 포지션 스위치를 누르면 자동적으로 위치가 제어된다.

사이드 간극 side clearance　(1) 피스톤 링과 랜드 사이의 간극으로, 열팽창에 의해 고착되는 것을 방지하기 위한 것이다. 간극이 작으면 유리판 위에 연마제를 바르고 피스톤 링을 그 위에서 비벼서 연마하여 규정 간극을 유지하도록 하며, 링 홈이 마멸되어 턱이 있으면 링 홈 커터로 깎아낸다. (2) 어떤 물건 또는 부품의 측면 간극을 말한다.

사이드 노크 side knock　피스톤에는 연소에 의해 생기는 가스 압력과 왕복 운동에 의한 관성력이 작용하지만, 이 힘은 커넥팅 로드 방향의 힘과 실린더 벽으로 향하는 측압으로 나누어질 수 있다. 이 측압에 의해 피스톤이 실린더 벽에 부딪히는 현상을 사이드 노크라고 한다. 냉간 때에는 알루미늄 합금 피스톤과 주철 실린더 사이의 열팽창의 차이로 인하여 틈새가 커지는데, 이 틈새가 지나치게 커지면 충격음을 발생하게 된다. 이것을 피스톤의 사이드 노크 음이라고도 한다.

사이드 덤프 side dump　적재함을 옆으로 기울여서 내리는 형식으로, 보통 리어 덤

프가 쉽게 작동될 수 없는 경우에 사용된다. ⇨ 리어 덤프

사이드 덤프

사이드 도어 강도 side door strength　측면 충돌 사고로 사이드 도어가 차실 내에 침입하는 것을 방지하기 위하여 필요한 도어의 강도를 말한다. 미국 등에서는 안전 기준의 항목으로 규제값이 설정되어 있다.

사이드 도어 빔 side door beam　측면 충돌 때 탑승자의 안전을 확보하기 위해 도어 내부에 설치된 보강재를 이른다. 그냥 사이드 빔이라고도 한다.

사이드 드래프트 side draft　옆 방향으로 공기가 통하는 방식을 말한다. 짧은 매니폴드는 카뷰레터를 쓰는 엔진에 사용되며, 수평 방향 통풍식이라고도 한다.

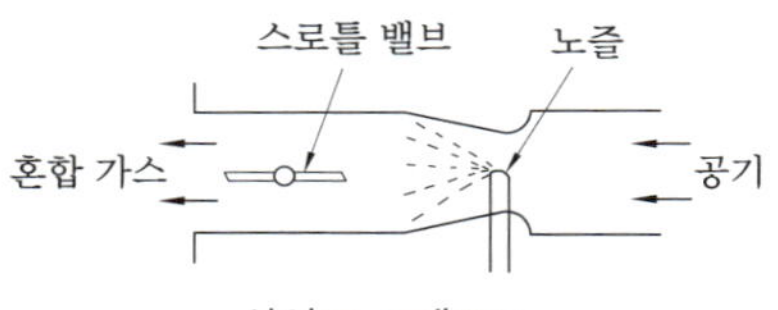

사이드 드래프트

사이드 디프로스터 side defroster　창문 서리 제거 장치로, 크래시 패드의 사이드에 히터나 에어컨의 바람이 나오도록 디프로스터를 설치하여, 창문의 습기를 제거하고, 우천 때 측면 시야를 맑게 해 주며, 또한 백미러의 시야를 확보해 주어, 안전하게 운행할 수 있도록 한 장치이다. 일부 승용차에는 공기 통로 자체를 도어 내로 연결하여 도어 글라스 하단 부분, 백미러 설치 부분 위에 설치되어 있다.

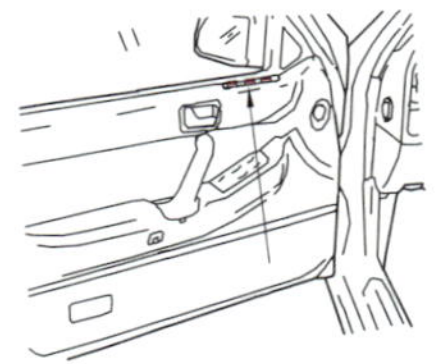

사이드 디프로스터

사이드 로어 크래시 패드 side lower crash pad　운전석 쪽의 크래시 패드 하단 부분으로, 보통 후드 릴리스 핸들이나 퓨즈 박스 등이 아울러 조립되어 있으며, 메인 크래시 패드와는 스크루로 조립된다.

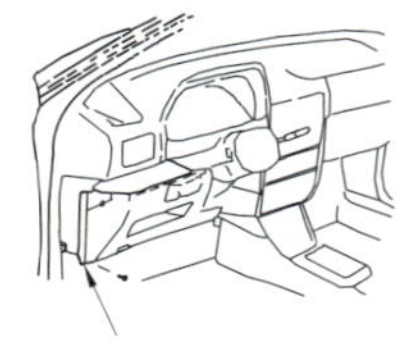

사이드 로어 크래시 패드

사이드 로어 크래시 패드

사이드 림 side rim　트럭용 드롭 센터 림이나 광폭(廣幅) 림, 평저(平底) 림에 사용되고 있는 림 플랜지이다. ⇨ 세미 드롭 센터 림

사이드 마커 램프 side marker lamp　야간에 대형 차량 등의 차종을 알 수 있도록 차체의 앞뒤·좌우 끝 부분에 설치되어 있는 램프를 말한다. 영어로는 클리어런스 램프(clearance lamp), 마커 램프, 포지션 램프(position lamp)라고 부른다.

사이드 멤버 side member　자동차 차체의 앞뒤와 좌우 방향의 뒤틀림과 구부러짐을 막기 위해 앞뒤 방향으로 뻗어 있는 것이 사이드 멤버이고, 옆 방향으로 뻗어 있는 것이 크로스 멤버이다.

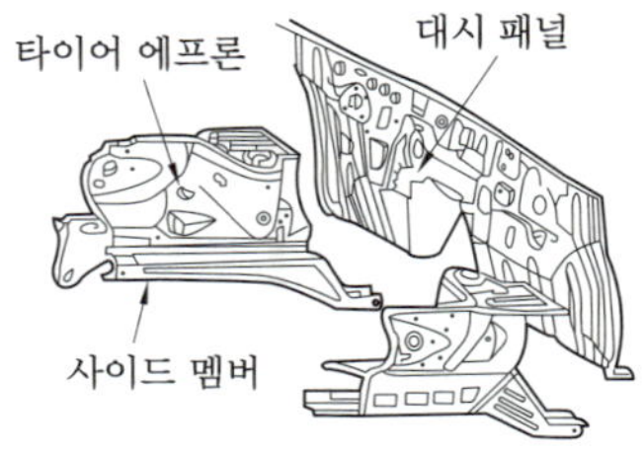

사이드 멤버의 구조

사이드 미러 side mirror, side view mirror ⇨ 도어 미러

사이드 밸브식 SV ; side valve type　엔진 블록 쪽에 밸브가 붙은 형식으로, 열손실이 많고 출력 면에서도 불리하여 최근에는 미국 차에서도 거의 쓰지 않고 있다. 구조가 간단하고 엔진의 크기도 작게 할 수 있으나 그만큼 연소실이 평면적이 된다. 구형 지프에 많이 사용되었다(1994년형).

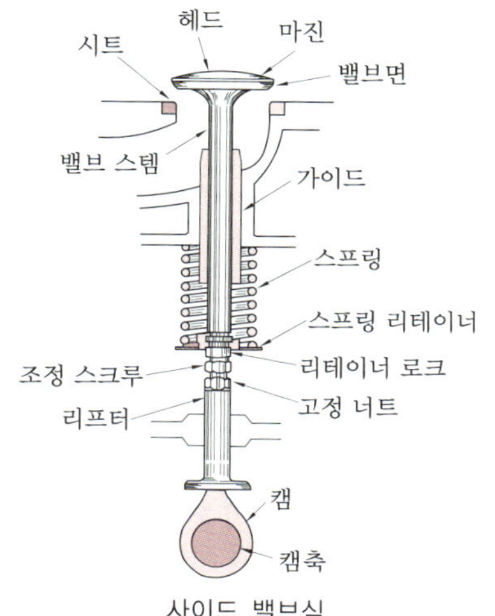

사이드 밸브식

사이드 베어링 side bearing　종감속 기어 장치의 차동 기어 케이스를 캐리어에 지지하는 베어링으로, 테이퍼 롤러 베어링이 사용된다. 캐리어 캡 볼트를 과도하게 조이면 종감속 기어 장치에서 열이 발생되며 링 기어의 백래시(backlash)는 베어링과, 캐리어 사이에 심을 넣어 조정하거나 베어링의 차동 기어 케이스 전체를 이동시켜 조정한다.

사이드 보디 side body　보디 측면 즉 도어 둘레를 사이드 보디라고 한다. 차가 뒤집혔을 때의 변형을 최소한으로 억제하면서 내구성을 더하는 문제 등이 고려된다.

사이드 브랜치형 서브 머플러 side branch type sub muffler　측면에 분기된(브랜치) 공간에 설치한 머플러로서, 공간의 공명기를 이용하여 배기 음의 음질을 바꾸는 데 사용한다.

사이드 빔 side beam　⇨ 사이드 도어 빔

사이드 서포트 side support　좌우의 홀드성을 좋게 하기 위해 만들어진 좌우로 튀어나온 부분을 이른다. 최근에는 진동에 의해 이 간격을 조정하고 있으며, 오너의 체형에 따라 적합한 세팅을 할 수 있게 되었다.

사이드 스크린 side screen　⇨ 사이드 윈도 글라스

사이드슬립 sideslip　앞바퀴의 종합적 얼라인먼트에서 발생하는 횡활주(橫滑走)로, 옆으로 미끄러지는 것을 말한다. 이 수치가 너무 크면 타이어 마모가 심해진다. 차륜의 얼라인먼트가 정상인지 아닌지를 체크하는 척도의 하나이기도 하다.

사이드슬립 테스터 sideslip tester　자동차 앞바퀴의 캠버, 킹핀 경사각 및 토인의 불평형으로 인하여 주행 중에 타이어가 옆방향으로 미끄러지는 정도를 측정하는 테스터로서, 타이어가 1 m의 답판을 통과할 때 옆 방향으로 미끄러지는 양을 mm로 표시한다. 측정값은 좌우 타이어의 미끄럼 양의 합을 2로 나눈 값으로 한다.

사이드 실 가드 side sill guard　보디 사이드부의 손상을 방지하기 위한 가드이다. 사이드 실 가드는 튼튼한 스틸 파이프제로서, 오프로드에서 사이드 실부의 손상을 방지함과 동시에 외관을 4WD다운 야성미 있는 익스테리어로 하고 있다.

사이드 실 스플래시 프로텍터 side sill splash protector　보디 사이드 실부가 더러워지는 것을 방지하고, 승하차 때 옷이 젖는 것을 방지하는 가니시를 말한다. 또한 외관적으로 언더 보디를 바짝 조르는 효과도 있다.

사이드 실 패널 side sill panel　차량 측면 하단부의 프레임을 대신하는 패널로, 프레임이 없는 일체식 보디 형식의 앞뒤 도어 하단부에 있는 패널을 말한다.

사이드 실 패널

사이드 언더 미러 side under mirror　정지할 때나 저속 주행 때에 차량 왼쪽 조수석의 하단 시야를 향상시키는 미러를 말한다.

사이드 에어백 side air bag　측면 충돌 때 운전자 및 동승자를 보호하는 장치로, 운전석 등받이 왼쪽과 동승석 등받이 오른쪽에 내장되어 있다. 측면 충돌 감지 센서는 차량의 좌·우측에 있다. 센터 필러 하단부와 리어 필러 부근의 측면 충돌 감지 센서와 에어백 ECU 내부의 측면 충돌 감지 센서 두 개가 모두 동작되어야 에어백이 전개된다.

사이드 월 side wall　트레드와 비드(bead) 사이의 타이어 옆 부분을 말하는데, 카커스(carcass)를 보호하고 유연한 굴신 운동으로 승차감을 향상시킨다. 유연하고 내후성, 내노화성이 뛰어난 재료로 만들어져 있고, 험로 주행용 타이어에는 내외상성(內外傷性)을 중시한 재료를 쓴다. 타이어를 보도의 돌이나 노면의 돌기로부터 보호하기 위해 사이드 월 중앙부에 두꺼운 고무를 붙인 것도 있고, 사이드 월을 없앤 타이어도 있다. 타이어 주조 중 제일 얇은 곳으로, 여기에 타이어의 종류, 규격, 구조, 패턴, 제조 회사, 상품명, 국적, 제조일, 허가 번호, 마모 한계 등이 표시되어 있다.

사이드 월 표식 side wall sign　타이어에 대한 제반 정보를 알려 주기 위하여 타이어 측면에 기록되어 있는 표지(標識)이다.

사이드 윈도 글라스 side window glass　자동차 측면의 창유리를 총칭한 것이다. 도어에 부착되어 있는 도어 윈도 글라스, 필러와 필러 사이에 있고 통상적으로 개폐할 수 없는 쿼터 윈도 글라스 등이 있으며, 강화 유리가 쓰이는 것이 일반적이다. 구식의 오픈카에서 쓰인 비닐제 창을 떼어낼 수 있는 것은 사이드 스크린이라고 불린다.

사이드 윈도 글라스

사이드 윈도 와이퍼 side window wiper　사이드 윈도의 도어 미러 부근에 설치된 와이퍼이로, 창에 부착된 물방울에 의하여 미러가 보이지 않는 것을 방지하기 위한 것이다.

사이드 크랭크 엔진 side crank engine　소형 오토바이에 사용되는 엔진과 같이, 크랭크축의 한쪽에만 메인 저널 베어링이 설치된 오버헝 크랭크 엔진을 말한다.

사이드 턴 시그널 램프 side turn signal lamp ⇨ 사이드 플래셔

사이드 포스 side force　슬립 각을 가지고 굴러가는 타이어의 중심 면에 대해 직각으로 작용하는 힘을 말하는데, 타이어의 진행 방향에 직각으로 작용하는 힘은 코너링 포스라 해서 이와 구별한다. 사이드 포스는 타이어 자체의 운동을 검토할 때 이야기되는데, 래터럴(lateral) 포스라고도 한다.

사이드 포트 방식 side port type　로터리 엔진의 흡배기 포트의 형식으로, 하우징의 사이드 벽면에 구멍이 있다. 이 개구부(開口部)의 단면 모습으로 밸브 타이밍에 해당하는 흡배기 시기가 정해진다. 이 방식의 개발로 로터리 엔진의 약점이었던 저속력(低速力)의 안정성을 확보할 수 있게 되었다.

사이드 프로텍션 몰딩 side protection moulding ⇨ 프로텍션 몰딩

사이드 프로텍트 몰 일체형 와이드 펜더　프런트 펜더(fender)에서 리어 보디 사이드 게이트에 이르는, 연속감이 있는 사이드 프로텍트 몰의 휠 아치부에 대형 펜더의 형상을 부여한 것을 말한다. 외관의 튼튼함과 안정감을 강조한다.

사이드 플래셔 side flasher　사이드 턴 시그널 램프라고도 부르는데, 보디 측면에 붙어 있는 방향 지시등으로, 옆에서 주행하고 있는 뒤차에 진행 방향이 바뀌는 것을 알리는 램프이다.

사이드 플로식 라디에이터 side flow radiator ⇨ 크로스 플로식 라디에이터

사이드 하우징 side housing　로터리 엔진의 하우징으로, 로터를 옆으로 지지하는 것을 이른다. 중앙에 로터 기어와 맞물리는 고정 기어가 부착되어 있으며, 사이드 포트식에서는 흡배기를 위한 구멍(사이드 포트)이 열려 있다.

사이렌 siren, syren　경보기(警報器)를 말한다. 신호·경보를 알리는 음향 장치로서, 공기 또는 증기 사이렌, 모터사이렌이 있다. 사이렌을 설치할 수 있는 자동차는 긴급 자동차(소방차, 구급 자동차, 대통령령에 정하는 자동차)에 한하여 사용할 수 있도록 규제되어 있으며, 사이렌 음의 크기는 전방 30 m의 위치 90~120 dB 이하여야 한다.

사이리스터 thyrister　전류나 전압의 제어 기능을 가진 반도체 소자를 말한다.

사이 서포트 thigh support　사이(thigh)는 넓적다리를 말하고, 사이 서포트는 좌석 맨 앞부분의 받침이란 뜻이다. 이 부분의 모양과 쿠션성은 장거리 드라이브의 피로에 큰 영향을 미치고, 좌석 설계에서 크게 관심을 갖는다. 이 쿠션 부분을 위아래로 조정할 수 있게 된 것이 사이 서포트 어저스트이다. 줄여서 사이 서포트라고 한다. 허리 부분 좌석의 지지를 럼버 서포트라고 한다.

사이 서포트 어저스트 thigh support adjust ⇨ 사이 서포트

사이어미즈 siamese　두 개의 부품이 하나로 합쳐진 부품을 가리킬 때 단어에 붙이는 형용사로, 두 개의 흡배기 포트를 Y자형으로 모은 사이어미즈 포트나 실린더를 두 개 나란히 세운 사이어미즈 실린더 등이 있다.

사이어미즈 블록 siamese block　나란히 실린더가 붙어 있고, 사이에 워터 재킷이 없는 형식으로, 실린더 블록을 소형·경량화할 수 있고, 강성을 높일 수 있다. 실린더 면의 냉각성을 확보하기 위해 설계 때 충분한 배려가 필요하다. 1톤 디젤 엔진 등은 풀 사이어미즈 형식을 적용하고 있다.

사이즈 팩터 size factor　타이어 폭과 타이어의 바깥지름을 가산한 것으로, 주로 미국에서 타이어의 크기를 나타내는 기준으로 사용되고 있는 수치이다.

사이징 sizing　치수를 정하는 것으로, 설계에서는 강도를 계산한 다음 치수를 정하고, 판금과 같이 소성 가공에서는 형(型) 타격 교정, 다듬질 압입 등을 계산한 다음 치수를 결정한다.

사이클 cycle　계속해서 반복되는 일련의 과정을 말한다. 예를 들어, 엔진에서는 흡입·압축·폭발·배기의 4행정을 1사이클이라고 하고, 전기 장치에서는 전류의 흐름을 말한다. 원래 스트로크(행정)이지만 같은 뜻으로 사이클을 쓰기도 한다. 따라서 2사이클 엔진을 2스트로크 엔진, 4사이클 엔진을 4스트로크 엔진이라고 한다.

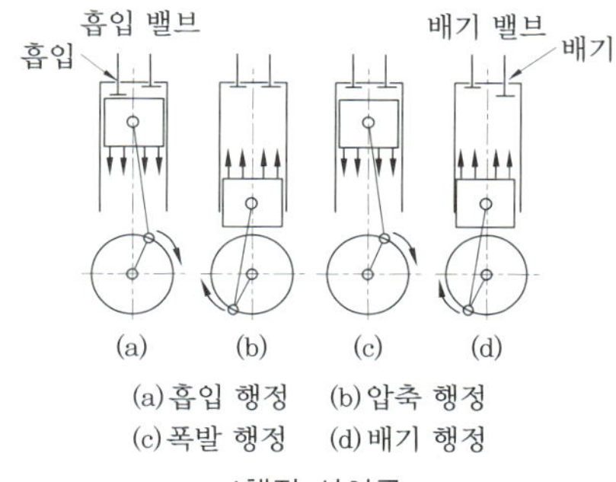

4행정 사이클

사이클로이드 cycloid　수학 용어로, 원이 직선상을 구를 때 원둘레 위의 한 점이 그리는 곡선을 말한다. 룰렛이라고도 한다.

사이클로이드 기어 cycloid gear　사이클로이드 치형으로 만든 기어로서, 정밀 기계나 계측기, 시계 등에 이용되며, 공작이 어렵고 호환성이 적으며 이뿌리가 약한 결점이 있으나, 장점으로는 효율이 높고 소음이 적으며 마멸이 적다.

사이클로이드 치형 cycloid tooth　기어 이빨 끝을 피치원 위에 그려진 외전 사이클로이드로 하고 이뿌리를 내전 사이클로이드로 하는 기어 이(齒)를 말한다.

사이클로 인버터 cyclo inverter　소요 출력 주파수의 10배 정도로 작동하는 인버터를 전원으로 하여, 사이클 컨버터를 작동시켜 필요한 주파수와 진폭을 얻는 장치이다.

사이클로 컨버터 cyclo converter　교류 전원으로 작동하는 사이리스터(thyristor)를 사용하여 교류 전력의 주파수를 변환하는 전력 변환 장치로서, 교류 전동기의 가변 속도 운전 등에 사용된다.

사이클로트론 cyclotron　(1) 이온 가속 장치의 하나이다. 수소·헬륨 따위의 가벼운 원자 이온을 가속시켜 원자핵을 파괴하고 인공 방사능을 일으키는 데 사용하는 장치로, 원자핵의 연구나 원자핵의 인공 파괴에 쓸 빠른 속도의 입자를 얻는 데 널리 쓴다. (2) 자장(磁場)에 의해서 입자를 회전 운동시킨 후 전장(電場)의 방향을 ⊕와 ⊖로 교대로 변화시킴으로써 입자를 가속시키는 이온 가속 장치를 말한다.

사이클로트론 공명(共鳴) cyclotron resonance   자계 속에서 원운동을 하고 있는 하전 입자가 그 원운동 주기의 역수(즉 사이클로트론 주파수)에 공명하는 전자파를 흡수하여 궤도 반지름이 증대하는 현상을 말한다.

사이클로트론 주파수 cyclotron frequency 하전 입자가 자계 속에서 행하는 원운동 (일반적으로는 나선 운동) 주기의 역수를 사이클로트론 주파수, 사이클로트론 진동수 등으로 말한다. 이 주파수 $\omega_c = e$, 자속 밀도 B, 입자의 질량 m 사이에 $\omega_c = e$ 의 관계가 있어 반도체 중의 캐리어의 유효 질량을 결정하는 데 사이클로트론 공명 흡수를 이용한다.

사이클론 방식 cyclone formula   최근 대형 차량에 많이 사용되는 방식으로, 먼지가 많이 발생하는 곳에서 사용된다. 공기를 여과시키는 엘리먼트가 있고, 공기를 안내시키는 블레드가 설치되어, 작은 먼지는 엘리먼트를 통과하게 하고 큰 먼지는 쌓여서 먼지 저장 탱크로 순환하는 방식이다. 트럭에 많이 적용되며, 엘리먼트에 먼지가 쌓여 흡기 계통에 진공이 증가하면 빨간색으로 경고해 주는 표시기가 있다.

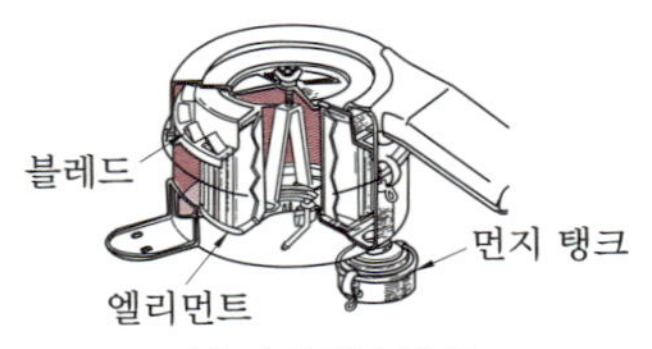

(a) 사이클론 방식

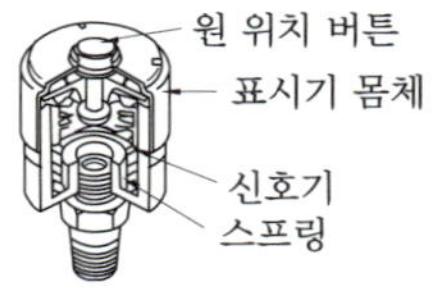

(b) 먼지 표시기

사이클론 방식

사이클론 분리기 cyclone separator   집진기(集塵機)의 일종으로, 기체나 액체 속에 함유되어 있는 불순물을 분리시키는 장치이다. 불순물이 함유되어 있는 기체나 액체를 원뿔형 원통 위쪽에 원둘레의 접선 방향으로부터 유입시키면 고속으로 와류가 발생되는 원리를 이용하여 와류의 원

심력으로 고형분(固形紛)은 원통 내면에 부딪치므로 운동 에너지가 감소되어 밑으로 떨어지며, 불순물이 여과된 기체나 유체는 중심에 설치되어 있는 관을 통하여 유출된다.

사이클론 엔진 cyclone engine   종래의 것에 대폭적인 개량을 가함과 동시에 최적의 흡배기 계통에 의한 저속 토크의 향상, 가속 응답성의 향상 및 주행성의 향상을 꾀한 실용성이 높은 엔진. CYCLONE은 CY(cybernetics), C(controlled), L(long life), O(original), N(new), E(engine)의 약자이다.

사이클론 여과지식 에어 클리너 cyclone filter   날개가 달린 필터로서, 흡입 공기에 선회 운동을 하도록 하여 입자의 큰 먼지나 물을 원심력으로 분리하여 케이스 하부에 모아 미세한 먼지만 엘리먼트로 여과하는 방식의 에어 클리너이다. 대형차의 디젤 엔진에 널리 쓰인다.

사이클론 유(流)   실린더 내에 보내진 혼합 가스의 흐름을 이른다. 1986년 1월에 발표된 사이클론 엔진은 흡기 계통을 새로 설계하여 강력한 유동(초고속류)을 발생시키는 데 성공하였다. 이 혼합 가스의 흐름을 특히 사이클론 유동이라고 한다.

사이클론 집진 장치 cyclone dust collector 집진기(集塵機)의 일종으로, 원뿔형 원통 위쪽에 원둘레의 접선 방향으로부터 불순 가스를 유입시키면 고속의 와류가 발생되는 원리를 이용하여, 와류에 대한 원심력으로 불순물을 분리시켜 포집하는 장치이다. 구조가 간단하기 때문에 가장 많이 사용하고 있다.

사이클링 cycling   배터리 내에 완전 충전에서 방전까지 그리고 다시 완전 충전 때까지 일어나는 화학적 반작용을 말한다.

사이클 스피드 cycle speed   일반적으로 자동차 엔진은 1분간 약 4,000~7,000회전하므로 1초간 약 70~110회전이라는 대단히 빠른 고속 회전을 한다. 따라서 피스톤도 마찬가지로 1초 동안 70~110회의 왕복 운동을 하고, 피스톤이 상사점 또는 하사점에 이를 때는 순간적으로 스피드가 '0'이 되므로 피스톤은 사실상 맹렬한 가·감속을 하는 것이다.

사이클 시간 cycle time　기억 장치에 한 정보를 읽고 기억하는 데 걸리는 시간을 말한다.

사이클 펜더 cycle fender　자전거의 흙받기를 닮은 형태로, 타이어를 독립적으로 감싼 펜더이다. 클래식 카에 많다.

사이트 글라스 sight glass　확인하는 창으로, 들여다보는 유리(예를 들면, 에어컨의 냉매 확인)를 말한다.

사이트 피드 sight feed　윤활 장치에서 오일이 급유되는 것을 육안으로 확인할 수 있는 장치를 말한다.

사이펀 siphon　액체를 용기 속의 액면보다 낮은 위치로 옮기기 위한, 거꾸로 된 U자 모양의 굽은 관으로, 최고점의 압력이 대기 압력 이하인 것을 말한다.

사이프 sipe　타이어에 새겨진 가는 홈을 말한다. 이 홈의 목적은 비가 올 때의 수막을 끊거나 트레드 블록(tread block)의 경도를 조정하는 것이다. 스포츠용 타이어는 작게 하고, 승차감을 중요시하는 타이어의 경우에는 많이 집어넣는 경향이 있다. 또한 타이어의 굵은 세로 홈은 그루브라고 한다.

사인 바 sine bar　직각삼각형의 삼각함수인 사인을 이용하여 임의의 각도를 설정하거나 측정하는 데 사용하는 기구이다. 너비가 일정한 직육면체 정규(定規)의 양 끝 부분에 똑같은 두 롤러의 축선(軸線)이 직육면체 정규의 측정면과 평행하면서 중심 거리가 어떤 일정한 치수(보통 100 m 또는 200 m)로 고정되어 있는 구조이다.

사인 파형 sine wave　도체에서 유도된 교류에 의해 발생되는 ⊕피크에서 ⊖피크까지의 일정한 전압 변동을 말한다.

사일런서 silencer　외장형 롤러 펌프의 송출구에 설치되어, 펌프에서 송출되는 연료의 압력은 맥동적으로 송출되므로 연료의 출구를 오리피스 통로로 만들고, 여기에 다이어프램과 스프링을 설치하여 연료의 맥동을 흡수하고 소음을 방지하는 장치이다.

사일런트 기어 silent gear　밸브 장치의 캠축 타이밍 기어와 같이, 마멸 및 소음을 방지하기 위하여 금속 이외의 베이클라이트를 사용하여 만든 기어를 말한다.

사일런트 샤프트 silent shaft　사일런트 축은 엔진의 상하, 좌우 진동을 상쇄시켜 실내 진동 및 소음을 감소시키는 장치로, 소음이 없는 벨트로 구동되어 부드럽게 출발시키며 엔진 소음을 줄여 준다.

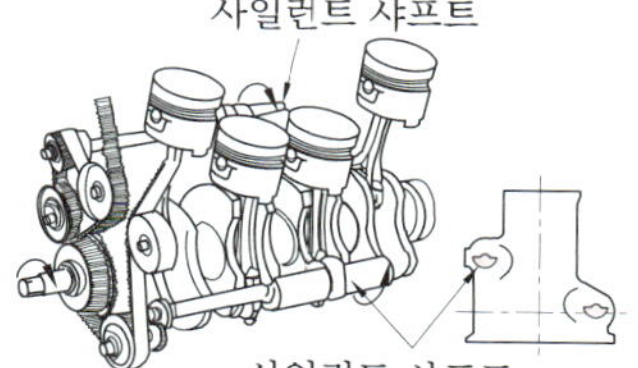

사일런트 샤프트의 구조

사일런트 체인 silent chain　(1) 삼각 모양의 링크를 연결하여 롤러 체인의 늘어남과 소음을 방지하여 정숙하고 원활한 운전이 되도록 한 체인으로, 체인이 작동할 때는 삼각 모양의 돌기부가 체인 스프로킷의 이와 접촉되어 고속 회전에서도 소음이 발생하지 않는다. 최고 회전 속도는 9 m/s이나 4~6 m/s가 적당하다. (2) 무음(無音) 체인을 말한다. 체인의 링크 플레이트(롤러 링크와 핀 링크)의 스프로킷과 맞물리는 쪽을 기어 모양으로 하고 체인이 스프로킷에 물려 들어갔을 때 발생하는 진동·소음을 적게 하도록 하였다. 캠축을 구동하는 타이밍 체인이나 4WD의 트랜스퍼 케이스 등에 많이 사용한다.

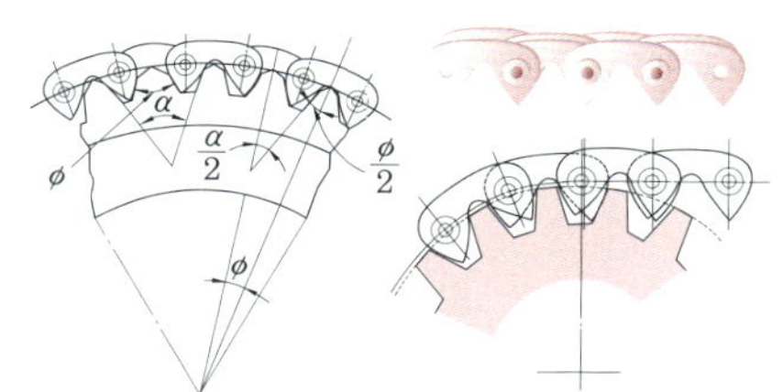

사일런트 체인의 물림 상태

사점(死點) dead point　피스톤이 상사점 또는 하사점에서 정지하는 점을 이른다. 크랭크축, 커넥팅 로드 및 피스톤의 중심이 일치될 때 발생되지만, 실제로는 크랭크축과 커넥팅 로드는 피스톤 중심을 기준으로 하여 좌우 각각 10°씩 움직일 수 있다. 피스톤이 움직이지 않고 커넥팅 로드 또는 크랭크축이 작동하는 각을 동요각(動搖角)이라고 한다.

사축식 플런저 펌프 bent axis type axial plunger pump, tilting cylinder block type axial plunger pump (1) 구동축과 실린더 블록의 중심축이 동일 직선상이 아닌 형식의 액시얼 플런저 펌프를 말한다. (2) 실린더 블록이 구동판에 대하여 경사진 형식으로 커넥팅 로드 조인트, 카댄 조인트, 기어형 조인트로 분류된다. 커넥팅 로드를 통하여 플런저, 실린더 블록을 구동하기 때문에 커넥팅 로드와 플런저의 상대 경사 각도가 작으므로 플런저의 횡분력(橫分力)이 적다. 또한 실린더 벽과의 마찰 마모가 적으며, 오일 누출이 사판식 플런저 펌프보다 적다.

사축식 피스톤 펌프 bent axis type axial piston pump (1) 구동축과 실린더 블록의 중심축이 동일 직선상이 아닌 형식의 액시얼 플런저 펌프를 말한다. (2) 피스톤을 작동시키는 구동축과 실린더 블록의 중심축이 일직선상이 아닌, 각도를 두고 설치되어 있는 피스톤 펌프를 말한다.

4층 타입 냉매 호스 냉매 투과량을 저감시키기 위해서 냉매 라인에 적용된 호스로, 외면 고무층, 보강층, 내면 고무층, 수지층(나일론)의 4층 구조로 되어 있다.

사투상도(斜投像圖) 투상면에 대해 물체를 한쪽으로 경사지게 투상하여 입체적으로 나타낸 것을 말한다.

사파리 랠리 Safari Rally 케냐의 수도 나이로비를 출발, 만년설로 뒤덮인 킬리만자로 산을 비롯하여 케냐 산, 엘곤 산의 기슭을 따라 동아프리카의 협곡과 초원, 황야, 사막과 오아시스를 헤치며 4,000여 km나 이어지는 가혹한 장거리 자동차 경주로, 1953년부터 시작되었으며, WRC의 1전이다.

사판(斜板) swash plate 회전축에 대하여 경사지게 설치된 편평한 원판으로, 원판을 회전시키면 축 중심 방향으로 설치된 피스톤 또는 플런저는 왕복 운동을 하게 된다. 피스톤 또는 플런저의 왕복 운동을 규제하기 위한 원판으로 사판식 플런저 펌프 및 사판식 피스톤 펌프 또는 모터에 사용된다.

사판식 압축기(斜板式 壓縮機) ⇨ 스와시 타입 컴프레서

사판식 컴프레서 swash type compressor ⇨ 스와시 타입 컴프레서

사판식 펌프 swash type pump 용적형 회전 펌프를 이른다. 원판이 회전축에 경사지게 설치되어 고정된 케이싱에 접촉되면서 회전하여 유체를 송출하는 펌프로서, 건설 기계에 사용되는 유압 펌프이다. 에어컨 압축기로도 사용된다.

사판식 플런저 펌프 swash plate type axial plunger pump (1) 구동축과 실린더 블록의 중심축이 동일 직선상에 있는 형식의 액시얼 플런저 펌프를 말한다. (2) 용적형 회전 펌프의 일종으로, 원판이 회전축에 경사되게 설치되어 회전하면 플런저가 사판(斜板)에 안내되어 왕복 운동을 하여 유체를 송출하는 펌프를 말한다. 사축식 플런저 펌프에 비하여 구조가 간단하며, 운동 부분의 부품도 적을 뿐만 아니라 회전 질량이 축 주변에 집중되어 있기 때문에 고속 회전에 적합하고 마력당 중량이 적은 특징이 있다. 실린더 블록이 스플라인이나 키에 의해 구동축과 결합되어 있다. 실린더에 안내되는 플런저의 머리 부분이 사판에 의해서 안내되어 실린더의 회전에 의하여 펌프 작용을 하는 실린더 회전형과, 실린더 블록이 고정되어 사판이 회전하여 플런저가 왕복 운동을 하여 펌프 작용을 하는 실린더 고정형이 있다.

사판 캠 swash plate cam 편평한 원판을 축에 경사지게 설치한 캠으로, 사면 캠이라고도 한다. 캠이 회전 운동을 하면 종동절인 푸시로드는 상하 왕복 운동을 하게 된다.

사하중(死荷重) dead load ⇨ 정하중

4행정 사이클 four stroke cycle 흡기(피스톤의 하강), 압축(피스톤의 상승), 연소 팽창(피스톤의 하강), 배기(피스톤의 상승)라는 네 가지 피스톤 행정(行程)을 1사이클이라고 하며, 크랭크축이 2회전 하는 사이에 1회의 사이클이 완료되는 기관의 형식이므로, 더욱 간략하게 4사이클이라고도 한다.

4행정 사이클 기관 four stroke cycle engine 왕복 피스톤식 내연 기관의 하나로, 네 행정(行程)으로 한 사이클이 완료되는 형식이어서 4행정 사이클 기관이라

고 부른다. 먼저, 흡기판을 열고 상사점(上死點)에서 하사점(下死點)까지 피스톤이 이동해 공기 또는 공기와 연료의 혼합 가스를 실린더 속으로 흡입하는 흡입 행정이 있다. 다음에, 밸브를 닫고 피스톤이 하사점에서 상사점까지 움직이는 압축 행정이 있고, 이어서 혼합 가스에 점화·폭발시켜 상사점에서 하사점으로 팽창하는 행정이 있다. 마지막으로, 배기판을 열고 하사점에서 상사점으로의 배기 행정이 있고, 첫 행정으로 다시 돌아간다. 즉, 일을 하는 행정(팽창 행정)은 2회전에 1회이다.

4휠 앤티 로크 브레이트 시스템 four wheel anti-lock brake system　급제동 시나 미끄러지기 쉬운 노면에서의 제동 시, 차륜의 잠김에 의해 발생하는 슬립을 방지하고 안정된 차체 자세와 방향 안정성을 확보하는 브레이크 시스템을 이른다. 각 차륜의 회전 속도 변동을 감지하여 각 차륜의 브레이크 액압을 자동적으로 제어하고 차륜의 로크를 방지한다. 또한 4WD에 ABS을 탑재함으로써 4WD의 주행 성능에 첨가하여 정지 성능이 대폭적으로 향상되고, 건조한 포장 도로 또는 미끄러지기 쉬운 노면 등 모든 조건하에서의 주행 성능이 전반적으로 향상된다.

4휠 인디펜던트 서스펜션 four wheel independent suspension　4륜 독립 현가장치를 이른다. 즉, 전후 4개의 차륜이 각각 독립해서 움직이는 구조로 된 서스펜션을 말한다. 1개의 차륜의 동작이 다른 것에 직접 영향을 주지 않기 때문에, 타이어의 접지성이 높고 우수한 조정 안정성을 얻을 수 있음과 동시에, 용수철 하중량을 가볍게 할 수가 있기 때문에 승차감도 향상된다.

산마리노 그랑프리 San Marino Grand Prix　경주 명칭은 산마리노(이탈리아 동부의 작은 공화국) 그랑프리이지만, 실제로는 이탈리아의 이몰라(Imola) 서킷에서 개최된다. 산마리노 공화국과 이몰라와는 160 km나 떨어져 있다. 이몰라 서킷은 페라리의 본거지인 모데나로부터 70 km 거리에 있기 때문에 이탈리아 GP가 열리는 몬차 못지 않게 페라리 팬들의 성원이 뜨겁다. 1981년부터 F1 그랑프리 시리즈로 열렸다.

산성법(酸性法)　평로 제강법의 한 종류로, 규사를 주성분으로 용강을 만드는 방법이다. 산성 내화 재료를 사용하므로 제강할 때 석회석 때문에 인과 황을 제거하지 못하는 단점이 있으며, 용량은 1회당 용해할 수 있는 쇳물의 무게를 톤(ton)으로 나타낸다.

산소(酸素) oxygen　다른 물질이 연소되는 것을 도와주는 지연성(支燃性) 가스로, 비중은 1.4289로 공기보다 무거운 무색·무취 및 무미의 가스이다. 산소가 저장된 용기의 취급상 주의 사항은 항상 40℃ 이하로 유지하고, 직사광선을 피하며, 밸브의 개폐는 조용히 하여야 한다.

산소 감지기(酸素感知器) O_2 sensor　배기가스 중의 산소 농도를 검출하고, 삼원 촉매 장치 내에 공연비의 피드백 제어를 하기 위한 전기 신호를 얻는 것을 말한다. 실물의 단면도를 그림(a)에 나타내었고, 그 구조를 그림(b), 그림(c)에 보여 주고 있다. 지르코니아 (ZrO_2, 산화지르코늄)에 소량의 이트리아 (Y_2O_3, 산화이트륨)를 혼합하고 시험관상으로 소성한 지르코니아 (zirconia) 소자의 표면에 백금의 엷은 층을 부착한 것으로, 기전력을 발생하는 지르코니아 관과 리드선 역할을 하는 푸시 지르코니아 (push zirconia) 관의 보호와 배출 가스를 도입하는 루버(louver) 등으로 구성되어 있다.

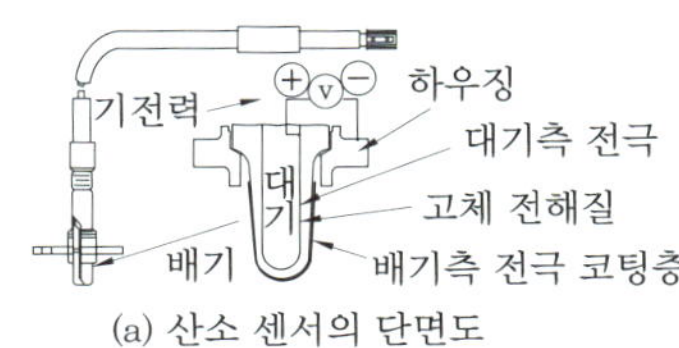

(a) 산소 센서의 단면도

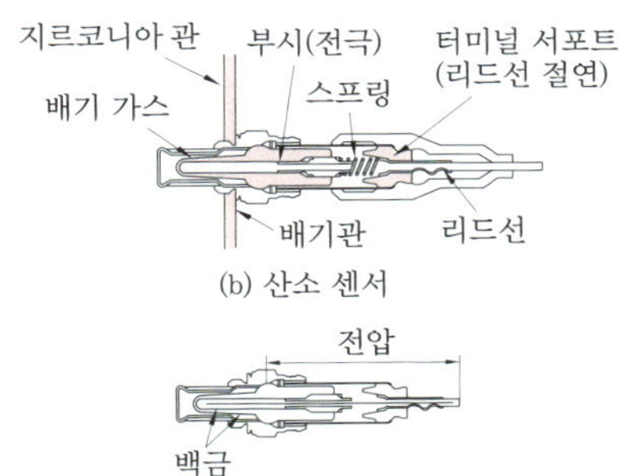

(b) 산소 센서

(c) 산소 센서의 전압 발생부

산소 감지기

산소 결핍 센서 oxygen depletion sensor
대부분의 생물은 대기 속의 산소 20.9％를 사용하여 호흡한다. 사람인 경우에는 대기 속의 산소 분압이 감소하여 약 14~15％가 되면 호흡이 곤란해지고, 7％ 이하에서는 사망한다. 이와 같은 수치는 동물에 따라, 또 개체에 따라 조금씩 다르지만, 산소 부족으로 활동이 곤란에 빠지는 상태를 산소 결핍 상태라고 한다. 따라서 산소 결핍 센서로는 기본적으로 산소 센서를 사용한다. 인간에게 있어서 보통 일어날 수 있는 산소 결핍 상태는 가스나 석유난로 등의 연소기로 인한 산소 분압의 저하와 이에 따르는 일산화탄소의 발생이다. 즉, 불완전 연소로 인한 산소 결핍과 일산화탄소의 발생은 산소 분압 18％ 정도에서 두드러진다. 그 때문에 이들 연소기에는 불완전 연소 검출용의 ZrO_2 산소 센서나 반도체형의 산소 센서를 장착한 것이 시도되고 있는데, 이러한 것들은 산소 결핍 센서라고 총칭하는 경우가 많다.

산소 부화기 oxygen richer ⇨ 옥시전 리처

산소 센서 oxygen sensor　산소 센서는 크게 나누어 농담(濃淡) 전지식과 자기식이 있다. 농담 전지식은 안정화 지르코니아를 사용하는 고체 전해질 방식과 전해액(KOH 등)을 사용하는 습식(濕式) 전지 방식(갈바니 전지 방식)이 있다. 고체 전해질 방식은 수명도 길고, 사용하는 참조용 가스의 산소 농도에 따라 수 ppm~수 10％까지의 넓은 범위의 측정을 할 수 있다. 센서 온도를 500~800℃로 하여 사용할 필요가 있기 때문에 연도(煙道) 가스 중의 산소 농도 분석이나 자동차 엔진의 연소 제어, 그 밖의 분석 기기에 사용된다. 습식 전지 방식은 피검지 가스와 격막 내를 확산하여 셀 내에 녹아드는 산소의 환원 전류를 측정한다. 실내 온도에서 작동하며, 수 ppm~수천 ppm의 산소를 검출할 수 있기 때문에 이동식 산소 측정기에 사용된다. 자기식은 산소가 다른 대부분의 가스와 달리 상자성(常磁性)을 갖는 것을 이용한다. 휘트스톤 브리지 속에서 두 개의 저항을 백금 온도 측정 저항체로 하고, 그중 한쪽의 온도 측정 저항체를 자기장 속에 놓으면 산소의 상자

성으로 인해서 기류가 생기고, 온도 측정 저항체의 온도가 변화하는 것을 이용한다. 검출 감도는 0~수％이지만, 반복 재현성이 풍부해서 공업 프로세스 계기에 사용된다.

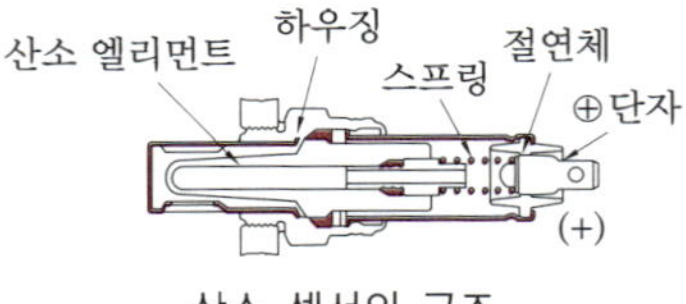

산소 센서의 구조

산소 수소 용접(酸素水素鎔接) oxy-hydrogen welding　산소와 수소를 사용하며, 수소의 연소에 의하여 나타나는 열을 이용하는 용접을 말한다.

산소 아세틸렌 불꽃 oxy-acetylene flame
산소와 아세틸렌가스를 혼합하여 연소될 때 약 3,600℃의 열이 발생되는 불꽃으로, 철강의 용접 및 절단 등에 사용된다. 불꽃의 종류는 산소와 아세틸렌가스가 1 : 1인 표준 불꽃, 아세틸렌이 많은 탄화 불꽃, 산소가 많은 산화 불꽃으로 분류된다.

산소 아세틸렌 용접 oxy-acetylene welding
산소와 아세틸렌을 사용하며, 아세틸렌의 연소에 의하여 나타나는 열을 이용하는 용접을 말한다.

산소 아크 절단 oxy-arc cutting　모재(母材)와 전극 사이에 발생하는 아크열(arc熱)로 모재를 가열하고 여기에 산소를 불어대어 절단하는 방법이다.

산소 절단(酸素切斷) oxygen cutting　고온에서 모재(母材) 내의 원소에 산소를 화학 작용시켜 철 금속을 절단하는 방법이다.

산업용 타이어 ID tire ; industry tire　솔리드 타이어와 공기압 타이어로 대별되며, 특수 타이어도 있다.

산화(酸化) oxidation　용접 과정에서 철 및 비철 금속 원소가 대기 중의 산소와 반응이 일어나 산화물을 만드는 것을 말한다.

산화물(酸化物) oxides　산소와 다른 원소와의 화합물을 통틀어 일컫는 말이다.

산화 방지제(酸化防止劑) oxidation inhibitors
기름이 공기 중의 산소에 의해 산화되는 것을 막기 위한 것으로, 산화에 의한 부식성의 산이나 슬러지가 생성되는 것을 막

아 준다. 산화 방지제로 보통 아미노페놀
(aminophenol)이나 알킬페놀(alkyl phe-
nol), 알킬페닐렌디아민(alkyl phenylene-
diamine) 등이 사용된다.

산화 불꽃 oxidizing flame 중성 불꽃보다
산소의 양이 많은 가스 불꽃을 말한다.

산화수은 전지(酸化水銀電池) mercury oxide
cell 수은의 산화물에 의해 전지의 전동력
이 분극 작용으로 감쇠되는 것을 방지하
는 1차 전지를 말한다.

산화알루미늄 aluminium oxide 샌드페이퍼
및 샌딩 디스크를 만드는 데 사용하며, 가
장 널리 사용되는 연삭재(研削材)이다.

산화은 전지(酸化銀電池) silver oxide cell
은 화합물에 의해 전지의 전동력이 분극
작용으로 감쇠되는 것을 방지하는 전지
를 말한다.

산화제(酸化劑) oxidizer 산화를 일으키는
물질로서 산소, 오존, 이산화망간 및 질산
등을 말한다.

산화질소(酸化窒素) NOx ; nitrogen oxide 높
은 온도에서, 심한 부하 상태에서 연소실
내의 연료 부산물, 오염 물질로 간주된다.
산화질소에 대한 차량의 배기 수준은 법으
로 규제한다.

산화 촉매(酸化觸媒) oxidation catalyst 촉
매라는 것은 그 자체는 변화하지 않고 다
른 물질의 화학 반응을 돕는 작용을 말
하는 것으로, 배기가스의 HC와 CO가 무
해한 H_2O와 CO_2로 화학 변화(산화)하는
것을 돕는 일종의 반응 촉진제이다. 촉매
는 형상이 펠릿 형(입상)이나 모놀리스
형(벌집처럼 된 형태)의 것이 있고, 어느
것이나 담체 재질은 알루미나나 세라믹
의 표면에 귀금속, 로듐이나 팔라듐을 코
팅하고 있다.

산화 촉매 컨버터 catalytic converter oxi-
dation 자동차 배기가스 중의 CO, HC를
저감하는 산화 촉매 장치로, 펠릿(pellet,
입상 촉매)을 봉입한 다운(down) 플로어
식 촉매 컨버터가 많이 채용되고 있다. 이
촉매 컨버터 중의 촉매 펠릿을 통과하는
사이에 배기가스 중의 CO, HC가 산화 반
응을 하면서 정화된다.

살붙이 용접 built-up welding 마멸된 부
분과 치수가 부족한 표면을 보충하는 용

접을 말한다.

삼각 결선(三角結線) delta connection ⇨
델타 결선

삼각나사 triangular thread 나사산의 단면
이 정삼각형으로 된 나사를 이른다. 나사
의 대표적인 형으로, 다른 특수한 나사와
구별할 때 쓰는 명칭으로, 기계의 부품이
나 기타 물건을 조이는 데 쓰며, 미터나
사, 유니파이 나사 등이 있다.

삼각 도어 핸들 손에 자연히 익숙해지도록
삼각 형상으로 디자인된 아우터 도어 핸들
을 말한다.

삼각창(三角窓) butterfly window 프런트
필러 뒤에 설치되어 있는 삼각형의 창을
이른다. 창의 개폐가 회전식으로 되어 있
는 것이 많고, 창을 열면 외부 공기가 실내
로 들어오게 하는 것으로, 도어 벤틸레이
터 윈도라고도 불린다. 도어 미러를 장착
할 경우 시야에 방해가 되므로, 현재는 채
용하는 자동차가 거의 없다.

3단 기어 third gear 출발 뒤, 가속, 산길,
커브에서는 세 번째 힘을 내는 3단 기어를
사용하는데, 보통 때 사용해도 경제적으로
그다지 뒤지지 않는다. 기어비는 1.3~1.5
대 1 정도가 상식으로 되어 있다.

3단 오토매틱 third stage automatic 가장
일반적인 풀 오토매틱으로, D 레인지에 1,
2, 3단의 자동 변속 기능이 있는데, 2레인
지는 1, 2단의 자동 또는 2 단 고정 방식이
있으며, 1레인지는 1 단만으로 고정된다.
기어비는 상식적으로 1단 2.5, 2단 1.5, 3
단 1.0쯤이고, 차에 따라서 1단의 비를 크
게 한 경우도 있다.

삼(3)도어·오(5)도어 three door·five door
도어가 홀수인 경우는, 2 도어나 4 도어에
다 뒤쪽에 있는 해치를 도어로 계산하고
있다. 자동차 회사에 따라 2/4 도어 해치
라고 할 때와 3/5 도어라고 할 때가 있다.
흔히 유리뿐이거나 위 절반만의 해치는
도어로 계산하지 않는다.

3도어

3링크 three link 리지드 액슬에 코일 스
프링을 사용하는 경우는 링크에 따라 액

슬의 위치를 정하게 되는데, 이때의 링크 수에 따라 3링크, 4링크, 5링크식으로 나누어진다. 3링크는, 진행 방향에 평행한 좌우 하나씩의 링크와 이에 직각으로 놓여 역방향의 힘을 지탱하는 래터럴 로드 (상하 로드라고도 함)의 셋으로 액슬을 지지하고 있다.

3링크 코일 스프링식 서스펜션 강도, 내구성이 우수한 단조제 로어 암 및 횡하중을 지지하는 레이디얼 로드로 구성된 링크 기구와 코일 스프링을 조합한 서스펜션 시스템으로, 승차감 및 조정 안정성이 우수하다.

3링크 토션 빔 액슬 three link torsion beam axle 독립 현가장치와 일체 차축 현가장치의 장점을 조화시킨 현가장치로서, 토션 바를 감싸고 있는 U자형 단면의 토션 빔 액슬은 노면에 따라 바퀴에 약간의 비틀림은 허용하지만, 바퀴를 원상태로 돌아가게 하기 위하여 비틀림에 저항하는 힘을 발생시키므로, 조종성과 승차감 및 소음 발생 억제력이 뛰어나다.

3모드 가변 쇼크 업소버 차내의 스위치에 의해 감쇠력을 하드, 미디엄, 소프트의 3단계로 변경할 수 있는 쇼크 업소버로, 주행 중에도 변경이 가능하고, 인디케이터에 의해 설정된 감쇠력을 확인할 수 있다.

3모드 ELC 4속 오토매틱 트랜스미션 three mode ELC four-speed automatic transmission 파워/이코노믹의 2모드에, 홀드 (hold) 모드를 추가한 ELC 4속 자동 변속기를 말한다.

3박스 타입 three box type 엔진 룸, 차실내, 트렁크 룸의 3가지로 분할된 박스 구조 스타일을 말한다. 각각의 공간을 상자로 본 자동차 모양의 분류 방법이다.

3방향 덤퍼 three way dumper 리어 덤퍼와 사이드 덤퍼의 기능을 함께 가지고 있는 형식의 덤퍼를 말한다.

3-방향 덤퍼

3방향 컨버터 three way converter 탄화수소나 일산화탄소의 처리는 물론 질소산화물(NOx)까지 처리하는 캐털리틱 컨버터를 말한다.

3배럴식 기화기 three barrel carburetor 엔진에 층별 충전(단계별 충전)을 하기 위해 설계된 기화기로, 1, 2 단계에 추가한 보조 배럴이 있어 공연비를 제어하게 된다.

삼(3)밸브식 three valve type 본래는 효율이 좋은 4밸브가 좋지만, 흡입 밸브만을 둘로 한 중간 방식을 이른다. 연소실 모양 때문에 특별하게 3밸브로 할 때도 있다. 성능은 2밸브와 4밸브의 중간이 된다.

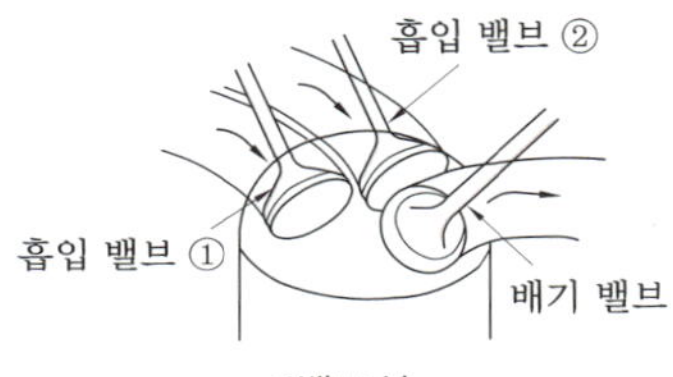

3밸브식

3분할 선바이저 tripartition sun visor 보통의 운전석 및 조수석 바이저 외에, 센터 바이저를 더하여 3개의 바이저로 구성된 선바이저(차양판)로서 차광성이 높다.

삼상 교류(三相交流) three phase alternate current 3조의 코일에서 기전력이 발생하는 것으로, 고능률이며 경제성이 우수한데, 이 형식의 발전기를 3상 발전기라고 한다.

삼상 전류(三相電流) three phase current 전압 및 주기가 같고 위상이 120°씩 다른 3종의 교번 전압에 의해 발생되는 전류를 말한다.

삼(3)속 오토매틱 third speed automatic 과거에 주류를 이루었던 자동 변속기로, D레인지에 1, 2, 3속의 자동 변속 기능이 있고, 2레인지에는 1, 2속의 자동 또는 2속 고정의 방식이 있다. 1레인지는 1속만으로 고정되어 있다. 기어 비는 대략 1속 2.5, 2속 1.5, 3속 1.0 정도로서, 자동차에 따라 1속의 비를 크게 할 수도 있다.

3스프레이 인젝터 three spray injector 5밸브 DOHC-MPI 엔진에 적용되고 있는 인젝터를 이른다. 분사공이 3개 있으며, 각 기통마다 3개의 흡기 포트에 동시에 연료를 분사한다. 연료의 벽면 부착이 적고, 시동성과 가속 성능이 향상된다.

3연 미터　3종류의 계기로 이루어진 미터를 말한다. 3연 미터는 내외기 온도계, 경사계 및 고도계의 3 가지로 구성되어 있다.

3요소 1단 2상형 토크 컨버터　요소란 토크 컨버터를 형성하는 주요 작동부 즉 날개차를 말한다. 3요소라는 것은 터빈, 스테이터, 펌프(임펠러라고도 말함)의 3가지 날개차로 성립된 것을 말한다. 단이라는 것은 컨버터의 파동 부분 즉 터빈을 말한다. 1단이란 터빈이 1조만 있다는 것을 나타낸다. 상이라는 것은 펌프와 터빈 중간에 있는 스테이터가 몇 가지 작용을 하는가를 나타내는 용어이다. 예컨대, 스테이터가 고정적이지 않고 원래의 클러치를 구비하고 있으며, 어느 회전수에서 회전이 시작되어 그때까지의 토크 컨버터 작용에서 유체 커플링 작용으로 변화하는 경우는 2종류로 변화하기 때문에 2상이라고 한다.

삼원 촉매(三元觸媒) three way catalyst
CO나 HC를 산화시키는 작용 외에 질소 산화물(NOx)로부터 산소를 분리하고 무해한 질소(N_2)나 산소(O_2)로 변화시키는 환원 작용을 첨가한 촉매를 말한다. 형상은 산화 촉매와 같고, 펠릿형과 모놀리스(monolith)형이 있고, 배기가스 규제에 대해 많이 사용되고 있다. 산화 기능과 환원 기능을 겸비한 삼원 촉매는 그 반응 작용이 특히 미묘하다. 삼원 촉매의 능력을 충분히 발휘시키기 위해서는 혼합비를 항상 이론 공연비에 가깝도록 해 두어야 한다. 산소 센서가 배기가스 중의 산소 농도를 검지해서 공연비를 컨트롤하고 있다.

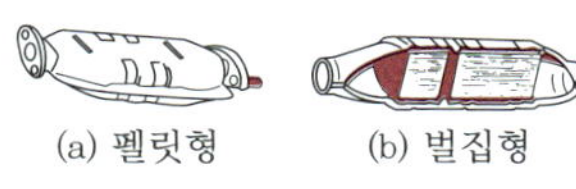

(a) 펠릿형　　(b) 벌집형

삼원 촉매 장치 구조

삼원 촉매 컨버터 three way catalytic converter rhodium　삼원 촉매 컨버터의 주성분은 백금＋로듐이고, 배기가스 중의 CO, HC, NOx를 동시에 저감시키는 기능을 갖고 있다. 촉매 컨버터를 그림(a)에서 보여 주고 있듯이, 알루미나를 모체로 해서 표면에 백금＋로듐을 얇은 막으로 처

리한 펠릿(pellet, 입상 촉매)이 사용된다. 그림(b)에 혼합 가스의 공연비와 배기가스 정화율의 관계를 나타내지만, 이론 공연비 부근 수치에서 가장 유효하게 작용하고, 그 유효 혼합비 폭은 극히 좁다. 따라서 삼원 촉매 채용 엔진에서는 공급 공연비를 유효 혼합 비례 폭 내에서 유지하기 위해 산소 센서를 이용한 공연비 피드백 제어 시스템을 병용하고 있다.

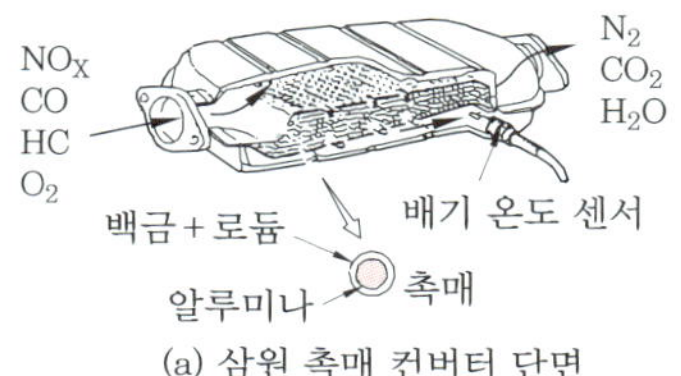

(a) 삼원 촉매 컨버터 단면

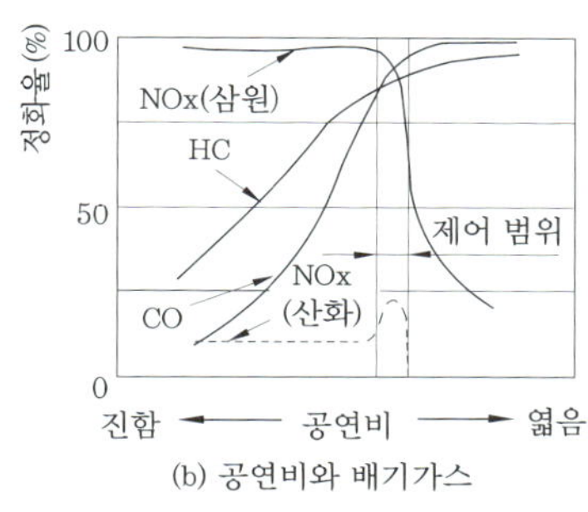

(b) 공연비와 배기가스

삼원 촉매 컨버터

삼(3)웨이 체크 밸브 3way check valve　3웨이 체크 밸브는 엔진이 작동하여 연료가 공급될 때 연료 탱크 내에 진공이 발생하거나 연료 증발에 의해 이상 고압이 발생되는 것을 방지한다. 연료 탱크 내에 진공이 발생되면 진공 밸브가 에어 클리너를 통하여 공기를 유입하고, 연료 탱크 내에 압력이 발생되면 압력 밸브가 열려 캐니스터에 방출되도록 한다.

삼(3)점식 시트 벨트 lap and diagonal belt
시트 벨트의 지지점이 세 군데 있는 형식의 시트 벨트를 말하는데, 3점식 시트 벨트는 어깨 부위와 요골 부위를 동시에 고정시키는 형식으로서, 2점식보다 안전도가 높아 앞좌석에서는 3점식을 사용하도록 법규로 규정되어 있다. 벨트의 길이를 손으로 조정하는 수동식과, 평소에는 벨트의 길이가 유동적이지만 사고 시 승객의 몸이 갑자기 앞으로 쏠리게 되어 순간적인 힘을 가하면 벨트의 길이가 자동 고정되는 자동

관성식(ELR type)이 있다.

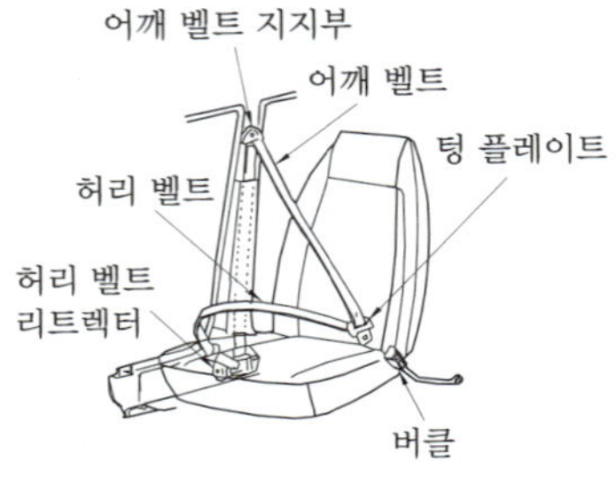

3점식 시트 밸브

삼중 실 프런트 필러 주행 중의 풍절음, 흡출음 저감을 위한 프런트 필러의 웨더 스트립을 삼중으로 해서 실링 효과를 향상시켜 실내의 정숙성을 한층 향상시킨 것을 말한다.

삼차원 곡면 유리 유리창을 상하, 좌우 양 방향으로 곡선화한 유리를 말한다. 즉, 종과 횡뿐만 아니라 안쪽으로도 부풀음을 갖게 하였으며, 창 면적이 넓기 때문에 압박감도 없고 쾌적한 거주성을 갖게 한다. 정면으로부터의 바람도 옆바람도 매끄럽게 흘러서 공기 저항을 부드럽게 하는 작용을 한다.

삼층 유동식 풀 에어믹스 히터 히터 유닛 내에 공기 통로가 3곳 있기 때문에 공기 흐름이 3층이 되는 형식의 히터를 말한다. 3층 유동식에서는 히터 코어의 삼층을 통하는 공기(냉풍), 히터 코어 내를 통하는 공기(온풍) 및 히터 코어의 하부를 통하는 공기(냉풍)의 3층의 공기 흐름 (2층류식에서는 히터 코어의 상부를 통하는 공기와 히터 코어 내를 통하는 공기의 이층의 흐름)이 있기 때문에, 각 에어믹스 댐퍼의 개폐 상태에 의해 차 실내로 송풍되는 공기의 온도 조절을 매우 섬세하게 할 수 있다.

삽입 가이드 insert guide 실린더 헤드 내에 압입(壓入)한 밸브 가이드를 말한다.

상당 외기 온도(相當外氣溫度) solar air temperature 일사(日射)가 가지는 효과를 외부 공기 온도로 환산하고 평가하여 외부 공기 온도에 가산한 값을 말한다. 상당 외기 온도＝외기 온도＋(수열 면의 흡수율/열전달률)×일사량(日射量)이다.

상당 외기 온도 차(相當外氣溫度差) solar air temperature difference 상당 외부 공기 온도와 외부 공기 온도의 차이로, 냉난방 부하를 계산할 때에는 단순히 실내외 온도 차이뿐만 아니라 일사(日射)의 영향을 고려한 상당 외기 온도 차를 사용해야 한다.

상대 습도(相對濕度) relative humidity 단위 체적 중에 포함된 수증기의 질량과 그 온도에서의 동일 체적 중 포화 수증기와의 비를 백분율로 나타낸 것으로, 단순히 습도라고 하면 일반적으로 상대 습도를 가리키며 건습구 온도계 등으로 측정한다.

상대 운동(相對運動) relative motion 두 개의 물체가 운동을 하고 있는 경우에 하나의 물체를 기준으로 한 다른 물체의 운동으로, 물체의 운동은 늘 다른 물체의 상대적 위치가 변화하는 것으로 인정하며, 그런 뜻에서 운동은 모두 상대적 운동이라고 한다.

상도 도장 topcoat paint 색깔과 윤기의 정도는 대부분 상도(上塗) 도료에 의하여 결정되며, 사용 환경이 나쁜 조건에서 장기간 유지해야 하므로 높은 품질이 요구된다. 도색(塗色)으로는 유기·무기 안료부터 되는 솔리드 컬러, 알루미늄 플레이크 안료를 포함한 메탈릭 베이스와 클리어 코트로 되는 메탈릭 컬러, 다시 마이카 안료를 포함한 마이카 베이스(반투명)와 컬러 베이스, 클리어 코트로 되는 펄 마이카 컬러가 있다.

상면 지상고(床面地上高) 면에서 적재한 바닥까지의 수직 거리로, 작은 돌기 및 국부적인 요철 부분 등은 제외한다.

상사 법칙(相似法則) ⇨ 레이놀즈수

상사점(上死點) TDP ; top dead point 엔진은 피스톤이 위아래로 운동하는 것으로 회전한다. 이때의 상한(上限)이 상사점, 하한이 하사점, 그 사이가 피스톤의 스트

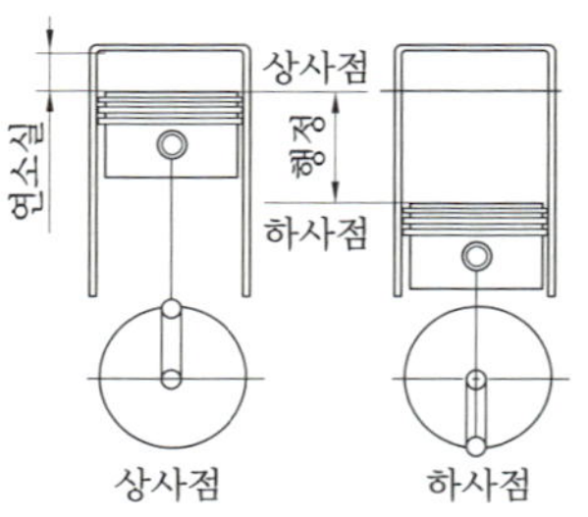

상사점과 하사점

로크 길이이다. 상사점은 압축과 배기 행정의 마지막이고, 하사점은 흡입 행정의 마지막을 뜻한다.

상사점 전(上死點前) BTDC ; before top dead center　피스톤이 압축 행정에서 피스톤 운동의 정점에 이르기 전에 스파크 플러그가 점화함을 나타낸다.

상사점 후(上死點後) ATDC ; after top dead center　피스톤이 출력 행정으로 내려가기 시작한 후에 스파크 플러그가 점화함을 나타낸다.

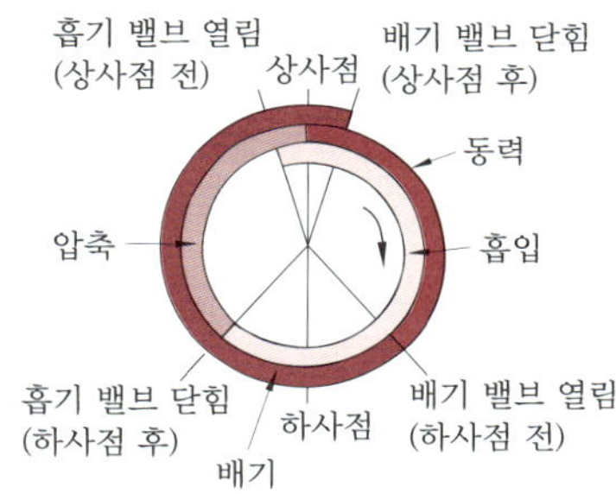

상사점 전·후

상수(常數) constant　물질의 물리적·화학적 성질을 표시한 수치로서, 어떤 상태에 있는 물질의 성질에 관한 일정량을 나타내는 수, 비열, 비중 및 굴절률 등을 말한다.

상시 교합식 변속기(常時咬合式變速器)　선택 기어식 변속기에서는 기어의 맞물림을 변속할 때마다 행하기 때문에 기어의 회전 속도를 잘 맞추지 않으면 변속이 곤란하였다. 상시 교합식 변속기는 이것을 개량한 것이며, 각 기어는 맞물려 공전시켜 놓고 출력축 스플라인에 도그 클러치를 슬라이딩시켜 출력 기어와 연결하여 변속할 수 있도록 한 것이다. 변속하기 쉬운 싱크로메시가 고안되어 현재 이 방식은 레이싱 카에 사용되고 있다.

상시 4륜구동 방식 full time four wheel drive　⇨ 풀타임 4WD 방식

상시 치합식 constant-mesh type　섭동 기어식에 뒤이어 개발된 것으로, 섭동 기어식이 기어 자체를 이동시켜 접속하는 것과는 달리, 주축 위를 자유롭게 회전하는 기어와 부축 기어가 항상 맞물린 상태로 회전하는데, 변속할 때는 주축의 스플라인

위에 끼워져 섭동하는 도그 클러치를 주축상의 기어와 물리게 하여 회전력을 주축에 전달한다. 구조가 간단할 뿐만 아니라 헬리컬 기어이므로, 하중 부담 능력이 크고 운전이 정숙하여 아직도 대형 버스나 트럭 등에 이용되고 있는데, 변속 때 도그 클러치가 주축상의 기어와 물릴 때에 소음을 피할 수 없다는 단점이 있다.

상용 브레이크 service brake　일반적으로 발로 밟는 식의 브레이크를 말한다. 서비스 브레이크, 풋 브레이크라고도 부른다. 유압에 의하여 힘을 전달하고 휠에 부착된 드럼이나 디스크를 압착하여 제동하는 유압 브레이크가 가장 일반적이다.

상용 출력(常用出力) normal or cruising power　선박용 기관에 쓰이는 출력으로, 선박이 정해진 순항 속도, 즉 경제속도로 항해하는 데 필요한 출력을 말한다.

상전류(相電流) phase current　일반적인 3상 교류 발전기에서 각 상에 흐르는 전류로서, 선간 전류와 대비되는 경우가 많지만, 임의의 상에 흐르는 전류를 말한다. 전류를 이용할 때는 선간 전류가 상전류보다 $\sqrt{3}$ 배 되는 삼각 결선을 이용하여야 한다.

상전압(相電壓) phase voltage　3상 교류 발전기에서 각 상에 주어지는 전압으로, 선간 전압과 대비되는 경우가 많지만, 임의의 상에 주어지는 전압을 말한다. 전압을 이용할 때에는 선간 전압이 상전압보다 $\sqrt{3}$ 배가 되는 스타 결선(Y결선)을 이용하여야 한다.

상태 레지스터 status register　컴퓨터의 연산 결과를 나타내는 데 사용되는 레지스터로서, 마이크로프로세서 장치(MPU)의 전형적인 상태 레지스터는 자리 올림수(carry digit), 오버플로(overflow), 부호, 제로 계수 인터럽트(zero count interrupt) 상태를 가지고 있다.

상태 변화(狀態變化) change of state　어떤 물질이 고체에서 액체로, 액체에서 기체로 또는 그 역으로 변화하는 것이다.

상한선(上限線) maximum　⇨ 맥시멈

상향식(上向式) updraft　분사 장치 형식으로, 여기에서 공기는 에어플로 센서 아래로 들어간 다음 스로틀이나 흡기 다기관을 향해서 위쪽을 향해 흐른다.

상향 용접(上向鎔接) overhead welding ⇨ 위보기 용접

상향 통풍식(上向通風式) updraft　연료 분사 장치의 일종으로, 공기는 공기 흐름 센서 판 아래로 들어가 스로틀 및 흡기 다기관을 향하여 흐르게 된다.

상호 유도 작용(相互誘導作用) mutual induction action　직류 전기 회로에 자력선의 변화가 생겼을 때 그 변화를 방해하기 위해서 다른 전기 회로에 기전력이 발생되는 현상을 말한다. 즉, 1차 코일에 흐르는 전류를 변화시키면 2차 코일에 유도 기전력이 발생하며, 자동차의 점화 코일에 이용된다.

상호 인덕턴스 mutual inductance　2차 코일의 기전력의 높이를 좌우하는 것으로, 1차 코일에 흐르는 전류를 1초 동안에 1 A 변화시키면 2차 코일에 1 V의 기전력이 발생되는 것을 1 헨리(H)라고 한다.

상호 임피던스 mutual impedance　여러 단자 회로에서 한 쌍의 단자 사이의 개방 전압과 다른 한 쌍의 단자에 흐르는 전류와의 비율로, 입력 전류와 출력 전압의 관계에 따라 상호 임피던스의 부호는 양, 음 중 한쪽을 선택한다.

상호 컨덕턴스 mutual conductance　진공관에서 격자 전압의 변화에 따라 발생되는 양극 전류의 변화를 나타내는 지수로서, 증폭관으로 능률이 좋은 정도를 표시하는 기준이 되며, 일반적으로 gm으로 표시한다.

새그 sags　(1) 페인트를 너무 많이 칠하기 때문에 흘러내리는 페인트 막을 이른다. (2) 엔진이 시동이 꺼져 마치 숨을 멈추는 것같이 고르지 못한 상태를 말한다. (3) 펄스 파형에서 평균 경사가 시간과 더불어 베이스 라인에 근접하는 기울기(tilt)를 말한다. (4) 가공 도선(架空導線)을 지지하는 최고 위치와 경간(徑間)에서 도체의 최저 위치에 대한 차를 말한다.

새그 캐리어 sag carrier　벨트 전동 장치에서, 이완 측 벨트가 늘어지는 것을 방지하고 접촉각을 크게 하기 위해서 설치되어 있는 인장 풀리를 말한다.

새들 saddle　(1) 전선관(電線管) 등을 건물에 고정시키기 위해 사용하는 안장 모양의 고정 클램프를 말한다. (2) 테이블 또는 절삭 공구대 등의 사이에 위치하여 안내면을 따라서 이동하는 역할을 하는 부분을 말한다.

새들 키 saddle key　⇨ 안장 키

색 배합(色配合)　원색에 일정 비율의 백색을 가했을 때 색깔이 어떻게 변하는가를 나타내는 것이다.

색채 관리(色彩管理) color conditioning　색채 조절(色彩調節)이라고도 한다. 색채가 가지고 있는 성질이나 색채가 주는 감각을 이용하여 작업 환경 개선, 작업 효율 향상, 재해 방지 등에 효율적으로 이용하는 것으로, 정비 공장, 사무실 등에 안전하고 쾌적하며 능률적인 환경을 조성하는 기술을 말한다.

색채 조절(色彩調節)　⇨ 색채 관리

샌더 sander　연마용 공구의 총칭이지만, 주로 공압식(空壓式)을 가리킨다. 디스크(disk)·오비탈(orbital) 및 더블 액션(double action) 등 여러 종류가 있어, 목적에 따라 적당한 것을 사용한다.

샌드 블라스트 sand blast　(1) 점화 플러그에 부착되어 있는 카본을 제거하기 위해 플러그 테스터를 사용하여 모래를 분사시켜 청소하는 작업을 말한다. (2) 주물의 표면에 부착되어 있는 모래나 스케일 등을 제거하기 위하여 분사기를 이용하여 모래를 금속 표면에 분사하는 작업을 말한다.

샌드 스크래치 sand scratches　보통 표면 준비가 미흡하여 발생하는 금속의 마감 자국이나 또는 스크래치를 말한다.

샌드 스크래치 스웰링 sand scratches swelling　칠해진 톱 코트 속의 용제에 의해 발생하는 기존 피니시 내 샌드 스크래치 속의 부풀어 오름 현상을 말한다.

샌드위치 구조 sandwich structure　샌드위치와 같이 두 장의 얇은 판(페이스 플레이트) 사이에 심재(芯材, 코어)를 끼운 구조로, 강성이 높고 가벼운 소재가 된다. 자동차에서는 레이싱 카의 차체에 이용될 경우가 있으며, 페이스 플레이트로 알루미늄 판, 코어로 벌집 구조의 알루미늄이 사용되는 일이 많았으나, 현재는 카본 파이버를 비롯하여 여러 가지 새로운 재료가 사용된다.

샌드위치 제진 패널 sandwich vibration damper panel 아스팔트 시트를 두 장의 강판 사이에 끼운 다음 일체로 만든 대시 패널(대시 보드)로, 패널의 진동을 감쇠시켜 소음을 감소시키는 것이다.

샌드 이로전 sand erosion 에어 클리너의 불량으로 흡입되는 공기 속에 포함된 불순물에 의해서 실린더, 피스톤 등에 손상을 입는 현상을 말한다.

샌드 페이퍼 sand paper 금강사(金剛砂) 또는 유리 분말을 점결제를 사용하여 종이나 천에 바른 것으로, 부품을 연마할 때 사용한다. 사포(沙布)라고 부른다.

샌딩 sanding 흠집을 제거하고 도장(塗裝)할 표면을 매끄럽게 하며, 페인트 코트의 점착을 좋게 하기 위하여 연마재를 사용하여 문지르는 일을 말한다.

샌딩 블록 sanding block 핸드 샌딩을 할 때 샌드 페이퍼에 매끄럽고 균일한 배경 표면을 제공하기 위하여 사용되는 단단하고 유연성이 있는 블록을 말한다.

샌딩 슬러지 sanding sludge 샌딩 작업 중 해체되어 물 또는 미네랄 스피릿과 혼합되어 진흙 모양의 물질을 형성하는 페인트 입자를 말한다.

샤를의 법칙 Charle's law 일정한 압력에서 기체의 체적은 절대 온도에 비례한다는 법칙으로, 온도가 1℃ 상승할 때마다 0℃일 때의 체적보다 1/273씩 팽창한다는 것이다. 1787년 샤를이 발견하였으나 발표하지 않았는데, 1801년 프랑스의 물리학자 게이뤼삭(Gay Lussac Joseph Louis)이 확립하여 게이뤼삭의 제1법칙이라고도 한다.

샤프트 드라이브 shaft drive 2륜 차량에서 뒷바퀴를 구동시키는 데 체인 대신 사용하는 축(샤프트)을 말한다. 변속된 엔진의 동력은 스윙 암의 안쪽을 통하여 구동축에 전달하고 베벨 기어에 의하여 뒷바퀴를 구동하는 것으로, 스윙 암의 상하 작동은 유니버설 조인트로 이루어진다. 체인 드라이브에 비교하면, 스프링 하중이 무거워 충격의 흡수는 적어지지만, 소음이 적고 기어오일의 교환만으로 정비가 불필요하다는 장점이 있다.

섀시 chassis 사전에 차대(車臺)라고 번역되어 있으나, 일반적으로 섀시 그대로 쓴다. 그러나 섀시가 가진 뜻은 조금 애매하다. 넓은 의미로는 보디 이외의 모든 기구(機構)를 말해서 엔진도 포함된다. 그런가 하면, 경주 차에서 '롤링 섀시'라고 할 때는 엔진, 트랜스미션을 제외하고 달릴 수 있는 상태인 모든 것을 말한다. 또 섀시는 주행 장치를 더한 것을 가리킬 때도 있다. 여기서는 다른 것과 구별하기 위해 좁은 의미로 쓰기로 했고, 이들은 차가 움직이는 데서 가장 중요한 부분들이다.

섀시 그리스 chassis grease 여러 종류의 금속 비누에 광물유를 배합한 것으로, 내수 및 내열성이 우수하여 다용도로 사용된다.

섀시 다이너모 chassis dynamo ⇨ 섀시 다이너모미터

섀시 다이너모미터 chassis dynamometer 차량을 완성차의 형태로 출력, 속도 등을 측정하는 동력계를 말한다. 보통의 동력계는 엔진에 연결해서 동력(출력)을 측정하는 데 반해, 차량 전체로 측정하는 데서 섀시 다이너모라고 불린다. 구동 바퀴로 롤러를 돌리고, 그 동력을 동력계에 흡수해서 측정하는 방식이 일반적이다.

섀시 무게 chassis weight 빈 차 상태의 섀시의 무게이다. 특기 사항이 없을 때는 운전대도 달리지 않은 상태를 말한다.

섀시 스프링 chassis spring 섀시 스프링은 주행 중 노면에 의해 발생하는 진동과 충격을 흡수하여 차체에 전달되지 않도록 하기 위해 프레임과 차축 사이에 설치되어 있으며, 판스프링, 코일 스프링, 고무 스프링 및 공기 스프링 등으로 구성되어 있다.

섀시 중량 chassis weight 차량에 연료가 충만되고 규정된 오일량과 냉각수가 포함된 캡과 섀시 상태의 중량을 말한다. 그러나 스페어 타이어와 공구의 중량은 제외된다.

샤클 shackle 판스프링의 한쪽 끝을 유지하는 부품으로, 두 장의 장방형 강판 양 끝에 축을 통과시켜 한쪽에 스프링 아이를 고정하고 다른 쪽을 섀시에 부착하는 것을 이른다. 섀시의 부착 방법에 따라 샤클에 장력이 작용하도록 되어 있는 인장 샤클과 압축력이 걸리도록 배치되어 있는 압축 샤클이 있다.

샛크 shank　(1) 바이트, 드릴 및 리머 등의 자루 부분을 말한다. (2) 드롭 해머에서 금형을 램에 설치하기 위한 돌출물을 말한다. (3) 프레스의 펀치 홀더 위 부분에 튀어나온 돌기부로서, 프레스의 중심과 금형의 중심을 맞추기 위한 것이다.

서드 thud　압축비가 12 이상일 때 가속을 되풀이하여도 뇌음은 없어지지 않고, 폭주 표면 점화로 진압하여 열 파단으로 발전되며, 저주파의 뇌음이 발생하는 현상을 말한다.

서드 기어 third gear　전진 3단 변속기 (three-speed transmission)를 설치한 자동차에서 톱 기어(top gear)로, 주행 중 빈번히 사용되는 기어로, 전진 4단 이상의 자동차에서는 앞지르기를 할 때 가속으로 사용되는 경우가 많으나, 저속 주행이나 등판 또는 내리막길에서 엔진 브레이크로도 이용된다. 기어 비는 전진 3단의 경우에는 엔진 직결의 1, 전진 4단 이상의 자동차에서는 1.3에서 1.5 정도가 일반적이다.

서드 램프 third lamp　브레이크 등을 또 하나 뒷유리 부근의 높은 위치에 단 것을 말한다.

서라운드 사운드 surround sound　콘서트 홀에서 듣고 있는 것처럼 들리는 재생음으로, 듣는 사람을 감싸는 듯한 소리를 말한다. 임장감(臨場感)이 강하다.

서멀 리액터 TR ; thermal reactor　(1) 대형 배기 다기관에서 미연소된 배기가스인 탄화수소나 일산화탄소가 공해 물질이 완전 연소되도록 산소와 반응하는 것을 말한다. (2) 열반응 연소기로서, 배기 포트 바로 아래 붙어 공기를 분사하여 열반응 연소를 일으키는 것으로, HC와 CO를 적게 한다. 배기가스 규제 대책으로 사용된다. (3) 엔진의 배출 가스 후처리 방법의 하나로, 촉매 컨버터에 버금가는 것이다. 서멀 리액터 방식의 대표적인 것은 마쯔다 로터리 엔진이다.

서멀 릴레이 thermal relay　전류가 흐름에 따라 발열되는 히터와 히터의 열에 의해 접점을 개폐하는 바이메탈을 함께 설치하여, 히터에 전류가 공급되기부터 개폐되기까지 시간적으로 지연시키는 릴레이이다.

서멀 밸브 thermal valve　서멀 밸브는 엔진의 온도가 정상 온도를 초과하였을 때 서지 탱크에 추가로 공기를 공급하여 냉각수 순환 속도를 빠르게 하고 공기의 강제 통풍량도 많게 하여 엔진의 온도를 낮추어 준다. 3개의 파이프를 가지고 수온 조절기 하우징에 설치되어 있으며, 두 개의 파이프는 서지 탱크에, 다른 하나는 스로틀 보디 안쪽에 연결되어, 엔진의 냉각수 온도가 92℃에 도달하면 서서히 열리기 시작하여, 110℃가 되면 완전히 열린다.

서멀 사이클링 thermal cycling　어떤 금속이 변화하는 여러 범위의 온도에 노출되어 계속해서 수축·팽창하는 것을 말한다.

서멀 스위치 thermal switch　어떤 정해진 온도에서 온-오프 신호를 내는 장치를 말한다. 바이메탈 식의 온도 스위치나 감온(感溫) 페라이트의 자기 특성이 급변하는 현상을 이용한 스위치, PTC, CTR의 저항 급변 현상을 이용한 스위치, 유기물의 녹는점을 이용한 스위치 등이 있다. 그 밖에 열전대(熱電對), 온도 측정 저항체 등의 온도 센서의 출력을 전기 회로로 처리하여 온-오프 신호로 바꾸는 장치도 일종의 서멀 스위치라고 할 수 있다.

서멀 컷 오프 thermal cut off　온도 퓨즈로서 유기물 입자의 감온 소자(感溫素子)를 금속 케이스 내에 저장시킨 퓨즈로서 일정 온도로 용융 액화되어 스프링을 팽창시킴으로써 접점이 열리게 된다.

서모미터 thermometer　온도 측정에 사용되는 장치로, 액체나 공기와 같은 물질이 과열되면 팽창한다는 원리에 의해 작용한다.

서모 밸브 thermo valve　엔진의 냉각 온도에 따라 진공의 통로를 열고 닫음으로써 EGR 밸브, 퍼지 컨트롤 밸브, 2차 공기 조절 밸브 등을 제어하는 밸브이다. 냉각수 온도가 낮을 때는 밸브의 각 통로가 개방되어 있다가, 냉각수 온도가 올라감에 따라 내부의 왁스가 팽창하여 통로가 닫히고, 진공 통로가 형성되면서 각 밸브들이 작동하게 된다.

서모스태틱 밸브 thermostatic valve　이 밸브를 통해서 지나가는 액체나 가스 온도 변화에 따라 통로를 개폐하게 되는 밸브이다.

서모스태틱 진공 스위치(밸브) thermostatic vacuum switch(valve) 냉각수 온도가 최고에 이르렀을 때 배전기에 다기관 진공을 보내기 위해 사용되는 냉각 장치 내의 온도 감지 장치로, 그 결과 엔진을 냉각시키기 위해 엔진 속도를 증가시킨다.

서모스태틱 코일 thermostatic coil 엔진 온도에 따라 초크 밸브를 개폐하는 데 사용되는 바이메탈 코일(bimetal coil)을 말한다.

서모스탯 thermostat 수온 조절기 또는 정온기라고도 하며, 냉각 펌프와 라디에이터 사이에 설치되어 냉각수의 온도에 따라 밸브가 열리거나 닫혀 엔진의 온도를 항상 일정하게 조절하는 장치이다. 서모스탯은 온도 변화에 따라 수축과 팽창을 하는 왁스 또는 필릿의 재질을 이용하여 냉각수 온도가 낮으면 수축하여 밸브가 닫히게 되고, 냉각수 온도가 올라가 76~83℃가 되면 열팽창을 하여 밸브가 열리기 시작하며, 95℃ 정도가 되면 완전 개방되어 냉각수를 라디에이터로 순환시키게 된다.

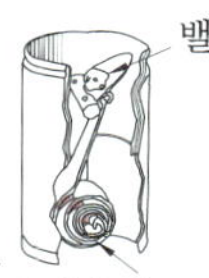
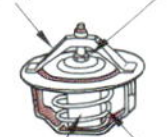
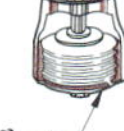

서모스탯의 종류

서모스탯 제어식 공기 청정기 thermostat-controlled air cleaner 공기 청정기에 설치되는 온도 감지 밸브로, 공기가 기화기로 보내지기 전에 흡입 공기의 예열을 제어한다.

서모 왁스식 에어 밸브 thermo wax type air valve 왁스가 엔진의 냉각수에 의해 수축 및 팽창하는 특성을 이용하여, 전자 제어 연료 분사 장치 엔진에서 워밍업 시간을 단축시키는 역할을 한다. 냉각수 온도가 낮을 때는 왁스가 수축되어 게이트 밸브가 스프링 장력으로 열려 흡입 공기가 바이패스 통로를 통하여 공급되므로 엔진의 회전수가 상승한다. 냉각수 온도가 높을 때는 왁스의 팽창에 의해 게이트 밸브

가 닫혀 엔진의 회전수는 공회전 상태로 유지된다.

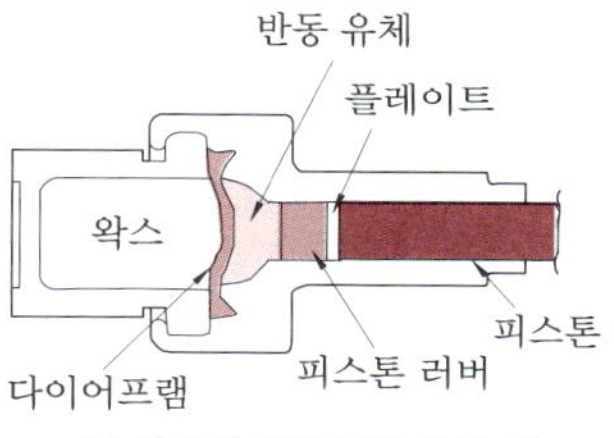

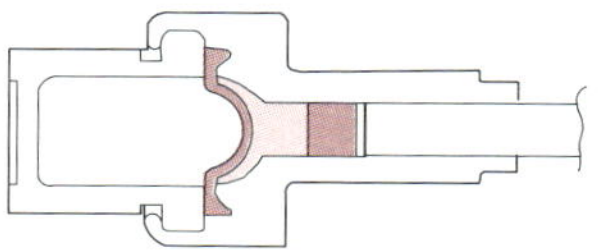

서모 왁스의 작용

서모 콘택터 thermo contactor 냉장고의 오버로드 또는 방향 지시기 플래셔 유닛에 설치되어 전류가 흐름에 따라 발생되는 열에 의해서 접점이 열리고 냉각되면 접점이 닫히는 전기 회로의 접점으로, 온도 변화에 따라 자동으로 전기 회로를 단속하는 접점을 말한다.

서모타임 스위치 thermo-time switch 온도와 시간과 관계하여 작용하는 스위치를 말한다.

서모 페인트 thermo paint 특정 온도가 되면 변색하는 성질을 가지고 있는 시온 도료(示溫塗料)로서, 온도를 감시하여야 할 장소의 페인팅에 사용된다. 냉각되면 원래의 색상으로 되돌아가고, 온도가 규정 이상이 되면 변색이 된다.

서모 폰 thermo phone 입력 전류에 의해 온도가 변화하는 도체에 근접된 공기의 팽창과, 수축에서부터 크기의 계산이 가능한 음파가 얻어지는 전기 음향 변환 장치이다.

서미스터 thermistor, thermally sensitive resistor 온도에 의해 현저하게 전기 저항값이 변화하는 반도체를 사용한 저항체로, 이것을 이용해서 온도계 외에 여러 가지 제어기를 만들 수 있다. 반도체의 원료는 크롬, 코발트, 망간, 니켈, 티탄 등의 산화물을 혼합하여 소결한 것으로, 일반 금속과 반대로 온도가 올라가면 저항값이 감소한다.

서보 servo　서보 메커니즘(servo mechanism)을 직역한 것으로, 노예를 의미하는 라틴어의 'servus'에서 유래한 말이다. 액추에이터에 따라 전기식 서보 기구와 유압식 서보 기구 그리고 공기식 서보 기구로 분류할 수 있다. 서보는 댐 등에 설치된 수문을 개폐하려면 대형 엔진을 이용하여 개폐량을 정확하게 제어하는 기구를 말하기도 하며, 물체의 위치나 자세 등을 제어할 때 목표치의 변화에 따라 목표치와 최소의 차이가 되도록 움직이는 기구를 말한다.

서보모터 servomotor　주어진 제어 신호를 조작력으로 바꾸는 전동기나 유압 모터를 말한다. 일반적인 모터는 스위치를 넣었을 때 일정한 회전력이 발생하지만, 서보 모터에서는 주어진 신호에 따라 빈번히 기동하거나 정지하기 때문에 큰 기동 토크로 갑자기 회전한다. 따라서 스위치 OFF와 동시에 멈출 수 있는 응답성이 요구된다. 자동 제어에서는 없어서는 안 될 부품이며, 자동차에서는 전동기가 많이 쓰이고 있다.

서보 밸브 servo valve　기계적 또는 전기적 입력 신호에 의해서 압력 또는 유량을 제어하는 밸브를 말한다.

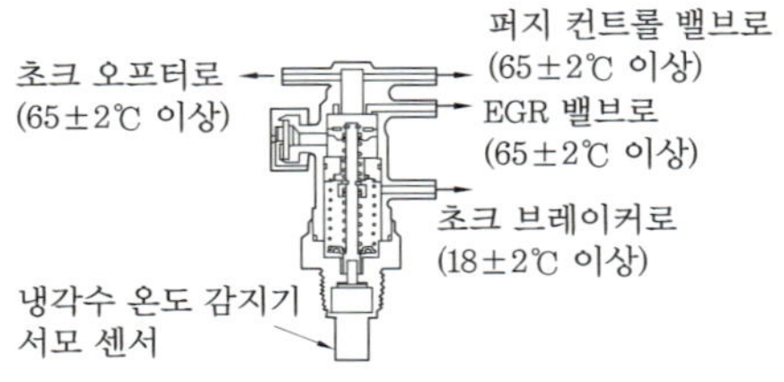

서보 밸브의 구조

서보 브레이크 servo brake　브레이크 페달을 밟는 작은 힘으로 제동력을 얻기 위해서 진공이나 유압의 힘을 빌려 페달 밟는 힘을 가볍게 한 브레이크 장치이다. 브레이크 페달을 밟으면 서보의 컨트롤 밸브가 열려 엔진에 발생하고 있는 진공 상태를 이용하여 서보 다이어프램을 움직여 페달 밟는 힘의 3~7배 정도의 힘으로 마스터 실린더를 밀어붙이게 되어 있다. 마스터 실린더를 미는 힘이 커지면 휠 실린더에 작용하는 힘도 커져 큰 제동력이 발생한다. 진공은 엔진이 회전하고 있을 때만 생겨나서 엔진이 꺼져 진공의 비축이 없어지면 서보는 제구실을 하지 못한다. 저장된 진공 상태는 브레이크를 4~5회 밟으면 모두 없어져 버린다. 대형차에 주로 사용되며, 소형차에도 부압을 이용한 방식을 사용하는데, 그 종류에는 흡기 부압을 이용한 하이드로 백을 사용하는 진공 서보 브레이크와, 공기 압축기를 이용하여 하이드로 에어 팩(hydro air pack)을 사용하는 공기 서보 브레이크가 있다.

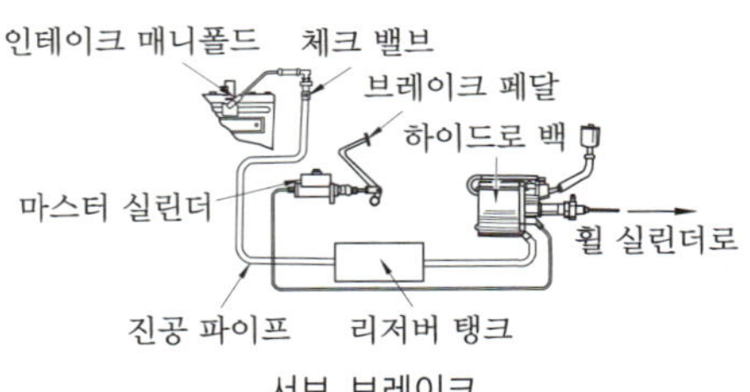

서보 브레이크

서보 실린더 servo cylinder　최종 제어 위치가 밸브의 입력 신호와 함수를 이루는, 그와 같은 추종 기구를 일체로 하여 가지고 있는 실린더를 말한다.

서보 어시스트 브레이크 servo assist brake　서보 브레이크에 공기, 유압, 진공 배력 등의 장치를 설치한 브레이크를 말한다.

서브머시블 퓨즈 submersible fuse　지정된 조건에서 물에 담가 만족하게 사용할 수 있도록 제작된 퓨즈를 말한다.

서브머지드 아크 용접 submerged arc welding　피복하지 않은 아크 용접봉과 모재(母材) 사이 또는 피복하지 않은 아크 용접봉의 아크에서 발생하는 열로 용접하는 방법이며, 용제 안에서 용접을 한다. 아크는 밖에서는 보이지 않는다.

서브머지드 오리피스 submerged orifice　동력 조향 장치의 유량 조절 밸브로, 유압 조절 밸브 등 오일 속에 잠긴 오리피스로부터 바이패스할 수 있도록 된 장치를 말한다.

서브머지드 펌프 submerged pump　전자 제어식 엔진의 내장형 연료 펌프와 같이 액체 속에서 작동하는 펌프를 말한다.

서브 스트레이트 sub-strate　삼원 촉매 장치를 지지하는 구조체로, 사용되고 있는 두 가지 종류의 구조체로는 모놀리스 또는 원피스(one-piece)형과 비드(bead)형 또는 펠릿(pellet)형이 있다.

서브 EGR 밸브　배기가스 재순환 장치의 구성 부품의 일부로서, 기화기에 설치되어 있는 스로틀 개도에 연동해서 작동한다. 자동차의 운전 조건에 따라서 EGR 양을 적당히 제어하고 있기 때문에 주행 성능의 손실 없이 NOx를 저감할 수 있다.

서브 콤팩트 카 sub-compact car　미국에서 '폴크스바겐'이나 일본 차의 수입에 대항하여 새로 만든 초소형차의 부류에 속하는 차를 이른다. 역시 가격이 싸고 경비가 적게 드는 것이 장점이지만, 서브 콤팩트 카와 콤팩트 카의 구분이 분명하지 않다.

서브 프레임 sub-frame　⇨ 서스펜션 멤버

서브 플레이트 sub plate　분해, 조립, 가공 등을 쉽게 할 수 있도록 덧붙인 보조 판을 말한다.

서비스 service　서비스 공장의 일을 서비스라고 이름 붙이고 있지만, 같은 서비스라도 작업 내용에는 여러 가지가 있으며, 각각의 부문에서 각 서비스가 분담된 책임을 갖고 있다. 일반 정기 점검 및 일반 검사 준비가 현재의 서비스 공장의 주력 업무로 되어 있으나, 이것은 메인터넌스 서비스(maintenance service) 라고 한다. 또한 엔진을 비롯하여 각 부문의 기능을 완전하게 발휘시키기 위해서 하는 정비를 퍼포먼스 서비스(performance service)라고 한다. 운전하는 데 필요한 부문에서 조정을 해야 하는 부분, 이를테면 드라이브 컨트롤에 필요한 부분의 정비는 컨트롤 서비스 (control service)라고 한다.

서비스 매뉴얼 service manual　각 자동차 메이커에서 매년 발행하는 책으로, 각 차량의 부품 및 모델에 대한 제원과 서비스 절차가 수록되어 있다.

서비스 브레이크 service brake　⇨ 상용 브레이크

서비스 시간 service time　고객에게 제공하는 자동차의 정비 및 수리를 하기 위한 소요 시간을 말한다.

서비스 인스트럭션 service instruction　정비 작업을 말하는 것이 아니라 '운전 안내서'라는 뜻이다. 미국에서는 오너 매뉴얼(owner's manual)이 사용된다. 오퍼레이터 핸드북(operator's handbook)도 같은 뜻이다. 오퍼레이터 매뉴얼(operator's manual)과 오퍼레이팅 인스트럭션(operating instruction)이라는 말도 사용된다.

서비스 카 service car　(1) 고객에 대한 정비 및 수리를 하기 위해 간단한 부품을 싣고 돌아다니는 자동차를 말한다. (2) 운전 불능이 된 자동차를 견인하기 위한 자동차 또는 굴러 떨어진 자동차를 끌어올리는 데 사용하는 자동차를 말한다.

서비스 컨디션 service condition　이때의 서비스는 정상적인 사용 상태를 뜻한다. 따라서 작동 상태를 강조하기 위해서 오퍼레이팅 컨디션(operating condition)을 사용한다. 이것을 워킹 컨디션(working condition)이라고 할 때도 있다. 서비스라는 것으로 고집하면 컨디션 오브 서비스(condition of service)가 된다.

서비스 파트 service parts　'보수 부품'이라는 뜻이다. 스페어 파트(spare parts), 리페어 파트(repair parts), 리페어 피스(repair piece) 등의 낱말도 사용된다. 다른 뜻으로는 '대신'이라는 의미(복사라는 뜻)로 듀플리케이트 파트(duplicate parts)가 되기도 하며, 리저브 파트(reserve parts) 또는 리플레이스먼트 파트(replacement parts) 등도 쓰인다.

서스펜션 suspension　자동차 차대의 받침 장치를 이르는 말로, 현가(懸架)장치로 번역된다. 서스펜션의 기능은 노면으로부터의 충격이 보디와 운전자, 승객에게 직접 전달되지 않도록 보호하는 것으로, 승차감을 좋게 하고 급브레이크 때나 급회전 때 바퀴가 충분히 접지하도록 차체와 바퀴 사이에서 완충 작용을 하는 것을 말한다. 엔진 성능처럼 쉽게 알아볼 수 있는 것은 아니지만, 성능을 말해 주는 요소로 그 중요성은 점점 커지고, 메커니즘에서도 여러 종류가 시도되고 있다.

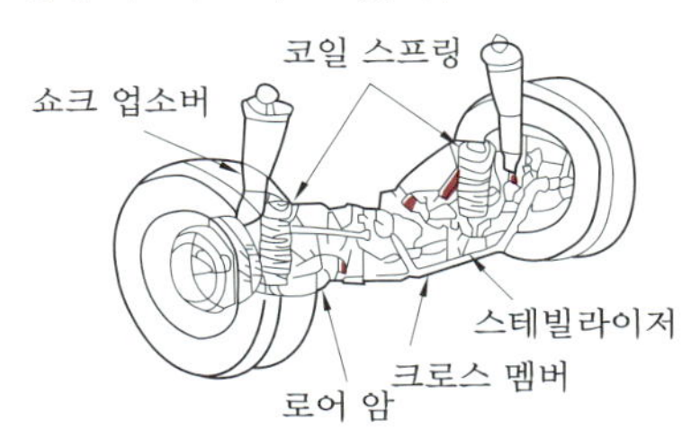

서스펜션

서스펜션 레이트 suspension late ⇨ 휠 레이트

서스펜션 마운트 러버 suspension mount rubber　현가장치 지지대에 사용되고 있는 고무를 말한다. 코일 스프링의 압력과 쇼크 업소버의 압력을 한 개의 고무가 흡수하는 일체형의 구조로 되어 있는 것과 코일 스프링의 큰 압력과 쇼크 업소버의 작은 진동을 서로 다른 특징을 가진 고무로 흡수하는 분리형 구조 등이 있다. 서스펜션 마운틴 러버는 현가장치의 성능을 좌우하는 중요한 부품의 하나이다.

서스펜션 멤버 suspension member　서브 프레임이라고도 부르며, 현가장치의 골격이 되는 부재(部材)로서 암이나 로드 등이 장착되어 현가장치를 구성한다.

서스펜션 부시 suspension bush　현가 암이나 로드를 보디에 장착할 때, 진동이 전달되는 것을 방지하기 위하여 사용하는 부시를 이른다. 이중으로 된 금속제의 통이나 링 사이에 방진고무를 넣는 고무 부시가 일반적이다. 형상에 따라 벌지(bulge) 타입 부시나 볼 부시 등이 있고, 구조에 따라 인터 링 삽입 부시 등으로 분류되어 힘이 작용하는 방향에 따라 강성(剛性)이 변하도록 만들어졌다.

서스펜션 서포트 suspension support　코일 스프링과 쇼크 업소버를 보디에 지지하고 휠에서의 충격이나 진동이 발생되면 완충 역할을 하는 장치이다. 방진을 위하여 고무가 삽입되어 있으며, 맥퍼슨 스트릿 식에서 널리 사용되고 있다는 점에서 스트릿 마운트 또는 어퍼 서포트라고도 불린다.

서스펜션 스트로크 suspension stroke　바퀴가 튕겨 올려져 가장 줄어든 풀 범프(bump)로부터 가장 크게 늘어난 풀 리바운드(rebound)까지 바퀴가 움직이는 거리를 말하는데, 스트로크가 너무 작으면 풀 범프하기 쉬워지고, 풀 범프는 스프링이 없는 것과 같아 안정성과 승차감이 나빠진다. 또 풀 리바운드하면 타이어가 노면에서 떨어져 버려 역시 안정성을 나쁘게 한다. 그러나 스트로크를 크게 하면 서스펜션을 위한 스페이스가 커져 객실이 좁아진다. 흔히 스트로크는 150~200 mm 정도가 되고, 앞바퀴보다는 뒷바퀴를 크게, 또 범프보다는 리바운드 스트로크를 크게 한다.

서스펜션 스프링 suspension spring　차축과 프레임 사이에 설치되어 자동차가 주행 중 노면에 의해서 발생되는 진동과 충격을 흡수하여 승객 및 차체에 전달되는 것을 방지하는 스프링으로 판스프링, 코일 스프링, 토션 바 스프링의 금속 스프링과 고무 스프링, 공기 스프링의 비금속 스프링이 있다.

서스펜션 시트 suspension seat　코일 용수철과 쇼크 업소버를 조합한 펜더 그래프 기구를 갖는 시트로서, 이 기구가 차체의 진동을 흡수하고 운전자에는 전달되지 않는다. 체중이나 기호에 따라서 용수철을 조절하거나 잠글 수 있다. 4WD 오프로드 주파 차량의 시트로 사용되고 있다.

서스펜션 암 suspension arm　휠의 움직임을 조절하는 암(팔)의 역할을 하는 부재(部材)로서, 컨트롤 암이라고도 하며, 볼 조인트, 필로 볼고무 부시 등에 의하여 보디 또는 차축에 부착된다. A자 모양의 A암, I자 모양의 I암 등이 있으며, 강판을 압축하여 만든 것이 많으나 단조품도 있다. 상하 한 쌍으로 되어 있는 암에서는 위에 있는 것을 어퍼 암, 아래 것을 로어 암이라고 한다.

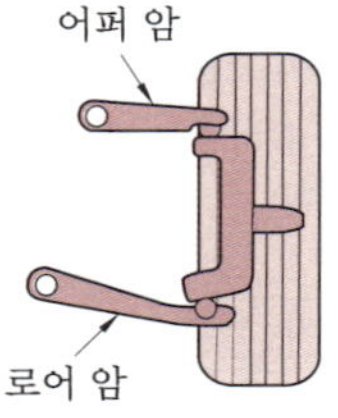

서스펜션 암

서스펜션 지오메트리 suspension geometry　서스펜션의 배치 또는 배열 형태를 말한다. 서스펜션은 링크(암)의 배치에 따라 스윙 암의 길이, 롤 센터의 높이 등이 정해지고, 또 링크의 길이와 각도에 따라 그들의 변화하는 비율과 캠버 변화량이 결정된다. 한편 스티어링 링크 배치에 따라 토(toe)각의 변화나 바퀴가 꺾이는 각도 등도 정해진다. 이들을 총칭하여 서스펜션 지오메트리라고 한다.

서스펜션 컴플라이언스 suspension compliance　컴플라이언스는 물체가 변형되기 쉬운 정도를 말하며, 현가장치의 앞뒤·좌우 방향의 유연성을 말한다. 각각 앞·뒤 컴플라이언스, 좌우(옆 방향) 컴플라이언스라고 부른다. 1 kgf의 힘이 가해졌을 때 몇 mm 작동하는가를 나타낸다.

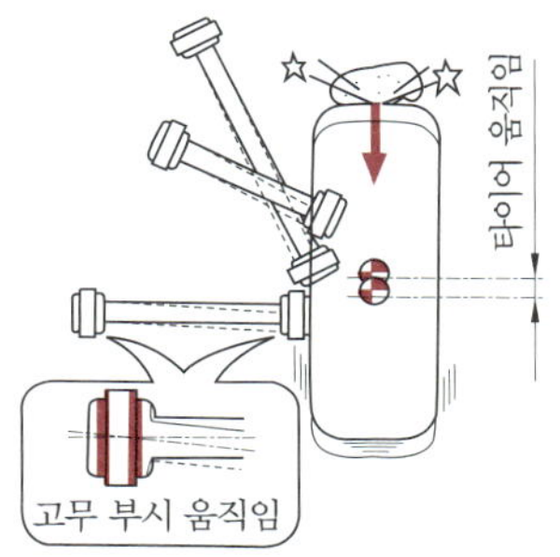

서스펜션 컴플라이언스

서지 surge, surging　정속 주행 때, 또는 가감속 주행 때에 생기는 차량의 전후 방향의 저주파 진동(10 Hz 이하)을 말한다. 즉, 차량이 전후 방향으로 흔들리는 상태이다. 서지는 기진력이 엔진 토크에 의한 구동 서지와 기진력이 주로 타이어의 균일성 불량에 의한 전동 서지로 구별하기도 한다.

서지 감쇠 밸브 surge damping valve　서지 압력을 감쇠시키는 기능을 가진 밸브를 말한다.

서지 압력 surge pressure　과도적으로 상승한 압력의 최댓값을 말한다.

서지 전류 surge current　짧은 시간 내에 극심하게 변화하는 과도한 전류로서, 낙뢰 등에 의해 송전선으로 유입된 이상 전류를 말한다.

서지 전압 surge voltage　코일에 인덕턴스가 있기 때문에 전류를 차단하였을 때 짧은 시간에 극심하게 변화되는 과도한 전압으로, 회로 전체에 전류가 흐르려고 하는 기전력이 코일에 발생된다.

서지 킬러 surge killer　송전선의 이상 순간 전압이나 회로의 개폐기를 OFF시켰을 때 발생되는 순간 전압을 흡수하는 장치 또는 소자를 말한다. 전 트랜지스터 점화 장치에 설치되어 있는 제너 다이오드의 역할을 서지 킬러라고 한다.

서지 탱크 surge tank　흡기 장치의 부품으로 적당한 체적의 공동부를 갖는 공기탱크를 말한다. 이 공동부에 의해 각 실린더 간의 흡입 행정에 의한 흡기 간섭이 완화되고, 흡기 관성 효과가 향상된다. ECI-MULTI 엔진에서는 스로틀 밸브와 보디 사이에 장착되고, 터보 차량에서는 기화기 윗면에 장착되어 있다.

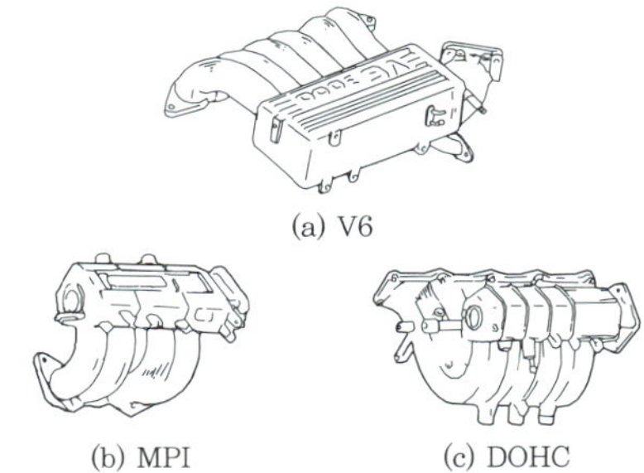

서지 탱크와 흡기 다기관의 구분

서징 surging　보통은 밸브 서징이라고 한다. 엔진의 허용 회전수를 넘어 무리하게 회전시키면 흡배기 밸브가 이상 진동하여 출력이 떨어지는 것으로, 엔진이 파손되기 쉽다.

서치라이트 searchlight　강력한 광원과 반사경을 조합하여 광속을 고공까지 도달시키는 조명 장치로서, 조사(照射) 방향을 자유로이 바꿀 수 있는 강력한 라이트를 말한다.

서큘러 circular　회전 테이블로서 자동차 앞바퀴의 캠버, 캐스터, 킹핀 경사각을 측정할 수 있는 턴테이블(turn table)을 말한다.

서큘러 다이 스톡 circular die stock　절삭용 다이스를 결합하여 손으로 회전시켜 수나사를 절삭하는 공구로, 다이스 결합부 양쪽에 손잡이가 있다.

서큘러 디스크 캠 circular disc cam　밸브 장치의 캠축 또는 디젤 연료 분사 펌프에 설치되어 연료 펌프 또는 연료 공급 펌프를 작동시키는 편심륜을 말한다.

서큘러 피치 circular pitch　원주 피치로서 피치 원주의 길이를 기어 이수로 나눈 것을 말한다. 이웃하는 기어 이(齒)에 대응하는 두 점 사이의 거리를 피치원을 따라 측정한 원호의 길이를 말한다.

서큘레이션 circulation　엔진의 냉각 장치, 자동 변속기, 엔진의 윤활 장치 및 동력 조향 장치에서 냉각수나 오일이 순환하는 것을 말한다.

서큘레이팅 circulating oiling　엔진의 윤활 펌프에서 각 마찰부의 베어링까지 오일을 순환시켜 베어링의 온도 상승을 방지하는 주유 방식으로 순환 주유라고 한다.

서큘레이팅 펌프 circulating pump　유체를 순환시키기 위한 냉각 장치의 물 펌프, 동력 조향 장치의 유압 펌프 및 자동 변속기 또는 엔진의 오일펌프 등을 말한다.

서클립 circlip　축(軸)에 끼워진 부품들이 빠져나오지 않도록 고정시키기 위해 축 끝 부분에 형성된 홈에 끼우는 둥근 스프링강의 고정 장치를 말한다.

서킷 circuit　(1) 전류가 흐를 수 있는 단일 또는 복수의 회로를 말한다. (2) 필요로 하는 전기적 특성을 얻을 수 있도록 전원과 부품을 연결한 것을 이른다. (3) 유체가 흐를 수 있는 통로를 말한다. (4) 소자의 기능을 결합하여 요구되는 신호 또는 에너지 처리 기능을 갖도록 한 것이다.

서킷 브레이커 circuit breaker　과전류 보호기의 일종으로, 규정 이상의 전류가 흘렀을 때, 전류를 차단해서 회로를 보호하기 위한 것이다. 같은 용도로 퓨즈가 있지만, 한번 끊어지면 신품과 교환하지 않으면 안 된다. 이에 대해 서킷 브레이커는 끊어져도 리셋할 수 있고 몇 번이나 사용할 수 있다. 바이메탈이나 열선의 팽창을 이용한 열동식과 전자 코일에 의한 전자식의 두 종류가 있다.

서킷 테스터 circuit tester　전류·전압 및 저항 등을 육안으로 읽을 수 있는 측정 계기로서, 아날로그 테스터와 디지털 테스터가 있으며, 테스터 램프를 설치하여 점등과 소등에 의해서 간단하게 측정할 수 있는 것도 있다.

서틴 모드 thirteen mode　13모드라고도 한다. 디젤 엔진을 탑재한 중량차의 배기가스를 측정하는 방법으로, 13가지의 정상 운전 방법으로 이루어지며, 유럽에서 규격화되어 있다.

서펀틴 드라이브 serpentine drive　한 개의 벨트로 여러 개의 풀리를 구동시키는 방식이다.

서펀틴 벨트 serpentine belt　엔진에서 여러 가지 보조 기구의 풀리를 연결하는 꼬불꼬불하게 구부러진 V벨트를 말한다. 물 펌프, AC 발전기, 파워 스티어링 오일펌프 등의 풀리를 크랭크축 풀리로 구동할 때 쓰인다.

서포트 support　로커 암 축을 실린더 헤드에 볼트로 지지(支持)하는 것이다.

서폼 sur form　판금 퍼티를 연삭하기 위한 가늘고 긴 막대기 모양의 그물코 줄(file)을 말한다. 원래는 특정의 제품명이었으나, 셀로판테이프나 지프처럼 일반 명사화하여 사용되고 있다.

서피스 게이지 surface gauge　정반 위에서 높이를 나타내는 금 긋기에 사용되는 기구를 말한다. 토스칸이라고도 한다.

서피스 그라인더 surface grinder　평면 연삭기로서, 실린더 헤드의 변형을 점검하여 규정값 이상일 때는 정반에 광명단을 바르고 실린더 헤드를 접촉시킨 다음 광명단이 묻은 곳만을 연마하는 연마기를 말한다. 실린더 헤드 변형의 원인으로는 제작할 때의 열처리 작업의 불충분, 헤드 개스킷의 불량, 실린더 헤드 볼트의 불균일한 조임, 엔진의 과열, 냉각수의 동결 등이며, 변형이 되었을 때는 냉각수나 압축가스가 누출되어 엔진의 출력이 떨어진다.

서피스 드라이 surface dry　페인트 층의 아래쪽은 액체로 남아 있는 상태이면서 페인트의 겉 표면이 건조되는 결함이다.

서피스 볼륨 레이쇼 surface volume ratio　줄여서 SV비라고도 한다. 연소실의 표면적(surface)에 대한 연소실 체적의 비를 말하며, 엔진의 열효율을 나타내는 지표의 하나이다. 이 수치가 적을수록 열에너지의 손실이 적고 열효율이 높다. SV비가 계산상으로 최소가 되는 것은 반구형 연소실이다.

서피싱 surfacing　금속 측면에 다른 종류의 금속을 융착시키는 것을 말한다.

석면(石綿) asbest, asbestos　사문석 또는 각섬석 등을 분해하여 규산마그네슘·칼슘을 주성분으로 한 섬유질의 결정을 가진 광물로서, 광택이 나며 부드럽고 질기다. 열과 전기의 부도체로서 보온재, 전기 절연재, 클러치 라이닝, 브레이크 라이닝 및 실린더 헤드 개스킷 등에 많이 사용되고 있다.

석션 suction　혼합 가스나 공기 등을 빨아들이는 것을 말한다.

석션 라인 suction line　에어컨에서 증발기 출구와 압축기 입구를 연결하는 튜브를 말한다. 저압의 냉매 증기가 이 라인을 통하여 흐른다.

석션 스로틀링 밸브 suction throttling valve　에어컨에서 증발기와 압축기 사이에 위치한 밸브로, 증발기로부터 흘러나오는 공기의 흐름을 제어하여 증발기에 습기가 얼어붙는 것을 방지한다.

석유(石油) petroleum　원유에서 증류하여 정제된 탄화수소의 혼합물로서, 물보다 가볍고 특수한 냄새가 난다. 가열, 동력, 화학 연료로서 많이 사용된다.

석유 기관(石油機關) petroleum engine　석유를 연료로 하는 내연 기관으로, 카뷰레터에서 공기와 연료를 혼합하여 실린더에 공급하면 전기 점화로 엔진의 출력이 발생한다. 구조가 간단하고 조작이 용이하여 농업용, 선박용 10마력 이하의 소형 엔진에 사용된다.

선간 전압(線間電壓) line-to-line voltage　3상 교류 발전기에서 한 도체와 다른 도체 사이의 전압을 말한다. 자동차에 사용하는 교류 발전기는 전압을 이용하기 위해서 선간 전압이 상전압(相電壓)보다 $\sqrt{3}$ 배가 높은 스타 결선(Y결선)에 사용한다.

선 기어 sun gear　변속기의 출력축 뒷부분에 설치된 기어로, 오버드라이브 기구 중심에서 유성 기어와 결합되어 회전력을 전달한다.

선도(線圖) diagram　가로 세로 좌표를 기준으로 하여 압력과 체적, 엔진의 출력, 엔진의 회전력, 엔진의 연료 소비율, 밸브 개폐 시기 등을 선으로 나타내는 그림을 말한다.

선도 계수(線圖係數) diagram factor　내연 기관이나 외연 기관에서 실제의 인디케이터 선도 면적과 이론적 인디케이터 선도 면적과의 비율을 말한다.

선루프 sunroof　실내에 태양 광선과 바람을 받을 수 있도록 여닫게 한 지붕의 창문이다. 지붕 중앙부만 고정시키고 좌우 모두 열리는 T-바 루프, 지붕의 중앙부를 완전히 떼어낸 타르가 루프(targa roof)도 있다. 유럽과 미국에서는 오픈카가 사랑받아 차를 탄 채 자연과 접촉할 기회가 많다. 비가 많이 오는 지방에서 오픈카는 인기가 없다. 오픈카 대신에 등장하는 것이 선루프이다. 컨버터블과 비교하면 천정의 강도가 좋고 손쉽게 개방감을 얻을 수 있어서 세계적으로 널리 쓰이고 있다.

선 바이저 sun visor　운전자의 눈을 태양의 직사광선으로부터 보호하기 위한 햇빛 방지용 장치를 말한다. 보통 때는 앞창 위에 접어 두었다가 햇빛이 들어오면 펴서 가리며, 유료 도로의 영수증 같은 것을 끼워 두는 포켓 같은 것도 있다. 또한 운전자의 측면에서 쬐는 태양을 막을 수 있게 2축 회전으로 만들어 놓은 것도 있다. 리어 윈도에서 태양을 막는 블라인드 상태의 것들도 선바이저이며 선 실드, 선셰이드라고도 한다.

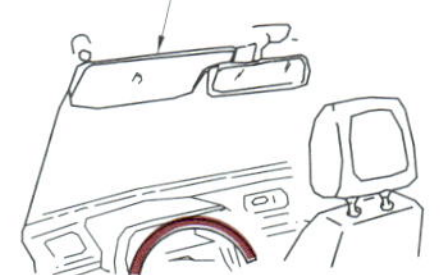

선 바이저 장착 위치

선반(旋盤) lathe　공작물을 회전시키면서 바이트를 이송 또는 절입시켜 바깥지름 절삭, 끝 면 절삭, 정면 절삭, 절단, 테이퍼 절삭, 곡면 절삭, 구멍 뚫기, 보링 및 널링 작업, 나사 절삭 등을 하는 공작 기계이다. 테이퍼 절삭 작업은 복식 공구대를 회전시키는 방법, 심압대를 편위시키는 방법, 테이퍼 절삭 장치에 의한 방법, 가로 깎기 이송과 세로 깎기 이송을 동시에 사용하는 방법이 있다.

선삭(旋削) lathe turning　선반 등의 공작 기계에 절삭 공구를 사용하여 제품을 절삭하는 방법을 말한다.

선상 조직(腺狀組織) ice-flower structure　용접부의 파단면에 나타나는 조직으로, 아주 미세한 주상 결정에 서리 모양으로 나란히 있고 그 사이에 현미경적인 비금속 개재물과 기공이 있다. 이 조직을 나타내는 파단면을 선상 파단면이라고 한다.

선셰이드 sunshade   셰이드 밴드와 같은 뜻이다.

선형 A/F 센서 linear A/F sensor   배기가스 중의 산소 농도(공연비)를 전류로 변환해서 검출하는 센서로서, 출력된 전류는 선형 A/F 센서 앰프에 의해 전압으로 변환·증폭되어 엔진 컨트롤 유닛으로 출력된다. 모든 운전 영역에서 공연비에 비례한 전류를 출력하여 선형 A/F 센서(전역 공연비 센서)라고 한다.

선회(旋回) (1) turn   자동차를 어떤 지점을 중심으로 그 원주 방향으로 회전시키는 것으로, 굽은 도로 또는 좌·우측으로 방향을 바꾸는 것을 말한다. (2) swivelling 건설 기계에서 상부 회전체를 작업 장소에서 적재 및 적하 장소로 회전하는 것을 말한다.

선회 구심력(旋回求心力) cornering force 횡항력이라고도 하며, 자동차가 선회할 때 밖으로 나가려는 원심력과 균형을 이루는 힘을 말한다. 선회 구심력은 타이어가 옆으로 미끄러짐으로써 발생되는데, 타이어의 회전면과 진행 방향과의 각도에 비례하여 커지고, 타이어의 공기압, 사이즈, 현가장치의 형식 등에 의해서도 영향을 받는다.

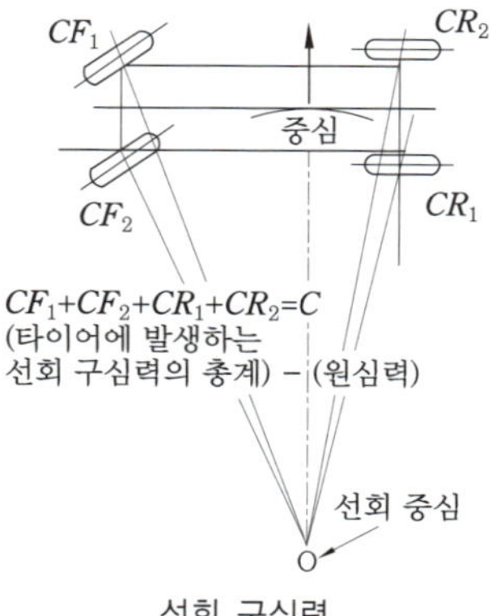

선회 구심력

선회 성능(旋回性能) turn performance   최소 회전 반지름과는 별도로 어느 정도 가속한 상태에서의 회전 성능을 말한다. 일반적으로 언더 스티어 특성이 적은 차가 선회 성능도 높다.

설룬 saloon ⇨ 세단

설룬 카 레이스 saloon car race   안전상 필요한 최소한의 개조 외에는 개조를 허용하지 않는 양산 투어링 카 레이스의 총칭이다. 나라별로 개조 범위에는 다소 차이가 있다.

설정(設定) setting   (1) 엔진이나 동력 전달 장치 및 전기 장치 등에서 최적의 작동 성능을 나타내도록 조정하는 것으로, 주어진 입력의 양과 그 작동 위치에 대하여 규칙을 정하는 것이다. 방법은 계측기의 교정 방법과 같지만, 설정 목적은 작동 장치의 고장 부분을 발견하는 것이다. (2) 각종 테스터를 사용할 때 계기를 0점으로 조정하는 작업을 말한다. 특히 멀티 테스터로 저항을 측정할 경우 실렉터를 변경할 때마다 세팅시켜야 정확한 측정값을 얻을 수 있다.

설정값 set value   (1) 각 부품의 변형, 간극, 공회전 및 타이밍 등을 결정하는 규정 값으로, 이 값이 하나 이상일 때에는 조정하여야 정상적인 작동이 이루어진다. (2) 다이얼, 스위치 및 저항기 등에 의하여 규정한 값으로, 기기의 작동을 그 값으로 결정한다.

설치(設置) installation   어떤 부분품, 액세서리, 옵션 품목 또는 키트를 세트업(set-up, 기본 몸체에 설치)하는 것을 말한다.

설퍼 밴드 sulphur band   강재 중에 편석한 유황물의 층을 말한다.

설퍼 크랙 sulphur crack   강재 중에 편석한 유황이 원인이 되어 생긴 균열을 말한다.

설페이션 sulfation   설페이션은 축전지 극판이 황산납으로 결정체가 되는 것으로, 축전지를 방전 상태로 장기간 방치하면 극판이 불활성 물질로 덮이는 현상을 말한다. 원인으로는 과방전하였을 경우, 장기간 방전 상태로 방치하였을 경우, 전해액의 비중이 너무 낮을 경우, 전해액의 부족으로 극판이 노출되었을 경우, 전해액에 불순물이 혼입되었을 경우, 불충분한 충전을 반복하였을 경우 등이다.

섬유 강화 금속(纖維强化金屬) FRM ; fiber reinforced metals   금속을 매트릭스로 하여 탄소 섬유, 탄화규소 섬유, 알루미나 섬유, 붕소 섬유 또는 각종 호이스커로 강화한 복합 재료의 총칭이다. 매트릭스의 주체는 알루미늄 합금이다. 소재의 우수한 내열성을 살려, 플라스틱계 복합 재료에서는 사용이 어려운 고온에서의 경량 구조 재료로서 주목받고 있다.

섬유 강화 플라스틱 FRP ; fiber reinforced plastics 플라스틱을 매트릭스로 하여 유리 섬유, 탄소 섬유, 알라미드 섬유 등으로 강화한 복합 재료의 총칭이다. 보강재로는 유리 섬유, 탄소 섬유 및 케블라(Kevlar ; 미국 뒤퐁사의 상품명)라고 하는 방향족 나일론 섬유가 사용되고, 매트릭스에는 불포화 폴리에스테르와 에폭시 수지 등의 열경화성 수지 또는 폴리아미드, 폴리아세탈, 폴리에틸렌 등의 열가소성 수지가 사용된다. 또 FRP는 좁은 의미에서 유리 섬유 강화 플라스틱(GDRP)을 지칭하는 경우도 있다.

섬프 (1) sump 자동차가 언덕길을 주행할 때에 오일이 충분히 고여 있도록 하고 공급되도록 하기 위해 전체 크기에서 1/3 정도를 경사지게 하여 크기를 줄이고 2/3 크기의 용기에 오일이 고이도록 제작된 부분을 말한다. (2) thump 타이어의 특성이 나빠져서 발생되는, 주기적으로 치는 소리를 말한다. 주기는 통상 타이어의 회전 주기와 같다. 하시니스(harshness)만큼 충격적인 것은 아니지만, 그렇다고 해서 로드 노이즈만큼 잔잔한 진동도 아니다. 50 km/h 이상으로 평탄한 도로를 주행하면 진동을 동반한 소리가, 타이어가 1회전하면 1회 발생 주기로 들려온다.

섬프 가드 sump guard ⇨ 스키드 플레이트

섬프식 sump-flow filter type 션트식(shunt flow filter)과 비슷하나, 전동기에 의해 구동되는 오일펌프를 설치한 별개의 회로 내에 오일 여과기가 설치된 것이 다르다. 섬프식은 전동기에 의해 구동되는 오일펌프를 사용하기 때문에 엔진이 정지된 상태에서도 오일을 여과할 수 있는 장점이 있다. 여과할 오일은 전동기로 구동되는 오일펌프를 이용하여 여과한 다음 오일 팬으로 되돌려 보내고, 윤활용 오일은 엔진에 의해 구동되는 오일펌프로 가압하여 윤활부에 공급한다.

섭씨(攝氏) ℃ ; centigrade 미터릭 온도 측정 단위로서 0℃에서 얼고(응고점) 100℃에서 끓는다(비점). 섭씨온도계 눈금의 명칭으로 표시되며, 미국이나 유럽 지역에서는 F(화씨)를 온도 측정 단위로 사용하고 있다. 섭씨를 화씨로 구하는 공식은 다음과 같다.

$$C = \frac{5}{9}(F - 32) \qquad F = \frac{9}{5}C + 32$$

성능(性能) performance 엔진, 동력 전달 장치 등 기계 장치의 작용이나 효율 등 작동상의 특징을 말한다.

성능 곡선(性能曲線) performance monitor 기계의 여러 성능을 나타내는 곡선을 말한다. 엔진의 성능 곡선은 엔진의 회전력, 엔진의 출력, 연료 소비율을 나타내며, 자동차의 주행 성능 곡선에서는 구동력, 엔진의 회전 속도, 주행 저항, 자동차 속도를 나타낸다.

성능 시험(性能試驗) performance test 엔진의 성능, 자동차의 주행 성능 등 기계 장치의 성능을 알기 위해서 실시하는 시험이다.

성층 연소(成層燃燒) stratified charge combustion 연소실 내에 혼합 가스의 농후한 부분과 희박한 부분을 만들어 착화하기 쉬운 농후한 부분에 점화하여 화염이 전파되도록 연소를 확산시키는 방법으로, 희박 연소의 가장 효과적인 수단으로 이용되고 있다.

성층 유리(成層琉璃) laminated glass 자동차의 창유리에 사용되는 것으로, 두 장의 판유리 사이에 합성수지 막을 끼워놓은 안전유리를 말한다. 유리를 강타하거나 사고 등으로 깨져도 파편이 분산되지 않도록 되어 있다. 같은 안전유리라도 '강화유리'는 판유리에 열처리를 가하여 만든 것으로 깨져 떨어질 때에는 날카로운 모가 없는 작은 파편으로 되어 위험이 적지만, 손상을 입었을 경우에는 전면에 걸쳐서 미세한 균열이 생겨서 전방을 볼 수 없게 되는 일이 있으므로, 전면 유리의 운전자 쪽에는 크게 금이 가고 시계(視界)를 유지할 수 있는 것을 사용한다.

성층 철심(成層鐵心) laminated iron core 얇은 몇 겹의 금속 또는 박판으로 만든 코일 또는 전자석의 코어(core)를 말한다.

성크 키 sunk key　묻힘 키라고도 한다. 축과 보스에 키 홈을 만들어 고정하는 것으로, 평키보다 큰 회전력을 전달하는 곳에 사용한다.

성형(星形) radial type　실린더가 크랭크축을 중심으로 방사선 모양으로 배치된 형식이다. 크랭크축과 크랭크 핀이 한 개이며 항공기 엔진에 사용된다.

성형 개스킷 molding gasket　액상 개스킷과 대조적으로 사용되는 용어로서, 종이 등의 섬유나 금속 고무 등으로 만들어진 개스킷을 말한다.

성형 결선(星形結線) star connection　다상(多相) 변압기 코일의 결선법(結線法)에서 많이 쓰이는 방법이다. 중성점(中性點)과 각 상(相) 사이에 코일을 배선한 것으로, 3상의 경우는 Y 결선이라고도 한다. 중성점에 접지를 시킬 경우에는 성형 결선을 사용해야 한다. 3상 회로로는 Y 결선과 델타 결선으로 변압기 자기력선속의 위상이 30° 어긋나는 것을 이용하여, 이 두 가지를 병용함으로써 3상 정류파형을 얻을 수도 있다,

성형 도어 트림 melded door trim　평면적인 도어 트림에서 팔걸이 등을 일체로 성형·조합한 입체적인 도어 트림을 말한다. 내장이 호화롭고 동시에 공간의 이용이 가능하다.

세계 랠리 선수권전 WRC ; World Rally Championship　랠리의 세계 선수권 시리즈로, 해마다 세계 각국을 돌며 약 10전씩 펼쳐진다. 극한 상황을 달리는 가혹한 이벤트이므로 자동차의 내구력이 중요시되는 경주이다.

세계 스포츠 프로토타입 카 선수권전 WSPC ; World Sports Prototype Car Championship　스포츠 프로토타입 카(서킷에서 속도 경주를 벌이기 위해 특별 제작된 2좌석 1인승 레이싱 카)로 겨루는 세계 선수권전으로, 해마다 약 10전씩 펼쳐진다. 예전에는 WEC로 불리다가 1986년부터 WSPC로 이름을 바꾸었으며 1991년부터는 WSC (World Sports car Championship)로 다시 이름이 변경되었다.

세계 투어링 카 선수권전 WTC ; World Touring car Championship　그룹 A 투어링카에 의한 세계 선수권 시리즈를 말한다. 유럽 선수권전인 ETC와 환태평양 선수권전인 PTC도 있다.

세그먼트 segment　(1) 서로 구분되는 기억 장치의 연속된 한 영역을 말한다. (2) 어떤 프로그램이 너무 커서 한 번에 주기억 장치에 올릴 수 없어, 갈아넣기 기법을 사용하여 쪼개었을 때, 나뉜 각 부분을 가리키는 용어이다. (3) 세그먼테이션 방식의 가상 기억 장치에서 사용되는 것으로, 페이징에서 페이지와 비슷하지만, 길이가 가변이고 기억 장치의 어느 곳에도 자리할 수 있는 기억 장소 영역을 기리키는 용어로, 한 세그먼트는 프로그램의 논리적인 한 구성 단위를 저장한다. (4) 계층 모형의 데이터베이스에서 여러 항목이 모인 레코드에 해당하는 단위이다.

세단 sedan　본래는 센터 필러가 있고 독립된 네 개의 도어가 있는 차의 대명사였으나, 지금은 하드톱이라도 네 개의 도어만 있으면 세단이라고 부른다. 세단은 미국식 승용차의 총칭으로, 같은 승용차를 영국에서는 '설룬(saloon)', 프랑스에서는 '베를리느', 이탈리아에서는 '베를리나', 독일에서는 '리무진'이라고 부른다. 세단의 으뜸가는 용도는 타는 것으로, 그 밖의 특징이 있는 형식에 속하지 않을 때 쓴다. 일반적으로 2도어, 4도어, 5도어 등 도어의 수로 전체의 모양을 나타낸다.

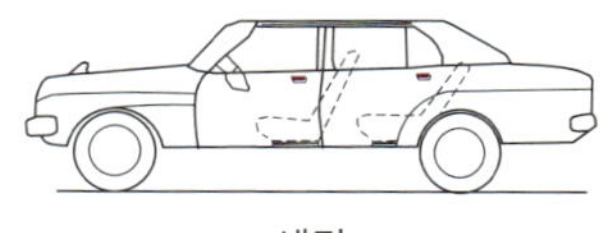

세단

세디먼터 sedimenter　연료에 포함되어 있는 물이나 침전물을 제거하는 장치로서, 일반적으로 연료 분사 장치를 설치한 엔진에 부착되어 있다.

세디먼트 sediment　축전지의 극판 및 격리판에서 셀 바닥에 떨어진 탈락 물질을 말한다. 또한 디젤 엔진의 연료 장치에 포함되어 있는 연료 탱크와 인젝션 펌프 사이에 설치되어 연료 속에 함유되어 있는 물을 여과시키는 일종의 필터로서, 하단부에는 고여 있는 물을 빼기 위한 드레인 플러그가 설치되어 있다.

세디먼트 트랩 sediment trap　　액체 속의 불순물을 비중의 차이에 의해 분리시키는 장치를 말한다.

세라믹 ceramics　　고온으로 만들 수 있는 무기 재료를 말하는데, 대표적인 것은 도자기이다. 자동차에서는 특수한 제조 방법으로 강하게 한 세라믹이 일부 사용되고 있어, 앞으로는 엔진 부품 등에서 금속을 대신할 것으로 기대된다. 가볍고 열에 의한 변형이 없는 것이 장점이다. 만일 세라믹 엔진까지 완성되면 냉각시키지 않아도 된다는 큰 이점이 생긴다.

세라믹 광센서 ceramic optical sensor　가시광(可視光)에서는 반도체에 빛을 조사(照射)해서 생기는 광전 효과 즉 광전도, 광기전력 또는 광전자 방사를 이용하여 검출되지만, 이 경우는 빛의 파장이 짧고 광자의 에너지가 크기 때문에 광센서를 잡음이 적게 작동시키고 상온(常溫)에서 사용해야 한다. 그러나 파장이 길고 광자의 에너지가 작아짐에 따라 광전 효과를 이용한 적외 광센서에서는 열 여기(熱勵起)로 말미암아 반송자를 감소시키기 때문에 액체 질소 또는 그 이하의 온도로 할 필요가 있다. 그래서 적외선 센서에서는 상온에서 사용할 수 있도록 열형 센서의 형식으로 광검출을 한다. 열형 센서에서는 적외선 광속(光束)이 갖는 열에너지에 의하여 우선 센서의 온도를 상승시키고, 그 결과 발생하는 물리 현상을 이용하여 적외선을 검지한다. 온도로 말미암아 일어나는 센서의 물리 현상인 가스 압력, 전기 저항, 기전력 및 초전 재료(焦電材料)의 표면 전하 등의 변화가 열형 적외선 센서에 이용된다. 티탄산연 ($PbTiO_3$), PZT 등의 세라믹 재료는 그 대표적인 예이다. 이상과 같이 재료로 세라믹스를 사용하여 빛을 검출하는 센서가 세라믹 광센서이다.

세라믹 글로 플러그 ceramic glow plug　금속을 예열하는 데 사용되는 플러그의 일종으로, 질화규소 중에 히터 와이어를 넣고 소성한 것을 말한다.

세라믹스 ceramics　　도자기·유리 및 시멘트 등 높은 온도로 처리하여 만들어진 무기 재료의 총칭이다. 특히 정제된 재료를 사용하여 정밀하게 만들어진 것을 파인 세라믹스라고 한다. 터보차저의 로터 등 고온에 강하며 강도가 높은 성질을 이용한 구조용 세라믹스와, 서미스터 온도계 등 전자기적인 특성을 이용한 기능성 세라믹스가 있다.

세라믹 엔진　　세라믹은 특수한 도자기 Al_2O_3을 재질로 하여 SiO_2 및 결합제로서 니켈이나 몰리브덴을 첨가한 분말을 섞어 소결해서 만든다. 비중 2.9~3.9, 내화 온도 1,800~2,000℃, 압축 강도 60~300 kg/mm이고, 발군의 내열성, 내부식성을 자랑하고 매우 가볍다. 소재로는 엔진의 실린더 블록 등에 적용될 가능성이 있고, 미래 엔진으로 기대할 만하다. 금속은 1,000℃ 이상의 고온에 견디지 못하기 때문에 현재의 엔진에서는 냉각용의 라디에이터가 필요하지만, 세라믹을 사용하면 이것이 불필요해진다. 가볍고 강도 높은 청정 에너지형의 세라믹 엔진이라고 할 수 있다. 세라믹은 점화 플러그의 절연 애자, 촉매의 담체(擔體), 로커 암의 슬리퍼 부(캠과의 접촉 부분) 등에 사용하고 있다.

세라믹 코팅 ceramic coating　　알루미나 지르콘, 지르코늄 등을 용융시켜 금속 표면에 분사하여 무기질 피복을 입힌 것으로, 발전 조정기, 전기 제품 등 기판의 절연에 많이 사용된다.

세라믹 터보차저 ceramic turbocharger　터빈 로터가 세라믹스로 만들어진 닛산의 터보차저 엔진의 이름이다. 고온의 배기가스에 노출되는 터빈 로터를 가볍고 열에 강한 파인 세라믹스(질화규소)로 만들어 경량화에 의하여 가속 반응을 시키는 것이 목적이다.

세라믹 파이버 ceramic fiber　　실리카-알루미나계 섬유로서 단열성, 전기 절연성, 화학 안정성이 우수하며, 1,000℃ 이상의 고온에서도 사용할 수 있다. 가전제품의 기판, 발전 조정기의 기판, 연료 펌프의 인슐레이터 등에 사용되고 있다.

세라믹 히터 초크 ceramic heater choke　자동적으로 초크를 작동시키는 장치의 하나이다. 전열식 자동 초크의 전열 대신에 세라믹 히터를 이용한다.

세레이션 serration　　톱니 모양의 이로, 축과 보스의 고정에 사용되고, 치형에는 3

각치와 인벌류트치가 있다.

세로 놓기형 엔진 lengthwise type engine
차의 진행 방향에 따라 엔진을 세로 방향
으로 싣는 방식의 엔진으로, 이때는 크랭
크샤프트의 방향이 세로로 된다. 가장 흔
한 방식으로, 엔진부의 두 측면에 여유가
생기고 정비하기에도 좋다.

세미 노치 백 semi-notch back　⇨ 세미
패스트 백

세미 드롭 센터 림 semi drop center rim
림 형상의 하나로 기호 SDC로 표시되며,
소형 트럭에 쓰인다. 한쪽의 림 플랜지를
제거할 수 있도록 되어 있으며, 이 플랜지
를 사이드 림이라고 부른다.

세미 리지드 액슬식 서스펜션 semi rigid
axle type suspension　⇨ 토션 방식 서
스펜션

세미 리트랙터블 헤드라이트 semi retract-
able head light　리트랙터블 헤드라이트
로, 헤드라이트의 아래 절반만 보이도록
되어 있는 것을 말한다.

세미메탈 개스킷 semi-metal gasket　⇨
매니폴드 개스킷

세미 보닛 카 1.5-box car　원 박스의 변형
으로, 엔진 룸의 반 정도가 전면으로 돌출
되어 차실의 스페이스가 크고, 안전성을
높이려는 목적으로 최근 소형 상용차나 레
저용 차에 등장하고 있다.

세미 실드 빔식 semi-sealed beam type
헤드램프 반밀폐식 전조등을 말한다. 렌
즈와 반사경은 일체로 되어 있으나 전구
는 별도로 끼우게 되어 있는 형식이다. 반
사경이 흐려지기 쉬운 단점은 있으나 전구
를 갈아 끼울 수 있는 장점이 있다. 일반
형은 필라멘트의 소손 방지를 위하여 전구
안에 가스를 채웠다.

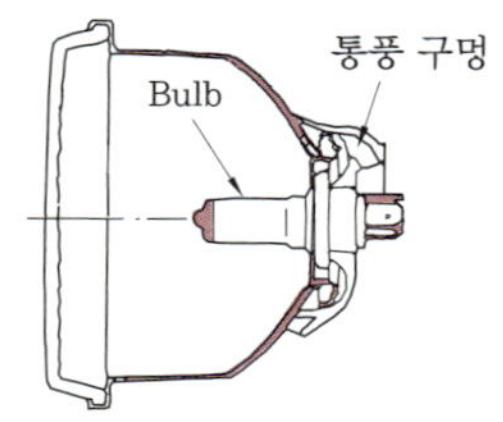

세미 실드 빔

세미 액티브 서스펜션 semi-active suspen-
sion　액티브 서스펜션은 공기 압력이나
유압으로 작동되는 액추에이터를 주로 사
용한다. 이에 비하여, 세미 액티브 서스펜
션은 스프링과 댐퍼를 사용하여 스프링 레
이트나 감쇠 특성을 컨트롤할 수 있도록 만
든 것이다. 세미 액티브 서스펜션은 조종
성, 안정성과 승차감의 균형을 좋게 유지하
는 것을 겨냥한 현가장치를 총칭한다.

세미 오토매틱 semi-automatic　풀 오토매
틱과 상반되는 말로서, 풀 오토매틱에서
는 주행 중에 가속과 감속 양쪽에 모두 자
동 변속하는 기능을 갖고 있으나, 세미 오
토매틱에서는 오토클러치 기능과 토크 컨
버터에 의한 무단 변속만으로 전역(全域)
을 커버하거나, 수동으로 기어를 실렉트
하여 달린다. 거꾸로 말하여 반수동식이
라고도 한다.

세미 오토매틱 트랜스미션 semi-automatic
transmission　세미는 반분(半分)을 뜻한
다. 클러치 페달이 없는 반자동화된 변속
기를 말하며, 자동 변속기의 변속을 수동
으로 행하는 것을 말한다.

세미 인티그럴형 파워 스티어링 semi-in-
tegral type power steering　동력 조향
장치 형식의 하나로, 일체형과 같이 조향
기어에 제어 밸브가 설치되어 있으나 동력
실린더는 다른 개소에 부착되어 있는 형식
이다. 지게차 등에 많이 사용되고 있다.

세미 콘솔 semi console　시프트 레버를
커버하고 있는 소형 콘솔 박스를 말한다.

세미 콘실드 와이퍼 semi concealed wiper
와이퍼 위치를 유리창 하단으로 위치시켜
고속 주행 때 공기 저항을 줄이고 바람 가
르는 소리를 최대한 적게 하도록 한 방식
의 와이퍼를 말한다.

세미 킬드강 semi killed steel　림드강과
킬드강의 중간 정도로 탈산한 강재를 말
한다.

세미 트랜지스터 방식 semi-transistor sys-
tem　보통 점화의 단점은 콘택트 포인트
의 접점이 불타 버리는 것으로, 이로 인한
접촉 불량이 시동 곤란, 출력 저하 등으로
나타난다. 세미 트랜지스터 방식은 1차 전
류의 단속(斷續)을 트랜지스터로 하고, 포
인트는 신호를 보내기만 하는 미전류(微
電流)로 하여 포인트가 타는 일을 적게 만
든 것이다.

세미 트랜지스터식 점화 장치 semi-transistor type ignition system 1차 전류의 단속은 트랜지스터가 하고 포인트는 신호를 보내기만 하는 미소 전류로 하여 포인트가 타는 것을 적게 만든 방식으로, 보통 점화의 단점은 콘택트 포인트의 접점이 타버리는 것으로 인한 접촉 불량이 시동 곤란과 출력 저하 등으로 나타나므로 이를 적게 하기 위해 사용된다.

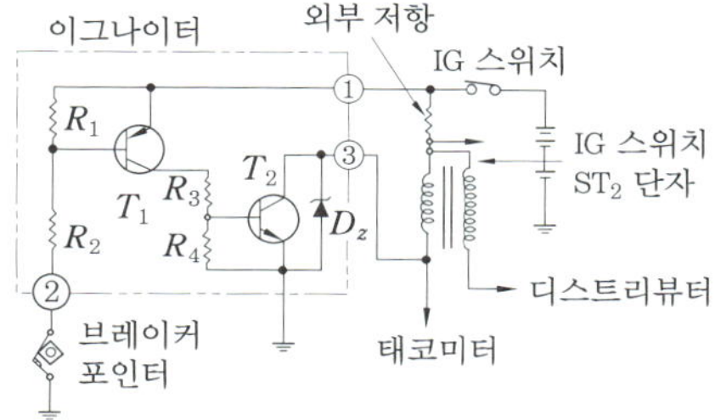

세미 트랜지스터식 점화 회로

세미 트레일러 semi-trailer 킹핀에 의해서 트랙터의 커플러에 걸게 되는데, 킹핀은 힌지에서 핀으로 커플링 홀 속에 삽입된다. 트레일러 프런트 측의 중량은 리지드 트럭의 적재 중심과 일치하여 커플러의 중심을 통하여 트랙터에 적재된다. 커플러 중심과 트랙터의 리어 액슬 중심 사이의 거리를 플러 오프셋이라고 한다. 프런트와 리어 액슬 사이에서 가장 효율적으로 트랙터에 트레일러의 하중을 분배하려면, 커플러 오프셋이 커플러의 적재 용량이 증가될 때 더 크게 이격되어 있어야 하고 적재 용량이 적어질 때 오프셋은 더 짧아진다.

세미 트레일링 암 방식 semi-trailing arm 현재 가장 많은 뒷바퀴 독립 현가 방식인데, 트레일링 암의 피벗 축이 진행 방향에 대하여 직각(이것을 0°로 한다)인 것과는 달리, 세미 트레일링 암 방식은 20°

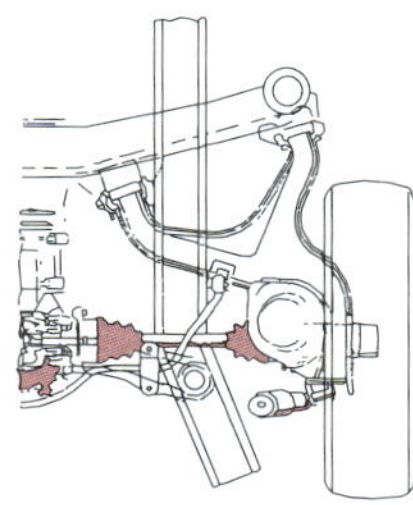

세미 트레일링 암 방식

에서 30°가 기울어져 있다. 이것은 트레일링 암식이 캠퍼 변화가 하나도 없는 것과는 달리 캠버가 변화한다는 뜻이다. 스윙 액슬의 피벗 축이 진행 방향과 평행(90°)이고 큰 캠버 변화를 일으키지만, 세미 트레일링 암은 스윙 액슬과 트레일링 암의 좋은 점을 따서 타협시킨 것이 장점이다.

세미 패스트 백 semi-fast back 자동차의 지붕에서부터 뒤끝까지 걸친 곡선이 패스트 백과 노치 백 중간의 기울기를 가진 스타일을 말하며, 세미 노치 백이라고도 한다.

세미 퍼머넌트형 부동액 semi-permanent anti freezing solution 부동액의 일종으로서 에틸렌글리콜이나 알코올에 염료와 안정제를 첨가한 것으로, 엔진의 냉각액에 30 % 정도 혼입하여 사용한다. 퍼머넌트형 부동액과 비교하면 가격은 저렴하지만, 알코올이 천천히 증발하므로 사용 도중에 부동액을 보충해야 하는 불편함이 있다.

세미 플로팅 액슬 semi-floating axle, alf-floating axle 반부동식 차축을 말한다. 일체 차축 현가장치(리지드 액슬)에서 휠을 차축에 부착하는 방법에 따라 분류되는 것으로, 전부동식 차축은 휠을 두 개의 베어링으로 액슬 하우징 끝에 부착하여 이것을 차축으로 구동하는 것에 비해, 반부동식 차축은 휠을 직접 차축에 부착하는 형식을 말하며, 승용차나 소형 트럭에 사용되는 방식이다. 전부동식 차축은 대형 트럭에 사용된다.

세브링 12시간 레이스 Sebring 12hour Race 미국 플로리다 주에서 열리는 스포츠카 레이스를 이른다. 비행장 터를 무대로 한 평탄한 코스(1주 7.82 km)에서 펼쳐진다. 1953년에 제1회 경주가 열려 미국의 스포츠카 레이스로 오래된 편이고, 유럽에서 참가하는 선수도 많아 세계적으로 인기 있는 이벤트였다. 1970년대 중반부터 세계 선수권으로부터 떨어져 나와 IMSA-GT 챔피언십의 1전이 되었다.

세이볼트 점성도계(粘性度計) saybolt viscometer 용기의 바닥에 작은 관을 코르크 마개로 막고 시료를 그릇의 윗면까지 채워 둔다. 그리하여 코르크 마개를 재빨리 빼고 작은 관을 통하여 시료 액체가 $60\,cm^3$ 흘러나가는 데 소요되는 시간을 측정하여 동적 점성도를 구한다. 이것을 세이볼트 초(秒)라 하며, 세이볼트 초와 동적 점성도의 관계는 환산표에 따른다. 시료의 그릇과 작은 관의 크기 등은 미국 ASTM-D88 규격에 정해져 있다.

세이볼트 초 SUS ; saybolt universal system　온도에 따라 오일의 점도가 변화되는 과정을 측정하는 방법으로, 오일의 온도를 0°F(-17.78℃), 100°F(70℃), 212°F(100℃) 등의 온도를 선택하여 60cc의 시험 오일이 지름 0.1765cm의 작은 구멍을 흐르는 시간(s)으로 그 점도를 측정하는 방법이다. SAE 10 오일은 60cc의 오일이 10초 동안 흘렀다는 것이다.

세이프트 4 도어　세이프트 홈을 가진 4 도어 세단을 말한다.

세이프티 기구 부착 파워 윈도　끼임 방지 기구가 부착된 파워 윈도를 말한다. 유리가 올라갈 때 삽입을 감지하면 자동적으로 약 150 mm 정도 유리를 내리는 것으로, 안전성을 높이기 위한 것이다.

세이프티 림 safety rim　타이어 비드가 얹히는 레지(ledge) 안쪽 가장자리에 험프(hump)를 가진 휠 림을 말한다. 험프는 타이어가 파열할 때 타이어를 림 위에 잡아 주는 데 도움이 된다.

세이프티 밸브 safety valve　액체에 의하여 발생된 초과 압력 또는 진공에 대비하여 탱크를 보호하는 역할을 하며, 자동으로 내부 압력을 안전 수준으로 조정한다.

세이프티 범퍼 safety bumper, federal bumper ⇨ 에너지 흡수 범퍼

세이프티 스탠드 safety stand　플로어 잭 또는 리포트를 사용하여 자동차를 들어 올린 후 그 중량을 지지하기 위하여 자동차 밑에 받치는 핀 또는 로크가 달린 장치를 말한다. 카 스탠드 또는 잭 스탠드라고도 한다.

세이프티 스텝 윈도 safety step window　프런트 사이드 윈도의 전방 하부에 스텝을 붙인 것으로, 측전방 시계를 향상시켰다 (스텝리스 차량보다도 시계가 5~7 향상). 이로 인해 좁은 곳에 주차할 때나, 좌우 회전 때 확인이 용이하며 안전성도 향상된다.

세이프티 컬러 safety color　황색 또는 오렌지색으로, 상해(傷害)나 사고를 방지하기 위해서 작업장이나 교통 표지판에 사용되는 색을 말한다.

세이프티 패드 safety panel　계기판(인스트루먼트 패널)을 형성하는 부분으로, 우레탄 폼을 연질 염화비닐로 싸서 마는 것이 대부분이다. 세이프티(안전)라고 하지만 통상의 세이프티 패드에서 충격 에너지의 흡수는 그다지 기대할 수 없다. 계기판 상부 등에는 충돌이 발생했을 때 승객 보호를 위하여 우레탄 등으로 감싼다. 이것은 안전성을 위한 것뿐만 아니라 실내의 안락한 분위기를 주기 위함이다.

세일런트 폴 타입 salient pole type　발전기용 로터의 한 형식으로, 이것을 사용한 예는 흔치 않다.

세제곱 인치 배수량 cubic inch displacement　피스톤이 하사점에서 상사점에 이르는 총 행정 기간 동안 배출할 수 있는 총 실린더 용량을 말한다. 이는 원통형의 체적과 같다.

세척 작용(洗滌作用) washing action　윤활유에 들어온 먼지, 수분, 금속 분말 등을 오일이 유동 과정에서 흡수하여 윤활부를 깨끗이 하는 작용을 말한다. 세척 작용이 되지 않으면 윤활부에 마멸이 현저하게 촉진된다.

세컨더리 밸브 로크 secondary valve lock　2배럴 카뷰레터식에서, 엔진이 더워지지 않는 상태에서 2차 스로틀 밸브가 열리지 않도록 고정(lock)하는 기구를 말한다. 2차 스로틀 밸브는 엔진을 고속 회전시키는 경우에 자동적으로 작동하도록 되어 있으나, 시동 직후 1차 벤투리에 초크가 작동하고 있는 상태에서 2차 밸브를 열면 초크의 효과가 약해지므로 이와 같은 기구를 갖춘다.

세컨더리 벤투리 secondary venturi　두 개 이상의 벤투리를 가진 복합형 카뷰레터에서, 엔진 회전이 낮을 때에는 작동되지 않고, 고속·고부하일 때 다량의 공기와 연료를 공급하기 위하여 사용되는 벤투리이다. 통상적으로 1차 벤투리의 스로틀 밸브 개도(開度)가 60° 이상이 되면 2차 스로틀

밸브가 열리기 시작하도록 되어 있다. 이 밸브를 강제적으로 여는 메커니즘을 킥업 기구라고 한다.

세컨더리 슈 secondary shoe　2번째의 슈라는 뜻으로, 드럼식의 듀오 서보 브레이크에 사용되는 두 개의 리딩 슈를 구별하기 위한 것이다. 회전 방향에 따라 드럼에 먼저 접하는 슈를 프라이머리 슈라고 하고, 이 슈에 밀려서 드럼에 접하는 슈를 세컨더리 슈라고 한다.

세컨더리 스로틀 밸브 secondary throttle valve　2차 벤투리에 설치되어 있는 스로틀 밸브로, 세컨더리 흡기 밸브라고도 부른다.

세컨더리 컵 secondary cup　유압 브레이크의 컨벤셔널 마스터 실린더의 푸시로드 가장 가까운 곳에 설치된 컵으로, 오일 탱크부터 공급되는 브레이크 오일을 밀봉하는 역할을 하는 것을 말한다.

세컨더리 흡기 밸브 secondary intake valve ⇨ 세컨더리 스로틀 밸브

세컨드 기어 second gear　수동 변속기에서 출발 후의 가속에 사용하는 것으로, 극히 저속의 주행이나 급경사를 등판할 때 사용되는 변속 위치를 말한다. 기어 비는 2 정도가 일반적이다.

세탄값 cetane number　(1) 단체 연료의 점화 성능을 나타내는 지시값으로, 세탄값이 높을수록 연료는 저온에서도 자연 점화(발화)된다. (2) 디젤 연료의 세탄값(디젤 연료의 노킹이 발생하지 않는 정도의 치수)을 말한다.

세탄값 향상제 cetane improver　디젤 연료의 안티 노크성을 향상시키는 첨가제를 말한다. 세탄값을 크게 하기 위하여 니트로 화합물이나 초산 알킬 화합물 등이 사용되며, 세탄 부스터라고도 불린다.

세탄 부스터 cetane booster　⇨ 세탄값 향상제

세탄 지수 cetane index　디젤 엔진에 사용되는 연료(경유)가 디젤 노크 현상이 잘 발생되지 않는 정도와, 착화성이 좋음을 나타내는 지수로서, 연료의 비중과 증류 성상(蒸溜性狀)에서 정해진 계산식에 의하여 얻어지는 지수이다. 세탄값과의 사이에 일정한 관계는 없다. 디젤 지수라고도 한다.

세트 라이트 베어링　기본 구조는 표준 휠 베어링과 같지만, 안쪽 레이스의 가장자리 부분을 표준 베어링보다 길게 하여 베어링의 프리로드를 비조정식으로 한 베어링을 말한다. 이 베어링의 적용에 의해 정비성의 향상을 꾀함과 동시에 베어링 및 허브와 너클에 높은 정도를 보유하게 하고, 적정한 프리로드를 주고 있다.

세트 백 set-back　한 바퀴가 반대쪽 바퀴에 비해 뒤쪽에 있는 상태를 말한다.

세트스크루 setscrew　축에 휠을 고정시키는 체결 나사로, 이 나사는 축에 접촉하여 고정시킬 때까지 나사를 타고 체결된다.

세틀링 settling　스프레이 건 컵의 안에서 안료 입자가 바인더로부터 분리되어 가라앉는 것을 말한다.

세팅 타임 setting time　분사 직후에는 용제의 증발이 활발하기 때문에 강제 건조에서는 이 시기를 벗어나 열을 가한다. 도장(塗裝) 종료로부터 열을 가할 때까지 일정한 시간 동안 방치하는 것을 세팅이라고 하며, 그 시간을 세팅 타임이라고 한다.

세팅 해머 setting hammer　판금용 해머. 판재의 모서리를 구부리는 데 사용한다.

세퍼레이션 separation　일반적으로 분리하는 것을 뜻하지만, 타이어 손상의 하나로 타이어를 구성하는 트레드, 카커스, 사이드 월 및 비드 등의 일부가 벗겨지는 것(剝離)을 말한다.

세퍼레이터 separator　(1) 전지의 양극과 음극의 단락을 방지하는 비전자 전도성 격막으로, 분리기라고도 한다. 이온 양도체 또는 이온 용액을 함침할 수 있는 고분자체가 많이 사용된다. 매트, 펠트, 시트 상이며, 때로는 구멍이 뚫린 파상판 등도 있다. (2) 철근 콘크리트 공사에서 철근 간의 간격이나 철근과 거푸집의 간격을 유지하기 위해 사용하는 받침 또는 부품을 이른다.

세퍼레이트 시트 separate seat　한 사람만 앉는 좌석으로, 벤치 시트와 대조적으로 사용된다. 각각 승객이 좋아하는 자세로 앉을 수 있도록 독립된 시트로, 리크 라이닝이나 슬라이드를 자유롭게 조절할 수 있도록 되어 있다.

세퍼레이트형 파워 스티어링 separate type power steering 링키지형 동력 조향 장치로, 제어 밸브와 파워 실린더가 별도로 조향 링키지에 조합된 것을 말한다. ⇔ 콤바인드형 파워 스티어링

세피아 Sephia　Style economy power hi-tech ideal auto의 합성어로서, 스타일, 경제성, 파워를 겸비한 첨단의 이상적인 자동차라는 뜻이다.

섹터 기어 sector gear　두 개 또는 그 이상의 톱니가 있는 활꼴 모양의 기어를 말한다.

섹터 축 sector shaft　섹터(기어)가 부착되어 있는 축으로, 스티어링 기어의 출력 축을 말한다.

센더 sender　(1) 송신기나 발신 장치로, 전기식 원격 게이지의 송신부에 쓰이는 것이다. 이 원리를 이용하여 전화의 자동 교환 방식에서 다른 장소로부터 수신한 신호를 일단 레지스터에 기억시킨 후 필요한 변환 조작을 하여 새로운 선택 신호로서 송출한다. (2) 자동차에서는 유압계, 수온계, 연료계 따위의 송신기에 쓰인다.

센더 게이지 sender gauge　센더를 이용한 게이지를 말한다.

센더 유닛 sender unit　수온계나 유압계, 연료계 등의 계기에서 변화량을 검출하는 부품을 말하며, 표시부(미터)를 리시버 유닛이라고 한다. 일반적으로 수온계에는 서미스터, 유압계에는 다이어프램과 바이메탈, 연료계에는 뜨개와 가변 저항을 많이 사용한다.

센딩 스위치 sending switch　압력 또는 기타 시스템의 상태를 탐지하여 그 상태를 나타내는 구성품이나 지시기로 신호를 보내는 제어 장치를 말한다.

센딩 유닛 sending unit　오일 갤러리 또는 냉각수 통로에 설치되어, 냉각수나 오일의 온도 또는 압력을 나타내는 라이트 또는 게이지에 신호를 보내기 위한 엔진센서를 말한다.

센서 sensor　(1) 감지기를 이른다. 온도·속도 또는 기타 작동 장치의 상태를 계측 제어 등 그 목적에 알맞은 전기 신호로 변환하는 소자 또는 장치를 말한다. (2) 빛이나 소리, 압력, 변위(變位), 진동, 자계 등 각종 물리량이나 이온, 가스 성분, 당분 등 여러 가지 화학량을 신호 처리하기 쉬운 전기나 빛의 신호로 변환하는 소자 또는 장치를 말한다. 인간의 감각 능력을 확대하기 위한 기술적 수단으로, 물리량을 감지하기 위한 것을 물리 센서, 또 화학량을 감지하기 위한 것을 화학 센서라고 한다. (3) 어떤 물리량을 전기 신호로 교환하는 것을 말하는데, 일반적인 센서로는 빛 센서, 압력 센서, 가스 센서 및 자기 센서로 분류되며, 최근에는 로봇의 고기능화로 시각 센서와 촉각 센서에 대한 관심도가 상당히 높아지고 있다. 이미지 센서와 적외선 센서, 자세 제어용 센서, 스마트 센서 등이 있다. (4) 전압, 온도 또는 압력에서의 변화와 같은 신호를 받아들이고 또 반응하는 장치이다.

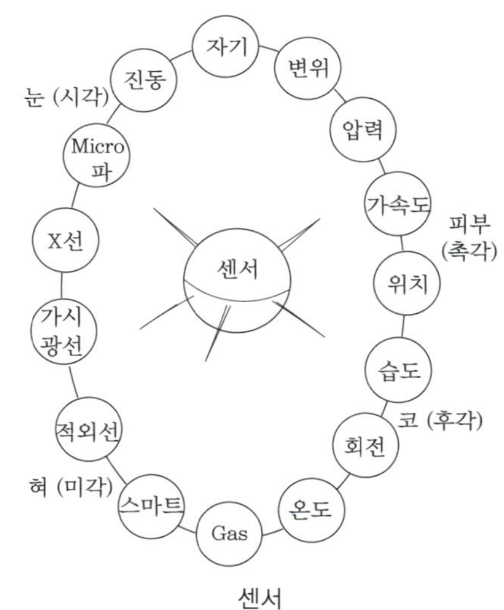

센서

센터 드릴 center drill　선반으로 절삭 작업을 하기 위하여 공작물에 중심 구멍을 뚫는 데 사용하는 드릴을 말한다.

센터 디스턴스 center distance　커넥팅 로드의 경우, 커넥팅 로드의 소단부 중심과 중심 간의 거리로, 커넥팅 로드의 길이라고 하며, 피스톤 행정의 1.5~2.3배 정도이다. 커넥팅 로드의 길이가 길면 측압이 작고 엔진의 높이가 높아지며, 저속용 장행정 엔진이 된다. 그러나 길이가 짧으면 측압이 많고 엔진의 높이가 낮아지며, 고속용 단행정 엔진이 된다.

센터 디퍼렌셜 center differential   로크 방식 풀타임 4WD 센터 디퍼렌셜을 사용하고 있는 풀타임 4WD 차량에서는 눈길이나 진흙길 등에서 전륜 또는 후륜이 미끄러져 공전하는 경우, 센터 디퍼렌셜의 차동 기능을 제한할 필요가 있지만, 이러한 제한을 하는 데 있어서 운전자가 스위치를 조작해서 센터 디퍼렌셜을 로크하는 방식의 4WD를 말한다.

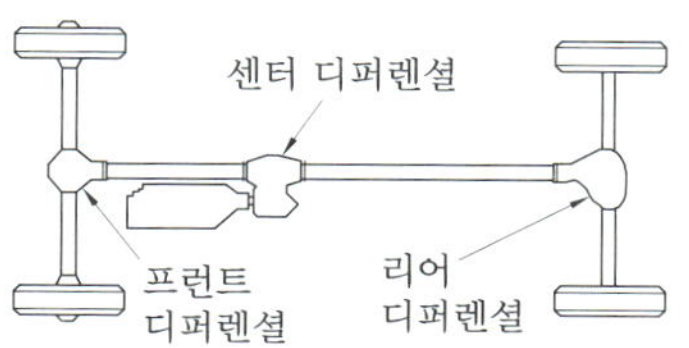

센터 디퍼렌셜 설치

센터 디퍼렌셜 로크 기구   센터 디퍼렌셜의 기능을 ON, OFF하는 기구를 말한다. 보통 때에는 센터 디퍼렌셜의 기능을 ON(해제)으로 하여 전후륜의 회전 속도 차이를 흡수하지만, 진흙길이나 눈길에서의 주행 시 그리고 긴급 탈출 시에는 센터 디퍼렌셜의 기능을 OFF(고정)시켜서 주파성을 높인다.

센터 디퍼렌셜 클러치 center differential clutch   구동력을 센터 디퍼렌셜에 따라 앞뒤로 배분하는 형식의 풀타임 4WD용으로, 유압 답판 클러치에 의하여 차동 제한을 한다.

센터 래크 center rack   래크는 물건을 두는 선반을 말한다. 인스트루먼트 패널 중앙 하부에 설치되어 작은 물건을 두는 곳으로, 라디오 등의 장착 공간으로 이용할 수 있다.

센터 로크 center lock   휠을 한 개의 트로 허브에 고정하는 방식으로, 레이싱 카에서 타이어 교환을 신속히 하기 위하여 사용되며, 허브의 연장 부분에 나사를 내어 큰 너트로 조이도록 되어 있다. 스포츠카에서는 구동력이 걸렸을 때 너트가 조여지는 방향으로 나사를 만들어 주행 중에 풀어지지 않도록 자동차의 왼쪽을 오른나사(오른쪽으로 돌리면 조여지는 나사)로, 오른쪽을 왼나사로 하는 것이 보통이며, 포뮬러 카에서는 반대로 브레이크를 걸었을 때에 조여지도록 왼쪽을 왼나사,

오른쪽을 오른나사를 사용한다.

센터링 게이지 centering gauge   보디 하부의 좌우 대칭 구멍에 걸어 언더 보디의 센터 라인을 나타내는 게이지이다. 보디를 수정할 때 자주 사용되지만, 보는 방법에 따라 오차가 나기도 하고, 부착 구멍의 상태에 따라 사용할 수 없는 경우도 있다.

센터 바이저 center visor   운전석 쪽 선 바이저와 조수석 쪽 선 바이저 사이로 들어오는 직사광을 차단하기 위해 설치된 차광판으로, 선 바이저 차광성을 더욱 높인다.

센터 밸브식 마스터 실린더 center valve type master cylinder   브레이크 마스터 실린더 형식의 하나로서, 실린더의 선단에 급유구와 밸브가 설치되어 있다. 브레이크 페달을 밟아 피스톤이 실린더 내를 진행하면 밸브가 닫혀 유압이 상승되지만, 브레이크를 풀어 주면 리턴 스프링으로 피스톤을 원위치에 되돌아가게 한다. 동시에 밸브가 열려 오일도 원위치로 되돌아가는 구조로 되어 있다.

센터 베어링 center bearing   앞 추진축과 뒤 추진축의 중간을 지지하는 것으로, 스플라인 축을 잡고 있는 이 베어링은, 주로 볼 베어링으로 되어 있고, 그리스가 채워지며, 리테이너로 밀봉되어 있다. 이는 지지 브래킷을 통해 차체에 고정된다.

센터 볼트 center bolt   여러 장의 판스프링 중심을 고정시켜 흐트러지는 것을 방지하는 볼트로, 센터 볼트가 파손되면 도그 트랙 현상이 발생된다.

센터 브레이크 center brake   일반적으로 버스나 트럭에 많이 사용하며 변속기 뒷부분에 설치되어 있는데, 주차 브레이크 레버를 당기면 로드를 거쳐 오퍼레이팅 캠이 작동하여 브레이크 밴드가 드럼을 밀착시킴으로써 제동 작용을 하게 된다.

센터 암식 스티어링 링크 장치 center arm type steering link system   조향 링키지의 하나로, 차체의 중앙 고정축 주위에 움직이는 암(센터 암)을 설치하고, 이 암 좌우의 너클 암에 타이로드를 연결하여 조향하는 방식이다.

센터 캡 center cap   휠 중앙에 있는 허브 구멍을 덮는 뚜껑을 말한다.   ⇨ 휠 캡

센터 콘솔 center console　콘솔은 '박스'라는 뜻으로, 좌우 시트 사이에 설치된 상자를 가리킨다.

센터 펀치 center punch　공작물의 중심이나 드릴링 가공의 중심을 내는 데 사용하는 펀치를 말한다.

센터 포인트 스티어링 center point steering　킹핀 오프셋이 0에 가까운 앞바퀴 얼라인먼트를 말한다. 제로 스크러브라고도 한다. 조향하면 휠은 타이어의 접지 중심을 축으로 하여 돌아가므로, 주행 중 조향 핸들이 가볍고 노면에서의 킥 백도 적지만, 정지 상태에서 조향할 때는 트레드 면을 비트는 것처럼 되어 조향 핸들이 무거워진다.

센터 플로어식 파킹 브레이크 center floor type parking brake　브레이크 레버가 운전석과 동승석 사이에 설치되어 있는 파킹 브레이크로, 세퍼레이트 방식의 앞좌석에 많이 설치되고 있다. 레버를 잡아당기면 브레이크가 작동하고 래칫(ratchet)에 설치되어 있는 톱니에 의하여 브레이크가 걸린 상태로 고정된다. 브레이크의 해제는 레버 끝의 버튼을 눌러 톱니를 래칫으로부터 푼다.

센터 필러 center pillar　승용차의 좌우 중앙부에 설치되어 지붕을 받치고 도어를 유지하는 기둥을 말한다. 필러는 지주(支柱)를 뜻하며, B필러 또는 B포스트라고도 불린다.

센트리퓨걸 거버너 centrifugal governor　디젤 엔진의 연료 분사 펌프 축에 설치된 기계식 조속기로서, 원심식 조속기라고도 한다. 엔진 회전 속도 변화에 따른 원심 추(거버너 웨이트)의 원심력 변화를 이용하여 연료 분사량을 조절한다.

센트리퓨걸 거버너 어드밴서 centrifugal governor advancer　배전기에 설치된 원심식 진각 장치를 이른다. 엔진의 회전 속도가 빨라짐에 따라 배전기 축에 설치된 원심 추(거버너 웨이트)의 원심력을 이용하여 배전기 캠의 위치를 배전기 로터가 회전하는 방향으로 이동시켜 점화 시기를 빠르게 조정하는 장치를 말한다.

센트리퓨걸 스파크 어드밴서 centrifugal spark advancer　원심식 점화 진각(進角) 장치를 말한다. 디스트리뷰터 안에 설치되며, 회전 속도가 올라감에 따라 자동적으로 점화 시기를 진각(내연 기관에 장치되어진 디스트리뷰터의 점화 시기를 빠르게 한 상태)하는 장치로서, 점화 타이밍을 조정하기 위해 원심 추를 사용한다.

센트리퓨걸 펌프 centrifugal pump　엔진의 냉각수 통로에 원심력을 이용하여 냉각수를 순환시키는 원심력 펌프를 말한다. 밀폐된 그릇에 물을 가득 채운 다음 내부에서 날개를 회전시키면 그릇 주위의 압력은 높아지고 중앙부는 낮아진다. 중앙부와 외부에 호스를 설치하면 중앙부에는 흡입되고 외부로는 물을 송출하게 된다.

센트리퓨걸 포스 centrifugal force　물체가 원운동을 하고 있을 때 그 물체에 작용하는 원심력으로 원의 중심에서 멀어지려고 하는 힘을 말한다.

센티 스토크스 CST ; centi stokes　작동 점도 계수의 단위이다.

셀 cell　(1) 배터리 격실 내 전해액 속에 양극판과 음극판 군을 이루고 있는 하나의 최소 유닛으로, 산/물 용액(전해액)으로 덮인 양극과 음극판으로 구성되어 있다. 차량 배터리에서 각 하나의 셀은 약 2볼트의 전압을 발생하며, 12볼트 시스템에는 6개의 셀이 배터리 내에 직렬로 연결되어 있다. (2) 점화 플러그의 셀은 외각 부분을 이루고 있는 강재(鋼材)로, 아랫부분에는 나사 피치가 있고, 접지 전극이 용접되어 있다. 또한 윗부분은 실린더 헤드에 조립할 때 렌치를 사용하기 위해 육각으로 되어 있다.

셀 다이너모 cell dynamo　오토바이의 기동 전동기로서, 크랭크축에 연결되어 시동할 때에는 기동 전동기의 기능을 하고, 운전 중에는 발전기 기능을 한다.

셀렌 selenium, 圖 Selen　희귀 원소로서 원자 번호 34, 원자량 78.96, 기호는 Se를 사용한다. 금속 셀렌은 회색의 고체로서, 빛에 대한 감도가 좋으며, 황(S)과 비슷한 성질을 가지고 공기 속에서 푸른 불꽃을 일으키며 연소한다. 광전지, 유리의 탈색, 합금 재료, 사진 전송 또는 셀렌과 철을 접합하여 정류기로 사용한다.

셀렌 광전지(光電池) selenium photocell

광기전력 효과를 이용한 광센서의 일종으로, 셀렌 셀이라고도 한다. Al 기판 등의 한쪽 면에 Se 또는 Te를 함유한 Se를 진공 증착하고, 이것을 열처리로 다결정화한 막 위에 전극을 겸한 투명 도전막 (CdO)을 스퍼터링에 의하여 형성한 구성으로 되어 있다. 분광 감도는 가시광 영역에 있고, 보통의 광전 감도는 500 μA·lm−1 정도지만, 높은 조도(照度)에서는 떨어진다. 일찍부터 실용화되어 노출계나 광 검출, 광도 및 조도 등의 측정 검출 소자로 사용되고 있다.

셀렌 셀 selenium cell 셀렌(Se)을 사용한 광전지를 말한다. 즉, 셀렌 광전지가 대표적인 것이지만, 셀렌을 사용한 가시광선 센서도 포함된다. 셀렌의 스펙트럼 감도는 가시광과 일치하기 때문에 색 센서 셀로서도 주목되고 있다. 또 이전에 셀렌의 습도 센서로 개발되었지만, 현재는 거의 사용되지 않는다.

셀렌 정류기 selenium rectifier 셀렌 정류기는 철판이나 니켈 판에 셀렌을 녹여 붙여 셀렌 막을 만들어 교류를 가하면 전류는 셀렌 막 방향으로만 흐른다. 이 성질을 이용하여 사용 전류 및 전압에 따라 셀렌 막을 알맞게 겹쳐 만든 것이다.

셀룰러 라디오 시스템 cellular radio system 자동차용 전화 방식의 하나이다. 자동차 전화의 서비스 공간에서 상호 간섭을 받지 않는 간격에 서비스 지역을 분할하여 (분할된 하나의 존을 셀이라고 함) 각 지역을 커버하는 기지국을 배치한다. 이에 따라 격리된 존 내에서는 동일 주파수의 무선 회로를 사용할 수 있으며, 장치 전체에 할당된 무선 주파수의 사용 효율을 대폭 향상시킬 수 있다. 일본(NTT 방식), 미국(AMPS 방식, advanced mobile phone system), 영국(TACS 방식), 독일(CNET 방식), 북유럽(NMT 방식, nordic mobile telephone)의 각 장치는 모두 이 방식을 사용한다.

셀 커넥터 cell connector 납 합금을 만들어 축전지의 각 셀을 직렬로 연결하기 위한 것을 말한다.

셀 테스터 cell tester 셀 커넥터가 외부에 노출된 축전지의 셀당 전압을 측정하는 테스터이다. 셀당 전압이 0.05 V 이내이면 양호하고 0.05 V 이상이면 불량이므로 축전지를 교환한다.

셀프 다이어그노시스 self-diagnosis 자기 진단 기능을 말한다.

셀프 디스차지 self discharge 축전지를 사용하지 않아도 자연적으로 내부 방전에 의해서 기전력의 용량이 감소되는 것을 말한다.

셀프 레벨링 시스템 self leveling system ⇨ 하이트 컨트롤 시스템

셀프 로킹 너트 self-locking nut 주요 기능품이 체결되는 부분에 사용하는 너트로, 내부 나사산 전체 또는 일부분이 결합이 강한 고무로 코팅되어 있어 별도의 키를 고정시키거나 더블 너트 형식을 취하지 않아도 고정 위치에서 이완됨이 없다. 단 1회 사용 후의 너트를 풀었을 때는 셀프 로킹 너트로 재사용하는 것이 불가능하다.

셀프 로킹 스크루 self-locking screw 별도의 너트 또는 로크 와셔를 사용하지 않고 스스로 제 위치에 고정되는 나사이다.

셀프 로킹 장치 self-locking 자동 잠금장치로, 점화 스위치를 빼면 핸들이 잠기는 장치이다.

셀프 서보 효과 self-servo effect 막대 걸레의 손잡이를 잡고 바닥을 비스듬히 밀면서 앞뒤로 움직여 보면, 밀 때의 손의 느낌이 당길 때 손의 느낌보다 크다는 것을 알 수 있다. 이것은 밀 때의 마찰 저항으로 막대 걸레의 끝이 지면을 파고드는 힘(손을 지점으로 하고 막대 걸레의 끝을 역점으로 하는 모멘트)이 생기기 때문이며, 이 원리에 의하여 얻어지는 힘의 증대 효과를 자기 배력 효과라고 한다. 이 현상을 이용하여 브레이크 힘을 크게 한 것이 셀프 서보 브레이크이다.

셀프 실 패킹 self-seal packing O링, 립 실(lip seal) 등과 같이, 오일의 압력에 의해서 밀봉되는 패킹을 말한다.

셀프 얼라이닝 기구 self aligning system 발진·선회·제동에 의해 타이어에 가해지는 외력을 효과적으로 억제하고 타이어를 항상 진행 방향으로 유지하는 서스펜션 기구로, 액티브 Ⅳ는 4IS의 더블 위시본식 리어 서스펜션이 갖는 토인 보정 기

능이 여기에 해당된다. 발진·선회·제동에 의해 타이어에 가해지는 외력에 따라서 트레일링 암이 작동하고, 타이어가 항상 진행 방향으로 유지되기 때문에 직진 안정성, 선회 안정성, 조정 안정성을 향상시킬 수 있다.

셀프 얼라이닝 토크 self aligning torque 타이어가 슬립 각을 갖고 회전할 때, 코너링 포스의 착력점(着力點)이 타이어의 접지 중심점과 일치하지 않기 때문에 접지 중심 주위에 슬립 각을 작게 하려는 방향으로 토크가 작용한다. 이것을 셀프 얼라이닝 토크라고 한다. 얼라이닝의 'align'은 '곧바로 한다'는 뜻으로, 셀프 얼라이닝 토크는 타이어가 스스로 곧바로 달리는 방향으로 되돌아오도록 토크한다는 뜻이다. 복원(復元) 토크라고도 한다.

셀프 캔슬 기구 self cancel fixture 도어가 열린 상태에서 실내의 노브를 잠근 상태로 도어를 닫아도 잠기지 않도록 되어 있는 기구를 말한다. 노브를 잠근(lock) 상태에서 도어를 닫으면 그대로 잠기는, 셀프 로크 기구와 대조적으로 사용되는 용어이다.

셀프 태핑 스크루 self-tapping screw 나사가 없는 구멍에 돌리면서 박을 때 스스로 나사를 깎으면서 들어가는 나사를 말한다.

셔틀 밸브 shuttle valve 두 개 이상의 입구와 한 개의 출구가 설치되어 있으며, 출구가 최고 압력의 입구를 선택하는 기능을 가진 밸브를 말한다.

셔틀 버스 shuttle bus 일정 구간을 왕복하는 버스를 말한다.

션트 레지스터 shunt register 전류계의 최대 눈금값 이상의 전류를 측정하기 위해서 피측정 전류의 일정 비율만을 전류계에 흐르도록 계기와 병렬로 연결된 저항을 말한다. 저항은 계기 내부에 내장되어 있는 것과 외부에 연결된 것이 있다.

션트식 shunt type 션트식은 전류식과 분류식을 모두 복합하여 만든 방식이다. 이 방식은 오일 성능은 좋으나 필터가 두 개 있어야 하는 점과 윤활 통로가 복잡한 단점이 있다.

셰드 테스트 shed test 차량을 차고 속에 격납하고 연료의 증발 가스 HC를 측정하는 테스트를 말한다.

셰이드 밴드 shade band 프런트 글라스, 리어 글라스 윗면에 설치된 띠 모양으로, 유리 색(블루, 브론즈 또는 차콜)이 짙은 부분을 말한다. 위쪽에서 강한 직사광선을 차단하고 드라이버의 눈부심을 차단하여 안전 운전에 도움이 된다.

셰이빙 shaving (1) 톱니를 절삭한 기어를 셰이빙 커터와 맞물려 한층 더 고정도(高精度)의 기어로 다듬질하는 것을 말한다. (2) 판금 가공에서 펀칭이나 구멍 뚫기를 한 제품의 절단면을 깎아 내어 깨끗하게 다듬질하는 것을 말한다.

셰이크 shake 고속 도로 주행 중에 스티어링 휠, 시트에서 작은 진동을 느끼기도 하는데, 이때는 플로어로부터 발에 불쾌한 진동을 느낄 수 있다. 또 콘크리트 도로를 주행할 때 노면의 요철에 의해 같은 현상이 발생된다. 이것을 셰이크라고 한다. 셰이크에는 프런트 셰이크와 좌우 셰이크의 두 가지가 있는데, 보디의 굽힘 진동에 관련한 것이 프런트 셰이크이고, 보디의 비틀림 진동에 관련한 것이 좌우 셰이크이다.

셰이크다운 shakedown 새롭게 만들어진 배나 비행기를 시운전하는 것을 말하며, 자동차에서는 제작된 다음 처음으로 주행하는 것을 말한다. 특히 레이싱 카를 서킷에서 최초로 주행할 때 사용하는 말이다.

셰이퍼 shaper 테이블에 공작물을 고정한 후 이송시키면서 램에 설치된 바이트가 좌우 왕복할 때 평면 또는 홈 등을 절삭하는 공작 기계이다. 셰이퍼의 크기는 테이블의 최대 이동 거리 또는 램의 최대 행정으로 나타낸다.

셸몰드법 shell moulding 규소, 모래 또는 열경화성의 합성수지와 혼합한 분말을 가열된 금형에 뿌려 두 개의 주형을 만들어 용용 금속을 넣어 주물을 만드는 방법을 이른다. 주형을 신속하게 대량 생산할 수 있고, 정밀도가 높으며, 주조면(鑄造面)의 표면이 아름답고 기계 가공을 하지 않아도 사용할 수 있는 장점이 있다.

셸 베어링 shell bearing 미끄럼 베어링의 가장 일반적인 형태이다. 마주 볼 수 있도록 둘로 나누어진 반원형의 하우징으로 베어링 재료를 녹여 붙인다.

셀 보디 shell body　자동차 메이커의 조립 라인에 쓰이는 용어로서, 의장품이 장착되지 않은 도장(塗裝) 전의 판금 차체를 말한다. 보디 셀로 단어의 순서가 바뀌면 일반적인 자동차 본체를 뜻한다. 셀은 '조개'라는 뜻이다.

셀프 라이프 shelf life　어떤 물건이 열화(불량화)되기 전에 사용하지 않고 저장될 수 있는 시간 길이를 말한다.

소결(燒結) sintering　포러스 재료를 형성하기 위해 금속을 녹이지 않고 하나로 용접하는 것을 말한다.

소결 용제(燒結鎔劑) sintered flux　서브머지드 용접용 용제의 한 종류로, 입상 원료에 액상 고착제를 혼합하여 다져서 킬론 등을 사용하여 조립 및 소결을 행한 후, 부풀어진 만큼 입도를 조정하는 것을 말한다.

소기(掃氣) scavenging　연소실에 흡입되는 혼합 가스에 의하여 연소 가스를 밀어내는 것으로, 사이클 엔진에서는 소기를 어떻게 행하는가에 따라 엔진의 성능이 좌우된다. 영어로 스캐빈징이라고 한다. 소기류(掃氣流)가 흐르는 방법은 실린더의 횡단 방식으로 흐르게 하는 횡단식(크로스식), 세로 방향으로 흐르게 하는 단류식(유니플로식), 또한 한쪽으로 들어간 새로운 공기가 반대쪽 실린더 벽으로부터 되돌아 나와서 같은 쪽으로 연소 가스를 밀어내는 루프식 등 3가지 방식이 있다.

소기 작용(掃氣作用) scavenging action　소기 작용은 소기 펌프에 의해 대기 압력 이상으로 압력이 가해진 새로운 공기를 실린더 내에 밀어 넣는 작용으로, 폭발 행정의 끝에서 피스톤이 소기 구멍을 열면 연소 가스의 자체 압력으로 배기가 시작되고 새로운 공기가 흡입된다. 소기 작용은 2행정 사이클 엔진의 성능을 좌우하는 중요한 작용이다.

소기 포트 scavenging port　2사이클 엔진의 실린더 벽에 설치되어 있는 혼합 가스의 흡입 구멍을 말한다. 2사이클 엔진에서는 폭발 행정 후 연소실로 새로운 공기의 도입과 연소 가스의 배출이 동시에 이루어지기 때문에, 연소실을 깨끗이 한다는 뜻

에서 소기(掃氣)라고 한다.

소기 효율(掃氣效率) scavenging efficiency　2사이클 엔진에서 배기가 끝날 때까지 연소실 내의 가스 전체 중량에 대하여 흡입된 새로운 가스 중량이 점유하는 비율을 말하며, 소기 작용의 우수성에 대한 기준이 된다.

소나 sonar　음파를 이용하여 바닷속에서 물체를 발견하여 그 위치를 탐지하는 기기로, 'sound navigation and ranging'의 머리글자를 딴 말이다. 좁은 의미로는 음향 측심기이며, 어군 탐지기는 소나의 일종이다. 또 널리 수중 청음기를 소나라고도 한다.

소다 전지 caustic-cell　탄소를 양극으로 하고 아연을 음극으로 하여 소다를 전해액으로 사용한 전지로서, 자기 방전이 적고 전압 변동이 작으므로 신호용 전등 등에 이용된다.

소단부(小端部) small end　커넥팅 로드에서 피스톤 핀이 설치되는 부분을 말한다.

소르바이트 sorbite　시멘타이트가 입상을 나타내고 성장하고 있는 마텐자이트의 템퍼링 최종 조직으로, 인성(靭性)도 있고 경도도 높다.

소리의 3요소　음을 특징을 나타내는 데는 음의 높이, 음의 강도, 음색 등 3가지가 필요한데, 이것을 소리의 3요소라고 한다. 음의 높이 → 진동수, 음의 강도 → 진폭(소리 에너지), 음색 → 스펙트럼이라고 한다.

소모 노즐 consumable nozzle　용접용 와이어를 용접부에 안내하는 금속관으로 용융하여 용착 금속의 일부로 되는 것을 말한다.

소모 노즐 식 일렉트로 슬래그 용접 consumable nozzle electro-slag welding　소모 노즐을 사용하는 일렉트로 슬래그 용접을 말한다.

소성 가공(塑性加工) plastic working　소성을 가진 재료에 소성 변형을 주어 목적하는 제품을 만드는 작업 기술을 말한다. 소성 가공은, 성형되는 치수가 정확하고 금속의 결정 조직을 개량함으로써 강한 성질을 얻게 되며, 수리가 용이하고 재료를 경제적으로 사용할 수 있는 장점이 있다.

소성 변형(塑性變形) plastic deformation　재

료에 가해진 하중이 탄성 한계 이상이 되면, 그 하중을 제거해도 재료는 원상으로 돌아가지 못하고, 변형의 일부는 영구적으로 잔류한다. 이 잔류하는 부분의 변형을 소성 변형이라고 한다.

소염 작용(消炎作用) quenching action　소염이란 화염이 확산되지 못하도록 방해하는 것을 의미한다. 압축된 혼합 가스 중에 노출된 점화 플러그 전극 사이에 불꽃이 발생되면 불꽃 중에서 작은 화염 핵이 형성된다. 이 화염 핵은 주위의 혼합 가스나 점화 플러그의 전극에 의해 냉각되어 화염 핵의 열량이 적어지면 화염이 확산되지 못하고 소멸되어 점화가 발생되지 못하는 작용을 말한다. 또한 화염 핵이 주위의 혼합 가스나 점화 플러그 전극에 의하여 냉각되지만, 불꽃 에너지와 화염 핵의 열량이 클 경우에는 연소 반응이 촉진되어 화염이 성장하고 불꽃이 소멸된 후에도 화면은 주위의 혼합 가스 중에 확산 전파된다.

소용돌이 발생체 vortex body　관로 속에 놓고 카르만 소용돌이를 발생시키기 위한 것으로, 와전류 유량계의 중요한 구성 요소이다. 강력히 안정된 소용돌이를 발생시키기 위해서 많은 연구가 진행되고 있지만, 가장 적합한 형상을 결정하는 일반 법칙은 아직 확립되지 않았다. 원기둥이나 직사각형 기둥, 대형(臺形) 기둥, 조합형 등 여러 가지가 고안되고 있다.

소용돌이 유량계 vortex flow meter　유체 내에 발생하는 카르만 소용돌이를 계수하여 유속을 측정하는 방식의 유량계를 말한다. 흐름 속에 원주 등의 물체를 놓으면 하류 쪽에 규칙적인 카르만 소용돌이가 발생하고, 물체는 흐름과 수직 방향으로 교번력(交番力)을 받는다. 소용돌이 주파수의 검출법으로는, 서미스터나 초음파

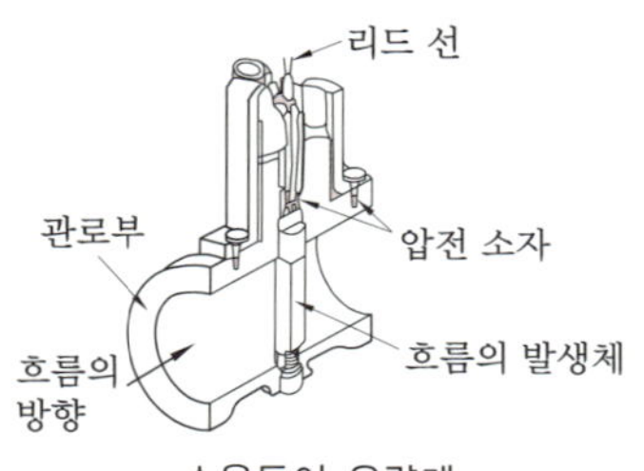

소용돌이 유량계

빔 등으로 유체의 진동 변위를 검출하는 방식과, 변형 게이지나 압전 소자 등으로 압력 변화를 검출하는 방식이 있다. 그림은 압전 소자를 사용한 유량계의 예이다. 공업용으로는 신호 처리 회로로 4~20 mA DC의 통일 신호로 변환하여 출력하는 것이 보통이다. 소용돌이 유량계는 범위 능력이 크고, 가동부가 없이 견고하여 액체나 스팀 측정에 널리 이용된다.

소음(騷音) noise　노이즈라고도 하며, 불규칙하게 뒤섞여 불쾌하고 시끄러운 소리를 말한다. 자동차에서 발생하는 소리 중에서 듣는 사람에게 불필요한 소리를 일컫는다.

소음계(騷音計) sound level meter, noise meter　소음의 크기에 상당하는 값에 근사한 물리량을 재는 계측기로, 정밀 소음계와 보통 소음계가 있다. 소음계의 성능을 지배하고 있는 것은 센서로서의 마이크로폰이다. 종래의 다이내믹형으로부터 콘덴서형으로 바뀌어 가고 있다. 그림에 소음계의 기본 구성이 나타나 있다.

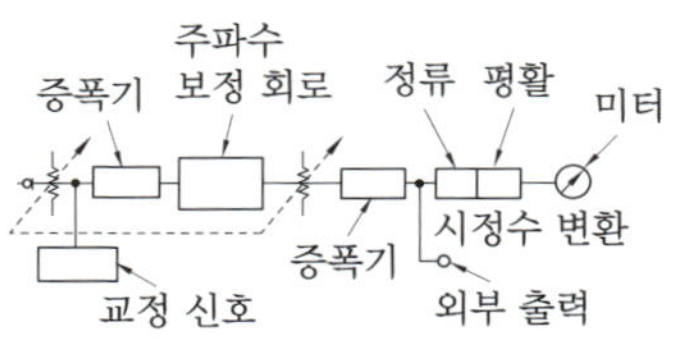

소음계의 기본 구성 블록도

소음기(消音器) muffler　소음기는 엔진에서 나오는 폭발 가스의 소음을 줄여 주기 위하여 만들어졌으며, 배기 파이프에서 나오는 가스를 순간적으로 머물게 하여 소음을 감소시키게 하였다.

소음 레벨 noise level　노이즈 레벨이라고도 하며, 소리를 소음계로 측정해서 얻어지는 값으로 데시벨(dB) 또는 폰(phon)으로 나타낸다. 낮은 주파수 음에 대하여 사람 귀의 감각에 가깝도록 소음계의 회로로 음의 레벨을 수정한 것을 A 특성의 보정을 행한 소음 레벨이라고 하는데, 예를 들면 70 dB(A)와 같이 표시된다.

소자(素子) element　부품 구성의 최소 단위의 것으로, 소자를 더욱 분해하면 기능을 갖지 못하게 되는 것을 말한다. 다이오드, 트랜지스터나 저항, 콘덴서 등의 회로

부품을 지칭한다. 그러나 트랜스와 같이 코일과 철심 등으로 구성된 것은 소자라고 하지 않는다.

소착 seizure　기계 가공 시에 칩이나 주물사 등 이물질이 기관 안에 남아 있다가 운전할 때에 베어링 속에 끼어들어 눌어붙게 되는 현상으로, 기계 가공 때 축의 다듬질이 잘못되거나 오일 팬 안의 오일 부족 또는 오일의 점도 선택이 잘못된 경우에 발생할 수 있다.

소켓 socket　(1) 전구 또는 플러그를 회로에 접속시켜 전류가 흐르도록 하는 구멍이 만들어진 전기용품을 말한다. (2) 두 개의 파이프를 연결하기 위하여, 양쪽 끝에 나사 피치가 만들어져 있는 짧은 튜브를 말한다.

소켓 렌치 socket wrench　단독으로는 사용할 수 없으므로 각종 핸들과 결합하여 사용하는 공구로서, 부품을 분해하거나 조립할 때 많이 사용한다.

소켓 유니버설 조인트 socket universal joint　플렉스 렌치와 같은 역할을 하는 것으로, 여러 종류의 소켓 렌치를 연결하여 사용한다.

소킹 충전 soaking charge　극판의 과도한 황산화(유산화) 현상을 방지하기 위해 오랫동안 낮은 율로 배터리를 충전하는 것을 말한다.

소포제(消泡劑) antifoaming agent　유해한 기포를 제거하는 데 사용되는 약품이다. 소포제로는 일반적으로 휘발성이 적고 확산력이 큰 기름상의 물질 또는 수용성의 계면 활성제가 이용된다.

소프트 개스킷 soft gasket　⇨ 매니폴드 개스킷

소프트 게이트 제어 soft gate drive　사이리스터의 게이트에 전류의 최댓값과 상승률 모두를 작은 전류가 흐르도록 하여 턴 온(turn on)하는 것을 말한다.

소프트 바이크 soft bike　배기량 50 cc 이하의 원동기가 장착된 자전거를 말한다. 패밀리 카로서 노약자들에게 널리 애용되고 있으며, 스쿠터형으로 되어 있는 것이 많고, 3륜으로 되어 있는 것도 있다.

소프트 오픈 글로브 박스 soft open glove box　글로브 박스 양 사이드에 각 한 개씩의 에어 댐퍼를 장착해서 개폐감을 향상시킨 것을 말한다.

소프트 이젝트 방식 컵 홀더　스프링을 내장해서 푸시 오프 구조로 한 컵 홀더를 말한다.

소프트톱 soft-top　부드러운 범포(帆布)나 가죽제의 개폐식 지붕을 가진 컨버터블을 말한다. ⇨ 컨버터블

속도(速度) velocity　(1) 운동을 하거나 진행되는 것의 빠르기를 말한다. (2) 물체의 운동을 나타내는 양으로 크기와 방향이 있으며, 크기는 단위 시간에 통과한 거리와 같고, 방향은 경로(經路)의 접선(接線)과 일치한다. (3) 시간에 대한 변위의 비율로, 단순히 빠른지 느린지의 정도를 빠르기라고 하며, 이것에 방향을 합하여 생각한 양을 속도라고 한다.

속도 감응식 파워 스티어링 progressive power steering　고속 주행 때 파워 스티어링에 파워의 보조를 줄여 핸들이 너무 쉽게 꺾이지 않도록 한 것으로, 이런 작용을 속도를 기준으로 삼아 어느 속도 이상에서는 파워의 보조를 덜게 한 것을 속도 감응식 파워 스티어링이라 하고, 엔진 회전수를 알아보아 일정 회전수 이상에서 핸들이 너무 가벼워지지 않게 한 것을 회전수 감응식 파워 스티어링이라고 한다.

속도 경보 장치(速度警報裝置)　자동차가 지정된 최고 속도를 넘었을 때 경보를 발생하는 장치이다. 경보로는 버저, 차임벨 및 스피커에 의한 음성 등이 있다.

속도계(速度計) speedometer　모든 차에 붙어 있는 계기로 우리나라, 일본, 독일 등에서는 km/h, 미국에서는 마일/h로 표시하는 것이 보통이다. 속도 표시의 오차는 플러스마이너스 5 %이다. 실제 수치보다 빠른 수치가 표시되는 일이 많다. 속도계에는 주행 거리의 합계를 표시하는 적산계와 속도 경보 장치도 내장되어 있다.

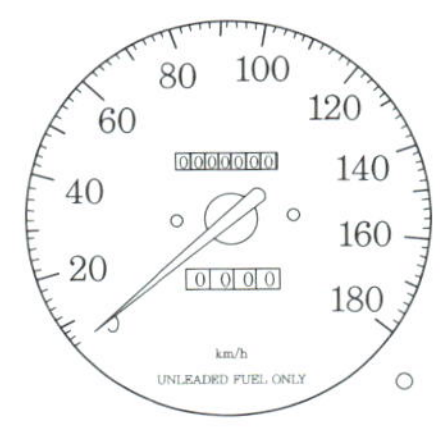

속도계

시속 100 km를 넘으면 속도 경보 장치가 소리나 빛으로 경고한다.

속도 계수(速度係數) speed factor　구름 베어링의 설계에서, 사용하는 회전 속도에 따라 베어링의 수명 시간이 변화된다. 따라서 회전수를 고려하여 500시간의 정격 수명을 부여하는 부하 용량을 구할 때 기본 정격 하중에 곱하는 계수를 말한다.

속도 밸브 velocity valve　스로틀 축이 약간 편심으로 설치되어 있어 이곳을 지나는 공기압에 의해 밸브를 열도록 된 것을 말한다.

속도 변동률 speed regulation　(1) 조속기 작동의 양부를 판단하는 척도를 일컫는다. 디젤 엔진의 연료 분사 펌프에 설치되어 있는 조속기에서 전부하 최고 속도와 무부하 최고 속도와의 차이 정도를 나타내는 것으로, 차이가 작은 것일수록 좋은 것이다. (2) 전동기의 전원 전압, 계자 전류에서 부하를 정격값으로부터 서서히 감소시켜 0으로 한 경우 전동기의 속도 변화를 정격 부하에서의 속도 백분율로 나타낸 것을 말한다.

속도비(速度比) velocity ratio　유체 클러치, 토크 컨버터 및 터보차저 등에서 터빈의 주속도와 유입 절대 속도와의 비율을 말한다. 속도비는 터빈 효율을 지배하는 중요한 값으로, 각 터빈의 형식마다 최적의 속도비가 있다.

속도 센서 speed sensor　물체의 속도를 검출하는 센서로서, 많이 사용되는 것에 초음파, 레이저, 마이크로파 등의 도플러 효과를 이용한 센서가 있다. 이들 중에서도 레이저는 지향성이 좋고 파장도 짧기 때문에 미세한 속도 변화를 검출할 수 있다. 코일 내에 자석 또는 철심을 넣은 가동 코일이나 가동 철심형의 센서는 가동 거리는 짧지만, $10^{-4} \sim 10^{2}$ m/s 정도의 넓은 범위에 걸친 속도를 검출할 수 있다. 리니어 인코더나 리니어 퍼텐쇼미터도 변위(變位) 측정뿐 아니라 속도 측정에 이용된다. 속도는 가속도를 적분함으로써 얻을 수도 있기 때문에 가속도 센서를 이용하여 속도를 측정하는 경우도 있다.

속도 수두(速度水頭) velocity head　단위 중량의 유체가 가지는 속도 에너지를 이른다. 속도 v [m/s]로 유출하고 있을 때 유체가 가지는 에너지는 $v^{2}/2 \cdot g$ [m]에 상당하는 에너지를 가지게 된다. 이것을 속도 수두라고 한다.

속도 제한(速度制限) speed limit　자동차 또는 회전하는 장치의 속도에 규정을 정해 놓은 한계를 넘지 않도록 하는 제어 동작으로, 제한값은 정격 속도의 백분율로 나타낸다.

속도 표시 장치(速度表示裝置) speed indicator　시외 고속버스 및 시외 우등 고속버스, 최대 적재량이 4톤 이상인 화물 자동차(단, 최고 속도가 40 km/h 미만인 화물 자동차와 긴급 자동차 중 국토 해양부 장관이 운행 목적상 필요하지 않다고 인정하는 자동차는 제외)의 속도 표시 장치는 등화가 자동적으로 점등되어야 하며, 속도 표시등에 적색등이 점등될 때에는 운전자가 볼 수 있는 적색등이 동시에 점등하거나 경고음을 내는 장치를 차 안에 설치하여야 한다. 또 속도 표시등은 자동차의 앞면 유리 바깥 윗부분에 지상 1.8 m 이상의 위치에 가로로 배열하여야 한다. 속도 표시 장치에는 등화의 작동 여부를 확인할 수 있는 작동 확인 스위치를 갖추어야 한다.

속도 픽업 velocity pickup　입력 속도에 비례하는 출력을 발생하는 변환기(變換機)를 말한다. 자동차에서는 트랜지스터 점화 장치의 1차 코일에 흐르는 전류를 차단하는 역할을 한다.

손 sone　음(音)의 감각적 크기를 나타내는 단위로서, 40폰 레벨 음의 크기를 1손이라고 한다. 정상적인 청력을 가진 사람이 1손의 n배 크기를 판정하는 소리의 크기를 n손으로 한다.

손 다듬질 hand finishing　스크레이퍼, 줄 및 정 등을 이용하여 공작 기계를 사용하지 않고 손으로 공작물을 가공하는 것을 말한다.

손상(損傷) damage　파손이나 파괴까지는 이르지 않았으나, 그러한 생태에 이르는 어떠한 조짐이 이미 재료 내부에 형성, 누적되고 있다고 생각되는 상태를 이른다.

손실(損失) loss　(1) 마찰, 냉각수 및 배기 가스 등으로 인하여 열에너지 또는 기계적 에너지가 유효한 일을 하지 않고 소비되는 것을 이른다. (2) 지정된 기준 조건 하에서 부하(負荷)에 공급되어야 할 전력과 실제의 작동 조건 하에서 부하에 공급된 전력과의 비를 말한다.

손실 마력(損失馬力) lost horse power ⇨ 마찰 마력

손 용접 manual welding, hand welding 용접 작업을 손으로 하는 용접을 말한다.

솔더 solder 땜납을 일컫는다. 땜납의 융접을 향상시키기 위한 전처리제(前處理劑)를 솔더 크림(solder cream)이라고도 한다.

솔더링 soldering 땜납, 플럭스(溶劑) 및 열을 사용하여 금속끼리 붙이는 일을 말한다.

솔더링 페이스트 soldering paste 납땜을 할 때 금속 표면의 산화를 방지하고 땜납의 유동성(流動性)을 좋게 하기 위하여 사용하는 것으로, 염화아연, 염화암모니아 및 페이스트 송진 등을 말한다.

솔라 배터리 solar battery 태양의 열에너지를 직접 전기적 에너지로 변환하는 배터리를 말한다. 반도체 광기전 소자(光起電素子)로서 단결정 실리콘에 의한 PN 접합 소자가 사용되고 있지만, 가격을 저렴하게 할 목적으로 다결정 실리콘이나 아모퍼스 실리콘의 개발이 진행되고 있다.

솔라 카 solar car 일반적인 연료 대신에 태양열을 이용한 전기 자동차로, 태양 빛을 자동차에 부착한 집열판(集熱板)을 사용하여 만든 열에너지를 동력으로 변환시켜 주행하는 자동차이다. 현재 우리나라를 비롯한 세계 각국에서 지구에 남아 있는 한정된 에너지원을 대체할 목적과 환경 오염 방지 대책의 일환으로 꾸준히 연구되고 있다.

솔레노이드 solenoid (1) 배터리와 같은 전원에 연결했을 때 기계적인 운동을 일으키는 장치로, 이런 움직임이 밸브를 조정할 수 있고 다른 조정 움직임을 일으킬 수 있다. (2) 전류가 코일에 공급되었을 때 코일 속으로 플런저를 잡아당겨 기계적인 움직임을 발생시키기 위한 전자 기계식 장치로, 밸브, 스위치 접점 및 기타 움직이는 부품을 제어하기 위해 사용된다.

솔레노이드 릴레이 solenoid relay 특히 스타터 솔레노이드 릴레이에서 접점이 닿았을 때 솔레노이드를 배터리에 연결시키는 릴레이를 말한다.

솔레노이드 밸브 solenoid valve 전자 밸브로서, 도선을 나선형으로 감아서 전기를 통전시키면 자장의 힘에 의해 밸브가 열리고 닫힌다.

솔레노이드 스위치 solenoid switch 전자기 코일 내에서 플런저의 움직임에 의해 개폐할 수 있도록 한 접점식 스위치를 말한다.

솔레노이드 작동식 스타터 solenoid actuated starter 시동 회로의 흐르는 전류를 제어하고 시동 전동기의 피니언 기어를 플라이휠 링 기어에 물리도록 하기 위해 솔레노이드를 사용하는 시동 전동기를 말한다.

솔렉스 카뷰레터 Solex carburetor 솔렉스社도 여러 가지 카뷰레터를 만들고 있지만, 웨버社와 마찬가지로 스포츠에 쓰이는 트윈 초크 사이드 드래프트 타입이 유명하다. 특징은 형식마다 웨버와 비슷하다.

솔리드 디스크 solid disk 디스크 브레이크의 디스크(주철제 원판)로서, 방열 구멍이 없는 것을 이른다. 벤틸레이티드 디스크(ventilated disk)에 대응하는 호칭이다.

솔리드 리프터 solid lifter 유압식 밸브 리프터와 반대되는 일반적인 리프터를 말한다.

솔리드 스커트 피스톤 solid skirt piston 기계적 강도가 높은 재질을 사용하여 제작한 피스톤으로, 스커트부에 홈이 없고 원통형으로 되어 있으며, 상·중·하의 지름이 동일하다. 스커트부에는 보상 장치가 없으며, 가혹한 운전이 필요한 자동차에 사용한다. 피스톤에는 이 밖에도 중량을 가볍게 하기 위하여 보스 방향의 스커트부를 잘라낸 슬리퍼 스커트 피스톤, 측압을 피하기 위하여 홈을 설치한 스플릿 스커트 피스톤 등이 있다.

솔리드 와이어 solid wire (1) 여러 가닥의 가는 선으로 하지 않고 단선(單線)으로 이루어진 것을 말한다. (2) 중공이 아닌 단면 동질인 용접용 와이어를 말한다.

솔리드 인젝션 solid injection 가솔린 엔진 또는 디젤 엔진의 연료 분사 장치에서 연료의 자체 압력이 분사 노즐에 공급되어 연료를 분사하는 형식의 무기 분사식(無氣

噴射式)을 말한다.

솔리드 저항 solid resister　고체화한 저항기를 말한다. 저항체의 분말을 결합제와 혼합하여 성형시킨 다음 단자를 설치한 저항기로서, 피막 저항기보다 성능은 떨어지지만, 가격이 싸므로 각 전기 부품에 많이 사용되고 있다.

솔리드즈 solids　용제가 증발한 후 도장(塗裝)된 표면에 남는 안료 및 바인더를 말한다.

솔리드 컬러 solid color　피도장물(被塗裝物)에 색상을 부여하는 도료의 안료만 주로 사용하는 색상으로, 원색 효과를 줄 수 있는 흰색, 검정색, 빨간색, 노란색 등에 주로 적용하며, 참신하고 깨끗한 느낌을 준다.

솔리드 타이어 solid tire　타이어에 공기가 들어 있지 않고 전체가 고무만으로 된 타이어로, 견고하지만 진동 흡수가 미흡하여 중장비나 특수 차량에 한정적으로 사용하고 있다.

솔리드 피스톤 solid piston　스커트부에 홈(slot)이 없고 통형으로 된 피스톤으로, 열팽창에 보상 장치가 없어 알맞은 간극을 유지할 수 없으나, 기계적 강도가 높아 조용한 운전보다 가혹한 조건에 운전되는 기관에 주로 사용된다.

솔벤트 탱크 solvent tank　모든 부품을 솔질 및 세척하는 세척액이 담긴 정비소 내의 탱크를 말한다.

솔벤트 포핑 solvent popping　미세한 물집 형태가 페인트 표면에 생기거나 물집이 터진 형태로 남아 있는 현상을 말한다.

송출력 delivery　일반적으로 펌프가 단위 시간에 송출하는 유체의 체적을 말한다.

송출 밸브 delivery valve　펌프의 토출측에 설치되는 밸브로서, 토출 행정에서는 열려 유체를 송출하고, 흡입 행정 때에는 닫혀 유체의 흐름을 차단하는 일종의 체크 밸브이다.

송출 압력 delivery pressure　연료 펌프, 오일펌프 등에서 토출측(吐出測)의 압력을 말한다. 가솔린 엔진에서 기계식 연료 펌프의 송출 압력은 $0.2 \sim 0.3\,\mathrm{kgf/cm^2}$이고, 전자 제어식 연료 펌프는 $3.0 \sim 6.0\,\mathrm{kgf/cm^2}$이다. 디젤 엔진의 연료 공급 펌프 및 엔진 오일펌프의 송출 압력은 $2 \sim 3\,\mathrm{kgf/cm^2}$이다.

송풍기(送風機) blower　(1) 송풍기는 디젤 2 행정 사이클 엔진에 설치되어 있으며, 소기(掃氣) 행정을 할 때 엔진의 동력으로 회전하여 많은 공기량을 실린더에 공급하는 데 사용된다. (2) 에어컨의 송풍기는 저온화된 증발기에 공기를 불어 넣는 역할을 하는 것으로, 대기 중의 공기 또는 실내의 공기를 전동기에 의해 냉각 팬을 회전시켜 증발기 주위로 공기를 통과시킨다. 이때 고온 다습한 공기가 저온 습기를 제거한 공기로 변화하여 실내로 유입됨으로써 쾌적한 환경을 유지한다.

쇼 스루 show through　페인트를 통하여 보이는 언더코트 내의 샌드 스크래치를 말한다.

쇼어 경도 Shore hardness　시험편의 작은 강구 또는 다이아몬드 구를 붙인 작은 추를 일정한 높이에서 떨어뜨렸을 때 튕겨 올라오는 높이로 측정하는 경도. 쇼어 경도 시험은 다이스, 기어 및 롤러의 시험에 사용된다.

쇼 카 show car　모터 쇼 등에서 자사 제품의 시선을 끌기 위해 제작된 자동차를 말한다.

쇼크 버스트 shock burst　타이어는 주행 중에 노면에 요철 부분이나 여러 가지 장애물을 만나게 된다. 카커스 자체는 충격에 견디는 강도를 갖고 있는데, 그 이상의 충격을 만나면 카커스를 구성하는 코드 층이 절손되고, 심한 경우에는 타이어 내부의 공기압이 트레드나 사이드 월에 고무층을 갈라서 가느다란 금을 따라 X나 L자형으로 갈라지는 일이 있다. 타이어는 그다지 심한 충격이 없는 한 충격을 받음과 동시에 주행 중에 몇 번이나 중압을 받아서 조금씩 커지고, 타이어 강도의 한계를 넘었을 경우에 타이어가 파열된다.

쇼크 볼트 shock bolt　⇨ 충격 볼트

쇼크 업소버 shock absorber　충격 흡수 장치로서, 주행 중 발생되는 노면 충격과 진동을 흡수하여 승차감을 향상시키는 현가장치의 하나이다. 코일 스프링과 판스프링 등의 작용 때 뛰어난 감쇠 작용으로 피로를 줄이고, 상하로 발생되는 작은 진동을 흡수하여 주행 안정성을 높이고 승차감을 크게 향상시켜 주며, 현가장치와 차체 사이에 설치된다. 차륜과 차체의 진동은 서로 각기 주파수가 다른데, 가장 좋은 완충기(damper)라면 양쪽 진동에 모두 완충 역할을 해야 한다. 대체로 유압식 텔레스코픽 쇼크 업소버가 사용되며, 유압식과 가스식이 있다.

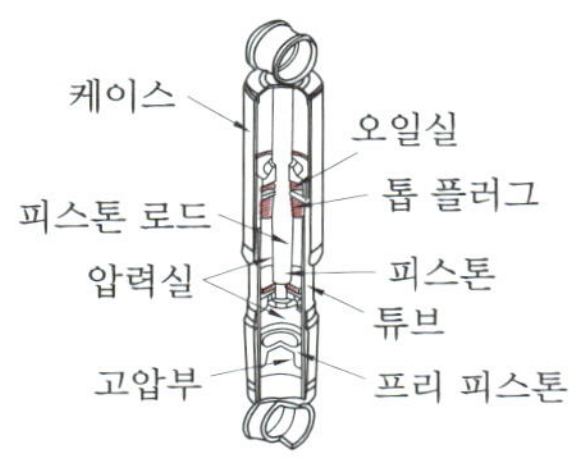

쇼크 업소버

쇼트서킷 short circuit　전기 회로 중 부하(負荷) 없이 전원의 두 극이 도중에 직접 연결되는 것으로 단락을 말한다. 쇼트 회로라고도 한다.

쇼트 스트로크 엔진 short stroke engine　보어보다 스트로크가 짧은 엔진 설계로, 피스톤의 속도에는 안전 한계가 있어 스트로크가 짧으면 고회전 엔진이 된다. 스포츠카 등에 널리 쓰인다.

쇼트 오버행 short overhang　오버행의 치수가 짧은 것을 말하며, 전·후륜의 중량 배분도 좋고 큰 장애물의 통과 등에 유리하여 4WD 차량에는 이 방법을 사용하고 있다.

쇼트 트레일 short trail　트레일은 킹핀 중심선의 연장이 노면에 교차하는 점과 타이어 접지면의 중심 사이의 거리를 말한다. 캐스터를 증대하면 더욱 유효한 캐스터 효과를 얻을 수 있지만, 단순히 캐스터를 증가시키면 그에 따라서 트레일도 증가하여, 조향력 및 시미 감도를 증대시키기 때문에 볼 조인트를 통상 좀 더 후방에 배치해서 트레일을 감소(쇼트 트레일)함으로써 이것을 해소한다.

쇼트 피닝 short peening　(1) 금속 표면에 작은 주강(鑄鋼)의 입자 또는 짧게 자른 강선을 공기 압력이나 원심력을 이용하여 분사시킨다. 따라서 표면의 산화막을 제거함과 동시에 잔류 압축력을 발생시켜

표면을 딱딱하게 함으로써 피로 강도를 향상시키는 것을 말한다. 피닝은 망치의 뾰족한 부분으로 때리는 것을 말한다. (2) 쇼트 피닝은 크랭크축, 판스프링, 커넥팅 로드, 기어 및 로커 암 등에 이용하여 피로 강도나 기계적 성질을 향상시킨다.

쇼트 회로 short circuit　⇨ 쇼트서킷

숄더 shoulder　타이어의 어깨 부분으로, 트레드와 사이드 월의 경계 부분을 말하며, 주행 중 내부 발생 열을 쉽게 발산시키는 구조로 설계되어 있다.

숄더 룸 shoulder room　시트에 착석한 상태에서 어깨(숄더) 부분과 창 사이의 치수, 규격으로, 숄더 룸 측정 방법으로 쓰인다.

숄더 벨트 가이드 shoulder belt guide　3점식 벨트의 웨빙(webbing)이 어깨에 닿는 위치가 승객의 체격에 따라 조정할 수 있도록 한 가이드이다. 센터 필러에 부착되어 있는 것이 많고, 벨트를 거는 행어(시트 벨트 길이)를 겸하고 있는 것도 있다.

숄더부 shoulder area, shoulder part　타이어 트레드와 사이드 월의 경계 부분을 말한다. 숄더부가 모난 것을 스퀘어 숄더, 둥근 것을 라운드 숄더라고 한다. 노면에 숄더부가 파고들게 하여 접지력을 얻는 스노타이어나 랠리 타이어에는 스퀘어 숄더가 많고, 온로드용 일반 타이어에는 매끄러운 코너링을 얻을 수 있는 라운드 숄더가 많다. 고속 주행용 타이어에서 숄더의 접지력 효과를 얻기 위하여 숄더의 둥글기를 작게 한 세미 스퀘어 숄더인 타이어도 있다.

숍 레이아웃 shop layout　정비 공장 내부의 통로, 작업장, 공작 기계 등의 위치를 나타내는 것을 말한다.

숏 에어 밸브 SAV ; shot air valve　안티 백파이어 밸브(anti backfire valve), 혼합 가스 컨트롤 밸브(mixture control valve)라 부르기도 하는, 감속 때의 제어 장치이다.

수광 소자(受光素子)　빛을 전기로 바꾸는 소자를 말하며, 태양 전지가 그 대표적이다.

수동 방식(手動方式) manual control hand control　유압 기기 조작 방식의 종류에서 인력 방식에 포함되는 것으로, 수동으로 조작하는 방식을 말한다.

수동 변속기(手動變速機)　⇨ 매뉴얼 트랜

스미션

수동식 승객 구속 장치(手動式乘客拘束裝置)
⇨ 패시브 레스트레인트 시스템

수동 조작 방향 제어 밸브 hand operated directional control valve　유로의 선택을 수동으로 조작하여 변환되는 밸브로서, 스풀이 한 개일 때는 단련 변환 밸브(單連變換辨), 두 개 이상일 때는 다련 변환 밸브(多連變換辨)라고 하며, 자동 변속기에서는 다련 변환 밸브가 많이 사용되어 한 개의 유압원으로 여러 개의 액추에이터를 작동시킨다. 다련 변환 밸브에는 스틱형(stick type)과 모노 블록형(mono block type)이 있다. 스틱형은 각 섹션을 볼트로 체결하여 다련 변환 밸브로 만든 것으로, 본체의 주물이 비교적 용이고, 사용자의 요망에 의하여 적합한 회로의 구성을 자유롭게 할 수 있다는 장점이 있다. 또한 모노 블록형은 한 덩어리로 만든 주조품으로, 강성이나 내압이 우수하고, 스틱형과 같이 이음 부분이 없기 때문에 오일이 누출될 염려가 없다.

수동 조정식 쇼크 업소버　감쇠력 가변식 쇼크 업소버로, 대시보드나 센터 컨트롤 패널에 설치되어 있는 스위치에 의해서 사전에 설정되어 있는 여러 단계의 감쇠 특성 중에 운전자 취향에 따라 임의로 선택할 수 있도록 되어 있는 것을 말한다. 어저스터블 서스펜션이라고도 불리며, 전자 제어 현가장치에 조합되어 있는 경우도 있다.

수동 초크 hand operated chock　수동 초크는 운전석에서 손으로 초크 버튼을 잡아당겨 닫고 밀어서 열게 되어 있는 형식이다. 초크 버튼을 잡아당겨 놓고 시동을 건 후 워밍업이 완료되면 버튼을 밀어서 열어 주어야 플러딩 현상을 방지할 수 있다.

수랭식(水冷式) water cooling type　엔진은 연료가 타서 고열로 가속이 되기 때문에 연속해서 달리려면 계속 냉각해야 한다. 고성능 엔진일수록 냉각은 더욱 중요해진다. 엔진의 블록과 헤드 속에 수로(水路)를 만들어 가열된 냉각수를 라디에이터에 순환시켜 냉각한 후 100℃ 이하로 유지한다. 공랭식보다 효율이 좋고 엔진 크기도 작게 할 수 있어, 자동차 엔진은 대부분 수랭식을 사용하고 있다.

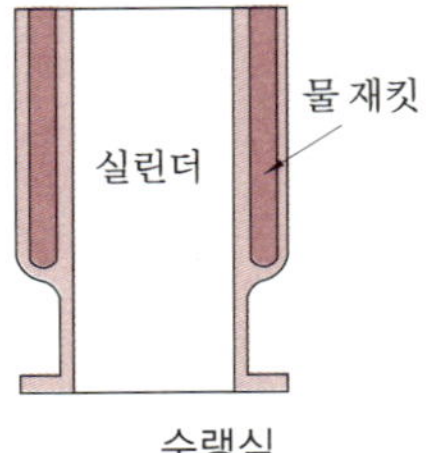

수랭식 냉각 장치(水冷式冷却裝置) water cooling system　냉각수를 이용하여 엔진을 냉각하는 방식으로, 라디에이터와 워터 펌프, 러버 호스, 서모스탯 물 통로인 워터 재킷, 시라우드, 히터 전동식 냉각 팬 등으로 구성되어 있다.

수랭식 스폿 건 water cooled spot gun　스폿 용접을 연속적으로 할 경우 많은 양의 전기가 흐르는 스폿 점은 뜨겁게 되어 불충분한 용접 개소가 생긴다. 수랭식으로 하면 열의 발생이 억제되기 때문에 보다 효율적인 연속 작업이 가능해진다. 단, 용접기 본체도 수랭식에 알맞은 구조를 갖추고 있어야 한다.

수랭식 엔진 water cooled type engine　엔진이 작동 온도 범위를 유지하면서 운전하기 위해서 물을 사용하여 냉각하는 것으로, 폭발 행정에서 혼합 가스가 발생하는 열에너지의 3분의 1은 운동 에너지로 변환되어 엔진 내에 남고, 방치되면 축적된 열에 의하여 엔진의 운동이 방해된다. 따라서 실린더 물 주위에 물 재킷을 설치하여 물을 순환시켜 냉각하고, 이 물을 라디에이터로 유도하여 열을 공중에 발산시킨다. 자동차용 엔진의 냉각 방식으로는 이것이 주류이다. ⇦ 공랭식 엔진

수랭식 엔진 오일 쿨러　엔진 냉각수를 사용한 엔진 오일 쿨러를 말한다. 엔진 오일 쿨러는 실린더 블록과 오일 필터 사이에 장착할 수 있도록 콤팩트하게 만들기 때문에 냉각수와 엔진 오일이 각각 별개 통로를 순환하는 구조로 되어 있다.

수랭식 인터 쿨러 water cooled type inter cooler　엔진 냉각용 라디에이터 또는 전용 라디에이터에 순환하는 물을 이용하는 인터 쿨러이다. 공랭식에 비하면 구조는 복잡하지만, 저속에서도 냉각 효과가 좋은 특징이 있다.

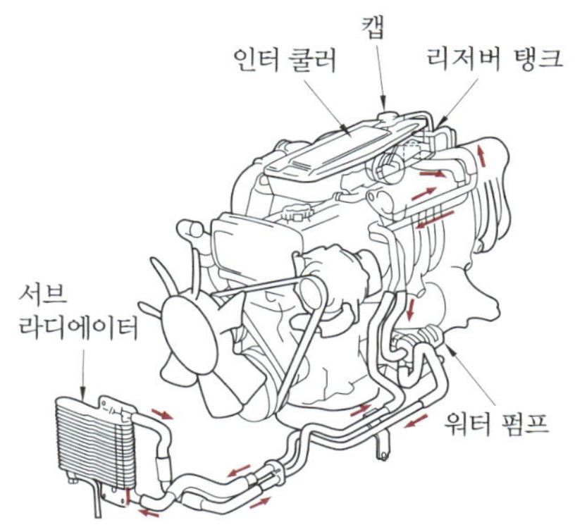

수랭식 인터 쿨러

수랭식 터보차저　터보차저의 베어링부 주위에 냉각수 통로를 설치하고 수랭화함으로써 베어링 주위의 내구 신뢰성을 향상시킨 것을 말한다.

수력학(水力學) hydraulics　힘 또는 운동을 전달하거나 가해지는 힘을 증가시키는 데 가압된 액체를 이용하는 것을 말한다.

수막 현상(水膜現狀) hydroplaning　⇨ 애쿼플레이닝

수분 분리기(水分分離器) water separator　디젤 엔진의 연료 라인에 설치되어 연료 속에 포함되어 있는 수분을 분리시키는 장치를 말한다.

수분 센서 moisture sensor　물질 속의 수분(水分), 특히 분말이나 다공질 물체 속의 수분을 전기적으로 검출하는 소자로, 대별하여 적외선 흡수법(적외선 수분 센서, 2색 적외선 수분계), 마이크로파식(마이크로파 수분계) 및 전기 저항식(토양 수분계)이 있다. 적외선이나 마이크로파를 이용하는 방법은, 응답이 빠르고 비접촉 측정이기 때문에 식품 공업이나 세라믹 공업에 응용되고, 전기 저항식은 농업이나 토목 공학에 응용된다.

수성 도료(水性塗料) water paint　물을 사용하여 희석시키는 도료로서, 취급이 용이하고 연소의 위험이 적은 반면, 내수성이 약하고 광택이 없다.

수소(水素) hydrogen　무색·무취하고 높은 인화성 가스의 아주 간단하고 가벼운 원소로, 원자핵 주위 궤도에 단 한 개의 전자만 가지고 있다.

수소 엔진 hydrogen engine　물을 전기 분해해 액체 수소를 만들어 연료로 쓰는 엔진으로, 구조는 휘발유 엔진과 같다. 물이 원료이고 대기 오염을 일으키지 않는 것이 큰 장점이지만, 휘발유 차에 비해 3배 이상 커질 뿐만 아니라, 액체 수소는 −250℃ 이하의 저온이 필요해서 탱크도 이중으로 해야 하는 등 많은 비용과 전력이 드는 것도 문제이다.

수온계(水溫計) water temperature gauge　수랭식 엔진에서 냉각 재료로 사용되는 냉각수의 온도를 나타내는 계기이다. 수온 조절기 부근에 온도 감지 센서가 장착되어 있고, 엔진 내부를 통과하여 라디에이터로 송출되는 냉각수의 온도에 따라 변화하는 저항값에 의해 지침이 변화한다. 엔진과 이와 관련된 상태를 감지하는 중요한 계기의 하나이다.

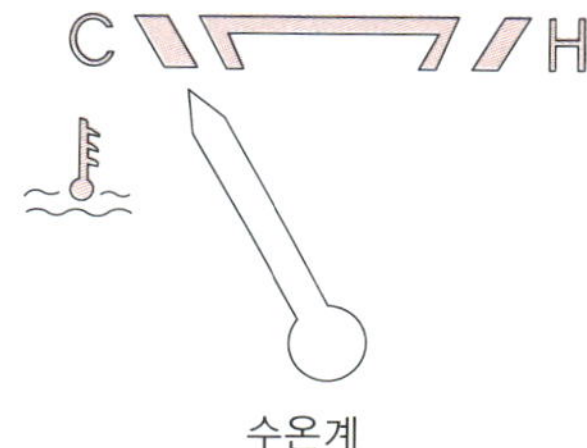

수온계

수온 센서 WTS ; water temperature sensor　흡입 다기관의 냉각수 통로에 설치되어 냉각수 온도를 검출하는 일종의 저항기(thermistor type)로서, 출력 전압으로 엔진의 난기 상태를 판정하여 엔진이 냉각 상태일 때 연료량을 적절히 증가시킨다.

수온 조절기(水溫調節器) thermostat　냉각수 온도 조절기로, 실린더 헤드의 냉각수 통로 출구에 설치되어 엔진 내부의 냉각수 온도 변화에 따라 자동적으로 통로를 개폐하여 냉각수 온도를 75~85℃가 되도록 조절한다. 냉각수 온도가 정상 이하이면 밸브를 닫아 냉각수가 라디에이터 쪽으로 흐르지 않도록 하고, 냉각수는 바이패스 통로를 통하여 순환한다. 또한 냉각수 온도가 76~83℃가 되면 서서히 열리기 시작하여 라디에이터 쪽으로 흐르게 하며, 95℃가 되면 완전히 열린다. 종류로는 벨로즈형과 펠릿형이 있으나, 현재는 펠릿형이 사용된다.

수온 진공 밸브 TVV ; thermal vacuum valve
수온을 감지하고 점화 시기 제어 장치의 부압 변환을 하는 밸브로, 수온이 상승하는 데 따라 왁스는 체적이 증가하고, 밸브가 피스톤으로 눌려서 시트부가 떨어져 매니폴드 부압 ⓚ는 배전기 진각측 ⓙ에 작용한다. 그러나 일정 온도까지는 피스톤 선단이 밸브로부터 떨어져 있어서, 밸브는 밸브시트에 밀착되어 있고 ⓚ와 ⓙ는 단절되어 떨어져 있다. 그러나 거기까지는 어드밴스 포트측 ①과 배전기 진각측이 통하고 있어, ①과 ⓚ는 서로 통한다.

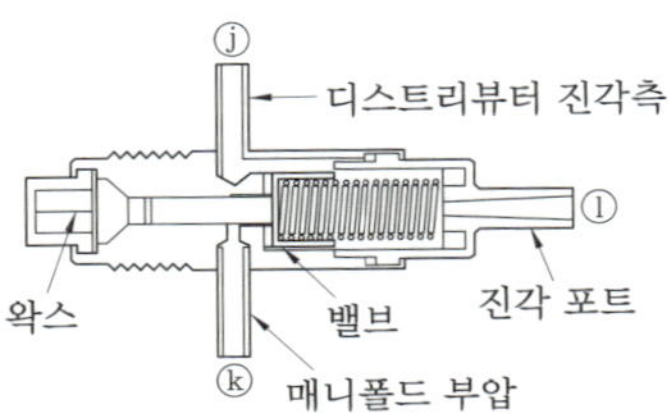

수온 진공 밸브의 단면

수은(水銀) mercury　상온에서 유일한 액체 금속으로, 비등점이 356.7℃, 응고점이 −38.85℃, 비중이 13.6, 원자 번호 80, 원소 기호 Hg이다. 온도계, 정류기, 수은등, 기압계 등에 사용하며, 금·은 등의 정련(精練)에도 사용한다.

수은 기압계(水銀氣壓計)　가장 정확한 기압계로서, 수은을 유리관에 넣어 통 속에 거꾸로 세워 놓고 그 무게와 기압이 균형을 이루도록 하여 유리관 내의 수은주 높이로서 기압을 표시한다.

수은등(水銀燈) mercury-arc lamp　고압의 수은 가스 속에서 아크 방전의 양광주(陽光柱)를 광원으로 하는 방전등이다. 수은·아르곤 가스를 봉입한 석영제의 발광판이 질소를 봉입한 유리로 감싸여 있으며, 효율이 좋고, 청백색의 강한 빛을 방사하므로, 공장의 조명등, 가로등, 투광기 및 복사기의 광원으로 사용되고 있다.

수은 전지(水銀電池) mercury cell　아연을 양극으로, 탄소와 수은의 산화물을 음극으로, 전해액은 가성 칼리 또는 가성 소다액으로 사용한 전지로서, 전압은 1.35∼1.4 V이고, 전압의 안정성이 좋으며, 수명이 길다. 고온에서의 작동이 우수하며, 진동이나 충격에도 강하다.

수은 정류기(水銀整流器) mercury rectifier
진공의 유리관 안에 흑연의 양극(+)과 수은의 음극(−)을 설치하여, 저압 수은 증기 속의 아크 방전이 한 방향으로만 전류를 흐르게 하는 성질을 이용하여, 교류를 직류로 바꾸는 장치를 말한다.

수은주(水銀柱)　수은 온도계나 수은 기압계의 유리 막대 속에 수은으로 채워진 부분으로, 그 높이로 온도를 측정한다.

수정 계수(修正係數) correction factor　표준값 또는 정상값으로부터 주어진 변화 범위(한계)에 대한 필요한 조정량을 말한다.

수정 발진기(水晶發振器)　수정의 압전 현상을 응용한 발진기로서, 안정된 주파수가 필요할 때 사용된다. 수정의 결정 컷(cut) 방향에 따라서 다른 주파수의 수정 진동자를 만들 수 있다. 수정 진동자는 온도, 연도 경과에 따른 변화가 적기 때문에, 이것을 응용하면 일 년에 몇 초의 오차밖에 없는 시계를 만드는 것도 가능하다.

수정 온도(修正溫度) temperature correction
표준 온도에서 측정한 같은 측정 온도와 한 온도에서 측정한 값에 가감하여야 할 온도를 말한다.

수지각형 에어 클리너　흡기의 흐름을 부드럽게 함으로써 엔진 출력의 향상을 도모한 에어 클리너이다. 에어 클리너 케이스가 수지이므로 경량이기도 하다.

수지 렌즈 resin lens　렌즈 소재에 필요한 높은 투명도와 성형 정도를 만족하는 재료로 사용하며, 유리를 대신하여 1980년대부터 수지가 사용되기 시작하였다. 유리의 약 1/2 비중에 두께도 거의 1/2로서 렌즈로서의 효과를 높일 수 있다. 렌즈의 중량으로는 유리의 1/3∼1/4 정도로 가볍기 때문에, 앞으로 가격이 저렴할 경우 널리 보급될 것으로 예상된다.

수지 범퍼 resin bumper　(1) 우레탄, 폴리프로필렌, 폴리카보네이트 등 합성수지로 만들어진 범퍼의 총칭이다. (2) 에너지 흡수 범퍼(5마일 : 8 km/h의 충돌 에너지 흡수)만큼의 성능은 없지만, 4 km/h 정도의 충돌에서는 차체가 손상을 받지 않도록 강판 외부에 폴리프로필렌이나 폴리카보네이트 등 충격에 강한 수지로 성형한 범퍼를 말한다.

수지제 나사식 필러 캡　충돌 시의 연료 필러 캡의 탈락에 의한 연료 누출을 방지하여 안전성 향상을 도모한 필러 캡으로, 충돌 시에 필러 캡에 충격력이 가해지고, 캡의 커버가 탈락하여도 나사부가 필러 넥에 남아서 연료 누출을 방지하는 구조로 되어 있다.

수지제 연료 탱크　고밀도 폴리에틸렌의 연료 탱크를 이른다. 4WD 차량에 처음으로 적용된 것으로, 다음과 같은 특징을 갖는다. ① 스틸에 비해 약 20 %의 경량화를 할 수 있다. ② 방청성이 우수하다. ③ 성형 때에 자유도가 높아진다. 이와 같은 특징으로 공간을 최대한 이용해서 탱크 용량의 증대를 도모할 수 있다.

수직 자세(垂直姿勢) vertical position　용접선이 대략 연직인 이음을 옆에서 용접하는 자세를 말한다. 직립 자세라고도 한다.

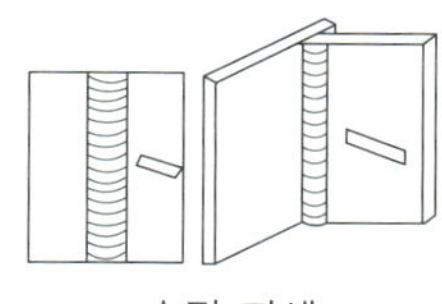

수직 자세

수축 끼워 맞춤 shrink fit　한쪽을 가열 또는 냉각시킨 후 다른 것과 조립하여 서로 단단히 끼워지도록 하는 끼워 맞춤 방식이다. 가열된 것을 냉각하면서 끼워 맞추거나, 냉각된 것을 가열하면서 단단하게 끼워 맞추는 것을 말한다.

수축 여유 (收縮餘裕) shrinkage allowance　수축을 고려하여 둔 여유량을 말한다. 주물에서 냉각·수축을 고려하여 목형을 제작할 때 수축량만큼 크게 만든다. 수축 여유는 주철은 8.5~10.5 mm, 주강은 18~21 mm, 황동은 10.6~18 mm, 청동은 13~20 mm, 알루미늄은 20 mm 등이다.

수축 응력(收縮應力) shrinkage stress　자유로이 수축하지 않으므로 나타나는 응력을 말한다.

수축 작업(收縮作業)　강판을 해머로 두드리면 늘어난다. 패널 수정의 최후 공정에서 늘어난 강판을 줄이는 작업인 수축 작업은 작은 범위에 열을 가하여 그 부분의 강판이 팽창·연화되면 냉각 효과에 의해 수축된다. 열을 가하기 위해서는 가스 용접

기를 많이 사용하지만, 저항 용접기나 스폿 용접기의 능력을 가진 전기의 열을 이용하는 형식도 사용되고 있다.

수축측 감쇠력(收縮測減衰力)　⇨ 확장측 감쇠력

수평 대향형(水平對向形) horizontal type　실린더가 수평으로 서로 마주보고 있는 배치로, 2, 4, 6, 8, 12기통 등 짝수가 된다. 약자로는 호리존탈(horizontal)의 H자를 쓴다.

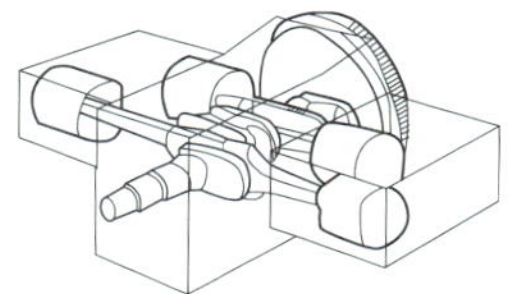

수평 대향형

수평 대향형 실린더 horizontal opposed type　실린더 수가 적고 자동차의 유효 공간 확보를 많이 하려고 할 때 사용되는 방식으로, 실린더수가 서로 대칭되어 있다. 이런 차량은 엔진이 주로 트렁크 내에 있다.

수평 방향 흡기식(水平方向吸氣式) horizontal draft type　혼합 가스를 수평 방향으로 흐르게 하는 형식이다. 엔진의 높이를 낮게 할 수 있으며, 흡입할 때 혼합 가스 흐름에 대한 저항이 적어 흡입 효율이 향상된다.

수평 불균형(水平不均衡) lateral runout　회전하고 있는 휠에서나 휠 타이어 어셈블리에서 비틀거리거나 옆으로의 움직임을 말한다.

수평 엔진 flat engine　대칭하고 있는 두 실린더가 같은 평면(수평)에 위치되어 있는 엔진을 말하며, 일명 팬케이크 엔진(pancake engine)이라고도 한다.

수평 자세(水平姿勢) horizontal position　용접선이 대략 수평인 이음을 옆쪽에서 용접하는 자세를 말한다.

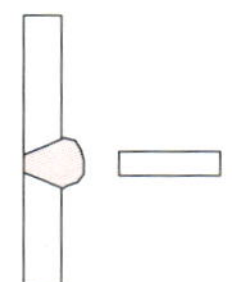

수평 자세

수평형 실린더 horizontal cylinder　직렬형이면서 수평형으로 눕힌 방식으로 자동차

의 공간 확보를 위하여 사용되며, 기구가 복잡해져 현재는 많이 사용되지 않는다.

순간 연소 방식(瞬間燃燒方式)　1986년 1월 발표한 사이클론 엔진에 적용한 방식으로, 연소실을 이상형으로 접근시키는 새로운 설계 방식이며, 소형화・구형화하였다. 또한 혼합 가스의 순간 연소를 촉진하기 위해 구형 중심에서의 착화를 겨냥한 플러그를 배치하고, 압축된 사이클론 유동 (초고속류)을 더욱 각반시키는 스퀴시 지역을 설치하였기 때문에, 연소 효율이 좋아지고 엔진 출력 성능, 엔진 회전 전역에서의 응답성이 향상되었다.

순간 중심 (瞬間中心) instantaneous center (1) 물체가 평면 운동을 할 때 각 순간의 회전 중심을 말한다. (2) 자동차의 롤링을 논할 때 쓰이는 말이다. 예컨대, 위시본 현가장치의 정면도에서 자동차 바퀴의 상하 운동은 위 컨트롤 암과 아래 컨트롤 암의 연장선 교차점을 중심으로 하는 회전 운동이다. 그러나 이 교차점은 바퀴의 위치에 따라 변하므로 어느 순간의 중심을 생각하는 것을 순간 중심이라고 부른다.

순간 중지(瞬間中止) transient　어떤 전기 회로에서 전류의 흐름이 중단되거나 기어 변속 때 엔진의 원활한 가속이 중단되는 경우 등을 말한다.

순간 최고 속도(瞬間最高速度) instantaneous maximum speed　디젤 엔진에서 정격 부하로부터 임의 부하로, 임의 부하에서 정격 부하로 갑자기 변환시킬 때 순간적으로 도달하는 최고 속도를 말한다.

순간 최저 속도(瞬間最低速度) instantaneous minimum speed　디젤 엔진에서 임의 부하로부터 정격 부하로, 정격 부하에서 임의 부하로 갑자기 변환시킬 때 순간적으로 도달하는 최저 속도를 말한다.

순간 피스톤 속도 instantaneous piston speed　실린더 내의 어느 특정한 위치에서의 피스톤 속도를 말한다.

순방향 바이어스 forward bias　순방향 바이어스는 전류가 흐르기 쉬운 방향으로 가해지는 외부 전압으로, 애노드에 ⊕, 캐소드에 ⊖ 전압을 공급하면, 애노드(P형 반도체)의 정공은 ⊕에, 캐소드(N형 반도체)의 전자는 ⊖에 반발당하여, 전류가 애노드에서 캐소드로 흐르게 된다.

순 브레이크 오버 전압 forward brake over voltage　순 브레이크 과(오버)전압은, 사이리스터에서 애노드와 캐소드 사이에 전압을 규정 전압 이상으로 계속 상승시키면, 각각의 트랜지스터는 누설 전류가 증가하여 어떤 값에 이르면 게이트에 신호를 주는 것과 같은 효과를 가지게 되어 전류가 흐르는 전압을 말한다.

순음(純音) pure tone　진폭이 일정한 단일 주파수 음을 말한다. 예를 들면, 두드려서 발생되는 소리 등은 완전히 한 개의 정현파(sine파)로 표시될 수 있는데, 이런 소리를 순음 또는 단순음이라고 한다.

순응성(順應性) conformability　베어링 라이너가 저널(journal)의 불평활성(울퉁불퉁한 면)에 순응하여 변형할 수 있는 성질을 말한다.

순차 분사 (順次噴射) sequential injection ⇨ 동기 분사

순철(純鐵) pure iron　탄소를 0.035 % 이하 함유한 철을 말한다. 전자기, 진공관, 합금 등의 재료와 내식판, 촉매 등으로 쓴다.

슈라우드 shroud　라디에이터와 냉각 팬을 감싸고 있는 판으로, 공기의 흐름을 도와 냉각 효과를 증대시키고 배기 다기관의 과열을 방지한다.

슈레이더 밸브 schrader valve　스프링이 장착된 밸브로서, 이것을 통해 냉동 장치로 연결할 수 있다. 타이어에도 사용된다.

슈트 chute　콘크리트는 180˚ 각도에서 회전될 수 있는 슈트로부터 배출될 수 있다.

슈퍼 다반 마론　메탈릭 도장(塗裝)에서 알루미늄 입자 대신에 이산화티탄을 코팅한 마이카 (운모) 입자를 안료에 첨가한 것으로, 색상은 브라운계의 진주 광택을 가지며, 메탈릭 도장으로는 낼 수 없는 고귀한 빛이 된다.

슈퍼 라이트 super light　헤드램프를 말하며, 안개등의 전구를 황색으로 하고 리플렉터를 백색으로 한 것이다. 이로 인해 비점등 때에는 안개등의 렌즈가 백색으로 보이지만 점등 때에는 황색이 되고, 외관 향상과 함께 성능도 향상시켜 안전한 시계를 확보할 수 있다.

슈퍼 밸런스 서스펜션 super balance suspension 우수한 승차감과 동시에 높은 조정 안정성을 추구한 서스펜션을 말한다. 서스펜션의 형식과 특징은 다음과 같다. ① 프런트 서스펜션 : 맥퍼슨 스트럿식을 기본 기구로 한 듀얼 인슐레이트 서스펜션이다. 안티 다이브 지오메트리나 이중 방진 설계 등에 의해 높은 조정 안정성과 우수한 승차감을 얻을 수 있다. ② 리어 서스펜션 : 토션 액슬식 3링크 서스펜션 (2WD 차량용) 또는 더블 위시본식을 기본 기구로 한 듀얼 인슐레이트 서스펜션 (2WD 차량용)이다. 안티 리프트 지오메트리 또는 셀프 얼라이닝 기구 등에 의해 높은 조정 안정성과 우수한 승차감을 얻을 수 있다.

슈퍼소닉 서스펜션 supersonic suspension 주행 중 자동차의 자세 변화를 초음파 소너에 의하여 검지하고 다른 센서로부터 정보를 받아서 주행 상태를 판단하여 쇼크 업소버의 감쇠력을 마이컴으로 제어하는 것을 말한다. 감쇠력은 'soft, medium, hard'의 3단계로 절환(切換)되며, 자동 제어는 'auto'로 행하며, 스위치의 절환에 의하여 어느 쪽 모드나 자유롭게 선택할 수 있도록 되어 있다.

슈퍼 스트럿 서스펜션 super strut suspension 앞 현가장치의 명칭으로, 맥퍼슨 스트럿 형식에서 스트럿 아랫부분을 2등분하여 컨트롤 암과 로(low) 암으로 지지되어 있다. 킹핀 축의 길이가 스트럿의 1/2 이하로 되어 있으므로, 선회할 때 캠버의 변화를 적게 하여 선회성(旋回性)이 좋다. 또 킹핀 축이 타이어 중심 가까운 곳에서 출발하여 가속할 때 토크 스티어(torque steer)와 조향력 변화가 적다.

슈퍼 시프트 super shift FF 매뉴얼용 트랜스미션에 이코노미(economy)와 파워(power)로 전환 기능을 내장한 기구이다. 모든 주행 조건하에서 한정된 파워로 최상의 성능을 끌어내기 위해서는 변속 단수를 많게 하지 않으면 엔진 파워를 유효하게 활용할 수 없다. 이코노미, 파워 레인지의 전환 조작에 의해, 그 주행 조건에 맞는 기어 비의 선택이 용이하게 되도록 하여, 파워풀한 운전 또는 경제적인 운전으로 구분

하여 할 수 있게 한다.

슈퍼 실렉트 4WD super select 4WD VCU & 센터 디퍼렌셜의 4WD와 싱크로 프리 휠 디퍼렌셜에 의한 2WD 전환 기구를 조합한 5포지션 4WD 시스템이다. 이 4WD 시스템의 특징은 다음과 같다. ① 4H 포지션에 VCU & 센터 디퍼렌셜을 적용하였다. 4WD 로서의 고속 주행을 가능하게 하고, 타이트 코너 브레이킹 현상을 해소시켰다. ② 2H 포지션의 설정으로 저연비 저소음을 달성함과 동시에 FR의 조정성도 양립시켰다. ③ 싱크로 프리 휠 디퍼렌셜의 연동으로 트랜스퍼 레버 조작만으로 주행 중(100 km/h 이하)이더라도 2WD, 4WD 전환이 가능하게 하였다.

슈퍼 어레인지먼트 시트 uper arrangement seat 반전 대좌 프런트 시트와 더블 쿠션 리어 시트를 조합하여, 지금까지 없었던 독자적인 시트 어레인지먼트에 의한 사용이 가능한 시트를 말한다.

슈퍼 에어로 루프 super aero roof 유리 루프로 채광성 및 개방성이 풍부하다. 프런트 틸트업식, 리어 슬라이드식으로 전후 공히 전동으로 개폐하는 타입으로 변경되었다. 프런트와 리어 개폐는 원터치식을 사용하고, 조작성을 대폭적으로 향상함과 동시에, 리어에는 닫히기 직전 약 250 mm에서 정지하는 안전 기구도 사용하고 있다.

슈퍼 엔지니어링 플라스틱 super engineering plastics 공업용 플라스틱에 비교하면 강도, 탄성 및 내열성 등이 우수하며, 금속이나 세라믹스에 가까운 특성을 지닌 플라스틱을 말한다.

슈퍼 웨지 라이트 super wedge light 상하 폭이 작은 통풍 각형 4등식 헤드램프를 말한다. 프런트의 외관을 향상 추구한다.

슈퍼차저 supercharger 대기압을 그대로 흡입시키는 것이 아니고 압력을 올려서 흡입시키는 장치의 총칭이다. 원래는 높은 하늘을 나는 비행기에서 공기 밀도가 희박한 것을 돕는 수단으로 실용화된 것이다. 자동차에서는 스포츠카 등에서 출력을 높이기 위해서 이용했다. 터보차저가 배기 에너지를 쓰는 것과는 달리 엔진 동력을 쓰는 것을 슈퍼차저라고 한다.

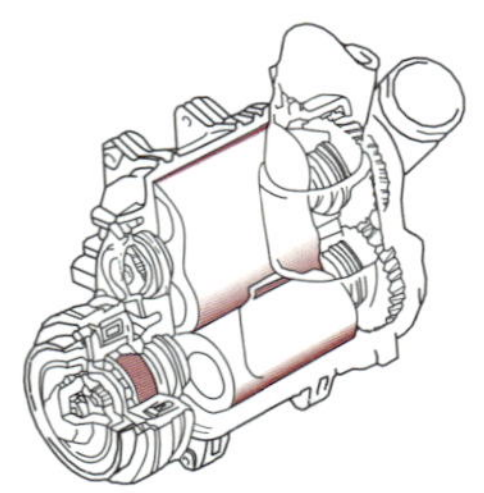

슈퍼차저

슈퍼차저 센터 베어링 supercharger center bearing　배기 터빈과 컴프레서는 한 개 축의 두 끝에 붙어 있고, 이 축 중앙에는 지지하는 베어링이 있다. 1분에 10만 회나 고회전하는 베어링은 정밀한 균형과 윤활이 필요한데, 이 부분에는 플로팅 베어링이라는 특수한 부품이 쓰인다. 윤활은 엔진 오일을 써서 동시에 냉각하지만, 최근에는 이 부분을 수랭으로 하는 것이 늘고 있다.

슈퍼차저 컴프레서 supercharger compressor　흡입하는 공기의 압력을 높이는 펌프 작용을 하는 날개로서, 에어 클리너에서 빨아들인 공기를 고속 터빈으로 압축하여 흡입 매니폴드에 가압하여 보내는 작용을 한다. 배기 터빈과 직렬로 연결된 축으로 구동되고, 터빈과 짝이 되어 움직인다.

슈퍼 카 super car　성능이 월등히 뛰어난 차를 말한다. 일반적으로 스포츠카의 형태이고, 차체에 비해 큰 배기량을 갖고 있다. 품위보다는 속도, 가속 성능, 제동력을 우선으로 설계된 차이다. 대량 생산도 하지 않고 가격도 무시하면서 오직 높은 주행 성능을 중시해서 만들며, 부가티 EB110, 재규어 XJ220 등이 여기에 속한다.

슈퍼 퀵 글로 시스템 S-QGS; super quick glow system　저온 시의 시동 대기 시간을 없애고 가솔린 엔진과 동등한 시동 조작성을 얻도록 한 글로 시스템이다. 퀵 글로 시스템과 마찬가지로 드로핑 레지스터 방식이지만, 초금속 발열형 글로 플러그 및 글로 컨트롤러 유닛의 적용에 의해 점화 스위치 ON 후 즉시 크랭킹이 가능하다 (−20℃에서도 대기 시간이 없다). 또한 냉각수 온도가 약 55℃ 이하인 경우에는 일정 시간 애프터 글로를 행하여 안정 연소, 소음 저감을 도모하고 있다.

슈퍼 터보 super turbo　루트식의 슈퍼차저와 터보차저가 직렬로 배치되어 있는 형식을 말한다.

슈퍼 톱 super top　듀얼 글라스 톱과 멀티 톱의 총칭이다. 듀얼 글라스 톱은 전후 2분할의 유리제 루프 리드를 장착하여 채광성·개방성이 풍부한 것을 말하며, 멀티 톱은 수지제의 경량물 수납용 캡슐을 장착한 것을 말한다.

슈퍼 트랙션 패턴 super traction pattern　트레드 형태의 하나이다. 어느 한 방향으로 화살표의 형상을 한 러그형의 홈을 넓고 깊게 파는 것이다. 장착 방향이 표시되어 있으며, 방향성을 가지는 타이어로, 농업용 차량에 많이 사용된다.

슈퍼 하이 루프 super high roof　표준 루프보다 약 70 mm 더 높은 루프를 말한다. 경자동차의 실내 스페이스를 더 확대한 것으로, 확대 스페이스는 오버헤드 네트보다 유효하게 활용할 수 있다.

슈 홀드 다운 핀 shoe hold down pin　브레이크 라이닝 슈를 이탈하지 못하도록 고정해 주는 핀으로, 스프링과 와셔가 한 조를 이룬다.

슈 홀드 다운 핀 스프링 shoe hold down pin spring　브레이크 라이닝의 슈 홀드 다운 핀 이탈을 방지하고 약간의 충격도 흡수하는 완충 작용을 한다.

슈 홀드 다운 핀 스프링 와셔 shoe hold down pin spring washer　브레이크 라이닝 슈의 원활한 작동을 위해 설치된, 억제용 핀의 스프링을 이탈하지 않도록 고정해 주는 와셔를 말한다.

스냅 게이지 snap gauge　두 개의 게이지를 짝지어, 한쪽은 최대 허용 치수(통과측)로, 다른 쪽은 최소 허용 치수(제지측)로 만들어, 축의 치수가 이 두 개의 허용 한도 내(공차)가 되도록 만들어졌는가를 검사하는 게이지로, 축 게이지라고도 한다. 원통형, 구형의 지름, 입체형의 두께 등을 측정하는 데 사용된다.

스냅 링 snap ring　로어 암에 볼 조인트를 끼운 후 고정시키는 키의 일종으로, 둥근 모양에 한 곳이 갈라진 형태이다. 축 또는 하우징에 형성된 홈에 설치되어 축, 베어링 등의 부품이 이탈되는 것을 방지하는 역할을 한다. 끼울 때는 밖으로 벌려 끼우며, 탄성체의 금속체이다.

스냅 링 플라이어 snap ring plier　피스톤 핀 또는 변속기 등에 설치된 스냅 링을 확장 또는 축소시켜 빼거나 끼울 때 사용하는 플라이어를 말한다.

스냅 스위치 snap switch　조작 버튼 또는 지레의 아주 작은 동작으로 접점을 어떤 위치로부터 다른 위치로 순간적으로 변화시키는 스위치를 말한다.

스냅 인 밸브 snap-in valve　타이어 손상이나 교환 때 또는 공기압이 높거나 낮을 때, 타이어 내부에 공기를 넣거나 빼는 밸브로, 일종의 체크 밸브 형식으로 되어 있다.

스너버 snubber　변위(變位)가 규정값보다 커질 때마다 강성을 증가시키기 위한 장치로, 마찰에서 발생되는 진동을 흡수하는 기기를 말한다.

스노 블레이드 snow blade　한랭지에서 윈도 와이퍼 블레이드가 동결되거나 블레이드에 눈이 부착되는 것을 방지하기 위하여 전체를 고무로 덮은 윈도 와이퍼를 말한다.

스노 체인 snow chain　눈길이나 빙판 등 미끄러지기 쉬운 도로를 주행할 때 일반 타이어에 장착하여 미끄럼을 방지하는 체인을 말한다. 스노타이어의 홈 깊이가 50% 이상 마모되었을 때는 스노 체인을 장착하고 주행하여야 한다.

스노클 snorkel　공기 흡기 장치의 튜브 또는 파이프를 말하며, 이곳으로 외기(外氣, 외부의 공기)가 기화기 내로 들어간다.

스노타이어 snow tire　겨울용 타이어로서 눈길에서 사용되며, 트레드 모양은 블록형으로 그루브(홈)가 깊고 제동력이 특출하도록 설계된 타이어를 말한다. 눈길에서 사용할 수 있게 깊고 폭이 넓은 홈으로 된 트레드 패턴을 가진 타이어로, 사이드 월에 'SNOW'란 표시가 있다. 눈 위에서 잘 떠오르도록 트레드의 폭이 넓고 홈에 끼어든 눈과 노면 위의 눈 사이를 분리시키는 성질과 마찰력으로 접지력을 얻도록 되어 있지만, 얼음 위나 빙결된 눈에서는 성능을 발휘하지 못한다. 그래서 홈의 깊이가 절반으로 마모되면 눈길에서의 성능이 일반 타이어와 같아져서, 스노타이어로서의 사용 한도를 나타내는 플랫폼이 트레드의 홈 바닥에 마련되어 있다. 겨울철에 사용하여 윈터 타이어라고도 한다.

스러스트 thrust　회전축이나 회전체의 축 방향으로 작용하는 외력(外力)을 말한다.

스러스트 베어링 thrust bearing　크랭크축의 길이 방향으로 나타나는 작용력을 방지하기 위해 사용하는 베어링을 말한다. 크랭크샤프트나 캠샤프트 베어링이 대표적이다.

스레드 체이서 thread chaser　나사 부분을 세척하는 데 사용하는 다이(die) 비슷한 도구이다.

스레디드 인서트 thread insert　나사 부분이 손상된 구멍을 원래의 나사 규격으로 복원하는 데 사용하는 나사를 가진 코일로, 구멍을 오버사이즈로 드릴링 및 태핑을 한 후, 태핑된 구멍에 인서트를 돌려 끼운다.

스로트 throat　관로의 단면을 갑자기 좁게 하여 일정 정도 평행하게 만든 후, 다시 완만한 각도로 넓힌 벤투리관을 써서 유량을 측정할 경우에, 좁혀진 관의 평행 부분을 말한다.

스로틀 throttle　기화기 아랫부분에 설치되는 밸브를 말한다. 이 밸브는 가속 페달 위치에 따라 피벗 운동을 하여(밸브를 개폐하여) 실린더에 들어가는 공기와 연료의 혼합 가스량을 조절함으로써 엔진의 회전 속도를 변화시킨다.

스로틀 레버 throttle lever　스로틀 밸브를 움직이는 레버로서, 링키지나 와이어로 가속 페달에 연결되어 있다.

스로틀 로크아웃 throttle lockout　초크가 작동되거나 엔진이 정상 작동 온도에 이르기 전에 개구(opening)로부터 기화기의 제2단계의 작용을 방지하기 위해 사용되는 장치를 말한다.

스로틀 리턴 대시 포트 throttle return dash pot　스로틀 리턴 제어 장치에서 사용되는 대시 포트이다. 가솔린 엔진에서 가속 페달을 놓았을 때 스로틀 밸브는 이것과 연동해서 닫히지만, 어떤 각도가 되면 공기를 완충재로 이용한 대시 포트가 작용하여 공회전 위치까지 천천히 복귀시키도록 되어 있다.

스로틀 리턴 제어 장치 throttle return control system　가속 페달을 놓았을 때 스로틀 밸브를 공회전 위치 직전의 상태로 머물게 하고 잠시 후 통상의 공회전 상태로 되돌리는 장치이다. 정상 운전 또는 가속 중에 갑자기 스로틀 밸브를 닫으면 공기가 부족하여 실화나 미연소 가스가 증가되는 등의 원인이 발생되므로, 이와 같은 장치를 장착한다. 스로틀 포지셔너, 스로틀 오프너 및 믹스처 컨트롤 밸브 등으로 구성되어 있다.

스로틀 리턴 체크 throttle return check　스로틀이 너무 급격하게 닫히는 것을 방지하기 위한 기화기 장치를 말한다.

스로틀링 throttling　유체가 밸브, 콕, 작은 구멍 등 좁은 통로를 흐를 때 마찰이나 난류(亂流) 등에 의해서 압력이 낮아지는 현상으로, 교축이라고도 한다.

스로틀 밸브 throttle valve　기화기 또는 스로틀 보디를 통과하는 공기량을 조절하기 위해 여닫는 밸브를 말하는데, 액셀러레이터 페달은 이 밸브가 열리는 정도를 조절한다. 공기가 많이 통과하면 이에 따라 휘발유도 많이 흡입되며, 엔진이 공기를 빨아들이지 않을 때는 아무리 액셀러레이터 페달을 밟아도 가속되지 않는 것은 이 때문이다.

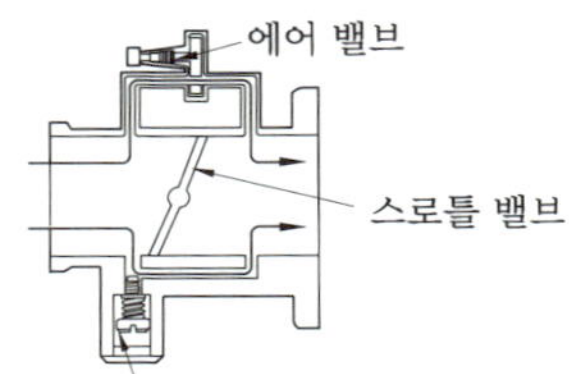

스로틀 밸브

스로틀 보디 throttle body　스로틀 보디에는 흡입 공기량을 제어하는 스로틀 밸브, 공전 때 회전수를 제어하는 ISC 서보, 스로틀 밸브 개도를 검출하는 스로틀 위치

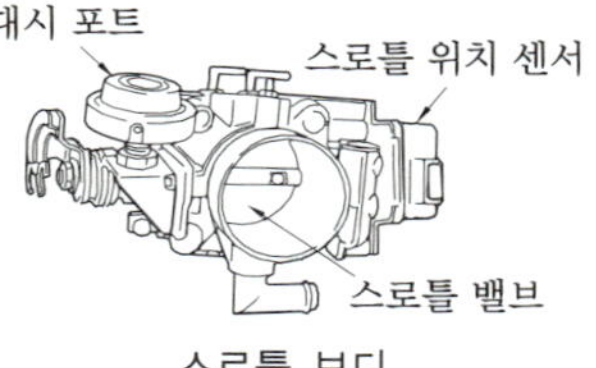

스로틀 보디

센서(throttle position sensor, TPS)가 조합되어 있다. 스로틀 보디 하부에는 물 통로가 설치되어 엔진의 냉각수가 순환하므로 한랭 때 빙결 현상을 방지한다.

스로틀 보디 인젝션 TBI ; throttle body injection　공기/연료 충전물을 중앙 위치에서 흡입 매니폴드를 통해 실린더로 배분하는 전자식 연료 분사 시스템이다. 분사기는 기화기를 닮은 장치(스로틀 보디) 내의 스로틀 판 위에 위치해 있다.

스로틀 보어 throttle bore　기화기에서 공기가 흐르는 개구(opening) 부분을 말하며, 스로틀 밸브와 벤투리를 내장하는 기구들로 구성되어 있다.

스로틀 압력 throttle pressure　오토매틱 트랜스미션에서는 유압으로 컨트롤되고 있다. 기본적인 유압은 오일펌프에서 발생하는 유압인 라인 압력, 다음에 차속을 검지해서 유압으로 변하는 거버너 압력, 그리고 엔진의 부하를 검지해서 유압으로 변화시키는 스로틀 압력이 있다. 스로틀 압력은 액셀 페달에 연동하고 있는 스로틀 밸브의 동작에 의해 발생하고, 엔진의 부하, 차속(거버너 압력) 등에 의해 자동적으로 트랜스미션을 변속한다.

스로틀 어저스팅 스크루 TAS ; throttle adjusting screw　스로틀 밸브의 열림 정도(開度)를 조정하는 나사로서, 공회전을 조정할 때에 스로틀 밸브를 어느 정도 열어 놓는가를 정하는 것으로, 줄여서 TAS(타스)라고도 한다.

스로틀 오프너 TO ; throttle opener　감속 시의 흡입 부압을 검출하고 설정된 압력 이상에서는 강제적으로 스로틀 밸브를 열어 혼합 가스량을 증가시키고 충분한 압축 압력을 확보해서 불완전 연소를 방지하는 것으로, 스로틀 포지셔너(throttle positioner) 방식과 유사하지만 정확한 의미에는 차이가 있다. 컨트롤 밸브와 서머 다이어프램으로부터 구성되며, 컨트롤 밸브는 서모 다이어프램의 작동 부압을 설정하는 것으로, 흡입 부압이 설정 압력을 넘으면 컨트롤 밸브의 다이어프램은 스프링의 힘을 이겨내서 그림의 오른쪽으로 잡아당겨져 밸브가 열리게 되며, 부압이 서모 다이어프램에 작용해서 다이어프램을 잡아 올리고 스로틀 밸브를 열어 혼합 가스 부족을 보충한다.

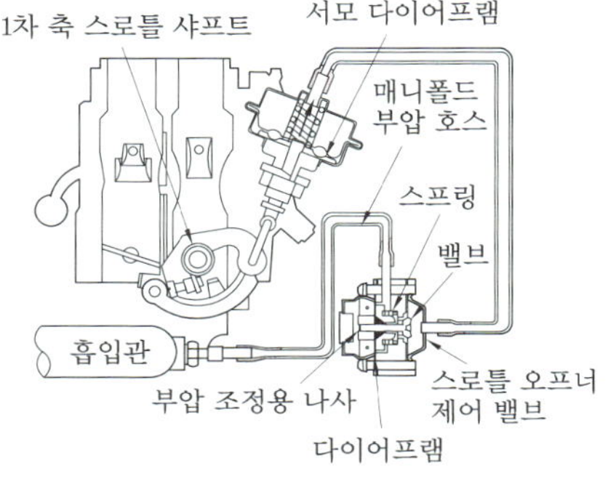

스로틀 오프너

스로틀 위치 센서 TPS ; throttle position sensor ⇨ 스로틀 포지션 센서

스로틀 위치 스위치 throttle position switch ⇨ 스로틀 포지션 스위치

스로틀 크래커 throttle cracker 엔진을 시동할 때 카뷰레터의 스로틀 밸브를 조금 열고 기동에 필요한 공기를 공급하는 장치로서, 기동 전동기 스위치 레버와 스로틀 링키지 사이에 연결된 링키지로 구성되어 있다. 현재는 사용하지 않고 있다.

스로틀 포지셔너 TP ; throttle positioner '스로틀 기어'라고도 하며, 스로틀 판의 열림을 고정시키는 데 사용되는 장치이다. 또한 점화 스위치를 'OFF'했을 때 엔진이 계속 구동되는 것을 방지하기 위해 스로틀 판이 완전히 닫히게 한다. 또 에어컨 등의 작동으로 부하가 걸리거나 엔진의 웜업 기간 동안 냉각 엔진의 부하 등을 감안하여 공전 속도를 증가시키고자 할 때 사용된다.

스로틀 포지션 센서 TPS ; throttle position sensor 스로틀 밸브의 개방 각도를 감지하는 가변 저항을 말하는데, 기화기 또는 스로틀 보디의 스로틀 샤프트와 함께

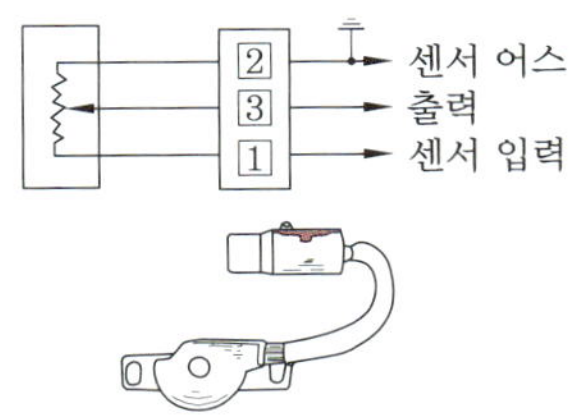

스로틀 포지션 센서

회전함에 따라 스로틀 포지션 센서의 출력 전압이 변하며, ECU(electronic control unit)는 이 전압 변화를 기초로 하여 엔진의 가속 상태를 판단하고 그에 따라 필요한 제어를 실행한다.

스로틀 포지션 스위치 throttle position switch 가솔린 분사 장치에서 스로틀 밸브의 위치를 검출하는 센서로, 스로틀 위치 센서라고 한다. 스로틀 밸브가 공회전 위치나 어떤 정해진 위치(고부하 상태) 이상으로 되어 있을 때 작동한다. 중간 상태에서는 전기 신호를 보내지 않고 중립 위치에 있으며, 스로틀 밸브의 위치를 3단계로 나누는 역할을 한다.

스로틀형 노즐 throttle type nozzle 분공부와 니들 밸브의 핀 부분이 길고 또 핀 부분의 앞 끝이 나팔 모양으로 테이퍼 가공되어 있다. 따라서 분공부에 만들어지는 링 모양의 좁은 간극이 오랫동안 지속되어 분사 개시 때의 분사량이 적어지게 된다.

스로틀형 인젝터 throttle type injector 스로틀형 인젝터는 연료의 분사 구멍이 하나이고, 니들 밸브가 외부로 노출되어 있으며, 흡입 밸브가 한 개인 전자 제어 연료 분사 엔진에 사용한다.

스리 도어 차량 three door car 해치백을 가진 2도어 자동차를 말하며, 해치백을 제3의 도어로 본 것이다.

스리 디 게이지 3D gauge 입체 계측 게이지라고도 한다. 보디의 아래쪽뿐만 아니라 위쪽의 넓은 범위를 계측할 수 있는 것이 특징이다. 가로, 세로 및 높이의 3방향을 입체적으로 계측할 수 있다.

스리 로터 로터리 엔진 three rotor rotary engine 로터 3개를 일렬로 설치한 로터리 엔진으로, 4사이클 왕복형 엔진의 6실린더 엔진에 해당한다.

스리 링크식 서스펜션 three link type suspension 링크식 일체 차축식 현가장치에서 가장 간단한 구조로서, 두 개의 리딩 암과 트레일링 암 또는 래터럴 로드 3개의 링크로 구성되어 있으며, 코일 스프링이 사용되는 것이 일반적이다. 오프로드용의 4×4 등에 사용되고 있다.

스리 박스 three box 자동차 형태의 디자인 용어를 말하는데, 차량을 옆에서 보았

을 때 엔진실, 차체 실내, 트렁크 등의 3개 상자로 이루어져 있는 형식이며, 스리 보디라고도 한다. 일반적인 세단의 형태이다.

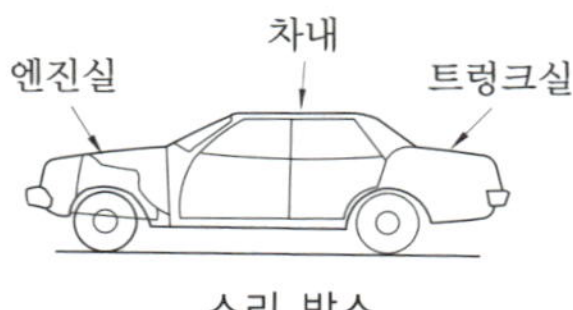

스리 박스

스리 박스 카 3-box car　노치 백 세단 스타일의 승용차로, 특히 차실을 중시한다.

스리 밸브 엔진 three valve engine　실린더당 흡입 밸브 두 개와 배기 밸브 한 개가 설치된 엔진을 이른다. 고속 회전을 할 때의 흡입 효과와 흡입 효율을 높일 목적으로 개발되었으나 4밸브 엔진과 제작 단가가 크게 차이가 없다. 따라서 3밸브를 살리는 연소실의 모양을 만들기가 어렵고, 배기 밸브가 상대적으로 커져서 무거우며, 양정이 큰 단점 때문에 현재는 거의 볼 수 없게 되었다.

스리 빔 전조등 시스템 three beam head-light system　헤드램프에 3단계의 조사(照射) 방식을 갖춘 것으로, 대향 차량이나 선행 차량의 유무를 센서로 감지하여 자동적으로 그 상황에 따라 변환하는 방식을 말한다.

스리 조인트 프로펠러 샤프트 three joint propeller shaft　조인트를 3개 사용한 추진축을 말한다.

스리 피스 휠 three piece wheel　디스크를 두 장의 림으로 양측에서 끼운 구조의 휠을 말한다.

스마트 센서 smart sensor　'빈틈없는 센서'라는 뜻으로, 센서 기술과 컴퓨터 기술의 결합에 의해 종래의 센서에 없는 많은 특징을 가지고 있다. 이 스마트 센서는 미국 나사(NASA)를 중심으로 하는 우주 개발 과정에서 탄생되었는데, 이 센서에 의해 비행 중인 우주선의 온도, 압력, 자세, 위치 등의 관측 데이터가 시시각각 지상으로 보내져 온다.

스모그 smog　대기 오염으로 인하여 생긴 안개 모양의 매연 또는 매연이 섞인 안개를 말한다. 또한 연소에 의해서 생기는 공기 중에 부유하는 작은 고형 입자를 말하기도 한다.

스모크 램프 smoked lens lamp　리어 콤비네이션 램프 등의 표면 렌즈 위에 스모크 커버를 설치하는 구조로 이루어진 램프로, 외관상 램프 표면이 거무스름하게 변한다. 스모크를 묻히는 방법에는 스모크 커버를 씌우는 방법, 렌즈에 착색을 하는 방법, 도장(塗裝)을 하는 방법 등이 있다. 어느 방법이나 광선 투과율이 떨어지므로 시인성(visibility, 가시성)이 떨어지지 않도록 내부 구조를 개선하여 빛의 출력을 증가시키고 있다.

스모크 미터 smoke meter　매연 테스터를 이르는 말로, 엔진에서 배출되는 가스의 농도를 측정하는 계기를 말한다. 배기가스 중 흑연을 여과하여 여과지에 빛을 쬐어 반사율을 측정하는 반사식과, 흑연이나 백연(白煙)에 직접 빛을 쬐고 그 투과량에 따라 농도를 측정하는 방법이 있다.

스몰 라이트 small light　⇨ 차폭등

스몰 스크러브 small scrub　앞바퀴 얼라인먼트로, 스크러브 반지름이 15 mm 이하의 비교적 적은 값으로 설정되어 있는 것을 말한다.

스몰 엔드 small end, little end　소단부(小端部)로, 커넥팅 로드에 피스톤 핀이 설치되는 부분을 말한다. ⇔ 빅 엔드

스와시 타입 컴프레서 swash type compressor　사판식(斜板式) 압축기 또는 사판식 컴프레서라고도 한다. 카 쿨러의 냉매를 압축하는 데 사용되는 왕복형 압축기의 일종이다. 회전축에 대하여 경사지게 부착한 판(스와시)을 회전시키면 판의 끝이 축에 평행한 왕복 운동을 하는 원리를 이용하여, 스와시 양쪽에 피스톤을 설치하여 냉매를 흡입·압축한다.

스워브 swerve　자동차가 주행 중에 브레이크를 작동시켰을 때 차체의 뒤쪽이 흔들리는 현상으로, 제동할 때 바퀴의 회전이 정지되면 자동차는 관성에 의해서 미끄럼이 발생되며 뒤쪽은 자동차의 진행 방향에서 벗어나는 현상을 말한다.

스월 swirl　연소실 속에서 흡입 때 생기는 소용돌이 현상을 말하는데, 스월이 적당한 크기로 되면 착화 상태가 좋아지고 연

소 효율이 향상된다. 인덕션 터뷸런스 (induction turbulence)라고도 한다. 알맞은 스월은 연소를 안정시키는 효과가 있고, 조금 엷은 혼합 가스의 폭발도 가능하게 한다.

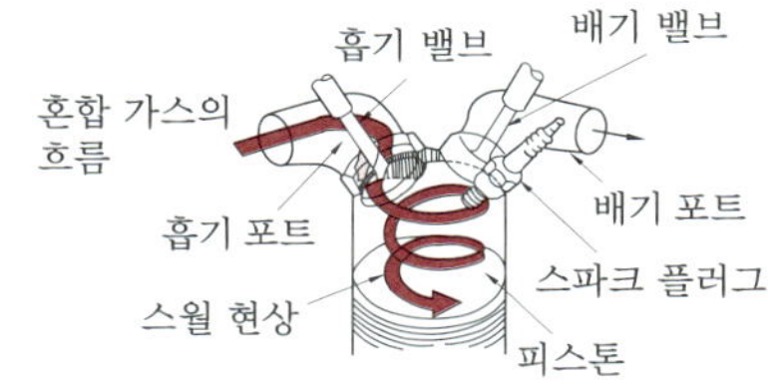

스월 현상

스월 인젝터 swirl injector 연료가 분사되면서 주변의 공기와 쉽게 혼합이 이루어지도록 와류를 이루면서 분사되는 인젝터로서, 직접 분사식 가솔린 엔진에 사용한다. 부분 부하 시에는 압축 행정 말기에 분사(초희박 연소)되고, 전부하 시에는 흡입 행정 중에 분사(일반 연소)하여, 흡입 공기의 열을 흡수함으로써 기화와 동시에 흡입 공기를 냉각시켜 충진 효율이 향상된다.

스웨덴 그랑프리 Swedish Grand Prix 스웨덴에서 열렸던 F1 GP 레이스를 말한다. 1973년 제1회 경주가 펼쳐져 1978년까지 F1 그랑프리 시리즈로 열렸으나 그 후 중지되었다.

스웨덴 랠리 Swedish Rally 스웨덴에서 벌어지는 랠리로, WRC의 1전이기도 하다. 1950년에 시작되어 초기에는 매년 여름 '랠리 투 더 미드나이트 선'이라는 이름으로 개최되다가, 1965년 이후에는 매년 겨울에 지금의 이름으로 열린다. 눈 속에서 악전고투하는 극한의 랠리이므로, 북유럽계 드라이버들이 우승을 휩쓸고 있다.

스웨이 바 sway bar ⇨ 스태빌라이저

스웨징 swaging 단조 작업의 일종으로, 재료의 길이 방향으로 압축하여 그 일부 또는 전체의 단면을 크게 하는 작업을 말한다.

스웰링 swelling 마스터 실린더 또는 휠 실린더의 고무 컵이 액체를 흡수하여 그 구조의 조직을 변화하지 않고 용적이 팽창되는 현상으로, 팽윤(澎潤)이라고도 한다.

스위블링 swivelling (1) 타이어가 킹핀을 중심으로 좌우로 회전하는 것으로, 선회(旋回)라고도 한다. (2) 자동차가 커브 도로를 주행할 때 노면을 따라서 선회하는 것을 말한다. (3) 건설 기계에서 상부 회전체를 작업 장소에서 적재 및 적하 장소로 회전하는 것을 말한다.

스위블 반지름 swivel radius 자동차 및 기계의 회전 장치에서 선회할 때 선회 원의 반지름을 말한다.

스위블 조인트 swivel joint 선회 가능한 관의 이음(돌림 이음)을 말한다.

스위블 테이블 swivel table (1) 연삭기나 밀링 머신 등에서 테이블 면의 어떤 각도 범위 안에서 회전이 가능하도록 한 것으로, 이 회전 테이블에 의하여 드릴 홈이나 비교적 긴 테이퍼를 가공할 수 있다. (2) 트레일러를 트랙터에 연결하는 부분에 설치되어 이동 중 회전이 가능하도록 한 원판을 말한다.

스위블 핀 swivel pin 킹핀이라고도 한다. 자동차에서 조향 너클을 차축에 설치하는 핀으로, 앞 차축에 대하여 $5 \sim 8°$의 경사각을 두고 설치되어 캠버와 더불어 조향 조작력을 적게 하고, 앞바퀴에 복원성을 부여하여 직진 상태로 쉽게 되돌아가도록 하며, 앞바퀴의 시미 현상을 방지한다. 일체식 현가장치에서는 마멸을 방지하기 위하여 크롬(Cr)강 또는 특수 각으로 만들어 차축에 볼트로 고정한다. 독립 현가장치의 맥퍼슨 형식은 스트럿이 킹핀의 역할을 하며, 위시본 형식에서는 위 볼 조인트와 아래 볼 조인트의 중심선이 킹핀의 역할을 한다.

스위치 switch 전기 회로를 개폐하기 위한 장치이다.

스위칭 증폭 회로 switching amplification circuit 트랜지스터를 사용하여 부하를 ON, OFF하는 회로이다. 트랜지스터는 베이스 전류에 비례하여 부하 전류(컬렉터 전류)를 증폭할 수 있는 증폭 작용이 있지만, 부하를 구동하는 데 충분한 베이스 전류를 단속(斷續)하면 부하도 단속된다. 베이스 전류는 부하 전류에 비해 매우 작기 때문에 부하를 직접 스위치로 단속하는 것보다 스위치나 배선을 소형화할 수 있어 아크의 영향을 받지 않고, 센서 신호도 단속할 수 있는 장점이 있다.

스위칭 회로 switching circuit　베이스 전류를 단속하여 컬렉터 전류를 단속하는 회로이다.

스위퍼 sweeper　두 개의 촉매 변환기를 연결하여 배기가스 정화를 2단으로 하는 촉매 컨버터이며 2번째 촉매 변환기를 말한다. 첫 번째 촉매 변환기로 제거하지 못한 유해 가스 성분을 2번째의 컨버터에서 처리하는 것으로, 이 부분을 스위퍼(청소인)라고 부른다.

스윙 루버 swing louver　공조의 통풍구로부터의 풍향을 전동 모터에 의해 일정 주기로 변화시키는 기구로, 인스트루먼트 패널의 센터 아웃렛(outlet)부에 설치되어 있으며, 풍향은 좌우 각 40° 범위를 약 8초 주기로 변화한다.

스윙 암 swing arm　바퀴가 위아래로 움직일 때의 회전 중심과 바퀴 중심 면과의 거리를 말한다. 스윙 암의 길이는 스윙 액슬 방식에서는 짧고 위시본 타입에서는 길다. 위시본 형식에서는 바퀴가 위아래로 흔들림에 따라 스윙 암의 길이가 바퀴의 캠버 변화를 결정하기 때문에, 서스펜션 설계에서 중요한 요소가 된다.

스윙 암식 서스펜션 swing arm type suspension　독립 현가장치 중에서 가장 간단한 구조의 현가장치이다. 암이 A자형이거나 이것과 비슷한 형태를 하고 있으며, A자의 정점에 차축을 연결하고, 두 개의 발을 차체에 설치하는 형식이다. 스윙은 흔들리며 움직이는 것을 뜻한다. 차체에 설치하는 방법에 따라 리딩 암식, 트레일링 암식, 스윙 차축식 및 더블 트레일링 암식으로 나눈다.

스윙 액슬 방식 swing axle system　뒤 서스펜션에 사용되고 있는 독립 현가장치로, 바퀴를 짧은 하프 샤프트에 올려놓고 디퍼렌셜 쪽에 한 개의 조인트를 두어 하프 샤프트를 스윙시켜 독립 현가를 만든 것이다. 스윙하는 지름이 아주 짧기 때문에, 바퀴가 위아래로 흔들리는 데 따라 큰 캠버 변화를 일으킨다. 이것은 보통 때의 코너링에서 바퀴를 언제나 수직으로 유지시켜 상당한 퍼텐셜을 갖지만, 심한 코너링 때는 바깥쪽 바퀴의 플러스 캠버가 너무 커져 차체가 들려져 별안간 오버 스티

어로 변화한다.

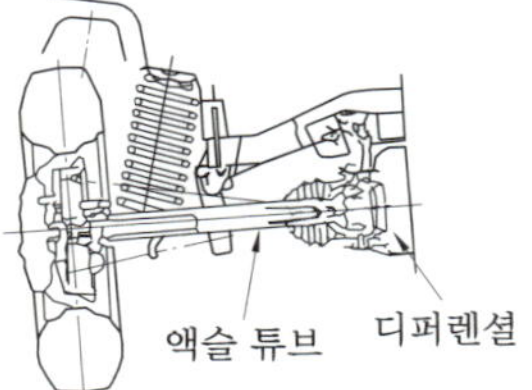

스윙 액슬 방식

스윙 차축 형식 swing axle type　좌우로 분리한 차축이 독립적으로 주행과 스윙 및 현가 기능을 하는 형식으로, 주로 소형차 후륜에 적용한다.

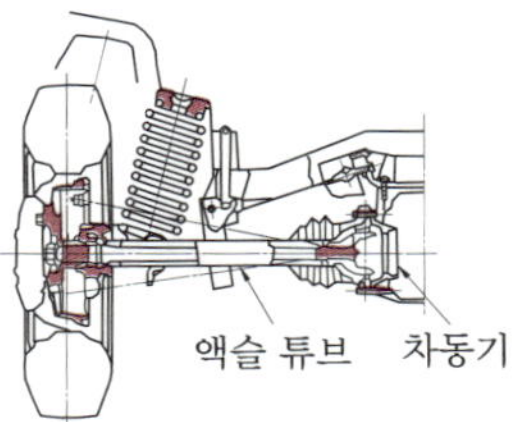

스윙 차축

스즈카 서킷 Suzuka Circuit　일본 나고야 남부 50 km 지점에 자리한 스즈카 서킷은 1962년에 완성되었으며, 1987년부터 F1 일본 GP가 열림으로써 세계적인 자동차 경주장으로 떠올랐다. S자, 헤어핀, 스푼형 등 다양한 코너가 8자 모양으로 이루어져 있고, 입체 교차로도 설치되어 고도의 테크닉이 요구된다.

스카이 훅 제어 sky hook control　액티브 프리뷰 ECS · Ⅱ에 적용된 제어로, 도로의 파손 등에 의한 중심을 잃은 느낌을 저감시키고, 플랫(flat)한 주행 감각을 실현시킨다. ⇨ 액티브 프리뷰 전자 제어 서스펜션

스카프 이음 scarf joint　부재(部材)를 서로 비스듬히 맞대어 접합면을 넓게 하는 이음으로, 주로 경납 땜 단접에 사용된다.

스캐너 scanner　(1) 자동차가 야간 주행할 때 대향 자동차의 불빛이 검출용 거울에 조사(照射)되면 헤드라이트를 자동적으로 하향되도록 하는 헤드라이트 조사 방향 자동 변환기의 조사 검출용 거울을 말한다. (2) 팩시밀리의 송신 장치에서 화소(畵素)의 옅고 짙음에 비례하는 전기

신호로 변환하는 부분을 말한다. (3) 프로세서 제어에서 여러 가지 양이나 상태를 순차적으로 자동 샘플링하고 측정하여 체크하기 위한 장치를 말한다.

스캐빈징 scavenging ⇨ 소기

스캘럽 scallop ⇨ 부채꼴 오목부

스커트 skirt (1) 엔진의 피스톤 측면의 하부, 끝 부분을 이른다. (2) 차체의 아래쪽에 설치되는 스커트형 하단부로서, 공기의 흐름을 조정하거나 물이나 진흙이 튀는 것을 방지하는 역할을 한다.

스커트부 skirt section 피스톤이 왕복 운동할 때의 측압을 받는 일을 하며, 피스톤의 설계 치수는 온도가 서로 다른 것에 의한 팽창을 고려할 때 헤드부의 지름을 스커트부의 지름보다 작게 하고 있다.

스커핑 scuffing (1) 도장(塗裝)된 표면의 먼지 등을 제거하기 위하여 아주 가볍게 행하는 연마 작업을 이른다. (2) 높은 압력으로 접촉하여 통상 오일로 윤활하고 있는 금속 표면의 국부적인 융착에 의하여 발생되는 상처로서, 스코어링(scoring)이라고도 한다. 일반적으로 엔진의 피스톤 주위나 캠에서 볼 수 있는 상처를 스커핑, 기어에 의해서 발생하는 상처를 스코어링이라고 한다.

스케일 scale (1) 척도(尺度), 축척(縮尺), 눈금, 자(尺)의 뜻이다. (2) 공기의 유통이 불완전한 노(爐)에서 풀림(annealing)을 했을 때 발생되는 산화물의 층 또는 주조(鑄造) 작업에서 쇳물에 생기는 기포(氣泡) 가스 등의 혼합물을 이른다. (3) 때, 물때, 가마 등에 눌어붙은 침전물, 보일러에 급수 중 불순물이 침전하여 보일러 내벽에 눌어붙은 것을 말한다.

스켈리턴 skeleton 버스 보디 구조의 일종으로, 골격 구조만으로 응력(應力)을 유지하고 보디 외판을 강도(強度) 부재로 하지 않은 것이다. 훌륭한 외부 모양과 비교적 큰 개구부(화물실 등)에 대처하기 쉬우며, 최신형 버스 보디이다.

스켈리턴 와이퍼 skeleton wiper 블레이드 구조를 와이어로 만들어 중앙에 힌지(hinge)로 되어 있으며, 스포츠카에 널리 쓰인다.

스켈리턴 타입 와이퍼 블레이드 skeleton type wiper blade 고속 주행 때의 와이퍼 손상 방지를 도모하기 위해 프레임의 단면을 파이프 모양으로 해서 블레이드의 양력을 작게 한 것을 말한다. 두 개의 와이어에 의한 것도 있다.

스코어링 scoring ⇨ 스커핑

스코프 scope 보통 오실로스코프의 약칭으로 사용된다.

스코프 트레이스 scope trace 스코프의 스크린에서 시간에 따라 변하는 전압을 나타내기 위해 전시되는 라인 형식(line pattern)을 말한다.

스콧 squat 발진·가속 때에 차체 뒷부분이 내려앉는 것을 말한다.

스쿠터 scooter 비교적 작은 바퀴를 사용하고 다리를 크게 벌릴 필요가 없도록 되어 있는 오토바이로서, '모터스쿠터'의 약칭이다.

스쿠프 엔드 형식 트럭 scoop end type truck 이 형식은 측면이 고정되어 있으며 테일 게이트가 없다. 리어 끝단이 스쿠프의 형식으로 올라가 있으므로 '스쿠프 엔드'라고 부른다. 이 타입은 보통 물에 젖은 토양 모래와 같은 습식 화물을 운반할 때 또는 채굴 작업을 할 때 대형 건설 공사 현장에서 사용된다. 이 모델은 거친 지형에서 운행 시 적당한데, 적재함의 바닥은 보통 다른 타입의 덤퍼보다 더 두껍다.

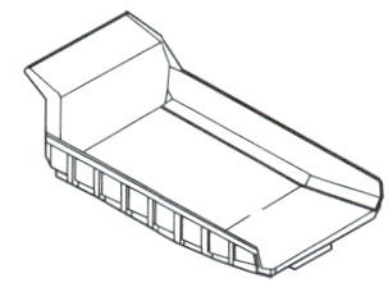

스쿠프 엔드 형식 트럭

스쿼브 squab ⇨ 백레스트

스쿼시 squash (1) 스월과 같은 목적으로 만드는 연소실 내의 소용돌이로 압축할 때 소용돌이를 만들어낸다. 혼합 가스의 연소 속도를 높이고, 연비를 좋게 하는 효과가 있다. 또 노킹을 막고 연소를 안정시키는 데도 도움이 되지만, HC 등을 늘어나게 하는 결점이 있다. (2) 연소실 작용으로 연소시킬 압축 혼합 가스가 피스톤과 실린더 사이의 감소된 공간으로부터 압출되는 현상을 말한다.

스쿼시부 squish area　피스톤이 상사점에 있을 때 피스톤과 실린더 헤드 사이에 형성되는 좁은 공간을 말한다.

스쿼시 에어리어 squash area　피스톤 헤드의 일부와 실린더 헤드 사이에 만들어지는 작은 간극을 말한다.

스쿼커 squawker　멀티웨이 시스템(3웨이 이상)으로, 중역을 맡는 스피커 유닛으로, 미드레인지 유닛이라고도 한다. 중역은 대사는 물론 소리가 웬만한 가청 주파수 중역대를 커버하고 있다. 중음용 스피커를 말한다.

스퀘어 엔진 square engine　보어와 스트로크의 길이가 같은 엔진으로 롱 스트로크 엔진과 쇼트 스트로크 엔진의 중간 성격을 가진 엔진이다.

스퀠치 squelch　타이어의 트레드 형상(tread contour)이 둥글어 특히 레이디얼 타이어에 발생할 수 있는 패널 노이즈로서, 트레드의 숄더 부분이 노면에 접촉될 때 발생되는 소리를 말한다. 영어의 일반적인 의미는 물이나 진흙 사이를 걸어갈 때 '철컥철컥' 또는 '철석철석' 하고 나는 소리를 말한다.

스퀴브 squib　전기식 에어백 장치의 인플레이터(팽창기)에 장치되어 있는 점화 장치이다. 통전(通電)하면 필라멘트가 발열하여 점화제에 착화시킨다. 스퀴브는 의성어(擬聲語)로서 '폭' 하고 불붙는 형태를 말한다.

스퀴시 squish　연소실 내에서 혼합 가스를 좁은 틈새로 밀어붙이는 것을 이른다. 피스톤이 상사점에 가까워졌을 때 실린더 헤드와의 틈새가 특히 좁아지도록 한 부분(스퀴시 에어리어)을 설치해 두면, 압축 행정에서 이 부분에 화염이 흡입된 혼합 가스가 밀려나 다음의 팽창 행정에서 흡입되므로(역스퀴시) 혼합 가스의 연소 속도가 높아지고 연료 소비율이 좋아지는 효과가 있다. 단, 스퀴시 에어리어가 크면 이 부분에 화염이 전파되지 않고 퀸치 에어리어가 되는 경우가 있다.

스퀴시 지역 squish area　스퀴시는 분출류를 말한다. 연소실 내부의 일부와 피스톤 상면에서 형성되는 틈 부분을 스퀴시 지역이라고 한다. 피스톤 상승 시에 이 틈에서 밀어내는 분출류가 혼합 가스를 더욱 각반하여 연소 속도를 빠르게 하고 연소 효율을 향상시킨다. 피스톤 하강 시에는 반대의 유동을 발생시키고 동일한 휘저어 섞음 효과를 얻을 수 있다.

스퀴지 squeegee　젖은 모래가 묻어 있는 부분을 닦아내거나 퍼티를 바르는 데 사용하는 유연성 고무 또는 플라스틱으로 된 블록을 말한다.

스퀵 squeak　주행 중에 브레이크에서 발생하는 '끽–' 하는 소리로서, 주파수가 높은 연속음(連續音)을 말한다.

스퀼 squeal　브레이크 노이즈의 일종으로, 제동 때에 발생하는 1 kHz에서 가청 범위 (20 kHz)까지의 소리를 말한다. 음색으로는 '끼릭끼릭' 하는 음이 주된 소리이다. 원인으로는 마찰면에서 발생하는 자력 진동이라고 여겨진다. 구동, 제동 및 선회 등에서 타이어가 미끄러질 때 발생하는 소음을 말할 때도 있다.

스크라이버 scriber　(1) 자동차의 토인을 측정할 때 타이어에 중심선을 긋는 금긋기 바늘을 말한다. (2) 공작물의 중심선이나 다듬질의 기준선을 긋는 금긋기 바늘을 말한다.

스크래치 scratch　도포면상에 있는 실 모양의 가느다란 긁힌 자국을 말한다.

스크램블 과급 scramble turbo charger　급가속을 할 때 일시적으로 터보차저 압력을 높이는 것을 말한다.

스크램블 레이스 scramble race　오토바이를 이용하여 진흙탕에서 하는 경기를 말한다.

스크러브 레이디어스 scrub radius　타이어 중심선과 킹핀 중심선이 노면에서 만난 접간 거리로, 스크러브 반지름이라고도 한다. 너무 크면 조향 및 현가장치의 손상과 타이어 마모가 빠르고 핸들 조작이 무거우

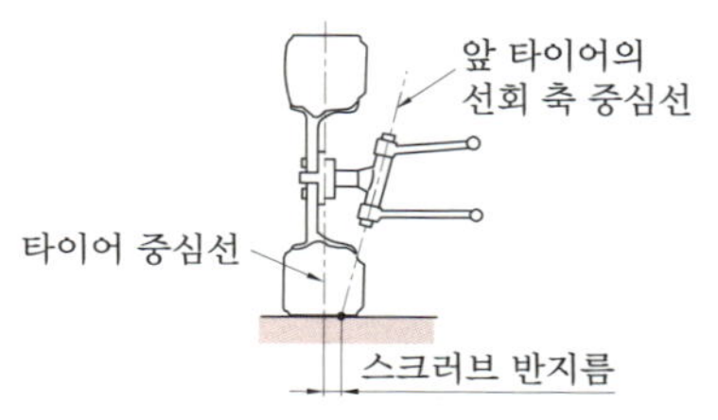

스크러브 레이디어스

며, 너무 작으면 주행 중 핸들의 복원 기능이 없어지고 정지 시 조향이 어려우며 타이어의 변형이 일어난다.

스크러브 반지름 scrub radius ⇨ 스크러브 레이디어스

스크레이퍼 scraper　면을 조금씩 절삭하여 더욱 정밀도가 높은 면으로 가공하는 가공법으로, 평면 절삭에 사용하는 평면 스크레이퍼와 큰 절삭면으로 곡면을 절삭하는 곡면 스크레이퍼로 분류한다.

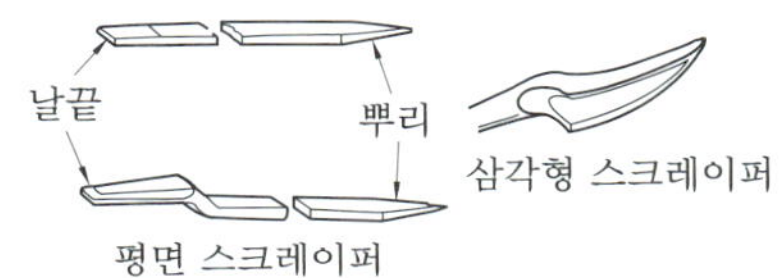

스크레이퍼

스크레이퍼 링 scraper ring　실린더 벽에 뿌려진 과잉의 오일을 크랭크케이스로 긁어 환원(되돌려보냄)시키기 위한 오일 제어 링을 말한다.

스크롤 에어리어 scroll area　터빈 하우징의 단면적을 말한다. 스크롤은 소용돌이를 말하며, 터보차저에서 배기가스의 통로(터빈 하우징)가 소용돌이 모양으로 형성되는 데서 온 단어이다.

스크롤 타입 컴프레서 scroll type compressor　냉매를 압축하는 에어 컴프레서의 압축실이 소용돌이형(스크롤)인 것을 말한다. 소용돌이형의 압축실의 회전에 의해 냉매를 압축하기 때문에 진동이 작고 컴프레서 자체가 경량이며 콤팩트화할 수 있다.

스크루 screw　통상 스크루 드라이버를 사용하여 나사를 가진 구멍에 돌려 끼울 수 있게 되어 있는 금속 파스너(fastener)의 일종으로, 많은 종류와 크기의 스크루가 있다.

스크루 드라이버 screw driver　스크루를 풀거나 조이는 데 사용하는 수공구로서, 일자형과 십자형이 있다.

스크루식 공기 압축기 screw air compressure　암·수 한 쌍의 비틀림 나사산을 가진 두 축의 스크루 로터로 구성되어, 흡입구에서 흡입된 공기는 비틀림 스크루 산을 따라서 송출구로 이송될 때, 그 사이에서 로터의 회전에 의해서 체적의 변화가 이루어지기 때문에 공기를 압축하는 압축기이다.

스크루 펌프 screw pump　(1) 케이싱 내에서 나사가 설치되어 있는 회전자를 회전시켜 액체를 흡입측으로부터 토출측으로 밀어내는 펌프를 말한다. (2) 회전축 주위에 나사 모양의 날개를 설치한 1~2 mm 정도의 양정이 적은 펌프를 말한다. (3) 회전축 둘레에 나사의 홈을 깎고 이것에 끼워지는 원통 안에서 축을 회전시키는 펌프로서, 회전축으로부터 오일 누출 방지 또는 베어링용 오일펌프로 사용된다.

스크린 screen　어떤 액체 및 가스 장치를 통해서 고형 입자가 순환하는 것을 방지하기 위한 망사형 여과 장치를 말한다.

스크린 인쇄 screen printing　스테인리스 등으로 만든 소정의 패턴이 스크린을 통하여 후막(厚膜) 페이스트를 기판 상에 칠하여 두꺼운 막 패턴을 만드는 것으로, 공정은 자동화가 가능하고, 대량 생산에 적합하다. 자동차의 계기판, IC 조정기 등 많은 전기 부품에 사용되고 있다.

스키닝 skinning　(1) 페인트 용기 내에서 액체의 상단에 막이 형성되는 것을 말한다. (2) 중후한 톱 코트의 언더레이어 내의 용제가 증발하기 전에 그 톱 코트에 막이 형성되는 것을 말한다.

스키드 skid　코너링 시 또는 급브레이크 시에 후륜이 옆으로 활주하는 것을 말한다.

스키드 플레이트 skid plate　오프로드 주행 시에 엔진 하부를 보호하는 것으로, 4WD 차량에 사용되고 있다. 알루미늄이나 두랄루민을 사용하는 경우가 많으며, 가볍고 강인한 카본 파이버가 사용될 때도 있다. 오일 팬을 보호하기 위하여 부착되는 것은 섬프 가드(sump guard)라고도 불린다.

스키 랙 ski lack　스키를 얹어 놓는 선반으로 된 형태를 말한다.

스킵 용접 skip welding, wandering sequence　주로 용접에 의한 변형을 적게 하기 위하여 띄엄띄엄 용접을 한 다음, 냉각된 용접부 사이를 용접하는 방법이다.

스타 결선 star connection　전압을 이용할 때 사용되는 결선 방법으로, 각 코일의 한 끝을 공통점에 접속하고 다른 한 끝 셋을 끌어낸 것이다. 선간 전압은 상전압의 $\sqrt{3}$ 배가 되어 삼각 결선보다 선간 전압이 높

다. 자동차용 발전기에 스타 결선을 사용하는 것은 선간 전압을 이용하기 때문이며, 저속 회전에서도 높은 전압과 중성점의 전압을 사용할 수 있는 장점이 있다. 성형 결선(星形結線)이라고도 한다.

스타터 starter　시동하기 위해 크랭크샤프트를 돌리는 크랭킹 시스템에 있는 전기 모터를 말한다.

스타터 드라이브 starter drive　시동 모터를 플라이휠 톱니바퀴에 연결하고 또 분리시키는 데 사용하는 스타터이다. 아마추어 축의 끝에 있는 구동 기계 장치 및 기어를 말한다.

스타터 릴레이 starter relay　배터리에서 시동 전동기를 흐르는 큰 전류로 제어하기 위해 점화 회로에서 오는 작은 전류를 사용하는 시동 전동기 상의 전기 스위치를 말한다.

스타터 모터 starter motor　엔진 시동용 모터로, 토크를 발생하는 전기부와 토크를 전달하는 기계부로 구성되어 있다. 시동 때에는 시동 모터의 피니언이 엔진의 플라이휠 링 기어에 맞물려 엔진을 회전시키다가, 시동이 된 후에는 맞물림이 풀어지면서 피니언을 원위치시키게 된다. 작은 회전력을 큰 힘으로 증대시켜 엔진에 전달시키는데, 엔진이 자력으로 회전하게 되면 시동 모터는 엔진과 반대로 회전하게 되어, 피니언과 일체로 된 아마추어가 신속하게 떨어지지 않는 한 파손되므로,

둘 사이에 오버러닝 클러치가 설치되어 있다. 회전력을 발생시키는 전동기 부분, 회전력을 엔진에 전달하는 동력 전달 기구, 피니언을 접동시켜 링 기어에 물리게 하는 부분 등으로 구성되어 있다.

스타터 솔레노이드 starter solenoid　시동 전동기의 피니언을 링 기어에 물리도록 하기 위해 시동 전동기에 설치되는 전기 작동식 플런저 기구를 말하는데, 또 이것은 시동 전동기의 전류를 제어하기 위해서도 사용된다.

스타트 솔레노이드 밸브 start solenoid valve　냉간 상태에서 시동할 때 부족한 LPG를 공급하는 밸브이다. 냉간 시동에서는 기체 LPG로 시동되지만 압력이 충분하지 못해 시동이 어렵게 된다. 따라서 시동 스위치(ST 위치)를 넣으면 1차 감압실에서 2차 감압실로 통하는 별도의 통로를 열어 LPG가 추가로 공급되도록 한다. 시동이 되면 스타트 솔레노이드 밸브에 공급되던 전류가 차단되어 통로가 닫히게 된다.

스타팅 모터 starting motor　시동 전동기, 셀(cell) 모터 등으로 부른다. 엔진이 시동되려면 플라이휠의 링 기어에 시동 모터의 피니언 기어가 치합(齒合, 기어가 물리는 상태)되어 크랭크축을 회전시킨다. 또한 엔진이 회전 후에는 서로 분리되어야 한다. 왜냐하면, 링 기어와 피니언 기어의 기어 비는 10 : 1~13 : 1이 되는데, 엔진이 회전한 후에는 시동 모터의 회전이 엔진 회전수보다 10배 이상 되므로 시동 모터를 파손시키기 때문이다. 또한 시동 모터는 무게가 가벼우면서 출력이 높아야 하므로, 최근에는 경량인 감속 기어식이 채택되고 있다.

스타터 모터의 분해도

스타터 모터의 분해도

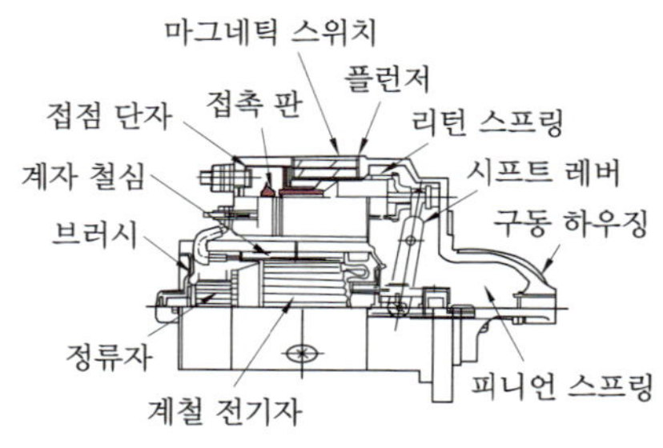

스타팅 모터의 구조

스타팅 크랭크 starting crank　엔진을 시동

하기 위하여 크랭크축을 손으로 회전시키는 핸들로서, 단기통 또는 2기통 소형 건설 기계 엔진의 시동에 일부 사용된다.

스타 휠 형식 조정 장치 star wheel type adjuster 브레이크 드럼 간극이 클 때 후진에서 브레이크 작동 시 브레이크슈의 움직임을 이용하여 조정 레버로 간극 조정기를 돌려 드럼 간극을 자동적으로 조정하는 장치이다. 브레이크슈가 드럼에 밀착될 때 2차 슈는 앵커 판에서 떨어지며, 케이블을 잡아당기면 조정기와 접촉된 레버가 위쪽으로 끌려 올라가게 된다. 이때 브레이크를 해제하면 조정 레버는 스프링 장력에 의해 제자리로 복귀되면서 조정기의 노치를 회전시켜 간극이 조정된다.

스태그네이션 포인트 stagnation point 둥근 면을 지닌 물체를 유체(流體) 가운데에 놓았을 때 선단(先端)에서 유속이 0이 된 부분을 말한다. 자동차의 정면은 공기의 압력이 가장 높은 곳이므로, 공기를 밀어 넣을 경우 공기의 흡입구로 이상적인 장소이다.

스태빌라이저 stabilizer 차체의 기울기를 작게 하기 위해 붙인 비틀리는 막대 스프링(토션 바)으로 앞뒤 바퀴에 모두 사용된다. 토션 바의 뒤끝을 좌우에 서스펜션(보통은 로어 암)에 붙이고 좌우 바퀴가 서로 다른 움직임을 할 때만 작용한다. 예를 들면, 코너를 돌 때 바깥쪽 바퀴가 바운드하고 안쪽 바퀴는 리바운드하게 된다. 이때 좌우 바퀴의 움직임을 같아지게 하는 작용을 하면서 차체의 기울기를 작게 한다. 그러나 좌우 바퀴가 동시에 바운드할 때는 전혀 구실을 하지 못한 앞바퀴에 스태빌라이저를 붙이면 언더 스티어로 되고, 뒷바퀴에 붙이면 오버 스티어의 경향을 갖게 된다. 안티 롤 바 또는 스웨이 바(sway bar)라고 부른다. 경주용 차에는 꼭 있어야 되지만, 일반 승용차에도 쓰는 경우가 늘어나고 있다.

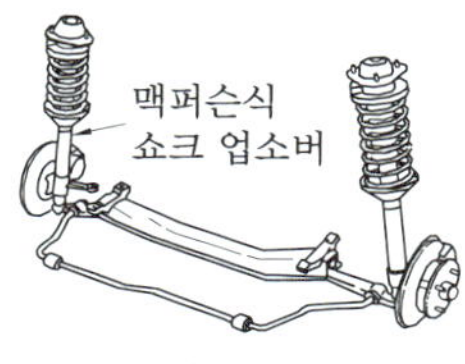

스태빌라이저

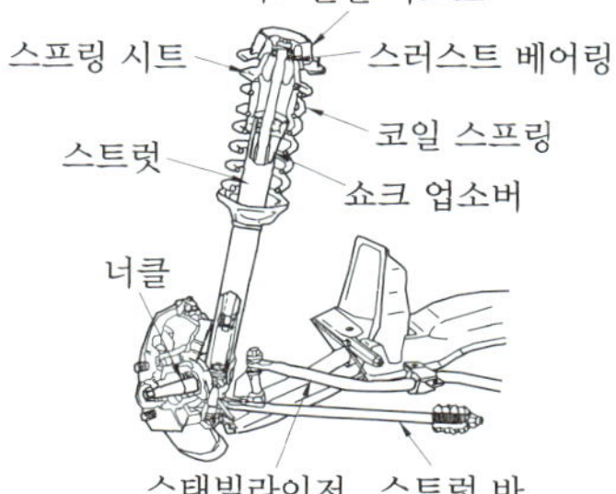

스태빌라이저 설치

스태빌라이저 링크 stabilizer link 스태빌라이저 바를 좌우 동일한 부분에 설치하지 않고 다른 부분과 연결시켜 기능을 향상시키기 위해 설치한 링크를 말한다.

스태빌라이저 바 부싱 stabilizer bar bushing 스태빌라이저 바 작용 시 밀리는 것과 섭동(攝動)을 흡수하기 위하여 바를 일부분 둘러싸고 있는 고무 재질의 부싱으로, 삽입할 수 있게 절개되어 있다.

스태빌라이저 브래킷 stabilizer bracket 스태빌라이저 바를 프레임에 장착하기 위한 브래킷으로, 먼저 부싱을 끼운 후 부싱과 함께 볼트로 프레임에 고정한다.

스태빌리티 팩터 stability factor 조향각(操向角)이 일정한 선회(旋回) 시에 속도를 증가시킬 경우, 선회 반지름이 증가 또는 감소되는 현상을 말한다.

스태틱 마진 static margin 자동차의 정적 방향 안정성을 나타내는 양(量)으로, 자동차의 중심(重心) 위치에서 뉴트럴 스티어 포인트까지의 수평 거리를 휠베이스(wheel base)로 나눈 값이다. ⇨ 정적 방향 안정성

스태틱 밸런스 static balance ⇨ 정적 밸런스

스택 패턴 stack pattern 점화 순서에 따라 각 점화 플러그의 점화 전압을 나타내는 오실로스코프상의 디스플레이를 말한다.

스탠더드 standard 기술적인 사항에 대하여 제정된 표준 규격으로, 단체 규격, 국가 규격, 국제 규격 등이 있다.

스탠딩 가속 standing 400meter 정지 상태에서 출발하여 400 m를 주행하는 데 소요되는 시간으로, 자동차의 가속 성능을 나타낼 때 사용되는 용어이다.

스탠딩 스타트 standing start　경주용 자동차가 정지 상태에서 출발하는 것을 말한다. 주행 도중에 가속을 하는 스타트는 플라잉 스타트라고 한다. ⇨ 플라잉 스타트

스탠딩 웨이브 standing wave　고속으로 달리는 타이어의 접지부 뒤쪽에 나타나는 파상(波狀)의 변형을 말한다. 접지부의 변화는 물결로 전후에 전해지고, 이 물결의 전파 속도보다 빠르게 타이어가 회전하면 이들이 겹쳐 큰 물결로 관찰된다. 접지부 앞쪽으로 향하는 물결은 타이어 회전으로 추월되어 사라지고, 뒤쪽으로만 물결이 생겨난다. 타이어 표면에 생기는 물결 위에 차축이 흔들리는 것은 아니므로 스탠딩 웨이브가 생겨나도 진동은 일어나지 않아 운전자는 알 수 없다. 그러나 굴림 저항이 별안간 커져(속도 상승에 비례) 가속이 힘들어지는 현상이 일어난다. 뚜렷한 스탠딩 웨이브가 발생하면 타이어 발열이 급속히 증가하여 짧은 시간 안에 타이어는 파괴된다. 그 발생 속도는 공기압의 제곱근에 비례하여 커지므로, 공기압을 높이는 것은 이를 막는 좋은 수단이 된다.

스탠딩 웨이브 현상

스터드 stud　양쪽에 나사산이 있는 볼트로, 한쪽은 몸체에 끼워지고, 다른 한쪽은 부품 결합 후에 와셔와 너트가 체결된다.

스터드리스 타이어 studless tire　겨울용 타이어의 하나로, 스터드에 의한 도로 파손과 대기 오염을 막기 위해 스터드를 설치하지 않고도 그에 못지않은 우수한 성능을 발휘하도록 만든 타이어이다.

스터드 볼트 stud bolt　볼트 양쪽 끝에 나사산을 만들어, 한쪽은 부품에 고정시키고 다른 한쪽은 연결하고자 하는 부품에 관통시켜 너트로 조여서 결합한다. 자동차의 종감속 기어 장치의 캐리어를 하우징에 설치할 때 사용하는 볼트가 이 형식이다.

스터드 용접 stud welding　볼트, 둥근 막대 등의 앞 끝과 모재(母材) 사이에 아크를 발생시켜 가압하여 행하는 용접을 말한다.

스터드 익스트랙터 stud extractor　부러진 스터드나 볼트를 제거하는 데 사용하는 특수 공구이다.

스터드 타이어 stud tire　⇨ 스파이크 타이어

스터브 샤프트 stub shaft　(1) 나무의 그루터기와 같이 굵고 짧은 샤프트를 이른다. (2) 인티그럴형 파워 스티어링의 컨트롤 밸브로, 핸들 쪽에서부터 입력하는 축(shaft)이 그 예이다.

스터브 필러 stub pillar　4도어 하드톱 모델에서 로커 패널로부터 벨트라인까지만 뻗어 있는 리어 도어 힌지 필러이다.

스터빌리티 팩터 stability factor　일정하게 선회하고 있는 자동차의 원심력과 구심력 및 중심 모멘트의 균형에서 조향 특성을 수식에 의하여 구할 경우에 이용되는 계수를 말한다. 자동차의 질량을 m, 앞바퀴와 뒷바퀴의 코너링 파워를 각각 kf와 kr, 휠베이스를 l로 할 경우 $(kf+kr)/kf$, krl로 계산된 수치에 정적 마진을 곱하여 얻어진다. 이 수치가 정(+)일 경우는 언더 스티어, 부(−)의 경우는 오버 스티어, 0의 경우는 뉴트럴 스티어로 각각 나타낸다.

스턱 stuck　진흙이나 모래 안에 타이어가 빠져서 자동차가 움직이지 못하게 된 상태를 말한다.

스턴트 카 stunt car　곡예에 가까운 묘기나 위험도가 높은 묘기를 하는 자동차나 오토바이를 말한다.

스털링 엔진 stirling engine　머스키 법안이 가결된 1970년경부터 좀 더 깨끗한 배기가스 배출에 대한 엔진 연구가 활발하게 진행되었는데, 그 후보 중의 하나가 스털링 엔진이다. 이것을 오토식으로 말하면 스털링 사이클이라고 할 수 있다. 이 엔진의 최초의 특허는 1816년에 스코틀랜드의 교사 F. Stirling이 취득하였기 때문에 붙여진 이름이지만, 본격적인 연구는 제2차 세계대전 직전 네덜란드의 필립스 회사에 의해 시작된 후, 1959년에 GM사가 연구에 참가하여 제1호의 시험 작품인 자동차가 생산

됨으로써 갑자기 주목을 받게 된 엔진이다. 사이클 내에서 수소나 헬륨 가스를 순환시켜 큰 열 교환기를 사용하여 매우 높은 열 효율을 얻고 있다. 배기가스나 진동이 없는 특성이 있으나, 전체의 중량 및 크기가 너무 큰 것이 최대의 결점으로 아직 실용성은 없다.

스텀블 stumble　가·감속 시에 생기는 차량이 전후로 과도하게 진동하는 현상으로, 가·감속에 동반하는 차량이 몇 번이나 전후로 진동을 되풀이하는 현상을 말한다.

스테이 볼트 stay bolt　기계의 부품을 일정한 간격으로 유지하면서 결합하는 데 사용되는 것으로, 일정 거리만큼의 파이프를 잘라서 사용하기도 한다.

스테이션왜건 station wagon　뒷좌석 뒤에 화물실을 만들어 사람과 화물을 동시에 운반할 수 있게 제작된 자동차로, 승용차 겸 화물차이다.

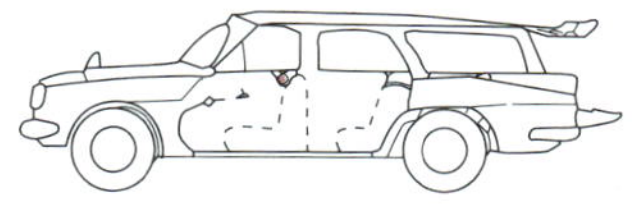

스테이션왜건

스테이지 stage　무대를 가리킬 때 사용되는 말로서 '단계'라는 뜻도 있다. 자동차에서는 카뷰레터에서 스로틀 밸브가 작용하는 통풍의 단계를 말한다. 예컨대, 3배럴 2스테이지 카뷰레터라고 하면, 스로틀 밸브를 가진 배럴이 3개 있고 그중 두 개의 스로틀 밸브가 동시에 움직이며, 한 개의 배럴만 작용하는 경우에도 3개의 배럴이 동시에 작용하는 경우 2단계의 통풍을 행하는 카뷰레터를 나타낸다.

스테이지드 기화기 staged carburetor　기화기 내의 스로틀 밸브 제어 장치를 말한다. 싱글 스테이지 기화기는 하나 또는 그 이상의 스로틀 밸브를 작동시키는 데 하나의 (공통의) 스로틀 축을 사용하고, 투 스테이지 기화기는 두 개의 스로틀 밸브를 작동시키는 데 각각의 스로틀 축을 사용한다.

스테이터 stator　계자 코일에 감겨지는 얼터네이터(alternator)의 고정 부분을 말한다. 로터의 회전에 따라 로터에 발생한 자력선은 스테이터 코일에 의해 끊기며, 이때 코일에 플레밍의 오른손 법칙에 의해

기전력이 발생하게 되는데, Y결선법(성형 결선)과 델타(Δ) 결선(3각 결선)에 의해 선이 연결된다. 크기가 같고 코일 감은 수가 같을 때 Y결선의 발생 전압이 높으며, 델타 결선은 출력이 큰 발전기에 사용된다.

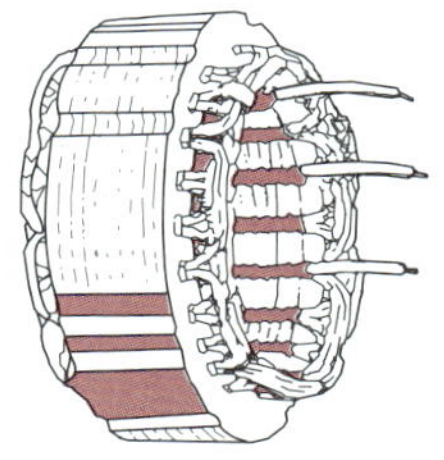

스테이터

스테이터 코어 stator core　스테이터 코어는 얇은 강판을 여러 장 겹쳐 고정하고 그 안쪽에는 코일을 끼우는 홈이 24～36개가 마련되어 스테이터 코일을 지지하며, 로터 자극에서 나오는 자력선의 통로 역할을 한다.

스테이터 코일 stator coil　유도 기전력이 유기되는 코일로서, 코어의 홈에 끼워 넣고 이것을 차례로 연결한 것을 한 쌍으로 한다. 코일 피치는 자극 간격과 같게 하여 코일 군(群)을 각각 전기의 각도로 120°씩 분리하여 3쌍을 감아 스타 결선으로 되어 있다.

스테인 stains　마무리 색상에 영향을 준 표면 오염의 결과를 이른다.

스테인리스강 stainless steel　강철에 크롬(Cr)과 니켈(Ni) 등을 가해 녹이 없는 강철로 만든 것이다. Cr 12～20% 함유한 Cr계와, Ni 8～14%를 가한 Cr-Ni로 나뉜다. 후자는 염산, 황산 등의 부식에도 잘 견딘다. 화학 공업용 기구, 내수용 기기, 건축 용품, 가정용품 등 폭넓게 사용되고 있다.

스테퍼 모터 stepper motor　공회전 스피드 컨트롤(ISC) 서보의 구성 부품으로, 회전각(스텝 각)이 일정(15℃)하도록 만들어진 모터이다. ECU로부터의 펄스 신호수에 의한 각도만 회전한다. 스테퍼 모터식의 ISC 서보는 스로틀 보디에 장치되고 있으며, 스로틀 밸브를 바이패스해서 흐르는 공기량을 제어하고 엔진 회전수를 최적으로 유지한다.

스테핑 모터 stepping motor　펄스 신호에 의하여 회전하는 모터로, 1펄스마다 수도에서 수십 도의 각도만 회전한다. 펄스 모터 또는 스텝 모터라고도 한다. 회전자는 영구 자석으로 원둘레상의 4상 코일에 1상 또는 2상씩 순차적으로 전압을 인가함에 따라 일정 각도씩 회전한다. 전자 제어식 연료 분사 장치의 아이들 회전 제어나 쇼크 업소버의 감쇠력 전환 시 흡기의 바이패스 통로나 유로(油路)의 면적을 전환하는 데 이용된다.

스텔라이트계 stellite　밸브 스템 엔드에 사용하는 코발트 40~55 %, 크롬 15~33 %, 텅스텐 10~18 %의 합금강으로, 경도가 강하고 내열성 및 내마멸성이 크다.

스템 stem　(1) 줄기, 대의 뜻으로, 자동차에서는 일반적으로 밸브 스템을 말한다. (2) 전구나 전자관 밸브의 리드 선이 연결되어 있는 부분으로, 전극을 지지하는 구조이다.

스템 실 stem seal　밸브 스템과 스템 가이드 사이에 삽입되어 있는 고무제의 실(seal)로, 엔진 오일이 연소실에 유입되는 것을 방지하기 위한 것이다.

스템플 stemple　드라이버빌리티의 평가 항목 중 하나로서, 가속 중에 발생하는 명확한 출력 저하를 나타낸다. 원인은 공연비가 지나치게 적은 토크의 일시적인 나쁜 상태이다.

스텝 step　'발판, 계단, 승하차 시의 발 거리'를 말한다.

스텝드 시크니스 게이지 stepped thickness gauge　미리 알고 있는 치수의 가느다란 팁을 가지고 있으며 뒤로 갈수록 굵어지는 게이지를 이른다.

스텝 램프 step lamp　승합자동차의 승차용 계단에 설치되어 야간에 승차를 원활하게 할 수 있도록 조명하는 램프를 말한다.

스텝 모터 step motor　일정한 각도로(단계적으로) 회전하는 모터로서, 액티브 전자 제어 서스펜션에서는 쇼크 업소버의 감쇠력 전환용 액추에이터에 사용되고 있다. 구조는 스테퍼 모터와 동일하다.

스텝 보상 step compensation　미리 정하여진 작동 조건에 이르렀을 때, 다른 기능에 일정한 스텝 변화를 발생토록 하는 제어 효과를 말한다.

스텝 부착 리어 범퍼　리어 범퍼의 중앙부를 스텝 형상으로 하고, 승강성의 향상을 도모한 것을 말한다.

스텝 온 step on　가속 페달을 밟아 엔진의 회전 속도를 상승시켜 출력을 증대시키는 것을 말한다.

스텝 응답 step response　(1) 입력 신호가 어떤 일정한 값에서 다른 일정한 값으로 갑자기 변화되었을 때의 반응을 말한다. (2) 계측 장치, 제어 장치 등에서 입력 값에서 다른 값으로 그 레벨을 스텝 모양으로 변화하였을 때 출력 쪽에 생기는 반응을 말한다.

스텝 회로 step circuit　엔진의 회전수를 증가시키기 위해 가속 페달을 밟아 2차 스로틀 밸브가 열릴 때 엔진 회전의 맥동을 방지하기 위해 연료를 추가로 분출하는 회로이다. 2차 스로틀 밸브가 열리기 시작할 때 스텝 통로로 연료를 분출하며, 2차 스로틀 밸브가 스텝 포트 위치보다 많이 열리면 연료 공급이 중단된다.

스토이키 stoichiometric ratio　영어의 '스토이키오메트릭 레이쇼'를 줄인 말로, 이론 공연비를 말한다. 스토이키오메트릭은 철학의 스토아파에 유래되어 금욕적인 것을 의미하는 '스토익'에서 온 용어로, 문자 그대로 번역하면 연소에 최소로 필요한 것이라는 말이 되지만, 이 수치보다도 적은 공연비로도 연소는 일어난다.

스토퍼 stopper　(1) 변속기에서 부축의 이탈을 방지하거나 브레이크 페달의 리턴 위치를 정하는 데 설치된 부품을 말한다. (2) 쇳물이 고일 수 있도록 만들어진 출탕 마개 또는 레이들(ladle) 밑바닥의 노즐 개폐 장치를 말한다. (3) 축 또는 작동하는 부분이 이탈되지 않도록 설치된 부품을 말한다. (4) 판금의 굽힘 가공에서 판의 위치를 정하는 데 사용되는 조각을 말한다. (5) 천공기에 설치되어 수평에서 하늘을 향해 구멍을 뚫는 기계로서, 절삭 수직 갱 상향 채굴에 적합하다.

스톡 카 레이스 Stock Car Race　미국제 대형 세단에 의한 레이스의 총칭이다. NASCAR와 USAC(United States Auto Club)의 두 시리즈가 있는데, NASCAR 시

리즈가 압도적으로 대규모이고 인기도 높다. 쉐보레, 포드 등 거리에서 흔히 볼 수 있는 승용차를 레이싱에 맞게 개조하여 경주를 벌인다. 1940년대 말 미국 남부에서 시작되었다.

스톤 가드 stone guard　돌 막음 덮개를 말하는데, 차량 바닥 모서리 부위는 주행 중 튀는 돌로 인하여 보디가 쉽게 손상당하는 경우가 많아 이를 보호하기 위해 장착한 것으로, 스톤 실드 커버(stone shield cover)라고도 한다.

스톤 브루즈 stone bruise ⇨ 치핑

스톨 stall　엔진 또는 모터에 큰 부하를 걸어서 정지하는 것을 말한다. 원인에는 클러치 조작의 잘못에 의한 것과, 엔진의 고르지 못함에 기인되는 것이 있다. 특히 오토매틱 미션(automatic mission) 차로서 엔진이 충분히 워밍업하기 전에 발진한 경우에 일어나기 쉽다. 또 레이싱 엔진은 아이들링 회전을 설정해 놓지 않아 항상 회전을 높게 유지하지 않으면 스톨한다. 또 토크 컨버터(torque converter)가 동력의 전달을 시작하는 회전 속도도 스톨이라고 한다.

스톨링 토크 stalling toque　공급된 부하 때문에 아마추어가 회전을 멈추기 바로 전의 비틀림 또는 회전 동력을 말한다.

스톨 스타트 stall start　주행 중 클러치·변속기 조작의 미숙으로 엔진의 작동이 정지되었을 때 다시 시동을 거는 것을 말한다.

스톨 스피드 stall speed　자동 변속기를 설치한 자동차에서 브레이크를 작동시킨 상태로 각 레인지별 엔진의 최고 회전 속도를 말한다. 각 레인지에서의 회전 속도는 같으나 전체적으로 낮을 때는 엔진의 출력 부족, 토크 컨버터의 일방향 클러치의 작동이 불량하다. 각 레인지에서 모두 회전 속도가 높은 것은 제어 압력이 낮거나 변속기 오일이 불량하기 때문이다. 특정의 레인지에서만 회전 속도가 높은 것은 해당 클러치 및 브레이크 밴드가 미끄러지거나 오일의 누출이 있기 때문이다.

스톨 테스트 stall test　자동 변속기 자동차를 정차 상태에서 행하는 변속기 슬립(slip) 시험으로, 브레이크를 작동시킨 후 바퀴에 고임목을 괸 상태에서 선택 레버를 L,

D, R 등에 위치시킨 다음, 엔진을 가속시켰을 때의 rpm이 규정값에 있는가를 테스트한다.

스톨 토크 stall torque　유체 클러치, 토크 컨버터를 설치한 자동차에서, 엔진이 공회전할 때 펌프 임펠러가 터빈 러너에 전달하는 회전력을 말한다. 이때 터빈 러너는 회전하지 않은 상태로서 회전력이 가장 크다.

스톨 토크 비 stall torque ratio　토크 컨버터의 특징인 토크 변환은 차에 따라 각기 달라, 입력측 토크(엔진)와 출력측 토크(트랜스미션)와의 비율이 최대가 되는 발진 때의 토크 비를 말한다.

스톨 포인트 stall point　유체 클러치, 토크 컨버터를 설치한 자동차에서, 터빈 러너가 회전하지 않을 때 펌프 임펠러에서 전달되는 회전력으로, 펌프 임펠러의 회전수와 터빈 러너의 회전비가 0으로 회전력이 최대인 점을 말한다. 드래그 토크(drag torque)라고도 한다.

스톱 라이트 stop light ⇨ 스톱 램프

스톱 램프 stop lamp　정지등으로, 스톱 라이트라고도 하며, 브레이크 페달을 밟으면 점등되는 적색의 램프이다. 교통 신호의 적색 램프를 영어에서는 스톱 램프라고 한다.

스톱 링 stop ring　멈춤 바퀴 축에 끼워져 있는 부품이 빠지지 않게 하기 위하여 사용되는 바퀴 모양의 링을 말한다. 끼워져 있는 부품이나 축에 홈을 새겨 C 모양의 바퀴 중, 축용은 전용의 공구를 사용하여 벌려서, 구멍용은 오그려서 홈에 끼워 사용한다.

스톱 밸브 stop valve　유체의 흐름 방향과 평행하게 개폐되는 밸브이다. 입구와 출구가 일직선상에 있어 유체의 흐름이 동일한 방향인 글러브 밸브와 유체의 흐름 방향이 90°로 바뀌는 앵글밸브로서, 정지 밸브 또는 리프트 밸브라고 한다.

스톱 스위치 stop switch　브레이크 페달에 의해 ON, OFF되는 스위치를 이른다. 브레이크 페달을 밟으면 페달에 눌려 있던 스위치 푸시로드가 해방되기 때문에 접점이 연결되어 제동등을 점등하고 브레이크 페달을 놓으면 푸시로드가 눌려 접점이 차단되어 제동등이 소등된다.

스트래들 지지 방식 straddle pinion mounting　차축 드라이브 피니언의 지지 방식의 하나로서, 부하를 크게 받을 경우에 드라이브 피니언의 지지 강성을 높이기 위하여 그 선단(先端)에 구름 베어링으로 양단을 지지하는 방식이다. 부하가 큰 대형 차량에 많이 사용되고 있다.

스트래들 캐리어 straddle carrier　산악 지역에서 길고 큰 나무를 좌우 바퀴 사이에 매달고 운반하는 특수 자동차를 말한다.

스트랜드 strand　(1) 실 또는 철사를 꼬아서 만든 줄로, 케이블(와이어로프)은 코어, 소선 및 가닥으로 구성되어 있다. (2) 선재(線材) 압연에서 동시에 두 개 이상의 선재를 압연하는 경우에 압연재(壓延材)가 통과하는 통로를 말한다.

스트랜드 와이어 strand wire　철사를 꼬아서 만든 케이블을 이른다. 자동차에서는 자동 변속기의 시프트 레버와 매뉴얼 밸브, 가속 페달과 스로틀 레버, 클러치 페달과 릴리스 포크, 핸드 브레이크 케이블 등에 사용되고 있으며, 건설 기계에도 많이 사용하고 있다.

스트랩 드라이브 방식 strap drive type　클러치의 입력판과 클러치 커버를 연결하는 방식의 하나로서, 스트랩(강판의 띠)을 사용해서 결합하는 방식을 말한다.

스트랩 와이어 strap wire　직류 발전기 또는 기동 전동기의 계자 코일에 사용하는 평각 동선을 말한다.

스트럿 strut　컨트롤 암과 프레임을 고정시키는 지주이다.

스트럿 마운트 strut mount　⇨ 서스펜션 서포트

스트럿 바 strut bar　버팀 막대라고도 한다. 빠른 속도로 커브를 돌거나 고르지 않은 길을 빨리 달릴 때 차체가 비틀려지거나 휠베이스, 트레드 등이 변하는 것을 막기 위해 차체를 가로질러 스트럿 바를 장착한다.

스트럿식 서스펜션 strut type suspension　⇨ 맥퍼슨 스트럿식 서스펜션

스트럿 인슐레이터 strut insulator　스트럿과 결합되어 있으면서도 별도의 기능, 즉 중간의 볼 베어링은 스트럿의 작용에 따라 좌우 회전을 가능하게 하고 삼각 형태 가장자리에 고정된 볼트 간 거리가 틀리기 때문에 직삼각형으로 되어 있어 변동 위치에 따라 캠버 각이 변화하는 기능이 있다. 또한 스트럿과 코일 스프링의 작용에 따라 전체의 작은 상정 진동은 베어링을 둘러싸고 있는 고무가 흡수한다.

스트레스 stress　(1) 응력(應力)으로, 물체에 외력이 가해졌을 때 그 물체 속에서 발생되는 저항력을 말한다. (2) 부품, 장치 또는 이들 장치에 가해지는 전기적·열적 또는 기계적인 작용력을 그들 장치의 작동 성능이나 수명에 영향을 주는 요인이 되는 것을 말한다.

스트레스 라인 stress lines　손상된 패널이 들어간 부분을 말한다. 일반적으로 충격에 의해 발생한다.

스트레이너 strainer　분무 전에 페인트에 섞여 있는 불순 입자를 걸러내는 데 사용되는 고운 스크린을 말한다.

스트레이너 스크린 strainer screen　엔진 오일펌프와 연결되어 오일의 굵은 불순물을 여과하는 철망 또는 자동 변속기의 오일 필터에 설치되어 있는 철망을 말한다.

스트레이트 비드 용접 straight bead welding　위빙(weaving)을 하지 않고 선상(線狀)으로 비드를 두는 용접을 이른다.

스트레이트 에지 straight edge　판금 작업에서 금긋기 작업을 할 때 또는 실린더 블록, 실린더 헤드의 변형도를 검사할 때 쓰는 곧은자(直定規)를 말한다.

스트레이트 엔진 straight engine　실린더가 직렬로 배열된 직렬형 엔진을 말한다.

스트레인 게이지 strain gauge　(1) 변형되는 대상물에 설치하도록 만들어진 변형 예감 요소를 말한다. 금속 저항체에 변형이 가해지면 그 저항치가 변화하는 압력 저항 효과를 이용한 것으로, 토크 렌치에 사용된다. (2) 왜곡 감소 소자를 휘트스튼 브리지의 한 변 또는 복수 변에 사용하여 왜곡에 의한 저항 변화를 따라서 브리지의 불평형에 의한 전압을 직접 또는 증폭 측정하는 저항선 스트레인 게이지로서, 압력 센서, 대기 압력 센서 등에 사용한다.

스트레치니스 stretchiness　가속 페달을 세게 밟고 가속할 때 속도가 생각한 대로 올라가지 않는 현상을 말한다.

스트로보 관 stroboscope tube 타이밍 라이트에 설치되어 짧은 섬광(閃光)을 주기적으로 발생하도록 만들어진 가스가 내장되어 있는 방전관을 말한다.

스트로보스코프 stroboscope 타이밍 라이트로, 주기적으로 섬광(閃光)을 발생하는 장치를 말한다. 발광(發光)의 주기를 조사(照射)하여 엔진의 크랭크축 풀리에 정지해 있는 것처럼 보이는 곳에서 마크를 관찰하여 진각도를 측정하거나 점화 시기를 점검할 때 사용한다.

스트로브 strobe 반복 현상을 함으로써 원하는 점 또는 위치를 선택하는 것, 또는 선택한 장소를 확인하는 장치로서, 회전기의 회전축에 회전수의 배수인 섬광(閃光)을 비추어 회전수를 측정하는 것을 말한다. 주기파에 대하여 주파수가 같고 좁은 펄스를 비트시켜 선택점에 대한 주기파의 진폭을 측정한다.

스트로크 stroke 행정(行程)을 뜻한다. 왕복 운동 기관에서 피스톤이 한쪽 정점에서 반대의 정점으로 움직이는 운동, 또는 그 거리를 말하며, 크랭크의 회전 지름과 같다.

스트로크 & 사이클 stroke and cycle 가솔린과 공기와의 혼합 가스를 흡입 압축하여 폭발시켜 얻은 에너지를 피스톤으로 받아서 회전 에너지로 변환하는 엔진의 작용을 오토 사이클이라고 한다. 이것은 독일의 기술자 니콜라우스 아우구스트 오토가 1867년에 창안하여 10년 후인 1876년에 성공한 가솔린 내연 기관의 작동 원리이다. 또한 공기를 실린더 가득히 흡입하여 압축한 후 필요한 양의 경유를 주체로 하는 연료를 분사하여 얻은 에너지를 역시 피스톤으로 받아서 이것을 회전 에너지로 전환하는 내연 기관이 디젤 사이클이다. 독일의 공학 박사 루돌프 디젤은 분탄(粉炭)을 분사하여 보일러를 작동시키는 외연 기관의 시험 제작을 계속하고 있던 중 1893년에 완전히 실패하고, 그 후 실험도 실패하였으나 새로운 내연 기관의 개발로 변경하여 1897년에는 성공하였으므로 그 이론을 디젤 사이클이라고 한다. 오토 사이클이건 디젤 사이클이건 흡입, 압축, 폭발, 배기를 하기 위해서 피스톤이 상하 운동을 하는데, 상하 운동 1회를 1스트로크(행정)라고 한다. 만약 4개의 작용을 완료하기 위해서 피스톤이 상하 각 1회 운동을 하는 경우에는 2스트로크라고 한다. 따라서 2스트로크를 하나의 사이클 (주기)이라고 하기 때문에 2스트로크 사이클이라고 하지만, 이것을 줄여서 2스트로크 또는 2사이클이라고 하여 각각 어느 쪽의 낱말 하나를 생략하고 있다. 2사이클이건 4사이클이건 피스톤이 에너지를 받아서 상하(또는 좌우) 왕복 운동을 하는 것이 오토 사이클이다. 또한 이와 같은 왕복 운동이 필요하기 때문에 레시프로케이터(reciprocator)라고도 한다.

스트로크 보어 레이쇼 stroke-bore ratio 왕복형 엔진의 피스톤 행정(스트로크)과 실린더 안지름(보어)의 비를 약하여 L/D비라고 부른다. 엔진의 형상과 성능을 좌우하는 가장 기본적인 요소의 하나로 중요하다. 일반적으로 출력은 L/D비의 제곱근에 반비례하므로, 같은 실린더 용적의 엔진과 비교하면 L/D비가 적을수록 출력은 커지지만, 연소실의 표면적과 용적의 비(S/V)가 커지므로 냉각 손실은 많아지고, 연료 소비율은 나빠지는 경향이 있다.

스트로킹 stroking 분사 압력을 발생시키는 디젤 분사 펌프 내의 플런저의 운동을 말한다.

스트리에이션 striation 반도체 결정의 반지름 방향 및 성장 방향에서 볼 수 있는 불순물 농도의 얼룩이며 결정 성장면의 요철(오목·볼록), 성장 속도의 불균일 등으로 발생한다.

스트리퍼 stripper (1) 전선의 피복을 벗기는 데 사용하는 공구를 이른다. (2) 판금 프레스 가공에서 판재가 블랭킹한 다이의 일부에 부착되어 판금 펀치가 위로 올라갈 때 떨어지지 않게 하는 장면을 말한다.

스트림라이닝 streamlining 승용차의 보디나 트럭의 캡 등의 모양이 공기 저항을 최소로 받고 공기 속을 적은 에너지로 이동할 수 있도록 만드는 것을 말한다.

스트림라인 밸브 streamline valve 밸브 헤드의 종류로서 튤립형 밸브를 말한다. 헤드가 튤립 모양으로 되어 견고하고 가벼우며 가스 흐름에 대한 유동 저항이 적다. 유연성이 있어 밸브 시트의 변형에 잘 적응하여, 고출력 엔진이나 경주용 자동차 엔진에 사용한다. 열을 받는 면적이 넓다는 것이 단점이다.

스트립 단자 strip terminal (1) 전기자 코일의 끝 부분에 정류자 편을 연결하여 접속하는 단자로서 브러시를 말한다. (2) 회전기에서 코일의 끝을 끌어내어 접속하는 단자부로서, 회전기의 바깥쪽에 고정하거나 어셈블리와 일체로 되어 있는 단자를 말한다.

스트링 비드 string bead 위빙(weaving)을 하지 않고 선상(線狀)으로 둔 비드를 말한다.

스티어링 steering 방향을 조종하는 조향 장치를 말하며, 조향 핸들을 가리킬 때도 있다. 조향 축의 회전을 링크 기구에 전달하는 기어 형식에 따라 볼 너트식, 래크와 피니언식, 웜 섹터식 및 웜 섹터 롤러식 등으로 분류한다.

스티어링 각속도 센서 전자 제어 서스펜션 센서의 하나로, 스티어링 휠 조작 속도를 검출하여 두 개의 포토 인터럽터와 슬릿 판으로 구성되어 있다. 센서 본체는 칼럼 스위치의 보디에 장착되어 있고, 슬릿 판은 스티어링 샤프트에 고정되어 있다. 스티어링 샤프트에 고정된 슬릿 판은 스티어링 휠의 조작에 의해 포토 인터럽터의 발광 다이오드와 포토트랜지스터 간을 회전하고, 슬릿에 의해 발광 다이오드가 발하는 빛을 ON, OFF로 하여 스티어링 휠 조작 각속도에 따르는 전기 신호를 출력한다.

스티어링 기어 steering gear 차의 진로를 유도하기 위해 조향 행위가 조향 연결 장치로 전달되도록 기어로 만든 장치이다.

스티어링 기어 박스 steering gear box 조향 기어를 말하는 것이 일반적이지만, 조향 기어가 들어 있는 케이스를 가리킬 때도 있다.

스티어링 기어 박스 효율 steering gear box efficiency 조향 기어의 전달 효율을 말한다. 조향 기어의 핸들 쪽에서는 입력과 타이어 쪽으로의 출력의 비를 정효율(正效率)이라고 한다. 타이어 쪽의 축 토크를 핸들 쪽의 축 토크에 조향 기어 비를 곱한 수치로 나눈 것으로, 기어가 얼마나 비율의 힘을 전달했는가를 나타낸다. 반대로 핸들 쪽의 축 토크에 조향 기어 비를 곱하고 타이어 쪽의 축 토크로 나눈 것을 역효율이라고 말하며, 핸들이 되돌아오거나 반력에 의한 타이어 축 토크의 영향을 보는 기준이 된다.

스티어링 기어 백래시 steering gear back-lash 조향 기어 백래시를 이른다. 볼 너트식 조향 기어에서는 볼 너트 측면의 이빨(래크)과 섹터 기어(부채형의 기어)와의 간격, 래크와 피니언식 조향 기어에서는 피니언과 래크와의 틈새를 말한다.

스티어링 기어 비 steering gear ratio 흔히 스티어링 기어 박스의 기어 비를 나타내고, 래크 앤드 피니언 때는 핸들의 전회전 각도(로크로부터 로크까지)와 바퀴의 꺾임 각도의 비를 말한다. 보통 15~20도쯤이고, 핸들을 꺾는 데 따라 두 가지가 있어, 기어 비가 작아져 핸들 성능을 좋게 하는 것과, 반대로 기어 비가 커져 핸들 성능을 나쁘게 하는 것이 있다. 파워 스티어링을 사용하느냐 안 하느냐에 따라, 또 차의 무게를 보아 흔히 기어 비를 바꾼다.

스티어링 기어 프리로드 steering gear pre-load 조향 기어 프리로드를 이른다. 볼 너트식 조향 기어로 기어의 백래시를 없애고, 직진 주행을 할 때 휘청거림을 방지하기 위하여 이빨의 측면을 눌러 맞추는 것 같이 힘을 가해 주는 것을 말한다.

스티어링 너클 steering knuckle 축과 축받침으로 구성된 단조물을 말한다. 조향을 할 수 있도록 상하 볼 조인트와 피벗 사이에 설치되어 있다.

스티어링 댐퍼 steering damper 스티어링 샤프트에 장착된 다이내믹 댐퍼로, 엔진 아이들 시 등의 엔진 강제력에 의한 스티어링 샤프트의 상하 진동을 감소시킬 목적으로 장착되어 있다. 시미(shimmy) 댐퍼라고도 불린다.

스티어링 로크 steering lock 조향 핸들의 회전을 잠가 도난을 방지하는 장치로, 점화 스위치(키)를 빼면 조향 축이 바로 고정되어 전기 회로를 연결하여 엔진을 시동시켜도 조향이 되지 않도록 한 것을 말한다.

스티어링 리모컨 steering remote control 운전 중의 스위치 조작에 의한 전방 부주의 등의 방지를 위해, 스티어링 휠에 설치한 조작 빈도가 높은 라디오, 에어컨 등 리모컨 스위치를 이른다. 리모컨 스위치는 스티어링 휠과 일체로 회전하기 때문에 스티어링 휠과 칼럼 사이는 적외선에 의한 광통신 또는 슬립 링, 클록 스프링 등을 적용하여 스티어링 휠의 회전에 대응하고 있다.

스티어링 리모컨 스위치 steering remote control switch 차량에 장착된 오디오를 스티어링 휠에서 조정할 수 있도록 오디오와 별도로 분리하여 스티어링 휠에 장착한 스위치를 말한다.

스티어링 링키지 steering linkage 조향 연결 장치 자동차의 진행 방향을 바꾸는 장치의 하나로, 조향 기어의 운동을 앞바퀴로 전달하는 메커니즘의 총칭이다. 일체 차축식 현가장치에 사용되고 있는 크로스 링크식, 독립 현가장치에 사용되는 대칭 링크식, 래크와 피니언 링크식 및 센터 암식 등으로 분류된다.

스티어링 샤프트 steering shaft 핸들 회전을 스티어링 기어 박스에 전하는 샤프트로서, 핸들과 기어 박스의 상대 위치에 따라 유니버설 조인트를 가진 것도 있다. 또 충돌 사고 시 운전자에게 미치는 충격을 완화시키기 위해 샤프트 끝 부분이 굽혀지도록 한 것도 있다.

스티어링 섹터 steering sector 섹터 기어를 이른다. 섹터는 부채형을 말하며, 부채 끝에 해당하는 위치에 기어가 몰려 있는 볼 너트식 조향 기어에서는 볼 너트 측면의 래크와, 웜 섹터식 조향 기어에서는 조향 축 끝의 웜 기어와 각각 교합된다. 부채 살에 해당하는 축에 의하여 피트먼 암을 움직인다.

스티어링 센서 steering sensor 도요타의 TEMS 등에 사용되고 있는 센서로, 조향 속의 회전 방향과 회전 양을 검출한다. 센서는 조향 축에 압입된 슬릿 판(slot plate)과 칼럼 튜브에 장치된 2~3조의 포트 인터럽터로 구성된 것과, 컨비 SW에 슬릿 판과 포트 인터럽터가 내장된 것이 있다. 슬릿 판이 회전하여 포트 인터럽터의 빛

을 차광하다 말다 하면서 신호를 낸다.

스티어링 셰이크 steering shake 평탄한 도로를 120 km/h 이상의 고속으로 주행하면 보디 셰이크가 생기는 경우가 있다. 이 때 특히 스티어링 휠이 현저하게 진동할 때가 있는데, 이 현상을 스티어링 셰이크라고 한다.

스티어링 암 steering arm 조향 움직임을 타이 로드에서 스티어링 너클로 전달하는 암으로, 어떤 경우에는 이들을 스티어링 너클과 한 덩어리로 만든다.

스티어링 액시스 steering axis ⇨ 킹핀 중심선

스티어링 앤드 이그니션 로크 steering and ignition lock 점화 스위치를 OFF 위치로 돌리면 조향 핸들이 회전하지 못하도록 잠그는 장치이다.

스티어링 오프 센터 steering of center 자동차가 직진할 때 타이어가 곧바로 정지한 상태에서 조향 핸들이 직진 위치로부터 벗어나 있는 것을 말한다.

스티어링 응답성 steering responsibility 스티어링을 조작했을 때 타이어에 전달되기까지의 시간을 말한다. 스티어링 기어 비가 높은 쪽과 볼 너트 타입보다 래크＆피니언 타입의 응답이 빠르다.

스티어링 인터미디에이트 샤프트 steering intermediate shaft 설계상의 이유로 조향 축을 2등분할 경우, 조향 핸들 가까운 쪽을 조향 주축, 기어 박스와 연결된 쪽을 중간 축(인터미디에이트 샤프트)이라고 부른다.

스티어링 장치 steering 조향 장치를 이른다. 자동차의 진행 방향을 임의로 바꾸기 위한 장치로, 운전자의 조향 핸들의 조작력을 조향 기어에 전달하는 조향 조작 기구, 조향 기어 기구, 조향 기어 기구의 움직임을 좌우의 앞바퀴에 전달함과 동시에 좌우의 앞바퀴를 일정 관계로 유지시켜 주는 조향 링크 기구 등으로 구성된다.

스티어링 조인트 steering joint 스티어링 핸들이 조향 축을 웜 기어(또는 래크 피니언)와 연결하는 조인트를 말한다.

스티어링 조작 기구 조향 핸들, 조향 축, 칼럼 튜브, 조인트 등으로 구성된다. 조향 핸들은 조향 축에 테이퍼와 세레이션을 감

합하여 너트로 고정된다. 축의 아래쪽에
는 자재 이음(유니버설 조인트) 등을 사이
에 두고 조향 기어 박스에 접속되며, 칼럼
튜브는 내부에 조향 축과 연결되어 이것을
받치는 역할을 한다. 승용차에는 충돌 시
운전자를 보호하기 위하여 충격 흡수식 조
향 축이 장착되어 있다.

스티어링 지름 steering diameter　조향 핸
들의 지름이 크면 조작에 필요한 힘은 적
어지지만, 조향 핸들을 돌리는 손의 움직
임이 빨라져야 한다. 한편, 지름이 작으면
재빨리 돌릴 수 있으나 조작력은 커지고,
노면으로부터의 킥 백도 강하게 느껴지게
된다. 레이싱 카에는 지름이 작은 조향 핸
들이 사용되는데, 그 이유는 빠른 조작을
가능하게 하기 위한 것과 조향할 때에 생
기는 조향 핸들의 관성력을 줄이기 위해
서이다. 최근, 승용차에서도 지름이 작아
지는 경향이 있으나, 조향 핸들은 작다고
좋은 것만은 아니다. 그 이유는 조작력이
커지는 점, 킥 백이 커지는 점, 일반적인
주행에서 너무 예민한 점 때문이다.

스티어링 지오메트리 steering geometry　스
티어링 기구의 배치를 말한다. 래크 앤드
피니언식에서도 그 자유도가 비교적 작지
만, 래크 앤드 피니언의 높이, 앞뒤 위치,
타이 로드의 길이, 너클 암의 길이와 각
도 등이 레이아웃에 따라 특성을 변하게
할 수 있다. 리서큘레이팅 볼식처럼 링크
를 사용한 것에서는 설계의 자유도가 더
욱 커지고, 자유도를 더 크게 하여 래크
앤드 피니언 같은 느낌으로 완성한 링키
지식 스티어링도 있다.

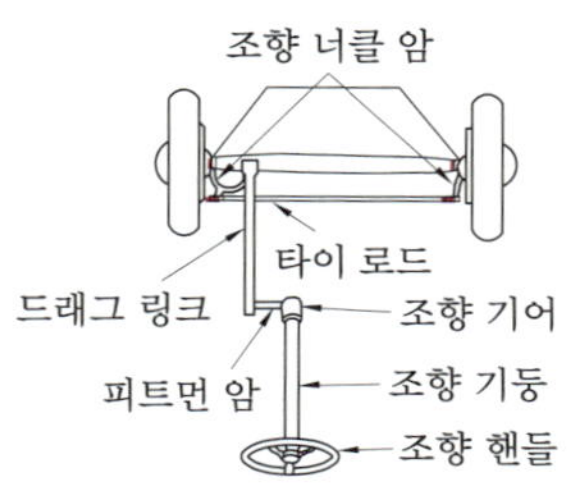

스티어링 지오메트리

스티어링 칼럼 steering column　스티어링
휠의 지지대로, 이는 마스트 재킷, 조향
축, 시프트 관을 포함한다. 이는 또한 다
른 조정기들의 설치 장소 역할을 한다.

스티어링 칼럼 기어 체인지 steering column
gear change　변속기의 변속 레버가 조
향 칼럼에 설치되어 있는 형식이다.

스티어링 칼럼 커버 steering column cover
조향 칼럼의 커버로 휠 가까이에 부착되
어 있으며, 방향 지시기 스위치와 기동 키
실린더 등을 감싸는 것을 말한다.

스티어링 펌프 마운팅 브래킷 steering pump
mounting bracket　하트 프로텍터와 한
조가 되어 파워 스티어링 펌프를 엔진에
고정시키고, 드라이브 풀리에 장착된 파
워 벨트 장력을 조정할 수 있도록 성형되
어 있는 브래킷으로, 엔진에 장착된다.

스티어링 핸들 steering handle　⇨ 스티
어링 휠

스티어링 휠 steering wheel　자동차의 진
행 방향을 바꾸는 주행 및 회전용(조타용)
휠로 흔히 스티어링 핸들이라고 한다. 스
티어링 휠은 브레이크 페달과 함께 사람
과 기계가 만나는 접점이다. 운전자는 핸
들로부터 앞바퀴가 어떻게 움직이고 있는
가를 느끼고 타이어의 접지력을 느끼면서
코너링한다. 예를 들면, 미끄러운 노면에
서는 핸들의 반응이 없어지고, 험로에서
는 타이어로부터 핸들에 킥 백이 되돌아
온다. 운전자에게 더욱 정확한 차의 상태
를 전하기 위해 핸들의 무게, 크기, 굵기
등이 결정되고 또 운전자로부터의 거리와
각도가 레이아웃된다. 핸들 모양에는 둥
그런 원과 타원형이 있고, 스포크(spoke)
의 수도 흔히 쓰이는 두 개, 3개로부터 4
개로 된 것, 또는 한 개의 스포크로 된 것
도 있다.

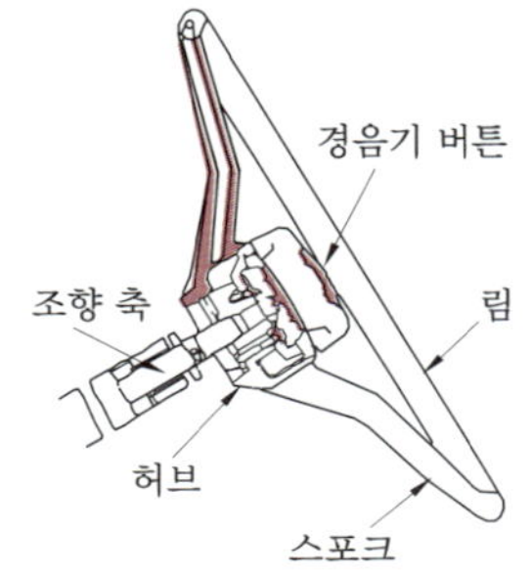

스티어링 휠

스티어링 휠 감도 센서 steering wheel sen-
sitivity sensor　이 센서는 조향 핸들의

작동 속도를 ECU에 입력하여 쇼크 업소버의 감쇠력 및 스프링의 상수를 조절하며, 조향 핸들을 급히 조작하면 스프링의 상수와 쇼크 업소버의 감쇠력이 무겁게 조정된다. 스티어링 휠 감도 센서는 발광 다이오드와 포토트랜지스터 사이에 설치된 디스크가 조향 핸들과 같이 회전되어 조향 핸들의 각속도에 따른 신호를 발생한다.

스티어링 휠 유격 steering wheel play　전륜의 움직임을 일으키지 않는 스티어링 휠의 움직임을 말한다.

스티어링 휠 일체식 에어백　시스템의 모든 구성 부품을 스티어링 휠에 내장한 에어백을 말한다. 시스템은 에어백 모듈, 에어백 컨트롤러 유닛(G센서, 세이핑 G센서 내장) 및 SRS 경고등으로 구성되며, G센서와 세이핑(safing) G센서가 동시에 충격을 감지하였을 때 작동하는 2중 감지 회로에 의해 오작동을 방지하고 있는 외에도 다음과 같은 특징을 갖는다. ① 시스템 작동 시(충돌 시) 전원 고장에 대비한 백업 기능, ② 배터리 전압의 저하에 대비한 전압 상승 기능, ③ 안전성 및 신뢰성을 확보하기 위한 자기 진단 기능 등이다.

스티어 특성 steer individuality　자동차의 코너링 특성을 조향 핸들 조작과 자동차의 움직임의 관계를 나타낸 것으로, 언더 스티어, 오버 스티어 및 뉴트럴 스티어의 3개로 나누어진다. 일정한 조향 각으로 선회하며, 속도를 높일 때 선회 반지름이 커지는 것을 언더 스티어, 선회 반지름이 작아지는 것을 오버 스티어, 변하지 않는 것을 뉴트럴 스티어라고 한다. US-OS 특성이라고 부른다.

스티킹 sticking　두 개의 부품이 작동하는 미끄럼 면이 마찰열에 의해 눌어붙어 움직이지 않는 교착 상태를 말한다.

스틱 stick　스풀(spool)이 밸브 본체에 강하게 접촉하여 작동이 무거워지는 현상이다.

스틱 슬립 stick slip　마찰면 간의 미시적인 부착물이 미끄러져 일어나는 자려 진동(自勵振動)으로, 일반적으로 날카로운 톱니상의 마찰 변동을 표시한다. 스틱 슬립은 마찰 계수가 미끄럼 속도의 증가에 따

라 떨어지는 경우와, 정적 마찰로부터 동적 마찰로 이동할 때의 불연속적인 마찰 저하를 포함할 때 발생될 수 있다.

스틸 개스킷 steel gasket　강철판으로 얇게 만든 개스킷이다. 유럽과 미국에서는 고급 승용차에 주로 사용되고 있다.

스틸 디스크 휠 steel disk wheel　강판을 접시형으로 만든 디스크에 조립한 것으로, 제작하기 쉽고 대량 생산에 적합하다. 견고하고 가벼워 허브에 대한 착탈(着脫)도 용이하기 때문에 가장 많이 사용되고 있다. 이 휠은 일반적으로 중량을 가볍게 하며, 브레이크 드럼이나 브레이크 디스크의 냉각을 좋게 하기 위해 몇 가지 구멍을 만든다.

스틸 레이디얼 타이어 steel radial tire　벨트에 스틸 와이어를 사용한 레이디얼 타이어를 말한다.

스틸 베스트 개스킷 steel-best gasket　강판 양면에 흑연을 섞은 석면을 압착하여 사용하고 고열, 고부하, 고압축에 우수하며 현재 많이 사용되고 있다.

스틸 벨트 피스톤 steel belt piston　강제 피스톤이라고도 하는데, 강제의 링을 맨 밑의 링 홈과 피스톤 보스 사이에 주입하여 열팽창을 억제하도록 한 것이다.

스팀 엔진 steam engine　교번적(交番的)으로 가열·냉각되는 가스 압력 변화에 의해 피스톤이 움직여지는 엔진을 말한다.

스팀 클리너 steam cleaner　증기(간혹 비누를 혼합한 것을 사용하기도 함)를 분무하여 큰 부분을 세척하는 데 사용하는 기계이다.

스파이더 spider　크기가 다른 여러 종류의 복스 스패너를 십자형으로 연결된 봉의 끝에 설치한 휠 렌치(휠 너트를 조이거나 푸는 공구)를 말한다. (2) 독일에서는 주로 스포츠카를 이렇게 부른다. (3) 유니버설 조인트의 십자 축 등을 말한다.

스파이더 휠 spider wheel　림과 허브를 방사선 상으로 연결한 휠을 말한다. 브레이크 드럼의 냉각이 잘 되고 큰 지름의 타이어도 쉽게 끼울 수 있는 장점이 있어서 널리 쓰이고 있으며, 알루미늄 휠은 거의 이 형태를 취하고 있다. 주로 대형 차량이나 특수 차량에 사용된다.

스파이더 휠

스파이럴 베벨 기어 spiral bevel gear　베벨 기어 이빨의 모양을 곡선으로 만들어 회전력을 매끄럽게 전달되도록 한 것으로, 이빨 모양으로는 원(圓), 인벌류트 및 트로코이드 등이 사용되고 있다. 같은 베벨 기어의 스퍼 베벨 기어에 비교하면, 맞물림의 비율이 높아지고 기어의 소음이나 내구성이 향상되며, 기어의 배열 방향으로 슬립이 없기 때문에 맞물림 손실이 적고 동력 전달 효율이 높은 장점이 있다. 종감속 기어, 4WD 트랜스퍼 케이스에 이용된다. 구동 장치로는 내구성, 소음 차단 성능 이외에 각각의 기어 세트가 원활하게 맞물리도록 조립 위치의 조정을 할 수 있는 기구를 설치하여야 한다. 최근 낮은 연비 지향에 의해 트럭에서 사용할 때에는 일부 하이포이드 기어에서 스파이럴 베벨 기어로 바뀌고 있다.

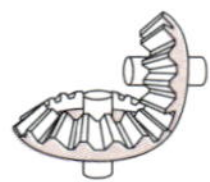
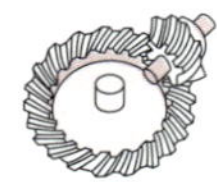

(a) 직선 베벨 기어　(b) 스파이럴 베벨 기어

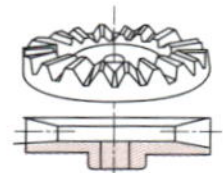

(c) 헬리컬 베벨 기어　(d) 크라운 기어

스파이럴 베벨 기어

스파이럴 인젝션　전자 제어 연료 분사 장치의 인젝터는 분사 노즐의 연료 분사구가 나선 모양으로 되어 있고, 연료 분사 시 연료가 소용돌이 식으로 분사되며, 무화(atomization)를 양호하게 하고, 더 좋은 혼합 가스를 만들어 낸다.

스파이크리스 타이어 spikeless tire　스파이크 타이어는 노면을 손상시키고 소음과 먼지를 내서 공해 문제를 일으키고 있다. 이에 따라 스파이크를 사용하지 않고 스파이크 타이어와 똑같은 빙판 눈길에서의 성능을 얻도록 개발된 것이 스파이크리스 타이어이다. 그러나 얼음판 위에서의 제동 성능은 스파이크 타이어의 60～70 %로 특수한 재료와 패턴만으로는 스파이크 타이어의 성능을 얻기가 힘들다. 유럽과 미국 지역에서는 스파이크 타이어를 금지한 나라와 주(州)들이 있으나, 제설과 얼음, 눈을 녹이는 등의 도로 환경과 운전자의 운전 기술 등 사회적 배경이 갖추어지지 않은 한 스파이크 타이어 사용을 금지하는 것은 힘든 것이 사실이다.

스파이크 타이어 spike tire　일반 타이어에 특수 합금제의 금속편을 트레드에 삽입한 타이어로서, 얼음이나 얼어붙은 도로에서 접지 성능은 좋으나 승차감이 좋지 않으며 도로를 파손하는 단점이 있다. 스파이크 타이어의 원형은 1890년대에 공기가 든 타이어의 실용과 동시에 북유럽에 나타났고, 빙판길과 눈길에서의 랠리용으로 발달했다. 1950년대에 현재의 스파이크로 쓰이고 있는 텅스텐 카바이드 등 초경합금이 등장하여 본격적으로 보급되기 시작하여 겨울철에 쓰이고 있다. 보통 스파이크 타이어는 처음부터 트레드에 뚫어진 구멍에 특수한 기구로 스파이크를 두들겨 끼워서 만들고, 랠리용 타이어는 스파이크 유지성이 중요해서 트레드에 스파이크에 맞는 구멍을 뚫고 여기에 스파이크를 두들겨 넣는다. 스터드 타이어라고도 한다.

스파크 갭 spark gap　스파크 플러그의 전극에는 틈새가 있는데, 이를 스파크 갭이라고 한다. 엔진의 압축비나 점화 전압에 따라 틈새가 결정된다. 불꽃으로 타버려서 틈새가 넓어졌을 때는 다시 조정해야 한다.

스파크 노크 spark knock　연소실 내에 남아 있는 압축 혼합 가스가 급격하거나 순간적인 연소와 함께 일어나는 미조정 폭발을 말한다.

스파크 딜레이 시스템 spark delay system　가솔린 엔진에서 가속할 때 점화 시기를 늦추는 장치로서, 점화 시기 제어 장치의 하나이다. 가속을 위해서 다량의 혼합 가스가 공급되었을 때, 점화 시기가 같으면 연소 가스의 온도가 높아져 질소 산화물이 많아지므로, 점화 시기를 늦게 하면 연소 가스의 온도를 낮춤과 동시에 연료를 완전 연소하여 배출 가스 중의 탄화수소를 적게 하는 것을 말한다.

스파크 라인 spark line　점화 플러그에서 스파크를 유지하는 데 필요한 전압을 나타내는 점화 2차 회로의 스코프 파형으로, 이를 통해서 스파크가 계속되는 배전기의 회전 각도를 나타내기도 한다.

스파크 리타더 spark retarder　점화 시기를 지각(遲角)시키는 장치로서, 낮은 옥탄가의 연료를 사용하면 연료의 연소 속도가 빠르므로 이를 방지하기 위해 배전기에 설치되어 있는 옥탄 실렉터가 점화 시기를 지각되도록 조정한다.

스파크 어드밴스 spark advance　피스톤이 실린더 내에서 움직인 위치에 따라 점화 시기를 앞당기는 것을 말한다.

스파크 전압 spark voltage　점화 플러그 전극 사이에서 점화를 유지시키는 데 필요한 전압으로, 보통 점화 전압 수준의 4분의 1 정도가 된다.

스파크 점화식 spark ignition type　압축된 연료와 공기의 혼합 가스를 전기 스파크에 의해 점화·연소시키는 방식으로, 가솔린 기관에서 사용하는 방식이다.

스파크 점화 장치 spark ignition　연소실 내의 공기/연료의 혼합 가스 중에 점화하기 위해 사용되는 장치를 말한다.

스파크 제어 spark control　종래의 원심식 기구에서 수행하는 것보다 스파크를 앞당기거나 지연시키는 데 좀 더 신속하게 부응하기 위해 사용되는 전자 제어 장치로 된 이미션 제어 장치의 일부이다.

스파크 지속 spark duration　점화 플러그 캡을 뛰어넘을 수 있는 불꽃을 형성하기 위해 점화 플러그 내에서 전류가 흐르는 시간(길이)을 말한다.

스파크 컨트롤 시스템 spark control system　지각 제어 기구를 말한다. 터보차저로 과급한 전부하 영역에서의 충전 효율은 높아지며 노킹이 발생하기 쉬워진다. 이러한 노킹 발생과 동시에 자동적으로 점화 시기를 늦추며, 엔진에 악영향을 주는 노킹을 피하고 항상 최적의 점화 시기로 컨트롤한다.

스파크 타이밍 spark timing　동력 행정에서 피스톤의 행정 위치에 관계하여 점화 스파크를 공급하는 시기를 뜻한다.

스파크 포트 spark port　스로틀 밸브 위의 기화기 내의 구멍을 말하며, 공전 기간 동안 이 밸브에 의해 약간의 진공이 없도록 작용하게 한다.

스파크 플러그 spark plug　(1) 점화 코일에서 발생한 고압을 받아, 중심 전극과 접지 전극 사이에 불꽃 방전을 하여 혼합 가스에 불을 붙이는 기능을 가지고 있으며, 연소실에 직접 장착된다. (2) 한 쌍의 전극과 절연물을 포함하고 연소실 내에 스파크 간격을 제공해 주는 어셈블리를 말한다.

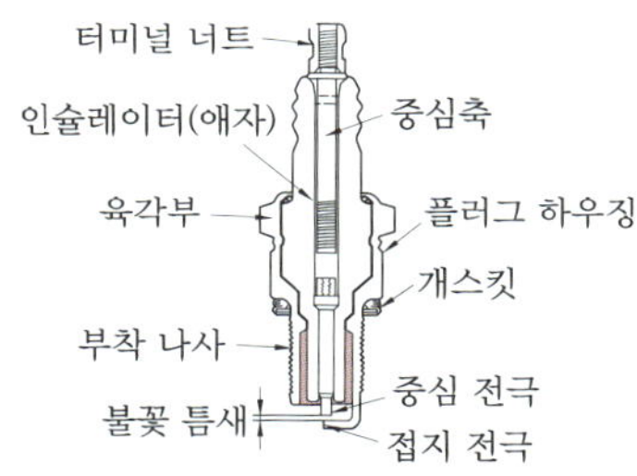

스파크 플러그의 구조

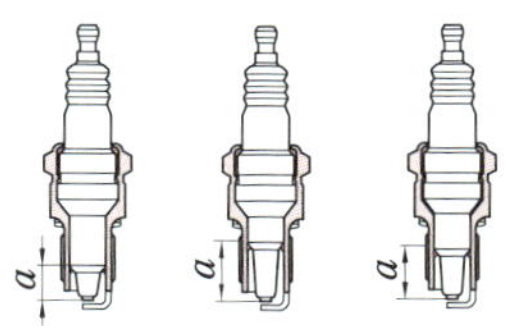

스파크 플러그 열가 특성

스파크 플러그 테스터 spark plug tester　점화 플러그에서 발생되는 불꽃 상태를 점검하고 플러그에 부착된 카본을 청소하는 테스터이다. 점화 플러그를 청소한 다음 스파크 갭을 규정값으로 조정하여 테스터로 시험한 결과, 불꽃 상태가 자색이면 정상이고, 황색이면 양호한 것이지만, 적색이면 점화 플러그를 교환하여야 한다.

스파프랑코르샹 Spa-Francorchamps　벨기에 GP가 열리는 서킷으로, 해발 400~600 m의 아르덴 고지 산간부에 자리해 있어 일기가 불순하다. 위험도가 높은 14.12 km의 일반 도로 코스를 1970년대 말부터 1983년에 대대적으로 개수하여, 현재는 상설 서킷과 일반 도로가 혼합된 1주 6.94 km

코스로 바뀌었다. 1925~1970년 벨기에 GP가 열렸으며, 1983년부터 다시 벨기에 GP의 무대가 되었다. 투어링 카(그룹 A)에 의한 24시간 레이스(스파 24 H)와 스포츠카에 의한 1,000 km 레이스(WSPC)도 열린다.

스패너 spanner 좁은 공간에서 볼트, 너트를 풀거나 조이는 데 사용하는 공구로서, 오픈 엔드 렌치라고도 한다. 특히 연료 파이프, 브레이크 파이프 및 각종 유압 계통에 사용하는 파이프의 연결을 풀거나 조일 때 사용한다.

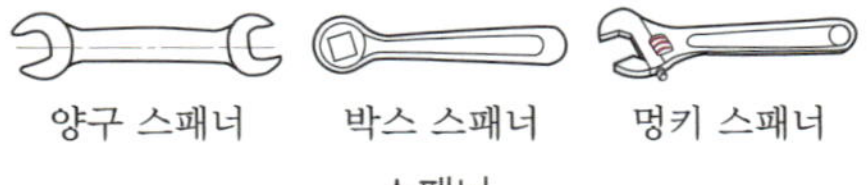

스패너

스패츠 spats 현가장치나 타이어를 덮어 씌우는 것을 말한다. 고정각(固定脚)의 비행기에서 각주(脚柱)를 덮는 것을 가리키는 말에서 왔다.

스패터 spatter 아크 용접과 가스 용접에서 용접 중에 비산(飛散)하는 슬래그 및 금속 입자를 말한다.

스패터링 spattering 전기 부품 및 전자 부품의 기판을 음극에 연결하여 진공 용기 속에서 방전시킴으로써 기판에 금속, 금속의 산화물 및 질화물 등의 엷은 막으로 피복하는 방법으로, 진공 증착(蒸着)보다 강하다.

스패터 손실 spatter loss 스패터에 의한 금속의 손실을 말한다.

스팬 span 리프 스프링의 스프링 아이(spring eye)와 스프링 아이의 중심 간 거리를 말한다.

스퍼 기어 spur gear 평 기어를 이른다. 기어 이가 축에 평행하게 만들어진 것으로, 두 축이 평행한 기어이다. 모양이 간단하여 공작하기가 쉬우므로 많이 사용하지만, 소음이 발생되는 단점이 있다. 기어의 회전은 외접 기어의 경우 서로 반대 방향이고, 내접인 경우는 같은 방향이다. 자동차 변속기, 오일펌프 및 플라이휠의 링 기어 등에 사용하고 있다.

스퍼 베벨 기어 spur bevel gear 원추형으로 펼쳐진 우산 모양을 한 기어로서, 두 개의 굵은 이를 가진 기어를 직각으로 맞물린 것인데, 감속과 동시에 회전의 방향을 바꾸는 작용을 한다. 베벨 기어의 일종으로, 이전에는 종감속 기어로서 많이 사용하였으나, 근래에는 사용하는 예가 적다.

스퍼터링 sputtering 글로 방전에서 가스 이온이 충전함으로써 전극 재료가 방출하여 다른 물질의 표면에 부착하여 막을 형성하는 것으로, 금속 마스터를 만들 때 사용되며, 오리지널 표면에 스퍼터링으로 만든 도전층 위에 다시 도금 처리하여 두꺼운 막을 형성한다.

스펀지 납 sponge lead 납산 축전지의 음극판의 활성 물질로 사용되는 포러스 납(porus lead, 다공성 납)을 말한다.

스펀지 브레이크 sponge brake 브레이크 페달을 밟았을 때의 느낌이 스펀지(해면 모양의 고무)를 밟는 것같이 부드러운 것을 이른다. 브레이크의 감각을 수치화했을 때, 페달에 밟는 힘을 페달 유격(밟는 거리)으로 나눈 값이 적으면(같은 유격으로 밟는 힘이 적을 경우) 스펀지라고 한다. 역으로, 딱딱한 경우를 판 브레이크라고도 한다.

스펀지 타이어 sponge tire 해면(海綿) 모양의 고무로 채워 놓은 노 펑크 타이어를 말한다.

스페리컬 조인트 spherical joint 공 모양의 조인트로, 로드 엔드, 필로 볼 또는 로즈 조인트라고도 불린다. 레이싱 카의 현가장치의 피벗으로 많이 사용되고 있는 조인트이다. 중앙에 축을 통과시키기 위한 구멍을 가진 이너 볼을 이것보다 큰 원형의 고리에 끼워 넣고, 사이에 플라스틱의 라이너(inter liner)를 넣어 유격을 없앰과 동시에 원활히 움직이도록 만들어져 있다.

스페셜티 카 specialty car 승용차 중에서 성능이 높고 쾌적한 거주성을 지닌 퍼스널 카(personal car)를 스페셜티 카와 구별할 수 있다. 스페셜티 카는 쿠페 보디가 많고, 스포츠카와 같은 외모를 지니고 있는 것이 주류를 이루고 있지만, 스포츠카와 같은 주행 성능만을 추구한 것이 아니라 쾌적한 운전을 즐길 수 있는 장비가 충실하다는 것이 특징이고, 승차감도 스포츠카와 마찬가지로 딱딱하지 않다. 스페셜티 카는 대량 생산되는 승용차의 부품을 이용할 수 있으므로 가격도 스포츠카만큼 비싸지 않다는 특징이 있다. 운전도 즐길 수 있고, 누구나 운전하기 쉬운 점이 있다. 그러나 스페셜티 카의 이름대로 고압력 엔진을 탑재하면 실용 승용차보다도 동력 성능이 좋다는 것이 조건이라고 할 수 있다. 실용차를 기준으로 삼아도 경제성을 그다지 중요시하지 않고 설계된 호화스러운 승용차로 만들어지고 있다. 포드 탱크가 근대적인 스페셜티 카의 제1호로 등장되고 있다. 퍼스널 카는 스페셜티 카와 거의 같은 뜻으로 사용된다.

스페시피케이션 specification ⇨ 사양서

스페어타이어 spare tire　응급수단의 하나로, 운행 중 타이어 이상 발생 시 교환할 수 있도록 차량에 싣고 다니는 예비 타이어를 말한다. 주로 트렁크에 넣지만, 차종에 따라 차량 뒤나 위 또는 옆이나 밑에 가지고 다니기도 한다.

스페어타이어 캐리어 spare tire carrier　스페어타이어를 격납하는 장치를 말한다. RVR 스포츠 기어에서는 리어 범퍼에 마운트시킴으로써 타이어 교환을 쉽게 하고 외관적으로도 RV 이미지를 강조하고 있다.

스페이서 spacer　(1) 나란히 조립되는 부품과 부품이 직접 접촉되지 않고 일정한 간격을 유지하기 위하여 중간에 설치하는 부품으로, 변속기의 주축 지지 베어링과 기어 사이 또는 종감속 기어 장치에서 구동 피니언의 이너 베어링과 아웃 베어링 사이에 설치된다. (2) 계자 코일 또는 전기자 코일 사이에 끼우는 절연물, 또는 자성체와 자성체 사이를 격리시키는 비자성체의 금속 조각 등을 말한다. (3) 기계와 부품을 일정한 간격을 유지하면서 결합하는 데 사용하는 스테이 볼트(stay bolt)에 끼워진 파이프 등을 말한다.

스페이스 space　(1) 부품과 부품 사이의 공간으로, 차축과 보디 사이의 공간, 지면과 자동차의 가장 낮은 부분의 공간 등을 말한다. (2) 센서의 신호에서 두 신호 사이 또는 컴퓨터 테스터에서 단어와 단어 사이의 어간을 말한다.

스페이스 비전 미터 space vision meter　허상 표시(虛像表示) 미터의 명칭이다.

스페이스 세이버 타이어 space saver tire　미국의 굿리치社에서 개발한, 접어서 개는 응급용 타이어. 바이어스 구조의 타이어로, 사이드 월을 접어 일반 타이어의 절반 크기로 하여 보관하고, 봄베(Bombe)나 압축기로 공기를 주입하여 사용한다. 트렁크 스페이스가 작은 스포츠카용으로 사용되고 있다.

스페이스 프레임 space frame　강판이나 파이프를 용접하여 골격을 구성한 프레임이다. 1960년대의 포뮬러카에 많이 쓰였는데, 가벼우면서 강성이 높은 것이 장점이다. 그러나 생산성이 낮아 대량 생산 형식의 차에서는 쓸 수 없다.

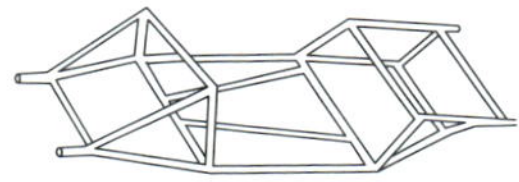

스페이스(트러스형) 프레임

스페인 그랑프리 Spanish Grand Prix　제1회 경기는 1913년에 열렸다. 1968년부터 F1 GP 시리즈로 채택되어, 1981년부터 하라마 서킷에서 스페인 GP가 열렸다. 그 후 공백기를 거쳐 1986년부터는 헤레스 서킷으로 무대를 옮겨 F1 스페인 GP가 부활되었다.

스펙 spec　스페시피케이션(specification)을 줄여 표현한 것으로, 내용을 상세히 설명하는 명세, 사양서라고 할 때도 있다. 카탈로그 등에서 차의 성능 등을 상세하게 기재한 것이 차의 스펙이다

스포일러 spoiler　차의 속도가 올라가면 차체는 떠오르는 성질이 있어 타이어의 접지력이 약해지고 속도가 더해지지 않게 된다. 이를 막기 위해서 뒷부분을 밑으로 누르는 작용을 하는 부착물이 필요한데 이것이 스포일러로, 공기의 흐름을 변화시키는 작용을 해서 에어 스포일러라고도 불린다. 예전에는 이런 부착물은 옵션으로 인정되지 않았으나 최근에는 여러 나라에서 옵션으로 달아도 되는 것으로 기준이 바뀌었다. ⇨ 에어로 스태빌라이저

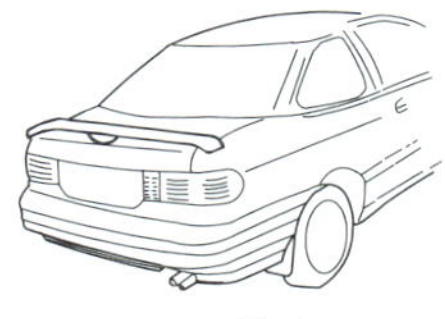

스포일러

스포츠카 sports car 승용차의 용도에 따른 호칭으로, 현재는 명확한 정의가 없다. 일반적으로는 2/3도어 쿠페나 컨버터블로, 거주성과 경제성보다도 성능을 중요하게 여겨 설계된 차를 스포츠카라고 한다. 스타일이 실내 공간의 크기보다는 낮은 중심(重心), 작은 공기 저항 쪽을 택하는 것이 그 한 가지 예이다. 엔진도 경제성으로 보면 필요하지 않은 큰 힘을 갖고, 가속성을 크게 한 것도 특징이다. 그 밖에 성능 향상에 우선한 장비를 가진 차를 스포츠카라고 한다. 스포티 카(sporty car)는 그 중간에서 무드를 겨냥한 것이다.

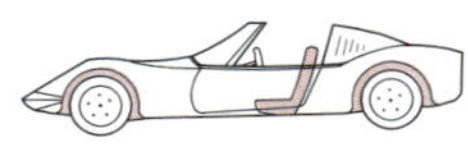

스포츠카

스포츠 프로토타입 sports prototype car 자동차의 전체를 덮는 보디를 가진 두 개 좌석의 레이싱 카로서 모터스포츠 차량 분류에서는 그룹 C라고 불리며, 24시간 레이스에 출전하는 차량으로 잘 알려져 있다. 주로 내구 레이스용의 레이싱 카로서 긴 역사를 가지고 있으며, 1982년부터 레이스에 사용할 수 있는 연료의 양만을 규제하고 머신 사양에 대해서는 비교적 자유로워 인기가 많은 레이스였으나, 1991년 이후 엔진이 F1과 같이 규정되어 세계 선수권(SWC) 참가수가 적어졌다.

스포크 spoke 자전거 타이어에서 림과 보스 또는 스포크 휠에서 림과 보스를 연결하는 가늘고 둥근 봉의 강선(鋼線)을 말한다.

스포크 휠 spoke wheel 림과 허브를 강선의 스포크로 연결한 휠로서, 경쾌하고 충격 흡수가 좋으며, 드럼의 냉각이 용이하다. 클래식 카나 이륜차 그리고 스포츠카에 사용된다.

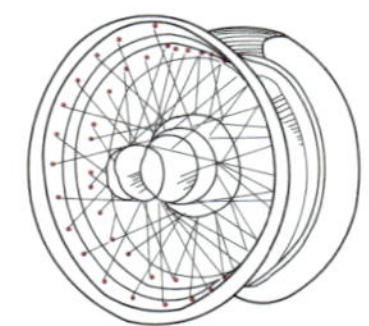

스포크 휠

스포티 와이퍼 sporty wiper 비올 때 고속 주행 시, 와이퍼에 부딪히는 공기 압력에 의해 와이퍼가 손상되어 와이퍼의 고착성이 떨어지는 수가 있다. 이것을 방지하기 위해 핀을 와이퍼 블레이드에 장치하며, 이러한 와이퍼를 스포티 와이퍼라고 한다. 핀에 의해 공기의 흐름이 매끄럽게 되고 (와이퍼 블레이드를 프런트 윈도 글라스에 억압하는 힘도 발생함) 와이퍼의 부상이 억제된다.

스포티 카 sporty car 스포츠카는 아니면서 주행 성능을 탁월하게 만든 차를 일컫는다. 현대의 스쿠프나 대우의 르망 레이서 등을 여기에 넣을 수도 있다.

스포팅 spotting 도금 또는 페인팅한 금속 표면에 반점이 나타나는 현상을 말한다.

스폴링 spalling (1) 금속에서 표면층이 자연적으로 부식하여 벗겨지는 현상을 말한다. (2) 자동차의 보디 페인팅에서 표면의 균열이나 개재물 등이 있는 곳에 하중이 가해져 표면이 서서히 벗겨지는 현상을 말한다. (3) 내화 재료(耐火材料)가 고열 상태에서 급랭하였을 때 표면이 거칠어지는 현상을 말한다.

스폿 글레이징 spot glazing 페인트 내의 대수롭지 않은 결함 및 스크래치를 글레이징 콤파운드로 메우는 일을 말한다.

스폿 라이트 spot light 렌즈가 부착되어 있는 투광기(投光器)로, 먼 곳에 있는 물체에 강한 빛을 투광할 수 있다.

스폿 리페어 spot repair 패널 전체보다 차량의 작은 일부분을 수리 및 재도장(再塗裝)하는 일을 말한다.

스폿 실러 spot sealer 점(스폿)용접을 할 때 사용하는 방청제이다. 전기를 잘 통과시키는 성질을 지니고 있으며, 일반적으로 수성을 물에 풀어 패널의 이음매에 솔을 이용하여 바른다.

스폿 용접 spot welding 점용접(點鎔接)을 말한다. 두 개의 모재(母材)를 겹쳐 놓고 대전류를 흐르게 하면 접촉 저항 열에 의해 용융될 때 압력을 가하여 접합하는 용접으로, 자동차, 항공기에 많이 사용되고 있다. 스폿 용접은 두께 6 mm 이하의 판재 용접에 적합하며, 0.4~3.2 mm가 가장 능률적이다.

스폿 용접기 spot welding machine 패널

이 겹친 좁은 부분에 전류를 집중시켜, 압력을 가하여 용접하는 기기로, 작업이 간단하고, 녹이나 열에 의한 패널 변형도 잘 일어나지 않기 때문에, 패널 교환에는 최적의 용접기이다. 신 차량의 패널 용접에도 대부분 이 용접기를 사용하고 있다.

스폿 커터 spot cutter 스폿 용접한 부분을 깎아내는 데 사용하는 드릴의 날(刃)을 말한다. 통상적인 드릴 날은 끝이 뾰족하게 되어 있지만, 이것은 평탄한 모양을 하고 있는 것이 특징이다.

스푼 spoon 리벳 홀더를 갸름하게 만든 것으로, 손이 잘 들어가지 않는 장소에 리벳 홀더 대신 사용한다. 지레의 원리로 패널을 비집어 들어 올리는 일 등에 사용한다.

스풀 spool 원통 모양의 밸브로, 보통의 솔레노이드 밸브에는 스풀이 내장되어 있다.

스풀 밸브 spool valve 스풀은 실 등을 감을 수 있는 원통 모양의 밸브이며, 스풀 밸브는 하나의 밸브 보디 외부에 여러 개의 홈이 파여 있는 밸브로서, 축 방향으로 이동하여 오일의 흐름을 제어한다.

스퓨잉 spewing 카뷰레터의 뜨개실에서 가솔린을 내뿜는 것을 이른다. 뜨개실의 온도가 높을 때 급출발이나 급선회로 인하여 뜨개가 내려가 가솔린이 다량으로 유입되면, 뜨개실에 충만되어 벤투리에 뿜어내는 현상으로, 엔진 회전이 일정하지 않고 스톨을 일으키는 경우도 있다.

스프래그 sprag 일방향 클러치의 이너 레이스와 아웃 레이스 사이에 끼워져 한쪽 방향으로만 회전력을 전달하는 누에고치 모양으로 만들어진 특수한 캠을 말한다.

스프래그식 sprag type 오버러닝 클러치의 스프래그식은 전기자 축과 연결되어 있는 아웃 레이스와 피니언에 연결되어 있는 이너 레이스 사이에 스프래그를 설치하여 플라이휠의 회전력이 전동기에 전달되지 않도록 하는 형식이다. 전기자 축이 회전하게 되면 이너 레이스는 플라이휠의 링 기어에 의해 저항을 받게 되므로, 아웃 레이스가 스프래그를 밀어 일으켜 세우면 두 개의 레이스가 고정되어 전동기의 회전력이 전달된다. 그러나 엔진이 시동되면 피니언이 플라이휠의 회전력을 받게 되므로, 이

너 레이스가 스프래그를 밀어 넘어지면 두 개의 레이스가 분리되어 엔진의 회전력이 차단된다.

스프렁 웨이트 sprung weight 스프링에 의해 지지되는 엔진, 프레임, 보디 등 자동차의 부분을 말한다.

스프레딩 spreading 자동차에 사용하는 교류 발전기의 실리콘 다이오드를 다이오드 홀더에 납땜을 할 때, 땜납을 홀더에 놓고 아래에서 가열하면 땜납이 녹아서 금속 표면에 퍼지는 현상을 말한다.

스프레이 spray '분무기(噴霧器), 분사기(噴射器)'의 뜻으로, 물, 살충제, 소독약 및 페인트 등을 뿌리는 것을 말한다.

스프레이 건 spray gun 압축 공기의 빠른 흐름에 의해서 도료의 노즐에 형성되는 부압으로 빨아올려져 도료가 뿜어지는 구조로, 에어 캡 부분에 흐름 속도가 빠른 공기에 의해 도료가 미립화되어 스프레이 패턴을 만들어 분무하게 된다.

스프레이 부스 spray booth 페인트의 분사를 적당하게 하기 위하여 적절한 조명과 환기를 제공하는 방을 말한다.

스프레이 패턴 spray pattern 연료 분사 노즐에서 연료가 분사될 때의 분사되는 형상(모양)을 말한다.

스프로킷 sprocket 체인용, 벨트용 기어로, OHC 엔진의 캠축을 체인 또는 벨트로 구동하는 경우에 사용되는 크랭크축 스프로킷이나 캠축 스프로킷이 대표적인 예이다. 체인 또는 벨트를 구동하는 쪽의 스프로킷을 구동 스프로킷, 구동되는 쪽의 스프로킷을 피동 스프로킷이라고 부른다. 스프로킷은 사슬에 물리는 바퀴의 돌기라는 뜻이다.

스프로킷 휠 sprocket wheel 드럼을 회전시키기 위한 기어로서, 하이드롤릭 모터는 스프로킷 휠을 체인으로 구동한다.

스프린트 카 레이스 Sprint Car Race 미국의 포뮬러카 레이스의 한 형태로, 인디카 시리즈보다 한 단계 아래 수준의 레이스이다. 1주 800 m 정도의 타원형 코스(포장 및 비포장)에서 5 L급 프런트 엔진 포뮬러카로 경주를 펼친다.

스프링 spring 로커 암은 축을 기준으로 하여 원호 운동을 하기 때문에 축 방향으

로 이동하게 된다. 그러므로 로커 암과 로커 암 사이에 스프링을 설치하여 로커 암이 축 방향으로 이동하는 것을 방지한다.

스프링 라이너 spring liner　판스프링의 스프링 판 사이에 삽입하여 마찰이나 진동을 완화시키는 완충재이다.

스프링 레이트 spring rate　스프링의 딱딱함과 부드러움을 나타내는 것으로, 스프링 상수라고 한다. 보통 1 mm를 줄이는 데 몇 kg이 필요한가를 kg/mm로 나타낸다. 스프링은 서스펜션 형식에 따라 붙이는 곳이 다르고, 같은 딱딱한 스프링이라도 바퀴에 따라 얼마쯤 딱딱하게 되어 있는가는 각기 다르다. 이것을 휠 레이트(wheel rate)라고 한다. 스트럿용 스프링은 위시본형에 비해 절반 이하의 스프링 딱딱하기로 같은 휠 레이트를 얻을 수 있다. 이것은 지렛대의 원리에 따른 것이다.

스프링 로어 패드 spring lower pad　코일 스프링 아랫부분과 스트럿의 코일 스프링 안쪽 부위 간에 끼워져 결속을 강화하고 간섭을 방지하기 위해서 설치한 고무 재질의 둥근 패드를 말한다.

스프링 리치 시트 spring rich seat　시트 패드에 주로 우레탄 폼을 사용한 풀 폼 시트와 대비하여 사용되는 용어로서, 스프링을 많이(리치) 사용한 시트를 말한다.

스프링 백 spring back　판재나 철선을 굽혔다가 놓으면 변형이 남아 있는 상태에서 약간 본래의 위치로 되돌아오는 현상을 말한다. 스프링 백은 경도가 높을수록, 두께가 얇을수록, 굽힘 반지름이 클수록, 굽힘 각도가 클수록 크다.

스프링 버클 spring buckle　판스프링이 흐트러지는 것을 방지하기 위하여 묶어 체결하는 클립을 말한다.

스프링 부싱 spring bushing　스프링 아이 속에 넣는 베어링으로, 트럭이나 버스에서는 메탈(메탈 부시)이 쓰이지만, 소형 트럭이나 승용차에서는 고무(러버 부시)가 사용되고 있다.

스프링 상공진 spring up resonance　스프링 상질량(주로 보디)을 질량계, 현가 스프링을 스프링계로 하여 형성된 공진이다.

스프링 상수 spring constant　힘(또는 토크)의 변화와 이것에 대응하는 스프링 요소의 직선 변위(또는 회전 변위)와의 비를 말한다.

스프링 상중량(上重量)　현가 스프링 장치에 의해 지탱되고 있는 부분의 중량을 말한다.

스프링 실린더 spring cylinder　실린더의 복귀 작용이 기계적으로 확실히 이루어질 수 있도록 로드 측에 스프링을 조합한 실린더로, 유압 윈치의 브레이크 기구에서 브레이크는 언제나 스프링에 의해서 확실하게 작동할 수 있게 하여 권상(捲上), 권하(捲下)를 할 때만 유압으로 브레이크를 해제하는 경우 등에 해당된다.

스프링 아래 무게 (1) spring down weight　스프링 아래 무게는 타이어, 휠, 액슬, 브레이크 부품 등 스프링보다 아래쪽에 있는 부품의 무게를 말하고, 그 밖의 보디, 엔진 등은 스프링 위 무게라 말한다. 스프링 아래의 무게가 가벼울수록 바퀴는 노면에 따라 잘 움직이고(trace), 진동이 일어나더라도 스프링 위쪽 보디에 흔들림을 전하는 비율이 작아진다. 알루미늄 휠이나 알루미늄으로 된 브레이크 부품은 이 같은 스프링 아래 무게를 더는 것이 목적이고, 디퍼렌셜과 브레이크를 차체 쪽에 붙이는 것도 역시 스프링 아래 무게를 가볍게 하기 위한 것이다. (2) under spring weight　앞뒤 차축에 고정된 부분의 무게이다. 추진축, 현가장치, 브레이크 장치, 조향 장치 등은 스프링 위 무게에 가산된 나머지 분만이 스프링 아래 무게가 된다.

스프링 아이 spring eye　주 스프링 판의 양 끝 부분은 프레임에 설치하기 위해 원형으로 구부러져 있는데, 스프링 아이는 이 구부러진 원형의 중심부를 말한다.

스프링 어퍼 시트 spring upper seat　스프링 어퍼 패드와 스트럿 인슐레이터 사이에 끼워져 코일 스프링 위의 끝 부분과 결합을 안정하게 하기 위해 약간의 기울기와 턱이 형성되어 있어, 스트럿과 코일 스프링이 일체가 되어 작용한다.

스프링 어퍼 패드 spring upper pad　코일 스프링 윗부분과 스프링 어퍼 시트 사이에 끼워져 코일 스프링과 어퍼 시트의 결속을 강화하고 간섭을 방지하기 위하여 설치한 고무 재질의 패드를 말한다.

스프링 오프셋 spring offset　맥퍼슨 스트럿식 현가장치에서는 코일 스프링 내에 쇼크 업소버를 넣어 일체로 사용하기 때문에 레이아웃에 의해서 스프링의 중심과 쇼크 업소버 축의 중심을 일치시키면 쇼크 업소버의 피스톤 로드에 옆으로 향한 힘이 걸려 피스톤 미끄럼 운동 부분에 여분의 마찰력이 발생하고 승차감의 저하를 가져온다. 따라서 마찰력을 될 수 있는 대로 적게 하기 위하여 양자의 중심 위치를 어긋나게(오프셋) 설치하는 것을 말한다.

스프링 와셔 spring washer 스프링식으로 생긴 와셔로서, 진동이 많이 발생하는 부분의 너트 풀림을 방지하기 위하여 사용된다.

스프링 위 무게 over spring weight 섀시 스프링에 가해진 부분의 무게를 말하며, 추진축, 현가장치, 브레이크 장치, 조향 장치와 같이 그 무게의 일부가 스프링 위 무게로 작용하는 것은 그 구조에 따라 스프링 위 무게로 가산한다.

스프링 저울 spring balance, spring weigher (1) 훅의 법칙을 이용하여 물체의 중량을 스프링이 늘어나는 정도로 측정하는 저울로서, 사용하기에는 간편하나 정밀도가 낮고 온도에 의한 오차가 크다. (2) 피측정물의 무게를 훅에 매달아서 눈금을 읽는 저울로서, 자동차에서는 피스톤 간극 측정, 조향 핸들의 프리로드, 종감속 장치의 구동 피니언의 프리로드 측정 등에 사용된다.

스프링 정수 spring constant 스프링 장력의 세기, 즉 스프링이 단위 길이만큼 신축할 때 드는 힘으로, 단위는 kg/mm를 사용한다.

스프링 캠버 spring camber 판스프링에서 스프링의 휨 양을 말한다.

스프링 캡 spring cap ⇨ 밸브 스프링 리테이너

스프링 테스터 valve spring tester 밸브 스프링, 클러치 스프링 등 코일 스프링의 장력, 자유 높이 및 직각도를 점검하기 위한 테스터를 말한다. 장력은 규정값의 15 % 이상 감소, 자유 높이는 규정에서 3 % 이상 감소, 직각도는 자유 높이에서 3 % 이상 변형될 경우 스프링을 교환한다.

스프링 플랜지 spring plange ⇨ 림 플랜지

스프링 핀 spring pin 판스프링을 행어에 부착하는 핀을 말한다.

스프링 하공진 spring low resonance 스프링 하질량(주로 타이어, 액슬)과 주로 타이어의 스프링계에서 형성되는 공진이다.

스프링 하중량(下重量) 타이어와 현가장치 사이에 끼워진 부분의 중량으로, 차축이나 차륜을 말한다. 이 스프링 하중량을 1 kg 경감하는 것은 스프링 상중량을 15 kg 경량화하는 것과 맞먹는다고 한다. 따라서 노면에 대한 자동차의 추종성이 향상된다.

스프링 해머 spring hammer 단조용 기계로서, 크랭크의 회전력이 겹판 스프링에 전달되면 탄력에 의하여 연속적으로 타격하는 해머로, 작은 공작물의 단조 작업에 사용된다. 동력은 1/4 ton 이하가 보통이다.

스프링 행어 spring hanger 판스프링을 부착하는 브래킷을 말한다. 행어는 베어링 등을 설치하는 쪽을 가리킨다.

스플라인 spline 축이나 보어(bore)에 절삭된 그루브(groove)나 홈을 말한다. 축의 스플라인은 보어 내의 스플라인에 맞도록 되어 있어 두 부품이 길이 방향으로 섭동은 가능하면서 함께 회전할 수 있도록 되어 있다.

스플라인 축 spline shaft 축에 평행하게 4～20개의 줄 홈을 만들어 놓은 축으로, 보스에도 축과 조립이 될 수 있도록 홈을 만들어 서로 결합한다. 클러치 입력축, 변속기 출력축, 추진축 및 구동축 등에 만들어져 축 방향으로 이동과 동시에 회전력이 전달된다.

스플릿 베어링 split bearing 일명 분할형 베어링이라고 하며, 회전하는 축을 두 개로 분할된 상태로 지지하고 이를 고정하기 위해 베어링 위에 캡을 설치하고 볼트로 체결하게 되어 있다.

스플릿 스커트 피스톤 split skirt piston 피스톤의 스커트부에 슬롯(잘린 홈)을 설치한 것으로 T형, U형, 수평에 슬롯을 넣은 것 등이 있다. 슬롯으로 인하여 열팽창이나 측압을 피할 수 있기 때문에 실린더와의 틈새를 적게 할 수가 있다.

스플릿 시트 split seat 벤치 시트로서 등받이(시트 백)가 분할되어 있는 시트를 말한다.

스플릿식 전도 리어 시트　리어 시트의 2분의 1(차종에 따라 다름)이 앞으로 접혀지거나 화물의 형상과 탑승 인원에 따라 공간을 선택할 수 있는 리어 시트를 말한다. 주행 중에도 트렁크 룸에 화물을 출입시키는 등의 다용도로 이용할 수 있다.

스플릿 타입 split type　분할형을 의미한다.

스플릿 피스톤 split piston　측압이 작은 쪽의 스커트 윗부분에 새로 홈(slot)을 두어 스커트부에 열이 전도되는 것을 제안하여 온도가 오르지 않게 하는 것으로, 홈의 모양은 U형, T형 등이 있다. 이 피스톤은 강도 문제는 좋지 않으나 제작이 용이하고, 피스톤 간극을 작게 할 수 있어 피스톤의 슬랩이 적으며, 오일 제거가 잘 되는 것 등의 이점이 있어, 승용차용 기관에 많이 사용된다.

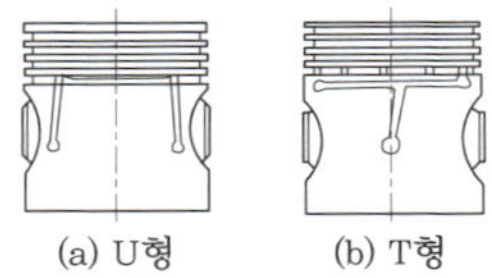

스플릿 피스톤

스플릿 핀 split pin　⇨ 분할 핀

스피너 spinner　불균형이 있는지 검사하기 위해, 또한 차량에 부착되어 있는 휠 타이어 어셈블리를 회전시키기 위해 사용하는, 전기적으로 구동하는 드럼이나 롤러를 말한다.

스피닝 spinning　비정상적인 링의 회전을 말하며, 여기에서 링은 정상의 작동 상태로 느리게 회전하지 않고 그의 홈(groove) 내에서 회전한다.

스피도미터 speedometer　차의 속도를 나타내는 계기로 모든 차에 붙어 있다. 우리나라, 일본, 독일 등은 km/h로 나타내고, 미국에서는 마일/h를 쓴다. 속도 표시의 오차는 ±5%로 실제보다 빠른 속도가 계기판에 나타나는 경우가 대부분이다. 속도계에는 주행 거리의 합계를 표시하는 적산계와 함께 과속 경보 장치가 내장된 것도 있다. 경보 장치가 있는 차는 시속 100 km를 넘을 경우 소리와 빛으로 경고한다. 스피도미터는 속도계 지침으로 속도를 나타내는 아날로그식과 숫자가 표시되는 디지털식이 있다. 아날로그식으로는 트랜스미

션의 출력축 회전을 웜 기어에서 끌어내어 플렉시블 축으로 미터에 유도하는 기계식이 가장 많다. 지금까지 달린 총 주행 거리를 기록하는 계기인 오도미터(odometer)와 버튼으로 0에 되돌려 일시 주행 거리를 표시하는 트립 미터(trip meter)가 있는 것이 일반적이다.

스피드 speed　속도로, 시간당 마일이나 km로 나타낸 운동에 대한 측정 단위이다.

스피드 덴시티 speed density　엔진이 흡입하는 공기량을 간접적으로 계측하는 방법의 하나이다. 흡기관의 압력과 엔진 회전 속도로부터 흡입 공기량을 추정하여 연료의 양을 조절하는 방식을 말한다.

스피드 덴시티(유속 밀도) 방식 연료 분사 제어　흡기 매니폴드 내의 압력을 압력 센서로 검출하여 간접적으로 흡입 공기량을 구하는 방식이다. 흡기계에 에어 플로 센서를 필요로 하지 않기 때문에 흡입 저항의 저감(고출력화에 대응), 경량화 등이 도모된다.

스피드 리미터 speed limiter　스포츠카 등에서 잘못하여 엔진이 과 회전되는 것을 막기 위해, 허용 회전수를 넘으면 그 이상은 회전되지 않도록 점화 장치가 되지 않게 하는 안전장치로서 연료를 차단하는 방법도 있다.

스피드 미터 speed meter　자동차의 시간당 주행 속도(km/h)를 나타내는 속도 지시계를 말하는데, 일반적으로 총 주행 거리를 나타내는 적산 거리계(total counter)와 수시로 '0'으로 되돌려 일정한 주행 거리를 측정할 수 있는 구간 거리계(trip counter)가 함께 조립되어 있으며, 자기식 속도계, 전기식 속도계, 전자식 속도계 등이 있다.

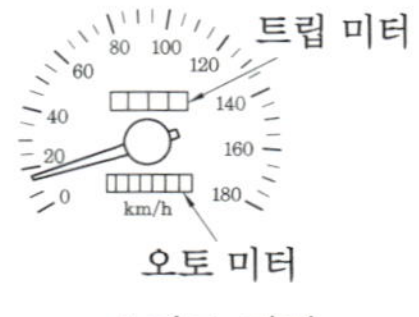

스피드 미터

스피드 미터 마인더 speed meter minder　자동차가 규정 속도 이상으로 주행하게 되면 버저가 울려 운전자에게 경고하는 장치를 말한다.

스피드 미터 테스터 speed meter tester　자동차가 주행할 때 실제 속도와 운전석 계기판 속도와의 오차를 측정하기 위한 시험으로, 자동차를 롤러 중앙에 위치하도록 진입시킨 다음 변속 레버를 톱 기어(top gear)에 놓고 가속 페달을 밟아 속도계의 눈금이 40 km/h인 경우 그 지시 오차가 정 15 %, 부 10 % 이하이어야 한다.

스피드 스프레드 speed spread　브레이크의 제동 능력이 자동차 속도에 따라 변화하는 것을 말한다. 일반적으로 디스크 브레이크는 드럼 브레이크보다 자동차 속도의 변화에 대한 브레이크 제동 능력의 변화가 적은데, 이러한 경우에 스피드 스프레드가 적다고 한다.

스피드 인디케이터 speed indicator　자동차 운전석 계기판에 설치되어 자동차의 주행 속도를 나타내 주는 속도계 또는 rpm 미터를 말한다.

스피드 핸들 speed handle　복스 소켓을 결합하여 볼트나 너트를 빠른 속도로 풀고 조이는 데 사용하는 공구를 말한다.

스핀 spin　차가 컨트롤을 잃고 관성력으로 인해 중심을 축으로 회전하는 것을 말한다. 가속으로 코너링할 때 타이어 접지력이 한계를 넘어서는 경우 등에 일어난다.

스핀들 spindle　전륜 현가 시스템의 부분으로 톱니 둘레를 전륜이 돈다. 축이나 핀으로 이 둘레를 다른 부분이 회전한다.

스핀들 오프셋 spindle offset　휠 센터 높이에서의 킹핀 축과 휠 중심 면과의 거리를 말한다. 이 값이 적으면 스핀들(차축) 앞·뒤에 힘이 작용하여도 조향 축 주위의 모멘트가 적으므로 조향력 변화나 킥 백이 적어, FF(앞 엔진 앞바퀴 구동) 차량에서는 좋은 특성을 얻을 수 있다.

스핀 턴 spin-turn　급제동 시에 차가 미끄러져 돌아가는 현상을 말한다. 운전자가 의도적으로 타이어를 옆으로 미끄러뜨려 차체의 방향을 바꾸는 테크닉으로, 실수하여 미끄러진 경우가 아니고 달리는 중에 뒷바퀴에 영향을 주는 사이드 브레이크를 당기면 이런 현상이 일어난다. 노면이 미끄러운 곳이 아니면 컨트롤하기 힘들다.

스필 밸브식 spill valve type　릴리 구멍에 밸브를 따로 설치하고 이 밸브에 의해 분사가 끝나는 시기 또는 분사 시기를 변화시키면서 연료 분사의 일부를 누설시킴으로써 분사량을 조정한다.

스필 타이밍 spill timing　(1) 디젤 엔진에서 내보내는 시기를 말한다. (2) 분사 펌프에서 분사 연료의 여분을 내보내는 구멍을 통해 흡입 쪽으로 내보내는 시기를 말한다.

스필 포트 spill port　펌프 하우징 내에서 연료 압력은 낮추면서 플런저의 작용에 의해 구멍이 열릴 때 분사를 중단(injection cut off)하게 하는 구멍을 말한다.

스필 포트식 spill port type　플런저 행정은 변하지 않는 반면, 펌프 배럴에 릴리프 구멍(relief port)을 설치하여 플런저의 유효 행정을 바꾸는 형식이다.

스핏 홀 spit hole　실린더 벽에 윤활을 하기 위하여 커넥팅 로드 대단부 위쪽에 뚫려 있는 오일 공급 통로를 말한다.

슬라이더 slider　4개의 링크 중에서 미끄럼 운동을 하는 부분을 말한다. 엔진은 회전 운동을 하는 크랭크축, 각 운동을 하는 커넥팅 로드, 미끄럼 운동을 하는 피스톤, 고정된 부분의 실린더로 구성된다. 모든 기계 조직은 4절 링크로 되어 있다.

슬라이더 크랭크 기구 slider crank mechanism　4개의 링크 중에서 한 개의 미끄럼 운동을 하는 슬라이더는, 회전 운동을 직선 왕복 운동으로 또는 직선 왕복 운동을 회전 운동으로 바꾸는 데 사용하는 기구를 말한다.

슬라이드 slide　하나의 물체가 다른 물체의 표면을 따라서 접촉하며 미끄럼 운동하는 것으로, 엔진의 실린더와 피스톤에서 피스톤, 크랭크축과 베어링에서 크랭크축 등을 말한다.

슬라이드 도어 slide door　일반적으로 승용차의 도어는 힌지를 써서 좌우로 열고 닫는 것이 보통이지만, 원 박스 카 등에는 차체를 보다 선과 평행하게 열리는, 즉 슬라이드하는 도어가 많아지고 있다. 이 방식은 도어의 열리는 부분이 커지고 좁은 장소에서도 화물을 싣고 내리기가 편리한 이점이 있다. 우리나라에서도 현대의 그레이스, 기아의 봉고 그리고 베스타 등 소형 버스 등에 사용되고 있다. 원 박스 카

뿐만 아니라 승용차에도 써 보자는 주장도 있다.

슬라이드 밸브 slide valve 실린더 내에서 피스톤의 직선 왕복 운동에 의해 흡입구와 배기구를 개폐하는 밸브로서, 한 개의 밸브에 의해 피스톤 양측의 흡입 및 배기를 할 수 있다.

슬라이드 트레이 slide tray 인스트루먼트 패널 조수석 쪽에 설치된 여닫이식 격납실을 말한다. 경승용차(미니카)에 적용된 것으로, 트레이 내에 취급 설명서, 차량 검사증 등을 넣어 두는 선반을 설치하여 사용에 편리를 도모한 것이다.

슬라이드 해머 slide hammer 자루에 달린 추의 반동으로 인장력(引張力)을 발생시키는 해머이다. 와셔나 핀을 뽑기도 하고, 패널에 직접 걸어 힘을 가하는 등 인출 판금(引出板金)에 사용한다.

슬라이딩 기어식 sliding mesh type 슬라이딩 기어식은 1832년 영국인 제임스(W. H. James)가 발명한 것으로, 주축상의 스플라인에 설치되어 있는 슬라이딩 기어를 변속 레버로 이동시켜 부축의 해당 기어에 자유로이 물리게 하는 형식이다. 구조가 간단하고 다루기가 쉽지만, 변속할 때 더블 클러치를 사용하여야 하며, 소음을 발생하는 단점이 있다.

슬라이딩 루프 sliding roof 선루프 부분이 슬라이드로 개폐되는 방식을 말하는데, 주행 중에도 마음대로 개폐할 수 있다는 것이 특징이다. 그러나 열린 선루프를 루프 내에 집어넣지 않으면 안 되므로 개방되는 면적이 당연히 작아진다. 게다가 슬라이딩 구조는 루프 내에 장치하게 되어 있어 루프의 두께가 더욱 두꺼워진다. 여닫는 방식에는 수동식과 모터를 사용한 전동식이 있다.

슬라이딩 루프 구조

슬라이딩 방진고무 부시 서스펜션 암의 연결 부분에 사용되는 부시의 일종이다. 부

시의 바깥쪽에 수지를 넣어 그 부분의 움직임을 매끈매끈하게 함으로써 자동차의 승차감을 좋게 할 수 있다.

슬라이딩 베어링 sliding bearing 축과 베어링의 면이 직접 접촉하여 축의 회전과 함께 미끄럼이 발생하는 베어링으로, 부시와 분할 베어링이 있다. 분할 베어링은 두 개로 나뉘어 실린더 쪽을 베이스, 나머지 하나를 캡이라고 하여, 압력 분포가 낮은 부분이 미끄럼 면에 오일을 공급하는 구멍을 만든다. 베어링의 수리가 용이하고 충격에 대하여 견디는 힘이 큰 장점이 있으며, 베어링에 작용하는 하중이 클 때 사용하는 베어링이다. 단점으로는 시동할 때 마찰 저항이 커서 윤활유의 주유에 주의하여야 한다는 점이다.

슬랄롬 주행 성능 슬랄롬(slalom)은 원래 스키의 회전 활강 경기를 말한다. 차의 경우도 비슷하게, 파이론 등으로 장애물을 두고 이것을 피해서 차례차례로 그 사이를 다니는 것을 슬랄롬이라고 한다. 슬랄롬에 걸리는 시간이 짧을수록 슬랄롬 주행 성능이 높다고 말한다. 드라이버의 테크닉과 동시에 차 자체의 코너링 성능, 스티어링 특성이 슬랄롬 주행 성능에 영향을 미친다.

슬래그 slag 용착부에 나타난 비금속 물질을 말한다.

슬래그 섞임 slag inclusion 용착 금속 안이나 모재(母材)와의 융합부에 슬래그가 남는 것을 말한다. 슬래그 잠입, 슬래그 혼입이라고도 한다.

슬래그 실드 slag shield 피복제에 용제화(融劑化) 물질을 다량 함유시켜 용접 시에 용착 금속을 커버함으로써 대기 중의 산, 질소의 해를 방지하고 용착 금속의 냉각 속도를 조절한다.

슬래그 해머 slag hammer 슬래그를 제거하는 데 쓰이는 망치를 말한다.

슬래브 slab 두꺼운 강판을 만들기 위한 반제품 강괴(鋼塊)를 말한다. 제철소의 분괴(分塊) 공장에서 만들어지며, 형상은 50 ~400 mm, 폭 220~1000 mm의 직사각형으로 되어 있다.

슬래브 우레탄 폼 slab urethane foam 후판식(厚板式) 우레탄 포(泡) 고무를 이른다.

슬랜트 노즈 slant nose 차의 맨 앞부분은 예전에는 노면에 수직이었으나, 공기 저항을 적게 하기 위해 뒤쪽으로 경사된 모양의 차가 늘어나고 있다. 이렇게 경사된 앞부분을 슬랜트 노즈라고 한다. 신형 헤드 램프를 사용하고 라디에이터를 소형화하여 슬랜트 노즈의 차는 급속하게 늘어나고 있다.

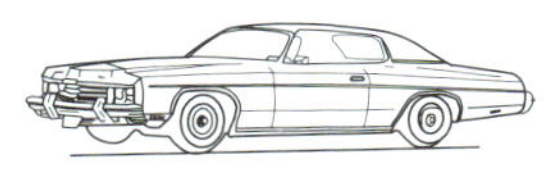

슬랜트 노즈형

슬랜트 엔진 slant engine, sloper, inclined engine 세로형 엔진으로, 실린더가 차체의 상하 방향 중심선에 대하여 기울어지게 설치되어 있는 것을 말한다. 엔진 룸 내의 부품 배치나 작업성을 고려하여 엔진 본체는 약간 기울어지게 장착한다.

슬랫 slat ⇨ 슬롯

슬러시 성형 인패널 slush molding instrument panel 슬러시 성형에 의하여 만들어진 계기판(인스트루먼트 패널)을 말한다. 슬러시 성형은, 플라스틱 성형 방법의 하나로, 두껍게 한 금형에 플라스틱의 분말을 넣어 금형에 접한 부분을 녹여서 남은 분말을 제거하고 경화시킨 후 추출하는 방법이다.

슬러지 sludge 엔진 오일 팬 내에 수분이나 기름 찌꺼기 등 각종 오염 이물이 쌓여 흙 모양을 이루고 있는 것을 말한다.

슬레이브 실린더 slave cylinder 오퍼레이팅 실린더라고도 하며, 클러치 마스터 실린더에서 전해지는 유압으로 피스톤과 푸시로드가 밀려 릴리스 포크(릴리스 레버)를 움직이고 리턴 스프링에 의해 복귀된다.

슬로 시스템 slow system 엔진의 저속 회전에서는 카뷰레터의 스로틀 밸브가 닫히는 위치보다 아래쪽에 슬로 포트와 공전 포트를 설치함으로써 공회전을 할 때나 스로틀 밸브의 열림이 적을 때 메인 노즐에서 연료가 충분히 흡입될 때까지 연료를 공급하여 엔진 회전을 원활히 한다. 공전 포트는 공전 조정 스크루에 의하여 연료의 미조(微調)가 이루어진다.

스로 인 패스트 아웃 slow in fast out 올바른 코너링 기술이라고 할 수 있다. 코너에 들어서기 전에 감속하고, 코너의 출구에 가까워지면 액셀러레이터를 밟아 가속하면서 빠져나가는 방법으로, 초보 운전자일수록 슬로 인의 원칙을 지키지 않아 커브를 벗어나는 단계에서 운전이 제대로 되지 않는 경향이 있다.

슬로 제트 slow running jet, idling jet 저속 제트를 이른다. 공회전 등 엔진이 저속으로 운전하고 있을 때 공급되는 연료의 양을 컨트롤하는 것을 말한다.

슬로 조정 나사 SAS ; slow adjust screw 아이들링 상태의 혼합 가스 농도를 조정하는 나사로, 기화기의 아이들 포트 부근에다 부착해 놓고 있다. 그 선단은 날카로운 테이퍼(taper) 형상을 하고 있어 놋쇠 또는 스테인리스 철강으로 만들어져 있다.

슬로터 slotter 공작물을 테이블에 고정하여 바이트가 고정된 램을 수직 왕복 운동시켜 키 홈, 평면 절삭, 특수 형상 및 곡면 절삭하는 공작 기계를 말한다. 슬로터의 크기는 램의 최대 행정으로 나타낸다.

슬롯 slot (1) 날개의 양력(揚力)을 크게 하기 위하여 설치된 틈새를 말한다. 이 틈새를 만들기 위한 작은 날개를 슬랫(slat)이라고 한다. (2) 좁고 긴 홈을 가리키는 일반적인 명칭으로, 피스톤 스커트부에 열이 전달되는 것을 방지하기 위하여 측압이 적은 쪽에 만들어진 T자 또는 U자형의 홈을 말한다. (3) 전기자 축에 평행하게 설치된 홈으로 전기자 코일에 끼운다.

슬롯 용접 slot welding 겹친 2부재의 한쪽에 가공한 좁고 긴 홈에 하는 용접을 말한다.

슬루스 밸브 sluice valve 원판상의 밸브가 유체의 흐름에 직각 방향으로 개폐되는 밸브로서 수문 밸브라고도 한다. 완전히 열렸을 때는 저항이 적고, 반쯤 열렸을 때는 배면(背面)에 와류가 발생되므로 저항이 커지는 단점이 있다. 유체의 흐름 방향이 동일하며 유량이 많은 경우에 주로 사용한다. 밸브의 조작이 빈번하거나 유량을 감소시키는 곳에는 사용하지 않는다.

슬리브 sleeve (1) 전선 또는 부품을 덮는 절연용 튜브를 말한다. (2) 방열형 산화물 음극의 기대(基臺) 금속으로서, 보통 니켈로 만들어진다. 단면은 원, 타원, 네모꼴

등 여러 가지가 있다. 활성 물질을 함유한 것을 활성 슬리브라고 한다. (3) 계전기의 경우, 철심의 전 길이에 걸쳐 그것을 둘러싸 설치한 통형의 도체(단락 코일)로서, 자로(磁路)의 자속 감소 또는 증가 속도를 지연시키기 위한 것이다.

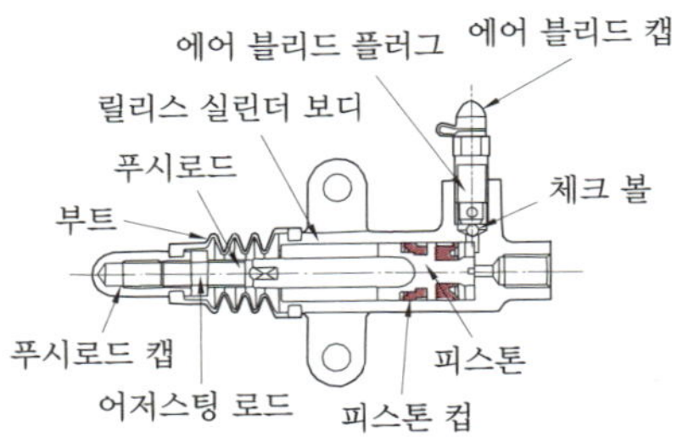

슬리브 실린더의 구조

슬리브 베어링 sleeve bearing   회전축을 지지하는 슬리브(부싱)형의 베어링을 말한다.

슬리브 요크 sleeve yoke   신축하는 슬리브 조인트를 가진 Y자형의 조인트(요크)를 말한다. 추진축의 자재 이음에 연결되어 있는 부품이며, 조인트로서의 역할과 동시에 자동차의 흔들림으로 생기는 추진축의 신축을 원활하게 하는 역할을 한다.

슬리브 이음 sleeve coupling   원통 속에 두 축을 넣고 키로 고정하여 회전력을 전달하는 것을 말한다.

슬리퍼 방식   캠축의 캠과 로커 암의 접촉이 미끄러운 접촉인 방식을 말한다. 이 방식 이외에 니들 롤러 방식이 있다.

슬리퍼 스커트 피스톤 slipper skirt piston 단행정 엔진에서 피스톤의 무게를 경감시키기 위해 스커트 부분을 잘라 낸 피스톤 형식을 말한다.

슬리퍼 실 slipper seal   O링의 섭동면에 불소 수지의 링을 사용한 실(seal)로, 마찰 저항을 감소시키는 역할을 한다.

슬리퍼 컨트롤 slipper control   트랙션 컨트롤 시스템 기능의 하나이다. 눈길이나 동결 노면 등에서는 타이어가 공전해서 잘 발진되지 않을 때가 많다. 이때는 구동 바퀴의 미끄러짐 상태에 따라 엔진 출력을 빨리 억제하여, 액셀 조작에 신경 쓰지 않고 부드럽게 발진, 가속시키는 것이 슬리퍼 컨트롤이다.

슬리퍼 피스톤 slipper piston   측압을 받지 않는 스커트부를 떼어낸 모양의 피스톤으로, 이 피스톤 무게를 증대하지 않고 스러스트 접촉 면적을 크게 하여 피스톤 슬랩을 감소시킬 수 있어 고속 기관용으로 많이 사용된다. 그러나 스커트부를 떼어낸 부분에 오일이 고이게 되어, 이것을 긁어낼 때 그만한 출력의 손실이 있는 결점이 있다.

슬리퍼형 피스톤 slipper type piston   경량화를 확실하게 하기 위하여 스커트 부분을 골격(骨格, skeleton) 구조로 하고 경량화와 동시에 접촉면을 될 수 있는 대로 적게 한 방식의 피스톤으로, X형 피스톤이라고도 한다.

슬릭 타이어 slick tire   슬릭은 매끈하다는 뜻으로, 트레드 패턴이 없는 타이어를 말한다. 모두 레이스용으로 사용되는데, 홈이 전혀 없는 것은 아니고, 곳곳에 작은 구멍을 마련하여 트레드 고무의 두께를 알 수 있도록 했다. 건조하고 매끈한 노면에서는 트레드와 노면 사이의 마찰력은 고무의 접촉면에 비례해서 슬릭 타이어가 가장 큰 접지력을 갖는다. 그러나 물이 고인 곳 같은 노면에서는 트레드와 노면 사이의 물을 배제할 수 없어 접지력은 아주 작아진다. 드라이 타이어라고도 한다.

슬립 slip   (1) 마찰차, 클러치, 브레이크 및 타이어 등 접촉면에서 발생되는 미끄럼을 말한다. (2) 전동기의 전기자 속도는 계자가 만드는 회전 자장에 대하여 얼마만큼의 시간적 지연이 발생되는데 이 지연의 정도를 나타내는 것을 말한다. (3) 회전 자기장의 속도와 회전자의 속도 차이를 매분 회전수로 나타내는 것을 말한다.

슬립 각 slip angle, distortion angle   선회 상태인 타이어를 보았을 때 타이어의 진행 방향과 타이어의 중심 면이 이루는 각도를 말한다. 보통 코너링에서 타이어의 슬립 각은 작아 5°를 넘는 일은 흔치 않으며, 슬립 각은 차체 중심 면과 타이어 중심 면이 이루는 각인 타각(舵角)과 혼동되는 일이 많다. 핸들이 로크 될 정도의 큰 타각으로 선회할 때 아주 저속이면 슬립 각은 제로가 되는 경우도 일어난다. 가로로 미끄러지는 각도라 할 수 있다.

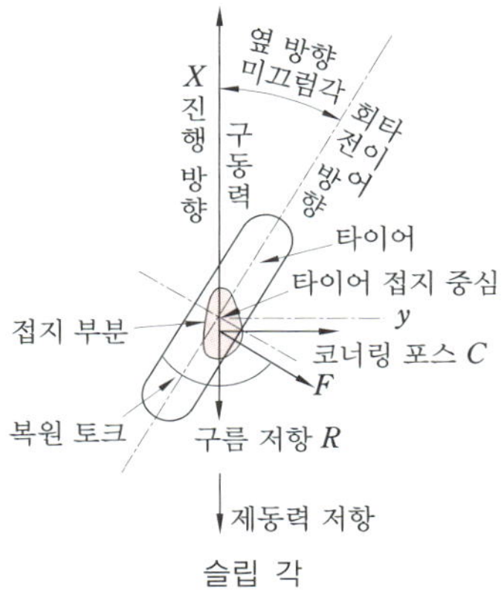

슬립 각

슬립 률 slip efficiency ⇨ 슬립 비

슬립 링 slip rings 계자 코일의 권선과 브러시 사이에서 연결부 역할을 하는 부품을 말한다.

슬립 비 slip ratio 타이어에 동력이나 제동력이 걸려 있는 상태로서, 타이어와 노면 사이에 생기는 미끄럼 정도를 나타내는 것을 말한다. 주행 속도와 타이어 주속도(周速度)의 차이를 타이어 주속도로 나눈 수치로, 여기에 100배 하여 %로 나타낸 것을 슬립 률이라고 한다.

슬립 사인 slip sign 타이어의 사용 한도를 알기 위해 트레드 면에 나타나는 표시이다. 트레드 면이 마모하여 홈의 깊이가 1.6 mm(승용차용 타이어)가 되면 트레드 면의 일부의 면과 연결된 상태가 되어 타이어의 교환 시기를 알려 주는 것이다. 슬립 사인이 나타나는 위치는 타이어의 사이드 월에 △표로 표시되어 있다.

슬립 스트림 slip stream 고속으로 주행 중인 자동차의 뒤쪽 공기 흐름이 흐트러져 기압이 낮은 상태의 영역을 말한다. 이 공간에 뒤따라오는 차량이 진입하면 공기 저항이 적어지고 엔진이 동력을 얻어 선행 차량을 따라갈 수 있다. 그러므로 슬립 스트림을 교묘하게 이용하는 것이 레이싱 테크닉의 한 방법이다.

슬립 앵글 slip angle ⇨ 슬립 각

슬립 이음 slip joint 동력을 전달하는 축과 축간 이음 형태의 하나로, 구조물 간의 위치 변화에 따른 길이 변화를 연결 부위의 스플라인(spline)이 섭동하여 흡수하면서 동력을 전달한다.

슬립 컨트롤 slip control 트랙션 컨트롤 시스템(TCS)에서 슬립 컨트롤은 뒷바퀴의 속도 센서에서 얻어지는 차체의 속도와 앞바퀴의 속도 센서에서 얻어지는 구동륜 속도와의 비교에 의해 구동 차량의 슬립 비가 적정하도록 엔진의 출력 및 구동 바퀴의 브레이크 유압을 제어한다. 일반적으로 차량이 주행할 때 타이어에는 가속으로 인한 구동력과 회전에 의한 횡력이 발생하며, 이런 구동력과 횡력이 최고 효율을 얻을 수 있도록 직진 때에는 슬립 비가 비교적 높은 영역으로 제어하고, 선회 때에는 슬립 비가 비교적 적은 영역으로 제어한다. 또한 자갈길과 같은 험한 도로에서 슬립 비가 증대되어도 비교적 구동력을 큰 상태로 제어하여 눈길, 빙판길과 같은 미끄러운 노면에서도 가속성이 우수하다.

슬릿 slit (1) 전자 제어 계통의 TDC 센서, 크랭크 각 센서, 조향 핸들 각속도 센서 및 차고 센서 등 발광 다이오드에서 발생된 빛을 포토다이오드 또는 포토트랜지스터에 전달 또는 차단하기 위해서 디스크에 만든 가늘고 긴 홈을 말한다. (2) 광선속(光線束)의 단면을 적당하게 제한하여 통과시킬 목적으로 두 개의 디스크를 나란히 마주보게 설치한 좁은 틈새를 말한다.

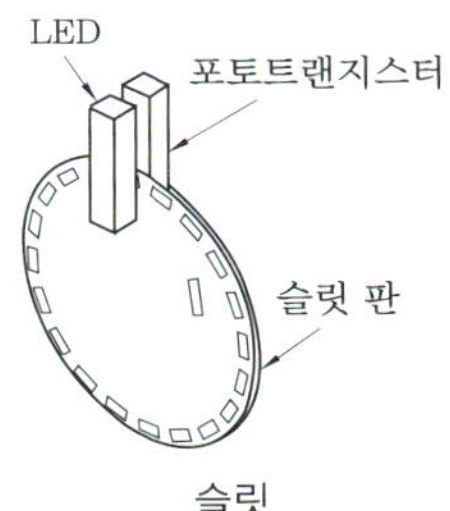

슬릿

슬링거 slinger 크랭크축 뒷부분에 설치되어 회전함과 동시에 그 원심 작용에 의하여 윤활유의 누출 또는 이물질의 침입을 방지하는 회전 링을 말한다.

습도(濕度) humidity 1 m³의 공기 속에 포함되어 있는 수증기 양의 정도를 말한다.

습도 센서 humidity sensor 대기 중의 수증기로 인하여 유기 고분자나 세라믹의 저항 값 유전율 등이 변화하는 성질을 이용하여 습도를 전기적으로 검출하는 센서를 이른다. 두 개의 전극 상에 도전(導電) 성분과 고분자로 만들어진 막(膜)이 겹쳐지면, 습도가 높을 때는 고분자가 팽창함에 따라 도전 성분 간의 간극이 넓어져 전극 간의 전기 저항이 증가한다. 리어 윈도의 흐림 방지 제어 등에 이용되고 있다.

습동식 프로펠러 샤프트 프로펠러 샤프트를 슬리브 요크 어셈블리와 프로펠러 튜브 어셈블리로 나누어 그 사이를 스플라인 결합으로 연결시킨 것으로, 리어 액슬의 진동은 스플라인부로 흡수되기 때문에 진동 및 소음 저감의 효과가 있다.

습식 라이너 wet liner 라이너의 바깥 둘레가 물 통로의 한쪽이 되어 냉각수와 직접 접촉하도록 되어 있는 방식을 말한다.

습식 믹서 wet mixer 습식 혼합 방식은 배처 플랜트에서 반 혼합된 콘크리트를 받아서 현장으로 운반하는 도중 고속으로 교반하여 완전 공급하는 방식이다. 애지테이팅(agitating) 방식은 믹서 드럼에 완전 혼합된 콘크리트를 받아 경화되는 것을 방지하도록 저속으로 교반하여 운송하는 방식이다. 이 두 가지 방식은 습식 혼합 방식에 드럼의 고속 회전으로 인한 오일 펌프의 작동유의 온도를 낮추기 위한 오일 쿨러가 장착되어 있는 것을 제외하고는 거의 비슷하다. 습식 믹서는 애지테이터로 사용될 수 있다. 보통 믹서 드럼 속의 콘크리트는 물과 혼합된 후 1시간 30분 정도 지나면 응고되기 시작한다. 그러므로 배처 플랜트와 건설 현장과의 거리가 1시간 30분 이상 소요되는 거리에서는 습식 혼합 방식은 사용될 수 없다.

습식 섬프 wet sump 윤활유가 모든 섭동 부분을 윤활하기 위해 순환한 크랭크케이스로 배출해서 모이게 한 시스템을 말한다.

습식 에어 클리너 wet air cleaner 습식은 여과지를 수지나 철망 같은 엘리먼트를 장착하고 오일을 밑에 고이게 하여 공기가

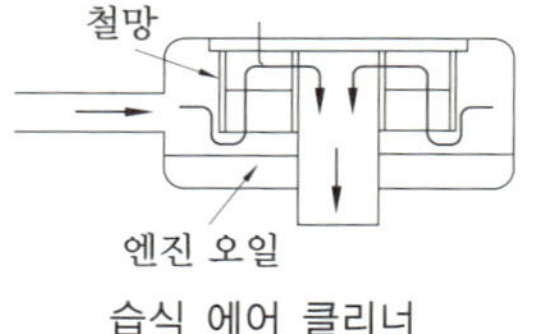

습식 에어 클리너

들어오면서 이물질이 오일에 떨어지게 하는 방식으로, 엘리먼트를 세척하고 오일만 교환해 주면 된다. 대형 차량에 많이 사용된다.

습식 충전형 축전지(濕式充電形蓄電池) wet charge type storage battery 제작 회사에서 출고될 때 양극판과 음극판을 활성화시키지 않은 상태의 축전지로서, 전해액을 넣지 않은 것과 전해액을 넣은 것이 있으나, 어느 것이나 사용할 때는 장시간 충전하여야 한다. 최근에는 별로 사용되지 않는다.

습식 클러치 wet clutch 오일 속에서 클러치판을 접속시켜 동력을 전달하는 방식으로, 구조는 복잡하지만 작동이 원활하고 마찰면을 보호할 수 있는 특징이 있으며, 주로 자동 변속기의 프런트 클러치와 리어 클러치를 사용한다.

승객 보호 시스템 occupant restraint system 자동차가 충돌하거나 전복 등의 사고가 발생하였을 때 시트에 앉아 있는 승객을 보호하고 부상을 방지 또는 경감하기 위한 모든 장치를 말한다. 대표적인 것은 시트 벨트와 에어백이지만, 충격을 흡수하는 윈드실드나 내장 실내의 비품 등을 포함하여 말한다.

승객 부하(乘客負荷) 인체에 의해서 발생되는 열 부하(熱負荷)로서, 승객 1인당 발생되는 열에너지가 $80\sim100\,kcal/h$ 정도이다.

승객실(乘客室) cabin 캐빈이라고도 한다. 자동차는 일반적으로 엔진 룸, 캐빈, 러기지 스페이스의 3가지로 구성된 공간이 있으며, 이 중 승객이 타는 공간을 승객실이라고 한다.

승압 변압기(昇壓變壓器) step-up transformer (1) 1차 코일에 공급되는 전압을 적당한 비율로 승압한 후 2차 코일에 공급하여 주는 변압기로서 부스터라고도 한다. (2) 1차 코일에 흐르는, 전류를 단속하여 12 V의 전압을 20,000 V로 승압하여 배전기에 공급한다. ⇨ 점화 코일

승용차(乘用車) passenger car or car 주로 적은 수(6명 이하)의 사람을 운송하기에 적합하게 제작된 자동차를 말하며, 중형 또는 고급에 해당하는 일반형에서는 9인까지 운송하도록 제작된 것을 포함한다.

승차감(乘車感) 넓은 뜻의 소음, 채광, 조명, 색채, 통풍, 환기, 온도, 앉음새에 관계하는 종합적인 쾌적감을 말한다. 좁은 뜻으로는 차량의 주행 중 승객이 받는 관성력, 원심력, 중력과 그것들의 변화에 대한 감각에 지배를 받는 승객의 쾌적함을 말한다.

승차 정원(乘車定員) 좌석 안쪽의 횡폭을 1인당 40 cm×40 cm로 계산해서, 시트 외에 다른 컨트롤류 또는 장착물에 저해됨이 없이 앉을 수 있는 최대의 인원을 말한다. 정원 중 어린이(12세 미만) 3명은 어른 2인에 해당된다.

승합자동차(乘合自動車) BUS ; omnibus 주로 많은 수(7인 이상)의 사람 운송을 위해 제작된 자동차를 말하며, 버스는 옴니버스(omnibus)를 줄인 말이다. 용도별 분류는 다음과 같다. ① 미니버스(minibus) : 승객 5~9명을 운반할 수 있게 제작된 작은 자동차를 말한다. 그레이스, 베스타 등 봉고 스타일. ② 코치(coach), 밴(van) : 3~6인 정도의 승객과 화물실이 밀폐되어 있는 자동차를 말한다. ③ 보닛 버스(bonnet bus) : 운전석 앞부분에 엔진실이 길게 돌출되어 있는 형식으로, 1970년도 이전에 많이 사용되던 버스이다. 충돌 때 운전자와 승객을 보호할 수 있는 구조이나 전면 시야가 가려 운전에 불편하다. ④ 캡 오버 버스(cabover bus) : 운전실이 엔진의 위에 있는 버스이며 상자 같은 모양이다. 주행 때 전면 시야가 넓어 최근에는 세계적으로 가장 많이 사용되고 있다.

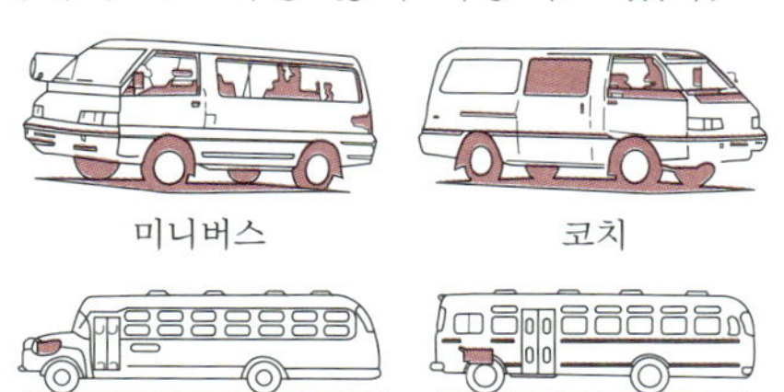

승합자동차의 용도별 분류

시각 속도(視覺速度) speed of vision 어떤 것을 눈으로 인식하는 데 필요한 노출 시간의 역수로, 주어지는 시각의 반응 속도를 말한다.

시그널 signal 신호기의 뜻으로, 배전기의 점화 신호 또는 자동차의 주행 방향을 바꾸기 위한 방향 지시기 등을 말한다.

시그널 로터 signal rotor 기계식 배전기에서 배전기 캠과 접점의 역할을 하는 것으로, 전 트랜지스터 점화 장치의 배전기에 설치되어 엔진이 작동하면 배전기 축에 의해 회전하여 시그널 제너레이터의 픽업 코일에 통과하는 자속을 단속함으로써 자속의 변화량에 따른 유도 전압이 발생되도록 한 것을 말한다.

시너 thinner 래커 페인트를 묽게 하거나 희석시키는 데 사용하는 용제로서, 초산에틸, 부탄올 및 톨루엔 등의 혼합물이 사용된다.

시닐레식 소기 schnurle system ⇨ 반전

시동 모터 starting motor ⇨ 기동 전동기

시동 보조 장치(始動補助裝置) starting assist system 한랭한 곳에서 엔진의 시동이 쉽게 이루어지도록 한 장치로서, 연소 촉진제 공급 장치, 감압 장치 및 예열 장치가 있으며, 연소 촉진제는 아초산에틸($C_2H_5NO_2$), 초산아밀($C_5H_{11}NO_3$), 초산에틸($C_2H_5NO_3$) 등이 있다.

시동 엔진 starting engine 대형 고속 디젤 엔진을 시동하기 위해서 설치된 소형 가솔린 엔진을 말한다. 시동 엔진을 기동 전동기로 시동시킨 다음 다시 이 엔진으로 대형 엔진을 시동한다.

시동용 링 기어 starting ring gear 플라이휠 외주에 설치되는 큰 기어로, 시동 전동기의 구동 피니언과 치합하여 구동된다.

시동 장치(始動裝置) starting system 자동차의 엔진은 자기 스스로 시동 능력이 없으므로 초기에 엔진을 회전시켜 한번 폭발을 하게 해 주어야 한다. 초기에 엔진을 회전시키는 데 필요한 장치를 시동 장치라고 하며, 배터리와 스타팅 모터로 구성된다.

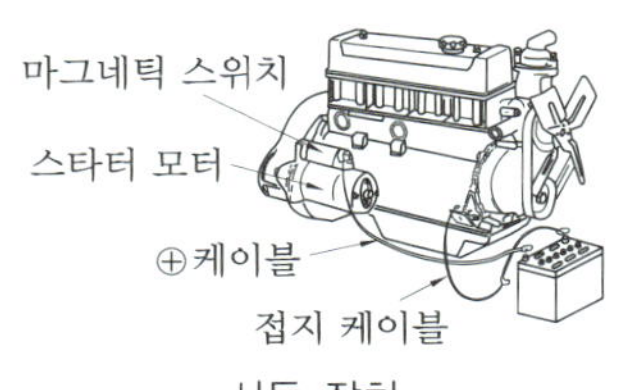

시동 장치

시동 저항(始動抵抗) starting resistance (1) 기동 전동기에 과대 전류가 흐르는 것을 방

지하기 위하여 사용하는 가변 저항을 말한다. (2) 정지하고 있는 물체가 운동을 시작할 때 마찰력, 점성 등에 의해서 작동 방향과 반대 방향으로 작용하는 반발력을 말한다.

시동 전동기(始動電動機) starter motor 엔진 시동을 위해 엔진을 크랭킹하기 위한 전기식 모터를 말한다.

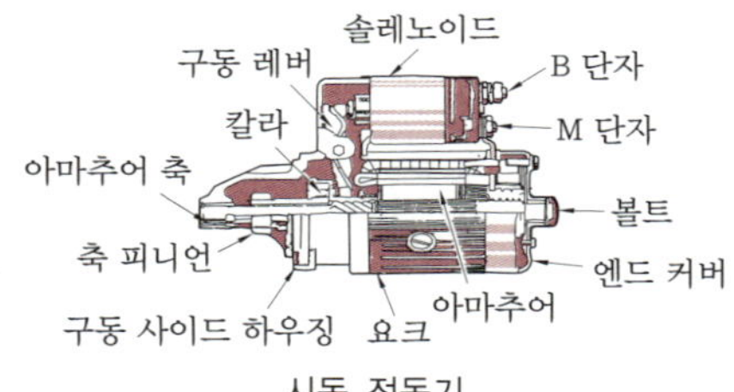

시동 전동기

시동 전동기 구동 방식(始動電動機驅動方式) starter drive 시동 전동기에 의해 엔진을 크랭킹하는 일반적인 방식을 말한다.

시동 전동기 구동 테스트 starter drive test 차량에서 시동 전동기를 떼어내지 않고 장착된 상태에서 엔진 키를 돌려 엔진 회전 상태나 전류 소모율을 측정하는 시험을 말한다.

시동 전동기 바이패스 starter bypass 크랭킹하는 동안만 더 높은 전압을 공급하기 위해, 1차 밸러스트 저항을 우회하여 전류를 보내는 병렬 회로를 말한다.

시동 전동기 부하 시험(始動電動機負荷試驗) starter motor load test 시동 전동기에서 내부 고장을 식별하기 위해 사용되는 시험으로, 엔진을 회전시킬 때와 같은 부하를 걸며 시행하는 시험을 말한다.

시동 제어(始動制御) starting control 냉각수 온도에 따른 스로틀 밸브 개도(開度) 제어를 말한다.

시동 제어 회로 테스트 starting control circuit test 크랭킹의 결함이 회로의 과대한 저항에 의한 개회로, 배선 불량, 접속 불량인지를 판정하기 위해 행하는 시험을 말한다.

시동 증량(始動增量) start enrichment 연료 분사 장치에서 시동을 할 때에 통상 운전 때보다 연료의 분사량을 증가시키는 것을 말한다. 시동 후 잠깐 동안 공회전을 안정시키기 위하여 행하는 것이다.

시동 토크 starting torque 엔진, 기동 전동기 및 평면 베어링 등이 정지하고 있는 상태에서 작동을 시작할 때 관성 또는 시동 저항을 이기기 위해 필요한 회전력을 말한다.

시동 핸들 starting handle 엔진을 기동할 때 크랭크축을 손으로 돌리기 위한 크랭크형의 핸들을 말한다. 기동 전동기의 고장이 발생되었을 경우에 이를 대신하는 핸들로서, 1970년대에 없어졌다.

시동 혼합비(始動混合比) starting mixture ratio 엔진이 냉각되어 있을 경우 연료가 잘 부하되지 않으므로, 이를 보상하기 위하여 과잉 연료를 공급하게 되며, 이는 시동 즉시 저부하 혼합비로 바꾸어 주게 된다(1~5 : 1).

시디 CD 가혹한 조건에서 사용되는 디젤 엔진 오일의 분류를 말한다.

시디아이 CDI ; capacitive discharge ignition 1차 회로에 있는 큰 용량의 콘덴서에 충전한 뒤, 점화 시기에 맞추어 방전하여 강한 2차 전류를 얻는 방식으로 경주차 등에 사용되며, 용량 방전 점화라고도 한다

시 라이온 인디케이터 sea lion indicator 커넥팅 로드의 휨 또는 비틀림을 점검하는 커넥팅 로드 얼라이너를 말한다.

시랜드 비(比) sea-land ratio 타이어의 트레드 패턴에서 홈이 파인 부분을 바다(sea)로, 리브와 블록 부분을 육상(land)으로 보아, 트레드 일부분에 관해 전체의 몇 %가 홈으로 되어 있는가, 다시 말해서 홈의 면적 비율을 나타내는 수치이다. 일반 타이어에서는 30~40 %이고, 스노타이어와 랠리 타이어에는 50 %를 넘는 것도 있다. 시랜드 비가 큰 것을 오픈 패턴, 작은 것을 클로즈드 패턴이라고 한다. 시랜드 비는 네거티브 비라고도 한다.

시로코 팬 sirocco fan 곡선을 갖는 다수의 날개로, 2사이클 엔진에서 냉각용으로 크랭크축에 설치한 팬을 말한다.

시료(試料) sample 어떤 물질의 조성, 품질 등을 알기 위해서 검사 또는 시험에 제공되는 원료나 재료를 말한다.

시리얼 serial (1) 시간적으로 순차적인 처리를 뜻하는 것으로, 전체를 구성하는 개

개의 부분을 순서적으로 취급하는 것을 이른다. (2) 둘 또는 그 이상의 같은 장치 또는 비슷한 장치를 사용하여 시간적으로 순서를 정하여 실행하는 것을 말한다.

시리얼 넘버 serial number　타이어의 제조 번호로서 사이드 월에 표시되어 있으며, 자동차의 프레임 넘버나 엔진 넘버에 해당하는 것을 말한다. 시리얼은 연속된 것의 의미로, 자동차 부품의 제조 번호에 사용될 때도 있다.

시리얼 프로덕션 serial production　연속해서 동일한 제품을 만드는 경우를 말한다. 따라서 로트 단위(lot unit)로 생산되므로 로트 프로덕션이라고도 한다. 큰 것은 빌딩 인 시리즈(building in series)가 된다.

시리우스(사이클론) 대시(DASH, dual action super head) 엔진　기통당 흡기 밸브 두 개(1차와 2차 밸브)와 배기 밸브 한 개로 한 3밸브 방식으로, 고출력·저연비의 취급이 용이하며, 자동차 엔진에 가해진 명제를 동시에 해결한 엔진이다. 2리터 엔진으로 네트 170마력(그로스 200마력)을 발생한다. 저속 영역에서는 작은 지름(지름 29 mm)의 1차 밸브만이 작동하여 혼합 가스의 유속이 떨어짐 없이 실린더 내부의 스월 효과까지도 얻을 수 있다. 중·고속 영역이 되면 큰 지름(지름 37 mm)의 2차 밸브도 열리고, 두 개의 흡기 매니폴드에서 다량의 혼합 가스를 효과적으로 흡입한다. 이와 같이 3개의 밸브가 2중 작동하기 때문에 3×2 밸브 방식이라고 한다.

시멘타이트 cementite　철과 탄소의 화합물(Fe_3, C, 탄소량 6.67 %)을 말한다.

시뮬레이션 simulation　복잡한 문제나 사회 현상 등을 해석하고 해결하기 위하여 실제와 비슷한 모형을 만들어 모의적으로 실험하여 그 특성을 파악하는 일을 말한다. 실제로 모형을 만들어 하는 물리적 시뮬레이션과, 수학적 모델을 컴퓨터상에서 다루는 논리적 시뮬레이션 등이 있다.

시뮬레이터 simulator　실제 자동차와 똑같이 만들어진 운전실과 모션실로 구성되어, 자동차의 움직임이나 엔진의 소리 등 실제 주행 상황을 인공적으로 만들어 내는 것을 말한다. 실제 자동차의 주행에서는

할 수 없는 화재나 고장 등의 긴급 사태에 대한 훈련을 할 수 있는 자동차 또는 항공기 등의 지상 훈련 장치를 말한다.

시미 shimmy　자동차 앞바퀴의 심한 진동을 이르는 말로, 고속 시미와 저속 시미 두 종류가 있다. 고속 시미는 타이어의 언밸런스, 균일성 불량이 원인이고, 서스펜션, 스티어링 시스템이 공진하는 현상에 있다. 저속 시미는 주행 때 앞바퀴가 킹핀 축 주위에서 자력 진동을 하고 스티어링 휠과 보디가 격렬하게 흔들리는 현상으로, 특히 굴을 통과할 때 발생하기 쉽다.

시미 댐퍼 shimmy damper　⇨ 스티어링 댐퍼

시미 운동 shimmy motion　양쪽 조향 차륜에 작용하는 주행 저항이 동일하지 않아 자동차의 앞부분이 좌우로 흔들리는 현상을 이른다.

시밍 shimming　스티어링 조향 핀을 중심으로 조향 차륜이 좌우 왕복 회전 운동을 하는 것을 말한다.

시보레 Chevrolet　미국에서 가장 많이 알려진 차의 명칭이다. 시보레는 루이스 시보레(Louis Chevrolet) 씨의 이름으로, 시보레 씨는 스위스에서 이민을 와서 Buick 회사의 경기용 자동차를 운전하다가 1911년 시보레 회사를 설립했다. 이 회사 역시 1915년 GM에 합병되었으나, 계속 우수한 엔진을 설계해서 여러 자동차 경기에서 우승했다. 시보레는 지금도 미국인에겐 가장 많이 애용되는 차로 생산되고 있다.

시브이에스 (1) CVS ; computer-controlled vehicle system　컴퓨터로 제어하는 자동 교통 시스템의 뜻이다. 이것은 일본에서 시스템 개발 사업의 하나의 프로젝트로서 진행하고 있는 미래의 교통 시스템의 하나이다. 사용되는 차는 시티 카(city car)라고 하며, 2인승은 퍼스널 카(personal car)라고 한다. (2) CVS ; constant volume sampling　FTP 시험법을 대신하여 1972년 모델부터 미국에서 채택한 배기가스 시험법이다. 캘리포니아의 어느 모델 주행 지구를 주행하는 것과 같은 조건을 벤치 테스트(bench test)로 재현한다. 이것의 소요 시간이 1,372초 걸리기 때문에 1370모드라고 부르고 있다. 이 방법은 벤치 테스

트 중에 배출되는 배기가스의 일부를 폴리에틸렌 주머니 속에 있는 가스 중에 몇 그램의 유해 가스가 혼입되어 있는가 하는 것의 측정 방법을 사용하기 때문에 메이저 트루 이그조스트 매스(measures true exhaust mass)라고 한다. 또한 샘플용의 주머니 속에 수집하기 때문에 클로즈드 셀프 웨이팅(closed self-weighting)법이라고도 한다.

시브이에이치 CVH ; compound valve hemispherical piston　일부 포드사 모델에 사용되는 디자인으로, 피스톤의 형식이 콤파운드 밸브 반구형 헤드로 된 형식을 말한다. 피스톤 헤드에 스퀴시부(혼합 가스 등을 다른 부분으로 압출시켜 와류 현상을 좋게 하기 위한 좁은 공간)를 두고 있다.

시브이 조인트 CV joint ; constant velocity ratio universal joint　주로 전륜 구동 차나 4륜 구동 차의 차축에 사용되는 것으로, 조인트가 갖고 있는 부등속성을 볼과 안내 그리고 요크 등을 이용하여 각도 및 길이 변화에 적응하고, 등속성을 가지는 구조로 정숙하면서도 강하고 바른 동력을 전달하며, 구조가 간단하여 점차 널리 쓰이고 있다. 내부 윤활은 그리스로 하며, 벨로즈형의 고무 부트가 이를 보호하고 있다.

시브이티 CVT ; continuously variable transmission　⇨ 무단 변속기

시스드형 예열 플러그 sheathed type glow plug　시스드형 예열 플러그는 발열부의 코일이 가는 열선으로 보호 금속 튜브 속에 넣어 병렬로 결선되어 있다. 전류가 흐르면 보호 금속 튜브 전체가 적열되어 예열 작용을 하며, 적열 시간이 길고 발열량이 크다. 히트 코일이 연소열의 영향을 적게 받으므로 내구성이 향상되고, 플러그 하나가 단선되어도 나머지 예열 플러그가 작용한다. 발열량은 60~100 W이고, 예열 시간은 60~90초이다.

시스템 system　‘계통, 체계’의 뜻으로, 하나 또는 복수의 부품이 서로 연결되어 전체적으로 어떤 목적을 가지고 작동하는 부품의 집합체를 말한다.

시스템 다이어그램 system diagram　전체 전기 장치에서 모든 개별적인 회로의 다이어그램을 나타낸 도면을 말한다.

시스템 압력 조절기 system pressure regulator　회로 내에서 과도한 압력이 생기는 것을 방지하기 위해 사용되는 장치이다.

시시 CC　보통 이상의 가혹한 조건에서 중량급 및 상용 디젤용으로 사용되는 엔진 윤활유의 분류를 말한다.

시안화법 cyaniding　⇨ 청화법

시어 sheer　(1) 판금 작업에서 금속판을 절단하는 데 사용하는 절단기로서, 윗날과 아랫날이 맞물리면서 직선 또는 곡선으로 절단된다. (2) 탄성체의 변형에서 체적은 변화되지 않고 형상만 변화되는 것을 말한다.

시에로 Cielo　‘하늘’을 의미하는 스페인어로서, 넓고 푸른 하늘에서 현대인의 꿈과 야망을 실현시켜 주는 차를 의미한다.

CS customer satisfaction　최상의 고객 만족을 실현한 자동차로서, 현대자동차의 액센트에 주로 표기한다.

시에아-시비 CA-CB　경량급 디젤 엔진 오일의 분류 등급으로, 1940-1950년대에 개발되었지만 현재에는 거의 사용되지 않고 있다.

시에이 치수 CA measure ; cap axle measure　캡의 리어(끝단)에서 리어 액슬의 중심선까지의 거리이며, 적재함을 장착하기 위하여 섀시에 유용한 길이를 표시한다. 탠덤 리어 액슬이 장착된 트럭에서 CA 치수는 캡의 리어에서 첫 번째 리어 액슬의 중심선까지 측정한다.

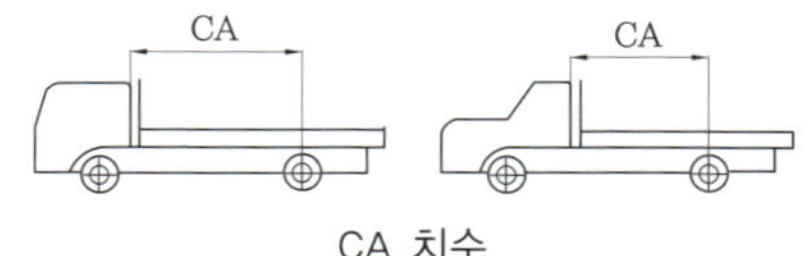

CA 치수

시에프아르 엔진 CFR engine ; cooperative fuel research engine　연료의 옥탄값을 결정하기 위해서 운전 중에 압축비를 바꿀 수 있고 또한 노크 발생 시 노크의 강도를 기록할 수 있는 옥탄값 시험용 엔진이다. 실린더 안지름 : 82.6 mm, 행정 : 114.3 mm, 회전수 : 900 rpm, 냉각수 온도 : 100℃, 행정 체적 : 611.8 cm^2, 실린더 수 : 1, 압축비 : 가변

시저 seizure　축과 베어링, 피스톤과 실린

더 등의 미끄럼 면에서 마찰에 의한 열로 금속의 일부가 녹아서 상대편 표면에 눌어붙는 현상을 말한다. 축과 베어링, 피스톤과 실린더 등에서 발생되는 원인은, 오일의 공급이 부족하거나 상대의 규정 간극보다 적을 때 발생된다.

시저스 기어 scissors gear　기어의 측면에 같은 기어 수의 보조 기어를 설치하여, 톱니가 맞물리는 상대의 톱니를 꼭 끼워서 기어의 틈새를 없게 하는 것을 말한다. 기어의 맞물림 부분에 백래시가 있으면 엔진의 회전이 변동할 때마다 기어가 덜거덕거리는 소리를 발생한다. 그러므로 스프링으로 힘이 작용되는 방향과 역방향에 힘을 가해주고 계속 기어 본체와 보조 기어로 이빨에서 나는 소리를 방지하는 장치로 고안되었다.

시즈 seize　과열 또는 과부하에 의해서 엔진 작동이 정지되는 상태를 말한다.

시징 seizing　고온 또는 저온으로 인하여 부품이 팽창 또는 수축하고, 이물질이 끼어 녹아 붙거나 구속되고 고착되어 그 이상 움직이지 않게 되는 현상을 말한다.

시케인 chicane　(1) 주행로에 S자 모양의 커브가 연속해서 이어져 있는 부분을 말한다. 자동차 경주나 도시의 도로에서 사용하는 용어이다. 보통은 매우 긴 직선 도로 중간이나 끝 부분에 나타나기 때문에 현대의 자동차 경주에서 최고 속도를 제한하는 기능을 한다. (2) 서킷에서 스피드가 너무 빨라지는 지점에 경주차의 속도를 억제하기 위해 세운 장애물을 말한다. 시케인의 설치에 따라 코너가 늘어나기 때문에 코너의 크기에 맞는 기어로 낮추어 통과한다. 코스 위에 장애물을 두지 않고 별도의 작은 코너를 만든 경우에는 시케인이라고 하지 않는다.

시퀀서 sequencer　마이크로컴퓨터를 사용하여 미리 정해진 순서에 따라 기계의 작동 순서를 제어하는 장치를 말한다.

시퀀스 sequence　순서를 뜻하는 것으로, 몇 가지 작동을 어떤 기준에 따라 공간적 또는 시간적으로 순서를 정해 놓는 것을 말한다.

시퀀스 밸브 sequence valve　액추에이터의 작동 순서를 제어하는 밸브를 말한다. 여러 개의 액추에이터에서 하나의 에이터가 작동을 완료한 후 다음 작동이 이루어지도록 하는 밸브이다.

시퀀스 제어 sequence control　미리 정해진 순서에 따라 차례로 진행해 가는 자동 제어를 말한다.

시퀀셜 인젝션 sequential injection　(1) 마이크로컴퓨터 제어식 엔진 ECCS(electronic concentrated engine control system, 엔진 집중 전자 제어 시스템)의 연료 분사 제어로 채택된 새로운 분사 방식이다. 종래의 것은 엔진 1회전에 1회, 전 기통이 동시에 1사이클에 필요한 연료를 2회에 나누어서 2분의 1씩 분사한다. 시퀀셜 인젝션에서는 각 기통의 최적한 타이밍에 맞추어서 1회에 연료를 분사한다. 연료 분사는 1기통당 엔진 2회전에 한 번으로 하고, 점화 순서에 따라 각 기통에 분사하는 것에 의해서 리스폰스(response)의 향상과 연료비의 개선을 도모하고 있다. 분사 타이밍의 검출은 크랭크 각 센서로부터의 신호를 이용한다. ⇨ L-제트로닉 (2) 전자 제어 연료 분사는 일반적으로 매니폴드 안에 분사하는 저압식 분사로, 다기통에 대하여 일정한 간격으로 연료 분사를 하는 것이 많다. 이와는 달리, 각 기통의 흡입에 시간을 맞춰 하는 방식이 시퀀셜 인젝션이다.

시퀀셜 트윈 터보 시스템 sequential twin turbo system　과급 장치의 명칭으로 두 개의 터보차저를 평행하게 병렬로 설치하여, 저속에서는 한 개의 터보차저(과급기)를 작동시켜 적은 회전 부분의 관성 모멘트로 과급 효율을 향상시키며, 고속에서는 두 개의 터보차저를 모두 작동시키는 것을 말한다. 터보차저 작동의 변화는 마이컴에 의하여 이루어지고, 저속에서 고속까지 순조로운 가속 성능이 얻어지도록 제어한다.

시크니스 게이지 thickness gauge　간극이나 틈새를 측정하는 게이지로, 그 용도는 다음과 같다. ① 자동차의 밸브 간극, 접점 간극 등을 측정. ② 기계를 조립할 때 부품 사이의 틈새를 측정. ③ 기계 부품의 좁은 홈 및 폭을 측정.

시크릿 박스 secret box　귀중품 등을 수납해 두기 위한 상자로, 외부에서는 보이지 않는 곳에 장착되어 있다. 보통 시트의 뒤 공간이나 글로브 박스 상부의 인스트루먼트 패널 뒤의 공간을 이용하고 있다.

C 클립 C-clip　축에 끼워진 부품들을 고정시키기 위해 축 끝의 홈에 끼워지는 스프링 강제의 부품 고정 장치를 말한다.

시트 seat　한정된 공간과 중량의 범위 내에서 안전하고 쾌적하게 승객이 앉을 수 있도록 만든 의자를 말한다. 배치에 따라 운전석, 동승석, 뒷좌석으로 되어 있다. 모양에 따라 긴 의자 형태의 벤치 시트와, 각각 분리할 수 있는 형태로 되어 있는 세퍼레이트 시트로 분류된다.

시트 리프터 seat lifter　시트의 높이를 조절하는 장치로, 하이드 어저스트, 버티컬 어저스트라고도 한다.

시트 메탈 seat metal　범퍼, 그릴, 후드(보닛), 프런트 펜더 및 그래블 가드 등과 같이, 보디와 일체로 되어 있지 않은 부품들을 말한다.

시트 벨트 seat belt　승객을 시트에 고정시키기 위한 벨트를 말한다. 세계적으로 주행 중에는 시트 벨트를 착용하도록 의무화되어 있다. 운전 조작에 불편함이 없고, 긴급할 때에는 확실하게 승객을 보호하는 것이 요구되고 있다. 지지하는 점의 수에 따라 2점식에서 레이스용에 사용되는 6점식까지 있으며, 안전상 허리와 어깨를 지지하는 3점식 이상의 장비가 바람직하다.

시트 벨트 리처 seat belt reacher　3점식 시트 벨트로서, 승객이 착용하기 쉬운 위치까지 이동하는 장치이다. 미리 손으로 고정시켜 놓은 것이 많으며, 전동식도 있다.

시트 벨트 리트랙터 seat belt retractor　시트 벨트가 풀렸다가 자동적으로 감기는 장치를 말한다. 벨트의 종류로는, 벨트를 잠그지 않는 NLR와, 잠금 장치가 달린 ALR, ELR가 있다.

시트 벨트 버클 seat belt buckle　시트 벨트 팅 플레이트(걸쇠)를 끼워 넣고 시트 벨트를 신체에 고정하기 위한 금속으로 만든 장식을 말한다. 로크(lock) 해제 버튼을 누르면 열리도록 되어 있다.

시트 벨트 버클 포켓 seat belt buckle pocket　리어 시트 벨트의 버클(고정 기구)을 수납해 두기 위한 리어 시트 벨트의

움푹한 곳을 말한다.

시트 벨트 성능 seat belt performance　충돌이나 전복 등의 사고가 발생하였을 때 시트 벨트가 기능을 발휘하여 승객을 보호할 수 있는 성능을 말한다. 그 성능의 척도를 가늠하는 방법에는 더미(dummy, 기계적인 작동을 인간과 유사하게 만든 인형)의 상해 정도나 이동량 등으로 측정한다.

시트 벨트 앵커리지 seat belt anchorage　시트 벨트가 부착되어 있는 개소를 말하며, 수·위치 및 강도 등은 해당 국가의 법규로 자세히 규정되어 있다.

시트 벨트 알람 seat belt alarm　ETACS (electronic time & alarm control system)의 기능 중의 하나이다. 시동 키가 ON일 때, 시트 벨트 경고 램프를 6초 간 점멸시킨다. 음성 통보형으로는 운전석 시트 벨트를 장착하지 않고 주행을 개시하면 음성 통보로 "시트 벨트가 메어져 있지 않다." 고 1회 통보한다. 단, 통보를 한 후에는 일단 엔진을 정지하지 않는 한 더 이상 통보하지 않는다. 주행 중에 벨트를 뗀 경우나 후진 시에도 통보하지 않는다.

시트 벨트 착용(비장착) 경고등　경고 램프 시동 키를 ON으로 한 후 6초 간 점멸하며, 운전자에게 시트 벨트의 착용을 촉진할 목적으로 설치된 경고 램프를 말한다.

시트 벨트 탠 홀더　리어 시트의 시트 백을 접었을 때, 시트 벨트가 땅에 떨어지지 않도록 시트 벨트의 탠(판금제의 고정 금구)을 유지해 두는 것을 말한다.

시트 벨트 텅 플레이트 seat belt tongue plate　텅(tongue)은 혀의 모양을 뜻한 것이며 플레이트는 판(板)을 뜻한 것으로, 시트 벨트의 버클에 끼워 넣고 벨트를 고정하는 걸쇠를 말한다.

시트 벨트 프리텐셔너 seat belt pretensioner　SRS 에어백 시스템과 병용하는 시스템으로, 센서가 충격을 감지하면 시트 벨트를 조여서 승객을 시트에 고정하여 몸이 앞으로 넘어지는 것을 방지하는 장치이다.

시트 벨트 훅 seat belt hook　시트 벨트를 찾기 쉽도록 하기 위해 시트 백의 옆에 장착되어 있는, 시트 벨트를 걸어 두는 훅을 말한다.

시트 사이드 실드 seat side shield 세퍼레이터 시트의 시트 트랙이나 리클라이닝 장치를 덮는 커버를 말한다.

시트 슬라이드 seat slide 운전자의 몸의 크기에 따라 드라이빙 포지션은 달라진다. 이를 조절하기 위해 시트 밑에 레일을 설치하여 좌석을 슬라이드하게 되어 있다. 흔히 운전석과 앞좌석인 패신저 시트가 이렇게 되어 있다. 시트 트랙이라고도 한다.

시트 어저스터 seat adjuster 시트를 승객이 만족할 수 있는 자세로 조절하기 위한 장치로, 일반적으로 시트 슬라이드를 말한다.

시트커버 seat cover 시트는 프레임, 스프링, 패드 등으로 이루어져 있고 천과 비닐, 레자(인조 가죽), 가죽 등 시트의 겉을 커버라고 한다. 외관만이 아니라 기능성과 홀드성 등도 고려되어, 운전석을 더럽히지 않기 위해 소파처럼 별도의 커버를 씌우는 것은 바른 일이 아니다.

시트 쿠션 seat cushion 승객의 엉덩이에서 허벅다리를 지지하는 시트의 부분을 말한다.

시트 트랙 seat track ⇨ 시트 슬라이드

시트 패드 seat pad 시트 속에 채워 넣는 것으로, 발포 고무가 사용되는 경우가 많다.

시트 패브릭 seat fabric 시트의 표면을 덮는 직물이나 편물(編物)의 총칭이다. 소재로는 폴리에스테르를 사용한 것이 많으며, 고급 자동차에서는 울(wool) 등 천연 소재도 사용되고 있다. 정전기가 발생되지 않도록 가공한 것도 있다.

시트 프레임 seat frame 시트의 골격으로서 파이프, 와이어 및 금속이나 플라스틱 판으로 만들어진 부분을 말한다.

시트 히터 seat heater 한랭 시에 시트를 따뜻하게 하기 위한 장치로서, 전기모포나 전기 카펫과 같이 전기를 통하면 발열하는 장치가 사용되고 있다.

시티 언더 트레이 seat under tray 앞좌석 하부에 장착되어 있는 작은 물건을 넣는 상자로, 신발 등을 넣어 둘 수 있다.

시티 연비 city fuel economy 미국의 시가지를 주행했을 때 연료 소비율의 기준으로 사용되는 미국의 LA4 모드식 연료 소비율을 말한다.

시티 유즈 city use 시가지에서 '차를' 사용하는 것을 말한다.

시티 카 city car 시가지 주행 전용차라는 뜻이다. 이것은 시티 런어바웃(city run-about)이라고도 한다. 앞으로 시티 카에는 전기 자동차를 사용하는 추세가 강하다. 또 다른 말로는 타운 런어바웃(town run-about)이라고도 한다.

시프 seep 패킹류에서 오일이 서서히 스며 나오고 있는 상태를 말한다.

시프트 shift 트랜스미션의 기어를 옮기는 것(변속하는 것)을 말한다. 이를 위한 레버를 시프트 레버라고 한다.

시프트 노브 shift knob 노브는 손잡이라는 뜻으로 시프트 레버 끝에 붙어 있으며, 손으로 잡는 부분이 대부분 둥근 형태이나 여러 가지 디자인으로 제작되고 있다.

시프트다운 shift down, change down 커브 길을 가거나 고개를 올라갈 때, 자동차의 변속 기어를 1단 또는 2단이나 3단 낮게 전환하는 것으로, 시프트 레버를 조작하여 기어를 저속 쪽으로 넣는 것을 말한다.

시프트 레버 shift lever 기어 체인지 레버를 말하며, 운전석에서 엔진 쪽에 있는 트랜스미션 기어를 자유롭게 선택할 수 있도록 연장한 조작 레버이다. 트랜스미션과 레버는 로드나 케이블로 연결하고 있다. 스페이스 관계로 좁은 곳을 지나고 엔진 진동을 방지할 뿐 아니라 구조가 복잡해서 조작을 정확히 할 수 있어야 한다. 수동 트랜스미션 또는 트랜스 액슬의 변속을 위해 운전석 옆이나 스티어링 칼럼 측에 설치되어 있는 조작 레버를 말한다.

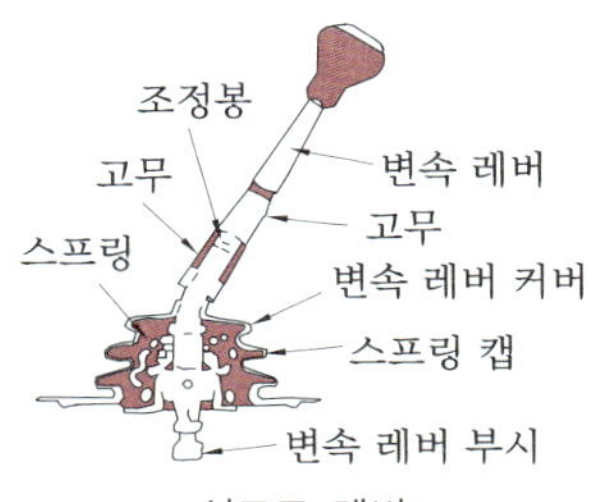

시프트 레버

시프트 레버의 진동 shift lever vibration 변속할 때 손에 느끼는 시프트 레버의 진동(M/T 차량에 많다)을 말한다. 엔진이 비교적 고회전할 때(2,500 rpm 이상) 특정 회전수에서 시프트 레버가 "삐－"하

는 가늘고 강한 진동이 발생되는데, 많은 경우 "쟈-" "구-" "기-" 등의 강한 음이 발생되는 현상을 말한다.

시프트 로크 기구 shift lock structure 자동차의 변속 고정 장치의 하나로서, 브레이크 페달과 가속 페달의 오동작을 방지하기 위한 장치를 말한다. 출발할 때 파킹(P) 위치에서 변속 레버를 조작할 때 브레이크 페달을 밟고 있지 않으면 변속할 수 없도록 만든 기구이다.

시프트 로크 시스템 shift lock system 자동 변속기 차량의 급출발 사고를 방지하기 위한 장치로서, 시프트 로크 기구, 키 인터로크 기구, 리버스 위치 경고 등이 있다.

시프트 밸브 shift valve 자동차의 속도와 가속 페달을 밟는 정도에 따라 프런트와, 리어 클러치 또는 프런트나, 리어 브레이크 등에 오일을 유도하여 자동 변속이 되도록 하는 밸브이다.

시프트 쇼크 shift shock 주로 자동 변속기에 적용되는 용어로, 기어가 바뀌는 순간 덜컹거리는 요동이 발생하는 현상을 말한다. 이것은 엔진의 회전과 트랜스미션 회전의 밸런스가 맞지 않기 때문이다.

시프트 스케줄 shift schedule 오토매틱의 자동 변속점은 그 차의 엔진 성능과 용도에 따라 달라서, 어떤 속도에서 어떤 액셀러레이터를 밟고 어느 기어를 쓰는가가 정해져 있다. 이 자동 변속점 설정을 스케줄 또는 시프트 패턴(shift pattern)이라고도 한다.

시프트 스트로크 shift stroke 기어를 한 단 위나 아래로 변속할 때 시프트 레버가 움직이는 거리를 말한다. 이것이 짧으면 시프트 체인지를 위한 시간이 단축되기 때문에 스포티한 주행에 유리하다.

시프트 실렉터 케이블 shift selector cable 기어 변속 레버와 트랜스미션 사이를 연결하는 케이블을 말한다.

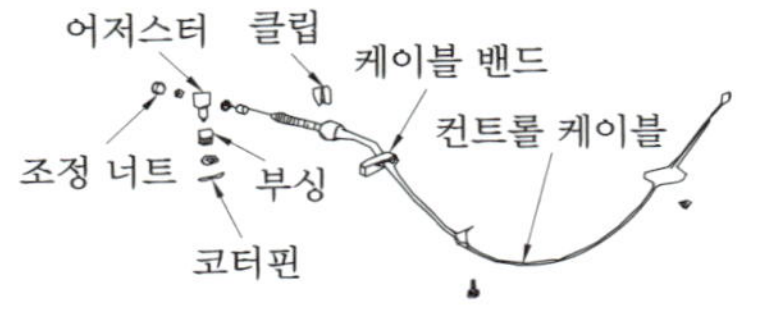

시프트 실렉터 케이블

시프트 임펄스 shift impulse 임펄스는 충

격량이라는 뜻으로, 힘과 시간을 곱한 것으로 kgf·s(킬로그램·초)의 단위로 나타낸다. 시프트 임펄스는 수동 변속의 작동이 용이한 정도를 조작 시간과 조작력의 곱으로 나타낸 것으로, 이 값이 작을 경우 조작 시간이 같으면 작은 힘으로 변속할 수 있다.

시프트 패턴 shift pattern 변속 패턴이라고도 하는데, 자동 변속기는 엔진 성능 및 운전 상황에 맞추어 가장 적절한 변속이 이루어지도록 시프트 패턴을 설정하고 있다. 수동 기어 차의 트랜스미션 레버 조작을 나타낸 도형을 말한다. 레버는 기본적으로 H형으로 움직이고 옆 방향이 실렉트(select), 세로 방향이 시프트(shift) 기능을 갖는다. 중앙의 실렉터 홈을 중립이라 하고, 기어는 들어가지 않은 상태가 된다. 1-2, 3-4, R 중 한 위치의 레버를 실렉트해 앞 또는 뒤쪽 방향으로 시프트하도록 되어 있다. 5단식은 R 앞에 5단이 있지만, 경주용 차에는 왼쪽에 따로 마련한 것도 있다.

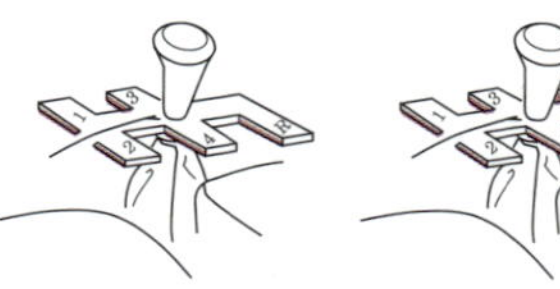

(a) 4단 변속기   (b) 5단 변속기

시프트 패턴

시프트 포크 shift fork 스타터 솔레노이드 플런저의 동작이, 피니언 기어가 플라이휠의 링 기어와 물리게 하는, 구동 피니언에 전달하는 데 사용되는 부품을 말한다.

시프트 필링 shift feeling 시프트 레버를 조작하는 감각을 말한다. 주로 싱크로메시의 기구와 작동 정도에 따라 결정되며, 시프트 노브의 위치, 무게, 유연함 및 절도(節度) 등 손의 느낌이나 조작음을 종합해서 말한다.

시프팅 키 shifting key 보그워너 방식 싱크로메시 기구의 구성 부품으로, 변속할 때 변속용 슬리브부의 힘을 싱크로나이저 링에 전달하는 작용과, 회전 방향의 위치를 결정하는 작용을 한다.

시피유 CPU ; central processing unit 컴퓨터의 두뇌 부분으로, 메모리에 기억되어 있는 동작이나 기준에 따라 데이터의 전송 또는 연산 처리를 하는 장치로서, 중앙 처리 장치라고 한다.

[컴퓨터 구성 요소]

입력 장치 → CPU → 출력 장치
↕
기억 장치

시효(時效) aging (1) 부품이나 재료가 일정 기간이 경과됨에 따라 점차 기능이나 특성이 노화되는 것을 말한다. (2) 시간이 경과함에 따라 재료의 성질이 변화하는 것을 말한다.

시효 경화(時效硬化) age hardening 금속을 열처리한 후 시간이 경과함에 따라 단단해지는 현상을 말한다.

식모(植毛) 필러(filler) 각 필러의 차 실내 쪽을 포지(包紙)로 덮은 것을 말한다. 호화성이 증가한다.

신금속 재료(新金屬材料) 성질이 매우 특징적인 금속으로, 예컨대 니켈, 티탄계의 형상 기억 합금을 말한다. 이것은 안개등 셔터의 자동 개폐 기구 등에 이용된다. 기타 결정 구조를 갖지 않는 비결정질의 어모퍼스(amorphous) 합금, 열에너지에서 전기 에너지를 추출하는 열 발전 소자, 방진 합금, 수소 자동차의 실용화를 위한 수소 흡장 합금 등이 있다.

신나 thinner '시너'를 잘못 읽은 것이다.

신냉매(新冷媒) new refrigerant 종래 에어컨 냉매로서 사용되어 온 프레 온 가스(R12)는 통상 대기 중에서는 화학적으로 안정된 물질이고, 직접 인체에 영향은 없지만, 성층권까지 상승하여 강한 자외선을 받으면 분해하여 염소를 방출한다. 이 염소가 오존층을 파괴한다고 해서 프레온 가스는 세계적으로 소비량 및 생산량이 규제되고 있다. 이 규제에 대응하기 위해 염소 원자를 갖지 않는 신냉매(R134a)가 개발되었다.

신냉매 에어컨 시스템 신냉매(R134a)를 사용한 에어컨 시스템을 말한다. 신냉매 시스템에는 종래의 냉매와 물성, 특성 등에서 여러 가지 변화가 있었다. 이 때문에 종래 시스템과의 부품 호환성은 없고, 냉매 오충전 등 착오가 생기지 않도록 대책을 실시하고 있다.

신 더블 위시본식 리어 서스펜션 new double wishbone type rear suspension 액티브 Ⅳ의 4IS의 리어 서스펜션을 이른다. 더블 위시본식 서프펜션에 트레일링 암을 첨가한 형식으로, 다음과 같은 특징에 의해 조향 안정성을 향상시키고 있다. ① 더블 위시본식이기 때문에 횡강성이 높고, 캠버 변화가 적다. ② 발진·선회·제동에 의해 타이어에 가해지는 외력에 따라서 트레일링 암이 작동하고, 타이어가 항상 진행 방향으로 유지된다(셀프 얼라이닝 기구).

신뢰성(信賴性) reliability '신빙성, 확실성'의 뜻으로, 자동차의 모든 계통 또는 부품이 규정된 작동 조건에서 의도하는 기간 동안 규정된 기능을 원활하게 수행하는 확률·믿음을 말한다.

신시사이저 synthesizer 전자 음성 합성 장치로, 마이크로컴퓨터로부터의 명령 신호에 의해 프레이즈(ROM)에서 음성 데이터를 호출하고 적당한 음성을 합성하여, 스피커(로패스 필터)로 출력하는 회로이다. 음성의 합성은 진폭 주파수 등의 조합으로 한다.

신장척(伸張尺) ⇨ 주물자

신 페인트 thin paint 페인트가 불충분하게 칠하여졌거나, 마멸 또는 부식에 의해 페인트가 과도하게 벗겨져 나간 상태를 말한다.

신 PPS new progressive power steering 차속 감응형 동력 조향 장치의 하나로, 조향 계통에 유압에 의한 반력 압력(反力壓力) 제어 기구를 설치하여, 이 유압을 차속(車速) 센서의 신호에 따라 컴퓨터로 제어함으로써, 운전자가 항상 적당한 조향력을 느끼면서 조향 조작을 할 수 있도록 한 것이다. ⇨ 프로그레시브 파워 스티어링

실 seal 축이나 구멍 주위로 유체가 누출되는 것을 방지하기 위해 사용되는 재료로, 로터리 엔진의 경우 연소실의 누설을 방지하기 위해 실이 사용된다.

실내고(室內高) interior height 자동차 바닥의 표면에서부터 천장 사이의 수직 최대 거리를 말한다. 공식적인 만찬회 등을 위하여 모자를 착용한 사람이 승차할 수도 있으므로 리무진에는 실내고가 확보되어 있다.

실내 공명(室內共鳴) interior resonator　고체 주위에 기체가 있을 때 그 기체는 진동체로서의 고유 진동수를 갖고 있다. 그 고유 진동수는 고체 주위의 기체 상태나 형상에 의해서 결정되어진다. 외부로부터 고유 진동수와 같은 주파수의 힘이 작용할 때 그 기체가 공진(共振)을 한다. 이 현상을 공명이라고 한다. 자동차의 경우, 실내는 보디(플로어, 루프, 도어 등)와 글라스에 의해 막혀져 있다. 그 때문에 실내의 공기는 진동체가 되어 엔진 진동 등의 강제력에 의해 공명이 생긴다. 이 현상을 실내 공명이라고 한다.

실내 길이 interior length　차량 중앙의 계기판(인스트루먼트 패널)이 가장 튀어나온 선단(부속품은 제외)에서 뒷좌석의 시트 백 후단까지의 길이를 말하며, 같은 길이라도 실내의 배열에 따라 거주성에 차이가 있다.

실내 너비 interior width　시트 위 부분의 차실 중앙 부위에서 측정한 최대의 넓이를 말한다. 수치상으로는 약간의 차이만 있는 것이더라도 실제 차량에서는 더 많은 차이가 생길 수 있다.

실내등(室內燈) room lamp　가까운 실내 천장의 중앙이나 윈드실드 가까운 장소에 설치되어 실내를 조명하기 위한 등으로, 룸 라이트 또는 룸 램프라고도 한다.

실내 모크업 interior mock-up　비행기나 자동차 등을 개발할 때에 차실 내의 부품 배치를 결정하거나 거주성을 구체적으로 검토하기 위하여 만들어진 실물 크기의 실내 모형을 말한다.

실내 소음(室內騷音) interior noise　차 실내에서 사람이 느끼는 소음의 총칭으로, 실내 소음은 엔진, 냉각 팬, 배기 계통 등이 실내 벽을 투과하여 들리는 것과, 엔진 등의 회전부와 노면의 요철 등에 의해 실내 벽이 진동되는 것이 있다. 그 진동에 의해 실내에 소음이 퍼지는 수가 있다.

실내 온도 센서 in-car temperature sensor　차실 내의 공기를 흡입한 후 온도를 감지하여 컴퓨터에 입력하는 것으로, 공기 혼합 액추에이터에 의해 공기 혼합 패널이 자동으로 움직이면서 실내 온도를 조절한다.

실내용 난연성 재료(室內用難燃性材料)　충돌 시 만일 화재가 발생하는 경우의 이중 재해를 방지하기 위해 시트 등에 적용된 불연성의 소재를 말하며, 인스트루먼트 패널, 플로어 카펫, 콘솔, 헤드 라이닝, 도어 트림, 시트 등이 있다.

실내 잡음(室內雜音) room noise　차실 내에서 발생하거나 유리창 등을 통하여 차실 내로 들어오는 소음을 말한다.

실내 치수 interior measurement　자동차 실내의 여러 가지 치수를 말한다. 실내의 길이, 폭 및 높이 등과 헤드 클리어런스, 니(knee) 클리어런스, 래그(leg) 룸인 시트 주위의 치수도 포함된다.

실드 베어링 shield bearing　클러치에서 사용하는 릴리스 베어링과 같이, 외부로부터 이물질의 침입을 방지하고 오일이 누출되지 않도록 실드 판을 베어링 아웃 레이스에 설치한 베어링을 말한다.

실드 빔 sealed-beam　헤드램프 등 렌즈 안의 전구를 교환할 수 있는 것이 있으나, 이와는 달리 램프 유닛 전체를 하나로 한 것을 실드 빔이라고 부른다. 렌즈와 반사경을 용접하여 안에 필라멘트를 넣은 것으로, 전체가 유리로 되어 있다. 내구성이 좋고, 사용 중에 밝기가 변하지 않는다는 이점이 있어 널리 쓰인다.

실드 빔식 sealed-beam type　헤드램프 밀폐식 전조등을 이른다. 알루미늄을 진공 증착시킨 유리 반사경의 초점에 필라멘트(하이빔 및 로빔 필라멘트)를 설치하고, 여기에 앞 렌즈를 용착한 후 내부에 불활성 가스를 넣고 봉한 것으로, 전구 자체가 하나의 헤드램프가 되며, 물이나 먼지가 들어가지 않아 반사경이 흐려지지 않고 광도의 변화가 적은 장점이 있다.

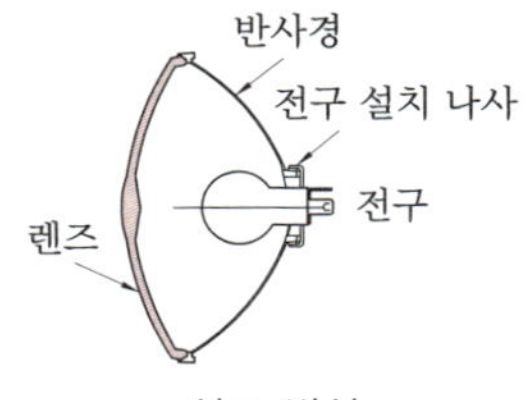

실드 빔식

실드 아크 용접 shielded-arc welding　아크 및 용착 금속을 보호 매질로 하여 대기를 차단하면서 하는 아크 용접을 말한다.

실드 형식 sealed type　크랭크케이스와 연결된 통로에 PCV(positive crankcase ventilation) 파이프를 설치하고 에어 클리너에 고무호스를 연결하여 엔진이 작동할 때 크랭크케이스 안에 블로바이 가스를 실린더로 흡입하여 재연소시키는 방식이다.

실러 sealer　(1) 도장용(塗裝用) 실러도 있지만, 판금 공정에서는 용접 패널의 접착부(이음매)에 바르는 코팅제(劑)를 가리킨다. (2) 최대의 접착력 및 지지력을 주며, 샌드 스크래치 스웰링을 방지하기 위하여 프라이머, 프라이머 서피서 또는 피니시와 새로운 페인트 코트 사이에 칠하는 특수한 언더 코트를 말한다.

실러 건 sealer gun　실러를 도포(塗布)하는 데 사용하는 도구로, 실러가 충전되어 있는 카트리지의 밑바닥에 힘을 가하여 필요한 장소에 실러를 압출(壓出)하는 기구이다. 공기식과 수동식이 있다.

실러 언더 페인트 sealer under paint　페인트 전 세정 작업이 미흡하여 생기는 이물질을 말한다.

실런트 sealant　두 접착부 사이에서 누설을 방지할 목적으로 개스킷을 사용하거나 개스킷 이외에 사용되는 액체 또는 연고성의 접착제를 말한다.

실런트 타이어 sealant tire　펑크에 견딜 수 있도록 성능을 향상시킨 튜브리스타이어로서, 타이어의 트레드 안쪽 벽에 설치되어 있는 이너 라이너라고 부르는 얇은 고무 층에 특수 고무 층을 부착시켜 놓은 것을 말한다. 이 고무 층의 역할로 못 등이 트레드를 관통하여도 못의 주위를 에워싸고, 또한 못이 빠져도 상처 구멍을 자연적으로 밀봉함으로써 공기가 새지 않는다.

실렉션 슬라이딩 트랜스미션 selection sliding transmission　치수(齒數)를 기어의 조합으로 바꾸어 변속을 행하는 변속기를 말한다. 변속기를 일반적으로 트랜스미션이라고 부른다. 또한 변속기는 속도를 바꾸는 기어라는 뜻에서 변속 장치라고도 불린다.

실렉터 selector　각종 테스터, 변속기 등의 위치 선택기 또는 위치 선별기를 말한다.

실렉터 레버 selector lever　보통 수동 변속 차의 시프트 레버를 말하는데, 체인지 레버에 해당하는 운전석 옆에 있는 레버이다. 오토매틱에서는 주행 중에 조작할 필요가 없지만, 어떤 주행 상태로 달릴까를 운전자가 정하는 구실을 한다. 자동차의 주행 방향과 동력 전달 여부를 나타낸 P, R, N, D, 2, L 등의 범위를 선택하는 장치이다.

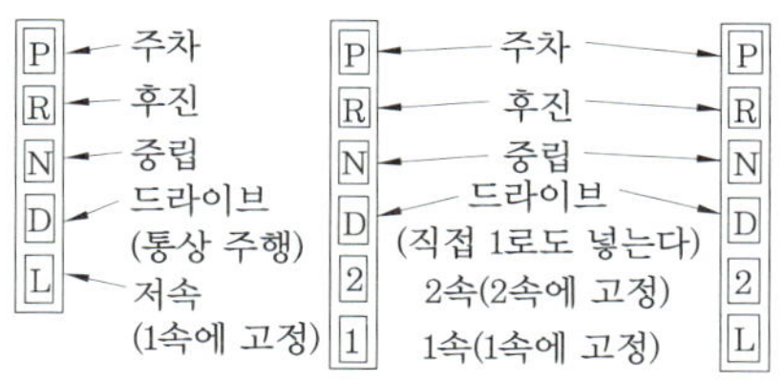

실렉터 레버

실렉터 스위치 selector switch　(1) 여러 개의 도체 중에서 하나의 도체를 조건에 알맞은 다른 하나에 접속하도록 설치한 스위치로서, 로터리 스위치를 말한다. (2) 각종 테스터에서 제어 기능이 서로 다른 제어 회로를 선택하기 위한 여러 기능의 수동 조작 스위치를 말한다.

실렉터 컨트롤 밸브 SCV ; selector control valve　KM160계의 5단 또는 4×2단 수동 트랜스미션에서 트랜스미션 내부의 기어를 5속 위치(4×2단 트랜스미션은 economy 측)에 시프트하기 위한 액추에이터에 작용하는 부압을 전환하는 밸브를 말한다.

실렉트 로 컨트롤 select low control　ABS에서 뒷바퀴의 자유 제동력이 같아지도록 제어하는 기구의 하나이다. 좌우 타이어의 마찰 계수(μ, 뮤)가 다른 노면을 주행하고 있을 때 브레이크를 걸면 μ가 낮은 쪽의 타이어가 먼저 정지되어 자동차가 옆으로 흔들린다. 이때 ABS의 제어를 μ가 낮은(로) 쪽에 맞추어 선택하고 좌우 타이어의 제동력을 같도록 하여 안정성을 회복하는 것을 말한다.

실렉티브 4WD selective four wheel drive　파트타임 4WD를 말한다. 일반 도로에서는 2륜구동으로 주행하고, 젖은 포장도로, 눈길, 흙탕길, 자갈길 및 높은 언덕길 등 미끄러지기 쉬운 노면에서는 4륜구동을 선택하는 방식을 말한다.

실렉팅 selecting　(1) 자동차에 사용하는 변속기에서 주행 조건에 알맞은 변속 기어를 선택하는 것을 말한다. (2) 각종 테스터에서 점검하고자 하는 기능을 선택하는 것을 말한다. (3) 자동차의 전자 제어 테스터에서 커다란 데이터 그룹 속에서 필요한 아이템을 선택하여 사용하는 것을 말한다.

실루민 silumin　알루미늄, 규소, 마그네슘의 합금으로, 주조성이 우수하고 수축이 비교적 적으며 기계적 성질이 우수하여, 실린더 헤드, 크랭크케이스 및 다이캐스팅에 사용되고 있다.

실리콘 silicon　⇨ 규소

실리콘 광전지 silicone photo cell　실리콘에 비소를 첨가시키면 N형 반도체 층을 형성하고, 그 위에서 붕소를 씌워 P형 반도체를 만들어, PN 접합층에 빛을 투과하면 광자가 이 부분을 여기(勵起)시켜 전류를 만든다.

실리콘 다이오드 silicone diode　P형 반도체와 N형 반도체를 결합한 것으로, 정방향에는 작은 전압으로도 전류가 흐르지만, 역방향으로는 수백 V에서도 전류가 흐르지 않는다. 따라서 정방향에 대해서는 낮은 저항이 되어 전류를 흐르게 하지만, 역방향으로는 높은 저항이 되어 전류가 흐르지 않기 때문에, 정류 작용과 축전지에서 발전기로 전류가 역류하는 것을 방지하는 역할을 한다. 자동차의 교류 발전기에 설치할 때에는 다이오드 모양은 같으나 전류의 흐름 방향이 다르기 때문에 결선이 틀리지 않도록 하여야 하며, 스테이터 코일에서 발생한 3상 교류를 전파 정류하기 위해 ⊖측 다이오드 3개, ⊕측 다이오드 3개가 엔드프레임에 조립되어 있다.

실리콘 및 왁스 제거제 silicone and wax remover　표면의 페인트로부터 그리스, 타르 및 왁스를 제거하는 데 사용하는 화학 용액을 말한다.

실린더 cylinder　피스톤이 왕복하는 부분으로, 피스톤 행정의 2배의 길이이며, 진원통(眞圓筒)으로 가공되어 있다. 그리고 압축된 혼합 가스나 연소 가스가 새지 않도록 실린더와 피스톤 사이에 기밀(氣密)을 유지하고, 피스톤의 섭동에 의한 마찰이나 마모를 적게 하기 위해 실린더 벽은 정밀하게 가공되어 있다.

실린더 게이지 cylinder gauge　다이얼 인디케이터와 조합하여 실린더의 안지름, 마멸량 및 테이퍼 마모량을 측정하는 게이지이다. 측정 부위는 실린더의 축 방향 상·중·하와 축 직각 방향의 상·중·하 6군데를 측정한다.

실린더 내경 cylinder bore　실린더의 안지름을 말한다.

실린더 누설 시험 cylinder leakage test　실린더 사이에서 흡배기 밸브 주위와 물 재킷으로부터 압축 누설 개소(위치)를 찾아내거나 기타 압축 손실의 원인을 확인하기 위한 시험을 말한다.

실린더 동력 밸런스 시험 cylinder power balance test　모든 실린더가 출력을 동일하게 나타내고 있는지 그 여부를 판정하기 위한 시험이다.

실린더 라이너 cylinder liner　주철이나 알루미늄의 블록을 원통형으로 깎아 만든 실린더가 피스톤과의 마찰로 마모되는 것을 방지하기 위해 실린더 안쪽에 끼운 금속 통을 이른다. 직접 냉각수에 접촉하지 않고 실린더 블록을 거쳐서 냉각하는 건식 라이너와, 라이너의 바깥 둘레가 물 재킷으로 되어 냉각수와 직접 접촉하는 습식 라이너가 있다. 실린더 라이너를 실린더 슬리브라고도 한다.

실린더 밸런스 cylinder balance　하나 또는 그룹 실린더의 점화 기능을 죽이고 엔진의 rpm 강하를 측정함으로써 전체 엔진 출력에 대한 출력 기여도를 판단하는 점검을 말한다. 이 점검은 각 실린더에 대해 점화, 연료 시스템 및 실린더 압축을 검사한다. 모든 실린더가 동등하게 일하고 있을 때 rpm 강하는 거의 같아진다.

실린더 번호 cylinder numbering　다기통 엔진에서 실린더 번호를 정하는데, 대부분의 경우 플라이휠에서 가장 먼 실린더가 1번 실린더가 된다. 그 다음은 일렬 순서로 정해지거나, 아니면 좌우 지그재그로 번호가 정해진다.

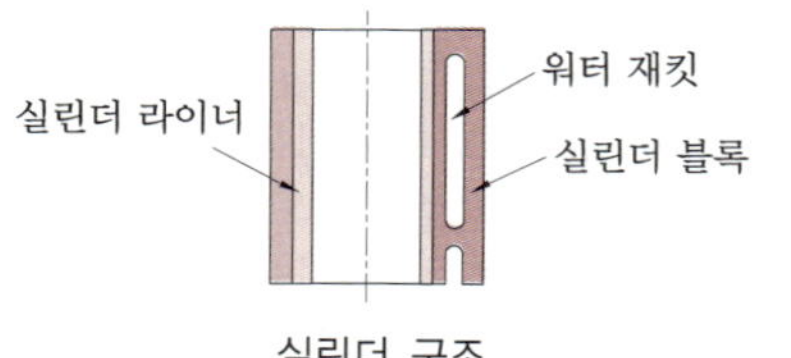

실린더 구조

실린더 벽 cylinder wall　피스톤 링 또는 피스톤과 접촉되는 미끄럼 면을 말한다.

실린더 벽의 테이퍼 마모 cylinder wall taper　엔진 실린더의 불균일한 마모 상태를 말하는데, 아랫부분보다 윗부분이 더욱 심하게 마모된다.

실린더 보링 머신 cylinder boring machine　마모된 실린더를 피스톤 오버 사이즈에 맞추어 진원(眞圓)으로 절삭하는 데 사용하는 기계를 이른다.

실린더 블록 cylinder block　엔진의 중심부로, 엔진의 골격을 이루는 것이 실린더 블록이다. 모든 엔진 부품은 실린더 블록에 부착되고, 이 부분에서 엔진은 보디와 결합된다. 같은 배기량이라도 기술이 발전함에 따라 가벼워져서, 주철이나 알루미늄 합금 등을 이용한 최근의 블록은 매우 작고 가볍게 되었다. 실린더 블록 내에는 엔진 각부를 윤활하여 마찰을 줄이는 오일의 흐름 통로(galley)와 엔진을 냉각시키는 물의 흐름 통로(water jacket)가 있다.

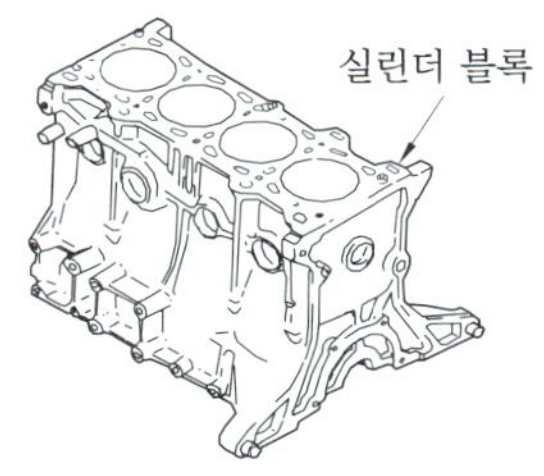

실린더 블록

실린더 슬리브 cylinder sleeve　⇨ 실린더 라이너

실린더 용적과 배기량 displacement volume, total stroke volume　실린더 용적을 표시하는 배기량은 실린더 내 피스톤의 상사점(TOC ; top dead center)과 하사점(BDC ; bottom dead center)의 용적을 말하는데, 실린더의 단면적(bore)에 스트로크(stroke, 상사점과 하사점과의 거리)를 곱한 크기가 실린더 개당 배기량이며, 실린더의 수를 곱한 것이 총 배기량이다. 단위는 CC (cc) 또는 리터(L)로 나타낸다.

실린더 피치 cylinder pitch　엔진 실린더의 간격으로, 안지름과 안지름 사이의 벽에 해당되는 부분의 두께의 합을 말한다.

실린더 핀 cylinder fin　⇨ 엔진 핀

실린더 행정 안지름비 cylinder stroke-bore ratio　실린더 행정과 안지름과의 비율로, 행정과 안지름의 비가 1.0보다 큰 엔진을 장행정 엔진(long stroke engine), 1.0보다 작은 엔진을 오버 스퀘어 엔진(over square engine) 또는 단행정 엔진(short stroke engine)이라고 한다.

실린더 헤드 cylinder head　실린더 블록의 상부에 위치하는 실린더 헤드는, 실린더와 함께 연소실을 형성하고 흡입·배기 통로를 개폐하는 밸브 기구가 있는 부품이다. 또한 냉각수를 순환시켜 냉각되도록 하는 냉각수 통로인 워터 재킷, 연소실에 불꽃을 튀기는 스파크 플러그도 부착되어 있다. 실린더 헤드의 재질은 내열·내압성이 요구되기 때문에 최근에는 알루미늄 합금제가 많이 쓰이고 있다.

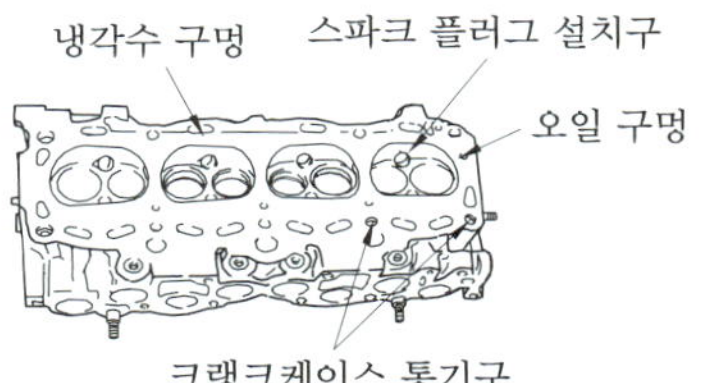

실린더 헤드

실린더 헤드 개스킷 cylinder head gasket　실린더 블록과 실린더 헤드를 조립하는 부분에 고온·고압에 강하면서 밀봉성이 뛰어난 재질로 만들어진 개스킷을 설치하여, 실린더 블록이나 실린더 헤드에 있는 물과 압축 가스, 오일 등이 새지 않도록 밀봉 작용을 한다. 단열성과 내압성이 요구되기 때문에 보통 구리 강판으로 석면을 감싼 것을 사용하는데, 그 종류는 동판이나 강판으로 석면을 싸서 만든 보통 개스킷, 강판 양면에 돌출물을 만들고 흑연을 혼합한 석면을 압착하고 표면에 흑연을 발라 만든 스틸 베스트 개스킷, 강판만으로 얇게 만든 스틸 개스킷으로 구분된다.

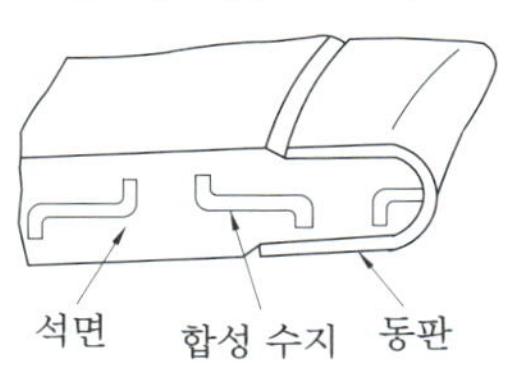

실린더 헤드 개스킷

실린더 헤드 커버 cylinder head cover　실린더 헤드 위에 덮는 뚜껑을 말한다. 보닛을 열면 엔진의 머리 부분 같아 보이는 것으로, 요즘에는 장식을 곁들인 것도 많으며, 로커 암 커버라고도 한다.

실린더 호닝 머신 cylinder honing machine 실린더를 보링한 후, 바이트 자국을 숫돌로 연마하여 평면이 되도록 다듬질하는 기계를 말한다.

실링 sealing　양극판(陽極板)이 산화에 의해 다공질 피막(多孔質避膜)의 내식성 및 물리적 성질을 개선하기 위한 처리를 말한다.

실링 콤파운드 sealing compound　점화 코일과 케이스 사이를 절연하기 위해서 메우는 합성물을 말한다. 실링 콤파운드 대신에 절연유를 넣어 냉각 효과를 증대시킨 것도 있다.

실버스톤 서킷 Silverstone Circuit　F1 영국 GP가 열리는 서킷으로, F1 그랑프리의 개시를 알린 1950년의 개막전이 치러진 유서 깊은 곳이다. 제2차 세계대전 중에는 비행장이었던 장소에 터를 잡아 1948년에 서킷으로 만들어졌다. 따라서 코스의 높이차가 2~3 m로 평탄하고 굴곡도 완만하다. 1주 길이 4.78 km이며, 매주마다 크고 작은 이벤트가 열려, 영국의 도박사들이 내기를 거는 것으로도 유명하다.

실 분무(噴霧)　도료의 점도가 지나치게 높아서, 도료가 미립화(微粒化)되지 않고, 실을 뽑은 것과 같은 상태로 도장면에 부착되는 것으로, 거미집 모양을 형성한다.

실용 연비(實用燃比) fuel economy in actual traffic　정지(定地) 연료 소비율에 대하여 사용되는 용어로서, 자동차를 일반적인 속도로 주행했을 때의 연료 소비율을 말한다.

실외 소음(室外騷音) exterior noise　자동차에서 외부로 방출되는 소음의 총칭으로, 실외 소음은 엔진, 냉각 팬 및 배기 계통, 구동 계통, 타이어 등으로부터 발생되며, 엔진이 가장 큰 소음원이 된다.

실 접지 면적(實接地面積) fact grounded area　총 접지 면적에서 트레드 홈(groove) 면적을 제외한 총 면적을 말한다.

실제 중량(實際重量) actual weight　기화기,
초크 밸브, 벤튜리, 스로틀 밸브, 흡기 다기관 등을 지나서 유입되는 실제 공기 무게를 말한다.

실험실(實驗室) 옥탄가　압축비를 바꿀 수 있는 단기통 엔진(CFR)을 사용하여 구한 옥탄가를 말한다. 시험 방법에는 리서치법과 모터법이 있으며, 이에 따라 얻어진 옥탄가를 각각 리서치법 옥탄가, 모터법 옥탄가라고 부른다. 시험 조건은 모터법이 가혹하며, 리서치법 옥탄가는 저속 운전 때의 안티 노크성을, 모터법 옥탄가는 고속 또는 고부하 운전을 하고 있을 때 안티 노크성을 나타낸다고 한다.

실화(失火) misfire　연소실 내의 혼합 가스의 연소 상태를 표시하며, 그 혼합 가스가 완전 연소하지 않은 상태를 의미한다. 실화는 크기별로 다음 3가지로 분류된다. ① 비화 불량 : 점화 플러그의 전극에 불꽃이 튀지 않는 현상으로, 통상 점화 플러그의 1차 전류를 차단하면 그 역기전력에 의해서 2차 측에 대단히 높은 전압이 생긴다. 이 2차 전압이 점화 플러그의 방전 전압에 달하면 불꽃 발생 시 전압 강화를 한다. 그 결과 발생 전압이 점화 플러그의 방전 전압보다 작은 경우에는 불꽃이 튀지 않게 된다. ② 착화 불량 : 점화 플러그에 불꽃이 튀어 자기 점화할 수 없는 현상으로, 혼합 가스가 점화 불꽃에서 에너지를 받아서 발열 반응을 하기 시작하며, 결국 불꽃에서 에너지를 받지 못하더라도 혼합 가스 자체 반응에 의해 대연소 혼합 가스에 화염이 전파될 수 있는 것을 '착화'라고 한다. ③ 불꽃 전파 불량 : 불꽃에 의해서 한번 생긴 화염이 도중에 소멸하는 현상으로, 연소실 내의 혼합 가스가 점화 불꽃에 의해 착화되고, 화염이 전파되고 있는 동안에 혼합 가스가 뒤섞여지면서 냉각되어, 팽창 행정에 의해서 피스톤이 하강 시 연소실 용적 증가에 따른 온도 저하 등이 생기는데, 연소가 완료되기 전에 불꽃이 소멸하는 것이다.

심 shim　두 부품 사이의 거리를 조정하는 데 쓰이는, 간격을 띄우는 여러 단계의 두께로 된 금속편을 말한다.

심벌 symbol　(1) 상징·기호의 뜻으로, 어떤 것을 양식·도형 등으로 대표하도록 만

든 것을 말한다. (2) 정보원(情報源)이 갖는 전체 정보 단위 세트의 하나를 말한다.

심선(心線) core wire 피복 아크 용접을 할 때 용가재(熔加材)로 사용하는 금속선을 말한다.

심 용접 seam welding 저항 용접의 일종으로, 전극을 사용하여 전류를 통하는 동시에 압력을 가하여 전극을 회전시키면서 이음을 따라 연속적으로 접합하는 용접을 말한다.

심한 진동 shimmy ⇨ 시미

10 모드 ten mode 자동차 배출 가스 농도 측정용의 주행 양식으로, 시가지 주행의 실험 결과를 바탕으로 그림과 같은 주행 양식을 설정하고 있다. 엔진의 난기 완료 후에 실시하므로 핫 사이클(hot cycle) 시험이라고도 불린다.

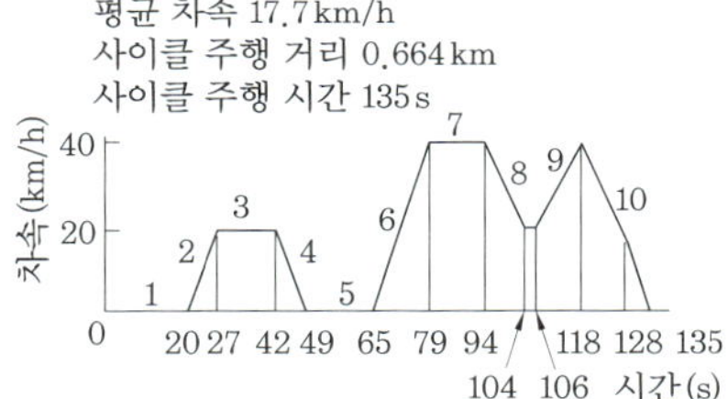

10모드 주행 패턴

10 모드 연비 ten mode fuel consumption 10모드 배출 가스 측정값을 기본으로 계산에 의해 추구한 연료 소비율을 말한다. 연료(탄화수소, HC)는 연소실 내에서 연소하고, CO, CO_2 및 H_2O로서 배출되며, 일부는 미연소의 HC로도 배출된다. 따라서 소비한 연료 중에 포함되어 있는 탄소는 배출된 CO, CO_2, HC로서 모두가 계측되고 있다는 것이 된다. 다시 말해서, 소비한 연료 중의 C의 양과는 같은 것이 되고, 이에 따라 연료 소비율이 계산된다.

10 모드 연비량 ten mode fuel consumption ratio 차의 연료 소비량을 나타내는 기준이 되는 것이다. 시가지를 달릴 때를 생각해서 만든 일정 기준 주행 패턴에 의해, 달릴 때의 연료 소비율을 km/L 단위로 표시한 것이다.

십삼(13) 모드 thirteen mode ⇨ 서틴 모드

10-15 모드 10-15 mode 배기가스 규제를 위한 시험 범위의 하나로, 최근의 도시 내

고속 도로 발달에 따르는 고속 운전과 정체(停滯)에 의한 공회전 운전의 증가에 따라서 10-15모드가 정해졌다. 이 배기가스 규정 모드의 변경에 따라서 연비 모드도 10-15모드로 변경되었다. 10-15모드의 명칭은, 10모드를 기본으로 하고 최고 속도가 70 km/h로 15모드로 된 고속 패턴을 추가한 것에 의해서 주어진 명칭이다.

십오(15)도 킬로칼로리 15° kilocalorie 표준 대기 압력 하에서 순수한 물 1 kg의 온도를 14.5℃에서 15.5℃까지 올리는 데 필요한 열량을 말한다.

십이(12) 웨이 어저스터블 시트 12way adjustable seat 스포츠카 타입의 시트에 채용되고 있으며, 12방향으로 조정이 가능한 시트이다. 시트의 슬라이드, 리크 라이닝을 비롯하여 운전자가 쾌적하고 수용성이 좋은 상태로 앉아 있을 수 있도록 되어 있다. 주로 고급 차량에 채용되고 있다.

11 모드 eleven mode 교외의 주택지를 나온 차가 간선 도로를 경유해서 시가지로 들어오는 주행 상태를 대표로 한 패턴이다. 평균 속도는 30.6 km/h로, 배기가스 감소 장치에 촉매를 사용하는 경우 촉매가 충분히 작용하는 온도에 도달하기까지의 사이도 고려한 것이다. 11모드에 의한 측정이란, 측정하고자 하는 차량의 엔진을 측정 전에 25±5℃의 대기 중에서 6시간 이상 정지시킨 다음(엔진이 차가운 상태), 차량 중량에 110 kg을 가중시킨 상태에서 엔진을 냉시동 후 25초간 무부하 운전(아이들링 회전)을 시키고, 그림에서 보여 주는 것과 같은 주행 패턴에서의 운전을 연속 4회 실행했을 때, 배기관에서 대기 중으로 방출되는 배출물에 포함되어 있는 자동차 배출 가스 성분의 중량을 측정하는 방법을 말하는 것이다.

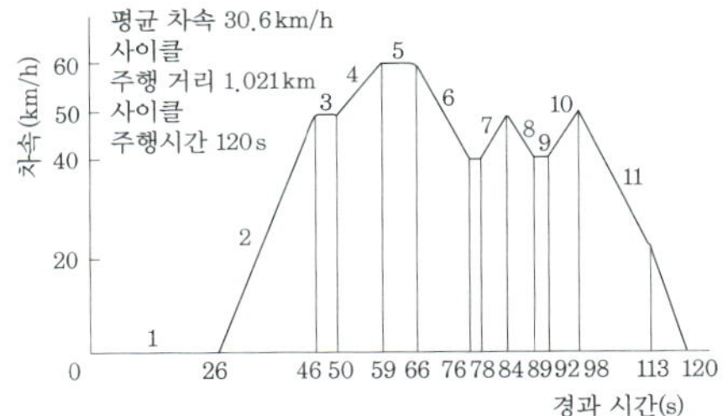

11모드 주행 패턴 거리

십자 계수(十字繼手) ⇨ 카르단 조인트

십자형 이음 cruciform joint, cross-shaped joint 리브를 십자형으로 하여 필릿 용접을 하는 이음을 말한다.

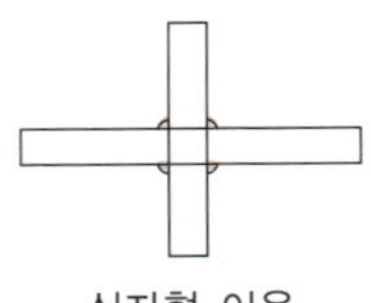

십자형 이음

십자형 조인트 cross and roller universal joint 십자(+)축과 두 개의 요크를 롤러 베어링으로 결합한 형태로, 구조가 간단하면서도 큰 동력을 전달하며, 수명이 길어 가장 많이 사용되고 있다.

싱글 그레이드 오일 single grade oil SAE 점도 번호의 규정 범위 안에 있는 오일로서, 광범위한 규정치를 만족시키는 멀티 그레이드 오일에 대하여 쓰이는 용어이다.

싱글 기화기식 single carburetor type 엔진에 기화기가 한 개 설치된 형식이다. 한 개의 기화기로서 각 실린더에 혼합 가스를 공급하며, 현재 가장 많이 채용되고 있다.

싱글 마스터 실린더 single master cylinder 브레이크 마스터 실린더로, 일반적으로 압력실과 피스톤이 한 개씩 있다.

싱글 배럴식 기화기 single barrel carburetor 싱글 벤투리 아래에 스로틀 밸브 한 개를 사용하는 기화기를 말한다.

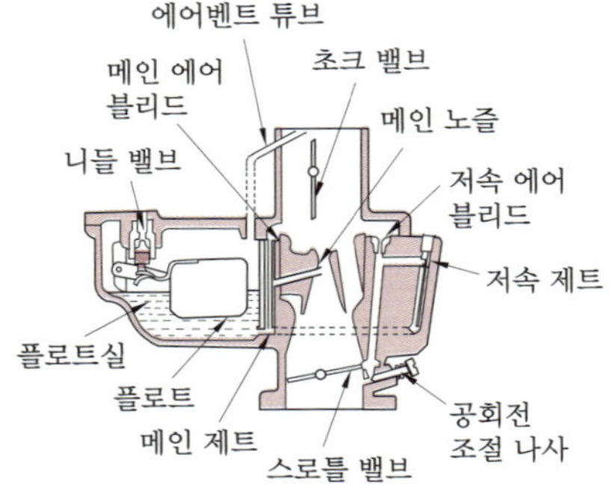

싱글 배럴식 기화기의 구조

싱글 브레이커 형식 배전기 single breaker distributor 1차 회로를 단속하는 접점이 한 세트로만 되어 있는 형식을 말한다.

싱글 서킷 브레이크 single circuit brake ⇨ 듀얼 서킷 브레이크

싱글 실린더 캘리퍼형 디스크 브레이크 single cylinder caliper type disk brake ⇨ 플로팅형 디스크 브레이크

싱글 실린더형 캘리퍼 single cylinder type caliper 브레이크 디스크의 한쪽에 피스톤이 있는 캘리퍼를 이른다. 실린더는 마운팅 브래킷에 대하여 유동 상태로 지지되어 있다. 피스톤에 유압이 작용하면 차량 안쪽의 패드가 디스크에 밀어붙여져 그 반발력으로 실린더가 미끄러져 차량의 바깥쪽 패드가 디스크에 밀어붙여진다. 플로팅 캘리퍼 또는 부동형 캘리퍼라고도 한다.

싱글 오버헤드 캠축 single overhead camshaft 실린더 헤드 위에(실린더 헤드 내가 아님) 한 개의 캠축이 사용되는 엔진을 말한다.

싱글 와이어 시스템 single wire system ⇨ 그라운드 리턴 시스템

싱글 이그조스트 single exhaust 각 실린더의 배기구를 한 가닥으로 모은 것이다.

싱글 카뷰레터 single carburetor 하나의 엔진에 달린 카뷰레터의 수로, 싱글은 하나, 그 이상은 트윈, 트리플 카뷰레터라고 한다. 한 기통마다 또는 2기통, 3기통마다 한 개의 카뷰레터를 달면 흡입 효율이 좋아져서 스포츠형 엔진에 쓰는 경우가 있다.

싱글 캡 single cab 트럭은 물건을 운반하는 것이 주된 목적이기 때문에 물건을 실을 수 있는 적재함을 가능한 한 크게 하는 것이 일반적이다. 따라서 일반 트럭에서는 객실을 일렬로 한 싱글 캡이 많다. 일반적으로 싱글 캡은 좌우에 하나씩의 도어가 있다. 한편 적재함의 길이를 줄이고 승객 좌석을 1열 늘린 것을 더블 캡이라고 하며, 일반적으로 전후석용 도어가 각각 따로 있다. 최근에는 승객석을 1열 더 늘린 트리플 캡도 선보이고 있다.

싱글 코트 single coat 스프레이 패턴을 중첩시키며 필요 범위에 따라 1회만 분사 도장(塗裝)하는 것을 말한다.

싱글 콘형 스피커 single cone speaker 하나의 콘지(음이 나오는 부분)를 사용해서 저음에서 고음까지를 재생하는 스피커를 말한다.

싱글 포인트 인젝션 single point injection

전자 제어 연료 분사는 분사 노즐을 각 기통에 하나씩 달고 개별적으로 분사하는 것이 상례이다. 그러나 분사 노즐의 값이 비싸서 수를 줄여 카뷰레터처럼 여러 기통의 것을 매니폴드 바로 앞에서 묶어 분사하는 싱글 포인트 인젝션도 쓰인다(TBI).

싱글 픽 single pick　하대(화물실)의 덮개가 없고 사이드 패널이 운전실과 일체로 만들어져 있는 소형의 트럭(픽업)으로, 운전실 내의 시트가 1열(列)인 것을 말한다.

싱크[1] sink　'우묵함, 배출되게 하다'의 뜻으로, 에너지원에서의 에너지가 궁극적으로 배출되는 장소 또는 장치를 말한다.

싱크[2] sync　동기(동조)화하는 것, 또는 동기화 신호를 말한다.

싱크로나이저 링 synchronizer ring　싱크로메시 기구에 있는 링 모양의 부품이다. 보그워너 방식 싱크로나이저에서는 링의 안쪽 면에 싱크로나이저 콘과 접촉하여 마찰력을 전달하는 원추형의 마찰 면을 외주(外周)의 슬리브와 연결하는 스플라인이 있다. 마찰력에 견딜 수 있도록 특수한 구리 합금으로 구성되어 있다. 포르셰 방식의 싱크로나이저에서는 안쪽에 고정된 브레이크 밴드와 접하여 마찰력을 발생하는 링을 싱크로나이저 링이라고 부른다.

싱크로나이저 슬리브 synchronizer sleeve　클러치 슬리브(clutch sleeve)라고도 한다. 싱크로나이저는 변속 레버에 의해 앞뒤 방향으로 미끄럼 이동하여 기어 클러치 역할을 한다. 싱크로나이저 슬리브는 싱크로나이저 허브의 스플라인에 설치되고, 슬리브 바깥 둘레의 홈에는 시프트 포크가 설치된다.

싱크로나이저 콘 synchronizer cone　싱크로메시의 변속 기어에 부착되어 있는 부품으로, 원추형의 면을 갖추었으며, 싱크로나이저 링의 원추형 마찰 면과 접촉하여 기어의 회전 속도를 일치(동기)시키는 역할을 하는 것을 말한다.

싱크로나이저 키 synchronizer key　싱크로나이저 키는 싱크로나이저 슬리브를 고정하여 기어 물림이 빠지지 않게 하는 역할을 한다. 싱크로나이저 허브 3개의 홈에 끼워져, 싱크로나이저 스프링에 의해 항상 싱크로나이저 슬리브 안쪽 면에 압착되어

있다. 또한 변속 레버에 의해 슬리브를 이동시키면 싱크로나이저 키도 이동하여 싱크로나이저 링을 기어의 콘부에 압착시킨다.

싱크로나이저 허브 synchronizer hub　싱크로나이저 허브의 안쪽은 주축의 세레이션에 끼워져 고정되고, 3개의 홈에 싱크로나이저 키가 끼워지며, 바깥둘레의 스플라인에 슬리브가 설치된다. 싱크로나이저 허브를 클러치 허브라고도 한다.

싱크로나이즈 synchronize　두 가지 부품 또는 그 이상의 부품이 같은 속도 또는 같은 시간에 작동되도록 하는 것을 말한다.

싱크로메시 synchromesh　차가 달리는 중에 기어 체인지를 할 때 감속비가 서로 다른 톱니바퀴에는 톱니바퀴의 원주 속도가 서로 다르기 때문에 원활하게 맞물리지 못한다. 억지로 맞물리게 하면 덜컥거리는 소리 또는 듣기 거북할 정도의 소리가 나서 기어를 상하게 한다. 이 때문에 감속비가 다른 기어를 맞물리기 전에 원추형의 원판을 서로 마찰하게 하여 회전 속도를 일치시킨 뒤, 거기에 힘을 전하는 클러치 기어에 싱크로메시 기구가 붙어 있다. 동기(同期)시키는 방식의 차이에 따라 워너식, 포르셰식 등이 있다.

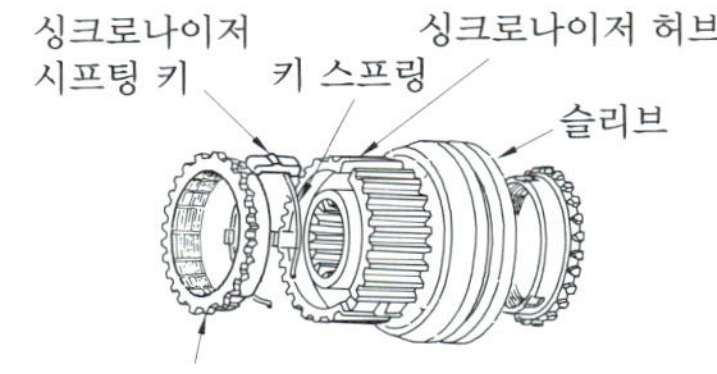

싱크로메시 기구

싱크로 프리 휠 디퍼렌셜 synchro free wheel differential　슈퍼 실렉터 4WD에서 주행(100 km/h 이하) 중에 2WD와 4WD 사이의 전환이 가능하도록 한 기구를 말한다. 프런트 디퍼렌셜의 출력축 상에 설치된 프리 휠 기구를 진공식 액추에이터에 의해 프리(2WD 상태)와 로크(4WD 상태)로 전환하는 기구로서, 연비의 절약이나 소음의 저감 등 프리 휠 허브와 같은 효과를 얻을 수 있다.

싼타모 SANTAMO ; safety and talented motor　'안전하고 다재다능한 차'라는 의미

로, 한발 앞선 안전성과 뛰어난 다기능성을 지닌 차임을 뜻한다. 현대정공이 생산하고 현대자동차 서비스가 판매하는 레저용 7인승 미니밴으로 2.0 SOHC와 DOHC 가솔린 엔진에 4WD(상시 4륜구동) 차종으로, 최고 출력 146마력 차종이다 (1996년 출고).

쐐기형 wedge shape 차가 고속화함에 따라서 공기역학적으로 유리하기 때문에 레이싱 카 등에 사용되고 있는 형상이다. 옆으로 보면 쐐기형으로 되어 있어서 이렇게 불리고 있으며, 배스터브형과 같이 흡입 밸브와 배기 밸브는 나란히 붙어 있다. 그러나 배스터브형보다 흡배기 포트를 완만하게 구부릴 수 있어, 혼합 가스나 배기가스의 흐름이 스무드해지고 그만큼 출력도 커진다.

쐐기형 램프 wedge type lamp 주로 각종 경고등에 사용되며, 두 개의 배선이 나와 있다.

쐐기형 연소실 wedge type 고압축비를 얻을 수 있어 열효율이 높고, 혼합 가스의 와류 작용이 좋아 혼합 가스가 완전 연소된다. 혼합 가스의 연소 속도가 낮아 압력 상승이 급격하지 않으므로, 연소에 의한 운전의 거친 면이 없다. 그리고 연소 가스의 스쿼시 에어리어(squash area)에서 혼합 가스가 냉각되기 때기 때문에 노킹이 억제되어 저옥탄가의 연료를 사용할 수 없어, 점화 플러그가 연소실의 중앙부에 설치되므로 화염 전파의 시간이 짧아 카본 퇴적물이 잘 쌓이지 않는다.

쐐기형 연소실

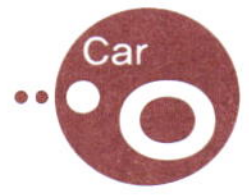

아공석강(亞共析鋼) hypo-eutectoid steel 탄소가 0.02~0.85 % 들어 있는 강철로서, 페라이트와 펄라이트의 조직을 말한다.

아교(阿膠) glue 짐승의 가죽, 힘줄, 뼈 등을 진하게 고아서 굳힌 끈끈한 것으로, 풀로도 쓰고 지혈제로도 쓴다. 정제한 백색의 접착제로 젤라틴이라고 한다.

아날로그 analog (1) 일정 범위 내의 어떤 전압이 전기에 의해 발생되어 연속적으로 변화하는 신호를 말한다. (2) 전류 또는 전압의 크기를 바꾸거나 조정하여 전기 회로를 통한 정보를 전송하는 한 방법을 말한다.

아날로그 데이터 처리 analog data processing 신호에 관련된 물리의 법칙이나 효과, 신호 처리 회로 등을 응용하여 연속적인 측정량과 출력 신호와의 사이에 일정한 대응 관계를 갖게 하는 신호 처리를 말한다. 측정량과 출력 신호와의 관계는 선형인 것이 바람직하지만 절대 조건은 아니고, 1차 변환의 입출력 관계가 비선형인 경우, 그 이하의 변환 처리로 선형화하는 방식도 많이 행해진다. 변환 과정에서 사용하는 소자나 변환기의 비선형성, 주위나 내부의 노이즈, 동특성(動特性), 경시 변화 등 많은 요인으로 정밀도가 지배된다. 열전대과 같이 간단한 것이라도 재질의 순도, 기준 접점 온도, 경시 변화, 유도 잡음 등이 변화의 정밀도에 영향을 미친다. 측정량으로부터 바라는 출력 신호를 얻으려면 몇 단계의 변환 처리를 하는 경우가 많다. 압력 측정에서는 다이어프램이나 부르동관이 많이 이용되지만, 그 경우 압력은 이들 소자로 우선 변위 변환되고, 그것이 정전 용량이나 인덕턴스의 변화로 바뀌어져 전기 신호로 변환된다.

아날로그 디지털 변환기 analog digital converter 전압, 온도 등의 아날로그 신호를 디지털 신호로 바꾸는 장치를 말한다. 현재 일반적으로 사용되고 있는 컴퓨터는 디지털 컴퓨터이므로, 전류나 전압 등의 아날로그 데이터를 입력할 때는 이 장치를 써서 일단 디지털 데이터로 변환시켜야 한다.

아날로그 멀티 테스터 analog multi tester 자동차에 관계되는 전기 장치 또는 가전 제품의 저항, 전압 및 전류를 한 개의 장치로 점검하기 위한 계기로서, 물리량의 변화를 지침으로 나타내는 것을 말한다.

아날로그 미터 analog meter 오일, 연료, 냉각수 등의 압력, 양, 온도 등을 지침으로 삼아 변화 수치를 표시하는 계기를 말한다.

아날로그 비교기 analog comparator 전압 또는 전류로 나타나는 두 아날로그 입력 신호의 대소(大小)를 비교하여 그 결과 신호를 디지털의 1 또는 0의 출력이 발생하도록 하는 비교 장치를 말한다.

아날로그 센서 analog sensor 아날로그 신호를 출력 신호로 하는 센서를 이른다. 입력 변수와 출력 신호의 관계가 디지털 센서에서는 불연속인 데 대하여, 아날로그 센서에서는 연속적으로 결정된다. 센서의 출력 신호의 형태는 아날로그 신호와 디지털 신호로 대별할 수 있지만, 아날로그 형이 압도적으로 많다. NC 공작 기계나 마이크로컴퓨터 응용 기기 등이 보급됨에 따라 인코더와 같은 디지털 신호를 출력 신호로 하는 디지털 센서도 증가하고 있긴 하지만, 물리 법칙이나 효과를 이용하는 센서로는 아날로그 센서가 대부분이다. 출력 신호나 표시가 디지털의 형식으로 되어 있는 경우에도 AD 변환 등의 신호 처리로 디지털 출력을 얻고 있을 뿐이고, 본질은 아날로그 센서인 것이 많다. 기계 진동자나 표면 탄성파 소자를 이용한 주파수 출력형 센서는 그 출력이 간단히 디지털 신호로 변환되기 때문에 디지털 센서라고 불리는 경우가 있다.

아날로그 스피도미터 analog speedometer 연속적으로 변화하는 자동차의 속도 및 엔진의 회전수를 미터의 지침으로 나타낸 것을 말한다.

아날로그 스피드 센싱 파워 스티어링 analog speed sensing power steering 아날로그 속도 감응형 조향 장치를 말한다. 속도가 증가할수록 조향력을 크게 하여 핸들이 지나치게 가벼워지지 않도록 한 것이다.

아날로그 IC analog IC analog integrated circuit를 줄인 말로, 아날로그 양을 증폭하거나 제어하는 전자 회로를 집적화한 소자를 말한다. 음의 강도나 온도와 같이 연속적으로 변화하는 신호를 다루는 IC를 말하며, 리니어 IC라고도 한다. 전화, 라디오, 텔레비전 및 팩시밀리 등은 전류의 강약 변화를 통해 각각의 파형을 전송하는 아날로그 통신이다. 특정 지점에서의 온도·습도·기압 등의 측정값을 전류의 강약의 변화를 통해 그대로 전송하는 텔레미터도 아날로그 통신 방식의 하나이다.

아날로그 제어 analog control 제어 지시에 쓰이는 신호의 크기, 시간적 장단이 연속적으로 변화하는 양으로 제어되는 방식을 말한다. 마이크로컴퓨터를 사용하지 않고 트랜지스터, 다이오드, IC 등의 아날로그 회로만으로 구성되는 ECU에 의해서 제어를 행하는 것을 말한다.

아날로그 컴퓨터 analog computer 아날로그형은 '연속적 양의 형'으로 계산하는 기기이고, 디지털형은 '이산 (분리)적인 수의형'으로 계산하는 기기인데, 계산자는 아날로그, 주판은 디지털로 생각할 수 있다. 다시 말해서, 디지털형은 모든 연산을 가감승제의 사칙형으로 실행하는 반면, 아날로그형은 사칙과는 다른 미적분 등으로 연산을 직접 실행하는 특징이 있다. 정확도 측면에서 볼 때 아날로그형은 디지털형을 따를 수 없다. 기계적인 것, 전기적인 것, 전자적인 것이 있다.

아네로이드 고도계 aneroid altimeter 아네로이드 기압계를 이용하여 높이를 재는 고도계를 말한다. 얇은 탄성의 금속판을 진공 용기에 설치하여 기압의 변화에 따라 팽창·수축하면 조그만 레버를 통하여 계기의 바늘이 눈금을 가리키도록 만든 것을 말한다.

아네로이드 벨로즈 aneroid bellows 대기압이나 냉각수 압력 변화에 따라 수축하거나 팽창하는 아코디언 모양의 공기실을 말한다.

아네로이드 컨트롤 aneroid control 전자제어 엔진을 탑재한 자동차 또는 자동 변속기를 설치한 자동차에서, 고도에 따라 대기 압력의 변화를 감지하여 공연비 또는 변속점을 자동으로 제어하는 장치를 말한다.

아니온 도장 아니온(anion)은 '음이온'의 뜻으로, 아니온 도장(塗裝)은 전착(電着) 프라이머(primer, 도료를 여러 번 칠하여 도막 층을 만들 때, 내식성과 부식성을 증가시키기 위하여 맨 처음 밑바탕에 칠하는 도료) 도장 공정을 말한다. 종래에 취해져 온 방법으로, 보디 측을 플러스극으로 하고 산성 용액 중에서 도장하는 방법이다.

아라미드 섬유 aramid fiber 방향족 폴리아미드 섬유를 말한다. 아라미드란 이름은 보통 유기 섬유에 비해 매우 우수한 인장 강도와 탄성률을 갖든가 또는 뛰어난 내열성을 갖는 것을 특징으로 하는 섬유에 대해서 미국 연방상업위원회(FTC)가 붙여 준 것으로, 종래의 지방족 폴리아미드인 나일론과 구별할 수 있게 되었다. 구조상 골격이 되는 벤젠핵이 직선적으로 연결된 것(파라계)과 그렇지 않은 것(메타계)으로 구분된다. 파라계 아라미드 섬유는 고강도, 고탄성, 저수축 등 뛰어난 특징을 가지며, '법의 실'이라 불려 타이어 코드나 우주 항공 분야에서 사용되고 있다. 또 메타계 아라미드 섬유도 고내열성이 최대의 특징이며 방화복, 고온 집진용 필터 백 등에 사용되고 있다.

아래 방향 흡기식 downdraft type 혼합 가스가 위에서 아래로 흐르도록 한 형식을 말한다. 공기의 흐름 속도가 느려도 혼합 가스의 흐름이 중력에 작용하므로 흡입 효율이 양호하여 출력이 증가된다.

아래보기 자세 flat position 하향 자세로, 용접선이 대략 수평인 이음을 위쪽에서 용접하는 자세를 말한다.

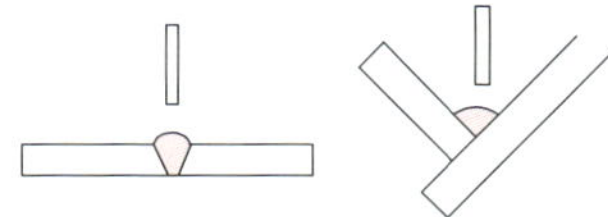

아래보기 자세

아르 R 반지름(radius)을 기호로 표시한 것으로서 반지름의 두문자이다. 레이싱 코스의 커브 크기를 나타내는 데 이용된다. 보통은 50 R 등으로 숫자를 붙이는데 단위인 m는 생략한다. 그래서 R가 '급하다'라는 등으로 코너의 길이를 나타내는 말로 쓰인다. 예를 들어, R=20 또는 20 R는 반지름 20 m의 커브를, R=300 또는 300 R는 반지름 300 m의 커브를 가리킨다. 이 숫자가 작을수록 급한 커브이다.

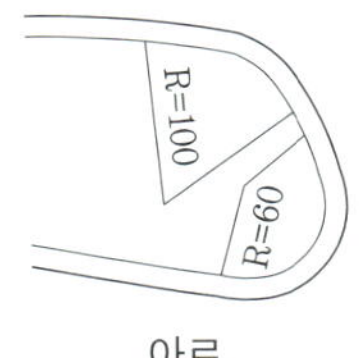

아르

아르곤 argon 공기 속에 약 1 % 안팎으로 들어 있는 무색·무취의 비활성 기체 원소이다. 다른 원소와 화합하지 않으며, 영하 187℃에서 액화한다. 백열전구·형광등·진공관 등의 봉입 가스, 여러 가지 금속 제련의 비활성 가스 등으로 쓰인다. 원자 기호는 Ar, 원자 번호는 18, 원자량은 39.948이다.

아르곤 가스 용접 argon arc welding 아르곤 분위기 속에서 노출된 금속 전극과 피용접물 사이에 발생한 아크로 가열하여 진행하는 용접을 말한다.

아르브이 RV ; recreational vehicle 레크리에이션 비이클의 약자로서, 주로 레저나 아웃 도어 스포츠를 즐기기 위해서 만들어진 자동차이다. 원 박스 카 또는 왜건, 오프로드 4WD 등이 여기에 포함된다. SUV(sports utility vehicle)와 혼용하기도 한다. 원래는 오프로드 카에서 시작된 용어이다. 아시아의 록스타, 기아의 스포티지, 현대 갤로퍼, 쌍용 무쏘 등을 꼽을 수 있다.

RR 방식 rear engine rear drive type FF 방식과는 완전히 반대되는 개념으로, 엔진이 뒷부분에 있고 뒷바퀴를 굴리는 방식이다. 이 방식은 실내 공간을 적절하게 이용할 수 있으며, 우수한 구동력을 얻어 낼 수 있는 장점을 가지고 있지만, 트렁크의 크기가 작아지기 때문에 큰 용량의 트렁크를 원하는 소비자에게는 별로 환영을 받지 못하는 방식이다. 폴크스바겐의 딱정벌레가 대표적인 차종이다.

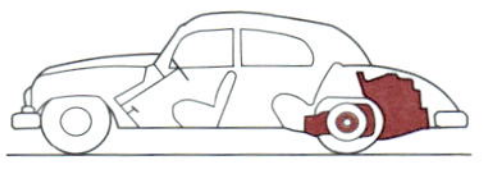

RR 방식

RS real satisfaction 고객 만족의 실질적인 요건을 갖춘 자동차로서, 현대자동차의 액센트에 주로 표기한다.

아르에스에스 시트 RSS sheet ; rubber special sheet 아스팔트 및 고무를 주성분으로 하고, 변성용 수지를 충분히 배합하여 일정한 두께로 성형 가공한 시트 상태의 것으로, 멜 시트(mel-sheet)와 이중 또는 샌드위치 상으로 패널에 부착된 것에 의해 진동, 소음이 저감된다.

R.A.C. royal automobile club 왕립자동차클럽을 이른다. F.I.A.의 공인 단체로, 영국의 오토 스포츠를 통합한다.

R.A.C. 랠리 R.A.C. Rally 롬바드(Lombard) R.A.C. 랠리는 영국 노팅검을 중심으로 열린다. R.A.C.(Royal Automobile Club)는 F.I.A.의 공인 단체이며, 영국에서의 오토 스포츠를 통합하고 있다. 출발 직전까지 코스가 비밀로 붙여진다는 점이 특징이다.

아르에이시 마력 RAC horse power ; royal automotive club horse power ⇨ 에스에이이 마력

아르에프브이 RFV ; radial force variation 타이어의 특성을 표현한 단위의 하나로서, 타이어 중심으로 향한 하중의 변동을 의미한다.

아르카디아 Arcadia 펠로폰네소스 반도 중앙에 자리 잡았던 고대 그리스의 산악 지역으로, 옛 그리스의 산속에 있었던 이상향을 뜻한다. 1990년대 중반 대우에서 혼다 모델을 들여와서 고급차로 판매한 차 이름이기도 하다.

아르키메데스 원리 Archimedes' principle 액체나 기체 속에 있는 물체는 그 물체가 차지한 액체나 기체의 부피만큼의 부력을 받는다는 법칙이다. 액체나 기체 또는 물체의 정지 및 운동에 관계없이 성립하는데, 기원전 220년 무렵에 아르키메데스가 발견하였다.

아르피엠 RPM ; revolution per minute 회전하는 메커니즘의 1분당 회전수로, rpm으로 표시한다. 1분 동안의 엔진 회전수를 말한다. 카탈로그 등의 데이터에는 그 엔진의 최고 출력이나 최대 토크와 더불어 그러한 것이 발생하는 때의 회전수가 반드시 기록된다. 파워는 회전수와 관계가 있으므로, 동일한 배기량이면 일반적으로 높은 회전수를 지닌 엔진일수록 높은 출력을 낸다.

아르헨티나 랠리 Argentina Rally 남아메리카 아르헨티나에서 열리는 랠리로 WRC의 1전이다. 광활한 황무지를 달리는 힘든 이벤트이다. 1980년과 1981년에 열린 뒤 1983년부터 매년 개최되고 있다.

아마추어 armature ⇨ 전기자

아마추어 회로 시험 armature circuit test 시동 전동기 아마추어 내에서의 쇼트(단락), 개회로(open) 및 접지 등이 있는지 알아보기 위해 행하는 시험을 말한다.

아메리칸 레이싱 시리즈 ARC ; American racing series 3 L급 포퓰러 카로 벌이는 미국의 자동차 경주로, 인디 카 월드 시리즈의 등용문으로서 1986년부터 열렸다. 머신은 영국 마치(March)제의 섀시에 미국 뷰익의 3.4 L 논 터보 엔진을 얹은 원 메이크(한 종류의 차)이다. 유럽의 F3000과 비슷하다.

아몽통 법칙 Amontons' law 마찰력은 접촉면의 전 면적에 의존하지 않는다는 제1법칙과, 마찰력은 하중에 비례하나 마찰 계수는 하중에 의존하지 않는다는 제2법칙으로 된 마찰 면에 관한 법칙이다.

아베의 원리 Abbe's principle 독일의 아베(E. Abbe, 1893)가 제창한 이론으로, 측정기에서 표준자의 눈금 면과 측정물을 동일선 상에 배치한 구조가 측정 오차가 적다는 원리이다.

아벨라 Avella 라틴어의 '갈망하다(aveo)'와 '그것(illa)'의 합성어로서 '갈망하는 그것을(avella)'이라는 뜻이다. 세계의 젊은 지성인들이 '꼭 갖고 싶어 하는 차'를 의미하는 '뉴 콤팩트 카'라고 하여 미국에서는 '아스파이어'로, 일본에서는 '뉴 페스티바'라고 불리는 자동차이다.

아보가드로 법칙 Avogadro's law 온도와 압력이 같을 때 서로 다른 기체라도 부피가 같으면 같은 수의 분자를 함유한다는 법칙을 말한다.

아세톤 acetone 2-프로판온 또는 디메틸케톤이라고도 한다. 공업과 화학에서 중요한 유기 용매로 쓰이며, 가장 간단하고 가장 중요한 지방족 케톤이다. 인화성 및 용해성이 커서 화학 실험, 화학 공업, 셀룰로이드 접착제 및 아세틸렌의 용해에 사용되고 있다.

아세틸렌 acetylene 탄화칼슘에 물을 부으면 생기는 무색의 가연성 기체이다. 독성이 있고 불순물을 함유하고 있는 것은 특유한 냄새가 있으나, 순수한 것은 좋은 냄새가 나며, 탈 때 높은 열과 밝은 불꽃을 낸다. 조명, 용접, 유기 화합물의 합성 원료 등으로 쓴다. 순수한 가스는 비중이 0.91로 공기보다 가볍고 냄새가 없는 가스로서 화학 기호는 C_2H_2로 표시한다. 아세틸렌은 15℃ 1기압에서 물에는 같은 양, 석유에는 2배, 벤젠에는 4배, 아세톤에는 25배가 용해된다. 1.5기압 이상이 되면 폭발의 위험이 있고, 2기압 이상으로 압축하면 폭발한다.

아세틸렌 발생기 acetylene gas generator 카바이드(CaC_2)와 물을 접촉 반응시켜 그 상호 작용으로 아세틸렌가스를 발생시키는 기구를 말하며, 가스 발생기라고도 한다.

아스베스토스 asbestos 석면이라고도 하며 보온·내화재로 사용되는 광석으로서, 섬유 형태로 된 광물을 모두 일컫는다. 재질은 부드럽고 마모나 열에 강하기 때문에 디스크 브레이크 패드, 브레이크슈(brakeshoe, 제동자)의 라이닝, 클러치 페이싱 등의 마찰재, 언더 코팅 등의 단열재나 소음을 흡수하는 재질로서 여러 가지 부품에 쓰이고 있다. 그러나 아스베스토스의 분진을 다량 흡입하면 폐의 기능을 나쁘게 하며 발암성이 있으므로, 그 사용량도 서서히 줄어들고 있다.

아스베스토스 프리 asbestos free ⇨ 논 아스베스토스

아스피레이션 노이즈 aspiration noise 고속 주행 중 차실에서 공기가 새어 나갈 때 발생하는 흡기음(吸氣音)을 말한다. 도어가 자동차 측면에서 발생하는 부압 때문에 빨려 나가 웨더 스트립과 보디 사이에 틈새가 생겨 공기가 빨려 나가는 소리이다.

아스피레이터 aspirator 가스 또는 유사 물질을 흡입하고자 할 때 사용하는 진공 펌프를 말하며, 또 캐털리틱 컨버터에서 비드(bead) 교체 시 사용하는 진공 펌프를 이르기도 한다.

아연 zinc 질(質)이 무르고 광택이 나는 청색을 띤 흰색의 금속 원소로 섬아연석, 능아연석 등으로 존재한다. 상온에서는 무르지만 100~150℃에서는 전성(展性)과 연성(延性)이 커지며, 습기에 닿으면 표면에 얇은 막을 만들어 내부를 보호한다. 철판이나 강철의 산화를 방지하는 도금이나 양은·황동 등의 합금으로 쓴다. 녹는점은 419.5℃, 끓는점은 907℃, 원자 기호는 Zn, 원자 번호는 30, 원자량은 65.38이다.

아연 도금 강판(亞鉛塗金鋼板) galvanized sheet iron 냉간 압연기로 압연한 박강판을 아연으로 도금하여 부식에 잘 견디고 표면을 매끄럽게 만든 강판을 말한다. 종류로는 강판을 음극으로 하고 전기를 사용하여 도금하는 전기 아연 도금 강판, 아연을 녹인 상태에서 강판을 담가 만들어지는 용융(鎔融) 아연 도금 강판, 아연 도금한 강판을 열처리하여 표면을 철과 아연의 합금으로 만든 합금화 아연 도금 강판 등이 있다.

아우디 Audi 독일의 호르히 박사가 설립한 자동차 회사로서, 설립자인 호르히 박사의 이름이 호르히와 비슷한 회렌이라는 단어를 회사 이름으로 사용하고 있다. '듣

다'라는 뜻을 가진 회렌은 라틴어로는 '아우디'라고 한다. 그리고 엠블럼으로 상징되는 네 개의 동그라미가 사슬처럼 연결된 것은 네 개의 회사를 통합하여 설립되었음을 나타낸다.

아우터 레이스 outer race 조인트는 아우터 레이스, 볼, 케이지(cage), 이너 레이스로 구성되어 있다. 이너 레이스는 샤프트에 결합되어 샤프트의 구동력을 볼을 통하여 아우터 레이스에 전달하고, 아우터 레이스는 휠에 연결되어 볼로부터 전달받은 구동력을 휠에 전달한다. 이때 케이지는 이너 레이스, 아우터 레이스의 축 방향 및 반지름 방향의 위치를 규제하며, 볼은 이너 레이스 및 아우터 레이스의 그루브 면상에서 구름 운동으로 구동력을 전달하고 작동각을 확보한다.

아우터 미러 outer mirror 양 옆의 후방 상황을 확인하기 위한 후사경으로서 차량의 바깥쪽에 설치된 것을 말한다.

아우터 벤트 밸브 OVV ; outer vent valve OVV의 역할은 엔진이 냉각되지 않았을 때의 재시동성을 향상시키는 것이다. 작동은 점화 스위치 OFF와 시동 시 OVV로의 통전을 차단하고 밸브를 열어서 기화기 주위의 연료 증발 가스를 캐니스터(canister)로 흡착시키고, 그 위에 크랭킹 시에는 증발 가스를 다소 포함한 새로운 공기를 도입한다.

아우터 벤트 시스템 outer vent system 엔진이 식지 않았을 때의 재시동 성능을 향상시키기 위해서 마련한 장치로서, 기화기 플로트 실내의 온도가 고온 시에 연료 증발 가스를 캐니스터로 흡착시킨다. 이 시스템에 마련된 BVSV(bimetal vacuum switching valve, 흡기온 감지 밸브 또는 수온 감지 밸브)는 55℃에서 열리고 45℃에서 닫힌다. 같은 종류의 장치로, 로터리 엔진 차의 에어 벤트 솔레노이드 밸브나 BVV(bowl vent valve)가 있다.

아우토반 Autobahn 제2차 세계대전 중 군사 목적으로 만들어진 도로로서, 현재는 독일의 고속 도로로 알려져 있다. 실제로는 독일 국내뿐만 아니라 유럽 전국에까지 퍼져 있어, 프랑스에서는 '모토루트', 이탈리아에서는 '아우트스트라다'로 그 명칭이

달라진다. 제한 속도가 정해져 있지 않은 것이 특징의 하나이지만, 운전자의 주의력을 촉진하기 위하여 필요에 따라 속도 표지가 붙는 경우도 있다.

아웃렛 체크 밸브 outlet check valve 체크 밸브의 일종으로, 브레이크 마스터 실린더의 경우 액압 출구에 설치된다. 브레이크 해제 후 배관 계통에 일정 압력을 남기는 방식과 남기지 않는 방식이 있다.

아웃보드 브레이크 outboard brake 아웃보드는 자동차에서는 차체의 바깥쪽(外側)을 말하며, 아웃보드 브레이크는 현가장치에 설치되어 있는 일반적인 브레이크와 대비되는 용어이다.

아웃보드 조인트 outboard joint 독립 현가장치의 구동축에 쓰이는 두 개의 등속 조인트 중 휠 쪽에 쓰이는 조인트를 말한다. 보디 쪽에 쓰이는 조인트는 인보드 조인트라고 한다.

아웃 인 아웃 out in out 코너링 테크닉의 기본이 되는 기법으로, 커브의 입구에서는 코너 바깥쪽으로 달리다가, 커브 중간 부근에서 코너 안쪽의 클리핑 포인트로 접근하고, 커브를 벗어나면서 다시 코너 바깥쪽으로 방향을 잡아 달리는 테크닉이다. 코너를 돌 때는 원심력의 영향을 받게 되어 같은 속도라면 코너의 반지름이 클수록 원심력의 영향은 작아진다. 따라서 같은 도로 폭이면 코너 입구에서 바깥쪽(아웃), 중앙에서 안쪽(인), 출구에서 다시 바깥쪽(아웃)을 지나면 반지름은 가장 커진다. 이렇게 가장 큰 원의 코스를 달리면 코너링이 수월해져, 이 기법을 쓰면 회전 반지름이 커지므로 고속으로 안전하게 커브를 돌아 달릴 수 있지만, 대형차가 있는 도로에서는 위험이 따른다. ⇨ 클리핑 포인트

아웃풋 샤프트 output shaft 출력축(出力軸)으로, 엔진과 변속기에서 동력을 전달하는 축을 말한다.

아이 eye (1) 1번 판스프링의 양 끝에 만들어진 둥근 고리로서 섀클(shackle) 또는 핀으로 차체에 설치하기 위한 구멍을 말한다. (2) 크레인에 화물을 매달기 위해서 와이어로프 양 끝에 만들어진 둥근 고리 모양의 걸이 구멍을 말한다. (3) 엔진을 체인 블록으로 들어올리기 위해서 와이어로프를 연결하는 볼트 머리에 만들어진 걸이 구멍을 말한다.

아이들 idle 공전(空轉)의 뜻으로, 가속 페달을 완전히 놓은(조금도 밟지 않는) 상태 또는 엔진에 부하가 걸리지 않는 상태에서의 엔진 속도를 말한다.

아이들 기어 idle gear ⇨ 아이들러 기어

아이들러 idler 엔진에서 벨트나 체인의 장력을 조정하기 위하여 부착된 풀리나 스프로킷을 말한다. 캠축을 구동하는 타이밍 벨트나 타이밍 체인, 보조 기계류를 구동하는 벨트 등을 누르면 회전 중심이 움직이게 되어 있는데, 이를 각각 아이들러 풀리, 아이들러 스프로킷이라고도 부른다.

아이들러 기어 idler gear, idle gear 아이들 기어 또는 공전 기어라고도 하며, 두 개의 메인 기어 사이에 설치되어 그 위치를 조정하거나 회전 방향을 변환시킬 목적으로 사용되는 기어이다. 이 기어로는 동력을 변화시킬 수 없으므로 아이들러라고 부른다. 변속기에서 차량을 후진할 때 쓰이는 후진 기어로서, 회전 방향을 역으로 하는 리버스 아이들러 기어가 그 예이다.

아이들러 스프로킷 idler sprocket ⇨ 아이들러

아이들러 암 idler arm (1) 리서큘레이팅 볼식 등 릴레이 로드를 장착 사용하는 핸들 장치에 있는 릴레이 로드를 평행으로 유지하는 암으로, 기어 박스로부터 나온 피트먼 암의 회전 운동은 중간 로드의 가로 방향의 왕복 운동으로 전해진다. 이 가로 방향의 움직임은 타이 로드를 통해 바퀴로 전해지고, 이를 위해서 중간 로드와 정확하게 가로 방향으로 움직이지 않으면 안 된다. 따라서 피트먼 암과 대칭되는 자리에 아이들러 암을 배치하여 중간 로드를 차축과 평행하게 움직이게 한다. (2) 한끝은 프레임에 연결되고 한끝은 센터 링크에 볼 소켓으로 연결되어 센터 링크를 지지하는 암으로, 피트먼 암이 직접 센터링에 조향 축을 전달하는 반면, 아이들러 암은 그 전달력이 유지되도록 피트먼 암과 수평으로 설치되어 조향력 전달을 보조하는 기능을 수행한다.

아이들러 풀리 idler pulley ⇨ 아이들러

아이들 러프니스 idle roughness ⇨ 아이들 불안정성

아이들 리미터 idle limiter 공전(空轉) 속도에서 공기·연료의 혼합 가스가 최대로 농후해지는 것을 제한(방지)하기 위한 장치를 말한다.

아이들 리미터 캡 ILC ; idle limiter cap 아이들 리미터, 즉 조정 스크루를 덮어씌우는 플라스틱 또는 금속제의 캡을 말한다. 기화기의 아이들링 어저스트 스크루를 나사를 틀어 되돌리면 아이들링 공연비가 과농으로 되어서 일산화탄소(CO)와 탄화수소(HC) 농도가 증대된다. 이것을 방지하기 위해 아이들링 어저스트 스크루에 나일론 캡을 부착해서 아이들링 어저스트 스크루를 일정 회전 이상 돌지 않도록 하고 불필요하게 아이들링 공연비를 농후하게 하지 않도록 제한하고 있다. 물론 전자식 가솔린 분사 장치 부착 엔진에는 장착되어 있지 않다. 그림은 아이들링 리미터 캡을 씌운 농도 조절 나사(MAS)를 보여 주고 있다.

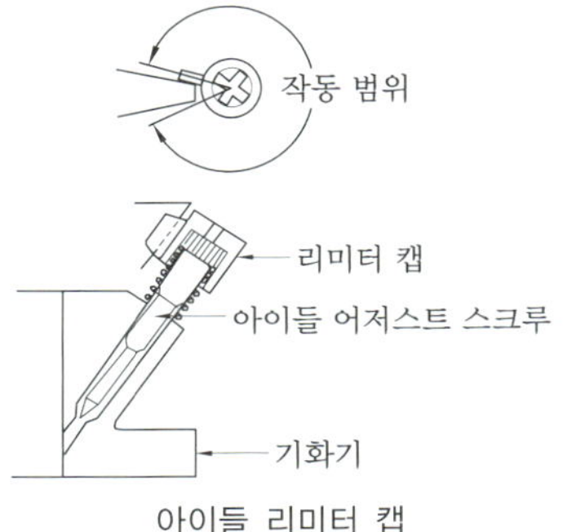

아이들 리미터 캡

아이들 리타더 시스템 idle retarder system 배전기에 설치되어 있는 진공 진각장치에 다이어프램을 이중으로 설치하여, 엔진이 공회전할 때 점화 시기를 늦춤으로써 일산화탄소나 탄화수소의 발생량을 감소시키는 장치를 말한다.

아이들링 idling (1) 아이들링 회전수는 엔진에 부하를 걸지 않고 저회전시키는 상태로 차에 따라 정해져 있다. 특히 AT차에서는 크리프가 달라져서 중요하다. 워밍업을 아이들링이라고 하는 것은 잘못이다. (2) '유전(遊轉), 공전(空轉)'의 뜻으로

서 엔진이 무부하 상태에서 공전하는 것을 말한다. 또한 차가 정지하고 있을 때 액셀러레이터를 발에서 떼어도 엔진이 저속으로 회전하는 상태를 말한다. 아이들링 시의 회전수는 500~800 rpm이 일반적이다. 카뷰레터 등에는 아이들링 조정 장치가 설치되어 있고, 흡입 공기량과 가솔린 유출량을 조절하여 안정된 저속 회전을 유지하도록 되어 있다. 엔진의 좋고 나쁨에 관한 기본이 되므로, 정기적으로 이 부분을 점검 조정할 필요가 있다.

아이들링 조절 밸브 AAC valve ; auxiliary air control valve 흡입관에 장착되어 있으며 부압 제어 전자 밸브(vacuum control modulator valve)에서의 제압 부압에 의하여 보조 공기 통로를 흐르는 공기량을 조절하는 밸브를 말한다. ⇨ 부압 제어 전자 밸브

아이들링 조정 나사 TAS ; throttle adjust screw 스로틀 레버와 붙어 있는 스로틀 밸브 개도(開度) 조정 나사로, 아이들링 시 스로틀 밸브 개도를 결정하는 것이다. TAS(일반적으로 타스라고 함)를 죄면 아이들링 회전 속도가 높아지고, 반대로 돌리면 아이들링 속도가 낮아진다.

아이들링 진동 idling vibration 엔진이 공회전할 때 시트, 조향 핸들 등이 엔진의 진동과 공진하여 흔들리는 현상으로, 공전 진동이라고도 말한다. 엔진이 폭발 행정을 할 때마다 일어나는 4실린더 차량의 20~35 Hz, 6실린더 차량의 30~50 Hz의 진동과 실린더 사이 또는 사이클 사이의 연소가 일정치 않을 때 일어나는 진동 등이 있다. 엔진의 토크 변동이 일정하지 않으므로 발생하는 경우가 많다. 이 밖에도 엔진의 연소가 일정하지 않을 때 또는 엔진이나 변속기의 회전 부분에 언밸런스가 되었을 때 발생하는 경우도 있다.

아이들 바이패스 idle bypass 공전(空轉)우회 회로를 일컫는 말로, 연료 분사 장치에서 에어플로 센서 판을 우회하여 여분의 공기가 들어가는 에어플로 센서 어셈블리의 통로를 말한다.

아이들 벤트 idle vent 엔진이 아이들링하고 있을 때 체임버에 공기가 통과할 수 있게 한 구멍을 말한다.

아이들 불안정성 idle roughness 공회전 시의 엔진 회전 상태로, 아이들 러프니스라고도 한다. 차체, 스티어링 휠, 시프트 레버, 시트, 플로어 등에 전달되는 진동, 소음에 따라 판단할 수 있지만, 엔진 회전수, 흡기 매니폴드 부압을 측정하는 것보다 각각의 변동 유무, 흔들림의 정도로 평가하는 경우가 많다.

아이들 속도 idle speed 공전(空轉) 속도를 일컫는 말로, 가속 페달을 밟지 않은 상태에서 무부하로 회전하는 속도를 말한다.

아이들 스위치 idle switch 아이들 스위치는 엔진의 공전(空轉) 상태 여부를 검출하여 이 신호를 ECU에 보내는 작용을 하는데, 아이들 스위치는 접점식으로 ISC 서보의 끝 부분에 설치되어 스로틀 밸브가 공전 상태일 경우 ISC 레버에 의해 푸시 핀(push pin)이 눌려져 접점이 ON된다.

아이들 스위치 센서 idle switch sensor 공회전 상태를 감지하여 ECU로 보내면 ECU는 연료 분사량, 점화 시기, ISC-서보 등을 제어하는 신호로 사용하게 된다.

아이들 스톱 솔레노이드 idle stop solenoid 전자적으로 작동되는 플런저로, 공전(空轉)에서 미리 결정한 스로틀 세팅이 되도록 작동한다.

아이들 스피드 액추에이터 idle speed actuator 스로틀 밸브를 바이패스하는 공기량을 ECU 신호에 의해 DUTY 제어함으로써 ISC-제어를 하게 된다.

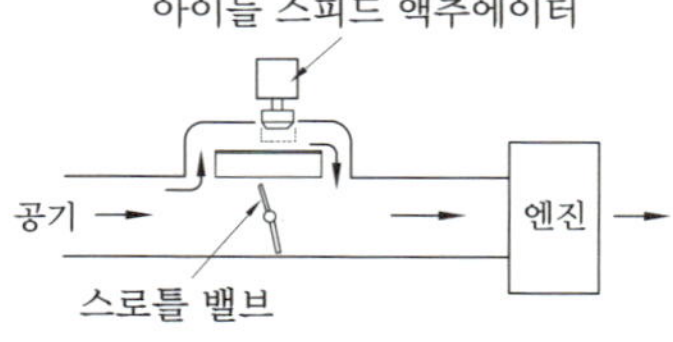

아이들 스피드 액추에이터 장착도

아이들 스피드 컨트롤 서보 idle speed control servo 엔진 공회전 시의 회전수를 제어하는 것을 말한다. DC 모터에 의한 것과 스텝 모터에 의한 것이 있다. DC 모터에 의한 아이들 스피드 컨트롤 서보로서 모터, 웜 기어, 웜 휠, 플런저로 구성되어 있다. ECU로부터의 신호로 모터가 회전하여 플런저가 신축하고 아이들 스피드 컨트롤 레버를 통해서 스로틀 밸브 개도를 조정하여 공회전수를 제어한다. 또한 MPS를 내장하여 응답성을 향상시킨 차량도 있다.

아이들 스피드 컨트롤 시스템 idle speed control system 아이들 스피드 컨트롤이란 컴퓨터에 먼저 냉각수온, 에어컨의 상태, 시프트 레버의 위치(A/T)에 따른 최적 공회전 속도(이것을 목표 회전 속도라고 함)를 기억시켜 두고, 각 센서의 정보를 근거로 컴퓨터가 소형 DC 모터(공회전 스피드 컨트롤 액추에이터)를 제어하여 스로틀 밸브를 개폐하고 자동적으로 목표 회전 속도를 유지하는 시스템이다. 전기 부하, 파워 스티어링 부하 등에 의한 회전 저하를 컴퓨터에 의해 자동적으로 보정하기 때문에 쾌적한 공회전 상태를 얻을 수 있다.

아이들 시스템 idle system, idle circuit 공전(空轉) 장치를 말한다. 아이들 계통이라고도 하며, 공회전을 조정하는 장치를 모두 일컫는다.

아이들 시오 idle CO 아이들 CO는 아이들링 시에 발생하는 CO(일산화탄소)를 말한다. 엔진이 가장 효율 좋게 작동하는 시점은 최대 토크 부근의 회전수에 도달해 있을 때로서, 그때 낼 수 있는 토크를 전부 내고 있는 경우이다. 아이들링 시에는 연소 에너지의 대부분이 열원(熱源)으로서 열을 발생하고 있다고 해도 좋을 만큼 효율은 제로에 가깝다. 연소 온도가 낮을 때 불완전 연소의 산물인 일산화탄소(CO)의 발생은 최대에 이른다. 그 농도는 혼합 가스의 공연비(空燃比)에 좌우되므로 배기가스 조정의 목표가 된다.

아이들 안정성 공회전 시의 엔진 회전 상태를 말한다. 일반적으로 차체, 스티어링 휠, 시프트 레버, 시트 좌석, 플로어 등에 전달되는 진동 소음에 의해 판단할 수 있지만, 엔진 회전수 흡기관 부압을 계측함으로써 각각의 변동 유무, 규정치에서 벗어나는 정도로 평가할 경우가 많다.

아이들 어저스트 idle adjust 엔진이 일을 하지 않고 저속으로 회전만 하고 있는 상태를 무부하 회전이라 하고 흔히 '아이들' 또는 '아이들링'이라고 한다. 아이들이 앞에 붙은 단어는 모두 이런 상태에 관한 것이다. 아이들 어저스트는 공회전 조정을 뜻한다. 무부하로 회전할 때의 조절도 연비에 영향을 미친다.

아이들 어저스팅 스크루 idle adjusting screw ⇨ 믹스처 어저스트 스크루

아이들업 idle-up 쿨러나 에어컨의 컴프레서의 파워 소비량은 예상 외로 크고 2 L급 기준으로 약 5~8마력이 든다. 동력은 주행 중의 엔진에 의존하기 때문에 연비나 배기가스 규제로 한계점까지 아이들링 회전을 내린 현재의 차로서는 충분한 냉방 능력을 낼 수 없다. 때문에 쿨러 사용 중의 아이들링을 약간 높일 필요가 있다. 이 조정 장치가 아이들업으로서, 스로틀 밸브를 약간 여는 방법이 사용된다.

아이들업 장치 idle-up system 엔진의 공회전 상태에서 전조등, 파워 스티어링 오일펌프 작동, 에어컨 작동 등의 전기적인 부하가 걸릴 때 이를 보상하기 위해 엔진의 회전수를 높여 주는 장치로서, 전자 제어 분사 방식(EFI) 차량의 경우는 컴퓨터 (ECU)에 의한 아이들 스피드 컨트롤 서보 (idle speed control servo)를 조절하는 방식이며, FBC, FBM, 일반 기화기식 차량에는 스로틀 오프너를 사용하여 공회전을 조정하는 방식을 채택하고 있다.

아이들 제트 idle jet 공전(空轉) 제트를 일컫는 말로, 구멍 또는 작은 구멍으로 이것을 통해서 연료는 플로트 실(float chamber, 플로트 체임버)에서 공전 회로로 흐른다.

아이들 진동 idle vibration 엔진이 공회전 상태에서 스티어링 휠과 대시 패널이 시간 차로 떨고, 경우에 따라서는 연속적으로 진동한다. 엔진을 레이싱하면 멈춘다.

아이들 차외음(車外音) idle exterior noise 주로 디젤 엔진 특유의 아이들링 시에 발생하는 소음을 말한다. 연소가 일부분에 치우쳐서 행하여지는 것이 원인의 하나로서, 특히 엔진이 냉각되어 있을 때 크다. 저감화(低減化)를 위하여 글로 플러그(예열 플러그)에 통전하거나 연소실의 모양을 개조하는 등 노력을 기울이고 있다. 또한 대형차에는 엔진 전체를 FRR 커버로 씌우는 등의 대책이 강구되고 있다.

아이들 컴펜세이터 idle compensator 아이들 혼합비 보정 장치를 말하고, 정확히는 핫 아이들 컴펜세이터라고 한다. 일반적으로 주행 시, 특히 신호 대기와 같은 아이들링 시에는 엔진룸 안은 고온으로 되어 흡입 공기나 연료 계통의 온도 상승으로 혼합 가스가 짙어져 엔진의 상태가 나빠진다. 아이들 컴펜세이터는 이러한 때에 인테이크 매니폴드 내에 에어 클리너에서 바이패스를 통하여 공기를 도입하고 과농한 혼합 가스를 엷게 하는 역할을 한다. 공기 대책치는 특히 고온이 되기 쉬우므로 대부분의 차종에 채택되고 있다. 또 아이들링 시의 혼합비를 억제할 수 있으므로 배기가스 중의 유해 성분의 증가를 방지하는 공해 대책 장치의 일종이라고도 할 수 있다. 최근에는 흡입 공기의 차고 더운 데 관계없이 엔진 흡입 온도가 자동적으로 거의 일정하게 유지되는 장치가 주류를 이룬다.

아이들 포트 idle port 기화기의 아이들용 연료 유출구를 말한다.

아이들 헌팅 idle hunting 공전(空轉) 상태에서 수초 주기로 엔진 회전 속도가 계속 변동하는 것을 말한다. 흡기관 내의 압력 진동과 토크 진동으로 인한 공진 현상을 말한다.

아이디어 스케치 idea sketch 발상이나 이미지를 그림이나 도면 따위에 표현한 것으로서, 주로 디자인 용어로 사용된다. 자동차 제조 공정에서도 기획의 초기 단계로서, 예를 들면 보디 형상에서도 전체의 이미지에서 배색, 등화류의 모양이나 위치, 그 밖의 세부에 걸쳐 아이디어가 스케치되어 구체화된다.

아이보리코스트 랠리 Ivory Coast Rally 아이보리코스트(상아 해안, 프랑스 어로는 코트디부아르)에서 열리는 랠리를 말한다. 아프리카 대륙의 동부에서 열리는 사파리 랠리에 비해, 아이보리코스트 랠리는 서부에서 열린다. 1978년부터 세계 랠리 선수권(WRC)의 하나로 개최되었다.

아이볼트 eyebolt 일반 볼트의 체결 고정 기능은, 내부와 측면에 가공된 홀을 통한 후 공기와 오일이 통하는 파이프나 호스를 연결하여 공기, 오일에 공급이나 압력을 전달한다. 아이볼트가 체결되는 곳에는

일반적인 스프링 와셔나 평면 와셔를 사용하지 않고 알루미늄이나 납, 아연, 구리 등의 연질 금속 평면 와셔나 특수 와셔를 사용하여 기밀을 유지한다.

아이비에스 IBS ; intelligent body assembly system   자동차 생산 라인을 컴퓨터로 제어해, 소형부터 대형까지 각기 다른 형태의 자동차를 최종 8종까지 같이 생산할 수 있는 자동차 생산 최신 시스템을 말한다.

아이소바 isobar   일기도(日氣圖)의 어느 한 기준면에서 동일한 기압을 가진 곳을 서로 연결한 선으로, 물체의 상태량 중에서 압력을 일정하게 유지하면서 온도·체적 관계 등을 나타내는 등압선(等壓線)을 말한다.

아이솔레이션 isolation   전기 장치가 모든 전기 에너지원에서 전기적·기계적으로 분리되어 있는 것을 말한다.

아이솔레이터 isolator   (1) 전기 절연체를 말한다. (2) 순방향에 대해서는 전자파를 거의 감쇠 없이 전송하고, 그 반대 방향에 대해서는 전력을 흡수하는 비가역적인 전송 회로 소자(轉送回路素子)이다. 즉, 전력이 한쪽 전지에서 전압(수위)이 낮은 쪽 전지로 흘러가지 못하도록 고립시키는 것이다.

아이스 노트 ice note   눈과 얼음의 노면을 달리는 랠리에서는 타이어의 선택이 승부의 열쇠가 된다. 또한 노면 상태를 미리 파악하는 것도 중요하다. 랠리가 열리기 직전에 돌면서 얼어붙은 노면 상태를 체크하여 기록하는 것을 아이스 노트라고 한다. 몬테카를로 랠리 등에서 자주 사용된다.

아이스반 톡 Eisbahn   눈의 표면이 굳어서 얼음처럼 된 상태, 또는 그런 상태의 산비탈이나 스키장으로, 낮에 녹은 눈 등으로 노면이 얼어붙은 상태를 말한다. 한랭기에는 물이 밤새도록 얼어서 빙판 도로 상태인 경우가 많다. 특히 산의 굽은 도로에 그늘이 지는 길 같은 응달에서는 미끄러지기 쉬우므로, 액셀러레이터나 브레이크 조작을 신중히 할 필요가 있다.

IC 센서 integrated circuit sensor   집적화 기술(포토에칭, 확산 등의 IC 프로세스)을 구사함으로써 신호의 검출부와 동일 기판 내에 신호의 증폭·처리 기능을 갖게 한 회로를 집어넣어 집적화·다기능화한 센서를 이른다. 증폭부를 일체화한 홀 IC, 보상 회로를 전집적화한 IC 압력 센서 등이 있다.

아이싱 icing   (1) 연료 탱크로부터 나가는 가스 라인 또는 기화기 내부 표면에서 수증기가 동결되는 것을 말한다. (2) 한랭 다습한 때에 일어나는 사고의 일종으로, 가솔린이 기화될 때 필요한 기화열을 흡입 계통 주변에서 **빼앗긴다**. 그 부분이 빙점 이하까지 내려가면 그곳을 통과하는 공기 중의 수분이 얼음으로 변화되어 점점 쌓이게 된다. 이 얼음으로 통로가 막혀 버리면 흡입 공기량이 부족하여 엔진 상태가 나빠지고, 끝내 엔진이 멈추게 된다.

아이언 로스 iron loss   철 손실(鐵損失)로, 을 교번 자계 중에 두어 일어나는 히스테리시스 손실과 와전류 손실을 합한 것인데, 철심이 발열되는 원인이 된다.

아이에스시 ISC ; idle speed controller   마이크로컴퓨터 제어식 엔진(EC CS, I-TEC, TCCS)에서의 제어 항목의 하나이다. 아이들링 회전수를 미리 결정해 놓은 목표 회전수로 자동적으로 조정하는 기능으로서, 카뷰레터 방식이나 전자 제어식 연료 분사 방식이라도 같은 종류의 장치가 채용되고 있다. CA 계통 엔진에 채용되었던 아이들링 회전수 보정(補正) 솔레노이드 밸브의 원리인 것이다. 연비를 향상시키기 위해 아이들링 회전수를 낮게 설정하는 경우, 그리고 비교적 큰 전기 부하나 파워 스티어링 펌프 부하가 가해졌을 경우, 엔진이 정지되는 위험이 있기 때문에, 스로틀 밸브를 바이패스하는 혼합 가스에 의해서 아이들링 회전수를 약 100~200 rpm 상승시킨다. 단, 이 경우에는 바이패스되는 공기량이 가변되는 것이 아니고 일정하기 때문에, 아이들링 회전수는 부하 상태에 따라 일정하지는 않다.

아이에스시 밸브 ISC valve ; idle speed control valve   ECU의 신호를 받아 밸브의 개도를 변화시켜 바이패스되는 공기량 조절로, 엔진에 전기 부하, 에어컨, 파워 스티어링 등의 추가적인 부하가 걸릴 때 자동적으로 엔진 회전수를 보상하여 아이들의 안정성 및 주행 성능 개선 등의 역할을 한다.

아이에스시 서보 ISC servo ; idle speed control servo (1) 모터, 웜 기어, 웜 휠, 플런저, 모터 위치 센서(motor position sensor, MPS), 공전 위치 스위치(idle position switch, IPS) 등으로 구성되어 있는데, 웜 기어는 모터 축에 설치되어 모터 회전 시 웜 휠이 회전하면 플런저는 왕복 운동을 한다. ECU의 신호에 의해 모터가 회전하면 모터의 회전 방향에 따라 플런저는 왕복 운동을 하므로, 스로틀 밸브의 개도를 조정하여 공전 속도를 제어한다. (2) 전자 제어 분사 방식 엔진에서, 스로틀 보디의 스로틀 밸브를 조절하여 공회전 속도를 조정하는 장치를 말한다.

ISO International Standardization for Organization 국제표준화기구를 이르는 말이다. 국제 규격을 제정·보급하기 위한 기관으로서, 1926년에 그 전신인 국제규격통일협회(ISA)가 창설되고, 제2차 세계대전 후인 1947년에 ISA가 발족되었다. 현재 163개의 기술 위원회가 있고, 약 5,700개의 ISO 국제 규격(ISO-IS)이 제정되어 있다.

INVECS intelligent & innovative vehicle electronic control system 퍼지 제어를 사용한 시스템을 통틀어 이르는 말로, 인벡스라고도 한다. 조정 안정성, 쾌속성, 승차감 그리고 안정성을 높이기 위해, 각 시스템은 퍼지 이론을 사용하여 노면 상황을 비롯한 운전 환경 등을 판단하고, 그 상황에 알맞은 최적의 제어를 한다.

IMSA International Motor Sports Association 국제모터스포츠협회를 이른다. 미국의 프로페셔널 GT, 스포츠카 레이스의 보급을 위해 1969년 존 비숍에 의해 설립되었다.

IMSA-GT 선수권전 IMSA-GT Championship 스포츠카에 의한 미국 국내의 선수권 시리즈를 이른다. IMSA(International Motor Sports Association, 국제모터스포츠협회)의 주최로 1971년부터 시작되었으며, 1970년대 후반부터 세계적인 주목을 받았다. 최상급 클래스인 GTP는 닛산 GTP-ZXT, 재규어 XJR, 포르셰 962 등이 주축이 되어 연

간 15전 안팎으로 열린다. 시판 차를 베이스로 한 GTO와 GTU도 있는데, 배기량 3 L를 경계로 GTO는 그 이상, GTU는 그 아래의 차종으로 경주를 벌인다.

IEC International Electronical Committee 전기 기술에 관한 표준의 국제적 통일과 조정을 목적으로 1906년에 설립된 '국제전기표준회의'를 이른다. 1947년에 ISO(국제표준화기구)가 발족됨에 따라 ISO의 전기 부문으로서 가입했다. 80개의 기술 위원회가 있으며, 현재까지 약 2,000개의 IEC 국제 규격(IEC publication)을 제정했다.

아이티시 ITC ; intake air temperature compensator HIC와 같은 작용을 하는 것으로서, HIC가 바이메탈로 작동하는 데 대해 ITC는 서모왁스(thermo wax)를 사용한다. 그 작동을 설명하면, 다음과 같다. ① 냉간 시(주변 온도 25℃ 이하인 경우) : ITC 밸브가 대기 측의 통로를 닫아서 흡입관 부압이 그림의 A부를 통해서 진공 모터에 작용하므로, 흡기 전환 밸브가 들어 올려서 배기관에서 더워진 공기가 기화기에 흡입된다. 흡입 부압이 낮을 때에는 진공 모터를 작동하는 부압에는 이르지 못하게 되어 차가운 공기로 전환된다. ② 온간 시(주변 온도 25~65℃의 경우) : ITC 밸브가 열려 대기가 유도되므로 흡입과 부압이 약해져서 진공 모터는 작동하지 않고 흡기 전환 밸브가 내려져서 차가운 공기가 된다. ③ 고온 시(주변 온도 65℃ 이상의 경우) : 엔진 실내의 온도 상승에 따라 ITC 밸브는 다시 열려서 그림의 A부의 단면적(제트 지름 크기)이 온도에 비례해서 크게 되므로, 최적으로 제어된 새로운 공기가 흡입관에 들어간다. 이에 따라 엔진 실내가 고온일 경우에 적절한 혼합 가스를 확보한다.

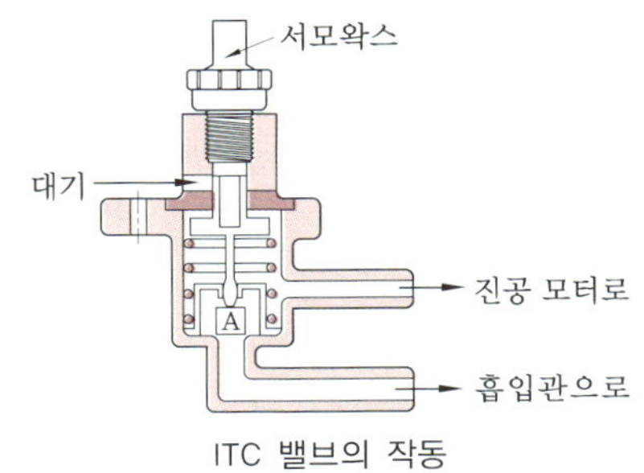

ITC 밸브의 작동

아이 포인트 eye point　운전석에 착석한 상태에서의 눈의 위치를 말한다.

l 헤드형 실린더 헤드에 모든 밸브가 설치되는 형식을 말한다.

l 형 홈 square groove　접합시키려는 두 모재(母材)의 양단을 직각으로 절단하여 l 형으로 맞댄 홈을 이른다.

아크 arc, arcing　방전을 뜻한다. 두 개의 도체 사이의 공간을 건너뛰는 전류 또는 스파크를 말한다.　⇨ 방전(1)

아크 경랍 땜 arc brazing　모재(母材)와 전극 또는 두 전극 사이에서 발생하는 아크열로 땜질하는 전기 경랍(硬鑞) 땜을 말한다.

아크로폴리스 랠리 Acropolis Rally　그리스에서 열리는 랠리로 WRC의 1전이기도 하다. 역사적인 파르테논 신전을 출발하여 그리스 각지를 돌며 약 1,800여 km를 달린 뒤 아테네의 올림픽 스타디움으로 골인한다. 코스의 대부분이 흙길과 자갈길이어서 매우 험하다. 1952년에 제1회 경주가 열렸다.

아크릴 acrylic　아크릴산(酸)을 응고시켜 만든 플라스틱의 하나로서 비교적 손쉽게 만들 수 있고 투명도가 높고 가벼우므로 경기용 차량의 윈도에 많이 사용되고 있다. 그러나 표면이 부드러워 상처 나기 쉬운 결점 때문에 일반 시판 차에는 그다지 사용되지 않지만, 그 굴절률이 높은 점을 살려 히터나 스위치 패널 조명용으로 쓰이고 있다.

아크릴 수지 acrylic resin　대부분 자동차 도장용(塗裝用) 도료에 사용되는 수지를 말한다. 투명하고 내후성(耐候性)이 강하다. 부착력이 강력하므로 경금속용 도료에 적합하며, 산소·오존 등에 의한 분해나 변질이 되지 않는다.

아크 브레이징 arc brazing　미그(mig) 용접의 원리를 이용한 납땜을 말한다. 열에 의한 비틀림 및 녹의 발생을 억제할 수 있다.

아크 블로 arc blow　아크가 전류의 자기(磁氣) 작용 때문에 어긋나는 현상으로, 직류에 많이 나타난다.

아크 스트라이크 arc strike　아크 용접을 할 때 최초로 아크를 발생시키는 것, 또는 모재(母材) 위에 순간적으로 아크를 튀게 하여 곧 끊는 것을 말한다.

아크 에어 가우징 arc air gouging　아크열로 용융시킨 금속을 압축 공기로 연속적으로 불어 금속 표면에 홈을 파는 방법을 말한다.

아크 용접 arc welding　아크열로 금속을 용착하는 용접법을 말한다.

아크의 길이 arc length　아크의 양 끝 사이의 거리를 말한다.

아크 전압 arc voltage　아크의 양 끝 사이에 걸리는 전압을 말한다.

아크 절단 arc cutting　아크열을 이용한 절단을 말한다.

아크 점용접 arc spot welding　아크열을 이용하여 판의 한쪽에서 가열하여 융착시키는 점용접을 말한다.

악어가죽 균열 alligatering crocodiling　균열이 깊고 심하며, 악어가죽 무늬처럼 생긴 균열을 말한다.

안개등 fog lamp　보조등 가운데 대표적인 것으로, 이름 그대로 안개 등으로 인해 시계(視界)가 나빠졌을 때 사용한다. 헤드램프보다는 가까운 곳을 조명하지만, 폭넓게 빛이 번지고 마주 오는 차를 확인하기 쉬우며, 엷은 황색등이 많고, 범퍼의 위쪽 또는 아래쪽에 장착한다.

안내 슬리브 guide sleeve　커넥팅 로드를 분리할 때 볼트의 나사산이 크랭크핀 등을 손상하지 않도록 커넥팅 로드 볼트에 끼우는 튜브를 말한다.

안내 풀리 guide pulley　벨트, 로프, 체인 등의 전동에서 벨트가 벗겨지거나 느슨해지는 것을 막기 위한 풀리를 말한다.

안료(顔料) pigment　색채가 있고 물이나 그 밖의 용제에 녹지 않는 미세한 분말로, 첨가제와 함께 물이나 기름으로 이겨 도료나 화장품 등을 만들거나 플라스틱 등에 넣는 착색제로 쓴다.

안장 키 saddle key　새들 키라고도 한다. 보스에 홈을 내고 축에는 홈을 내지 않은 곳에 끼우는 키를 말한다. 보스에만 키 홈을 만들어 고정하므로 마찰에 의해 회전력을 전달한다. 작은 힘을 전달하는 곳에 쓰인다.

안전밸브 RV ; relief valve, safety valve　(1) 관이나 그릇 안의 유체 압력이 미리 정

해 놓은 일정한 압력을 넘었을 때, 내부의 유체가 자동적으로 분출하게 되어 있는 밸브를 말한다. 이상한 압력 상승으로 인한 위험을 피하기 위해서 사용된다. 설정 압력을 넘으면 밸브 내의 박판을 파열시켜 버리는 비가역식인 것은 압력이 정상치로 돌아간 후에는 원상으로 복귀한다. 밸브와 스프링이나 추를 조합시킨 가역식인 것도 있다. (2) 안전밸브는 펌프실 내의 압력이 일정한 설정 이상으로 되면 밸브 스프링 장력에 역행해서 플랫 밸브를 열고 공기를 엔진룸으로 흐르게 하는 것으로, 배기계로 보내지는 2차 공기량은 감소하고 배기 온도를 저하시키는 작용을 한다. 릴리프 밸브의 설정압은 엔진 용적, 배기 저항 등에 의해서 변한다. 릴리프 밸브가 열리기 시작하고 2차 공기가 유출되기 시작할 때는 밸브와 밸브 시트 사이의 간격이 좁으면 유출 소음이나 베인(vane)의 위치에 따른 소음이 문제가 된다. (3) 슈퍼차저, 터보차저용으로, 만일 웨이스트 게이트가 고장 나면 과급압이 너무 높아져서 엔진이 파괴될 위험성이 있다. 이를 막기 위해서 흡입 매니폴드에는 일정한 압력에서 열리는 안전밸브가 있다. 과급압이 이상하게 높아지면 저절로 열린다.

안전벨트 safety belt　충돌 사고 등의 충격에서 사람을 보호하기 위해서 사용하는 것으로 2점식, 3점식, 4점식이 있다. 이것은 지주점의 숫자에 따른 분류로, 3점식 이상이 안전성이 있다. 현재 승용차 앞좌석의 안전벨트는 모두 3점식이고, 뒷좌석은 3점식, 2점식이 쓰이고 있다. 안전벨트는 반드시 매도록 되어 있으며, 충돌 때 안전벨트를 매고 있는가에 따라 피해에 큰 차이가 생긴다.

안전 스위치 safety switch　변속 레버가 중립 위치에 있을 때만 시동이 걸리도록 하여 크랭킹으로부터 엔진을 보호하게 한 점화 장치 회로에서의 안전장치를 말한다.

안전유리　앞 윈도용 유리이며, 두 장의 유리를 맞붙여서 그 중간에 폴리 염화 부티랄이라는 얇고 강하며 투명한 소재를 샌드위칭한 구조로 되어 있다. 만일 깨지더라도 거미줄 모양이 되어 유리가 튀지 않으며, 전방의 시계를 확보할 수 있다.

안전 저항 ballast resistor　전류가 증가하면 저항 값도 증가하여 회로에 흐르는 전류를 항상 일정하게 유지하도록 작동하는 것으로서, 점화 장치의 1차 회로에 설치되어 있는 1차 저항을 말한다.

안전 체크 밸브 safety check valve　동력 조향 장치의 체크 밸브로서 엔진의 정지, 오일펌프의 고장 및 유압 계통에 고장이 발생하였을 때 조향 핸들의 조작이 기계적으로 이루어지도록 하는 밸브를 말한다. 유압 계통에 고장이 발생하였을 때 조향 핸들을 조작하면, 동력 실린더가 연동되어 실린더의 한쪽은 오일이 압축되고 다른 한쪽은 부압 상태가 된다. 이때 안전 체크 밸브가 그 압력 차이에 의해 자동적으로 열려, 압력이 가해진 쪽의 오일을 부압 쪽으로 유입시켜 수동으로 조향 조작이 이루어지도록 한다.

안전 클러치 safety clutch　하중이 한도를 넘으면 자동적으로 연결이 단절되도록 만든 축이음을 말한다.

안전 하중(安全荷重) safe load　기계나 구조물 기타 일반 부품에서 기능이나 형상 및 품질을 해치지 않고 작용시킬 수 있는 범위 내의 하중으로서 안전율을 고려한 것이다. 위험 하중을 안전율로 나눈 값을 말한다.

안정기(安定器) stabilizer　차량의 횡전을 줄이고 두 전륜에서의 스프링 작용에서 너무 큰 차이가 나지 않도록 하기 위해 강철 바의 비틀림 저항을 이용한 장치이다.

안정도(安定度) stability　(1) 정지 또는 일정한 범위 안에서 운동하고 있는 물체에 미소한 변위를 주었을 때 물체가 원래의 정지 상태나 운동 상태로 되돌아가려는 성질을 말한다. (2) 불규칙한 진동이나 변화를 일으키기 어려운 성질을 말한다. (3) 자동 제어 장치에서 헌팅을 일으키기 어려운 정도를 말한다.

안정성(安定性) stability　⇨ 조종성·안정도

안정 연소 방식(安定燃燒方式) SCS ; stabilized combustion system　재순환 배기 가스 량을 증가하면 질소 산화물(NOx)은 감소하지만, 흡입 혼합 가스에 불활성 가스가 많아지기 때문에 안정된 연소 및 연소 경계의 관점에서 각 차는 희박 연소 방

식을 채용하고 있다. 안정 연소 방식은 강와류 흡기공과 와류 강화벽에 의해서 흡입 혼합 가스의 유속을 크게 하고 와류를 강하게 하여 고에너지 점화 장치로 강한 불꽃을 내는 스파크 플러그를 향해 흐르게 하고, 희박 혼합 가스라도 안정된 연소가 얻어지도록 하고 있다.

안테나 antenna 공중에 세워서 다른 곳에 전파를 내보내거나 다른 곳의 전파를 받아들이는, 도선(導線)으로 된 장치를 말한다. 무선 전신, 무선 전화, 라디오, 텔레비전 등에 쓴다. 자동차의 경우 라디오에 필요한 전파를 수신하는 장치를 말한다. 강철에 도금을 한 가는 철사의 로드 안테나가 많지만, 형식과 작동 방식에 따라 루프톱 안테나, 모터 안테나 및 윈도 글라스 안테나 등 많은 종류가 있다.

안티몬 [독] Antimon 은백색의 금속 원소로서 휘안광(輝安鑛)으로부터 얻으며, 원소 기호는 Sb, 원자 번호는 51, 원자량은 121.76이다. 용융점은 630.5℃이고, 금속의 합금 재료 및 베어링 재료로 사용된다.

안형 연료 탱크 안형(鞍型)은 프로펠러 샤프트를 사람이 말안장을 타는 것처럼 공간의 효율적 이용을 꾀함과 동시에, 리어 액슬 전방의 리어 시트 밑에 배치할 수 있기 때문에 안정성 향상도 꾀할 수 있다. 또한 연료 펌프는 안형 탱크의 주실에 1개 장착되어, 부실에서 주실로 연료를 이송하는 수단으로서 제트 펌프를 개발, 장착하고 있다. 제트 펌프는 엔진으로부터의 리턴 연료와 제트 펌프 내의 노즐에서 분출된다. 그 분류에 의해 부실의 연료를 주실로 보낸다. 주로 RVR나 4WD 등에 적용된다.

알람 램프 alarm lamp (1) 경고등으로, 점화 계통의 문제점 등 촉매 변환기가 이상 고온이 되었을 때(900℃ 이상) 경고등을 점등시켜 운전자에게 경고한다. 시스템은 고온 센서, ESS 및 경고등(또는 엔진 컨트롤 유닛)으로 이루어져 있다. 경고등은 다음 상태일 때 점등된다. ① 엔진 소등 시 10초 간, ② 촉매 변환기 이상 온도 시, ③ 경보 시스템의 고장 시(센서의 하니스 단선 시)의 상태일 때 소등되며, 이상 온도 때에는 촉매 변환기의 온도가 떨어지면 소

등한다. (2) 설정 값보다 높거나 낮을 때 램프를 통해 운전자에게 이상 상태를 알리는 장치를 말한다. 예를 들어, 속도계에 내장된 두 개의 코일과 발진 회로, 그리고 지침과 일체로 되어 회전하는 알루미늄 실드 판으로 구성된 발진식 속도 경보 장치는, 설정된 속도를 넘으면 실드 판이 두 개의 코일 사이에 들어가 발진을 일으켜 이 신호가 알람 유닛에 보내어져 램프가 점등한다.

알루마이트 alumite 알루미늄의 내식성과 강도를 높이기 위하여 알루미늄 표면에 피막을 입힌 것을 말한다.

알루미나 alumina 산화알루미늄 즉 알루미늄의 산화물을 이른다. 흰색의 가루로, 천연적으로는 코런덤·루비·사파이어 따위로 산출되고, 인공적으로는 수산화알루미늄을 태워 만든다. 알루미늄의 제조 원료, 연마재, 내화 재료 등으로 쓴다. 화학식은 Al_2O_3이다.

알루미늄 aluminium 주철에 비하면 가볍고 부드러워 자동차에 쓰이는 양이 점점 늘어나고 있다. 피스톤과 실린더 본체 등에 널리 쓰인다. 예전에는 휠에 주철을 사용해 왔으나, 요즘은 알루미늄 휠이 패션성까지 좋아 인기를 끌고, 스프링 및 무게를 가볍게 하는 이점까지 있어, 알루미늄 휠의 용도 범위는 점점 늘고 있다.

알루미늄 도금 강판 aluminium coated steel sheet 내열·내식성이 뛰어난 강판으로, 냉간 압연 강판에 알루미늄의 용융 도금을 한 것이다. 소음기나 배출 가스 제어 장치 등의 배기 계통에 쓰인다.

알루미늄 메탈 aluminium metal 알루미늄을 기본으로 한 메탈로서, 반도체의 기판에 주로 많이 사용되고, 알루미늄 베이스 메탈 잉곳(막주물)으로도 사용하며, 베어링의 재료로 사용되는 합금이다. 연하고 길들임성이 좋은 화이트 메탈과, 단단하고 내피로성이 좋은 켈밋 메탈(Kelmet metal)의 중간 성질을 가지고 있어 많이 쓰이고 있다.

알루미늄 모노코크 보디 aluminium mono-coque body 모노코크 보디(monocoque body, unit construction body)는 자동차의 차체와 프레임을 일체로 제작하여 하중

과 충격에 견딜 수 있는 구조로 하여 차의 경량화와 바닥을 낮게 할 수 있다. 차체를 상자형으로 제작하여 외력을 차체 전체에 분산시켜 전체로 힘을 받도록 한 것이며, 곡면을 이용하여 강도를 증가하도록 결합되어 있다. 현가장치나 엔진의 설치부와 같은 외력이 집중되는 부분에는 작은 프레임을 두어 이것을 통하여 차체에 힘을 분산시키도록 되어 있다.

알루미늄 실린더 블록 aluminium cylinder block 알루미늄 합금으로 만들어진 실린더 블록을 말한다. 실린더에 주철제의 라이너를 넣고 실린더 표면이 피스톤 미끄럼 운동에 의하여 마모되는 알루미늄의 결점을 보완한 것과, 실린더 라이너를 쓰지 않는 올(all) 알루미늄 실린더 블록이 있다.

알루미늄 오일 팬 저소음·저진동 타입의 오일 팬을 말한다. 상하부로 분할되어 있고, 상부 오일 팬에는 알루미늄을, 하부 오일 팬에는 방진 강판을 사용하고 있다.

알루미늄 제 후드 경량화를 위해 알루미늄을 사용한 후드로, 이 알루미늄 제 후드를 사용함으로써 약 5 kg의 경량화가 가능하게 되었다.

알루미늄 캘리퍼 aluminium caliper 알루미늄을 사용한 브레이크 캘리퍼를 말한다. 경량이기 때문에 용수철 하중량(下重量)의 경감이 가능하다.

알루미늄 합금 aluminium alloy (1) 알루미늄은 그 자체만으로는 약하기 때문에, 자동차의 재료로 철 및 마그네슘을 첨가한 합금의 형태로 쓰인다. 엔진, 휠, 현가장치, 보디 패널 등에 사용되며, 철에 비하여 가볍게 만들 수 있다. (2) 알루미늄 합금 베어링은 Al과 Sn의 합금으로, 길들임성과 매립성은 배빗 메탈과 켈밋 메탈의 중간 정도이며, 내피로성은 켈밋 메탈보다 우수하다. 실제로 길들임성이나 매립성은 배빗 메탈을 코팅하여 개선하였으므로 배빗 메탈(Babbitt metal)과 켈밋 메탈이 가지는 각각의 장점을 구비하였다.

알루미늄 합금 피스톤 aluminium alloy piston 주철 피스톤에 비해 비중이 작고 열전도성이 양호하여 고속 고압축비 엔진에 적합하나, 강도가 낮고 열팽창 계수가 큰 결점이 있다. ① 구리계 Y합금 피스톤 : 성분은 Cu 4 % + Ni 2 % + 2 % + Mg 1.5 % + Al으로 구성된다. 특징은, 열전도성이 양호하고, 내열성이 크며, 로엑스 피스톤에 비해 비중과 열팽창 계수가 크다. ② 규소계 로엑스 피스톤 : 성분은 Cu 1 % + Ni 2.5 % + Si 12~25 % + Mg 1 % + Fe 0.7 % + Al으로 구성된다. 특징은, 열팽창 계수가 작고 가벼우며, 내열성, 내압성과 내마멸성 및 내식성이 우수하다.

알루미늄 허니콤 aluminium honeycomb 경량이며 강성이 높은 구조물의 소재로서, 항공기나 레이싱 카에 쓰이고 있는 샌드위치 구조가 대표적이다. 벌집 모양으로 만들어진 심재의 재료로서 알루미늄을 사용한 것을 말한다.

알루미늄 휠 aluminium wheel 경합금 휠의 주재료인 알루미늄(비중 2.8)의 비중은 스틸(비중 7.8)의 약 3분의 1밖에 되지 않는다. 마그네슘(비중 1.8)의 경우는 약 4분의 1이다. 그러나 알루미늄이나 마그네슘 100 %로 휠을 만들면 강도가 약하기 때문에 망간 등을 혼합하여 합금으로 사용한다. 따라서 실제 시판되고 있는 휠은 알루미늄 합금제는 약 20 %, 마그네슘 합금제는 약 30 % 스틸제에 비해 가볍다. 이것을 장착하면 용수철 하중량(下重量)이 경감되며, 승차감 개선, 접지성 향상에 따른 로드 홀딩의 개선, 조정 안정성의 향상, 가속 성능의 향상, 브레이크 성능의 향상(방열성이 양호), 연비의 경감, 외관의 향상 등 많은 장점이 있다. 그러나 알루미늄 합금은 염분에 약하고 부식하기 때문에 해안 지역이나 동결 방지제를 뿌리는 곳에서 사용할 경우에는 미관을 유지하기 위해 자주 세척하는 것이 좋다. 사이즈의 표시는 15×16 JJ 또는 6 JJ×15와 같이 나타내지만, 읽는 방법은 다음과 같다. ① 6은 림 축(인치, 1인치 = 25.4 mm) ② JJ는 플랜지 형상, 15는 림 지름(인치)을 말한다.

알칼라인 배터리 alkaline battery 전해액으로 산(acid) 대신에 알칼리를 사용하는 축전지로, 알칼리 전지라고도 한다.

알코올 alcohol 높은 휘발성으로 된 무색 액체로, 어떤 알코올은 가솔린에 알코올 10 %를 섞은 가소올(gasohol)을 만들기 위해 가솔린을 섞는다.

알코올 연료 alcohol fuel　자동차 연료 중의 하나로 가솔린에 무수 에탄올을 5~25 % 혼합한 것이다. 이는 석유 자원에 한계가 있어 대체 연료의 하나로 연구한 것이다.

알코올 혼합 가솔린 alcohol blended gasoline　알코올을 소량 혼합한 가솔린을 말한다. 알코올은 옥탄가가 높기 때문에 유럽에서는 가솔린의 경제적인 소비를 위하여 메탄올 5 % 정도, 에탄올 10 % 이하를 혼합하여 가솔린의 옥탄가 향상제로 사용하고 있다.

알키드 alkyd　알코올의 'al'과 'acid(산)'의 'cid'를 결합한 'alcid'를 어원으로 하여 'alkyd'라고 명명된 화합물을 말한다. 페인트 바인더에 사용한다.

알킬레이트 가솔린 alkylate gasoline　석유에서 얻어지는 올레핀(olefin)과 이소파라핀을 반응시켜 만든 알킬레이트를 포함한 가솔린을 말한다. 옥탄가가 높고, 무연 프리미엄 가솔린에 혼합되어 있다.

알파 엔 제어 방식 throttle speed type $\alpha-n$　제어 방식은, 컴퓨터에 입력되어 있는 엔진의 회전 속도(n)와 스로틀 밸브의 열림 각도(α) 특성에 의해, 현재 엔진의 회전 속도 및 스로틀 밸브 열림 정도의 신호를 비교하여 분사량을 결정하고, 산소 센서의 신호를 이용하여 분사량을 조절한다.

알핀 드럼 aluminium fin drum　브레이크 드럼의 일종으로, 주철의 브레이크 드럼 바깥둘레에 알루미늄 합금의 냉각 핀(fin)을 접합한 것을 말한다. 방열 효과가 좋고, 페이드 현상이 일어나지 않는다.

암 arm　자동차에서는 대표적으로 현가장치의 지지부 등을 말한다. 재질로는 철판을 조합시킨 것이나 알루미늄의 다이캐스트 제의 것이 있다.

암나사 internal thread　너트(nut)를 이른다. 쇠붙이로 만들어 V에 끼워서 기계 부품 등을 고정하는 데에 쓰는 공구(工具)를

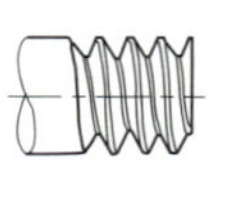
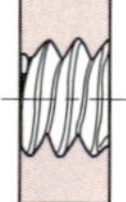

암나사

말한다. 일반적으로 육각형 또는 사각형으로 되어 있다. 원통 내면에 나사 곡선이 만들어진 것을 말한다.

암 레스트 arm rest　승객의 팔을 올려놓을 수 있도록 한 장치로, 운전자 또는 승객이 차 속에서 편안한 자세를 취하기 위해 팔을 올려놓도록 한 부분이다. 일반적으로 도어의 안쪽 부분에 설계되어 있고, 뒷좌석의 중앙에 위치하여 등받이 부분과 함께 쓸 수 있도록 되어 있기도 하다.

암 레스트

암미터/볼트미터 ammeter/voltmeter　차의 전기 충전도와 방전도의 크기를 표시하는 계기가 암미터이고, 전원의 전류를 표시하는 것이 볼트미터이다. 모두 주행 중에 고장을 일으킬 가능성은 적으며, 발전기가 발전하고 있는 것을 보여 주는 차지 램프(충전 표시등)만으로 충분하다고 할 수 있다. 보통은 차지 램프만 붙어 있는 경우가 흔하다.

암 소음(暗騷音) ground noise　법으로 정하는 소음 규제는 주행 소음, 가속 소음, 배기 소음 등 3종류가 있고, 각각 엄밀한 측정 방법이 정해져 있다. 그 측정 조건 중에 데시벨(dB) 항목이 있다. 암 소음은 측정하는 차에 관계없이 주위의 소리(새가 우는 소리나 바람 소리, 근처를 달리는 차의 소리 등)를 말한다. 너무 크면 측정치가 부정확하게 된다. 대체로 52~58dB 정도로 된다.

암스트롱식 쇼크 업소버　⇨ 다이얼 조정식 쇼크 업소버

암 전류(暗電流) parasitic current　광전 소자에서 입사광이 없는 상태에서도 출력 회로를 흐르는 전류를 말한다. 점화 스위치(키)를 끈 상태에서 회로에 흐르고 있는 전류를 말한다. 스위치가 들어오면 즉시 작동이 시작되도록 적은 전류가 흐르는 컴퓨터의 예비 전류나 시계, 순환 장치 등의 전류이다. 자동차를 장기간 보존하기 위

해서는 암 전류가 차단되도록 배터리의 플러스(+) 쪽을 떼어 놓는 것이 바람직하다.

암페어 ampere 전류의 세기를 나타내는 국제 기준 단위로서, 'A' 또는 'Amp'로 표시하며, 프랑스의 물리학자 앙페르에 의해 사용되기 시작했다. DEA 전류 프로브를 전류가 흐르는 선 둘레에 물려 측정한다. Smart Scope상의 최대 수치는 플러스나 마이너스 510 암페어이다. 1 A란 매초 1쿨롬의 전기량을 보내는 전류의 세기를 표시한다. 전류의 3대 작용은 발열 작용, 화학 작용, 자기 작용을 한다. 옴의 법칙에 의한 전류를 알아내는 계산식은 $I=E/R$이며, 저항과 전압을 알 수 있는 계산식은 $R=E/I$, $E=I/R$와 같다 (I: 전류, R: 저항, E: 전압).

암페어 시간 ampere hour 암페어 시(時)를 뜻하며, 배터리의 용량으로 어떤 시간이 경과된 전류의 적산치를 말한다. 1암페어의 전류가 1시간 흐르면 1 Ah로 표시한다.

암페어 용량 ampere capacity 지정된 열적 조건에서 전선이나 케이블에 흘릴 수 있는 전류의 용량을 말한다.

암페어횟수 ampere turn 기자력(起磁力)의 단위로서, 기호는 AT이다. 자속(磁束)을 만드는 도선의 코일 수 N과 그 속을 흐르는 전류 I(A)의 곱으로 나타낸다. 이의 기본적인 뜻은, 한 번 감은 코일 둘레에 흐르는 1 A의 전류에 의해 생기는 기자력을 뜻한다.

압력(壓力) pressure 두 물체가 접촉면을 경계로 하여 서로 그 면에 수직으로 누르는 단위 면적에서의 힘의 단위를 말한다. 그 크기의 단위로는 dyn/cm^2 외에 공학에서는 kgW/cm^{2}를 사용하고, 기상학에서는 밀리바, 헥토파스칼 등을 사용한다. 정지하고 있는 유체의 내부에서의 압력은 액면으로부터의 깊이에 비례한다. 압력은 대기압을 0으로 하는 게이지 압력과 진공을 0으로 한 절대 압력으로 분류한다. 압력의 단위는 일반적으로 공업 기압으로 kgf/cm^{2}를 사용하며, 이밖에 표준 기압(atm)이라 하여 수은주 760 mmHg에 상당하는 압력 또는 바(bar) 및 밀리바(mbar) 등이 있다. 1 atm(표준 기압) = 760 mmHg = 1.01325 bar = 1.0332 kgf/cm^2 = 1013.25 mbar, 1 kgf/cm^2(공업 기압) = 0.9678 atm = 0.980665 bar 이다.

압력각(壓力角) pressure angle 인벌류트 톱니바퀴에서 작업선과 피치점을 지나고 두 톱니바퀴의 피치원에 공통으로 접하는 직선이 이루는 각으로, 기어 잇면의 한 점에서 그 반지름 선과 피치원에서의 접선(接線)이 이루는 각을 말한다.

압력 강하(壓力降下) pressure drop, pressure loss 압력 손실을 이르는 말로, 누수 또는 마찰 손실, 수두의 변화, 배관, 밸브, 호스, 부속품 내의 장애 등에 의해 발생되는 압력의 손실을 말한다. 또는 유압 장치에서 오일이 흐를 때 흐름으로 인하여 유압이 감소되는 현상을 말한다.

압력 검출 방식 에어 플로 센서 카르만 와류에서 발생하는 미소한 압력 변동을 미차압(微差壓) 센서에 의해 검출하는 방식을 말한다. 보다 폭넓은 흡기량의 변화를 검지할 수 있다.

압력계(壓力計) pressure gauge 액체 또는 기체의 압력을 재는 기기를 통틀어 이르는 말이다. 부르동관은 한 개의 원호 형태를 이루고 있는데, 관의 한쪽 끝은 압력원에, 다른 한쪽 끝은 링크에 연결되어 있다. 관은 내부 압력이 외부 압력보다 크면 펴지려고 하므로 지침이 돌아가고 압력은 원형의 눈금 위에 나타난다. 보통 대기압보다 높은 압력을 측정하는 계기를 말한다. 대기압보다 낮은 압력을 측정하는 것을 진공계라 하며, 매개물로 액체를 사용하는 것을 마노미터(manometer)라고 한다. 압력계는 대부분 게이지 압력을 나타내므로, 압력계가 펌프의 송출 압력 100 kgf/cm^{2}를 표시하고 있을 때 대기압이 1.02 kgf/cm^{2}이면 절대 압력은 101.02 kgf/cm^{2}이다.

압력 계수(壓力係數) pressure coefficient 기준 압력으로 물체 표면에 작용하는 압력을 나누어 무차원수로 한 값으로, 차체 표면의 압력 분포를 나타낼 때 쓰이는 수치이다. 어떤 측정 부분의 압력과 차체의 영향을 받지 않는 다른 장소에서의 압력(정압 또는 공기 압력)과의 차(差)를 같은 기류의 동압(動壓)으로 나누어 얻어진 계수를 말한다.

압력 맥동(壓力脈動) pressure pulsation 펌프 운전 중에 압력계 눈금이 주기적으로 크게 흔들림과 동시에 토출량($Q[\mathrm{m}^3/\mathrm{hr}]$)도 주기적으로 변동하고 진동과 소음이 발생하는 현상으로, 유압 장치가 정상적인 작동 상태의 조건에서 발생되는 송출 압력의 변동을 말한다. 단, 과도적인 압력의 변동은 포함되지 않는다.

압력 무화(壓力霧化) pressure atomizing 고압의 연료를 미세한 구멍의 노즐로부터 분출시켜 안개 모양으로 만드는 것(무화)을 말한다.

압력 변환기(壓力變換機) pressure converter 측정된 압력에 비례하는 전기적 신호를 발생시키는 압력 측정기의 한 형태로, 물리량인 압력을 전류나 전압으로 변환하는 장치를 말한다.

압력 분포(壓力分布) pressure distribution 전단 가공, 압출 가공 등에서 펀치 스트로크의 진행에 따라 작용하는 압력과 펀치 스트로크와의 관계를 나타내는 것으로, 자동차의 경우 자동차 주위의 압력 분포를 압력 계수로 환산하여 나타낸 것을 말한다. 일반적으로 자동차의 앞·뒤 방향의 세로 단면(縱斷面)을 그림으로 나타낸다.

압력 센서 pressure sensor 액체 또는 기체의 압력을 검출하고, 계측이나 제어에 사용하기 쉬운 전기 신호로 변환하여 전송하는 장치 및 소자를 말한다. 넓은 뜻으로는 압력 변환기와 같은 의미로 쓰인다. 압력 센서는 유량, 액면 및 온도 센서와 함께 프로세스 오토메이션을 지탱하는 4대 센서의 하나이다. 압력 범위는 인공 다이아몬드 합성의 10^5기압 단위부터 질량 분석계나 전자 현미경의 10^{-10} Torr까지 널리 쓰이고 있다. 측정의 원리는 변위나 변형을 비롯하여 분자 밀도의 열전도율을 이용하는 등 매우 많은 종류가 쓰이고 있다. 최근에는 실리콘을 재료로 한 변형 게이지형의 압력 센서가 개발되어 정밀한 압력 계측에 사용되고 있다. 또 집적 회로를 동일한 기판 위에 만들어 넣어 신호 처리까지 하는 집적화 압력 센서도 개발되어 있다.

압력 셀 pressure cell 압력을 전기 저항으로 변환하는 장치이다. 카본 파일이나 반도체를 사용한 것으로, 변환 특성이 비직선적이고 온도에 의한 오차가 크다.

압력 수두(壓力水頭) pressure head 정수(靜水) 또는 유수(流水)가 갖는 압력 에너지를 말한다. 압력을 $P[\mathrm{kgf/cm}^2]$, 물의 단위 체적 중량을 $\gamma[\mathrm{kgf/cm}^2]$라고 하면, 압력 수두 $h=P/\gamma$의 관계가 있으며, 길이의 단위로 표시된다.

압력 순환식(壓力循環式) pressure water circulation type 냉각 장치의 회로를 밀폐하고 냉각수가 팽창할 때의 압력으로 냉각수를 가압하여 비점을 올림으로써 비등에 의한 손실을 적게 하는 형식이다. 압력 조절은 라디에이터 캡으로 하며, 라디에이터를 작게 할 수 있고, 기관의 열효율도 좋으며, 냉각수 보충 횟수를 줄일 수 있는 장점이 있다.

압력 스위치 pressure switch 액체 또는 기압의 압력이 설정치 이상 또는 이하에 달하면 전기 접점을 개폐하는 스위치를 말한다. 압력의 감시, 유·공압 장치의 제어 등에 사용한다. 계전기와 함께 사용하여 전자 밸브를 작동시켜 유압 펌프를 온-오프 제어시키거나, 전원 회로의 단속 등을 하는 데 이용된다. 구조상 벨로즈형 압력 스위치, 부르동관형 압력 스위치, 피스톤형 압력 스위치 등이 있다. 전기 접점에는 일반적으로 마이크로 스위치가 사용되고 있다.

압력식(壓力式) forced lubrication system 캠축에 의해 구동되는 오일펌프로 오일 팬 안에 있는 오일을 흡입 가압하여 각 윤활부에 압송하는 방식이다. 오일펌프에 의해 흡입된 오일은 실린더 블록의 크랭크 케이스 쪽에 만들어져 있는 주 오일 통로(oil gallery)에 들어가고, 여기서 크랭크축 메인 베어링을 비롯하여 각 윤활부에 압송된다. 회로 내의 유압은 $2\sim3\,\mathrm{kg/cm}^2$($30\sim40\,\mathrm{psi}$)이다.

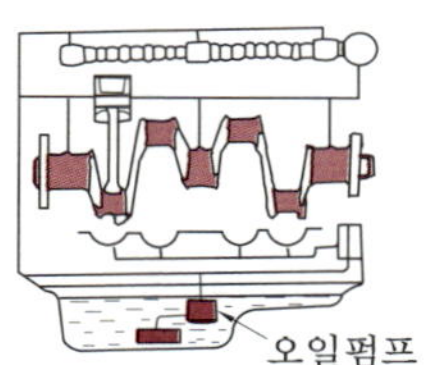

압력식

압력식 캡 pressure type cap　압력 조절용 밸브가 설치된 캡을 말한다. 냉각 장치 내의 압력을 $0.3 \sim 1.05 \, \mathrm{kgf/cm^2}$가 되도록 하여 냉각수의 비점을 $112\,℃$로 높여 냉각 성능을 향상시키고 냉각수의 증발을 방지한다. 압력식 캡 안쪽 면에는 공기 밸브와 진공 밸브가 설치되어, 냉각 장치 내의 압력이 규정보다 낮으면 스프링의 장력에 의해 압력 및 진공 밸브가 닫힌다. 압력이 규정보다 높으면 공기 밸브가 열려 오버플로 파이프를 거쳐 대기와 통한다. 또한 진공 밸브는 라디에이터 내의 압력이 대기 압력보다 낮으면 열려 공기를 흡입한다.

압력의 단위 unit of pressure　SI단위에서 압력 P의 단위는 파스칼(Pa)로 정해져 있다. $1\,\mathrm{Pa}$은 1제곱미터($\mathrm{m^2}$)에 대하여 1뉴턴(N)의 힘이 작용하는 압력($\mathrm{N/m^2}$)이다. 압력은 각 분야에서 관용적으로 여러 가지 단위가 사용되어 오고 있으며, 다음과 같은 것이 있다. 특히 구별하여 게이지압을 나타내는 경우에는 Pe, Pg가 쓰이고, 절대압을 나타내는 경우는 Pa은 관용적으로 사용된다. 1바(bar, b) $= 105 \, \mathrm{Pa} = 0.1 \, \mathrm{MPa}$. 1밀리바(mbar, mb) $= 103 \, \mathrm{bar} = 100 \, \mathrm{Pa} = 0.1 \, \mathrm{kPa}$. 1표준 대기압(atm) $= 101,325 \mathrm{Pa} \fallingdotseq 0.1013 \, \mathrm{MPa}$. 1수은주미터(mHg) $= (101,325/0.76) \, \mathrm{Pa} \fallingdotseq 0.1333 \, \mathrm{MPa}$. 1수은주밀리미터(mmHg) $= 103 \, \mathrm{mHg} = (101,325/760) \mathrm{Pa} \fallingdotseq 133.3 \, \mathrm{Pa}$. 1수주(水柱)미터($\mathrm{mH_2O}$) $= 9.80665 \times 103 \, \mathrm{Pa} \fallingdotseq 9.807 \, \mathrm{kPa}$. 1수주(水柱)밀리미터($\mathrm{mmH_2O}$) $= 103 \, \mathrm{mH_2O} = 9.80665 \, \mathrm{Pa} \fallingdotseq 9.807 \, \mathrm{Pa}$. 1토르(Torr) $= 1 \, \mathrm{mmHg} \fallingdotseq 133.3 \, \mathrm{Pa} = 0.1333 \, \mathrm{kPa}$. 1피에조(pz) $= 103 \, \mathrm{Pa} = 1 \, \mathrm{mPa}$. 1중량킬로그램 매 제곱미터($\mathrm{kgf/m^2}$) $= 9.80665 \, \mathrm{Pa} \fallingdotseq 9.807 \, \mathrm{Pa}$. 1중량킬로그램 매 제곱센티미터($\mathrm{kgf/cm^2}$) $= 104 \, \mathrm{kgf/m^2} = 98,066.5 \, \mathrm{Pa} \fallingdotseq 98.07 \, \mathrm{kPa}$. 1공학기압(at) $= 1 \, \mathrm{kgf/cm^2} = 98,066.5 \, \mathrm{Pa} \fallingdotseq 98.07 \, \mathrm{kPa}$.

압력 제어(壓力制御) pressure control　(1) 보일러나 압력 용기에서 그 압력을 부하 등과 상관없이 일정한 허용 범위 이하로 제어하는 시스템을 말한다. (2) 왕복 공기 압축기에서 공기 압력이 규정값 이상에 도달하면 흡기 밸브를 열어 압축이 이루어지지 않도록 하여 엔진을 공회전시키는 역할을 한다. 공기 압력이 규정값 이하가 되면 흡입 밸브를 닫아 압축이 이루어지도록 하며, 엔진의 rpm을 증가시켜 압축 공기의 압력을 항상 일정하게 유지한다. 로터리 압축기의 출력은 엔진의 회전 속도에 의해서 변화되며, 스크루 압축기의 출력은 필요한 공기량에 따라서 부하의 변화를 단계 없이 자동 제어기로 조절한다.

압력 제어 밸브 pressure control valve　1차압 설정용 릴리프 밸브, 2차압 설정용 감압 밸브, 안전밸브 등 유압, 공기압 회로에서 압력을 제어하는 밸브를 말한다. 유압 회로 내의 유압을 일정하게 유지하거나 최고 압력을 제어하거나, 회로 내의 압력으로 유압 액추에이터의 작동 순서를 제한하거나, 일정한 배압을 액추에이터에 부가시키는 역할을 하는 밸브이다. 또한 유압 펌프 가까이에 설치하여 과부하를 방지하는 역할도 한다. 유량 제어 밸브에는 릴리프 밸브, 감압 밸브, 시퀀스 밸브, 언로더 밸브, 카운터 밸런스 밸브 등이 있다.

압력 제어 회로(壓力制御回路) pressure control circuit　(1) 하나의 유압원(油壓原)밖에 가지고 있지 않은 경우 어떤 분기 회로의 압력을 유압원의 압력보다 낮은 어떤 일정 압력으로 유지하도록 하는 회로를 말한다. (2) 공기 또는 유압 회로에서 최대 압력을 넘지 않도록 하거나 조작 실린더의 압력을 바꾸거나 하는 등에 사용하는 회로이다.

압력 조정기(壓力調整器) pressure regulator 전자 제어식 연료 분사 장치의 연료 압력 조정을 위해 장착하는 것으로, 그림(a)는 EGI의 연료 계통을 나타내었다. 내부 구조는 그림(b)와 같으며, 다이어프램 스프링의 설정압이 $2.55 \, \mathrm{kg/cm^2}$으로 되어 있다. 이 스프링의 힘에 저항해서 다이어프램이 연료 압력에 의해서 밀어 올려지면, 여분의 연료는 출구로부터 연료 탱크로 되돌리게 된다. 또한 다이어프램실은 인테이크 매니폴드에 연결되어 같은 압력으로 되어 있기 때문에 연료 압력은 인테이크 매니폴드 압력에 대해서 변동하고, 연료 압력 매니폴드 부압 $= 2.55 \, \mathrm{kg/cm^2}$(일정)의 관계가 되도록 항상 연료 압력이 조정된다. 따라서 전자 제어식 연료 분사 장치의 공연비 컨트롤은 연료 인젝터의 분사 시간을 제어하는 데 따라 가능해진다.

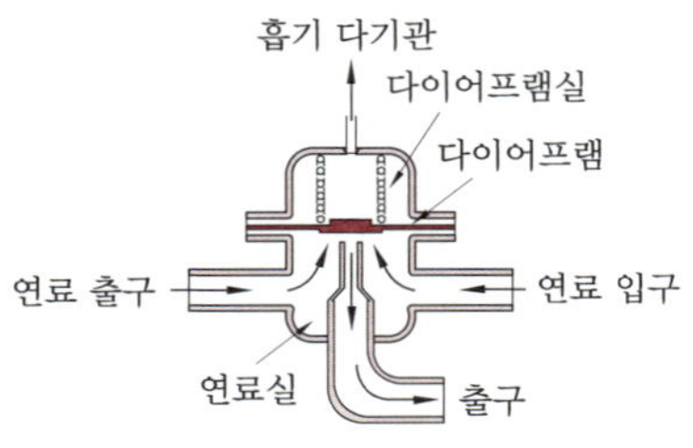

(a) 압력 조절기의 내부 구조

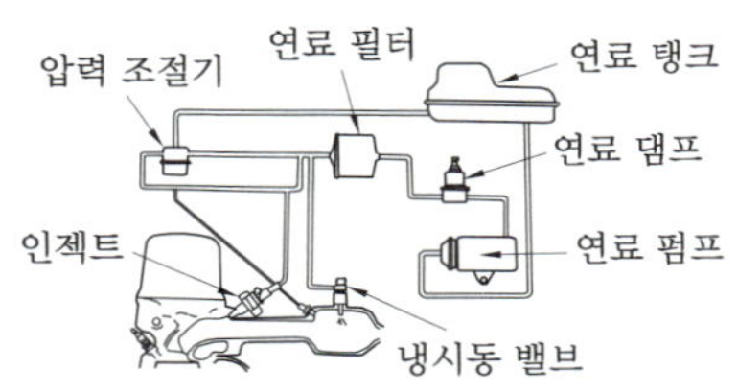

(b) EGZ의 연료 계통

압력 조정기

압력 체적 선도(壓力體積線圖) pressure volume diagram　PV 선도라고도 한다. 일정량의 기체의 압력 p를 직각 좌표의 세로축으로, 용적 v를 가로축으로 하고, 그 상태와 변화를 나타낸 상태 선도를 말한다.

압력 판(壓力板) pressure plate　클러치 데스크를 누르는 두꺼운 판을 말한다. 다이어프램 스프링의 힘으로 클러치 데스크를 플라이휠에 밀착시키는 작용을 하는데, 프레셔 플레이트라고도 한다. 릴리스 베어링 릴리스 레버를 누르면 다수의 클러치 스프링에 의해 클러치판과 밀착되어 있는 압력판은 지렛대의 원리로 가볍게 스프링을 누르며, 클러치판과 분리되면 플라이휠과 클러치판은 분리되기 때문에 동력 전달이 끊어지게 된다.

압력 하강(壓力下降) pressure down　흐름에 의한 압력의 감소를 말한다.

압송 급유(壓送給油) force lubrication　오일에 압력을 가하여 엔진의 각 마찰부에 압송하는 방식을 말한다. 오일 팬에 저장되어 있는 오일이 오일펌프에 의해 압송될 때 오일 필터에서 여과된 후 오일 통로(갤러리)를 경유하여 각 윤활부에 공급된다.

압송식 윤활 방식(壓送式潤滑方式) forced lu-brication　엔진 오일이 엔진 펌프로 실린더 블록과 헤드 속의 파이프를 통해 베어링 등에 압송되는 강제식 윤활 방식을 말하며, 엔진 유압은 이때의 압력을 말한다. 아이들링 때는 압력이 낮지만 고회전에서는 최저 $3\,\mathrm{kg/cm^2}$가 필요하다. 오일펌프에서 발생된 유압에 의해 윤활유를 엔진의 각 부분에 공급하는 윤활 방식으로, 비산식 윤활 방식과 구별하여 사용되는 용어이다. 4행정 기관의 대부분이 이 방식을 이용하고 있으며, 오일펌프에서 오일 필터를 경유하여 메인 갤러리, 메인 베어링이나 커넥팅 로드 대단부, 밸브 트레인 등으로 오일이 공급된다.

압연(壓延) rolling　회전하는 두 개의 롤러 사이에 재료를 통과시켜 판재나 막대기 모양을 만드는 가공 방식을 말한다. 압연은 재료의 수축공이나 기공 등을 압착하여 수지상 조직을 미세화하고 균질화하여 우수한 제품을 얻을 수 있는 장점이 있으며, 압연할 때 고온으로 가열하여 작업하는 열간 압연(hot rolling)과 상온에서 작업하는 냉간 압연(cold rolling)이 있다.

압전기(壓電氣) piezo-electricity　석영, 방해석(方解石), 전기석(電氣石) 등의 광물에 어떤 방향에서 압력을 가하였을 때 일정한 방향으로 ⊕, ⊖의 방향이 거꾸로 되는 전기를 말한다. 1880년대 졸리오퀴리가 발견하여 마이크로폰·수화기·발진기의 주파수 제어, 노크 센서 및 대기 압력 센서 등에 사용되고 있다.

압전기 센서 piezoelectric sensor　진동을 전기적 신호로 바꾸는 센서를 말한다.

압전 버저　압전성이 높은 품질을 사용한 버저로서, 전압을 걸면 진동하는 성질을 이용한 것을 말한다. 윙 코람 스위치 내에서는 스위치 조작의 확실성을 꾀하기 위해 작동 음을 발하는 압전 버저가 내장되어 있다. 이로 인해 에어컨 스위치 등을 누르면 "삐" 하는 작동 음이 울려서 스위치가 작동했음을 알려 준다.

압전 세라믹스 piezoelectric ceramics　지르콘 티탄산 납계 세라믹스나 투광석 세라믹스 등을 사용한 압전 물질로서, 압전 착화 소자(壓電着火素子), 초음파 진동자, 기계 필터 등에 사용된다.

압전 소자(壓電素子) piezoelectric effect element 기계적 응력을 걸면 전압이 발생하고 반대로 전압을 걸면 일그러짐이 발생하는 수정이나 압전 세라믹스 등을 사용한 소자로, 압력을 가하면 전압이 변화하고 (압전 효과), 반대로 전압을 가하면 팽창되거나 수축되는 성질을 가진 소자를 말한다. 옛날부터 알려져 있는 수정이나 티탄산바륨을 소결한 압전 세라믹도 있지만, 가장 널리 쓰이고 있는 것은 티탄산 지르콘산납(약하여 PZT)이며, 라이터나 가스 기구의 점화 장치에서 볼 수 있다. 자동차에서는 노크 센서나 각종 압력 센서로 이용되고 있다.

압전식 노크 센서 piezoelectric knock sensor 압전 세라믹스를 사용한 일종의 진동 픽업으로서, 진동 검출 소자는 지르콘산 티탄산납(PZT) 등의 압전 소자가 사용되고 있다. 노크 주파수에 센서의 공진 주파수를 합한 공진형과 편평한 출력 특성을 가진 비공진형이 있다. 보통 분극 방향을 역으로 한 두 개의 압전 소자를 맞붙인 바이몰프 구조로 된 것이 많이 쓰인다. 띠처럼 좁고 기다랗게 잘라낸 소자의 한쪽 끝을 고정한 외팔보 방식, 원판상의 금속 다이어그램에 압전 소자를 붙인 것 등 여러 가지가 있다.

압전 저항 소자(壓電低抗素子) piezo resistive element 압력을 가하면 저항이 변화되는 감압 소자로서, 실리콘이나 게르마늄의 얇은 조각을 이용한 것, 또는 기판에 반도체의 얇은 막을 형성하는 것이 있다.

압전 효과(壓電效果) piezoelectric effect (1) 압전 결정에 압력 또는 비틀림이 작용함으로써 상대하는 두 개의 면에 전압이 발생하는 현상을 말한다. (2) 결정이 상대하는 두 개의 면 사이에 전압을 가하면 그 전압의 주파수에 해당하는 비틀림이 발생하는 현상을 말한다.

압접(壓接) pressure welding 가열한 접합부에 기계적 압력을 가하여 용접하는 방법으로, 냉간에서 하는 경우도 있다.

압접법(壓接法) pressure welding 모재(母材)에 전기 저항 열 및 스파크 열을 이용하여 가열한 다음 압력을 가하여 두 개의 모재를 접합시키는 방법을 말한다. 압접은 스폿 용접, 심 용접, 프로젝션 용접 및 맞대기 용접으로 분류한다. 모재를 맞대거나 겹쳐 놓고 다량의 전류를 흐르게 하면 접촉 저항으로 인해 반용융 상태가 된다. 이때 압력을 가해 접합하므로 용접 시간이 짧고, 용접의 정밀도가 높으며, 열에 의한 변형이 적고, 용접부의 중량을 가볍게 할 수 있는 장점이 있다.

압착 단자(壓着端子) pressure connection terminal 단자의 동체부에 리드선(lead線)을 삽입하고 전용 압착 공구로 압착한 단자로서, 리드선 인장 강도의 70 % 이상이 생긴다.

압축(壓縮) compression 좀 더 작은 공간으로 용적을 수축시켜 가스의 용적을 감소시키는 것을 말하며, 용적을 줄이면 가스의 압력, 밀도, 온도가 모두 올라간다.

압축 게이지 compression gauge 실린더 내에서 압축 행정 시의 압축을 측정하기 위한 게이지로, 가솔린용과 디젤 엔진용이 있다.

압축기(壓縮機) compressor ⇨ 컴프레서

압축 링 compression ring (1) 연소 가스가 누설되지 못하게 하는 링을 말한다. 이음에 따라 편평형인 버트 이음형과 앵글 이음형, 랩 이음형, 실 이음형으로 구분되고, 톱 링인 1번 링으로는 체임버형과 카운터 보어형, 테이퍼형이 사용되고, 2번 링으로는 플레인형, 스크레이퍼형, 홈형이 사용된다. (2) 피스톤에서 제일 위와 그 다음의 중간 링으로 사용되며, 압축 가스와 피스톤과 실린더 사이로 해서 크랭크케이스로 누설되는 것을 방지하는 것이 주기능이다.

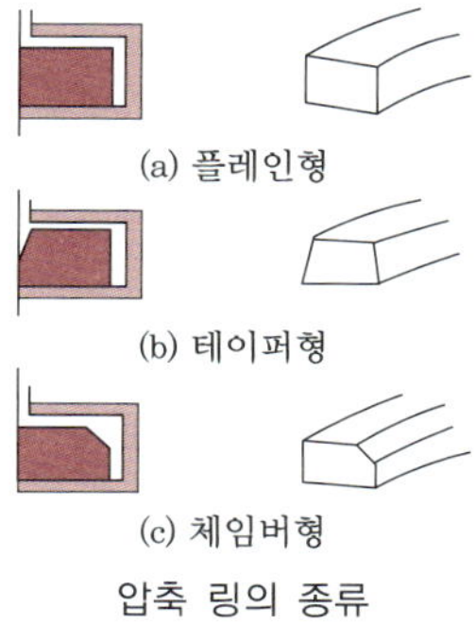

압축 링의 종류

압축비(壓縮比) compression ratio (1) 피

스톤 엔진의 압축 행정에서 실린더 속의 가스가 몇 분의 1로 압축되는가를 용적비(容積比)로 표시한 값으로, 압축되는 전 용적과 압축되지 않고 남은 용적의 비로 구한다. 열역학적인 면에서 압축비가 클수록 열효율이 높지만, 실제의 엔진에서는 압축비가 너무 높으면 마찰이 증가하여 오히려 열효율이 떨어진다. 12~16 정도의 압축비를 실현하는 것이 이상적이라고 할 수 있지만, 가솔린 엔진에서는 압축비가 높아지면 노킹 현상이 일어나기 쉬우므로 대부분의 엔진에는 10 이하가 적합하다. 공기만을 압축하는 디젤 엔진에서는 노킹 현상이 일어나지 않기 때문에 압축비가 20을 넘는 것도 있다. (2) 왕복 피스톤식 기관에서 실린더 내 용적의 최솟값 V_1(상사점에서의 값)에 대한 최댓값 V_2(하사점에서의 값)의 비 $\epsilon = V_2/V_1$로, 로터리 엔진에서는 로터와 하우징으로 둘러싸인 용적의 최댓값과 최솟값의 비이다. 압축비를 높게 하면 열효율이 좋아져 연료 소비율을 낮출 수가 있다. 그런데 가솔린 엔진에서는 압축비를 너무 높게 하면 노킹이라는 이상 연소를 일으키므로 한계가 있다. 디젤 엔진에서는 고온·고압의 공기 중에 연료를 분사해서 착화시키는 방식이므로, 실린더 내 압축 공기를 고온으로 하기 위하여 압축비를 가솔린 엔진보다 높게 잡는다. 가솔린 엔진은 주로 약 8~10, 디젤 엔진은 주로 약 15~24라는 값을 취한다.

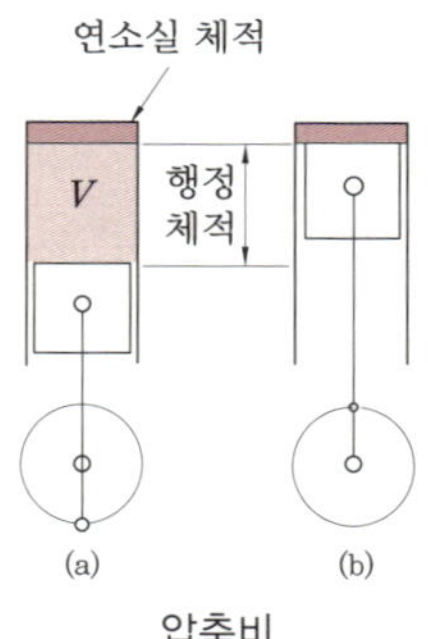

압축비

압축 섀클 compression shackle　섀클의 각도 변화에 따라 스프링에 압축력이 작용하여 스프링의 변화를 주는 섀클을 말한다.

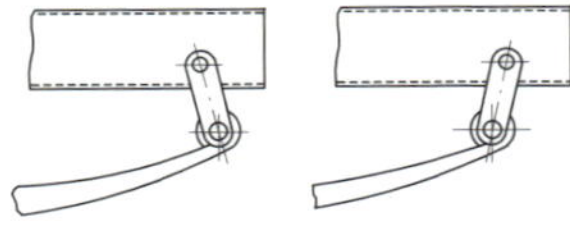

압축 섀클

압축 시험(壓縮試驗) compression test　실린더 내의 각 피스톤이 어느 표준의 압력까지 혼합 가스를 압축할 수 있는지의 능력(상태)을 측정하기 위한 시험을 말한다.

압축 압력(壓縮壓力) compression pressure　피스톤이 압축 상태에서 상사점에 있을 때의 혼합 가스의 압력을 말하며, 이 압력이 높으면 연소 시 압력이 커지고 출력도 커진다. 그러나 실린더나 피스톤이 마멸됨에 따라 블로바이(blow-by)의 증가로 압축 압력은 낮아진다. 압축 압력계(cylinder compression gauge)로 각 실린더마다 압력을 측정하거나 실린더 내의 압력이 규정치 이하로 낮으면 보링을 결정하기도 한다. 가솔린 엔진 압축 압력은 $7{\sim}12\,\mathrm{kg/cm^2}$이다.

압축열(壓縮熱) heat of compression　공기 또는 공기·연료의 혼합 가스를 압축했을 때 증가하는 온도(열)를 말한다.

압축 점화(壓縮點火) compression ignition　디젤 엔진의 착화 방식으로서 압축 착화라고도 한다. 연소실 내의 공기를 압축하고 압축열이 500℃ 이상의 고온으로 되어 있을 때 무화(舞化)된 연료를 분사하여 연료와 공기의 혼합 가스를 가급적 빨리 완전히 만들고 자가 발화케 하는 방식을 말한다. 이에 대하여, 가솔린 엔진은 스파크 플러그를 사용하여 전기로 불꽃을 튀게 하여 혼합 가스에 점화하는 불꽃 점화 방식이다.

압축 점화식(壓縮點火式) compress ignition type　공기만을 압축하여 고온(500~550℃)이 되면 여기에 연료를 분사하여 자연 착화시키는 방식으로, 디젤 기관에서 사용하는 방식이다.

압축 점화 엔진 compression ignition engine　압축 점화에 의하여 연소 행정을 시작하는 엔진을 모두 일컫는다. 일반적으로 CI 엔진이라고 하며, 불꽃 점화 엔진(약칭 SI 엔진)과 대조적으로 사용하는 용어이다.

압축 착화(壓縮着火) compression ignition ⇨ 압축 점화

압축 하중(壓縮荷重) compressive load 재료를 누르려는 하중을 말한다.

압축 행정(壓縮行程) compression stroke (1) 피스톤이 하사점에서 상사점으로 상승하는 행정으로, 피스톤이 상사점으로 이동하기 시작하면 흡입 밸브가 닫히고 혼합가스는 흡입 및 배기 밸브가 닫혀 있으므로 완전히 밀폐되어 있는 연소실에 압축된다. 혼합 가스를 압축하는 것은 혼합 가스의 온도를 높여 쉽게 연소되게 함으로써 연소 가스의 압력을 증대시키기 위함이다. (2) 흡입 행정이 끝난 후 바로 피스톤이 하사점에서 상사점으로 이동하는 피스톤의 운동으로, 이 행정에서 흡배기 밸브는 모두 닫혀 있고, 혼합 가스의 용적은 점화가 더 잘 되도록 감소하게 된다.

압출(壓出) extrusion 소재를 압출 컨테이너에 넣고 램을 강력한 힘으로 이동시켜 한쪽에 설치한 다이로 소재를 빼내는 가공 방식을 말한다. 압출 가공으로는 봉, 선, 파이프, 치약 튜브, 크림 튜브 및 건전지 케이스 등을 가공한다. 램의 진행 방향과 같은 방향으로 소재가 압축되는 직접 압출(直接壓出)과 램의 진행 방향과 반대 방향으로 소재가 압출되는 간접 압출(間接壓出)이 있다.

앙페르의 오른나사 법칙 Ampere's law 프랑스의 물리학자 앙페르(André Marie Ampére)에 의해 전류와 자석과의 관련을 연구하여 발견한 법칙을 말한다. 전선에서 언제나 오른나사가 진행하는 방향으로 전류가 흐르면, 자력선은 오른나사가 회전하는 방향으로 만들어진다는 원리이다. 전류의 단위 암페어(ampere)는 앙페르의 이름에서 인용한 것이다.

앞바퀴 얼라인먼트 front wheel alignment 자동차가 공차 상태에서 직진 위치에 있을 때 앞바퀴의 캠버, 캐스터, 토인 및 킹핀 경사각 등을 뜻한다.

앞 엔진 뒤 구동 방식 FR ; front engine rear drive type 엔진이 자동차의 앞부분에 설치되고 구동은 후륜으로 하는 방식으로, 엔진 회전력이 변속기와 드라이브 라인을 거쳐 종감속 기어와 차동 기어 장치를 통하며 액슬 축과 프런트에 전달되는 형식을 말한다.

앞 엔진 앞 구동 방식 FF ; front engine front drive type 엔진과 모든 동력 전달 장치가 자동차의 앞부분에 설치되고 전륜이 구동되는 형식을 말한다.

앞 엔진 전륜 구동차 front engine front drive FF 방식을 말한다. 엔진이 자동차의 앞부분에 있고 앞바퀴를 구동하는 방식으로, 긴 추진축이 필요 없어 바닥을 평평하게 할 수 있으므로, 실내 유효 공간이 넓고 차체 소음이 작지만, 모든 기구가 앞부분에 설치되어 구조가 복잡하고 정비성이 좋지 않은 점도 있다.

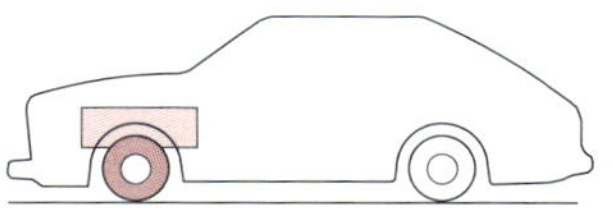

앞 엔진 전륜 구동식(FF 차)

앞 엔진 후륜 구동차 front engine rear drive FR 방식을 말한다. 엔진이 자동차의 앞부분에 있고 긴 추진축에 의해 뒷바퀴를 구동하는 방식으로, 출발 시 승차감이 좋은 점이 있지만, 긴 추진축이 있어서 차체의 진동 이음의 유발과 실내 유효 공간이 적다.

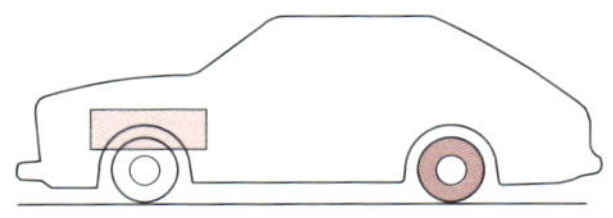

앞 엔진 후륜 구동식(FR 차)

앞 오버행 front overhang 앞바퀴의 중심을 지나는 수직면에서 자동차의 맨 앞부분까지의 수평 거리이다(그림의 a). 범퍼나 훅(hook) 등 자동차에 부착된 것은 모두 포함된다. 또한 보디와 프레임으로 나누어지는 경우도 있으며, 축의 중심에서 보디 선단까지(범퍼와 그 부속물은 제외

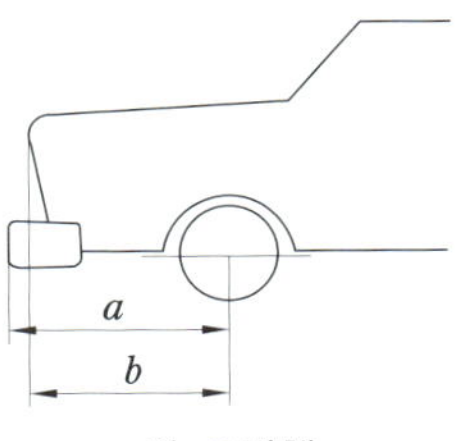

앞 오버행

한다)의 수평 거리인 b를 프런트 보디 오버행이라고 하며, 차축의 중심에서 범퍼와 그 부속품을 포함하는 최선단까지의 수평 거리 a를 프런트 프레임 오버행이라고 한다.

앞 오버행 각 front overhang angle or approach angle　자동차의 앞부분 하단에서 앞바퀴 타이어의 바깥 둘레에 그은 선과 지면이 이루는 최소 각도이다(그림의 a). 이 각도 안에는 법규상 어떠한 부착물도 장착해서는 안 된다.

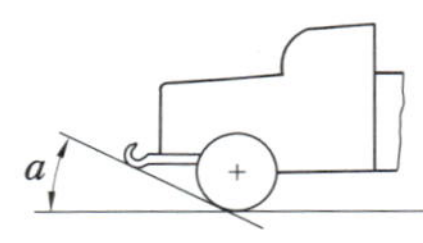

앞 오버행 각

앞 차대 오버행 front frame overhang ⇨ 차대 오버행

앞 차축 front axle　차량 앞부분에 횡으로 설치되어 조향 장치와 앞 현가장치, 구동 장치, 제동 장치 등이 연결되고, 차량 총중량의 약 40~50 %를 지지하며, I형 빔(beam)이나 ㅁ자형의 파이프나 용접물로 만들어져 양끝에는 조향 너클이 장착되는 킹핀 홀과 스프링 시트, 토션 바, 스태빌라이저 바, 쇼크 업소버 등의 장착부가 제작되어 있다.

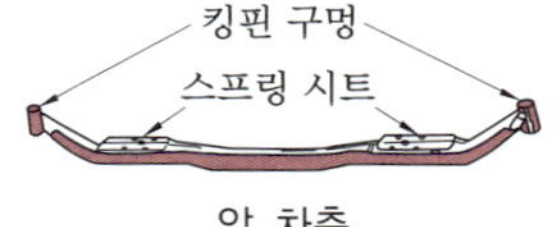

앞 차축

앞 현가장치 front suspension　앞 차축과 차체 사이를 연결하여 차의 중량을 지지하고 바퀴의 진동을 흡수함과 동시에 조향 기구의 일부를 설치한 일련의 장치로서, 형식에 따라 일체 차축식과 독립 현가식이 있는데, 승용차는 독립 현가식, 화물차는 일체 차축식을 많이 사용한다.

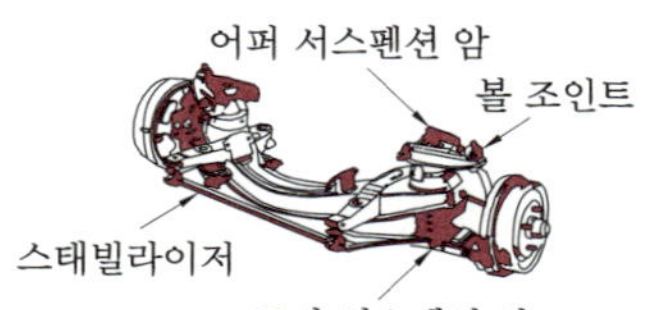

앞 현가장치

애널라이저 analyzer　분석기(分析器) 또는 검광자(檢光子)를 이른다. 엔진의 작동 상태를 종합적으로 분석하는 테스터이다. 전자 장치의 전압, 전류를 시험하기 위해 시험 개소를 케이블과 플러그로 끌어내어 측정하도록 한 장치를 말한다. 각종 분석 장치에 대한 일반 명칭으로, 연료의 혼합 비율, 배기가스의 HC·CO 점검, 배전기의 드웰 각 점검, 진공 진각 점검, 연료 펌프의 송출 압력 점검, 점화 코일의 2차 전압 점검, 엔진의 회전수에 의한 진각 상태 점검, 축전기(콘덴서)의 직렬 저항, 용량, 누설 시험, 점화 시기 점검, 파형에 의한 작동 상태 등 엔진에 관계되는 부품의 작동 상태를 종합적으로 점검하는 테스터를 뜻한다.

애노드 anode　양극(陽極)을 뜻한다. 터미널(단자) 또는 전극을 말하며, 이것을 통해서 반도체 내에서 전류가 흐른다.

애디어배틱 익스팬션 adiabatic expansion　이상 기체를 진공 속으로 분출시키는 경우와 같이, 열의 출입 없이 물체의 부피가 증가하는 현상을 말한다. 이때 대부분의 기체는 온도가 내려가며, 물체는 냉각된다. 보통 물체(고체·기체·액체)에 열을 가해 온도를 올리면 거의 모두 체적이 증가한다. 이 현상을 열팽창이라고 하는데, 열팽창을 나타내는 물체를 외부와 단열시키고 팽창시키면 온도가 내려가는 단열 팽창이 일어난다. 특히 기체에서는 이 현상이 현저하게 나타난다. 가령 대기 내에 있는 수증기가 응결해 구름을 형성하는 것도 대기의 단열 팽창(斷熱膨脹)에 의한 것이다.

애디어배틱 컴프레션 adiabatic compression　열의 출입을 수반하지 않고 물체를 압축하는 것으로, 자기장을 천천히 강하게 하면서 자기압에 의해 플라스마를 가열하는 과정을 말한다. 고체·액체 및 기체가 외부와 열의 출입 없이 압축되는 단열 압축(斷熱壓縮)을 말한다.

애벌란시 avalanche　전자사태(電子砂汰)를 이른다. 단일 입자 또는 광양자는 여러 개의 이온을 발생시키고, 이 이온들이 가속 전계에 의해 충분한 에너지를 얻어 다시 많은 이온을 만들어내는 식으로 이온화가 진행되는 것을 말한다.

애벌란시 포토다이오드 avalanche photo diode 항복 전압 이상의 전압으로, 역바이어스를 주는 PN 접합형 포토다이오드를 뜻한다.

애블레이터 ablator 표면이 고온 상태라도 용융 기화로 열을 제거하여 내부로 열이 파고드는 것을 막는 애블레이션의 성질을 지닌 열 차단 재료를 말한다.

애스트로 벤틸레이션 astro ventilation 차실 내의 공기를 배출하는 방법의 하나로, 쿼터 패널 등 도어 주위의 보디에 개구부를 설치하여 개구부로 공기를 빠지게 하는 방법을 말한다.

애스펙트 레이쇼 aspect ratio 타이어의 단면 폭에 대한 높이의 비율을 말한다. 초기 타이어는 공기를 넣는 도넛형의 그릇으로 가장 자연스러운 원형 단면, 즉 폭과 높이가 같은 100 % 편평률을 갖고 있었다. 그 뒤 애스펙트 레이쇼를 작게 하는 것으로 타이어의 일반적인 성능 특성이 향상된다는 것이 알려져, 현재는 편평률 80~70 %의 타이어가 가장 널리 쓰인다. 레이싱 타이어에는 애스펙트 레이쇼가 30 % 안팎인 것도 있다. 애스펙트 레이쇼를 편평률이라고도 한다.

애시트레이 ashtray 담배 재떨이로, 내열성이 있는 페놀계의 수지로 만들어지는 것이 일반적이다.

애자(礙子) insulator ⇨ 인슐레이터

애지테이터 agitator ⇨ 교반기

애커먼 스티어 각 Ackerman steer angle 애커먼 조향 장치에서 자동차의 축거(wheel base, L)와 뒷바퀴 차축의 중심에서 바퀴의 선회 중심까지의 거리(R)의 비($比$)를 정점으로 하는 각(δ) 즉 $\tan\delta = L/R$를 만족하는 δ를 말한다.

애커먼 스티어링 Ackerman steering (1) 애커먼식 조향 장치를 말한다. 앞 차축 본체를 고정하고 차륜만을 움직여서 변형시키며, 또한 좌우 양륜의 선회 중심이 뒤 차축 중심선상의 일점에서 만나도록 설계한 것을 말한다. 차가 선회할 때 좌우 전륜은 같은 각도의 방향을 갖고서는 차륜의 중심이 다른 원주상을 통하기 때문에 차륜에 횡으로 미끄럼이 발생해서 원활한 선회를 할 수 없다. 각 차륜은 같은 점을 중심으로 한 원주상을 통과할 필요가 있다. 선회 시의 이 중심점은 뒤 차축의 연장선상에 있기 때문에 좌우 전륜이 그리는 원도 이 중심에 일치시키지 않으면 안 된다. 그 때문에 안쪽 차륜의 방향 각도를 바깥쪽 차륜보다 크게 할 필요가 있다. 이것을 자동적으로 하기 위해서는 직진 상태 시의 좌우의 너클 암의 연장선이 뒤 차축의 중심에서 교차하도록 장치하지 않으면 안 된다. (2) 차가 코너를 돌 때 바깥쪽보다 안쪽 바퀴가 더 크게 꺾이는 각도를 갖도록 설정한 지오메트리이다. 이는 코너링 시 바깥쪽 바퀴가 안쪽 바퀴보다 큰 원을 그리기 때문이고, 이에 맞춰 바퀴가 꺾이는 각도를 정한 것으로, 느린 속도로 코너를 돌 때만 성립된다. 요즘에는 안쪽과 바깥쪽 바퀴의 꺾이는 각도가 같은 패럴렐 스티어에 가깝게 하고 있다. 이것은 타이어의 슬립 앵글과 타협한 결과이다.

애커먼 장토식 Ackerman Jeantaud type 애커먼(Ackerman Rudolph)에 의해 발명되고 장토(Jeantaud Charles)에 의하여 개량된 원리로, 직진 상태일 때 킹핀(kingpin)과 타이 로드(tie rod) 양끝을 연결한 선의 연장선이 뒤 차축의 중심에 교차하도록 되어 있어, 선회할 때 좌우 앞바퀴의 조향각이 자동적으로 차이가 생기게 되는 것이다. 자동차가 선회할 때 각 바퀴가 옆으로 미끄러지는 것(sideslip)을 방지한다.

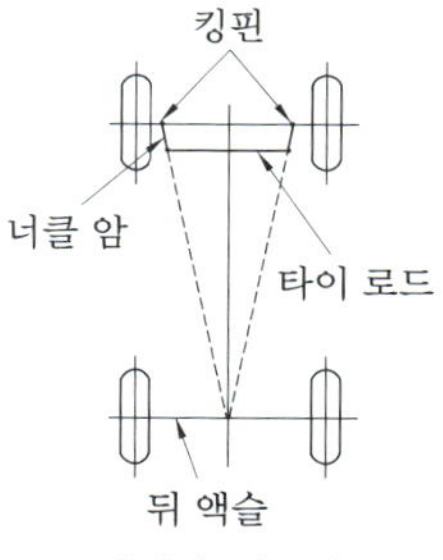

애커먼 장토식

애쿼플레이닝 hydroplaning, aquaplaning 비가 와서 물이 고여 있는 노면 위를 고속으로 달릴 때 타이어와 노면 사이에 물의 막이 생기는 현상인 수막(水膜) 현상을

말한다. 애쿼는 '물'이라는 뜻이다. ⇨ 하이드로플레이닝

애크미 나사 acme thread ⇨ 사다리꼴나사

애터마이저 atomizer 분무기(噴霧器)로, 액체를 기계적 압력이나 또는 다른 유체의 압력에 의하여 안개 모양으로 내뿜는 장치를 말한다. 압축 공기와 함께 소량의 물을 작은 구멍으로 분출시켜 실내를 가습하는 장치를 말하기도 한다.

애트머스페릭 프레셔 atmospheric pressure 단위 면적당 대기의 무게를 말한다. 해면에서의 대기압은 14.7 PSI 절대(101.35 kPa)이다. 고도가 증가할 때 대기압은 감소한다.

애프터글로 시스템 afterglow system 디젤 엔진에서 저온 시의 시동 직후에 착화가 늦어짐으로써 발생하는 디젤 노크(knock)를 방지하기 위하여 시동 후 잠시 동안 예열 플러그를 작동시켜 착화를 좋게 하는 방식을 말한다.

애프터 드롭 after drop 디젤 엔진에 사용되는 분사 노즐이 불량하여 연료 분사가 완료된 후에 떨어지는 연료 방울로, 후적(後滴)을 뜻한다.

애프터 런 after run 자동차 엔진의 점화 스위치를 OFF시킨 후에도 엔진이 정지되지 않고 계속 회전하는 현상을 말한다.

애프터버너 afterburner 엔진의 이미션 장치를 통과한 후 배기 중에 남아 있는 탄화수소(HC), 일산화탄소(CO)를 연소시키기 위한 배기 장치를 말한다.

애프터버닝 afterburning 내연 기관에서 연료의 전부가 압축 상사점 가까이에서 연소되는 것이 아니라, 일부는 팽창 행정이 끝났음에도 불구하고 연소되는 경우로, 일명 디젤링(dieseling)이라고 하며, 가솔린 엔진에서 점화 스위치를 끈 후에도 엔진 내의 과열점에 의해 자기 점화하여 회전을 계속하는 일을 말한다. 이것은 연소실 내의 과도한 온도에 의해서 생기는 것으로, 혼합 가스가 점화 플러그에 의하지 않고 자연 점화되는 비정상의 회전 상태를 말하며, 런온 현상이라고도 한다.

애프터 번 after burn ⇨ 애프터 파이어

애프터서비스 after service 자동차를 판매·납품한 후에도 일정 기간 동안 무료로 자동차의 성능에 대해 책임을 지고 정비 등을 해 주는 것을 말한다.

애프터 쿨러 after cooler 공기 압축기의 냉각 장치로, 압축 공기에서 열을 대기 중으로 방출시키는 공기 방열기를 말한다. 갑자기 공기가 팽창하면 온도가 떨어져 수분이 공기 통로에 형성되어 기계적 효율이 떨어지는 것을 방지하기 위하여, 압축 공기가 공기 분배 장치로 유입되기 전과 압축 후에는 수분을 제거해야 된다.

애프터 파이어 after fire 완전 연소되지 않고 배출되는 연소 가스가 머플러 속에서 폭발하는 현상으로, 요란한 소리가 나고 심한 경우에는 머플러나 배기가스 정화 장치를 손상시킨다. 공기와 휘발유의 혼합 비율과 점화 진각(進角)이 알맞지 못한 것이 원인으로, 급가속이나 급감속 시 일어나기 쉽다. 애프터 번(burn)이라고도 한다.

액면계(液面計) liquid level meter 용기 속에 담긴 액체의 높이 변화를 밖에서 알아볼 수 있게 하는 장치로, 유리관을 쓰거나 부표를 쓰거나 또는 액체의 압력 변화를 쓴다. 화학 공업에서 원격 측정, 자동 제어 장치의 검출부(檢出部) 등에 이용한다. 카뷰레터의 유면 또는 LPG 연료 탱크의 액면 레벨을 외부에서 측정하는 장치로서 게이지 유리, 버저식이나, 튜브로 플로트 체임버나, 탱크 내의 연료량을 측정하는 일반적인 방법을 말한다.

액상 개스킷 liquid gasket 부품의 접합 부분을 밀봉하는 액상 개스킷을 모두 일컫는다. 이전에는 유기 용제에 수지나 고무를 녹인 것이 일반적이었지만, 최근에는 수성 에멀션이나 실리콘, 혐기성 실(seal)재 등의 신소재가 사용되고 있다. 또 모양이 있는 개스킷(성형 개스킷)의 보조 접착제로 쓰였으나 지금은 단독으로도 쓰이고 있다.

액세서리 accessory 부속품이라는 뜻으로, 차에 장착되어 실내를 장식하거나 차를 운전하는 데 편리하게 한 것을 말한다.

액세서리 소켓 accessory socket 플러그인 타입의 액세서리 용품을 위한 전원 콘센트를 말한다. 액세서리 소켓은 최대 부하 120 W까지로 되어 있다.

액세스 access 차내 및 차외의 소음 양에 따라서 자동적으로 음량을 보정하는 시스템을 말한다.

액세스 타임 access time 중앙 처리 장치에서, 데이터를 요구하는 명령을 내린 순간부터 데이터를 주고받는 것이 끝나는 순간까지의 시간을 말한다.

액셀 accelerator ⇨ 액셀러레이터

액셀러레이션 cceleration 시간에 대한 속도 변화의 비율을 나타내는 양으로서 가속도(加速度)를 말한다.

액셀러레이션 테스트 acceleration test 엔진의 가속 상태를 점검하기 위한 시험을 말한다. 저속 회전 상태에서 갑자기 스로틀 밸브를 열어 그때의 엔진의 회전 속도 상승에 소요되는 시간, 흡기 부압, 배기, 진동 및 기타의 변화에 대해서 검사하는 가속 시험으로서, 엔진이 무부하 상태일 때 시험한다.

액셀러레이션 펌프 acceleration pump 가속 펌프로, 주행 중 스로틀 밸브를 갑자기 열었을 때, 일시적으로 혼합 가스가 희박해지는 것을 방지하는 장치를 말한다.

액셀러레이션 픽업 acceleration pickup 진동 현상을 가속도에 비례하는 전압으로 변환시켜 검출하는 변환기를 말한다.

액셀러레이터 accelerator 발로 밟는 자동차의 가속 장치로, 가속 페달이라고도 한다. 이것을 밟으면 기화기의 스로틀이 열려 엔진의 회전수와 출력이 높아진다. 액셀러레어터를 줄여서 액셀이라고도 한다.

액셀러레이터 위치 센서 accelerator position sensor (1) 가속 페달을 밟은 양을 전압으로 변환시켜 컴퓨터에 입력함으로써 엔진의 출력을 제어하는 것인데, 미끄러지기 쉬운 노면에서 타이어의 슬립을 방지하고 선회 시의 조향 성능을 향상시킨다. (2) 전자 제어 디젤 엔진의 액셀러레이터 위치 센서는, 액셀러레이터를 밟는 정도를 전기적인 신호로 ECU에 입력하여, 흡입되는 공기량에 따른 기본 연료 분사량 및 기본 분사 시기를 결정하는 신호로 이용된다.

액셀러레이터 페달 진동 accelerator pedal vibration 엔진이 비교적 고회전 시(2,500 rpm 이상), 어떤 특정한 회전수에 달했을 때 발에 액셀러레이터 페달로부터 미소한 진동이 전달되는 현상을 말한다.

액셀 워크 accel work 액셀은 기술적인 용어로는 스로틀(throttle) 페달이므로, 액셀 워크는 스로틀 워크가 된다. 달리는 중에 액셀러레이터 페달을 밟는 기술은 운전 기술의 기본이다. 속도를 변화시킬 뿐 아니라, 구동력을 조절하여 차의 방향까지 변화시킬 수 있으며, 미세한 조절까지 할 수 있어야 된다.

액셀 페달 accelerator pedal 가속 페달 또는 스로틀 페달이라고 한다. 가솔린 엔진에서는 혼합 가스의 흡입량을, 디젤 엔진에서는 연료의 분사량을 조절하여 엔진의 회전수를 조정하는 페달이다. 대시 패널의 밑에 매달아 설치하는 펜던트 방식과 바닥에 설치하는 플로어 방식이 있다.

액션 레일 action rail 해치백의 듀얼 글라스 탑 장착 차량 전용의 금속 파이프의 레일을 말한다. 지붕의 외관을 돋보이게 함과 동시에 운반용으로도 사용할 수 있다.

액슬 axle 차축을 이른다. 액슬은 '축(軸)'이란 뜻으로, 운전석의 액셀러레이터 페달을 약칭하는 액셀과 혼동하지 않아야 한다. 앞 차축은 프런트 액슬, 뒤 차축은 리어 액슬이라고 한다.

액슬 빔식 서스펜션 axle beam type suspension 후단 빔식이라고도 하는 토션 빔식 현가장치의 한 형식으로서, 차축 위치에 크로스 빔(액슬 빔)이 설치되어 있는 방식을 말한다. 액슬 빔식에서 빔은 롤이 발생하는 경우에 비틀림을 수반하기 때문에 통상 개방 단면으로 되고, 트레일링 암은 브레이크 토크도 분담하기 위하여 비틀리기 쉬운 평판으로 하는 경우가 많다. 따라서 경량화에는 유리하지만 횡강성이 부족하기 때문에 크로스 빔에 래터럴 로드가 부가된다.

액슬 샤프트 axle shaft, axle 휠을 구동하는 차축을 말한다. 일체 차축(리지드 액슬)에서는 액슬 하우징 내에 설치되어 있으며, 보디 쪽은 차동 기어에, 휠 쪽은 전부동식(全浮動式) 차축의 경우 액슬 하우징 끝에 설치되어 있고, 반부동식 차축의 경우 허브에 설치된다.

액슬 스티어 axle steer 액슬 스티어링의 일반적인 표현 방법으로서 액슬로 생기는 조향 작용을 말한다. 자동차가 선회할 때 원심력으로 차체가 기울어지고 좌우 스프링의 휨이 달라진다. 특히 판 용수철을 사용한 리지드 액슬(車軸懸架式)에서는 차축의 위치가 좌우로 어긋나므로 마치 핸들을 꺾은 것 같은 상태로 되고 오버스티어의 상태가 된다.

액슬 축 axle shaft　종감속 기어와 차동 기어 장치를 거쳐 전달된 회전력을 구동륜에 전달하는 축으로, 한끝은 차동 장치의 사이드 기어에 스플라인으로 결합되고, 다른 끝은 구동 바퀴에 연결된다.

액슬 트램프 axle tramp　급발진을 할 경우 등 급격한 구동력이 전달되었을 때, 구동축과 구동 바퀴의 진동으로 생기는 차체의 심한 상하 진동을 이른다. 스프링 밑의 상하 진동, 구동축의 비틀림 진동, 타이어와 노면과의 마찰 등에 관계가 있다.

액슬 하우징 axle housing　중앙부는 둥글게 되어 종감속 기어, 차동 기어가 설치되고, 좌우로 기다란 원통 형태에는 액슬 축과 허브, 휠 등이 지지되며, 내부에는 기어 오일로 윤활된다.

액슬 허브 axle hub　FR(앞 엔진 뒷바퀴 구동) 차량의 앞바퀴(前輪)나 FF(앞 엔진 앞바퀴 구동) 차량의 뒷바퀴와 같이 구동하지 않는 바퀴가 설치되어 있는 원통형의 부품으로서, 차축의 역할을 하는 것을 말한다.

액시던트 accident　경주차끼리의 충돌, 한 경주차의 가드레일과의 충돌, 차의 화재, 드라이버의 사망 등 레이스 도중에 일어난 모든 사고를 가리킨다.

액시스 axis　회전축을 이른다. 실린더 또는 기타 대칭부의 센터라인(중심선)으로, 간단히 말해서 회전체의 축(선)이라고 한다.

액시얼 앙가주망 스타터 axial engagement starter　기동 전동기의 동력 전달 방식에서, 계자 철심과 전기자(電機子)를 오프셋시켜 점화 스위치를 ON하였을 때 자력선이 가까운 거리로 이동하려는 성질을 이용하여, 전기자가 축 방향으로 이동함으로써 엔진 플라이휠 링 기어에 회전력을 전달하는 기동 전동기를 말한다.

액시얼 팬 axial fan　원통 속에 회전 날개를 설치하여 회전축에 평행한 방향으로 기체를 보내는 장치를 말한다. 엔진의 냉각 팬이 그 대표적인 것이다. ⇔ 크로스 플로 팬

액시얼 플런저 모터 axial plunger motor　플런저가 왕복 운동을 하는 방향이 실린더 블록의 중심축과 평행인 플런저 모터로, 구동축과 실린더 블록의 중심축이 일직선인 사판식(斜板式) 플런저 모터와, 구동축과 실린더 블록의 중심축이 경사진 사축식(斜軸式) 플런저 모터로 나눌 수 있다. 특징으로는, 커넥팅 로드가 구동 판에 볼 베어링으로 조립되어 있기 때문에 실린더 벽과 마찰이 적어 기동 토크의 효율이 좋고, 다른 모터에 비하여 저속에서 슬립이 적어 용적 효율이 좋다. 가변 용량형으로 사용하는 경우에는 속도 범위가 넓다. 정격 압력은 $140 \sim 250 \, \mathrm{kgf/cm}^2$, 최고 압력은 $350 \, \mathrm{kgf/m}^2$, 최고 회전 속도는 $1800 \sim 3600 \, \mathrm{rpm}$, 전 효율은 $90 \sim 98 \, \%$, 토크 효율은 $92 \sim 99 \, \%$이다.

액시얼 플런저 펌프 axial plunger pump　플런저가 왕복 운동을 하는 방향이 실린더 블록의 중심축과 평행인 플런저 펌프로, 구동축과 실린더 블록의 중심축이 일직선인 사판식(斜板式) 피스톤 펌프와, 구동축이 실린더 블록의 중심축이 경사진 사축식(斜軸式) 피스톤 펌프로 나눌 수 있다.

액시얼형 과급기 axial flow type super-charger　과급기(過給器)의 일종이다. 원통의 안쪽을 양끝이 뚫린 벌집 모양의 통로(셀)로 칸막이를 하고, 한쪽에 공기의 흡입구를, 다른 쪽에 배기구를 설치하여 원통을 엔진 동력에 따라 회전시키면, 셀 내에 흡입된 공기가 배기 포트에서 도입된 배기가스에 의하여 압축되어 흡입 포트로 밀어내는 구조를 말한다.

액정(液晶) liquid crystal　분자의 배향(配向)이 결정성을 가지며, 광학적 이(異) 방향성이 있는 유기 화합물을 액정이라고 한다. 액정에는 분자의 긴 축이 서로 평행으로 배열하는 네마틱(nematic)형과 분자 층이 평면 모양으로 적층(積層) 상태가 되는 콜레스테릭(cholesteric)형 및 긴 축 방향으로 적층하는 스멕틱(smectic)형이 있는데, 온도 센서로서 정색(呈色) 변화를 이용

하는 것은 이 중에서 콜레스테릭형 액정이다. 콜레스테릭 액정은 분자 배열이 층상 나선 구조로 되어 있어서 각 층의 간격이 온도에 따라 변화한다. 전체로서 분자 축의 방향이 360° 회전하는 피치 간격이 가시광의 파장에 가깝기 때문에, 여기에 백색광을 비추면 뉴턴의 원무늬 원리에 따라 피치 간격에 상당한 산란광을 일으키며 정색을 변화시킨다. 정색 온도는 액정의 종류 및 배합비에 따라 변화시킬 수 있기 때문에, 상온 부근의 임의의 온도 범위에서 정색 변화하는 것을 만들 수 있고, 좁은 온도 범위의 온도 센서로서 이용된다. 액정은 특수한 분자 배열을 가졌기 때문에, 자장이나 전장(電場)에 따라서도 배향이 변화하고, 시계나 전자식 탁상 계산기, 전자 체온계 등의 표시 장치로서 네마틱형이 많이 쓰이고 있다.

액정 디스플레이 liquid crystal display 자연 상태에서는 불투명한 액체이지만, 결정성을 나타내는 일정한 구조로 질서 있게 배열된 액정을 사용한 표시 장치를 말한다. 전극이 접촉된 두 장의 투명한 유리 사이에 액정을 끼우고 전압을 가하면 빛의 투과율이 변화하는 현상을 이용한 것으로, 발광이 없으므로 야간에는 백라이트나 미러로 조명하는 것이 필요하다. 하나의 픽셀은 두 개의 투명 전극이 연결된 액정으로 되어 있고, 양쪽에는 서로 수직인 편광 필터가 있다. 평상시에는 액정의 일정한 배열이 빛을 통과시키지만, 전압을 걸면 액정의 배열이 고정되어 빛이 통과되지 못하고 차단된다.

액정 미터 liquid crystal meter 시계와 탁상 전자계산기 등의 컬러 표시에 쓰이는 새 기술의 하나로, 자동차 계기판에서도 쓰고 있다. 액정이라는 광학적 특성이 변화하는 물질을 써서 글자와 숫자 또는 일러스트레이션 등 여러 가지 표시를 하는 것으로, 계기판 내의 계기와 표시 디자인이 큰 영향을 받게 되었다.

액정 방현 미러 liquid crystal glare proof mirror 전압을 가하여 분자의 배열 방식을 바꾸면 빛의 투과율이 변화하는 액정의 성질을 응용한 방현(防眩) 미러(현혹 방지용 미러)를 말한다. 미러 면의 반사 필름과 표면의 유리(glass) 사이에 끼운 액정에 전기를 흐르게 하여 방현(눈부심을 방지하는 것) 기능을 갖도록 한다. 자동 방현 방식 룸 미러로 사용되는 경우가 많다.

액정식 전자 미터 컬러 액정으로 표시하는 전자 미터로, 두 장의 유리판 사이(10미크론)에 액정 소자를 넣은 부분은 전압이 0일 때는 종파를 횡파로 바꾸는 성질을 가지고 있다. 그래서 빛은 종형 편광 필터를 통과할 수 없다. 그런데 일부에 전압을 통과시키면 그 부분만 종파로 나온다. 그리고 나서 필터를 통과해서 표면에 표출된다.

액체 배출 밸브 liquid exhaust valve 자동차의 정상 운행 시 사이펀을 통하여 액체를 배출하여 엔진실의 기화기와 혼합기로 보내는 것으로, 안쪽에는 과류(過流, excess flow) 방지 장치가 있어서 하류의 배관 파손 등으로 액체가 지나치게 흐를 경우에 밸브가 닫힌다. 기체 배출 밸브는 자동차의 시동 시에만 용기 내 기체를 엔진으로 보내다가, 액체 배출이 시작되면 저절로 닫힌다.

액체 봉입식 마운트 hydro-mount 합성 고무로 된 엔진 지지 부품에 비해 엔진 진동의 실내 유입을 효과적으로 차단하며 전자 제어 엔진 마운트의 구성 요소이다. 전자 제어 엔진 마운트는 가감속 시 엔진이 전후로 움직일 때 컴퓨터로 엔진의 고정도를 조정하는 것이다. 금속으로 보강된 고무제의 용기 내에 액체를 봉입한 두 개의 방을 설치하고, 이들의 방을 오리피스로 연결한 구조를 말한다. 고무제의 마운트와 비교하면 스프링 정수가 낮아서 현재 많이 채용되고 있다.

액체 봉입식 부시 hydro bush 현가장치의 부시로, 고무 부시 내에 액실(液室)과 오리피스를 설치하고 액체를 봉입한 구조를 말한다. 부시에 외력이 가해지면 액체와 오리피스를 통하여 액실 사이를 이동할 수 있도록 되어 있으며, 이때 생긴 점성 저항을 이용하여 높은 효과를 얻을 수 있다.

액체 봉입식 서스펜션 부시 부시 내에 유체실을 설치한 것으로서, 유체가 이동했을 때 발생하는 감쇠력에 따라서 진동을 흡수한다. 퀵 로크나 시미(shimmy) 억제 효과가 높다.

액체 클러치 liquid clutch   케이스 속에 오일을 채우고 서로 마주보는 날개(터빈)를 넣어 한쪽을 돌리면 다른 쪽 날개도 돌아간다. 이 원리를 힘의 전달에 응용한 것이 유체 클러치이다. 엔진 동력은 회전이 낮을 때는 약하고, 회전수가 높을 때는 세게 전달된다. 클러치 기능으로서는 100 % 단속되지 않지만, 오토클러치로는 실용성이 높다. 플루이드 커플링(fluid coupling)이라고 한다.

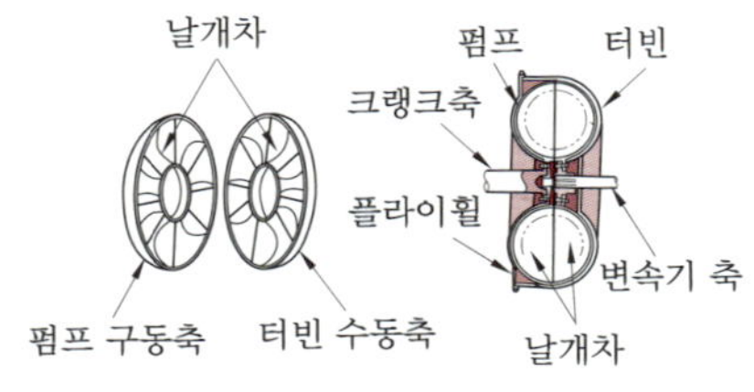

액체 클러치

액체 패킹 liquid packing   배관용 파이프의 나사부나 액체, 기체의 기밀이 필요한 부분에 바르는 액체를 말한다.

액추에이터 actuator   (1) 유압 실린더나 유압 모터와 같이 물리적인 힘을 기계적으로 변환시키는 기기(작동기)를 말한다. (2) 입력된 신호에 대응하여 작동을 수행하는 장치 명령 신호에 의하여 작동하는 집행기(執行器)이다. 스위치를 작동시키기 위하여 직접 또는 간접으로 외력을 받아 그 동작을 내부에 전달, 스위치의 개폐를 하도록 하는 기구이다. (3) 전기·유압 및 공기압 등의 에너지를 받아 기계적인 동력으로 출력하는 변환기를 말한다. 이것은 에너지의 양에 따라 출력의 질, 다시 말해서 속도와 힘의 상태를 바꿀 수 있는 기능을 가지고 있다. 액추에이터는 입력되는 에너지의 종류와 출력되는 기계적인 상태, 구조적인 특징이나 장점과 감속 기구나 브레이크 기구 등의 부속 기구에 따라서도 상당히 다양한 종류가 있다. (4) 액추에이터 유닛은 DC모터, 웜 기어, 웜 휠, 플래니터리 휠 기어, 마그네틱 클러치와 두 개의 리밋 스위치로 되어 있다. 마그네틱 클러치는 액추에이터 케이스에 장착된 마그네틱 코일과 플래니터리 휠 기어의 내부 기어에 스프링으로 연결된 클러치 플레이트로 되어 있으며, 마그네틱

스위치는 ECU에서 보내는 컨트롤 신호에 따라 ON/OFF 변환된다.

액추에이터 브래킷 actuator bracket   액추에이터를 인슐레이터 상단부에 설치하기 위한 까치발을 말한다.

액티브 active   제어 시스템 내에 에너지원을 갖고 적극적으로 운동을 제어하는 것을 말한다. 4WS나 Active-ECS가 그 예이다.

액티브 노이즈 컨트롤 시스템 active noise control system   자동차 실내 소음 저감 장치의 명칭을 이른다. 직렬 4실린더 엔진에서, 엔진 회전 2배의 주파수로 발생하는 100∼200 Hz의 잡음을 줄이고자 승객 머리 부분에 음향계 테스터의 마이크를 갖다 대면 잡음의 정도가 검출된다. 이때 제어기에 의하여 잡음을 좌우 앞좌석 밑에 설치된 스피커로 보내어 순간적으로 저감시키는 장치를 말한다.

액티브 리스트레인트 시스템 active restraint system   패시브 리스트레인트 시스템과 대조적으로 쓰이는 용어로, 일반적으로 시트 벨트처럼 승객이 스스로 착용하는 보호 장치를 말한다.

액티브 머플러 active muffler   배기음 저감 장치를 말한다. 소음기 내에 스피커를 넣어 배기 소음 중의 기류음과 역위상의 음을 내면 음파가 서로 상쇄되어 기류음이 적어진다는 원리를 이용한 것이다.

액티브 배기 시스템   배기가스의 메인 머플러의 유입 경로를 바꿈으로써 배기 효율의 향상과 저회전 구간에서의 정숙성을 양립시킨 배기 시스템을 말한다. 구경이 다른 두 가지의 입구를 가진 메인 머플러의 대구경 쪽 입구에 설치된 교환 밸브가 개폐되어, 연비와 동력 성능의 향상을 꾀한 정상 모드(절환 밸브 열림)와, 저회전 상용(常用) 구간에서의 정숙성의 향상을 꾀한 정상 모드(절환 밸브 닫힘)의 두 가지로 바꿀 수 있다. 모드의 절환(절환 밸브의 개폐)은 엔진 회전수 및 액셀 페달 개도에 따라서 제어되지만, 모드 절환 스위치에 의해 항상 정상 모드를 유지할 수도 있다.

액티브 4WS   유압 제어식 차속, 조향력 감응형 4WS(4륜 조향 시스템)를 기본으로 전자 제어를 사용하여 운전 상황, 노면 상

황에 따르는 섬세한 후륜 제어를 가능하게 한 4WS를 이른다. 종래까지의 중·고속 주행 시의 차선 변경 등에서 차체의 안정성 향상을 목적으로 한 동위상 제어(후륜을 전륜과 같은 방향으로 조향하는 제어)에 추가하여, 중속 영역(40~80 km/h)에서의 회전의 용이함을 향상시키기 위해 순간적으로 역위상 제어(핸들을 끊는 속도에 따라서 후륜을 전륜과 반대 방향으로 순간적으로 조향하는 제어)를 적용한 것 외에 퍼지 제어를 사용하여 오르막길, 내리막길, 건조 도로, 미끄러지기 쉬운 노면의 상태를 검출하여 후륜의 조향각을 최적 컨트롤한다.

액티브 서스펜션 active suspension　보통의 현가장치는 노면에서의 충격을 흡수 또는 작게 하여 승차감을 향상시킴과 동시에 타이어가 노면에 추종하는 구조로 되어 있지만, 액티브 서스펜션은 공기압이나 유압으로 작동하는 액추에이터를 사용하여 쇼크 업소버나 스프링을 제어하여 온로드(on road)에서 오프로드(off road)까지 여러 가지 주행 상황에 대응하여 안정된 자세나 승차감을 얻을 수 있으며 동시에 타이어를 노면에 정확하게 접지시킨다.

액티브 세이프티 active safety　자동차의 안전성에는 '충돌 등을 미연에 방지한다'라는 능동적 의미에서 본 안전성과, '만일의 경우 피해를 최소한으로 줄인다'라고 하는 의미에서 본 두 종류가 있다. 이 가운데 앞의 것을 액티브 세이프티라 하고 뒤의 것은 패시브 세이프티(passive safety)라고 한다. TCL이나 ABS 등은 액티브 세이프티라고 하는 측면에서 본 안전 기구라고 할 수 있다.

액티브 에어로 시스템 active aero system　가동식 프런트 벤투리 스커트와 가동식 리어 스포일러로 고속 주행 시의 다운 포스(down force)를 증가시켜 공기 역학적 특성의 향상을 꾀하는 시스템을 말한다. 고속 주행 시(80 km/h 이상) 프런트 벤투리 스커트는 약 50 mm 아래쪽으로 내려와서 노면의 틈을 작게 함으로써 보디 아래로 흘러가는 공기의 양을 억제하고 벤투리 효과에 의해 프런트 양력을 저감시킨다. 동시에 리어 스포일러의 경사도 약 14° 증가시켜 후방 양력을 감소시킨다.

액티브 전자 제어 서스펜션 active electronic control suspension　프런트 및 리어 서스펜션에 장착되어 있는 4개의 쇼크 업소버 및 그것과 같은 축에 설치되어 있는 에어 스프링이 내압을 4륜 독립해서 액티브로(적극적으로, 능동적으로) 전자 제어함으로써 승차감과 조향 안정성을 비약적으로 높인 서스펜션 시스템을 말한다. 차체 자세 제어(세계 최초) 기능은 에어 스프링의 내압을 각각 독립해서 제어함으로써 차체 자세를 항상 노면에 대해서 거의 평행으로 유지하는 기능이다.

액티브 카본 active carbon　높은 흡착성을 지닌 탄소질 물질로, 목탄 등을 활성화하여 만든다. 다공질이어서 색소나 냄새를 잘 빨아들이므로 탈색, 정제, 촉매, 방독면, 연료 탱크의 증발 가스 HC를 흡착하는 차콜 캐니스터(charcoal canister)의 활성제 등에 쓰인다.

액티브 컨트롤 서스펜션 active control suspension　각종 센서로 자동차의 주행 상태를 감지하여 하이드로 뉴매틱(pneumatic) 서스펜션 실린더 내의 오일 양과 압력을 조정함으로써, 자동차가 노면 상태에 따라 받는 흔들림이나 충격을 최소한으로 억제하는 것을 말한다.

액티브 토크 스플릿 active torque split ⇨ 토크 스플릿

액티브 Ⅱ Active Ⅱ　FF 2WD 차량의 '달리다, 돌아가다, 정지하다'라는 기본 기능을 진화시키기 위해서는, 타이어의 기능을 100 % 발휘시켜 더욱 그때의 상황에 따라서 구동력, 제동력, 선회력을 가장 효율성 있게 분배하는 것이 필요하다는, 토털 휠 최적 컨트롤(전륜 최적 제어)을 목표로 개발된 2WD 종합 섀시 시스템을 말한다. 트랙션 컨트롤을 비롯하여 액티브 전자 제어 서스펜션, 4WS(4륜 조향), 4IS(4륜 독립 현가), 4ABS(4륜 앤티록 브레이크 시스템)가 액티브Ⅱ를 구성한다.

액티브 파워 로크 active power lock　손으로 가볍게 닫는 것만으로도 모터가 작동하여 도어 또는 트렁크가 완전히 닫히는 시스템을 말한다. 가볍게 닫는 것만으로도 자동적으로 확실하게 닫히기 때문에,

강하게 닫았을 때 차내 승객이 불쾌한 생각을 하지 않고, 또한 반도어로 주행할 염려가 없다.

액티브 Ⅳ Active Ⅳ　4밸브 DOHC 엔진으로, VCU(비스코스 커플링) 제어 센터 디퍼렌셜 식 풀타임 4WD, 4WS(4륜 조향), 4IS(4륜 독립 현가), 4ABS(4륜 앤티록 브레이크)를 높은 차원으로 통합한 시스템을 말한다. 개개의 시스템의 기능을 유기적으로 결합함으로써 상승 효과가 발생하고, 차의 성능이 비약적으로 향상하여 누구라도 간단하게 레벨의 주행을 실현할 수가 있다.

액티브 풋워크 시스템 active footwork system　차의 주행 성능과 조정 안정성을 최대한 높인 시스템을 말한다. 이로 인해 누구라도 간단하게 높은 레벨의 주행이 가능하게 되었다. 이 시스템에는 두 가지가 있다. ① 액티브 2(Active Ⅱ) : 트랙션 컨트롤 시스템, 액티브 전자 제어 서스펜션, 4WD(4륜 조향), 4IS(4륜 독립 현가), 4ABS (4륜 앤티록 브레이크 시스템)으로 구성된 2WD 종합 섀시 시스템. ② 액티브 4 (Active Ⅳ) : 4밸브 DOHC 엔진, VCU 제어 센터 디퍼렌셜식 풀타임 4WD, 4WS (4륜 조향), 4IS(4륜 독립 현가), 4ABS(4륜 앤티록 브레이크)를 유기적으로 결합한 4WD 종합 시스템.

액티브 프리뷰 전자 제어 서스펜션 active preview electronic control suspension　액티브 전자 제어 서스펜션의 기능에 프리뷰 제어 및 퍼지 제어를 추가하여 노면 상태, 도로 환경의 판단을 가능하게 하고, 승차감과 조정 안정성을 더욱 향상시킨 전자 제어 서스펜션을 말한다.

액티브 프리뷰 전자 제어 서스펜션 Ⅱ active preview electronic control suspension Ⅱ　액티브 프리뷰 전자 제어 서스펜션의 기능에 스카이 훅(sky hook) 기능을 추가하여 더 높은 레벨의 승차감과 조정 안정성을 실현시킨 전자 제어 서스펜션을 말한다. 스카이 훅 제어는 고속 도로의 넘실거림에 의한 울렁거림을 에어 스프링 내의 급배기를 세분하여 저감하고 평탄한 주행 감각을 실현하게 한다.

액화 가솔린 liquefied gasoline　천연가스나 유전에서 얻어진 가스를 압축 정제한 것이다. 비점이 낮고 증기압과 옥탄가가 높으며 가연 효과가 크기 때문에 직류 가솔린이나 분해 가솔린에 혼합하여 사용한다.

액화 석유 가스 liquefied petroleum gas　석유 성분 가운데 프로판이나 부탄가스처럼 끓는점이 낮은 탄화수소를 주성분으로 상온에서 압력을 가하여 액화한 가스를 말한다. 가정용·공업용·자동차용 연료로 쓴다.

앤드 게이트 AND gate　모든 입력 단자(端子)에 ‘1’이 입력되었을 때에만 출력으로 ‘1’이 나타나는 회로로, 앤드 회로 또는 논리적(論理積) 회로라고 한다. 논리 회로의 입력 조합에 따른 출력을 진리값표라고 한다.

앤드 회로 AND circuit　⇨ 논리곱 회로

앤빌 anvil　단조 작업에서 소재를 직접 올려 여러 가지 작업을 할 수 있는 받침대를 말한다.

앤티노즈 anti-nose　⇨ 앤티다이브

앤티노크 antiknock　가솔린 연료에서 노크 현상을 일으키기 어려운 성질을 말한다.

앤티노크성 antiknock property　내폭성으로, 엔진의 연소실에서 노킹이 잘 일어나지 않는 가솔린의 성질을 말한다. 옥탄가가 높은 가솔린일수록 앤티노크성이 높다.

앤티노크 지수 antiknock index　디토네이션(이상 점화) 또는 노크를 일어나지 않게 하는 가솔린의 특성을 나타낸다. 일명 옥탄가 또는 옥탄율이라고도 한다.

앤티노크 콤파운드 antiknock compound　이상 연소, 즉 디토네이션을 억제하기 위해 가솔린에 첨가하는 첨가제이다. 납 화합물(lead compound)로 배기가스의 유출을 통해서 대기 오염을 증가시키는 원인이 된다.

앤티노킹제 antiknocking additive　노킹 억제제, 앤티노크, 앤티노크제, 앤티노킹제, 제폭제를 말한다. 내연 기관에서 연료의 노킹을 방지하기 위하여 가솔린에 첨가하는 약제로 사에틸납, 브롬화에틸렌 등이 있다. 가솔린의 옥탄가를 크게 할 목적으로 첨가하는 약재를 말한다. 납이나 망간을 포함하는 유기 화합물이나 아민 화합물을 가솔린에 가하면 옥탄가가 높아지고

노킹이 잘 일어나지 않게 된다. 4에틸납을 첨가한 자동차용 가솔린은 유연 가솔린이라고 부른다.

앤티다이브 anti-dive　(1) 다이브는 브레이크를 걸었을 때 차의 앞부분이 내려가는 것을 말하고, 리프트는 브레이크를 걸었을 때 차체 뒤쪽이 올라가는 것을, 스콧은 급가속했을 때 차의 뒷부분이 밑으로 내려앉는 것을 말한다. 이 같은 자세의 변화는 서스펜션의 지오메트리 형식으로 막을 수 있고, 위시본으로 앤티다이브를 얻으려면 어퍼 암의 피벗을 앞쪽을 향해 올리고, 로어 암의 피벗은 앞쪽을 향해 내린다. 이런 각도를 붙여 주면 서스펜션이 리딩 암을 형성하여 브레이크 제동력이 차의 앞부분을 밀어 올리는 작용을 하며 다이브와 상쇄된다. 리프트와 스콧은 뒷바퀴에 일어나지만 원리상으로는 앤티다이브와 같고, 트레일링 암은 그 자체가 앤티리프트/앤티스콧의 성격을 갖고 있다. (2) 제동 시 관성력에 의해서 하중이 전방으로 이동하면서 차체가 기울어지는 현상을 방지하기 위해 로어 암을 앞쪽으로 기울도록 한 구조를 말한다. 제동력 F는 F1과 F2의 분력이 되며, F1이 앞 스프링을 누르는 방향으로 작용하여 주행 및 제동 시에 승차감을 확보할 수 있다. 위시본 타입으로 앤티다이브를 얻으려면, 어퍼 암의 피벗을 앞쪽으로 향해 올리고, 로어 암의 피벗은 앞쪽을 향해 내린다.

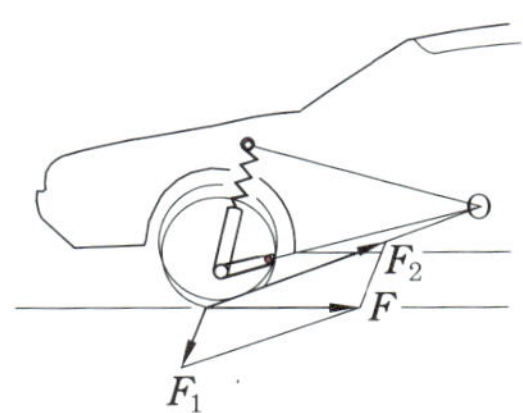

앤티다이브

앤티다이브 지오메트리 anti-dive geometry
제동 시 관성력에 의해 하중이 전방으로 이동하여 차체 전방이 내려앉고 후방이 들리는 노즈 다이브(nose dive) 현상이 일어난다. 앤티다이브 지오메트리는 로어 암을 전방으로 경사지게 부착하여 전륜 운동 중심을 '0'이 되게 한 것이다. 제동 시 관성력에 의해 하중이 전방으로 이동함으로써 차체 앞이 가라앉고 뒤가 들리는 현상이 일어나는데, 이를 해결하기 위해 전륜에 걸리는 제동력 F는 F1과 F2로 나누어지며, F2가 스트럿(strut)을 늘어나게 하는 방향으로 작용하기 때문에 노즈 다이브를 억제하여 제동 시의 차량 자세를 안정하게 유지한다. 급제동 시 차체 안정성이 탁월하다.

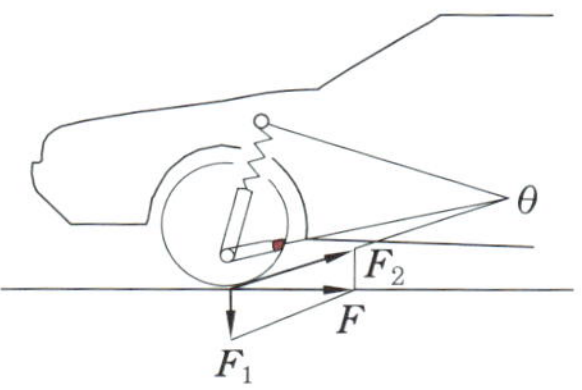

앤티다이브 지오메트리

앤티로크 브레이크 ALB ; anti-lock brake
전자 장치와 기계 장치로 미끄러운 노면에서 브레이크를 밟아도 타이어가 로크하지 않게 하여 차체의 방향 안정을 지켜 주는 장치를 말한다. 노면이 젖어 있는 곳 등에서 급브레이크를 밟으면 바퀴가 멈춰 차가 옆으로 미끄러지는 일이 있는데, 이것은 타이어가 로크하여 회전을 멈춰 버리면 타이어의 방향성이 없어지기 때문이다. 이를 막기 위해서 타이어를 로크시키지 않고 로크하기 바로 전에 회전을 계속하도록 한 장치이다. 이를 위해서 차체의 감속도와 타이어 회전을 알아보아 둘의 감속도를 비교하고, 타이어의 감속도가 커지면 휠 실린더에 걸리는 유압을 덜어 로크를 방지하도록 되어 있다. 바퀴가 로크하지 않아 제동 길이도 짧아진다. 최근의 고급차는 모두 앤티로크 브레이크를 표준 장비 또는 선택 장비로 갖추고 있으며, 이름도 앤티스키드 브레이크(ABS)라고 하기도 한다.

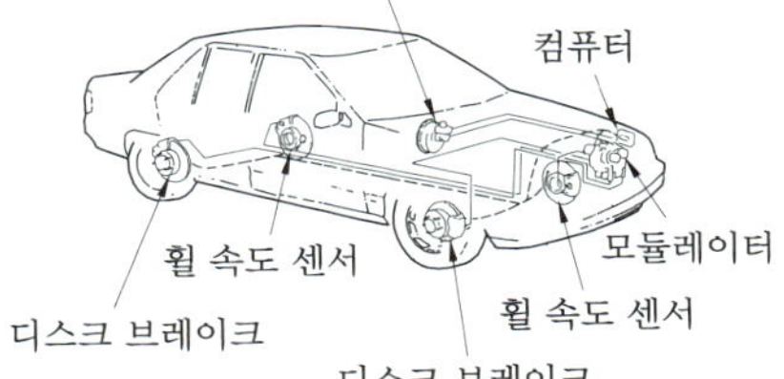

앤티로크 브레이크의 구조

앤티록 브레이크 시스템 ABS　미끄러지기 쉬운 노면이나 고속 주행 중, 급브레이크를 걸면 바퀴가 로크(lock)되어 스키드(옆으로 미끄러짐)가 발생할 수 있다. 이와 같은 때에 컴퓨터 제어로 후륜 또는 전후륜(4ABS)의 브레이크 유압을 컨트롤하여 고장을 방지하는 브레이크 시스템을 말하며, 앤티스키드 브레이크라고도 한다.

앤티롤 바 anti-roll bar　자동차의 롤링을 적게 하는 장치를 말한다. 선회하는 자동차는 원심력으로 바깥쪽 현가장치가 크게 휘어져 옆으로 쏠리는 것처럼 기우는데, 앤티는 '반대'의 뜻으로 좌우 현가장치를 바(bar)로 연결하여 기울어짐이나 돌림 현상을 적게 하기 위한 것을 말한다. 앤티롤 바는 굵을수록 롤 강성이 커지며, 선회 중에는 토션 바(bar)도 작용하므로 현가장치는 지나치게 딱딱해져 조정성을 잃어버리는 경우도 있다. 자동차의 안전성을 좋게 한다는 뜻으로 스태빌라이저라고 하며, 영어에서는 앤티스웨이 바(anti-sway bar)라고도 부른다.

앤티롤 장치 anti-roll system　마스터 실린더와 휠 실린더 사이에 설치되어 자동차가 언덕길에서 일시 정지하였다가 다시 출발할 때 차가 뒤로 구르려는 것을 방지하는 장치이며, 기계식과 전기식이 있다. 힐 홀더(hill holder)라고도 한다. 오르막길에서 브레이크 페달을 밟을 때 클러치 페달도 함께 작동시키므로, 클러치 페달에 연동된 링키지에 의해 볼 링키지를 움직이면 볼이 중력에 의해 굴러가 브레이크 오일 통로를 막아 클러치 페달을 밟고 있는 동안은 브레이크 페달을 놓아도 브레이크가 해제되지 않는다. 따라서 자동차를 출발시키기 위해 브레이크 페달을 놓아도 자동차는 뒤로 구르지 않는다. 이때 클러치 페달을 서서히 놓으면 링키지에 의해 볼 링키지가 본래의 위치로 복귀되면서 브레이크도 서서히 해제된다. 그러나 내리막길 또는 수평 도로에서는 클러치 페달을 놓아도 볼이 브레이크 오일 통로에 접촉되지 않으므로 작용하지 않는다.

앤티리프트 anti-lift　리프트는 브레이크를 걸었을 때 차체 뒤쪽이 올라가는 현상이며, 스쾃은 급가속했을 때 차의 뒷부분이 내려앉는 현상으로서, 앤티리프트는 이 같은 자세의 변화를 서스펜션의 지오메트리 형식으로 방지하는 것을 말한다.

앤티리프트 지오메트리 anti-lift geometry　제동 시 관성력에 의해 하중이 전방으로 이동하여 차체 후방이 들리는 현상을 방지하기 위한 구조를 말하는데, 이 구조는 차체가 급제동 및 급출발 시에 안정감을 유지하는 데 좋은 역할을 한다.

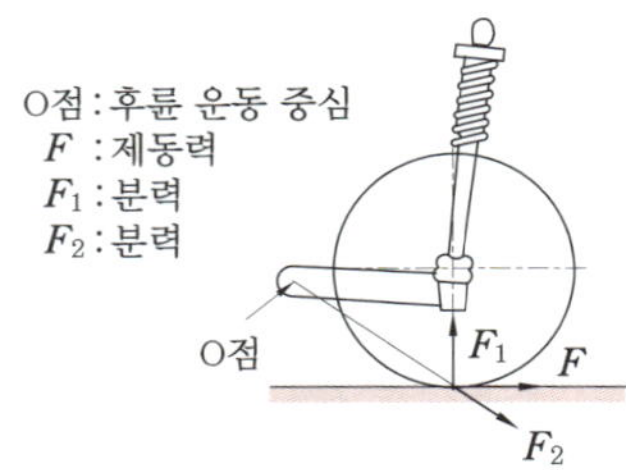

앤티리프트 지오메트리

앤티백파이어 밸브 anti-backfire valve　공기 분사 장치에 사용되는 부품(部品)으로 가속 기간 동안 배기 장치에서 백파이어(backfire, 逆火) 발생을 방지하기 위한 것이다.

앤티스모그 디바이스 anti-smog device　자동차에서 배출되는 가스를 제어하여 대기 오염을 방지하는 장치를 말한다. 엔진이 정지하였을 때, 연료 증발 가스를 캐니스터에 일시 저장하였다가 시동이 되면 연소실에 공급하여 재연소시킨 다음 배출한다. 배기가스에 포함되어 있는 일산화탄소나 탄화수소 양이 증가되면 배기가스 일부를 연소실에 피드백시켜 재연소시킴으로써 대기 오염을 방지하는 역할을 한다.

앤티스웨이 바 anti-sway bar　⇨ 앤티롤 바

앤티스쾃 anti-squat　급가속 시 차의 뒷부분인 트렁크 쪽이 밑으로 내려가는 현상으로, 반대로 앞쪽은 위로 올라가게 된다.

앤티스퀼 심 anti-squeal shim　디스크 브레이크의 패킹 소리 방지용 심 패드의 뒷면에 심을 삽입하여 마찰 진동을 흡수한다.

앤티스키드 anti-skid　스키드는 코너링 시 또는 급브레이크 시에 뒷바퀴가 횡활주하는 것을 말한다. 앤티스키드는 미끄러운 노면에서 브레이크 페달을 밟았을 때 타이어가 로크(lock)되지 않도록 조정하는 장치를 말한다. ⇨ ABS

앤티스키드 브레이크 ABS ; anti-skid brake ⇨ 앤티로크 브레이크

앤티스키드 체인 anti-skid chain　눈길에서 타이어의 미끄러짐을 방지하기 위하여 타이어에 감는 체인을 말한다. 스노타이어의 트레드 홈 깊이가 50 % 이상 마멸되면 기능이 상실되므로, 앤티스키드 체인을 타이어에 감고 주행하여야 한다.

앤티스키드 컨트롤 브레이크 anti-skid control blake　브레이크 조작 과정에서 차바퀴가 로크(lock)되는 것을 방지하는 안전 기구이다. 4륜 각각에 회전 상태를 검출하는 센서가 있고 로크를 검지하여 그 정보와 컴퓨터가 유압을 컨트롤하여 유압을 느슨히 한 후 로크를 방지한다. 일정한 힘으로 브레이크를 밟아도 브레이크를 여러 번 나누어 밟은 펌핑 브레이크와 같은 조작을 기계가 해 주게 되는 것이다. 이 기구에는 뒷바퀴에만 작동하는 것과 4륜 각각에 작동하는 것이 있다.

앤티스키드 타이어 anti-skid tire　눈길에서 타이어의 슬립을 방지하기 위하여 트레드 부분을 여러 가지 패턴으로 조합하여 홈이 깊고 트레드가 넓게 만든 타이어로, 눈길에서 체인 없이도 주행할 수 있는 타이어를 말한다.

앤티스톨 대시 포트 anti-stall dash pot　자동차의 속도를 감속시키기 위해서 액셀러레이터를 놓았을 때 스로틀 밸브가 급격히 닫히는 것을 방지하는 완충 장치를 말한다. 컴퓨터는 감속 시에 연료를 일시 차단함과 동시에 충격을 방지하기 위하여 감속 조건에 알맞게 대시 포트를 조절한다.

앤티캐비테이션 밸브 anti-cavitation valve　캐비테이션을 방지하기 위하여 복귀구에서 배압을 이용하여 기름을 보급하는 이들 일련의 체크 밸브를 말한다. 액추에이터가 외력에 의해서 작동되었을 때 그 반대쪽은 진공이 발생하므로 탱크 라인으로부터 액추에이터에 작동유를 보급하는 역할을 하는 밸브를 말한다.

앤티퍼컬레이터 anti-percolator　기화기의 고속 회로 중에 연료의 비등을 방지하기 위해 여분의 가솔린을 연료 계통에 되돌리는 파이프나 밸브를 말한다. 앤티퍼컬레이터는 격심한 주행 직후 고속 회로에서 비등이 되는 것을 방지한다. 기화기는 엔진의 열 속에 노출되어 있으므로 격심한 주행 직후의 공회전에서는 상당히 큰 열이 축적되어 고속 회로 내에 비등이 발생한다. 앤티퍼컬레이터는 스로틀 밸브가 닫혔을 때 이 구멍을 열어 비등을 방지한다.

앰비언스 스테레오 시스템 ambiance stereo system　일반적인 스테레오 소스의 스테레오 음 길이를 확대 재생함으로써, 흡사 실내에 있는 것처럼 긴장감을 맛볼 수 있는 시스템을 말한다.

앰프 amp　앰플리파이어(amplifier)를 줄인 말로, 튜너나 테이프 덱의 신호를 증폭하는 것이 프리앰프이고, 프리앰프 출력을 더욱 증폭해서 스피커를 울리는 데 필요한 파워로 하는 것이 파워 앰프로서 이 양쪽을 하나로 묶은 것이 프리 메인 앰프이다.

앵귤러 브러시 angular brush　직류 발전기의 브러시와 같이, 각을 두어 설치된 브러시를 말한다. 직류 발전기의 브러시는, 엔진의 운전과 함께 항상 작동하고 회전 속도의 범위도 상당히 넓기 때문에, 브러시를 경사지게 설치하여 마모와 소음을 방지한다.

앵귤러 액셀러레이션 angular acceleration　속도가 일정하지 않은 회전 운동에서 단위 시간에 나타나는 회전 속도의 변화 정도를 일컫는다. 각속도(角速度)의 시간에 대한 비율로서 각속도를 시간으로 나눈 값을 말하며, 각가속도(角加速度)라고도 한다.

앵귤러 점도 angular viscosity　20℃의 물 200 cc가 흐르는 데 52초가 소요되는 유출구로부터, 같은 양의 오일이나 기타 액체가 유출되는 데 소요되는 시간을 물의 유출 시간으로 나누어 그 점도를 측정하는 방법이다.

앵귤러 콘택트 볼 베어링 angular contact ball bearing　휠 베어링으로서 적용되고 있는 것으로, 횡하중(스러스트 하중)에 강한 특징을 갖는다. 또 허브 사이에 높은 정도를 갖게 함으로써 베어링의 프리로드를 비조정식으로 하여 정비성의 향상을 꾀할 수 있다. 주로 프런트 허브에 사용된다.

앵글 angle　(1) 각(角), 각도(角度)를 뜻한

다. (2) 여러 가지 단면의 형강(形鋼)을 말한다.

앵글 게이지 angle gauge　여러 가지 각도로 다듬질된 강편을 조합하여 표준 각도를 형성하는 각도계로, 각도 측정에 사용된다.

앵글 기어 angle gear　양 축이 교차하는 각의 각도가 90°가 아닌 베벨 기어이다. 기어의 두 축이 90° 이외의 각도로 맞물려 회전이 되는 베벨 기어로서 스큐 베벨 기어, 하이포이드 기어 등을 말한다.

앵글라이히 장치 angleichen device system　앵글라이히 장치는, 저속 회전 시 알맞게 최대 분사량을 설정하고 고속 회전에서는 공기가 부족하게 되어 불완전 연소를 일으키며, 또 고속 회전에 알맞게 설정하면 저속 회전에서 연료가 부족하게 되어 충분한 출력을 얻을 수 없게 된다. 이러한 결점을 보완하기 위해, 기관의 모든 속도 범위에서 공기와 연료의 비율이 알맞게 유지되도록 하는 기구를 필요하게 되는데, 이 장치를 앵글라이히 장치로 보완한다.

앵글밸브 angle valve　밸브 상자에서 입구의 중심선과 출구의 중심선이 서로 직각이고 유체 흐름 방향을 직각으로 하는 스톱 밸브의 종류를 말한다.

앵글 조인트 angle joint　(1) 피스톤 링 이음의 종류로서, 엔드 부분이 경사지게 되어 있는 것을 말한다. (2) 접합하는 모재(母材) 판의 모서리를 직각이 되도록 맞붙여 용접하는 이음을 말한다.

앵커 anchor　(1) 가속 페달, 핸드 브레이크, 클러치 등의 케이블을 연결하는 끝과 같이, 큰 장력이 미치는 부위에서 기계적으로 강하게 당길 수 있도록 사용하는 고정 장치를 말한다. (2) 헤드라이트, 각종 전구나 진공관에서 필라멘트를 지지하기 위해서 세운 기둥을 말한다.

앵커 볼트 anchor bolt　(1) 구조물의 기둥이나 토대를 기초에 정착시키기 위하여 사용하는 매입식 볼트를 말한다. (2) 건축을 할 때나 기계 등을 설치할 때 콘크리트 바닥에 묻어 기둥, 기계 등을 고착시키는 볼트를 말한다.

앵커 암 anchor arm　토션 바의 한쪽 끝을 고정하는 암으로서, 그 설치 위치를 변화시켜 차고(車高)를 조정할 수 있도록 되어 있다.

앵커 어저스트 볼트 anchor adjust bolt　센터 브레이크의 밴드 브레이크 또는 자동 변속기의 앞뒤 브레이크에서 드럼과 밴드 사이의 간극을 조정하는 볼트를 말한다.

앵커 핀 anchor pin　핸드 브레이크에 작용하는 힘을 좌우 바퀴에 균등하게 분배하는 이퀄라이저를 지지하는 핀, 또는 드럼 브레이크에 라이닝을 작동 방향으로 지지하는 핀을 말한다.

야광 페인트 luminous paint　발광 재료를 혼합하여 만든 페인트로, 표지나 계기의 눈금 등이 어두운 곳에서 잘 보이도록 하는 데 사용한다.

약도(略圖) schematic　회로의 작용(원리)을 나타내기 위해 그려진, 구성 부품 및 연결 배선으로 나타낸 간략한 도면을 말한다.

양(陽) positive　(1) 전지에서 정상 상태보다 전자의 수가 작은 전극으로서 ⊕ 명암을 표현하는 것을 말한다. (2) 음(陰)에 대하여 능동적·적극적인 면을 상징하는 것을 말한다.

양극(陽極) positive　자석의 한 극이나 전기 장치의 한 단자에 대한 이름을 말한다. 양극 또는 양극 단자라고도 한다.

양극 단자(陽極端子) positive terminal　완성된 회로에서 전자가 흘러들어오는 단자를 말한다. 배터리에서 양극 단자는 대개 지름이 더 큰 배터리 단자이다. 플러스 표지(＋)는 양극 단자를 나타내기 위해 쓴다.

양극성(봉) electrode positive　직류 아크 용접을 할 때의 접속 방법이며, 피용접물을 전원의 음극에, 용접봉을 양극에 접속하였을 때를 말한다.

양극 처리(陽極處理) anodize　금속을 특수 용액 속에 넣고 전류를 흐르게 하여 금속 표면에 내식성의 산화 피막을 형성하게 하는 공정으로, 알루미늄, 티타늄 및 마그네슘 방식에 널리 사용되고 있다.

양극판(陽極板) positive plate　진공관에서 양극으로 쓰는 금속판을 이른다. 양극판은 과산화납을 묽은 황산에 반죽하여 격자에 발라 놓은 것으로서, 화학 작용에 의해 ⊕이온이 발생되며, 다공성(多孔性)으로 전해액의 확산 및 침투는 잘 되지만 결합력이 약하다. 사용함에 따라 결정성 입자가 탈락되므로 축전지의 수명이 단축되지만, 극판의 수가 많으면 용량이 증대되어 이용 전류가 많아진다.

양력(揚力) dynamic lift 고속 주행 시 차체가 들리는 힘을 말한다.

양력 계수(揚力係數) lift coefficient 양력은 차의 상하 방향으로 작용하고 차를 부상시키는 힘으로, 고속 직진성에 큰 영향을 준다. CLF(프런트), CLR(리어)로 나누어서 나타낼 경우도 있다.

양 리드 플런저 combination lead plunger A형 펌프 엘리먼트의 양 리드형 플런저는 플런저의 윗면에 톱 컨트롤 웨지, 플런저의 상단부에 어떤 각도를 가진 리드가 설치되어 있기 때문에, 플런저를 회전시키면 연료의 분사량이 변화되므로 분사의 시작과 분사의 종료가 모두 변화된다. B형 펌프 엘리먼트의 양 리드형 플런저는 위쪽과 아래쪽 모두 리드의 폭이 넓게 되어 있으므로, 플런저를 회전시키면 연료 분사의 시작과 분사의 종료가 모두 변화된다.

양립성(兩立性) compatibility 호환성이라고도 하며, 다른 기계를 위해 개발된 소프트웨어나 주변 장치를 그대로 사용할 수 있는 특성을 말한다.

양면 방청 강판(兩面防請鋼板) 양면 방청 강판은 단면 처리 강판의 외표면에 아연, 니켈 합금 도금을 입히고, 외판의 도막(塗膜)이 손상을 입더라도 내부 패널의 녹 진행을 억제하고, 높은 방청 효과를 얻을 수 있다. 외관(外觀)이 중요한 표면에는 철분을 많이 포함시켜 도장성(塗裝性)을 좋게 하고 있다.

양면 홈이음 double groove joint 접합하는 두 부재(部材) 사이에서 양쪽 면에 홈

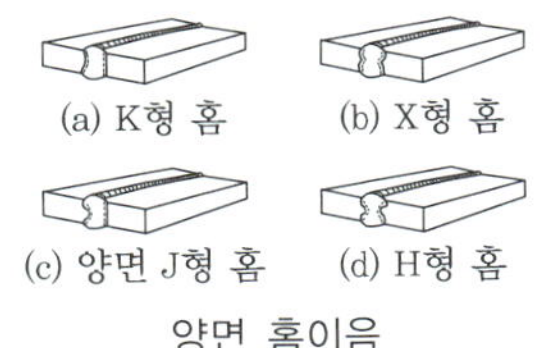

(a) K형 홈　　　(b) X형 홈

(c) 양면 J형 홈　　　(d) H형 홈

양면 홈이음

을 파고 용접한 이음이며, K형, X형, H형, 양면 J형과 같은 기본형이 있다.

양생(養生) curing (1) 공사 중에 이미 마무리된 부분을 손상, 오염 등에서 보호하는 것을 이른다. (2) 모르타르를 칠한 다음, 콘크리트 타입 후 등에 균열 방지나 강도의 증진을 떨어뜨리지 않게 하기 위해 수분을 잃지 않도록 보호한다든지, 동결을 방지하기 위해 보호하는 것을 말한다.

양이온 cation 전자를 방출하여서 양전하를 띤 이온을 말한다. 캐소드에 부착하며, 일반적으로 정전류와 동일한 방향으로 이동한다. Na^+, H^+와 같이 표기한다.

양자(陽子) proton 중성자와 함께 원자핵의 구성 요소가 되는 소립자의 하나이다. 질량은 전자의 약 1,800배이고, 양전하를 가지며, 전기량은 전자와 같다. 원자핵 내의 양성자의 수는 그 원자의 원자 번호를 나타낸다. 기호는 p.

양전자(陽電子) positron 전자의 반대 입자로, 전자와 같은 질량을 가지며, 양전기를 지니는 소립자를 말한다. 에너지가 큰 감마선이 물질과 접촉할 때나, 인공 방사능의 성질을 가진 원자핵 가운데에서 발견된다. 1932년 앤더슨(Anderson, C. D.)이 우주선을 연구하는 도중에 발견하였다.

양정(揚程) lift 펌프에서 물을 퍼 올리는 높이로, 통상 미터(meter)로 계산한다. 캠의 경우 기초원(基礎圓)과 노즈와의 거리를 말한다.

얕은 균열 light crack 가장 위층 도막(塗膜)의 표면에만 생기는 가느다란 균열로, 분산된 무늬가 되어 분포한다.

어깨 벨트 가이드 경승용차(미니카) 등의 일부 차종의 운전석과 조수석의 표준 장비로서, 몸체가 작은 사람이나 조수석에 어린이를 태웠을 때 벨트의 피트성을 향상시킨 것으로, 일부 차종에 적용되고 있다.

어닐링 annealing 풀림을 이르는 말이다. 풀 어닐링(full annealing, 완전 풀림)과 프로세스 어닐링(process annealing, 중간 풀림)의 두 종류가 있다. 풀 어닐링은 강을 Ac_3(아공석강) 또는 Ac_1(과공석강)보다 약 50℃ 고온으로 가열하여 소정 시간을 유지하여 균일한 오스테나이트로 한 후 서랭(노랭)시킨다. 강의 연화(軟化)와 연

성의 증가, 내부 응력의 제거, 결정립의 균일화에 그 목적이 있다. 프로세스 어닐링은 강을 A1점 가까이 온도로 가열하여 소정 시간을 유지시킨 후 적당히 냉각시키는 열처리 방법이다. 다소의 연화와 내부 응력의 제거에 그 목적이 있다. 그러나 변태가 일어나지 않는 결정립의 균정화(均整化)는 바라지 않는다. 이 프로세스 어닐링은 박판 또는 선재의 열처리에 쓰이지만, 이 경우 강은 550~650℃로 가열한다. 용접 후 응력 제거 어닐링은 프로세스 어닐링에 속한다.

어댑터 adapter　(1) 장치 또는 기계의 다른 부분을 연결하는 장치로, 적합하지 않은 두 개의 부분을 전기적 또는 기계적으로 접속하기 위한 장치 또는 도구를 말한다. 점화 플러그 테스터에서 플러그를 청소할 때 크기에 따라 설치하거나, 휠 밸런스 테스터에서 타이어를 축에 설치할 때 축과 타이어 허브를 고정하기 위해 사용하는 장치이다. (2) 레이디얼 볼 베어링, 롤 베어링을 축 위의 임의의 장소에 고정시키기 위해 사용하는 원뿔형 키를 말한다.

어댑터 커넥터 adapter connector　두 개 또는 그 이상의 결합기 사이에서 기계적으로 직접 결합할 수 없는 경우에 전기적 접속을 가능하게 하는 고정형 또는 자유형의 중간 접속기를 말한다. 흐르기 쉽도록 공급되는 양으로서, 임피던스(impedance)의 역수이다.

어덴덤 addendum　톱니바퀴의 톱니 끝을 연결한 원과 피치원(pitch circle) 사이의 거리를 말한다.

어드밴서 advancer　점화 시기 진각 장치를 말한다. 엔진의 회전수가 상승하거나 연소실의 부압이 커지면 실질적인 점화 시기가 늦어지고 엔진의 출력이 떨어지기 때문에 점화 시기를 빠르게 할 필요가 있다. 그 때문에 디스트리뷰터 내에 원심 진각 장치와 진공 진각 장치를 조합하고 있다.

어드밴스 advance　배전기의 진각 장치에서 엔진의 회전 속도가 빨라지면 점화 시기를 빠르게 하는 것을 말한다. 또는 구리, 니켈 합금의 상품명으로서, 저항 온도 계수가 매우 작기 때문에 계측기의 구조 부분 등에 사용한다.

어드밴스 카 advance car　미래 지향적인 새로운 개념이나 신기술로 자동차를 개발하여 실질적으로 그 기술들을 채용할 수 있는지 여부를 검토하거나 새로운 디자인을 추구하기 위하여, 만들어진 실험 차량을 말한다.

어드히전 adhesion　타이어의 노면에 대한 점착력을 말한다. 브레이킹, 코너링, 스타트 시에 노면에 저항하는 마찰력을 점착력이라고 한다. 이것은 타이어의 고무질 트레드 패턴, 공기압과 밀접한 관련이 있다.

어라운드 뷰 around view　승용차의 앞뒤와 좌우 사이드 미러 하단에 1개씩 4개의 카메라를 이용해, 내비게이션 화면에 마치 차를 위에서 찍은 듯한 화면을 만들어 주는 새로운 기능이다. 시속 20 km 이내에서 작동하며, 조작에 따른 실시간 주차 궤적도 화면에 보여 주기 때문에, 화면만 보고도 주차를 할 수 있어 아주 편리하다.

어린이 보호 장치 child proof　주행 중에 도어가 어린이 등의 장난으로 함부로 열리지 않도록 하기 위한 안전장치를 말한다. 일반적으로는 4도어 차량의 리어 도어에 이 장치가 부착되어 있다. 실내로부터 도어 인사이드 로크 손잡이를 잡아당겨도 도어록은 열리지 않는다.

어모퍼스 amorphous　원자가 규칙적으로 배열되어 있지 아니하고 무질서한 상태로 있는 비결정질의 고체 물질을 말한다. 유리나 플라스틱이 대표적이며, 반도체나 금속에도 어모퍼스가 있다. 태양 전지에 어모퍼스 실리콘을 사용하고 있으며, 외부의 빛이나 전계에 의하여 결정질과 비결정질을 상호 교환하는 성질을 이용하여 각종 기억 소자나 전자 복사용 감광 재료 등에 사용된다.

어모퍼스 금속 amorphous metal　금속을 고온으로 용해하면 비결정 상태가 되는데, 그 비결정 상태로 고체화시킨 금속을 어모퍼스 금속이라고 한다. 인장 강도, 내마모성, 내식성, 자기 특성이 우수한 특징을 나타낸다. 테이프 레코드나 VTR의 자기 헤드 등 새로운 연자성 재료로 유망하다.

어브레시브 마모 abrasive wear　연마제(研磨劑) 마모로, 마찰에 의해 표면이 긁혀

마멸되는 현상을 말한다. 마모 형태의 하나로서, 상대적으로 무른 고체의 표면이 더욱 경화된 고체의 표면으로부터 깎이는 현상을 말한다. 어브레이전(abrasion)이라고도 한다.

어브레이전 abrasion　⇨ 어브레시브 마모

어세이 assy.　영어의 어셈블리(assembly)를 줄인 것을 말한다.　⇨ 어셈블리

어셈블러 assembler　어셈블리 언어를 기계어 형태의 오브젝트 코드로 번역해 주는 컴퓨터 프로그램을 말한다. 이것은 어셈블리 명령 부호를 오피코드로 번역할 뿐만 아니라, 메모리의 위치들을 이름으로 표시하는 기능, 매크로를 통한 문장 치환 기능 등을 함께 제공한다. 컴퓨터는 모든 명령어를 1과 0의 조합으로 이루어진 기계어(2진수)로 인식하기 때문에, 명령 내용을 사람이 이해하기 쉽도록 약호화한 프로그램인 어셈블리 언어를 사용한다.

어셈블리 assembly　약자는 assy.로, 조립 장치의 한 방식이다.

어스 earth, ground　전기 장치의 일부 정전위를 지구의 전위와 같이 유지하고, 또 지구를 전류 회로의 일부로 사용하거나, 과대 전류가 장치에 들어가는 것 등을 막기 위해 접속하는 것으로서, 전압의 기준점을 설치하고 인체의 안전을 확보하거나 기기가 확실한 작동을 할 수 있도록 한다. 기호는 E 또는 GND로 표기한다.

어스 접속 ground connection　⇨ 접지 접속

어시스트 그립 assist grip　(1) 랠리 경기 중에 랠리 카는 상하좌우로 심하게 흔들리는 경우가 많다. 이때 흔들림을 덜기 위해 차내에 조수석용 손잡이를 설치하는데, 이것을 어시스트 그립이라고 한다. 또한 아프리카의 사파리 랠리 등에서는 스틱(stuck) 직전의 차의 타이어의 접지력을 보다 높여 주기 위해 리어 범퍼의 스텝 위에 조수(코드라이버)가 타고, 트렁크 리드 위 또는 그 밖의 위치에 설치된 손잡이를 잡고 차를 상하로 움직이게 된다. 이 손잡이도 어시스트 그립이라고 한다. (2) 실내 도어 상단부에 있는 승객 손잡이로서, 주행 중 승객의 몸의 균형 및 안전성을 유지하기 위하여 만들어 놓은 보조 손잡이로, 뒤쪽 승객을 위해서 프런트 시트 뒤에 붙어 있는 사양도 있다. (3) 일반적으로 차실 위쪽 부분에 설치된 손잡이다. 이 그립을 잡음으로써 주행 중에 차가 크게 흔들릴 때에 몸을 지탱할 수 있다. 운전자는 주행 중엔 핸들을 잡고 있으므로 이것을 사용하지 않지만, 운전석 쪽에 설치된 것은 타고 내릴 때에 편리하다. 그리고 대형 트럭같이 차 높이가 높은 차종에는 운전석 쪽에도 반드시 설치되어 있다.

어시스트 링크 assist link　트레일링 암의 작용을 돕기 위해 설치한 링크를 말한다.

어저스터블 서스펜션 adjustable suspension　쇼크 업소버의 감쇠력(減衰力)을 운전자의 뜻에 따라 변화시킬 수 있는 서스펜션이다. 감쇠력을 변화시킬 수 있는 쇼크 업소버는 예전부터 있었으나 그 조정을 운전석에 앉아 달리면서 할 수 있게 개량한 것이다. 소프트, 보통, 하드의 3단계로 바꿀 수 있는 것이 있고, 스포티하게 달리고 싶을 때는 하드를, 쾌적한 승차감을 원할 때는 소프트로 하는 등 원하는 대로 바꿔 쓸 수 있다.

어저스터블 쇼크 업소버 adjustable shock absorber　감쇠력을 변화시킬 수 있는 쇼크 업소버로서, 밸브가 열린 정도 또는 오리피스나 포트의 크기를 변화시킴으로써 감쇠력을 조정할 수 있는 구조를 말한다. 통상적으로 피스톤 속도가 늦은 영역을 오리피스에 의하여 제어하고, 빠른 속도의 영역은 밸브를 조절하는 스프링과 포트의 형상에 의해서 제어한다. 조정 방법에 따라 쇼크 업소버의 조정 다이얼을 직접 조작하는 다이얼 조정식, 운전석으로부터 스위치에 의하여 얼마간의 감쇠력 레벨을 선택할 수 있는 수동 조정식, 전자 제어에 의하여 자동적으로 감쇠력을 조절하는 자동 조정식으로 분류한다. 이 쇼크 업소버를 채용한 현가장치를 어저스터블 서스펜션이라 하며, 조정이 가능한 것은 쇼크 업소버뿐이라는 것이 일반적이다. 예를 들어, 2단의 경우에는 감쇠력이 강한 쪽을 스포츠 또는 하드로, 약한 쪽을 노멀 또는 소프트로 부르고 있다. 감쇠력을 강하게 함으로써 자동차가 어느 정도 왕성한 주행을 할 수 있지만 본격적인 스포츠 주행을 할

수 있는 수준까지 기대할 수 없다.

어저스트 adjust 어떤 구성품 또는 장치의 부품들이 규정된 관계, 치수 또는 압력을 가지도록 조정하는 것을 말한다.

어저스트 기구 adjust mechanism 시트의 위치, 쇼크 업소버의 탄력 강도 등을 조정하기 위하여 설치된 기계들을 말한다.

어저스트 너트 adjust nut 너트를 돌려 길이와 압력 등을 조절할 경우 그 너트를 어저스트 너트라고 한다.

어저스트 스크루 adjust screw 조정 나사 부품의 위치 결정을 하기 위하여 쓰이는 나사로서, 엔진의 밸브 간극을 조정하기 위한 나사 등이 있으며, 자동차에는 많은 어저스트 스크루가 사용되고 있다.

어저스트 시트 벨트 앵커 adjust seat belt anchor 앞좌석 탑승자의 체격에 맞추어 시트 벨트의 어깨부에 있는 앵커를 상하 5단계(100 mm)로 조절할 수 있는 기구를 말한다.

어큐뮬레이터 accumulator (1) 완충기 또는 축적 장치의 뜻으로, 부하가 적을 때 에너지를 축적해 두었다가 부하가 클 때 이를 방출하여 에너지를 보완하는 기기를 총칭한다. (2) 작동유를 가압 상태에서 저장하는 용기(압축기)를 말한다.

어태치먼트 attachment 다른 부품, 장치, 기기와 함께 사용하기 위해 설계된 기본·보조·조립 부품들을 말한다.

어태치먼트 플러그 attachment plug 리셉터클에 삽입함으로써 리셉터클과 플렉시블 코드를 전기적으로 접속하도록 한 코드의 부속 접속구로, 교류 전원을 이용하여 자동차를 테스팅할 때 전선의 코드 끝에 설치하여 콘센트나 소켓 등에 연결하는 삽입형 플러그를 말한다.

어택 앵글 attack angle 자동차의 공력(空力, 고속 주행 시 차체에 영향을 미치는 공기의 물리적 힘) 특성을 나타내는 용어의 하나로, 옆에서 보았을 때 자동차가 받는 풍속을 합성한 벡터가 스프링 위 중심점을 통과하는 앞·뒤축(X축)과 이루는 각도를 말한다.

어테뉴에이터 attenuator 앰프(증폭)의 반대로서, 신호를 감쇠하는 것을 말한다. 투웨이 스피커의 것은 투웨이 어테뉴에이터

레벨을 바꿔서 좋아하는 음질을 얻을 수 있게 한 것이다.

어퍼 백 패널 upper back panel 리어 윈도의 하단 가장자리와 트렁크 리드의 앞쪽 가장자리 사이의 보디 시트 메탈을 말한다.

어퍼 부싱 upper bushing 리어 쇼크 업소버의 구성 부품으로, 인슐레이터와 칼라의 섭동을 돕기 위해 설치된 부싱을 말한다.

어퍼 빔 upper beam 상향등(上向燈). 먼 곳을 비추기 위한 헤드라이트 빔을 말한다. 다른 자동차와 교행하거나 다른 자동차를 뒤따를 경우에는 사용하지 않는다.

어퍼 서포트 upper support ⇨ 서스펜션 서포트

어퍼 암 upper arm 어퍼 암은 위시본형 서스펜션이나 아래쪽에 붙이는 암에 대하여 위쪽의 암을 말한다. 독립 현가장치에서 윗부분에 횡으로 설치되는 암으로, 안쪽은 프레임에 부싱으로 연결되고, 바깥쪽은 볼 조인트 등으로 조향 너클에 연결되어, 노면 충격에 따른 높낮이와 각도 변화를 흡수한다. 코일 스프링과 쇼크 업소버 등이 연결되기도 한다. 위시본형 서스펜션이나 어퍼 링크형 서스펜션에는 있으나 스트럿에는 없다.

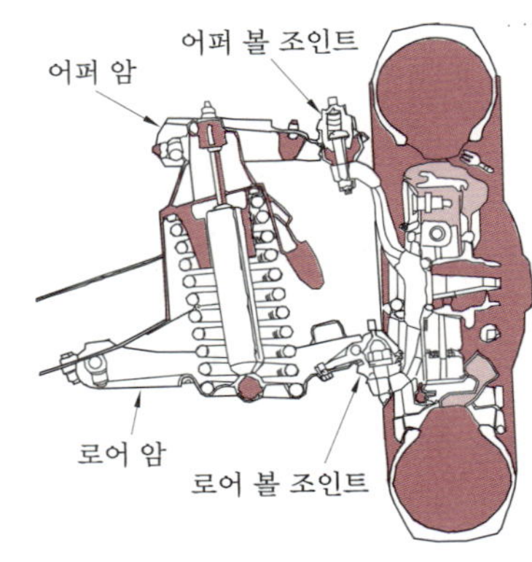

어퍼 암 장착 위치도

어퍼 클래스 upper class 대다수의 사람들이 소유하고 있는 것보다 조금 호화스러운 차를 지칭한다. 이는 지역과 시대에 따라 차이가 있을 수 있다.

어포즈드 캘리퍼 opposed caliper 캘리퍼 하나에 실린더가 두 개 있어 브레이크 디

스크를 좌우에서 압착시키는 타입의 캘리 퍼이다.

어프로치 approach　자동차 경주에서는 코너(커브) 입구에서 핸들을 꺾은 지점으로부터 클리핑 포인트까지의 구간을 '어프로치 구간'이라 일컫는다. 또한 이때의 주행을 '클리핑 포인트로의 어프로치'라고 한다.

어프로치 앵글 approach angle　자동차의 앞부분 하단에서 앞바퀴 타이어 외주로의 접평면이 지면과 이루는 최소 각도를 말한다. 차의 어떠한 고착(固着) 부분도 이 각도 내에는 존재하지 않는 범위이다. 등판능력과는 관계없이 각도 이상의 기울기를 갖는 오르막을 오를 수가 없다.

어프루브드 카 approved car　공인된 차라는 뜻으로, 중고차를 점검·정비해서 보증하여 판매하는 것을 말한다.

억셉터 acceptor　P형 반도체에서 정공을 만들기 위해 혼합하는 3개의 가전자인 붕소(B), 알루미늄(Al) 및 인듐(In) 등을 말한다.

억지 끼워 맞춤 interference fit　구멍과 축 사이 등에 반드시 체결 여유가 있는 끼워 맞춤을 말한다.

언더 가드 under guard　엔진 하부 및 바닥의 주행 장치를 노면의 돌기나 튀어 오른 돌로부터 보호하기 위한 판을 말한다.

언더 대시 유닛 under dash unit　대시보드 밑에 설치하는 에어컨 방식으로서, 일반적으로 자동차 공정에서 출고된 이후에 설치한다. 공기 출구는 증발기 케이스에 있으며, 일반적으로 순환되는 공기만을 이용한다. 배출 공기의 온도는 사이클링 서모스태틱 익스팬션 스위치 또는 석션 스로틀링 밸브에 의하여 조절한다.

언더 댐핑 under damping　감쇠력이 너무 적어 승차감이 떨어지는 현상을 말한다.

언더 라이드 under ride　자동차끼리 충돌했을 때 한쪽 자동차 일부가 다른 자동차 밑으로 들어간 것을 말한다. 대형 트럭에는 승용차와 충돌했을 때 언더 라이드를 방지하기 위하여 후부 아래쪽에 후부 안전판을 설치한다. ⇔ 오버 라이드

언더랩 underlap　슬라이딩 밸브 등에서 밸브가 중립 위치에 있을 때 먼저 포트가 열려 오일이 흐를 수 있는 겹침 상태를 말한다.

언더보디 underbody　(1) 차체의 하부(下部)로, 여기에는 머플러, 서스펜션, 프로펠러 샤프트 등이 있고 복잡한 꼴로 되어 있기 때문에 기류(氣流)의 난조가 생긴다. 이것을 한 장의 커버(언더보디 커버)로 덮고 저항을 줄임과 동시에 하향(下向)에 대한 항력(抗力)을 발생시켜 고속 안정성의 향상을 꾀한다. 커버를 언더보디라고 줄이기도 한다. (2) 하부 보디, 즉 플로어 부분의 보디를 말한다. 리어 서스펜션, 트랜스미션 및 디퍼렌셜 기어 등의 구동 장치가 붙어 있으며, 보디 강성이라는 면에서 중요한 역할을 한다. 서스펜션의 움직임이나 진동 등의 영향을 최소화하기 위하여 멤버나 보강재가 가해져 차체의 중량 감소와 강도 증가 또는 차체 바닥 높이를 낮출 수 있는 장점이 있다.

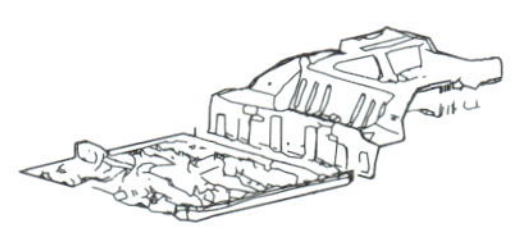

언더보디

언더보디 어셈블리 underbody assembly　주로 플로어 팬, 리어 시트 팬 및 리어 컴파트먼트(compartment) 팬으로 구성되어 있는 스탬핑 패널로, 용접한 조립체를 말한다.

언더사이즈 undersize　베어링 저널에 긁힘이 생기거나 한계를 넘어서 마멸되었으면 크랭크축 연마기로 베어링 언더사이즈의 기준에 따라 연마하여 수정한다. 수정 연마하면 표준 사이즈보다 작아지므로 U/S라고도 한다.

언더사이즈 베어링 undersize bearing　마모되었거나 보링한 크랭크축에 맞는 베어링으로, 베어링 안지름은 STD보다 작고 더 두텁다.

언더 스퀘어 엔진 under square engine ⇨ 장행정 엔진

언더 스키드 플레이트 under skid plate　언더커버와 마찬가지로, 날아오는 돌 등으로부터 트랜스미션 및 트랜스미션 컨트롤 링키지를 보호하기 위한 플레이트를 말한다.

언더스티어 understeer　(1) 방향을 틀 때

운전자가 의도하는 것보다 덜 날카롭게 돌려고 하는 차의 경향을 말한다. (2) 앞 차륜 조향각에 비하여 실제의 조향 반지름이 커지는 현상으로, 이 현상은 뒤 차륜에서 발생되는 선회 구심력(cornering force)이 클 경우 발생한다. (3) 오버스티어와 반대로, 코너링 중 자동차가 바깥으로 벗어나려고 하는 성질이나 현상을 말한다. 대부분의 자동차는 가벼운 언더스티어의 특성을 부여하고 있고, 주로 앞바퀴 굴림 방식 차에 많이 발생한다. (4) 자동차가 코너링할 때의 현상으로, 가속하면 목표보다 바깥쪽으로 나가 버리는 경향을 언더스티어라고 한다. 반대로, 안쪽으로 꺾어들려는 경향이 오버스티어이다. 그러나 직진성을 좋게 하기 위해서 자동차는 기본적으로 약한 언더스티어로 하는 것이 일반적이다.

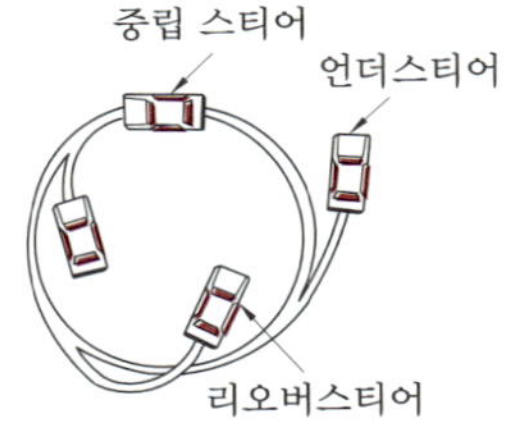

언더스티어 현상

언더스티어링 understeering　일정한 반지름과 속도로 선회하다가 갑자기 가속하였을 때, 후륜에 발생되는 코너링 포스가 커지면 바깥쪽 전륜이나 후륜이 안쪽 전륜보다 모멘트가 커지기 때문에, 조향각을 일정하게 하여도 선회 반지름이 커지는 현상이다.

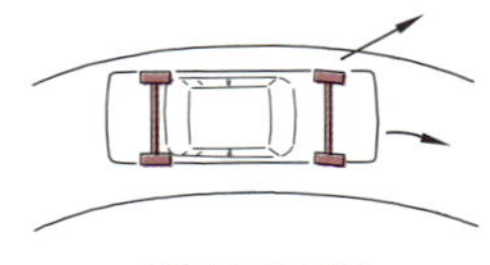

언더스티어링

언더커버 under-cover　미션, 엔진 등 주요 기능품을 보호하기 위하여 기능품 아랫부분에 장착되는 커버를 말한다.

언더컷 undercut　용접의 변 끝을 따라 모재(母材)가 파여지고 용착 금속이 채워지지 않고 홈으로 남아 있는 부분을 말한다.

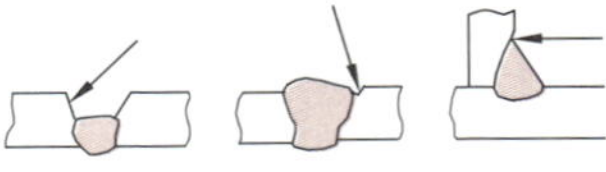

언더컷

언더코트 undercoat　언더코팅의 줄인 말이다. 주행 중의 차체 하부는 악조건이 많기 때문에 특히 방진(防塵), 방음, 방열, 방청(防鏽) 등의 목적으로 아스팔트계의 물질로 밑바탕을 칠하는 데 사용된다. 일반적으로 검은색인데, 덤프카나 대형 트럭 등에 자주 볼 수 있는 오렌지색의 언더코트는 아연계 도료이다.

언더코팅 undercoating　⇨ 언더코트

언더 크라운 under crown　피스톤 헤드 뒷면을 말한다.

언더 트레드 under tread　트레드 패턴과 벨트 층 사이의 고무를 말한다.

언더 프로텍터 under protector　노면의 돌기 또는 튀어 오르는 돌로부터 엔진 하부나 바닥의 주행 장치를 보호하기 위하여 설치된 보드를 말한다.

언더 플로어 앵글 under floor angle　자동차가 요철(凹凸)이 심한 험한 길을 주행할 때 플로어나 차체의 앞·뒤와 노면과의 간섭(干涉)이 되기 쉬운 것을 수치로 나타내는 것으로서, 어프로치 앵글, 디파처 앵글, 램프 브레이크 오버 앵글의 3종류가 있다.

언더형 현가 방식 underhung suspension　언더형 현가 방식은 차축 하우징 아래로 스프링을 설치하는 방식을 이른다.

언더 후드 디캘 under hood decal　1972년 이후 제품에서 엔진 후드 아래 부착한 인식표를 말한다. 여기에 특정 엔진 및 이미션 제어 시스템에 관한 사양이 표시되어 있다.

언로더 unloader　스로틀이 완전히 열릴 때 초크를 열기 위해 스로틀 밸브에 연동되는 장치를 말한다.

언로더 기구 unloader structure　카뷰레터 방식의 엔진에서 초크 밸브가 닫힌 상태에서 스로틀 밸브를 완전히 열었을 때, 초크 밸브를 일시적으로 규정량을 열어 흡입 공기량을 증가시키는 메커니즘을 말한다. 또 엔진이 워밍업 되지 않아서 초크가 작용하고 있는 상태(초크 밸브가 닫힌 상태)에서 급가속했을 경우, 혼합 가스가 농후하여 엔진 회전이 일정하지 못하므로 이와 같은 기구를 설치한다.

언로더 밸브 unloader valve 기체가 압축되지 않도록 압축기의 부하를 경감하는 장치를 말한다. 일정한 조건 하에서 펌프를 무부하시키기 위해 사용하는 밸브로, 계통의 압력이 규정값에 이르면 펌프를 무부하로 유지하며, 계통의 압력이 규정값까지 저하되면 다시 계통에 압력 유체를 공급하는 압력 제어 밸브이다. 파일럿 압력을 외부로부터 받았을 때, 밸브 내에 설치되어 있는 평형 피스톤을 움직여 펌프로부터의 유압유를 탱크로 리턴시켜 펌프를 무부하 운전 상태가 되도록 함으로써 유압 회로의 압력을 규정 압력으로 유지하는 역할을 한다.

언로딩 회로 unloading circuits 반복 작업 시에 펌프의 수명 연장, 동력비의 절감, 열 발생의 방지, 조작의 안전성 등을 위하여 작업을 하지 않는 동안 펌프를 무부하 상태로 유지할 수 있는 회로를 말한다. 유압 회로에서 반복 작업을 할 때 무부하로 운전시키는 방법은 다음과 같다. ① 적은 유량인 경우에는 사방 밸브를 중립 위치에 봉쇄시킨다. ② 회로에 압력이 필요하지 않은 경우에는 유압 회로를 2방향 밸브로 전환시킨다. ③ 축압기(蓄壓機)의 압력으로 펌프의 유압유를 탱크로 리턴시키도록 밸브를 조작한다. ④ 릴리프 밸브를 사용한다.

언밸런스 unbalance 밸런스가 잡히지 않은 상태를 말한다. 회전체에 언밸런스가 있으면 강제 진동이 된다.

언스로틀 상태 un-throttled 스로틀 밸브가 열린 상태에서 엔진을 구동하는 것으로, 이 때 다기관의 진공도는 낮다.

언스프링 웨이트 un-spring weight 스프링으로 지지되지 않는 휠과 타이어와 같은 자동차 부분의 중량을 말한다.

언시메트리컬 패턴 unsymmetrical pattern 타이어의 비대칭형을 말한다. 타이어의 트레드 패턴은 일반적으로 대칭형으로 만들어지는데, 패턴 노이즈를 방지할 목적으로 의도적으로 비대칭으로 하는 경우를 말한다.

언시팅 테스트 unseating test 이탈(離脫) 시험으로, 타이어를 림에서 이탈시킬 때 필요한 힘을 시험하는 것을 말한다.

얼라이너 aligner 자동차의 휨 및 비틀림을 점검하는 테스터로서, 커넥팅 로드, 크랭크축 및 플라이휠 등의 점검에 사용한다.

얼라이닝 aligning 손상된 보디에 밀고 당기는 힘을 가하여 보디의 치수를 복원하는 작업을 말한다. 보디 수정 작업의 전체 또는 일부를 뜻한다.

얼라인먼트 alignment 부품끼리의 적절한 정렬 상태를 말하며, 휠 얼라인먼트는 차량 휠의 기하학적인 각도 또는 휠 사이의 거리를 말한다.

얼라인먼트 게이지 alignment gauge 자동차 앞바퀴의 캠버, 캐스터, 토인 및 킹핀 경사각, 최소 회전 반지름을 측정하는 게이지로서, 캠버 캐스터 게이지, 토인 게이지 및 텐 테이블로 나뉘어져 있다.

얼룩 stain 도포면에 다른 부분과 다른 색이 부분적으로 발생한 현상으로, 다른 종류의 물질이 혼입, 침입, 부착되어 발생된다.

얼터네이터 alternator (1) 교류 발전기를 이른다. 차량에 사용되는 것으로, 교류 전기를 발생시킴으로써 비교적 낮은 엔진 속도에서도 축전지를 충전할 수 있는 발전기를 말한다. 자동차용 발전기는 직류식이었으나, 1970년대에 다이오드를 사용한 소형의 교류 발전기가 개발되어 보급되었다. 전파 장애가 없고, 내구성이 뛰어나며, 저속 회전에서도 발전력이 강하다. 배터리에 의해 여자(勵磁)되는 자극을 회전시켜 고정된 코일에 3상 교류를 발생시키고 이것을 다이오드로 정류하여 직류로 뽑아내게 되어 있다. (2) 교류식 발전 충전기 또는 얼터네이터, 제너레이터라고도 하며, 기계식 에너지를 전기식 에너지로 바꾸는 전기 장치이다. 자동차는 엔진 동력을 벨트로 이끌어 달리는 중에 배터리를 충전한다. 교류식은 저회전에서도 발전력이 크고 아이들링 때도 충전할 수 있다. 배터리에 충전하기 전에 얼터네이터에서 만들어진 교류 전기를 내부에 결합되어 있는 다이오드에서 자동차에 사용되고 있는 직류 전기로 정류한다.

엄버 umber 천연의 광물성 갈색 안료로서, 태우면 밤색이 된다. 이산화망간과 규산염이 포함되어 있는 수산화철을 구어서 그림물감, 페인트 등에 사용한다.

업드래프트 updraft 상승 기류 또는 상향 통풍의 뜻으로, 카뷰레터에서 벤투리를 길이 방향으로 배치하고 공기를 밑에서 위로 통하게 하는 것을 말한다.

업라이트 upright 똑바로 선 부재(部材)로, 자동차에서는 경주용 자동차의 허브 캐리어를 말한다. 포퓰러 카에서는 허브를 중심으로 어퍼 암(upper arm)형, 로 암(low arm) 및 브레이크 캘리퍼 등을 설치하기 위해 경합금으로 만들어진 구조를 말한다. 전체의 형태가 직립형(直立形)으로 보이는 것을 업라이트라고 부른다.

업세팅 up-setting 단조 작업에서 소재를 축 방향으로 압축하여 단면을 넓게 하고 길이를 짧게 하는 작업인데, 우리말로는 눌러 붙이기가 된다.

업셋 용접 upset welding 금속체의 면과 면을 맞대고 압력을 가한 후 열을 주어 맞댄 면을 접합하는 용접을 말한다.

업시프트 upshift 좀 더 고속 기어 위치로 변속 레버를 세팅(옮김)하는 것을 말한다.

업힐 키퍼 uphill keeper 오르막길 발진 보조 장치를 말한다. M/T차의 오르막길에서의 발진 시 차량이 후진하는 것을 방지하고, 부드러운 오르막길 발진을 할 수 있도록 한 기구이다. 오르막길에서 클러치 및 브레이크 페달을 밟고 차량이 정지할 때, 클러치 페달을 밟고 있는 사이라면 브레이크 페달부터 발을 빼도 브레이크 액압이 유지되어 브레이크가 걸린 상태가 되고, 그 후 보통의 클러치 미트(clutch meet) 조작에 의해 브레이크가 해제되는 것을 말한다. 여기서 클러치 미트란 클러치에서 페달을 밟은 상태로부터 힘을 이완시켜 클러치를 연결하는 동작을 말한다. 레이싱 카와 같이 가속력을 겨루는 경우 이 테크닉이 중요시된다. 따라서 M/T차에서 오르막길을 발진할 때, 파킹 브레이크를 풀면서 액셀 페달을 밟고 클러치 미트를 해야 하는 초심자에게는 복잡한 운전 조작이 필요 없게 된다.

에나멜 enamel (1) 안료를 포함한 도료를 통틀어 이르는 말이다. 좁은 뜻으로는 유성 페인트에 상대하여 에나멜페인트를 이른다. 에나멜페인트와 래커 에나멜이 있는데, 광택이 있고 목공품이나 피혁 제품을 비롯하여 기계, 차량 등의 외부 도장에 쓴다. (2) 메탈릭 도장(塗裝)을 할 때 최초에 바르는 원색과 메탈릭 베이스(metalic base)를 혼합한 것을 말한다. (3) 아크릴 또는 알키드(alkyd)를 주성분으로 한 산화 중합형(酸化重合型) 도료를 말한다.

에나멜선 enameled wire 가열·건조한 바니시를 달구어 도선(導線) 표면에 붙이고 막을 입혀서 절연한 전선으로서, 기동 전동기, 발전기 및 와이퍼 모터 등 전자 제품의 코일로 사용한다.

에나멜페인트 enamel paint 바니시와 안료를 섞어 만든 도료로서, 발라서 말라 굳어지면 사기질 광택이 난다. 가구, 차량, 선박 등을 도장(塗裝)하는 데 쓴다.

에너자이즈 energize 정격 전압을 공급하는 것을 말한다. 전원에 접속된 상태의 코일에 여자(勵磁) 전류가 공급되도록 한 상태를 말한다.

에너지 energy 일을 할 수 있는 능력을 말한다. 높은 곳에 있는 물체는 낮은 곳에 있을 때에 비해서 보다 큰 위치의 에너지를 가지고, 움직이고 있는 물체는 운동 에너지를 갖는다. 외력의 작용을 받지 않는 물체의 경우, 운동 에너지와 위치 에너지의 합은 언제나 일정하다.

에너지 변환 장치 energy conversion device 어떤 형태의 에너지가 다른 형태의 에너지로 많은 에너지의 손실 없이 변하거나 전환하는 장치를 말한다.

에너지 보존 법칙 principle conservation energy 외력이 작용하지 않는 어떤 고립된 물리계(system)의 에너지는 그 형태가 달라질 수는 있으나 그 총량은 변하지 않는다는 법칙으로서, 1840년대에 헬름홀츠(Helmholtz, H. L. F. von), 마이어(Mayer, J. R), 줄(Joule, J. P) 등에 의해 확립되었다. 에너지는 증감(增減) 없이 항상 일정하기 때문에 에너지 불변의 법칙이라고도 한다.

에너지 센서 energy sensor 에너지라는 물리량을 변환 기능을 사용하여 전기적 신호로 변환하는 디바이스를 말한다. 에너지의 형태에는 여러 가지가 있는데, 열에너지를 변환하는 경우에는 열전대(熱電對), 초전형(蕉電型) 센서 등의 온도 센서, 광에너지를 변환하는 경우에는 포토다이오드, 포토트랜지스터 등의 광센서, 전력을 변환하는 경우에는 반도체 자기 센서 등을 사용한다.

에너지 흡수 범퍼 energy absorbent bumper 저속으로 충돌했을 때 차체가 손상되지 않도록, 또는 자동차가 충돌했을 때 기계적 에너지를 흡수하는 범퍼를 말한다. 북미(北美)에서는 8 km/h 충돌 에너지 흡수 범퍼의 설치가 법으로 의무화되어 있었으나 현재는 4 km/h로 완화되었다. 각 메이커가 여러 가지 범퍼를 개발하고 있지만, 크게 나누어 우레탄 등의 완충재를 사용한 것(우레탄 범퍼)과 오일의 점도를 이용한 것(메나스코식 범퍼)이 있다. 영어로 페더럴 범퍼(federal bumper) 또는 세이프티 범퍼(safety bumper)라고도 한다.

에디슨 나사 Edison screw thread 전구의 마구리쇠, 소켓에 사용되는 나사산이 둥근 나사를 말한다.

에디슨 전지 Edison battery 양극에 수산화니켈, 음극에 철가루로 된 극판을 써서, 수산화칼륨 용액을 전해액으로 한 축전지로서, 기전력이 1.35 V인 니켈-철 전지를 말한다. 알칼리 전지의 대표적인 것을 말한다. 연전지(鉛電池)보다 가벼우며, 1910년에 에디슨이 발명하였다. 오늘날은 철 대신 카드뮴을 사용한 전지가 많이 쓰인다.

에디슨 효과 Edison effect 고온의 물체에서 전자가 방출되는 현상으로서, 텅거 벌브(tungar bulb) 정류기, 진공관 등에서 입력 회로와 출력 회로가 서로 연결되지 않은 상태로 필라멘트가 적열되면 출력 회로에 전류가 흐르는 것을 말한다. 진공관 속에 필라멘트와 일정 간격으로 전극을 설치하여 필라멘트를 적열시켜 필라멘트에 ⊖를, 새로운 전극에 ⊕로 하여 전지를 연결하면, 필라멘트로부터 열전자가 방출되어 ⊕가 흡인되어 전류가 흐르게 된다.

에디 커런트 리타더 eddy current retarder 전자 유도 작용을 응용하여 속도를 제어하는 것으로서, 배기 브레이크보다 브레이크 시 가해지는 힘이 2∼3배 정도 강하고, 마모·손상 및 소음 등이 없으며, 조작이 간편하다. 대형화로 인해 무겁고 여자(勵磁) 전류를 필요로 하는 등의 문제가 있으나 최근에는 소형·경량화가 이루어져 트럭 등의 중·대형차에 많이 채용되고 있다.

에르고노믹스 디자인 ergonomics design 줄여서 '에르고 디자인'이라고도 한다. 자동차에서 운전자(인간)와 자동차(기계)와의 관계를 하나의 시스템으로 생각하고, 여러 가지 면에서 과학적으로 연구(에르고노믹스)하여 그 성과를 안전하고 쾌적한 운전 상태로 할 수 있는 설계 방법을 말한다.

에르고 디자인 ergonomics design ⇨ 에르고노믹스 디자인

에르그 erg 일이나 에너지의 CGS 단위이다. 1에르그는 1다인(dyne)의 힘이 물체에 작용하여 그 힘의 방향으로 1 cm 움직일 때 그 힘이 행한 일로, 1줄(joule)의 1,000만분의 1에 해당한다. 기호는 erg.

에릭슨 사이클 Ericsson cycle 2개의 등압 과정으로 이루어진 이상적인 열역학 과정을 이른다. 가스 터빈의 사이클로서, 등온 압축, 등온 연소 및 등온 팽창을 시키는 사이클을 말한다.

에머리 emery 연마재와 광택제로 널리 사용되는 불순물이 섞인 강옥(鋼玉, 산화알루미늄 또는 알루미나)을 말한다. SiO_2가 8∼13 %, Fe_2O_3가 4∼10 %, Al_2O_3가 77 %로 되어 있는 산화알루미늄이 주성분이다.

에머리 페이퍼 emery paper 아교로 금강사나 유리 가루를 종이에 접착한 샌드페이퍼(sand paper)를 말한다.

에멀션 emulsion 두 액체의 혼합액 또는 거품을 형성시키기 위한 공기를 말한다.

에보나이트 ebonite 천연 고무, SBR(합성 고무), 나이트릴 고무 등의 원료 고무로, 고무에 30∼50 %의 황을 배합하여 비교적 장시간 가열·가황하여 얻은 단단하고 탄성이 적은 흑색 수지 모양의 물질을 말한다. 산과 알칼리에 강하며, 부도체이므로 전기의 절연물, 개폐기의 손잡이, 축전지 케이스 등에 사용한다.

에스디 SD 1968∼1970년까지 모델 가솔린 차량에서 나타내던 엔진 오일의 규격이다.

에스브이 SV　일본의 도요타 회사가 미래의 차로서 SV를 내놓았다. 'S'는 sports의 S이며, 'V'는 vehicle의 뜻으로, 일반적으로 스포츠형의 자동차이다.

에스비 SB　경량급 엔진에 가장 적당한 오일 등급이다.

에스시 SC　1964~1967까지의 승용차 및 일부 트럭의 가솔린 엔진 서비스용으로 분류한 오일이다.

SCCA Sports Car Club of America　ACCUS의 하부 단체로, 1944년에 설립되었다. 미국 국내의 스포츠카 로드 레이스를 주최한다. 원래는 아마추어 경주를 담당했다.

SRS 에어백 SRS air-bag ; supplemental restraint system air-bag　'보조 구속 장치'라는 의미로, 시트 벨트를 착용한 생태에서만 그 기능을 발휘할 수 있다. 차량 전방으로부터의 충돌 시에 설정값 이상의 충격을 감지한 경우에 작동하며, 에어백이 팽창하여 프런트 시트 탑승자의 상반신을 보호하는 시스템이다. 임팩트 센서(G 센서)가 충돌 시의 차체 G를 전기 신호로서 검출하면 스티어링 휠(운전석) 및 인스트루먼트 패널(조수석) 내의 인플렉터 단자에 통전되어 질소 가스 발생제에 점화되어 에어백을 부풀린다. 충돌 차량에 대해서는 에어백의 전개, 비전개에 관계없이 정비 지침에 준하여 정비할 필요가 있다.

에스에이이 SAE ; Society of Automotive Engineers　미국자동차기술협회를 가리킨다. 엔진 오일을 점도에 따라 분류하는데, 번호가 클수록 점도가 높다. SAE 신 분류에 의해 SA, SB, SD, CA, CB, CC, CD로 구분되며, SA의 S(service)는 가솔린용임을 나타내고, CA의 C(commercial)는 디젤 엔진용임을 뜻하며, A. B. C는 개발 순위를 나타낸다.

에스에이이 넘버 SAE number　오일 흐름의 저항을 나타내는 것으로, SAE에서 규정한 테스트에 근거한 것이므로 SAE 넘버라고 한다.

에스에이이 마력 SAE horse power ; society of automotive engineers horse power　1906년 영국 왕실 자동차 협회에 의해 제정된 것으로, 자동차의 과세 마력 자동차용 가솔린 기관과 디젤 기관의 정격 마력

기관에 응용된다. SAE 마력 공식에 의해 구해진 마력수는 기관의 동력계로 실측한 값보다 약간 작다. 그것은 피스톤의 속도를 5 m/s, 도시 평균 유효 압력을 6.33 kg/cm^2, 기계 효율 75 %로 정하여 계산하기 때문이다. 오늘날의 자동차용 피스톤 속도는 평균적으로 10~14 m/s이다.

에스에프 SF　1980년 모델에서 시작한 승용차 가솔린 엔진 서비스용으로 적절한 엔진 오일 규격이다.

에스유 카뷰레터 SU carburetor　영국 SU사의 가변 벤투리식 카뷰레터로, 롤스로이스를 비롯하여 스포츠카 등에 사용되고 있다. 특징은 사이드 드래프트식으로 매니폴드의 부압에 의해 부하대로 부압 탱크 속에서 석션 피스톤이 오르내리면 거기에 달린 니들 밸브가 공기와 휘발유의 비율을 조절한다. 스트롬버그 사의 것은 석션 다이어프램을 갖고 있다.

에스이 SE　1972~1971년 승용차 및 트럭용 가솔린 엔진에 채용하던 엔진 오일의 규격이다.

에스피아이 SPI ; single point injection　(1) EFI 방식의 한 종류로서, 1개 또는 복수의 인젝터를 1개소에 부착하여 연료를 분사하는 방식이다. MPI와 대비하여 출력 및 토크가 떨어진다. (2) SPI는 카뷰레터와 MPI의 중간적인 특성을 갖는 시스템이다. 카뷰레터 방식의 흡입 공기와 연료가 혼합되는 과정이 카뷰레터 내에서 이루어지는데 비해, SPI는 흡입 매니폴드의 집합부에 1개의 인젝터가 설치되어 흡입 공기량과 작동 조건, ECU(electronic control unit) 분사 신호에 따라 연료가 분사되어 혼합가스를 형성, 각 실린더에 분배되는 방식으로 TBI와 같은 구조이다.

에스테이트 카 estate car　접의자 방식의 좌석이 붙어 있고, 좌석을 젖혀 차내의 뒤쪽에 짐을 실을 수 있도록 후면에도 문이 달려 있는 승용차로, 스테이션왜건(station wagon)이라고도 한다.

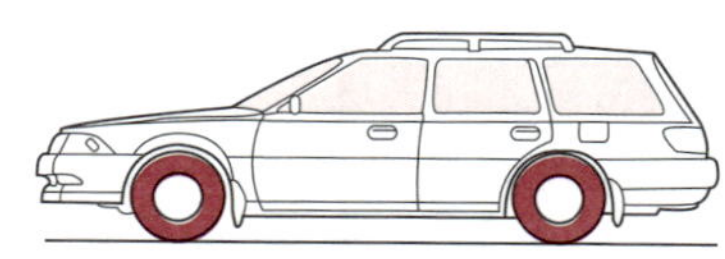

에스테이트 카

에스토릴 서킷 Estoril Circuit　　포르투갈의 수도 리스본 근교, 대서양 연안의 고급 휴양지에 자리한 서킷이다. 1972년 브라질의 건축가 아이르톤 코넬슨의 설계로 건설된 1급 서킷으로, 1984년부터 포르투갈 GP의 무대가 되었다. 1주 길이는 4.35 km이다.

에어 air　　공기를 뜻하지만, 자동차 보디 수리의 경우 압축 공기라는 의미로 사용되는 수가 많다.

에어 갭 air gap　　(1) 공기 간극(間隙)을 이른다. 풀 트랜지스터식 점화 장치의 시그널 제너레이터 부에서 시그널 로터의 돌기부와 픽업 코일의 중심부가 대향했을 때의 틈새를 말한다. (2) 전동기·발전기 등에서 전기자와 계자 철심 사이의 공간으로서, 전기자가 작동할 수 있는 공간을 제공함과 동시에 직류 전류에 의해 포화하는 것을 방지한다. (3) 발전 조정기, 전자석 등의 아마추어와 전자석의 작동으로 접점이 ON, OFF될 수 있는 공간을 말한다.

에어 대시 포트 air dash pot　　기계 부분의 충격적인 운동을 완화하기 위한 장치를 말한다. 공기나 기름과 같은 액체를 봉입한 실린더와 피스톤으로 이루어진다. 기화기의 2차 스로틀 밸브 쪽에 연결되어 가속 페달을 놓았을 때 다이어프램 뒤쪽에 작용하는 공기에 의하여 스로틀 밸브가 급격히 닫히는 것을 방지하는 장치이다.

에어 댐 air dam　　(1) 공기 굴뚝이란 뜻으로, 일반적으로 앞 범퍼 밑으로 양철판 등을 이은 것을 말하는데, 달릴 때 바람에 의해 차가 뜨거나 저항 받는 것을 막는다. 사이드 보디를 이어 지면으로 내린 것은 사이드 스커트 또는 에어 스커트라 부른다. (2) 프런트 범퍼 하단부에 스커트를 붙여 보디 아래로 내려가는 공기량을 감속시키는 장치로, 에어 댐을 장착하면 보디가 떠오르는 감을 억제할 수 있고 타이어 접지력이 향상되어 주행의 안전성을 증대시킬 수 있으며, 라디에이터 냉각을 위한 통풍구 역할도 겸할 수 있다.

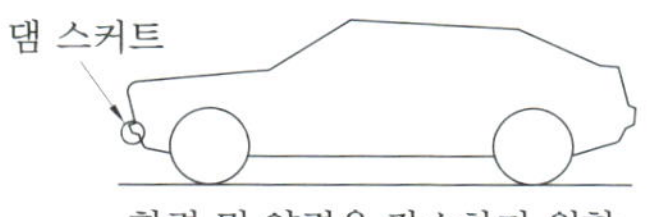

항력 및 양력을 감소하기 위한
에어 스커드와 덕테일

에어 댐

에어 댐 스커트 air dam skirt　　에어로 파트의 하나로, 고속 주행 시 양력을 억제함과 동시에 차체 아래로 흐르는 공기의 흐름을 매끄럽게 하고 주행 안정성과 연비 경제성을 올리고 있다. 또한 공기 주입구에 매끄럽게 공기를 보내기 때문에 엔진 룸의 냉각 효과도 높다.

에어 댐 익스텐션 air dam extension　　에어로 파트의 하나로, 공기 역학적 특성 향상을 꾀함과 동시에 프런트 뷰(view)에 힘차고 용맹스러운 인상을 준다.

에어 댐퍼 air damper　　트윈 튜브식 댐퍼를 말한다. 로드 쪽의 바깥 통(보통은 더스트 커버가 목적)을 러버 부시로 커버하고 압축 공기를 넣어 차 높이를 조정하도록 한다. 압축 공기는 차에 실은 소형 컴프레서로 주입해서 순간적으로 차 높이를 일정하게 유지할 수 있다. 이 시스템을 오토 레벨라이저(auto leveliser)라고 한다.

에어 덕트 air duct　　공기의 통로를 말한다. 공기를 흡입하는 구멍(흡입구)에서 필요한 개소(個所)까지 공기를 유도하기 위한 파이프로, 엔진에 흡입되어 공기를 유도하는 에어 덕트나 브레이크를 냉각시키기 위한 브레이크 에어 덕트 등이 그 예이다.

에어 드라이 air dry　　건조 오븐 속에 굽지 않고 대기 중의 수분 농도와 평형을 이룬 상태의 외기 온도에서 건조하는 페인트를 말한다.

에어 레귤레이터 AR ; air regulator　　전자 제어식 연료 분사 장치(EGI, ECCGI, EFI)에서 퍼스트 아이들 장치를 담당하는 밸브로, 에어 레귤레이터 또는 에어 밸브라고 부른다. 스로틀 밸브 상류 측과 하류 측(surge tank)을 연결하는 에어 바이패스 통로 중간에 설치해 놓고, 냉간 시에만 밸브를 열어서 바이패스 통로에서 공급 공기량을 증량하고 난기 중의 엔진 횟수를 높인다. 그림은 전자 제어식 연료 분사 장치의 에어 레귤레이터를 포함한 흡기 계통 도면을 보여 주고 있다. 바이메탈식 에어 레귤레이터의 작동은 그림(a)에서 보여 주는 것처럼, 엔진 냉간 시에는 바이메탈도 식어 있기 때문에 스프링의 힘에 저항하여 그림에서처럼 게이트 밸브를 열어 놓고 있고, 엔진이 시동되면 에어 클리너로부터의 공기는 에어 밸브를 통해서 스로틀 밸브를 우회(bypass)하고 서지 탱크로 흘러 들어간다. 따라서 스로틀 밸브가 완전히 열리게 되어도 흡입 공기량은 많아지고 엔진 회전은 아이들링보다 조금 높은 최초의 공회전 속도로 된다. 시동과 동시에 히트 코일로 전류가 흘러 바이메탈이 더워지면서 활처럼 구부러지고 게이트 밸브를 서서히 닫게 한다. 난기(暖氣) 후에는 그림(b)에서처럼 게이트 밸브는 완전히 닫히므로, 바이패스 에어는 흐르지 않고 아이들링 회전으로 되돌아간다. 또한 에어 레귤레이터(AR)의 부착 위치는 그림(c)에서 보여 주는 것처럼 냉각수온에 의해서 직접 AR 본체가 가열되는 장소(예를 들면, 물 배출 통로 상부)이기 때문에, 난기 후에는 엔진을 정지하고 히트 코일에 전기가 흐른 것이 차단되더라도 냉각수온에 의해서 바이메탈이 계속 열을 지니고 있기 때문에 난기 후 재시동 시에는 에어 레귤레이터에 의한 초

게이트 밸브　　　　게이트 밸브
서지 탱크　　에어　　서지 탱크　　에어
　　　　클리너　　　　　클리너
히트 코일　　　　히트 코일
　바이메탈　　　　　바이메탈
(a) 저온시 작동　　(b) 난기 후 작동

스로틀
　　2차측
대기용　1차측　　　　　왁스
커넥터　　　　　　　PTC 히터
에어 레귤레이터
(c) 왁스 에어　　(d) 왁스 에어
　레귤레이터의 부착도　레귤레이터의 단면도

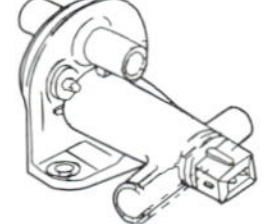

(e) 에어 레귤레이터에
　냉각수를 유압하는 예

에어 레귤레이터

기 공회전이 작동하는 일은 없다. 또한부착 위치를 냉각수온이 감지될 수 있는 장소에 설정할 수 없는 경우에는, 그림(d)에서 보여 주듯이 에어 레귤레이터 본체에 냉각수를 직접 끌어들이는 구조로 되어 있다. 다음에 왁스(wax)식 에어 레귤레이터의 단면도를 그림(e)에서 보여 주고 있다. 바이메탈식의 스크린 게이트 밸브 대신에 원추통의 밸브가 사용되어, 작동원은 니크롬선과 바이메탈 대신에 PTC 히터(positive temperature coefficient heater)가 사용되고 있다.

에어레이션 aeration　(1) 액체에 공기를 불어 넣고 공기에 노출시키는 것을 말한다. (2) 액체에 공기가 혼합되는 것을 말한다. 예를 들면, 쇼크 업소버가 세게 흔들려서 오일 중에 공기가 섞이면 에어레이션이 발생하여 감쇠력이 떨어진다.

에어 레지스터 air register　레지스터는 온도 조절 장치, 통풍 조절 장치라는 뜻으로 실린더에 공급되는 공기를 연소에 적합한 흐름 및 양으로 조절하는 장치로서 스로틀 밸브를 말한다.

에어 레지스턴스 air resistance　자동차가 주행할 때 받는 공기에 의해 동력의 손실이 일어나는 주행 장치를 말한다. 공기 저항(에어 레지스턴스)의 크기는 진행 방향에 대하여 공기가 접촉되는 면적에 비례하며 자동차 속도의 제곱에 비례한다.

에어로다이내믹 aerodynamic　공기 역학이라는 의미이지만, 원래는 항공기에 관계되는 용어이다. 자동차 관계에서 사용할 때는 자동차가 주행 중에 받는 공기 저항(공기 저항은 속도의 제곱에 비례해서 증가함)을 말하며, 좋고 나쁨으로 평가한다.

에어로다이내믹스 aerodynamics　공기 역학으로, 물체가 움직이면 공기적인 저항이 걸리거나 공기의 흐름으로 양력이 생기게 하는 현상을 해소하는 학문이다. 차의 성능 향상을 위해서는 공기 역학을 무시할 수 없다. 그래서 각 메이커는 공기 저항이 작은 보디 디자인을 연구하고 있으며, 또한 이와 관련해서 리어 스포일러 등과 에어 댐 익스텐션 등과 같은 여러 가지 에어로 패스가 개발되고 있다.

에어로 다이내믹 포트 aerodynamic port 흡기 포트의 명칭이다. 흡기 다기관의 지름을 엔진 쪽으로 좁혀 들어가 흡기의 유속(流速)을 바르게 하여 피스톤 속도가 늦은 중·저속에서의 회전 영역에서 충분한 공기를 실린더로 도입하도록 한 것을 말한다.

에어로 스태빌라이저 aero stabilizer 자동차의 주행 속도가 빨라지면 차체가 양력(揚力)에 의하여 떠올라 주행의 안정성이 불안전하게 된다. 자동차의 뒤쪽에 바람받이를 설치하여 주행에서 받는 공기의 항력(抗力)으로 보디를 아래로 밀어내려 주행의 안정성을 향상시키는 장치를 말한다.

에어로 스핀들 셰이프 상자형이 주류인 경캡 오버 차량 중에서, 물방울을 이미지로 한 보디는 공력 특성을 추구하고 약동감이 넘친다.

에어로졸 스프레이 aerosol spray 페인트를 안개 모양으로 분무하는 작은 금속 용기를 말한다.

에어로 파트 aero part 주로 다운 포스를 크게 하고 고속 주행 시 차를 노면으로 누르는 힘을 발생시키기 위해 장치된 파트로서, 에어 댐 패널, 에어 스포일러, 사이드 에어 댐 펜더 핀, 언더(under) 스포일러 등이 있다.

에어리스 인젝션 airless injection 전자 제어 가솔린 연료 분사 장치와 디젤 엔진의 연료 분사 장치에서, 연료를 분사할 때 공기의 압력을 이용하지 않고 연료 자체의 압력으로 분사하는 방법으로서, 무기 분사식을 말한다.

에어 믹스식 히터 외기 또는 내기를 블로어로부터 흡입하여, 히터 코어 측면에 장착된 댐퍼에 의해 히터 코어를 통과하는 온풍의 풍량과 히터 코어를 통과하지 않는 냉풍의 풍량을 조절한다. 이들 온풍, 냉풍을 혼합해서 알맞게 통풍구로부터 송풍할 수가 있다. 특징으로서는 온도 레버 조작에 대한 통풍 온도의 조작성이 매우 양호하다.

에어 믹스 온도 컨트롤 air mix temperature control 공기 조화 장치(car cooler system)의 일부를 이루는 장치로서, 대시보드의 온도 조절 레버와 연동된 에어 댐퍼를 작동시킴으로써 온풍, 냉풍, 외기 등을 적절히 혼합하여 쾌적한 바람으로 조정하는 것을 말한다.

에어 믹스 히터 air mix heater 온수식 히터의 일종으로서, 엔진의 냉각수로 데워진 난기(煖氣)와 냉기를 혼합하여 적당한 온도로 조정하는 히터이다.

에어 박스 패널 air box panel 좌우 프런트 필러를 연결하는 부재(部材)로서 윈드실드 밑에 있고, 그 구조와 강도는 차체 강성에 큰 영향을 준다. 차실 내에 바깥 공기를 도입하기 위한 장치나 조향 칼럼을 유지하기 위한 브래킷이 설치되어 있는 것이 일반적이다.

에어백 air bag 충돌 사고 시 운전자나 승객을 보호하기 위하여 조향 핸들이나 대시보드(dashboard)에 장착해 놓은 안전장치로, 자동차의 앞부분이 충돌하는 순간 급격히 공기주머니가 팽창하여 머리와 가슴의 충격을 흡수하게 된다.

에어백 부품 설치 구조

에어백 모듈 SRS 시스템 구성 부품 중 하나이다. 에어백, 패드 커버, 인플레이터와 이들을 고정하기 위한 부품으로 구성된 어셈블리 부품으로서, 스티어링 휠(운전석), 인스트루먼트 패널(조수석) 내에 장착되고 있다.

에어백 센서 air bag sensor 에어백 장치를 작동시키기 위하여 충돌을 감지하는 센서를 말한다. 스프링을 사용하는 기계식과 비틀림계 등을 사용한 전기식이 있으며, 감속도가 미리 설정된 값보다 클 경우에만 작동이 된다.

에어백 시스템 air bag system 자동차가 충돌할 때에 운전자와 조향 핸들 사이 또는 동승석의 승객과 계기판(인스트루먼트 패널) 사이에 순간적으로 에어백(공기주머니)을 부풀게 하여 부상을 최소한도로 줄이기 위한 장치를 말한다. 운전자용은 조향 핸들 허브에 장착되어 있으며, 시트 벨트를 장착하고 있지 않은 운전자를 위해 대형 에어백을 사용하는 방식과, 3점식 벨트의 장착을 전제로 한 SRS 에어백 방식의 두 종류가 있다. 또 에어백을 부풀게 하는 방식에는, 충돌할 때 센서가 전기적으로 감지하여 인플레이터에 통전·착화하는 전기식과, 감지 장치가 충돌을 검지하고 격침이 점화제를 발화시키는 기계식이 있다. 보디를 수리할 때에는 오작동(誤作動)을 방지하기 위하여 떼어 놓고 작업을 해야 한다.

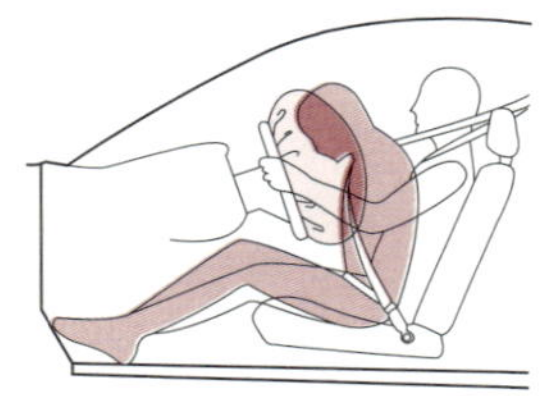

에어백 시스템

에어백 유닛 air bag unit　스티어링 휠의 중앙부에 설치되고 내부에 에어백이 내장되는 사각 형태의 커버를 말한다.

에어 밸브 AV ; air valve　전자식 연료 분사 장치(EGI, ECGI, EFI)에서 퍼스트 아이들(first idle) 장치를 담당하는 밸브로, 도요타 자동차에서 불리는 이름이다. 닛산 이스즈 차에서는 에어 레귤레이터(air regulator)라고 부른다.

에어 벤트 솔레노이드 밸브 AVSV ; air vent solenoid valve　온간 때 재시동 시 농후한 혼합 가스를 방지하고 재시동 성능을 향상시키기 위해 기화기의 공기 구멍(air vent)에 설치한 솔레노이드 밸브를 말한다. 엔진 정지 시에는 이그니션 스위치(ignition switch)의 OFF 때문에 에어 벤트 솔레노이드 밸브는 내부 에어 벤트 통로를 닫고 외부 에어 벤트 통로를 연다. 이를 위해 플로트 체임버(float chamber)에서 발생한 증발 가스는 중간 하우징 내에 저장된다. 이 결과 엔진 정지 후 퍼컬레이션(percolation) 등이 발생해도 증발 가스는 흡기 통로 내에 유입하는 일 없이 농후한 혼합 가스가 되지 않고 재시동 성능이 향상된다. 엔진 운전 중에는 IG 스위치는 ON으로 되어 있고, 에어 벤트 솔레노이드 밸브는 중간 하우징 통로를 닫고

있어, 보통의 내부 에어 벤트식으로 되어 있다. 이 시스템은 서로 다르게 부르고 있지만, 각 자동차 메이커들이 채용하고 있다.

에어 벤트 튜브 air vent tube　기화기의 플로트 실에 연결된 튜브로서, 공기가 연료면에 작용하는 저항력에 의하여 메인 노즐이나 공전 및 저속 포트에서 연료의 유출을 향상시키는 작용을 한다. 기화기의 에어 혼 내에 설치되어 플로트 실(플로트 체임버)에 대기 압력이 작용하는 형식을 평형 기화기라고 하며, 튜브가 에어 혼 바깥쪽에 설치되어 대기 압력이 작용하는 형식을 불평형 기화기라고 한다.

에어 브레이크 air brake　1955년 르망 24시간 레이스에서 메르세데스 벤츠가 채택하여 유명해진 브레이크 장치로, 운전실 바로 뒤쪽 보디 패널을 유압으로 열어 공기 저항을 아주 크게 하여 브레이크 효과를 갖게 하였다. 이 밖에도 단거리 경주용 특수차와 군용 제트기들이 쓰는 파라슈트(낙하산의 일종)도 제동 길이를 짧게 해서 에어 브레이크의 일종이라 할 수 있다. 그러나 자동차용 브레이크로서는 시속 150 km 이상이 아니면 효과가 없고, 또 경주차에서도 안전성에 문제가 있다는 이유로 고정되지 않은 공기 역학적 부착물은 금지되어, 그 뒤에 이런 아이디어는 이용되지 못하고 있다.

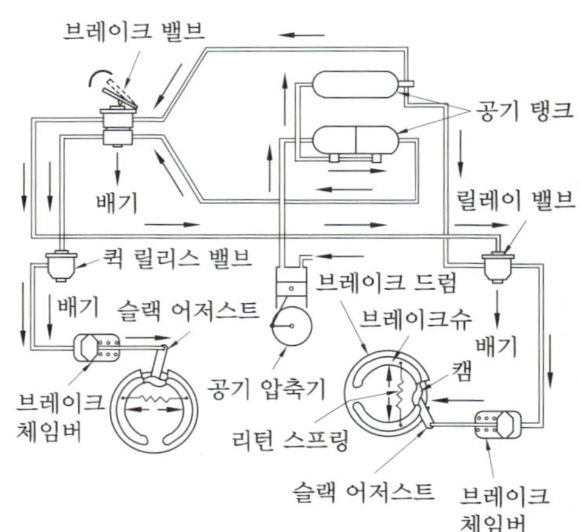

에어 브레이크의 구조

에어 브리더 air breather　T/M, 엔진, 액슬 하우징 등의 내부 부품들이 작동할 때 발

생되는 열로 인하여 기포 등이 생기고 대기압보다 높은 압력이 형성되는데, 이때 발생된 압력을 배출시키고 작동을 멈추었을 때 발생되는 진공 상태를 방지하기 위하여 상단부에 설치되는 에어 방지 출입 기구이다. 내부에는 회전체와 더불어 비산되는 오일이 출입되는 에어와 같이 배출되지 않고 이물질이 들어가지 않도록 지그재그 형태의 고무 형상이나 필터 등이 내장되어 있고, 외부에는 캡 모양의 형상을 결합시키고 있다.

에어 블리드 air bleeder 연료가 노즐로부터 흡출되기 쉽게 하기 위해서 연료 노즐 중간 부분에 공기를 혼합시키는 통로를 말한다. 기화기의 에어 블리드는 제트(분사구)로 계량된 가솔린에 공기를 혼입시켜서 에멀션(기포 상태)으로 만들기 위한 작은 공기구멍으로서 노즐 부근에 설치되어 있다.

에어 서보 브레이크 air servo brake 유압 브레이크에서 유압 증가를 목적으로 한 공기 배력식 브레이크는 엔진에 의해서 구동되는 공기 압축기에서 생성되는 압축 공기와 대기와의 압력 차를 이용하여 적은 힘으로 브레이크 페달을 조작하여도 큰 제동력을 얻을 수 있는 장치이다. 브레이크 페달을 밟으면 마스터 실린더의 오일이 하이드롤릭 실린더와 릴레이 밸브 피스톤에 작용하여 대기 밸브를 닫고 공기 밸브를 열어 동력 피스톤 뒤쪽에 공기가 유입된다. 동시에 반대쪽에 있는 공기는 대기 구멍으로 배출되고 동력 피스톤이 이동하여 하이드롤릭 피스톤을 밀어 충분히 가압된 오일을 휠 실린더로 공급함으로써 브레이크슈가 드럼을 압착하여 제동 작용을 한다.

에어 서스펜션 air suspension 압축 공기의 탄력을 이용한 공기 스프링으로 차체를 떠받치는 방식의 현가장치이다. 작은 진동도 흡수할 수 있는 장점을 가지고 있어서, 혼자 타든 50명이 타든 같은 승차감을 얻을 수 있다. 금속 스프링을 사용하면 혼자 탈 때 딱딱하고, 승차 정원 모두가 타면 너무 물리는 결점이 있다. 이를 피하기 위해 하중이 커지면 딱딱해지는 가변(可變) 스프링을 쓰는 일도 있다. 에어 스프

링에서는 몇 명이 타더라도 공기 압력을 높여서 같은 차 높이로 조정할 수 있는 구조이기 때문에 언제나 부드러운 스프링으로 설계할 수 있다. 그러나 에어 스프링 자체는 상하의 하중밖에 받아들일 수 없어 서스펜션의 링크가 복잡해진다.

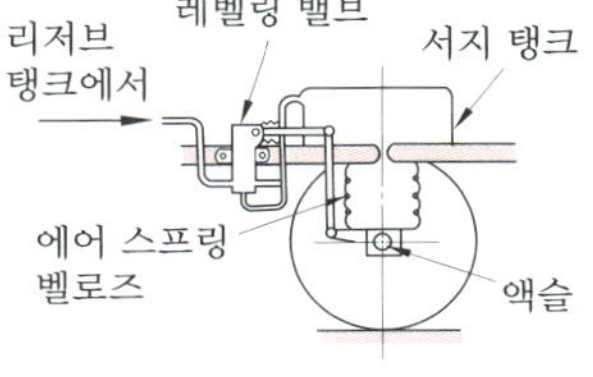

에어 서스펜션

에어 석션 시스템 air suction system 2차 공기 도입 장치를 말한다. 배기 다기관 내의 압력은 배기 밸브가 열렸을 때 높아지고 닫혔을 때는 부압으로 변한다. 이 부압을 이용하여 배기 다기관 내에 공기를 흡입하여(에어 석션) 연소실에서 나온 배기가스 중 HC나 CO를 완전히 연소하여 정화하는 것을 말한다. 공기는 에어 클리너에서 받아들여 입구의 배기 다기관 쪽으로만 공기가 흐르도록 금속의 얇은 판(리드 밸브)이 설치되어 있다.

에어 스위칭 밸브 air switching valve 2차 공기 공급 장치의 부품으로서, 흡입 포트에 공급되는 2차 공기를 조절하는 밸브를 말한다.

에어 스쿠프 air scoop 공기를 도입하기 위한 도입구를 말한다. 주로 기화기에 도입하기 위한 도입구를 말할 때가 많지만, 최근에는 브레이크 냉각용 터보차저의 인터쿨러 냉각용의 공기 도입구용 에어 스쿠프를 말하기도 한다.

에어 스타터 air starter 압축 공기나 고압의 질소 가스로 구동하는 엔진 시동 장치를 말한다.

에어 스포일러 air spoiler ⇨ 스포일러

에어 스폿 건 air spot gun 점용접기의 암을 압축 공기의 힘으로 개폐하는 건을 말한다. 손의 힘에만 의존하지 않고 용접에 필요한 가압력(加壓力)을 충분히 얻을 수 있다. 연속 작업이 쉽기 때문에 용접기의 능력 이상으로 점(스폿)을 찍지 않도록 주의해야 한다.

에어 시라우드 인젝터 air shroud injector
엔진으로 공급되는 연료 입자의 미립화를 뛰어나게 하기 위해, 매니폴드 이외의 공기 통로를 통해 인젝터로 직접 공기를 유입시켜서 인젝터 안에서 연료와 공기를 혼합한 후 분사하는 방식이다. 공회전 속도의 안전성과 워밍업 성능을 좋게 하는 효과를 준다.

에어 시라우드 인젝터

에어 실 리저브 air seal reserve　브레이크액을 저장하는 용기로서, 브레이크액이 외기와 접촉되지 않도록 다이어프램(고무막) 등으로 밀봉되어 있는 것을 말한다. 브레이크액은 흡습성이므로 수분을 함유하여 비점(沸點)이 떨어져 베이퍼 로크 현상이 발생되지 않도록 미연에 방지한다.

에어 아웃렛 가니시 air outlet garnish　실내의 공기를 차 외부로 방출하는 공기구멍의 장식을 말한다.

에어 어저스트 스크루 air adjust screw　(1) 혼합비 조정 스크루를 말한다. 엔진이 공회전 상태에 있을 때, 1차 스로틀 밸브를 지나 흐르는 혼합 가스의 양을 조정함으로써 엔진 공회전수 조정을 하는 것을 주 기능으로 한다. 혼합비 조정은 부기능으로 베이퍼라이저의 공회전 혼합비 조정 스크루(ISA)로 공회전 일산화탄소 배출량을 조정한다. 이것을 설치함으로써 1차 스로틀 밸브 개도를 변화시킬 필요가 없게 된다. (2) 전자 제어 연료 분사 장치의 엔진에서 아이들 회전수, 공연비를 조정하기 위해 공기를 공급하는 조정 나사를 말하는데, 일반적으로 스로틀 밸브 부분에 설치되어 있다. 아이들링 상태에서는 스로틀 밸브와 별개로 설치되어 있는 바이패스 통로에서 공기가 공급되는데, 이 바이패스 통로에 공기의 유량을 조정하는 나사가 설치되어 있으며, 나사를 조이거나 풀어서 바이패스 통로를 조정한다. 최근에는 조정 나사를 대신하여 아이들 회전수를 자동으로 조정하는 전자 제어 밸브가 되어 있다. (3) LPG 엔진에서 공회전 시 믹서의 1차 스로틀 밸브를 바이패스하여 흐르는 혼합 가스의 양을 조정하는 나사를 말한다.

에어 인젝션 리액터 air injection reactor ⇨ AIR

에어 인젝션 시스템 air injection system ⇨ 공기 분사식 장치

에어컨디셔너 air conditioner　공기 조화 장치를 말하며, 줄여서 에어컨이라고도 한다. 액체가 증발할 때 주위의 열을 흡수하는 현상을 이용하여 실내 온도를 바깥 온도보다 낮추는 장치로서, 제습 작용이나 공기 여과기를 두어 실내 공기 속의 먼지도 제거한다. 냉매인 프레온 가스가 회로 내부를 순환하면서 액체→기체→액체로 변화하는 과정에서 냉각이 이루어지는 형식이며, 콘덴서, 컴프레서, 송풍기, 이배퍼레이터, 온도 감지 튜브 및 팽창 밸브 등으로 구성되어 있다.

에어컨 빌트 인 타입　전기식 공기 청정기 에어컨 시스템 내에 조립된 공기 청정기를 말한다. 에어 클리너는 고성능의 콤팩트한 전기 집진식으로 고전압을 띤 전극 사이에 공기를 흐르게 하여, 먼지 등 미립자를 전극판에 부착시켜서 정화시킨다. 나쁜 공기 도입 시에는 먼지도 제거할 수 있기 때문에, 트럭을 따라가거나 터널 내를 주행할 때도, 외기를 도입하면서 주행할 수 있다. 필터는 1년 이상 연속 사용할 수 있고, 세척해서 재사용도 가능하다. 공기 정화 퍼지 에어컨에 적용되고 있는 공기 청정기도 이 타입이다.

에어컨 스위치와 릴레이 air-con switch and relay　에어컨 스위치는 에어컨의 ON·OFF 신호를 컴퓨터에 입력하여 에어컨을 ON시키면 ISC 서보를 작동시킴으로써 엔진의 공회전수를 설정값까지 상승시키며, 에어컨 릴레이는 컴퓨터에 의해 제어되어 에어컨 압축기에 축전지 전원을 ON·OFF시키는 스위치 역할을 한다. 또한 급가속하는 순간 5초 동안 에어컨 릴레이 회로를 차단하여 양호한 가속 성능을 유지시키는 구실을 한다.

에어컨 컬러 모니터 air-con color monitor 공조 상태 표시를 말한다. 고선명 형광판을 사용하여 에어컨의 작동 상태를 한눈으로 알 수 있도록 설치되어 있다.

에어컨 컴프레서 air-con compressor　에어컨은 냉매를 압축해 온도를 떨어뜨리고 열교환기를 통해 찬바람을 만들어낸다. 여기에 사용되는 냉매 압축기를 컴프레서라고 부르는데, 컴프레서는 회전 에너지를 실린더를 통해 왕복 에너지로 바꿔 냉매를 압축하는 역할을 한다. 차량 에어컨 컴프레서는 엔진과 벨트로 연결되어 있어 엔진 회전력으로 압축한다. 고속으로 회전하고 왕복 운동을 하는 에어컨 컴프레서에는 윤활제 즉 오일이 필요하다. 자동차용 에어컨 컴프레서는 냉매와 오일이 섞여 있는 상태로 작동한다. 압축기는 증발기 내의 냉매 압력을 낮은 상태로 유지시키며, 냉매는 온도가 0℃가 되더라도 계속 증발하려는 성질이 있으므로, 상온에서도 쉽게 액화할 수 있는 압력까지 냉매를 흡입하여 압축시킨다.

에어 클리너 air cleaner　⇨ 공기 청정기

에어 클리너 스토리지 방식 air cleaner storage system　연료 증발 가스 배출 억제 장치의 하나로, 연료 증발 가스를 에어 클리너 케이스에 유도하여 엔진의 작동과 같이 흡입 계통에 흡수시키는 방식을 말한다.

에어 템퍼러처 센서 ATS ; air temperature sensor　흡입되는 공기의 온도를 측정하여 ECU로 보냄으로써 연료 분사량을 결정하는 데 보정 신호로 사용된다.

에어 툴 air tools　압축 공기를 동력으로 하는 공구이다. 연마용, 절단용 및 탈착용 등에 널리 사용되고 있다.

에어 트랜스포머 air transformer　공기 압축으로부터 나오는 공기의 압력을 감쇠하거나 제어하는 데 사용하는 장치를 말한다. 트랜스포머에는 자신을 통과하는 공기를 정화하는 필터가 있다.

에어 퍼널 air funnel　연료 분사식 엔진에서 관악기의 개구부를 닮은 공기 흡입구

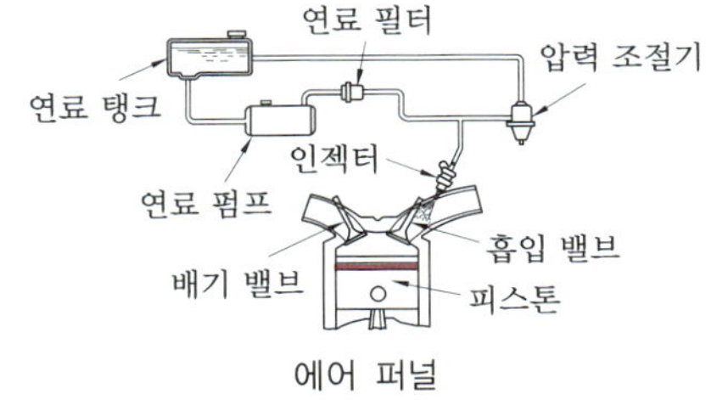

를 말한다. 그 길이에 따라 흡입 효율과 엔진 회전수가 변하며(흡기 맥동 효과), 일반적으로 고속 회전용에는 짧은 것이 좋고, 저속 토크를 중시하는 경우에는 긴 쪽이 좋다. 약하여 퍼널이라고 한다. 퍼널은 깔때기를 뜻한다.

에어 펌프 air pump　펌프란 송출하는 것으로, 물을 보내는 것이 물 펌프, 공기를 보내는 것이 에어 펌프이다. 배기가스 대책의 목적으로 열반응기(thermal reactor) 등 후처리 장치에 2차 공기를 공급하기 위해 사용된다.

에어 펌핑 음 air pumping noise　타이어 패널 노이즈 발생 요인의 하나로, 타이어가 접지면에서 크게 변형을 받아 트레드 패턴 구조 공간 용적의 변형에 동반한 공기가 진동하면서 발생되는 소리를 말한다.

에어 퓨리파이어 air purifier　실내의 먼지나 냄새를 제거하는 공기 정화 장치를 말한다. 블로어로 공기를 보내고, 필터로 먼지를 제거한 후, 활성탄으로 냄새를 흡착시키거나 방전에 의하여 공기를 정화한다.

에어 퓨리파이어 퍼지 듀얼 에어컨 air purifier purge dual air-con　퍼지 제어를 적용함으로써 온도와 풍량 등을 섬세하게 제어하여, 쾌적성을 높인 에어 퓨리파이어 에어컨에 리어 에어컨을 장비한 시스템으로, 다음의 추가 기능이 있다. ① 실내 환경 향상을 위해 내외 공기 냄새 센서로 공기의 더러움을 검지하여, 배기가스 유입을 방지하는 동시에, 정화 장치를 작동시켜 빨리 차내 공기를 정화시킨다. 정화는 리어 쿨링 유닛의 공기 취입구에 설치된 필터에 의해서 이루어진다. 센서가 공기의 더러움을 감지하면, 리어 블로어 팬이 돌아가서 실내 공기는 흡입구에서 흡입되고, 필터를 통과할 때 정화되어 차내로 되돌아온다. ② 뒷좌석 온도 환경 향상에 의해 뒷좌석 전용의 일광 센서를 설치하여, 햇빛이 강한 경우에는 리어 에어컨의 풍량, 온도 등을 제어하는 것 등이다.

에어 퓨리파이어 퍼지 에어컨 air purifier purge air-con　퍼지 제어를 사용해서 매우 섬세한 제어를 가능케 한 퍼지 에어컨과 빌트인 타입의 에어 클리너를 조합한 에어컨 시스템을 말한다. 퍼지 에어컨은 퍼

지 제어 적용에 의해 실내 온도, 통풍구, 팬 속도 등을 섬세하게 제어하고 설정한 온도를 사람의 체감 온도에 가까운 정도로 매우 빨리 작동함과 동시에 내·외기 습도 등의 상태에 따라서 자동적으로 에어컨을 작동시켜 창에 습기가 차는 것을 방지하는 오토 드라이 기능을 가지고 있다. 또한 에어 클리너는 고성능으로서 콤팩트한 전기 집진식으로, 차 바깥으로부터의 디젤 스모그나 꽃가루도 제거한다.

에어 프레셔 air pressure　대기의 무게 압력을 말하며, 공기 펌프 작동에 의해 생기는 공기압의 증가 또는 실린더 내에서 피스톤에 의해 생기는 공기의 압축으로 생기는 압축 압력의 증가를 설명하기 위해서 사용된다.

에어 플로 air flow　기류(氣流) 즉 공기의 흐름을 이르는 말로서, 기화기 내로 들어가는 공기의 계속되는 흐름을 말한다.

에어 플로 미터 air flow meter　가솔린 분사 장치에서 사용하는 센서로서, 엔진에 흡입되는 공기량을 미터 내에 흐르는 공기의 흐름(流量)으로 검출하는 것을 말한다. L-제트로닉에 채용된 방식이므로 L방식이라고도 부르며, 계량 방식으로는 오리지널의 플랩식, 후에 개발된 열선식과 카르만 와류식이 있다.

에어 플로 센서 AFS ; air flow sensor　(1) ⇨ 공기 유량 센서 (2) 공기 흐름 감지용 센서로, 흡기 장치에 들어가는 공기의 흐름을 측정하기 위해 사용되는 장치이다. 초음파 형식과 열식(hot wire) 그리고 플랩(메저링 판)식이 있다.

에어 필터 air filter　에어 필터는 차량 실내의 이물질 및 냄새를 제거하여 항상 쾌적한 실내의 환경을 유지시켜 주는 역할을 한다. 종전에 사용되던 에어 필터는 먼지만 제거하는 기능을 하였지만, 현재는 기존의 먼지 제거용 필터와 냄새 제거용 필터(항균 필터)를 추가한 콤비네이션 필터를 사용하여 항상 쾌적한 실내의 환경을 유지시켜 주는 역할을 한다. 또한 왕복 엔진의 흡입 장치로 유입되는 공기가 통과하는 여과기를 말하기도 한다.

에어 해머 air hammer　압축 공기의 힘으로 움직이는 기계 해머로, 단조(鍛造) 작업을 하거나 말뚝, 리벳 등을 박을 때 쓴다. 공기 망치, 공기추, 뉴매틱 해머라고도 한다.

에어 혼 air hone　자동차 등에서, 주의를 촉구하기 위하여 소리를 낼 수 있게 만든 장치를 이른다. 압축 공기로 진동판을 떨리게 하여 소리를 내는 것으로서, 대형 자동차, 건설 기계의 굴삭기에 경보용으로 쓰인다.

AD 변환기 analog to digital converter　아날로그 전기량(주로 아날로그 전압)을 디지털 전기 신호로 변환하는 기기나 소자를 이른다. AD 변환기는 디지털 전압계와 데이터 집록 처리 장치에 가장 많이 사용되고, 사용 목적에 따라 사양이나 성능이 다르다. AD 변환기의 성능을 비교할 때의 주된 항목은 변환 속도, 분해 능력, 안정도, 감도, 확도(確度), 직선성, 잡음 제거율이지만, 이들의 성능은 서로 연관될 뿐 아니라 서로 모순된 것을 내포하고 있기 때문에 1차원적인 비교를 하지 않도록 주의해야 한다. 방식상 크게 다른 것은 적분형과 비적분형인데, 더 나누면 다음과 같다. ① 적분 방식 : 전압-주파수 변환 방식, 전압-시간 변환 방식, 디지털 펄스 방식. ② 귀환 비교 방식 : 축차 비교 방식, 추종 비교 방식, 재순환 비교 방식, 램프형 비교 방식. ③ 무귀환 비교 방식 : 종속(從屬) 비교 방식, 병렬 비교 방식, 직렬 비교 방식. ④ 복합 방식 : V-F, V-T 복합 방식, 다이내믹 스케일 스프레드 방식, 포텐셜 메트릭 방식, 3권선차 자계 방식. ⑤ 비직선 AD 변환 방식.

에이머 aimer　렌즈에 설치되어 있는 3개의 에이밍 보스에 설치하여, 헤드라이트에 조사(照射) 방향을 점검·조정하기 위한 조준기이다.

에이밍 보스 aiming boss　헤드라이트의 렌즈에 설치되어 있는 3개의 돌기물로서 에이머를 설치하는 기준점을 말한다.

에이밍 스크루 aiming screw　전조등(head light)의 방향을 조정하고 조정된 위치를 유지하는 데 사용되는 수평 및 수직 셀프 로킹 어저스팅 스크루를 말한다.

에이밍 조정 aiming control　헤드램프에 조사(照射) 방향의 조정과 헤드램프 광도 확인을 위해 실시하는 조정을 말한다. 2등식 헤드램프의 경우, 광도(1등당) 표준값은 20,000 cd 이상, 사용 한도 1,500 cd 이상(엔진 2,000 rpm)이다.

에이비디시 ABDC ; after bottom dead center 하사점 후(下死點後)라는 뜻으로, 실린더 내에서 피스톤이 상승 운동을 할 때 상사점과 하사점 간의 임의의 위치를 말한다. 반대는 상사점 후(ATDC)이다.

에이비에스 ABS (1) air bag system 에어백 시스템으로서 가스 백(gas bag)이라고도 하며, 자동차가 충돌 시에 핸들 또는 인스트루먼트 패널에서 주머니를 팽창시켜 탑승자가 핸들 등에 부딪히는 것을 방지하고, 2차 충돌에 의한 심한 타박상 등을 방지하기 위한 승객 보호 장치이다. 충돌 센서와 가스 발생기 및 백으로 구성되어 있다. (2) anti-lock brake system 급제동 시 휠의 고정(lock)을 방지하는 장치로서, ESC(electronic skid control)라고도 말한다. 브레이크 페달을 밟게 되면 컴퓨터에 의해 30분의 1초마다 1회씩 제동력을 걸었다가 해제하는 것을 자동으로 반복하여, 바퀴의 고정을 방지하면서 최대한의 제동력을 확보하게 되는데, 이럴 경우 타이어도 미끄러지지 않고 브레이크 페달을 밟으면서도 핸들 조작을 용이하게 할 수 있다. (3) anti-skid brake system 브레이크를 갑자기 걸면 바퀴가 회전을 멈춰 타이어가 미끄러지는 현상을 스키드라고 한다. 이때 타이어와 노면의 마찰이 오히려 작아지고 제동력이 떨어진다. 이를 방지하기 위해 브레이크 오일의 압력을 전자식으로 컨트롤하여 스키드를 일으키지 않고 타이어가 구르면서 제동이 되는 시스템이다. ⇨ 앤티로크 브레이크

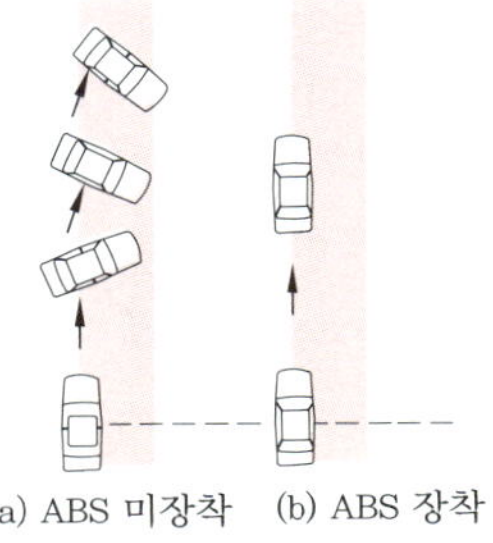

에이비에스

에이비에스 브레이크 시스템 ABS ; anti-lock brake system ABS 시스템은 1952년 영국 Dunlop사가 항공기용으로 개발한 이래, 1966년 미 크라이슬러 포드에서 승용차에 채용하면서 개발에 박차를 가하게 되었다. 주행하는 노면이 빙판, 빗물 등으로 어떤 악조건이 생기더라도 완전 로크시키지 않음으로써 운전자는 핸들의 조절을 가능하게 하면서 가능한 한 최단 거리로 차량을 정지시킬 수 있게 하는 장치이다. ABS 시스템의 브레이크액은 각 바퀴별로 노면의 조건에 따라 달라지므로, 바퀴의 미끄러짐을 방지하여 핸들의 조향 성능을 최대한 유지하면서 바퀴가 미끄러지기 직전의 상태로 각 바퀴의 제동을 ON, OFF로 제어하는 것이다. ABS 장착 차량은 4개 바퀴 중 어느 하나라도 미끄러짐 현상이 발생하면 ABS는 작동되고, 이때 운전자는 브레이크 페달의 미세한 맥동을 느낄 수 있다. ABS 시스템은 보통 브레이크와 같은 시스템의 부스터와 마스터 실린더에 ECU(electronic control unit), 유압 조정 장치인 HCU(hydraulic control unit), 바퀴와 속도를 감지하는 휠 센서, 그리고 브레이크를 밟은 상태를 감지하는 페달 트래벌 스위치로 구성되어 있다.

ACCUS Automobile Competition Committee for the United States 미국 자동차 경기위원회를 이른다. F.I.A.의 공인 단체로, USAC, NASCAR, SCCA, IMSA 등의 하부 단체를 갖고 있다.

ACF Automobile Club de France 프랑스 자동차 클럽을 이른다. F.I.A.의 공인 단체로, 프랑스의 오토 스포츠를 통할한다. 세계 최초의 국내 자동차 클럽이기도 하다.

에이아르 A/R 터빈의 분출 노즐 단면적을 A, 터빈 축 중심으로부터 노즐 중심까지의 지름을 R라 하고, 터보의 특성을 결정하는 요소이다. A가 작으면 터빈 가속이 예민해지지만 고속에서는 배기 저항이 된다.

에이아이아르 AIR ; air injection reactor '공기 분사 리액터'란 뜻으로, 배기 이미션 제어를 위한 공기 분사 장치의 일부가 된다.

AIACR Association Internationale des Automobile Clubs Reconnus 국제자동

차공인클럽협회를 이른다. F.I.A.의 전신으로. 1904년에 설립되었고, 프랑스에 본거지를 두었다.

에이에스에이 휠 ASA wheel ; artisan spirit alloy wheel 한국타이어 자체 브랜드로 생산하는 알로이 휠을 이른다.

에이에스티엠 ASTM ; American Society of Testing Material 미국 재료시험협회를 뜻하며, 여러 가지 재료의 표준 규격 등을 제정·발표하고 있다.

AAA American Automobile Association 미국자동차협회를 이른다. F.I.A.(국제자동차연맹)의 공인 단체로, 1950년대 중반에는 ACCUS로부터 권한을 이어받아 미국의 모터 스포츠를 통할했다.

에이에프에스 AFS ; air flow sensor ⇨ 공기 유량 센서

에이엔에스아이 ANSI ; American National Standards Institute 미국표준협회를 이른다. 1918년 미국의 전기·기계·토목·광업·재료 등 5개 학회와 정부 부처가 중심이 되어 설립되었다. 미국 내의 자발적인 지역 표준 개발을 조정하고, 미국 지역 표준을 승인한다. 보통 ANSI 산하 표준심의위원회(BSR ; Board of Standards Review)의 심의를 통과하면 미국 표준으로 인정받는다. ANSI에 의해 승인된 8,500개의 표준은 미국 국가 표준을 나타내며, 연방, 주, 지방 정부가 광범위하게 채택한다.

에이엘디엘 플러그 ALDL plug ; assembly line diagnostic link plug 생산 공장 조립 라인에서 ECM(electronic control module, 컴퓨터 명령 제어 장치)의 이상 유무를 점검하는 데 이용되며, 결함 발생 시 엔진 정비 지시등(engine telltale)을 점등시켜 정비의 필요성을 알려 주는 역할을 보조하여 주고, ECM의 연속 데이터를 얻기 위해 엔진 체커(HANDY, Tech-1, 88 체커 등)를 작동시키기 위한 터미널을 말한다.

ALCL assembly line communications link 임코 시스템에 맞추어서 새롭게 배기 정화 장치를 장착한 것이다. 처음부터 깨끗한 배기가스를 배출하는 엔진을 채용하면서도 다시 배출된 가스를 정화하여 엄격한 머스키법에 대처하려는 것이다. 임코 시스템에서 배출된 가스를 다시 애프터 버너법으로 재연소시켜 그 배기가스의 일부를 연소실로 복귀시킨다. 또한 배출된 가스를 캐털리스트(catalyst, 촉매)를 사용하여 변환시키는 방법이 사용된다. 또한 이와 같은 작용을 모든 운전 상태에서 채용하면 동력 손실이 되므로 필요할 때에만 배기가스의 흐름을 캐털리스트 쪽으로 변환시킨다. 그 변환은 미리 조립된 프로그램에 따라서 전자적으로 제어하는 데서 프로코 시스템이라는 이름이 붙여졌다.

에이엠엑스 AMX ; American export model 미국에 수출하는 프레스토의 차종을 뜻한다.

에이엠지 차 AMG car 벤츠 튜너로 유명한 독일의 튜닝 메이커이다. 고성능 차를 바탕으로 좀 더 고품질의 차량을 완성하는 것으로 애호가들에게 잘 알려져 있다.

HIC 이그나이터 유닛 hybrid IC igniter unit IC(integrated circuit)는 집적 회로라고 말한다. 트랜지스터나 다이오드 또는 저항이나 콘덴서 등의 회로 소자로서, 아주 작은 형태인 하나의 기본판 위에다 짜 맞추어 만든 초소형의 회로 블록을 말한다. 그 구조로는 반도체 IC(monolithic IC 등), 후막(厚膜) IC, 박막(薄膜) IC, 혼합 IC(hybrid IC)로 분류되며, 더욱 집적도가 높은 것은 LSI(대규모 집적 회로)나 MSI(중규모 집적 회로) 등이라고 불리고 있다. 유닛의 장착 방법으로서는 디스트리뷰터 내의 장식을 비롯해서 디스트리뷰터의 몸체 옆에 부착된 것 등이 있으며, 외관은 종래의 이그나이터 그대로이고 알맹이만을 IC화한 것이다.

에이치이아이 코일 HEI coil ; high energy ignition coil 폐자로(ㅁ자형) 철심을 사용하여 자기 유도 작용에 의해 생성되는 자속이 외부로 방출되는 것을 방지하였고, 기존 점화 코일보다 1차 코일의 저항을 감

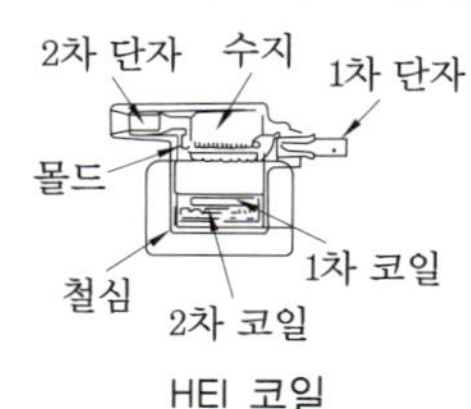

HEI 코일

소시키고 코일의 굵기를 크게 해서 더욱 큰 전기 에너지가 통과될 수 있으므로 고전압을 발생시킬 수 있다. 또한 구조가 간단하며 내열성, 방열성이 탁월하여 성능 저하가 일어나지 않는다.

에이치 포 벌브 H₄ bulb　최근에는 일반 승용차에도 할로겐(옥소, 요오드) 램프가 쓰이고 있다. 헤드라이트는 필요에 따라 로빔과 하이 빔을 번갈아 쓸 수 있어야 하는데 옥소 벌브로 이것을 가능케 한 것이 H₄ 벌브이다. H₄ 벌브에는 로 빔은 55 W, 하이 빔은 60 W의 필라멘트가 점등되도록 되어 있다. 최근에는 랠리용으로 100 W의 하이 빔이 점등하는 것도 있지만, 사용 시간이 짧아서 자주 교환해야 하는 불편이 따른다.

H형 프레임 H type frame　양 측면에 길게 놓여진 프레임에, 가로로 놓이는 짧은 멤버를 앞에서부터 뒤까지 여러 개 조합한 형태의 프레임을 이른다. 굽음 강도가 크고 제작이 쉽지만, 비틀림 강도가 약하여 가로로 놓이는 멤버를 여러 형태로 보완하여 사용하며, 주로 대형차나 화물차에 많이 쓰인다.

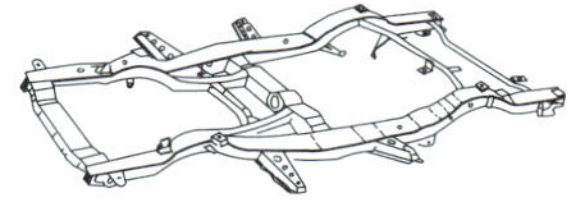

H형 프레임

에이트 웨이 어저스터블 시트 eight way adjustable seat　8방향으로 조정이 가능한 시트이다. 밑에서부터 시트 레프트, 시트 슬라이드, 리클라이닝, 사이 서포트, 랩버 서포트, 사이드 서포트, 앞뒤와 상하로 조정할 수 있는 헤드 리스트레인트(restraint) 및 고급 차량에서 운전자가 가장 적합한 운전 자세를 얻을 수 있도록 겨냥하여 만들어진 것 순으로 되어 있다.

에이티디시 ATDC ; after top dead center ⇨ 상사점 후

에이펙스 apex　로터리 엔진에서 로터의 끝 부분을 말한다.

에이펙스 실 apex seal　로터리 엔진에서 로터의 끝 부분에 사용되는 실(seal)을 말한다.

에이프런 apron　자동차의 앞부분에 설치되는 스포일러(공기 제동판)를 말한다. 공기 흐름에 의해 노즈를 눌러 앞바퀴의 하중을 증가시킴과 동시에 보디 밑으로 들어오는 공기량을 감소시킬 목적으로 부착한다.

에이피아이 API ; American Petroleum Institute　미국석유협회를 뜻하며, 보통 엔진 정비 차원에서 오일의 규격을 정하고 있다. 엔진 오일이 사용되는 엔진의 운전 조건에 따라 가솔린 엔진은 ML, MM, MS로 구분하고, 디젤 엔진용은 DG, DM, DS로 구분하여 사용한다. ML(motor light), DM(motor moderate), MS(motor severe), DG(diesel general), DM(diesel moderate), DS(diesel severe)이다.

에지 라이트 조명 edge light　계기판 조명 방법의 하나인데, 투명한 플라스틱판에 문자나 눈금을 인쇄하거나 색을 넣어 판 끝(plate edge)에서 플라스틱 속으로 빛을 넣어 문자나 눈금이 튀어나오게 보이는 것을 말한다.

에지 필터 edge filter　연료 분사 장치에서 노즐 홀더상의 예리한 모서리를 말하며, 이것은 다른 필터를 통과할 수 있는 이물을 부수어 분리하는 일을 한다.

에코 echo　(1) 한 관측점에서 직접파와 구별할 수 있는 강도와 시간의 지연을 갖는 반사파를 말하며, 자동차에서는 차간 거리를 판독하는 장치에 사용한다. (2) 반사 또는 기타의 작용으로 충분한 진폭과 명확한 지연 시간을 갖고 되돌아온 파(波)로서, 1차 파와 확실히 구별할 수 있는 것을 말한다. (3) 레이더의 경우 물체에 레이더의 송신 전파가 반사되어 수신기에 되돌아오는 부분의 에너지로, 표적에서 반사되어 되돌아온 신호 또는 스코프 스크린 상에 나타난 반복 잔향을 말한다.

에타프 etape　랠리 경기에서는 전 코스를 몇 개의 구간으로 나누며, 그 최소 단위는 타임 컨트롤로 구분한다. 이 타임 컨트롤로 나누어지는 몇 개의 구간을 모아 스테이지라고 한다. 대부분의 경우, 스테이지 구간은 드라이버의 레스트 컨트롤로 구분되는데, 이것을 랠리에 따라 레그라고 부르기도 한다. 드라이버의 레스트 (휴식)는 단지 몇 시간만일 수도 있고 밤을

새워야 하는 경우도 있다. 스테이지 또는 레그를 프랑스어권의 랠리에서는 에타프라고 한다.

에탁스 ETACS ; electronic time & alarm control system　각종 시간 기능과 경보 기능을 마이크로컴퓨터로 제어하여 행하는 시스템으로서, 일반적으로 다음과 같은 회로 기능을 내장하고 있다. 속도 감지 간헐 와이퍼, 와셔 연동 와이퍼, 라이팅 모니터, 디포거 타이머, 시동 키 삽입 상태에서의 도어 잠김 방지, 시동 키 홀 조명, 운전석 도어 키 실린더 조명, 잔광식 룸램프, 잔광식 후드램프, 시트 벨트 경고, 센터 도어로크, 반 도어 경보, 자동 도어로크 등이 있다.

에탄올 ethanol ⇨ 에틸알코올

에테르 ether　산소 원자에 두 개의 탄화수소기가 결합된 유기 화합물을 통틀어 이르는 말이다.

에틸렌 ethylene　탄소 원자 두 개와 수소 원자 네 개로 이루어진 불포화 탄화수소를 이른다. 무색의 가연성 기체로, 반응성이 풍부하여 폴리에틸렌 등의 여러 가지 유기 화학 제품의 원료가 된다. 화학식은 C_2H_4이다.

에틸렌글리콜 ethylene glycol　엔진 냉각수에 혼입되기 위한 화학 물질로서, 빙점을 낮추고 비점을 상승시킨다.

에틸렌 프로필렌 러버 ethylene propylene rubber　고무 재료의 명칭이다.

에틸알코올 ethyl alcohol　에탄의 수소 원자 하나를 하이드록시기로 치환한 화합물로, 에탄올이라고도 한다. 무색투명한 휘발성 액체로, 특유한 냄새와 맛을 가지며, 인체에 흡수되면 흥분이나 마취 작용을 일으킨다. 화학 약품의 합성 원료, 용제, 연료, 알코올성 음료, 부동액, 브레이크액 및 클러치 액 등으로 쓰인다.

에틸에테르 ethyl ether　에틸알코올에 진한 황산을 혼합하여 증류시킨 무색의 액체로서 특유한 향기가 있으며, 휘발하거나 연소되기 쉽다. 벨로즈형 수온 조절기의 작동액, 수온계의 감열 작동액으로 사용된다.

에폭시 epoxy　금속에 발생한 일부의 균열을 수리하는 데 사용할 수 있는 플라스틱 콤파운드를 말한다.

에폭시 수지 epoxy resin　둘 또는 그 이상의 에폭시기(epoxy基)를 가지는 저분자량 중합체로부터 만들어지는 강력한 접착제를 말한다. 내약품성이 좋아 도료 따위에도 쓰인다. 경화 수축이 적고 치수 안정성, 기계적·전기적 성질, 내열성, 내약품성, 내용제성이 우수하며 접착성이 강하다.

에프비시 FBC ; feedback carburetor　차량 엔진에서 나오는 배기가스를 산소 센서가 감지하여 컴퓨터(ECU)로 정보를 피드백하여, 각종 전자 제어 밸브를 작동시킴으로써 카뷰레터에서 이상적인 공연비를 얻게 하는 시스템을 말한다. 피드백 카뷰레터라고도 한다.

에프비엠 FBM ; feedback mixer　LPG 차량 엔진에서 나오는 배기가스를 산소 센서가 감지하여 컴퓨터(ECU)로 정보를 피드백하여, 각종 전자 제어 밸브를 작동시킴으로써 믹서에서 이상적인 공연비를 얻게 하는 시스템을 말한다.

FR 방식 front engine rear drive type　엔진은 앞쪽에 놓고 뒷바퀴를 굴리는 방식이다. 앞쪽에 있는 엔진에서 발생된 동력이 트랜스미션을 거쳐 프로펠러 샤프트로 전달되어 뒷바퀴를 돌리는 구조로 되어 있으며, 이 프로펠러 샤프트 때문에 실내 바닥에 터널 모양으로 솟아오른 부분이 생겨 실내 공간 면에서 불리한 점이 있지만, 출발 직후에 차의 하중이 뒤로 이동하기 때문에 스타트하는 데에는 유리하다. 또한 엔진실의 공간이나 조종 장치가 굴림 장치와 동일 위치에 있지 않아도 된다는 구조상의 유리한 점도 있다.

에프아르/에프아르 차 FR/FR car ; front engine rear drive　영어에서는 컨벤셔널이라고 하는 일이 많다. 이렇게 보통 방식이라는 말로 통하는 것은 바로 얼마 전까지 압도적으로 많은 형식이었기 때문이다.

FR 차 3점 지지

엔진이 자동차 앞부분에 있고 뒷바퀴를 굴리는 형식으로, 달리기에 치중한다면 FF보다는 FR 쪽이 유리하다.

에프아르피 FRP ; fiber reinforced plastics 섬유 강화 플라스틱이라 부르는데, 이름 그대로 섬유로 보강된 플라스틱으로 레이싱 카의 보디 등에 철판 대신 쓰인다. 충격에는 약하지만 가볍고 가공이 손쉬운 것이 장점으로, 충격 흡수에 직접적으로 관계가 없는 보디 부분 등에는 앞으로 FRP가 일반 승용차에까지 널리 사용될 가능성이 있다.

FISA Féderation Internationale Sportive Automobile   국제자동차스포츠연맹을 이른다. F.I.A.의 산하 위원회로, 오토 스포츠 관계 사항을 통합한다. 전신은 CSI이다.

F.I.A. Féderation Internationale de l'Automobile   국제자동차연맹을 이른다. 오토 스포츠를 포함하여 세계의 자동차 클럽 활동을 통합한다. 제2차 세계대전 후 AIACR를 개칭한 것이다.

FF 방식 front engine front drive type   엔진이 앞쪽에 위치해 있으며 앞바퀴를 굴려서 달리는 방식으로, 실내 공간이 넓어지고 무게가 가벼워지게 되어 경제성이 높다. 또한 눈길이나 험로 등을 주행할 때 앞바퀴의 착지 지점을 빨리 찾을 수 있어 조종 성능이 좋은 장점이 있는 반면, 엔진과 구동 장치가 모두 앞쪽에 있기 때문에 구조적으로 복잡하고, 내리막길에서 무게중심이 앞쪽으로 이동함으로써 차가 좌우로 미끄러지기 쉽고, 휠 스핀을 일으킬 수 있는 단점도 있다. 최근에 개발되는 승용차들은 대부분 이 방식을 채택하고 있다.

에프에프/에프에프 차 FF/FF car ; front engine front drive   영어에서는 front wheel drive라 하고 약자는 FWD이다. 엔진이 자동차의 앞부분에 있고, 앞바퀴를 굴리는 형식으로, 이 방식을 쓰면 같은 크기의 차라도 실내 공간을 넓게 잡을 수 있는 이점이 있다. 경제성까지 더해 소형차에서는 이런 형식의 차가 늘어나고 있다.

FM 다이버시티 안테나 FM diversity antenna 메인 글라스 안테나와 서브 모터 안테나(폴식)을 조합한 것으로서, FM의 지향성(파동이 진행할 때의 방향성)을 더욱 향상시킴과 동시에, 멀티 패스 노이즈를 대폭적으로 감소시키는 시스템이다. FM 방송에서는 통상 안테나에 입력되는 전파가 약해지면 귀에 거슬리는 잡음이 발생하지만, 이 시스템에서는 2개의 안테나로부터의 입력 전파의 강도를 라디오 본체에 조립되는 절환 회로에 의해 선택하여 귀에 거슬리는 잡음 발생을 저감시킴과 동시에 FM 수신 범위 확대를 도모하고 있다.

에프엠브이이에스에스 FMVSS ; federal motor vehicle safety standards   이것을 직역하면 연방 정부 자동차 안전 기준이라는 뜻이지만, 대부분이 FMVSS라고 한다. 자동차 사고가 많아짐으로써 안전 문제가 대두되면서 미국 연방 정부가 종래에 각 주가 제멋대로 규제하고 있던 자동차의 구조에 관한 규제를 하나로 정리한 것이 이 규정이다. 그 내용도 다종다양하지만, 제101조로부터 제118조까지가 교통사고 방지에 대한 구조 내용에 대한 규정이고, 제201조에서부터 제215조까지가 충돌 시 승차원의 보호에 관한 구조 내용을 규정하고 있다. 또한 최근에는 제301조, 제302조가 규정되어 화재 방지에 관한 내용이 포함되어 있으며, 내용의 적용 범위는 더욱 넓어지고 있다.

FOCA formula one constructors association   F1 제조자 협회를 이른다. F1 머신 컨스트럭터의 집합 단체로, 1970년대 중반부터 활발히 활동하고 있다. F1 GP의 개최·운영 등의 권리를 통합한다.

에프티피 FTP ; federal test procedure   직역하면 '연방 검사법'이라는 뜻이 된다. 연방 정부, 이를테면 미국의 50주를 통괄하는 합중국 정부가 정한 배기가스의 검사 방법을 말한다. 테일 파이프에서 배출되는 배기가스 전체의 양 중에 유해 성

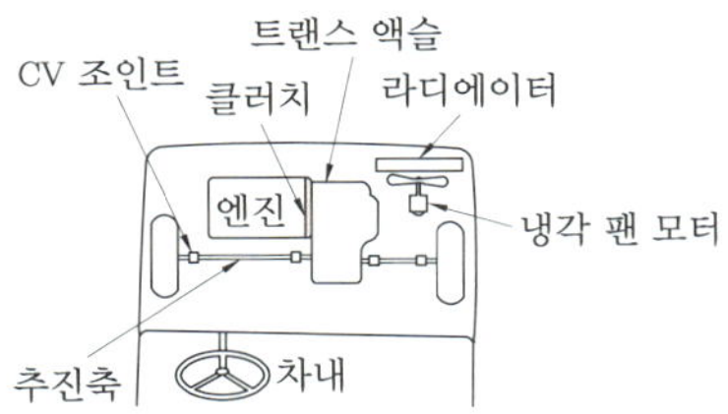

FF 차의 동력 전달 경로

분이 몇 퍼센트 함유되어 있는가 하는 측정법이다. 이 방법은 메이저 이그조스트 컨센트레이션(measures exhaust concentration)이라고 하는 테스트법이며, 실제에는 7모드, 7사이클이 쓰이기 때문에 유명하다(1970년부터 gm/mile으로 환산 표시되었음). 그러나 이 방법은 실정에 맞지 않는다고 하여서 1971년에 폐지되었다.

엑사이테이션 excitation　(1) 트랜지스터 등에서 제어 전극에 공급되는 신호 전압이며, 드라이브라고도 한다. (2) 철심의 작동 자속을 유지하기 위해서 코일에 공급되는 전류를 말한다. (3) 자기장 안의 물체가 자기를 띠는 현상, 또는 그 결과로 생긴 단위 부피 속의 자기 모멘트를 말한다. 외부로부터 에너지를 공급하여 원자를 고에너지 상태로 변화시키는 것으로서 여기(勵起)라고도 한다.

엑사이테이션 커런트 excitation current　변압기, 전압 조정기 등에서 여자(勵磁)를 하기 위하여 흐르는 전류로서 적절하게 선택한 코일에 정격 전류의 백분율로 전류를 공급한다.

엑센 exsaine　매우 가는 폴리에스테르 섬유가 묶음이 되어 치밀하게 꼬여 있는 고급 스웨이드 상(狀)의 천이다. 시트 표피 등에 사용되며, 다음과 같은 특징이 있다. ① 천연 피혁의 절반 무게이며 무취성이다. ② 보온성이 높고, 적당한 통기성과 투과성이 있다. ③ 내마모성이 우수하다.

엑센트 ACCENT　'엑센트'는 발음과 기억이 쉽고 강한 느낌을 주면서도 젊고 신선한 이미지를 주는 차명이다. ACCENT는 advanced compact car of epoch making new technology의 합성어로서, 신기술로 자동차의 신기원을 창조하는 신세대 승용차라는 의미이다. 엑센트의 트림 레벨은 모두 고객 만족의 의미를 담고 있으며 ES, RS, CS로 구분되어 있다.

엑스 X　제18회 동경 모터쇼에 출품된 차량 중에서도 참고 출품의 명목으로 전시된 것 중에는 차명에 X자를 붙인 것이 매우 많다. 도요고료(東洋工業)의 RX-510, 닛산의 216X, 다이하쓰의 BCX, 그리고 스바루 일렉트로 왜건의 X-1 등이 그 예이다. 자동차가 하나의 모양으로 완성되었을 때에는 당연히 어떤 이름을 붙이지 않으면 안 된다. 특히 자동차 쇼에 출품할 때에는 이름을 붙이지 않을 수 없다.

엑스듀서 각 exducer angle　엑스듀서는 임펠라 형상의 종단부 지름이며, 엑스듀서 각은 블레이드를 밀어 회전력을 생성시킨 배기가스가 출구로 향할 때 가스가 저항을 받지 않고 유출할 수 있도록 회전 후방 쪽으로 블레이드를 비틀어 놓은 각을 말한다.

X축/Y축/Z축 X-axis/Y-axis/Z-axus　자동차의 자세 변화를 나타낼 때 쓰는 가정 중심축(假定中心軸)으로, 앞뒤 방향의 축을 X축이라 하고, 좌우 방향으로 뻗은 축을 Y축이라고 하며, 상하 방향의 축을 Z축이라고 한다. 그리고 X축 주위의 움직임을 롤링이라 하고, Y축 주위의 움직임을 피칭이라고 하며, Z축 주위의 움직임을 요잉이라고 한다. 미드십 엔진을 가진 자동차는 Z축의 요잉 모멘트가 작다.

엑스 카 X-car　미국 GM 사의 저연비 차로, 쉐보레 사이테이션, 폰티액 페닉스, 뷰익 스카이라이크, 올즈 모빌 오메가 등을 가리킨다.

엑스퍼트 시스템 expert system　전문가가 갖는 지식을 유효하게 사용한 높은 성능의 컴퓨터 프로그램을 말한다. 이 프로그램은 진단, 계획, 설계 등의 분야에 폭넓게 사용되는데, 자동차에서는 엔진의 고장 진단, 실내 레이아웃 설계 등에 응용되고 있다.

X형 프레임 X type frame　앞에서 뒤로 길게 놓이는 멤버를 X자 형태로 교차시키고, 그 사이에 가로로 여러 개의 멤버를 조합한 프레임을 이른다. 굽음 강도와 비틀림 강도는 크지만, 제작이 복잡하고 연결 부품의 설치가 곤란한 단점이 있다. 승용차에 주로 사용되고 있다.

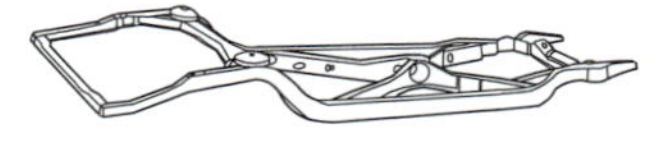

X형 프레임

X형 홈 X type groove　홈의 일종으로, X자형으로 홈을 판 것을 말하며, 후판에 많다.

엔나 페르구사 Enna-Pergusa　이탈리아 시 실리 섬의 페르구사 호수 주위를 따라 설치된 서킷을 이른다. 레이스가 처음 열린 1961년 당시에는 초고속 코스였으나, 그 후 시케인(chicane, 사고 위험을 막기 위해 스피드를 억제하는 구역으로, 대개 속도를 올리기 쉬운 직선 코스 사이에 회전 반지름이 작은 코너로 되어 있음)이 설치되어 속도를 줄이도록 했다. F3000 레이스 등이 열리며, 1주 길이는 4.95 km이다.

엔드 스러스트 end thrust　축의 길이 방향으로 나타나는 힘을 말한다.

엔드 캠 end cam　입체 캠의 한 종류이다. 원통의 가장자리 면을 특수 형상의 접촉면으로 만들어 캠을 회전 운동시키면 피동절은 상하 직선 운동을 한다.

엔드 탭 end tap　비드의 시점과 종점에 붙인 보조 판을 말한다.

엔드 플레이 end play　축(軸, shaft) 등이 축 방향(길이 방향)으로 움직이는 거리(유격)를 말한다.

엔드 플레이트 end plate　엔진의 앞·뒤에 설치되어 있는 판으로서, 엔진에 먼지나 물이 들어가 오일이 새는 것을 방지하는 역할을 한다. 앞에 있는 것을 프런트 엔드 플레이트, 뒤에 있는 것을 리어 엔드 플레이트라고 부른다.

엔브이에이치 NVH ; noise vibration harness　(1) 노이즈는 소음, 바이브레이션은 진동, 하니스는 노면에서의 예각적인 들어 올림을 의미한다. 자동차를 평가할 때의 기준이라고도 할 수 있으므로, 이 3가지가 작을수록 경쾌한 자동차라고 할 수 있다. 자동차의 강성(剛性)을 높이거나 보디를 보강함으로써 노이즈 바이브레이션 하니스는 향상된다고 한다. (2) 자동차 주행 중 느끼는 소음과 진동 그리고 엔진과 외부에서 유입되는 소음을 최소화하는 장치로, 필라(pillar)에 폴리우레탄을 보강한 장치를 말한다.

엔아이에이에스이 NIASE ; national institute for automotive service excellence　우수한 자동차 서비스를 위한 국가 기구이다.

엔에이 NA ; normal aspiration　자연 흡기라는 의미로, 보통 터보나 슈퍼차저와 같은 과급기를 갖지 않은 엔진을 말한다.

엔지니어링 플라스틱 engineering plastics 기계적 강도, 내열성 및 내마모성 등이 뛰어나 자동차를 비롯하여 여러 가지 기기에 사용하고 있는 공업용 플라스틱을 말한다. 그중에서도 나일론(PA), 폴리아세탈(POM) 및 폴리카보네이트(PC) 등은 대량으로 쓰이고 있다.

엔진 engine　열에너지를 기계적 에너지로 바꾸는 장치이다. 여기에서는 기계적인 동력을 발생시키기 위해 연료를 연소시킨다.

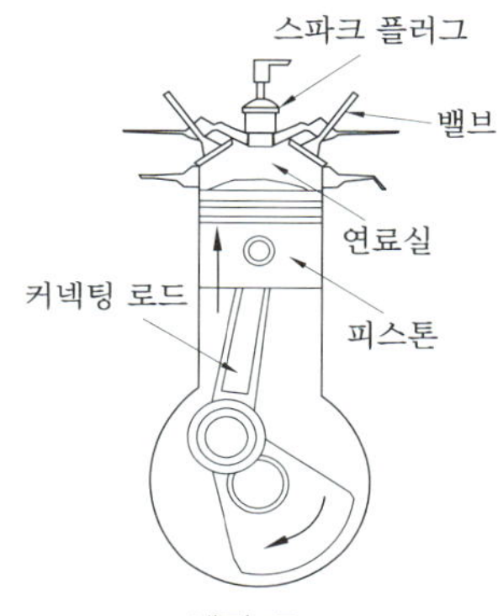

엔진 구조

엔진 경고등 check engine　자기 진단(self-diagnostic) 기능에 의한 진단 항목 중 배기가스 정화에 관한 항목에서 이상을 검지했을 때 점등되어 운전자에 알리는 경고등으로서, MPI(multi-point injection) 차량에 장착되어 있다.

엔진 구성 engine configuration　엔진에서 실린더나 연소실 등이 배열하고 있는 방법(형식)을 말한다.

엔진 냉각수온 센서 engine cooling water temperature sensor　(1) 엔진 냉각수의 온도를 검출하는 센서로서, 바이메탈, 서미스터는 수온계용 센서 유닛으로 사용되고 있다. 냉각수의 순환, 정지를 제어하는 용도에는 일정 온도에서 온-오프적인 출력을 꺼낼 수 있는 서멀 페라이트, PTC 등이 사용되고 있다. 최근에 엔진의 전자 제어가 활발해짐에 따라 냉각수온(冷却水溫)의 정보도 더욱 세밀하여야 하며 고도의 정밀성이 요구되고 있다. 서미스터는 이와 같은 요구에도 맞고, 수온계용으로도 적합하기 때문에 많이 쓰인다. (2) 엔진의 냉각수온에 대한 정보를 ECU에 전해 주는 저항식 센서로서, 엔진 냉각수온 센서는 흡기 매니폴드의 냉각수 통로에 장착되어 있으며, 이 센서의 출력 전압을 토대로 ECU는 엔진의 워밍업 상태를 판단하고 엔진의 냉간 시에는 적당히 연료를 농후하게 공급해 준다.

엔진 노이즈 engine noise　엔진에서 발생하는 소음을 일컫는 것으로, 흡기 계통에서 발생하는 흡기 소음, 배기 파이프에서 나는 배기 소음, 엔진의 기계적인 작동에서 발생하는 기계 소음 등을 말한다.

엔진 노크 engine knock　엔진에서 발생하는 잡음을 말하며, 베어링이 손상되었을 때 등의 원인으로 이와 같은 소리가 나기도 한다.

엔진 러프니스 engine roughness　불순 연료로 인한 크랭크샤프트의 휘어짐, 진동 등에 영향을 준다. 두드리는 것 같은 소리를 내며, 스로틀 전개 시에 발생하기 쉽다.

엔진 레이싱 engine racing　엔진의 배기가스나 급가속 상태 등을 측정하기 위하여 무부하 상태에서 고속으로 공회전시키는 것을 말한다.

엔진 룸 engine room　⇨ 엔진 컴파트먼트

엔진 마운트 engine mount　⇨ 엔진 마운팅

엔진 마운팅 engine mounting　엔진 마운트 또는 엔진 서포트라고도 하며, 엔진을 지지하며 차체에 고정시키는 부품을 말한다. 엔진의 진동이 차체에 전달되지 않게 하는 방진 기능이 있으며, 고무로 만들어진 러버 마운팅이나 고무 내에 액체를 봉입하여 진동의 감쇠력을 크게 한 액체 봉입 엔진 마운팅 등이 있다.

엔진 마운팅 서포트 engine mounting support　엔진 미미라고도 하는데, 정확한 표현은 엔진 마운팅이다. 엔진을 프레임에 고정할 때 전면에 1개소, 후면에 1개소, 또는 전면에 2개소, 후면에 1개소를 연결 고정하는 3점 지지법이 있고, 또 4점 지지 방법이 있다. 4점 지지법은 프레임이 파손될 우려가 있어 프레임을 튼튼하게 제작하지 않으면 안 되기 때문에 3점 지지법을 주로 사용하며, 엔진과 프레임 연결부에 고무 또는 스프링을 사용하여 고정한다.

엔진 베어링 engine bearing　피스톤 핀과

커넥팅 로드, 커넥팅 로드와 크랭크핀 및 크랭크축 메인 저널은 서로 관계된 운동을 하므로, 그 사이에 베어링을 설치하여 부품을 지지하고 슬라이딩 회전시켜 마찰을 감소시키기 위하여 사용한다. 엔진 베어링에는 평면 분할형과 부시형이 있다.

엔진 부하 engine load　엔진에 걸리는 모든 부하(하중)를 말한다.

엔진 분석 engine diagnostics　작업자가 엔진을 분석하고 엔진 시스템의 기능 불량에 관한 정보를 저장하기 위해 전자 제어 모듈 또는 온 보드 컴퓨터(on-board computer)를 사용하는 것을 말한다.

엔진 분석기 engine analyzer　점화 장치의 1, 2차 회로를 통해서 전압·전류가 흐르는 테스트 장비(시험 장비)의 일종으로, 보통 오실로스코프라고 하는 스크린에 여러 가지 측정 및 결과치가 전시된다.

엔진 브레이크 engine brake　주행 속도보다 낮은 기어를 한 단계씩 서서히 낮게 선택하며 가속 페달 누름 상태를 가감하여 각 운동부에 마찰 저항 및 동력 손실을 주어 제동력을 얻는 것을 말하며, 내리막길, 빗길, 눈길 등에서 많이 사용하고, 악조건을 탈출하는 운전 테크닉의 하나로 이용한다.

엔진 블로 engine blow　실린더 벽과 피스톤 사이의 메탈 등에 윤활된 오일의 막이 없어지고 부품 서로가 직접 마찰하여 눌어붙는 것을 말한다. 유막(油膜)이 없어지는 원인에는 여러 가지 경우가 있으나, 과열되어 오일의 점도가 낮아지거나 허용 회전수 이상으로 엔진을 작동시켜 유막이 없어지는 것 등을 생각할 수 있다.

엔진 블록 engine block　실린더가 보어(bore)를 가지고 있는 기본 본체이다. 실린더 헤드 아래로부터 크랭크케이스 상부까지의 블록 전체를 말한다.

엔진 서포트 engine support　⇨ 엔진 마운팅

엔진 성능 곡선 engine performance curve　엔진이 모든 부하를 건 상태에서의 토크, 마력, 1시간당의 연료 소비율을 회전수에 대해서 나타낸 그림으로, 엔진 출력 곡선이라고도 한다. 토크 그래프에서는 가장 높은 것이 최대 토크이고, 그것이 험한 산

세로 나타난다면 좋지 않은 엔진이고, 고원 상태로 되어 있으면 쓰기 좋은 엔진이다.

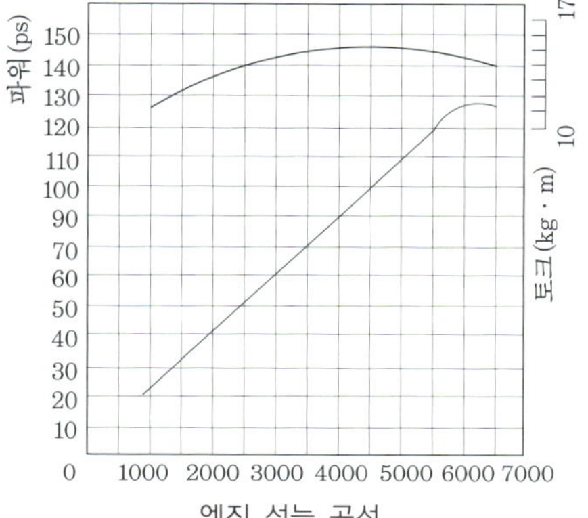

엔진 성능 곡선

엔진 셰이크 engine shake 엔진이 보디나 현가장치와 같이 7~20 Hz의 낮은 주파수로 흔들리는 현상 중에서 노면의 요철이나 타이어 휠의 중량 언밸런스 또는 강성 변동에 따라 발생하는 스프링 진동이 원인이 되어 발생하는 것을 말한다.

엔진 소음 engine noise 엔진 본체로부터 생기는 소리, 흡기 소음, 팬 소음, 얼터네이터 등의 소리를 포함하는 것도 있다.

엔진 스코프 engine scope 엔진 오실로스코프의 약어로, 점화 장치의 회로 전압의 파형 표시, 실린더 내 압력 변화의 표시, 진동, 소음 등의 변화를 브라운관에 가시 곡선으로 나타내는 장치를 말한다.

엔진 스톨 engine stall 엔진이 작동하다가 갑자기 정지해 버리는 것을 말한다. 감속에서 아이들 상태로 이동할 때 등 운전 상태가 변화될 때 발생하는 경우가 많다.

엔진실 engine room ⇨ 엔진 컴파트먼트

엔진 애널라이저 engine analyzer 엔진의 비정상적으로 작동하는 상태를 각종 미터와 스코프에 나타내는 종합 테스터이다. 축전지의 전압, 시동할 때의 전압 강하, 충전 전압, 점화 코일, 축전기, 드웰 각, 점화 시기, 실린더 밸런스 시험, 발전기, 점화 플러그의 스파크 전압 등을 미터와 스코프의 파형에 의하여 점검 및 측정을 하는 테스터를 말한다.

엔진 업소버 engine absorber 엔진과 엔진 마운팅을 연결하는 쇼크 업소버를 말

한다. 엔진의 낮은 주파수에서 진동을 억제하는 역할을 한다.

엔진 오실로스코프 engine oscilloscope 점화 장치가 비정상적으로 작동하는 상태를 브라운관에 파형으로 나타내는 시험기로서, 점화 플러그의 성능 시험, 캠 각의 변동 시험 등으로 알 수 있다. 수평축에 시간을 나타내고, 수직축에 입력의 파형 진폭에 비례한 양을 나타낸다.

엔진 오일 engine oil 엔진 윤활유는 윤활뿐 아니라 각 부분의 냉각·세척·방청 및 연소실에서의 가스 누출을 방지하는 작용을 한다. 점도에 따라 분류되는데, 세계적으로 쓰이고 있는 SAE 점도 번호에서는 숫자가 클수록 점도가 높고 고온에서의 사용에 적합하다. 미국에서는 API 서비스 분류도 이용되고 있으며, 사용 조건에 따라 가솔린 엔진용은 SA~SE, 디젤 엔진용은 CA~CD로 분류된다.

엔진 오일 규격 engine symbol oil 엔진 오일에는 6개의 미군 규격이 있다.

[엔진 오일 규격(미군 규격)]

미군 규격	내 용
MIL-L-2104A (API CA급)	소멸, MIL-L-2104B로 대체, 구식 또는 정밀하지 않은 장비에 사용
MIL-L-2104A Supplement I (API CB급)	소멸, MIL-L-2104A와 유사하나 보다 가혹한 조건에서 사용
MIL-L-2104B (API CC급)	소멸, MIL-L-46152로 대체, 표준형으로 널리 사용
MIL-L-46152C (API SF/CC급)	휘발유 엔진과 보통 하중의 디젤 엔진에 사용
MIL-L-45199B (API CD급)	소멸, MIL-L-2104C로 대체 Caterpillar
MIL-L-2104D (API CD급)	MIL-L-45199의 대체 중기, 트럭, 탱크, 군사용 차량이나 APISC/SD 사이의 휘발유 엔진용

엔진 자기 진단 기능 engine self diagnosis function 중앙 컴퓨터(ECU)가 엔진의 성능, 연료 소모율, 배기가스 정화 장치 계통의 이상을 자체 진단하여, 결함 발생 및 내용을 계기판에 부착된 경고등을 점등시켜 운전자에게 알려 주는 기능으로, 이상

상태가 해소되어 정상으로 되면 경고등이 소등된다.

엔진 전자 제어 시스템 engine electronic control module　엔진 작동의 제어를 컴퓨터로 하는 장치를 모두 일컫는다.

엔진 점검등 check engine light　일부 신형차의 계기판에 설치된 지시기로, 낮은 유압, 높은 냉각수 온도, 또는 전자 엔진 제어 장치의 기능 불량 등에 대해 운전자에게 알려 주는 장치를 말한다.

엔진 점화 조절 ESA ; electronic spark advance　마이크로컴퓨터 제어식 엔진(ECCS, I-TEC, TCCS)에서의 제어 항목의 하나로, 컴퓨터에 의한 점화 시기 제어 기능을 말한다.

엔진 점화 조절 이그나이터 ESC igniter ; engine spark control igniter　종래부터의 IC 이그나이터 기능 외에 노킹 제어 기능을 겸비한 것이다. TC 부착 엔진에 채용된 ECS 이그나이터의 블록도는 그림과 같다. 작동의 상세한 내용은 노크 제어 장치 항목을 참조하기 바란다.

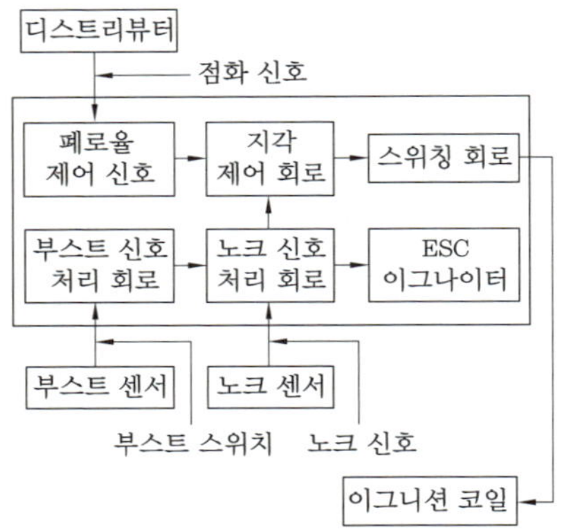

엔진 점화 조절(ESC) 이그나이터의 블록도

엔진 제어 engine control　엔진 출력의 향상, 연료 소비량의 향상, 주행 성능의 향상 및 유해 배출 가스를 감소시키기 위해서 엔진이 작동하는 동안 공전 속도, EGR 밸브, 점화 시기, 양호한 혼합 가스의 공급 등을 정밀하게 조절하는 것을 말한다.

엔진 제어용 센서 engine control sensor　배기 규제의 기준을 충족시키는 동시에 연비(燃費)와 운전 성능을 향상시키기 위해서 자동차 엔진에 전자 제어가 많이 채용

되고 있다. 이 엔진 제어에 사용되는 것이 엔진 제어용 센서인데, 구동계의 제어에 사용되는 센서도 포함하여 총칭되는 경우가 많다. 엔진의 전자 제어는 원래 기계적 제어의 한계를 보완하기 위해서 채용된 만큼, 센서에 대한 정밀도 요구가 높다. 일반적으로 1% 정도의 정밀도를 필요로 하며, 또 센서의 고정 위치는 엔진에 가까워야 되므로, 자동차용 센서 중에서도 특히 엄한 환경에 놓이는 경우가 많으며, 연구 개발에도 힘쓰고 있다.

엔진 집중 전자 제어 시스템 ECCS ; electronic concentrated engine control system　ECC, EGI, EFI와 같이 삼원 촉매를 이용해서 피드백시키는 연료 계통의 전자 제어뿐만 아니라 EGR 재순환량, 점화 시기, 아이들링 회전수 등 엔진의 관련 성능을 마이크로컴퓨터를 사용해서 전자 제어하는 시스템이다. 이것은 엔진의 작동 상태, 가속 페달을 밟는 상황, 차속, 변속 기어 위치, 에어컨의 작동, 배터리 전압 등을 센서나 스위치에 의해서 검출하고, 연료비, 출력 배기가스가 엔진 1회전마다 가장 알맞게 되도록 이 시스템의 심장부인 디지털 컴퓨터에 의해 다음의 7가지로 구분 제어된다. 즉, 연료 분사 제어, 점화 시기 제어, 공회전 속도 제어, EGR 제어, 연료 펌프 제어, 배기 온도 경보 제어, 모니터 램프 제어 등이다.

엔진 출력 곡선 engine performance curves ⇨ 엔진 성능 곡선

엔진 컴파트먼트 engine compartment　엔진룸(engine room)을 말한다. 엔진이 있는 곳으로 엔진실, 기관실이라고도 한다.

엔진 크랭킹 시 진동 ENG cranking　엔진 크랭킹 시 보디 전체가 상하좌우로 진동되는 것을 말한다. 스타트 직후에 발생되고, 진동되는 시간도 짧다.

엔진 키 잊음 방지 버저　열쇠를 두고 내릴 때를 대비한 버저 소리를 말한다.

엔진 킬 engine kill　엔진 스톨이라고도 하는데, 엔진이 정지하는 현상을 뜻한다.

엔진 투과음 engine penetration sound　비교적 높은 음이 엔진에서 보디 패널을 투과하여 실내에서 들리는 현상으로, 엔진 투과음의 원인이 되는 것은 대단히 많다.

부품이 정상이더라도 방음이 필요한 부품
(부트, 그로메트류, 패널을 접합시키는 실
러, 시트 등)이 균열, 손상, 말림 등이 발
생되면 엔진 투과음이 크게 들린다.

엔진 튠업 engine tune-up　사용하던 엔진
의 성능을 그 본래의 성능으로 회복시키기
위한 조정 작업으로서 실린더의 압축 압
력, 점화 장치 및 연료 장치 등의 점검, 조
정 작업을 뜻한다. 또는 엔진 부품을 교환
하여 엔진의 성능을 처음 상태로 회복시
키는 작업을 말하기도 한다.

엔진 튠업 테스터 engine tune-up tester
엔진의 성능을 향상시키거나 고장을 진단
하기 위해서 점검하는 테스터로서, 압축
압력 시험, 타이밍 라이트, 진공 테스터,
매연 테스터, CO-HC 테스터, 엔진 태코미
터, 엔진 애널라이저 등을 말한다.

엔진 트랜스미션 총합 제어 ELC-M　오토매틱
트랜스미션의 변속 쇼크를 저감하기 위해
트랜스미션의 변속에 맞춰 엔진의 출력
토크를 일시적으로 감소시키는 제어를 이
른다. 엔진 토크의 저감은 점화 시기로 조
정(지연시킨다)하며, 그 조정량도 트랜스
미션의 연속 조건에 의해 섬세하게 제어할
수 있어서, 넓은 범위에서 매끄러운 변속
을 실현하고 있다.

엔진 핀 engine fin　바깥의 공기에 의하여
내부를 냉각할 때, 냉각 효과를 높이기 위
하여 표면적을 최대한 넓혀 만든 주름을
말한다. 공랭식 내연 기관의 실린더 등에
쓴다. 공랭 엔진에는 실린더 헤드 부분에
부착되어 많은 바람이 부딪치도록 핀이
달려 있다. 이러한 엔진을 냉각하기 위한
지느러미 모양의 핀을 엔진 핀이라고 한
다. 쿨링 핀, 냉각핀, 실린더 핀이라고도
한다.

엔진 회전 감지기 ESS ; engine speed sen-
sor　엔진 회전수를 검출하여 전기 신호
를 보내는 감지기이다. 엔진 회전수를 알
기 위해 감속 장치의 코스팅 리처(coast-
ing richer) 작동으로 디스트리뷰터 포인
트의 ON-OFF 신호에서 엔진 회전수를 검
출하고 솔레노이드 밸브를 작동시킨다.

엔진 회전 속도 센서 engine speed sensor
엔진의 회전축에서 플렉시블 샤프트(flex-
ible shaft)를 사용하여 미터를 표시하는

기계식 회전계를 비롯하여 리드 스위치식,
전자 유도식, 점화 펄스식 등의 전기식 회
전계 등 여러 종류가 있다. 리드 스위치식
은 자석을 고정시킨 회전축의 주위에 리드
스위치를 배치한 것이다. 전자 유도식은
픽업 코일을 사용하는 것으로서, 전압 출
력형과 주파수 출력형이 있다. 그 밖에 홀
소자, 위건드 와이어, 자기 저항 소자를 사
용한 것, 광학식인 것 등이 있다. 이들은
단지 엔진 회전수를 검출하는 것만이 아니
라 크랭크각 검출용으로서 사용되는 경우
가 많다.

엔진 회전계 tachometer　⇨ 태코미터
엔진 회전력 engine torque　자동차 엔진에
는 토크와 마력이라는 두 가지 단위가 사
용되고 있는데, 마력은 일의 양을 말하고,
토크는 엔진 회전력을 말한다. 말하자면,
토크가 좋은 차는 엔진 회전력 자체는 높
지만 마력이 높으려면 엔진 회전수가 높아
야 하고, 짧은 시간에 더 많은 회전을 할
수 있다면 마력이 높아진다. 같은 시간에
더 많은 일을 하게 되기 때문이다. 토크가
높은 차는 회전력 그 자체가 높다는 뜻으
로, 힘이 좋다는 말과 같은 뜻이 된다. 엔
진 회전력은 혼합 가스를 연소시켜 크랭크
축을 회전시키는 힘으로 폭발력 또는 배기
량에 의해서 결정된다.

엔진 회전수 engine RPM　1분 동안에 크
랭크샤프트가 회전한 회전수로 RPM, rpm
으로 표시한다. 이것은 'revolution per
minute'의 약자이다. 엔진 회전수가 높으
면 그만큼 고성능이라고 할 수 있다. 그
열쇠를 쥐고 있는 것은 엔진 밸브를 움
직이는 시스템이다.

엔진 회전수 감응식 파워 스티어링　엔진 회
전수에 따라서 조향력을 유압이 어시스트
하는 방식을 말한다. 저속 시(엔진 회전수
가 낮은 때)에는 조향력을 가볍게 하여
차고에 넣을 때 같은 조건에서는 스티어
링 휠 조작을 용이하게 한다. 또한 엔진
회전수가 높아져서 고속이 되면 조향력을
증가시켜 안정감 있는 운전을 할 수 있다.

엔진 후드 engine hood　엔진 덮개를 영국
에서는 보닛(bonnet), 미국에서는 엔진 후
드라고 칭한다.

엔진 흡입 공기 유량 센서 engine air flow

sensor 엔진 실린더 내에 넣는 흡입 공기의 유량(流量)을 계측하는 센서로서 가동 베인식, 카르만의 소용돌이식, 열선식, 초음파식, 이온 드리프트식, 터빈식, 고체형 등 많은 방식의 센서가 있다. 그중에서 앞의 3가지는 이미 실용되고 있다. 엔진 흡입 공기 유량 센서에는 측정 영역이 넓고(최대 유량과 최소 유량의 비는 40 : 1) 응답이 빠른 것(수~수십 ms) 등이 요구된다. 가동 베인식은 가장 일찍부터 실용되고 있지만 가동부가 있고, 유통 저항이 높은 결점도 있다. 카르만의 소용돌이식은 주파수 출력인 점이 큰 특징이다. 엔진 흡입 공기 유량 센서는 공기의 질량에 비례한 유량을 측정하든가, 공기의 체적에 비례한 유량을 측정하는 것에 따라서 질량 유량형은 각종 보정(補正)이 적어도 된다. 전술한 센서 중, 가동 베인식, 열전식, 초음파식, 이온 드리프트식, 고체형 등이 질량 유량형의 센서이다.

엔진의 개량 EM ; engine modification 유해한 배기가스의 성분을 적게 하기 위해 엔진 자체 개량의 전체를 일컫는 말로서 EM이라고 하지만, 주로 실린더 헤드 및 흡입관, 배기관, 기화기, 에어 클리너의 개량까지를 말한다.

엔진의 불균형 관성력 engine of unbalance inertia force 엔진의 회전 질량, 왕복 운동 질량에 의한 관성력의 균형을 고려해서, 추(balance weight)를 달아도 균형이 잡히지 않고 남아 있는 관성력을 말한다.

엔코더 encoder ⇨ 인코더

엔탈피 enthalpy 열역학 함수의 하나이다. 가스나 증기 또는 일반 물체의 상태량으로서 내부 열에너지와 일량으로서의 외부 에너지를 합친 전체 열에너지를 말한다. 일반적으로, 적절히 정해진 기준 상태에 대한 상대값으로 표현한다.

엔트런트 entrant 레이스 참가자는 경기 운전자와 경기 참가자로 크게 나뉘는데, 전자를 드라이버, 후자를 엔트런트라고 한다. 국내 라이선스는 드라이버 및 엔트런트 라이선스를 겸하는 경우가 많지만, 국제 레이스와 빅 이벤트에서는 드라이버와 엔트런트가 명확히 구분되는 것이 보통이다. 엔트런트가 되는 것은 클럽과 팀, 경주차의 오너 등이다. 엔트런트는 달리는 것 이외의 많은 일(레이스 참가 신청 절차, 주최측과의 연락 등)을 하고, 레이스 참가에 대한 모든 책임을 져야 한다.

엔트로피 entropy (1) 열의 이동과 더불어 유효하게 이용할 수 있는 에너지의 감소 정도 또는 무효 에너지의 증가 정도를 나타내는 양을 말한다. (2) 가스나 증기 등의 열역학적 진행 과정에서 에너지, 절대 온도 및 분자의 운동량 등이 어떤 상태를 취한 확률 또는 에너지가 이용 가능한 에너지로 변하지 않도록 유지하는 현상 등을 기술하기 위한 일종의 상태량을 말한다.

엔트로피 선도 entropy diagram 수직축에 절대 온도를, 수평축에 엔트로피를 나타내어 그린 선도로서, TS 선도라고도 한다. 선도 상의 면적은 가역 변화에 대한 열량을 나타낸다.

엔트리 entry '기입, 기장, 참가 신청, 경기 참가' 등을 뜻한다.

엘리먼트 레스트 element rest 축전지 셀의 아랫부분에 칸막이가 설치되어 있는 곳으로, 극판의 작용 물질이 탈락되었을 때 축적되도록 하여 축전지 내면에서 양극판과 음극판이 단락되는 것을 막는다.

엘리베이션 elevation (1) 자동차가 주행하는 고도를 말한다. (2) 자동차 사이의 거리를 측정하기 위하여 전파를 방사하였을 때 빔이 수평면과의 사이에 만드는 각도를 말한다. (3) 제도에서 입면도 또는 정면도를 말한다.

엘리베이터 elevator 동력을 사용하여 사람이나 화물을 아래위로 나르는 장치로, '승강기'라고도 한다. 운반용 기계로서 광산·공장에서 화물 등을 싣거나 고층 건물에서 사람을, 입체식 주차장에서 자동차를 실어 나르는 승강기를 말한다.

엘리엇 타입 eliot type 조향 너클 설치 방식의 하나로, 앞 차축 양끝의 요크(yoke) 형태에 너클이 조립되는 형식을 말한다.

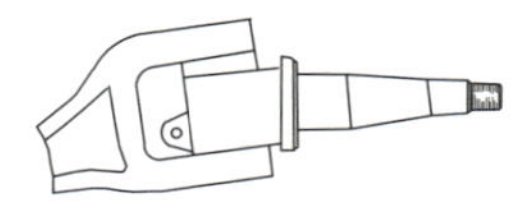

엘리엇 타입

엘시디 LCD ; liquid crystal display 액정

표시 소자, 액정 화면, 액정 표시 장치 등으로 쓰인다. 두 개의 유리판 사이에 액정을 주입해 배열한 후 전기적인 압력을 가해 각 액정 분자의 배열을 변화시켜 이때 일어나는 광학적 굴절 변화를 이용하여 문자·영상을 나타내는 표시 장치이다. 1.5～2V의 전원에서 작동하고 소비 전력이 적어 시계, 계산기, 노트북 PC 등에 많이 쓰이지만, 영하 20℃ 이하의 저온이나 영상 70℃ 이상의 고온에서는 작동하지 않는 약점이 있다. LCD는 기술 수준에 따라 STN, TFT 제품 두 종류가 사용되는데, STN (super twisted nematic) 제품은 가격은 싸지만 화질이 떨어져 보급형 제품에 많이 쓰인다.

LCD 계기판 liquid crystal display instrument cluster　전자 공학에서 쓰이는 단어로, 속도계, 유압계, 태코미터 등을 막대 그래프나 디지털로 나타내는 액정 표시 장치이다.

엘에스디 LSD ; limited slip differential　디퍼렌셜 기어가 좌우 타이어의 회전차를 자유롭게 해 주는 장치이지만, 리미티드 슬립 디퍼렌셜 기어는 이와는 반대로 좌우의 자유로운 회전을 제한하는 장치이다. 도로가 아주 미끄러울 때 디퍼렌셜 기어의 작용으로 한쪽 바퀴가 공전하면 반대쪽은 굴러가지 않게 된다. 진흙탕에서 벗어날 때 등의 디퍼렌셜 기어의 작용은 멈추는 쪽이 좋아서 리미티드 슬립 장치의 효과가 생긴다. 보통의 디퍼렌셜에는 그 구조 때문에 한쪽 구동 바퀴의 노면 저항이 적게 될 경우(눈길이나 빙판길) 주행이 안 되기도 하고 고속으로 공전하기도 하는데, 이런 경우 공전하던 바퀴가 접지되는 순간에 충격적인 구동력이 생겨 차가 진동하는 단점을 갖고 있다. 일상적인 디퍼렌셜보다 차동성이 낮게 된 디퍼렌셜로, 자동차 경기나 스포츠 주행에 필수적인 요소이다.

엘이브이 LEV ; lateral force variation　타이어의 특성을 표현한 단위의 하나로, 타이어의 횡 방향으로 작용하는 힘의 변동을 의미한다.

L-제트로닉 L-jetronic　공기량 감지식 전자 제어 연료 분사 장치를 이른다. 보슈 (Bosch)사의 특허에 의한 가솔린 엔진용 연료 분사 시스템의 한 형식으로, L은 독일어 루프트(Luft, 공기)의 머리글자이다. D-제트로닉을 약간 변형시킨 것으로, 기관의 불균일한 품질, 배기가스 재순환 장치(EGR)나 촉매의 장착 열화로 인한 배압 변화 등의 영향을 받지 않는 특징을 지니고 있다.

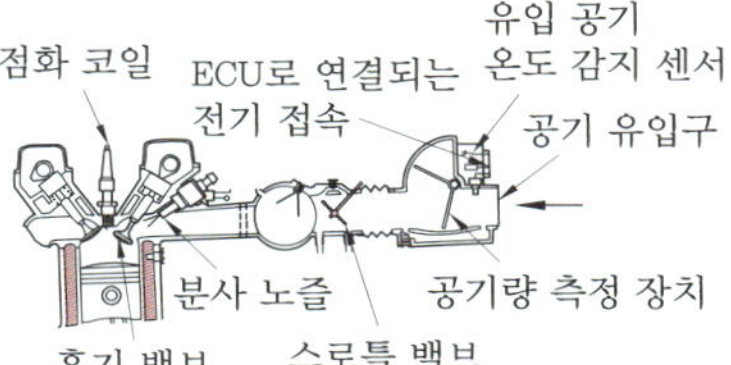

L-제트로닉

엘피지 LPG ; liquefied petroleum gas　액화 석유 가스를 이른다. 천연가스나 석유를 정제하여 석유 제품을 만들 때, 부수적으로 만들어지는 가스 등을 회수하여 압축과 냉각으로 액체화한 것인데, 천연가스와 가솔린의 중간 성질을 나타낸다.

LPG 센서 liquefied petroleum gas sensor　액화 석유 가스 센서를 이른다. LP 가스는 C_3H_6를 주성분(90%)으로 하여 C_8H_{10}, C_4H_{10}, C_2H_4, CH_4 등의 탄화수소 가스로서, 폭발 하한계가 2.2인 가스 연료이다. LPG 센서에는 반도체식, 접촉 연소식, 열전도 도식이 사용되고 있다. 열전도 도식 센서는 출력이 작기 때문에 증폭 회로와 정전압 회로가 필요하여 가격이 비싸다. 그 때문에 반도체식과 접촉 연소식이 많이 이용되고 있다.

엘피지 솔레노이드 유닛 LPG solenoid unit　엘피지 수온 스위치로부터 신호를 받아 수온에 따라 각 솔레노이드 밸브에 의해 기체 또는 액체를 차단하거나 공급하는 장치로서, 아랫부분에 필터와 일체식으로 부착되어 있다(LPG 차량).

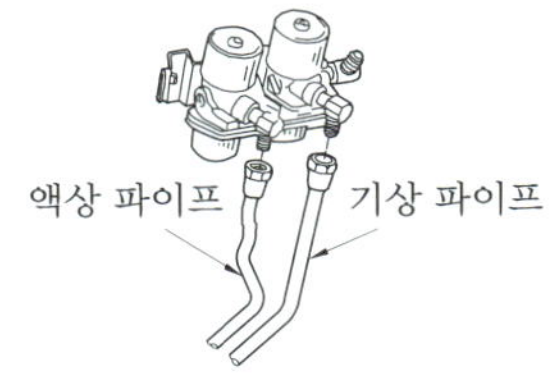

LPG 솔레노이드 유닛

엘 헤드 L head　밸브가 실린더 블록에 설치되는 형식을 말한다.

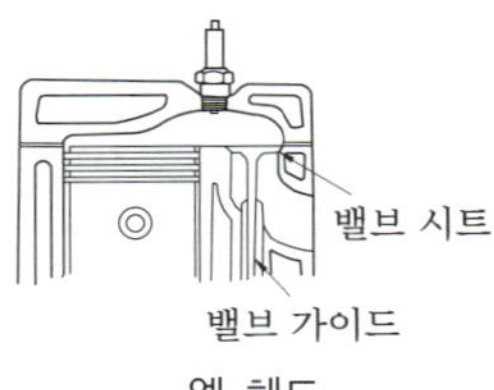

L형 실린더 L-type cylinder　직렬형 실린더라고도 하며, 다기통을 한 줄로 늘어놓은 것이다. 가장 일반적인 형식의 실린더로, 소형·중형차에서는 이런 형식의 엔진이 많다. 4기통까지는 문제가 없지만, 6기통 이상이 되면 엔진이 길어지고 차의 앞부분도 이에 비례하여 길어진다. V형에 비해 메커니즘이 간단하여 소형차 엔진의 주류를 이루고 있다.

엠보싱 embossing　철인(鐵印)의 요철 사이에 종이나 직물, 가죽, 금속판 등을 끼운 뒤 그 뒷면에서 강하게 압력을 주어 돋을무늬를 만드는 일, 또는 그런 방법을 말한다.

엠블럼 emblem　일반적으로는 배지(badge)와 표장(標章)을 말하고, 차량 제조 회사명이나 차의 이름 등을 디자인하여 마크로 만든 것을 말한다. 대다수의 메이커들이 라디에이터 그릴이나 트렁크리드 쪽에 엠블럼을 붙여 자사의 심벌로 삼고 있으며, 롤스로이스나 벤츠 등은 라디에이터 위에 있는 엠블럼이 메이커의 상징으로 되고 있다. 최근에는 GTR, GSR 등의 급과 TURBO라는 문자를 디자인한 엠블럼도 나타나고 있다.

엠블럼

엠시 타이어 MC tire　이륜 자전거용으로, 자전거와 오토바이 등에 장착되는 타이어를 말한다.

엠에스 MS ; motor severe　미국 석유 협회인 API의 운전 조건에 따라 분류되는 가솔린 엔진용 오일 구분 중에서, 가장 가혹한 조건에서 운전되는 엔진 오일이라고 할 수 있다.

MF 축전지 maintenance free battery　무정비(無整備) 축전지를 이른다. 보통 축전지의 단점이라고 할 수 있는 자기 방전이나 화학 반응 시 발생하는 가스로 인한 전해액의 감소를 적게 하기 위해 개발된 배터리로서, 증류수를 보충할 필요가 없고, 자기 방전이 적으며, 장기간 보존이 가능하다. 납-안티몬 합금을 사용하는 일반 배터리와는 달리, MF 축전지는 전해액의 감소나 자기 방전의 원인이 되는 안티몬의 양을 감소한 저안티몬 합금이나 납-칼슘 합금을 사용하여 무정비화가 가능하며, 전기 분해에서 발생하는 수소 가스나 산소 가스를 촉매로 사용하여 다시 물로 환원시킴으로써 전해액의 수분 보충이 필요치 않다.

엠엘 ML ; motor light　가솔린 엔진 자동차를 도로나 운전 상태 등이 가장 좋은 여건 속에서 주행하는 자동차에 사용되는 오일로서, 정상의 운전 온도를 유지하며 슬러지나 마멸과 부식 등이 없고 좋은 연료를 사용하였을 경우에 한하여 사용하게 된다. 현재로서는 힘든 조건이라 할 수 있으며, API의 운전 조건에 따라 분류된다.

엠엠 MM ; motor moderate　미국 석유협회인 API의 운전 조건에 따라 분류되는 가솔린 엔진용 오일 구분으로서, ML보다 약간 좋지 않은 사용 조건에 사용되며, ML과 MS와의 중간에 해당된다.

엠프티 empty　연료 미터의 F와 E의 표기에서 지침이 E에 있을 때를 말한다. E는 'empty scale value'로 연료가 없는 상태를 나타내고, F는 'full scale value'로 연료가 가득 들어 있는 상태를 말한다.

엠프티 웨이트 empty weight　사람이 승차하지 않고 냉각수, 오일, 90 % 이상의 연료 등 주행에 필요한 장비를 포함한 공차 중량을 말한다.

엠피아이 MPI ; multi-point injection　EFI 방식의 한 종류로서, 각종 센서로부터 얻어지는 신호에 의해 엔진을 컴퓨터가 제어하며, 인젝터를 각 흡기 다기관마다 1개씩 부착하여 연료를 분사하는 다중 연료 분사 방식을 말한다. 엔진 출력 증가, 배기가스 감소, 연비 향상, 시동성 및 엔진 응답성 양호 등 많은 장점을 가지고 있다.

엠피에스 MPS ; motor position sensor　IPS는 가변 저항식으로 ISC 서보 내에 설치되어 있다. 플런저 끝 부분은 MPS의 섭동 핀(sliding pin)에 접촉되어 플런저가 작동할 때 MPS의 내부 저항이 변화하므로 출력 전압이 변화한다. MPS는 ISC 서보 플런저의 위치를 검출한 신호를 ECU로 보낸다. ECU는 MPS 신호, 공전 신호, 냉각수 온도 신호, 부하 신호(A/C) 및 차속 신호를 이용해 스로틀 밸브의 개도를 제어하여 공전 시 회전수를 제어한다.

여과기(濾過器) filter　(1) 걸러 내는 데 쓰는 기구로, 다소 작은 구멍을 가진 장치에 액체를 넣어서 액체 속의 고형물(固形物)을 분리하는 장치이다. 중력식, 진공식, 가압식, 원심식이 있다. ≒거르개. (2) 연료, 오일, 공기 등에 포함되어 있는 불순물을 분리시키는 장치를 말한다. (3) 흡수 장치나 거칠기가 다른 여과망에 의해 혼합물 속에서 화학적 또는 물리적 성질이 서로 다른 물질을 분리하는 것을 말한다.

여과지(濾過紙) filter paper　연료 또는 오일 및 실린더로 흡입되는 공기 속에 포함된 금속 분말, 수분 및 먼지 등 미세한 불순물을 걸러내기 위해 사용하는 종이를 말한다.

여과지식(濾過紙式) filter paper element type 종이로 되어 있으며, 성능이 우수하여 많이 사용한다. 종이로 만든 엘리먼트를 이용하여 오일에 함유된 불순물을 여과하는 형식을 말한다. 오일 여과기에 들어온 오일은 다공질 엘리먼트를 통과할 때 불순물이 여과되어 중앙으로 들어간 다음 출구로 송출된다.

여과포(濾過布) filter cloth　연료 또는 오일 속에 포함되어 있는 금속 분말, 먼지 및 수분 등 미세한 불순물을 걸러내기 위해서 사용하는 천을 말한다.

여름용 타이어 summer tire　눈이 오는 겨울철을 제외한 시기 즉 봄, 여름, 가을에 사용하는 타이어로서, 고속 주행 시의 소음이 현저하게 적으며 승차감이 우수하고 조종 안정성이 뛰어나 가장 널리 사용되고 있다. 형태에 따라 리브형, 러그형 또는 리브러그형이 있다.

여유 출력(餘裕出力) excess horse power 자동차의 주행에 요구되는 출력과 실제 발생되는 엔진 출력과의 차이를 말한다.

여자(勵磁) excite　자기화(磁氣化)를 이른다. 계자 코일에 전류를 흐르게 하여 자속

이 발생하는 것을 말하며, 발전기 자체에서 발생한 전압으로 여자하는 자려자(自勵磁)와 따로 설치한 전원으로 여자하는 타려자(他勵滋)가 있다.

역극성(逆極性) reverse polarity　직류 아크 용접에서 모재(母材)를 (−)에, 용접봉을 (+)에 접속했을 경우의 극성을 말한다.

역기전력(逆起電力) counter electromotive force　하나의 회로에 흐르는 전류가 변하는 경우, 회로를 관통하는 자속도 변화하기 때문에 역기전력이 생긴다. 이 기전력은 외부에서 작용하는 기전력(정상으로 흐르고 있는 전류)과 방향이 반대가 된다.

역 다이오드 backward diode　다이오드의 특성이 나타날 정도로 높게 p-n 접합의 두 영역에다 불순물을 첨가하여 주지 않을 경우에는, 보통 다이오드와 비교하면 마치 순방향과 역방향이 뒤바뀐 것같이 되어 있어 이것을 역 다이오드라고 한다. 양자의 역학적 터널 효과를 이용한 다이오드로서, 역방향의 저항이 극히 작고 전하의 축적(蓄積) 효과가 작다.

역류(逆流) contra flow　(1) 산소가 압력이 낮은 아세틸렌 호스로 흘러 들어가는 현상을 이른다. 역류는 팁이 과열되었거나, 토치의 취급이 불량하거나, 팁 끝에 불순물이 부착되었거나, 토치의 성능이 불량할 때 발생한다. (2) 자동차 충전 장치에서 발전기의 발생 전압이 낮을 때 축전기 기전력이 발전기로 흐르는 것을 말한다. (3) 디젤 엔진의 연료 장치에서, 연료가 분사 노즐에서 분사 펌프로 흐르는 것을 말한다.

역류 방지 밸브 CV ; check valve　배기가스, 연료, 공기 등의 유체를 한 방향으로만 보내고 역류하는 것을 방지하는 밸브이다.

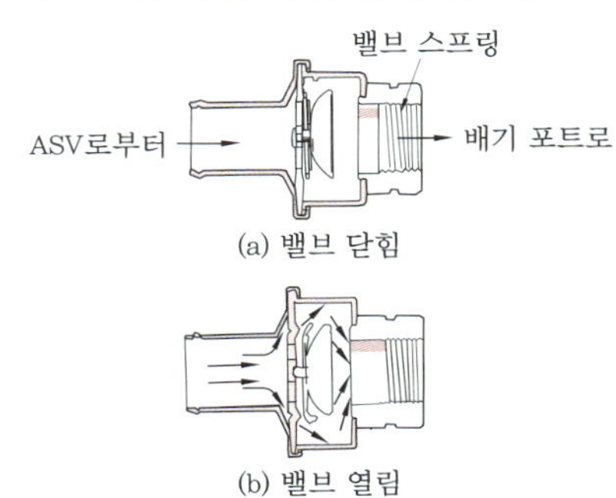

2차 공기 공급 장치의 역류 방지 밸브

그림에서처럼 2차 공기 공급 장치에서 사용되고 있는 체크 밸브로서, 배기 포트에서 공기 전환 밸브(ASV)로 사용되어 배기가스가 역류하는 것을 방지한다.

역률(力率) moment　(1) 유효 전력을 외관상의 전력으로 나눈 값으로, 교류 회로에서 전류와 전압의 위상차의 코사인값으로 나타낸다. (2) 생각한 점에서 힘의 작용선에 내린 수직선의 길이와 그 힘을 곱한 것을 말한다. (3) 변환기의 정류기에 대한 총볼트암페어(VA)에 대한 총전력 입력의 비율을 말한다. (4) 유전체 위상각의 코사인값 또는 유전체 손실각의 사인값을 말한다.

역 리드 플런저 reverse lead plunger　상단 면 한쪽에도 리드 홈이 파여 있어, 연료 송출 초기에는 변화하고 말기에는 일정한 플런저로서, 분사 개시 때의 시기가 변화한다.

역 바이어스 게이트 전류 reverse gate current　사이리스터에서 게이트와 인접한 P형 또는 N형 접합부가 역 바이어스되었을 때 흐르는 게이트 전류를 말한다.

역 바이어스 게이트 전압 reverse gate voltage　사이리스터에서 역 바이어스 게이트 전류가 흐를 때, 게이트 단자와 인접한 단자 사이의 전압을 말한다.

역방향 바이어스 reverse bias　애노드 쪽에 부전압을 인가하는 것을 역방향 바이어스를 건다고 한다. 이 경우, n형 영역에 정공, p형 영역에 전자를 주입하게 되어, 각각의 영역에서 다수의 캐리어가 부족해진다. 그러면 접합부 부근의 공지층이 더욱 커져서, 내부의 전계도 강해져 확산 전위가 커진다. 이 확산 전위가 외부에서 인가된 전압과 상쇄 작용하여, 역방향으로는 전류가 흐르기 힘들게 된다.

역방향 브레이크다운 전압 reverse breakdown voltage　실제 소자에서는 역 바이어스 상태에서도 아주 약간의 역방향 전류(새는 전류, 드리프트 전류)가 흐른다. 거기에 역방향 바이어스를 늘려 가면, 제너 항복, 눈사태 항복을 일으켜 급격하게 전류가 흐르게 된다. 이 항복 현상이 시작되는 전압을 역방향 항복 전압 또는 역방향 브레이크다운 전압이라 하고, 항복에 의해 급격하게 역방향 전류가 증가하고 있는 영역을 항복 영역(브레이크다운 영역)이라고 한다. 브레이크다운 영역에서는 전류의 변화에 비해 전압의 변화가 적어진다. 이 영역에서 적극적으로 작동시켜 정전압원으로서 이용하는 것이 제너 다이오드다.

역방향 용접 back step welding　용착 방향과 용접 방향을 반대로 하는 용접을 말한다.

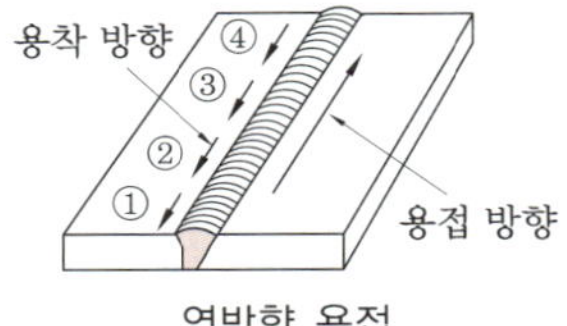

역방향 용접

역 뱅크 reverse bank　곡선 도로에서 부분적으로 횡단 방향의 기울기가 뱅크(트랙의 경사진 노면)와는 반대로 커브의 바깥쪽이 낮고 안쪽이 높게 되어 있는 것을 말한다.

역 스크러브 reverse scrub　⇨ 네거티브 스티어링 오프셋

역 슬랜트 reverse slant　슬랜트는 자동차의 앞부분에 공기 저항을 적게 하기 위하여 앞으로 기울게 한 디자인을 말하는데, 반대로 자동차의 선단 부분을 뒤로 기울게 한 것을 역 슬랜트라고 한다.

역압력(逆壓力) back pressure　가동하고 있는 엔진의 배기 매니폴드 내의 압력을 말한다. 배기가 막히면 역압력이 증가하고 엔진의 출력과 효율은 감소된다.

역 엘리엇 타입 reverse eliot type　조향 너클 설치 방식의 하나로, 앞 차축에 요크 형태의 너클이 끼워지는 형식이다.

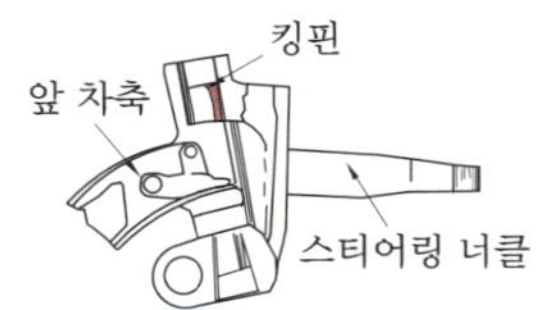

역 엘리엇 타입

역위상 조향(逆位相操向) opposite direction steering between front and rear wheels　전후륜 조타 전차축과 후차륜의 전차륜에서 조향 조작을 하는 방식이다. 4륜 조타, 4WS라고 부르며 적은 회전, 기동성을 목적

으로 하여 특수 차량에서 채용되고 있었지만, 현재에는 고속 선회 능력의 향상으로 승용차에도 채용되고 있다. 자동차의 조종성이나 작은 회전이 필요한 중저속 주행에서 일반적인 앞바퀴 조향의 경우에 비하여 양호한 조향성을 얻을 수 있고, 주차나 입고할 때에 자동차를 다루기가 쉽다. ⇔ 동위상 조향

역 일그러짐 pre strain　용접에 의한 각의 변화량을 예측하여 역방향으로 준 일그러짐을 말한다.

역 저지 상태(逆沮止狀態) reverse blocking state　극－음극, 전압－전류 특성의 역방향 파괴 전류보다 작은 역방향 전류에 대한 부분에 대응하는 역저지 사이리스터의 상태를 말한다.

역전류(逆電流) reverse current　정상 동작 전류의 방향과 반대로 흐르는 전류로서, 역전압을 가하였을 때 흐르는 전류나, 정류기의 음극에서 양극으로 흐르는 이온 전류 등이 있다.

역전압(逆電壓) backward voltage　정류기에 교류 전류를 흘렸을 경우, (＋)측에서 (－)측을 향하는 전류는 흐르지만 역방향의 전류는 흐르지 않게 된다. 이때 저지되는 방향으로 정류기의 안전 범위 내에서 가할 수 있는 최대의 전압을 역전압이라고 하는데, 이때는 약간의 역전류만 흐르게 된다.

역지 밸브 check valve　액체의 역류를 막고 한 방향으로만 흐르게 하는 밸브로, 유체의 흐름을 한쪽 방향으로만 흐르게 하여 액체의 역류를 방지하는 방향 제어 밸브를 말한다.

역 탭 back tap　볼트가 부러졌을 때 사용하는 공구이다. 볼트 나사를 지나치게 조여서 빠지지 않게 되었을 경우, 일반적인 나사(오른나사)와 반대 나사(원 나사)의 탭(수나사 끊음)으로 조여진 볼트에 역 나사를 세움으로써 볼트를 빼내는 일련의 동작을 역 탭을 세운다고 한다.

역풍(逆風) blowback　흡입 밸브와 배기 밸브가 동시에 열리는 순간 엔진의 흡기 다기관 쪽으로 배기가스가 들어오는 현상을 말한다. 점화 시기나 밸브 개폐 시기에 이상이 생겼을 때 발생할 수 있다.

역학(力學) dynamics mechanical　물체의 운동에 관한 법칙을 연구하는 학문으로, 물리학의 한 분야이다. 힘의 평형을 다루는 정역학, 힘과 운동의 관계를 다루는 동역학, 운동만을 다루는 운동학이 있다.

역학적 에너지 mechanical　역학적 에너지 또는 기계적 에너지란 물체의 운동 상태에 따라서 결정되는 위치 에너지와 운동 에너지의 합을 말한다. 또한 이 합은 항상 같은 값으로 일정하게 정해진다. 역학적 에너지의 값은 물체가 처음 운동한 지점의 높이를 기준으로 한 위치 에너지의 값과 동일하다.

역 핸들 reverse handle　⇨ 카운터 스티어

역화(逆火) backfire, flash back　(1) 불꽃이 돌발적으로 팁 안으로 역행하는 현상을 말한다. 대개 크랭킹이나 감속 중에 흡입이나 배기 시스템에서 공기·연료 혼합 가스의 폭발에 의해 생기는 소음을 말한다. (2) 흡기 밸브가 열려 있는 동안 공기와 연료 중에 조기에 점화됨으로써 이때의 연소 폭발이 흡기 다기관을 경유해서 기화기로 토출되는 현상을 말한다. (3) 흡기 밸브가 열린 상황에서도 실린더 내의 가스가 계속 연소하고 있어 흡기 매니폴드나 기화기 내의 새로운 혼합 가스를 점화·연소시키는 현상으로, 시동 시에 혼합 가스가 너무 농후하거나 희박하여 실린더 내에서의 연소가 극히 완만할 때 또는 정상적인 혼합 가스일지라도 점화 시기가 현저하게 늦을 때에 발생하기 쉽다. ⇨ 백파이어

역화 억제 밸브 backfire suppressor valve　배기 이미션 제어를 위한 공기 분사 장치의 제어 장치로, 역화(逆火)의 영향을 최소화하는 데 있다.

역회전 방지 기구(逆回轉防止機構) 디젤 엔진은, 공기를 흡입하여 압축하고 그곳에 분사하기만 하면 착화하기 때문에, 엔진이 역전하는 가능성도 충분히 고려된다. 기구상, 역회전 방지를 목적으로 한 분사 펌프를 구비하지 않으면 안 된다. VE형 분사 펌프로는 엔진이 역회전할 경우 플런저가 상승할 때 흡기 포트를 열고, 하강 시에 닫기 때문에 연료를 분사할 수 없게 되며, 엔진은 정지된다.

연강(軟鋼) soft steel 탄소 함유량이 비교적 적은 강철로, 흔히 철(鐵)이라 이르며, 가단성(可鍛性)과 인성(靭性)이 커서 가공하기에 알맞다. 리벳, 철골(鐵骨), 철근 따위로 많이 쓴다.

연결 장치(連結裝置) linkage 운동이나 힘을 전달하기 위해 쓰이는 로드나 레버 시스템을 말한다.

연결 크랭크 캡 connected crank caps 크랭크축과 베어링 캡을 연결하여 일체화한 것을 말한다. 크랭크축과 베어링 캡은 대개 하나씩 독립해서 실린더 블록에 삽입하지만, 두 개를 일체화함으로써 크랭크축의 구부림 진동을 억제하고 소음을 줄일 수 있다.

연납 solder 450℃보다 낮은 용융점을 가진 땜에 쓰이는 용가재(鎔加材)를 말한다.

연납땜 soldering 연납을 사용하여 모재(母材)를 용융시키지 않고 붙이는 방법이다.

연료(燃料) fuel 연소 가능한 에너지 물질을 말한다. 보통 차량용 연료로는 가솔린, 디젤오일 및 알코올 등이 있다.

연료 게이지 fuel gauge 연료 탱크 내에 있는 연료의 양을 알려 주는 지시기로서, 운전자가 가장 관심을 가져야 할 계기이다. 연료의 액면에 띄워 놓은 플로트로 남은 양을 재는 방식이 있지만, 가속이나 감속, 코너링 때 등에는 액면이 흔들려서 플로트가 위아래로 진동하기 때문에 바늘이 정확한 눈금을 가리키지 못하게 된다. 연료가 어느 수준 이하가 되면 램프가 켜지거나 경보가 울리는 것도 있다.

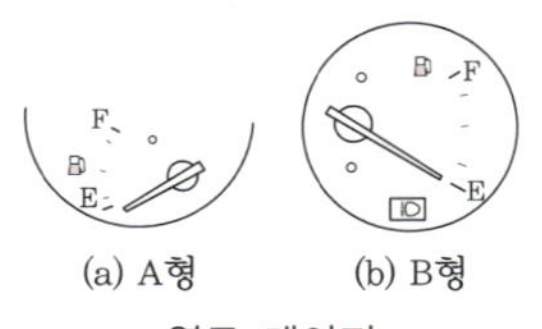

연료 게이지

연료계(燃料計) fuel gauge 자동차 연료 탱크 속의 잔존 연료의 양을 지시하는 계기로서, 센서 부분에 상당하는 센터 유닛과 센서로부터의 신호를 받아 표시하는 리시버 유닛으로 되어 있다. 보통 연료 액면에 띄운 플로트의 위치를 바이메탈 접점의 단속 전류의 크기나 슬라이드 저항기의 값을 이용하여 구하고 있다. 그 밖에 서미스터나 PTC, FeNi 저항체 등에 전류를 흘려 자기 가열시켰을 때, 연료액 안팎에서는 방열이 다른 것을 이용한 센서도 있다. 연료 액면은 자동차의 움직임에 의해서 요동하기 때문에 센서에는 어느 정도의 시간 지연을 갖게 하여 일정한 시간의 평균치를 표시하도록 하고 있다.

연료 공급 차단 밸브 fuel cut-off valve 연료 공급 차단 밸브는 1,400~1,500 rpm에서만 작동하며, 주행 중 가속 페달을 놓으면 스로틀 밸브가 닫히므로 솔레노이드 코일에 전류가 흘러 밸브가 열리면서 연료의 공급이 차단되는 원리로 작동된다. 자동차가 주행할 때 감속 또는 가속에서 일시적으로 연료를 차단할 때 사용되는 밸브로서, 엔진의 회전 속도가 1,500 rpm 이하가 되면 연료 차단 밸브의 솔레노이드에 흐르는 전류가 차단되어 밸브를 닫아 본래의 작동으로 복원된다.

연료 공급 파이프 fuel supply pipe 가솔린 엔진의 각 실린더에 연료를 공급하는 파이프로, 연료가 저장되는 어큐뮬레이터 역할을 한다. 엔진의 사이클당 분사되는 연료의 양에 비하여 연료 공급 파이프의 체적은 압력의 변동을 억제할 수 있을 만큼 충분하므로, 모든 인젝터에 동일한 압력이 작용한다.

연료 공급 펌프 fuel feed pump 가솔린 기관에서는 기화기의 플로트실 탱크로부터 연료를 공급하는 펌프를 말하며, 디젤 기

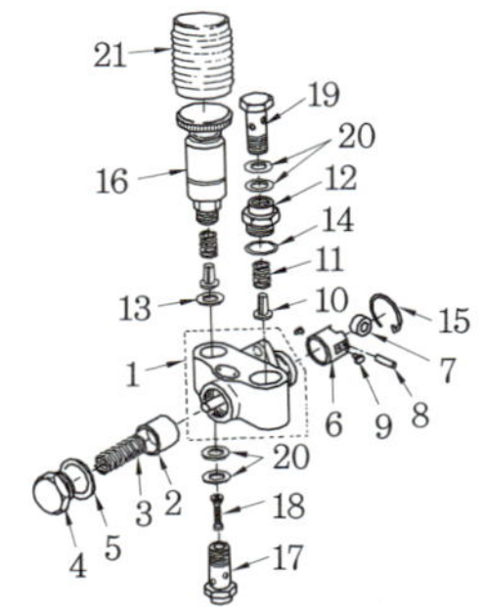

1. 펌프 하우징 2. 피스톤 3. 피스톤 스프링
4. 스크루 5. 와셔 6. 태핏 7. 롤러 8. 핀 롤러
9. 태핏 가이드 10. 체크 밸브
11. 체크 밸브 스프링 12. 니플 13. 패킹
14. O-링 15. 스냅링 16. 플라이밍 펌프
17. 볼트 파이프 조인트 18. 여과기
19. 파이프 조인트 20. 패킹 21. 더스트 커버

연료 공급 펌프의 구성 부품

관에서는 연료 분사 펌프에 연료를 공급하는 펌프를 말한다. 공급 펌프는 플런저, 푸시로드, 체크 밸브 등으로 되어 있다. 플런저는 태핏과 푸시로드를 거쳐 분사 펌프의 캠에 밀려지고 스프링에 의해 되돌아오는 작동을 반복하여 펌프 작용을 한다.

연료 노즐 fuel nozzle 기화기 플로트실에서 에어컨 부분으로 연료를 보내기 위한 튜브를 말하며, 연료 분사 장치의 경우 연료를 공기의 기류(air stream) 중에 송출하기 위한 튜브를 말한다.

연료 댐퍼 fuel damper 연료 펌프 작동에 의해 연료 라인 내에 일어나는 압력 파동을 균일하게 하기 위한 장치이다.

연료 라인 fuel line 연료 탱크에서 기화기(또는 노즐)까지 연료가 흐르는 모든 호스 및 파이프를 말한다.

연료 레일 fuel rail 연료 분사 장치의 연료 매니폴드에서 각 실린더로 통하는 연료 라인 또는 통로를 말한다.

연료 리턴 파이프 fuel return pipe 최근 배출 가스 규제 대책의 하나로, 점화 시기 지연 산화 촉매를 채용하기 위한 엔진 룸 내의 온도가 상승해서 연료 펌프, 연료 배관, 기화기 내에서의 베이퍼 로크, 퍼컬레이션 발생이 커지게 되었다. 연료 펌프, 연료 배관에서의 베이퍼 로크 발생을 방지하기 위해 기화기 연료 입구에도 연료 리턴 파이프를 설치하고 있다.

연료 마력(燃料馬力) PHP ; petrol horse power 엔진의 성능을 시험할 때 사용하여 소비되는 연료의 연소 열에너지를 마력으로 환산한 것으로, 시간당 연료 소모에 의하여 측정하여 최대 출력으로 산출한다.

연료 분배기(燃料分配器) fuel distributor 연료 분배기는 센서 플레이트에 의해 작동되어 흡기 다기관에 설치된 연료 인젝터에 연료를 분배하는 역할을 한다. 연료 분배기는 플런저 배럴, 플런저 및 디퍼렌셜(차동) 밸브 등으로 구성되어 있다.

연료 분사(燃料噴射) fuel injection 기화기 대신 실린더 앞에 있는 흡기 다기관 또는 실린더에 연료를 분사하는 형식을 말한다.

연료 분사 노즐 fuel injection nozzle 연료 분사 노즐은 다음과 같이 분류한다.

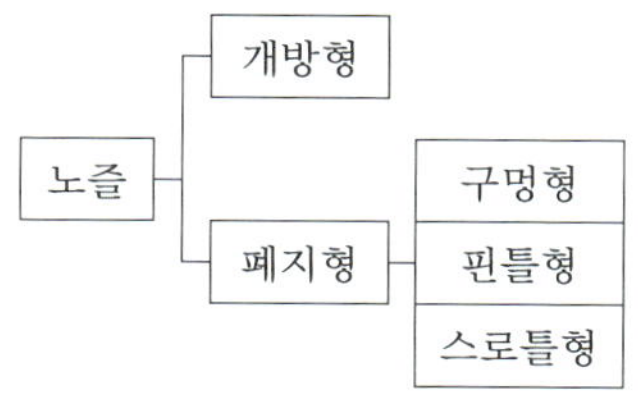

연료 분사 노즐 분류

연료 분사 시스템 fuel injection system 실린더 안이나 엔진으로 들어가는 공기 흐름 내로 압력을 가해 연료를 공급하는 기계식 또는 전자식으로 제어하는 시스템을 말한다.

연료 분사식(燃料噴射式) fuel injection type 공기를 흡입하는 것은 카뷰레터식과 같지만, 공기 통과량을 재어서 거기에 가장 알맞은 비율의 휘발유를 분사하는 양을 결정한다. 전자식으로 조절하는 방식 외에, 기계식 연료 분사인 K-제트로닉 방식도 있다.

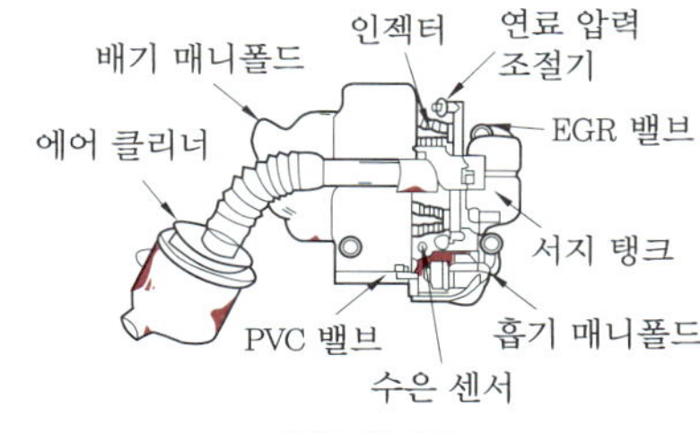

연료 분사식

연료 분사 장치(燃料噴射裝置) fuel injection system 연료 분사는 카뷰레터를 대신하는 것으로 예전부터 고성능 엔진에 채택되고 있는데, 카뷰레터가 간접적으로 휘발유를 빨아들이는 것과는 달리 연료 분사는 적극적으로 휘발유를 뿜어낸다.

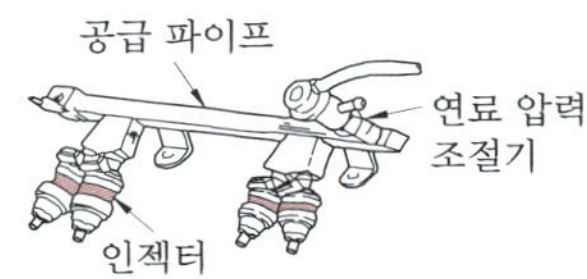

연료 분사 장치

연료 분사 제어(燃料噴射制御) fuel injection control 인젝터는 크랭크각 센서의 출력 신호 및 에어 플로 센서(AFS)의 출력 등을 컴퓨터가 연산한 후 인젝터를 구동한다. 분사 횟수는 크랭크각 센서의 신호에 비례하고 분사량은 흡입 공기량에 비례한다. 그러므로 1기통 1회의 분사량이 결정되면 공연비가 결정되므로 공연비는 보정 계수에 의해 최종 제어된다.

연료 분사 파이프 fuel injection pipe　분사 펌프와 분사 노즐을 연결하는 고압 파이프로서, 모든 실린더의 분사 간격이 같아지도록 같은 길이의 파이프를 구부려 연결한다.

연료 분사 펌프 fuel injection pump　디젤 엔진에 공급하는 연료의 압력을 높이는 펌프이다. 디젤 엔진에서는 고압의 연소실에 연료를 분무하기 때문에 부연소실 식에서는 $100{\sim}150\,\mathrm{kgf/cm^2}$, 직접 분사식에서는 $200{\sim}400\,\mathrm{kgf/cm^2}$로 분사 압력을 높일 필요가 있다. 분사 노즐과 직결한 펌프로부터 연료가 압송되는 것이 일반적이며, 펌프로서는 실린더마다 플런저를 갖춘 독립형 연료 분사 펌프와 하나의 펌프로 압력을 높인 연료를 각 실린더에 보내는 분배형 연료 분사 펌프가 있다. 분사 펌프에는 분사량을 조절하는 조속기와 분사 시기를 조절하는 타이머가 설치되어 있다.

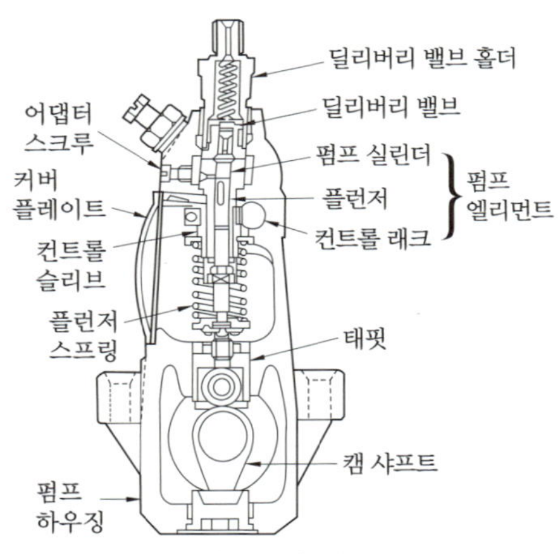

연료 분사 펌프

연료 센더 fuel sender　연료 탱크 내의 연료량을 검출하여 계기판의 연료 게이지에 보내 주는 장치로서, 플로트(float)의 수준에 따라 센더의 저항이 변하여 연료량을 검출할 수 있으며, 연료 수준 센서도 장착되어 있어 연료량이 적어 센서가 연료 밖으로 나올 때는 연료 잔량 경고등을 점등시키는 역할도 한다.

연료 소비 곡선(燃料消費曲線) fuel consumption curve　엔진 성능 곡선의 차트에 표시된 최저 곡선은 연료 소비를 나타내는 곡선이다. 수평축은 분당 회전수를 나타내며, 수직축은 연료 소비율(g/ps·h)을 나타낸다. 곡선은 주어진 회전수에서 1마력, 1시간에 대한 연료 소비량을 그램으로 표시한 것이다.

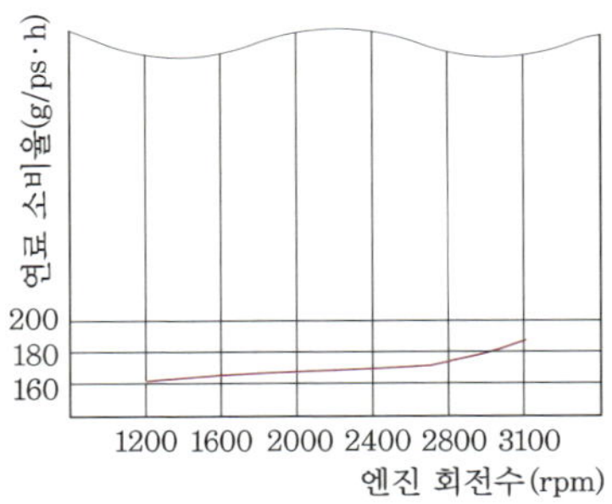

연료 소비 곡선

연료 소비량(燃料消費量) MPG ; mile per gallon　갤런당 주행 마일 수로, 우리나라에서는 km/L가 사용되고 있다. $1\,\mathrm{km/L}=0.425\,\mathrm{mile/gal}$이다.

연료 시스템 fuel system　연료와 공기를 엔진 실린더로 공급하는 시스템을 말한다. 연료 탱크, 배선, 연료 펌프, 카뷰레터 및 흡입 매니폴드 또는 연료 분사 시스템으로 구성된다.

연료 압력(燃料壓力) fuel pressure　연료 펌프 및 분사 펌프에 의해 연료 라인 내에 형성되는 압력을 말한다.

연료 압력 레귤레이터 fuel pressure regulator　⇨ 연료 압력 조절기

연료 압력 센서 fuel pressure sensor　연료 공급 파이프라인에 설치되어 있으며, 검출된 압력은 전압 신호로 엔진의 ECU에 입력되어 인젝터의 연료 보정 신호로 이용된다. 센서의 출력 특성은 연료 압력의 증가에 따라 일정하게 증가된다. 고압 레귤레이터에 의해서 $50\,\mathrm{kgf/cm^2}$ 이상은 증가되지 않지만, 비정상적으로 압력이 증가하거나 감소할 경우에는 엔진의 ECU에서 연료의 압력에 따른 인젝터 구동 시간을 보정한다. 엔진의 ECU는 고압 모드와 저압 모드를 연료 압력 센서의 출력값에 따라서 판정한다.

연료 압력 조절기 fuel pressure regulator
연료 압력 레귤레이터라고도 하며, 흡입 다기관 내의 압력 변화에 대응하여 연료 분사량을 일정하게 유지하기 위해 인젝터에 걸리는 연료의 압력을 흡입 다기관 내의 압력보다 항상 $2.55\,\mathrm{kg/cm^2}$ 높도록 조절한다. 그리고 스프링 체임버는 진공 호스로 서지 탱크에 연결하여 항상 흡입 다기관의 부압이 걸린다. 연료 압력이 규정 압력을 초과하면 다이어프램이 밀려 올라가 여분의 연료는 리턴 파이프를 지나 연료 탱크로 복귀된다.

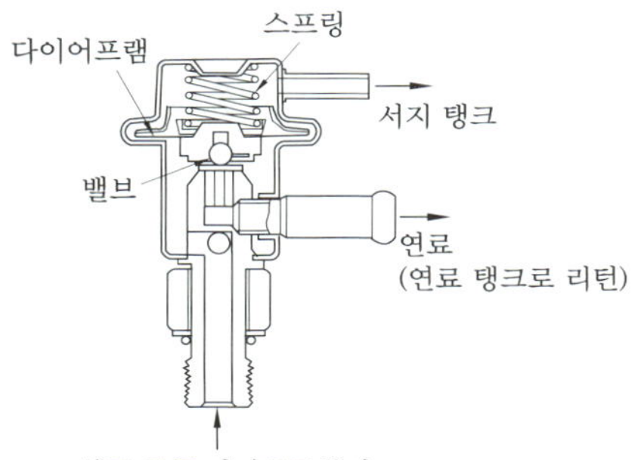

연료 압력 조절기

연료 여과기(燃料濾過器) fuel filter　연료를 조밀한 철망이나 여과지 등의 여과재 사이로 통과시켜 연료에 포함된 먼지, 수분 등을 제거하는 장치를 말하며, 연료 탱크와 연료 펌프 사이에 설치되어 있다. 연료 속에 불순물이 혼합되어 있으면 기화기의 노즐 및 제트 등이 박혀 정상적으로 작동하지 못하므로, 이것을 방지하기 위해 불순물을 여과한다. 또한 연료 분사 장치의 정상적인 기능을 유지하도록 한다. 여과지 및 슬러프 스트레이너는 $10\,\mu\mathrm{m}$의 아주 작은 구멍으로 되어 있어 고도의 여과 성능을 유지하도록 되어 있다.

연료 연소율(燃料燃燒率) fuel burn rate　공기와 연료의 혼합 가스가 연소실 내에서 연소하는 신속성을 말한다.

연료 인렛 밸브 fuel inlet valve　기화기 플로트실 내의 연료 수준(량)을 일정하게 유지하기 위해 플로트실의 연료 입구에 설치하는 니들 밸브로, 플로트실 내 연료의 양이 감소하면 열리고, 많아지면 플로트에 의해 인렛 밸브(니들 밸브)가 닫힌다.

연료 인젝션　컴퓨터로 제어된 연료 분사 장치를 말하며, 엔진의 작동 상태에 맞추어서 연료를 공급하기 위해 한랭지나 고지대라는 악조건 중에서도 시동성에 우수하며 아이들링도 안정되어 배기가스가 깨끗하고 안정된 파워가 생기는 이점이 있다.

연료 인젝터 노즐 fuel injector nozzle　연료 인젝터 노즐은 작은 노즐로, 적당한 양의 연료를 연소실 내로 분사해서 보내기 위한 것이다.

연료 장치(燃料裝置) fuel system　연소실 내에서 연료를 연소시키기 위해 적당한 양의 연료를 저장·여과 또는 송출·분사하기 위한 일련의 장치를 말하며, 이것은 연료 탱크, 연료 라인, 연료 펌프, 기화기 또는 분사 펌프, 흡기 다기관 및 연료 게이지 등을 말한다.

연료 전지(燃料電池) fuel cell, fuel battery
연료를 연소시킬 때 발생하는 화학 에너지를 열로 바꾸지 않고 직접 전기 에너지로 바꾸는 전지를 말한다. 금속과 전해질 용액을 사용하지 않고 양극에 산소 또는 공기, 음극에 수소, 알코올, 탄화수소 등을 사용하며, 값비싼 촉매를 필요로 하기 때문에 우주 로켓이나 등대 등의 특수한 용도에 쓴다. 수산화칼륨의 전해액을 사이에 둔 다공성의 양극과 음극이 있고, 외부에서 양극 쪽에 산소, 음극 쪽에 수소를 보내면 화학 반응에 의하여 약 $1\mathrm{V}$의 지속적인 기전력이 발생된다. 연료로서는 수소, 메탄, 메탄올 및 하이드라진 등이 사용되고, 연소제로는 산소나 공기가 사용된다.

연료 전지 자동차(燃料電池自動車) fuel battery car, fuel cell vehicle　연료 전지로부터 나오는 동력으로 구동하는 자동차를 말한다. 연료 전지 자동차는 가솔린 자동차나 하이브리드 자동차보다 연료 효율, 연료 공급의 편의성, 정숙성 등이 좋다. 특히 수소를 연료로 사용하므로 물 이외에 배기가스가 없는 친환경적인 자동차이다. 이산화탄소의 발생량이 적고 연료의 열효율을 높일 수 있기 때문에 에너지 절약 자원, 저공해를 목표로 미래의 자동차로서 주목받고 있다.

연료 점도(燃料粘度) fuel viscosity　연료 흐름의 저항을 나타내는 측정치를 말한다.

연료 정지 밸브 FCV ; fuel cut valve　증기 분리 탱크와 기화기 사이에 장착하여 엔진 정지 시 및 냉각수온이 95℃ 이상의 크랭킹 시에, 연료 정지 밸브를 OFF하고 기화기에의 연료를 정지시켜서 재시동성의 향상을 꾀하는 장치이다.

연료 제어 기구(燃料制御機構) fuel control structure　가속 페달과 조속기의 움직임을 플런저에 전달하는 기구로서, 제어 래크, 제어 피니언 및 제어 슬리브로 구성되어 연료의 분사량을 조절한다.

연료 제트 fuel jet　제트는 연료를 계량하는 장치로서 제트는 플로트실에 설치되어 연료량을 알맞게 공급한다. 공전 및 저속 회로에서 계량하는 저속 제트와 고속 회로에서 계량하는 고속 제트가 있다.

연료 중앙 분사식(燃料中央噴射式) CFI ; central fuel injection　스로틀 보디 분사 장치로, 이 형식에서 연료는 중앙부에서 공급된다.

연료 증기 회수 장치(燃料蒸氣回收裝置) fuel vapor recovery system　연료 탱크나 기화기 플로트실로부터 증발되는 가스가 외부로 유출하거나 대기 오염이 되기 전에 회수할 수 있게 한 이미션 제어 장치를 말한다.

연료 증발 가스 fuel evaporation gas　기화기나 연료 탱크 내의 가솔린이 증발하여 대기 중에 방출되는 가스이다. 이 가스는 연료의 탄화수소와 같은 성질을 조성하며, 자동차로부터 배출되는 모든 탄화수소량의 15%를 차지하고 있다. 따라서 엔진이 정지하고 있을 때 포집하여 재연소시키도록 의무화하고 있다.

연료 증발 가스 배출 억제 장치　연료 탱크 플로트실 내에서 발생한 연료 증발 가스(탄화수소 HC)를 직접 대기에 방출되지 않도록 하는 장치를 말한다. 캐니스터, 퍼지 컨트롤 밸브(PCV), 볼 벤트 밸브(BVV) 등으로 구성된다.

연료 증발 가스 제어 fuel evaporator gas control　연료 탱크의 증발 가스는, 캐니스터에 저장되었다가 퍼지 컨트롤 솔레노이드에 전기 신호가 작동되면, 밸브가 개방되어 캐니스터에 저장되었던 증발 가스는 흡기 다기관에 유입되어 연소된다.

연료 차단 솔레노이드 밸브 fuel cut solenoid valve　연료 차단 솔레노이드 밸브는 급감속할 때 컴퓨터로부터 제어 신호를 받아 작동하여 연료를 차단함으로써 공연비를 조절한다.

연료 차단 장치(燃料遮斷裝置) FC ; fuel cut　아이들링에서의 일산화탄소(CO) 농도와 10모드 운전의 일산화탄소 총중량과는 밀접한 관계가 있어, Lean Best Idle(CO₂ %) 부근에서 10모드의 일산화탄소 총중량은 가장 적고 여기서부터 희박한 혼합비나 농후한 혼합비나 모두 10모드 일산화탄소 중량은 늘어난다. 아이들링 조정 조건에 의해서 일산화탄소 1% 정도의 혼합비로 되는 일도 있고, 여름에 런온(run on) 발생률이 높아지기 때문에 저속 연료 차단 솔레노이드 밸브의 채용이 경량급 자동차에까지 이르고 있다. 저속 연료 차단 솔레노이드는 EFI 장치에서는 감속 시의 탄화수소(HC) 대책으로서 사용되고 있지만, 카뷰레터에서는 흡입관을 사용하고 있어서 감속에서 가속으로 전환하는 과도 상태에서 흡입관 내 벽류(壁流)가 없어지기 때문에 엔진 정지 시의 런온 방지용으로만 사용되었을 뿐이었다. 런온 방지책으로서 엔진의 키 오프(key off) 시에 솔레노이드 밸브 선단을 인입시켜 스로틀 밸브를 전폐시키고 공기의 흡입을 차단하는 방식이 채용되고 있다.

연료 청정제(燃料淸淨劑) fuel detergent additive　과거 기계식(카뷰레터식) 엔진에는 휘발유에 청정제를 첨가해야 할 필요가 없었다. 하지만 최근 전자 제어 엔진이 널리 보급되면서 연료 분사 장치를 비롯한 엔진 각 부분들이 그을음에 민감해졌기 때문에 청정제의 필요성이 크게 높아졌다. 청정제는 휘발유 연소 과정에서 발생하는 탄소 찌꺼기(그을음)를 줄이고 엔진에 쌓여 있는 찌꺼기를 제거해 엔진 내부를 깨끗하게 해 준다. 이를 통해 엔진 출력과 연비를 향상시키고 완전 연소를 촉진해 유해한 배기가스 발생을 억제한다. 결국 자동차의 수명을 연장시키는 역할을 한다.

연료 체크 밸브 fuel check valve　롤 오버 밸브의 일종으로서, 차량 전복 시 연료가 베이퍼 라인에서 새지 않도록 하여 안정성 향상을 꾀한 것을 말한다. 연료 체크 밸브 내부에는 두 개의 볼이 내장되어 있어, 차량 전복 시에 이 볼이 베이퍼 라인을 막는 위치에 이동하여, 연료 탱크 내의 연료가 베이퍼 라인에 유입되는 것을 방지한다. 이와 같은 기능을 갖는 것 중에 연료 컷오프 오일 밸브가 있다.

연료 캡 fuel cap　연료 잔량이 적을 때도 매끄럽게 연료가 공급될 수 있도록 연료 탱크 내부에 장치되어 있는 캡을 말한다. 연료가 적어졌을 때 등받이나 선회 등으로 차체가 기울어지면 연료 탱크 내의 연료는 차체가 기울어진 쪽으로 크게 이동하지만, 연료 캡 안으로 유입된 연료는 캡 안에서 유지되기 때문에 그다지 이동하지 않는다. 이 때문에 연료의 공급이 원활하게 된다.

연료 컷 밸브 fuel cut valve　카뷰레터의 저속 통로나 디젤 엔진의 연료 분사 펌프 내의 연료 통로에 설치되어 연료의 ON, OFF를 행하는 개폐 밸브이다. 일반적으로 전자 밸브가 사용되며, 점화 스위치를 OFF하면 연료를 차단하고 엔진을 정지시킨다. 전자식 공연비 조정 기구가 붙은 엔진에서는 감속 중에 이 밸브를 제어함으로써 감속 연료를 차단하여 연료 소비율 향상과 화재 방지 등을 꾀하고 있다.

연료 컷오프 밸브 fuel cut-off valve　롤오버 밸브의 일종으로서, 차량 전복 시 연료가 베이퍼 라인에서 누출되지 않도록 안전성의 향상을 꾀한 것이다. 연료 탱크의 베이퍼 호스 니플부에 설치되어 있고, 차량 전복 시 연료 컷오프 밸브가 이동하여 연료 탱크 내의 연료가 베이퍼 라인에 유입하는 것을 방지한다. 이와 같은 기능을 갖는 것으로서 연료 체크 밸브가 있다.

연료 탱크 fuel tank　연료를 저장하는 곳으로, 운행 중 연료의 출렁임을 방지하기 위한 세퍼레이터가 있고, 연료량을 운전석 계기판에 표시하여 알려 주는 연료 센서가

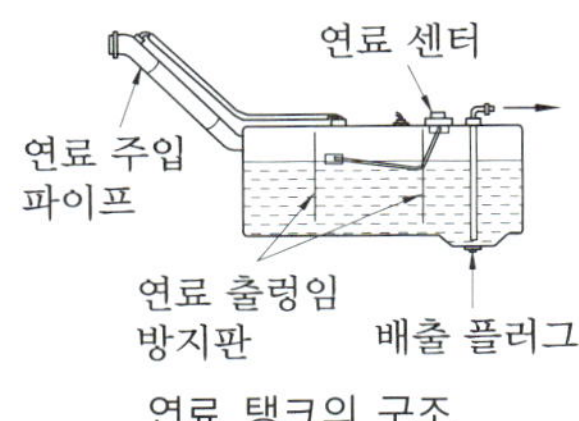

연료 탱크의 구조

있다. 연료 탱크 내부는 부식 방지를 위하여 아연 도금이 되어 있으며, 탱크 내에 대기압을 형성하기 위한 대기압 호스가 있다.

연료 파이프 fuel pipe　연소실로 연료를 공급하는 관을 말한다. 지름 5~8 mm인 구리 또는 강제(鋼製) 파이프로, 연료 계통의 부품을 서로 연결하며, 연결부는 구형 및 플레어로 하고 피팅으로 조인다.

연료 펌프 fuel pump　연료 펌프는 연료를 흡입하여 카뷰레터에 압송하는 장치로, 기계식과 전기식 그리고 진공 조합식 펌프가 있다. ① 기계식 연료 펌프 : 엔진에 설치된 캠축의 편심륜에 의해서 작동되는 것으로, 대부분이 이 형식을 많이 사용하며, 펌프는 포막식을 사용한다. ② 전기식 연료 펌프 : 전자식에 의해 펌프의 포막을 작동시키는 것으로, 설치 위치가 자유롭고, 기관을 작동시키지 않아도 연료 공급이 가능하다. 최근의 자동차는 연료 탱크 내부에 장착되어 작동된다. ③ 연료 진공 조합식 펌프 : 연료 펌프와 진공 펌프가 하나의 로커 암에 의해 작동되며, 진공 펌프는 윈드실드 와이퍼 작동 시에 사용된다.

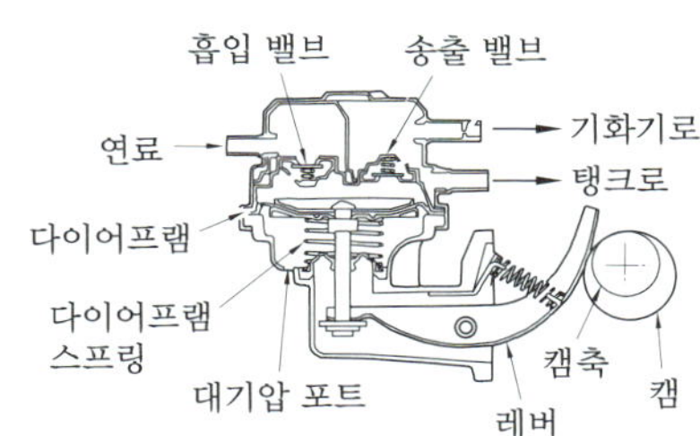

연료 펌프의 구조

연료 펌프 스위치 fuel pump switch　퍼텐쇼미터 내에 설치되어 메저링 플레이트 축과 연결되어 있는 슬라이더에 의해 연료 펌프의 전원을 ON·OFF시킨다. 메저링 플레이트가 닫혀 있으면 전원이 차단되고, 열리면 연결되어 연료 펌프에 전원이 공급된다.

연료 펌프 제어 fuel pump control　컨트롤 유닛에 입력되는 크랭크각 센서의 회전 신호에 의해서 엔진 회전 시와 정지 시를 판단하고 컨트롤 유닛으로 연료 펌프의 릴레이를 ON, OFF하여 연료 펌프의 작동을 제어한다.

연료 피드백 컨트롤 fuel feedback control 공연비 피드백 시스템이라고도 하며, 가솔린 엔진의 배기가스 정화 시스템의 하나이다. O_2 센서에 의해 배기가스 중 산소 농도를 검출하여, 엔진에 공급되는 혼합 가스가 삼원 촉매(CO, HC, NOx)의 정화율이 가장 높은 이론 공연비가 되도록 컴퓨터를 사용하여 조절하는 장치를 말한다.

연료 필러 캡 fuel filler cap 연료 필러 캡은, 진공 해제 밸브가 설치되어 있기 때문에 연료 탱크 내에 증발 가스가 발생되어 압력이 형성되면 밸브가 닫혀 연료 증발 가스가 대기 중으로 방출되는 것을 방지하고, 기관이 작동할 때는 연료 탱크 내의 압력이 저하되므로 밸브가 열려 연료 탱크에 대기압이 공급되도록 한다.

연료 필터 fuel filter 연료가 기화기에 이르기 전에 연료로부터 먼지 등 각종 불순물을 제거하기 위한 여과 장치로서, 내부에는 연료 여과지로 된 엘리먼트가 있다.

연료 필터 히터 fuel filter heater 코먼 레일(common rail) 엔진의 연료 필터 카트리지 상부에 설치되어 있는 연료 가열 장치를 말한다. 경유는 온도가 낮아지는 정도에 따라 연료 성분의 일부에서 파라핀계 성분이 고체화되는 현상이 있으며, 이것은 연료 필터에서 연료의 흐름을 방해한다. 연료의 고체화로 인하여 발생될 수 있는 현상을 방지하기 위해 연료 필터 카트리지 상단부에 연료의 가열 장치가 설치되어 있다.

연마(研磨) polish 주로 돌이나 쇠붙이, 보석, 유리 등의 고체를 갈고 닦아서 표면을 반질반질하게 하는 것을 말한다.

연마기(研磨機) polishing machine 회전 숫돌을 회전하여 공작물의 면을 깎는 기계를 이른다. 금속 표면 또는 자동차의 페인팅을 완료한 후 광택을 내는 기계로서, 미세한 연마재를 아교 또는 열경화성 플라스틱 등으로 부착시킨 원판이나 롤 모양의 공구를 사용하여 연마 작업을 한다.

연마 작업(研磨作業) polishing 금속 표면 또는 자동차에 페인팅을 완료한 후 광택을 내는 작업을 말한다.

연마재(研磨材) polishing powder 돌이나 쇠붙이 등을 갈고 닦는 작업을 하는 데에 쓰는 매우 단단한 물질을 말한다.

연마제 마모 abrasive wear 상대 운동을 하는 두 표면 사이에 각종 이물(異物)이 침입하여 생기는 결과로, 연소 생성물 또는 불결한 오일 등의 사용으로 피스톤이 상하 왕복 운동을 할 때 피스톤 링이나 실린더 보어(cylinder bore) 등에 침입하게 된다.

연비(燃費) fuel consumption 연료 소비율 즉, 자동차의 주행에 따라 소비되는 연료의 양으로서, 주행 거리를 사용한 연료의 양으로 나누어 연료 1 L당 주행 킬로미터 또는 1갤런당 마일로 표시한다.

연비 향상(燃費向上) fuel economy 연비를 향상시키기 위해서는 엔진 개량, 주행 저항의 저감, 최적 기어비 선정이라고 할 수 있다. 엔진 개량을 위해서는 연소 개선, 공연비 제어, EGR 제어, 점화 시기 제어, 엔진 공기류의 손실 마력 저감 등 여러 가지 방법이 있다. 주행 저항은 공기 저항이 60 %를 차지하고 있어, 공기 저항 계수를 0.47에서 0.39로 줄이면 공기 저항이 약 18 % 감소하여 EPA 하이웨이 연비가 8 % 향상하고, 공기 저항을 11 % 감소시키면 5 % 연비 향상 효과가 있다.

연삭(研削) grinding 경도(硬度)가 높은 광물의 입자나 분말 또는 숫돌로 물체의 표면을 갈아 반들반들하게 만드는 일로, 원통 연삭, 평면 연삭, 내면 연삭 등이 있다.

연삭기(研削機) grinder 회전 숫돌을 회전하여 공작물의 면을 깎는 기계를 말한다. 숫돌 입자는 알루미나(Al_2O_3)와 탄화규소(SIC)가 사용된다.

연삭액(研削液) grinding lubricant 금속의 연삭 작업을 할 때 연삭 부분에 공급하는 액체로서, 마찰을 적게 하고, 금속 분말 및 탈락된 숫돌 입자를 씻어내어 숫돌 입자가 막히는 것을 방지한다.

연삭재(研削材) abrasive (1) 금속을 절삭, 연마, 래핑 및 폴리싱하는 데 사용하는 물질을 말한다. (2) 샌딩, 그라인딩 및 커팅 등에 사용하는 모래 같은 물질을 말한다.

연산 장치(演算裝置) arithmetic and logical unit 컴퓨터의 중앙 처리 장치에서, 산술 연산 및 논리 연산을 하는 장치를 이른다.

연색성(演色性) color rendering 광원에 따라 물체의 색감에 영향을 주는 현상을 이른다. 예를 들면, 백열전구의 연색성은 적황색이 많기 때문에 따뜻한 빛 계통의 물건을 비추면 색채가 훨씬 밝아 보이고, 형광등의 빛은 푸른 부분이 많으므로 흰빛이나 차가운 빛 계통의 물건을 뚜렷하게 보이게 한다.

연성(延性) ductility　물질이 탄성 한계 이상의 힘을 받아도 부서지지 아니하고 가늘고 길게 늘어나는 성질로서, 연성이 좋은 순서로 나열하면 금 → 은 → 알루미늄 → 구리 → 백금 → 납 → 아연 → 철 → 니켈 순이다.

연소(燃燒) (1) combustion　일반적으로 열과 빛을 수반하는 산화 반응을 말한다. 최근에는 연소를 흐름, 열의 이동, 화학 반응과 결부된 현상으로 파악하는 경우가 많다. thermo-aero-chemistry 등이 그러하다. 에너지 변환의 수단으로서 널리 공업용·민생용에 사용되고 있는 반면, 제어를 잘못하면 화재, 폭발 같은 재해를 일으킨다. (2) burning　철강을 공기 중에서 고상선(solidus) 온도로 가열하면 결정립계(結晶粒界)가 일부분 용융되기 시작하여 이 부분에서 공기 중의 산소가 혼입되어 산화 연소를 일으켜 이것을 취약화시킨다. 이런 현상을 연소라고 한다. 고상선은 바로 연소 개시 온도에 해당한다. 연소를 일으킨 강은 사강(dead steel)이라고 하며, 폐기하는 것 외에는 다른 방법이 없다.

연소 변동(燃燒變動) burning change　연소실에서 혼합 가스의 연소 상태가 실린더나 사이클마다 변화하는 현상을 말한다. 주로 혼합비나 실린더 내 혼합 가스의 혼합 상태가 불균일하여 발생하며, 엔진의 출력이 변화하기 때문에 큰 연소 변동이 생기면 자동차가 앞뒤로 흔들리는 서지 현상이 발생할 수 있다.

연소 센서 combustion sensor　연소 상태를 감시 또는 제어하기 위한 센서를 말한다. 보일러에서는 농담 전지형의 지르코니아 산소 센서가 일부에서 사용되고 있다. 또 난로의 불완전 연소를 검지하기 위해서 지르코니아 산소 센서 외에, 산화제이주석(SnO_2)이나 페로브스카이트(perovskite, $CaTiO_3$) 산화물의 저항 변화를 이용하는 센서가 개발되어 있다. 이들 센서는 모두 연료와 공기가 화학량비가 되는 조성으로서, 기전력 또는 전기 저항이 급변한다. 불꽃의 색깔로부터 불완전 연소를 검지하는 것도 시도되고 있다. 이 경우에는 단결정 또는 비결정성 실리콘을 이용한 컬러 센서가 이용된다. 자동차에서는 공기 연료비 제어용으로 농담 전지형의 지르코니아 산소 센서와 저항 변화형의 티타니아 센서, 한계 전류식 산소 센서 등이 사용되고 있다.

연소 소음(燃燒騷音) combustion noise　엔진의 연소 압력에 의해 엔진 본체로부터 발생되는 소음을 말한다.

연소 속도(燃燒速度) burning velocity　혼합 가스에 화염이 확산되어 연소하는 속도로서, 화염 면에 직각 방향의 속도로 표시한다. 혼합 가스의 조성, 압력, 반응 속도 등이 결정되면 거의 일정한 값을 나타내며, 연료와 공기 중의 산소가 섞이는 속도와 연소 반응 속도 중 늦은 쪽의 속도에 의하여 결정된다.

연소실 combustion chamber　혼합 가스를 실린더 내에 넣고 또 연소 가스를 외부에 배출하기 위하여 실린더에 흡입·배기 밸브가 장착되는 연소실은 형상이 반구형, 지붕형, 욕조형, 쐐기형 등이 있다. 연소실이 구비해야 할 조건은 화염 전파에 드는 시간을 최소로 짧게 해야 하고, 가열되기 쉬운 돌출부를 두지 않아야 되며, 압축 행정 끝에 와류를 일으키지 않아야 되고, 연소실 내의 표면은 최소로 밸브 면적을 크게 하여 흡·배기 작용을 원활하게 해야 한다.

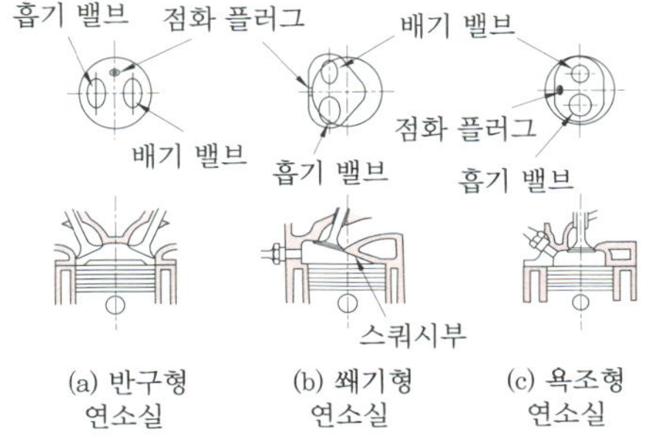

(a) 반구형　　(b) 쐐기형　　(c) 욕조형
연소실　　　연소실　　　연소실

연소실의 형상과 밸브 배치

연소실 용적(燃燒室容積) combustion chamber volume　피스톤이 상사점에 있을 때 피스톤 위쪽의 공간을 말한다.

연소 압력(燃燒壓力) combustion pressure 연소 기간 동안 피스톤 위에 나타나는(가해지는) 연소 폭발 압력을 말한다.

연소압 센서 combustion pressure sensor 실린더 내의 연소 압력을 검출하는 센서로, 실린더 내의 연소 상태를 직접 감지하여 공연비를 정밀하게 제어하고, 안정된 희박 연소를 얻기 위하여 개발된 것이다. 1992년 도요타 카리나의 희박 연소 엔진에 최초로 사용되었다.

연소율(燃燒率) burning ratio 질량과 시간으로 나타내는 연료와 산화제가 연소로 소모되는 비율로서, 혼합 가스의 연소 진행 상태를 나타내는 양이다. 혼합 가스 전체의 질량에 대한 연소된 부분의 질량 비율(연소 질량 비율)이 단위 시간당 얼마만큼 변화하는가를 표시한다. 연소 질량 비율을 X, 연소 시간을 t로 나타내면 연소율은 dX/dt이다.

연소음(燃燒音) combustion noise 실린더 내에서 연료의 연소에 따라 발생하는 음으로, 실린더 벽 및 실린더 블록이 연소에 의하여 진동하는 것을 말한다. 연소할 때 압력이 높은 디젤 엔진에서 발생할 수 있다.

연소점(燃燒點) firing point, burning point 시료가 클리블랜드 인화점 측정 장치 내에서 인화점에 달한 후 다시 가열을 계속해 연소가 5초간 계속되었을 때의 최초 온도로서, 인화점보다 20~30℃ 높다.

연소 준비 기간(燃燒準備期間) ignition delay period ⇨ 착화 지연 기간

연소 한계(燃燒限界) combustion limit 가연성 기체와 산화제를 임의의 비율로 혼합하여 만든 혼합 가스가 연소하면, 그 혼합 가스는 연소 범위에 있게 된다. 연소실에서 혼합 가스가 지나치게 농후하거나 희박하면 연소가 불가능하다. 이와 같이 공기 중에 혼합된 가스성 가스의 체적비로 나타낸 것을 연소 한계 또는 연소 범위라고 한다. 가장 농후한 한계를 상한 연소 한계, 가장 희박한 한계를 하한 연소 한계라고 한다.

연소 행정(燃燒行程) combustion stroke ⇨ 팽창 행정

연소 효율(燃燒效率) combustion efficiency 연료가 연소하였을 때의 발열 효율을 말한다. 연료가 완전 연소하였을 때 진발열량을 H로 하고, 불완전 연소에서 미연소 연료의 진발열량을 h로 하였을 때, $(H-h)/H$로 표시한다.

연속 분사(連續噴射) 기화기와 동일하게 연속적으로 연료를 공급하는 분사 방식을 말한다. 보슈(Bosch)사의 K-제트로닉의 경우가 연속 분사 방식이다.

연속 분사 시스템 CIS ; continuous injection system 분사기로 보내는 연료를 계량하는 데 기계식/유압식 공기 유통 시스템을 사용하는 보슈社의 연료 분사 시스템으로, 분사기는 연료를 연속해서 분무한다. 그 이후의 모델은(CIS 램배드라고 부르는) 피드백 가동을 위해 산소 센서와 진동 밸브가 있다.

연속 연료 분사(連續燃料噴射) continuous fuel injection 연료 분사 시스템의 한 형식으로, 이 형식에서 연료는 계속 흘러 일정한 연료 압력을 유지한다. 연료의 송출률(delivery rate)은 인젝터에서 오는 연료의 양에 따라서 변한다.

연속 웨빙 타입 시트 벨트 continuous webbing type seat belt 운전자의 어깨에 메는 어깨 벨트와 허리 벨트가 연속되어 있는 벨트로, 연속 벨트 또는 연속 3점식 시트 벨트라고 한다. 분리 3점식 시트 벨트보다 가볍고 간단하여 최근에는 대부분 이 벨트를 사용하고 있다.

연속 자료(連續資料) serial data 컴퓨터가 센서들로부터 받고 있는 정보로서 올바른 진단 도구를 사용해서 읽을 수 있다.

연속 정격 출력(連續定格出力) continuous rated power 중장비 엔진에 쓰이는 출력으로, 정격 회전 속도 1시간 동안 만들어지는 정격 출력의 85%로 오랜 시간 고장 없이 연속하여 낼 수 있는 출력을 말한다.

연속 최대 출력(連續最大出力) continuous maximum power 장시간 연속 운전 중 보증할 수 있는 최대 출력으로, 정격 최대 출력이라고도 하며, 선박용 기관에 쓰이는 출력이 이에 속한다.

연속 필릿 용접 continuous fillet weld 연속된 필릿 용접을 말한다.

연수(軟水) soft water 칼슘 및 마그네슘과 같은 미네랄 이온이 들어 있지 않은 물을

이른다. 자동차의 냉각수로 사용할 수 있으며, 증류수, 수돗물 및 빗물이 여기에 속한다.

연신율(延伸率) elongation　재료는 인장 하중을 걸면 늘어난다. 이 늘어난 길이의 최초의 길이에 대한 백분율을 연신율이라고 한다.

연직선(鉛直線) vertical line　(1) 일정한 직선이나 평면과 직각을 이루는 직선을 말한다. (2) 중력의 방향을 나타내는 선으로, 추를 매단 실을 늘어뜨릴 때에 실이 가리키는 방향과 같다.

연철(軟鐵) soft iron, wrought iron　탄소 함유량 0.01 % 이하의 무른 철을 말한다. 무르고 전성(展性)과 연성(延性)이 크며, 자기(磁氣)를 띠기도 쉽지만 잃기도 쉽다. 전자기 재료로 쓴다.

연화제(軟化劑)　플라스틱 부품에 도장(塗裝)할 때 등, 상도(上塗) 도료의 유연성을 향상시키기 위하여 첨가하는 것을 말한다. 사용할 때 지정된 혼합 비율을 지키고, 혼합 후에는 10분 정도 시간을 두고 약품의 반응을 기다린다. 연화제로는 피마자기름, 아마인유 등이 있다.

열(熱) heat　연료의 연소에 의해서 생기는 에너지로, 엔진에서 열은 열에너지를 기계적 에너지로 바꾼다.

열가(熱價) heat range　점화 플러그의 열을 발산하는 정도를 말한다. 점화 플러그는 발화부의 구조에 따라 고온에서 유지되기 쉬운 것으로부터 냉각되기 쉬운 것까지 냉형, 중간형, 열형, 극저온형 등이 있으며 엔진의 사용 상태의 가혹 여부에 따라 적합한 것이 사용된다.

열가소성(熱可塑性) thermo plastic　(1) 가열하면 가소성(可塑性)이 되고 냉각하면 다시 탄성체가 되며 용융성과 용해성을 가진 성질을 말한다. 즉, 온도에 따라 가소성과 탄성의 가역성(可逆性)을 나타내는 성질을 말한다. (2) 상온에서는 단단하지만 열을 가하면 유연해져 변형시킬 수 있는 성질을 말한다.

열가소성 수지(熱可塑性樹脂) thermo plastic resin　가열하면 가공하기 쉽고 냉각하면 굳어지는 합성수지를 말한다. 폴리에틸렌, 폴리아마이드 등의 여러 수지가 이에 속한다. 가열하여 물러진 동안에 모양을 만들어 냉각시키면 제품이 되므로, 주위의 온도가 높아지는 일이 없는 환경에서 사용하는 부품의 재료로 많이 사용되고 있다. 염화비닐, 초산비닐, 폴리스틸렌, 폴리에틸렌 및 폴리프로필렌 등이 그 대표적인 것을 말한다. ⇔ 열경화성 수지

열간 가공(熱間加工) hot working　금속에 재결정 온도 이상으로 열을 가하여 가공하는 방법이다. 압연이나 단조 등의 소성(塑性) 가공을 빨리 할 수 있고 재질을 개선할 수도 있다. 재질의 균일화가 이루어지며, 작은 동력으로 커다란 변형을 줄 수 있고, 거친 가공에 적합한 장점이 있지만, 가공 면이 거칠고 산화되기 쉬워 정밀 가공이 곤란한 단점이 있다.

열간 압연 강판(熱間壓延鋼板) hot rolled steel sheet　압연이란 연속 주조 공정에서 생산된 슬래브, 블룸, 빌릿 등을 회전하는 여러 개의 롤(roll) 사이를 통과시켜 연속적인 힘을 가함으로써 늘리거나 얇게 만드는 공정이며, 가공 방법에는 고온으로 하는 열간 압연과 저온에서 실시하는 냉간 압연(冷間壓延)이 있다. 열간 압연 강판은 프레임, 멤버, 디스크 휠 등에 사용되고 있는 1.6~6 mm 두께의 비교적 두꺼운 강판으로서, 800℃ 이상의 온도에서 열간 압연된 것을 말한다. 줄여서 열연 강판이라고도 한다.

열경화성(熱硬化性) thermo setting　어떤 종류의 중합체가 열을 가할수록 가교 결합도가 높아져 단단하게 굳어져서, 큰 힘을 가하여도 변형되지 않는 성질을 말한다. 플라스틱 등에서 볼 수 있다.

열경화성 수지(熱硬化性樹脂) thermo setting resin　일반적으로 상온에서는 단단하지만 열을 가하면 일단 물러졌다가 시간이 흐를수록 단단해지는 성질을 가진 플라스틱(수지)을 말한다. 처리 전에는 비교적 분자량이 작은 재료가 가열에 의해 화학 반응을 일으켜 분자가 입체적으로 연결되어 경화하는 것으로서, 화학 반응을 돕기 위하여 촉매나 경화제를 사용하는 것이 일반적이다. 열가소성 수지에 비하여 내열성이나 내약품성이 좋고, 기계적인 강도가 크므로 여러 가지 용도의 자동차 부품에 사

용되고 있다. 페놀수지, 유리아수지, 에폭시수지 및 폴리우레탄수지 등이 그 대표적인 것이다.

열기관(熱機關) combustion engine　연소 기관이라고도 하며, 연료를 연소시켜 발생하는 열에너지를 기계적인 일(운동 에너지)로 바꾸는 장치를 일컫는다. 내연 기관과 외연 기관이 있다.

열대류(熱帶流) heat convection　기체나 액체 내부에서 가열된 입자의 이동에 의해 열이 전달되는 것으로서, 온도가 불균일한 부분의 비중 차에 의하여 대류가 생겨 열이 이동하는 현상을 말한다.

열량(熱量) calorific value　열에너지의 양으로, 단위는 보통 칼로리(cal)로 표시한다. 일반적으로 물체가 뜨겁고 차가운 것은 그 물체가 가지고 있는 열량의 정도에 따라 다르다. 열량의 단위로는 킬로칼로리(kcal)를 사용하며, 평균 킬로칼로리, 15도 킬로칼로리 및 국제 킬로칼로리 등으로 분류한다.

열 범위(熱範圍) heat range　점화 플러그의 기능을 발휘시키는 데 적합한 온도 범위를 말한다. 플러그 전극부의 가장 적당한 운전 온도는 450~800℃의 범위로, 800℃ 이상에서는 전극부가 과열되어 조기 점화를 일으키므로 엔진의 출력이 떨어진다. 반대로, 450℃ 이하에서는 젖거나 오손됨에 따라 전극부에 카본이 부착되어 불꽃이 약해지거나 실화 현상이 발생한다.

열선 반사 글라스　금속 막을 코팅하여 열선 반사 기능을 갖게 한 글라스를 말한다. 차실 내로의 일사량을 감소시키고 거주성, 냉각 효율 향상을 꾀한다. 열선 반사 유리의 식별은 유리 좌하 또는 오른쪽 하각에 인쇄되어 있는 유리 마크로 한다. M 기호의 4개 단위의 숫자가 (5)인 것이 열선 반사 유리이다.

열선 유리(熱線琉璃) heating wire glass　주로 뒤 창문에 쓰이고, 가는 니크롬선을 유리 안에 넣은 것이다. 여기에 전기를 통하면 유리가 따뜻해져 서렸던 김을 없애 준다. 아주 추운 곳의 랠리(경주용 자동차)에서는 앞창 유리에도 이 방식을 쓰는 일이 있다.

열선 프린트 부착 도어 미러　미러 안쪽에 열선 프린트를 장착한 도어 미러를 말한다. 리어윈도 디포거(defogger)와 연동해서 미러 면의 서리, 이슬 등을 깨끗이 한다.

열선식 리어 윈도 hot wire rear window　리어 윈도에 가는 니크롬선과 같은 열선을 설치한 것으로, 전류를 통하면 열이 발생되어 흐린 상태를 제거함으로써 후방 시계(視界)를 확보할 수 있다. 열선식 리어 디포거(rear defogger)라고도 한다. 유리는 비교적 열이 잘 통하므로 열을 조금만 가하더라도 유리 표면에 부착된 수증기를 제거할 수 있다.

열선식 에어플로 미터 hot wire type airflow meter　가솔린 분사 장치에서 사용하는 에어플로 미터의 일종으로서, 핫 와이어식 에어플로 미터라고도 한다. 엔진에 흡입되는 공기 중에 전류로 가열하는 백금 선을 설치하고 공기 흐름 양에 따라 냉각되는 백금 선의 온도를 일정하게 유지하는 데 필요한 전류에 의해 공기의 유량을 측정하는 것을 말한다. 공기 저항이 거의 없고 반응도 좋아서 엔진에 이것을 많이 사용하고 있다.

열 손실(熱損失) heat loss　전도·방사·대류 현상에 의해서나 물체의 일부가 누설되어 물체가 가지고 있던 열량을 외부로 잃고 손실되는 것을 말한다. 일반적으로 배기가스와 함께 손실되는 열 손실과 엔진의 냉각에 소비되는 열 손실이 크고, 엔진 내부의 마찰에 의한 손실이나 보조 기기류의 구동에 의한 손실 외에 엔진으로부터 방사되는 열도 포함된다. 일반적으로 배기가스에 의한 열 손실은 30~35%이고, 냉각수에 의한 열 손실이 30~35%, 마찰 손실은 5~10%이다.

열에너지 thermal energy, heat energy　에너지 형태의 하나로, 열에너지는 대부분 증기 기관이나 내연 기관과 같은 열기관에 의하여 역학적 에너지로 바뀌어 이용된다. 그 밖에 난방, 조리, 온수 등에 가장 많이 이용되는 기본적인 에너지이다. 역학적 에너지는 마찰열 등의 방법으로 100% 열에너지로 바뀌는데, 모든 에너지는 최종적으로 열에너지로 전환되어 방출된다.

열역학(熱力學) thermodynamics　열을 에너지의 한 형태로 보고 열과 역학적 일과의 관계에서 출발하여 열평형, 열 현상 등을 연구하는 학문으로, 물리학의 한 분야이다.

열역학 제삼 법칙(熱力學第三法則) third law of thermodynamics 독일의 물리학자 네른스트(Nernst Walther Hermann)의 열 정의로서 어떠한 계에서도 엔트로피의 변화는 0 K의 극한에서 0으로 된다는 것을 말한다. 모든 계는 유한의 양(陽) 엔트로피를 보유하고 절대 온도 0°에서 0으로 된다는 법칙이다.

열역학 제영 법칙(熱力學第零法則) zero law of thermodynamics 온도가 서로 다른 물체를 접촉시키면 높은 온도의 물체는 온도가 내려가고 낮은 온도의 물체는 온도가 올라가서 두 물체의 온도 차이가 없어져 열평형이 되는 것을 말한다. 어떤 밀폐된 계(系) 내의 복수 부분에서 그들 사이에 실제로 열 교환이 없는 경우에는 이들 부분은 모두 같다는 법칙이다.

열역학 제이 법칙(熱力學第二法則) second law of thermodynamics 프랑스의 물리학자 카르노(Nicolas Leonard Sadi C)와 영국의 물리 및 수학자 켈빈(Kelvin lst Baron)에 의해 확립된 것으로서, 비가역(非可逆) 과정의 존재를 이르는 법칙이다. '열은 고온에서 저온으로 흐른다.', '하나의 열원(熱源)에서 얻어지는 열은 모두 역학적인 일로 바꿀 수 없다.', '고립계의 엔트로피는 감소하지 않는다.' 등의 여러 가지 표현이 있다.

열역학 제일 법칙(熱力學第一法則) first law of thermodynamics 독일의 물리학자 마이어(Mayer Julius Robert von)와 영국의 물리학자 줄(Joule James Prescott)에 의해 확립된 것으로서, 에너지 보존 법칙을 열 현상에까지 확대한 것을 말한다. 열은 에너지의 한 형태이며, 고립된 계(系)의 전체 에너지의 합은 같다는 법칙으로, 에너지 보존 법칙을 열적 현상에 적용한 법칙이다.

열연(熱煙) 연소실 내의 국부적인 농후한 혼합 가스에 의해 생성되는 탄소 입자의 부유물을 말한다.

열연 강판 (熱延鋼板) ⇨ 열간 압연 강판

열영향부 (熱影響部) heat affected zone 용접 열 또는 절단 열에 의하여 금속 조직과 기계적 성질이 변화하지만 용융되지 않은 모재(母材) 부분을 말한다.

열용량(熱容量) thermal capacity, heat capacity 어떤 물체의 온도를 1℃ 높이는 데에 필요한 열량으로, 물체의 온도가 얼마나 쉽게 변하는가를 나타낸다. 균질한 물체의 경우에는 물체의 비열(比熱)과 중량을 곱한 값으로 표시한다.

열전달 (熱傳達) heat transfer 열에너지가 옮겨 가는 현상으로, 열전도, 대류, 열복사 등의 형식이 있다.

열전달률 (熱傳達率) heat transfer rate 열전달 시 전달되는 열량은 실린더 벽면의 경우 벽의 면적, 온도차, 시간에 비례하며, 비례의 정수(定數)를 열전달률이라고 한다. 열전달률은 단위 시간에 단위 면적당 온도차 1℃에 대하여 전달되는 열량과 같다.

열전대(熱電對) thermo couple 두 가지 금속을 고리 모양으로 접합하여 접점 사이의 온도의 차이로 열기전력을 일으키게 하는 장치로, 이 열전대를 이용하여 온도의 측정 또는 방사 에너지를 측정하는 데 사용한다. 종류로는 구리-콘스탄탄 열전대, 백금-백금 로듐 열전대, 철-콘스탄탄 열전대 등이 있다.

열전도(熱傳導) thermal conduction 물질에 열을 가할 때에, 물질의 이동을 수반하거나 복사에 의하지 아니하고, 그 열이 물질 속의 고온도 부분으로부터 저온도 부분으로 흐르는 현상을 말한다. 물체 가운데 열전도가 잘 되는 것을 양도체, 그렇지 못한 것을 절연체라고 한다.

열전도성(熱傳導性) heat conduction quality 열을 잘 전달하는 성질을 말한다.

열전도식 가스 센서 thermal conductivity gas sensor 가스의 열전도를 이용하여 검출하는 방식으로, 대기 중에서 일정한 온도가 되도록 가열하여 감열 소자가 분위기 가스의 열전도 변화에 의해 온도가 변화하는 것을 검출한다. 이 센서의 측정 회로와 소자의 구조 등은 촉매 연소식과 거의 같다.

열전도율(熱傳導率) thermal conduction rate 물체 속을 열이 전도하는 정도를 나타낸 수치이다. 열전도에서, 열의 흐름에 수직인 단위 면적을 지나서 단위 시간에 흐르는 열량을 단위 길이당 온도의 차이로 나눈 값이다. 열전도율은 순도가 높은 금속일수록 좋고, 불순물이 함유되어 있으면 나쁘다. 열전도율이 큰 금속부터 나열하면 은>구리>백금>알루미늄>아연>니켈>철 순서이다.

열 제어 밸브 heat control valve　열 엔진이 작동 온도에 이르기 전에 배기 매니폴드 내에 서머스태틱 코일의 작용으로 움직이는 밸브를 열어 흡기 다기관을 웜 업 하기 위한 것을 말한다.

열처리(熱處理) (1) baking　도포(塗布)된 도료의 층을 가열하여 단단하게 굳히는 공정으로, 더운 공기의 대류나 적외선을 조사시켜 가열하는데, 이렇게 가열하여 건조시킨 도막(塗膜)은 일반적으로 단단하다. (2) heat treatment　금속 재료를 융점 이하의 적당한 온도로 가열하고 냉각 속도를 가감하여 필요한 조직이나 성질을 갖게 하는 것으로, 주로 저널(journal) 표면에 적용한다.

열팽창(熱膨脹) thermal expansion　물체의 온도가 올라감에 따라 그 길이, 면적, 부피가 늘어나는 현상을 말한다.

열 피로(熱疲勞) thermal fatigue　온도 변동의 반복에 기인하는 부재(部材)나 구조물의 피로를 말한다.

열해(熱害) heat damage　배기관 주변 부품, 플로어 및 마른풀 등이 배기관에서 열의 영향을 받는 것을 말한다. 일반적으로 배기 대책을 설치한 차량은 점화 장치와 촉매 컨버터의 장착으로 배기가스 온도가 높아지는 경향이 있다고 판단하여, 형식 인정 신청 시 열해 시험을 보도록 했다. 열해가 발생되지 않도록 부품에 히트 인슐레이터를 장착하거나 배기관에 프로텍터를 붙여 마른풀 등이 직접 닿지 않도록 한 차량이 많다.

열형 연료 분사 펌프 in line type in- jection pump　디젤 엔진에서는 고압 연소실에 연료를 뿜어 주어 이보다 더 높은 압력의 연료 분사 펌프가 있어야 한다. 열형(列型)은 플런저라 불리는 각 기통마다의 피스톤식 펌프가 줄로 서 있는 방식으로, 플런저 형

식도 같고 부품 가격으로서는 고가이다. 보슈(Bosch) 회사의 기본 설계로 형식에는 A, B, P형이 있다.

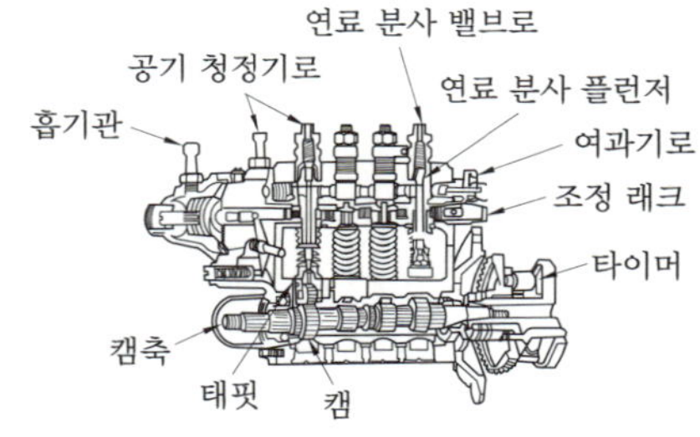

열형 연료 분사 펌프의 구조

열형 점화 플러그 hot type spark plug　플러그 열가(熱價)의 고저를 나타내는 용어이다. 전극부의 열이 발산되기 힘들고, 연소되기 쉬운 형식의 플러그를 말한다. 소형(燒型) 플러그라고도 한다. 시내에서 저속 주행과 저속 회전 운전이 많은 차량에 적합한 플러그이다. 고속 주행을 계속하면 전극부가 타서 점화가 빨라져 엔진 상태가 나빠진다.

열형 컴프레서 crank type compressor　피스톤을 크랭크축으로 상하 운동시키는 것으로, 구조가 간단하고 효율은 높지만, 수직형이어서 엔진룸에 장착성이 나쁘고 기통수를 늘리는 문제와 토크 변동이 크다. 레시프로형 컴프레서(압축기)의 일종으로, 회전 구동력이 크랭크축을 사이에 두고 피스톤 왕복 운동으로 변하여 냉매를 흡입·압축하는 방식이다. 피스톤 수에 따라 1실린더, 2실린더 및 3실린더 등으로 분류되며, 각 피스톤이 평행으로 정렬되어 있어 모두 열형 컴프레서라고 부른다. 체적 효율은 좋지만 진동 소음이 크기 때문에 현재는 많이 사용하지 않는다.

열형 펌프 in-line pump　열형 펌프는 엔진 기통수와 같은 수의 플런저가 일렬로 배치되어 있으며, 중대형 엔진에 널리 사용되고 있다. 디젤 엔진의 연료 분사 펌프의 하나로, 연료 가압 기구가 직렬로 배치되어 있는 타입을 말한다. 연료 가압 기구는 엔진의 실린더 수와 같은 수로 이루어져 있으며 A형, B형, P형 등이 있다. 열형 펌프는 로버트 보슈 사의 기본 설계를 바탕으로 제작된 것이 대부분이다.

열효율(熱效率) thermal efficiency　열효율은 엔진에서 만들어 공급된 에너지가 얼마만큼 유효한 일을 했는가를 표시하는 것이며, 실제로 유효한 일로 바뀐 열량과 연소에서 얻어진 전열량과의 비율로 표시된다. ‘열효율＝엔진에서 일로 바뀐 열량/엔진에 공급된 전열량’으로 표시된다. 가솔린 엔진의 열효율은 25～28 %, 디젤 엔진은 30～38 %가 보통이다. 가솔린 엔진의 열 손실은 냉각 장치 손실이 32 %, 배기 손실이 37 %, 기계 손실이 6 % 정도이기 때문에, 실제로 유효한 일을 한 열효율은 25 % 정도가 된다. 그리고 엔진의 종류별로 열효율은 증기 엔진 6～29 %, 가스 엔진 20～22 %, 가솔린 엔진 25～28 %, 디젤 엔진 30～38 %, 가스 터빈 엔진이 25～28 % 정도이다.

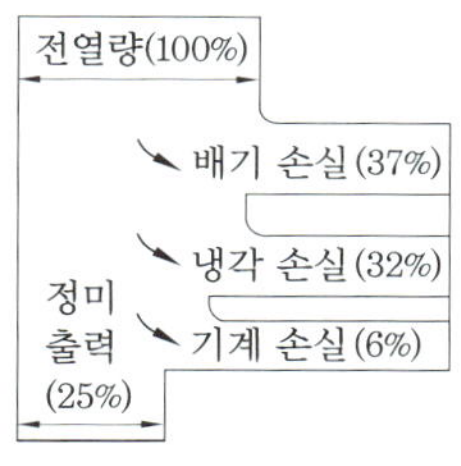

열효율

염가 모델 low price　인테리어를 비롯한 부분에서 값싼 소재를 사용해 만든 차로, 자동차의 가격을 낮추어 만든 모델이다.

염기성법(鹽基性法)　평로 제강법의 종류로, 돌로마이트 또는 마그네사이트 등의 염기성 내화 재료를 주성분으로 사용하여 용강을 만드는 방법이다. 제강할 때 인(P)과 황(S)을 제거할 수 있는 장점이 있으며, 용량은 1회당 용해할 수 있는 쇳물의 무게를 톤(ton)으로 나타낸다.

염화비닐 수지 vinyl chloride resin　염화비닐을 중합하여 얻는 수지를 통틀어 이르는 말로, 불에 타지 아니하며, 물이나 약에 잘 견디고, 전기가 통하지 아니한다. 열과 압력으로 모양을 바꾸기 쉬워 플라스틱 제품이 많으며, 단단한 것은 파이프, 연한 것은 가방·보자기 등을 만드는 데에 쓰인다.

영구 자석(永久磁石) permanent magnet　자기장을 일으키기 위해 전기적 에너지를 필요로 하지 않은 자석을 말한다. 몇몇 스타터는 종래의 전자석 대신에 영구 자석을 사용한다.

영국 그랑프리 British Grand Prix　영국에서 열리는 F1 GP의 하나이다. 1926년부터 경주가 시작되었고, 1950년 F1 그랑프리 최초의 경주로 개최되어 역사적인 의의가 깊다. 실버스톤 서킷과 브랜즈 해치 서킷에서 주로 열렸으며, 요즈음은 실버스톤 서킷이 애용된다.

영(零)의 캐스터 zero caster　킹핀의 경사각이 수직선과 일치된 상태로, 제로 캐스터라고도 부른다.

영(零)의 캠버 zero camber　바퀴의 중심선이 수직선과 일치된 상태로, 제로 캠버라고도 부른다.

예방 정비(豫防整備) preventive maintenance　설비의 노화 및 열화를 방지하기 위해 윤활, 청소, 조정, 점검, 교체 등의 일상적 정비 활동과 함께 계획적으로 정기 점검, 정기 수기, 정기 교체하는 정비법을 말한다. 자동차를 체계적으로 검사하여 고장이 일어나기 전이나 또는 고장이 더 큰 문제로 발전하기 전에 고장을 탐지하고 교정하는 것을 말한다. 자동차를 만족스런 작동 상태로 유지하는 경제적인 방법이다.

예비 타이어 spare tire　⇨ 스페어타이어

예압식 LSD　차동 제한 장치(리미티드 슬립 디퍼렌셜, 약칭하여 LSD라고도 함)의 일종이다. 구동륜의 한쪽 타이어가 진땅에 빠졌을 때 그립을 상실하면, 디퍼렌셜 기어의 움직임에 의해 타이어가 공전하여 자동차는 움직일 수 없게 된다. LSD는 이 현상을 방지하기 위하여 좌우 구동축 회전 속도의 차이(차동)를 제한하거나, 경우에 따라서는 로크하기 위한 메커니즘을 갖춘 디퍼렌셜을 가리킨다. 차동 저항을 발생시키는 데 기어나 클러치를 사용하는 마찰식 LSD와, 회전차를 이용하는 회전수 감응식 LSD가 있다. 예압식 LSD는 코일 스프링이나 원뿔 스프링의 하중에 따라 다판 클러치나 콘(원추) 클러치를 밀어 차동 제한력을 발생시켜 LSD로서의 역할을 하는 방식을 말한다. ⇨ 리미티드 슬립 디퍼렌셜

예연소실식 (豫燃燒室式) precombustion chamber system 전실식이라고도 하며, 피스톤과 실린더 헤드 사이에 주연소실이 있고 이외에 따로 부실을 갖춘 것으로, 분사 압력($60 \sim 120 \, \mathrm{kg/cm^2}$)이 비교적 낮다. 예연소실의 체적은 전 압축 체적의 $30 \sim 40$%이고, 분출 구멍의 면적은 피스톤 면적의 $0.3 \sim 0.6$%가 되며, 연료는 이 분출 구멍을 거쳐 분출될 때 더 미립화된다. 착화 지연이 짧아서 노킹이 적으며, 연료의 성질에 대해 둔감하여 저질 연료의 사용이 가능하고, 부하 및 회전 속도의 변화에 대하여 분사 시기를 조정하는 일이 적어도 된다. 그리고 발연 한계 혼합비가 $\lambda = 1.2$ 정도이므로, 많은 연료를 공급할 수 있으며 평균 유효 압력을 높일 수 있다.

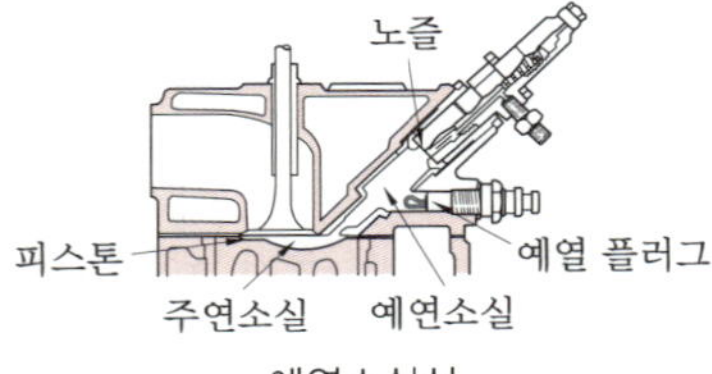

예연소실식

예열(豫熱) preheating 용접 또는 가스 절단의 조작에 앞서서 모재(母材)에 열을 가하는 것을 말한다.

예열 장치(豫熱裝置) preheating system 연소실에 글로 플러그를 장착하는 방식과 흡기 다기관에 열선을 설치한 방식 외에 여러 가지가 있지만, 현재는 이 두 가지가 가장 많이 사용된다. 기온이 낮을 때는 운전자가 크랭킹시키기 전에 시동 스위치를 예열 위치로 넣으면 공기 히터에 전기가 흘러 히터 코일이 과열되며, 차가운 공기가 열선을 통과 시 예열되어 흡입 공기의 온도를 높이는 장치이다.

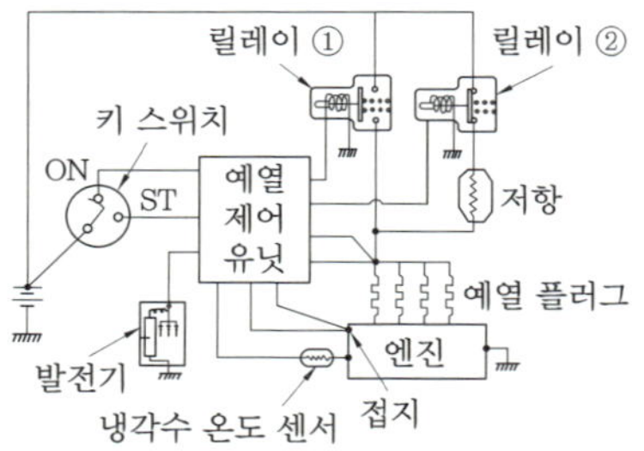

예열 장치

예열 플러그 glow plug 열 저항선으로 가솔린 엔진의 점화 플러그와 비슷한 모양을 갖추고 있다. 이것은 이 예열 플러그에 전류가 흐를 때 다른 도움이 없어도 자체 점화 온도에 도달할 때까지 압축 공기를 예열시키는 것이 목적이다.

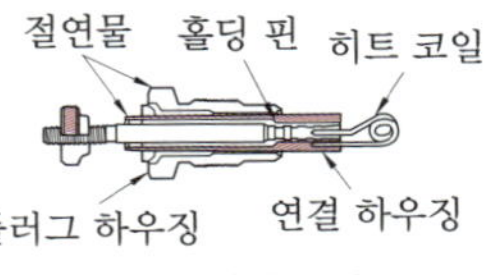

(a) 코일형 예열 플러그

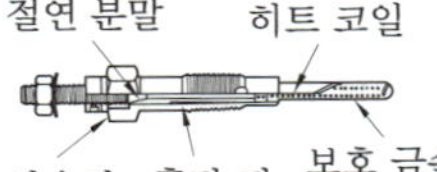

(b) 시드형 예열 플러그

예열 플러그

예열 플러그식 glow plug type 예연소실식과 와류실식에 사용하는 것으로서, 연소실 내에 압축 공기를 직접 예열하여 착화가 쉽도록 하며, 예열 플러그, 예열 플러그 파일럿, 예열 플러그 저항으로 구성되어 있다.

예열 플러그 저항 테스트 glow plug resistance test 엔진이 구동되는 동안 예열 플러그의 저항을 측정하여 각 실린더의 상대 출력(relative output)을 측정하기 위한 테스트이다. 예열 플러그는 실린더 내의 발생 열에 비례해서 그 저항도 변하게 되어 있다.

예열 플러그 파일럿 glow plug pilot 예열 플러그 파일럿은 운전석의 계기판에 부착되어, 예열 회로에 전류가 흐르면 예열 플러그와 동시에 점등되어 예열 플러그의 적열 상태를 나타낸다.

예치 경랍 땜 preplaced brazing 납땜 이음매 부분에 미리 납을 두고 가열하여 행하는 납땜을 말한다.

예행정(豫行程) pre stroke 연료를 압송하기 위한 예비 행정으로서, 플런저 하사점으로부터 플런저 상단 면이 플런저 배럴의 연료 공급 구멍을 막을 때까지의 행정을 말한다.

예혼합 연소(豫混合燃燒) 가솔린 엔진의 연소와 같이 미리 공기와 혼합된 연료가 연소 확산하는 연소 형태를 말한다. 연료가 타면서 퍼져 가는 확산 연소와 대비하여 사용되는 용어이다. ⇨ 확산 연소

옐로 존 yellow zone　엔진에서 고회전으로 짧은 시간 동안만 사용할 수 있는 회전수는 옐로 존으로, 그 이상은 엔진에 해를 미치는 회전수가 레드 존으로, 태코미터에 색으로 경고하고 있다. 옐로 존이라도 연속해서 쓰면 엔진의 수명이 크게 짧아진다.

오거닉 벌룬 엔드 organic balloon end　유기적인 부풀음이 있는 후드라는 뜻이다. 즉, 루프에서 리어 범퍼로 이어지는 차의 후드가 흐르듯이 곡면으로 구성되어 구면체와 같은 미끄럼을 가지고 있다는 뜻이다.

오거닉 서라운드 인테리어 organic surround interior　유기적으로 사람을 감싸는 실내라는 뜻이다. 즉, 기계적인 차가움을 느끼지 않게 하고 자연의 따뜻함을 가진 내장의 의미를 가진다.

오거닉 웨이빙 폴드 organic waving fold 유기적인 파상형이라는 것을 말한다. 즉, 물이 흐르듯이 연속적으로 구성되어 있으며, 생물(인체)이 갖고 있는 약동감과 유연성, 온화함을 갖는 형이라는 뜻이다.

오너드라이버 owner-driver　자동차의 소유자가 직접 운전하는 손수 운전자를 말한다.

오너먼트 ornament　마스코트라고도 하며, 고급차의 보닛 선단에 장착된 장식물을 말한다. 엠블럼이라고도 한다.

오(5)단 듀얼 게이트 자동 변속기　다이내믹한 주행 성능을 확보하기 위하여 수동 변속기 감각의 매뉴얼 조작이 가능한 듀얼 게이트(dual gate) 스포츠 모드 기능을 적용한 변속기이다. 현대자동차가 생산한 그랜저 XG에 국내 최초로 장착했다.

오도미터 odometer　주행 거리계 또는 적산 거리계를 이른다. 그 차가 달린 총 주행 거리를 나타내는 계기로서, 구간 거리계인 트립미터와 구별된다. 아날로그의 경우에는 스피드미터 안에 들어 있다. 이것은 트랜스미션 출력축의 회전을 스피드미터 케이블로 이끌어 기어를 움직이고 계산하는 시스템으로 되어 있다. 속도계에는 주행 속도를 표시하는 속도계와 주행 거리를 누적하는 마일 리코더(mile recorder)가 있다. 그중에서 마일 리코더를 오더미터라고 한다. 자동차가 완성된 후 주행한 총 주행 거리를 나타내는 계기로 적산 계기라고도 한다. 주로 스피드미터 중앙부에 설치된다. ⇨ 스피도미터

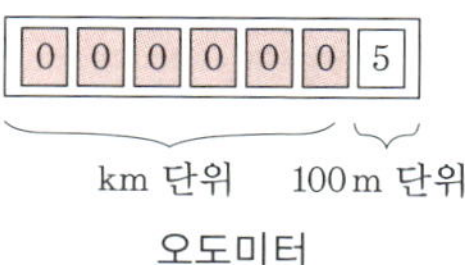

오도미터

오도미터 체크 odometer check　랠리 경기는 주최자의 차에 의해 전 코스를 계측하고 그 거리를 기준으로 경기가 결정된다. 그러나 각 차의 거리계는 약간씩이나마 차이가 있어 주최자가 제시한 수치를 정확히 지키기는 어렵다. 이를 방지하기 위해 주최자의 계측 수치와 동일하도록 계측치를 수정할 필요가 있는데, 이 확인을 오도미터 체크라고 한다. 오도미터 체크는 크게 두 가지 방법이 있다. 지시된 수치를 계산에 의해 바꾸는 것과, 계측기의 수치를 기계적으로 바꾸는 것이 그것이다. 국제 랠리에서는 사전에 "주최자의 차는 A~B의 구간을 몇 km로 달렸다"라고 발표하므로, 참가자는 같은 장소에 가서 달려 보고 계측기를 똑같이 조정한다. 최근에는 랠리용 컴퓨터에 입력하여 이 문제를 간단히 해결하고 있다.

오도·트립미터(전자식)　차속 센서부, 전자 회로부 및 표시부로 구성되며, 오도미터 또는 트립미터 둘 중 하나를 오도·트립미터 절환 스위치에 의해 디지털로 표시할 수 있다. 트랜스미션의 스피도미터 기어부에 장착된 전자식 펄스 제너레이터는 스피도미터 기어의 1회전당 4개의 펄스 ON-OFF 신호를 발생시킨다. 이 신호를 입력 인터페이스를 통해 마이크로컴퓨터로 계수 처리하여 기억 회로에 기억시킨다. 이 기억 정보 신호에 기준을 두고 액정 구동 회로를 작동시켜 주행 거리를 디지털로 표시한다.

오디오 audio　저주파(低周波) 또는 인간의 귀로 들을 수 있는 주파수를 말한다. 오디오에 대해 무선 주파(無線周波)를 라디

오라 하고, 텔레비전 영상을 비디오라고 한다.

오디오 비주얼 AV ; audio visual 시청각이라는 의미이다. 일반적으로는 음과 영상을 나타내는 말이다.

오렌지 필 orange peel 직역을 하면 '오렌지 껍질'이라는 뜻이다. 편평한 금속판에 굽힘이나 드로잉 가공 등을 했을 때 표면이 감귤 껍질과 같은 현상이 되는 것을 말한다.

오른나사 right handed screw 볼트나 너트를 축 방향에서 볼 때 시계 방향으로 회전시켜 조이는 나사를 말한다. 자동차의 타이 로드는 한쪽은 오른나사, 다른 쪽은 왼나사로 되어 있다.

오른손 엄지손가락 법칙 right hand rule 코일이나 전자석에서 자계의 방향을 알고 싶을 때 사용하는 법칙으로서, 오른손 엄지손가락을 다른 네 개의 손가락과 직각이 되게 한 다음 네 손가락을 전류가 흐르는 방향으로 코일을 잡으면 엄지손가락의 방향이 자력선의 방향인 N극이 된다.

오리지널 피니시 original finish 제조할 때에 차량에 칠하는 피니시를 말한다.

오리피스 orifice 유체를 분출시키는 구멍으로, 교축 통로(판에 구멍을 뚫어서 통로를 연결하는 구조가 많음)를 말한다. 유량을 측정하기 위해서 관로의 중간에 설치하는 스로틀 기구의 하나로서, 유량−차압의 1차 변환 요소이다. 그림에서 보듯이, 관로의 중간에 관로의 단면적보다 작은 구멍이 있는 얇은 판으로 유입 쪽에 예리한 가장자리가 있는 스로틀이다. 유체가 그곳을 흐를 때 그 압력 차가 유량에 의하여 변환하는 것을 이용하는 것이다. 그림

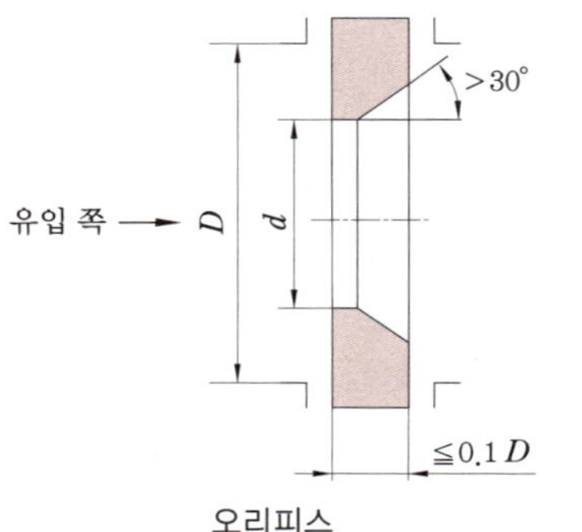

오리피스

에서 보는 것과 같이 구멍이 동심원 형상으로된 동심 오리피스 외에 편심 오리피스, 결원(缺圓) 오리피스가 있다.

오리피스 LSD orifice LSD 오리피스(구멍)를 통하는 오일의 점성과 유압을 이용하여 구동력의 전달을 제어하는 오리피스 커플링을 사용한 차동 제한 장치를 말한다. 오리피스 커플링은 각이 둥근 4각형의 캠면을 가진 하우징과 피스톤을 내장한 끝이 둥근 실린더를 마주 보는 쪽에 두 개씩 짝으로 하여 3조를 6각 별 모양으로 배치하고 있다. 중앙에 오일을 채운 어큐뮬레이터를 설치하고, 실린더와 어큐뮬레이터를 오리피스에 연결한 구조의 로터로 이루어지며, 하우징은 왼쪽의 구동축에, 로터는 오른쪽의 구동축에 연결되어 있다. 구동축에 회전 차이가 생기면 로터는 하우징 내에서 회전하고 피스톤이 아래·위로 작동하여 어큐뮬레이터와 실린더 사이에서 이동하려고 하지만 오리피스로 인하여 그 흐름이 제한되므로, 오리피스의 지름이 적당하면 좌우의 회전 속도 차이를 조정할 수 있다.

오링 O-ring 물 따위가 새는 것을 막는 데에 쓰는 원형의 고리로, 천연고무, 합성고무, 합성수지 등으로 만든다.

5링크 five link 5 링크는 평행한 어퍼/로어 좌우 2개씩의 링크와 래터럴 로드의 다섯으로 액슬을 유지하지만, 메이커에 따라 4링크라고 부르는 경우도 있다.

5링크 서스펜션 five link suspension 4링크 서스펜션의 어퍼 및 로어 컨트롤 암에 더하여, 횡하중을 지지하는 래터럴 로드를 장착한 서스펜션 시스템을 말한다.

5마일 범퍼 five-mile bumper 충격 흡수력이 좋은 폴리우레탄 재질을 내장한 범퍼로, 시속 5마일(8 km/h) 이내의 충돌에서는 범퍼가 충격을 흡수한 후 즉시 원상 복귀되어 차체 및 기능 부품의 손상을 완전히 방지할 수 있다.

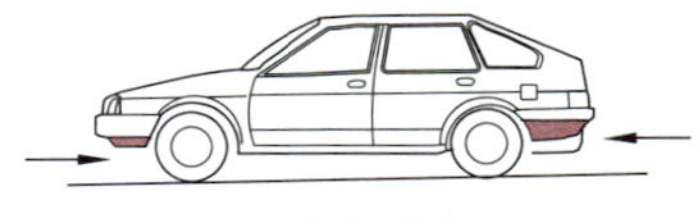

5마일 범퍼

오목 자국 indentation 겹치기 저항 용접

에서 용접 결과로 전극 팁에 의하여 나타난 모재(母材) 표면의 오목 들어간 자국을 말한다.

오목 캠 concave cam　이것은 플랭크가 오목하게 된 것이며, 롤러 리프터(롤러 태핏)와 조합하여 사용한다. 이 캠은 밸브의 가속도를 일정하게 할 수 있어 일정 속도 캠(constant acceleration cam)이라 하며, 정치용(定置用) 대형 기관에 많이 사용한다.

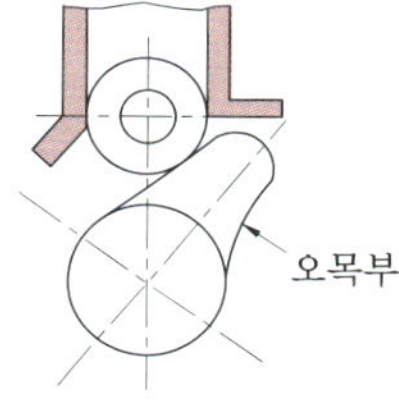

오목 캠

오목 필릿 용접 concave fillet weld　표면이 오목한 필릿 용접을 말한다.

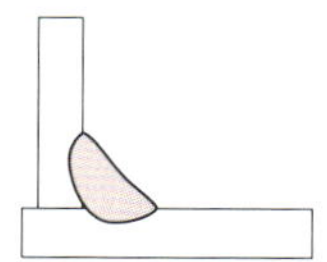

오목 필릿 용접

오버 댐핑 over damping　쇼크 업소버의 감쇠력이 너무 커서 승차감이 떨어지는 현상을 말한다.

오버드라이브 O/D ; over drive　자동차에 설치된 자동 증속 장치를 이른다. 자동차는 내연 기관을 동력으로 사용하므로, 변속기를 통해서 엔진의 회전수를 낮추고 있다. 따라서 저속에서 고속까지 주행 조건에 맞추어서 운전자는 계속 변속 조작을 해야 한다. 복잡한 시가지에서 저속·출발·정지를 반복할 때는 충분히 엔진의 회전수를 낮출 수가 있지만, 교외나 고속도로에서 연속적으로 고속 운전을 할 때에는 엔진의 회전수보다 반대로 추진축(프로펠러 샤프트)의 회전수를 많게 해야 한다. 그래서 톱기어(직결)보다 고능률과 고속도를 자동적으로 내는 장치 즉 증속용 부변속기를 사용한다. 이것을 오버드라이브라고 하며, 특히 톱기어의 상단에만 사용하는 것을 오버톱이라고 한다. 연료의 소비와 소음을 줄이며, 수명을 길게 한다.

오버드라이브 발전기 overdrive generator　오버드라이브 축에 설치되어 속도계 구동 기어에 의해 구동되며, 오버드라이브 축을 회전시켜 발생되는 전압 변화로 솔레노이드를 작동시키는 교류 발전기를 말한다.

오버드라이브 주행 overdrive running　일정 속도 이상이 되면 오버드라이브 발전기의 발생 전압이 릴레이를 움직여 솔레노이드를 작동시키게 된다. 이때, 선 기어를 변속기 출력축에 고정시켜 오버드라이브 기구가 작동되는 주행 상태를 말한다.

오버라이더 overrider　나중에 겹쳐서 부착한 것으로, 일반적으로 범퍼에 붙인 것 외에 여러 가지 장식을 말한다. 예를 들면, 오버라이더 부착 그릴 가드가 있다.

오버라이더 기구　운전석 측의 도어 인사이드 핸들을 조작함으로써 도어록을 해제할 수 있는 기구를 말한다.

오버 라이드 over ride　자동차가 서로 충돌했을 때, 한쪽 자동차의 차체 일부가 상대 자동차 위로 올라간 것을 말한다. 반대로, 상대 자동차보다 밑으로 들어간 상태를 언더 라이드라고 한다. ⇔ 언더 라이드

오버랩 overlap　(1) 상사점 부근에서 매 사이클이 끝날 무렵 흡기 밸브와 배기 밸브가 동시에 열려 있는 기간을 말한다. (2) 용착 금속이 변 끝에서 모재(母材)에 융합하지 않은 겹친 부분을 말한다.

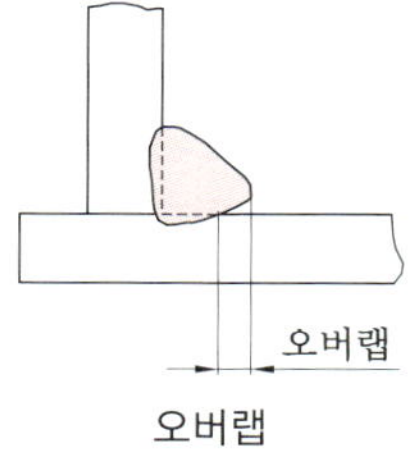

오버랩

오버러닝 클러치 overrunning clutch　엔진이 시동 후에도 피니언이 링 기어와 맞물려 있으면 시동 모터가 파손되는데, 이를 방지하기 위해서 엔진의 회전력이 시동 모터에 전달되지 않게 하기 위한 것을 오버러닝 클러치라고 한다. 그림과 같이 롤러의 움직임을 보면 화살표 방향으로는 축에서 헛돌며, 그 반대로는 축을 구동한다. 자전거 뒷바퀴에 장착된 프리휠의 원리와 같다.

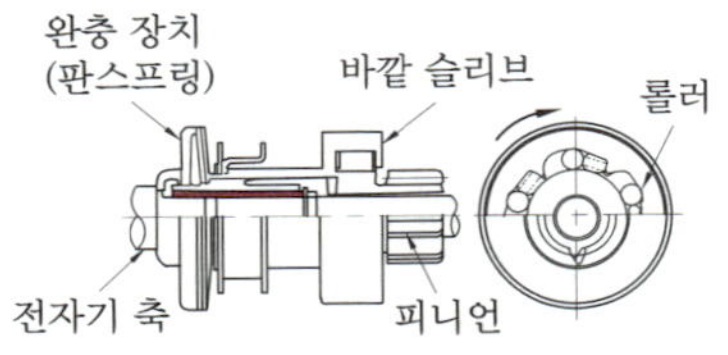
오버러닝 클러치의 구조

오버런 overrun 허용 회전수 이상으로 엔진을 회전시키는 것을 오버러닝(overrunning)이라고 하는데, 이를 줄여서 '오버런'이라고 말하는 경우가 많다. 오버런을 하면 밸브가 개폐되지 않아서 심하면 밸브가 끊어지거나 금속을 상하게 하여 엔진 수명을 단축시킨다. 오버런에는 드라이버의 실수에 의한 것과 차량의 트러블에 의한 것이 있다.

오버 레볼루션 over revolution 엔진의 최대 허용 회전수 이상으로 엔진을 회전시키는 것을 말한다. 이것을 반복하면 레이싱 엔진이 고장 나기가 쉽다. 모든 레이싱 카에는 레볼루션 카운터(엔진 회전계, 태코미터의 별명)가 달려 있어 드라이버는 이 계기를 보며 달린다.

오버 레브 over-rev 레브 범위를 넘어 엔진 회전수를 올리는 것으로, 엔진의 과회전을 말한다. rev는 revolution의 약자이다. 가속 페달을 계속 밟으면 오버 레브가 되지만, 일반적으로 시프트다운에 의한 오버 레브가 많다.

오버로드 overload 과부하 상태로, 정격을 초과한 과대 하중을 말한다.

오버로드 릴리프 밸브 overload relief valve 릴리프 밸브는 오일 회로에 흐르는 압력이 규정 압력 이상이 되면 배출구로 오일을 바이패스시켜 최고 압력을 조절하는 밸브로, 자동차의 속도와 가속 페달의 밟는 정도에 따라 적합한 유압을 자동적으로 조절하는 역할을 한다. 오버로드 릴리프 밸브는 제어 밸브의 액추에이터 부분에 설치되어, 제어 밸브의 위치가 중립일 때 액추에이터에 가해지는 외력이 일정한 값을 초과하면, 작동되어 작동유를 탱크 포트로 리턴시켜 액추에이터에 과부하가 되지 않도록 하는 역할을 한다.

오버 부스트 over boost 터보 차량의 경우, 강제적으로 급기하기 때문에 부스트 압은 정압 이상(과급)이 된다. 터보차저에 의한 과급압이 이상하게 높아지지 않도록 웨이스트 밸브를 설치하거나 연료 공급을 제한하고 있지만, 이와 같이 부스트압이 무엇인가 이상에 의해 설정 압력 이상이 되는 것을 오버 부스트라고 한다.

오버 스퀘어 엔진 over square engine 엔진의 보어와 스트로크의 비율을 나타내는 용어로서, 보어와 스트로크가 같을 때 스퀘어라고 한다. 이보다 긴 스트로크의 것을 롱 스트로크, 짧은 것을 쇼트 스트로크라고 하지만, 쇼트 스트로크를 오버 스트로크라고도 한다.

오버스티어 oversteer 일정한 속도로 코너를 돌고 있는 차가 스피드를 높여 감에 따라 뒷바퀴가 바깥으로 흐르고 앞바퀴가 안쪽으로 향하는 특성을 말한다. 이에 따라 코너링 반지름이 작아지게 되는데, 핸들을 꺾은 각도보다 더 차가 꺾인다 하여 오버스티어라고 한다. 이때는 핸들을 느슨히 되돌려 주어야 한다. 뒷바퀴 굴림 방식의 차에서 많이 나타나는 특성이다.

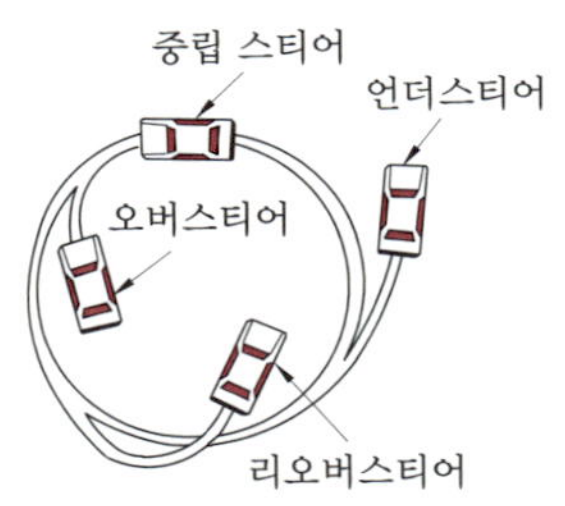
오버 스티어 현상

오버스티어링 oversteering 일정한 반지름과 속도로 선회하다가 갑자기 가속하였을 때 전륜에 발생되는 코너링 포스가 크게 되면서 안쪽 전륜이 바깥쪽 전륜 및 후륜보다 모멘트(moment)가 커져 조향각을 일정하게 하여도 선회 반지름이 작아지는 현상으로, 차의 진로가 안쪽으로 향하면서 회전 반지름이 작아지게 된다.

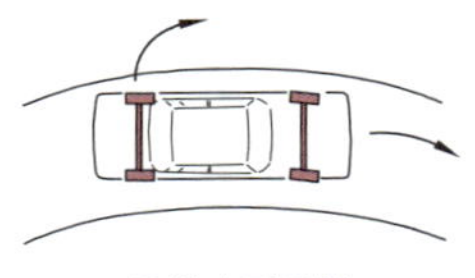
오버스티어링

오버 스프레이 over spray 도장(塗裝)할

때에 필요 이상의 범위까지 도료가 부착되는 상태를 말한다.

오버 스피드 over speed　필요 이상으로 속도를 올리는 것을 말한다. 코너링 시 커브의 선회 한계를 넘어서는 속도를 낼 경우에 흔히 쓰이는 용어이다. 오버 스피드로 코너에 진입하면 스핀을 일으키거나 코스 밖으로 차가 튀어나가는 사고의 원인이 되기 쉽다.

오버올 overall　종합 우승을 이르는 말로, 예를 들어 차량과 기통(실린더) 용적이 다른 클래스의 차들이 혼주(混走)하는 내구 레이스 등에서 경주차 전체에서의 우승을 말한다. 따라서 오버올 외에 부문별 우승이나 클래스별 우승도 있다.

오버올 리페인팅 overall repainting　전체 차량을 도장(塗裝)하는 도장 작업을 말한다.

오버올 스티어링 기어 비 overall steering gear ratio　조향 기어 비(比)를 이른다. 조향 핸들에서 타이어까지 조향 계통 전체의 기어 비를 말한다. 조향 핸들의 회전각과 타이어 회전각의 비로 나타낸다.

오버 인플레이션 over inflation　권장하는 압력 이상으로 충전한 타이어의 공기 상태를 말한다.

오버차지 overcharge　바가지 요금, 과충전(過充電), 적하 초과(積荷超過)의 뜻이다.

오버 초크 over choke　⇨ 플러딩

오버 쿨 over cool　과냉각을 말한다. 엔진의 운전 온도는 80~90℃가 최적이라고 하지만, 겨울철 고속 정속 주행으로 달리고 있으면 엔진 온도가 내려가는 현상으로, 외부 기온이 낮으면 엔진이 충분한 운전 온도에 도달하지 않는다. 대책으로는 극한지 등에서 라디에이터에 마스크 등을 씌워 보온하는 방법이 있다.

오버 터닝 모멘트 over turning moment　어떤 슬립 각이나 캠버 각이 일치되어 굴러가고 있는 타이어의 중심 면과 노면이 교차되어 생기는 직선(타이어 좌표계의 X축)의 주위에 작용하는 모멘트를 말한다. 타이어에 가해진 하중이 X축 상에 없기 때문에 생기는 것으로서, 선회 중 이륜차를 옆으로 기울였을 때 반대로 일으키려는 방향으로 힘이 작용한다.

오버 톱 over top　변속기의 변속비가 1 : 1보다 작게 되어 있는 것을 말한다. 일반적으로 톱 기어는 1 : 1 정도인데, 그보다 크게 되어 있다고 해서 이와 같이 부른다. 0.8 : 1의 감속은 엔진 회전보다 증속이지만 감속비라고 하기 때문에 오버드라이브라고 한다. 고속 주행에서의 경제적인 연료 소비율과 정숙성 때문에 이를 적용한다.

오버 페이스 over pace　차의 성능과 드라이버의 기량 이상으로 능력을 발휘하게 하는 것을 말한다. '오버 페이스 때문에 엔진이 고장 났다' '오버 페이스로 코너로 돌진하다가 스핀했다' 등으로 표현한다.

오버 펜더 over fender　폭이 넓은 와이드 타이어를 쓰면 타이어가 휠 하우스 밖으로 튀어나오는 일이 있다. 이것은 위험해서 보통 펜더를 추가하는 일이 있는데 이를 오버 펜더라고 한다. 와이드 타이어와 옆으로 튀어나온 오버 펜더는 차의 이미지를 강하게 만든다.

오버플로 overflow　기화기의 플로트실의 가솔린이 엔진의 열로 따뜻해져서 노즐에서 넘치는 것을 말한다. 오버플로 되면 플러그에 습기가 차고 엔진의 시동이 걸리지 않는다. 원인은 여러 가지가 있지만, 발생한 기포에 의해 가솔린이 운반되는 것이 많다. 물론 니들 밸브 등에 먼지가 들어가기 때문에 오버플로 되는 경우도 있다.

오버플로 밸브 overflow valve　오버플로 밸브는 연료 여과기 내의 압력이 $1.5\,\mathrm{kgf/cm^2}$ 이상으로 높아지면 열려 과잉 연료를 탱크로 되돌려 보내어 연료 여과기 내의 압력을 일정하게 유지한다. 분사 펌프까지 송유 압력이 높아지는 것을 방지하여 펌프 엘리먼트 등 각 부가 받는 응력을 제거하거나 보호하며, 연료 탱크 내에 기포가 발생되는 것을 방지한다.

오버플로 파이프 overflow pipe　라디에이터 주입구에 설치되어 넘치는 냉각수가 밖으로 흐르도록 하는 파이프를 말한다.

오버필 리미터 overfill limiter　오버필 리미터는 압력 밸브와 진공 밸브로 구성되어, 연료 탱크 내에 진공이 형성되면 진공 밸브가 열려 대기압이 공급되도록 하고, 연료 탱크 내의 압력이 규정 압력보다 높게 되면 압력 밸브가 열려 연료의 증발 가스를 캐니스터에 공급하는 역할을 한다.

오버행 OH ; overhang　(1) 프런트 오버행은 트럭의 프런트 액슬의 중심선과 프런트 끝단 사이의 거리를 말하는데, 리어 오버행은 트럭의 리어 액슬의 중심선과 리어 끝단 사이의 거리이다. 프런트 오버행이 커질 때 차량의 실질적인 회전 반지름이 타이어의 규정 최소 회전 반지름보다 커진다. 리어 오버행이 큰 트럭에 길고 무거운 짐을 적재하면 리어 액슬에 걸리는 하중이 최대 허용 하중을 초과할 수도 있고 또 주행 중 제동 불량이나 조향을 어렵게 한다. 트럭에서 리어 오버행의 허용 정도는 축거의 2분의 1로 제한된다. 밴의 경우에 오버행은 휠베이스 3분의 2 미만으로 제한한다.

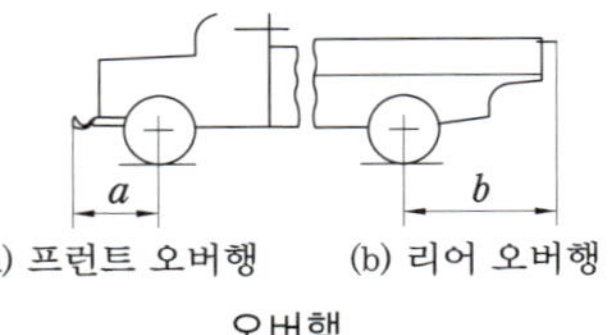

(a) 프런트 오버행　　(b) 리어 오버행

오버행

오버헝 크랭크 overhung crank　크랭크축의 크랭크 핀 한쪽 편에만 축받이를 갖춘 크랭크를 말한다.

오버헝 현가 방식 overhung suspension　차축 하우징 위에 스프링을 설치한 현가 방식을 이른다.

오버헤드 밸브 OHV ; overhead valve　밸브가 실린더 헤드에 설치되어 캠이 푸시로드와 로커 암을 통해 개폐하는 방식으로, 캠 샤프트가 밸브 리프터를 통해 푸시로드를 밀어주면 푸시로드는 밸브 로커 암의 한쪽 끝을 밀게 됨과 동시에 다른 쪽 끝이 밸브 스프링의 힘을 이기고 밸브 스템의

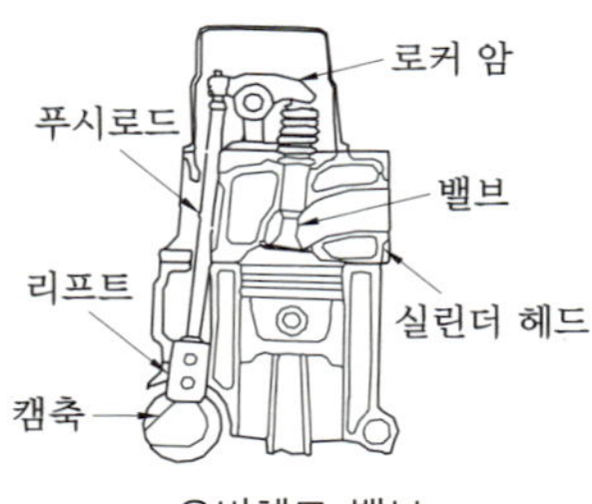

오버헤드 밸브

끝을 눌러 밸브가 열린다. 이때 캠이 계속해서 회전하면 밸브 스프링의 힘으로 밸브가 닫히게 되는데, 고압축비를 낼 수 있고 노킹이 일어나지 않는다는 장점을 가지고 있다. 일반적으로 많이 사용되었으나 현재는 고속용 엔진에 적합한 OHC(overhead camshaft) 형식이 사용되고 있다.

오버헤드 셸프 overhead shelf　미니카 톱에서 높은 루프를 유효하게 이용하기 위해 사용된 것으로서, 작은 물건들을 놓을 수 있다. 격납부의 내부 조명으로서 룸 램프의 내부 조명을 이용하고 있다.

오버헤드 캠샤프트식 OHC ; overhead camshaft system　밸브가 실린더 헤드에 설치되어 있어 캠샤프트도 실린더 헤드 위에 장착되고 로커 암을 작동시키기 때문에 태핏이나 푸시로드가 생략되어서 고속용 엔진에서도 소음을 최대한 줄일 수 있다. 그리고 캠이 하나 설치되어 있는 형식을 SOHC, 두 개 있는 형식을 DOHC 또는 트윈 캠이라고도 한다.

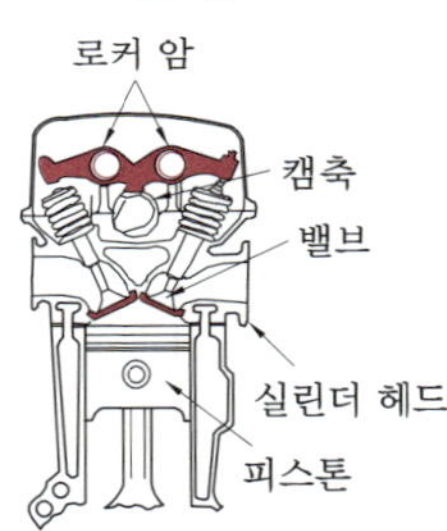

오버헤드 캠샤프트형식

오버홀 overhaul　자동차, 비행기 등의 기계나 엔진을 분해하여 점검하고 수리하는 일로, 유닛을 완전 분해하여 모든 부품을 검사 후, 세정하여 원래의 부품 또는 새 부품을 사용하여 조립하고, 정상적인 작동에 필요한 모든 조정을 하는 것을 말한다.

오버히트 overheat　엔진의 냉각 장치에서 방열하는 열량보다 발생하는 열량이 많은 상태로, 과열(過熱)이라고도 한다. 출력 저하나 엔진 상태가 나빠 고장의 원인이 된다. 엔진이 과열하면 노킹 등 이상 연소나 카뷰레터의 가솔린이 비등하여 베이퍼 로크(vapor lock)를 일으키기도 한다. 게다가 오일이 윤활 기능을 잃고 피스톤이 타서 실린더에 달라붙는 등의 현상이 일어나

끝내는 엔진이 파손된다. 일반적으로 수랭식 엔진에서는 규정의 작동 온도를 95℃로 하고 이 이상을 과열로 보고 있다. 오토매틱 트랜스미션 안의 오일이 열로 인하여 유압 컨트롤 작용이 불량해지는 일도 있고, 브레이크의 기능 쇠퇴도 브레이크 계통의 오버히트에서 일어나는 것이다.

오벌 코스 oval course 달걀 모양(타원형)의 코스라는 뜻이다. 회전 반지름이 큰 타원형 서킷이므로 빠른 스피드를 낼 수 있다. 인디 500마일 레이스로 유명한 인디애나폴리스 스피드웨이가 대표적인 오벌 코스이다. 각 자동차 메이커의 프루빙 그라운드(주행 시험장)도 오벌 코스를 많이 채택하고 있다.

오브이엠 공구 OVM tool ; owner vehicle maintenance tool 운행 중에 발생되는 고장에 필요한 최소한의 공구를 말하는데, 잭과 잭 핸들, 휠 복스 렌치, 스파크 플러그 렌치, 스패너, 플라이어, 드라이버, 공구 주머니 등이 이에 포함된다.

오빗 다이아 orbit dia 더블 액션 샌더나 오비탈 샌더 등 패드(pad)가 편심 운동하는 샌더의 편심도(偏心度)를 나타낸다. 자동차 도장(塗裝)에 사용하는 샌더에서는 5~10 mm가 표준이다. 숫자가 클수록 깎는 힘은 적어지지만 연마 흔적은 거칠게 된다.

오손 (汚損) pickup 겹치기 저항 용접에서 전극(電極) 팁과 모재(母材)와의 접촉부가 과열되어, 그 결과로 전극 팁 재료의 모재가 서로 움직이거나 합금 층을 만들거나 하여 나타나는 전극 팁의 끝 또는 모재의 오손을 말한다.

오스테나이트 austenite 금속의 내식성 및 온도를 증가시키고자 할 때 사용되는 탄소와 철의 혼합물로서, 결정 구조는 면심 입방 정계이며, 통상 강을 A₁ 변태점 이상으로 가열했을 때 얻어지는 조직이다. 오스테나이트는 비자성으로 전기 저항은 크다. 경도는 마텐자이트보다 적지만, 인장 강도와 비교하여 연신율이 크다. 또 상온에서는 불안정한 조직으로, 상온 가공을 하면 마텐자이트로 변화하지만, 니켈 등을 첨가함으로써 상온에서 안정한 오스테나이트 조직이 되는 경우도 있다.

OCR optical character reader 광학식(光學式) 문자 판독 장치로, 이것은 용지 상에 타이프라이터나 라인 프린터로 인쇄된 문자 또는 사람이 손으로 쓴 문자를 읽는 장치이다. 즉, 문자, 숫자 또는 다른 기호의 형태가 갖는 정보로부터 디지털 컴퓨터에 알맞는 부호화된 전기 신호로 변환하는 장치이다.

오실레이션 oscillation (1) 시간적으로 변화하는 어떤 물리량이 일정한 값이나 비슷한 값을 되풀이하는 것으로, 진동(振動)을 말한다. (2) 발진 현상으로, 전기적 진동을 발생하는 것을 말한다. 어떤 양의 크기가 시간에 따라 어떤 기준 값보다 크게 되거나 작게 되는 변동 현상을 이른다.

오실레이터 oscillator (1) 기계식 발전기 조정기와 같이, 전자력에 의해 회로를 단속하는 진동 접점을 말한다. (2) 트랜지스터 점화 장치 등과 같이, 회로 부품의 값에 의해서 결정되는 일정 주파수의 교류를 발생하는 이그나이터(igniter)를 말한다.

오실로그래프 oscillograph 전류나 전압의 상태 변화를 지시하거나 기록하는 장치를 말한다. 오실로스코프에 전류나 전압의 상태 변화 표시를 필름 상 또는 자기 감응성(磁氣感應性)의 페이퍼에 영구 기억으로 처리하는 장치를 부수적으로 설치한 것을 말한다.

오실로스코프 oscilloscope 브라운관에 전압 변화를 눈으로 볼 수 있게 그림으로 나타내는 고속 볼트미터(voltmeter)로, 엔진 점화 시스템을 검사하는 데 쓰인다. 또한 충전 시스템 및 전자식 연료 분사 시스템을 검사하는 데 쓸 수 있다.

50, 55 타이어 50, 55 tire 편평률 50, 55의 초편평 타이어에서는 60 타이어의 특징을 더욱 향상시키고 있다.

오에이치브이 OHV ; overhead valve ⇨ 오버헤드 밸브

오에이치시 OHC ; overhead camshaft ⇨ 오버헤드 캠샤프트

오염물 (汚染物) contaminants 어떤 물체(부품), 특히 오일 등에 혼입되거나 침입한 녹, 때, 습기, 공기 등 이물(異物)을 말한다.

오일 oil 부품의 마찰 및 마멸을 방지하

기 위해 사용하는 엔진 오일과 기어오일, 부품의 작동에 대한 보조력을 발생하는 유압 오일 등을 말한다.

오일 갤러리 oil gallery　엔진의 실린더 블록에 설치되어 오일을 각 부품에 전달하는 오일 통로를 말한다.

오일 건 oil gun　마찰부에 오일을 손으로 주유하는 주유기를 말한다.

오일 게이지 oil gauge　오일 레벨 게이지 또는 오일 압력 게이지를 말한다.

오일 교환 oil change　엔진 오일은 윤활뿐만 아니라 각 부분의 냉각·청소·방청이나 연소실에서의 가스 누출을 방지하는 역할을 한다. 오일은 장기간 사용하면 열화(劣化)되므로 정기적으로 교환하는 것이 바람직하다. 특히, 새 차량에서는 엔진을 가공·조립할 때 들어간 먼지를 제거하기 위하여 1,000 km 정도 주행하면 오일을 교환해야 된다.

오일 교환기 oil merchandiser　엔진 및 변속기, 종감속 기어의 오일을 교환 시기에 맞추어 교환할 때 사용하던 오일을 빼내고 새로운 오일로 갈아 넣는 장치를 말한다.

오일 그루브 oil groove　주유의 목적으로 베어링, 부싱 등 마찰 면에 오일이 흘러가도록 파 놓은 오일 홈을 말한다.

오일 냉각기 oil cooler　(1) 윤활용 등으로 사용되어 온도가 상승한 기름을 냉각하는 장치로, 엔진의 오일을 70~80℃ 정도로 유지시키는 역할을 한다. 엔진 오일은 마찰 부분에 윤활함과 동시에 냉각시키는 역할을 한다. 오일의 온도가 125~130℃ 이상이 되면 오일의 성능이 급격히 떨어져 유막이 형성되지 않으므로 마찰 부분이 소결된다. 그러므로 오일의 높은 온도를 냉각시켜 70~80℃ 정도로 유지하기 위하여 오일 냉각기를 설치한다. 오일 냉각기는 소형 라디에이터와 같은 모양으로 만들어져 있으며, 공기 또는 물을 사용하여 냉각시킨다. (2) 작동유의 온도를 40~60℃로 유지시키기 위하여 물 또는 공기로 냉각시키는 장치를 말한다. 유압유의 작동 온도는 40~60℃, 사용 한계 온도는 60~80℃, 유압 기기의 위험 온도는 100℃이다. 따라서 유압유가 작동 온도를 초과

되면 점도가 낮아지기 때문에 유막의 파괴, 누출량의 증대에 의해서 작동을 저해하게 된다. 또한 온도 상승에 의한 오일의 열화, 실(seal)의 노화, 슬러지의 생성 등 장기적인 고장의 원인이 된다.

오일 댐퍼 oil damper　기름이 차 있는 실린더와 밸브 또는 오리피스를 갖춘 피스톤으로 구성되어, 유압을 써서 진동계에 감쇠력을 주는 장치로, 오일을 사용한 일반적인 쇼크 업소버를 말한다.

오일 드레인 플러그 oil drain plug　트랜스미션, 엔진 등의 언더커버나 오일 팬의 가장 아랫부분에 뚫려진 드레인 홀을 막는 플러그이다. 오일 교환 시나 수리 시 오일을 배출하는 것으로, 일반 플러그와 마그넷 플러그 등이 있다.

오일 드레인 콕 oil drain cock　엔진의 오일 팬, 자동 변속기의 오일 팬, 변속기 및 종감속 기어 장치 등 오일을 저장하는 부분의 하부에 설치되어, 오일을 교환할 때 사용하는 배유 빼기 플러그를 말한다.

오일 등급 oil grade　오일을 용도에 따라 분류한 것으로, API(American Petroleum Institute, 미국석유협회) 분류 방식이 주로 사용되며, 가솔린 엔진용의 S(service)계와 디젤 엔진용의 C(commercial)계로 양분된다. 다시 이들을 A, B, C, D 등으로 세분하여 오일의 질을 나타내는데, SG, CD 등급의 오일이 SE, CC 등급의 오일보다 사용 조건이 가혹한 엔진용의 오일로서 더 좋은 품질을 가지고 있음을 나타낸다. ① SAE 분류(Society of Automotive Engineers) : 미국 자동차기술협회에서 오일의 점도에 따라 분류한 것으로, SAE 번호로 표시한다(번호가 클수록 점도가 높음).

[SAE 신 분류와 API 구 분류의 관계]

SAE 신 분류	API 구 분류	비　고
SA	ML	가솔린 엔진 경하중용
SB	MM	가솔린 엔진 중하중용
SC	MS	가솔린 엔진 가장 가혹한 조건용
SD		
CA	DG	디젤 엔진 경하중용
CB	DM	디젤 엔진 중하중용
CC		
CD	DS	디젤 엔진 가장 가혹한 조건용

② API 분류(American Petroleum Insti-
tute) : 미국석유협회에서 엔진의 운전 조
건에 따라 분류한 것으로, 가솔린 엔진용
ML, MM, MS와 디젤 엔진용 DG, DM,
DS로 되어 있다. ③ SAE 신 분류 : SAE가
API, ASTM(미국재료기술협회) 등과 협력
하여 분류한 것으로, SAE 신 분류와 API
구 분류와의 관계는 앞의 표와 같다.

오일 디퍼 oil dipper 기름을 떠내는 데 사
용되는 국자로, 2행정 사이클 엔진의 커넥
팅 로드 대단부에 설치되어, 피스톤이 하
사점에 내려오면 오일 속에 잠겨 상사점으
로 올라갈 때 오일을 퍼 올려 마찰부에 뿌
려 주는 버킷을 말한다.

오일 디플렉터 oil deflector ⇨ 오일 슬링어

오일 딜루션 oil dilution 엔진 등에서 연료
의 혼입으로 윤활유의 점도가 떨어지는 것
을 말한다.

오일 딥 스틱 oil dip stick 엔진 오일 또
는 자동 변속기 오일에 잠겨 오일 양을
점검하는 오일 레벨 게이지를 말한다. 엔
진의 오일 양의 점검은 엔진을 정지시킨
뒤 실시하여야 하지만 자동 변속기 오일
양은 엔진을 공회전시킨 상태에서 점검하
여야 한다.

오일라이트 oilite 구리분 90 %, 주석분 10
%, 흑연 분말 1~4 % 비율의 혼합물을 가
압 성형하고, 용융한 청산칼리 속에서 가
열 소결한 후, 고온에서 기계유에 침지하
여 만든 일종의 베어링 메탈을 말한다.

오일 라인 oil line 각종 오일이 흘러가도
록 설치된 오일의 통로를 말한다.

오일 램프 oil lamp 엔진을 윤활하는 오
일의 유압이 정상값보다 떨어지고 있음을
나타내는 적색등으로서, 메인 스위치를 넣
으면 점등되고, 엔진이 정상으로 작동하
면 꺼진다.

오일 레귤레이터 밸브 oil regulator valve
레귤레이터 밸브는 크랭크샤프트 왼쪽의
분사 펌프 밑에 위치해 있으며, 오일 필터
와 오일 쿨러를 통해 오일 주요 저장 통로
로 흐르는 오일 압력을 조정한다. 오일 주
요 저장 통로의 압력이 규정치를 초과하면
레귤레이터 밸브가 열려 엔진 오일 중 일
부를 오일 팬으로 되돌려 보낸다.

오일 레벨 게이지 oil level gauge 오일
량을 체크하는 계기로, 엔진 오일은 피스
톤 윤활을 위해 일부는 연소실에 들어가
불타거나 매니폴드 안으로 새어들고, 열
화에 따른 소모로 아주 조금씩 양이 줄어
든다. 감소가 심해지는 것은 말썽의 표시
로, 부족해지면 엔진이 타버리는 원인이
된다.

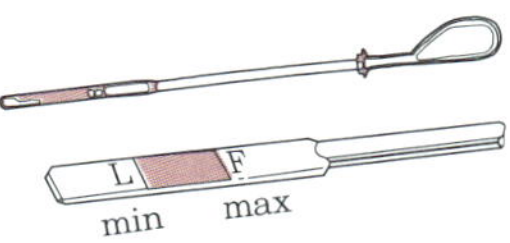

오일 레벨 게이지

오일리니스 oiliness 유성(油性)을 뜻하는
말로, 액체상 유막으로 윤활이 형성되지 않
은 2개의 금속면의 마찰을 감소시키는 성
질을 이른다. 오일 점도 이외의 성질로서
윤활 작용에 관계하는 금속에 대한 흡착성
이나 유막 형성력 등의 요소를 말한다.

오일리스 베어링 oilless bearing 주유가 필
요 없는 베어링을 말한다. 구리, 주석 및
흑연의 분말을 혼합시켜 성형한 후 가열하
고, 윤활유를 4~5 % 침투시킨 후 소결한
베어링으로서, 주유가 곤란한 부위에 사용
한다.

오일 리저버 oil reservoir 브레이크 오일,
동력 조향 장치의 유압 오일을 저장하는
오일 탱크를 말한다. 즉, 오일을 저장하고
온도를 유지시키는 장치이다. 리저버의 크
기는 유압 펌프 토출량의 약 3배 정도로
만들어야 한다.

오일 링 oil ring 실린더 벽을 윤활하고
남은 과잉의 오일을 긁어내려 연소실로 침
입하지 못하도록 하는 링으로, 드릴형과
슬롯형, 레이디어스 슬롯형, 웨지 슬롯형,
U플렉스형, 익스팬더 링이 사용되고 있는
데, U플렉스형과 익스팬더 링이 주로 사
용된다.

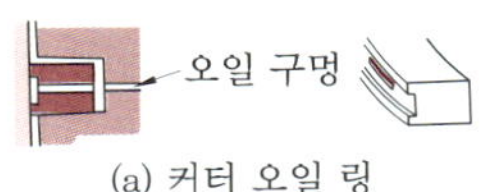

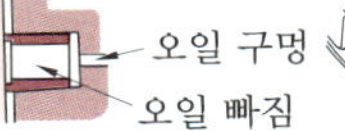

오일 링

오일 바니시 oil varnish　페인트를 만드는 재료로, 건성유와 수지 등을 가열 융합시키고 탄화수소계 용제로 희석하여 만든 페인트를 말한다.

오일 배스 에어 클리너 oil bath air cleaner　습식 에어 클리너로, 엔진에 흡입되는 공기를 오일로 깨끗하게 하는 대표적인 습식 필터를 말한다. 흡입된 공기가 우선적으로 오일 배스에 닿게 하여 큰 먼지를 제거하고, 다시 스틸 울(섬유 모양의 그물망)을 통과하여 작은 먼지를 제거한다.

오일 배스 형식 oil bath type　부품이 오일 속에 잠겨 윤활유에 의해 윤활을 하는 방식을 말한다. 변속기, 종감속 기어 등과 같이, 기어가 오일 속에 반쯤 잠겨 회전하면서 기어에 묻혀 올라간 오일로 윤활되는 것이다.

오일 세퍼레이터 oil separator　유수 분리 장치로, 원심력을 이용하여 오일 속에 함유된 수분, 가솔린 등의 불순물을 걸러내는 분리기를 말한다.

오일 세퍼레이터 탱크 oil separator tank　터보 차량의 경우는 과급 영역에 들어가면 크랭크케이스 내의 압력이 높아지고 블로바이(blowby) 가스량도 증가하기 때문에, 오일 세퍼레이터 탱크를 설치하여 블로바이 가스와 엔진 오일의 분리를 꾀하고 있다. 오일 세퍼레이터로 분리된 오일은 오일 팬에 되돌아가며, 블로바이 가스는 에어 클리너로 흡입되어 연소된다.

오일 소비량 oil consumption　일반적으로 엔진이 고속 운전될 때, 실린더나 피스톤 링이 마모되었을 때 윤활유는 피스톤 링 부로부터 연소실로 들어가서 타버리는 양이 증대한다. 이것을 오일 업(oil up)이라 부르고, 또 오일이 밸브 안내에 의해 실린더 내로 들어와서 타버리는 일을 오일 다운(oil down)이라고 부른다. 유럽에서는 최대 1마력 1시간당 소비량은 0.5 g/ps−h 이상을 허용하고 있지 않고, 자동차용 엔진 등에서는 윤활유 소비량을 엔진의 수명을 결정하는 하나의 중요한 요소로 판단하고 있다. 엔진이 단위 시간당 소비하는 오일의 양을 나타낸 것으로 g/h 또는 cm³/h로 표시한다.

오일 소비율 specific oil consumption　단위 시간 또는 단위 출력당 엔진 오일의 소비량으로 g/ps 또는 cm³/ps.h로 나타낸다.

오일 스크레이핑 링 oil scraping ring　엔진의 실린더 벽에 부착된 오일이 연소실에 유입되지 않도록 긁어내리는 링으로서, 피스톤 아래쪽에 1~2개가 설치되어 있다. 일반적으로 오일 링은 오일 스크레이핑 링을 줄여서 부르는 명칭이다.

오일 스크린 oil screen　오일 속에 포함되어 있는 금속 분말, 먼지 등 불순물을 걸러 주는 철망으로 여과망을 말한다. 엔진, 자동 변속기 등 오일 팬 속에 설치되어 있다.

오일 스트레이너 oil strainer　오일을 빨아들이는 흡입구로, 오일에 항상 잠겨 있고, 이물질 제거를 위한 여과망이 있다.

오일 슬링어 oil slinger　엔진 오일이 크랭크축을 따라 다량으로 외부에 누출되는 것을 방지하는 판으로, 플랜지 바로 앞에 설치되어 있다. 오일 디플렉터라고도 한다.

오일 실 oil seal　엔진 오일 등이 새는 것을 막는 기능을 하며, 개스킷도 오일 실의 기능을 가진다. 패킹, O링, 액체 실(seal)제 등을 쓴다. 예전에는 오일 실이 제조상 중요한 문제였다.

오일 압력 게이지 oil pressure gauge　⇨ 오일 프레셔 게이지

오일 압력 경고등 oil pressure warning light　엔진이 가동 중 엔진 오일이 순환하지 않으면 계기판에 점등되는 것으로, 이것은 오일 압력 유닛에 의해 작동되며, 오일 압력 유닛은 오일 순환 통로에 설치되어 유압이 있으면 접점은 'OFF'되고 유압이 떨어지면 접점은 'ON'된다.

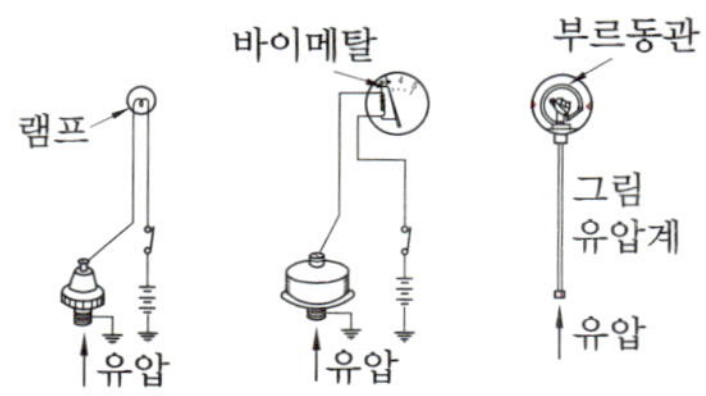

오일 압력 경고등

오일 압력 유닛 oil pressure unit　엔진이 가동 중 엔진 오일이 엔진 각부로 순환되는지를 알기 위한 기구로, 오일 순환 통로

에 설치되어 있다. 오일 압력이 떨어지면 자동차 계기판의 오일 경고등에 불이 들어오도록 접점을 붙인다. 오일이 순환하는지를 알아내기 위한 방법으로는 전기식과 유압계를 이용하는 방법이 있다.

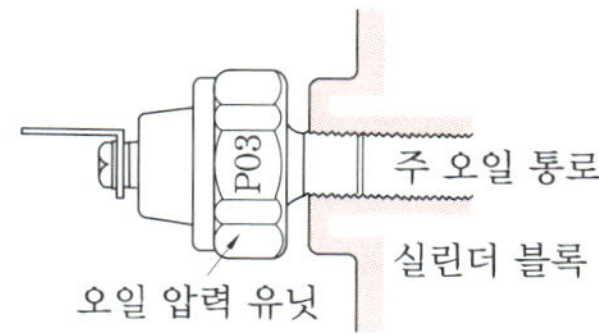

오일 압력 유닛

오일 여과기 oil filter   오일 여과기는 오일 속에 포함된 수분, 연소 생성물, 금속 분말 및 슬러지 등의 미세한 불순물을 제거한다. 엘리먼트는 여과지를 많이 사용하며, 대체적으로 5,000~8,000 km 주행마다 교환한다. 오일펌프에서 공급된 오일은 엘리먼트 외부를 통하여 중앙으로 들어간 다음 출구로 송출될 때 불순물은 아래로 침전된다.

오일 워닝 램프 oil warning lamp   엔진 오일이 순환되지 않을 때 점등되어 운전자에게 알려 주는 경고등이다.

오일 유입 oil inflow   피스톤 왕복 운동에 따라 피스톤 링이나 피스톤과 실린더 사이에서 연소실로 엔진 오일이 들어가는 것을 말한다. 일반적으로 엔진이 소비하는 오일의 60 % 정도는 오일 유압에 의한 연소라고 할 수 있다. ⇔ 오일 유출

오일 유출 oil outflow   흡입 밸브나 배기 밸브를 자연스럽게 작동시키기 위해 작동 밸브 계통을 엔진 오일로 윤활시키고 있다. 그러나 밸브 개폐에 따라 붙어 있는 밸브 스템과 이것을 유지하는 밸브 스템 가이드 사이의 포트에 엔진 오일이 새는 것을 말한다. 엔진이 소비하는 오일의 30 % 정도가 유출된다고 한다. ⇔ 오일 유입

오일 제트 oil jet   피스톤을 냉각하는 것이 목적으로서, 피스톤 헤드의 뒷면에 엔진 오일을 분사시킨다. 오일 주 통로에서 유입된 오일은 2 kg/cm^2 이상이 되면 체크 밸브 어셈블리 내의 밸브를 밀어서 열고 오일 제트로부터 분출한다.

오일 조정 밸브 OCV ; oil control valve   MD (modulated displacement) 엔진 밸브 정지

장치를 부착한 가변 배기량형 엔진)의 밸브 정지 장치의 일부에 사용되고 있는 유압 전환 밸브(그림 a)를 말한다. 밸브 정지 장치 회로는 그림(b)에 나타낸 오일펌프로 5 kg/cm^{2}에 가압되어 어큐뮬레이터 (accumulator) 및 OCV로 압송된다. 오일 조정 밸브는 오일 피더의 몸체에 장착되어 있지만, 오일 통로에서는 오일 피더와 밸브 정지 장치 사이에 위치하는 밸브로, 컨트롤 유닛으로부터 제어 신호에 따라 오일 피더로부터 밸브 정지 장치에의 유압을 ON, OFF한다. 밸브 정지 장치를 구동하는 고압용 오일은 라커 룸의 뒷부분에 장착된 오일 피더 및 OCV를 통해서 일부가 오일 피더 보디로부터 좌우의 로커 축으로, 또 일부는 고압용의 오일 파이프로 프런트 라인 브리지(front line bridge)로 보내져서 여기서 분기되어 좌우의 로커 축에 공급된다. 윤활용의 오일은 엔진의 오일 팬(main gallery)으로부터 올라온 엔진 오일이 오일 피더 보디 내의 오일 통로를 통해서 직접 저압용의 오일 파이프로 들어가 센터 오일 브리지에 보내지고, 여기서 나누어져 좌우의 로커 축으로 공급된다. 그 위에 저압 오일의 일부는 다시 프런트 오일 브리지에 보내져서 캠축의 배전기 구동 기어의 윤활을 돕는다.

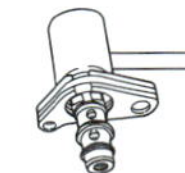

(a) 오일 컨트롤 밸브(OCV)의 작동

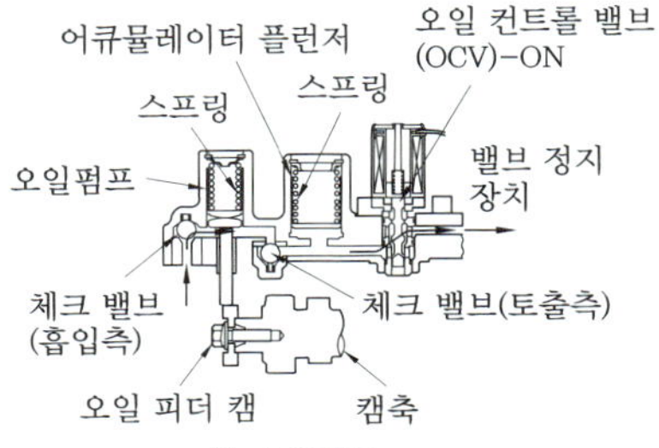

(b) 오일펌프

오일 조정 밸브

오일 첨가제 oil additive   엔진 오일의 역할을 좋게 하거나 수명을 연장시키기 위하여 첨가하는 것을 말한다. 기본 오일에 따라 광물유 계통과 식물유 계통이 있다.

최근에는 오일의 품질이 향상되어 경주용 차량 등 특히 가혹한 사용 조건 외에는 별로 사용하지 않고 있다.

오일 쿨러 oil cooler　엔진 오일의 온도를 단계적으로 냉각시키는 장치로서, 엔진 오일은 고회전·고부하의 연속 운전에서는 온도가 매우 높아지게 되지만, 이러한 과열된 오일은 윤활을 제대로 못하고 오일 자체도 변질되기 때문에 오일을 단계적으로 냉각하여 효율을 높여 주어야 된다. 오일 쿨러는 주로 오일 용량이 큰 대형 엔진에 있다. 쿨러 방식은 셀 및 플레이트형(수랭 멀티 플레이트형)이며, 크랭크케이스의 왼쪽 냉각수 통로에 장착되어 있다. 오일 필터를 통해 송출된 엔진 오일은 오일 쿨러 엘리먼트에 의해 냉각되거나 가열되어 오일 주요 저장 통로로 송출된다.

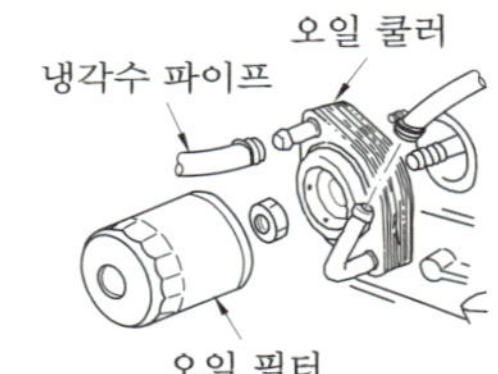

오일 쿨러

오일 클리너 oil cleaner　⇨ 오일 필터

오일 클리어런스 oil clearance　크랭크 저널이나 크랭크핀과 메탈 베어링 사이에는 어느 정도 윤활 간극이 필요한데, 이 간극을 메탈 클리어런스 또는 오일 클리어런스라고 부른다. 마찰 면에 유막을 형성할 수 있는 간극으로, 축 저널의 바깥지름을 베어링 안지름보다 적게 한 것을 말한다. 규정보다 간극이 크면 유압이 떨어지고 오일 소모율이 증대하며, 간극이 적으면 유막이 파괴되어 고착 현상이 발생한다.

오일 태핏 oil tappet　태핏은 밸브를 밀어 올리는 역할을 하는 장치로, 특히 내연 기관에서 크랭크축과 함께 움직이는 캠(cam)의 운동을 밸브에 전하여 흡배기용 밸브를 여닫는 작용을 한다. 오일 태핏은 엔진 오일의 유압을 이용하여 온도 변화에 관계없이 밸브 간극을 항상 제로(0)가 되도록 하여 밸브 개폐 시기를 정확하게 유지하도록 한다.

오일 탱크 oil tank　오일 버너에 공급하기 위한 기름을 저장하는 탱크로, 드라이 섬프식의 윤활 계통에 쓰인다.

오일 팬 oil pan　엔진 바닥의 뚜껑과 같은 부분으로, 엔진 오일을 저장해 두기 때문에 오일 팬이라고 한다. 디퍼렌셜을 빼놓으면 가장 아래쪽에 있어 노면의 돌 등에 의한 변형과 균열을 막기 위한 언더 가드를 두어 이 부분을 보호한다. 급출발이나 급정지 그리고 오르막길 주행 시에도 오일이 충분히 송급되도록 하기 위해 배플과 섬프가 만들어져 있다.

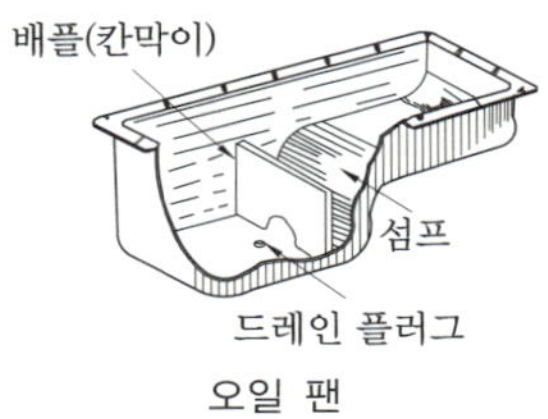

오일 팬

오일펌프 oil pump　오일 팬에 있는 오일을 빨아올려 기관의 각 운동 부분에 압송하는 펌프로서, 보통 오일 팬 안에 설치된다. 크랭크샤프트 또는 캠샤프트에 의해 기어나 체인으로 구동되는데, 구조에 따라 로터리 펌프, 기어 펌프, 플런저 펌프, 베인 펌프 등이 있다. 오일 팬에 저장되어 있는 오일은 필터를 통해 여러 가지 베어링, 피스톤, 캠샤프트, 밸브 계통을 윤활한다. 펌프의 종류에는 기어식, 트로코이드식이 있다.

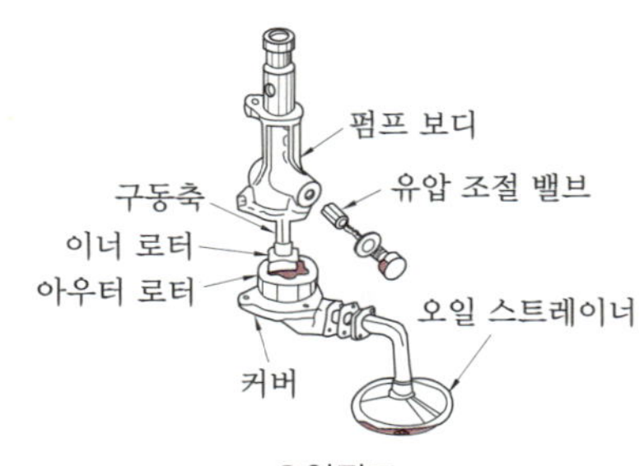

오일펌프

오일펌프 스트레이너 oil pump strainer　스트레이너는 펌프 흡입관의 말단이나 관정호의 측벽에 설치하여 모래 등의 유입을 막는 장치를 말한다. 오일펌프 스트레이너는 고운 스크린으로 되어 있으므로 섬프 내에 오일을 흡입할 때 입자가 큰 불순물

을 제거하여 오일펌프에 유도하는 작용을 한다. 스크린이 불순물에 의해 막히면 바이패스 통로를 통하여 순환할 수 있도록 되어 있다.

오일 프레셔 게이지 oil pressure gauge　오일 압력 게이지 또는 유압계라고 하며, 윤활 작용을 하는 엔진 오일의 순환 압력을 표시하는 계기로, 센서와 리시버로 구성되어 있다. 보통 차에서는 유압이 내려가는 말썽은 거의 없어서 이 계기가 붙어 있지 않은 차도 있다. 이런 차에서는 유압이 내려갔을 때만 불이 켜지는 오일램프가 대시보드 안에 배치되어 있다. 엔진 오일이나 트랜스미션 오일의 압력(펌핑, 순환, 리턴 등)을 표시하는 게이지는 보통 오일 압력 경고등과 함께 설치된다. ⇨ 유압계

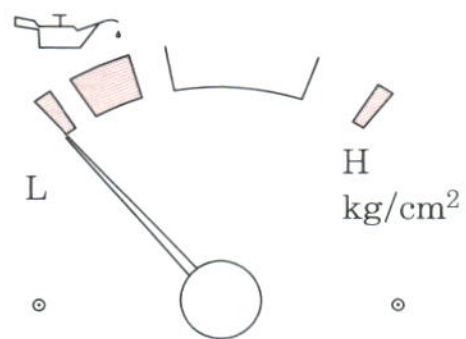

오일 프레셔 게이지

오일 프레셔 레귤레이터 oil pressure regulator　윤활 계통의 유압을 일정 범위 내에서 유지하기 위한 장치를 말한다. 오일의 점도(粘度)는 오일 온도에 따라 변하며, 또 오일펌프에서 보내는 오일 양이 엔진 회전수에 비례하여 증가하므로 알맞은 온도의 윤활을 위하여 유압으로 조절되고 있다. 일반적으로, 유압이 일정 이상이 되면 스프링에 의하여 닫혀 있는 밸브가 유압에 의하여 열려 오일이 원위치로 되돌아가게 되어 있다.

오일 프레셔 워닝 램프 oil pressure warning lamp　오일 부족, 누유(漏油), 라인 막힘, 오일 불량 등의 원인으로 인해 오일의 순환 압력이 규정치 이하로 내려갔을 때 점등되는 램프로, 때로는 경고음과 함께 설치된다.

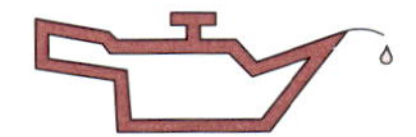

오일 프레셔 워닝 램프

오일 피트 oil pit　커넥팅 로드의 대단부 위쪽에 설치되어, 피스톤이 상사점(上死點)에 거의 이르게 되면 크랭크축의 오일 홀과 일치되어 실린더 벽에 오일을 뿜어 주는 작은 구멍을 말한다.

오일 필름 oil film　오일의 얇은 막 즉, 유막(油膜)을 말한다. 실린더 벽, 크랭크축과 베어링 사이에 형성된 유막에 의하여 직접적인 접촉을 방지함으로써 마모 감소 및 기밀을 유지한다. 강인한 유막을 형성하기 위해서는 엔진이 정상적인 작동 온도가 되어야 한다.

오일 필터 oil filter　엔진 오일은 되풀이해서 윤활에 사용하므로 마모된 금속 가루나 외부로부터의 이물질이 섞이게 된다. 그대로 사용하면 윤활 효과가 약해질 뿐 아니라 오일도 열화(劣化)해서 순환 도중에 정화하는 장치가 필요하다. 이것이 오일 필터로, 종이로 된 마이크로필터를 쓰며, 오일 클리너라고도 한다. 오일 필터는 일체식과 분리식이 있으며, 구조는 거의 비슷하게 엘리먼트, 필터 케이스, 체크 밸브로 구성되어 있다. 분리식은 구성 부품을 분해할 수 있지만, 일체식은 분해할 수 없다. 펌프로부터 압송된 오일은 오일 필터 흡입구로 들어가 엘리먼트(여과지)를 통과하여 찌꺼기를 여과시키게 되며, 토출구로 나와 윤활부로 가게 된다. 엘리먼트가 막혀 오일 통과가 어려우면 바이패스 밸브가 열려 엘리먼트를 통과하지 않고 윤활부로 오일을 공급하게 된다.

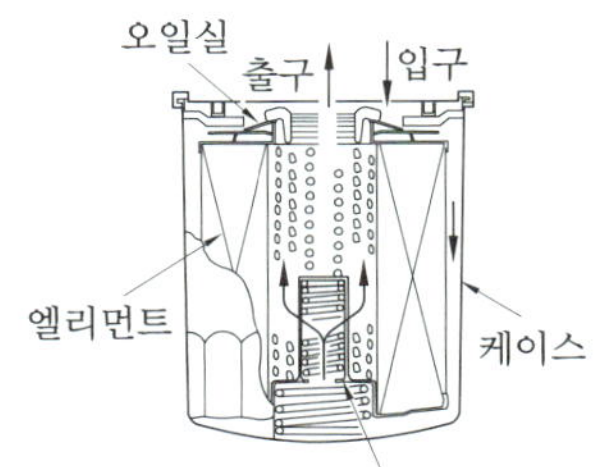

오일 필터의 구조

오일 필터 렌치 oil filter wrench　엔진 오일 필터를 교환할 때 필터를 풀거나 조이는 데 사용하는 공구이다.

오일 필터 엘리먼트 oil filter element　엔진 오일을 여과하는 오일 필터 안의 여과재로서, 오일이 통과하는 면을 넓게 한 여과지나 철망 등을 말한다.

오일 홀 oil hole　베어링 하우징이나 베어링 저널에 오일 구멍과 일치되어 오일을 베어링 홈에 받아들이는 공급 통로이다.

오일 홈 oil groove　⇨ 오일 그루브

오존 ozone　O_3의 분자 기호로 표시되는 무색의 비린내 나는 기체로서, 강한 산화 작용을 한다. 질소산화물(NOx)과 탄화수소(HC)가 광화학 변화를 일으켜 발생하는 것 외에, 방전 등에 의해 자연적으로도 약간 발생한다. 대기 오염이 문제가 되고 있는 옥시던트의 대부분은 이 오존이다.

오존 크랙 ozone crack　고무가 오존에 의하여 노화된 현상을 말한다. 즉, 갈라진 틈이나 금을 일컫는다.

5층 접합 윈드실드 글라스　통상의 접합 글라스의 실내 측에 0.2 mm 두께의 에틸렌 비닐 아세테이트(EVA)와 0.1 mm 두께의 폴리에틸렌 티프라트(PET)로 만들어진 투명 필름을 적층시킨 유리로, 충돌 사고 등에서 탑승자가 이 윈드실드(windshield)에 이차 충돌한 경우에도 내측 유리의 파열에 의한 부상을 적게 할 수가 있다.

오토 auto　(1) 'automobile'의 약어로서 자동차를 뜻한다. (2) '자신의, 자동의, 자동차의' 뜻이다.

오토 드라이 기능 부착 풀 오토 에어컨　고감도 온도 센서에 의해 차 실내 온도를 검지하고, 외부 기온과 비교해서 창의 흐림이 발생하는 습도 이상이 되면 자동적으로 에어컨을 작동시켜 전자동 에어컨이 됨으로써 창의 흐림을 미연에 방지한다. 또한 온도가 내려감에 따라 드라이 운전이 불필요한 경우에는 자동적으로 원 상태로 돌아간다.

오토 드라이브 auto drive　일정 속도 유지 장치를 말한다. 차속을 설정하면 액셀 페달에서 발을 떼더라도 컴퓨터가 차속을 감지하여, 주행 상황이 변화해도 설정한 차속을 유지해서 주행할 수 있는 기능이다. 설정할 수 있는 속도는 차종에 따라 다소 다르지만 약 40~100 km/h의 범위이다. 고속 도로에서 장거리 주행 시에 편리하다.

오토 라이트 auto light　자동 조명 장치로서, 주위의 밝기에 따라 변환되는 컨트롤 센서 내의 광전 변환 소자인 황화카드뮴(CdS)을 이용하여 차폭등과 미등 그리고 헤드라이트를 자동적으로 점등 또는 소등되도록 하는 장치이다. 컨트롤 센서는 일반적으로 앞 유리 아래쪽에 설치되어 있으며, 주위의 밝기에 따라 어두워지면 저항 값이 커지고, 밝으면 저항 값이 작아지는 특성이 있다.

오토 라이트 시스템 auto light system　점등 위치와 주위 밝기의 변화를 감지하는 조도 센서의 입력 신호를 받아 미등 또는 전조등을 자동으로 점등 또는 소등시켜 주는 매우 편리한 시스템이다. 라이트 스위치를 오토로 설정하면 자동차 외부의 밝기에 따라 전조등이나 미등의 조명이 자동적으로 점등·소등된다. 이를 오토 라이트 컨트롤이라고도 한다.

오토 라이트 컨트롤 auto light control　⇨ 오토 라이트 시스템

오토 라이트 컨트롤 시스템 auto light control system　주위의 밝기에 따라 미등(尾燈) 및 전조등(前照燈)을 자동으로 점등 또는 는 소등하는 장치를 말한다. 전조등 스위치를 오토 모드에 위치시킨 상태에서는 동승석(同乘席) 인스트루먼트 패널 상단에 설치된 오토 라이트 센서에서 주위의 조도(照度) 변화를 감지하여 운전자가 전조등 스위치를 조작하지 않아도 자동으로 미등 및 전조등을 점등 또는 소등시킨다. 주간(晝間)에 자동차를 운행 중 터널의 진·출입 시 또는 안개, 비, 눈 등으로 주위의 조도가 낮은 경우에도 작동된다.

오토 라이팅 auto lighting　주변의 밝기에 따라서 자동차 전조등과 실내 불빛이 저절로 조정되는 기능이다. 이 기능에 맞춰 놓으면 낮에는 불이 꺼지고, 터널, 주차장과 같은 어두운 장소와 밤 시간에는 저절로 불이 켜진다.

오토 라이팅 컨트롤 auto-lighting control　주위의 밝기(조도)를 센서가 검지하여 자동적으로 헤드램프 및 테일 램프를 점등하는 장치를 말한다. 이 장치를 사용함에 따라 해질 무렵이나 또는 터널에 들어갔을 때 운전자의 스위치 조작 부담 경감 및 소등 망각을 방지할 수 있다. 라이팅 스위치가 AUTO 위치로, 시동 키가 ON 위치에 있을 때 작동한다.

오토 래시 어저스터　엔진의 유압에 의한 온

도 변화, 각 부의 마모 등에 의한 밸브 간극의 변화를 자동적으로 흡수 조정하고, 로커 암과 밸브의 틈을 항상 '0'으로 유지하는 기구이다. 제로 래시 어저스터 또는 오일 태핏이라고도 한다. 밸브 간극의 무조정화, 동 밸브계의 소음 저감의 장점이 있다. MMC에는 SOHC 엔진을 비롯하여 DOHC 엔진에도 적용되고 있다. SOHC 엔진의 오토 래시 어저스터의 특징은 다이캐스트에 의해 만들어진 로커 암의 밸브 쪽으로 래시 어저스터를 내장한 방식에 의해 성능 상 유리한 OHC-V형 밸브 배치를 그대로 살릴 수 있다는 점과, 소형 경량의 래시 어저스터와 계란형 단면의 밸브 스프링 적용으로 고속 추종성을 확보한 점에 있다.

오토 레벨라이저 기구 전자 제어 서스펜션에서 하중 상태(승차 인원수, 화물량)나 주행 상태(노면 상태, 차속 등)에 따라서 차고를 자동 조정하는 기구를 말한다.

오토 레벨러 auto leveler 자동차 높이 조정 장치를 말한다. EHC 방식에서는 뒷바퀴의 쇼크 업소버 헤드 부분에 공기실을 설치하고 프레임과 뒤 현가장치와의 사이에 거리를 센서로 감지한 후 마이컴에 의해 압축 공기를 조절하여 차체 뒷부분의 차고(車庫)를 일정하게 유지하도록 한다.

오토 레벨링 전조등 시스템 auto leveling head light system 자동차의 위치 변화에 따라 전조등의 조준을 자동적으로 조정(오토 레벨링)하는 시스템을 말한다.

오토리버스 auto-reverse 카세트식 또는 오픈릴식 테이프 리코더에서는 한쪽 방향 재생이 끝나면 다시 테이프를 걸지 않으면 안 된다. 이 번거로움을 덜기 위해 자동적으로 반대 방향으로 재생할 수 있도록 한 것을 말한다.

오토매틱 도어 automatic door 전철 또는 승합자동차 등과 같이 승강구의 문을 공기의 압력, 진공, 유압 및 전동기를 이용하여 운전석에서 원격 조작으로 개폐하는 것을 말한다.

오토매틱 디머 automatic dimmer 대향 자동차의 헤드라이트 불빛이 감지되면 자동으로 상향에서 하향으로 변환되는 자동 감광 헤드라이트 장치를 말한다.

오토매틱 레벨 컨트롤 automatic level control 자동차의 뒤쪽에 실은 하중의 변화를 조정하는 현가장치를 말한다. 자동차 뒷부분의 위치를 하중에 관계없이 사전 설계된 수준으로 유지하여 준다.

오토매틱 로크 허브 automatic lock hub 4WD 바퀴의 허브로서 앞 차축을 구동하는 추진축과 휠의 접속 및 해제를 자동적으로 하는 장치를 말한다. 추진축의 구동력은 휠로 전달하지만, 휠에서의 동력은 추진축으로 전달하지 못하도록 되어 있다.

오토매틱 벨트 automatic belt 자동차 시트에 앉으면 자동적으로 시트 벨트가 장착되는 방식으로서, 미국에서는 1990년도 모델 이후 설치가 의무화되었다. 패시브 리스트레인트 시스템의 일종으로서, 패시브 시트 벨트 방식을 줄여서 패시브 벨트라고도 부른다.

오토매틱 스피드 컨트롤 automatic speed control ⇨ 크루즈 컨트롤

오토매틱 에어컨디셔너 automatic air conditioner 차실 내의 온도를 자동적으로 조절하는 공기 조화기(에어컨디셔너) 장치를 말한다. 온도 센서에 의하여 외부 온도와 실내 온도를 검출하여 마이컴으로 설정 온도가 되도록 공기의 온도나 풍량을 조절한다. 따라서 마이컴이 엔진의 수온이나 에어컨 압축기의 작동 상태 등을 조사하여 웜업을 적절히 한다. 그리고 압축기의 ON-OFF나 난기와 냉기의 혼합을 자동적으로 하도록 되어 있다.

오토매틱 윈도 automatic window 승용 자동차의 도어에 설치된 글라스를 스위치를 조작함으로써 전동기를 작동하여 개폐하는 창을 말한다.

오토매틱 초크 automatic choke 오토매틱 초크는 엔진 온도에 따라 자동으로 초크 밸브를 개폐하는 형식을 말한다. 서머스태틱 코일과 히팅 코일이 하우징 내에 설치되어 15~25℃의 기온에서 초크 밸브가 서머스태틱 코일의 장력에 의해 완전히 닫히게 된다. 엔진을 기동하면 히팅 코일에 전류가 흘러 서머스태틱 코일이 가열되면 장력이 약해져 초크 밸브와 연결되어 있는 진공 피스톤에 의해 열리게 된다. 전기식

자동 초크, 배기 가열식 자동 초크, 세라믹 초크 등이 있다.

오토매틱 클러치 automatic clutch　클러치 페달의 조작 없이 동력을 전달하거나 차단하는 클러치이다. 유체의 운동 에너지를 이용하여 클러치를 단속하는 유체 클러치와, 토크 컨버터와 전자력을 이용하여 클러치를 단속하는 전자식 클러치가 있다.

오토매틱 타이머 automatic timer　디젤 엔진의 자동 연료 분사 시기 조절 장치를 말한다. 엔진의 회전 속도가 상승하면 독립형 분사 펌프에서는 플라이 웨이트의 원심력으로 펌프의 캠샤프트를 진각 방향으로 이동시키고, 분배형 분사 펌프에서는 피드 펌프의 토출 압력으로 구동 판을 진각 방향으로 이동시켜 조절한다.

오토매틱 트랜스미션 automatic transmission　오토매틱 차의 자동 변속기라고도 한다. 보통은 하나로 여기고 있지만, 토크 컨버터 부분과 자동 변속기 부분을 연결한 것이다. 그중 자동 변속은 트랜스미션 조작을 자동화한 것으로, 운전자가 기어 체인지 하는 대신 기계가 해 준다. 트랜스미션 구조는 다르지만 기능은 같아, 유압이나 전자 제어로 기어를 자동적으로 선택한다. 자동 변속은 차마다 설정된 속도와 액셀러레이터 페달 밟기로 가장 알맞은 기어를 선택한다. 필요에 따라 가속 때도 자동적으로 변속하는 것을 오토매틱이라고 한다.

오토매틱 트랜스미션 플루이드 automatic transmission fluid　자동 변속기(AT)에 주로 쓰이는 작동유(作動油)로 윤활유의 일종이다. GM의 'Dexron'이나 포드의 'Mercon' 등이 잘 알려져 있다.

오토모빌 automobile　원동기의 동력을 이용해 사람이나 화물을 운송하는 기계로, 주로 휘발성 연료를 사용하는 내연 기관으로 추진된다.

오토바이 autobicycle　원동기를 장치하여 그 동력으로 바퀴가 돌아가게 만든 이륜 자동차를 말한다.

오토사이클 auto-cycle　가솔린 기관이나 가스 기관의 이론 사이클을 말한다.

오토사이클 기관 auto-cycle engine　정적 사이클이라고 하며, 혼합 가스가 일정한 체적에서 연소하는 사이클로서 가솔린 엔진과 가스 기관, 고속 디젤 기관 등이 사이클을 기준으로 작동하는 기관이다.

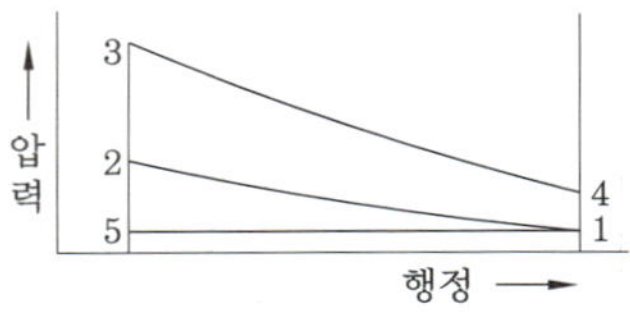

(오토 사이클 지압 선도)
1~2 : 압축 행정, 2~3 : 폭발
3~4 : 팽창 행정, 4~1 : 배기 시작
1~5 : 배기 행정, 5~1 : 흡기 행정

오토 사이클 기관

오토 서믹 피스톤 auto-thermic piston　이 피스톤 보스부의 알루미늄 합금에 접해서 인바제의 강편을 일체 주조하여 만든 것이다. 이것은 알루미늄과 인바의 열팽창 차에 의해 원인되는 바이메탈(bimetal) 작용을 이용하여 스커트부의 스러스트 방향의 팽창을 순수한 알루미늄일 때 비해 약 2분의 1이 억제된다.

오토 셧 오프 auto-shut off　전원이 차단되면 자동적으로 테이프가 튀어나오도록 하는 시스템을 말한다.

오토 시어터 auto theater　야외극장을 이른다. 거리의 광장이나 마을의 빈터 따위에 특별한 시설 없이 마련한 극장으로, 차 안에서 관람할 수 있는 극장을 말한다.

오토 에어컨 auto air-con　20~30℃ 사이의 적당한 온도를 설정하면 컴퓨터가 온도와 풍량을 자동적으로 컨트롤하는 시스템을 말한다. 포토셀(photocell)을 사용한 일광 센서에 의해 온도 변화에 대한 응답이 빠르고 항상 쾌적한 실내 온도를 유지한다. 3가지 센서(내기, 덕트, 일광)로 측정한 온도나 일사량을 컴퓨터가 연산하여 지시된 온도와 비교해서 그 결과에 따라 부압 밸브를 작동시켜 수동 밸브나 에어믹스 댐퍼 및 팬의 회전 속도를 자동적으로 조정한다.

오토 이너 미러 auto inner mirror　고반사율(70 %)의 안면 거울과 저반사율(4 %)의 표면 거울로 되어 있는데, 거울 표면의 각도를 자동적으로 조절하기 위한 제품으로서 광센서와 제어 회로, 흡인 코일로 구성되어 있다.

오토 이젝트 auto-eject 테이프 재생이 끝나면 자동적으로 테이프가 튀어나오게 한 시스템을 말한다.

오토 캠프 auto camp 자동차를 사용하는 캠프로, 영어에서는 그 캠프장을 말한다.

오토 컴퍼스 auto compass 자동차의 방위계를 말한다. 단순한 나침반 형식이 아니고, 시계나 컴퓨터를 조합하여 길을 안내하는 것도 있다.

오토 코트 auto court 자동차 여행자용 숙소로, 모텔(motel)이라고도 한다.

오토 크루즈 automatic cruise ⇨ 크루즈 컨트롤

오토 크루즈 컨트롤 시스템 auto cruise control system 전자식 정속 주행 장치를 말한다. 주행 속도가 40∼100 km/h 사이에서 운전자가 희망하는 속도로 스위치를 조작하면 컴퓨터가 차속을 기억하여 액셀 페달을 밟지 않고도 주행할 수 있는 장치로서, 장거리 고속 주행 시 운전자의 피로 감소, 연료 절감 및 쾌적한 운행을 제공한다.

오토 텐셔너 auto tensioner 벨트 장력 자동 조절기이다. 타이밍 벨트의 장력은 엔진의 온도와 벨트의 열화에 의해 변화되는데, 오토 텐셔너는 장력의 변화를 흡수하여 벨트 장력을 항상 일정하게 조절함으로써 벨트 소음의 악화를 방지하고 내구성을 향상시킨다.

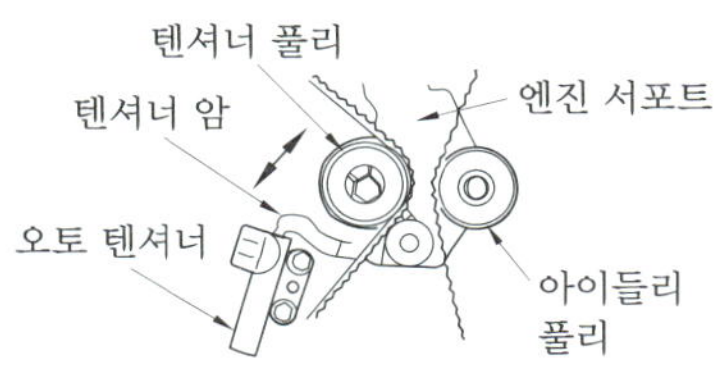

오토 텐셔너의 구조

오토 파킹 auto parking 와이퍼 블레이드가 스위치를 차단하는 순간, 어느 위치에 있어도 지정된 위치까지 자동적으로 이동하여 정지하도록 한 것을 말한다.

오토 프리 휠 허브 auto wheel hub 프리 휠 허브의 로크와 프리의 전환 조작을 드라이브 샤프트와 휠의 회전을 이용하여 캠을 작동시켜서 기어의 물림을 자동적으로 단속시킨 구조의 프리 휠 허브이다. 트랜스퍼 레버를 4 H 또는 4 L에 시프트 함으로써 자동적으로 고정시킬 수가 있고, 4륜 구동 주행을 가능하게 하며, 2 H에 시프트하여 약 1 m 후진하면 고정은 자동적으로 해제된다. 빈번하게 이륜↔사륜으로 전환 사용할 때는 매우 편리하다.

오토 홀드 auto hold 브레이크에서 무심코 발을 떼어도 브레이크가 걸려 차가 나가지 않도록 잡아 주는 기능이다. 가속 페달을 밟으면 저절로 브레이크가 풀린다. 언덕길에서는 차가 뒤로 밀리지 않도록 해준다.

오퍼랜드 operand (1) 자동차의 전자 제어에서 명령을 실행하기 위해 사용되는 데이터나 정보를 말한다. (2) 컴퓨터에서, 연산에 필요한 수치나 연산으로 나타나는 수치를 통틀어 이르는 말이다.

오퍼레이션 operation (1) 일정한 규칙 또는 명령에 의해서 실시되는 전자 제어 장치의 작동을 말한다. (2) 자동차의 운전이나 브레이크 페달의 조작, 변속 레버의 조작 및 가속 페달의 조작 등을 말한다.

오퍼레이터 operator (1) 자동차의 조작, 조정 및 정비 등에 종사하는 사람을 말한다. (2) 컴퓨터의 명령에서 명령부를 말한다. (3) 수학적인 연산 내용을 표시하는 심벌을 말한다.

오퍼레이팅 볼티지 operating voltage 부품이 작동하기 위해서 필요한 전압이나, 전자석이 작동하여 접점이 닫힐 때나 열릴 때의 작동 전압을 말한다.

오퍼레이팅 실린더 operating cylinder 릴리스 실린더를 말한다. 오퍼레이팅 실린더는 클러치 마스터 실린더에서 보낸 유압으로 피스톤과 푸시로드에 작동시켜 릴리스 포크를 미는 작용을 하며, 피스톤, 피스톤 컵 및 오일 속에 포함된 공기를 빼내기 위한 공기 블리더 스크루로 구성되어 있다.

오퍼레이팅 커런트 operating current 기동 전동기, 헤드라이트, 릴레이 등이 작동하기 위해서 필요한 전류를 말한다.

오퍼짓 실린더형 디스크 브레이크 opposite cylinder type disk brake 디스크 브레이크의 한 형식을 말한다. 디스크를 끼고 마주 보는(opposite) 두 개의 실린더에 유압을 보내어 양측에서 패드가 디스크를 밀어

붙이는 구조로 되어 있는 것을 말한다. 피스톤이 마주 보고 있다고 하여 대향 피스톤형 디스크 브레이크라고 하고, 캘리퍼가 고정되어 있다고 하여 캘리퍼 고정형 디스크 브레이크라고 부른다. ⇔ 플로팅형 디스크 브레이크

오페라 윈도 opera window 리어 필러에 설치된 고정 장치의 윈도 글라스를 말한다. 뒷좌석의 시계를 양호하게 함과 동시에, 고급스러운 느낌을 나타낸다.

오프 OFF 전기 회로에서 전원을 차단하는 것을 말한다. 또는 엔진의 작동을 정지시키기 위해 점화(키) 스위치로 회로를 끊는 것을 말한다. ⇔ 온(ON)

오프너 레버 opener lever 연료 탱크 마개가 잠겨 있는 것을 해제하는 레버이다.

오프닝 랩 opening lap 서킷 레이스 스타트 직후의 첫 번째 주회(周回)로서, 라스트 랩의 반대말이다.

오프 더 로드 패턴 off the road pattern 트레드 형태의 하나로, 러그형의 홈을 넓고 깊게 판 것이다. 견인력을 발휘하므로 건설 장비에 사용된다.

오프 더 카 밸런스 off the car balance 단체 밸런스를 이른다. 휠 밸런스를 조정할 때 타이어(디스크 휠 부착 상태에서)를 빼내고 밸런서라고 불리는 균형 시험기에 부착하여 스태틱 밸런스와 다이내믹 밸런스를 수정하는 단체 밸런스를 말한다. ⇨ 온더 카 밸런스

오프 돌리 off dolly 해머 및 돌리를 사용하여 패널을 수정하는 기술의 하나로서, 돌리와 해머의 위치를 겹치지 않도록 비켜서 작업하는 것을 말한다. 해머 오프 돌리(hammer off dolly)라고도 한다. 돌리는 '리벳 홀더'라고도 한다.

오프로드 off road 일반적으로 비포장도로라는 뜻으로 널리 통용되지만, 랠리에서는 '차가 달려서는 안 되는 곳'을 말한다. 즉, 드라이빙 미스 등으로 코스를 벗어난 경우에 '오프로드로 나갔다' 등으로 표현한다. 또한 본래 차가 달리는 길이 아닌 코스에서 펼치는 오프로드 레이스도 성행하고 있다.

오프로드 비이클 off road vehicles 비포장 도로에서도 주행할 수 있는 구조를 가진 차량으로, 유럽 각국, 미국, 호주 등 나라마다 정의가 다르다. 일반적으로 등판능력이 우수하고 최저 지상고가 높으며 구동 방식이 4WD인 자동차가 많다.

오프로드 카 off road car 말 그대로 험한 길을 달리기 위해 만든 차를 일컫는다. 쌍용 자동차의 코란도, 훼밀리, 현대 자동차의 갤로퍼, 랜드로버 등이 있다.

오프 보드 다이어그노시스 off board diagnosis 자동차의 각 부위 센서에 전선을 설치하여 고장 신호를 찾아내고, 그 신호를 처리하여 고장을 진단한다. 이것은 비교적 대규모의 장치와 설비를 필요로 하기 때문에 주요 설비 공장과 자동차 생산 라인에 쓰인다.

오프셋 offset 차량 중심선에 대해서 휠이 옆으로 움직이는 것을 말한다.

오프셋 리프터 offset lifter 작동 중인 밸브 리프터를 회전시켜 편마모를 방지하기 위하여 캠의 중심과 밸브 리프터의 중심을 일치시키지 않는 상태로서, 리프터가 상승 행정을 할 때만 회전하게 된다.

오프셋 실린더 offset cylinder 실린더의 중심선과 크랭크샤프트의 중심선을 몇 mm 정도 편심시켜 커넥팅 로드의 경사각을 작게 하여 실린더 벽면에 걸리는 측압을 약하게 하는 장치를 말한다.

오프셋 초크 밸브 offset choke valve 회전축을 한쪽으로 치우치게 단 초크 밸브로, 엔진의 흡입 부압에 의하여 자동적으로 열리게 되어 있다.

오프셋 크러시 offset crush 오프셋 충돌 또는 랩 충돌이라고도 하며, 장애물에 대한 자동차의 부분적인 충돌을 말한다. 충돌 실험에서는 자동차의 전폭 중 얼마만큼의 폭이 충돌했는가를 백분율로 나타내어 '○○ % 오프셋 충돌'이라고 표현한다. 오프셋은 중심을 벗어나 있는 것으로 대형 차량과의 충돌이나 사고를 피한 충돌을 생각한 것을 말한다.

오프셋 코일 스프링 offset coil spring 코일 스프링의 중심을 쇼크 업소버의 스트럿 중심보다 바깥쪽으로 위치시킨 방식의 코일 스프링 형식이다. 이 형태는 타이어의 노면 반력에 의해 생기는 베어링 마찰 및 피스톤의 섭동 저항을 스프링의 반발력으로

상쇄시킴으로써 저항을 감소시켜 승차감을 향상시킨다.

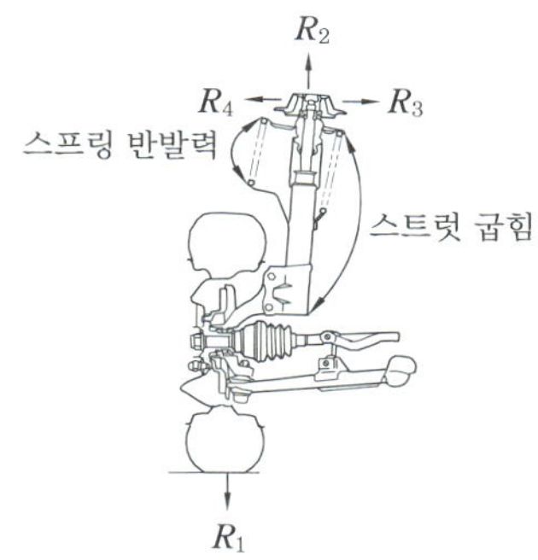

오프셋 코일 스프링

오프셋 피스톤 offset piston　피스톤 핀의 중심 위치를 피스톤 중심 위치에서 1.5~2 mm 정도 변경시켜 제작된 피스톤으로, 실린더에 대한 피스톤의 측압을 감소시킬 목적으로 제작되었다.

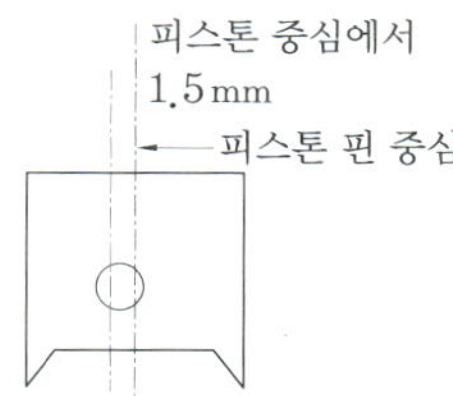

오프셋 피스톤

오픈 노즐 open nozzle　연료가 유출되는 노즐에서 니들 밸브 없이 항상 열려 있는 개방형 노즐로서, 피드백 카뷰레터(FBC), LPG 및 카뷰레터에 이용된다.

오픈 루프 제어 open loop control　(1) 출력을 제어할 때 입력만 고려하고 출력은 전혀 고려하지 않는 개회로 제어(開回路制御) 방식을 말한다. 산소 센서가 정상적으로 작동할 때 센서부의 온도가 400~800℃ 정도이며, 시동할 때와 공회전에는 컴퓨터의 자체 보상 회로에 의해서 개회로가 제어되어 임의로 보정하게 된다. (2) 제어 계통에서 출력의 변수가 직접 입력 변수에 의하여 제어하는 방식으로, 피드백 루프를 가지고 있지 않다.

오픈 벨트 open belt　풀리의 회전 방향을 동일하게 유지하는 전동 방식으로, 벨트와 풀리 사이의 마찰력에 의해 회전력을 전달하는 것이다. 하중이 갑자기 증가하는 경우에는 미끄러져 안전장치의 역할을 하고, 구조가 간단하며 효율도 높지만, 정확한 속도비를 얻을 수 없다.

오픈 보디 open body　초기의 자동차 차체로서, 차실에 고정된 지붕이 없는 것을 말한다. 상자 모양의 차실을 가진 클로즈드 보디와 대조되는 용어이다.

오픈 사이클 open cycle　사이클마다 새로운 작동 유체를 흡입하는 사이클을 말한다. 작동을 완료한 유체가 외부로 방출되는 사이클로서, 내연 기관 등이 이에 속한다.

오픈 서킷 open circuit　연결이 단절되어 전류가 통과하지 못하는 전기 회로를 말한다.

오픈 서킷 볼티지 open circuit voltage　(1) 개회로에 있어서 그 개로(開路) 한 점의 양단에 나타나는 전압으로, 축전지의 부하에 전류가 흐르지 않는 상태에서의 단자 간의 전압을 말한다. (2) 용접기에서 용접 회로에 전류가 흐르지 않을 때 용접기 공급 단자 간의 전압을 말한다.

오픈 스토퍼 pen stopper　도어가 반쯤 열리거나 또는 열려진 상태에서 도어가 쉽게 움직이지 않게 한 장치를 말한다. 타고 내리기를 쉽게 하기 위해 언덕길이나 약간 바람이 센 정도에서는 도어가 닫히지 않도록 유지시켜 준다. 이 구조는 스프링이나 롤러 등의 조합으로 되어 있다.

오픈 스플라이스 open splice　접착력이 약해 피막층이 벗겨지는 현상으로, 자동차의 경우 타이어의 트레드, 사이드 월(side wall, 타이어 측면의 고무층) 또는 이너 라이너의 이음매가 벗겨지는 것을 말한다.

오픈 엔드 렌치 open end wrench　양구 스패너 또는 스패너라고 불린다. 볼트나 너트를 감싸는 부분의 양쪽이 열려 있어 연료 파이프의 피팅(fitting) 및 브레이크 파이프의 피팅 등을 풀거나 조일 때 사용하는 렌치이다. 작업 공간이 제한되는 좁은 공간에서 볼트 또는 너트를 풀거나 조일 때 사용하는 공구로, 복스 렌치보다 미끄러지기 쉽다.

오픈 엔트리 open entry　CO-HC 테스터의 프로브나 멀티 테스터의 프로브 등, 다른 삽입물에 따라서 생기는 손상이나 접속 부위가 보호되어 있지 않은 암 콘택트 결함부 또는 절연체의 콘택트 삽입구의 구조를 말한다.

오픈 체임버 open chamber　내연 기관에서 연료가 타는 곳으로 실린더, 실린더 헤드 및 피스톤의 윗면으로 둘러싸였다. 부연소실이 없는 일반적인 연소실을 말하며, 부연소실과 비교해서 사용하는 용어이다.

오픈카 open car　컨버터블(convertible), 로드스터 등과 같이 덮개나 지붕이 없거나 접었다 폈다 할 수 있는 자동차를 말한다.

오픈 코트 open coat　연삭재의 입자를 기재 표면의 면적비 대비 50~70 %의 밀도로 도포한 것을 말한다. 거친 번호의 샌드 페이퍼에 많다.

오픈 패턴 open pattern　타이어 트레드의 패턴(모양)으로 홈 부분이 많은 것을 말한다.　⇨ 시랜드 비

오피셜 카 official car　레이스와 레이스 사이의 공백 시간에 경주 진행 요원이 코스를 확인하고 연락을 하기 위한 차로, 차체에 '오피셜 카'라고 써서 페이스 카(pace car)와 구별한다.

오피셜 프랙티스 official practice　공식 예선으로, 이때의 랩 타임 순서에 따라 결승 레이스에서의 출발 위치가 결정된다. F1 레이스 등의 경우에는 결승일 이틀 전에 공식 예선이 행해지는 것이 보통이며, 공식 예선 이전의 주행은 단순히 프랙티스라고 한다.　⇨ 프랙티스

오피 앰프 operational amplifier　연산 증폭기를 말한다. 오늘날 가장 많이 사용되고 있는 아날로그 장치이다. 오피 앰프의 표시 기호가 그림으로 표시되어 있다. 반전 입력을 '−'로, 비반전 입력을 '+'로 나타낸다. 오피 앰프는 보통 부귀환(負歸還)을 걸어 사용한다. 광대역 직류 증폭기로 되어 있어서, 다량으로 귀환을 걸어도 발진을 일으키지 않도록 회로 구성에 대한 연구가 진행되고 있다.

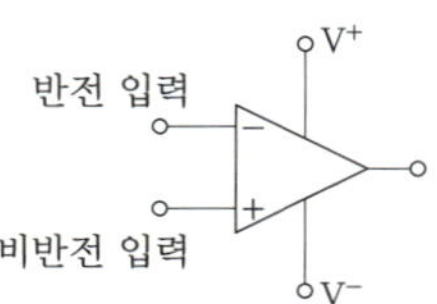

오피 엠프

옥소 전구 (沃素電球) halogen bulb　요오드 전구를 이른다. 불활성 가스와 함께 할로겐 화합물을 벌브 내에 고압으로 봉입한 전구로, 필라멘트의 온도를 높임으로써 벌브의 효율이 좋아지며, 같은 전력에 비하여 밝기와 내구성이 우수하다. 또한 텅스텐이 증발하여 벌브 내면에 부착하는 흑화 현상이 없고 수명이 다할 때까지 밝기가 일정하다.

옥시던트 OX ; oxidant　광화학 반응에 의하여 생성되는 물질인 오존, 알데히드, PAN 등을 총칭한다. 옥시던트의 측정 레벨에 따라 광화학 스모그 발생의 지표로 하고 있다. 옥시던트는 눈이나 목의 자극, 고무 제품의 열화 및 인체나 식물의 성장을 방해하는 것으로 알려지고 있으며, 0.1~0.15 ppm에서 유해 증상이 발생하지만, 정확한 광화학 반응 과정에 관해서는 여러 가지 학설이 있다.

옥시전 oxygen　무색·무미·무취 가스로서 공기 중의 21 %를 구성한다. 어떤 연소에든지 필요한 물질이다. 선택품인 4−가스 애널라이저로 측정한다.

옥시전 리처 oxygen richer　25~30 %까지 산소 농도를 높인 공기를 차내로 공급하여 타는 사람에게 시원함과 안정감을 제공하는 시스템으로, 산소 부화기라고도 한다. 리어 쿨러를 통해서 차내로 공기를 흡입하여 부화기 본체 내의 산소 농도를 25~30 % 높인 공기를 차내에 환원시킨다. 이때에 유해 가스 (CO_2, CO, N_2)를 흡수해서 차 외부로 배기하기 때문에, 차내 공기를 항상 청결하게 유지하는 효과가 있다. 산소 농도를 높인 공기의 통풍구는, 리어 코터 필러의 뒷좌석 전용 통풍구를 설치한 외에, 플로어 콘솔에 전·후석 어느 곳이나 사용 가능한 펜실 타입(pensile type)의 통풍 노즐을 준비하여 산소를 효과적으로 받아들이도록 하고 있다.

옥탄 실렉터 octane selector　연료의 옥탄가에 따라 점화 시기를 조정하는 장치이다. 보통 진공식 진각 장치에 부착하여 연료의 옥탄가가 고옥탄일 때에는 조정 스크루를 어드밴스(전진)의 방향으로, 저옥탄일 때는 리타드(후퇴)의 방향으로 움직이도록 하여 조정한다. 시속 20~30 km의 톱

기어 주행으로부터 급가속시킬 때 처음에는 가벼운 녹이 일어나나 바로 없어지도록 조절하면 된다. 옥탄 실렉터는 단속기 판과 링크로 연결되어 회전의 위치에 따라 러빙 블록이 캠과 만나는 시기를 엔진이 정지된 상태에서 수동으로 저장하며, 한 눈금을 움직이면 크랭크 각도로 2° 진각되거나 늦추어진다.

옥탄가 (1) octane number 가솔린 엔진 연료의 반노킹성을 나타낸 수치를 말한다. 옥탄가를 측정하는 표준 연료로는 옥탄가가 100인 이소옥탄과 0인 정헵탄을 사용하고, 이것과 시료를 비교 시험하여 결정한다. 일반적으로 옥탄가가 높을수록 좋은 연료이다. (2) octane value 노킹을 일으키지 않으려는 성질을 노킹 억제성 또는 앤티노크(antiknock)라고 하는데, 이 앤티노크성을 옥탄가로 표시한다.

$$옥탄가 = \frac{이소옥탄}{이소옥탄 + 정헵탄} \times 100$$

이소옥탄 90 %와 정헵탄 10 %의 혼합 연료 같은 노킹 억제성을 표시하였을 때 옥탄가 90이라고 한다. 고옥탄가 90 이상, 보통 옥탄가 75~85이며, 노킹을 방지하기 위해 $Pb(C_2H_5)_4$(4에틸납)이 사용되지만, 납 성분이 인체에 해롭기 때문에 납이 들어 있지 않은 무연 휘발유를 사용하는 차량이 점점 많아지고 있다. 옥탄가에는 CFR 옥탄가와 로드(road) 옥탄가, 퍼포먼스 넘버 등이 있지만, CFR 옥탄가가 일반적으로 사용된다.

온 ON 전기에서는 전기가 들어온 상태를, 텔레비전에서는 방송 중이거나 카메라, 마이크로폰 등이 작동하고 있을 때를, 라디오에서는 마이크가 작동 중임을 말한다. ⇔ 오프(OFF)

온간 가공(溫間加工) warm working 금속을 재결정 온도 이하, 실온 이상으로 가열하여 성형하는 소성(塑性) 가공 방법이다. 가공력이 적게 들고, 치수 정밀도와 품질이 높은 제품을 얻을 수 있다.

온 더 카 밸런스 on the car balance 차는 단순히 타이어만 회전하는 것이 아니라 타이어, 디스크 휠, 드럼, 드라이브 샤프트 등이 총체적으로 회전하는 것이다. 따라서 이러한 모든 것들(경우에 따라서는 일부

분)을 차량에 장착한 상태로 회전시켜서 밸런스를 취해야 하며, 이렇게 수정한 밸런스를 온 더 카 밸런스 또는 필드 밸런스라고 한다. 이상적으로는 각 타이어의 오프 더 카 밸런스를 취한 후 다시 온 더 카 밸런스를 취하는 것이 바람직하다. ⇨ 오프 더 카 밸런스

온도 감지 밸브 temperature-sensitive valve 어떤 다른 부품의 온도에 따라 개폐되는 밸브로, 보통 제어에 영향을 주는 열(熱), 즉 배기 다기관이나 냉각수에 노출된 바이메탈에 의해 제어된다.

온도 검출 스위치 TDS ; temperature detect switch 페라이트 마그넷과 서멀 페라이트 마그넷의 두 영구 자석에 의해서 구성되며, 온도에 따라 서멀 페라이트 마그넷의 자화 특성이 변화하는 데 따라 리드 스위치(lead switch)를 ON, OFF한다. 그 작동 온도는 ON → OFF가 60±5℃, OFF → ON이 53℃라는 특성을 지니고 있다. 이 온도는 매니폴드부의 수온으로 작동하고, 엔진 시동 후 웜업이 진척되어 60℃에 도달한 시점에서 리드 스위치는 OFF시킨다. 더욱이 이 스위치는 충격에 약하기 때문에 단체 점검 시에 손상되는 일이 없도록 충분히 주의할 필요가 있다.

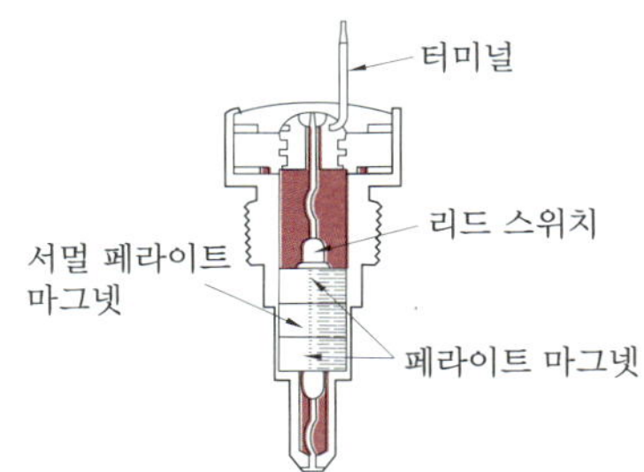

온도 검출 스위치

온도 게이지 temperature gauge 냉각수의 온도를 지지하기 위한 게이지로, 보통 저온에서 고온으로 점진적인 증가를 보이도록 지시하게 된다.

온도계(溫度計) thermometer 물체의 온도를 재는 계기로, 기체 온도계와 액체 온도계, 정압(定壓) 기체 온도계, 저항 온도계, 열전기 온도계, 광고온계 등이 있다.

온도 보상(溫度補償) temperature compensation 망간선을 사용하여 가동 코일형 계

기의 온도 변화에 의한 측정 오차를 경감하는 방법을 말한다. 외기(外氣) 온도에 의하여 회로 작동 조건이 변화하는 것을 방지하기 위하여 설치되는 회로이다. 바이메탈과 같이 전열을 이용한 것이나 반도체 소자와 같이 온도에 따라 특성이 변하는 소자를 이용한 전기 회로에 사용된다.

온도 보상 붙임 유량 조절 밸브 pressure temperature compensated flow control valve 액체의 온도에 관계없이 유량을 설정된 값으로 유지하는 유량 제어 밸브를 말한다.

온도 센서 temperature sensor 엔진 냉각수 온도를 감지하기 위한 장치로서, 냉각수 온도의 변화에 따라 전기적 저항을 바꾸어 지시용 경고등을 점등하거나 바늘의 움직임을 제어하기 위한 것이다. 보통의 재료나 전자 소자는 온도에 따라 전기 특성이 변화하기 때문에 모두 온도 센서가 될 수 있지만, 검출 온도 영역과 검출 정밀도, 온도 특성, 양산성, 신뢰성 등의 면에서 사용 목적에 알맞은 것이 온도 센서로 쓰인다.

온도 송신 장치(溫度送信裝置) temperature sending unit 냉각수의 온도를 감지하기 위해 사용되는 장치로, 이것은 경고등을 점등하거나 지시 바늘의 움직임을 제어하기 위해 냉각수 온도 변화에 따라 전기적인 저항이 바뀌도록 되어 있다.

온도 수정(溫度修正) temperature correction 표준 온도에서 측정한 동일한 눈금과 비교하기 위해, 어떤 온도에서 측정한 눈금에서 더하거나 빼내 주어야 하는 양(온도)을 말한다.

온도 안정성(溫度安定性) temperature stability 엔진의 온도를 일정한 온도(약 90℃)로 유지할 수 있는 엔진 냉각 장치의 역량(능력)을 말한다.

온도 지시기(溫度指示機) temperature indicator 냉각 장치에서 냉각수 온도를 지시하기 위해 사용되는 장치이다. 보통 냉각수 온도가 과열되었을 때 경고등을 켜서 지시하게 된다.

온도 진공 스위치 TVS; temperature vacuum switch 스위치 내의 감지용 소자를 작동할 수 있도록, 냉각수가 충분히 가열될 때

까지 흡기 다기관으로부터의 진공 통로를 닫는 데 사용되는 장치를 말한다.

온 돌리 on dolly 돌리는 무거운 물건을 운반할 때 사용되는 작은 바퀴가 달린 운반구를 말한다. 온 돌리는, 오프 돌리와는 다르게, 돌리의 바로 위를 해머로 두드려 패널을 수정하는 것으로, 해머 온 돌리(hammer on dolly)라고도 한다.

온라인 on-line (1) 컴퓨터의 단말기가 중앙 처리 장치와 통신 회선으로 연결되어 정보를 전송하고, 중앙 처리 장치의 직접적인 제어를 받는 상태를 말한다. 은행의 예금, 좌석 예약, 기상 정보 등에 이용한다. (2) 주어진 장치의 제어에 의해 작동하는 또 다른 장치에, 또는 주어진 장치로 움직이기 시작하며 직접 데이터를 교환하는 다른 장치에 대해 사용되는 용어로서, 직결이라고도 한다.

온라인 시스템 on-line system 컴퓨터와 입출력 장치가 통신 회선으로 연결되어 데이터 전송 등의 업무 처리를 할 수 있는 작업 시스템을 말한다. 데이터의 발생과 동시에 처리되는 리얼타임(즉시 처리) 시스템과, 한 대의 컴퓨터를 동시에 여러 사람이 다른 목적으로 사용하는 타임셰어링 시스템(TSS, time-sharing system)으로 분류한다.

온로드 on road '도로, 포장로'를 뜻한다.

온 보드 다이어그노시스 on-board diagnosis 각 부품과 제어 장치의 상태를 검출하는 센서를 자동차에 탑재한 후 그 신호에 따라 고장 진단을 하는 방식이다. 이 방식은 자동차 사용 중에도 고장 진단을 할 수 있으므로 간혹 발생하는 고장 진단에 유리하며, 고장 진단을 운전자에게 알려 주어 적절한 처리를 쉽게 할 수가 있다. 또한 중대한 결함 발생의 원인을 방지하는 점에서 상당히 뛰어나며, 최근 자동차에 사용하는 것이 급격히 증가하는 추세에 있다.

온 보드 베이퍼 리커버리 on-board vapor recovery 급유 중에 급유구로 나오는 가솔린 증기를 자동차에 설치되어 있는(온 보드) 장치로 회수하는(리커버리) 것을 말한다. 미국 EPA(환경보호청)가 급유 중의 가솔린 증기 방출에 대한 규제를 제한하

고 있으며, 자동차 제작 회사 측과 EPA는 베이퍼의 회수 장치를 주유소에 설치해야 한다고 주장하고 있다.

온 비이클 다이어그노시스 on-vehicle diagnosis　다이어그노시스는 컴퓨터 시스템이 포함된 제어 장치의 자가 진단 기능을 하는 장치이다. 온 비이클 다이어그노시스는 주행 중에 결함이 발생된 자동차를 점검하기 위해서 자동차에 싣고 다니는 결함 진단 장치로서, 이동 정비 차량에 싣고 다닌다.

온 상태 on state　사이리스터에서 양(陽)방향의 전압, 전류 특성을 가진 상태로서, 브레이크 오버 점 이상에서 낮은 전압의 큰 전류가 흐르고 있는 상태를 말한다.

온수식 히터 warm water heater　수랭식 엔진의 냉각수온(약 80℃ 정도)을 열원(熱源)으로 하는 히터로서, 현재 가장 많이 사용되는 형식이다. 찬 공기를 냉각수 히터 유닛의 열 교환기로 보내어 더운 공기로 만든 후, 송풍기를 사용하여 실내로 불어내는 방식으로서 히터 유닛, 송풍기, 물 호스, 공기 통로 및 각종 밸브와 스위치 등으로 구성되어 있다.

온스 ounce　(1) 야드파운드법에 의한 무게의 단위로, 상용 온스는 1파운드의 16분의 1로 28.35그램에 해당하고, 금·은·약제용으로는 1파운드의 12분의 1로 약 31.1035그램에 해당한다. (2) 야드파운드법에 의한 부피의 단위로, 약제용 액량(液量)을 잴 때 쓴다. 1온스는 영국에서는 $1.7341cm^3$, 미국에서는 $1.804cm^3$에 해당한다. 기호는 OZ를 사용한다.

온-오프 동작 on-off action　동작 신호의 값에 따라서 조작량이 미리 정해져 있는 2개의 값 중 1개를 취하는 제어 동작을 말한다.

온-오프 제어 on-off control　제어하는 동작이 on, off 두 개뿐인 제어로, 서모스탯에 의한 온도 제어를 말한다.

온-오프용 전자 밸브 on-off electric valve　절환 제어용 전자 밸브라고도 부르며, 2way 또는 복합형까지 여러 종류가 있다. 기본적으로는 on-off 2way 절환 밸브가 많이 이용된다.

온 컨디션 메인터넌스 on condition maintenance　자동차를 정기적으로 점검 또는 테스트하여 작동 상태의 이상 유무를 판정하고, 이상이 발견되면 부품을 교환 또는 수리하는 등 적절한 보수, 관리, 정비를 하는 것을 말한다.

온 타임 on-time　모든 것이 예정대로 진행되고 있다는 뜻이다. 랠리에서는 주최자로부터 지시된 속도에 맞추어 달리는 경우를 온 타임이라고 한다. 일부 랠리 경기, 예를 들면 일본 랠리는 체크 포인트에 빨리 도착하거나 늦게 도착하거나 모두 감점이 되기 때문에 시간을 지키는 것이 매우 중요하다.

올 글라스 실드 빔 all glass sealed beam　렌즈뿐만 아니라 반사 거울도 유리로 되어 있는 실드 빔을 말한다.

올덤 커플링 Oldham's coupling　두 축이 평행해서 약간 편심되어 있는 경우에, 각속도를 변화시키지 않고 동력을 전달할 수 있는 축이음의 일종이다. 한쪽에는 돌기부를, 다른 한쪽에는 홈을 파서 조립하는 형식의 연결로, 접촉면의 마찰 저항이 크기 때문에 윤활이 필요하다.

올드스모빌 Oldsmobile　올드스모빌이라는 이름은 Ransom E. Olds가 1896년 자신의 이름인 올드스(Olds)에 모빌(mobile)을 붙여 만든 자동차 회사 이름이다.

올 라운드 보디 스타일 all round body style　차체 전면부에서 후면까지 유선 및 곡선형으로 설계된 스타일로, 주행 중의 공기 흐름을 양호하게 하며, 고속 주행 시 맥놀이 현상이나 공기 저항이 적게 되어 연비 향상, 주행성 및 정숙성이 우수하다.

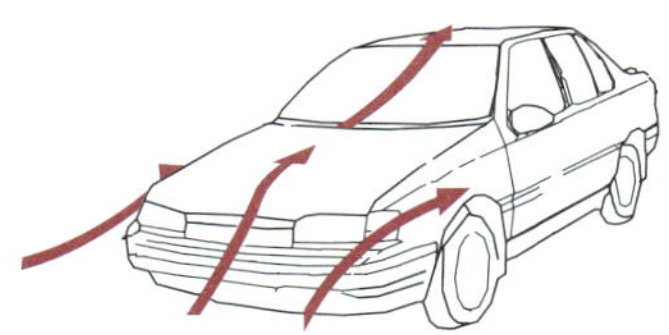

올라운드 보디 스타일

올레오댐퍼 oleodamper　기름의 압력으로 충격을 흡수하는 장치로, 비행기, 자동차 등의 완충 장치에 쓴다.

올림퍼스 랠리 Olympus Rally　미국에서 열리던 랠리이다. 미국의 랠리는 다른 대륙과는 달리 독자적으로 발전해 왔다. 북서부 워싱턴 주(수도 워싱턴과는 다른 지방)를 무대로 한 올림퍼스 랠리는, 1986년부터 WRC의 1전으로 채택되기도 했으나 지금은 제외되었다.

올 스피드 거버너 all speed governor　공회전에서 최고 회전까지 어떤 회전 속도에서도 디젤 엔진의 연료 분사량을 조절하는 거버너를 말한다.

올 시즌 타이어 all-season tire　적설 기간이 짧은 지역에서 여름용과 겨울용 타이어를 교체하는 번거로움을 해소하기 위하여 개발된 타이어로, 사계절 구분 없이 사용할 수 있는 타이어이다. 강설량이 많은 지역에서는 사계절용 타이어로 스노 성능을 100 % 발휘할 수 없으므로, 스노우타이어를 사용하는 편이 유리하다. 레이디얼 타이어가 가진 벨트의 효과에 의하여 어느 정도 쌓인 눈길에서는 주행성을 가지므로 레이디얼 타이어의 트레드 패턴을 눈길용으로 개량하여 적설(積雪)이 적은 지방에서 스노타이어로 교환하지 않고 연중 사용할 수 있도록 만든 타이어이다. 북미(北美)에서 개발되어 미국제 신형 자동차용 타이어로 채용되었고, 국내의 4WD차량에 장착되고 있다.

올 알루미늄 모노코크 보디 all aluminum monocoque body　보디를 구성하고 있는 모노코크(차체와 차대가 일체가 된 차의 구조) 전체가 알루미늄으로 만들어진 것을 말한다. 알루미늄은 철에 비하여 잘 늘어나지 않기 때문에 프레스 가공이 힘들며, 또한 전기 저항이 적으므로 용접하는 데 특수한 전극과 철의 2~3배의 전류가 필요한 것이 단점이다.

올 알루미늄 실린더 블록 all aluminum cy-linder block　실린더 라이너를 사용하지 않고 알루미늄 합금만으로 만들어진 실린더 블록을 말한다. 엔진에 쓰이고 있는 주철 라이너 부분을 실리콘 입자로 강화한 과공정 알루미늄 블록과, 하이브리드 섬유를 복합재로 강화한 FRM 실린더 블록이 있다.

올 플랫 시트 all flat seat　⇨ 풀 플랫 시트

옴 ohm　전가 저항의 실용 단위로, 1옴은 두 끝에 1볼트의 전위차가 있는 도선(導線)에서 1암페어의 전류가 흐를 때 나타나는 저항이다. 독일의 물리학자 옴(G. S. Ohm)의 이름에서 유래한다. 기호는 Ω이다.

옴 미터 Ohm meter　물질의 고유 저항을 측정하는 단위이다. 전기 저항을 측정하기 위한 계기로서, 저항 한 가지만 측정할 수 있는 단독형과, 전압·전류 및 저항을 한 개의 회로로 만든 멀티미터가 있다. 전지의 전원을 내장하고 평균값형 전류계에서 눈금을 읽도록 되어 있으며, 눈금의 교정은 저항값에서 하도록 되어 있다. 'Ω m'로 표시한다.

옴 손실 Ohmic loss　저항 내에서 소비되는 전력의 손실로, 저항 R를 통하여 흐르는 전류를 I라고 하면 I^2R(W)의 열이 발생하여 전력 손실이 생기게 된다.

옴의 법칙 Ohm's law　어떤 전기 회로에 흐르는 전류는 그 회로에 가하여진 전압에 정비례하고 저항에 반비례한다는 법칙이다. 이 법칙은 금속성 회로나 전해질적 저항을 포함하는 많은 회로에 대하여 성립한다. 1826년에 독일의 물리학자 옴(George Simon Ohm)이 증명하였다.

옴 접촉 Ohmic contact　(1) 순 저항성 접촉으로, 작동 범위 전체에 걸쳐 전압 및 전류의 특성이 직선 비례 관계를 가지고 있는 접촉을 말한다. (2) 반도체를 사용하는 경우에 P형과 N형 재료의 접촉부의 전압 강하가 그곳에 흐르는 전류에 직선 비례하는 경우의 접촉이다.

옵셔널 파트 ptional parts　제작 회사에서 자동차를 생산할 때 기본적으로 장착하는 것 이외의 부품을 사용자의 희망에 따라 설치하는 것을 말한다. 일반적으로 어떤 자동차에도 메이커나 판매 회사에서 수의 주문 부품(optional parts)이 설정되어 있어 기본 차량에 추가되는 것으로, 고객의 취향이나 예산에 맞춘 주문에 알맞도록 만들어내고 있다. 대표적인 것으로는 에어 컨디셔너(에어컨), 카세트·스테레오 등이 있고, 이외에 휠, 타이어, 핸들 등의 부품을 비롯하여 차체의 사이드 스트라이프(side stripe, 줄무늬)까지 세부적인 면에 걸쳐 준비되어 있다. 또 풀 장치라 칭하여 이러한 수의 주문 부품을 전부 장착하여 최고급차로 만들어서 판매하기도 한다.

옵션 option '선택, 수의' 등을 뜻하며, 자동차를 판매할 때 고객의 임의·희망에 의하는 것이다. 자동차의 장비 부품은 그 자동차에 기본적으로 필요로 하는 표준 장비와 에어컨, 선루프 및 CD 플레이어 등 사용자에 따라 꼭 필요하지 않은 것도 있다. 이들 중 자동차를 구입하는 사람이 희망하는 대로 제작 회사 공장에서 설치하는 것을 '메이커 옵션', 대리점이나 판매점에서 설치하는 것을 '딜러 옵션'이라고 한다.

옵토 일렉트로닉스 opto-electronics 광학과 전자 양쪽 모두에 관계된 장치 또는 부품의 개발 및 이들의 응용에 관한 과학 기술로서, 광전자 공학이라고도 한다.

옵토 커플러 opto coupler 광원(입력)과 광 검출기(출력)로 구성된 고체의 스위칭 소자로서, 광원으로는 갈륨, 비소나 발광 다이어도를 사용하고, 광 검출기로는 포토 다이오드나 포토트랜지스터가 사용된다. TDC 센서, 크랭크 각 센서, 조향 핸들 각속도 센서 및 차고 센서 등에 이용되고 있다.

옵티미터 opti-meter 표준 치수의 물체와 측정하고자 하는 물체의 치수 차이를 광학적으로 확대하여 정밀하게 측정하는 비교 측정기를 말한다.

옵티컬 액시스 optical axis 헤드라이트의 광축을 말한다. 헤드라이트의 불빛을 피조면에 조사(照射)하였을 때 조사 광선의 중심이 되는 주 광축을 뜻한다.

옵티컬 얼라이너 optical aligner 광학식의 앞바퀴 얼라인먼트 테스터 또는 광학식 헤드라이터 테스터를 말한다.

옵티컬 인디케이터 optical indicator 내연 기관의 실린더 내에서 가스의 연소 상태를 기록하는 장치로서, 광 레버 또는 광전관을 이용하여 광학적 방법으로 확대하도록 만들었다.

옵티컬 파이버 optical fiber 메타 아크릴 수지의 심을 투명 수지로 싼 가는 실을 말한다. 심과 피막과의 경계가 거울 역할을 하여, 한쪽의 절구로부터 빛을 넣어 주면 빛은 심 속을 반사하면서 한쪽의 절구까지 전달된다.

옵티컬 패럴렐 optical parallel 광학 유리를 연마하여 만든 매우 정확한 평면 판으로, 평면도, 평행도 및 주위 오차를 측정하는 데 사용한다.

와류(渦流) turbulence 심하게 교란되고 있는 상태를 말한다. 엔진에서 실린더로 들어가는 공기·연료 혼합 가스의 신속하게 소용돌이치는 움직임을 말한다.

와류비(渦流比) swirl ratio 와류(맴돌이 전류)의 강도를 나타내는 지수로서, 표시 방법은 두 가지가 있다. ① 와류의 회전수와 엔진의 회전수의 비로 나타낸다. 흡입 행정에서 피스톤이 내려가고, 계속해서 압축 행정에서 피스톤이 올라가는 사이(엔진의 1회전)에 와류가 1회전하는 경우의 와류 비를 1로 하는 것을 말한다. ② 와류의 수평 방향의 속도 성분과 수직 방향의 속도 성분의 비로 나타낸다.

와류식 속도계(渦流式速度計) eddy current speed meter 회전축의 끝 부분에 영구 자석을 달아 회전시키면 그 바깥 둘레에 있는 유도 금속판에 와전류가 유기된다. 이 와전류는 영구 자석의 자계와 상호 작용을 하고 이 금속판에는 회전 방향의 회전력 크기가 걸려 회전 속도를 검지할 수 있다.

와류실(渦流室) swirl chamber 가솔린 엔진의 연소실로서 흡입 구멍에서 특히 와류 생성을 위하여 만들어진 방을 말한다. 엔진에서 혼합 가스의 연소를 좋게 하기 위하여 흡입되는 공기나 혼합 가스의 와류를 만드는 것이 고안되었다. 공기의 흐름을 될 수 있는 대로 방해하지 않고 강한 와류를 만드는 방법으로서 흡기 포트를 연소실에 대해 편심으로 설치하거나 밸브의 형태를 고안하는 방법이 개발되었다.

와류실식(渦流室式) swirl chamber system 노즐 가까이에서 많은 공기 와류를 얻을 수 있도록 설계된 것이며, 이 형식의 특성은 직접 분사식과 예연소실식의 중간 정도이다. 무과급 디젤 기관 중에서 평균 유효 압력이 가장 높고 고속 운전(약 4,000 rpm)이 가능하며, 리터 마력이 크다. 연료 소비율이 예연소실보다 적으며, 발연 한계 혼합비는 약 $\lambda=1.3$ 정도이므로 직접 분사식에 비해 공기 이용률이 높다. ⇨ 예연소실식

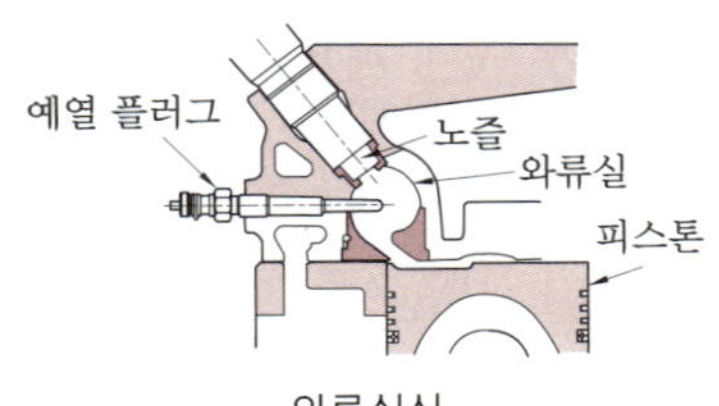

와류실식 디젤 엔진 swirl chamber type diesel engine 부연소실식 디젤 엔진의 일종으로, 부실 용적(副室容積) 45~60 % 의 조금 큰 부연소실 내에 압축 행정 중 주연소실에서 흘러 들어가는 공기의 강한 소용돌이(過流)를 만든다. 이 소용돌이 내에 연료를 분사하여 완전 연소를 돕는 형식의 엔진이다.

와류 컨트롤 밸브 swirl control valve 흡입 구멍 내에 설치되어 있는 밸브로서, 밸브의 방향을 바꾸어 흡입 포트를 와류 포트로 변화시키거나, 일반적인 흡입 포트를 사용하여 출력 향상과 연료 소비율의 개선을 꾀하는 데 사용할 수 있도록 한 것을 말한다.

와류 포트 swirl port 흡입 포트 중 특히 와류 생성(生成)을 의식하여 만든 포트를 말한다. 피스톤형 엔진에서 혼합 가스의 연소를 향상시키기 위하여 흡입된 공기와 혼합 가스의 소용돌이를 만드는 것이 고안되어, 공기의 흐름을 될 수 있는 한 방해하지 않고 강한 와류를 만든다. 이에 따라 흡입 포트를 연소실에 대하여 편심 되게 설치하거나 밸브의 모양을 고안하는 방법(예 : 슈라우드 밸브)이 개발되었다. 디젤 엔진용으로 접선(接線) 포트나 헬리컬 포트 등이 있다.

와류 현상(渦流現像) turbulence 엔진 실린더에 들어가는 공기·연료 혼합기에서 생기는 소용돌이 현상을 말한다.

와블 wobble ⇨ 위브

와셔 washer (1) 볼트, 너트 및 작은 나사 등을 조일 때 머리 면에 끼우는 고리이다. 너트는 볼트의 구멍이 클 때, 압력에 견디는 힘이 작은 목재·고무 및 경합금 등에 볼트를 사용할 때, 볼트 또는 너트의 접촉면에 요철이 심할 때, 개스킷을 조일 때 등에는 평 와셔를 사용하고, 너트의 풀림을 방지할 때는 스프링 와셔를 볼트 또는 너트의 아래 면에 끼워 사용한다. (2) 유리창에 세정액을 분사하는 장치를 말한다. 탱크에 저장된 세정액을 펌프로 보내 노즐에서 분사한다. 유리면 전체에 균일하게 산포하기 위하여 분사점을 많게 하거나 부채꼴로 발산하는(확산 노즐) 것 이외에도, 암이나 블레이드에 노즐을 설치한 것 등이 있다. 와이퍼와 연동하여 블레이드가 작동하는 시간에 맞추어 작용하는 것도 있다.

와셔 액 washer fluid 빙결 방지를 위한 일종의 세정액으로, 에틸렌글리콜, 메탄올 등이 주성분이며, 세정제나 방부제가 들어 있다.

와셔 용접기 washer welding machine 와셔를 패널에 용접해 사용하는 용접기이다. 핀이나 특수한 형상의 플레이트를 사용하는 경우도 있으며, 점(스폿)용접기와 겸용으로 된 것도 많다.

와우 프라터 테이프 리코더나 플레이어 회전이 고르지 못함을 말한다. '와우'는 회전이 고르지 못하고 주기가 늦은 것을 뜻하며, '프라터'는 주기가 빠른 것을 뜻한다.

와이 결선 Y connection 삼상 교류 회로에서 각 상의 기점을 한곳에 결합하여 Y형으로 한 결선을 말한다.

와이드 레이쇼 wide ratio 클로스 레이쇼가 스포츠형의 자동차나 레이싱 카에서 엔진을 가능한 한 최고 출력 회전에 가까운 범위로 사용하기 위하여 각 단의 기어 비를 가능한 한 가깝게 설정한 것이라면, 반대로 각 기어 비의 차이가 큰 것을 와이드 레이쇼라고 한다. 일반적인 자동차에서는 출발할 때나 비탈길에서 큰 힘이 필요하지만, 일정 스피드가 되면 힘은 그다지 필요하지 않고, 오히려 기어 체인지 때만 회전수가 크게 변화하면 부드러운 주행이 되기 어렵다. 따라서 큰 힘이 있는 로 기어에서는 기어 비를 크게 하고, 로어 세컨드는 와이드 쪽으로, 그 이상을 클로스 쪽으로 한 것이 많다. ⇦ 클로스 레이쇼

와이드 타이어 wide tire ⇨ 로 프로필 타이어

와이드 펜더 wide fender 와이드 타이어의 사용에 대응하기 위해 사용된 대형 펜더를

말한다. 외관을 용맹스럽게 보임과 동시에 품격도 향상시킨다.

와이어 wire 여러 가닥의 강철 철사를 합쳐 꼬아 만든 줄을 말한다. 굵기 및 용도에 따라 여러 가지 종류가 있다.

와이어 게이지 wire gauge 철사의 굵기를 재는 기구로, 원형의 강판 둘레에 작은 치수에서부터 큰 치수까지 구멍과 폭이 만들어져 있어 철선의 굵기와 강판의 두께를 측정하는 게이지를 말한다.

와이어로프 wire rope 몇 개의 철사를 꼬아서 1줄의 스트랜드(strand)를 만들고, 다시 6가닥의 스트랜드를 1줄의 마(麻)로 된 로프처럼 심으로 꼬아서 만든 철사 줄을 말한다. 가속 페달, 브레이크 및 클러치 페달 등의 링키지로 사용한다.

와이어 릴 wire reel 자동과 반자동 아크 용접에 사용되는 와이어의 코일을 장치하여, 원활하고 연속적으로 와이어를 공급할 수 있도록 만들어진 물레와 같은 틀을 말한다.

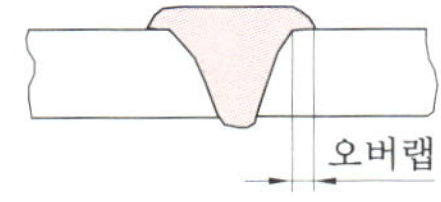

와이어 릴

와이어링 다이어그램 wiring diagram 자동차 배선을 상세하게 그림으로 나타낸 것으로서 배선도(配線圖)를 말한다. 배선도에는 부분 배선도와 전체 배선도가 있다.

와이어링 하니스 wiring harness 배선 뭉치라고도 하는데, 차량의 여러 전기 장치에 연결되는 배선을 하나로 묶은 것으로, 이것은 유닛으로 조합하여 교환된다.

와이어 브러시 wire brush 가느다란 강철선으로 만든 솔로, 자동차 부품의 녹, 페인트 및 먼지 등을 제거하는 데 쓴다.

와이어 스트리퍼 wire stripper 전선의 피복을 벗기는 데 사용하며, 전선의 크기가 여러 종류가 있기 때문에 피복 절단 부분에는 규격에 맞는 홈을 이용하도록 되어 있다.

와이어 스포크 wire spoke 자동차, 오토바이 및 자전거의 휠과 허브를 연결하는 강철선(鋼鐵線)을 말한다.

와이어 스포크 휠 wire spoke wheel 림과 허브를 36개의 철사(와이어)로 연결하여

만든 휠(바퀴)을 말한다. 예전에는 승용차용으로도 사용되었으나, 지금은 가볍고 값이 싸서 이륜자동차에 사용되거나, 충격 흡수성이 있어 고급 승용차에만 사용되고 있다. 진원(眞圓)을 정확히 낼 수 있는 조립 숙련도가 필요하며, 장시간 사용하면 비틀어지기 쉬운 것이 단점이다.

와이어 와운드 피스톤 wire wound piston 피스톤이 열로 인해 팽창되는 것에 대비하여, 피스톤 보스 부위와 맨 밑의 피스톤 링 사이에 강선으로 띠를 둘러 일체로 주조한 피스톤을 말한다.

와이어 워번 개스킷 wire woven gasket 실린더 헤드 개스킷(연소 가스나 냉각수, 엔진 오일이 누출되지 않도록 실린더 블록과 실린더 헤드 사이에 조립되는 패킹)의 일종으로서, 스틸 베스토스 개스킷과 같은 압축재에 석면(아스베스토스)과 고무를 사용하고, 심재(心材)로는 철사 망을 사용한 구조를 말한다.

와이어 필러 게이지 wire feeler gauge 전기 접점, 이를테면 배전기 접점 및 점화 플러그 사이의 간극 등을 측정하기 위해 숫자(간극)가 새겨진 와이어 형식의 게이지를 말한다.

와이어 하니스 wire harness 자동차 배선의 경우, 각각 와이어를 배선하는 것이 아니라 어느 정도 합쳐진 모양으로 배선한다. 와이어 하니스는 그 배선을 종합한 다발을 말한다.

와이어형 간극 게이지 wire thickness gauge 점화 플러그의 간극을 측정하는 계기로서, 플레이트(plate) 끝 부분에 굵기가 다른 철사를 고정시켜 접지 전극과 중심 전극 사이의 간극을 측정하는 게이지이다.

와이퍼 wiper 전에는 앞창에만 와이퍼가 있었으나, 현재는 FF 2박스 카처럼 뒤에 와이퍼가 달린 것도 있다. 기술이 발전되었다고 하나 비오는 날의 시계(視界) 확보는 여전히 와이퍼에 의지하고 있다.

와이퍼의 장치

와이퍼 고속 부상 wiper lifting　고속 주행을 할 때 와이퍼가 풍압에 의하여 앞면 유리에 뜨는 현상을 말한다. 고성능 자동차에서는 와이퍼를 누르는 압력을 높이거나 와이퍼에 핀(fin)을 부착하여 풍압을 제한하는 방법으로 와이퍼가 뜨는 것을 방지한다.

와이퍼 디아이서 wiper deicer　와이퍼 블레이드가 윈드실드(windshield, 방풍 유리)에 얼어붙어서 작동할 수 없을 때, 윈드실드에 내장된 열선에 의해 해빙하여 와이퍼의 작동을 가능하게 하는 장치를 말한다.

와이퍼 모터 wiper motor　직류 복권식 전동기로서, 전기자 축의 회전을 약 1/90~1/100의 회전수로 감속하는 웜 기어와, 블레이드가 윈드실드 아래쪽에 위치하여 와이퍼를 정지시키기 위한 자동 정지 장치 등과 함께 조립되어 있다.

와이퍼 불식률(拂拭率)　와이퍼가 유리를 닦는 면적으로, 윈드실드의 전체 면적에 대하여 닦는 면적을 비율로 나타낸 것이다.

와이퍼 블레이드 wiper blade　전후 유리 바깥 면에 밀착되어 유리에 부착되는 이물질을 닦아내는 부품으로, 유리면에 직접 접촉되는 면은 연질의 고무로 되어 있고, 이 고무를 설치하고 유리에 밀착시키는 형태의 케이스로 구성되어 있다. 러버 부분이 닳거나 망가지면 기능이 떨어져서 교환해야 된다. 고급차에는 헤드라이트에 설치되어 있는 것도 있다.

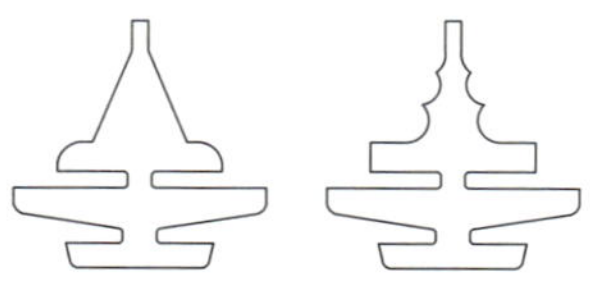

와이퍼 블레이드 고무 단면

와이퍼 암 wiper arm　와이퍼 블레이드와 와이퍼 모터 링키지와 연결되어 회전력을 직선 운동으로 바꾸는 것을 말한다.

와이퍼 압력 가변 시스템 wiper pressure variable system　자동차가 고속으로 주행할 때 와이퍼가 유리창으로부터 뜨는 것을 방지하기 위하여 주행 속도에 맞추어 와이퍼를 누르는 압력을 변화시키는 방식을 말한다.

와이퍼 채터링 wiper chattering　와이퍼 블레이드가 윈드실드를 닦은 흔적이 남아 있어 시계(視界)를 방해하는 현상을 말한다. 지붕의 왁스 등 물에 잘 용해되지 않는 것이 앞 유리 표면에 부착되어 있을 때 발생될 우려가 있으며, 와셔 액 양이 적거나 앞차량의 뒷바퀴로부터 튀어 오른 물로 인해 오염될 경우 발생하기 쉽다. 일반적으로 와셔 액으로 해소할 수 있으나, 블레이드와 유리를 청소할 필요가 있을 때도 있다. 채터링은 기계 따위가 덜컹덜컹 진동하는 것을 말한다.

와이형 권선 Y-type winding　3개의 권선 중에서 한 개 권선의 끝단부가 중립선에 연결되는 얼터네이터(교류 발전기)의 권선 형식을 말한다.

와인드업 windup　섀시 진동의 하나로, 추진 축을 중심으로 하여 발생되는 평행 진동이나 액슬 축을 중심으로 하여 발생되는 회전 진동을 말한다.

와인드업 바이브레이션 windup vibration　현가 계통에 생기는 차축 주위의 회전 진동으로, FR차인 경우 발진 시 파이널 기어에 걸리는 구동 토크의 반동 때문에 차체 부분이 뜨게 되는데, 뒤 차축 주위에 와인드업이 발생된다.

와인딩 로드 winding road　꾸불꾸불한 도로를 말한다. 커브가 연속되어 S자 모양으로 되어 있는 지형을 말하는데, 트위스티 로드라고도 한다.

와일드 핑 wild ping　표면 점화에 의하여 발생한 노크는 연소실 내의 온도를 높게 하고, 이는 더욱 표면 점화를 조장하여 가끔 고음파, 파괴음을 내는 현상을 말한다.

와전류 (渦電流) eddy current　⇨ 맴돌이 전류

와전류 리타더 eddy current retarder　감속 브레이크로서 스테이터 코일에 전류가 흐르면 자장(磁場)이 발생되며, 이 속에서 디스크를 회전시키면 와전류가 흘러 자장과의 상호 작용으로 제동력이 발생한다. 추진 축과 함께 회전하는 로터 디스크와 축전지의 직류 전류에 의해 여자(勵磁)되는 전자석을 가진 스테이터로 구성되어 있다.

와전류 브레이크 eddy current brake　말굽형 자석의 양극 간격을 좁게 하고 그

사이에 전기 도체로 만들어진 원판을 두어 회전시키면 플레밍의 오른손 법칙에 따르는 방향으로 원판에 와전류가 흐르고, 이 전류와 자석의 자계로 플레밍의 왼손 법칙에 따르는 방향으로 토크가 발생하여 원판을 정지시키는 구실을 하는 브레이크를 말한다.

와전류 센서 eddy current sensor　도전체에 발생하는 와전류에 의한 코일의 인덕턴스 변화를 이용한 센서를 말한다. 고주파 전류를 흘린 코일에 도전체를 접근시키면 코일에서 발생하는 교류 자계에 의하여 와전류가 흐른다. 이 와전류가 역자계를 발생하여 코일의 인덕턴스를 변화시키기 때문에 코일의 임피던스를 측정함으로써 코일과 도전체의 상대 위치 관계를 알 수 있다. 비접촉 측정이 가능하기 때문에 진동 물체 등의 변위 측정이나 근접 스위치에 응용한다. 또 검출부의 기본 구성 요소가 코일뿐이어서 나쁜 환경에서의 각종 계측에도 이용되고, 원자로의 냉각용 액체 나트륨의 유량, 레벨, 온도 센서, 용융 금속의 레벨 센서, 열간 슬리브의 탐상(探傷) 센서, 고온 하에서의 압력, 가속도 센서 등에 응용한다.

와전류 손실(渦電流損失) eddy current loss　와전류에 의한 줄열이 원인이 되어 생기는 에너지 손실로서, 자속의 밀도와 주파수의 곱에 비례한다.

와전류식 동력계(渦電流式動力計) vortex current type power meter　전기 동력계의 일종으로, 기계적 에너지를 전기적 에너지로 변환하여 엔진의 출력을 측정한다. 엔진에 의하여 동판을 회전시켜 바깥쪽 전자석에 전기를 흐르게 하면 동판에는 맴돌이 전류가 발생하여 회전을 차단하는 부하가 생기는데, 이때의 토크 회전수로 출력을 측정한다. 부하는 전자석의 여자(勵磁) 전류의 가감으로 조정한다.

와전류식 변위계(渦電流式變位計) eddy current type displacement transducer　고주파 여자(勵磁) 코일에 근접한 도전체가 변위하면 도전체 표면에 흐르는 와전류의 크기가 변하기 때문에 그 결과 발생하는 코일의 인덕턴스 변화로부터 도전체의 변위를 측정하는 변위계를 말한다.

정밀한 변위계에서는 그림과 같이 변위를 검출하는 유효 코일 외에 늘림 코일을 설정하여 이들로써 브리지 회로를 구성하여 온도로 인한 임피던스 변화의 영향을 상쇄하고 있다. 인덕턴스는 측정 대상의 도전율이나 투자율의 영향을 받지만, 여자 주파수를 높이면 경감된다. 측정 거리와 코일의 인덕턴스의 관계는 단순하지는 않으나 거리가 커질수록 변위에 대한 감도는 작아진다. 이 관계는 지수함수로 근사할 수 있기 때문에 대수(對數) 증폭기를 사용하여 출력 신호를 직선화할 수 있다. 측정 범위는 코일의 지름이 커지면 증대한다. 비접촉 센서의 장점을 살려 회전기의 축 변위나 진동 변위 등의 측정에 이용되고, 또 간단한 것은 근접 스위치로 이용되고 있다.

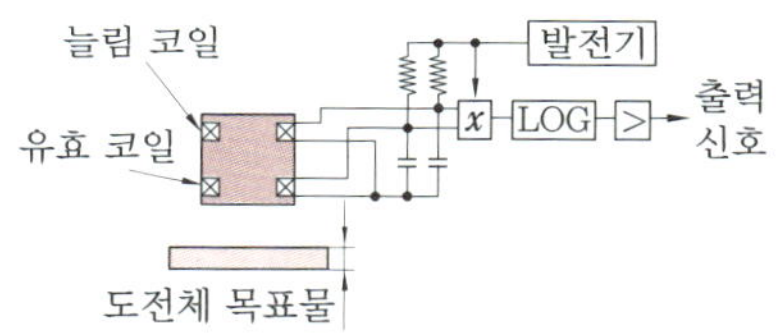

와전류식 변위계

와전류 탐상법(渦電流探傷法) eddy current inspection method　여진(勵振) 코일에 고주파 전류를 흘려 피검사 물체의 탐상 부분에 와전류를 발생시키고, 결함에 의하여 와전류의 분포 상태가 변화하는 것을 감지하는 비파괴 탐상법의 하나이다. 그림에 그 검출 원리가 나타나 있다. 공심(空芯) 때의 코일의 직류 저항, 인덕턴스, 각 주파수를 R_o, L_o, ω 라고 하면 코일의 임피던스 Z는, $Z = R_o + J\omega L_o$가 된다. 여진 코일을 피검사체에 접근시키면 여진 코일의 임피던스는 피검사체의 투과율 및 도전율에 의하여 변화한다. 여자(勵磁) 코일의 임피던스는 공심 때의 리액턴스 ωL_o를 기준으로 정규화하여 $R/\omega L_o$, $\omega L/\omega L_o$로 임피던스 평면상에 표시할 수 있기 때문에 이 임피던스도에서 결함의 분포 상태를 구할 수 있다. 여자 코일의 적용법에 따라 관통 코일법, 프로브 코일법, 내삽 코일법으로 분류할 수 있다. 사용 주파수는 수백 Hz로부터 수 MHz에 걸쳐 있지만, 프로브 코일법에서는 100 kHz 이상이 사용된다. 결함 검출 정밀도는 균열상(龜裂傷)에서 길이 20～30μm 정도이다. 고속으로 연속 탐상할 수 있는 특징이 있다.

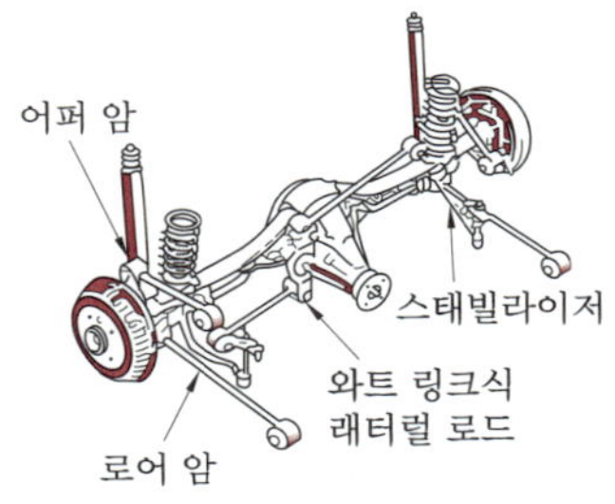

와전류 탐상법의 원리도

와트 watt　일률 및 전력의 MKSA 단위로, 기호는 W이다. 1초간에 1J(줄)의 일을 하는 일률을 1W라 하고, 와트의 1,000배를 킬로와트 즉 $1\,W = 1\,J/S = 10^7 erg/s = 1/1,000$ kW이다. 전력의 단위로는 1 V(볼트)의 전압으로 1A(암페어)의 전류를 통하는 전력의 크기를 말한다. 일률의 단위로는 마력도 사용되며, 보통 1 hp는 746 W에 해당된다. 1 W의 일률로 1시간 동안 하는 일의 양을 와트시(Wh)라 하고, 주로 전력량의 단위로 쓰인다. 와트라는 명칭은 증기 기관의 발명자인 영국의 J. 와트의 이름에서 딴 것이다.

와트 링크 watt link　래터럴 로드는 액슬과 차체를 연결하여 가로 방향의 힘을 지탱하고 있다. 가로 방향의 힘은 차체가 옆으로 흔들리는 움직임으로, 이를 지탱하기 위해 차체와 액슬을 핀으로 결합하고 있다. 액슬이 상하로 움직이면 래터럴 로드는 차체 쪽 피벗을 중심으로 원호(圓弧)를 그리고, 이 움직임은 직선이 아니기 때문에 그만큼 보디가 옆으로 움직인다. 이를 막기 위해 래터럴 로드는 되도록 길게 하지만, 한 개로 된 링크인 것에는 변함이 없고 가로 방향의 움직임은 그대로 남는다. 그래서 이것을 세 개의 링크로 하고 차체-액슬-차체를 결합하여 액슬이 상하로 움직여도 가로 방향의 움직임은 하나도 없게 한 시스템을 와트 링크라고 부른다.

와트 링크 타입 서스펜션 watts link type suspension　링크식 일체 차축식 현가장치(리지드 액슬 서스펜션)의 일종으로서, 파이프 링크식 현가장치의 래터럴 로드를 Z자형 와트 링크식(watt's linkage)으로 한 것을 말한다. 링크를 두 개로 분리함에 따라 위치 결정이 보다 정확하며, 차축의 옆

방향 움직임을 적게 할 수 있는 특징이 있다. FF 차량의 뒷바퀴에서는 좌우 어퍼 링크와 로(low) 링크로 와트 링크를 구성하고, 좌우 위치 결정을 래터럴 로드로 한다. 어느 것이나 영국의 와트에 의하여 고안한 링크 기구를 자동차의 현가장치에 이용한 것을 말한다.

와트 링크 타입 서스펜션

와트시 watt hour　(1) 전기 에너지의 실용 단위로, 1와트시는 1와트의 전력으로써 한 시간에 하는 일의 양이다. 1와트시는 3,600줄(joule)이다. 기호는 Wh이다. (2) 축전지의 용량을 나타내는 단위로서, 완전 충전된 축전지를 일정한 전류로 연속 방전하여 방전 중인 단자 전압이 규정의 방전 종지 전압이 될 때까지 인출할 수 있는 전기량을 뜻한다.

왁스 wax　일반적으로 밀랍(蜜蠟)을 가리키는 말이다. 도장(塗裝)의 마감이나 손질에 사용하는 왁스는 천연 또는 합성의 밀랍 및 실리콘(포함하지 않는 것도 있음) 외에 콤파운드 성분이나 사용성을 높이는 첨가제를 혼합하여 만든다. 오래된 판금 퍼티는 반건조(半乾燥) 시 표면에 끈적끈적한 층이 생기는데, 이것도 왁스라고 한다.

왁스 엘리먼트 wax element　파라핀의 열팽창을 이용해서 엘리먼트가 신축하여 온도 변화에 따르는 조작을 행한다. 풀 오토 초크 기화기 등에 적용되고 있다.

왁스 펠릿 wax pellet　서모스탯 등과 같은 열 제어 장치에 사용되는 것으로, 금속 입자가 밀봉된 왁스 속에 매입되어(묻어 두어) 금속이 열에 의해 팽창될 때 운동을 일으키도록 한 것을 말한다.

왁스 펠릿 서모스탯 wax pellet thermostat 냉각수온을 적정 온도로 유지하기 위하여 왁스의 성질이 변하는 것을 이용한 서모

스탯(라디에이터 수온 조절기)을 말한다. 왁스를 캡슐(펠릿) 안에 밀봉하였을 때, 냉각수 온도가 높아지면 왁스가 팽창하여 밸브가 열리고, 냉각수 온도가 낮아지면 왁스가 수축하여 밸브가 닫힌다. 수압의 영향이 거의 없어 오늘날 주류를 이루고 있다.

완성 회로(完成回路) complete circuit 전압을 가하였을 때 전류가 흐를 수 있는 전체 회로를 말하는 것이다.

완전 연소(完全燃燒) complete combustion 물질이 공기 속의 손소에 의해 모두 산화되는 현상을 말한다. 가연물이 완전 연소하면 이산화탄소와 수증기가 남는다. 그러나 불완전 영소할 때는 열분해에 의해 일산화탄소, 탄화수소가 생성되어, 자동차 등은 이를 함유한 배기가스를 대기 중으로 배출하여 대기를 오염시키게 된다.

완전 유막 윤활(完全油膜潤滑) full film lubrication 작동 면이 운동 중에 유막에 의해 완전히 분리된 상태로, 운동(회전)하고 있는 윤활 상태를 말한다.

완충 고무 rubber buffer 자동차가 주행 중에 발생되는 진동 및 충격을 흡수하는 데 사용하는 고무로서, 모양이 간단하고 중량도 가벼우나 내구성이 약하기 때문에 주 스프링용으로는 하중을 견디지 못하여서 보조 스프링으로 사용한다.

완충 스프링 buffer spring 자동차의 중량을 지지함하고 주행 중 발생하는 진동 또는 충격을 완화하는 스프링으로서, 프레임과 차축 사이에 설치된다.

완충전(緩充電) slow charge 느린 충전을 뜻한다. 일정 전압으로 배터리를 충전하는 것을 말하며, 배터리가 충전되면 될수록 충전 전류율도 감소한다.

왕복대(往復臺) carriage 선반(旋盤)의 공작대 위를 왕복하면서 바이트를 오가게 하는 부분을 통틀어 이르는 말이다. 왕복대는 새들(saddle), 절삭 공구대, 에이프런 (apron)으로 구성되어 있다. ⇨ 캐리지

왕복동 운동(往復動運動) reciprocating motion 어느 지점까지 질점의 변이가 생겨 멈추었다가 다시 본래의 자리로 오는 주기적인 운동을 말한다. 예를 들면 시계추, 피스톤의 운동이 있다.

왕복식 공기 압축기(往復式空氣壓縮機) reciprocating air compressure 왕복식 공기 압축기는 실린더 내를 피스톤이 왕복 운동을 함으로써 공기를 압축하는 가장 일반적인 방식이며, $1\,kgf/cm^2$ 이하의 저압에서 $1,000\,kgf/cm^2$ 이상의 고압까지 응용 범위가 넓고, 특히 압력 $5\sim10\,kgf/cm^2$, $75\,kW$ 이하의 소형 압축기는 거의 이러한 형식이다. 왕복식은 공기를 $7\,kgf/cm^2$까지 한 번에 단열 압축하므로, 대기 온도가 $30℃$일 때는 압축 후의 공기 온도가 $250\sim300℃$로 된다. 이때 윤활유가 고온이 되기 때문에 증기 상태로 되고 일부는 탄화하여 카본이 생성된다. 공기 압축기와 탱크 사이에 압축 공기의 역류를 방지하는 체크 밸브, 압축된 공기를 저장하는 공기탱크, 압축 공기의 압력을 조정하는 압력 조절 밸브 등으로 구성되어 있다. 압축 압력으로는 $7\sim8.5\,kgf/cm^2$의 것이 가장 많이 사용되며, 열효율이 좋아 공기량이 많고 조정이 간단하여 효율적이다.

왕복형 압축기(往復形壓縮機) recipro type compressor 에어컨의 압축기로서, 피스톤의 왕복 운동에 따라 냉매를 흡입·압축하는 것을 말한다. 용량이 크고, 비교적 대형 승용차에 사용되며, 사판식(斜板式) 압축기가 대표적이다.

왕복형 엔진 reciprocating engine 기계가 왕복 운동하는 것을 말한다. 연소실에서 발생된 압력에 의해 피스톤의 왕복 운동을 크랭크축이 회전 운동으로 변환시키는 용적형 엔진으로, 열효율이 높고 취급이 쉬우며, 회전 속도의 범위가 넓기 때문에 자동차, 철도 차량, 선박, 항공기 등에 많이 사용한다.

왜건 wagon 세단의 실내를 뒤로 늘려 8인승으로 하거나 좌석을 들어내어 트렁크 대신 쓰기도 하는 승용차로, 원래 차체가 목재였지만 금속으로 바뀐 뒤에도 목재 감각이 들도록 꾸미고 있다. 미국에서는 서부 개척 시대의 역마차에 비유해서 '스테이션왜건', 영국에서는 부호들의 농장 저택용이란 뜻에서 '에스테이트', 프랑스에서는 '브레이크', 독일에서는 '콤비'라고도 부른다. 원래 화물 운반용으로 개발되었지만, 오늘날에는 해치백 스타일을 도입

해 승용차와의 구별이 없어져 소형차에 이 형식이 많다.

외경(外徑) outer diameter   원통형 물체의 바깥지름을 말한다.

외기 온도(外氣溫度) ambient temperature   자동차를 둘러싸고 있는 바깥 공기의 온도를 말한다.

외기 온도 센서 ambient temperature sensor   외기(外氣) 온도 센서는 차실 외부의 온도를 검출하는 센서이다. 내기(內氣) 센서나 일사(日射) 센서와 함께 에어 믹스, 댐퍼 개도, 풍량(風量), 압축기의 작동을 제어하기 위한 정보를 마이컴에 보낸다. 내부는 서미스터로 온도에 따라 저항이 변화하며, 차량의 배기가스 온도에 과민하게 응답하지 않도록 외부를 수지로 성형하고 있다.

외면 오프셋   트럭의 복륜(復輪)에서 림의 중심 면과 디스크 외면 사이의 거리를 말한다. ⇨ 휠 오프셋

외부 수축식 브레이크 external contract type brake   둥근 모양의 브레이크 밴드가 드럼 외면에 설치되어, 브레이크를 작동시키면 밴드가 드럼을 조여 제동되는 브레이크이다.

외스테르라이히링 서킷 Österreichring Circuit   1969년에 건설된 오스트리아의 서킷을 말한다. 1970년부터 1987년까지 F1 GP의 무게로 이용되었다. 1주 길이 5.942 km의 고속 코스이다.

외연 기관(巍然機關) external combustion engine   증기 엔진과 같이 연료가 엔진 외부에서 연소하게 되어 있는 엔진을 말한다.

외연 기관 자동차(巍然機關自動車) external combustion engine automobile   열기관을 크게 나누면 외연 기관과 내연 기관으로 분류되는데, 외연 기관은 수증기를 이용하여 동력을 발생케 하는 장치를 말한다. 또한 엔진의 외부에 장치된 보일러에 연료를 연소시키고 얻은 물을 끓여서 수증기를 얻은 다음, 이를 엔진의 실린더 내로 파이프를 통하여 압송시켜서 동력을 얻는 엔진을 말한다.

왼나사 left handed screw   볼트나 너트를 시계 반대 방향으로 돌리어 죄는 나사이다.

왼발 브레이크 left foot brake   운전 기술의 하나로서, 급발진이 일어날 때, 비탈길에서 순조로운 발진을 할 때 등에 오른발로 가속 페달 조작을 하면서 왼발로 브레이크 페달을 밟는 것을 말한다. 자동 변속기(AT) 차량에서 비탈길을 출발할 때 많이 사용되지만, 수동 변속기(MT) 차량에서도 코너의 직전이나 코너링 중 앞바퀴 하중을 증가시켜 코스 이탈을 방지하기 위해 왼발 브레이크를 사용한다. 테크닉으로 사용되며, 엔진의 회전을 될수록 높인 상태에서 유지하고, 스피드를 유지하면서 코너링을 할 수 있다.

요구 공연비(要求空然費)   어떤 운전 상태에 있는 엔진이 필요한 성능을 얻기 위하여 요구되는 공연비(엔진이나 노의 효율을 결정하는, 연소된 연료에 대한 공기의 중량 비율)를 이른다. 낮은 출력으로 정상 주행을 하는 경우 최소 연료 소비율이 되기 위한 공연비를 말한다.

요구 옥탄가 demand octane number   엔진에 노킹을 발생하지 않기 위하여 필요한 최소의 옥탄가를 말하며, 작은 엔진일수록 낮은 옥탄가의 연료를 사용할 수 있다. 톱 기어로 전개 가속(全開加速)을 실시하여, 일반 주행이나 고속 주행에 필요한 옥탄가를 구할 수 있다. 메커니컬 옥탄가와는 측정 방법이 다르다.

요동 모터 rotary motor   한정된 각도 내에서 에너지를 회전 요동 운동으로 변환시키는 기기로, 회전 각도는 보통 720도 이내이며, 베인형과 피스톤형이 있다. 베인의 수를 증가함으로써 출력 토크를 증대시킬 수 있으나, 회전각이 감소되기 때문에 싱글 베인형과 더블 베인형이 사용되고 있다. 회전각은 싱글 베인형이 $280°$, 더블 베인형이 $100°$ 정도이다. 사용 유압은 $70 \sim 210 \, kgf/cm^2$ 많으며, 출력 토크는 $500 \, kgf \cdot m$로서 현재 건설 기계의 백호(back hoe) 등에 사용되고 있다.

요동 슬라이더 크랭크 기구 oscillating slider crank mechanism   미끄럼짝을 1개 가지는 4절 링크 기구 중에서 슬라이더가 요동(각) 운동을 하는 기구를 말한다.

요동식(搖動式) oscillating type   ⇨ 반부동식

요동 캠 oscillating cam　원동절의 회전에 의하여 종동절이 왕복 각 운동을 하는 캠으로, 평면 캠의 일종이다.

요동 화격자(搖動火格子) rocking grate　화격자 막대에 왕복 운동을 시켜 고체 연료를 노(爐) 속에 고르게 살포하는 연소 장치를 말한다.

요동형 액추에이터 rotary actuator　회전 운동의 각도가 360˚ 이내로 제한되어 있는 형식의 회전 왕복 운동을 하는 액추에이터를 말한다.

요 레이트 yaw rate　요 각속도라고 하며, 자동차의 중심을 통하는 수직선 주위에 회전각(요각)이 변하는 속도를 말한다.

요(yaw)의 변화　요잉 현상이라고도 하는데, 자동차의 요동 중의 하나로 차를 위에서 내려다보았을 때 중심점을 축으로 해 좌우로 흔들리는 현상을 말한다.

요잉 yawing　(1) 자동차가 코너를 돌 때 일어나는 움직임이 요잉인데, 차체에 대하여 수직인 축(Z축)의 주위에 일어난다. 때로는 고의로 타이어의 슬립 앵글을 크게 하여 접지력을 잃게 하고 요잉을 발생시켜 재빨리 턴(turn)할 수도 있다. ⇨ 롤링. (2) 차량 또는 그것을 구성하는 부품의 상하 축 주위의 진동을 말한다. (3) 차의 앞에서 보았을 때 좌우 진동 또는 좌우축이 상하로 움직이는 진동으로 Z축을 중심으로 하여 회전 운동을 하는 고유 진동을 말한다. ⇨ 바운딩. (4) 차체 진동에 의해 좌우로 흔들리는 현상을 말한다. (5) 수직축을 중심으로 차체가 좌우로 왕복 회전 운동을 하는 것을 말하며, 주로 코너를 돌 때 일어나는 현상이다.

요잉 공진 주파수 yawing resonance frequency　직진 중인 자동차에 횡풍(橫風)에 부딪히거나 조향 핸들이 작동되지 않을 때 옆 방향으로 힘이 가해져 요잉이 발생하는데, 이 힘이 없어지면 자동차는 원래의 직진 상태로 되돌아오도록 제작되어 있다. 가해진 힘이 없어지면 원위치로 되돌아오는 운동을 진동으로 생각하여, 자동차가 요잉할 때의 진동 주파수를 요잉 공진 주파수라고 한다. 주파수가 높으면 빨리 원위치로 되돌아오므로 조향 안전성이 양호하다고 말한다.

요잉 모멘트 yawing moment　옆바람이 차를 회전시키는 힘으로, CMY의 값으로 나타낸다. 옆바람 안정성에 크게 영향을 미친다.

요잉 모멘트 계수 yawing moment coefficient　모멘트 축의 주위에 작용하는 회전력으로서, 요잉 모멘트는 자동차의 중심(重心)을 통하는 수직선 주위의 회전력을 말한다. 바람에 의한 요잉 모멘트인 동압(動壓)과 전면 투영 면적을 축간 거리로 나눈 것을 요잉 모멘트 계수라고 말하며, 모멘트 계수가 작을수록 요잉이 생기기 어렵다.

요철감(凹凸感) unevenness feeling　스포츠형 쇼크 업소버 등을 장착한 감쇠력이 높은 자동차로, 거친 노면을 주행했을 때 노면으로부터의 충격을 흡수하지 못하여 상하 진동이 보디로 전달되었을 때의 느낌이다. 이것이 강하면 승차감이 나쁘다.

요크 yoke　(1) 기동 전동기, DC 발전기, 와이퍼 모터 등에서 자기 회로를 형성하는 주강 또는 주철로 되어 있는 계철(繼鐵)을 말한다. 내부에는 계자 철심과 계자 코일이 설치되어 있다. (2) 후륜 구동 방식 또는 전륜 구동 방식 및 건설 기계에 설치되어 있는 추진축에서 슬립 조인트와 추진축, 추진축과 플랜지를 연결하기 위하여 십자축을 설치하는 부분에 U자형으로 만들어진 부분을 말한다. (3) 차축에 조향 너클을 설치하기 위해 차축 또는 조향 너클이 U자형으로 되어 있는 부분을 말한다.

욕조형 연소실(浴槽形燃燒室) bathtub type combustion chamber　배스터브형 연소실로, 실린더 헤드 내면에 욕조처럼 가늘고 긴 상자 모양의 우묵한 연소실을 만들어 흡배기 밸브를 나란히 부착한 모양이다. 편평한 헤드를 가진 피스톤과 조합하여 사용하며, 다른 연소실에 비하여 실린

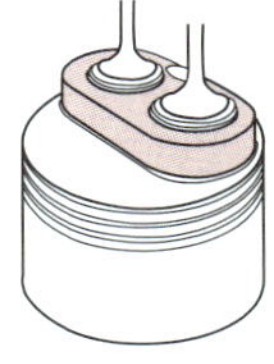

욕조형 연소실

더 헤드의 제작은 간단하지만 흡배기 밸브가 우묵한 곳에 들어가므로 고속에서 체적 효율이 나빠지는 것이 단점이다.

용가재(鎔加材) filler metal　용착부를 만들기 위하여 녹여서 첨가하는 금속을 말한다.

용광로(鎔鑛爐) blast furnace　자철광, 갈철광, 능철광, 코크스, 석회석 및 망간철 등을 넣어 정련하여 선철을 만드는 노(爐)를 말한다. 용광로의 크기는 24시간 동안 산출할 수 있는 선철의 무게를 톤(ton)으로 표시한다.

용극(熔極) consumable electrode　각종 아크 용접 및 아크 절단에서 아크 중에 용융하여 소모되는 전극을 말한다.

용락(熔落) burn through　용융 금속이 홈 끝의 뒤쪽으로 녹아 떨어진 것을 말한다.

용량(容量) capacity　어떤 사물(작동기 또는 부품)이 작용하거나 수용할 수 있는 능력의 양으로, 전기 회로의 경우 전류를 수용(보관)하거나 보낼 수 있는 능력 정도를 말한다.

용량 방전 점화(容量放電點火) capacitive discharge ignition　⇨ 시디아이

용량 테스트 capacity test　짧은 기간(15초) 동안 배터리에 중 부하(300A)를 걸고 전압을 측정하여 배터리의 상태를 테스트해 보는 것을 말한다.

용사(鎔射) spraying　금속이나 유리 등을 녹여서 피처리물 표면에 압축 공기로 뿜어 줌으로써 적층 피막을 형성시키는 피복법을 말한다. 부식, 내마모성, 내열 등의 목적에 사용한다.

용융 방울 droplet　용접 전극의 앞 끝에서 모재(母材)로 이행하는 용융된 금속 방울을 말한다. 용적(容積)이라고도 한다.

용융 속도(熔融速度) melting rate　단위 시간에 용융되는 용접봉의 무게 또는 길이를 말한다.

용융 아연 도금 강판(熔融亞鉛鍍金鋼板)　⇨ 아연 도금 강판

용융 용제(熔融溶劑) fused flux　서브머지드 용접용 용제의 한 종류로, 원료를 전기로 등에서 용융하면서 분쇄하여 부푼 만큼 입도를 조정하는 것을 말한다.

용융점(熔融點) melting point　녹는점을

말한다. 금속에 열을 가하면 그 금속이 녹아서 액체로 될 때의 온도로서, 용융점이 가장 높은 것은 텅스텐(3,400℃)이며, 가장 낮은 것은 수은(-38.8℃)이다.

용융지(熔融池) molten pool　⇨ 용융 풀

용융 풀 molten pool　용접할 때 아크열에 의하여 용융된 모재(母材) 부분이 오목 들어간 곳으로, 용융지(熔融池)와 같은 뜻이다.

용입(熔入) penetration　모재(母材)의 용융된 부분의 가장 높은 점과 용접하는 면의 표면과의 거리를 말한다.

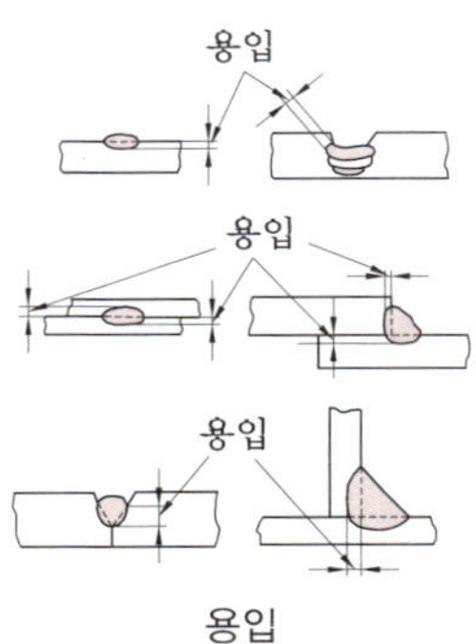

용적(溶滴) droplet　⇨ 용융 방울

용적 표시계(容積表示系)　LPG 봄베에 설치되어 충전할 때 LPG의 충전율을 나타내는 계기로서, 85 %까지만 충전해야 한다. 주위의 온도 및 성분을 나타낸다. 링크로 연결된 플로트는 봄베 내의 액면에 따라 움직이므로, 저항 값의 변동에 따라 운전석 계기판의 연료계에도 신호를 보내어 연료량을 나타낸다.

용적 효율(容積效率) volumetric efficiency　(1) 엔진의 흡입 행정에서 실제로 실린더에 흡입된 공기량과 대기압 상온에서 실린더 용적에 해당하는 공기량의 중량비를 말한다. 엔진에 흡입되는 혼합 가스 또는 공기의 양은 실린더 용적과 엔진의 회전수에 따라 산출할 수 있지만, 실제로는 흡입 계통에서 발생되는 저항 등에 의해서 적은 양을 흡입할 수밖에 없다. 따라서 실제로 흡입되는 공기 중량을 행정 체적에 흡입 가능한 공기 중량으로 나누어 용적 효율을 나타낸다. 용적 효율을 흡입 효율 또는 체적 효율이라고도 한다. (2) 이론 송출량에서 내부 누출을 제외한 실제의 송출량과

이론값과의 비를 말한다. 유압 펌프에서 송출량은 회전수에 비례하지만, 부하가 증가되면 펌프 내부의 누출 때문에 송출량이 떨어지며, 내부 누출은 작동유의 점도에 반비례한다. 또한 내부 누출량은 압력에 비례하고 점성 계수에는 반비례하여 증가한다. 따라서 저속 회전을 할 때나 가변 용량형 펌프에서 경전각(傾轉各)이 작아서 송출량이 적을 때 부하가 커지면(압력이 높아지면) 내부 누출량이 상대적으로 증가되기 때문에 토출량이 0이 된다.

용적형 과급기(容積形過給機) mechanical supercharger　압축기에 용적형 압축기를 이용하는 과급기를 말한다.

용적형 모터 positive displacement motor　유체의 유입 측으로부터 송출 측으로 생기는 유동에 의하여 케이싱과 그에 내접하는 기동 부재와의 사이에 형성되는 밀폐 공간으로 이동 또는 변화시켜서 연속 회전 운동을 하는 액추에이터를 말한다.

용적형 엔진 positive displacement engine　밀폐된 실린더 내에서 일정 용적의 가스가 1 사이클마다 팽창하고, 그 정압이 피스톤에 작용하여 기계적인 일을 하는 엔진을 말한다. 가스 터빈 등을 포함한 속도형 엔진에 사용되는 용어이다.

용적형 컴프레서 volumetric compressor　압축기의 일종이다. 하우징의 체적을 변화시켜 공기를 압축하는 것으로서, 베인을 사용하는 베인식, 두 개의 누에고치형 단면을 가진 로터를 하우징 안에서 회전하는 루츠식, 피스톤을 사용하는 피스톤식이 있다.

용적형 펌프 positive displacement pump　케이싱과 그에 내접하는 가동 부재(部材)와의 사이에 형성되는 밀폐 공간의 이동 또는 변화에 의해서 오일을 흡입 측으로부터 송출 측으로 밀어내는 형식의 펌프를 말한다.

용접(鎔接) welding　두 개 또는 여러 개의 금속을 가연성 가스 또는 아크열을 이용하여 국부적으로 용융하여 접착시키는 야금 접합법과 볼트, 너트 및 키 등으로 접합시키는 기계적인 접합법이 있는데, 용접은 주로 야금 접합법을 말한다.

용접 금속(鎔接金屬) weld metal　용접부의 일부이며, 용접하는 동안 용융 응고된 금속을 말한다.

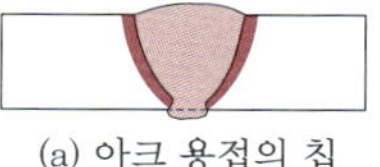

(a) 아크 용접의 칩

(b) 저항 용접의 칩

용접 금속

용접 기호(鎔接記號) welding symbol　용접을 그림으로 표시하기 위한 기호이다.

용접 길이 weld length　중단되지 않은 용접의 시발점 및 크레이터를 제외한 부분의 길이를 말한다.

용접 끝 toe of weld　부재(部材)의 면과 용접 표면과 마주치는 점을 말한다.

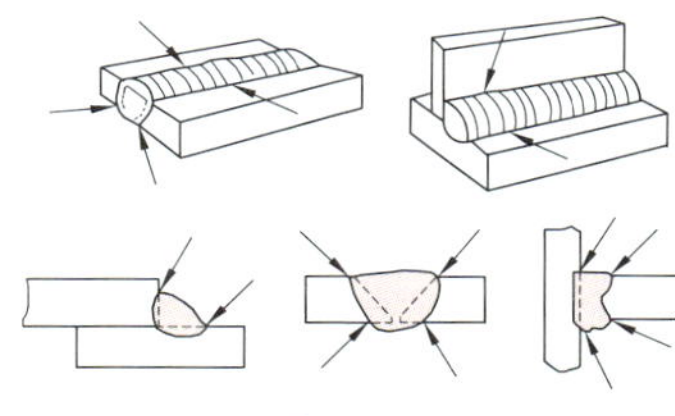

용접 끝

용접 방패(鎔接方牌) hand shield, face shield　아크 용접을 할 때 얼굴을 보호하기 위하여 앞을 내다보는 창이 있는, 손으로 잡는 보호구를 말한다. ⇨ 용접 헬멧

용접 변압기(鎔接變壓器) welding transformer　용접 전류를 공급하기 위한 변압기를 말한다.

용접봉(鎔接棒) welding rod　봉 모양의 용가재(鎔加材)를 말한다.

용접부(鎔接部) weld zone　용접 금속 및 그 근처를 포함한 부분의 총칭이다.

용접부의 루트 root of weld　용접부의 단면에서 용착부의 밑 부분과 부재(部材) 면이 마주치는 선을 말한다.

용접선(鎔接線) weld line　비드, 필릿 용접 및 맞대기 용접의 방향을 표시하는 선을 말한다.

용접성(鎔接性) weld ability　모재(母材)의 재질이 용접에 적합한지 적합하지 않은지의 정도를 나타낸다.

용접 시간(鎔接時間) weld time　저항 용접에서 용접 전류가 통하는 시간을 말한다.

용접 시공법(鎔接施工法) welding procedure　용접 시공을 위한 처리 방법으로, 용접 구조물의 생산과 관련한 상세하고 구체적인 용융 접합 방법을 말한다.

용접용 와이어 wire for welding　용접에 사용되는 코일 모양의 긴 금속으로, 주로 자동·반자동 용접에 사용한다.

용접의 보강 덧붙임 reinforcement of weld　홈 또는 필릿 용접의 치수 이상으로 표면 위에 올라간 용착 금속을 말한다.

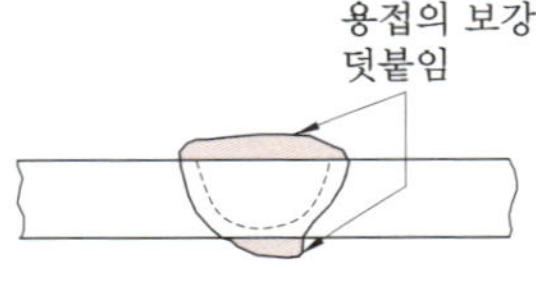

용접의 보강 덧붙임

용접의 유효 길이 effective length　설계 치수대로의 단면이 있는 용접부의 온 길이를 말한다.

용접 이음 welding joint　용접으로 접합된 이음을 말한다.

용접 자세(鎔接姿勢) welding position　용접 작업자가 용접부를 향하는 자세를 말하며 아래 보기, 수평, 수직, 위보기의 4가지 자세가 있다.

용접 전류(鎔接電流) welding current　용접에 필요한 열을 주기 위하여 보내는 전류를 말한다.

용접 축(鎔接軸) axis of a weld　용접선에 직각인 용착부의 단면 중심을 통과하고 그 단면에 수직인 선을 말한다.

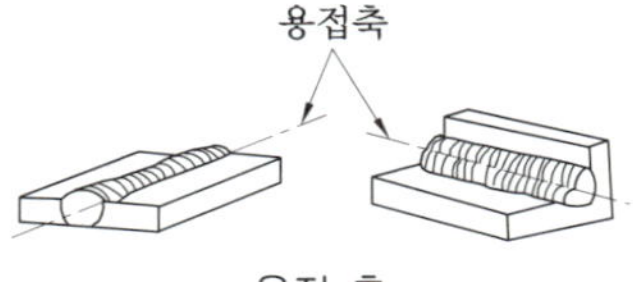

용접 축

용접 헬멧 helmet　아크 용접을 할 때 얼굴을 보호하기 위하여 쓰이며 앞을 보기 위한 창이 있고 머리에 쓰는 보호구이다. ⇨ 용접 방패

용제(鎔劑) welding flux　용접을 할 때 산화물이나 기타 해로운 물질을 용융 금속에서 분리하고 제거하기 위하여 쓰이는 것을 말한다.

용제 재생 장치(溶劑再生裝置)　스프레이 건이나 도료 컵 등을 세척한 더러워진 시너를 증류법(蒸溜法)에 의하여 재생하는 장치를 말한다. 깨끗해진 시너는 세정용으로 사용한다. 용제 재생 장치를 사용함으로써 시너 값이 절약될 뿐만 아니라, 폐액(廢液) 오염 방지에 대한 대책도 된다.

용제 함유 와이어 전극 flux cored wire electrode　용접용 와이어나 파이프 모양으로 되어 있고 그 내부에 아크의 안정화, 탈산 등을 위하여 용제를 가득 채운 것을 말한다.

용착 금속(鎔着金屬) deposited metal　용접 작업에 의하여 이어붙이는 부분에 용착한 금속을 말한다.

용착률(溶着率) deposition efficiency　⇨ 용착 효율

용착부(鎔着部) weld metal zone　용접부 안에서 용접하는 동안에 용융 응고한 부분을 말한다.

용착 비드 weld bead　전극봉 1회 통과에 의하여 나타난 용착 금속을 말한다.

용착 속도(鎔着速度) rate of deposition　단위 시간에 용착되는 금속의 무게를 말한다.

용착 효율(鎔着效率) deposition efficiency　용접봉의 소모 중량에 대한 용착 금속의 중량 비로, 용착률이라고도 한다. 다만, 쓰고 남은 용접봉 부분은 제외한다. 피복봉에 대하여는 보통 피복제의 무게를 포함시키거나 특별한 경우에는 포함하지 않는다.

용해 아세틸렌 dissolved acetylene　용기 중의 다공성 물질에 흡수된 아세톤에 용해시킨 아세틸렌을 말한다.

우드러프 키 woodruff key　⇨ 반달 키

우드 패널 wood panel　나무를 사용한 패널로 영국 차에서 주로 많이 사용했으나, 요즈음은 우리나라의 고급차에도 많이 쓰고 있다. 분위기 연출의 기법이다.

우량 부품(優良部品)　자동차 메이커의 제품이 아니라 다른 경로를 통하여 판매되는 순정 부품을 말한다. 자동차 메이커의 순

정 부품에 비교하면 30~40 % 정도 싼 것이 특징이다.

우레탄 urethane　우레탄 반응에서 두 개 액체의 반응에 의해 만들어지는 수지(樹脂)를 모두 일컫는다. 여러 가지 종류가 있으며, 경질(硬質)형은 범퍼 및 몰딩류, 발포형은 시트 등의 쿠션 재료로 사용한다.

우레탄 도장　우레탄 수지 클리어를 사용한 도장(塗裝)으로, 다음과 같은 특징이 있다. ① 통상 도장과 비교해서 외관 품질이 높다. ② 멜라민 수지를 포함하고 있지 않기 때문에 내산성이 우수하다. ③ 우레탄 결합은 결합 강도가 높기 때문에 내강도성이 우수하다.

우레탄 범퍼 urethane bumper　우레탄으로 만든 충격 완화 범퍼를 말한다.

우력(偶力) couple　물체의 두 점에 역방향으로 평행하게 작용하는 크기가 같은 힘으로, 물체에 회전 운동을 발생시킨다.

우퍼　저음용 스피커를 말한다. 카스테레오용의 거치형은 원추형보다 평면 진동판형이 주류가 되어 있다.

운동(運動) motion, movement　물체가 시간의 경과에 따라 그 공간적 위치를 바꾸는 일을 말한다.

운동량(運動量) momentum　물체의 질량과 속도의 곱으로 나타내는 물리량을 말한다. 밖에서 힘이 작용되지 않는 한, 물체 또는 물체가 몇 개 모여서 된, 하나의 물체계(物體系)가 가지는 운동량의 합은 일정불변하다.

운동량 보존 법칙(運動量保存法則) law of conservation momentum　뉴턴의 제3법칙에서 이끌어 낸 것으로서, 두 물체가 서로 힘을 미치고 있는 경우 양쪽의 속도가 변하더라도 운동량의 합은 언제나 일정하게 보존된다는 법칙이다.

운동 법칙(運動法則)　물체의 운동을 기술하는 데 있어서 근본이 되는 법칙으로 뉴턴이 운동의 3법칙이라 하여 처음으로 확립했다. 운동의 3법칙은 다음과 같다. ① 밖에서부터 힘을 받지 않으면 물체는 정지 또는 등속도 운동 상태를 계속한다는 관성의 법칙. ② 운동하는 물체의 가속도는 힘이 작용하는 방향으로 일어나며, 그 힘의 크기에 비례한다는 가속도의 법칙. ③ 어

떤 물체가 다른 물체에 힘을 미칠 때는 다른 물체도 이 물체에 힘을 미치게 하며, 그 힘들은 서로 크기가 같고 방향은 반대인 반작용의 법칙.

운동 에너지 kinetic energy　운동 에너지의 크기는 운동을 하고 있는 물체가 정지할 때까지 하는 일의 양으로 측정한다.

운모(雲母) mica　펄(pearl) 도장(塗裝)할 때에 사용하는 안료로서 메탈릭 도장의 알루미늄 입자를 말하는데, 이 운모를 산화 티타늄으로 코팅한다. 티타나이즈드 마이카(titanized mica)라고도 한다.

운전대(運轉帶) ⇨ 조향 핸들

운전석(運轉席) driver's seat　자동차를 운전하는 사람이 앉는 좌석을 말한다.

운전 성능(運轉性能) drive ability　보편적인 운전자와 관계되는 특성에 준한 일반적인 차량 운전을 말한다.

운행 기록계(運行記錄計) tachograph　자동차의 운행 상태를 기록하여 무모한 운전을 방지하는 동시에 관리에 이용하기 위한 것으로서, 원형 또는 좁고 긴 기록 용지에 속도, 운행 거리 및 정지 시간 등이 기록된다. 일반 시외버스 및 시내버스를 제외한 운송 사업용 승합자동차, 고압가스를 운송하기 위한 탱크를 설치한 화물 자동차에는 운행 기록계를 법적으로 설치하도록 되어 있다.

운행성(運行性) drive ability　공회전의 부드러움, 가속 능력, 시동의 용이도, 신속한 예열 등과 같은 특성에 근거한 차량 엔진의 가동 상태를 말한다.

운행 시험(運行試驗) road test　자동차를 평지, 완만한 경사 길, 급경사 길, 험한 도로 등을 포함한 장거리 도로상에서 주행하여 성능, 조작의 난이성, 내구성 등을 시험하는 것을 말한다. 목적에 따라 각 부의 온도, 연료의 소비량, 가속도, 속도 및 브레이크 성능 등도 시험한다.

운행 연비(運行燃費)　한정된 도로를 동일한 주행 방법으로 운행하였을 때의 연료 소비율을 말하며, 연료 1L당 몇 킬로미터(kg/L)를 주행할 수 있는가를 나타낸다.

울트라 퀵 글로 시스템 ultra quick glow system　디젤 엔진에서 저온 시의 시동 대기 시간을 없애고(종래의 퀵 글로는 냉

각수 온도 −20℃에서 약 3초, 0℃에서 약 1.5초) 가솔린 엔진과 동등한 시동 조작성을 얻을 수 있는 글로 시스템으로서, 4WD 왜건 디젤 터보에 사용되고 있다.

워닝 램프 warning lamp　경고등을 말한다. 엔진 오일 유압의 부적절 등을 운전자에게 경고하는 램프를 오일 압력 경고등이라고 한다.

워밍 warming　운전을 하기 전에 엔진을 어느 정도 예열하여 과대한 열응력이나 불균일한 열팽창을 방지하는 것을 말한다.

워밍업 warming-up　차량 운행 전에 시동하여 엔진이 정상적인 운행이 되도록 하는 준비로, 엔진의 정상 온도에 도달하도록(80℃) 시동하는 것을 말한다. 흔히 한자로는 난기(暖機)라고 한다. 차가운 엔진을 데운다는 뜻인데, 엔진은 냉각되어 있으면 휘발유의 기화가 나빠지고 엔진 오일도 점도(粘度)가 높아 구석구석까지 윤활이 제대로 되지 않는다. 차가운 엔진을 고속 회전시키거나 전부하(全負荷)를 걸면 엔진이 큰 손상을 입게 된다.

워치도그 watchdog　시스템이 기계적인 고장으로 휴지(休止) 상태가 되거나 또는 프로그램의 착오로 무제한의 루프 상태로 되는 것을 감시하는 장치를 말한다.

워치도그 타이머 watchdog timer　컴퓨터 내에 있는 중앙 처리 장치(CPU)의 고장을 검출하는 타이머이다. 이 타이머는 통상 마이크로컴퓨터가 정기적으로 리셋을 걸도록 되어 있지만, 루틴이 정상적으로 돌아가지 않으면 타이머가 오버플로시켜 이상을 검출한다.

워크 스루 밴 walk through van　상자형의 화물을 가진 밴으로서, 운전석과 화물실 사이에 칸막이가 없고 자유로이 이동할 수 있도록 되어 있으며, 자동차 바깥으로 나갈 필요 없이 실내에서 화물을 취급할 수 있도록 되어 있는 밴을 말한다.

워크 인 기구 walk in structure　2 도어 차 등에서 뒷좌석의 승차성을 보다 좋게 하기 위해 페달 또는 레버 조작 하나로서 프런트 조수석 쪽의 시트 백이 전방으로 접히고 시트 전체가 앞으로 이동하는 기구를 말한다. 앞좌석의 시트를 앞으로 기울이면 시트의 잠금이 해제되어 시트 전체가 전방으로 밀려 뒷좌석의 공간이 넓어지게 하였다.

워킹 프레셔 working pressure　유압식 브레이크, 동력 조향 장치, 유압식 클러치, 엔진 오일 등 작동 유체의 오일 압력을 말한다.

워터 리커버리 water recovery　⇨ 워터 페이드

워터 밸브 water valve　엔진의 냉각수를 이용하여 차실 내를 따뜻하게 하는 구조의 히터로서, 열 교환기 안으로 흐르는 물의 양을 조절하는 밸브이다.

워터 서큘레이팅 펌프 water circulating pump　실린더와 라디에이터 사이에 설치되어 냉각수를 순환시키는 물 펌프를 말한다.

워터 세퍼레이터 water separator　(1) 물 분리기라고도 하는데, 디젤 엔진의 연료 분사 장치에서 연료가 분사 장치에 이르기 전에 수분을 분리하여 뽑아내기 위한 장치를 말한다. (2) 연료 탱크에서 발생한 물을 고이게 해 주는 것으로, 수시로 물을 배출해야 한다. 연료 라인 내의 물은, 비중이 높아 아래로 고이게 되어 있어서, 배출 콕을 열어 **빼면** 된다.

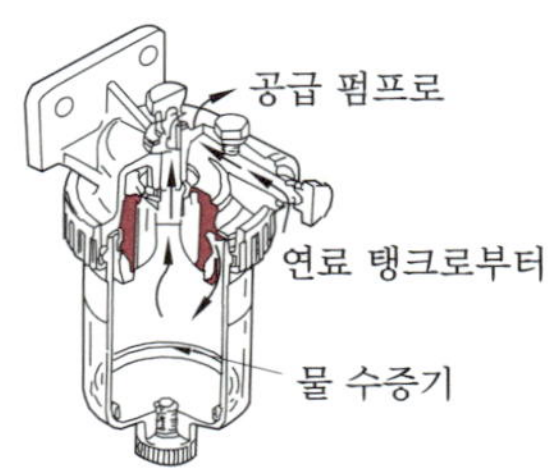

워터 세퍼레이터

워터 스케일 water scale　실린더 블록, 라디에이터, 실린더 헤드의 물 통로에 산화 부식에 의해 퇴적된 물때로서, 과다하면 엔진이 파열된다.

워터 스포팅 water spotting　완전히 건조되지 않은 페인트 막이 눈, 비, 이슬 등에 노출되어 생기는 손상을 말한다. 도장(塗裝)면에 거친 부분으로 나타나거나, 표면 속에 들어 있는 둥글고 희끄무레한 잔류물로 나타난다.

워터 스폿 water spot　건조가 충분히 되지 않은 페인팅이 비를 맞거나, 물방울이 묻

은 상태로 직사 일광(日光)을 받아서 생기는 페인팅 상의 흰 반점을 말한다.

워터 인젝션 water injection　가스 터빈의 연소실 또는 압축기의 실린더 속에 무화(霧化) 상태로 분사하여 가스 또는 공기의 온도를 떨어뜨리는 것을 말한다.

워터 재킷 water jacket　엔진의 실린더 블록과 헤드를 냉각시키기 위한 수로(水路)로, 냉각액이 순환될 수 있도록 복잡한 모양으로 되어 있다. 라디에이터에서 냉각된 물이 모터 펌프로 빨려들어 워터 재킷을 통과하면서 실린더와 냉각실 주위를 냉각시킨다. 이렇게 뜨거워진 물은 다시 라디에이터에서 냉각되어 순환한다.

워터 타이트 watertight　엔진의 냉각 계통에 채워진 냉각수가 외부로 누출되지 않고 밀봉되어 있는 상태, 또는 그 작용으로서, 수밀(水密)이라고도 한다.

워터 템퍼러처 센서 WTS ; water temperature sensor　냉각수 온도를 측정하는 센서로, ECU는 이 신호를 받아 연료 분사량과 점화 시기 보정에 사용하게 된다.

워터 펌프 water pump　(1) 강제로 냉각수를 순환시키려면 펌프가 필요하다. 이 펌프는 통상적으로 엔진 앞부분에 설치되며, 엔진의 크랭크샤프트 풀리와 제너레이터 풀리가 한 조가 되어 팬 벨트(fan belt)에 의해 회전된다. (2) 엔진 냉각수를 순환시키는 역할을 하는 펌프로서, 벨트에 의해 강제 구동되어 펌프 임펠러를 회전시킴으로써 냉각수를 순환시키는데, 내부에는 냉각수의 유출 방지를 위해 실 유닛(seal unit)이 조립되어 있다.

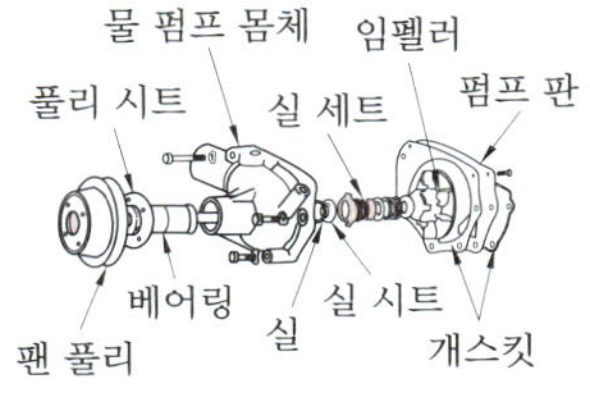

워터 펌프의 구성 부품

워터 페이드 water fade　(1) 브레이크의 마찰재가 물에 젖으면 마찰 계수가 작아져 브레이크의 작용이 일시적으로 떨어지는 현상을 말한다. 물이 많은 도로에 주차하거나, 물속을 주행하였을 때 제동력을 상실할 때가 있다. 이때 브레이크 페달을 가볍게 자주 밟아 주면 열에 의하여 제동력이 서서히 회복되는데, 이것을 워터 리커버리라고도 한다. (2) 수랭식 엔진에서 냉각수가 비등하여 기포가 발생되기 때문에 내각 효과를 현격하게 떨어뜨리는 상태를 말한다.

워터프루프 waterproof　자동차의 창유리, 도어 등에 실링 재를 설치하여, 비나 눈이 올 때 실내로 물이 새어 들어오지 않도록 하는 것을 말한다.

워터 헤드 water head　높은 곳에 있는 물이 가지는 기계적 에너지, 압력, 속도 등을 물의 높이로 나타낸 값을 말한다. 수압(水壓), 물의 속도 또는 위치의 조건에서 갖는 에너지의 크기를 물의 기둥(水柱) 높이로 나타낸 것으로서, 수두(水頭)라고도 한다.

원가 계산(原價計算) cost accounting　제품이나 서비스의 1단위를 만드는 데 든 모든 비용을 계산하는 일, 또는 그 절차를 말한다. 재료비, 물품비, 인건비, 감가상각비, 보험료 등의 경비를 합쳐서 생산량으로 나눈다. 자동차의 정비 또는 판금 작업에서는 견적(見積)을 산출하는 것을 말한다.

원격 계기(遠隔計器) telemeter　측정 대상물로부터 멀리 떨어진 위치에서 측정량을 검출할 수 있도록 만들어진 계기를 모두 일컫는 것으로서, 일반적으로는 측정량을 전기량으로 변환하여 계기에 전달하므로 전기적 계측법을 사용하는 계기가 많다. 자동차에서는 연료계, 유압계 및 수온계 등이 이에 속한다.

원격 제어(遠隔制御) remote control　먼 곳에서 신호를 보내어 기계 장치를 조작하거나 조종하는 일을 말한다. 공기압이나 유압을 사용하는 기계적 방법과, 유선·무선에 의한 전기적 방법이 있다.

원격 조작 기구(遠隔操作機構) remote control system　칼럼 시프트. 변속 레버(시프트 레버)가 조향 핸들의 기둥(칼럼)에 설치되어 있는 것을 말한다. 조향 핸들로부터 그다지 손을 멀리 이동하지 않고도 기어 변환을 할 수 있는 장점이 있다. 또한 앞좌석을 3인용의 벤치 시트로 할 때 마룻바

닥의 위쪽에 돌출물이 없으므로 트럭 등에
는 현재도 사용되고 있다. 플로 시프트에
대한 반대어 개념이다.

원격 측정(遠隔測定) telemetering　대상과
멀리 떨어진 장소에서 관측값을 판독, 기
록하는 것을 말한다. 측정할 필요가 있는
물질량을 먼 곳에서 관측하여 중앙 통제실
에 전송하는 측정 방법으로서, 차량 주행
정보 장치에 이용한다. 운행 중인 자동차
의 위치를 2,100 km 상공의 인공위성과 교
신을 통해 자동으로 추출하여 도로 환경에
알맞은 가장 짧은 주행 경로를 알 수 있도
록 한 것이다.

원더 wander　자동차의 주행 중 선회할 때
차체가 한쪽으로 쏠렸다가 직진 상태로
되돌아오는 현상을 말한다.

원더링 wandering　자동차가 직진 중에 주
로 노면의 구배에 영향을 받아 비틀거리거
나 편향되는 현상을 말한다. 휠 얼라인먼트
가 정확하지 못하거나 타이어의 공기 압력
이 일정하지 않을 때 또는 조향 계통이 마
모되었을 때 등에 따라 발생될 수 있다.

원 데이 레이스 one day race　차량 검사,
예선, 결승이 모두 하루에 이루어지는 레
이스를 말한다. 규모가 작은 레이스에서
종종 하는 방식으로, 빅 이벤트의 경우에
는 결승일의 하루 이틀 전에 차량 검사와
공식 예선을 치르는 것이 보통이다.

원동기(原動機) prime mover　자연계에 존
재하는 수력, 풍력, 조력 등의 에너지를
기계적 에너지로 바꾸는 장치를 말한다.
열기관, 수력 기관, 전동기, 가스 터빈, 원
자력 기관 등이 있다.

원동력(原動力) motive power　물체나 기계
의 운동을 일으키는 근원적인 힘으로, 열,
수력, 풍력, 화력 등이 있다.

원동절(原動節) driver　절(節)의 조합으로
이루어진 링크 기구나 캠 기구 등에서 동
력이 들어오는 절로서, 동력을 다른 부분
으로 전달하는 구실을 하는 연결 장치이
다. 한 쌍의 동력 전달 장치에서 운동 또
는 동력을 전달하는 쪽을 말한다. 밸브 장
치의 캠축에 동력을 전달할 때 크랭크축
은 원동절이며, 물 펌프 풀리를 회전시킬
때는 크랭크축 풀리가 원동절로서 원동차
(原動車)라고도 한다.

원동차(原動車) driving pulley　⇨ 원동절
원동축 driving shaft　기어, 벨트 등 각종 구
동 장치를 사용하여 동력을 전달할 때 원동
기에 가까이 있는 축으로서, 자동차의 엔진
에서는 원동차를 설치할 수 있는 크랭크축
을 말하며, 구동축이라고도 한다.

원 메이크 레이스 one make race　동일 차
종에 의한 레이스를 말한다.

원 박스 one box　자동차 형태의 디자인 용
어로서, 차체가 한 개의 상자로 보이는 스
타일을 말한다. 1박스 왜건을 약칭하는 경
우가 많으며, 대표적인 예가 '그레이스',
'베스타' 등이다. 앞부분이 낮은 스포츠카
를 1박스로 만들면 공기 역학적으로 뛰어
나고 미래형 스타일이라고 생각되지만, 여
러 가지 문제가 있어 실용화되지는 못하
고 있다.

원 박스 왜건 one box wagon　전체의 모
습이 하나의 상자같이 된 왜건을 말하는
데, 원래는 운반용 차의 거주성을 승용차
로 개선한 것이나 아주 편리해서 성능을
개량하여 요즘에는 승용차의 용도에 맞게
처음부터 설계되기에 이르렀다. 따라서 내
장이 호화로워지고 승차감이 좋아지면서
성능도 승용차와 비슷하다. 승차 정원이
많고, 일부 좌석을 회전식으로 만들기도
한다.

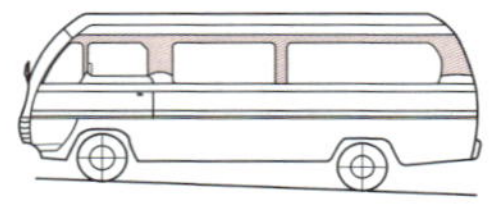

원 박스 왜건

원 박스 카 one box car　(1) 엔진, 차실,
트렁크가 하나의 상자형에 들어간 소형 상
용차 또는 레저용 차(RV ; recreation ve-
hicle)가 이 형태이다. 6~15인승이 가능하
고, 시트를 회전시키거나 눕혀 잠을 잘 수
도 있어 공간 활용에 좋다. 모노 박스형
(mono box type)이라고 부르기도 한다.
(2) 차의 보디 형태를 말하는 말이다. 원
박스는 1개의 상자라는 뜻으로서, 밴(van),
왜건(wagon) 같은 캡 오버(cab over) 스
타일의 차를 말한다. 엔진, 미션 파워트
레인(power train)이 1개의 상자 속에 들
어 있고, 그 상자 속이 캐빈(cabin)이 되
는 보디 형태이다. 이 원 박스 카에 대하

여 해치백(hatch back) 모델은 엔진부와 캐빈을 두 개의 상자로 생각하고 투 박스 카라 부르며, 노치 백 보디(notch back body)의 차는 트렁크를 상자로 생각하고 스리 박스 카라고 부르기도 한다. 같은 원 박스 카에서도 상용차이면 원 박스 밴, 승용차라면 원 박스 왜건이라고 구별한다.

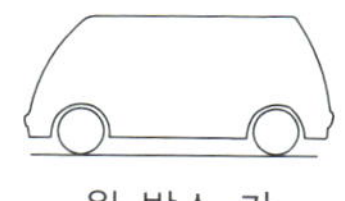

원 박스 카

원방 감시 제어(遠方監視制御) supervisory remote control 중앙 통제소와 먼 거리에 있는 피제어소 사이에 소수의 전송 회선을 통하여 감시, 계측 및 제어를 하는 것, 또는 그 장치를 말한다.

원방 초점 표시(遠方焦點表示) ⇨ 허상 표시 미터

원뿔 마찰차 cone friction wheel 두 축이 일정 각도로 교차하는 경우 사용되며, 바퀴는 원뿔 모양이다. 속도비가 비교적 일정하며, 베벨 마찰차 등이 있다. 원뿔형의 바퀴를 서로 밀어 붙여서 양 바퀴 접촉면의 마찰력으로 동력을 전달하는 것으로서, 두 개의 축이 교차하는 배전기 테스터에서 전동기가 회전판을 구동하는 데 사용한다.

원뿔 클러치 cone clutch 원뿔면의 마찰에 의해 회전력을 단속하는 클러치로서, 부하 상태에서도 탈착이 되고 소음이 없이 원활하게 작동을 한다. 동기 물림식 변속기의 기어에 설치되어 있는 싱크로나이저 링의 접촉과 차단에 의해서 변속기 출력축에 동력을 전달하거나 또는 차단하는 클러치를 말한다. 싱크로나이저 링의 마멸이 심하면 동력의 단속(동기 작용)이 불량하여 기어 변속을 할 때 소음이 발생하고 변속이 이루어지지 않는다.

원뿔 키 cone key 축이 설치되는 구멍에 원뿔 통을 끼워 마찰로서 축과 보스를 고정하는 키를 이른다.

원뿔형 스프링 conical spring ⇨ 코니컬 스프링

원색(原色) primary color 한 종류의 안료를 사용한 도료로, 상도(上塗) 도료의 한 부분에서 착색 안료를 포함한 원색(에나멜)만을 가리키는 경우와, 메탈릭 베이스와 클리어까지 포함시켜 말할 수도 있다.

원색 배합표(原色配合表) 계량 조색(計量調色)에 주로 쓰이는 자료로, 신 차량의 주(主) 보디 컬러의 샘플 플레이트들과 이들 조색(調色)에 필요한 원색의 배합률이 조합되어 있다.

원샷 루브리케이션 one-shot lubrication 단 한 번의 조작으로 섀시 각 부에 급유할 수 있는 집중 급유 장치를 말한다.

원소(元素) element 더 이상 작은 물체로 나눌 수 없는 소자(또는 물체)를 말한다. 배터리에서는 일련의 ⊕극판 및 ⊖극판 군을 말하며, 이 극판들은 절연체에 의해 격리된다.

원소 기호(元素記號) symbols for element 원소를 간단히 표시하기 위하여 하나 또는 두 개의 로마자로 표기하는 기호로, 수소는 H, 산소는 O, 철은 Fe와 같이 나타낸다. 머리글자가 동일한 원소의 경우에는 소문자 한 자를 덧붙여서 구별한다.

원심 과급기(遠心過給器) turbo supercharger 배기가스 터빈에 의해 구동되는 배기 터보 과급기로, 널리 사용되는 원심 압축기를 사용한 과급기를 말한다.

원심기(遠心器) centrifuge 원심력을 이용하여 액체 속에 포함된 불순물을 분리하거나 비중이 서로 다른 혼합액을 분리하는 원심 분리기를 말한다.

원심력(遠心力) centrifugal force 원주 운동을 하는 물체가 2회전 중심으로부터 멀어지려는 힘을 말한다.

원심 분리기(遠心分離器) centrifugal separator 중력 대신 원심력을 이용하여 분리하기 힘든 고체와 액체 또는 밀도의 차이에 의해 액체와 액체를 분리하는 장치를 모두 일컫는다. 각종 실험, 설탕 정제 및 엔진 오일의 여과 등에 사용한다.

원심식(遠心式) centrifugal type 로터의 원심력을 이용하여 엔진 오일의 불순물을 여과하는 형식을 말한다. 분류식에 사용하며 오일펌프에서 공급된 오일은 컷오프 밸브를 거쳐 스핀들 중심을 통과하여 로터에 들어간다. 로터에 공급된 오일은 분사 노즐을 통하여 다시 로터 보디에 분사하면 분사되는 오일의 반동으로 로터가

고속 회전한다. 이때 로터 내의 불순물은 원심력으로 로터의 벽에 침전되어 여과된 오일은 출구를 통하여 오일 팬으로 되돌아간다.

원심식 컴프레서 centrifugal type compressor 압축기의 일종으로, 방사상으로 배치된 날개를 가진 압축기이며, 휠을 도넛형의 하우징 내에서 돌려 차축 부근의 공기를 흡입하여 날개로 압력이 높아진 공기를 외부로 끌어내는 장치를 말한다.

원심 압축기(遠心壓縮器) centrifugal compressor 기체를 고속으로 회전하는 임펠러 속에 유입하면 임펠러의 회전력에 의해 발생되는 원심력을 이용하여 필요로 하는 압력을 얻는 방식의 압축기를 말한다.

원심 여과기(遠心濾過器) centrifugal filter 장착한 많은 구멍이 뚫린 원통형 버킷과 이것을 둘러싸는 케이싱으로 구성된 버킷 안쪽의 여과포에서 여과 작용이 이루어져 여과와 탈수를 함께 하는 원심 분리기를 말한다.

원심 조속기(遠心調速機) centrifugal governor 회전하는 물체의 원심력을 이용하여 원동기의 회전 속도를 자동적으로 일정한 값으로 유지하기 위한 장치를 말한다.

원심 주유기(遠心注油器) centrifugal lubricator 중심부에 윤활유를 공급하여 원심력에 의해 주변 부분에 기름을 보내는 장치를 말한다. 중앙에 공급된 윤활유를 원심력에 의해서 회전축으로부터 떨어져 있는 마찰 부분에 공급하는 장치이다.

원심 주조법(遠心鑄造法) centrifugal casting 원심 주조법은 회전에 의한 관성력을 이용하여 용탕을 주형으로 주입하는 것이다. 고속으로 회전하는 원통형의 주형 내부에 용융 금속을 주입하면 원심력에 의해 원통 내면에 균일하게 붙게 되며, 이것을 그대로 냉각시키면 속이 빈 중공(中空)의 주물이 되어 피스톤 링, 실린더 라이너 등에 이용한다. 진원심 주조, 반원심 주조, 센트리퓨징의 세 가지 종류가 있다.

원심 진각(遠心進角) centrifugal advance 엔진 속도만 근거로 해서 점화 타이밍을 조정하기 위해 프라이웨이트(원심 추)를 사용하고 있는 디스트리뷰터 내의 기계 장치를 말한다.

원심 진각 장치(遠心進角裝置) centrifugal governor advance system 엔진의 회전 속도에 따라서 점화 시기를 자동적으로 조절하는 장치를 말한다. 배전기 축의 회전으로 원심 추가 벌어져 캠을 회전·변화시킨다.

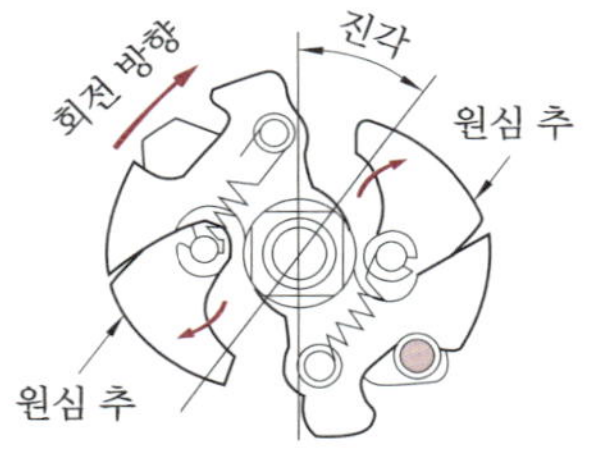

원심 진각 장치

원심 펌프 centrifugal pump 물을 임펠러에 의해 고속으로 회전시키면 그 원심력에 의해서 물을 퍼 올리는 펌프로서, 자동차 엔진의 물 펌프에 사용한다. 물을 고속으로 회전시키면 원심력에 의해서 펌프의 중앙에는 진공이 형성되기 때문에 물을 흡입하고, 임펠러 주위에는 원심력에 의해 압력이 높아져 배출하게 됨으로써 목적하는 부분으로 순환시키는 펌프를 말한다.

원웨이 클러치 one-way clutch 한 방향 클러치로, 동력의 전달이 한 방향으로 이루어지는 것을 말한다. 스테이터 피니언의 오버러닝 클러치, 오토매틱 트랜스미션 토크 컨버터의 유성 기어 캐리어 스테이터 등에 사용되고 있다.

원유(原油) crude oil 땅속에서 뽑아낸, 정제하지 아니한 그대로의 기름을 말한다. 적갈색 내지 흑갈색을 띠는 점도가 높은 유상(油狀) 물질로, 탄화수소를 주성분으로 하여 황, 질소, 산소 화합물 등이 섞인 혼합물이다. 정제하면 가솔린, 등유, 경유 및 중유 등을 얻을 수 있다. 여러 가지 석유 제품, 석유 화학 공업의 원료로 쓴다.

원자(原子) atom 물질의 기본적 구성 단위로, 하나의 핵(核)과 이를 둘러싼 여러 개의 전자로 구성되어 있고, 크기는 반지름이 $10^{-7} \sim 10^{-8}$cm이며, 한 개 또는 여러 개가 모여 분자를 이룬다.

원자가(原子價) atomic valence 원자의 원자량 또는 원자단의 원자량 총량을 화학 당량으로 나눈 수로, 보통 수소를 기준으로 하여 수소 원자 n개와 치환 또는 결합하는 원소의 것을 n가라고 한다.

원자가 링 valence ring　원자핵을 선회한 전자의 맨 바깥쪽 궤도를 말한다.

원자가 전자(原子價電子) valence electron　원자의 가장 바깥쪽 궤도를 돌고 있는 전자로서, 화학 결합에 관여하며, 원자가와 같은 화학적 성질을 결정한다. 가전자(價電子)라고도 한다.

원자량(原子量) atomic weight　수소 원자 무게와 비교한 다른 원소의 원자 무게를 말한다.

원자 번호(原子番號) atomic number　원소의 종류를 나타내는 수로, 원자핵을 구성하는 양성자의 수를 나타내고, 중성 원자의 경우에는 전자의 수와 같다.

원자 수소 용접(原子水素鎔接) atomic-hydrogen welding　수소기류 중에서 두 개의 텅스텐 전극 사이에 아크를 발생시키고, 이때 발생하는 수소의 반응열을 이용하는 아크 용접법을 말한다.

원자핵(原子核) atomic nucleus　원자의 중심부를 이루는 입자를 말한다. 양자와 중성자가 강한 핵력으로 결합한 것으로, 원자의 대부분을 차지하며, 양(陽)의 전하를 갖는다. 크기는 원자의 1만분의 1 정도이지만 질량은 원자 질량의 99 % 이상이다. 원자의 핵은 원자의 중핵(中核)이 되는 전기를 띤 입자로서, 핵의 지름은 10^{-12}～10^{-13}cm이다. 핵 안에 양자의 수가 많아지면 양자 상호간의 전기적 반발력이 핵의 힘보다 크게 되어 원자핵은 불안정하게 되므로 방사선을 방출하여 안정된 원자핵으로 변화한다.

원적외선(遠赤外線) far infrared ray　물을 활성화시키거나 생체 세포의 분자 운동을 활성화시켜 불순물을 제거하는 작용을 하는, 1,400～220,000 μm의 파장을 가진 빛을 말한다. 빨강보다 파장이 긴 빛의 적외선으로서, 그중에서도 파장이 1.5 이상인 것을 원적외선이라고 한다. 적외선은 물체에 흡수되어 열로 변하지만, 원적외선은 도료에 흡수되기 쉬운 성질을 가지고 있다.

원주 피치 circular pitch　피치원의 원주를 톱니 수로 나눈 것을 말한다. 즉, 기어의 이의 크기로, 피치원 위에서 서로 인접하고 있는 기어까지의 거리를 말한다. 같은 기어에서는 원주 피치가 작을수록 이 수는 많아지고 이는 작아진다.

원 칩 마이컴 one-chip microcomputer　중앙 처리 장치 외에 메모리부, 입출력부 등 컴퓨터에 필요한 주변의 기능 소자를 원 칩으로 한 컴퓨터를 말한다. 소형화, 전력 손실 감소, 신뢰성 향상 등을 꾀할 수 있다.

원 칼럼 스위치　사용 빈도가 높은 턴 시그널, 라이칭, 와이퍼＆와셔, 공조 등에 관계된 스위치류를 인스트루먼트 패널에서 독립시켜 스티어링 샤프트의 위에 설치한 것을 말한다. 스티어링 휠에서 손을 떼지 않고 원터치로 조작할 수 있다.

원 클러치 시프팅 one clutch shifting　시프트 다운 조작 기법의 하나이다. 더블 클러치 조작을 하지 않고 한 번의 클러치 조작으로 기어 단수를 낮추는 것을 말한다. 그 순서는 다음과 같다. ① 클러치 페달을 밟는다. ② 순간적으로 액셀 페달을 밟음과 동시에 기어를 다운시킨다. ③ 클러치를 연결한다(클러치 페달에서 발을 뗀다). 최근 레이싱 주행에서의 시프트다운은 대부분 '원 클러치 시프팅' 기법이 이용된다.

원터치 기구 부착 스위치　파워 윈도의 스위치로서, 스위치를 힘껏 누르면 스위치로부터 손을 떼도 운전석 도어 글라스가 전개 또는 전폐될 때까지 작동하는 기구가 장치된 스위치를 말한다.

원통형 소음기(圓筒形消音器) cylindrical muffler　3개의 원통을 동심으로 연이어 조합한 소음기를 말한다. 원통의 중앙으로 들어간 배기가스는 작은 파이프를 통하여 다음 원통으로 이동하고, 원통의 외곽에 설치되어 있는 파이프로 나간다. 이때 압력과 온도가 낮아져서 폭음을 감소시킨다.

원판 캠 circular disc cam　원판을 축의 중심으로부터 편심시켜 만든 판 캠으로서, 캠이 회전 운동을 하면 레버나 핀이 직선 운동을 하는 것을 말한다. 자동차에서는, 엔진의 밸브를 개폐시키는 캠과 연료 펌프를 작동시키는 편심륜 등을 말한다.

원 패스 필릿 one pass fillet　필릿을 1층으로 용접하는 것을 말한다.

원피스 휠 one piece wheel　휠을 구조로 나누었을 때 림(rim)과 디스크(disc)를 한 덩어리(원피스)로 몰드에서 주조해 낸 휠로서, 제조가 용이하고 강성을 확보하기 쉬워서 품질의 편차가 적은 반면, 기술적인 면에서 경량화를 실현하기가 어렵다.

원호 캠 convex cam　플랭크가 볼록하여 평면 태핏을 사용한다. 특징은 등가속도 캠에 비하여 밸브의 개폐 때에 가속도가 크므로 고속 기관에서는 종동부(follower)를 병용한다. 최근에는 볼록 캠의 일종인 비례 캠(proportional cam)이 많이 사용되고 있다.

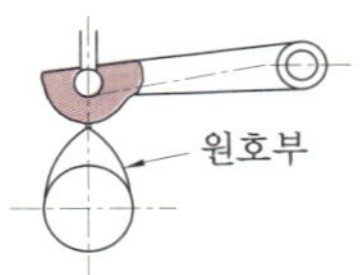

원호 캠

월 너트 wall nut　나무 패널의 일종으로, 호두나무를 사용한 것을 말한다.

월링 whirling　추진축(프로펠러 샤프트)이 고속 회전할 때 발생하는 휨 진동을 말한다. 월(whirl)은 '빙글빙글 돌다'라는 뜻이다.

월 플로 타입 필터 wall flow type filter　디젤 퍼티큘레이트를 포집(捕集)하는 필터 프래퍼로서, 격벽(칸막이벽)을 이용한 것이다.　⇨ 필터 트래퍼

웜 worm　보통 스크루 형 스레드(thread) 또는 볼트와 치합하게 한 기어 형식을 말한다.

웜과 웜 기어 worm and worm gear　구동축에 연결된 나사 모양의 웜이 직각으로 연결된 웜 기어에 회전력을 전달하면 웜 기어의 중심부에 있는 차동 기어가 액슬 축을 통해 구동륜을 구동시키는 형식으로, 감속비를 크게 할 수 있으나 전동 효율이 낮고 쉽게 발열되기 때문에 수명이 짧아 점차 사용이 줄고 있다.

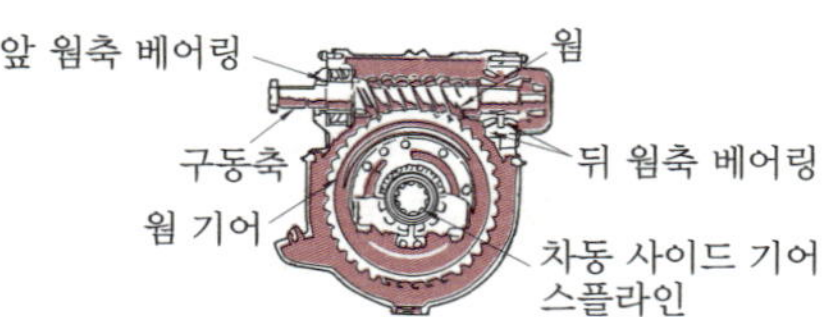

웜과 웜 기어

웜 섹터 롤러 형식 worm sector roller type　웜과 섹터 간의 섭동 마찰을 전동 마찰로 전환시킨 형식으로, 그 형상은 원통형이 아니고 장구형이며, 나사산의 리드(lead)는 중앙부와 양단이 서로 다르다. 조향 휠(＝핸들) 조작력이 작아도 되며, 조향 각이 큰 반면에 설치 공간을 적게 차지한다는 점이 특징이다. 직진 시에는 유격이 전혀 없다.

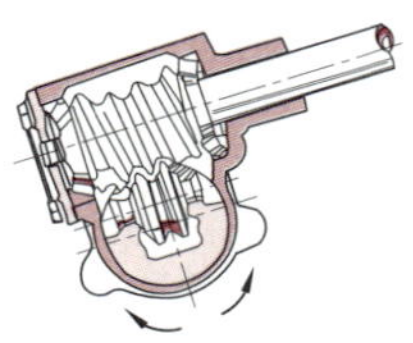

웜 섹터 롤러 형식

웜 섹터식 스티어링 기어 worm and sector type steering gear　조향 기어 형식의 일종으로, 조향 축 끝에 웜 기어를 설치하고 섹터(부채꼴 기어)에 설치되어 있는 피트먼 암을 움직여 조향을 하는 것을 말한다. 웜의 중간 부분이 가는 장구 모양으로 되어 있는 힌들리 웜(힌들리는 발명자의 이름)이 쓰이는 것이 일반적이며, 섹터 대신 롤러를 설치하여 마찰을 적게 한 웜 섹터 롤러식도 있지만, 오늘날에는 그다지 사용하지 않는다.

웜 앤드 섹터 기어 형식 worm & sector gear type　조향 기어의 한 형식으로, 조향 축 끝 부분에 설치된 웜이 회전하므로 이에 물린 섹터 축이 움직임에 따라 피트먼 암이 섹터 축을 거쳐 조향 링크를 움직여 조향을 하는 형식이다. 구조는 간단하나 조작력이 큰 단점이 있다.

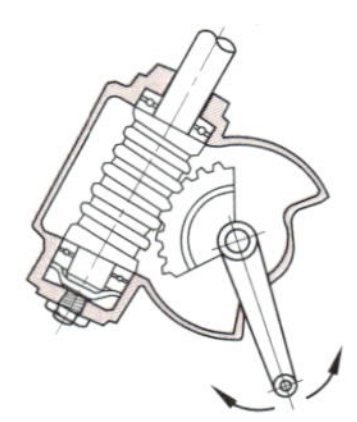

웜 앤드 섹터 기어 형식

웜 앤드 섹터 롤러 형식 worm and sector roller type　조향 기어의 한 형식으로, 웜 앤드 섹터 형식의 섹터 대신에 롤러를 설치하여 웜과 섹터 간 섭동 마찰을 웜과 롤러

에 전동 마찰로 바꾼 형식이다. 웜 앤드 섹터 형식에 비하여 조작력이 적게 든다.

웜 앤드 웜 기어 형식 worm and worm gear type 추진축 끝에 설치한 웜 기어로 구성되어, 감속비가 크고 전체 높이(overall height)를 낮게 할 수 있는 장점이 있으나, 동력 전달 효율이 낮고 열이 많이 발생된다는 단점이 있다.

웜 앤드 핀 형식 worm & pin type 조향 기어의 한 형식으로, 웜에 가공된 홈을 따라 이에 끼워진 핀이 연결된 섹터 축을 움직여 피트먼 암에 조향력을 전달하는 형식이다. 마찰력은 작으나 접촉부에 큰 압력이 생기기 때문에, 조향력이 작아도 되는 소형차에 사용하며, 상용차에 널리 쓰이고 있다.

웜업 warm-up 엔진에서 정상 작동에 이르는 데 소요되는 시간을 말한다.

웜업 조정기 warm-up regulator 엔진이 시동되어 정상적인 작동 온도에 이르기 전까지 농후한 혼합 가스가 공급되도록 조절하는 작용을 하는 조정기이다. 엔진의 냉각수 온도를 감지하여 연료 분배기의 플런저 상단에 작용하는 제어 압력을 낮게 함으로써 배출구가 많이 열리도록 하여 농후한 혼합 가스가 공급되도록 한다.

웜 핀 형식 worm pin type 웜 핀 형식은 섹터 축에 핀을 설치하여 핀이 웜에 만들어진 홈을 따라 움직여 조향력을 증대시키고 조향 핸들의 회전을 직각에 가까운 각도로 바꾼다. 웜과 핀의 접촉면은 압력에 의해 마멸 가능성이 큰 단점이 있다.

웜 휠 worm wheel 일반적으로 두 축이 서로 90° 각도로 설치되는 경우에 사용되는 휠로서, 종감속 기어 장치, ISC 서보 장치 등에 설치되어 웜과 맞물려 감속 작용을 한다.

웨더미터 weather meter 대기 부식(大氣腐蝕)의 가속을 알아보기 위해 도장 도막의 내후성(耐朽性)을 측정하는 기기이다.

웨더 스트립 weather strip 도어를 닫았을 때 비와 물, 먼지 등이 실내로 들어오지 못하도록 도어와 차체 사이에 꼭 맞게 마련된 탄성 고무나 스펀지를 말한다. 도어를 여닫을 때의 충격이나 달리는 중에 도어가 진동되는 것을 막는 구실도 한다. 도어뿐 아니라 트렁크 룸의 밀폐를 위해 쓰기도 한다.

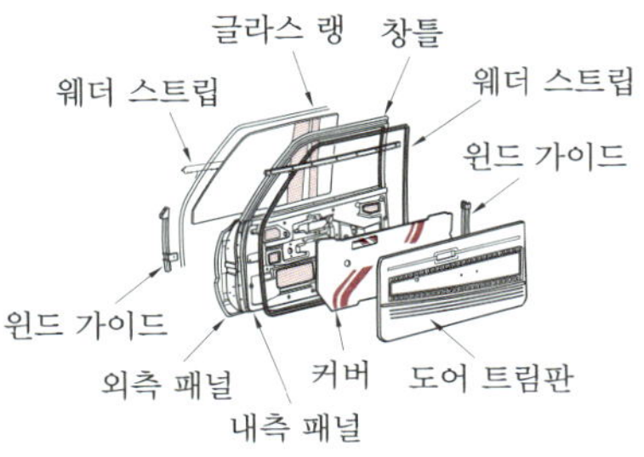

웨더 스트립

웨버 카뷰레터 Weber carburetor 이탈리아의 E. 웨버 사의 카뷰레터로서, 특별히 스포츠용으로 설계된 트윈 초크 사이드 드래프트가 유명하다. 특징은 하나의 카뷰레터 보디에 1개의 플로트(float) 실이 있고 두 개의 벤투리를 쓴다. 차의 성능에 맞추어 벤투리 지름에서 모든 제트류를 손쉽게 외부에서 교환할 수 있다. 강한 원심력에서도 연료가 끊이지 않는 성능을 갖는다.

웨브 web 웨브는 브레이크슈가 드럼에 압착될 때 슈의 곡률이 변형되지 않도록 강성을 증대시키는 역할을 하며, 브레이크슈의 설치나 브레이크 드럼의 간극 조정 등에도 사용한다.

웨빙 webbing 감지 웨빙은 ELR 내에 감겨진 시트 벨트가 갑자기 인출되면(탑승자의 급격한 몸동작에 의하여) 이를 감지하는 것을 말한다. ELR은 이에 의해 고정 로크(lock)되어 시트 벨트를 고정시킨다.

웨빙 감응식 webbing sensitive type 충돌할 때 시트 벨트의 인출 속도를 감지하는 장치가 붙어 있는 것을 말한다.

웨빙 로크 webbing lock 시트 벨트 부품의 하나로서, 충돌할 때에 벨트를 끼우고 잠그는 장치이다. 웨빙 클램프(webbing clamp)라고도 한다.

웨빙 클램프 webbing clamp ⇨ 웨빙 로크

웨스턴 전지 weston cell ⇨ 카드뮴 표준 전지

웨스트-이스트 WEST-EAST 엔진과 변속기의 배치 방식으로서 가로 배치의 일종이다. WEST-EAST 방식은 엔진이 운전석 측에, 변속기가 조수석 측에 배치되어 있는 방식을 말한다.

웨이스트 게이트 밸브 waste gate valve 과급압을 컨트롤하는 장치로서, 배기 터빈 바로 앞에서 열리는 방출 밸브를 웨이스트 게이트 밸브라고 부른다. 이것은 배기 측의 과급압이 일정한 압력이 되면 작동하고, 그 이상 컴프레서가 가압되지 않도록 터빈이 움직임을 멈춰서 방출하게 한다. 배기가스는 바이패스하여 배기관을 흐르게 된다.

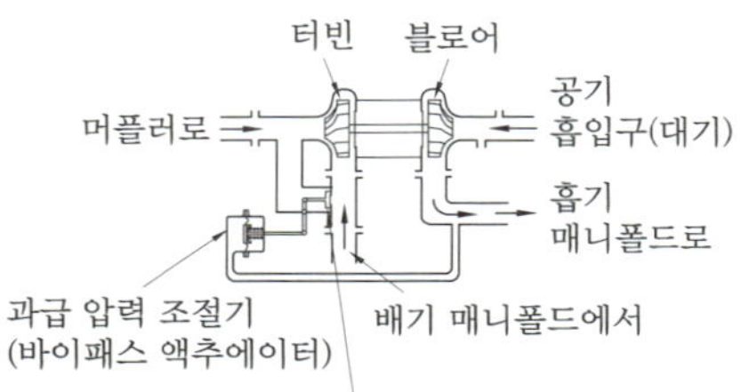

웨이스트 게이트 밸브

웨이스트 게이트 컨트롤 솔레노이드 밸브 waste gate control solenoid valve 알파 (α) 엔진의 터보(turbo) 장치에서 배기 매니폴드의 압력이 일정 압력 이상 상승하게 되면 밸브가 열려, 배기 압력이 터보의 터빈에 작용하지 않고 지나가게 하는 터빈 보호 밸브이다.

웨이스트 그레이드 waste grade 고속 또는 고부하에서 터보차저로부터의 부스트(boost) 양을 제한하기 위해 사용되는 장치로, 원하는 부스트 압력에 이르면 터빈 주위를 흐르는 배기가스의 흐름 방향을 전환하는 밸브 등으로 되어 있다.

웨이스트라인 waistline 도어의 유리와 패널이 접촉하는 라인으로, 최근에는 유리 부분의 면적이 넓어지는 경향이어서 웨이스트라인이 점점 밑으로 내려오고 있다. 특히 FF 2박스 카에 그 경향이 뚜렷하다.

웨이스트 몰딩 waist molding 자동차의 웨이스트라인에 따라 설치되어 있는, 도금한 금속이나 수지 제품의 벨트 모양의 부품을 말한다.

웨이스트 실 waist seal 도어의 상단과 유리 사이에 설치되어 있는 고무 제품의 실을 말한다. 실내에 먼지나 잡음 또는 물이 들어오지 않도록 기밀성을 유지하고, 도어를 닫았을 때 진동을 흡수하는 기능

외에, 창유리를 개폐할 때마다 유리에 묻은 물방울이나 오물을 닦는 역할도 한다. 연질 염화비닐로 만든 것이 일반적이며, 유리와의 접촉면에 나일론 섬유를 사용한 것이 많다.

웨이트 디스트리뷰션 weight distribution 각 차축에 걸리는 차량 총중량의 백분율을 말한다.

웨지 wedge (1) 일체식 차축의 캐스터를 수정하기 위해서 차축과 스프링 사이에 끼우는 V자형 단면을 가진 쇠붙이로서 끝이 뾰족한 조각을 말한다. (2) 물건 사이나 틈새 또는 해머와 해머 자루에 끼워 이동하거나 빠지지 않도록 고정하는 V자형의 단면을 가진 나무 조각으로서 끝이 뾰족한 쐐기를 말한다.

웨지 블록 게이지 wedge block gauge 길이 100 mm, 폭 15 mm의 쐐기형 블록을 몇 개씩 조합하여 필요한 각도를 만드는 게이지로, 일반적으로 12개가 한 조이다.

웨지 세이브 자동차의 보디를 측면에서 보았을 때, 보디의 형상이 앞으로 숙여 있는 쐐기 모양의 것을 말한다. 주행 중의 공기 저항을 저감할 수 있으므로, 대부분의 자동차에 사용되고 있다. 자동차의 성격에 따라 쐐기형의 형상이 다르며, 일반적으로 스포티 카는 그 모양이 현저하게 다르게 되어 있다.

웨지 세이프 wedge shape 웨지는 쐐기형을 의미한다. 옆에서 보면 차 앞부분이 앞으로 감에 따라 점점 낮아지는 스타일이다. 공기 저항을 덜고 스포티한 모습으로 하기 위해 요즘에는 웨지 형식이 늘어나고 있다.

웨지 세이프형

웨지형 연소실 wedge combustion chamber 연소 기간의 말기(末期)에 잔류 혼합가스의 와류를 좋게 하기 위해 피스톤 상부와 실린더 헤드가 결합하여 만드는 웨지형의 연소실을 말한다.

웨트 그립 wet grip 젖은 노면에서의 타이어 마찰력을 말한다. 타이어 마찰력은

타이어와 노면의 마찰 면에서 발생하는 점착 마찰과 트레드 고무의 히스테리시스 마찰에 의하여 얻어진다. 그러나 젖은 노면에서는 물로 인하여 점착 마찰이 매우 적어지므로 히스테리시스 손실이 큰 고무일수록 웨트 그립이 좋다. 따라서 구름 저항이 적은(히스테리시스 손실이 적은 고무가 쓰이는) 낮은 연료 소비성의 타이어는 웨트 그립이 낮은 경향이 있다.

웨트 라이너 wet sleeve, wet liner 수랭식 엔진의 실린더 라이너로서, 그 바깥쪽에 직접 냉각수를 접하는 형식을 말한다. 라이너 자체는 물에 닿지 않고 실린더 블록을 거쳐 냉각되는 것을 드라이 라이너라고 한다.

웨트 섬프 wet sump type 엔진 오일을 오일 팬(섬프라고도 함)으로부터 펌프로 빨아올려서 엔진 여러 부분에 압송하고, 윤활이 끝난 오일은 오일 팬에 자연 낙하시키는 방식이다. 오일 팬에는 언제나 일정량의 오일을 저장해 두어야 하기 때문에 웨트 섬프라고 한다. 승용차에는 이것이 일반적인 방식이다.

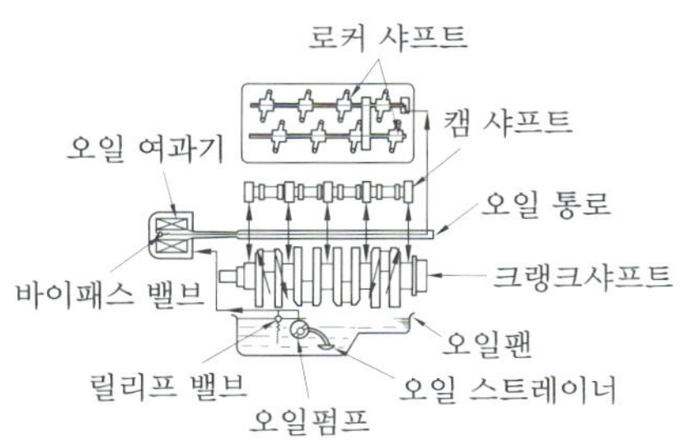

웨트 섬프식 오일의 순환 계통

웨트 스폿 wet spots 페인트가 균일하게 건조 점착하지 못하는 부위를 말한다. 일반적으로 그리스나 손자국에 의해 변색이 된다.

웨트 온 웨트 wet on wet 처음 바른 도료가 마르기 전에 다음의 도료를 바르는 것을 말한다. 메탈릭 도장(도료에 금속가루를 섞어 금속성 광택을 띠게 하는 도장)을 할 때 메탈릭 에나멜(metallic enamel)과 클리어(clear)의 관계가 이것에 해당된다. 동일한 도료의 경우에는 플래시 오프 타임(flash off time)을 짧게 하여 도장하는 것을 가리킨다.

웨트 코트 wet coat 분사한 상태에서 페인팅 중에 용제분(溶劑分)이 많고 유동성이 강하여 고운 표면을 형성하는 도장(塗裝) 방법을 가리킨다.

웨트 타이어 wet tire ⇨ 레인 타이어

웰더 welder 금속 재료를 용접하기 위해서 만든 직류 아크 용접기 또는 교류 아크 용접기 등을 말한다.

웰딩 welding 두 개의 금속, 유리, 플라스틱 등을 녹이거나 반쯤 녹인 상태에서 서로 이어 붙이는 일을 말한다.

웰딩 토치 welding torch 가스 용접에서 가스 혼합 및 조절에 사용되는 토치이다.

웰딩 팁 welding tip 용접 전용의 가스 토치 팁을 말한다.

웰 밸런스드 well balanced '조화가 잘된'의 뜻이다.

위 방향 흡기식 updraft type 기화기의 흡기 방식 중 공기와 연료가 아래에서 위로 흐르게 하는 형식을 말한다. 벤투리의 지름을 적게 하고 혼합 가스의 유속을 빠르게 해야 하므로 흡입 효율이 불량하다.

위보기 용접 overhead position welding 용접 표면이 대체적으로 수평인 이음에 대하여, 아래쪽에서 하는 이른바 위보기 자세로 하는 용접을 말한다.

위보기 자세 overhead position 용접선이 대략 수평인 이음을 아래쪽에서 용접하는 자세를 말한다.

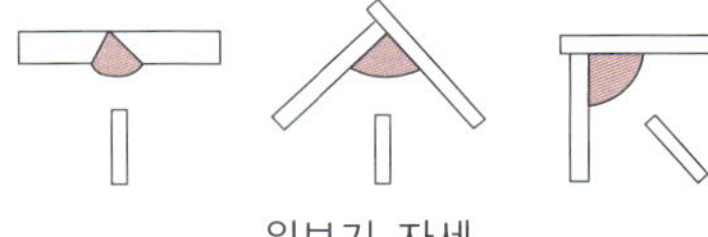

위보기 자세

위브 weave 이륜차가 고속으로 코너링을 선회할 때 뒤에서 발생하는 요잉과 롤링이 복합된 $1 \sim 3\,Hz$의 완만한 흔들림으로, '와블'이라고도 한다. ⇨ 휠 와블

위빙 weaving 용접봉을 용접 방향에 대하여 옆으로 교대로 움직이며 용접하는 방법을 말한다.

위빙 라이닝 weaving lining 긴 섬유의 석면을 황동, 납 및 아연선 등을 심으로 하여 실을 만들어 짠 다음, 광물성 오일과 합성수지로 가공하여 성형한 것으로서, 유연하고 마찰 계수가 크다.

위상(位相) phase 진동이나 파동과 같은 주기적 현상에서, 1주기 내의 위치를 표시하는 양을 말한다. 예를 들면, $Y=A_o \cdot \sin(\omega_t + \alpha)$에서 $(\omega_t + \alpha)$이다.

위상 기어 phase gear 로터의 회전 운동을 컨트롤하는 기어로, 사이드 하우징에 고정되어 있는 고정 톱니바퀴와 로터에 붙은 로터 톱니바퀴로 이루어져 있다. 둘의 기어 비는 2 : 3으로 물려 있고 로터와 출력의 회전수 비율은 1 : 3이 된다.

위상 기어 기구 로터리 엔진에서 로터의 회전 운동을 규제하기 위한 기구를 이른다. 방켈형 엔진에서는, 편심 축(익센트릭 샤프트)에 고정되어 있는 바깥쪽 기어와 로터에 설치되어 있는 안쪽 기어의 기어수의 비를 2 : 3으로 하고, 로터와 편심 축의 비가 1 : 3이 되도록 설정되어 있다.

위상차(位相差) phase difference 동일 주파수 두 개의 주기적 현상에서 동일 시각에서의 위상의 차를 말한다.

위상차 검출 토크 센서 phase difference detection-type torque sensor 토크 부하에 의하여 생기는 비틀림 각을 검출하는 것으로서, 자기식과 광학식의 검출 방법이 있다. 자기식은 철과 같은 강자성체로 만든 똑같은 기어를 어느 거리만큼 띄워서 축에 고정시키고, 전자 픽업 코일로 검출하는 것이다. 톱니의 산과 골에서 자기 저항이 변화하기 때문에 코일에 교번 전압의 신호가 나간다. 토크 부하가 없을 때는 두 코일의 검출 신호에 위상차가 생기지 않지만, 토크가 부하되어 있으면 위상차를 일으킨다. 위상차가 비틀림 각에 대응하고 있기 때문에 부하 토크를 알 수 있다. 광학식은 기어를 슬리브로 접근시켜 축 방향에 설치한 발광 소자와 수광 소자로 투과 광량을 측정하는 것과, 기어 대신 명암의 줄무늬 모양의 대를 축에 감

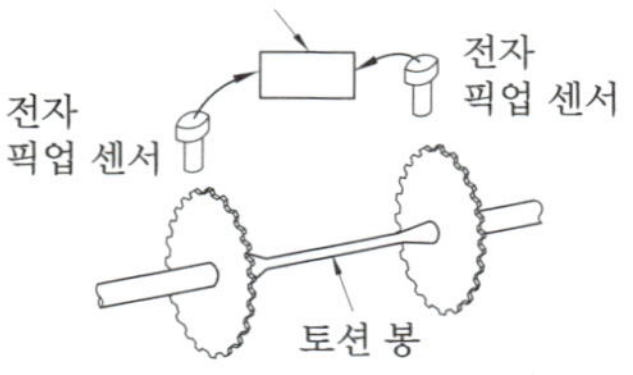

위상차 검출 토크 센서

아 붙여 광파이버로 검출하는 것도 제한되어 있다. 광학식의 단점은 기름이 있거나 오염이 심한 데서는 사용할 수 없다는 것이다.

위상차 캠축 가변 흡기 방식을 가진 4밸브 엔진의 흡입 쪽 캠축의 명칭이다. 두 개의 흡입 밸브의 개폐 시기를 늦추고 저속 회전력과 고속 회전력을 혼합 가스의 흡입량과 증감의 타이밍을 적절히 하기 위해 각각의 밸브를 구동하는 캠의 형상과 로브의 위치를 바꾼 것을 말한다.

위성 항법 시스템 global positioning system 자동차, 선박, 항공기 등에서 전파 항법을 이용한 장치로, 위성 측위 장치를 말한다. 줄여서 GPS로도 부르기도 한다. 인공위성을 이용하여 위도, 경도, 고도의 위치뿐만 아니라 3차원의 속도 정보와 함께 정확한 시간까지 얻을 수 있어 자동차, 선박, 항공기 등에서 자신의 위치를 정확히 알 수 있는 시스템이다. 복수의 인공위성에서 발사되는 시간 신호를 전파의 수신 시간 차를 이용하여 현재의 위치를 파악하는 것으로서, 미국 국방부 중심으로 개발되었다. ⇨ 내비게이션 시스템

위스커 whisker 굵기 약 0.1미크론에서 수 미크론의 침상(針狀) 단결정을 가리킨다. 원자 배열의 흐트러진 일종인 '전위'가 거의 없기 때문에 이론적 한계에 가까운 강도가 있다. 경량, 고강도의 자동차, 항공·우주용 복합 재료로서 기대된다. 1952년 미국의 벨연구소에서 전화선을 단락하는 물질로 우연히 발견한 것을 말한다. 금속, 세라믹 및 고분자 화합물 등으로 만들어져 다른 금속과 고분자 재료의 보강에 이용되고 있으며, 위스커를 보강재로 사용한 것을 총칭하여 위스커 강화 복합 재료라고 한다.

위시본 타입 wishbone type (1) 앞 현가장치에 사용되는 V자형 암을 말한다. A형의 암이 새의 가슴뼈 모양과 비슷하다고 해서 위시본이라 부른다. 추축에 코일 스프링을 넣고 상하로 자유로이 움직이는 형식으로, 승차감은 좋지만 비포장도로에서는 소음이 있다. 원래는 A형 암을 위아래로 두 개씩 사용하는 서스펜션이어서 더블 위시본이라고도 한다. 스트럿형보다도 캠버

변화나 로어 센터 높이 등 설계상 자유롭게 할 수 있는 요소가 많고, 조정 성능을 중요시한다면 위시본 쪽이 좋다. 그러나 제작비가 저렴하고 제작이 수월한 면에서는 스트럿형에 조금 뒤진다. (2) 상하 컨트롤 암의 안쪽은 차체에 연결되고 바깥쪽은 바퀴를 장착하고 있는 조향 너클에 볼 이음으로 연결되어 있으며, 상하로 설치된 코일 스프링과 쇼크 업소버에 의해 완충 및 상하 운동을 하는 형식으로, 가장 많이 사용되고 있다.

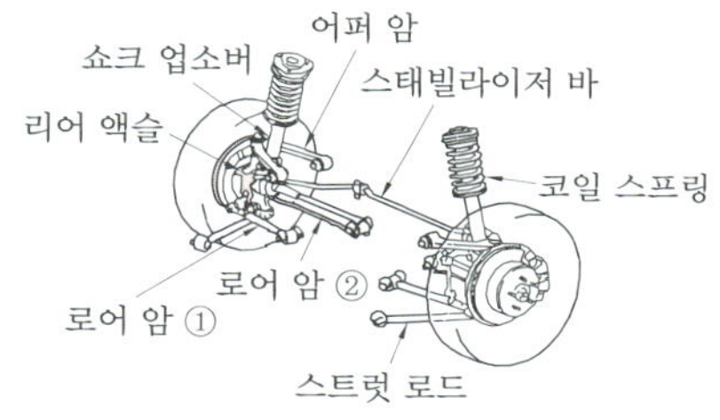

위시본 타입

위치 센서 position sensor 위치 센서는 길이의 차원을 가진 양을 측정하는 것으로서, 어떤 일정 위치에서 온-오프를 하는 센서의 일종이다. 접촉하느냐 하지 않느냐에 따라 접촉식 센서와 비접촉식 센서로 분류할 수 있다. 원리적으로 분류하면 기계식, 전기식, 자기식, 광학식 센서가 있는데, 다음과 같다. ① 기계식 : 스텝 스위치식, ② 전기식 : 섭동 저항식, 정전 용량식, ③ 자기식 : 차동 트랜스식, 근접 스위치(영구 자석＋자기 센서), ④ 광학식 : 광전 스위치(광원＋광전 소자) 등으로 공장 자동화 무인화에서는 근접 스위치, 광전 스위치가 가장 많이 쓰이고 있다.

위치 수두(位置水頭) position head 물의 높이에 해당하는 에너지를 이른다. $Z[m]$의 높이에 있는 1 kg의 물은 $Z[kg \cdot m]$의 일을 하므로 $Z[m]$의 높이에 상당하는 에너지를 가지고 있는데, 이것을 위치 수두라고 한다.

위치 에너지 potential energy 계(系)의 여러 부분의 상대적인 위치에 따라서 결정되는 저장된 에너지로, 크기는 물체 사이의 위치로 정하여진다. 어떤 특수한 위치에 인력, 척력 등 일정한 힘을 받고 있는 물체가 표준 위치로 돌아갈 때까지 일을 할 수 있는 능력을 말한다.

위핑 whipping 수직 용접 시 언더컷을 내지 않게 하기 위하여 용접봉을 위쪽으로 추켜올렸다 내렸다 하는 운봉법을 말한다.

위험 경고 시스템 hazard-warning system 비상 신호 시스템(emergency signal system)이라고도 한다. 자동차가 비상 정지하였을 때 접근하는 다른 자동차들에게 경고하는 데 사용된다. 운전자가 제어하며, 앞뒤의 라이트를 모두 점멸한다.

위험 경고 플래셔 유닛 hazardous warning flasher unit 고속 도로나 터널 등에서 자동차의 고장 또는 타이어 펑크 등으로 긴급 정차하였을 때 앞뒤, 좌우 방향 지시 등 모두에 흐르는 전류를 일정한 주기로 단속하여 램프를 점멸시키는 것으로서, 뒤따라오는 자동차에 알리어 충돌하는 것을 방지한다.

위험 속도(危險速度) critical speed 주위가 벽으로 둘러싸인 공간(공동)에 대해서 내부의 유체가 진동할 때 공간의 기하학적 특성에 의존하는 특정 주파수로 공진이 발생되는 것이다.

윈도 글라스 안테나 window glass antenna 라디오의 안테나로, 리어 윈도 글라스에 설치되어 있는 것을 말한다. 전파의 수신량이 약하기 때문에 이것을 증폭하는 앰프가 필요할 경우가 많다.

윈도 디프로스터 window defroster 창에 성에가 끼지 않도록 온풍을 보내어 흐림을 방지하는 장치를 말한다.

윈도 레귤레이터 window regulator 도어 글라스를 상하로 조절하는 장치를 말하는데, 도어 패널의 내부에 도어 핸들의 회전 운동을 직선 운동으로 바꾸어 주는 암 와 이어가 장치되어 있다. 또 도어의 핸들을 사용하지 않고 드라이버의 손이 닿는 곳에 있는 스위치를 눌러서 도어 글라스를 승강시키는 것도 있다. 이것을 파워 윈도라고 한다. 파워 윈도는 소형 모터를 사용하여 글라스를 승강시키는 것으로, 고급차 등에 장착되어 있다. 요즘은 이 파워 윈도가 널리 쓰이고 있다.

윈도 벤틸레이터 window ventilator 자동차 실내의 환기를 위하여 프런트 도어 앞쪽에 설치된 삼각 유리를 말한다.

윈도 와셔 window washer 자동차의 앞

뒷면에 설치된 창유리에 세척액을 분사하는 소형 전동기를 말한다.

윈드 노이즈 wind noise　창을 닫고 고속으로 주행할 때 비교적 주파수가 높은 소리(500 Hz~5 kHz)가 들릴 수가 있는데, 이것을 일반적으로 윈드 노이즈라고 한다. 차의 속력과 바람의 방향에 의해서 소리가 변화된다.

윈드 디플렉터 wind deflector　선루프를 열고 주행할 때, 실내에 공기를 끌어들이거나 윈드 스로브라고 불리는 저주파수의 불쾌한 공기 진동이 발생하는 것을 방지하기 위하여 설치된 날개 모양의 것을 말한다.

윈드 스로브 wind throb　차량의 어떤 한 곳만을 연 상태, 또는 선루프 장착 차량에서 선루프만을 연 상태에서 주행하면 차속이 30~100 km/h 사이에서 어떤 차속에 달하여 고막을 압박하는 것 같은 대단히 불쾌한 공기의 진동이 발생한다. 이 현상을 윈드 스로브라고 한다. 일반적으로 말하는 바람 소리는 진동 주파수가 1~2 kHz인 것에 비하여, 윈드 스로브는 기껏해야 15~25 Hz에 있다.

윈드 플러터 wind flutter　윈드 스로브를 말한다. 플러터는 새가 날갯짓을 할 때 '탁탁' 하는 소리를 나타낸다.

윈드스크린 앵글 windscreen angle　⇨ 윈드실드 앵글

윈드실드 windshield　본래는 윈드실드 글라스를 말하는 것으로, 흔히 프런트 글라스 또는 앞창이라고 한다. 실드는 차단한다는 뜻이다. 예전에는 윈드실드의 경사가 심했으나 공기 저항을 적게 하기 위해서 최근에는 경사가 아주 완만해졌다.

윈드실드 글라스 windshield glass　⇨ 윈드실드

윈드실드 앵글 windshield angle　윈드스크린 앵글이라고 불리며, 윈드실드와 수평 또는 연직선과 이루는 각을 말한다. 자동차의 디자인에서 공력(空力) 특성상 중요한 요소 연직선에 대한 각도라고도 부른다.

윈드실드 와셔 windshield washer　앞면 유리의 바깥 면에 세척액을 분사시키는 장치를 말한다. 분사 펌프의 형식에 따라 수동식, 진공식 및 전기식으로 분류되나, 현재는 전기식이 주로 사용된다. 펌프와 노즐에는 0.8~1.0 mm의 분출구가 있고, 비닐 파이프 등으로 연결되어 일정한 장소에 부착되어 있다.

윈드실드 와이퍼 windshield wiper　비 또는 눈이 올 때 운전자의 시계(視界)가 방해되는 것을 막기 위해 운전석 앞면 유리를 닦아내는 일을 하는 장치로, 배터리에서 공급되는 전원에 의해 전동 모터를 회전시키는 전기식이 주로 사용된다. 동력을 발생하는 전동기부, 동력을 전달하는 링크부 및 앞면 유리를 닦는 와이퍼 블레이드부로 구성되어 있다. 최근에는 뒤창과 헤드라이트에도 와이퍼를 단 차가 나타나, 이들과 구별하기 위해 앞창에 단 와이퍼를 윈드실드 와이퍼라 하고, 쓰지 않을 때 와이퍼가 보이지 않도록 앞창 밑에 들어가게 한 것을 컨실드 와이퍼라고 한다.

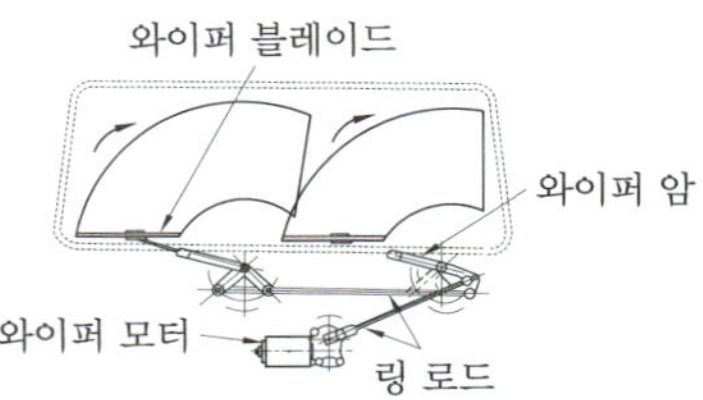

윈드실드 와이퍼

윈드실드 필러 windshield pillar　슈라우드 어셈블리를 루프 패널에 결합하여 윈드실드 개구부의 측면을 이루는 구조를 말한다.

윈치 winch　권양기(捲揚機)로, 거친 길에서의 차량 탈출 등에 이용하거나 사고 차의 인양, 감아올리기, 견인 등에 사용한다. 트랜스미션의 PTO에서 동력을 끌어내어 윈치를 구동하는 기계식과, 배터리를 전원으로 하여 전동 모터로 움직이는 전동식 윈치 등이 있다.

윈터 타이어 winter tire　⇨ 스노타이어

윙 너트 wing nut　로드 레이스 때 고장이 나면 다른 연장 없이 손으로 직접 나사를 풀고 조이고 하는 데 편리하게 만든 나비 너트를 말한다. 자동차에는 에어 클리너의 커버를 탈·부착하는 곳에 사용한다.

윙 카 wing car　F1 카로서, 사이드 보디를 상하 역(逆)으로 한 비행기 날개 형태로 하

여 공기 저항을 적게 함과 동시에 노면에 누르는 힘을 얻어 코너링 속도를 높인 레이스 카를 말한다. 1968년 날개(wing)를 부착한 F1머신이 등장했고, 그 10년 후에 윙 카가 등장했다. 다운 포스(down force)는 벤투리 효과에 의하여 얻어지기 때문에 벤투리 카라고도 불린다. 최초의 윙 카는 로터스 78로 1977년에 등장하였다. 1978년 이후의 모든 F1 머신이 이 형식이며, 1983년에 차체 하부를 편평하게 하는 규정(플랫 보텀 규제)이 적용될 때까지 이어졌다.

윙 캐리어 wing carrier　스키 판, 서핑 보드 등을 간단하게 탑재할 수 있는 것으로, 옵션 용품을 말한다.

윙커 winker　방향 지시기, 깜박이 또는 플래셔라고 한다. 우회전, 좌회전에 앞서 뒤차나 보행자에게 신호하기 위해 깜박이는 램프로서, 차의 앞뒤와 양옆에 장착되며, 턴 시그널 램프(방향 지시등)라고도 한다.

윙 터보 wing turbo　가변 A/R 터보차저 방식을 말한다. 터빈 날개 주위를 둘러싼 4장의 날개를 배치하고 그 방향을 바꾸어 A/R를 변화시키는 것을 말한다.

유격(裕隔) play　부품 사이의 움직임을 말한다.

유냉 시스템 oil cooling system　엔진이 운전 중 고온이 되면 실린더에 냉각용 오일을 보내어 연소실 상부의 냉각 효과를 높이는 장치를 말한다.

유니디렉셔널 패턴 unidirectional pattern　타이어의 회전 방향에 따라 특성이 달라지므로, 지정 방향으로 타이어가 회전하도록 자동차에 설치할 필요가 있는 트레드 패턴을 말한다. 유니디렉셔널은 일 방향을 뜻한다.

유니버설 조인트 universal joint　(1) 관계 위치가 끊임없이 변화하는 두 개의 동력 전달 축을 연결한 커플링으로서, 프로펠러 샤프트 전·후단 등에 사용한다. (2) 트랜스미션과 샤프트, 샤프트로부터 파이널 드라이브로 동력을 전달하기 위해서는 이들을 연결하지 않으면 안 된다. 그러나 엔진은 진동하고 리어 액슬은 또 상하로 진동하기 때문에 고정할 수 없다. 이 때문에 회전하면서 자유롭게 움직이는 이음새가 있어야 하는데 이것을 유니버설 조인트라고 한다. (3) 프로펠러 샤프트의 자재 이음을 말하는데, 일직선상에 있지 않은 두 개의 축을 연결하여 자유로이 회전하도록 하는 이음으로서, 액슬의 상하 진동으로 인한 각도 변환과 회전력 변환을 극소화시키는 역할을 한다. 다시 말해서, 축의 각도의 변화가 있더라도 동력을 전달하는 조인트를 말한다.

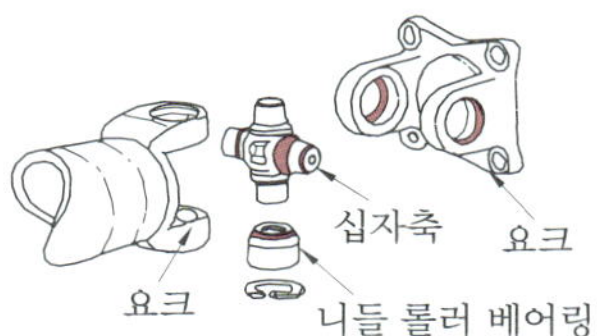

유니버설 조인트

유니서보 브레이크 uni-servo brake　자기 배력이 작용하는 브레이크를 말한다.

유니서보식 uni-servo type　단동식의 휠 실린더를 1개 사용하고, 두 개의 슈는 어저스터로 연결되어 있으며, 그 고정 끝이 휠 실린더 작동 방향의 반대쪽에 있는 방식을 이른다. 한정된 브레이크 드럼 지름과 라이닝 면적으로 큰 제동력을 얻을 수 있지만, 좌우 브레이크 제동력이 불균형되기 쉽고, 후진 시에는 양쪽 슈가 모두 트레일링 슈로 되어 제동력이 크게 떨어진다.

유니서브 브레이크 타입 uni-serve brake type　전진 시 자기 작동 작용이 모든 슈에 일어나 큰 제동력이 발생되는 리딩 슈가 되고, 후진 시 모든 슈가 자기 작동 작용을 하지 않아 제동력이 감소되는 트레일링 슈가 되는 형식이다.

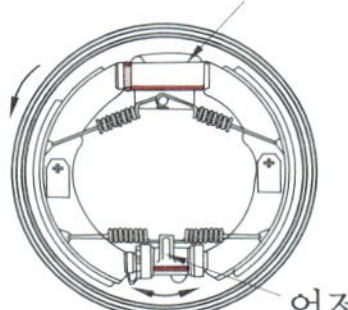

유니서브 브레이크 타입

유니언 union　주머니 모양의 너트를 이용하여 관을 접속하는 이음쇠로, 관용 나사의 파이프를 연결하는 데 사용한다.

유니언 멜트 용접 union melt welding　고속 자동 용접법의 일종으로, 나봉(裸棒) 심선에 고전류를 통하여 용접되는 이음 위에, 먼저 분말상의 플럭스를 살포하여 두고, 이 속에서 아크를 일으켜 용접한다. 따라서 전호는 전혀 노출이 안 되기 때문에 잠호 용접이라고도 한다.

유니언 조인트 union joint　연료, 브레이크, 유압 파이프 등 유니언 너트를 사용하여 연결하는 방법으로, 유니언 이음이라고도 한다. 한쪽 파이프에 결부되는 피팅과 다른 쪽 파이프에 유니언 스위블 엔드, 피팅과 유니언 스위블 엔드를 연결하는 유니언 너트로 구성되어 있다.

유니타이즈드 컨스트럭션 unitized construction　프레임과 보디 부품들이 함께 용접되어 하나의 단체(單體)를 형성하는 자동차 차체 구조의 한 형식을 말한다.

유니포머티 uniformity　타이어의 유니포머티라는 것은 타이어의 균일성을 대표하는 특성이다. 균일성에는 강성·치수·중량 등의 항목이 있고, 이 모든 것을 포함하는 경우를 넓은 의미에서의 유니포머티라고 부를 때도 있다. 통상 유니포머티란 주로 강성의 균일성(일부는 치수의 균일성을 포함할 때도 있음)을 대표하는 말로 사용된다. 유니포머티가 나쁘면 주행 중 타이어에서 주기적인 타음이 발생할 때가 있다.

유니폴러 unipolar　(1) 전자와 정공 중 한쪽만이 캐리어로 되는 것, 즉 전기를 운반하는 것을 말한다. (2) 펄스 부호 전송 회로에서 양(陽), 음(陰) 어느 한쪽 극성의 펄스만을 사용하는 펄스 형식을 말한다.

유니플로 스캐빈징 uniflow scavenging　2행정 사이클 엔진의 소기 방식(掃氣方式)으로서, 가스를 실린더 내의 세로 방향으로 흐르게 하는 방식을 말한다.

유니플로 엔진 uniflow engine　2사이클 디젤 엔진에서 혼합 가스가 실린더 하부에 설치되어 있는 흡입 구멍으로 흡입되고, 연소된 가스는 실린더 헤드에 설치되어 있는 밸브에 의해서 배출되도록 하는 엔진을 말한다. 미국의 디트로이트 디젤 회사에서 처음 개발하여 사용하였다.

유닛 볼 베어링 unit ball bearing　허브와 일체 구조의 베어링을 말한다. 세트 라이트 베어링, 앵귤러 콘택트 볼 베어링과 마찬가지로, 베어링의 프리로드는 비조정식

이고, 횡하중(스러스트 하중)에 강하다. 또한 유닛 볼 베어링은 허브에서 빼낼 수 없기 때문에 전환은 허브 어셈블리로 한다.

유닛 분사식 unit injection system　분사 펌프와 노즐이 일체로 된 유닛 인젝터를 각 실린더마다 설치하는 형식으로, 2사이클 디젤 엔진이나 건설 장비의 일부에 사용한다. 연료 분사 펌프와 분사 노즐을 연결하는 고압 파이프가 필요 없으며, 유닛 분사기는 일반적으로 푸시로드와 로커 암에 의해 작동된다.

유닛 인젝터 unit injector　유닛 인젝터는 펌프, 인젝터 및 분사 밸브를 일체로 하여 실린더 헤드에 설치되어 있으며, 공급 펌프에 의해 인젝터까지 압송된 연료는 로커 암이 펌프를 누를 때 연료를 분사한다. 1개의 연료 공급 파이프에 각 실린더로 공급하는 분배 파이프가 연결되어 있으며, 인젝터에 분사 펌프가 설치되어 있으므로 고압 파이프는 필요하지 않다. 연료 분사량 조절 장치는 인젝터의 플런저를 회전시키는 제어 래크에 의해 연료 분사량이 조절된다. 캠으로 플런저를 밀어 연료를 송출하는 캠 구동식과, 한 번 압력을 높인 연료를 배관의 일부(common rail)에 저축하여 증압 피스톤으로 다시 압력을 높여 분사하는 코먼 레일식이 있다.

유닛 쿨러 unit cooler　증발기(냉각 관)와 송풍기로 구성된 냉방 장치로서, 냉매는 증발기를 거쳐 송풍기에 의해 통풍되는 공기를 냉각하여 실내로 보냄과 동시에, 실내 공기를 흡입하여 냉각하고 습도를 감소시켜 다시 실내로 방출시키는 냉방 장치를 말한다.

유닛 파워 플랜트 unit power plant　오토바이와 같이, 실린더 블록에 클러치와 변속기가 일체로 되어 있는 엔진으로서, 결합식 원동 장치를 말한다.

유닛 히터 unit heater　가열 장치와 송풍기로 구성된 난방 장치로서, 온수가 흐르는 가열 관에 송풍기로부터 통풍되는 공기를 가하여 실내로 보냄과 동시에, 실내의 공기를 유도 흡입하고 가열시켜 다시 실내로 방출시키는 난방 장치를 말한다.

유도(誘導) induction　도체를 자기장에서 움직여(또는 도체나 코일을 지나 자기장

을 움직여서) 도체나 코일 내에 전압을 일으키는 작용을 말한다.

유도 가열 경랍 땜 induction brazing 유도 전류로 얻은 열을 이용하여 땜질하는 경랍 땜을 말한다.

유도 기전력(誘導起電力) induced electro motive force 전자기 유도에 의하여 생기는 기전력으로, 회로에 생기는 자속의 변화가 심할수록 유도 기전력은 커진다. 발전기나 변압기에서 발생하거나 안테나에 도달하는 전자기파 때문에 생기는 기전력 등이 있다.

유도 단위(誘導單位) derived unit 기본 단위에서 유도된 물리량을 나타내는 단위로, 어떤 물리량과 기본 단위로, 선택된 물리량과의 관계식을 써서 나타낸다. M.K.S에서 예를 들면, m, kgf, sec가 기본 단위이고, 보조 단위는 μ, mm, cm, km 등이며, 유도 단위는 m^2, m^3, m/sec 등이다.

유도 대전(誘導帶電) induction charging, induced electrification 정전기 유도로 물체에 전하를 생성시키는 일, 곧 다른 물체의 전하가 접근함으로써 양(陽)과 음(陰)의 전하가 분리되어 도체 표면의 별도 장소에 생기는 것을 말한다.

유도 발전기(誘導發電機) induction generator (1) 상호 회전하는 회로와 망을 구성하여 동력을 한 회로에서 다른 회로로 전자 유도에 의해 전달하는 발전기를 말한다. (2) 유도 전동기를 동기 속도 이상의 속도로 회전시켜 전력을 얻는 발전기를 말한다.

유도 방전(誘導放電) inductive discharge 불꽃 점화 방식에서 2차 측(고압 측) 점화 플러그 전극 사이에 생기는 불꽃 방전 현상으로, 점화 플러그 전극 사이의 절연 상태를 파괴하는 용량 방전에 계속하는 방전을 말한다.

유도 방전 점화(誘導放電點火) inductive discharge ignition 공기·연료의 혼합 가스를 점화하기 위한 에너지가 유도자(誘導子)나 코일 내에 저장되는 형식의 점화 장치를 말한다.

유도 저항(誘導抵抗) induced drag 기류 가운데서 회전하는 날개의 뒷면에 생기는 소용돌이에 따라 발생하는 저항력을 말하

며, 또한 자동차의 후방에 생기는 소용돌이에 따라 발생하는 공기 저항을 말한다.

유도 전동기(誘導電動機) induction motor 교류 전동기의 하나로서, 단상식(單相式)과 삼상식(三相式)이 있다. ① 삼상 유도 전동기 : 계차 철심에 감겨져 있는 삼상 코일에 전류가 흐르면 회전 자계가 형성되어 전기자 코일에 생기는 유도 전류의 상호 작용에 의해 전기자를 회전시키는 전동기를 말한다. 제동력 테스터 등 공업용에 많이 사용한다. ② 단상식 : 계자 철심에 감겨져 있는 코일이 단상으로 되어 있는 것으로서, 전기자가 회전하는 것은 삼상과 같은 작용으로 이루어진다. 선풍기, 전기세탁기 등 가정용 전기 기기에 사용한다.

유도 전류(誘導電流) induced current (1) 전자 유도에 의한 기전력으로 흐르는 전류를 말한다. (2) 진공관의 양극(陽極) 전류처럼 정전 유도(靜電誘導)에 의하여 흐르는 전류를 말한다. (3) 시간적으로 변화하는 자력선(磁力線)을 부여함으로써 도체 내부에 유도되는 전류를 말한다.

유도 전압(誘導電壓) induced voltage 도체에 시간에 따라 변화하는 전자기장을 가할 때 도체 내부에 유도되는 전압을 말한다.

유도 타이밍 라이트 inductive timing light 어떤 점화 플러그의 점화에 맞추어 섬광(번쩍하는 빛)을 발생하도록 2차 회로에 연결되는 스트로보스코픽 유닛으로, 회전하는 타이밍 마크에 섬광을 비추어 마크가 정지된 것처럼 나타나게 된다. 배전기를 조정하여 타이밍 마크가 적절하게 정렬된다.

유도형 마그넷 inductor type magnet 전원이 필요 없이 유도자(誘導子) 또는 배전자(配電子)를 고속으로 회전시켜 고압의 전류를 발생하는 자석 발전기로서, 자동차의 점화 장치에 이용된다.

유동 기어 idler gear 기어 두 개의 사이에서 회전 방향과 감속비를 바꾸지 않고 한쪽에서 다른 한쪽으로 회전 운동을 전달하게 하는 기어이다.

유동성(流動性) liquidness fluidity (1) 액체와 같이 흘러 움직이는 성질을 말한다. (2)

형편이나 경우에 따라 이리저리 변동될 수 있는 성질을 말한다. (3) 쇳물이 거푸집의 안에 흘러들어 채워지는 능력을 나타내는 합금의 주조적 성질을 말한다. 쇳물의 화합 성분, 점도, 표면 장력, 거푸집의 종류, 주입 온도 등의 여러 가지 인자에 따라 변화한다.

유동식 미러 folding type side mirror 물건에 부딪히면 젖혀지도록 되어 있는 미러를 말한다. 아웃 미러는 차체에서 돌출되어 있으므로 보행자나 물건에 접촉하였을 때 사람 또는 물건에 손상이 가지 않도록 접어지는 미러이다. 좁은 공간에 주차할 때 방해가 되지 않도록 접는 구조도 있다.

유동점(流動點) pour point 오일을 냉각시키면 점도가 점차 증대되어 유동성을 잃게 되고 굳어지기 시작하는데, 이때의 온도를 응고점이라고 하며, 유동점은 응고점에 달하기 전의 유동성을 인정할 수 있는 온도를 말한다. 보통 응고 온도보다 2.5℃ 높은 온도를 말한다.

유동점 강하제(流動點降下劑) pour point depressants 저온일 때 왁스분이 석출하는 것을 방지하여 유동성을 높여 준다.

유량(流量) flow rate, quantity of flow 유체(流體)가 단위 시간 동안에 흐르는 양을 말한다.

유량계(流量計) oil gauge, flow meter (1) 오일 배관 속을 흐르는 유량을 적산(積算)하여 표시하는 계기를 말한다. (2) 액체나 기체가 단위 시간당 유로를 흐르는 양을 측정하는 계기로서, 이것을 시간으로 적분하면 전체적인 유량을 얻을 수 있다.

유량 계수(流量係數) flow coefficient 오리피스와 노즐, 벤투리 등을 가진 관로(管路)에서 유량을 계측하는 경우, 이론상으로 얻어지는 실제 유량 사이의 관계를 나타내는 계수를 일반적으로 유량 계수라고 한다. 오리피스 등을 이용한 차압 유량계에서는 유량 계수를 다음 식의 α로 나타낸다.

$$\alpha = c / \sqrt{1-m^2}$$

여기서 c는 유출 계수, m은 개구비(開口比)이다. 유량 계수 α는 차압의 배출구 위치와 형상이 일정한 데서는 개구비와 레이놀즈수의 함수이다.

유량 제어 밸브 flow control valve 밸브 내의 통과 유량을 무단계로 제어하여 액추에이터의 속도 조정, 각종 밸브의 개폐 속도의 변경, 가변 용량 펌프, 모터의 밀어내는 용적 변경, 속도의 조정 등에 사용된다. 종류로서는 교축 밸브와 압력 보상 기구가 부착된 유량 조절 밸브가 있다.

유량 조절 밸브 flow control valve ⇨ 유량 제어 밸브

유럽 F2 선수권전 European F2 Championship 배기량 2L급 F2 머신에 의한 유럽 선수권전 시리즈였다. 영국, 독일, 이탈리아, 프랑스 등 유럽 각국을 돌며 해마다 10여 차례씩 열렸다. F2 경주는 1985년부터 F3000에 승계되었다.

유럽 타이어 림 기술 기구 European Tire and Rim Technical Organization 통상 ETRTO(에트르토)라고 불리는 유럽의 타이어 제작 회사와 휠 제작 회사를 중심으로 한 관계 단체에 의하여 구성된 조직으로, 유럽 각국에 공통으로 적용되는 타이어와 휠에 관한 규격을 「ETRTO 규격」의 발행을 통해 알린다.

유럽 투어링 카 선수권전 European Touring Car Championship 투어링 카에 의한 유럽 선수권 시리즈를 말한다. 일반 시판 차를 개조한 투어링 카로 유럽 각지를 돌며 해마다 약 10전씩 열려 왔다. 1982년에 그룹 A 규정이 채용되었다. 약칭 ETC이다.

유로(流路) oil groove 주유가 잘 되도록 베어링 등의 축받이 면에 대하여 축과 직각 방향으로 오일이 흘러갈 수 있게 파놓은 홈을 말한다.

유로 백 EURO BAG 벤츠가 1981년부터 사용한 에어백이다. 1976년에 이튼 사(社)가 시트 벨트를 착용하지 않은 운전자를 대상으로 개발한 에어백에 대응하여, 시트 벨트를 착용한 운전자의 안면의 상해를 예방할 목적으로 설치한 시스템이다.

유리 섬유(琉璃纖維) glass fiber 알칼리 성분이 적은 유리를 길고 가늘게 만든 인조 섬유를 말한다. 용해된 유리를 고속으로 늘이거나 고압 공기로 불어 날려서 만들며, 내열성·내식성·내습성이 뛰어나 단열재, 방음재, 절연재, 여과재, 광통신 용

재 등으로 쓰인다. 자동차의 경량화에 이바지하고 있다.

유막(油膜) oil film ⇨ 오일 필름

유면계(油面計) 기계나 기구 등의 속에 들어 있는 기름의 높이를 보여 주는 기구로, 엔진 오일, 자동 변속기 오일, 동력 조향 장치의 유압 오일 등의 오일 양을 측정하는 막대형의 표시기를 말한다.

유면 표시기(油面表示器) dipstick 크랭크 케이스 내의 오일 양을 점검하는 금속 막대이다. 오일 양을 점검할 때, 자동차는 수평면에 있어야 하고, 엔진이 정지된 상태에서 측정하여야 한다. 금속 막대 끝 부분에 표기되어 있는 MAX(F)와 MIN(L)의 중간 이상 MAX 쪽에 있으면 정상이다.

유밀(油密) oiltight 기계나 장치의 일정 부분에서 기름이 다른 쪽으로 누설되지 않도록 장치한 것을 말한다.

유 볼트 U bolt U형의 볼트를 말하며, 각 볼트 끝 부분에 너트가 끼워져 주로 파이프 등을 고정하고자 할 때 사용된다. 위 차축과 판 스프링을 고정하는 곳에도 사용된다.

유산(硫酸) sulfuric acid 황산을 말한다. 무색무취의 끈끈한 불휘발성 액체로, 강한 산성이며, 금과 백금을 제외한 대부분의 금속을 녹인다. 유기물을 분해하고, 물에 섞으면 많은 열을 내면서 습기를 빨아들인다. 여러 가지 약품을 만드는 기초 원료로서 화학 공업에 널리 쓴다. 염료, 폭약 제조나 석유의 정제, 자동차에 사용하는 축전지의 전해액 및 유기 화합물의 합성 등에 사용한다.

유선형(流線型) streamline shape 유체 속을 운동할 때 생기는 저항을 줄이기 위한 물체의 형상(形象)을 이른다. 물고기의 몸체, 항공기의 동체 및 날개 등의 형상이 모두 유선형이다.

유성(油性) oiliness 오일이 금속의 마찰면에 오일 막(유막)을 형성하는 성질 또는 부착하는 성질로서, 움직이는 두 물체 사이에 작용하여 마찰을 감소시킨다.

유성(遊星) 기어 planetary gear 변속기 주축의 구동축에 고정되어 회전력을 전달하는 선 기어와, 변속기 주축의 피동축에 연결되어 구동력을 추진축으로 전달하는 링 기어 사이에서, 캐리어에 의해 지지되어 있는 기어로, 오버드라이브 기구의 한 구성 부품이다.

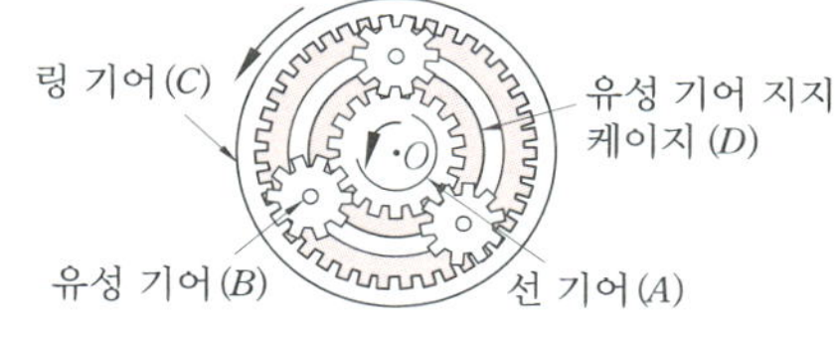

(a) 유성 기어장치

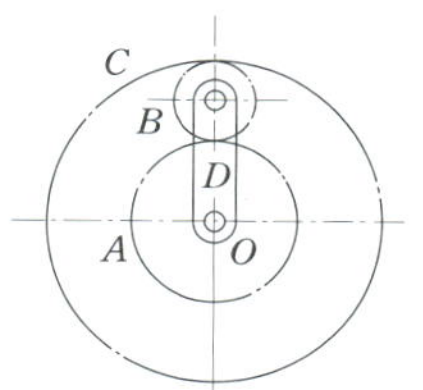

(b) 유성 기어 장치의 회전 속도 계산

유성 기어

유성 기어 감속기 planetary reduction gear 유성 기어는 맞물리는 1쌍의 기어 한쪽은 고정되어 있고, 다른 쪽은 이와 맞물린 상태로 그 주위를 회전하는 기구의 기어 전동 장치를 말한다. 유성 기어 감속기는 건설 기계 로더의 허브에 유성 기어 장치를 설치하여 최종적으로 감속하여 큰 구동력을 발생하는 장치를 말한다. 액슬 축에 선 기어를, 하우징에 링 기어를, 바퀴의 허브에 유성 기어 캐리어를 설치하여, 링 기어를 고정하고 선 기어를 구동하면 유성 기어 캐리어는 감속된다. 따라서 엔진에서 전달된 동력으로 선 기어를 회전하면, 링 기어 내면을 따라 유성 기어가 회전하여 유성 기어 캐리어가 바퀴를 구동시키므로 바퀴는 감속되어 큰 구동력을 발생하게 된다.

유성 기어식 디퍼렌셜 planetary gear differential 유성(遊星) 기어를 사용한 리어 디퍼렌셜을 말한다.

유성 기어식 변속 장치 planetary type transmission 플래니터리 기어를 사용한 변속 장치를 말한다.

유성 기어식 센터 디퍼렌셜 planetary gear center differential 유성(遊星) 기어를 사용한 센터 디퍼렌셜을 말한다.

유성 기어 장치 planetary gear system 중심에 선 기어가 고정되어 있고, 선 기어와 링 기어 중간에 유성기어가 설치되어 있으며, 유성 기어를 동일한 간격으로 지지하는 유성 기어 캐리어, 외주에 있는 큰 내면 기어의 링 기어로 구성되어, 동력을 전달하는 장치를 말한다. 유성 기어의 특징은 선 기어와 링 기어 및 유성 기어를 동시에 구동하는 것과 고정하는 조건으로 감속, 증속, 역전을 기어의 이동이 없이 원활하게 이루어지며, 서로 끊임없이 물려 있기 때문에, 동력이 전달되고 있는 상태에서도 기어 비를 바꿀 수 있는 특징이 있다. 자동차의 오버드라이브 장치, 자동 변속기, 종 감속 기어 장치 또는 건설 기계 로더의 최종 감속기에 사용한다.

유성 기어 캐리어 planetary gear carrier 변속기 주축의 피동축 스플라인에 끼워져, 선 기어와 링 기어 사이에 맞물린 유성 기어를 지지하고, 변속기 주축의 선 기어와 함께 회전하면 같이 회전하게 된다.

유성 향상제(遊性向上劑) oiliness improvers 금속 표면에 첨가제가 흡착된 막을 이루어, 경계에 윤활할 경우 유막(油膜)이 끊어지지 않게 하고 마찰 계수를 작게 해 준다.

유압(油壓) hydraulic pressure 압력을 가한 기름에 의하여 피스톤 등의 동력 기계를 작동하는 일을 말한다.

유압 경고등(油壓警告燈) oil warning lamp 엔진 작동 중에 오일이 순환되지 않으면 운전석의 계기판에 점등되어 운전자에게 알려 주는 램프이다. 오일 회로에 전기의 스위치 역할을 하는 유닛을 설치하여, 유압이 상승되면 유닛의 다이어프램이 팽창되므로 접점을 열어 전류를 차단하여 소등된다. 그러나 펌프의 고장으로 오일이 유닛에 공급되지 않으면, 접점이 계속 연결되어 있으므로 점등된다. 주 스위치를 ON 위치로 하면 켜지고 시동이 되어 유압이 발생하면 꺼져야 정상이다. 소등되는 유압은 $0.9\,\mathrm{kgf/cm^2}$이다.

유압 경보 장치(油壓警報裝置) 엔진 유압이 떨어지는 것을 경고하는 장치로, 유압이 $0.2\sim03\,\mathrm{kgf/cm^2}$까지 내려가면 적색 경보등(워닝 램프)이 점등되도록 한 것이 일반적이다.

유압계(油壓計) oil pressure gauge 오일 펌프에 의하여 압송되는 오일이 오일 계통을 순환할 때의 압력을 표시하는 계기를 말한다. 유압은 온도에 따라 변하며, 유온계와 짝(pair)으로 사용되는 것이 일반적이다. 유압계는 부르동 튜브식, 전기식의 밸런싱 코일식과 바이메탈 서모스탯식이 있다.　⇨ 오일 프레셔 게이지

유압 구동(油壓驅動) hydraulic transmission 유압을 발생하는 유압 펌프와 유압으로 움직이는 유압 모터를 조합하여 동력을 전달하는 것을 말한다.

유압 구동 자동차(油壓驅動自動車) hydrodynamic drive of automobile 전동기로 유압 펌프를 작동시켜 발생된 유압이 각 바퀴에 설치된 유압 모터에 공급하여 바퀴를 구동시키는 것으로서, 변속비가 연속적으로 변화하고 효율이 높으며, 소음이 없을 뿐만 아니라, 여러 가지 작업을 위한 동력의 인출이 용이하다. 정비 공장, 실내 작업장 등에서 많이 사용되고 있다.

유압 다판 클러치 hydraulic multiple-disc clutch ⇨ 멀티플 디스크 클러치

유압 램 hydraulic ram 유압기, 유압 탱크 등에서 실린더 속을 왕복하는 플런저 모양의 원통을 말한다. 유압이라지만 실제로는 오일이 아닌 브레이크액과 같은 특수한 액체를 사용하고 있다. 이 액체를 에어 펌프나 수동(手動)으로 밀어내어 튜브(tube)의 길이를 변화시킨다. 파스칼의 원리로 큰 힘을 내기 때문에 각종 어태치먼트와 결합하여 광범위하게 사용하고 있다. 패널 수정이나 보디 수정에서 힘을 가하는 일은 물론, 잭(jack), 리프트(lift) 등 큰 힘을 필요로 하는 기계류에는 대부분 유압 램이 사용되고 있다.

유압 모터 oil hydraulic motor 유압 펌프에서 생성된 유압 에너지를 회전 운동의 기계적 에너지로 변화시키는 것을 말한다.

유압 밸브 hydraulic valve 유압에 의해 작동되거나 제어되는 밸브를 말한다.

유압 밸브 리프터 hydraulic valve lifter 유압식 리프터는 엔진 오일의 압력을 이용하여 온도 변화에 관계없이 밸브 간극을 항상 제로(0)가 되도록 하여 밸브 개폐 시기가 정확하게 유지되도록 하는 장치이다. 밸브 간극의 점검 및 조정이 필요 없으며,

작동 중에 발생되는 충격을 흡수하여 밸브 기구의 내구성을 향상시킨다. 오일 회로 또는 오일펌프의 고장이 발생되면 작동이 불량하고 구조가 복잡한 단점이 있다. ⇨ 밸브 래시 기구

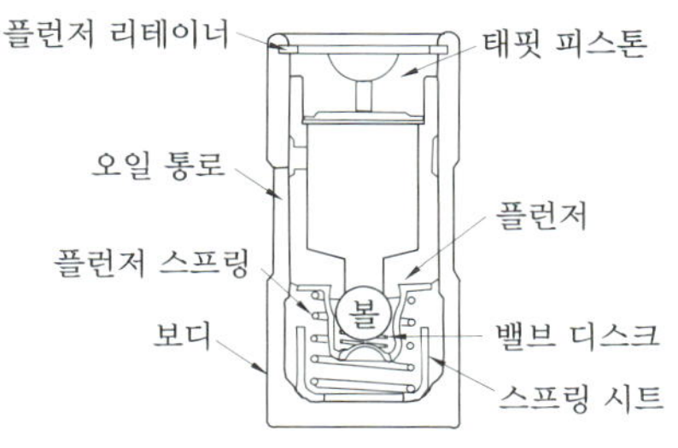

유압 밸브 리프터

유압 브레이크 hydraulic brake, oil brake 파스칼의 원리를 이용하여 유압의 힘으로 제동력을 얻는 브레이크 방식으로, 페달을 밟으면 유압이 발생하는 마스터 실린더와 그 유압을 받아 브레이크슈를 드럼에 밀어 제동력을 발생케 하는 휠 실린더 및 유로를 형성하는 브레이크 파이프 또는 호스로 구성되어 있다. 제동력이 모든 바퀴에 균등하게 전달되고, 마찰 손실도 적으며 조작력이 작다는 장점은 있으나, 브레이크 파이프 등의 파손으로 브레이크 오일이 누유되면 기능을 잃게 되는 단점도 있다. 주로 승용차에 사용한다.

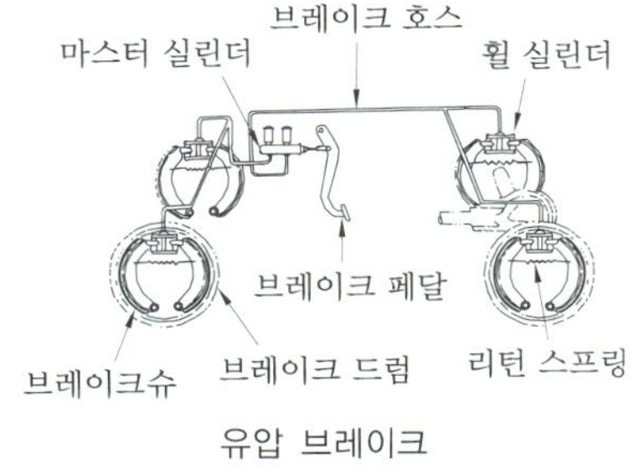

유압 브레이크

유압 서보 기구 hydraulic servo mechanism 기계적 위치를 제어량으로 하는 유압을 사용한 폐회로의 제어 기구로서, 입력의 기계적 위치 변화에 따라 출력의 유압이 변화되도록 하는 기구를 말한다.

유압식 쇼크 업소버 hydraulic shock absorber 프레임에 연결되는 피스톤과 차축에 연결되는 피스톤 사이에 오일이 들어 있고 실린더가 두 개 있어, 노면 진동으로 상하 작동 시 밸브를 통하여 내·외부 실린더로 오일이 이동하면서 흐름 저항이 생기는데, 이 저항으로 진동 제어 작용을 하는 것을 말한다.

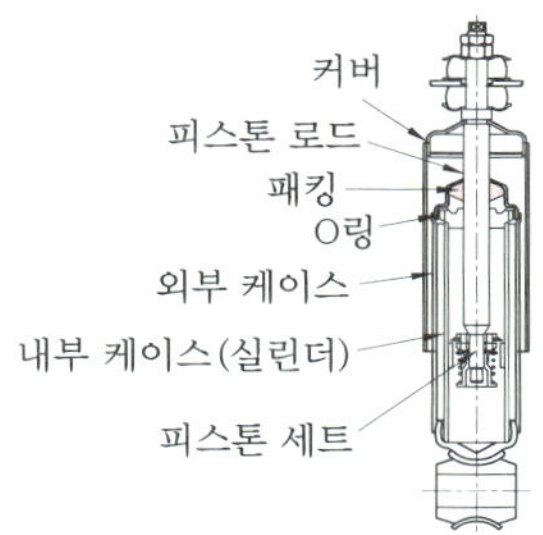

유압식 쇼크 업소버

유압식 클러치 fluid type clutch 클러치 페달과 클러치 간의 조작을 유압으로 하는 방식의 클러치로, 페달의 밟는 힘으로 유압을 발생시키는 마스터 실린더와 릴리스 실린더가 있으며, 그 사이에 오일 파이프가 연결되어 있다.

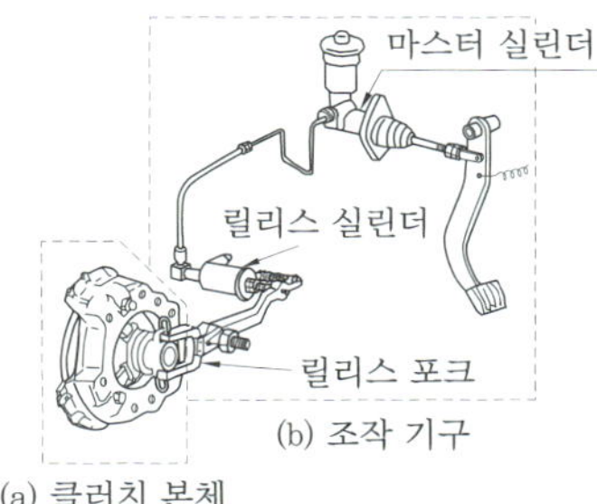

유압식 클러치

유압식 타이머 hydraulic timer 분배형 분사 펌프에 내장되어 있는 것으로, 공급(피드) 펌프의 송유 압력에 의하여 작동하여 분사 시기를 앞서게 하는 장치를 말한다. 엔진 회전수가 상승함에 따라 크랭크 각도상으로는 연료 분사가 지연되지만, 구동축과 직각을 이루고 있는 타이머 피스톤에 의하여 롤러 홀더가 캠 플레이트(cam plate)와 반대 반향으로 회전함에 따라 캠 플레이트와 롤러의 위치를 변경하여 분사 시기를 진각시킨다.

유압 실린더 hydraulic cylinder ⇨ 하이드롤릭 실린더

유압 액티브 서스펜션 hydraulic active suspension 차체의 상하 진동이나 자세를 능

동적으로 제어하는 서스펜션이다. 각종 센서에 의하여 자동차의 주행 상태를 감지하고 마이크로컴퓨터로 앞뒤, 좌우의 현가장치에 장착한 액추에이터의 유압을 조절하여 차고(車高), 롤링 및 피칭과 바운싱을 제어하는 장치이다.

유압 전동 장치(油壓傳動裝置) hydrostatic power transmission　유압 전동 장치에는 유체 커플링이나 유압 토크 변환기와 같은 동역학적인 방법과, 유체의 압력 에너지를 이용하는 정역학적인 방법의 2가지 형태가 있다. 유체의 압력 에너지를 이용한 유체 전동 장치로 용적형 오일펌프, 유압 모터, 유압 파이프 및 호스, 저유 탱크 등으로 구성된 회로에 작동 유체가 채워져 있다. 원동기의 동력은 펌프에 의해서 발생된 오일의 압력 에너지가 모터를 구동시켜 부하 측에 전달된다. 특징으로는 무단 변속을 신속·확실·용이하게 할 수 있고, 역회전이 용이하며, 축계(軸系)의 비틀림 진동이나 충격을 완화하는 작용을 한다.

유압 제어 밸브 oil pressure controller valve　유압 제어 밸브를 기능적으로 분류하면, 기본적으로 작동유 흐름의 방향을 제어하는 방향 제어 밸브, 과부하의 방지 및 유압 기기의 보호를 위하여 최고 출력을 규제하고 유압 회로 내의 필요 압력으로 유지하는 압력 제어 밸브, 유로의 단면적을 변화시켜 유량을 제어하고 액추에이터의 속도와 회전수를 변화시키는 유량 제어 밸브로 분류된다. 이 3 종류의 밸브를 조합하면 여러 가지 제어 밸브가 된다. 이와 같은 제어 밸브는 유압 계통을 포함한 기계 장치 전체의 기능과 효율에 큰 영향을 미치게 되므로, 그 기계에 적합한 유압 회로 및 제어 밸브를 사용하여야 한다.

유압 제어 장치(油壓制御裝置) hydraulic control units　자동 변속기에서 유성 기어의 기어 비를 유압에 의하여 조절하는 장치를 말한다. 출력축의 토크 변동도 아울러 제어하여 변속을 원활하게 한다.

유압 조절 밸브 oil pressure relief valve　유압 회로 내에 압력이 과도하게 상승하는 것을 방지하는 역할을 한다. 밸브는 스프링의 장력이 유압보다 크면 닫혀 있다가, 유압이 장력보다 높아지면 열려 과잉 압력의 오일이 흡입 쪽으로 바이패스된다. 엔진의 회전이 고속 또는 저속에 관계없이 항상 일정한 압력이 되도록 조절한다.

유압 태핏 방식 oil pressure tappet system　밸브 간극 조정의 무조정화 및 작동 시 소음 감소를 위해 오토 래시 어저스터(auto lash adjuster)를 설치한 방식으로, 이것은 엔진의 온도 변화, 각부의 마찰 등에 대한 밸브 간극 변화를 자동적으로 조정해서, 밸브 간극이 항상 '0'이 되도록 하는 기능을 가진다.

유압 펌프 oil hydraulic pump　전동기나 엔진 등의 기계적 에너지로 작동유를 흡입 토출하여 유압 에너지로 변화시키는 것을 말한다.

유압 평형(油壓平衡) hydraulic balance　오일의 압력에 의해서 힘의 평형이 이루어지는 것을 말한다.

유압 피스톤 hydraulic piston　실린더 내에 왕복 운동을 하면서 오일의 압력과 힘을 받기 위해서 지름에 비해 길이가 짧게 만든 기계 부품을 말한다. 일반적으로 커넥팅 로드나 피스톤 로드와 결합되어 사용된다.

유압 회로(油壓回路) hydraulic circuit　액체를 통하여 힘이나 에너지를 전달하는 회로를 말하는데, 브레이크에서는 페달을 밟는 힘을 작은 실린더에 입력하여 유압 회로 내의 브레이크 오일을 통하여 네 바퀴의 출력 실린더에 힘을 균등하게 전달한다. 브레이크의 유압 회로는 흔히 앞바퀴, 뒷바퀴의 두 계통으로 나누어져 있고, 어느 한쪽이 손상되어도 다른 쪽 브레이크가 작동되도록 되어 있다. FF차에서는 앞바퀴 오른쪽과 뒷바퀴 왼쪽처럼 X자형으로 나누어진 것이 있으나, 이것은 앞바퀴 쪽에 무게가 크게 걸려 있어 제동력도 앞바퀴에 많이 배분되어 전후 분할식의 뒤쪽만으로는 제동력이 너무 작아지기 때문이다.

USAC United States Auto Club　ACCUS의 하부 단체로, 미국의 오토 스포츠를 통할하던 AAA에 대신하여 1956년에 설립되었다. 인디카(챔피언십카), 스프린트카, 미지트카, 스톡카 레이스 등을 통할한다.

유연 가솔린 leaded gasoline ⇨ 가연(加鉛) 가솔린

유연 연료(有燃燃料) 유연 연료는 내폭제(耐爆劑)로 4에틸납을 혼합한 가솔린을 말한다. 4에틸납은 내폭제로서 효과가 크지만 납의 산화물이 연소실이나 배기 밸브, 점화 플러그 등에 퇴적되어 대기 오염의 원인이 된다. 또한 약간의 향기가 있고 독성이 매우 강하여 신경 계통에 자극을 주기 때문에, 빨강색 또는 오렌지색 등으로 착상하여 독성이 있음을 표시하고 있으므로 취급에 주의하여야 한다.

유온계(油瑥計) oil temperature gauge 엔진이나 T/M의 작동 중에 내부에 윤활되고 있는 오일의 온도를 나타내는 계기이다. 내부 손상이나 윤활 불량, 오일 부족 등으로 인해 오일의 용도가 규정치보다 상승되었을 때 점등되거나 지침이 변화하는데, 때로는 경고음이 설치되기도 한다.

유온 조절기(油瑥調節器) oil temperature regulator 유온 조절기는 엔진 오일의 온도가 계절에 따라 과도하게 높아지고 낮아지는 것을 방지하는 것으로서, 냉각 장치의 냉각수를 이용한다. 코어를 하우징에 설치하여 냉각수를 흐르게 하면, 코어에 흐르는 오일은 냉각수로 열을 방출하거나 열을 받아 오일의 온도를 일정하게 유지한다.

유욕식 윤활 방식(油浴式潤滑方式) oil bath lubrication 비말식 또는 비산식 엔진 오일의 윤활 방식으로서, 오일 팬에 담겨 있는 오일을 커넥팅 로드 대단부에 마련된 주걱으로 퍼 올려 비산시켜 엔진을 윤활하는 것을 말한다. 윤활 효율이 좋지 않아 현재는 사용하지 않는다.

유자 피막(柚子皮膜) 페인팅 표면에 밀감이나 유자의 껍질과 같은 모양의 요철이 생기는 것을 말한다. 새 자동차의 페인팅은 표면의 거칠기가 매끄러우므로 부분 도장(塗裝)할 때에는 여기에 알맞게 표면 다듬기를 한다.

유전체(誘電體) dielectric 콘덴서에서 두 도체 금속판 사이에 있는 절연체를 말한다.

유중 침지식(柚中浸漬式) 석회의 흡수성을 이용하여 제품을 검사하는 방법을 말한다. 검사할 제품을 경유 속에 넣었다가 꺼내어 표면을 닦은 다음 석회 분말을 바르면, 균열부에 침투된 경유에 의해 석회 분말의 색이 변한 부분을 찾아내는 시험 방법이다.

유지 관리비 러닝 코스트 자동차를 만들어 판매할 때까지의 코스트가 차량 가격을 결정하게 되고, 고객의 손에 넘어간 뒤에도 여러 가지 비용이 든다. 이들 비용을 유지 관리비 러닝 코스트라고 하는데, 여기에는 말썽을 고치는 비용도 포함된다. 기술 진보로 이 비용은 크게 줄어들었고, 차의 기계적인 고장도 많이 줄어들었다.

유체 고착 현상(流體固着現象) hydraulic lock 내부 흐름의 부등성(不等性) 등에 의해서 축에 가해지는 압력 분포가 평형을 잃어, 스풀 밸브(spool valve)가 슬리브에 강하게 눌려 고착됨에 따라 작동이 불가능하게 되는 현상을 말한다.

유체 동력(流體動力) fluid power, hydraulic power (1) 유체의 이동에 의한 힘의 전달, 즉 유체가 지니고 있는 운동 에너지를 뜻한다. 유체 클러치 또는 토크 컨버터(torque converter, 유체 변속기) 내의 펌프 임펠러는 엔진으로부터 회전 에너지를 받아 오일에 속도 에너지를 부여하는데, 이 경우 오일이 지니고 있는 에너지가 유체 동력이다. 토크 컨버터 내의 터빈 러너는 반대로 오일에서 유체 동력을 받아 회전 에너지로 변환하여 출력한다. (2) 유체가 가지는 동력 유압에서 실용량 유량과 압력의 곱으로 나타낸 동력을 말한다.

유체 마찰(流體摩擦) fluid friction 접촉면 간에 유체 역학의 법칙에 따르는 상당한 두께의 기체 본자층이 존재하여, 두 면이 유체에 의해 완전히 격리된 상태에 있는 윤활 상태로, 이 상태에서는 양 접촉면 간의 마찰은 유체 분자 간의 점성 유동으로 치환된다.

유체식 리타더 fluid type retarder 대형 차량의 보조 브레이크로 사용되는 감속기(리타더)의 일종이다. 변속기 브레이크라고도 불리며, 유체 클러치와 비슷한 구조의 로터와 스테이터(stator)를 마주 보게 조합한 곳에 오일을 채운 구조이며, 로터를 회전시켜 오일을 스테이터로 보내면 로

터에 회전 저항이 생겨 제동력이 발생하게
된다.

유체 압력(流體壓力) fluid pressure　용기
내에 들어 있는 유체가 정지 또는 운동하
고 있을 때, 유체 각 부분이 서로 밀어붙
이는 힘을 말한다.

유체 역학(流體力學) fluid mechanics　유체
가 정지하고 있거나 운동하고 있을 때의
상태, 또는 유체가 그 안에 있는 물체에
미치는 힘 등을 연구하는 학문을 말한다.
흐름의 문제를 역학적으로 다루는 유체
정역학과 유체 동역학이 있으며, 좁은 뜻
의 유체 역학은 흐름의 문제를 순수학적
함수론을 사용하여 다루는 것으로서 2차원
적인 흐름을 다루는 것이다.

유체 윤활(流體潤滑) fluid lubrication　상대
운동을 하는 두 개의 고체 표면 사이에 충
분한 양의 오일이 존재할 때 금속면이 완
전히 분리되는 경우를 말한다. 마찰 계수
는 윤활유의 점도, 마찰면 사이의 상대 속
도 및 면적에 비례한다. 윤활되고 있는 데
도 불구하고 유체 막의 두께가 얇고 고체
끼리 직접 접촉되고 있는 상태를 고체 윤
활이라 하고, 접촉면의 일부분이 경계 윤
활 또는 다른 부분이 유체 윤활되어 있는
상태를 혼합 윤활이라고 한다.

유체 이음 fluid coupling　토크의 증가 없
이, 또는 입력과 출력축 사이에 직접적인
기계적 연결 없이, 폐쇄된 회로에서 유체
의 작용을 통해 유일하게 동력을 전달하
는 장치를 말한다. 유체 전동 장치에는 동
압(動壓) 방식과 정압(靜壓) 방식이 있으
며, 동압 방식에는 유체 이음 또는 유체
클러치와 토크 컨버터가 있다. 유체 이음
은 펌프(입력)와 터빈(출력)으로 구성되는
데, 입·출력의 토크 비율이 1:1인 데 비
하여, 토크 컨버터는 스테이터를 추가하여
입·출력축의 회전 속도 비율이 변화되는
것이 특징이다. 유체 이음은 토크 변환은
이루어지지 않지만 토크 컨버터에 비해 전
달 효율이 좋고 비용이 싸다.

유체 전동(流體傳動) fluid drive　유체를
매개체로 하여 엔진의 동력을 구동 바퀴
에 전달하는 방식을 말한다.

유체 전동 장치(流體傳動裝置) hydraulic
power transmission　유체를 매개체로 하

여 원동축으로부터 종동축으로 회전 운동
과 함께 동력을 전달하는 장치를 말한다.

유체 커플링 fluid coupling　유체를 통해서
동력을 전달하는 장치로서, 구동축에 직결
해서 돌리는 날개 차(터빈 베인)와 회전되
는 날개 차(터빈 베인)가 유체(오일) 속에
서 서로 마주 보고 있다. 엔진에 의해 펌
프가 회전하면 그 속의 오일에 원심력이
부여되고 속도 에너지가 펌프에서 터빈으
로 흘러 들어가며, 터빈을 회전시켜 동력
이 전달된다. 또한 저속 시의 토크 변동을
흡수하여 진동, 소음을 저감시키는 작용도
한다.

유체 커플링식 냉각 팬 fluid coupling type
cooling fan　라디에이터의 열을 냉각 팬
의 바이메탈이 전달받아서 유체 커플링의
오일을 순환시켜 팬을 회전시키는 방식으
로, 냉각 시에는 작용하지 않는다.

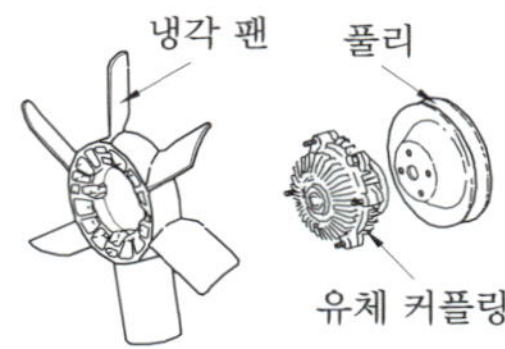

유체 커플링식 냉각 팬

유체 커플링 팬 temperature controlled
auto coupling fan　팬 커플링의 명칭으로
서, 팬의 회전수를 제어하는 실리콘 오일
을 커플링 앞에 설치된 소용돌이 모양의
바이메탈에 의하여 조절하는 것을 말한다.
바이메탈은 라디에이터 뒤쪽의 기류 온도
를 검출하여 실리콘 오일의 통로를 개폐한
다. 유체 마찰을 이용하여 2,000 rpm 이상
에서 냉각 팬과 물 펌프를 분리 회전시키
는 팬으로, 고속으로 주행할 때 필요 이상
의 회전을 제한하여 팬의 소음과 소비 마
력의 감소 및 벨트의 내구성 향상을 위해
실리콘 오일을 사용한다. 2,000 rpm 이하
일 때는 물 펌프와 냉각 팬이 일체로 되어
회전한다.

유체 클러치 fluid clutch　엔진의 회전력을
전달하는 매체로서 오일을 사용하는 것으
로, 자동 변속기에 많이 쓰인다. 케이스
속에 오일을 채운 상태에서 서로 마주 보
는 날개(터빈)를 설치하여, 한쪽을 돌리면
다른 쪽 날개도 돌아간다. 이 원리를 힘의

전달에 응용한 것이 유체 클러치이다. 엔진 동력은 회전이 낮을 때 약하고, 회전수가 높을 때는 강하게 전달된다.

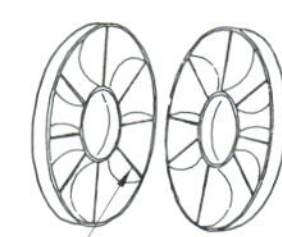

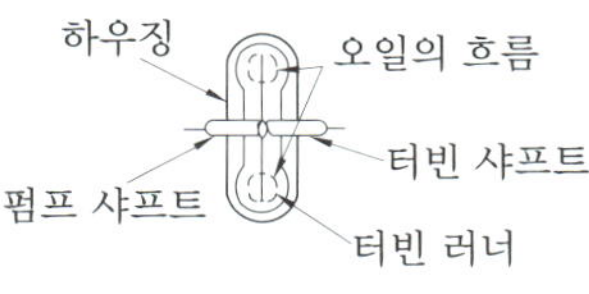

유체 클러치

유틸리티 그립 utility grip　경승용차(미니카)의 인스트루먼트 패널에 설치된 막대 모양의 그립을 말한다. 핸드백으로 사용하거나, 승하차 시의 어시스트 등과 같은 다양한 사용 방법이 있다.

유틸리티 레일/어태치먼트 utility rail/attachment　경차 실내 양쪽에 장치된 상하 두 개의 레일과 그 레이스 위에 있는 이동 가능한 4개의 부착물을 말한다. 이것을 이용하여, 자유로이 선반을 만들거나 물건을 매달 수 있다. 이것을 이용하는 메시 패널, 파이프 행어 등과 같은 딜러 옵션이 준비되고 있다.

유한 요소법(有限要素法) finite element method　구역을 작은 구역들로 나누고 작은 구역들에서 모르는 함수를 간단한 함수로 대응하는 방법으로, 편미분 방정식을 푸는 방법이다. 컴퓨터를 이용한 구조물의 강도와 진동 등의 해석 방법으로 항공 우주 분야에서 개발되어,자동차에는 차체의 강성이나 변형을 도면 단계에서 검토하는 수법으로 알려져 있다. 그러나 현재는 구조 해석뿐만 아니라 유체의 움직임이나 열전도 및 전자기(電磁氣) 관계의 해석 등에도 널리 응용되고 있다.

유화제(乳化劑) emulsifier　에멀션(주로 기름)의 성분을 용이하게 하며 또한 이것을 안정하게 유지하기 위해 첨가하는 물질을 말한다. 비누와 같은 계면 활성 물질로, 분자의 안쪽이 유극성의 기(基), 다른 쪽이 무극성의 기인 것은 일반적으로 유화제의 활동을 가진다.

유효 벨트 장력 effective belt tension　벨트 전동에서는 풀리에서 벨트로, 벨트에서 풀리로 전해지는 힘의 크기는 인장 측 장력과 이완 측 장력의 차(差)와 같다. 이것을 유효 벨트 장력 또는 유효 장력이라고 한다.

유효 압력(有效壓力) effective pressure　피스톤 양쪽의 압력 차이와 같이, 실제로 유효한 힘으로 일하는 압력을 말한다.

유효 압축비(有效壓縮比) effective compression　엔진에서 실제 압축비를 말하며, 4사이클 엔진에서는 배기 구멍을 말한다. 2사이클 엔진에서는 소기(掃氣) 구멍이 닫히는 순간 연소실 체적과 피스톤이 상사점에 도달했을 때 연소실 체적비로 나타낸다. 통상의 압축비와 비교하면, 4사이클 엔진에서는 10 % 정도, 2사이클 엔진에서는 15~25 % 작다.

유효 온도(有效溫度) effective temperature　실내의 온도는 실내 공기의 건구 온도, 상대 습도, 실내의 기류에 따라서 다르다. 그러나 이것을 하나의 지표로 나타낸 온도로서, 실내 온도와 같은 정지 상태의 포화 공기 온도를 말한다.

유효 장력(有效張力) effective tension　벨트나 로프 등의 전동에서 당기는 측의 장력으로부터 느슨한 측의 장력을 뺀 힘이 원동차에서 종동차로 전해지는 것을 말한다.

유효 조광 면적(有效照光面積)　등화 렌즈의 바깥둘레를 기준으로 산정한 단면적에서 반사기 렌즈의 면적과 등화 부착용 나사 머리부의 면적 등을 제외한 렌즈의 면적을 말한다.

유효 지름 effective diameter　수나사와 암나사가 접촉하고 있는 부분의 평균 지름으로서, 수나사의 골 지름과 바깥지름의 평균 지름을 말한다.

유효 행정(有效行程) available stroke　연료를 분사 노즐로 송출하는 행정으로서, 플런저 상단 면이 플런저 배럴의 연료 공급 구멍을 막은 다음부터 리드 홈이 연료 공급 구멍과 일치될 때까지의 행정이다. 연료의 송출량은 유효 행정에 의해 좌우되며, 유효 행정이 크면 연료의 송출량이 많아지고, 유효 행정이 작으면 연료의 송출량이 적어진다. 펌프 엘리먼트(플런저 배럴과 플런저)에서 연료의 송출이 시작될 때 분사 노즐에서도 연료의 분사가 시작된다.

육각 구멍붙이 볼트 hexagon socket head cap bolt　6각 단면의 봉(棒) 스패너를 삽입하여 돌리기 위하여 만들어진, 6각 단면의 구멍이 팬 머리 부위를 가진 볼트를 말한다.

육각 너트 hexagon nut　6각형으로 된 너트로, 고정하는 데 쓰인다. 가장 보편적으로 쓰이는 너트이다.

6라이트 캐빈 six light cabin　오토 윈도 글라스를 갖는 4도어 세단의 실내를 말한다. 여기에서 말하는 라이트라는 것은 채광창을 의미한다. 즉, 6 라이트는 좌우 측면에서 6장의 채광창이 있는 것을 나타낸다.

육(6) 모드 six mode　중량 차량의 배출 가스를 측정할 때의 운전 방법으로, 엔진 회전수와 흡기 다기관의 부압을 일정하게 한 후 3분간 정상(定常) 운전을 6개의 모드(방법)로 행한 다음, 각각의 운전 조건으로 CO, HC 및 NOx의 농도를 측정하여 평균 농도를 구하는 것을 말한다.

육(6) 밸브 엔진 six valve engine　1실린더당 흡입과 배기 밸브를 각 3개씩 총 6개의 밸브를 가진 엔진을 말한다.

6스로, 5웨이트, 4베어링 구조　V6 엔진에서는 토크 변동을 작게 하기 위해 등간격(120) 폭발을 사용하고 있지만, 그 때문에 크랭크샤프트는 6스로(throw)가 된다. 스로는 행정(行程)의 의미로서 판수를 말한다. 따라서 핀이 6개소, 웨이트가 5개, 베어링이 4개의 구조를 갖는 크랭크샤프트이다.

육십(60) 킬로미터 정속 연비 (定速然比)　바람이 거의 없는 날씨에, 건조하고 평탄한 포장도로를 차량 총중량의 상태로 60 km/h를 유지하면서 실제로 주행하여 시험한 연료 소비율을 말한다. 잘 정비된 자동차로 베테랑 운전자가 주행하면 높은 수치가 나올 수 있다. 국토해양부의 형식 승인을 받을 때 제작 회사에서 제출하는 것으로, 카탈로그의 연료 소비율 난에 기재하는 것이 일반적이다.

60 타이어　편평률 60을 나타내는 타이어로, 편평률을 크게 하면 타이어의 성능이 향상된다. 60 타이어의 특징은 다음과 같다. ① 타이어 횡강성이 강해진다(코너링 특성 및 스티어링 응답성 향상). ② 상하 방향의 휘어짐이 감소한다(구름 저항 감소로 연비면에서 유리). ③ 트레드 접지 면적이 증가한다(브레이크 성능 향상, 노면 그립력 향상).

육(6) 포트 인덕션 six port induction　로터리 엔진은 연비가 뒤진다고 알려져 왔는데, 그 으뜸가는 원인은 저회전 때 흡배기 효율이 좋지 않기 때문이다. 연비를 좋게 하는 개량으로 카뷰레터 포트를 3단계로 만들고, 저속·중속·전부하(全負荷) 운전 조건에서 연료 소모를 개량한 장치, 즉 6 PI 방식이라고 간단하게 말한다. 6 PI는 더욱 연비를 개선할 목적으로, 말하자면 가변 밸브 타이밍식 엔진으로 1981년에 개발되었다. 6 PI는 하나의 로터에 대해서 3개의 흡기 포트를 마련하고 합계 6개의 포트를 가지고 있다는 점에서 이름이 붙여졌다.

6PI six port induction　⇨ 6 포트 인덕션

윤거(輪距) tread　좌우 타이어가 지면을 접촉하는 지점에서 좌우 두 개의 타이어 중심선 사이의 거리를 말하며, 윤간 거리(輪間距離)라고도 한다. 한쪽에 두 개의 타이어로 되어 있는 경우에는, 그 중간점에서부터 측정하며 빈차 상태에서 측정한다. 대개 윤거가 넓을수록 조종성, 안전성이 좋으나 축거와의 밸런스도 생각하지 않으면 안 된다. 윤거와 축거가 차의 치수나 레이아웃(layout)을 결정하는 기본이 되기 때문이다. 복륜을 측정할 때에는 복륜 타이어의 중심에서 측정한다.

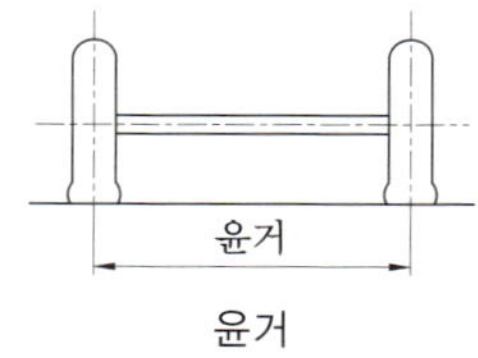

윤거

윤중(輪重) wheel load　자동차가 수평 상태에 있을 때, 1개의 바퀴가 수직으로 지면을 누르는 중량을 말한다.

윤활(潤滑) lubrication　표면이 직접 접촉되지 않도록 고체 사이에 유체의 막을 만들어 미끄럼 마찰(건조 마찰)을 유체 마찰(윤

활 마찰)로 바꾸어 마찰력을 적게 하는 것을 윤활이라고 하며, 윤활에 사용되는 오일을 윤활유, 유막(油膜)을 유지하기 위한 장치를 윤활 장치라고 한다.

윤활 계통(潤滑系統) lubricating system 엔진의 작동을 원활하게 하고, 그 작동이 엔진의 수명을 다할 때까지 오래 유지하기 위해 운동 마찰 부분에 엔진 오일을 공급하는 장치로서, 오일 팬과 오일펌프, 오일 필터, 오일 압력 조절기, 오일 쿨러 등으로 구성되어 있다.

윤활 방식(潤滑方式) lubricating system 엔진의 각 마찰 부분에 윤활유를 공급하여 마찰을 감소시켜 마멸을 방지하고 기계 효율을 향상시키기 위하여 윤활하는 방식이다. 커넥팅 로드 대단부에 설치된 디퍼(dipper)에 의해 오일을 뿌려서 윤활하는 비산식, 오일펌프에서 송출되는 오일의 압력으로 윤활하는 압력식, 실린더 벽에는 비산시켜 윤활하고 그 밖에는 오일의 압력으로 윤활하는 비산 압력식, 연료와 오일을 혼합하여 일부는 연소시키고 일부는 윤활하는 혼기식 등이 있다.

윤활유(潤滑油) lubricating oil 기계가 맞닿는 부분의 마찰을 덜기 위하여 쓰는 기름으로, 주로 석유를 높은 비점(沸點)에서 유출한 것이나 동식물성 유지를 쓰며, 용도에 따라 기계유, 스핀들유, 모빌유, 실린더유 등으로 나눈다. 광물성 석유 제품의 스핀들유, 다이너모유, 머신유 및 실린더유 등이 가장 많이 사용된다. 지방성 제품으로는 평지유, 경유 등이 있고, 반고체 제품으로는 그리스, 지방 및 왁스 등이 있다.

윤활유 냉각기(潤滑油冷却器) oil cooler 윤활유 순환식 윤활 장치에서 마찰열의 흡수로 인해 더워진 윤활유를 냉각하는 기기로, 라디에이터의 물 또는 별도로 설치된 오일 라디에이터를 공기로 냉각하는 장치를 말한다.

윤활유 비중(潤滑油比重) specific gravity 윤활유 비중은 윤활유의 성능을 결정하는 데 직접적인 중요한 요소는 아니지만, 규정된 기름인지 또는 이물질이 혼합되어 있는지를 시험하는 데 유용하다. ① 비중 15/4℃ : 15℃의 기름과 4℃의 같은 체적의 순수한 물과의 중량비를 말한다. ②

비중 60/60℉ : 미국에서 60℉의 기름과 같은 체적의 60°의 순수한 물과의 중량 비로 나타내고 있다. ③ API° : 미국석유협회(American Petroleum Institute)에서 정한 비중이며, 물을 10으로 하여 물보다 가벼운 것은 10 이하의 수치로 나타낸다. 즉, API°＝10일 때 비중이 1이다. API°＝141.5/(비중 60°/60℉)−131.5 비중 60°℉/60℉＝(141.5/ API°)＋131.5

윤활 작용(潤滑作用) lubrication action 윤활 작용에는 마찰의 감소 및 마멸의 방지 작용, 냉각 작용, 밀봉 작용, 청정 작용, 응력 분산 작용, 방청 작용 등이 있다.

윤활 장치(潤滑裝置) lubricating device 엔진에는 마찰 부분과 회전 베어링이 많아서 마모를 막는 장치가 필요한데 이것을 윤활 장치라고 하며, 윤활제로 엔진 오일을 사용한다. 이것은 피스톤의 냉각과 링부에서 가스가 새나가는 것을 막는 구실을 하는데, 고성능 엔진에는 오일을 냉각시키는 오일 쿨러를 단 것도 있다.

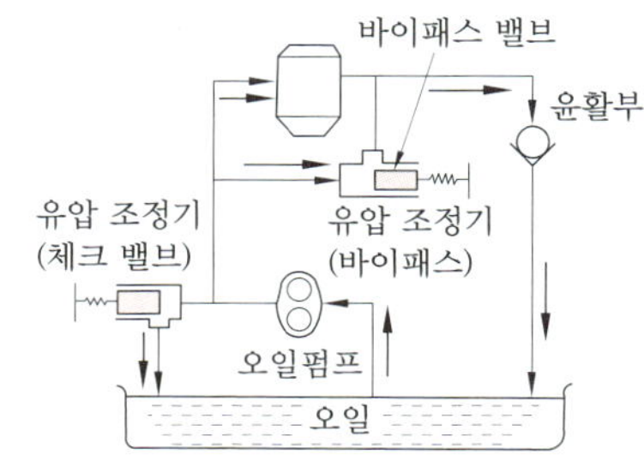

윤활 장치

윤활제(潤滑劑) lubricant 서로 접하여 운동하는 두 고체 사이의 마찰을 줄여, 활동면의 재료의 발열, 손상, 마멸을 방지하고 기계 효율을 향상시키기 위하여 사용되는 물질로서, 광물성, 식물성 및 동물성의 3종류가 있다.

융점(融點) fusing point 고체가 가열되어 액체로 될 때의 온도로서 녹는점, 용융점(熔解點)이라고도 한다.

융접(融接) fusion welding 용융 상태에서 금속에 기계적 압력 또는 타격을 가하여 용접하는 방법으로, 이 용접에는 가스 용접, 아크 용접, 테르밋 용접 등이 있다.

융착 마모(融着磨耗) 윤활유의 유막(油膜)이 없어져 발생하는 스커핑이나 스코링과 같은 응착 마모에 어브레시브 마모가 첨가되어 발생하는 마모이다.

은점(銀點) fish eye　용착 금속의 파단면에 나타나는 것으로, 은백색을 한 고기 눈 모양의 결함부를 말한다.

은폐력(隱蔽力) concealment force　안료, 인쇄 잉크, 도료 등으로 물체 표면을 도공(塗工)한 경우, 그의 바탕색을 은폐시키는 능력을 가리키는 말이다. 이것이 나쁘면 아무리 겹쳐 발라도 바탕색이 들여다보인다.

음[1](陰) negative　두 개가 상반되는 성질에서 한 쪽을 나타내기 위해 다른 한 쪽을 양(陽)과 1조로 하여 사용되는 것으로서, 관습상 결정되는 것이 많다. 자연계에서 볼 수 있는 두 종류의 전하 중 전자에 의해 보유되는 전하는 음(陰)이고, 양자에 의해 보유되는 것이 양(陽)이다. 전지에서 전자가 과다하게 존재하고 있는 전극은 음전극이고, 전자가 결핍되어 있는 전극은 양전극이다.

음[2](音) sound　압력, 입자의 변위, 속도 등의 변화로서, 탄성 매체 내를 전파하는 현상이 청각에 주는 효과를 말하며, 소리라고 한다.

음극(陰極) negative　자석의 한쪽 극 또는 전기 장치의 한 단자에 대한 명칭이다.

음극 단자(陰極端子) cathode terminal　(1) 반도체 소자에서 순방향 전류가 외부 회로를 향해 유출하는 단자로, 반도체 분야에서는 음극 단자는 통상 플러스이다. (2) 사이리스터의 음극에 접속되어 있는 단자로, 이 용어는 양방향성 사이리스터에는 사용하지 않는다.

음극성(봉) electrode negative　직류 아크 용접을 할 때의 접속 방법으로, 피용접물을 전원의 양극에, 용접봉을 음극에 접속하였을 때를 말한다.

음극판(陰極板) negative plate　축전지의 마이너스 극판을 말한다. 납 분말을 묽은 황산에 반죽하여 격자에 발라 놓은 것으로서, 화학 작용에 의해 이온이 발생되며, 다공성(多孔性)이고 반응성이 풍부하다. 또한 결합력이 강하기 때문에 결정성 입자가 탈락되지는 않으나, 사용함에 따라 결정이 성장하여 다공도가 감소되어 수명이 단축된다. 또한 양극판(陽極板)이 음극판보다 활성적이기 때문에 화학적 평형을 고려하여 음극판을 양극판보다 한 장 더 많게 한다.

음 단자(陰端子) negative terminal　정상보다 많은 전자를 가진 단자로, 전지 등의 전원에서 전자가 과잉 상태에 있는 단자를 말한다. 음 단자와 양 단자 사이의 전류는 양 단자에서 음 단자로 흐르고, 전자는 음 단자에서 양 단자로 흐른다.

음량계(音量計) sound volume indicator　음성이나 음악에 대응하는 복잡한 전기 파형의 볼륨을 지시하기 위한 계측기로, 소리의 최소·최대의 범위를 측정하는 계측기이다. 지정된 전기 특성 및 계기의 동 특성을 가지고 음성이나 음악에 대응하는 복잡한 전기 파형의 볼륨을 지정하기 위해 특별히 지정된 눈금을 붙인다.

음색(音色) timbre　음파의 파형 차이에 따른 음의 느낌을 말한다. 같은 세기, 같은 높이의 음이라도 악기에 따라 느낌의 차이가 생기는 것은, 배음(背音)의 구성이 각각 특유하며 파형이 다르기 때문이다.

음성 표시 장치(音聲表示裝置)　자동차에 이상이 생겼을 때 음성으로 경고하는 장치로, 보이스 인디케이터라고도 한다. 도어가 반 정도 열렸을 때, 핸드 브레이크를 잠근 채 출발하였을 때, 라이트 점등을 방치하였을 때, 키를 꽂은 채 문을 닫았을 때, 연료 부족 등의 5개 항목에 대하여 여성의 음성으로 주위를 환기시켜 준다.

음성 합성(音聲合成) speech synthesis　테이프 레코더에서 재생하는 것이 아니라, 사람의 음성과 같이 ISI를 사용하여 음향적 신호를 발생시켜 스피커를 울리는 방법이다. 합성 방식은 크게 녹음 편집 방식과 음성 합성 방식으로 나눌 수 있다. ① 녹음 편집 방식 : 단절음이나 단어, 문장 등의 음성 파형을 기록하여 두고 수시로 편집하여 음성 출력하는 방식이다. ② 음성 합성 방식 : 단절음이나 단어, 문장 등의 음성 파형을 사람의 발성 기구(음대, 성도, 입)를 전기적으로 모델화한 파라미터로 기록하여 두고 수시로 편집하여 음성 출력하는 방식이다.

음속(音速) sound velocity　음파의 전파 속

도를 말한다. 1기압 15℃의 대기 중에서는 340 m/s, 해수 중에서는 1,500 m/s이다. 0℃의 건조한 공기 중에서는 331.5 m/s 이고, 기온이 1℃ 증가할 때마다 0.6 m/s 늘어난다.

음속 노즐 sonic nozzle　EGR 장치에서 배기가스의 최대 재순환량을 제어하는 노즐로, 이 음속 노즐이 사용되고 있는 EGR 시스템을 음속 방식이라고 한다. 간단한 부압 제어식 EGR 장치에서는 NOx 발생량의 작은 저부하 영역에서 R량이 과다하게 되는 경향이 있지만, 음속 노즐을 채용하면 저부하역의 EGR량이 과다하게 되지 않고 적정치로 제어된다. 이것은 흡입관 부압이 증가하더라도 어떤 부압을 경계로 음속 노즐에 따라 재순환량이 일정하게 제어되기 때문이다.

음압 레벨 sound pressure level　음의 강약은 기압의 진폭 변화에 따라 결정되는데, 강한 음은 진폭이 크고 약한 음은 진폭이 작다. 오디오 용어에서는 진폭의 크기를 음압 레벨이라고 하며, 단위는 데시벨(dB)로 나타낸다. 측정 음압과 기준 음압의 비를 표시한 것으로서, 측정 음압(실효 값)을 P, 기준 음압을 $P_0(2 \times 10^{-4}$ bar)라고 하였을 때 음압 레벨은 $20 \log (P/P_0)$dB이다.

음원(音源) sound source　음을 내고 있는 것 모두와 장소를 말한다. 엔진의 폭발 진동에 의한 소음처럼 진동체 자체가 음원이 되는 경우도 있지만, 배기계의 이상음처럼 엔진의 진동과 배기 파이프의 굽힘 진동이 공진 현상을 일으키는데, 머플러 행어 등을 거쳐서 보디가 진동하는 경우에는 이상음의 음원은 보디 패널이 된다. 그러므로 소음 현상인 경우에는 음원과 발생 메커니즘을 잘 이해하여 두는 것이 중요하다.

음의 강도 sound energy　소리는 공기의 압력 변동이 있기 때문에 당연히 에너지를 갖고 있다. 이 에너지에 의해서 귀의 고막이 진동하고 그 진동의 대소 (진폭의 대소)에 따라 음의 강도(強度)를 느낀다. 강도가 큰 소리는 귀로 들어도 당연히 큰 소리로 들리지만, 강도가 2배가 된다고 해도 그렇게 크게 감지되는 것은 아니다. 예

를 들면, 똑같은 소음을 내는 자동차가 1대만 주행할 때와 2대가 동시에 주행할 때를 비교하면 알 수 있다. 이 점에 의해 공학상 음의 강도와 음의 크기에 대한 명확한 구분이 필요하다. 음의 강도는 음이 가지고 있는 에너지의 크기인데 물리적 계측이 가능하고, 음의 크기는 감각적 크기를 말하는 것인데 계측이 불가능하다.

음의 높이 sound loudness　음의 높이는 진동수에 따라 결정되는데, 진동수가 많은 소리는 높은 음으로 들린다(큰 소리가 아님). 순수한 음의 경우에는 음을 구성하는 진동수는 한 종류밖에 없기 때문에 간단하지만, 여러 가지 진동수를 갖고 있는 경우(소음)에는 높이를 어떻게 느낀다는 것은 어렵다. 일반적으로, 개개의 진동수의 진폭은 큰 차이가 있고, 최고로 큰 진폭의 진동수 부근의 높은 음을 감지하는 것이 통상적이다. 그렇지만 사람의 귀는 상상 외로 복잡하다. 예를 들면 $200 \sim 300$ Hz의 소리를 들으면, $300 + 200 \, Hz = 500$ Hz와 $300 - 200 = 100$ Hz의 두 종류 진동이 중간에서 발생되어 이 소리의 높이도 들리게 된다.

음이온 anion, negative ion　전해질 성분의 하나로서, 음전하를 떠맡는 규약상의 전류와 역방향으로 이동하는 이온을 말한다. 전기 화학 반응식에서 기호의 뒤에 음이온이 운반된 전하의 수를 음의 부호를 붙여서 나타낸다. 표기는 Cl^-, SO_4^{2-}, OH^- 와 같이 표기한다.

음장 선택 기능(音場選擇機能)　ASS(auto station selector) 부착 어쿠스틱 오디오의 기능 중 하나이다. 잔향감을 4단계로 변화시키는 기능으로서 캐빈, 스타지오, 홀 및 스타지암 각각의 음장을 유사한 음으로 차 실내에 재현한다.

음전기(陰電氣) negative electricity　음(−)의 부호를 가지는 전기로, 전자가 가진 전기와 같은 성질의 전기를 말한다.

음전자(陰電子) negatron　(1) 포지트론(양전자)과 구분하는 경우의 전자를 말한다. (2) 음의 전기를 띤 전자로, 보통 전자라고 하면 이를 이른다. 음성 저항 특성을 가지고 있는 4극관을 말하기도 한다.

음전하(陰電荷) negative charge, negative

electricity 전하란 물질이 띠고 있는 전기라는 뜻이지만, 물질이 음전기를 띠고 있는 경우에는 음전하를 지닌다고 한다.

음파 센서 acoustic wave sensor 엔진에 유입되는 공기 속도에 의해 생기는 음향을 감지함으로써 공기의 흐름을 측정하기 위한 연료 분사 장치 내에 부속된 일부 장치를 말한다.

응결(凝結) freeze 엔진에서 어떤 움직이는 부품이 정지·고정되거나 더 이상 작동되지 않는 것을 말한다. 이것은 윤활 부족에 의한 과도한 마찰열 때문에 생길 수 있는 것으로, 심하면 마찰 부품 상호간에 융착(녹아서 붙는 것) 현상이 초래될 수도 있다.

응고(凝固) freezing 액체 또는 기체가 고체로 변화하는 것으로서, 한랭 시에 엔진의 냉각수가 얼음으로, 이산화탄소가 드라이아이스로 변하는 것과 같은 것을 이른다.

응고점(凝固點) setting point, congealing 일정한 압력에서 액체나 기체가 굳을 때의 온도를 말한다. 보통 액체의 응고점은 그 물질의 녹는점과 같고, 기체의 응고점은 승화점(昇華點)과 같다.

응급용 타이어 emergency tire, spare tire 펑크 등으로 표준 타이어로는 달릴 수 없게 되었을 때 잠시 사용하는 스페어 전용 타이어로, 크기를 작게 하여 무게를 덜고 수납 공간도 적게 하려는 목적으로 만들어졌으며, 두 종류가 있다. T타입 타이어는 표준 타이어보다 작은 타이어에 높은 공기압($4.2\,\mathrm{kg/cm^2}$)으로 사용하고, 이 타이어를 개발한 파이어스톤 사의 상표인 템파 타이어(tempa spare tire)란 이름이 널리 알려져 있다. 다른 한 가지인 스페이스 세이버 타이어(space saver tire)는 굿리치 사에서 개발한, 접을 수 있는 타이어로, 사용할 때는 컴프레서나 봄베로 공기를 채운다. 모두 긴급용으로 잠시 사용하는 타이어로서, 오랜 시간 사용할 수는 없다.

응답(應答) response 일반적으로는 스로틀 응답의 뜻으로 사용되지만, 액셀 페달의 동작에 대한 엔진 회전이 오르고 내리는 응답의 양호성 또는 불량 등을 말할 때 사용한다. 스로틀 응답이 좋다고 하는 것은, 액셀 페달 동작에 엔진 회전수가 재빨리 응답해서 오르고 내리는 것을 말하며, 일반적으로 컨트롤하기 쉬운 엔진이라고 한다.

응답 시간(應答時間) response time (1) 제어 계통 또는 제어 요소에서 입력 신호를 주었을 때 출력량이 새로운 정상값의 어떤 비율로 변화할 때까지 소요되는 시간을 말한다. (2) 테스터에서 입력에 대응하여 지침이 새로운 위치에서 정지할 때까지의 소요 시간(최종 위치를 포함한 일정 범위 내에 들어갈 때까지 걸리는 시간)으로, 정정 시간이라고도 한다.

응력(應力) stress (1) 물체 내부의 면에 작용하는 내력(內力)으로, 그 면에서 서로 당기는 것과 같은 힘이 작용하는 것을 장력(張力)이라 하고, 서로 미는 것처럼 작용하는 것을 압력(壓力)이라고 하며, 면에 따른 방향에 작용하는 힘의 성분을 마찰 응력이라고 한다. (2) 물체가 외부로부터 힘을 받았을 때, 그 힘에 저항하는 힘이 물체의 내부에 생긴다. 이 저항력이 응력이다. 예를 들면, 패널이 손상을 받았을 때 변형 상태에 따라 응력이 남아 있을 수도 있다. 이 응력을 이용하면, 약간의 작업만으로도 패널을 복원할 수 있다.

응력 도장(應力塗裝) brittle coating for stress 재료의 표면에 강한 페인트를 칠함으로써 피막에 생기는 균열로 금속의 변형 방향과 크기를 알아내는 방법을 말한다.

응력 변형 선도(應力變形線圖) stress-strain diagram 재료에 인장 시험을 하였을 때의 응력과 변형의 관계를 나타내는 선도로서 탄성 한계, 비례 한계, 항복점, 인장 강도, 파괴점을 나타낸다.

응력 분산 작용(應力分散作用) stress brake-up action 윤활유의 작용 중 한 가지로, 윤활유가 윤활부에 작용하는 압력을 윤활부에 흐르는 오일 전체에 분산시켜 평균화시킴으로써 집중 하중이나 충격을 방지하는 작용이다.

응력 제거(應力除去) stress relieving 용접에 의해서 생긴 내부의 응력을 제거하기 위한 가열 처리를 말한다. 보통은 650℃ 정도의 저온에서 행하는 일이 많다.

응력 집중(應力集中) stress concentration 재료에 구멍이 뚫려 있거나 또는 노치 등이 있을 때, 이것에 외력이 작용하면 국부적으로 응력이 커지는 것을 말한다. 물체의 단면에 급격한 변화가 생겼을 경우, 즉 단면적의 변화나 휨, 펀치 구멍 등이 생겼을 때, 외부로부터의 힘에 대한 응력이 균일하게 생성되지 않고 특정 부분에 집중한다. 이것을 응력 집중이라고 한다. 응력이 집중하는 부분은 변형이 쉽다.

응축(凝縮) condensation　온도 또는 압력의 변화로 가스가 액체로 변하는 액화 현상을 말한다. 또 응축은 공기 중의 차가운 면에 습기가 형성되는 것을 말하기도 한다.

응축기(凝縮器) condenser　증류 과정에서 증기를 액체 상태로 변화시키는 장치를 응축기라고 한다. 모든 응축기는 기체나 증기에서 열을 제거시키도록 작동하는데, 충분한 열이 제거되면 액화가 이루어진다. 압축기에서 공급된 기체 냉매의 열을 대기 중으로 방출시켜 액체 냉매로 만드는 일종의 방열기로서 내압 45 kgf/cm^2 정도에 견딜 수 있어야 하며, 방출열이 많을수록 좋다. 압축기에서 보내진 고온·고압의 냉매는 외기의 온도에 의해 냉각되어 액화시킨 다음 리시버 드라이어에 보내진다.

응축막(凝縮膜) condensed film　(1) 수면에 만들어지는 불수용성 물질의 단분자막을 압축해 가면 일정한 면적 이하가 되었을 때 표면압이 급격하게 증가하는데, 이때 분자가 치밀해진 상태를 말한다. (2) 용제의 증발에 의하여 페인팅의 두꺼운 막이 감소하는 것을 말한다. 어떠한 도료에서도 일어나지만, 응축이 적은 것이 좋은 도료이다. 또한, 극단적으로 심한 경우에는 광택 불량이나 색깔이 좋지 못하게 되는 문제가 생긴다.

의장(艤裝) outfit　본래의 뜻은 선박이 완성된 후 취항 가능 상태로 인도될 때까지 선체에 붙여지는 각종 기기나 그 기간에 행해지는 공사를 말한다. 자동차에서는 자동차 실내에 부품이나 장치를 설치하는 것을 말한다.

이경도 우레탄 패드　부분적으로 견고성이 다른 시트 패드를 말한다. 유질층과 경질층을 적절히 배치함으로써 쾌적한 승차감과 안락성 향상을 위해 고안된 패드이다.

이경 4 피스톤　리딩 측 피스톤과 트레일링 측 피스톤에서 피스톤 지름이 다른 대향 4 피스톤 브레이크로, 트레일링 측 피스톤과 비교하여 리딩 측 피스톤이 소형이 되고 있다. 제동 시, 패드의 리딩 측에는 피스톤이 받는 면압과 함께 트레일링 측 지지부를 지점으로 한 모멘트가 작동하기 때문에 통상의 4피스톤 브레이크로는 리딩의 패드 마모가 촉진된다. 그러나 이경 4피스톤에서는 리딩 측의 피스톤 지름을 작게 함으로써 미리 리딩 측이 받는 면압을 작게 하기 때문에, 제동 시 패드에 작용하는 힘이 균형을 잡게 되어 마모는 균일해진다.

이(2)계통 브레이크 dual circuit brake　⇨ 듀얼 서킷 브레이크

이구형 연소실(二球型燃燒室)　반구형 연소실의 흡배기 밸브 위치 주변을 두 개의 반구형으로 만든 연소실을 말한다.

이그나이터 igniter　(1) 세미 트랜지스터식과 풀 트랜지스터식으로 전자 제어 회로 작용을 하는 부품을 총칭한 말이다. (2) 무접점식 점화 장치에서 1차 전류를 차단하여 2차 고압을 생성하는 장치를 말한다.

이그니션 ignition　점화 엔진에서 압축 행정이 거의 끝난 단계에서 혼합 기체에 불을 붙이기 위하여 전기 불꽃을 내는 것을 말한다. 엔진 등의 점화 장치를 말할 경우도 있다.

이그니션 거버너 ignition governor　배전기의 원심식 진각용 원심 추를 말한다. 배전기 축에 설치되어 엔진의 회전수가 빨라지면 원심력에 의해 원심 추가 바깥쪽으로 벌어지면서 배전기 캠을 회전 방향으로 이동시켜 접점이 열리는 시기를 앞당긴다. 또한 엔진 회전 속도가 감소하면 거버너 스프링의 장력에 따라 본래의 위치로 되돌아오면서 점화 시기를 조절한다.

이그니션 딜레이 ignition delay　(1) 점화 대기 시간으로, 가솔린 엔진에서는 압축 행정이 끝나고 점화 플러그에서 스파크가 발생되어 실린더 압력이 올라가기 시작할 때까지의 시간을 말한다. (2) 착화 지연 시간으로, 디젤 엔진에서는 연료가 분사되어 연소를 일으킬 때까지의 시간으로 1/1,000 ~4/1,000초 정도의 짧은 시간을 말한다.

이그니션 서킷 ignition circuit　자동차의 점화 회로로서, 저전압인 1차 회로와 고전압

인 2차 회로로 나누어진다. 점화 1차 회로는 축전지에서부터 점화 코일과 배전기 단자에 이르기까지 12~220 V의 전압으로 공급되어 2차 고전압이 발생하도록 하는 회로를 말한다. 2차 회로는 혼합 가스를 연소시키는 데 필요한 고전압의 전류가 흐르는 회로로서, 점화 코일의 중심 단자, 배전기 로터, 배전기 캡, 고압 케이블(하이 텐션 케이블), 점화 플러그까지 연결되는 회로를 말한다.

이그니션 스위치 ignition switch　엔진 점화 장치의 스위치로서 셀프 모터(스타팅 모터)의 스위치도 겸하고 있는데, 운전자가 운전석에 앉아 엔진 키를 돌리는 스위치이다. 스티어링 로크 메커니즘(핸들 로크 장치)과 일체로 된 것이 대부분이다.

이그니션 컷 오프 스위치 ignition cut off switch　경주용 자동차에 안전 장비의 하나로 장착이 의무화되어 있는 전원 개폐 장치를 말한다. 메인 스위치라고도 불리며, 모든 전기 회로를 차단할 수 있다. 운전석과 운전석의 반대쪽에 있으며, 외부에서도 조작할 수 있도록 되어 있고, 빨간 번갯불 마크를 청색 삼각으로 둘러싼 모양의 기호가 붙어 있다.

이그니션 코일 ignition coil　⇨ 점화 코일

이그니션 타이밍 ignition timing　⇨ 점화 시기

이그니션 파워 모듈 ignition power module　종래의 점화기(igniter) 및 코일의 역할을 하는 부품으로, ECU의 신호를 받아 각 점화 플러그에서 스파크를 일으키는 데 필요한 고전압을 발생·공급하는 장치이다.

이그니션 포인트 ignition point　⇨ 발화점

이그조스트 가스 exhaust gas　⇨ 배출 가스

이그조스트 가스 리서큘레이션 exhaust gas recirculation　연소 온도가 높을 때 발생되는 질소 산화물을 감소시키는 장치를 말한다. 배기가스의 일부를 흡입 계통에 피드백시켜 혼합 가스가 연소할 때 발생하는 최고 온도를 낮춤으로써 질소 산화물의 생성량을 감소시키는 장치를 말한다.

이그조스트 노트 exhaust note　자동차의 배기 음이 소음이 아니라 드라이빙을 즐기는 요소의 하나로 받아들일 경우에 쓰이는 말이다.

이그조스트 리타더 exhaust retarder　대형 자동차에서 배기 계통에 밸브를 설치하여 긴 내리막길에서의 제동 효과를 향상시키는 장치이다. 배기 계통에 설치된 밸브를 닫아 배기 통로에 배압을 형성시킴으로써 엔진의 회전에 저항이 걸려 감속이 되도록 하는 배기 브레이크이다.

이그조스트 매니폴드 exhaust manifold　배기 매니폴드를 이른다. 각 실린더에서 배출된 배기가스를 모아 배기 파이프로 보내는 관으로, 자동차의 고출력 엔진에서는 배기가스 온도가 1,000℃ 이상이 되므로 배기 파이프 강재로는 내열 초합금이 쓰인다.

이그조스트 머플러 exhaust muffler　소음기를 말하며, 배기 폭발은 에너지의 압력 변동을 없애고 흡수시켜 소리를 조용하게 하는 장치로서, 배기관 도중에서 너무 저항이 크면 배압(背壓)이 높아져 엔진 성능에 영향을 미친다. 이 때문에 소음 효과가 좋고 저항이 작은 방법을 결합시키고 있다.

이그조스트 밸브 exhaust valve　내연 기관에서, 연소 가스를 배출하기 위하여 배기구를 여닫을 때 쓰는 밸브이다. 고온의 가스를 내보내므로 고급 내열재를 쓴다. 내열성이 뛰어난 특수강으로 만들며, 밸브 시트에 밀착하여 기밀을 유지하는 형상이 중요하다. 흡입 밸브와 반대로 쓰이며, 배기 밸브라고도 불린다.

이그조스트 브레이크 exhaust brake　배기 브레이크를 말하는데, 이그조스트 리타더 (exhaust retarder)라고도 한다.

이그조스트 스트로크 exhaust stroke　연소 가스를 실린더 밖으로 배출시키는 배기 행정을 말한다.

이그조스트 시스템 exhaust system　엔진의 연소 가스를 배출하는 장치나 시스템을 말한다.

이그조스트 파이프 exhaust pipe　배기 다기관, 소음기, 배기 파이프 등 배기 계통의 부품을 연결하여 배기가스를 통과시키는 파이프를 말한다.

이끝원 addendum circle　기어의 이끝(齒先)을 연결한 원을 말한다. 이 원의 지름은 기어의 바깥지름이 된다.

이너 라이너 inner liner 타이어 내부의 공기압을 유지하기 위해 타이어 내면에 붙여진 공기 밀폐 층의 특수 고무를 말한다.

이너 레이스 inner race 볼 베어링이나 니들 베어링, 구름 베어링으로 볼이나 니들을 끼우는 안쪽 바퀴를 말한다. 바깥쪽 바퀴를 아웃 레이스라고 부른다.

이너 미러 inner mirror 운전자 좌석 앞에 달려 있는 백미러로서 '인사이드 미러'라고도 한다. 판유리에 금속의 반사막을 붙인 것으로, 야간에 운행할 때 현란함을 방지하기 위하여 반사율을 40~50 %로 억제한 크롬 거울이 많다.

이너셔 로크 키 & 핀식 inertia lock key & pin 변속기의 기어 장치에서 양 기어에 회전 속도 차이가 있으면 슬리브의 진행을 일시 중단하고 기어가 완전히 움직이고 난 다음 맞물리게 하는 형식이다. 키식은 싱크로나이저 링크와 기어 콘부의 마찰을 이용하여 클러치 작용을 하지만, 핀식은 싱크로나이저 링크와 싱크로나이저 콘의 내주면(內周面) 마찰에 의하여 클러치가 작용한다.

이너셔 로크 형식 inertia lock type 동기(同期)가 되지 않으면 기어가 물리지 않으므로 변속이 정숙하게 이루어지는 형식으로서, 관성 고정형이라고도 한다. 클러치 페달을 밟고 변속 레버로 싱크로나이저 허브를 이동시켜 싱크로나이저 링을 기어의 콘(cone)부에 압착시키면 동기 작용(원주속도를 일치시키는 작용)이 되어 변속이 이루어진다.

이니셜라이즈 initialize ISC(idle speed controller) 조정 시에 IC 스위치를 ON으로 하고(엔진은 시동하지 않음) 15초 이상 유지하여, ISC 모터가 초기 위치(아이들 지점)에 세팅하는 것을 말한다.

이니셜 아코디언 세트 initial accordion set 코일 스프링의 스프링 로어 시트를 코일 스프링 중심선에 대해 경사지게 하고, 코일 스프링 차체 바깥쪽을 안쪽과 비교하여 많이 휘어지게 한 상태(A<B)로 설정하는 것을 말한다. 이로 인해 스트럿의 휘어짐에 대해 코일 스프링 바깥쪽의 단발력이 강하게 된다. 그 때문에 쇼크 업소버 내의 피스톤이나 로드에 걸리는 횡력이 감소하고 피스톤 로드의 습동 저항도 저감하여 승차감이 향상된다. 이러한 이니셜 아코디언 세트는 코일 스프링이 오프셋과 조합되고 있다.

이니셜 차지 initial charge 원자로에서 최초의 물리 계산 및 열 계산에 의해 정해져 초기에 장전되는 일정량의 핵연료를 말한다. 자동차에서는 축전지를 개조한 후 최초로 전해액을 넣고 음극판을 활성화시키는 충전을 말한다.

이단 감속 방식(二段減速方式) OHC 엔진에서는 크랭크축의 회전수를 1/2로 감속하여 캠축을 회전할 필요가 있지만, 이단 감속 방식은 양 축을 타이밍 체인이나 타이밍 벨트로 직접 연결하지 않고 그 사이에 감속용 공전 기어를 설치하여 2단으로 감속하는 것을 말한다. 벨트 구동에서 크랭크축의 타이밍 풀리로 흡기 또는 배기용의 어느 한쪽 캠축을 구동하고 다른 쪽의 축은 체인이나 기어로 구동하는 방식도 있다.

이단 감속식 파이널 기어 2 speed axle 종감속(파이널) 기어는 일반적으로 구동 피니언과 링 기어로 이루어진 1단 감속이지만, 중량물 운반용 차량의 경우 다시 감속 기어로 2단 감속하여 큰 감속비를 얻고 있다.

2단 기어 second gear 출발 뒤 가속, 급한 언덕 오르기, 산길 등의 주행에서 쓰는 두 번째로 힘이 있는 기어로, 엔진 회전수가 높아 보통 때 쓰기에는 비경제적이다. 기어비는 보통 2.0 : 1 정도이다.

이단 다이어프램식 제동 배력 장치 tandem master booster 마스터 부스터의 제동 배력 효과는 파워 피스톤의 지름에 비례하여 커진다. 대형 승용차 등 넓은 공간을 확보할 수 없는 경우, 파워 피스톤을 이중으로 하면 효과적이다.

이단 스로틀 포지셔너 2 stage throttle positioner 2단 스로틀 포지셔너는 감속할 때에 스로틀 밸브가 급격히 닫히는 것을 방지하는 역할을 한다. 기화기의 스로틀 포지셔너 포트와 1단 스로틀 포지셔너에 연결된 진공 트랜스미팅 밸브의 진공 릴레이에 의해 1단 스로틀 포지셔너를 천천히 작동시켜 스로틀 밸브가 서서히 닫히도록 한다. 또한 2단 스로틀 포지셔너는 에어컨을 작동할 때에 2단 스로틀 포지셔너의 공기를 배출시켜 공회전 속도를 높이는 역할을 한다.

2단 오일 필러 two stage oil filter　어떤 오일 회로에서, 1단과 2단으로 나누어(불순물 입자의 크기를 나누어) 여과하게 한 형식을 말한다.

2단 오토매틱 second stage automatic　오토매틱 트랜스미션은 값이 비싸다. 그래서 소형차에서는 비용을 생각하여 간단한 오토매틱 메커니즘을 채택하고 있다. 이를 위한 것이 2단 오토매틱이다.

2단 조작식 파킹 브레이크 레버　소형 트럭의 스틱(stick)식 파킹 브레이크 레버로서, 통상 파킹 브레이크를 걸어 놓았을 때 푸시 버튼을 누르지 않고 그립을 돌려도 그립은 공전만 할 뿐 고정(lock)은 해제할 수 없다. 푸시 버튼을 누르면 푸시 버튼의 핀이 로드(rod) 구멍에 삽입되어 로드를 돌릴 수 있고, 라체트가 로드의 기어에서 빠져서 고정이 해제되는 안전장치 부착의 파킹 브레이크 레버를 말한다.

이단 초크 브레이크 시스템 two stage breaker system　초크 브레이크 방식은 1단 초크 브레이커와 2단 초크 브레이커로 분류되는데, 1단 초크 브레이커는 엔진 시동 후 혼합 가스가 너무 농후해지는 것을 방지하기 위해 시동 후 흡기 다기관에 걸리는 진공에 의해 즉시 일정량의 초크 밸브를 연다. 2단 초크 브레이커는 냉간 상태에서 어느 정도 워밍업이 되면 초크 밸브를 2단계로 열어 공연비를 적절하게 조절함으로써 일산화탄소, 탄화수소 양을 감소시킨다.

2도어, 4도어 two door, four door　5인승의 경우, 4도어는 뒷좌석으로 들어가는 도어가 있지만, 2도어 자동차는 앞 도어에서 시트를 눕히고 뒷좌석으로 승차해야 하기 때문에 불편하다.

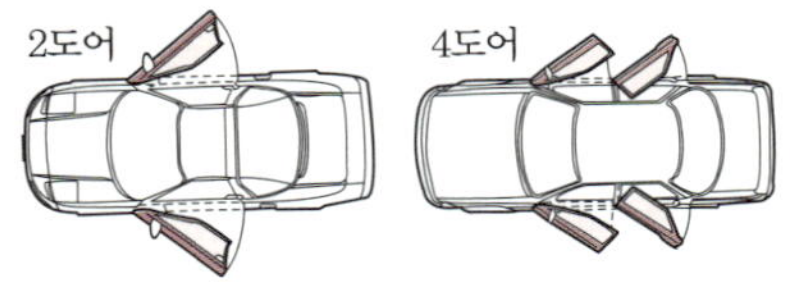

2도어, 4도어

2레벨 유닛 two level unit　윙 칼럼 스위치 내의 스위치 작동 표시등은, 주간 시의 감지성 향상과 야간 시의 눈부심을 방지하기 위해 윙 칼럼 스위치 내의 투 레벨 유닛에 의해 주야간의 조도를 바꿀 수 있다. 라이팅 스위치를 ON으로 하면 투 레벨 유닛이 작동하고, 각종 스위치 즉 풀 오토 에어컨 스위치, 차속 감응식 간헐 와이퍼 컨트롤 스위치, 디포저 스위치, 크루즈 컨트롤 스위치의 작동 표시등을 감광시킨다.

이론 공기량(理論空氣量) theoretical amount of air　연료의 조성(造成) 및 연소 방정식에 의해서 계산된 연료를 완전 연소키는 데 필요한 최소의 공기량을 말한다.

이론 공연비(理論空然比) theoretical air-fuel ratio　휘발유와 산소가 산화 반응을 일으켜서 완전 연소를 하기 위한 중량 비율을 화학식에 의해 이론적으로 구한 값을 말하는데, 휘발유는 각종 탄화수소의 혼합물이기 때문에 모든 휘발유에 대해서 하나의 치수로 그것을 표시하는 것은 불가능하지만, 통상적으로 옥탄가의 이론적 공연비율을 14.7 : 1로 나타나고 있다. 이 이론 공연비 부근에서 촉매 변환 장치가 최상의 정화 효과를 낼 수 있다.

이론 열효율(理論熱效率) theoretical thermal efficiency　힘으로 이용되는 열량과 공급되는 열량과의 비율로, 엔진에 공급된 열량과 얻어진 열량(이론상 일)의 차이를 공급된 열량으로 나눈 것을 말한다.

이론 중량(理論重量) theoretical weight　기화기, 초크 밸브, 벤투리 또는 스로틀 밸브와 같은 공기 흐름에 제한 요소가 없다고 봤을 때, 엔진이 펌핑(압입, 밀어 넣음)할 수 있는 공기의 중량을 말한다.

이론 평균 유효 압력(理論平均有效壓力) theoretical mean effective pressure　평균 유효 압력은 연료가 실린더에 공급되어서 가스 팽창 과정(연소)을 거치면서 기계적인 일로 전환될 때 발생한 힘의 평균을 말한다. 이론 평균 유효 압력은 이론 내연 기관 사이클에서의 압력을 말하는데, 엔진의 1 사이클로서 이론 계산상 얻어지는 일을 행정 용적으로 나눈 것을 말한다.

이 맞음 tooth contact, tooth hearing　기

어의 이가 상대 기어의 이와 접촉하는 영역을 일컫는다. 기어 정밀도를 판정하는 항목의 하나로서, 이 형태의 오차, 다른 이의 오차, 이의 흔들림 등을 종합적으로 판정할 수 있다. 이 맞음이 이의 단부에 있으면 이의 강도가 떨어지거나 기어 소음이 생기므로, 이 맞음을 어디에 붙이는가는 기어 제작 조합에서 중요한 항목이다.

이머전시 로 기어 emergency low gear 트럭이나 4륜구동 차량의 변속 1단(로 기어)을 말한다. 트럭이 적재(積載) 상태에서 언덕길을 출발할 때 또는 4륜구동 차량으로 급커브나 진흙탕 길을 주행할 때 등 큰 구동력이나 엔진 브레이크가 필요할 경우에 쓰인다. 이런 자동차에서는 2단 기어로 출발한다.

이면 굽힘 시험편 root bend specimen 굽힘 시험편의 일종으로, 표면 굽힘 시험편과 이면 굽힘 시험편이 있는데, 맞대기 용접 이음의 뒤쪽(용접을 한 반대편)이 인장이 걸리도록 굽힌 시험편을 말한다. ⇨ 표면 굽힘 시험편

이면 용접(裏面鎔接) back run ⇨ 뒷면 용접

2모드 ELC 4 속 오토매틱 트랜스미션 dual mode ELC 4-speed automatic transmission 시프트 패턴이 파워/이코노미의 2종류(2모드)로 전환 가능한 가변의 시프트 패턴 기능을 갖는 ELC 4속 자동 변속기를 이른다. 파워 모드에서는 구동력과 가속성을 중시한 시프트 패턴이 되고, 이코노미 모드에서는 조용하고 미끄러운 주행과 저연비를 중시한 시프트 패턴이 된다. 이로 인해 주행 상황에 맞춘 최고의 주행이 가능할 수 있다. 파워/이코노미 모드의 선택은 모드 전환 스위치에 의해 이루어진다.

이몰라 서킷 Imola Circuit 이탈리아의 서킷으로, 1950년대부터 스포츠카나 포뮬러카 레이스가 열려 왔다. 1980년에 처음으로 이탈리아 GP의 무대가 되었고, 1981년부터는 산마리노 GP가 열리고 있다. 1989년에 정식 명칭이 '엔초 에 디노 페라리(Enzo e Dino Ferrari)'로 바뀌었다. 1주 길이는 5.04 km이다.

이미션 emission 본래는 '광(光), 열(熱) 등을 발산하는 것, 음(音)을 발산하는 것, 용암들이 분출하는 것, 방사물' 등을 의미하지만, 자동차 배출 가스 공해에 대해서는, 배출 가스 속에 포함되어 연소실로부터 배출되는 유해 물질 즉 일산화탄소(CO), 탄화수소(HC), 질소 산화물(NOx) 등을 말한다.

이미션 장치 emission system 자동차 배출 가스 억제 장치를 말한다.

이미션 컨트롤 시스템 emission control system 자동차에서 배출되는 가스를 정화하는 장치로서, 블로바이 가스, 연료 증발 가스, 배기가스를 억제하여 대기 오염을 방지하는 장치이다. ① 블로바이 가스 : 연소실에서 누출된 가스인 블로바이 가스를 엔진이 작동 중에 실린더에 흡입하여 재연소시킨 후 방출하기 위하여 설치된 PCV(positive crankcase ventilation) 파이프 및 호스, PCV 밸브 등을 말한다. ② 연료 증발 가스 : 엔진이 정지된 후 연료 증발 가스가 대기 중으로 방출되는 것을 방지하기 위하여 설치된 캐니스터, PCSV, 볼 벤트 밸브 및 퍼지 컨트롤 밸브 등을 말한다. ③ 배기 가스 : 배기가스 속에 포함된 인체에 유해한 가스를 무해한 가스로 환원시키거나 감소시키기 위해서 설치된 EGR 밸브, 촉매 변환기 및 2차 공기 공급 장치 등을 말한다.

이미지 센서 image sensor 사람이 눈으로 볼 수 있는 광경 그대로를 기계에서 볼 수 있도록 한 것으로서, 고체 촬상 소자(固體撮像素子, solid-state image sensor)로 되어 있으며, 고체 촬상 소자는 $1\,cm^2$ 실리콘 기판에 수십만 개의 화소로 형성되어 있는데 CCD(charge coupled device, 전하 결합 소자), MOS(metal oxide semiconductor, 금속 산화물 반도체)와 CPD 및 CID 등이 있다.

이미지 스케치 image sketch 자동차의 외관이나 내장 등을 디자인할 때, 디자이너가 자유로운 발상으로 자동차의 개념도에 자신의 아이디어를 첨가하여 시각화한 것을 말한다.

이미터 emitter 소량의 전자가 베이스에 추가되거나 빠져나갈 때, 대량의 전자가 모이거나(PNP) 방출되는 트랜지스터의 부분

을 말한다. 트랜지스터에서, 베이스 영역 속에 전자 또는 양공(陽孔)을 주입하는 작용을 하는 전극을 말한다. 트랜지스터 기호에서 화살표가 그려진 곳이다.

2박스 two box 엔진 실과 차실이 두 개로 연결된 자동차의 모양. 승용차에서는 해치백(hatchback)의 유행에서 생긴 형식이며 밴, 왜건에서는 예전부터 2박스가 기본이다. FF 차량의 소형 승용차에 이 형식이 많으므로 잘 쓰이는 용어이다.

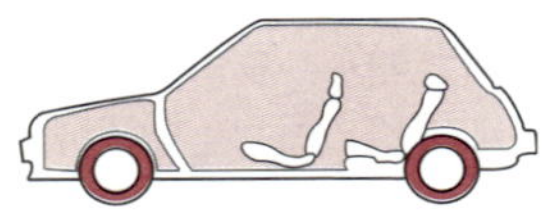

2 박스

2배럴 기화기 two barrel carburetor 각각 2개의 보어(bore)를 가지고 독립된 스로틀 밸브를 가진 기화기를 말한다.

2밸브식 two valve type 흡입용과 배기용이 각기 하나씩으로 된 두 밸브를 말하는 것으로, 가장 일반적인 형식이다. 피스톤이 내려올 때의 부압(負壓)으로 혼합 가스가 연소실에 들어와, 흡입 밸브는 피스톤이 올라가는 데 따라 배출되는 배기가스용 배기 밸브보다는 크게 하는 것이 일반적이다.

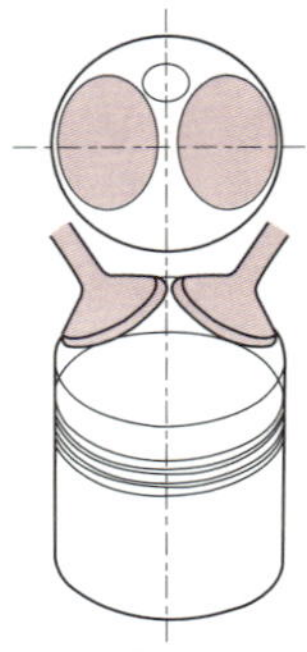

2밸브식

2분할 림 divided type rim 휠(wheel)의 일종으로, 강판을 프레스 가공하여 림과 디스크를 일체로 제작한 다음 두 장을 합쳐서 볼트와 너트로 고정한 것을 말한다. 기호는 DT로 표시하며, 경형 자동차나 산업용 자동차에 많이 사용한다.

이뿌리원 tooth circle 톱니바퀴의 이뿌리를 연결하는 원을 말한다.

2사이클 엔진 two cycle engine 크랭크축이 1회전할 때 피스톤은 흡입, 압축, 폭발, 배기의 과정을 2행정 하여 1사이클을 완료하는 엔진으로, 크랭크축이 1회전할 때 1회의 동력이 발생하는 엔진이다. 크랭크축이 1회전할 때 가솔린 엔진은 캠축 및 배전기 축이 1회전하며, 디젤 엔진도 캠축 및 연료 분사 펌프의 캠축이 1회전한다. 이러한 2사이클 엔진은 주로 소형 엔진에 사용하며, 모터 사이클용으로 많이 쓰이고 있다.

2사이클 흡입 밸브 two cycle intake valve 흡입과 배기를 되풀이하는 2사이클은 오토바이에 쓰이는 경우가 많지만, 그 밸브는 4사이클과는 전혀 다르다. 흡입 포트를 지나는 혼합 가스 컨트롤을 맡고 있다.

이상 연소(異常燃燒) abnormal combustion 가솔린 엔진의 폭발 행정에서 발생하는 불완전 연소 상태를 모두 일컫는다. 연소 상태에 따라 조기 점화, 표면 착화 등이 있다.

이상 제동력 배분(理想制動力配分) 자동차의 제동력은 4륜이 동시에 멈출 때 최대가 되는데, 이때의 제동력 배분을 이상 제동력 배분이라고 한다.

2선식 회로(二線式回路) two wire circuit 복선식 회로로, 2개의 회로를 사용하는 회로를 이른다. 이 경우, 하나는 공급 회로이고, 다른 하나는 전류가 복귀하는 복귀 회로가 된다.

이소시안산 isocyanic酸 시안(cyan)계의 화합물로서, 우레탄계 도료의 경화제(硬化劑)로 사용한다. 인체에 유해하므로 취급할 때에는 안전 및 위생 면에서 세심한 주의가 필요하다. 탄산의 아마이드, 폴리우레탄과 같은 수지의 중간체로 쓴다.

이소옥탄 isooctane 아이소옥테인을 이른다. 석유 파생물로 엔진에서 디토네이션이나 노즈를 일어나지 않게 하는 일을 한다. 그러나 값이 비싸 연료로는 사용되지 않는다. 연료의 앤티노크성을 비교하기 위한 옥탄 테스트에서 표준 연료로 사용한다.

이(2)속 오토매틱 second speed automatic D 레인지와 L 레인지의 2단만 선택이 가능한 자동 변속기를 말한다. 경형 자동차나 일반적인 자동차에서는 자동 변속기 가격이 자동차에서 차지하는 비중이 높기 때문에, 원가 절감을 위하여 손쉬운 기구인 2속식의 자동 변속기가 사용되고 있다. 풀, 세미 모두 2속 자동 변속기가 있다.

2스프레이 인젝터 two spray injector 분구부에 2개의 분사공을 설치하고, 분사 연료가 두 방향으로 균등하게 분사되도록 한 인젝터를 이른다. 이로 인해 각 실린더에 설치되어 있는 2개의 흡기 밸브 각각에 직접 연료를 분사시켜, 연료의 흡입을 매끄럽게 하고, 시동성 및 주행 성능을 향상시킨다.

이스트-웨스트 EAST-WEST 이 방식은 엔진이 조수석 측, 변속기가 운전석 측에 배치되어 있는 것으로, 알파 엔진을 탑재한 스쿠프가 이 방식이다. 엔진의 회전 방향과 차량의 진행 방향이 같기 때문에 승차감이 좋다.

이시시 컨트롤 유닛 ECC control unit ; electronically controlled carburetor control unit ECC 시스템에서의 공변비 제어용 전자 제어 유닛으로, 산소 센서로부터 신호를 받아 보정 공기량을 산출하고, 기화기 메인 계통 및 슬로 계통의 솔레노이드 밸브를 개폐시킨다. 이 산소 센서로부터의 신호에 의한 기본 공연비 제어와 함께 수은 스위치와 스로틀 스위치에 의해 각각 냉각수온과 스로틀 밸브의 열림 폭을 검출하여 저수온 시에 보정 및 전개(全開) 보정과 가속 보정, 감속 보정 등 여러 운전 상태에 따라 알맞은 공연비 보정이 행하여진다.

이시에이티 ECAT ; electronic control auto transmission 전자식 4단 자동 변속기를 말한다. 컴퓨터(ECU)에서 댐퍼 클러치의 슬립(slip)량 제어, 변속 패턴 제어, 변속기 각부의 유압 제어를 실시하는 자동 변속기이다.

이시유 ECU ; electronic control unit 여러 가지 센서에서 보내진 정보를 토대로 엔진의 최적 작동 조건을 계산하여 적절히 출력 액추에이터를 조정하는 장치로서, 보통 마이크로프로세서, ROM, RAM 및 입력 단자로 구성되어 있다. 컨트롤 유닛이라고도 한다.

이시이 ECE ; Economic Commission of Europe 유럽 공동체라는 뜻으로, 직접 배기가스 규제와는 관계없는 말이지만, ECE가 결정한 배기가스 시험법이 ECE 측정이며, 타입 1에서부터 타입 3까지의 3종류로 다음과 같다. ① 타입 1 : 15모드 사이클이 사용된다. 드라이빙 사이클이라고도 한다. ② 타입 2 : 엔진이 상온이 되었을 때의 일산화탄소(CO)를 측정하는 방법으로, 아이들 측정이라고도 한다. ③ 타입 3 : 이것은 크랭크케이스의 블로바이 가스의 배출량을 측정하는 방법으로, 섀시 다이너모의 벤치 테스트에 의해서 측정한다.

이십(20) 시간율(二十時間率) twenty hour rate 배터리에서, 셀 전압이 1.75 V로 떨어지기 전에 전해액 온도 27℃에서 20시간 동안 공급할 수 있는 전류의 양을 측정하는 배터리율을 말한다.

이십오(25) 암페어율 twenty five ampere rate 배터리에서, 셀 전압이 1.75 V로 떨어지기 전에 전해액 온도 27℃에서 25암페어의 전류를 공급할 수 있는 시간을 나타낸다.

이아르에스 ERS ; economy running system 정차율(정체율)이 높은 시가지 주행에서의 연비 향상을 목적으로 삼고, 신호 대기 등 차량이 정차했을 때 엔진을 자동으로 정지하다가 발진 조작(클러치 페달을 밟음)으로 자동으로 엔진을 재시동시키는 장치로서, 아이들링 시에는 연료가 절약된다. 자동차가 정지하고 클러치 페달에서 발을 떼면 0.5~2초 후에 엔진은 자동으로 정지한다. 다음에 발진 조작으로서 클러치 페달을 힘껏 밟으면 스타트 모터가 작동해서 엔진은 재시동한다. 스타트 모터로의 통전은 엔진 회전이 450 rpm까지 올라가면 시동한 것으로 판단해서 자동으로 정지된다. 또한 자동으로 재시동 중 스타트 모터가 ON에서 1초 후의 엔진 회전이 100 rpm 이하일 때는 1초 동안 스타트를 OFF한 후 재차 ON으로 한다. ERS에는 운전 조건이나 엔진의 작동 상태를 판단해서 ERS를 작동시켜도 문제가 발생하지 않을지의 여부를 결정하는 안전 기구도 구성되어 있다.

이아이에스 EIS ; electronic ignition system

트랜지스터 이그나이터나 IC 이그나이터 등 반도체식 점화 장치를 일컫는 말이다.

이어플러그 earplug　귀마개라는 뜻이다. 배기 음이 큰 경주차를 오랜 시간 타고 나면 귀가 멍멍해져서 사람들과의 대화조차 어려워진다. 따라서 귀를 보호하기 위해 방음용 이어플러그를 하게 된다. 스펀지 같은 재질의 이어플러그가 주로 쓰인다.

이에스 ES ; essential satisfaction　고객 만족의 필수적인 요건을 갖춘 자동차로서, 현대자동차의 액센트에 주로 표기한다.

이에스브이 ESV ; experimental safety vehicle　안전 실험차라고 하는데, 미국 정부 기관이 고속으로 충돌하거나 급히 선회해도 승객의 안전이 보장되는 자동차 제작을 제안해서, 메이커들은 1960년대 말부터 이 요구에 맞는 안전 차의 설계를 시작했다. 모든 차들에 대항할 수 있는 궁극적인 안전 차를 만들 수 없다고 실험으로 밝혀졌지만, 그 사이에 연구된 차체의 안전 구조, 벨트, 에어백, 그 밖의 기술은 현재 생산되는 안전 기준에 채용된 것도 많다. 이 분야의 연구는 지금도 계속되고 있다. 새로운 모델이 발표되기 위해서는 그 이전에 3~5년 동안 걸려 여러 가지 연구를 거친 다음에 생산을 하게 된다.

이에스시 ESC ; electronic skid control　자동차를 고속으로 주행하다가 장애물을 보고 급정거할 경우, 자동차 바퀴가 제동력에 의해 고정(lock)되기 때문에 핸들을 돌려도 조향이 이루어지지 않고 장애물과 충돌하는 경우가 발생하기도 하며, 빗길이나 눈길 또는 빙판길과 같은 미끄러운 도로를 달리다가 갑자기 급정거를 해도 차체가 방향을 잡지 못하고 미끄러져 전복되는 경우도 있다. 이러한 상태를 미연에 방지하기 위한 장치로, ABS라고도 한다.

이에이아이 제어 밸브 EAI control valve ; exhaust air induce control valve　냉기 시(冷氣時)의 불완전한 요소에 의해서 촉매의 온도가 필요 이상으로 상승하는 것을 억제하기 위해, 2차 공기를 컨트롤하고 촉매의 반응을 제어하는 장치이다.

이에이티 EAT ; electronic automatic transmission　자동차 회사에 따라 이름은 다르지만, 모두 오토매틱 트랜스미션 컨트롤을 유압이 아닌 전자 제어를 응용한 형식이다. 그러나 메커니즘은 거의 같고, 자동 변속은 소형 컴퓨터로부터의 신호로 한다. 엔진 상태와 주행 상태를 계산하여 가장 알맞은 기어 체인지를 할 수 있다. 또 운전자의 희망에 따라 자동 변속 스케줄을 가속성 중심 또는 경제성 중심으로 선택할 수 있다. 전자 제어에서는 이런 응용이 손쉬워진다.

이에프 EF ; effort　EF는 기아자동차의 사훈 중의 하나인 '노력'을 뜻하며, '프라이드' 승용차의 한 종류이다.

이에프아이 EFI ; electronic fuel injection　⇨ 전자 연료 분사 장치

이엔지 러프니스 ENG roughness　정규 연료를 사용하지 않았을 때 크랭크축의 굽힘 진동에 영향이 있는, 두드리는 것 같은 소리를 말한다.

이온 ion　전자를 얻거나 잃었기 때문에 불균형한 원자로, 전자를 얻으면 ⊖이온이 되고, 전자를 잃으면 ⊕이온이 된다.

이온 주입법 ion implantation　웨이퍼(wafer, 집적 회로의 기판이 되는 반도체 박판)에 붕소·비소·안티몬·인 등과 같은 불순물의 이온을 주입하여 반도체 소자(素子)를 제작하는 방법이다. 불순물을 진공 용기 내에서 이온화한 다음 전계(電界)에서 가속하여 반도체 안으로 주입한다. 이전의 열 확산 방식에 비하여 저온에서 처리되며, 주입량과 가속 전압의 제어에 따라 불순물의 분포가 정밀하게 결정되므로 초 LSI 제조의 표준 공정으로 널리 사용되고 있다. 이온 전류의 모니터링을 통해 이온의 수를 자유롭게 제어할 수 있다.

2웨이 파워 시트 two way power seat　슬라이드 및 리클라이닝 시트 조절을 전동화한 시트로서, 간단한 스위치 조작으로 최적의 시트 위치를 얻을 수 있다.

이음의 루트 root of joint　맞대기 용접의 경우는 부재(部材) 사이의 가장 접근한 부분을 말하며, 필릿 용접의 경우는 두 부재의 표면이 마주치는 선을 말한다.

2점식 시트 벨트 lap belt　시트 벨트에서 허리의 좌우 두 점을 지지하는 형식을 말한다. 랩 벨트라고도 하는데, 랩은 걸터

앉은 자세에서 허리에서 무릎까지의 부분을 말한다.

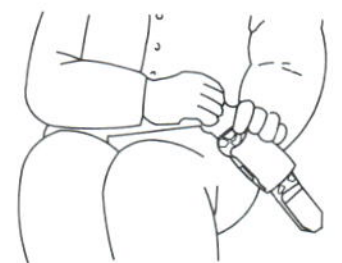

2점식 시트 벨트

이점오(2.5) 박스 2.5 box　차실(車室)을 하나의 상자(박스)로 보고, 여기에 트렁크 룸과 보통의 절반 정도 크기의 엔진 룸이 설치된 자동차를 말한다. 3박스의 승용차에서 엔진룸이 작은 자동차를 이렇게 표현하는 경우가 있다.

2.5 박스 타입 2.5 box type　트렁크로서 독립된 박스를 가지면서 해치백 사용의 용이성을 겸비하는 것으로서, 종래의 3박스 타입도 아니고 2박스도 아닌 전혀 새로운 스타일을 말한다.

이젝터 ejector　(1) 압력이 있는 공기, 증기, 물을 노즐로부터 분사시켜 주위의 증기나 물을 배출하거나 응축시키는 장치를 말한다. (2) 건설 기계의 스크레이퍼 볼에 설치되어, 토사를 밀어내는 장치를 말한다. (3) 진공 배력 장치에서 흡기 다기관의 진공도를 이용하기 위한 장치이다. 스로틀 보디에 설치되어 제동할 때 가속 페달을 놓으면 작동되어 배력 장치 내의 진공력을 크게 하는 장치이다.

이젝터식 소음기 ejector type muffler　중앙에 중심관이 있고 팽창실에는 칸막이가 되어 있어 순차적으로 팽창하여 압력이 낮아진다. 배기가스의 일부는 출구 지름이 작은 중심 관을 통과할 때 속도가 빨라지기 때문에, 중심 관 부근에는 부압이 발생되어 팽창실 내의 배기가스를 빨아낸다.

이젝티브 시트 시스템 ejective seat system　조수석 전동 중 접는 시트와 리어 분할 파워 시트를 조합한 시트 시스템으로, 뒷좌석 탑승자의 쾌적성을 한층 더 향상시켰으며, 조수석 전동 중절 시트와 리어 분할 파워 시트가 있다.

이중 다이어프램 진각 dual diaphragm advance　스파크 타이밍을 제거하기 위한 두 개의 다이어프램을 사용하는 진공 진각 기구를 말하며, 여기에서 한 다이어프램은 시동 및 가속 시 정상적인 점화 타이밍 진각을 제어하고, 다른 다이어프램은 공전 및 부분 스로틀에서 스파크를 지연시키는 일을 한다.

이중 레버 기구 double lever mechanism　4절 회전 기구에서 중간 링크를 고정하고 움직이면 긴 링크 두 개가 왕복 각 운동을 하는 기구를 말한다.

이중 물림 방지 장치 interlock　▷ 인터로크

이중 브레이크 회로 dual brake circuit　브레이크 라인이 각각 두 개의 라인으로 구성되어 있어, 한쪽의 라인이 파손되더라도 다른 한쪽이 작동되어 안정되게 제동력을 유지할 수 있도록 한 브레이크 회로이다. 전후 바퀴에 X자형으로 브레이크 라인을 배관하기도 한다.

이중 스프링 double spring　밸브 스프링에서 고유 진동수가 다른 두 개의 스프링을 짝지은 것으로서, 서징 현상을 방지하기 위해 사용한다.

이중 액셀 리턴 스프링 double spring　리턴 스프링의 이중화에 의해 액셀 작동 신뢰성의 향상을 꾀한 것으로서, 만일 하나의 액셀 리턴 스프링이 트러블을 일으켜도 다른 하나의 리턴 스프링에 의해 커버하고 공회전 상태로 되돌아간다. 안전 대책의 강화 지도 항목 중 하나가 되고 있다.

이중 웨더 스트립　웨더 스트립을 도어 측과 차체 측 양쪽에 설치함으로써 드립 채널을 이중 실링하는 방식을 말한다. 보디 면에 드립 채널을 설치할 필요가 없고, 풍절음 발생을 방지할 수 있기 때문에, 동시에 소리, 물 및 먼지 침입을 방지할 수 있게 된다.

이중 자물쇠 커넥터 double lock connecter　일반적으로 단자를 하우징에 고정시키기 위하여 하우징과 일체 성형된 자물쇠를 쓰고 있는 경우가 많은데, 여기에 다시 단자의 다른 부위를 고정시키는 기구(이중 자물쇠)를 추가한 것을 말한다. 단자 빠짐 방지에 효과적이다.

이중 접점식 배전기(二重接點式配電機) double breaker distributor　1차 회로를 단속하는 데 두 세트의 접점을 사용하는 배전기로, 이 형식은 고속에서 제어 성능이 우수하다.

이중 크랭크 기구 double crank mechanism
4절 회전 기구에서 가장 짧은 링크를 고정하여 움직이면 긴 링크 두 개가 회전 운동을 하는 크랭크 기구를 말한다.

이중 토-보드 toe-board　　대시 패널(실내측)과 보강재(엔진 룸 쪽) 사이에 차음제(발포제)를 봉입한 이중의 토-보드를 말한다. 엔진 룸 내에서 투과음을 방지하는 효과가 크다.

이지아르 EGR ; exhaust gas recirculation
배기가스 중에서 질소 산화물의 발생은 연소 온도에 크게 관계되고, 한번 타버린 배기가스는 불활성 가스이므로 엔진에 흡입되어도 타지 않는다. 흡수하는 공기에 배기관으로부터 일부 배기가스를 섞어 주면 연소 온도가 내려간다.

이지아르 밸브 EGR valve ; exhaust gas recirculation valve　　EGR 장치 내에서 배기가스가 흡기 다기관 내로 유입되는 비율을 제어하기 위한 밸브를 말한다. 엔진이 어떤 특정 조건(워밍업 전과 아이들 상태 이외)에 이르렀을 때 열려 배기가스 중의 일부분을 다시 흡기 매니폴드로 유입, 재연소시킴으로써 배기가스 중의 질소 산화물 생성을 억제하게 된다.

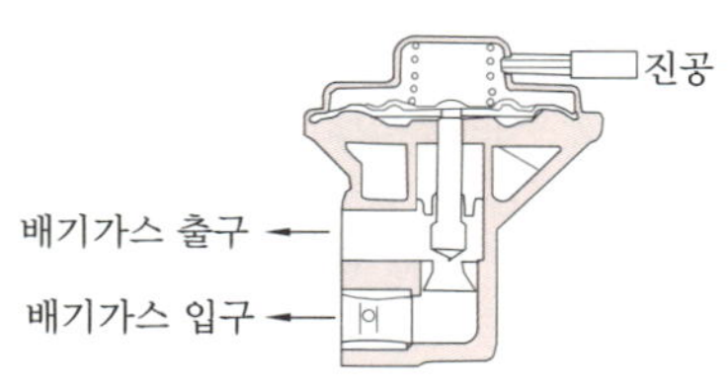

EGR 밸브

이지아르 제어 EGR control ; exhaust gas recirculation control　　엔진 회전수와 부하(기본 분사량)에 의해서 미리 결정된 EGR율(EGR 솔레노이드 밸브를 여는 시간 특성치)의 데이터를 컨트롤 유닛에 기억시켜 놓고, 컨트롤 유닛은 엔진 운전 상태에 따라 계산한 기본 분사량과 엔진 회전수에 의해서 기억 데이터로부터 해당하는 EGR 듀티 솔레노이드에 ON, OFF 신호를 보내, 이 신호의 ON 시간/(ON 시간＋OFF 시간) 듀티 비율을 변화시켜 EGR양을 제어한다.

이지아르 쿨러 EGR cooler　　고온도의 배기가스를 그대로 환원시키면 그 열에 의해서 EGR 밸브 등 부품의 내구성을 떨어뜨리거나 파손시키는 경우가 있기 때문에, 엔진의 냉각수나 냉각 바람을 사용해서 EGR 가스를 냉각한다.

이지 액세스 기능 easy access function
도어 개폐 등과 연동하여 시트 위치 등을 이동시켜 승하차성을 높이는 기능으로, 리어 분할 파워 시트를 말한다. ⇨리어 분할 파워 시트

이지 액세스 도어 easy access door　　도어 개폐 기구의 하나로, 도어를 열면 문 전체가 앞 또는 뒤로 이동하여 타고 내림을 쉽게 한 것을 말한다.

2차 감압실(二次減壓悉) secondary chamber
2차 감압실은 1차 감압실에서 $0.3\,\mathrm{kgf/cm^2}$로 감압된 LPG를 대기 압력에 가깝도록 감압하여 기체 상태의 LPG로 변환한다. 엔진이 회전하면 믹서의 벤투리부에서 발생된 부압에 의하여 2차 다이어프램이 잡아당겨짐과 동시에, 2차 페이스 밸브가 열려 2차 감압실에 LPG가 유입되어 감압한다. 엔진이 정지하면 진공 로크 다이어프램 스프링 장력에 의해 2차 페이스 밸브를 닫아 LPG의 유입을 차단한다.

2차 공기(二次空氣) secondary air　　연소용 공기 중, 1차 공기로 일단 착화한 연료에 충분한 산소를 보급하여, 완전 연소시키기 위해 2차적으로 공급하는 공기를 말한다. 화격자(火格子) 연소에 있어서 2차 공기는 연료층 위로 가연 가스의 화염 속으로 송입되며, 버너 연소에 있어서의 2차 공기는 버너의 주변, 상방 등으로부터 송입한다. 또 버너 연소에 있어서의 1차 공기와 2차 공기의 비율은 버너의 형식 등에 따라 현저히 달라진다.

2차 공기 공급 장치(二次空氣供給裝置) secondary air supply system　　촉매 변환기 등의 배기가스 제어 장치에서 일산화탄소, 탄화수소의 산화를 돕기 위해서 배기관에 2차 공기를 공급하는 장치를 말한다. 종류로는 에어펌프를 사용해 강제적으로 2차 공기를 공급하는 2차 공기 분사 방식과, 엔진 배기관 내의 배기 압력 맥동을 이용해 리드 밸브를 사용해서 2차 공기를 공급하는 2차 공기 도입 방식(ASS, EAI, D-AIR) 등 2가지가 있다.

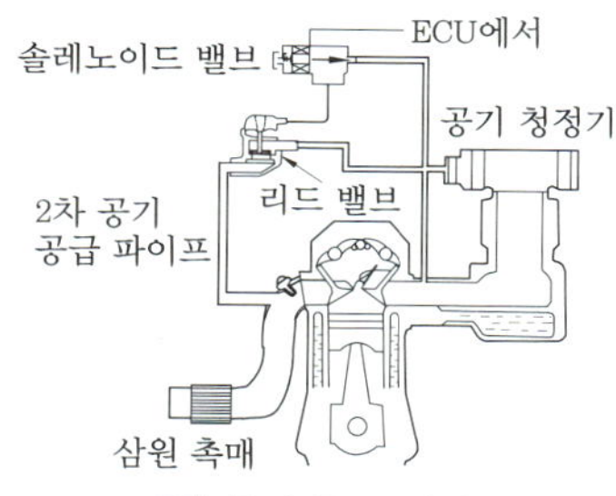

2차 공기 공급 장치

2차 공기 도입 장치(二次空氣導入裝置) quick pulse system

종래의 펄스 에어 시스템의 기능에, 가속 시동은 ACV(air cut valve)를 컨트롤해서 2차 공기를 주기적으로 단속시키고, 삼원 촉매의 정화 특성을 이용해서 질소 산화물(NOx)의 환원 작용을 실행시키고 있다. 즉, 2차 공기를 ON, OFF 하는 데 따라 배기계에서의 혼합비를 번갈아 희박·농후 상태로 하고, 농후 쪽에서 질소 산화물을 환원하고, 동시에 일산화탄소, 탄화수소를 질소 산화물의 환원 작용에 의해서 생기는 산소(O_2)로 산화한다. ⇨ 에어 섹션 시스템

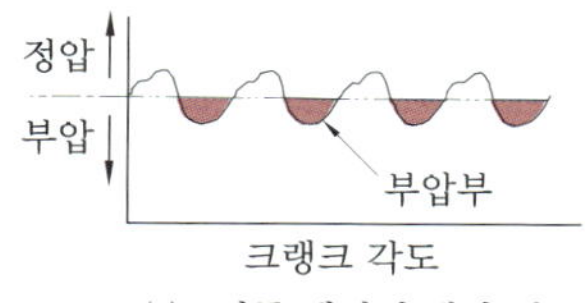

(a) 4기통 엔진의 배기 맥동

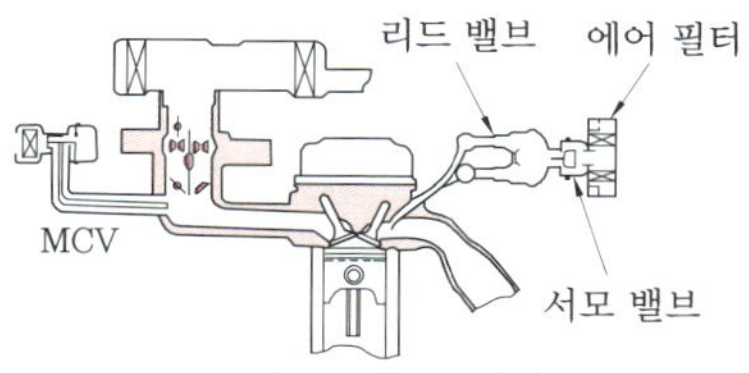

(b) 2차 공기 도입 장치

2차 공기 도입 장치

2차 공기 분사 장치(二次空氣噴射裝置) secondary air injection system

촉매 컨버터, 서멀리액터 등 배기 정화 장치에 있어 일산화탄소, 탄화수소의 산화를 돕기 위해 배기관에 에어펌프를 통해 강제적으로 2차 공기를 공급하는 장치로서, 다음의 2차 공기 도입 장치는 용적이 큰 엔진, 6기통 이상의 엔진 등 2차 공기량이 크게 요구되는 엔진에 사용된다.

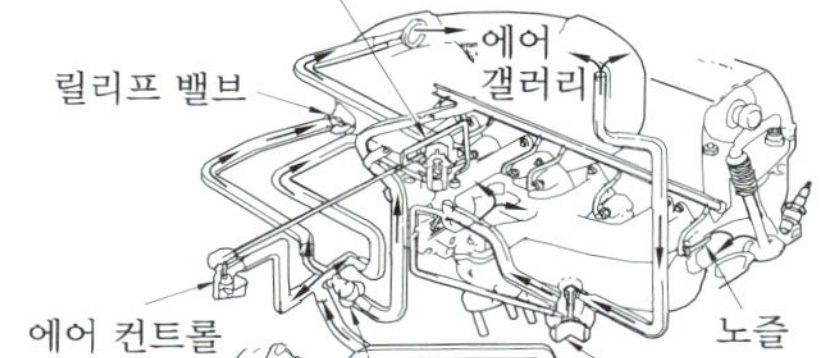

2차 공기 분사 장치의 예

2차 공기 흡입 장치(二次空氣吸入裝置) secondary air suction system

4기통 엔진의 2차 공기 공급 방식의 하나로, 2차 공기 분사 방식에 관한 것이다. 일반적으로는 4기통 엔진의 배기관 중의 배기 압력은 배기 밸브의 개폐에 의해서 결정되고, 주기적으로 부압(負壓)이 되는 부분이 있는데, 이 맥동의 부압분을 이용해서 리드(lead) 밸브를 열고 부압에 균형되는 2차 공기를 배출관 내로 유입하는 장치이다.

2차 권선(二次捲線) secondary winding

점화 코일에서 가는 선으로 많은 횟수를 감은 코일선을 말한다. 여기에서 1차 코일의 흐르는 전류가 차단될 때 높은 전압이 유기된다.

이차 분사(二次噴射)

디젤 엔진에서 연료를 분사한 직후에 다시 노즐이 열려 분사가 이루어지는 현상을 말한다. 분사에 의하여 분사관 내에 주기적인 압력 변화(맥동)가 생겨 발생하는 것으로서, 배기가스 중의 HC가 증가하여 배기 온도가 상승하므로 연료 소비율이 악화된다.

2차 슈 secondary shoe

1차 슈의 확장력을 받아 자기 작동 작용을 일으키는 슈를 말한다.

2차 유효 전압(二次有效電壓) secondary available voltage

점화 플러그에 점화시키기 위한 사용 전압을 말한다.

이차 전지(二次電池) secondary cell

화학적 에너지를 전기적 에너지로 변환시켜 외부의 회로에 전원을 공급하기도 하고, 방전되었을 때 외부의 전원을 공급받아 전기적 에너지를 화학적 에너지로 바꾸어 전기를 저장할 수 있는 전지로서, 일반적으로 축전지라고 부른다.

2차 점화(二次點火) ignition secondary 점화 시스템에서 고전압 부분으로, 다음과 같이 구성된다. 코일 내의 2차 권선, 고전압 케이블, 디스트리뷰터 캡, 디스트리뷰터 로터, 스파크 플러그.

이차 충돌(二次衝突) 자동차가 가드레일 또는 다른 자동차 등과 충돌하고, 그 충격에 의하여 승객이 조향 핸들이나 앞 유리 등과 충돌할 경우, 처음의 충돌을 1차 충돌, 두 번째 충돌을 2차 충돌이라고 한다. 1차 충돌에서는 주로 자동차의 손상이, 2차 충돌에서는 주로 승객이 부상을 입는다.

2차 클립 secondary clip 2차 점화 코일선에 물리는 DEA 점검선을 말한다. 2차 클립은 모든 2차 점화 파형에 대한 픽업 장치이다.

2차 트리거 secondary trigger DEA 파형 스윕률을 2차 점화 신호에 동기시키는 작동 형태를 말한다.

이차 피스톤 secondary piston ⇨ 1차 피스톤

2차 회로(二次回路) secondary circuit 점화 장치에서 고압 회로 부분을 말하며, 점화 코일 로터, 배전기 캡, 점화 플러그선, 점화 플러그 등으로 구성된다.

이층 흡기 방식(二層吸氣方式) 엔진 흡기 방식의 하나로, 두 흡기구로부터 농도가 다른 혼합 가스를 따로따로 공급하는 것을 말한다.

이코노마이저 economizer 가솔린 엔진의 기화기에서, 부분 부하에서는 경제적인 혼합 가스를 공급하고, 고출력에서는 일시적으로 농후한 혼합 가스를 공급하는 장치를 말한다.

이코노마이저 밸브 economizer valve 가솔린 엔진의 기화기에서, 고속 전부하 운전 상태에 따라 메인 노즐에 공급되는 연료량을 증감시키는 밸브로서, 파워 밸브를 말한다.

이코노마이저 제트 economizer jet 엔진이 고속으로 회전할 때 농후한 혼합 가스를 공급하고 연소 온도를 낮게 하여 이상 연소를 방지하는 제트를 말한다.

이코노미 랠리 economy rally 직역하면 '경제 랠리'라는 뜻이 된다. 쉽게 말해 연료 소비량에 따라 승부가 갈라지는 경기이다. 단순히 연료 소비량만으로 승부를 가르는 경우와, 지시 속도나 규정 시간을 정하고 스포츠성도 살린 경우가 있다. 이코노미 런이라고도 한다.

이코노미 러닝 시스템 economy running system 이코 런 시스템이라고 불리는 엔진의 자동 장치와 시동 장치를 말한다. 신호 대기 등 정차 시간이 긴 시내 주행에서 연료 소비율 향상을 목적으로 개발된 엔진이다. 자동차가 정차하면 엔진이 자동적으로 꺼지고, 가속 페달을 깊이 밟으면 시동되도록 한 것이다. 1981년 일본에서 제품화되었으나 그 후 사용되지 않는다.

이코노미 런 economy run ⇨ 이코노미 랠리

이코노미터 econo-meter 경제 운전의 지표로 하는 부압계(진공계)를 일컫는다. 지침이 그린(綠)을 나타내는 것은 경제적인 상태, 옐로(黃)를 나타내는 것은 강력한 상태를 말하는 것이다.

이코 런 시스템 eco-run system ⇨ 이코노미 러닝 시스템

이퀄라이저 equalizer 좌우 균형을 같게 하는 장치를 말한다. 예를 들면, 주차 브레이크의 좌우 제동력을 같게 하기 위해 설치된다.

이탈리아 그랑프리 Italian Grand Prix 1921년에 제1회 경주가 열려 역사가 깊다. F1 GP가 시작된 1950년부터 F1 GP의 정규 레이스로 열려 왔다. 라틴 민족 특유의 열광적인 성원 속에 대접전을 펼치는 것으로 유명하다.

이티아르 ETR ; electronic turning radio 전자식 터닝 방식 라디오를 말한다. 기존의 MTR(manual turning radio)은 방송 선택을 수동으로 하지만, ETR의 경우에는 전자식으로 선국(選局)한다.

이파 용접봉(裏波鎔接棒) back bead welding electrode 홈 표면에서 용접하여 이면에도 용이한 비드를 얻을 목적으로 만든 피복 아크 용접봉을 말한다.

2포트 타입 디스크 브레이크 2개의 피스톤을 평행으로 배치한 디스크 브레이크를 말한다. 통상의 포트 타입 디스크 브레이크에 비교하여, 백면 전체에 면압이 균일하게 걸리기 때문에 좋지 않은 주행 조건에

서도 좋은 느낌으로 안정된 제동 성능을 얻을 수 있다.

2+2 two plus two 이 경우 '2'는 승객을 말하지만, 처음의 '2'는 앞좌석에서 느긋하게 앉을 수 있는 2시트를 말하며, 뒷좌석은 2인이 겨우 앉을 수 있는 좁은 시트가 설치되어 있다는 의미이다.

2행정 사이클 two stroke cycle 피스톤이 2행정 하는 동안 흡입·압축·폭발·배기의 4행정이 모두 끝나게 되는 사이클 형식으로, 이 형식의 엔진에서는 크랭크축의 매 회전마다 동력(폭발) 행정이 발생한다.

2행정 사이클 기관 two stroke cycle engine 흡입·압축·연소·배기의 1사이클을 크랭크샤프트의 1회전 즉 피스톤의 2행정으로 완료하는 기관을 말한다.

이형(異形) 헤드램프 일반적으로 헤드램프라면 예전에는 둥근 것이 대부분이었으나, 보디가 다양해짐에 따라 이에 맞는 헤드램프를 사용하게 되어, 그 자동차에만 부착되는 특별한 모양의 램프를 이형 램프라고 부른다. 공기 저항을 적게 하기 위하여 램프가 부착되는 그릴 폭이 작아지는 경향에 따라, 이형 램프의 사용이 많아지고, 둥근 램프의 사용은 줄어들고 있다.

익스터널 컨트랙팅 브레이크 external contracting brake 대형 자동차의 주차 브레이크, 자동 변속기의 프런트 및 리어 브레이크 등과 같이, 드럼 주위에 감겨진 밴드를 잡아당겨 조이는 형태로 제동력을 발생시키는, 외부 수축식 브레이크를 말한다.

익스테리어 exterior 상품(차량)의 바깥쪽을 장식하여 이미지 향상을 꾀하고 부가 가치를 높이는 부위를 모두 일컫는다. 자동차에서는 범퍼, 라디에이터 그릴, 몰, 가니시(garnish), 마크 등을 말한다.

익스텐션 바 extension bar 볼트나 너트가 깊은 부위에 설치되어 있을 때 핸들과 소켓 렌치 사이의 길이를 늘리기 위해 사용하는 공구이다.

익스텐션 하우징 extension housing FR 차량에서 변속기 케이스 뒤에 설치되어, 변속기의 출력축을 덮고 있는 커버를 말한다. 리어 커버라고도 부른다.

익스팬더 expander 브레이크 휠 실린더의 피스톤 사이에 설치되어, 제동력을 발생할 때 유압에 보조력을 주기 위한 스프링을 말한다.

익스팬딩 브레이크 expanding brake 브레이크 드럼 내부에 슈를 설치하여, 브레이크 페달을 밟았을 때 브레이크슈가 바깥쪽으로 벌어지면서 드럼에 접촉되어 제동력을 발생시키는 내부 확장식 브레이크를 말한다.

익스팬션 밸브 expansion valve 액체 냉매는 익스팬션 밸브에 의해 유량이 조절되고, 이것을 통과하는 사이에 저압 저온의 액체(일부는 기체가 됨)가 되어 쿨러(cooler)에 들어간다.

익스팬션 스트로크 expansion stroke 혼합 가스가 연소하여 팽창하는 행정으로서, 열에너지를 기계적 에너지로 변화시키는 폭발 행정이나 동력 행정을 말한다.

익스팬션 체임버 expansion chamber 2스트로크 엔진의 배기 상태를 컨트롤하고 마력을 향상시키려는 머플러의 명칭이다. 2스트로크와 같이 배기가 좋은 것만을 생각하면 출력이 떨어져 버린다. 익스팬션 체임버는 중앙 부분이 부푼 파이프같이 생겼으며, 거기에 배기가스를 불어 넣으면 압력 진동이 일어나 배기가스에 섞인 흡입 가스를 엔진으로 밀어서 되돌리는 효과가 있다.

익스팬션 탱크 expansion tank 자동차 라디에이터에 있는 냉각수 보조 탱크로서, 가열된 냉각액이 팽창할 수 있는 공간과 냉각액에 섞여 있는 공기를 방출할 공간을 제공한다. 또한 팽창으로 인해 연료가 탱크로부터 흘러나오는 것을 방지하기 위하여 일부 연료 탱크에 사용되는 유사한 탱크를 말한다. ⇨ 리저버 탱크

익스팬션 플러그 expansion plug 실린더 블록의 양 옆 부분에 냉각수가 있는 마개(plug)를 설치한 것으로, 겨울철에 냉각수가 빙결될 때 체적 변화로 인하여 실린더 블록보다 약한 플러그가 이탈되게 만든 것이다. 이것은 실린더 블록의 균열을 방지하기 위하여 설치한 플러그이지만, 실린더 블록을 주조할 때 냉각수 통로를 만들기 위해 물 통로 부분에 넣었던 모래를 빼내기 위한 부분이다.

인(燐) phosphorus (1) 인회석(燐灰石), 남

철석(藍鐵石)에 코크스와 규석을 섞어 전기로에 의해 석출하며, 공기 중에서 발화하기 쉬워 성냥, 비료 및 살충제 등에 사용한다. (2) 탄소강에 함유되어 강의 경도와 강도를 증가시키거나 가공할 때 균열을 일으키고 상온의 취성이 발생된다. 강의 결정립은 거칠지만, 기공이 없는 주물을 만들 수 있다.

인가전압 (印加電壓) applied voltage　전기 회로의 단자 사이에 공급되는 직류·교류의 공급 전압 또는 전위 전압을 말한다.

인간 공학 (人間工學) human engineering　해부학, 생리학, 심리학 등과 같이 인간과 관련된 여러 학문 분야를 연구하여 인간이 다루는 기구·기계·설비 등을 인간에게 알맞게 설계·제작하기 위하여 연구하는 학문을 말한다.

인덕션 포트 induction port　⇨ 인테이크 포트

인덕터 inductor　전기 회로에서 인덕턴스를 얻기 위한 목적으로 이용되는 부품으로서, 한 개 또는 여러 개의 코일로 구성되어 있다.

인덕턴스 inductance　도체를 통해서 흐르는 전류의 변화를 방해하는 도체 또는 장치의 특성을 말한다.

인덱스 임프루버 index improvers　윤활유의 점도를 향상시키기 위해 정류기에 의해 사용되는 첨가제를 말한다.

인듀로 레이스 enduro race　장거리 내구 (耐久) 레이스를 뜻한다. 세계적으로 유명한 ‘르망 24시간 레이스’는 문자 그대로 24시간을 계속 달리는(드라이버 교체, 타이어 교환, 연료 공급 시간 등은 제외) 레이스이다. 미국의 IMSA GTP 시리즈 가운데 하나인 ‘데이토나 선뱅크 24시간 레이스’(약칭 데이토나 24)도 대표적인 내구 레이스이다. 이러한 ‘시간 레이스’ 다음으로 500마일(800 km), 600마일(960 km), 1,000 km 등의 ‘거리 레이스’가 꼽힌다. 내구 레이스에서는 한 대의 차량에 2~3명의 드라이버가 교체 운전하며, 연료 보급, 타이어 교환 등의 작업과 팀 작전이 볼 만하다.

인듀서 각 inducer angle　임펠러는 고속으로 회전하여 공기를 흡입하기 때문에 흡입 쪽 선단이 항상 유입하는 공기류와 평행으로 되어야 하고, 동시에 입구에 흐르는 속도 분포가 일정하게 되도록, 입구 부근의 블레이드가 비틀어져 있는 상태의 각도를 말한다.

인디애나폴리스 5백마일 레이스 Indianapolis 500 mile Race　미국 인디애나 주에서 열리는 포뮬러 카 내구 레이스로, 1911년 이래 매년 5월 말에 열린다. 1주 2.5마일 (약 4 km)의 타원형 코스를 왼쪽으로 200바퀴 도는데, 평균 시속이 250 km에 이르는 고속 레이스이다. 약칭 ‘인디 500’이라고 한다.

인디 카 월드 시리즈 Indy Car World Series　인디 카(별명 챔피언십 카)에 의한 미국 국내의 선수권 시리즈로, 미국판 F1이라고 볼 수 있다. USAC(United States Auto Club)에 의해 개최되어 오다가, USAC에서 분열 독립된 CART(Championship Auto Racing Teams)가 현재 시리즈를 운영하고 있다. 그래서 정식 명칭은 ‘CART PPG 인디 카 월드 시리즈’이다. 1년에 16전으로 치러지는데, 유명한 ‘인디 500’도 이 시리즈에 속한다.

인디케이터 다이어그램 indicator diagram　지시기를 사용하여 왕복 기관의 실린더 내 압력이 피스톤의 이동에 따라 그 체적이 변화하는 모양을 그린 선도로서, 압력 체적 선도(壓力體積線圖) 또는 PV 선도라고 한다.

인디케이터 램프 indicator lamp　오일 램프, 차지 램프처럼 정보를 알리는 구실을 하는 램프를 말한다.

인디케이티드 마이크로미터 indicated micrometer　지시기가 내장되어 측정물에 마이크로미터를 접촉시킬 때 측정력을 일정하게 유지하기 위하여 제작된 특수 마이크로미터를 말한다.

인디펜던트 서스펜션 independent suspension　좌우의 차축이 각각 독립해서 작동하는 서스펜션을 말한다. 승용차 전륜에서는 이 방식이 상식이지만, 최근에는 후륜에도 적용되는 경향이 있다. 이 경우 인디펜던트 리어 서스펜션(IRS)이라고 한다. 고정 차축의 서스펜션보다 일반적으로 독립 현가 쪽이 승차감 및 조정성이 우수하다.

인라인 in-line　(1) 일직선으로 연결되어 작동하는 장치나 기기를 말한다. (2) 데이터 처리에서 미리 분류하지 않고 손에 닿는 대로 직접 처리하는 것을 말한다.

인라인 방식 in-line system　데이터가 발생되는 즉시 입력하여 데이터를 처리하는 컴퓨터의 형식으로서, 자기 드럼이나 자기 디스크에 의해 실시한다.

인라인 엔진 in-line engine　모든 실린더가 한 줄로(일렬로) 형성되어 있는 엔진으로, 4기통 엔진의 경우 대부분이 이 형식에 속한다.

인라인 펌프 in-line pump　분사 펌프의 한 형식으로, 각 실린더는 각각 독립적으로 실린더와 플런저/배럴 엘리먼트를 가지고 있어 필요한 만큼의 연료를 공급할 수 있다.

인라인형 in-line type　동력 조향 장치에서 조향 기어 하우징과 볼 너트를 직접 동력 실린더로 이용하여 보조력을 얻는 장치를 말한다.　⇨ 일체형

인렛 밸브 inlet valve　⇨ 인테이크 밸브

인리치먼트 enrichment　기화기의 혼합 가스 농후화 장치로, 가속 또는 고출력 운전을 할 때 연료를 추가 공급하여 혼합 가스를 짙게 하는 장치를 말한다.

인바 invar　철 64 %, 니켈 36 %의 합금을 말한다. 팽창률이 아주 작아 정밀 기계나 측량기 등에 쓰인다.　⇨ 인바 스트럿 피스톤

인바 강 invar steel　니켈, 탄소, 망간의 합금강으로, 열팽창이 적어 줄자, 피스톤의 보강 재료, 시계의 진자, 바이메탈 등에 사용한다.

인바 스트럿 피스톤 invar strut piston　이 피스톤은 열팽창 계수가 극히 작은, 인바라고 불리는 니켈계 합금강의 스트럿(지주 기둥)을 피스톤 핀 보스부 또는 인바제의 링을 피스톤 스커트 윗부분에 넣고 일체로 주조한 것이다. 이 피스톤은 일정 간극 피스톤이라고 하며, 모든 사용 온도에서 언제나 일정한 피스톤 간극을 유지할 수 있다. 제작하기는 어려우나, 열팽창에 의한 변형이 적고 운전이 조용하며 수명이 긴 장점이 있다.

인발(引拔) drawing　다이(die)에 소재를 통과시켜 기계력에 의해 잡아당겨 단면적을 줄이고 길이 방향으로 늘리는 가공으로, 다이 구멍의 형상과 같은 단면의 봉, 파이프, 선 등을 만드는 작업을 이른다.

인버스 커런트 inverse current　제너 다이오드에서와 같이 역방향으로 전류가 흐르는 것으로서, 음극에서 양극으로 흐르는 역방향 전류를 말한다.

인버전 inversion　(1) 정류(整流)와 반대로, 직류를 교류로 역변환(逆變換)하는 것을 말한다. (2) 광학적인 활성 물질이 화학 조성을 바꾸지 않고 반대의 회전 효과를 가진 것으로 변환되는 것을 말한다. (3) 자계(磁界)의 영향에 의해 반도체 내부의 표면 부근에 반전층(反轉層)이 형성되는 현상을 말한다.

인버터 inverter　(1) 직류 전력을 교류 전력으로 변환하는 장치를 말한다. (2) 입력 신호의 극성을 반전(反轉)하여 출력하는 회로로서 NOT 논리 회로를 말한다.

인벌류트 곡선 involute curve　예를 들어, 원통에 감은 실을 풀 때 실의 끝이 그리는 곡선을 인벌류트 곡선이라고 한다. 인벌류트 기어의 치형으로 이용된다.

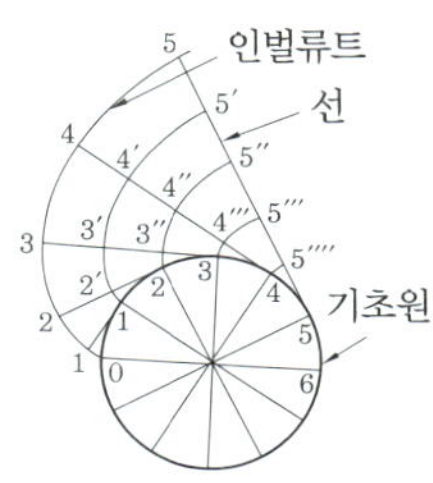

인벌류트 곡선

인벌류트 기어 involute gear　치형(齒形)에 인벌류트 곡선을 사용한 기어를 말한다. 맞물린 기어의 중심 간 거리가 다소 변화하여도 속도비가 일정하게 유지할 수 있다는 특징을 가진다. 똑바른 날의 공구로 쉽게 가공할 수 있으므로, 대부분의 기어는 이 형태로 만들어진다.

인베스트먼트 법 investment casting　왁스와 같은 재료로 모형을 만들어 내화 물질을 바른 다음, 용융된 내화성 주형(鑄型) 재를 부착시켜 응고시킨다. 이것을 가열하면 왁스가 녹아서 흘러내려 중공(中空)의 주물이 된다. 주형에 쇳물을 주입시켜 주

물을 만드는데, 치수가 매우 정확하고, 표면에 깨끗하며, 복잡한 형상의 제품을 만들기가 쉽다.

인벡스 ⇨ INVECS

인벨로핑 특성 enveloping 타이어가 노면의 요철을 감싸듯이 변형해서 충격을 흡수하는 작용을 말한다. 인벨로핑 특성은 하시니스(harshness)에 있어서 중요한 요소이다. 레이디얼 타이어는 트레드 강성이 높고, 굴곡하기 어려운 구조이기 때문에, 바이어스 타이어보다 인벨로핑 특성이 나쁘다. 특히 30~40 km/h에서 하시니스가 발생하고, 바이어스 타이어와 비교하여 하위 레벨이 된다. 타이어가 작은 돌기를 넘을 때 트레드가 이 돌기를 감싸는 성질을 말하며, 그 능력을 인벨로핑 파워라고 한다.

인보드 로터 inboard rotor AC 발전기의 로터와 같이, 로터의 중심이 두 개의 베어링으로 지지하는 중심에 오도록 설치된 로터를 말한다.

인보드 브레이크 inboard brake 주로 레이싱 카 뒷바퀴에 채용되는 브레이크 방식으로, 차체에 디스크 브레이크를 설치한 것을 말한다. 휠에서 브레이크 장치를 제거함으로써 스프링 밑 하중을 경감하고 조정성 향상을 이루게 된다.

인보드 조인트 inboard joint ⇨ 아웃보드 조인트

인사이드 미러 inside mirror ⇨ 이너 미러

인서트 insert (1) 변속기에 설치되어 동기 작용을 도와주는 싱크로나이저 키를 말한다. (2) 성형 부품 사이에 삽입된 금속이나 재료를 말한다. (3) 부품의 일부로서 수명이 짧은 부분만을 교환 방식으로 바꿔 끼울 수 있도록 만들어진 실린더 라이너, 밸브 시트 링, 밸브 가이드 및 엔진 베어링 등을 기계적인 용어로서 일컫는 말이다.

인서트 베어링 insert bearing 제거 가능한 정밀한 베어링으로, 베어링과 축 사이 간극을 정확하게 할 수 있다. 커넥팅 로드 베어링 및 메인 베어링에 사용한다.

인성(靭性) toughness 재료의 질긴 정도로, 금속에 굽힘이나 비틀림을 반복하여 가하면 생기는 외력에 저항하는 성질을 말한다. ⇔ 취성

인쇄 회로(印刷回路) printed circuit 도선을 사용하지 아니하고, 소형의 플라스틱판 위에 집적 회로, 저항기, 축전기 등의 부품을 장착할 수 있도록 사진 인쇄 기술로 배선을 인쇄한 회로를 말한다. 동일 형식의 회로를 여러 개 제작할 수 있고, 크기도 작아 컴퓨터의 전자 회로에 쓰인다.

인슐레이션 insulation 전기의 전달을 차단하는 전기 절연재, 또는 열의 전달을 차단하는 단열재를 말한다.

인슐레이션 레지스턴스 insulation resistance 절연체에 전압을 가했을 때 나타나는 전기 저항으로, 보통 절연된 송전선, 전기 기계의 권선 등에 대해서 이것과 지표 사이에 존재하는 전기 저항을 말한다.

인슐레이터 insulator 애자(碍子)를 이룬다. 열이나 진동, 전기 등을 차단하는 단열, 방진 및 절연 작용을 하는 것을 모두 일컫는다. 기화기나 배기관 사이에 끼워 넣는 히트 인슐레이터, 엔진과 보디 또는 프레임 사이에 삽입하는 인슐레이터(엔진 마운트) 등 자동차에는 많은 인슐레이터가 사용되고 있다.

인슐레이터 더스트 커버 insulator dust cover 스트럿 인슐레이터 중앙 상부에 끼워지는 커버로, 이물질의 유입을 막아 베어링과 내부를 보호한다.

인슐레이티드 개스킷 insulated gasket 가솔린 엔진에 사용하는 연료가 증발하는 것을 방지하기 위하여, 연료 펌프와 실린더 헤드의 접촉부 또는 기화기의 스로틀 보디와 흡기 다기관의 접촉부에 설치되어, 실린더 헤드에서 전달되는 열을 차단하는 개스킷을 말한다.

인슐레이티드 와이어 insulated wire 철사를 전선으로 사용할 때 외부와의 접지 및 단락을 방지하기 위하여 전기적 절연 피복을 입힌 전선을 말한다. 절연선(絕緣線)의 종류로는 면(綿) 절연 전선, 고무 절연 전선 및 비닐 절연 전선 등이 있다.

인슐레이팅 머티어리얼 insulating materia 열 및 전기의 전도율이 작은 절연재로서, 열과 전기의 흐름을 방지 또는 차단하는 데 사용하는 재료를 말한다.

인슐레이팅 테이프 insulating tape 전선의 접속부를 절연하기 위하여 사용하는 전기

절연용 테이프로서, 플라스틱 테이프와 고무테이프의 두 종류가 있다.

인스톨 install　자동차의 일부분이 아니거나 자동차에 부착되지 않았던 부품으로, 액세서리, 옵션 및 키트 등을 설치하는 것을 말한다.

인스트럭션 instruction　자동차의 취급 설명서, 지시서(指示書), 지도서(指導書) 등을 뜻한다.

인스트럭션 시트 instruction sheet　작업 방법, 작업 시간, 생산 수량, 기계 설비 및 공구의 종류와 조작 등을 기록한 지도표(指導票)를 말한다.

인스트루먼트 instrument　일을 하지 않는 장치나 도구를 말하며, 인간의 기능을 확대하기 위한 보조 장치나 보조 기구를 뜻한다.

인스트루먼트 램프 instrument lamp　패널을 조명하기 위해 설치된 계기등(計器燈)을 말한다.

인스트루먼트 패널 instrument panel　계기판으로 대시보드(dashboard)라고도 한다. 스피드미터를 비롯하여 운전에 필요한 각종 정보가 모여 있다. 스포츠성이 높은 차는 계기 종류가 많고 색다른 무드를 이룬다. 최근에는 디지털 미터가 늘어나서 계기판의 디자인이 상당히 변하고 있다. 또한 운전자를 보호하기 위해 우레탄 등의 패드로 덮여 있다.

인스펙션 inspection　자동차의 각 장치에 대한 성능을 점검하거나 검사하는 것을 말한다.

인스펙션 램프 inspection lamp　작업등(作業燈)을 말한다. 취급이 편리하게 소형으로 되어 있으며, 전원은 앞좌석 및 뒷좌석의 액세서리 소켓으로부터 꺼내는 플러그 부착 코드(약 3 m)를 사용하고, 충분한 작업 범위를 갖도록 되어 있으며, 다음과 같은 특징을 갖는다. ① 보디의 금속부에 원터치로 장착할 수 있는 마그넷 고정식을 적용한다. ② 램프의 조사(照射) 방향이 11단계(15°씩)로 바꿀 수 있는 타입을 적용한다. ③ 본체 하부에 코드를 수납할 수 있는 슬라이드 커버 부착 하우징 구조를 적용한다.

인스펙션 해머 inspection hammer　부품의 균열 여부, 볼트의 체결 여부를 음향으로 검사하기 위하여 가볍게 타격하는 테스터 해머를 말한다. 청음(淸音)이 발생하면 정상이고, 탁음(濁音)이 발생되면 균열이나 볼트가 풀린 상태를 뜻한다.

인 인 아웃 in in out　코너링 기법의 하나로, 아웃 인 아웃 기법이 코너링의 기본인 것에 대해, 인 인 아웃은 변칙 테크닉이라고 할 수 있다. 문자 그대로 커브 입구에서부터 코너의 안쪽으로 파고들어 달리다가 커브를 벗어나면서 바깥쪽으로 빠지는 기법이다. 뒤차에게 추월당하지 않기 위해, 또는 앞차를 코너 입구에서 앞지르기 위해 사용한다. 그러나 아웃 인 아웃에 비해 회전 반지름이 작기 때문에 상당한 테크닉을 필요로 한다. 자칫하면 코너 입구에서 차의 자세가 흐트러져 스핀하기도 한다.

인장(引張) tension　어떤 힘이 물체의 중심축에 평행하게 바깥 방향으로 작용할 때 물체가 늘어나는 현상으로, 이때 힘의 작용선이 중심축과 일치하면 단순 인장, 일치하지 않으면 편심 인장이라고 한다.

인장 강도(引張强度) tensile strength　물체가 잡아당기는 힘에 견딜 수 있는 최대한의 응력으로, 재료가 인장되어 절단될 때까지에 달한 최대 하중을 이 재료의 원단면적으로 나눈 단위 면적당의 강도를 말한다. 단위는 kg/mm^2를 사용한다.

인장 동력계(引張動力計) tension dynamometer　견인력(牽引力)을 측정하는 동력계기를 말한다.

인장 섀클 tension shackle　섀클의 각도 변화에 따라 스프링에 인장력이 작용하여 스프링의 특성에 변화를 주도록 한 섀클을 말한다.

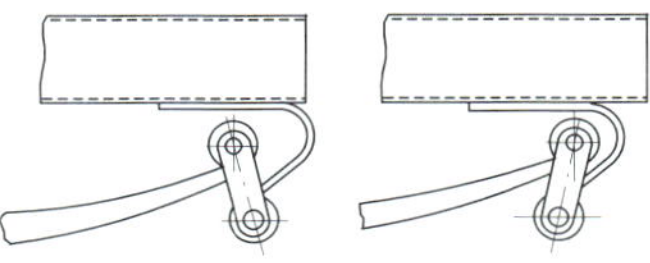

인장식 섀클

인장 시험(引張試驗) tensile test　만능 재료 시험기나 인장 시험기를 이용하여, 시험편에 인장 하중을 작용시켜 절단될 때 하중에 대한 변형을 측정하는 시험이다. 인장 시

힘은 재료의 인장 강도, 연신율, 탄성 한도 및 항복점을 측정한다.

인장 응력(引張應力) tensile stress 재료가 외력을 받아 축 방향으로 작용하는 하중에 대하여 그 반대쪽으로 반발하는 힘을 말한다. 즉, 재료 내부에서 일어나는 응력이다.

인장 풀리 tension pulley 캠축 구동 방식에서 벨트 또는 체인 전동에 적당한 장력을 유지하기 위해 크랭크축과 캠축의 중간 부분에 설치되어 있는 풀리를 말한다. 스프링의 장력으로 벨트나 체인을 누르게 되어 있다.

인장 하중(引張荷重) tensile load 재료에 축선 방향으로 늘리려는 하중을 말한다.

인젝션 injection 분사(噴射)하는 것을 말한다. 자동차 용어로는 일반적인 연료 분사의 의미로 사용한다.

인젝션 노즐 injection nozzle 연료를 분출하는 분사구(噴射口)를 말한다. 액체 또는 기체가 분사될 수 있도록 끝이 가늘게 된 모든 분출구를 노즐이라고 한다.

인젝션 믹서 injection mixer 인젝터에서 연료를 분사하고, 흡입 공기와 혼합시켜 혼합 가스를 만드는 장치를 말한다. 공기량을 컨트롤하는 스로틀 밸브계와 연료 공급계의 연료압 레귤레이터, 두 개의 인젝터 및 운전 상태를 감지하는 각 센서류로 구성되어 있다.

인젝션 밸브 injection valve 디젤 엔진에 사용하는 구멍형 노즐, 핀틀형 노즐, 스로틀형 노즐에 설치되어, 연료의 압력으로 분사 구멍을 개폐하는 니들 밸브를 말한다.

인젝션 카뷰레이션 injection carburetion 카뷰레터 대신에 인젝터를 설치하여, 연료를 흡입 밸브 부근이나 흡기 다기관에 분사하여 공기와 혼합되도록 한 다음, 실린더에 흡입하는 가솔린 연료 분사 방식을 말한다.

인젝션 펌프 injection pump 인젝션 펌프는 연료를 고압으로 만들어 노즐에 공급하는 장치로, 엔진의 크기와 종류에 따라 직렬형과 분배형으로 구분할 수 있다. 보통 4.5 t 이하는 분배형을 사용하고, 6 t 이상 자동차는 직렬형을 사용하며, 플런저(plunger) 또는 분사 펌프라고도 한다. 종류는 다음과 같다. ① 직렬형 인젝션 펌프 : 직렬형 플런저 배열이 직렬로 되어 있는 것이며, 주로 배기량이 큰 대형 엔진에 많이 사용된다. 직렬형 인젝션 펌프는 펌프 몸체와 연료를 흡입하는 공급 펌프, 연료량을 조절하는 조속기(거버너), 그리고 분사 시기를 결정해 주는 자동 타이머로 구성되어 있다. 이 방식은 작동이 확실하나 크기와 무게가 무거운 단점이 있다. ② 분배형 인젝션 펌프 : 분배형 분사 펌프는 기능과 작용이 직렬형과 비슷하나 구조가 간단하고 소형, 경량이며, 구동 저항도 없고 소음도 적어서 소형 디젤 엔진에 사용되며, 최근에는 소음과 진동이 작은 사이클론 엔진과 함께 승용차에도 사용된다. 부피가 작으면서도 조속기(거버너)와 공급 펌프가 같이 연결되어 정비성이 좋다.

인젝션 펌프 하우징 injection pump housing 펌프 하우징의 재질은 보통 경합금으로 되어 있으며, 하우징의 윗부분에는 딜리버리 밸브(delivery valve), 딜리버리 밸브 홀더(holder) 등이 있고, 중앙부에는 플런저, 플런저 배럴, 제어 래크, 피니언 제어 슬리브, 플런저 스프링 태핏 등이 있으며, 또 아랫부분에는 캠축이 설치되어 있다.

인젝터 injector (1) 연료 분사 노즐로서, 연료 분사는 연료를 뿜어 줄 뿐 아니라, 연료가 공기와 잘 섞이도록 가는 안개 모양의 구조로 되어 있다. 기계식 분사에서는 스프링을 위로 올려서 열리는 밸브로 연료에 압력을 가할 동안에만 분사한다. 전자 제어식 연료 분사는 솔레노이드 밸브에 따라 전기가 흘렀을 때에만 열리는 밸브를 가지고 있어, 미리 연료에 압력을 걸어 두었다가 전류가 흐를 때만 분사된다. 국내 차량은 현재 전자 제어식 연료 분사 방식을 채택하고 있다. (2) ECU로부터 출력된 분사 신호에 의해 연료를 분사하는 솔레노이드 밸브가 내장된 분사 노즐로, 각 실린더의 매니폴드에 1개씩 설치되어 있으며, 연료 공급 파이프와 연결되어 있다. 니들 밸브는 플런저와 일체로 되어 있어, 인젝터 작동 시 플런저와 함께 전개의 위치까지 상승하여 분구를 전개한다. 분사량은 분구의 면적, 연료의 압력이 일정하기 때문에 니들 밸브의 개방 시간 즉 솔레노이드 코일의 통전 시간에 의해 결정된다. (3) 분사 연료를 기류(氣流)나 연소실 속으로 분사하는 데 사용되는 튜브나 노즐을 말한다.

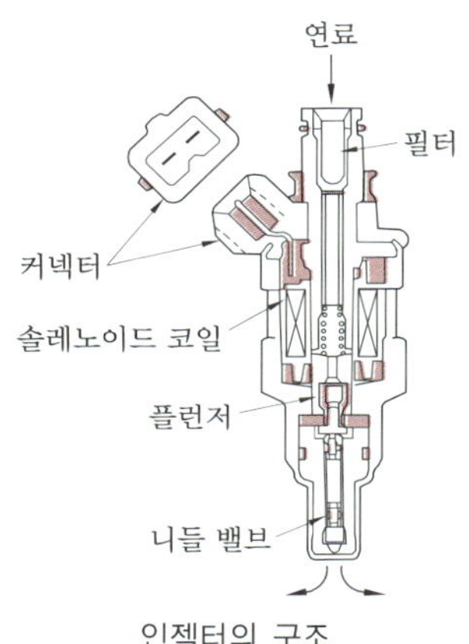

인젝터의 구조

인젝터 노즐 injector nozzle　인젝터 끝에 있는 분사 구멍을 말하며, 인젝션 노즐이라고도 한다.

인젝터 선도 injector line picture　엔진의 성능을 나타내는 그림의 하나로서, 운전 중 엔진의 실린더 내의 압력과 체적의 관계를 나타내는 것을 말한다.

인젝터 저항 injector resistor　인젝터 솔레노이드 코일에 흐르는 전류를 일정하게 유지하는 역할을 한다. 엔진의 회전 속도가 빠를 경우 인젝터 코일에 흐르는 전류의 흐름 시간이 길어 저항 열이 발생함에 따라 전류가 적게 흐르게 된다. 회전 속도가 느리면 전류의 흐름 시간이 짧아 전류가 많이 흐르게 되어 인젝터의 성능이 떨어진다. 이러한 현상을 방지하기 위해 20℃에서 13~16Ω의 저항을 설치한다.

인조 가솔린 artificial gasoline　⇨ 가솔린

인청동(燐靑銅) phosphor bronze　청동(구리+주석)에 인을 0.05~0.5 % 혼합한 합금강으로, 청동 속의 산화석이 제거되어 강도가 높고 잘 녹슬지 아니한다. 베어링, 압연관, 용수철, 선박의 프로펠러를 만드는 데 쓴다.

인체 중심 지지 방식 시트　착석 시에 몸의 하반신의 중심(좌골부)과 상반신의 중심(흉추부)을 중점적으로 서포트하는 시트이다. 이것은 좌골부와 흉추부에 해당하는 시트 프레임부에 지지 플레이트를 삽입하여 몸을 중점적으로 서포트하는 것으로서, 장거리 운전 시의 피로를 경감시킨다. 또한 지지 플레이트부의 패드 두께를 충분히 확보하는 한편, 그 주변의 패드를 서서히 엷게 한 아치형으로 되어 있기 때문에, 진동의 흡수성을 높이면서 체압을 효과적으로 분산한다.

인치 나사 inch thread　나사의 피치를 1인치당 나사산의 수로 나타낸 것으로, 휘트워스 나사, 유니파이 나사 등이 이에 속한다.

인치 사이즈 공구 inch-size tool　볼트, 너트에는 밀리미터 규격과 인치 규격의 공구가 있으며, 복스 렌치 및 스패너는 각각의 규격에 맞는 것 외에는 사용할 수 없다. 인치 규격의 공구는 치수 표시가 3/8이나 1/2 등과 같이 분수로 표기되어 구별된다. 1인치는 약 25.4 mm이다.

인치 업 inch up　(1) 타이어의 바깥지름은 그대로 둔 채 안지름을 1인치 키워 타이어의 편평률을 높이는 것을 말한다. 타이어를 인치 업 하면 속도계 오차, 기어 비의 변화 등이 없이 타이어의 그립력이 커지고 코너링과 핸들 성능이 좋아지지만 그 대신 승차감이 조금 나빠진다. (2) 통상 타이어에서 편평 타이어로 장착할 때 편평률에 따라서 휠 바깥지름이나 타이어 폭을 크게 하는 것을 말한다. 편평률이 큰(편평률 값으로는 작은) 쪽이 주행 안정성이 좋으며, 우리나라에서는 편평률 60, 55, 50 타이어가 인정되고 있다.

인치/수은 in/Hg ; inches of mercury　압력 또는 진공의 측정 단위로, 밀폐된 튜브 내에서 압력이 수은주를 얼마만큼의 높이로 밀어 올릴 수 있느냐를 나타낼 때 사용된다.

인칭 inching　전기적 조작에 의하여, 회전기의 회전부를 미소한 각도로 회전시키는 것을 말한다.

인코넬 Inconel　주성분인 니켈에 크롬과 철을 혼합한 합금강으로서, 내식성 및 내열성이 우수하며, 고온 강도에 잘 견디는 특성을 가지고 있다. 전열기(電熱器)의 부품,

진공관의 필라멘트, 고온계(高溫計)의 보호관, 자동차 또는 항공기의 배기 밸브에 사용한다.

인코더 encoder '엔코더'는 잘못 읽은 것이다. (1) 입력한 데이터를 다음 처리 단계에서 사용할 수 있도록 부호화하는 장치를 이른다. (2) 여러 개의 입력 단자와 출력 단자를 갖춘 회로에서 임의의 한 입력 단자에 신호가 가해졌을 때 그 입력 단자에 대응하는 출력 단자의 조합에 신호가 나타나게 하는 장치를 이른다.

인클로즈드 용접 enclosed welding ⇨ 닫힘 용접

인터널 기어 internal gear 기어 이가 축에 평행하게 만들어진 내접 기어로서, 두 축이 평행한 기어를 말한다. 두 기어의 회전 방향이 같고 감속비가 큰 경우에 사용한다. 자동차의 오일펌프, 유성 기어 장치 및 자동 변속기의 오일펌프 등에 사용하고 있다.

인터럽트 interrupt 점화 장치 또는 조향 장치에 설치되어 발광 다이오드에서 발생되는 빛을 차단하는 장치로서, 크랭크 각 센서, 1번 실린더 TDC 센서 및 조향각 센서 등에 사용된다.

인터로크 interlock 이중 물림 방지 장치를 말한다. 기어의 이중 물림을 방지하는 기구이다. 수동 변속기에서, 기어를 변속 할 때 기어가 이중으로 동시에 물리는 일이 없도록 하기 위하여, 관이나 볼을 시프트 포크나 시프트 레일 사이에 넣어 동시 물림을 방지한다.

인터로크 볼 interlock ball 변속 기어의 이중 물림을 방지하는 볼을 말한다.

인터로크 장치 interlock system 변속기에서 이중 물림 방지 장치를 말한다.

인터로크 핀 interlock pin 변속 기어의 이중 물림을 방지하는 핀을 말한다.

인터로킹 시스템 interlocking system 자동차 핸들에 내장된 고성능 감지 장치를 통해 운전자의 취기(醉氣)를 탐지하여, 알코올 농도가 법적 허용치를 초과할 경우 자동적으로 경고음이 나면서 엔진 작동을 멈추게 하는 장치를 말한다.

인터 링 부시 inter ring bush 현가장치에 쓰이는 부시의 일종으로서, 바깥 실린더(外筒)와 안쪽 실린더(內筒)의 이중으로 만들어진 금속제의 부시 사이에 인터 링이라고 불리는 금속 통을 넣는 것을 말한다.

인터 메탈 내장 스트럿 인슐레이터 스트럿 인슐레이터(스트럿을 보디에 장착하는 스트럿 상부의 부품)의 고무부에 인서트(강판)를 설치한 것을 말한다. 차량의 전후 및 좌우 방향의 강성을 확보하면서 상하 방면에 부드러운 특성을 갖고 있어, 승차감 및 조정 안정성 향상을 꾀할 수 있다.

인터미디에이트 기어 intermediate gear 트랜스미션의 기어로서 중간 치차를 말한다.

인터미디에이트 레버 intermediate lever 주차 브레이크의 부품으로서 브레이크 레버의 조작력을 브레이크 본체에 전달하는 와이어 계통의 중간에 설치되어 있으며, 지렛대의 원리를 사용하여 조작력을 크게 하는 장치를 말한다.

인터미디에이트 카 intermediate car 이를테면 주력 차종을 뜻한다. 사이즈도 미국식으로 크기 때문에 폭넓은 고객층을 이루고 있다. 이것은 단순히 중간적인 존재일 뿐 아니라 값을 중간 위치에 두면서도 호화성과 스포티한 특성을 살린, 변화가 풍부한(variety) 차종을 만들어서 고객의 요구에 응하고 있다.

인터미디에이트 타이어 intermediate tire 레이싱 타이어를 말한다. 노면이 조금 젖은 정도로부터 물이 조금 고인 정도까지의 노면을 달리도록 특별히 만든 타이어로서, 슬릭 타이어(slick tire. 무늬가 없는 타이어로, 경주용 자동차에 사용)와 웨트 타이어의 중간적인 존재이다.

인터미디에이트 플레이트 intermediate plate 변속기 케이스와 익스텐션 하우징 사이, 즉 인터미디에이트(중간)에 놓여 있는 판을 말한다. 출력축과 부축(카운터샤프트)을 지지하는 베어링이 설치되어 있다.

인터미디에이트 하우징 intermediate housing 두 개 이상의 로터를 가진 로터리 엔진의 사이드 하우징으로서, 각 로터의 칸막이로 사용되는 것을 말한다.

인터셉트 포인트 회전 intercept point revolution 인터셉트 포인트 회전은 터보차저 장착 엔진에서 과급압 컨트롤을 개시하는 전부하 시의 엔진 회전을 의미한다. 그 회

전수가 낮으면 저속형에 매칭된다는 것을 의미하고, 회전수가 높으면 고속형에 매칭된다는 것을 의미한다.

인터 액슬 디퍼렌셜 inter axle differential 사륜구동 주행 중 급선회 시 전·후륜의 회전 편차에 의해 발생되는 '타이트 코너 브레이킹 현상'을 방지하기 위해 TC 내에 구성되는 차동 장치(differential)를 이른다. 위와 같은 현상이 일어날 때 전륜과 후륜의 동력의 흐름을 차단하여 준다. 항상 사륜으로 주행하는 풀타임 방식에 적용되는 메커니즘이다.

인터커뮤니케이션 intercommunication 랠리 카 안에서 드라이버와 내비게이터가 소음의 방해를 받지 않고 대화할 수 있는 회화기를 말한다. 헬멧 속에 조립되어 있는 것도 있고, 헤드폰과 마이크가 연결되어 있어서 헬멧을 사용하지 않아도 되는 것도 있다. 이그니션(점화) 계통의 소음이 들리지 않아야 좋은 제품이다. 줄여서 인터컴이라고 한다.

인터쿨러 intercooler 흡기 공기를 냉각하는 장치를 말한다. 터빈은 공기를 압축할 때 생기는 열 때문에 애써 가압한 공기 밀도가 희박해진다. 이 때문에 기온이 높은 여름철 등에는 충전 효율이 나빠져 일 년 평균 설정을 할 수 없다. 인터쿨러는 컴프레서로 가압한 공기를 냉각하여 공기 밀도를 올리는 냉각기 구실을 한다. 예전에는 레이싱 카에만 쓰였으나, 현재는 일반 승용차에도 쓰인다.

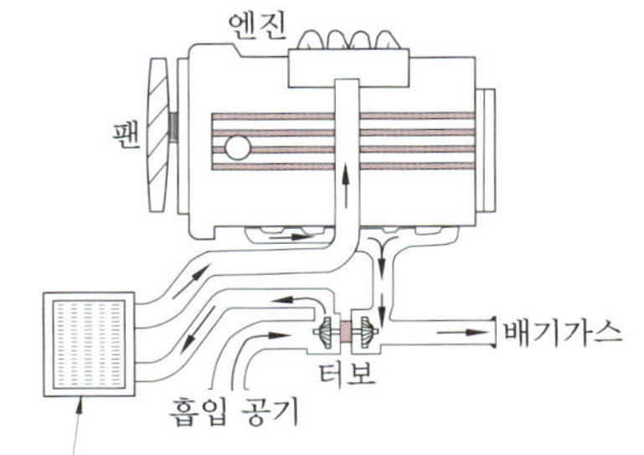

인터쿨러

인터쿨러 워터 스프레이 시스템 inter cooler water spray system 차실 내의 스위치 조작에 의해 인터쿨러 전면에 설치된 노즐에서 물탱크의 물이 분사되어 인터쿨러에 의한 냉각 효과를 높이는 시스템을 말한다. 공랭식 인터쿨러의 냉각 효과가 충분히 얻어지지 않는 영역에서, 인터쿨러 효과를 보완하고 여러 가지 사용 환경에서도 충분한 과급 효율을 얻을 수 있다.

인터쿨링 intercooling 터보차저 쿨링이라고도 하는데, 터보차저에 쓰이는 용어로서 압축된 온도가 높아지고 밀도가 낮아진 공기를 냉각하는 것을 말한다.

인터페이스 interface (1) 두 개 이상 구성 요소의 경계를 상호 연결하는 공용 부분을 말한다. (2) 스위치 등 입력을 마이크로컴퓨터에 입력하기 위한 레벨 변환 회로를 말한다.

인터플로 interflow 유압 장치의 밸브가 위치를 변환하는 과정에서 발생되는 과도적인 오일의 압력으로 인하여 밸브 포트 사이에서 흐르는 것을 말한다.

인테리어 interior 자동차에서는 차실 내 거주성을 높이기 위해 여러 가지 연구를 하고 있다. 시트의 품질, 형상, 안정성의 향상이나 인스트루먼트 패널의 품질 향상, 또한 오디오 시스템의 충실성 등 좀 더 쾌적한 실내 공간을 만들어낸다.

인테리어 디자인 interior design 차실 내 전체의 설계를 말한다.

인테리어 볼륨 interior volume 객실과 화물실(인테리어)의 면적(볼륨)이라는 뜻으로, 미국의 자동차 분류 방법의 하나이다. 1976년에 EPA(미국 환경보호청)가 자동차 크기에 따른 연료 소비율의 규제를 제정하였으며, 이때 자동차의 등급을 분류하는 방법으로 객실과 화물실의 길이와 차폭 등에서 정해진 방식에 따라 계산 등급이 결정된다. 승용차는 6개의 등급이 있으며, 작은 것부터 슈퍼 콤팩트 카, 미니 콤팩트 카, 서브 콤팩트 카, 콤팩트 카, 미드 사이즈 카 및 라지 카로 되어 있다.

인테리어 스페이스 interior space 자동차 내부 공간을 말한다. 승용차에서는 승객이 앉을 수 있는 실내(캐빈)의 크기를 말할 때가 많지만, 화물실의 면적을 포함하는 경우도 있다.

인테리어 종합 시스템 운전 자세, 조작성, 시계(視界) 시인성, 승강성 향상과 여러 가지 정보를 제공하는 시스템을 말한다. MICS

(미쓰비시 인텔리전트 콕피트 시스템)을 비롯하여 미쓰비시 멀티 커뮤니케이션 시스템, 메시지 디스플레이, 에어컨 컬러모니터, 자동 방현 룸미러로 된 종합 시스템으로서, 사용이 쉽고 안전하고 쾌적한 드라이빙 환경을 만들어낸다.

인테이크 밸브 intake valve　혼합 가스나 공기를 엔진에 흡입시키기 위한 밸브를 말한다. 특수강으로 만들며, 밸브 시트에 밀착하여 기밀을 유지하는 형태가 중요하다. 배기 밸브와 짝을 이루어 쓰인다. 인렛 밸브 또는 흡기 밸브라고도 부른다.

인테이크 사일런서 intake silencer　흡입 공기의 소음을 없애는 장치이다.

인테이크 셔터 intake shutter　운전 중 디젤 엔진을 멈추는 장치의 하나로, 흡기 다기관 입구에 설치된 셔터를 닫아 공기를 차단하여 엔진을 멈추는 역할을 한다.

인테이크 포트 intake port　혼합 가스나 공기를 연소실에 흡입시키기 위한 구멍으로, 흡기 구멍이라고도 한다. 그 치수나 모양은 엔진의 흡입 효율에 큰 영향을 미치므로 포트 연마는 엔진 튜닝의 시작이라고 한다. 인덕션 포트라고도 부른다.

인테이크 히터 intake heater　디젤 엔진의 시동을 자연스럽게 하기 위해 시동할 때에 흡입될 공기를 가열해 주는 장치를 말한다. 흡기 다기관에 설치되어 있으며, 전열식과 버너로 가열하는 방식이 있는데, 직접 분사식 엔진에 널리 사용된다.

인텔리전트 콕피트 시스템 intelligent cockpit system　다른 운전자가 운전한 후에도, 종전에 맞춰 놓은 자기의 운전 위치로 시트나 미러 등을 자동 조정하는 시스템을 말한다.

인티그럴 타입 파워 스티어링 integral type power steering　동력 조향 장치 형식의 하나로, 조향 기어에 파워 실린더와 컨트롤 밸브가 조립되어 있는 것을 말한다. 조향 축으로 컨트롤 밸브를 직접 움직이기 때문에, 응답성이 좋고 완벽한 구조로 승용차에 많이 채용되고 있다.

인티그레이티드 서킷 integrated circuit　한 개의 기판에 여러 개의 트랜지스터, 다이오드, 콘덴서 및 저항 등의 회로 소자를 집적(集積)하여 고체화한 전기 회로를 말한다. 전압 조정기, 트랜지스터 점화 장치, 연료 분사 장치 등에 사용되고 있다.

인티그레이티드 스포일러 integrated spoiler　보디와 일체감을 갖게 하는 스포일러로서, LED 하이 마운트 스톱 램프를 내장하고 있다.

인풋 샤프트 input shaft　입력축을 말한다. 트랜스미션에서는 엔진의 크랭크샤프트의 회전력을 입력해서 변속 기어를 통하여 동력을 전달하며, 이 입력축을 인풋 샤프트라고 한다.

인플레이터 inflater, inflator　부풀게 하는 것을 말하는데, 자동차에서는 타이어의 공기 주입기를 말할 때도 있지만, 통상적으로 에어백 가스 발생 장치를 말한다. 점화 장치에 의하여 가스 발생제(아질산나트륨이 일반적)를 순간적으로 연소시켜 나온 질소 가스로 에어백을 부풀게 한다.

인화성(引火性) inflammability　낮은 온도에서도 쉽게 불이 붙어 불길이 일어나는 성질을 말한다.

인화점(引火點) flash point, flashing point　어떤 연료를 서서히 가열하면 증기가 발생되며 공기와 혼합되는데, 가연 한계(limit of inflammability) 이내이면 불꽃에 의해 인화되며 인화될 때 가장 낮은 온도를 인화점이라고 한다. 다시 말해서, 기름을 가열해 발생한 증기와 공기의 혼합 가스에 불을 가까이 하면 순간적으로 연소되는 온도를 인화점이라고 한다. 인화점은 가솔린 -40℃ 이하, 벤졸 -11℃, 등유 30~60℃, 경유 50~70℃, 중유 60~150℃이다.

인히비터 inhibitor　미세한 양을 첨가함으로써 녹이나 부식을 억제하는 성질을 가진 억제제를 말한다.

인히비터 밸브 inhibitor valve　자동 변속기를 작동할 때 거버너 압력에 의해 변속이 이루어지는 경우 고속에서 저속으로 변속이 되는 것을 방지하는 밸브를 말한다.

인히비터 스위치 inhibitor switch　정속 주행 장치용 스위치를 말한다. 인히비터 스위치는 스타터용 스위치와 함께 사용된다. 고정 속도 주행 중 선택 레버를 'N' 위치에 놓으면 전류는 컨트롤 유닛에서 인히비터 스위치와 스타터가 접지로 흐른다. 그 결과 해제 신호가 마이크로컴퓨터에 입력되고 고정 속도 주행 모드는 해제된다.

일 work 힘의 크기와 힘의 방향에서 이동하는 거리의 곱으로 정의하는 것을 말한다. 현재까지 일반적으로 kgf·m로 나타냈지만, SI 단위에서는 힘 N(뉴턴)×거리 m(미터)로서 에너지와 같은 J(줄)로 나타낸다. $1\,kg·m = 9.80665\,J$

1 : 2 도어 1 : 2 door 운전석 쪽은 1개 도어, 조수석 쪽은 2개 도어로 한 경자동차에 사용된 비대칭 도어를 이른다. 뒷좌석 사용의 편리성과 뒷좌석 승하차 시의 안정성을 고려한 도어 배치이다.

일래스토머 elastomer 상온에서 고무 탄성을 가진 합성 물질(고분자 물질)을 모두 일컫는다.

일레븐 랩 패턴 eleven laps pattern 북미의 배출 가스 시험 중 내구(耐久) 시험에 쓰이는 주행 패턴으로, 정해진 주행법을 11회 되풀이하는 것을 말한다.

일레븐 모드 eleven mode 배기가스의 농도를 측정하기 위한 주행 패턴으로, 교외의 주택지에 사는 사람이 간선 도로를 경유하여 시가지로 진입할 경우에 측정한다. 냉각된 상태의 엔진을 시동하여 25초 동안 공회전시키고 11의 모드(운전 방법)를 4회 되풀이하여 배출 가스에 포함된 성분의 중량을 측정한다.

일렉트로가스 아크 용접 electro-gas arc welding 모재(母材) 끝과 물로 식힌 동벽으로 용융물을 둘러싸고 탄산가스 등으로 보호하여 아크를 발생시켜 진행하는 용접을 말한다.

일렉트로 뉴매틱 서스펜션 electro pneumatic suspension 전자 에어식 공기 현가장치를 말한다.

일렉트로닉 이그니션 electronic ignition 점화 장치의 1차 회로에 흐르는 전류의 단속을 접점으로 하는 대신에 전자적으로 제어하는 점화 장치를 모두 일컫는 용어이다.

일렉트로드 electrode (1) 전류를 유입·유출시키는 전극으로서 양극(陽極)과 음극(陰極)이 있다. 축전지의 전극, 진공관의 전극, 콘덴서의 전극, 다이오드의 전극 및 트랜지스터의 전극 등 여러 가지가 있다. (2) 전기 용접이나 가스 용접에서 용접부에 용융시켜 첨가하는 용접봉으로, 피복 용접봉과 비피복 용접봉이 있다.

일렉트로라이트 electrolyte 물 등에 용해되어 전기 전도성을 가지게 하는 묽은 황산으로서 축전지의 전해액을 말한다. 전류를 흐르게 하면 전기 분해 현상을 일으키는 물질이다.

일렉트로루미네선스 electroluminescence 형광체의 전장 발광을 말한다. 형광체에 전장을 작용시켰을 때 전장에 의하여 가속된 전자가 충돌하여 발광하는 현상을 말한다. 이 현상은 미터류의 디스플레이에 이용되는 수도 있다.

일렉트로 멀티비전 electro multivision 화면에 각종 자동차 정보를 표시하여 자동차와 탑승자와의 커뮤니케이션을 실현한 방식을 말한다. 차량의 진행 방향, 주행 가능 거리, 정비, 현가장치 및 연료 소비율 등 자동차에 대한 정보는 물론 TV 방송, 고장 진단 정보, 외부 메모리 정보, CD-ROM을 사용한 CD 정보 및 오디오 세트를 사용한 비주얼 정보 등이 제공된다. 에너지 흐름과 연비 모니터 기능 등 다양한 주행 정보를 보여 준다.

일렉트로 모빌 electro mobile 전기적 에너지에 의해서 바퀴를 구동하여 주행하는 전기 자동차를 말한다.

일렉트로슬래그 용접 electro-slag welding 용융된 슬래그와 용융 금속이 용접부에서 흘러나오지 않도록 둘러싸고, 용융된 슬래그 풀에 용접봉을 연속적으로 공급하여 주로 용융 슬래그의 저항 열에 의하여 용접봉과 모재(母材)를 용융시켜 위로 용접을 진행하는 방법이다.

일렉트로크롬 미러 electro-chrome mirror 유리에 전극 및 발색 층을 겹친 것으로서, 전압이 가해지면 전기 화학적인 산화 환원 반응에 의해 색 변화가 발생하여 반사율이 변화하는 거울을 말한다. 자동 방현 미러에 사용되고 있다.

일렉트릭 모터 카 electric motor car 연료의 열에너지를 이용하지 않고 전기적 에너지를 이용하여 주행하는 자동차로서, 연료 엔진 대신 설치되어 있는 주행 전동기에 축전지 전원을 공급하여 주행하는 자동차를 말한다. 무공해 자동차이지만 축전지의 중량이 증가되고 운전 시간이 짧은 것이 단점이다.

일렉트릭 브레이크 electric brake 전자 유도 작용의 원리를 이용하여 전동기의 회전을 정지하는 장치이다. 전동기를 정지할 때 스위치를 끄는 동시에 전기자 양 끝을 단락(쇼트)시키는 회로를 설치해 두면 자계 내에 전기자가 공회전하여 지금까지와는 반대 방향의 전류를 흐르게 하는 기전력이 발생한다. 이 전류에 의하여 전기자에 역회전 토크가 빠르게 생겨나 회전이 멈추게 된다. 기동 전동기, 와이퍼 모터 등에 사용되고 있다.

일렉트릭 에어 제어 밸브 EACV ; electric air control valve 제어 전류에 따라 밸브 열림 폭을 변화시켜서 공기량을 컨트롤하는 밸브이다. 산소 센서의 출력 전압에 의해서 공급 혼합 기체가 이론 공연비보다 농후하다고 판단되면 컴퓨터는 EACV의 제어 전류를 크게 하며 EACV의 열림 폭(開度)을 크게 한다. 그 결과 카뷰레터를 바이패스해서 다량의 공기가 흡입 다기관에 직접 공급되고, 혼합 가스는 희박해진다. 이와 반대 작용으로서, 혼합 가스가 이론 공연비보다 희박하게 될 경우에는 앞에 언급한 것과 반대로 제어가 행하여진다. 이것을 반복하면서 공연비의 피드백 제어가 행하여지며, 공급 공연비는 이론 공연비 근처에서 유지된다.

일루미넌스 illuminance 피조면의 단위 면적이 단위 시간에 받는 빛의 양으로서 조도(照度)를 말한다. 실용 단위로는 럭스(lux), 포토(photo)가 있다.

일루미네이션 illumination 전구나 네온관을 이용해서 조명한 장식이나 광고로, 전구나 네온관 등으로 직접 문자나 그림을 나타내는 직접식, 배경을 조명함으로써 그 앞에 있는 문자나 그림을 부각시키는 간접식, 또는 광고의 둘레에서 점멸하는 방식 등이 있다. 그리고 전광(電光) 뉴스라고 하는 토킹 사인이나 실루엣 동화식(動畫式)의 시네 사인 등도 알루미네이션의 일종이다.

일루미네이티드 엔트리 시스템 illuminated entry system 야간에 도어의 손잡이를 당기면 라이트가 켜지고 도어의 키 구멍 또는 점화 스위치의 키 구멍과 발밑이 조명되는 방식을 말한다. 라이트의 점등은 약 5초이며, 자동적으로 꺼진다.

일률 work ratio 일률이란 일의 능률, 단위 시간 동안에 이루어지는 일의 양을 표현하는 단위를 말하고, 한 일률의 단위로는 W(와트) = J/s, Nm/s, kgf·m/s, kW(킬로와트), HP(마력) 등이 있다. 공률(工率), 동력이라고도 한다. 단위로는 보통 와트(W)와 마력(馬力)이 사용되는데, 1W는 매초 1J의 일을 할 수 있을 때의 일률을 말한다. 증기 기관의 발명자인 J. 와트의 이름을 딴 단위인데, 와트가 당시에 채택한 단위는 마력이다. 와트는 말이 단위 시간에 할 수 있는 일의 양을 재고, 이것에 안전율을 곱해서 매초 550 ft·1b의 일률을 1마력(영국 마력)으로 정하였다.

일리미네이터 eliminator (1) 교류 전류의 전원에서 진공관의 작동에 필요한 직류 전류를 얻는 장치를 말한다. 라디오 수신기 등에 들어 있다. (2) 수분 분리기의 일종으로서, 공기의 통로를 지그재그로 흐를 수 있도록 만들어 공기 속에 포함된 물방울을 분리하는 장치를 말한다. (3) 발전기의 브러시와 슬립 링의 접촉부에서 발생되는 스파크 또는 배전기의 고압 케이블(하이 텐션 코드) 등에서 발생되는 고주파 등을 흡수하여 라디오의 잡음을 방지하는 장치를 말한다.

일면 용접(一面鎔接) one side welding 맞대기 용접에서 받침 등을 사용하여 홈 쪽부터의 용접에 의하여 뒷면 비드를 형성시키는 용접을 말한다.

일 방향 클러치 one-way clutch 자전거 뒷바퀴의 허브에 부착되어 있는 프리 휠처럼, 한 방향으로만 회전력을 전달하고 역방향으로 공전하는 구조를 말한다. 자전거에서 이중으로 되어 있는 링의 안쪽을 톱니와 같은 모양으로 하여, 스프링에 눌린 클러치 캠이 전진 방향으로만 작용하게 되어 있는 기구(래칫)로 구성되어 있다. 그러나 자동차 부품으로 사용되고 있는 것은 클러치 캠 대신에 스프링에 눌린 원통형 롤러가 그 역할을 하는 롤러 형식과, 스프래그 형식이 있다. 스프래그 형식은 이너 레이스와 아웃 레이스 사이에 단면이 누에고치 모양의 스프래그라는 캠을 설치한다. 따라서 정방향으로 회전할 경우는 스프래그가 세워져 이너 레이스와 아웃레이스를 고정시키고, 역방향으로 회전할 때에는 스프래그가 누워 분리되므로 공전한다. 자동 변속기에 많이 사용되고 있다.

1번 실린더 TDC 센서 No.1 cylinder top dead center sensor　1번 실린더의 상사점을 검출하는 센서를 말하는데, 일반적으로 디스트리뷰터 내에 내장되어 있으며, ECU는 이 신호를 기초로 하여 연료를 분사할 실린더를 결정한다.

일본 그랑프리 Japanese Grand Prix　일본 그랑프리 자체는 1963년에 제1회 대회가 열렸다. 그 후 F1 GP가 일본에서 열린 것은 두 차례(1976년 'F1 세계 선수권 in Japan', 1977년 '일본 GP')였으며 10년 만인 1987년부터 F1 GP의 정규전으로 부활되었다.

일사 센서　오토 에어컨의 센서 중의 하나로서, 일광량의 증가에 따라 차실 내 온도의 상승을 억제하기 위한 제어에 사용되는 센서를 말한다. 프런트 덱에 장착되어 있다.

일산화탄소(一酸化炭素) CO ; carbon monoxide　(1) 선택품인 DEA 가스 애널라이저로 측정하는 유독한 배기가스로, 일산화탄소(CO)는 실린더 내에서 공기/연료 충전물이 불완전 연소함으로써 생긴다. 일산화탄소 수치는 AFR이 더 농후해질 때 올라가므로 AFR에 대한 훌륭한 지표가 된다. (2) 산소 부족의 불완전 연소 시에 발생하고, 혈액 중의 헤모글로빈 Hb와 결합하기 쉬워 산소가 헤모글로빈과 결합하는 것을 방해함으로써 산소 결핍증을 발생시킨다. CO-Hb가 2 %에 달하게 되면 시간 판단 능력에 영향을 미치므로 일산화탄소는 환경 기준이 정해져 있다. 엔진에서의 일산화탄소 발생 농도는 혼합 가스의 공연비에 의해 정해지고, 이론적으로는 이론 공연비(약 14.5~15.0)보다 공기 과잉 상태에서 일산화탄소는 제로 상태가 된다. 그러나 실제로는 이론 공연비보다 공기 과잉으로 운전해도 일산화탄소 농도가 제로로 되지는 않는다. 그 원인으로는 실제의 휘발유 엔진으로서는 혼합 가스의 무화(霧化) 불량, 실린더 사이의 분배 불균일, 혼합 가스 사이클 간 변동, 연료실 내에서의 연료 또는 산소의 불균일 등 착화 전(着火前)의 조건으로서 혼합 가스의 완전 기화, 균일성이 얻어질 수 없다는 것이 거론된다.

일산화탄소 센서 carbon monoxide sensor　일산화탄소를 검출하는 데 사용되는 센서로, 정전위 전해법과 적외선 흡수법, 광간섭법, 접촉 연소법, 반도체법, 가스 크로마토그래피법 등이 이용된다. 가정 자동화가 발달됨에 따라 가정에서 사용할 수 있는 소형, 고신뢰성, 저가격의 일산화탄소(CO) 센서 수요가 늘고 있다.

일산화황산 sulfur oxides　뜨거운 배기가스와 삼원 촉매 내의 촉매 사이에서의 반응 결과로 적은 양의 산이 형성되는 것을 말한다.

일선 시스템 one-wire system　자동차에서 자동차 보디, 엔진 및 프레임을 전기 회로의 접지 쪽 경로로 사용하는 것을 말한다. 배터리 또는 얼터네이터로의 복귀 경로로서 또 하나의 배선을 사용하지 않아도 된다.

일(1)옴 1Ω　1Ω은 1 A의 전류를 흐르게 하는 1 V의 전압이 필요한 도체의 저항을 말한다.

일점오(1.5) 박스 1.5 box　자동차 형태의 디자인 용어로서, 2박스와 동일하지만 차실에 비해 엔진실이 특별히 작은 형식이다.

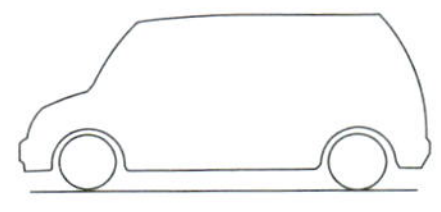

1.5 박스 카

일정 부하형(一定負荷型)　⇨ 콘스턴트 로드 형식

일정 웨브형 브레이크슈 constant web type brake shoe　웨브의 너비가 전체 길이와 동일하게 되어 있는 브레이크슈이다.

일차 감압실(一次減壓悉) primary chamber　1차 감압실은 $2 \sim 8 \, kgf/cm^2$의 압력으로 공급된 LGP를 $0.3 \, kgf/cm^2$로 감압하여 기체 LPG를 만드는 곳이다. LPG 봄베에서 공급되는 LPG는 1차 페이스 밸브를 열고 유입되어 감압실 내의 압력이 $0.3 \, kgf/cm^2$

이상이 되면 1차 다이어프램이 스프링 장력을 이기고 이동한다. 이때 다이어프램에 고정되어 있는 훅이 1차 페이스 밸브 레버를 당겨 밸브를 닫음으로써 LPG의 유입을 차단한다. 압력이 $0.3\,\mathrm{kgf/cm^2}$ 이하가 되면 스프링 장력에 의해 훅이 당기고 있던 1차 페이스 밸브를 밀어 LPG가 다시 유입된다.

1차 권선(一次捲線) primary winding　변압기의 두 조의 권선 중 입력측 즉 전원측에 접속되는 권선을 이른다. 부하에 접속되는 것은 2차 권선이라고 한다. 변압기나 솔레노이드 등의 1차 권선과 2차 권선의 권수비에 따라서 입력 전압에 대한 출력 전압이 정해진다.

1차 슈 primary shoe　드럼 내부에 2개의 슈가 조정 링크로 연결되어 있을 때, 진행 방향에 따라 어느 한쪽의 슈가 먼저 자기 작동 작용을 일으키면 증대된 확장력이 링크를 통해 다른 한쪽 슈에 전달되어 더욱 증대된 확장력이 발생되는데, 처음 자기 작동 작용을 일으킨 슈를 1차 슈라고 한다.

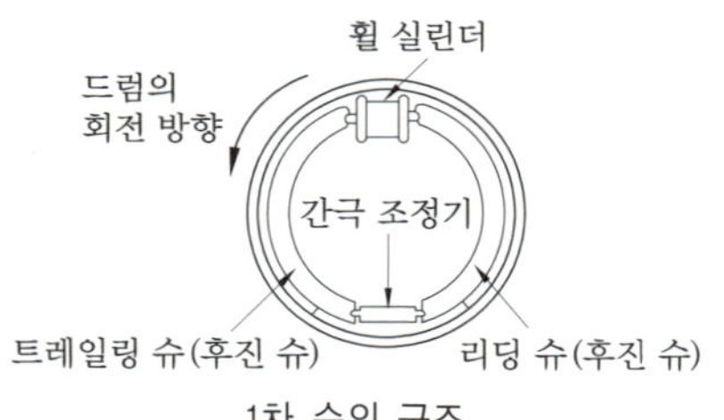

1차 슈의 구조

일차 저항(一次抵抗) primary resistance　1차 저항은 점화 코일의 1차 쪽에 긴 시간 동안 많은 전류가 흘러 코일의 온도가 상승하여 점화 성능이 떨어지는 것을 방지하는 것으로서, 1차 회로에 직렬로 접속되어 있는 온도에 민감한 가변 저항이다. 엔진이 저속 회전할 때에는 긴 시간 동안 많은 전류가 흐르게 되어 생긴 저항으로 열이 발생하므로 1차 저항 값은 증가하게 된다. 따라서 1차 코일에 전류가 적게 흐르므로 코일에 발열되는 것을 방지한다. 또한 엔진이 고속 회전할 때에는 짧은 시간 동안 전류가 흘러 1차 저항 값은 감소하게 되어 1차 코일에 전류가 많이 흐르도록 한다.

1차 전류 차단 기구(一次電流遮斷機構) primary current contact breaker mechanism　점화 코일의 1차 회로 전류를 개폐하는 장치로서, 기통수와 같이 4기통이면 캠도 사각이고, 캠 1회전에 포인트는 4번 개폐한다.

일차 전지(一次電池) primary cell　1차 전지는 화학적 에너지를 전기 에너지로 변환시켜 외부의 회로에 전원을 공급할 수 있지만, 방전되었을 때는 다시 충전할 수 없는 전지로서, 알칼리 전지, 수은 전지, 리튬 전지 등이 있다.

1차 점화(一次點火) ignition primary　점화 시스템에서 낮은 전압 부분으로, 다음과 같이 구성된다. 배터리/케이블, 점화 스위치, 코일 내의 1차 권선, 밸러스트 저항기, 포인트 또는 점화 모듈, 콘덴서.

1차 점화 드웰 ignition primary dwell　트랜지스터나 포인트가 코일 내에 자기장이 형성되도록 허용하고 있는 크랭크샤프트 각도에서의 시간의 양을 말한다.

일차 충돌(一次衝突)　⇨ 2차 충돌

일차 코일 primary coil　(1) 전동기에서 입력 전력의 전류와 전압을 맡고 있는 계자 코일을 말한다. (2) 발전기에서 출력 전력의 전류와 전압을 맡고 있는 스테이터 코일을 말한다. (3) 점화 코일에서 축전지로부터 전류가 유입되는 코일과 전압 조정기에 대한 분로 코일을 만든다.

1차 트리거 primary trigger　DEA 파형 스윕률을 1차 점화 신호에 동기시키는 작동 형태를 말한다.

일차 피스톤 primary piston　탠덤 마스터 실린더 내부에는 1차 피스톤과 2차 피스톤이 있는데, 앞바퀴 휠 실린더와 뒷바퀴 휠 실린더를 각기 독립적으로 작동하게 하여 어느 한쪽이 고장 시 사고를 미연에 방지하기 위해 탠덤 마스터 실린더를 사용하게 되었다. 1차 피스톤은 뒷바퀴를 작동시키고, 2차 피스톤은 앞바퀴를 작동시킨다.

일차 회로(一次回路) primary circuit　점화 장치 회로 중 축전지에서 접점에 이르기까지 저압의 전류가 흐르는 회로를 말한다.

일체식 보디 unit body　프레임을 사용하지 않도록 한 설계를 말한다. 적절한 자동차의 보디 부위에 보강을 해서 현가 시스템을 부착하도록 해 준다.

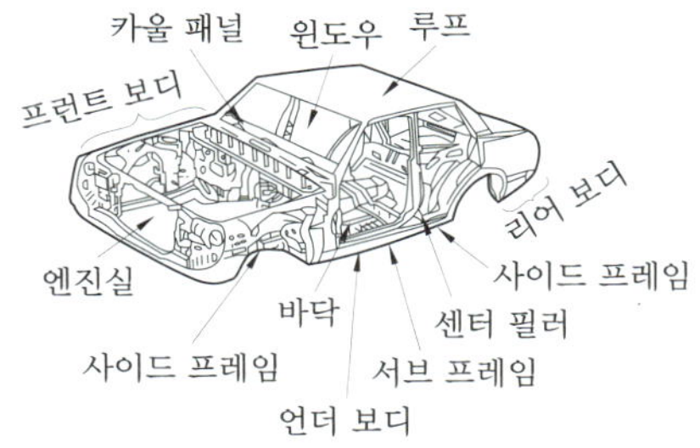

일체식 보디 구조(보디셀)

일체 차축 현가장치(一體車軸懸架裝置) solid axle suspension　일체형의 차축에 양쪽 바퀴가 설치되고, U볼트로 차축에 고정되며, 양 끝단부가 프레임에 연결되어 승차감과 안정성은 떨어지지만, 많은 중량을 지지할 수 있는 판스프링을 기본으로 코일 스프링, 공기 스프링, 토션 바 스프링, 스태빌라이저, 쇼크 업소버 등이 차종의 특성에 따라 선별 장착되는 형식으로, 대형차는 앞뒤 차축에 쓰이나 소형차는 뒤 차축에 많이 쓰인다.

일체 차축식 현가장치(一體車軸式懸架裝置) integral type suspension system　좌우측 바퀴가 하나의 축에 연결되어 있는 형식으로, 일체 차축식은 경사진 도로에서는 차체가 기울어지고 승차감은 좋지 않으나 화물차에 주로 사용된다.

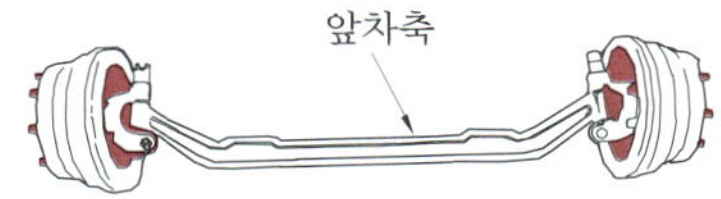

일체 자축식 현가장치

일체형(一體型) integral type　일체형은 조향 기어 박스 내부에 동력 실린더를 설치하여 조향 핸들의 조작력을 보조하는 형식으로, 조향 기어 하우징과 볼 너트를 직접 동력 실린더로 이용한 인라인형과, 동력 실린더를 별도로 설치한 오프셋형이 있다.

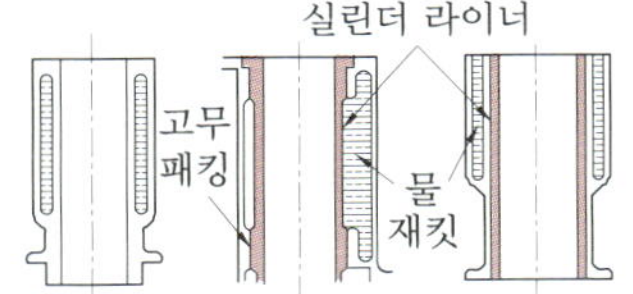

일체형 실린더와 라이너

일체형 프레임 monocoque frame　프레임과 차체를 일체로 한 형태로서, 강성이 높은 뼈대를 중심으로 보디가 둘러싸여 있으므로 굽음 강도 및 비틀림 강도 등이 매우 향상되고 차체 바닥 높이를 낮출 수 있으며, 차체의 중량을 줄임은 물론, 자동차의 구성 부품 전체 하중을 분담할 수 있어 승용차와 버스 등에 많이 사용되고 있다.

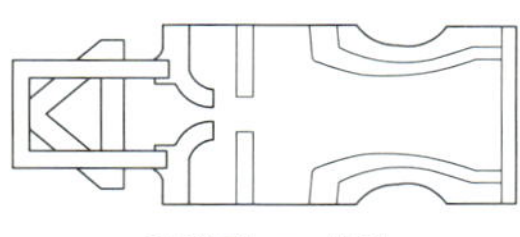

일체형 프레임

임계(臨界) criticality　어떠한 물리 현상이 갈라져서 다르게 나타나기 시작하는 경계를 말한다.

임계각(臨界角) critical angle　굴절률이 큰 매질(媒質)에서 작은 매질로 빛이 지나갈 때 입사각이 일정 이상 커져서 전반사(全反射)가 일어날 때의 입사각을 말한다.

임계 냉각 속도(臨界冷却速度) critical cooling velocity　강(鋼)을 담금질 경화시키는 데 필요한 냉각 속도로서, 100%의 마텐자이트(martensite) 조직으로 만드는 데 소요되는 최소의 냉각 속도를 상부 임계 냉각 속도라고 하고, 처음으로 마텐자이트 조직이 나타나기 시작하는 냉각 속도를 하부 임계 냉각 속도라고 한다.

임계 밀도(臨界密度) critical density　(1) 체적 변화를 일으키지 않을 때의 흙의 밀도를 말한다. (2) 도로 구간에 최대의 교통량이 통과할 때의 밀도를 말한다. (3) 임계 온도 및 임계 압력 하에서의 물질의 밀도를 말한다.

임계 상승 속도(臨界上昇速度) critical build-up speed　전동기가 주어진 계자(界磁) 저항의 조건 이하에서는 회전할 수 있는 전압을 확보하지 못하는 한계의 회전 속도를 말한다.

임계 상태(臨界狀態) critical state　(1) 원자로 등의 핵분열성 물질을 함유한 계에서 중성자가 1세대를 거친 후 그 수에 변화가 없는 상태, 즉 증배율이 1인 상태를 말한다. (2) 임계 온도에서 기체를 압축, 부피와 압력의 관계도를 그릴 때에 임계압에 의해 곡선의 변곡점이 생기는데, 이때 계는 기상도 액상도 아닌 상태로 되는 임계점에 이르게 되는 상태를 말한다.

임계 속도(臨界速度) critical velocity (1) 회전축 및 축에 고정되어 있는 회전체가 한 몸이 되어 회전할 때, 진폭이 급증해서 위험한 상태일 때의 회전 속도를 말한다. (2) 터빈의 회전수가 그 고유 진동수에 공진하여 회전체가 심하게 진동하고, 때에 따라서는 파괴되는, 한계 상태의 위험 회전 속도를 말한다. (3) 주위 압력이 일정한 상태의 유동 중에서 캐비테이션이 나타나기 시작할 때의 자유 흐름 속도를 말한다.

임계 압력(臨界壓力) critical pressure (1) 임계 온도에서 기체가 액체로 변화되는 최소의 한계 압력을 말한다. (2) 물을 가열하여 증기를 만드는 프로세서에서 압력의 증가에 따라 증발의 잠열이 점차로 감소하여 0으로 되는 한계점의 압력을 말한다.

임계 온도(臨界溫度) critical temperature (1) 압축에 의하여 기체를 액화할 경우 어떤 온도 이하가 아니면 압력을 아무리 높여도 액체로 되지 않는 한계의 온도를 말한다. 공기의 임계 온도는 −140℃이고, 자동차 타이어의 임계 온도는 120~130℃이다. (2) 물을 가열하여 증기를 만드는 과정에서 압력의 증가에 따라 증발의 잠열이 점차로 감소하여 0이 되는 한계점으로 도달된 때의 온도를 말한다. (3) 축전지에서 축전지의 용량이 갑자기 변화하는 경계의 전해액 온도를 말한다. (4) 초전도(超傳導) 물질에서 전류가 흐르지 않고 외부에서 자계가 주어지지 않은 상태로, 그 온도 이상에서 물질은 일반 저항으로 변하고, 그 온도 이하에서는 초전도성을 나타내는 경계의 온도를 말한다.

임계 임펄스 critical impulse 계전기(繼電器)에서 픽업 동작의 발생 없이 주어질 수 있는 돌발적인 임펄스의 최대 진폭 및 지속 시간을 말한다.

임계 전류(臨界電流) critical current 초전도체(超傳導體)는 주어진 온도에서 외부의 자계가 미치지 않는 상태로 전도성을 유지하거나 일반적인 저항으로 작동하는 한계 전류를 말한다. 임계 전류 이하에서는 초전도체가 된다.

임계 전압(臨界電壓) critical voltage (1) 주어진 정상의 자계에서 음극으로부터 방출된 전자가 양극에 도달하지 못하는 한계 상태의 최고 양극 전압으로서 컷오프 전압을 말한다. (2) 다이오드나 사이리스터의 전류, 전압 특성이 순방향 특성에서 전류가 현저히 상승되는 부분으로 끌어 주는 접선이 전압 축과 교차되는 점의 전압을 말한다.

임계점(臨界點) critical point (1) 임계 온도, 임계 압력, 임계 속도에 이르게 되는 한계점으로서, 공기의 임계점은 −140℃이다. (2) 자동차가 고속으로 주행할 때 노면과 타이어의 마찰에 의해 발생되는 열이 120~130℃가 되면 타이어는 그 강도와 내마멸성이 급감되어 파괴된다. 이때의 온도를 타이어 임계점이라고 한다. 따라서 타이어에 온도가 상승하는 과부하 및 고속 운전을 삼가야 한다. (3) 전자 제어 연료 장치의 엔진에서 배기가스를 재순환시킬 때 안전 작동 한계를 나타내는 점을 말한다.

임계 제어 전류(臨界制御轉流) critical controlling current 지정된 온도에서 게이트 전류가 없을 때 게이트에서 마치 직류 저항이 나타난 것처럼 되는 전류를 말한다.

임계 하중(臨界荷重) critical load (1) 긴 기둥이 축방향의 압축 하중을 받으면 재료의 비례 한도 이하의 하중으로도 휘어지게 되는 현상을 좌굴(挫屈)이라 하며, 좌굴을 일으키게 하는 최소의 압축 하중을 임계 하중이라고 한다. (2) 기중기가 최대로 들어올릴 수 있는 하중과 들어 올릴 수 없는 하중의 경계 하중을 말한다.

임코 시스템 IMCO system 배기가스를 깨끗하게 하기 위한 방법에는 두 가지가 있다. 그 하나는 처음부터 깨끗한 배기가스를 배출하는 엔진을 만드는 것이고, 둘째는 배기가스를 정화하여 대기 중에 방산하는 방법이다. 처음에는 동력 손실과 기타의 폐해를 우려해서 되도록 종래의 엔진을 그대로 이용하여 배출된 배기가스를 정리하여 정화하는 방법이 사용되어 왔으나, 최근에는 엔진의 개량이 진행하여 더욱 여러 가지 외부적 제어가 가해지게 되므로 전적으로 후자의 방법을 이용하게 되었다. 포드 회사에서는 배기가스를 깨끗하게 하여 배출하는 엔진을 개발했는데, 몇 년 전부터 실용화되고 있다. 이것을 IMCO 시스템이라고 부르는데, 이는 improved combustion을 줄인 말이다.

임파운드 에어리어 impound area 랠리 코스에는 몇 개의 레스트 포인트가 있어 드라이버의 휴식처로 이용된다. 그러나 차량은 임파운드 에어리어에 보관되어 차량 서비스 작업 등을 전혀 받을 수 없는 경우가 많다. 임파운드 에어리어는 파크 팜(park farm) 또는 파르크 페르메(parc ferme)라고도 한다. 랠리에 따라서 파크 팜은 단순히 랠리 카의 주차장, 임파운드 에어리어는 차량 보관 장소로 구분하는 경우도 있다.

임팩트 드라이버 impact driver 임팩트 드라이버는 압축 공기의 압력을 이용하여 드라이버에 타격을 주면 회전력이 발생하여 볼트를 풀거나 조이는 충격식 드라이버를 말한다.

임팩트 렌치 impact wrench 압축 공기의 압력을 이용하여 충격적으로 볼트나 너트를 풀고 조이는 렌치를 말한다. 임팩트 렌치에는 공기식과 전동식이 있는데, 자동차 정비에서는 공기식 임팩트 렌치가 일반적으로 사용되고 있다. 공기식 임팩트 렌치는 압축 공기를 이용하여 볼트, 너트의 탈·부착에 사용되는 공구이며, 작업량이 많을 경우나 큰 토크를 필요로 할 때 사용한다. 공기식 임팩트 렌치는 시동 레버를 밀면 본체 내부의 터빈이 회전하여 임팩트 클러치에 의하여 회전력을 충격력으로 변환하여 볼트 또는 너트에 타격과 토크를 주어 볼트나 너트의 죔이나 푸는 작업을 할 수 있다. 또한 회전 방향의 전환 레버에 의하여 정·역회전 전환을 할 수 있다.

임팩트 센서 impact sensor SRS 에어백 시스템의 구성 부품 중 하나로, 충격을 감지하는 일종의 G센서이다. 센서 내부에 가동 접점과 그 가동 방향으로 위치하는 고정 접점을 갖고 설정값 이상의 충격을 받으면 가동 접점이 이동하여 접점이 ON되는 구조로 되어 있다.

임펄스 impulse 짧은 시간 동안에만 큰 진폭으로 나오는 전압이나 전류 또는 충격파인 펄스 중 1개의 진폭을 말한다. 한 개를 임펄스라고 하여 주기적인 충격파를 일컫는 펄스(pulse)와 구별하여 부르기도 하였지만, 현재는 일반적으로 모두 펄스라고 일컫는 경우가 많다.

임펄스 스타터 impulse starter ⇨ 임펄스 커플링

임펄스 응답 impulse response 입력 신호를 충격적으로 변화시켰을 때 얻는 응답을 일컫는다. 충격 응답(衝擊應答)이라고도 한다.

임펄스 커플링 impulse coupling 엔진을 시동할 때 마그넷을 충격적으로 회전시켜 발생 전압을 높이는 동시에 자동적으로 진각(進角)도 처리하는 장치를 말한다. 임펄스 스타터(impulse starter)라고도 한다.

임펠러 impeller 원심식 펌프에서 날개(fin)가 형성된 원판을 말한다. 증기 터빈이나 반동 수차에서 증기 또는 물의 에너지를 받아 회전하는 바퀴이다.

임펠러 블레이드 impeller blade 터보차저의 임펠러에 설치되어 있는 날개를 말한다. 복잡한 삼차원 곡면에 따라 구성된 12~20장의 날개가 방사상(放射狀)으로 설치되어 있으며, 압축기 쪽은 알루미늄제, 터빈 쪽은 내열 합금제로 된 것이 주종을 이루지만, 세라믹 등의 새로운 재료도 사용되고 있다. 블레이드가 축 중심에서 방사(放射) 방향으로 똑바로 되어 있는 레이디얼형 임펠러와, 회전 방향과 반대 방향으로 왜곡된 백 워드형 임펠러가 있다.

임피던스 impedance 교류적인 측면에서 본 저항을 말하며, 옴(ohm)으로 나타낸다. 앰프와 스피커를 접속할 때는 앰프의 출력 임피던스와 입력 임피던스를 매칭시킬 필요가 있다. 만약 매칭이 되어 있지 않으면 특성이 손실되어 버린다.

입력(入力) input (1) 전기적·기계적 에너지를 발생 또는 변환하는 장치가 단위 시간 동안 받은 에너지의 양(量)을 말한다. (2) 컴퓨터에서 문자나 숫자를 컴퓨터가 기억하게 하는 일을 말한다. (3) 정보를 거두어들이고 이것을 다른 장치로 송출하는 기능을 가진 장치를 말한다. (4) 변속기에 엔진의 출력이 들어오는 것을 말한다.

입력 신호 점검(入力信號點檢) input test　컴퓨터가 입력 신호로 받아들이고 있는 모든 센서들의 값을 컴퓨터가 전시하는 점검을 말한다.

입력 회로(入力回路) input circuit　임의의 장치의 입력부에 접속되는 외부 회로를 말한다. 이 회로를 통하여 장치로 입력량이 공급된다.

입력축(入力軸) input shaft　⇨ 인풋 샤프트

입사(入射) incidence　하나의 매질(媒質) 속을 통과하는 광파(光波)가 다른 매질의 경계면에 도달하는 현상을 말한다.

입사각(入射角) angle of incidence　빛이나 소리 등의 파가 다른 매질의 경계면에 입사할 때 경계면에 세운 법선(法線)과 입사파의 진행 방향이 이루는 각도를 말한다.

입사 광선(入射光線)　하나의 매질(媒質)을 통과하여 다른 매질의 경계면에 들어가는 광선을 말한다.

입자(粒子) particle　물질을 구성하는 미세한 크기의 물체로, 소립자, 원자, 분자, 콜로이드 등을 이른다.

입자상 물질(粒子狀物質) particulate matter　물질의 파쇄·선별·퇴적·이적 기타 기계적 처리 또는 연소·합성·분해 시에 발생하는 고체상 또는 액체상의 미세한 물질을 말한다. 대기 중에 존재하는 크고 작은 입자들은 크기, 발생원, 성상에 따라 안개(fog), 증기(fume), 연무(mist), 매연(smoke), 스모그 등으로 구분하여 부른다.

입체 계측 게이지　⇨ 스리 디 게이지

입체 캠 solid cam　원통 캠, 원뿔 캠, 구면 캠, 엔드 캠, 사판 캠 등 입체적인 모양의 캠을 말한다. 원통, 원뿔 또는 원형 등 회전체의 곡면에 비틀림 홈이나 단면을 만들어 종동절에 롤러 또는 핀을 끼워 작동시키면 종동절이 좌우 직선 왕복 운동, 회전 운동, 상하 왕복 운동 등 복잡한 운동을 하게 하는 캠이다.

입출력 장치(入出力裝置) input-output equipment　(1) 컴퓨터 시스템에서 데이터, 프로그램, 명령어를 입력하는 장치와 처리 결과 등을 표시·인쇄하는 출력 장치를 말한다. (2) 전자 교환기에서 프로그램이나 정보 교환에 필요한 데이터의 입력, 과금(課金) 데이터의 출력 등을 다루는 부분을 말한다. (3) 데이터 통신 시스템에서 데이터를 넣거나 끌어내기 위한 가입자(加入者) 장치를 말한다. (4) 입출력 장치는 센서로부터 입력 신호 전압 및 기기를 작동시키는 것으로서, 액추에이터에 가해지는 전압을 CPU의 작동 전압으로 바꾸어 액추에이터의 작동에 적합하도록 중계를 한다.

잉여 용량(剩餘容量)　축전지를 휴지(休止)시킨 후에도 다시 사용할 수 있는, 남은 전기량(電氣量)을 말한다.

잉킹 inking　제도(製圖)에서 연필로 그린 원도(原圖) 위를 다시 먹물로 그려 도면을 마감하는 것을 말한다.

자경성(自硬性) self-hardening　담금질 온도에서 대기 속에 방랭(放冷)하는 것만으로도 마텐자이트 조직이 생성되어 단단해지는 성질을 말하며, 니켈, 크롬, 망간 등이 함유된 특수강에서 볼 수 있는 현상이다. 기경성(氣硬性)이라고도 한다.

자계(磁界) magnetic field　⇨ 자기장

자극(磁極) magnetic pole　자석의 양 끝 부분을 말한다. N극과 S극이 있으며, 단독으로는 존재하지 않는다. 이 두 개의 자극은 자석의 다른 부분보다 흡인력과 반발력이 더 강하다.

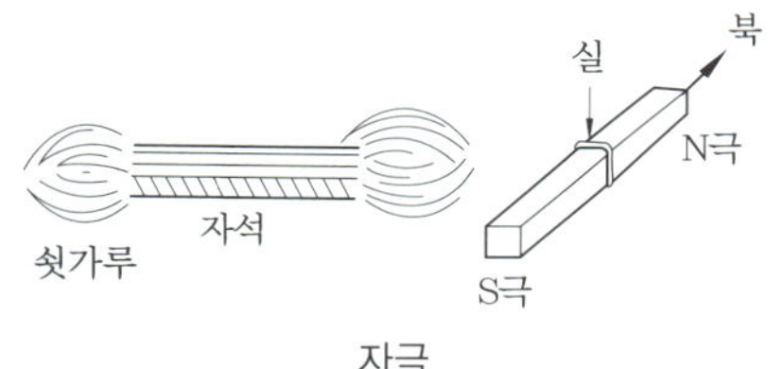

자기¹(磁氣) magnetism　쇠붙이를 끌어당기거나 남북을 가리키는 등 자석이 갖는 특유의 물리적인 성질을 말한다. 자하(磁荷)는 존재하지 않고 운동하는 전하가 자기장을 만들거나 반대로 자기장이 운동하는 전하에 힘을 미치게 함으로써 자기 현상이 일어난다. 대표적인 예로 철 조각이 막대자석에 달라붙는 현상을 들 수 있다.

자기²(磁器) porcelain　경질의 도자기를 일컫는다. 소지(素地)의 유리질이 자화(磁化)해서 반투명으로 되어 흡수성이 없고 때리면 금속성의 맑은 소리를 낸다. 태토(胎土)는 점토질에 규석분, 장석분 또는 석회분을 섞어 고온도(1,200℃ 이상)로 구워서 만든다. 내열성이 좋고 강하기 때문에 전기의 절연 물질로 사용된다. 사기 그릇, 애자(碍子) 및 점화 플러그의 절연체 등으로 사용

된다.

자기 가열(自己加熱) self-heating　계측기에 전류를 흘렸을 때 내부의 전력손(電力損)으로 인하여 발생하는 열에 의해서 온도가 상승하는 현상이다. 그러므로 계측기를 사용하거나 교정할 때에는 시험 전류를 통한 다음, 각 부분의 온도가 일정하게 될 때까지 방치할 필요가 있다. 그 시간은 지시계기에서는 15분, 적산계기에서는 30분으로 잡고 있다.

자기감응(磁氣感應) magnetic induction　⇨ 자기 유도

자기 고장 진단(自己故障診斷) self-diagnosis　기구나 기계가 제대로 움직이지 못하는 기능상의 장애를 고장이라고 하는데, 자기 스스로 고장을 진단하는 것을 말한다. 마이크로컴퓨터 자체에서 센서로부터의 입력 신호가 적당한가, 액추에이터가 바르게 작동하고 있는가, 프로그램이 바른 스텝으로 작동하고 있는가 등을 진단한다.

자기 다이오드 magneto diode　핀(pin) 구조 반도체의 i 영역(고순도 영역)에 주입된 열적으로 비평형 상태의 전자와 정공이 자계(磁界)에 의하여 i 영역의 한쪽 면에 치우쳤을 때, 그 측면에서 재결합을 한다. 그 재결합의 속도는 표면의 재결합 속도에 의존한다. 재결합 속도가 크면 전자와 정공은 재빨리 재결합하여 농도를 감소시키지만, 작을 때는 별로 감소하지 않는다. 자계의 방향 또는 전류의 방향을 반전시키면 치우쳐지는 방향도 반대쪽의 측면으로 바뀌어 그 반대 측면의 재결합 속도의 영향을 받는다. 양쪽 측면의 재결합 속도에 큰 차를 부여해 두면 자계에 따라 pin 다이오드의 전류-전압 특성이 크게 달라진다. 이와 같은 자계에 민감해지는 구조

의 다이오드를 자기(磁氣) 다이오드라고 한다. 그림에 그 전류-전압 특성이 나타나 있다. 자계가 없을 때가 그림의 ⓐ 곡선, 자계를 가하는 방향에 따라 ⓑ 또는 ⓒ 곡선이 된다. 게르마늄(Ge)으로 제작한 것이 주로 쓰이고 있지만, 실리콘(Si)으로도 제작할 수 있다.

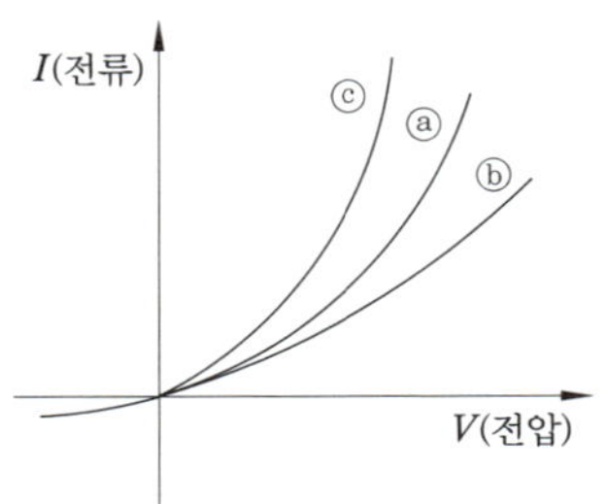

자기 다이오드의 전류-전압 특성

자기 돌출형 플러그　➩ 프로젝티드 코어 노즈 플러그

자기력(磁氣力) magnetic force
자극(磁極) 사이에 작용하는 힘, 즉 자석과 같이 자성(磁性)을 가진 물체가 서로 밀거나 당기는 힘으로 자력(磁力)이라고도 한다. 종류가 다른 극(N극과 S극) 사이에는 인력이 작용하고, 같은 종류의 극(N극과 N극, S극과 S극) 사이에는 척력(斥力)이 작용하는데, 자극의 세기에 비례하는 양의 어떤 실체(實體)가 각각의 자극에 존재한다고 하면, 정전하(靜電荷) 사이에 작용하는 힘에 대한 법칙(쿨롱의 법칙)이 자기력에 대해서도 성립된다. 즉, 두 개의 자석이 있을 때, 자석 사이의 거리가 멀수록 자기력이 약하고, 거리가 가까울수록 자기력이 강하다. 이것을 수학적으로 표현하면, 정지해 있는 두 점자하(點磁荷) 사이에 작용하는 힘은 그 자하의 곱에 비례하고, 자하 사이 거리의 제곱에 반비례한다.

자기력선속(磁氣力線束) magnetic flux　➩ 자속

자기 리액턴스 소자 magneto reactance element
자계가 가해지면 리액턴스를 일으키고, 그 크기가 자계의 함수로 되어 있는 소자(素子)를 말한다. 기본적으로는 홀(Hall) 소자의 홀 단자에 용량성 또는 유도성의 부하를 접속한 구조로 되어 있다. 홀 단자에 용량성 부하를 접속한 경우에는 전류 단자에서는 유도성으로, 반대로 유도성 부하를 접속하면 용량성이 된다. 유도성의 회로 소자는 보통 코일이 필요하므로 용량성에 비하여 소형화하기가 곤란하다. 따라서 용량성 부하를 접속하여 유도성 회로 소자를 얻는 방법은 실용적으로 보아 매우 중요하다. 이 회로 소자를 간단한 구조로 실현하기 위해서 n형과 p형의 홀 소자를 맞붙인 구조나 유전율이 높은 재료를 홀 소자에 맞붙여 등가적으로 용량성의 부하를 홀 단자에 접속한 것 같은 구조 등이 시도되고 있다.

자기(自己) 바이어스[1] self-bias
제어 그리드의 바이어스 전압으로서 음극 회로에 넣은 적당한 값의 저항의 전압 강하를 이용하는 방식을 이른다.

자기(磁氣) 바이어스[2] magnetic bias
기록 매체를 자화(磁化)하기 위하여 신호 자계(磁界)에 중첩하여 부여되는 일정한 부가 자계를 이른다. 이것은 매체에 기록되는 잔류 자속 밀도가 입력 신호의 진폭에 직선 비례하도록 하기 위하여 주어지는 것이다.

자기 발화(自己發火)　➩ 자기 점화

자기 방전(自己放電) self discharge
축전지가 전기 부하에 연결되지 않아도 방전을 일으키는 화학 작용을 말한다. 자기 방전은 주위 환경이나 축전지 내부 상황에 따라 다르다. 즉, 전해액(電解液)의 비중이 높을수록, 주위의 온도와 습도가 높을수록 방전량(放電量)이 크며, 사용 기간에 따라서도 차이가 있다. 자기 방전량은 축전지 실용량에 대한 백분율로 나타내는데, 보통 0.3~1.5% 정도이다.

자기 배력 작용(自己培力作用) self-servo action
브레이크 드럼이 회전하고 있을 때 브레이크슈가 휠 실린더에 의하여 드럼에

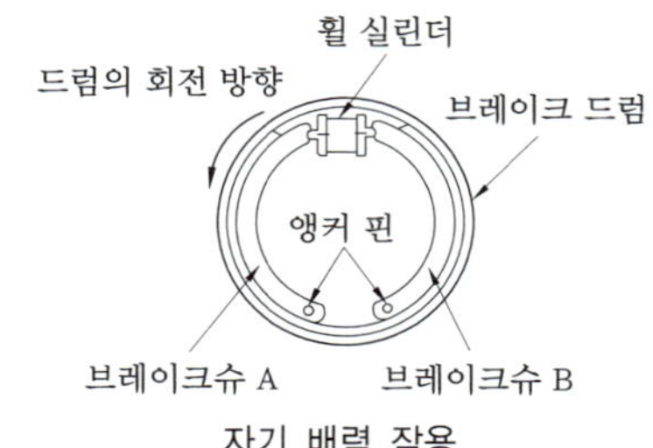

자기 배력 작용

눌리면 마찰력에 의하여 슈 A는 드럼과 함께 회전하려는 경향이 생겨 바깥쪽으로 벌어지려는 힘을 받아 큰 제동력이 발생한다. 반면, 슈 B는 드럼에서 떨어지려고 하는 힘을 받아 압착력이 약해져서 제동력이 작아지는 현상을 말한다.

자기 배력 효과(自己倍力效果) self-servo effect　자기 증감 효과라고도 한다. 리딩 슈의 브레이크 작용, 슈의 마찰력에 의하여 지점 주위에 모멘트가 생겨서 슈를 더욱 드럼에 압착해 자동으로 마찰력에 따라서 증감시키는 작용을 말한다.

자기 변태(磁氣變態) magnetic transformation　실온에서 온도가 점점 상승함에 따라 자장에 놓인 순철에서 생긴 자기(磁氣)의 세기가 서서히 변화되어 768℃ 부근에서 자기의 세기가 급격히 올라가는 상태를 말한다. 자기 변태가 일어날 때의 온도를 자기 변태점 또는 퀴리 포인트(Curie point)라고 한다.

자기 변태점(磁氣變態點) magnetic transformation point ⇨ 자기 변태

자기 보정 장치(自己補正裝置) fail-safe function　자동차 주행 중 일부에 결함 또는 고장이 발생했을 때 다른 안전장치가 작동하여 결정적인 사고나 파괴를 예방하는 장치이다. 전자 제어 연료 분사 방식 자동차나 전자 제어 자동 트랜스미션 자동차는 엔진 및 자동차 주행 상태에 대한 여러 가지 센서의 출력을 기초로 하여 컴퓨터가 엔진 및 트랜스미션을 제어하기 때문에, 센서에 고장이 발생하면 성능상에 지대한 영향을 미치게 된다. 자기 보정 장치는 센서에 고장이 발생한 것으로 판단하고 기억 장치 내에 저장된 임의의 값으로 보정해 차량을 운행하는 데 이상이 없도록 해 준다.

자기 부상 열차(磁氣浮上列車) magnetic levitation train　자기력을 이용해 차량을 선로 위에 부상시켜 움직이는 열차를 말한다. 선로와의 접촉이 없어 소음과 진동이 매우 적고 고속도를 유지할 수 있다. 자기 부상 열차가 움직이기 위해서는 열차를 선로로부터 띄우는 힘과 열차를 원하는 방향으로 진행시키는 두 가지의 힘이 필요하다. 열차를 선로에서 띄우는 방법은 크게 자석 양극의 반발력을 이용하는 반발식과, 자석과 자성체 간의 인력을 이용하는 흡인식으로 나눌 수 있다. 일반적으로 반발식은 흡인식보다 제어 측면에서 장점이 있지만, 저속에서는 코일에 유도된 자속이 차체를 띄울 수 있을 만큼 충분하지 못해 약 100 km/h 이하의 속도에서 바퀴를 사용해야 한다. 이에 비해 흡인식 열차는 차량의 부상력을 제어해 균형을 유지하는 부분이 복잡하지만 저속에서도 부상이 가능하다는 장점이 있다. 열차를 진행시키기 위해서는 선형 모터를 사용한다. 선형 모터는 일반적으로 알고 있는 모터의 원형 코일을 선형으로 편 형태이다. 코일에 흐르는 전류의 방향을 바꿔 주면 자기장이 바뀌어 열차와 선로 사이의 힘이 인력과 척력으로 주기적으로 바뀌게 된다. 따라서 기차의 진행 속도에 따라 코일에 흐르는 교류의 진동수를 조절하면 열차에는 계속해서 진행 방향으로의 힘만을 가할 수 있다. 자기 부상 열차는 60~250 km/h 정도로 소음이 매우 적고 진동이 거의 없어 승차감이 좋으며, 평균 250 km/h의 고속으로 운행할 수 있다. 또한 마찰에 의한 마모도 거의 없어 유지 및 보수 비용이 저렴하고, 자석이 레일을 감싸기 때문에 탈선의 위험이 없다는 장점도 있다. 그리고 하중이 레일 전체에 분산되기 때문에 레일 구조물의 건설비가 적게 든다.

자기 센서 magnetic sensor　자기(磁氣) 신호를 검출하는 기능을 가진 것을 말한다. 많은 종류의 물리 현상을 이용한 자기 센서가 있는데, 각각의 특징을 살려 사용되고 있다. 자침(磁針)은 캠퍼스로서, 방향을 아는 데 옛날부터 사용되어 온 최고의 자기 센서이다. 코일형 자기 센서는 코일을 쇄교(鎖交)하는 자속의 시간 변화에 비례한 전압을 발생한다는 기본적인 물리 현상을 사용한다. 고체의 물성에 자계 의존성을 이용한 것이 고체 자기 센서인데, 소형인 데다 값이 싸서 많이 쓰이고 있다. 공명형 자기 센서는 원자1핵의 자기 모멘트나 자계의 측정에 사용된다. 자기 센서는 단순한 자계의 측정뿐 아니라, 전류의 측정, 각종 기계량의 측정에도 사용된다.

자기 쏠림 magnetic arc blow　전류의 자

기 작용에 의하여 아크가 한쪽으로 쏠리는 현상을 말한다. ⇨ 아크 블로

자기 유도(磁氣誘導) magnetic induction 자기장 안에 물체를 두면 자성(磁性)이 나타나는 현상으로, 자기감응(磁氣感應)이라고도 한다. 예를 들면, 자석이 쇳조각을 끌어당기는 것도 이 때문인데, 이것은 자석이 만드는 자기장의 작용으로 쇳조각에 자기가 유도되어 생긴 자하(磁荷)가 자석에 끌리기 때문이다. 니켈, 코발트 및 이들의 산화물이나 합금에도 마찬가지로 자성이 나타나지만, 다른 물질에서는 그 정도가 미약하여 쉽게 관찰될 수 있을 정도의 세기를 가지지 않는다. 한편, 자기력선속 밀도를 자기 유도라고 하는 경우도 있다.

자기 유도 작용(自己誘導作用) self-induction action 점화 코일에 전류가 흐르면 그 코일 내부에는 전류가 흐르는 방향에 대응하는 방향으로 자기장이 형성된다. 그러다가 전류를 차단하면 형성되어 있던 자기장이 빠른 속도로 소멸되는데, 그 소멸되는 자기장이 점화 코일에 전류를 발생시킨다. 이렇게 소멸되는 자기장에 의해서 점화 코일에 형성되는 전기를 역기전력(逆起電力)이라고 부르는데, 점화 코일에서는 이것을 에너지원으로 활용하고 있다. 이렇게 점화 코일에 전류를 ON 및 OFF할 때 코일 속에는 자기장이 생겼다 없어졌다를 반복하게 되면서 역기전력이 발생하게 된다. 이와 같은 현상을 코일이 혼자서 스스로 전기를 유도한다는 의미에서 자기 유도 작용이라고 한다.

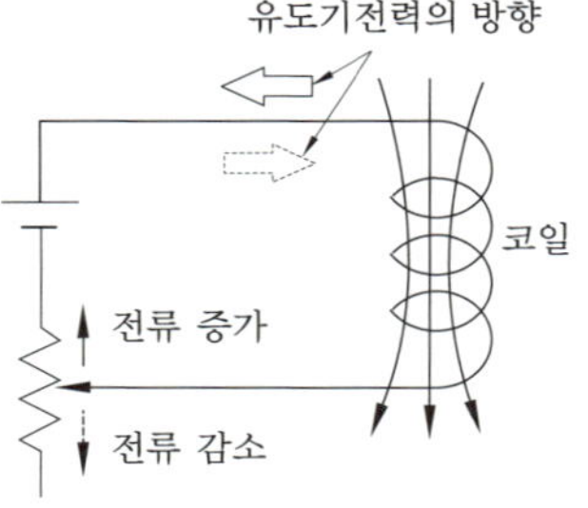

자기 유도 작용

자기 유도 전압(自己誘導電壓) self-induced voltage 도체에 흐르는 전류를 차단할 때 자력선이 형성·붕괴됨으로써 도체에 형성되는 전압을 말한다.

자기 인덕턴스 self-inductance 전기 회로를 흐르는 전류값의 변화에 대하여 어느 만큼의 유도 기전력이 발생하는가를 나타내는 상수로, 단위로서 헨리(H)를 사용한다. 일반적으로 리액턴스를 갖는 부하가 전류의 위상을 늦어지게 하는 활동을 할 때 인덕턴스성을 가진다, 또는 양(陽) 리액턴스성을 가진다고 한다. 자기 인덕턴스는 자체 인덕턴스라고도 하며, 기호 L로 나타낸다.

자기 임피던스 self-impedance (1) 수동적인 그물눈 또는 루프의 임피던스로서, 회로의 다른 모든 그물눈은 개방되어 있고 전기적 결합이 없는 것으로 한다. (2) 회로망 내 어느 한 쌍의 단자 전압과 그 단자로부터 유입하는 전류의 비율로, 다른 단자수는 개방하여 둔다. (3) 안테나 소자의 임피던스로서, 다른 소자는 전부 개방하여 두는 것으로 한다.

자기 작동 작용(自己作動作用) self-energizing acting 드럼 타입의 제동 기구에서 회전 중인 바퀴에 제동을 걸면 유압(油壓)에 의해 확장되는 슈는 드럼과의 마찰력에 의해 드럼과 함께 회전하려는 힘, 즉 확장력이 생겨 마찰력이 증대되는 작용을 말한다. 이 때, 반대쪽 슈는 이 확장력이 감소된다.

자기 작용(磁氣作用) magnetic action 자석에서 같은 극끼리는 반발하고 다른 극 사이에는 흡인하는 작용을 이른다. 코일에 전류를 흘리면 자계(磁界)가 발생하여 자석과 같은 자기 작용이 나타난다. 기동 전동기, 발전기 및 솔레노이드 등에 자기작용을 응용한다.

자기장(磁氣場) magnetic field 자계(磁界) 또는 자장(磁場)이라고도 한다. 자석의 둘레나 전류가 흐르는 가느다란 철심 둘레에

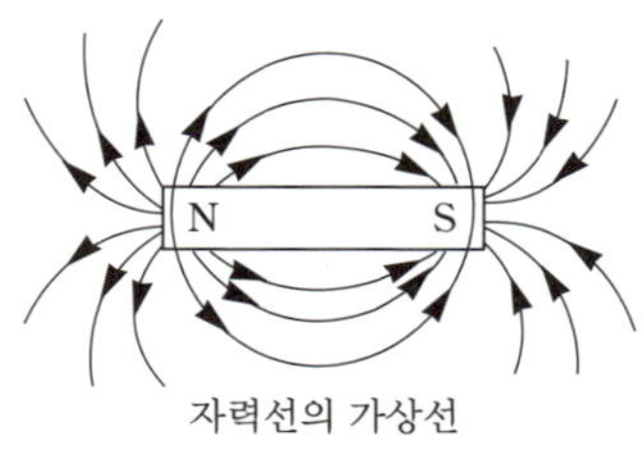

자력선의 가상선

자기장

자기력을 가진 공간을 말한다. 시간적으로 변하지 않는 자기장은 정자장(靜磁場), 시간적으로 변하는 자기장은 전자장(電磁場)이라고 한다.

자기 저항 소자(磁氣抵抗素子) magneto resistive element 자기 저항 효과를 응용한 소자를 자기 저항 소자라고 하며, 포텐셔미터, 변위 센서, 무접촉 스위치 등에 사용된다. 자계의 변화에 대한 저항 변화의 크기(자계 감도)는 전자 및 정공(正孔)의 이동도에 따라서 결정되며, 이 이동도의 Ⅲ-V족 화합물 반도체인 안티몬화인듐(InSb)이 사용된다.

자기 저항 회전 센서 magneto resistance rotation sensor 자기 저항 소자를 사용하여 회전을 검출하는 센서로서 많은 방법이 있는데, 그중 2가지 방법을 소개한다. 첫째 방법은, 회전체에 고정한 영구 자석에 의하여 자기 저항 소자에 단속적으로 자계가 가해지는 구조를 사용한다. 자기 저항 소자의 저항 변화 횟수를 계측함으로써 영구 자석이 자기 저항 소자 가까이 통과한 횟수 즉 회전수를 검출할 수가 있다. 회전체에 고정하는 영구 자석의 수를 증가시키면 좀 더 미세하게 회전수를 검출할 수 있다. 둘째 방법은, 그림에서 보는 것과 같은 영구 자석에 고정된 1쌍의 자기 저항 소자를 사용한다. 강자성체인 기어 형상의 물체가 통과한 이의 수를 검출할 수 있다. 이 경우 1쌍의 자기 저항 소자를 사용함으로써 회전 방향도 검출할 수 있고, 그 위치도 검출할 수 있다.

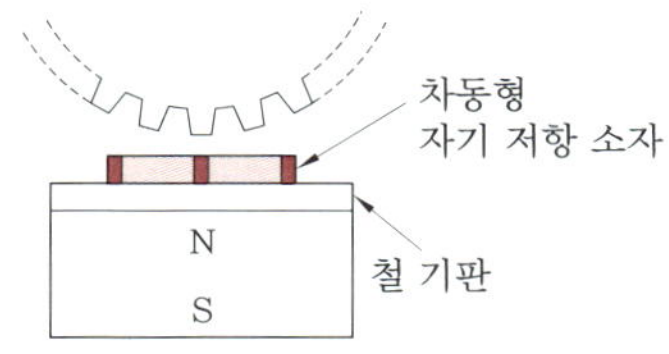

자기 저항 회전 센서의 일례

자기 저항 효과(磁氣抵抗效果) magneto resistance effect 자계(磁界)에 따라 반도체나 금속의 전기 저항이 변화하는 현상을 말한다. 저항률이 자계에 따라 변화하는 물성적(物性的) 현상과 전류의 흐르는 방식이 자계에 따라 변화하는 현상론(現象論)적인 현상 등 2종류가 있다. 전자를 자기 저항 효과라 하고, 후자를 형상 효과(소자의 형상에 따라 효과의 크기가 좌우되기 때문)라 하여 구별하는 경우도 있다. 전류 단자 간 저항의 자계 의존성에는 이 양자가 합쳐져 영향을 미친다. 금속의 자기 저항 효과는 작지만, 강자성체 금속의 경우에는 내부의 큰 자발·자화 때문에 작은 외부 자계에서 저항을 제어할 수 있다. 반도체의 자기 저항 효과는 전자 이동도가 큰 재료가 효과도 크다. Ⅲ-V 화합물 반도체의 하나인 안티몬화인듐(InSb)이 큰 자기 저항 효과를 나타내는 재료로서 유명하다.

자기 점검 회로(自己點檢回路) self-checking circuit 연소 장치를 운전할 때, 연소 안전장치의 화염 검출기로부터 수신기까지의 회로를 연속적으로 자동 점검하는 회로를 말한다. 자기 점검 회로는 일반적으로 연속하여 사용하는 연소 장치의 안전 확보를 위해 사용된다.

자기 점화(自己點火) self-ignition 공기와 접한 상태에서 연료의 온도를 높여 일정 온도가 넘게 되면 외부에서 불길이나 불꽃을 가까이 하지 않아도 스스로 발화(發火), 연소하게 되는 것을 말한다. 자기 발화라고도 한다.

자기 제동(磁氣制動) magnetic braking (1) 자석의 자극 간 공극에 알루미늄 등의 금속판을 삽입하여 금속판의 이동으로 그 속에 발생하는 와전류(渦轉流)와 자계(磁界) 간에 발생하는 역(逆)토크로 제동시키는 것을 말한다. 제동 계수는 자계 세기의 제곱에 비례한다. (2) 철도 차량에 있어서 레일에 극히 가까운 위치에 전자석을 장치하고 이것에 전류를 보냄으로써 레일 내에 생기는 와전류에 의한 힘을 이용하여 브레이크를 거는 것을 말한다. 기계적인 슬립 면이 없기 때문에 초고속 철도 등에 적합하지만, 흡인력의 양만큼 레일에 부상력(浮上力)이 작용하기 때문에 궤도를 이에 견딜 수 있는 구조로 할 필요가 있다.

자기 증감 효과(自己增減效果) ⇨ 자기 배력 효과

자기 진단(自己診斷) self-diagnosis 내부 회로와 기억 장치를 검사하는 컴퓨터 내에 장치된 절차를 말한다. ECU는 ECU로 출

력·입력되는 신호를 감지하고, 이상 신호가 검출될 때 또는 비정상적인 상태가 규정 시간보다 오래 유지될 때 상태를 분석하고 분석 코드는 기억 장치에 기억되고 자기 진단 검사 단자에서 출력된다. 분석 코드는 배터리 ⊖단자나 ECU 커넥터를 분리하면 지워진다. 점화 스위치 ON 후 1초 경과 후부터 자기 진단을 하며, ECU의 자기 진단 출력 단자로 출력되므로 자기 진단용 테스터를 자기 진단 출력 단자에 접속하고 점화 스위치를 ON으로 하면 출력 신호를 판독할 수 있다. 표시 코드에서 '0' 또는 '1'은 테스터의 발광 다이오드 점등 시간을 나타내며 '0'은 0.5초, '1'은 1.5초간 점등됨을 표시한다. 자기 진단은 멀티미터 사용 시 운전대 쪽 퓨즈 박스 위 커넥터에서 전압을 검출한다.

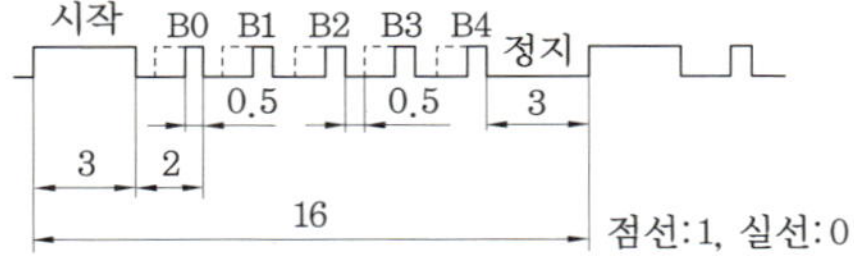

자기 진단 출력 신호

자기 진단 기능(自己診斷機能) self-diagnosis function　고장 개소 등에 대한 감시 기능으로, 다음의 5가지 기능으로 구성되어 있다. ① 페일세이프(fail-safe) 기능 : 입출력 계통 이상 시에 해당하는 제어를 안전 쪽으로 전환한다. 예를 들면, 각 센서로부터 이상 신호가 발생하면 그 신호를 바탕으로 제어를 계속하고, 엔진 부조(不調)나 주행성 불량처럼 안정성을 훼손할 가능성이 있는 경우에 컨트롤 유닛 내부의 수치를 사용하여 제어하든가 또는 엔진을 정지시킨다. ② 기억 기능 : 시스템 이상을 검출함과 동시에, 전원을 OFF로 하지 않는 한 언제나 기억한다. ③ 모니터(monitor) 기능 : 고장 발생 시 그 고장이 주행상의 안전성에 연관된 것에 대해서는 경고등을 점등시켜 운전자에게 알린다. ④ 표시 기능 : 소정의 조작을 실시해 주면 이상 발생 부위를 트러블 코드(trouble code) 번호로 미터 내의 디스플레이 램프로 표시한다. ⑤ 이력 기능 : 엔진의 작동 이력을 기억하고 수리, 점검 시 등에 보조 역할을 한다.

자기 청정 온도(自己淸淨溫度) self-cleaning temperature　플러그의 발화부나 절연체가 유지되지 않는 온도를 말한다. 이것은 절연체에 퇴적하는 카본 등을 태워 없애서 쇼트를 방지하는 데 필요한 온도, 즉 전극의 청정화를 유지하기 위한 온도와 적열해서 프리이그니션(조기 점화)을 일으키는 중간 온도를 말한다. 일반적으로 이 온도는 400~800℃ 사이라고 한다. 자기 청정 온도를 유지하는 데는 사용 조건에 적합한 열가(히터의 범위)의 스파크 플러그를 선택할 필요가 있다.

자기 클러치 magnetic clutch　전자력(電磁力)을 이용하여 연결해야 하는 두 축을 접속하거나 또는 그 접속을 분리할 수 있는 구조로 되어 있는 클러치를 말한다.

자기 탐상법(磁氣探傷法) magnetic inspection method　물체가 자화(磁化)하면 아무 결함이 없을 때에 비해서 결함 부근의 자기 저항이 커지므로, 자기력선속(磁氣力線束)은 결함이 있는 곳에서 분포가 흩어지고 물체의 표면 근처에서 밖으로 새어 나오므로, 이것을 적당한 방법으로 검출하면 결함의 여부와 그 크기를 알 수 있다. 방법으로는 자기력선속이 새어 국부적으로 자극(磁極)이 발생하는 것을 이용해서 강자성체의 분말을 표면에 뿌리고 그 부착 상황으로 검지하는 자분(磁粉)에 의한 검출법과, 코일을 사용해서 자기력선속의 누설을 검지하거나 이 누설 자기력선속으로 자기 테이프를 자화시키고 뒤에 재생하여 결함이 있는 곳을 알아내는 방법이 있다. 앞의 방법은 특히 표면에 있는 작은 홈의 검출에 편리하지만, 자기 탐상법은 강자성체 이외에는 사용할 수 없는 결점이 있다.

자기 포화(磁氣飽和) magnetic saturation　철을 자화(磁化)하는 경우에 자화력을 점점 증가시키면 자속 밀도도 일반적으로 증가하는데, 어느 점에 이르면 자화력을 증가시켜도 자속 밀도가 증가하지 않는 현상을 말한다. 이 특성은 자성체의 종류에 따라 다르다.

자기 헤드 magnetic head　자기 테이프에 자기 기록을 한다든지, 자기 기록된 것을 재생한다든지 하는 기능을 가진 것을 말한다. 전자를 자기 녹음 헤드, 후자를 자기 재생 헤드라고 한다. 구조는 양자가 모두 같고, 한 자기 헤드를 양쪽의 목적에 병용할 수도 있다. 자기 헤드는 그림에서 보는 바와 같이 작은 갭(gap)을 가진 자성체에 코일을 감은 것이다. 갭의 밑을 자화된 자기 테이프가 일정한 속도로 이동하면 자기 테이프로부터의 자속이 코일에 작용하여 기전력을 일으킨다. 역으로 코일에 신호 전류를 흘리면 자화되어 있지 않은 자기 테이프에 기록할 수가 있다. 그림에서 보듯이 자기 헤드는 코일형으로서 자계의 변화에 감응한다. 코일형 이외에 홀 소자를 사용하여 자계의 크기 자체에 응답하는 형의 자기 헤드도 있다.

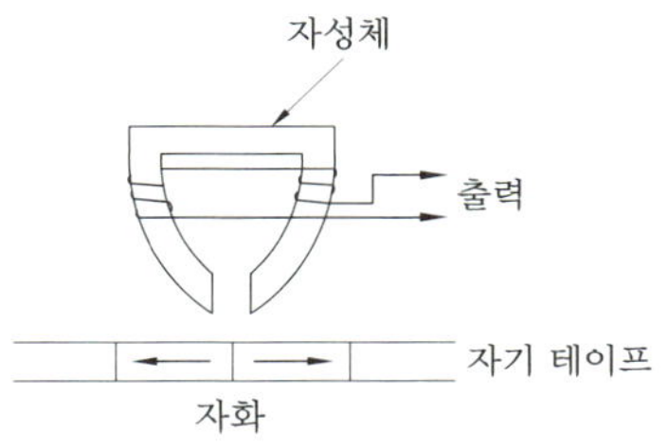

자기 헤드의 원리도

자기 회로(磁氣回路) magnetic circuit　자기력선속(磁氣力線束)이 흐르는 한 바퀴의 통로 또는 그 배합으로, 주로 자성 재료의 배합으로 이루어진다. 자성 재료를 도선이라 생각하고, 기자력(起磁力)을 기전력, 자기력선속을 전류, 자기 저항을 전기 저항으로 간주하면 전기 회로와 같이 유추할 수 있다. 따라서 전기 회로일 경우와 마찬가지로, 옴의 법칙이나 키르히호프의 법칙을 적용할 수 있다.

자동 가스 절단 automatic gas cutting　가스 절단 토치(torch)를 전동기가 붙은 크레인 또는 기계에 설치하여 일정한 방향으로 이동하면서 자동적으로 행하는 절단을 말한다.

자동 감기식 셀프 커버　테일 게이트 트림(tail gate trim) 캐치부의 훅을 떼면 스프링의 힘에 의해 자동적으로 본체에 감기는 셀프 커버로, 사용성의 향상을 도모한 것이다.

자동 공기 조화 장치(自動空氣調和裝置)　⇨ 자동 에어컨

자동 관성식 시트 벨트 emergency locking retractor type seat belt　사고 시 승객의 몸이 갑자기 앞으로 쏠려 그 속도가 0.2 m/s 이상이면 자동적으로 벨트가 감겨 승객의 몸이 더 이상 움직이지 않도록 고정되는 형식의 시트 벨트를 말한다.

자동 구속 장치(自動拘束裝置) passive restraint system　⇨ 패시브 레스트레인트 시스템

자동 난기 도입 장치(自動暖氣導入裝置) HAI; hot air intake　외기 온도의 변화에 관계없이 일정 온도의 공기를 에어 클리너에 들여보내는 장치로서, 온기 조정 에어 클리너 장치라고도 불린다.

자동 노즐 automatic nozzle　디젤 기관용 연료 분사 밸브의 한 형식으로서, 노즐은 스프링으로 눌려 있는 니들 밸브에 의해 닫혀 있다. 연료의 압력이 일정한 값 이상으로 높아질 경우, 이 압력에 의해서 니들 밸브가 밀려 올라가 연료가 분사되고, 연료 압력이 내려가면 니들 밸브가 닫혀 연료의 분사가 정지된다. 분출구의 형상과 수, 니들 밸브의 형상 등에 따라 여러 가지 종류로 나뉜다.

자동 노출 센서 auto-exposure sensor　카메라나 광학 현미경에 사용되고 있는 자동 노출용 센서의 주된 것은 광전 변환 소자이고, 피사체의 휘도를 검출하여 전자 제어 회로를 작동시킨다. 이것을 사용하는 경우의 포인트는 분광 감도와 다이내믹 레인지이다. 센서의 분광 감도는 인간의 분광 감도에 맞추게 되어 있다. 인간의 눈은 555 nm에 감도 피크가 있고, 약 400~700 nm 범위의 감도 분포를 보인다. 셀렌(Se) 광전지는 그 점에서 가장 인간의 눈의 분광 감도에 가깝지만 감도가 낮다. 황화카드뮴(CdS) 수광체는 분광 감도가 Se에 가깝고 값도 싸기 때문에 널리 사용되고 있지만, 어두워지면 응답 속도가 늦어진다. 실리콘(Si) 포토다이오드는 고감도로서 900 nm 부근에 최대 감도가 있어서, 이것을 비시감도(比視感度)에 맞추기 위한 브루 필터와 조합시켜 사용한다. 갈륨비소인화물(GaAsP)도 고감도로서 650 nm 부근에 최대 감도가 있지만, 700 nm 부근에서 급격히 감도가 떨어지기

때문에 비시감도에 맞추는 것이 필요하다. 다음에는 다이내믹 레인지인데, 피사체의 밝기는 10^5 이상의 범위에서 변화하기 때문에 이 넓은 범위를 좋은 직선성으로 커버하기 위해서 출력을 로그 다이오드 등으로 대수(對數) 변환하여 제어 회로에 넣는다.

자동 높이 조정 밸브 automatic height control valve　공기 스프링의 높이를 일정하게 유지하도록 공기의 공급과 배출을 자동적으로 조절하는 밸브로서, 주행 중의 진동에 의해서는 작동하지 않도록 스프링과 대시 포트(dash pot)가 설치되어 있다.

자동 방현 룸 미러　야간, 후속 차의 헤드 램프의 조도를 감지하고 거울의 광 반사율을 자동적으로 70 % 감소시켜 눈부심을 경감하는 룸 미러를 말한다. 룸 미러 위의 컨트롤 스위치를 AUTO에 설정함으로써 후방으로의 빛이 일정 값 이상이 되면 차 외부의 밝기에 따라서 거울이 반사율을 자동적으로 조정하여 눈부심을 방지해 준다.

자동 밸브 automatic valve　1 구획마다 설치하여 화재 발생 시 각 구획마다 공기 거품을 방지하는 밸브이다. 스프링클러 헤드의 작용으로 공기압의 변동에 의해 개방되는 것이 있으며, 화재경보기의 작동에 의해 전기적으로 전자 밸브를 개방하는 것이 있다.

자동 변속기(自動變速器)　A/T ; automatic transmission　(1) 운전자의 조작에 의하지 않고 자동적으로 기어 비가 선택되어 달리는 속도에 따라 기어가 자동으로 조작되는 변속기이다. 변속기뿐만 아니라 클러치 기능도 함께 있어 자동 변속기 노 클러치, 자동 기어 박스라고도 부른다. 이 자동 변속기는 차가 달리는 데 필요한 발진 조작과 기어 변속을 자동화한 것으로, 로 선택한다. 또한 차마다 설정된 속도와 액셀러레이터의 밝기에 따라 적정한 기어를 선택하는데, 필요에 따라 가속 때도 자동적으로 변속하는 것을 풀 오토매틱이라고 한다. (2) 유체 클러치나 밴드 또는 디스크 판을 작동시켜 자동적으로 기어 비를 선택할 수 있는 변속기를 말한다.

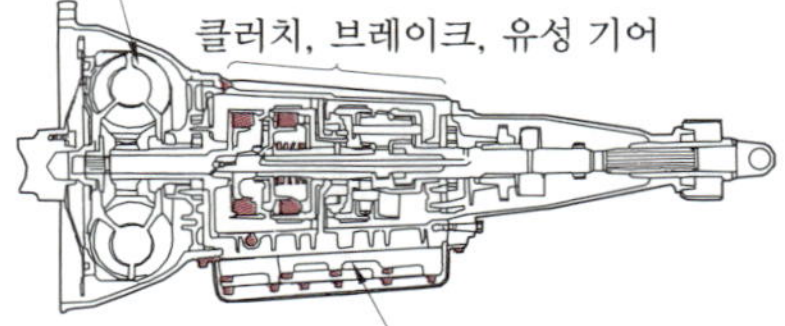

자동 변속기의 구조

자동 변속점(自動變速點) automatic shifting point　자동 변속기의 변속 스케줄에서 기어 비(바퀴를 1회전시키기 위한 엔진 회전수)가 변하는 점을 말한다.

자동 브레이크 automatic brake　운전 중인 기계 등이 돌발 사고 등으로 위험한 상태를 초래할 염려가 있을 경우, 자동적으로 작동하여 그 운전을 급히 정지시키는 브레이크 장치로서, 앞쪽의 자동차나 장애물과의 거리를 측정하고 어느 결정된 값 이하가 되면 자동적으로 브레이크가 걸리는 방식을 말한다. 열차용 자동 공기 브레이크는 선두 차량으로부터 전체 열차에 이어지는 브레이크 관으로 각 차량의 제어 밸브를 거쳐 브레이크 에너지를 공기실에 미리 가해 둔다. 같은 브레이크 관에서 공기를 뺌으로써 브레이크가 걸리도록 구성되어 있어서 브레이크 지령을 내리는 브레이크 관 호스의 파열, 연차 분리 등의 경우 자동적으로 브레이크가 작동한다.

자동 소화 장치(自動消火裝置) automatic sprinkler system　충격을 감지하여 자동적으로 엔진 룸과 콕 피트에 약재를 방사(放射)하는 것으로서, 할론 1301을 사용하는 가스식과 ABC 분말을 사용하는 분말식이 있다. 레이싱에 출장하는 자동차에 탑재하는 소화 장치로서, 차재(車載) 소화 장치라고도 부른다.

자동 속도 제어 장치(自動速度制御裝置) automatic speed control　자동차 자동 조종(操縱)의 첫 단계로서 속도를 제어하는 것으로, 계기판(計器板) 위의 스위치를 맞추어 두면 조속기(調速機, governor)의 작용에 의하여 노면 상황에는 관계없이 일정한 속도가 유지된다. 운전의 자유성을 확보하기 위하여 브레이크 페달을 밟거나 액셀러레이터를 놓음으로써 해제된다.

자동 아크 용접 automatic arc welding 항상 조작하지 않아도 연속적으로 용접이 진행되는 장치를 사용하는 용접으로, 용접봉의 이송은 자동으로 진행된다.

자동 에어컨 automatic air conditioner 자동 공기 조화 장치라고도 한다. 운전자가 설정한 온도와 내부 공기 센서로 검출한 실내 온도의 차이 및 외부 기온에 따른 수정 값을 컴퓨터로 계산하여 전공 변환기(電空變換機), 서보(servo), 공기 혼합 댐퍼 등 일련의 장치를 작동시킴으로써 실내 온도를 설정 온도에 가깝게 자동으로 조절하는 장치이다.

자동 연소 제어(自動撚燒制御) ACC ; automatic combustion control 부하(負荷)의 변동에 따르면서 연소의 조건을 적정하게 유지하고, 온도와 보일러의 증기압을 일정하게 유지하는 것을 목적으로 한다. 온도 또는 증기압에 의하여 연소량을 바꾸는 주제어(主制御) 시스템과 노(爐) 내의 연소 상태를 적정하게 유지하기 위한 연료 공기비 제어 시스템, 그리고 노의 내압 제어 시스템과 연료 장치의 제어 등 연소 관계의 제어 시스템을 통틀어 연소 제어라고 하며, 이들을 총합하여 자동화 시스템으로 할 때 자동 연소 또는 ACC라고 한다.

자동 온도 조절 히터 self-regulating heater 차실 내 온도를 센서로 감지하고, 전자 제어에 의해 통풍 온도 및 풍량을 자동적으로 컨트롤해서 설정 온도로 조정하는 기능을 갖게 한 IC 제어의 오토 히터를 말한다. 실온 센서, 덕트 센서 및 컨트롤 유닛에 의해 온도 조절 모터를 작동시켜 에어 믹스 댐퍼 및 냉각수 밸브 케이블을 자동적으로 컨트롤하여 설정 온도로 일치하도록 제어한다. 또한 블로어 변환 스위치를 AUTO로 해 두면 풍량도 자동적으로 3단 전환(저·중·고)으로 컨트롤된다. 송풍은 안면, 무릎, 발(전후 좌석) 등 디프로스터의 3방향으로 기호에 따라서 선택이 가능하다. 즉, 엔진 수온 상태에 따라서 자동적으로 나오는 찬바람을 차단하는 등의 쾌적성을 추구한 장치이다.

자동 적재함 저하 장치(自動積載函低下裝置) 스위치 조작에 의해 펌프로 유압을 발생시키고, 리어 서스펜션의 쇼크 업소버를 압축시켜 적재함 높이를 후단부로에서 약 80 mm(3매 리프의 경우) 저하시켜, 하물의 적재·적하 작업의 용이화를 도모하는 시스템(소형 트럭에 사용)이다. 또한 적재함 저하 상태에서 파킹 브레이크를 해제하거나 주행하면 자동적으로 적재함 높이가 복귀되며, 안전 기구도 설치되어 있다.

자동 제어(自動制御) automatic control 제어 장치에서 지령을 조작으로 바꾸는 기능이 모두 자동화되어 있는 것으로, 수동 제어에 대조되는 말이다. 현대의 기술 사회를 받치고 있는 큰 기둥의 하나이다. 미리 설정된 임무를 다하도록 대상에 필요한 조작을 가해, 그 상태와 거동을 의도대로 변화시키는 것을 일반적으로 '제어'라고 한다. 제어의 대상은 자연에서부터 사람의 행위에 이르기까지 다양하다.

자동 제한 차동 기어 장치 limited slip differential gear 자동 제한 차동 기어 장치는 슬립(slip)으로 공전하고 있는 바퀴의 동력을 감소시키고 반대쪽의 저항이 큰 바퀴에 감소된 만큼의 동력이 더 전달되게 함으로써 슬립에 따른 공전 없이 주행할 수 있게 한다. 또한 미끄러운 노면에서 출발을 용이하게 하고 타이어의 슬립을 방지하여 수명을 연장하며, 급가속할 때 안정성이 양호하다.

자동 조절계(自動調節計) automatic controller 제어량과 규정 값과의 편차 신호에 의해 연산 조작량을 자동적으로 결정하는 장치이다. 즉, 양을 표시함과 함께 자동적으로 조절하는 기능을 가진 기계를 말한다. 설정 기구, 연산 기구 및 지시 기록 기구로 구성되어 있다.

자동 조정 베어링 self-centering bearing 베어링의 일종으로 아웃 레이스(구름 베어링의 외륜)의 궤도가 구면으로 되어 있으며, 베어링의 중심과 축의 중심을 자동적으로 일치시키는 기능을 가진다. 각종 기계 장치에 사용되지만, 자동차에서는 클러치 릴리스 베어링에 주로 사용되고 있다. ⇨ 클러치 오프 센터

자동 조정식 쇼크 업소버 automatic control type shock absorber 가변식 쇼크 업소버로서, 쇼크 업소버의 감쇠 특성을 전자 제어에 의하여 주행 조건에 가장 적합한

상태로 자동적으로 조정하는 것을 말한다. 전자 제어 서스펜션의 일부로서, 다른 서스펜션 요소와 같이 사용되는 것이 일반적이다.

자동 조정 장치(自動調整裝置) self-adjusting device　슈와 드럼과의 간극을 항상 적절한 상태로 유지시켜 안정된 제동력을 얻는 장치이다. 드럼 브레이크 라이닝이 마모되면 슈와 드럼과의 간극이 크다. 일반적으로 리딩 트레일링 슈식과 듀오 서보식이 있으며, 후진 시 브레이크를 작동시켰을 때 작용한다.

자동 조종 자동차(自動操縱自動車) automatic control of automobile　운전자의 피로 경감과 안전성의 향상을 위하여 노면 또는 차선에서 자장(磁場)이나 반사체(反射體)를 이용하여 주행할 수 있도록 자동 조종되는 자동차를 말한다. 차선에 따라 설치된 반사체를 극초단파 빔을 이용하여 광 반사체를 광전식으로 검출하여 자동 조종되는 기계적 유도 방식과, 노면을 따라 자장을 만들어 이를 검출하여 자동 조종하는 방식 등 두 가지가 있다.

자동 중심 조정 베어링 self-aligning bearing　외륜(外輪)의 궤도면이 베어링 중심을 중심으로 한 구면(球面)으로 되어 있고, 내륜(內輪)에 볼 또는 롤러를 끼워 외륜에 대해 경사지게 하여 자동적으로 축의 중심과 일치하는 베어링을 말한다.

자동 지연(自動遲延) auto retard　전자식 개방 고리(open loop) 타이밍에 사용되는 이 장치는, 흡입 매니폴드 압력이 증가할 때 폭음을 줄이기 위해 고정된 수치의 각도를 지연하도록 컴퓨터 타이밍 신호를 보내는 것을 말한다.

자동 진각(自動進角) automatic advance　엔진은 저속 회전을 기준으로 회전이 빨라지면 점화 시기도 저절로 빨라지는 자동 진각 장치를 갖고 있다. 진각은 디스트리뷰터의 포인트 위치를 바꾼다. 이그니션 타이밍은 저속 회전 때는 그다지 빨리할 필요가 없으나 고속 회전이 되면 점차로 빨리하는 쪽이 좋다.

자동 진각 장치(自動進角裝置) auto advance device　회전 속도 및 기관의 회전수와 부하에 따라 기관의 점화 시기를 자동적으로 조절해 주는 장치로, 이그니션 타이밍은 저회전 때는 느리지만 고회전이 되면 점차로 빨라진다. 즉, 회전수의 변화를 원심력의 변화로 바꾸고 캠을 회전시켜 포인트가 열리는 시기를 바꾸어 진각시키는 것을 말한다.

자동차(自動車) motor vehicle　원동기를 장치하여 그 동력으로 바퀴를 굴려서 철길이나 가설된 선에 의하지 아니하고 땅 위를 움직이도록 만든 차를 말한다. 고무 타이어를 가진 것이 특징으로, 승용차, 승합자동차, 화물 자동차, 특수 자동차 및 이륜자동차가 있다.

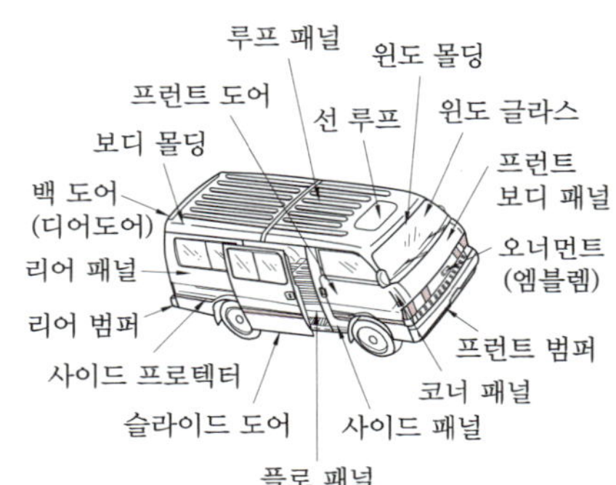

자동차 각 부의 명칭

자동차 검사증(自動車檢査證) motor vehicle inspection certificates　관할 관청에서 자동차 사용자에게 교부하는 확인 증명서를 말한다. 자동차 등록증에 기재된 자동차의 구조 및 장치가 건설교통부령이 정하는 안전 기준 규칙에 적합하다고 인정되었을 때, 관할 관청에서 자동차 사용자에게 자동차 검사증을 교부한다.

자동차 길이 overall length　전장(全長)을 말하는 것으로, 차체 앞의 가장 튀어나온 부분에서 차체 뒤의 가장 튀어나온 부분까지의 길이를 말한다. 이때 번호판 볼트, 너트나 SUV 차량의 앞에 있는 철봉은 포함되지 않는다.

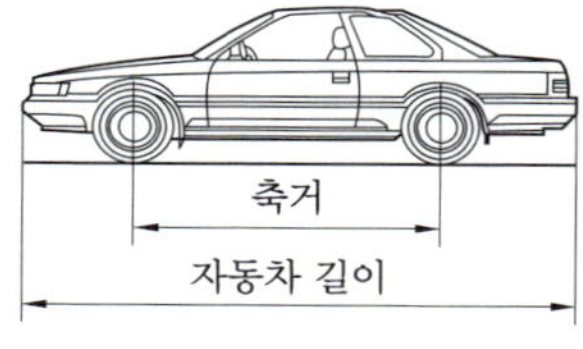

자동차 길이

자동차 난방 장치(自動車煖房裝置) car heater 엔진의 냉각수를 난방 장치의 열 교환기 (라디에이터)에 흐르도록 하고 전동 팬 (fan)을 회전시킨 후 온풍을 실내로 순환 시켜 적정한 온도를 유지하도록 하는 장치 를 말한다. 즉. 자동차 냉각수의 열을 이용 하여 차실 내에 따뜻한 공기를 순환시키 는 방식이다.

자동차 너비 overall width 전폭(全幅)을 말하는 것으로, 자동차의 옆면에서 가장 튀어나온 부분 사이의 길이를 말한다. 사 이드미러는 포함되지 않는다.

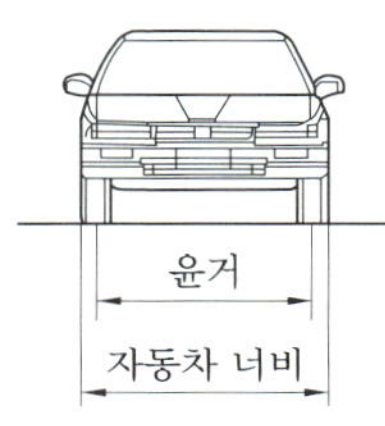

자동차 너비

자동차 높이 overall height 전고(全高)를 말하는 것으로, 자동차 타이어의 접지면 과 가장 높은 부분 사이의 길이를 말한다. 루프 레일이나 캐리어 등은 포함되지 않 는다.

자동차 보험(自動車保險) automobile insurance 자동차를 소유·운행·관리하는 동 안 발생하는 각종 사고로 인하여 생긴 피 해를 담보별로 보상할 것을 목적으로 하 는 보상 혜택을 받을 수 있는 보험으로, 여기에는 「자동차손해배상보장법」에 따라 차를 가지고 있는 소유자가 의무적으로 가 입해야 하는 책임 보험과, 운전자(차주)나 보험 회사가 가입·인수 여부를 서로의 뜻에 따라 임의로 결정할 수 있는 종합 보 험이 있다.

자동차 이미션 automotive emission 자동 차에서 대기로 배출되는 연료의 미연소 부 분이나 연소 생성물을 뜻하는데, 주로 일 산화탄소(CO), 탄화수소(HC), 질소 산화 물(NOx) 등을 말한다.

자동차 주행 성능 곡선(自動車走行性能曲線) automobile performance diagram 자동 차의 주행 속도에 대한 구동력 곡선, 주 행 저항 곡선, 각 변속에 대한 엔진 회전 속도를 선도로 나타낸 것을 말한다.

자동차 차대 번호(自動車車臺番號) VIN ; vehicle identification number 자동차만의 주민 등록 번호인 차대 번호(VIN)는 차량 의 등록 시 또는 차량의 소유권을 유지하 는 데 필요한 법적인 사항에 사용되는 식 별 번호이다. VIN을 통하여 그 자동차의 형식과 출고 연도 등 많은 정보를 확인할 수 있다. VIN은 17 자리의 영문과 숫자로 되어 있는데, 3~9번째까지는 제작사 자 체적으로 설정된 부호와 규정에 의한 의미 를 담고 있지만, 1~2, 10, 12~17번째 자 리는 어느 회사이건 동일하기 때문에 제작 회사와 제작 연도 등을 알 수 있다. 크기 의 표식에 알파벳과 숫자로 조합된 17자리 의 문자표이며, 위변조가 어렵도록 타각 (打刻)되어 있다.

자동 초크 automatic choke 기화기에 들 어가는 공기의 양을 엔진 온도와 운전 조 건에 맞게 초크 밸브의 위치를 자동적으로 조절하는 장치를 말한다.

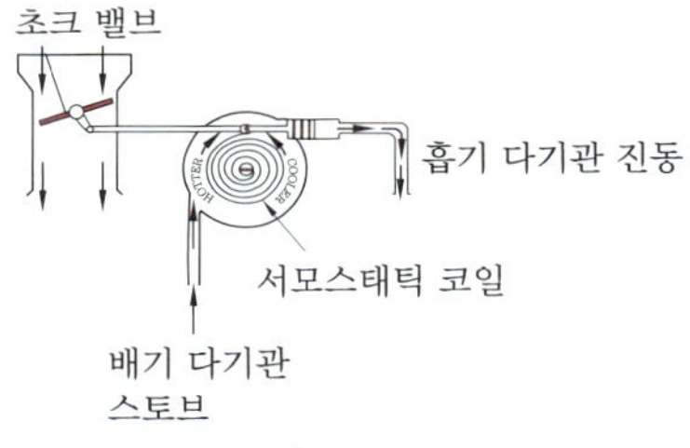

자동 초크

자동 초크 장치 auto choke system 1978 년도의 미쓰비시 미라즈 자동차 및 닛산 NAPS 자동차에, 자동적으로 엔진의 난기 에 따라 엔진 회전이 낮아지는 자동 초크 장치가 채용되었다. 전자는 페달 프리 자 동 초크(PFAC, pedal free auto choke), 후 자는 전자동 초크 장치(FACS, full auto choke system)라고 불린다. 종래의 자동 초크 장치에서는 바이메탈이 가열되는 데 따라 초크 밸브가 자동적으로 열리지만, 스로틀 밸브는 가속 페달의 밟음에 따라 서 패스트 캠을 떨어뜨리게 된다. 이 결 과 차를 세워 두고 엔진을 난기하는 경 우에 스로틀 밸브는 시동 시와 같은 열 림 폭으로 엔진이 난기됨과 동시에, 초크 밸브가 열려 기화기에 공급되는 혼합 가 스도 희박해지고 엔진 회전이 높아 2,500

m 이상으로 되어 촉매도 가열되어 촉매 수명이 단축되는 좋지 않은 결과가 초래된다. 이 결점을 제거할 목적으로 개발된 것이 PFAC, FACS인 것이다.

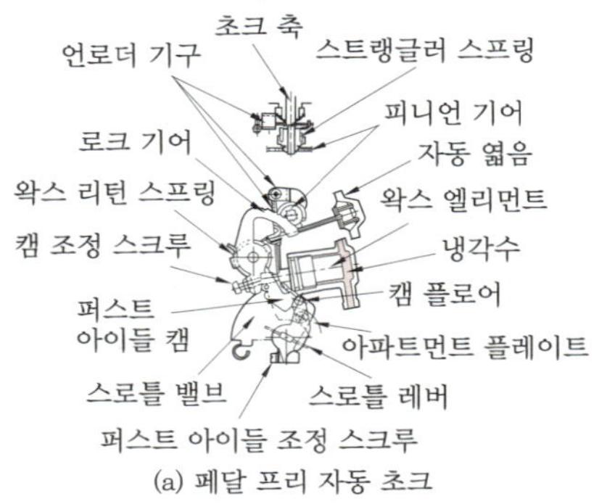

(a) 페달 프리 자동 초크

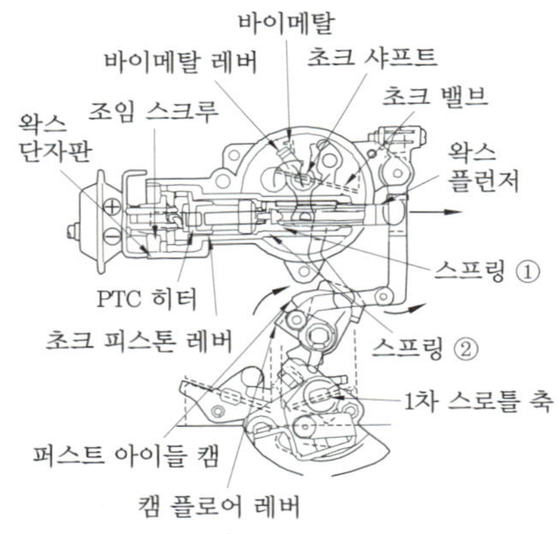

(b) 전자동 초크 장치

자동 초크 장치의 종류

자동 클러치 automatic clutch 운전 조작에서 까다로운 조절을 요구하는 클러치 페달을 없애고 액셀러레이터를 밟는 것만으로 발진과 기어 체인지가 가능하도록 고안된 것이 자동 클러치로, 오토클러치라고도 한다. AT 자동차도 자동 클러치 기능을 갖고 있으나 거기에 다시 자동 변속 기능을 더한 것이라고 할 수 있다. 요즘의 오토클러치 자동차에는 원심 클러치, 유체 클러치, 전자 클러치 등이 있다.

자려 진동(自勵振動) self-induced vibration 기계 내부에 발생하는 진동을 말하며, 어떤 자극이 원인이 된다. 즉, 비진동적인 에너지가 그 계(系)의 내부에서 진동적인 여진(勵振)으로 변환되어 발생하는 진동을 말한다.

자력(磁力) magnetic force ⇨ 자기력

자력선(磁力線) magnetic line of force 자계(磁界)의 분포 상태를 나타내기 위하여 편의상 가상한 곡선 군(群)을 말한다. 자력선의 접선의 방향은 그 점에 있어서 자계의 방향을 나타내며, 단위 면적당 자력선의 수는 자계의 세기를 나타낸다. 자계의 양상을 나타내는 데는 자력선이 사용되지만, 물질 내의 자력의 양상을 나타내는 데는 자력선과 동일한 생각에 입각해서 자속선(磁束線, 자기 유도선)을 사용한다. 자력선은 N극에서 나와 S극으로 향하려는 성질이 있다.

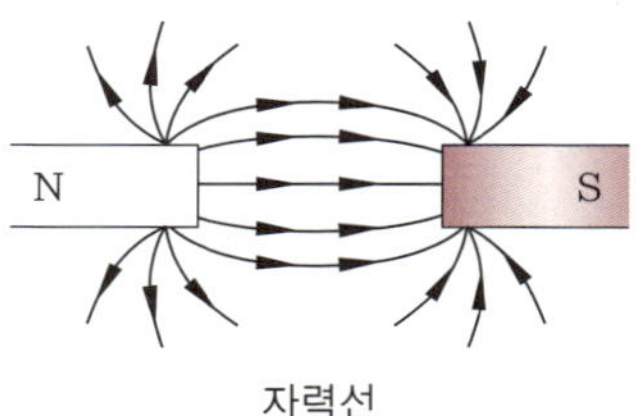

자력선

자리 올림수 carry digit 어느 숫자 위치의 합 또는 곱이 그 위치에서 표시할 수 있는 최대의 수를 넘을 때 다른 위치에서 처리하기 위해 이송되는 숫자를 말한다.

자분 탐상법(磁粉探傷法) magnetic particle inspection method 자기(磁氣)를 응용한 비파괴 검사의 수법을 이른다. 피검사 물체의 표면 부근의 자력선이 평행이 되게 자화시켜 놓고 표면의 균열 등으로 해서 결함이 발생하면 자기 저항 차로 인해 자력선에 균열이 생기고, 자력선의 일부가 누설된다. 철분(鐵粉)을 살포하면 자분(磁粉)이 누설 자속에 의하여 흡인되기 때문에 자분 무늬가 형성된다. 자분에는 미세 철분이 사용되지만, 무늬가 잘 보이도록 착색 도료나 형광 도료를 섞는다. 자화된 피검사물에 백색광이나 자외선(형광 자분을 사용한 경우)을 조사(照射)하고 자분의 무늬를 관측하여 결함의 유무나 흠의 크기를 판정한다. 결함으로부터의 누설 자속은 평행인 경우에는 매우 작기 때문에 검출 감도를 높이기 위해서는 자화 방법을 최적화할 필요가 있다. 자화 방법에는 통전법(通電法), 관통법(貫通法), 일법, 극간법(요크법이라고도 함)이 있고, 자화 전류는 교류 또는 정류한 단상반파

(單相半波), 단상전파(單相全波), 3상전파가 사용된다. 교류는 표피 결함에만, 전파 전류는 표면에 가까운 표면 밑 결함의 정밀 측정에 사용된다.

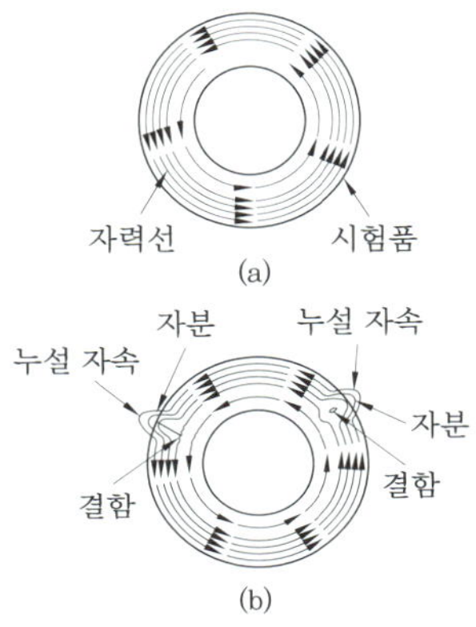

자분 탐상법의 원리도

자생 작용(自生作用)　새로운 숫돌 입자가 형성되는 작용을 말한다. 숫돌 입자는 연삭 과정에서 마멸→파쇄→탈락→생성 과정이 되풀이된다.

자석(磁石) magnet　쇳조각을 끌어당기거나 전류에 작용을 미치는 성질을 자성(磁性)이라고 하는데, 이러한 자성을 지닌 물체를 자석이라고 한다. 자석은 외부 자기장에 의한 자성에 따라 일시 자석과 영구 자석으로 나눌 수 있다. 그리고 자석을 형태에 따라 나누면 막대자석, 말굽자석 등이 있다.

자석 스트레이너 magnet strainer　스트레이너는 먼지나 불순물 따위를 여과하는 기기 또는 망을 말한다. 따라서 자석 스트레이너는 변속기의 유압 계통에 설치되어 펌프에 자성(磁性)의 금속이 흡입되는 것을 방지한다.

자석식 타이밍 프로브 magnetic timing probe　엔진 블록에 있는 특수 홀더에 끼워 넣었을 때, 크랭크샤프트 트리거로부터 엔진 타이밍 신호를 받는 센서를 말한다. 프로브 홀더 위치가 상사점 위치와 차이가 있으므로 DEA가 수치 계산을 하기 위해서는 수정 계수(프로브 상쇄 계산)를 더해야 한다.

자성(磁性) magnetic property　물질의 자기적 성질로, 자성체(磁性體)가 자화(磁化)되었을 경우에 그 재료가 나타내는 자기적인 여러 특성을 말한다. 즉. 자기를 띤 물체가 쇠붙이 등을 끌어당기는 성질이다.

자성체(磁性體) magnetic substance　자성(磁性)을 지닌 물질, 즉 자기장 안에서 자화(磁化)하는 물질을 말한다. 강자성체(強磁性體)는 원자의 자기 모멘트가 정렬되어 있어 자성이 강한 자성체이고, 상자성체(常磁性體)는 원자의 열 진동으로 인해 자화가 무질서하게 일어난 자성체이다. 그리고 반자성체(反磁性體)는 외부 자기장과 반대 방향으로 자화가 일어나는 자성체이다.

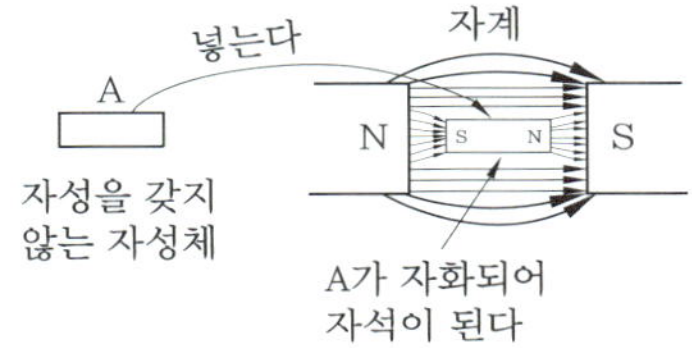

자성체

자세 제어용 센서 posture control sensor　인공위성은 그 목적에 따라 각종 관측 기관의 중심축을 지구 중심 방향, 태양 방향, 공간의 일정한 방향 등으로 정확하게 맞추어 줄 필요가 있는데, 이러한 자세 결정은 자세 제어용 센서에 의해서 이루어진다. 자세 결정에 사용되는 센서에는 지구 센서, 태양 센서, 항성 센서, 관성 센서 등이 있으며, 지구 센서는 지구 주위의 탄산가스가 방출하는 적외선을 검출한다.

자속(磁束) magnetic flux　자기력선속을 줄인 말로, 자기력선의 다발을 일컫는 말이다. 자기장이 있는 공간에서 어떤 면적을 지나가는 자기력선의 총수에 비례하여 이것의 밀도와 수직인 면의 넓이를 곱한 양이다. 보통 ϕ(파이)로 표시하며, 단위는 자극(磁極)의 자기장 단위인 Wb(웨버)를 사용한다.

자속 밀도(磁束密度) magnetic flux density　단위 면적을 지나는 자속을 자속 밀도라고 하며, 단위는 가우스(G) 또는 테슬라(T)를 사용한다. 자속 밀도는 자기장의 세기를 나타내며, 넓이 S인 단면을 수직으로 지나는 자속 ϕ와 자기장 B의 세기는 다음의 관계에 있다.

$$B = \frac{\phi}{S}, \quad 1\,\mathrm{T} = 1\,\mathrm{Wb/m}^2$$

자기력선의 간격이 촘촘할수록 자기장의 세기가 세다. 자석의 경우, 양쪽 자극에서 자기력선의 밀도가 높고 자극으로부터 점차 멀어지면 자기력선의 밀도가 낮다. 흰 종이 아래에 자석을 놓고, 종이 위에 쇳가루를 뿌리면 이를 확인할 수 있다.

자연 건조(自然乾燥) natural drying 대기 중에 그대로 방치하여 일광을 이용해 자연스럽게 건조되도록 하는 것이다. 오물 찌꺼기는 소화된 것을 모래 바닥에 살포하여 건조한 후 탈수한다.

자연 순환 방식(自然循環方式) natural water circulation type 순환식 엔진을 냉각하는 물이 저절로 대류로 순환되는 것이 자연 순환 방식이다. 이와 대비되는 용어로서 강제 순환 방식(수랭식 엔진을 펌프를 이용해서 냉각하여 강제로 순환시키는 것)이 있다.

자연 환기 방식(自然換氣方式) natural ventilation type 크랭크축의 회전에 의한 공기의 와류(渦流)나 냉각 팬과 자동차의 주행에 따른 공기의 이동을 이용하여 환기시키는 방식으로, 크랭크 케이스 환기 방식의 한 가지이다. 엔진 위에 설치된 필러 캡을 통해 공기가 도입되어 엔진 안을 순환한 후 블리더 파이프를 통해 대기 중으로 방출된다. 대기를 오염시키는 단점이 있어 현재는 사용하지 않는다.

자연 환기 장치(自然換氣裝置) natural ventilation system 공기의 자연 이동을 이용한 환기 장치로, 엔진의 윗부분이나 옆부분의 일부에 설치한 캠을 거쳐 대기 중의 공기가 들어가고 엔진 내부를 순환시킨 후 엔진 뒤쪽에 설치된 파이프를 통해 대기 중으로 배출되도록 하는 형식이다. 대기 중으로 배출되도록 유도하는 파이프를 브리더 파이프 또는 통풍관이라고 한다.

자연 흡기 엔진 naturally aspirated engine ⇨ 내추럴리 애스퍼레이티드 엔진

자연 흡입 방식(自然吸入方式) natural suction system 엔진은 피스톤이 내려갈 때 부압(負壓)이 생겨 공기를 빨아들인다. 시동을 위해 스타팅 모터를 돌릴 때부터 이 작용이 시작되어, 회전 중에도 계속해서 공기를 그대로 빨아들인다. 고회전이 되면 흡입과 배기의 저항이 늘어나 효율이 약

75%로 낮아진다. 높은 지대나 고온일 때는 공기 밀도가 낮아져 성능에도 영향을 미친다.

자왜 센서 magnetostrictive sensor 자계(磁界) 속에 철(Fe)이나 니켈(Ni) 같은 강자성체를 넣으면 변형이 생겨 크기가 달라진다. 역으로 강자성체에 변형을 주면 대개의 경우 자화(磁化) 특성이 크게 달라진다. 자왜(磁歪) 센서는 이 현상을 이용한 것으로서, 변형이나 변위, 압력, 하중 또는 토크 등의 측정에 사용된다.

자왜식 노킹 센서 magnetostrictive knocking sensor 그림과 같은 구조로서, 엔진 실린더 블록에 고정된다. 노킹이 발생했을 때의 이상 진동을 자기 변형 효과가 큰 가성 재료로 받는다. 자기 변형 효과에 의해서 자속 밀도가 변화하기 때문에 노킹의 이상 진동에 대응한 기전력이 코일에 발생한다. 또 노킹으로 인한 이상 진동(6~8 kHz)을 그에 무관한 진동으로부터 구별하기 위해서 노킹의 주파수에 맞추어 센서가 공진하도록 설계되어 있어 S/N을 높인다.

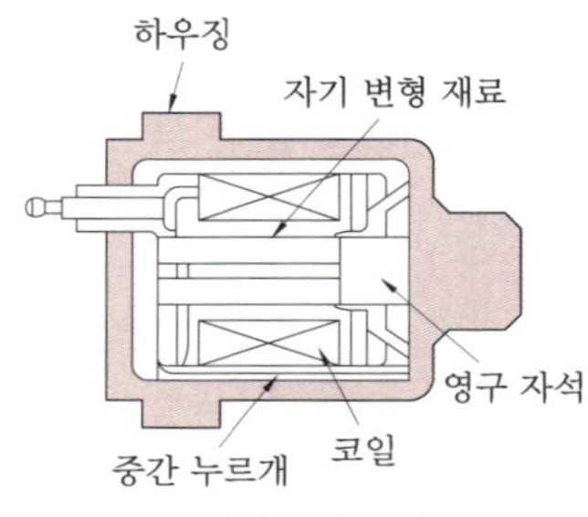

자왜식 노킹 센서

자왜식 로드 셀 magnetostrictive load cell 자성체에 기계적 변형을 가하면 길이가 늘어난 방향과 오므라진 방향의 자화 특성에 차이가 생긴다. 특히 투자율(透磁率)이 크게 달라진다. 자왜식(磁歪式) 로드 셀은 이 현상을 이용한 응력(應力) 센서이다. 예컨대, 규소 강판을 겹쳐 두고 에폭시 수지로 접착하여 4개의 구멍을 낸 다음 정사각형이 되도록 배치한다. 대각선에 선을 감되 하나는 교류 여자(勵磁) 전원에 접속하고, 다른 한쪽은 전압계에 접속한다. 하중이 0일 때는 여자 코일과 검출 코일이 직교해 있기 때문에 검출 코일에 교차하는 자속(磁束)은 없고, 출력 전압은 0이다. 화살

표 방향으로 하중이 작용하면 축 방향의 투자율이 감소하고, 축에 수직 방향의 투자율이 증대한다. 그 결과 자속 분포의 대칭성이 깨어져 검출 코일과 교차하는 자속이 생기고, 출력 전압이 생긴다. 그 값은 하중의 크기에 비례한다. 크기와 형상을 연구한 여러 가지 로드 셀이 만들어지고 있다.

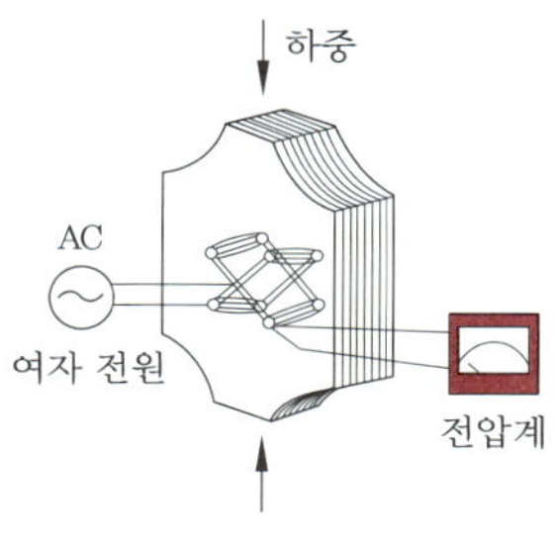

자왜식 로드 셀

자유 굽힘 시험 free bend test　초기의 굽힘만 수놈, 암놈의 지그 또는 롤러 등을 사용하여 굽히고, 나중에는 지그 등을 사용하지 않고 시험편의 양단으로부터 압력을 가하여 자유롭게 굽히는 시험을 말한다.

자유 단조(自由鍛造) free forging　가열된 소재를 앤빌 위에 놓고 수공구나 기계 해머로 타격을 가해 부분적으로 가공하여 성형하는 방법이다. 스스로 재료를 메질하여 소정의 모양을 만들어 내는 것으로, 형단조(型鍛造)에 대응하는 말이다.

자유 전자(自由電子) free electron　원자 내 전자들이 핵과의 인력에 의해 고정되어 있는 데 반해, 일정 영역 내에서 움직임이 자유로운 전자를 말한다. 주로 금속 내에 있으며, 진공관 등에서는 열전자 방출로 인해 자유 전자가 기체 상태로 있기도 한다. 전리층에서도 기체 상태의 자유 전자가 존재한다. 금속 내부에서 전기 전도성, 열 전도성 등의 성질을 이 자유 전자로 기술하는 자유 전자 모형 이론이 있다.

자유 진동(自由振動) free vibration　진동체에 외력(外力)이 작용하지 않는 경우의 진동이다. 자유 진동의 진동수는 진동체의 고유 진동수만 가지며, 고유 진동수가 여럿인 물체의 경우 기준 진동이 중합된 진동수를 가진다.

자유 회전(自由回轉) free rotation　결합 방향을 축으로 하여 회전 가능한 단결합처럼 분자 내 회전이 자유롭게 일어나는 상태를 말한다. C-C 결합에서는 배위자에 의한 회전 장벽이 약 $17\,\mathrm{kcal \cdot mol^{-1}}$ 이하이면 실온에서 자유 회전이 가능하다. 단결합에 대해서 반드호프(J. H. van't Hoff) 이래 가정되어 있었으나, 실제의 분자 내의 회전은 거의 단진동과 자유 회전과의 중간의 상태에 있으며, 완전히 자유로운 회전이 되는 경우는 거의 없다.

자유 흐름 free flow　유압 장치에서 기기의 작동에 관계없이 규제되지 않고 오일이 흐르는 것을 말한다.

자이로 gyro　원래는 라틴어로 '회전하는 것'을 의미한다. 회전체를 사용한 자이로는 공간축의 보존성과, 회전축에 모멘트를 걸면 모멘트의 크기에 비례하여 모멘트의 방향에 세차(歲差) 운동을 하는 특성을 이용한다. 전자가 방위 센서 등에, 후자가 레이트 자이로 등에 응용되고 있는 성질이다. 또 최근에는 회전체가 없어도 자이로와 동일한 작용(회전 속도의 검출)을 하는 것을 자이로라고 말하게 되었다. 예컨대 광섬유 자이로, 링 레이저 자이로, 핵자기 공명 자이로 등은 팽이 모양의 회전체를 전혀 사용하지 않고 회전 속도를 검출하는 장치이다. 팽이 모양의 자이로를 사용한 또 다른 이용 사례로는 공간축의 보존성을 이용한 독일의 모노레일이나 미국 산림성의 1인승 2륜차가 있다. 세차 운동을 이용한 사례로는 정밀도 높은 중력계가 있는데, 독일의 웨버사가 상품화한 것이다.

자이로스코프 gyroscope　중심(重心)이 정확히 중심(中心)에 있는 금속제 바퀴를 서로 수직을 이루는 축 주위에 기울일 수 있는 금속 고리의 안쪽에 지지하고, 바퀴의 회전축이 임의의 방향을 취할 수 있도록 한 장치를 말한다. 자이로스코프를 여러 방향으로 움직여도 바퀴가 고속으로 회전하고 있을 때에는 그 회전축의 방향은 변하지 않으며, 자이로컴퍼스, 자이로파일럿 등에 사용하여 동요나 방향을 자동적으로 조정한다.

자이로컴퍼스 gyrocompass　3축의 자유도를 가진 자이로(로터)의 지북(指北) 작용과 제진(制振) 작용을 주어 지표면 상에서 자이로 축을 남북 방향으로 계속 향하게 하는 장치를 이른다. 고속 회전하는 로터를 어느 방향으로나 자유로이 향할 수 있게 지지하면 로터의 축은 그대로 맨 처음의 방향을 계속 유지한다. 여기에 지북 작용을 주기 위해서, 예컨대 그림과 같이 추를 달아서 1축을 구속한다. 지구의 자전에 의해 최초의 (a) 상태에서 (b)의 상태로 이행하면 추가 지북축을 지상에 대하여 수평 위치로 되돌리려고 한다. 이것으로 말미암아 로터는 세차(歲差)를 일으키고 (c)와 같이 북쪽을 지시한다. 안정적으로 지북시키기 위해서 보통 기름 등을 사용해 댐핑을 건다. 항해 계기로서 자기(磁氣) 컴퍼스와 함께 널리 쓰이고 있다.

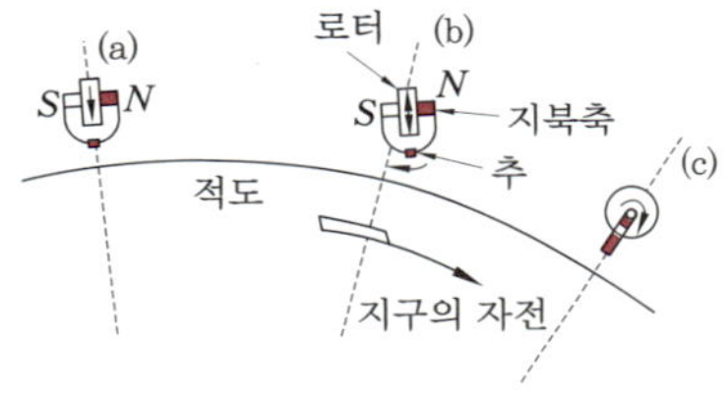

자이로컴퍼스

자이로 효과 gyro effect　고속으로 회전하는 로터(회전체)가 그 회전축을 일정하게 유지하려는 성질을 말한다. 2륜 차량이 직진할 때 고속이 될수록 그 안정성이 높아지는 것은 자이로 효과에 의한 것이다.

자장(磁場) ⇨ 자기장

자재 이음 universal joint　두 축이 어떤 각도를 가지고 회전하는 경우에 사용되는 축 이음을 말한다. 연결된 두 축의 위치 관계에 구속되지 않고 회전이 전달된다. 두 축의 각속도비(角速度比)는 두 축의 경사각에 의하여 변화한다. 보통 경사각은 $30°$ 이하로 사용된다. 두 축의 각속도비를 변화시키지 않기 위해서는 중간축을 이용하고, 자재 이음을 2조 사용하여 각각의 경사각을 같게 한다.

자화(磁化) magnetization　물체가 자성(磁性)을 지니는 현상으로, 자기장 안의 물체가 자화되는 양상에 따라 강자성체, 상자성체, 반자성체, 페리 자성체로 나뉜다. 자화의 세기는 물체의 단위 부피에 대한 자기 모멘트에 의해서 측정된다.

작업대(作業臺) work bench　일반 공작 작업에 필요한 바이스를 설치하고 공구나 공작물을 진열하여 손수 작업을 할 수 있는 탁자를 말한다.

작은 나사 machine screw　볼트의 바깥지름이 1~9 mm인 나사로, 볼트의 머리부에는 드라이버로 돌릴 수 있도록 一자형과 十자형의 홈이 파져 있다. 나사 머리의 외부 돌출 여부 및 볼트 머리 자리의 모양 등에 따라 여러 종류의 머리 모양이 있는데, 둥근머리, 납작머리, 납작머리접시, 둥근머리접시, 냄비, 둥근납작머리 등이 ISO에 규정되어 있다. 드라이버를 사용하여 조이므로 볼트에 비하여 죄는 힘은 작다. 그리고 빈번한 풀림이 있는 곳에서는 홈의 모양이 손상되기 쉽다.

잔류 가스 residual gas　4사이클 기관의 배기 행정 끝 또는 2사이클 기관의 소기 행정 끝에 실린더 속이 완전히 다 배출되지 않고 남아 있는 연소 가스를 말한다.

잔류 연료 경고등(殘留燃料警告燈) fuel level warning lamp　연료 탱크 내의 연료량이 규정 이하가 되었을 때 점등되어, 연료 보충을 알려 주는 역할을 하는 등이다.

잔류 응력(殘留應力) residual stress　불균일한 소성 변형의 결과로서 금속 내에 생성된 응력으로, 소입, 용접, 냉간 가공 등에 의해 발생한다. 도금에서는 도금욕(plating bath)에 따라서 높은 전류 밀도에 의한 잔류 응력이 발생하는 경우가 있다. 일반적으로는 인장 응력이며, 도금 피막의 크랙 등의 결함 원인이 된다. 전주(電鑄)와 같이 도금을 부착할 때에는 잔류 응력의 영향이 크다.

잔류 자기(殘留磁氣) residual magnetism, remanence　강자성체에 자계(磁界)를 작용시켜 자화(磁化)한 후 자계를 제거하여도 이 자화된 물체에는 자력(磁力)이 남는데, 이와 같이 남아 있는 자력을 잔류 자기라고 한다. 철, 니켈, 코발트 등은 잔류 자기가 남기 쉽다. 이것들의 물품에 배럴 도금을 가하면, 도금 중에 자기를 띠게 되어 도금 후 물품에 자기가 남는 경우가 있다. 영구 자석은 잔류 자기를 이용한 자석이다.

잔압(殘壓) residual pressure　브레이크

해제 시 슈 리턴 스프링과 마스터 실린더 내의 리턴 스프링이 작용하여 스프링의 장력과 회로 내 유압(油壓)이 평형이 되면 마스터 실린더 내의 체크 밸브가 밸브 시트에 밀착되면서 형성되는 회로 내에 남아서 유지되는 압력을 말하며, 보통 0.6~0.8 kg/cm^2 정도이다. 이 잔압은 브레이크 작동 시 즉시 제동력을 전달하고 회로 내의 약한 부분을 통해 공기나 이물질이 유입되어 발생되는 베이퍼 로크(vapor lock) 현상을 방지하는 기능을 한다.

잠열(潛熱) latent heat　물질의 상태가 기체와 액체, 또는 액체와 고체 사이에서 변화할 때에는 열을 흡수하거나 방출하게 된다. 예컨대, 얼음이 녹아 물이 될 때에는 둘레에서 열을 흡수하고, 거꾸로 물이 얼어 얼음이 될 때에는 같은 양의 열을 방출한다. 이와 같은 경우, 열의 출입이 발생하더라도 온도는 변하지 않으므로 이 열을 잠열이라고 한다. 온도를 올렸을 때 생기는 변화에서는 잠열의 흡수가, 그 반대의 변화에서는 잠열의 방출이 일어난다. 알코올을 피부에 대었을 때 차게 느껴지는 것은 알코올이 기화할 때 피부로부터 잠열을 빼앗기 때문이다.

잡음(雜音) noise　수신기, 증폭기 등에서 내부나 외부로부터 출력 중에 혼입(混入)되는 입력 신호 성분 이외의 모든 전기 신호를 잡음이라고 한다. 또 텔레비전 등의 화상 정보에서 출력은 시각상(視角像)이지만, 원화상(原畫像)에 포함되는 신호 이외의 모든 성분을 잡음이라고 한다. 그리고 암실 이외에서 브라운관을 볼 경우에는 외래광(外來光)이나 주위상(周圍像)의 반사가 화상의 품위를 떨어뜨리므로 이것도 잡음이라고 할 수 있다. 이 밖에, 음향 심리적으로는 그 사람이 들으려고 하는 소리 이외의 모든 소리는 잡음이고, 자연계에 항상 존재하는 일정 레벨의 무의미한 신호도 잡음이다. 심야의 바람 소리, 나뭇잎 소리 등과 같은 배경 잡음은 들을 수 있는 최소음의 강도를 제한한다. 음향적인 잡음의 크기는 인간이 들을 수 있는 소리의 최솟값을 기준으로 한 데시벨 값(dB)으로 나타낸다.

장력(張力) tension　물체의 표면 또는 내부 임의의 면에 대해, 양쪽 부분이 그 면에 수직으로 작용하는 인력을 말하며, 단위 면적당 작용하는 힘으로 나타낸다. 단위 면적이 S인 막대의 양 끝을 크기가 F인 힘으로 잡아당길 때, 임의의 단면에 작용하는 장력의 크기는 F/S가 된다. 장력은 같은 위치에서도 단면의 선택에 따라 그 크기가 달라진다. 액체의 표면적을 작게 하려는 경향도 표면에 작용하는 장력, 즉 표면 장력 때문이라고 볼 수 있다.

장력 시험기(張力試驗基) tension tester　밸브 스프링의 장력이나 압력을 측정할 때 사용되는 측정기를 말한다.

장애 진단(障碍診斷) trouble diagnosis　장애의 원인을 찾아내는 일을 말한다.

장행정 엔진 long stroke engine　언더 스퀘어 엔진이라고도 하며, 행정/안지름 비가 1보다 큰 엔진을 일컫는다. 같은 배기량의 단행정 엔진과 비교하면 같은 회전수일 때 피스톤 평균 속도가 빨라 저속 회전에서 큰 토크를 얻을 수 있으므로 사용이 용이한 엔진이지만, 최대 회전수를 높이기가 어려운 단점이 있다. ⇔ 단행정 엔진

재결정(再結晶) recrystallization　가공 경화 전 상태의 결정 조직으로 변화되는 현상이다. 즉, 가공 경화된 금속 재료를 가열하였을 경우 내부 응력이 감소되어 어느 온도에 도달하면 내부 응력이 없는 상태의 결정립으로 변화되는 것을 재결정이라고 한다.

재결정 온도(再結晶溫度) recrystallization temperature　재결정하는 데 필요한 온도를 말하는데, 보통은 압연 등으로 소성 가공을 한 뒤, 한 시간의 풀림으로 재결정이 완료하는 온도를 가리킬 때가 많다.

재료 시험(材料試驗) material test　공업적으로 사용하는 각종 재료의 전기적 시험, 기계적 시험, 물리적 시험, 화학적 시험을 통틀어 이르는 말이다. 특히 기계 공업에서는 기계적 시험을 재료 시험이라고 한다. 공업상 사용하는 재료는 사용 전에 재료의 여러 가지 성질을 알아야 한다. 재료가 지닌 장점 및 단점을 잘 알고 설계해야 하기 때문이다.

재료 시험기(材料試驗機) material testing machine　재료의 기계적 성질에 관하여

시험하는 기계를 통틀어 이르는 말이다. 시험편이나 가하는 하중의 종류에 따라 인장 시험기, 압축 시험기, 비틀림 시험기, 굽힘 시험기, 경도 시험기, 충격 시험기, 피로 시험기 등이 있다. 그리고 인장, 압축, 굽힘의 3종 시험을 하는 것을 만능 재료 시험기라고 한다.

재료 역학(材料力學) machanics of materials　구조물이나 공업 재료 등의 역학적인 문제를 이론 및 실험적으로 연구하는 학문이다. 공학의 여러 분야에서 기초적으로 사용되는 학문으로, 공업 재료를 조사하여 재료의 성질을 파악해 사용하려는 목적에 맞게 경제적으로 사용하는 것이 주요 목적이다.

재생 사이클 regenerative cycle　증기 사이클의 하나로, 증기 원동기 내에서 증기의 팽창 도중에 그 일부를 유출해 보일러용 급수를 가열하게 하는 사이클이다. 복수기에 버리는 열량을 적게 하고, 급수 가열에 이용해 열효율을 높이도록 한 것이다. 추기(抽氣) 단수는 일반적으로 2~8단이고, 출력이 큰 만큼 단수를 크게 한다. 이에 따라 열효율은 4~8 % 증가한다.

재생 타이어 remold tire　마모된 타이어의 카커스(carcass)를 사용하여 트레드(tread) 고무만을 새롭게 입힌 타이어를 말한다. 마모된 타이어의 트레드 고무를 잘라내고 새로운 고무를 붙여서 신품 타이어 제작용 금형과 거의 같은 크기의 금형에 넣어 만든다.

재수입(再輸入) reimport　수출된 상품을 수출 시의 상태나 성질 그대로 다시 수입하는 일을 말한다. 한국의 관세법은 ① 우리나라에서 수출(보세 가공 수출을 포함함)된 물품으로서 수출 신고 수리일부터 2년 내에 다시 수입하는 물품, ② 수출 물품의 용기로서 다시 수입하는 물품, ③ 해외 시험 및 연구 목적으로 수출된 후 다시 수입되는 물품에 대해서는 관세를 면제해 주고 있다(제99조). 넓은 뜻으로는 수출 물품이 수출선(輸出先)에서 가공되어 다시 수입되는 것을 포함한다.

재순환 볼 조향 기어 recirculation ball steering gear　일련의 볼 베어링 웜 기어에 볼 너트를 연결하기 위해 사용하는 조향 기어 설계에 일반적으로 쓰인다. 튜브를 통해서 재순환되는 볼은 웜 기어와 볼 너트 사이에 회전 마찰을 일으킨다.

재시동(再始動)　엔진을 정지한 후, 엔진의 온도가 내려가지 않은 상태에서 다시 시동하는 것을 이른다.

재열(再熱) reheating　증기 터빈 플랜트의 열효율 향상과 습증기에 의한 터빈 날개의 침식 경감을 목적으로, 고압 터빈부를 나와 포화(飽和) 온도에 가까운 상태까지 팽창한 증기를 보일러로 유도하여 다시 적당한 온도로 재가열하는 것을 이른다.

재열 사이클 reheating cycle　보일러의 증기 압력이 높아지면 이것을 터빈 안에서 진공까지 팽창시키기 위해서는 큰 날개와 대용량의 복수기가 필요하게 되므로, 터빈의 팽창단 도중에서 증기를 추출하여 재가열함으로써 발전소의 열효율을 높일 수 있다. 이것을 재열 사이클이라고 한다. 추출한 증기를 보일러의 급수 가열 등에 이용하는 경우에는 이것을 재생 사이클이라고 한다.

재조립(再組立) reassembly　최종 수신지에 도착한 데이터그램 단편들을 수신자가 보낸 데이터그램으로 다시 조립하는 과정을 이른다.

재킷 jacket　(1) 실린더, 냉장고, 반응부, 교반조 등의 냉각 또는 가열을 실행하기 위해 주위를 이중벽으로 하고 냉수, 냉풍 또는 증기, 가열 매체 등을 통하게 만든 공간을 말한다. (2) 육상에서 주로 하부 구조를 미리 제작해서 그것을 현지로 예항하여 설치하고, 상부 구조를 부착하는 구조물을 말한다. 해양 석유 채취용의 플랫폼 등에 채용되는 일이 많다. (3) 핵연료 또는 다른 재료에 기계적 결합에 의해서 직접 장착된 외피를 이른다. 구조재로 지지되고 있고, 화학 반응성인 환경으로부터 핵연료 등을 보호하며 연료의 조사에 의해서 생기는 방사성 생성물을 내부에 밀폐시키는 역할을 한다.

재킹 플레이트 jacking plate　자동차를 점검 또는 정비하기 위하여 잭(jack)을 설치할 때 접촉점에 설치되어 있는 판을 말한다. 잭 업(jack up)시킬 때 재킹 플레이트 이외에 설치하면 보디가 찌그러지고 위험하므로 정비 지침서에 표기된 위치를 참고하여 잭을 설치하여야 한다.

재해(災害) accident　차량의 돌발 사고 또는 기계 조작에 있어서의 안전사고를 이른다.

재해 보상(災害補償) compensation of industrial injury　넓은 의미로는 재해에 의한 손해를 보전하는 것을 말하지만, 일반적으로 근로자에게 업무상의 재해로 인한 손해를 보상하는 제도를 말한다. 업무상의 재해라 함은 업무상의 사유에 의한 근로자의 부상, 질병, 신체장애 또는 사망을 말한다. 근대 산업의 발달은 위험한 기계 설비의 채택과 근로 강도의 강화 등으로 사업장에서 재해 사고가 빈발하게 되었다. 따라서 업무상의 재래로 인한 근로자의 손실에 대해서는 일정 범위 내에서 사용자의 과실이 없어도 보상 책임을 지도록 하는 사용자의 무과실 책임이 입법상 인정되게 되었다.

잭 jack　기어, 나사, 유압 등을 이용해서 무거운 것을 수직으로 들어 올리는 기구로, 원동력은 인력 또는 모터이다. 사용 목적에 따라 여러 가지가 있다. ① 나사 잭(screw jack) : 가장 간단한 것은 잭의 몸체에 암나사를 만들어 이것에 나사봉을 끼우고, 이 나사봉을 회전시켜 나사봉의 상하 움직임에 따라 중량물을 올렸다 내렸다 한다. 들어 올릴 수 있는 하중은 2~50 t, 양정(揚程)은 10~30이며, 잭의 무게는 5~50 kg으로 들어 나르기가 쉽다. ② 래크 잭(rack jack) : 여러 개의 기어 조합으로 마지막 기어에 래크(봉에 치형을 절삭한 것)가 맞물려 있는 것으로, 수동으로 기어를 돌려 래크를 오르내리게 하여 래크에 붙어 있는 받침대 위의 것을 올렸다 내렸다 한다. 2~20 t의 하중을 움직일 수 있고, 양정은 30~40 cm이다. ③ 유압 잭(oil pressure jack) : 펌프에 의해 압력유를 실린더로 보내 램을 움직인다. 큰 하중으로 양정이 작을 때 사용한다.

잭나이프 jackknife　(1) 접개식의 주머니 칼로, 손잡이에 기다란 홈이 있고, 거기에 칼날을 접어 넣게 되어 있다. 삭구(索具) 등을 취급할 때 편리하므로 17세기경부터 선원들이 쓰기 시작했는데, 요즘은 등산·캠핑용 등 일반에서도 널리 사용된다. (2) 견인되는 자동차가 주행 중에 제동력을 상실하여 트랙터와 트레일러의 연결 부분을 꺾임 점으로 하여 구부러지는 현상을 말한다. 트랙터의 구동 바퀴가 정지하면서 미끄러질 때 가장 일어나기 쉽다. 잭나이핑 또는 잭나이프 현상이라고도 한다.

잭 다운 jack-down　정비를 끝낸 자동차를 잭으로 내리는 것을 가리킨다.

잭 스탠드 jack stand ⇨ 세이프티 스탠드

잭업 jack-up　자동차를 정비하기 위해서 차대에 잭을 설치하여 들어 올리는 것을 말한다.

잭업 피노미너 jack-up phenomena　자동차가 고속으로 선회할 때 횡력(橫力)으로 인하여 차체 한쪽이 들리는 현상을 말한다.

잼 너트 jam nut　두께가 얇은 너트를 말한다. 고정 너트로 사용되는데, 강도(强度)의 면에서 두꺼운 것을 필요로 하지 않고, 또 장소 등의 관계로 얇은 것을 필요로 하는 경우에 사용된다.

저각도 용접(低角度鎔接) spring contact arc welding　피복 아크 용접봉을 스프링 등의 힘으로 용접선에 대하여 낮은 각도를 유지하여, 용접선에 따라 봉 끝을 접촉시키면서 시행하는 용접을 말한다.

저냉매 시스템　오존층 보호의 측면에서, 세계적으로 권장되고 있는 특정 프레온의 소비량 및 생산량 규제에 대응하기 위해 개발된 에어컨 시스템을 말한다. 거품 방지산 장착 리시버, 4층 타입 냉매 호스 등 에어컨 구성 부품의 성능 향상 및 소형화에 의한 저냉매를 실현하였다.

저널 journal　베어링에 의해 둘러싸인 축의 일부분을 이른다. 크랭크축, 캠축 등이 이에 해당된다. 축에 가해지는 하중의 방향에 따라 레이디얼(radial) 저널과 스러스트(thrust) 저널이 있다.

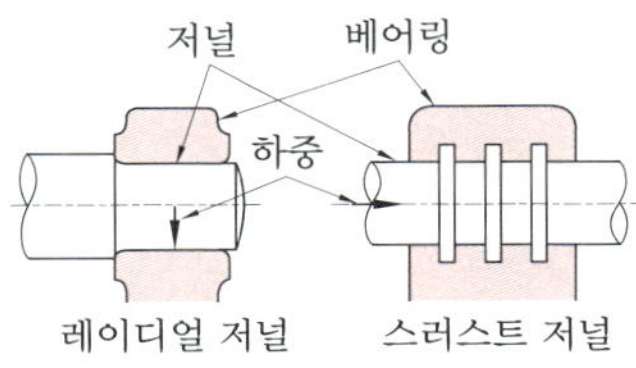

저널

저널 베어링 journal bearing   원통 모양의 회전축 형태에 맞추어 회전하기 쉽도록 만든 베어링으로, 회전축에 수직으로 하중을 받을 때 쓴다.

저더 judder   (1) 마찰 클러치나 브레이크에서 마찰면의 마찰력이 일정하지 않아서 진동, 소음이 발생하는 것을 가리킨다. (2) 팩스에서 주주사(主走査) 방향에 직각인 선화(線畵)를 전송할 때 수신 화면상에는 평균적으로 직선이 재현되어도 미시적으로 들쭉날쭉한 선으로 기록되는 현상을 말한다. 난조(hunting)의 일종으로, 주주사 구동계의 불규칙적인 회전, 펄스 부호 변조(PCM)계의 순간 흐트러짐 등에 의해 일어난다.

저발열량(低發熱量) lower calorific value   연소 생성 가스에 함유되는 수증기의 응축열을 공제한 발열량으로, 참발열량이라고도 한다. 실제 연소 장치에서는 대부분의 경우 수증기는 응축하지 않고 외부로 방출되므로 고발열량보다 저발열량 쪽이 많이 사용된다. 고발열량과 저발열량의 차이는 함유되는 수증기의 응축열과 같으므로, 함유 수증기량을 알면 양자는 쉽게 환산된다.

저부하 운전 혼합비(低負荷運轉混合比) low load running mixture   엔진이 부하를 걸지 않고 운전을 할 경우로, 혼합비를 비교적 농후한 혼합 가스로 공급하여야 한다(12.5 : 1).

저속 공전 노즐 low idle nozzle   저속 노즐은 스로틀 밸브가 거의 닫힌 상태로 저속 운전을 할 때 연료를 공급하는 노즐이고, 저속 공전 노즐은 무부하 운전 시 스로틀 밸브가 닫힌 상태에서 연료가 공급되는 노즐을 말한다.

저속 기어 low gear   급출발, 급경사, 저속 주행 등 회전력을 가장 많이 필요로 할 때 사용되는 기어로서, 엔진 회전수가 높고 경제성은 떨어진다. 기어 비는 가장 커서 3.0 : 1 이상이다.

저속 노즐 low speed nozzle   ⇨ 저속 공전 노즐

저속 제트 slow running jet   ⇨ 슬로 제트

저속 차단 솔레노이드 밸브 low speed cut solenoid valve   컴퓨터에 의해 10 Hz 동안 ON·OFF되는 시간 비율을 제어하여 저속 계통의 연료 흐름을 조절하는 밸브이다.

저속형 엔진 low speed type engine   저속 회전 영역에서의 토크 및 연료 소비 효율의 향상을 고려하여 개발된 엔진이다. 최근에는 주행 연료 소비율을 향상시키기 위하여 엔진 회전율 크게 저하시켜 마찰 손실을 줄이는 경향이며, 이 때문에 저속형 엔진이 필요하다. 이를 위하여 설계할 때 고려할 점은 다음과 같다. ① 장행정(롱 스트로크)화, ② 흡·배기 계통의 소경·소형화(저속 회전 영역의 혼합 기류 속도 향상), ③ 흡기관 길이를 연정(저속 회전 영역 NV 향상), ④ 흡기 와류 등 흡기 흐트러짐의 조장(저속 회전 영역의 노킹 한계 개량), ⑤ 밸브 오버랩 축소 등의 밸브 타이밍 변경 등.

저압(低壓) low voltage   (1) 풍압(風壓), 수압(水壓) 등에서 보통의 압력보다 낮은 압력을 말한다. (2) 600 V 이하의 교류 전압 및 750 V 이하의 직류 전압을 이른다. 변압기 권선은 전압 값에 관계없이 전압이 낮은 쪽을 저압 코일, 높은 쪽은 고압 코일이라고 한다.

저압 가스 봉입식 쇼크 업소버   트윈 튜브식 쇼크 업소버로, 오일이 고여 있는 이너 튜브와 아웃 튜브 사이(리저버실)에 3~15 기압(0.3~1.5 MPa)의 질소가스를 봉입하여, 일반적으로 트윈 튜브식에서 발생하기 쉬운 에어레이션의 발생을 어렵게 한 것이다.

저압 스위치 low pressure switch   냉동 장치의 저압측 압력을 벨로즈나 다이어프램에 작동시켜, 일정 압력 이하가 되면 떨어지고 일정 압력 이상이 되면 작용하는 스위치이다. 온도식 팽창 밸브와 조합하여 사용하면 대기 온도를 조절할 수 있다.

저압 타이어 low pressure balloon tire   골프카(golf car), 삼륜차, 솔라카(solar car)에서부터 일반 승용차, 경주용 차에 이르기까지 가장 사용 범위가 넓은 타이어로, '타이어의 폭×타이어의 안지름×플라이 수'로 표시된다.

저압 필터 low pressure filter   외장형 제어 밸브 리턴 회로의 오일 탱크에 가까운 곳

이나 탱크 내에 설치되어 리턴 유압유에 혼입되어 있는 $10 \sim 20 \mu m$ 정도의 불순물을 여과시키는 역할을 한다. 리턴 회로의 저압 부분에 설치되기 때문에 필터의 내압은 낮아도 된다.

저연비 타이어 low fuel consumption tire 자동차의 연비(燃比)를 좋게 하기 위하여 구름 저항을 적게 한 타이어로, 철저히 경량화를 추구한 레이디얼 타이어이다. 히스테리시스(hysteresis) 손실이 적은 고무를 사용하며, 공기 압력을 높여 진동이나 승차감에 변화가 없도록 만들었다. 트레드의 홈이 얕게 되어 있으므로 젖은 노면의 주행에서는 주의할 필요가 있다.

저온 균열(低溫龜裂) cold crack 약 220℃ 이하의 비교적 낮은 온도에서 발생하는 균열을 말한다. 용접 후 용접부의 온도가 상온(常溫) 부근으로 떨어지고 나서 발생하는 균열을 통틀어서 이르는 말이다. 용접부의 저온 균열은 루트 균열, 지단 균열(끝 균열) 및 비드 밑 균열이 많다. 단조품(鍛造品)에서는 여러 가지 냉간 가공을 한 경우에 발생한다.

저온 시동성(低溫始動性) low temperature startability 저온에서 엔진의 시동 상태를 말하며, 시동이 잘 걸리는 엔진을 저온 시동성이 좋다고 한다. 저온에서 엔진의 시동을 악화시키는 요인에는 여러 가지가 있다. ① 엔진 오일의 점도가 높고 엔진의 마찰 저항이 커지기 때문에 크랭킹 회전 속도가 낮아지고 연소실에서 높은 압축 압력을 얻을 수가 없다. ② 연료의 기화가 나빠지기 때문에 좋은 혼합 가스를 얻을 수 없으며, 착화성이 악화된다. ③ 가솔린 엔진에서는 배터리 용량이 떨어지기 때문에 점화 플러그에서 강력한 전기 불꽃이 일어나지 않는 경우가 있다.

저온 용접(低溫鎔接) low temperature welding 모재(母材)와 동일 계통으로, 공정 합금(共晶合金)의 용접봉을 이용한 용접을 말한다. 공정 합금은 그 계통의 합금에서 가장 융점(融點)이 낮기 때문에 저온으로 용접할 수 있다. 아크 용접이나 가스 용접에서 행하여지고, 용접부의 변질이 적다.

저온 취성(低溫脆性) cold brittleness, cold shortness 금속 재료의 강도와 경도는 온도가 떨어짐에 따라 서서히 증가하지만, 늘어남과 오므라듦 등은 떨어지고, 충격적인 응력이 가해지면 어느 온도 이하에서 급격하게 취약하여 파괴되기 쉽게 되는 일이 있다. 이 취화 현상을 저온 취성이라고 한다. 일반적으로 체심 입방 금속에서 볼 수 있으며, 철강 재료나 그 용접 구조물 등에서는 매우 중요한 문제가 된다. 면심 입방형 금속의 Cu, Ni, Al 및 이러한 합금과 18-8 스테인리스강에는 이 현상이 일어나지 않는다.

저온 풀림 low temperature annealing 변태점(變態點) 이하의 온도에서 풀림 처리를 하는 것을 말하는데, 열처리로 연성(延性)을 회복한다.

저위 발열량(低位發熱量) lower heating value 고위 발열량에서 연소 가스 중에 함유된 수증기의 증발열을 뺀 것을 말한다. 통상 고체와 액체 연료의 경우 열량 계산을 저위 발열량으로 기준하는데, 그 이유는 고체나 액체 연료의 경우 연료를 기화시키기 위하여 연료 중에 함유된 수분을 증발시켜야 하기 때문이다. 액체 상태에서 기체 상태로 상변화를 시키기 위해서는 수분의 증발열이 필요하게 된다. 이처럼 수분의 증발열을 뺀 실제로 효용되는 연료의 발열량을 저위 발열량이라고 한다. 연소 시 연소 가스의 온도는 통상 $200 \sim 300$℃로 그냥 외부로 방출되므로, 응축에 이용되는 열은 거의 없다. 그래서 흡수식 냉온수기의 경우 COP 계산 시 저위 발열량을 기준으로 계산 하고 있다. ⇔ 고위 발열량

저저항 인젝터 low resistor injector 저저항 인젝터는 인젝터 솔레노이드 코일의 저항이 적기 때문에 표준형 인젝터 또는 전압 제어식 인젝터라고도 한다. 규정 전압보다 높을 경우 인젝터 코일이 손상되므로 인젝터 저항을 사용하여야 한다. 인젝터를 구분하는 방법은 백색의 커넥터에 2단자가 중앙에 설치되어 있으며, 성능 면에서는 고저항 인젝터보다 뒤떨어지지만, 컴퓨터의 내부 회로가 간단하여 가격이 저렴하다.

저점도 오일 low viscocity oil 점도 레벨이 현재보다 낮은 5 W의 엔진 오일이나 75 W

의 기어오일을 말한다. 이들 오일은 한랭지에서 저온 시동성(始動性) 및 조작성(操作性)을 향상시키기 위하여 사용되었지만, 최근 들어 연료 소비율을 개선하기 위한 목적으로 많이 사용되고 있다.

저주파 (低周波) low frequency　전자기파의 주파수에 의한 분류로서, 고주파에 반대되는 개념으로 주파수가 낮은 파를 말하는데, 보통 10 kHz 이하를 말한다. 저주파에서는 전자기파의 공간 방사, 유전체 손실, 피층 효과가 작으며, 측정 기술이 충분히 확립되어 있다. 또 단순히 상대적으로 낮은 주파수 범위라는 정도의 뜻으로 사용되며, 무선 통신에서는 음성 주파를 저주파라고 하는 경우가 많다.

저주파 액티브 서스펜션 low frequency active suspension　공기나 가스를 스프링에 이용한 서스펜션으로서, 고주파 수의 진동은 스프링이 흡수하고, 저주파 진동은 액티브에 제어되어, 진동의 처리와 자동차 자세를 제어하는 방식이다.

저충전(低充塡) under inflation　규정된 압력보다 낮게 충전된 타이어의 상태를 말한다.

저항(抵抗) resistance　물체가 유체 내부나 고체 위를 운동할 때, 그 물체가 액체나 고체로부터 힘을 받아 운동이 저해되는 효과를 이른다. 이러한 역학적 저항 외에 전기의 흐름을 저해하는 전기 저항과 화학 반응을 저해하는 효과를 의미하는 경우도 있다. 또 특정한 전기 저항을 갖는 소자를 지칭하는 경우도 있다.

저항 경랍 땜 resistance brazing　전기 저항열로 가열하여 땜질하는 경랍(硬鑞) 땜을 말한다.

저항기(抵抗器) resistor　일정량의 저항 값을 갖도록 설계·제조된 디바이스를 이른다. 회로에서 전류를 제한하거나 또는 전압 강하를 부여하기 위해 사용된다.

저항 용접(抵抗鎔接) resistance welding　용접 모재(母材)에 큰 전류를 흘려서, 접합부의 접촉 저항에 의한 발열로 모재를 가열하여 용융 상태로 만들고, 기계적 압력을 가해서 용접하는 방법이다.

저항 플러그 resistor plug　중심 전극에 약 10,000Ω의 저항을 주입하여 라디오, 카폰 및 무선 통신 등의 전파 방해를 방지하는 플러그를 이른다. 점화 플러그에서 발생되는 불꽃은 용량 불꽃과 유도 불꽃으로 분류하는데, 유도 불꽃은 용량 불꽃 이후에 일어나며, 유도 불꽃 기간이 길어지면 전파를 방해하므로, 저항으로 인한 유도 불꽃 기간을 짧게 함으로써 전파 방해를 방지하는 것이다.

저회전형(低回轉形) low speed type　고회전형(高回轉形)과는 반대로, 최고 출력과 최대 토크를 낮은 회전에서 발생하는 엔진이다. 높은 기어에서도 힘이 강하기 때문에 다루기에 쉽다.

적산 계기(積算計器) intergrating meter　(1) 유량, 회전수, 진동수, 전력량 등을 계속 더하여 전체량을 구하는 계기이다. 적산 회전계, 적산 전력계 등이 이에 해당된다. (2) 일반적으로 주행 거리계를 말하며, 아날로그의 경우 속도계(스피드 미터) 내에 설치되어 있다. 변속기 출력 측의 회전이 스피드 미터 케이블에 의하여 유도되어 기어를 구동하고 적산하는 방식으로 되어 있다.

적열(赤熱) red heat　물체를 가열하여 빨갛게 달구어진 상태이다.

적열 취성(赤熱脆性) hot shortness　철강 중에 함유되어 있는 황(S)은 통상 망간과 결합하여 황화망간(MnS)이 되어 존재하지만, 황의 함유량이 과도한 경우 또는 망간의 함유량이 충분하지 않을 때에 황은 철과 결합하여 황화철(FeS)이 되어 결정 립자의 입계에 망상으로 분포된다. 이 상태에 있는 황은 유해하며, 그 유해도는 상온에서 그렇게 현저한 것은 아니지만, 적열 상태에서 강을 무르게 한다. 이때의 취성을 적열 취성 또는 고온 취성이라고 한다. 이 때문에 철강의 황 함유량은 가능한 한 낮은 것이 요구된다.

적외선 (赤外線) infrared ray　태양이 방출하는 빛을 프리즘으로 분산시켜 보았을 때 적색 선의 끝보다 더 바깥쪽에 있는 전자기파를 적외선이라고 한다. 파장의 길이에 따라 분류하면, 파장 0.75~3 μm의 적외선을 근적외선, 3~25 μm의 것을 적외선, 25 μm 이상의 것을 원적외선이라고 한다. 가시광선(可視光線)이나 자외선에 비해 강한 열작용을 가지고 있는 것이 특징이며, 이 때문에 열선(熱線)이라고도 한다. 태양이나 발열체로부터 공간으로 전달되는 복사열은 주로 적외선에 의한 것이다.

적외선 건조(赤外線乾造) infrared drying 적외선전구에서 나오는 파장 1~4 μm의 적외선으로 자동차의 도장(塗裝), 가구의 니스, 인쇄물의 도료, 전기 기기 권선의 니스, 직물 등을 건조하는 방법이다. 적외선 전구 1개는 250~500 W인데, 이것 몇 개를 일렬로 늘어놓은 블록을 만들고, 블록을 늘어놓아 면(面)의 열원(熱源)으로 한 것을 뱅크라고 하며, 이 뱅크를 노(爐)의 내면에 장치하여 적외선로를 만든다. 자동차 도장의 건조를 하는 노에서는 수백 개의 전구를 사용하여 수분 이내에 건조를 마친다.

적외선 리모컨 방식 키리스 엔트리 시스템 트랜스미터(송신기)의 송신에 적외선 신호를 사용한 키리스 엔트리 시스템을 말한다. 적외선 신호이기 때문에, 만약 주머니에서 잘못 조작하더라도 개폐가 되지 않는다.

적외선 센서 infrared sensor 대상물이 가지고 있는 적외선의 정보를 감지하는 소자를 말한다. 검출 방식상 양자형과 열형(熱型)이 있다. 양자형은 광도전, 광기전력의 효과를 이용하여 빛을 양자(量子)로서 감지한다. 재료는 안티몬화인듐(InSb), 텔루르화수은카드뮴(HgCdTe) 등을 사용한다. 감도나 응답 속도는 좋지만, 열잡음을 줄이기 위해서 저온으로 둘 필요가 있고, 또 파장에 대하여 선택성이 있다. 열형은 흡수된 적외선을 열로 변환하여, 온도 변화에 의한 재료의 물리량 변화를 이용한다. 검출 원리에 따라 많은 형식이 있지만, 실제로 사용되고 있는 것은 전기 저항의 변화를 이용하는 서미스터형과 표면 전하량의 변화를 이용하는 초전형(재료로는 TGS, $PbTiO_3$, $LiTaO_3$ 등)이다. 이런 종류의 센서는 전 파장에 동일하게 감응하며, 비선택성이고, 실내 온도 부근에서 사용할 수 있지만, 응답이 늦고 S/N이 좋지 않아 열 영상용으로서는 응용하기 어렵다.

적외선전구(赤外線電球) infrared ray lamp 적외선을 건조, 가열, 의료, 미용 등의 목적에 이용하기 위한 근원으로서의 전구를 말하는데, 특히 건조의 경우 자동차 보디의 페인팅을 건조시킬 때 사용한다. 조명용 전구보다도 필라멘트의 온도를 낮게 2,000~2,500 K로 설계하고, 파장 1.2~1.5μ의 적외선을 많이 내고 수명을 길게 하였다. 반사갓을 별도로 쓰는 형과 쓰지 않는 반사형이 있다. 또 의료용은 눈부심을 막기 위해서 적색 유리구에 들어 있다.

적외선 터치 스위치 미쓰비시 멀티 커뮤니케이션 시스템에서 적용된 터치 스위치를 말한다. CRT 화면상을 손가락으로 약간 누르는 것만으로도 조작할 수 있다. CRT 화면상에는 발광 다이오드에 의한 적외선이 격자(格子)상으로 주사되어 있고, 손가락으로 그 적외선을 차단함으로써 스위치의 조작 유무 및 손가락 위치를 검출한다.

적재량(積載量) loadage 운송 수단의 짐칸에 실을 수 있는 중량 또는 분량을 말한다.

적재 장치 내측(積載裝置內測) 길이 일반형 화물 자동차는 차량 중심선에 평행한 적재함 내부 앞뒤 끝 면 사이의 최단 거리를 말하고, 밴(van)형 자동차의 경우 격벽 또는 칸막이를 기준점으로 한 적재함 뒷면과의 거리를 말한다.

적재 장치 내측(積載裝置內測) 너비 차량 중심선에 직각인 좌우 내측 측벽 사이의 최단 거리를 말하고, 밴형 및 상자형 적재 장치 높이의 1/2 위치에서 차량 중심선에 직각인 내측 직선 사이의 수평 거리를 말한다.

적재 장치 내측(積載裝置內測) 높이 일반형 화물 자동차는 적재함 내측 바닥면으로부터 측벽 상단까지의 수직 거리를 말하고, 밴형 또는 상자형 자동차는 적재함 내측 바닥면으로부터 천장까지의 최대 수직 거리를 말한다.

적재 중량(積載重量) intake weight 자동차가 적재할 수 있는 최대 설계 중량이다.

적재 하중(積載荷重) loading capacity 화차 또는 화물 자동차가 적재할 수 있는 화물 또는 적재물의 최대 중량을 말하며, 줄여서 하중(荷重)이라고도 한다. 적재함에 그 차량의 적재 하중이 표시되어 있다.

적재함 길이 carrying box length　적재함 안쪽의 앞 끝 부분에서부터 뒤 끝 부분까지의 길이를 말한다.

적재함 높이 carrying box height　적재함 바닥면에서부터 사이드 패널 윗부분까지의 수직 높이를 말한다.

적재함 부피 carrying box bulk　적재함 안쪽의 부피를 말한다.

적재함 오프셋 rear body offset　뒤 차축의 중심과 적재함 바닥면의 중심과의 수평 거리를 말하는데, 뒤 차축이 2개인 경우에는 두 축의 중심과 적재함의 중심과의 수평 거리가 된다. 또 적재함 중심이 뒤 차축 중심보다 전방에 있는 경우를 정(+), 후방에 있는 것을 부(−)의 오프셋이라고 한다.

적재함 폭 carrying box width　적재함 높이의 1/2 높이에서 측정한 사이드 패널 안쪽의 폭을 말한다.

적점(滴點) dropping point　반고체상의 그리스(grease)가 온도 상승에 따라 액상(液相)으로 변하는 최저 온도로서, 내열성 판단의 기준이 된다. 그리스의 사용 온도는 적점보다 낮아야 한다.

적차 상태(積車狀態) laden situation　공차(空車) 상태의 자동차에 승차 정원의 인원이 승차하고, 최대 적재량의 물품이 적재된 상태를 말한다. 승차 정원 1인의 중량은 65 kgf로 계산하여 좌석 정원과 입석 정원을 균등하게 승차시키며, 물품은 물품 적재 장치에 균등하게 적재시킨 상태이어야 한다.

적층 광전지(積層光電池) block layer photocell　셀렌 광전지, 이산화동 광전지, 실리콘 포토다이오드 등과 같이, 반도체의 전위 장벽에 있어서 광기전력 효과(내부 광전 효과라고도 함)를 이용하는 광전자를 뜻한다.

적하대 오프셋 rear body offset　뒤 차축의 중심(뒤 차축이 2개일 때는 두 차축의 중앙)과 적하대(積荷臺) 바닥면의 중심과의 수평 거리를 말한다. 하대의 중심이 뒤 차축의 앞에 있는 경우를 플러스(+), 뒤에 있는 경우를 마이너스(−)로 한다.

전감속비(全減速比) over gear ratio　변속기의 감속비와 종감속비의 적(積)을 이른다.

전격(電擊) electric shock　대전체(帶電體)에 접촉하거나 또는 방전으로 사람이나 짐승이 충격을 받는 것으로, 감전(感電)이라고도 한다. 체내를 흐르는 전류가 큰 경우에는 세포를 파괴하고 심장에 큰 충격을 주어 죽음에 이르게 한다.

전격 방지 장치(電擊防止裝置) voltage reducing device　아크 용접에서 있어서, 아크가 튀지 않을 때에는 용접기의 2차 무부하 전압을 낮추어 전격을 방지하는 장치를 말한다.

전계(電界) electric field　⇨ 전기장

전고(全高) overall height　빈 차 상태에서 접지 면으로부터 가장 높은 곳까지 잰 차량의 높이를 말한다. 안테나 등은 포함되지 않으며, 특장차의 특수 장치, 예를 들어 사다리차의 사다리는 접어서 이동할 때의 상태로 잰다.

전구(電球) electric lamp　전류를 통하여 빛을 내는 기구를 말한다. 진공 또는 비활성 기체가 들어 있는 유리알로 되어 있으며, 백열전구, 네온전구, 수은 전구 등이 있다.

전극(電極) electrode　전지, 콘덴서, 진공관 등에서 전기장을 만들거나 전류를 빼내거나 하는 막대 모양 또는 판 모양의 도체를 말한다. 전극에는 양극과 음극이 있는데, 전기는 양극에서 음극으로 흐른다. 흔히 사용하는 건전지의 경우 탄소 막대가 양극이고, 그것을 둘러싸고 있는 아연판이 음극이다.

전극 돌출 길이 electrode extension　콘택트 튜브 또는 튜브의 끝에서 전극(電極)이 뻗어 나온 길이를 말한다.

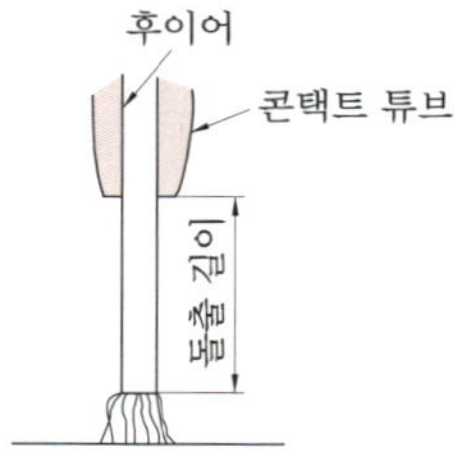

전극 돌출 길이

전극 와이어 electrode wire　전극(電極)으로 된 용접용 와이어를 말한다.

전극 팁 electrode tip　점용접에서 금속

부재에 직접 접촉하여 용접 전류를 보내는 동시에 가압 열을 전달하는 작용을 하는 봉 모양의 전극(電極)을 말한다.

전기(電氣) electricity 물질 안에 있는 전자 또는 공간에 있는 자유 전자나 이온들의 움직임 때문에 생기는 에너지의 한 형태로, 음전기와 양전기의 두 가지가 있다. 같은 종류의 전기는 밀어 내고 다른 종류의 전기는 끌어당기는 힘이 있다.

전기 기계 레귤레이터 electromechanical regulator 전자 회로나 고체형 부품 대신 릴레이(relay)에 의해 작용되는 전압 조정기를 말한다.

전기력(電氣力) electric force 대전체(帶電體) 사이에 작용하는 전기의 힘으로, 전기장의 세기와 전하량에 비례하며, 끄는 힘과 미는 힘이 있다.

전기로 제강법(電氣爐製鋼法) electric process 제강로로서 전기로를 이용하며, 보통 스크랩을 주원료로 해서 강(鋼)을 용제하는 방법이다.

전기 모터 electric motor ⇨ 전동기

전기 부하 스위치 electric load switch 전기적인 부하(負荷)가 큰 몇 개의 입력 신호를 검출하여, 공전 제어 서보(servo)를 작동시켜 엔진의 회전 속도를 상승시키는 역할을 한다.

전기 분해(電氣分解) electrolysis 전해질 중에 있는 두 전극에 의해 외부 전원에서 전기 에너지를 가하여 화학 변화를 일으키게 하는 것으로, 생략하여 전해(電解)라고도 한다. 보통 화학 반응에서는 일어나지 않는 자유 에너지가 증가하는 반응을 가능하게 한다. 양극에서는 산화 반응, 음극에서는 환원 반응이 진행한다. 물을 전기 분해하면 산소와 수소가 생긴다. 전기 분해 때의 전기량과 생성되는 물질의 양(量)의 관계에 대해서는 패러데이의 법칙이 성립된다.

전기 시스템 electrical system 각종 차량 시스템과 액세서리를 가동(稼動)하기 위해 쓰이는 전기 부품을 말한다. 대부분은 직류로 가동된다.

전기식 냉각 팬 electrical cooling fan 대체적으로 엔진이 가로로 있는 차에 쓰이고, 냉각수가 일정 온도에 이를 때 작동하는 전기식 팬을 말한다. 만일 실린더 밸런스 점검 중에 팬이 켜졌다 꺼졌다 하면 전류 수요가 엔진 RPM을 변경시키게 되고, 점검 결과를 무효로 할 수 있다.

전기식 로 텐션 시트 벨트 electrical low tension seat belt 전기식 저장력 시트 벨트의 착용으로 인한 압박감을 감소시키기 위한 전기식 장력 감소기를, 리트랙터 내부에 설치한 시트 벨트를 말한다.

전기식 부압 전환 밸브 VSV ; vacuum switching valve 전기 신호를 받아서 ON, OFF 하는 솔레노이드 밸브이다. 전기식 부압 제어 밸브(VCV)라고도 하는데, 기능적으로는 부압 제어 밸브에서 설명한 것과 같다. 아래의 그림은 전기식 부압 전환 밸브(VSV)의 단면도로서, ON으로 되면 무빙 코어(moving core)가 마그넷에 의해 흡인되어 포트를 개방하게 된다.

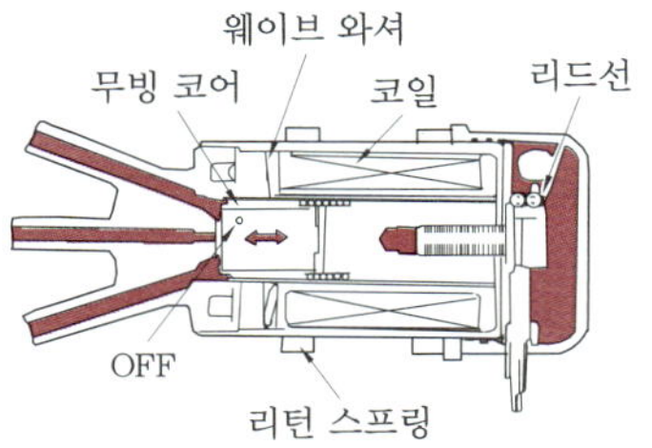

전기식 부압 전환 밸브(VSV)의 단면도

전기식 부압 제어 밸브 VCV ; vacuum control valve ⇨ 전기식 부압 전환 밸브

전기식 스피도미터 electrical speedometer 통상의 스피도미터 케이블의 회전 구동에 의해 작동하는 스피도미터와는 달리, 트랜스미션부의 차속 센서로부터의 펄스 신호에 의해 작동하는 스피도미터를 말한다. 통상의 스피도미터와 비교하여 다음과 같은 특징을 가진다. ① 바늘이 흔들리지 않고, 속도 변화에 대해 매끄럽게 지침이 움직인다. ② 스피도미터 케이블의 회전음이 없다. ③ 엔진 제어 등에 사용되는 차속 신호는 스피도미터 내의 리드 스위치에 의하지 않고, 트랜스미션부의 차속 센서로부터 신호를 공용할 수 있다.

전기식 에어백 시스템 electric air-bag system ⇨ 에어백 시스템

전기식 연료 펌프 electric fuel pump 전기에 의해 작동되는 연료 펌프를 말한다. 코

일을 이용하여 전자력으로 플런저를 펌프 운동시키는 플런저식, 롤러 모터를 이용하는 롤러식, 원주 상에 날개 홈을 설치하여 로터를 회전시켜 연료를 송출하는 베인식 등이 있다.

전기식 오토 초크 electric auto choke　초크 밸브의 개도(開度)를 전기 히터(PTC 히터)와 바이메탈의 조립에 의해 제어하는 것을 말한다. 시동 시 온도가 낮을수록 초크 밸브를 강하게 닫도록 작용하고, 한랭 시의 시동성을 높이고 있다. 또한 기관이 따뜻할 때의 재시동 후에도 바이메탈이 엔진룸의 분위기 온도에 의해 작동하는 방식이기 때문에 주행 성능이 확보된다. 종래의 수온식의 경우는 초크가 열리기 쉽고 공연비가 희박해질 수 있다.

전기식 초크 electrical choke　초크 스프링을 예열(豫熱)하고 초크가 더 일찍 풀리도록 하기 위해 전기 히터를 사용하는 초크 시스템으로, 이는 예열하는 동안 배기 오염물을 줄여주는 역할을 한다.

전기식 팬 electric fan　기계적인 구동 벨트에 의해 작동되지 않고, 전기 회로에 의해 작동되는 냉각 팬 형식을 말한다.

전기 아연 도금 강판(電氣亞鉛鍍金鋼板) electric galvanized steel sheet　⇨ 아연 도금 강판

전기 액추에이터 electrostatic actuator　전기와 자기의 상호 작용으로 기계적인 동력을 발생시키는 액추에이터가 일반적이지만, 특수한 것은 재료의 전왜(電歪) 현상을 이용한 액추에이터로서 초음파 진동자도 있다. 전기 액추에이터의 대표적인 것은 직선 왕복 운동에서의 솔레노이드, 직선 운동에서는 리니어 모터, 회전 운동에서는 모터가 있다.

전기 용접(電氣鎔接) electric welding　아크 열 또는 전류의 저항열을 이용하는 용접 방법을 말한다.

전기 유압 방식(電氣油壓方式) electric hydraulic system　유압 기기의 조작에 솔레노이드 등의 전기적 요소를 조합한 방식을 말한다.

전기자(電機子) armature　회전 전기 기기에서 주요한 동작을 하는 권선(捲線)을 수용하고 있는 부분으로, 이를 아마추어라

고도 한다. 예를 들면, 3상 교류 발전기에서는 3상의 권선을 전기자 권선, 이것을 수용하고 있는 철심(鐵心)을 전기자 철심이라고 한다. 3상 발전기에서는 대개의 경우 전기자는 고정 쪽에 있는데, 이것이 원통형으로 되어 있어 전기자의 안쪽에서 직류로 여자(勵磁)된 자기극(磁氣極)이 회전하도록 되어 있다. 한편, 직류기에서는 전동기이건 발전기이건 간에 전기자는 회전 쪽이며, 주요한 권선과 철심 및 정류자(整流子)로 구성되는 회전 부분 전체를 전기자라고 한다. 직류기에서 전기자를 회전 쪽으로 하는 까닭은 전기자의 외부에서는 직류, 내부에서는 교류이며, 그 사이에 정류라는 동작을 거쳐야 하기 때문이다. 따라서 직류기의 고정부는 직류로 여자된 자극(磁極)이다.

전기 자동차(電氣自動車) electric automobile　배터리 등의 전기 에너지를 이용한 모터(전동기)를 회전시켜 바퀴를 구동시키는 차의 종류를 말한다. 자동차 공해와 석유 자원 문제로 중량이 가벼운 배터리의 연구와 함께 성능의 향상과 설비 등의 문제점에 대한 연구가 활발히 진행되고 있다.

전기자 슬라이딩식 armature shift type　전기자(電機子) 섭동식으로 불리는 이 방식은, 계자 철심의 중심과 전기자 철심의 중심을 오프셋시켜 자력선이 가까운 거리를 통과하려는 성질을 이용하여 전동기에서 발생한 회전력을 플라이휠에 전달하는 방식이다. 피니언은 전기자 축의 끝 부분에 설치되어 계자 코일과 전기자 코일에 전류가 흐르면 피니언과 전기자가 일체로 미끄럼 운동을 하여 플라이휠 링 기어와 맞물리게 된다. 엔진이 기동된 후 스위치를 열면 전기자의 리턴 스프링의 장력으로 복귀되어 이탈된다.

전기자 철심(電機子鐵心) armature core　전기자 권선(捲線)을 감는 철심으로, 0.35 mm 또는 0.5 mm의 규소 강판을 겹쳐 쌓아서 만든다. 강판은 슬롯 등을 펀치하고, 어닐링(anneling)에서 일그러진 곳을 없애고, 표면을 바니시 또는 종이로 절연(絶緣)하여 사용한다.

전기자 축(電機子軸) armature shaft　기동

전동기의 전기자 축은 큰 회전력을 받기 때문에 절손, 변형 및 굽힘 등이 발생되지 않도록 특수강으로 제조되어 있으며, 베어링 지지부는 내마멸성 향상을 위하여 담금질이 되어 있고, 피니언의 미끄럼 운동 부분에는 스플라인이 마련되어 있다.

전기자 코일 armature coil 발전기의 발전자 및 전동기의 전동자를 통틀어 일컫는 말이다. 보통 연철심(軟鐵心)에 감은 코일로, 장자석(場磁石)과 함께 기계의 주요부를 구성한다. 발전기에서는 장자석에 대해 회전함으로써 전류를 발생시키고, 전동기에서는 외부에서 공급된 전류에 의해 회전을 일으킨다. 환상(環狀) 전기자와 고상(鼓狀) 전기자의 2종이 있다.

전기장(電氣場) electric field 전하로 인한 전기력이 미치는 공간을 말하는데, 이를 전계(電界) 또는 전장(電場)이라고도 한다. 전기장의 세기는 전기장 내의 한 점에 단위 양전하(+1C)를 놓았을 때 그 전하가 받는 전기력의 크기로 정한다. 전기장의 방향은 고전위인 양극에서 저전위인 음극으로 향한다.

전기장 강도(電氣場强度) electric field strength 자력선의 크기 즉 밀도를 말하며, 자장(磁場)의 밀도가 크면 클수록 자석의 한 자극에서 다른 자극으로 뻗는 자력선도 많아진다.

전기 장치(電氣裝置) electric system 시동을 위해 엔진을 크랭킹시키기 위한 장치와 실린더 내에서 고전압의 스파크를 발생시키기 위한 점화 장치로서, 각종 라이트(light)와 액세서리(부속 장치)를 작동시키기 위한 장치, 배터리를 충전시키기 위한 충전 장치 등 일련의 장치를 말한다. 디젤 엔진의 경우에는 예열 플러그(glow plug)를 작동시키기 위한 회로가 포함되기도 한다.

전기 저항(電氣抵抗) electric resistance ⇨ 저항

전기 전도(電氣傳導率) electricity conduction ratio 도체에 흐르는 전류의 크기를 나타내는 상수로, 전기 저항률의 역수이며, 그 값은 온도가 상승하면 금속에서는 감소하고 반도체에서는 증가한다. 어드미턴스의 실수부이며, 직류에서는 저항의 역수이다. 단위는 지멘스(Siemens, 기호 S)이다.

전기 제어(電氣制御) electric control 스위치, 계전기, 저항기 등에 의한 기기 또는 장치의 제어를 말한다.

전기 진동(電氣振動) electric oscillation 전기 회로를 흐르는 전류나 전압의 크기와 방향이 주기적으로 바뀜으로써 생기는 진동을 말한다. 교류 발전기나 발진기(發振器) 등에 의하여 생긴다.

전기 차량(電氣車輛) electric motor vehicle 전력(電力)을 동력원으로 사용하여 운전되는 차량을 통틀어 이르는 말로, 전기 자동차, 전기 기관차, 전차, 전동차 및 트롤리 버스 등을 이른다.

전기 체인 블록 electric chain block 체인 블록의 수동 체인 바퀴 대신에 농형 전동기(籠形電動機)를 설치한 것으로, 감아올리는 하중은 체인 블록과 큰 차이는 없으나 빠른 속도로 감아올릴 수 있다.

전기 호이스트 electric hoist 휠, 기어, 케이블 모터 등으로 구성된 호이스트를, 레일에 매달아 바닥에서 버튼이나 로프를 이용하여 모터를 회전시켜 케이블을 감아 무거운 물건을 들어 올리거나 내리는 장치를 말한다.

전기 화학(電氣化學) electrochemistry 전기적 현상을 수반하는 화학 반응 또는 화학 현상을 연구하는 학문으로, 화학의 한 분야이다. 전기 화학에서는 전기 분해, 전지, 금속의 부식, 계면 전기 현상, 방전, 도전 현상 등을 다룬다.

전기 회로(電氣回路) electric circuit 전류가 흐를 수 있도록 전지, 도선, 스위치 등을 연결해 놓은 통로로, 단순히 회로라고도 한다. 회로는 저항, 콘덴서, 트랜지스터, 진공관 등의 회로 소자로 구성되어 있으며, 각 소자는 도선으로 연결된다.

전단 응력(剪斷應力) shearing stress 물체 내 하나의 단면상에 단면에 따라 크기가 같고 방향이 반대인 한 쌍의 힘이 작용하여 물체를 그 단면에서 절단하도록 하는 하중으로, 그림과 같이 재료를 가위로 자르듯이 절단하는 하중에 생기는 응력을 말한다. 전단 응력은 리벳 이음의 리벳에 생긴다.

전단 응력

전단 하중(剪斷荷重) shearing load　물체 내의 접근한 평행 2면에 크기가 같고 방향이 반대로 작용하는 하중을 말한다. 이 하중이 작용하면 2면은 서로 미끄럼을 일으킨다.

전달률(傳達率) transmissibility　외력을 가하여 강제적으로 진동시키는 경우, 진동 전달률은 $\tau = \dfrac{\text{피진력(被振力) 진폭}}{\text{가진력(加振力) 진폭}}$ 으로 주어진다.

전달 효율(傳達效率) transmission efficiency　엔진에서 발생된 회전력이 클러치에 입력되어 출력되는 효율을 말한다.

$$전달효율(\eta) = \frac{T_2 \times N_2}{T_1 \times N_1}$$

$$\boxed{\text{ENG}} \xrightarrow{T_1 \times N_1} \boxed{\text{클러치}} \xrightarrow{T_2 \times N_2} \boxed{\text{입력 출력}}$$

여기서, T_1 : 엔진 발생 회전력 (m·kg)
　　　　T_2 : 클러치 출력 회전력 (m·kg)
　　　　N_1 : 엔진 발생 회전수 (rpm)
　　　　N_2 : 클러치 출력 회전력 (rpm)

전도(傳導) conduction　물체 내를 열 또는 전기(전하)가 이동하는 현상으로, 열이 이동하는 경우를 열전도, 전기가 이동하는 경우를 전기 전도라고 한다. 물질에 따라 열 또는 전기 등이 이동하는 속도가 다르며, 빨리 이동하는 물질을 도체, 더디게 이동하는 물질을 부도체라고 한다.

전도율(傳導率) conductivity　전류가 흐르기 쉬움을 나타내는 물질 고유의 값이다. 특정 전도체 재료의 고유 특성으로, 도체 속을 흐르는 전류의 크기를 나타내는 상수로, 비저항(比抵抗)의 역수이다.

$$\sigma = \frac{l}{A \cdot R} = \frac{1}{\rho}$$

여기서, ρ : 고유 저항($\Omega \cdot$m)
　　　　l : 길이(m)
　　　　R : 전기 저항(Ω)
　　　　A : 도체의 단면적(m^2)

전도율(σ)의 단위는 ℧/m 또는 S/m(Siemens/meter)이다.

전도체 프린트 글라스 electro conductor print glass　전도성(傳導性)이 있는 금속 분말을 유리면에 가로 또는 세로로 배열하여 프린트한 다음 열처리시킨 강화 유리로, 리어 윈도에 사용한다. 전류를 흐르게 함으로써 유리를 따뜻하게 하여 유리의 흐림을 제거하는 데 이용한다.

전동[1](傳動) transmission　엔진의 동력을 전달하는 것으로, 전동 장치 및 변속기 등을 이른다.

전동[2](電動) electrically-driven　전동기에 의해서 동작되는 형식의 것을 이른다.

전동 격납식 도어 미러 electric storage type door mirror　차 실내에서 스위치 조작에 의해 미러를 접거나(격납), 또는 통상의 위치로 되돌릴(복귀) 수 있는 도어 미러를 말한다. 조작성이 향상된다.

전동 공구(電動工具) electrically-drive tool　전동기를 내장하고 그 회전력을 이용해서 금속이나 목재 등을 가공하는 공구를 이른다. 가장 많이 사용하는 것은 전기 드릴인데, 금속용과 목재용이 있다. 뚫을 수 있는 구멍의 최대 지름에 따라 몇 mm의 전기 드릴이라고 부른다. 강재(鋼材)의 불꽃 시험, 주물 귀 따내기, 용접부의 다듬질용으로 사용하는 전기 그라인더는 휴대용과 탁상용이 있다. 휴대용 숫돌은 지름 75 mm, 100 mm 등의 작은 것을 사용한다. 또 석재용 숫돌을 달아 석재 연마에도 사용한다. 이 밖에 전기 연마기, 전기 둥근톱, 나사 돌리개 등도 있다.

전동기(電動機) electric motor　전류가 흐르는 도체가 자기장(磁氣場) 속에서 받는 힘을 이용하여 전기 에너지를 역학적 에너지로 바꾸는 장치로, 일반적으로 모터라고 말한다. 전원의 종류에 따라 직류 전동기와 교류 전동기로 분류되며, 교류 전동기는 다시 3상 교류용과 단상 교류용으로 구분된다. 오늘날에는 3상 교류용 전동기를 주로 사용하고 있다.

전동력(電動力) electriomotive force　전기 회로에 전류를 흐르게 하여 기계를 움직이는 힘으로, 동전력(動電力) 또는 기전력(起電力)이라고도 한다.

전동 리모컨 미러　운전석에 앉은 상태에서 미러(mirror)의 방향을 스위치 조작에 의해 조절할 수 있는 것을 말한다.

전동 발전기(電動發電機) motor generator
전동기와 발전기를 직결 또는 벨트나 기어를 사이에 넣어 결합한 전원 장치로, 전력을 변성·변환 또는 변류(變流)하려는 목적으로 사용한다. 대개의 경우 전동기는 유도 전동기, 발전기는 직류 발전기인데, 일반적으로는 전동기와 발전기가 같은 받침대 위에 설치되어 양자가 직결된다.

전동 베어링 rolling bearing ⇨ 롤링 베어링

전동 선셰이드 electric sunshade 크리스탈 라이트 루프의 블라인드(선셰이드)의 개폐를 모터 구동으로 실시하는 기구로서, 앞·뒷좌석 및 후석에 배치한 스위치로 리모컨 개폐를 가능하게 하였다. 앞좌석용 스위치는 4곳의 블라인드를 동시에 개폐할 수 있도록 하고, 뒷좌석용 스위치는 블라인드를 각각으로 개폐할 수 있도록 하고 있다.

전동식 냉각 팬 electric motor cooling fan
냉각 팬은 엔진이 냉각 시에는 회전되지 않고 열간(熱間) 시에만 회전되며, 엔진의 온도를 감지하는 수온 스위치나 팬을 회전시키는 모터 그리고 전기를 전달하는 릴레이가 있다. 전동식 냉각 팬은 설치 위치가 자유로워, 최근 승용차에 많이 적용되고 있다.

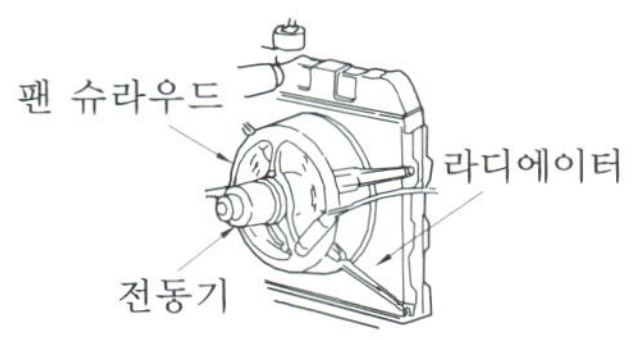

전동식 냉각 팬

전동 윈치 electric winch　(1) 전력을 동력으로 사용하여 드럼에 와이어로프를 감아 붙여 물건을 매달아 올리는 기계를 말한다. (2) 4WD 자동차의 앞부분에 설치되어 있는 윈치로서, 배터리를 전원으로 이용한 모터의 회전을 감속기로 감속하여 사용한다.

전동 캔버스 선루프 스위치 조작에 의해 전동으로 레저 톱(캔버스)을 접거나 펴기도 하는 개폐식 선루프를 말한다. 전동 캔버스 선루프에도 다른 선루프와 마찬가지로

삽입 사고를 방지하기 위하여 전폐(全閉) 상태가 되기 직전 약 180 mm에서 일단 정지하는 안전 기구가 설치되어 있다.

전동 캔버스 톱 개방감이 풍부한 캔버스 톱의 개폐를 전동화하고, 사용의 편리성을 향상시킨 것으로, 다음과 같은 특징이 있다. ① 뒷좌석을 보다 중시한 후, 전개식을 사용한다. ② 슬라이드 클로즈 시 실내 즉 개구부 후단에서 약 235 mm 직전에서 캔버스 톱이 일단 정지하는 위험 방지 기능을 사용한다. ③ 오픈 시 실내로 바람이 말려드는 것을 방지하고, 고속 주행 시 캔버스 톱의 흔들림의 저감을 도모하는 디플렉터를 장치한다. ④ 글라스 톱의 개폐 면적을 확보한다. ⑤ 방수, 방한이 우수한 폴리에스테르제의 방수 범포를 사용한다.

전동 틸트 스티어링 ECTS ; electrically controlled tilt steering 팝업(pop-up) 기구 부착 틸트 스티어링에서 조향성을 좀 더 향상시키기 위해 모터와 컨트롤 유닛을 사용하여 틸트 조절을 전동화함으로써, 스위치 조작에 의한 스티어링 칼럼의 틸트 조절을 무단계로 작동함과 동시에 운전석으로의 승하차를 용이하게 한 오토 틸트(팝업) 기능도 자동적으로 행할 수 있는 시스템을 말한다.

전동 파워 스티어링 ECPS ; electrically controlled power steering 통상의 파워 스티어링은 유압에 의해 파워 어시스트를 하는데 반해, 스티어링 기어 어셈블리에 장착된 모터의 구동력으로 파워 어시스트를 하는 시스템을 말한다. 차속과 스티어링 휠의 조향력에 따라 컨트롤 유닛이 스티어링 어셈블리에 장착된 모터의 전류를 제어하여 구동함으로써 스티어링 기어 어셈블리 피니언 기어를 회전시켜 저속 영역에서 파워 어시스트를 한다. 특징은 다음과 같다. ① 저속 주행 시에는 모터 전류를 크게 해서 경쾌한 조향력을 얻고, 차속의 상승에 따라 모터 전류를 감소시켜 적절한 조향력을 얻을 수 있다. ② 차속이 상승하면 파워 어시스트하지 않기 때문에 매뉴얼 스티어링(manual steering) 상태가 되고, 중·고속 주행 시에는 안정된 조향력을 얻을 수 있다. ③ 컨트롤 유닛과

센서 등 전기 계통에 고장이 나더라도 매뉴얼 스티어링 상태가 됨과 동시에 경고등을 점등하여 운전자에게 이상을 알리는 페일 세이프 기능을 가지고 있다.

전동 팬 motor fan   배터리 전원으로 회전하는 팬으로, 수은 센서가 라디에이터에 설치되어 냉각수 온도를 감지하여 약 90℃ 정도가 되면 전동기에 배터리 전원을 연결하여 회전하게 된다. 라디에이터 설치 위치가 자유롭고 히터의 난방이 빨리 되며 일정한 풍량(風量)을 항상 확보할 수 있는 장점이 있는 반면, 값이 비싸고 소비 전력이 많으며 소음이 크다는 단점이 있다.

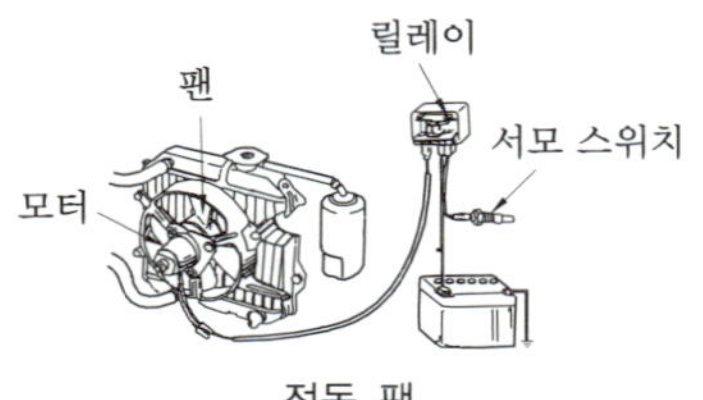

전동 팬

전동 펌프 파워 스티어링 electric hydraulic power steering   엔진으로 구동되는 펌프 유압을 이용하는 일반적인 동력 조향 장치(파워 스티어링)와 달리, 모터 펌프로 유압을 제공하는 방식을 일컫는다. 벨트로 구동하는 방식이 아니기 때문에, 펌프 롤을 보다 자유롭게 설치할 수 있고 배치가 더욱 쉽다. 그리고 모터의 전압 제어로 펌프의 토출량을 변화시킬 수 있으므로 차량의 주행 상태에 맞추어 제어할 수 있다.

전력(電力) electric power   (1) 단위 시간당의 전기 에너지 양을 가리키는 것으로, 단위는 와트(W)로 나타낸다. 직류의 경우는 그 전압과 전류의 곱으로 주어지지만, 교류의 경우는 전압 실효값과 전류 실효값의 곱(피상 전력이라고 함)에 이들 사이의 위상차 θ로 결정되는 역률 $\cos\theta$를 곱한다. 또 '피상 전력×$\cos\theta$'를 무효 전력이라고 한다. 이것은 전원과 리액턴스성 장치 사이에서 수수되는 전력인데, 위에서 지적한 전력(유효 전력)과는 구별된다. (2) 동력이나 전열, 조명 등 별개의 에너지 형태로 변환되어 소비되는 수용 전력을 의미하며, 그 수요량과 수용이 성질에 따라 업무용, 임시 사업용 등 여러 가지 명칭을 붙여 부르

고 있다. 또 공급 조건에 따라 상시 전력, 기간 상시 전력, 임시 전력, 심야 전력 등으로 나누기도 한다. 전력은 발생과 소비가 거의 동시에 이루어지기 때문에 그 수급 조절은 공급측으로서는 중요 관심사에 속하고, 공급 계통의 구성과 운용은 안정되고 확실한 공급 확보와 경제성 측면에서 운용된다. 또 전력은 상품으로서 공익성도 내포하고 있으므로 필요한 법적 규제도 받게 된다.

전력량(電力量) electric energy   일정 시간 동안 전류가 행한 일 또는 공급되는 전기 에너지의 총량으로, 전력과 시간의 곱으로 계산할 수 있다. 전력은 전압과 전류의 곱이므로, 전압이 V, 전류가 I, 사용 시간이 t일 때 소비되는 전력량은 $V \cdot I \cdot t$이다.

전력용 트랜지스터 electric transistor   대전류 고출력을 가지고 있는 트랜지스터로서, 주로 접화 장치의 스위칭 회로나 오디오 회로로 사용된다.

전로 제강법(轉爐製鋼法) Bessemer process   1855년 H. 베서머가 개발한 노(爐) 밑바닥에서 바람을 불어 넣는 산성 전로법으로, 베서머 제강법이라고도 한다. 이 제강법은 용융된 선철로부터 강의 대량 생산을 위해 비용이 가장 적게 드는 산업 공정이었다. 장독 모양으로 된 기울일 수 있는 전로에 용선(鎔銑)을 주입하고, 노 밑에 있는 바람구멍으로 공기를 불어 넣어, 선철 중의 규소, 망간을 산화하여 정련한다. 이 방법은 인, 황 등을 제거할 수는 없고, 이 두 원소의 함유량이 적은 원료가 필요해짐에 따라 20세기 초부터 쇠퇴하고, 새로운 방법인 토머스법(염기성 전로법)으로 바뀌었다.

전류(電流) electric current   전위(電位)가 높은 곳에서 낮은 곳으로 전하(電荷)가 연속적으로 이동하는 현상을 말한다. 전하는 전기적인 위치 에너지가 높은 곳에서 낮은 곳으로 이동한다. 전류는 기전력(起電力)이라는 힘에 의해 흐르는데, 전류가 흐르는 길을 전기 회로라고 한다. 그리고 전류에 의해 에너지를 공급받는 장치를 부하(負荷)라고 한다. 전류의 크기를 나타내는 단위는 A(암페어)이다. 1A는 도선

의 임의의 단면적을 1초 동안 1C(쿨롱)의 전하가 통과할 때의 크기이다. 전류의 방향은 정전하(靜電荷)의 이동 방향을 양(陽)의 방향으로 정한다. 그러나 실제로 도선 안에서는 전류의 반대 방향으로 자유 전자가 이동한다. 1A의 전류가 흐르는 도선에는 1초에 약 6.25×10^{18}개의 자유 전자가 단면적을 통과한다. 전류의 종류에는 그 크기 및 방향이 변하지 않는 직류와, 크기와 방향이 주기적으로 변하는 교류가 있다.

전류 검출 저항(電流檢出抵抗) current sensing resistor 부하(負荷)에 직렬로 연결된 저항으로서 저항의 양 끝에는 부하 전류에 비례하는 전압이 발생된다. 발전기의 계자(界磁) 저항은 저항의 양 끝 전압을 이용하여 로터 또는 계자 코일에 흐르는 전류를 조정하여 발전기의 발전 전압을 조정하게 한다.

전류 게인 current gain 트랜지스터에서 출력 신호를 입력 신호와 비교한 비율을 말한다.

전류계(電流計) ammeter 전기 회로의 직류 또는 교류 전류의 크기를 측정하는 계기를 말한다. 전류의 측정 단위인 암페어(ampere)의 암(am)과 측정 기구를 뜻하는 미터(meter)를 합성하여 암미터(ammeter)라고도 한다. 원통형의 철심에 감아 놓은 코일을 자기장 속에 두고 전류를 흘리면, 코일은 전류와 수직 방향으로 전류의 세기에 비례하는 힘을 받는다. 이 힘에 의해 코일이 회전하고 회전축에 달아 놓은 용수철의 탄성력과 코일이 자기장으로부터받는 힘이 같아지면 멈춘다. 회전각은 전류의 세기에 비례하므로, 코일에 연결된 바늘이 가리키는 눈금을 읽어 전류의 세기를 측정한다.

전류 센서 current sensor 교류 전류 및 직류 전류를 감지하는 센서를 말한다. 전류를 감지하는 방법에는, 도너츠 모양의 자심(慈心)을 사용하여 1차 및 2차 코일을 자심에 감아 2차 전류를 측정함으로써 1차 전류를 감지하는 변류기(變流器) 방식과, 전류에 의하여 생기는 자계(磁界) 속에 홀 소자를 설치하여 홀 전압을 측정함으로써 자계의 강도 즉 전류의 강약을 감지하는

홀 소자 방식, 그리고 전류의 대소로 용단(溶斷)하는 시간이 다른 퓨즈 방식 등이 있다.

전류식(全流式) full flow type 오일펌프(oil pump)에서 압송한 오일 전체를 오일필터에서 여과시킨 다음 엔진의 윤활부로 압송하는 방식으로, 이 방식은 오일 회로가 막혔을 때 오일 공급 차단을 방지하기 위하여 바이패스 밸브를 설치하여 통로가 막혀도 공급할 수 있게 하였다. 현재 소형 승용차에 가장 많이 사용된다.

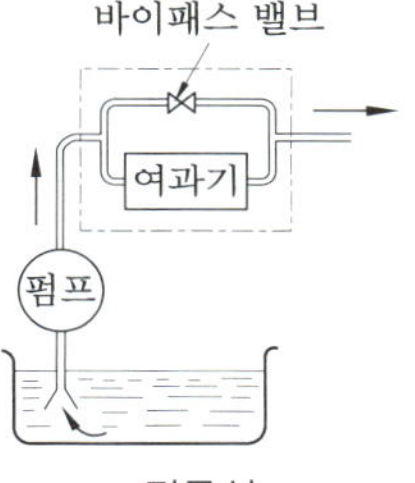

전류식

전류식 필터 full flow filter 오일펌프에서 출발하는 모든 오일이 섭동부에 가기 전에 여과기를 경유하도록 한 형식에서의 오일 필터를 말한다.

전류 자기 효과(電流磁氣效果) current galvanomagnetic effect 자계(磁界)에 의하여 생기는 전기량의 영향을 통틀어 전류 자기 효과라고 한다. 전자나 정공 등의 하전 입자가 자계 속을 운동할 때 작용하는 로렌츠의 힘이 원인이 되어 야기되는 효과이다. 대표적인 것으로서 홀(Hall) 효과와 자기 저항 효과가 있다. 홀 효과는 전류와 자계에 직류 방향으로 전압을 발생하는 현상이고, 자기 저항 효과는 전기 저항이 자계에 의하여 변화하는 현상이다. 둘은 완전히 독립적인 것이 아니라 기본적으로는 하나의 텐서 전도율로 표시된다. 전류 자기 효과는 금속이나 반도체 등의 고체 내의 전자나 정공의 동작을 알 수 있는 학문적인 유용성이 있는 동시에, 홀 소자나 자기 저항 소자로서 공학적으로도 매우 유용하기 때문에 많이 이용되고 있다. ⇨ 홀 효과, 자기 저항 효과

전류 제한기(電流制限器) current limiter 전력 회사가 수용가의 인입구(引入口)에 설치하여 미리 정한 값 이상의 전류가 흘렀

을 때 일정 시간 내의 동작으로 정전시키기 위한 장치를 말한다. 전류 제한기에 의해서, 단락(短絡) 사고나 아주 큰 전류가 흐르는 부하(負荷)를 연결했을 때 과전류가 계속해서 흐르지 않도록 하여 전선이나 배선 기구의 과열로 인한 화재, 그 밖의 사고를 방지하는 것이다. 규정 전류에는 5A, 10A, 15A, 20A, 30A의 5종류가 있다. 예를 들면, 10A의 것은 15A를 초과하면 작용하도록 만들어지고, 20A에서는 2분 이내에, 40A에서는 10초 이내에 동작한다. 많이 사용되고 있는 것은 S브레이커라고 하는 것으로 동작 코일을 내장하고 있는데, 과전류가 흐르면 그 전자기력(電磁氣力)에 의해서 동작한다.

전류 흐름 이론 current flow theory　전류 흐름 방향에 관한 학설로, 맨 처음 벤저민 프랭클린(Benjamin Franklin)에 의해 제창되었다. 이 학설에서는 전류가 ⊖에서 ⊕로 흐르는 것으로 정의되어 있다. ⇔ 전자 흐름 이론

전륜 구동 (前輪驅動) front wheel drive　앞바퀴를 돌려서 주행하도록 한 자동차 구동 방식으로, 앞바퀴 굴림이라고도 한다. 일반적으로 자동차는 앞에 기관이 있어도 뒷바퀴를 구동하여 주행한다. 앞바퀴로 조향(操向)하고 뒷바퀴로 미는 이 방식은 그 자체가 모순이므로, 전륜 구동은 초창기부터 자동차의 이상(理想)이었다. 그러나 조향을 위해 움직이는 앞바퀴에 회전을 전달하는 것이 기술적으로 어렵기 때문에 실현된 것은 1920년대 후반부터이다. 전륜 구동의 장점은, 조향 바퀴가 구동 바퀴이기 때문에 잘 미끄러지지 않으며, 젖거나 얼어붙은 노면과 눈 위에서도 안전하다는 점이다. 그리고 옆바람의 영향을 받지 않을 뿐 아니라, 기관 구동 계통이 앞쪽에 집중되어 있고 추진축이 없으므로 바닥은 낮게, 실내는 넓게 할 수 있는 점이다. 결점은, 조향 바퀴에 회전을 전해야 하기 때문에 성능이 우수한 항속(恒速) 조인트가 필요하며, 구조가 복잡하

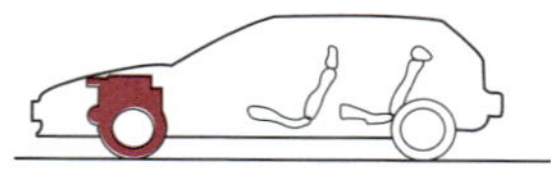

전륜 구동

고 제조 원가가 높아진다는 점, 액셀러레이터를 밟고 있을 때와 떼었을 때는 조종 감각에 차이가 있다는 점 등이다.

전면 투영 면적(全面投影面積) full projected area　자동차의 공력(空力) 특성을 나타내는 기준 값의 하나로, 자동차를 앞에서 볼 때 횡단면의 면적을 말한다. 즉, 수평면에 놓인 자동차의 세로 중심면(中心面)에 직각인 연직면에 자동차의 최외연(最外椽)의 형상을 투영했을 때 생기는 도형이 점유하는 면적으로, 이것이 적은 쪽이 공기 저항이 적다.

전면 필릿 용접 fillet weld in normal shear, front fillet weld　용접선의 방향이 전달되는 응력의 방향과 거의 직각인 필릿 용접을 말한다.

전부동식(全浮動式) full floating type　피스톤 핀이 피스톤과 커넥팅 로드의 어느 것에도 고정되지 않고 자유로 회전하게 되어 있다. 이 경우 핀이 빠져나오지 않도록 양쪽 보스에 홈을 파고 스냅 링(snap ring)이나 엔드 와셔(end washer)를 끼우게 되어 있다. 커넥팅 로드가 작은 쪽에는 부시를 끼우지만, 알루미늄 피스톤인 경우 보스는 알루미늄 자체가 좋은 베어링 재료이기 때문에 부시를 사용하지 않는다. 중·소형의 고속 기관에서는 거의 대부분이 이 방식을 사용하고 있다.

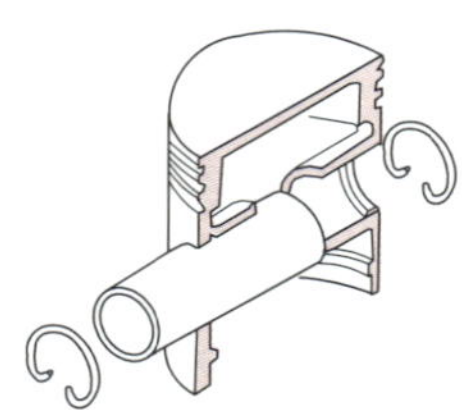

전부동식

전부동식 피스톤 핀 full floating piston pin　피스톤 핀이 피스톤이나 커넥팅 로드 그 어느 것과도 고정되지 않아 자유로이 섭동(운동)할 수 있는 형식으로, 핀의 이탈을 방지하기 위해 핀 양 옆에 스냅 링을 설치하였다.

전부동축(全浮動軸) full floating axle　트럭이나 버스 등 대형 차량에 사용되는 뒤 차축(車軸)의 한 형식이다. 자동차의 뒤 차축의 경우에는 일반적으로 차량의 총 중

량의 2/3 정도를 지지함과 동시에 구동 동력을 차바퀴에 전달하는 역할을 한다. 그 구조는 동력을 전달하는 구동축과 그것을 둘러싸는 차축관으로 되어 있으며, 전부동축은 차량의 중량이 차축관에 걸리고 구동축은 구동력만을 담당하는 것을 말한다.

전부하(全負荷) full load　전부하는 풀(full) 스로틀을 말하고, 부분 부하는 파셜(partial) 스로틀 또는 파트(part) 스로틀이라고 한다. 엔진의 성능은 보통 전부하로 표시하고 있으나, 실제 운전에 필요한 것은 파셜 쪽의 컨트롤 성능이다. 액셀러레이터를 밟는 데 따라 가속과 감속에 모두 충실하게 반응하는 엔진이 운전하기 쉽다. 이것은 부분 부하의 토크 성능에 좌우된다.

전부하 효율(全負荷效率) full load efficiency　엔진에 허용되어 있는, 최고의 부하가 걸린 상태에서 효율을 말한다.

전산가(全酸價) total acid number　유지(油脂)나 지방 1g 속에 들어 있는 유리된 지방산을 중화하는 데에 필요한 수산화칼륨의 양을 mg으로 표시한 수를 산가(酸價)라고 하는데, 이 산가 측정법으로 얻어지는 수치를 전산가라고 한다. 전산가에 대해, 시료를 열수로 추출한 성분에 대해 동일한 시험법으로 측정한 값을 강산가(强酸價)라고 한다.

전속 배기 방식　1986년 1월 발표한 사이클론 엔진에 적용된 배기 방식이다. 연소 효율의 향상을 도모하기 위해(다음 흡기 사이클의 효율을 좋게 하기 위해), 배기계를 새롭게 설계하고 이중 배기(dual exhaust)한 것이다. 순차적으로 연소를 반복하는 4기통 중 배기관을 1번·4번과 3번의 2계열로 나누고, 서로의 배기 행정이 중복되지 않도록 고려하였다. 또한 배기가스의 간섭이 없을 뿐만 아니라 뒤에서 배출되는 가스가 이미 배출한 가스를 밀어내는 장점이 있다.

전선(電線) electric wire　전력 또는 전기 신호를 보내기 위해 사용되는 선류(線類)를 통틀어 이른다. 크게 나선(裸線)과 절연 전선으로 나눌 수 있고, 용도에 따라서 여러 가지 모양의 전선이 있다. 나선은 일반적으로 구리로 만들며, 단선과 연선으로 다시 나눈다. 절연 전선은 나선의 겉을 고무나 에나멜과 같은 절연 물질로 둘러싼 것이다. 전선은 전류를 흐르게 하는 것만으로는 오랜 세월이 지나도 전기 저항이 증가하는 등의 특성 변화는 없다고 보아도 되지만, 반복해서 기계적인 힘이 가해지는 부분에서는 피로해서 단선(斷線)될 때가 있다.

전성(展性) malleability　금속에 압력·타격을 가함으로써 얇은 조각으로 만들 수 있는 성질을 말한다. 연성(延性)과 같이 금, 은, 주석, 알루미늄과 같은 부드러운 금속에 풍부하다. 금은 두께를 0.000001 mm로 만들 수 있다. 란타넘(lanthanum)족 원소는 대부분 은회색의 광택을 가진 금속으로 전성과 연성이 있으며, 부드러워 칼로 자를 수 있고 뜨거운 물과 잘 반응한다. 물질의 종류만으로 정해지는 것은 아니고, 온도·습도 등에 의해서도 영향을 받는다. 일반적으로 저온에서는 취성(脆性) 때문에 그 정도가 적어진다. 또한 불순물이 많이 섞여 있는 광물일수록 그 전성은 적다.

전수두(全水頭) total head　관(管) 속을 흐르는 유체가 정상류(定常流)일 때의 위치 수두, 압력 수두, 속도 수두의 합계를 이른다. 이들 3종류 수두의 합계는 일정하며, 펌프의 전수두는 흡상(吸上) 높이, 토출 높이와 손실 수두의 합계이다.

전 스로틀 full throttle　가속 페달을 완전히 밟은 상태, 즉 스로틀을 전개(全開)한 위치를 말한다.

전 알칼리가 total base number　윤활유 중에 포함되어 있는 전체 알칼리 성분의 양을 나타내며, 시료유 1g 중에 포함되어 있는 전 알칼리성 성분을 중화하는 데 필요한 산과 같은 다량의 수산화칼륨(KOH)의 양을 mg수로 표시한 것이다.

전압(電壓) voltage　도체 내에 있는 두 점 사이의 전기적인 위치 에너지의 차이 즉 전위차(電位差)를 말한다. 전압이 클수록 더 많은 전기 에너지를 갖고 있으며, 전압이 0이면 전류가 흐르지 않는 것이다. 전압의 크기를 나타내는 단위는 V(볼트)이다. 1V는 1C(쿨롱)의 전하가 두 점 사이에서 이동하였을 때에 하는 일이 1J(줄)일 때의 전위차이다.

전압 강하(電壓降下) voltage drop　전류가 두 전위 사이를 흐를 때 저항을 직렬로 여러 개 연결하면 전류가 각 저항을 통과할 때마다 옴의 법칙만큼 전압이 작아져 나타나는 현상을 전압 강하라고 한다. 이때 전체 전압은 각각에 걸린 전압의 합이 된다. 또한 변압기에서도 변압기 원리에 의해 1차 코일(전원 쪽)에 비해 2차 코일(출력 쪽)이 작을 때 감은 수의 비율만큼 작아진다. 이 경우도 전압 강하의 한 예가 된다.

전압 검출형 차속 센서 voltage detection type vehicle speed sensor　발전기의 발생 전압이 회전수에 비례하는 특성을 이용하여 전압을 검출하는 것을 말한다. 즉, 영구 자석이 케이블과 연결되어 회전하면 고정되어 있는 스테이터 코일에 교류 전압이 유기되고 정류기에 의해 직류 전기로 바꾸어 컴퓨터에 입력하여 연료 분사량을 조절한다. 또한 오버 드라이브 장치의 차속 센서로도 이용된다.

전압계(電壓計) voltmeter　전압을 측정하는 계기로서 볼트미터라고도 한다. 구조나 원리는 전류계와 같지만, 전압계는 계기에 흐르는 전류를 작게 할 필요가 있으므로 민감한 전류계 요소에 직렬의 고저항(高抵抗)이 접속된다. 각종 형식이 있지만, 보통 직류에는 가동 코일형 계기, 저주파의 교류에는 가동 철편형 계기와 정류형 계기, 교류·직류 양용에는 전류력계형 계기, 고주파에는 열전형 계기나 전자 전압계 등이 사용된다.

전압력(全壓力) total pressure　(1) 면 전체에 작용하는 힘으로, 유체의 동압력(動壓力)과 정압력(靜壓力)의 힘을 말한다. 즉, 밀도 ρ, 유속(流速) q인 비압축성 유체에서 흐름과 평행인 면에 수직으로 작용하는 정압력과 유체의 단위 넓이에 대한 동압력과의 합 $p+\dfrac{\rho q^2}{2}$ 로 표시할 수 있다(여기서 p는 정압력, $\dfrac{\rho q^2}{2}$ 는 동압력이다). (2) 혼합 기체를 구성하는 성분 기체가 각각 단독으로 혼합 기체와 같은 온도에서 같은 부피를 차지했다고 가정했을 때 나타나는 압력을 분압이라고 하며, 이에 대하여 혼합 기체의 압력을 전압력이라고 한다.

전압식 압력 센서 voltage type pressure sensor　다이어프램에 가해지는 압력을 안전 소자(티탄산, 지르콘산, 납)가 받아 출력하는 형식으로, 빠른 응답 및 고온에서의 사용이 가능한 장점이 있지만, 발생된 전하가 시간과 더불어 감소하기 때문에 안정된 압력의 측정이 어렵다.

전압 제어식 인젝터　⇨ 저저항 인젝터

전압 제한기(電壓制限器) voltage limiter　전원의 전압 변동에 의해 계기(計器)의 눈금 지시가 달라지지 않도록 하기 위해 게이지의 회로에 설치한 전압 제한 장치를 말한다.

전압 조정기(電壓調整器) voltage regulator　발전기 및 기타 전원의 전압을 압력 전압의 변동 또는 부하 변동에 상관없이 요구된 한도 내로 유지하는 기능을 가진 장치를 말한다. 사용 목적에 따라 조정기의 용량과 동작 원리, 사용 부품 등이 다양하다.

전역 공연비 센서 global air fuel ratio sensor　전역(全域), 곧 모든 운전 영역에서 공연비(空燃比)에 비례한 전류를 출력하는 센서를 말한다.　⇨ 선형 A/F 센서

전열[1] (電熱) electric heat　전류를 전열선에 흐르게 하거나 또는 전류를 아크형으로 흐르게 하는 등의 방법에 의해서 생기는 열로, 전기 에너지가 열에너지로 전환되었기 때문에 발생하는 것이다. 발열시키는 방법과 용도에 따라 저항 가열, 아크 가열, 유도 가열, 유전 가열로 구분한다.

전열[2] (傳熱) heat transfer　열이 고온부에서 저온부로 이동하여 온도가 균등하게 되려고 하는 현상을 말한다. 전열 작용은 상당히 복잡한 과정이지만, 이것을 분석하여 대별하면 열전도(전도), 열대류(대류), 열복사(복사)의 3가지의 서로 다른 작용으로 되며, 실제의 전열에서는 각각 단독으로 행하는 것이 아니라 두 가지 또는 전부의 작용의 조합에 의해 행해진다.

전열기(電熱器) electric heater　전열(電熱)을 열원으로 하는 기구를 말한다. 전열기의 발열체에는 비금속 발열체와 금속 발열체가 있는데, 비금속 발열체는 탄소를 주체로 하는 것으로 규소 또는 석영과 탄소의 분말을 접착제로 가압 성형한 것이고, 금속 발열체는 니크롬선이다. 적외선전구

도 금속 발열체의 일종이다. 전열기의 주요한 것으로는 전기난로, 전기로, 전기보일러, 아크로, 용접기, 건조기 및 각종 가정 전열기가 있다.

전열식 자동 초크 electric heat type auto-choke 자동적으로 초크를 작동시키는 장치의 하나로서, 바이메탈의 주위를 전열 코일로 둘러싼 구조로 되어 있다. 즉, 냉각된 상태의 엔진에서 닫혀 있는 초크 밸브가 엔진이 작동하여 발전기에서 보낸 전기에 의해서 바이메탈이 가열됨과 동시에 늘어나 초크 밸브가 서서히 열리는 구조로 되어 있다.

전용착 금속 시험편(全鎔着金屬試驗片) all-weld metal test specimen 시험하는 부분이 완전히 용착 금속인 시험편을 말한다. 전용착 금속의 인장(引張) 시험 방법에 시험편의 치수가 정해져 있다.

전원(電源) power supply (1) 장치, 시스템 등에 전력을 공급하는 원천을 이른다. 발전기, 전지, 기타를 의미하지만, 부하가 요구하는 전력의 형태(직류인가 교류인가, 그 주파수 등), 전압, 전류, 전력 레벨, 안정도 등에 적합하도록 하기 위한 제반 장치인 정류기, 인버터, 안정 전원 장치, 각종 보호 장치 등을 포함한 것을 의미하는 경우도 많다. (2) 전력의 자원을 이른다.

전위[1] (電位) electric potential 정전기장이나 정상 전류가 흐르는 전기장 내의 기준점으로부터 어떤 점까지 단위 전하를 옮기는 데 필요한 일의 양을 전위라고 한다. 전기장 안의 전하는 전기장으로부터 전기적인 압력을 받는다. 이때 전기적인 압력이 공간 내에서 불균일하다면 전하는 힘을 받아 가속 운동을 하게 된다. (+)전하 근처가 고전위이며, (−)전하 근처는 저전위이다. (+)전하에서 (−)전하 방향으로 전기장이 형성되며, 양전하는 전기장의 방향으로 가속된다. 힘의 크기는 전하량에 전기장의 크기를 곱한 값으로 주어진다.

전위[2] (轉位) dislocation 격자(格子) 결함의 하나로, 어긋나기라고도 한다. 전위선은 결정(結晶) 속의 미끄러진 영역과 그렇지 않은 영역의 경계선이라고 할 수 있다. 전위선을 따라 몇 원자 거리 정도 반

지름의 원기둥 꼴 영역에는 탄성론으로 설명할 수 없는 원자 배열의 흐트러짐이 있는데, 이 부분을 전위심(轉位心)이라고 한다. 큰 원자 변위가 전위심에 집중하기 때문에 전위선은 결정 내에서 열린 곡선으로서 중단 없이 폐곡선을 이루거나 결정 표면에 도달하게 된다. 전위에 따른 미끄럼 크기를 전위의 세기라고 하며, 그 방향과 함께 버거스 벡터(burgers vector) b로 표시한다.

전위 바이어스 forward bias ⊕전압이 캐소드(cathode)보다 애노드(anode) 쪽이 많을 때 반도체의 정크션(junction)을 통하여 흐르는 전류를 생산하기 위한 전압 사용을 말한다.

전위 전류(傳位電流) forward current 주어진 전위 바이어스 전압이 다이오드에 나타날 때 애노드(anode)에서 캐소드(cathode)로 흐르는 전류의 양을 말한다.

전위차(電位差) potential difference 정전계 또는 전기 회로에서의 두 점 사이의 전위의 차 즉 전압을 말한다. 정전계에서는 1C(쿨롱)의 전하를 운반하는 데 요하는 일이 1J(줄)인 두 점 사이의 전위차를 1V(볼트)로 하고, 전기 회로에서는 1Ω(옴)의 저항에 1A(암페어)의 전류를 흘리는 데 요하는 저항 양단의 전위차를 1V로 한다.

전유압식 차속 조향력 감응형 4WS 기구가 유압만으로 작동하고 차속 및 전륜 조향력(전륜에의 외력)에 따라서 후륜이 조향되는 4륜 조향 시스템을 말한다. 조향 응답성, 중고속 영역에서의 직진 안전성이 우수하다. 그 밖에 기계식 4WS나 전자 제어식 4WS가 있다.

전이(轉移) ⇨ 천이

전자(電子) electron 일정한 음전하와 질량을 갖는 소립자로 물질을 구성하는 입자의 하나이다. 전자의 질량은 9.10588×100^{-28}g (수소 원자의 1/1840), 전하는 1.602×10^{-19} 쿨롱, 원자는 원자 번호와 같은 개수의 전자를 가지고 있으며, 화학 결합은 전자와 전자에 의한 경우가 많고, 고체나 액체 내에서 자유롭게 움직일 수 있는 전자는 열이나 전기의 전도를 돕는다. 원자에 열을 가하거나 빛을 비추면 원자 중의 전

자가 튀어나온다. β선은 고속 전자의 흐름이다. 그리고 정전하를 갖는 양전자도 있다.

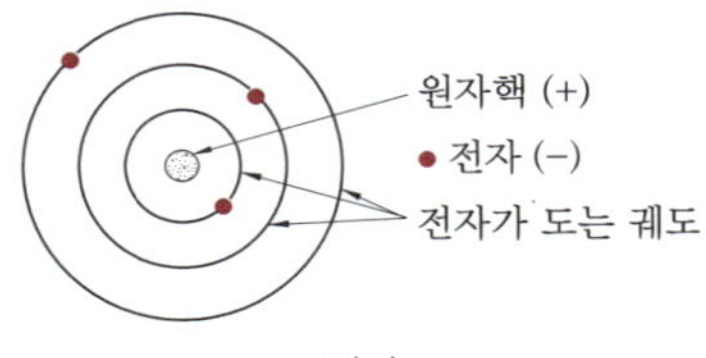

전자

전자 개폐기(電磁開閉器) electromagnetic switch　전자석의 자편(磁片) 흡인 작용을 구동 원리로 하는 개폐기(스위치)이다. 전기 접점 개폐 스프링 기구에 링크한 자편을 전류를 흘린 전자석으로 흡인하여 접점을 닫고, 또 이 전류를 끊어 자편을 해방하여 접점을 여는 동작을 한다.

전자 계전기(電磁繼電器) electromagnetic relay　전자적으로 조작되는 계전기로, 전자 릴레이라고도 한다. 특별히 지정하지 않는 한 전자 접촉기의 여자(勵磁) 코일, 그 밖에 자기적으로 동작하는 장치의 여자 회로를 개폐하는 등의 접점을 가진 계전기로, 접점의 개폐는 계전기의 여자 코일의 전류를 ON · OFF하여 이루어진다.

전자 공학(電子工學) electronics　전자의 운동을 추구하여 이용하는 것으로, 진공 속이나 기체, 고체 내에서의 전자의 운동을 연구하는 학문 및 그것을 이용하는 기술을 말한다. 진공관의 발명이 전자 공학이라는 개념을 발견하는 시발점이 되었다. 전자 공학은 진공관, 반도체, 자성체 등을 이용하는 산업 기술의 기초가 되었고, 통신 기술의 발전에 큰 영향을 미쳤다.

전자기 간섭(電磁氣干涉) electromagnetic interference　⇨ 전자파 장애

전자기장(電磁氣場) electromagnetic field　전기장과 자기장을 통틀어 이르는 말로, 전기장과 자기장이 서로 연관되어 나타날 때 양쪽을 합쳐서 전자기장 또는 전자장이라고 한다.

전자기파(電磁氣波) electromagnetic wave　주기적으로 세기가 변화하는 전자기장(電磁氣場)이 공간 속으로 전파해 나가는 현상으로 전자파(電磁波)라고도 한다. 파장의 길이가 약 1 mm 이상인 전자기파를 전파(라디오파)라고 한다. 막대기로 수면의 한 점을 주기적으로 반복해 때리면 그 점을 중심으로 물결파가 발생하여 주변으로 멀리 퍼져 나간다. 같은 원리로, 주기적으로 진동하는 시간에 따라 변화하는 전기장의 파동을 만든다. 그리고 맥스웰 방정식에 따라 변화하는 전기장은 변화하는 자기장을 만들어 내며, 변화하는 자기장은 다시 패러데이의 법칙에 따라 변화하는 전기장을 유도한다. 이렇게 주기적으로 세기가 변화하는 전기장과 자기장의 한 쌍이 공간 속으로 전파되는 것을 전자기파라고 한다.

전자 기화기(電磁氣化器) electromagnetic carburetor　종래 기화기를 피드백 방식으로 개량한 것을 일컫는다. 즉, 연료 유량을 솔레노이드 밸브로 컴퓨터 제어함으로써 운전 조건에 따른 최적의 공연비를 얻을 수 있게 한 것으로 연비 내 주행성의 향상을 한층 도모할 수 있다. 전자 기화기 시스템은 솔레노이드 밸브(전자 밸브)의 작동 주파수에 대한 밸브 열림 시간의 비율(듀티율)을 말한다. 예를 들어, 1초간에 10사이클하는 솔레노이드 밸브 열림 시간이 0.01초일 때 듀티율 10 %라고 할 수 있다.

전자 기화기 시스템 electromagnetic carburetor system　⇨ 전자 기화기

전자동 변속기(全自動變速器) full automatic transmission　⇨ 풀 오토매틱 트랜스미션

전자 동조 (電子同調) electronic tuning　가변 용량 다이오드 양단자(兩端子)에 직류 전압을 걸고 전압의 변화에 따른 용량의 변화로 동조를 전자적으로 취하는 동조 방식으로, 기계적인 동작부가 전혀 없고 전압만의 변동에 의한 것이다.

전자 동조 라디오 electronic tuning radio　자동 선곡(選曲), 스텝 선국(選局)을 전자 회로로 자동적으로 실행하고, 주파수 기억 등 이외에 밸런스 컨트롤, 페이더 컨트롤 등 다채로운 기능을 가진 고급 라디오를 말한다.

전자력(電磁力) electromagnetic force　전류는 그 둘레에 자계(磁界)를 만든다. 따라서 전류와 그 자계 내에 있는 자석 사이에는 힘이 생긴다. 이 힘을 전자력이라고

한다. 전자력의 크기는 자계의 방향과 전류의 방향이 직각이 될 때 가장 크며, 자계의 세기, 도체의 길이 및 도체에 흐르는 전류의 크기에 비례하여 증가한다.

전자 릴레이 electromagnetic relay ⇨ 전자 계전기

전자 링 electron rings　원자핵 둘레에서의 전자 통로를 말한다.

전자 마이크로미터 electronic micrometer 약간의 기계 변위를 전기량으로 변환하여 측정하는 전자 측정 및 지시 장치로, 고속 측정이 가능하다. 원격 측정, 다점 측정에 적합하며, 자동 정치수 장치 등 기계의 자동 제어계에도 짜 들어간다. 변위를 인덕턴스 변위로 변환하는 등의 트랜스듀서가 많이 사용된다.

전자 미터 electronic meter　종래의 지침식 스피도미터나 태코미터를 대신하여 디지털로 표시하는 것을 말한다. LED(발광 다이오드)나 액정을 사용한 스피도미터 및 태코미터를 뜻하기도 하며, 판독성이 좋고 표시가 더 정확하다는 등의 장점이 있다.

전자 방위계(電子方位計) electronic azimuth meter　지자기 센서로 검출한 방위를 미터 내의 전자 회로로 연산·보정하는 것으로서, 종래의 방위계와는 비교되지 않는 정밀도를 가진 방위계이다. 알기 쉽게 디지털로 16방위를 표시하여, 사용이 쉽고 읽기의 용이성도 우수하다.

전자 보이스 모니터　음성 통보식 ETACS(에탁스)를 말한다. 마이크로컴퓨터에 의한 집중제어와 음성 합성의 IC를 사용하여 각종 타이머 기능과 각종 알람 기능을 만드는 것에서, 타이머 기능으로 다음과 같은 회로 기능을 내장하고 있다. 메모리 부착 기능 와이퍼, 와셔 연동 와이퍼, 디포거 타이머, 룸 램프 지연 소등, 시트 램프 워닝 램프, 파킹 브레이크 워닝 램프, 도어 올고르, 음성 통보 기능, 반 도어 알람, 파킹 브레이크 알람, 키 잊음 방지 경고 알람, 라이팅 모니터 등이다.

전자 브레이크 electromagnetic brake　브레이크를 거는 힘에 전자력의 서보(servo) 기구를 사용하고 브레이크 드럼에 브레이크 블록을 설치하여 제동하는 것을 이른다.

전자 빔 electron beam　전자층에서 나오는 속도가 거의 균일한 전자의 연속적 흐름을 말하며, 이를 전자선(電子線)이라고도 한다. 파장이 극히 짧으므로 진공인 경우 또는 전기장·자기장이 없을 경우에는 직선으로 전파된다고 보아도 된다.

전자 빔 용접 electron beam welding　높은 진공 안에서 음극으로부터 방출된 고전압으로 가속, 피용접물에 충돌시켜 그 에너지로 용접하는 방법이다. 용접이 어긋나는 등의 변형이 극히 적고, 정밀 용접이 가능하며, 두꺼운 판의 고속 용접도 가능하다.

전자석(電磁石) electromagnet　전류가 흐르면 자기화(磁氣化)되고 전류를 끊으면 자기화되지 않은 원래의 상태로 되돌아가는 자석을 말한다. 도선에 전류가 흐르면 도선 주위에 동심원 모양의 자기장(磁氣場)이 형성된다. 이러한 원리를 이용하여 영구 자석으로는 얻을 수 없는 매우 강력한 자기장을 얻을 수 있다. 전자석은 전류를 인위적으로 조정하여 비교적 쉽게 자기장의 세기를 바꿀 수 있다. 그래서 통신기의 계전기부터 1t(톤) 이상의 무거운 재료를 끌어 올리는 전자기식 기중기까지 널리 이용된다.

전자선(電子線) electron beam ⇨ 전자 빔

전자 스파크 제어 장치 electronic spark control　기계적인 원심 및 진공 진각을 대신하는 전기식 시스템으로, 엔진 작동 상태에 맞도록 타이밍을 조정하기 위해 각종 센서로부터 오는 자료를 사용한다.

전자식(電子式) electronic type　전자의 행동을 다루는 단어로서, 장치의 동작이 주로 열이온관, 진공관 또는 트랜지스터와 같은 고체 소자에 의할 때 그 장치를 이르는 용어이다.

전자식 도어 로크 electronic door lock　도어의 잠금과 풀림을 솔레노이드나 전동기에 의하여 행하는 장치로서, 도어 키 및 도어나 콘솔 등에 부착된 스위치에 의하여 모든 도어의 잠금과 해제를 하지만, 자동차가 어느 정도의 속도로 주행하면 자동적으로 모든 도어가 잠긴다.

전자식 리타더 electromagnetic retarder 전자 코일에 의해 생긴 자기장(磁氣場)에

서, 회전하는 원판에 발생하는 와전류(渦電流) 저항에 의하여 자동차를 감속하는 장치를 말한다. 대형 자동차에서 보조 브레이크로 사용되는 리타더의 일종이다.

전자식 백미러 electronic rear view mirror 뒤따라오는 자동차의 헤드라이트 불빛이 미러에 비치면, 전자 장치의 작용에 의하여 미러가 한쪽으로 기울어짐으로써 운전자의 눈을 부시지 않게 하는 미러를 말한다.

전자식 스위치 magnetic switch 기동 전동기 스위치를 전자석으로 개폐하는 형식의 스위치를 말한다. 2개의 코일과 플런저, 접촉판 및 2개의 접점으로 구성되어 있다. 운전석에서 스위치를 닫으면 풀 인 코일과 홀드 인 코일에 전류가 흘러 전자석이 되므로, 플런저를 잡아당겨 접촉판이 주 접점을 닫아 전동기에 전류를 공급함과 동시에 시프트 레버를 당겨 피니언을 플라이휠 링 기어에 물리게 한다. 이때 시동하여 스위치를 열면 플런저의 리턴 스프링의 장력에 의해 코일이 주 접점을 닫으며, 홀드 인 코일은 주 접점이 연결된 후에도 전자력을 유지시켜 플런저가 잡아당겨져 있는 상태를 유지한다.

전자식 엔진 제어 장치 EEC ; electronic engine controls ECC, EGI(EFI)처럼 삼원 촉매를 이용해서 피드백 시키는 연료 계통의 전자 제어뿐만 아니라, EGR 재순환, 점화 시기, 제어 엔진 노킹 제어 등 엔진의 서로 관련된 성능을 전자 제어하는 장치이다. 이 장치의 심장부는 디지털 컴퓨터로 이루어져 있고, 다음의 7개 센서가 설치되어 있는데, 크랭크 위치, 배기가스 중의 산소 센서(공연비), EGR 밸브 위치 열림 폭(開度), 대기 압력, 흡입관 부압, 스로틀 밸브 열림 폭, 엔진 냉각수 온도 등이 있다. 이 장치의 이점은, 엔진 기능을 아이들링, 부분 부하, 전부하의 3가지 엔진 모드를 통해서 엔진의 기능이 최적 조건에서 제어되고, 엔진 배출가스 농도의 저감, 연료의 경제성, 거기에다 운전성도 확보하는 것이다.

전자식 연료 분사(電子式燃料噴射) EFI ; electronic fuel injection ⇨ 전자 연료 분사 장치

전자식 연료 시스템 electronic fuel system 연료를 흐르게 하는 시간을 조정하고 계량하는, 전자 제어 시스템을 사용하는 연료 분사 시스템이다. 스파크 점화 엔진 내로 가솔린을 분사하는 데 사용한다.

전자식 연료 압력 조절기(電子式燃料壓力調節器) electronic type fuel pressure controller 고온에서 재시동할 때 인젝터 내의 베이퍼 로크 발생으로 혼합 가스가 희박해지는 것을 방지하기 위하여, 진공식 연료 압력 조절기에 대기 압력 솔레노이드 밸브를 추가로 설치한 조절기이다. 평상시에는 진공식으로 작용하지만, 냉각수 온도 70℃ 이상과 흡기 온도 20℃ 이상에서 재시동할 경우 컴퓨터의 신호를 받아 진공실에 대기 압력이 작용하면 연료가 바이패스되지 않아 인젝터에 가해지는 연료의 압력을 상승시킨다.

전자식 이그나이터 electronic igniter 트랜지스터, IC 등의 반도체를 사용하여 점화 플러그에 전기 스파크를 일으키게 하는 점화 장치이다.

전자식 점화 시기 제어 장치(電子式點火時期制御裝置) MISAR ; microprocessed sensing and automatic regulation 1977년형 GM 자동차에 채용되었던 전자식 점화 시기 제어 장치(그림 a)를 말한다. 크랭크축 센서로부터 크랭크축의 위치 및 회전

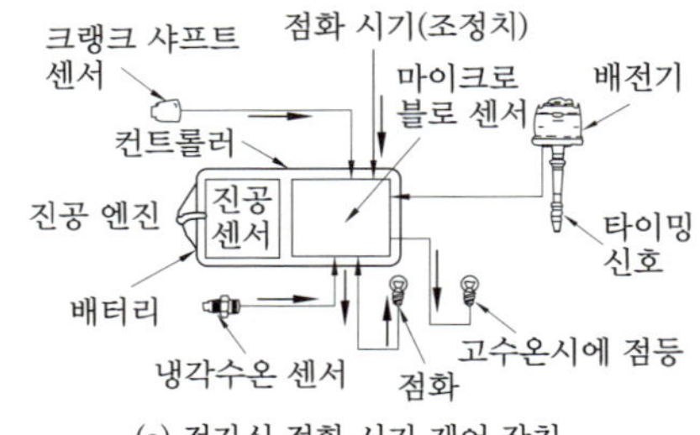

(a) 전자식 점화 시기 제어 장치

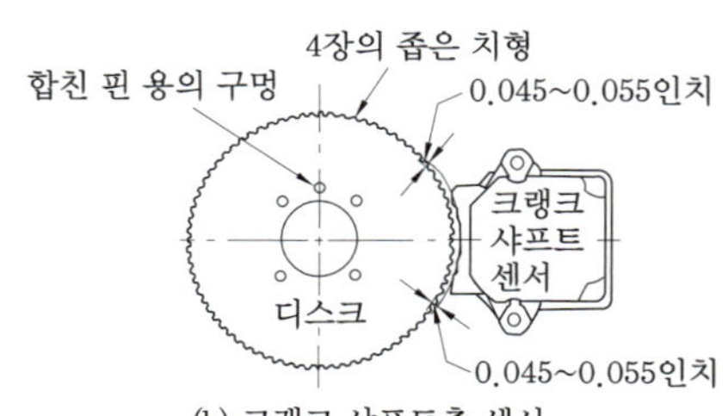

(b) 크랭크 샤프트축 센서

전자식 점화 시기 제어 장치

수를, 냉각 수온 센서에서는 엔진 냉각 수온을, 기화기 포트에서는 흡입관 부압을 검출하고, 엔진 출력, 연료비, 배기가스 정화 및 노킹 대책 등의 조건을 고려한 최적 점화 시기에 마이크로컴퓨터를 사용해서 제어하는 것으로, 배전기에는 거버너(governor) 진각의 기구는 없고 배전 기구만 있다. 그림 (b)는 크랭크축 센서를 보여주고 있다. 더욱이 현재로서는 한층더 EGR 제어나 공연비 제어를 편성해서 좀 더 종합적인 컴퓨터 시스템이 개발되어 가고 있다.

전자식 차속 센서 ⇨ 차속 센서

전자식 퓨얼 펌프 electronic type fuel pump 접점으로 전자석에 흐르는 전류를 단속하여 플런저를 왕복 운동시킴으로써 연료 탱크의 연료를 엔진에 공급하는 펌프를 이른다. ⇨ 퓨얼 펌프

전자식 희박 연소 시스템 electronic lean-burn system 희박한 공기·연료 혼합 가스를 연소시키기 위해 충분한 강도의 전압과 지속 시간을 주는 크라이슬러(Chrysler)의 전자 제어 점화 시스템을 말한다. 이는 엔진 작동 상태에 적합하도록 점화 시간을 변화시킨다.

전자 연료 분사 장치(電子燃料噴射裝置) EFI; electronic fuel injection 전자식 연료 분사를 말하는 것이다. 시간을 재고 연료량을 조정하고 공급하는 데 컴퓨터 조정 시스템을 사용하는 장치로서, 불꽃 점화 엔진 속에 가솔린을 분사하기 위해 사용된다.

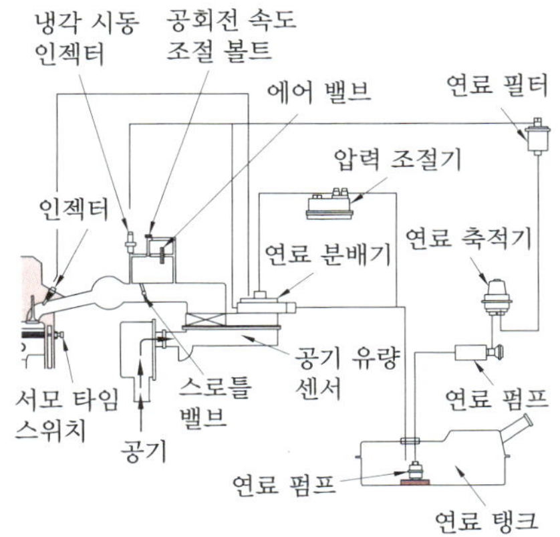

전자 연료 분사(K-제트로닉) 장치

전자 유도(電磁誘導) electromagnetic induction 전자 유도 작용을 말하는 것으로, 코일 속에 자석을 넣어 자석 수를 변화시켰을 때나 도체가 자계(磁界)를 가로질러 운동할 때, 변화나 운동이 계속되는 한 코일이나 도체에 기전력이 유도되는 현상을 말한다. 이때 유도되는 기전력을 유도 기전력, 흐르는 전류를 유도 전류라고 한다.

전자 유도 작용(電磁誘導作用) electromagnetic induction ⇨ 전자 유도

전자장(電磁場) electromagnetic field ⇨ 전자기장

전자장 유도(電磁場誘導) electromagnetic induction 도체가 전자장을 통과할 때 또는 도체 주위에서 전자장이 형성되거나 소멸할 때 전류가 도체 내에 발생하도록 하는 자장의 특성이다. 알터네이터와 점화 코일 둘 다 이 원리에 따라 가동한다.

전자 점화(電子點火) electronic ignition 점화 1차 회로를 단속하는 데, 기계식에 속하는 접점 대신에 트랜지스터 및 고체형(solid state) 장치를 사용하는 형식을 말한다.

전자 점화 시스템 electronic ignition system 코일에 ON/OFF 신호를 제공하는 데, 기계식인 브레이커 포인트 대신에 자석 센서와 트랜지스터를 사용하는 점화 시스템을 말한다.

전자 제어(電子制御) electronic control 전자관이나 트랜지스터, 자기 증폭기, 또는 그것에 상당하는 기능을 가진 장치를 사용한 회로에 의하여 행해지는 기계 등의 제어를 말한다.

전자 제어 가변 흡기 시스템 electronic controlled variavble induction system 1기통 당 2개의 흡기관을 사용하고, 저속 시는 가늘고 긴 관로로 흡입해서 저속의 토크를 올리고, 한편 고속 시는 굵고 짧은 관로를 사용하여 고출력을 얻는 시스템을 일컫는다. 흡기의 교체를 전자 제어함으로써 매끄럽게 연속적으로 변화시켜 저속 영역에서 고속 영역까지 전역에 걸쳐 플랫으로 강한 토크를 발생시킨다.

전자 제어 디젤 electronic controlled diesel 디젤 엔진에서 운전 상태에 따라 연료 분사량, 분사 시기 등이 컴퓨터에 의하

여 제어되는 것을 일컫는다. 제1세대는 분사량을 스필 링크 위치에서 제어하는 방식이었지만, 제2세대에서는 고압 연류를 직접 전자판으로 흐르게 하며 분사량을 제어하고 있다.

전자 제어 모듈 electronic control module 차량 부품(구성 부품)에 신호를 수신·저장·분배 및 제어하기 위해 사용되는 마이크로프로세서를 말한다.

전자 제어 서스펜션 ECS ; electronic control suspension ⇨ 전자 제어 현가장치

전자 제어식 기화기(電子制御式氣化器) ECC ; electronic controlled carburetor 삼원 촉매를 사용한 공연비 피드백 방식의 기화기로, 삼원 촉매의 전환율을 높이 유지하기 위해 기화기의 공급 공연비를 이론 공연비 근처의 극히 좁은 범위에서 제어하고 있다. 이는 기화기에 공연비 보정용의 에어 블리드(air bleed)를 설치한 것으로, 컨트롤 유닛으로부터의 제어 신호를 작동하는 솔레노이드 밸브로서 이 에어 블리드를 개폐하여서 공연비를 제어한다.

전자 제어식 연료 분사(電子制御式燃料噴射) EFI ; electronic fuel injection 전자 제어식 연료 분사 장치를 일컫는 말이다. 1978년 이후는 산소 센서를 설치한 피드백 방식을 채용하고 있다. 전자 제어식 연료 분사 방식에서는, 각 실린더에 대한 휘발유 분사 밸브에 흡입 밸브의 부근에 1개가 설치되어 있어서 공회전 속도에서 전부하까지의 모든 영역을 분출되는 휘발유로 공급하고 있지만, 기화기의 경우에는 메인 계통과 슬로 계통에 의해서 연료 공급을 분담하고 있기 때문에 메인 계통과 슬로 계통에 각각 솔레노이드 밸브가 설치되어 있어 양자가 독립 또는 공동으로 공연비 제어를 행하고 있다.

전자 제어식 연료 분사 장치(電子制御式燃料噴射裝置) ECI ; electronic controlled injection 일본 미쓰비시의 전자 제어식 연료 분사 장치를 일컫는 말로서 기본적으로는 타사와 같이 보슈(Bosch)사의 엘-제트로닉 방식이다. 최대 특징은 흡입 공기량을 검출하는 에어 플로 센서 검출 방식으로 되어 있다. EFI, EGI, ECGI에서의 인젝터의 타이밍은 엔진의 점화 밸브(IG 코일 ⊖단자로부터 입력)에 같은 시점에 맞추어져 있지만, ECI에서는 에어 플로 센서에서 출력되는 펄스에 시기를 맞춘다. 그리고 만약 에어 플로 센서가 고장일 경우에는 응급 조치로 점화 펄스와 같은 시점에서 자동적으로 전환된다. 또한 시동 시나 스로틀 밸브 전개 시에는 에어 플로 센서를 동시에 풀어버린다.

전자 제어식 자동 변속기 electronic controlled automatic transmission 자동 변속기(AT)의 변속은 유성 기어의 클러치와 브레이크의 ON·OFF로 이루어진다. 로크업을 장착한 자동 변속기에서는 토크 컨버터 내의 클러치를 연결하거나 차단하는 것도 주행 속도와 가속 페달에 연동하는 작동 유압에 의하여 자동 조절하고 있는 것을 모든 컴퓨터에 의하여 제어를 행하는 것이다.

전자 제어식 자동 5단 변속기 electronic control automatic 5 transmission 보통 사용되는 수동식 클러치와 고단 변속기를 이용하여 운전자가 바꾸는 것과 똑같이 유압 로봇으로 변속시키는 방식의 오토매틱이다. 클러치와 기어 체인지에서 운전자의 손발이 노는 정도를 연구하여, 베테랑급의 기술을 컴퓨터에 기억시킨 뒤 주행 상태에 따라 자동차 상태를 알아보고 운전자가 액셀러레이터와 브레이크만으로 오토매틱을 운전할 수 있게 하였다. 토크 컨버터나 플라네터리식(유성 기어식) 트랜스미션이 필요 없이 생산성과 제작비에 장점이 있어 세계적으로 연구가 진행되고 있다.

전자 제어식 제동 장치(電子制御式制動裝置) anti-lock brake system 미끄러운 길바닥에서 제동을 할 때 차체 방향 안정을 유지하기 위해 전자 제어로 바퀴 제동 정도를 조정하는 장치를 말한다.

전자 제어 에어 서스펜션 electronic controlled air suspension 공기식 서스펜션의 일종으로, 컴퓨터 제어에 의하여 공기 스프링의 스프링 정수(定數), 차고(車膏)에 따른 에어 스프링의 공기량 등으로 조정하여 운전자의 취향에 따라 몇 개의 모드를 선택할 수 있도록 한 서스펜션이다.

전자 제어 엔진 마운트 electronic controlled engine mount　엔진의 부하 상태를 각종 센서로 감지하고, 롤 인슐레이터의 감쇠력과 스프링 상수를 자동적으로 교체함으로써 공회전과 통상 주행 시의 소음 및 가감속 시와 변속 시의 쇼크나 시동이 나쁠 때 등의 느낌이 없는 양호한 운전감을 얻게 하는 시스템이다. 통상 주행 시(공회전을 포함)에 발생하는 미소 진동은 롤 인슐레이터의 용수철 상수 및 감쇠력을 작게 하여 진동을 차단한다(노멀). 그리고 자동 변속기(A/T) 기어 변속 시는 롤 인슐레이터의 용수철 상수와 감쇠력을 크게 하여 쇼크를 저감한다(하드). 또한 프런트 쪽 롤 스토퍼의 상하를 고무 부시로 지탱한 복동식의 쇼크 업소버를 이용하여 통상 주행 시(공회전을 포함) 등에 발생하는 미묘한 진동 등 고무 부시로 가감속 시 및 A/T 기어 변속 시에 발생하는 큰 힘은 쇼크 업소버로 흡수한다.

전자 제어 엔진 시스템 EEC system ; electronic engine control system　대대 EEC I, II, III 또는 IV, AFR 점화, 스파크 진각, 배기가스 재순환, 공기 분사, 공회전 속도 및 캐니스터 점화를 조정하는 포드(Ford)의 전자 시스템을 말한다.

전자 제어 연료 분사(電子制御燃料噴射) elecric control fuel injection　연료량을 재어서 분사하는 시기 등을 전자 제어로 하고 전자 분사 노즐로 분사하는 방식이다. 전자 제어 휘발유 분사라고도 한다. 메커니즘을 흡입하는 공기량을 에어플로 센서로 재어 그 양에 가장 알맞은 휘발유 양을 컴퓨터로 계산하여 분사량을 정하고, 일정한 압력으로 준비해 둔 휘발유를 전자 분사 노즐로 분사한다. 공기량의 계측은 매니폴드 부하(負荷), 카르만 소용돌이, 전열선을 이용하는 것들이 실용되고 있다.

전자 제어 연료 분사 장치(電子制御燃料噴射裝置) CGI ; electronic controlled gasoline injection　기화기를 사용하지 않고 흡입 공기량을 검출해서 엔진이 요구하는 혼합 가스의 공연비를 제어하는 것으로, 항상 최적한 연소를 행할 수 있게 되어서 배기가스 중의 유독 성분을 저감할 수 있고, 출력 성능, 연비 성능도 기화기식보다는 향상시킬 수 있다. 그러나 현 상태에서는 기화기식보다는 코스트가 높다. 이스즈(Isuzu) 자동차에서는 전자 제어식 연료 분사 장치를 ECGI로 부르고 있다.

전자 제어 예열 장치(電子制御豫熱裝置) auto preheating system　최근 전자 기술의 발달로, 자동차의 시동을 걸 때 컴퓨터에 의해 예열 시간을 자동으로 작동시켜 주는 장치로서, 운전자가 시동 스위치를 ON에 넣으면 황색 경고등이 계기판에 켜지며 플러그가 빨갛게 가열되기 시작하고, 예열이 완료되면 녹색등이 켜진다.

전자 제어 장치(電子制御裝置) electronic control system　연료 공급 계통의 전자 제어뿐만 아니라 EGR 환류량, 점화 시기, 아이들링 회전 수 등의 관련 성능을 마이크로컴퓨터를 사용해서 제어하는 장치를 말한다. 또한 만일에 발생할 수 있는 트러블 감시 기능으로서 자기 진단 시스템도 편성되어 있다. 그 종류로는 연료 분사 제어, 점화 시기 제어, 공회전 속도 제어, EGR 제어, 연료 펌프 제어, 배기 온도 경보 제어, 자기 진단 기능 등이 있다.

전자 제어 점화 장치(電子制御點火裝置) electronic ignition system　종래의 점화 장치에 비하여 간단하고 매우 진보된 최신 형식이며, 종래의 배전기에 부착되었던 원심 진각 장치와 진공 진각 장치가 없고 진각은 컴퓨터에 의해서 이루어진다. 또한 점화 코일도 폐자로(閉磁路) 형식의 특수 코일을 사용한 점화 장치로, HEI 점화 장치라고도 한다. 현재 DASH 엔진, ECI-MULTI 엔진에 적용되고 있다.

전자 제어 파워 스티어링 EPS ; electric power sreering　보통 파워 스티어링 기구에 첨가하여, 기어 박스의 인풋 샤프트부에 설치한 반력 플런저에 작용하는 유압을 제어함으로써 조향력에 대한 유압 특성을 차속에 따라 변화시켜 모든 차속 및 조향 상태에 따르는 적절한 조향 특성을 얻는 시스템을 말한다. 특징은 다음과 같다. ① 차량 정지 시와 저속에서의 조향이 좀 더 경쾌해진다. ② 차속에 따라서 스티어링 휠의 감각을 적절히 컨트롤할 수 있다. ③ 중고속 시에는 스티어링 휠의 감각이 조향각에 대해 직선적으로 증가하기 때문에 안정된 조향감을 얻을 수 있다. ④ 중고속 시 스티어링 휠의 중립 부근에서는 반력 플런저의 작용에 의해 감각이 증가하고 안정감을 얻을 수 있다. ⑤ 중고속으로 악로를 주행했을 때는 종래의 파워 스티어링과 마찬가지로 노면에서 큰 압력이 있어도 조향력에 대해 출력 유압이 높아지기 때문에 조향이 불가능해지는 일은 없다. ⑥ 컨트롤 유닛이나 센서 등 전기 계통에 고장이 나더라도 보통의 파워 스티어링 차량과 동일한 조향 특성을 얻을 수 있는 페일세이프(fail-safe) 기능을 추가했다. 일부 차종에는 시스템의 점검 및 고장 진단을 용이하게 하기 위해 다이어그노시스(diagnosis) 기능도 적용하고 있다.

전자 제어 풀 오토 에어컨 EFA ; electronically full-automatic air conditioner ⇨ 풀 오토 에어콘

전자 제어 풀타임 4WD electronic control full-time four wheel drive　전자 제어를 사용하여 어떤 조건이나 상황 아래에서도 최적의 구동력을 얻을 수 있도록 제어하는 4WD(4륜구동) 시스템을 말한다. FR(후륜 구동)와 같은 스포티 주행을 즐길 수 있는 프런트 32 : 리어 68의 구동력 배분을 기준으로 하고, 조향각, 가속도, 횡가속도, 액셀 개도 등의 각종 센서에서 보내지는 정보를 근거로 해서 센터 디퍼렌셜 및 리어 디퍼렌셜을 제어하고, 프런트 50 : 리어 50의 상태까지 구동력 배분을 변화시킴으로써 코너링 시의 언더 스티어 해소, 미끄러운 노면에서 발진 가속 시의 흔들림 방지, 직진 안정성 향상 등을 도모하고 있다. 또한 한계 주행에 접근했을 때는 엔진 출력을 감소시키고 주행 안정성을 확보한다.

전자 제어 현가장치(電子制御懸架裝置) electronic controlled suspension system　노면 상태와 운전 조건에 따라 차체 높이를 변화시켜, 주행 안전성과 승차감을 동시에 확보하기 위한 장치로서, 전자 제어 서스펜션이라고도 한다. 자동차는 서스펜션이 부드러우면 승차감은 좋지만, 속도를 급하게 높이거나 급하게 제동하게 되면 차량의 자세가 심하게 뒤틀린다. 이에 반해 서스펜션이 견고하면 자세 변화는 심하지 않지만, 노면의 진동이 흡수되지 않

아 주행 안정성이 떨어진다. 전자 제어 현가장치(ECS)는 이 두 경우의 장점은 고루 살리되, 단점은 없앤 첨단 시스템이다. 즉, 노면이 울퉁불퉁한 비포장도로에서는 차 높이를 높여 차체를 보호하고, 고속도로와 같이 고속 주행이 가능한 도로에서는 차 높이를 낮추어 공기 저항을 줄여 줌으로써 주행 안정성을 높일 수 있도록 설계되어 있다. 종류로는 유압식과 공기압식 등이 있다.

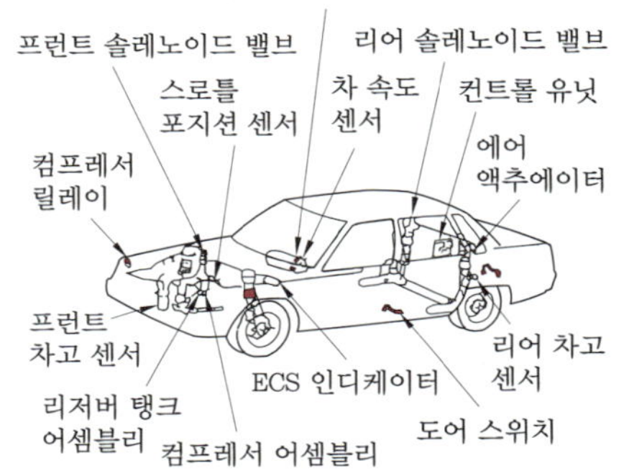

전자 제어 현가장치

전자 제어 휘발유 분사(電子制御揮發油噴射) EGI ; electronic gasoline injection ⇨ 전자 제어 연료 분사

전자 조작 방향 제어 밸브 solenoid operaled directional control valve　유로(流路)의 선택이 전자력에 의해서 변환되는 밸브로, 직류식과 교류식이 있다. 직류식의 경우는 교류식보다 크기는 크지만 전압이 낮고 고정률이 적다. 전자 조작 밸브는 직동형과 파일럿 작동형으로 분류되는데, 직동형의 경우에는 스풀(spool)이 솔레노이드에 의해 직접 조작되기 때문에 응답 시간이 직류식은 0.06∼0.1초, 교류식은 0.03∼0.05초 정도로 빠르지만 최대 유량이 40∼50 L 정도로 비교적 적다. 파일럿 작동형의 경우는 적은 용량의 전자 조작 밸브로 위치를 변환하여 그 유압을 메인 스풀에 보내어 유로를 변환하는 방식으로, 변환에 필요한 시간은 0.1∼0.2초 정도로 직동형보다 늦다.

전자 진각 장치(電子進角裝置) electronic spark advance　마이컴 제어에 의해 점화 시기를 제어하는 방식으로, 전자 제어

식 연료 분사 장치의 센서와 마이컴이 동시에 점화 시기를 제어한다. 각 센서에서 엔진 회전수, 흡입 공기량, 냉각수 온도 등을 미리 입력하여 마이컴에 기억된 최적의 점화 시기를 선택함으로써 각각의 엔진 상태에 대한 점화 명령을 이그나이터에 출력한다. 원삼추나 부압에 의한 기계적 전자 장치보다 점화 시기를 자유롭게 설정할 수 있다.

전자 클러치 electromagnetic clutch　회전하는 2매의 철제 원판 한쪽에 전자석을 설치하여 전류를 흐르게 하면 다른 쪽 원판이 자력에 의해 당겨져 함께 회전하게 된다. 이 원리를 이용하여 전류를 ON, OFF 함으로써 작동되는 클러치를 말한다. 극히 작은 간극에 쇳가루 등을 넣어, 자동차에서 사용하는 적은 전류로도 단속(斷續)을 정확히 하고 있다. 오토 클러치의 일종으로, 클러치 페달은 없고, 기어 레버에 손을 대면 저절로 전류가 흐르는 마이크로 스위치로 조작한다.

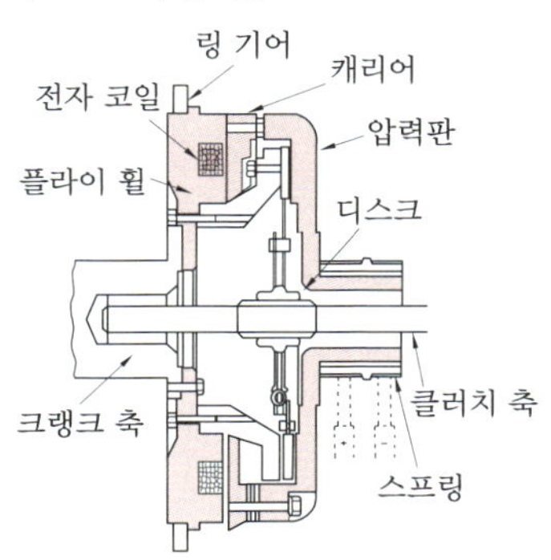

전자 클러치

전자 클러치식 리어 LSD　유성 기어식을 사용한 리어 디퍼렌셜에 전자 클러치를 조합한 리미티트 슬립 디퍼렌셜로서 전자 클러치에 흐르는 전류에 의해 차동(差動) 제한력이 제어된다. 전자 제어 풀타임 4WD 차량의 리어 디퍼렌셜로서 사용되고 있다. 동력 전달 경로는, 디퍼렌셜 드라이브 기어로부터의 입력은 디퍼렌셜 케이스 내측의 링 기어에서 피니언 기어(pinion gear)로 전달되고, 그곳에서 선 기어(sun gear)와 피니언 기어로 분배되어, 좌우의 드라이브 샤프트로 전달된다. 또한 링 기어와 선 기어 사이의 차동을 전자식 다판 클러

치에 의해 제한하고, 좌·우륜의 토크 배분을 조정할 수 있도록 하고 있다.

전자 튜너 라디오 electronic tuning radio　동조 회로에 인가된 전압이나 전류에 의해 값이 변화하는 가변 캐피시턴스나 가변 인덕턴스를 사용한 라디오를 통틀어 이르는 말이다. 콘덴서나 코일을 기계적으로 변환시킴으로써 기계적인 위치에 의해 동조를 취한 예전의 라디오와 달리, 전기적인 조절이 가능하기 때문에 동조의 정도가 크게 향상되었다.

전자파(電磁波) electromagnetic wave　⇨ 전자기파

전자파 장애(電磁波障碍) electromagnetic interference　전자파 신호가 전자기적 간섭에 의해 영향 받는 장애로, 전자기 간섭 또는 전파 장애라고도 한다. 이 문제가 처음 대두된 것은 1960년대이며, 이때에는 주로 라디오파에 간섭을 일으키는 것이었으나, 최근 전자파 이용 기술의 급증에 따라 상호 간섭에서 발생하는 문제가 복잡다양하고 심각해져, 이제는 전자파에 의해 영향을 주지도 않고 받지도 않는 전자파 양립성 즉 EMC(electromagnetic compatibility)가 하나의 중요한 분야를 형성하게 되었다. 여기에서 EMC는 노이즈(noise)와 아주 밀접한 관계를 갖게 되는 것이며, 이 노이즈는 음향 관계의 가청 주파수 영역에서는 소음이라 하고, 통계학 및 실험학에서는 잡음이라고 하며, 환경 전자 공학에서는 그냥 노이즈라고 한다.

전자 표시(電子表示) electronic display　전기용품에 한해 표시하는 규격에 의한 표시 제도이다. 불량 전기용품은 국민의 생명과 재산에 큰 피해를 줄 위험성이 있기 때문에, 전기용품 제조업체는 일정한 시설을 갖추고 정부의 허가를 받도록 하고 있다. 즉, 전기용품 형식 승인 허가이다. 형식 승인을 받은 업체는 공업진흥청이 정한 기술 기준(안전 기준)에 맞는 제품만을 생산해야 하며, 그러한 제품에 '전'자를 표시한다.

전자 피드백 electronic feedback　어떤 엔진 일부의 작동 상태를 또 다른 엔진 일부의 작동으로 바꾸기 위해 제어 장치로 보내지는 제어 장치의 일부이다. 예를 들

어, 피드백 기화기라면 공기·연료의 혼합 가스가 너무 농후해지거나 너무 희박해지는 것을 막기 위해 차량의 온보드(on-board) 컴퓨터로부터 신호를 받아 제어되는 기화기 형식을 말한다.

전자 흐름 이론 electron flow theory　전류 흐름은 자유 전자의 전위(電位)가 높은 지점(음극)에서 소수의 전자만 있는 지점(양극)으로 흐르는 것을 말한다. 최근에는 오래된 전류 흐름 이론보다 이 이론이 널리 통용되고 있다. ⇔ 전류 흐름 이론

전장¹(全長) overall length　자동차의 중심면과 접지면을 평행하게 측정했을 때 부속물(범퍼, 후미등)을 포함한 최대 길이를 말한다.

전장²(電場) electric field　⇨ 전기장

전조(轉造) roll forming　작업대 또는 롤러 사이에 소재를 넣어 국부적으로 압력을 가함과 동시에 회전시킴으로써 나사, 기어, 볼을 만드는 가공을 이른다.

전조등(前照燈) headlight, headlamp　⇨ 헤드램프

전조등 레벨링 장치 headlight leveling system　⇨ 헤드램프 레벨링

전조등 시험기(前照燈試驗機) headlight tester　전조등 주광속(主光束)의 광도(光度) 및 각도를 시험하는 것을 말하는데, 전조등에서 1m 거리에 렌즈 위치를 잡고 4개의 광전지(光電池) 상에 전조등의 상을 맺게 하여 이의 균형에 의해 광축(光軸)의 위치를 구한다. 집광식과 3m 전방에 설치한 스크린 위를 이동하는 광전지 장치에 의해서 계측하는 스크린식이 있다.

전조등 조사각 조정 장치(前照燈照射角調整裝置) headlamp leveling mechanism　승차 인원과 화물의 적재량에 따라 자동차가 기울거나 경사로 주행을 할 때 전조등의 조사 각도를 바르게 조정하는 장치를 말한다. 이 장치는 앞뒤 현가 스프링의 변화에서 오는 차체의 기울기를 검출하여 전조등의 주광축을 조정하는 자동식과, 교정이 필요할 때 손으로 직접 조정하는 수동식이 있다.

전조등 클리너 headlamp cleaner　전조등의 렌즈를 닦는 장치를 이른다. 비나 눈이 내리면 흙탕물이 튀어 렌즈의 빛이 분산되므로, 전조등의 렌즈를 와이퍼 블레이드(wiper blade)로 닦거나 물을 분사시켜 깨끗이 한다.

전주행 저항(全走行抵抗) all running resistance　전주행 저항은 구름 저항, 공기 저항, 구배 저항, 가속 저항을 합한 것을 말한다. 공기 저항 이외의 저항은 자동차의 중량에 좌우되고 있으므로, 자동차의 중량을 가볍게 하는 것은 자동차의 주행 성능을 향상시키기 위함이다. 즉, 엔진의 출력이 동일할 때 자동차의 중량이 가벼울수록 고속으로 주행할 수 있고 비탈길을 쉽게 오를 수 있으며, 가속 성능도 향상된다. 또한 같은 속도로 주행할 때 자동차가 가벼울수록 연비를 향상시킬 수 있다.

전지(電池) cell, battery　물질의 화학적·물리적 반응을 이용하여 이들의 변화로 방출되는 에너지를 전기 에너지로 변환하는 소형 장치를 전지라고 한다. 화학 반응을 이용한 전지를 화학 전지라 하고. 물리 반응을 이용한 전지를 물리 전지라고 하는데, 일반적으로 화학 전지가 더 보편적이다. 화학 전지는 1차 전지와 2차 전지로 나눌 수 있다. 1차 전지는 작용 물질을 전극 가까이에 미리 넣어 두고, 이 물질의 화학 변화에 의해 생기는 전기 에너지를 이용한다. 작용 물질의 화학 변화가 끝나면 수명이 다하여 재생할 수 없다. 건전지로 널리 사용된다. 2차 전지는 전기 에너지를 방출하여 작용 물질이 변화한 뒤에도 다시 전지에 전기 에너지를 공급 즉 충전하면 작용 물질이 재생되어 이를 되풀이할 수 있으므로 축전지로 많이 사용된다. 물리 전지에는 태양 전지, 열전지 등이 있으며, 태양 전지는 태양빛을 직접 전기 에너지로 바꾸는 반도체 접합으로 이루어져 있다.

전진 슈 forward acting shoe　전진(前進)에서 자기 작동 작용을 하는 슈를 말한다. 여기서 자기 작동 작용이란 회전 중인 드럼에 제동을 걸면 슈는 마찰력에 의해 드럼과 함께 회전하려는 경향이 발생하여 확장력이 커지므로 마찰력이 증대되는 작용이다. 빈번하게 사용되는 전진 슈는 후진 슈와 마모를 균등히 하기 위해 후진 슈에 비해 라이닝이 길게 되었다.

전진 용접법(前進鎔接法) forehand welding
용가재(熔加材)를 토치 앞으로 진행시키는
용접법을 말한다. 전진 용접법을 오른손잡
이가 할 경우, 불대를 오른손에 쥐고 용접
봉을 왼손으로 잡아 왼쪽 방향으로 용접
해 나아가야 한다.

전착(電着) electro deposition　전해(電解)
에 의해서 금속, 합금 등의 물질을 전극에
석출시키는 것으로, 다시 말해 전기 도금
이나 전기영동(電氣泳動) 도금법에 따라
도금하는 것을 말한다

전착 도장(電着塗裝) electro deposition
coating　몸체를 전착 도료에 담가 외판은
물론 내부까지 균일하게 도장하는 공정을
말한다. 수용성 수지 도료를 집어넣은 탱
크 속에 급속제의 피도장물을 넣고, 피도
장물에 전류를 흘려 그 표면에 도막(塗膜)
을 형성시키는 도장 방법이다. 도료 용액
에 전류를 흘려 양이온 입자는 음극으로,
음이온 입자는 양극으로 이동하는 현상을
이용한 것이다.

전체 시스템 점검 all system test　실린더
출력 기어(실린더 밸런스)뿐 아니라 엔진
크래킹, 충전, 1차 점화, 타이밍, 2차 점화
및 연료 시스템의 기능을 검사하기 위해
적절한 순서에 따라 하는 진행 차트를 말
한다.

전 트랜지스터식 점화 장치 full transistor
type ignition system　세미 트랜지스터식
에서 사용하는 접점 대신, 점화 시기를 검
출하는 픽업을 사용하여 전기적으로 점화
신호를 하게 한 방식으로, 접점 간극의 변
화로 점화 시기가 맞지 않거나 고속 시에
접점이 채터링하는 것을 줄이기 위해 사
용된다.

전 트랜지스터식 조정기 full transistor type
igniter regulator　반 트랜지스터식 조정
기에서 사용하는 릴레이 대신에, 제너 다
이오드를 이용하여 로터 코일에 흐르는 전
류를 조절함으로써 발생 전압을 제어하는
조정기를 일컫는다.

전파(電波) radio wave　도체 속의 전류가
3 kHz에서 3 THz 범위로 진동함으로써 방
사되는 전자기파(電磁氣波)를 일컫는다. 전
파는 대략 빛의 속도로 공간을 전파한다.
국제전기통신조약에서는 3 kHz에서 3 THz

에 이르는 주파수를 9개 대역으로 분할하
여 각각 명칭을 부여했다.

전파식 키리스 엔트리 시스템　트랜스미터
(송신기)의 송신에서 전파 신호로 사용하
는 키리스 엔트리 시스템을 말한다. 전파
신호를 위해 차량 주위(반지름 약 2 mm)
의 어디에 있어도 도어 잠김이나 해제를
원격으로 조작할 수 있다. 또한 이 시스
템은 야간에도 작동을 확인할 수 있도록
로크(lock)시에는 룸 램프가 2회 점멸하며,
언로크(unlock)시에는 룸 램프가 약 3초간
점등된다.

전파 장애(電波障碍) electromagnetic inter-
ference　⇨ 전자파 장애

전파 정류(全波整流) full wave rectification
교류의 정부(正負) 양파를 이용한 정류로,
반파 정류에 대비되는 말이다. 단상 교류
를 정류하면 단상 전파, 3상 교류를 정류
하면 3상 전파를 얻을 수 있다. 도금용 전
원으로 많이 사용되고 있는 육상 반파 방
식은 얻을 수 있는 직류 파형이 3상 전파
방식과 같다. 육상 반파 방식은 저전압, 대
전류의 부하에 적합하다.

전폭(全幅) overall width　자동차의 문을
닫고 중심에서 직각으로 쟀을 때 가장 큰
폭을 말하는데, 이때 양쪽의 백미러는 포
함시키지 않는다.

전하(電荷) electric charge　물체가 띠고
있는 정전기(靜電氣)의 양으로, 같은 부호
의 전하 사이에는 미는 힘이, 다른 부호의
전하 사이에는 끄는 힘이 작용한다. 한 점
에 집중되어 있는 것을 점전하라고 하며,
이것이 이동하는 현상이 전류(電流)이다.

전해(電解) electrolysis　⇨ 전기 분해

전해액(電解液) electrolyte　전기 분해할 때
전해조(電解槽)에 넣어서 이온 전도의 매
체 역할을 하는 용액을 말한다. 전기 분
해를 음극과 양극의 격막을 이용해 실시
하는 경우, 음극 쪽의 전해액을 음극액,
양극 쪽의 전해액을 양극액이라고 한다.
전기 분해의 효율은 전해액의 조성, 온도,
수소 이온 농도, 불순물의 유무와 양 등
에 영향을 받기 때문에 전기 분해에 적합
한 전해액을 조제할 필요가 있다. 전해액
으로는 염화암모늄 용액이나 묽은 황산을
많이 사용한다. 특히 용융염(鎔融鹽) 전기

분해인 경우에는 전해액에 상당하는 것을 전해욕(電解浴)이라고 한다. 배터리는 전기를 축전했다가 시동 또는 점화·점등할 때 전류를 공급하는 역할을 하는데, 특히 자동차용 배터리는 납판과 전해액의 습식 배터리이다. 전해액이 배터리의 벤트 플러그를 통하여 자연 감소되었을 경우에는 증류수를 보충하며, 없을 경우에는 전해액으로 묽은 황산을 보충한다.

전해액 비중(電解液比重) electrolyte specific gravity　비중이란 물체의 중량과 그 물체와 같은 부피의 물(4℃)과의 중량비를 뜻한다. 진한 황산의 비중은 1.835이며, 전해액 비중은 축전지가 완전 충전 상태일 때 25℃에서 1.240, 1.260, 1.280의 3종류가 있는데, 열대 지방에서는 1.240, 온대 지방에서는 1.260, 한랭 지방에서는 1.280을 사용한다. 축전지에 어느 정도의 전기가 축적되어 있는가를 아는 방법으로서 보통 전해액의 비중을 측정한다.

전해 연마(電解研磨) electrolytic polishing　전기 분해할 때 양극의 금속 표면에 미세한 볼록 부분이 다른 표면 부분에 비해 선택적으로 용해하는 것을 이용한 금속 연마법이다. 연마하려는 금속을 양극으로 하고, 전해액 속에서 고전류 밀도로 단시간에 전해하면 금속 표면의 더러움이 없어지고 볼록 부분이 용해하므로, 기계 연마에 비해 이물질이 부착하지 않고 좀 더 평활한 면을 얻는다. 전기 도금의 예비 처리에 많이 쓰며, 펜촉, 정밀 기계 부품, 화학 장치 부품, 주사침과 같은 금속 및 합금 제품에 응용되고, 광물. 금속, 합금 등의 표면 조직의 연구 시료 제작에도 사용된다.

전해질(電解質) electrolyte　특정 용매에 녹였을 때 그 용액이 전도성을 갖게 되는 물질을 말한다. 용액 중에는 이온으로 해리되어 있으며(전리), 전압이 가해지면 이 이온이 전하를 운반한다. 전해질을 전리시키는 용매는 도금 등에서는 물이 보통이지만, 액체 암모니아, 과산화수소, 불화수소 등도 있다. 이들은 모두 유도율이 크고, 분자의 쌍극자 모멘트가 큰 유극성 액체이다. 전해질은 전리도의 대소에 의해 강전해질과 약전해질로 나뉜다. 전해질 염

류의 고체는 통상 이온 결정을 만들고, 용융 상태에서도 전도성이 있다.

전환 밸브 diverter valve　공기 분사 시스템에서 감속 시에 배기계에서의 역화 방지를 위해 펌프 출력 측을 공기 정화기나 대기로 전환시키는 밸브를 이른다.

전후 중량 배분(前後重量配分)　차량 중량이 앞바퀴와 뒷바퀴에 어느 정도의 비율로 배분되어 있는가 하는 점을 전후 중량 배분이라고 한다. FF(전륜 구동)의 경우는 엔진과 구동계가 모두 앞에 집중되어 있어 앞이 무거우므로 50 : 50의 중량 배분이 이상적이다.

절단(切斷) cutoff　자르거나 베어서 끊는다는 뜻으로, 절삭이나 연삭 등에 의한 재료의 절단 또는 손으로 켜는 톱을 이용한 재료의 절단을 말한다. 절삭에 의한 절단에서는 선반을 이용한 절단이나 톱날을 이용한 방법이 있다. 그리고 연삭에 의한 절단에서는 통상적으로 절단 숫돌바퀴를 사용한다. 능률이 높아 담금질한 강(鋼)도 절단할 수 있으며, 얇은 숫돌바퀴를 사용한 반도체 재료의 정밀 절단도 이루어지고 있다.

절단 턱 cutting shoulder　가스 절단을 한 자리의 위쪽 가장자리를 말한다.

절단 토치 cutting blowpipe, cutting torch　절단할 때 사용하는 토치로서, 끝에 부착한 절단 화구(火口)로부터의 가스 유출을 조절한다. 즉, 절단 산소는 화구 중앙의 구멍으로부터 분출되는데, 예열용 산소는 그 도중에서 분기(分岐)되어 아세틸렌가스와 혼합된 후 절단 산소 구멍 가까이의 구멍으로부터 분출되어 예열 불꽃이 된다.

절단 팁 cutting tip　가스 절단용 토치의 선단(先端)에 장치하는 팁을 말한다. 팁에는 절단 산소용과 예열 불꽃용이 따로 있는 방식과, 이 두 가지가 같은 팁의 주변에 동심(同心)형으로 몰려 있는 방식이 있다. 팁의 재료는 열전도, 내열성, 가공성을 고려해서 구리 또는 구리 합금을 사용한다.

절대 단위계(絕對單位系) system of absolute unit　불변성이 보증되는 기준에 의해 정해진 기본 단위와 그 기본 단위에서 유도된 유도 단위로 이루어진 단위계를 가리킨

다. 예컨대 기본 단위로서 길이에 미터(m), 질량에 킬로그램(kg), 시간에 초(s), 전류에 절대 암페어(A)를 채택한 MKSA 단위계는 기준이 되는 미터원기, 킬로그램원기 등의 불변성이 보장되므로 절대 단위계의 하나이다. 또 기본 단위로서 센티미터, 그램, 초를 채택한 CGS 단위계도 절대 단위이다.

절대 압력(絕對壓力) absolute pressure 절대 진공을 기점(제로, 0)으로 하여 측정하는 압력으로서, 게이지 압력에 대기압을 더한 값이다. 절대 압력이 대기압보다 낮은 경우는 대기압으로부터 진공계의 게이지 압력을 뺀 값이다. 절대 압력은 kgf/cm^2 abs 또는 kgf/cm^2 절대라고 표시하며, 학문적으로 압력을 표시하는 경우는 원칙적으로 절대 압력이 사용된다.

절대 압력 센서 absolute pressure sensor 절대 진공에 대한 압력을 측정하는 센서이다. 압력을 받는 요소인 다이어그램이나 벨로즈의 한쪽을 진공으로 막아 기준 진공실로 하고, 다른 한쪽에 측정 압력을 도입하는 방법이 일반적이다. 기준 진공실의 진공도는 센서의 절대 기준으로서, 센서 제작 후의 조성이 불가능하기 때문에 누설 등으로 인한 진공도의 열화(劣化)가 센서의 특성 저하로 나타난다. 따라서 제작 시의 누설 검사나 진공으로 봉하는 데는 세심한 주의가 필요하다. 진공계의 일부나 대기압을 측정하는 기압계도 절대 압력계의 일종이다. 절대 압력 센서에 대하여, 대기압을 기준으로 하여 측정하는 압력 센서에 게이지압 센서가 있고, 또 두 압력의 차를 측정하는 압력 센서로서 차압 센서가 있다.

절대 영도 (絕對零度) absolute zero point 열역학적으로 생각할 수 있는 최저 온도로 절대 온도 0 K를 말하며, 섭씨온도로는 $-273.15℃$에 해당한다. 양자 역학에 의하면, 불확정성 원리에 따른 에너지가 완전하게 확정되어 있는 계는 시각의 불확정성이 무한대가 되며, 통계 역학적으로 절대 영도일 때 에너지는 완전히 확정되어 있으므로, 절대 영도에 도달하려면 무한대의 시간이 필요하여 실험적으로는 도달할 수 없다.

절대 온도(絕對溫度) absolute temperature 열역학 제2법칙에 따라 정해진 온도로, 켈빈(Kelvin) 온도 또는 열역학적 온도라고도 한다. 켈빈이 1848년 도입하여 기호는 K(켈빈)를 사용한다. 절대 온도는 열을 발생시키는 분자 운동의 정도를 통해 온도를 표시하는 것으로, 국제 도량형 위원회에서는 모든 온도 측정의 기준으로 절대 온도를 채택하고 있다. 섭씨, 화씨 등과는 달리, 물질의 특별한 상태와 관계없는 것이 그 특징이다. 물의 녹는점은 273.15 K, 끓는점은 373.15 K이다. 절대 영도(0 K)는 $-273.16℃$로, 분자 운동이 완전히 정지해 열이 전혀 발생하지 않는 가상(假想)의 상태를 의미한다.

절대 측정(絕對測定) absolute measurement 계측계에서 기본 단위로 주어지는 양과 비교함으로써 이루어지는 측정을 이른다. 절대라는 용어는 정밀도, 정확도 등을 의미하는 것은 아니다. 예를 들면, 기본 단위인 거리(길이)와 시간 측정에 바탕을 둔 속도 측정은 절대 측정이지만, 그 밖의 물리량과의 관계를 이용하여 속도를 측정하는 스피드미터 등을 사용한 측정은 절대 측정이 아니다.

절삭(切削) cutting 금속 등의 각종 재료를 바이트 등의 절삭 공구를 사용해서 가공하여 소정의 치수로 깎거나 잘라 내는 일로, 기계 가공법의 하나이다.

절삭 공구(切削工具) cutter, cutting tools 금속 절삭에 사용하는 공구를 말한다. 절삭 공구에는 선반, 밀링 머신, 보링 머신 등 절삭 가공용 공작 기계에 부착하는 각종 바이트와 커터 등이 있다. 즉, 바이트, 커터, 드릴, 리머, 랩, 호브 등 사용 목적에 따라 그 종류와 모양이 다양하지만, 절삭 기구는 어느 것이나 같다.

절삭 공구대(切削工具臺) tool post 공작 기계에서 절삭 공구를 지지하고 고정하는 받침대를 말한다. 선반의 공구대에는 바이트 등 날붙이를 부착한다. 바이트를 부착하는 경우에는 날끝의 앞쪽이 주축의 회전 중심 높이와 일치되도록 바이트의 밑면에 적당한 두께의 판자를 넣어 조정한다. 일반적으로 공구대는 90도 간격으로 회전하기 때문에 몇 가지 종류의 바이트를 부착해 둘 수가 있다.

절삭 저항(切削抵抗) cutting resistance　절삭 중에 바이트에 가하는 힘으로, 여기에는 서로 직각의 세 방향으로 작용하는 주분력과 이송분력 및 배분력이 있다.

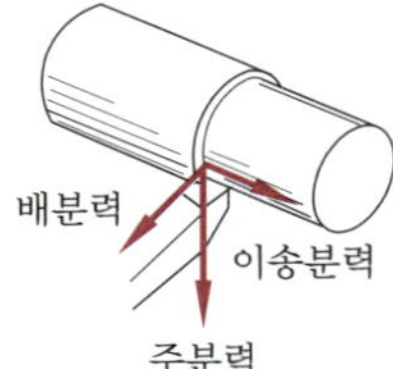

절삭 저항의 세 분력

절연(絕緣) insulation　전기 또는 열을 통하지 않게 하는 것으로, 절연 목적으로 사용하는 부도체를 절연체 또는 절연물이라고 한다. 전원과 부하(負荷)가 있고, 그 사이를 전선로(電線路)로 연결했을 경우, 전원→부하→전선을 지나는 전류만을 흐르게 하고, 선로 사이를 흐르는 전류는 없애야 한다. 이 때문에 두 가닥의 선 사이는 전기가 통하지 않는 재료 즉 절연 재료로 채워져 있어야 한다.

절연 도료(絕緣塗料) insulating varnish　절연 니스라고도 한다. 전선을 절연 피복(絕緣被覆)하기 위하여 또는 절연 피복한 코일 등의 표면에 바르고 건조시켜 절연물에 습기가 들어가지 않게 보호하는 도료를 말한다. 그 종류에는 휘발성, 유성(油性), 아스팔트계, 합성수지계 등이 있다.

절연 복귀 시스템 insulated return system　전원에서 배터리 또는 알터네이터(alternator)로 되돌아오는 회로가 몸체에 접지되지 않고 원 ⊕선과 분리 절연된 시스템을 말한다.

절연선(絕緣線) insulated wire　절연 피복(絕緣被覆)한 전선을 말하며, 면 절연선, 고무 절연선, 비닐 절연선 등이 있다.

절연 재료(絕緣材料) insulating material　전기나 열이 전달되지 않도록 하기 위해 사용하는 재료로, 줄여서 절연재라고도 한다. 절연재는 기체, 액체, 고체로 나눌 수 있다. 기체 절연재는 공기 외에도 산소, 질소, 수소 등과 같은 일반 기체도 양호한 절연재가 된다. 액체 절연재는 석유계 절연유, 실리콘유, 염소화유 등의 합성 절연유 등이 있다. 고체 절연재에는 무기계(無機系), 자기계(磁器系), 유리계, 섬유질계, 수지계, 고무계, 니스계 등 많은 종류가 있다.

절연 저항(絕緣抵抗) insulation resistance　직류 전압을 인가했을 때 발생하는 전류에 대하여, 그 절연물에 의해서 주어지는 저항값을 말한다. 만일, 전압을 부여한 후 상당한 시간이 경과하여도 전류가 정상 상태로 되지 않을 때에는, 절연물이 전하를 흡장(吸藏)하는 성질을 가지고 있으므로 온도, 습도, 흡수 속도 등에 따라 절연 저항의 영향이 달라진다.

절연체(絕緣體) insulator　⇨ 절연

절연 테이프 insulating tape　전기 기기, 통신 기기, 기타 전선, 케이블 및 그 접속 부분 등의 절연에 사용되는 테이프를 통틀어 이르는 것으로, 종이, 면(綿), 고무, 유리 섬유, 바니시, 마이카, 석면 등 여러 종류가 있다.

점검(點檢) inspection　어떤 구성품, 장치 또는 측정값이 사양(仕樣)에 맞는지 점검하는 것으로, 어떤 구성품의 일반적인 상태나 기능에 대하여 검사하는 것과는 다르다.

점도(粘度) viscosity　⇨ 점성도

점도 감소(粘度減少) viscosity reduction　점도 또는 오일의 농도를 내리기 위한 화학 장치를 말한다. 점도 감소는 점도 저항 및 펌핑 손실을 줄이는 것이 목적이다.

점도계(粘度計) viscometer　⇨ 점성도계

점도 지수(粘度指數) viscosity index　온도 변화에 따른 윤활유의 점성률(점도) 변화를 표시하는 지수이다. 변화가 작은 펜실베이니아계 기름의 점도 지수를 100, 변화가 큰 걸프코스트계 기름의 점도 지수를 0으로 임의로 정하고, 100℃에서의 점도가 시료와 동일한 표준 점도 지수 기름에 대해 40℃에서 측정한 점도의 차에서 일정한 계산식으로 구한다. 점도 지수 100 이상인 시료에 대해서는 별도의 계산식에 의한다. 엔진유 등 사용 온도 범위가 넓은 윤활유에서는 이 값이 높은 것이 요구된다.

점도 지수 향상제(粘度指數向上劑) viscosity index improvers　점도 지수를 높여서,

온도에 따른 점도 변화를 적게 해 주는 향상제를 이른다.

점등 용량(粘燈容量) lighting capacity ⇨ 이십시간율

점등 장치(點燈裝置) lighting device 전등 장치라고도 하며, 차량에 있어서 차실(車室) 내외에 사용하는 조명 기구 및 그 부속 장치(전원 장치 등을 포함)를 통틀어서 이르는 말이다.

점 따냄 손상을 입은 패널을 탈거(脫去)할 때, 용접부를 남기고 안쪽을 잘라내는 작업을 말한다.

점성 계수(粘性係數) ⇨ 점성도

점성도(粘性度) viscosity 점성 계수 또는 점도라고도 한다. 유체 속에 있는 물체를 움직이면 물체에 끌려 유체도 움직이고, 물체 근방에 유체의 속도 경사가 생긴다. 이 속도 경사에 수직인 면에서 단위 면적당 작용하는 전단 응력(점성력)은 속도 경사에 비례한다. 이때의 비례 계수를 점성도라고 한다. 점성도가 높은 액체일수록 물체를 움직일 때 큰 힘을 필요로 한다. 점성도의 단위는 파스칼초(SI 단위)로 표시되지만, 관용적으로는 CGS 단위계의 포아즈(poise)도 사용되고 있다(1포아즈 = 0.1파스칼초). 또 고분자 용액이나 콜로이드 용액 등에서는 전단 응력과 속도 경사 사이에 비례 관계가 성립되지 않는다. 이와 같은 유체를 비뉴턴 유체라 하고, 비례 관계가 성립하는 유체를 뉴턴 유체라고 한다.

점성도계(粘性度計) viscometer 유체의 점성도를 측정하는 기기로서, 점도계라고도 한다. 세관(細管) 점성도계, 낙체(落體) 점성도계, 평행-평판 점성도계, 회전 점성도계, 진동 점성도계 등이 있다. 어느 것이나 유체에 전단 응력을 발생시켜 그 크기나 유체의 움직이는 속도 등으로부터 점성도를 구한다. 낙체 점성도계나 회전 점성도계는 측정할 수 있는 점성도의 영역이 넓다. 또 정밀도에 있어서는 일반적으로 세관 점성도계, 낙체 점성도계가 조금 낮다. 이와 같은 점성도계로 정확하게 점성도를 측정할 수 있는 것은 뉴턴 유체의 경우이고, 비뉴턴 유체의 외견상 점성도는 계기의 종류나 측정 조건에 따라 다르기 때문에 측정 및 데이터의 정리·해석에

충분히 주의해야 한다.

점식(點蝕) pitting ⇨ 피팅[2]

점 용접(點鎔接) spot welding 겹친 금속판 끝을 적당한 모양으로 성형한 전극의 상하에 끼우고 비교적 좁은 부분에 전류를 집중시켜 국부적으로 가열, 전극으로 압력을 가하여 점(spot) 모양으로 접합하는 일종의 저항 용접이다. 박판 용접에 널리 이용되고 있다.

점접촉 다이오드 point contact diode 반도체와 금속을 정상으로 접촉시킨 다이오드로, 접합 다이오드와 대조된다.

점진 기어식 progressive gear type 주행 중 제1속에서 톱 기어로, 톱 기어에서 제1속으로 변속할 수 없는 형식을 이른다.

점진식 변속기(漸進式變速機) progressive transmission 슬라이딩 기어식 변속기 중 변속 레버가 R-N-1-2-3과 같이 일직선상에 순차적으로 움직이는 구조의 것을 이른다.

점착(粘着) adhesion 피도장(被塗裝) 면에 끈끈하게 달라붙는 페인트의 능력을 이른다.

점착력(粘着力) adhesiveness, tenacity 어떤 물질이 표면에 달라붙는 힘을 말하는 것으로, 타이어 및 트랙 슈가 노면 또는 지면에 접착되는 능력을 이른다. 점착력은 가해지는 하중에 타이어와 노면 간의 정지 마찰을 곱한 값으로 나타낸다.

점착 마모(粘着摩耗) adhesive wear 접촉 부분에서 점착 결합의 파괴에 따른 마모를 말한다. 고체의 표면은 아무리 매끈하게 하여도 미소한 오목 볼록이 있으며, 고체의 접촉면에서는 각각의 돌기 부분이 높은 압력으로 점착되어 있다. 미끄럼 마찰에 의해 이 접착 결합이 전단 파괴되어 깎이는 것을 말한다.

점퍼 jumper (1) 회로의 두 점 또는 단자 간을 접속하기 위한 길이가 짧은 도선을 말한다. 예를 들어, 프린트 기판 위의 인쇄 배선의 결손 부분을 접속 보수하기 위한 도선도 점퍼라고 한다. (2) 송전선 철탑의 완금(어깨쇠) 양쪽에서 잡아당긴 전선에 애자(碍子)를 휘감아 접속하기 위한 휘돌림 선, 또는 옥외 철 구조에서 위와 같은 목적으로 사용되는 선을 이른다.

점퍼 와이어 jumper wire　축전지의 방전으로 엔진이 시동되지 않을 때, 다른 자동차의 축전지에 연결하여 전원을 공급 받을 수 있게 만든 짧은 케이블을 말한다.

점프 시동 jump starting　어떤 차가 시동을 거는데 배터리의 충전량이 부족하여 시동이 걸리지 않을 때, 다른 배터리(부스터 배터리)를 사용하여 시동을 거는 것을 일컫는다.

점프 아웃 jump out　수동 변속기 차량으로 험한 길을 주행할 때 기어가 빠져 중립 위치로 바뀌는 것을 말한다. 이런 때에는 기어가 빠지지 않도록 기어 이에 테이퍼를 붙이거나 스플라인에 단차(單差)를 넣는다.

점핑 jumpping　유량(流量) 제어 밸브 등에서 유체가 처음 흐르기 시작할 때 유량이 과도적으로 설정값을 넘어서는 현상을 말한다.

점핑 스타트 jumping start　스타트 신호가 떨어지기 전에 출발하는 것으로, 반칙 스타트의 하나이다.

점핑 스폿 jumping spot　레이싱 코스의 노면이 凸형으로 볼록 솟아나와 있는 곳을 빠른 속도로 달리면 타이어가 노면에서 튀어 올라 차가 점프할 수도 있다. 이러한 곳을 점핑 스폿이라고 부른다. 레이스 전용 서킷에서는 보기 힘들지만, 일반도로를 일시적으로 폐쇄하고 레이스를 벌이는 경우에는 점핑 스폿 지점이 종종 있다. 핀란드에서 열리는 1,000호 랠리 코스에 많은 것으로 알려져 있다.

점화(點火) ignition　내연 기관의 연소실에서 가연성 혼합 가스를 주입하여 점화하는 방법으로, 불꽃 점화 방식과 압축 점화 방식이 있다. 가솔린 엔진 기관에서 사용하는 불꽃 점화 방식은 발전 장치에 따라 축전지식과 자석 발전기식이 있다. 축전지식에서의 발생 전압으로는 6 V와 12 V가 자동차용 엔진에 주로 사용되며, 자석 발전기식은 소형 고속 엔진과 항공 엔진 등에 사용된다. 압축 점화 방식으로 점화되는 디젤 엔진은, 압축비가 15~20 정도로 가솔린 엔진보다 커서 힘이 세므로, 혼입된 공기가 압축에 의해 압력이 30~40 kg/cm^2 정도로 만들고 엔진의 온도를 500℃ 정도로 높여 주면서 연료를 분사시키면 자연 발화에 의해 점화된다.

점화 간격(點火間隔) ignition interval　회전 중 각 점화 플러그가 점화하는 시간 사이, 즉 회전 각도로 측정한 크랭크축의 운동량을 말한다.

점화 계통(點火系統) ignition system　가솔린 기관의 전기(電氣) 점화를 위한 모든 장치를 말하며, 축전지, 단속기, 콘덴서, 점화 코일, 배전기, 점화 플러그 등을 일컫는 말이다.

점화 구간(點火區間) firing interval　어떤 엔진에서 하나의 동력 행정의 시작부터 다음 사이클의 동력 행정까지 크랭크축의 회전각을 말한다.

점화 라인 firing line　점화 플러그와 점화 케이블로 구성되어 있다. 점화 2차 회로의 오실로스코프 파형에서 점화 라인은 스파크 플러그에서 스파크를 유지하는 데 필요한 전압과 스파크의 지속 시간을 보여 준다. 점화 라인은 소모품이므로, 사용 기간이 지났으면 꼭 교체해야 한다.

점화 래그 ignition lag　연료가 실린더에 분사된 후 공기와 연료를 혼합시키는 데 필요한 짧은 시간을 말한다.

점화 모듈 ignition module　1차 점화에서 드웰(dwell)을 조정하는 반도체 전자식 유닛을 말한다. 어떤 시스템에서는 점화 모듈이 스파크 타이밍도 조정한다.

점화 배전기(點火配電器) ignition distributor　점화 코일로 가는 1차 회로를 적절한 시기에 단속(斷續)하는 데 사용되는 점화 장치 부품으로, 이 단속 결과에 따라 자장(磁場)이 형성되기도 하고 붕괴되기도 한다.

점화 불량(點火不良) miss ignition　점화는 혼합 가스의 일부가 연소를 시작하여 화염이 퍼져 나가 혼합 가스의 대부분이 연소되는 것을 말하고, 점화 불량은 점화 플러그에 불꽃이 튀어도 점화가 일어나지 않는 것을 말한다.

점화 순서(點火順序) ignition order　다실린더 기관에서는 폭발이 같은 간격으로 일어나며, 회전력이 될 수 있는 대로 일정해야 하며, 또한 동적(動的) 균형이나 주 베어링에 걸리는 하중 등을 고려하여 점화 순서와 크랭크 암의 배치가 결정된다. 예를 들면, 직렬 기관에서는 4사이클의 경우 4실린더에서 1-3-4-2, 6실린더에서는 1-5-3-6-2-4 또는 1-4-2-6-3-5 등으로 점화 순서가 정해져 있다.

점화 스위치 ignition switch　전기 점화 계통의 일부에 설치된 스위치를 말한다. 자동차 엔진에서는 시동 스위치와 겸하고 있으며, 1단으로 점화 스위치가 작동하고, 2단째에 시동 스위치가 작동하는 형식이 많다.

점화 시간(點火時間) ignition time　2차 전압이 스파크 플러그 간격을 지나고 있는 밀리세컨드(ms)로의 시간을 말한다.

점화 시기(點火時期) ignition timing　이그니션 타이밍으로, 압축 행정이 거의 끝날 무렵에 점화하는 시기를 말한다. 고속으로 회전하고 있는 엔진에서 압축 행정이 끝나 크랭크샤프트가 상사점(上死點)에 오고 나서 점화하면 고속 회전에서의 착화(着火)는 늦어진다. 이 때문에 실제의 타이밍은 상사점 조금 앞에서 점화하게 되고, 엔진 성격에 따라 타이밍이 달라진다. 점화 시기 조정은 디스트리뷰터의 각도를 바꾸면 된다.

점화 시기 제어(點火時期制御) ignition timing control　엔진 회전수와 기본 분사량(엔진의 운전 상태)에 의해서 미리 정해진 점화 시기의 데이터를 컨트롤 유닛에 기억시켜 놓고, 컨트롤 유닛은 엔진 상태에서 연산(演算)한 기본 분사량과 크랭크각 센서에서 입력된 회전 신호와 각도 신호에 의해서 기억 데이터 중에서 최적 점화 시기를 산출하고, 점화 코일에 장착된 파워 트랜지스터에 신호를 보내서 점화 시기 및 통전 시간을 제어한다. 따라서 디스트리뷰터에는 원심 진각 장치나 부압 진각 장치는 없고 배전기만의 역할을 한다(크랭크각 센서는 내장되어 있음). 점화 시기는 조건

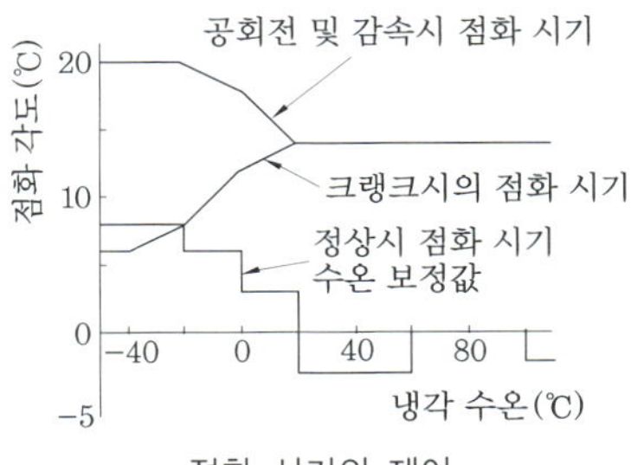

점화 시기의 제어

에 의해서 그림에 보이는 대로 전환해서 동작한다. 또한 통상 주행 시는 앞에서 말한 대로 작동되고 점화 시기의 3차원 체계에 의해서 최적한 점화 시간이 선정된다.

점화 시기 제어 장치(點火時期制御裝置) MS system ; mechatro spark system　EGR 가스량에 대해서 점화 시기를 제어할 목적으로 종래의 기계식 제어에 첨가해 전자화에 의한 제어 기기를 병용한 장치를 이른다. 그림에 나타냈듯이 점선으로 둘러싸인 부분이 MS화에 따라 부가된 부분이다. 산소 센서의 출력 신호를 기준으로 매니폴드 진공과 엔진 회전수를 판단 요소로 하고, 컴퓨터로 결정된 진각량(進角量)이 이그나이터에 지령된다.

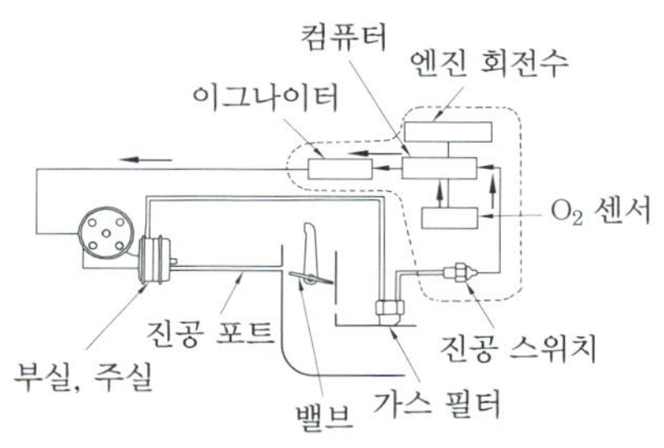

점화 시기 제어 장치

점화 시기 지연 방식(點火時期遲延方式) spark delay system　가속 시에 출력 면에서 본 최적의 진각 상태보다도 부압 전달을 일정 시간 늦춰서 연소 온도를 내림과 동시에, 연소 시간을 길게 하는 데 따라 질소 산화물(NOx)과 탄화수소(HC)의 배출량을 제어하는 장치이다. 디스트리뷰터의 진공 컨트롤러와 기화기의 부압 토출구 사이에 지연 밸브를 마련하고 기화기의 스로틀 부압이 급격히 높아졌을 때, 지연 밸브의 체크 밸브가 닫혀지기 때문에 오리피스(orifice)에 의해 부압 전달을 일정 시간 지연시켜 디스트리뷰터의 진공 어드밴서를 진각시킨다. 또한 스로틀 부압이 낮아지면 디스트리뷰터의 진공 어드밴서의 스프링에 의해 다이어프램실이 부압으로 되기 때문에, 지연 밸브의 체크 밸브가 열려 신속하게 어드밴서의 다이어프램을 되돌린다.

점화 시기 지연 밸브 spark delay valve　점화 시기 제어 장치의 진공 어드밴서의 신호 부압 회로에 설치된 지연 밸브를 말하

는 것으로, 가속 시의 진각 시간을 일정 시간 동안 지연시켜 연소 속도를 완만하게 하는 데 따라 질소 산화물(NOx)의 저감을 도모하고 있다. EGR 제어 회로에 사용한 지연 밸브를 EGR 지연 밸브라고 부른다.

점화 에너지 ignition energy　농도 조성이 폭발 한계 범위 안에 있는 혼합 기체를 발화시키는 데 필요한 에너지를 뜻한다. 점화 에너지의 최솟값을 한계 점화 에너지라고 하는데, 사슬 모양의 포화 탄화수소와 공기를 혼합하여 가장 발화하기 쉬운 농도 조성을 만들어 측정한 한계 점화 에너지는 1기압에서 $2 \times 10^{-4} \sim 3 \times 10^{-3}$J 정도이며, 압력이 낮을수록 큰 에너지가 필요하다.

점화 장치(點火裝置) ignition system　가솔린 또는 경유를 사용하는 기관에서 연료와 공기의 혼합 가스를 점화하기 위한 장치로, 1839년 베네트가 착상한 화염(火焰) 점화법 및 열관법(熱管法)에 이어 전기 불꽃에 의한 점화를 거쳐 현재는 고압 전기 점화가 개발되었다. 즉, 점화 코일의 1차 회로를 단속기(斷續器)로서 2차 회로에서 발생시킨 6,000~12,000V의 고전압을 점화 플러그의 전극 사이에 걸고, 10 μS 정도의 불꽃 방전과 그것에 뒤따르는 10 ms 정도의 글로(glow) 방전에 의해 혼합 가스에 점화하는 방식이다. 그 전원에 따라 축전지식과 마그넷 발전기식으로 나눌 수 있다. 마그넷 점화 장치는 축전지와 점화 코일 대신, 영구 자석을 장자석(場磁石)으로 하는 교류 발전기의 고압 마그넷을 사용하는 점화 장치로, 자석 회전형과 유도자(誘導子) 회전형의 두 종류가 있다.

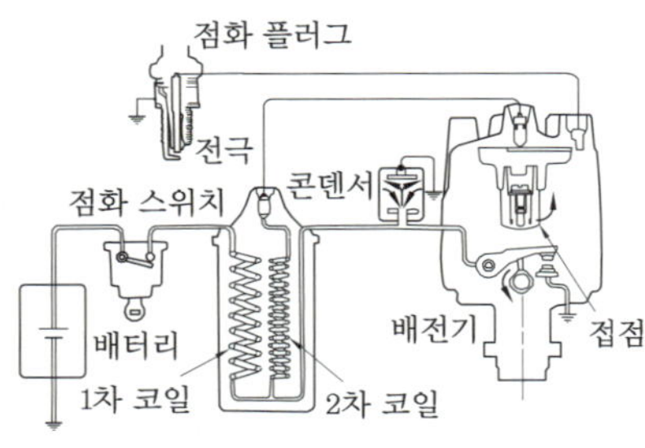

점화 장치의 구성

점화 저항(點火抵抗) ignition resister　점화 코일에서 사용되는 배터리 전압을 감소시키기 위한 점화 1차 회로 내의 저항을 말한다.

점화전(點火栓) spark plug　가솔린 엔진 등에서 혼합 가스에 점화하는 장치로, 스파크 플러그 또는 점화 플러그라고도 한다. 점화전은 내연 기관의 실린더 헤드에 장착되어 있다. 전지(電池)에 접속한 1차 코일을 단속하고 2차 코일에서 발생한 고압 전류를 점화전의 중심 전극에 유도하여 실린더에 나사 맞춤된 접지(接地) 쪽 전극 사이에 불꽃을 튕겨서 점화한다. 점화전의 절연(絕緣)은 중요하며, 절연 재료로서는 자기(磁器), 알루미늄, 규산염, 산화알루미늄, 운모 등이 사용된다. 주요 부분은 중심 전극, 접지 전극, 절연체, 동체로 이루어져 있다.

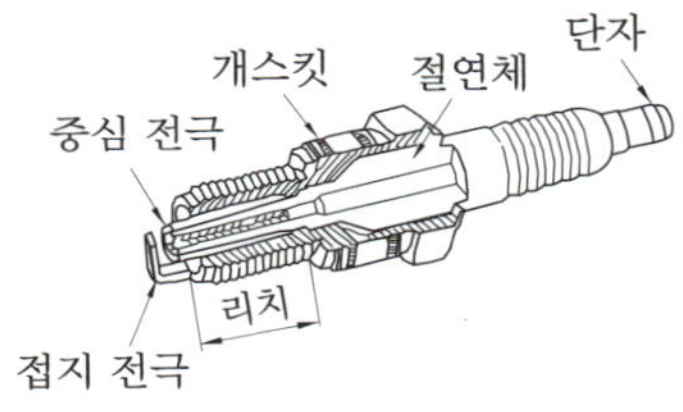

점화전의 구조

점화 전압(點火電壓) firing voltage　점화 플러그의 공기 간극에서 스파크를 발생시키는 데 필요한 전압 수준을 말한다.

점화 제어 유닛 ignition control unit　고체형 점화 장치에서 모듈 내의 반도체 회로가 점화 1차 회로를 단속하는 유닛이다.

점화 지연(點火遲延) ignition delay　디젤 기관에서 압축된 고온 공기 속에 연료를 내뿜더라도 곧 점화하지 않고 폭발하기까지 다소 시간이 걸리는 것을 말한다. 착화 지연이라고도 한다.

점화 진각(點火進各) ignition advance　엔진의 회전 속도 또는 부하(負荷)의 변화에 따라 점화 시기를 빠르게 하는 장치를 말한다.

점화 코일 ignition coil　축전지식 점화 장치에서 점화 플러그의 불꽃을 발생시키는 유도 코일로, 이그니션 코일이라고도 한다. 중앙에 두께 0.3 mm의 규소 강판을 겹친 철심(鐵心)을 놓고, 위에 지름 0.5~0.8 mm의 에나멜선을 200~500회 감아서 1차 코일로 하고, 다시 그 위에 0.06~

0.08 mm의 에나멜선을 1,700~3,000회 감아서 2차 코일로 한다. 이것을 케이스에 넣은 뒤 피치 또는 기름을 충전하여 절연(絶緣)하며, 그 절연 저항은 80℃에서 10 MΩ 이상이 요구된다.

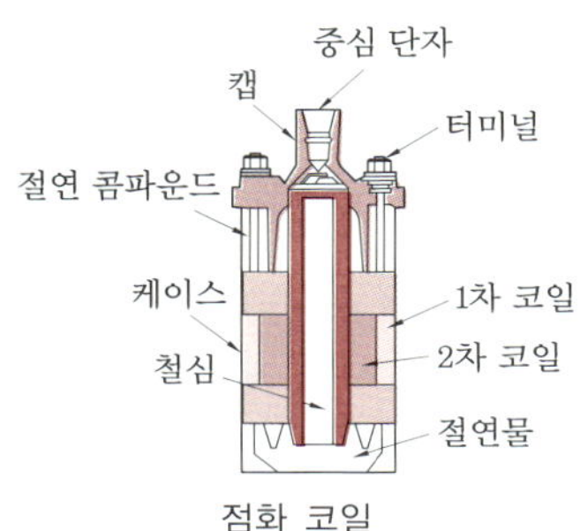

점화 코일

점화 키 불출 방지 버저　점화 키를 꽂아 놓은 채 ON, START 이외의 위치에서 운전자석 도어를 열면 작동하는 경고 버저로, 도난 방지나 키를 넣은 상태에서의 도어 로크를 미연에 방지한다.

점화 타이밍 ignition timing　피스톤의 속도와 위치에 맞추어, 필요한 정확한 시간에 코일에서 점화 플러그로 스파크가 발생되게 하는 시기를 말한다.

점화 트레이스 ignition trace　점화 1차 회로의 단속(斷續)과 관련하여 점화 1, 2차 회로의 변화를 나타내는 오실로스코프 상에 전시되는 파형(波形)을 말한다.

점화 플러그 spark plug　⇨ 점화전

점화 플러그 열가 spark plug heat range 점화 플러그의 열 방산 정도를 수치로 나타낸 것으로, 보통 열가(熱價)가 높은 플러그를 냉형(cold type)이라 하고, 반대로 열 방출량이 낮은 플러그를 열형(hot type)이라고 한다. 일반적으로 점화 플러그의 전극 부분의 작동 온도가 400℃ 이하이면 연소에서 생성되는 카본이 전극 부분에 부착되어 절연성을 떨어뜨려 불꽃 방전이 약하게 되고, 전극 부분의 작동 온도가 700~800℃에 이르면 조기 점화를 일으켜 출력이 떨어진다. 따라서 엔진이 운전되는 동안 전극의 온도는 450~600℃를 유지해야 한다. 이 온도를 점화 플러그의 자기 청정 온도라고 부른다. 자기 청정 온도를 유지하려면 연소실에서 받는 열을 실린더 블록이나 대기 중에 알맞게 전도해야

한다. 이 정도를 표시하는 점화 플러그의 특성을 열가라고 한다.

접선(接線) tangent　곡선의 현(할선) AB 위의 한 점 A를 고정했을 때, A와는 다른 점 B가 이 곡선을 따라 점 A에 한없이 가까워질 때, 직선 AB가 직선 l의 위치에 한없이 가까워지면, l을 점 A에서 이 곡선의 접선이라고 한다. 원이나 타원에서와 같이 접선과 곡선이 단 한 점만을 공유하는 경우가 있는가 하면, 점 A에서의 접선 l이 곡선과 다른 점에서 만나는 경우도 있다. 이때 점 A를 이 접선의 접점이라고 한다.

접선 캠 tangential cam　접선 캠은 밸브 리프터나 로커 암이 접촉되는 플랭크(flank)가 기초 원(base circle)과 노즈 원(nose circle)에 공통의 접선으로 연결되어 있는 형상으로, 밸브의 개폐가 급격히 이루어지기 때문에 밸브가 닫힐 때 밸브의 운동이 캠의 감속도를 따라가지 못하므로 밸브 스프링 장력이 큰 것을 사용하여 밸브 리프터나 로커 암이 캠과 원활하게 접속되도록 해야 한다. 캠의 플랭크 면은 평면이기 때문에 제작이 쉬우며, 밸브 리프터는 캠과 접촉면이 원호 면으로 되어 있어야 한다. 또한 밸브 스피링의 장력을 크게 하면 밸브 시트에 충격이 가해지므로 고속용 엔진에는 부적합하다.

접선 캠

접선 키 tangent key　키 홈을 축의 접선 방향으로 내어 서로 반대 방향의 기울기를 가진 2개의 키를 짝지은 것으로, 강력한 체결법의 하나이다. 플라이휠과 같이 무거운 물건이나 급격한 속도 변화가 있는 부분의 체결에 사용한다. 같은 용도의 키로는 케네디 키가 있다.

접선 포트 tangential port　와류(渦流) 포트의 일종으로서, 흡기 포트의 한 끝을 실린더에 접하도록 부착한 것을 말한다. 소용

돌이의 강도에 분사되는 것이 많고, 최근에는 사용되지 않는다.

접선 하중(接線荷重) tangential load　물체의 표면에 있어서 그 표면에 접선 방향으로 작용하는 하중을 말한다. 마찰력이 그 대표적인 예이다.

접속(接續) connection, joint, junction, splice　(1) 전선과 전선의 접속, (2) 직접 납땜하는 방법, (3) S형 슬리브(sleeve)에 의한 방법, (4) 와이어 커넥터에 의한 방법 등이 있다.

접이식 도어 미러 folding type door mirror　미러 일부가 접히도록 기능을 갖춘 도어 미러로, 안전성과 기능성이 우수하다. 주행 중 물건(사람)이 미러를 부딪쳤을 때 또는 미러에 물건(사람)이 충돌했을 때, 미러는 그로 인해 자연히 접히기 때문에 물건(사람)에 의한 충격이 적고 안전하다. 또한 좁은 장소(차폭이 꽉 차는 장소)에서의 주차 시 미러를 접어 두면 도어 옆을 지나갈 때 미러가 방해되지 않는다. 차내로부터 스위치 조작에 의해 미러를 접을 수 있는 기능(격납 기능)을 가진 것도 있다.

접점(接點) contact point　스위치나 릴레이 등 회로 전류의 개폐에 사용하는 부품으로, 전류 통로의 개폐 접촉을 하는 부분을 이른다. 접점에 사용하는 재료는 도전(導電) 상태를 양호하게 보전하기 위해 동이나 은으로 도금하는 것이 일반적이며, 대전류용의 접점에는 융점을 높여 더 단단해지도록 동과 텅스텐의 합금을 사용한다. 접점에는 구동 기구의 차이에 따라서 계전기 접점, 키 접점 등이 있다. 계전기 접점은 그 권선에 전류가 끊어진 경우에 일정한 위치로 돌아가는 정위(定位)형과 전류를 끊어도 접점의 개폐 상태에 변화가 없는 무정위형이 있다. 정위형 접점은 복구할 때에는 열려 있고 동작할 때 닫히는 메이크 접점과 그 반대인 브레이크 접점, 그리고 이 둘을 조합한 것이 있다.

접점 간극(接點間隙) point gap　접점이 완전히 열렸을 때 단속기(斷續器) 암 접점과 접지 접점 사이의 간극을 말한다. 접점 간극은 엔진에 따라 다르지만 대략 0.5 mm 정도로, 이 접점 간극에 따라 점화 시기가 달라진다. 접점 간극이 크면 점화 시기는 빨라지고, 접점 간극이 적으면 점화 시기는 늦어진다.

접지(接地) earth, ground　회로의 일부 또는 기기의 외함(外函) 등을 대지와 같은 0 전위로 유지하기 위해 땅 속에 설치한 매설 도체와 도선으로 잇는 것으로, 공중선 회로의 접지, 차폐 접지 및 피뢰기, 변압기 등의 보안 접지 등이 있다. 자동차에서 접지 회로는 차체나 엔진 자체를 이용하고 있다.

접지 길이 ground contact length　차륜이나 트랙 등이 접지하고 있는 길이를 말한다.

접지력(接地力) grip force　타이어와 노면의 밀착성을 이르는 것으로, 타이어가 노면을 잡고 있는 상황이나 그 성능을 말한다. 접지력이 좋은 타이어를 장착한 멀티링크 형식의 서스펜션 자동차는 접지력이 크다.

접지압(接地壓) gound contact pressure　(1) 차바퀴 등이 지면에 접할 때의 압력으로, 단위는 kg/cm^2이다. (2) 기초(基礎)의 밑면과 이것이 접하는 지반 사이에 서로 작용하고 있는 압력을 말한다. 직접 흙에 접하는 기초에서는 접지압이 허용 지내력도(地耐力度) 이하가 되도록 설계한다.

접지 전극(接地電極) ground electrode　접지를 하기 위해 대지 속에 매설하는 전극으로, 금속 막대, 금속판, 금속 메시 등 각종 형상이 있다. 접지 전극은 대지에 사고 전류를 안전하게 흘리는 구실을 한다.

접지 접속(接地接續) ground connection　배전 및 배선을 보호하는 금속 부분과 기계 기구의 금속제 케이스 등은 회로의 절연 저하 또는 고전압 회로와의 접촉으로 화재를 일으키거나 인축(人畜)을 감전시킬 우려가 있으므로 이것을 방지하기 위해서 시설되는 것으로, 이들을 전기적으로 접속시키는 공사를 이른다. 보통 접지되어야 할 금속체에 접지선을 접속하고, 접지선의 다른 한 끝을 지판(地板)에 접속하여 땅에 매설한다. 지선(地線) 공사는 전기 설비 기술 기준에 따라 제1종, 제2종, 제3종으로 분류되어 접지 저항값이 규정되어 있다. 접지 접속을 어스 접속이라고도 한다.

접지 케이블 ground cable　엔진 또는 차체의 접지부에서 배터리(보통 ⊖단자)에 연결되는 케이블을 말한다.

접지 터미널 ground terminal 엔진 블록 또는 차체에 연결되는 배터리를 말한다.

접지 폭(接地幅) earth width 규정 공기압을 넣은 타이어에 100 % 하중을 걸었을 때 접지면의 원주에 대해 직각인 방향의 폭을 말한다.

접착부(接着部) weld metal zone 용접부 안에서 용접하는 동안에 용융 응고한 부분을 말한다.

접착 시어 강도 adhesive sheer strength 두 부품 또는 구성품 간에서 서로 접착하려는 특성 및 두 부품이 분리되려는 힘에 저항하는 특성을 말한다.

접착식 유리(接着式琉璃) adhesive type glass 접착제로 고정된 윈도 글라스를 말한다. 탈착 작업이 어렵고 재료나 공구도 특수한 것이 필요하지만, 웨더 스트립(weather strip)으로 고정된 유리처럼 고무의 열화(劣化)에 의한 문제가 생기지 않으며, 패널과의 단차(段差)도 적게 할 수 있다.

접착제(接着劑) adhesive 두 물체를 서로 붙이는 데 쓰는 물질을 통틀어 이르는 말이다. 접착제는 처음에는 액상이지만 나중에 고화(固化)되는 경우 떨어지지 않고, 또한 그 자체가 파괴되지 않는 고분자이어야 한다.

접촉 연소식 가스 센서 catalytic combustion method gas sensor 가연성 가스 검출에 사용되고 있는 기본 센서이다. 그림에서 보는 바와 같이, 백금 등의 금속선 코일을 산화 촉매 속에 넣은 구조로서, 금속선에 일정한 전류를 흘려 소자를 적당한 온도(200~300℃)로 가열해 두고, 가연성 가스가 이 산화 촉매에 닿으면 촉매의 표면에서 접촉 연소가 일어나 소자의 온도가 상승한다. 그에 따라 금속선의 전기 저항이 증가하기 때문에 저항의 변화를 전기 신호로 변환하여 가연성 가스가 검출된다. 실제 사용에 있어서는 금속선 코일에 산화 촉매를 바른 소자와 산화 촉매를 바르지 않은 보상용 소자를 사용하여 휘트스톤 브리지(Wheatstone bridge)를 구성한다. 가스 농도의 변화에 따라 센서의 출력이 거의 직선적으로 변화하는 특징이 있다. 동작이 안정되고 반복 측정에 대한 재현성도 좋지만, 가스 선택성과 촉매의 산화 능력 저하를 사전에 검지하기가 어렵고, 센서가 작은 것 등 개량해야 할 점도 남아 있다.

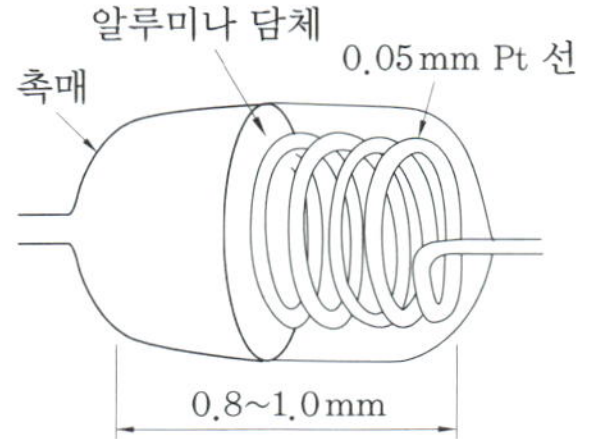

접촉 연소식 가스 센서

접촉 저항(接觸抵抗) contact resistance 두 도체를 서로 접촉시켰을 때 접촉면에 생기는 저항을 말한다. 두 도체를 직렬로 접촉시켰을 때 전체 저항은 각 도체 저항의 합보다 대체로 큰데, 이 여분의 저항은 도체의 접촉면에서 생긴 것이다. 이것은 도체 표면의 요철로 인해 전류가 흐르는 실제의 접촉 단면적이 겉보기의 접촉 단면적보다 작거나, 도체 표면이 산화물이나 기름 등 전류가 통과하기 어려운 물질로 더럽혀져 있기 때문에 일어난다. 접촉 저항은 접촉 압력과 전류가 증가하면 감소하는 경향이 있다. 접촉 저항의 결과, 도체에 전류를 흐르게 하면 도체 내부에서는 전위가 매끄럽게 변화하는데, 접촉면에서는 불연속적으로 변화한다. 이 전위차와 전류의 비를 접촉 저항이라고 한다. 두 도체를 접촉시켰을 때 정전기적인 전위차가 생기는데, 이것을 접촉 전위차라고 한다.

접합(接合) (1) seam 금소 표면에 있어서 주조 또는 가공에 의해서 어떤 상처가 용착하는 일 없이 닫히는 것으로, 예를 들어 산화된 기공이나 가공 중에 발생한 주름 겹치기 등은 이와 같은 현상을 자주 일으킨다. 또한 용접에서 겹치기 이음을 말하는 경우도 있다. (2) doubling 동질의 플라스틱 또는 미가황(未加黃) 고무 시트를 가열·압착하여 맞붙이는 것으로, 보통 시트의 두께가 3 mm 이상이 되면 거품이 없는 시트의 제조는 곤란하므로 접합 작업을 하게 된다. (3) junction 반도체 내부에서 전기적 성질이 다른 두 영역 사이의 천이(遷移) 부분을 가리키며, PN 접합, PP 접합, NN 접합 등을 이른다. (4) connecting 둘 이상의 부품, 부재를 못, 철물, 접착제 또는 이음 등에 의해 맞붙이는 것을 말한다.

접합 다이오드 junction diode P형 반도체와 N형 반도체 접합부의 정류 작용을 이용한 다이오드로서, P-N 접합의 제조 방법에 따라 합금 다이오드, 확산 다이오드 등이 있다.

접합 유리(接合琉璃) laminated glass 2장 이상의 판유리를 유기계의 중간막으로 전면 접착한 것으로, 파손 시에 파편이 비산하는 위험을 방지하기 위함이다. 교통 기관, 건축물, 쇼윈도 등의 용도로 쓰인다. 우리나라에서도 승용차의 전면 유리는 접합 유리를 쓰고 있다.

접합 트랜지스터 junction transistor 1개의 베이스 전극과 2개 또는 그 이상의 접합 전극을 가진 트랜지스터를 말한다. 합금 접합 트랜지스터, 성장 접합 트랜지스터, 확산 접합 트랜지스터, 3극 접합 트랜지스터, 4극 접합 트랜지스터 등이 있다. 베이스 부분이 N형이면 접합되는 반도체는 P형으로서 PNP형 트랜지스터가 되고, 베이스 부분이 P형이면 접합되는 반도체는 N형으로서 NPN형 트랜지스터가 된다.

정 chisel 돌에 구멍을 뚫거나 돌을 쪼아서 다듬는 쇠로 만든 연장으로, 원뿔형이나 사각형으로 끝이 뾰족하다. 금속의 손다듬질 등에서 사용되는 정은 종류에 따라 평정, 둥근 정. 다이아몬드 정, 홈 정 등으로 나뉜다. 또한 평면이나 홈의 다듬질 작업이나 볼트, 철판 등의 절단 작업에도 사용된다. 재질은 탄소 공구강이며, 날 끝은 담금질이 되어 있다.

정격(定格) rating 발전기·전동기·변압기의 전동기 기기에 대하여 제조자가 보증한 사용 한도 및 전압, 전류, 속도, 역률 등의 지정 조건을 통틀어 이르는 말이다.

정격값 rated value 전기 기기나 기구, 장치 등을 설계하거나 제작할 당시, 제조 회사에서 규정한 정격 전류, 정격 전압, 정격 출력 등을 말한다.

정격 마력(定格馬力) rated horsepower 정해진 운전 조건에서 정해진 일정 시간의 운전을 보증하는 마력, 또는 정해진 운전 조건 하에서 정격 회전수로 일정 시간 내 연속하여 운전할 수 있는 출력을 말한다.

정격 속도(定格速度) rated speed 발전기, 전동기 및 그 밖의 모든 전기 설비에서 규정된 한계 속도를 말한다. 정격 속도 이상의 속도로 돌리면 기계적으로 무리가 생겨 못 쓰게 된다.

정격 압력(定格壓力) rated pressure 유압 장치에서 연속하여 사용할 수 있는 최대의 압력을 말한다.

정격 유량(定格流量) rated flow 유압 장치 기기에서 일정한 작동 상태의 조건 하에서 정해진 보증 유량을 말한다.

정격 전류(定格電流) rated current 기기나 장치에서 정격 출력으로 동작하고 있는 경우의 전룻값을 말한다.

정격 출력(定格出力) rated power 제조업자가 기기에 대하여 보증하는 사용 한도를 그 기기의 출력으로 표시한 출력으로, 규정된 조건 하에서 운전이 보장된 최대의 출력이다. 예를 들면, 1시간 동안 연속하여 낼 수 있는 최대의 출력을 1시간 정격 출력, 장시간 연속하여 낼 수 있는 최대의 출력을 연속 정격 출력이라고 한다.

정격 회전 속도(定格回轉速度) rated revolution per minute 지정되어 있는 회전 속도로, 정격 출력을 낼 때의 원동기 회전 속도 및 정격 출력에서 연속하여 운전할 수 있는 최고 회전 속도를 말한다.

정공(正孔) hole 양전하를 가진 전자와 같은 거동을 하는 가상 입자로, P형 반도체에서 전류를 운반하는 것을 말한다. 4가의 게르마늄(Ge), 실리콘(Si) 등의 반도체에 3가의 인듐(In)을 넣으면 전기 전도성을 나타내지만, 4가의 게르마늄, 실리콘에 대해 3가의 인듐은 전자가 1개 부족하기 때문에 4가의 공유 결합 중에 전자 1개가 부족한 곳이 생기게 된다. 그래서 그곳을 채우기 위해 다른 공유 결합의 개소에서 전자가 보급되므로, 그곳에 전자의 구멍이 발생한다. 그것이 순차적으로 전해져 플러스의 구멍이 전기를 운반하는 것이 되기 때문에 정공이라고 한다.

정공 전도(正孔傳導) hole conduction P형 불순 반도체에 전압을 가하면, 결정 내의 전자가 정공 흡인되고 그 전자를 잃은 장소에 새롭게 정공을 남김으로써, 정공 위치가 외부로부터 주어진 전기장 방향으로 이동하여 양전하가 흐르는 것처럼 되는 것을 말한다.

정극성(正極性) straight polarity 직류 아크 용접인 경우의 접속 방법으로, 용접봉 또는 전극을 전원의 마이너스 쪽에, 피용접물을 플러스 쪽에 접속한 경우를 말한다.

정기 정비(定期整備) periodic maintenance 기기의 보전(保全)이나 성능의 유지를 위하여 정해진 일정 기간의 운전을 한 다음, 정기적으로 주요 부분을 개방하여 행하는 점검 및 수리를 말한다.

정도(精度) accuracy 측정 또는 이론적 추정이나 근사계산에서의 정확성과 정밀도를 말한다. 예를 들면, 측정에 있어서는 측정값의 오차가 작을수록 정확성이 높고, 측정 대상의 모표준편차가 작을수록 정밀도가 높은데, 이 두 경우를 합쳐서 정도가 높다고 한다.

정도 검사(精度檢査) accuracy inspection 공작 기계에 있어서 동적 하중을 가하지 않고 각 부의 제작 정도(精度)를 검사하는 것을 말한다. 또한 신규로 제작하거나 자동차 검사소 또는 정비 사업체에 설치된 자동차 검사용 기계나 기구가 정도 검사 기준이 정한 정밀도에 따라 적합 여부를 검사하는 것을 말한다.

정량 토출 펌프 constant delivery pump 용적식(容積式) 펌프에 있어서, 1회전당 토출량은 항상 일정하고 회전수를 바꾸지 않으면 토출량이 변하지 않는 펌프를 말한다. 반대로, 동일 회전수로 운전을 하더라도 토출량을 변화시킬 수 있으면 가변 토출 펌프라고 한다.

정류[1](整流) rectification 전기 회로에 있어서 교류의 입력을 직류의 출력으로 변환하는 작용으로, 그 회로를 정류 회로라고 한다. 전류를 한 방향만으로 흐르게 하는 정류기로서 이극관, 반도체 다이오드 등을 사용한다. 이 작용을 이용하여 교류 신호로부터 직류 신호의 출력을 측정하는 것을 검파라고 한다.

정류[2](精溜) rectification 증류탑(蒸溜塔) 안에서 환류를 하여 탑 안에 다단계의 기체-액체 평형을 이루어 냄으로써 1회의 증류 조작으로 혼합 액체를 각 성분으로 분리하는 조작을 말한다.

정류기(整流器) rectifier 교류를 직류로 변환하는 장치로서, 도금용에서는 전동 직류 발전기, 변압 정류기, 셀레늄 정류기, 실리콘 정류기, 사이리스터 정류기 등이 사용되고 있다. 정류기의 전압 조정 방법은 전환기 방식, 유도 전압 조정 방식, 사이리스터 조정 방식, 가포화(可飽和) 리액터 조정 방식, 트랜지스터 조정 방식 등이 있다.

정류 다이오드 rectification diode 실리콘 또는 게르마늄의 단결정 속에서 PN형을 접합하여 P형 쪽에 에노드, N형 쪽에 캐소드의 두 단자로 구성되는 다이오드를 말한다. 순방향 접속에서는 전류가 흐르고 역방향 접속에서는 전류가 흐르지 않는다. 따라서 자동차에서는 교류 발전기나 축전지의 충전기 등에 사용하는 교류를 직류로 변환한다.

정류자(整流子) commutator 서로 절연된 전기자 권선(捲線)의 코일과 같은 수의 정류자편(整流子片)을 원통형의 회전자 위에 배열한 것으로, 본체 부분의 브러시와 정류자편의 접촉에 의해 전류를 공급한다. 회전자가 회전함에 따라 브러시와 정류자편의 접촉 형태가 변하면 회전 주기에 따라 전류의 공급도 변하게 된다.

정류자편(整流子片) commutator bar 쐐기형의 단면을 가지고 있는 경인 순동(硬引純銅)의 구리 조각으로, 이것과 절연편을 엇갈리게 조합하여 정류자를 만든다. 특별한 경우(고속도)에는 소량의 은을 함유시킨 것도 있다.

정류 작용(整流作用) rectifying action 통전(通電) 방향에 따라서 전류가 잘 흐르는 정도가 달라지는 성질을 말한다. 좁은 의미로는, 한쪽 방향으로는 전류가 잘 흐르지만 반대 방향으로는 전류가 흐르지 않게 하는 성질을 말한다.

정류판(整流板) distributing plate 공기 세척기에 들어 있는 공기 흐름을 일정하게 하여 분사수(噴射水) 비산을 방지하는 것이며, 날개판이나 다공판이 사용되고 있다.

정(正) 리드 플런저 normal lead plunger 상단 면이 편평하여 연료의 송출이 초기에는 일정하고 말기에는 변화되는 플런저로서, 분사 개시 시기가 항상 일정하다.

정미마력(正味馬力) net horsepower ⇨ 제동마력

정미 연료 소비량(正味燃料消費量) net specific fuel consumption 기관으로부터 실제로 추출되어 한 일을 나타내는 단위 시간 축출력당 소비된 연료량을 말한다.

정미 열효율(正味熱效率) net thermal efficiency 엔진 축출력에서 계산된 열효율로서, 엔진의 제동 열효율을 말한다. 출력축에서 얻어지는 일(정미 일)을 엔진에 공급된 열량으로 나눈 것으로, 정미 일은 도시(圖示) 일보다 엔진 운동 부분의 마찰에 의해 잃어버리는 일과 보조 기계류를 구동하는 데 필요한 일(마찰 일)을 뺀 것을 말한다. 정미 열효율은 크랭크축이 한 일, 즉 제동마력으로 변화된 열량과 총 공급된 열량과의 비를 말하며, 제동 열효율이라고도 한다.

정미 출력(正味出力) net power 엔진에서 출력되는 축출력을 말하며, 엔진 연소실의 지압 선도에서 구한 출력(도시 출력)에서 엔진 내부의 마찰 손실(기계 손실)을 뺀 것이다.

정미 평균 유효 압력(正味平均有效壓力) brake mean effective pressure 기관에서 나오는 정미 동력에서 구한 평균 유효 압력을 말한다.

정미 효율(正味效率) net efficiency 실린더 내에서 발생된 동력으로부터 여러 가지 손실을 모두 제외하고, 크랭크축에서 유효하게 이용된 동력과 실린더에서 발생된 동력과의 비율을 말한다.

정밀 삽입식 베어링 precision insert type bearing 강이나 구리 합금의 셀에 베어링을 녹여 붙이고 특정 크기로 정밀하게 다듬질한 베어링으로서, 교환할 때 가공하지 않아도 된다. 베어링은 특수 공구를 이용하여 베어링 캡을 떼어내고, 크랭크축이 그대로 설치된 상태에서 베어링을 교환할 수 있다.

정반(定盤) surface plate 정확하며 평활(平滑)하게 다듬질된 평면을 가진 금속의 튼튼한 블록 또는 테이블로, 기계 부분품의 조립·검사 등에 사용한다. 정반은 크기, 구조 및 정밀도에 따라 여러 가지가 있는데, 주철제인 것이 일반적이며, 강제(鋼製)인 것도 있다. 정반은 그 쓰임에 따라 측정용 정반, 금긋기 정반, 연마 맞춤 정반, 설치 정반, 두들기기 정반 등이 있다.

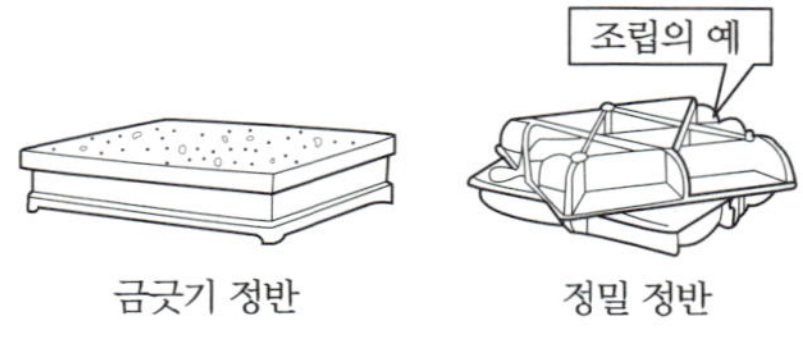

정반

정보 표시 시스템 information display system 운전에 필요한 정보를 컴퓨터를 이용하여 전자 표시나 음성 표시로 행하는 시스템이다. 전자 표시는 시각, 도착 예정 시각, 주행 거리, 평균 주행 속도, 연료 소비량 등을 디지털로 표시하고 설정 시각의 경보음 등을 행하는 것을 이른다.

정비(整備) maintenance 자동차의 수명 연장과 경비 절감 및 고장 시 수리를 위하여 점검·측정·수정 및 조립을 거쳐 자체의 성능 향상과 회복을 위한 작업을 말한다. 고장과 관계없이 일정한 시기 또는 주행 거리에 따라 실시하는 정기 정비, 주행 중 고장이 발생되었을 때의 원인 분석, 조정, 교환하여 원래의 상태로 성능을 유지시키는 수리 정비, 고장 또는 성능의 저하로 장치를 분해하여 수리하는 해체 정비 등이 있다.

정비 감압 밸브 proportional pressure reducing valve 출구 쪽 압력을 입구 쪽 압력에 대하여 소정의 비율로 감압하는 압력 조절 밸브이다.

정비 릴리프 밸브 proportional pressure relief valve 주회로의 압력을 파일럿 압력에 대하여 소정의 비율로 조정하는 압력 조절 밸브이다.

정비용 기기(整備用機器) maintenance equipment 자동차의 점검 및 수리 등 정비에 필요한 기기로서, 오토 리프트, 잭, 바이스, 공기 압축기, 급유기, 라이닝 교환기, 연마기, 라인 보링 머신, 크랭크축 연마기, 보링 머신, 프레스, 차체 수리 장치 등을 말한다. 검사용 기기로는 엔진 스코프, 브레이크 테스터, 사이드 슬립 테스터, 휠

얼라인먼트 인디케이터, 헤드라이트 테스터, 음량계 및 휠 밸런서 등이 있다.

정상 상태(定常狀態) steady state (1) 운동 상태가 시간의 흐름과 더불어 변화하지 않는 상태에 있는 것을 말하며, 유체나 열전도 등의 경우에는 이것을 정상류(定常流)라고 한다. 기계나 장치의 성능 시험은 일반적으로 정상 사태에서 행해져야 한다. (2) 시간에 대한 변화가 없는 상태로, 한 저장소에서 어떤 물질의 유입률과 유출률이 균형을 이루어 시간에 따른 물질 농도의 변화가 없는 상태를 말한다.

정상파(定常波) stationary wave 공간 내에서 임의의 방향으로 진행하는 파동인 진행파와 대비되는 개념으로, 진동의 마디절(node)이 고정된 파동을 말한다. 진폭과 진동수가 같은 파동이 서로 반대 방향으로 이동할 때 파동의 합성에 의해 발생하기도 하며, 정지파 또는 정재파(定在波)라고도 한다.

정속 연비(定速燃比) driving fuel economy 평탄한 포장도로를 차량 총 중량의 상태로 일정한 속도를 유지하여 실제로 주행하였을 때의 연비율이다. 보통 60 km/h의 속도로 주행하며, 잘 정비된 차를 능숙한 운전자가 운전하기 때문에 비교적 좋은 수치가 나온다.

정속 주행 장치(定速走行裝置) cruise control system 액셀러레이터 페달을 사용하지 않고도 차량을 일정한 속도로 유지시키는 장치를 이른다(40~100 km/h 사이에서 작동). 크루즈 컨트롤 시스템이라고도 한다.

정수두(靜水頭) hydrostatic head 정지하고 있는 유체(流體)의 한 점에서 수면에 이르는 수직 거리를 가리키며, 그 점의 압력을 나타내는 값이다. 또한 압력 수두와 위치 수두의 합을 나타내기도 한다.

정압(靜壓) static pressure 유체(流體)가 관내를 흐르고 있을 때 흐름과 직각 방향으로 작용하는 압력을 이른다. 흐름에 상대되는 압력은 동압(動壓)이라고 하며, 그 합을 전압(全壓)이라고 한다. 전압은 동압을 측정하는 가는 관의 반대측을 유동하고 있는 큰 관의 밖까지 나온 장소의 압력이라고도 한다. 그림처럼 관 벽을 누르고 있는 것이 정압, 수관의 스프링을 누르

는 것이 동압, 가는 관을 통하는 태관(兌管)의 외부에 떠서 나가는 압력을 전압이라고 한다.

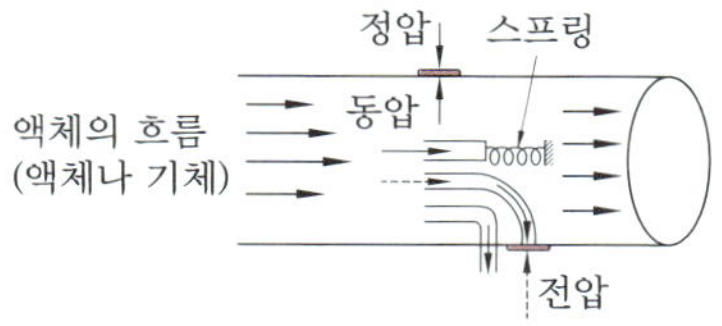

정압

정압 비열(定壓比熱) specific heat at constant pressure 일정한 압력 하에서 중량 1 kg의 기체 온도를 1 K 높이는 데 필요한 열량으로, 단위는 kcal/kg·K이다. 완전 가스의 경우, 정압 비열을 c_p, 정적 비열을 c_v로 하면, 다음 관계가 있다.

$$c_p - c_v = AR, \quad c_p > c_v$$

(A : 일의 열당량, V : 가스 정수)

정압 사이클 constant pressure cycle ⇨ 디젤 사이클

정압 연소(定壓燃燒) constant pressure combustion 압축 연소 엔진에서의 연소 방식으로, 연소 폭발 행정에서 피스톤이 하강 행정을 할 때 실린더 용적이 증가하면 가스는 동일한 비율로 팽창한다.

정온기(定溫器) thermostat ⇨ 서모스탯

정용량형 펌프 fixed displacement pump 펌프 1회전당 이론 송출량이 변화하지 않는 펌프를 말한다.

정용적 채취법(定容積探取法) CVS ; constant volume sampling 배기가스를 약 10배의 공기로 희석해서 용적형 펌프로 흡인하고, 펌프의 흡입량과 희석 가스의 일부를 샘플링해서 측정한 농도 및 가스 채취를 일정한 주행의 계산에 의해서 배출률(g/km)을 유도하는 방법으로, 정적 샘플이라고도 한다. 희석의 목적은 수증기나 고불화점(高沸化點) 성분의 샘플링계 내에서의 응축을 방지하고, 동시에 샘플링 백(sampling bag)에서의 흡착 더러움 등의 문제를 적게 해서 샘플링 정밀도를 높이는 데 있다. 샘플링 가스의 분석에서 CD는 비분산형 적외선 분석계(nondispersive infrared analyser), NOx는 화학 발광 분석계(chemiluminecent detector)에 의해서 각각 연속 측정된다. 일본의 10모드 및 11

모드, 미국의 LA-4의 가스 샘플링 방법이 바로 이 CVS이다.

정위(定位) localization　재생음의 음장(音場)에서 음원의 방향, 음이 들려오는 방향을 가리킨다. 모노 재생에서는 음이 스피커 방향에서 들리며, 정위 방향은 하나이다. 스테레오 재생에서는 좌우 스피커음이 공간에서 합성되어 보통 좌우 스피커 사이의 어떤 부분이 정위가 된다. 스테레오 재생에서 음이 한 위치에 정위하는 조건으로 좌우 스피커의 음량차, 시간차, 정위차 등이 있다.

정(正)의 캐스터 positive caster　캐스터는 자동차 운전 중에 핸들 조작이 쉽도록 전륜의 설치각을 앞뒤로 경사지게 한 것으로, 정의 캐스터는 킹 핀의 경사각이 수직선보다 자동차의 뒤쪽으로 기울어진 상태를 의미한다.

정(正)의 캠버 positive camber　캠버는 4륜 자동차의 핸들 조작이 쉽도록 전륜의 위쪽을 접지면에 대해서 바깥쪽으로 기울인 상태로, 정의 캠버는 바퀴 윗부분 중심이 수직선보다 외측으로 벌어진 상태를 의미한다.

정재파(定在波) standing wave　⇨ 스탠딩 웨이브

정적 방향 안정성(靜的方向安定性) static directional stability　자동차의 주행 안정성을 나타내는 용어로서, 횡풍(橫風)을 받거나 한쪽 타이어가 블록 면에 올라가는 순간에 옆 방향의 외력을 받았을 경우 운전자가 조향 핸들 조작을 하지 않아도 자동차 스스로가 원래 진로로 되돌아가려는 성질을 말한다. 일반적으로 중심이 앞에 있고 코너링 파워가 앞바퀴보다 뒷바퀴 쪽이 크면 자동차는 정적 방향 안정성이 좋다고 한다. 이것을 양(量)으로 나타낼 경우 스태틱 마진(static margin)이 사용된다.

정적 밸런스 static balance　정지 상태에서의 균형을 말한다. 휠의 중심점(허브)을 중심으로 하여 방사선형으로 무게의 균형을 이루는 것으로, 스태틱 밸런스라고도 한다. 타이어의 무게 중심부가 내려올 때는 지면에 충격을 주고 위로 향할 때는 원심력에의해 바퀴를 들어 올리는 형태로 충격을 주는데, 정적 밸런스가 불량이면 고

속 주행 시 바퀴가 상하로 진동하면서 핸들도 떨린다.

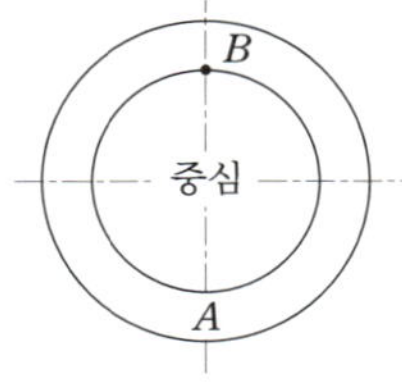

정적 밸런스

정적 비열(定積比熱) specific heat at constant volume　기체 1 kg을 체적이 일정한 상태에서 온도 1℃만큼 높이는 데 필요한 열량을 말한다. 단위는 kcal/kg·℃이다.

정적 사이클 constant volume cycle　⇨ 오토 사이클 기관

정적 샘플 CVS ; constant volume sampling　⇨ 정용적 채취법

정적 스프링 상수 static spring constant　어떤 재료에 정적인 힘을 가하는 경우, 힘의 증가분은 변위의 증가분에 비례한다. 주어진 스프링 상수를 정적인 방법으로 구한 것이 정적 스프링 상수이다.

정적 언밸런스 static unbalance　휠 밸런스 중 회전축 주위의 상하 방향의 불균형을 말한다. 정적 언밸런스가 되면 타이어가 상하로 진동하는 트래핑 현상이 발생한다.

정적 피로 파괴(靜的疲勞破壞) static fatigue failure　고강도강이 일정한 부하가 걸린 상태에서 어떤 시간이 경과한 후 돌연 파괴되는 현상을 말한다. 강에 포함된 수소가 원인이라고 하며, 되풀이된 응력에 의하여 일어나는 피로 파괴에 대하여 정적 피로 파괴라고 한다.

정전기(靜電氣) static electricity　전하(電荷)가 정지 상태로 있어 전하의 분포가 시간적으로 변화하지 않는 전기를 말한다. 예를 들면, 유리 막대를 비단천으로 문지르면 유리 막대에 양전기가 생기고, 에보나이트 막대를 털로 문지르면 에보나이트 막대에 음전기가 생기는데, 전기적 힘으로는 쿨롱 힘만이 문제가 된다.

정전 도장(靜電塗裝) electrostatic painting　정전기를 이용하여 모양이 복잡한 것이나

넓은 면적에 고르게 도료를 칠하는 방법이다. 즉, 전기 가스 기구나 기계 부품, 철망, 완구, 문방구 등을 도장하기 위해 10만 V 정도의 음전압을 가하여 안개 모양의 도료 가루가 정전기적으로 흡착하도록 하여 피도장품에 효율적으로 부착한다. 도료가 적게 드는 장점이 있다.

정전력(靜電力) electrostatic force 정지한 상태에 있는 전하 사이에 작용하는 힘으로, 전하 사이에 작용하는 힘은 쿨롱의 법칙에 의한다. 〔쿨롱의 법칙〕 두 개의 전하 Q_1, Q_2 사이에 작용하는 정전력 F는 Q_1과 Q_2의 곱에 비례하고 Q_1과 Q_2의 거리 r의 제곱에 반비례한다.

$$F = 9 \times 10^9 \times \frac{Q_1 Q_2}{r^2} \text{(진공 상태)}$$

정전류 제어(靜電流制御) constant current control 점화 코일의 1차 전류를 6 A로 제어하는 것으로서, 점화 코일에 접속하는 1차 저항을 폐지하여 1차 전류의 흐름을 좋게 한다. 또한 정전류 제어 회로가 이그나이터 안에 설치되어 1차 전류의 값을 일정하게 한다.

정전류 충전(靜電流充電) constant current charge 축전지의 충전 전류를 일정한 값으로 유지하고 충전하는 방법이다. 보통은 8시간율 이하의 낮은 전류로 충전하지만, 충전이 진행됨에 따라 전압이 상승하므로 그에 따라 전원 전압도 높일 필요가 있다.

정전압 다이오드 voltage regulator diode 부하(負荷)가 다소 변화해도 전원 전압을 일정하게 유지시키는 반도체의 2단자 소자, 즉 조정용 다이오드를 말한다. 전류 약 10 mA로 동작하고 품종에 따라 3~12 V의 정전압(定電壓)을 얻는다.

정전압 충전(定電壓充電) constant voltage charge 축전지를 충전할 경우 전원 전압을 일정하게 유지하면서 충전하는 방법이다. 충전 초기에는 충전 전류가 급격히 증가하다가 점차 감소한다. 전지를 위해서는 이 방법이 좋지만, 충전 초기의 큰 전류에 견딜 수 있는 대용량의 충전기가 필요하다.

정전 용량(靜電容量) electrostatic capacity 절연된 도체가 전하를 축적하는 능력의 정도를 나타내는 양, 또는 콘덴서 양극의 전위차를 단위량만큼 높이는 데 필요한 전기량을 말한다. 콘덴서에 전하 Q[C]를 가해 전위 E[V]가 되었을 때, 정전 용량은 $C = Q/E$[F]이다. 단위로는 패럿[F], 마이크로패럿[μF] 등이 사용되고 있다.

정전 용량형 압력 센서 capacitive pressure sensor 다이어프램과 같은 수압판(受壓板)에 가동 전극을 설치, 대향하는 고정 전극 사이에 정전 용량을 측정함으로써 압력을 검출하는 방식의 압력 센서이다. 견고한 구조로, 내열성이나 내부식성이 좋은 구조로 만들 수 있는 장점이 있다. 변형 게이지형 압력 센서에 비하여 일반적으로는 비직선성이 크다. 주파수형의 디지털 출력으로 신호를 꺼낼 수 있고, 정밀도 높은 측정을 할 수 있다.

정전 유도(靜電誘導) electrostatic induction 대전체(帶電體) 가까이에 도체 또는 유전체(誘電體)를 놓으면, 이 두 물체 사이의 정전 용량을 통하여 도체 또는 유전체의 표면에 전하가 생긴다. 이와 같이 어떤 물체의 전하가 다른 물체에 대해 유전속(誘電束)이 생기게 하는 현상을 가리킨다. 이때 대전체에 가까운 도체 표면에는 대전체의 전하와 반대의 전하가 나타나고, 먼 쪽에는 같은 종류의 전하가 나타난다.

정전 자장(靜電磁場) electrostatic and magnetostatic field 표면에서 두 지점 간의 전압 또는 전위차에서 오는 전기적으로 충전된 보디(차체) 주위를 말한다.

정지 거리(停止距離) stopping distance 운전자가 제동 조작을 한 순간부터 정지할 때까지 주행한 거리를 말하는데, 공주(空走) 거리에 제동 거리를 합한 것을 말하기도 한다. 공주 거리는 운전자가 진로 상의 이상을 발견하고 가속 페달에서 발을 떼었을 때부터 브레이크 페달을 밟아 제동 작용에 의해 감속이 개시될 때까지 자동차가 주행한 거리를 말하며, 제동 거리는 브레이크가 작용하여 감속이 개시된 다음부터 정지할 때까지 주행한 거리를 말한다. 정지 거리는 차종 중량에 따라 달라진다.

정지등(停止燈) brake light, stop lamp 차량의 브레이크를 밟았을 때, 자동적으로 켜져 뒤에 있는 자동차에 정지를 알리는 신호등을 이른다.

정지등 스위치 stop lamp switch   정속 주행 장치용 스위치를 이른다. 정지등을 위한 스위치(NO)와 자동 속도 조정 장치(NC)를 위한 스위치가 합쳐진 4핀 형식이다. 브레이크 페달을 밟았을 때 자동 속도 장치용 접점(NC)은 열리고, 액추에이터 마그네틱 클러치의 전력 공급은 끊어지면서 고정 속도 주행 모드가 해제된다. 동시에 정지등용 접점도 닫혀서 해제 신호를 컨트롤 유닛에 보내고 액추에이터 마그네틱 클러치에서 전력 공급이 끊긴다.

정지 시험(定地試驗) proving ground test   실물 자동차를 사용하여 테스트 코스에서 실시하는 성능 시험으로, 그 내용에는 속도계 눈금 조사, 연료 소비 시험, 브레이크 시험, 가속 시험, 최고 속도 시험, 급등판로 시험, 장등판로 시험, 견인 시험, 시동 시험, 조종성 시험 등이 있다.

정지 연비(定地燃比) fuel economy at constant speed   평탄한 포장도로를 일정한 속도로 진행했을 때의 연료 소비율을 말한다. 우리나라에서는 1 L의 연료로 몇 킬로미터를 주행할 수 있는가를 나타내는 km/L를 쓰는 것이 일반적이다. 유럽에서는 MPG(마일/갤런)가 쓰이고 있으며, L/100 km로 표시되는 경우도 있다.

정지 주행 연비(定地走行燃費) proving ground driving   바람이 없는 상태의 평탄한 포장 노면에서 일정한 속력으로 달릴 때 측정해서 얻은 연료 소비 수치이다. 단위는 10모드와 마찬가지로 km/L인데, 발진이나 가속·감속에 의한 연료 낭비가 없으므로 상당히 좋은 값이 된다. 흔히 시속 60 km에서 얻은 수치가 카탈로그에 실린다.

정차 감압 밸브 fixed differential pressure reducing valve   출구 쪽의 압력을 입구 쪽의 압력에 대하여 소정의 차이만큼 감압하는 압력 조절 밸브를 말한다.

정크션 블록 junction block   블록 내부에 전기 회로의 집중 접촉 기능이 있는 것으로서, 일반적으로 프린트 기판의 금속 접속 핀을 수납하여 릴레이, 퓨즈 및 서킷 브레이크 등의 부품을 한꺼번에 결합한다. 이를 변형하여 전선 압접에 의한 조인트 기능만 갖춘 형태도 있다. 내부 회로를 효과적으로 이용할 수 있어 와이어링 하니스(wiring harness)의 전선 가닥수와 조인트 감소에 따른 세경화(細徑化) 제조가 쉽고, 릴레이 퓨즈의 서비스성을 향상시킬 수 있다.

정투상도(正透像圖) orthographic projection   서로 직각으로 교차하는 세 개의 화면, 즉 평화면, 입화면, 측화면 사이에 물체를 놓고 각 화면에 수직되는 평행 광선으로 투상하여 얻은 도형이다.

정 표준 연료(定標準燃料) primary reference fuel   가솔린의 옥탄가(octane number)를 측정하는 데 사용되는 표준 연료로서, 옥탄가 100인 이소옥탄과 0인 노멀헵탄의 혼합물이다. 옥탄가는 이소옥탄의 용량 %로 나타낸다.

정하중(靜荷重) static load   구조물이 받는 하중 가운데 시간적으로 변화하지 않는 하중을 말한다. 지진력 등의 동적인 하중도 고층 또는 특수한 구조물을 제외하면 정하중으로 대치하여 설계하는 경우가 많다. 정하중을 사하중(死荷重)이라고도 한다.

정하중 반지름 static load radius   표준 공기압을 주입한 타이어에 100 % 하중을 주었을 때 트레드 접지면에서 축 중심까지의 수직 거리를 말한다.

정하중 폭(靜荷重幅) static load width   표준 공기압이 주입된 타이어에 100 % 하중을 주었을 때 무부하(無負荷) 타이어 단면 폭에 증가된 폭을 더한 폭을 말한다.

정행정식(正行程式) square stroke type   펌프 플런저의 형식이 운전 중에 바뀌지 않고 일정한 가운데, 다른 부속 장치에 의해서 분사량을 가감하는 장치를 말한다. 스필 포트식과 스필 밸브식 및 교축 밸브식이 있다.

정형(井型) 프레임 부착 고강성 보디   경자동차에 사용된 보디 구조로서, 볼 순환식 스티어링을 말한다. 웜 기어의 홈에 많은 스틸볼(강구)을 넣어 웜과 너트가 면접촉하지 않고 선접촉된 것으로서, 마찰이 적기 때문에 조향력이 가볍고 내구성이 크다는 특징이 있다. 즉, 견고한 우물 모양의 프런트 프레임 및 대형 보디 프레임을 사용함으로써 보디의 강성을 높인 것이다.

정화 밸브 purification valve   정화(淨化) 밸브는 캐니스터 내부에 설치되어 흡기 다기관과 연결된 통로를 열고 닫는다. 엔진이 작동하면 흡기 다기관의 진동이 정화 밸브의 다이어프램을 잡아당겨 통로를 열고 캐니스터에 저장되어 있는 연료 증발 가스를 흡기 다기관에 흡입되도록 한다.

제너 다이오드 zener diode　제너 효과를 이용하여 전압을 일정하게 유지하는 작용을 하는 다이오드를 말한다. 제너 효과란 결정(結晶)을 형성하고 있는 전자(電子)에 강력한 전계(電界)를 작용시키면 약전계에서는 속박(束縛) 전자이던 것이 전계에 의해 캐리어가 되어 전기 전도가 발생하는 현상을 말한다.

제너레이터 generator　기계적 에너지를 전기적 에너지로 바꾸기 위한 것으로, 고정된 자장(磁場) 내에서 도체가 운동함으로써 직류(DC) 전기를 발생시킨다. 최근에는 직류 발전기 즉 제너레이터는 거의 사용하지 않는다.

제너 전압 zener voltage　제너 다이오드에서 역방향으로 흐르는 전류가 정방향 특성과 같이 급격히 흐르도록 하는 전압으로서, 항복(降伏) 전압이라고도 한다. 제너 전압은 온도 및 사용에 의한 변화가 적어 자동차용 전압 조정기의 전압 검출이나 정전압 회로에 이용된다.

제너 현상 zener phenomena　PN 접합 다이오드의 역방향 전압을 크게 하면 전류는 극히 조금씩만 증대하지만, 어떤 전압(제너 전압) 이상이 되면 급격히 역방향 전류가 증가하는 현상을 말한다.

제노이 범퍼 xenoy bumper　첨단 소재인 제노이의 초특성(初特性)과 플라스틱의 내화학성을 이용하여 만든 범퍼이다. 미국 제너럴 일렉트릭사의 첨단 소재로서, 가벼우면서도 복원력이 우수하며, 도장(塗裝) 시 표면 광택도가 높다.

제동 거리(制動距離) braking distance　주행 중인 자동차에서 브레이크가 작동하기 시작할 때부터 완전히 정지할 때까지 진행한 거리로, 브레이크를 밟은 순간부터가 아니라 실제로 브레이크가 작동한 순간부터 자동차가 멈출 때까지 진행한 거리를 말한다. 브레이크는 유격(裕隔)이 있어서 어느 정도 밟은 다음에 작동하기 때문이다. 따라서 운전자의 반응 시간은 제동 거

리에 영향을 미치지 않는다. 제동 거리는 차의 속력, 무게, 도로의 오르내림, 풍향, 브레이크의 사용 상태, 정비 상태에 따라 달라진다.

제동등(制動燈) stop lamp　브레이크 페달에 발을 올리는 순간 페달의 작동 또는 유압에 의하여 점등되는 적색등으로서, 후속차에 제동을 알리는 등이다.

제동력(制動力) braking force　움직이는 자동차를 정지시키는 타이어와 노면과의 마찰력을 말한다. 타이어에 주름이 많을수록 미끄러짐이 적어 제동력이 커진다.

$$제동력 = \frac{T_B}{R} = \frac{\mu \cdot P \cdot r}{R}$$

여기서, T_B : 브레이크 토크
　　　μ : 브레이크 드럼과 라이닝의 마찰 계수
　　　R : 브레이크 타이어 반지름
　　　r : 드럼 반지름
　　　P : 드럼에 걸리는 전 브레이크 압력

제동력 배분(制動力配分) braking force distribution　제동력의 앞뒤 배분을 말한다. 자동차의 제동력은 4륜이 동시에 멈출 때 최대가 되므로, 이때의 제동력 배분이 이상적이다. 일반적으로 브레이크 페달을 밟으면 앞바퀴의 하중이 증가하고 뒷바퀴의 하중이 감소하기 때문에, 앞쪽에 브레이크가 강하게 걸리도록 제동력 배분의 비율이 일정하게 되어 있다. 그러나 스포츠카에서는 고속 주행에서 뒷바퀴의 고착을 방지하기 위하여 유압 제어에 의한 제동력 배분을 바꿀 수 있는 것도 있다.

제동마력(制動馬力) brake horsepower　내연 기관 등에서 실제로 기관에 이용되는 마력으로, 정미마력이라고도 한다. 연소 가스가 단위 시간에 피스톤에 주는 일은 도시(圖示) 마력이라고 하며, 그 일부는 기관의 밸브를 움직이기 위해서나 각 부분의 마찰에 견뎌 내기 위하여 소비되는 등, 실제로 유효하게 이용되는 동력이다. 제동마력은 도시 마력보다 작으며, 브레이크 또는 동력계로 측정된다.

제동 배력 장치(制動培力裝置) brake booster device　브레이크 페달을 밟는 힘을 적게 하면서 큰 제동력을 얻기 위해 설치한 장치이다. 엔진의 흡입 부압을 이용한 진공식과 압축 공기를 이용한 압축 공기식이

있으며, 진공식은 다시 대형차에 주로 사용하는 분리형과 승용차에 주로 사용하는 일체형으로 구분된다.

제동 시 진동(制動時振動) brake vibration 브레이크를 걸었을 때 브레이크 페달이나 조향 핸들, 때로는 보디가 타이어 회전수와 같은 주기로 진동하는 현상이다. 디스크 로터나 브레이크 드럼의 흔들림은 편마모 때문에 발생할 수 있으며, 60~120 km/h에서 일어나기 쉽다.

제동 시험기(制動試驗機) brake tester 브레이크의 성능을 롤러 위에서 테스트하는 장치로, 앞바퀴 또는 뒷바퀴의 제동력을 따로따로 조사하는 장치와 4륜을 동시에 테스트할 수 있는 장치가 있다. 어떤 것이든 자동차를 시험기에 올려놓고 롤러를 회전시켜 브레이크 페달을 밟았을 때 롤러에 걸리는 반력(反力)으로 측정한다.

제동 열효율(制動熱效率) brake thermal efficiency ⇨ 정미 열효율

제동 장치(制動裝置) brake system, damping device 자동차를 감속 또는 정지시키거나 주차 상태를 유지하기 위하여 사용되는 장치이다. 일반적으로 마찰력을 이용하여 자동차의 운동 에너지를 열에너지로 바꾸는 제동 작용을 한다.

제동 정지 거리(制動停止距離) brake stopping distance 자동차를 보조 주행한 후, 일정한 위치의 노면 표점에서 급브레이크를 작동시켜 그 노면 표점에서부터 정지한 위치까지의 거리에 공주(空走) 거리를 더한 거리를 말한다. ⇨ 정지 거리

제동 토크 brake torque 회전하고 있는 부분에 회전 방향과 반대 방향으로 작용하는 토크(돌림힘)를 뜻한다.

제동 편향(制動偏向) stopping bias ⇨ 브레이크 풀

제로 계수 인터럽트 zero count interrupt 계수기 펄스 인터럽트에 의해 클록 계수기 값이 0으로 되었을 때 발생하는 인터럽트를 이른다.

제로 래시 zero lash 밸브가 열릴 때 간극을 없애거나 최소로 하기 위한 밸브 기구 형식을 말한다.

제로 래시 어저스터 zero lash adjuster 엔진의 온도 변화, 각 부의 마찰 등에 의해

밸브 간극의 변화를 자동적으로 조정하는 장치를 이른다. 밸브 간극을 항상 0이 되게 하여, 밸브 간극을 무조정화하고 밸브계의 소음을 저감시킨다.

제로 랩 zero lap 슬라이딩 밸브 등에서 밸브가 중립 위치에 있을 때 포트는 보통 닫혀 있다. 이때 조금이라도 이동하면 포트가 열려 오일이 흐를 수 있는 겹침의 상태를 말한다.

제로 스크러브 zero scrub 킹 핀 오프셋(스크러브 반지름)이 0에 가까운 휠 얼라인먼트로, 센터 포인터 스티어링이라고도 한다.

제로 캐스터 zero caster 자동차의 앞바퀴를 옆에서 보았을 때, 차축에 설치하는 킹핀의 중심선이 수직선과 일치된 상태를 말한다. 이 경우, 주행 중에 방향성이 불량하고 조향 핸들의 복원력이 상실된다.

제로 캠버 zero camber 방향 안정성과 주행 안정성을 향상시키기 위하여 캠버를 0으로 한 것으로, 타이어의 노면 접지 상태가 수평을 이루어 편마모 현상을 방지한다.

제베크 효과 Seebeck effect 두 종류의 금속을 고리 모양으로 연결하고, 한쪽 접점을 고온, 다른 쪽 접점을 저온으로 했을 때 그 회로에 전류가 생기는 현상으로, 1821년 독일의 제베크가 발견하였다. 연결한 금속의 종류에 따라 그 기전력과 전류의 크기가 달라진다. 이 현상을 이용한 것으로는 열전 온도계가 있다.

제삼각법(第三角法) third angle projection 정투영으로 평면도, 정면도, 측면도를 작성할 때 정면도 위에 평면도를 두어 그리는 정투영 도법이다. 기계 제도에서는 제삼각법에 의해 투영도를 그리도록 규정하고 있다. 제삼각법에서는 제삼각의 위치에 투명한 칸막이를 두고 입체 도형의 대상물을 각각의 평면에 투영하여 그린다.

제삼 부틸 알코올 ternary butyl alcohol 옥탄가(octane number)를 높이기 위해 가솔린에 가미하는 첨가제를 말한다.

제어 가스 controlled gas 연소 기간 동안 실린더 내에 형성되는 유해 가스를 말한다. 차량 장치로부터 방출되는 유해 가스량은 환경청 규정에 의해 규제되고 있는

데, 3가지 규제 가스는 탄화수소, 일산화 탄소, 질소 산화물 등이다.

제어 동작(制御動作) control action　제어 장치 속에서 행해지기 위한 동작을 말하며, 제어 동작은 제어 편차를 없애 목표치에 이르도록 작용한다. 이 경우 조작량이 어떻게 변화하는가를 결정하는 것이 조절부이며, 조절 방식에 따라 제어 동작이 분류된다. 이때, 조작 신호의 변화에 대해 조작량이 연속적으로 변화하는지 여부에 따라 연속 동작과 불연속 동작으로 나뉜다.

제어 래크 control rack　가속 페달과 조속기(거버너)의 움직임을 좌우 직선 운동으로 바꾸어 제어 피니언을 회전시키는 것을 말한다. 래크의 한쪽 끝을 링크나 핀으로 조속기의 레버나 다이어프램에 연결하면, 가속 페달의 움직임이 조속기를 통하여 제어 래크에 전달되는데, 이때 래크의 이동량은 21~25 mm이다. 다른 한쪽 끝은 리밋 슬리브에 끼워져 최대 송출량 이상으로 움직이는 것을 방지한다.

제어량(制御量) controlled variable　제어 대상에 속하는 양 가운데에서 목표에 맞도록 제어되는 물리량으로, 압력, 속도, 온도, 유량, 수위, pH, 전압, 전류, 주파수 등이 있다.

제어 밸브 control valve　오일 흐름의 위치를 변환시켜 동력 실린더의 작동 방향을 제어하는 밸브이다. 제어 밸브 보디에 3개의 홈이 파여 있는 스풀이 조향 핸들의 힘을 받아 축 방향으로 이동, 동력 실린더에 공급되는 오일의 통로를 바꾸어 준다. 또한 유압 계통에 고장이 발생하였을 때 수동으로 조향 조작을 쉽게 할 수 있도록 안전 체크 밸브가 설치되어 있다.

제어부(制御部) control section　실행 가능한 프로그램을 구성하는 최소 단위로, 이 부분에서 실행 명령과 데이터가 기록·표시된다. 프로그램은 제어부 외에 더미(dummy)부, 공통부, 원형부 등으로 구성된다.

제어 슬리브 control sleeve　위쪽은 피니언과 연결되고 아래쪽은 플런저의 구동 플랜지에 끼워져, 제어 피니언의 회전 운동을 플런저에 전달하여 상하 운동을 하면서

연료의 송출량을 증감할 수 있도록 하는 부품을 이른다.

제어 압력 조절기(制御壓力調節器) control pressure regulator　에어 플로 센서로부터 형성되는 압력의 균형을 이루기 위해, 제어 플런저 위로 연료 압력을 공급하기 위한 연료 분사 장치의 일부분을 말한다.

제어 연소 기간(制御燃燒期間) controllable combustion period　⇨ 직접 연소 기간

제어 장치(制御裝置) control device, control unit　물체, 프로세스, 기계 등을 제어·조정하는 데 필요한 신호를 공급하는 장치로, 일반적으로는 이러한 목적의 기기 전체를 말하고, 자동 제어 이론에서는 동작 신호를 증폭해서 조작량을 주는 부분을 말한다. 컴퓨터에서는 중앙 처리 장치(CPU)를 구성하는 것으로서, 요구되는 마이크로 동작들을 연속적으로 수행하게 하는 신호를 보냄으로써 명령을 수행하는 장치이다. 제어 장치를 구현하는 방법으로는, 일상적인 논리 회로 기법을 사용한 하드 와이어 기법과 마이크로프로그램 작성 기법이 있다.

제어 플런저 control plunger　⇨ 플런저

제어 플런저 배럴 control plunger barrel　⇨ 플런저 배럴

제어 피니언 control pinion　제어 래크의 좌우 직선 운동을 회전 운동으로 바꾸어 제어 슬리브를 회전시키는 장치를 말한다. 피니언 내면은 제어 슬리브에 클램프로 고정되어 있으므로, 각 실린더의 연료 분사량이 ±3 % 이상 차이가 나면 클램프 볼트를 풀고 피니언과 슬리브의 상대 위치를 변화시켜 펌프 엘리먼트마다 분사량을 조정한다.

제어 회로(制御回路) control circuit　정보에 의해서 장치를 적당히 동작시키고자 하는 경우, 그 정보를 입력 신호로 하여 장치를 조작하기 위한 신호, 동작 또는 에너지를 출력으로 변환하는 기능을 갖는 전자 회로를 통틀어서 이르는 말이다. 중앙 처리 장치 내의 제어 전자 회로를 가리키는 경우도 있다.

제어 회로 저항 테스트 control circuit resistance test　시동 전동기의 솔레노이드 또는 릴레이의 권선(relay winding)을 통해

서, 전류 흐름을 감소시키는 높은 저항이 제어 회로 내에 있는지 여부를 측정하는 테스트를 말한다.

제어 흐름 control stream, controlled flow (1) 컴퓨터 처리를 하기 위해 입출력 장치의 지정, 사용 프로그램 명칭 등을 하드웨어와 연결하는 일종의 제어 카드 그룹을 이른다. (2) 유압 장치에서 기기의 작동 상태에 따라 일정 값으로 오일이 흐르는 것을 말한다.

제오륜(第五輪) fifth wheel (1) 트랙터와 세미트레일러를 연결하고, 이 두 유닛의 결합을 허용하는 장치를 이른다. (2) 주행(走行) 시험 때, 주행 속도를 차바퀴의 회전으로부터 직접 계측하면 슬립이 포함되므로, 부하가 작용하지 않는 다른 차바퀴를 견인하여 그 속도를 계측하는 것을 이른다.

제원(諸元) specification 기계류의 치수나 무게 등의 성능과 특성을 나타낸 수적(數的) 지표를 말한다.

제일각법(第一角法) first angle projection method 입체를 제1각(제1상한)에 두고 투영면에 정투영(正投影)하는 제도 방식을 말하며, 건축물 등 구조물의 제도에 널리 쓰인다. 이 투영법을 도면에 기입하는 경우에는 그냥 1각법이라고 쓴다.

제조자(製造者) manufacturer 물건을 제조하는 사람을 일컫는 말로, 자동차 또는 기타 제품의 생산 또는 조립에 종사하고 있는 개인 기업 또는 법인을 말한다.

제진 강판(制振鋼板) anti vibration steel sheets ⇨ 방진 강판

제진기¹(制振器) dash pot 기계 장치의 충격을 완화하고 또 차량의 브레이크 등에 함께 사용하여 충격을 완화시키는 동시에 작용 시간에 여유를 갖게 하는 데 사용하는 장치로, 대시 포트라고도 한다. 크게 유압식과 공기식이 있다. 공기식은 처음에 공기가 압축되므로 전체 하중보다 작은 하중이 작용하다가, 공기가 압축됨에 따라 전체 하중이 작용하게 된다. 유압식은 실린더에 기름을 넣고 피스톤에 작은 구멍을 뚫으면 기름이 작은 구멍을 통과함에 따라 서서히 움직이므로 충격이 완화된다.

제진기²(制振器) vibration damper 진동 에너지를 흡수하는 장치이다. 완충기가 주로 최초의 1행정에 대한 힘의 상태를 다루는 데 견주어, 제진기는 그 후의 진동 경과 및 정상 상태에서의 진동을 그 대상으로 한다. 그러나 실제로는 이 두 가지를 겸한 장치가 적지 않다. 예를 들면, 자동차나 철도 차량 등의 바퀴와 차체 사이에 장치되어 있는 서스펜션, 항공기가 착륙할 때 충격을 피하기 위하여 바퀴에 장치한 완충기 등이 있다. 그 밖에 문이 급격히 개폐될 때의 소음을 방지하기 위해 문에 장치하기도 한다. 굴뚝, 노(爐), 덕트(duct) 등에서 공기·가스의 송풍량을 가감하기 위하여 사용되는 문도 제진기라고 한다.

제진기³(除塵機) dust separator 헝겊, 천 같은 섬유질에 끼어 있는 모래나 먼지 등을 털어 없애는 기계를 말한다. 주로 회전 원통의 둘레에 장치한 굵은 바늘과 바깥 둘레의 안벽에 장치한 바늘이 섬유를 열어 헤치며 불순물을 털어 없앤다.

제진재(制振材) vibration damper material 진동원(振動源) 또는 음원(音源)에 부착하거나 도포하는 것에 의해 제진의 효과를 발휘하는 것으로, 고무계나 아스팔트계의 재질이 사용된다. 이 목적에 사용하는 도료를 제진 도료라고 한다. 자동차의 제진재에는 각종 고무가 많이 사용되지만, 실내 바닥에 부착되어 있는 아스팔트 시트도 제진재를 사용한다.

제트 jet 구멍으로부터 가스나 물 등이 연속적으로 분출하는 형태를 이르는 말이다. 제트 펌프, 제트 엔진, 펠턴 수차 등에 이용된다.

제트 난류 jet turbulence MCA-JET 엔진의 제트 밸브에 의해 연소실 내부에 형성되는 소용돌이 모양의 난류를 말한다. 제트 밸브에서 피스톤의 하강과 동시에 들어간 실린더 내의 강한 부압(負壓)에 의해 빨려 들어간 공기 또는 혼합 가스는 제트류가 되어 분출구에서 연소실 내로 유입된다. 이는 혼합 가스를 더욱 교반시키며 유동시켜 착화성이 양호한 조건으로 만든다.

제트로닉 jetronic 분사(injection)와 전자

(electronic)의 합성어로서, 전자 제어 분사 장치를 말한다. 제트로닉은 독일 보쉬(Bosch)사의 상품명이기도 하다.

제트 밸브 jet valve　연소실에 초희박(super lean) 혼합 가스 또는 공기를 도입하는 MCA-JET 엔진에 사용된 밸를 말한다. 제트 밸브는 흡기 밸브와 동일한 캠 및 공통의 로커 암에 의해 흡기 밸브와 같은 타이밍을 개폐하여 공기를 도입하고 청정화함으로써 좋은 연소 상태를 만들어 내게 된다.

제트 에어 장치 jet air system　제트 공기를 가압시켜 점화 플러그 주위에 있는 잔류 가스를 배출시킴으로써 양질의 점화를 촉진시키며, 점화 후 불꽃의 전파를 향상시켜 높은 연소율을 유지시키는 장치이다. 제트 에어 통로, 제트 밸브로 구성되어 있고, 제트 밸브는 흡기 밸브와 동시에 열리고 닫힌다.

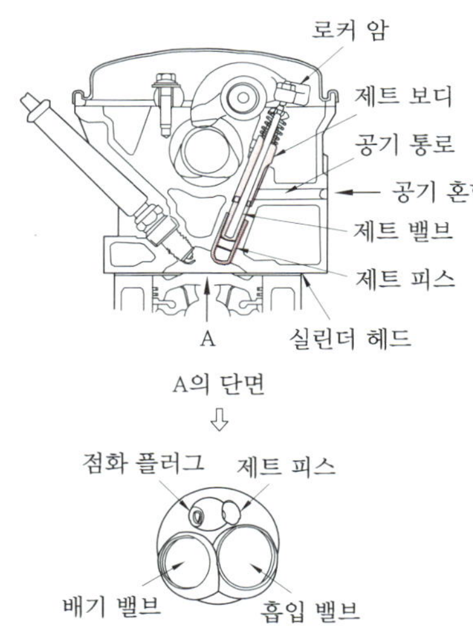

제트 에어 장치

제트 터보 jet turbo　가변 A/R 터보 시스템의 명칭이다.

제트 펌프 jet pump　높은 압력의 유체를 분사하여 수송하는 펌프로, 분사 펌프 또는 분류 펌프라고도 한다. 높은 에너지를 가진 구동 유체(驅動流體)를 세차게 뿜어서 흡입구로부터 낮은 압력을 가진 유체를 운반하고, 이 유체에 에너지를 주어 송출부로 내보낸다. 이 펌프에서 구동 유체와 송출부로 내보낸 유체와의 조합은 다

양하게 나타날 수 있다.

제파 조인트 RJ ; Rzeppa Joint　드라이브 샤프트의 허브 쪽에 적용되는 등속 조인트의 일종이다. 버필드 벨형 조인트(BJ)와 마찬가지로 이너 레이스의 홈과 케이지 구멍에 볼을 넣어, 이것을 아우터 레이스에 조립해서 토크를 전달한다. 아우터 레이스와 이너 레이스는 각각 중심을 오프셋시킨 원호의 볼 전동구에 의해 구동축과 피구동축의 굴곡 시에도 등속성을 유지하면서 구동력을 전달한다.

제파형 유니버설 조인트 Rzeppa universal joint　등속 조인트의 일종이다. 파르빌레형 자재 이음과 비슷한 구조로 6개의 스틸 볼을 이너 레이스(홈)와 아웃 레이스로 유지하고 볼의 접촉점으로 토크를 전달하지만, 볼을 유지하는 조인트 하우징의 형상은 다르다. 굴곡 각도를 40° 이상으로 할 수 있기 때문에 앞바퀴 구동축의 바퀴 축 조인트로 적합하다. 축 방향으로 신축 가능한 방식을 더블 오프셋형 등속 조인트라고 한다.

조 jow　물건 등을 끼워서 집는 부분을 가리킨다.

조건 등색(條件等色) metamerism　빛의 스펙트럼 상태가 서로 다른 두 개의 색자극(色刺戟)이 특정한 조건에서 같은 색으로 보이는 경우를 말하는데, 메타메리즘이라고도 한다. 조건 등색은 가상색이기 때문에 조건이 다른 상황에서는 색이 서로 달라져 보인다.

조광기(調光器) dimmer　전등의 광도를 가감하기 위하여 그 회로에 넣는 장치로, 조광 장치라고도 한다. 전에는 직렬 저항이 사용되었지만, 현재는 리액터 또는 단권변압기가 많이 사용된다. 또 리액터의 임피던스를 저압 직류, 전자판 등으로 제어하는 것도 있다.

조광식 룸 램프 illuminated room lamp　레오스탯(rheostat) 기능을 내장한 룸 램프로, 조절 노브(knob)에 의해 램프의 밝기를 바꿀 수 있다.

조광 장치(調光裝置) dimmer　⇨ 조광기

조기 점화(早期點火) preignition　혼합 가스가 연소하여 압력이 상승하는 데 약간의 시간이 걸리는 사이에 상사점(上死點)보다

약간 앞서서 점화하는 것을 말한다. 가솔린 기관의 비정상적인 연소의 하나로, 압축 행정 말기에 스파크에 의해 점화되기 전에 연소실의 과열로 인하여 혼합 가스가 자연 발화하는 현상이다.

조기 점화 방지제(早期點火防止劑) preignition preventer 산화를 방지하고 탄소의 퇴적을 방지하기 위해 사용되는 물질을 이른다.

조도(照度) illumination 단위 면적당 단위 시간에 받는 빛의 양으로, 광원의 광도(光度)에 비례하고, 광원으로부터의 거리에 반비례한다. 단위는 럭스(lux) 또는 포트(phot)이다.

조도 센서 illumination sensor 말 그대로 조도를 추정하는 센서를 이른다. 조도는 측정 시감도(視感度) 곡선에 가까운 광감도가 요구되는데, 센서의 광감도가 시감도와 현저히 다른 경우에는 시감도 보정 필터를 센서에 덧붙이든가 또는 보정 계수에 의하여 측정치를 보정할 필요가 있다. 조도 센서로서는 여러 가지 광전지를 이용할 수 있지만, 매우 낮은 조도의 측정에는 광전관(光電管) 등도 사용된다.

조속기(調速機) governor ⇨ 거버너

조수석 에스아르에스 에어백 passenger seat supplement restraint system air bag 조수석 탑승자를 보호하기 위해 설치된 장치를 말한다. 에어백은 인스트루먼트 패널의 글로브 박스 상부에 설치되며, 차량이 전방으로부터 충돌했을 때 설정 값 이상의 충격이 차량 전체에 가해지면 작동되어 조수석 탑승자의 상반신을 보호한다.

조수석 전동 중절 시트 4웨이 파워 시트에 시트 백 중절 기능을 추가한 것을 말한다. 스위치 조작에 의해 조수석 헤드 레스트가 전방으로 접히고 뒷좌석 탑승자의 시계를 높인다. 또한 시트 백 뒷부분에는 뒷좌석용 레그 서포트를 장비하고 있는 점이 특징이다.

조인트 joint, coupling (1) 전선과 전선을 접속하는 부분을 말한다. (2) 두 축 사이에 토크를 전달하기 위해서 그 축을 기계적으로 연결하는 장치로, 커플링(coupling)이라고도 한다. (3) 주형 내의 주물이 될 부분과 틀 사이의 모래 두께이다. 주물의 냉각 속도로 주형의 강도와 관계되므로, 이의 두께를 결정하는 것이 조형 기술의 하나인 포인트이다. 또한 조인트가 너무 두꺼우면 모래가 낭비된다.

조인트리스 벨트 jointless belt 레이디얼(radial) 타이어의 벨트로서, 여러 가닥의 코드를 연속하여 감은 구조이기 때문에 이음새가 없다. 통상적인 벨트는 한 방향으로 세운 코드를 경사지게 재단하고, 이것을 카커스(carcass)에 붙여서 만들어지므로 이음새가 있다.

조임쇠 clamp, tightener 무엇을 죄는 데에 쓰는 와셔나 나사못 등을 이른다.

조정(調整) adjustment, regulation 계측기의 측정값 또는 지시가 규정값에 맞도록 구성 부분을 갖추는 것이나, 장치의 동작 상태를 목적에 적합하도록 갖추는 것을 이른다.

조정기(調整器) regulator 변동이 있는 각종 압력을 필요한 평활성과 레벨로 변환하여 출력하는 기기 또는 장치로, 전기 설비에서는 전압 조정기, 가스 설비, 급수 설비, 증기 설비 등에서는 압력 조정기 등이 사용된다.

조정 나사(調整螺絲) adjust screw ⇨ 어저스트 스크루

조정 너트 adjust nut ⇨ 어저스트 너트

조정 렌치 adjustable wrench 조(jaw)의 폭을 자유로이 조정하여 사용할 수 있는 공구로, 볼트·너트를 풀거나 조이는 작업에 사용한다. 조정 렌치의 모양은 조와 자루의 중심선 경사 각도가 15°인 것과 23°인 것이 있다. 조정 렌치의 호칭 치수는 전체의 길이로 나타내며, 호칭 치수에 대하여 조정(가동)조의 최대 열리는 양으로 결정되기 때문에 볼트의 크기에 따라서 선택한다. 호칭 치수가 큰 조정 렌치로 작은 볼트를 죌 수는 있지만, 볼트가 비틀려서 부러질 염려가 있으므로, 볼트 크기에 알맞은 조정 렌치를 선택해야 한다.

조정 쇼크 업소버 adjustable shock absorber 다이얼 조정식과 수동 조정식 그리고 자동 조정식으로 구분할 수 있다. 감쇠력을 조정할 수 있다는 것은 모두가 동일하나 다이얼 조정식은 쇼크 업소버의 조정 다이얼을 직접 조작하는 형식이고,

수동 조정식은 운전석에 설치된 스위치를 조작하여 감쇠력 크기를 선택할 수 있는 형식이며, 자동 조정식은 감쇠력을 전자 제어 장치에 의하여 자동적으로 제어되는 전자 제어 현가장치를 말한다. 전자 제어 현가장치는 ECS(electronic control suspension, 현대자동차 차량)와 AAS(auto adjusting suspension, 기아자동차 차량)로 불리기도 한다. 특히 전자 제어 현가장치는 스프링 상수와 쇼크 업소버의 감쇠력을 주행 상태에 따라 동시에 변화시켜 승차감과 조종 안정성을 최적으로 유지하며, 차속과 하중에 따라 자동차 높이를 자동으로 조절함으로써 주행 안정성도 향상되도록 한 장치이다.

조종성·안정성(操縦性·安定性) maneuverability and stability 조종성은 조향 핸들 조작을 할 때 운전자의 의사대로 자동차가 움직이는가의 성능을 말하며, 안정성은 주행하고 있는 자동차 이외에서 힘이 작용했을 때 그때까지의 운동이 얼마만큼 유지되는가의 성능을 말한다. 일반적으로 조종성이 좋고 회전하기 쉬운 자동차는 안정성이 결여되어 있고, 반대로 안정성이 좋은 자동차는 운동 성능이 떨어지는 경향이 있다. 조종성과 안정성의 균형이 적절히 잘 잡혀 있을 경우, 조종성과 안정성이 뛰어난 자동차라고 한다.

조종성 시험(操縦性試驗) maneuverability test 조향성의 난이도, 확실성, 안정성 등을 검사하기 위해서 여러 가지 조건을 설정하여 시험하는 것을 말한다.

조합 리드 플런저 combination lead plunger 위아래에 리드 홈을 만들고 측면에서 위 아래를 연결하는 리드를 추가로 만들어 연료의 송출 초기와 말기가 변화되도록 한 플런저로, 양 리드 플런저라고도 한다. 조합 리드 플런저는 분사 개시 시기와 종료가 변화한다.

조합 보텍스 제어형 연소실 CVCC ; compound vortex controlled combustion 제어형 연소실로서, 메인 연소실 내에 엷은 혼합 가스를 점화하기 위해 사용되는, 농후한 혼합 가스를 형성하고 있는 점화 플러그 부근의 작은 체임버(small chamber)를 말한다.

조합 플라이어 combination plier ⇨ 플라이어

조향각(操向角) steering angle 자동차가 방향을 바꿀 때 조향 바퀴의 스핀들이 선회 이동하는 각도로서, 보통 선회하는 안쪽 바퀴의 최댓값으로 나타낸다.

조향 기어 steering gear 핸들의 회전을 감속함과 동시에 운동 방향을 바꾸어 링크 기구에 전달하는 장치로, 볼 앤드 너트식 (ball & nut type)과 래크 앤드 피니언식 (rack & pinion type) 등이 있다.

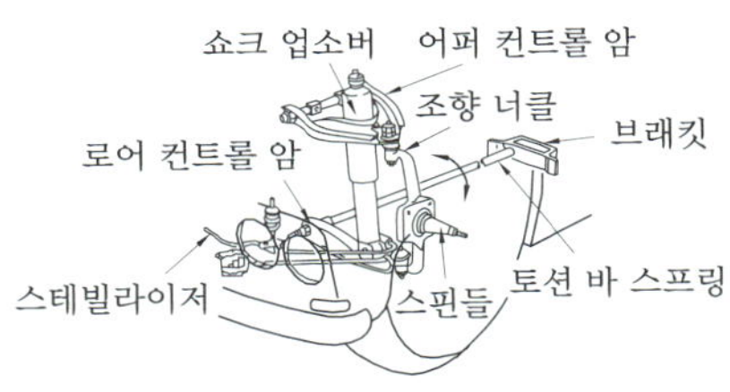

조향 기어

조향 기어 백래시 steering gear backlash ⇨ 스티어링 기어 백래시

조향 기어비 steering gear ratio 핸들이 움직인 양에 대한 피트먼 암이 움직인 거리의 비율을 말한다.

$$조향\ 기어비 = \frac{핸들이\ 움직인\ 거리}{피트먼\ 암이\ 움직인\ 거리}$$

조향 기어 프리로드 steering gear preload ⇨ 스티어링 기어 프리로드

조향 기하학(操向幾何學) steering geometry 조향 및 현가 시스템에서, 여러 가지 측정값과 각도에 대한 관계를 설명하는 데 쓰이는 용어이다.

조향 너클 steering knuckle 앞 차축 좌우에 킹 핀으로 설치되어 있고, 액슬 샤프트나 허브가 설치되는 스핀들부로 구성되어 구동·조향 기능을 하는 장치를 일컫는다. 제동 시나 주행 시에는 노면 충격과 수평·수직 하중을 받는 부분이다.

조향 너클

조향 링키지 steering linkage ⇨ 조향 연결 장치

조향 시스템 steering system ⇨ 조향 장치

조향 연결 장치(操向連結裝置) steering linkage 스티어링 기어에서 스티어링 너클이나 스핀들 어셈블리로 움직임을 전달하기 위해 쓰이는 연결구를 말한다. 조향 링키지라고도 하며, 로드 및 지렛대 시스템이 있다.

조향 장치(操向裝置) steering system 자동차의 진행 방향을 운전자 임의대로 바꾸기 위한 장치로, 조향 시스템이라고도 한다. 조향 핸들, 조향축 등으로 구성되어 운전자의 조향력을 기어 장치에 전달하는 조작 기구이며, 조향력의 방향을 바꾸어 줌과 동시에 회전력을 증대시켜 주행 링크 기구에 전달하는 기어 장치 및 기어 장치의 작동을 앞바퀴에 전달하고 좌우 바퀴의 관계 위치를 바르게 지지하는 링크 기구 등으로 구성되어 있다.

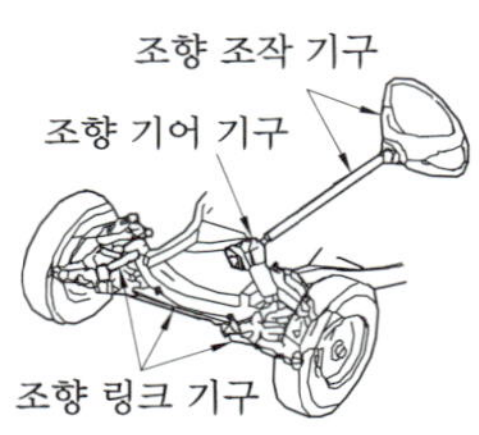

조향 장치

조향축(操向軸) steering column 핸들의 조작력을 조향 기어에 전달하는 축으로, 조향 칼럼이라고도 한다. 조향축의 윗부분에는 핸들이 결합되어 있고, 아랫부분에는 조향 기어가 결합되어 있다.

조향축 경사(操向軸傾斜) steering axis inclination 차의 중심선 쪽으로 조향축의 중심선이 기우는 것으로, 앞에서 보았을 때 조향축의 중심선과 수직선을 이루는 각도이다.

조향 칼럼 steering column ⇨ 조향축

조향 클러치 steering clutch 농업 기계에서 경운기의 방향을 변환시키는 클러치로, 좌우 양쪽에 설치되어 베벨 기어에서 전달되는 동력을 구동축에 전달 또는 차단하는 역할을 한다. 조향 시에는 레버에 의하여 어느 한쪽을 차단하고 다른 쪽의 구동축만 구동시켜 조향한다.

조향 타축(操向舵軸) steering shaft 스티어링 휠을 스티어링 기어로 연결해 주는 강철 로드(rod)를 일컫는다.

조향 핸들 steering wheel 보통 핸들 또는 운전대라고 부르며, 둥근 림(rim)과 림을 지지하고 있는 스포크(spoke), 조향축과 장착 부위인 허브로 구성되어 있다. 내부는 강철이나 경합금 등으로 되어 있으며, 외부에는 우레탄 등 합성수지로 덮여 있어 사고 시 충격을 줄이고 접착력을 향상시켜 정확한 조향량을 움직이고, 착용감이 좋아 피로를 경감시키는 방향으로 발전되고 있다. 또한 잡기에 편리하고 조작이 용이하며 외관의 미려함을 고려한 제품들이 개발되고 있다. 핸들의 중앙부에는 혼(horn)이 설치되어 있고, 고급 차량에는 원격 조정 장치인 리모컨이나 에어 백 등이 설치된 것도 있다.

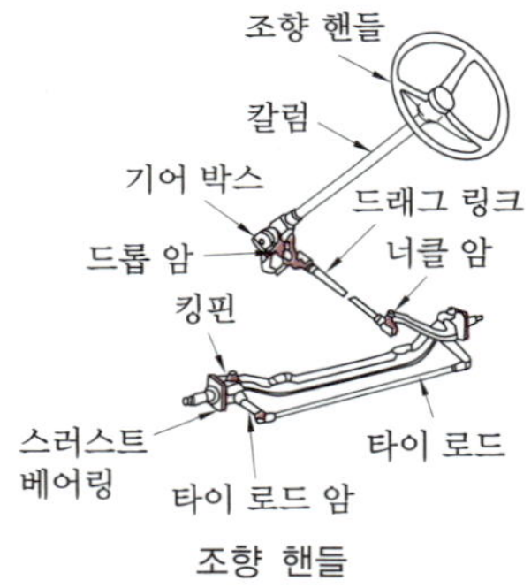

조향 핸들

졸더 서킷 Zolder circuit 벨기에의 서킷으로, 1965년부터 사용되었고 1972~1984년에는 벨기에 GP의 무대이기도 했다. 1주 길이는 4.194 km이다.

종감속기(終減速器) final drive ⇨ 최종 감속 장치

종감속 기어 final reduction gear 추진축의 회전력을 구동 피니언이 받아 직각에 가까운 각도로 변화시키면서 동시에 감속하여 차동 기어에 전달하는 장치로, 웜과 웜 기어, 베벨 기어, 하이포이드 기어 등이 있다.

종감속비(終減速比) final reduction gear ratio 링 기어 잇수와 구동 피니언 기어 잇수의 비를 말한다.

$$종감속비 = \frac{링\ 기어\ 잇수}{구동\ 피니언\ 잇수}$$

종감속 장치(終減速裝置) final drive ⇨ 최종 감속 장치

종치식 엔진 vertical engine　자동차의 진행 방향에 따라 엔진을 길이 방향으로 배치한 방식을 종치식(縱置式) 엔진이라고 하며, 종형(縱形) 엔진과 같은 뜻이다. 이 경우 크랭크축의 방향이 세로 방향으로 되어 있는 것을 의미한다. 일반적인 엔진의 설치 방법으로서, 엔진 룸의 양쪽에 여유 공간이 있어 정비성이 좋다.

종합 파형(綜合波形) overall distortion　여러 개의 파형을 포개어서 나타낸 파형으로, 이것은 어떤 하나의 실린더(파형)의 변화를 발견하기 쉽다.

종형 엔진 vertical engine ⇨ 종치식 엔진

좌굴(挫屈) buckling ⇨ 버클링

좌석(座席) seat　집안의 소파는 편안함을 주지만, 자동차의 좌석은 운전자의 바른 자세를 갖게 한다는 조건이 더해진다. 또 같은 자세로 오랜 시간 앉아 있어도 피로해지지 않는 인체 공학적인 면의 고려도 필요하다. 또한 운전석과 조수석, 뒷좌석 등 저마다의 기능에 따라 별도로 디자인하는 경우가 많아지고 있다.

좌석 높이 seat height　실내 바닥에서부터 좌석 가로부 중앙 부분의 최고점까지의 수직 높이를 말한다.

좌우 비대칭 도어　운전석 쪽과 조수석 쪽의 사이즈가 다른 경자동차 등의 프런트 도어의 호칭이다. 운전석 쪽의 도어는 좁은 경우에도 편히 승강할 수 있고, 시트 벨트의 장착이 용이한 소형 사이즈이다. 조수석 쪽의 도어는 뒷좌석의 승차나 화물 출입에 편리한 대형 사이즈를 각각 사용하고 있다.

좌우 셰이크 lateral shake　80 km/h 이상의 고속, 또는 비교적 작은 요철이 있는 포장도로를 중속(40~70 km/h)으로 주행할 때에 보디와 시트가 좌우로 진동하는 것을 이른다.

주기(週期) period　진동 현상에서, 진동 중심 주위로 왕복 운동이 한 번 이루어지거나 물리적인 값의 요동이 한 번 일어날 때까지 걸리는 시간을 말한다.

주물(鑄物) casting　용해된 금속을 주형(鑄型) 속에 넣고 응고시켜서 원하는 모양의 금속 제품으로 만드는 일, 또는 그 제품을 가리킨다. 뜨거운 쇳물을 견딜 수 있는 금속 덩어리로 만든 주형에 중력, 압력, 원심력 등을 이용해 금속을 주입시켜 만든다. 사용하는 금속이나 주형의 종류, 용해된 금속의 유입법에 따라 분류할 수 있다.

주물사(鑄物砂) molding sand　주조(鑄造)에 사용되는 모래로, 석영 입자가 대부분이며, 장석과 점토를 소량 포함하고 있다. 주물사는 그 성질로 보아 내화성, 통기성, 성형성(成形性)이 좋아야 한다. 입자가 미세하고 점토분이 많은 것을 사용했을 때 그 형(型)의 강도가 크며, 입자 모양이 둥근 것일수록 성형성이 좋다.

주물자(鑄物尺) shrinkage rule　주물을 만들 때 재료마다 수축 이유를 미리 예상하고 그만큼 길게 만든 자로, 주물척(鑄物尺) 또는 신장척(伸張尺)이라고도 한다. 금속은 비스무트(bismuth)를 제외하고는 굳을 때에 수축하므로, 주물을 주입할 때에 주형을 이 수축분만큼 크게 해 놓지 않으면 정확한 치수의 제품이 되지 않는다. 굳을 때의 수축률은 금속, 합금에 따라서 다르기 때문에, 그 재료마다 수축률을 감안해서 만들어진 특수한 눈금의 자로서, 이것으로 주형의 치수를 잡는다.

주물척(鑄物尺) ⇨ 주물자

주 브레이크 service brake　운전자의 발로 조작하는 브레이크로, 주행 시에 주로 사용한다. 일반적으로 바퀴의 안쪽에 결합되어 있는 브레이크 드럼 또는 브레이크 디스크 등에 마찰재를 붙여 그 마찰력을 이용하여 제동력을 발생시키는 것으로, 유압식, 배력식, 공기식 등 여러 가지가 있다. 풋(foot) 브레이크라고도 한다.

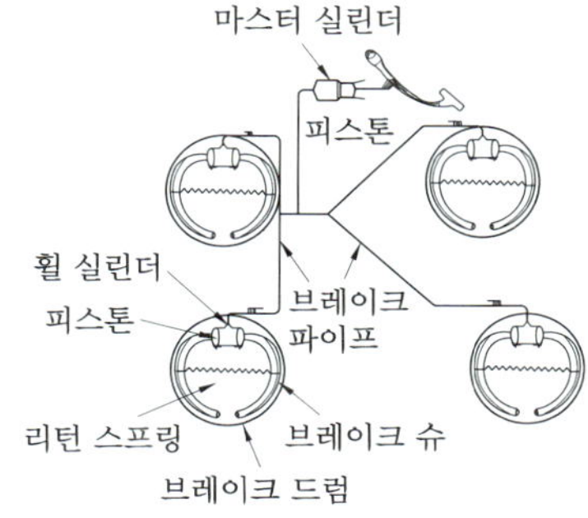

주 브레이크

주 운동 계통(主運動系統) 엔진을 구성하는 부품 등에서, 동력을 발생하기 위하여 왕복 운동이나 회전 운동을 하는 중요한 부분인 피스톤, 커넥팅 로드, 크랭크축, 크랭크축 폴리, 플라이휠과 그 부속품을 말한다.

주입(注入) injection　반도체에서, 소수 캐리어의 밀도를 열평형 상태보다 증가시키는 것을 말한다. 트랜지스터에서 이미터(emitter)로부터 베이스 영역으로 소수 캐리어를 보내는 현상이 이에 해당한다.

주입구(注入口) gate, inlet　탕구계(湯口系)의 각 부분 중에서 주물 부분에 이어지는 곳을 말한다. 대체로 탕구계의 구조는 탕구에 이어서 탕도가 있으며, 그로부터 분기하여 용탕이 주물부로 주입되게 되어 있다.

주조(鑄造) casting　철, 알루미늄 같은 금속 또는 그 합금을 용융하여 각종 주형(鑄型)을 사용하여 목적에 맞는 주물로 성형하는 것을 말한다. 많이 사용되는 철, 알루미늄의 합금은 연속 주조법으로 처리되는 경우가 많다. 유리, 기타의 세라믹스를 주조할 수도 있다.

주조 변형(鑄造變形) casting strain　주물이 냉각할 때, 또는 잔류 응력으로 말미암아 생기는 변형을 말한다.

주조 알루미늄 휠 casting aluminium wheel　휠을 주조할 때에 수천 톤이라는 압력을 가해서 늘려 성형한 알루미늄 휠이다. 얇고 가볍게 만들 수 있는 특징이 있으므로, 현가장치의 스프링 아래 중량을 가볍게 할 수 있으며, 노면에서의 추종성도 향상되는 장점이 있다.

주조 휠 casting wheel　⇨ 캐스팅 휠

주차등(駐車燈) parking lamp　야간에 자동차가 주차하고 있다는 것을 전후방에 알리기 위한 등으로, 앞쪽은 백색 또는 오렌지색이고, 두쪽은 적색이며, 전구는 3~10 W를 많이 사용하지만, 장시간 주차할 경우 배터리의 방전을 고려하여 3~4 W의 전구를 미등이나 차폭등 안에 설치하여 겸용한 것도 있다.

주차 브레이크 parking brake　차를 주차시켜 둘 때 사용하는 브레이크로서, 대부분 수동 레버, T바(bar) 등으로 조작한다. 조작에 큰 힘을 필요로 하는 경우에는 푸트 페달을 사용한다. 사람이 차를 떠나도 브레이크가 풀리지 않도록 래칫(ratchet) 장치가 되어 있는데, 추진축 또는 뒷바퀴에 건다. 고속 주행 시 또는 브레이크 장치에 이상이 있을 때 비상 브레이크로 이용하기도 한다.

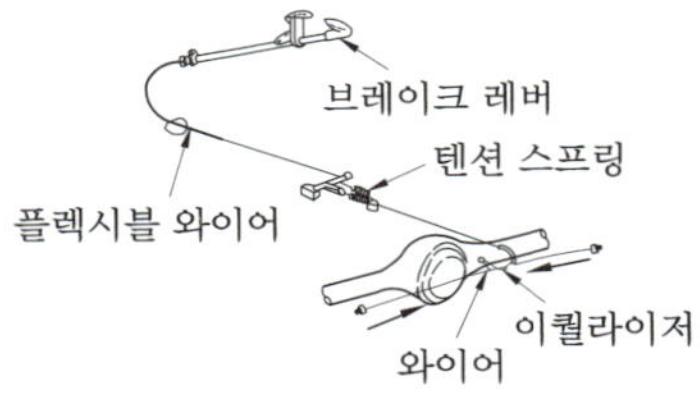

주차 브레이크

주차 브레이크 스위치 parking brake switch　주차 브레이크 레버를 당겼을 때, 운전석 계기판에 주차 브레이크를 작동시켰음을 나타내기 위해 램프를 점등시키는 스위치를 말한다.

주차 브레이크 케이블 parking brake cable　주차 브레이크 레버를 당기면 그 힘이 브레이크슈를 작동시키도록 연결하는 케이블을 말한다. 한쪽은 주차 브레이크 레버에, 다른 한쪽은 이퀄라이저와 연결되며, 이때 이퀄라이저의 양쪽은 좌우측 브레이크슈와 연결된다.

주철(鑄鐵) cast iron　1.7 % 이상의 탄소를 함유하는 철은 약 1,150℃에서 녹으므로 주물을 만드는 데 사용할 수 있는데, 이 중에서 3.0~3.6 %의 탄소량에 해당하는 철을 일반적으로 이르는 말이다. 주철을 녹이기 위해서 큐폴라(cupola)라고 하는 용해로가 사용되며, 고로(高爐)에서 얻은 선철을 여기에 넣고, 코크스를 연료로 하여 녹인다. 보통 주철은 맨홀의 뚜껑을 비롯해서 주물 제품으로 널리 사용된다.

주파수(周波數) frequency　(1) 전파가 공간을 이동할 때 1초 동안에 진동하는 횟수를 주파수라 하고, 단위로 헤르츠(Hz)를 사용한다. 파동이 1초 동안에 1번 진동하면 이를 1 Hz라 하고, 1,000번 진동하면 1 kHz라고 한다. (2) 분사기가 주어진 시간에 전기가 통하는 횟수를 말한다. 주파수는 초당 사이클(c/s) 또는 헤르츠 (Hz)로 측정한다.

주파수 검출형 차속 센서 cycle detection type vehicle speed sensor　주파수에 비례하는 전압의 변화를 바꾸어 자동차의 속도를 검출하는 형식이다. 추진축 등의 회전부와 연결한 기어에 펄스 픽업을 접근시켜 회전하면, 기어의 끝이 펄스 픽업 쪽으로 접근하거나 멀어질 때 펄스 픽업은 회전수에 비례하는 주파수의 교류 전압이 발생된다. 이때 발생된 교류 전압을 직류 전압으로 바꾸어 컴퓨터에 입력해 연료 분사량을 조절한다. 자동 변속기의 차속 센서에 이용된다.

주파수 분석기(周波數分析器) frequency analyzer　다수의 주파수가 혼합된 음성이나 그 밖의 신호 중에서 성분 주파수를 분석하는 장치를 이른다.

주파수 출력형 센서 frequency output sensor　측정량의 변화를 전압이나 전류의 주파수 변화로 출력하는 형식의 센서이다. 일반적으로 이용되는 센서는 전압, 전류 등의 아날로그 전기량을 출력하는 것이 대부분이다. 이러한 것들은 그 출력을 직접 전기 지시계기에 입력하기만 하면 값을 읽을 수 있는 이점이 있다. 한편, 주파수 출력형 센서는 시간 신호(주파수, 주기)를 출력하는 센서로서, AD 변환(analog to digital conversion)의 용이함이라든지 마이크로컴퓨터와의 접속이 용이한 것 등으로 해서 본질은 아날로그 센서이면서 디지털 센서와 같이 이용되는 기회가 많아지고 있다.

주파수 특성(周波數特性) frequency response　기기나 회로의 입력을 일정하게 하여 주파수를 변화시킬 때 출력이 어떻게 변화하는지를 표시한 것이다. 주파수 특성을 세로축에는 출력 레벨, 가로축에는 주파수의 눈금을 표시한 그래프로 나타내면 곡선이 나타나는데, 바로 이 곡선을 주파수 특성표라고 한다.

주파수 프리셋 채널 frequency preset channel　전자 동조 라디오 등에서, 특정한 방송의 주파수를 기억시켜 두는 채널을 말한다. 이 채널은 5~12개가 설정되어 있고, 메모리 선곡 버튼을 누르고 채널을 바꾸면, 각각의 채널에 미리 기억시켜 둔 주파수 방식이 된다.

주행 거리계(走行距離計) ⇨ 적산계기

주행 빔 driving beam　헤드램프로서 대향(對向) 차량이 없는 도로를 주행할 때 사용되는 빔으로, 영어로는 메인 빔, 하이 빔 외에 어퍼(upper) 빔이라고도 한다.

주행 성능(走行性能) running performance　자동차의 주행에 관련된 성능으로, 직진 주행 성능과 선회 성능으로 분류된다. 직진 주행 성능은 자동차가 전·후 방향으로 직선 주행할 때의 성능으로, 동력에 의하여 주행할 때의 동력 성능, 구동력이 작용하지 않고 관성으로 주행할 때의 타행(惰行) 성능, 관성을 흡수하고 감속할 때의 제동 성능 등으로 분류된다. 그리고 선회 성능은 자동차가 커브 길을 선회할 때 조향(操向)의 난이도에 관한 조향성, 자동차의 안전도를 검토하는 안전성, 자동차의 진동을 흡수하는 승차감 성능에서 진동 승차감 성능 및 환경 승차감으로 분류된다.

주행 성능 곡선(走行性能曲線) running performance curve　차의 액셀러레이터 페달을 힘껏 밟았을 때, 각 기어 단수마다의 구동력을 속도와 주행 저항을 더하여 나타낸 곡선으로, 주행 성능 선도와 같은 뜻이다. 보통은 각 기어 단수의 회전수당 속도도 함께 표시한다.

주행 성능 선도(走行性能線圖) driving performance diagram　⇨ 주행 성능 곡선

주행 속도(走行速度) running speed　엔진 회전수, 변속비, 종감속비, 바퀴의 크기에 따라 결정된 속도에서 제반 주행 저항을 뺀 속도를 말하며, 엔진 속도, 리어 액슬비, 트랜스미션 기어비와 구동 타이어 규격 등의 요소들에 의해 결정된다. 주행 속도를 결정하는 공식은 다음과 같다.

$$V = 2\pi R \times \frac{N}{r^t \times r^a} \times 60 \times \frac{1}{1,000} \ (\text{km/hr})$$

여기서, R : 구동 타이어의 반지름(m)
　　　N : 엔진 분당 회전수
　　　r^t : 트랜스미션 기어비
　　　r^a : 리어 액슬비
　　　π : 3.14

주행 안정성(走行安定性) running stability　주행 중인 자동차에 횡풍(橫風)이나 노면의 요철 등에서 오는 외력이 작용했을 때, 그때까지의 운동이 얼마만큼 유지될 수 있

는가의 성능을 말한다. 운전자가 주행하고 싶은 라인을 유지하지 못하거나 주행 방향의 수정이 힘들 때 주행 안정성이 나쁘다고 한다.

주행 저항(走行抵抗) drive resistance　자동차 주행 시 그 주행을 방해받는 힘을 말한다. 주행 저항에는 차바퀴가 노면을 굴러갈 때 발생하는 구름 저항, 주행 시 공기와 부딪히면서 발생하는 공기 저항, 언덕을 오를 때 중력의 힘에 의한 기울기 저항 등이 있다.

주형(鑄型) mold　용해된 금속을 주입(鑄入)하여 주물을 만드는 데 사용하는 틀로, 주입하는 것의 온도에 따라 필요한 정도의 내열 재료로 만든다. 용탕을 주형에 주입하여 응고시킨 것을 주물, 이 응고된 것을 두드리거나 늘리거나 해서 봉, 판, 선 등으로 가공하는 소재로 할 때에는 주괴 또는 잉곳(ingot)이라고 한다. 주물을 만들 때의 주형에는 모래, 금속, 철강이 사용되는데, 각기 사형(沙型), 금형(金型)이라고 불리며, 내화물의 모래에 열경화성 수지를 섞어서 만드는 셀형(shell型)도 있다.

주 회로(主回路) main circuit　여러 개의 전기 회로 중 에서 간선이라고 생각되는 회로를 주 회로라고 한다. 분기 회로와 비교하여 주 회로라고 할 때도 있다.

줄[1] file　다듬질용 손 공구의 하나로, 양질의 공구강편(工具鋼片)에 줄눈을 절삭하고 담금질한 것이다. 공작물의 표면을 평활하게 깎아 내거나 모따기를 하는 데 사용한다.

줄[2] joule　에너지와 일의 국제단위계(SI)로, 기호는 J(줄), CGS 단위로는 erg(에르그)를 쓴다. 1 J은 1 N(뉴턴)의 힘으로 물체를 힘의 방향으로 1m만큼 움직이는 동안 하는 일 또는 그렇게 움직이는 데 필요한 에너지이다.

$$1\,\mathrm{J} = 1\,\mathrm{N}\cdot\mathrm{m} = 1\,\mathrm{kg}\cdot\mathrm{m}^2/\mathrm{s}^2 \,(\text{MKS 단위})$$
$$= (1{,}000\,\mathrm{g})\cdot(100\,\mathrm{cm})^2/\mathrm{s}^2$$
$$= 10^5\,\mathrm{dyn}\cdot100\,\mathrm{cm}$$
$$= 10^7\,\mathrm{erg}$$

줄 열 Joule heat　전류에 의해서 도체 내에서 발생하는 열을 말한다. 발생하는 열에 대해서는 줄의 법칙이 성립한다.

줄의 법칙 Joule's law　도체 내에 흐르는 정상 전류에 의해서 일정 시간 동안에 발생하는 줄열의 양이 전류 세기의 제곱과 도체의 저항에 비례한다는 법칙을 이르는 말이다. 이 사실은 1840년에 영국의 물리학자 줄(James Prescott Joule)이 실험적으로 발견한 것이다. 전류의 세기를 I, 저항을 R로 하면, 매초 발생하는 열량 Q는 $Q = (1/4.2)I^2R$의 식으로 주어진다.

중간 빔식 서스펜션 coupled beam type suspension　⇨ 커플드 빔식 서스펜션

중간 위치 정지 기구 부착 모터 안테나　안테나 길이를 중간 위치로 유지할 수 있는 기구를 가진 모터 안테나를 말한다. 천장이 낮은 주차장 등에서도 라디오를 들을 수 있다.

중고 부품(中古部品) used parts　다른 자동차에서 사용한 부품을 떼어서 그 상태로 거래되는 부품으로, 일부 재생 부품을 포함시키는 경우도 있다.

중공 캠 샤프트 hollow cam shaft　캠축의 속이 비어 있는 것으로서, 중량이 가벼울 뿐만 아니라. 중공(中空) 부분은 엔진 오일의 통로로 이용할 수 있다.

중량 마력(重量馬力) weight horsepower　기관 1 kg당 마력으로서, 기관 제동 마력을 전 중량으로 나눈 값이다.

중량 배분(重量配分) weight distribution　(1) 자동차를 정지시킨 상태에서 앞바퀴와 뒷바퀴에 차량 중량이 어느 정도로 배분되어 있는가를 의미한다. 스포츠카는 50 : 50이 이상적이다. (2) 하중 중심이 리어 액슬의 중심과 일치할 때 프런트 액슬의 적재 배분은 0이다. 이것은 프런트 액슬의 중량을 극히 가볍게 하거나 어렵게 한다. 그리고 총 적재량이 리어 액슬 위에 놓이기 때문에 프런트 액슬 용량은 리어 액슬의 용량보다 더 클 수 없다. 다른 말로 표현하면, 차량의 적재 용량은 하중이 최적으로 프런트와 리어 액슬 사이에 배분될 때보다 더 적어진다.

중력(重力) gravity　질량이 있는 모든 물체 사이에는 서로 끌어당기는 만유인력이 작용한다. 특히 지구가 물체를 잡아당기는 힘을 중력이라고 한다. 정확히는 만유인력과 지구의 자전에 따르는 원심력을 더한 힘이다. 중력이 존재하기 때문에 우리는

공중에 떠다니지 않고 지표면에서 생활할 수 있는 것이다.

중력 가속도(重力加速度) gravitational acceleration　지구 중력에 의하여 지구상의 물체에 가해지는 가속도를 이르는 말이다. 일반적으로 약 $9.8\,\mathrm{m/s^2}$을 중력 가속도 g라고 한다. 그러나 정확한 중력 가속도는 장소에 따라 조금씩 다르다. 이것은 지구 자전에 따른 원심력이 위도에 따라 다르고, 지구가 완전한 구체(球體)가 아니라 약간 평평한 타원체이며, 지구 내부의 지질 구조가 균일하지 않기 때문이다. 예를 들어, 반지름이 가장 크고 원심력이 강한 적도에서 중력은 최소가 되고, 반지름이 작고 원심력도 작은 극지방에서 중력이 최대가 된다.

중력 가속도 센서 gravitational acceleration sensor　(1) 차체에 가해지는 가속도를 검출하는 센서이다. 센서는 차동 트랜스 회로 등으로 구성되어 ESC, ABS, 에어백 등에 사용된다. 차동 트랜스 내의 룰러는 통상 코일의 중심에 정지하고 있지만, 차체에 가감 속도가 가해지면 룰러가 이동하는 룰러의 변위량에 따른 전압이 발생되어 가감 속도의 크기를 검출한다. (2) ABS와 VDC 및 EBD 통합 시스템에서, 요 레이트 센서(yaw rate sensor)와 일체를 이루어 차량의 미끌림을 감지하는 센서를 이른다. 이때 중력 가속도 센서는 노면 추정에 의한 선회량을 보정하는 신호로 이용된다.

중력 급유(重力給油) gravity feed　연료나 윤활유 등을 기계에 급유하는 데 있어서, 탱크를 기계보다 높은 곳에 설치하여 액체의 중력에 의해 자연 낙하시켜 급유하는 방식으로서, 소형의 간단한 것에 사용된다. 이와 같은 급유 이외에, 높이의 차이를 이용하여 물체를 이송하는 방식을 중력 이송이라고 한다.

중력 단위(重力單位) gravimetric unit　기본 단위로서 힘의 단위로는 질량 $1\,\mathrm{kg}$의 물체에 $9.80665\,\mathrm{m/s^2}$의 가속도를 주는 힘을 $1\,\mathrm{kg}$ 또는 $1\,\mathrm{kgW}$로 나타내는 단위계를 이르는 말이다.

중력식 용접(重力式鎔接) gravity type arc welding　피복 아크 용접봉이 녹음에 따라서 용접봉 지지부가 중력에 의하여 비스듬히 하강하고, 용접봉이 모재(母材)와 일정한 각도를 유지하면서 용접선을 따라 이동하도록 하는 용접을 말한다.

중력 윤활(重力潤滑) gravity lubrication　⇨ 중력 급유

중력 전지(重力電池) gravity cell　중력의 차이로 기전력을 발생하는 전지로, 황산아연 용액주(溶液柱) 상하에 아연극을 둔 것과, 요드화 카드뮴의 용액주 상하에 Cd극을 둔 것 등이 있다.

중력 질량(重力質量) gravitational mass　중력의 크기를 이용해서 정의된 질량이다. 만유인력의 법칙에서 중력은 두 물체의 질량에 각각 비례하는데, 이는 두 물체가 거리 R만큼 떨어져 있고, 만유인력 상수를 G라 할 때 $F = GMm/R^2$으로 나타낸다. 하나의 물체(M)를 고정하고 나머지 물체(m)를 바꾸면 중력(F)이 질량(m)에 비례하는 관계를 얻는다.

중립(中立) neutral, neutrality　변속기에서 입력축과 출력축 모든 기어의 접속이 해제되어 토크의 전달이 이루어지지 않는 상태를 말한다. 수동 변속기의 경우 싱크로나이저 슬리브가 변속 패턴의 중앙 위치에 있기 때문에 각 단(段)의 출력 기어가 공회전하는 상태를 말한다. 자동 변속기 및 무단 변속기의 경우 매뉴얼 밸브가 전진용 습식 다판 클러치나 후진용 습식 다판 클러치의 유압 회로를 드레인(drain)시켜 클러치가 차단된 상태이다.

중성 불꽃 neutral flame　산소-아세틸렌 불꽃으로, 아세틸렌과 산소의 혼합비를 약 10 : 1로 했을 때 나타난다. 백색 뿔과 표면 불꽃으로 된 것이며, 산화 작용이나 환원 작용이 없는 중성 가스 불꽃으로, 표준 불꽃이라고도 한다. 가스 용접 시에 가장 많이 사용하며, 여러 가지 금속 용접에 이용된다.

중성자(中性子) neutron　수소를 제외한 모든 원자핵을 이루는 구성 입자로, 전하(電荷)를 갖고 있지 않으며, 전자 질량의 약 1,840배이다. 전기적으로 중성이며, 평균 수명은 898초로 베타(β) 붕괴를 한다. 붕괴하면 양성자 1개, 전자 1개, 반중성 미자 1개로 분리된다. 중입자(重粒子)에 속하

며, 양성자와 함께 원자핵을 구성하여 핵자(核子)라고 불린다. 기호는 n이다. 1932년 영국의 물리학자 채드윅(Chadwick)이 알파 입자를 베릴륨에 부딪쳤을 때 발견했다.

중심(重心) center of gravity (1) 물체를 구성하는 각 질점(質點)에 작용하는 중력의 합력(合力)의 작용점을 말하는 것으로, 무게 중심이라고도 한다. 중력의 장에서는 질량의 중심과 일치한다. (2) 도심(圖心)을 단면의 중심이라고도 한다.

중심 높이 height of gravitational center 타이어의 접지 면에서 자동차의 중심(重心) 위치까지의 높이를 말하는데, 화물이 적재된 상태일 때에는 그 값을 부기하여야 한다. 중심 높이가 높으면 최대 안전 경사 각도가 작아져 불안정하게 된다.

중심 베어링 center bearing ⇨ 센터 베어링

중심 전극(中心電極) center electrode 점화 플러그의 절체 중심부에 있는 금속 도체로, 이 전극은 고전압 점화 회로로 가는 하나의 회로가 된다.

중앙 제어 방식(中央制御方式) CPU ; central processing unit ⇨ 중앙 처리 장치

중앙 집중식 도어 로크 centralized door lock 승하차 시에 각 도어 개폐의 번거로움을 줄이고, 탑승자의 안정성 확보를 도모하기 위해 운전석에서 전 도어의 개폐를 집중적으로 컨트롤할 수 있는 장치를 말한다. 각 도어의 조작은 다음과 같다. ① 언로크(un-lock) 스위치를 누르면 운전석 이외의 전 도어가 열리게 된다. ② 운전석의 인사이드 로크 노브(knob)를 누르면 다른 도어도 잠긴다. ③ 하차 후, 운전석 도어를 키로 잠그면 다른 도어도 잠긴다. 즉, 로크 망각 방지가 된다. 일부는 운전석 도어를 키로 열면 다른 도어로 언로크하는 기구를 갖춘 것도 있다. ④ ETACS 장착 차량의 일부 차종에서는 언로크 상태로 발진하더라도 차속이 약 20 km/h에 도달하면 자동적으로 로크 기구가 작동하도록 되어 있어, 안정성이 한층 향상되고 있다. 특히 이 기능을 오토 도어 로크라고 부른다.

중앙 처리 장치(中央處理裝置) CPU ; central processing unit 컴퓨터의 가장 중요한 부분으로서, 명령을 해독하고 산술 논리 연산이나 데이터 처리를 실행하는 장치이다. 중앙 제어 방식도 같은 뜻이다. CPU는 컴퓨터의 두뇌 부분에 해당하며, 컴퓨터의 성능을 좌우하게 된다. 프로그램 카운터, ALUC(산술 논리 연산부), 각종 레지스터, 명령 해독부, 제어부, 타이밍 발생 회로 등으로 구성된다. 대형 컴퓨터에서는 주기억 장치나 각종 제어 장치를 포함해 CPU라고 한다. 이에 대해 소형 컴퓨터나 퍼스널 컴퓨터에서는 연산을 한 LSI 1칩 자체를 CPU라고 부르는 일이 많다. 컴퓨터의 능력은 CPU에 의존하는 바가 크며, 계산 속도나 한 번에 다루는 데이터량, 관리할 수 있는 주기억 장치 영역의 크기 등을 향상시키는 노력이 행해지고 있다. CPU의 기본이 되는 부품이나 기능이 하나의 칩 속에 들어가 있다.

중화(中和) neutralization (1) 서로 다른 성질을 가진 것이 섞여 각각의 성질을 잃거나 그 중간의 성질을 띠게 하는 것, 또는 그런 상태를 말한다. (2) 산과 염기가 반응하여 염을 생성하는 것을 말한다. 중화란 중성으로 향하는 과정을 의미하는 용어이지만, 반응 생성물이 반드시 완전하게 중성을 표시한다고는 단정할 수 없다. (3) 같은 양의 양전하와 음전하가 하나가 되어 전체로는 전하를 가지지 않는 것, 또는 그런 일을 말한다.

증기(蒸氣) vapor 끓는점이 높지 않고 비교적 쉽게 액화할 수 있는 물질이 기체 상태가 된 것으로, 상온에서 액체나 고체 상태인 물질이 기체 상태가 된 것을 가리킨다. 이를 이용한 증기 기관은 산업 혁명의 기틀이 되었다.

증기 기관(蒸氣機關) steam engine 보일러에서 보낸 증기의 팽창과 응축을 이용해 피스톤을 왕복 운동시킴으로써 동력을 얻는 기관을 말한다. 증기 기관은 휘발유, 디젤 엔진보다도 훨씬 앞서 나와 19세기에 이미 굴뚝을 세운 증기 자동차가 있었지만, 기관 조종이 너무 어려워 머지않아 내연 기관과의 경쟁에서 밀려났다.

증기 복귀 라인 vapor return line 생성된 가스를 탱크나 펌프로부터 외기로 내보내

지 않고 원위치로 복귀시키기 위한 라인
이나 호스를 말한다.

증기실(蒸氣室) steam chamber 연료 탱크
상부의 돔형 익스텐션으로, 여기에서 가
솔린 증발 가스가 수용된다.

증기 자동차(蒸氣自動車) steam automobile
외연 기관인 증기 엔진은 수증기를 이용하
여 동력을 발생시키는 장치로, 엔진의 외부
에 장치된 보일러에 연료를 연소시켜 얻은
물을 끓여서 수증기를 얻은 다음, 이를 엔
진의 실린더 내부로 파이프를 통하여 압송
시켜 동력을 얻는 방식이다. 증기 기관은
저속 토크가 좋고, 여러 종류의 연료를 사
용할 수 있으며, 소음이 적은 것이 특징이
라 할 수 있는데, 열효율이 낮고 보일러나
응축기 등 대형 부속 설비가 필요하기 때문
에 소형화가 곤란하며 시동성이 어려워 내
연 기관보다는 복잡하다.

증기 폐쇄(蒸氣閉鎖) vapor lock 불량 가솔
린 사용이나 과열로 인한 연료 라인 내의
연료가 비등·증발하고 기포를 형성하여
압력의 흐름이 제한되는 현상을 말한다.

증기 해머 steam hammer 단조(鍛造) 기계
의 일종으로, 증기력에 의하여 해머 머리
를 승강시켜 재료를 단조한다. 크기는 보
통 1/4~10 t까지 있으며, 50 t에 이르는 것
도 있다.

**증기 회수 장치(蒸氣回收裝置) vapor recov-
ery system** 연료 탱크나 기화기 뜨개실
내의 가솔린 증기가 외기로 도출하기 전에
회수하기 위한 이미션(emission) 제어 장
치를 말한다.

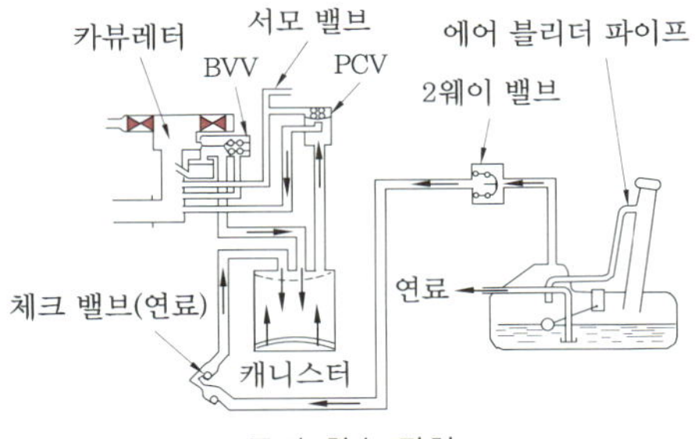

증기 회수 장치

증류(蒸溜) distillation 어떤 용질(溶質)이
녹아 있는 액체를 가열해 끓는점에 도달하
면 기체 상태의 물질이 생기는데, 이를 다
시 냉각하여 순수한 액체를 얻어 내는 것

을 이른다. 여러 성분이 섞인 혼합 용액으
로부터 끓는점의 차이를 이용하여 각 성분
을 분리 또는 정제(精製)할 수 있다.

**증류 성상(蒸溜性狀) distillation character-
istics** 액체가 가지고 있는 기본적인 성질
의 하나로, 액체 혼합물을 증류할 때 온도
와 증류되는 액체 양의 관계를 말한다. 증
류 성상에는 증류가 시작될 때의 온도, 반
량(半兩)이 증류되는 50 % 유출 온도, 유
출이 끝나는 종점 등이 있다. 자동차용 가
솔린이나 경유의 성질을 나타내는 데 쓰이
며, 유출 온도가 높아질수록 휘발이 어렵
게 된다.

증발(蒸發) evaporation 액체의 표면에서
일어나는 기화 현상으로, 액체 표면의 분
자 중에서 분자 간의 인력을 극복할 수 있
을 만큼 에너지가 높은 입자들이 분자 간
의 인력을 끊고 기체상으로 튀어나와 기화
되는 것을 증발이라고 한다. 액체 내부로
부터 기포가 발생하면서 생기는 기화 현상
인 '끓음'은 끓는점에서 일어나기 시작하
지만, 증발은 끓는점보다 낮은 온도에서도
일어난다.

**증발 가스 방지 장치 evaporation gas pre-
vention system** 주차 중에 연료 탱크에
서 증발하는 가스를 막는 장치로, 연료 탱
크의 공기 구멍을 밀폐하고 활성탄 필터
를 통하여 대기 중으로 방출한다. 엔진이
회전하고 있는 동안에 에어 클리너로 빨아
들인다.

**증발 가스 제어 장치 evaporative emission
control system** 휘발성이 높은 자동차용
가솔린이 탱크나 기화기에서 증발하여 캐
니스터에 일시적으로 저장되었다가 특정
조건이 되면 흡기 매니폴드로 보내 연소
되는 장치로서, 이 장치는 캐니스터, 퍼지
컨트롤 밸브(탱크 브리더 밸브) 등으로 구
성되어 있다.

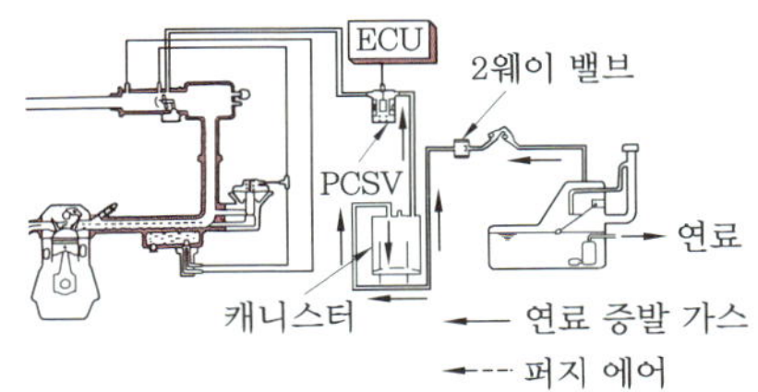

증발 가스 제어 장치

증발기(蒸發器) evaporator　팽창 밸브를 통과하여 저온·저압으로 감압된 액체 냉매를 유입하여, 주위의 공간 또는 피냉각 물체와 열교환시킴으로써 액체 증발에 의한 열 흡수로 냉동하는 기기이다. 건식·반만액식·만액식·액순환식 증발기가 있다.

증발열(蒸發熱) vaporization heat　어떤 물질이 기화할 때 외부로부터 흡수하는 열량으로, 기화열 또는 증발 잠열(潛熱)이라고도 한다. 증발열이 클수록 주변에서 더 많은 열을 빼앗으므로 주위의 온도를 낮추게 된다. 이는 냉각 현상에 응용된다. 증발열의 크기는 일정한 온도에서의 단위 질량당 또는 1 mol당 열량으로 표시한다.

증발 잠열(蒸發潛熱) latent heat of vaporization　⇨ 증발열

증착(蒸着) vacuum evaporation　금속을 고온으로 가열 및 증발시킨 뒤, 그 증기로 금속을 박막상(薄膜狀)으로 밀착시키는 방법을 말한다. 보통 진공 속에서 이루어지므로 진공 증착이라고도 한다. 응용의 예로서, 실리콘 트랜지스터에서는 실리콘에 직접 리드선을 달기가 어려우므로 기판(基板)의 베이스 및 에미터(emitter) 부분에 알루미늄을 증착한다.

증폭기(增幅器) amplifier　보통 앰프라고 부른다. 다시 말해 마이크로폰을 통해 입력 쪽에 들어가는 작은 신호를 스피커와 같이 출력 쪽에 큰 신호로 변환시키는 장치를 말한다. 라디오나 텔레비전에 사용되는 진공관, 트랜지스터, IC 등을 사용한 전자적인 증폭기부터 자동 제어에 사용되는 유압(油壓) 서보 모터 등 여러 종류가 있다.

증폭 회로(增幅回路) amplifying circuit　입력 신호의 전압, 전류, 전력을 확대해 출력 신호를 내는 전자 회로로서, 진공관이나 트랜지스터와 같은 능동 디바이스를 이용해 전기 신호에 직류 전원 등으로부터 에너지를 부여한다.

지그 jig　(1) 기계의 부품을 가공할 때에, 그 부품을 일정한 자리에 고정하여 칼날이 닿을 위치를 쉽고 정확하게 정하는 데에 쓰는 보조용 기구를 말한다. (2) 물속에서 광석을 상하로 흔들어 비중이 큰 입자를 가라앉히고 가벼운 것을 뜨게 하여 분리시키는 기계를 말한다.

지그재그 단속 필릿 용접 zigzag intermittent fillet weld　용접이 한 곳에 집중하지 않도록 지그재그로 배치한 용접을 말한다.

지글 밸브 jiggle valve　엔진 워밍업 시간의 단축(냉각 수온의 상승을 촉진)과 한랭 시의 과냉각 방지를 위해, 엔진 냉각수 통로의 서모스탯부 공기를 뺀 구멍에 장착되어 있는 것을 말한다. 지글 핀이라고도 한다.

지글 핀 jiggle pin　⇨ 지글 밸브

지르코니아 zirconia　산화지르코늄(ZrO_2)의 속칭이다. 공업 재료로는 보통 안정한 지르코니아를 사용한다. 분자량 123.22, 녹는점은 약 2,700℃이다. 굴절률이 크고 녹는점이 높아서 내식성이 크다. 물에 녹지 않고, 황산 플루오르화수소산에 녹는다. 요업용(窯業用)으로 중요한 원료이다. 급격한 온도의 변화에 견디므로, 급열·급랭의 기구류(예를 들면 도가니)에도 사용된다.

지르코니아 센서 zirconia sensor　산소 센서의 하나이다. 안정화 지르코니아는 산화물 이온이 운반체가 되는 고체 전해질이므로, 그 양쪽에 백금 전극을 장착, 850℃ 정도로 산소 농담 전지(oxygen concentration cell)를 구성함으로써 네른스트의 식(Nernst equation)으로 표시되는 기전력을 발생시킨다. 즉, 산소 농도의 변화를 전기 신호로 변환한다.

지면 효과(地面效果) ground effect　지표면 부근에 물체가 이동함으로써 생기는 현상을 말한다. 자동차의 풍동(風洞) 실험 결과를 실제 차량의 주행에 적용할 경우 문제가 될 수 있다. 레이싱 카에서는 차체 일부에 노면과의 사이가 좁아지는 부분을 설치하여 벤투리 효과에 의한 다운 포스(down force)를 얻는 경우가 있다.

지붕형 연소실 pen troof type combustion chamber　밸브 기구가 간단하며 피스톤에 산 모양의 돔(dome)을 두면 피스톤의 중량이 증대되어 관성력이 커지는 결점이 있다. 욕조형 밸브를 설치할 수 있고, 스

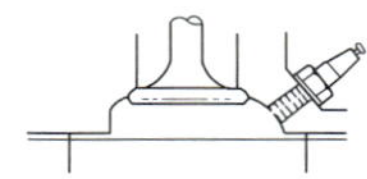

지붕형 연소실

쿼시 에어리어를 적당히 선정하여 와류(渦流)의 정도를 알맞게 할 수 있다.

지브이더블유 GVW ; gross vehicle weight 최대 적재 상태인 자동차의 중량을 말한다. 즉, 연료, 냉각수, 오일이 충만한 상태에서 캡(cap) 및 보디(body), 장비, 하중을 부가한 총 중량을 말한다.

지상고(地上高) road clearance 노면과 차 밑바닥의 틈새 크기로, 이것이 크면 요철(오목, 볼록) 도로에서도 차 밑바닥이 노면에 스칠 염려가 적어지지만 안전성은 나빠진다. FR 자동차에서는 디퍼렌셜 부분이 바닥 밑으로 돌출되어 있어 디퍼렌셜 하우징의 바닥과 노면 사이의 틈새가 지상고가 된다. 승용차에서는 일반적으로 150~180 mm 쯤의 크기이다. 차가 달리면서 댐퍼가 줄어들었을 때는 노면과 틈새가 더욱 작아지게 된다.

지속각(持續角) duration angle 밸브가 처음 닫히기 시작해서 밸브 시트가 닫힐 때까지의 기간을 말하는 캠 로브(cam lobe)의 사양을 말한다.

지속성(持續性) durability 전기 회로 등에서 전류가 흐르는 데에 아주 작거나 저항이 없는 상태를 말한다.

지시기(指示器) indicator 장치나 프로그램의 다음 동작을 가리키기 위한 표시 부분으로, 자동화 장치에서 지시기의 지시에 따라 명령이나 접촉으로 동작하도록 하고 있다.

지시더블유 GCW ; gross combination weight 연결되어 있는 최대 적재 상태의 세미 트레일러나 풀 트레일러에 걸리는 중량과, 최대 적재 상태의 세미 트레일러 트랙터 또는 트럭에 걸리는 중량과의 합계를 말한다.

지시등(指示燈) indicator light 차량에 어떤 문제가 있을 때, 이를테면 알터네이터에 충전 기능이 없거나 냉각수가 오버 히트(과열) 상태가 될 때 운전자에게 경고등 또는 지시기로 작용하거나 나타내는 등을 말한다.

지시 마력(指示馬力) indicated horsepower 기관의 실린더 내부에서 실제로 발생한 마력으로, 실린더 내부의 압력을 계측하여 구한다. 증기 기관, 내연 기관 등의 왕복형 기관의 실린더에 연결한 인디케이터(지압계)를 사용하여 구한 인디케이터 선도(線圖)에서 측정한 마력으로, 도시(圖示) 마력이라고도 한다.

지압계(指壓計) pressure indicator 왕복 압축기나 내연 기관의 실린더 내부의 압력과 피스톤의 변위와의 관계를 기록하는 장치이다. 지압계에 의하여 지시 선도를 얻을 수 있다.

지압 선도 (指壓線圖) indicator diagram 4 사이클 엔진의 실린더 내에서의 체적과 압력의 변화 관계를 나타내는 것으로, 세로는 압력의 변화를, 가로는 체적의 변화를 나타낸다. 지압 선도는 지압계에 의해 자동적으로 그려지는 것이며, 엔진의 출력을 계산할 수 있고, 점화 상태나 연소 상태를 연구할 수 있다.

지연(遲延) retard 점화 타이밍을 스파크 플러그가 늦게 또는 상사점(上死點) 전 각도가 거의 없이 점화하도록 조정하기 위한 것이다. 진각(進各)의 반대말이다.

지연된 타이밍 retarded timing 피스톤이 상사점(上死點)에 이른 후에 하향의 출력 행정을 시작할 때 스파크 플러그가 점화하는 점화 타이밍을 말한다. DEA 자석식 타이밍 프로브는 지연된 타이밍을 측정할 수 있다.

지연 장치(遲延裝置) delay machine 신호를 시간적으로 늦추는 장치를 말한다. 홀의 확성 설비 등에서는 음파와 전기 신호의 전파 시간의 차를 보정하는 경우 등에 사용한다.

지연 회로(遲延回路) delay circuit 그 출력 파형이 입력 파형과 비슷하며, 또한 일정한 시간 τ만큼 늦게 할 수 있는 회로를 말한다. 해당 회로의 필요조건으로서는 감쇠가 주파수에 관계없이 일정할 것, 위상 정수가 주파수에 비례하여 증대하는 것 등이다. 통상 순 리액턴스만으로 이루어지는 격자형 또는 브리지 T형 회로가 쓰이는데, 어떤 일정한 길이를 갖는 무왜(無歪) 전송선도 적합하다. 또 펄스용의 장시간 지연 회로로서는 멀티 바이브레이터, 패터 스트론 또는 특수한 계전기 회로 등이 적합하다.

지오메트리 geometry 사전적 의미는 '기하학', '기하학적 배열'을 의마한다. 차량에서 차륜의 배치 등을 총괄해서 이 차의 지오메트리라고 말한다. 또한 차의 얼라인먼트(정렬)를 나타낼 때도 있는데, 예를 들면 앤티 다이브 지오메트리(anti-dive geometry)가 있다.

지오메트리 컨트롤 geometry control 현가 장치의 지오메트리 변화를 암, 링크 등의 배치나 부시, 필로 볼 등의 작동을 이용하여 조종성·안정성의 향상을 도모하는 것을 이른다. 특히, 캠버 변화에 주목할 경우를 캠버 컨트롤이라 하고, 토 변화에 주목할 경우를 토 컨트롤이라고 한다.

지자기 센서 geomagnetic sensor 차량에 대한 지자기(地磁氣)의 방향을 검출하는 센서를 말한다. 멀티 커뮤니케이션 시스템이나 전자 방위계에서는 이 센서를 사용해서 차량의 진행 방향(방위)을 산출하고 있다.

지촉 건조(指觸乾燥) set to touch drying 도장(塗裝) 공정에서 도료가 건조하는 진행 상태를 표현하는 용어로, 손가락으로 만져도 점착성이 없을 정도로 경화가 진행되어 있는 상태를 말한다.

지침식 연료계(指針式燃料計) analogue fuel gauge 점화 스위치를 끊어도 연료 잔량을 알 수 있는 연료계로서, 미터 내의 봉입된 실리콘 오일에 의해 지침을 유지하는 구조로 되어 있다.

지프 Jeep 원래는 험로를 달릴 수 있는 군용 네 바퀴 승용차의 형식 명칭으로 쓰였다. 그러나 지프는 AMC, 이와 제휴한 일본 미쓰비시만이 쓸 수 있는 상품명이다. 그 밖의 다른 자동차 회사 제품은 일반적으로 지프 타입(Jeep type)이라고 불러, 원 박스와 승용차형의 네 바퀴 굴림차와 구별하고 있다. 지프는 구조가 간단하면서도 견고하고, 차체에 비해서 구동력이 강력해 들판이나 습지, 모래땅, 고갯길 등 보통 차량으로는 주행하기 어려운 곳에서도 쉽게 달릴 수 있다.

지프

지핑 jeeping 지프(Jeep)로 야산을 주행하면서 4WD(4륜구동)의 진미를 맛보는 것을 말한다.

직각 정규(直角定規) square 주로 공작물의 직각도(直角度)·평면도(平面圖)를 검사하거나 금긋기에 사용된다. 경질(硬質)의 강으로 만들어졌고, 정확히 직각으로 가공되어 있다. 사용 목적에 따라 다양한 모양으로 되어 있다.

직결식 자동 변속기(直結式自動變速機) lock-up type automatic transmission 자동 변속기의 토크 컨버터 내부에 댐퍼 클러치를 설치하여 스로틀 개도와 터빈의 회전수가 일정 기준에 도달하면 댐퍼 클러치가 작동되어 엔진의 회전을 손실 없이 변속 기어에 전달할 수 있도록 한 변속기를 말한다.

직결 클러치 lockup clutch 자동 변속기의 토크 컨버터의 입력축과 출력축을 직결(로크업)하기 위하여 사용되는 클러치로, 로크업 클러치라고도 한다.

직권 전동기(直捲電動機) series motor 전기자(電機子)와 계자 권선이 직렬로 접속된 정류자 전동기를 말한다. 시동 토크가 크고 부하에 의한 속도 변동이 크며, 경부하 또는 무부하에서 위험하게 고속이 되는 경우가 있다. 직권 전동기를 사용하는 전기 그라인더의 전원은 단상 100 V나 200 V이며, 회전수는 전원 전압에 거의 정비례한다. 회전수는 크기에 따라 다르지만, 부하 시에 12,000~25,000 rpm으로 높다. 이 때문에 전동기 축과 연삭 숫돌 축 사이에 감속 기어를 개재(介在)시켜 소요의 회전수로 낮추어 사용한다.

직동 캠 translation cam 평면 캠의 종류로, 직선 왕복 운동을 시키면 리프터가 상하 왕복 운동을 하는 캠을 말한다.

직렬 모터 series motor 계자 및 전기자 코일로 흐르는 전류의 회로가 한 개로만 된 모터를 말한다.

직렬 4기통 엔진 in-line 4 cylinders engine 실린더 수가 4개인 직렬 엔진을 일컫는다.

직렬 엔진 in-line engine, straight engine 엔진을 실린더 배열에 따라 분류하는 방법의 하나로서, 실린더가 엔진의 앞뒤 방향으로 나란히 배치된 것을 말한다. 일반적으로 가장 널리 볼 수 있는 배열인데, 4실린더 및 6실린더 엔진에 많다.

직렬 점용접(直列點鎔接) series spot welding　2개 이상의 접합부에 직렬로 전류를 통하여 용접부를 동시에 접합하는 저항 용접을 말한다.

직렬접속(直列接續) series connection　저항의 한쪽 리드에 다른 저항의 한쪽을 일렬로 연결하는 것으로, 전압을 이용할 때 연결한다. 그 성질은 다음과 같다. ① 총저항은 각 저항의 합과 같다. ② 각 저항에 흐르는 전류는 일정하다. ③ 각 저항에 걸리는 전압의 합은 전원의 합과 같다. ④ 동일한 전원을 연결하였을 때 전압은 개수의 배가 되고 용량은 1개일 때와 같다. ⑤ 서로 다른 전원을 연결하였을 때 전압은 각 전압의 합과 같고 용량은 평균값이 된다. ⑥ 큰 저항과 월등히 적은 저항을 연결하면 월등히 적은 저항은 무시된다.

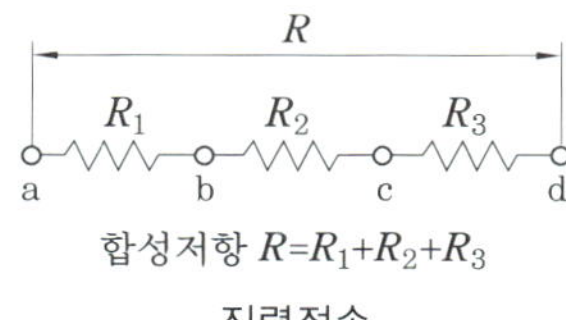

합성저항 $R=R_1+R_2+R_3$

직렬접속

직렬형 실린더 in-line type cylinder　실린더를 똑바로 배열한 방식으로, 일반적으로 가장 많이 쓰이는 방식이다.

직렬형 엔진 tandem type engine　모든 실린더를 일렬 수직으로 배열한 엔진을 이르는 말로, 소형차와 중형차에서 이런 형식이 가장 많다. 엔진에서 실린더의 배열 방법은 공간 때문에 중요하다. 직렬 배열은 4기통까지는 문제가 없으나 6기통 이상이 되면 엔진이 길어지고, 차의 앞부분도 이에 비례해서 길어진다. 그러나 V형 등에 비하면 메커니즘이 간단하여 소형차 엔진에서는 주류를 이룬다.

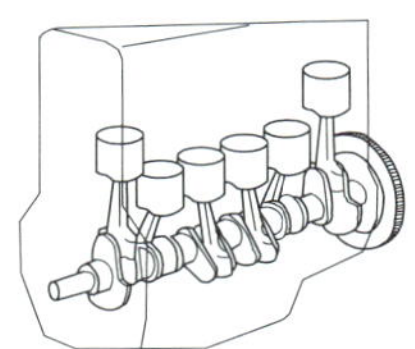

직렬형 엔진

직렬 회로(直列回路) series circuit　액추에이터의 복귀 오일을 하류의 스풀에 공급함으로써 부하에 관계없이 2개 이상의 액추에이터를 동시에 작동할 수 있는 회로를 말한다. 직렬 회로의 압력은 각각 액추에이터의 압력을 가산한 것이 된다. 또한 액추에이터를 실린더로 사용하고 있을 때에는 하루의 유량이 실린더의 로드에 상당하는 양만큼 차이가 있다.

직류(直流) DC ; direct current　시간의 흐름에 따라 전압과 전류가 일정한 값을 유지하고, 전류의 이동 방향이 일정한 전류를 말하는데, 직류 전류라고도 한다. 자동차에 사용되는 전류는 직류였는데, 요즈음은 교류 발전기에 비해 성능이 너무 떨어져 사용되지 않고 있다.

직류 발전기(直流發電機) direct current generator　직류 전력이 발생하는 발전기로, DC 제너레이터라고도 한다. 구조는 직류 전동기와 같은데, 다만 여자(勵磁)를 자기의 전기자에 의해 생긴 전류로 하는 점이 다르다.

직류 아크 용접 DC arc welding　직류 전원을 사용하여 행하는 아크 용접을 말한다. 아크를 안정시켜 극성(極性)을 이용할 수 있다. 발전기형과 정류기형이 있다.

직류 전동기(直流電動機) direct current motor　직류 전류로 회전을 일으키는 장치로서, 회전자와 고정자로 되어 있다. 회전자는 일반적으로 전기자(電機子)와 정류자(整流子), 그리고 브러시로 구성되어 있다. 고정자는 계자극(界磁極)과 프레임으로 구성되어 있으며, 극당 1개 이상의 권선을 갖고 있다. 종류에는 직류 분권전동기, 직류 직권전동기, 직류 복권전동기 등이 있다.

직류 전류(直流電流) DC　⇨ 직류

직립 자세(直立姿勢) vertical position　⇨ 수직 자세

직립형 엔진 vertical engine　실린더가 수직으로 장치되어 있는 증기 기관이나 내연 기관으로, 대형 또는 고속 기관에 많다.

직물 벨트 textile belt　무명, 대마 및 털 등의 섬유로 만든 벨트로서, 마찰열에 의해 마찰 계수가 떨어지므로 왁스를 마찰 면에 바르고 사용해야 한다. 폭, 길이 및 두께를 임의로 정할 수 있는 장점이 있다.

직-병렬접속(直-竝列接續) series-parallel connection　3개 이상의 전기 저항을 직렬 접속과 병렬접속을 조합시켜 하나의 저항으로 작동시키는 저항 접속 방법으로, 특징은 다음과 같다. ① 총 저항은 직렬 총 저항과 병렬 총 저항을 더한 값이다. ② 회로에 흐르는 전압과 전류는 상승한다.

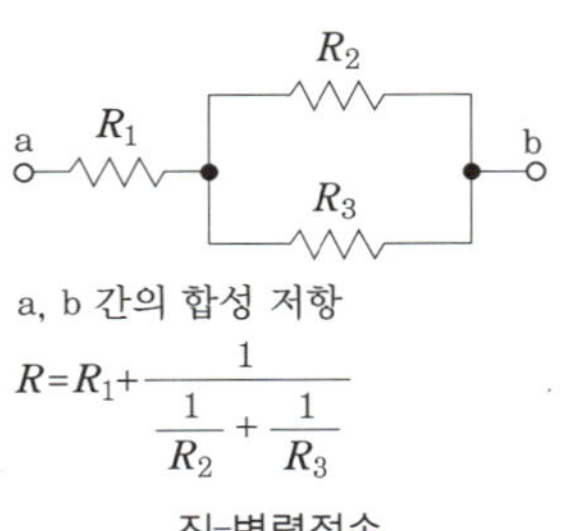

a, b 간의 합성 저항

$$R = R_1 + \cfrac{1}{\cfrac{1}{R_2} + \cfrac{1}{R_3}}$$

직-병렬접속

직선 가위 straight snips　판금용 가위로, 판재(板材)를 직선 또는 곡선으로 자르는 데 사용하므로, 날이 직선으로 되어 있다.

직접 분사(直接噴射) direct injection　디젤 연료 분사 형식의 일종으로, 고압의 연료가 무화(霧化) 상태로 직접 연소실 내에 분사되는 형식을 말한다.

직접 분사실식(直接噴射室式) direct injection type　연소실은 실린더 헤드와 피스톤 헤드에 설치된 요철에 의해 형성되며, 여기에 연료를 직접 분사하게 되어 있다. 이와 같이 주연소실로만 되어 있기 때문에 단실식이라고도 부른다. 이 방식은 구조가 간단하고 열효율이 높아 연료 소비량도 다른 형식에 비해 적으며, 실린더 헤드의 구조가 간단하기 때문에 열 변형이 적다. 그리고 연소실 체적에 대한 표면적의 비가 작기 때문에 냉각 손실이 적으며 기동이 쉽다.

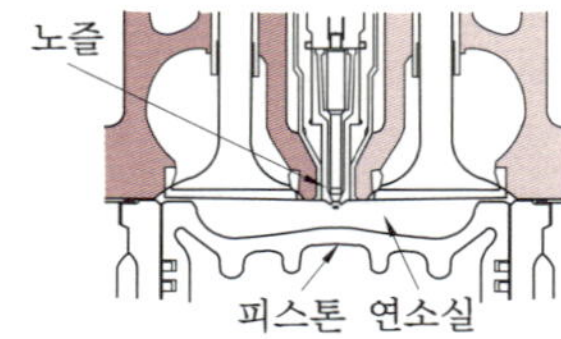

직접 분사실식

직접 손상(直接損傷) contact damage　차량이 물체와 직접적인 충돌에 의해서 입은 일부분의 손상으로, 여기서의 물체란 다른 자동차, 보행인, 고정 물체 등을 말한다. 직접 손상은 페인트가 벗겨지고, 타이어가 떨어져 나가는 것을 말하고, 도로상의 물체, 나무의 껍질, 보행인의 옷이나 신체 조직의 일부분, 헤드라이트 케이스, 바퀴의 테, 범퍼, 도어 손잡이 등이 떨어져 나간 모양이나 긁히고 찌그러진 형태로 나타난다. ⇔ 간접 손상

직접 연료 분사식 엔진 direct injection type engine　실린더 헤드의 연소실 속에 직접 연료를 고압으로 분사하는 방식으로, 냉각 손실과 가스 유동 손실이 적어 연비가 15 %쯤 좋아지는 것으로 알려졌다. 그렇지만 압력 상승이 빨라서 소음·진동 문제가 있기 때문에 승용차에서는 아직 사용되지 않고 있다.

직접 연소 기간(直接燃燒期間) direct combustion period　화염 전파 기간에 생긴 화염 때문에 분사된 연료가 분사와 거의 동시에 연소하는 기간으로서, 연료 분사가 계속되어야 정압(定壓) 상태로 연소된다. 직접 연소 기간에서 압력의 변화는 연료의 분사량을 어느 정도 조절할 수 있으므로 이를 제어 연소 기간이라고도 부른다.

직접 점화 시스템 DIS ; direct ignition system　매 두 실린더마다 하나의 점화 코일을 사용하고 있는 제너럴 모터스(General Motors)사의 디스트리뷰터 없는 점화 시스템으로, 코일을 개별적으로 교환할 수 있다.

직접 조작 기구(直接造作機構) direct control system　⇨ 플로어 시프트

직진 안정성(直進安定性)　직진 중인 자동차의 주행 시 안정성을 말한다.

진각(進角) advance　실린더 내에서 피스톤 상승 행정과 관계하여 점화 불꽃(ignition spark)이 좀 더 빠르게 일어나도록 타이밍 조정을 하는 것을 말한다. 진각은 엔진 속도 및 부하(負荷)에 따라 배전기 내에 설치되어 있는 원심 및 진공 진각 장치에 의해 수행된다.

진각 장치(進角裝置) advancer　배전기(디스트리뷰터)에 설치되어 있는 장치로서, 엔진 회전이 높아짐에 따라 점화 시기를 빠르게 하는 역할을 한다. 진각 방법에 따라 원심식 진각 장치, 진공식 진각 장치 및 전자 진각 장치 등이 있다.

진공(眞空) vacuum 이론적으로는 물질이 전혀 존재하지 않는 공간을 말하지만, 일반적으로 대기압보다 낮은 압력을 의미한다고 해석해도 좋다. 그래서 절대 압력 0을 기준으로 하여 측정한 절대 압력을 진공도라고 하며, 그 실용 단위로는 mmHg(수은주밀리미터)가 사용되고 있다. 우주 공간의 진공도는 높으나, 미량의 성간 물질이 존재한다.

진공 게이지 vacuum gauge ⇨ 진공계

진공계(眞空計) vacuum gauge 대기압보다 낮은 기체의 압력을 측정하는 기기로, 진공 게이지라고도 한다. 기계적으로 압력을 직접 측정하는 진공계와 기체의 수송 현상을 이용하는 진공계 및 기체의 입자 밀도를 측정하는 진공계로 대별된다. 압력을 직접 측정하는 진공계로는 U자관 압력계, 맥라우드 진공계 및 탄성체를 이용하는 격막 진공계와 부르동관 진공계가 있다. 기체의 수송 현상을 이용하는 진공계로서는, 열전도율이 압력에 의존하는 것을 이용하는 열전도 진공계와, 점성률(粘性率)이 압력에 의존하는 것을 이용하는 점성 진공계가 있다. 기체의 입자 밀도를 측정하는 진공계의 대표적인 것은 이온화 진공계이다.

진공관(眞空管) vacuum tube 높은 진공 속에서 금속을 가열할 때 방출되는 전자를 전기장으로 제어하여 정류, 증폭 등의 특성을 얻을 수 있는데, 이러한 용도를 위해 만들어진 유리관을 진공관이라고 한다. 진공관은 미약한 신호에 의한 큰 에너지의 제어, 각종 신호 처리 기술이 가능해지도록 하여 전자 공학 발전의 시초가 되었다. 초기의 라디오나 텔레비전의 수상기와 각종 송신기에 사용되었고, 현재는 트랜지스터와 집적 회로로 대체되었다.

진공 다이어프램 vacuum diaphragm 두 부분을 분리하는 얇고 유연한 벽(또는 막)으로, 진공 막이라고도 한다. 보통 연료 펌프, 진공 진각 장치 및 기타 제어 장치의 부품으로 사용된다.

진공도(眞空度) degree of vacuum 대기압 이하의 정압(靜壓)을 말하며, 수은주의 높이를 절대압으로 표시한 것이다. 단위는 일반적으로 mmHg 또는 torr가 사용된다.

또 대기압 0 %, 절대 진공($-760\,$mmHg)을 100 %로 하는 표시법도 있다. 현재 도달할 수 있는 최고의 진공도는 $10^{-12}\,$mmHg 정도이다.

진공 동력원(眞空動力源) vacuum power unit 하나의 동력원으로 매니폴드 진공을 이용해서 액세서리 문이나 밸브 등을 작동시키는 데 사용되는 장치를 말한다.

진공 딜레이 밸브 vacuum delay valve 배기가스 재순환 장치(EGR)의 컨트롤 밸브에 전달되는 진공을 지연시켜 EGR 컨트롤 밸브가 갑자기 열리는 것을 방지하는 밸브를 말한다.

진공 로크 체임버 vacuum lock chamber 베이퍼라이저의 2차 페이스 밸브를 열거나 닫는 작용을 한다. 엔진이 회전하기 시작하면 진공 로크 다이어프램에는 엔진의 부압이 작용하여 레버를 밀고 있는 다이어프램이 당겨지므로 2차 페이스 밸브가 열린다. 그리고 엔진이 정지하면 부압이 작용하지 않으므로 진공 로크 다이어프램 스프링 장력으로 2차 페이스 밸브가 닫힌다.

진공 리미터 VL ; vacuum limiter EFI 엔진에 사용되고 있는 안티 백파이어(anti-backfire) 밸브의 일종이다. 엔진의 고회전 중 엔진 브레이크 작동 시에는 매니폴드 부압이 극단으로 높아지고 압축 압력은 떨어지며, 실화 현상이 나타나고, 다량의 일산화탄소(CO)와 탄화수소(HC)가 배출된다. 이것을 방지하기 위해 엔진 브레이크 작동 시 진공 리미터(VL)에 의해서 스로틀 밸브를 바이패스하고 새로운 공기를 서지 탱크에 보내어, 매니폴드 부압의 상승을 억제해 CO, HC를 저감시킨다. 다이어프램실은 서지 탱크와 접속되어 있어 엔진 브레이크 시 스로틀 밸브가 닫혀지면

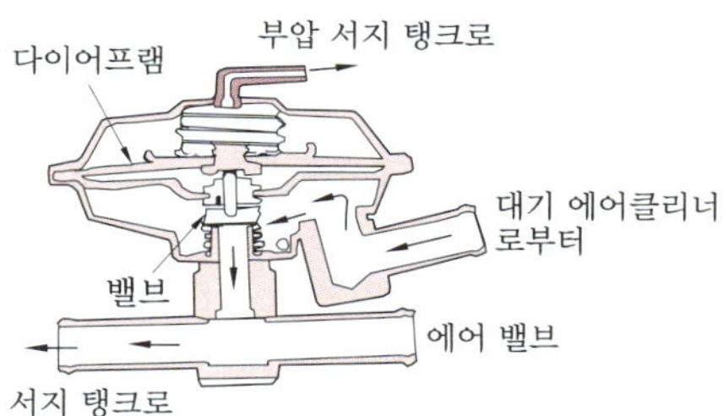

진공 리미터

매니폴드 부압이 높아지며, VL의 스프링의 힘을 이겨내고 다이어프램은 흡인되어 밸브를 연다. 따라서 새로운 공기가 에어 클리너로부터 서지 탱크에 송입되어 부압이 뜨게 된다.

진공 리저버 vacuum reservoir 매니폴드 부압이 내장되어 있는 체크 밸브에 의해서 모아 두는 것으로, 체크 밸브 측의 니플은 흡입관에 접속되어 그때의 최고 매니폴드 부압이 모아지도록 되어 있다.

진공 릴리프 vacuum relief 냉각 장치에서 냉각수가 냉각되거나 수축될 때 냉각 장치 내에 과도한 진공이 형성되는 것을 방지하기 위한 라디에이터 캡 내의 장치를 말한다.

진공 막(眞空幕) ⇨ 진공 다이어프램

진공 모듈레이터 vacuum modulator 엔진 부압 자동 조절 장치이다. 자동변속기 장착 차량에서 엔진의 부하에 대응하는 유압을 자동적으로 발생하도록 하는 장치를 말한다.

진공 모터 vacuum motor 흡기 다기관의 진공에 의해 작동되는 소형 모터로, 보통 차량의 액세서리 등을 작동시키는 데 이용된다.

진공 방전(眞空放電) vacuum discharge 고진공(高眞空) 속에서 일어나는 방전으로, 감압한 저압 공기 속에서의 방전을 가리키기도 한다. 진공은 일종의 고절연체(高絕緣體)라고 볼 수 있는데, 아주 높은 전압을 걸어 주면 방전이 발생한다. 진공의 절연을 이용한 장치인 진공 차단기, 고전압을 거는 진공 기기인 전자 현미경 등에서는 진공 속의 방전이 문제가 된다. 이전에는 잔류 기체가 방전의 원인이 되기도 했지만, 최근에는 완벽에 가까운 진공 상태를 만들 수 있어 잔류 기체는 문제가 되지 않고, 전극에서의 방출 물질이 방전을 일으키는 원인으로 추정된다.

진공 서보 브레이크 vacuum servo brake 하이드로 서보 브레이크로, 엔진의 흡입 부압(진공)을 이용하여 작은 페달 조작력으로 큰 제동력을 얻을 수 있는 장치이다.

진공 센서 vacuum sensor MAP 센서를 말한다. 압력 센서의 일종으로 가솔린 분사 장치에 사용된다. 흡기 다기관의 부압을 전기로 검출하여 엔진에 흡입되는 공기량을 측정한다. 예를 들어, 실리콘 칩의 한쪽 면에 다이어프램을 사용해서 흡기 다기관의 부압이 걸리도록 하여 전기 저항의 변화에 따라 흡입 공기량을 파악할 수 있다.

진공 스위치 vacuum switch 진공 용기 속에 접촉부를 밀봉한 소자와 그 외부의 조작 기구를 조합한 개폐기로, 절연 내력(絕緣耐力)이 높고 접점 재료에 저융해 합금을 넣어서 이상 전압의 발생을 억제한다.

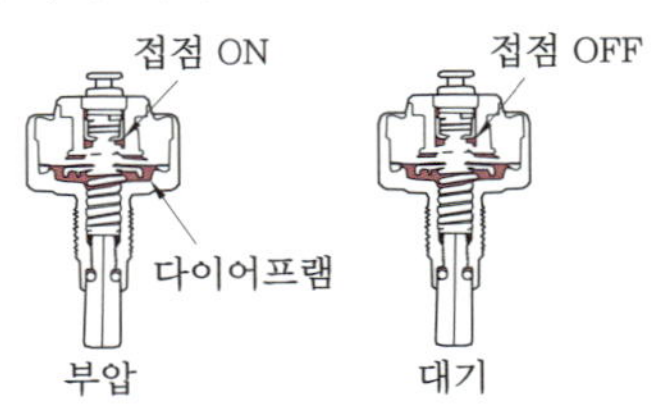

(a) 진공 스위치의 구조

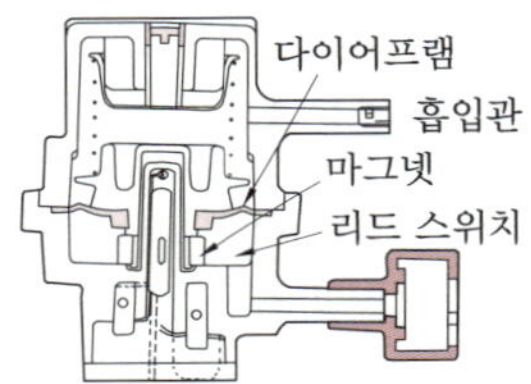

(b) 리드 스위치식 진공 스위치

진공 스위치

진공식 배력 장치(眞空式倍力裝置) vacuum style hydro servo device 일반적인 유압 브레이크 장치에 엔진의 흡기 다기관이나 엔진에 의해 구동되는 진공 펌프를 이용해, 운전자의 페달 답력을 배가시키는 장치를 말한다.

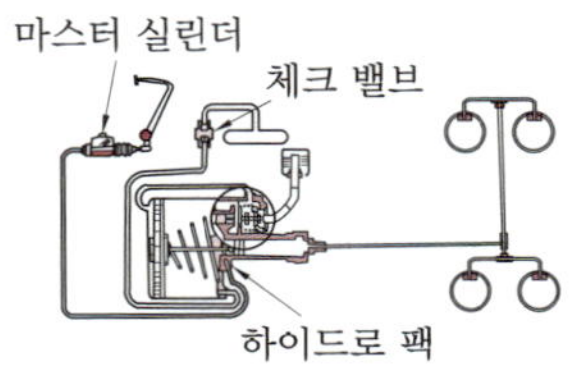

진공식 배력 장치

진공식 연료 압력 조절기(眞空式燃料壓力調節器) vacuum type fuel pressure regulator 흡기 다기관의 진공에 의해 연료의 압력을 조절하는 기기로, 스프링 체임버가 서지 탱크의 진공 호스로 연결되어 항상 흡기 다기관의 진공이 작용하게 된다. 따라서 저속 회전 및 공회전 때에는 스로틀 밸브가 적게 열려 진공이 스프링 장력을 이기며, 밸브를 열어 과잉의 연료를 연료 탱크로 되돌려 보내 연료의 압력을 조절한다. 고속에서는 연료 소비량이 많아 사용하지 않는다.

진공 제어식 밸브 vacuum controlled valve 보통 엔진의 매니폴드 진공 또는 포트(port)로부터 이 밸브에 공급되는 진공량에 대응하여, 액체 또는 가스가 흐르는 통로를 제어하기 위해 개폐하는 장치를 말한다.

진공 제어식 온도 감지 밸브 vacuum control temperature sensing valve 핫 아이들(hot idle) 상태에서 매니폴드의 진공을 배전기 진각 기구에 연결하는 밸브를 말한다.

진공 조절 밸브 vacuum regulator valve EGR로 가는 진공을 제어하는 밸브로서, 배기가스 재순환을 좀 더 정확히 조절하기 위해 장착한다.

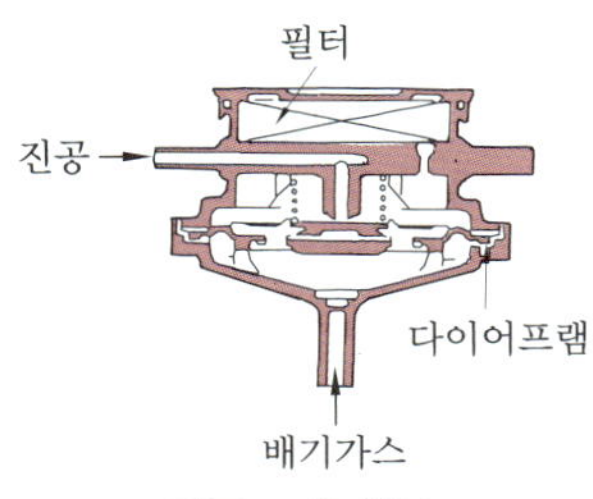

진공 조절 밸브

진공 주조(眞空鑄造) vacuum casting 진공 또는 비활성 기체 속에서 금속을 용해·조괴(造塊)하는 일을 말한다. 금속이 녹을 때에는 주위의 대기에서 상당한 양의 가스를 빨아들이므로, 활성 금속에서는 이 가스와 금속이 반응해서 산화물·질화물이 금속 중에 생긴다. 이는 응고한 후의 성형성과 그 밖의 특성을 나쁘게 하며, 일반 금속에서도 주형 내 응고 시, 이 함유 가스가 방출되어 다공질인 주괴가 되기도 한다. 이것을 방지하기 위해, 상당히 감압하여 내부 대기를 희박하게 한 상자 속에서 주조한다. 주입 때에는 앞에서 말한 바와 같이 가스가 나와 진공도가 떨어지는데, 공업적으로는 수은주 10^{-3} mm 정도의 진공도가 흔히 사용된다.

진공 증착(眞空蒸着) vacuum evaporation ⇨ 증착

진공 증폭기(眞空增幅器) vacuum amplifier 이스즈(Isuzu) 제미니 자동차의 1976년도 일본의 배출 가스 대책 시스템의 일환으로 EGR 장치에 채용된 것이다. 5종류의 포트와 3종류의 부압실 및 하나의 대기실에 의해서 구성되어, 각각의 포트에는 부압이 걸린다. 벤투리 부압과 매니폴드 부압의 압력차를 유효 면적비 10 : 1의 다이어프램에 의해서 균형을 잡도록 하면서 출력 포트에 누출시켜, 벤투리 부압의 약 10배로 증폭한다.

진공 진각(眞空進角) vacuum advance 가솔린 엔진에서 점화 후 최고 압력을 내기까지의 시간은 회전수·부하에 따라 달라지는데, 이에 대응할 수 있도록 흡기 매니폴드의 진공 작용에 의해 배전기를 회전시켜 점화 시기를 앞당기는 것을 말한다.

진공 진각 솔레노이드 vacuum advance solenoid 배전기 진각(進角) 장치로 가는 흡기 다기관 진공을 고정 또는 허용하기 위해 사용되는, 두 위치로 작동하는 전기 작동식 밸브를 말한다.

진공 진각 장치(眞空進角裝置) vacuum advance system 진공 진각은 엔진의 부하에 따라서 점화 시기를 조절하는 장치로서, 진공 다이어프램이 있고 이 다이어프램 로드는 단속 기판에 연결되어 잡아당기면 좌우로 이동하게 되어 있다. 즉, 다이어프램을 흡기 다기관 진공과 연결하여 진공이 증가하면 단속 기판을 잡아당긴다.

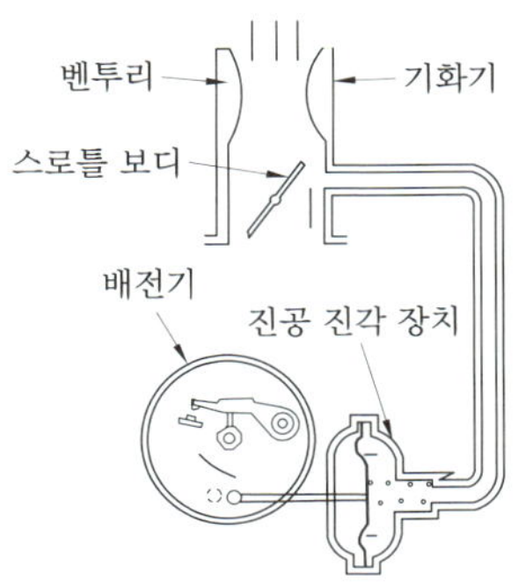

진공 진각 장치

진공 진각 제어 장치(眞空進角制御裝置) vacuum advance control 엔진 및 차량 운

전의 특정 모드에서만 진공 진각이 되도록 설계한 NOx(질소 산화물) 이미션 제어 장치 형식을 말한다.

진공 컨트롤 밸브 vacuum control valve 배기가스 정화 장치의 구성 부품으로, 압력 신호에 따라 디바이스 등으로 신호 압력을 변환하는 다이어프램 구동 밸브이다. 흡입 다기관 부압, 스로틀 밸브 열림량, 포트 부압, 에어 펌프 압력 등을 감지하고 에어 스위칭 밸브(ASV), EGR 밸브, 배전기 등으로 압력 회로를 절환 및 개폐한다. 엔진의 부압이나 회전수에 따라 제어하는 것이다. 온도를 감지하여 작동하는 서멀 진공 스위칭 밸브(TVSV)나 바이메탈 진공 스위칭 밸브(BVSV)와 같은 형태로서 전기 제어 방식의 센서, 컴퓨터, 진공 스위칭 밸브(VSV)의 기능을 모두 가지고 있다.

진공 컨트롤 솔레노이드 밸브 VCSV ; vacuum control solenoid valve 기화기 사양 삼원 촉매 방식의 공연비 피드백 제어 시스템에 사용되는 컨트롤 유닛으로부터의 신호를 받아서, BACV(bypass air control valve)에 걸리는 부압을 제어하고 바이패스에 유량을 정하는 솔레노이드 밸브를 말한다.

진공 파워 유닛 vacuum power unit 액세서리 문 또는 동력원(動力源)으로 매니폴드의 진공을 이용하는 밸브를 작동시키기 위한 장치를 말한다.

진공 펌프 vacuum pump 목적물 내를 진공으로 하기 위해서 사용하는 펌프로, 진공도에 따라서 여러 가지 종류가 있다. 오일 회전 펌프는 10^2 mmHg 정도의 진공도를 만들 수 있으므로 널리 사용되며, 로터와 가동 밸브에 의한 형식이다. 확산 진공 펌프는 $10^{-6} \sim 10^8$ mmHg 정도의 진공도를 만들 수 있으며, 그의 구조는 확산으로 기체가 증기류 속에 말려 들어가게 되어 있는 것이다. 부스터 펌프는 10^{-4} mmHg 정도의 진공도를 만들 수 있으며, 확산 펌프와 같이 구조가 큰 배기 속도를 갖고 있다. 에어컨의 냉매 계통을 정비할 때 냉매를 뽑아내기 위해서 사용되는 펌프이다.

진단(診斷) diagnosis 엔진 각 부의 기능 불량의 원인을 찾아내는 데 필요한 절차를 말한다.

진동(振動) vibration 대상으로 하는 양이 하나의 기준값을 중심으로 해서 서로 증감이 반복되는 주기 운동을 말한다. 용수철에 무게를 가했을 때 생기는 단진동이 기본이 되는 진동으로, 이 변위를 종축으로 하고 시간을 횡축으로 해서 그래프화하면 정현 파형(sinusoidal wave form)의 곡선이 된다. 진동은 일반적으로 몇 개의 단진동이 겹쳐서 발생되는 일이 많다.

진동 가속도(振動加速度) vibration acceleration 진동의 크기를 표시하는 양의 하나로, 자동차가 진동을 취급할 때 가장 많이 사용된다. 기호는 주로 'A' 등을 사용하고, 단위는 cm/sec^{2}를 사용한다.

진동계(振動計) vibrometer 진동의 파형, 진폭, 주파수, 가속도 등을 측정하는 계기로, 보통 기계, 차량, 선박, 구조물 등의 진동을 측정하는 것을 말한다. 이들의 진동은 주파수 범위가 1~1,000 Hz이다. 이것보다 높은 주파수를 측정하는 것은 지진계, 빠른 주파수를 측정하는 것은 음향 측정기의 분야에 들어간다.

진동 댐퍼 vibration damper 동력 행정 시 피스톤이 받는 충격에 의해 일어나는, 크랭크축의 비틀림 및 풀림 작용을 방지하기 위해 크랭크축에 설치하는 장치를 말한다.

진성 반도체(眞性半導體) intrinsic semiconductor 동등한 수의 전자와 정공(正孔)의 집합을 포함하는 순수한 반도체를 이르는 말이다. 실제로 절대 순수한 반도체는 얻을 수 없으나, 순수에 가까운 반도체를 일컫는다. 진성 반도체에 도너(donor)나 억셉터(acceptor) 등의 불순물을 가하여 p형 또는 n형의 반도체를 만든다.

진동수(振動數) frequency 진동 운동에서 물체가 일정한 왕복 운동을 지속적으로 반복하여 보일 때, 단위 시간당 이러한 반복 운동이 일어난 횟수를 이르는 말이다. 보통 Hz를 단위로 사용한다.

단위 시간 (1초)

주기 운동　　t[초]

진동수

진동자(振動子) oscillator 매체와 분자가 진동 운동을 할 때 그 진동으로서의 성질을 진동체로서 취급한 개념이다. 진동자의 특성은 그 고유 진동수로 나타내며, 고전 역학적으로는 진폭과 위상을 주면 진동 상태가 지정된다. 진동이 단진동일 때에는 조화 진동자, 그 밖의 경우에는 비조화 진동자라고 한다. 물질의 진동뿐만 아니라, 전자기장을 푸리에(Fourier) 성분으로 분해하고, 각 성분을 주화 진동자로서 취급할 수도 있다.

진동 픽업 vibration pickup　기계적 진동량을 전기량으로 변환시키는 전기 기계 변환 장치를 말한다.

진원도(眞圓度) out of roundness　환봉(丸棒)이 진원인지 어떤지의 여부 정도를 말한다. 진원도를 검토하는 데에는 양 중심부를 지지한 다음, 환봉을 회전시키면서 콤퍼레이터 등으로 측정하고, 측정자(測定子)의 움직임으로 반지름의 오차를 구한다.

진폭(振幅) amplitude　주기적인 운동에서 위치 변화가 최대로 일어났을 때, 진동 중심에서 이 위치까지의 거리를 이르는 말이다. 폭풍우가 몰아치는 바다에서 파랑의 진폭은 아주 크지만, 호수에서 조그마한 돌을 던져 생성된 파동은 그 진폭이 아주 작다. 이렇듯 진폭은 진동 운동의 특징 중 그 크기 정도를 나타내는 하나의 지표이다.

진행 차트 flow chart　도표 형태의 절차에 대한 논리적인 순서를 일컫는다. 이 설명서에는 조직적으로 점검하는 방법을 유도해 주고, 자동차 엔진 부위 시스템을 진단하는 일련의 진행 차트를 포함하고 있다.

질량(質量) mass　장소나 상태에 따라 달라지지 않는 물질의 고유한 양을 말한다. 질량은 접시저울이나 양팔저울을 사용하여 측정하는데, 단위로는 kg, g, mg 등을 사용한다. 어떤 물체의 무게는 질량에 따라 결정되므로, 질량은 그 물체의 무게를 결정하는 물질의 양이라고 할 수 있다. 그러므로 같은 장소에서 무게는 질량에 비례한다.

질량 속도(質量速度) mass velocity　단위 단면적에 대하여 단위 시간 동안에 흐르는 질량으로서, 유로의 단면에 관한 평균 유속은 밀도와의 곱한 수와 같게 된다.

질소(窒素) nitrogen　공기의 약 5분의 4를 차지하는 무색·무미·무취의 기체인 질소 분자를 이루는 원소로, 나이트로젠을 말한다. 천연으로는 질소 가스, 암모늄염, 질산염으로 존재하며, 보통 질소 분자는 화학 반응을 일으키기 어렵지만, 높은 온도에서는 다른 원소와 화합하여 질화물을 만든다. 기호는 N, 원자 번호는 7이다.

질소 산화 가스 제어 NOx gas control　연료가 완전 연소될 경우 및 엔진이 고온일수록 발생하는 질소 산화물(NOx)를 줄이기 위한 방법을 이른다. EGR 밸브에는 배기가스가 대기 상태에 있고 온도가 올라가 서모 밸브가 닫혀 대기압이 차단되면, EGR 밸브의 다이어 프램에는 진공이 생겨 다이어프램을 잡아올려서 배기가스를 흡기 다기관에 유입시킨 다음, 질소와 산소가 접촉하는 율을 감소시키며 연소 온도를 낮추어 질소 산화물을 감소시킨다.

질소 산화물(窒素酸化物) nitrogen oxides　질소와 산소의 화합물로, 일산화질소(NO)와 이산화질소(NO_2)가 주된 것으로, N_xO_y를 총칭하여 NOx라고 한다. 공해 용어에서는 녹스라고 부른다. 이 밖에 N_2O, N_2O_3, N_2O_4, N_2O_5, N_2O_6, NO_2 등이 있다. 이것들은 석유, 석탄 등의 연소에 따라 발생하고, 고온 연소의 과정에서는 먼저 NO의 형태로 생성되어 이것이 대기 중에서 산소와 결합하여 NO_2가 되지만, 이 반응은 곧바로 일어나지 않기 때문에 대기 중에서는 NO와 NO_2가 공존하고 있다. 이 중에서 NO_2는 농도가 높으면 눈을 자극하고 호흡기에 급성 전식성 증상을 일으키기 때문에 유해하다. 도금에서는 초산을 사용하는 키린스 작업이나 니켈 도금 피막의 박리 작업을 할 때에 NO_2가 발생한다.

질화(窒化) nitrification　철강의 표면을 경화시키기 위하여 질소를 확산 침투시켜 경질의 질화층을 만드는 조작을 말한다. 암모니아 가스 중에서 500~525℃로 50~100시간 유지하는 가스 질화법과, NaCNO를 주약제로 하는 염욕 중에 약 540℃로 유지하는 액체 질화법이 있다. 이러한 과정을 거쳐 900~1,000 Hv의 표면 경도를 얻을 수 있다. 부분적으로 질화하기 위해서는 질화 방지 부분에 동 도금, 주석 도금, 니켈 도금을 실시한다. 일반적으로 피로인산 동 도금이 많다.

질화강(窒化鋼) nitriding steel　표면에 질화물의 단단한 층을 만들어 경도를 높인 특수강으로, 나이트라이딩 스틸을 일컫는다. 고속 내연 기관의 실린더, 게이지 등에 쓴다.

질화물(窒化物) nitride　질소와 질소보다 양성인 원소로 이루어지는 화합물을 말한다. 나이트라이드라고도 한다. $M^I_3N(M^I =$ Li, Na, Cu 등)형의 이온성 질화물과 NH_3, N_2N_4, NCl_3, S_4N_4 등의 공유 결합성 질화물이 있다.

질화법(窒化法) nitration method　어떤 합금강을 암모니아 가스와 같이 질소를 포함하고 있는 물질로 강의 표면을 경화시키는 방법으로, 침탄법에 비하여 경화층이 얇고 조작 시간이 길다. 크랭크축, 피스톤 핀 등에 이용된다.

짐카나 gymkhana　평탄한 광장에 파이론(표주) 등을 사용하여 대단히 복잡한 코스를 설정하고, 그것을 빠져나가는 시간을 다투는 경기를 말한다.

집적 점화 어셈블리 integrated ignition assembly　(1) 디스트리뷰터 캡 내에 점화 코일을 넣고 있는 도요타(Toyota) 시스템을 일컫는다. DEA로 2차 신호를 읽기 위해서는 특수 어댑터(P/N 35168)를 사용해야 한다. (2) 엔진의 점화 장치로서 점화 코일, 이그나이터, 배전기 및 고압 케이블(하이 텐션 코드)을 일체로 한 것으로, 부품 수를 적게 하여 신뢰성을 높일 목적으로 만들어졌다.

집적화(集積化) integration　기능을 직결시킬 목적으로, 많은 구성 부분을 설계에서부터 제조, 시험, 운용에 이르기까지 각 단계에서 하나의 단위로 취급하는 상태로 결합하여 기기, 회로 등을 만드는 것으로, 현시점에서는 주로 반도체 기술, 박막 제조 기술에 쓰인다.

집적 회로(集積回路) IC ; integrated circuit　동일한 반도체 기판 안에 여러 개의 또는 여러 종류의 소자를 집어넣고 그것을 기판 표면의 배선으로 결선하여 몇 mm 크기 안에 하나의 기능을 발휘하는 회로를 형성한 것이다. 집적도가 증가함에 따라 대규모 집적 회로(LSI), 초고속 집적 회로(VLSI) 등으로 부른다. 기억 회로(메모리), 논리 회로(로직), 마이크로컴퓨터 등이 있다. 전자 기술의 진보로 전자 기기는 소형화·저전력화 추세에 있으며, 이 소형화의 첫 시도로서 1948년에 마이크로모듈이 개발되었다. 이것은 $8 \times 8 \, mm^2$ 정도의 사각형 세라믹 절연 기판 위에 트랜지스터, 다이오드, 저항 콘덴서 등을 정밀하게 만들어 부착시킨 것을 여러 장 겹쳐서 전자 회로를 구성시킨 것이었다. 집적 회로는 이와 같은 것을 더욱 소형화하는 동시에 신뢰성과 경제성 등을 향상시킬 목적으로 계속 연구되고 있다. 집적 회로는 트랜지스터의 종류에 따라 NMOS IC, PMOS IC, CMOS IC, BY POLOR IC로 구분된다.

집중 제어(集中制御) centralized control　넓은 범위로 분산하고 있는 정보를 한 곳으로 집중하여, 필요한 제어 명령을 주도록 한 제어 방식을 이른다.

집중 제어 시스템 centralized control system　하나의 제어 장치로 여러 개의 제어 대상을 제어·관리하는 것을 말한다.

집중 하중(集中荷重) concentrated load　전 하중이 부재(部材)의 일점 또는 매우 작은 면적에 작용하는 하중을 말한다.

집진기(集塵機) dust collector　기체 중에 포함되어 있는 먼지나 불순물을 분리하는 장치로, 원심력을 이용하여 불순물을 분리시키는 사이클론식과 자루(포대)를 사용하여 불순물을 분리시키는 백 필터(bag filter)식 및 전기적으로 불순물을 분리시키는 코트렐(cottrell)식이 있다.

짝 kinematic pair　서로 접촉하는 기계 2개의 요소(축과 축받이, 볼트와 너트, 한 쌍의 기어 등)의 조합을 짝 또는 대우라고 하는데, 기계요소가 면으로 접촉하는 면 대우와 점 또는 선으로 접촉하는 면 없는 대우로 크게 나뉜다.

차[1]**(差)** differential　(1) 둘 이상의 사물을 견주었을 때, 서로 다르게 나타나는 수준이나 정도를 말한다. (2) 수학에서, 어떤 수나 식에서 다른 수나 식을 뺀 나머지를 말한다.

차[2]**(車)** car　동력으로 바퀴를 회전시켜 주행할 수 있도록 만든 운송 수단을 통틀어 이르는 말이다.

차간 거리 경보 장치(車間距離警報裝置) warning device of distance　레이저광의 반사를 이용한 레이더에 의해 차간 거리를 측정하고, 자차(自車) 속도, 상대 속도 등을 가미하여 추돌 방지 경고를 행하는 시스템을 말한다.

차고(車庫) garage　자동차, 기차, 전차 등의 차량을 넣어 두는 곳으로, 주택용과 업무용이 있으며, 주택용을 카포트(carport) 라고도 한다. 업무용에는 단층 차고, 지하 차고, 2층 차고, 고층 차고 등이 있다.

차고 센서 automobile-height sensor　전자 제어 현가장치에서, 아래(low) 컨트롤 암과 센서 보디에 레버와 로드로 연결되어 자동차의 앞뒤에 각각 1개씩 설치, 레버의 회전량이 센서에 전달되어 자동차의 높이 변화에 따른 차축과 보디의 위치를 감지하는 센서를 이른다. 앞에 설치되어 있는 차고(車高) 센서에는 4개의 광단속기가 설치되고, 뒤에 설치되어 있는 차고 센서에는 광단속기 3개가 설치되어 있다.

차고 조정 장치(車庫調整裝置) height control system　⇨ 하이트 컨트롤 시스템

차단기(遮斷器) circuit breaker　전기 회로에 과전류 즉 정격 전류 이상의 전류가 흐를 때, 이로 인한 사고를 예방하기 위해 전류의 흐름을 끊는 기계이다. 퓨즈(fuse)와 같은 용도로 사용되는데, 퓨즈는 한 번

작동되면 새로운 것으로 대체해야 하지만, 누전 차단기는 계속 사용할 수 있는 장점이 있다. 사용 용도에 따라 가정용에서부터 고압용까지 여러 종류의 차단기가 있다.

차단판식 소음기(遮斷板式消音器) breaker plate type muffler　원통의 내부에 수직 방향으로 여러 개의 차단판으로 칸을 막은 소음기를 이른다. 배기가스는 차단판의 작은 구멍을 통과하여 다음 칸으로 유출되며, 차단판의 구멍은 서로 엇갈리게 뚫려 있다. 따라서 배기가스는 원통 내부를 돌면서 서서히 냉각되고 압력이 떨어져 폭음(爆音)을 방지한다.

차대(車臺) chassis　⇨ 섀시, 차체

차대 번호(車臺番號) VIN ; vehicle identification number　차량의 도난 방지와 차량의 결함을 추적하기 위한 일종의 꼬리표로, 차량 번호 또는 차량 식별 번호라고도 한다. 차대 번호는 자동차의 보닛(bonnet)을 열어 보면 크로스 멤버나 대시 패널부에 부착되어 있다. 자동차 제작사에서는 이 차대 번호를 별도 관리하여 차량의 결함 등이 발견되었을 경우, 해당 자동차를 추적하여 결함 내용이 사고로 이어지는 것을 사전에 방지할 수도 있다. 그러므로 어떤 자동차의 차대 번호를 알면 그 자동차의 제작 회사와 제작 시점 등 일련의 제작 과정을 알 수가 있다. 다만, 소비자 입장에서는 제작사에서 관리되고 있는 제작 과정의 자세한 내용들을 알 수가 없지만, 제작 회사와 제작 연도 등은 알 수 있도록 하였다. 차대 번호의 식별 방법은 다음과 같다. 17개의 자릿수 중 3번째에서 9번째까지는 제작사 자체적으로 설정된 부호와 약속에 의한 의미를 담고 있지만, 1, 2, 10,

12~17번째 자리는 어느 회사이건 동일하다. 1번째는 국가, 2번째는 제작사, 10번째는 제작 연도, 12~17번째는 제작 일련번호를 부여하고 있다.

차대 오버행 frame overhang　오버행은 '쑥 내민 것, 돌출한 것'의 뜻으로, 앞 차대 오버행과 뒤 차대 오버행이 있다. 앞 차대 오버행은 앞 차축의 중심에서 앞 차대 끝 부분까지의 거리로, 범퍼, 후크 등 자동차에 고착되어 있는 것은 모두 포함되지 않는다. 뒤 차대 오버행은 뒤 차축의 중심에서 뒤 차대 끝 부분까지의 거리로, 견인 장치, 범퍼 등 자동차에 고착되어 있는 것은 역시 모두 포함되지 않는다. 차대 오버행은 차체 오버행과 같은 뜻이다.

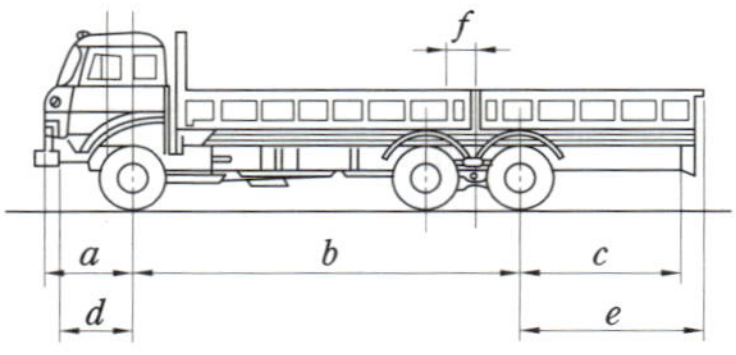

a：앞 차대 오버행　　b：축간 거리
c：뒷 차대 오버행　　d：앞 차체 오버행
e：뒷 차체 오버행　　f：하대 오프셋

차대 오버행

차동(差動) differential　전기의 경우, 두 신호의 차 또는 입력 신호와 참조 전압과의 차를 만드는 회로를 말한다.

차동 기어 장치 differential gear　자동차가 노면 요철(路面凹凸) 위 전진 시나 회전 시 서로 다른 바퀴의 회전수를 적절히 분배하여 구동시키는 장치를 말한다. 평탄로 주행 시 좌우 구동륜의 회전 저항이 같아 링 기어에 의해 차동 기어에 전달된 회전력은 좌우 사이드 기어에 동일하게 분배된다. 회전 시나 노면 충격 등으로 좌우 구동 바퀴의 회전 저항의 차이가 발생하면, 차동 작용이 일어나 회전 저항이 큰 바퀴는 회전수가 감소되고, 회전 저항이 작은 바퀴는 반대쪽의 감소된 만큼 회전수가 증가된다.

차동 기어 케이스 differential case　⇨ 디퍼렌셜 케이스

차동 변압기(差動變壓器) differential transformer　⇨ 차동 트랜스포머

차동 복권(差動複捲) differential compound

직권 계자 권선(直捲界磁捲線)의 기자력(起磁力)이 분권(分捲) 계자 권선의 기자력에 대하여 차동적으로 작용하는 복권 회전기를 이른다.

차동 복권전동기(差動複捲電動機) differential compound motor　직권 전동기의 직권 계자 기자력(直捲界磁起磁力)이 분권(分捲) 계자 기자력과 상반되게 직권 계자 권선(捲線)을 접속한 복권전동기이다.

차동 압력 센서 differential pressure sensor　디퍼렌셜 프레서 센서라고도 하며, 대기압을 매니폴드 압력에 비교해서 PSI 게이지 스케일에 눈금으로 나타낸다.

차동 인덕턴스식 압력 센서 differential inductance pressure sensor　측정 압력을 벨로즈나 다이어프램으로 받아 변위로 변환하고, 자로(磁路)의 일부에 설치한 단락 링이나 자성체를 연동시켜 코일의 인덕턴스 변화로서 검출하는 방식으로 차동 구성한 센서이다. 그림에 단락 링을 사용한 압력 센서의 예가 나와 있다. 2개의 대칭적인 자로의 중앙 공극 부분에 단락 링을 설치하고, 압력의 증가로 인한 단락 링의 작용으로 2개의 코일 인덕턴스를 변화시켜 이것을 차동적으로 검출하고 있다.

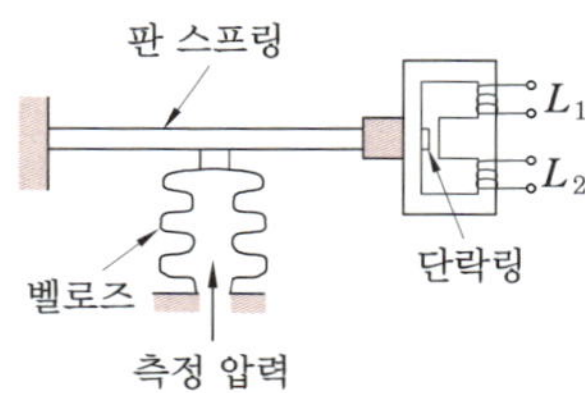

차동 인덕턴스식 압력 센서

차동 장치(差動裝置) limited-slip differential　반대쪽 휠이 회전하고 있을 때, 어느 쪽이든 후륜에 동력을 전달하기 위해 클러치 장치를 사용하고 있는 차동 제한 장치를 말한다.

차동 제한 장치(差動制限裝置) limited-slip differential　⇨ 차동 장치

차동 토크비 bias ratio　차동 제한 장치로서, 높은 쪽과 낮은 쪽 토크의 비(比)를 말한다. 바이어스 비라고도 한다.

차동 트랜스포머 differential transformer　변위 센서의 하나로, 1차 쪽에 1개, 2차 쪽에 2개의 코일이 있는 차동 변압기(差動變

壓器)를 이른다. 차동 트랜스포머는 상호 인덕턴스의 원리를 응용한 센서로, 매우 정밀도가 높아서 $1\,\mu\text{m}$까지 측정할 수 있다. 환경 조건이 피측정물의 재질 등에 지배되지 않는 등의 이점도 있지만, 접촉식 센서이기 때문에 접촉할 수 없는 피측정물에는 이용할 수 없다. 코일을 사용했기 때문에 온도의 영향을 받기 쉬운 결점도 있다. 두께의 측정, 압력·차압의 측정, 장력·신장의 측정, 가중(加重) 측정 등 넓은 응용 분야에서 사용된다.

차량(車輛) vehicle　도로나 선로 위를 달리는 모든 차를 통틀어 이르는 말이다. 일반적으로, 사람 또는 화물을 운송할 목적으로 차륜을 구동시켜 주행하는 것을 이른다.

차량 검지 센서 vehicle detection sensor 차량이 있는지 검사하여 알아내는 센서를 이른다. 크게 나누어 어떤 지점을 통과하는 차량을 인지하고 수나 속도를 계측하는 경우와, 차 위에서 앞서 가는 차나 마주 오는 차를 인지하는 경우가 있다. 첫 번째의 목적에 대하여 이용되는 가장 간단한 방법은, 한쪽 끝을 막은 튜브를 노면에 부설하고 그 위를 차량이 통과했을 때 일어나는 튜브 내의 압력 변화로부터 차량을 검지하는 방법이다. 그 밖에 초음파, 마이크로파, 레이저 등을 사용하여 먼 곳의 차량을 검지할 수 있다. 이 경우, 도플러 주파수를 측정하면 차량의 속도도 알 수 있다. 두 번째의 목적에 대해서는, 주로 마이크로파를 이용하고 있다. 그러나 차 이외의 물체와의 구별이나 인식이 어렵기 때문에 실용 단계에는 이르지 못하고 있다.

차량 무게 vehicle weight ⇨ 차량 중량

차량 번호(車輛番號) vehicle identification number ⇨ 차대 번호

차량 성능 곡선(車輛性能曲線) car's performance curve　차량의 성능을 세부적으로 평가할 수 있도록 나타낸 곡선 그래프를 이르는 말이다. 차트에서 엔진 회전수에 대한 트랜스미션, 각 기어에서의 차량 속도, 견인력에 대한 차량 속도, 주행 속도, 주행 저항에 대한 차량의 속도 등이 예시되어 있다. 차량의 주행 성능은 엔진 동력에 의해서 결정될 뿐만 아니라 트랜스미

션의 기어비, 리어 액슬비, 차량 총 중량과 타이어 규격에 의해서 결정되며, 차량 속도, 견인력, 주행 성능의 곡선으로 나타낸다. 관련된 한 세트의 요소 즉 트랜스미션 기어비, 리어 액슬비, 타이어의 규격 중의 하나라도 변한다면 성능 곡선의 형상이 변경된다.

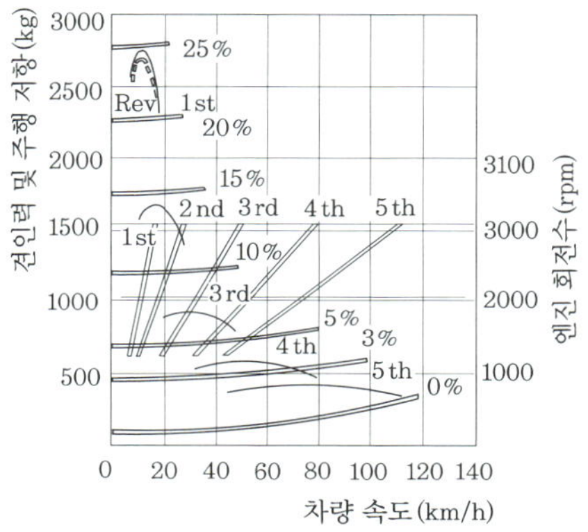

차량 성능 곡선

차량 속도 센서 vehicle speed sensor　자동차의 속도를 측정하기 위한 센서로, 그 신호는 속도계 외에도 전자식 자동 변속 장치나 미끄럼 방지 장치, 오토 드라이브 장치, 자동 도어 로크 장치, 차량 속도 경보 장치 등 각종 전자 장치에 이용되고 있다. 차량 속도 센서에는 기계식과 전기식이 있는데, 기계식은 오직 속도계에만 쓰이는 데 반하여, 전기식은 속도계와 전자 장치 양쪽에 사용되고 있다. 기계식에서는 트랜스미션 출력축의 회전을 플렉시블한 축에 의해 속도계의 구동축까지 전달하여 지침을 움직인다. 전기식에서 전자 픽업, 홀 소자, 리드 스위치, 자기 저항 소자 등을 이용하여 트랜스미션 출력축의 회전을 검출하고 있다. 위의 센서는 모두 바퀴 속도에 대응한 속도를 검출하고 있어서 바퀴가 로크(lock)되거나 슬립(slip)하고 있을 경우에는 차체의 속도가 다른 값을 나타낸다. 그래서 참된 차체의 속도를 검출하기 위해서 레이저나 초음파를 이용하여 대지(對地) 속도를 측정하는 것도 시도되고 있다.

차량 식별 번호(車輛識別番號) vehicle identification number ⇨ 차대 번호

차량 열 부하(車輛熱負荷) vehicle heat load 차실 내외에서 여러 가지 형태의 열을 받는 것으로서, 이로 인해 냉·난방 장치의 능력이 정해진다. 열 부하는 환기 부하, 관류 부하, 복사 부하 및 승객 부하가 있다.

차량 주행 정보 장치(車輛走行情報裝置) vehicle driving information display 인공 위성과 교신하여 도로 환경에 알맞은 최단 주행경로를 자동으로 추출할 수 있도록 만든 장치를 이른다. 운전자가 목적지와 중간 경유지를 입력하면, 자동으로 좌우 회전이나 U턴 여부 등 도로 상황을 고려하여 목적지까지의 최단 거리를 액정 화면의 도로 상황 지도에 나타내 준다.

차량 중량(車輛重量) curb weight 빈 차 상태에서의 중량을 말하는데 공차(空車) 중량이라고도 한다. 빈 차 상태란 연료, 윤활유 등을 정량대로 넣고 정상적으로 차를 운행할 수 있는 상태를 의미하는데 승객, 공구, 스페어 타이어 등은 포함되지 않는다. 차량 중량이 가벼울수록 성능 및 경제성이 좋지만, 너무 가볍게 만들면 충돌, 돌풍 등에 약해진다.

차량 중심선(車輛中心線) center line of vehicle 직진하는 자동차가 수평 상태에 있을 때 앞 차축의 중심점과 뒤 차축의 중심점을 통과하는 직선을 말한다. 이륜자동차에 있어서는 앞·뒤 바퀴의 타이어의 접지 부분 중심점을 통과하는 직선을 말한다.

차량 총중량(車輛總重量) gross vehicle weight 최대 적재 상태에 있는 자동차의 무게를 말한다. 최대 적재 상태란 빈 차 상태의 자동차에 승무원과 승차 정원 또는 최대 적재량의 화물을 균등하게 적재한 상태이다. 차량 총 중량의 영향은 주행 조건에 따라 다르고, 가감속이 많고 평균 속도가 낮은 주행 패턴일수록 중량의 영향이 크다.

차륜(車輪) wheel 차축에 끼워져 차체의 하중을 지탱해 가면서 구르는 바퀴를 말한다.

차속 감응형 간헐 와이퍼 speed sensitive intermittent wiper 차속의 증감에 의해 와이퍼의 간헐 시간이 자동적으로 변하는 기구로서, ETACS에 의해 컨트롤된다. 초기 간헐 시간을 기준 시간으로 해서, 차속이 증가함에 따라 간헐 시간이 빨라진다. 이 간헐 시간은 FAST, SLOW 스위치를 조작함으로써 강우량에 따라서 간헐 시간을 설정할 수 있다. 단, 차종 따라서는 차속이 20 km/h 미만일 때 20 km/h의 간헐 시간을 그대로 유지하기도 한다. 또한 간헐 시간이 2초 미만이 되었을 때에는 간헐 작동하지 않고, 와이퍼 LO 상태로 연속 작동하게 된다.

차속 감응형 파워 스티어링 vehicle speed sensing power steering 동력 조향 장치로, 자동차 주행 속도가 높아짐에 따라 조향 핸들이 무거워지도록 한 것이다. 동력 조향의 효과가 일정할 경우, 저속에서 조향 핸들의 조작력을 가볍게 하면 고속 주행에서는 지나치게 가벼워 주행이 불안정하게 된다. 따라서 동력 조향 장치에 자동차의 주행 속도를 검출하는 기구와 조작력을 보충하는 배력 기구를 추가로 설치하여, 자동차의 주행 속도 변화에 대응한 최적의 조향력을 얻을 수 있도록 한 것이다.

차속 센서 speed sensor 차속을 검출하는 센서로, 리드 스위치식 차속 센서, 광전식 차속 센서(전자 미터 차량), 전자식 차속 센서가 있다. 차속 센서의 내용은 다음과 같다. ① 리드 스위치식 차속 센서 : 스피도미터(속도계) 내의 회전자석 부근에 장착되거나 리드 스위치에 의해 차속에 비례한 회수의 ON, OFF 신호를 만들고 차속을 검출한다. ② 광전식 차속 센서 : 스피도미터 내의 발광 다이오드와 포토트랜지스터를 대향시켜서 조합하는 포토커플러와 스피도미터 케이블로 구동되는 차광판(날개차)에 의해 차속을 검출한다. 스피도미터 케이블의 회전에 의해 발광 다이오드 빛이 차단되며, 이로 인해 포토트랜지스터가 ON, OFF가 되어 신호가 만들어진다. ③ 전자식 차속 센서 : 앞서 설명한 2가지와는 달리 트랜스미션에 설치되어 있고, 차속 센서에는 마그넷과 IC가 내장되어 있다. 트랜스미션에 스피도미터나 미터 드블링 기어의 회전은 회전축을 통하여 마그넷으로 전달되고, 마그넷의 회전은 자계(磁界)의 변화를 일으킨다. 이것을 IC로 감지하여 차속을 검출한다.

차압 센서 differential pressure sensor 압력의 차를 측정하는 센서로, 수압(水壓) 요소인 다이어프램이나 벨로즈의 양쪽에 압력을 도입하는 방식과 2개의 수압 요소를 사용하는 방식이 있다. 프로세스 공업용으로는 전자의 방식으로 된 것이 압력 측정뿐 아니라 오리피스 유량계나 레벨계용의 차압(差壓) 센서로서 널리 사용되고 있다. 출력 신호를 분류하면 공기식과 전기식으로, 신호 변환의 구성 방법으로 분류하면 힘 평형식과 변위식으로 대별된다. 힘 평형식은 벨로즈(공기식)나 전자 코일(전기식)에 출력 신호를 귀환하여 차압에 의한 힘과 균형을 이루게 하는 방식이다. 변위식에서는 차압의 전기 신호 변환 부분에 정전(靜電) 용량식, 반도체 변형 게이지지식, 인덕턴스식 등의 센서가 사용된다.

차음재(遮音材) sound insulation material 소리 에너지를 반사 또는 흡수함으로써 소리의 전달을 막는 재료로, 재질이 단단하고 무거운 것이 특징이다.

차일드 로크 child lock 주행 중에 어린이들이 도어 열림 장치를 건드려도 도어가 열리지 않도록 장치해 놓은 것이다. 도어를 차내에서 열 수 없게 한 메커니즘으로, 차일드 세이프티 로크라고도 한다.

차일드 세이프티 로크 child safety lock ⇨ 차일드 로크

차일드 시트 child seat 어린이의 안전을 위한 보조 의자를 이른다. 어린이 체형에 맞도록 만들어져, 시트 벨트에 연결하여 고정하도록 되어 있다. 갓난아이부터 8세까지의 어린이는 반드시 차일드 시트에 앉히도록 법으로 정해 놓은 나라들도 있다.

차재 소화 장치(車載消火裝置) ⇨ 자동 소화 장치

차저 charger ⇨ 충전기

차저 쿨링 charger cooling ⇨ 인터 쿨링

차지 charge ⇨ 충전

차지 워닝 램프 charge warning lamp 발전기 또는 발전 조정기의 고장으로 축전지에 충전이 이루어지지 않을 때 점등되어 운전자에게 알려 주는 충전 경고등을 이른다.

차징 charging ⇨ 충전

차징 레이트 charging rate ⇨ 충전율

차징 스트로크 charging stroke ⇨ 흡입 행정

차징 시스템 charging system ⇨ 충전 장치

차체(車體) car body 자동차, 전차 등의 외면을 형성하고 있는 부분으로서 동력부, 차륜 등은 포함되지 않는다. 차대(車臺)와 같은 뜻이다.

차체 오버행 body overhang ⇨ 차대 오버행

차축(車軸) axle 바퀴를 통해 차량의 무게를 지지하고 바퀴에 동력을 전달하는 장치로, 액슬이라고도 부른다. 베어링이나 축받이통으로 고정되어 바퀴나 기어가 축을 중심으로 회전하도록 돕는다. 중소형 차량에는 2개, 대형 차량에는 용도에 따라 3∼4개 장착된다.

차축비(車軸比) axle ratio 구동축과 휠(바퀴)과의 회전 속도 사이의 상호 관계로, 링기어 치수에서 피니언 기어 치수를 나누어 생기는 기어 감속비를 말한다.

차축 조향(車軸操向) axle steering 차체가 롤링을 하면 현가장치의 변형으로 인해 각 차륜의 중심이 달라져 차체의 기울기가 변화되면서 나타나는 조향 각도의 변화를 말한다.

차축 현가식(車軸懸架式) rigid axle suspension type 차축식은 좌우의 휠을 하나의 액슬로 연결해 스프링을 거쳐 차체를 떠받치는 현가 방식으로, 겹판 스프링, 코일 스프링, 공기 스프링 형식 등이 있다.

차콜 유리 charcoal glass 차콜은 '목탄, 목탄색' 등을 뜻한다. 차콜 유리는 차콜색을 착색한 유리로서, 브론즈 유리와 같은 효과를 가진다.

차콜 캐니스터 charcoal canister 연료 탱크나 기화기로부터 발생되는 가솔린 증기를 모아 정화시키기 위해 사용되는 활성탄소를 채운 용기를 말한다.

차콜 캐니스터 방식 charcoal canister type 연료 증발 가스 배출 억제 장치의 일종으로, 활성탄은 연료 증기를 잘 흡착하고 공기를 흐르게 하면 다시 연료 증기를 이탈시키는 특성이 있다. 엔진이 정지 중에 연료 탱크에서 증발한 연료 증발 가스를 활

성탄을 넣은 캐니스터(여과 장치통)로 유도하여 흡착시켜 두었다가, 엔진이 작동 중에 마이크로컴퓨터가 PCSV(purge control solenoid valve)를 열어 흡기 다기관에서 연료 증발 가스를 빨아내게 하여 활성탄의 흡착 능력을 회복시키도록 한 것이다.

차폭등(車幅燈) position lamp　야간 전방에 차의 존재와 너비를 표시하는 램프로, 전면의 양쪽에 부착한다. 스몰 라이트 또는 클리어런스 램프라고도 한다.

착색(着色) coloring, metal coloring　도금에서 금속에 색을 입힌 것을 말한다. 금속 착색의 종류는 합금, 금속 피복, 비금속 피복, 약품 처리, 전해 처리 등 여러 가지 방법이 있다. 도금 피막의 착색은 약품 처리, 전해 처리에 의한 경우가 많지만, 도금 피막 위에 전착 도금을 하는 경우도 있다. 장식품, 조명 기구, 미술 공예품 등에 널리 이용된다.

착색력(着色力) tinctorial power　단위 중량의 용매나 섬유에 함유되는 색소의 중량당 색 농도를 이른다. 색소 순품에서는 '물 흡광 계수/분자량'에 비례하지만, 시판되는 염료에서는 색소 이외의 첨가물이 함유되어 있으므로 일정 조건에서 염색하였을 때의 농도를 지칭하는 경우도 있다. 염료에서는 염착력이라고도 한다. 안료에서는 착색력이 결정형과 입자 지름에 따라서 다르다.

착색유리(着色琉璃) tinted glass　⇨ 틴티드 글라스

착색제(着色劑) color stabilizers　기름의 누설을 알기 쉽게 하기 위해 기름 속에 색깔이 들어 있는 기름을 혼합하여 누설 여부를 알기 쉽도록 제조한 것을 말한다.

착색 펄 도장　이산화티탄으로 코팅된 마이카분의 표면에, 유색 무기 화합물을 코팅하여 착색한 것을 컬러 베이스에 혼합시킨 것을 말한다. 색상은 베이스가 되는 마이카분의 색상과 유색 무기 화합물과의 조합으로 결정된다. 예컨대, 크타니레드에서는 화이트계의 마이카분에 적색이 강한 산화철을 코팅한 것을 사용한다.

착화(着火) firing　연료를 공기 또는 산소와 함께 가열했을 때, 어느 온도에서 점화를 하지 않아도 연소하기 시작하는 현상을 멀한다. 그리고 이때의 온도를 착화 온도라고 한다. 디젤 엔진은 공기만 압축한 다음 연료를 분사하면 착화되어 열에너지를 얻는 자기(自己) 착화 방식이며, 가솔린 엔진은 전기 점화(電氣點火) 방식이다.

착화 대기 시간(着火待機時間) ignition lag　⇨ 이그니션 딜레이

착화 불량(着火不良) ignition miss　점화용 버너, 전기 스파크 등에 의한 점화 시 주버너에서 혼합 기체 전체가 착화하지 않는다거나, 점화원을 제거해도 연속적인 연소가 되지 않는 것을 말한다. 점화 조작 시 착화 불량의 경우는 착화 불능이라 판단하고, 소정의 재점화 조작을 하는 것이 좋다.

착화성(着火性) ignitionability　불이 붙는 성질로, 착화 시간이 길면 그 버너는 착화성이 나쁘다고 말한다. 경유는 착화 온도가 350℃ 전후로 가솔린보다 낮기 때문에 디젤 엔진에서는 실린더에서 공기를 400~500℃의 고온으로 압축한 곳에 경유를 분사하여 연소시킨다.

착화 시기 센서 combustion timing sensor　전자 제어 디젤 엔진에서 광 신호를 통해 연소실의 화염을 검출하여 이를 전기 신호로 변환한 뒤 컴퓨터에 보내는 센서로, 내열성이 우수한 케이스 안에 유리봉(석영)과 포트 트랜지스터를 내장하고 있다. 이 센서가 연소 개시 시기를 직접 감지함으로써 피드백 제어에 의한 최적의 연료 분사 시기를 제어할 수 있다.

착화 온도(着火溫度) ignition temperature　연료가 착화하는 온도를 말한다. 착화 온도는 가열된 연료의 산화 반응에 의해 발생하는 열량과 외기로 방산(放散)하는 열량과의 밸런스에 의해 변화하기 때문에 착화 온도가 연료의 고유값은 아니다. 공기 중에 있어서 각종 연료의 착화 온도의 개략값은 석탄이 330~450℃, 중유는 530~580℃, 천연 가스(메탄의 주성분)는 650~750℃이다.

착화점(着火點) ignition point　공기 또는 산소 속에서 물질을 일정 온도 이상으로 가열하면, 연소에 의한 발열 속도가 방산(放散)에 의한 냉각 속도보다 커져서 외부로부터 점화하지 않더라도 발화하여 연

소를 계속하게 되는 최저 온도로, 이를 발화점이라고도 한다.

착화 지연(着火遲延) ignition delay　디젤 기관에서 압축된 고온 공기 속에 연료를 내뿜더라도 곧 점화하지 않고 폭발하기까지 다소 시간이 걸리는 것을 말하며, 이를 점화 지연이라고도 한다.

착화 지연 기간(着火遲延期間) ignition delay period　연소실에 연료가 분사되어 연소를 일으킬 때까지 걸리는 기간으로, 연소 준비 기간인 셈이다. 연료의 입자가 압축 열을 받아 증기로 변화되어 자기 착화를 일으킬 때까지 걸리는 시간은 $1/1,000\sim4/1,000$초 정도로 짧은 기간이다. 착화 지연의 원인으로는, 연료의 착화성, 실린더 내의 압력 및 온도, 연료의 미립도, 분사 상태 및 공기의 와류 등에 의해 좌우된다.

참발열량 net calorific value　⇨ 저발열량

참조(參照) reference　메모리의 어떤 저장 공간을 접근하는 방법을 말한다. 메모리를 사용하는 가장 기본적인 방법은 메모리의 주소를 사용하는 것이고, CPU가 바로 인식할 수 있는 낮은 수순의 방법이다. C/C^{++}에서는 여러 바이트의 메모리 조합에 간단한 이름을 부여하거나 연산자를 이용하여 그 메모리들을 쉽게 사용할 수 있는 방법을 제공하는데, 이것이 참조이다.

채널 channel　(1) 통신로 또는 통화로라고도 하며, 하나의 통화 신호나 기타의 정보가 전송되는 분리된 전송로를 의미한다. 텔레비전에서는 각 방송국에 할당된 주파수대, 전화에서는 하나의 통화 신호를 전송하는 주파수대나 전기 회로를 가리킨다. (2) 전계 효과 트랜지스터는 게이트(gate)에 가하는 제어 전압에 의해서 공핍층의 확산을 바꿈으로써 실효 저항을 변화시켜 드레인 전류를 제어하는데, 바로 드레인 전류의 통로를 이르는 말이다. (3) 컴퓨터의 일부분으로 버퍼라고도 한다. 외부 기억 장치와 중앙 처리 장치(CPU)의 내부에 있는 기억 장치와의 사이에서 정보를 내거나 넣을 때 하나의 레코드를 분할하지 않고 일괄 처리하지 않으면 안 되는데, 그를 위한 중계로서 쓰이는 기억 장치를 말한다. 레코드의 일부분을 바꾸어 쓸 때에도 같은 이유로 채널을 사용한다.

채널 바 channel bar　단면에 홈이 파인 형상으로 되어 있는 구조용 금속 재료로, 채널 형재(形材)라고도 한다.

채널 용량 channel capacity　정해진 오류 발생률 내에서 채널을 통해 최대로 전송할 수 있는 정보의 양으로, 측정 단위는 초당 전송되는 비트의 수가 된다. 채널 용량 공식은 다음과 같다.

$$C = BW \log_2(1 + S/N) \text{ bps}$$

여기서 BW : 대역폭, S/N : 신호 대 잡음비

채널 형재 channel bar　⇨ 채널 바

채터 chatter　기계 등에서 나는 '덜컹덜컹하는 소리'로, 인젝터 보디 내에 있는 니들 밸브가 위아래로 진동할 때 나타나는 소리를 말한다.

채터링 chattering　계전기(릴레이)의 접점이 닫힐 때 한 번에 닫히지 않고 여러 번 단속(斷續)을 반복하는 것을 말하는데, 이는 회로의 오동작 원인이 되는 동시에 접점의 소모를 재촉하게 되므로 방지 조치가 필요하다. 계전기 스프링 등의 구조 또는 회로 전압 등의 조건이 좋지 않을 때 일어난다.

채터 마크 chatter mark　최초로 개발한 방켈형 로터리 엔진의 로터 하우징 내주(內周)에 발생한 물결 모양의 마모 흔적을 말한다. 트로코이드(trochoid) 면에서 에이팩스 실이 일종의 마찰 진동(채터)을 일으켜 생기는 것인데, 이 마크의 발생을 없애는 것이 로터리 엔진 개발을 위한 중요 과제의 하나였다.

채프먼 스트럿식 서스펜션 Chapman strut type suspension　맥퍼슨 스트럿 현가장치의 일종으로서, 구동축을 옆 방향의 힘을 받치는 암으로 이용하고, 이 구동축과 트레일링 암에 의하여 A암을 구성하는 현가장치를 이른다. 영국의 채프먼이 고안하고 로터스(Lotus) 자동차에 사용되어 이러한 명칭이 붙어졌다.

챔퍼 chamfer　각단면(角斷面)을 갖는 부재(部材)의 모서리 부분을 깎아내서 만들어지는 부분을 말하는데, 보통은 평면이지만 그 밖에 둥근면 등 많은 종류가 있다.

천연가스 natural gas　유전 지역이나 탄광 지역 등에서 천연으로 나오는 가연성 가스로, 종류로는 원유의 일부가 지하에서 기

화하여 생긴 유전 가스, 생물체가 지하에 서 환원적 조건하에 분해하여 생긴 가스가 지하수에 녹은 수용성 가스, 석탄의 휘발 성분이 기화한 탄전 가스 등이 있다. 연료 외에 메탄올, 암모니아 등의 유기 합성 원료로서도 중요하며, 최근에는 액화 천연가스가 무공해 에너지로서 주목받고 있다. 넓은 뜻으로는 화산 가스, 온천가스, 메탄도 이에 속한다.

천연가스 버스 natural gas bus　연료의 사용 형태에 따라, 압축된 천연가스를 연료원으로 사용하는 압축 천연가스(CNG) 자동차, 액화 상태의 천연가스를 사용하는 액화 천연가스(LNG) 자동차, 천연가스를 연료 용기에 흡착·저장하였다가 사용하는 흡착 천연가스(ANG) 자동차 등이 있다. 기체 상태인 압축 천연가스를 원료로 하기 때문에, 기존의 차량과 비교했을 때 매연이나 미세 먼지가 전혀 없고 소음 발생도 절반 수준으로 적다. 오존을 만드는 물질인 질소 산화물은 경유 차량의 37%이며, 일산화탄소와 탄화수소는 41%와 16% 수준이다. 천연가스 버스는 일반 경유 버스에 비해 대기 오염 발생량이 10분의 1 수준밖에 되지 않으며, 연료인 압축 천연가스의 안전성도 높다. 다만, 일반 버스에 비해 차량의 가격이 비싼 편이다.

천연가스 자동차 natural gas vehicle　천연가스를 사용하는 자동차의 일종이다. 엔진 출력이 휘발유 엔진과 거의 비슷하고 일산화탄소가 휘발유 엔진의 10분의 1, 탄화수소는 거의 3분의 1 정도밖에 배출하지 않아 저공해 자동차이다. 연료로는 CNG(압축 천연가스)를 주로 쓰며, 최근에는 LPG(액화 천연가스)를 사용하기도 한다.

천연고무 natural rubber　생고무를 합성고무에 상대하여 이르는 말이다. 생고무는 파라고무나무의 껍질에서 빼낸 유액(乳液)을 초산으로 굳혀서 넓적한 판 모양으로 만든 것으로, 탄성 고무의 원료가 된다. 생고무는 보통 온도에서는 탄성이 풍부하지만, 높은 온도에서는 엿같이 되며, 낮은 온도에서는 딱딱하게 굳어 탄성을 잃는다.

천이(遷移) transient　양자 역학에서, 입자가 어떤 에너지의 정상 상태에서 에너지가 다른 정상 상태로 옮겨 가는 것, 또는 그런 일을 말한다. 전이(轉移)라고도 한다.

천이 온도(遷移溫度) transition temperature　일반적으로 성질이 급변하는 온도를 천이 온도라고 한다. 변태점 등은 그 한 예이며, 통상 충격값이 급변하는 온도, 바꾸어 말하면 저온 취성을 나타내는 온도를 말하는 경우가 많다. 충격값의 천이 온도로서는 충격값이 최대치의 1/2의 점 또는 충격값이 $15\,ft-lb(2.6\,kg-m/cm^2)$가 되는 온도를 채용하는 것이 보통이다.

1,000 호 랠리 Thousand Lakes Rally　핀란드에서 열리는 랠리로 WRC의 일전(一戰)이다. 1951년에 시작되었고, 고속 점프가 연속되는 코스가 특징이다. 수많은 호수를 벗하며 달리므로 1,000호(湖) 랠리라고 부른다.

철(鐵) iron　주기율표에서 26번째의 원소로, 원소 기호 Fe, 원자량 55.847, 녹는점 1,540℃, 끓는점 2,270℃이다. 지구 전체의 원소 조성에서 철은 32%로 제1위이다. 또 지각의 원소 조성에서는 5.6%로 제4위이다. 이것은 철의 원자핵 563Fe이 원자핵 중 가장 안정이라는 것과 관계가 있다. 철보다 원자 번호가 작은 원소는 핵융합으로, 원자 번호가 큰 원소는 핵분열로 원자핵 에너지를 방출한다. 재료에 의한 문명사적 구분으로는 현재도 철기 시대인데, 전 세계에서 쓰이고 있는 금속 재료 중 중량으로 95%가 철강이다. 순철은 공업 재료로서는 한정된 용도밖에 없고, 대부분의 철은 탄소와의 합금인 강으로서, 그리고 다른 원소와의 합금(합금강)으로서 사용되고 있다.

철심(鐵心) iron core　전력용 변압기나 회전 전기 기기에서 자기(磁氣) 회로를 만드는 데 사용하는 철이다. 보통은 철의 손실을 줄이기 위하여 얇은 규소 강판을 겹쳐서 만든다.

첨가제(添加劑) additive　어떤 소재에 소량의 성분을 첨가함으로써 그 소재의 안정성이나 물리적 성상 등을 개선시키는 기능을 가진 약제를 통틀어 이르는 말이다. 식품의 보존이나 착색에 이용되는 합성품은 안정성을 고려하여 '식품 첨가물'로 지정된 것에 한정되지만, 석유 제품이나 합성수지에 첨가되는 약제는 여러 종류인데, 특히 석유 제품용 첨가제는 종류가 많다. 테트라에틸납은 가솔린의 옥탄값 향상제로서 널리 이용된 첨가제인데, 대기 오염을 일으켜 그 사용을 제한하고 이것을 대신할 첨가제를 찾고 있다. 가솔린에는 그 밖에 청정 분산제 등이 첨가되고, 경유용으로는 세탄값 향상제와 매연 방지제, 제트 연료용으로는 부식 방지제, 중유용으로는 조연제(助燃劑) 등이 쓰인다. 윤활유는 그 사용 목적에 따라 녹방지제, 점성도 지수 향상제, 유성(油性) 향상제, 극압제(極壓劑) 등 각종 첨가제를 사용한다. 산화 방지제는 석유 제품 및 합성수지 제품에도 널리 이용된다.

청동(靑銅) bronze 구리와 주석을 주성분으로 하는 합금을 이른다. 그러나 주석 대신에 알루미늄이나 망간을 함유하고 주석을 전혀 포함하지 않은 합금을 청동이라고 부르는 경우도 있고, 본래의 청동을 주석 청동이라고 하는 경우도 있다. 주석 10% 정도의 청동을 포금(砲金)이라고 한다. 청동의 주석 범위는 2~35%로 넓고 종류가 많다. 화폐용, 조종(釣鐘)용, 공예용, 기계 부품용 등 용도가 넓고 오랜 역사를 가지고 있다.

청동 부싱 섀클 bronze bushed shackle 청동 부싱이 스프링 아이와 볼트 사이에 끼워진 형태의 섀클로, 주기적인 주유가 필요하다.

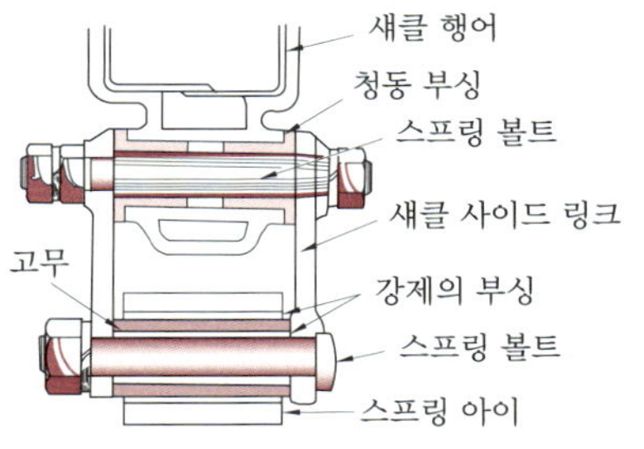

청동 부싱 섀클

청연(靑煙) 난기 운전 시 배기관 출구에서 가깝게 떨어진 곳에서 볼 수 있는 약간의 점성이 있는 액체의 물질로, 소량의 산소가 포함된 탄화수소의 혼합물을 말한다.

청열(靑熱) blue heat 철과 강이 200~300℃에서 상온에서보다 전연성이 떨어지고 경도가 높아져서, 이 온도 범위에서 철강재가 산화해 푸른색을 띠는 형상을 이른다.

청열 취성(靑熱脆性) blue shortness 일반적으로 철강은 상온보다 높은 250℃ 부근에서 인장 강도와 경도가 커지며, 연신이 적어지고 부스러지기 쉽게 된다. 이 온도는 마치 연마한 철강의 표면이 청색으로 변화하는 온도에 해당되므로, 이때의 취성을 일컫는 말이다. 청열 취성을 나타내는 온도는 하중 속도의 대소에 따라 다르며, 인장 시험에 나타나는 것은 250℃ 정도이지만, 충격 시험에서는 400~500℃에서 일어난다.

청음기(聽音機) sound detector 엔진이 작동하고 있는 상태에서 실린더 블록에 가까이 대고 소리를 청취하여 고장을 탐지하는 장치를 말한다.

청정 분산제(淸淨分散劑) detergent dispersant 윤활유의 산화와 연료유의 연소로 발생하는 슬러지, 래커, 탄소질 등을 유중(油中)에 현탁 분리시켜 엔진 내부에 대한 침착을 방지하는 기능을 하는 첨가제로, 청정제라고도 한다. 보통 윤활유 유분을 원료로 하는 디티오 인산 에스테르의 바륨염, 칼슘염, 마그네슘염 등을 사용한다.

청정제(淸淨劑) ⇨ 청정 분산제

청킹 chunking 노면과 타이어의 마찰로 인해 타이어 표면의 온도가 비정상적으로 달아올라 접지면의 고무 일부가 떨어져 나가는 현상을 말한다. 그립(grip)력이 급격히 감소하는 블로(blow) 현상의 원인이 되기도 한다.

청화법(靑化法) cyanide process 일반으로 청화칼리, 청산소다, 페로시안화칼리 또는 페로시안화소다 등 시안화물을 사용해서 하는 경화법으로, 시안화법이라고도 한다. 목탄이나 골탄 등을 사용하는 고체 침탄법보다도 비교적 얕은 경화층을 간단히 만들고자 할 때 이용하는 방법이다. 청화법에는 '간편 뿌리기법'과 '침적법'의 두 가지 방법이 있다. 청화법은 담금질 고속도강의 경화법에도 응용된다.

체어 하이트 시트 chair height seat 시계(視界) 확보를 위해 힙(엉덩이)의 위치가 높은 시트를 말하며, 안정성 향상을 도모한 것이다.

체이서 chaser　나사를 절삭하는 공구의 일종으로, 몇 개의 나사산을 가진 바이트를 이른다. 종류로는 선반용 체이서와 다이헤드용 체이서가 있다.

체이스 카 chase car　원래는 속도 위반 차량의 단속차를 가리킨다. 그러나 랠리에서는 랠리 출전 차량의 뒤를 따라가는 서비스카를 말하며, 대부분은 랠리 카와 거의 같은 종류의 자동차를 사용한다. 때로는 팀 매니저와 1급 수리공이 타고 긴급 서비스를 하기도 한다. 그러나 체이스 카에 의한 사고가 많이 발생하여 최근에는 이런 종류의 서비스가 금지되고 있는 추세이다.

체이핑 chafing　한정된 상대 운동을 하는 2개의 부품 간의 섭동(攝動)에 의한 마모를 말한다.

체인 chain　(1) 쇠로 만든 고리를 여러 개 죽 이어서 만든 쇠사슬을 말한다. (2) 눈길 등에서 자동차가 미끄러지는 것을 방지하기 위하여 타이어에 감는 금속 사슬을 말한다. (3) 자전거나 오토바이 등에서 동력을 바퀴에 전달하기 위하여 기어를 연결하는 쇠줄을 말한다. (4) 거리를 재는 데 쓰는 쇠사슬로, 미터식은 전체 길이가 20미터, 건터식은 66피트이며, 모두 100마디로 되어 있다. 보통 건터식이 쓰인다.

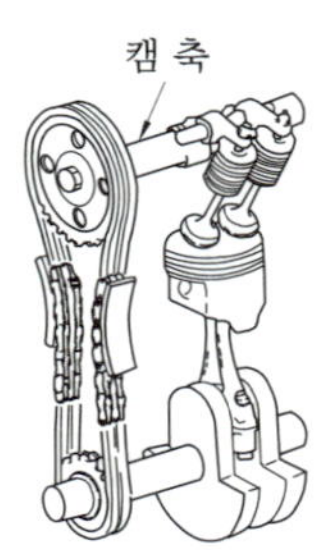

체인 방식

체인 가드 chain guard　체인에 물이 튀는 것을 막기 위해 리어 포크에 부착한 철이나 플라스틱제 부분을 이른다. 체인과 스프로킷 사이에 모래가 끼면 체인이 벗겨져 트러블이 생기며, 노면에서 튄 물이 하프 체인을 바로 치기도 한다. 체인을 보호하기 위해 드라이브 스프로킷에 부착하는 경우가 많다.

체인 구동 chain drive　체인은 체인 바퀴의 이와 맞물려 있으므로 확실한 구동(驅

動)을 할 수 있지만, 맞물림에 따른 마찰 손실이 크며, 또 진동이나 소음을 내는 결점이 있다. 따라서 고속 운전에는 사용되지 않으며, 대체로 저속이나 대마력(大馬力) 구동에 사용된다. 자전거에 사용되는 것이 한 예이다.

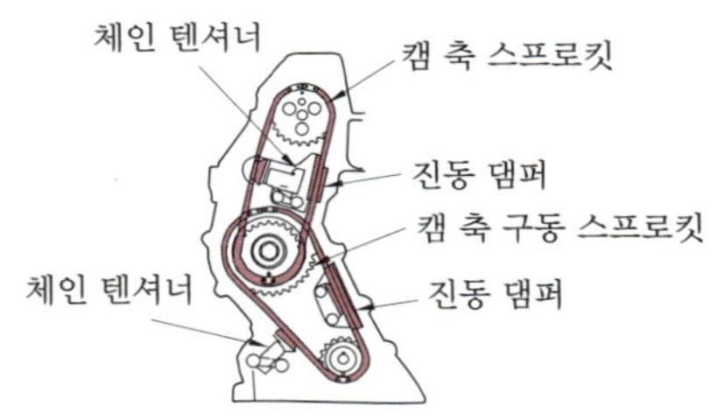

체인 구동 장치

체인 구동식 chain drive type　캠축 구동을 체인으로 하며, 크랭크축과 캠축에는 기어 대신 체인 스프로킷이 설치되어 있다. 캠축의 위치를 임의로 정할 수 있고 소음이 적다. 체인 스프로킷의 비는 2 : 1이며, 체인이 늘어나 헐거워지면 밸브 개폐 시기가 달라지므로 유격을 자동 조절하는 텐셔너와 진동을 흡수하는 댐퍼가 설치되어 있다.

체인 블록 chain block　체인을 조작하여 짐을 들어 올리는 장치로, 수동식과 동력식이 있다. 수동식은 체인을 손으로 끌어당기면 큰 지름의 체인 휠이 회전하면서 기어 장치를 감속시켜 작은 체인 휠에 전달하고, 그 회전에 의해서 후크에 붙어 있는 체인을 감아올린다. 동력식은 전동기에 의해 체인 휠을 작동시키는 것으로, 전동식 체인 블록이라고 한다.

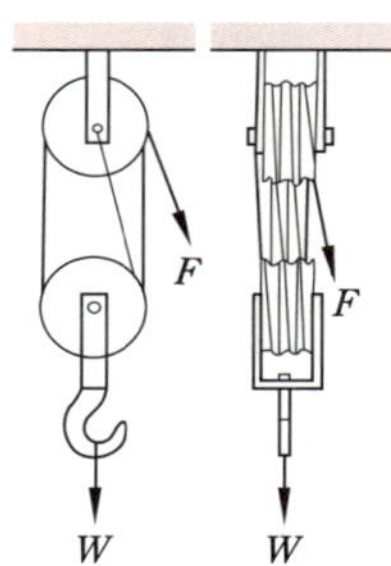

체인 블록

체인 스프로킷 chain sprocket　오토바이, 자전거 등과 같이, 체인 전동 장치에서 체인이 미끄러지는 것을 방지하고 원활한 동력의 전달을 위하여 체인의 링크와 링크 사이에 끼워지도록 뾰족한 이빨이 원둘레에 있는 휠을 말한다.

체인지 레버 change lever ⇨ 시프트 레버

체인 텐셔너 chain tensioner 체인에 압력을 가하기 위한 체인 구동용 캠축과 함께 설치·사용되는 자동 조정 장치이다. 벨트 구동 장치에도 같은 장치가 설치·사용되고 있는데, 이는 크랭크축과 밸브 기구 사이에서 체인이 미끄러져 타이밍이 변하는 현상을 방지하기 위함이다.

체인 풀러 chain puller 윤축(輪軸)과 도르래의 원리를 이용해 체인을 당겨 큰 힘을 발생시키는 것으로, 보디를 수정할 때 당김 장치의 하나로서 사용한다.

체인 호이스트 chain hoist 모터 축에 기어를 여러 개 조합한 뒤 기어에 체인을 감은 것으로, 모터에 전원을 공급하여 회전할 때 체인을 감아서 무거운 물건을 들어 올리는 장치를 이른다. 정비 공장이나 자동차 생산 라인의 천장에 레일을 설치하고 체인 블록을 장착해 엔진이나 무거운 부품 등을 들어 올리거나 내릴 때, 또는 부품을 매달아 전동기의 동력을 이용하여 다른 곳으로 이동하는 데 이용한다.

체임버 chamber '실(室), 좁은 공간' 등의 뜻으로, 실린더 헤드에 설치되어 있는 연소실, 하이드로 백의 공기실과 진공실, 베이퍼라이저의 진공실 등을 말한다.

체임퍼 chamfer ⇨ 챔퍼

체적 유량(體積流量) volumetric flow rate 시간당 흐르는 공기나 가스의 부피를 말한다. 압축기 유량 측정 단위로는 시간당 세제곱미터(m^3/h)를 사용한다. 유량은 공기나 가스의 밀도에 영향을 받고, 다시 밀도는 온도의 압력에 영향을 받는다.

체적 유량계(體積流量計) volume flowmeter 유체의 체적 유량을 측정하는 방식의 유량계로, 용적 유량계, 전자 유량계, 터빈 유량계, 소용돌이 유량계, 와세차 유량계, 초음파 유량계 등이 있다. 하지만, 유량 측정의 목적을 생각해 보면 질량 유량을 측정하는 것이 더 합당하다. 특히 유체의 온도나 압력이 크게 변동하는 경우, 체적 유량을 측정해도 의미가 없는 경우가 많다. 그래서

질량 유량계를 개발하려는 노력을 하고는 있지만, 가격과 특성상의 제약으로 실용화 단계에는 이르지 못하였다. 프로세스 공업에 있어서의 유량 측정에서는, 관로의 설정 조건이 결정되고 어떤 일정한 동작 상태가 계속되면 유체의 온도나 압력의 변동이 비교적 적은 편이다. 그러므로, 밀도의 변화에 의한 질량 유량의 오차가 무시할 수 있는 범위이면, 체적 유량을 측정함으로써 목적이 달성될 수 있다.

체적 효율(體積效率) volumetric efficiency (1) 유체 기계에서, 이론상 토출되는 양과 실제로 토출되는 양과의 비율을 말한다. 대략 $0.95{\sim}0.75$ 정도이지만, 압력, 온도, 기계의 종류에 따라 다르다. (2) 내연 기관에서는 흡입한 신선한 공기의 체적을 행정(行程) 용적으로 나눈 값을 말한다. 단, 흡입한 신선한 공기의 체적으로서는, 무과급(無過給) 기관에서는 압력, 온도에 의한 값을, 과급 기관에서는 기관 본체의 흡기 계통 입구에 있어서의 압력, 온도에 의한 값을 사용한다.

체크 check (1) 계측기에서 그 지시값, 기록 결과의 오류를 살피는 것을 이른다. (2) 페인트 용어로, 산화 또는 극심한 추위로 인한 수축에 의해 야기된 톱코트(top coat) 표면의 갈라진 틈을 말한다.

체크 밸브 check valve 유체(流體)를 한쪽 방향으로만 흐르게 하고 반대 방향으로는 흐르지 못하도록 하는 밸브로, 급배수관 또는 냉매관 등에 많이 사용되고 있다. 스윙형과 리프트형이 있으며, 리프트형은 확실히 폐쇄 작용을 하지만, 수평관에서만 이용되고 입형관에는 이용되지 않고 있다.

체크 카드 check card 랠리에서 체크 포인트를 통과할 때 그 통과 시각을 기입하여 건네받는 작은 카드를 말한다. 체크 카드에 통과 시간을 기입하는 일은 오피셜이 하며, 카드를 받고 나서 즉시 그 자리에서 기입이 잘못되지 않았는지 체크할 필요가 있다. 이 카드는 골인 후 채점의 기본이 되므로 잘 보관해야 한다. 국제 랠리에서는 체크 카드 대신 컨트롤 시트를 사용한다.

체크 포인트 check point (1) 자동차 경주에서, 경주에 참가한 차의 주행을 점검·확

인하기 위하여 경주 코스 도중에 마련하여 놓은 지점을 말한다. 컨트롤 포인트와 같은 뜻으로, 국제적으로는 컨트롤 포인트가 정식 명칭이며, CP로 약칭한다. CP는 사전에 경기자에게 알리지 않는 것이 보통이다. (2) 컴퓨터 프로그램의 실행 중에 실행 상태를 검사하고 기록을 유지하여, 실행 중에 정지되거나 중단된 프로그램을 다시 시작할 수 있는 지점을 이른다. 프로그램의 실행 중 소정의 조건을 충족시키는 시점에서 실행을 중단하고 나중에 다시 시작할 수 있도록 모든 변수, 레지스터, 기억 장치의 내용 및 시스템 환경을 보조 기억 장치 등에 기록한다.

체킹 checking　　도장(塗裝)에서 위쪽 면에 얇게 금이 가거나 균열이 나타나는 현상으로, 균열이 아래쪽 면에까지는 도달하지 않고 위쪽 면의 표면에 뭔가에 스친 듯한 금이 생기는 현상을 말한다. 한 방향으로 발생되는 것 외에 교차해서 발생하는 경우도 있다. 캔 스프레이를 포함하여 도장 후에 더욱 광택을 내려고 질이 낮은 마무리용 제품으로 도장하였을 때 직사광선 등을 받는 수평면, 예를 들면 보닛, 지붕, 트렁크의 윗부분 등에 발생하기 쉽다. 상태가 가벼운 경우, 콤파운드를 이용하여 연마하면 없어진다.

초경합금 (超硬合金) hard metal　　금속의 탄화물을 소성(燒成)해서 만든 경도가 대단히 높은 합금을 이른다. 흔히 사용되는 것은 탄화텅스텐을 주체로 한 결합 금속인 코발트와의 소결(燒結) 합금이다. 코발트는 중량 비율이 6 % 정도이므로 탄화텅스텐 입자들 사이의 코발트에 탄소와 텅스텐의 녹은 것이 개재(介在)해 있다. 이런 조직의 합금은 대단히 굳고 내마모성이 우수하므로 금속 제품을 자르거나 깎는 커터, 다이스 등에 사용되고, 그 밖에 광산이나 토목용으로 바위에 구멍을 뚫는 착암용 공구의 선단(先端) 등에도 사용된다. 이 합금을 만드는 데는 코발트 가루와 탄화텅스텐 가루를 별도로 준비하고 프레스하여 성형한 다음 온도를 올려 소결하는 데, 먼저 1,000℃에서 코발트 가루를 소결하였을 때쯤 최종 형태로 마무리하고, 그 다음에 1,400℃로 가열하여 본소결을 한

다. 이것으로 텅스텐과 탄소가 코발트 속으로 확산해 들어가 강한 고용체가 되며, 이로 인하여 탄화텅스텐의 입자가 결합되어 조직이 형성된다. 그 밖에 실용상 중요한 것은 WC Co계, WC TiC TaC Co계, WC TiC Co계의 3종이 있다.

초고밀도 집적 회로 (超高密度集積回路)　⇨ 초대규모 집적 회로

초기 제동 (初期制動) initial braking　　브레이크를 밟기 시작했을 때의 제동 능력을 가리킨다. 이것이 약하면 고속에서의 감속 시에 공주(空走) 거리가 많게 느껴져서 좋은 인상을 주지 못한다.

초기 타이밍 initial timing　　디스트리뷰티를 돌림으로써 기계적으로 조정되는 타이밍의 기준치를 말한다.

초기 펄스 primary pulse　　대략 차량 속도에 가까운 스로틀 밸브의 열림 각도를 주기 위한 펄스이다. 이 펄스는 크루즈 장치를 조정(set)했을 때 출력된다.

초내열 합금 (超耐熱合金) ultra heat resistant alloy　　고온에서 사용할 수 있도록 만들어진 합금을 말한다. 제트 엔진이나 로켓, 원자력 제철용의 열교환기 등은 그 구조재로서 철 이상으로 내열성을 갖는 금속 재료가 필요하다. 이에 따라 적당한 금속끼리 혼합시켜 이 요청에 부응한 것이다. 사용하려는 금속이 열에 약한(융점이 낮은) 경우, 내열성을 유지시키기 위해서는 융점이 높은 금속을 혼합시키면 된다. 혼합하는 금속으로는 크롬(융점 1,900℃), 몰리브덴(융점　2,600℃), 텅스텐(융점 3,380℃) 등이 대표적이다. 또 탄소도 금속을 내열화하는 데 필요하다. 금속은 탄화물 형태가 되면 융점이 오른다. 초고온에 견디는 합금의 구체적인 예로서는 탄탈에 텅스텐과 하프늄을 혼합한 합금이 있다. 이것은 2,000℃에 견딘다. 또 철에 니켈이나 코발트 등을 보탠 합금도 열에 강하다.

초단파 (超短波) VHF ; very high frequency　　무선 주파수 스펙트럼 중에서 HF보다 높은 주파수대의 명칭으로, 주파수대 번호는 8, 주파수 범위는 $0.3×10^8 \sim 3×10^8$ Hz 즉 $30 \sim 300$ MHz, 파장은 $1 \sim 10$m이다. 파장에 의한 구분은 미터파이다. 초단파(VHF)

대의 전파는 일반적으로 그 전파의 특성 때문에 가시거리 통신에 사용되는 것이 보통이며, 도중에 산악이나 고층 건물 등 차폐물이 있으면 크게 감쇄한다. VHF는 육상이나 해상, 항공 단거리 통신, 텔레비전 방송(채널 2~13), 라디오 방송(FM 방송), 해상 및 항공 무선 항행 업무와 레이더 등에 사용된다.

초대규모 집적 회로(超大規模集積回路) VLSIC ; very large scale integrated circuit 특히 정밀도가 높은 기술을 사용하여 고도로 집적화한 대규모 집적 회로로, 초고밀도 집적 회로 또는 최대 규모 집적 회로라고도 한다. 좁은 의미로는 10^4게이트 이상의 것이 이 분류에 속한다.

초두랄루민 super duralumin 알루미늄에 구리, 마그네슘 등을 가한 합금으로, 두랄루민보다 첨가하는 구리와 마그네슘 양이 많다. 두랄루민보다 강도가 높으며, 항공기 구조의 재료로 쓰인다. 인장 강도 43 kg/mm^2 이상, 신장 14 % 이상, 비중 2.7~2.8이다.

초속 흡기 방식(超速吸氣方式) 1986년 1월에 발표한 사이클론 엔진에 적용된 것으로, 흡기 매니폴드의 지름과 길이와 형상을 새로이 설계하여 피스톤이 하강할 때의 부압(흡기 관성)을 최대한으로 이용한 방식이다. 혼합 가스를 연소실 내부로 재빨리 보내고 충전 효율을 높여, 실린더 내부에 빠른 속도의 기류(초고속류＝사이클론류)를 야기시키기 때문에, 연소 효율이 양호해지고 엔진 출력 성능, 엔진 회전 전영역에서의 응답성이 향상되었다.

초음파(超音波) ultrasonic waves 주파수가 20 kHz를 넘는 음파를 이르는 말이다. 초음파는 파장이 작고 지향성이 강하기 때문에 그 펄스를 발전시켜 바다의 깊이를 재는 음파 탐지기나 어군 탐지기에 이용한다. 같은 원리로, 고체 재료의 내부 결함을 검사하거나 보석, 유리 등의 절단이나 가공, 유제(乳劑)의 생성·세척·살균 등에도 이용한다.

초음파 빗물 제거 장치 도어 미러에 떨어진 큰 빗방울을 압전 진동자(壓電振動子)의 진동을 이용해 몇 초 동안 튕겨 버린 뒤, 남은 물방울은 히터의 열로 증발시키는 장치를 이른다.

초음파 용접(超音波鎔接) ultrasonic welding 초음파를 발생하는 두 진동의 음극 사이를 지지하고 압력을 가해 초음파를 보낸 후, 초음파 진동을 이용하여 모재(母材)를 접합시키는 용접법을 말한다.

초음파 탐상법(超音波探傷法) ultrasonic fault detecting method 초음파를 사용하여 주조재(鑄造材)의 내부 결함이나 용접 부분, 관재(管材) 등의 내부 결함을 비파괴적으로 측정하는 방법을 말한다. 초음파 탐상법은 그 원리에 따라 펄스 반사법, 투과법 및 공진법 등으로 나뉜다. 많이 이용되고 있는 것이 펄스 반사법인데, 이용하는 초음파의 파동 양식에 따라 수직 탐상법, 경사각 탐상법, 표면파 탐상법, 판파 탐상법으로 다시 분류할 수 있다.

초저압 타이어 extra low pressure balloon tire 오토바이, 자전거 등에 쓰이는 2륜 자동차용 타이어를 말한다.

초전도(超傳導) superconductivity 보통의 금속은 온도가 떨어짐에 따라 저항이 낮아지는데, 어떤 종류의 금속은 절대 영도(0 K, －273.16℃) 가까이까지 냉각하였을 때 돌연 전기 저항이 전혀 없는 현상이 일어난다. 이런 현상을 이르는 말이다. 초전도 현상은 납이나 수은, 니오브, 티탄의 합금 등에 생기며, 완전 반자성체(反磁性體)가 된다. 1911년 네덜란드의 물리학자 오네스(Onnes)가 수은에서 발견하였다.

초충전(初充電) initial charge 납축전지를 조립한 후 처음으로 하는 장시간 충전을 말한다. 초충전 후 건조 공정을 거치면, 황산을 주입만 하면 바로 사용할 수 있는 납축전지가 만들어진다. 보통 초충전 후 다시 여러 번의 충·방전을 반복하는데, 이런 과정을 화성(化成)이라고 하며, 정격 용량으로 정찰할 때까지의 순응 조작이다.

초크 choke (1) 자동차 엔진 시동 시에 흡입 공기를 조리개로 조절하여 혼합 가스의 농도를 짙게 만드는 조작을 말한다. (2) 면적을 감소한 통로에서, 그 길이가 단면 치수에 비해 비교적 길 때의 흐름 조리개를 말한다. (3) 리액턴스를 이용하기 위해 만든 철심(鐵心)을 가진 코일을 말한다. (4) 주물 본체에 용재나 티끌, 산화물 등이 들어가는 것을 방지할 목적으로 탕구(湯口)에 마련하는 수축 부분을 말한다.

초크 밸브 choke valve　가솔린 기관의 시동을 쉽게 하기 위하여 흡입 공기를 조절하여 혼합 가스를 농후하게 하는 밸브이다. 냉각된 상태의 가솔린 기관을 시동할 경우, 일반적으로 가솔린의 기화(氣化)가 나쁘므로, 정규 혼합비에 비해 훨씬 짙은 혼합비로 해야 한다. 이 때문에 시동 시 공기의 유입을 저지하고, 기화기의 노즐에서 다량의 연료를 유출시킬 목적으로 기화기 입구에 설치한다. 시동에 있어서는, 종전에는 손으로 조작하는 수동 초크 밸브가 사용되었지만, 최근에는 바이메탈을 이용한 자동 초크 밸브가 흔히 사용된다.

초크 버튼 choke button　수동식 초크를 작동시키기 위하여 손가락으로 조작하는 버튼을 말한다.

초크 브레이커 choke braker　엔진을 시동할 때 혼합 가스를 농후하게 하고자, 흡기 다기관에서 다이어프램으로 부압을 유도하여 다기관의 부압량에 따라 초크 밸브를 여는 방식을 말한다. 종래의 자동 초크 장치에서는 이 작용을 진공 피스톤이 하고 있었지만, 초크 브레이커에서는 엔진이 시동하면 흡입관 부압(負壓)이 그림에서 보이는 화살표처럼 초크 브레이커의 A실로 들어가서 스프링을 이겨내는 부압이 된다. 이어서, 그림에 나타난 화살표처럼 링크를 당겨 초크 밸브를 시계 반대 방향으로 열게 된다. 도요타(Toyota)에서는 초크 브레이커, 마쓰다(Mazda)는 초크 오프너, 닛산(Nissan)은 완폭 다이어프램, 이스즈(Isuzu)에서는 초크 피스톤을 사용하고 있지만, 각 구조와 작용은 모두 동일하다.

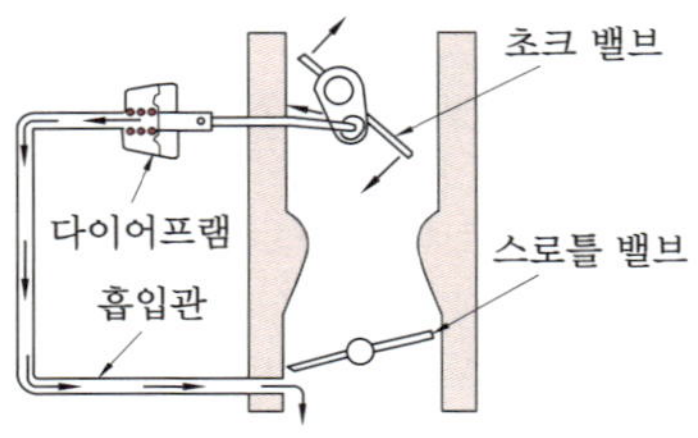

초크 브레이커

초크 스토브 choke stove　배기 매니폴드 위 또는 그 안에 있는 히팅 장치 격실(heating compartment)로, 여기에서 뜨거운 공기가 자동 초크 장치에 공급된다.

초크 시스템 choke system　전기식 자동 초크로, 초크 밸브를 나선형의 바이메탈로 조정하여 냉각된 상태에서는 초크 밸브를 닫고, 엔진을 시동하면 일시적으로 농후한 혼합 가스가 공급된다. 엔진이 작동하여 바이메탈 주위를 히터 가열로 엔진의 워밍업에 따라 초크 밸브가 열려, 유해한 배출 가스량을 감소시키고 연료 소비율을 향상시킨다.

초크 오프너 choke opener　난기(暖氣) 후에 초크 밸브를 전개(全開)하는 장치를 이른다. 다이어프램을 이용하여 한쪽은 외기(外氣)에, 다른 쪽은 흡기 다기관에 연결해 놓고, 냉각수가 어느 온도 이상이 되면 온도 감지 밸브가 외기를 차단하고 부압으로 초크 밸브를 여는 구조로 되어 있다.

초크 코일 choke coil　인덕턴스를 얻기 위한 코일 부품으로, 고주파를 저지할 목적으로 사용한다. 콘덴서와 조합시켜서 평활 회로나 필터를 구성한다. 코일의 성능은 리액턴스와 저항의 비(Q)로 나타내는데, 투자율이 크고 손실이 적은 자심(磁心)을 사용할수록 좋으며, 그중 페라이트(ferrite)가 가장 뛰어나서 $Q = 500 \sim 1,000$ 정도의 것이 많다.

초크 풀다운 choke pull-down　더욱 많은 공기를 유입시켜 희박한 혼합 가스를 형성하기 위해 마련한 초크 밸브의 구멍이다.

초크 회로 choke circuit　진한 혼합 가스가 필요할 때 작동되는 회로로, 대기 온도가 낮을 때 엔진을 기동시키면 유출된 연료가 잘 기화되지 않으므로 엔진이 워밍업을 완료할 때까지 농후한 혼합 가스를 공급해야 한다. 초크 밸브를 닫고 엔진을 기동하거나 운전을 하면, 초크 밸브 아래쪽에 강한 진공이 발생되어 노즐에서 다량의 연료가 유출, 기동 또는 워밍업에 필요한 진한 혼합 가스가 공급된다.

초킹 chalking　도장(塗裝), 인쇄한 도막(塗膜)이나 인쇄물을 장시간 외기에 노출하면 도료, 인쇄 잉크 중의 안료가 표면에 떠올라 탈락하기 쉽게 되는 현상으로, 도료에서는 이를 백악화(白堊化)라고도 한다.

초퍼 chopper　직류 신호를 단속(斷續)하여 교류 신호로 변환하는 것으로, 많은 종류가 있다. 기계적으로 접점을 단속시키는 것으로는 바이브레이터식과 캠식(리스턴형)이 있고, 전자 회로에 의한 것으로는 다이오드나 트랜지스터를 사용한 반도체 초퍼가 널리 쓰이고 있는 외에, 광전 소자나 홀 소자, 초전도 소자, 서미스터 등을 사용한 것도 있다. 이들은 변조형 직류 증폭기에 사용되고 있다.

촉매(觸媒) catalyst, catalyzer　화학 반응 물질에 접하여 존재하고 비교적 소량이나 반응 속도를 변화시키는 작용을 하며, 스스로는 변화하지 않는 물질을 이른다. 촉매의 활동을 촉매 작용, 촉매에 의해 일어나는 반응을 촉매 반응이라고 한다. 일반적으로, 반응 속도를 증가시키기 위하여 이용하지만, 때로는 감소시킬 목적으로도 이용된다. 전자를 정촉매(正觸媒), 후자를 부촉매(負觸媒)라고 한다.

촉매 변환기(觸媒變換器) catalytic converter　배기 매니폴드와 머플러 사이에 장착되어 있으며, 배출되는 배기가스 중에 인체에 유해한 배기가스, 즉 탄화수소(HC), 일산화탄소(CO) 및 질소 산화물(NOx)이 무해한 성분으로 변환되도록 촉매 작용을 하는 장치를 말한다. 이 부품은 알루미나를 주체로 해서 표면에 백금과 로듐을 얇은 막으로 처리했으며, 특히 납 성분에 약한 특성이 있으므로 반드시 무연 휘발유만을 사용해야 제 성능을 유지할 수 있다. 산소 센서가 있는 피드백 시스템 자동차에는 머플러에만 이 부품이 장착되어 있고, 기존

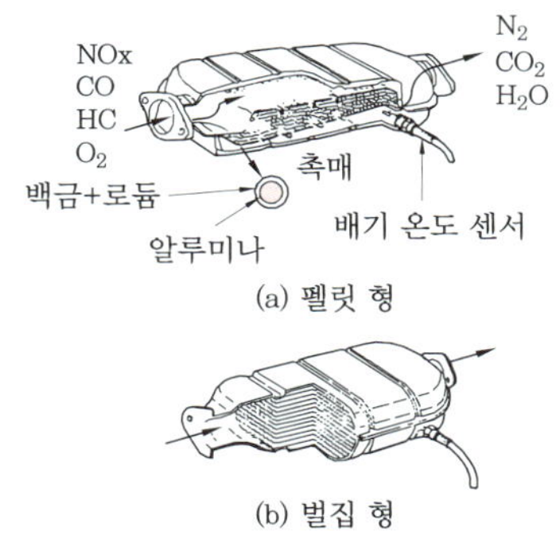

촉매 변환기

(1987년도에 생산된 자동차 일부) 무연 자동차에는 배기 매니폴드와 머플러에 각각 1개씩의 촉매 장치가 장착되어 있다. 촉매 변환기를 촉매 변환 장치, 촉매 장치, 촉매 컨버터라고도 한다.

촉매 변환 장치(觸媒變換裝置) catalytic converter　⇨ 촉매 변환기

촉매 장치(觸媒裝置) catalytic converter　⇨ 촉매 변환기

촉매 컨버터 catalytic converter　⇨ 촉매 변환기

총 감속비(總減速比) overall reduction gear ratio　변속기의 감속비와 종감속 기어의 감속비를 곱한 것을 말한다. 즉, 총감속비 = 변속기의 감속비 × 종감속 기어의 감속비가 된다.

총 발열량(總發熱量) gross calorific value　연료의 단위량이 완전히 연소했을 때 발생하는 열량을 말한다. 연료 가스 중 수증기의 잠열을 뺀 참발열량과 구별하여 사용한다.

총 유량 최대 압력(總流量最大壓力) maximum full flow pressure　유압 장치에서 펌프가 임의의 정속 회전으로 작동되고 있을 때, 가변 송출량 제어를 시작하기 전의 송출 압력을 말한다.

총 접지 면적(總接地面積) gross ground contact area　표준 공기압을 주입한 타이어에 100 % 하중을 주었을 때 지면과 접촉하는 타이어의 표면적으로, 접지 부분의 바깥 둘레를 둘러싸고 있는 총 면적을 말한다.

총 중량(總重量) gross weight　공차(空車) 중량에 최대 적재 중량을 합한 중량을 말한다. 총중량 = 공차 중량 + 최대 적재 중량이 된다.

최고속 기어 top gear　가장 높은 속도의 맞물림 상태인 기어로, 자동차의 변속비가 가장 작은 기어의 물림을 말한다. 4단이나 5단의 기어 변속식에서 4단이나 5단이 최고속 기어(톱 기어)가 된다.

최고 속도(最高速度) maximum speed　자동차가 최대로 적재된 상태에서 평탄한 노면을 가장 빠르게 달릴 수 있는 속도를 말한다.

최고 속도 시험(最高速度試驗) maximum

speed test　자동차가 연속적으로 주행할 수 있는 최고 속도 및 그때 각부의 작동 상태를 점검하는 것으로, 보통 2 km 이상의 평탄한 직선 도로에서 최소한 2구간의 주행 시간을 측정하며, 스톱워치, 광전관(光電管), 전파 등이 이용된다.

최고 유효 압축비(最高有效壓縮比) maximum effective compression ratio　디토네이션(detonation)의 경우에 노크(knock)를 일으키기 직전의 압축비를 말하며, 유효 압력을 증가시키므로 출력이 증가된다.

최고 차속 제한 기능(最高車速制限機能)　차량의 운전을 보다 안전하게 하기 위해 설치된 것으로서, 차속이 약 180 km/h(경자동차는 약 130 km/h)에 도달하면 차속도 센서가 차속을 검지(檢知)하여 신호를 컴퓨터 유닛에 입력시킨다. 이 신호에 따라서 컴퓨터 유닛은 연료 분사량을 제어하여 차속이 그 이상으로 올라가지 않도록 하고 있다.

최고 출력(最高出力) maximum output ⇨ 최대 출력

최대 견인력(最大牽引力) maximum drawbar pull　엔진의 최대 토크에 의하여 외부에서 발휘할 수 있는 주행 구동력의 최댓값으로, 주행로(走行路)의 점착력, 주행 저항 등의 상황에 의하여 받는 제한을 일정 조건하의 값으로 나타낸 것을 말한다.

최대규모 집적 회로(最大規模集積回路) very large scale integrated circuit ⇨ 초대규모 집적 회로

최대 등판 능력(最大登坂能力) maximum gradability　차가 비탈길을 올라갈 수 있는 가장 큰 기울기를 말한다. 이것은 엔진의 힘과 무게가 관계되고 $\tan\theta$로 표시된다. 1.0이 45°의 경사각이므로, 등판능력 0.4라면 18°의 경사각이 되고, 이것이 그 차가 오를 수 있는 비탈길 기울기의 한도가 된다.

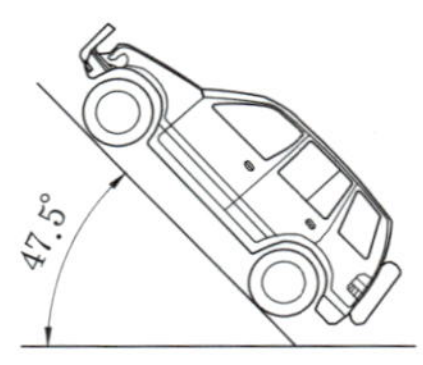

최대 등판능력

최대 마력(最大馬力) maximum horsepower　엔진에 발생하는 마력은 혼합 가스가 연소할 때 폭발력에 의해서 피스톤에 가해지는 압력 및 회전수에 의해 비례하지만, 고속 회전에서는 흡입 효율이 떨어지고 엔진의 각 작동부의 마찰이 증대되어 마력이 손실되므로 어느 한계 이상의 마력은 발생하지 않는다. 따라서 엔진의 최대 마력은 엔진이 최고 허용 회전수에서 발생할 수 있는 최대 출력을 말한다.

최대 서지 전류 maximum surge current　정류 회로에서, 지정된 파형이 짧은 시간 동안만 지속되는 최대의 정방향 전류를 말한다.

최대 안정 경사각(最大安定傾斜角) limit angle of vehicle turn over　공차(空車) 상태로 자동차를 옆으로 기울게 하였을 경우에, 반대측의 전체 차륜이 땅바닥에서 떨어지기 직전의 노면과 수평면이 이루는 각도를 말하는데, 이 각도는 동일 윤거의 자동차에서는 중심 높이가 낮은 것일수록 크게 된다.

최대 적재량(最大積載量) max payload　자동차 메이커에서 설계상 설정된 적재할 수 있는 화물의 최대 중량을 말하는데, 이 최대 적재량을 초과해서 화물을 싣는 것은 법으로 금지되어 있으며, 최대 적재량은 반드시 후면에 표시하도록 의무화되어 있다.

최대 접지 압력(最大接地壓力) maximum ground contact pressure　최대 적재 상태에서 접지 부분에 걸리는 단위 면적에 대한 무게를 말한다. 그러나 일반 자동차의 경우 타이어 접지 부분의 너비 1 cm에 대한 무게(kg/cm)로 나타낸다.

최대 차량 총 중량(最大車輛總重量) maximum gross vehicle weight　프런트와 리어 액슬의 중량 비율의 합계를 이른다. 총 액슬 중량 비율은 하중 적재 구성 부품, 즉 스프링, 타이어와 액슬의 최저 용량으로서 규정한다.

최대 출력(最大出力) maximum output　흔히 마력(馬力)이라고 부르는 것으로, 최고 출력이라고도 한다. 최대 출력의 단위는 ps/rpm 즉 회전수가 어느 정도일 때 최대 마력이 나오는가로 나타낸다. 1 ps란 1초 동안에 75 kg을 1 m 끌어 올리는 힘이다.

따라서 100 ps라고 하면 1초 동안에 7.5톤인 것을 1 m 끌어 올릴 수 있는 힘이다. 엔진이 1분 동안에 몇 회전하는가는 rpm으로 나타내는데, 그 엔진이 몇 회전일 때 몇 마력의 힘이 나오는가를 ps/rpm으로 표시한다. 원칙적으로는 회전수가 높을수록 단위 시간당의 연소 회전수가 늘기 때문에 출력은 상승하지만, 구조나 재질의 차이에 따라 어느 회전수를 넘으면 거꾸로 출력이 떨어지게 된다. 그래서 그 엔진의 가장 큰 마력을 발생하는 회전수는 스스로 정해져 그것이 표시되는 것이다.

최대 출력 혼합비(最大出力混合比) maximum output mixture ratio 최대 출력이 요구되는 경우, 스로틀 밸브를 전개하고 공기와 연료비를 12.5 : 1 정도의 혼합비를 공급하면, 화염 전파 속도가 1이 되어 연소 소요 시간이 가장 짧게 되며 압력 상승률이 크다. 따라서 이때는 비교적 높은 혼합비를 요구한다.

최대 토크 maximum torque 엔진의 회전력이 가장 강할 때의 힘으로서 kg · m/rpm으로 표시하며, 최대 토크 부근의 회전력이 가장 달리기 좋은 포인트가 된다. 토크폭이 넓은 엔진이 일반적으로 사용하기 쉬운 엔진이라고 할 수 있지만 최고 출력이 낮아지는 경향이 있다.

최소 복륜 간격(最小複輪間隔) minimum double wheel clearance 타이어를 복륜으로 설치할 때, 하중을 받으면 발생되는 타이어의 폭이 확장되는 것을 감안하여, 타이어끼리 서로 닿지 않도록 분리하여 설치하는 간격을 말한다.

최소 연료 소비율(最小燃料消費率) minimum specific fuel consumption 엔진 성능 곡선에 나타나는 연료 소비율의 최솟값을 말한다. 일반적으로, 최대 토크 부근에서 연료 소비율이 최소인 경향이 있다.

최소 온 상태 전압 minimum ON-state voltage 사이리스터(thyristor)에서 게이트 단자를 ON 상태로 두고, 전압을 주전극에 가했을 때 미분 저항이 제로가 되는 최소의 순방향 주전압을 말한다.

최소 작동 압력(最小作動壓力) minimum operating pressure 유압 장치에서 기구가 작동하기 위한 최소의 압력을 말한다.

최소 회전 반지름 minimum turning radius 자동차의 핸들을 최대로 회전시킨 상태에서 선회할 때 바퀴가 그리는 동심원 중 바깥쪽 바퀴가 그리는 반지름을 말하며, 이 최소 회전 반지름이 작을수록 좁은 도로에서 회전하는 등 이동이 편리하다. 승용차는 4.5~6 m, 대형 트럭 등은 7~10 m이다. 최소 회전 반지름을 구하는 공식은 다음과 같다.

$$R = \frac{L}{\sin \alpha}$$

여기서, R : 최소 회전 반지름
    L : 축거(wheel base)
    α : 바깥쪽 바퀴의 조향각

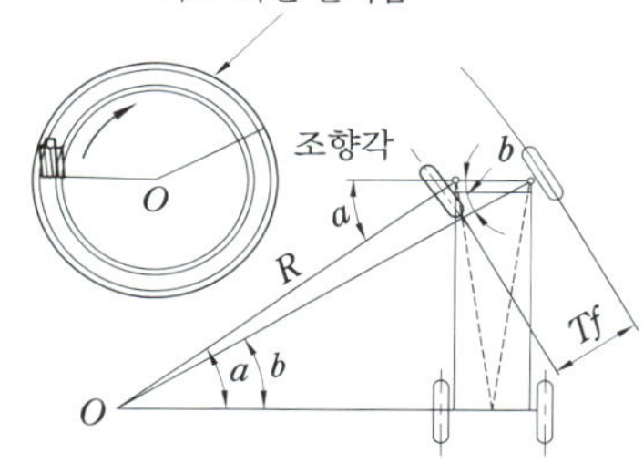

최소 회전 반지름

최저 지상고(最低地上高) minimum ground clearance 자동차의 최저 지점과 접지면 사이의 거리로, 로드 클리어런스라고도 하는데, 보통 디퍼렌셜 기어 하우징의 바닥이 최저 지점이다. 리어 액슬에 쇼크 업소버가 장착될 때 브래킷의 바닥 표면이 차량의 최저 지점이 될 수도 있다. 높은 최저 지상고를 갖는 트럭은 포장도로에서 벗어난 거친 지대(地帶)를 주행하는 데 적합하다.

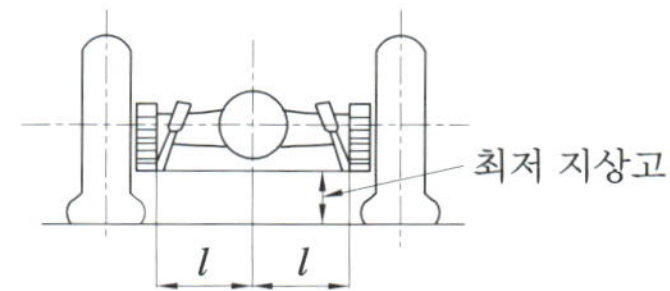

최저 지상고

최종 감속 기어 final reduction gear ⇨ 최종 감속 장치

최종 감속 장치(最終減速裝置) final reduction gear 추진축에서 받은 동력을 직각에 가깝게 바꾸어 뒷바퀴에 전달하고, 최

종 감속을 통해 회전력을 증대시키기 위해 설치하는 감속 장치를 말한다. 종감속 기어, 최종 감속 기어, 종감속 장치라고도 한다. 자동차의 추진축에서 받은 동력을 직각에 가까운 각도로 바꾸어 뒷바퀴에 전달하고, 기관의 출력이나 바퀴의 무게, 지름 등에 따라 알맞은 감속비로 감속해 회전력을 높이는 역할을 한다. 주행 중에 회전을 하거나 길바닥이 고르지 않아 좌우 바퀴에 회전차가 생길 때 자동차가 제대로 회전할 수 있도록 설치하는 차동(差動) 기어와 함께 액슬 하우징에 설치된다. 구동 피니언과 링 기어로 구성되는데, 현재는 스파이럴 베벨 기어와 하이포이드 기어가 주로 사용된다.

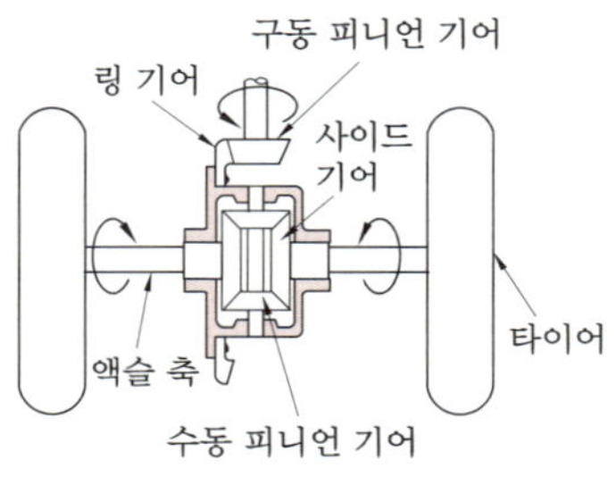

최종 감속 장치

추월 가속 성능(追越加速性能) outstrip acceleration performance   어떤 속도에서 최대로 가속하였을 경우 목표 속도에 다다르는 시간을 나타내는 것으로, 자동차의 가속 성능을 표시하는 한 방법이다. 기어를 일정하게 행하는 방법과 변속하는 방법이 있다.

추종 유동성(追從流動性) following liquidity 금속의 유동성을 말한다. 베어링을 설치한 후에 크랭크축에 변형이 생겼다면 축과 베어링이 접촉되는 부분만 과부하가 걸리기 때문에 고착·균열 등이 일어나게 된다. 그러나 유동성이 있으면 과부하 부분이 경부하 쪽으로 흘러 균일한 부하 상태가 되므로 고착 및 균열 등을 방지할 수 있다.

추진(推進) propulsion   유체(流體)를 후방으로 가속하여 밀어내고, 그 반작용에 의한 힘으로 비행기나 배 및 자동차를 전방으로 추진시키는 것을 말한다. 프로펠러 추진과 제트 추진 등이 있다.

추진력(推進力) propulsive force   물체를 밀어 앞으로 내보내는 힘으로, 자동차가 주행할 수 있도록 밀고 나가는 힘을 이른다. 구동 바퀴가 공기의 저항을 이기고 차체를 밀거나 끌어당겨 주행하는 구동력이 곧 추진력이다.

추진축(推進軸) propeller shaft   보통 자동차에서는 앞쪽에 있는 기관, 클러치, 변속기 등에서 뒤 차축에 회전력을 전달하는 축을 말한다. 중공(中空) 강관이 사용되며, 뒤 차축은 스프링으로 지지되어 상하로 움직이므로, 보통 전후 2개소에 만능 이음을 가진다. 회전을 더 원활하게 하고 바닥을 낮추기 위해 항속(恒速) 이음을 쓰기도 한다. 또 추진축은 길이와의 관계에서 회전 방향으로 무게의 불균형이 조금이라도 있으면 고속으로 인한 원심력 때문에 휘어져서 이음부에서 빠져나와 위험하게 된다.

추진축 센터 베어링 propeller shaft center bearing   추진축을 2 분할하여 조인트 부분을 차체에 탄성 지지하는 중간 베어링으로서, 추진축의 진동이 차체에 전달되지 않도록 고무 등으로 지지한다. 구동 계통 전반의 구부림 강성이 향상되기 때문에, 고속으로 주행할 때의 소음 감소와 위험 회전수에 대한 안전율 향상 및 실내 거주성이 향상된다.

추진축 울림 소음 droning noise from propeller shaft   추진축의 균형 불량으로 생기는 차량 실내에서 저주파의 '윙윙' 하는 소리를 말한다. 조인트의 마모 등에 따라 50~100 Hz 이하로 발생되는 작은 소리이며, 추진축의 불평형은 평형추를 용접하여 수정한다.

축간거리(軸間距離) wheelbase   자동차의 앞바퀴 중심과 뒷바퀴 중심 사이의 거리로, 축거(軸距) 또는 휠베이스라고도 한다. 차량의 차축이 2개인 경우는 프런트 액슬의 중심선 사이의 거리이고, 차축이 3개인 경우는 프런트와 3번째 액슬의 중심선 사이의 거리를 말하며, 탠덤 리어 액슬 장착 크레인 캐리어에서는 프런트 액슬의 중심선과 2개의 리어 액슬 사이의 중간 지점 사이의 거리이다. 4개의 차축을 장착한 크레인 캐리어에서는 그림에 보이는 것과 같이 2개의 프런트 액슬과 2개의 리어 액슬 사이의 중간 지점 간 거리이다. 축간거리가 길수록 더 긴 화물 적재함이 섀시에 장착된다. 그러나 축간거리가 길어짐에 따라 회전 반지름은 비례해서 커진다.

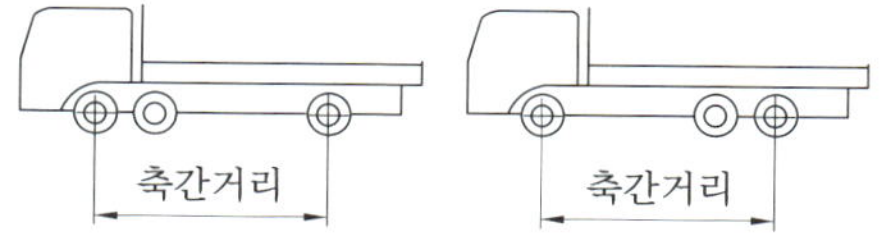

축간 거리

축거(軸距) wheelbase ⇨ 축간거리

축 게이지 shaft gauge ⇨ 스냅 게이지

축류[1](軸流) axial flow　유체(流體) 기계에 있어서 작용 유체의 흐름이 축 방향인 상태를 말한다.

축류[2](縮流) vena contracta　오리피스와 같이 넓은 유로(流路)에서, 급하게 좁고 작은 구멍과 틈의 유출구를 통할 때 유체는 관성 때문에 그 단면보다 작은 단면으로 수축해서 유출하는데, 이때의 현상을 이르는 말이다. 축류의 단면적을 작은 구멍의 단면적으로 나눈 값을 축류 계수라고 하며, 이는 오리피스의 계산식에서 유량 계수에 관계되는 보정 계수이다.

축류식 에어 클리너 axial flow type air cleaner　공기의 흐름이 엘리먼트 위쪽 전면에서 상부 방향으로 끊어짐 없이 부드럽게 흐르도록 한 에어 클리너로서 통기 저항이 감소한다. 또한 엘리먼트의 외주 쪽 공간이 불필요하기 때문에 콤팩트하다.

축류 컴프레서 axial flow compressor　압축기의 일종으로 제트 엔진에서 볼 수 있으며, 회전하는 로터의 주위를 원통형의 하우징이 덮고 있다. 로터에 부착된 여러 단계의 압축 날개와 하우징에 고정된 압축 날개가 서로 교차하여, 배치된 스테이터 날개를 이용해 공기를 압축하는 장치이다.

축류 터빈 axial flow turbine　고정 날개와 회전 날개가 같이 설치되어, 동일 단면의 고정 날개와 회전 날개가 사용되는 반동(反動) 터빈으로, 고정 날개 출구의 증기 속도와 임펠러의 원주 속도가 거의 같을 때 효율이 최대가 된다. 이 때문에 각 단(段)의 증기 팽창은 줄게 되고, 많은 단이 필요하게 된다.

축류형 과급기(軸流形過給機) axial flow type supercharger　과급(過給)에 이용하는 압축기에 축류 컴프레서를 사용한 과급기를 이른다.

축마력(軸馬力) shaft horsepower　원동기의 축부(軸部)에서 출력되는, 실제로 사용할 수 있는 마력을 이른다. 원동기에 공급되는 에너지는 도중에 마찰 등으로 손실되므로, 실제로 사용할 수 있는 마력은 축마력이다. 주로 증기 터빈 및 내연 기관의 마력을 나타내는 데 이용한다. 축마력은 지시 마력에서 기관 내부 및 트러스트 받침, 중간축 받침 등의 마찰 등 손실 마력을 뺀 것으로, 측정하는 위치에 따라 다소 다르지만, 왕복 기관에서는 지시 마력의 85～90 %, 내연 기관에서는 70～80 % 정도이다.

축운동(軸運動) axial movement　회전축의 평행 운동 또는 축 중심선의 운동을 말한다.

축전기(蓄電器) capacitor, condenser　점화 1차 회로의 전류를 저장 또는 송전(送電)하기 위한 부품으로, 서지(surge) 전류로부터 회로를 보호하거나 고전압을 저장 및 송전, 또는 불안정한 전류를 일정하게 안정시키는 기능 등을 수행한다. 일명 콘덴서라고도 한다.

축전기 방전식 점화 장치(蓄電器放電式點火裝置) CDI ; condenser discharge ignition system　콘덴서를 수백 볼트의 전압으로 충전해 놓고, 점화 신호로 이 전압을 순간적으로 점화 코일에 가하는 점화 방식을 말한다. 2차 전압을 높일 수 있으며, 고속에서 비화성(飛火性)이 우수하다. 방전은 사이리스터의 스위칭 특성을 이용한다. 충전하는 고전압은 DC-DC 컨버터에 배터리 전압을 가하여 압력을 높이면서 만들기 때문에 회로가 복잡하고 값이 비싸지만, 2륜 차량의 마그넷 발전에서는 150V 이상의 발전 코일을 갖고 있기 때문에 이 부분이 생략되어 많이 사용되고 있다.

축전지(蓄電池) battery ⇨ 배터리

축전지 용량(蓄電池容量) storage battery capacity　충전한 축전지를 방전했을 때 규정 전압으로 내려갈 때까지 낼 수 있는 전기량으로, 보통 암페어시(Ah)로 나타낸다. 자동차용 축전지의 용량 표시는 25℃를 기준으로 한다. 축전지 용량은 극판의 크기, 극판의 수, 셀의 크기 및 전해액의 양(황산의 양)에 의해 결정된다. 용량 표시 방법에는 공칭 용량, 규격 용량, 실용량 등이 있다.

축전지 점화 방식(蓄電池點火方式) battery ignition system　축전지의 전원을 이용하여 연소실 내의 압축된 혼합 가스에 고온의 전기 불꽃으로 점화하는 방식이다. 점화 시기 조정 범위가 넓지만, 고속 회전에서는 점화 불꽃이 약하며, 구조가 복잡하다. 이 시스템은 축전지, 점화 스위치, 점화 코일, 배전기 및 점화 플러그 등으로 구성되어 있다.

축중(軸重) axle weight　자동차가 수평 상태에 있을 때 1개의 차축에 연결된 모든 바퀴의 윤중(輪重)을 합한 것을 말한다.

축척(縮尺) contraction scale　지표상의 실제 거리와 지도상에 나타낸 거리와의 비율로, 지표면의 상태를 지도에 표시하기 위해 사용한다. 일반적으로 분자를 1로 하는 분수형이나 또는 비형(比形)으로 표시되며, 거리 눈금의 자가 표시되는 경우도 많다. 축척을 나타내는 분수가 클수록, 즉 분모의 수가 작을수록 대축척이며, 축척에는 1/500 정도부터 수천만 분의 1까지 있다. 제도에서의 축척은 실물 크기에 대한 도면의 비율로, 여기에는 실척, 축척, 배척의 세 가지 종류가 있다. 도면을 축척이나 배척으로 그렸을 때에도 치수만은 실물의 치수를 기입한다. 축척은 1/2, 1/2.5, 1/5, 1/10, 1/20, 1/50, 1/100, 1/200 등이 있다.

축 토크 brake torque　엔진의 크랭크축 등 동력을 인출하는 장치를 이른다. 측정에는 동력계를 사용하며, 엔진 회전에 역행하는 힘 즉 브레이크를 걸었을 때 반발력(半撥力)에서 얻어진다.

출력(出力) output　(1) 엔진, 전동기, 발전기 등이 외부에 공급하는 기계적·전기적인 힘을 말한다. (2) 카 스테레오나 앰프의 전기적 출력을 말하지만, 표시 방법에는 여러 가지가 있다. 최대 출력이란 것은 음량을 최고의 상태로 낼 수 있는 출력을 말하고, 무변형으로 낼 수 있는 출력으로

오디오 기기에서는 사용상 지장이 없는 정도의 변형을 포함한 출력을 말한다. (3) 컴퓨터 등의 기기나 장치가 입력을 받아 일을 하고 외부로 결과를 내는 일을 말한다.

출력 곡선(出力曲線) output power curve　출력은 단위 시간당 행한 일의 기계적 동력의 측정이기 때문에, 출력은 엔진 회전수의 증가와 더불어 증가한다. 그러나 출력 곡선은 회전수의 증가에 따라 마찰이 더욱 증가하고 공기 흡입 효율이 증가되지 않으므로, 출력이 최고점을 이른 후 감소되기 시작하는데, 그 최고치는 엔진의 최대 마력을 나타낸다.

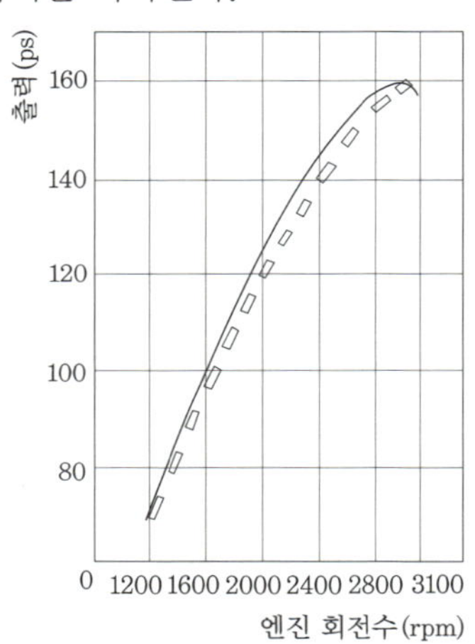

출력 곡선

출력 공연비(出力空燃比) output air fuel ratio　가솔린 엔진에서 출력이 최대가 되는 공연비로서, 이론 공연비보다 농후한 13：1 정도의 공연비를 말한다.

출력 신호 점검(出力信號點檢) output signal test　신호가 실제로 부품에 이르는지의 여부를 점검자가 확인할 수 있도록, 컴퓨터가 신호를 보내 솔레노이드나 릴레이가 작동하도록 하는 것을 이른다.

출력 음압 레벨 sound pressure level　앰프로부터 전달받은 전기 신호를 소리로 바꾸는 스피커의 능률을 출력 음압이라고 하는데, 이 출력 음압의 정도를 표시하는 것을 이르는 말이다. 단위는 dB로 표시한다. 즉, 1W의 신호를 입력했을 때 스피커의 전방 1m의 위치에서 얻을 수 있는 음압 레벨(음의 크기)을 말하는 것이다. 따라

서 일반적으로 능률이 높은 스피커는 출력 음압 레벨의 수치가 커지게 된다.

출력축(出力軸) output shaft　엔진과 변속기에서 동력을 전달하는 축을 이른다.

출력 혼합비(出力混合比)　엔진의 출력은 공연비(空燃比)에 따라 변한다. 너무 과농하거나 너무 희박하면 출력이 떨어지고, 최대 출력은 이론 공연비보다 약 10 % 정도 과농한 혼합비에서 얻어진다. 이때의 혼합비를 이르는 말이다.

출발 가속 성능(出發加速性能) departure acceleration performance　정지 상태로부터 가속을 할 때 나타나는 자동차의 성능을 이른다. 일정한 거리를 주행하는 데 필요한 시간으로 나타내는 방법과, 출발하여 일정한 주행 속도에 도달하기까지의 소요 시간으로 나타내는 방법이 있다.

출발각(出發角) departure angle　자동차의 뒷부분 하단에서 뒷바퀴 타이어 외주로의 접평면이 지면과 이루는 최소 각도를 이른다. 차에 어떠한 고착 부분도 이 각도에서는 존재하지 않는다.

충격력(衝擊力) impact force　타격을 받거나 충돌을 하였을 때, 물체와 물체 사이에 생기는 접촉력의 세기(힘)로, 힘이 작용하는 시간은 매우 짧지만 힘의 크기는 매우 크다.

충격 볼트 shock bolt　쇼크 볼트라고도 하는데, 몸체 부분을 가늘게 하거나 구멍을 뚫어 단면적을 작게 해 충격력을 흡수하는 데 사용한다.

충격 시험(衝擊試驗) impact test　금속 재료 시험의 일종으로서, 소정의 시험기를 사용하여 시험편을 단 1회의 충격으로 파괴하고, 이때 시험편이 흡수하는 에너지의 대소에 의해 인성(靭性)과 취성(脆性)을 판정하기 위한 충격치를 측정하는 시험이다. 이 시험에 사용하는 기계를 충격 시험기라고 하는데, 이이조드식과 샤르피식 등의 종류가 있다.

충격 완충기(衝擊緩衝器) shock absorber
⇨ 쇼크 업소버

충격치(衝擊値) impact value　재료의 내충격성을 나타내는 값으로, 시험 방법은 아이조드식과 샤르피식이 있다. ① 아이조드 충격치 : 시험편을 절단하는 데 필요한 에너지(kg· −m) ② 샤르피 충격치 : 시험편을 절단하는 데 필요한 에너지(kg· −m)를 노치(nitch) 부분에서의 원단면적(cm²)으로 나눈 값(kg· −m/cm²).

충격 하중(衝擊荷重) impact load　속도를 갖는 물체가 구조물에 충돌하거나 유사한 상황이 됨으로써 작용하는 하중으로, 차의 충돌, 급브레이크, 인간의 도약 등이 포함된다.

충격 흡수 범퍼 shock absorption bumper　만일의 충돌 시에 범퍼 자체가 변형하거나 파괴됨으로써 충돌 시의 충격을 흡수하는 것을 이른다. 최근의 자동차는 보디와 일체의 디자인으로 되어 있는 것이 많다. 충격 흡수 범퍼는 충격 흡수용 범퍼 업소버(유체 쇼크 업소버)를 사용한 것으로서, 고강도 보디 프레임 등과 매치하여 미국 안전 기준을 넘는 성능을 가진다. 이 밖의 충격 흡수 범퍼로서는 우레탄 폼을 흡수제로 한 우레탄 범퍼도 있다.

충격 흡수 보디 shock absorption body　보디 전후부의 충돌 에너지를 받으면서 변형하는 크러셔블(crushable) 영역을 갖는 보디 구조를 이른다. 정면 충돌 시 및 후면 충돌 시의 에너지를 크러셔블 영역이 변형함으로써 효율성 있게 흡수하고, 탑승자에게 미치는 충격을 최소한으로 억제한다. 크러셔블 보디라고도 한다.

충격 흡수 스티어링 shock absorbing steering　운전자가 스티어링 휠에 부딪쳤을 때 충격을 완화시키면서, 차체의 프런트 부분이 충돌했을 때 스티어링 칼럼이 실내로 파고들지 않도록 하기 위한 장치이다. 구조적으로 칼럼을 지지하고 있는 브래킷이 구부러지는 펜딩 타입, 칼럼과 시프트에 마련된 벨로즈가 찌그러지는 벨로즈 타입, 샤프트 가운데에 취부된 실리콘의 저항력을 이용한 실리콘 러버 봉입식, 칼럼의 일부가 망사처럼 생겨서 이 부분이 찌그러지는 메시 타입 등이 있다.

충격 흡수식 조작 기구(衝擊吸收式操作機構) energy absorbing steering column　충돌 사고가 발생했을 때 운전자의 부상을 가볍게 하기 위한 기구로서, 충돌에 의해 차체가 파손(1차 충돌)되었을 때, 조향 장치가 운전자 쪽으로 튀어나와서 운전자가 부상당하는 것을 막고, 운전자가 관성에 의해 조향 장치에 부딪힐 때(2차 충돌)의 충격을 줄이는 구조로 되어 있다.

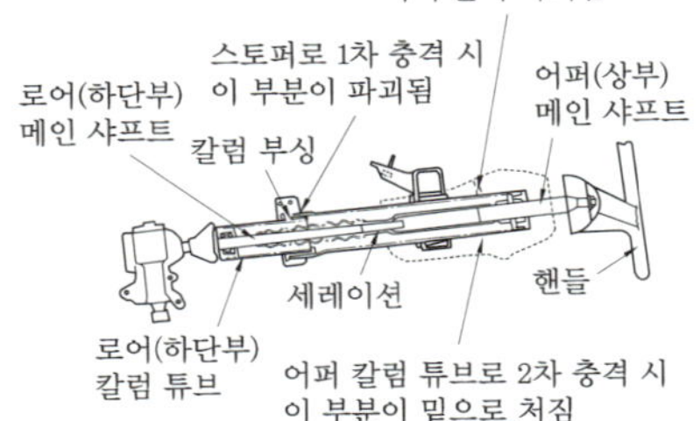

충격 흡수식 조작 기구

충격 흡수식 조향축(衝擊吸收式操向軸) col-lapsible steering column 자동차 충돌 시나 충격에 의해 차체가 파손되면서 조향 장치가 운전자 쪽으로 밀려나와 운전자가 당하는 1차 충돌과, 운전자가 그 관성에 의해 다시 조향 장치에 부딪히게 되는 2차 충돌의 충격을 흡수하는 장치로서, 조향축 관이 변형되어 충돌 에너지를 흡수하는 볼식(ball type)과 메시식 또는 벨로즈식이 있다.

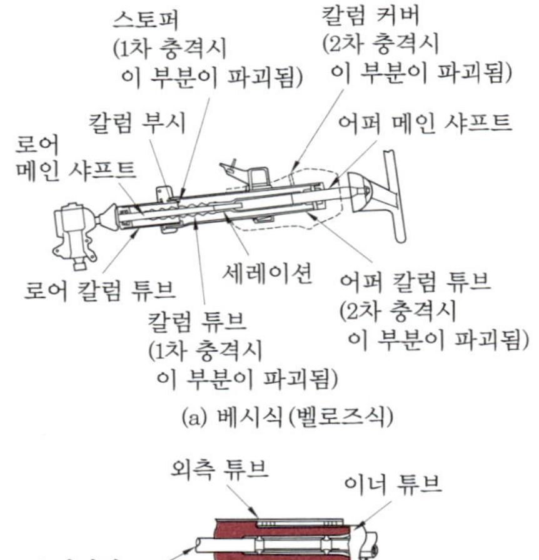

(a) 베시식(벨로즈식)

(b) 볼식

충격 흡수식 조향축

충격 흡수식 핸들 shock absorber type handle ⇨ 충격 흡수 스티어링

충방전 사이클 charge discharge cycle

배터리가 완전히 충전된 상태에서 방전된 다음, 다시 완전 충전될 때까지의 화학 작용을 말한다.

충전(充電) charge, charging (1) 축전지 또는 콘덴서에 전원으로부터 방전할 때와는 반대로, 전류를 흘려서 에너지를 축적하는 것으로, 이를 차지 또는 차징이라고도 한다. 축전지에서는 극판에 일어나는 화학 반응의 결과로 생기는 화학적 에너지로서, 또 콘덴서에서는 유전체 중의 정전 에너지로서 에너지가 축적된다. (2) 송전선에 전압을 가하는 것을 이른다.

충전 경고등(充電警告燈) charge warning lamp 일반적으로 점화 스위치를 켜면 점등되었다가, 엔진 시동을 걸면 꺼지는 경고등을 이른다. 따라서 시동을 걸 때 잠깐 켜지는 충전 경고등은 정상이지만, 달리는 도중에 충전 경고등이 들어오면 차에 문제가 생긴 상태이므로, 즉시 차를 세운 다음 엔진을 끄도록 한다. 그리고 보닛(bonnet)을 열고 팬벨트의 상태를 점검해야 한다.

충전기(充電器) charger 축전지(2차 전지)에 충전을 하는 기기로, 차저라고도 한다. 정류기에 의한 직류 전압을 사용하여 방전 후의 전지에 전압을 가하여 충전을 한다.

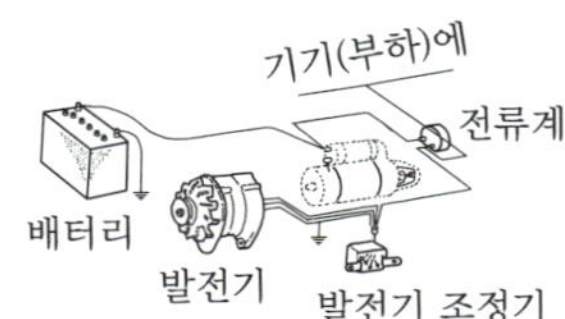

충전기

충전 능력(充電能力) charge force 배터리를 충전·유지할 수 있도록 해 놓고 상태 시험을 할 때 나타나는 결과를 말한다.

충전 밸브 charge valve LPG를 충전할 때 사용하는 밸브로서, 항상 열려 있고 내부에 안전밸브가 내장되어 있다. 안전밸브는 주변 온도 상승(화재) 등에 대비하여 내압이 24 kg/cm^2 이상이 되면 열려 LPG를 밖으로 방출시킨다. 봄베 내의 압력이 16 kg/cm^2 정도로 떨어지면, 스프링의 힘에 의해서 닫혀 외부로 누출되는 것을 차단시킨다. 이때, 봄베 내의 압력을 일정하게 유지하여 폭발물의 위험을 방지한다.

충전율(充電率) charging rate 축전지를

어떤 전류 i로 h시간 충전하여 충전이 완료되었을 때를 i전류에 대한 h시간율 충전이라 하는데, 이때 h를 이르는 말이다.

충전 장치(充電裝置) charging system 자동차의 모든 전원을 공급해 주는 시스템으로, 차징 시스템이라고도 한다. 전기 장치와 일정한 관계에 있는 충전 장치에는, 발전기와 충전 회로를 적절한 상태로 만들어 주는 조정기, 충전 상태를 알려 주는 전류계(충전 경고등)가 있다.

충전 전류(充電電流) charging current (1) 전극 계면의 전기 이중층이 하전되기 때문에 흐르는 전류를 이른다. (2) 콘덴서가 하전되기 때문에 흐르는 전류로, 이것은 비패러데이 전류로서 전지의 충전 전류와는 다르다. 전지의 경우에는 전기 화학 반응에 기인하여 흐르는 전류를 가리킨다.

충전 전류계(充電電流計) charge ammeter ⇨ 암미터

충전 지시기(充電指示機) charge indicator 발전기에서 전기를 만들어 배터리에 공급하기도 하고, 충전이 완료될 경우 점화 장치, 점등 장치에 전기를 공급하게 되는데, 발전기에서 전기를 만들어 각 부분에 전기를 공급하는지의 여부를 알려 주는 램프를 말한다. 충전이 안 될 경우엔 적색 경고등이 켜지며, 볼타미터로 표시하는 자동차의 경우에는 ⊕쪽으로 지시하는 계기를 말한다.

충전 회로(充電回路) charging circuit 발전기에서부터 축전지까지 전선으로 연결하여 충전 전류가 공급되도록 하는 회로를 말한다.

충전 효율(充電效率) charging circuit 축전지를 방전한 후 다시 충전하는 경우, 방전의 상태로 충전이 될 때까지의 충전량에 대한 방전량의 비를 말한다.

취성(脆性) brittleness 재료가 외력에 의하여 영구 변형을 하지 않고 파괴되거나 극히 일부만 영구 변형을 하고 파괴되는 성질을 이른다. 인성(靭性)과는 반대되는 성질로, 항력이 크며 변형능이 작다. 그리고 여리고 약하여 충격 하중에 쉽게 파괴되는 성질이다. 고온 취성, 청열 취성, 저온 취성, 수소 취성 등이 있다.

취화 온도(脆化溫度) brittle temperature 고무와 플라스틱 등이 저온에 노출되어 취화되었을 때 급격히 외력을 받아 균열이나 파괴를 발생시키는 온도를 말한다. 공학적으로는 내한성(耐寒性)의 기준으로 사용된다.

측면 굽힘 시험 side bend test 용접 이음으로부터 비드에 직각 방향으로 절단하여 시험편을 채취, 용접부의 측면을 굽히는 시험을 말한다.

측면 충격 흡수 장치(側面衝擊吸收裝置) side impact absorption device 자동차 충돌 시, 측면에서의 충격을 보디의 넓은 범위로 분산시켜 흡수하고, 필러나 도어 등 승객에 가까운 부분으로 집중하지 않도록 구성한 차체 구조를 이른다.

측면 필릿 용접 side fillet weld 용접선의 방향이 전달하는 응력의 방향과 거의 평행을 이루는 필릿 용접을 말한다.

측방 조사등(側方照射燈) side irradiation lamp ⇨ 코너링 램프

측압(側壓) (1) **side thrust** 피스톤의 상승·하강 행정 때 피스톤이 실린더 벽과 접하여 발생하는 압력을 말한다. (2) **lateral pressure** ① 유체, 분체(粉體), 입체(粒體) 등이 용기 또는 이들에 접하는 물체의 측면에 작용하는 압력을 말한다. 예를 들면, 옹벽, 지하벽, 거푸집널, 시트 파일 등에 작용하는 토압, 거푸집에 가해지는 콘크리트의 수평 방향의 압력, 분체, 입체의 사일로벽에 미치는 압력이다. ② 전단(剪斷)을 받는 리벳이나 볼트가 리벳이나 볼트 구멍의 측벽에 미치는 압력을 말한다.

측정(測定) measure, measurement 길이, 질량, 압력, 온도, 시간, 전기 등의 물리량을 기준량에 의해 수치를 이용해서 표시하는 조작을 말한다. 일반적으로, 물리량은 측정량과 같은 종류의 일정량을 단위로 하여 그것과 비교한 배수 값으로 구한다.

층(層) layer (1) 보통 전리층을 지칭한다. (2) 한 번 또는 그 이상의 패스로 형성된 용착 금속의 층을 말한다.

층간 단락(層間短絡) layer short 권선 기기의 코일은 상층에서 하층까지 각층 사이에 절연이 되어 있는데, 이 절연이 파괴되어 층간에서 부분적인 단락을 일으키는 현상

을 이르는 말이다.

층간 박리(層間剝離) delamination　(1) 도장(塗裝)에서, 겹쳐 바른 페인팅과 페인팅 사이에 틈이 생기거나 벗겨지는 현상으로, 도료의 밀착 불량이나 도장 면의 오염 등이 원인이 되어 일어난다. (2) 용접에 의해 판 두께 방향으로 강한 인장 구속력이 생기는 이음에 있어서, 용접 열 영향부의 외측이나 강재 표면과 평행하게 진행되는 계단 모양의 박리 균열을 말한다.

층류(層流) laminar flow, streamline flow　유체(流體)의 각 부분이 상호 얽힘 없이 질서정연하게 흐르는 상태를 말한다. 흐름이 균일한 물속에 원주(圓柱)를 놓을 경우, 유속(流速)이 작으면 물은 물체를 우회하면서 변함없이 정상적으로 흘러가며, 이때 물의 유선(有線)은 교차되지 않는데, 이런 흐름을 층류라고 한다. 유속이 커지면 물체의 뒤쪽(하류)에 유선이 끊긴 소용돌이가 발생하고, 유속을 더욱 크게 하면 소용돌이는 원주에서 떨어져 전체 흐름을 따라 하류 쪽으로 흘러가게 된다. 이런 상태를 난류(亂流)의 발생이라고 한다. 그런데 원주에서 조금 떨어진 곳에서는, 흐름이 정상적이고 유선은 규칙적인 모양이며 층류의 상태를 유지한다. 따라서 자동차나 비행기는 난류가 발생하지 않도록 유선형으로 설계한다.

층상 급기(層狀給氣) stratified charge　배기 중의 일산화탄소(CO), 질소 산화물(NOx)의 생성을 줄이기 위하여 희박 혼합 가스를 공급하고 이것을 쉽게 연소시키는 방식을 이른다. 점화 플러그 부근의 부연소실에 희박 혼합 가스와 별도로 약간 진한 혼합 가스를 공급하고, 이것을 점화시켜 주연소실의 희박 혼합 가스를 확실히 연소시킨다.

치사율(致死率) lethality　교통사고 사상자 100명당 사망자 수의 비율을 말한다. 예컨대, 안전벨트 장착자의 치사율은 100명당 0.36, 한편 비장착자의 치사율은 2.59로서 약 7.2배가 된다(일본 경찰청 조사, 1989년).

치즐 chisel　⇨ 정

치프 드라이버 chief driver　별명으로 메인 드라이버 또는 간단히 드라이버라고도 하며, 코드라이버(co-driver)와 구별한다. 랠리 경기에는 필히 2인 이상이 1조가 되어야 하는데, 이 경우 각 차량의 주전급 드라이버를 이르는 말이다. 이것은 차량 단위에 국한되지 않고 팀 단위로도 사용되며, 이때는 경험과 지식이 가장 풍부한 드라이버가 치프 드라이버가 된다. 또 팀 내에서는 이런 종류의 드라이버를 에이스 드라이버라고도 한다.

치핑 chipping　자동차의 도장(塗裝)에서, 주행 도중에 차바퀴에서 튀어 날아온 작은 돌멩이 등의 충격으로 도장 층이 떨어져 나가는 현상으로, 스톤 브루즈라고도 한다. 일반적으로, 중간 도장의 도막(塗膜)에 내치핑성을 주는 경우가 많다. 치핑으로부터 도막을 보호하기 위하여, 자동차의 측면 하부에 투명한 테이프(소재는 우레탄을 많이 씀)를 부착하는 경우도 있다.

치핑 해머 chipping hammer　용접할 때 슬래그 및 스패터의 제거, 용접 금속의 열간 충격, 용접부의 뒷면 손질 등 다목적으로 사용되는 강제 해머를 이른다. 여러 가지 모양이 있지만, 대개 한쪽 머리는 뾰족하며, 와이어 브러시와 더불어 용접공에게는 항상 필요한 공구이다.

치형 벨트 toothed belt　⇨ 코그(cog) 벨트

친 스포일러 chin spoiler　자동차의 전면 하부에 붙인 턱 모양을 닮은 스포일러(고속 주행 시 차체가 뜨는 것을 방지하는 장치)를 말한다. 보디 밑에 들어오는 기류를 적게 하고, 차체 앞부분이 하향하는 힘(다운포스)을 얻는다.

칠 날림 부분　도장(塗裝)할 때, 새로 칠한 페인팅과 원래 페인팅의 색이나 표면이 달라 보이지 않도록, 시너의 희석을 많이 한 도료로서, 경계 부분이 잘 융합되도록 분사하는 작업을 칠을 날리는 분사라고 하는데, 이때 막의 두께가 서서히 얇아지도록 분사하는 것이 중요하다. 페인팅의 성능이 불안정해지기 쉽기 때문에, 가능한 한 좁은 범위로 분사하는 것이 좋다. 일반적으로 '보카시'라고 하는데, '보카시'는 일본말이고, 영어로 그러데이션(gradation)이라는 말로 바꿔 쓰도록 할 필요가 있다.

칠드 주물 chilled castings　주물의 일부분을 특히 다른 데보다 급속히 냉각해서 단단한 표면을 만들고 싶을 경우에 실행하

는데, 주형(鑄型)을 만들 때에 그것을 고려하여 그 부분만이 급랭되도록 한다. 이렇게 해서 만들어진 주물을 이르는 말이며, 보통 주철의 경우에 사용한다. 실제로 사형(砂型) 주물로 제품을 만드는 경우, 급랭하려는 부분의 표면에만 금속편이 닿도록 형(型)을 만들면, 이 부분이 빠르게 냉각되므로 주철의 백선화(白銑化)가 일어나 단단해진다. 이런 현상을 칠드화라고 하며, 압연(壓延) 롤이나 차의 바퀴 등에 사용된다.

칠드 주철 chilled cast-iron 주물의 일부 또는 전체 표면을 높은 경도(硬度) 또는 내마모성으로 만들기 위해 금형에 접해서 주철용탕을 응고 및 급랭시켜서 제조하는 주철 주물로, 롤러, 차축, 실린더 라이너 등에 사용한다.

70 시리즈/80 시리즈 70 series/80 series 타이어 단면의 폭에 대한 높이의 비율인 편평비를 시리즈로 칭하는데, 그 편평비가 70 또는 80인 타이어 종류를 이르는 말이다. 편평비가 작으면 고속 주행에 안전하다.

침식(浸蝕) erosion 재료의 표면에 충격적인 힘을 받아 부분적인 손상을 입는 현상을 말한다. 고체뿐 아니라 액체 중의 기포나 기체 중의 물방울 등의 충돌에 의하여 발생할 수도 있다. 부식(corrosion)과 유사한 용어이지만, 침식은 단독으로 발생하는 일이 드물며 기체나 액체에 의한 부식을 수반하는 경우가 많다.

침입 결함(侵入缺陷) penetration 플래시 (flash) 용접 및 전기 저항 용접관 등의 압접에서, 부적당한 용접 조건 때문에 접합된 단면(端面)이 산화된 상태에서 압접됨으로써 용접부에 잔류하는 내부 결함을 이른다. 크기는 0.2~5 mm의 긴 원형이다.

침탄법 (浸炭法) carbonizing method 탄소의 함유량(0.2 % 이하)이 적은 저탄소강을 탄소 또는 탄소를 많이 함유한 목탄, 골탄 등으로 표면에 탄소를 침투시켜 고탄소강으로 만든 다음에, 이것을 급랭시켜 표면을 경화시키는 방법이다. 침탄 후 담금질 열처리를 케이스 하드닝이라고 한다. 침탄법에는 고체 침탄법, 액체 침탄법(청화법), 가스 침탄법 등이 있다.

카 car　자동차, 차의 뜻이다.

카고 룸 cargo room　화물칸을 말한다.

카고 시스템 박스 cargo system box　카고 룸 매트의 아래에 세차 용구, 왁스 등 작은 물건을 정리하여 둘 수 있는 보관 장소를 말한다.

카 노크 car knock　착화가 일정하지 않거나 카뷰레터의 동요 등으로 엔진 출력에 변동이 생겨 차체가 앞뒤로 흔들리는 현상을 말한다.

카드뮴 cadmium　주기율표의 12족인 아연족 원소 중 하나이다. 아연과 함께 나는 하얀 은빛 금속으로, 연성(延性)과 전성(展性)이 좋고 중성자를 흡수하는 능력이 있어서 도금, 합금, 원자로의 연쇄 반응을 조절하는 데 쓴다. 원자 기호 Cd, 원자 번호 48, 원자량 112.41이다.

카드뮴 테스트 cadmium test　전용 전압계와 카드뮴 봉을 사용하여 자동차의 축전지를 시험하는 것이다.

카드뮴 표준 전지 cadmium standard cell　양극에 수은, 음극에 카드뮴, 전해액에 황산카드뮴의 포화 용액을 이용한 표준 전지로 웨스턴 전지라고도 불린다. 기전력(起電力)의 온도 계수가 작고, 경년 변화는 1년에 수 μV로 작기 때문에, 전위차 측정 시의 표준 전기로 널리 사용된다. 기전력은 20℃에서 약 1.01864 V이다.

카드뮴 옐로 cadmium yellow　황화카드뮴을 주성분으로 하는 노란색의 안료(顔料)이다. 카드뮴 염의 수용액에 황화수소 또는 황화나트륨을 넣어 침전시켜 만든다. 플라스틱, 래커 등을 착색하는 데 사용한다.

카드 엔트리 시스템 card entry system　승하차 시 또는 트렁크 내의 화물 출입 시 키를 사용하지 않고 스위치만으로 잠금이 풀리는 장치이다. 차내에 있는 컨트롤 유닛이 도어 미러와 리어 범퍼에 있는 안테나로 카드와 교신을 하여 조회 결과가 일치하면 작동한다.

카레라 팬 아메리카나 Carrera Pan Americana　멕시코에서 열리던 장거리 카 레이스이다. 팬 아메리칸 하이웨이(고속도로)의 완성을 축하하기 위해 1950년부터 시작된 장대한 로드 레이스이다. 3,346 km의 거리를 6일 간 달렸으며 수백만의 관객이 몰리는 등 인기가 높았다. 그러나 사망자가 속출하여 1954년을 마지막으로 중단되었다.

카 레이싱 car racing　2대 이상의 자동차가 일정한 룰에 따라 정해진 코스를 달려 속도를 겨루는 경기이다. 1894년 프랑스의 파리~루앙 간에 실시된 레이스가 세계 최초의 자동차 경주이다. 참가하는 차의 종류에 따라 1인승 오픈 레이스, 전용차에 의한 포뮬러 레이스, 실용성을 갖춘 스포츠카 레이스, 일반 실용차에 의한 투어링 카 레이스가 있다.

카로체리아 carrozzeria　이태리의 자동차 공방을 말한다. 자체 디자인 능력을 갖추고 있다.

카르노 사이클 carnot cycle　열기관의 최고 열효율을 알아 내기 위해 카르노가 발표한 열역학상의 가역 사이클을 말하며, 카르노 순환이라고도 한다. 2개의 등온 변화와 2개의 단열 변화를 가정하고, 기체를 등온 팽창, 단열 팽창, 등온 압축, 단열 압축의 순서로 변화시켜 처음의 상태로 복귀시키는 열역학 사이클을 말한다.

카르노 순환　⇨ 카르노 사이클

카르단 샤프트 cardan shaft　휨 조인트(이음쇠) 또는 유니버설 조인트를 가진 축으로서 자동차의 드라이브 라인을 말한다.

카르단식 동력 전달 장치 cardan shaft transmission 유니버설 조인트 또는 가요축(可撓軸) 등을 사용해 주 전동기의 회전력을 동축(動軸)으로 전달하는 장치를 말한다. 전동기를 경량화할 수 있어 진동 방지에 효과가 있다.

카르단 조인트 cardan universal joint 유니버설 조인트의 일종으로서 훅 조인트, 크로스 조인트, 십자 계수(十字繼手)라고도 한다. 카르단은 16세기 이태리 출신으로 카르단 조인트의 발명자이다. 십자형 핀(크로스 스파이더)의 선단에 Y자형의 요크를 마주보게 설치한 형태로서 추진축이나 조향 축에 많이 사용된다. 조인트는 설치 각도에 따라 회전을 받는 축의 회전 속도가 증가되므로 2조를 세트로 사용한다. 이 속도 변화를 카르단 조인트의 각속도(角速度) 변동 또는 카르단 조인트의 불등속성이라 한다.

카르만 보텍스 에어 플로 센서 Karman vortex air flow sensor 전자 제어식 엔진에서 흡입 공기량을 계측하는 장치이다. 공기의 흐름 가운데에 기둥을 놓으면 기둥의 하류에 유속에 비례한 주파수를 지닌 소용돌이가 주기적으로 발생한다. 이 소용돌이의 주파수를 측정함으로써 공기량을 구할 수 있다. 소용돌이를 검출하는 방법에는 초음파를 이용하는 방법과 미러의 진동으로 맴돌이 압력을 파악하여 빛으로 검출하는 방법이 있다.

카르만 와류식 Karman vortex type 공기 흐름 속에 발생되는 소용돌이를 이용하여 흡입 공기량을 검출하는 방식이다. 발신기에서 내보낸 초음파가 카르만 와류에 의해 잘리면, 카르만 와류수만큼 밀집되거나 분산된 후 수신기에 전달된다. 이때, 변조기에 의해 전기적 신호로 컴퓨터에 전달되어 연료 분사량이 증감하게 된다.

카르만 와류 에어 플로 미터 Karman vortices air flow meter ⇨ 카르만 보텍스 에어 플로 센서

카르만 와류 현상 Karman vortex 공기 흐름부의 중간에 와류 발생기 등을 설치하면 기둥 위의 공기 흐름부에 와류가 발생하는 현상을 말한다.

카르만의 소용돌이 Kármán's vortex street 점성(粘性) 유체 속에 놓인 물체의 하류 쪽에 규칙적으로 발생하는 소용돌이 열(渦列)을 말한다. 카르만은 이 소용돌이의 안정성을 조사하고 원주의 하류 쪽에 번갈아 반대 방향으로 발생하는 규칙적인 소용돌이의 거리 a와 소용돌이 열(列)의 간격 b가 $b/a = 0.281$의 관계를 충족시킬 때에 한하여 안정됨을 증명했다. 한편, 카르만의 소용돌이의 규칙성을 잘 이용하여 소용돌이의 발생 주파수를 계수하여 유량을 측정하는 것으로 소용돌이 유량계가 있다. 프로세스 공업용, 자동차용 등으로 널리 쓰이고 있다.

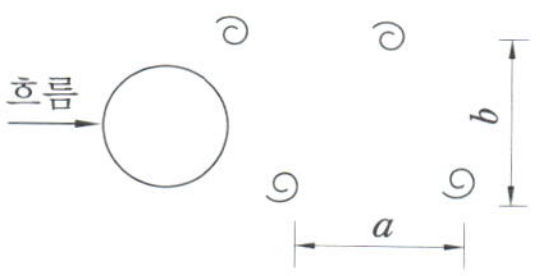

카르만의 소용돌이

카 매니저 car manager 자동차 전문 관리자라는 뜻으로, 고객에게 자동차에 관한 정보 제공과 상담은 물론이고 출고에서부터 안전 운전과 경제 운전, 애프터서비스, 폐차까지 지속적으로 자동차 생활(car life)의 전반적인 문제 등을 관리해 주는 새로운 개념의 판매 전문가를 말한다.

카멜레온 기구 미터 패널면 및 문자와 눈금의 색이 주간과 야간으로 변화하는 기구가 달린 계측기를 말한다. 예컨대 미라주의 경우, 주간의 패널면은 흰 문자와 눈금이 흑색으로 확실히 콘트라스트를 연출하고, 야간의 라이팅 스위치가 ON일 때는 패널면은 다크 블루로, 문자와 눈금은 그린이 된다.

카바이드 carbide 탄화칼슘의 속칭으로 단단한 결정성의 백색 고체이다. 물과 화합하여 아세틸렌을 발생한다. 주로 가스 용접에 사용된다.

카버라이징 프레임 carburizing flame 가열한 금속에 탄소를 침투시키는 가스 화염을 말한다.

카버런덤 carborundum 탄화규소(SiC)의 상품명이다. 규사와 코크스를 전기 저항로에서 약 2,000℃의 고열로 가열하여 만든 결정체이다. 녹는점이 높고 재질이 단단하

며, 순수한 것은 녹색을 띠고 불순물이 섞인 것은 흑색이다. 용도는 연마재, 내화 재료용으로 쓰인다.

카베큐 carbecue 폐차 처리 장치를 말한다.

카본 노크 carbon knock 피스톤 헤드 또는 연소실 벽에 카본이 퇴적하여 조기 점화가 발생될 때 일어나는 노킹 현상을 말한다.

카본 댐 carbon dam 연료 분사 장치에 사용되는 실(seal)로, 노즐과 함께 헤드 속에 압입(壓入)되어 실린더 헤드 보어(cylinder head bore) 내에 카본이 축적되는 것을 방지한다.

카본 브러시 carbon brush 회전 부분과 미끄럼 접촉으로 전류를 흐르게 하기 위한 탄소의 블록이다. 직류 발전기는 정류자 편과 접촉되어 교류를 직류로 정류 작용을 하며, 교류 발전기는 슬립 링과 접촉되어 축전지 전류를 로터 코일에 공급한다. 기동 전동기에서는 정류자와 접촉되어 전류의 흐름을 한쪽 방향으로만 흐르게 하는 작용을 한다.

카본 블랙 carbon black 미세한 탄소 분말로, 입자는 보통 구형이며 흑연보다 규칙성이 작은 결정성 물질이다. 보통 탄화수소를 부분적으로 연소시켜 그을음 형태로 얻는다. 주로 자동차 타이어, 다른 고무 제품의 강화제, 인쇄용 잉크, 페인트, 먹지 등에 사용한다. 자동차 표준 타이어 무게의 1/4 정도가 카본 블랙이며, 유조차나 병원차 같은 자동차에 쓰이는 타이어는 정전하(靜電荷)가 바퀴에 축전되는 것을 방지하기 위해 카본 블랙을 첨가하여 고무의 전기 전도도를 크게 한다.

카본 섬유 강화 복합 재료 ⇨ 탄성 섬유 강화 수지

카본 수트 carbon soot 디젤 엔진에서 배출되는 매연을 말한다. 가솔린 엔진에서는 혼합 가스가 진할 경우에 발생하기 쉬우며, 디젤 엔진에서는 압축된 공기와 분무된 연료가 충분히 혼합되지 않아 불완전 연소가 일어났을 때 발생하기 쉽다.

카본 스러스트 베어링 carbon thrust bearing 엔진의 동력을 전달하거나 차단하는 릴리스 베어링의 일종으로 흑연을 사용한다.

카본 아크 램프 carbon arc lamp 음극과 양극에 탄소 막대를 쓰고 양자 간에 발생하는 아크를 이용한 램프이다.

카본 저항선 carbon resistance wire 직물 또는 파이버글라스에 흑연 입자를 채운 특수 반도체 코어(special semiconductive core)로 된 점화 장치 케이블을 말한다. 고전압이 흐르는 곳이나 라디오, 텔레비전의 간섭을 받지 않게 할 목적으로 사용한다.

카본 침전물 carbon deposits 피스톤, 링, 밸브에 침적된 연소 생성물로, 이 생성물은 이들 부품에 나쁜 영향을 미친다.

카본 캐니스터 carbon canister ⇨ 캐니스터

카본 트럭 carbon truck 배전기 내부가 카본으로 더럽혀져서 고압 전류가 단락(短絡)되는 것을 이른다.

카본 트럼펫 carbon trumpet 연료 분사 노즐의 끝 또는 분사구(噴射口) 주변에 나팔 모양으로 눌어붙은 미연소 카본, 또는 그 현상을 말한다.

카본 파울링 carbon fouling 점화 플러그, 피스톤 헤드, 밸브 헤드, 연소실 등에서 혼합 가스의 불완전 연소 등에 의하여 카본이 퇴적된 현상이다. 혼합 가스의 불완전연소로 인해 그을음이 발생되어 발화하기 어렵고, 엔진 시동이 불가능해 엔진 작동 상태가 불량하게 된다.

카본 파이버 carbon fiber ⇨ 탄소 섬유

카본 파이버 콤퍼짓 carbon fiber reinforced plastics ⇨ 탄성 섬유 강화 수지

카본 파일 carbon pile 힘, 스트레인, 아주 적은 변위(變位) 등을 측정하는 데 쓰는 측정 기계의 한 요소이다.

카본 플라워 carbon flower 디젤 엔진의 연료 분사구(噴射口) 주위에 꽃잎 모양으로 붙어 있는 카본이다. 연료의 불완전 연소가 자주 일어나면서 생성된 것이다.

카뷰레터 carburetor 엔진의 상태와 도로 상태 그리고 대기의 상태에 따라 에어 클리너를 통과한 공기와 가솔린을 적절한 비율로 혼합하는 기화기(氣化器)이다. 크게 나누면 초크 밸브, 스로틀 밸브, 벤투리, 메인 노즐, 플로트, 에어 혼, 메인 보디, 스로틀 보디 등으로 구성되어 있다.

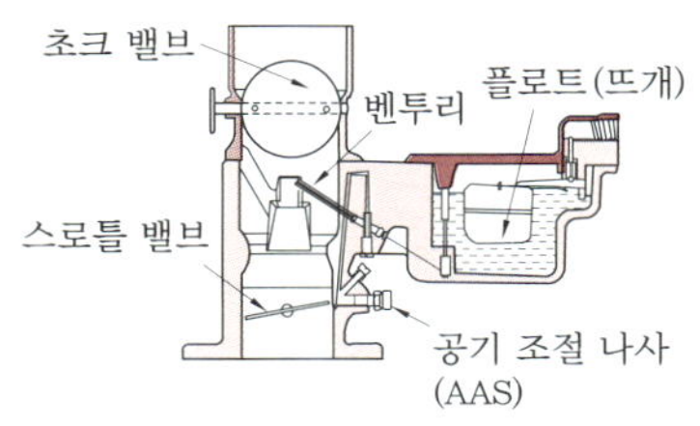

카뷰레터의 구조

카뷰레터 니들 밸브 carburetor needle valve
가변 벤투리식 카뷰레터에서, 부하 변화로
오르내리는 석션(suction) 피스톤에 끝이
가는 바늘(taper needle)을 붙여 일정한 지
름의 제트에 대하여 오르내리면서 틈새를
바꾸며 연료 공급량을 조절하는 부품을 이
른다.

카뷰레터 메인 제트 carburetor main jet 카
뷰레터의 휘발유 노즐 부분의 분출량을 결
정하는 데 쓰이는 일정한 지름을 가진 조
절관을 이른다.

카뷰레터 밸런서 carburetor balancer 2개
의 카뷰레터를 사용하는 엔진에 있어서 두
기화기를 동조(同調)시키는 조정기이다.

카뷰레터 스로틀 밸브 carburetor throttle
valve 카뷰레터를 통과하는 공기량을 조
절하기 위해 여닫는 밸브로서 액셀러레이
터 페달은 이 밸브가 열린 정도를 조절한
다(직접 휘발유를 조절하는 것은 아니다).
공기가 많이 통과하면 이에 따라 휘발유
도 많이 흡입되고 또 엔진이 공기를 빨아
들이지 않을 때 아무리 액셀러레이터를
밟아도 가속되지 않는 것은 이 때문이다.
액셀러레이터 페달을 스로틀 페달이라고
도 한다.

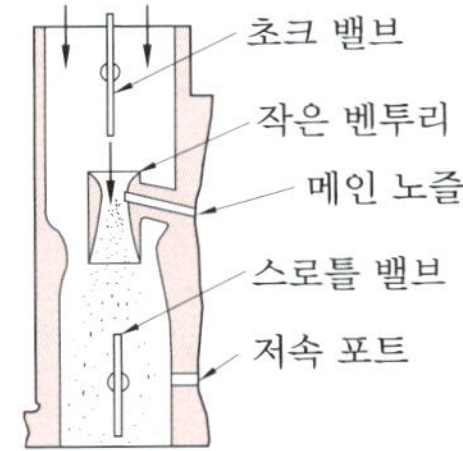

카뷰레터 스로틀 밸브

카뷰레터식 carburetor type 휘발유 엔진
에서, 공기 흡입 통로에 좁은 부분을 두고
공기가 빠른 속도로 통과할 때 일정량의
휘발유를 빨아들이는 원리를 갖춘 장치를
이른다. 이때, 공기와 휘발유의 양을 조절
하기 위해 스로틀 밸브를 사용한다. 구조
가 간단하고 값도 저렴하여 일반적으로 많
이 사용되고 있다.

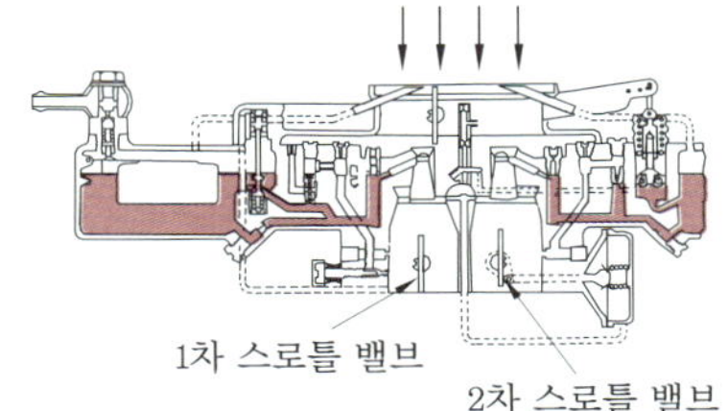

카뷰레터식

카 사이드 타프 차의 보디 옆에 텐트 모
양의 차일(바람막이)을 만들기 위한 방수
시트를 말한다. 야외에서의 놀이(캠프, 피
크닉 등)를 목적으로 하는 것으로서, 해
치백에서는 루프 캐리어를 이용하여 퍼스
너식 타프에 의해 차일(바람막이)이나 작
은 방을 간단하게 만들어낼 수 있다.

카세트 cassette 원래는 '작은 통'이라는
뜻으로, 하나의 케이스에 총합 투입되어 있
으므로 자유롭게 끼우고 뺄 수 있는 카트
리지 조정기를 말한다.

카 스탠드 car stand ⇨ 세이프티 스탠드

카운터 counter (1) 입력 신호를 받아 수치
가 증감(增減)하는 계산기 또는 속도계를
말한다. (2) 일정한 수의 펄스 입력을 주어
한 개의 출력 펄스를 만드는 것이다.

카운터 기어 counter gear 부치차, 주축
기어와 반대로 회전하는 기어이다. 트랜
스미션 내의 기어로서, 메인 드라이브 샤
프트→카운터 기어→메인 샤프트와 파
워 트레인을 구성하는 기어의 하나를 말
한다.

카운터 드리프트 counter drift 코너링 중에
언더 스티어(under steer)를 방지하기 위
해 단시간에 차의 방향을 크게 바꾸는 기
술이다. 코너링 전반(前半)에 코너링과는
전혀 반대 방향으로 차를 미끄러지게 하
여, 가장 저항이 커지는 시점을 잡아 그
반발력으로 차의 뒤쪽을 크게 흔들리게 하
는 테크닉이다. 당연히 역(逆) 드리프트할
때의 드리프트 저항은 제동하는 것과 같은
효과가 있으므로 코너링과 브레이킹을 겸
할 수 있는 것이 큰 특색이다. 굴곡이 심

한 타이트 코너에서 톱클래스 드라이버가 즐겨 쓰는 기법으로서, 코너링 중에 앞바퀴가 바깥쪽으로 미끄러지는 것을 막는 데 가장 큰 목적이 있다.

카운터 밸런스 밸브 counter balance valve 추의 낙하를 방지하기 위한 밸브로서 유압을 가하여 하강시키면 열리며, 유압을 제거하면 닫힌다.

카운터 보링 counter boring 작은 나사 또는 볼트의 머리를 공작물의 표면으로부터 묻히게 하기 위하여 깊게 자리내기를 하는 가공을 말한다.

카운터 샤프트 counter shaft (1) 자동차 변속기 내에 있는 부축 기어를 결부하는 축을 말한다. (2) 로드 롤러의 변속기에 설치되어 엔진의 동력을 전·후진기에 의해서 액슬축에 전달하는 샤프트를 말한다. (3) 주축(主軸)에서 받은 동력을 기계에 전달하는 중간의 축을 말한다.

카운터 스티어 counter steer 레이싱 테크닉의 하나이다. 뒷바퀴가 오른쪽으로 미끄러지면 핸들을 오른쪽으로, 뒷바퀴가 왼쪽으로 미끄러지면 핸들을 왼쪽으로 꺾는 것을 말한다. 이 카운터 스티어를 이용하여 뒷바퀴의 미끄러짐을 막고 스핀을 방지할 수 있다. 왼쪽 커브를 주행 중에 핸들을 역방향인 오른쪽으로 꺾으므로 '역(逆)핸들'이라고도 한다.

카운터 싱크 counter sink 접시 머리 리벳의 머리가 금속 표면에 잘 맞게 하기 위하여 구멍의 테두리를 크게 하는 데 사용하는 절단 공구를 말한다.

카운터 싱킹 counter sinking 드릴링 작업의 일종으로, 접시 머리 볼트나 작은 나사를 사용하는 경우 공작물에 접시 구멍, 즉 구멍 가장자리를 원뿔형으로 절삭 가공하는 방법이다.

카운터 웨이트 counter weight (1) 밸런스 웨이트 또는 평형추라고도 한다. 일반적으로 작용하는 외력과 평형시켜 전체를 안정시키기 위해 사용하는 것을 말한다. (2) 엔진 크랭크축에 설치되는 피스톤 및 커넥팅 로드 어셈블리의 중량에 대항되도록 핀저널부의 반대쪽에 설치되어 크랭크축의 평형을 유지시키는 추를 말한다. 자동차의 엔진은 고속 회전하므로 불평형으로 인한 진동을 방지하고 원활한 회전이 이루어지도록 한다.

카운터 플로 엔진 counter flow engine 실린더 헤드 한쪽에 흡입 계통과 배기 계통을 설치하여 흡입된 혼합 가스가 연소된 후 다시 되돌아가 배출되는 형식의 엔진이다. 실린더 헤드가 간결하고 흡기(吸氣)를 가열하기 쉽다. 턴 플로 엔진이라고도 한다. ⇔ 크로스 플로 엔진

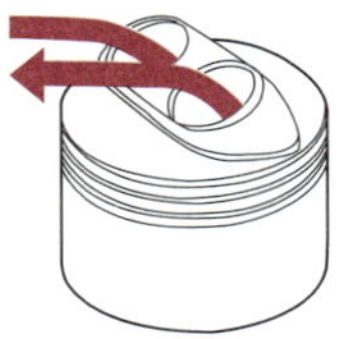

카운터 플로 엔진

카운트 밸런스 샤프트 count balance shaft 엔진의 진동을 없애는 축이다. 120° 등간격 크랭크 배치의 3기통 엔진에서는 2기통 엔진과 비교하여 폭발 간격이 좁아지고, 폭발에 의한 토크 변동을 저감할 수 있다. 또한 피스톤이나 커넥팅 로드 등의 왕복 운동에 따르는 상하 진동은 없어지지만 1번 및 3번 피스톤의 동작에 의해 2번 실린더를 중심으로 피칭 진동이 발생한다. 이 불평형 힘을 없애기 위해 1번 및 3번 실린더 크랭크에 오버 밸런스 웨이트를 설치하고 있다. 또한 크랭크샤프트와 평행으로 1개의 카운트 밸런스 축을 설치하고, 진동·소음의 저감 및 엔진의 내구성 향상을 도모한다. 이 밸런스 축은 실린더 블록 좌하부에 장착되어 있고, 1번 및 3번 크랭크 웨이트추와 균형이 맞도록 밸런스 웨이트를 설치한다. 타이밍 벨트에 의해 오일펌프를 구동하고, 오일펌프에 의한 구동 기어로 구동하는 심플한 방식이며, 크랭크샤프트와 반대 방향으로 같은 속도로 회전한다.

카울 cowl 프런트 윈도와 연결된 앞쪽 패널 부분을 말한다. 포뮬러 카 등에서는 보디를 이루고 있는 플라스틱제 윗부분을 뗄 수 있게 되어 이들을 총칭한다. 오토바이나 프로펠러식 비행기의 엔진 부분을 덮고 있는 것도 카울이다. 카울의 모양은 공기의 흐름, 특히 공기 저항을 작게 하는 데 중요하다.

카울 사이드 패널 cowl side panel　대시보드와 프런트 필러를 연결하는 패널을 말한다.

카울 톱 커버 cowl top cover　전면 유리 하단부와 연결되는 앞쪽의 패널 부분이다. 카울의 형상은 공기의 흐름, 특히 공기 저항을 작게 하는 데 중요하며 카울 커버 하단부에는 외부의 공기를 실내로 유입하기 위한 공기 흡입구가 있다.

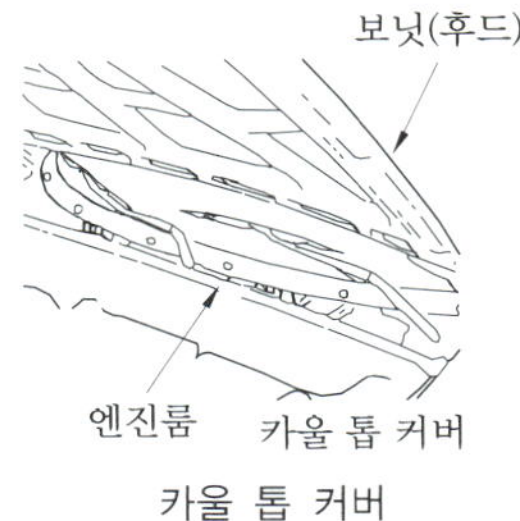

카울 톱 커버

카 일렉트로닉스 car electronics　마이컴 등을 사용해서 자동차의 성능이나 장비의 향상을 도모하는 기술의 총칭을 말한다.

카커스 carcass　타이어의 골격을 이루는 플라이와 비드 부분의 총칭으로, 타이어에서 트레드와 사이드 월 그리고 벨트(브레이커)를 제외한 것을 말한다. 타이어 내부의 공기압과 차량 전체의 하중을 지지하고 주행 중 노면 충격에 따라 변형되어 완충 작용을 한다.

카 컴포넌트 car component stereo　카 컴포넌트 스테레오를 말한다. 앰프, 튜너, 카세트 등의 구성 부품이 조합된 오디오 장치이다.

카 쿨러 car cooler　자동차의 트렁크나 계기판 등에 조립되어, 차의 엔진으로 작동할 수 있도록 한 자동차 전용 냉방 장치이다. 구동용 엔진으로부터 벨트로 전도(傳導)하여 구동하며, 대형 차량은 압축 전용 엔진을 사용하는 것도 있다.

카트리지 cartridge　원래 '탄약통, 필름통'이라는 뜻으로서 녹음기의 테이프, 퓨즈가 내장된 유리 용기, 픽업 헤드 등과 같이 끼우는 방식의 용기를 말한다.

카트리지 다이오드 cartridge diode　pn접합을 갖는 복수(複數)의 다이오드를 겹쳐 쌓아 하나의 케이스에 수용하고 단일 다이오드로 동작하도록 한 것이다.

카트리지형 퓨저블 링크　자동차용 퓨즈로서, 일반적인 카트리지형 퓨즈 중 용단부를 흡열 블록으로 싸서 투명 커버 및 하우징으로 구성된 퓨저블 링크를 말하며, 다음과 같은 특징을 갖고 있다. ① 고전류역에서의 용단 특성이 양호하다. ② 용단부의 시각적인 확인이 용이하고, 교환 및 점등이 용이하다. ③ 블록 내에 내장되어 있기 때문에 열, 먼지, 물 등의 영향을 받기 어려운 것 등이다.

카트리지형 퓨즈 cartridge type fuse　유리관이나 에보나이트관 속에 밀봉되어 있는 퓨즈를 말한다.

카티온 도장　보디의 전착 하도 도장 공정에서 보디 측을 마이너스극, 도료 측을 플러스극으로 해서 도장한 방법을 말한다. 아연 도금 강판 등 도금이 전착 시에 멎는 것을 방지할 수 있고, 방청상 유리하기 때문에 MMC의 최근 도장은 거의 이것으로 하고 있다.

카포트 carport　⇨ 차고

칸델라 candela　광도(光度)를 이르는 말로, 단위는 cd로 나타낸다. 1 cd란 것은 백금의 응고점에 있어서 흑점 $1\,cm^2$당 광도의 60분의 1을 말한다. 1 cd의 광원에서 1 m 떨어진 곳의 밝기가 1럭스(lux)이다.

칼단 조인트　4WD 차량의 프런트 드라이브 샤프트에서, 센터 베어링 및 차고 상승에 의한 드라이브 샤프트의 꺾임 각 증대에 기인하는 DOJ 조인트로의 경감을 도모하기 위해 적용하는 유니버설 조인트를 이른다.

칼라 collar　리어 쇼크 업소버 상단부에 인슐레이터를 설치한 다음 쇼크 업소버 로드와 인슐레이터 상하부의 부싱 사이에 끼워져, 결합된 부품 간 섭동(攝動)을 돕고 지지하기 위해 사용되는 둥근 파이프를 말한다.

칼라미 서킷 Kyalami Circuit　남아프리카 요하네스버그 근교의 경주용 환상 도로를 이른다. 해발 1,520 m의 고지에 자리해 있어 머신의 각부를 조정하는 것이 어렵기로 이름났다. 1961년에 처음으로 레이스가 열렸고 1967년부터 1985년까지는 F1 남아프리카 GP로도 사용되었다.

칼럼 column　원래는 '기둥, 원주, 지주'의 뜻으로서 조향 축을 감싸고 있는 원통, 드릴링 머신의 굵은 기둥과 같은 것을 말한다.

칼럼 시프트 column shift　원격 조작 기구라 하며 시프트 레버가 핸들의 기둥(칼럼)에 붙어 있는 것이다. 핸들로부터 그다지 손을 떼지 않은 채 기어 체인을 할 수 있는 장점이 있다. 또 앞좌석을 벤치 시트하여 3인승으로 할 때 바닥이 방해되지 않는다. ⇔ 플로어 시프트

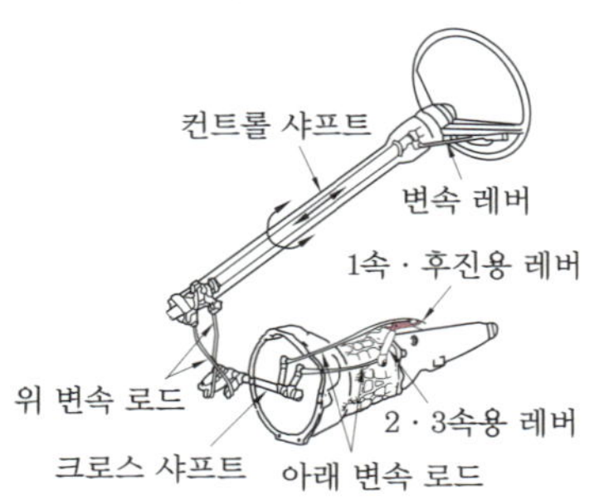

칼럼 시프트

칼로리 calory　열량의 단위이다. 국제 도량형 위원회의 규정에 의하면 1칼로리는 4.1855 J에 해당한다. 이전에는 물 1g을 1기압하에서 1℃ 올리는 데 필요한 열량으로 정의하였다. 기호는 cal이다.

캐나다 그랑프리 Canadian grand prix　캐나다에서 열리는 F1 GP의 하나이다. 1961년에 제1회 대회가 열렸는데 그 당시는 스포츠카 레이스였고, 1967년부터 F1 머신에 의한 세계 선수권전(F1 그랑프리)이 열렸다.

캐니스터 canister　엔진이 정지하고 있을 때 연료 탱크와 기화기에서 발생한 증발 가스를 흡수, 저장하는 부품을 이른다. 내부에는 흡착력이 강한 활성탄으로 구성되어 있으며, 사용 기간에 따라 흡착 용량이 변하므로 정해진 주기대로 교환하는 것이 바람직하다.

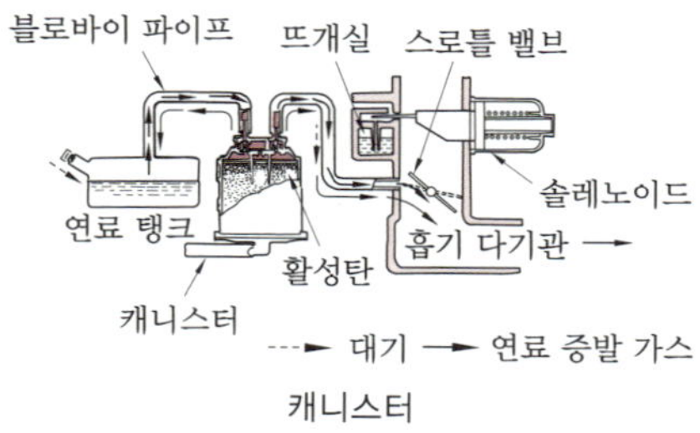

캐니스터

캐딜락 Cadillac　미국의 최고급 승용차의 상표명이다. 1902년 탐험가인 헨리 릴런드가 디트로이트 자동차를 인수하여 캐딜락 오토모빌이라는 이름으로 설립하였다. 회사 이름은 1701년 디트로이트를 발견한 프랑스의 귀족이자 탐험가 캐딜락의 이름에서 딴 것이다. 1909년 제너럴모터스(GM)에 인수되어 GM 북아메리카 자동차 사업 부문 내의 대표적인 사업 부문이 되었다.

캐리어 carrier　(1) 종감속 기어 장치에서 차동 기어 케이스의 사이드 베어링과 구동 피니언을 지지하고 기어 장치를 보호하는 하우징을 말한다. (2) 반도체에서 전도 전자(傳導電子) 및 가전자대 중의 정공을 말한다. (3) 선재(線材)를 묶어서 운반하는 장치를 말한다.

캐리어 톱 carrier top　해치백의 듀얼 글라스 톱 장착차 전용의 대용량 수납 박스 부착 캐리어를 이른다. 수납 박스는 스키화 3켤레가 들어가는 용량이다. 캐리어부는 스키판, 서브포드 등을 탑재할 수 있다.

캐리지 carriage　(1) 선반에 절삭 공구를 부착시켜 이송 운동에 의해 공작물을 절삭하는 왕복대로서 에이프런(apron), 새들(saddle), 공구대로 구성되어 있다. (2) 탈 것의 일종으로, 4륜 마차, 철도 객차를 말한다. (3) 정해진 경로를 따라 이동 또는 운반하는 자동차를 말한다.

캐릭터 라인 character line　자동차의 차체 옆면 가운데 수평으로 그은 디자인 라인 또는 밴드를 말한다. 차량의 차체와 옆 유리창을 구분하는 벨트라인과 혼동할 때가 많다. 벨트라인 아래쪽에 있으며 그 형태는 매우 다양하다. 차체의 옆면에 있는 디자인 라인으로서 차체를 튀어나오게 하거나 들어가도록 볼륨을 주기도 한다.

캐릭터 모드 character mode　컴퓨터가 처리하는 데이터 형식으로서 데이터를 문자 단위로 다룬 것을 말한다. 한 개의 문자가 8비트로 처리되는 경우에는 8비트를 단위로 하여 처리되거나 전송된다.

캐밍 camming　고속 성능을 향상시키기 위한 캠 로브(cam lobe)의 형상을 말한다.

캐브리올레 cabriolet　⇨ 컨버터블

캐비테이션 cavitation　냉각 계통에 발생하

는 것으로, 폭발이나 피스톤 슬랩에 의한 진동에 의해 냉각수 중에 기포가 발생하는 것을 말한다. 이 기포의 발생과 파열의 반복에 의해서 물 펌프의 임펠러(날개 차), 실린더 라이너 등의 표면이 침식된다.

캐비테이션 노이즈 cavitation noise　유압이 진공에 가깝게 되어 기포가 생기고, 이것이 파괴되어 국부적인 고압이나 소음이 발생하는 현상을 말한다.

캐비테이션 부식 cavitation corrosion　⇨ 캐비테이션 손상

캐비테이션 손상 cavitation damage　금속 표면에 접해 있는 액체 압력의 저하 및 상승이 국부적으로 고진동도(高振動度)로 일어날 때, 금속 표면에서 기포가 발생하면서 금속이 손상되는 것을 말한다. 캐비테이션 부식 또는 캐비테이션 침식이라고도 한다.

캐비테이션 침식 cavitation erosion　⇨ 캐비테이션 손상

캐빈 cabin　⇨ 승객실

캐빈 스페이스 cabin space　캐빈은 객실이라는 뜻으로, 승용차의 경우에는 실내의 넓이를 말한다. 앞좌석은 운전자가 앉아서 크기를 너무 답답하게 할 수 없으므로, 캐빈 스페이스가 작으면 뒷좌석을 희생시킨다. 그러나 FF(전륜 구동)차는 FR(후륜 구동)차에 비해서 넓게 잡을 수 있어 같은 크기의 차라면 FF차가 유리하다. 어떻게 승차 공간을 크게 할 수 있는가는 길이가 제한된 차에서 아주 중요한 설계 과제이다.

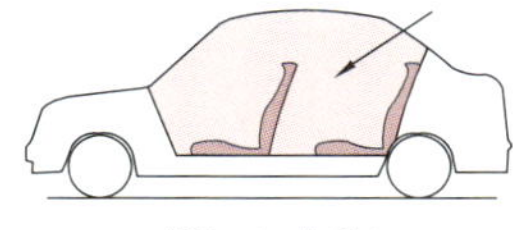

캐빈 스페이스

캐소드 cathode　음극 즉, 반도체의 ⊖단자를 말하며 이 단자에서 전자를 방출시킨다.

캐소드 레이 cathode ray　전자관의 가열 필라멘트에서 방출되는 전자 또는 가스가 내장된 방전관의 음극이 양이온의 충격을 받아 방출하는 음극선을 말한다.

캐소드 터미널 cathode terminal　(1) 사이리스터에서 캐소드에 접속된 단자를 말한다.

(2) 정전류가 외부로 흘러나가는 단자로서 반도체 정류 부품의 경우에 음극 단자에 양의 부호를 붙인다.

캐스케이드 cascade　회전 익렬(翼列)이라고도 한다. 터빈이나 펌프 등의 날개와 같이, 같은 간격으로 배치된 날개가 회전하는 것을 말한다.

캐스케이드 효과 cascade effect　어떤 현상이 캐스케이드처럼 순차적으로 증가되어 가는 것을 말한다.

캐스터 caster　조향륜(操向輪)을 옆에서 보았을 때 킹핀 또는 조향축의 수직선과 어떤 각도를 두고 설치된 것으로, 직진 시 조향륜에 방향성을 주고 선회 시 차체 운동으로 직진 방향으로의 복원력을 발생시켜 직진 방향으로 안정성을 준다.

캐스터 각 caster angle　앞바퀴를 옆에서 볼 때 킹핀 위쪽이 차의 뒤쪽으로 기울게 붙는데, 이때의 기운 각도를 이른다.

캐스터 오프셋 caster offset　자동차 앞바퀴를 앞에서 보았을 때 킹핀 축의 중심선과 노면 상에서 타이어의 중심선이 노면과 교차하는 사이의 거리를 말한다.

캐스터 웨지 caster wedge　일체 차축 현가장치에서 스프링과 차축 사이에 넣어 캐스터를 조정하는 쐐기를 말한다.

캐스터 조정 심 caster adjust shim　독립 현가장치의 위시본(wishbone) 형식에서 프레임과 위 컨트롤 암 축 고정부 사이에 넣어 캐스터를 조정하는 심을 말한다. 심 1장에서 캐스터의 변화 각은 $1/2°$이다.

캐스터 효과 caster effect　캐스터 각을 붙이면 트레일(trail)이 생겨 차가 전진하면 타이어의 굴림 저항으로 킹핀 축 주위에 타이어를 직진시키려는 토크가 작용하는 현상을 이른다.

캐스트 cast　주로 선철, 강, 구리 합금 등의 금속을 열에 녹인 후 주형에 주입해서 원하는 모양의 제품을 만드는 작업이다.

캐스팅 casting　주조(鑄造)를 말한다. 금속(철)을 가열하여 용해시킨 다음 주형에 주입하여 일정한 형태의 제품을 만드는 공정이다.

캐스팅 트레일 casting trail　자동차 앞바퀴를 옆에서 보았을 때 킹핀 축의 중심선이 노면을 가로지른 점과 타이어의 중심선이

노면과 교차하는 점과의 거리를 말한다. 이 값이 크면 자동차의 전진이나 안정성은 좋아지지만 조향 핸들은 무거워진다. 메커니컬 트레일이라고도 한다.

캐스팅 휠 casting wheel 주조 휠을 말한다. 알루미늄이나 마그네슘 등의 경합금을 주조하여 만들어진 휠이며 림과 디스크가 일체로 되어서 원 피스 휠, 디스크 휠, 경합금(輕合金) 휠이라고도 부른다.

캐슬 너트 castle nut 너트가 풀리는 것을 방지하기 위해 너트에 6개 정도의 홈을 만들고 분할핀을 홈 사이드로 통과시켜 고정하도록 특별히 제작된 너트를 말한다. 홈붙이 너트라고도 한다. 타이 로드 엔드(tie rod end) 등을 고정할 때 사용한다.

캐츠 아이 cats eye (1) 야간에 자동차의 뒤쪽 100 m 거리에서 헤드라이트 불빛이 비치면 적색의 빛이 반사되는 후부 반사기를 말한다. (2) 도로의 중앙선에 설치되어 있는 것으로 야간 주행할 때 헤드라이트 불빛에 반사되는 반사 장치 또는 커브 길의 가드레일에 설치되어 있는 반사경을 말한다.

캐치 catch 원래는 '붙잡다, 걸리게 하다'의 뜻으로 자동차 도어의 걸쇠, 고리, 손잡이를 말한다.

캐치 네트 catch net 코스를 벗어난 경주차가 큰 사고를 당하지 않도록 보호하기 위한 서킷 내의 그물이다. 차가 캐치 네트에 얽히면 위험하므로 최근에는 없어지는 추세이다. 그 대신 그래벌 베드(gravel bed)가 급증하고 있다.

캐터필러 caterpillar ⇨ 무한궤도

캐털라이저 catalyzer ⇨ 촉매

캐털리틱 컨버터 catalytic converter ⇨ 촉매 변환기

캔버스 톱 canvas top 지붕의 부분만을 캔버스로 하고 개폐할 수 있도록 한 것을 이른다.

캔버스 후드 canvas hood ⇨ 캔버스 톱

캔서 cancer 보디의 녹 구멍을 말한다.

캔슬 cancel (1) 데이터 전송에 있어서 지정된 데이터의 오차로서 삭제한다는 뜻으로, CNCL이라는 제어 부호로 사용한다. (2) 수치 제어 공작 기계에 있어서 고정 사이클 또는 시퀀스 명령을 부정하는 명령

을 말한다.

캔암 챌린지 컵 Can-Am Challenge Cup 1인승 (1좌석) 레이싱 스포츠카에 의한 북미(미국·캐나다) 지구의 선수권 시리즈이다. 1966~1974년에는 2시트, 배기량 무제한의 규칙에 따라 많은 F1 GP 드라이버들도 출전했다. 그 후 경주가 중단되었다가 1977년부터 1좌석, 5 l 머신으로 경주가 재개되었으며 1986년에 다시 중단되었다.

캔트 cant 도로 커브에서 바깥쪽을 높게, 안쪽은 낮게 한 각도를 말한다. 원심력과 균형을 이루어 핸들을 꺾지 않아도 돌아갈 수 있다. 서킷이나 테스트 코스에 있는 것은 뱅크(bank)라고 한다.

캘리브레이션 가스 calibration gas 자동차의 배기가스에 함유된 일산화탄소와 탄화수소를 측정하는 테스터기의 눈금을 교정할 때 사용되는 표준 가스를 말한다. 일산화탄소의 눈금을 교정할 때에는 표준 가스 컨테이너에 표기된 CO 볼륨을 이용하는데, 일반적으로 1.5 % 정도의 것이 많으므로 2 %의 눈금으로 한다. 탄화수소의 눈금을 교정할 때에도 표준 가스 컨테이너에 표기된 C_3H_8(프로판) 농도와 계기 표시 환산치를 이용하여 헥산 환산 농도를 계산한 수치로 해당 레인지 절환 스위치를 사용하여 눈금을 교정한다. 헥산 환산 농도의 계산 방법은 프로판 농도가 5320 ppm이고 계기 표시 환산치가 0.510일 때 헥산 농도는 $5230 \times 0.51 = 2713.2$ ppm이다.

캘리브레이트 calibrate 테스터기를 작동시키기 전이나 이상이 있을 경우, 처음의 영점 조정을 검사하거나 수정하는 것을 이른다.

캘리퍼 caliper (1) 자동차의 패드를 디스크에 밀착시켜 앞바퀴 브레이크를 잡아주는 유압 장치이다. 브레이크 캘리퍼라고도 한다. 브레이크가 작동하고 있을 때는 매스터 실린더가 유압을 받으면 실린더 안의 브레이크 오일이 유압을 발생시켜 실린더 안에서 좌우로 힘이 작용하게 된다. 이 때 좌로 작용하는 힘은 피스톤을 미끄러지게 하여 안쪽 패드를 디스크에 압착하고, 우로 작용하는 힘은 하우징을 오른쪽으로 미끄러지게 한다. 그러면

바깥쪽 패드가 디스크에 압착되어 안쪽 패드와 동시에 마찰력을 일으킨다. 브레이크를 해제할 때는 실(seal) 피스톤의 복원력에 따라 피스톤이 제자리로 돌아오고, 안쪽 패드는 디스크 회전에 의해 디스크와 간극을 유지하게 된다. (2) 허브와 너클 스핀들에 고정되어 있고 휠 실린더가 설치되는 것으로, 디스크 휠 브레이크를 사용하는 장치에 이용된다.

캘리퍼 고정형 디스크 브레이크 caliper fixed type disk brake ⇨ 오퍼짓 실린더형 디스크 브레이크

캘리퍼 부동형 디스크 브레이크 caliper floating type disk brake ⇨ 플로팅형 디스크 브레이크

캘리퍼스 calipers   2개의 다리를 조절하여 물건의 치수를 측정하는 기구이다. 바깥지름 캘리퍼스는 두께와 바깥지름을 측정하며, 안지름 캘리퍼스는 구멍의 지름과 표면 간 거리를 측정한다.

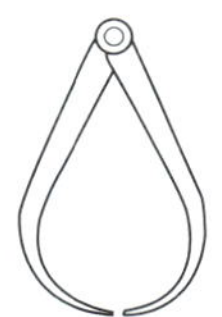

캘리퍼스

캘리포니아 자동차 California car   미국 캘리포니아 주에서 규정한 배기가스의 배출 기준과 일치하는 자동차를 말한다. 캘리포니아 주의 기준은 다른 49주의 기준보다 엄격하다.

캠[1] cam   회전 운동을 왕복 운동으로 바꾸고자 할 때 사용하는 회전 로브(rotating lobe) 또는 편심 기구(偏心機構)를 말한다. 접선 캠과 원호 캠, 오목 캠 등으로 구분된다.

캠[2] CAM   컴퓨터 에이디드 매뉴팩처링(computer aided manufacturing)의 약어이다. 컴퓨터 제작, 컴퓨터 프로그램의 제품 생산 공정 컨트롤로 정밀한 다품종 소량 생산이 가능하도록 하는 시스템이다.

캠 각 cam angle   접점이 닫혀 있는 동안 배전기 축의 캠이 회전한 각도를 말하며 드웰 각과 같은 뜻이다. 캠 각의 변화에 따라 엔진에 많은 영향을 미치며, 이것은 점화 시기와 직결된다.

$$캠\ 각 = \frac{360°}{실린더수} \times 0.6$$

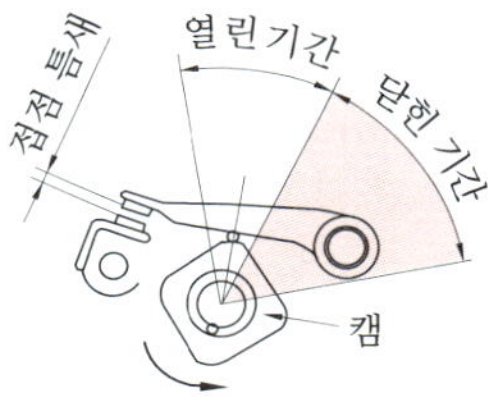

캠 각

캠 각 제어 cam angle control   전 트랜지스터 점화 장치에서, 저속 회전 시 여분의 1차 전류가 흐르지 않도록 캠 각을 작게 하거나, 회전 속도가 점차 빨라지면 캠 각을 크게 하여 1차 전류의 저하를 방지하는 역할을 하는 것을 이른다. 따라서 고속으로 회전할 때 트랜지스터가 ON으로 되는 시간이 짧아지기 때문에 1차 전류가 점차로 저하되어 2차 전압이 낮아지는 것을 방지한다.

캠 그라운드 피스톤 cam ground piston ⇨ 캠 연마 피스톤

캠 노즈 cam nose   캠의 돌출된 부분을 말하며 캠의 코를 뜻한다.

캠 로브 cam lobe   캠에서 살이 붙은 돌기부를 말하며 이것이 다른 장치, 예를 들면 엔진 밸브(배전기에서는 접점) 등에 접촉하여 이들을 작동시키는 일을 한다.

캠 링 cam ring   베인, 레이디얼 피스톤, 플런저 펌프, 모터에 사용하며, 피스톤 또는 플런저의 왕복 운동을 규제하는 안내 륜으로서 가이드 링이라고도 한다.

캠버 camber   앞바퀴를 자동차의 앞에서 보면 바깥쪽으로 경사지게 조립되어 있는

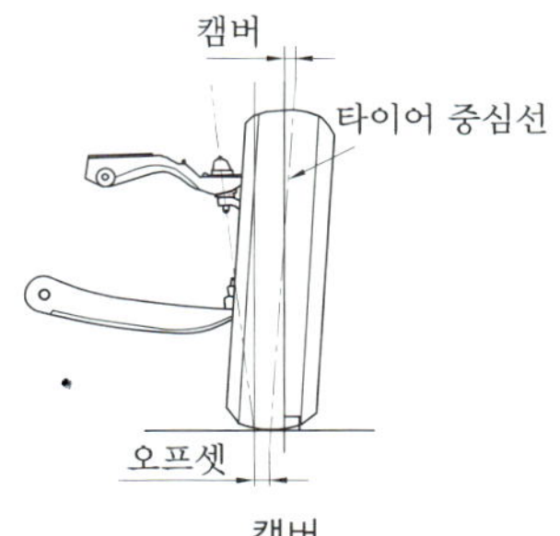

캠버

데, 이때 바퀴의 중심선과 노면에 대한 수직선이 이루는 각도를 말한다. 캠버 각은 일반적으로 0.5~2°이며 바퀴가 아래로 벌어지는 것을 방지하고 핸들 조작을 가볍게 하기 위하여 설정한다.

캠버 각 camber angle　차체를 보았을 때 타이어 중심선이 수직선에 대하여 이루는 각도를 말한다. 좌우 타이어에 캠버 각이 붙어 타이어가 바깥쪽으로 벌어지는 것을 플러스(포지티브, 정), 안쪽으로 기울어지는 것을 마이너스(네거티브, 부)라 한다. 캠버 각을 붙이면 킹핀 오프셋을 감소시킬 수 있어 킹핀 주위의 모멘트가 작아져 핸들이 가벼워진다. 캠버 각이 붙은 타이어가 구를 때는 옆 방향의 힘(캠버 스러스트)이 발생한다.

캠버 마모 camber wear　타이어의 편마모(片磨耗)로서, 타이어에 캠버 각을 설치한 채 장기간 주행한 것 같이 트레드의 한쪽만 마모되는 것이다.

캠버 스러스트 camber thrust　타이어를 기울여서 굴리면 기운 쪽으로 구르려는 힘이 생기는데, 이때 타이어 중심선에 대하여 직각으로 옆 방향에 작용하는 힘을 이른다. 카커스 강성(剛性)의 차이에 따라 바이어스 타이어가 레이디얼 타이어보다 캠버 스러스트가 크다. 오토바이는 코너링에 필요한 옆 방향의 힘 대부분을 캠버 스러스트로 얻는다.

캠버 스티프니스 camber stiffness　캠버 각에 비례하여 증가하는 비례 정수(단위 캠버 각당(當) 캠버 스러스트)를 말한다.

캠버 오프셋 camber offset　스크러브 레이디어스 앞바퀴를 앞에서 보았을 때 타이어 중심선과 킹핀 중심선이 지면에서 만나는 거리를 이른다. 킹핀 경사각과 함께 조향 핸들의 조작을 가볍게 하기 위해서는 캠버의 오프셋이 작아야 한다.

캠버 캐스터 게이지 camber caster gauge　캠버, 캐스터, 킹핀의 경사각을 측정하는 계기(計器)로서 종류로는 정치식(定置式)과 가반식(可搬式)이 있다.

캠버 컨트롤 camber control　⇨ 지오메트리 컨트롤

캠 브레이크 cam brake　전동축에 부착되어 있는 캠의 작용으로 한 방향에서는 브레이크 작용을 일으키고, 반대 방향에서는 회전을 자유로이 허용하는 구조를 가진 브레이크를 말한다.

캠샤프트 camshaft　밸브를 개폐하는 캠에 붙어 있는 축이다. 사이클 기관에서는 크랭크샤프트의 2분의 1의 회전 속도로 돌아간다. 캠샤프트에는 보통 배전기나 연료 펌프를 구동하는 기어나 캠이 붙어 있다. 캠 표면의 곡선은 약간만 변화해도 각 밸브의 개폐 시기나 리프트가 달라져 기관의 성능에 영향을 미치므로 장시간 사용해도 휘지 않도록 주철을 사용한다. 캠축의 장치 위치에 따라서 OHC(overhead camshaft) 등 엔진 형식을 나타낼 때도 있다.

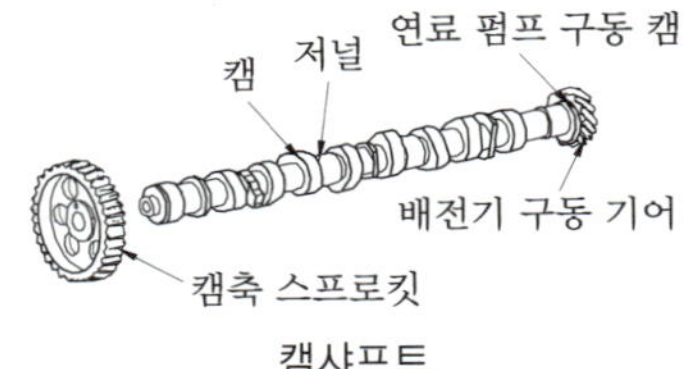

캠샤프트

캠 스러스트 cam thrust　캠의 측압(側壓)으로 캠축에 있어서 길이 방향, 즉 전후 방향으로의 움직임을 말한다. 일명 캠 엔드 플레이(cam end play)라고도 한다.

캠 스프로킷 cam sprocket　캠축 끝에 설치되어 있는 스프로킷으로서 크랭크축 스프로킷과 체인으로 연결되며 크랭크축의 1/2 속도로 회전한다.

캠 양정 cam lift　캠에서 가장 높은 지점으로, 이 부분에서 상승 행정(양정)이 최대치가 된다.

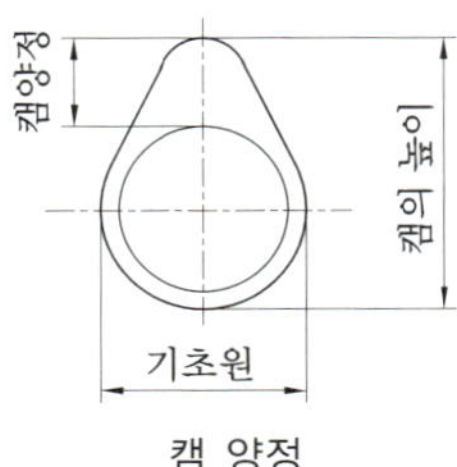

캠 양정

캠 연마 피스톤 cam ground piston　타원형 피스톤, 캠 그라운드 피스톤이라고도 하며, 횡단면의 모양이 약간 타원형이다. 피스톤이 핀을 통하는 보스(boss)의 부하로 변형되거나 핀과의 마찰 때문에 보스 방향

으로 열팽창이 조금 크다. 따라서 피스톤을 상온에서 가공할 때는 타원형, 온도가 상승할 때는 진원(둥근 원) 모양이 되도록 한다.

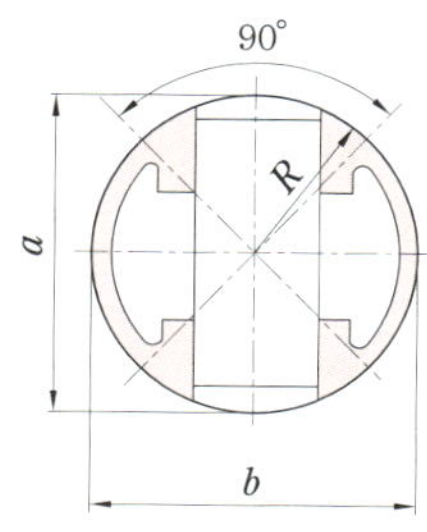

캠 연마 피스톤

캠축 camshaft　내연 기관에서 불규칙한 모양의 캠에 부착된 회전축이다. 캠은 실린더의 흡기·배기 밸브를 작동시키며, 보통 캠축과 함께 하나의 장치를 이룬다. 캠축은 캠이 회전함에 따라 밸브를 미리 정해진 순서로 개폐할 수 있도록 각도로 조정한다. 각 실린더 열(列)에 대한 각각의 캠축은 기어나 체인을 사용하여 크랭크축에 의해 구동된다.

캠축 구동 camshaft drive　크랭크축과 타이밍이 맞도록 캠축을 구동시키는 방법으로 크랭크축에 비해 2분의 1로 회전한다. 따라서 캠축은 크랭크축이 2회전할 때 정확하게 1회전한다. 캠축 타이밍이라고도 한다.

캠축 베어링 camshaft bearing　엔진 블록 또는 실린더 헤드 내에 설치되는 캠축 지지용 베어링을 말하며 보통 부싱형 베어링으로 되어 있다.

캠축 타이밍 camshaft timing ⇨ 캠축 구동

캠 클로징 앵글 cam closing angle　단속기 접점식 배전기로 접점이 ON으로 되어 있는 동안 캠이 회전하는 각도를 말한다. 이 각도가 지나치게 작으면 점화 코일에 흐르는 1차 전류가 감소되고, 각도가 커지면 포인트에 불꽃이 발생하여 2차 전압이 떨어진다. 캠 앵글 = 360 × 0.6 / 실린더 수

캠 포지션 센서 cam position sensor　TDC 센서와 같은 것으로, 장치 위치 등의 차이에 따라서 호칭이 달라진다.

캠 프로파일 cam profile, cam contour　'캠의 측면, 윤곽, 캠의 형상' 등의 뜻으로 캠 로브(lobe)의 단면 형상을 말한다. 캠축의 중심에서 캠 로브의 표면까지의 거리와 각도로 캠의 형상을 표현하는 경우가 많다. 캠의 형상으로는 밸브의 작동과 관계 없는 기초원과 캠 리프트 부분의 형상을 포함하고 있다. 캠 프로파일은 밸브의 리프트 특성을 나타내며, 작동 각이나 최대 리프트 및 그 중간의 리프트 특성은 캠 프로파일로 결정된다. 캠축의 중심에서 캠 노즈(nose)까지의 거리에서 기초원의 반지름을 뺀 값이 캠 리프트가 된다.

캠 프로필 전환 기구 MIVEC ; Mitsubishi innovative valve timing & lift electronic control system　엔진에 사용되고 있는 밸브 제어 기구이다. 저회전 구간과 고회전 구간 각각에 최적의 밸브 타이밍과 리프트를 설정한 2종류의 캠 프로필을 약 5,000회전을 경계로 교환하는 시스템으로서 가변 밸브 타이밍 및 리프트 기구라고도 불린다.

캡¹ cab　(1) 기관차의 운전실을 말한다. (2) 기중기나 트럭의 운전대를 말한다.

캡² cap　(1) 일반적으로 모자 모양의 뚜껑 또는 덮개를 뜻한다. (2) 이형관의 일종으로서, 배관 공사에서 관 끝이나 관 구멍을 막는 부품을 말한다. (3) 분할 베어링의 캡을 말한다. (4) 크랭크축의 크랭크 핀에 커넥팅 로드를 설치할 때 사용되는 탈착 가능한 부품을 말한다.

캡 서스펜션 cab suspension　운전대를 스프링과 쇼크 업소버 사이에 두고 프레임에 걸치게 장비하여 승차감을 좋게 한 것이다.

캡슐 capsule　일반적으로 밀폐된 용기를 가리킨다. 특히 초고공 항공기, 우주선 등의 조종실 및 승무원실을 말한다. 캡슐 내부는 기밀이 유지되고 주어진 압력으로 공기 조절이 이루어진다.

캡 오버 엔진 COE ; cab over engine　원동기의 전부 또는 대부분이 운전실 안에 들어가 있는 버스나 트럭을 말한다.

캡 오버 엔진

캡 오버 타입 cap over type　보닛 타입에 대한 말로 쓰이는 자동차의 스타일이다. 차의 캐빈(보디)이 맨 앞 끝까지 있는 형식을 말한다. 이때 엔진은 보통 운전석 밑에 있으나 버스 등과 같이 뒷부분에 있는 차량도 있다.

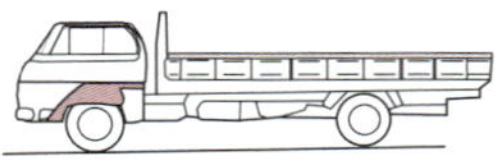

캡 오버 타입 트럭

캡타이어 케이블 cabtire cable　정비 공장에서 전동 공구를 사용하기 위해 전원에서 공구까지 연결하는 중간 코드와 피복된 것으로, 2줄 또는 3줄의 전선을 합한 다음 그 둘레를 다시 고무로 피복한 유연성이 있는 전선을 말한다.

캡 프로텍터 cap protector　건설 공사 및 채광(採鑛) 터에서 캡에 물체가 떨어지는 것을 방지하거나 캡과 보디 사이로 물체가 떨어지는 것을 방지하는 장치를 이른다.

커넥터 connector　(1) 납 합금으로 만들어 각 셀을 직렬로 연결하기 위한 것이다. 축전지 커버의 외면에서 셀을 연결하는 커넥터 노출식과 셀의 벽을 관통시켜 연결하는 격벽 관통식이 있다. (2) 전기 기구와 코드, 코드와 코드를 연결하여 전기 회로를 구성하기 위한 접속 기구이다. 커넥터는 전기 기기나 전선을 전기적으로 접합하기 위하여 사용하는 부품이다.

커넥터 링크 connector link　시동 전동기에 대전류(大電流)를 공급하기 위해 솔레노이드 터미널 간을 연결하는 굵은 금속 바(heavy metal bar)를 말한다.

커넥팅 로드 connecting rod　피스톤과 크랭크축 핀을 연결하기 위한 로드(rod)로 콘로드(con-rod)라고도 한다. 피스톤과 결합된 부분을 소단부(small end), 크랭크샤프트에 결합된 부분을 대단부(big end)라고

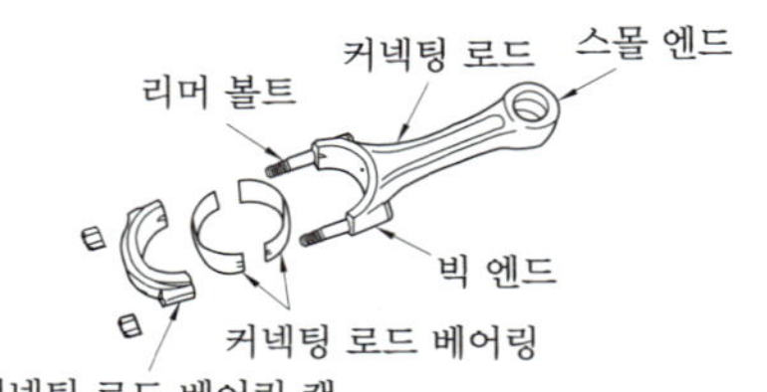

커넥팅 로드의 구조

하며, 대단부에는 보통 분할형 평 베어링(plain bearing)을 사용한다. 대단부에 사용하는 베어링을 바로 커넥팅 로드 베어링이라 하며, 커넥팅 로드 축 부분에는 소단부와 대단부가 통하는 오일 통로가 뚫려 있는 것도 있다.

커넥팅 로드 베어링 connecting rod bearing　크랭크축 핀을 지지하는 베어링을 말한다.

커넥팅 로드 얼라이너 connecting rod aligner　커넥팅 로드의 휨이나 비틀림을 측정하는 것을 이른다. 얼라이너에 피스톤 핀을 끼운 상태로 커넥팅 로드를 설치한 다음 V블록을 커넥팅 로드 소단부에 올려놓고 블록의 핀과 정반 사이의 공간을 시크니스 게이지로 측정한다. 휨의 측정은 블록의 판이 상하로 접촉되도록 하여 2개가 모두 접촉되면 정상이며, 비틀림의 측정은 블록의 핀이 좌우로 접촉되도록 하여 2개의 핀이 모두 접촉되면 정상이다.

커넥팅 로드 저널 connecting rod journal　커넥팅 로드와 결합되는 크랭크 핀의 면(journal)을 말한다.

커넥팅 로드 캡 connecting rod cap　커넥팅 로드를 크랭크축 핀에 결합하는 데 사용하는 캡으로, 캡은 커넥팅 로드의 대단부에 부착된다.

커런트 센서 current sensor　디젤 엔진의 급속 예열 장치에 사용되는 전류 검출 센서이다. 전류의 변화에 따라 예열 플러그의 예열 상태를 검출하여 프리 히팅 타이머에 온도를 알려 준다. 센서는 $10 \, \text{M}\Omega$ 정도의 극히 작은 저항이며 예열 플러그의 온도 상승과 함께 센서에 흐르는 전류가 감소하여 양 끝의 전압이 변화하는 원리를 이용하고 있다.

커머셜 밴 commercial van　승용차 방식의 밴을 말한다. 왜건과 비슷한 구조이지만 밴은 화물을 싣는 기능이 강조된 상용차이다.

커뮤터 commuter　도회의 혼잡을 완화하고 자동차 본래의 사용 목적을 수행하기 위해서 사용되는 2~4인승용 자동차를 이른다. 통근이나 연락용으로 사용할 수 있도록 만들었기 때문에 고속 장거리 주행차와 구별한다.

커버 cover 자동차용 타이어를 타이어와 튜브로 나눌 때 튜브를 덮은 타이어 전체를 이르는 말이다. 승용차용 타이어가 대부분 튜브리스 타이어로 바뀌어 지금은 사용되지 않는다.

커버리지 coverage 주어진 양의 페인트가 도포할 표면적을 말한다.

커버 톱 cover top 트럭의 화물실 덮개나 밴의 지붕을 이른다. 커버 톱은 금속, 플라스틱, 직물 등으로 제작되며 탈착이 가능하다.

커브 슬라이드식 시트 curve slide type seat 앉은키가 작은 운전자를 위하여 시트 슬라이드의 레일을 활 모양으로 구부려 시트가 앞에 올수록 앉은키의 위치가 높아지고 무릎의 위치는 낮아지도록 되어 있는 시트이다.

커브 웨이트 curve weight 차량 중량의 일종인데, 적하도 하지 않고 운전자도 승차하지 않은 공차 상태를 이른다. 단 가솔린 탱크, 냉각 계통, 크랭크 케이스에는 규정량을 보급하고, 또한 예비 타이어, 기타의 장치는 표준 장비로 된 것만을 장치한 상태를 말한다.

커스텀 카 custom car 자동차 회사가 판매한 상태의 차인 스토크카(srokck car)와는 달리, 구매한 사람이 자기 기호에 맞게 개조한 자동차를 이른다.

커티시 라이트 courtesy light 야간에 도어를 열었을 때 자동적으로 점등되어 발밑을 조명하는 램프를 이른다. 후속 차량에 도어가 열렸음을 알리는 경고등의 역할도 한다.

커팅 어태치먼트 cutting attachment 웰딩 토치에 부착하여 커팅 토치로 바꾸는 기구를 말한다.

커팅 팁 cutting tip 절단용의 토치 팁이다.

커팅 플라이어 cutting plier 손잡이와 직각 방향의 날이 있는 니퍼 겸용 공구이다. 선단부는 펜치, 가운데는 파이프 렌치, 뿌리 부분에는 니퍼에 해당하는 기능이 있다. 또한 지지점 위치를 바꿀 수 있게 되어 있어 개구부의 벌림 크기를 변화시킬 수 있다. 철사나 전선을 구부리거나 절단하는 데, 볼트나 너트류를 고정 및 회전시키는 데 사용된다.

커패시티 capacity (1) 어떤 물질이 일정한 상태에서 받아들일 수 있는 열량 또는 전기량을 말한다. (2) 엔진·오일펌프 및 유압 펌프 등이 발생할 수 있는 가동 능력을 말한다.

커프 kerf '자국 절단'이라는 뜻으로, 절삭에 의해 금속이 제거된 공간이다.

커플드 빔식 서스펜션 coupled beam type suspension 중간 빔식 현가장치를 이른다. 토션 빔식 현가장치의 형식으로서 크로스 빔이 트레일링 암의 피벗과 차축과의 중간에 설치되어 있는 것이다. 상하 작동은 풀 트레일링 형식과 같고 선회에서는 세미 트레일링 형식과 유사한 작동을 하도록 양자의 장점을 취한 것이다.

커플러 coupler (1) 센서로부터 어떤 종류의 신호를 수신하여 다른 종류의 신호로 조작 장치에 보내는 결합부를 말한다. (2) 하나의 회로에서 다른 회로로 에너지를 주고받기 위해서 사용되는 부품을 말한다. (3) 트랙터와 트레일러를 연결하는 장치를 말한다.

커플링 coupling '계수, 연결기, 클러치' 등을 말한다. 예를 들면 토크 컨버터, 유체 커플링, 팬 클러치 등이 있다.

컨덕터 conductor 전기 또는 열을 전도하는 물체를 말한다.

컨덕턴스 conductances 저항의 역수 또는 어드미턴스의 실수부로서 단위는 모(mho)이며 기호는 ℧이다. 하나의 전선 양 끝에 전압을 가하면 도선 속을 흐르는 전류는 도선의 양 끝에 가해진 전압에 비례한다. 컨덕턴스는 전기가 얼마나 흐르기 쉬운가를 나타낸다.

컨덴세이트 condensate 공기로부터 제거되는 물을 말한다. 에어컨 증발기의 외부 표면에 형성된다.

컨디션 미터 condition meter 자동차에 설치된 각종 장치의 작동 상태를 점검하는 계기를 말한다. 타코미터(회전 속도 측정기), 진공계, 오실로스코프 등이다.

컨로드 베어링 connecting rod bearing 커넥팅 로드와 크랭크축을 연결하는 미끄럼 베어링을 이른다.

컨버전 conversion (1) 데이터를 2진법에서 10진법으로 표현 방식을 변환하는 것을 말한다. (2) 축전지에서 화학적 에너지를 전기적 에너지로 또는 전기적 에너지를 화학적 에너지로 변환하는 것을 말한다. (3) 신호 또는 양을 장치에 대응하는 다른 종류의 신호 또는 양으로 바꾸는 것을 말한다.

컨버전시 convergency 촉매에 의한 배기 가스 청정기를 말한다.

컨버전 호이스트 conversion hoist 트럭의 평상(平床) 적재함을 덤프로 전환하는 데 사용하는 승강기를 이른다.

컨버징 코팅 conversing coating 피니시의 점착을 향상시키기 위하여 메탈 컨디셔너 다음에 금속 표면에 바르는 화학 물질을 이른다.

컨버터 converter (1) 엔진의 플라이휠에 설치되어 회전력을 변환시키는 토크 변환기를 말한다. (2) 정류기로서 교류를 직류로 바꾸는 장치를 말한다. (3) 신호 또는 에너지의 모양을 바꾸는 장치이다. 회로망 변환기라고도 한다. (4) 자동차에서 배출되는 유해 가스를 무해 가스로 변환시키는 촉매 변환기를 말한다. (5) 축전기 방전식 점화 장치에서 축전지 직류 전류를 발진 회로에 공급하면 교류로 변환하여 전압을 높인 다음 다이오드에 의해 다시 직류로 변환시키는 DC-DC를 말한다.

컨버터블 convertible 지붕을 접었다 폈다 할 수 있는 승용차를 이르는 말로, 영국에서는 드롭헤드, 유럽에서는 캐브리올레라고 한다. 쿠페(coupe)형 승용차를 기본으로 하여 지붕을 접으면 오픈카가 되고, 창유리를 올리고 지붕을 덮으면 쿠페형 승용차가 된다. 지붕의 개폐 방식에 따라 수동식, 유압식, 전동식이 있다. 지붕이 천과 같이 부드러운 재질이면 '소프트톱', 반대로 딱딱한 재질이면 '하드톱'이라고 한다. 이 밖에도 사이드 유리창이 없는 것은 '로드스터'로 불린다.

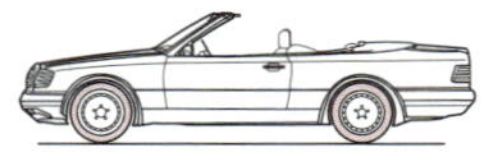

컨버터블

컨벡션 convection ⇨ 대류

컨벤셔널 conventional '통상형의, 종래부터 널리 사용되고 있는 방식' 등을 뜻하는 말이다. 예컨대, 구동 방식 중 FF 방식에 대해 FR 방식은 종래부터 사용되어 오기 때문에 FR 차를 '컨벤셔널차'라고도 한다.

컨스트럭션 비이클 construction vehicle 건설 차량을 말한다. 스크레이퍼, 포클레인, 불도저, 파워 셔블, 버킷로더, 레미콘 등 종류가 많다.

컨스트럭터 constructor 일반적으로 건설자를 말하지만 자동차에서는 레이싱 카의 제작 회사를 말한다.

컨시스턴시 consistency cone penetration 그리스의 외견상 경도와 종합적인 유동 특성을 나타내는 것으로 규정된 원추가 시료(試料)에 뚫고 들어간 깊이를 10배 곱한 수치로 나타낸다. 자동차용 윤활유의 SAE 점도 번호와 같은 것으로 그리스에서는 NLGI 점도 번호로 나타내고 있다. 자동차용으로는 0∼3호가 사용된다.

컨실드 concealed 사용하지 않을 때에는 차체 속으로 들어가도록 하고 사용할 때만 표면으로 노출되게 하는 것을 말한다.

컨실드 드립 드립 찬넬(빗물받침)을 도어와 보디 사이에 감춘 형상을 말한다. 드립 찬넬은 돌기가 없고 보디가 매끄럽기 때문에 풍절음도 감소한다.

컨실드 와이퍼 concealed wiper 앞 유리 아랫부분과 보닛 사이에 들어가 있다가 작동 시에만 외부에 나타나 유리 닦는 일을 하는 와이퍼로, 가끔 고급 승용차에서 선호한다.

컨실드 휠 컷 고속 주행 시 공기를 가급적 매끄럽게 흘려보내기 위해서 휠 하우스의 상부를 직선으로 컷한 형상의 휠 컷을 말한다. 또한 스타일적으로 사이드 뷰에 악센트가 주어지며, 사이드 프로텍트 몰과 휠 컷을 일직선으로 하여 공기를 가르려고 하는 이미지를 강조하여 스피드감을 갖게 하고 있다.

컨테이너 container (1) 쇠로 만들어진 큰 상자로 화물 수송에 주로 쓰인다. 짐 꾸리기 편하고 운반이 쉬우며, 화물을 보호할 수 있는 장점이 있다. (2) 일산화탄소·탄화수소 테스터기에 주입하는 표준 가스 저장 용기와 같이 가스, 페인트 등을 저장하는 용기를 말한다.

컨트랙팅 브레이크 contracting brake　자동 변속기에서 유성 기어 장치를 제어하는 프런트·리어 브레이크 등 자동차가 정차 중에 자유 이동을 방지하는 센터 브레이크로서 드럼을 밴드로 조이는 외부 수축식 브레이크를 말한다.

컨트롤 노브 control knob　변속 레버 또는 변속 레버 끝에 설치된 손잡이를 말한다.

컨트롤 라인 control line　랠리에서, 코스 위에 설치된 컨트롤 포인트(체크 포인트)의 계측 라인을 말한다. 이 라인이 시간 및 거리 계측의 기준선이 된다. 대부분의 경우는 컨트롤 에어리어 중심에 컨트롤 라인이 설치된다.

컨트롤러 controller　전동기의 기동(起動), 운전, 정지, 속도 조정을 하는 제어기를 말한다.

컨트롤 릴레이 control relay　회로 중계를 제어하는 것으로, 어느 회로의 중간에서 단속하여 그 회로를 개폐시키는 것을 말한다.

컨트롤 시트 control sheet　국제 랠리에서, 컨트롤 포인트에서 통과 시각을 기입하는 시트를 이른다. 스타트 때부터 경기자는 이 시트를 지녀야 하며, 기입자의 사인을 받는 것을 잊어서는 안 되고, 골인할 때까지 각자 잘 보관해야 한다.

컨트롤 실린더 control cylinder　압축 공기나 부압에 의해서 배기 브레이크 밸브와 인테이크 셔터를 작동시키는 실린더로, 마그네틱 밸브에 의해 작동되며 리턴 스프링에 의하여 복귀된다.

컨트롤 암 control arm　⇨ 서스펜션 암

컨트롤 에어리어 control area　컨트롤 포인트에서 보이는 구역을 말한다. 통상적으로는 컨트롤 라인을 중심으로, 그 앞뒤 수십 미터를 컨트롤 에어리어로 정하고, 그 구간에서는 감속해야 한다거나 추월하면 안 된다는 등 규칙이 적용된다. 또한 대부분의 경우, 컨트롤 에어리어 안에서는 시간 조정을 목적으로 차를 세우는 일 등이 일절 금지되어 있다.

컨트롤 유닛 control unit　⇨ 이시유

컨트롤 콘솔 control console　기기를 원격 조작하기 위해서 필요한 조작 기구 및 감시, 경보 장치를 갖춘 제어반(制御盤)을 말

한다.

컨트롤 타워 control tower　서킷에서 경기장(競技場) 이하 코스 위원장, 관제 위원, 계시 위원, 심사 위원 등 자동차 경주를 진행하는 위원들이 배치되어 있는 중요한 건물로, 컨트롤 라인의 연장 지점에 있다. 보통 3~4층 건물로 유리창이 커서 잘 보인다. 이곳에서는 계시 위원에 의한 시간 측정과 주회(周回) 기록 외에 각 코스 포스트와의 전화 연락 및 심사 위원회에 의한 심의 등이 행해진다.

컨트롤 패널 control panel　집중 관리를 하기 위해 제어 계기를 한 곳에 모아서 관리하기 쉽게 설치한 계기판을 말한다.

컨트롤 포인트 CP ; control point　체크 포인트의 정식 명칭이다. 국제 랠리에서는 체크 포인트보다 컨트롤 포인트라고 부르는 경우가 많다. CP에는 몇 가지 종류가 있으며 각 경기의 레귤레이션에 유의해야 한다. 중요한 것으로는 타이밍 컨트롤(TC), 패시지 컨트롤(PC)이 있다. 또 랠리에 따라서는, 컨트롤 에어리어를 설정하고 그 구간의 주행 방법 등에 대해서도 상세히 지시하는 경우도 있다.

컬랩서블 스티어링 칼럼 collapsible steering column　대부분 핸들이 몸 쪽으로 돌출해 있어 자동차 사고 시 운전자가 가슴을 다치게 되는데, 이것을 방지하기 위하여 스티어링 칼럼 속에 에너지 흡수 장치를 넣은 것을 이른다.

컬러 디자인 color design　자동차의 외관(exterior)이나 내장(interior) 등의 색채 디자인을 말한다. 유행색, 소비자 타깃, 제품 특성, 색채 선호도 등을 반영하여 부가 가치를 상승시킨다.

컬러 실러 color sealer　⇨ 공색 도장

컬렉터 collector　트랜지스터에서 캐리어를 모으는 영역(부분) 또는 그 영역으로부터 연결하여 뽑아낸 선(wire)을 말한다.

컬렉터 링 collector ring　기계에서 회전하는 부품에 체결되는 금속 링을 말하며 이것은 회전하는 부품에 회로를 구성하는 것이 목적이다.

컬렉터 접합 collector junction　트랜지스터의 베이스와 컬렉터 사이에 형성되는 접합이다. 일반적으로 역방향으로 바이어스

를 건다.

컬렉터 차단 전류 collector cutoff current 트랜지스터에서 컬렉터 다이오드의 접합부를 통하여 흐르는 역방향 포화 전류를 말한다.

컴파트먼트 compartment 프런트 시트 앞쪽에 설치되어 자동차의 사용 설명서, 지도 등을 넣는 곳을 말한다.

컴파트먼트 셸프 패널 compartment shelf panel 리어 시트 백(rear seat-back)과 백 윈도 사이에 설치한 칸막이식 패널이다.

컴패니언 플랜지 companion flange 파이프의 플랜지 이음, 종감속 기어와 추진축을 연결하는 플랜지 이음과 같이 2개의 플랜지가 동일한 모양으로 되어 있는 플랜지를 말한다.

컴펜세이션 compensation 자동 제어 계통에서 어떤 성능을 향상시키기 위해 사용되는 수정 및 보상의 기능 또는 그와 동등한 기능을 가지게 하는 효과를 말한다.

컴펜세이터 compensator (1) 어떤 장치에서 오차(誤差)나 외부의 영향으로 불안전하게 되는 것을 없애기 위해 사용하는 부품이나 장치이다. 엔진의 냉각수 온도, 흡입 공기의 온도, 대기 압력 등으로 공회전이 불안정해지면 자동적으로 연료를 보충하여 엔진의 회전이 원활해지도록 하는 장치를 말한다. (2) 무선 방향 지시기에서 방향 지시에 대하여 오차의 일부 또는 전부를 수정하는 장치를 말한다.

컴펜세이팅 포트 compensating port ⇨ 마스터 실린더 릴리프 포트

컴퓨터 그래픽스 computer graphics 컴퓨터를 이용하여 작도법(作圖法) 및 도형을 처리하는 기술을 말한다. 자동차의 설계자가 부분적으로 여러 장 스케치한 다음 스케치를 입력 수치로 바꾸어 컴퓨터에 입력하면, 조감도가 브라운관에 영상으로 나타난다. 그러면 설계자는 라이트 펜(light pen)으로 투시도를 수정해 가면서 스타일을 완성하면 된다.

컴퓨터 논리 회로 computer logic circuit 기본적인 전기 회로로서 입력 처리를 출력 처리로 변환할 때 필요하다. 기본 회로와 복합 회로를 결합하여 데이터의 해독, 데이터의 기억, 데이터의 연산, 액추에이

터에 명령을 한다.

컴퓨터 설계 CAD ; computer aided design 컴퓨터를 이용하여 능률적으로 설계를 실행하는 방법을 말한다. 설계자가 라이트 펜(light pen)으로 도형에서 정보를 얻어 컴퓨터에 입력하면 계산 결과를 도형으로 반영시키는 방법으로 설계를 진행한다.

컴퓨터 시뮬레이션 computer simulation 컴퓨터를 이용하여 물리적 현상을 분석, 해석하는 모의 실험을 말한다.

컴퓨터 시험기 computer tester 여러 가지 엔진의 정상 표준값 및 제원(諸元)을 기억 장치 내에 저장하고 각 장치를 테스트하기 위한 마이크로컴퓨터 회로를 구성한 엔진 분석기(engine analyzer)를 말한다.

컴퓨터 제어 computer control 제어 장치에 컴퓨터를 연결하여 자동으로 제어하게 하는 방식을 말한다. 자동차에서는 고체형 장치(solid state device)를 사용해서 제어하는 것, 또는 미리 프로그램 된 명령어 세트, 여러 가지 엔진 상태를 감지하기 위한 센서 및 여러 가지 구성 부품을 적절하게 작동시키기 위해 신호를 보내는 신호 장치 등을 작동시킨다.

컴퓨터 제어 코일 점화 C^3I ; computer controlled coil ignition 제너럴모터스(GM)사의 디스트리뷰터 없는 점화 시스템을 이른다. 1개의 하우징에 설치된 다중의 양쪽 끝이 있는 점화 코일을 사용하며, 컴퓨터 조정 코일 점화라고도 부른다.

컴퓨터 조정 CCC ; computer command control 제너럴모터스(General Motors)의 피드백 카뷰레터 시스템에 붙인 이름이다. 공기/연료비는 많은 엔진 센서로부터의 자료를 근거로 해서 컴퓨터에 의해 조정된다.

컴퓨터 조정 코일 점화 C^3I ⇨ 컴퓨터 제어 코일 점화

컴퓨터 최저 작동 전압 컴퓨터의 정상적인 작동을 위한 전압의 하한 값을 말한다. 자동차에 탑재되는 컴퓨터의 경우 온도, 전기 부하(負荷) 등에 의해 배터리 전압이 변동되므로 컴퓨터 최저 작동 전압이 중요한 성능의 하나가 된다.

컴프레서 compressor 기계를 압축시켜 압력을 높이는 기계적 장치로, 압력기라고도

한다. 컴프레서는 유체를 압축하여 유체에 기계적 에너지를 가한다는 점에서 펌프의 원리와 기본적으로 같지만, 펌프는 액체를 압축하는 것이고, 컴프레서는 기체에 압력을 가하여 압력과 속도를 변화시킨다는 점에서 펌프와 구별된다. 컴프레서의 형식은 디스플레이스먼트형과 다이내믹형으로 나눌 수 있다. 디스플레이스먼트형 컴프레서의 대표적인 예로는 왕복 피스톤식 컴프레서가 있으며, 공장용 압축 공기의 공급에 많이 사용된다. 이 컴프레서는 실린더 내 피스톤의 왕복 운동과 밸브의 개폐에 따라 공기를 흡입하여 압축 후 배출하는 사이클로 이루어져 있다. 이 형태는 일반적으로 유량(流量)보다는 높은 압력이 필요할 때 많이 사용된다. 다이내믹형 컴프레서는 회전차(回傳車)를 아주 빠른 속도로 회전시켜 얻어지는 큰 유동 속도로 인한 운동량으로 기체의 압력을 상승시키는 장치인데, 큰 유량이 필요할 때 많이 사용된다.

컴프레서 로크 컨트롤러 compressor lock controller 컴프레서 로크 시 컴프레서 제어용의 컨트롤러이다. 엔진 컨트롤 유닛과 파워 트랜지스터~태코미터 사이의 신호로부터 엔진 회전수를, 컴프레서의 리볼류션 센서로부터 컴프레서의 회전수를 검출하여 그 값을 비교, 연산함으로써 컴프레서의 상태를 판정한다. 컴프레서에 고장이 발생하면, 컴프레서 로크 컨트롤러는 에어 플로 인디케이터 점멸 신호 및 컴프레서 릴레이 OFF 신호를 출력한다.

컴프레션 로드 compression rod 현가 암을 말한다. 한 개의 암을 사용하는 현가장치로서 I암의 끝과 차축보다 뒤쪽의 보디를 연결하여 휠에 걸리는 앞뒤 방향의 힘을 뒤에서 지지하는 로드이다. 주행 중 타이어의 구름 저항에 의하여 로드에 압축력이 발생하기 때문에 이러한 명칭으로 불린다. ⇔ 텐션 로드

컴프레션 하이트 compression height 피스톤 핀 중심선에서 톱 랜드 최상부까지의 높이를 말한다. 압축 높이가 짧으면 피스톤의 전체 길이가 짧아질 수 있어 엔진의 회전 속도를 고속화할 수 있고 피스톤의 중량을 가볍게 할 수 있다.

컴플라이언스 compliance 요즘에는 바퀴가 앞뒤 방향으로도 조금 움직이게 한 현가장치가 많은데, 승차감을 좋게 하기 위한 것으로 이런 움직임을 이르는 말이다. 컴플라이언스가 낮으면 승차감이 양호(유연)해진다. 그러나 지나치게 낮으면 조종 안정성이 나빠진다. 단위 강도의 힘에 스프링계가 굽은 정도의 양을 표시하는 것이라 스프링 정수의 역수로 표시된다. 컴플라이언스를 만들기 위해서는 튼튼한 A형 암보다 I형 암과 텐션 로드 쪽이 움직임을 조절하기 쉽다. 또 러버 부시에 틈새를 마련하여 움직일 수 있게 한 것도 있다. 컴플라이언스를 마련하면 바퀴가 앞뒤로 움직였을 때의 방향이 문제가 된다. 그래서 링크를 2개 사용한 패럴렐 링크로 뒷바퀴의 방향을 제어하기도 한다

컴플라이언스 스티어 compliance steer 타이어에 외력이 가해졌을 때 그 외력에 의해 서스펜션의 일부(암류)가 전후 방향으로 미동하고 차륜이 약간 조향된 것과 같이 변화한 것을 말한다(실제에는 토 각도의 변화).

컵 그리스 cup grease 석회 비누나 알루미늄 비누에 광물류를 배합한 것으로 투명하고 내수성이 커서 물 펌프 등에 사용되고 있다.

컷 cut 못, 볼트 등 날카로운 돌 모서리에 의해 타이어가 받은 외상을 말한다. 이것은 도로 공사 중 노면에 박혀 있는 자갈 등의 장애물 때문에 생긴다.

컷 공법 cutting method 용접 패널을 교환할 때 패널 전체를 교환하지 않고 일부를 잘라(cut) 붙이는 방법이다. 구(舊) 패널과의 접합부는 겹치기 용접 또는 맞대기 용접(butt welding)을 한다.

컷 보디 cut body 보디의 구조를 알기 쉽게 나타내거나 부분적인 테스트를 하기 위하여 화이트 보디의 일부를 잘라낸 것을 말한다.

컷 슬릭 타이어 grooving tire 마른 노면 전용 타이어에 홈을 파서 만든 것으로 젖어 있는 진흙길 주행용 타이어를 말한다. 노면에 물의 양이 적을 때는 여러 가닥의 좁은 홈이 있는 타이어가 사용되며, 물웅덩이가 많은 경우에는 폭이 넓고 깊은 홈이 많이 새겨진 타이어가 사용된다.

컷아웃 cut-out　(1) 릴레이의 진동 접점 또는 배전기 접점 등이 열려 전류의 흐름을 차단하는 것을 말한다. (2) 언로더 밸브 등에서 펌프를 무부하 상태가 되도록 하는 것이다.

컷아웃 릴레이 cut-out relay　알터네이터와 배터리 사이에 있는 종전 회로 내의 한 장치인데, 알터네이터가 배터리로 충전할 때는 닫히고 알터네이터가 정지할 때는 회로를 연다.

컷아웃 압력 cut-out pressure　언로더 밸브 등에서 펌프를 무부하(無負荷)로 하는 한계 압력을 말한다.

컷오프 cutoff　유압 장치에서 펌프 송출측 압력이 설정 압력에 도달하였을 때 가변 송출량이 제어되어 유량을 감소시키는 것을 말한다.

컷오프 전압 cutoff voltage　(1) 릴레이에서 전자석의 자력이 약하여 접점이 열릴 때의 전압을 말한다. (2) 전지에 있어서 방전이 완료되었다고 간주되는 전압값을 말한다. 전지의 종류, 방전율, 온도, 사용 조건 등이 영향을 준다. (3) 전자관에 있어서 종속 변화량이 지정된 낮은 값으로 저하할 때의 전극 전압을 말한다. (4) 주어진 정상 자속의 밀도하에서 음극에서 제로 속도로 방출된 전자가 양극에 도달할 수 없는 경우의 최고 양극 전압의 이론값을 말한다.

컷인 cut-in　릴레이의 전동 접점 또는 배전기의 접점 등이 닫혀 전류가 흐르는 것을 말한다.

컷인 압력 cut-in pressure　언로더 밸브 등에서 펌프에 부하를 줄 때 생기는 한계 압력을 말한다.

컷인 전압 cut-in voltage　발생 전압이 상승하여 컷아웃 릴레이에서 축전지로 전류가 흐르면 접점이 닫히는데, 이때의 전압을 말한다. 12 V용에서는 13~14 V이다.

컷 파일 cut pile　직물 등에서 기초가 되는 천 위에 식모(植毛)하여 표면을 평평하게 깎은 것을 말한다.

케네디 키 kennedy key　정사각형 단면의 키 두 개를 직각으로 장착한 키를 말한다.

케미컬 개스킷 chemical gasket　두 부품 사이에 화학적 실링(밀폐) 작용을 부여하기 위해 고체형의 기계식 개스킷 대신에 화학적 접착제를 양접합면에 사용하는 개스킷을 말한다.

케미컬 스테이닝 chemical staining　공업 지역에서 공기 오염으로 페인트에 반점 모양의 변색 부분이 발생하는 현상을 말한다.

케블라 kevlar　화학 섬유 중 하나이다. 듀폰(DuPont)사의 상표명으로서, 일반적으로 아라미드 섬유라고도 부른다. 인장 강도(引張强度)는 탄소 섬유와 같은 정도로서, 비중이 작기 때문에 적층했을 때의 비강도(밀도당의 강도)가 높아진다. 사용에 따라서는 강철 7배 정도의 강도를 얻을 수 있다고 한다.

케이 k　메트릭 측정 단위에서 서두어로 사용하며 표준값의 1,000배에 해당된다는 뜻으로 킬로(kilo)의 약자이기도 하다.

케이블 cable　고전압이나 고전류를 전도하는 데 쓰이는 튼튼한 전기선을 말한다.

케이블 게이지 cable gauge　전류를 흐르게 하는 도체의 사이즈를 말하며, 도체 단면의 크기로 나타낸다. 도선(도체)의 사이즈가 작을수록 게이지 넘버(gauge number)는 크다.

케이블 그로밋 cable grommet　엔진룸의 전장 품에서 차실의 제어 장치로 연결되는 전선이 보디를 관통할 때 전선을 보호하기 위해 보디의 관통 구멍에 끼우는 고무 고리를 말한다.

케이블식 클러치 cable type clutch　클러치 페달과 클러치 사이에 케이블이 연결되어 있는 방식의 클러치로, 케이블에 조절 나사가 있어 케이블의 길이를 조절하게 되어 있다.

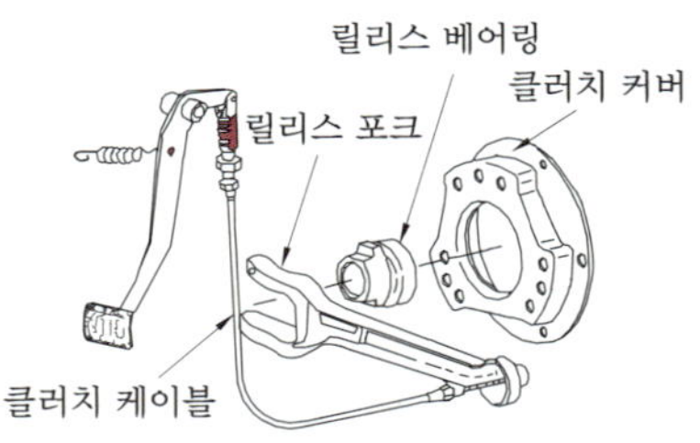

케이블식 클러치

케이스 경화 case hardened　저탄소강의 표피만을 경화하여 내마모성을 향상시키고 내부(core)는 고유의 강인성을 갖게 하는 열처리 방법을 말한다.

케이스 러버 플러그 case rubber plug 케이스 내부의 압력이 에어 브리더의 여과 범위를 초과하는 상태가 되면 리테이너, 실, 개스킷 등을 손상시키게 되는데 이들을 보호하는 안전장치이다. 케이스에서 이탈되면서 초과 압력을 순간적으로 배출한다.

케이싱 casing (1) 펌프나 토크 컨버터 등 기계를 밀폐하는 것을 말한다. (2) 타이어의 골격을 형성하는 카커스를 말한다.

K-제트로닉 K-jetronic, K-jet 연료 분사량의 제어를 기계식으로 하는 연속적인 분사 장치를 말한다. 흡입 공기량을 검출하는 방법이 기계-유압식으로, 에어 혼에 설치되어 있는 센서 플레이트와 연료 분배기가 레버로 연결되어 있다. 흡입 공기량에 따라 변화하는 센서 플레이트에 의해 연료 분배기의 플런저 행정을 변화시켜 연료 분사량을 조절한다.

케이지 cage (1) 볼 베어링이나 구름 베어링에서 레이스에 끼워진 강구(鋼球)나 롤을 항상 같은 간격으로 유지시키는 부품을 말한다. (2) 엘리베이터에서 사람이나 화물을 실어 나르는 운반실을 말한다.

켈밋 kelmet 베어링으로 사용되는 구리와 납의 합금으로 구리(Cu) 60~70%, 납(Pb) 30~40%가 표준 성분이다. 열전도성이 좋고 온도 상승이 적으며 기계적 성질로서의 내마모성도 우수하기 때문에 플레인 베어링의 라이닝재(材)로 사용된다. 화이트 메탈 베어링에 비해 고하중(高荷重), 고속 운전에도 견딜 수 있으므로 항공기, 자동차, 디젤 기관 등의 베어링으로 널리 이용되고 있다.

켈빈 Kelvin 절대 온도의 단위이다. 절대 온도 0℃는 0K로 나타내며, 0켈빈은 −273.15℃와 같다. 물의 삼중점에서의 열역학적 온도를 273.16켈빈으로 정의하며 기호는 K이다.

코그 벨트 cog belt 톱니를 가지고 있는 평 고무벨트로, 코그 휠(톱니가 있는 휠)과 맞물려 작동한다. 톱니 벨트라고도 한다.

코너링 cornering 모퉁이를 도는 것이다. 선회 운동을 하는 것을 말한다.

코너링 드래그 cornering drag 타이어가 코너링할 때 발생하는 구름 저항을 말한다. 타이어는 직진으로 주행할 때보다 선회할 때에 저항이 크다.

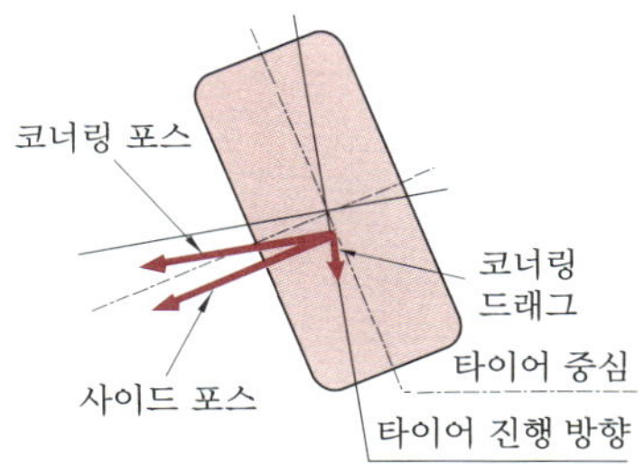

코너링 드래그

코너링 램프 cornering lamp 야간 주행 시, 좌우 어느 쪽으로 진로를 변경할 때 변경한 방향으로 램프를 점등시켜 시인성을 향상시키는 램프이다. 이 램프는 테일 램프 릴레이 및 코람 스위치의 턴 시그널 램프 스위치로 제어된다. 측방 조사등이라고도 한다.

코너링 스티프니스 cornering stiffness 타이어의 슬립 각과 사이드 포스의 관계에 따른 슬립 각 0도에서 사이드 포스가 일어나는 미분값을 말한다. 계속 진행하고 있는 타이어의 방향을 바꿀 경우 발생하는 힘의 크기에 기준이 된다. 자동차의 조종, 안정성에 영향을 미치는 요소 중 하나이다.

코너링 파워 cornering power 코너링 포스(cornering force)의 값을 횡활각(옆 방향 미끄럼 각도)으로 나눈 값으로, 선회 운동에 대해 타이어가 옆 방향으로의 압력을 견딜 수 있는 능력을 말한다. 코너링 파워는 타이어의 크기, 형태, 공기압, 변형된 형태, 노면 상태, 마찰 계수 등에 따라 변화한다.

코너링 포스 cornering force 타이어가 어떤 슬립 각으로 선회할 때 접지면에 생기는 힘 중에서 타이어 진행 방향에 대해 직각으로 작용하는 성질을 이르는 말이다. 일정한 슬립 각으로 선회할 때 원의 접선 방향과 직각으로 원심력과 균형을 이룬 힘이어서, 자동차의 운동을 말할 때 이 힘이 관계되며, 이를 래터럴 컨트롤 포스(lateral control force)라고도 한다. 비슷한 말에 사이드 포스가 있으나 이것은 타이어의 중심면에 직각인 힘이라 정의되고 있다. 슬립 각이 작은 범위에서 코너링 포스와 사이드 포스는 같은 것이라 생각해도 된다.

코니시티 conicity 래터럴 포스 디비에이션 성분의 하나로서 타이어를 굴렸을 때 회전 방향에 관계없이 한쪽 방향으로만 발생하는 힘을 말한다. 접지면에 발생하는 힘이 원추(콘)를 굴렸을 때와 같이 타이어가 한쪽으로 향하는 힘에서 온 것이다.

코니컬 베어링 conical bearing 축 방향 및 축과 직각 방향의 하중을 동시에 받는 베어링을 말한다.

코니컬 스프링 conical spring 밸브 스프링의 일종으로, 밸브 서징을 방지하기 위하여 스프링강을 원뿔 모양으로 감아서 만든 스프링이다. 원뿔형 스프링이라고도 한다.

코니컬 코일 스프링 conical coil spring 원추형(코니컬)의 코일 스프링으로서 비선형 특성을 가진다.

코드 cord (1) 타이어 플라이를 구성하기 위해 꼰 섬유나 금속선을 말한다. 코드의 재료로는 폴리에스테르, 나일론, 아라미드, 레이온, 스틸이 주로 사용되고 있다. 정확하게 카커스 코드라고 한다. (2) 전선을 유연한 피복 속에 수용하여 단자를 붙인 것으로, 콘센트에 연결하여 전원을 공급받는다.

코드라이버 co-driver 랠리 경기는 반드시 2명 이상이 하나의 랠리 카에 타고 진행되어야 한다. 이때 페이스 노트를 작성하고 내비게이션을 맡는 등 드라이버의 주행을 보조하는 동승자를 코드라이버라 한다. 원래 코드라이버의 뜻은 부(副)운전자란 뜻이지만 랠리에서 코드라이버가 실제로 운전대를 잡을 기회는 없다.

코디에라이트 cordierite 규산염 광물의 일종이다. 배기가스용 촉매 컨버터의 펠릿의 모재(母材)로서 사용하고, 그 표면에 팔라듐과 백금을 혼합한 촉매를 부착시켜 표면적을 크게 하는 용도로 쓰인다.

코로나 corona 도체에 주어지는 전압이 높아졌을 때 두 도체의 표면에 불꽃이 생기 전에 엷은 자색으로 발광하는 것을 말한다.

코로나 방전 corona discharge 두 전극 사이에 높은 전압을 가하면 불꽃을 내기 전에 전기장의 강한 부분만이 발광하여 전도성을 갖는 현상이다. 송전선 상호 간이나 송전선과 대지 사이에서 일어난다.

코로나 현상 아주 어두운 장소에서 엔진을 회전 시, 스파크 플러그의 절연 애자(礙子) 부근에서 배전기 캡 등에 청자색의 거미줄 같은 빛이 발산되는 현상을 말한다. 소비되는 전기 에너지는 극히 미소한 것이기 때문에 실험상으로는 전혀 악영향이 없다.

코루게이션 corrugation 최근 스파크 플러그의 절연 애자(礙子)에 장착된 파도와 같은 파형을 말한다. 절연 애자의 표면에 도전성의 퇴적물이 생기면, 이것이 전기 통로가 되어 전극에 불꽃을 주어야 할 전기가 이 통로를 따라서 누설된다. 이와 같은 통로를 차단해서 그러한 현상이 발생하기 어렵게 하는 것이 코루게이션의 목적이다. 또 라디에이터 코어 핀도 형상에 따라서 코루게이션이라고 한다.

코루게이트 튜브 corrugate tube 엔진룸 내 등의 하니스(전기 배선) 보호를 목적으로 하니스의 외측에 감는 수지제의(주름) 부착 튜브를 말한다.

코루게이티드 핀 corrugated fin 라디에이터 코어의 워터 튜브에 부착된 금속판으로서 주름이 잡혀 포개져 있다. 파도 모양의 냉각핀으로 제작하기 쉽고 플레이트 핀보다 방열량이 크고 가벼워서 현재 가장 많이 사용하고 있다.

코루게이티드 핀형 corrugated fin type 물결 모양, 주름 모양의 핀으로 라디에이터의 방열용 핀이 여기에 속한다. ⇨ 플레이트 핀형

코르크 cork 코르크나무의 겉껍질과 속껍질 사이의 두껍고 탄력 있는 부분 또는 그것을 잘게 잘라 가공한 것을 말한다. 압축성이 풍부하여 합성 고무와 혼합하여 개스킷, 패킹, 기화기에 쓰이는 뜨개 등에 사용한다.

코먼 레일식 common rail type 디젤 엔진의 연료 분사 펌프와 노즐을 일체로 한 방식을 이른다. 한번 압력을 높인 연료를 배관의 일부에 저장해 두고 압력이 증가한

피스톤으로 다시 압력을 높여 분사하는 방식이다.

코밋 헤드 comet head 와류실식 디젤 엔진의 연소실을 말한다.

코발트 cobalt 주기율표의 제9족 원소이다. 쇠보다 무겁고 단단한 회백색의 금속으로, 연성(延性)과 전성(展性), 강한 자성이 있으며, 석유 합성의 촉매, 유리 착색의 도료, 도금 원료, 강철 합금 등에 쓴다. 원자 기호는 Co, 원자 번호 27, 원자량은 58.933이다.

코스 레코드 course record 코스 기록의 뜻으로, 과거로부터 현재까지 레이싱 코스를 한 바퀴 도는 데 걸린 가장 빠른 시간을 말한다. 이전에는 결승 레이스의 기록 중에도 코스 레코드가 있었지만, 현재는 공식 예선에서의 기록이 통상으로 되어 있다. 각 카테고리(클래스) 별 코스 레코드도 있다.

코스 맵 course map 랠리 경기는 거리가 길기 때문에 출발부터 골인에 이르는 전(全) 코스를 코스 맵으로 나타내고 참가자는 이 지도에 따라 코스를 달린다. 주최자는 사전에 코스를 여러 차례 답사하여 코스 맵을 만든다. 이 지도는 스타트 직전에 전달하는 경우와 몇 개월 전에 미리 주는 경우가 있는데, 후자의 경우를 코스 오픈 타입 랠리라고 한다.

코스 아웃 course out 드라이버의 조작 미스나 차량의 고장 등이 발생하여 코스 바깥으로 나가는 상태를 말한다.

코스 인 course in 자동차 경주의 예선과 결승, 또는 연습할 때 주행하기 위해 자동차를 발차 대기소로부터 코스로 이동시키는 것을 말한다. 어떤 경우라도 코스 인은 계원의 지시에 따라야 한다.

코스 클리어 course clear 경주를 진행하는 데 코스가 지장이 없는 상태를 말한다. 즉, 경주를 개시해도 되는 상태이다.

코스터 브레이크 coaster brake 자전거 제동기의 하나로서, 뒷바퀴에 달고 페달을 반대 방향으로 밟아 제동하게 한다.

코스트 coast 감속 주행을 말한다. 고정된 속도로 주행하면서 조정(set) 스위치를 ON으로 작동시키는 동안 액추에이터의 DC 모터는 REL(풀림) 쪽으로 회전된다.

스위치가 OFF할 때까지 차량 속도는 계속 감속되어 그 후 감속된 속도로 고정된다. 차량 속도는 최저 속도가 40 km/h 이상이어야 한다.

코스트 사이드 cost side 종감속 기어 장치에서 구동 피니언과 링 기어가 맞물려 회전할 때 회전력이 걸리는 반대쪽 이빨 면을 말한다.

코스팅 coasting 클러치를 단절하고 주행하는 것을 말한다. 그다지 감속되지 않으면서 엔진은 아이들링 상태에 있기 때문에 연료는 거의 소비되지 않지만, 엔진 브레이크가 작동하지 않기 때문에 안전상으로는 바람직하지 못하다.

코스팅 밸브 CV ; coasting valve 감속 시에 밸브를 열어 공연비의 적정화를 도모하는 밸브이다.

코스팅 테스트 coasting test 자동차의 주행 저항을 구하기 위하여 실시하는 시험이다. 일정한 초속도로 주행한 다음 변속기를 중립에 놓고 타력(관성을 일으키는 힘)으로 주행하면서 속도의 저하 상황을 기록하여 각 속도마다 감속도에서 저항을 구하는 타행 시험(惰行試驗)을 말한다.

코스 포스트 course post 경기 중에 코스 위원이 배치되고, H항(깃발 신호 규정)에 의해 경주차에 신호를 보내거나 경기장과 전화 연락을 하기 위한 박스이다. 줄여서 '포스트'라고도 한다. 포스트와 포스트 사이는 반드시 육안으로 볼 수 있는 위치에 있어야 만일의 사고에 대비할 수 있다.

코어 core 일명 철심이라고도 부르며 코일 또는 변압기 내에 설치하여 자력선의 통로가 된다. 발전기 내에서는 아마추어(amature)라는 이름으로 쓰인다. 또한 라디에이터 내부에 형성된 하나하나의 물 통로로, 냉각수는 이 코어 내부를 흐를 때 그 주위를 흐르는 공기에 의해서 냉각된다.

코어 고무 core rubber 외부 충격을 완화하여 비드를 보호하는 부품을 이른다.

코어 서포트 core support 라디에이터와 에어컨 응축기 어셈블리를 지지하며, 프런트 펜더, 그릴 어셈블리, 후드 래치 등의 부착점 역할을 하는 골조를 말한다.

코이닝 coining 조각된 형판(型板)이 붙은 한 조의 다이(die) 사이에 재료를 넣고 압력을 가하여 표면에 조각 도형을 성형시키는 가공법이다. 화폐, 메달 등을 제조하는 데 사용되는 방법이다.

코일 coil　배터리로부터 낮은 전류를 받아 점화 플러그에서 점화하기 위한 높은 서지 전압(급상승하는 전압)으로 승압하기 위한 점화 장치 부품을 말한다. 점화 시스템에서 코일은 트랜스포머처럼 1차 회로 내의 낮은 전압(9~12볼트)을 2차 회로 내의 높은 전압(35,000볼트만큼)으로 올려주는 역할을 한다.

코일 스프링 coil spring　스프링강의 둥근 막대를 감아서 만든 완충기를 말한다. 코일 스프링은 링크 연결 기구나 쇼크 업소버를 필요로 하고 구조가 복잡하나 에너지 흡수율이 판스프링보다 크고 유연하여 널리 사용되고 있다. 스프링의 강도는 주로 막대의 굵기에 따라 정해지고 굵을수록 딱딱해진다. 또 감은 수가 많을수록, 감은 지름이 클수록 부드러워진다. 하중에 따라 스프링의 딱딱한 정도를 변화시키기 위해 막대의 굵기를 점차로 변화시키거나 감는 지름 크기를 변화시키기도 한다. 이것을 비선형(非線型) 스프링이라 한다.

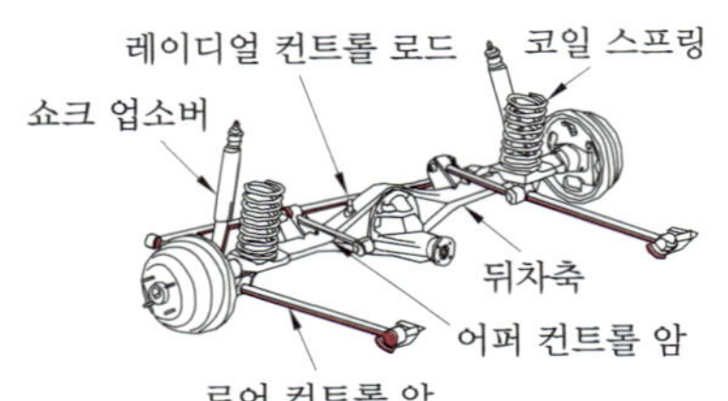

코일 스프링 현가장치

코일 스프링식 클러치 coil spring type clutch　스프링강의 막대를 원형으로 감아서 만든 것으로 클러치 커버와 압력판 사이에 설

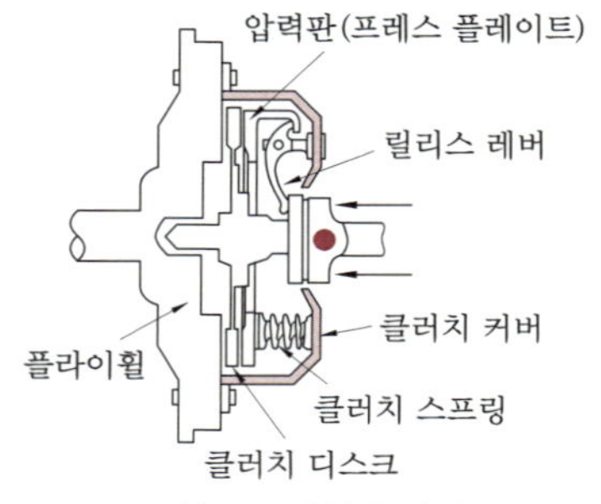

코일 스프링식 클러치

치되어 있다. 스프링의 수와 클러치 용량은 대개 3~9개이다. 스프링의 장력(張力)에 의해서 높은 하중을 지탱할 수 있으며, 부분적으로 교환이 가능하여 정비가 용이하다. 주로 중·대형 트럭과 버스 등에 사용되고 있다.

코일 스프링의 유효 권수 coil spring winding　스프링 시트와 접촉하는 코일 스프링의 양끝 부분을 제외한 나머지 부분을 말하고 스프링강의 성질, 두께, 지름, 권수 간극, 권수에 따라 스프링의 힘이 달라진다.

코일 진동 coil oscillation　스파크 플러그가 점화하고 있는 동안 발생하는 1차 파형(波形)에서의 진동을 말한다.

코일/콘덴서 진동 coil/condenser oscillations　코일, 콘덴서의 작용을 나타내는 진동으로 오실로스코프상에 파형으로 나타난다. 1차와 2차 점화 파형에서의 진동 코일과 콘덴서는 코일 전기장이 사라질 때 유도된 에너지를 잠시 저장했다가 시스템 내로 되밀어 보낸다. 전압이 앞뒤로 밀릴 때마다 더 많은 에너지를 잃게 되는데 포인트가 열릴 때까지는 전압이 '0'이 되어야 한다.

코일 타워 coil tower　점화 코일의 중심 단자로 고전압용 케이블의 2차 단자에 꽂혀서 쓰인다.

코일형 예열 플러그 coil type glow plug　디젤 엔진에 사용되는 예열 플러그의 일종으로 발열부의 코일이 노출되어 있는 예열 플러그를 말한다. 적열(赤熱) 시간이 짧으며 히트 코일, 커넥팅 하우징, 홀딩 핀, 플러그 하우징으로 구성되어 직렬로 결선되어 있다. 코일이 연소 가스와 직접 접촉되기 때문에 기계적 강도와 가스에 의한 부식에 약하다.

코치 빌더 coach builder　영국에서 다른 회사의 엔진이나 섀시를 기본으로 하여 고객들이 특별 주문한 자동차를 설계 및 제작하는 회사를 말한다.

코치 조인트 coach joint　보디 외부 표면의 핀치 웰드 조인트(pinchweld joint)를 말한다.

코크 보틀 라인 coke bottle line　가운데 부분이 날씬한 코카콜라 병과 같은 형식을 말한다. 코크는 코카콜라를 말하는 것으로 자동차 디자인에도 많이 이용되었다. 1960년대 미국 차에서 많이 볼 수 있었다.

코크 보틀 라인형 자동차

코킹 caulking 보일러, 가스 저장 용기 등과 같은 압력 용기에 사용하는 리벳 체결에 있어서, 기밀을 유지하기 위해 끝이 뭉뚝한 정을 사용하여 리벳 머리, 판의 이음부, 가장자리 등을 쪼아서 틈새를 없애는 작업이다.

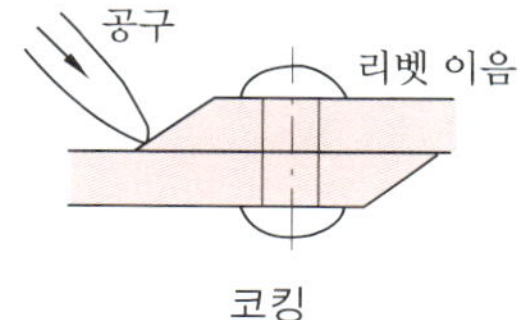

코킹

코킹 콤파운드 caulking compound 균열된 곳을 채워 막는 데 사용하는 밀봉재이다.

코터 cotter 축과 축 등을 결합시키는 데 사용하는 쐐기이다. 축의 길이 방향에 직각으로 끼워서 축을 결합시킨다. 구조가 간단하고 해체하기도 쉬우며 조절이 가능하므로 두 축의 간이 연결용으로 많이 사용된다.

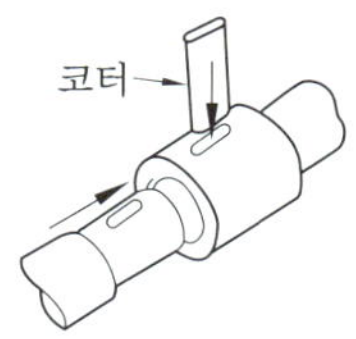

코터

코터 핀 cotter pin 분할 핀 모양으로 된 연강 재질의 고정 핀으로, 이것은 주로 구멍에 끼워진 다음 이 위치에서 빠져나오지 않도록 하기 위해 분할된 양 끝을 벌려 놓는다.

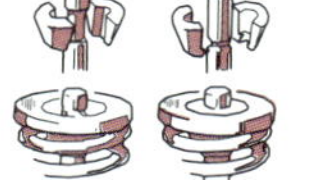
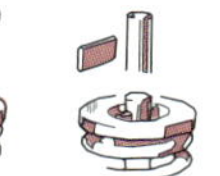
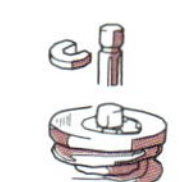

(a) 원추형   (b) 핀형   (c) 말굽형

코터 핀의 종류

코트 coat (1) 두 코트 사이에 플래시 타임을 두지 않거나 적게 두고 칠하는 프라이머 또는 페인트의 두 싱글 코트이다. (2) 스프레이건이 두 번 지나가면서 만들어내는 프라이머 또는 페인트의 코트로서, 패스와 패스는 50퍼센트씩 겹쳐진다.

코트렐 집진 장치 cottrell precipitator 먼지를 함유한 가스에 코로나 방전을 발생시켜 부(−)로 대전한 미립자를 정(+)극에 모아 청정한 가스로 만드는 장치를 이른다.

코티드 링 coated ring 철산(ferrous oxide), 연인산염(soft phosphate) 또는 주석으로 링의 표면에 코팅되어 있는 형식을 말한다. 이와 같이 코팅함으로써 링 시트에 오일 유지가 잘 되어 긁힘 등 손상을 방지할 수 있어 새 링을 길들이는 데 유리하다.

코팅 coating 물체의 겉면을 수지 등의 엷은 막으로 입히는 일이다.

코필로트, 코파일럿 copilote 프랑스어권의 랠리에서는 드라이버를 필로트(pilote) 또는 파일럿(pilot)이라 부르고 코드라이버를 코필로트 또는 코파일럿이라 한다. 실제로는 드라이버와 구별하여 내비게이터를 코파일럿이라 부르는 경우가 많다.

콕 벨트 cocked belt 내측에 치형을 붙인 유리 섬유를 포함한 고무벨트를 말한다. 주로 캠샤프트를 구동하기 위해 사용되며, 운전음이 조용한 것이 이 벨트의 특징이다.

콕피트 cockpit 원래는 비행기의 조종석을 의미하는데, 차에서는 운전석 주위, 즉 좌석을 비롯하여 핸들, 대시보드 등이 포함된다. 콕피트라는 말은 패밀리카보다는 스포츠카와 레이싱 카처럼 드라이빙을 주체로 한 차일 때 어울린다. 콕피트 후부의 보그헤드는 드라이버의 자세를 결정하는 중요한 포인트가 되며, 특히 그 경사각은 레이싱카를 만드는 디자인의 메인 포인트이다.

콘 cone (1) 팁의 구멍에 인접한 가스 불꽃에서 원뿔 모양의 부분을 말한다. (2) 변속기의 싱크로나이저 링이 기어에 접촉되는 원뿔 부분이다.

콘덴서 condenser (1) 축전기를 말한다. 2차 회로를 통해서 전류를 저장 또는 방전하기 위해 사용되는 전기 장치의 부품으로, 전류의 서지(surge, 급상승하는 전압)에 대해 회로를 보호하는 일을 할 뿐만 아니라 고전압을 저장 혹은 방전하여 불안정한 전류를 일정하게 안정시킨다. (2) 냉매 액화 장치를 말한다. 냉매의 통로가 되는 튜브와 냉매의 열을 발산하는 핀(fin)으로 구성되어 있으며 리시버와 함께 엔진 냉각용 라디에이터 앞에 설치되어 고온 고압의 가스 상태인 냉매를 액화시키는 에어컨 구성 부품 중의 하나이다. (3) 집광기로서, 반사경을 이용하여 빛을 한곳에 모으는 장치를 말한다.

콘덴서식 점 용접기 condenser type spot welder 콘덴서에 전기적 에너지를 축적하였다가 변압기로 순간적인 에너지를 방출하는 일종의 점 용접기를 말한다.

콘덴서 진동 coil/condenser oscillation 1차와 2차 점화 파형에서의 진동을 말한다. 코일과 콘덴서는 코일 전기장이 사라질 때 유도된 에너지를 잠시 저장했다가 시스템 내로 되밀어 보낸다. 전압이 앞뒤로 밀릴 때마다 더 많은 에너지를 잃는다. 포인트가 열릴 때까지는 전압이 '0'이 되어야 한다.

콘덴서 탱크 condenser tank 라디에이터부터 증기가 되어 날아가는 물을 받아 넣고 엔진이 식었을 때 다시 라디에이터로 되돌리는 작용을 하는 탱크를 말하며, 밀폐식 라디에이터에 사용된다.

콘덴서 테스터 condenser tester 콘덴서의 직렬 저항, 누설(절연 저항), 용량을 점검하기 위해 사용하는 테스터를 말한다.

콘로드 con-rod ⇨ 커넥팅 로드

콘센트릭 링 concentric ring 자동차 엔진의 피스톤 링에 사용되는 동심형 링으로서 두께, 너비, 둘레가 동일한 링을 말한다.

콘셉트 카 concept car 신차 개발에 앞서 미래 지향적인 형태와 최첨단의 성능을 갖추었지만 아직 양산 체제에는 들어가지 않은 차를 말한다. 모터쇼 등을 통해 선보여 고객과 전문가의 반응을 조사하고 메이커의 능력을 과시하기도 한다.

콘솔 console (1) 컴퓨터를 제어하기 위한 계기반을 말한다. 컴퓨터의 오퍼레이터와 컴퓨터 사이에 대화할 수 있는 입출력 장치로, 오퍼레이터는 콘솔을 통해 모든 프로그램을 총괄한다. (2) 컴퓨터나 전기·통신 기기 따위의 각종 스위치를 한곳에 모아 제어할 수 있도록 한 조정용 장치이다.

콘솔 박스 console box 운전석의 우측에 위치하여 기어 시프트 레버와 사이드 브레이크를 감싸고 있으며 시가 라이터, 도어 스위치 등이 장착되어 있는 박스로서, 보통 2피스로 나뉘며 리어 콘솔 박스는 높이를 높게 하여 팔걸이로도 사용되고 그 밑 공간을 이용해 간단한 물건도 놓을 수 있다.

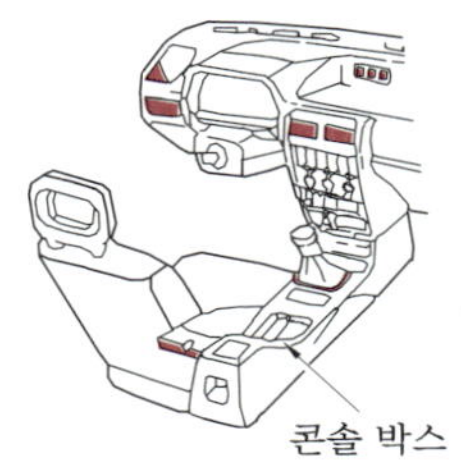

콘솔 박스

콘스탄탄 constantan 니켈 45%, 구리 55%로 된 합금이다. 전기 저항률이 높아 저항기로 쓰거나 철·구리와 짝지어 열전쌍(熱電雙)으로 쓴다.

콘스턴트 로드 형식 constant load type 싱크로나이저 허브를 변속 레버로 이동시켜 부하를 줌으로써 동기(同期)되지 않은 상태로 무리한 변속이 가능한 형식이다. 일정 부하형이라고도 한다.

콘스턴트 로드형 싱크로메시 constant load type synchromesh ⇨ 볼 타입 싱크로메시

콘케이브 concave 오목(凹)형으로 되어 있는 표면을 말한다. 볼록(凸)형 표면인 콘벡스의 반대이다.

콘 클러치 cone clutch 원추형 클러치로서, 원추면의 마찰에 의해 전달하는 클러치이다. 클러치의 압착이 쐐기 작용으로 급격히 이루어지며, 무겁고 큰 구조가 되기 때문에 트랜스미션의 동력 전달에는 거의 사용되지 않는다. 싱크로메시 기구에서 기어의 동기 클러치로서 사용되고 있다.

콘택트 브레이커 contact breaker 전기 회로의 접점을 단속(斷續)시켜 고압 전류를 유도, 발생시키는 장치이다. 자동차의 점화 장치에도 사용되고 있다.

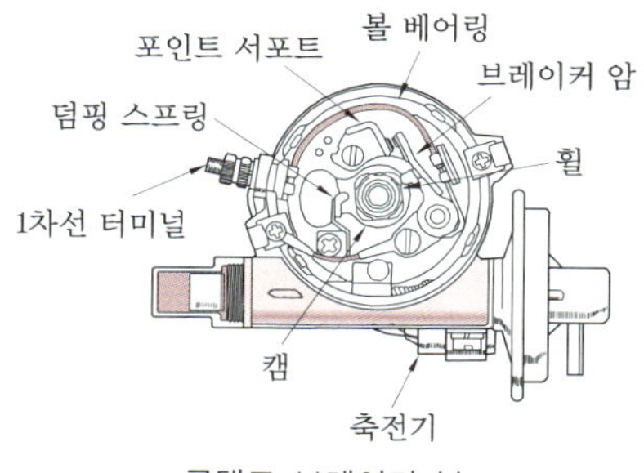

콘택트 브레이커 부

콘택트 브레이커 포인트 contact breaker point　엔진 회전에 따라 점화 시기에 맞춰 접촉·단절하는 스위치 구실을 하는 장치를 이른다. 디스트리뷰터 안에서 4사이클이면 2회전에 한 번씩 캠샤프트와 같은 회전수로 회전되며 기통수와 같은 수의 캠을 갖고, 매 기통에 전류의 스위치 작용을 하며 간단히 포인트라고도 한다.

콘택트 용접 contact weld　피복통 끝을 모재에 접촉시킨 채 용접하는 것을 말한다.

콘택트 포인트 contact point　⇨ 콘택트 브레이커 포인트

콘튜어 웨브형 브레이크슈 contoured web type brake shoe　웨브의 너비가 서로 다른 형식의 브레이크슈를 말한다.

콘 포인트 볼트 cone point bolt　트레일링 암과 부싱을 프레임에 연결시키는 볼트를 말한다.

콜드 cold　열이 없는 것으로서, 체온보다 온도가 낮은 물체는 차가운 것으로 여긴다.

콜드 메탈릭 도장　산화철로 코팅된 알루미늄분을 사용한 도장(塗裝)이다. 종래의 알루미늄분과 안료가 주는 콜드감보다도 더 휘도감(輝度感)이 좋다.

콜드 믹스처 히터 cold mixture heater　엔진 냉간 시의 주행성 향상을 위해 기화기와 흡기 매니폴드 사이에 장치된 히터를 말한다. 엔진 냉각수 온도가 60℃ 이하일 때 발열하고, 냉간 시의 연료를 가열하여 무화(武火)를 촉진하고 연료 효율을 향상시킨다. 또한 이 히터는 발열하면 저항값이 커지고, 히터 온도를 제어하는 형식(PTC 타입)의 것이 있다.

콜드 소크 cold soak　차량 또는 엔진이, 모든 구성품이 접하고 있는 외부 온도에 충분히 냉각되도록 하기 위해서 정지한 상태를 말한다.

콜드 스타트 cold start　아침에 엔진이 냉각되어 있을 때 엔진을 시동하는 것을 말한다.

콜드 스타트 디바이스 cold start device　저온 시동 시 진각 장치를 말한다. 한랭 시에 있어서 시동성·히터의 효과와 주행성 등의 향상을 도모하기 위해, 엔진 냉각수의 온도에 따라서 자동적으로 분사 시기와 엔진 회전 속도를 제어하는 장치를 말한다.

콜드 스타트 밸브 cold start valve　⇨ 콜드 스타트 인젝터

콜드 스타트 인젝터 cold start injector　전자 제어 가솔린 분사에서 기온이 낮을 때 엔진의 시동을 향상시키기 위해 엔진 온도에 따라 시동할 때에만 서지 탱크에 연료를 분사하는 노즐을 말한다. 콜드 스타트 밸브라고도 한다. 한랭 시 기화열에 의해 응축되어 부족한 연료를 스로틀 밸브 뒤에서 분사하여 시동을 쉽게 하며, 엔진의 워밍업 전까지 분사하도록 하여 워밍업 운전을 원활하게 한다. 인젝터에서 분사된 연료가 기화될 때 공기 속의 수분이 흡기 다기관 및 실린더 벽에 응축되어 빙결되면 엔진의 운전 상태가 고르지 않게 되므로, 시동(콜드 스타트) 인젝터에서 연료를 분사하여 워밍업 운전을 원활하게 한다.

콜드 스티킹 cold sticking　엔진이 냉각되어 있는 상태에서 피스톤 링이 링 홈에 고착되어 있는 것이다. ⇔ 핫 스티킹

콜드 타입 플러그 cold type spark plug　⇨ 냉형 플러그

콜릿 collet　(1) 드릴이나 엔드밀을 끼워 넣고 고정시키는 공구이다. 드릴 척에 비해서 드릴이나 엔드밀의 고정력이 강하고, 고정 밀도로 공구를 고정시킬 수 있다. 어댑터와 함께 밀링 머신에 장착하여 엔드밀을 보호·지지한다. (2) 밸브 스프링의 리테이너를 고정시키는 분할 코터를 말한다.

콤바인드 거버너 combined governor　디젤 엔진의 연료 분사량을 조절하는 거버너의 일종으로서, 공기식 거버너와 기계식 거버너를 조합한 것이다. 저속 회전에서는 공기식 거버너를 사용하고, 최고속 회전에서 기계식 거버너를 이용한다.

콤바인드 링 combined ring　유연성이 있는 U플렉스 또는 익스팬더 상하에 레일을 결합하여 하나의 링으로 만든 것이다. 피스톤 오일 링의 U플렉스 링, 익스텐더 링을 말한다.

콤바인드 연료 combined fuel economy　미국에서 CAFE(카페, 제작 회사 평균 연료 소비율)를 계산하는 방법이다. 일반적으로 자동차를 사용하였을 때의 연료 소비율로서 도시 내의 주행에서 연료 소비율 55 %와 고속 도로 주행에서 고속 도로 연료 소비율 45 %를 합쳐 양쪽 연료 소비율의 조화 평균으로 계산한다.

콤바인드 인스트루먼트 combined instrument 운전자가 작동 상태를 쉽게 확인할 수 있도록 하나의 패널에 속도계, 전류계 등 여러 가지 계기를 설치한 것을 말한다.

콤바인드형 파워 스티어링 combined type power steering　링키지형 동력 전달 장치로서, 컨트롤 밸브와 파워 실린더가 일체가 되어 조향 링키지 도중에 조합된 방식을 말한다. ⇔ 세퍼레이트형 파워 스티어링

콤비네이션 램프 combination lamp　다른 차나 보행자에게 자기 차의 주행 상태를 알리는 목적으로 사용되는 방향 지시등, 미등, 제동등 따위의 램프를 일체의 구조로 만든 조합 램프를 말한다.

콤비네이션 렌치 combination wrench　렌치의 한쪽은 오픈 렌치로 되어 있고 다른 한쪽은 동일 규격의 복스 렌치로 되어 있는 렌치를 말한다. 콤비네이션 렌치는 입의 지름 크기가 같은 오픈 렌치와 복스 렌치를 일체화한 것이며, 스패너 쪽은 빠르게 돌릴 수 있고, 복스 렌치 쪽은 큰 토크로 죄는 작업을 할 수 있어서 능률적이다.

콤비네이션 미터 combination meter　전자 회로의 진행에 따라 계기류의 배치와 디자인도 크게 변하고 있으나, 필요한 정보와 경고를 운전자에게 정확하게 전하기 위해 전체의 통일을 고려하여 종합한 미터류를 말한다.

콤비네이션 스위치 combination switch　서로 다른 기능을 일체화한 스위치로서, 일반적으로 자동차의 스티어링 칼럼에 배치되어 있는 스위치류를 이른다.

콤비네이션 펌프 combination pump　동일 케이싱 내에 2개 이상의 펌프 작용 요소가 있으며, 부하의 상태에 따라 각 요소의 운전을 상호 관련시켜 제어하는 펌프로, 복합 펌프라고도 한다.

콤비네이션 플라이어 combination plier　지지점의 구멍이 2단으로 되어 있어 큰 것과 작은 것을 잡을 수 있으며 조(jaw)에 세레이션이 있기 때문에 미끄러지지 않는다. 지지점 근처의 안쪽은 철사를 자를 수 있도록 되어 있다.

콤스타 휠 com-star wheel　튜브리스 타이어 (tubeless tire)용 휠의 명칭이다. 압출(壓出)식 고장력(高張力) 알루미늄으로 만들어진 림에 알루미늄 판재로 5매의 스포크를 성형으로 배치하고 리벳으로 고정시킨 구조에 콤퍼짓과 스타를 조합하여 콤스타로 명명되었다.

콤파운드 compound　(1) 밸브 등 연마에 사용되는 배합 연마재를 말한다. (2) 2종류 이상의 금속 원소들이 화학적으로 결합하여 새로운 금속을 생성시키는 화학 반응 결정체이다. (3) 수지 또는 아스팔트질을 주성분으로 하는 열가소성 절연물로, 대별하여 함침용, 충전용, 봉함용이 있다. (4) 플라스틱의 성형 가공을 쉽게 하는 데 쓰이는 혼합 첨가제를 이른다. (5) 도막(塗膜)에 광택을 내려고 사용하는 크림을 말한다.

콤팩트디스크 CD　레이저광을 응용한 소형 레코드로서 지름 12 cm(싱글 CD는 8 cm), 두께 1.2 mm이고, 한 면만 사용한다. 신호는 디스크 표면에 작은 비트라고 불리는 돌기의 연속에 의해 기록되어 있고, 여기에 레이저 스폿 광을 비춰서 반사 유무를 검출한다. 이 반사는 디지털 신호이기 때문에 플레이어 내에서 아날로그 신호로 변환해 플레이어 출력으로써 스피커를 울린다. 주파수 범위, 다이내믹 범위, 왜곡, SN비, 내구성, 조작성 등 많은 점에서 카세트테이프나 레코드보다 성능이 우수하다.

콤팩트 카 compact car　미국식의 소형차를 말하며 값도 싸다. 본래는 이것이 최소의 모델이었으나 서브 콤팩트 카의 출현으로 등급이 하나 올라간 셈이다.

콤퍼레이터 comparator 비교 측정기이다. 측정하고자 하는 양의 값을 같은 종류의 양만큼 미리 측정한 값과 비교하여 측정하는 기기이다.

콤퍼짓 케이블 composite cable 다른 형태나 다른 굵기의 도선이 하나의 피복 내에 들어 있는 케이블을 말한다.

콤퍼짓 펄스 composite pulse 동일 신호원에서 발생하여 다른 경로로 수신된 몇 개의 펄스가 겹친 복합 펄스를 말한다.

콤퍼짓 프로펠러 샤프트 composite propeller shaft CFRP(탄소 섬유 강화 수지)나 FRTP(글라스 섬유 강화 수지) 등의 복합 재료로 튜브를 만든 추진축이다. 가볍고 구부림과 비틀림의 공진점(共振點)을 조정할 수 있다는 특징이 있으나 값이 비싸다.

쿠션 스프링 cushion spring 파도 모양으로 된 판 스프링으로, 클러치의 라이닝과 라이닝 사이에 설치하여 클러치를 급격히 접속시켰을 때에 스프링이 변형되어 동력의 전달을 방해하는 역할을 한다. 또한 클러치판의 변형, 파손, 한쪽만 마멸되는 것을 방지한다.

쿠페 coupe 2도어 2인승의 비교적 높이가 낮은 승용차로, 뒤에 1인용의 접이식 의자를 두어 어린이나 애완용 개를 태우는 경우도 있다. 쿠페란 말은 프랑스에서 경쾌하게 달리던 2인승 두 바퀴 마차에서 유래한 말이며, 모습으로 보아 뒷좌석 부분의 천장이 짧든가 또는 경사져 있는 승용차의 총칭이다. 기능상으로는 앞좌석만에 우선하여 일상적인 무드로 디자인한 차를 말하는데 이는 스포츠카 등의 전형적인 스타일이고 세단의 뒷부분을 바꾸어 쿠페를 만든 것도 있다. 트렁크가 있는 노치드 쿠페와 맨 뒷부분까지 천장으로 흐르는 패스트 백 쿠페가 있다.

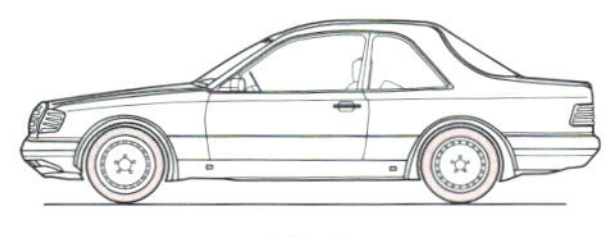

쿠페

쿨 다운 성능 cool down performance 차실 내를 냉방할 때 에어컨을 작동한 후 쾌적한 온도가 될 때까지의 시간을 말하며, 온도 저하가 빠른 에어컨일수록 쿨 다운 성능이 좋다고 한다.

쿨런트 coolant ⇨ 냉각수

쿨롱 coulomb 전하량의 단위이다. 1C(쿨롱)은 1 A(암페어)의 전류가 1초 동안 흐를 때 이동하는 전하의 양이다. 쿨롬이라고 읽기도 한다.

쿨롱의 법칙 Coulomb's law 대전된 두 전하 또는 두 자극 사이에 작용하는 전기력은, 두 전하량 또는 두 자극의 세기의 곱에 비례하고 둘 사이의 거리의 제곱에 반비례한다는 전기력에 관한 법칙이다. 1785년에 프랑스의 물리학자 쿨롱이 발견하였다.

쿨링 시스템 cooling system ⇨ 냉각 장치

쿨링 채널 피스톤 cooling channel piston 압축링 홈 부분의 온도가 대폭 상승하고 링 홈의 편마모가 발생되는 문제를 해결하기 위하여 피스톤 내부에 채널을 설치하고 오일 제트에서 오일을 분출시켜 냉각한다. 이와 같이 채널을 갖는 피스톤을 이르는 말이다.

쿨링 팬 cooling fan ⇨ 냉각 팬

쿨링 팬 모터 cooling fan motor 냉각핀을 구동하는 전동기로서 직류 전동기가 사용된다.

쿨링 팬 컴퓨터 cooling fan computer 전동식 냉각 팬을 제어하는 컴퓨터이다. 엔진의 냉각액 온도와 라디에이터 주위의 온도를 온도 센서로 검지하고 냉각 팬을 효율적으로 운전하는 장치이다.

쿨링 핀 cooling fin 공기 냉각 엔진을 쓸 때는 실린더 부분에 많은 바람이 부딪히도록 핀을 달고 있다. 폴크스바겐 딱정벌레의 엔진이 대표적인 예이다. 오토바이 공기 냉각 엔진의 핀은 외부에 노출되어 있어 쉽게 알아볼 수 있다. ⇨ 엔진 핀

쿨 박스 cool box 냉장실 또는 온장실로도 사용할 수 있는 박스를 말한다. 냉·온장실 외에 제빙실도 구비하고 있다. 컨트롤 스위치를 'HOT' 위치에 두면 히터를 이용한 온장실이 되고, 'COOL' 위치로 하면 에어컨을 이용한 냉장실이 된다. 그리고, 스위치를 'ICE' 위치로 하면 냉장과 동시에 제빙이 가능해진다.

쿨 수트 cool suit 여름처럼 기온이 높을

때는 콕피트 내의 온도도 꽤 올라간다. 이에 따라 운전자의 체온도 상승하게 되어 쉽게 피로해진다. 이때 운전자의 체온을 떨어뜨리기 위해 고안된 의복을 이른다. 조끼와 모자가 연결되어 있고 옷 속으로 찬물이 순환한다. 찬물은 아이스박스로부터 쿨 수트 호스로 연결되어 있어 펌프로 보내는 시스템이다. 내구 레이스에서는 운전자를 교체할 때 아이스박스 안에 새 얼음을 보충한다.

쿨 에어 인테이크 시스템 cool air intake system　외부 공기를 직접 에어클리너에 유도하여 흡기 계통에 공급하는 방식이다. 엔진룸 내부가 고온일 경우 따뜻한 공기를 엔진이 흡입하면 출력이 저하되므로 시원한 외부 공기를 도입하는 것이다. 한랭 시에 대비하여 핫 에어 인테이크 시스템과 조합하여 사용되는 경우가 많다.

쿼드 quad　자동차 앞에 설치되어 있는 헤드라이트가 사각형으로 되어 있는 것이나 또는 각 2등씩 좌우로 설계한 4등식 헤드라이트를 말한다. 케이블에 있어서는 4개의 심선을 꼬아서 만든 케이블을 말한다.

쿼드러사이클 quadricycle　자전거의 바퀴가 4륜으로 되어 있는 자전거를 말한다.

쿼츠 quartz　쿼츠는 석영을 말한다. 즉 규소와 산소가 화합한 광물의 총칭으로서 대표적인 것으로 수정이 있다. 수정은 그 자체에 압전 효과가 있어서 판상(板狀)으로 자른 것에 교류 신호를 가하면 발진(전기적 공진이 지속)한다. 수정은 온도 변화의 영향을 그다지 받지 않고 정확한 발진을 얻을 수 있기 때문에 시계나 라디오에 응용된다.

쿼터 글라스 quarter glass　리어 도어와 트렁크 사이의 삼각 유리를 말하는데, 4도어 및 5도어에서는 여닫을 수 없는 고정식(fixed type)과 여닫을 수 있고 크기가 큰 스위벨링식(swivelling type)이 있다.

쿼터 글라스

쿼터 패널 quarter panel　차체의 외부 패널 중 리어 사이드 패널이다. 뒤 타이어 상단 부분, 'C' 필러와 트렁크의 사이드 부분의 외부 패널을 말하며, 이곳에 연료 주입구 도어가 설치되어 있다.

쿼터 필러 quarter pillar　리어 필터와 센터 필터 사이에 설치되어 있는 기둥이다. 도어의 기둥으로 설치되기도 한다.

퀜치 quench　냉각시키는 것을 뜻하며, 팽창 행정에서 화염이 연소실 내의 온도가 낮은 부분에 의하여 냉각되는 것을 말한다. 특히 피스톤이 상사점(上死點)에 가까워졌을 때 실린더 헤드와의 사이가 좁아지는 스퀴시 에어리어가 있는 엔진에서는, 이 부분에 화염이 전파되지 않는 경우에 미연소 탄화수소가 많이 배출된다. 퀜치 작용에 의한 화염이 전파되지 않는 영역을 퀜치 에어리어라고 한다.

퀄리파이 타이어 qualify tire　예선 전용의 타이어로서 약칭 Q 타이어라고 한다. 이 예선 전용 타이어는 4～6 km의 코스를 1～3바퀴 정도밖에 달릴 수 없는 것이 보통이다. 즉 주행 거리가 긴 결승에서는 퀄리파이 타이어를 사용할 수 없고 내구성이 좋은 타이어를 써야 한다. 경우에 따라서는 예선과 결승 모두 같은 타이어로 달려야 하는 규칙도 있다.

퀄리파이 타임 qualify time　예선 통과의 기준이 되는 시간 기록이다. 예를 들어 2분 10초가 퀄리파이 타임일 경우, 이보다 늦은 기록으로는 결승 레이스에 나갈 수 없다. 또한 예선 결과 1위의 베스트 랩 타임에 일정한 비율(예를 들어 120% 등)을 곱해 예선 통과 기준 타임으로 하는 경우도 있다. 퀄리파이 타임을 설정하는 이유는 상태가 좋지 않은 차와 기량이 떨어지는 드라이버를 예선에서 가려냄으로써 결승 레이스에서의 안전을 꾀하는 데 있다. 퀄리파이 타임을 적용하지 않는 레이스도 있다.

퀜칭 quenching　⇨ 담금질

퀴뇨의 증기 자동차　증기 자동차로서는 가장 오래된 것으로, 1769년 루이 15세 휘하의 포병 장교 퀴뇨가 포차(砲車)로 만든 인류 최초의 자동차이다. 전장 7.3 m, 2실린더의 증기 기관을 가지고 있으며, 프랑스 파리의 프랑스기술박물관에 보존되어 있다. 퀴뇨(Nicolas Joseph Cugnot)는 오스트리아 기술자로서, 1769년 프랑스에서 세계 최초로 증기 기관을 사용한 3륜 자동차를 제작하여 시속 4 km로 주행하였다.

퀴뇨의 증기 자동차

퀴리 온도 Curie temperature　물질이 자성을 잃는 온도이다. 원자의 열에너지가 자기 모멘트의 결합 에너지와 같아지는 온도이다. 이 온도 이상에서는 자기 모멘트가 결합하지 못하여 상자성(常磁性)을 가진다. 명칭은 발견자인 프랑스의 물리학자 퀴리의 이름에서 딴 것이다.

퀴리 포인트 Curie point　⇨ 자기 변태

퀴에슨트 체임버 quiescent chamber　직접 연료 분사식 디젤 엔진의 연소실을 말하며, 저속으로 사용하는 대형 엔진에 채용되고 있다. 중앙에 있는 다공(多孔) 노즐에서 초고압의 연료가 분사된다.

퀵 글로 시스템 QGS ; quick glow system　글로 플러그로 '초급속 발열형'을 적용하고, 저온 시의 시동 대기 시간을 대폭적으로 단축한 시스템을 말한다. 글로 플러그의 과열을 방지하기 위해 급속 가열에 의해 글로우 플러그가 일정 온도에 도달한 후에는 전압을 내리고 안정 가열로 바꾼다.

퀵 릴리스 밸브 quick release valve　브레이크 밸브와 앞 브레이크 체임버 사이에 설치되어 앞 브레이크 체임버에 공기를 신속하게 공급하여 제동력을 발생하게 하거나 배출하여 브레이크를 해제하는 역할을 한다. 브레이크 페달을 밟아 브레이크 밸브에서 압축 공기가 공급되면, 릴리스 밸브를 열어 앞 브레이크 체임버에 공기를 공급하여 제동력이 발생한다. 반면에 브레이크 페달을 놓으면, 릴리스 밸브 스프링의 장력으로 릴리스를 닫고 배출 포트를 열어 브레이크 체임버에서 작용한 공기를 신속하게 배출하여 브레이크를 해제한다.

퀵 차저 quick charger　⇨ 배터리 퀵 차저

큐어링 curing　용제의 증발 및 화학 변화에 의하여 페인트가 최고의 강도에 도달하는 최종 건조 단계를 말한다.

큐폴라 cupola　주철용 용해로이다. 바깥쪽은 연강판(軟鋼板)으로 만든 원통형 수직로인데, 안쪽은 내화 벽돌과 내화 점토로 라이닝이 되어 있다. 노의 용량은 1시간에 용해할 수 있는 선철의 톤수로 나타내며, 3~10중량톤의 것이 가장 많이 사용된다.

큐폴라 리어 덱 cupola rear deck　트렁크 리더의 모양을 둥근 지붕 모양으로 하여 부피감을 느끼게 한 덱 형식을 말한다.

크라우닝 crowning　기어의 이빨 끝 면을 이 줄기 방향으로 적당히 둥그스름하게 가공하여 부하(負荷) 시에 기어의 맞물림을 원활하게 하는 것을 말한다.

크라운 crown　흡·배기 밸브의 상부(top portion)를 가리키며, 일명 밸브 헤드라고도 한다.

크라운 기어 crown gear　직각으로 동력을 전하며, 피치면이 평면인 베벨 기어를 말한다.

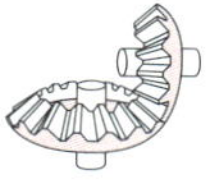 

(a) 직선 베벨 기어　(b) 스파이럴 베벨 기어

 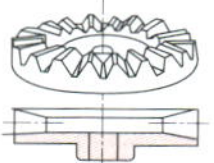

(c) 헬리컬 베벨 기어　(d) 크라운 기어

크라운 기어

크라운 프레셔 스프링 형식 crown pressure spring type　다이어프램 형식과 비슷하나 원판 스프링을 물결 모양의 주름을 잡아 설치된 한 개의 스프링 강으로 되어 있는 것을 말한다. 작용은 다이어프램 스프링 형식과 같다.

크라이슬러 슈어 그립 형식 chrysler suregrip type　마찰 클러치를 차동 기어 케이스 양쪽에 설치하여 좌우 구동 바퀴의 회전력 차이를 제한하는 형식을 말한다. 양쪽의 클러치가 차동 피니언 축에 의해 생기는 압착력으로 미끄러지면서 회전하며, 회전이 빠른 바퀴의 차축은 차동 기어 케

이스에 의해 구동되고 반대쪽 바퀴는 사이드 기어를 통해 차축이 회전되어 양쪽 바퀴가 동일하게 회전한다.

크래시 crash　경기 도중, 운전자의 미스나 자동차의 고장 등에 의해서 코스를 벗어나 가드레일 등에 충돌하여 차가 파괴되는 것을 말한다. 또한 코스 위에서 경주차끼리 충돌하는 경우도 크래시라 한다.

크래시 패드 crash pad　경주차가 가드레일 등에 충돌했을 때 운전자나 차의 피해를 최소한으로 줄이기 위해 쿠션의 구실을 하는 것을 이른다. 커다란 스펀지 같은 물건이나 타이어, 스트로(밀짚) 등이 대표적이며, 가드레일이나 콘크리트 벽 앞에 설치한다.

크래킹 craking　등유나 경유를 가열함으로써 원유에서 좀 더 많은 가솔린을 뽑아내는 공정을 말한다. 높은 온도 및 압력을 주면 등유나 경유의 화학적 구성이 깨져서 좀 더 많은 가솔린이 추출된다.

크랙 crack　고무가 갈라지는 현상으로서, 이 손상은 과도한 신축의 반복에 의한 고무의 피로 외상을 받는 부분에서의 응력 집중 또는 자외선 오존 열에 의한 화학적인 고무의 이상 열화에 의해 발생한다. 타이어의 공기압이 너무 높거나 낮으면 트레드 부나 사이드 월(side wall) 부 등에 계속적으로 크랙이 발생한다.

크랭크 crank　왕복 운동을 회전 운동으로 바꾸거나 그 반대의 일을 하는 기계 장치를 말한다.

크랭크 각 센서 (1) **crank angle sensor**　상사점에 관련된 크랭크샤프트의 위치(피스톤의 위치)를 감지하는 센서로서, 디스트리뷰터 내에 내장되어 있는 방식과 플라이휠에 부착된 방식이 있으며, ECU는 이 센서에서 나오는 신호를 기초로 하여 연료 분사 시기를 결정하고 엔진 1회전당 흡입 공기량, 점화 신호 시기 등을 계산한다. (2) **crankshaft position sensor**　엔진의 크랭크축 회전 각도 또는 회전 위치를 검출하는 센서이다. 크랭크 각은 엔진의 점화 시기를 결정하는 데 중요한 파라미터이다. 크랭크축의 회전각을 직접 검출하는 방식과 디스트리뷰터의 회전 위치에서 추정하는 방식이 있다. 전기 계통에 접속되어 있는 디스트리뷰터에서 신호를 취하는 방식은 간편하기는 하지만 정밀도가 떨어진다. 최근에는 전자 크랭크가 직접 검출 방식으로 사용되고 있다. 센서의 원리는 기본적으로 회전 센서에 응용되는 것과 같다. 전자 픽업식, 홀 소자식, 리드 스위치식, 위건드 소자식, 광학식, 자기 저항 소자식, 자기 FET 소자식 등 여러 가지 방식이 있다.

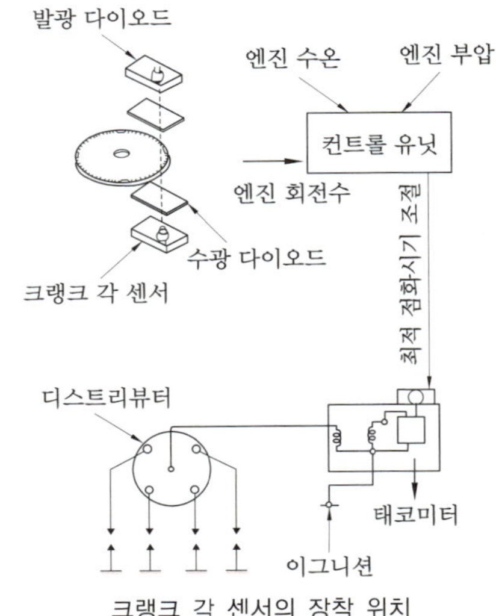

크랭크 각 센서의 장착 위치

크랭크 기구 crank mechanism　크랭크를 포함한 여러 기구를 이르는 말이다. 크랭크 기구는 회전 운동과 왕복 운동을 변환하기 위한 대표적인 기구로, 크랭크축, 크랭크 암, 크랭크핀으로 구성되어 있다. 자동차용 엔진 등에 사용한다.

크랭크 댐퍼 crankshaft damper (1) 크랭크축 앞 끝에 부착되어 있는 비틀림 진동 방지기(토셔널 댐퍼)이다. 엔진의 팽창 행정에 의하여 회전력이 크랭크축과 공진(共振)하여 발생하는 비틀림 진동을 억제한다. (2) 추진축의 비틀림 진동 흡수를 말한다.

크랭크리스 엔진 crankless engine　로터리 엔진과 같이 크랭크 기구가 없는 엔진을 말한다.

크랭크샤프트 crankshaft　⇨ 크랭크축

크랭크샤프트 위치 센서 CPS ; crankshaft position sensor　크랭크 각도를 검출하여 ECU로 보냄으로써, 점화 시기와 분사 시기를 제어하는 기준 신호로 사용하게 한다.

크랭크 스로 crank throw　2개의 웨브(web)를 갖춘 하나의 크랭크핀을 말한다.

크랭크 스프로킷 crank sprocket　크랭크축 끝에 부착된 스프로킷으로서 체인에 의하여 캠축을 구동하는 엔진에 사용된다.

크랭크 암 crank arm　크랭크축과 크랭크핀을 연결하는 마디 부분을 말한다.

크랭크 저널 crankshaft journal　크랭크축의 주축 베어링에 둘러싸여 지지되는 부분이다.

크랭크축 crankshaft　증기 기관이나 내연기관 등에서 피스톤의 왕복 운동을 회전 운동으로 바꾸는 기능을 하는 축을 말한다. 크랭크샤프트(crankshaft)라고도 한다. 크랭크는 크랭크축, 크랭크 암, 크랭크핀으로 구성되는데, 피스톤의 왕복 운동은 연접봉으로 크랭크에 전해진다. 크랭크핀은 크랭크 암의 길이를 반지름으로 하는 원운동을 해 크랭크축을 회전시킨다. 실린더가 여러 개 있는 엔진에서는 크랭크 암은 서로 어떤 각도만큼 어긋나게 해서 만들어지는데, 이 각도를 크랭크 각이라 한다. 실린더의 작용으로 생기는 관성이나 토크의 불균형을 줄이기 위해서이다.

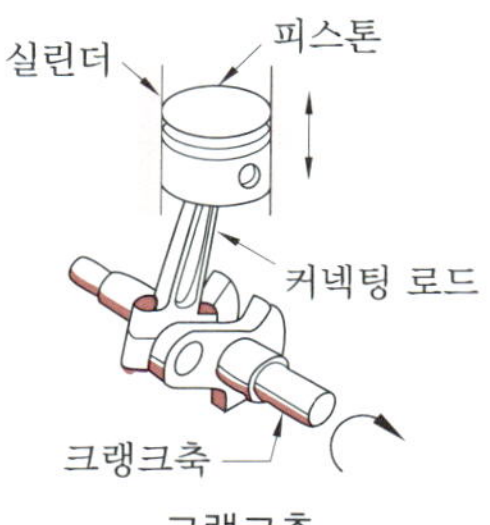

크랭크축

크랭크축 베어링 crankshaft bearing　크랭크축을 지지하는 데 사용되는 베어링이다.

크랭크축 엔드 플레이 crankshaft end play　크랭크축이 그 베어링 내에서 축 방향으로 움직이는 유격(裕隔)을 말한다.

크랭크축 연삭기 crankshaft grinder　크랭크축의 메인 저널 및 핀 저널을 연마하기 위한 기계이다.

크랭크축 오버 랩 crankshaft over lap　메인 저널과 핀 저널이 겹치는 상태를 말한다. 엔진의 고속화 및 크랭크축의 성질을 강화할 수 있으며 미하나이트 주철 또는 구

상 흑연 주철제의 크랭크축도 사용하게 된다. 핀 저널과 메인 저널의 중심 간 거리는 피스톤 행정의 1/2이다.

크랭크축 오프셋 crankshaft offset　크랭크축의 중심선(center line)이 실린더 중심선으로부터 벗어나 있는(오프셋되어 있는) 거리를 말한다.

크랭크축의 위상각 phase angle of crankshaft　크랭크축의 길이를 짧게 하고 순간적으로 실린더의 행정을 이루기 위하여 크랭크축이 2회전할 때 전 실린더는 같은 간격으로 폭발해야 한다. 이를 위하여 크랭크축에는 같은 선상에 2개의 실린더를 배열하고 크랭크 각도가 주어지는데, 이 각도를 위상각(位相角)이라고 한다.

크랭크축 카운터 웨이트 crankshaft counter weight　피스톤, 피스톤 핀, 커넥팅 로드, 베어링, 크랭크핀 등의 무게 균형을 이루기 위해 크랭크축 상에 설치하는 추(weight)를 말한다.

크랭크축 풀리 crankshaft pulley　크랭크축의 끝에 부착되어 있는 풀리로서 여기에 벨트를 걸고 발전기 등의 보조 기계를 구동한다.

크랭크축 휩 crankshaft whip　크랭크축이 하중에 의해 그 설치부에서 뒤틀리거나 휜 상태를 말한다.

크랭크케이스 crankcase　크랭크축이 설치되는 블록 부분을 위 크랭크케이스(upper crankcase), 오일 팬 부분을 아래 크랭크케이스(lower crankcase)라고 부른다. 크랭크케이스 아래 부분에는 강판이나 경합금으로 만든 오일 팬이 개스킷을 사이에 두고 설치되어 아래 크랭크케이스를 이루고 있고, 여기에 기관 오일이 담긴다. 오일 팬은 윤활유의 냉각 작용도 하고, 경합금제의 오일 팬에는 핀(fin)이 설치되어 있는데 핀은 냉각을 돕고 또 보강 역할도

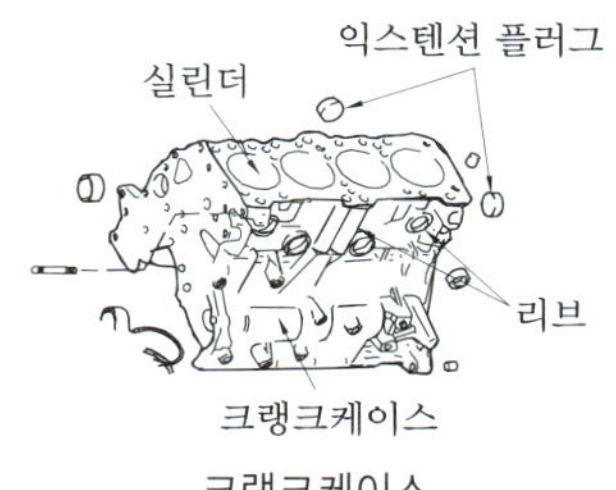

크랭크케이스

크랭크케이스

한다.

크랭크케이스 딜루션 crankcase dilution 블로바이 가스(blow-by gas)에 의하여 엔진 오일이 묽게 변질되는 것을 말한다.

크랭크케이스 배출 가스 제어 장치 crankcase emission control system 엔진 크랭크케이스에서 발생된 블로바이 가스(blow-by gas)가 대기 중에 방출되는 것을 방지하는 장치이다. 크랭크케이스 내의 블로바이 가스를 흡기 매니폴드에 압송한 다음 공기 및 연료 혼합 가스와 함께 엔진 실린더로 되돌려 보내는 역할을 한다. 이 장치의 종류는 클로즈드(closed)식과 실드(sealed)식이 있으나 국내 승용차에는 대부분 클로즈드(closed)식이 채택되고 있다.

크랭크케이스 브리더 crankcase breather 크랭크케이스 내에서 생성되는 가스를 환기시키고 공기가 크랭크케이스를 출입할 수 있게 하기 위한 환기구 또는 튜브를 말한다.

크랭크케이스 스토리지 방식 crankcase storage system 연료 증발 가스 배출 억제 장치의 하나이다. 연료 탱크 내의 증발 가스가 크랭크케이스로 흐르게 하고 엔진이 작동하고 있을 때 블로바이 가스와 같이 흡기 계통에 흡입되게 하는 방식이다.

크랭크케이스 오염 crankcase pollution 실린더에서 발생된 블로바이 가스에 의해 엔진 오일이 오염되어 오일이 변색되거나 슬러지가 발생하는 현상을 이른다. 이 경우, 블로바이 가스를 강제 환기 장치(PCV)에 의해 에어 클리너나 흡기 다기관으로 흡입시켜 정화시킨다.

크랭크케이스 이미션 crankcase emission 엔진 크랭크케이스 환기 장치 또는 윤활 장치의 일부로부터 대기 중으로 방출되는 오염 물질을 말한다.

크랭크케이스 환기 crankcase ventilation 크랭크케이스 내에 누설 연소 가스, 수증기, 가솔린 증기 등을 정화하기 위한 장치를 말한다.

크랭크케이스 희석 crankcase dilution 크랭크케이스 내의 윤활유가 묽어지는 현상을 말하며, 이것은 연소실에서 실린더 벽을 타고 누설되는 가솔린 등이 혼입되기 때문이다.

크랭크핀 crankpin 커넥팅 로드가 설치되는 크랭크축 부분을 말한다.

크랭크핀 베어링 crankpin bearing 크랭크축 핀 저널과 연결되는 커넥팅 로드 대단부(大端部) 베어링으로서, 핀 저널 베어링 또는 커넥팅 로드 베어링이라고도 한다.

크랭크 핸들 crank handle ⇨ 시동 핸들

크랭킹 cranking 엔진이 그 자체 작동에 의해 회전하지 않고 단순히 시동 전동기에 의해 회전하는 상태를 말하며, 이것은 초기 엔진에서 손으로 엔진을 돌려 시동한 것에서 유래한 용어이다.

크랭킹 농후 cranking enrichment 엔진 시동 시 정상 때보다 일시 공연비(空燃比)를 진하게 하는 것을 말한다.

크랭킹 모터 cranking motor 엔진 시동용 모터를 말한다. 짧은 기간 동안 큰 부하 상태에서 작동할 수 있으며 간헐적인 작동(intermittent duty)을 할 수 있도록 설계되어 있다.

크랭킹 시스템 cranking system 시동하기 위해 엔진을 돌리는 데 쓰이는 시스템의 모든 부품을 말한다. 대개 다음과 같이 구성되어 있다. 배터리, 케이블, 릴레이 또는 솔레노이드, 스타터 모터, 스타터 드라이브, 점화 스위치 등이다.

크랭킹 암페어 cranking ampere 엔진을 돌리는 데 필요한 암페어 수를 말한다. 과도한 크랭킹 전류는 엔진이 잘 돌지 않거나 크랭킹 회로의 과도한 저항에 기인할 수 있다.

크랭킹 압력 cranking pressure 릴리프 밸브가 열리기 시작하는 압력을 말한다.

크랭킹 진공 시험 cranking vacuum test 엔진이 크랭킹하고 있을 때 흡기 다기관 진공도 또는 진공의 유지력 등을 확인하기 위해 행하는 시험이다.

크랭킹 진동 cranking vibration 엔진 시동 직후에 보디가 5~15 Hz의 낮은 주파수로 흔들리는 현상이다. 시동 직후에 각 실린더의 압력 및 토크 변동에 따라 엔진의 회전 역방향으로 반발력이 생겨 보디에 진동이 발생한다.

크랭킹 출력 cranking output 시동 전동기가 엔진을 시동시키기 위해 공급되는 출력(전력) 또는 토크량(torque amount)을

말한다.

크랭킹 토크 cranking torque　엔진을 시동할 때 크랭크축을 돌리는 데 필요한 회전력을 말한다. 엔진을 시동하는 데는 최초의 압축 행정에서 혼합 가스를 압축하는 힘과 각 부분이 움직이기 시작할 때 마찰력 이상의 힘이 필요하다. 특히 저온에서는 윤활유의 점도가 높으므로 큰 크랭킹 토크가 필요하다.

크랭킹 회로 cranking circuit　시동 전동기 작동에 필요한 대전류, 전압을 공급하기 위한 공급 회로(⊕회로)와 접지 회로를 말한다.

크랭킹 회로 저항 시험 cranking circuit resistance test　크랭킹 회로에 과도한 전기 저항이 없는지 여부를 측정하기 위한 시험이다.

크러셔블 보디 crushable body　⇨ 충격 흡수 보디

크러셔블 존 crushable zone　⇨ 크러시 존

크러시 crush　(1) 충돌하는 것을 말한다. (2) 베어링 메탈의 바깥 둘레와 이것을 유지하는 하우징 안 둘레와의 치수 차이를 말한다. 일반적으로 베어링 캡의 볼트를 규정의 토크로 조인 후 한쪽의 볼트를 느슨하게 했을 때 캡의 맞은편에 0.1~0.2 mm의 틈새가 생길 정도가 적당하다. 크러시 하이트(crush height)라고도 한다.

크러시 기어 박스 crush gear box　싱크로메시 기구가 전혀 사용되지 않은 변속기라는 뜻이다. 이를테면 논 싱크로메시 트랜스미션(non-synchromesh transmission)이라고 할 수 있다.

크러시 스트로크 crush stroke　자동차가 충돌했을 때 충돌 방향의 길이를 말한다.

크러시 워디니스 crush worthiness　자동차 충돌에 대한 안전 성능으로서, 충돌했을 때 승객을 보호하는 성능을 말한다.

크러시 존 crush zone　자동차가 충돌했을 때 찌그러지면서 그 변형에 따라 운동 에너지를 흡수하여 승객의 충격을 완화하는 부분(존)이다. 크러셔블 존이라고도 한다.

크러시 하이트 crush height　⇨ 크러시

크레도스 Credos　라틴어로 '믿음, 신뢰' 등을 뜻한다. 기아자동차의 사훈인 '신용'을 선택하였으며, 신차에 대한 신뢰도를 높이

기 위해 명명했다 한다. 수출명은 '클라루스(Clarus)'로 하고 있다.

크레이징 crazing　얇은 균열과 비슷하나 그보다는 깊고 폭이 좁은 균열을 말한다.

크레이터 crater　아크 용접의 비드 끝에서 오목하게 파진 곳을 말한다.

크레이터링 cratering　달 표면에서 관찰되는 분화구(crater) 모양의 움푹한 것이 도면에 생기는 현상을 말한다. 표면의 오염으로 페인트 코트에 작은 구멍들이 생기는 것이다.

크로뮴 도금 chromium plating　⇨ 크롬 도금

크로바 crowbar　쇠지렛대를 말한다.

크로스 레이쇼/와이드 레이쇼 cross ratio/ wide ratio　트랜스미션 기어비의 설정을 나타내는 말이다. 기어비가 서로 접근한 설정을 크로스 레이쇼라고 하고 그 반대를 와이드 레이쇼라고 한다. 스포츠카 등과 같이 항상 엔진 회전을 고회전으로 유지하고 싶은 자동차는 크로스 레이쇼로 설정되어 있다.

크로스 링크식 스티어링 시스템 cross link type steering system　일체 차축식 조향 장치에 사용되는 조향 링키지로서 좌우의 너클 암을 타이로드(크로스 링크)로 연결하여 피트먼 암의 움직임을 한쪽 너클 암에만 전달하여 다른 쪽의 너클 암도 동시에 움직이게 하는 방식이다.

크로스 멤버 cross member　언더 보디 등에 쓰이는 뼈 모양의 것으로 강도와 강성을 높여준다. 앞뒤 좌우 방향의 뒤틀림과 구부러짐을 막기 위해 사용된다. 차에 대해서 옆 방향으로 뻗어난 것이 크로스 멤버이며, 앞뒤 방향으로 뻗어난 것이 사이드 멤버이다.

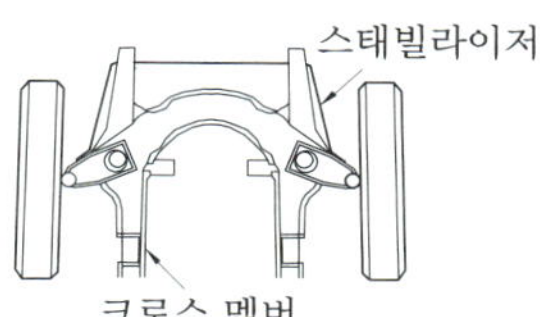

크로스 멤버

크로스 빔 cross beam　자동차의 빔 중에서 비교적 큰 것을 말한다.

크로스 샤프트 cross shaft　십자형 자재 이

음에 쓰이는 십자형의 핀이다. 크로스 스파이더라고 불리는 경우가 많다.

크로스 스캐빙징 cross scavenging　2사이클 엔진이 소기(掃氣)를 할 때 연소실의 한쪽에서 혼합 가스를 넣고, 반대쪽으로 연소 가스를 배출하는 방식이다. 소기 효율을 높이기 위하여 피스톤 헤드에 쐐기형의 리플렉터(기류를 유도하는 것)가 설치되어 있는 것이 일반적이다.

크로스 스파이더 cross spider　⇨ 크로스 샤프트

크로스 업 형식 cross up type　에어 클리너에 블리더 호스로 PCV 파이프를 연결하고, 흡기 다기관에 PCV 밸브를 고무호스로 연결하여 블로바이 가스를 재연소시키는 형식이다. 엔진의 경·중부하 운전에서 크랭크케이스의 블로바이 가스는 PCV 밸브를 통하여 환기되고, 급가속 및 고부하 운전에서는 에어 클리너의 진공을 이용하여 PCV 파이프를 통해 환기된다.

크로스 오버 cross over　주파수 2웨이나 3웨이 스피커의 각 스피커에 저음용 스피커는 저음역을, 중음용 스피커는 중음역이라고 하듯이 각각 담당 주파수역이 있으며, 이때 담당 주파수의 경계가 되는 곳을 말한다.

크로스 점화 cross firing　배전기 내에서 로터로부터 불량한 점화 플러그 전극으로 건너뛰는 점화 전압, 또는 점화 플러그선에서 다른 선으로 점화 전압이 건너뛰는 현상을 말하기도 한다.

크로스 조인트 cross joint　⇨ 카르단 조인트

크로스컨트리 랠리 Cross-country Rally　황야 등을 장거리, 장시간에 걸쳐 달리는 모험적 요소를 전면에 내세운 경기를 말한다. 일반 랠리와는 이질적인 것이며 '크로스컨트리 레이드', '마라톤 레이드' 등으로 불린다. 이 종류의 이벤트 가운데 선구적이고, 현재 가장 유명한 것이 파리-다카르 랠리이며, 1992년부터 도착지가 케이프타운으로 변경되어 파리-케이프타운이 되었다.

크로스컨트리 레이드 cross-country lade　⇨ 크로스컨트리 랠리

크로스 토크 cross talk　테이프의 인접 채널 사이에 음이 누설되어 혼합되는 것을 말한다.

크로스 플라이 타이어 cross ply tire　바이어스 타이어라고도 한다. 카카스 코드가 타이어의 원주 방향 중심선에 대하여 어떤 각도(보통 25∼40°)로 교차되도록 플라이를 서로 번갈아 맞붙인 구조의 타이어이다. 포개진 플라이가 접지면에서 팬터그래프 운동을 하여 충격을 흡수한다. 레이디얼 타이어에 비교하면 성능 특성과 승차감은 좋으나 마모가 쉽게 된다.

크로스 플로 cross flow　엔진의 한쪽에서 흡입하여 반대쪽으로 배기하는 구조를 말한다. 연소실 안의 흐름이 같은 방향으로 되어 부드러워지고, 흡입과 같은 방향으로 배기하는 경우보다 효율이 좋아져 출력이 커진다.

크로스 플로식 라디에이터 cross flow radiator　냉각수가 좌우 어느 한쪽에 있는 입구 탱크에서 그 반대쪽에 있는 출구 탱크로, 수평으로 횡단하면서 흐르는 형식의 라디에이터를 말한다.

크로스 플로 스캐빙징 cross flow scavenging　⇨ 크로스 스캐빙징

크로스 플로 실린더 헤드 cross flow cylinder head　흡기 구멍과 흡기 밸브가 배기 구멍과 배기 밸브의 반대쪽(마주보는 쪽)에 설치된 헤드 형식을 말한다.

크로스 플로 엔진 cross flow engine　흡기 계통과 배기 계통을 서로 실린더 헤드 반대쪽에 배치하고 흡입된 혼합 가스의 연소 가스가 연소실을 가로질러 배출되는 엔진을 말한다. 밸브 시트를 크게 할 수 있어 흡배기 효율이 좋다. ⇦ 카운터 플로 엔진

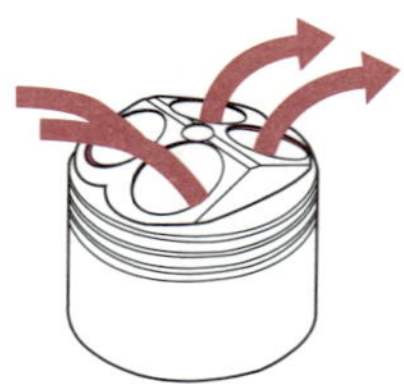

크로스 플로 엔진

크로스 플로 팬 cross flow fan　액셀 팬에 대한 용어로서, 유체가 날개바퀴와 교차하며 흐르는 형식의 팬이다. 터보차저의 팬이 크로스 플로 팬이다. ⇦ 액시얼 팬

크롬강 chrome steel　3% 탄소 0.28∼

0.48 %, 크롬 0.8~1.2 %를 함유한 경도가 높은 특수강이다. 고급 절삭 공구의 날, 자동차 부속품, 볼베어링 등에 사용된다. 또 11 % 이상의 크롬을 함유한 것은 스테인리스강으로서 용도가 다양하다.

크롬 도금 chromium plating　크로뮴 도금이라고도 한다. 금속 제품 겉면에 크로뮴의 얇은 막을 전해(電解)로 부착하는 것을 말한다. 단단하고 광택이 있는 은백색 도금면을 얻을 수 있어 기계 부품이나 장식에 쓰인다.

크롬 도금 링 chrome plated ring　피스톤의 압축 링이나 오일 링의 내마모성을 높이기 위해 이면(face)을 엷게 크롬으로 도금한 링을 말한다.

크롬-몰리브덴강 chrome-molybdenum steel　크롬강에 몰리브덴을 넣어 만든 강철이다. 용접하기 쉽고 열에 강하며 크랭크축, 기어 등에 사용된다.

크롬 테이프 chrome tape　자성체로 이산화크롬 등을 사용한 녹음용 테이프를 이른다. 크롬 테이프는 음질은 매우 우수하지만 자성체가 견고하기 때문에 일반적인 카 스테레오에는 부적당하고, 내마모성이 우수한 하드파마로이 또는 페라이트 벨트를 적용한 카스테레오, 테이프 데키에 사용할 수 있다.

크루 crew　랠리에 참가하는 차량과 관련된 승무원 전원을 통칭한다. '배, 비행기, 열차의 승무원 전원' 등을 뜻하는 크루에서 그대로 명칭을 땄다. 국제 랠리에서는 2명의 크루가 한 대의 차에 타는 경우가 많지만 3명 이상인 경우도 간혹 있다.

크루즈 컨트롤 cruise control　(1) 정속 주행 장치로서, 운전자가 희망하는 속도로 고정하면 가속 페달을 밟지 않아도 그 속도를 유지하면서 주행하는 장치를 이른다. 오토 드라이브, 오토 크루즈, 오토매틱 스피드 컨트롤 등으로 부르기도 한다. (2) 차속 제어와 함께, 차량 사이의 거리도 제어하는 방식으로, 선행 차량과의 차간 거리를 센서가 감지하여 스로틀 밸브와 브레이크를 컴퓨터로 제어함과 동시에 안전거리를 유지하며 주행할 수 있다.

크루즈 컨트롤 시스템 cruise control system　⇨ 정속 주행 장치

크루즈 컴퓨터 cruise computer　운행 정보 표시 장치이다. 주행 거리, 일시, 연료 소비량, 기타 운행에 필요한 정보를 제공하는 장치를 말한다.

크루징 스피드 cruising speed　연료의 소비가 적고 토크 발생이 유리한 순항 속도나 경제속도를 말한다.

크리스 라인 crease line　보디의 주름 또는 균열에 의해 생기는 보디상의 선(線)이다.

크리스마스트리 christmas tree　스타트 신호를 하는 전기식 표시등을 말한다. 그 모양과 전구의 점멸하는 모습이 크리스마스트리를 닮았다 해서 붙여진 이름이다. 현재는 사용되지 않는다.

크리스크로스 패치 crisscross patch　타이어 수리용 받침을 말한다.

크리스털 라이트 루프 crystal light roof　캐빈의 루프로서 패널부를 유리제로 한 것이다. 캐빈의 채광성 및 개방성이 풍부하다.

크리티컬 스피드 critical speed　⇨ 임계 속도

크리퍼 기어 creeper gear　기어가는 것같이 느린 저속 기어를 말한다.

크리프 creep　금속을 높은 온도에서 인장(引張)하면 실온 내에서 인장 시험을 했을 경우에 비하여 현저한 차이가 있어, 가하는 하중이 일정하더라도 연신율(延伸率)이 시간의 경과와 함께 변화하는 현상을 이른다. 크리프를 일으키는 최저 온도는 금속마다 각각 다르다.

크리프 서지 creep surge　자동 변속기 차량이 천천히 기어가는 상태로서 엔진의 토크 변동에 따라 발생하는 서지를 말한다. 서지는 자동차가 앞뒤 방향으로 흔들리는 현상이다.

크리프 현상 creeper　오토매틱 차는 엔진이 걸려 있을 때 R, D, 2, 1레인지에 실렉터 레버를 넣으면 조금씩 미끄러지기 시작하는데 이러한 현상을 이르는 말이다. 크리핑 현상이라고도 한다. 그것은 토크 컨버터의 유체 클러치 기능에서는 엔진의 아이들링 회전한 만큼의 약한 회전력을 전하기 때문에 완전히 클러치가 끊어지지 않은 것과 같다. 실제로 사용하는 데는 이 정도의 미끄러짐은 지장이 없으나 아이들링 회전수 조정이 잘못되어 있으면 크리프

도 강해진다.

크리핑 현상 creeping ⇨ 크리프 현상

크세논램프 xenon lamp   고압의 크세논 가스를 봉입한 방전관이다. 가시광선에서 자외선까지의 스펙트럼이 자연 주광(自然 晝光)에 아주 가깝다. 조명, 인쇄, 제판 등에 쓴다.

클라크 사이클 엔진 Clark cycle engine 2사이클 엔진의 발명자인 영국의 클라크의 이름을 따서 부르는 것이다.

클래드 clad   여러 가지 다양한 금속을 함께 결합하여 각 금속의 장점만을 취하는 고급 신소재로, 그중에 열전도율, 열보존율, 열효율성이 뛰어난 알루미늄과 내염성, 내산성, 내알카리성 및 내식성(耐蝕性)이 뛰어난 스테인리스스틸을 접합시킨 소재가 널리 쓰이고 있다. 열교환기, 자동차 용품, 건축 내외장재, 주방 용품 등에 많이 사용된다.

클래딩 cladding   (1) 강의 양면 또는 한 면에 다른 금속을 접합하는 용접이다. 합재(clad sheet)라고도 하며, 다른 금속을 중합시켜 완전히 결합시킨 층 모양의 복합 합금이다. (2) 핵연료 요소를 덮고 있는 금속 외피이다. 냉각제로 인한 핵연료의 부식과 마모를 방지하고 핵분열 생성물이 냉각제 속에 섞이는 것을 방지한다.

클래식 카 classic car   고전적인 자동차를 이르는 말이다. 일반적으로 현재를 기준으로 1960년 이전의 차를 말하며 나라마다 시대에 따른 구분을 하고 있다.

클램프 clamp   (1) 공작물을 공작 기계의 테이블 위에 고정하는 장치이다. (2) 손으로 다듬을 때에 작은 물건을 고정하는 데에 쓰는 바이스이다. (3) 작은 부분을 굽히거나 가열할 때 집는 집게로서 주조용과 판금용이 있다.

클러스터 스위치   미터 패널의 후두부에 조립되어 있는 스위치이다. 운전 자세를 바꾸지 않고 간단히 조작할 수 있다.

클러치 clutch   플라이휠과 변속기 사이에 설치되어 전달되는 엔진의 동력을 필요에 따라 단속하는 장치이다. 엔진을 시동할 때, 또는 기어 변속을 할 때에는 엔진과 연결을 차단하고 출발할 때에는 엔진의 동력을 서서히 연결하는 일을 한다.

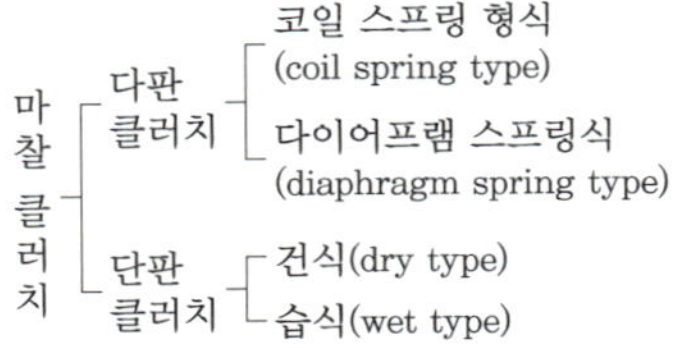

클러치 디스크 clutch disc   압력판과 플라이휠 사이에 설치되는 구성 부품을 말한다. 클러치판이라고도 하며, 클러치판 중심의 허브는 클러치(변속기 압력축)의 스플라인에 끼워진다. 클러치판의 마찰면 양쪽에는 페이싱(facing)을 부착하여 마찰을 증가시켰으며 클러치 페이싱은 적당한 마찰 계수(0.3~0.5)를 가져야 하고, 내마모성, 내구성이 뛰어나다. 온도에 의한 마찰 계수의 변화가 적어야 하므로, 석면 직물에 마찰 조정제를 섞은 후 수지나 고무 등의 조합제로 굳혀서 만들고, 쿠션을 통하여 클러치 디스크에 결합된다.

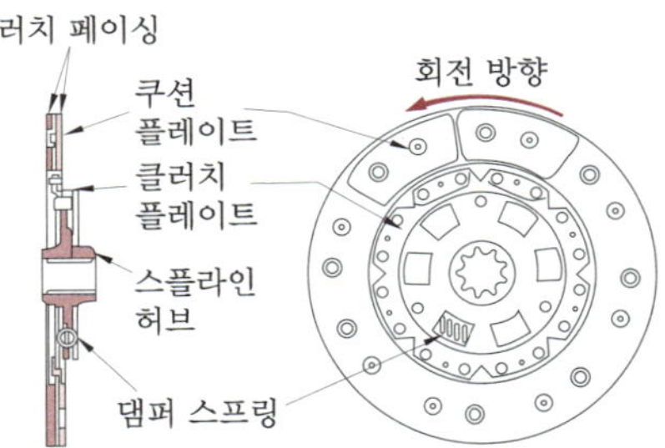

클러치 디스크의 구조

클러치 라이닝 clutch lining   클러치 디스크 양면에 붙어 있는 석면 등을 수지(樹脂)로 굳혀 만들어진 원판 모양의 마찰재이다. 플라이휠이나 압력판에 압착하여 동력을 전달하는 것으로서 마찰열의 영향을 받지 않고 내마모성이 뛰어난 재료를 사용한다.

클러치 로크 clutch lock   수동 변속기에서, 기어를 넣은 상태에서 시동을 걸었을 때 발생하는 차량의 급출발로 인한 사고를 방지하기 위하여 반드시 클러치를 밟아야만 시동이 걸리게 한 장치를 말한다.

클러치 리저버 탱크 clutch reservoir tank 유압 클러치용의 오일을 모아 두는 용기이다. 일반적으로 클러치 마스터 실린더 앞에 설치되는데 액량을 알 수 있도록 반투명의 수지로 만들어져 있다.

클러치 릴리스 베어링 clutch release bearing 클러치를 단속하는 측압 베어링을 말한다. 압력에 의해 발생된 클러치 케이블의 당김이나 슬레이브 실린더(오페라, 릴리스 실린더)의 푸시로드의 미는 힘으로 릴리스 포크는 축 방향으로 릴리스 베어링을 밀면 회전 중인 릴리스 레버가 눌러 동력을 단속한다. 볼 베어링이 압입된 둥근 형태로 릴리스 포크 장착면과 포크를 고정하기 위한 핀으로 구성되어 있다.

클러치 릴리스 실린더 clutch release cylinder 마스터 실린더에서 만들어진 유압을 기계적인 힘으로 바꾸는 작용을 하는데 오페라 실린더라고도 부른다.

클러치 릴리스 실린더 부트 clutch release cylinder boot 클러치 릴리스 실린더 부트 키트 삽입부에 씌워진 고무 재질의 부트로, 실린더 작동 시 외부의 이물질 유입을 막는다.

클러치 릴리스 실린더 키트 clutch release cylinder kit 클러치 릴리스 실린더 내부의 부분품으로 피난품, 리턴 스프링, 부트, 푸시로드, 실 오링 등을 말한다.

클러치 릴리스 실린더 푸시로드 clutch release cylinder pushrod 클러치 작동 시 발생된 릴리스 실린더 내의 유압을 직선 운동으로 바꾸어 릴리스 포크에 전달하는 원형의 기다란 쇠막대를 말한다.

클러치 릴리스 포크 clutch release fork Y자 형태의 주철 또는 강판 프레스 제품으로, 한끝은 답력을 받은 클러치 케이블이나 푸시로드에 의해 포크가 고정된 볼 스터드를 중심으로 움직여 릴리스 베어링을 움직이게 한다. 클러치 포크라고도 한다.

클러치 릴리스 포크 펄크럼 clutch release fork fulcrum 클러치 릴리스 포크 작용 중심 위치에 설치하는 볼트 타입의 중심 지지대로, 클러치 커버 내측에 조립되어 릴리스 포크 작동 시 이 부분을 중심으로 양 끝 부분이 움직인다. 한끝은 클러치 릴리스 베어링이 결합되고 다른 한끝은 클러치 케이블이나 슬레이브 실린더의 푸시로드 끝에 연결된다.

클러치 마스터 실린더 clutch master cylinder 클러치 페달의 조작에 따라 피스톤이 실린더 내에서 움직여 유압을 발생시키는 장치를 이른다. 클러치 페달을 밟으면 발생하는 유압이 릴리스 실린더에 공급되어 클러치를 차단하고, 페달을 놓으면 유압이 해제되어 클러치에 연결된다. 마스터 실린더는 오일탱크, 피스톤, 피스톤 컵 및 리턴 스프링 등으로 구성된다.

클러치 마스터 실린더 키트 clutch master cylinder kit 클러치 마스터 실린더를 구성하는 부분품의 총칭이다.

클러치 미트 clutch meet 클러치를 연결하는 것을 이르는 말이다. 레이스의 출발 때는 이 클러치 미트가 중요하다. 갑자기 연결하면 엔진 회전이 급격히 떨어져 가속이 어렵게 된다. 스타트에서 순간적으로 반클러치를 사용하는 것은 일반 차량과 같지만, 레이싱 엔진의 최대 토크는 높은 회전수에 있기 때문에 높은 엔진 회전수를 유지하면서 클러치를 연결한다.

클러치 부스터 clutch booster 클러치 페달의 밟는 힘을 경감시키는 장치이다. 구조는 브레이크 부스터와 같다.

클러치 스프링 clutch spring 클러치 커버와 압력판 사이에 설치되어 압력판에 압력을 가하는 스프링으로 6~20개 정도의 코일 스프링이나 다이어프램 스프링이 사용된다. 다이어프램 스프링은 건식 다판 클러치에 주로 사용되는 것으로, 다이어프램 스프링 자신이 스프링의 작용과 릴리스 레버의 작용을 겸하고 있다.

클러치 슬리브 clutch sleeve ⇨ 싱크로나이저 슬리브

클러치 슬립 clutch slip 원래는 클러치의 고장을 말한다. 급가속했을 때와 언덕을 오를 때 등 엔진이 공전하게 되어 가속되지 않는 상태로, 클러치 마찰력이 부족하여 엔진 동력이 전달되지 않기 때문에 일어난다. 클러치 라이닝의 마모나 스프링 압력의 부족이 원인이다. 초보 운전자가 반클러치 상태로 자주 슬립하면 라이닝이 빨리 마모된다.

클러치 압력판 pressure plate 클러치 스프링의 힘으로 클러치판을 플라이휠에 압착시켜 동력을 전달하는 장치를 말한다. 압력판은 클러치가 접촉될 때 클러치판과의 사이에 미끄럼이 발생되므로 내마멸성, 내

열성, 열전도성이 좋은 특수 주철로 만들며 마찰면은 평면으로 가공되어 있다. 압력판과 플라이휠은 함께 회전하므로 동적 평형이 잡혀 있어야 한다.

클러치 연결점 clutch meeting point 클러치 페달 유격에서 어떤 가속도로 출발할 때 클러치가 연결되는 위치를 말한다. 급출발이나 화물이 많을 때의 출발에서는 연결점의 위치는 높게 한다. ⇔ 클러치 차단점

클러치 오일 리저버 탱크 clutch oil reservoir tank 클러치 마스터 실린더 몸체의 상부에 설치되어 클러치 마스터 실린더에 오일을 공급하기 위한 플라스틱 재질의 탱크를 말한다.

클러치 오프 센터 clutch off center 클러치 중에서 크랭크축의 축 중심과 변속기의 주축의 축 중심이 실린더 블록이나 클러치 하우징의 가공 정밀도 또는 조립 정밀도 때문에 편심(한쪽으로 치우쳐 서로 맞지 않은 상태)되어 있는 것을 말한다. 관계 부품이 마찰하여 잡음이 발생하거나 이상 마모가 될 수 있으므로 클러치 릴리스 베어링에 편심을 자동적으로 수정하는 기구를 가진 자동 조정 클러치 릴리스 베어링을 많이 사용한다.

클러치 용량 clutch capacity 클러치가 전달할 수 있는 회전력의 크기를 말한다.
클러치 전달 토크 $= T \propto P \cdot \mu \cdot r$
여기서, T : 전달 토크(m, kg)
　　　　P : 전압력(클러치 스프링 압력의 총화, kg)
　　　　μ : 마찰 계수(클러치판, 압력판, 플라이휠 사이의 접촉면 마찰 계수)
　　　　r : 클러치판의 유효 반지름(m)

클러치 전달 효율 clutch delivery efficiency 클러치로 들어간 동력에서 클러치로 나온 동력의 백분율이다. 전달 효율은 엔진의 회전수 및 발생 회전력에 반비례하고, 클러치 출력 회전수 및 출력 회전력에 비례한다. 따라서 주행 중인 자동차의 주행 저항은 도로의 조건에 따라 변화되므로 클러치가 접속하였을 때에 미끄럼이 일어나지 않아야 한다.

클러치 저더 clutch judder 출발 시 반클러치 상태에서 보디 전체의 전후 진동을 말하며 진동수는 10~20 Hz에 있다. 종류는 다음과 같다. ① 자려 진동(自勵振動)에 의한 저더 : 클러치 디스크의 페이싱 재료의 마찰 계수가 회전 속도의 증가에 대해서 감소하는 경우 마찰면에 스틱 슬립(stick slip) 현상이 일어나는 것에 의해 전달 토크가 발생해서 그것이 보디의 전후 진동을 유발시킨다. ② 강제 진동에 의한 저더 : 클러치 디스크의 평행도 불량, 가버너 불량 등에 의해 마찰면에 편접촉이 발생하여 엔진, 클러치 디스크의 상대 회전면에 전달 토크가 변하는데 그것이 보디의 전후 진동을 유발시킨다. ③ 강제 자려 진동에 의한 저더 : 케이블식, 링크식 클러치를 장착한 차량에는 클러치를 접속하는 옆에 변속기와 보디가 상대 변위를 일으킴에 따라 릴리스(release)계를 거쳐 압력판에 가해지는 힘이 변동하여 발생되는 것도 있다.

클러치 진동 clutch vibration 클러치를 이을 때 차체에 진동이 느껴지는 것을 말한다. 이것은 클러치 디스크의 압력이 고르지 않은 것이 원인일 때가 많다. 클러치 진동은 클러치에만 원인이 있는 것이 아니고, 엔진 지지부(엔진 미미, 엔진 마운팅 브래킷, 서포트)에 잘못이 있을 때도 많다.

클러치 차단 불량 clutch drag 압력판이 클러치 디스크에서 떨어져도 플라이휠과 클러치 디스크가 같이 회전하고 있는 상태를 말한다. 클러치 디스크 라이닝의 미끄럼 저항이 크면 발생하기 쉬우며 변속이 곤란해지거나 클러치 페달을 밟고 있는데도 클러치가 차단되지 않게 된다.

클러치 차단점 clutch off point 클러치 페달의 유격(움직이기 시작하는 점에서 완전히 밟는 점까지의 거리) 사이에서 클러치가 끊기는 위치를 말한다. ⇔ 클러치 연결점

클러치 축 clutch shaft or transmission input shaft 클러치판이 엔진으로부터 받은 회전력으로 결합된 스플라인을 통해 변속기에 전달하는 것을 말한다. 맨 앞부분은 플라이휠이나 크랭크 축 뒤에 결합되어 있는 파이로드 베어링에 끼워져 지지되고, 이어서 클러치판 중심부 스플라인에 끼워진다. 뒷부분은 변속기 내부 기어와 치합되는 기어부와, 맨 뒷부분이 변속기 내에 설

치된 베어링에 설치되는 지지부로 구성되어 있다.

클러치 커버 clutch cover　회전하는 클러치 기구를 지지하고 있는 금속 커버로 플라이휠에 장착 되어 있다. 클러치 커버에 있는 클러치 스프링의 힘을 압력판에 전하는 작용을 한다. 클러치 스프링에는 다이어프램식과 코일식이 있다.

클러치판 clutch plate　⇨ 클러치 디스크

클러치 페달 clutch pedal　운전석에서 클러치를 조작하는 페달로서 왼발로 밟는다. 이 페달이 유압 피스톤을 밀든가, 케이블을 이끌어 클러치를 움직인다.

클러치 페달의 자유 간극 clutch pedal clearance　클러치 페달에서 발을 떼었을 때 릴리스 베어링이 릴리스 레버에 닿게 되면 베어링 손상과 클러치 슬립으로 인한 손상이 일어나기 때문에 이를 방지하기 위해 두는 간극을 말한다. 클러치 페달을 가볍게 눌러 보았을 때 저항을 느낄 때까지 페달이 움직인 거리는 대개 20~30 mm이다.

클러치 페이싱 clutch facing　원판이나 원통 단면에 붙여서 사용하는 클러치용 마찰재 부품을 말한다.

클러치 포인트 clutch point　토크 컨버터에서, 컨버터 레인지에서 커플링 레인지로 교체되는 점을 말한다. 컨버터 레인지로 토크비를 증가시켜 차량의 발진을 용이하게 하고, 차량의 속도가 올랐을 때 커플링 레인지가 되며, 동력도 효율성 있게 약 1 : 1로 전달된다.

클러치 포크 clutch fork　⇨ 클러치 릴리스 포크

클러치 플레이트 clutch plate　⇨ 클러치 디스크

클러치 하우징 clutch housing　플라이휠과 클러치 어셈블리를 내장하고 있는 케이스를 말한다.

클러치 허브 clutch hub　⇨ 싱크로나이저 허브

클럭 신호 clock signal　마이컴 등의 전자 회로를 움직이는 타이밍의 기초가 되는 펄스 신호이다. 일반적으로 수정 발진기를 사용하여 이 신호를 분주(分周)하여 클럭 펄스를 만든다.

클레비스 clevis　'U자형의 갈고리, U자형의 링크'의 뜻으로서, 클러치 페달 또는 브레이크 페달에서 밟는 힘을 마스터 실린더 피스톤에 전달하는 푸시로드 한쪽을 U자형의 링크로 만들어 페달과 연결시키는 부분을 말한다.

클레비스 핀 clevis pin　분할 핀(split pin)과 평면 와셔(plain washer) 등이 한 조(set)가 되어 움직이는 방향이 서로 다른 물체를 결합시키는 부품으로, 재질은 매우 강한 금속으로 되어 있으며 동력을 전달하는 동시에 발생되는 비틀림, 엇갈림 등 응력을 버틴다.

클레이 모델 clay model　자동차의 외부 장식이나 실내등을 검토하기 위하여 점토(粘土)로 만든 모형이다. 실물 크기 또는 축소 모델을 공업용 점토를 사용하여 철재나 목재, 발포 스티로폼 등으로 만들면 정밀하게 마무리할 수 있다. 도장을 하거나 실제로 쓰이는 부품을 부착하는 경우도 있다.

클로로프렌 고무 CR ; chloroprene rubber　폴리클로로프렌으로 된 고무이다. 클로로프렌의 유화 중합으로 제조된다. 내열성, 노화성, 내오존성, 난연성, 내유성 등이 우수하다. 자동차용 부품으로는 호스나 부시류에 많이 사용되고 있다.

클로버리프 헤드 cloverleaf head　3밸브 또는 4밸브 엔진의 실린더 헤드로서 중앙에 점화 플러그가 설치되어 클로버 잎과 같이 주위에 흡배기 밸브가 배치되어 있다.

클로즈드 루프 CL ; closed loop　폐회로 루프라고도 하는데, 배기 흐름 중의 산소 함량을 감시해 센서로부터의 자료를 근거로 해서 공기와 연료 비율을 조정하는 연료 시스템을 말한다. 산소 센서가 공기와 연료비를 검출해서 이 정보를 자동차 컴퓨터에 보내고 또 이 과정을 통해 산소 센서의 수치를 변화시키고 다시 컴퓨터로 신호를 보내는 일을 반복한다.

클로즈드 보디 closed body　지붕(덮개)이 있는 경주용 차를 말한다. 스포츠 프로토 타입 카나 투어링카 등이 이에 속한다. 참고로 F1, F3000, F 등에 쓰이는 포뮬러카는 지붕이 없는 오픈 타입이다.

클로즈드 서킷 closed circuit　폐쇄된 서킷의 뜻이다. 일반 차량은 들어올 수 없게

폐쇄되고 경주차만 달릴 수 있도록 만들어진 서킷이다. 대개의 서킷은 이에 속한다.

클로즈드 자기 회로 closed magnetic circuit   공기 간극(air gap)이 없이 철이나 다른 금속을 통하는 자기 회로를 말한다.

클로즈드 타입 피시브이 closed type positive crankcase ventilation   흡기 다기관의 부압(대기보다 낮은 압력)으로 작동하는 PCV 밸브에 의하여 블로바이 가스 유량과 새로운 공기의 양을 제어하는 방식이다. PCV 밸브의 흡입력에 따라 블로바이 가스량이 적을 때는 새 공기가 크랭크케이스에 도입된다.

클로즈드 패턴 closed pattern   타이어의 트렌드 모양으로 홈 부분이 적은 것이다. ⇨ 시 랜드 비

클로스 레이쇼 close ratio   클로스는 접근하는 것을 의미하며, 스포츠카나 경주용 자동차에서 엔진을 최고 출력 회전에 가까운 범위로 사용하기 위하여 각 단의 기어비를 가능한 한 근접하게 설정한 것이다. 반대로 각 기어비의 차이가 큰 것을 와이드 레이쇼라고 하는데 클로스 레이쇼에 대비하여 사용되는 용어로서, 변속기의 기어비 차이가 각 단마다 비교적 크다. 일반적인 자동차에서는 출발할 때나 비탈길에서는 큰 힘이 필요하지만, 일정 속도가 되면 힘은 그다지 필요하지 않다. 오히려 기어 체인지 때마다 회전수가 크게 변화되면 부드러운 주행이 어렵다. 따라서 큰 힘이 있는 저속 기어에서는 기어비를 크게 하여, 저속과 제2속은 와이드 쪽으로, 그 이상은 클로스 쪽으로 한 것이 많다. ⇦ 와이드 레이쇼

클로스 레이쇼 미션 close ratio mission   근접한 기어비를 갖는 트랜스미션을 말한다. 고회전·고출력형 엔진의 경우, 엔진 파워를 자유자재로 끌어내기 위해서는 가급적 고회전을 유지해야 한다. 그러기 위해서는 근접한 기어비를 갖는 클로스 레이쇼 미션이 유효하다.

클로스 코트 close coat   샌딩 페이퍼의 연마 입자가 밀집하게 접착되어 있는 방식이다. 고운 번수(番手)의 샌드페이퍼를 말한다.

클로징 프레셔 closing pressure   디젤 엔진의 연료 분사에서 노즐이 닫힐 때 분사 파이프 내의 압력을 말한다.

클로 클러치 claw clutch   서로 맞물리는 조(jaw)를 가진 플랜지의 한쪽을 원동축으로 고정하고, 다른 방향은 축 방향으로 이동할 수 있도록 한 클러치이다.

클록 발생기 clock generator   기준 신호 발생기를 말한다. CPU, RAM 및 ROM을 모아 놓은 하나의 패키지이며, CPU의 기준 타이밍을 부여하기 위해 1초간에 발생하는 펄스는 2,048,000회이다.

클록 스프링 clock spring   SRS 에어백 장착차의 스티어링 휠(에어백 모듈)과 스티어링 칼럼 사이에 장착된 와이어링 하니스를 말한다. 에어백 모듈과 SRS 다이어그노시스 유닛 사이의 하니스 접속을 보통의 혼 커넥터와 같은 접촉 접속이 아닌 하니스에 의한 접속으로서 SRS 에어백 시스템의 신뢰성을 높이기 위해 적용되었다. 클록 스프링의 케이스 내에는 완만한 소용돌이 모양으로 감겨진 플랫(flat) 케이블이 내장되어 있으며, 이것을 감거나 풀어 스티어링 휠에 응답하고 있다.

클리어 clear   (1) 도장(塗裝)의 용어로 착색 안료를 포함하지 않는 상도(上塗) 도료의 원색(原色)을 말한다. 도장하면 투명한 도막(塗膜)이 형성된다. (2) 컴퓨터에서 기억 장치, 레지스터, 카운터 등을 정해진 상태로 되돌리는 것을 말한다.

클리어런스 clearance   축과 구멍의 차이나 로커 암과 밸브 사이의 공간, 피스톤과 실린더 사이의 틈새 등을 말한다.

클리어런스 램프 clearance lamp   차폭등을 뜻하지만, 영어에서는 차폭등 외에 대형 차량일 경우 야간 주행에서 그 크기를 알 수 있도록 차체의 앞뒤와 좌우 끝에 부착하는 램프를 가리킬 때도 있다.

클리어런스 볼륨 clearance volume   엔진 연소실의 체적을 말한다.

클리어런스 소나 clearance sonar   초음파 센서를 자동차 뒤쪽에 설치하고 초음파를 발사한 후 반사되어 되돌아오는 왕복 시간으로 뒤쪽의 장애물과의 거리를 감지하여 부저나 디스플레이로 이것을 알리는 장치이다. 백 소나라고도 한다.

클리어 컷 clear cut   주로 솔리드 컬러

(solid color)의 마감 단계에서, 투명감을 살리기 위하여 에나멜에 클리어를 혼합하여 시행하는 도장(塗裝)이다.

클리어 코트 clear coat　컬러 코트 위에 스프레이 되는 클리어 피니시를 말한다.

클리핑 포인트 CP ; clipping point　차가 코너를 돌 때 그 코너의 안쪽으로 타이어가 가장 가까이 접근하는 지점을 말한다. 레이싱 주행에서는, 코너링의 기본인 아웃 인 아웃(out in out) 주법의 인(in) 지점에 이 클리핑 포인트를 두고, 코스와 세이프티 존 (safety zone) 사이의 빠듯한 지점을 안쪽의 타이어가 통과한다. 클리핑 포인트는 드라이버가 임의로 설정하고 달리는 것이므로, 고속 코너에서는 코너의 중간 부분, 헤어핀 등의 저속 코너에서는 코너 중간보다 끝 쪽에 클리핑 포인트를 설정하는 것이 보통이며, 이것을 스치는 코너링은 로스가 적다.

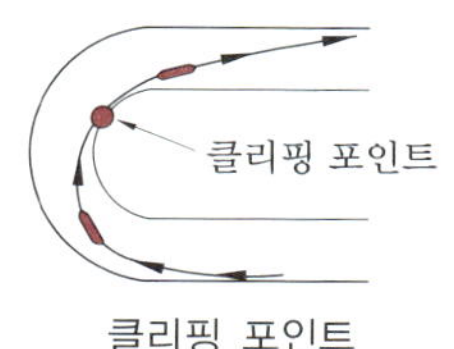

클리핑 포인트

클린 버닝 clean burning　핫 와이어가 이물질에 의해 오염될 경우 측정 정밀도가 떨어지는 것을 방지하기 위하여 핫 와이어가 스스로 가열되어 청소하는 자기 청정 기능을 말한다.

클린 에너지 clean energy　환경 오염의 근원이 되는 유해 가스나 폐기물 등이 발생하지 않는 무공해 연료를 말하며 전기, LPG(액화 석유 가스), 수소 등이 있다.

클립 clip　(1) 기계적인 개폐 장치에 있어서 날이 삽입되는 부분을 말한다. (2) 플레이너의 테이블에 공작물을 고정하는 데 사용하는 고정판을 말한다. (3) 퓨즈를 지지함과 동시에 회로에 대한 전류가 통하는 부분으로 되어 있는 지지부를 말한다.

클링커 clinker　용융 또는 부분적인 용융 혹은 반용융 상태가 된 덩어리로, 소괴(燒塊)라고도 한다.

키 key　(1) 일반적으로 벨트 풀리, 기어 등과 그것에 끼이는 축과 상대적 회전 미끄럼을 방지하기 위해 사용되는 기계 요소를 이른다. 키 홈에 끼워서 사용한다. 주로 경강(硬鋼)으로 만들며, 일반적으로 키의 윗면에 1/100 정도의 기울기를 두어 쐐기와 같은 작용을 하게 한다. (2) 자동차 열쇠이다. (3) 자동차의 점화 스위치를 말한다.

키르히호프의 법칙 Kirchhoff's law　독일의 물리학자 키르히호프가 발견한 법칙으로, 전류에 관한 법칙과 열복사에 관한 법칙 두 가지가 있다. 전류에 관한 법칙은 옴의 법칙을 확장한 것으로 전기 회로에서 전류를 구할 때 사용된다. 열복사에 관한 법칙은 일정한 온도에서 같은 파장의 복사(전자기파)에 대한 물체의 흡수능과 반사능의 비가 물체의 성질에 관계없이 일정하다는 것을 보여 준다.

키르히호프의 제2법칙　임의의 닫힌회로에서 회로 내의 모든 전위차의 합이 0이라는 법칙을 말한다. 즉, 임의의 폐회로를 따라 한 바퀴 돌 때 그 회로의 기전력의 총합은 각 저항에 의한 전압 강하의 총합과 같다.

키르히호프의 제1법칙　회로 내의 어느 점을 취해도 그곳에 흘러 들어오거나(+) 흘러 나가는(−) 전류를 음양의 부호를 붙여 구별하면, 들어오고 나가는 전류의 총계는 0이 된다는 법칙을 이른다. 즉, 전류가 흐르는 길에서 들어오는 전류와 나가는 전류의 합이 같다.

키리스 로크 keyless lock　키를 사용하지 않고 도어를 잠그는 것이다. 안쪽의 로크 버튼을 ON으로 한 상태에서 바깥쪽에서 도어를 닫으면 도어가 잠기도록 되어 있다.

키리스 엔트리 시스템 keyless entry system 스위치를 누름으로써 모든 도어의 잠김, 해제를 원격 조작할 수 있는 시스템이다. 시스템은 통상의 센터 도어 로크 기구에 컨트롤 유닛, 리시버 어셈블리, 트랜스미터(송신기) 등을 더한 구성으로 되어 있다. 트랜스미터의 송신에 적외선 신호를 사용한 적외선 리모컨 방식과 전파 신호를 사용한 전파식의 2종류가 있다. ⇨ 적외선 리모컨 방식 키리스 엔트리 시스템, 전파식 키리스 엔트리 시스템

키 링 조명 key ring light　야간에 운전석 쪽의 도어를 열면 시동키를 꽂는 부위에 라이트가 점등되도록 한 것이다.

키 실린더 key cylinder　도어, 점화 스위치, 트렁크 리드, 백 도어, 글러브 박스에 설치되어 있는 키를 꽂고 돌림으로써 열리는 자물쇠이다. 키는 모든 키 실린더에 유효한 마스터키와, 점화 스위치에만 유효한 서브 키의 조합으로 되어 있는 것이 많다.

키 실린더 일루미네이션 key cylinder illumination　도어 스위치와 연동해서 작동하며, 점화 키를 일정 시간 조명하여 야간 키 삽입을 용이하게 한다.

키 인터로크 기구 key interlock device　자동 변속기(AT) 차량의 키에 설치되어 있는 기구이다. 인터로크는 서로 맞물림한다는 뜻으로서, 주차했을 때 변속 레버를 주차(P) 위치에 넣어야 키가 빠져 나와 고정되는 구조이다. 자동 변속기 차량이 주차 중에 움직이지 못하도록 하기 위한 것이다.

키 잊음 방지 모니터　점화 키를 꽂아둔 채 운전석 도어를 열면 알람 소리를 낸다. 음성 통보형은 ‘엔진 키가 들어가 있습니다’를 2회 통보한다.

키 푸시식 2액션 키 릴리스 key push type 2 action key release　점화 키를 뺄 때, ACC 위치로 키를 누르면서 LOCK 위치로 돌리지 않으면 키가 빠지지 않는 시스템을 말한다.

킥다운 kickdown　풀 오토매틱의 특징으로 가속할 때 자동 변속할 뿐 아니라 속도가 느려지면 액셀러레이터가 열린 정도에 따라 체인지 다운이 일어나는 속도로 자동 변속 스케줄이 정해진 것을 말한다. 운전자가 이 체인지 다운을 의식적으로 하려면 액셀러레이터를 크게 밟아 주면 된다. 액셀러레이터 페달을 힘껏 바닥까지 밟기 때문에 붙은 말이다. 추월할 때 사용되므로 패싱 기어(passing gear)라고도 한다.

킥다운 브레이크 kickdown brake　오토매틱 트랜스미션의 킥다운(자동적 다운 시프트) 장치로서, D 위치에서 3속→2속 K/D 시에 양호한 감각을 얻기 위해 FF 차량용 트랜스미션에서는 밴드식을 적용(FR 차량용은 다판식)하고 있으며, 킥다운 브레이크 밴드, 킥다운 서보, 킥다운 드럼 및 앵커 로드 등으로 구성되어 있다. 그 작동은 K/D 서보가 유압에 의해 작동하면 K/D 밴드가 조여져서 K/D 드럼을 조정하며, 이로 인해 드럼에 연결되어 있는 리버스 선 기어가 고정된다. 이 브레이크는 2속 시에 작용하지만, ELC-4 A/T에서는 오버 드라이브(OD)시에도 작용한다.

킥다운 스위치 kickdown switch　자동 변속기 자동차에서 액셀러레이터 페달을 급히 깊숙하게 밟았을 때 킥다운 브레이크가 작동하기 전에 즉시 킥다운 서보의 위치를 감지하는 기능을 가진 스위치를 말한다.

킥백 kickback　요철이 있는 도로를 주행하는 경우에 스티어링 휠의 주방향에 생기는 충격을 말한다. 래크 앤드 피니언 때는 특히 이 성질이 강하다. 타이어가 도로면의 요철에 의해서 킥(kick) 되는 것과 백(back) 할 때 스티어링 휠이 충격적으로 회전하는 것으로부터 이렇게 불린다.

킥 스타터 kick starter　모터사이클 엔진의 시동 방식의 하나로서 운전자가 발로 스타터레버를 여러 번 밟아 그 회전력을 크랭크축에 전달하여 엔진을 시동하는 것을 말한다. 클러치를 끊고 시동하는 1차 킥 방식과, 클러치를 끊으면 시동되지 않으므로 기어를 중립에 놓고 클러치를 연결한 상태에서 시동하는 2차 킥 방식이 있다.

킥 스탠드 kick stand　자전거나 오토바이를 세울 때 받치는 받침다리이다.

킥업 kickup　(1) 승용차나 버스 등에서 타고 내리기 편하게 하고 차량의 중심을 낮게 하기 위하여 바닥을 낮추는데 이를 위하여 프레임을 차축 있는 곳에서 굽히는 부분을 말한다. (2) 킥다운시켜 큰 구동력을 얻은 상태에서 스로틀 밸브의 개도량을 그대로 계속 유지하면 트랜스퍼 드라이브 기어의 회전수가 증가되면서 업 시프트(up shift)되어 속도가 증가하는 현상을 말한다.

킥업 기구 kickup mechanism　1차 스로틀 밸브와 2차 스로틀 밸브가 설치된 복합형 카뷰레터이다. 엔진의 회전이 낮고 1차 벤투리만 작동하고 있는 상태의 엔진에서 부하가 커지면 가속 페달을 깊이 밟아 2차 벤투리의 스로틀 밸브를 강제로 여는 기구이다.

킬 kill　엔진의 종합 테스터의 킬 버튼을 사용하여 일시적으로 테스터 전원의 회로를 차단하여 파형을 변형시키거나, 엔진에 테스터를 연결한 상태에서 점화 스위치를 사용하지 않고 작동을 멈추게 하는 것을 말한다.

킬드강 killed steel　규소 또는 알루미늄과 같이 강한 탈산제(脫酸劑)로 탈산한 강이다. 충분한 탈산으로 강 내면에는 기공이나 편석(偏析)은 없어지지만 헤어크랙이 생기기 쉽다. ⇨ 림드강

킬로 kilo　⇨ 케이

킬로그램 kilogram　질량의 기본 단위이다. 기호는 kg으로 표시하며, 국제 킬로그램 원기의 질량이자 미터법의 기준으로 되어 있다. 유도 단위로서는 유량(流量) 및 공률(工率)의 단위인 킬로그램매초(kg/s), 밀도의 단위인 킬로그램매세제곱미터(kg/m^3), 일의 단위인 킬로그램힘미터(kgf·m), 중력 단위계의 단위인 킬로그램중(kgf)이 있다.

킬로그램중 kilogram weight　중력 단위계 힘의 단위로 중량킬로그램이라고도 한다. 기호는 kgf 또는 kgw이다. 1킬로그램중은 질량 1kg의 물체에 작용하는 표준 중력의 크기이다.

킬로볼트 kV　1,000 V를 말한다.

킬로옴 kilohm　1,000옴이다. DEA 디지털 옴미터를 사용할 때 스크린에 XXX킬로옴으로 표시될 수 있다. 스크린 수치에 1,000을 곱한다.

킬로와트 kilowatt　전력의 단위로 1,000 W를 말한다. $1W = 1J/s = 10^7 \, erg/s$이다.

킬로파스칼 kilo-pascal　SI 단위에서 압력이나 응력에 대한 측정 단위로 $1\,kPa = 6.895\,psi$이다.

킬 스위치 kill switch　⇨ 이그니션 컷 오프 스위치

킹크 kink　(1) 로프나 와이어 등이 뒤틀리고 꼬여서 접히거나 굽힌 것을 말한다. (2) 건설 기계에서 사용되는 와이어로프가 링 모양으로 감긴 상태에서 당기면 스트랜드 사이가 벌어져 접히거나 굽어진 것을 말한다. 킹크가 발생되면 와이어로프의 절단 하중이 급격히 감소된다.

킹핀 kingpin　앞차축과 조향 너클을 연결하는 핀이다. 특수강으로 표면 경화 처리되어 절손 및 마모에 강하다.

킹핀 경사각 kingpin angle　앞에서 앞바퀴를 보았을 때 킹핀의 윗부분이 안쪽으로 경사지게 설치되어 있는데, 이때 킹핀 축 중심과 노면에 대한 수직선이 이루는 각도를 말한다. 이 경사각은 핸들 조작력과 핸들의 복원력을 증대시킨다. 킹핀을 사용하지 않는 볼 조인트 형식에서는 위쪽의 볼 조인트와 아래쪽의 볼 조인트의 중심을 잇는 직선과 노면에 대한 수직선이 이루는 각도가 킹핀 경사각이다.

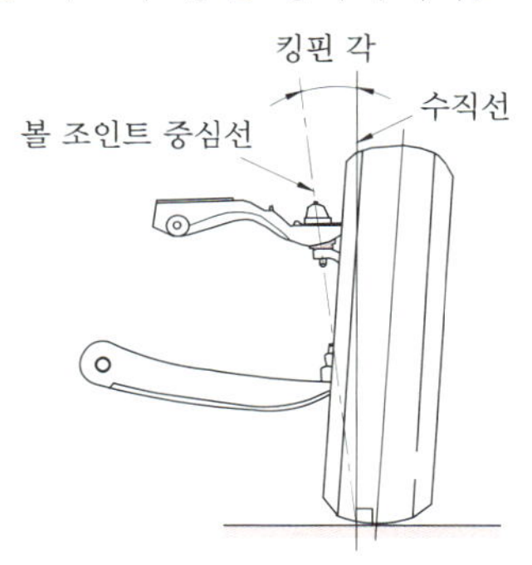

킹핀 경사각

킹핀 오프셋 king pinoffset　차체를 정면에서 볼 때 킹핀 중심선이 노면에 접지하는 점과 타이어 중심선이 노면에 접하는 점과의 거리를 말한다. 킹핀 중심을 축으로 하여 타이어를 회전시키면, 킹핀 오프셋이 회전 반지름이 되어 킹핀 오프셋을 스크러브(scrub) 반지름이라 말하기도 한다. 스크러브는 '비비다'는 뜻으로 킹핀 오프셋이 크면 타이어 접지면에 힘이 작용했을 때 킹핀의 축 둘레에 큰 모멘트가 생겨, 좌우 타이어에 걸리는 힘이 같지 않으면 스티어링에 영향을 미친다. 이에 따라 킹핀 오프셋을 아주 작게 하게 되었다(제로 스크러브). 반대로 이 모멘트를 이용하여 차의 직진성을 좋게 하려는 것이 네거티브 킹핀 오프셋이다.

킹핀 중심선 kingpin axis　킹핀 축의 중심선이다. 킹핀이 없는 볼 조인트를 사용하는 현가장치에서는 위 볼 조인트와 아래 볼 조인트의 회전 중심을 맺는 직선을 킹핀 중심선으로 한다. 이 중심선은 조향 핸들을 돌렸을 때 타이어 회전의 중심축이 되므로 스티어링 액시스라고도 한다.

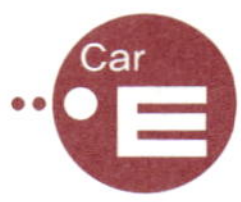

타려자 발전기(他勵磁發電機) separately excited generator 별도로 설치한 전원으로 자기화하여 발전을 하는 교류 발전기이다.

타력 운전(惰力運轉) costing operation 동력 차량이 구동력을 출력하지 않고 주행해 온 타력에 의해 계속 운전하는 것을 말한다.

타력 제어(惰力制御) power actuated control 조작부를 움직이는 데 필요한 에너지를 보조 에너지원으로부터 얻어 제어하는 것을 말한다.

타르 tar 유기물을 분해 증류하여 나오는 점성의 검은색 액체이다. 대부분의 타르는 석탄으로부터 만들어지며 석유, 나무, 이탄으로부터도 만들 수 있다. 베이퍼라이저나 배기관의 안쪽 벽에 부착되는 경우가 많다.

타르가 루프 targa roof 쿠페 천장의 중앙부를 떼어 버리면 좀 더 큰 개방감을 얻을 수 있고, 컨버터블에 가까운 상태가 된다. 떼어 버린 천장을 격납할 장소가 필요하다는 문제점이 있다.

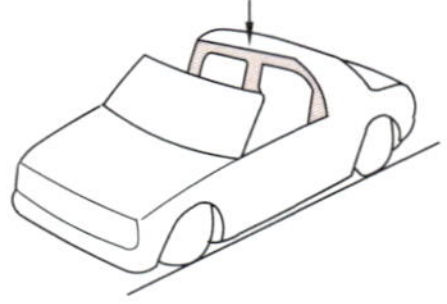

타르가 루프

타르가 톱 targa top 전복될 때 안전을 도모하기 위하여 지붕에 강도(强度) 부재를 사용한 개방형 차체를 말한다. T-바 루프와 같은 종류이다.

타르가 플로리오 Targa Florio 이탈리아 시칠리아 섬에서 열리던 스포츠카 레이스이

다. 1905~1973년 아름다운 시칠리아 섬을 돌며(1주 72 km×10주, 매년 얼마간 의 차이는 있다) 펼쳐진 대단히 매혹적인 이벤트였다.

타워 tower 고압 케이블이 꽂히는 점화 코일의 고압 단자 부분이다. 모든 점화 코일의 타워는 거의 비슷하다.

타원 피스톤 엔진 oval section piston engine 피스톤과 실린더가 타원으로 된 엔진이다. 단행정으로 압축비, 체적 효율, 출력이 높아 고속용 엔진으로 적합하다.

타원형(楕圓形) elliptical 타원 모양을 가진 원통형을 말한다.

타원형 피스톤 oval piston ⇨ 캠 연마 피스톤

타음(打音) knock sound 물체를 두드려서 발생되는 소리를 말한다. 일반적으로 맑은 음으로 들린다.

타이 로드 tie rod 래크 앤드 피니언의 래크와 로크 암 사이, 리서큘레이팅일 때는 중간 링크와 너클 암 사이의 링크를 말하는데 좌우에 하나씩 있고, 토인(toe in) 교정을 위해 길이를 조절할 수 있게 되어 있다. 타이 로드의 길이와 위치는 설계 단계에서 충분히 검토된다. 이것은 범프 스티어(바퀴의 상하 운동에 따른 토각도의 변화)에 영향을 미치기 때문이다.

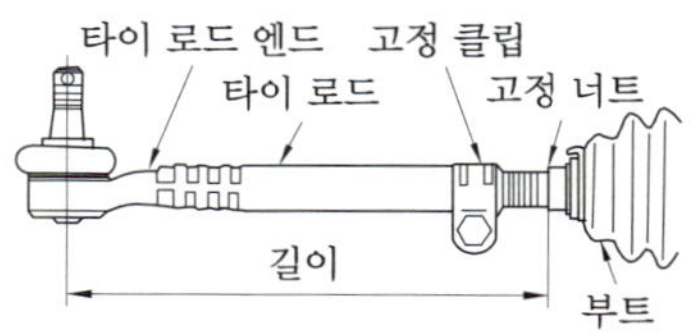

타이 로드의 구조

타이 로드 슬리브 tie rod sleeve 안쪽에 나사가 있는 튜브나 파이프를 말한다. 그

속으로 타이 로드나 타이 로드 엔드를 끼
운다. 슬리브를 돌려서 타이 로드를 늘리
거나 줄여서 그 길이를 조절한다.

타이 로드 엔드 tie rod end　타이 로드의
끝에 있는 볼과 소켓으로 된 조인트이다.

타이머 timer　엔진의 회전 속도에 따른 최
고의 연소 상태가 얻어지도록 분사 시기
를 바꾸기 위한 장치이다. 회전의 상승에
따라서 분사 시기를 진각시키는 작용을 한
다. VE 펌프의 타이머는 유압식을 적용하
고 있으며, 펌프실의 연료 압력에 의해 작
동된다.

타이밍 timing　엔진에서, 밸브에 대한 타
이밍과 점화에 대한 타이밍, 그리고 실린
더 내에서 피스톤 위치에 대한 이들의 연
관을 가리킨다.

타이밍 기어 timing gear　혼합 가스의 점화
시기를 조절해 주는 기어로, 이(tooth) 모
양이 같고 잇수의 비율이 2 : 1로 된 기어
를 말한다. 작은 기어는 크랭크샤프트의
전단에 결합되고 큰 기어는 캠샤프트의 전
단에 결합되어 있다. 크랭크샤프트와 캠샤
프트의 중심 간격이 좁은 엔진에서는 중
간 기어(idler gear)를 사이에 넣어 캠샤프
트를 구동하게 되어 있다.

타이밍 라이트 timing light　1번 스파크 플
러그가 점화할 때마다 섬광을 내도록 점화
시스템에 연결된 섬광들이다. 점화 스파크
의 타이밍을 결정하는 데 사용한다.

타이밍 마크 timing mark　크랭크축 풀리
위에 표시된 점화 시기 표시로, 이것은 타
이밍 라이트로 관찰할 때 엔진 블록에 있
는 고정 마크와 정렬되어 있다.

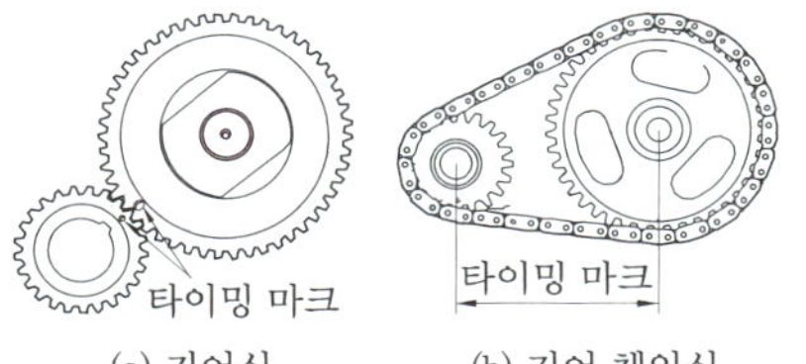

타이밍 마크의 종류

타이밍 스프로킷 timing sprocket　타이밍
기어로 사용되고 있는 스프로킷을 말한
다. 캠축 구동에 타이밍 체인을 사용할 때
타이밍 기어에 체인용의 스프로킷이 사용
된다.

타이밍 체인/벨트 timing chain/belt　엔진
의 크랭크샤프트 회전으로부터 캠샤프트
를 구동하는 기어, 체인 또는 벨트이다.
기어와 체인은 고회전에서 소음이 생기고
언제나 윤활이 필요해서 요즘에는 조용하
고 윤활이 필요 없는 톱니바퀴가 달린 벨
트를 쓰게 되었다. 벨트라도 수명은 10만
km 정도가 된다.

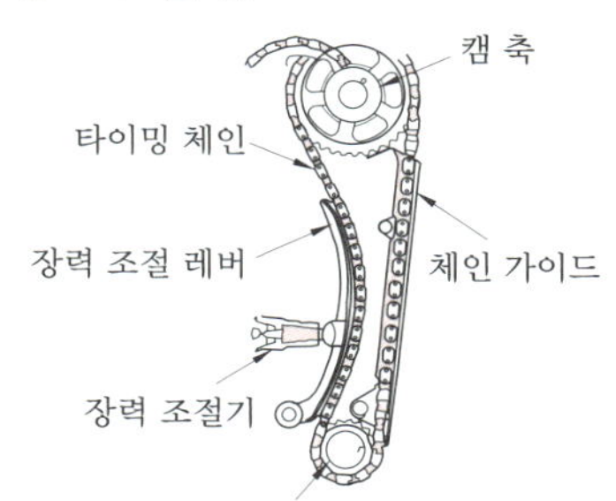

타이밍 체인

타이밍 커버 timing cover　크랭크축 및 캠
축 구동 장치(타이밍 장치)를 덮기 위한 실
린더 앞부분의 커버를 말한다.

타이어 tire　자동차, 자전거 따위의 바퀴
굴통에 끼우는 테이다. 주로 고무로 만들
며 안쪽에 압축 공기를 채워 노면에서 받
는 충격을 흡수한다. 고무 타이어의 원조
는 쇠바퀴나 나무바퀴였으나, 이것이 진
보해서 고무바퀴로 되었다. 고무바퀴(솔리
드 타이어)는 1865년 톰슨에 의해 처음 사
용되었으며, 고무의 탄성을 이용한 것으
로 주로 저속인 중하중(重荷重) 차에 사용
된다. 자동차 등에 사용되는 공기 타이어
는 1888년 던롭이 고안하였고 계속 개량
되었다.

타이어 게이지 tire gauge　⇨ 타이어 압력
게이지

타이어 공기 밸브 tire tube valve　고무 타
이어에 공기를 넣고 **빼기** 위한 자동 밸브
를 이른다. 중앙의 돌출부를 누름으로써 외
부와 유통이 되고, 놓으면 내압(內壓)으로
밀봉되는 밸브를 말한다.

타이어 공기압 tire inflation pressure　자동
차 타이어 속 공기의 압력을 이른다. 각 타
이어에 알맞은 공기 압력을 유지시켜야 주
행 시 타이어에 이상 마모나 발열 등을 예
방할 수 있고 또 승차감 향상과 불필요한

연료 소모를 방지할 수 있다. 타이어 공기압은 타이어의 수명과 승차감, 연료 소모와 관계가 있으므로 항상 규정의 공기압을 유지해야 한다.

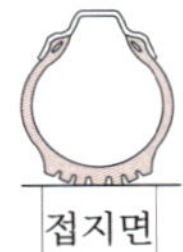  

(a) 공기압 과다　(b) 적정 공기압　(c) 공기압 부족

타이어 공기압

타이어 규격 tire size　차량에 사용되는 타이어의 크기, 종류, 사용의 정보 등을 제공해 주는 표식을 말한다.

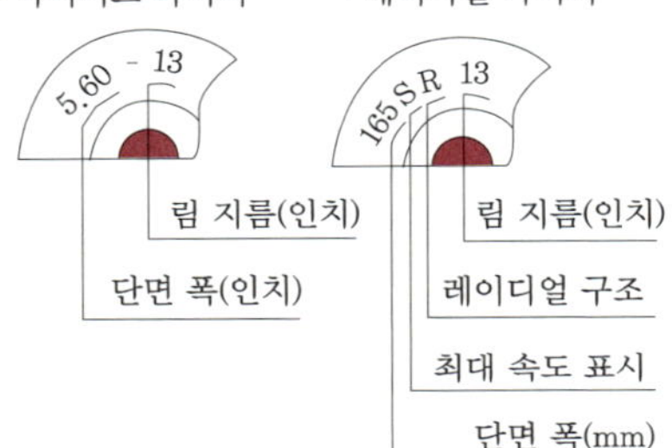

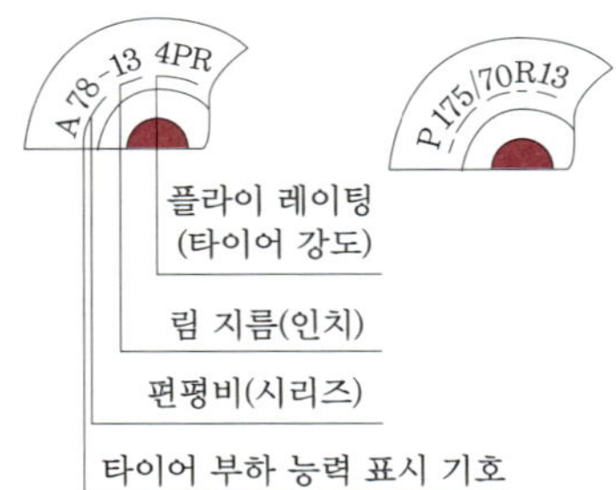

(a) PC 타이어(승용차용)

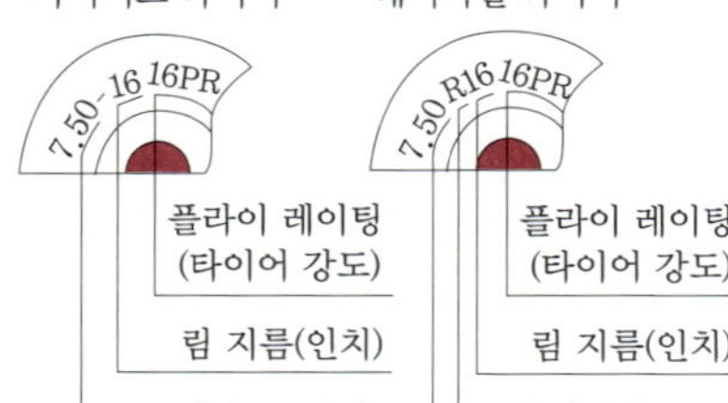

(b) LT 타이어(경트럭용)

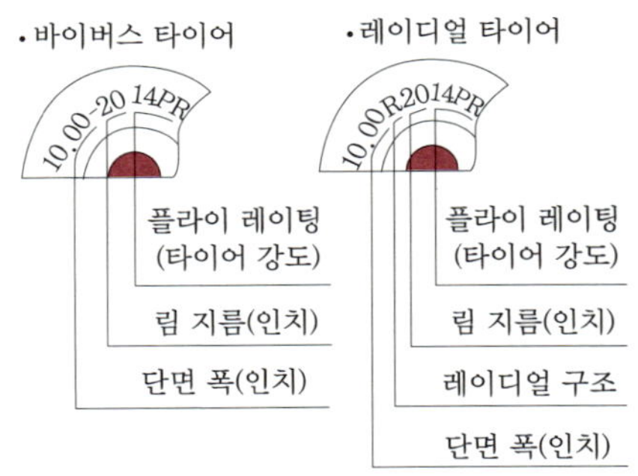

(c) TB 타이어(트럭, 버스용)

타이어의 크기

타이어 균일성 tire uniformity　타이어를 나타내는 강성(剛性), 치수, 중량 등의 항목 전체를 넓은 의미로 이르는 말이다. 주로 강성 균일성(일부 치수의 균일성도 포함)을 가리킨다.

타이어 균일성 ― 강성 균일성(uniformity)
　　　　　　 ― 치수 균일성(run-out)
　　　　　　 ― 중량 균일성(unbalance)

타이어 노이즈 tire noise　타이어로부터 발생하는 소음을 말하며, 다음과 같은 것이 있다. ① 패턴 노이즈(pattern noise) : 트레드 패턴(모양)의 배열에 의해 트레드가 접지할 때 나오는 일정 주파수의 소음. ② 스켈치(squelch) : 트레드가 접지 시에 노면을 두드리면서 발생하는 저주파의 소음. ③ 스퀼(squeal) : 타이와 노면 간의 슬립에 의해 발생하는 소음. 일반적으로 타이어 소음이라고 하면 패턴 노이즈를 말한다.

타이어 높이 tire height　⇨ 타이어의 단면 높이

타이어 로테이션 tire rotation　장착된 타이어의 위치 교환을 말하며, 목적은 타이어의 편마모를 방지하기 위한 것이다. 대부분의 자동차에 보급되어 있는 레이디얼 타이어의 경우 같은 방향에서 전후륜을 교환하면 된다. 이것에 의해 타이어 자체의 수명도 연장할 수 있다. 레이디얼 타이어에서는 위치 교환을 같은 쪽의 앞뒤로 하도록 권하고 있다. 이것은 밸브가 회전 방향에 어울리게 세트되어 역회전에 쓰면 진동이 발생할 수도 있기 때문이다. 요즘에는 스페어 전용 타이어가 쓰이고 FF차에서는 앞바퀴 타이어의 마모가 빠르고 로테이션

이 번거로워 위치 교환 없이 마모된 타이어만 바꾸는 경우가 많다. 이때 타이어 교환에 따라 차의 핸들 특성이 변화하므로 바꾼 직후에는 조심해야 한다.

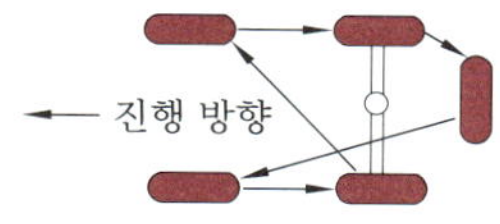

타이어 로테이션의 보기

타이어 림 협회 The Tire & Rim Association 통상 TRA라고 불리는 미국의 타이어 메이커와 휠 메이커들 중심으로 관련 단체들이 구성한 조직을 카리킨다.

타이어 마모 모양 tire wear pattern 타이어의 트레드에 나타나는 마모의 모습을 이른다.

타이어 마모 표시 tread wear indicator ⇨ 슬립 사인

타이어 바깥지름 tire outer diameter 타이어에 림을 조립한 후 표준 공기압을 넣고 상온에서 24시간이 지나 공기압을 재조정한 다음 무부하 상태에서 측정한 타이어의 지름을 말한다.

타이어 밸브 tire valve 타이어에 공기를 넣고 빼는 구멍으로 밸브 스템이라 불리는 곳에 밸브 코어를 넣은 것으로 이 속에 작은 패킹을 스프링으로 밀어 공기를 밀폐한다. 정밀 가공된 부품으로 먼지가 붙으면 공기가 새어나오므로 밸브에는 반드시 뚜껑을 씌워야 한다.

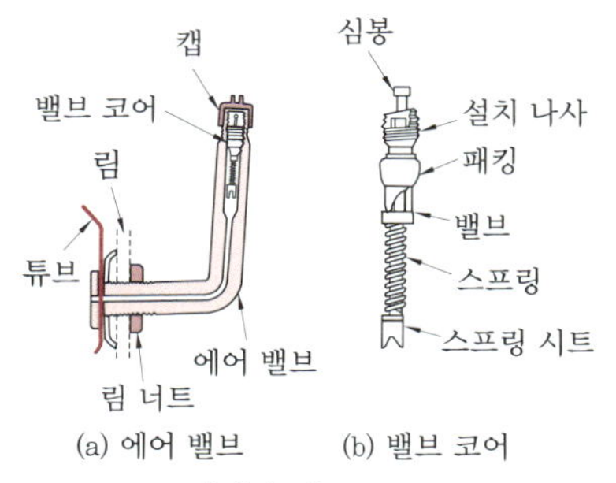

타이어 밸브 구조

타이어 벨트 tire belt 브레이커처럼 트레드와 카커스 사이에 위치하는 코드 층으로 레이디얼 타이어나 벨티드 바이어스 타이어 트레드부의 움직임을 제한한다. 통을 조이는 통테처럼 벨트를 쓰는데, 벨트로 생기는 타이어 성능상의 효과를 테 효과라 하기도 한다.

타이어 부착 확인 장치 tire trueing equipment 타이어가 림의 정위치에 부착되었는지 확인하는 장치를 말한다.

타이어 부하율 tire load ratio 허용 하중에 대한 타이어의 하중 부담 비율을 나타낸 것이다. 어떤 크기의 타이어가 설계상 부담할 수 있는 하중은 공기 압력에 의하여 결정되며, 그 값은 규격으로 정해져 있다. 어떤 공기 압력의 타이어에 걸려 있는 하중을 그 공기 압력에서 규격상 허용되는 하중으로 나누어 100배 하면 부하율이 얻어진다.

타이어 브레이커 tire breaker 트레드와 카커스 사이에 삽입하는 코드층으로 비드부에 도달하지 않는 것을 말한다. 트레드로부터 카커스에 전해지는 노면으로부터의 충격을 완화하고 카커스를 보호할 목적으로 사용하는 경우가 많다. 때로는 트레드부를 보강하여 타이어 특성을 바꾸기 위해 (예를 들면, 트레드부의 강성 향상 등) 삽입되는 경우도 있다. 브레이커에서 특히 통테 (끊어지지 않은 띠) 효과를 가져오는 것을 벨트라 한다.

타이어 비드 tire bead 타이어를 림에 고정하는 부분을 말하며, 비드 와이어(스틸 와이어)의 묶음이 섬유와 고무로 싸여 있다. 비드로부터 사이드 월에 걸친 부분의 강성은 타이어의 동적(動的) 성능에 커다란 영향을 미쳐 고성능을 지향한 하이 퍼포먼스 타이어에서는 이 부분의 구조에 각별한 관심을 기울이고 있다.

타이어 사이드 월 tire side wall 트레드와 비드(bead) 사이의 타이어 옆 부분을 말하는데 유연하고 내후성(耐朽性), 내노화성이 뛰어난 재료로 만들어져 있고, 험로 주행용 타이어에서는 내외상성(內外傷性)을 중시한 재료를 사용한다. 타이어를 노면의 돌기물로부터 보호하기 위해 사이드 월 중앙부에 두꺼운 고무를 붙인 것은 프로텍트 리브(protect rib)라 한다. 바이어스 레이싱 타이어에서는 가볍게 하기 위해 사이트 월을 없애기도 한다.

타이어 사이즈 표시 tire size indication 타이어 크기를 표시하는 방법은 여러 가지

변천을 거쳐 왔으나 승용차 타이어에서는 기본적으로 타이어의 폭과 림 지름의 크기를 이용하고 있다. 요즘 널리 쓰이는 레이디얼 타이어에서는 다음과 같은 표시가 일반적이다.

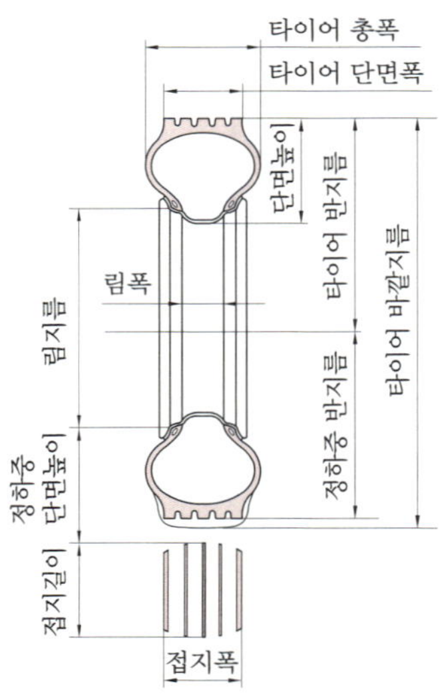

타이어 사이즈 표시

타이어 섬프 tire thump　타이어의 특성이 좋지 않아서 발생되는 주기적인 타임으로, 주기는 통상 타이어의 회전 주기와 같다.

타이어 소음 tire noise　⇨ 타이어 노이즈

타이어 숄더부 tire shoulder　타이어 트레드와 사이드 월의 경계 부분을 말한다. 숄더부가 뾰족한 것을 스퀘어숄더, 둥근 것을 라운드 숄더라 한다. 노면에 숄더부를 파고들게 하여 접지력을 더는 스노타이어와 랠리 타이어에서는 스퀘어숄더가 많고, 포장도로를 달리는 일반용 타이어에는 코너링 성능이 좋은 라운드 숄더가 많이 쓰인다. 하이 퍼포먼스 타이어에서는 숄더의 접지 효과를 얻기 위해 숄더의 둥글기를 작게 한 세미스퀘어 숄더 타이어도 있다.

타이어 스크러브 tire scrub　어떤 슬립 각을 가지고 구르는 타이어의 트레드 접지면에 발생하는 작은 미끄럼을 말한다.

타이어 스프레더 tire spreader　타이어를 휠에서 분리시키는 타이어 탈착기를 말한다.

타이어 압력 게이지 tire inflation pressure gauge　타이어의 공기 압력을 측정하는 게이지를 말한다. 짧게 타이어 게이지라

고도 하며, 타이어 트레드 마모를 측정하는 트레드 웨어 인디케이터 등을 총괄하여 일컫는다. kgf/cm^2 단위를 사용하는 미터 게이지와 $1b/in^2$를 사용하는 인치 게이지가 있다.

타이어 온도 센서 tire temperature sensor　타이어의 트레드 표면에서 방사되는 적외선을 감지하여 표면 온도를 측정하는 장치를 이른다. 레이싱 카에서 텔레미터와 조합하면 주행 중인 타이어 온도를 알 수 있으므로, 타이어에 이상이 생겨 온도가 급상승하면 이것을 감지하여 점검하도록 운전자에게 경고한다.

타이어 웨어 인디케이터 tire wear indicator　⇨ 트레드 웨어 인디케이터

타이어 웰 tire well　(1) 예비 타이어를 넣어 두기 위해 움푹 팬 부분이다. (2) 회전하는 타이어가 닿지 않도록 하기 위하여 푹 팬 차체의 부분이다.

타이어 윤적 tire print　노면 접촉면에 타이어가 남기는 모양을 말한다.

타이어의 단면 높이 sectional height of tire　표준 공기압을 넣은 타이어를 무부하 상태에서 측정하여 바깥지름에서부터 림의 지름을 제외한 수치의 2분의 1을 말한다. 짧게 타이어 높이라고도 말한다.

타이어의 단면 폭 sectional width of tire　보호용 리브와 바 및 글자가 포함되지 않은 타이어의 총 폭(총 단면 폭)을 말한다.

타이어의 시리즈 series　타이어의 편평률을 말한다. 타이어의 높이를 타이어 폭으로 나눈 값인 편평비가 작을수록 타이어가 납작하며 접지 폭이 넓다. 일반 승용차의 70, 65 시리즈 대신에 60, 65 시리즈 등으로 바꾸어 끼는 경우가 있다.

타이어의 진동 전달률 tire of vibration transmissibility　타이어 접지면으로부터의 입력과 타이어 축에 대한 진동 출력의 비를 말한다.

타이어의 총 폭(총 단면적) tire tread contact width road　타이어의 단면 폭에 보호용 리브와 바 및 글자를 포함한 폭을 말한다.

타이어의 표시 tire size and load range indication　타이어의 사이드 월에 표시된 내용을 말한다. 타이어의 제작 회사 또는

상표, 타이어의 크기와 제조 번호 및 기호가 표시되어 있다. 튜브리스타이어에는 'TUBELESS', 레이디얼 타이어에는 'RADIAL', 벨티드 바이어스 타이어에는 'BELT, BELTS' 또는 'BELTED', 눈길 주행용 타이어에는 'SNOW'라는 글자가 새겨져 있다.

타이어 접지면 tire thead　타이어가 지면에 접하는 부분을 말한다. 내부의 카커스, 브레이커를 보호하도록 두꺼운 고무층으로 되어 있고, 노면과의 마찰 계수를 확보하고 방향성을 유지하기 위하여 접지면에 여러 가지 모양의 트레드 마크가 가공되어 있다.

타이어 제원 tire specification　타이어의 특징을 나타내는 일종의 표시 방법이다.

타이어체인 tire chain　자동차의 타이어에 장착하는 체인이다. 눈이 올 때나 도로가 얼었을 때, 자동차가 미끄러지는 것을 방지하기 위하여 장착한다. 고속 도로에서는 타이어체인을 장착할 수 없으며, 스노타이어나 스파이크 타이어를 사용하도록 되어 있다.

타이어 코드 tire cord　타이어 플라이를 구성하는 꼬인 섬유나 금속선을 말하는데 코드 재료로서는 현재 폴리에스텔, 나일론, 레이온, 스틸이 주로 사용되고 있다.

타이어 튜브 tire tube　타이어 내부에 끼워져 압축 공기를 지지한다. 내열성과 탄력성이 큰 고무로 되어 있으며, 타이어 내·외부와의 공기 출입 시 사용되는 스냅인 밸브(snap-in valve)가 설치되어 있다.

타이어 트레드 tire tread　⇨ 트레드

타이어 패치 tire patch　타이어 튜브의 펑크 부분을 수리할 때 대는 고무 조각을 말한다.

타이어 플라이 tire ply　코드를 평행하게 세워 놓고 엷은 고무층으로 쌓은 것으로, 타이어의 골격을 이루는 카커스의 대부분을 구성하고 있다. 초기 타이어에서는 직물에 고무를 바른 것을 카커스로 사용했으나 주행으로 타이어가 변형할 때마다 세로줄과 가로줄이 닳아 금세 터져 버렸다. 이에 따라 세로줄과 가로줄을 분리하여 플라이로 하고, 그 사이에 고무를 이은 카커스를 쓰게 되었다.

타이어 플라이 레이팅 tire ply rating　타이어의 세기를 나타내는 지수를 말하며, 흔히 PR로 약칭하여 타이어에 표시된다. 초기 타이어는 코드 층이 여러 장 겹쳐 있는 것에 따라 그 타이어가 얼마만큼 하중에 견디는가를 표시했다. 예를 들면, 4플라이의 타이어는 코드층이 4장인 것을 말한다. 그러나 코드 재료의 개량에 따라 2플라이로 4플라이 타이어와 같은 하중에 견디는 타이어가 개발되어, 이런 타이어를 4플라이 레이팅이라 말하게 되었다.

타이어 하중 지수 load index　타이어의 최대 하중을 나타내는 지수이다.

타이트 코너 tight corner　반지름이 작은 커브를 말한다.

타이트 코너 브레이킹 현상 tight corner braking development　타이트 코너를 선회할 때 앞바퀴와 뒷바퀴의 회전 반지름이 달라서 브레이크가 걸린 듯이 뻑뻑해지는 현상을 이른다. 2WD/4WD로 전환할 수 있는 4WD 차량(파트타임 4WD)의 경우, 4WD로 하여 포장로의 작은 커브를 저속으로 회전할 때(차고에 넣을 때), 이를 타이어의 슬립으로 커버할 수 없게 되면 이 같은 현상이 생긴다. 이 경우, 2WD로 전환하면 해소된다.

타이트 턴 tight turn　작은 선회를 뜻한다.

타임드 분사 timed injection　각각의 실린더에 대한 연료 공급 시 엔진 사이클 내에 동일한 위치에서 연료를 분사하는 것을 이른다.

타임래그 time lag　시차(時差)를 의미하며, 엔진에서 연료가 점화된 후 최고 압력이 될 때까지 지연된 시간이다.

타임래그 퓨즈 time lag fuse　시동 시에 흐르는 과전류로는 녹아서 끊어지지 않도록 만들어진 과전류 보호 퓨즈이다.

타임 리미티드 릴레이 time limited relay　릴레이 코일에 전류가 흘러 전자력이 발생되거나, 전류가 차단되어 전자력이 소멸된 후 일정 시간이 경과되어야 개폐가 이루어지는 릴레이를 말한다.

타임스위치 time switch　시계 장치가 부착되어 일정한 시간에 맞추어 두면 그 시간에 ON 또는 OFF되는 스위치이다.

타임 컨트롤 유닛 time control unit　전기 장치에 대해 마이크로컴퓨터를 이용해 중앙 제어하는 장치이다. 경고음 기능과 타이머 기능 등을 제어한다. 경고음 기능으로 도어 열림 경고, 라이트 상·하향 경고, 안전 벨트 미착용 경고, 키 뽑기 잊음 경고 기능 등이 있고 타이머 기능으로는 리어 디포그, 도어 로크 기능이 있다.

타진법(打振法) acoustic test　테스트할 때 해머를 사용하여 제품을 두들겨 발생하는 소리로 결함을 판정하는 시험이다. 결함이 없는 제품에서는 청음이 발생하고 결함이 있는 제품에서는 탁음이 발생한다.

타폴린 tarpaulin　4륜구동 차량이나 트럭의 포장에 사용되는 방수 시트를 말한다.

타행 시험(惰行試驗) coasting test　⇨ 코스팅 테스트

탄산가스 CO_2　탄소가 완전 연소할 때 생기는 무색, 무취의 기체로 탄소와 산소의 화합물이다. 이산화탄소의 관용명이다. MIG 용접에서 용접부에 산소와 접촉을 차단하는 가스로 사용된다.

탄산가스 아크 용접 CO_2-gas arc welding　주로 탄산가스 분위기 속에서 행하는 아크 용접을 말한다.

탄성(彈性) elasticity　외부의 힘에 의해 변형된 물체가 외부의 힘을 제거하면 원래의 상태로 돌아가려는 성질이다. 원래의 모양으로 되돌아가는 변형을 탄성 변형이라고 한다. 힘을 점점 크게 하면 마침내 힘을 0으로 되돌려도 변형이 남게 되는데 이것을 소성이라 한다. 탄성을 나타내는 변형력(응력)의 한도를 탄성 한계라 한다.

탄성 섬유 강화 수지(彈性纖維强化樹脂) CFRP; carton fiber reinforced plastics　카본 섬유 강화 복합 재료, 카본 파이버 콤퍼짓이라고도 한다. 미세한 흑연 결정의 접합체로 만든 탄소 섬유를 에폭시 수지로 굳힌 것이다. 항공기 부재(部材)나 레이싱 카의 모노코크 차체에도 이 소재가 사용된다. 강도, 탄성률이 높고 가벼우며 진동, 소음을 차단하는 특징이 있다. 자동차용 재료로 유망하지만 값이 비싸다.

탄성 이음 elastic coupling　래크 앤 피니언 방식의 조향축과 피니언 또는 추진축의 플렉시블 이음 등과 같이 2개의 축 사이를 플랜지 고무, 스프링 같은 탄성체로 연결하여 진동을 흡수하도록 한 것이다.

탄성 진동(彈性振動) elastic vibration　기타의 현 진동과 같이 연속체의 자체 진동을 말한다.

탄성 한계(彈性限界) elastic limit　외부에서 재료에 힘을 가했을 때 그 형상이 탄성적으로 변화하는 범위의 최대 응력을 말한다.

탄소(炭素) carbon　주기율표 제14족에 속하는 비금속 원소의 하나이다. 유기 화합물의 주요 구성 원소로 숯, 석탄, 금강석 따위로 산출된다. 보통의 온도에서는 공기나 물의 작용을 받지 않으나 고온에서는 산소와 쉽게 화합한다. 산화물의 환원, 금속 정련 따위에 쓴다. 원자 기호는 C, 원자 번호는 6, 원자량은 12,011이다.

탄소강(炭素鋼) carbon steel　탄소 함유량이 2% 이하인 강(鋼)을 이른다. 성질은 탄소 함유량에 따라 다르며, 가공하기 쉽고 값이 싸 여러 가지 압연 강재, 볼트, 너트 등에 널리 쓴다.

탄소 브러시 carbon brush　비결정 탄소 가루로 만든 브러시이다. 정류자(整流子)를 가진 전기 기계에서 전기적 접촉을 보장할 뿐 아니라 정류자가 잘 돌도록 작용한다. 브러시 중에 가장 낮은 등급이며 기동 전동기나 발전기에 사용된다.

탄소 섬유(炭素纖維) carbon fiber　유기 섬유를 소성(燒成)하여 거의 탄소만 남긴 섬유를 통틀어 이르는 말이다. 내열성과 탄성률이 높다. 항공기 부품 구조재, 고온 단열재, 골프채, 낚싯대 따위에 쓴다.

탄소 아크 램프 carbon arc lamp　탄소봉을 사용한 두 극 사이에 발생하는 아크를 이용한 램프를 말한다. 음극에서 방출된 전자의 충돌에 의해 양극 중앙의 화구부에서 나타나는 발광이 점광원과 같이 작용하며 직류로 사용되는 것이 많다.

탄소 전구(炭素電球) carbon lamp　탄소를 필라멘트로 사용한 전구이다. 1879년에 에디슨이 발명한 것으로, 고온에서는 증발이 심하고 광원의 빛이 주황색이므로 잘 사용되지 않는다.

탄젠셜 캠 tangential cam　⇨ 접선 캠

탄젠셜 포스 베리에이션 tangential force variation　⇨ 트랙티브 포스 베리에이션

탄젠트 벤더 tangent bender　판금의 굽

힘 가공의 일종이다. 플랜지가 달린 판을 주름이 생기지 않게 하거나 표면에 홈이 생기지 않게 정확히 원호 모양으로 굽히는 기계를 말한다.

탄화(炭化) carbonization 유기물을 적당한 조건에서 가열하면 열분해하여 탄소를 생성하는 현상을 말한다. 공기를 차단한 채 목재를 태우면 숯이 되고, 석탄을 건류(乾溜)하면 코크스가 되며, 양초에 불을 켜면 검댕이가 생기는 등의 현상이다.

탄화규소(炭化硅素) SiC 코크스와 규소를 전기로에서 1,800~1,900℃로 가열하여 만드는 투명한 결정이다. 경도가 크고 산에 침식되지 않는다. 미세한 가루는 연마재로 사용된다.

탄화 불꽃 carbonizing flame 유리 탄소를 포함한 환원성을 가진 가스 불꽃을 말한다.

탄화수소(炭化水素) HC ; hydro carbon 탄소와 수소로 이루어진 유기 화합물로서 석유 및 콜타르의 주성분이다. 가솔린 엔진의 공해 유발 대상 물질이다. 종류에 따라 질소산화물(NOx)과 같이 광화학 스모그로 발생하기 쉬운 것과 발생하기 어려운 것이 있다. 자동차로부터의 HC 배출원은 블로바이 가스(전체 배출량의 25 %), 연료 계통으로부터의 연료 증기(전체 배출량의 20 %), 배기가스(전체 배출량의 55 %)이며 PCV나 증기 손실 억제 장치로 방지되고 있다. 배기가스에서 PPM으로 측정한다.

탈보형 미러 Talbot type mirror 유선형 위 펜더 미러를 말한다. 탈보는 이 형태의 미러를 최초로 사용한 프랑스의 메이커이다.

탈산(脫酸) deoxidation 용융 금속에 함유되어 있는 산소를 제거하는 것이다.

탈색(脫色) decolorization 활성탄, 산성 백토, 표백제 등을 사용하여, 물질의 오염된 색이나 색소 등을 흡수 또는 분해하여 제거하는 것을 말한다.

탈착식 선루프 루프의 일부를 떼어 버릴 수 있게 한 것으로 열리는 부분이 커지고

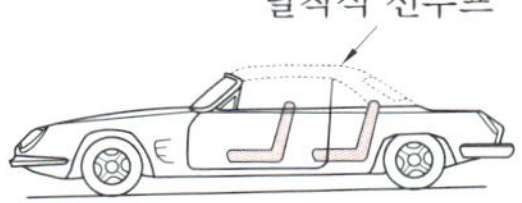

탈착식 선루프

구조도 간단하다. 그러나 이 방식은 달리는 중에 여닫을 수 없어 널리 쓰이지는 않는다. ⇨ 타르가 루프

탈탄(脫炭) decarburization 강철을 공기 속에서 가열할 때 표면의 탄소가 일산화탄소로 산화되어 표면의 탄소량이 감소되는 현상을 말한다.

탐조등(探照燈) searchlight 어떠한 것을 밝히거나 찾아내기 위하여 빛을 멀리 비추는 조명 기구이다. 서치라이트라고도 한다.

탕구(湯口) sprue 주조(鑄造) 작업에서 쇳물을 주형에 부어 넣는 입구를 말한다.

탕도(湯道) runner 주조(鑄造)에서 주형 속으로 쇳물이 흘러들어가는 통로를 가리킨다.

태양광 발전(太陽光發電) solar light power generator 발전기 도움 없이 태양 전지를 이용하여 태양빛을 직접 전기 에너지로 변환시키는 발전 방식이다.

태양열 발전(太陽熱發電) solar heat power generator 태양 광선에 의한 열에너지를 열기관을 사용해 기계 에너지로 바꾸고 터빈 발전기를 회전시켜 전기 에너지를 만들어내는 발전 방식이다.

태양 전지(太陽電池) solar battery 태양의 빛 에너지를 전기로 바꾸는 장치이다. 원리는 빛에 의해 반도체 속에 발생한 전자 정공쌍(正孔雙)을 분리해 광기전력을 얻는 것이다. 반도체 재료는 실리콘 외에 비소화갈륨, 황화카드뮴, 아모르포스실리콘 등을 사용한다.

태즈먼 시리즈 Tasman series 호주와 뉴질랜드에서 열리던 포뮬러카 시리즈이다. 1964년 2.5ℓ 머신으로 시작되었으나 1970년대부터는 F5000 머신으로 경쟁을 벌였다. 해마다 F1 GP가 열리지 않는 1~2월에 약 8전이 집중으로 펼쳐진다. 이에 따라 1960년대에는 F1의 명드라이버들도 다수 참가했다.

태코그래프 tachograph 차의 순간적인 속도나 주행 거리, 운전자 교대 등의 정보를 제공하여 주는 운행 기록계를 말한다. 이 기록을 근거로 하여 안전 운전의 실태를 알 수 있으며 또 운전자의 근무나 자동차의 올바른 관리 기초 자료로서 널리 이용되고 있다. 운행 기록계에는 대형과 소형의 2가지

가 있는데, 대형 운행 기록계는 대형 트럭이나 버스에 쓰이고, 소형 운행 기록계는 일반적으로 시계 표시만 있어 마이크로버스나 택시 등에 사용된다. 기록지의 교환은 열쇠가 달린 뚜껑을 사용하기 때문에 관리자만이 할 수 있으며, 일반 승용차에는 사용되지 않는다.

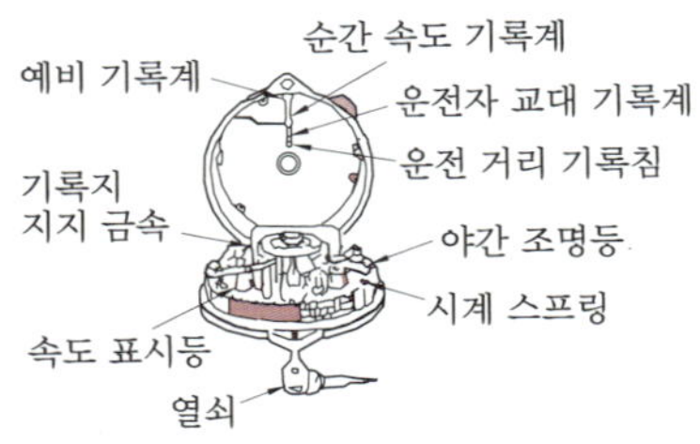

태코그래프(운행 기록계)

태코 드웰 미터 tacho dwell meter   엔진 속도는 물론 점화 장치의 접점이 닫혀 있는 기간까지 측정하기 위한 장치를 말한다.

태코미터 tachometer   엔진 회전수를 표시하는 계기로, 엔진 회전계라고도 한다. 휘발유 엔진 차에서는 대부분이 전기식으로 점화 코일의 마이너스 단자에 엔진 회전수에 비례하는 펄스 신호가 발생하는 것을 이용한다. 태코미터는 시프트 조작과 가속의 정도를 재는 기준이 되어 예전에는 스포츠 타입의 차에만 붙어 있었으나, 현재는 많은 차에 이용된다. 엔진 파손으로 이어지는 과회전을 막기 위해서 그 이상 회전수를 올리지 않아야 좋을 부분은 빨갛게 칠하여 레드 존이라 한다.

태코미터

태코미터 제너레이터 tachometer generator   구동축의 회전수를 측정하기 위해서 사용되는 발전기를 말한다. 발전기를 측정하고자 하는 구동축에 설치하여 회전수를 증가시키면 발전기에서 발생하는 전력이 회전수에 비례하여 축의 회전수를 알 수 있다.

태핏 tappet   원통형으로 생긴 밸브 기구의 하나로, 캠축의 캠이 회전 운동을 할 때 태핏은 상하 운동을 하게 된다.

태핏 가이드 tappet guide   태핏의 운동을 유도하는 안내 면을 말한다. 디젤 엔진의 연료 분사 펌프에서 사용되고 있는 롤러 태핏의 보디에 안내 면을 돌출시키고, 태핏 설치 구멍의 벽면에 수직으로 안내 홈을 만들어 조립하여 태핏의 상하 운동을 유도함으로써 엔진이 고속 회전해도 태핏의 위치가 변하지 않고 작동할 수 있도록 한다.

태핏 간극 tappet clearance   플런저가 캠에 의해 최고 위치까지 밀어 올려졌을 때 플런저 헤드부와 플런저 베럴 윗면과의 간극을 말한다. 태핏 간극은 약 0.5 mm이며 표준 태핏은 조정 스크루로 조정하지만 고속 태핏은 아래 스프링 시트와 태핏 사이에 심을 넣어 조정한다. 연료 분사 펌프를 완전히 분해하고 정비한 후 플런저의 상승 행정과 각 실린더 사이의 분사 간극을 태핏 조정 스크루로 조정하여야 한다. 조정이 불량하면 출력 저하의 원인이 된다.

태핏 노이즈 tappet noise   동밸브에서 발생하는 소리이다. 주로 로커 암이 밸브를 열 때(로커 암과 밸브에 접촉할 때) 발생하는 소리를 말한다.

태핑 tapping   탭을 사용하여 암나사를 내는 것이다.

태핑 스크루 tapping screw   비교적 가벼운 커버나 부품을 장착하기 위해 사용되는 플라스틱 재질의 나사이다. 태핑 스크루 그로밋(grommet)과 한 조가 되어 취부 부품을 고정한다.

태핑 스크루 그로밋 tapping screw grom-met   비교적 가벼운 부품을 장착하기 위하여 해당 부위에 뚫린 원형이나 사각의 홀에 고정되어 있는 플라스틱 재질의 부품으로, 태핑 스크루와 한 조가 되어 취부 부품을 고정한다. 스크루가 조여지면 내부가 벌어져 가공된 홀을 빠져나가지 못하므로 취부 부품이 고정되는 방법을 주로 사용하고 있다.

택 래그 tack rag   페인팅을 하기 전에 표면의 먼지나 샌딩 입자를 제거하기 위하여 사용하는 천으로 특수 바니시를 적신 것이다.

택시 taxi   자동차 뒷바퀴의 회전에 의하여 주행 거리를 계산하여 요금이 자동으로 표시되는 택시미터를 이용하여 승객이 가고자 하는 목적지까지 기사가 데려다 주는 대중교통 수단의 하나이다.

택시미터 taxi meter ⇨ 택시

택 언더 tack under 고속 급회전 시 중심이 들리는 것을 말한다. 서스펜션 형상(geometry)을 바꿔서 롤 강성을 올렸을 때 발생하기 쉽다.

택 인 tack in FF(전륜구동) 차량으로 코너링 중에 액셀을 OFF시킬 때 스티어링 휠을 꺾고 있는 방향으로 갑자기 돌아가는 특성을 말한다. 서스펜션 계통의 설계를 거쳐 특성을 상당히 완화할 수가 있다.

택 코트 tack coat 손으로 접촉해도 끈적이지 않을 만큼 건조한 에나멜페인트의 최초 코트이다.

택 테일 tack tail 보디 후단부가 꼬리처럼 올라간 형상을 한 스타일을 말한다. 전방에서 흐르는 공기를 받아서 고속 시의 양력을 방지하고 후륜의 접지력을 높여 공기 저항을 감소시킨다. 택 테일은 에어 댐 스커트와 함께 안전 주행에 있어서 매우 중요한 기능을 가진 스타일이라고 할 수 있다.

탠덤 tandem (1) 기계적으로 나란히 결합된 2쌍의 장치를 말한다. (2) 좌석이 앞뒤로 된 2인용의 자전거를 말한다. (3) 동일한 축 위에 2개 이상의 전기자를 배열한 것을 말한다.

탠덤 드라이브 tandem drive 대형 트럭의 2중 종감속 기어와 같이 기계를 직렬로 배열하여 구동하는 것을 말한다.

탠덤 마스터 실린더 tandem master cylinder 유압 브레이크 장치에서 어느 한 부분이 이상 발생 시 안전성을 높이기 위하여 전·후륜 또는 X자 형식의 대칭으로 각 독립적으로 작용을 하는 2계통의 오일 탱크와 피스톤을 둔 실린더를 이른다. 한쪽 회로 고장 발생 시 다른 한쪽이 제동력을 발휘할 수 있는 장점이 있다.

탠덤 브레이크 부스터 tandem brake booster 2개의 다이어프램에 의해 대기압과 부압의 압력차가 2단계로 작용하고, 작은 바깥지름으로 큰 배력 효과를 얻음과 동시에 소형·경량화를 도모한 브레이크 부스터를 말한다.

탠덤 시트 tandem seat 오토바이의 2인승 자리로 특히, 뒷자리를 말한다.

탠덤 액슬 tandem axle 대형 트럭에서 하중의 분산을 위하여 2개의 앞차축 또는 2개의 뒤차축을 나란히 설치한 차축을 말한다.

탠덤 액슬식 서스펜션 tandem axle type suspension 판스프링 2개를 앞뒤로 나란히 놓고, 차축을 2개 설치한 현가장치이다. 중(重)트럭이나 트랙터 앞뒤 차축에 사용된다.

탠덤 콤파운드 tandem compound 고압, 중압, 저압 등으로 나뉜 각 차실을 1개의 축 위에 배치하는 것을 말한다. 병렬로 배치한 것은 크로스 콤파운드(cross compound)라 한다.

탠덤 투 시터 tandem two seater ⇨ 투 시터 카

탠덤 피스톤 tandem piston 자동 변속기의 유압 밸브 장치나 유압 브레이크의 유압 실린더에서 2개의 피스톤이 앞뒤로 나란히 설치되어 있어 각기 다른 계통의 유압을 제어하는 피스톤을 말한다.

탠덤 회로 tandem circuit 하나하나의 액추에이터를 확실하게 작동시킬 수 있는 회로이다. 하나의 스풀을 조작하고 있을 때에는 그 보다 하류에 있는 스풀을 사용할 수 없으며, 동시에 2 작동을 시켰을 때에는 반드시 상류측이 우선 작동된다.

탭 tap 수작업 또는 기계에 장치하여 암나사를 만드는 공구이다. 수나사의 산(山) 부분이 절삭날과 같은 모양을 하고 있으며, 자루가 붙어 있고 칩을 배출하기 위한 홈이 나 있다. 처음에 드릴로 구멍을 뚫어 놓고, 그 구멍에 탭을 꽂고 돌리면, 끝의 절삭날이 있는 부분으로 절삭하고 그것

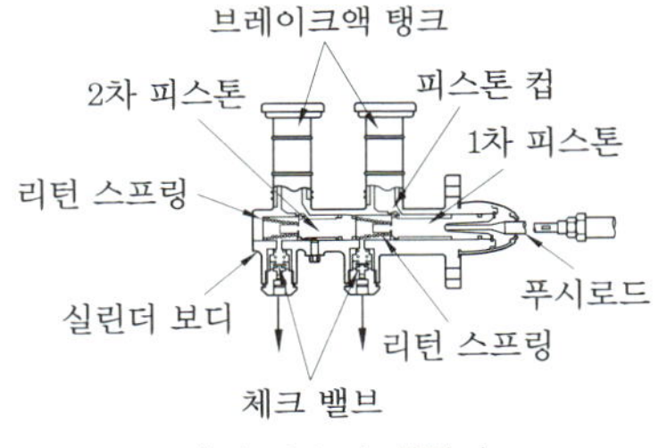

탠덤 마스터 실린더

에 안내되어서 다음 절삭날이 필요한 크기의 암나사를 절삭한다. 재질은 고속도강 또는 초경합금 등이 사용되고 있다. 탭은 수동 회전 탭, 기계 탭, 파이프 탭, 마스터 탭 등이 있다.

탭 볼트 tap bolt　죄려고 하는 부분이 두꺼워서 관통 구멍을 뚫을 수 없거나 기다란 구멍을 뚫었다 해도 구멍이 너무 길어서 관통볼트의 머리가 숨겨져 죄기 곤란할 때 상대편에 직접 암나사를 깎아 너트 없이 죄어서 체결하는 볼트를 말한다. 자동차의 실린더 헤드 볼트, 크랭크 축 베어링 캡 볼트 등 가장 많이 사용되는 볼트이다.

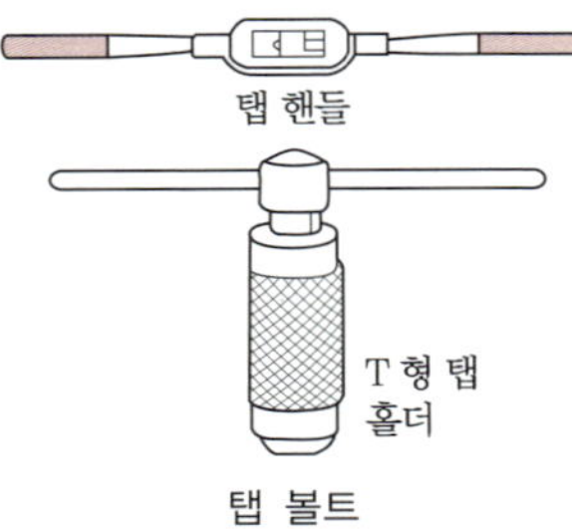

탭 볼트

탱크 tank　연료나 오일을 저장하기 위한 용기를 말한다.

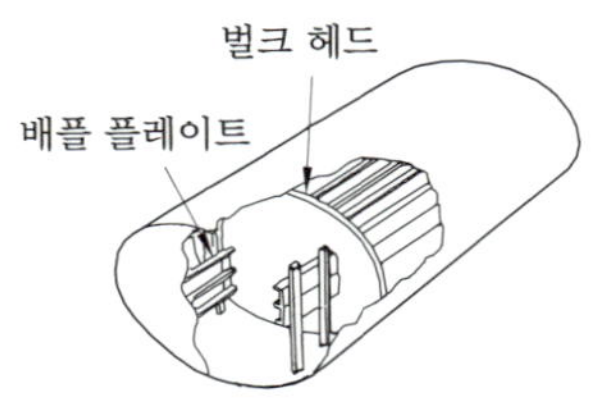

탱크 내부 구조

탱크로리 tank lorry　석유, 프로판 가스, 화학 약품 따위의 액체나 기체를 대량으로 실어 나를 수 있는 탱크를 갖춘 화물자동차이다.

탱크로리의 탱크 치수 tank lorry of tank measurement　탱크의 횡단면은 보통 타원형이나 둥근 모양으로 되어 있다. 둥근 탱크들은 특히 LPG와 같은 고압가스를 보관하기 위해 사용된다. 타원형 탱크는 보통 액체를 운반하는 데 사용되며 그 압력은 휘발성의 석유, 물 등과 같이 무압력 상태이다. 타원형 탱크의 체적은 다음 공식으로 계산된다.

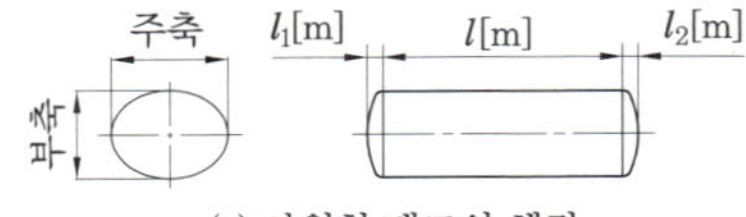
(a) 타원형 탱크의 체적

전체적

$$V = \frac{\pi \times a \times b}{4}\left(l + \frac{l_1 + l_2}{3}\right)[\text{m}^3 \text{ 또는 kL}]$$

원형 탱크의 체적은 다음 공식으로 구한다.

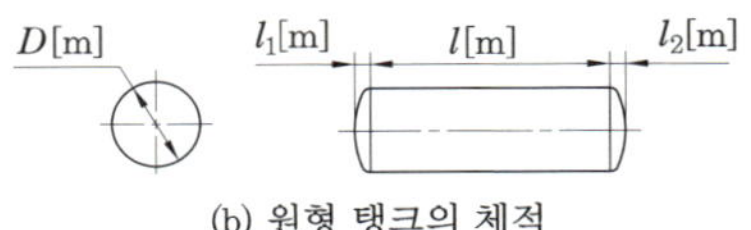
(b) 원형 탱크의 체적

전체적

$$V = \frac{\pi}{4} D^2\left(l + \frac{l_1 + l_2}{3}\right)[\text{m}^3 \text{ 또는 kL}]$$

탱크로리 재질 material of tank lorry　몇몇 화학 물질은 부식성이 강하고 어떤 휘발성 액체는 위험하게 높은 압력으로 가스를 발생한다. 따라서 탱크는 운반하는 액체에 적합한 재질로 구성되어야 한다. 액체의 종류에 따른 탱크의 재질은 다음과 같다. ① 경강(硬鋼) : 재질의 가장 일반적인 타입으로 액상 아스팔트, 물, 염산, 고밀도 유황산 등을 포함한 석유 ② 스테인리스 강 : 동물 지방, 야채 오일, 식료품, 액체 에틸렌, 가성소다 등 ③ 고장력강(高張力鋼) : LPG, LNG, 액화 산소, 액화 탄산가스 ④ 알루미늄 : 고밀도 산화질소로 되어 있다. 일반적으로 석유, 물 등을 수송하는 탱크의 내측면은 내부식 재질인 아연 메탈리콘이나 주석 메탈리콘, 알루미늄 메탈리콘 등의 특수 도장을 해야 하며, 음료용 물을 운반하는 탱크의 내면은 청결한 위생 상태를 유지하기 위해 특별한 방청 도장을 해야 한다. 또한 파이핑, 연결 부위 장착 부품들은 부식이 되어서는 안 된다.

탱크로리 펌프 tank lorry pump　기어 펌프는 트랜스미션 PTO에 의해 구동되며 헤드 밸브는 각 화물칸으로의 액체 유입 및 유출을 제어한다. 액체를 하적하는 것(unloading)은 펌프를 사용하지 않고 중력에 의해 배출될 수 있다. 펌프와 헤드 밸브 대신에 분리식 4-웨이 콕을 장착한 펌프가 대신할 수도 있다. 이 경우에 액체는 4-웨이 콕에 의하여 액체의 유입 유출이 제어된 상태에서 한쪽 방향으로 펌프를 통하여 흐른다.

탱크 보디 tank body   탱크는 일반적으로 타원형으로 되어 있다. 석유와 같은 가연성 액체를 수송하는 탱크는 벌크 헤드(bulk head)로 여러 개의 화물칸으로 나누어져 있다. 각 화물칸의 용량은 4 kL이며 다른 칸과 격리되어 있다. 위험성이 없는 액체를 운반하기 위한 탱크는 벌크 헤드가 장착되어 있지 않다.

탱크 유닛 tank unit   연료 탱크에 설치되어 있는 연료량 지시를 위한 감지 장치를 말한다. 보통 계기 장치로 가변 전압을 보내는 플로트 작동식(float-operated) 레오스탯(rheostat)을 구성하고 있다.

터널 tunnel   뒷바퀴 구동식 승용차의 보디 밑으로 추진축이 통과할 수 있도록 만들어진 홈을 말한다.

터닝 turning   (1) 자동차가 주행 중 좌측이나 우측 방향으로 선회하는 것이다. (2) 열기관에서 기동 전 또는 정지 후에 로터 등 온도의 급변으로 인한 변형 발생을 방지하기 위하여 저속으로 회전시키는 것을 말한다. (3) 공작물을 회전시켜 이것에 절삭 공구를 대고 원통형 또는 원뿔형으로 깎아내는 절삭법으로 주로 선반으로 한다.

터닝 레이디어스 turning radius   조향 각도를 최대로 하고 선회하였을 때 가장 바깥쪽 바퀴가 동심원의 반지름으로서 최소 회전한 반지름을 말한다. 승용차는 4.5∼6 m, 트럭은 7∼10 m이다.

터닝 레이디어스 게이지 turning radius gauge 자동차의 회전 반지름을 측정할 수 있도록 회전판에 각도기가 설치되어 있는 게이지로서 턴테이블을 말한다. 캠버, 캐스터, 킹핀 경사각을 측정할 때도 사용한다.

터닝 서클 turning circle   조향 각도를 최대로 하고 선회하였을 때, 가장 바깥쪽 바퀴가 그리는 동심원을 말한다.

터미널 terminal   (1) 회로 또는 장치에서 외부 회로에 대하여 접속하기 쉽도록 설치되어 있는 단자를 말한다. (2) 트랜지스터, 다이오드, 전자관 등에서 전극 부분으로부터 끌어내어 외부 회로와 접속할 수 있도록 만든 전기 전도 부분을 말한다.

터미널 러그 terminal lug   전선의 접속이나 납땜을 쉽게 하기 위하여 단자판이나 전선 끝에 둔 돌기 부분을 말한다.

터보 turbo   터보차저가 달린 엔진의 총칭을 이른다. 원래 엔진이 자연 흡입인데 대기 기압을 올려 강제로 엔진에 흡입시키는 방법의 하나이다. 승용차에 터보가 장착되기 시작한 것은 1970년대 말부터이고 최근에는 일부 소형차에도 장착되고 있다.

터보 래그 turbo lag   터보차저에서 가속 페달을 밟는 순간부터 엔진 출력이 운전자가 기대하는 목표에 도달할 때까지의 시간 어긋남을 이른다. 터보차저가 부착된 엔진의 단점이며, 일반적으로 엔진의 회전수가 낮을 때 이런 경향이 두드러진다.

터보 송풍기 turbo blower   날개차의 회전에 의해 생기는 기체의 원심력으로 기체를 압송하는 원심 송풍기를 말한다.

터보 에어 스쿠프   대기를 도입해서 엔진룸 내부(특히 터보차저)의 과열을 방지하는 역할을 하는 장치를 이른다. 주행 시에는 대기 도입, 정차 시에는 열기 방출의 역할을 한다.

터보 제트 turbo jet   제트 엔진의 일종이다. 앞쪽에 공기를 흡입하여 터보 압축기로 압축하고, 연소실에서 연료와 혼합 연소시켜 만든 고온, 고압의 가스로 터빈을 돌린다. 이때, 압축기의 동력을 얻음과 동시에 그 가스를 후방의 제트 노즐로부터 대기 속에 분사하여 그 반동력으로 추진력을 얻는 장치이다.

터보차저 TC, T/C ; turbo charger   배기가스로 구동되는 엔진의 과급기(過給器)를 말하며, 터보차저는 슈퍼차저(supercharger)와 그것을 구동하는 터빈을 조합한 장치이므로 양자를 합쳐서 터보라고도 한다. 종래의 대기로 버려져 있던 배기 에너지를 배기 통로에 마련된 터빈의 회전력으로 변화시켜서 회수하고, 압축기의 흡기계에 마련된 압축기에 의해서 혼합 가스의 충전 효율을 높이고 출력 및 연료비를 향상시킨다. 고출력을 하기 위해서는 충전 효율을 될 수 있는 한 크게 하는 것이 바람직하지만 무과급 엔진에서는 여러 가지 개선을 시행해도 85∼90 % 정도가 최대이다. 그러나 터보차저를 장착해서 과급해 주면 100 % 이상 200 % 정도까지의 충전 효율을 얻는다. 충전 효율이

크다는 것은 단위 시간에 연소하는 혼합 가스의 양이 많아지는 것이므로, 당연히 출력은 크게 향상한다. 더욱이 과급기는 원래 대기 중에 버리던 배기 에너지를 이용하고 있기 때문에 엔진의 효율은 개선되어 연비 성능도 향상된다.

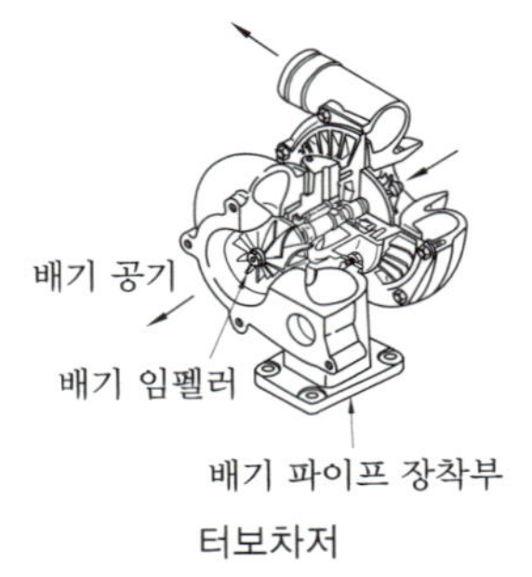

터보차저

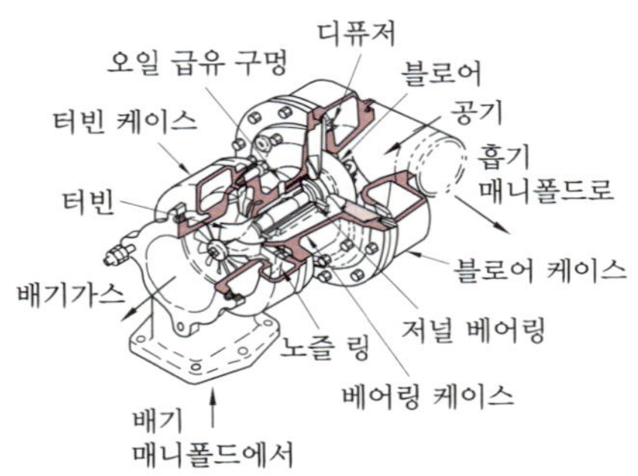

터보차저의 구조

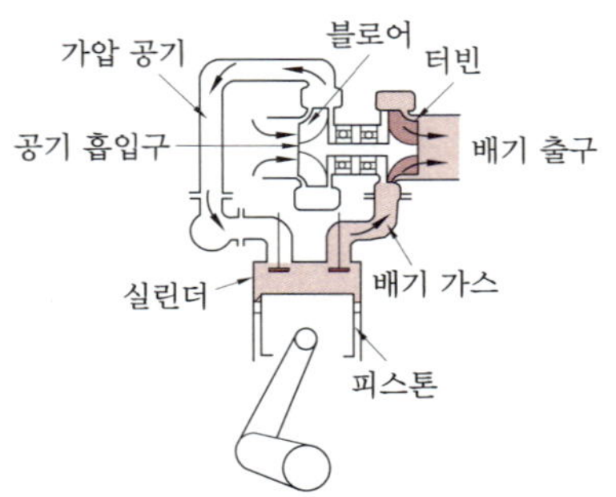

터보차저의 작동

터보차저 엔진 turbo charge engine　터보차저를 장착하고 혼합 가스를 과급하는 데 따라서 연비 성능 향상을 도모한 엔진을 말한다. 현재 엔진의 연료 공급 방식을 분류하면 전자 제어식 연료 분사 장치식과 기화기식이 있다.

터보 컴프레서 turbo compressure　날개차의 회전에 의하여 발생되는 공기의 원심력을 이용하여 공기를 압축시키는 장치로서, 조절이 용이하고 구조가 간단하며 공기의 흐름이 일정하다.

터보 콤파운드 엔진 turbo compound engine　고압부는 왕복 피스톤식을 사용하고 저압부는 가스터빈을 사용하는 복합 엔진으로서, 고압부의 왕복 피스톤에서 배출되는 배기가스로 터빈을 구동시키고 양쪽의 축을 하나로 합하여 출력축으로 사용한다.

터보팬 turbofan　날개차를 용기 속에서 고속 회전시켜 기체를 방사상으로 흐르게 하고, 원심력을 이용해서 압축하는 기계를 이른다.

터보팬 엔진 turbofan engine　터보 제트 엔진의 터빈 뒷부분에 다시 터빈을 추가하여 추진력을 더 증가시킬 수 있도록 설계된 엔진이다.

터뷸런스 turbulence　'난류, 와류' 등을 말한다. 쐐기형이나 리카드형 헤드 등의 연소실에서는 압축이 끝날 무렵 혼합 가스에 강제적으로 난류를 주어서 가솔린과 공기 혼합을 평균화시키며, 연소 속도를 올려서 노크를 억제하고 완전 연소되도록 한다.

터빈 turbine　(1) 배기 매니폴드 출구에서, 배기가스의 속도에 따라 회전하는 날개로서 저회전 때는 회전이 느리고, 가속되어 배기량이 늘어나며 고회전이 된다. 배기가스의 고열에 노출되므로 내열성이 있고 또한 10만회 이상 고회전에서 밸런스가 좋은 정밀 가공된 날개가 필요하다. (2) 물, 가스, 증기 등의 유체가 가지는 운동에너지를 유용한 기계적 일로 변환시키는 회전형 기계이다. 유체의 종류에 따라 수력 터빈, 증기 터빈, 가스 터빈 등이 있다.

터빈 러너 turbine runner　토크 컨버터의 출력 쪽에 사용되는 날개바퀴이다.

터빈 발전기 turbine generator　터빈을 원동기로 하는 발전기이다.

터빈 블레이드 turbine blade　터보차저의 터빈 휠에 부착되어 있는 날개를 말한다.

터빈 엔진 turbine engine　터빈을 회전시키는 데 연소에 의해 생기는 가스량이 사용되는 엔진으로, 결국 터빈은 기어를 통해서 차량을 움직이게 된다.

터빈 펌프 turbine pump　원심 펌프의 일종으로 안내 날개가 달린 펌프이다.

터빈 하우징 turbine housing　터빈 휠을 포함한 케이스를 이른다. 고온에 노출되므로 열 변형이나 산화를 일으키기 어려운 구상 흑연(球狀黑鉛) 또는 주철 등의 특수 내열 주물로 만들어진다.

터빈 휠 turbine wheel　액체가 갖는 에너지에 의해 회전하는 날개차이다. 배기가스의 고온에 노출되어 고속 회전하기 때문에 고온에 있어서 강도가 강한 재질인 초내열 합금이나 세라믹을 사용한다.

터짐 감수성 crack sensibility　용접 균열이 일어나기 쉬운 성질을 말한다.

터치업 touch-up　도막의 흠집이나 긁힌 부위를 부분적으로 칠하는 보수 작업으로 부분 도장이라고도 한다.

터치업 페인트 touch-up paint　페이스트 모양의 톱코트용 페인트로 튜브에 들어 있다. 작은 표면 손상을 다듬는 데 사용한다.

터프트라이드 처리 tufftride process　샤프트, 기어 등의 재료를 연질화시켜 내마모성이나 내피로성을 향상시키기 위한 열처리 과정을 말한다. 연질화용 염욕(軟質化用鹽浴)을 350~570℃로 유지하여 여기에 30%의 공기를 공급하고 그 속에서 대상물을 20~30분 가열하여 냉각한다. 소재는 미리 담금질, 뜨임(550~600℃) 처리를 해 두어야 한다.

턱인 tuck-in　언더 스티어 현상이던 차가 가속을 멈추면 별안간 안쪽으로 휘어드는 현상을 이른다. 가속하면서 커브를 돌고 있을 때는 본질적으로 앞바퀴는 조금씩 밖으로 미끄러지면서 방향을 바꾼다. 액셀러레이터에서 갑자기 힘을 빼면 미끄러짐이 없어져 언더 스티어(under steer)에서 너무 꺾였던 핸들이 원활한 작용을 하게 되어서 차체가 안쪽으로 향하게 된다. FF(전륜구동) 자동차에 많은 현상이었으나, 최근에는 크게 개선되었다.

턴 turn　(1) 자동차를 왼쪽 또는 오른쪽으로 주행 방향을 바꾸는 것을 말한다. (2) 기계의 일부에서 어떤 축을 중심으로 그 원주 방향을 회전시키는 것을 말한다.

턴 도금 강판 terne sheet　방청 강판의 일종으로서 턴 시트라고도 한다. 턴 메탈이라고 하는 납과 주석의 합금을 피복한 내식성 강판(耐蝕性鋼板)을 말한다.

턴버클 turnbuckle　밧줄, 체인, 철사 등을 당겨 죄는 데 사용하는 죔 기구이다. 좌우로 나사 막대를 가진 부품으로 한쪽의 수나사는 오른나사로, 다른 쪽의 수나사는 왼나사로 되어 있다. 너트를 회전하면 2개의 수나사가 서로 접근하고 반대로 회전하면 멀어진다.

턴 시그널 turn signal　자동차의 방향 지시등을 말한다. 소방차, 앰뷸런스 등 긴급 자동차에 설치하여 회전하는 경광등(警光燈)을 말하기도 한다.

턴 시그널 램프 turn signal lamp　방향 지시등으로서 차체의 네 구석 또는 측면에 붙인 황색, 주황색의 램프를 운전자의 조작으로 점멸시켜 다른 차에 좌우 회전의 신호를 하는 것이다. 턴 인디케이터 램프라고도 한다.

턴 시그널 스위치 turn signal switch　방향 지시등을 점등하기 위한 스위치이다. 진행 방향에 맞추어 좌우로 ON하며, 조향 핸들을 원위치로 되돌리면 자동적으로 OFF되는 것이 일반적이다. 디머 스위치와 일체로 되어 있는 것이 많다.

턴 시트 turn sheet　⇨ 턴 도금 강판

턴 언더 turn under　아래쪽으로 보디의 센터 라인을 향하여 뻗어 있는 보디의 가장 폭넓은 부분이다.

턴 오버 turn over　(1) 프레스 가공이나 단조 가공에서 물품의 겉과 속을 뒤집는 조작을 말한다. (2) 자동차가 주행 중 사고로 전복된 것을 말한다.

턴 오버 스프링 turn over spring　브레이크슈, 브레이크 페달, 클러치 페달 등에 설치되어 있는 리턴 스프링이다. 작동할 때에는 스프링을 잡아 당겨 팽창시키고 해체할 때에는 탄성으로 이용해 되돌아가도록 한 반전(反轉) 스프링을 말한다.

턴 오프 turn off　회로 소자를 능동 상태나 도전 상태에서 비능동 상태나 비도전 상태로 전환하는 것이다.

턴 오프 타임 turn off time　스위칭 속도의 표시 방법으로 ON에서 OFF로 옮겨 갈 때의 시간을 말한다.

턴 온 turn on   회로 소자를 비전도 상태에서 전도 상태로 변화시키는 것이다. 사이리스터 회로에 전류가 흐르도록 게이트에 신호를 주거나 애노드와 캐소드 사이에 순방향 전압을 계속 증가시키는 것을 말한다.

턴 인디케이터 램프 turn indicator lamp ⇨ 턴 시그널 램프

턴테이블 turntable   (1) 자동차의 회전 반지름의 측정, 캠버, 캐스터, 킹핀 경사각을 측정할 때 바퀴를 올려놓고 회전시키는 각도기가 설치된 게이지를 말한다. (2) 기관차, 여객차, 운반차, 승합자동차 따위 차량의 방향을 전환하여 한 선에서 다른 선으로 옮기기 위한 회전식 설비를 말한다. ⇨ 터닝 레이디어스 게이지

턴 파이크 turn pike   '유료도로, 고속 자동차 도로' 등을 뜻한다.

턴 플로 엔진 turn flow engine ⇨ 카운터 플로 엔진

텀블 tumble   연소실에 텀블 유동(종와류)을 발생시켜 연소 효율의 개선을 도모한 것을 말한다.

텀블러스위치 tumbler switch   텀블러는 '넘어뜨리다, 쓰러지게 하다' 의 뜻으로서 손잡이를 상하로 젖힘으로써 회로가 개폐하는 구조의 스위치를 이른다.

텀블 폼 & 턴 언더 스타일   곡률이 좋은 사이드 글라스와 원형의 보디 구조를 말한다. 횡풍을 매끄럽게 빠져나가게 해서 횡력을 낮게 한 후, 안정된 직진성을 유지한 스타일이다. 또한 실내의 스페이스도 넓게 잡을 수 있다.

텅거 벌브 정류기 tungar bulb rectifier   양극에 교류를 가하면 텅스텐 필라멘트가 발열되어 양극에서 음극으로만 전류가 흐르는 것을 이른다. 충전용 정류기는 이용 전류가 1/2이고, 값은 싸지만 효율이 좋지 않다.

텅드 와셔 tongued washer   혀붙이 와셔이다. 액슬축(axle shaft)에 허브, 베어링, 와셔가 끼워진 후 샤프트에 파인 홈을 따라 끼워지도록 내부에 돌출부가 있는 평와셔로 주행 충격으로 인한 풀림을 방지한다.

텅스텐강 tungsten steel   텅스텐만을 함유하는 특수강을 말한다. 경도 및 강도가 크고 내열성이 크며, 자성이 풍부하여 각종 절상 공구나 바이트 및 자석 재료로 사용된다.

텅스텐 아크 램프 tungsten arc lamp   관구(管球) 내에 설치된 텅스텐의 작은 원형으로 되어 있는 양극에 필라멘트로부터 전자를 충돌시켜 백열시킴으로써 발광을 이용하는 램프를 말한다.

텅스텐의 잠입 contamination, tungsten inclusion   불활성 가스 아크 용접에 있어서 용접을 개시할 때 또는 사용 텅스텐 전극의 막대 지름에 대하여 과대 전류를 사용하여 텅스텐 전극의 일부가 용융 비드 속에 혼입하는 것을 말한다.

텅스텐 접점 tungsten point   배전기의 접점, 발전기의 전압 조정기 등에서 용융 온도가 높고 내마모성 및 강도가 높기 때문에 접점의 단속에 의한 손상을 방지하기 위하여 텅스텐으로 접점을 만드는 것을 말한다.

테르밋 용접 thermit welding   테르밋 반응을 이용하여 금속 따위를 용접하는 방법이다. 산화철 가루와 알루미늄 가루로 된 테르밋을 점화하여 열이 발생할 때, 환원되어 생긴 철이 녹는 것을 이용하여 이어 붙인다.

테르밋·혼합제 thermit mixture   테르밋 반응에 쓰이는 혼합제로서, 금속 산화물과 알루미늄 분말 등의 혼합물을 말한다.

테스터 tester   자동차의 작동 상태를 점검하는 시험 기구이다. 자동차의 제동력 시험을 하는 제동력 테스터, 타이어의 사이드슬립을 시험하는 사이드슬립 테스터, 엔진의 회전수, 점화 상태, 캠 각, 배기가스 등을 시험하는 엔진 종합 테스터, 전자 제어의 각종 센서를 시험하는 전자 제어 테스터, 헤드라이트의 광도 및 상하·좌우 진폭을 시험하는 헤드라이트 테스터 등이 있다.

테스트 램프 test lamp   접지 클램프, 접지 배선, 전구로 구성되어 차체에 클램프로 접지시키고 기기의 단자에 한쪽을 접촉시켜 도통(道通) 여부를 시험하는 램프를 말한다.

테스트 캡 test cap　테스터 케이블의 노출 단자에 씌운 보호 구조이다. 덮개 또는 피복하여 다른 물질이나 습기의 침입을 차단한 것을 말한다.

테스트 코스 proving ground　자동차의 성능, 안정성, 운전상의 편의성 등 여러 가지 조건을 시험하기 위한 시험장으로서 포장 주회로로 되어 있다. 주회로에는 고속 주행에 적합하게 가드레일, 조명, 신호, 보안 설비가 갖추어져 있다.

테스트 포인트 test point　전기 회로나 장치 등의 수리 및 점검을 하기 위하여 외부로 끌어낸 측정 단자를 가진 특정 시험 부분을 말한다. 측정 단자는 테스터 캡으로 씌워져 있다.

테스트 프로드 test prod　프로드는 '찌르는 막대기'의 뜻으로 멀티 테스터, 디지털 테스터, 그로울러 테스터 등에서 적색의 리드선과 흑색의 리드선 끝에 설치된 검침봉을 말한다. 적색의 검침봉은 입력 쪽에 접촉시키고 흑색의 검침봉은 출력 쪽에 접촉시켜 측정한다.

테스트 해머 test hammer　철골, 차량 등의 체결 리벳 등의 체결 상태를 시험하는 해머를 말한다.

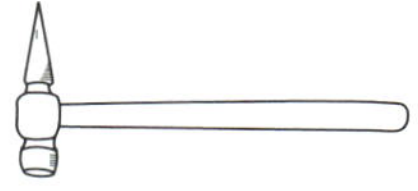

테스트 해머

테이블 table　브레이크 드럼과 접촉하여 제동력을 발생시키는 라이닝이 리벳이나 접착제에 의해 부착되는 곳을 이른다. 웨브와 직각으로 설치되어 있다.

테이퍼 taper　축(軸) 또는 구멍의 규격(치수)이 점점 가늘어지는 것을 말한다.

테이퍼 게이지 taper gauge　자동차 부품의 모스 테이퍼, 브라운 샤프테이퍼, 내셔널 테이퍼를 측정하는 게이지를 이른다.

테이퍼 드로잉 taper drawing　자동차의 디자인에 사용하는 방법이다. 클레이 모델로 디자인을 검토할 때 테이프 또는 시트를 모델에 붙여서 그 크기, 위치, 전체적인 조화 등을 보는 것이다.

테이퍼 롤러 베어링 taper roller bearing　테이퍼가 붙은 롤러 베어링이다. 자동차의 각부, 공작 기계 등의 베어링에 널리 사용된다.

테이퍼면 링 taper face ring　압축링면이 테이퍼된 상태를 말하며, 이것은 링과 실린더 벽 사이의 접촉 면적을 줄여 밀착 상태나 그 성능을 향상시키기 위한 것이다.

테이퍼 세레이션 taper serration　조향 축에서 핸들의 허브와 결합되는 부분 또는 섹터 기어와 피트먼 암이 결합되는 부분과 같이 테이퍼 축에 고정하기 위하여 삼각형 모양의 홈을 원둘레 방향으로 만들어 놓은 것을 말한다.

테이퍼 차지 taper charge　축전지(배터리)를 일정한 전압으로 충전하는 것으로, 배터리가 충전됨에 따라 공급 전류는 점점 감소하게 된다.

테이퍼 코일 스프링 taper coil spring　비선형(非線型) 코일 스프링의 일종이다. 코일 스프링의 강선 한쪽 끝 또는 양쪽 끝이 좁아지게(테이퍼)하고 이 부분의 선 간격을 서서히 좁게 한 것이다. 스프링의 휨에 대한 스프링 정수(定數)가 변함으로써 승차감이 좋고, 승차 인원이나 화물의 양에 따라 자동차의 높이 차가 적은 현가장치를 만들 수 있다.

테이퍼 핀 taper pin　톱니바퀴, 벨트, 핸들 따위의 보스를 축에 간단히 고정하는 핀이다. 작고 둥그런 키인데 두 물건 사이에 구멍을 뚫어 여기에 끼워서 쓴다.

테이프 비스　테이프를 재생했을 때의 "샤" 하는 잡음을 말하며, 테이프 주행 속도가 늦을수록 두드러진다.

테일 tail　차의 뒷부분을 말한다. 유럽과 미국에서 차를 동물에 비유하여 차 이름에 동물 이름을 쓰는 일은 흔하다.

테일 게이트 디플렉터 tail gate deflector　주행 시 루프 상면의 바람 흐름을 이용하여 테일 게이트 유리에 더러움이나 눈(snow)이 묻는 것을 방지하기 위한 디플렉터(풍도관)이다. 리어 디플렉터라고도 부른다(RVR에 사용).

테일 램프 tail lamp　미등(尾燈)이라고도 한다. 차량 뒤쪽에 있는 램프로서 후진 기어로 변속했을 때 켜지는 백 램프, 브레이크 페달을 밟을 때 켜지는 브레이크 램프, 리어 위커 등이 있으며, 이들을 한 덩어리로 디자인한 것을 콤비네이션 램프라 한다. 이 밖에 주차 시에 켜지는 파킹 램프, 번호판을 비추는 라이선스 플레이트 램프는 앞뒤에 다 있다.

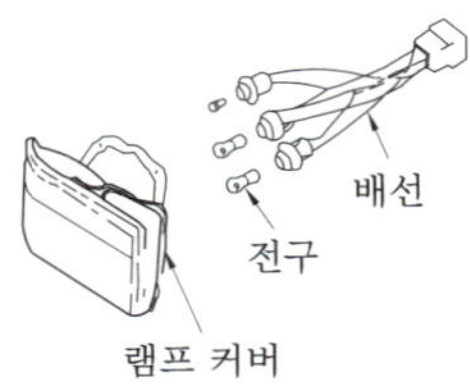

테일 램프

테일 스포일러 tail spoiler　차량 뒤쪽에서 일어나는 공기의 와류 현상을 없애기 위해 자동차의 지붕 끝이나 트렁크 위에 장착하는 장식 겸용 장치이다. 차량이 고속으로 달리면 와류 현상으로 인해 차체가 뜨는 양력(揚力) 현상이 일어나는데, 이를 막기 위해 차량 뒤쪽에 다는 날개 모양의 공력 장치이다. 차량 뒤쪽을 눌러 고속으로 달릴 때 차량의 안정성을 확보하는 것이 목적이다. 리어 스포일러 또는 리어 윙이라고도 한다.

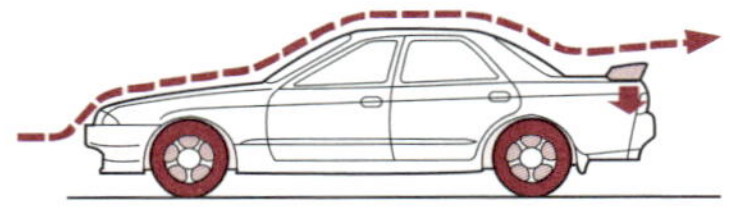

테일 스포일러

테일 파이프 tail pipe, kick-up pipe　자동차의 배기관으로서 소음기(머플러)의 끝 부분을 말한다.

테일 핀 tail fin　원래는 항공 용어로 비행기의 수직 꼬리날개이지만, 자동차에서는 자동차 뒤쪽 양 옆에 세운 얇은 지느러미 모양의 것을 가리킨다. 공력(空力) 효과에 의하여 주행 안정성이 좋아질 것으로 예상하지만, 실제적인 효과는 그다지 기대하기 어렵다.

테일 핀형 자동차

테프트라이드 처리　내마모성, 피로 수명, 내식성을 향상시키기 위하여 내열강제 밸브를 소입하고 다시 굽는 처리 공정을 이

른다. 이것은 침탄 질화 처리의 일종으로서, 처리제는 시안화칼륨(KCN) 등이 사용된다.

테플론 teflon　카본 등이 퇴적되는 것을 막기 위해 연료 분사 노즐이나 하우징과 같은 부품에 입히는 비점착성의 코팅(non-stick coating)을 말한다.

텍스타일 레이디얼 타이어 textile radial tire　벨트에 레이온 등의 고분자 섬유(텍스타일)만을 사용한 레이디얼 타이어를 이른다.

텐 모드 ten mode　자동차 배출가스의 농도를 측정하기 위한 주행 방법이다. 신호가 있는 도시 내의 주행을 생각하여 충분한 난기(暖機) 운전을 한 다음 엔진을 정상 상태로 되돌린 후에 측정한다. 10종의 운전 모드(공회전 → 가속 → 정속 → 감속 → 공회전 → 가속 → 정속 → 감속 → 가속 → 감속)를 계속 6회 되풀이하고, 2회째에서 5회분의 배출가스에 포함되는 특징 성분의 중량을 측정한다.

텐 모드 연비　텐 모드에서 얻은 배출 가스의 측정치를 근거로 계산에 의하여 구한 연료 소비율이다. 연료는 대부분이 탄화수소이며, 탄소는 연소되어 이산화탄소, 일산화탄소, 미연소(未燃燒)의 탄화수소 모양으로 배출되므로 배출 가스 중 이들의 성분 중량을 알면 연료 소비 정도를 알 수 있다.

텐셔너 tensioner　타이밍 체인이 헐거운 것을 막는 장치로 OHC, DOHC는 크랭크 샤프트와 캠샤프트가 떨어져 있어서 긴 체인이 필요하다. 긴 체인을 고회전으로 돌리면 원심력 때문에 부풀어 올라 케이스에 부딪치게 되어, 도중에 부풀어 오르지 않도록 스프링이나 유압으로 막는 장치를 말한다.

텐션 tension　장력으로서 구동 벨트에서와 같이 팽팽한 정도를 말한다. 또 전압, 전위차 또는 유전체의 스트레스(dielectric stress) 등을 말하기도 한다.

텐션 로드 tension rod　I형 암은 옆 방향의 힘을 지탱할 수 있으나 전후 방향의 힘은 지탱할 수 없다. 이 때문에 보디로부터 지지 막대를 내어 I암과 연결하여 전후 방향의 힘을 갖게 한 것이다. ⇔ 컴프레션 로드

텐션 리듀서 electrical tension reducer　전기식 장력 감소기이다. 텐션 리듀서라는 것은 시트 벨트 장착 시에 벨트 감는 힘을 감소시켜 시트 벨트의 장착에 의한 압박감을 감소시키는 기구를 말한다. 이것을 액추에이터 솔레노이드를 사용해서 전기적으로 행하는 것이 전기식 텐션 리듀서이다.

텐션 릴리프 리트랙터 tension relief valve retractor　오프로드 주행 시의 시트 벨트의 긴축을 방지하기 위해 장력을 제로로 하는 리트랙터를 설치한 것이다. 4WD 차량에 장치되어 있다.

텐션 풀리 tension pulley　벨트로 동력을 전달하는 장치로서 벨트가 늘어지지 않도록 스프링이나 저울추로 장력을 주는 역할을 하는 것을 이른다.

텔레매틱스 telematics　자동차와 무선 통신을 결합한 새로운 개념의 차량 무선 인터넷 서비스이다. 텔레커뮤니케이션(tele-communication)과 인포매틱스(informatics)의 합성어로서 자동차 안에서 이메일을 주고받고, 인터넷을 통해 각종 정보도 검색할 수 있는 오토 PC를 이용한다. 차량에서 다양한 정보를 사용하도록 지원하는 통신 시스템이다. 운전자는 무선 네트워크를 통해 차량을 원격 진단하고 무선 모뎀을 장착한 오토 PC로 교통 및 생활 정보, 긴급 구난 등 각종 정보를 이용할 수 있다.

텔레미터 telemeter　측정 결과를 측정 대상으로부터 멀리 떨어진 곳에서 출력시켜 관측하거나 측정하는 원격 계측 장치이다. 예컨대 위성이나 산간벽지에서 측정한 데이터를 전송, 수집, 지시하기 위해서 이용된다. 텔레미터에서 중요한 것은 전송 도중에 신호가 잡음이나 감쇠, 전송 속도 등에 의하여 변형되거나 상실되지 않고 확실하게 수신하는 것이다. 계측량을 전송하는 데는 일반적으로 전류나 전압, 변위 등으로 변환하여 도선이나 전파로 직접 전송하는 아날로그 텔레미터와, 이 아날로그량을 디지털량으로 변환하여 전송하는 디지털 텔레미터의 2종류가 있다.

텔레스코픽 스티어링 telescopic steering　최적의 드라이빙 포지션을 취하도록 스티어링 샤프트 부분이 신축해서 스티어링 휠의 전후 위치가 바뀌는 기구를 말한다.

텔레스코픽 실린더 telescopic cylinder　실린더 내부에 또 다른 실린더가 내장되어 있고 압력 유체가 유입되면 차례로 실린더가 나오도록 만들어져 큰 스트로크를 얻을 수 있는 구조의 실린더이다. 덤프트럭의 호이스트용 실린더에 사용되고 있다.

텔레스코픽 타입 telescopic type　오토바이의 프런트 포크로서 스프링과 완충기를 조합한 이너 튜브와 아웃 튜브가 망원경(텔레스코프)과 같이 신축하여 충격을 흡수하고 하중을 지지하도록 되어 있는 것을 이른다. 종류로는 2중 튜브로 되어 있는 슬라이드 메탈, 피스톤에 의하여 미끄럼 운동하는 피스톤 슬라이드 방식, 이너 튜브 내부를 댐퍼의 오일 실로 하여 이너 튜브와 아웃 튜브가 직접 슬라이딩하는 체리어니 방식이 있다. 아웃 튜브가 아래에 위치하는 것이 일반적이지만 댐퍼를 카드리지식으로 하여 굵은 아웃 튜브를 위로 한 도립(倒立) 방식도 있다.

텔레스코픽 프런트 엔드 타입 트럭 telescopic front end type truck　곡물 운반차에 주로 쓰이는 방식으로, 보디의 프런트 엔드가 실린더에 의해 직접 밀려 올라가며 1개 이상의 실린더를 사용한다.

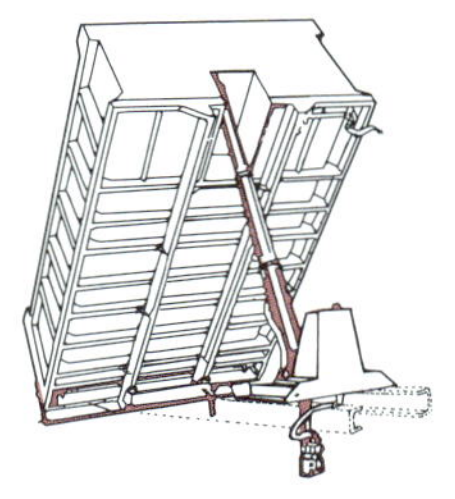

텔레스코픽 프런트 엔드 타입 트럭

텔레스코픽 핸들 telescopic handle　조향 핸들의 상하 높낮이를 조절할 수 있는 조향 핸들을 말한다.

텔레스코핑 게이지 telescoping gauge　텔레스코핑 게이지 자체는 눈금이 없기 때문에 바깥지름 마이크로미터와 함께 사용하여 안지름, 홈 등을 측정하는 데 사용한다.

텔레스코핑식 쇼크 업소버 telescoping type shock absorber　⇨ 트윈 튜브식 쇼크 업소버

텔레터미널 시스템 telecommunication terminal system　무선 기지국을 통하여 휴대용 및 자동차용 무선 데이터 단말기나 자동판매기 등에 설치한 무선 단말과 중앙 컴퓨터 센터를 연결하여 쌍방 간 데이터 통신을 실시하는 무선 통신 방식이다.

텔테일 telltale　경고등(워닝 램프)을 말한다.

템퍼드 글라스 tempered glass　자동차용 안전유리의 일종으로, 일반 유리를 고온 처리한 후 다시 급랭시킨 유리로서 충격 시 날카로운 파편이 생기지 않고 유리가 잘게 쪼개어져 승객을 보호한다. 그러나 파손된 유리가 바닥으로 떨어지기까지 얼마간 시간이 걸리는 특성이 있어 파손 시 유리 전체가 하얗게 되어 앞을 볼 수 없는 상태가 발생되므로, 이 결점을 보완하여 운전자의 전방 시야 부분에는 파손 시에도 앞을 볼 수 있도록 한 것이 존 템퍼드 글라스(zone tempered glass)이다. 템퍼드 글라스는 보통 차량의 측면과 후면 유리에만 사용된다.

템퍼러리 마그넷 temporary magnet　철심에 코일을 감아 전류를 흐르게 하면 자석이 되는 인공 자석을 말한다. 코일에 흐르는 전류를 차단하면 자력이 소멸되는 자석으로 전자석을 말한다.

템퍼러처 게이지 temperature gauge　온도에 의해 저항값이 변하는 서미스터를 실린더 헤드의 냉각수 통로에 설치하고 수온계와 전선으로 연결하여, 실린더 헤드의 냉각수 온도로 엔진의 작동 온도를 나타내는 게이지이다. 템퍼러처 인디케이터라고도 말한다. 엔진의 정상적인 작동 온도는 75~85℃이다.

템퍼러처 센딩 유닛 temperature sending unit　엔진 냉각수와 접촉하고 있는 장치이다. 냉각수 온도의 증감에 따라 전기 저항이 변하는 것에 의하여, 온도 게이지 지침의 움직임이 조절된다.

템퍼러처 인디케이터 temperature indicator　⇨ 템퍼러처 게이지

템퍼링 tempering　퀜칭 또는 어닐링된 강을 A1점 이하의 온도로 가열하여, 정해진 시간을 유지한 후 냉각 처리한다. 강의 경도 감소, 내부 응력의 제거, 연성의 증가 등에 그 목적이 있다. 뜨임이라고도 한다.

템퍼 타이어 temper tire　긴급용의 예비 타이어이며 최근의 자동차는 트렁크 룸이나 카고 스페이스의 수납 능력을 높이기 위해 통상의 타이어보다 사이즈가 작고 가느다란 것을 스페어타이어로 사용하고 있다. 공기압은 높게 설정되어 있으며, 이것은 어디까지나 응급용이므로 급한 조작은 금물이며 구동륜에 장착해서는 안 된다.

템플릿 template　작업의 형태를 확립하는 하나의 가이드로 사용되는 게이지 또는 무늬로서 얇은 금속판이나 플라스틱으로 만든 것이 보편적이다.

토 toe　동일 축상에 부착된 타이어의 앞쪽과 뒤쪽에서 잰 측정치 간의 차이를 말한다.

토 각 toe angle　자동차의 전후 방향 중심면과 한쪽의 휠 중심면이 차축의 중심 높이로 이루어지는 각이다.

토글스위치 toggle switch　아래위로 젖히게 되어 있는 스위치이다.

토글 조인트 toggle joint　적은 힘을 이용하여 큰 힘으로 증대시키는 장치로서 압착기 또는 프레스에 이용한다.

토너 커버 tonneau cover　토너는 원래 차량의 좌석이라는 의미지만, 변형되어 짐칸 부분을 덮는 커버를 토너 커버라고 부른다. 이 토너 커버는 사용하지 않을 때는 리트랙터에 의해 감겨 간단히 수납할 수 있으므로 짐칸을 유효하게 사용할 수 있다.

토로이덜형 toroidal type　토로이덜은 '도넛 모양'이라는 뜻이다. 직접 분사식 디젤 엔진의 연소실 형태의 일종이다. 피스톤 정상 부근에 파인 곳이 도넛 형태이다(깊은 접지형).

토르센 엘에스디 torsen LSD　차동 제한 장치의 일종으로 기어를 조합하여 만든 토크 비례식 LSD이다. 스러스트 와셔를 통하여 좌우 구동축에 연결된 2개의 웜 기어(일반적으로 차동 기어 장치의 사이드 기어에 해당)의 주위를 2개씩 짝이 된 스퍼 기어가 설치되어 있으며 웜 휠 6개가 삼각형을 이루고 에워싼 구조로 되어 있다. 웜 기어 잇면(齒面)의 마찰력에 따라 속도가 빠른 쪽의 차축은 감속이 되고 늦은 쪽

의 차축은 가속이 되어 결과적으로 빠른 쪽에 적은 토크가 배분되고, 늦은 쪽에 많은 토크가 배분된다. 토르센은 미국 젝세르그리손사의 상표이며, 토크를 감지하는 것을 의미하는 토크센싱(torque-sensing)에서 만들어진 말이다.

토르소 torso (1) 머리와 팔다리가 없이 몸통만으로 된 조각상이다. (2) 자동차에서는 차체의 설계 시에 사용되는 용어이다.

토르소 라인 torso line 승객이 앉았을 때 자세를 나타내는 기준선을 이른다.

토르콘 자동차 torcon car 토크 컨버터(torque converter)를 이용한 노 클러치 차를 이른다. 토크 컨버터도 유체 클러치와 같은 기능을 갖고 있으나 속도에 따라 무단계로 변속하는 기능 쪽이 주역이다. 스타트가 편한 것만이 이점은 아니다.

토마스 법 thomas process 전로 제강(轉爐製鋼)법의 종류로서 전로의 내면을 돌로마이트와 같은 염기성 내화물을 이용하여 제강하는 방법이다. 용량은 1회에 제강할 수 있는 무게를 톤(ton)으로 나타낸다.

토센 디퍼렌셜 torque sencing differential gear 토센이라는 것은 토크와 센싱(sensing, 느끼다)이라는 영어에서 만들어진 조어로서, Zexel-Gleason USA, ZNC사의 등록상표이다. 디퍼렌셜 기구는 웜, 웜 기어, 슈퍼 기어 등으로 구성되어 있고, 한쪽 차륜에 미끄럼이 발생하면, 웜 기어의 작용에 의해 노면의 그립(grip)이 높은 차륜에 의해 큰 구동력을 공급하게 된다. 즉 토크 배분을 바꾸는 기능을 가진 디퍼렌셜이라고 할 수 있다.

토셔널 댐퍼 torsional damper 크랭크샤프트에 주기적으로 생기는 비틀림 진동을 감쇠시키는 장치이다. 리테이너 플레이트에 댐퍼 매스를 특수 고무로 붙여 접합한 것으로써 이 고무가 진동을 흡수한다. 크랭크샤프트가 일정한 회전 속도를 유지할 때는 댐퍼 매스가 크랭크샤프트와 일체로 회전하는데, 만일 크랭크샤프트에 비틀림 진동이 생길 때는 중간의 고무가 변형하여 감쇠 작용이 일어난다.

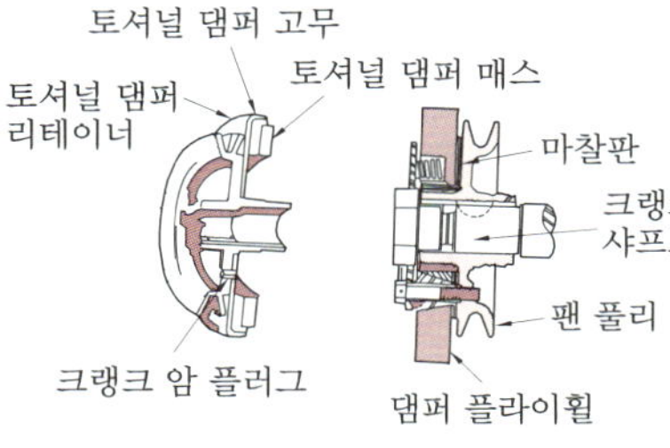

토셔널 댐퍼 부착 플라이휠 flywheel with torsional damper 변속기의 기어 소음, 종 감속 기어, 차동 기어 장치의 기어 소음 등을 기본적으로 해소하기 위한 목적으로 한 비틀림 진동 댐퍼이다. 엔진과 변속기 쪽의 2개로 분할된 플라이휠 사이에 스프링과 마찰 기구를 장치하여 엔진의 회전 변동을 흡수하고 구동 계통 진동을 감소시킨다. 댐퍼의 고유 진동수를 실용 회전수 이하로 설정함으로써 진동 흡수 효과가 뛰어나다. 약하여 플라이휠 댐퍼라고도 한다.

토셔널 바 일체식 액슬 빔 토셔널 액슬식 3링크 서스펜션의 구성 부품이다. 토셔널 바를 내장한 액슬 빔을 말하며, 차체의 롤을 억제하는 기능을 갖는다. ⇨ 토션 액슬식 3링크 서스펜션

토셔널 밸런서 torsional balancer 피스톤의 점화 충격에 의해 일어나는 크랭크축의 비틀림 및 풀림 운동을 제거하기 위한 크랭크축의 장치를 말한다.

토셔널 트위스트 링 torsional twist ring 링의 상부 모서리가 링 홈 속에서 경사지도록 기계 가공되어 있는 피스톤링 형식으로, 이것은 링 사이드와 링 홈 사이드가 선 접촉(line contact)하게 하여 링과 링 홈 사이에서 엔진 오일이나 기밀이 누설되는 것을 방지할 수 있다.

토션 다이나모미터 torsion dynamometer 비틀림 동력계이다. 표준 스프링을 비틀어서 기계의 회전력을 측정하는 데 사용되는 기기를 말한다.

토션 바 torsion bar 금속 막대를 이용하여 한쪽은 보디에, 반대쪽은 서스펜션에 연결되어 스프링 역할을 하는 바를 말한다. 일반 코일 스프링에 비하면 공간이 좁아도 되고, 보디 쪽에 붙인 부분을 돌리면 간단하게 차량의 높이를 조절할 수도 있어 최근 전륜 구동차에 많이 적용된다.

토션 바 스프링 torsion bar spring 길고 곧은 금속 막대의 한쪽을 보디에, 반대쪽을

토셔널 댐퍼 고무
토셔널 댐퍼 매스
토셔널 댐퍼 리테이너
마찰판
크랭크 샤프트
팬 풀리
크랭크 암 플러그
댐퍼 플라이휠

토셔널 댐퍼

서스펜션에 붙여 스프링을 만든 것으로, 막대를 비틀어서 스프링으로 사용하고 있어서 원리적으로는 감지 않은 코일 스프링이다. 코일 스프링에 비하면 장소가 좁아도 되고 보디 쪽에 붙인 부분을 돌리면 간단하게 차 높이를 조정할 수 있다는 장점이 있다. 단위 중량당 에너지 흡수율이 크고 가벼우며 구조도 간단한 반면에 진동 감쇠 작용이 없어 쇼크 업소버 등과 병행하여 설치하여야 한다. 위시본형 서스펜션을 쓴 FF(전륜구동) 자동차에는 드라이브 샤프트가 있기 때문에 스프링을 넣을 공간이 없어 토션 바 스프링을 사용하는 일이 많다.

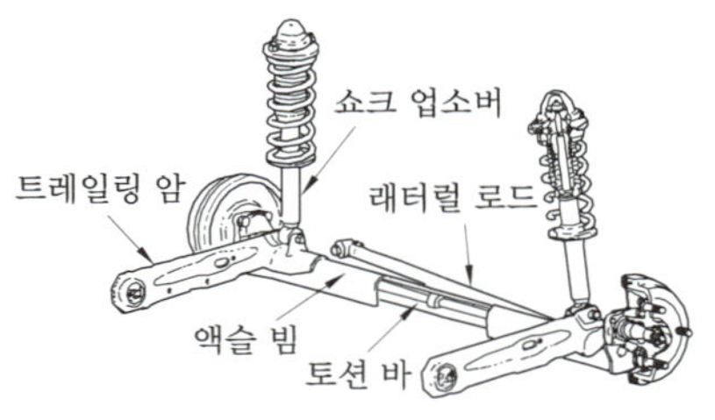

토션 바 스프링 설치(토션 빔 액슬형의 구조)

토션 빔식 서스펜션 torsion beam type suspension 세미 리지드 액슬식 서스펜션이라고도 불리며, 트레일링 암식 현가장치(trailing arm type suspension)로서 좌우 트레일링 암을 크로스 빔에 연결한 형식의 현가장치이다. 코로스 빔의 부착 위치에 따라 액슬 빔식, 피벗 빔식, 커플드 빔식이 있으며, 소형 FF 차량의 뒷바퀴에 많이 사용되고 있다. 좌우에 암이 연결되어 있으므로 차체의 롤링에 따라 빔이 비틀어져 스태빌라이저의 효과가 있다.

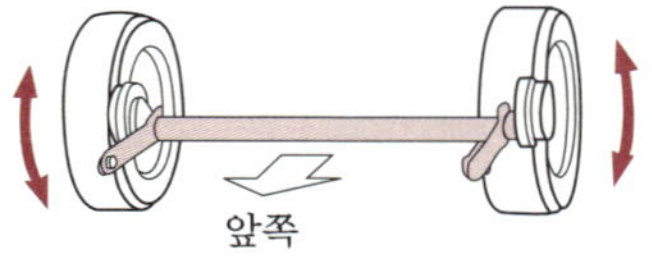

토션 빔식 서스펜션

토션 액슬 torsion axle FF 차량에 적용되어 있는 리어 액슬의 형식으로서, 토션 액슬 3링크 서스펜션의 구성 부품이기도 하다. 평판 단면 구조의 트레일링 암과 U자형 단면 구조의 액슬 빔 및 스핀들로 구성되어 있으며, 높은 비틀림 강성과 굽힘 강

성에 의해 차체의 롤을 억제하고, 우수한 조정 안정성 및 주행 안정성을 확보하고 있다. 액슬 빔 내에는 토셔널 바가 일체화되어 있다.

토션 액슬식 3링크 서스펜션 휠 스프링의 일체의 쇼크 업소버, 레이디얼 로드 및 토션 액슬·암 어셈블리로 구성되어 있는 서스펜션이다. 가볍고 콤팩트하여 정비성이 우수하고 롤 강성, 횡강성이 높은 구조이다. 이 서스펜션은 다음과 같은 특성을 가지고 있다. ① 롤 시에도 변화 없는 대노면 캠버 선회 시, 차체는 원심력에 의해 기울어지려고 하지만, 차축 자체는 기울어지지 않기 때문에 노면과의 캠버에 변화가 없고 타이어의 코너링 성능을 최대로 활용할 수 있으며, 우수한 주행 안정성을 발휘한다. ② 차체의 롤링을 억제하는 스태빌라이저 효과로는, 선회 시 좌우의 트레일링 암은 각도차로 인해 트레일링 암과 강하게 연결되어 있는 액슬 빔 및 액슬 빔에 내장되어 있는 토셔널 바가 삐뚤어진다. 이때 액슬 빔과 토셔널 바의 삐뚤어짐에 대한 반력이 발생하고, 이 반력이 좌우 트레일링 암의 각도 차이를 보정하는 방향으로 작동하여 차체의 롤링을 억제하고, 우수한 안정성을 확보한다.

토스칸 tosecan ⇨ 서피스 게이지

토아웃 toe-out 동일 축상의 앞쪽 휠이 뒤쪽 휠보다 더 떨어진 상태를 말한다.

토 앤드 힐 toe and heel ⇨ 힐 앤드 토

토인 toe-in 앞바퀴를 위에서 보았을 때 앞쪽이 뒤쪽보다 좁게 되어 있는 상태를 말하는데 반대로 바퀴의 앞쪽이 뒤쪽보다 넓게 되어 있는 것을 토아웃(toe-out)이라 한다. 토인은 그림과 같이 좌우 타이어의 접지면 중심선을 기준으로 타이어 뒤쪽의 거리에서 앞쪽의 거리를 뺀 값으로 나타내는데, 일반적으로 2~8 mm 정도이다. 주행 중 타이어가 옆 방향으로 벌어져 미끄러짐과 타이어 마모를 방지하고 조향 연결 기구 마모에 의한 토아웃이 되는 것을

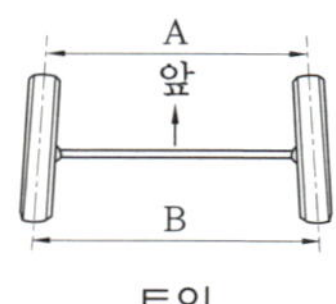

토인

방지하는 기능을 한다. 과도한 토인일 때 타이어 접지면은 바깥쪽에서 안쪽으로 밀리듯 편마모된다.

토인 게이지 toe-in gauge 자동차 앞바퀴의 토인 치수를 계측하는 공구이다.

토치 blowpipe, torch 가스 용접에서 가스의 혼합비 및 유량을 조절하는 기구이며, 불활성 가스 아크 용접에 쓰이는 홀더 부분도 의미한다.

토치램프 torch lamp, blow torch 가솔린이나 석유를 압축하여 안개 상태로 만든 후, 이를 토치로부터 분출시켜 점화, 연소시킬 때 발생되는 열로 금속을 접합하는 기구이다.

토치 헤드 torch head 용접 및 절단용 토치 팁을 맞추는 자리가 있는 부분을 말한다.

토 컨트롤 toe control ⇨ 지오메트리 컨트롤

토 컨트롤 리어 서스펜션 toe control rear suspension 주행 중 뒤쪽 타이어가 노면에서의 충격으로 상하 작동을 하였을 때 주행 안정성을 높이도록 설계되어 있는 현가장치이다.

토 컨트롤 암 toe control arm 토인(toe-in)을 제어하기 위해 서스펜션에 장치되어 있는 암을 말한다. 주행 상황에 따라서 토인을 적정하게 제어함으로써 직진 안정성, 조향 안정성을 향상시킬 수 있다.

토크 torque 내연 기관의 크랭크축에 일어나는 비틀림 모멘트 회전력이다. 일반적으로 물체를 한 점의 주위로 회전시키는 짝힘의 양을 말한다. 단위는 kgf·m 또는 N·m(뉴턴미터)로 나타낸다.

토크 렌치 torque wrench 볼트 또는 너트 등을 체결할 때 그 죄임 정도(토크)를 지시하는 공구를 말한다.

토크 로드 torque rod 구동 및 제동 시의 와인드업을 방지하기 위해 차축과 차체를 연결한 로드(봉)를 말한다.

토크 롤 축 torque rall shaft 엔진에서 동력을 발생하여 크랭크축 주위에 토크가 작용했을 때, 엔진이 하나의 강체(剛體)로서 앞뒤 방향의 축을 중심으로 회전하려고 하는 회전축을 말한다. 엔진 마운트를 그 축에 설치하면, 이론상 엔진은 회전 진동을 할 뿐 여분의 움직임은 없다.

토크 변동 torque fluctuation 일반적으로 토크의 동기적 변동을 말한다. 엔진에는 피스톤에 작용하는 가스 압력과 피스톤 및 커넥팅 로드의 운동에 의한 관성력에 의해서 크랭크축이 받는 주기적 변동을 말한다. 연속 변동 등에 의해 피스톤에 생기는 크랭크축의 토크의 변동도 토크 변동으로 표현된다. 차량에는 토크 변동이 큰 서지, 진동, T/M의 이상 음 등의 발생 원인이 된다.

토크 비 torque ratio 유체 변속기 등에서 사용되는 말로서, 출력 측의 토크(T2)와 입력 측의 토크(T1) 비율 즉, T2/T1을 말한다.

토크 비례식 엘에스디 torque proportional type limited slip differential 자동 제한 차동 기어 장치(LSD)의 일종으로서 차동 장치에 입력되는 토크에 비례하여 좌우 구동축의 토크가 변화하도록 되어 있는 차동 장치이다. 다판 클러치식 LSD나 토르센 LSD 등이 대표적이다. 다판 클러치식 차동 제한 장치의 경우, 사이드 기어와 차동 기어 케이스 사이에 있는 습식 다판 클러치가 피니언 기어 축의 캠 기구에 의해 입력 토크에 비례하여 클러치의 압착시키는 힘을 발생하고 입력 토크(엔진 토크)에 비례한 차동 제한 토크를 출력한다. 좌·우의 마찰 클러치는 회전 속도가 높은 차축에서 토크를 받아 회전 속도가 낮은 차축으로 토크를 부여하기 때문에 슬립되지 않는 타이어에 토크가 전달된다.

토크 샤프트 torque shaft 조향 장치의 토크 전달 기구로서 원 박스형 차량에 사용되고 있다. 베벨 기어에서 래크 앤 피니언까지의 토크 전달 축을 말한다.

토크 센서 torque sensor 토크를 측정하는 센서이다. 토크를 측정하는 데는 동력 전달축을 제동 장치와 결합하여 그 일을 열 또는 전기 에너지의 형태로 방산시켜 그때의 제동량으로부터 구하는 것과 동력 전달축의 비틀림 각이나 변형 등으로부터 측정하는 방법이 있다. 전자는 흡수 동력계라 부르고, 전기, 물, 공기, 고체 마찰 동력계로 분류된다. 후자는 토크미터라 하여, 실제로 움직일 때의 전달 토크가 계측 가능한 특징이 있다. 이 토크 센서에는 자기

변형 토크 센서, 변형 게이지식 토크 센서, 위상차 검출형 토크 센서 등이 있다.

토크스 나사　도어 래치 장치에 사용되고 있는 나사로서 일반적인 십자 나사나 육각 구멍나사와 비교하여 다음과 같은 특징이 있다. ① 수직 벽면의 오목함과 깊은 접촉 구조, 치차에 있어서 효과적인 구동각에 거의 가까운 15°의 구동각을 가지고 있다. 따라서 유해한 분력이 되는 쐐기 작용의 발생도 응력 집중점도 없기 때문에 조임 공구의 토크가 유효하게 전달되고, 조이는 부분의 파손이 없다. 그렇기 때문에 균일하게 토크 관리가 용이하고, 작업성이 우수하다. ② 십자 홈 나사를 조일 때에는, 나사를 돌리는 힘 외에 공구가 미끄러지지 않도록 유지하는 미는 힘이 필요하다. 그러나 토크스 나사는 공구와의 접촉이 매우 안정되어 있고, 공구를 유지하는 미는 힘을 필요로 하지 않는다. 따라서 작업자의 노력이 저감되고, 작업성이 높아진다. ③ 육각 구멍나사의 경우 돌리는 힘을 주면, 공구와 약간의 틈새가 발생하는 슬립 때문에 힘이 한곳에 집중하여 마모나 벌어짐이 발생하는 경우가 있지만 토크스 나사에는 슬립이 발생하여도 면 접촉이 되기 때문에 마모나 벌어짐이 발생하지 않고 확실한 작업을 할 수 있다.

토크 스티어 torque steer　FF 차량이 급발진, 급가속 및 등반 시에 조향이 불가능해지거나 차량이 편향하는 현상을 말한다. 이것은 좌우의 드라이브 샤프트의 꺾임 각도의 각 차이에 의해 너클 주위의 관성 2차 모멘트의 좌우가 달라지고, 이 모멘트의 차이로 너클에 회전 토크가 전달되기 때문에 일어나는 것이다. 드라이브 샤프트를 같은 길이로 해서 조인트 각을 균등하게 하면 토크 스티어는 발생하기 어려워진다.

토크 스플릿 torque split　장치에 입력된 토크를 2계통 또는 그 이상으로 분할하는 것이다. 일반적으로 4WD에서 트랜스퍼 케이스에 의하여 구동 토크 앞뒤 바퀴에 배분할 경우에 쓰이며, 앞바퀴 또는 뒷바퀴 중 한쪽을 상시(常時) 구동한다. 비스커스 커플링에서 한쪽의 차축에 회전 차이가 생길 경우에 자동적으로 토크가 배분되는 패시브 토크 스플릿과, 전자 제어의 마찰 클러치에 의하거나 또는 좌우의 상황에 따라 토크 배분을 하는 액티브 토크 스플릿이 있다.

토크 스플릿식 4WD torque split type 4WD　트랜스퍼 케이스에 의하여 구동 토크를 앞뒤 바퀴에 배분하는 토크 스플릿 장치를 가진 4WD이다. 앞바퀴 또는 뒷바퀴 중 한쪽을 상시 구동하고 다른 쪽 차축에는 회전 차이가 생겼을 경우에만 자동적으로 토크가 배분되는 패시브 토크 스플릿식과 전자 제어의 마찰 클러치에 의하여 앞뒤 또는 좌우의 상황에 따라 토크 배분을 행하는 액티브 토크 스플릿식이 있다. 일반적으로 토크 스플릿식 4WD라고 하면 액티브 토크 스플릿식을 말한다.

토크와 마력 torque and horse power

$$BHP = \frac{2\pi \times P \times R \times n}{75 \times 60} = \frac{P \times R \times n}{716}$$
$$= \frac{T \times n}{716} \,[\text{PS}]$$

여기서, R : 크랭크 암의 회전 반지름(m)
　　　　P : 실린더 내의 전압력(kg)
　　　　n : 분당 회전수(rpm)
　　　　T : PR-토크(kg·m)
　　　　w : $2\pi PRN$-크랭크축의 일량(kg·m/min)

토크 웨이트 레이쇼 torque weight ratio　차량 중량을 엔진의 최대 토크로 나눈 것이다. 토크 웨이트 레이쇼가 적을수록 자동차의 가속 성능이 좋다.

토크 컨버터 torque converter　유체를 사용하여 토크를 변환하여 동력을 전달하는 장치를 말한다. 엔진 측에 연결된 펌프와 변속기 측에 연결되는 터빈 및 힘을 강하게 하는 스테이터와 오일로 구성된다. 터빈의 회전수가 낮으면 스테이터가 고정되어 토크가 증가하나 터빈 속도가 펌프 속도에 가까우면 스테이터가 공전하여 단순히 유체 클러치로만 작동한다. 토크의 배

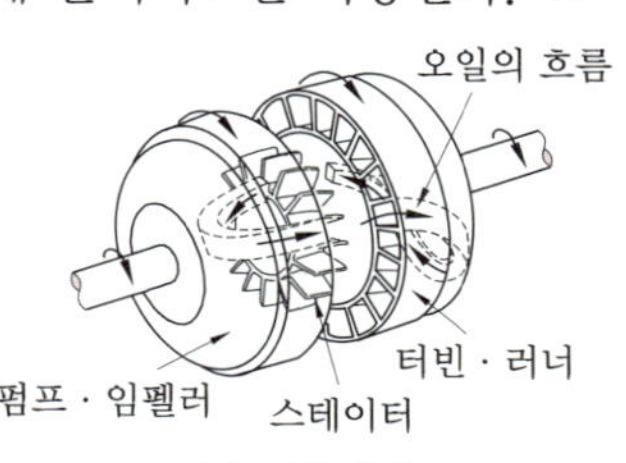

토크 컨버터

율은 약 2.5 정도이다. 자동차, 선박 등에 응용하면 변속 기어가 필요 없게 되며 시동 시 회전력도 크다.

토크 튜브 torque tube 프로펠러 샤프트를 포함한 구조의 관(튜브)을 말한다. 리어 액슬에 걸리는 토크를 지지하기 위한 것으로서 전단은 섀시나 프레임에 장치되고, 후단은 디퍼렌셜 케이스에 연결되어 있다. 진동 및 소음의 저감을 도모하고 있다.

토크 튜브 구동 torque tube drive 구동륜의 구동력 전달 시 발생되는 추력과 리어 엔드 토크 등을 액슬축과 변속기 사이에 설치된 튜브가 코일 스프링과 함께 흡수 전달하는 형식이다.

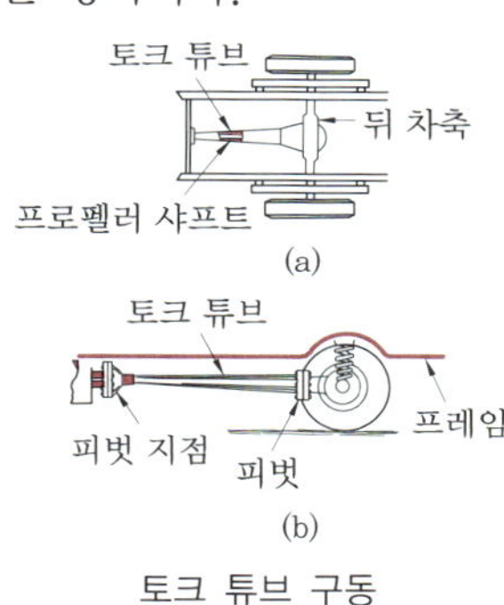

토크 튜브 구동

토크 튜브 드라이브식 서스펜션 torque tube drive type suspension 일체 차축식 현가장치의 일종이다. 링크가 차동 기어 케이스에서 앞쪽에 설치되어 차체의 조인트를 통하여 연결되고, 중앙의 추진축을 통한 토크 튜브를 중심으로 좌우의 아래(low) 링크와 레터럴 로드를 조합한 것이다. 위(upper) 암이 없어 바닥을 낮게 할 수 있으며 토크 튜브가 동력 전달 계통의 구동, 제동력과 그의 반력(反力)을 흡수하기 위한 드라이브 라인의 진동이 적은 장점이 있다.

토크 특성 torque characteristic 엔진 성능 곡선에 의하여 엔진의 회전수와 축 토크의 관계를 나타낸 특성이다. 일반적으로 사용되는 회전수의 범위에서 성능 곡선이 평탄한 엔진은 회전수가 다소 달라도 토크가 변하지 않아 일정한 가속을 얻을 수 있기 때문에 적응성이 있다. 반면에 성능 곡선의 변화가 큰 엔진은 3,000 rpm에서는 큰 토크를 얻을 수 있지만 2,800 rpm 미만이나 3,200 rpm 이상이 되면 토크가 작아진다.

토털 기어비 total gear ratio 엔진 출력축의 회전수와 구동 바퀴의 회전수의 비율을 말한다. 전 감속비(全減速比) 또는 총 감속비라고도 한다. 일반적으로 변속기의 변속비와 종감속 기어의 감속비를 곱한 수치가 이용된다.

톤[1] ton 미터법에 의한 무게의 단위이다. 1톤은 영국에서는 2,240파운드로 약 1,016 kg에 해당하고 미국에서는 2,000파운드로 약 907 kg에 해당한다.

톤[2] tone 피치를 가지고 있는 음향 감각 또는 그러한 음향 감각을 일어나게 하는 음파를 말한다.

톰백 tombac 구리 합금으로 8~20%의 아연을 구리에 첨가한 것을 말한다. 아연이 20% 전후인 것은 연성이 크며, 금박의 대용품으로 사용된다.

톰슨 효과 Thomson effect 하나의 물질로 이루어져 있고 그 길이를 따라 온도 차이가 나는 회로를 통해 전류가 흐를 때 열이 방출되거나 흡수되는 현상이다. 이러한 열의 전달은 도체를 흐르는 전류에 대한 전지 저항에 의한 열의 생성과 합쳐진다. 1854년에 발견했다.

톱 기어 top gear 가장 높은 속도의 맞물림이다. 보통 자동차에서 4단, 5단 기어 변속식에서는 제4단이나 제5단이 톱기어가 된다.

톱니 나사 buttless thread 나사산이 톱니 모양인 비대칭 단면의 나사이다. 축 방향의 힘이 한쪽 방향으로만 작용하는 경우에 사용한다.

톱니 마모 형태 saw-tooth wear pattern 테 바닥의 가로 모양에서 한쪽이 다른 쪽보다 더 마모되는 타이어 마모 형태이다. 대개 토인 부정확으로 일어난다.

톱니 모양 serrations 서로 조였을 때 위치가 움직이지 않도록 하기 위해 부품에 만들어 놓은 흠이나 톱니를 말한다.

톱니 벨트 cogged belt ⇨ 코그 벨트

톱 랜드 top land 피스톤 헤드부에서부터 최상부 링 홈 사이의 피스톤 측면을 말한다.

톱 링 top ring 피스톤 링 명칭의 하나로서, 통상 2개가 설치되어 있는 압축 링 중 피스톤 헤드부의 가까운 쪽에 있는 것이다. 주로 연소 가스를 밀봉한다.

톱 섀도 top shadow 윈드실드 글라스의 지붕 가까운 부분에 어두운 색깔을 칠하여 시야를 방해하지 않고 눈부심을 방지한 것을 말한다.

톱코트 topcoats 차량의 색상과 부식에 대한 저항력을 확보하는 데 사용되는 래커 또는 에나멜과 같은 페인트 물질의 마지막 층을 이른다.

톱 해트 top hat 자동차에서는 브레이크 디스크를 휠 허브에 부착하는 부분을 말한다. 모양이 테가 있는 모자와 같아서 지어진 이름이다.

통기구(通氣口) breather, bleeder 대기에 개방되어 있는 배기구를 말한다.

통기 항력(通氣抗力) 자동차의 주행 저항 중 공기가 엔진룸 등 보디 내부로 흘러들어 발생하는 항력을 이른다.

통기 회로(通氣回路) vent line 유압 장치에서 대기 중에 항상 개방되어 있는 회로를 말한다.

통로(通路) passage 유압 장치에서 구성 부품의 내부를 관통하거나 또는 그의 내부에 설치되어 유체를 유도하는 연락로를 말한다.

통신로(通信路) ⇨ 채널

통전 시간(通電時間) weld time 저항 용접에 있어서 용접 전류를 통과하는 시간이다.

통풍관(通風管) breather pipe ⇨ 브리더 파이프

통화로(通話路) ⇨ 채널

퇴색(退色) fading 자동차의 도장(塗裝) 후 오랜 시간의 경과로 색이 변화하는 것을 말한다. 태양광선 중 자외선이 수지(樹脂)나 안료를 변질시켜 생기는데 도료의 성질에 따라 정도 및 기간에 차이가 있다.

투과도계(透過度計) penetrometer 시험부와 동시에 방사선 투과 사진을 촬영하여 그 사진의 성질을 판단하기 위한 척도로 하는 것을 말한다.

투과 조명(透過照明) 문자판의 뒤에서 빛을 조명하여 문자를 부상하게 하는 조명을 말한다. 확실히 판독할 수 있으며, 눈에는 부드러운 것이 특징이다.

투과 조명식 계기판(透過照明式計器板) 투명한 플라스틱에 빛을 투과하는 잉크로 숫자나 문자를 인쇄하여 백라이트로 조명하는 문자판이다. 투과 조명에 빛을 쬐어 조명하는 방법을 반사 조명이라고 한다.

투 로터 로터리 엔진 two rotor rotary engine 로터를 2개 나란히 설치한 로터리 엔진을 말한다. 로터리 엔진은 로터 1회전마다 1회의 팽창 행정이 발생하는데 이것은 왕복형 엔진의 2사이클 엔진과 같으며, 안정된 회전을 얻는 데는 여러 개의 로터를 설치하는 것이 바람직하다. 2로터 로터리 엔진은 4사이클의 4실린더 엔진에 해당하며, 3로터 로터리 엔진은 6실린더 엔진에 해당된다.

투르 드 코르스 Tour De Corse 코르스(corse)는 라틴어의 코르시카에서 유래한 지명으로 우리에게는 코르시카로 더 알려져 있다. 코르시카 랠리는 프랑스령 코르시카 섬에서 열리며 WRC의 1전이다.

투 리딩 슈식 two leading shoe type 2개의 휠 실린더를 사용하여 양쪽의 슈를 모두 리딩 슈로 작동시킴으로써 자기 배력 작용을 이용하여 더 큰 제동력을 얻는 방식이다. 한쪽만 열리는 휠 실린더를 2개 사용하여 각각의 브레이크슈를 밀게 하는 단동식과, 좌우 모두 열리는 2개의 휠 실린더를 사용한 복동식이 있다. 단동식의 경우 전진 시에는 리딩 슈가 되어 큰 제동력이 되나 후진 시에는 트레일링 슈가 되어 제동력이 떨어지는 데 반하여, 복동식의 경우에는 전·후진 모두 리딩 슈가 된다.

투 리딩 슈식 브레이크 two leading brake 상하 2개의 휠 실린더로 이루어진 브레이크이다. 피스톤의 수에 따라 단동식(1개)과 복동식(2개)이 있다. 단동식은 주로 승용차의 앞쪽에 이용되어 전진에서는 양방의 브레이크슈가 리딩 슈로 작용하여 자기

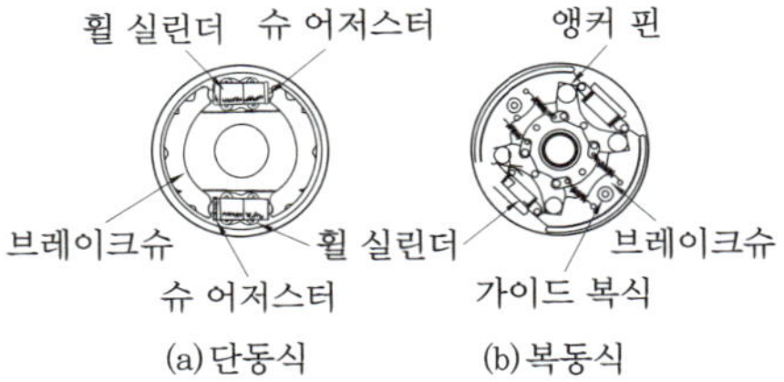

투 리딩 슈식 브레이크

배력 작용에 의하여 제동력을 증대시키지만, 후진에서 모두 트레일링 슈가 되어 제동력이 저하된다. 복동식은 전진과 후진 모두 리딩 슈로 작동하도록 고안된 것으로 중·대형 승용차의 뒤쪽에 이용되고 있다.

투 리딩형 브레이크 브레이크슈가 휠 회전 방향에 대해서 2개 모두 리딩 슈가 되는 타입의 드럼 브레이크를 말한다. 리딩 슈는 드럼에 압착했을 때 자기 배력 작용이 작동하고 브레이크력이 향상되기 때문에 프런트 브레이크에 적용할 때가 많다. 그러나 현재에는 디스크 브레이크가 그 자리의 상당 부분을 차지하고 있다.

투 모드 터보 two mode turbo ➪ 듀얼 모드 터보

투 박스 two box 자동차 스타일의 디자인 용어로서 엔진과 객실이 2개의 상자를 이은 형태로 되어 있다. 트렁크 부분은 실내에 있는데 승용차에서는 해치백의 유행에서 받아들인 형식으로, 밴과 왜건에서는 예전부터 2박스가 상식이었다. FF 타입의 소형 승용차 (프라이드, 티코 등)에는 이런 스타일이 많아져서 자주 쓰이게 된 용어이다. ➪ 원 박스

투 박스

투 배럴 two barrel 보통 저속형과 고부하형의 벤투리를 갖고 있기 때문에 배럴이 2개임을 이르는 말이다.

투 배럴 카뷰레터 two barrel carburetor 혼합 가스의 통로(배럴)가 2개 설치되어 있는 카뷰레터이다. 각각의 배럴이 전체의 실린더에 혼합 가스를 공급하는 방식(듀얼 카뷰레터)과 일반적인 운전에서는 1차

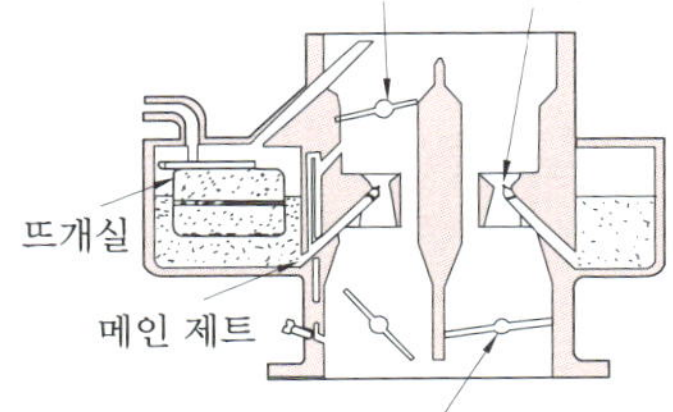

투 배럴 카뷰레터

쪽(first) 배럴만 작동하고, 고속 고부하 운전에서는 2차 쪽(second) 배럴도 같이 작동하는 것(2단 작동식)이 있다.

투 밸브 엔진 two valve engine 하나의 실린더에 흡배기 밸브를 각각 1개씩 설치한 엔진이다.

투사 용접(投射鎔接) projection welding 금속 부재의 접합 장소에 형성된 돌기부를 접속시켜서 압력을 가하고 여기에 전류를 통하여 저항열의 발생이 비교적 작은 특정한 부분에 한정시키면서 접합하는 일종의 저항 용접이다.

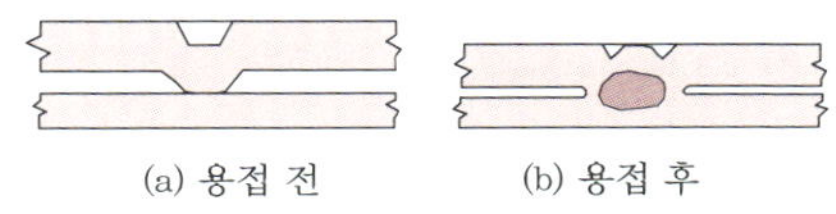

투사 용접

투 사이클 엔진 two cycle engine 4사이클 엔진의 흡기, 압축, 팽창, 배기의 4행정 중 매체의 교환이 이루어지는 흡기와 배기의 2행정을 생략하고 압축과 팽창의 2행정만으로 작동하는 엔진이다. 투 스트로크 엔진이라고도 한다. 모터사이클용의 소형 가솔린 엔진과 주로 선박용에 쓰이고 있는 대형 디젤 엔진에 많다. 소형 엔진에서는 크랭크 실을 밀폐하고 피스톤 뒤쪽을 펌프로 사용하여 흡기 구멍에서 흡입된 혼합 가스를 소기(掃氣) 구멍으로부터 실린더 내에 불어넣은 다음 연소 가스를 배출구에서 밀어내는 방식이 일반적이다.

투상도(投橡圖) projection 하나의 평면 위에 물체의 한 면 또는 여러 면을 그리는 방법으로 정투상도, 사투상도, 투시도 등이 있다.

투스드 체인 toothed chain 체인은 링크와 핀이 연결된 것으로서, 링크가 기어 모양으로 되어 있는 체인을 이른다. 핀이나 링크가 다소 마모되거나 이가 스프로킷과 맞물려 돌아가도 소음이 잘 나지 않아서 사일런트 체인이라고도 한다.

투 스트로크 엔진 two stroke engine ➪ 투 사이클 엔진

투시도(透視圖) perspective drawing 어떤 시점에서 본 물체의 형태를 평면상에 나타낸 그림으로서 원근감이 있도록 그린 것이다.

투 시터 카 two seater car　좌석이 2사람만 앉을 수 있는 승용차를 말한다. 스포츠카를 일컬을 때가 많으며, 시가지 주행 전용의 소형차에도 투 시터가 있다. 또한 좌석이 앞뒤로 나란히 2좌석으로 되어 있는 것을 탠덤 투 시터라고 한다. 탠덤은 종열의 뜻이다.

투어리스트 트로피 레이스 Tourist Trophy Race　영국에서 열리는 투어링 카 및 스포츠카 레이스이다. 현재까지 남아 있는 레이스 중에서 가장 역사가 깊어, 1905년에 제1회 대회가 개최되었다. 투어링 카 (여행용 일반 자동차)의 내구성과 거주성을 중시한 독특한 이벤트로 제2차 세계대전 후에는 일시적으로 스포츠카 레이스로 열리기도 했다.

투어링 카 touring car　장거리 주행을 편하게 할 수 있는 승용차를 말한다. 모터스포츠의 차량 정의에는 4명 이상이 탈 수 있는 승용차로 성능은 별로 관계가 없다. 특별히 경쾌한 차를 투어러라 하기도 한다.

투웨이 밸브 2-way valve　연료 증발 가스 배출 억제 장치 속의 부품에 투웨이 밸브가 있다. 투웨이 밸브는 연료 탱크 내의 압력이 높을 경우에 열리는 압력 밸브와 부압이 발생했을 때 열리는 진공 밸브로 이루어져 있으며, 연료 탱크 내부의 압력을 일정하게 유지한다.

투 웨이 이그조스트 컨트롤 시스템 two way exhaust control system　가변 배기 방식의 호칭이다.

투 조인트 프로펠러 샤프트 two joint propeller shaft　조인트를 2개 사용한 추진축을 이른다.

투톤 컬러 two-tone color　차체 색깔에서 시각적인 효과를 얻기 위해 2가지 색깔로 입힌 것이다.

투 플러스 투 2 by 2　벤치형의 시트로 버킷 시트나 세퍼레이트 시트에 대비되는 표현이다. 조금 큰 6인승 승용차의 경우 앞좌석에 여유 있게 앉을 수 있는 자리를 말하고, 뒤의 2는 뒷좌석에도 2명이 탈 수 있는 좁은 좌석이 더해져 있는 형식을 말한다. 일반적으로 앞좌석에만 특별한 관심을 둔 스포츠카 형식의 시트가 이렇게 되어 있다.

투피스 휠 two piece wheel　림과 디스크 2개(투피스)를 조합하여 만들어진 휠이다.

투 홀 인젝터 two hole injector　4밸브 엔진의 가속 응답성을 향상시키기 위하여 연료 분사 구멍을 2방향으로 분리한 인젝터이다. 일반적으로 흡입 밸브의 삿갓 중심을 겨냥하여 2방향으로 분사함으로써 흡입 포트 벽면에 연료가 부착되는 것을 경감시킨다.

툴 tool　공구를 뜻하는데, 새 차에는 차에 싣고 다니는 공구가 들어 있어 차량 관리에 필요한 것들이 갖추어져 있다. 드라이버, 스패너, 여러 종류의 렌치 등이 대표적인 공구이다.

툴 박스 캐빈 tool box cabin　다양하게 사용할 수 있는 넓은 공간을 가진 경자동차의 캐빈을 말한다. 높은 루프가 만들어낸 여유 있는 실내 공간이 그 특징이다.

튐 expulsion and surface flash　겹치기 저항 용접에 있어서 모재가 국부적으로 과열되어 용융 비산 (飛散)하는 현상 또는 그 금속을 말한다. 전극 팁에 접하는 바깥 표면에 나타나는 바깥 튐과 적합 부재 사이에 나타나는 안 튐이 있다.

튐 손실 spatter loss　튐에 의한 금속의 손실을 말한다.

튜닝 tuning　원래 악기 등을 조율한다는 의미이지만, 자동차에서 사용할 때는 손을 대어 성능을 향상하는 것을 말한다.

튜닝 카 tuning car　일반 공장에서 대량으로 같은 차종을 생산하는 works-car와 반대되는 말로 특수 목적으로 여러 가지 부품을 조립하여 만든 차를 말한다. 예를 들면 '아메리칸 드림(American dream)'이나 '포르셰 스파이더(Porsche spider)'와 같이 유일하게 한 대밖에 없는 차라는 특징이 있다.

튜브 inner tube　자동차나 자전거 타이어 안쪽에 들어 있는 고무제의 바퀴 모양의 관이다. 튜브 속에 공기를 넣고, 그 공기압으로 타이어를 팽창시켜 주행에 적합한 상태가 되게 한다. 얇아도 내구력이 있는 뷰틸 고무(합성 고무)가 주로 사용된다.

튜브리스타이어 tubeless tire　공기를 넣는 고무로 된 주머니인 튜브를 사용하지 않고 타이어 스스로가 공기 압력 등을 유지하게 만든 타이어이다. 타이어 안쪽에 이너 라이너라 불리며 기밀성을 잘 유지하는 고무층을 갖고 비드부를 림 플랜지에 압착하여 공기가 새어나가지 않게 한 것이다. 이너 라이너가 약간의 기밀성 유지 효과를 가졌고, 홈 끝의 급격한 공기 누출이 없어 안전성이 높다. 밸브(림 밸브)는 림에 직접 붙인다. 튜브가 필요한 타이어를 튜브리스로 쓸 수는 없으나, 튜브리스타이어에 튜브를 넣고 쓸 수는 있다. 그러나 이때 쓰는 튜브는 전문점에 꼭 확인하고 사용해야 한다. 크기가 맞지 않는 튜브는 펑크의 원인이 된다.

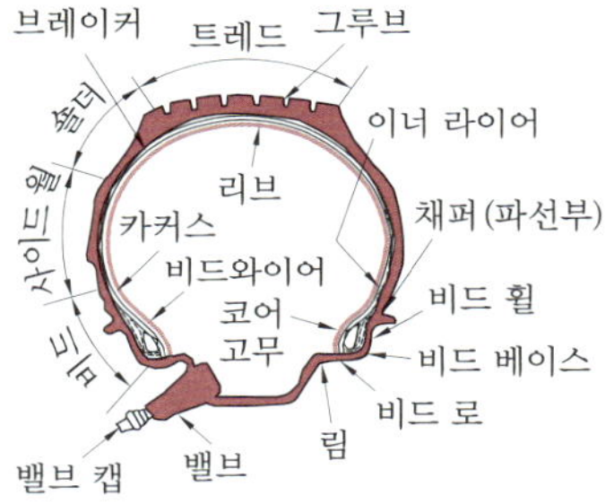

튜브리스타이어

튜브 및 핀 코어 tube and fin core　튜브를 형성하고 있는 라디에이터 형식으로 여기에 냉각핀이 부착되어 있다.

튜브 타입 타이어 tube type tire　타이어 내부에 있는 튜브에 공기를 넣어 사용하는 타이어인데 주행 중 날카로운 물질에 손상되면 급격히 공기가 빠져나가기 때문에 더블 타이어 형식의 화물차에 쓰이고 있으나 점차 사용이 줄고 있다.

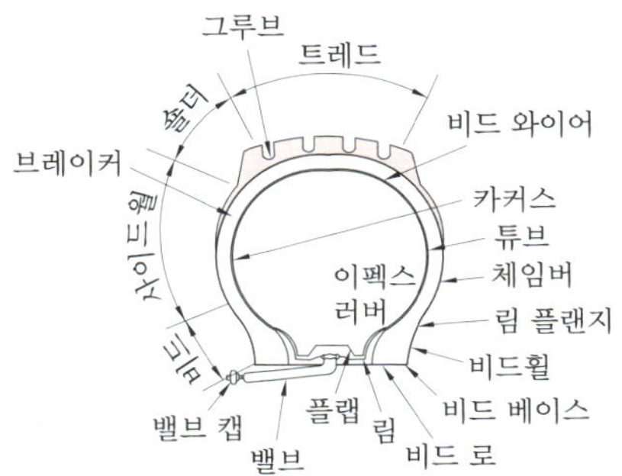

튠 업 tune up　엔진을 원래의 표준 상태로 환원하기 위한 일련의 테스트 및 조정 작업을 말한다.

튠 업 테스터 tune up tester　엔진 및 섀시의 조정 작업에 사용되는 테스터이다. 압축 압력 게이지, 진공 게이지, 타이밍 라이트, 태코미터, 엔진 종합 테스터, 섀시 다이너모미터 등을 말한다.

트라이볼로지 tribology　상대 운동을 하는 접촉면과 관련된 마찰, 마모, 윤활을 취급하는 과학 기술을 말한다. 자동차 기술은 엔진, 동력 전달 계통, 제동 계통, 운동 기능 등 모든 면에 트라이볼로지가 중요한 관계를 가지고 있다.

트래블 travel　(1) 자동차 또는 열차가 어떤 방향으로 주행하는 것을 말한다. (2) 전기 장치의 주요 작동 요소나 접촉 부분이 어떤 방향으로 운동을 할 때 이동하는 거리(행정)를 말한다.

트래블 서비스 travel service　주행 중 발생한 자동차의 고장을 수리하기 위하여 각 제작 회사에서 운용하는 이동 정비 서비스를 말한다.

트래킹 tracking　뒷바퀴가 앞바퀴 자국을 그대로 따라가는 것을 말한다.

트래킹 서보 tracking servo　CD 플레이어로 레이저광을 항상 CD의 비트에 추종시키는 기구의 하나이다. 레이저광이 비트열의 중앙에 투사하도록 제어하는 것으로서, 디스크가 한쪽으로 치우치는 것 등에 의한 오차를 보정한다.

트래픽 워든 traffic warden　교통 지도관으로서 주차 위반 단속, 아동이나 노약자 등을 위하여 안전하게 지도하는 경찰 보조원을 카리킨다.

트랙 track　자동차가 지나간 뒤에 나타난 타이어의 흔적에서, 좌우 중심 간의 거리를 말한다. 보통 윤거(輪距)라고 한다.

트랙션 traction　구동력을 말한다. 자동차를 앞으로 진행시키는 힘의 근본이다. 와이드 타이어나 4WD 등은 트랙션을 증가시키기 위해 개발된 것이다.

트랙션 컨트롤 시스템 traction control system　눈길 등 미끄러지기 쉬운 도로에서 구동륜이 미끄러지는 것을 방지하는 슬리퍼 컨트롤 기능과, 일반 포장도로 등에서 선회 가속 시 액셀의 과응답으로 인해 코스에서 이탈하는 것을 방지하는 트레이스 컨트롤 기능으로부터 구성되는 트랙션 컨트롤을 말한다. 특징으로는 ① 미끄러지기 쉬운 노면에서 가속 시에 미묘한 액셀 조작이 불필요하다. ② 가속 성능과 가속 선회 성능이 향상된다. ③ 일반 노면에서도, 좀 더 안정적으로 선회할 수 있고 목표로 하는 코스를 트레이스하는 것이 가능하다. ④ 선회 가속 시 조타량 및 액셀 조작 빈도의 저감을 도모할 수 있는 것 등이다.

트랙션 패턴 traction pattern　슈퍼 트랙션 패턴으로서, 오프로드용 타이어나 농기계 타이어에서 많이 볼 수 있는데 방향성이 뚜렷하고 깊이 파인 러그 패턴의 일종이다. V자형의 패턴에 의하여 비포장 노면에서 큰 견인력을 얻을 수 있다.

트랙터 tractor　(1) 트레일러 또는 건설 기계, 농업용 기계 등을 견인하는 원동력 차이다. (2) 작업 조종 장치가 없고 견인력만 가진 자동차로서 블레이드(배토판)나 버킷 등을 설치하여 건설 기계로 사용되며, 크롤러식 트랙터와 휠식 트랙터로 분류된다. (3) 기체(機體)의 앞부분에 프로펠러를 장치한 항공기를 말한다.

트랙터 자재 이음 tracta universal joint　십자형 자재 이음을 2개 합한 것과 같은 구조로서 2개의 섭동부(攝動部)를 양쪽 요크에 끼우고 2조의 베어링으로 중심을 유지한다. 완전한 등속도는 얻을 수 없으며, 작용 각도도 작다.

트랙터 프로텍션 밸브 tractor protection valve　트랙터에서 트레일러를 분리하고 주행할 때, 분리된 브레이크 호스로 공기가 누출되지 않도록 닫아 브레이크 계통을 보호하는 밸브를 말한다.

트랙티브 포스 베리에이션 TFV ; tractive force variation　타이어가 차축과 노면 사이의 거리를 일정하게 움직였을 때 접지면에 발생하는 힘의 변동(포스 베리에이션) 중 타이어의 앞뒤 방향에 미치는 힘의 성분을 말한다. 트랙티브는 견인하는 방향이라는 뜻이며, 탄젠셜 포스 베리에이션이라고도 부른다. 포스 베리에이션(FV) 중, RFV와 LFV는 속도가 변하여도 그 값은 크게 변하지 않지만 이 TFV는 속도가 높아지면 값이 커지기 때문에 측정에 어려움이 있다.

트랜스듀서 transducer　어떤 신호를 다른 유용한 신호로 변환하는 장치이다. 에너지를 어떤 형태에서 다른 형태로 변환하는 장치로 예를 들면 전기 음향 변환기, 무선에서의 반송 주파수 변환기, 전송로의 임피던스 변환기, 기호 열 변환기, 센서 신호 변환기 등이 있다.

트랜스미션 transmission　변속기 또는 미션이라고 부른다. 엔진과 구동 바퀴 중간에서 엔진의 동력을 차의 주행 속도에 알맞게 변속시키는 장치로 수동 변속기와 자동 변속기가 있다. 자동차는 정지되어 있을 때 저항이 크고, 돌고 있는 엔진도 저회전 때는 힘이 크지 않다. 이때 엔진 회전을 톱니바퀴로 감속하고 힘을 크게 하여 타이어에 전달하는 장치를 말하는데, 서로 맞물린 한 쌍의 톱니바퀴는 톱니수에 반비례하여 힘을 크게 한다. 이것을 감속이라 하고 회전이 느려지면 힘은 커진다. 트랜스미션은 톱니바퀴를 여러 단으로 결합시켜 출발부터 고속까지 알맞은 힘을 전달한다.

트랜스미션 기어 노이즈 transmission gear noise　트랜스미션 내의 기어에서 발생하는 소리로서 기어가 맞물릴 때 발생하는 진동이 트랜스미션 케이스나, 변속 레버를 거쳐 실내로 전달되는 소리이다. 귀에 들리는 진동수는 500~3,000 Hz이다.

트랜스미션 브레이크 transmission brake ⇨ 유체식(流體式) 리타더

트랜스미션 스위치 TS ; transmission switch　변속기 스위치를 이른다. TCS 점화 시기 제어 장치로, 트랜스미션(변속기)의 시프트 위치에 따라 스위치 전환 작용을 한다. TPIS는 토요타(Toyota) 차, TS는 닛산(Nissan) 차에서 사용하고 있는 말이지만 동일한 작용을 한다. 그림은 포지션 인디케이터 스위치(position indicator switch)의 단면을 보여주지만 변속기의 변속 위치에 따라, 축이 다이어프램을 움직임에 따라 접촉관(contact plater)이 접촉점에 붙었다 떨어졌다 하면서 전기 신호를 ON, OFF한다. 다음의 표는 포지션 인디게이터 스위치의 작동을 나타내는 것으로 스위치는 4, 5단에서만 ON으로 되고 그 이외의 위치에는 OFF로 된다.

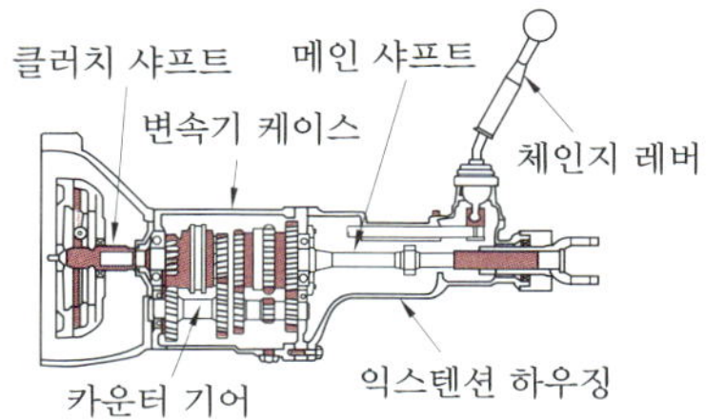

트랜스미션 스위치

[포지션 인디케이터 스위치 사양]

M/T 종류	사용 개수	스위치 OFF	스위치 ON
5속 M/T	2	1~3속 중립 ↑	4, 5속
4속 M/T	2		4속

(A/T차 제외)

트랜스미션 오일 transmission oil　변속기에 사용되는 윤활유를 말한다. 수동 트랜스미션과 자동 트랜스미션은 각각의 사용 조건에 따라 다른 윤활유가 사용된다.

트랜스미션 제어 transmission control　차속과 액셀러레이터 페달의 움직임 등에 따른 최적의 변속 기어 위치를 설정하는 제어를 이른다.

트랜스미션 케이스 transmission casing　변속 장치가 설치되어 있는 케이스이다.

트랜스미션 피티오 transmission power take-off　트랜스미션에서 동력을 끄집어내어 오일펌프 등을 구동시키는 장치를 이른다.

트랜스미터 transmitter　발신 장치를 말하며, 예를 들면 키리스 엔트리 시스템의 발신기가 있다.

트랜스버스 링크 transverse link　가로 방향으로 배치한 링크로 래터럴 로드를 말하는 경우도 있다. 그러나 최근에는 각 바퀴에 붙인 링크나 암을 말하는 때가 많다. 예를 들면, A형 암 대신 두 개의 가로 방향 링크를 썼을 때는 트랜스버스 링크라 부른다. 액슬 스티어를 의식적으로 쓴 리어 서스펜션에 이용된다.

트랜스암 선수권전 Trans-am Championship　시판용 GT카(grand touring car) 및 세단을 베이스로 개조한 머신에 의한 미국 국내의 선수권 시리즈이다. SCCA (Sports Car Club of America)의 통괄 아래 미국 각지의 로드 코스를 무대로 해마다 약 10전

씩 펼쳐진다. 1966년에 시작되었으며 1970년대 중반에 인기가 떨어졌다가 1980년대에 들어 5*l*급 미국제 세단의 접전으로 다시 인기가 높아졌다.

트랜스 액슬 trans axle　트랜스미션과 파이널 드라이브의 합성어로, 트랜스미션과 파이널 드라이브가 하나로 되어 있는 것이다. 앞바퀴 굴림(FF) 차와 뒷바퀴 굴림(RR) 차에서는 엔진과 트랜스미션이 굴림 바퀴 가까이에 있어 파이널 드라이브와 일체화하는 쪽이 편리하다. 최근에는 FR 차에서도 엔진에서 트랜스미션을 떼어 뒷바퀴 파이널 드라이브에 트랜스미션을 일체화하여 앞뒤의 무게 배분을 적절하게 한 차가 늘어나고 있다.

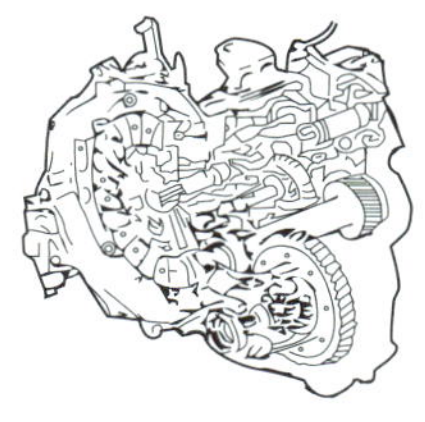

트랜스 액슬

트랜스퍼 transfer　4륜구동 차량에서 변속기의 동력을 앞·뒷바퀴에 나누어 전달하는 장치이다. 풀타임 4WD에서 차동 장치가 조합된 것을 센터 디퍼렌셜이라고 부른다.

트랜스퍼 레버 transfer lever　4륜구동 차의 경우에는 2륜구동과 4륜구동의 사용, 또한 하이 레인지(고속 주행), 로 레인지(저속 주행)를 도로 상황에 따라서 사용하지 않으면 안 된다. 그 컨트롤 레버가 바로 트랜스퍼 레버이다. 시프트 패턴은 차종에 의해 각각 차이가 있다.

트랜스퍼 슬롯 transfer slot　스로틀 밸브 위쪽의 구멍을 말하며, 공전 속도에서 이 구멍으로 아이들용 에어 블리드를 통해서 유입되는 공기에 추가하여 공기가 공전 장치(아이들 장치) 속으로 들어오게 된다.

트랜스퍼 케이스 transfer case　부변속기(副變速機)로서, 엔진의 동력을 모든 차축과 바퀴에 전달하기 위해 변속기 옆에 설치한 장소를 이른다. 구동력을 더욱 증가시키기 위한 감속 장치도 포함되어 있다. 트랜스미션이 1단이 아니고 도중에 감속

기어를 가지고 있을 때는 주변속기(트랜스미션)에 대해 부변속기(트랜스퍼)라 한다. 4WD 등에서는 저속으로 달리기 위한 기어로 다시 한 번 감속하는 것도 있다. 이때는 최종 감속비의 계산에 따로 넣는다. 또 FF 차 등에서는 트랜스미션 속에서 1단 총 감속(總減速)하는 기어가 있는 것도 있다.

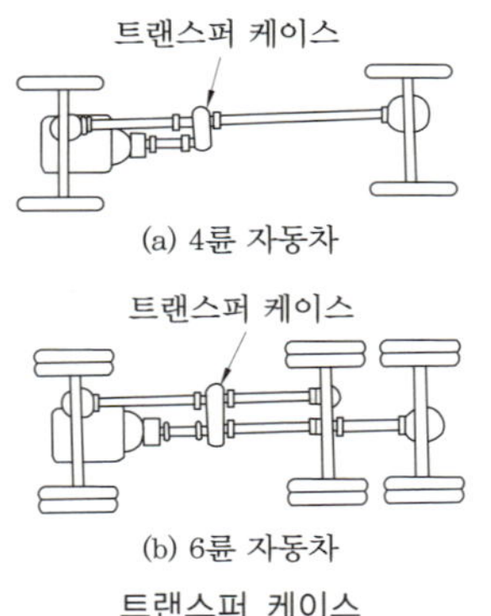

트랜스퍼 케이스

트랜스퍼 케이스 어댑터 transfer case a-dapter　트랜스퍼 기구를 보조하는 케이스로, 미션 옆이나 뒷부분에 장착된다.

트랜스퍼 펌프 transfer pump　연료 분사 장치에서 연료를 분배, 송출하기 위해 사용하는 장치를 말한다.

트랜스퍼 포트 transfer port　2행정 사이클 엔진에서 크랭크케이스와 연소실 사이의 연결부를 말하며, 이 형식의 엔진에서 공기/연료의 혼합 가스는 크랭크케이스 속으로 흡인되어(흡입 행정에서) 트랜스퍼 포트를 통해서 연소실 속으로 들어간다.

트랜스포머 transformer　전자 상호 유도 작용을 이용하여 교류 전압을 높이거나 낮추는 변압기를 말한다. 자동차에서는 저압을 고압으로 변압시키기 위해서 점화 코일을 사용한다.

트랜스폰더 transponder　자동 응답 장치를 말한다. 신호에 의해 자동적으로 신호를 되돌려 보내는 라디오 또는 레이더 송수신기이다. 이모빌라이저 시스템에서 점화키의 손잡이 부분에 내장되어 있는 반도체 부품으로 스마트라(smartra)로부터 무선으로 에너지를 받아 동작한다.

트랜지스터 transistor　단일의 전자 소자로서는 3개 이상의 전극을 가지며, 입력보다도 증폭된 출력을 낼 수 있는 반도체 소자의 총칭이다. 기본적으로는 Si을 사용하여 n형 반도체의 사이에 접합 부분을 통하여 극히 얇은 p형 반도체를 끼고 3개의 전극을 꺼낸 것(npn 형)으로서, 캐리어를 방출하는 n형 부분을 '이미터'라 하고, 캐리어를 모은 n형 부분을 '컬렉터', 중앙의 p형 층을 '베이스'라 한다. 반도체에 의한 능동 소자를 일반적으로 트랜지스터라 하고, 양·음 2종의 캐리어를 사용하여 동작하는 바이폴러형과 MOS 트랜지스터와 같이 양·음 어느 한 종류의 캐리어로 동작하는 유니폴러형으로 대별된다. 이 형에 의하여 만들어지는 집적 회로의 특징은 바이폴러 트랜지스터를 주체로 구성하면 유니폴러형에 비하여 집적도는 낮지만 고속 동작이 가능하다.

트랜지스터 점화 장치 transistor ignition, solid-state ignition　트랜지스터 회로에 의해 무접점(無接點)의 브레이커를 가진 점화 장치이다. 풀 트랜지스터 점화 장치와 세미 트랜지스터 점화 장치가 있다.

트랜지스터 조정기 transistor type regulator　접점 대신에 트랜지스터의 스위칭 작용을 이용하여 로터 코일에 흐르는 전류의 평균값을 변화시켜 발생 전압을 제어하는 조정기이다. 반 트랜지스터 조정기와 전 트랜지스터 조정기가 있다.

트랜지스터 회로 transistorized　다른 여러 가지 전자 부품과 함께 트랜지스터를 사용하는 전기 회로를 말한다.

트램 게이지 tram gauge　봉의 양 끝에 직각으로 측정용 침(針)이 설치되어 있는 게이지이다. 특정 부품의 길이를 고정할 수 있으므로 보디 각 부의 길이나 대각선 비교에 이용된다. 도량 단위가 표시된 것은 보디의 치수를 곧바로 읽을 수 있기 때문에 그 용도가 다양하다.

트램핑 tramping　세로축과 일직선인 회전축을 중심으로 왕복 회전 운동을 하는 것을 말한다. 주로 일체 차축 현가장치(懸架裝置)에서 타이어가 상하로 진동하는 것을 이른다.

트러니언 조인트 trunnion joint　자재 이음의 일종으로서 회전 토크를 전달함과 동시에 축 방향으로 신축(伸縮)이 가능한 형식이다. 축 양단에 베어링을 끼우고 축에 직각으로 회전할 수 있도록 한 것을 컵 모양의 하우징(용기) 내에 홈을 만들어 넣은 구조로 되어 있다. 베어링 계통에 사용하며 모양에 따라서 포트 커플링이라고도 부른다. 유사한 메커니즘으로는 동력 전달 계통에 이용하는 벤딕스 와이어형이 있다.

트러블 슛 trouble shoot 고장 배제를 말한다. 고장 또는 기능 불량의 원인을 찾아내는 데 필요한 진단 또는 검사를 말한다.

트러블 코드 trouble code 컴퓨터가 이상 기능을 검출했음을 나타내는데, 차량 모델과 제조 회사에 따라 여러 가지 방법으로 코드를 표시한다.

트럭 truck 주로 화물을 운반하기에 적합하게 제작된 자동차를 말하며, 트럭 운전대의 위치와 적재함에 지붕이 있는지 없는지에 따라 분류한다. 적재 방법별 분류는 다음과 같다. ① 보닛 트럭 : 보닛 뒤에 운전석이 있는 화물 자동차를 말한다. ② 캡 오버 트럭(cab over truck) : 운전석이 엔진 위에 있는 자동차를 말한다. 차종(8 ton, 11 ton, 15 ton 등 대형 차량) ③ 패널 밴(panel van) : 운전실과 화물실이 일체로 되어 있고 화물실도 지붕이 고정된 상자형 트럭으로, 3밴, 6밴 등이 있다. ④ 라이트 밴(light van) : 소형 패널 밴이라 할 수 있다. ⑤ 픽업(pickup) : 지붕이 없는 화물실을 운전실 뒤쪽에 마련한 소형 트럭이다.

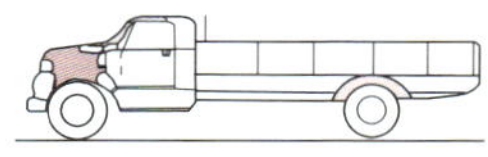

보닛 트럭

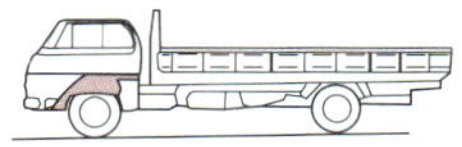

캡 오버 트럭

트럭 버스용 타이어 TB tire ; truck & bus tire 주로 고속용이며 튜브 타입과 튜브리스 타입이 있다.

트렁크 trunk 화물을 넣어 두는 트렁크에서 온 용어이다. 자동차에서는 러기지 컴파트먼트를 말한다. 트렁크 룸이라고도 부른다.

트렁크 게이트 trunk gate 트렁크 리드의 기능을 더욱 향상시킨 루프에서부터 열리는 게이트를 이른다. 개폐 면적이 넓다.

트렁크 네트 trunk net 트렁크 내부의 화물을 단단하게 잡아주는 네트를 말한다. 팽팽하게 신축하므로 어떤 화물에도 적합하다.

트렁크 룸 trunk room ⇨ 트렁크

트렁크 룸 램프 trunk room lamp ⇨ 러기지 룸 램프

트렁크 리드 trunk lid 트렁크 룸을 여닫는 덮개로, 덱(deck) 리드라고도 한다. 리드는 뚜껑이란 뜻이다. 보통은 보닛과 마찬가지로 평면판으로 되어 있으나 요즘에는 짐을 싣거나 내리기 편리하도록 좌우 테일 램프의 중앙 부분까지 여닫을 수 있는 것도 생산되고 있다.

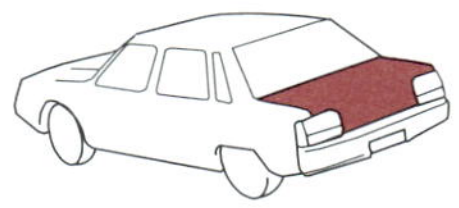

트렁크 리드

트렁크 스루 trunk through 리어 시트 백을 접으면 트렁크 룸과 뒷좌석이 연결되어 스키나 서핑 보드와 같은 장비를 적재할 수 있는 구조를 말한다.

트렁크 언더 트레이 trunk under tray 트렁크 보드 아래의 스페어타이어 위에 설치되어 있는 물건을 넣는 함이다. 와셔 탱크 등에 물을 넣는 경우에 물그릇으로도 사용할 수 있다.

트렁크 인 트렁크 trunk in trunk 트렁크를 좀 더 넓게 사용할 수 있도록 트렁크 아래에 여분의 다른 공간을 둔 것을 이른다. 이곳에 정지 표시 기재(삼각형의 경고 반사판)나 체인 등을 수납할 수 있다.

트렁크 커버 trunk cover ⇨ 트렁크 리드

트렁크 플로어 박스 trunk floor box 스페어 타이어 위에 종래의 트렁크 플로어 보드를 대신하여 장치된 박스로서 소화물을 넣는다. 삼각 정지판, 왁스, 스프레이, 공구 등에 맞춰서 공간을 설정함과 동시에 수납품의 크기에 따라서 칸막이를 자유로이 이동할 수 있다.

트레드 tread (1) ⇨ 윤거 (2) 타이어가 노면과 접촉하는 부분으로 트레드 패턴이 새

겨져 있다. 타이어의 구동력, 제동력, 선회력 등을 노면에 전하는 부분이고, 특히 이 부분의 고무 물성(物性)은 타이어 특성을 크게 좌우해서 경기용 타이어에서는 트레드 고무(트레드 콤파운드)의 선택이 중요하다.

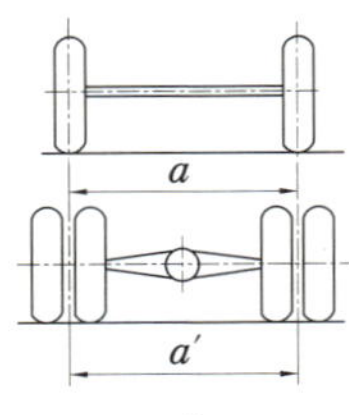

트레드

트레드 반지름 tread radius
표준 공기압을 넣은 타이어의 트레드 곡면의 반지름을 말한다.

트레드 웨어 인디케이터 TWI ; tread wear indicator
일반적으로 슬립 사인이라고 알려져 있는 타이어의 마모 표시이다. 타이어 웨어 인디케이터라고도 말한다. 타이어 트레드가 규정 깊이로 얕게 마모되면 트레드 패턴의 일부분이 연결되어 보이는데, 타이어의 수명 한계를 알리도록 한 것이다. 승용차에서는 잔여 홈 깊이가 1.6 mm에 달하면 타이어의 둘레 4개소 이상의 표면에 나타나도록 되어 있고, 그 위치를 나타내는 「△」 기호가 근처의 사이드 월에 표시되어 있다.

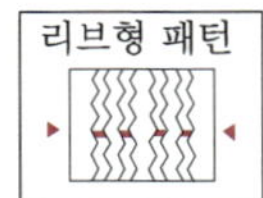

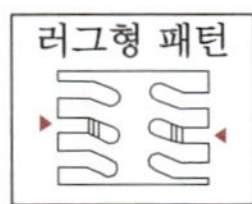

트레드부 표시

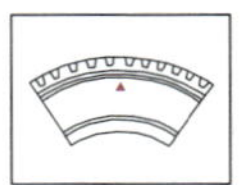

사이드 월 표시

트레드 웨어 인디케이터

트레드 콤파운드 tread compound
콤파운드는 복합물, 혼합물을 말하고 타이어에서는 트레드 부분에 사용되는 재질을 말한다. 트레드 재질은 기초가 되는 고분자 화합물에 카본블랙(나프타 등을 불완전 연소시켜서 얻은 그을음)이나 광물유 등 여러 가지 약품을 혼합하여 만든다. 타이어 회사의 재질 배합 관계자가 사용하고 있는 전문 용어로 요즘에는 레이스와 랠리용 타이어의 트레드 재질을 말할 때 자주 사용된다.

트레드 패턴 tread pattern
트레드에 새겨진 모양을 말한다. 트레드 패턴은 타이어의 기본적인 기능인 구동, 제동, 선회 성능은 물론 승차감과 소음, 굴러가는 데 대한 저항, 마모 같은 모든 특성에 관계된다. 패턴의 모양에 따라, 리브 패턴, 리그 패턴, 리브 러그 패턴, 블록 패턴 등으로 분류된다. 요즘의 타이어에는 이들을 혼합한 중간적인 패턴을 많이 쓰고 있다.

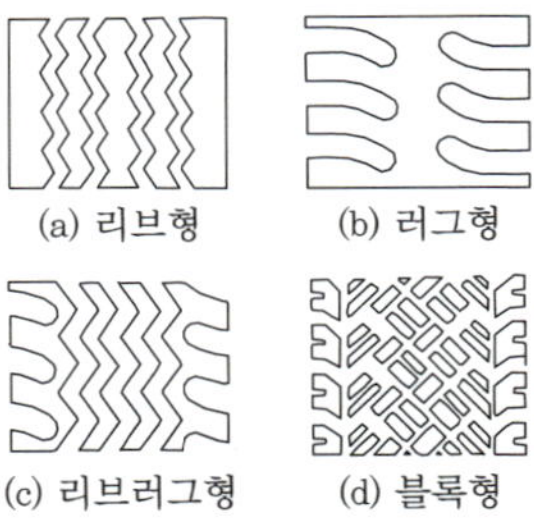

트레드 패턴

트레드 폭 tread width
무부하 상태에서 표준 공기압을 넣은 타이어를 지면과 수직으로 세웠을 때 트레드와 지면이 접촉되는 접지면의 폭을 말한다.

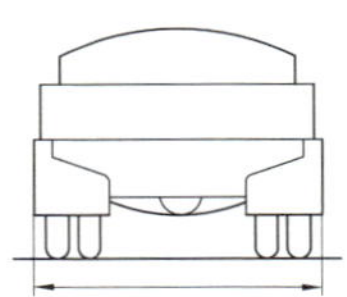

트레드 폭

트레비식 증기 기관차
증기 기관을 동력으로 하는 기관차로서, 트레비식(R. Trevithick)이 철제 궤도 위를 달리는 증기 기관차를 최초로 만들었다. 현재는 거의 전동차나 디젤 기관차로 대체되어 자취를 감추게 되었다.

트레이서 tracer
(1) 계통별로 배선된 전선을 식별하기 쉽도록 절연 피복에 가느다란 색선을 넣는 것을 말한다. (2) 물질의 행방 또는 변화를 추적, 지시하기 위하여 사용되는 특수한 물질을 말한다.

트레이스 trace
오실로스코프 화면에서 시간과 함께 전압이 어떤 식으로 변하는가를 나타내는 라인 패턴(line pattern, 파형선)을 말한다.

트레이스 컨트롤 trace control　트랙션 컨트롤 시스템의 기능 중 하나이다. 아스팔트 노면 등에서 선회 중에 액셀을 밟으면서 가속해 가면 원심력이 증가하여 회전하기 어려워지고, 드디어는 스티어링을 증가시켜도 회전을 다하지 못할 때도 있다. 이와 같은 경우에 스티어링의 절각과 차속에서 선회할 때 발생하는 원심력, 즉 횡가속도를 추정하여 액셀을 과하게 밟고 있을 때는 엔진의 출력을 저감시키고, 목표로 하는 코스를 트레이스하도록 하는 것을 말한다.

트레일 trail　앞바퀴를 옆에서 보았을 때 킹핀 중심선이 노면을 가로지르는 점과 타이어 중심선이 노면에서 교차하는 점과의 거리를 말한다. 트레일이 길면 차의 직진성이 좋아지지만 핸들은 무거워진다. 타이어의 셀프 얼라이닝 토크가 작용할 때의 타이어 중심선과 착력점(着力點) 사이의 거리를 뉴매틱 트레일이라 부르고, 이와 구별할 때는 트레일을 캐스터 트레일이라 부른다.

트레일러 trailer　동력 없이 견인차에 연결하여 짐이나 사람을 실어 나르는 차량이다. 적하 중량의 일부가 트랙터에 직접 지지되는 세미 트레일러와 트레일러 단독으로 적하 중량을 지지하는 트레일러가 있다.

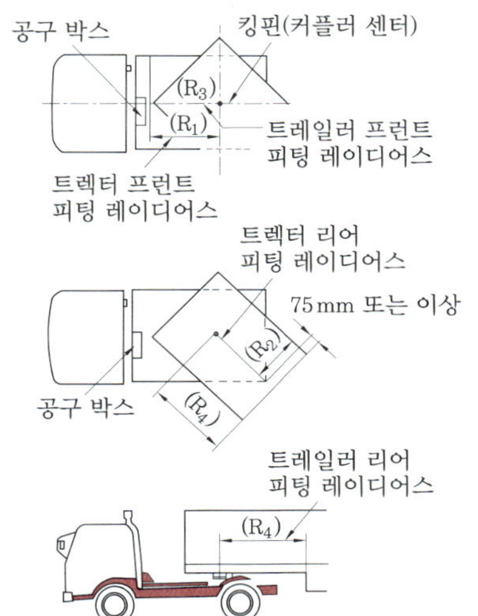

트레일러 각 부의 명칭

트레일링 링크 형식 trailing link type　차체와 바퀴 사이에 1~2개의 링크 또는 암으로 연결된 방식을 말한다. 옆 방향 저항이 약하고 제동 시 노즈 다운(nose down)이 발생되는 단점이 있어 그다지 채택되지 않는다.

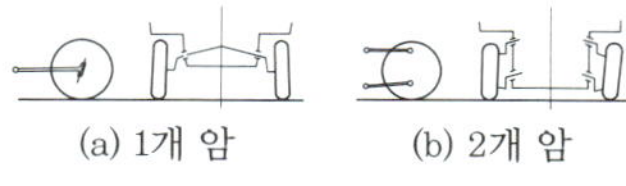

트레일링 링크 형식

트레일링 보텍스 trailing vortex　비행기의 날개 끝 뒤쪽에 발생하는 소용돌이를 말한다. 압력이 낮은 날개 윗면에는 날개 끝 아래면 바깥쪽으로부터 공기가 휘돌아 들어오기 때문에 발생한다. 따라서 자동차 쿼터 필러 부근이나 펜더 뒤 끝(後端)에서 발생하여 후방으로부터 나오는 소용돌이도 트레일링 보텍스라고 한다. 고속 도로에서 노면이 젖어 있을 때 타이어에서 올라오는 물보라의 움직임에서 그것을 관찰할 수 있다.

트레일링 슈 trailing shoe　드럼 타입의 제동 기구에서 회전 중인 바퀴에 제동을 걸면 진행 방향 쪽의 슈는 드럼에 접촉되면서 마찰력에 의해 확장력이 증대되는 반면, 진행 방향의 반대쪽의 슈는 확장력이 감소되는데 이렇게 확장력이 감소되는 슈를 말한다.
⇨ 리딩 슈

트레일링 암 trailing arm　한끝은 프레임에 다른 한끝은 현가장치에 연결되어 세로로 설치한 암으로, 주행 시 현가장치에 발생되는 비틀림을 흡수하여 복원력을 발생시킨다.

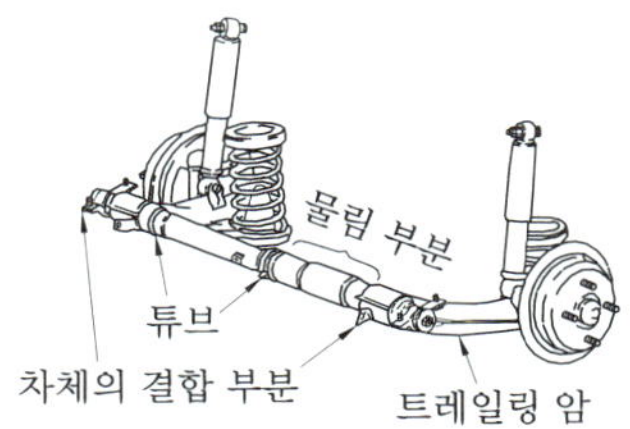

트레일링 암

트레일링 암 방식 trailing arm system　독립 현가의 일종으로 암이 진행 방향에 수평으로 배치된 방식이다. 피벗 축이 진행 방향에 수직으로 되어 있는 서스펜션 방식으로서 바퀴가 위아래로 흔들렸을 때 차체에 대하여 수직으로 움직여 코너링 중에도 차체의 기울기만큼 바퀴가 기울어지도록 한 것이다. 이것은 차체의 기울기가 커짐에 따라 타이어가 접지력을 잃게 됨으로써 발생하는 언더 스티어를 막기 위해서 FF 차의 뒷바퀴에 사용되는 경우가 많다.

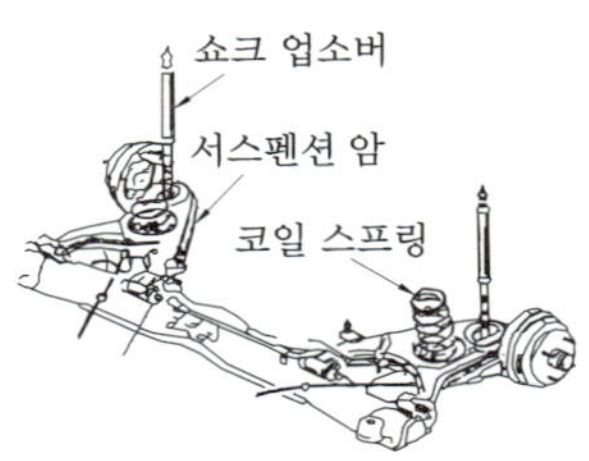

트레일링 암 방식

트레일링 암 부싱 trailing arm bushing 트레일링 암을 프레임에 연결하는 쪽에 사용되는 부싱을 말한다.

트레일링 암식 서스펜션 trailing arm type suspension 스윙 암식 서스펜션의 일종으로, 스윙 암에 유도되어 타이어가 따라가는 방식의 서스펜션이다. 소형 FF 차량의 뒤 서스펜션에 많이 채용되고 있다. 풀 트레일링 암식, 세미 트레일링 암식, 토션 빔식이 있다. ⇔ 리딩 암식 서스펜션

트레일링 에지 trailing edge 보디 맨 끝 부분을 말한다. 이곳의 형상에 따라 차체에서 떨어져 나가는 공기의 흐름이 크게 변한다.

트로코이드 trochoid 원이 직선 위를 미끄러지지 않고 굴러갈 때, 이 원 안의 일정한 점 하나가 그리는 곡선을 말한다.

트로코이드 치형 trochoid curve 트로코이드 곡선을 말한다. ⇨ 트로코이드

트로코이드 펌프 trochoid pump 로터리 펌프의 일종으로 케이싱의 중심면과 편심된 트로코이드 곡선의 내부 회전자, 케이싱

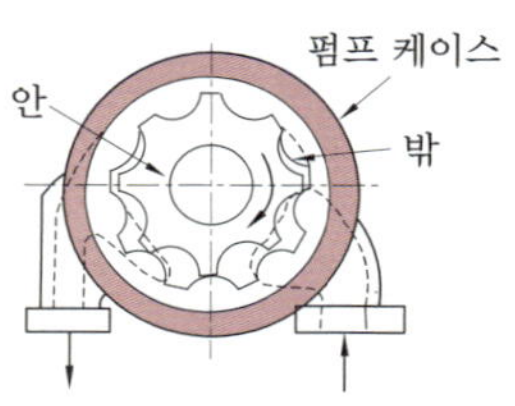

트로코이드 펌프

과 동심원이며 내부 회전자보다 톱니가 1개 더 많은 외부 회전자로 구성되어 있다. 효율이 좋아서 널리 사용된다.

트루스타이트 troostite 퀜칭, 템퍼링한 조직으로 갑자기 부식하면 보통은 어두운 색으로 보인다. 이것은 미세한 페라이트와 시멘타이트의 접합체이다.

트루잉 truing 숫돌 차의 형상을 수정하는 작업이다. 연삭 중에 숫돌 차의 입자가 떨어지고 절삭면의 형태가 처음의 것과 다르게 되었을 때, 드레서(dresser)를 이용하여 원래의 형태로 고친다.

트리거 trigger (1) 다른 회로에 적당한 계기를 주어 필요한 동작을 일으키는 것이다. (2) 어느 특정 동작을 개시하기 위하여 계기를 주는 순간적인 입력이다. (3) 펄스 회로를 작동시키기 위하여 가하는 펄스이다. (4) 외부 환경으로부터의 제어에 의한 프로그램의 즉시 실행을 말한다.

트리거 휠 trigger wheel 종래 방식의 배전기 캠의 대치품으로 전자식 점화 장치에 사용되는 일련의 팁(tip)을 형성하고 있는 금속제 로터를 말한다.

트리메탈 tri-metal 이물을 매몰하는 능력이 저하되는 것을 막기 위한 중간층으로, 베어링 셀 위에 켈밋을 주입하고 표면층으로서 화이트 메탈이나 Ag계 합금 또는 Pb-Sn계 합금 등을 0.02~0.05 mm 정도 얇게 부착한 것이다. 고속, 고부하에 적당하다.

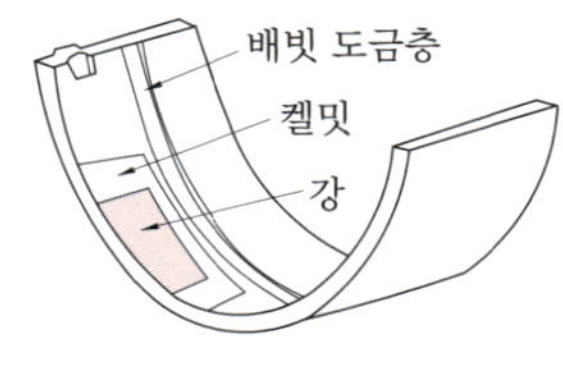

트리메탈

트리코트 tricot 메리야스로 된 천을 말한다. 신축성이 우수하다.

트리클 충전 trickle charge 오랜 시간 저율(low rate)로 배터리를 충전하는 것을 말한다.

트리포드형 유니버설 조인트 tripod universal joint 한쪽 축은 스파이더(3다리, 트리포드)의 포크 축이며, 다른 한쪽은 하우징 축으로 하우징 내에 스파이더를 고정하고

3개의 축에 롤러가 결합되어 스파이더가 롤러 사이에 등속 성능이 있는 고정식(축 방향 신축이 없는 것) 조인트를 말한다. 롤러와 접점이 굴곡 각도의 2등분선상에 위치하도록 포크 축 중심선이 굴곡 교점에 대해 항상 중심에서 기울어지는 것으로 등속 성능을 유지하고 있다. 축 방향으로 신축 가능한 방식은 구조가 다르며, 슬라이딩 타입 트리포드형이라 한다. 프랑스 차량(Citroen 등)의 앞바퀴 구동축에 예전부터 자주 사용되었다.

트리포이드 조인트　드라이브 샤프트의 트랜스미션 축에 적용되고 있는 등속 조인트의 일종으로 TJ로 표현된다. 버필드 벨형 조인트(BJ)나 더블 오프셋형 조인트(DOJ) 와는 다른 3점 조인트식의 습동 등속 조인트 구조를 가진다. 세 갈래의 스파이더 선단에 롤러를 설치하여, 이 롤러의 내면에 구면 부시와 니들 롤러 베어링을 조립한 구조로 되어 있다.

트리플 모드 듀얼 이그조스트 시스템 triple mode dual exhaust system　가변 배기 방식의 일종을 이른다.

트리플 비스커스 triple viscous　비스커스 커플링을 3개 사용한 풀타임 4WD의 명칭이다. 앞뒤의 차동 장치에 비스커스 커플링을 설치하고 트랜스퍼 케이스에 비스커스 커플링을 부착한 구조이다. 앞뒤 · 좌우의 어느 휠이 노면과의 마찰력을 잃고 공전하면 비스커스 커플링의 작용에 따라 나머지 휠이 노면과 접촉되어 안정된 주행을 한다.

트리플 콘 싱크로나이저 triple cone synchronizer　싱크로나이저 링을 아웃, 미들, 이너의 3개로 나누어 마찰 콘 면을 증가시켜 싱크로의 조작력을 저감한 것이다.

트리플 펑션 리어 시트 triple function rear seat　평평한 라케이지 스페이스를 실현하는 스플릿 더블 액션 기능을 첨가하여, 리트랙터블 리어 헤드레스트의 기능을 갖는 리어 시트를 말한다.

트림리스 천장 trimless over-head　헤드 라이닝의 끝에 이음매가 없는 구조의 천장을 말한다.

트림 펄스 trim pulse　정확한 차량 속도를 위한 컨트롤 펄스를 이른다. 이 펄스는 일정한 고장 주기로 출력된다. 출력 펄스의 폭은 현 차량 속도와 조정(set)시킨 차량 속도 혹은 가속시킨 차량 속도와의 차이의 크기에 따라 결정된다.

트림 피니싱 몰딩 trim finishing molding　도어나 쿼터의 인테리어 트림 위에 사용하는 장식용 몰딩이다.

트립 컴퓨터 시스템 trip computer system　주행 평균 속도, 주행 거리, 외부 온도 등 주행과 관련된 다양한 정보를 LCD 표시창을 통해 운전자에게 알려 주는 차량 정보 시스템을 이른다.

트와일라이트 램프 twilight lamp　스몰 램프를 점등시키면 헤드램프도 약간 점등되는 램프를 말한다. 일몰 시의 주행 안정성이 향상된다.

트와일라이트 밸브 twilight valve　트와일라이트 램프용인 램프 밸브를 말한다. 헤드램프 내에 조입(租入)되고 있다.

트와일라이트 클리어런스 램프 twilight clearance lamp　클리어런스 램프를 헤드램프 내에 설치한 것으로서, 트와일라이트 램프로서의 역할도 한다.

트위스티 로드 twisty road　⇨ 와인딩 로드

트위터 tweeter　고음용 스피커를 말한다.

트윈 댐퍼 시스템 twin damper system　하나의 바퀴에 2개의 쇼크 업소버를 사용한 현가장치이다. 도로 상태가 좋은 곳에서는 주(main) 쇼크 업소버만을 사용하여 양호한 승차감을 얻고, 차체가 크게 롤링할 때 현가장치의 행정(stroke)이 크면 서브 댐퍼를 작동시켜 큰 감쇠력을 얻는다.

트윈 브랜치 인테이크 매니폴드 twin branch intake manifold　가변 흡기 방식에 사용되고 있는 흡기 다기관을 일컫는다. 4밸브 엔진의 2개의 흡기 구멍에 있는 2배럴 카뷰레터의 1차 배럴과 2차 배럴에서 독립된 다기관에 의하여 혼합 가스를 따로 보내도록 한다. 그 다음 저속 부근에서는 1차 쪽만 사용하여 흡입 효율을 높이고 중 · 저속 토크의 향상과 연료 소비율을 개선할 수 있다.

트윈 비스커스 드라이브 twin viscous drive　비스커스 커플링 2개를 병렬로 병행시킨 방식을 이른다. 기어식 차동 장치의 케이스를 비스커스 커플링의 하우징에, 사이드

기어와 차축을 각각 이너 플레이트(inner plate)와 이너 샤프트(inner shaft)에 위치를 바꿔 놓은 것 같은 구조이다. 차동, 차동 제한, 앞바퀴와 좌우 뒷바퀴로 토크 배분의 3가지 작동을 동시에 할 수 있다.

트윈 스크롤 터보 twin scroll turbo　가변 A/R 터보 시스템의 명칭으로서 배기 취출 구멍(불어내는 구멍)을 2개 설치한 배기 터빈이다. 저속 회전에서는 1개의 취출 구멍으로 배기를 집중시키고 고속 회전에서는 양쪽을 사용하여 터보의 효율을 높인 것이다. 절환(切換)은 엔진의 운전 상황에 따라 컴퓨터 제어로 이루어진다.

트윈 스크롤 터보차저 twin scroll turbo charger　배기 통로를 터빈 하우징 내부까지 2중으로 한 터보차저이다. 경자동차에는 처음으로 적용된 것으로서, 4기통화에 의해 발생하는 배기 간섭을 방지하고 터보차저의 터빈에 대해 배기가스 에너지를 매끄럽게 도입함으로써 저, 중속 토크가 향상된다.

트윈 엔트리 터빈 하우징 twin entry turbine housing　배기 다기관에서 터빈 하우징에 이르는 경로를 2개로 나누어 놓은 것이다. 터보차저에서 실린더 사이에 배기 간섭을 피하기 위함이다.

트윈 초크 twin choke　⇨ 듀얼 벤투리 카뷰레터

트윈 카뷰레터 twin carburetor　쌍 카뷰레터로 한 엔진에 2개의 카뷰레터가 달려 있는 것을 말한다. 공기와 연료의 혼합 가스를 만드는 카뷰레터가 일반 자동차는 1개이나 차의 출력을 높이기 위해 트윈 카뷰레터를 장착한다.

트윈 터보 twin turbo　소형화된 터보를 2개 장착시킨 형식의 터보로서 주로 레이싱 카 엔진으로 사용된다. 소형화하여 2개를 장착하면 터보 래그를 작게 하는 효과가 있다. 트윈 터보차저라고도 한다.

트윈 터보차저 twin turbo charger　⇨ 트윈 터보

트윈 터보·트윈 인터쿨러 twin turbo·twin intercooler　터보차저와 인터쿨러가 각각 2개 장착되어 있는 장치를 이르는 말이다. 엔진 전후의 각 뱅크에 응답성이 우수한 소형·경량·고효율 터보차저를 배치함과 동시에, 터보차저 각각에 공랭식 인터쿨러를 배치함으로써 흡입 공기의 고밀도화를 도모하고, 전체 속도 영역에서 압도적인 가속을 실현하고 있다.

트윈 튜브식 댐퍼 twin tube damper　쇼크 업소버 중에서 가장 많이 사용되는 형식이다. 기름이 들어 있는 통이 두 겹으로 되어 있고, 한쪽 통 속에 피스톤이 들어 있다. 쇼크 업소버가 늘어날 때는 피스톤이 위쪽으로 당겨져 피스톤의 위쪽에 있는 오일이 피스톤에 뚫린 밸브 구멍을 통해 아래쪽으로 밀려 보내져 이것이 감쇠력이 된다. 한편 줄어들 때는 안쪽 통에서 안쪽과 바깥쪽 사이의 틈새(리저버실)에 오일이 흘러들고, 그 통로에 베이스 밸브가 있어 이것이 감쇠력을 만들어 낸다. 두 겹의 통으로 되어 있는 것은 피스톤에 로드가 붙어 있기 때문이며, 줄어들 때는 이 로드 부피만큼의 오일을 내보내지 않으면 피스톤은 움직이지 않는다.

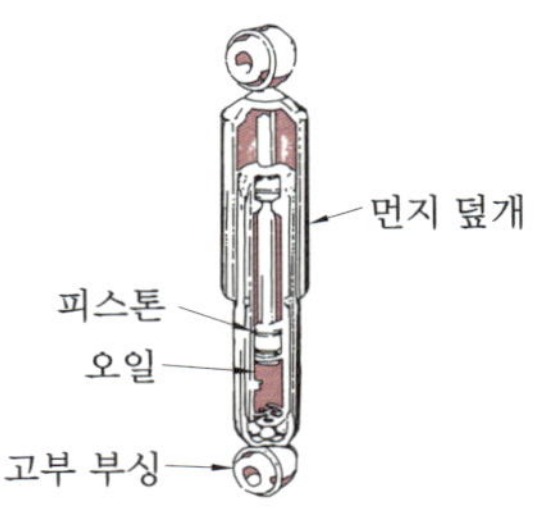

트윈 튜브식 댐퍼

트윈 튜브식 쇼크 업소버 twin tube shock absorber　텔레스코핑식 쇼크 업소버, 복통(腹痛)식 쇼크 업소버라고도 하며, 아웃과 이너 2개의 튜브로 된 쇼크 업소버로서, 그 외측을 바깥 통으로 덮은 구조이다. 오일을 채운 이너 튜브 내에 상하로 움직이는 피스톤이 있으며, 피스톤과 튜브 밑에 밸브와 오일의 통로(오리피스나 포트)가 설치되어 있다. 이너 튜브 밑을 출입하는 오일은 아웃 튜브 안에 고여 있으므로 세워서 사용해야 하며, 강한 진동을 받으면 에어레이션이나 캐비테이션이 발생하기 쉽다. ⇦ 모노 튜브식 쇼크 업소버

트윈 튜브 타입 롤 바 twin tube type roll bar　2개의 튜브(파이프 지름 82.6 mm)로 된 롤 바이다. 드레스 업 파트로 스트라

다의 다이내믹한 이미지를 강조한다.

트윈 트립 미터 twin trip meter　트립 카운터 (주행 거리 적산계)가 2개 장착되어 있는 스피드미터를 말한다.

트윈 플러그 엔진 twin plug engine　하나의 연소실에 2개의 점화 플러그를 꽂는 엔진이다. 연소실의 2개소에 점화함으로써 연소 속도를 빠르게 하고 엷은 혼합 가스라도 높은 효율로 연소되도록 한다. 로터리 엔진에서는 연소실이 편평(扁平)하게 되어 있으므로 플러그가 2개 사용되는 경우가 많다.

특수 올레핀계 엘라스토머　열에 의한 신축이 적은 성질을 가지며, 유연성 있는 플라스틱을 말한다.

특수 자동차(特殊自動車) special automobile　특별한 설치를 필요로 하는 사람 또는 화물을 운송하거나 특별한 작업을 수행하도록 제작된 자동차로서 승용, 승합 화물자동차 외의 것을 말한다.

특수 주철제 로어 암　늘어나는 특성이 우수하고 특수 주철을 적용한 형상 효율이 높은 고강성 로어 암이다. 큰 지름 타이어 장착 시에도 큰 조향각을 얻을 수 있다.

특수 프레임 special frame　보통 프레임의 형태에서 벗어나 가볍고 강한 특수 재질의 파이프나 브래킷을 좌우의 두터운 뼈대와 조합한 형태로 차의 중심을 매우 낮게 하거나 매우 강한 차체를 만들 목적으로 제작되는데, 주로 승용차나 스포츠카 그리고 특수 차량의 제작에 사용된다.

틀 굴곡 시험 guide bend test　⇨ 형틀 굽힘 시험

틈새 고무 부시　틈새를 갖는 고무 부시를 말한다. 작은 진동(작은 하중)은 틈새의 변형에 의해 흡수하고, 큰 진동(큰 하중)은 부시 전체의 휘어짐에 의해서 흡수하면 효과적이다. 서스펜션의 로어 암이나 엔진 마운트 등에 사용되고 있다.

티그 용접 TIG weld　불활성 가스 아크 용접의 한 가지이다. 텅스텐을 비롯하여 소모가 잘 안 되는 금속을 용접하는 것으로서 전극을 이용한다.

티디시 센서 TDC sensor　⇨ 페이스 센서

티-바 루프 T-bar roof　루프의 중앙부를 고정시키고 좌우가 열리게 하는 방식으로 도어 글라스를 열면 오픈카와 같은 개방감을 느끼게 된다. 루프가 T자형이기 때문에 T-바 루프라고 일컫는다. 우리나라에서는 찾아볼 수 없지만 미국 등지에서 사용되고 있는 선루프의 한 형태이다.

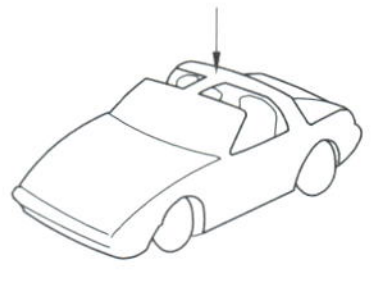

T-바 루프

티브이아르에스 케이블 TVRS cable ; television radio suppression cable　케이블 전체에 10 kΩ 정도의 저항을 두어 라디오나 무전기, 카폰 등 고주파 전류에 의한 잡음을 방지하는 케이블을 이른다. 점화 플러그 또는 점화 코일 등 고압 회로에서는 운전 중 고주파 전류가 발생하여 고압 케이블에서 대기 중으로 방출되는데, 이는 통신 기기 고주파 잡음의 원인이 된다. 따라서 TVRS 케이블을 사용하여 잡음을 방지한다.

티비아이 TBI ; throttle body injection　⇨ 에스피아이

티시에스 TCS ; traction control system　미끄러운 노면이나 고속 코너링 중에 구동륜이 공회전하기 시작했을 때 일시적으로 엔진 회전을 저하시켜 타이어의 그립력을 회복시키고 트랙션의 약화를 방지하는 시스템이다.

티아이아르 TIR ; total indicator reading　다이얼 인디케이터를 사용해서 측정한 흔들림 양을 말한다. 단위는 mm로 표시하는 것이 많지만 이 수치 뒤에 TIR(바늘 흔들림의 전체 폭을 읽는다는 뜻)를 붙인다. 예를 들면 0.3 TIR라고 명기할 수 있다.

티아이에스시 시스템 timed induction with super charge system　로터리 엔진의 구조상의 특징을 살리고, 엔진이 자연 흡입으로 혼합 가스를 흡입한 후에 별도로 마련한 보조 포트로부터 에어 펌프로 가압한 공기를 로터리 밸브로 타이밍하여 공급하는 방식의 밸브이다. 로터리 엔진에는 흡기 밸브가 없고 작동실이 이동해서 흡입 행정과 폭발 행정이 별도의 위치에서 이루어지는 구조이기 때문에 가능한 방

식이다.

티에프브이 TFV ; tractive force variation ⇨ 트랙티브 포스 베리에이션

티/엠 소음 transmission noise 수동 변속기에서 발생되는 각종 소음을 통틀어서 이르는 말로, 이런 음은 다음과 같이 분류된다. ① 엔진의 토크 변동, 회전 속도 변동, 구동계의 굽음, 비틀림 진동이 강제로 되는 소음. ② 수동 변속기의 각 부품의 회전 운동에 의해서 발생되는 소음.

티 이음 T joint 용접 이음의 한 형식으로, 한 장의 판에 직각으로 다른 판을 얹고 접합부를 용접하는 형식이다. 강관의 경우는, 주관(主管)과 판관(板管)이 직각으로 접합되는 부분의 이음이다.

T 이음

티지에스 레버 TGS lever ; transmission gear shift lever 수동 변속기 차량의 기어 선택 레버를 말하는데 체인지 레버 혹은 시프트 레버와 같은 의미로서, 변속 레버가 바닥에 위치한 플로 타입과 스티어링 휠 쪽에 위치한 칼럼 타입이 있다.

티타나이즈드 마이카 titanized mica ⇨ 운모

티타늄 titanium 흔히 '티탄'이라고도 하는데 티타늄 합금을 말한다. 값은 비싸지만 가볍고 강력하기 때문에 항공기에서 많이 쓰인다. 자동차 분야에서는 경주차의 엔진 부품과 서스펜션 일부에 쓰이는 정도이다. 자동차 판금 장비인 오토 폴에 사용되기도 한다.

티탄 합금 티탄에 알루미늄, 크롬, 철, 망간, 몰리브덴, 바나듐 등을 첨가한 합금을 말한다. 가볍고 열과 녹에 잘 견디기 때문에 비행기, 자동차, 배, 화학 기계 등을 만드는 데 쓰인다.

티피아이에스 TPIS ; transmission position indicator switch ⇨ 트랜스미션 스위치

티피에스 TPS ; throttle position sensor 스로틀 보디의 스로틀 축과 함께 회전하는 가변 저항기로 스로틀 밸브의 개도(開道)를 검출한다. 스로틀 밸브의 회전에 따라 출력 전압이 변화하므로 ECU는 스로틀 밸브의 개도를 검지하는데, ECU는 이 출력 전압과 엔진 회전수 등 다른 입력 신호를 종합하여 엔진 모드를 판정한 후 연료 분사량을 조정한다.

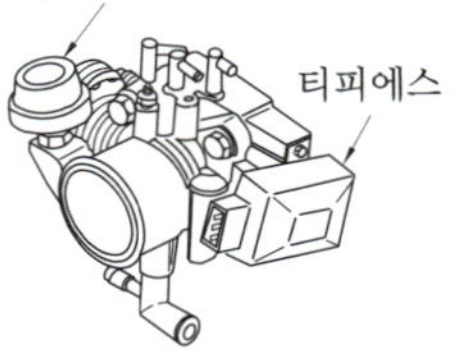

티피에스

틴티드 글라스 tinted glass 착색유리를 말한다. 실내 분위기를 격조 높게 꾸며줄 뿐 아니라 하절기에는 강한 적외선을 차단하는 단열 효과와 동절기에는 눈의 반사광을 차단하는 시야 보호 효과가 좋다.

틸트 레버 tilt lever 운전자의 체격이나 체형에 알맞도록 핸들의 위치를 조정하고 틸트 스티어링을 조정하는 레버이다.

틸트 스티어링 tilt steering ⇨ 가변 스티어링 휠

틸트 시트 tilt seat 운전자의 체형에 따라서 운전하기 쉬운 자세로 시계를 확보할 수 있도록, 시트의 상하 위치를 자유롭게 조절할 수 있는 기구를 가진 시트를 말한다.

틸트업 선루프 tilt up sunroof 루프 리드 유리 후단의 틸트업 및 루프 리드 유리의 탈착이 가능한 선루프이다. 틸트업 양을 자유롭게 조정할 수 있는 것도 있다.

틸트 하이트 어저스터 시트 tilt height adjuster seat 시트의 상하 조절(하이트 어저스트)과 동시에 시트를 위쪽으로 조정했을 때 시트 전체가 전방으로 경사지는 기구를 가진 시트이다. 체형이 작은 사람이라도 최적의 자세를 확보할 수 있다.

틸트 핸들 tilt handle ⇨ 가변 스티어링 휠

팁 tip 용접 또는 절단 토치 끝에 붙이며, 불꽃이 나오는 구멍 부분을 말한다. 화구(火口)라고도 한다.

팁 클리어런스 tip clearance 라디에이터와 냉각팬, 냉각팬과 슈라우드 사이의 간극(틈새)을 말한다. 냉각팬이 엔진에, 슈라우드가 차체에 부착되어 있는 엔진의 냉각팬에서는 20 mm 이상의 간극이 필요하며, 냉각팬을 엔진과 떨어뜨려 설치하여 전동기로 구동하는 전동식 냉각팬에서는 5 mm 전후의 간극만 있으면 된다.

팁 홀더 electrode tip holder 저항 용접에 있어서 전극 팁을 잡는 곳을 말한다.

파괴 시험(破壞試驗) break down test (1) 특정 하중으로 시험 물체를 파괴하여 시험 물체가 파괴에 견딜 수 있는 최대 하중이나 파괴 상태 등을 조사하는 시험을 말한다. (2) 모재(母材)나 용착 금속(鎔着金屬)에 절단, 굽힘, 인장(引張) 등의 변형을 주어 시험하는 검사 방법을 말한다.

파괴 시험 압력(破壞試驗壓力) burst pressure 유압 장치의 기기, 부품을 시험할 때 파괴에 견디는 시험 압력을 말한다.

파나르 로드 panhard rod 코일 용수철 등을 사용한 서스펜션으로서, 차체의 꼬리 흔들림을 방지하기 위해 보디와 리어 액슬 하우징 사이에 횡 방향으로 장착되는 봉을 말한다.

파라미터 parameter (1) '조변수(助變數), 매개 변수, 모수(母數), 특질, 한정 요소, 요인, 제한 요소, 한계'의 뜻이다. 일반적으로 특성값을 말한다. (2) 일정한 조건하에서는 변화는 없지만, 여러 가지 조건이 변화되면 다른 값으로 변화되는 2중의 성격을 지니고 있다. (3) 시스템의 성질을 주는 물리적인 양으로, 그 값은 계통에 고유한 것이다. 계통에 주어지는 특정의 압력에 반응하여 생기는 계통의 출력 또는 계통의 상태 변화를 결정한다.

파라 트랜싯 para transit (도시의) 보조 교통 기관이다. 카풀(carpool), 택시나 소형 버스의 합승 등을 말한다.

파라핀 paraffin 메탄계 탄화수소 중 탄소 원자가 19개 이상인 화합물의 총칭이다. 메탄계 탄화수소를 파라핀계 탄화수소라고도 한다. 중유를 냉각할 때 만들어지며, 무색 고체 또는 유동성 액체이다. 반응성이 약하고 화학 약품에 대하여 내성(耐性)이 있다. 유동 파라핀은 윤활제, 고체 파라핀은 양초, 와셀린을 만드는 데 쓰인다.

파르빌레 자재 이음 parville universal joint 제파 자재 이음을 개량한 것으로서, 중심 유지용 볼이 필요 없다. 구조가 간단하고 용량이 크기 때문에 FF 자동차에 많이 사용된다.

파르빌레형 유니버설 조인트 parville universal joint 등속도 자재 이음의 일종이다. 6개의 스틸 볼을 이너 레이서(홈)와 아웃 레이스로 잡아 주고, 볼의 접촉점에서 토크를 전달하는 구조로 되어 있다. FF 차량에서는 파르빌레형 유니버설 조인트를 고정된 차축의 휠 쪽에 사용하고 차축이 종감속 기어 쪽으로 신축하는 슬라이드식 벤딕스 와이스형 유니버설 조인트와 짝지어 사용하는 경우가 많다. 버필드사에서 개발하여 약칭으로 버필드 조인트라고 한다.

파르크 페르메 parc ferme 경마가 끝나고 말을 넣어 두는 곳을 파르크 페르메라고 하는 데에서 기원하여, 랠리 카 전용 주차장을 파르크 페르메라 부른다. 영어의 파크 팜(park farm)과 같은 뜻이다.

파리-다카르 랠리 Paris-Dakar Rally 매년 크리스마스 시즌에 파리를 출발하여 지중해를 건너 사하라 사막을 헤치면서 약 3주일간 12,000~14,000 km를 달리는 장거리 자동차 경주이다. 정식 명칭은 '레이드 마라톤 파이어니어 파리 다카르'(Raid Marathon Pioneer Paris Dakar)이다.

파리 레이스 Paris Races 세계 최초의 레이스인 파리-보르도-파리 레이스(1895년)를 시작으로 파리-마드리드 레이스(1903년)에 이르는, 초기의 도시 간 레이스의 총칭이다. 당시에는 정식 서킷이 없어 프랑스 파리를 거점으로 각 도시 간을 달리며 레이스가 열렸다. 자동차 레이스의 원조라 할 수 있다.

파셜 스로틀 partial throttle ⇨ 하프 스로틀

파셜 트렁크 스루 partial trunk through 리어 시트 백의 일부(예컨대 중앙 부분)를 앞으로 눕히면 트렁크 룸과 뒷좌석이 연결되는 구조를 말한다.

파스칼 pascal 압력의 단위로서, 1파스칼은 1제곱미터의 넓이에 1뉴턴의 힘이 가해질 때의 압력을 의미한다. 기호는 Pa로 표기한다. 일기 예보 등에서 압력의 크기를 표현할 때 많이 쓰이며, 일상에서는 헥토파스칼(1 hPa = 100 Pa) 또는 킬로파스칼(1 kPa = 1000 Pa) 등을 많이 사용한다. 프랑스의 과학자이며 수은을 이용하여 기압 측정 실험을 했던 파스칼을 이름을 따서 명명하였다.

파스칼의 원리 Pascal's principle 1653년 파스칼이 발견한 원리로, 밀폐된 용기 속에 정지하고 있는 유체(流體)의 일부에 압력을 가할 때, 각 부분의 압력은 어느 면에서도 일정하다는 원리이다. 따라서 일부분의 압력을 증가시키면, 어느 방향으로도 압력은 상승하므로 다른 부분의 압력도 같은 만큼 증가한다.

파스칼의 정리 Pascal's theorem 평면 위에 있는 6개의 점이 같은 원뿔 곡선 위에 있으면 6점이 이루는 육각형 대변의 교점은 같은 직선 위에 있게 되며 역(逆)으로도 성립한다는 정리이다. 1960년 파스칼이 발견한 후에, 사영 기하학에서 중요한 역할을 했다.

파슬 스트랩 parcel strap 트렁크 룸의 벨트를 말한다.

파슬 트레이 parcel tray 조수석 발 밑 안쪽에 있는 작은 화물 선반을 말한다.

파슬 포켓 parcel pocket 인스트루먼트 패널의 스티어링 칼럼 부근에 설치된 운전자용 수납함으로, 작은 물건을 넣는다.

파우더 스플래시 제법 수지 제품의 성형법으로서 분말 성형을 말한다. 폴리에틸렌, 나일론, PVC(폴리염화비닐) 등과 같이 건조 분말 수지를 금형(금속 거푸집)에 넣고 가열하여 소결(燒結) 또는 융합시켜 금형 내벽에 같은 층을 형성시킨다.

파우더 절단 powder cutting 철 분말 또는 플럭스 분말을 자동적으로 또는 연속적으로 절단용 산소에 혼입 공급하여 그 산소 열 또는 용재 작용을 이용한 절단 방법을 말한다.

파우더 커플링 powder coupling 철가루나 철로 된 작은 볼이 케이싱 속에 들어 있고 원동기의 속도가 증가함에 따라 그 원심력으로 파우더는 케이싱의 대경부(大徑部)로 날려 들어가 케이싱과 파형(波形) 로터 사이에 충전되어 동력이 피동축(被動軸)에 전달되면 회전이 상승하여 정상 운전을 하게 된다. 또 기동할 때 오버 로드나 피크 로드에 걸리면 회전이 상승하지 않으므로 파우더와 로터 사이에서 미끄럼 부하(負荷)가 완화되어 원활한 운전이 이루어진다.

파우더 클러치 powder clutch 여자(勵磁) 코일을 내장한 구동체(驅動體)와 피구동체(被驅動體)의 양 회전체가 베어링으로 동심원 위에 일정 정도의 틈새가 생기도록 조립되어 있고 그 틈새에 파우더가 넣어져 있는 클러치이다. 파우더는 무여자(無勵磁) 상태에서는 구동체를 회전시켜도 공전할 뿐 아니라 여자하면 파우더가 자화(磁化)하고, 자기적(磁氣的)인 연결력과 파우더와 동작면의 마찰력으로 양자가 연결되어 토크가 전달된다.

파운데이션 볼트 foundation bolt ⇨ 기초용 볼트

파울링 fouling 점화 플러그에서 절연체가 침전물에 덮여 오염되거나 접지 회로를 형성하는 등 불량한 상태를 말한다.

파워 power (1) 원동력을 말한다. 인력, 수력, 화력, 전력, 원자력 등 산업의 에너지원이 되는 힘이다. (2) 일률 및 단위 시간당 일의 비율을 나타내는 양이다. 단위는 $kgf \cdot m/s$이며 마력(PS), 와트(W)도 사용된다. $1\,PS = 75\,kgf \cdot m/s(1\,PS = 0.736\,kW)$이다.

파워 드리프트 power drift 코너링 중에 앞바퀴가 미끄러지기 시작했을 때 뒷바퀴는 지나치게 큰 구동력을 걸어 드리프트의 계기로 삼는다. 모든 드리프트는 타이어에 의지하고 타이어를 의도적으로 균형 있게 미끄러지도록 하는 기술이다.

파워 밴드 power band 사용 가능한 엔진

회전의 범위이다. 엔진 회전은 사용 가능한 범위보다 낮든지 높든지 하면 파워와 토크가 모두 떨어지게 된다. 저회전이든 고회전이든 파워가 높으면 좋겠지만, 고성능 엔진은 대개 파워 밴드가 좁게 되어 있다.

파워 밸브 power valve　카뷰레터식 엔진에서 과부하 시나 낮은 매니폴드 압력 중에, 공기 연료 혼합물을 농후하게 만들 목적으로 연료 통로를 열어 연료를 추가로 공급해 주기 위한 밸브를 말한다.

파워 벨트 power belt　엔진 크랭크축에서 파워 스티어링 펌프의 드라이브 풀리로 연결되는 V벨트를 이른다.

파워 소스 power source　동력원(動力源)을 뜻한다.

파워 스티어링 power steering　자동차에서 동력에 따른 조향 장치이다. 유압, 공기압 등을 이용하여 핸들 조작을 쉽게 해 준다. 엔진으로 유압 펌프를 구동해서 리저버에 유압을 축적해 두고, 스티어링 샤프트가 돌아가면 그 끝에 달린 유압 밸브가 열려 피스톤이 전륜을 돌리는 힘을 돕는다. 최근에는 주차할 때나 저속 주행에서는 파워의 효력이 세고, 고속에서는 안전성을 위해 효력이 약해져 핸들이 무거워지는 속도 감응식 파워 스티어링도 적지 않다.

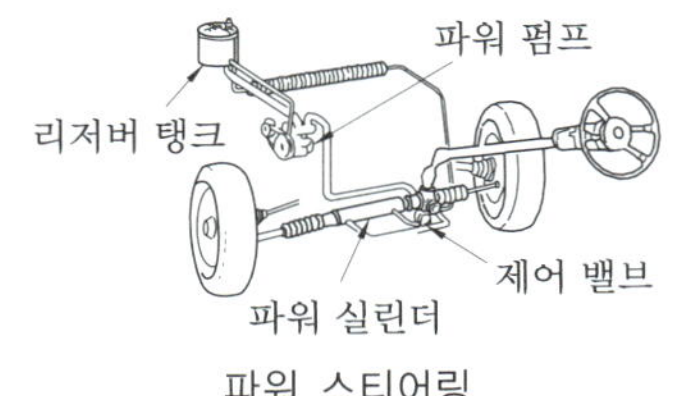

파워 스티어링

파워 스티어링 리저버 power steering reservoir　파워 스티어링 시스템에 사용되는 오일을 공급·보충하기 위하여 사용되는 반투명의 플라스틱 탱크로, 캡 내부에 레벨 게이지가 설치되어 있는 것도 있다.

파워 스티어링 압력 스위치 power steering pressure switch　조향 핸들을 회전시켜 유압이 상승될 때 전압으로 변환하여 컴퓨터에 입력함으로써 공전 속도 제어 서보를 작동시켜 엔진의 회전 속도를 상승시킨다.

파워 스티어링 오일펌프 power steering oil pump　엔진에 의하여 구동되고 파워 스티어링 칼럼에 오일을 압송하는 펌프로, 엔진 크랭크축 풀리에 V벨트로 연결되며, 상부 캡에 오일 레벨 게이지가 부착되어 있는 것도 있다.

파워 슬라이드 power slide　파워 온에 의해 뒷바퀴를 슬라이드시켜 코너링을 유리하게 하는 테크닉이다. 이 테크닉을 구사하기 위해서는 두 가지의 조건이 있다. 우선 앞바퀴와 원심력과의 밸런스가 깨지지 않도록 해야 한다. 슬립 앵글이 커져서 방향 잡기가 불가능해지기 때문이다. 두 번째는 파워에 여유가 있어야 한다. 원심력과 회전 모멘트의 밸런스가 거의 한계에 이르렀을 때는 파워 온에 의해 뒷바퀴를 슬라이드시켜 코너링을 컨트롤할 수 있다. 이때는 핸들 조작도 카운터 스티어링으로 해야 한다.

파워 시트 power seat　조작성 향상을 위해 시트 조절을 모터 작동으로 하는 시트로서, 시트 위치를 기억하는 메모리 기능을 가진 것도 있다. 또한 승강성 향상을 위해, 프런트 시트의 슬라이드 조절만을 모터 작동으로 가능하게 한 파워 시트도 있다.

파워 시프트 power shift　일반적으로 토크 컨버터와 유압으로 단접(鍛接)하는 다판식 클러치 또는 유성 기어 장치 등을 사용하여 작은 조작력으로 조절할 수 있는 변속 장치의 방식이다.

파워 실린더 power cylinder　하이드로 백의 파워 실린더는 철판 또는 알루미늄 주물로 만들어졌으며, 엔드 플레이트와 파워 피스톤, 푸시로드, 리턴 스프링이 장착되어 작용된다.

파워 언더스티어 power understeer　앞바퀴 구동 차량에서 코너링 중에 가속을 하여 앞바퀴에 보다 큰 구동력을 주었을 때, 옆 미끄러짐(side slip)이 커져 조향이 잘 되지 않고 언더스티어가 되는 현상을 말한다.

파워 오버스티어 power oversteer　코너링 테크닉의 하나이다. 파워 온에 의해 오버스티어와 같은 특성을 얻는다. 요컨대 코너링 중에 회전 반지름이 커졌을 때, 뒷바퀴 굴림차의 경우에는 액셀을 힘껏 밟아 뒷바퀴의 회전수를 높여 접지력을 떨어뜨리고,

원심력으로 차체 뒤쪽을 흔들어 회전 반지름을 작게 한다. 본디 이 테크닉은 코너링의 전반에 사용되고 그 이후에는 드리프트 아웃으로 연결하여 클리핑 포인트를 통과한다.

파워 오프 power off　파워 온과 반대되는 테크닉이다. 액셀 조작에 의해 굴림 바퀴로부터 파워를 빼는 것을 말하며, 브레이킹이나 코너링 때 레이서들이 종종 쓴다.

파워 오프 턴 power off turn　고속 코너링 테크닉의 하나이다. 고속으로 코너에 진입한 뒤 클리핑 포인트를 앞두고 파워 오프를 하여 순간적으로 스핀을 일으킨다. 그리하여 차의 방향을 코너 안쪽으로 바꾼 뒤 액셀을 컨트롤하여 언더 스티어와 같은 특성을 가지고 코너를 빠져나간다. 이 테크닉은 전방 시야가 탁 트이고 코스의 폭이 넓은 경우에만 구사할 수 있다.

파워 오프 턴

파워 온 power on　액셀 조작으로 굴림 바퀴에 파워를 거는 것이다. 액셀 워크의 표현으로 온(on)은 ‘열린다’, 오프(off)는 ‘닫힌다’는 뜻이다. 파셜로 달리고 있는 상태일 때 액셀을 여는가 닫는가에 따라 구동력이 달라지고, 차가 가속 또는 감속된다. 액셀이 움직이는 범위를 모두 열거나 모두 닫는 것은 바람직하지 않다. 굴림 바퀴의 접지력을 낮추기 위해서도 쓰인다. 더트 주행에서는 파워 온에 의한 구동력의 전달도 쉬운 일이 아니지만, 방향성을 결정하는 데도 중요한 구실을 한다.

파워 웨이트 레이쇼 power weight ratio　마력 하중(馬力荷重)을 말하는 것으로, 자동차의 주행 성능을 가늠하는 척도로 쓰인다. 1마력당 차체 중량 kg/ps로 표시된다. 이 값이 작을수록 고성능차이다. 예를 들면, F1의 포뮬러카가 되면 1.2 정도가 되나 시판 차의 경우는 6~8 정도의 숫자가 된다. 같은 마력의 자동차라도 중량이 가벼우면 주행 성능이 향상되는 것은 당연하며, 레이싱 카들이 경량화에 힘쓰는 것은 이 때문이다.

파워 윈도 power window　자동 개폐창을 말하는 것으로, 운전석 또는 각 좌석으로부터의 스위치 조작으로 윈도 유리를 개폐할 수 있는 기구를 말한다.

파워 윈도 타이머 power window timer　파워 윈도 릴레이는 점화 키가 ON 위치에서 구동하지만, 점화 키를 ACC 또는 LOCK 위치에 둔 후, 일정 시간 파워 윈도 릴레이가 구동하여 파워 윈도의 작동을 가능케 하는 기구로서 에탁스에 의해 컨트롤된다.

파워 제트 power jet　고속 주행이나 등판으로 엔진에 고부하가 걸렸을 때 다량의 연료를 보내는 방식(파워 계통)으로서, 메인 노즐에 공급하는 연료의 양을 조절하는 조리개를 말한다.　⇨ 미터링 제트

파워 타이밍 라이트 power timing light　(1) 엔진이 공전 상태에서 점화 시기나 가속 상태에서 진각을 점검할 때 사용하는 튠업 테스터이다. 픽업 장치를 1번 실린더의 점화 플러그에 연결되는 고압 케이블에 설치하여 고전압의 전류가 흐를 때 발광되는 불빛을 타이밍 마크에 비추어 점검한다. 점화 시기가 빠르면 배전기 하우징을 시계 방향으로 회전시키면서 조정하고, 늦으면 시계 반대 방향으로 회전시키면서 조정한다. (2) 트랜스듀서를 타이밍 라이트 내에 설치하여 점화할 때 감지되는 신호로 발광하는 조사등이다.

파워 테이크 오프 PTO ; power take off　엔진의 동력을 추출하여 윈치나 펌프 등을 구동시키기 위한 장치이다. 소방, 크레인차 등 특수 작업용 자동차에 많이 적용되었다.

파워 트랜지스터 power transistor　전자 연료 분사 장치에 사용되고 있는 파워 트랜지스터는 흡입 매니폴드에 부착되어 있으며, ECU에 의해 제어되는 단자 1(베이스)과, 점화 코일과 접속된 단자 3(컬렉터), 접지된 단자 2(이미터)로 구성되어 있다.

파워 트레인 power train　동력을 전달하는 일련의 기구를 말하고, 동력 전달계라고 하

는 표현도 있다. 클러치, 토크 컨버터, 트
랜스미션, 프로펠러 샤프트, 드라이브 샤프
트, 디퍼렌셜 등을 총괄적으로 말하는 용
어지만, 때로는 트랜스미션을 나타내는 용
어로서 사용할 때도 있다.

파워 플랜트 power plant　엔진 등의 동력
장치를 말한다.

파워 피스톤 power piston　하이드로 백의
파워 피스톤은 두 장의 철판 사이에 공기
누설을 방지하기 위한 가죽 패킹이 끼워져
있고, 패킹의 안쪽에는 펠트 등이 설치되
고 윤활이 되도록 함과 동시에 가죽의 경
화를 방지하고 있다. 파워 피스톤은 푸시
로드 끝에 너트로 고정되어 작동된다.

파워 홉 power hop　출발 또는 가속할 때
급히 클러치를 연결하거나, 급격히 가속 페
달을 밟았을 때 발생하는 자동차의 껑충거
림을 말한다. ⇨ 호핑

파이널 기어 final gear　종감속 기어를 말
한다. FR(front engine rear drive) 자동차
에서는 추진축으로부터, FF(front engine
front drive) 자동차와 RR(rear engine
rear drive) 자동차에서는 변속기로부터
동력을 최종적으로 감속하여 토크를 증가
시켜 차축에 전달한다. 차동 기어와 일체
로 되어 있고, 기어비는 4 : 1 정도이며,
구동력을 중시하는 실용 차량에서는 감속
비를 크게(low gear) 하고, 스포츠카 등
속도를 중시하는 자동차에서는 감속비를
작게(high gear) 하고 있다. 기어로는 베
벨 기어, 하이포이드 기어, 스파이럴 베벨
기어 등을 사용한다.

파이널 기어비 final gear ratio, final reduc-
tion ratio　트랜스미션에서 감속되고 파이
널 기어로 최종적으로 한 번 더 감속되는
파이널 기어의 감속비를 말한다. 이 비가
클수록 가속이나 엔진 회전의 상승이 빨
라지지만, 차속은 더하지 않는다. 파이널
기어비＝아웃풋 샤프트(프로펠러 샤프트)
회전수/드라이브 샤프트(액슬 샤프트) 회
전수.

파이널 드라이브 final drive　종감속기(終減
速器), 최종 감속 장치(最終減速裝置)라고
부른다. 변속기에서는 동력을 감속하여 구
동축에 전달하는 파이널 드라이브(구동 피
니언과 링 기어)와 이것을 좌우 바퀴로 나

누는 차동 기어와 조합한 장치이다.

파이널 레이쇼 final ratio　파이널 드라이브
의 기어비로서 엔진 회전은 감속하면 힘
이 세어진다. 보통 1단은 트랜스미션에서
3.5～0.6배로 감속된다. 이것만으로는 모
자라서 다음에 파이널 드라이브에서 3～4
배로 감속된다. 이 비(比)를 곱한 것이 최
종 감속비이다.

파이널 리덕션 기어 final reduction gear
최종 감속 기어를 말하는데, 드라이브 피니
언과 링 기어가 한 쌍으로 되어 있으며, 회
전 속도를 떨어뜨리고 회전 방향을 직각으
로 변환시키는 역할을 한다.

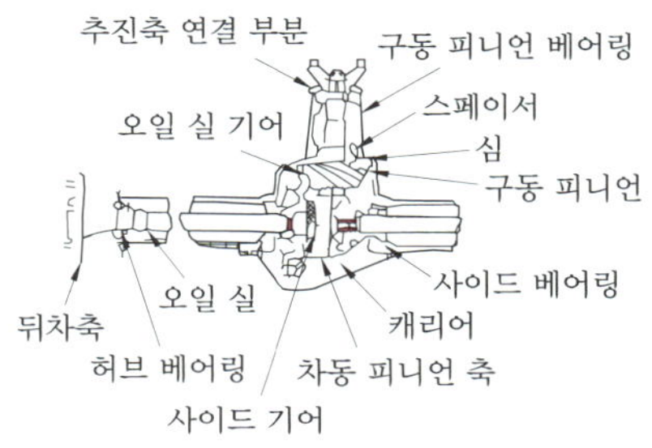

파이널 리덕션 기어

파이버 그리스 fiber grease　나트륨 비누
에 광물유를 배합한 것으로, 내열성은 크
나 내수성은 약하며, 섬유가 들어 있어 휠
베어링이나 유니버설 조인트 등에 사용
된다.

파이버 리인포스드 플라스틱 fiber reinforced
plastics ⇨ 에프아르피

파이브 도어 자동차 five door car　해치백
자동차에서는 자동차의 뒷부분 전체를 열
고 닫게 되어 있는 도어에 숫자를 붙여 4
도어 해치백을 5도어 자동차, 2도어 해치
백을 3도어 자동차라고 한다.

파이브 링크식 서스펜션 five link type sus-
pension　링크식 일체 차축식 현가장치의
일종이다. 4링크식 현가장치의 4개의 링크
를 차체의 앞뒤 방향과 평행으로 설치하고
옆 방향의 위치 결정을 래터럴 로드(패널
로드)나 와트링크로 설정한 형식이다.

파이브 밸브 엔진 five valve engine　1실
린더당 5개의 밸브를 가진 엔진이다. 1실
린더당 흡기 밸브 3개, 배기 밸브 2개로
총 5개의 밸브가 점화 플러그 주위에 설치
되어 있다.

파이브 스피드 기어 박스 five speed gear box 5단으로 되어 있는 변속기를 말하는데 미국어로는 파이브 레인지 트랜스미션(five range transmission) 또는 파이브 스피드 트랜스미션(five speed transmission)이다. 그러나 5단 변속기라 하여 반드시 오버 톱 기어가 장치된 것은 아니다.

파이어 월 fire wall ⇨ 대시보드

파이어 트럭 fire truck 소방차를 말한다.

파이크스 피크 랠리 Pikes Peak Rally 정식 명칭은 '파이크스 피트 오토 힐 클라임'(Auto Hill Climb)이다. 미국 콜로라도 주에서 열리는 독특한 산악 도로 경주이다. 68회의 역사를 자랑하는 이 경주는 로키 산맥 동남부에 솟은 준봉인 파이크스 피크의 해발 2,862 m 지점에서 해발 4,301 m 까지 19.87 km의 산길을 달린다. 그 사이에는 무려 156개의 급경사 헤어핀 코스가 있고, 낭떠러지 아래로는 가드레일조차 없으며, 기압의 변화가 심하다.

파이프 렌치 pipe wrench 관을 설치할 때 관의 나사를 돌리는 공구로, 보통 지름 100 mm 이하의 철관을 이을 때 사용한다. 한쪽 방향으로만 작용하기 때문에 조(jaw)가 열린 방향으로 돌리며, 핸들의 뒤쪽에 힘을 가한다. 자동차 정비에서는 토인 조정을 할 경우 타이로드를 돌리기 위해 이용한다.

파이프 바이스 pipe vice 관 또는 환봉(丸捧)을 물려 고정시키는 특수 바이스이다. 모양은 나사가 수직으로 되어 있고, V형으로 생긴 바이스 턱 아래위가 톱니로 되어 있다.

파이프 플레어 pipe flare 연료 파이프, 브레이크 파이프, 유압 파이프 등 유체를 이용하는 데 쓰는 파이프를 연결할 때, 유밀을 유지하기 위해서 파이프 플레어링 툴로 파이프 끝을 벌려 체결하는 것을 말한다.

파이프 플레어링 툴 pipe flaring tool 관 끝을 나팔 모양으로 벌리는 공구이다. 일자형의 블록에 크기가 다른 홈이 만들어져 관을 규격에 맞는 위치에 끼우고 V블록이 설치되어 있는 요크를 일자형의 블록에 결합하여 V블록을 핸들로 조여 관 끝을 나팔 모양으로 벌어지게 만드는 것이다.

파이프 피팅 pipe fitting 배관 부속품을 말한다. 파이프와 파이프를 연결할 때 이어주는 금속류의 총칭으로서 엘보, 유니언, 티, 니플, 플러그 등이다.

파인 세라믹스 fine ceramics 도자기, 유리 등의 올드 세라믹스에 대해서, 고도로 정선된 원료를 사용하여 정밀하게 화학 조성을 제어하는 기술에 의해 제조된 세라믹스를 말한다. 견고하고 열에 강하며, 전기를 통과시키지 않는다. 또한 투명한 것을 만들 수 있는 것이 세라믹스의 특징이다. 현재 자동차의 구조 부재(部材)로서 주목되고 있는 것은 질화물 세라믹스, 탄화물 세라믹스이다.

파일럿 램프 pilot lamp (1) 기기에서 운전 등의 상황을 나타내는 램프로 표시등이라고도 한다. 자동차에서 경고등과 같다. (2) 자동차 운전석의 계기판에 설치되어 있는 헤드라이트, 주차등, 브레이크등, 방향 지시등, 충전 경고등, 유압 경고등이 이에 속한다.

파일럿 방식 pilot control 유압 장치에서 파일럿 밸브 등에 의해서 유도된 유압으로 기기의 작동을 제어하는 방식이다.

파일럿 밸브 pilot valve 다른 밸브를 조작하기 위한 보조용 밸브이다.

파일럿 베어링 pilot bearing 압력축과 출력축을 같은 축의 연장선상에 놓기 위해 압력축과 출력축이 자유롭게 회전할 수 있도록 지지해 주는 베어링이다.

파일럿 분사 pilot injection (1) 커먼 레일 엔진에서는 주 분사(main injection) 전에 연료를 분사하여 주 분사의 착화 지연 시간을 짧게 함으로써 연소가 잘 되도록 하는 것으로, 엔진의 소음과 진동을 감소시킨다. (2) 디젤 엔진에서 디젤 노크(knock)를 방지하기 위해 착화 지연 기간에 소량의 연료를 분사하고 착화시킴으로써 짧은 시간차를 두고 분사되는 주 분사의 연소가 잘 되도록 한다.

파일럿 샤프트 pilot shaft 부품들을 정렬하는 데 사용하며, 최종적으로 부품들을 설치하기 전에 탈거하는 축을 말한다.

파커라이징 parkerizing 철·동 제품을 망간 및 철의 인산염을 함유한 약산성 인산 수용액의 끓는 수용액 속에 담가서 표면에 망간과 철의 인산염의 피막을 입혀 녹스는 것을 막는 방법이다.

파킹 기구 parking mechanism　토크 컨버터 또는 유체 커플링 부착의 트랜스미션에서는 파킹 기구가 있다. 실렉터 레버를 P 위치로 하면 기계적으로 아웃풋 샤프트를 로크한다. 따라서 차량은 전진·후진을 할 수 없다.

파킹 로크 기어 parking lock gear　자동 변속기 차량에서 주차할 때 변속기의 출력축이 회전하지 않도록 고정하는 기어를 말한다. 자동차를 주차한 다음 변속 레버를 P 레인지로 이동하면 링크 기구에 의해 폴(pawl)이 출력축에 설치된 기어의 홈에 물리게 되어 고정된다.

파킹 로크 폴 parking lock pawl　자동 변속기 차량에서 주차할 때 변속 레버를 P레인지로 이동하면, 링크 기구에 의해서 파킹 로크 기어에 물리는 핀을 말한다. 변속 레버를 P 레인지로 이동시킬 때 자동차가 정지한 상태에서 하지 않으면 파킹 로크 폴이 파손된다.

파킹 브레이크 parking brake　차를 오랜 시간 세워 둘 때 사용되는 브레이크로, 보통 때 발로 밟는 브레이크와는 독립된 회로를 갖고 있다. 수동식이 많아서 핸드 브레이크라고도 하며, 또 긴급할 때 사용되어서 이머전시(emergency) 브레이크라고도 한다. 주 브레이크는 유압으로 모든 바퀴에 작동하고, 파킹 브레이크는 와이어나 링키지(linkage) 등을 써서 기계적으로 앞뒤 바퀴에만 작용한다. 풋 브레이크가 고장 났을 때 대신 사용하는 경우도 중요한 목적 중의 하나인데, 장착 위치에 따라 사이드 브레이크, 센터 브레이크로 구분할 수 있다.

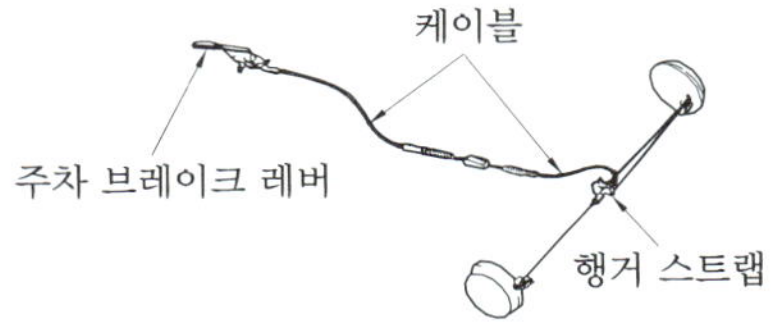

파킹 브레이크의 구조

파킹 브레이크 얼람　ETACS(electronic time & alarm control system, 편의 장치) 기능의 하나로서, 점화 키가 ON일 때 파킹 브레이크를 작동시키면 브레이크 워닝 램프가 점등되고, 그대로 주행하면 점멸해서 운전자에게 알려 준다.

파킹 스프래그 parking sprag　자동 변속기 차량에서 출력축이 회전하지 못하도록 고정하는 제어 장치이다. 변속기의 출력축이 회전하지 않으면, 자동차가 진행하지 못한다. 변속 레버를 P 레인지로 이동시킬 경우 제어 장치가 작동되어 자동차의 자유 이동을 방지하므로 주차 제어 장치라고도 한다.

파트너 컴퍼트 시트 partner comfort seat　조수석 전용 시트를 말한다. 조수석에 앉는 사람의 편안한 자세를 고려하여 운전석과는 다른 구조로 만든 것이다.

파트 스로틀 part throttle　⇨ 하프 스로틀

파트타임 4WD 방식　4WD 차량에서 2륜구동, 4륜구동을 자유롭게 전환할 수 있는 방식을 말한다. 풀타임 4WD란 항시 4륜구동이라는 것을 말한다.

파티션 바 partition bar　파티션 프레임이라고 불린다. 밴 차량에서 악로 주행 시 및 급제동 시에 화물이 전방으로 이동하는 것을 방지하고, 프런트 시트 및 파킹 브레이크 레버를 보호하기 위해 리어 플로어 패널 전단부 등에 설치된 철봉을 말한다.

파형(波形) pattern　DEA 모니터상에 전시되는 전기적 파형이다. 수평 스케일은 시간을, 수직 스케일은 전압을 측정한다.

파형 전시(波形展示) display pattern　점화 전압 등을 점화 순서에 따라 스크린의 왼쪽에서 오른쪽으로 가면서 나타내는 여러 가지 파형을 말한다.

판금(板金) sheet metal　판금은 얇고 넓게 조각을 낸 금속판으로, 이를 소성 변형(塑性變形)시켜 자동차의 변형된 부분의 패널을 원래의 모양으로 회복시키는 등의 가공을 하는 제품은 경량이고 제품의 원가가 싸며 다량 생산에 적합하다. 복잡한 형태를 비교적 쉽게 가공할 수 있고 수리가 용이하다.

판금 퍼티 sheet metal putty　패널의 오목한 부위를 메우는 폴리에스테르 퍼티이다. 폴리 퍼티보다 깊숙한 부위를 메울 수 있는 반면, 표면이 거칠고 미세한 구멍이 많다. 보디 필러(body filler)라고도 한다.

판독(判讀) read (1) 기억 장치나 기억 매체로부터 자료를 꺼내는 것이다. (2) 입력 장치로부터 자료를 받아들이거나 내부 기억 장치 또는 보조 기억 장치로 정보를 이동시키는 것이다.

판 브레이크 leaf brake 브레이크 페달을 밟았을 때 판을 밟은 것같이 딱딱한 브레이크를 말한다. ⇨ 스펀지 브레이크

판 사이 마찰 inter leaf friction 판스프링에서 스프링 판과 판 사이에 리바운드 시 발생되는 마찰이다.

판스프링 leaf spring 길이가 각각 다른 몇 개의 철판을 겹쳐서 만든 스프링으로, 판스프링은 구조가 간단하고 링크의 구실도 하여 리어 서스펜션에 많이 사용된다. 진동에 대한 억제 작용은 크지만, 작은 진동은 흡수하지 못하여 무겁고 소음이 많아 점차 코일 스프링으로 대체되고 있다. 주로 화물 차량과 버스 등에 많이 장착 사용된다. 비교적 큰 진동을 흡수하는 판스프링은 스프링 판 사이에서 발생되는 마찰음을 줄이기 위해 고무 밴드를 넣거나 스프링 판의 수량을 조정하는데, 단판과 다판 스프링이 있다.

판의 분리 sheet separation 겹치기 저항 용접에 있어서 용접 결과로 너깃 둘레에 나타나는 판의 간격을 말한다.

판 캠 plate cam 가장자리가 굽은 판 모양인 캠이다. 캠(원동절)을 회전시키면 접촉자(종동절)는 주기적인 운동을 한다. 자동차의 밸브 기구, 점화 장치의 배전기 캠에 사용되고 있다.

팔라듐 palladium 원소 기호 Pd, 원자 번호 46, 원자량 106.7인 백금속 원소의 하나이다. 은백색이며, 융점 1,555℃, 비중 21.5이다. 금과의 합금은 백금 대용으로 쓰이는 이외에, 해면상(海綿狀)의 팔라듐은 촉매로 사용된다.

8웨이 어저스터블 시트 eigh tway adjustable seat 스포츠카 형식의 좌석에 채용되고 있어 여러 가지로 조절할 수 있다. 정확하게는 8방향의 조작이 가능하다는 뜻이다. 좌석의 슬라이드, 리클라이닝을 비롯하여 좌석 바닥과 사이드 서포트, 헤드레스트 등을 조절할 수 있게 되어 있다. 운전자가 쾌적하고 좌석이 몸에 달라붙은 상태로 앉을 수 있게 되어 있는, 사치스러운 메커니즘이다. 고급 스포츠카에서 쓰고 있다.

팝업 기구 장착 틸트 스티어링 운전자의 승하차를 향상시키기 위해, 스티어링 칼럼을 자동적으로 팝업시키는 기구로서, 다음의 기능을 갖는다. ① 오토파워 스위치를 ON으로 해 두면 하차 시(선택 레버 P, 이그니션 스위치 OFF) 문을 열면 자동적으로 스티어링 칼럼이 올라간다. ② 매뉴얼 선택 레버를 P로 하고, 매뉴얼 스위치를 ON으로 하면 자동적으로 스티어링 칼럼이 상승한다. 상승 위치는 틸트업 위치보다 6도 상방에서 스톱한다. ①, ② 어느 경우에도 스티어링 칼럼을 밀어내면 상승하기 전의 위치로 되돌아간다. 또한 스티어링 칼럼을 되돌리지 않고 발진하려고 했을 때나 시스템에 이상이 있을 경우에는 경보음으로 경보하는 기능도 가지고 있다.

패널 panel 본래는 쇠나 나무와 같은 편편한 것을 뜻하나, 자동차의 패널은 일체로 프레스된 외판 또는 내판을 말한다. 아우터 패널이나 이너 패널 또는 리어 엔드 패널이라고 한다. 또 리어 필러와 같은 구실을 하고 뒤창 유리와 뒤쪽 도어 유리 사이가 폭이 넓어서 필러 같지 않은 것을 쿼터 패널이라고 부르기도 한다.

패널 공진 panel resonance 자동차 실내를 둘러싼 패널(대시, 플로어, 루프 등)에는 면적, 판 두께 등에서 결정된 고유의 막공진(膜共振)이 있는데 이것을 패널 공진이라고 한다.

패널 리페어 panel repair 차체의 전체가 아닌 하나의 조립형 패널(후드, 도어, 트렁크 리드 등)을 도장(塗裝)하는 재도장 작업을 말한다.

패널 밴 panel van 운전석과 화물 적재함이 일체가 되어 있는 상자형 유개(有蓋, 지붕이 있음) 화물차이다.

패널 수정 panel modification 변형된 패널을 복원하는 작업이다. 타출(打出) 판금은 재래식 해머와 돌리 등을 사용하고, 인출(引出) 판금은 와셔 용접기나 슬라이드 해머 등을 사용하는 판금 방식이다.

패널 타입 선셰이드 panel type sunshade 해치백의 듀얼 글라스 톱, 멀티 톱의 루프 글라스부에 장착되고 있는 판 모양의 차양(遮陽)이다. 불필요할 때는 트렁크 룸에 넣어둘 수 있다.

패닝 fanning 프라이머 또는 페인트의 건조를 촉진하기 위해 스프레이 건으로 공기를 불어 주는 일을 일컫는다. 바람직한 방법은 아니다.

패덕 paddock 카레이스에서 경주장 안의 차량 검사 및 정비, 차량 보관 등을 행하는 장소를 말한다. 레이스에 들어가기 전에 패덕에서 각 차량이 출주 전 점검을 받는다.

패덕 인 paddock in 경주 코스로부터 패덕으로 들어오는 것이다. 레이스 도중에 머신에 이상이 생겨 피트로 들어온(피트 인) 차가 레이스를 포기하고 패덕으로 돌아올 때와, 예선·결승 주행을 끝내고 패덕으로 돌아오는 경우가 있다.

패드 pad (1) 슈(shoe)로서 금속판에 석면과 레진(resin), 그리고 금속 분말의 혼합 소성재(混合燒成材)가 붙여진 것이다. 캘리퍼가 설치된 휠 실린더의 피스톤과 디스크 사이에 설치되어 피스톤의 압력을 받아 회전하는 디스크에 접촉 시 마찰로써 직접적인 제동을 가하는 부품이다. 패드의 접촉면에는 마모 한계 표시 홈이 파여 있다. (2) 차실 내에는 인스트루먼트 패널의 상부 등 뾰족하게 만들지 않을 수 없는 부분이 있다. 이런 부분은 충돌 때 승객을 보호하기 위해서 우레탄 등으로 덮고 있다. 이것은 보호 목적뿐 아니라 실내 분위기를 부드럽게 하는 데도 도움이 된다.

패드 마모 인디케이터 pad wear indicator 디스크 브레이크 패드가 마모하고, 나머지 두께가 약 2 mm가 되면 패드 이금(배경 금속)에 장착된 스테인리스제의 인디케이터 선단이 브레이크 디스크에 접촉하여, 주행 중 금속적인 마찰음을 발하고 패드의 마모를 운전자에게 알려 주는 것을 말한다.

패러데이의 법칙 Faraday's law (1) 패러데이가 발견한 전기 분해 법칙으로서, 전기 분해를 하는 동안 전극에 흐르는 전하량과 전기 분해로 인해 생긴 화학 변화의 양 사이의 정량적인 관계를 나타내는 법칙이다. 전기 화학의 가장 기본적인 법칙으로, 물질의 원자 구조와 관련해서 전기량에도 최소 단위(기본 전하량)가 존재한다는 것이 처음으로 예측되었다. (2) 전자기 유도 법칙으로, 전자기 유도에 의해 회로 내에 유발되는 기전력의 크기는 회로를 관통하는 자기력선속(磁氣力線束)의 시간적 변화율에 비례한다. 기전력의 방향을 정하는 렌츠의 법칙과 함께 전자기 유도가 일어나는 방식을 나타낸다.

패럴렐러그램 스티어링 링키지 parallelogram steering linkage 피트먼 암의 길이와 운동을 따라 하는 아이들러 암에 피트먼 암을 연결하기 위해 릴레이 로드나 센터 링크를 사용하는, 일반적으로 사용되는 조향 연결 시스템이다. 별도의 타이로드들이 스티어링 암을 릴레이 로드에 연결한다. 조립되어 있는 연결 장치는 나란히꼴 모양을 닮았으며, 선회축 점들의 중심선은 나란하다.

패럴렐 스티어링 parallel steering 자동차가 선회할 때 조향 각이 안쪽 바퀴와 바깥쪽 바퀴에 차이가 없도록 조향 링키지를 설정한 것이다. 애커먼 스티어링에 대비되는 용어이다.

패럴렐 크랭크 머신 parallel crank mechanism 평행사변형으로 구성되어 있는 4절 링크 기구로서, 고정 링크와 짝을 이루어 회전하고 있는 2개의 링크는 모두 길이가 동일한 크랭크이다. 평행으로 이동하면서 운동하는 것을 평행 크랭크 기구라고도 한다.

패럿 farad 콘덴서의 용량 단위를 말한다.

패브릭 fabric 내장(內裝) 소재로서 사용되는 직물을 지칭할 때가 많다. 패브릭 시트는 포장 시트를 말한다. 비닐 내장의 시트와 비교하여 따뜻하게 신체를 감싼다든가, 흡습성이 우수하며 쾌적하다는 장점 때문에 상급 모델의 차에 사용되는 예가 많다. 차실 내의 천장, 도어의 내장 등에도 천으로 된 것이 많아졌으며, 모두 패브릭 내장이라고 말할 수 있다. 비닐 내장과 비교하면 고급감이 있지만, 오염되었을 때 세척이 어려운 단점도 있다.

패션 필러 fashion pillar 패션성이 풍부한 리어 필러를 말한다. 아크릴제를 사용하여 사이드 윈도와 리어 윈도의 연속감을 갖게 하는 동시에, 사이드에 크게 둘러싼 랩 라운드 타입의 리어 윈도와 이 패션 필러가 조화를 이루어 유리면이 보디를 일주하는 라운드 캡슐을 완성시키고 있다.

패스 pass, run   용접의 진행 방향에 따른 1회의 용접 조작을 말한다.

패스아웃 pass-out   액셀 페달을 밟았을 때와 조향 중에 일어나는 엔진 스톱을 말한다.

패스 컨트롤 pass control   일본의 랠리에서 주로 쓰이는 용어로서 '지시 속도 변경점'의 별명이다. 패시지 컨트롤과 비슷한 용어이지만 뜻은 전혀 다르다. 지시서에 표시된 지점에서 속도를 변경할 뿐, 정지하지 않고 통과한다는 데서 패스 컨트롤이라는 별명이 붙여졌다. 지시 속도 변경점은 노면 상태가 바뀌는 곳에 지정되는 것이 보통이고, 체크 포인트는 설치되지 않는다. 일본 이외의 나라에서 열리는 랠리에는 패스 컨트롤이 없고 반드시 체크 포인트를 설정하고 있다.

패스트백 fastback   지붕과 후부 사이에 계단이 지어져 있지 않고 매끈하게 된 형태로, 뒤에서 볼 때 빠른 감을 주는 데서 이런 이름이 생겼다. 스포티한 스타일 때문에 1930년대의 유선형 유행을 타고 미국, 프랑스, 이탈리아에서 선풍적인 인기를 일으킨 적도 있었다. 1964년형 포드 '머스탱'이 여기에 속한다.

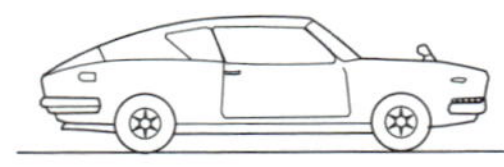

패스트백형

패스트백 쿠페 fastback coupe   쿠페 중 루프에서부터 리어 엔드까지 모양이 완만하여 속도감을 주는 스타일의 자동차를 말한다.

패스트 아이들 fast idle   냉간 시에는 연료가 기화하기 어렵다. 엔진 오일의 점성이 높은 등의 이유에 따라 통상 공회전에서는 엔진이 회전하기 어렵기 때문에, 스로틀 밸브를 약간 열어서 엔진 회전을 올리고 워밍업 시간의 단축을 도모하고 있다. 이것을 패스트 아이들이라고 부른다.

패스트 아이들 기구 fast idle mechanism   (1) 시동 후 엔진의 워밍업을 빠르게 하는 기구이다. 초크 밸브가 닫혀 있을 때 링크에 의해 패스트 아이들 캠의 가장 높은 부분과 패스트 아이들 조정 스크루가 접촉되어 스로틀 밸브가 완전히 닫히지 않아 약간 높은 공전 속도가 유지된다. 이때 엔진이 워밍업되면 초크 밸브가 열리므로 패스트 아이들 캠도 회전하여 일반적인 공전 속도가 된다. (2) 공전 속도를 높이는 기구이다. 카뷰레터를 사용하는 엔진에서는 초크 밸브가 닫힌 상태로 스로틀 밸브가 조금 열리게 하고, 전자 제어 엔진에서는 스로틀 밸브가 닫힌 상태에서 공기를 바이패스시켜 엔진의 회전 속도를 증가시킨다. (3) 엔진이 공회전할 때 에어컨이 작동되면 흡기 다기관의 진공 또는 전자석의 스위치를 이용하여 엔진의 공전 속도를 상승시키는 기구이다. 에어컨이 작동될 때 압축기의 부하에 의해 엔진이 정지되거나 공전 속도가 떨어지는 것을 방지한다.

패스트 아이들 대시 포트 fast idle dash pot   자동 변속기를 부착한 에어컨 장착 자동차에 채택되고 있다. 원래 자동 변속기 차는 감속 시의 엔진 정지를 방지하기 위해 대시 포트에 채용되고 스로틀 밸브가 아이들링 개도(開度)까지 급히 닫히는 것을 방지하고 있다. 그 밖에 냉시동 운전 시에는 컴프레서 운전을 위해 아이들링 시라도 부하가 늘어나므로 스로틀 밸브 개도를 약간은 크게 할 필요가 있다. 패스트 포트는 한 개의 포트로 이 두 가지 역할을 하는 것이다. 그 구조는 그림에서 보여 주듯이, 매니폴드 부압의 통로에는 쿨러 스위치와 연동해서 ON-OFF하는 솔레노이드가 설치되어 있어 쿨러가 ON일 때는 부압실에 매니폴드 부압이 가동해서 다이어프램 ②를 스프링 ②의 장력(張力)에 반대인 좌측으로 당긴다. 피스톤은 다이어프램 ②에 봉합되어 있으므로 다이어프램 ①의 행정을 짧게 하고 스로틀 밸브 개도를 그만큼 크게 한다. 그러므로 대시 포트의 작동에는 변함이 없다. 또한 쿨러 OFF 시에는 부압실에 작용하는 부압이 차단되어 다이어프램 ②는 스프링 ②의 힘으로 좌우 이동하고 스로틀 개도는 난기 후의 보통 아이들링 개도(開度)로 된다.

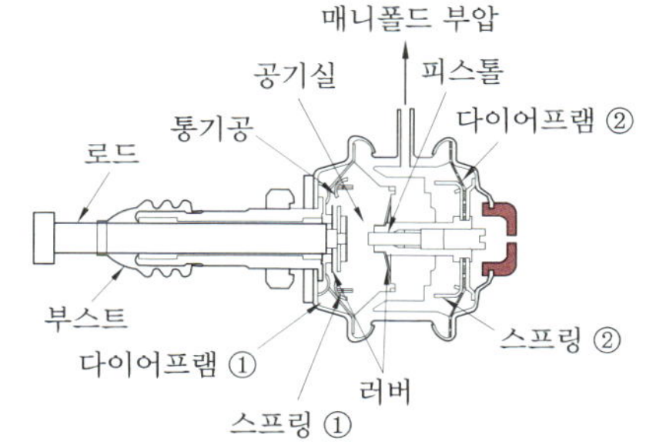

패스트 아이들 대시 포트의 구조

패스트 아이들 디바이스 FID ; fast idle device 에어컨이 장착된 차의 컴프레서 작동 시에 아이들링 회전을 높이기 위한 장치로서, 압축기의 마그넷 코일에 통전됨과 동시에 진공 스위치 밸브가 ON으로 되고 패스트 아이들 디바이스(FID)의 다이어프램실로 대기가 도입됨으로써 푸시로드가 튀어나와 링크를 통해서 스로틀 밸브를 규정 개도로 강제로 연다.

패스트 아이들 에어 밸브 fast idle air valve 엔진의 냉각수 온도에 따라 추가로 공기를 공급하는 장치로, 서모 왁스의 신축 작용에 따라 작동한다. 엔진의 냉각수 온도가 낮을 때는 패스트 아이들 에어 밸브의 서모 왁스가 수축하여 에어 밸브를 통과하는 공기량이 증가하고, 냉각수 온도가 상승하여 약 50℃에 이르면 에어 밸브가 완전히 닫혀 패스트 아이들 에어 밸브에 의한 추가 공기의 공급이 중단된다.

패스트 아이들 제어 fast idle control 아이들 스위치 ON 시에는 냉각수 온도에 따라 목표 회전수를 제어하고, 아이들 스위치 OFF 시에는 냉각수 온도에 따라 ISC 서보 목표 위치를 제어한다.

패스트 아이들 캠 fast idle cam 엔진이 냉각 상태일 때 스로틀 밸브가 열려 있도록 자동 초크에 연결되는 기화기의 링크 기구이다. 이 기구에 의해 초크가 작동 중일 때 엔진이 약간 높은 RPM으로 공전하게 된다.

패스트 아이들 캠 브레이커 fast idle cam breaker system 엔진이 워밍업 후에 적절한 엔진의 회전수를 얻고 연료 향상을

위하여 자동 초크에 패스트 아이들 캠 브레이크를 설치하여 일정 온도 이상에서 패스트 아이들 캠 브레이커에 진공이 작용하여 엔진의 회전수를 낮춘다.

패스트 아이들 컨트롤 디바이스 FICD ; fast idle control device 엔진의 공회전 시에 에어컨 등의 보조 기구의 작동에 의해 엔진의 회전수가 떨어지는 것을 자동적으로 방지하는 장치이다. 이것으로 흡입 공기량을 약간 증가시켜, 부하에 의한 엔진 회전수의 떨어짐을 보정하거나 적정한 회전수로 유지한다.

패스트 인 패스트 아웃 fast in fast out 빠른 스피드를 유지하면서 코너에 진입하고, 역시 빠른 스피드로 코너를 빠져나오는 변칙 테크닉이다. 코너로 들어서는 속도가 빠르기 때문에, 반지름이 작은 급커브에서는 대단히 어려운 주행이 되므로 스핀할 위험이 크다.

패스트 컷 솔레노이드 밸브 FCSV ; fast cut solenoid valve 엔진 키를 OFF시켰을 때 발생하는 런 온을 방지하기 위해서 기화기의 슬로 통로를 차단하는 전자 밸브를 말한다.

패시브 리스트레인트 시스템 PRS ; passive restraint system 수동식 승객 구속 장치이다. 리스트레인트는 ‘구속, 속박’을 의미하여, 승객이 아무것도 조작하지 않아도 충돌이나 전복 등의 긴급 상태에서 승객을 보호하고 부상을 최소화하는 장치의 총칭이다. 오토매틱 벨트(패시브 벨트)와 에어백 장치가 여기에 속한다.

패시브 벨트 passive belt ⇨ 오토매틱 벨트

패시브 서스펜션 passive suspension 액티브 서스펜션에 대비되는 용어이다. 액티브 현가장치는 노면의 상태에 따라 스프링이나 쇼크 업소버의 특성을 변화시켜 노면에 능동적(액티브)으로 작용하는 데 반하여, 패시브 서스펜션은 일정한 스프링 정수를 가진 스프링과 감쇠 특성을 가진 쇼크 업소버에 의해 노면으로부터의 압력을 수동적(패시브)으로 처리하는 일반적인 현가장치를 말한다.

패시브 세이프티 passive safety 자동차의 안전성 가운데 ‘만약의 경우 피해를 최소화한다’는 의미에서 본 안전성을 말한다.

사이드 도어 빔이나 3점 ELR 리어 시트 벨트 등은 패시브 세이프티라는 면에서 본 안전 기구라고 할 수 있다.　⇨ 액티브 세이프티

패시브 세이프티 시스템 passive safety system　자동차 사고가 발생했을 때 승객의 부상을 방지하거나 부상을 최소화하는 충돌 안전장치이다.

패시브 시스템 passive system　FMVSS 제208조에 규정되어 있는 패시브 시스템은, 자동차가 충돌하였을 때 차내의 승차원이 안전을 위해 승차원을 충격에서 보호해 주는 장치를 뜻한다. 또한 FMVSS에서는 콘크리트 패시브, 이를테면 완전한 수동 장치가 요구되므로, 이것을 만족시키는 것은 에어백 시스템밖에는 없다.

패시브 시트 벨트 passive seat belt　승객이 승하차 시 시트 벨트의 착용 및 해제의 불편함을 없애기 위해 시트 벨트의 리트랙터나 버클을 도어에 부착하여, 승객이 도어를 열면 안전벨트가 해제되고 도어를 닫으며 안전벨트가 자동적으로 착용되는 장치이다. 자동 시트 벨트라고도 하며, 모터의 힘을 이용한 모터라이즈 시트 벨트(motorized seat belt)도 있다.

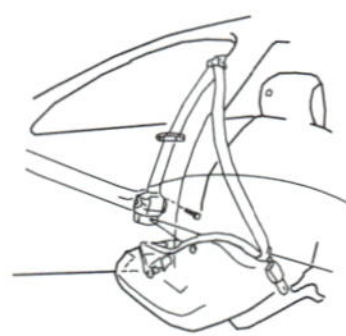

패시브 시트 벨트

패시브 시트 벨트 방식 passive seat belt system　⇨ 오토매틱 벨트

패시브 제어　외부로부터의 입력을 에너지원으로 해서 제어하는 것을 말한다. 4IS의 셀프 얼라이닝 기구가 이 예이다.

패시브 토크 스플릿 passive torque split　⇨ 토크 스플릿

패시아 facia, fascia　자동차의 계기판이라는 뜻이다. 그러나 영어나 미국어에서는 대시보드(dash board) 또는 인스트루먼트 패널(instrument panel)이라고 하는 말이 많이 쓰인다.

패시지 컨트롤 passage control　랠리 카의 통과를 확인하는 감시 장소이다. 스페셜 스테이지가 긴 구간에서는 코스를 이탈하여 지름길로 달리는 일도 있을 수 있다. 이를 방지하기 위해 스페셜 스테이지 사이에 설치한 감시소를 패시지 컨트롤이라고 한다. 이곳에서는 타임 기록은 체크하지 않고 통과를 확인하는 스탬프나 사인만 받는다.

패신저 시트 passenger seat　⇨ 드라이버 시트

패신저 카 passenger car　흔히 말하는 사장님이 타는 차로서, 우리나라에도 에쿠스를 시작으로 제네시스, 체어맨 등이 있다.

패싱 passing　추월하는 신호로서, 헤드램프를 점멸하는 것을 말한다. 대개의 경우 스티어링 휠의 가까이에 있는 레버(방향 지시등 레버와 공용할 때가 많음)를 조작해서 행한다.

패싱 기어 passing gear　자동 변속기 차량에서 추월을 하기 위하여 가속 페달을 최대한 밟아 한 단계 아래의 기어로 넣는 것이다.　⇨ 킥다운

패싱 라이트 passing light　경기 중 앞차를 추월하려고 할 때 앞차에게 그 의사를 전달하기 위한 수단으로 라이트를 점멸하는 것이다. 이 사인을 확인한 앞차는 오른쪽으로 비켜 뒤차가 추월하기 쉽게 해 주고, 추월한 후에는 손을 흔드는 등 고맙다는 뜻을 표하는 것이 매너이다.

패싱 램프 passing lamp　주간에 자동차가 헤드라이트 스위치를 OFF시킨 상태에서 별도의 스위치로 헤드라이트를 점멸하여 추월을 할 때 신호하는 것을 말한다.

패치 patch　타이어를 수리할 때 펑크 난 곳에 대는 고무를 이른다.

패키지 컬러 package color　도료 제작 회사가 출하 단계에서 새로운 자동차에 미리 조색(調色)한 도료를 일컫는다. 유럽, 미국에서 많이 사용되고 있다.

패키지 트레이 package tray　글러브 박스 밑에 노트와 지도 등을 둘 수 있게 한 접시 모양의 부분으로, 보조적인 수장 공간이 된다. 장거리 드라이브 등에서는 발을 얹는 사람도 있으나 결코 바람직하지 않다.

패킹 packing　(1) 미끄럼 면에 사용되어 오일의 누출을 방지하는 부품을 말한다. (2) 유압 실린더 등과 같이 밀봉 장치 중

에 왕복 운동, 회전 운동, 나선 운동에서 유체, 기체 등이 누출되는 것을 방지하는 역할을 하는 고무 제품을 말한다.

패킹 링 packing ring　주철, 청동, 화이트 메탈, 카본제의 경질 패킹과 가죽, 합성 고무, 합성수지로 성형한 V, O, U 링의 연질 패킹으로 구분되는 고리 모양의 패킹 이다.

패턴 노이즈 pattern noise　평탄한 도로를 주행할 때 타이어 접지면에 발생되는 소음 중에서 트레드 패턴에 기인한 소음을 말 한다.

패턴 인식 pattern recognition　인간의 지 각 능력을 본떠서 만든 프로그램에 의하여 컴퓨터가 도형, 문자, 음성 등을 식별하는 일이다. CCD, 카메라, 광학 문자 판독기, 자기 잉크 문자 판독기 등에서 사용되고 있 으며, 편지 문자 판독 장치나 음성 응답 장 치 등에서도 이용할 수 있도록 연구가 진 행되고 있다.

팩터리 factory　'공장·제조소'라는 뜻으로 메이커(제조자)와 같은 의미로 사용된다. 예를 들어, 메이커의 팀이 팩터리 팀이고, 메이커에서 튠업된 차나 엔진이 팩터리 튠 이다. 메이커와 관계없는 개인 팀은 프라 이빗(private) 팀이라고 한다. 그 밖에 워 크스(works)라는 말이 있는데 이것도 팩 터리와 같은 뜻(때로는 규모가 작은 팩터 리)이다. 메이커와 계약을 맺고 있는 드라 이버를 팩터리 드라이버 또는 워크스 드 라이버라고 한다.

팬 fan　(1) 보디 플로어, 특히 플로어 팬이 주요한 구조재의 역할을 하는 자동차 차 체의 단체 구조이다. (2) 날개바퀴를 돌림 으로써 공기 등의 기체를 움직여 흐름을 만들어내는 기계이다. 라디에이터 팬이 대 표적이다.

팬 벨트 fan belt　크랭크샤프트의 회전을 워터 펌프 풀리와 발전기 풀리에 전달함으 로써 냉각 팬을 회전시키게 하는 벨트로서, 일반적으로 팬 벨트는 이음이 없는 V벨트 를 사용한다.

팬 소음 fan noise　팬의 회전에 동반해서 생기는 소음을 이른다. 자동차에는 라디에 이터 냉각 팬, 알터네이터 팬 등의 팬 소 음이 있다.

팬 슈라우드 fan shroud　냉각 팬에 의하여 유입되는 공기를 효율적으로 라디에이터 코어에 보냄과 동시에 팬을 보호하는 역할 을 하는 구성 부품으로, 강철제가 주로 사 용되나 최근에는 수지(플라스틱의 일종)로 된 것도 있다.

팬 커플링 fan coupling　냉각 팬과 구동 풀 리 사이에 설치하고 커플링 내에 실리콘 오일을 가득 채운 부품이다. 팬의 소음을 감소하기 위해 팬의 회전 속도를 제한하 는 것으로서, 풀리가 천천히 회전하고 있 으면 팬도 같은 속도로 회전하지만, 엔진 회전 속도가 상승하면 팬에 접촉되는 공 기 저항에 의하여 실리콘 오일의 유체 마 찰에 따라 공전(空轉)하는 현상을 이용한 것이다. 온도에 따라 실리콘 오일의 양을 변화시켜 팬의 회전 속도를 제어하는 것 도 있다.

팬 클러치 fan clutch　일명 자동 팬이라고 하며, 팬의 회전을 자동적으로 조절하여 팬 의 구동에 소비되는 동력의 손실을 될 수 있는 대로 적게 하고 기관의 과랭(over cool) 이나 팬의 소음을 적게 하기 위한 장치로서, 팬 클러치에는 유체 커플링, 팬 클러치식 및 전기식 등이 있다.

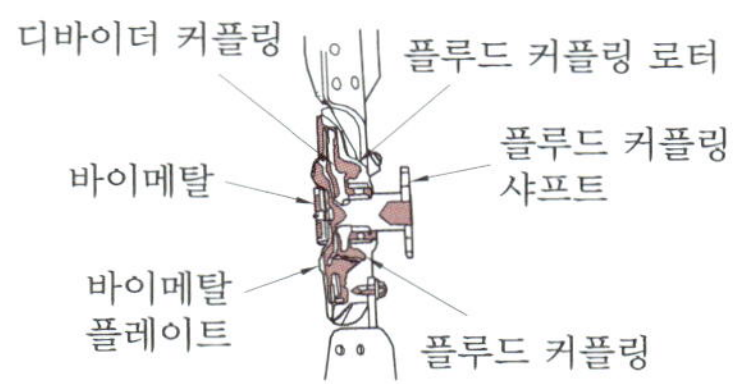

(a) 바이메탈식

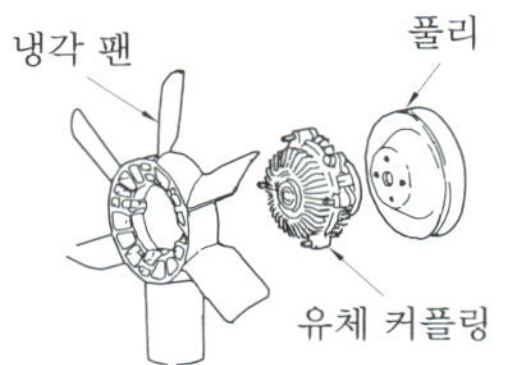

(b) 유체 커플링식

팬 클러치

팬터그래프 잭 pantagraph jack　전차의 팬 터그래프와 비슷한 마름모꼴 틀의 신축을 이용한 기중기(起重機)로, 자동차에 사용되 는 긴급용 잭이다.

팽윤(澎潤) swelling　물질이 용매를 흡수하여 부푸는 현상으로, 고분자 물질이 용해할 때 볼 수 있다. 고분자 물질은 고체 상태에서는 그것을 구성하고 있는 고분자 사슬 사이의 상호 작용이 강하지만, 이것을 용매에 담그면 고분자 사슬 사이에 용매 분자가 끼어들어 젤 모양으로 부풀어 오르고 용매 분자에 둘러싸인 고분자 사슬이 하나씩 떨어져 용매 속에 분산·용해한다.

팽창 밸브 expansion valve 리시버 드라이어에서 보낸 고압의 냉매를 증발기에 보내기 전에 저압으로 감압하는 작용과 냉매의 유량을 조절하는 역할을 한다. 팽창 밸브의 열림 정도는 증발기의 감온부가 열을 감지하여 통로를 조절한다.

팽창 탱크 expansion tank 팽창으로 인해 탱크로부터 연료가 방출되는 것을 방지하기 위해 어떤 형식에서 채용하고 있는 장치를 말하며, 동일한 장치로 라디에이터에 사용하고 있는 보조 탱크가 있다. 이것은 여분의 공간(보조 탱크만큼의 공간)만큼 과열된 냉각수가 팽창함으로써 냉각액 속에 갇혀 있는 공기를 빼낼 수 있다.

팽창 행정(膨脹行程) expansion stroke 가솔린이나 디젤 엔진 등의 실린더 내의 연소 가스나 증기가 팽창하여 피스톤이 밀려 내려가는 행정을 말한다. 연소 행정이라고도 한다.

퍼널 funnel ⇨ 에어 퍼널

퍼널형 연소실 funnel type combustion chamber 퍼널은 '깔때기'란 뜻으로, 깔때기를 엎어 놓은 모양의 연소실을 일컫는다.

퍼머넌트형 부동액 permanent type anti-freezing solution 부동액의 일종으로서, 에틸렌글리콜에 염료와 안정제를 첨가한 것이다. 엔진의 냉각수에 30~40 % 정도 혼입하여 사용한다.

퍼스널 램프 personal lamp 개인 전용의 차실 내의 스폿 램프를 말한다.

퍼스널 무선 personal radio 개인용으로 쓰이는 무선 장치이다. 시민 라디오(CB)의 범람과 무질서에 대응하여 나타난 것으로, 일본에서 1982년 12월에 시작되었다. CB가 28 MHz인 데 비해, 퍼스널 무선은 900 MHz대를 사용하며, 통신 가능 거리가 시가지에서 6 km, 교외에서 10 km로 되어 있다. 사용자의 자격은 필요 없으나 무선국 면허가 있어야 하며, ROM 카트리지가 교부된다. 자동차 무선이나 업무용으로 널리 보급되기 시작하였다.

퍼스널 카 personal car 여러 사람이 타고 있는 것이 아니고 자기 혼자만의 차라는 어감을 갖게 하는 용어로서, 개인이 혼자서 사용하는 데 적당한 크기와 성능을 가지고 있다는 말로 사용할 때가 많다.

퍼스트 기어 first gear 1단 기어라고도 부르는데, 가장 낮은 기어를 말한다. 보텀 기어(bottom gear)라고도 하며, 퍼스트 스피드(first speed), 스타팅 기어(starting gear)라고도 부른다.

퍼스트 크로스 멤버 first cross member 보디의 최선단 하부에 있으며, 좌우의 후드 리지 패널(hood ridge panel)과 라디에이터 서포트 패널을 연결하는 부재(部材)이다.

퍼지 purge (1) 어떤 공간에 포집(捕執)된 물질을 제거하거나 비우는 것을 말한다. 에어컨에서는 냉매 내의 습기나 공기를 질소 또는 냉매로 제거하는 일이다. (2) 연료 증발 가스의 HC를 제거하는 것이다.

퍼지 밸브 purge valve 종래의 PCV 밸브(positive crankcase ventilation valve)를 대체하는 밸브로, 로터리 엔진 탑재 차의 연료 증발 가스 발산 억제 장치 및 블로 바이 가스 환원 장치에 사용되고 있다. 그림(a)에 그 구조를 나타내었고, 그림(b)에 연료 증발 가스 발산 억제 장치 및 블로 바이 가스 환원 장치의 시스템을 나타내었다. 퍼지 밸브는 아이들링 시에 블로바이 가스와 연료 증발 가스가 엔진 작동실에 흡입되지 않도록 하고 있다. 그림(b)에 있어, 엔진 정지 중에는 연료 탱크의 연료 표면에서 발생한 연료 증기는 탱크 내의 공기실에서 응축되어 환원되지만, 응축되지 않았던 연료 증기는 차콜 캐니스터에 저장된다. 또 기화기의 플로트실에서 발생한 연료 증기는 사이드 하우징 내에 저장된다. 엔진이 시동되면 엔진 내부와 차콜 캐니스터에 저장된 연료 증기는 블로바이 가스 및 에어 클리너로부터의 새로운 공기와 함께 흡입관으로 흡입되어 연료실에서 연소한다. 단, 퍼지 밸브에 의해서 스로틀 밸브가 닫힐 때는, 블로바이 가스 및 연료 증발 가스는 흡입관으로 흡입되지 않는다. ⇨ PCV 밸브

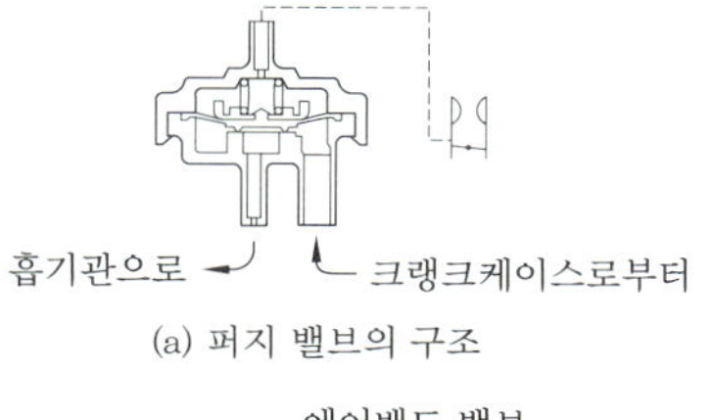

(a) 퍼지 밸브의 구조

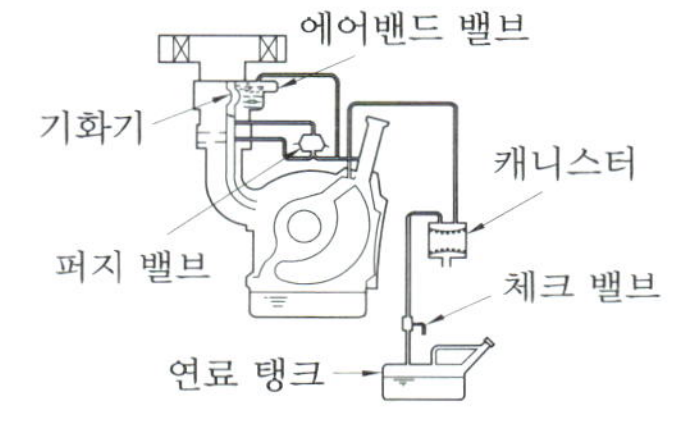

(b) 로터리식 연료 증발 가스 발산 억제 장치

퍼지 밸브

퍼지 시프트 A/T　시프트 패턴 제어에 퍼지 이론을 응용한 A/T이다. 퍼지 시프트 A/T에서는 보통의 시프트 패턴 외에 주행 조건에 따르는 복수의 시프트 패턴을 가지며, 각각의 주행 조건 성립의 판단을 퍼지 이론으로 하고, 자동적으로 시프트 패턴을 전환함으로써 드라이버의 시프트나 브레이크 조작을 경감시킨다. 예컨대, 오르막길 코너 직전에서 액셀 페달을 놓아도 불필요하게 시프트 업 되지 않고, 고속 오르막길에서는 액셀 페달을 밟아도 갑자기 시프트 다운 되지 않는다. 또한 내리막길에서는 자동적으로 시프트 다운 되어 엔진 브레이크가 충분히 작용하도록 한다.

퍼지 에어 purge air　연료 증발 가스를 말하며, 엔진 정지 중에는 연료 탱크 내에서 발생한 가스(HC)를 캐니스터 내의 활성탄에 흡착시킨다. 엔진 시동 후, 흡착된 가스(HC)를 에어 클리너로 도입하여 연소시킨다.

퍼지 이론 fuzzy theory　애매하게 판단하고 인식하고 추론한다고 하는 인간의 사고법을 컴퓨터에 적용하기 위한 이론이다. 예컨대, '키가 크다'고 할 때 168 cm이면 0.6, 178 cm이면 0.9라고 하듯이, '애매함'을 '애매함'의 정도로 파악하는 것이 퍼지의 발상이다.

퍼지 제어 fuzzy control　퍼지 이론을 사용하여 종래까지의 제어와 비교해서도 목표값 도달성, 응답성, 제어 안정성 등을 한층 향상시키는 제어 방법을 말한다. 이것을 사용함으로써 좀 더 고도로, 좀 더 세밀한 시스템 제어가 가능하게 된다. INVECS(인벡스)는 퍼지 제어를 적용하여 일반 드라이버가 컨트롤하기 어려운 상황에서도 컴퓨터가 베테랑 드라이버의 지식이나 경험에 근거를 둔 판단을 하며 안전하고 쾌적한 주행을 가능케 한 시스템이다.

퍼지 제어 장치 fuzzy control unit　컴퓨터의 'YES, NO'의 2극화된 판단하에 인간의 애매함을 도입하는 것으로, 최적의 조건을 끄집어내어 급발진·급정지가 적을 수록 원만한 운전을 가능케 하는 장치이다. 예를 들면, 열차의 자동 운전 장치가 있다.

퍼지 컨트롤 밸브 purge control valve　캐니스터에서 기화기(또는 서지 탱크)로 가는 증발 가스를 제어하는 밸브로서, 엔진이 시동되고 특정 조건이 되면 흡기 매니폴드 부압에 의해 밸브가 열려 캐니스터의 증발 연료가 기화기(또는 서지 탱크)로 유입된다. 전자 제어 분사 방식의 경우 컴퓨터 신호에 의해 작동하는 퍼지 컨트롤 솔레노이드 밸브(PCSV)가 사용되면 다른 회사의 탱크 브리더 밸브(tank breather valve)도 같은 역할을 하는 밸브이다.

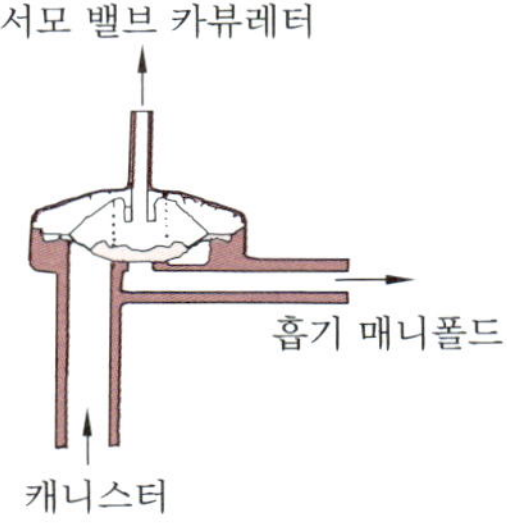

퍼지 컨트롤 밸브

퍼지 컨트롤 솔레노이드 밸브 PCSV ; purge control solenoid valve　⇨ 피시에스브이

퍼컬레이션 percolation　기화기에서 일어날 수 있는 과농(過濃) 혼합 가스에 의한 시동 불능의 고장으로, 자동차를 상당히 긴 시간 동안 주행한 후에 엔진을 일단 정

지시켰다가 잠시 후 다시 시동하려고 하여도 연소가 전혀 일어나지 않는 현상을 말한다. 그 원인은 기화기의 뜨개실(float chamber)이 엔진에 남은 열기로 가열되어 가솔린이 증발해서 노즐 등을 지나 다량으로 기화기 배럴이나 흡기 매니폴드로 유입되기 때문이다. 고장을 처치하려면 과농한 가스를 축출시키면 되지만, 정도가 심할 때에는 엔진이 냉각되는 것을 기다리는 것이 좋다.

퍼텐셜 potential 보통은 차로 달리고 있을 때 그다지 느끼지 못하는 성능이지만, 극단적인 조작을 하거나 고속이 되었을 때 특히 유효하게 나타나는 감추어진 성능이 있을 때에 '퍼텐셜이 있다'고 말한다.

퍼텐쇼미터 potentiometer 직선 변위와 회전 변위를 전기 저항의 변화로 바꾸는 가변 저항기로, 접촉형과 비접촉형이 있다. 접촉형은 저항 체위를 브러시가 움직이는 구조로서, 직선형의 경우는 스트로크가 1,000 mm 정도인 것까지 있고, 회전형인 경우는 1회전에서 다(多)회전인 것까지 있다. 비접촉형은 자기 저항형이라고도 불리며, 자계의 강도에 따라 저항값이 변화한다. 자기 저항 소자를 저항체로서 사용한 것이다.

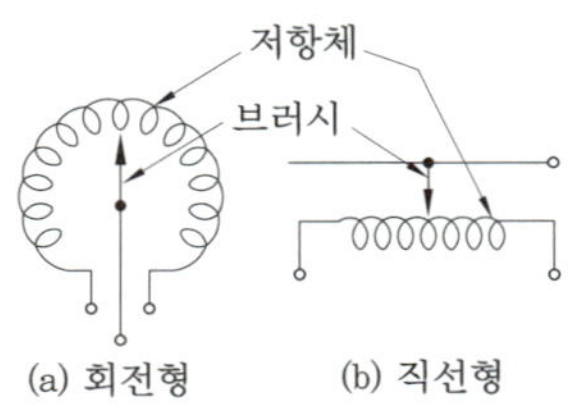

퍼텐쇼미터

퍼텐쇼미터 방식 potentiometer system 연료 게이지로서 플로트(float) 위치의 검출에 사용하고 있는 연료 게이지 유닛 방식이다. 전자 회로에서 연료 게이지 유닛에 입력되는 규정 전압과 연료 게이지 유닛에서 반송되는 전압을 비교하여 플로트 위치를 검출하는 방식을 말한다.

퍼티 putty (1) 산화주석이나 탄산칼슘을 12~18%의 건성유(아마인유 등)로 반죽한 점토상의 접합제로, 공기 속에서 서서히 굳는다. 유리창의 유리 고정, 판의 이음매, 요철(凹凸) 등을 채우거나 바른다. (2) 페인트 할 곳의 파임, 균열, 구멍 등의 결함을 메워 도장재(塗裝材)의 편평함을 향상시키기 위해 사용하는 살붙임용의 도료이다. 일명 '빠데'라고도 하는 것으로, 안료분을 많이 함유하고 있다.

퍼티 스푼 putty spoon 용기에서 퍼티 베이스를 꺼내서 경화제(hardener)와 혼합하여 반죽하는 데 사용하는 도구이다. 플라스틱, 금속, 나무 스푼 등이 있으며, 퍼티를 도포하는 면적에 따라 필요량의 베이스를 용기에서 꺼낸 다음 퍼티 베이스 100에 대하여 경화제 2의 비율로 혼합하여 색이 동일해질 때까지 신속하게 반죽한다.

퍼티큘레이트 particulate 엔진으로부터 배출되는 카본 입자, 연료, 오일의 탄소 찌꺼기 등의 미립자이다. 특히 디젤 엔진의 배기 중에 많이 포함되어 있다.

퍼티큘레이트 트랩 particulate trap 배출 가스 중 퍼티큘레이트를 제거하기 위한 필터이다.

퍼포먼스 performance 자동차 용어로서는 '성능'이라는 의미로 사용된다. 퍼포먼스 커브라고 하면 '성능 곡선'이라고 번역되며, 엔진 등 출력·토크·연료 소비율의 성능을 나타낸 곡선도를 말한다. 차량에는 여러 가지 성능이 있는데, 이것들을 모두 종합하여 성능이라고 하며 '토털 퍼포먼스' 라고 할 때도 있다. 이것은 엔진의 최고 출력, 최대 토크, 최고 속도, 등판력, 최소 회전 반지름, 마력당 중량, 연료 소비율 등과 같이 숫자로 나타낼 수 있는 성능과, 숫자로 나타나지 않는 성능으로서의 승차감, 쾌적성, 조종 성능 등으로 구성된다.

펀칭 punching 구멍 뚫기를 말한다.

펄라이트 pearlite 보통 강을 고온에서 서랭(徐冷)했을 때 생기는 페라이트, 시멘타이트의 층상(層狀)의 조직으로, 펄라이트 조직을 가열하면 A1 변태점(726℃)에서 전부 오스테나이트로 변화한다. 펄라이트 중의 탄소 농도는 언제나 일정하여 약 0.85%로 경도 및 강도는 적고, 자성이 있어 강의 조직 가운데 가장 안전하다.

펄서 코일 pulser coil 반도체식 점화 장치 내에 콘덴서 방전식(CDI)의 여자(勵磁)

코일과 조화를 이루어 발진하는 코일이다.

펄스 pulse (1) 매우 짧은 시간 동안에 흐르는 신호용의 약한 전류로서 제어 회로 신호에 사용한다. 1번 실린더 상사점 검출 센서나 크랭크 각 센서 등과 같이 디스크에 설치된 슬릿이 발광 다이오드와 포토 다이오드 사이를 통과할 때만 전류가 흐르므로 신호는 맥류의 파형으로 이루어진다. (2) 맥박이나 고동처럼 혈액의 흐름이나 전압값 등이 율동적으로 변화하는 현상이다. 일반적으로 시간의 추이에 따라 물리량이 주기적으로 또한 과도적으로 변화하는 것을 말한다. 어떤 정상적인 상태에서 급속히 변화하고 유한 기간 지속하며, 원래 상태로 급속히 복귀하는 변화를 되풀이한다. (3) 단시간에 존재하는 에너지의 흐름을 말한다. 전류·전압이나 전파에서 신호로 쓰이는 것을 가리키는 경우가 많은데, 주기적으로 되풀이되는 주기 펄스와 1회만 고립해 있는 충격 펄스가 있다. 디지털 신호를 펄스로 표현하여 컴퓨터에 의한 신호 처리, 디지털 통신 등에 널리 이용되고 있다.

펄스 댐퍼 pulsation damper 연료 분사 장치의 일부로서, 펌프로부터의 맥동을 억제하고, 인젝터에 보내는 연료압을 일정하게 유지하는 것을 말한다.

펄스 반사법 pulse reflection method 레이더나 초음파 탐사 등에 널리 이용되고 있는 방법이다. 원리는 전자파나 초음파의 펄스를 매질(媒質) 속에 발사하여 측정 대상으로부터의 반사파를 수신하고, 반사파의 시간 지연으로부터 대상까지의 거리를 아는 것이다. 또 수신파의 방향으로부터 대상의 방위를 알 수 있고, 반사파의 강도로부터 대상의 크기 등의 정보를 얻을 수 있다. 레이더는 기체 속을 전파하는 전파의 반사를 이용하고, 소나(sonar, 잠수함 탐지기)나 어군 탐지기는 수중을 전파하는 초음파의 반사를 이용하여 측정 대상의 위치를 아는 것이다. 초음파 탐지기나 초음파 진단 장치는 고체 또는 생체 속을 전파하는 초음파 펄스의 반사를 이용하여 내부의 상태를 아는 것이다.

펄스 발생기 pulse generator 보통은 전자 회로나 트랜지스터 등의 회로 소자의 응답을 조사하기 위해서, 또 논리 회로의 시험을 위해서 여러 가지의 펄스를 발생하는 전자 회로를 말한다. 계측 제어의 분야에서는 외부 자극(방사선, 충격 압력 등)에 의하여 전압 펄스를 발생하는 다양한 소자가 사용되고 있다. 이들은 펄스 발생기라기보다는 펄스 발생의 바이스라 해야 할 것이다. 예로서는 방사선 계측에 사용되는 신틸레이터, 반도체 검출기, 나아가서는 충격 압력이나 광(光) 초핑 등으로 개폐하는 여러 가지의 스위치 소자 등이 있다.

펄스 변조기 pulse modulator 펄스 변조란 펄스파에 신호를 싣기 위해서 펄스열을 변조하는 것이다. 변조 방식으로는 아날로그 변조와 디지털 변조가 있다. 전자는 신호의 값에 의하여 펄스 파형의 파라미터를 연속적(아날로그적)으로 변조하는 것으로서, 펄스 진폭 변조(PAM), 펄스 폭 변조(PWM), 펄스 위치(위상) 변조(PPM), 펄스 주파수 변조(PFM) 등이 있다. 디지털 변조는 신호의 값을 이산적인 값으로 변환하고(양자화라고 함), 그것을 펄스의 수가 2진 펄스 부호를 변환하는 것으로서, 펄스 수 변조(PNM)나 펄스 부호 변조(PCM) 등이 있다. 변조된 펄스 파열로부터 원래의 신호를 복원하는 과정은 복조라 한다.

펄스 아크 용접 pulsed arc welding 불활성 가스 용접에 있어서 전류를 전파상으로 한 용접을 말한다.

펄스 휠 pulse wheel ⇨ 크랭크 각 센서

펄 톤 도장 메탈릭 도장(塗裝)의 알루미늄분 대신에, 이산화티탄을 코팅한 운모(마이카)분을 사용하고 있다. 이 운모분은 빛을 투과하기 때문에 중간층 사이에 컬러 베이스를 도장하고 있고, 상도층에는 3층으로 되어 있다. 펄 톤(pearl tone) 도장의 색상은 마이카 베이스와 컬러 베이스가 합한 것으로서, 마이카 베이스에서의 복잡한 반사로 진주 광택을 갖는 도막(塗膜)이 된다.

펌프 pump ABS의 펌프는 모듈레이터 내에 설치되어 전자 제어 유닛에서 감압 신호를 받아 감압을 유지한다. 또한 중압의 목적으로 오일 탱크에서 어큐뮬레이터로 오일을 보내는 역할을 한다.

펌프 맥동 pump pressure pulsation 일반

적으로 피스톤이나 날개 차에서 유체를 압송하면 주기적으로 압력이 변화하여 맥박이 뛰는 것과 같이 흐르는 현상을 말한다.

펌프 엘리먼트 pump element 플런저 배럴로 구성되어 있으며, 펌프 하우징에 고정되어 있는 배럴 속을 플런저가 상하 섭동(攝動) 운동을 하여 연료를 압축하는 일을 한다.

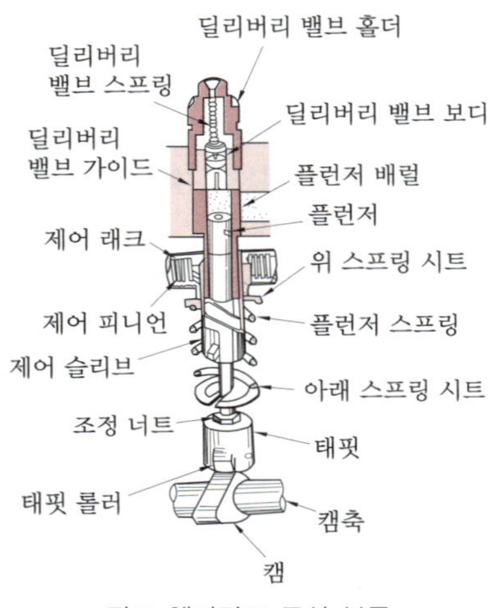

펌프 엘리먼트 구성 부품

펌프 제어식 pump controlled or jack pump system 각 분사 노즐마다 한 개씩의 펌프 엘리먼트가 설치되어 연료를 분사하게 되어 있는 형식으로서, 펌프 엘리먼트와 분사 노즐은 고압 파이프로 연결된다. 펌프 엘리먼트는 하나의 보디에 일렬로 설치되어 있어 독립식이라고도 하며, 구조가 복잡하고 조정하기 어려우나 다기통 엔진에 적합하며 고속 회전에 알맞다.

펌핑 로스 pumping loss 피스톤이 실린더 안을 왕복하는 펌프 운동에서 혼합 가스의 폭발에 의하여 발생한 에너지의 일부가 혼합 가스를 흡입하고 연소된 가스를 배출하는 과정에서 소비되는 것이다. 각각을 흡기 손실, 배기 손실이라고 한다.

페니트레이션 penetration '용입(熔入), 침투(浸透)' 등으로 번역된다. 그리스의 용입은 마치 윤활유에 대한 점도와 같은 것으로 그리스의 굳은 정도를 나타낸다. 규정된 원추를 그리스의 표면에 떨어뜨려 일정 시간(15초) 들어간 깊이를 측정하여 그 mm의 10배의 수치로 나타낸다.

페달 pedal 발로 밟거나 눌러서 기계류를 작동시키는 부품이다. 자동차에는 브레이크 페달, 클러치 페달, 가속 페달 등이 있다.

페달 답력 pedal effort 페달을 밟는 데 필요한 힘을 말한다.

페달 로드 부시 pedal rod bush 페달 로드와 페달 서포트 멤버 사이에 끼워지는 부시로, 동력 전달 손실과 섭동부 마모를 최소화하기 위해 삽입되는 부시를 말한다.

페달 밟는 시간 제동 시 운전자의 발이 브레이크 페달에 올려진 후 브레이크 장치 내 유압이 발생되기 직전까지의 시간으로 보통 0.1~0.2초 정도가 된다.

페달 서포트 멤버 pedal support member 차체에 결합되어 성형된 홀(hole)을 통해 페달을 지지하고 섭동에 필요한 페달 로드 부시, 페달 스토퍼, 페달 리턴 스프링 등이 장착된다.

페달 스토퍼 pedal stopper 브레이크 페달은 페달 서포트 멤버에 장착되어 작동 중에 멤버에서 이탈되지 않도록 페달 로드 끝의 홈에 끼워지는 고정 키의 일종이다.

페달 스트로크 pedal stroke 페달을 밟았을 때 움직이는 거리를 말한다.

페달식 파킹 브레이크 왼발을 사용해서 밟는 방식의 파킹 브레이크로서, 조작이 편하고 확실하다는 점에서 A/T 차량에 사용되는 경향이 있다. 발로 밟는 페달의 위치는 브레이크 페달의 왼손 바로 앞에 있다. 해제는 인스트루먼트 패널부의 릴리스 노브 또는 플로어 콘솔부에 있는 레버를 왼손으로 조작해서 한다.

페달 이동 시간 제동 시 운전자의 발이 가속 페달에서 브레이크 페달로 이동하는 시간으로 보통 0.2~0.3초 정도이다.

페달 패드 pedal pad 발로 페달을 밟거나 놓을 때에 조정(가감)이 정확하고, 미끄러져 발생되는 실수를 최소화하기 위하여 페달의 밟히는 끝 부분에 씌워진 고무 재질의 패드를 말한다.

페더 에지 feather edge 페인팅이 벗겨진 금속 면과 먼저 바른 페인팅의 경계 부분을 말한다. 밑바탕으로부터 차례차례 중첩되어 있는 새의 깃털과 같아서 붙여진 이름이다.

페더 키 feather key　미끄럼 키로서, 보스가 축에 고정되어 있지 않고 보스가 축 위를 미끄러질 수 있는 구조로 된 테이퍼가 없는 키를 말한다.

페라이트 ferrite　여러 종류의 전자 장치에 이용되는 자성이 있는 세라믹 같은 물질로 아철산염이라고도 한다. 페라이트는 단단하고, 부서지기 쉬우며 철을 포함하고 있고 보통 회색이나 검은색의 수많은 작은 결정으로 이루어져 있다. 화학적 조성을 보면 산화철과 하나 이상의 다른 금속으로 되어 있다. 페라이트는 산화철Ⅲ(녹)과 마그네슘, 알루미늄, 바륨, 망간, 구리, 니켈, 코발트, 철 등의 여러 가지 다른 금속이 반응하여 형성된다.

페라이트계 ferrite　니켈 2.5～3 %, 크롬 7.3～13 %의 합금강으로서, 밸브 스템에 사용한다. 540℃까지는 충분한 경도를 유지하며 내마멸성, 내식성, 내열성이 크다.

페리미터 프레임 perimeter frame　차체 바닥 둘레에 프레임을 붙인 것으로, 중간에 멤버를 통하지 않게 하기 때문에 차체 바닥을 낮출 수 있다. 그 대신 비틀거리거나 구부러지는 데 대한 강성이 약해져, 차체와 일체가 되어 강성을 높인다. 현재는 미국의 대형 승용차에서 쓰고 있는 정도이다. 다른 프레임 구조와 비교하면, 가볍고 비용이 적게 들고, 충돌 때의 에너지 흡수에서는 프레임이 없는 구조보다 보디 변형을 작게 할 수 있는 이점이 있다.

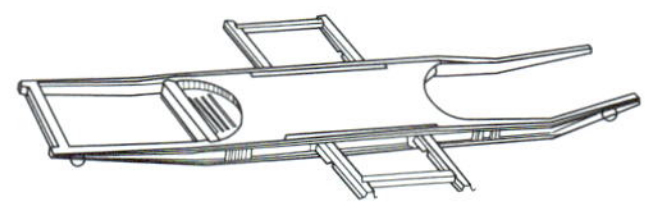

페리미터 프레임

페리트로코이드 peritrochoid　방켈형 로터리 엔진이다. 누에고치 모양의 로터 하우징 안쪽 벽면을 이루는 곡선을 말한다. 반지름 P원의 바깥 둘레에 접촉하는 반지름 q원에 암(arm)을 고정하고 원을 미끄럼 없이 회전시켰을 때 암의 선단 p가 그리는 곡선이다.

페리페랄포트 방식 peripheral port type　로터리 엔진 내부가 누에고치 모양의 트로코이드 곡선 위에 흡배기 구멍이 있는 형식으로, 흡배기 효율은 좋으나 저회전에

서 불안정해져, 고출력을 얻을 수 있는 반면 실용성에 문제가 있다. 일반 승용차에는 쓰지 않으나 레이스에서는 이용되고 있다.

페이드 현상 fade phenomenon　계속적인 브레이크 사용으로 드럼과 슈 또는 디스크와 패드에 마찰열이 축적되어 드럼이나 라이닝이 경화됨에 따라 제동력이 감소되는 현상이다. 이런 현상은 대부분 풋브레이크의 지나친 사용에 기인하는 것이다. 페이드 현상을 방지하기 위해 드럼과 디스크는 열팽창에 의한 변형이 적고 방열성을 높이는 재질과 형상을 사용하고, 온도 상승에 의한 마찰 계수의 변화가 적은 라이닝과 패드를 사용한다.

페이딩 fading　(1) 도장(塗裝) 면에 본래의 광택이 소멸되어 윤기가 없거나 도장한 직후에 광택이 소멸되어 없어지는 것을 말한다. 원인은 서로 용해되는 것이 맞지 않는 타입의 도료나 다른 종류의 도료를 혼합하였을 때 일어나는 경우가 많다. (2) 전파 수신음이 커졌다 작아졌다 하는 현상이다. 다른 전파로를 지난 전파가 서로 간섭하여 생긴다.

페이로드 payload　여객기의 승객, 우편, 수하물, 화물 등의 중량의 합계로서 유료하중(有料荷重)이라고도 한다. 자동차에서는 일반적으로 최대 적재량을 뜻한다.

페이스 노트 pace note　랠리 경주 코스가 사전에 공개되는 경우, 코스를 답사하고 그 상태를 기록하기 위한 노트이다. 주행 시간의 향상과 위험 회피가 주목적이다. 어떤 경우든 주최측으로부터 노트북이 제공되지만, 기록 향상을 위해서는 이것만으로는 부족하다. 페이스 노트에는 코너의 크기와 각도, 직선의 길이, 점핑 포인트 등의 정보가 기록되고, 랠리 중에는 내비게이터가 드라이버에게 그 정보를 일러줌으로써 기어 시프트, 브레이킹, 핸들링 등을 하는 데 도움을 준다. 예를 들어, 사파리 랠리에 이용되는 페이스 노트는 그 두께가 무려 12～13 cm나 된다고 한다. 특히 안개와 먼지로 앞이 보이지 않을 때 페이스 노트는 진가를 발휘한다.

페이스 리프트 face lift　차의 기본 모델에서 앞부분의 라디에이터 그릴, 전조등의

모양을 바꾸고 뒷부분의 콤비네이션 램프 등을 개선시키는 간단한 변화를 말한다.

페이스 카 pace car　레이스 출발에 앞서 경주차를 선도하는 차 또는 경주 도중의 사고로 구급 및 소화(消火) 활동을 해야 할 경우, 레이스 중의 차량 스피드를 떨어뜨릴 목적으로 코스에 들어가는 차이다. 페이스 카의 지붕에는 같은 색의 회전등 3개가 달려 있는데, 이것을 점멸시키면서 레이스의 선두 차 위치에 관계없이 코스에 들어온다. 경주차들은 페이스 카의 뒤에 정렬하고, 페이스 카로부터 별도 지시가 없는 한 추월할 수 없으며, 이를 위반하면 페널티를 받게 된다.

페이스트 paste　(1) 건전지나 습식(濕式) 전해 콘덴서에 있어서 전해액의 취급을 용이하게 하기 위해 녹말 등에 섞어서 만든 풀 모양의 물질이다. (2) 납땜에 쓰는 연고상 물질이다. 도체가 공기와 접촉하여 산화하는 것을 방지하며, 땜납과 재료와의 접착을 촉진하고 보호한다.

페이싱 facing　피스톤 링 면에 분출한 금속 코팅을 말한다.

페이즈 센서 phase sensor　1번 실린더의 압축 상사점을 감지하는 것이다. 각 실린더를 판별하여 연료 분사 및 점화 순서를 결정하는 신호로 이용된다. 제조업체에 따라서 TDC 센서 또는 캠축 위치 센서 등으로 불리며, 일부 홀 효과를 이용하는 경우는 홀 센서로 불리기도 한다. 광학식 센서의 경우는 광학식 크랭크 각 센서와 같이 장착되며, 홀 효과를 이용하는 경우는 캠축에 장착되어 있다.

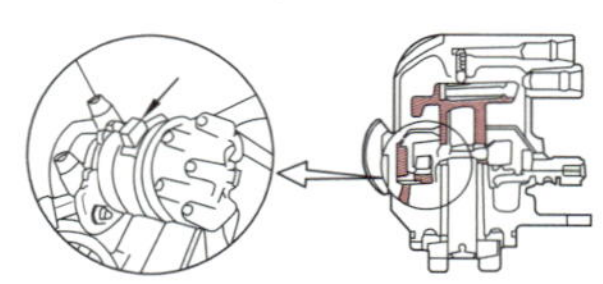

페이즈 센서

페이퍼 paper　샌딩 페이퍼를 가리키는 경우가 많다. 또한 마스킹 페이퍼도 상황에 따라서 페이퍼라고 부를 수 있다.

페인트 paint　안료를 전색제(展色劑)와 섞어서 만든 도료를 통틀어 일컫는다. 물체에 바르면 굳어져 색깔을 내고 물체를 보호해 준다. 유성 페인트, 수성 페인트, 에나멜페인트 등이 있다.

페인트 리무버 paint remover　페인트 도막(塗膜)을 벗기기 위하여 사용하는 재료이다.

페인트 모션 faint motion　상대방을 현혹시키는 행위이다. 예를 들어 오른쪽으로 추월하는 척하면서 실제로는 왼쪽으로 추월하는 등의 운전 행위를 말한다. 차의 성능과 드라이버의 테크닉이 비슷하다면 쉽사리 추월할 수 없으므로, 페인트 모션을 이용하여 앞서 달리는 차의 허점을 찌르는 작전을 쓰게 된다. 또 왼쪽으로 도는 커브 입구에서 순간적으로 핸들을 오른쪽으로 꺾은 다음, 즉각 왼쪽으로 핸들을 꺾음으로써 오른쪽으로의 큰 하중 이동에 의해 의식적으로 미끄러짐을 발생시키는 주법도 있는데, 이때 커브와 반대 방향으로 핸들을 일순간 꺾는 행위도 페인트 모션이라고 한다.

페인트 오물 dirt in paint　페인트 피니시 밑 또는 속의 이물질을 말한다.

페인팅 두께 painting thickness　페인팅은 건조되면서 용제가 증발하기 때문에 두께가 얇아진다. 페인팅에 용제가 많으면 얇아지는 폭도 크지만, 용제가 적으면 변화는 적다. 이처럼 건조 후 막의 두께가 두꺼운 형태를 살집이 좋다고 한다. 래커계 도료는 점도가 높고 시너의 희석량도 많기 때문에 살집이 그다지 좋지 않은 반면, 우레탄계 도료는 시너의 희석량이 적기 때문에 똑같이 분사하여도 살집이 좋다.

페일 세이프 fail safe　이중 안전 기능이다. 장치의 일부에 결함 또는 고장이 일어나거나 잘못된 조작을 하더라도, 다른 안전장치가 작동하여 결정적인 사고나 파손을 예방하는 기능을 말한다. 예컨대, ECI 컴퓨터에서는 컴퓨터 유닛에 컴퓨터 자신의 작동을 항상 감시하는 회로가 있고, 작동이 이상하면 자동적으로 컴퓨터 유닛에 내장되어 있는 백업 회로로 전환한다. 또한 기타 고장이 발생하여도 안전 사이드로 제어하도록 프로그램되어 있다.

페일 세이프 백업 기능　페일 세이프(fail safe) 기능이라는 것은 만일 페일이 발생하더라도 그 결과가 탑승자 및 차량에 있어서 반드시 안전(세이프) 사이드가 되도록 제어되는 기능을 말한다. 예컨대 컨트롤 유닛(컴퓨터)은 ISC에 관여하는 센서에 고장이 발생하더라도 엔진 회전이 급상승하는 일은 없도록 프로그램되어 있다. 백업 기능이라는 것은, 어느 센서가 고장 난 경우에 컨트롤 유닛(컴퓨터)이 그 센서의 출력 신호를 무시하고 이와 같이 준비해서 미리 조립된 프로그램 또는 수치에 의해 제어되고, 차량이 운전할 수 있는 상태를 유지하는 기능을 말한다.

페일 오퍼러블 fail operable　센서, 액추에이터 등의 고장으로 정상적인 제어가 불가능한 경우에도 안전하게 주행할 수 있는 것을 말한다. 다이어그노시스에서 고장이라고 판단한 센서의 신호에 대해서는 미리 설정되어 있는 설정값으로 대용한다.

펜더 fender　'자동차나 자전거 등의 흙받기'라는 뜻으로, 타이어를 덮고 있는 부분을 가리킨다. 클래식 카에서는 보디 측면에서 타이어를 덮는 부분이 바깥쪽으로 부풀어 나와 있었으나, 현재는 보디 측면이 평평하게 이어져 있다. 광폭 타이어를 사용하기 위해 밖으로 튀어나온 것을 오버 펜더, 블리스터 펜더라고 한다.

펜더

펜더 마커　전방 차폭의 확인을 용이하게 하기 위해 좌우 프런트 펜더 전단에 장착된 마커 램프이다. 프런트 콤비네이션 램프(클리어런스 램프)와 연동해서 점등한다.

펜더 미러 fender mirror　프런트 펜더의 좌우측에 붙은 백미러로 아웃사이드 미러라고도 한다. 과거에는 많이 채택하였지만, 거울 면적이 좁고 날씨의 영향을 크게 받으며 조정이 용이하지 않아 근래에는 선호도가 떨어지고, 대신 앞좌석 좌우측 도어나 도어 가까이에 대부분 설치된다.

펜더 에이프런 fender apron　펜더의 안쪽에 있으며, 바퀴와 엔진 룸을 칸막이한 부분이다. 흙받기 역할 및 현가장치로부터 전달되는 힘을 지지하며, 많은 부품을 보호한다.

펜던트 타입 액셀 페달 pendant type accel

pedal　펜던트와 같이 대시보드에 걸어 내린 방식의 가속 페달을 말한다.

펜트 루프형 pent roof type　지붕 모양을 한 연소실로, 밸브가 평균된 각도로 서로 마주보게 된다. 쐐기형보다 밸브를 크게 할 수 있고 그만큼 출력 향상을 기대할 수 있다. 연소실 부피를 작게 하여 높은 압축비를 얻기 위해서 피스톤 머리 부분에 리세스를 붙인 것도 있다. 지붕형이라고도 한다.

펜트 루프형 연소실 pent roof type combustion chamber　펜트 루프는 한쪽으로만 경사진 지붕이라는 의미로서, 얕은 쐐기형의 연소실을 가리키며, 지붕 모양과 비슷한 연소실을 말한다. 4밸브 엔진의 중앙에 점화 플러그를 설치하고, 경사진 지붕 양쪽에 2개씩 흡배기 밸브를 설치한 형태이다.

펠릿 pellet　지름 2~4 mm의 알루미나 등의 입상담체(粒狀擔體)의 표면에 백금(Pt), 팔라듐(Pd), 로듐(Rh) 등의 촉매를 부착시킨 것을 말한다. 촉매의 신뢰성이 낮고, 정기 교환이 의무화되어 있었던 초기에는 교환 시 컨버터의 알맹이 펠릿만을 다시 교환하면 되었고, 시간적·비용적인 면에서 유리한 점이 많아 모두 펠릿 방식이 채용되었다. 그러나 촉매 기술이 향상되어 신뢰성이 높아지고 교환이 불필요하게 된 현재에는, 펠릿을 내부에 가득 채우는 것은 구조상 배기 저항이 많아지는 것을 피할 수 없으므로, 비교적 배기 저항을 적게 할 수 있는 모놀리스식이 점차 채용되고 있다.

펠릿 촉매 컨버터 pellet catalytic converter　자동차 배기가스 속의 유해 성분을 정화하는 장치의 하나이다. 펠릿 촉매는 미세하고 많은 구멍을 가진 알루미나 입자 주위에 촉매를 부착시킨 것으로서, 스테인

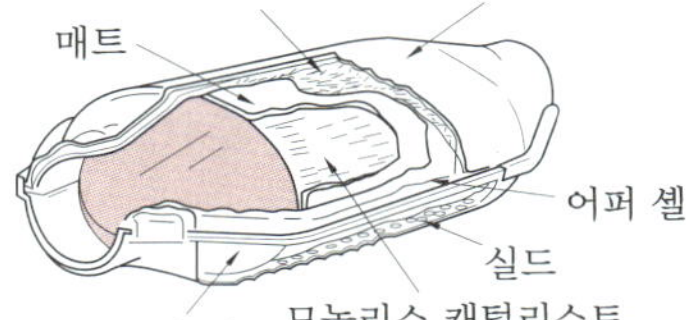

펠릿 촉매 컨버터

리스강으로 제작한 용기에 넣고 단열재로 덮은 가운데로 배기가스가 통과하면 유해 성분이 적어진다.

펠턴 휠 Pelton wheel 펠턴 수차(水車)를 말한다. 원판의 주위에 다수의 버킷을 배열하고, 노즐로부터 물이 분출하면 물의 에너지는 속도 에너지로 바뀌어 버킷에 부딪히면서 수차를 회전시킨다. 높은 낙차(落差)로 물의 양이 적은 곳에 사용되는 충격(衝擊) 수차로, 미국인 펠턴이 발명하였다.

펠트 felt 양털이나 그 밖의 짐승의 털에 습기, 열, 압력을 가하여 만든 천이다. 보온재, 방음재, 여과재, 연마재 등에 쓰인다.

편심축(偏心軸) eccentric shaft 로터리 엔진에서 회전력을 얻는 축으로, 로터-베어링과 접합되는 로터 저널 부와 사이드 하우징의 메인 베어링에 지지되는 메인 저널부로 되어 있고, 회전 운동에 의한 관성력과 균형을 잡기 위해 평형추가 설치되어 있다. 또 출력축의 전단에는 V벨트를 구동하기 위한 풀리가 있으며, 뒤끝에는 플라이휠이 조합되어 있다.

편요각(偏搖角) angle of yaw 자동차가 받는 바람은 정면으로부터 오는 주행 바람과 옆에서 오는 옆바람으로 나누어 각각의 풍력을 베타로 보고 합성한다. 이 합성 바람과 자동차의 세로 중심 면에 대하여 이루는 각도를 편요각이라고 한다.

편타증(鞭打症) whiplas 억지로 목을 구부리거나 잡아당겼을 때, 특히 교통사고가 났을 때 경추골과 그 주위의 연골 조직이 받는 손상이다. 이 장해를 방지하기 위하여 자동차 시트에 헤드 레스트를 설치하는 것을 의무화하고 있다.

편파 정류 (偏頗整流) 반파 정류라고도 한다. 교류는 시간에 따라서 (+)가 되거나 (−)가 되기도 한다. 이 중 (+)의 반사이클 또는 (−)의 반사이클만을 다이오드가 일방적으로 통과시키는 정류 작용을 편파 또는 반파 정류라고 한다. 양파(전파) 정류와 비교하여 능률은 낮지만 간단하기 때문에 가끔 사용된다.

편평률(扁平率) aspect ratio 타이어의 단면 폭에 대한 높이의 비율이다. 애스펙트 레이쇼 또는 애스펙트 비(比)라고 한다. 자

동차용 타이어에는 70~80 %가 일반적이지만, 초고속 주행용 타이어나 레이싱 타이어에는 30 %에 가까운 것도 있다.

편평비(扁平比) aspect ratio 타이어 단면의 폭에 대한 높이의 비율로서, 과거에는 주로 100(높이와 폭이 같음)이었으나 현재는 82, 78, 70, 60, 50 등으로 낮아지고 있다. 즉, 타이어 폭이 넓은 타이어가 많이 사용되고 있다. 단위는 시리즈로서, 예를 들면 편평비 70인 타이어는 70시리즈, 60이면 60시리즈라고 부른다.

$$편평비 = \frac{타이어\ 단면\ 높이}{타이어\ 단면\ 폭} \times 100\ \%$$

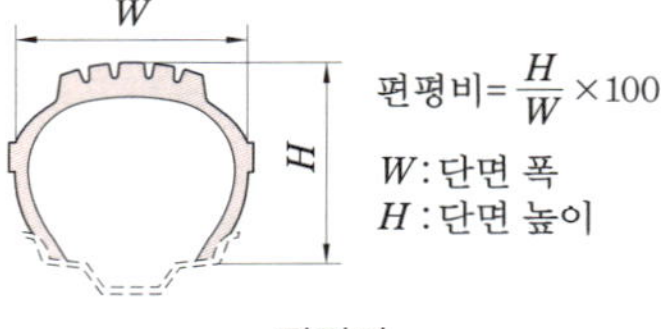

편평비

편평 타이어 low profile tire 편평비(타이어 높이/타이어 폭)가 약 1.0 이하의 타이어를 말하지만, 최근에는 편평비 0.6(60 시리즈)과 0.5(50시리즈) 등 초편평 타이어를 말한다.

편평형 피스톤 헤드 flat head piston 피스톤 헤드의 모양이 가장 간단한 형상을 이룬 형식으로, 글자 그대로 피스톤 헤드 (상부)가 편평하다.

평 게이지 plate gauge 구멍용 한계 게이지의 종류로서 50~250 mm의 큰 구멍을 측정한다.

평균 유효 압력(平均有效壓力) mean effective pressure 증기 기관이나 내연 기관에서 피스톤의 평균 압력을 말한다. 인디케이터 선도의 면적으로 표시된 일의 양을 실린더 용적으로 나눈 값이다. 보통 도시(圖示) 평균 유효 압력을 사용한다.

평균 킬로칼로리 balance kilo caloric 표준 대기 압력 아래 순수한 물 1 kg의 온도를 0℃에서 100℃까지 올리는 데 필요한 1/100의 열량을 말한다.

평 기어 spur gear ⇨ 스퍼 기어

평단 베어링 plain bearing 자동차용 기관에 사용되는 평면 베어링에는 회전 베어링, 안내 베어링, 스러스트 베어링의 3종류가 있

다. 또 평면 베어링에는 일체형(bush type)과 분할형 등이 있다.

평로 제강법(平爐製鋼法) open hearth process 평로를 사용하는 제강법이다. 원료는 선철, 파쇠, 철광석, 석회석, 형석이며, 보통강, 특수강, 주강, 단조 용강 등이 만들어진다. 배출 가스는 대기 오염원이 되므로 처리하지 않으면 안 된다.

평면 베어링 plain bearing 윤활유로 감싼 미끄러운 면으로 축을 지지하는 구조의 베어링으로서 플레인 베어링이라고도 한다. 하중이 걸리는 방향에 따라 축에 직각인 방향(가로 방향)의 하중을 받는 레이디얼 베어링과 축 방향(세로 방향)의 하중을 받는 스러스트 베어링이 있으며, 구리 합금이나 알루미늄 합금 등 축보다 부드러운 재료로 만들어진다. 대표적인 레이디얼 베어링은 왕복형 엔진의 크랭크축 주위에 사용하는 것으로, 축의 오일 구멍에서 급유·윤활된다.

평면 연동식(平面聯動式) 앞창 와이퍼의 움직임에 따른 분류로, 운전석과 조수석에는 2개의 와이퍼가 저마다 한쪽을 지점으로 같이 움직이는 것을 말한다.

평면 연삭기(平面硏削機) surface grinder 실린더 헤드, 공작물의 평면을 연삭하는 기계를 말한다.

평면 와셔 plain washer 면이 고른 평면 형태의 둥그런 와셔로, 섭동면의 손상, 마모나 결합면의 손상을 막기 위해 쓰인다.

평물 도어 트림 도어 트림에서 하드보드 등의 기본 재료에 패드나 염화비닐, 시트 패브릭, 카펫 등을 붙여 포켓, 암레스트, 오너먼트(장식물) 등을 부착한 도어 내판 구조이다.

평삭반(平削盤) planer 수평으로 왕복하는 대(臺) 위에 공작물을 고정해 놓고, 대가 왕복할 때마다 운동 방향에 직각이 되게 날을 내밀어서 넓은 평면을 깎아 내는 데 쓰는 공작 기계로, 플레이너라고도 한다.

평 키 flat key 축에 키 폭만큼 편평하게 깎은 자리를 만들고 보스에 홈을 만들어 사용하는 키이다. 회전 방향이 때때로 바뀌는 축에 사용하면 헐거워질 우려가 있다.

평행 리프 스프링식 서스펜션 parallel leaf spring type suspension 세로 배열식 판스프링 현가장치, 일체 차축식 현가장치의 가장 일반적인 형식으로서, 예전의 승용차의 뒷바퀴용으로 많이 사용되었다. 차축의 양쪽 앞뒤 방향으로 판스프링을 설치하고 쇼크 업소버를 부착한 구조로서, 스프링이 직접 차축을 지지하고 있기 때문에 출발이나 제동할 때 와인드업이나 호핑을 일으키기 쉽다. 또한 횡력(橫力)이 생길 때 얼라인먼트 변화로 차축이 흔들려서 승차감이나 조향 안정성이 떨어지기 때문에, 최근에는 승용차에 거의 사용하지 않고 있다.

평행사변형 위시본식 parallelogram wishbone type 아래 컨트롤 암과 위 컨트롤 암이 같이 연결되는 4점이 평행사변형을 이루는 형식이다. 바퀴가 상하 운동을 하면, 컨트롤 암이 평행하게 이동하여 캠버는 변하지 않지만, 윤거(輪車)가 변하여 타이어 마멸이 촉진된다.

평행 연동식 와이퍼 와이퍼의 움직임에 따라 분류한 것이다. 운전석과 조수석에 있는 두 개의 와이퍼가 한쪽을 지점으로 같이 움직이는 것을 말한다.

평행 핀 dowel pin 캠축에 캠축 스프로킷을 고정할 때 안내 위치를 결정하는 핀이다.

평형 기화기(平衡氣化器) lanced carburetor 에어 혼 내에 있는 튜브를 통하여 뜨개실에 대기 압력이 작용하도록 한 형식이다. 에어 클리너의 엘리먼트가 손상되어도 적합한 혼합 가스를 공급할 수 있다.

평형추(平衡錘) balancing weight (1) 엔진 크랭크축에 설치되는 피스톤 및 커넥팅 로드 어셈블리의 중량과 균형을 잡기 위해 핀 저널부의 반대쪽에 설치되어 크랭크축의 좌우, 상하 평형을 유지시키는 추를 말한다. 자동차 엔진은 고속으로 회전하기 때문에 불평형에 의해서 발생되는 진동을 방지하고 회전을 원활하게 한다. (2) 기계 자체의 무게 또는 기계에 작용하는 외력과 균형을 잡기 위해 사용되는 추이다.

폐각도 제어 폐각도라는 것은 배전기 코일에서의 통전 시간을 캠의 회전 각도로 나타낸 것으로, 달리 말을 한다면 1차 전류의 통전 시간이라고 할 수 있다. 폐각도 제어는 배전기의 회전 속도에 따라서 흐르는 1차 전류의 통전 시간을 제어하는 것을 말한다. 저속 시에는 여분의 1차 전류를 점화 코일로 흐르지 않도록 하여 폐각도를 작게 하고, 회전이 상승하면 폐각도를 크게 한다. 이렇게 하면 1차 전류의 저하를 방지할 수 있다.

폐쇄 고리 가동 closed loop operation 연료 조절을 미세하게 조정하기 위해서 컴퓨터가 산소(O_2) 센서 입력을 사용하고, 따라서 높은 효율과 낮은 배기를 배출케 하는 하나의 연료 공급 형태이다. 몇몇 전자식 타이밍 시스템 또한 폐쇄 고리 형태로 가동하는데 폐회로 제어라고도 한다.

폐자로형 점화 코일 전 트랜지스터 점화 장치에서 자속(磁束)의 통로를 철심에 의해 폐회로를 형성하여 2차 전압을 승압시키는 변압기로서, 원리는 자기 유도 작용과 상호 유도 작용을 이용하는 것이다. 자속을 많게 하므로 점화 성능을 향상시킨다. 또한 코일의 권수를 적게 할 수 있으며, 철심의 양은 많아지지만 소형에 고성능의 점화 코일로서 현재 널리 사용하고 있다.

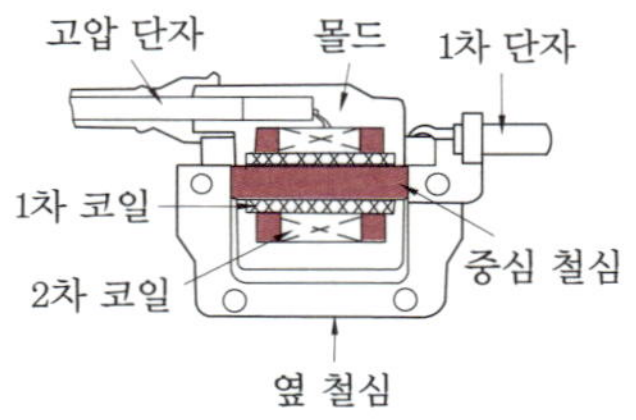

폐자로형 점화 코일의 구조

폐지형 노즐 closed type nozzle 분사 펌프와 노즐 사이에 니들 밸브를 두고 필요한 때에만 밸브를 열어 연료가 분사되게 한 것으로, 그 개폐를 기계적으로 하는 것과 유압에 의해 자동적으로 하는 것이 있으며, 대부분 후자의 것이 많이 쓰인다.

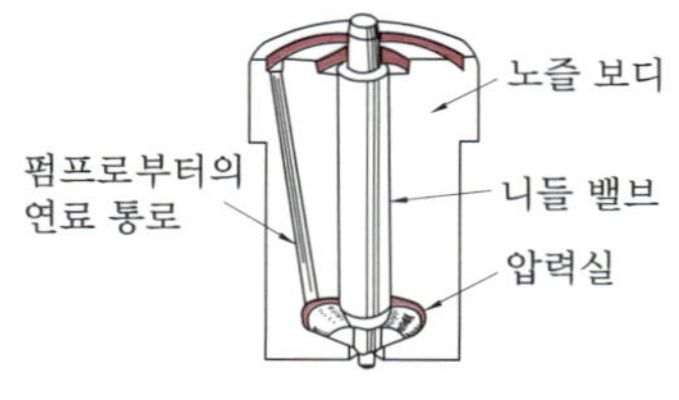

폐지형 노즐

폐회로(閉回路) closed circuit 전압이 공급되고 있을 때 전류가 흐를 수 있도록 구성된 회로(도중에 끊긴 곳이 없는 회로)를 말한다.

폐회로 루프 CL ; closed loop ⇨ 클로즈드 루프

폐회로 제어(閉回路制御) closed loop control 피드백(feedback) 제어라고도 불리는데, 일반적으로 자동 제어라고 하는 경우에는 피드백 제어를 말하는 경우가 많다. 비교부와 제어부인 조작부와 제어 대상과 검출부로 구분된다.

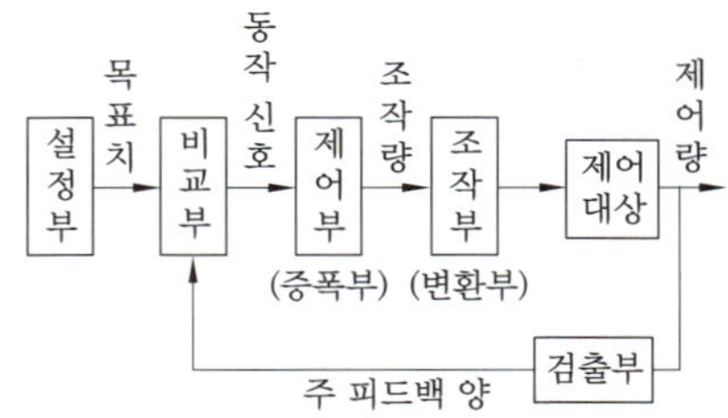

피드백 제어계의 구성

포그 라이트 fog light 흔히 안개등으로 통한다. 랠리에서는 안개에만 국한되지 않고 먼지가 심한 길에서도 효과를 발휘한다. 이 라이트의 특성을 살려 길 가장자리의 확인과 급커브의 앞을 비추어 보는 데도 이용된다. 포그 라이트는 다른 라이트에 비해 비추는 각도가 매우 넓지만 멀리 비출 수는 없다. 만일 단 하나의 포그 라이트만 허용된다는 규정이 있는 랠리에서는 운전석과 반대편에 설치해야 한다.

포그 램프 fog lamp 보조 램프 중에서 대표적인 것으로, 안개 등으로 인해 시야가 나빠졌을 때 사용한다. 헤드램프보다 가까운 거리를 조명하지만, 빛이 폭넓게 발하여져 맞은편에서 오는 차의 확인에 뛰어난 성능을 보인다. 담황색의 것이 많고, 범퍼의 위쪽이나 아래쪽에 부착되어 있다.

포그 코트 fog coat 페인트 코트가 잘 점착할 수 있는 표면을 만들기 위하여 기존의 페인트 표면에 묽은 페인트를 얇게 스프레이하는 것을 이른다.

포금(砲金) gunmetal 청동의 대표적인 것으로, Sn 8~12 %를 함유한 것이다. 성질에는 단조성(鍛造性)이 좋고 강력하며 내식성이 있어서 밸브, 코크, 기어, 베어링의 부시 등의 주물에 널리 사용된다.

포드 Ford 포드 자동차는 유명한 헨리 포드(Henry Ford)가 1903년 자신의 이름을 딴 회사를 설립하면서 유래된 것으로, 그는 5년 뒤 '모델 T'를 생산하여 50만 대가 판매됨으로써 공전의 히트를 기록했다.

포드 모터 회사 Ford Motor Company 승용차, 트럭, SUV 등의 자동차를 제조 판매하는 다국적 기업으로, 미시간 주 디어본에 본사가 있다. 헨리 포드는 1896년 처음으로 자전거 바퀴에 2기통짜리 휘발유 엔진을 장착하고 4륜 마차의 차대를 얹은 자동차를 만들었고, 1903년 디어본에 회사를 차렸다. 1922년 '링컨 모터 컴퍼니'를 인수했으며, 이후 2003년 미국 2위의 자동차 기업으로 성장했다.

포드 시스템 Ford system 포드 모터 회사에서 헨리 포드에 의해 실시된 대량 생산 시스템이다. 제품의 표준화, 부품의 규격화, 전용 기계의 이용으로 이루어진 생산의 표준화와 이동 조립법을 내용으로 하는 생산 시스템이다.

포르셰 타입 싱크로메시 Proshe type synchromesh 포르셰사(社)가 스포츠카용으로 개발한 싱크로메시이다. 드럼 브레이크의 서보 기구를 응용하여 회전 속도가 다른 기어와 슬리브가 접하면 싱크로나이저링의 안쪽에 설치된 브레이크 밴드가 밀려 넓어진 서보 효과에 따라 큰 마찰 토크를 얻을 수 있게 한 것이다. 동기 시간(同期時間)이 짧다.

포르셰 팁트로닉 Proshe tiptronic 자동 변속과 수동 변속 중 운전자가 선택할 수 있도록 한 포르셰의 자동 변속기이다. 자동 변속은 P, R, N, D, 3, 2, 1의 7포지션으로 되어 있으며, D에서는 컨트롤 유닛이 전진 4단 기어 중에서 운전자의 가속 페달을 밟는 정도에 따라 최적의 기어를 선택한다. D의 위치에서 레버를 왼쪽으로 전환하면 수동 변속으로 되고, 앞으로 밀면 시프트 업이 되며, 뒤로 잡아당기면 시프트다운이 된다.

포르투갈 랠리 Portuguese Rally 포르투갈을 무대로 펼쳐지는 랠리로, WRC의 1전이다. 1974년까지는 TAP 랠리라 불렸다. 경주차가 관객을 치는 인사 사고가 자주 일어나 문제가 되기도 했다.

포르투갈 그랑프리 Portuguese Grand Prix 포르투갈의 에스토릴 서킷에서 열리는 F1 GP시리즈로, 1958~1960년에 F1 그랑프리가 열렸다가 중단되었으나, 1984년부터 부활되었다.

포 링크식 서스펜션 four link type suspension 링크식 일체 차축식 현가장치의 일종으로, FR 자동차의 뒤 현가장치에 많이 사용되며, 차축을 4개의 링크로 지지하는 기구를 가진 것이다. 자동차를 위에서 보면 2개의 긴 아래(low) 컨트롤 암을 팔(八)자 형으로, 2개의 짧은 위 컨트롤 암을 역 팔(八)자 형으로 배치한 것이 많다. 위 링크를 1개로 한 래터럴 로드에 의하여 옆 방향으로 지지하는 형식도 있다.

포메이션 랩 formation lap 결승 레이스에서 정식으로 스타트하기 전에 코스를 한 바퀴 도는 것을 말한다. F1 레이스 등에서는 포메이션 랩을 마친 모든 차들이 스타트 위치에서 정지해 있다가, 적색등이 켜지고 4~7초간 녹색등이 켜진 순간에 스타트한다.

포뮬러 레이서 formula racer 레이싱 카 중에서도 입담배와 같은 모양을 한 보디에 차륜을 4개 장치한 것과 같은 감이 드는 것이 포뮬러 레이서 또는 포뮬러 레이싱 카(formula racing car)이다. 이것은 FIA가 규정하는 스포츠 법전 사항에 의해서 구분되어 있으며 F-1, F-2, F-3가 있다. 각각 실린더 용적을 비롯하여 여러 가지 제약이 있다. 또한 최근에는 포뮬러 주니어(formula junior), 이른바 F-J의 경기도 많이 하고 있다.

포뮬러 3 선수권전 Formula 3 Championships 포뮬러 3(F3) 머신에 의한 각국의 국내 선수권 시리즈이다. 예전에는 F3 유럽 선수권전도 열렸으나, 1984년에 중지되고 현재는 영국, 프랑스, 이탈리아, 독일, 스웨덴 등 각국이 독자적으로 F3 선수권 시리즈를 펼친다. 일본에서도 F3 선수권전이 인기리에 열리고 있다. F3에서 실력을 인정받은 다음 F3000을 거쳐 F1으로 뛰어오르는 단계를 밟는 것이 보통이다.

포뮬러 3000 국제 선수권전 Formula 3000 International Championship 포뮬러 3000 머신에 의한 국제 선수권 시리즈로, 유럽

각국을 돌며 열리고, F3000이라고 줄여 말하기도 한다. F2 선수권전의 바통을 이어받아 1985년부터 시작되었다. 그 첫해에는 유럽 선수권전이라고 했다가 이듬해부터 인터내셔널(또는 인터콘티넨털) 챔피언십으로 이름을 바꾸었다. F1 진출의 꿈을 키우는 드라이버들이 치열한 접전을 펼친다.

포뮬러 1 세계 선수권전 Formula 1 World Championship　포뮬러 1(F1) 머신에 의한 세계 선수권 시리즈이다. F1 그랑프리(GP)로 널리 알려져 있다. 자동차 레이스의 최고봉으로 군림한다. 1950년 6전의 시리즈로 시작되었고, 최근에는 전 세계 16개국을 돌며 왕좌를 가린다. 드라이버와 컨스트럭터(팀의 주체인 머신 제조업자)의 선수권을 모두 가리는데, 드라이버 선수권 쪽에 좀 더 중점을 둔다. 컨스트럭터 선수권전이 추가된 것은 1958년부터이다.

포뮬러 카 formula car　국제 자동차 연맹이 구조, 중량, 바퀴, 안전성 등을 규정한 경주용 자동차를 이른다. 차체가 가늘고 길며, 바퀴가 노출되어 있고, 좌석은 하나이다.

포 바이 포 four by four　4륜구동의 4륜 자동차로 4×4라고 표시한다. 앞의 4는 자동차 바퀴의 수, 뒤의 4는 구동 바퀴의 수를 말한다.

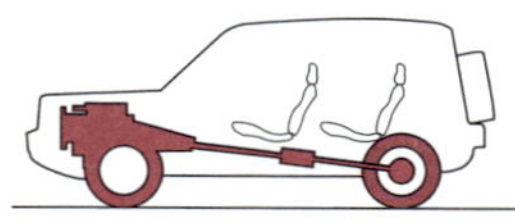

포 바이 포

포 밸브 엔진 four valve engine　실린더마다 흡배기 밸브가 각 2개씩 설치된 엔진이다. 고속 회전에서 흡입 효율이 높고 최고 출력이 크며 밸브의 작동 상태가 고속 회전까지 따를 수 있어 경주용 엔진에 많이 적용하고 있다. 흡배기의 흐름이 양호하고 연소실의 중앙에서 점화하여 출력과 연료 소비율이 우수한 엔진을 얻기가 용이하다. 1980년대부터 스포츠카용으로 사용하기 시작하여, 1980년대 후반부터는 일반 자동차에도 널리 사용하게 되었다.

포 사이클 엔진 four cycle engine　실린더 내에서 연소가 이루어지는 내연 기관으로서, 피스톤이 4행정하고 크랭크축이 2회전하여 1사이클을 완성하는 방식의 엔진 구조를 말한다. 각 행정이 완전히 구분되어 있어서 불확실한 곳이 없고, 흡입 행정에서의 냉각 효과로 인하여 각 부분의 열적 부하가 적으며, 회전 속도 변화의 범위가 넓다. 체적 효율이 높고, 연료 소비율이 적다.

포스 드라이 force dry　열이나 공기의 이동에 의한 페인트의 가속 건조를 말한다.

포스 베리에이션 FV ; force variation　타이어가 회전할 때 접지면에 발생하는 힘의 변동이다. 타이어는 트레드 고무의 두께가 고르지 못하거나 카커스를 구성하는 플라이 방향의 비틀림 또는 이음매의 유무에 따라 차축과 노면 사이의 거리를 일정하게 유지할 경우, 차축은 힘의 변화를 받아 진동이나 소음의 원인이 될 경우가 있다. 반지름 방향의 힘의 변동을 레이디얼 포스 베리에이션, 옆 방향의 변동을 래터럴 포스 베리에이션, 전후 방향의 변동을 트랙티브 포스 베리에이션이라고 부른다.

포스트 post　(1) 케이블을 배터리에 연결하는 지점을 말한다. (2) 코스 포스트를 줄여서 이르는 말이다.　⇨ 코스 포스트

포스트 이그니션 post ignition　점화 시기를 지나서 점화하는 현상으로 출력의 감소를 초래한다.

포어라우프 배치 톡 Vorlauf Versatz　독일어로 포어라우프는 앞서 달리는 것을 뜻한다. 자동차의 앞바퀴를 옆에서 바라보았을 때 타이어의 중심이 킹 핀 축의 중심선보다 앞에 오도록 킹 핀 축이 배치된 것을 말한다. 일반적으로 캐스터 각이 크고 트레일이 작은 앞 차축에서 볼 수 있다.　⇦ 나흐라우프 배치

포워드 타입 forward type　버스, 트럭 등과 같이 자동차 보디의 설계상 조향 핸들을 차대 앞으로 전진시켜 설치한 것을 말한다.

포 웨이 플래시 4 way flash　⇨ 해저드 플래시

포인터 pointer　선택되어 있는 것을 나타내주는 DEA 스크린상의 화살 표시(>)이

다. 엔진 스크린에서 스크린상의 포인터를 움직이기 위해 상향 화살표 또는 하향 화살표 키를 사용할 수 있다.

포인트 갭 point gap　단속기 접점의 간극이다. 점화 코일에 1차 전류가 흐르는 시간을 결정하는 기준으로서, 포인트 휠 부분이 캠의 회전에 따라 캠 모서리가 정점에 밀렸을 때의 간극을 측정하여 나타낸다.

포인트 점화 방식 point ignition system　축전지를 전원으로 하는 12 V의 전류가 단속기 접점의 개폐로 1차 전류로 변하여 점화 코일의 1차 쪽에 흐른다. 이 감응(感應) 코일은 2차 쪽에서 20,000 V의 고전압이 되어 연소실의 점화 플러그를 통해 전극의 틈새에서 불꽃을 일으킨다.

포지셔너 positioner　용접물을 붙여 자유로이 회전하여 용접부를 항상 용접하기 쉬운 위치로 둘 수 있도록 한 작업대의 일종이다.

포지션 position　자동 변속기 자동차에서는 변속 레버의 위치를 말한다.

포지션 램프 position lamp　⇨ 사이드 마커 램프

포지션 메모리 position memory　전동으로 조작하는 시트의 한 부분에 자신의 이상적인 체형 위치를 기억시키는 기능을 갖도록 한 것이다. 아카디아나 포텐샤, 그랜저 등에 모두 채택되어 있다.

포지션 선정 기능　ASS(auto station selector) 부착 어쿠스틱 오디오 기능의 하나로서, 각 좌석 위치에서의 음량 밸런스가 최적이 되도록 조정하는 기능이다. 앞좌석, 뒷좌석, 운전석의 3개 포지션을 선택할 수 있고, 각각 포지션에 맞추어 가장 음향 효과가 뛰어나도록 각 스피커로부터의 음량 밸런스를 조정한다.

포지티브 positive　(1) 물리, 전기에서는 '양(陽), 양의, 정(正), 양극판'의 뜻이다 (2) 양화(陽畵)로서, 필름이나 인화지에 원도(原圖)와 같이 피사체의 명암이나 색채가 변하지 않고 제대로 재현된 상태나 결과를 말한다. ⇔ 네거티브

포지티브 오프셋 스티어링 positive offset steering　킹 핀 오프셋으로서, 타이어의 접지 중심이 킹 핀 중심선의 노면과의 교차점보다 바깥쪽에 있는 것이다. 반대로 안쪽에 오도록 한 것을 네거티브 킹 핀 오프셋이라 하며, 오프셋이 영(zero)에 가까운 것을 센터 포인트 조향이라고 한다.

포지티브 캐스터 positive caster　앞바퀴를 옆에서 보았을 때 차축에 설치하는 킹 핀의 중심선이 수직선에 대하여 뒤쪽으로 기울어지게 설치된 상태를 말한다. 구동 바퀴에서 발생된 추진력은 차체를 통하여 킹 핀의 방향으로 작용하기 때문에 주행 중 킹 핀의 중심선이 수직선을 잡아당기는 것과 같이 작용되므로, 바퀴는 항상 전진 방향으로 안정이 되어 주행 중 조향 바퀴에 원활한 방향성을 준다. 자동차가 선회할 때 직진 방향으로 되돌아오는 복원력이 발생되는 것은, 현가장치를 통하여 차체가 올라가거나 내려가며, 조향 핸들에 가해진 힘에 의하여 차체의 운동이 이루어지므로, 조향 핸들에 가해진 힘을 풀면 차체가 수평 위치로 돌아가고 조향 바퀴도 직진 상태로 된다.

포지티브 캠버 positive camber　앞바퀴를 앞에서 보았을 때 타이어 중심선이 수직선에 대하여 바깥쪽으로 기울어진 상태를 말한다. 타이어의 마멸과 동시에 바퀴에 작용하는 추진력이 커지므로, 조향 축을 기울이면 각 부분에 무리한 힘이 작용하지 않아 킹 핀 경사각과 조향 조작력을 가볍게 하고 수직 방향의 하중에 의한 앞차축의 휨을 방지한다.

포지티브 형식 positive type　밸브가 열릴 때 강제로 회전하는 형식으로, 시프팅 칼라, 스프링 리테이너, 볼, 플렉시블 와셔로 되어 있다. 로커 암이 밸브를 열 때 시프팅 칼라에 큰 압력이 작용하여 플렉시블 와셔가 편평해진다. 이때 볼이 경사면으로 굴러 내려가므로 리테이너가 조금 회전하면서 스프링 리테이너 로크와 밸브 스템에 운동이 전달되어 밸브가 회전한다.

포크 fork　축단(軸端)이 포크(두 갈래로 갈라져 있음) 모양으로 되어 있는 부분이다. 클러치에서 페달을 밟는 힘을 릴리스 베어링에 전달하는 릴리스 포크, 변속기에서 변속을 하기 위해 클러치 슬리브를 이동시키는 시프트 포크 등을 말한다.

포크 샤프트 fork shaft　수동 변속기의 시

프트 포크와 시프트 레버 사이에 있는 축을 말한다. 시프트 포크에 시프트 레버에서 받는 힘을 전달하거나 시프트 포크의 이동을 안내하는 역할을 한다. 전자를 샤프트 슬라이드식, 후자를 포크 슬라이드식이라고 한다. 시프트 레버에서 받은 힘을 전달하기 위한 홈과 시프트 시 안정적으로 위치를 정하기 위한 홈, 이중 맞물림을 방지하기 위한 홈이 있다.

포토다이오드 photodiode 광기전력 효과형 다이오드에 외부 회로를 접속하면 빛을 비춤으로써 광전류를 꺼낼 수 있다. 포토다이오드는 이와 같이 광 신호를 전기 신호로 변환할 수 있다. 또 pn 접합 대신 금속–반도체 접촉의 쇼트키다이오드의 광기전력 효과를 이용하는 포토다이오드도 사용된다. APD(avalanche photodiode)는 pn 접합에 105 V/cm 정도의 큰 역방향 바이어스를 가하여 사용하는 것으로서, 캐리어의 전자 사태 증배를 이용하여 고감도를 실현하고 있다.

포토 인터럽터 photo interrupter 발광 다이오드와 포토트랜지스터를 조합한 것으로서, 발광 다이오드가 내뿜는 빛을 포토트랜지스터가 수광해서 트랜지스터를 작동시키는 반도체 소자이다. 발광 다이오드의 빛을 차단하면 트랜지스터는 작동하지 않게 된다. 전자 제어 서스펜션의 차고 센서, 스티어링 각속도 센서에 사용되고 있다.

포토일렉트릭 튜브 photoelectric tube 빛의 강약을 전류로 바꾸는 진공관인 광전관(光電管)을 말한다. 빛이 비춰지면 전자를 방사하는 산화세륨과 은(銀)의 복합 전극 등을 음극으로 한다. 사진 전송, 문의 자동 개폐, 경보기 등 공업적으로 많이 사용된다.

포토 커플러 photo coupler 발광 소자와 수광 소자를 조합하여, 광을 매체로 신호를 전송하는 소자이다. 구조는 발광 다이오드와 광 트랜지스터를 하나의 패키지에 넣은 것이다. 입출력 사이가 전기적으로 절연되어 있기 때문에 전기적인 잡음 제거에 널리 사용된다.

포토 튜브 photo tube 빛을 받으면 음극에서 전자를 방출하는 전자관(電子管)이다.

포토트랜지스터 phototransistor 빛을 쬐면 전류를 흐르게 하는 트랜지스터로, 포토다이오드와 같이 사용된다.

포트 라이너 port liner 실린더 헤드 배기 포트에 배기가스를 보온하고, 배기계에서의 일산화탄소(CO), 탄화수소(HC)의 산화 반응을 지속 또는 반응성을 높이기 위한 목적으로 스테인리스 강관 등의 특수 내열강을 이용한 것이다. 동시에 포트 라이너 실린더 헤드 온도의 저감 효과도 병합해서 갖고 있는 것이다.

포트 연료 분사 port fuel injector 각 실린더에 분사기가 있는 연료 분사 시스템이다. 연료는 흡입구 속으로 분사된다.

포트 커플링 port coupling ⇨ 트러니언 조인트

포트 타이밍 port timing 2행정 기관에서 흡기, 배기, 소기의 세 구멍의 개폐 또는 혼합 가스의 크랭크실과 연소실로의 유출입 타이밍을 말한다.

포트 파워 port power 유압 램(ram)을 중심으로 패널을 펴서 어태치먼트의 교환에 따라 넓은 용도로 사용되는 판금 도구이다.

포팅 porting 2스트로크 엔진의 흡입, 배기, 소기의 타이밍은 각 포트의 위치나 개구(開口) 면적, 각도 등에 따라 결정되며, 이들의 크기가 형상, 배치를 결정하는 것을 말한다.

포퍼싱 porpoising 주행 중에 차체가 상하 운동을 하는 현상을 말한다. 그라운드 이펙트에 의해 다운 포스를 얻는 포뮬러 카에서 발생하는 경우가 있다. 노면의 요철에 의한 바운드 등이 원인이며, 노면과 차체와의 간격이 변함으로써 다운 포스가 커졌다 작아졌다 해서 일어난다.

포핏 밸브 poppet valve 밸브 갓과 밸브 봉을 가진 버섯 모양의 밸브로서, 내연 기관의 흡배기 밸브로 사용된다.

포화(飽和) saturation 자장(보통 자기 또는 코일 내에서)의 크기가 최대이거나 최대의 자속(磁束) 밀도가 되었을 때의 상태를 이른다.

폭발 압접(爆發壓接) explosive welding 화약의 폭발에 의한 충격 압력을 이용하여 행하는 용접을 말한다.

폭발 연소 기간(爆發燃燒期間) ⇨ 화염 전파 기간

폭발 행정(爆發行程) power stroke 피스톤이 압축 행정의 상사점에 이르기 조금 전에 점화된 혼합 가스는 연소하며 연소실에서 발생된 힘을 피스톤에 전달하여 기계적인 운동으로 바꾼 후 크랭크축을 회전시켜 유효한 힘이 발생되게 하는 행정으로, 동력 행정이라고도 한다. 점화 방식을 보면 가솔린 엔진은 전기 불꽃 점화인데, 디젤 엔진은 자기 착화 연소를 하고 있다. 그리고 폭발 압력은 가솔린 엔진이 $35{\sim}45\,kg/cm^2$, 디젤 엔진은 $55{\sim}65\,kg/m^2$ 정도이다.

폭음(爆音) detonation 스파크 플러그가 점화한 후에 일어나고, 공기/연료 충전물을 급속히 타게 하며, 제어되지 않은 2차 점화를 말한다. 폭음은 돌고 있는 동안 "핑핑" 하는 소리를 낼 수 있으며, 크랭킹하는 동안 엔진이 '시동이 되려 하는 것'처럼 들릴 수 있다.

폰 phon 소리의 세기 단위이다. 세기를 측정하기 위해 $1,000\,Hz$의 소리를 기준음으로 하여 측정하려는 음향을 듣는 사람에게 지각하게 하는 것이다. 폰은 소리의 압력 단위인 데시벨(dB)과 같다. 어떤 음향의 세기에서 1폰의 변화는 정상 청취 조건에서 인간의 귀로 감지할 수 있는 최소 음향 압력 변화치에 해당한다.

폰 테스터 phon tester 폰 단위로 소음을 측정하는 테스터이다. 마이크를 지상 $1.2\pm0.5\,m$ 높이로 차량 전방 $2\,m$에 위치하여 차량의 혼을 울리며 지침을 판독하여 안전 기준에 적합한지 확인한다. 경음기는 $90{\sim}115\,dB(C)$, 주행음은 $85\,dB$, 사이렌은 전방 $30m$에서 $90{\sim}120\,dB$이다.

폴 pawl 발톱 피벗을 가진 암(arm)으로서, 끝 부분이 특정 시기에 디텐트, 슬롯, 홈 등에 들어가 일부분을 정지시킨다.

폴 레버 pawl lever 폴(톱니바퀴 멈춤)이 달린 레버를 말한다.

폴리노미얼 캠 polynomial cam 수학의 다항식(폴리노미얼)으로 보여 준 단면 형상(프로파일)을 가진 캠이다. 캠의 회전과 캠의 프로파일을 뒤따르는 밸브의 작동 관계를 나타내는 밸브 리프트 곡선은 다항

식으로 나타내어 사용되고 있다.

폴리다인 캠 polydyne cam 폴리노미얼 캠의 단면 형상을, 캠과 밸브 사이에 있는 로커 암 등 약간의 변형을 고려하여 밸브가 캠 형상에 의해 추종하도록 수정한 것이다.

폴리머 알로이 polymer alloy 2종 이상의 고분자 또는 고분자 사슬 블록으로 된 다성분계 고분자 재료이다. 2종 고분자를 알로이로 하려면 기계적으로 혼합하거나, 공유 결합으로 결합하거나, 고분자 망목으로 얽히게 하거나, 착물을 형성시키는 등의 방법이 있다. 복잡한 매크로 구조로 되었으며, 뛰어난 기계적 특성을 나타내는 경우가 많다.

폴리셔 polisher 페인트 막의 광택을 내는 데 사용되며, 다양한 패드, 보닛과 함께 사용되는 도구로서, 전기 모터와 공기식 모터가 있다. 회전수는 $2,500\,rpm$ 정도가 좋다.

폴리싱 polishing 버프 연삭(研削)에서 공작물 표면에 윤을 내는 연마 작업을 말한다. 천, 가죽, 펠트 등으로 만들어진 버프(buff)에 연마제를 고정하여 연마한다.

폴리싱 콤파운드 polishing compound 도막(塗膜)을 연마하여 광택을 내는 데 쓰이는 재료이다. 연마제는 산화알루미늄, 산화규소 등의 성분으로 이루어지며, 폴리싱 콤파운드는 중간 정도의 입자로 된 연마제에서 초미립자로 된 연마제까지 포함한다. 표면에 거친 입자의 콤파운드를 사용한 후, 폴리싱 콤파운드를 사용하여 연마 흔적을 없애고 광택을 낸다.

폴리싱 패드 polishing pad 폴리셔에 장착하여 사용하는 패드로, 숱이 달린 면으로 되어 있다.

폴리에틸렌 polyethylene 에틸렌을 중합하여 만드는 열가소성 수지이다. 내약품성, 전기 절연성, 방습성, 내한성, 가공성이 뛰어나 절연 재료, 그릇, 잡화, 공업용 섬유, 도료 등에 쓰인다.

폴리우레탄 polyurethane 우레탄 결합으로 주요 구성 요소로 가지는 사슬 모양의 고분자 화합물을 통틀어 이르는 말이다. 내열성, 내마모성, 내용제성(耐溶劑性), 내약품성이 뛰어나며, 탄성 섬유, 도료, 접착제,

합성 피혁 원료 등으로 쓰인다.

폴리우레탄 폼 polyurethane form　쿠션재, 단열재로 쓰이는 폴리올과 디이소시아네이트로 만들어지는 스펀지 상태의 다공질 물질로서 연질, 경질, 반경질로 나뉜다. 단열성이 크고, 전기 절연성이 뛰어나며, 강도도 크다.

폴 리카르 서킷 Paul Ricard Circuit　1971년에 완성된 근대적인 서킷으로, F1 레이스용 서킷 중 가장 긴 직선 코스를 갖고 있다. 프랑스의 양조 회사인 페르노 리카르사의 사장인 폴 리카르의 출자로 만들어져서 그의 이름을 땄다. 오르막과 내리막이 그다지 없는 평탄한 구릉 지대에 세워졌다. 1주 길이는 3.813 km이다.

폴리카보네이트 범퍼 polycarbonate bumper　내충격성이 커서 단속적으로 강한 충격을 받는 부품에 적당한 폴리카보네이트를 범퍼로 사용한 것이다.

폴리트로프 곡선 polytropic curve　폴리트로프 변화의 관계식이 나타내는 곡선을 말한다.

폴리퍼티 polyester putty　판금 퍼티의 표면에서 3 mm 이하 변형의 수정에 쓰이는 폴리에스테르 퍼티로서, 표면은 결이 곱고 미세한 구멍이 적다.

폴리프로필렌 polypropylene　플라스틱 재료의 명칭이다.

폴스 에어 false air　에어플로 센서를 통하지 않고 흡기 장치 속으로 누설되어 들어온 추가적인 공기를 말한다.

폴 시터 pole sitter　레이스의 예선에서 1위를 하여 폴 포지션에 붙은 운전자를 말한다.

폴크스바겐 Volkswagen　히틀러와 포르셰 박사가 만들어낸 차의 이름에서 유래되었는데, 독일어로 국민차라는 뜻을 나타낸다.

폴 트레일러 pole trailer　목재나 관재(棺材) 등 길이가 긴 재료를 운반하는 데 쓰이는 트랙터 및 2륜 트레일러를 말한다.

폴 포지션 pole position　공식 예선에서 1위를 한 차가 결승 레이스에서 출발하는 위치로 가장 유리한 맨 앞에 서게 된다. 보통은 예선 1위가 맨 앞에 혼자 서지만, 맨 앞 줄에 여러 차가 나란히 서는 경우도 있다.

이때는 스타트 후 처음 코너(제1 코너)에 대해 바깥쪽이 폴 포지션이다. 그러나 출발 지점에서 제1 코너까지의 거리가 비교적 가까운 코스에서는 안쪽이 유리하므로, 폴 포지션이 된다. 경우에 따라서는 예선 1위인 드라이버가 바깥쪽이나 안쪽의 위치를 선택할 수 있는 특별 규칙도 있다.

폼 필터 foam filter　디젤 파티큘레이트 필터의 일종으로서, 세라믹스를 거품(foam) 모양으로 성형하여 필터로 사용하는 것이다.

표면 거칠기 측정기 surface roughness tester　표면 거칠기를 측정하기 위한 기기이다. 크랭크축의 메인, 핀 저널 등 표면의 거칠기를 측정한다.

표면 경화(表面硬化) hard facing　금속 표면에 내마모성 향상, 내식성 향상, 내충격성 향상 등을 목적으로 다른 금속 또는 합금을 용착에 의해 육성시켜 피복하는 것을 서브페이싱이라고 하지만, 피복할 금속 또는 합금이 경질재인 경우에는 하드 페이싱 즉 경화 덧붙임이라고 한다. 연질재로 피복하는 경우는 소프트 페이싱이라고 한다. 단, 하드 페이싱의 '하드'는 단단하다는 표현보다도 내구성의 의미가 더 크다. 또 넓은 의미의 하드 페이싱은 침탄, 질화, 고주파 소입 외에 각종 도금도 포함한다.

표면 경화법(表面硬化法) surface hardening method　마모를 받는 부분에 있어서 재료의 표면은 경도가 높은 것을 요구하게 되는데, 고탄소강을 표면의 경도를 증가시키기 위하여 담금질을 하면 재료 전체가 파손되기 쉽다. 이때 강재(鋼材)에 표면 경화법을 이용하여 표면을 경화하면, 표면은 마모에 강해지고 내부는 원재료의 재질대로 있으므로 충격에 견딜 수 있다.

표면 경화 시트 induction hardened seat　엔진 블록 또는 실린더 헤드 등 고주파 전자장에 노출시켜 고온으로 상승시킨 다음 급격하게 냉각시키는 공정으로, 밸브 시트에 적용시켜 내마모성을 높인다.

표면 경화 용접(表面硬化鎔接) hard facing　금속 표면에 경도가 높은 금속을 용착시켜 경도가 높은 층을 만드는 것을 말한다.

표면 굽힘 시험편 face-bend specimen　맞대기 용접 이음의 표면(루트의 반대쪽)에

인장력이 걸리도록 굽히는 시험편을 말한다. ⇨ 이면 굽힘 시험편

표면 이물질(表面異物質) foreign material on surface 오일, 그리스, 도료의 타르, 살충제 등 페인트 막의 표면에 묻어 있는 이물질로, 제거하기가 까다로우며, 페인트에 손상을 줄 수 있다.

표면적 용적비(表面積容積比) surface volume ratio 일반적으로 연소실의 전 표면적과 연소실 용적의 비례를 말한다. 이 치수의 대소가 직접 탄화수소(HC)와 질소 산화물(NOx)의 배출량을 좌우하므로 중요시된다.

표면 조도계(表面租度計) surface roughness measuring instrument 기계 및 재료의 표면 거칠기를 측정하기 위한 것이다. 기계 표면을 그 평균면에 직각으로 절단했을 때 나타나는 단면 곡선을 측정한다. 일반적으로 촉침법(燭針法)이 사용되며, 작용 범위에 따라 광절단법(光切斷法), 광파 간섭법, 광선 반사법 등이 사용되기도 한다.

표면 착화(表面着火) surface ignition 자동차 엔진의 연소실 내의 불꽃 점화에서 방전부 이외의 고온 표면에서 일어나는 착화 현상이다.

표면 처리 강판(表面處理鋼板) coated steel sheet 내식성(耐蝕性)과 장식적 효과를 높이고 도장(塗裝)을 생략하기 위하여 여러 가지 처리를 한 얇은 강판을 통틀어 이르는 말이다. 차체의 녹을 방지하는 아연 도금 강판, 배출가스에 의한 부식을 방지하는 알루미늄 도금 강판, 연료 탱크 내부의 녹을 방지하는 틴 도금 강판 등이 있다.

표면 피로(表面疲勞) surface fatigue 반복되는 스트레스에 의해 금속의 기본 구조가 변하여 구성품의 면이 균열되거나 열화(劣化)되는 것을 말한다.

표면 피복 용접(表面被覆鎔接) surfacing 금속 표면에 다른 종류의 금속을 용착시키는 것을 말한다.

표준 불꽃 standard spark 산소와 아세틸렌의 혼합 비율이 1:1인 불꽃으로, 온도는 3,200℃ 정도이다. 얇은 판 등의 일반 용접에서 사용된다.

표준 온도(標準溫度) standard temperature 어떤 것을 측정할 때의 표준이 되는 온도를 말한다. 배터리 비중을 측정할 때 표준 온도는 20℃이며, 이 온도에서만 정확한 지시치를 얻을 수 있다.

표준 접합 유리(標準接合琉璃) 두께 0.38mm의 중간 막을 가진 표준적인 접합 유리이다. 접합 유리는 유리 파손 시 파편이 되어 날아가는 것을 방지하기 위해 두 개 이상의 유리판 사이에 수지 층을 넣어 만든 유리를 말한다.

표준 캠 standard cams 터보차저의 출현에 의해, 캠축의 선정이 그 엔진에 터보차저를 매칭하는 포인트가 된다. 고속 캠, 표준 캠, 저속 캠이라고 한다. 각각의 캠축의 선정에 따라서 엔진 특성이 달라진다. 캠의 작동 각, 리프트 등이 변화하여 특성을 낸다.

표준형 인젝터 ⇨ 저저항 인젝터

푸시로드 ushrod 오버헤드 밸브식 엔진에서, 캠샤프트와 로커 암에 연결되어 캠샤프트의 운동을 로커 암에 전달해 주는 역할을 하는 막대를 말한다. 속이 비어 있는 긴 강제(鋼製) 막대로서, 상단판은 밸브 로커 암과 접촉하고, 하단은 밸브 리프터와 접하여, 캠에 의해 밸브 리프터와 함께 밀어 올려져 밸브 로커 암의 한쪽 끝을 밀어 주게 된다. 캠샤프트가 헤드에 있는 OHC 엔진이나 DOHC 엔진에서는 필요치 않다.

푸시로드 엔진 pushrod engine 4사이클 엔진에서, 캠축을 실린더 헤드보다 낮게 설치하고 푸시로드와 로커 암으로 밸브를 작동시키는 엔진이다. 현재는 거의 볼 수 없다.

푸시 버튼식 스위치 push button type switch 기동 전동기 스위치를 손이나 발로 단자를 직접 눌러 접속시키는 형식이다.

푸시 풀 스위치 push pull switch 누르거나 잡아당김으로써 작동시키는 스위치이다. 헤드라이트나 와이퍼 스위치 등에 사용했다.

푸싱 pushing 차체에 보닛이 있는 경주차의 레이스 도중, 앞서 달리는 차에 뒤로부터 충돌하는 것이다. 의식적으로 푸싱을 하면 위반 행위로 벌칙이 내려진다.

푸싱 언더 스티어 pushing under steer FR 자동차에서 코너링 중 가속 페달을 세게

밟고 진행할 때 언더 스티어가 발생하는 현상이다. 앞바퀴가 뒷바퀴의 구동력에 눌려(pushing) 나타나는 언더 스티어이다.

푸아즈 poise　점성도의 CGS 단위로 기호는 P이다. 1s 사이에 1g인 유체가 1cm 이동하는 상태를 1P라고 한다. 1P는 보통 유체의 점성도를 나타내는 데는 너무 크므로, 실제로는 그 1/100인 cP(센티푸아즈)를 쓰는 경우가 많다. 이를테면, 20℃의 순수의 점성도는 1.002cP이다.

푸어 드라잉 poor drying　페인트 막이 더 단단해야 하는데 무른 것을 말한다.

푸코 전류 Foucault current　⇨ 맴돌이 전류

풀 도어 full door　물받이와 센터필러를 도어 내측에 내장시킨 형식으로, 고속 주행 시 바람 가르는 소리가 나지 않아 실내가 정숙하며, 외관이 더욱 세련된 분위기를 주는 장점이 있다.

풀 라운드 캐빈 full round cabin　리어 윈도 글라스의 사이드를 큰 라운드형의 디자인으로 하여 얇은 루프, 패션 필러와 매칭시켜 유리면이 보디를 일주하는 라운드 캐빈을 실현하였다.

풀 라운드 콕피트　드라이버와 파트너를 포함하여 감싸듯이 설계된 콕피트의 형태를 말한다.

풀러 puller　톱니나 축받이 등을 빼낼 때 사용하는 공구이다. 베어링 풀러, 기어 풀러 등이 있으며, 기어, 베어링, 휠 등을 축 또는 케이스에서 빼내는 데 공통으로 사용할 수 있는 다목적 공구인 만능 풀러도 있다.

풀로드 pullrod　코일/댐퍼 유닛을 작동시키는 기구로서, 축 방향으로 잡아당기는 움직임에 따라 힘을 전달하는 막대이다. 레이싱 카의 현가 계통에 많다.

풀 로직 컨트롤 full logic control　컴퓨터 제어를 말한다.

풀 로직 컨트롤 고급 오디오　AM/FM 전자 동조 라디오, 풀 로직 카세트 덱, 최대 출력 15 W X4의 고출력 파워 앰프를 탑재한 오디오이다. 덱부에는 메탈 테이프 자동 검출 기능 7곡까지 두출시켜 선곡 가능한 MSS 기구 등을 적용한다. 라디오부에는 항상 수신 상태가 좋은 전파를 선택하는 다이버시티 기능 등을 적용하고 있다.

풀 로크 업 토크 컨버터 full lock up torque converter　컴퓨터 제어에 의한 주행 속도에 관계없이 로크 업을 하는 토크 컨버터를 말한다. 로크 업은 어떤 속도 이상으로 토크 컨버터의 펌프 쪽과 터빈 쪽을 고정하는 기구이다.

풀림 annealing　⇨ 어닐링

풀링 시스템 pulling system　베드식(bed type) 수정기의 간이판(簡易板)을 풀링 시스템이라고 부르는 경우가 있다.

풀 모델 체인지 full model change　차의 기본 모델로부터 외형과 기계적인 것까지 바꾸는 것을 말한다. 외형과 기계적인 것이 크게 변하여 차 이름을 그대로 쓰거나 새 이름으로 나온다.

풀 범퍼 full bumper　에이프런이나 펜더의 일부분도 포함하여 일체로 제작된 범퍼이다. 범퍼의 소재는 합성수지를 써서 복잡한 모양의 대형 부재(部材)로 성형(成形)하여 제작한 것이다.

풀 스로틀 full throttle　액셀 페달을 끝까지 밟아서 스로틀 밸브를 전개하여 최고 마력을 내는 상태를 말한다.

풀 스커트 피스톤 full skirt piston　피스톤 핀 아랫부분이 길고 그 둘레가 균등하게 생긴 피스톤으로, 장행정 피스톤의 경우와 같다.

풀 스킨 체인지 full skin change　소규모 모델 체인지로서, 자동차의 기본 구조나 성능은 조금만 바꾸고 외관상의 변화로 이미지 체인지를 한 것이다.

풀 싱크로 full synchro　풀 싱크로메시와 같다. 예전의 차에서는 감속비가 큰 1단 기어에 싱크로메시가 없는 것이 있었지만, 이와는 달리 모든 기어 단수에 싱크로메시가 붙어 있는 것을 말한다.

풀 싱크로메시 full synchromesh　모든 기어가 맞물리는 것을 말한다. 현재는 차의 대부분이 풀 싱크로메시이다.

풀 업식 파워 윈도 스위치 pull up type power window switch　도어 유리를 열 때는 스위치 노브를 누르고, 닫을 때에는 당겨 올리는 조작 방식의 스위치이다. 도어 유리를 닫기 위해서는 스위치를 당겨 올

릴 필요가 있기 때문에 안정성이 높다.

풀 오토 에어컨　오토 에어컨의 기능 외에 통풍구의 교체, 내외 공기 교환 등을 자동적으로 컨트롤하는 기능이 추가된 에어컨이다. 원하는 온도를 설정하면 센서가 실내 상부, 하부 온도, 일광 방향 등을 감지하여 설정 온도로 마이컴이 제어해 준다. 내외 공기를 교환하는 흡입구 제어, 에어 믹스 댐퍼를 자유롭게 컨트롤하는 온도 제어, 풍량의 자동 절환 제어, 일사광에 의한 실온 변화 제어 등 섬세한 자동 제어를 할 수 있는 이상적인 에어컨이다. 차내의 습온을 검지하여, 창의 흐림을 방지하는 오토 드라이 기능을 부착한 전자동 에어컨의 기능을 가진 것도 있다.

풀 오토 초크　MMC가 개발한 오토 초크이다. 서모스탯 등에 사용되고 있으며, 왁스와 같은 성질의 것을 사용하고 있다. 온도 변화에 의해 체적이 변화하는 왁스를 이용해서 초크 밸브의 개폐를 자동적으로 행한다. 지금까지의 바이메탈식의 초크처럼, 초크의 해제 조작에 의해 액셀 페달을 조작할 필요가 없는 편리한 기구이다.

풀 인 코일 pull in coil　기동 전동기에 사용되는 솔레노이드 스위치에서 플런저를 끌어당기는 데 사용하는 코일이다. 전류가 흐르면, 강력한 전자력이 발생되어 움직이는 부품을 잡아당기는 작용을 한다. 솔레노이드 스위치 또는 오버 드라이브용 솔레노이드에 사용된다.

풀 카운터 웨이트 full counter weight　크랭크축의 밸런스 웨이트가 각 실린더의 크랭크 핀 양쪽에 설치되어 있는 것이다. 커넥팅 로드나 피스톤 등의 중량과 균형이 맞게 최적의 밸런스를 얻을 수 있지만, 전체의 중량은 무거워진다.

풀 캡 full cap　휠 캡으로서 휠 전체를 덮어씌운 방식이다.

풀 컷오프 full cut-off　유압 장치에서, 펌프의 컷오프 상태에서 유량이 0이 되는 것을 말한다.

풀 컨실드 와이퍼 full concealed wiper　와이퍼가 후드 안쪽에 숨어 있다가 사용 시에만 밖으로 나오도록 이중 접힘 링크를 설치하여, 고속 주행 시 공기 저항을 없애고 와이퍼로 인하여 바람 가르는 소리를 최대한 적게 하도록 한 방식의 와이퍼를 말한다. 그랜저, 포텐샤, 임페리얼 등의 고급차에 사용되고 있다.

풀 쿠션 full cushion　서스펜션이 완전히 압축된 상태이다. 일반적으로 서스펜션은 스프링과 쇼크 업소버의 힘에 의해 안전성과 조정성을 얻고 있지만, 풀 쿠션이 되면 스프링과 쇼크 업소버의 능력은 완전히 상실된다. 극단적인 경우에는 급격히 미끄러지기도 하므로 주의해야 한다. 풀 쿠션이 자주 일어나면 차체도 큰 충격을 받는 것은 당연하다. 따라서 험로에서는 고속 주행을 피해야 한다.

풀타임 4WD 방식　상시 4륜구동 방식을 말한다. 이에 대해 2WD/4WD로 전환할 수 있는 것을 파트타임 4WD라고 한다. 풀타임 4WD 차량에서는 선회 시의 전후륜의 회전 반지름값을 흡수하기 때문에 센터 디퍼렌셜 또는 비스코스 커플링 유닛(VCU), 하이드롤릭 커플링 유닛(HCU)을 장착하고 있기 때문에 급선회 시에도 타이트 코너 브레이킹 현상이 일어나지 않는다.

풀 트랜지스터 방식 full transistor system　무접점식과 같은 말로서, 콘택트 포인트를 없애고 그 대신 전자 픽업으로 점화 신호를 트랜지스터에 보낸다. 포인트가 더러워지거나 타버리는 말썽이 없고, 내구성과 신뢰도가 높다.

풀 트랜지스터 점화 장치 full transistor ignition module　예전부터 사용해 왔던 점화 장치에는 배전기 축의 회전에 따라 개폐하는 단속기 접점(콘택트 브레이커 포인트)이 있어, 여기에 점화 코일의 전류를 단속하여 점화 플러그에 불꽃이 튀게 한다. 이 접점이 손상되면 접촉이 불량하여 전류가 약해지므로 조정이 필요했다. 이러한 기계적 접점 대신에, 자석과 코일을 사용한 트랜지스터를 스위치 역할을 시켜 서비스 프리로 한 점화 장치를 말한다.

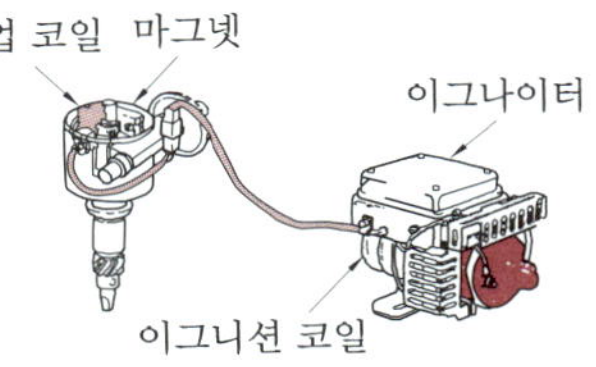

풀 트랜지스터 점화 장치 구성도

풀 트레일러 full trailer　1축 또는 2축으로 트레일러의 하중을 트랙터 측에 걸리지 않게 한 것이다. 트랙터로는 풀 트레일러 트랙터 또는 세미 트레일러 트랙터를 사용한다.

풀 트레일링 암 타입 서스펜션 full trailing arm type suspension　스윙 암의 차체에 붙이는 축이 진행 방향에 대해서 직각으로 붙어 있는 형식이다. 휠이 스트로크해도 트레드가 변하지 않고 캠버도 바뀌지 않으므로, 휠 하우스를 작게 만들 수 있고 실내를 넓게 쓸 수 있는 장점이 있다. 차체와의 경사각이 크기 때문에 타이어의 그립은 떨어지며, 과도한 언더 스티어를 막기 위해 FF 차의 후륜에 사용되는 경우가 많다.

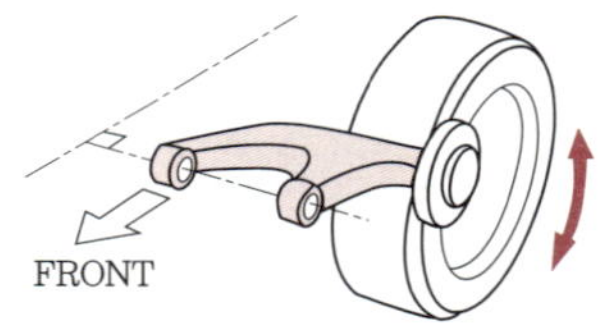

풀 트레일링 암 타입 서스펜션

풀 트림 full trim　도어의 안쪽 전체가 내장제로 덮여 있는 것이다. 하프 트림과 대비되는 용어이다.　⇨ 도어 트림

풀페이스 타입 헬멧 fullface type helmet　헬멧 종류의 하나로, 얼굴도 보호하는 안전도가 높은 타입의 헬멧이다. 지붕이 없는 오픈 타입의 머신(포뮬러카 등)을 모는 드라이버에게 필수적이지만, 클로즈드 보디(지붕이 있는) 타입의 차를 모는 드라이버도 이용한다.

풀 폼 시트 full foam seat　인조 거품을 가득 채워 만든 시트라는 의미로서, 시트패드에 주로 우레탄 폼을 사용한 것이다. 스프링을 많이 사용한 스프링 리치 시트와는 구별된다.

풀 플랫 시트 full flat seat　앞좌석의 시트 백을 뒤로 넘기면, 뒷좌석의 시트 쿠션과 연결되어 앞좌석에서 뒷좌석까지 평평하게 되는 시트로, 올 플랫 시트라고도 한다.

풀 플로팅 베어링 full floating bearing　터보차저의 터빈 및 컴프레서의 샤프트에 이용되고, 베어링이 하우징과 샤프트 사이에서 오일에 의하여 떠 있기 때문에, 내구성이

좋고 고속 회전에 적합하다.

풀 플로팅 액슬 full floating axle, gully floating axle　전부동식(全浮動式) 차축이다. 액슬축은 허브에 고정되어 동력만 전달하고, 허브는 2개의 베어링에 의해 액슬 하우징에 지지되기 때문에, 액슬축은 하중을 받지 않는 형식을 말한다. 모든 외력과 하중은 하우징이 받으며, 바퀴를 떼지 않은 상태에서 액슬축을 분해할 수 있다. 일체 차축 현가장치를 바퀴의 차축에 설치하는 방법에 따라 분류한다. 바퀴를 2개의 베어링으로 차축 하우징의 끝에 설치하여 이것을 차축으로 구동하는 방식이 전부동식(풀 플로팅)이며, 차축 하우징에 자동차의 전체 중량이 걸려 있다. 바퀴를 직접 차축에 장착하는 방식이 반부동식(세미 플로팅)이며, 차축 하우징과 차축이 분할하여 중량을 부담한다.

풀 플로 필터 full flow filter　엔진 오일을 여과하는 방식으로서, 윤활 계통 내에 흐르는 윤활유의 모든 양을 여과하는 방식이다. ⇦ 바이패스 필터

풀 하니스 시트 벨트 full harness seat belt　완전 무장된 시트 벨트로, 4점식과 5점식이 있는데, 랠리에서는 4점식이 널리 쓰인다.

풀 휠 커버 full wheel cover　휠 전체를 덮는 커버로, 미관을 향상시키고 공기 저항 저감이 목적이다.

풋레스트 footrest　운전자의 왼발을 올려 놓기 위해 클러치 페달 좌측에 만들어져 있는 페달과 같은 모양의 부품으로, 오른발은 액셀러레이터나 브레이크 페달의 조작으로 주행 중에 항상 페달 위에 놓여 있지만, 왼발은 사용하지 않는 경우가 많기 때문에 주행 시 왼발의 안락성을 도모함과 동시에 코너링 시 버팀목의 역할을 위해 만들어져 있다. 이전에는 랠리 카나 스

풋레스트 위치

포츠카 등에만 주로 장착되어 있으나, 현재는 대부분의 자동차에 장착되어 있으며, 일명 힐 패드(heel pad)라고도 한다.

풋 브레이크 foot brake, 1st brake　주 브레이크(service brake)라고도 한다. 브레이크 페달을 밟는 힘을 이용하여 바퀴를 제동시키는 것으로, 조작 기구로는 바퀴와 함께 회전하는 드럼(drum) 또는 디스크(disc)와 밀착되어 마찰력을 발생시키는 슈(shoe) 또는 밴드(band)에 라이닝(lining) 또는 페이싱(facing)이 부착되어 있다.

풋 트랜스퍼 타임 foot transfer time　앞쪽에 장애물을 발견한 후 위험을 인식하여 가속 페달에서 브레이크 페달까지 옮겨 밟는 시간을 말한다.

풍동 실험(風洞實驗) wind tunnel test　실내에서 가시화(可視化)한 기류에 의하여 물체 주위에 공기가 흐르는 방향, 풍속의 분포, 표면 압력 분포를 조사하여 공력(空力) 특성을 향상시키기 위해 하는 실험이다. 풍동 실험 장치는 자동차 제작 회사의 필수적인 설비로서, 레이싱 카의 보디 형상이나 섀시의 개발은 풍동 실험을 중심으로 개발하고 있다.

풍절음(風節音)　창을 닫고서 고속 주행하고 있을 때, "슈슈", "샤샤" 하는 비교적 주파수가 높은 소리(500 Hz～5 kHz)가 들려올 때가 있다. 이것을 일반적으로 풍절음이라 하고, 차속이나 풍향에 따라서 변화한다.

퓨얼 게이지　圖 fuel gage, 圖 fuel gauge ⇨ 퓨얼 미터

퓨얼 댐퍼 fuel damper　연료 펌프에서 나오는 연료의 맥동에 의해 발생되는 소음을 방지하고 맥동을 흡수한다.

퓨얼 리드 오프너 fuel filter lid opener　연료 탱크에 있는 뚜껑의 잠금장치(퓨얼 리드 로크)를 해제하는 장치이다. 운전석 부근에 오프너 레버를 설치하고 이것을 조작하면 케이블에 연결한 뚜껑의 잠금장치가 풀리도록 하는 것이 일반적이다.

퓨얼 리턴 fuel return　전자 제어 연료 분사에서는 전자 인젝터의 개폐만으로 분사량을 정하기 때문에 일정한 연료 압력을 유지해 두는 장치가 있다. 탱크에 있는 연료 펌프로부터 압송되어 온 휘발유는 약 $2\,kg/cm^2$

의 압력으로 조절되고, 나머지 연료는 탱크로 되돌려진다. 카뷰레터에도 퓨얼 리턴 방식을 쓴 것이 있다.

퓨얼 미터 fuel level gauge　퓨얼 게이지라고도 하며, 연료의 잔량을 표시하는 미터이다. 연료 탱크 안에 뜨개를 띄우고 여기에 암(arm)을 설치하여 그 위치를 전기 저항의 변화로 조사하여 미터에 표시되도록 하는 것이 일반적이다. 탱크 용량의 변화를 감지하는 것도 개발하고 있다. 연료가 적어지면 경고등이 점등하도록 되어 있다.

퓨얼 세디먼터 fuel sedimenter　연료에 포함되어 있는 물이나 침전물(세디먼트)을 제거하는 장치이다.

퓨얼 컷 fuel cut　(1) 스로틀 밸브가 닫힘과 동시에 메인 라인의 가솔린 공급을 멈추고 흡기 다기관 압력이 상승하여 자연 공급이 중지될 때까지 필요 없이 소비되는 연료를 절약하면서 여분의 HC에 의한 촉매의 온도 상승을 막기 위한 장치이다. (2) 일정한 속도 이상으로 속도가 상승하였을 때 더 이상 속도가 증가하지 않도록 연료를 차단하는 것이다.

퓨저블 링크 fusible link　회로의 보호를 담당하는 도체 사이즈의 작은 전선으로서 회로에 삽입되어 있다. 회로 단락 시에는 이것이 용단되어 전원 및 회로를 보호하는 것으로서, 몇 장의 가는 전선을 특수한 피복물(하이바론 등)로 감싸고 있다.

퓨즈 fuse　회로의 과부하를 방지하기 위한 안전장치이다. 하나의 짧은 길이로 된 도체로, 전류가 이 도체를 통해서 흐를 때 어느 일정 온도 이상이 되면 녹아서 회로를 차단시키는 일을 한다. 배터리에서 모든 전기 부품으로 공급하기 전에 부하에 따른 용량의 퓨즈가 붙어 있다. 단, 셀프 모터(스타팅 모터)는 제외된다. 배터리와 퓨즈 박스 사이에는 마스터 퓨즈가 있다.

퓨즈 박스 fuse box　전장 부품에 과대한 전류가 흘러 나가는 것을 방지하기 위하여 규정 값 이상의 전류가 흐르면 녹아 버리는 것을 차단하는 퓨즈들을 모아 놓은 상자이다. 퓨즈는 전장 부품의 허용 전류에 맞는 것이 설치되어 있다.

퓨즈 블록 fuse block　자동차의 여러 개의

전기 회로에 퓨즈를 연결하는 상자 모양의 유닛이다.

퓨즈 아크 용접법 fuse arc welding process 나심선(裸心線)의 표면에 몇 가닥의 가는 철사를 나선상으로 왼쪽 감기, 오른쪽 감기로 감아서 그 오목부에 플럭스를 넣거나, 이를 자동으로 보내는 것과 함께, 바깥쪽의 가는 철사에 전류를 공급하여 용접을 하는 방법을 말한다.

프라이머 primer 도장재(塗裝材) 중에서 도장할 부분에 최초로 사용되는 도료로, 프라이머는 도장할 부분의 종류나 도장재의 종류에 따라 여러 가지 종류가 있다. 자동차의 유리 장착 시 사용하는 프라이머는 유리와 패널의 접착력을 증대하는 역할을 한다.

프라이머리 벤투리 primary venturi 2개 이상의 벤투리를 가진 복합형 기화기로서 주로 사용되는 벤투리이다. 공기의 흡입량이 적은 저속 회전에서 작동한다.

프라이머리 슈 primary shoe 제1의 슈를 말한다. 드럼식 듀어 서보 브레이크에 사용되고 있는 2개의 리딩 슈를 구별하기 위하여 회전 방향에 따라 먼저 드럼과 접촉하는 슈를 1차 슈(프라이머리 슈), 이 슈에 눌려 드럼과 접촉하는 슈를 2차 슈(세컨더리 슈)라고 한다.

프라이머리 스로틀 밸브 primary throttle valve 프라이머리 벤투리에 설치되어 있는 스로틀 밸브로, 프라이머리 흡기 밸브라고도 한다.

프라이머리 체크 primely check, initial check 자동차의 부품이나 제어 장치에서 실차의 작동에 앞서(예로 점화 스위치 ON 후 몇 초 간) 미리 기능을 점검하는 것을 말한다. 이 점검 방법은 시스템 구성이 복잡하여 현재는 거의 이용되지 않고, 안전상 중요한 것(ESC 등) 등에 부분적으로 이용되고 있다. 이 점검 방법은, 경고등을 예로 들 경우, 램프가 단선되면 다이어그노시스(diagnosis) 기능을 읽는 결과가 되므로, 점화 스위치를 ON할 때 잠시 경고등을 점화시켜 작동 여부에 대한 초기 점검을 표시한다.

프라이머리 컵 primary cup 유압 브레이크의 컨벤셔널식 마스터 실린더의 피스톤 선단에 설치되어 있는 컵이다. 프라이머리 컵이 피스톤 가운데를 진행하면서 유압 발생실의 유밀을 유지한다.

프라이머 서피서 primer surfacer 프라이머와 서피서의 성질을 겸비한 밑칠 도료이다. 방청 효과가 있고 부착력이 있는 동시에 연마성, 평활성(平滑性)도 우수해야 한다. 래커계, 우레탄계, 합성수지계, 에폭시계, 열경화성 아미노 알키드 프라이머 서피서 등의 종류가 있다.

프라이머 실러 primer-sealer 페인트의 접착을 좋게 하고 샌딩된 기존 도장면(塗裝面)의 틈새를 막는 언더코트이다.

프라이밍 펌프 priming pump 수동용 펌프로서, 엔진이 정지되었을 때 연료 탱크의 연료를 연료 분사 펌프까지 공급하거나 연료 라인 내의 공기 빼기 등에 사용한다. 디젤 엔진은 연료 라인에 공기가 있으면 시동이 되지 않으므로, 프라이밍 펌프를 작동시키면서 연료 공급 펌프→연료 여과기→분사 펌프의 순서로 에어 브리더 스크루를 이용하여 공기를 빼낸다. 그 후 기동 전동기를 작동시키면서 각 실린더의 분사 노출 입구 커넥터로부터 공기를 빼낸다.

프라이빗 팀 private team 팩토리 팀과는 달리, 개인이 주축이 된 레이싱 팀을 말한다.

프라이스코프 pri-scope 닛산 자동차 회사가 안전 실험차 216X를 전시하는 데 미래를 위한 새로운 시스템이 많이 장비되어 있다. 프라이스코프도 그중의 하나이다. 헤드 레스트로 눌려 있는 드라이버의 머리는 쉽게 뒤를 돌아볼 수 없다. 따라서 앞을 본 채 후방을 볼 수 있도록 생각해 낸 것이 프라이스코프이다. 루프(roop)의 돌출 끝의 후면에 폭넓은 착색유리의 창이 있다. 그 창으로부터 후부의 시계(視界)를 잡아서 그것을 운전대에 반사하여 운전자의 후방 상황 확인에 이용하는 시스템이다.

프랑스 그랑프리 French Grand Prix 프랑스에서 열리는 F1 GP 레이스이다. 1906년에 시작되어 그랑프리 사상 가장 역사가 오래된 레이스로 뜻이 깊다. F1 그랑프리 세계선수권 시리즈가 시작된 1950년부터는 F1

GP 정규 레이스로 줄곧 펼쳐져 왔다. 경주 코스는 여러 차례 바뀌었으며, 지금은 폴 리카르 서킷에서 열린다.

프랙티스 practice 결승 레이스 이전에 행해지는 연습 또는 예선의 뜻이지만, 오피셜 프랙티스(공식 예선)의 약칭으로 쓰이는 경우도 많다. ⇨ 오피셜 프랙티스

프런트 그릴 front grille 그릴은 격자(格子)를 뜻하며, 자동차의 앞쪽 공기 흡입구 전체를 말한다. 라디에이터 그릴 또는 프런트 마스크라고도 부른다. 공기 저항을 적게 할 목적으로 범퍼와 일체로 디자인되어 작아지는 경향이다.

프런트 글라스 front glass ⇨ 윈드실드

프런트 더스트 커버 front dust cover 스트럿 최단 행정 시 1차 충격을 흡수하고 스트럿 내부의 피스톤 흡면을 보호한다.

프런트 마스크 front mask ⇨ 프런트 그릴

프런트 맨 front man, service salesman, service waiter 서비스 공장의 접수하는 곳을 프런트라고 하며, 수리 작업의 접수 등 업무를 담당한다. 미국에서는 1950년부터 서비스 공장의 매상 증진을 주장하여 왔다. 따라서 작업을 주문받는 프런트 맨은, 단순히 부탁받은 일만을 접수하는 것이 아니라, 프런트 맨 자신이 자동차의 결함을 발견하여 적극적으로 수리 작업을 고객에게 권한다. 이와 같이 프런트 맨이 서비스 작업을 판매하기 때문에 서비스 세일즈맨이라고 할 수 있다.

프런트 보디 front body 프런트(앞) 부분의 보디를 말하는 것으로, 프런트 보디에는 엔진과 앞 서스펜션, 라디에이터, 스티어링 기어박스 등이 붙어 있고, 여러 가지 강성(剛性)을 맡고 있다. 충돌했을 때는 그 에너지를 흡수하고 승객의 안전을 지키는 것이 설계상 중요해진다. ⇔ 리어 보디

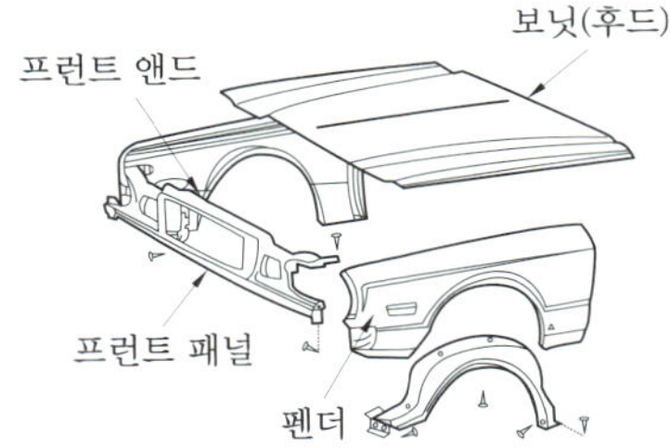

프런트 보디의 외관 구조

프런트 보디 힌지 필러 front body hinge pillar 프런트 도어가 설치되어 있는 골조 부분을 이른다.

프런트 뷰 front view 정면도를 말한다. 자동차를 앞에서 보았을 때의 외관이다. 옆에서 보았을 때의 외관은 사이드 뷰, 뒤에서 본 외관은 리어 뷰라고 한다.

프런트 브레이크 front brake 자동 변속기의 프런트 브레이크는 외부 수축식 밴드 브레이크로, 리어 클러치 드럼에 설치되어 유압에 의해 선 기어를 고정할 때 작용한다.

프런트 비스커스 커플링식 리미티드 슬립 디퍼렌셜 front viscous coupling tupe limited slip differential 프런트 디퍼렌셜용의 리미티드 슬립 디퍼렌셜로서, 기본적으로는 리어 디퍼렌셜에 사용되고 있는 것과 같은 작동을 하지만, 비스커스 커플링의 배치가 다른 케이스 샤프트 방식을 적용하고 있다. 비스커스 커플링은 디퍼렌셜 케이스와 사이드 기어(드라이브 샤프트) 사이에 설치해 있고, 디퍼렌셜과 비스커스 커플링은 일체 구조이기 때문에 디퍼렌셜은 비분해식으로 되어 있다.

프런트 사이드 멤버 front side member 프런트 보디의 골격을 형성하는 부재(部材)로서, 프런트 플로어와 대시보드 하부에서 앞쪽 양 옆으로 장착되어 있으며, 현가장치에 충격을 막아 내는 구조로 되어 있는 것이 많다. 프런트 범퍼를 지지하며, 견인 시 사용하는 훅 등이 장착되어 있다.

프런트 서보 front servo 자동 변속기의 프런트 브레이크 밴드와 리어 브레이크 밴드에서 프런트 브레이크 밴드를 조이거나 늦추는 자동식 유압 장치를 말한다.

프런트 셰이크 front shake 80 km/h 이상의 고속에서 비교적 작은 요철이 있는 포장도로를 중속(40~70 km/h)으로 주행할 때 보디와 스티어링 휠이 상하로 격렬하게 진동되는 현상을 말한다.

프런트 스커트 front skirt 스커트는 차에서는 앞부분을 가리는 것을 말한다. 보통 차의 앞부분에는 범퍼를 달고, 그 밑에 스커트를 더해 차체 밑으로 흐르는 공기량을 덜 수 있다. 이렇게 하면 차체가 떠오르는 것을 막아 타이어의 접지력이 커진다. 스커트는 스포일러와 마찬가지로, 공기 역

학적인 부착물로 흔히 스포츠성을 강조하는 차에 이용되는데, 에어 댐이라고도 많이 부른다.

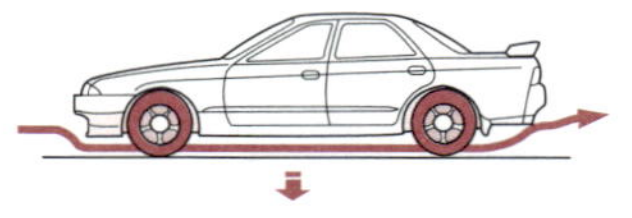

프런트 스커트

프런트 스트럿 front strut　앞 현가장치 부품으로, 코일 스프링 형식에서 윗부분은 프레임에 연결되고 아랫부분은 조향 너클에 연결되며, 코일 스프링을 안착시키고 코일 스프링의 작용을 도우며, 작은 진동을 흡수하는 쇼크 업소버가 내부에 들어 있다. 이러한 형식을 스트럿 형식의 맥퍼슨 현가장치라고 한다. 코일 스프링의 아래 장착 부위는 코일 스프링의 형태에 맞게 약간 경사지고 턱이 져 있어, 스프링 작용 시 위치의 변동을 막는다.

프런트 스트럿 우레탄 범퍼 front strut urethane bumper　쇼크 업소버 상단부에 끼워져, 최단 행정 시 충격을 흡수하여 스트럿과 쇼크 업소버를 보호하는 우레탄 소재의 둥근 모양의 범퍼를 말한다.

프런트 스트레이크 front strake　에어로 파트의 하나로서, 프런트 범퍼 하부에 장착되어 있다. 공기의 정렬 효과가 있고, 공기 역학적 특성이 향상되며, 고속 주행 시 조종 안정성이 증가한다. 또한 외관상 강한 이미지도 증가한다.

프런트 스프링 front spring　전륜의 코일 스프링 현가장치에서 사용되는 코일 스프링을 말한다.

프런트 액슬 front axle　차의 앞쪽 좌우에 장착되어 연결된 구동 및 조향 기구를 통하여 전달된 동력을 타이어에 전달하는 기구로서 너클, 베어링, 더스트, 실드, 브레이크 디스크, 허브 등의 구성품으로 되어 있다.

프런트 액추에이터 front actuator　ECS(electric control suspension) 장착 차량의 전륜 현가장치 윗부분에 설치되어, 주행 시 발생되는 노면 충격의 정도를 전기적인 신호로 바꾸어 CPU에 보내는 센서를 말한다.

프런트 엔드 드라이브 front end drive　앞바퀴에 엔진의 동력이 전달되는 전륜 구동식을 말한다.

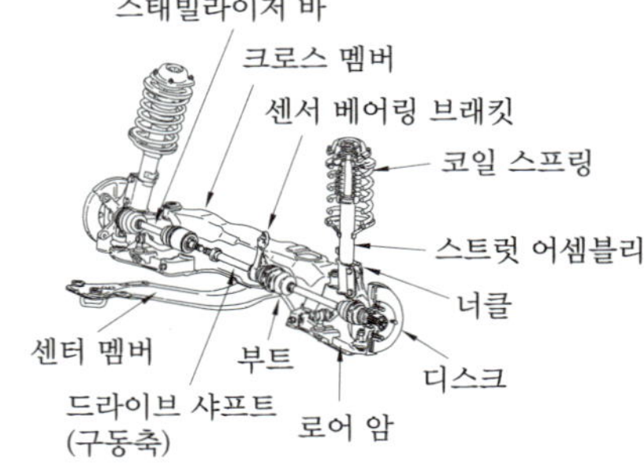

프런트 엔드 드라이브

프런트 엔진 리어 드라이브 front engine rear drive　차체의 앞부분에 엔진을 배치하고 뒷바퀴를 구동하는 방식이다. 엔진을 세로로 배치한 경우가 많으며, 변속기 및 추진축이 종감속 기어 장치에 연결되므로 실내 공간이 협소하고 중량이 무거워진다. 초창기부터 널리 보급되고 있는 방식이며, 앞바퀴로 조향을 하고 뒷바퀴로 구동을 함으로써 뒷바퀴에 하중이 걸리기 때문에 큰 출력에 견딜 수 있다. 약해서 FR라고 한다.

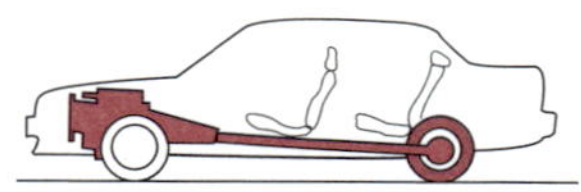

프런트 엔진 리어 드라이브

프런트 엔진 프런트 드라이브 FWD ; front wheel drive　차체의 앞부분에 엔진을 배치하고 앞바퀴를 구동하는 방식이다. 앞바퀴로 구동과 조향을 하기 때문에 앞바퀴 부분의 구조가 복잡하지만, 실내 공간의 확보가 쉬워 소형 자동차 중심으로 채용하고 있으며, 추진축이 필요 없어 경량화를 완성할 수 있다. 약해서 FF라고 한다.

프런트 오버행 front overhang　⇨ 오버행

프런트의 응답성 front responsibility　핸들링과 동의어로 사용되는 경우도 많으나, 운전자가 스티어링을 조작했을 때 자동차의 프런트가 그 의사에 어느 정도 반응하는가를 나타낸다.

프런트 클러치 front clutch　자동 변속기의 프런트 클러치는 드럼 내면의 오일 속에서 클러치판을 접속시켜 동력을 전달하는 습

식 다판 클러치로, 두께가 약 2 mm의 강판에 특수한 마찰재를 붙인 것이다. 구동판은 드럼 내면의 스플라인에 설치되고, 피동판은 선 기어 구동축 스플라인에 설치되어, 유압에 의해 연결됨으로써 링 기어를 구동하거나 차단한다.

프런트 포크 front fork 이륜자동차의 앞바퀴를 지지하며 현가장치의 역할을 하는 부재(部材)이다. 스프링과 댐퍼를 조합한 이너튜브가 신축(伸縮)하는 텔레스코핑 방식이 일반적이며, 일부 가정용 오토바이에는 휠을 링크로 지지하는 보텀 링크식이 남아 있다. ⇨ 텔레스코픽 타입

프런트 프레임 front frame 엔진 등의 마운트 스페이스를 확보하기 위해 사용되는 프레임으로서, 보디 강성을 높이는 효과도 있다.

프런트 필러 front pillar 프런트 윈도와 사이드 윈도의 중간에 있는 필러를 말한다. 필러는 기둥을 뜻하며 A필러라고도 한다. ⇨ 필러

프런트 허브 front hub 전륜 구동차에서는 스플라인을 통해 구동축과 연결되어 구동력을 전달하고, 후륜 구동차와 더불어 조향 및 노면 충격을 전달한다.

프런트 휠 베어링 front wheel bearing 프런트 허브와 너클 사이에 조립되어(구동 샤프트와 스플라인으로 연결됨) 허브의 회전과 조향을 전달한다. 조향 시 측압도 받으며, 대개 테이퍼 롤러 베어링으로 되어 있다. 현가장치에 노면 충격도 전달한다.

프레셔 블리더 pressure bleeder 정비업소 장비의 하나로서, 블리딩을 목적으로 공기 압력을 이용하여 브레이크액을 브레이크 장치에 밀어 넣는 것을 이른다.

프레셔 센싱 라인 pressure sensing line 에어컨에서 압축기의 흡입 쪽 압력이 미리 설정된 압력 이하로 떨어지지 않도록 하는 라인이다. 프레셔 센싱 라인은 서머스태틱 익스팬션 밸브를 열어 액체 상태의 냉매가 증발기에 흘러 들어가도록 한다.

프레셔 웨이브 슈퍼차저 pressure wave supercharger 콤플렉스 과급기(기관으로 흡입되는, 공기를 미리 압축시키는 장치)의 명칭으로, 1987년 일본 카페라 자동차 2,000cc 디젤 엔진에 사용되었다.

프레셔 캡 pressure cap 압력 캡을 말한다. 가압 냉각 장치에 사용되었던 라디에이터 캡으로서, 가압 계통 외에 보조 탱크를 갖춘 방식에 사용되는 캡에는 가압 밸브와 부압 밸브가 설치되어 있다. 가압 밸브는 냉각 장치 내의 압력이 설정한 최고 압력에 이르면 열리고, 부압 밸브는 부압이 되면 열린다.

프레셔 테스터 pressure tester 라디에이터 필러 넥에 설치한 것으로, 냉각 장치를 압력 시험하여 누설 여부를 확인하는 기구이다.

프레셔 호스 pressure hose 고압의 오일을 펌프에서 컨트롤 밸브로 보내거나 컨트롤 밸브에서 파워 실린더로 보내는 호스를 말한다. 내열성, 내압성, 내후성(耐朽性), 팽창성이 좋아야 한다.

프레셔 홀드 밸브 PHV ; pressure hold valve 오르막길 발진 보조 장치(up hill keeper)의 부품으로서, 클러치 페달의 동작에 연동해서 브레이크 액압을 유지하는 밸브를 말한다.

프레스 도어 press door 도어 본체뿐 아니라 그 위의 가이드 윈도의 프레임 부분까지를 일체로 프레스 성형한 도어의 뜻이다. 보디와의 일체감이 강조되어 고급스러워지므로 채용하는 자동차가 점차 증가하고 있다. 또 도어 자체의 강성도 향상된다.

프레스 라인 press line 보디 패널의 장식, 보강 등을 하기 위하여 프레스 가공된 라인이다. 퍼티 칠 및 연마 작업을 하기가 까다로운 부위이다.

프레스 피트 press fit 피스톤을 컨로드 소단부에 압입하여 고정하고 피스톤과 피스톤 핀 보스만 섭동하는 방식이다.

프레시 서피스 fresh surface 보디 표면에서 불필요한 요철을 가급적 제거하고, 빗물 받침도 도어 속에 감춘(컨실드 드립) 보디 형상을 말한다. 이로 인해 스타일 향상과 불쾌한 풍절음의 발생이 없고, 보디의 공기 저항이 적기 때문에 마력의 손실이 적고, 연비에도 좋은 영향을 준다.

프레온 Freon 탄화수소의 플루오르화 유도체이다. 화학적으로 안정한 액체 또는 기체로서 냉장고의 냉매, 에어로졸 분무

제, 소화제 등에 쓰이며, 오존층을 파괴하는 원인이 되는 물질이다. 미국 뒤퐁사의 상품명이다.

프레온 가스 Freon gas 메테인, 에테인과 같은 가장 기본적인 탄화수소 화합물에서 수소 부분을 플루오린(불소)이나 다른 할로겐 원소로 치환한 물질이다. 냉장고, 에어컨 등의 냉매로 사용되며, 이 밖에 용제나 발포제, 스프레이나 소화기의 분무제 등으로 사용된다.

프레온 규제법 1987년에 채택된 몬트리올 의정서(프레온을 대상으로 한 것으로서, 생산량 및 소비량의 삭감과 규제 기준 등을 정하고 있음)를 근거로 재정된 법을 말한다.

프레온-12 Freon-12 프레온 냉매 중에 최초로 시판된 냉매로, 현재에도 사용되고 있으나 오존층 파괴로 인해 점차 사라지고 있다. 소용량에서, 대용량의 왕복식 및 회전식의 압축기용으로서, 저온에서 고온까지 넓은 온도 범위에 이용되고 있다. 가정용 전기냉장고, 워터 칠러 유닛 등에 사용되고 있으며, 밀폐형 압축기에 이용되고, 최근에는 원심식 압축기의 용량이 큰 것에도 응용되고 있다.

프레임 frame 섀시를 구성하는 각종 장치나 차체(body)를 설치하는 부분으로, 차체에서 전달되는 하중 및 전후 차축의 반력 등을 지지하는 자동차의 골격에 해당하는 구조물이다. 자동차를 구성하는 장치가 설치되고, 설치 부품을 지지하며, 가벼우면서 강도가 높은 형태를 가지고 있다. 오늘날에는 사다리형 프레임이 가장 많이 쓰이며, 주로 대형 세단, 4륜구동, SUV, 트럭 등의 차량에 적용되고 있다.

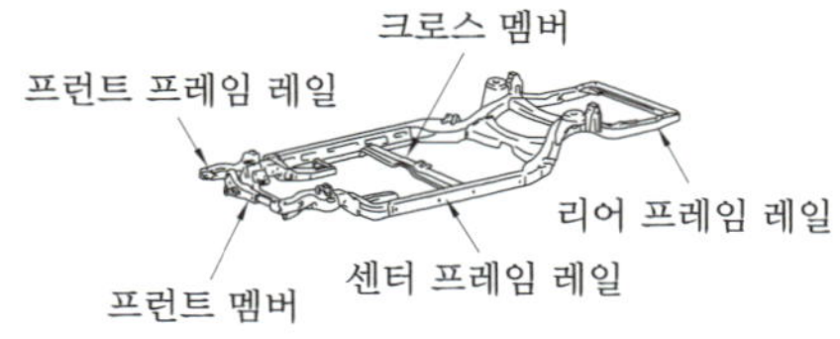

프레임 구조

프레임 게이지 frame gauges 자동차의 프레임에 매달아 정렬 상태를 점검하는 게이지를 말한다.

프레임 넘버 frame number 자동차의 차체에 각인되어 있는 차종과 일련번호를 말한다. 자동차관리법에서는 '차대 번호'라고 한다.

프레임 높이 height of chassis above ground 축거(軸距)의 중앙에서 측정한 접지면에서 프레임 윗면까지의 높이이다. 단, 차축이 3개 이상일 때는 앞차축과 맨 뒤차축의 중앙에서 측정한다.

프레임 숍 frame shop 프레임을 별도로 가지는 차종이 많던 시대에 프레임만을 전문적으로 수리하는 공장을 말한다. 일반적인 보디 숍(body shop)과 구별하기 위한 용어였으나, 오늘날에는 구별이 없다.

프레지오 Pregio 기아 자동차에서 봉고의 '명예를 지킨다'는 의미로 이탈리아어인 '가치, 명예'를 이름으로 명했으며, 수출명도 동일하다.

프레팅 마모 fretting wear 미동 마모(微動磨耗) 또는 미습동 마모라고도 한다. 접촉하는 고체 표면이 서로 극히 작은 진동으로 인해 마찰이 일어날 때 발생하는 마모 현상이다. 접촉면이 산화되어 부식이 진행됨에 따라 국부적으로 현저하게 손상을 받는다.

프렌치 파일 천정 프렌치 파일지의 헤드라이닝을 말한다. 프렌치 파일이라는 것은 기초가 되는 천 위에 루프 모양으로 한 틀을 식모한 것을 말한다. 표면에 둥근 면이 있어서 컷 파일보다 튼튼하다.

프로그래머블 유니정크션 트랜지스터 PUT 고감도 n게이트형의 사이리스터와 마찬가지로, PNP와 NPN 트랜지스터를 조합한 구조로 되어 있다. PUT는 애노드(anode), 게이트, 캐소드(cathode)의 3개 전극을 가지고 있고, 애노드에 가해지는 전압 VA가 게이트에 가해지는 전압 VG보다 크거나 같을 경우에 애노드·캐소드 사이에 전류를 흐르게 하는 스위치로서의 기능을 갖는다. 즉, 게이트 전압 VG를 변경함으로써 애노드·캐소드 사이의 전류가 흐르는 타이밍을 자유로이 프로그램할 수 있는 특징을 갖고 있다. 또한 고감도로 전류 누설이 작다는 것도 특징이다.

프로그램 인젝터 PGM-FI ; programed fuel injection 연료 분사 제어와 함께 EGR 제어도 동시에 컨트롤하고 있는 것이다. 프로그램 인젝터의 시스템도를 그림에 나타내고 있다. 흡입 공기량의 검출은 흡기 매니폴드 압력과 엔진 회전수로부터 검출하는 독자의 속도 밀도(speed density) 방식을 채용하고 있다. 시스템의 중추를 관장하는 컴퓨터는 8비트의 용량을 가진 디지털 컴퓨터이다.

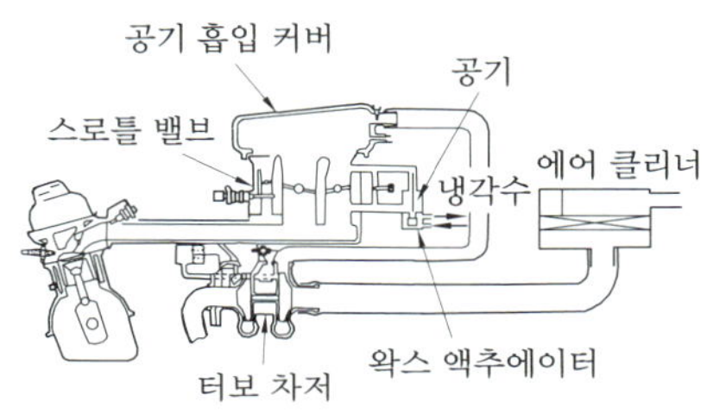

프로그램 인젝터 흡기 계통도

프로그레시브 와인딩 progressive winding 기동 전동기의 전기자 코일을 감는 방식으로서, 도체를 한 정류자편(整流子片)으로부터 출발하여 전기자를 감은 도체의 끝이 이웃한 오른쪽 정류자편에 도달할 수 있게 감는 방법을 말한다.

프로그레시브 트랜스미션 progressive transmission 점진식 변속기로, 슬라이딩 기어식 변속기 중 변속 레버가 R-N-1-2-3과 같이 일직선상에 순차적으로 작동하는 구조이다.

프로그레시브 파워 스티어링 PPS ; progressive power steering 도요타의 속도 감응식 동력 조향 장치의 하나로, PPS로 약칭한다. 파워 실린더의 고압측과 저압측을 가변 오리피스(지름을 변경할 수 있는 구멍)로 연결하고, 오리피스의 면적을 솔레노이드 밸브로 제어하여 저속 주행에서는 파워의 효력이 세고 고속에서는 안전성을 위해 효력이 약해지는(핸들이 무거워짐) 조향 핸들이다.

프로드 prod 멀티 테스터, 그로울러 테스터, 아날로그 테스터 등에서 사용하는 테스터 리드선 끝에 못처럼 생긴 것으로서 측정 부위에 접촉시키는 테스터 프로드 팁을 말한다. 붉은색의 절연체에 연결된 프로드 팁은 전류의 입력 부분에 접촉시키고, 검정색의 절연체에 연결된 프로드 팁은 전류의 출력 부분에 접촉시켜 측정한다.

프로브 probe 배기가스 중에 함유된 매연,

일산화탄소, 탄화수소 테스터에 부속된 튜브 모양의 탐침봉(探針棒)이다. 측정할 때에는 테스터에 호스를 연결한 다음 배기관 끝부분에 삽입하여 측정한다.

프로세서 processor (1) 데이터 처리 장치이다. 고속 프로세서는 컴퓨터 프로그램의 해독 속도와 해독 프로그램에 따라서 제어하는 속도가 빠른 장치이다. (2) 전기적으로 여러 가지 처리를 하는 장치 또는 회로를 말한다.

프로젝터 램프 projector lamp 필라멘트로부터의 빛을 타원 반사면에서 집광 후, 구면 볼록렌즈를 이용하여 평행 광선 및 확산광으로 배경광 패턴을 만드는 램프를 말한다. 타원 반사면으로 되어 있기 때문에 반사면에서 받는 광량이 많고 효율이 양호하며 반사면을 소형화할 수 있다. 또한 렌즈 컷(cut)을 사용하지 않기 때문에 균일한 배경광을 얻기 쉽다는 것이 특징이다.

프로젝터 헤드램프 projector headlamp 타원 반사판과 볼록 렌즈를 사용한 헤드램프이다. 1차 초점에 광원을 배치한 반사판에서 반사하는 빛을 2차 초점에 집광시켜 전방의 볼록 렌즈를 사용하여 빛을 노면 방향으로 굴절시켜 조사(照射)한다.

프로젝티드 코어 노즈 플러그 projected core nose plug 특수 점화 플러그의 하나로 자기 돌출형 플러그 또는 P형 플러그라고도 한다. 전극과 절연체가 셀 부분보다 더 노출된 점화 플러그이다. 저속 회전에서 열의 축적이 쉽고 고속 회전에서 혼합 가스에 의해 냉각되기 때문에 적정 온도를 유지시킨다. 전극을 연소실 중앙 가까이에 설치하여 화염 전파의 거리를 짧게 하고 연소 효율을 향상시킨다.

프로코 시스템 PROCO system 임코 시스템에(IMCO system) 대하여 새롭게 프로코 시스템이라는 것을 개발하고 있는 포드는 대체적으로 머스키법에 합치한다고 한다. 이것은 프로그램드 컴버스천(programmed combustion)의 약자인데, 그 내용은 종래의 임코 시스템에 맞추어서 새롭게 배기 정화 장치를 설치한 것이다. 처음부터 깨끗한 배기가스를 배출하는 엔진을 채용하면서도 다시 배출된 가스를 정화하여 엄격한 머스키법에 대처하려는 것이다. 임코 시스템에서 배출된 가스를 다시 애프터 버너법으로 재연소시켜 그 배기가스의 일부를 연소실로 복귀시킨다. 또한 배출된 가스를 캐털리스트(catalyst)를 사용하여 촉매하는 방법이 사용된다.

프로콘・텐・안전 시스템 pro-con・ten・safety system 패시브 세이프티 시스템의 명칭으로, 자동차의 앞부분에 충돌이 발생했을 때 조향 핸들을 앞쪽(운전자로부터 이탈하는 방향)으로 끌어당김과 동시에 시트 벨트를 감는 장치이다. 프로그램드 콘트랙션(programmed contraction)을 뜻하는 프로콘(미리 프로그램된 조향 핸들을 끌어당김)과 텐션(시트 벨트를 감아 올려 장력을 부여함)은 영어에서 만들어진 조어(造語)이다.

프로텍션 몰딩 protection moulding 차체의 보호 겸 장식으로 장착되어 있는 부품을 말한다. 자동차의 측면에 설치한 띠와 같은 형태로, 사이드 프로텍션 몰딩이라고도 한다.

프로텍트 리브 protect rib 타이어의 사이드 월에 설치되어 있는 두터운 고무 돌기이다. 카커스를 외상(外傷)으로부터 보호하기 위하여 덧붙여 놓은 것이다.

프로토타입 prototype 대량 생산에 들어가기 전에 시험적으로 만든 자동차이다. 모터쇼 등에 참고 출품되어 판매할지 확정되지 않은 것도 프로토이다. 현재는 없어졌지만, 모터스포츠의 차량 규칙에서는 규정 생산 대수에 미치지 못하는 스포츠카/GT카를 프로토타입 스포츠카라 하고 있다.

프로토타입 카 prototype car 자동차 메이커에서 실험 끝에 내놓은 모델로서, 어느 정도 양산 체제에 접근한 차를 이른다. 프로토타입의 차가 모두 양산 체제로 들어가는 것은 아니지만, 일반적으로 양산 또한 제한 생산한다.

프로판 토치 propane torch 냉매 프레온의 누출 검지기이다.

프로펠러 샤프트 propeller shaft FR 자동차에서, 변속기로부터 구동축에 동력을 전달하는 추진축으로 자재 이음과 슬립 이음으로 되어 있으며, 밸런스가 맞지 않을 경우

차체 진동의 주요 원인이 된다. 변속기에서 전해지는 회전력을 출력축의 스플라인을 통해 요크로 전달하고, 조인트를 통하여 추진축의 요크로 전해지며, 다시 조인트와 요크를 통해 구동축에 전달된다. 이 가운데 변속기 출력축과 연결되는 요크는 스플라인이 내부에 길게 형성되어 있어 주행 조건에 따른 길이 변화를 흡수하면서 회전력을 전달한다. 추진축은 회전력에 의한 강한 비틀림에 견디도록 속이 빈 원통의 강관으로 되어 있다.

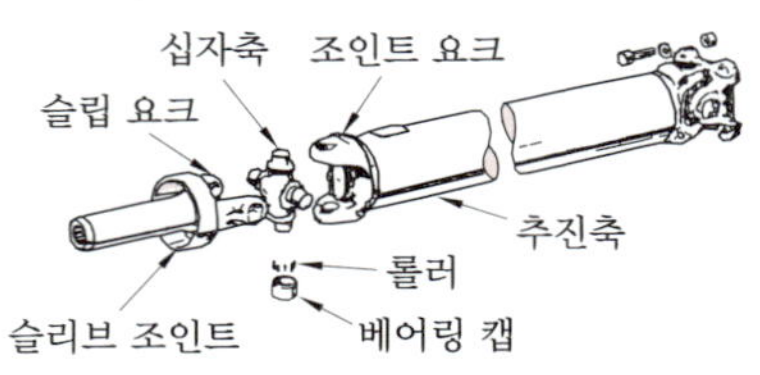

프로펠러 샤프트

프로펠러 샤프트 센터 베어링 propeller shaft center bearing 3조인트식 프로펠러 샤프트의 중간축을 보호하는 베어링으로서, 프로펠러 샤프트에서의 진동이 차체에 전달되지 않도록 고무 등으로 지지한다.

프로펠러 샤프트 소음 propeller shaft noise 프로펠러 샤프트의 균형이 맞지 않아 조인트의 마모 등에 따라 발생되는 100 Hz 이하의 작은 소리이다.

프로포셔닝 밸브 proportioning valve 브레이크액의 유압을 조절하여 제동력을 분배시키는 유압 조정 밸브로, 브레이크 패드를 밟아 발생된 유압이 일정치 이상이 되면 밸브가 닫혀 휠 실린더 압력을 균등히 조정하며 전후륜 휠 실린더 압력을 균일하게 공급하는 밸브로, 거의 모든 승용차의 뒤 브레이크에 사용되고 있다.

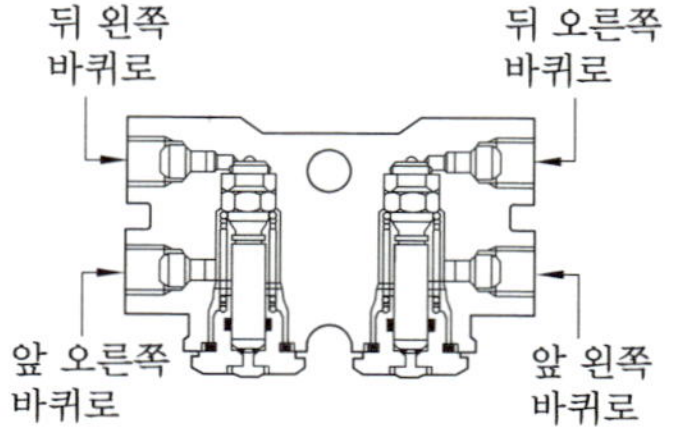

프로포셔닝 밸브

프롬 PROM ; programmable read only memory 자동차에 사용되는 이 메모리는

자동차용 컴퓨터에 쓰이는 정보를 갖고 있다. 마이크로프로세서는 프롬으로부터 정보를 읽을 수 있으나 그 속에 기록할 수는 없다.

프리로더 preloader ⇨ 프리텐셔너

프리로드 pre-load 축 방향의 유격이나 움직임을 없애기 위해 회전하는 부분을 지지하고 있는 베어링에 가하는 부하를 말한다.

프리 링 트리포이드 조인트 저진동의 트리포이드 조인트이다. 종래의 트리포이드 조인트의 스파이드 선단의 각 롤러 바깥 원주부에 프리 링이라고 불리는 링을 추가한 조인트로서, 조인트에 작동각이 있는 경우에도, 롤러와 프리 링이 활주함으로써 진동을 흡수함과 동시에 스파이더 축에 발생하는 마찰력이 저감하고, 진동 전달을 감소시킨다.

프리머플러 pre-muffler 소음기로 프리 사일런서(pre-silencer)라고도 한다. 머플러(사일런서)를 2개 이상 사용하는 경우에, 최후의 메인 머플러의 앞에 장착하는 머플러를 말한다.

프리미엄 가솔린 premium gasoline 자동차용 가솔린 판매 시, 옥탄가가 높은 것을 프리미엄(고급) 가솔린 또는 하이 옥탄 가솔린이라 하고, 옥탄가가 낮은 것을 레귤러 가솔린이라고 구별한다.

프리뷰 센서 preview sensor 액티브 프리뷰 ECS(electronic control suspension) 센서 가운데 하나로, 프런트 범퍼 내측의 좌우에 장착되어 초음파로 차량 전방 노면의 돌기 및 계단을 검출하는데, 다음과 같은 특성이 있다. ① 타이어 전방에 돌기가 있으면 초음파가 돌기에 의해 반사되어 센서로 되돌아온다. 이 초음파에 의해 진동자는 가지되 전압이 발생한다. 이 전압의 유무에 따라서 돌기를 검출한다. ② 타이어 전방에 단차가 있으면 센서에 되돌아오는 초음파가 단절되어 진동자에 의한 전압도 0볼트가 된다. 이로 인해 단차를 검지한다.

프리뷰 제어 액티브 프리뷰(active preview) ECS에 적용된 제어이다. 노면의 돌기 및 계단 통과 시 쇼크를 완화시킨다.

프리세션 precession 회전하고 있는 팽이의 축이 한쪽 끝을 정점으로 하여 원뿔을 그리는 듯 움직이는 현상이다. 이륜자동차의 앞바퀴를 팽이로 보았을 때, 전진 중에 이륜자동차가 왼쪽으로 기울면 프리세션에 의하여 앞바퀴를 왼쪽으로 향하게 하는 힘이 발생되어 기울임이 원위치로 돌아오려는 운동이 발생한다.

프리앰프 pre-amplifier 전치(前置) 증폭기를 이르는 말로, 튜너가 플레이어로부터의 약한 신호 전압을 증폭 조정해서 메인 앰프로 보내는 장치를 말한다.

프리즘식 방현 미러 삼각형의 단면을 가진 프리즘 거울을 사용한 방현 미러이다. 일반적으로 반사율 약 80 %의 이면 반사(裏面反射)를 사용하지만, 섬광으로 눈이 침침해질 경우 미러(반사경)의 각도를 변경함으로써 반사율 약 5 %의 표면 반사를 이용하여 후방을 확인할 수 있도록 되어 있다.

프리즘식 헤드램프 경사 리플렉터 반사면과 띠 모양 프리즘 렌즈를 조합한 소형으로 투사 효율이 높은 헤드램프를 말하며, 하이빔용으로 사용되고 있다. 보통의 헤드램프와 비교하여, 렌즈부가 10 % 소형임에도 불구하고 더욱 밝다. 또한 프로젝터 램프와 비교하여 내부 깊이는 25 % 정도 소형화가 가능해진다.

프리 캠버 free camber 판스프링에서 자유 상태에 있어서의 휘어진 정도를 나타낸다.

프리텐셔너 pre-tensioner 시트 벨트에 부착되어 시트 벨트의 결점을 보완해 주는 안전장치로, 미리 끌어당기는 힘 또는 그러한 기구를 말한다. 프리텐셔너는 차량이 충돌할 때 벨트가 나오는 출구 쪽에서 역으로 벨트를 당겨 주는 동시에 탑승자의 상체에 가해지는 압박을 줄여 주기 위해 다시 역으로 되풀어 줌으로써 탑승자의 상해를 최소화한다. 프리로더라고도 한다.

프리텐셔너 부착 벨트 만일의 충돌 시에 시트 벨트가 강제적으로 감김으로써 탑승자의 안전 확보를 좀 더 확실하게 하는 시스템으로, SRS 에어백과 조립하여 장착된다. 프리텐셔너(pre-tensioner) 부착 시트 벨트는 SRS 에어백과 동시에 작동한다. 차량 충돌 시, SRS 다이어그노시스 유닛

(SRS 에어백과 공용)에서 점화 신호가 보내지게 되며, 프리텐셔너 내의 가스 발생제에 점화된다. 발생한 가스는 그 압력에 의해 피스톤을 밀어올리고 벨트를 감는다.

프리필 밸브 prefill valve 대형 프레스 등에서, 급속 전진 행정에서는 탱크로부터 유압 실린더로의 흐름을 허용하고, 가압 공정(加壓工程)에서는 유압 실린더로부터 탱크로 역류되는 것을 방지하며, 귀환 행정에서는 자유로운 흐름을 허용하는 밸브를 말한다.

프리 휠링 free wheeling 오버드라이브 기구의 링 기어와 오버드라이브 출력축 사이에 설치되는 일 방향 클러치(one way clutch, over running clutch, roller clutch)이다. 내측 허브는 변속기 주축이 연결되도록 스플라인이 파여 있고, 외측 허브는 롤러 베어링이 일 방향으로만 회전력을 전달할 수 있도록 베어링 수만큼 한 방향으로 턱이 져 있으며, 바깥 레이스는 링 기어 보디에 끼워져 변속기 주축의 회전력을 오버드라이버 기구를 통해 출력축에 전달하지만 반대 방향으로는 전달되지 않는다.

프리 휠링 주행 free wheeling drive 오버드라이브 작동 전과 오버드라이브를 해제한 상태에서 관성 주행하는 상태를 말한다.

프리 휠 클러치 기구 까다로운 프리 휠 허브의 조작을 없애고 2WD, 4WD의 전환 조작에 연동해서 프런트의 액슬이 프리, 로크로 전환되는 시스템을 말한다.

프리 휠 허브 free wheel hub 파트타임 4륜 구동(4WD) 차의 전륜에 장착된 자유 회전식 허브를 말한다. 파트타임 4WD 차량에서는 후 2륜구동으로 달리고 있을 때에도, 전륜은 드라이브 샤프트, 디퍼렌셜, 프로펠러 샤프트를 통해서 트랜스퍼로 연결되어 있기 때문에 기계 저항이 증가하여 연료의 낭비와 소음을 초래하고 있다. 이럴 때에 전륜을 구동계로부터 분리하여 자유 회전시키는 것이 프리 휠 허브이고, 주로 연비 향상, 소음 감소의 효과가 있다. 수동식과 자동식(오토) 2가지가 있다.

프리히터 preheater 날씨가 조금만 추워져도 LPG의 일부가 기화되지 못해 엔진 부조 현상을 일으키기 때문에, 베이퍼라이저 직전에 프리히터를 설치하여 미리 LPG를 가열해 줌으로써 LPG의 일부 또는 전부를 증발시켜 베이퍼라이저에 원활하게 공급해 주기 위한 장치이다. 전기식과 온수식이 있는데, 초창기에는 전기식을 사용했지만 요즘에는 온수식을 사용한다. 솔레노이드 유닛과 베이퍼라이저 중간에 설치되어 있으며, 최근 FBM(feedback mixer)이 장착된 차량에서는 베이퍼라이저와 일체식으로 되어 있다(LPG 차량).

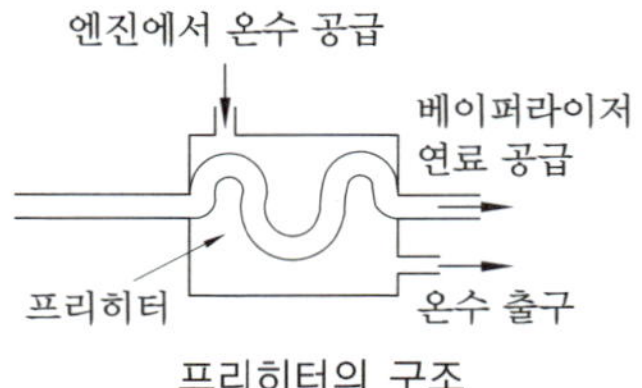

프리히터의 구조

프리히팅 타이머 preheating timer 디젤 엔진의 예열 표시등으로, 예열 플러그 릴레이의 전기가 통하는 시간을 설정하여 제어하는 회로를 말한다. 예열 표시등만 제어하는 고정 타이머, 엔진 수온에 따라 예열 시간을 제어하는 가변 타이머, 예열 플러그에 흐르는 전류를 검출하여 온도를 감지한 뒤 예열 플러그 릴레이를 단속하여 온도를 제어하는 급속 예열 타이머가 있다.

프릭션 로스 friction loss 엔진이 회전할 때 마찰 저항으로 생기는 손실을 말하는데, 이것이 크면 그만큼 낭비가 있게 되어 연료를 절약하는 엔진 설계에서는 이 같은 내부 손실을 줄이는 데 힘을 기울인다. 또 축력을 높이기 위해서도 이 손실을 적게 해야 된다.

프린티드 서킷 printed circuit 컴퓨터, 계기판, IC 조정기 등에서 부도체의 기판(基板) 위의 인쇄 배선 회로를 말한다.

프린티드 와이어 printed wire 기판(基板) 위의 인쇄 배선 회로를 말한다.

플라스마 아크 용접 plasma arc welding 전극과 모재(母材) 사이에 플라스마 아크를 발생시켜, 그 열을 이용하여 용접이나 절단을 행하는 방법을 말한다.

플라스마 절단기 plasma cutter 아크의 열로 금속을 녹이고 공기를 분사하여 패널 등을 절단하는 도구이다. MIG(metallic inert gas)용접기와 유사한 원리이다.

플라스마 제법 plasma flame process 아크 플라스마를 작은 틈새의 고속도로 분출시킴으로써 얻을 수 있는 높은 온도의 화염을 이용하여 절단, 용융, 용접, 용사(鎔射)를 하는 방법을 말한다.

플라스틱 개스킷 콤파운드 plastic gasket compound 튜브에 들어 있는 반고체형 플라스틱 페이스트로서, 여러 형태의 개스킷을 만들 수 있다.

플라스틱 게이지 plastic gauge 플라스틱 실을 사용하여 윤활 간극을 측정하는 게이지이다. 플라스틱 실을 저널의 길이만큼 잘라서 축 방향으로 놓은 다음, 베어링 캡을 규정 토크로 조이고 분해하여 찌그러진 부분 중 너비가 넓은 쪽 또는 좁은 쪽 케이스에 만들어진 게이지를 대어 치수를 읽는다. 신규 제작한 것은 찌그러진 부분의 너비가 넓은 쪽, 사용 중인 것은 찌그러진 너비의 좁은 쪽을 측정한다.

플라이 ply 코드를 평행하게 세워 놓고 엷은 고무층으로 쌓은 것으로, 타이어의 골격을 이루는 카커스의 대부분을 구성하고 있다. 초기 타이어에서는 직물에 고무를 바른 것을 카커스로 썼으나, 주행으로 타이어가 변형할 때마다 세로줄과 가로줄이 닳아 곧 터져 버렸다. 이에 따라 세로줄과 가로줄을 분리하여 플라이로 하고, 그 사이에 고무를 이은 카커스를 만들게 되었다.

플라이 레이팅 PR ; ply rating 타이어의 강도를 나타내며, 면섬유를 기준으로 하여 타이어에 사용된 코드(cord)의 강도가 면섬유 몇 장에 해당하는가를 의미한다. 플라이 레이팅은 대개 실제의 플라이 수를 나타내지는 않는다. 14PR이란 실제로 14매의 코드가 사용된 것이 아니라 8매 또는 10매의 플라이(ply-코드 1층)가 사용된다.

[플라이 레이팅과 로드 레인지 비교표]

로드 레인지	PR	로드 레인지	PR
A	2PR	G	14PR
B	4PR	H	16PR
C	6PR	J	18PR
D	8PR	L	20PR
E	10PR	M	22PR
F	12PR	N	24PR

미국에서는 실제로 플라이(ply)와 플라이 레이팅(PR)이 혼동되기 때문에 로드 레인지(load range)를 사용하며, 그 비교표는 앞과 같다.

플라이 마그넷 점화 flywheel magnet ignition 고압 자석 점화 방식으로, 플라이 휠과 마그넷 점화를 약칭한 것이다. 모터사이클의 소배기량(小排氣量) 엔진에 많이 사용한다. 크랭크축과 함께 회전하는 플라이휠을 통 모양으로 하여 안쪽에 마그넷을 장착하고, 내부에 1·2차 코일, 단속기, 콘덴서를 설치하여, 플라이휠의 회전에 의한 전자 유도로 발생한 고압 전류를 점화에 이용하는 것이다. 회전이 빠를수록 유도 전압이 높아져 스파크가 강해진다.

플라이 수 ply number 카커스를 구성하는 코드층의 수로, 플라이 수가 많을수록 큰 하중을 받는데, 주로 승용차용은 4~6, 트럭 버스용은 6~16플라이로 되어 있다.

플라이 스티어 ply steer 래터럴 포스 디비에이션(lateral force deviation) 성분의 한 가지로서, 레이디얼 타이어 벨트의 가장 바깥쪽 플라이의 방향에 따라 핸들이 돌아가는 것과 같이 옆 방향으로 힘이 발생한다. 타이어를 회전시키면 카커스와 플라이가 구부러지는 방향에 따라 힘의 언밸런스가 발생하여 옆으로 향하게 된다.

플라이어 plier 작은 물건을 쥐거나 철사를 구부리고 절단하는 수동 공구이다. 조합 플라이어라고도 부른다. 레버의 원리를 이용해서 악력(握力)을 배가시킨다. 플라이어는 용도에 따라 여러 종류 있으며, 작업에 따라 적절한 플라이어를 사용하는 것이 중요하다.

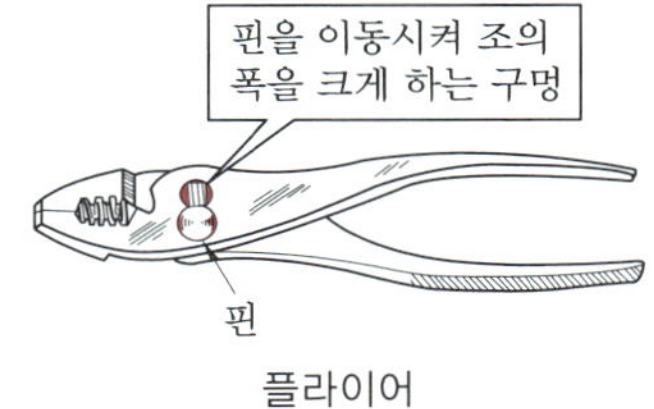

플라이어

플라이 헤디드 스크루 fly-headed screw '나비나사'라는 뜻이다. 버터플라이 볼트(butterfly bolt), 윙 볼트(wing bolt) 또는 윙 헤디드 볼트(wing headed bolt) 등이 있다. 또한 윙 스크루(wing screw), 버터플

라이 스크루(butterfly screw), 엄지손가락으로 죈다고 하여 섬 스크루(thumb screw)라고도 한다.

플라이휠 flywheel　크랭크축의 뒤쪽 플랜지에 장착되며, 주로 마찰계수가 큰 주철로 만들어진다. 엔진의 폭발 행정으로 얻은 힘이 크랭크축을 회전 운동으로 바꾸어 플라이휠이 회전하게 되는데, 이 회전력은 클러치 마찰로 자동차를 구동하게 되며, 압축 행정에서는 반대로 회전력을 떨어뜨리게 되어 있다. 그러므로 플라이휠은 무게가 가볍고 회전 관성이 커야 하는데, 관성은 엔진의 원활한 회전을 돕는다. 플라이휠은 엔진의 회전력을 바퀴의 회전력으로 전달하기 위하여 클러치판이 접촉하는 마찰면이 있으며, 엔진 시동 시 엔진을 회전시키기 위한 링 기어가 장착되어 있고, 이 링 기어는 열박음이 되어 플라이휠에 고정되어 있다.

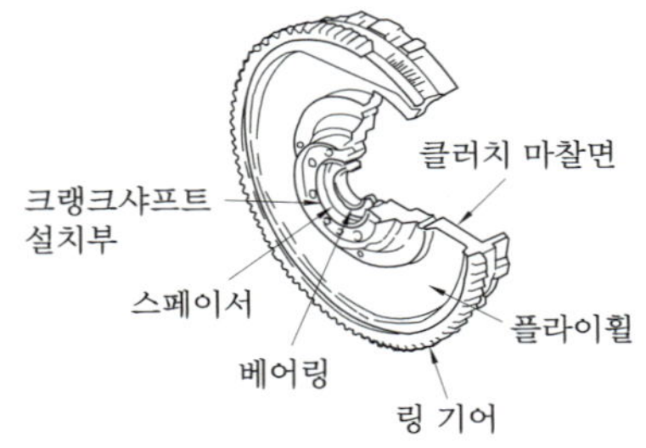

플라이휠의 구조

플라이휠 댐퍼 flywheel damper　토크 변동에 따라 회전축의 비틀림 진동을 흡수하는 댐퍼를 갖춘 플라이휠이다. 엔진 쪽과 변속기 쪽을 둘로 나눈 플라이휠 사이에 스프링과 마찰 기구가 있어, 엔진의 회전 변동을 흡수하고 동력 전달 계통의 진동을 억제하는 것이다. 토셔널 댐퍼 부착 플라이휠이라고도 한다.

플라잉 flying　스타트할 때 신호보다 앞서 튀어나가는 것을 말한다. 그 판정은 스타트 심판원이 하게 되는데, 플라잉이라고 판정되면 1바퀴 또는 피트 스톱(pit stop) 등의 패널티를 받게 된다.

플라잉 랩 flying lap　자동차 경주의 예선 주행에서 빠른 일주(一周)라는 뜻으로서, 예선에서 전력 주행 중 다른 자동차가 없어 독주(獨走)하는 것이다.

플라잉 스타트 flying start　플라잉과는 다른 뜻으로, 경주차가 달리면서 레이스가 시작되는 스타트 방법을 말한다. 스탠딩 스타트와 대조적인 출발 방법이다.　⇨ 스탠딩 스타트

플래니터리 기어 세트 planetary gear set　유성(遊星) 기어를 말하며, 유성과 같은 동작을 하는 데서 이름이 붙여졌다. 중앙의 선 기어, 외측의 링 기어 사이에 있고, 양자에 서로 맞물리는 보통 2~3개의 피니언이 등간격으로 배치되어 있으며, 토크 컨버터와 조합된 오토매틱 트랜스미션으로 널리 사용되고 있다. FF 차량용 오토매틱 트랜스미션의 유성 기어 세트는 라비니오식으로 불리어지고, 선 기어 2개, 쇼트 피니언, 롱 피니언, 양 피니언 샤프트를 지지하는 캐리어 및 애뉼러스 기어로 구성되어 있다. 엔진으로부터의 회전력은 포워드 선 기어 및 리버스 선 기어를 통해 입력하여 각 기어의 작동의 조합에 의해 1속, 2속, 3속 및 후진과 기어비가 결정되어 애뉼러스 기어에서 아웃풋된다.

플래셔 flasher　차체 네 구석 또는 측면에 붙인 황색, 오렌지색의 램프를 운전자의 조작으로 점멸시켜 다른 차에 좌우 회전의 신호를 하는 것이다. 방향 지시등, 턴 시그널 램프라고도 한다. 현재의 승용차는 대부분이 점멸식의 라이트로 되어 있다. 원리는 스위치에 의해 램프 회로가 닫히면 그 일부에 있는 바이메탈식의 개폐기가 작용하여 램프가 점멸한다.

플래셔 릴레이 flasher relay　등화를 점멸시키는 릴레이(전류의 온 오프 장치)이다. 방향 지시등을 방향 지시 때문에 한쪽만 점멸시키는 경우와, 고장 등으로 긴급 정차를 뒤따라오는 차량에게 알리기 위하여 양쪽 램프를 동시에 점멸시키는 경우에 사용한다. 작동 방법에는 기계식과 전기식이 있는데, 트랜지스터 회로를 이용한 전기식이 많다.

플래시 flash　(1) 도막(塗膜) 내의 용제(溶劑)가 증발하여 도막의 광택이 흐려지는 건조 상태의 최초 단계이다. (2) 빛이 발생되는 회로를 단속(斷續)하여 흐려지는 빛을 발생 또는 소멸되도록 하는 것이다. (3) 저항 용접에서 과대 전류로 인해 불꽃이 튀어

용접부가 파이는 것이다.

플래시 서피스 flash surface 공기 저항을 작게 하기 위해서 보디 표면의 단차를 되도록 작게 한 것을 말한다.

플래시 오프 타임 flash off time 도료를 여러 번 겹쳐 바를 때, 도장(塗裝)과 도장 사이에 분사된 페인팅의 용제가 증발되는 시간을 말한다. 플래시 타임은 약 3~5분 정도가 필요하다.

플래시 용접 flash butt welding, flash welding 맞대기 용접의 일종으로, 전류를 처음 통할 때에는 센 압력을 가하지 않고 접촉부는 불꽃으로 용융 비산(飛散)시키도록 하여, 그동안 접합부 전체를 충분히 가열하고 다음에 센 압력을 가하여 맞댄 면을 접합시키는 용접을 말한다.

플랜지 flange 부품의 가장자리에 부착 또는 이음을 위하여 부품의 끝 또는 차양 모양으로 접합부 주위에 붙인 둥근 테두리이다. 파이프를 연결하거나 부품의 끝 부분을 보완할 때 흔히 사용한다. 크랭크축과 플라이휠의 연결 부분이다.

플랜지 너트 flange nut 너트 바닥면에 둥근 테가 붙은 모양의 와셔 겸용의 너트를 말한다.

플랜지 이음 flange coupling 연결하려는 축에 플랜지를 만들어 키 또는 볼트로 고정하는 이음을 말한다.

플랩식 에어 플로미터 flap type air flow-meter 가솔린 분사 장치에 사용하는 에어 플로미터의 일종으로서, 가동 플레이트식 에어 플로미터라고도 한다. 한끝을 축으로 하고, 리턴 스프링에 의하여 지지된 판을 공기의 통로에 설치하고, 엔진에 흡인되는 공기가 이 플랩을 누르고 열 때의 각도를 포텐쇼미터 저항 값의 변화로 검출하고, 흡입 공기량으로 조절하는 것이다.

플랫 격납 리어 시트 밴에 사용하기 위한 목적을 최우선으로, 짐칸 공간을 최대한 활용하기 위해 적용된 리어 시트이다. 시트 백을 앞으로 젖힌 상태에서 시트 쿠션 후단을 들어올리고 180° 회전시키면 앞 의자와 뒤 의자의 사이의 플로어 스페이스에 격납될 수 있는 리어 시트로서, 평평한 실내 스페이스를 얻을 수 있다.

플랫 베드 트럭 flat bed truck 낮은 적재함의 트럭을 미국식으로 말한 것이다. 영어로는 로리 위드 플랫폼 보디(lorry with platform body) 또는 플랭크 베드 카, 플랫폼 로리(plank bed car, platform lorry)라고 한다. 미국에서는 단순히 플랫폼 트럭(platform truck)이라고도 한다.

플랫 스폿 flat spot 연속 고속 주행 등으로 타이어의 내부 온도가 높아지고 난 뒤 오랜 시간 주차하거나 며칠씩 주차장에 세워 둔 차의 타이어에 생겨나는 트레드부의 변형을 말한다. 원인은 타이어 코드가 꺾인 상태로 고정되기 때문이다. 플랫 스폿이 생긴 타이어로 달리면 보디와 핸들에 진동이 생긴다. 5~15분의 주행으로 저절로 없어지는 것이 일반적이지만, 몇 달씩 걸려 생긴 플랫 스폿은 쉽게 사라지지 않는다. 겨울철에는 하룻밤의 주차로도 생겨나고, 아침에 알게 되어 모닝 스폿이라 불리기도 한다. 나일론 코드로 된 바이어스 타이어에 가장 잘 생기고 레이디얼 타이어에도 발생하는 일이 있다. 장기 주차에 의한 플랫 스폿은 공기압을 3 kg/cm^2 정도로 올려 두면 어느 정도 방지할 수 있다.

플랫아웃 flat-out 액셀러레이터 페달을 끝까지 완전히 밟은 상태를 말한다.

플랫 토크 flat torque 주행에 필요한 토크를 발생하는 회전역이 넓은 엔진이다. 최근의 자동차들은 고출력 엔진이라도 플랫 토크의 특성이 강해 누구나 다루기 쉬운 엔진으로 되어 있다.

플랫폼 platform 스노타이어의 수명 한도 표시를 말한다. 스노타이어가 절반쯤 닳아 버리면 눈길과 얼음 위에서의 성능이 일반 타이어와 같은 정도로 되어 버려 눈길용으로서의 효과가 감소된다. 이 때문에 스노타이어에 슬립 사인 외에 홈의 깊이가 50%로 되어 버린 것을 나타내는 플랫폼이 트레드 위에 4곳 이상 마련되어 있다. 그 위치를 나타내는 화살표가 타이어 양쪽의 사이드 월에 있다.

플랫폼 프레임 platform frame 보디 바닥면과 프레임을 일체화한 구조로, 프레임이 없는 것에 가까운 형식이다. 평평한 바닥이 붙은 프레임 위에 보디를 조립하게 되고, 전체가 상자형이어서 보디 강성이 높아진다. 바닥이 평평하기 때문에 도로면과 접축이 적고, 차체 아랫면의 공기 흐름이 매끈해진다는 장점도 있다. 폭스바겐 비틀, 르노4 등에 쓰였다.

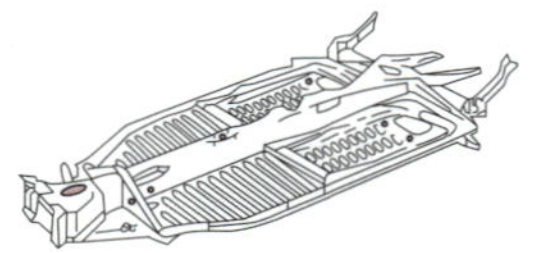

플랫폼 프레임

플랭크 flank　밸브 리프터나 로커 암이 접촉되는 캠의 옆면을 말한다.

플러그 게이지 plug gauge　구멍이나 지름의 한계를 측정하는 게이지로, 1~100 mm의 작은 구멍을 측정한다.

플러그 나사 게이지 plug pitch gauge　나사 사용 한계 게이지로, 너트의 유효 지름을 측정한다.

플러그 열가 plug heat value　스파크 플러그에는 내열성(耐熱性)을 가진 것이 있다. 열을 쉽게 발산하는 것을 고열가형(콜드 타입), 열이 발산되기 힘든 것을 저열가형(핫 타입)이라고 한다. 스파크 플러그가 가열되면 연소실에서 조기 착화를 일으키기 쉽고, 너무 차가우면 자기 정화력(淨化力)이 없어져 오손되므로, 엔진에 맞는 형식을 골라야 한다. 콜드 타입(냉형)은 잘 타지 않고, 핫 타입(열형)은 쉽게 더럽혀지지 않는다고 기억해 두면 된다.

플러그 용접 plug welding 접합하는 부재(部材) 한쪽에 구멍을 뚫고 판의 표면까지 가득하게 용접하고 다른 쪽부재와 접합하는 용접을 말한다.

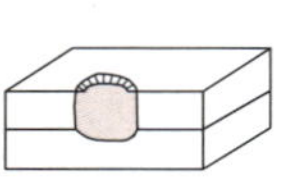

플러그 용접

플러그 코드 plug cord　점화 코일 → 배전기 → 점화 플러그를 연결하는 고압 전선이다.

플러그 테스터 plug taster　점화 플러그를 시험하는 장치이다. 들여다보는 구멍이 나 있는 기밀실(氣密室)에 플러그를 꽂고 압축 공기를 불어 넣은 상태에서 발화 상태를 시험한다.

플러그 형식 조정 장치 plug type adjuster 브레이크 드럼 간극이 클 때, 후진 시 브레이크를 작동시키면 드럼과 접촉하는 플러그가 마멸된 만큼 안쪽으로 밀려 들어가, 슈

조정용의 편심륜(偏心輪)을 돌리는 테이퍼 웨지를 위로 움직여 드럼 간극을 자동적으로 조정하는 형식이다. 브레이크 라이닝이 심하게 마멸되면 작동되지 않는다.

플러디드 flooded　실린더(연소실)가 가솔린 또는 농후 혼합 가스 등의 과도한 유입으로 연소가 불가능한 상태를 말한다.

플러딩 flooding　초크 밸브를 지나치게 사용하면 연료가 과도하게 분출되므로 점화 플러그가 젖어 연소가 일어나지 않는 상태로서, 오버 초크(over choke)라고도 한다.

플러시 flush　에어컨의 냉매 통로에 냉매를 흘려보내 오염물을 제거하는 것을 말한다. 브레이크 장치에서는 유압 계통, 마스터 실린더, 휠 실린더, 캘리퍼스를 브레이크액으로 세척하여 계통 내의 불순물을 제거하는 것이다.

플러시 서피스 flush surface　차체 표면의 형태는, 기름을 적게 들게 한다는 점에서 공기 저항을 줄이는 것과 함께 큰 과제인데, 외형 스타일만으로 되는 것은 아니다. 창문과 패널을 잇는 면 등을 매끈한 평면으로 만드는 것이 유리하다. 최신형 차들은 플러시 서피스에 주력하고 있다.

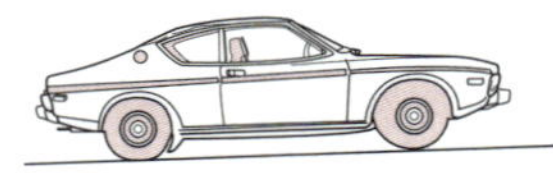

플러시 서피스형

플러터 flutter　(1) 엔진의 회전 속도가 높아지면 피스톤 링이 링 홈 내에서 상하 방향이나 반지름 방향으로 진동하여 가스 누설에 의한 엔진의 출력 저하 등이 발생되는 현상이다. 방지하는 방법으로는, 지름 방향의 폭을 증가시켜 링의 장력을 높이며, 면압을 증가시키고 링의 중량을 감소시켜 관성력을 감소시킨다. (2) 날개에 작용하는 공압적(空壓的)인 힘에 의해서 발생되는 자려 진동(自勵振動)을 말한다.

플럭스 flux　용접 및 가스 절단을 할 때 산화물이나 그 밖의 유해물의 분리·제거를 위하여 쓰이는 용제를 말한다.

플런저 plunger　운전자의 가속 페달 작용으로 제어 랙은 좌우로 움직이고, 이로 인해 플런저는 회전 운동을 한다. 캠축의 회전으로 플런저는 플런저 배럴과 함께 정밀하게 가공되어 있으며, 또한 회전 운동

을 하게 되면서 작용을 하게 된다. 그리고 플런저가 하강하면 플런저 배럴로부터 연료가 유입되고, 다시 플런저가 상승하면 연료는 압송된다. 시동이 꺼질 때나 연료 공급을 중단할 때는 플런저의 구멍과 배럴 구멍이 서로 만나게 되어 연료는 다시 리턴된다.

플런저 모터 plunger motor 유입된 액체의 압력이 플런저 헤드에 작용하면 그 압력에 의해서 사판(斜板), 캠, 크랭크 등을 통하여 모터 축이 회전하는 형식의 유압 모터이다. 전체 효율이 95~98 % 정도가 좋으며, 최고 회전 속도는 3,500 rpm 정도이다. 종류에는 축에 대하여 플런저가 직각인 레이디얼 플런저 모터와, 축에 대하여 플런저가 평행한 액시얼 플런저 모터가 있다.

플런저 배럴 plunger barrel (1) 디젤 엔진의 플런저 배럴은 엔진의 실린더에 해당되며, 연료 공급 펌프에서 공급된 연료를 받아들이는 원통이다. 연료 분사 펌프 하우징의 위쪽에 끼워져 회전하지 않도록 고정 핀 또는 스크루로 고정되어 있으며, 배럴의 위쪽 면은 딜리버리 밸브 홀더에 의해 고정된다. 또한 배럴에는 연료의 공급 구멍과 리턴 구멍이 별도로 설치되어 있는 것과, 공급 구멍과 리턴 구멍이 공통으로 되어 있는 것이 있다. (2) 제어 플런저 배럴을 말한다. 전자 제어 연료 분사 장치의 플런저 배럴은, 내면에서 플런저가 센서 판과 연결되어 있는 레버에 의해 상하 운동을 하면서, 인젝터에 공급되는 연료의 양을 조절하여 분배하는 역할을 한다. 플런저 배럴 위쪽에는 연료의 배출구가 각 실린더 수와 동일하게 설치되어 있고, 중간에는 연료의 흡입구가 설치되어 있다.

플런저식 마스터 실린더 plunger type master cylinder 브레이크 마스터 실린더의 형식 중 하나로서, 미국 걸링사에서 개발한 것을 걸링식 마스터 실린더라고 한다. 실린더 상부에 오일 탱크를 앉힌 형태이고, 급유 구멍이 오일 탱크 밑에 열려 있으므로 피스톤이 실린더 안에서 앞으로 움직이면 구멍을 막고 오일이 밀폐되어 유압이 상승한다. 브레이크를 풀면 리턴 스프링의 힘으로 피스톤이 원위치로 돌아감과 동시에, 구멍이 열려 오일은 최초의 상태로 돌아가는 구조이다.

플런저식 유압 펌프 plunger type oil hydraulic pump 왕복 펌프의 일종으로서, 플런저가 실린더 내를 왕복 운동하여 흡입·송출하는 펌프이다. 플런저 펌프에는 실린더 블록이 구동판에 대하여 경사진 사축식(斜軸式)과, 구동축에 대하여 경사지도록 설치된 사판에 플런저가 안내되어 왕복 운동을 하는 사판식(斜板式) 플런저 펌프로 나뉜다.

플런저 펌프 plunger pump 실린더 속에서 둥글고 긴 막대 모양의 플런저를 왕복 운동시켜, 실린더 내의 용적을 변화시킴으로써 유체를 흡입 및 송출하는 펌프이다.

플레밍의 오른손 법칙 Fleming's right hand rule 자기장 속에서 도선이 움직일 때 자기장의 방향과 도선이 움직이는 방향으로 유도 기전력 또는 유도 전류의 방향을 결정하는 규칙이다. 오른손 엄지를 도선의 운동 방향, 검지를 자기장의 방향으로 했을 때, 중지가 가리키는 방향이 유도 기전력 또는 유도 전류의 방향이 된다. 이것은 발전기의 원리와 관계가 깊다.

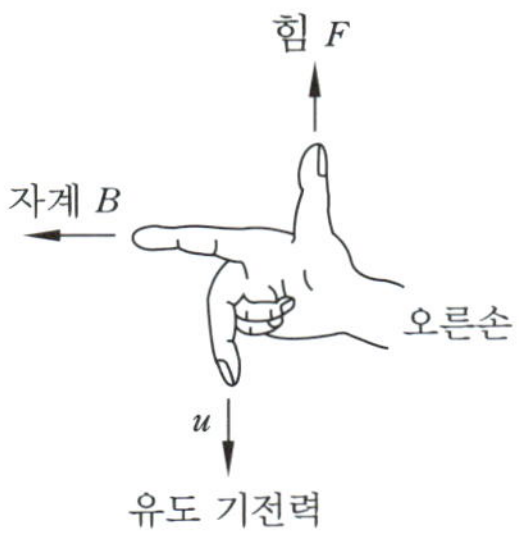

플레밍의 오른손 법칙

플레밍의 왼손 법칙 Fleming's left hand rule 자기장 속에 있는 도선에 전류가 흐를 때

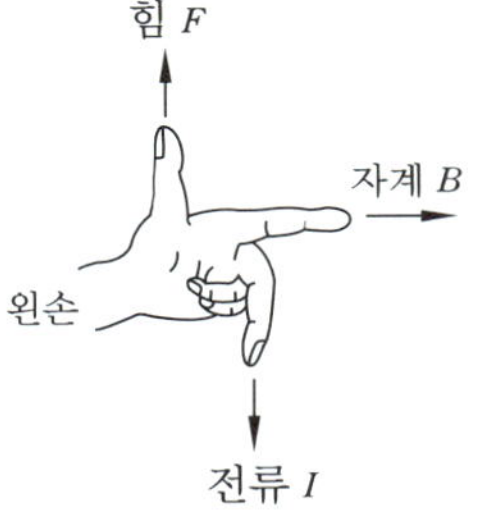

플레밍의 왼손 법칙

자기장의 방향과 도선에 흐르는 전류의 방향으로 도선이 받는 힘의 방향을 결정하는 규칙이다. 왼손의 검지를 자기장의 방향, 중지를 전류의 방향으로 했을 때, 엄지가 가리키는 방향이 도선이 받는 힘의 방향이 된다. 이것은 전동기의 원리와 관계가 깊다.

플레어 flare (1) 파이프의 끝 부분을 원뿔 모양으로 가공하여 결합이 원활하게 이루어지도록 한 부분이다. (2) 내면 반사 또는 광학 소자에 의한 산란 때문에 상면(像面)에 확산되는 빛을 말한다.

플레어식 관계수 flared type tube fitting 관의 단을 플레어로 성형하고 결합하는 관계수로서 주로 브레이크 튜브에 사용된다. 플레어는 결합하는 관의 단을 원추상으로 열거나 보주상으로 부풀린 부분을 말한다.

플레어 트림 flare trim 휠 아치부에 장착된 프로텍터를 말한다. 휠 아치부의 손상을 방지함과 동시에, 타이어 주위의 외관을 향상시킨다.

플레이너 planer 주로 평면의 절삭을 위한 공작 기계로 평삭반이라고도 한다. 수평 왕복 운동을 하는 테이블 위에 공작물을 부착하고 공작물의 운동 방향과 직각 방향으로 간헐 운동을 하는 바이트에 의해 절삭한다. 문형(門形) 플레이너, 단주형(單柱形) 플레이너, 에지 플레이너, 회전형 플레이너 등이 있다.

플레이 백 AM/FM 전자 동조 라디오 플레이 백 기구를 갖는 AM/FM 전자 동조 라디오로, 간단하게 플레이 백 라디오라고도 한다. 플레이 백 기구라는 것은, 라디오 반도체 메모리에 항상 기록하고 있는 5초 분량의 최신 방송이 필요한 때에 재생해서 들을 수 있는 기구를 말한다. 플레이 백 버튼을 누르면 그때부터 5초 전 방송이 재생되고, 재생된 방송의 스피드가 생방송보다 4% 빠르기 때문에 약 2분 후에 생방송(현시점에서의 방송)으로 되돌아간다.

플레이 백 라디오 play back radio ⇨ 플레이 백 AM/FM 전자 동조 라디오

플레이트 링크 체인 plate link chain 핀 구멍이 있는 띠 모양의 링크를 1장 또는 여러 장씩 좌우로 나란히 배열하고 핀으로 연결하여 긴 체인으로 만든 것이다.

플레이트 벌지 plate bulgy 보디를 프레스 성형할 때 가장자리 부분을 둥글게 만드는 것을 이른다.

플레이트 핀 plate pin 라디에이터 코어의 방열을 향상시키기 위하여 부착되어 있는 얇은 금속판이다. ⇨ 라디에이터 코어

플레이트 핀형 plate pin type 라디에이터 코어는 냉각수가 흐르는 튜브와 핀으로 이루어져 있으며, 이 핀의 재질은 보통 열전도가 좋은 얇은 판으로 된 구리나 황동 제품을 사용하는데, 평면판으로 된 핀을 일정한 간격으로 납땜한 결합 형식을 말한다.

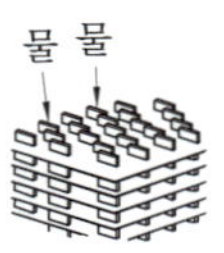

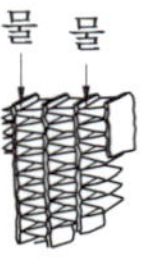

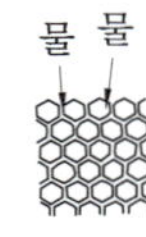

(a) 플레이트 핀형   (b) 코러게이티드 핀형   (c) 리본 셀룰러 핀형

핀형의 종류

플레인 백 plain back 프로토 타입(prototype) 스포츠카나 미드십 엔진의 슈퍼 카에서 흔히 볼 수 있는 스타일로서, 본래의 패스트 백에 비해 고속으로 달릴 때 차체의 뒤에서 일어나는 소용돌이 바람이 차를 뒤로 당기는 힘이 적어지고 뒷부분의 옆 면적이 크기 때문에 옆바람의 작용점이 중심보다 뒤쪽으로 이동하여 힘이 상쇄됨으로써 옆바람의 영향이 작아진다. 달릴 때의 안전성도 좋으며, 패스트 백에 비해 실내 뒷부분의 공간을 크게 해 주는 이점도 가지고 있다. 최근에는 패스트 백 모델이 플레인 백의 영향을 강하게 받아 거의 양자를 구별하기 힘들다.

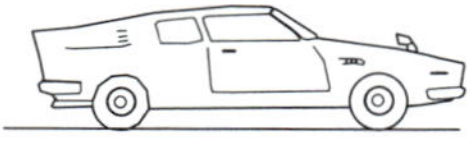

플레인 백형

플레인 베어링 plain bearing ⇨ 평면 베어링

플렉스 렌치 flex wrench 렌치를 볼트나 너트에 일직선상으로 사용할 수 없을 때 어떤 각도를 두고 사용하는 공구를 말한다.

플렉시블 샤프트 flexible shaft 전동축에 가요성(외부의 힘에 의해 물체가 구부러져 휘는 성질)을 주기 위해 가는 철사를 코일

모양으로 여러 겹 감은 것으로, 작은 동력을 전달하는 데 사용되는 축이다. 변속기의 후단에 설치되어 있는 구동축의 회전을 인출하여 사용하는 기어와 속도계를 연결하여 자동차의 속도에 비례하는 회전을 전달한다.

플렉시블 이그조스트 파이프 flexible exhaust pipe　둥글고 폭이 좁은 스테인리스를 관 모양으로 여러 겹 연결시켜서 구부리기 쉽도록 만든 파이프의 일종이다. 배기관의 일부분에 설치하여 엔진의 진동을 흡수하고 자동차의 진동과 소음을 적게 하는 기능이 있다.

플렉시블 조인트 flexible joint　주로 구동축에 경질 고무로 만들어진 커플링을 끼우고 볼트로 고정되었는데, 중간부의 스플라인을 통해 동력을 전달하는 형태로 마찰 부분이 없어 주유는 필요 없으나, 각도 변화가 크거나 기름 등이 묻으면 쉽게 손상된다. 또한 이음부 간 경사각 변화가 적은 부위에 사용되며, 전달 효율이 높고, 회전이 정숙하다.

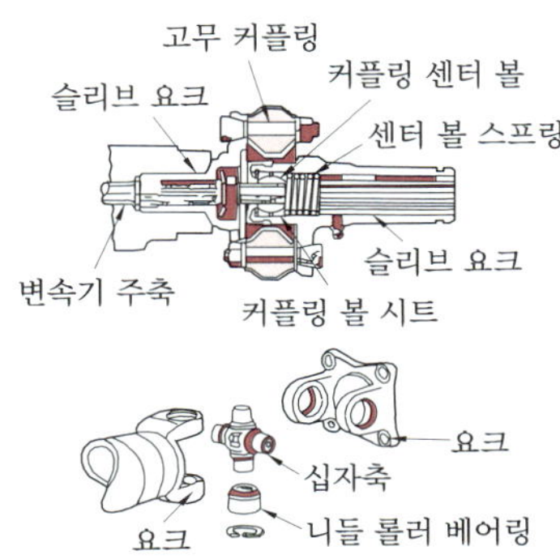

플렉시블 조인트 구조의 예

플렉시블 커플링 flexible coupling　고무 등 탄성체를 이용한 유니버설 조인트로서, 전달 각도가 3~5° 정도로 낮은 것에 사용이 가능하다. 축의 끝에 장치된 2~3갈래의 팔 사이에 고무나 캔버스 등의 탄성체를 끼고 상호 결합시킨 것으로서, 습동 마찰 부분이 없고 윤활도 필요하지 않으며, 비틀림 진동을 흡수하는 작용을 하지만, 바깥지름에 비해서 전달 토크가 작은 것이 결점이다.

플렉시블 호스 flexible hose　⇨ 브레이크 호스

플로 flow　분무된 도료(塗料)가 흘러내리는 것을 말한다. 원인은 도료의 분출량이 너무 많은 경우, 도료의 점도가 낮은 경우, 스프레이건의 운행 속도를 느리게 한 경우, 한 번에 두껍게 도장하는 경우, 증발이 느린 시너를 사용한 경우, 스프레이 건과 도장(塗裝)하고자 하는 대상물과의 거리가 너무 가깝게 한 경우에 일어난다.

플로로카본 fluorocarbon　프레온은 탄소에 염소·불소의 원자가 결합된 화합물의 총칭으로서 정식 명칭은 플로로카본이다. 에어컨의 냉매나 에어졸 제품의 분무제 등에 사용되고 있다. 화학적으로 안정된 물질이기 때문에 직접 인체에 영향은 없지만, 강한 자외선을 받으면 분해해서 염소를 방출하는 것이 있으며, 이 염소가 촉매로서 작용하여 연속적으로 오존과 반응하여 오존층을 파괴하는 원인이 된다. 이 때문에 지구 전체에 대한 영향이 염려되고 있으며, 현재 프레온 가스의 사용이 제한되고 있다.

플로어 floor　차의 내부 바닥으로 흔히 플로어 매트를 깐다. 실내에는 카펫 등이 깔려 있으나 트렁크 룸의 밑바닥도 플로어이다. 이들 부분의 보디부를 플로어 팬이라고 한다. 칼럼 시프트에 대해서 플로어 시프트라고 하는 것은, 트랜스미션 시프트 레버가 바닥에서 나와 이렇게 표현한다.

플로어형

플로어 시프트 floor shift　직접 조작 기구라 하며, 운전석 옆의 플로어(바닥)에 시프트 레버가 붙어 있는 형식의 변속기 조작 방법을 말한다. 시프트 레버가 직접 변속기에 붙어 있는 다이렉트 형식과, 링크를 통하여 연결되어 있는 리모트 컨트롤 형식이 있다. ⇨ 칼럼 시프트

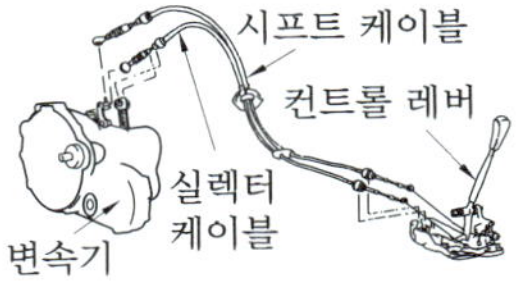

플로어 시프트

플로어 팬 floor pan 언더 보디 어셈블리의 메인 스탬핑으로, 차실 내의 바닥 부분이다.

플로 컨트롤 밸브 flow control valve 압력의 대소에 관계없이 일정한 유량을 유지하기 위한 밸브(유량 제어 밸브)를 말한다.

플로테이션 flotation 예컨대, 모래땅을 주행하던 중 구동륜이 빠졌을 경우, 탈출하기 위해서는 해당 차륜의 하중(접지 압력)을 감소시켜 플로테이션 즉 부양력(浮揚力)을 증가시킬 필요가 있다.

플로트 float ⇨ 뜨개

플로트 레벨 게이지 float level gauge 카뷰레터의 뜨개실의 벽면에 설치되어 연료의 유면을 점검하도록 플라스틱이나 유리에 점(點)으로 표시된 게이지를 말한다. 연료의 유면이 점보다 높으면 농후한 혼합 가스가 공급되고, 낮으면 희박한 혼합 가스가 공급되므로, 엔진의 회전 속도와 관계없이 항상 점과 동일한 위치를 유지할 수 있도록 레벨이 조정되어야 한다.

플로트 마운트 와이퍼 float mount wiper 1987년 도요타의 차량인 크라운에 설치하였던 와이퍼의 명칭이다. 알루미늄 주조로 제작한 프레임을 조립하여 인슐레이션을 사이에 설치하고 보디에 장착한 것으로 작동음이 낮다.

플로트 실(室) float chamber 카뷰레터는 일정한 높이에 있는 노즐로부터 연료를 빨아들이고 있다. 그 기본이 되는 휘발유 액면을 일정하게 하는 것이 플로트의 구실이다. 휘발유에 떠 있는 플로트는 언제나 액면이 일정하게 되도록 연료 펌프로부터의 휘발유 양을 조절한다. 플로트 실은 일정량의 휘발유를 저장해 두는 그릇이다.

플로트 실 벤트 float chamber vent 기화기 플로트 실 내의 구멍으로, 연료 증기가 증발용 캐니스터로 가는 호스에 유입되도록 하기 위한 것이다(스로틀 축이 공전 위치에 있을 때). 스로틀이 열리면 연료 증기는 연소되기 위해, 정식으로 실린더에 유입되는 공기와 섞이게 된다.

플로트 체임버 영 float chamber 미 float bowl 뜨개실로서, 연료 펌프에서 보내진 연료 중 일정량을 담아 두는 용기이다. 연료가 흡출되는 메인 노즐에 적정량의 연료를 공급하기 위하여 액면의 높이를 뜨개와 니들 밸브로 항상 일정하게 유지하도록 되어 있다. 연료의 유면을 규정의 높이로 유지하여 기화기에서 연료가 넘쳐흐르는 것을 방지하고 일정한 혼합비를 유지하게 한다.

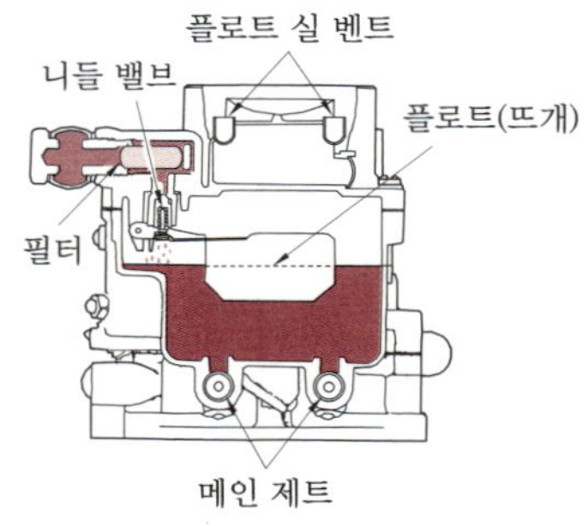

플로트 체임버(뜨개실)

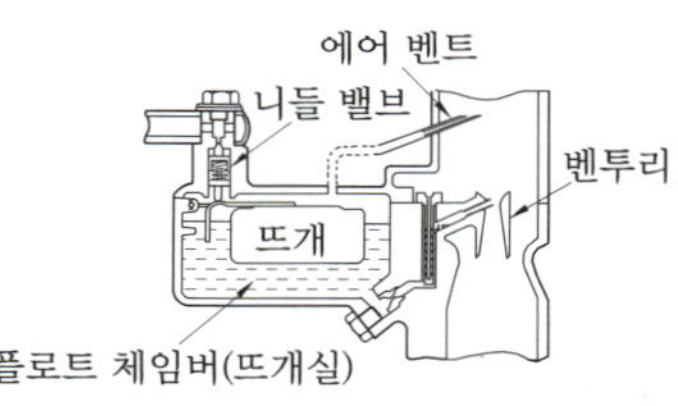

플로트 체임버의 구조

플로팅 링 floating ring 축봉부(軸封部)에서, 축이나 케이싱에 고정되지 않는 링을 케이싱에 고정되는 링과 번갈아 겹치게 삽입하고, 극히 좁은 유로를 구성하여 누설이 되는 것을 제한하는 장치이다.

플로팅 메탈 floating metal 메탈을 기계 본체에 고정하지 않고 자유로이 움직이도록, 이 메탈과 본체 사이를 오일 등으로 충전하고, 본체에 대해 메탈이 오일 중에 떠 있는 것처럼 된 것을 말한다. 축 회전에 대해 메탈 자체도 매달려 어느 정도 회전하기 때문에, 그 상대 속도가 감소되어 축의 고속 회전 시에도 메탈 부하가 저감될 수 있도록 한 것으로, 예를 들면 터보차저의 압축기, 오일 샤프트의 베어링 등이 있다.

플로팅 베어링 floating bearing 10,000~15,000 rpm 정도로 회전하는 터빈 축을 지지하는 베어링으로, 엔진으로부터 공급되는 오일로 윤활된다. 따라서 고속 주행 직후 엔진을 정지시키면 플로팅 베어링에 오일이 공급되지 않기 때문에 고착되는 경우가 있으므로, 엔진을 충분히 공전시켜 터보차저를 냉각시킨 후 정지시켜야 한다.

플로팅 실 floating seal 외부로부터 먼지, 흙, 기타 이물질의 침입을 방지하고 그리스의 누출을 방지하는 데 사용되는 실이다. 그리스의 누출을 회전 섭동(攝動)하는 실 면을 가진 1개의 실 링이 외주의 고무 링에 의해 지지되어 그 탄력성으로 실 면이 서로 밀어붙이고 있는 실로서, 실 면의 내연부(內緣部)는 구면(球面)으로 되어 있고, 실 섭동면은 오일을 주입하기 위해서 쐐기형 틈새로 되어 있다. 일반적으로 $500\,\mathrm{rpm}$, $2\,\mathrm{kg/cm^2}$, $90℃$ 이하의 조건에 적합하다.

플로팅 캘리퍼 floating caliper 캘리퍼 하나에 피스톤이 한 개 설치되어 있는 것으로, 피스톤 반대축의 패드를 그 반력으로 디스크에 밀어붙이는 형식의 캘리퍼이다.

플로팅 피스톤 핀 floating piston pin 피스톤 측 및 연접봉 소단부(小端部) 양쪽에서 자유로이 회전할 수 있는 형식의 피스톤 핀을 부동식이라고 하는데, 일반 고속 기관은 거의 이 형식을 채용하고 있다.

플로팅형 디스크 브레이크 floating type disk brake 디스크 브레이크 형식의 하나로서, 디스크의 한 쪽에 피스톤과 연결된 패드를 설치하고 반대쪽에는 피스톤 없이 패드가 설치되어, 피스톤이 패드를 밀면 반대쪽의 패드는 끌어당겨지므로 디스크는 패드 사이에 끼어 제동력을 발생하는 것이다. 캘리퍼가 가동식으로 되어 있는 것은 캘리퍼 부동(浮動)형, 피스톤이 한 개인 것은 싱글 실린더 캘리퍼형 디스크 브레이크라고 한다. 세부 구조에 따라 F형, FS형, AD형, PD형, PS형 등으로 분류된다. ⇔ 오퍼짓 실린더형 디스크 브레이크

플루이드 커플링 fluid coupling 유체 이음매라는 뜻이다. 플루이드 플라이휠(fluid flywheel), 플루이드 플라이휠 클러치(fluid flywheel clutch), 하이드롤릭 클러치(hydraulic clutch), 클러치 플루이드 플라이휠(clutch fluid flywheel), 하이드롤릭 커플링(hydraulic coupling) 등 여러 가지 명칭이 있다.

플리퍼 타입 사이드 윈도 flipper type side window 유리 후단부를 개폐할 수 있는 사이드 윈도를 말한다. 사이드 윈도 전단에 힌지가 설치되어 있고, 후단부의 레버를 조작함으로써 개폐할 수 있다. 창문은 넓지 않지만, 차내의 환기 등에 효과가 있다.

피니시 finish 보호 및 장식을 위한 코팅을 말한다.

피니시 코트 finish coat 최후의 컬러 페인트 코트를 말한다.

피니언 pinion 맞물리는 크고 작은 2개의 기어 중에서 작은 쪽 기어를 말하거나 래크(rack)와 맞물리는 기어를 말한다.

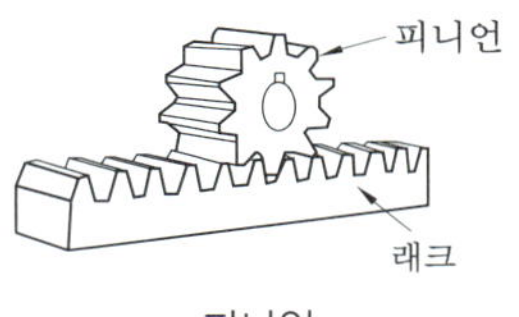

피니언

피니언 기어 pinion gear 래크(rack)와 맞물리는 기어 또는 2개의 크고 작은 기어가 맞물릴 때 작은 기어를 말한다. 종감속 기어 장치에 입력되는 동력을 링 기어에 전달함과 동시에, 감속 작용을 하는 구동 피니언 기어, 사이드 기어와 맞물려 선회를 원활하게 하는 차동 피니언 기어, 조향 핸들의 회전력을 래크에 전달하는 피니언 기어, 기동 전동기에서 엔진에 회전력을 전달하는 피니언 기어, 건설 기계의 상부 회전체를 회전시키는 피니언 기어, 자동 변속기의 유성 기어 장치 등이 있다.

피니언 섭동식 pinion sliding gear type 피니언의 미끄럼 운동과 기동 전동기 스위치의 개폐를 전자력으로 하여 전동기에서 발생한 회전력을 플라이 휠 링 기어에 전달하는 방식으로서, 솔레노이드 스위치를 사용한다. 솔레노이드 스위치는 시프트 레버를 잡아당기는 전자석과 여자(勵磁) 코일로 구성되어 있어, 운전석에서 스위치를 닫으면 풀인 코일(pull-in coil)과 홀드인 코일(hold-in coil)에 전류가 흘러 플런저를 당기고 플런저는 시프트 레버를 잡아당겨 피니언이 플라이 휠 링 기어에 물리게 되고 전동기의 회전력이 전달된다. 엔진이 기동된 후 스위치를 열면 플

런저 리턴 스프링의 힘으로 제자리에 리턴되어 이탈한다.

피닝 peening 금속 표면을 망치로 두드리는 가공법으로, 용접에 있어서는 비드 또는 그 부근을 두드린다.

피더 feeder (1) 주형 내에서 쇳물이 응고될 때 수축으로 인한 쇳물의 부족을 보급하며, 수축에 의한 빈 구멍이 없는 치밀한 주물을 만들기 위한 것이다. 주물이 두꺼운 부분 또는 응고가 늦은 부분의 위에 피더를 설치한다. (2) 쇄석기의 부품으로 원석을 공급하는 장치로서 테이블, 드래그 피더, 셰이킹, 벨트, 로터리, 에이프런, 스크루 등 여러 가지 종류가 있다. (3) 아스팔트 피니셔의 부품으로, 리시빙 호퍼의 바닥에 설치되어 혼합재를 스프레딩 스크루로 공급하는 역할을 한다.

피더 헤드 feeder head 주형 내에서 쇳물을 고루 흐르게 하고 가스를 배출하는 역할을 하고 쇳물의 응고·수축에 의한 부피의 감소를 보충하기 위하여 설치한 것을 말한다.

피드 feed (1) 드릴 가공을 할 때 1회전으로 뚫고 들어가는 깊이를 말한다. (2) 선반 가공에서, 공작물이 1회전을 할 때 바이트를 절삭 방향으로 이송하는 길이를 말한다.

피드백 feedback 어떤 하나의 엔진 작동 부품의 상태가 다른 부품의 작동을 바꾸기 위해 제어 장치로 다시 보내게 하는 제어 장치를 말하며, 상태를 감지하고 목표치에 가능하도록 끊임없이 자동 조절을 하는 제어를 피드백 제어라고 한다. 예를 들면, 배기 장치에서의 산소 센서는 엔진의 작동을 원활하게 바꾸기 위해 제어 장치로 신호를 보내어 배기가스의 상태를 알려 준다. 공연비 피드백 시스템은 배기관에 설치된 산소 센서와 그 신호를 받아서 혼합 가스의 공연비를 이론 공연비 부근의 극히 좁은 범위에 조정 제어하는 것이다. 카뷰레터 사양에서는 전자 제어식 카뷰레터(ECC), 휘발유 분사 사양에서는 EGI, EFI, ECGI라고 부른다.

피드백 믹서 장치 feedback mixer system LPG 자동차에 채택된 장치로, 배출 가스를 최소한으로 줄이면서 적당한 공기와 연료 혼합비를 공급해 준다. 그리고 전자 제어 유닛(electric control unit)은 여러 센서로부터 신호를 받아 믹서에 부착되어 있는 2개의 솔레노이드 밸브(FBSV, FCSV)를 적절히 작동시켜 공기-연료 혼합비를 조절해 주며, 2차 공기 및 아이들 업 솔레노이드 밸브를 'ON' 또는 'OFF'로 변환하여 공회전 조정 및 유해 배출가스를 억제시킨다.

피드백 솔레노이드 밸브 feedback solenoid valve 컴퓨터로 제어되어 최적의 공연비를 유지하도록 하는 것이다. 피드백 솔레노이드가 10 Hz 동안에 ON이 반복되는 시간 비율이 높으면 혼합 가스가 희박해지고 낮으면 농후해진다. 이 반복적인 시간 비율을 컴퓨터가 조절하여 최적의 공연비가 유지되도록 한다.

피드백 제어 feedback control 어떤 제어 대상의 시스템에서 그 장치의 출력을 확인하면서 목표치에 접근하도록 조절기의 입력을 조절하는 제어 방법을 말하는데, 에어컨에 의한 온도 제어가 이에 속한다.

피드백 카뷰레터 feedback carburetor ⇨ 에프비시

피드 펌프 feed pump 디젤 기관의 피드 펌프는 분사 펌프 몸체에 장착되어 분사 펌프 캠축에 의해 구동된다. 펌프는 플라이밍 펌프와 공급 펌프로 구성되어 있는데, 플라이밍 펌프는 수동으로 작동되는 것으로 공기 빼기 작업을 할 때 사용되며, 공급 펌프는 엔진 회전과 함께 작동되는 것이다. 캠축이 회전하면 펌프 피스톤을 밀어 올려 안에 있던 연료는 배출 밸브를 밀고 연료를 압송한다. 캠축이 다시 회전하여 피스톤이 내려오면 연료는 흡입되어 연료가 유입된다.

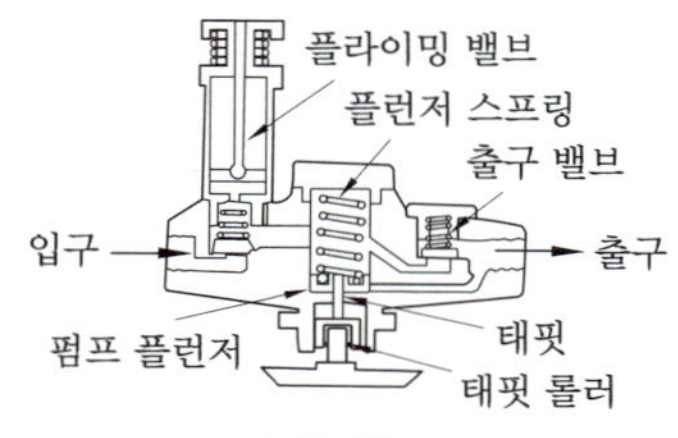

피드 펌프

피드 회로 feed circuit 갈라지는 브랜치 회로(branch circuit)에 공급하는 메인 공

급 라인이다.

피로(疲勞) fatigue 재료가 작은 힘을 반복하여 받음으로써 틈이나 균열이 생겨 결국 파괴되는 현상을 말한다. 재료에 반복 하중 등이 가해져도 피로에 의하여 재료가 파괴되지 않는 한계를 피로 한계라고 한다. 반복 하중을 받는 기계의 설계에서는 이때의 응력값을 기준 강도로 이용한다.

피로 강도(疲勞强度) fatigue strength 부하 및 부하 크기의 변화에 대하여 견딜 수 있는 금속 부품의 능력을 말한다.

피로 마모(疲勞磨耗) fatigue wear 볼 베어링과 같이 구름마찰을 받는 부재(部材)의 접촉 부분이 반복 응력(反復應力)을 받으면, 표층이 피로 파손으로 인해 마모되는 현상을 이른다.

피로 박리(疲勞剝離) fatigue exfoliation 베어링에 반복 하중을 가하면 표면에 반복 마찰력과 반복 열응력을 받아 베어링 면이 벗겨지는 현상이다. 처음에는 축 방향으로 극히 적은 국부적인 균열이 생기고, 다음에는 이것을 잇는 원둘레 방향의 균열로 발전하여, 마침내 거북이 등 모양의 균열이 생겨 낱낱이 작은 조각으로 된다.

피로 열화(疲勞劣化) fatigue deterioration 어떤 재료에 반복적으로 응력이 가해질 때 나타나는 결과로, 재료가 균열이 생기거나 열화가 생긴다.

피로 파손(疲勞破損) fatigue failure 재료에 반복 하중이 걸려 결정 입자에 슬립(slip)이 일어나며 이어서 갈라짐이 진행되고, 그치지 않는 경우에는 결국 완전히 파손되는 것을 말한다.

피로 한계(疲勞限界) fatigue limit 재료에 어떤 반복 응력을 작용시켜, 이를 영구히 파괴하지 않는 응력의 한도(응력의 최대치)를 피로 한계 또는 내구 한계(耐久限界)라고 한다. 탄성 한계보다도 낮고 인장 강도의 0.4~0.6배이다.

피막(皮膜) 페인팅 표면의 막을 가리키는 말이다.

피벗 pivot 현가 암의 선단에 부착되어 회전하는 조인트 부분으로, 도어의 경첩과 같이 축을 중심으로 회전하도록 되어 있는 부분을 말한다.

피벗 베어링 pivot bearing 플라이휠 중앙에 변속기 입력축을 지지하는 부분과, 변속기 입력축 뒤쪽의 기어 안쪽 면에 변속기 출력축 앞을 지지하여 회전을 원활하게 하는 베어링으로, 축 방향의 하중을 지지하는 데 사용된다.

피벗 빔식 서스펜션 pivot beam type suspension 토션 빔식 현가 방식의 일종이다. 크로스 빔과 트레일링 암을 강판으로 ㄷ자 모양의 일체로 만들어, ㄷ의 세로선 부분을 차체에 부착한 후 2개 봉의 끝에 타이어를 장착한 구조이다.

피벗 턴 pivot turn 차가 정차된 상태에서 조향 핸들을 돌리는 것을 말한다. 주차나 입고할 때 사용되는 조작으로서, 주행 중 조향력의 10배 이상의 힘이 필요하게 된다. 특히, 동력 조향 장치의 경우 조향 계통에 무리가 걸리기 쉽다. 자동차를 조금 움직여 주면 조향 핸들을 회전하는 데 용이하다.

피복 아크 용접봉 coated electrode, covered electrode 아크 용접의 전극으로 쓰이는 용접봉으로, 피복제를 바른 것을 말한다.

피스톤 piston 실린더 안을 왕복하며, 연소 행정에서 고온·고압의 가스 압력을 받아 커넥팅 로드를 통해 크랭크샤프트에 회전력을 발생시키는 구성 부품으로, 피스톤 헤드는 고온(2,000℃ 이상)의 연소 가스와 $40\sim60\,\mathrm{kg/cm^2}$의 압력에 견디어야 하며, 피스톤의 상부 둘레에는 3~4개의 피스톤 링을 끼워 기밀을 유지하고, 오일이 연소실로 들어가는 것을 방지한다. 피스톤은 실린더 내에서 고속 직선 왕복 운동을 반복하여야 하므로, 경량으로 강도가 높고 열에 의한 팽창이 적어야 한다. 최근에는 주철재에서 알루미늄 합금재로 거의 바뀌었으며, 디젤 엔진의 일부만 주철로 남아 있다. 알루미늄 합금은 구리계 y 합금 피스톤과 규소계 로엑스 피스톤이 있는데, 피스톤 형상에 따라 캠 연마 피스

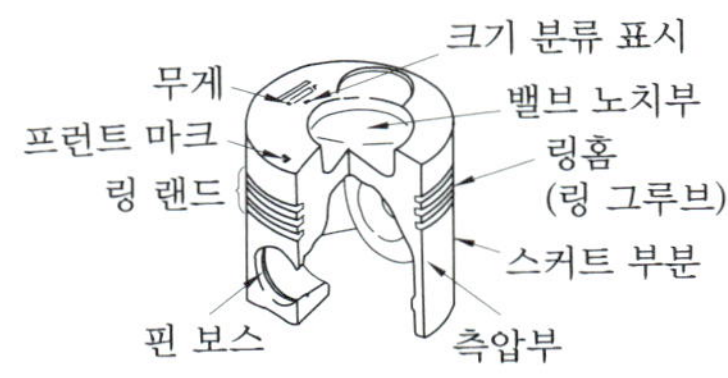

피스톤의 구조

톤, 스플리트 피스톤, 솔리드 피스톤, 인바 스트럿 피스톤, 슬리퍼 피스톤, 오프셋 피스톤, 링 캐리어 삽입 피스톤으로 구분되며, 헤드 모양에 따라선 편편형, 돔형, 쐐기형, 불규칙형, 밸브 노치형, 오목형으로 구분된다.

피스톤 간극 piston clearance　피스톤과 실린더 사이의 최소 틈새를 말하며, 보통 피스톤과 실린더의 지름의 차이로 나타낸다. 피스톤은 기관이 작동하는 동안 폭발열에 의하여 팽창하므로 실린더의 지름보다 작아야 한다. 피스톤 간극이 크면, 피스톤 슬랩이 발생되고, 피스톤과 실린더 벽 사이의 열전도율이 떨어지며, 윤활유 소비량이 증가한다. 간극이 적으면, 기관 작동 중 피스톤이 실린더 벽과의 접촉에 의한 마찰열로 소손되기 쉽다. 피스톤 간극은 피스톤의 크기, 재질, 작동 온도, 기관의 형식 등에 따라 다르나, 보통 0.04~0.06 mm 정도인 경우가 많다.

피스톤 리드 밸브 방식 piston lead valve type　피스톤 밸브와 리드 밸브를 합친 방식으로, 저마다의 결점을 보완하고 있다.

피스톤 리턴 스프링 piston return spring　클러치나 브레이크 페달을 놓았을 때 내부 압력이 없어짐과 동시에 피스톤을 제자리로 복귀시키는 스프링을 말한다.

피스톤 링 piston ring　피스톤 둘레의 기밀을 유지하기 위한 링으로, 스프링의 성질을 가지고 있어서 바깥쪽으로 넓어져 실린더와 피스톤 틈새로 압축이 새나가지 않게 한다. 1개만으로는 누설될 염려가 있어 3~4개의 링을 동시에 사용하고 있는데, 실린더 벽면에 있는 오일이 연소실에 들어가지 못하도록 긁어내리는 오일 링과, 연소 가스가 누설되지 못하게 하는 압축 링으로 구성되어 있다.

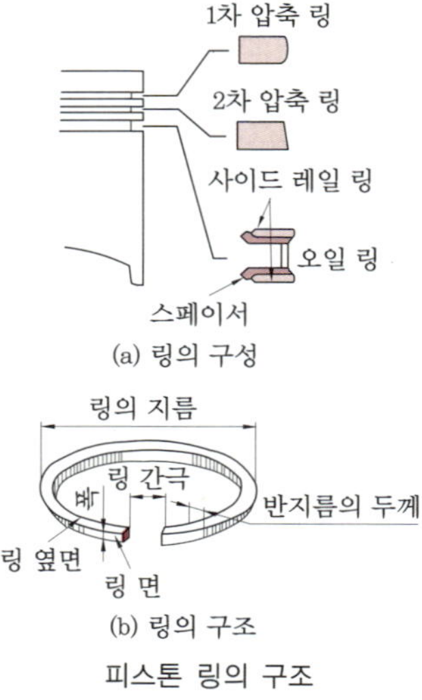

피스톤 링의 구조

피스톤 링 컴프레서 piston ring compressor　실린더에서 피스톤을 조절할 때 피스톤 링을 압축하는 데 사용되는 공구이다. 얇은 스프링 판을 육각 렌치로 회전시켜 지름을 좁혀서 압축한다.

피스톤 링 플라이어 piston ring plier　피스톤 링 전용 플라이어이며, 피스톤 링을 강제로 늘려서 피스톤에 탈·부착 작업을 쉽도록 한 것이다.

피스톤 모터 piston motor　피스톤 헤드에 유입된 액체의 압력이 작용하면 그 압력에 의해서 사판(斜板), 캠, 크랭크 등을 통하여 모터축이 회전하는 형식의 유압 모터이다. 전체 효율이 95~98 % 정도가 좋으며, 최고 회전 속도는 3,500 rpm 정도이다. 종류에는 축에 대하여 피스톤이 직각인 레이디얼 피스톤 모터와 축에 대하여 피스톤이 평행한 액시얼 피스톤 모터가 있다.

피스톤 바이스 piston vice　피스톤 핀 또는 피스톤 링을 탈착할 때 피스톤을 고정시키는 데 사용한다. 피스톤에 무리한 힘을 가하지 않고 고정시킬 수 있다.

피스톤 배기량 piston displacement　왕복 피스톤식 내연 기관에서 피스톤이 1행정 하는 동안에 소비되는 가스의 부피이다. 행정이란 가솔린 기관이나 디젤 기관과 같은 왕복 피스톤식 내연 기관에서 피스톤이 상사점에서 하사점까지 움직이는 것을 말하며, 이때 피스톤이 움직이는 거리를 행정 거리라고 한다. 배기량은 행정 거리와 피스톤의 단면적을 곱한 값과 같다. 우리나라의 승용 자동차는 배기량을 기준으로 소형, 중형, 대형으로 나눈다.

피스톤 밸브 piston valve　유체의 통로를 여닫는 데 사용하는 피스톤형 밸브로서, 증기 기관차에서 실린더에의 증기의 급배기에 사용된다. 종류로는 단식과 복식이 있다.

피스톤 밸브 방식 piston valve type　피스톤의 상하 운동을 이용한 방식으로, 위로 올라갔을 때 흡입이 이루어지고 밑으로 내려오면 배기가 진행된다. 구조는 간단하지만, 배기가 스무드하게 이루어지지 않고 회전 상태가 나쁘거나 기름이 많이 들 수 있어 널리 이용되지는 않고 있다.

피스톤 밸브 흡기 piston valve intake　2사이클 엔진에서 상하 운동을 하는 피스톤을 흡기 밸브로 이용하는 방식이다. 피스톤이 소기·압축 행정에 의해 상승하고, 크랭크실이 부압으로 됨과 동시에 피스톤 스커트가 흡기 포트를 열어 흡기가 이루어진다. 구조가 간단하고 효율이 좋은 흡기 방식인 반면에, 포트 개폐의 타이밍을 고속 회전에 맞추었기 때문에 지속 회전에서는 효율이 떨어지는 등 포트 타이밍의 설정이 어렵다. 1970년대 전반까지는 스포츠카에 많이 사용되었으나, 현재는 그다지 사용되지 않고 있다.

피스톤 스커트 piston skirt　왕복형 엔진의 피스톤에서 피스톤 핀으로부터 아래의 몸통 부분을 말한다.

피스톤 스토퍼 링 piston stopper ring　클러치 마스터 실린더 키트의 하나로, 피스톤과 컵은 부트와 일체로 움직이도록 고정시키는 링을 말한다.

피스톤 스틱 piston stick　실린더 벽과 피스톤 사이를 윤활하는 오일 막이 없어져 실린더와 피스톤의 직접적인 마찰로 인해 피스톤이 녹아 실린더에 고착되는 것을 말한다. 유막이 끊어지는 원인으로는 여러 가지가 있으나, 과열되어 오일의 점도가 떨어지거나, 엔진을 허용 회전수 이상으로 회전시켜 유막이 형성될 수 없는 경우 등을 생각할 수 있다.

피스톤 스피드 piston speed　피스톤이 실린더 내를 이동하는 속도이다. 피스톤은 왕복 운동을 할 때 상사점과 하사점에서 멈추며, 중앙에서 최고 속도를 낸다. 피스톤 속도에는 실린더 내의 평균 피스톤 속도 또는 어느 위치에 있어서의 순간 피스톤 속도로 표시된다. 피스톤 평균 속도는 12~13 m/s이다.

피스톤 슬랩 piston slap　피스톤이 행정을 바꿀 때 피스톤과 실린더 사이의 간극 증대로 실린더 벽을 치는 현상을 말하며, 피스톤 링 및 피스톤 링 홈의 마멸이 발생되며, 피스톤 링의 기능 저하로 오일 소비 증대의 원인이 되기도 한다.

피스톤 크라운 piston crown　왕복형 엔진의 피스톤 상단 또는 연소실을 향하고 있는 면을 말한다.

피스톤 타음 piston knock sound　가솔린 엔진, 디젤 엔진 등에서 실린더 내를 피스톤이 상하 운동할 때 피스톤의 상사점 부근에서 피스톤의 흔들림 운동에 의해 실린더 벽을 두드려서 소리를 발생시키는데 이 소리를 피스톤 타음이라고 한다. 피스톤 타음은 실린더 벽의 간극이 클 때 발생되기 쉽다.

피스톤 펌프 piston pump　피스톤을 사판(斜板), 캠, 크랭크 등에 의해서 왕복 운동시켜 유체를 흡입 및 토출을 행하는 형식의 펌프를 말한다.

피스톤 평균 속도 average piston speed, mean piston speed　피스톤이 움직이는 속도를 행정(行程)에 시간당 왕복 횟수(회전수의 2배)를 곱한 것이다. 피스톤은 왕복 운동을 하고 있으며, 상사점과 하사점에서 멈추고 중앙에서 최고 속도에 이른다. 피스톤 속도를 피스톤 평균 속도로 나타내는 것이 12~13 m/s이다. 최댓값은 일반적인 엔진에서 20 m/s, 레이스용 엔진은 25 m/s 정도로서, 같은 회전수이면 행정이 짧을수록 피스톤 속도는 늦고, 일반적으로 단행정 엔진은 높은 회전수로 사용한다.

피스톤 핀 piston pin　피스톤과 커넥팅 로드의 상단부(small end)를 연결하는 핀으로, 피스톤이 받는 큰 힘을 커넥팅 로드를 통해 크랭크샤프트에 전달함과 동시에 피스톤과 함께 실린더 안을 고속으로 왕복 운동한다. 피스톤 핀 결합 방식에 따라 고정식(set screw type)과 요동식(semi-floating type, 반부동식), 부동식(floating type)으로 구분된다. ① 고정식 : 피스톤 핀이 피스톤 보스 양측에 고정되고 커네팅 로드의 상단이 피스톤 핀의 주위에서 회전할 수 있게 되었다. ② 요동식 : 피스톤 핀이 피스톤 핀 보스에서 자유로이 움직이게 하고 커네팅 로드 상단을 고정한 것이다. ③ 부

동식 : 피스톤이 피스톤 보스 및 커네팅 로드 어느 부분에도 고정되지 않고 자유로이 움직이게 한 것이다. 피스톤 핀은 피스톤에서 빠지지 않도록 스냅 링만 피스톤 핀 양쪽에 끼워져 있다.

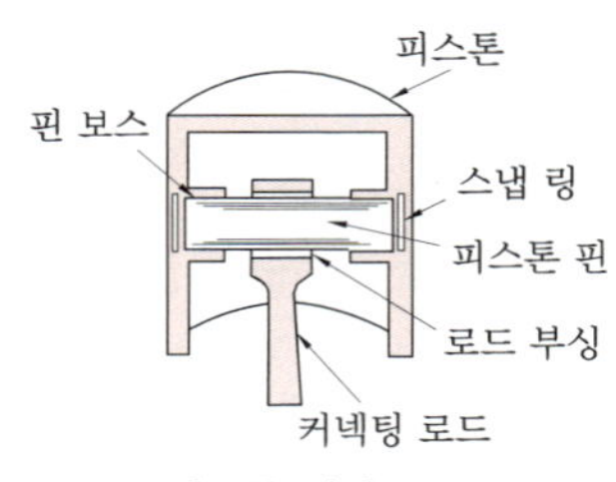

피스톤 핀의 구조

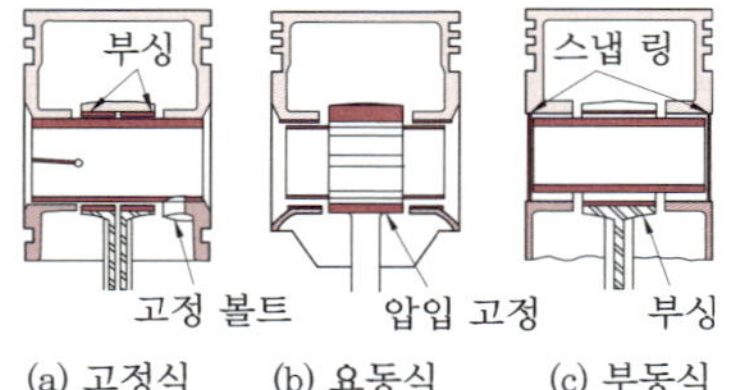

피스톤 핀의 구분

피스톤 핀 보스 piston pin boss　왕복형 엔진의 피스톤 중앙에서 커넥팅 로드의 소단부(small end)와 피스톤을 결합하는 핀이 들어가는 구멍을 말한다.

피스톤 행정 piston stroke　피스톤이 상사점(上死點)에서 하사점(下死點)까지의 간격을 왕복할 때, 상승 또는 하강하는 편도의 거리를 행정(行程)이라고 하며, 크랭크축은 180° 회전한다. 피스톤이 맨 위로 올라갔을 때 이 점을 상사점(TDC)이라 하고, 맨 아래로 내려갔을 때 이 점을 하사점(BDC)이라고 한다. 피스톤의 직선 왕복

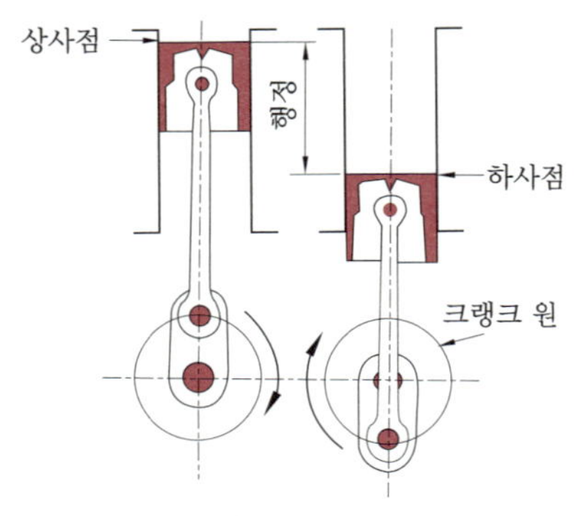

피스톤 행정

운동을 크랭크축이 회전 운동으로 변화할 때 크랭크축의 1회전에 피스톤은 2회의 행정을 한다.

피스톤 헤드 piston head　피스톤의 가스 압력을 받는 두부(頭部)를 말한다. 가솔린 기관에서는 일반적으로 피스톤 헤드가 평면으로 되어 있으나, 디젤 기관에서는 연소실을 형성하기 위해 적당히 오목한 모양으로 되어 있는 경우가 많다. 대부분 피스톤 본체와 일체로 만들어지지만, 고열 부하의 디젤 기관에서는 두부만을 내열성이 강한 금속으로 만들어 조립하는 경우도 있다.

피스톤 히터 piston heater　피스톤 핀을 피스톤에 끼우거나 뺄 때 쉽게 할 수 있도록 피스톤을 가열하는 기기이다. 알루미늄 합금 피스톤의 경우에 피스톤 핀과 핀 구멍의 간극이 적당하도록 하기 위해 피스톤을 가열하는 것이다. 종류에는 유욕식(油浴式)과 전열식(電熱式)이 있다.

피시디 PCD ; pitch circle diameter　휠의 장착 구멍의 위치를 나타내는 것으로, 장착 구멍의 중심을 지나는 원의 지름으로 표시된다. 이것이 맞지 않으면 휠은 장착되지 않기 때문에 구입할 때는 특히 주의가 필요하다.

피시브이 밸브 PCV valve ; positive crankcase ventilation valve　크랭크케이스 내의 배출 가스 제어 장치 중의 한 부품으로 사용 유량을 조정하는 밸브를 말하는데, 실린더 헤드 커버 또는 크랭크케이스로부터 나오게 한 블로바이 가스를 에어 클리너와 흡입관 상류부로 환원한다. PCV 밸브를 포함해서 접착 방법에는 여러 종류가 있다. 오리피스만에 의한 유량 제어 방식은 간단하지만, 블로바이 가스의 발생이 적은 경부하 시에는 매니폴드로부터의 흡인력이 지나치게 강해서 엔진이 작동 부조화로 되기 때문에 매니폴드 부압에 의해서 통기 면적이 제어되는 구조의 PCV 밸브를 사용한다. 전부하 시에는 PCV 밸브의 유량 특성이 떨어져 블로바이 가스의 발생량이 상회하기 때문에 에어 클리너 측으로부터도 블로바이 가스가 흡입된다. 저·중부하 시에는 PCV 밸브의 유량이 블로바이 가스 발생량을 충분히 상회하기 때문에 에

어 클리너로부터 새로운 공기가 유입해서 환기가 행해지고 있다.

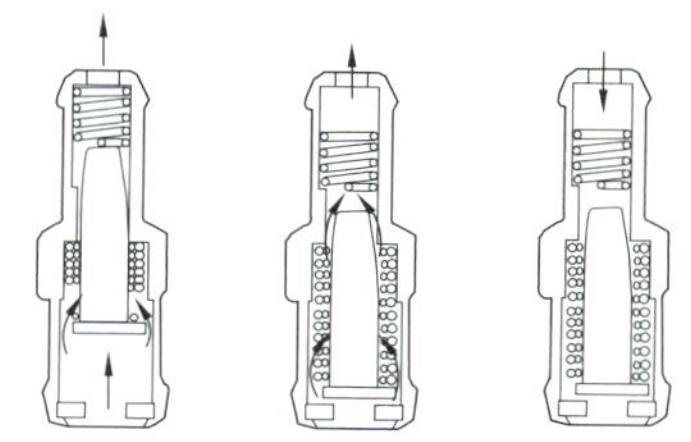

PCV 밸브의 작동

피시 아이 fish eye   도막(塗膜)에 발생하는 결함으로, 도장(塗裝)하는 물체의 표면에 실리콘이나 실리콘을 포함한 왁스 등이 남아 있는 상태에서 도장한 경우 움푹 파인 현상이 나타난다. 이 움푹 파인 흔적이 물고기의 눈과 비슷하기 때문에 붙여진 이름이다. 분화구와 닮은 형상을 나타내기 때문에 크레이터라고도 한다. 예방책으로 도장하기 전에 표면을 전용의 실리콘 제거제로 닦아 내는 것이 가장 좋다. 먼지도 한 원인이 되기 때문에, 도장하고 있는 옆에서 왁스 도포 등을 해서는 안 된다.

피시에스브이 PCSV ; purge control solenoid valve   캐니스터(canister)에 저장되어 있던 연료 증발 가스를 ECU의 신호를 받아 다시 서지 탱크로 유입시키는 역할을 한다.

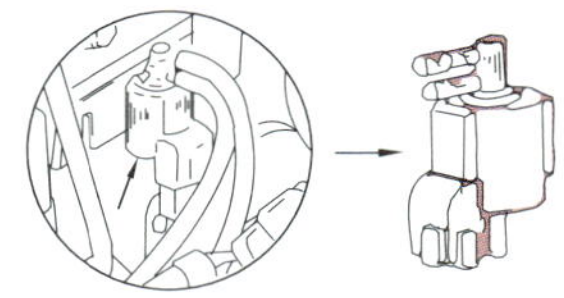

PCSV

피아트 FIAT ; Fabbrica Italiana Automobile Ttorino   피아트는 이탈리아 최대의 자동차 회사로, 창립된지 100년이 넘었다. 피하트는 '토리노 이탈리안 자동차 회사'라는 뜻으로, 피아트 회사 본사는 토리노에 있다.

피에조 소자 piezo element   압전 소자(壓電素子)로서, 2개의 면에서 전압을 가하여 전압에 비례한 변형이 발생되도록 하거나 압전 결정에 압력이나 비틀림을 주어 전압

이 발생되는 소자이다. 이 원리를 이용하여 자동차 엔진의 노크(knock) 센서를 만들어 실린더 블록에 설치한다.

피에조 EMS piezo EMS   전자 제어 현가장치 EMS의 센서와 액추에이터에 피에조 소자를 사용한 방식이다. 고주파의 노면 압력에 대응하여 감쇠력을 고속 전환하는 쇼크 업소버에 응답성이 빠른 피에조 소자를 사용하여, 일반적인 주행에서는 감쇠력을 하드(hard) 상태로 하고, 조종성 및 안정성 높은 것이 필요할 때는 감쇠력을 소프트(soft) 상태로 하여 승차감을 향상시킨다.

피에조 이펙트 piezo effect   압전 효과(壓電效果)로, 결정에 압력을 가할 때 전기 분극에 의하여 전압이 발생하는 현상이나 그 반대의 현상을 말한다. 수정(水晶), 티탄산바륨 등에서 현저하게 볼 수 있다. 수정 발진기와 마이크로폰 등에 응용한다.

피에조 저항 계수 piezo resistive coefficient   응력이 가해진 결정은 일반적으로 그 저항비가 변화한다. 이것을 피에조 효과라 하는바, 그때의 응력으로 인한 저항비 변화의 비율을 피에조 저항 계수(抵抗係數)라고 한다.

피에조 저항 효과 piezo resistance effect   반도체 결정에 압력을 가하면 전기 저항이 변화하는 현상이다.

피에조형 압력 센서 piezoelectric pressure sensor   압전형 압력 센서라고도 말한다. 압력에 의하여 탄성체에 발생한 변위나 변형을 압전 소자에 가하여 응력에 의해서 발생한 전압을 검출하는 것이다. 압전 소자 재료로서는 수정과 로셸염, 티탄산바륨 $(BaTiO_3)$, PZT(지르콘·티탄산계 세라믹스) 및 PVDF(폴리불화 비닐리덴) 등이 사용된다. 출력 임피던스가 매우 높기 때문에 측정에는 임피던스 변환 회로가 필요하다. 감도는 매우 높지만, 유전 분극을 이용하기 때문에 가해진 응력의 시간 미분에 유기 전압이 비례하고, 그 전압은 누설로 말미암아 시간과 더불어 감소되므로 정지 압력을 측정할 수 없다. 소형, 고감도, 고속 응답, 내열성 등의 장점이 있다. 수정을 사용한 것은 자동차 엔진의 폭발 압력을 측정하는 데 사용되고 있다.

피치 pitch (1) 같은 간격으로 나열되어 있는 나사산의 간격을 나타내는 치수이다. (2) 기계에서 같은 모양이 연속하여 이어질 때 그 반복의 간격을 말한다.

피치 게이지 pitch gauge 나사의 산과 산 사이의 거리를 재는 게이지이다. 나사의 규격을 측정할 때 사용한다.

피치 베리에이션 pitch variation 타이어의 트레드로부터 발생하는 패턴 노이즈 가운데 피치 음을 작게 하는 방법이다. 트레드의 패턴은 기본이 되는 무늬의 반복에 의해 피치 음이 발생하지만, 배열이 일정하면 주행 속도에 따라 변화하는 특정 주파수의 음이 발생되어 귀에 거슬리므로 반복 간격을 변화시켜서 주파수를 분산하여 화이트 노이즈에 근접시키는 것을 말한다.

피치 서클 다이어미터 PCD ; pitch circle diameter 디스크 휠 장치 구멍 피치원의 지름 치수를 말한다. 100 mm, 114.3 mm, 139.7 mm 등이 있다.

피치원 pitch circle 두 개의 기어가 맞물릴 때, 서로 접하는 점을 이어 만든 원이다.

피치 음 pitch noise 타이어의 패턴 노이즈 가운데 기본이 되는 무늬의 반복에 의해 발생하며, 주행 속도에 따라 변화하는 특정 주파수의 음압이 큰 소리이다.

피칭 pitching 차의 옆에서 보았을 때 전후 진동 또는 전후축이 상하로 움직이는 진동으로, Y축을 중심으로 회전 운동을 하는 진동이라고도 말한다. 앞바퀴 스프링이 늘어났을 때 뒷바퀴 스프링이 줄어들고, 다음에는 이와 반대된 일을 되풀이하는 차체의 움직임을 말하며, 승객에게는 가장 불쾌한 움직임이다. 앞뒤 서스펜션을 연결시켜 피칭을 막는 서스펜션이 있다. 휠베이스가 길면 피칭에 대해 저항력이 생긴다. ⇨ 롤링

피칭 및 롤링 형식 커플러 pitching the rolling type coupling 2축식으로 트랙터와 트레일러의 피칭과 롤링 운동을 흡수하기 위해 피칭과 롤링 샤프트가 장착되어 있으며, 안락한 승차감을 제공하기 위하여 보통 거친 도로상에 사용되는 대형 차량에 사용된다. 6×4 트랙터는 이러한 부품이 장착되어 있다. 롤링 각은 서포터(워킹 빔)

의 운동을 조절하는 웨지(wedge)를 움직여서 조정할 수 있는데, 노면이 불량한 도로 조건에서는 웨지를 최대 롤링 각도로 조정하고, 양호한 도로 주행 시 또는 일반 화물 운반 시는 롤링 각을 최소화하기 위해 앞쪽으로 민다.

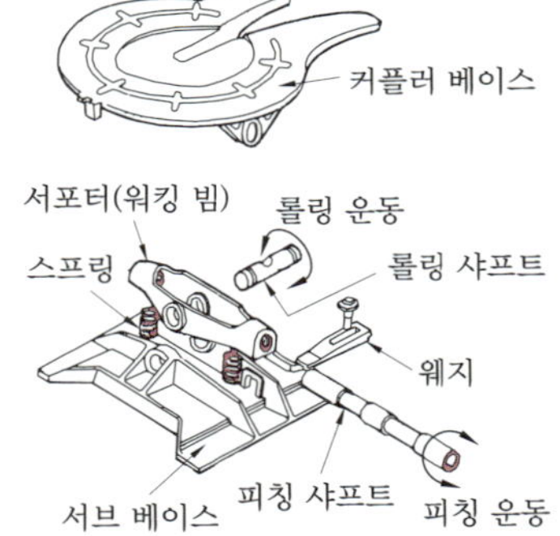

피칭 및 롤링 형식 커플러

피칭 형식 커플러 pitch type coupling 1축식으로 피칭 샤프트만 장착되어 있는데, 피칭 샤프트는 트레일러 양쪽의 피칭 운동을 흡수한다. 양호한 포장도로와 고속 도로상에서 사용하는 경트랙터는 이 타입을 장착하며, 4×2 트랙터도 주로 이런 부품을 장착한다.

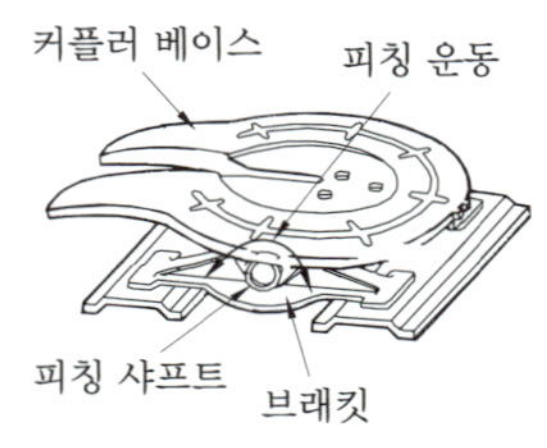

피칭형 커플러의 구조

피키 peaky 엔진으로부터 발생하는 토크가 좁은 회전수 범위에서 특히 큰 것을 말한다. 엔진의 회전수와 축 토크의 관계를 나타내는 토크 커브가 산 모양을 하며, 그 회전수 부근에서 큰 토크를 얻을 수 있으나, 이 범위로부터 떨어진 영역에서는 토크의 저하가 크다. 일반적으로, 엔진의 출력을 한계까지 올리면 토크 커브는 뾰족하게 되는 경향이 있다.

피토 정압관 Pitot static tube 유속(流速) 측정 장치의 하나이다. 유체 흐름의 총압과 정압(靜壓)의 차이를 측정하고 그것에

서 유속을 구한다. 1728년 프랑스의 피토가 발명하였다. 이것을 유체의 흐름에 따라 놓으면 정면에 뚫은 구멍에는 유체의 정압과 동압(動壓)을 더한 총압이 걸리고, 측면 구멍에는 정압이 걸리므로, 양쪽의 압력차를 측정함으로써 베르누이의 정리에 따라 흐름의 속도가 구해진다. 풍속의 측정, 항공기나 선박 등의 속도계에 이용되고, 유속의 측정을 바탕으로 흐름의 양을 재는 유량계에도 사용된다. 피토관이라고도 한다.

피트 pit　(1) 기공, 또는 용융 금속이 튀는 현상이 발생한 결과 용접부 바깥면에서 나타나는 작고 오목한 구멍을 말한다. (2) 예선 및 결승 레이스 중에 경주차의 수리나 조정, 타이어 교환, 연료 보급 등을 하는 장소이다. 이곳에서 그 경주차가 소속된 팀 관계자가 계측을 하고 작전을 세우기도 한다. 피트 사용 조건은 레이스 등의 특별 규칙서에 상세히 기재되어 있다.

피트 로드 pit road　경주 코스에서 피트로 들어오는 길로서, 가드레일이나 옐로 라인(황색선)에 의해 경주 코스와 구분된다. 피트에 정지하기 위한 목적 이외에는 피트 로드에서의 주행은 금지되어 있다. 피트로 들어올 때는 이 길이 감속로가 되지만, 피트에서의 작업을 끝내고 경주 코스로 되돌아 나올 때는 가속로 구실을 한다. 피트 로드를 달릴 때는 위험을 피하는 뜻에서도 매너를 지켜 다른 팀에게 폐를 끼쳐서는 안 된다.

피트먼 암 pitman arm　축의 회전 운동을 릴레이 로드에서 수평 운동으로 바꾸어 주는 스티어링 기어 섹터 샤프트에 연결된 암을 말한다. 한쪽은 섹터 축에 설치되고, 다른 한쪽은 볼 이음으로 릴레이 로드에 연결되어, 조향력을 드래그 링크나 릴레이 로드에 전달한다. 드롭 암(drop arm)이라고도 한다.

피트 사인 pit sign　피트로부터, 주행 중인 드라이버에게 작전을 지시하고 정보를 전달하는 각종 사인이다. 예를 들어, 경주차의 순위, 랩 타임, 남은 주회수(周回數), 앞뒤 차 및 1위와의 시간차 등을 통상 사인보드로 표시한다. 피트 사인의 예를 열거하면, 'P1'은 포지션 1위, 'L3'는 3바퀴째 주회 또는 3바퀴 남음, '＋4'는 후속차를 4초 리드, '－5'는 앞차에 5초 뒤짐, '↑'는 스피드(페이스)를 올려라, '↓'는 스피드(페이스)를 줄여라 등이다. 또한 팀마다 암호를 이용해 정보를 전달하기도 한다.

피트 스톱 pit stop　피트에 정지하는 것이다. 자기 팀의 피트를 지나 정지한 경우에는 백 기어의 사용이 금지되어 있으며, 엔진을 끄고 경기 진행 요원의 허락을 받아 피트 요원의 힘으로 밀어서 되돌아가야 한다.

피트 아웃 pit out　피트 작업을 끝내고 경주 코스로 다시 들어가는 것을 말한다.

피트 인 pit in　경주차의 수리, 조정, 점검, 연료 보급, 타이어 교환, 드라이버 교체 등의 목적으로 피트로 들어오는 것이다. 장거리 내구 레이스에서는 연료 보급이나 드라이버 교체를 위한 피트 인이 허용되지만, 단거리 레이스에서는 경주차의 트러블과 점검 등 부득이한 경우에만 피트 인이 허용된다.

피트 크루 pit crew　감독, 매니저, 타임키퍼(timekeeper, 계시원), 메커닉 등의 피트 요원으로 별명은 피트 맨이다. 피트 크루의 인원수는 레이스마다의 특별 규칙서에 의해 제한되는데, 내구 레이스에서는 최고 8명, 스프린트 레이스(단거리 경주)에서는 3～5명으로 제한되는 것이 보통이다.

피티시 히터 PTC heater ; positive temperature coefficient heater　캐딜락 차에서 최초로 채용된 전기식 자동차 초크의 바이메탈 열원(熱源)으로서 개발되었다. PTC는 PTC 저항이라고 불려야 한다. 일반적으로 자동 온도 조정 장치 등에서는, 온도가 높아지면 저항치가 감소하는 특성이 있지만, 어느 온도에 이르면 저항치가 급격하게 증폭하는 것이 발견되었다. 온도 계수가 급히 증가하는 점의 온도를 이상 온도(또는 큐리점) TA로 호칭하지만, 이것은 PTC로서 사용되어 있는 티탄산바륨의 세라믹 결정 구조가 변하는 것에 의해서 발생하는 것이다. 온도 계수는 TA 이하의 온도에서는 치수도 적고 거의 일정한 것이다. 이상 온도가 120℃의 재료는 온도 계수가 최대치여서 TA에서의 치수 $+150\,\%/℃$이고, 이와 비교해서 $65℃$의 재료는 TA로 $+25\,\%/℃$이다. PTC의 또 하나의 특징은, 히터의 표면 온도 TA점에 도달하는 시간이 대단히 빨라 수 초 또는 수십 초에서 표면 온도가 안정된다는 것이다. 표면 온도가 안정되면, 그 뒤 저항치는 자가 증감에 의해서 뛰어난 전류 제한 특성을 발휘한다. 이런 일은 상온 시에 대용량의 전류가 흐르더라도 시간이 경과한 후에 전류치를 대폭 감소할 수 있고, 동시에 표면 온도는 일정하므로 초기의 웜업 운전성을 크게 향상시킨다.

피팅[1] fitting　(1) 서피스 플레이트에 공작물의 표면을 문지르고 다듬질면의 고저를 가려내어 연삭하는 것이다. (2) 끼워 맞춤을 하는 것을 말한다.

피팅[2] pitting　구름 접촉면에 대해서 주로 되풀이되는 접촉 하중에 의한 재료의 피로에 의해 접촉부 표면이 얇게 떨어져나가고 작은 피트가 생기는 손상을 말한다. 점식(點蝕)이라고도 한다.

피프스 휠 리드 fifth wheel lead　트레일러에서 제5륜 오프셋이다. 세미 트레일러 트랙터의 제5륜 중심과 뒤차축 중심 사이의 수평 거리로, 뒤차축이 2축식인 경우의 뒤차축 중심은 그 두 차축의 중심이며, 제5륜의 중심이 뒤차축 중심의 앞에 있는 경우를 정(+), 뒤에 있는 경우를 부(−)로 한다.

피피엠 PPM ; part per million　100만분의 1을 말한다. 예를 들면, 1 ppm이라는 것은 사방 1 m의 대기 중에 사방 1 cm의 덩어리 1개분이라는 것이다. $1\,\% = 10,000\,ppm$이다.

픽업 pickup　(1) 차의 급가속 능력을 이른다. (2) 화물칸의 지붕이 없고 측판이 운전대와 일체로 되어 있는 소형 트럭을 말한다.

픽업 코일 pickup coil　전자식 점화 시스템에서 리액터가 영구 자석을 지나갈 때 전압이 유도되는 코일을 말한다.

픽업트럭 pickup truck　적재함의 뚜껑이 없고 측판(側板)이 운전대와 일체가 되어 있는 소형 트럭으로, 주로 용달용(用達用)으로 많이 사용된다.

픽 해머 pick hammer　머리의 한쪽은 반듯하게 평평하고 반대쪽은 뾰족하게 생긴 금속 작업용 해머를 이른다.

핀 fin　엔진 또는 라디에이터 외부에 형성된 돌기부를 말하며, 이 핀은 공기와 접하는 접촉 면적을 크게 하여 열전도율(냉각 효과)를 높여 준다. 공랭식 엔진에서 엔진 블록에 형성된 핀도 이와 같다.

핀 부착 세미컨실드 와이퍼　우천 고속 주행 시에 발생하는 와이퍼의 부상을 방지하는 핀을, 와이퍼 블레이드에 장착하여 공기역학적 효과가 향상하고, 양호한 시계(視界)까지도 확보하는 컨실드 구조를 갖는 와이퍼를 말한다.

핀 저널 베어링 pin journal bearing　⇨ 크랭크핀 베어링

핀치 아웃 pinch out　브레이크 노이즈의 일종으로서, 제동 정지 직전에 일어나는 것을 말한다.

핀치 오프 pinch off　핀치 롤러와 테이프 보호를 위해 설치된 기구로서, 테이프를 삽입한 상태로 전원을 끊으면 핀치 롤러가 캡스터에서 이탈되는 장치라는 뜻이다.

핀치 웰드 pinch weld　동일한 방향으로 함께 점용접된 두 개의 금속 플랜지이다.

핀 키 pin key　핀 모양의 키로서, 축과 보스의 접합면에 뚫은 구멍에 꽂는다.

핀틀형 노즐 pintle type nozzle　부실식 연소실에 쓰이는 경우가 많으며, 니들 밸브의 끝이 분구의 앞까지 돌출하고 있어 밸브가 열리면 분무는 $4°$ 정도의 정각을 가지는 원뿔 모양으로 분사한다. 분공의 지름(1~3 mm)이 비교적 크고, 구멍이 작동 중 니들 밸브의 앞 끝에 의해 소제되기 때문에 막히는 일이 적다. 그리고 분사 압력이 낮아도 분무의 분포가 적고 구조가 비교적 간단하고 고장도 적다.

핀틀형 인젝터 pintle type injector　연료의 분사 구멍이 2개로서 니들 밸브가 외부에 노출되어 있지 않으며, 흡입 밸브가 2개 설치되어 있는 전자 제어 연료 분사 엔진에 사용한다. 연료를 각 포트에 정확하게 분사하여, 실린더에 흡입되는 혼합 가스를 균일하게 유지함으로써 응답성이 향상된다. 연료가 분사되는 구멍이 비교적 커서 연료 속에 포함된 이물질이나 흡기계에 퇴적되

는 카본류의 오염에 영향을 적게 받아 내구성이 좋다.

핀홀 pinhole　도막(塗膜)에 생기는 극히 작은 구멍을 말한다.

필드 field　(1) 물리에서, 전기장이나 자기장을 이르는 말이다. (2) 컴퓨터 용어로, 레코드 안에서 특정한 종류의 데이터를 위하여 사용되는 지정된 영역으로, 데이터 처리의 최소 단위이다.

필드 코일 field coil　전류가 지나갈 때 자장(磁場)을 만드는 제너레이터나 시동 모터 내의 코일이나 전선을 말한다.

필라멘트 filament　전구나 전자관 속에 있는 가는 금속선으로, 전류를 흘려 주면 빛과 열을 방출한다. 필라멘트의 재료는 고온에서도 계속 빛을 내야 하기 때문에 녹는점이 높아야 하고, 적당한 전기 저항값을 가져야 한다. 주로 텅스텐이나 니켈 등이 사용된다. 고온에서 필라멘트가 변형되는 것을 방지하기 위해 산화알루미늄, 산화규소, 산화칼륨 등이 첨가되지만, 오래 사용하면 필라멘트가 점차 가늘어지다가 끊어진다.

필러 pillar　기둥을 말하는 것으로, 도어부와 천장의 중간에 있어 차에 강도를 더해 준다. 프런트 윈도와 사이드 윈도의 중간에 있는 필러가 프런트 필러(A필러), 앞뒤 도어의 중간에 있는 것이 센터 필러 또는 사이드 필러(B필러), 리어 도어와

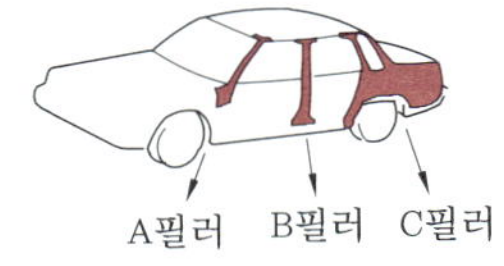

필러

① 센터 필러 로어 트림　　② 프런트 필러 트림
③ 리어 필러 트림　　④ 센터 필러 어퍼 트림
⑤ 센터 필러 로어 커버 트림　⑥ 파티션 보드
⑦ 리어 휠 하우스 트림　　⑧ 사이드 카울 트림
⑨ 프런트 도어 스카프 트림　⑩ 리어 도어 스카프 트림
⑪ 리어 패키지 트림

필러와 사이드 트림

리어 윈도 사이의 것이 리어 필러(C필러)이다. 객실의 시계(視界)와 스타일을 좋게 하기 위해서 사이드 필러를 없앤 차가 있어 필라레스라고 부른다. 프런트 필러의 모양은 바람을 가를 때 나는 소리와 큰 관계가 있다.

필러 게이지 feeler gauge　정확한 두께의 철편이 단계별로 되어 있는 측정용 게이지로, 두 부품 사이의 좁은 거리(틈) 및 간극을 측정하기 위한 것으로, 틈새 게이지라고도 한다.

필러 내장 엘라스토머　탈크, 마이카, 위스카 등의 강화재를 메운 엘라스토머(elastomer, 탄성 중합체)를 말한다.

필러드 하드톱 pillared hardtop　센터 필러를 남겨 두고 뒤쪽 창틀을 떼어 낸 형태를 말한다.　⇨ 하드톱

필러 안테나 pillar antenna　프런트 필러에 부착되어 있는 안테나로서, 필러의 밖에 설치하는 방식과 안에 넣어 사용할 때 뽑아 내는 방식이 있다.

필러 캡 filler cap　일반적으로 급유구의 뚜껑을 말하는데, 라디에이터나 오일 탱크 등 용기의 덮개를 가리키는 경우도 있다.

필러 플러그 filler plug　축전지 커버의 중앙부에 전해액을 주입하거나 물을 주입하는 구멍을 막는 마개이다. 필러 플러그는 각 셀마다 1개씩 설치되어 있으며, 중앙에는 구멍이 뚫려 있어 축전지 내부에서 발생한 수소 가스나 산소 가스를 방출한다.

필로 볼 pillow ball　현가장치의 암이나 스태빌라이저의 지지부에는 보통 고무제의 부시가 사용되고 있으며, 그것을 금속제로 만든 것이 필로 볼이다. 금속이기 때문에 휨이 발생하지 않아 직접 자동차의 움직임이 전달되는 것이 특징이다. 따라서 스포츠카에 많이 사용된다.

필로 볼식 스태빌라이저 링크 pillow ball type stabilizer link　스태빌라이저와 로어 암을 연결하는 스태빌라이저 링크의 각 결합부에 필로 볼을 사용한 것이다. 링크 강성이 높아지고 미소한 롤에도 스태빌라이저가 유효하게 작용하여 조정 안정성이 높아진다. 또한 구성 부품이 적고 서비스성도 우수하다.

필름 film　(1) 기판(基板)의 표면에 부착한

다른 고체의 매우 얇은 층을 말한다. (2) 엔진 오일이 순환하면서 금속 표면에 형성하는 얇은 오일막을 말한다.

필릿 fillet　크랭크축의 일부로서 크랭크축 저널 면(journal surface)과 크랭크가 접합하는 부분의 명칭이다.

필릿 용접 fillet weld　겹치기 이음, T형 이음, 모서리 이음에 있어서, 대략 직각으로 교차하는 두 면을 결합하는 3각형 단면의 용착부를 갖는 용접을 말한다.

필릿 용접의 치수 size of fillet weld　필릿 용접의 크기(S_1, S_2, S_3)를 지정하기 위하여 설계에서 사용하는 치수이며, 이 치수로 정해지는 3각형은 필릿 용접부의 횡단면 안에 포함되어야 한다.

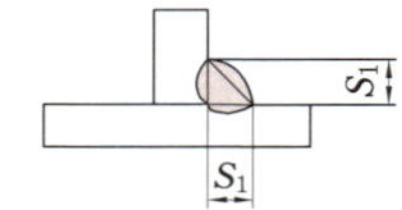

(a) 다리 길이가 같은 경우(1)

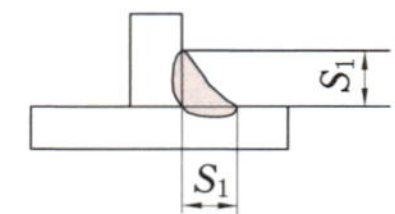

(b) 다리 길이가 같은 경우(2)

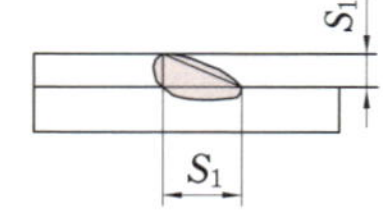

(c) 다리 길이가 다른 경우

필릿 용접의 치수

필릿 용접 이음 fillet welded joint　필릿 용접으로 접합하는 이음을 말한다.

필링 평가 feeling valuation　운전자의 감각이나 감성(feeling)으로 자동차의 조종성과 안정성을 평가하는 것이다. 시험 기기에 의한 측정으로 나타낼 수 없는 미묘한 차이를 운전자가 판단하여 대상이 되는 특성의 좋고 나쁨과 정도를 판정한다.

필터 filter　기상이나 액상 중의 작은 고형물을 제거하기 위한 여과기 외에도, 빛을 비롯한 전자파, 전기 진동, 음파 등에서 특정한 진동수 영역만을 선별하고 다른 것은 제거하기 위한 다양한 소자를 가리킨다. 재질상으로는 착색유리인 솔리드 글라스 필터, 착색 젤라틴을 착색한 젤라틴 필터, 착색 젤라틴을 2개의 유리에 끼워 넣은 샌드위치 필터 등이 있다. 특수한 용도에 쓰이는 것을 제외하면, 흑백용으로는 솔리드 필터가 일반적으로 사용되며, 둥근 금속 테에 끼워져 있는 것이 많다.

필터 엘리먼트 filter element　필터 내에서 불순물을 여과시키는 데 사용되는 물질이다. 기체를 여과시키는 건식 필터에는 미세한 구멍을 가진 종이가 사용되고, 액체를 여과시키는 습식 필터에는 와이어 메시나 스틸 울이 사용된다.

필터 유리 filler lens　용접할 때 발생하는 해로운 광선을 차단하는 성질을 가진 유리를 말한다.

필터 트래퍼 filter trapper　디젤 퍼티큘레이트를 포집(捕集)하는 장치의 일종이다. 다공질(多孔質)의 격벽(칸막이벽)에 의하여 다수의 작은 방으로 구성된 통 중앙에 배출 가스를 흐르게 하여 격벽 안으로 가스가 통과할 때 퍼티큘레이트(미립자)를 포집하도록 한 것이다. 허니콤(벌집) 구조로 되어 있는 허니콤 필터, 격벽을 이용한 월 플로 타입 필터가 있다.

핍 fip　접합하는 두 부품 사이에 화성(化成, be formed)되는 화학성 개스킷 형식을 말한다.

핑 ping　엔진 연소실 내에서 공기/연료 혼합물의 급작스러운 점화로 인한 소리로, 폭음의 특유한 소리를 말한다.

핑거 finger　다이어프램식 클러치에서 원뿔의 끝 부분이나 타이밍 위치를 나타낼 때 타이밍 체인 커버 또는 언더 커버에 설치된 화살 표시가 손가락 모양 같다고 하여 붙여진 명칭이다.

핑잉 回 pinging 영 pinking　노킹(knocking)을 말하며, 핑(ping)은 탄환 맞을 때에 나는 소리나 탁상 벨을 울렸을 때에 나는 소리를 가리킨다.

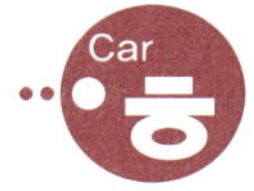

하니스 harness (1) 장치, 장비, 작업 설비를 말한다. (2) 여러 가지 길이를 가진 절연 전선의 다발을 말하며, 특정의 장치에 바로 배선할 수 있도록 각 소선(小線)으로 만들어 단자를 붙여 정리한 것을 말한다.

하대 오프셋 rear body offset 적재함의 중심선과 후축 중심선과의 거리를 말하며 추축보다 전방에 있으면 +, 후방에 있으면 − 로 나타낸다.

하드너 hardner 경화(硬化)를 촉진하기 위하여 일부 에나멜페인트에 첨가하는 화학물이다.

하드톱 hardtop 소프트톱에 대비되는 말로, 철판 또는 플라스틱으로 된 딱딱한 지붕을 가진 차를 가리킨다. 처음에는 컨버터블 차에 탈착시킬 수 있는 방식이었으나, 점차 떼어낼 수 없는 일체식 구조로 되었다. 특징으로는 컨버터블의 자취가 남아서 가운데 기둥이 없고, 사이드 윈도도 풀 오픈이 되어 개방감이 있으며, 센터 필러가 없는 것이 특징이나 필러 톱이라 하여 중간 기둥을 댄 것도 있다. 현재는 4도어 하드톱도 있어 똑같은 해방감을 내기 위해 사이드 윈도는 테가 없다. 외관상의 무드를 같게 하면서 안전 강도를 높이기 위해서 기둥을 세운 필러드 하드톱도 있다.

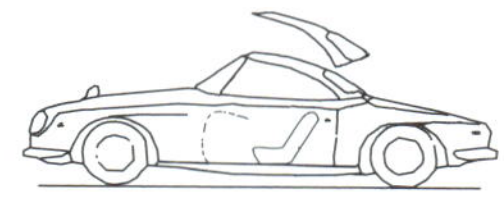

하드톱

하드톱 컨버터블 hardtop convertible 쿠페형 승용차를 기본으로 하여 딱딱한 재료로 만든 지붕을 접었다 폈다 할 수 있게 만든 차량이다.

하드 하이브리드 전기 자동차 hard hybrid electric vehicle 구동 바퀴를 진동 모터로 구동하는 직렬형과 엔진과 전동 모터를 병용하여 구동하는 병렬형을 혼합한 자동차를 이른다. 변속기, 대용량 모터 2개(구동용과 발전기용 모터), 동력 분할·통합 기구로 구성되어 있다. 시동, 출발, 저속 주행에서는 전동 모터로 구동하고 고속 주행, 가속, 등판할 때는 동력을 보조하는 역할을 수행한다.

하라마 서킷 Jarama Circuit 스페인 마드리드 근교에 1967년 만들어진 서킷이다. 스페인 GP의 무대로 사용되기도 했다. 1주 길이가 3.312 km이다.

하모닉 밸런서 harmonic balancer 피스톤의 맥동적인 폭발(동력) 발생으로 크랭크축의 비틀림 작용이 반복되므로 이를 제거하기 위해 크랭크 앞에 설치하는 장치를 말한다.

하사점(下死點) BDC ; bottom dead center 피스톤이 실린더 내에서 그 하강 행정 중 가장 아래 지점에 위치한 지점을 말하는데, 이를 로어(lower) 데드 센터 또는 보텀(bottom) 데드 센터라고도 한다.

하시니스 harshness 포장도로의 이음새나 거친 노면의 돌기와 단차 (段差) 등을 가로지를 때 타이어에 느껴지는 '탕' 또는 '쿵'하는 소리에 따르는 충격을 말한다. 타이어에서는 일반적으로 트레드 폭이 넓을수록, 공기압이 높을수록 하시니스는 커지는 경향이 있다. 레이디얼 타이어는 저속에서 하시니스가 크지만, 고속으로 달릴수록 점점 작아진다.

하우징 housing (1) 부품을 수용하고 있는 부분이나 기구가 놓여 있는 프레임 등 모든 기계 장치를 둘러싸고 있는 상자형 부분이다. (2) 로터리 엔진의 본체를 이루는 부품으로서 왕복형 엔진의 실린더 블록과 실린더 헤드에 해당하는 것이다. 내면이 페리트로코이드(peritrochoid) 곡선 모양을 한 통 모양의 로터 하우징과, 이것을 양면으로부터 지지하는 측벽(사이드 하우징)으로 이루어져 있다.

하이 기어 high gear　변속기나 파이널 기어의 감속비가 작게 설정되어 있는 것을 말한다. 하이 기어로 하면 톱 속도가 높아지며 연비가 향상되기 때문에 최근의 자동차는 이와 같은 경향을 보인다.

하이 기어드 high geared　변속기나 종감속 기어의 감속비를 낮추어 총감속비를 작게 하는 것으로, 연료 소비율이 좋기 때문에 엔진의 회전을 그다지 올리지 않도록 하는 목적과 최고 속도를 높일 목적으로 이용된다. ⇔ 로 기어드

하이드러매틱 hydra-matic　GM의 자동 변속기의 명칭이다.

하이드로 hydrau　원래 수력이라는 의미에서 변화하여 현재는 액체의 압력을 사용한 기기에 쓰는 접두어이다.

하이드로뉴매틱 서스펜션 hydropneumatic suspension　액체(하이드로)와 기체(뉴매틱)를 사용한 서스펜션으로, 구(球) 모양으로 된 물체 속에 이들을 따로따로 넣어 스프링 작용을 시키는 것이며, 1950년대부터 시트로엥(Citroen)에 사용해 왔다. 유연한 막으로 칸막이를 한 금속으로 된 구 속에 위쪽에는 압축할 수 있는 기체, 아래쪽에는 압축할 수 없는 액체가 들어 있다. 액체는 서스펜션의 움직임에 따라 압축되지만 부피가 변하지 않고 유연한 막을 통하여 기체(가스)를 압축한다. 가스는 압축되면 부피가 변하여 이것이 스프링 작용을 한다. 이 서스펜션의 장점은 어떤 하중이 걸려도 차의 높이를 일정하게 유지하고 또한 승차감도 변하지 않는 점이다.

하이드로래스틱 서스펜션 hydrolastic suspension　고무 스프링으로 둘러싸인 탱크와 나일론 섬유로 보강된 고무제의 다이어프램으로 만들어진 탱크를 댐퍼 밸브가 설치된 금속판으로 구분하여 알코올과 방부제를 혼합한 물을 채운 구조로 되어 있고, 다이어프램은 현가(서스펜션) 암에 연결되어 있다. 현가 암이 상하로 작동되면 물이 두 개의 탱크 사이를 댐퍼 밸브를 통해 왕복하여, 쇼크 업소버의 역할과 동시에, 전체가 스프링 역할을 하는 구조로 되어 있다. 앞뒤 바퀴 탱크의 물을 파이프로 연결하면 차체의 피칭을, 좌우를 연결하면 롤링을 제어할 수 있다.

하이드로미터 hydrometer　⇨ 비중계

하이드로 백 hydro-vac　미국 벤딕스(Bendix) 사에서 제작되는 진공 브레이크의 상품명으로 유압 브레이크에 진공식 배력 장치(倍力裝置)를 병용하고 있어 가볍게 밟아도 브레이크가 잘 듣는 것이 특징이다. 엔진 흡기 다기관의 진공과 대기 압력의 압력 차이 $0.7\ \mathrm{kgf/cm^2}$를 이용하여 브레이크 페달을 밟았을 때 마스터 실린더에서 발생되는 유압을 증대시켜 큰 제동력을 얻도록 하는 장치이다. 종류에는 원격 조작식과 직접 조작식이 있다. 원격 조작식은 하이드로 백을 마스터 실린더와 별개로 설치하는 것으로 주로 대형 자동차에 사용되고, 직접 조작식은 하이드로 백이 마스터 실린더와 일체로 된 것으로 소형 자동차에 사용된다.

하이드로 브레이크 부스터 시스템 hydro brake booster system　트랙션 컨트롤 시스템인 TRC와 4륜 ABS를 일체화한 장치의 명칭이다.

하이드로 서보 브레이크 hydro servo brake　유압식 브레이크에 하이드로 백(hydro-vac)을 설치하여 엔진 흡기 다기관의 진공과 대기 압력 사이의 압력 차이 $0.7\ \mathrm{kgf/cm^2}$를 발생시키는 브레이크이다.

하이드로스태틱 트랜스미션 hydrostatic transmission　(1) 정유압식(靜油壓式) 변속기이다. 유압 펌프를 사용하여 작동 유체의 유량(流量)을 연속적으로 제어함에 따라 무단 변속을 얻는 것이다. (2) 입력 회전 속도를 일정하게 유지한 채 출력 회전의 변속 및 정역전(正逆戰)과 장치가 쉽게 이루어지는 변속기이다. (3) 지게차나 농기계의 트랙터에는 실용화되고 있지만, 고속으로 주행하는 일반 자동차에는 적합지 못하여 사용하지 않는다.

하이드로 에어 팩 hydro air pack　압축 공기와 대기압 사이의 압력차를 이용하여 브

레이크 마스터 실린더의 유압을 보다 강력하게 휠 실린더에 전달하는 기구를 말한다. 실린더, 밸브, 유압 실린더부로 구성되며, 브레이크 작동 전에는 리턴 스프링의 힘으로 뒤로 밀려 있는 피스톤을 중심으로 실린더 내부는 대기압과 같은 상태이나, 제동 시에는 마스터 실린더에서 발생된 유압이 휠 실린더로 전해지면서 동시에 에어 팩 내의 릴레이 밸브를 밀면 압축 공기가 피스톤을 밀어 더욱 가압된 오일을 휠 실린더로 보내 강한 제동력이 발생된다.

하이드로 에어 팩 브레이크 hydro air pak brake 유압식 브레이크에 하이드로 에어 팩을 설치한 것으로 압축 공기와 대기 압력의 압력 차이를 이용하여 마스터 실린더에 전달되는 유압을 증대시킴으로써 큰 제동력이 발생되도록 하는 브레이크이다.

하이드로 카본 hydro carbon ⇨ 탄화수소

하이드로타더 hydrotarder 유체(流體) 감속기를 일컬으며 하이드롤릭 리타더(hydraulic retarder)를 줄인 말이다.

하이드로 플라이휠 hydro flywheel 플라이휠을 2분할하여, 사이에 스프링과 그리스의 댐퍼를 설치함으로써, 엔진의 토크 변동을 효과적으로 흡수하는 플라이휠이다. 이로 인해 진동, 작은 잡음, 실내 소음의 저감 및 저회전으로부터 매끄러운 가속과 저연비가 가능해진다.

하이드로플레이닝 hydroplaning 고속으로 빗길을 달리면 타이어와 노면 사이의 빗물 때문에 타이어가 노면에 접지하지 않고 위로 뜬 상태가 되는데 이러한 현상을 하이드로플레이닝이라고 한다. 이 현상이 일어나면 차의 컨트롤이 어려워 스핀하는 수가 많다. 특히 레이스는 비 오는 날에도 하고 게다가 고속으로 달리기 때문에 하이드로플레이닝에 의한 위험성이 높다. 이럴 때에는 양손으로 핸들을 누르고 엔진브레이크로 조용히 속도가 떨어지는 것을 기다리는 것 외에는 방법이 없다. 따라서 코스 위에 고인 빗물을 피해서 달리거나, 물이 잘 빠지도록 하기 위해 타이어에 폭넓은 홈을 깎는 등의 수단이 강구되고 있다. 이러한 현상을 방지하기 위해서는, 트레드 마모가 적은 타이어를 사용하고 타이어 공

기 압력을 규정보다 10 % 정도 높여 사용해야 한다.

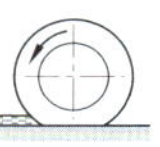

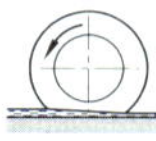

하이드로플레이닝 현상

하이드롤릭 래시 어저스터 hydraulic lash adjuster 일반적으로 밸브 래시 어저스터라고 한다. 오일로 채워진 실린더 내에 구멍이 뚫린 피스톤을 설치하여 이 구멍을 체크 볼로 막은 구조로 되어 있으며, 스프링 장력에 의해 일정한 상태로 유지된다. 캠의 로브가 리프터를 누르면 계통 전체가 밸브 스템을 누르며, 이때 피스톤 주위로 약간의 오일이 흐른다. 즉, 오일이 흐르고 있는 상태에서 힘이 전달되므로 밸브 리프터는 항상 캠에 밀착하여 움직인다. 로브가 통과하여 힘이 제거되면 체크 볼이 열려 오일이 보충되고, 스프링의 장력에 따라 계통은 원래의 상태로 돌아간다.

하이드롤릭 밸브 리프터 hydraulic valve lifter 캠축의 캠에 접하는 밸브 리프터로서, 하이드롤릭 래시 어저스터를 갖추고 있다.

하이드롤릭 실린더 hydraulic cylinder 유압 실린더라고도 부르는데, 하이드로 백 내부에 장착되어 오일 배력 장치의 실린더로서 피스톤이 브레이크 페달에서 전달해 오는 작은 압력에 의해 큰 압력으로 만들기 위해 작동하는 실린더이다. 파워 피스톤에는 체크 밸브가 설치되어 마스터 실린더로부터의 브레이크액을 휠 실린더에 유동시키고 또한 유압 피스톤의 작동 시에는 역류를 방지해 휠 실린더의 유압을 증가시키는 작용을 한다.

하이드롤릭 어큐뮬레이터 hydraulic accumulator 비교적 소용량의 펌프로부터 송급된 높은 압력의 액체를 비축해 두었다가 단시간에 대형 액압기(液壓機)를 작동시키는 데 사용하는 장치를 말한다. 어큐뮬레이터는 유체의 에너지를 저장하는 용기이다.

하이드롤릭 유닛 HU ; hydraulic unit 유압 유닛을 말한다. 펌프, 구동 모터, 탱크 및 릴리프 밸브 등으로 구성된 유압원 장치 또는 유압원 장치의 제어 밸브를 포함하여 일체로 구성된 유압 장치이다. 앤티 로크 브레이크(ABS)의 구성 부품 중 하나이다.

하이드롤릭 커플링 유닛 HCU ; hydraulic coupling unit 캠 링크 내에 로터 및 베인(10매)을 조립하여 오일(작동유)을 봉입한 커플링이다. 캠 링크 내면(주먹밥형)과 로터(원형) 사이에는 3개소의 유실이 형성되어 있고, 그것을 구분해도 로터에서 밴이 스프링의 힘에 의해 캠 링크 내면에 붙어 있다. 로터와 캠 링크의 회전 속도에 차이가 생기면 유실 내에 고압이 발생하여 캠 링크를 회전시키는 힘이 발생한다. 즉 구동력의 전달이 이루어지는 구조로 되어 있다. 기타, HCU 내에는 토출 오일을 규제하는 3조(6개)의 체크 볼 밸브, 오일을 저장해 두는 탱크 등이 내장되어 있다. 또한 HCU는 차이가 작은 회전 영역에서의 전달 폭이 작기 때문에 타이트 코너 브레이킹 현상에 대해서 유리하다.

하이드롤릭 커플링 유닛 방식 풀타임 4WD 경자동차의 4WD 차량에 처음 적용된 하이드로 링크 커플링 유닛(HCU)을 사용한 4WD 시스템이다. 비스코스 커플링은 디맨드 방식 풀타임 4WD에 대해, 하이드롤릭 커플링 유닛(HCU)을 장착한 4WD 시스템에서는 노면 상황, 주행 조건에 따라서 자동적으로 전후륜의 구동력을 배분한다.

하이드롤릭 피스톤 hydraulic piston 동력 피스톤 푸시로드 끝 부분에 핀으로 설치되어 있다. 마스터 실린더 내를 이동하여 공급받은 유압을 높여 각 휠 실린더에 공급하는 역할을 한다. 하이드롤릭 피스톤 내부에는 체크 밸브와 요크가 설치되어 동력 피스톤이 작용하지 않을 때는 체크 밸브가 열려 있어 마스터 실린더에서 휠 실린더로 자유롭게 흐를 수 있다. 또한 브레이크를 작동할 때에는 동력 피스톤에 의해 하이드롤릭 피스톤이 움직이면 체크 밸브가 닫혀 유압을 휠 실린더에 전달함과 동시에 역류를 방지한다.

하이딩 hiding 페인트가 도장 표면을 가리는 정도를 말한다. 하이딩 어빌리티(hid-ing ability)라고도 한다.

하이딩 어빌리티 hiding ability ⇨ 하이딩

하이라이트 선 highlight sun 면의 정점, 태양광선이 비치는 경우 빛의 반사가 변하는 라인이다. 차를 옆에서 본 경우 일반적으로 프로텍트 몰 장착부보다 약간 위를 말한다.

하이 레이트 디스차지 테스터 high rate discharge tester 축전지의 고율 방전 시험기를 말한다. 일시적으로 큰 전류를 방전할 때 전압 강하를 조사하여 축전지의 기동력을 테스트하는 기기를 말한다.

하이 루프 high roof 밴이나 왜건 등의 용적을 크게 하기 위하여 보통의 차량보다 높게 만든 지붕을 말한다. 용적이 커서 다량의 화물을 실을 수 있으며 차실 내에서의 이동이 용이하다.

하이 리프트 캠 high lift cam 흡배기 효율을 높이기 위해 밸브 리프트를 크게 만든 캠을 말한다. 스포츠카나 레이싱 카의 엔진으로 사용된다.

하이 마운트 스톱 램프 high mount stop lamp 뒤쪽 윈도의 상부나 뒤쪽 스포일러에 조립된 스톱 램프를 말한다. 브레이크와 동시에 후속차로부터의 감지성을 향상시키고, 추돌 사고 등 방지에 높은 효과를 발휘한다. 전구식과 LED(발광 다이오드)를 사용한 2가지 타입이 있다.

하이 마운트 턴 램프 high mount turn lamp 보조 방향 지시기로서 경승용차(미니카)의 루프 스포일러의 양 사이드에 설치된 다운 시그널 및 비상등과 연동해서 점멸하는 다운 램프를 말한다. 후방으로부터의 감지성을 높이고 안정성의 향상을 도모한다.

하이메커 트윈 캠 high-mecha twin cam DOHC 4밸브 엔진의 명칭이다. 2개의 흡기 밸브는 통상의 타이밍 벨트 구동식 캠축으로 작동하지만 나머지 2개의 배기 밸브는 하이메커 트윈 캠의 흡기측 캠축에 부착된 시저스 기어로 구동되는 또 하나의 캠축에 의해 작동되는 기구로 되어 있다. 하이메커 트윈 캠의 메커니즘에 의해 밸브 협각(夾角)이 좁아지고, 연소실이 작아져 상용 회전 범위에서는 토크가 향상되며 연료 소비율이 좋아짐과 동시에 소음을 감소시킨다.

하이 미션 잭 high mission jack 트랜스미션, 트랜스 액슬, 차량 등을 리프트 업 한 상태로 탈착하는 데 쓰이는 기구이다. 하이 미션 잭을 엔진 샤프트 브릿지와 함께 사용하면 안전하고 효율적이다.

하이 백 시트 high back seat 높은 등받이가 있는 시트로서 등받이와 헤드 레스트를 일체로 한 것을 말한다.

하이브리드 과급 hybrid supercharger 슈퍼차저로서 터보차저와 기계식 슈퍼차저를 병용하는 장치를 이른다. 높은 출력을 얻기 위해 터보차저를 크게 하면 타임 래크가 커져, 저속 회전에서 급가속할 때 반응이 좋지 않은 결점을 기계식 슈퍼차저로 보완한 것이다. 1986년 세계 랠리 선수권에서 렌치와 델타 S4가 사용하여 효과를 얻은 바 있다.

하이브리드 IC hybrid integrated circuit 일반적으로 혼성 초소형(招小形) 집적회로(集積回路)를 말한다. 종류가 다른 2개 이상의 IC(집적 회로)를 조합하거나 한 종류의 IC와 독립된 부품으로 구성된 IC이다. 후막(厚膜) IC와 박막(薄膜) IC가 있다.

하이브리드 엔진 hybrid engine 종래의 엔진과 같이 에너지를 발생시켜서 이것을 직접 주행 구동용으로 사용하는 것이 아니라, 일단 중개 역할을 하는 곳으로 이관하였다가 적당한 출력을 얻어서 구동력에 사용하는 방식이다. 에너지 발생원은 종래의 어느 종류의 사이클 방식이나 사용할 수 있으므로 엔진 자체에 특별한 변화는 없다. 그러나 종래의 방식에 비해서 또 하나 여분의 부분을 개재하여야 하므로 그다지 활발한 연구는 진행되고 있지 않다.

하이브리드 자동차 hybrid vehicle 내연 엔진과 전기 자동차의 배터리 엔진을 동시에 장착하는 등 기존의 일반 차량에 비해 유해가스 배출량, 연비를 획기적으로 줄인 차세대 환경 자동차를 말한다. 전기 모터는 차량 내부에 장착된 고전압 배터리로부터 전원을 공급받고 배터리는 자동차가 움직일 때 다시 충전된다. 차량 속도나 주행 상태 등에 따라 엔진과 모터의 힘을 적절하게 제어하여 효율성을 극대화시킨 것이다. 일본 도요타의 프리우스와 혼다의 인사이트가 대표적인 차종이다. 프리우스는 2000년 말 세계 최초로 양산화에 성공하였다. 국내에서는 2009년 현대자동차의 아반떼 LPI와 기아자동차의 포르테 LPI가 출시되었다.

하이브리드 카 hybrid car 가솔린과 전기 모터, 디젤과 전기 모터 등 두 가지 이상의 구동 장치를 동시에 탑재한 차량으로 저공해와 연비 향상의 장점이 있다. 원리는 전기 모터로 시동을 건 뒤 일정 속도가 붙을 때까지 전기 모터가 엔진에 보조 동력으로 작동하며, 감속할 때는 차량의 운동에너지가 배터리에 저장된다.

하이브리드 회로 hybrid circuit 같은 작용을 하는 두 개 또는 그 이상의 기본적으로 다른 종류의 부품이 같이 사용된 회로이다. 전자관이나 트랜지스터를 병용한 회로, 개별 부품과 집적 회로를 혼용한 회로 따위가 있다.

하이 빔 high beam ⇨ 주행 빔

하이웨이 연비 highway fuel economy 미국 환경보호청(EPA)이 미국의 하이웨이 주행을 산정하여 정한 모드(HWFET)로 주행하였을 때의 연료 소비율을 말한다.

하이웨이 크루징 highway cruising 고속도로에서의 정속 주행을 뜻한다.

하이카스 HICAS 4륜 조향 장치의 명칭이다. 조향 기어 박스에 설치된 밸브가 코너링의 횡력에 의하여 눌리면 뒷바퀴가 서스펜션 멤버와 함께 동위상으로 조향되는 것이다. 이 방식은 하이카스-Ⅱ로 발전하여 뒷바퀴가 앞바퀴보다 약간 늦게 조향되는 방식으로 개발되면서 핸들링이 보다 자연스럽게 개선되었다. 하이카스에 컴퓨터를 도입한 것이 슈퍼 하이카스로서, 중·저속에서 빠른 조향을 하였을 때에, 뒷바퀴를 순간적으로 역위상 하는 등 한층 섬세한 핸들링을 할 수 있기 때문에 주행 라인의 트레이스를 보다 정확히 할 수 있게 되었다.

하이 캐빈 high cabin 천장이 비교적 높고, 헤드 클리어런스가 충분히 있으며, 캐빈의 위치가 높은 것을 말한다.

하이 캐스터 high caster 조향 차륜에 복원성을 갖게 하여, 주행 중 차량의 직전성을 확보하기 위한 보통 1~3의 캐스터를 설정하고 있다. 이 캐스터를 증대시키면 더욱 유효한 캐스터 효과를 얻을 수 있다.

하이 캐스터 앤드 쇼트 트레일 high caster & short trail　하이 캐스터각 하이 캐스터를 설정하여 높은 직진 안정성을 확보함과 동시에 트레일량을 작게 하여 조향력이 작아지도록 한 프런트 휠 얼라인먼트를 말한다.

하이 캠 샤프트 high cam shaft　OHV 엔진에서 캠축을 실린더 블록의 높은 위치에 설치한 형식이다. 푸시로드를 짧게 할 수 있어서 밸브 작동 계통의 강성이 높고, OHV 엔진으로 고속 회전이 가능하다.

하이 퀄리티 리어 셸프 high quality rear shelf　화물 출입이 용이한 접는 방식으로서 차음성(遮音性)과 밀폐성이 좋다.

하이텐션 high tension　점화 코일의 2차 권선으로부터 점화 플러그까지 연결되는 고압선으로 높은 전압을 흐르게 한다. 1~2만 볼트가 되며, 이러한 고압(하이텐션)의 전기가 흐르기 위한 배선이 하이텐션 코드이다. 최근 대부분이 유리 섬유에 탄소를 직립시켜 균일한 저항을 갖게 한 RR(라디오 레지스탕스) 코드가 사용되고 있다. 따라서 잡음방지용의 노이즈 서프레서(noise suppresser)는 불필요하다.

하이텐션 서킷 high tension circuit　(1) 점화 장치에 고전압의 전류가 흐르는 2차 회로이다. 점화 코일의 중심 단자에서부터 배전기 캠의 중심 단자까지, 배전기 캠의 점화 플러그 단자에서부터 점화 플러그 단자까지의 회로를 말한다. (2) 고압 회로로서 전기 공작물의 전압 종별에 의하여 고압인 직류는 750 V를 넘고 교류에서는 300 V를 넘는 전압을 말한다.

하이텐션 코드 high-tension cord　점화 코일의 2차측으로부터 디스트리뷰터를 지나 각 기통의 스파크 플러그까지 고압 전류를 전하는, 특수하게 절열된 전선을 말한다.

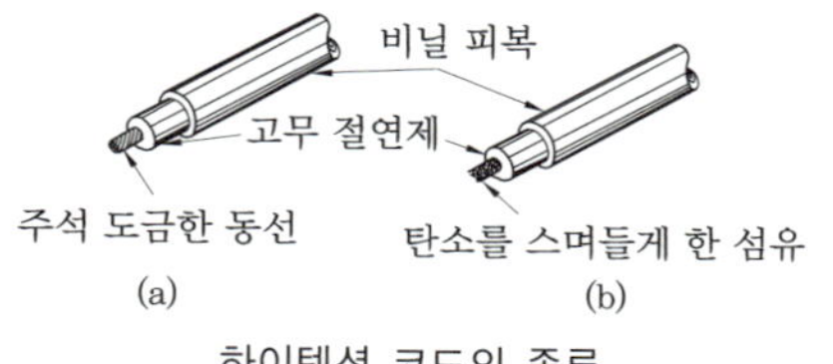

하이텐션 코드의 종류

전압의 전기는 공기 중에서도 불꽃 방전을 하려고 하기 때문에 특수한 전선이 필요하다.

하이트 게이지 height gauge　높이를 측정하기 위한 측정기이다. 높이 게이지라고도 한다. 앞쪽 끝은 단단하고 뾰족하게 되어 있으므로 서피스 게이지와 마찬가지로 재료에 금 긋기를 할 수 있다. 종류로는 HM형, HB형, HT형, 다이얼식이 있다. HM형은 견고하여 금 긋기에 적당하며 대형이나 0점 조정이 불가능하다. HB형은 경량 측정에 적당하나 금 긋기용으로는 부적당하다. HT형은 표준형으로 본척의 이동이 가능하다. 다이얼식은 다이얼게이지를 붙인 것이다.

하이트 센서 height sensor　전자 제어 서스펜션의 센서의 하나이다. 하이트 센서는 보디와 차축의 상대 위치 변화(차고 변화)를 검출하는 것으로서 프런트용과 리어용 2개가 있으며, 각각 센서 본체와 레버 및 로드로 구성되어 있다. 차고 변화는 레버의 회전에 의해 변환되어 센서 내부에 전달되고, 센서 내부에서 전기 신호로 변환된다. 전기 신호로의 변환 방법은 스티어링 각속도 센서와 동일하다.

하이트 어저스터 height adjuster　시트 조절 기구의 하나로서 시트 전체를 상하로 조절하여, 운전자의 좌석 높이에 맞춰 시트 높이를 선택하는 기구를 말한다.

하이트 컨트롤 시스템 height control system　차고(車高)를 설정된 높이로 유지하는 자동차의 차고 조정 장치를 이르는 말이다. 유압이나 공기 압력을 이용해 차고의 높낮이를 조정할 수 있으며, 일반 포장 도로에서는 공기 저항이 적고 조종 안정성을 향상시키고자 차고를 낮추고, 험한 길에서는 주파성(走破性)을 좋게 하려고 차고를 높이게끔 하는 장치가 일반적이다. 하지만, 승차감을 그대로 하면서 하중이나 노면 조건에 관계없이 차고를 일정하게 유지해 헤드램프의 조사(照射) 위치를 안정시키는 목적으로도 사용된다.

하이 틸트 스티어링 high tilt steering　틸트의 지점이 높은 위치에 있는 틸트 스티어링이다. 틸트량을 많이 잡을 수 있다는 점과 스티어링 휠을 내림 위치로 했을 때도 운전석의 승하차에 영향을 주지 않는다는 장점이 있다.

하이 퍼포먼스 메커니즘 high performance mechanism 매우 고성능의 기구를 말한다.

하이 퍼포먼스 타이어 high performance tire 타이어에 요구되는 기능 중에서 특히 고속 주행 때의 조종성과 안정성, 젖은 노면에서의 접지력 등에 중점을 두고 만들어진 타이어를 말한다. 일반적으로 레이스, 랠리 등 모터스포츠용 타이어의 노하우를 이용하여 개발한 타이어이다.

하이포이드 기어 hypoid gear 차동 기어의 일종으로, 테이퍼 롤러 베어링에 지지된 구동 피니언 기어는 링 기어의 중심보다 낮게 설치되어 있는 스파이럴 기어(spiral gear) 형식이다. 피니언 기어를 크게 제작할 수 있어 접촉률이 크고 원활하게 회전하여 감속비도 크게 할 수 있는 장점이 있다. 또한 피니언 기어 위치를 낮출 수 있어 프로펠러 샤프트(추진축) 위치와 차체의 지상고도 낮출 수 있다.

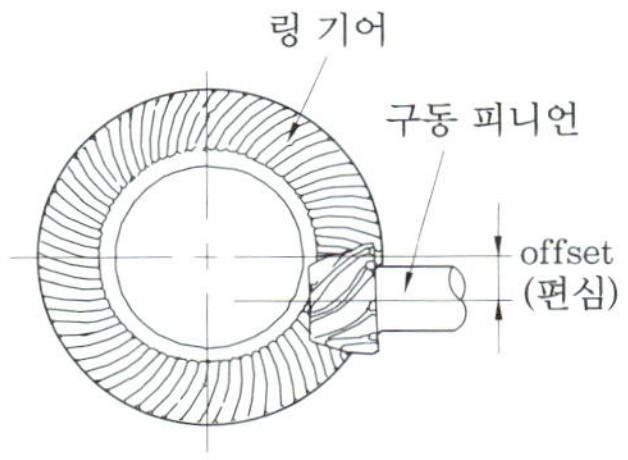

하이포이드 기어

하이포이드 기어오일 hypoid gear oil 하이포이드 기어를 윤활하기 위하여 개발된 오일이다. 하이포이드 기어의 접촉면에 작용하는 높은 하중과 미끄럼 속도에 견딜 수 있도록, 고압에서도 끊어지지 않는 유막을 만드는 극압제를 첨가한 오일로서, 극압성 윤활유라고도 한다. 기어오일은 API 서비스 분류나 MIL 규격으로 극압 첨가제의 첨가량에 따라 GL-1~5로 분류되어 있으며, 기어의 종류나 사용 조건의 가혹한 정도에 따라 하이포이드 기어는 면압(面壓) 및 나선 방향의 슬립도 크고 가혹한 사용 조건 때문에 극압 첨가제의 첨가량이 많은 GL-5가 사용된다.

하이 프레셔 스페어타이어 high pressure spare tire 응급용 타이어를 말한다. 표준 장착 타이어보다 폭이 좁은 바이어스 타이어를 표준보다 좁은 림에 장치한 것으로서 표준 장착 타이어보다 약 2배의 공기압으로 사용한다. 타이어의 체적은 표준 장착 타이어보다 약 2분의 1 가량 작고 트렁크 공간을 유효하게 활용할 수 있다.

하중(荷重) load (1) 여객차, 화물차 등에 표기되어 사용되는 경우 적재할 수 있는 수송 화물, 우편물 등의 제한 중량이다. (2) 물체나 구조물에 가해지는 외력으로 보통 중력을 말한다. 하중에 수반하는 속도에 따라 정적인 힘인 정하중(靜荷重), 동적인 힘인 동하중(動荷重)으로 대별된다.

하중 범위(荷重範圍) load range 타이어의 서비스 제한을 나타내기 위해 쓰이는 알파벳 시스템을 말한다.

하중 부담 능력(荷重負擔能力) load carring capacity 폭발 압력에 견디는 능력을 말한다. 소형이나 경량의 엔진이 큰 출력을 내기 때문에 베어링은 $115 \sim 125 \, \mathrm{kgf/cm^2}$의 압력에 견딜 수 있어야 한다.

하중 분포(荷重分布) weight distribution 앞뒤 바퀴에 걸리는 하중의 배분으로 중량 배분이라고도 한다.

하중 시험(荷重試驗) load test 구조물이나 차량 따위에 힘을 가하거나 무게를 실어 보아서 견디는 정도를 조사하는 시험이다. 주로 교량, 건물의 기둥, 철골, 항공기, 철도 차량, 자동차 따위에 대하여 행한다.

하체 중량(下體重量) chassis weight 스프링 아랫부분의 중량이라는 의미이며 일반적으로 이것이 가벼운 차는 접지력이 우수하고 승차감도 좋다. 가벼운 휠이나 경량 브레이크, 더블 위시본(double wishbone) 등은 이러한 하체 중량을 가볍게 하는 이점이 있다.

하트형 연소실식 디젤 엔진 heart type combustion diesel engine 직접 연료 분사식 디젤 엔진에서, 하트 모양의 연소실에 흡입되는 공기에 강한 와류를 만들면서, 연소실 중앙에서 분산되는 연료와 혼합을 좋게 하는 형식을 말한다.

하프 블레이드 half blade 고속 공기가 유입될 때 흡입 효율을 향상시키기 위하여 유입되는 공기의 접촉 부분을 작게 하여 저항을 감소시키기 위한 것이다. 또한 서지를 방지할 목적으로 필요한 공기의 흐름과 블레이드와의 균형을 맞추기 위하여 고안된 것으로 소형의 임펠러에 널리 쓰이고 있다.

하프 샤프트 half shaft　휠을 구동하는 독립 현가장치의 차축을 말한다. 종감속 기어와 휠에 각각 등속 조인트로 연결되어 있다.

하프 스로틀 half throttle　가속 페달을 절반(half) 정도로 밟아 스로틀 밸브가 반 정도 열린 상태이다. 파셜 스로틀, 파트 스로틀, 부분 부하라고도 한다.

하프 액슬 half axle　⇨ 하프 샤프트

하프 캡 half caps　휠의 중앙 부분만을 가리는 휠 캡을 말한다.

하프 클러치 half clutch　⇨ 반 클러치

하프 트림 half trim　도어의 일부가 장식으로 덮여 있는 것으로 풀 트림에 대비되는 용어이다.

하프 휠 커버 half wheel cover　휠 너트의 부분을 덮는 커버를 말한다.

하한선(下限線) lower limit　⇨ 미니멈

학습 제어(學習制御) learning control　과거의 제어 경험을 통해 보다 나은 제어 방식을 결정해 가는 방법을 말한다.

한계 게이지 limit gauge　구멍 또는 축의 최대 허용 치수의 측정 단면과 최소 허용 치수의 측정 단면을 가진 게이지이다. 2개의 게이지를 짝지어 한쪽은 허용 최대 치수로, 다른 한쪽은 허용 최소 치수로 만들어 제품 치수가 두 한도 내에 들어가도록 제작되었는지 검사하는 게이지를 말한다. 종류로는 구멍용 한계 게이지와 축용 한계 게이지가 있고, 용도에 따라 공작용 한계 게이지와 검사용 한계 게이지가 있다.

한랭지 사양(寒冷地仕樣)　북부 지방 등 기상 조건이 엄격한 지방을 위해서 만들어진 자동차를 말한다. 그 사양은 우선 엔진의 서모스탯의 설정 온도 변경, 포트 에어 인테이크의 채용, 시동 모터의 능력 향상, 배터리의 용량 향상, 히터의 용량 향상 등을 들0 수 있다. 오프 로드 4WD의 사용자 등은 일부러 이 한랭지 사양을 지정하여 구입하는 사람도 있다.

한 면 용접 one side welding　맞대기 용접에 있어, 받침 등을 써서 홈 쪽에서 용접을 하여 뒤쪽에 비드를 형성시킨 용접을 말한다.

한 면 홈이음 single groove joint　접합하는 2부재 사이에서 한쪽 면에 홈을 파고 용접한 이음이다.

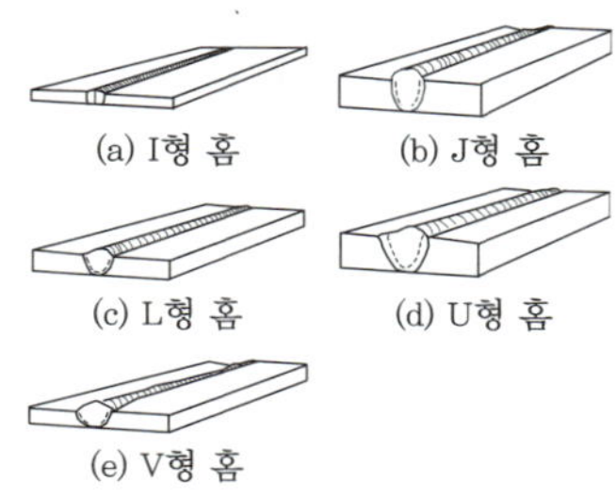

한 면 홈이음

1시간 정격 출력(一時間定格出力) one-hour rated output　중장비 엔진에 쓰이는 출력으로, 정격 회전 속도로 1시간 연속하여 낼 수 있는 출력을 말한다.

한 줄 나사 single thread　1개의 나사에 홈을 한 줄로 판 것을 말한다.

할로겐램프 halogen lamp　석영관에 할로겐 화합물을 봉입하고 할로겐과 텅스텐의 재생 순환 반응을 이용하여 수명을 길게 하고 빛의 감쇠를 방지한 램프이다. 보통 전구는 불을 켜면 텅스텐이 증발하여 유리 내벽에 검게 달라붙지만, 할로겐램프에서는 증발한 텅스텐이 할로겐 원소와 화합한 뒤 고온에서 해리(解離)되어 필라멘트에 다시 붙는 반응을 되풀이한다. 할로겐램프는 전구만 교환하면 되지만 값이 조금 비싸며, 차 모양에 어울리는 독특한 모양의 헤드램프를 설계할 수 있다. 헤드램프에도 사용되지만 포그 램프에서 더 많이 사용된다. 예전에는 요오드만을 써서 요오드 램프라 불렀다.

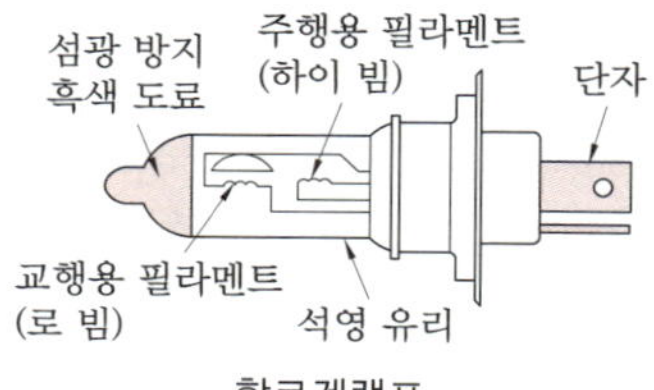

할로겐램프

할리드 토치 halide torch　냉매 프레온의 누출 점검 장치를 말한다. 토치의 불꽃을

누출 부분에 대면 누출량에 따라서 불꽃의 색깔이 녹색에서 자색으로 변한다.

할텐베르거식 스티어링 장치 조향 링키지의 하나로서, 한쪽의 너클 암에만 연결된 타이로드를 피트먼 암으로 움직이고, 이 타이로드의 도중에서 다른 쪽에 연결된 타이로드를 조향하는 방식이다.

합금(合金) alloy 두 가지 또는 둘 이상의 금속들을 합한 것을 말한다.

합금 주철(合金鑄鐵) alloy cast-iron 물리적 성질, 기계적 성질을 좋게 하기 위하여 합금 원소를 넣어 만든 주철이다. 니켈, 크롬, 몰리브덴, 구리 따위를 넣어 고장력, 내마모성, 내열성 따위의 특성을 가지도록 만든다.

합금화 아연 도금 강판(合金化亞鉛鍍金鋼板) galvanneal steel sheet ⇨ 아연 도금 강판

합성 고무 synthetic rubber 천연 고무와 유사한 물리적, 화학적 성질을 갖는 합성 고분자 화합물이다. 주요 합성 고무로는 스티렌-부타디엔 고무(SBR), 니트릴 고무(NBR), 부틸 고무(IIR), 클로로프렌 고무, 다황화 고무 등이 있으며 스테리오 고무, 실리콘 고무, 불소 고무 등도 사용되고 있다. 자동차의 보디와 섀시, 엔진 등에도 합성 고무가 사용되고 있으며 자동차용 고무의 80~90%가 합성 고무이다.

합성 사이클 composite cycle 디젤 기관 사이클의 한 형식으로, 오토 사이클과 디젤 사이클이 합성된 사이클을 말한다.

합성 섬유(合成纖維) synthetic fiber 순수하게 화학적으로 합성된 섬유이다. 나일론, 폴리에스테르, 아크릴, 비닐론 등의 섬유가 대표적이다. 폴리프로필렌 섬유, 폴리우레탄 탄성사(彈性絲)와 최근에는 케블러, 탄소 섬유 등 특수한 용도에 쓰는 합성 섬유도 만들어지고 있다. 의료용 이외에 어망, 섬유 강화 플라스틱의 강화재, 건축용재 등 많은 용도에 쓰인다.

합성수지(合成樹脂) synthetic resin 유기 화합물의 합성으로 만들어진 수지 모양의 고분자 화합물을 통틀어 이르는 말이다. 폴리염화비닐, 폴리에틸렌 따위의 열가소성 수지와 페놀 수지, 요소 수지 따위의 열경화성 수지가 있다.

합성 오일 synthetic oil 인공으로 석유 또는 기타 물질의 분자를 조합하여 만든 윤활유를 말한다.

합성 윤활유(合成潤骨油) synthetic lubricant 합성 반응을 이용하여 만든 윤활유로 올레핀 중합유, 실리콘유 따위가 있다. 레이싱 카 엔진 등 특수한 용도에 사용되고 있다.

합성재식(合成材式) 합성 재료를 사용한 엘리먼트를 이용하여 불순물을 여과하는 형식이다. 오일펌프에서 공급된 오일은 합성재 여과 엘리먼트 주위의 구멍으로 들어가 여과재를 통할 때 1차 여과가 된다. 1차 여과된 오일은 다시 섬유질 층을 지나면서 2차 여과되어 유량을 조절한 후 출구 체크 밸브를 통하여 윤활부 또는 오일 팬으로 보내진다.

합성 제품(合成製品) synthetic 자연 제품의 대치품으로 사용하기 위해 제작한 인조식-화학 혼합물을 말한다.

합재(合材) clad sheet ⇨ 클래딩

합판 유리(合板琉璃) laminated glass 강화 유리처럼 파손되었을 때 승객에게 미치는 피해를 적게 하기 위해 특별히 만든 유리이다. 이것은 투명한 특수 플라스틱을 중간에 넣고, 두 장의 유리를 합한 것이다. 돌 등에 맞아 파손되어도 튼튼하며, 유연한 플라스틱 중간막이 있어서 유리 파편이 흩어지거나 크게 깨지지 않는다. 크게 금이 갈 뿐 시계(視界)가 확보된다. 이 유리는 고급차와 레이싱 타입의 차에 많이 쓰인다. 중간막을 여러 층으로 겹치면 방탄유리가 된다.

핫 로드 hot rod 시판(市販) 자동차를 기준으로 하여, 엔진을 개조 또는 교환하여 독특한 스타일의 가속 성능을 철저히 추구한 자동차를 말한다. 미국의 젊은 층에서는, 폐차장에서 수집한 차나 부품을 사용하여 하나의 자동차를 조립하거나, 옛날 모델의 원형을 살리면서도 실용성이 높은 부분에는 최신의 부품을 사용해 훌륭하게 만드는 일이 많다. 이러한 자동차를 제작하거나 여기에 승차하는 사람을 핫 로더(hot rodder)라고 한다.

핫 리스타트 밸브 hot restart valve 엔진이 정지되었을 때 연료 펌프의 기포를 방

출하는 밸브이다. 연료 펌프가 작동하는 동안 열이 발생하여 기포가 연료 펌프 내에 축적되면 재시동이 어려우므로 엔진이 정지되었을 때 연료 펌프 내의 압력으로 밸브를 열어 연료 탱크로 기포를 방출한다.

핫 소크 hot soak 엔진을 오랫동안 또는 심하게 구동시킨 후 어느 기간 동안 정지하였을 때 나타나는 현상을 말한다. 이때 엔진에서 전달된 열은 기화기의 연료를 증발시키기 때문에 재시동(restart)하기 위해서 기화기를 프라이밍(priming, 수동으로 펌핑하는 것)해 주어야 할 경우도 있다.

핫 스티킹 hot sticking 오일이 고온으로 인해 변질되어 생긴 퇴적물에 의하여 피스톤 링이 링 홈에 고착되는 것을 말한다. ⇔ 콜드 스티킹

핫 스파크 hot spark 이미션 기준(emission standards)에 맞는 좀 더 엷은 혼합 가스를 점화 플러그에서 점화시키기 위해 필요한 좀 더 강력한 스파크를 말한다.

핫 스폿 hot spot 계열 중에서 특히 온도가 높은 부위를 말한다. ① 연소실의 일부분에 달라붙은 카본 등의 찌꺼기에 불이 붙은 채로 남아 있는 압축 행정에서 점화 플러그에 의한 점화 이전에 여기에서 발화하는 표면 착화의 원인이 되는 것이다. ② 기화기의 일부분으로서 흡기 가열을 하기 위하여 설치되어 있는 흡기 다기관과 배기 다기관의 접촉 부위이다.

핫 아이들 보상기 hot idle compensatory 뜨거운 엔진에서 공진 속도의 보상기로서, 입구 부분에서 공기 온도가 높을 때 열리도록 한 기화기의 온도 제어용 밸브를 말한다. 이것은 이 밸브가 열릴 때, 추가적인 공기가 공전 속도일 때 기화기의 스로틀 밸브 아래쪽에 들어오도록 하여 혼합 가스의 과농(過濃)을 방지하고 공전 속도의 안정성을 향상시킨다.

핫 아이들 컴펜세이터 hot idle compensator ⇨ 아이들 컴펜세이터

핫 에어 덕트 hot air duct 더운 공기의 도입관을 말한다. 통상의 흡입 공기는 에어 클리너에서 흡입되지만, 항상 적온의 흡기를 유지하고 냉간 시동 시의 덥힘을 빠르게 하기 위해 흡기 파이프에서 분기해서 도관을 설치한다.

핫 에어 인테이크 시스템 hot air intake system 한랭 시에 엔진의 난기(暖氣)를 빠르게 하기 위하여 배기 다기관 부근의 따뜻한 공기를 에어 클리너에 유도하는 장치이다. 엔진룸의 온도가 높을 경우를 대비하여 외기(外氣)를 도입하는 쿨 에어 인테이크 시스템과 조합하여 사용하는 것이 많다.

핫 에어 컨트롤 밸브 hot air control valve 워밍업 조정 밸브이다. 냉간 시동 시 온도가 낮을 때는 흡입 혼합 가스를 가열해서 기화를 양호하게 하고, 더운 공기를 빠르게 하며, 각 실린더의 혼합 가스를 균등하게 배분해 줄 필요가 있다. 또한 다량의 연료가 엔진에 공급되는 가속 시에는 가급적 빨리 기화시키기 위해 가열할 필요가 있다.

핫 엔진 소크 hot engine soak 예열된 엔진이 블록 및 기타 부품의 열 때문에 셧다운(shutdown, 정지)한 후 일정 기간 동안 온도가 상승하는 현상을 말한다.

핫 와이어식 에어플로 미터 hot wire type airflow meter ⇨ 열선식 에어플로 미터

핫 타입 스파크 플러그 hot type spark plug 냉형 플러그와 대비(對比)되는 용어로서 발화부의 열을 방열하기 어려우며 연소가 쉬운 방식의 점화 플러그를 말한다. 짧게 핫 플러그라고도 한다. 저속 주행에서 엔진 회전을 과도하게 높이지 않는 운전에 적합한 점화 플러그로서 고속 주행을 계속하면 발화부가 과열되기 때문에 조기 점화되어 엔진의 작동 상태가 불량해진다.

항력(抗力) drag 물체가 유체 내에서 운동하거나 흐르는 유체 내에 물체가 정지해 있을 때 받는 저항력을 말하며, 유체 저항이라고도 한다. 유체에 대한 물체의 상대 속도의 반대 방향으로 항력이 작용한다. 공기 중을 움직이는 자동차나 비행기, 물에서 움직이는 배나 잠수함은 항력을 줄이는 형태로 만드는 것이 중요하다.

항력 계수(抗力係數) drag coefficient 공기 6분력 계수 중 차량의 앞뒤 방향에 작용하며, 차량을 밀어 되돌리려 하는 힘으로 이

론상 최대치는 1.0이 된다. 이 수치를 10 %
작게 하면 연비는 약 2 % 향상된다고 한
다. 그 수치는 공기 저항, 공기 밀도, 주행
속도, 앞면 투영면적 등에 관계한다. 공기
저항 계수라고도 한다.

항복 전압(降伏電壓) zener voltage ⇨ 제
너 전압

항복점(降伏點) yield point 탄성 변형에서
소성 변형으로 변하는 점 또는 이때의 강
도를 말한다. 금속 막대를 구부리면 가하는
힘의 크기에 따라 휘어지는데, 어떤 크기의
힘까지는 힘을 빼면 막대는 원형으로 되돌
아가지만, 그 이상이 되면 구부러짐이 조
금 남게 된다. 이 경우를 막대가 항복점에
도달했다고 한다. 일반적으로 물체에 힘을
가했을 때의 응력과 변형의 관계가 비례적
으로 변화하는 탄성 한계를 넘어 소성(塑
性) 변형이 시작되는 점을 가리킨다. 항복
점의 가해진 힘을 물체의 단면적으로 나눈
값으로 나타낸다. '강복점'은 '항복점'을 잘
못 읽은 것이다.

해머 hammer 타격(打擊)용 공구인 망치류
중 비교적 큰 것에 속한다. 기계 가공에서
단조(鍛造)에 사용하는 손 해머, 기계 해머
등이 있다. 손 해머에는 소형의 한손 해머
와 대형의 큰 해머가 있고, 기계 해머에는
스프링 해머, 공기 해머, 증기 해머, 드롭
해머 등이 있다. 이들은 모루 위에 가공하
고자 하는 물체를 올려놓고, 위로부터 해머
로 두들겨 소정의 모양으로 만든다.

해머 오프 돌리 hammer off dolly 해머와
돌리를 사용하는 방법의 하나로서 돌리를
댄 곳 주위를 해머로 두드리는 방법이다.

해머 온 돌리 hammer on dolly 해머와 돌
리를 사용하는 방법의 하나로서 해머를 댄
부위를 돌리로 두드리는 방법이다.

해저드 램프 hazard lamp ⇨ 해저드 플
래시

해저드 플래시 hazard flash 비상 점멸 표
시등으로서 노상에서 긴급 정차하고 있을
때 다른 자동차와의 충돌을 피하기 위하

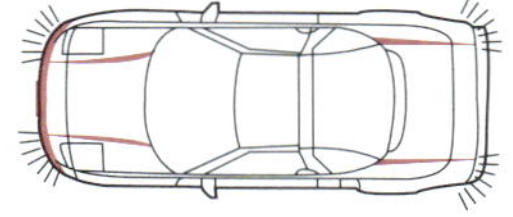

해저드 플래시

여 앞뒤·좌우의 방향 지시등과 보조 방향
지시등이 동시에 점멸하는 것이다. 해저드
램프라고도 한다.

해치백 hatchback 해치란 위 절반, 또는
위로 끌어올리는 문을 말한다. 해치백은
세단이나 쿠페의 뒷부분에 뚜껑을 단 보
디 형식으로 승용차 다용도성의 목적으로
유행했다. 밴과 왜건은 닮았으나 원래의
용도는 승용차이기 때문에 스타일을 크
게 개선했다. 그러나 보통 때는 승용차
무드를 내기 위해서 칸으로 막고 트렁크
로 쓴다. 해치백은 패스트백(fastback)의
2도어 쿠페와 테일 게이트를 조합한 3도
어 차이다. 소형차의 경우 실내 공간이
가장 유용하게 사용되는 형식으로서 리프
트 백(lift back), 스윙 백(swing back),
오픈 백(open back)이라고도 하며 일명
'2박스 카'라고도 한다. 포니II가 해치백
형식이었다.

해치백

해치백 쿠페 hatchback coupe 2도어 2
인승인 쿠페에 해치백을 갖춘 승용차이다.

해칭 hatching 공회전 시 엔진의 회전수
가 일정하지 않고 변화하는 것을 말한다.
'러프 아이들'이라고도 한다.

핸드 브레이크 hand brake 손으로 조작하는
자동차의 제동 장치를 이른다. 우리나라 자
동차는 대다수가 손으로 작동시키며, 일부
지프 등에서만 발로 작동시키고 손으로 당
겨 해제시키는 형식이 사용되고 있다. 종류
에는 후륜만을 제동시키는 휠 브레이크식
(wheel brake type)과 추진축에 설치된 드
럼에 내부 확장 또는 외부 수축식으로 브레
이크를 작동시키는 센터 브레이크식(center
brake type)이 있다. 전자는 소형차에, 후
자는 대형차에 주로 쓰인다. 사이드 브레
이크(side brake), 주차 브레이크(parking
brake), 보조 브레이크, 비상 브레이크
(emergency brake) 등으로 불린다. 주차
시 주로 사용하는 브레이크로 주 브레이크
고장 시에도 쓰이며 풋 브레이크와는 별도
의 독립 회로를 가지고 있다.

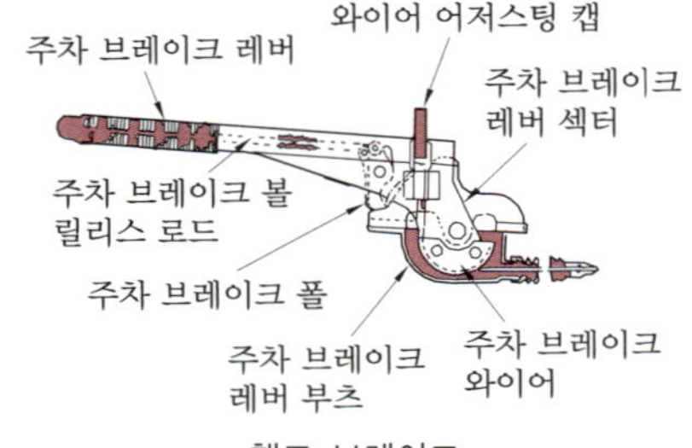

핸드 브레이크

핸드 실드 hand shield ⇨ 용접 방패

핸드 툴 hand tools 수공구(手工具) 즉, 손으로 사용하는 공구를 말한다.

핸드 파일 hand file 손으로 연마할 때 사용하는 판자로서 손잡이가 달려 있다. 연마 면은 평면으로 된 것이 많지만 두 개의 면으로 나뉘어 있어 각도를 바꿀 수 있는 것도 있다.

핸드 해머 hand hammer (1) 금속으로 된 타격용 공구로서, 헤드부는 담금질 또는 뜨임 처리가 되어 있으며 크기는 헤드의 중량으로 나타낸다. 기계용, 단조용(鍛造用), 목공용, 검사용 해머 등이 있으며 중량은 0.5~1.0 kgf 정도이다. (2) 소형의 공기 착암기(바위에 구멍을 뚫는 기계)로, 소규모의 굴착, 석탄, 콘크리트 등의 굴착, 암괴의 분할 등에 사용된다.

핸들 handle 손으로 열거나 들거나 붙잡을 수 있도록 덧붙여 놓은 부분을 말하지만, 자동차에서는 조향 핸들을 가리키는 것이 일반적이다. ⇨ 스티어링 휠

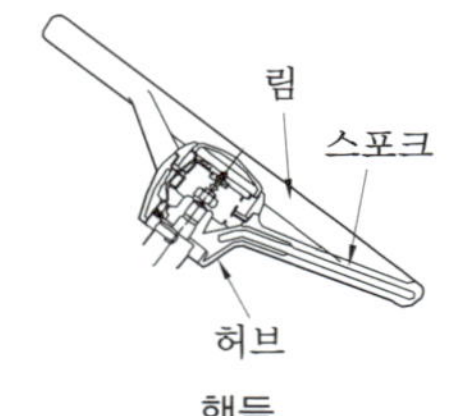

핸들

핸들링 handling 방향 전환을 말하는 핸들(스티어링 휠)을 돌리는 것이 아니고, 컨트롤이라는 뜻이다. 자동차 용어에서는 특히 커브에서 일어나는 현상에 대한 컨트롤 성능의 우열을 말한다. 핸들링 특성이라고도 한다.

핸들 지름 handle diameter 핸들의 지름이 커지면 꺾는 힘은 적어도 되지만 핸들을 돌리는 손의 움직임이 커진다. 또 지름이 작으면 재빨리 돌릴 수는 있으나 꺾는 힘이 커야 하고 노면으로부터 받는 킥 백도 크게 느끼게 된다. 경주용 자동차에서는 지름이 작은 스티어링 휠을 쓰고 있으나 그것은 재빠른 조작을 할 수 있게 해주고, 핸들을 꺾거나 되돌렸을 때 생기는 핸들의 관성력을 작게 하기 위해서다. 요즘에는 승용차에서도 핸들 지름이 작아지는 경향이 있으나 핸들이 작다고 반드시 좋은 것은 아니다. 작은 핸들은 조작하는 힘이 커야 되고 킥 백도 커지면서 보통 주행에서는 너무 예민해지는 등의 결점이 있다.

행정(行程) stroke 실린더 내에서 피스톤이 상사점(上死點)과 하사점(下死點) 간을 움직인 거리를 말한다.

허니콤 honeycomb '벌집, 봉소(蜂巢) 모양의 것' 등을 말한다. 촉매에 사용되는 경우는 벌의 봉상 담당체(巢狀擔當體)의 표면에 백금(Pt), 팔라듐(Pd), 로듐(Rh)이라고 하는 촉매를 코팅한 타입을 말하는 것으로 벌집 형식의 촉매 컨버터를 나타낸다. 펠릿(pellet) 형식은 벌집 형식과 비교해서 배기 저항을 낮출 수 있는 이점도 있다. 그러나 촉매의 성능 열화에 의한 교환 문제를 생각하는 경우에는 비용이나 교환 시간면에서 볼 때 대체로 펠릿(pellet) 형식 쪽이 유리하다.

허니콤 루프 라이닝 honeycomb roof lining 벌집 구조의 보강재를 차실 천장에 붙인 것이다. 수지를 포함한 종이를 벌집 모양으로 쌓아 만든 페이퍼 허니콤 코어를 2매의 펠트 등 다공질 재료로 샌드위치 형태로 하여 붙인 구조이다. 루프 패널에 압착하여 사용하며, 루프의 보강과 방음의 효과를 얻을 수 있다.

허니콤 샌드위치 구조 honeycomb sandwitch structure 샌드위치 구조를 대표하는 것으로, 심재로는 벌집(허니콤) 모양의 것을 사용하고 있다.

허니콤 플로어 honeycomb floor 허니콤 패널을 자동차의 플로어 패널에 융착, 결합한 구조의 플로어이다. 허니콤 패널은 수지를 함유한 종이를 벌집 모양으로 쌓아 만든 페이퍼 허니콤 코어를 방청 강판으로

샌드위치 상태로 하여 결합한 것이다. 경량으로 방음 효과가 크다.

허니콤 필터 honeycomb filter 디젤 퍼티큘레이트를 포집(捕集)하는 필터 트래퍼로서, 벌집(허니콤) 모양을 한 구조이다. ⇨ 필터 트래퍼

허메티컬리 실드 hermetically sealed 공기나 습기가 침입하지 않도록 밀봉하는 것을 말한다. 트랜지스터나 정류기를 내장하는 금속 케이스 등에서 볼 수 있다.

허브 hub 차축이 설치되는 구멍 주위에 두툼하게 생긴 부분으로 휠을 부착하는 부품을 말한다. 허브 볼트, 허브 너트로 타이어를 허브에 부착하며, 휠의 중앙 부분에 부착되어 있는 것을 허브 오너먼트라고 한다. ⇨ 보스

허브 너트 hub nut 허브에 끼워진 여러 개의 볼트에 타이어 어셈블리를 장착한 후 허브 볼트와 체결되는 너트로, 왼나사와 오른나사가 있다. 휠 너트라고도 한다.

허브 볼트 hub bolt 브레이크 디스크와 림(rim)을 장착하기 위하여 허브에 끼운 볼트를 말한다.

허브 오너먼트 hub ornament 휠의 허브에 부착되어 있는 장식을 말한다.

허브 캐리어 hub carrier 서스펜션의 차축을 받치는 부분이다. 프런트 스티어링 허브 캐리어와 리어 액슬 허브 캐리어가 있다.

허브 캡 hub cap 액슬축에 허브를 결합한 후 풀어진 고정 너트의 이탈이나 윤활유의 비산(飛散)을 막으며 내부로의 이물질 유입이나 외부 물질과의 접촉을 막기 위하여 허브의 맨 위축 가장자리에 끼우는 캡을 말한다.

허상 표시 미터 virtual image display 미터 위치에 하프 미러를 놓고 미터의 표시를 반사시켜 허상을 보게 하는 것으로, 원방 초점 표시라고도 한다.

허상 표시 방식(虛像表示方式) 듀얼 모드 미터의 디지털 표시 모드에 사용되고 있는 표시 방식이다. 미터 후드 상부에 배치한 형광 표시관이 점등하고, 그 빛이 블랙 페이스(검은색 표면을 가진) 유리로 반사되어, 그 반사광을 허상으로서 보게 한다.

허용 전류(許容電流) permission current 전선의 단면적에 대응하여 안전하게 흘릴 수 있는 전류의 한도를 말한다. 이 한도 이내의 전류를 안전 전류라고 한다. 전선에 전류를 흐르게 하면 전기 저항 때문에 발열하여 전선 재료가 약화되거나 피복 재료가 변질되어 절연 성능이 열화(劣化)할 수 있으므로 안전 전류를 지켜야 한다.

헌팅 hunting 엔진의 공회전 중에 발생할 수 있는 진동을 이른다. 공회전이 주기적으로 증감하는 진동으로서 특히 디젤 엔진에서 조속기 작용이 둔하여 회전수가 파상으로 변동하는 것이다. 엔진 회전의 자동 제어 방식에서 피드백 조정 기능이 주기적으로 변화하는 것이 그 원인이다.

험프 hump 드롭 센터 림에서 타이어의 비드 베이스가 림의 비드 시트로부터 잘 벗겨지지 않도록 하기 위한 것이다. 비드 시트에 설치되어 있는 돌기를 말한다.

험프 현상 비스커스 커플링(VCU) 특유의 현상이다. 예컨대 비스커스 커플링식 리미티드 슬립 디퍼렌셜의 경우, 좌우륜의 회전수 차이가 커지면 비스커스 커플링 내의 실리콘 오일이 플레이트에 의해 심한 전단을 받기 때문에, 오일 온도가 상승하여(실리콘 오일이 팽창) LSD 토크가 급격히 상승하는 현상을 말한다. 이 험프 현상이 발생하면, 이너 플레이트와 아우터 플레이트가 직결(디퍼렌셜 로크) 상태가 된다.

헝가리 그랑프리 Hungarian Grand Prix 헝가리 부다페스트 근교의 헝가로링(Hungaroring) 서킷에서 열리는 F1 GP 레이스이다. 동구권에서 유일하게 1986년부터 F1 GP가 열린다. 제1회 대회 때 15만 명의 대관중이 몰려 성황을 이루었다. 서킷 1주 길이는 3.968 km이다.

헤더 header 지붕의 앞쪽 가장자리와 윈드 실드의 위쪽 가장자리 사이의 구조재이다.

헤드 head 실린더 헤드를 말하며 실린더 헤드를 에워싸 덮는 부품을 말한다.

헤드 개스킷 head gasket 피스톤과 실린더 사이에서 기밀을 유지하고 또 윤활유 및 냉각수 통로로부터 누설을 방지하기 위해 사용되는 패킹 종류를 말한다.

헤드 라이닝 head lining 천장 내장을 헤드 라이닝이라 하는데, 얇은 완충제가 들어 있

어 실내의 무드를 높이고 있다. 클립이나 사이드 루프레일 또는 접착제로서 천장에 고정되어 있으며, 비닐, 면 등의 여러 가지 재질이 있고 외부로부터의 온도 변화에 대한 단열재 구실도 겸한다.

헤드 라이닝

헤드라이트 headlight ⇨ 헤드램프

헤드라이트 릴레이 headlight relay　전자 제어 현가장치(ECS)에서 헤드라이트의 점등 여부를 ECU에 입력하는 역할을 한다. ECU는 주행 중인 자동차의 높이를 헤드라이트 릴레이의 신호를 이용하여 조절한다. 헤드라이트가 비추는 방향의 좌우 차이를 줄이기 위해서 자동차가 고속 주행할 때 차량의 높이를 앞뒤 모두 낮게 조정한다.

헤드라이트 빔 headlight beam ⇨ 헤드램프 에임

헤드라이트 어저스트 headlight adjust ⇨ 헤드램프 에임

헤드라이트 테스터 headlight tester　헤드라이트의 광축(光軸) 및 배광(背光)의 상태를 측정하는 장치이다. 보디 수리 후에 헤드라이트 테스터를 사용하여 헤드라이트가 규정 상태인지 점검한다.

헤드램프 headlamp　야간에 자동차가 안전하게 주행하기 위해 전방을 조명하는 램프이다. 이전에는 주로 원형이었으나 최근에는 거의 각형(角形)이며, 특히 차체의 디자인에 맞추어 모양과 구조가 독특한 것이 늘고 있다. 스포츠카와 스페셜 카 등에서는 평상시에는 보디 속에 들어 있다가 라이트를 켤 때만 보디 밖으로 나오는 개폐식(리트랙터블) 헤드램프를 채용하여 스타일을 향상시킴과 동시에 고속으로 주행 시 공기 저항을 줄이고 있다. 실드 빔식과 세미실드 빔식이 있으며 최근에는 아주 밝은 할로겐램프가 사용되고 있다. 일반적으로 100 m 이상 앞의 장애물도 확인할 수 있는 밝기여야 한다. 헤드램프

는 빛을 아래쪽으로도 비출 수 있게 해야 한다. 헤드라이트나 전조등이라고도 부른다.

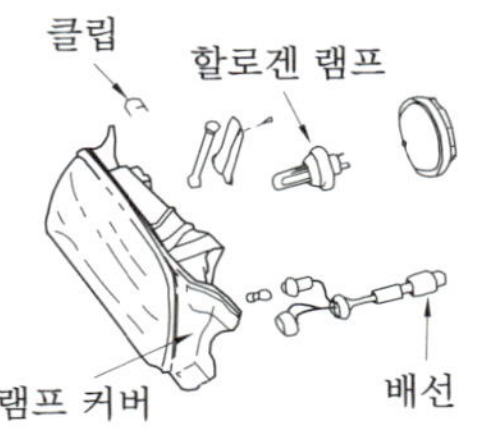

헤드램프

헤드램프 도어 headlamp door　헤드램프의 앞쪽에 붙인 장식용 부품이다. ABS 등의 수지 성형품, 스테인리스, 다이캐스트 등의 재질이 있다.

헤드램프 레벨링 headlamp leveling　헤드램프의 광축 높이를 조정하는 장치이다. 자동차는 승객 수나 화물의 적재량에 따라 앞뒤 바퀴의 하중 분포가 변화되며, 헤드램프의 광축이 이것에 따라 올라가거나 내려가기 때문에 램프를 고정하여 부착하면 대향(對向) 자동차를 현혹할 수 있다. 그래서 광축의 높이를 자동 또는 수동에 의하여 수정하는 것을 개발하였고, 1990년 이후부터 독일에서는 자동차에 헤드램프 레벨링의 장착을 의무화하고 있다.

헤드램프 릴레이 headlamp relay ⇨ 헤드라이트 릴레이

헤드램프 에임 headlamp aim　헤드라이트의 조준 축을 뜻한다. 광축이라는 뜻에서 미국에서는 헤드라이트 빔(beam)이라고 한다. 또한 에이밍(aiming)이라고 하면 광축을 조정하는 뜻이 되므로, 헤드라이트 어저스트라고도 한다.

헤드램프 와셔 headlamp washer　진흙길 등의 주행에서 헤드램프가 더러워졌을 때 강력한 수압으로 오물을 제거하고 조명을 밝게 하는 것을 말한다.

헤드램프 와이퍼 headlamp wiper　야간 강우 주행 시에 흙탕물에 의해 헤드램프의 밝기가 반감하는 것을 방지하는 장치이다. 와셔에 의해 헤드램프 렌즈면을 씻어 내리고 와이퍼로 닦는다. 야간 강우 시 안전 주행에 도움이 된다.

헤드램프 클리너 headlamp cleaning system　오염된 헤드램프를 닦아 밝게 하기

위한 장치로서 와이퍼 방식과 세정액 분사 방식이 있으며, 북유럽에서는 자동차에 장착하는 것이 의무화되어 있다.

헤드레스트 headrest　시트의 머리 받침으로 추돌 사고 시 순간적으로 목이 뒤로 꺾여 목뼈가 손상되는 것을 미리 방지해 주기 위한 일종의 안전장치를 말한다. 헤드 리스트레인트라고도 한다. 기능 및 형상에 따라 몇 가지 종류가 있으며 앉은 사람의 키에 따라 높이를 조절할 수 있다(중앙 부위가 눈높이에 오면 바른 높이). 예전에는 없었으나 추돌 등에 의한 후유증을 없애고 머리 부분을 편안하게 하기 위해서 점점 이용하기 시작하여 현재는 거의 모든 자동차에 표준 장비화하고 있다. 좌석과 일체로 되어 있는 것과 탈착이 가능한 것이 있고, 높이 등을 조절할 수 있는 것도 있다. 좌석과 일체로 되어 등받이를 연장한 꼴로 되어 있는 것을 하이백 시트라 부르기도 한다.

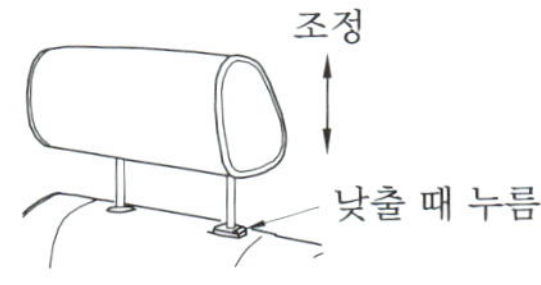

헤드 레스트

헤드 룸 head room　거주 높이로 착석했을 때 힙 포인트에서 헤드라인까지의 거리를 말한다.

헤드 리스트레인트 head restraint　⇨ 헤드 레스트

헤드업 디스플레이 head-up display　운행 정보가 자동차나 비행기의 전면 유리에 나타나도록 설계된 전방 표시 장치이다. 처음에는 비행기에서 조종사의 전방 시야를 확보해 주기 위해 도입되었으나, 최근에는 자동차에도 사고 감소를 위해 도입되고 있다.

헤드 커버 head cover　실린더 헤드 위에 덮는 뚜껑으로 팬 커버라고도 한다. 차 보닛을 열면 엔진의 머리 부분처럼 보이며, 요즘에는 장식적인 디자인으로 된 것도 많다.

헤드 클리어런스 head clearance　시트에 앉았을 때 머리와 지붕 사이의 간격을 말한다. 이것이 크면 안락감이 들지만 좁으면 압박감이 커 운전하기가 불편하고 쉽게 피로해진다.

헤레스 서킷 Jerez Circuit　셰리 와인의 명산지인 스페인 헤레스시 교외에 있는 서킷이다. 1986년부터 스페인 GP의 무대로 이용되고 있다. 짧은 직선로(약 700m)와 16개의 커브가 이어진 1주 4.218km의 서킷으로 고도의 테크닉이 요구된다.

헤론 체임버 Heron chamber　헤론이 주장한 연소실의 형상으로서, 실린더 헤드를 편평하게 하고 피스톤의 크라운 중앙 부분을 움푹 들어가게 만든 것이다. 주위에 설치할 수 있는 스쿼시 에어리어와 서로 어울려서 혼합 가스를 잘 희석하므로 노킹 발생이 적고

헤르츠 hertz　독일의 물리학자 헤르츠의 이름을 딴 것으로, 진동수의 단위이다. 진동 운동에서 물체가 일정한 왕복 운동을 지속적으로 반복하여 보일 때 초당 이와 같은 반복 운동이 일어난 횟수를 말한다. 예를 들면 100 Hz는 어떤 현상이 1초에 100번 반복 혹은 진동하는 것이다.

헤링본 기어 herringbone gear　더블 헬리컬 기어로, 크기가 같고 나선각이 반대 방향인 2개의 헬리컬 기어를 포개 놓은 형태로 만든 기어이다. 더블 헬리컬 기어의 치열(齒列)이 청어 뼈 모양을 하고 있어서 붙여진 이름이다.

헤미 헤드 hemispherical head　반구형(半球形) 연소실을 헤미스페리컬 헤드라고 부르며, 이것을 줄여서 이르는 말이다.

헤비 듀티 heavy duty　가혹 사양을 말한다. 특히 서스펜션 관계에서 사용된다. 랠리용이나 산악 주행용 등에 옵션으로서 헤비 듀티 서스펜션이 사용되고 있는 차도 있다.

헤어 크랙 hair crack　가장 위층에 있는 도막의 표면에서만 생기는 매우 가느다란 균열로, 크랙의 모양은 불규칙하며 장소에 관계없이 생긴다.

헤어핀 hairpin　오던 길의 반대 방향으로 바로 꺾인 급커브로서 여성용 머리핀의 모양이 어원이다. 서킷에는 한두 군데씩 있고 보통 도로에도 많다. 정확한 용어는 헤어핀 벤드 또는 헤어핀 커브이다.

헤지테이션 hesitation　가속 중 순간적인 멈춤으로서, 출발 시 가속 외의 어떤 속도에서 스로틀의 응답성(throttle response)이 부족한 상태를 말한다.

헤테로지니어스 heterogeneous　불균일한 것을 말한다. 가솔린 엔진에서 메마른 연소 때문에 농후한 혼합 가스에 착화하여 희박한 혼합 가스를 연소시키는 경우, 엔진의 작동이 불규칙해지는 것이다. ⇔ 호모지니어스

헨리 Henry　인덕턴스를 표시하는 국제 표준 단위이다. 회로에 흐르는 전류의 크기가 매초 1A씩 변함에 따라 유도 기전력 1V가 발생하면 회로의 인덕턴스가 1H(헨리)라고 한다. 전자기 유도를 발견한 미국의 과학자 헨리의 이름에서 따온 것이며, 1H는 10 cgs 전자기(電磁氣) 단위와 같다. 유도량의 기호는 L(자기 인덕턴스), M(상호 인덕턴스)이다.

헬리컬 기어 helical gear　기어 축의 중심선에 대해서 각을 형성하고 있는 기어 형식으로, 접촉 면적이 크고 소음이 적은 장점이 있다.

헬리컬 포트 helical port　와류 포트(swirl port)의 일종으로서 흡기 구멍의 형상을 소용돌이 모양으로 한 것이다. 직접 연료 분사식 디젤 엔진에 많이 사용되지만 가솔린 엔진에도 사용하고 있다.

헬리코일 Heli-coil　나사의 마모 또는 손상 시 사용하는 나사 인서트를 말한다. 이 인서트는 태핑을 다시 한 구멍에 설치하여 나사 크기를 원래의 크기로 줄여 준다.

헬멧 helmet　자동차 경주 도중, 드라이버의 머리 부분을 사고 위험으로부터 보호해 주는 장비이다. 제트 타입과 풀페이스 타입이 있는데, 안면까지 보호할 수 있는 풀페이스 타입이 안전도가 높다. 자동차 경주용 헬멧의 안전 규정은 나라마다 차이가 있지만 대개 한 번이라도 큰 충격을 받은 후에는 헬멧에 손상이 없더라도 사용하지 말 것, 2~3년이 지난 헬멧은 강도가 떨어지므로 새것으로 바꿀 것 등으로 되어 있다.

헬퍼 스프링 helper spring　보조로 쓰이는 스프링으로, 금속으로 된 스프링은 언제나 같은 장력이어서 하중이 커지면 신축되는 양도 커진다. 이런 상태가 되면 서스펜션이 움직일 수 있는 범위가 좁아져 바로 밑에 붙어버리고 만다. 반대로 이를 피하기 위해 처음부터 딱딱한 스프링을 쓰면 하중이 작을 때 너무 딱딱해서 승차감이 나빠진다. 그래서 주 스프링에 보조 스프링을 덧붙여 하중이 어느 정도 이상 커졌을 때만 작용하게 한 것이다.

헴 hem　패널의 끝을 뒤집어 꺾은 것이다. 도어의 아우터 패널의 끝 부분이 이런 형태로 되어 있다. 평탄한 패널에 헴을 만드는 것을 헤밍 가공이라고 하며, 헤밍 가공에 쓰이는 공구를 헤밍 툴(hemming tools)이라고 한다.

헴 플랜지 hem flange　도어 어셈블리와 같은 금속 패널 어셈블리의 마감 모서리를 말한다. 외부 패널을 내부 패널 너머로 접어 만든 것이다.

현가 높이 suspension height　차가 커브(curb) 중량일 때 차량의 지정된 점에서 노면까지의 거리이다.

현가 스프링 suspension spring　현가장치의 하나로 프레임과 차축 사이에 설치되어 주행 중 노면 출력과 진동 발생 시 구부러지는 형태로 흡수하여 차체에 전달되지 않게 하는 것이다. 판스프링(leaf spring), 코일 스프링(coil spring), 토션 바 스프링(torsion bar) 등의 금속 스프링과 고무 스프링(rubber spring), 공기 스프링(air spring) 등의 비금속 스프링이 있다.

현가 암 suspension arm　⇨ 컴프레션 로드

현가장치(懸架裝置) suspension system　프레임에 차축을 장착시키고 주행 중 노면 충격과 진동을 흡수하고 승차감을 향상시키며 안정성을 높이는 기구를 이른다. 구동력, 제동력, 원심력과 주행 중인 자동차에 영향을 주는 외부적 요인들을 흡수하여 차체를 항상 안정된 위치로 복원시키고 유지하는 기능을 한다. 주요 부품으로는 스프링, 쇼크 업소버, 스태빌라이저 등이 있으며 설치 방식이나 부품의 종류에 따라 여러 가지로 구분된다.

현장 용접(現場鎔接) site welding, field welding　용접물이 설치된 장소 또는 배위 등에서 행하는 용접을 말한다.

현재의 코드 current codes　현 시점에서

시스템 내에 존재하는 문제점을 나타내는 트러블 코드의 형태를 말한다.

현척(現尺) full size 제도에서 도면의 도형 크기가 실물과 같은 크기로 그려져 있는 것을 이른다.

현형(顯型) solid pattern 모형의 일종으로, 제품과 거의 유사한 모양의 목형이다. 이것을 직접 주물사 속에 넣어 주형을 만든다. 주형을 만드는 데는 이 현형을 사용하는 것이 가장 용이하므로 널리 사용되고 있다.

혐기성 실재 액상 개스킷의 일종으로, 아크릴계의 수지가 주성분으로서 산소가 없는 상태에서 중합, 경화하여 개스킷의 작용을 하는 것을 말한다. 나사의 느슨함을 멈추거나 주물의 함침제(含浸劑) 등에 사용한다.

혐기성 케미컬 개스킷 anaerobic chemical gasket 보통 두 물체를 볼트로 접합한 후 공기가 없는 곳에서 솔리드 실(solid seal)이 일어나도록 화학적 양생 반응이 나타나는 개스킷의 일종을 말한다.

협각(夾角) included angle 캠버 각과 킹핀 경사각을 합친 각을 말한다. 타이어 중심선과 킹핀 중심선이 노면 위나 아래에서 만날 때, 이 만나는 점이 노면 밑에 있으면 토아웃(toe-out), 노면 위에 있으며 토인(toe-in) 경향이 생겨 이에 따른 타이어의 변형이 발생된다.

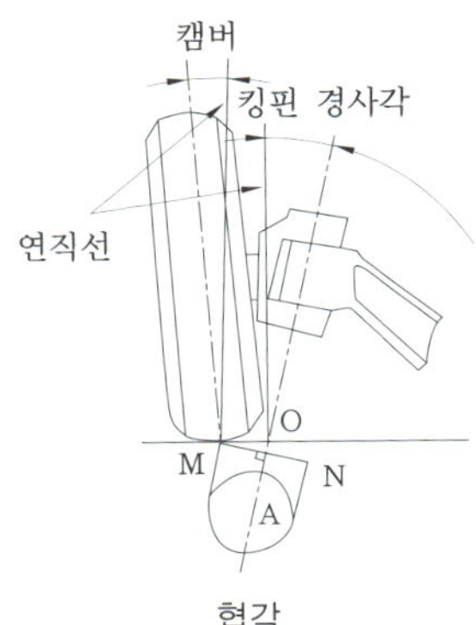

협각 4밸브 narrow angle 4 valve 흡배기 밸브가 20~25°의 좁은 각도로 마주보는 구조를 가진 4밸브 엔진을 이른다. 연소실을 낮게 할 수 있으므로 주위에 스쿼시 에어리어(squich area)를 확보함과 동

시에 안전하고 압축비가 높은 엔진을 만드는 방법으로 주목받고 있다. 폴크스바겐, 아우디에서 처음 양산하여 엔진에 사용하였다.

형광 탐상법(螢光探傷法) fluorescent defect inspection 재료 표면에 있는 흠이나 결함 부분에 형광액을 침투시켜, 그 침투 상황을 조사하여 흠이나 결함의 정도를 아는 방법이다.

형광 표시관(螢光表示管) vacuum fluorescent display 진공 상태의 유리관 안에 가는 음극 가열선을 한 줄 띄워 놓고 양극의 역할을 하는 7개의 8자형 형광 물체 조각을 설치하여 숫자 또는 문자를 나타내게 한 녹색 표지판이다.

형단조(型鍛造) die forging 가열된 소재를 금형에 맞추어 성형하는 것을 말한다.

형상 기억 합금(形狀記憶合金) shape memory alloy 소성 변형을 시켜도 변형 전의 형상을 기억하고 있고, 가열함으로써 원래의 형상으로 되돌아가는 합금을 이른다. 이러한 효과를 나타내는 재료로서는 Ni·Ti 합금이 유명하지만, 그 이외에도 Ag·Cd·Au·Cu·Al·Ni·Zn 등 많은 합금이 알려져 있다. 이들 합금은 모두 고온에서 냉각시켜 가면 어떤 온도 이하에서 마텐자이트 변태를 일으킨다. 형상 기억 효과는 마텐자이트 변태의 역변태로 인해서 일어나고, 마텐자이트상(相)을 가열시켜 가면 원래의 규칙 격자를 가진 고온상으로 돌아간다. 이 효과를 이용하면 형상 기억 합금으로 만들어진 부품은 가열과 냉각으로 형상이나 크기를 대폭 변화시킬 수 있다. 따라서 가열이나 냉각으로 인해서 작동하는 액추에이터나 서모스탯을 비롯하여 히트 엔진이나 의료 기기 등 여러 가지 응용 개발이 성행되고 있다.

형상 저항(形狀抵抗) form resistance 차체의 형상에 직접적인 영향을 미치는 공기의 압력 저항을 말한다. 승용차의 경우에는 전체 공기 저항의 60%가 형상 저항이기 때문에, 공기 저항을 감소시키기 위하여 보디의 형상을 유선형으로 제작하면 그 효과가 크다.

형성(形成) forming 축전지(배터리) 내에서 사용되는 금속(철판)을 전기 또는 화학적으로 처리하는 공정을 말한다. 이 경우 활성 물질(active material)에 화학 작용이 일어나 전위(電位)를 발생시키게 된다.

형틀 굽힘 시험 guide bend test 수형틀과 암형틀을 사용하여 그 형틀을 따라 굽히는 시험이다. 틀 굴곡 시험이라고도 한다.

호닝 honing 숫돌 다듬질의 일종으로, 혼(hone)이라는 숫돌을 장치한 공구를 사용하여 원통의 내면을 고속 정밀 연마하는 공작법이다. 숫돌을 길게 하고 저속으로 가볍게 다듬질 면을 연마한다. 즉 연삭과 리머 작용을 동시에 하게 된다. 자동차나 항공기 기관의 실린더 정밀 다듬질 등에 이용된다.

호닝 머신 honing machine 내연 기관의 실린더 내면을 보링하는 것만으로는 표면에 바이트 자국이 남으므로 숫돌로 혼 가공을 하여 평활한 내면으로 다듬질하는 기계이다. 원주 속도는 $40\sim70\,\mathrm{m/min}$이고 거친 호닝 압력은 $10\sim30\,\mathrm{kgf/cm^2}$, 다듬질 호닝의 압력은 $4\sim6\,\mathrm{kgf/cm^2}$이다.

호리존털 드래프트 타입 horizontal draft type ⇨ 수평 방향 흡기식

호모지니어스 homogeneous 균질, 균일이라는 뜻이다. 다른 물질의 기체나 액체끼리 섞여 있을 때 전체가 균일한 상태에 있는 것을 말한다. ⇔ 헤테로지니어스

호몰로게이션 homologation 양산(量産) 차량이 경기에 참가하기 위해 필요한 공인(公認)을 취득하는 것을 말한다. 양산 자동차 또는 그 설계의 일부를 변경한 차량은 FIA에서 공인을 받지 못하면 경기에 출전할 수가 없으며, 경기에 참가하는 운전자는 항시 그 공인서를 휴대해야 한다. 경기용 자동차로 공인된 것을 호몰로게이트되었다고 한다.

호스 hose 자유롭게 휘어지도록 고무, 비닐, 헝겊 따위로 만든 관이다. ① 자동차의 경우 유압 및 공기압을 전달하는 경우, 냉각수의 통로에서 파이프로 배관하기 곤란한 곳, 설치부의 상대 위치가 변화하는 부분 및 진동의 영향을 방지하는 장소 등에 사용된다. ② 자동차 도장(塗裝)의 경우 공기 압축기에서 에어컨 또는 스프레이건까지 압축 공기를 전달하는 데 사용된다. 호스도 배관과 같이 안쪽 지름이 클

수록 압력의 저하가 발생되지 않는다.

호스 클립 hose clip 호스를 해당 부위에 고정시키는 클립으로 U자형, O형, 반원형 등이 있고, 주로 호스 클램프 부위의 홈과 해당 부위의 브래킷과 결합하여 일 방향 또는 양방향의 움직임을 막는다.

호이스트 hoist 무거운 물체를 주로 상하로 이동시키는 데 사용하는 기계 장치이다. 가끔 수평 이동에도 사용된다. 1개 이상의 고정 도르래, 고리 또는 이와 유사한 결속 장치를 가진 1개의 가동 도르래, 1개 로프의 조합인 복도르래로 구성되어 있다. 호이스트는 인력이나 전기력에 의해 작동된다. 보통 벽이나 바닥에 부착된 전기 작동 호이스트는 공장, 창고 등에서 적재 또는 견인 작업 등에 사용된다.

호주 그랑프리 Australian Grand Prix 호주(오스트레일리아)에서 열리는 F1 그랑프리 시리즈전의 하나로, 호주 GP 자체는 1928년부터 매년 개최되었으나 (머신, 코스는 일정하지 않았다) F1 그랑프리로 열린 것은 1985년부터이다. 서킷은 애들레이드 근교에 있고 F1 GP 최종전으로 열리는 일이 많다.

호치키스 구동 hotchkiss drive 구동륜에 구동력을 차체에 전달하는 방식의 하나로, 구동륜에 의한 추력과 리어 엔드 토크 등을 판스프링이 흡수 전달하는 형식이다.

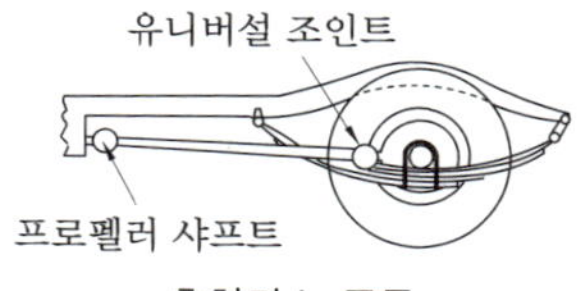

호치키스 구동

호켄하임 서킷 Hockenheim circuit 1939년에 완성된 독일의 서킷이다. 1주 $6.797\,\mathrm{km}$의 초고속 코스로, 인공적인 시케인에 의해 속도를 줄이도록 유도한다. 1977년 이후 독일 GP의 무대가 되었고, 96,000명을 수용할 수 있는 스타디움도 갖추었다. 그러나 1968년 4월, F1 사상 다섯 손가락 안에 꼽히는 영국 출신의 천재 드라이버인 짐 클라크(F1에서 25회 우승)가 F2 경주를 벌이다가 목숨을 잃은 비운의 서킷이기도 한다.

호크빌 가위 hawk-bill snip 판금용 가위로

서 판재 중앙에 구멍이나 곡선을 자르는
데 사용한다.

호퍼 차 hopper car　바닥이 깔때기 모양이
나 역삼각형으로 되어 있어, 분말 상태 또
는 입자 상태의 화물을 쉽게 하역할 수 있
도록 만들어진 화물차이다.　무개차(無蓋
車)와 유개차(有蓋車)가 있다.

호퍼 피더 hopper feeder　자동으로 방향
을 선별하여 너트, 볼트, 핀 등의 소형 제
품을 다음 순서에 이어지는 가공 기계로
보내는 장치이다.

호핑 hopping　출발할 때 또는 제동할 때
현가장치에서 이상 진동이 발생되어 자
동차가 상하로 운동하는 현상이다. 급출
발이나 언덕길에서 출발할 때 클러치를
급하게 접속하거나 가속하는 순간에 발생
하는 것을 파워 홉, 후진 기어로 급출발
할 때 발생하는 것을 리버스 홉, 브레이
킹할 때 나타나는 것을 브레이크 홉이라
고 한다.

호환성(互換性) interchange ability　기능
이나 적합성을 유지하면서 장치나 기기의
부분품 따위의 구성 요소를 다른 기계의
요소와 서로 바꾸어 쓸 수 있는 성질을 말
한다.

혼 horn　경음기(警音器)를 말한다. 공기 압
축기를 갖춘 트럭이나 버스에서는 공기식
경음기가 많지만 일반 자동차에서는 전기식
경음기가 설치되어 있으며, 평형과 맴돌이
형이 있다. 원형의 금속판(다이어프램)에 공
명판(共鳴板)을 부착하여 전자석에 심봉(芯
棒)을 넣은 아마추어(armature)로 진동시
켜 음을 발생한다. 맴돌이형은 음도(音道)가
길기 때문에 음이 부드럽다.

혼기식(混氣式)　연료와 윤활유를 혼합하여
연소실에 공급하면, 윤활유 일부는 연소
되고 일부가 윤활 작용을 하는 방식을 이
른다.

혼다 CVCC 시스템 Honda compound vor-
tex controlled combustion system　점화
플러그 주위에 작은 체임버(small cham-
ber)를 갖춘 스파크 점화 장치용 제어식 연
소 장치를 이른다. 이 작은 체임버 내의 농
후한 혼합 가스가 주연소실 내에 더 엷은
공기/연료의 혼합 가스를 복합적으로, 와
류 작용을 조정한다.

혼 릴레이 horn relay　경음기 스위치 접점
의 소손(燒損)을 방지하고 경음기 회로에
서 불필요한 전압의 강하를 방지하는 역할
을 한다. 스위치를 닫으면 릴레이의 전자
석이 작용하여 경음기와 축전지가 연결되
는 회로의 접점을 닫아 전류가 축전지에서
경음기로 직접 흐르도록 한다.

혼성식(混成式)　여과 정도가 다른 두 종류
의 재료를 혼성해서 만든 엘리먼트를 이용
하여 불순물을 여과하는 방식이다.

혼입 공기(混入空氣) entrained air aera-
tion　유압 장치의 회로 내에 기포의 상태로
혼입되어 있는 공기를 말한다.

혼탁 분사(混濁噴射)　메탈릭 도장의 클리어
공정에서, 클리어에 메탈릭 에나멜을 혼합
하여 분사하는 것을 말한다. 혼합 비율은 도
료에 따라 다르지만, 일반적으로 1 : 1 정도
로 시작하여 덧칠할 때마다 클리어의 양을
늘려 간다. 래커계 도료의 클리어는 단체(單
體)로 분사하면 내후성(耐朽性)이 좋지 않
은 반면, 우레탄계의 클리어는 단체 분사가
가능한 타입으로 보편화되어 있다.

혼 패드 horn pad　혼을 작동시키는 스위
치가 내장되는 패드로, 스티어링 휠을 구
성하고 있는 부품이다. 다른 부품은 고정
되어 있는 반면에 혼 패드는 리턴 스프링
과 키에 의해 유동성을 띤다.

혼합 가스 mixture　가솔린 엔진에 흡입되
는 공기와 가솔린의 혼합물을 말한다. 가
솔린의 대부분은 안개 모양으로 공기 중에
떠 있으나 일부는 기화된다. 흡기 다기관에
부착하여 관의 벽을 따라 연소실에 들어가
는 가솔린도 있다.

혼합 가스 조정 솔레노이드 M/C solenoid ;
mixture control solenoid　연료 통로를 열
거나 닫는 시간의 양을 조절함으로써 AFR
을 조정하는 솔레노이드이다. M/C 솔레노
이드는 산소 센서와 다른 엔진 센서로부터
의 신호에 근거해서 차량의 온-보드 컴퓨
터에 의해 조정된다. 솔레노이드가 에너지
를 받고 있는 시간은 '드웰'이나 '효율'로
측정된다.

혼합 가스 조정 솔레노이드 드웰 mixture con-
trol solenoid dwell　혼합 가스 조정 솔레
노이드가 에너지를 받고 있는 시간의 양
이다. 혼합 가스 조정 솔레노이드 드웰은

임의로 6기통 엔진 드웰 눈금으로 측정한다. 드웰을 효율로 바꾸려면 1.67을 곱한다.

혼합 급유 방식(混合給油方式)　2사이클 엔진에서 가솔린에 윤활유를 혼입하여 급유하는 방식이다. 2사이클 엔진에서는 혼합 가스를 크랭크 케이스에 흡입하는 것이 일반적이며, 혼합 가스에 오일을 분사하며 윤활하는 것이다. 일반적으로 20~30 : 1 정도의 비율로 윤활유를 혼입한다. 가솔린에 대한 오일의 양은 일정하므로 오일의 소모량이 많고 배기가스에 탄화수소가 많다.

혼합비(混合比) air/fuel　⇨ 공연비

혼합비 조절 솔레노이드 MCS ; mixture control solenoid　피드백 카뷰레터의 연료 공급 포트가 열리거나 닫히는 시간의 양을 조정함으로써 공기와 연료 비율을 조절하는 솔레노이드를 말한다. 혼합비 조절 솔레노이드(MCS)는 센서 입력 신호에 근거해서 차량의 온-보드 컴퓨터가 조정한다. 솔레노이드에 전기가 통하는 시간은 '드웰'이나 '듀티'로 측정한다.

혼합실(混合室) mixing chamber　연소 가스와 산소를 혼합하는 부분을 말한다.

홀 hole　원자에서 바깥쪽 전자 링의 공간으로, 여기에 다른 전자가 들어온다.

홀 각 Hall angle　전계(電界)와 운동 방향이 이루는 각도를 말한다. 진공 중에 전계에서 가속되어 운동하고 있는 전자는 전계에 수직인 자계가 가해지면 로렌츠 힘을 받아 사이클로이드 운동을 하여, 결국에는 전계와 직각인 방향으로 이동한다. 그러나 반도체 등의 고체 속의 전자나 정공은 결정격자나 불순물 원자 등과 충돌하기까지의 사이에 약간의 호(弧)를 그리는 사이클로이드 운동을 하고, 다시 출발점으로 돌아가 같은 운동을 반복한다. 그

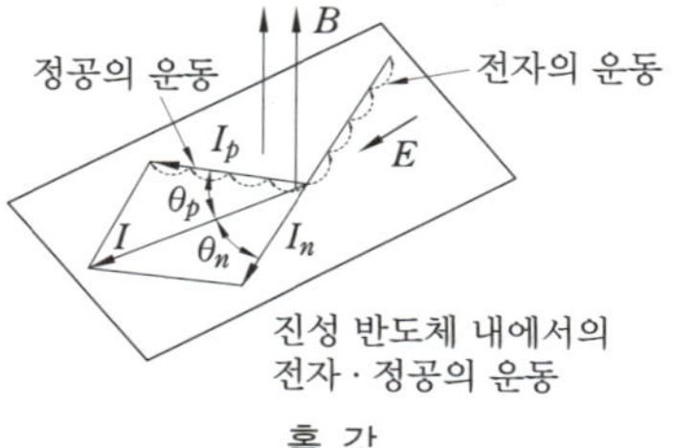

진성 반도체 내에서의
전자 · 정공의 운동

홀 각

결과 전계에 대하여 어떤 각도 θ의 방향으로 이동한다. 전자와 정공의 운동은 그림에서 보듯이 같은 방향으로 편향하기 때문에 전계에 대하여 편향하는 전류는 방향이 다르다. 일반적으로 정공에 의한 전기 전도의 경우 홀 각을 플러스로, 전자의 경우 홀 각을 마이너스로 취한다.

홀 기전력 Hall electromotive force　홀 효과에 의하여 발생한 기전력을 말한다. 장방형 반도체편(片)에 전류를 흘려 수직으로 자계를 가하면 서로 직각인 방향으로 로렌츠의 힘을 받아 홀 각 θ의 방향으로 전류가 편향하지만, 정상적으로는 옆쪽에 전하가 치우친 결과로서 양 옆쪽 사이에 전압이 발생한다.

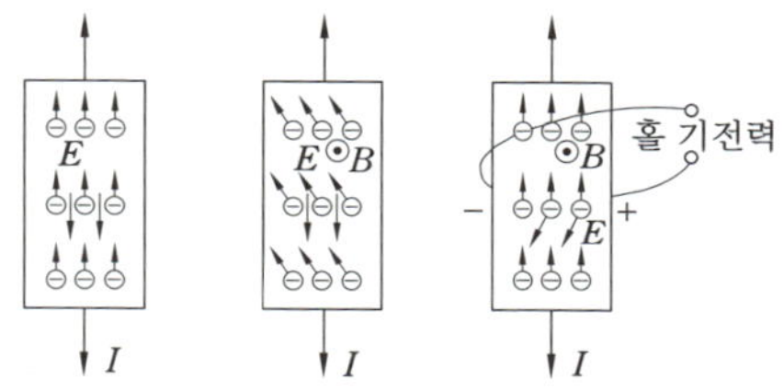

(a) 무자계　(b) 자계를 가한　(c) 자계를 가한 후의
　　　　　　　 직후　　　　　　 정상 상태

정방형 n형 반도체 중 홀 효과에 의한 전자의 운동

홀 기전력

홀 노즐 hole nozzle　구멍형 노즐로서 디젤 엔진의 분사 노즐에는 두 종류가 있다. ① 핀틀 노즐의 핀틀(축침)을 짧게 하여 분사량의 정밀도를 높여 구멍이 막히는 것을 방지하도록 개량한 것이다. ② 다공(多孔) 노즐로서 구상(救狀) 노즐의 선단에 3~6개의 구멍을 뚫고 이 구멍으로 연료를 분사하는 것이다. 직접 분사식 엔진에 많이 채용되고 있다.

홀더 electrode holder　아크 용접에서 용접봉을 붙잡고 전류를 통하게 하는 기구를 말한다.

홀드 다운 핀 hold down pin　브레이크슈를 배킹 플레이트에 설치하여 알맞은 위치를 유지하도록 한다.

홀드성 hold nature　코너링 중에 몸이 한쪽으로 밀려나는 것을 어느 정도 시트가 감싸주는가를 나타내는 용어이다. 우리가 말하는 버킷 시트는 이 홀드성을 최대로 추구한 결과 탄생한 것이다.

홀드 아웃 hold out　최상층 페인트가 스며들거나 흡수되는 것을 방지하는 표면의 능력을 말한다.

홀드 인 권선 hold in winding　솔레노이드의 1차 권선에 의해 흡인된(당겨진) 뒤, 솔레노이드 플런저를 붙잡고 있도록 하기 위해 자장(磁場)을 형성시키는 권선을 말한다.

홀로그래피 단열 윈도 holography adiabatic window　실내에 들어오는 태양광선을 적게 하는 창유리의 일종이다. 위쪽에서 들어오는 태양 광선은 가리고 앞쪽에서 들어오는 가시광선은 투과하는 성질을 이용한 유리를 창으로 사용한 것이다. 이 유리는 레이저광을 감광성(感光性) 폴리머에 쬐어 제작한 홀로그램를 가진 시트를 합쳐 유리로 만든 것으로서 비등방성(非等方性) 홀로그래퍼 차광 글라스라고 부른다.

홀로그래피 차광 글라스 holography shade glass　⇨ 홀로그래피 단열 윈도

홀 발전기 Hall generator　홀 효과를 이용한 전자 소자를 홀 발전기 또는 홀 소자라 말한다. 독일에서는 홀 발전기라는 용어가 자주 사용된다.　⇨ 홀 소자

홀 부하 Hall load　홀 소자를 전자 소자로서 계측이나 제어 회로에 내장하는 경우, 입출력 전력의 효율을 고려하여 홀 소자에 접속하여 사용하는 부하를 말한다. 최대 출력을 얻는 홀 부하는 홀 단자 간의 내부 저항 R과 같고, 그 최대 출력 전력은 $\dfrac{V_H^2}{4R}$ 이다.

홀 부하 저항 Hall load resistance　⇨ 홀 부하

홀 센서 Hall sensor　홀 효과를 이용한 것으로 캠축의 위치를 측정하는 곳에 많이 사용된다. 홀 센서는 전류가 흐르는 도체에 자기장을 걸어 주면 전류와 자기장에 수직 방향으로 전압이 발생하는 홀 효과를 이용하여 자기장의 방향과 크기를 알아낸다. 이때 발생된 전압은 전류차가 발생하는 효과를 이용하는 센서이다. 이때 발생된 전압은 전류와 자장의 세기에 비례하며, 전류가 일정할 경우 자장의 세기에 비례하는 출력을 발생하지만 전압이 약하기 때문에 증폭하여 사용한다.

홀 소자 Hall element　홀 효과를 이용하여 자기량을 전압으로 바꾸는 소자이다. 홀 발전기라고도 말한다. 재료에는 게르마늄이나 실리콘 따위의 반도체가 사용된다. 자기장의 강도를 측정하거나 자기 마당의 변화에 따른 전류나 위치 따위의 측정에 응용할 수 있으며 전력계, 변조기, 아날로그 계산기의 곱셈기에 사용된다.

홀 태코미터 Hall effect tachometer　다수의 작은 자석을 내장한 비자성 원판에 근접한 홀 소자를 사용하여 회전에 따라 생기는 자계의 변화를 검지하여 회전각을 측정하는 것으로서, 펄스 형상의 검출 출력을 얻게 된다. 회전축의 기어와 영구 자석을 포함한 자기회로와 조합시켜 회전수를 검지할 수도 있고, 이들 원리를 응용한 각종 태코미터가 사용되고 있다. 그림에 홀 태코미터의 원리가 나타나 있다.

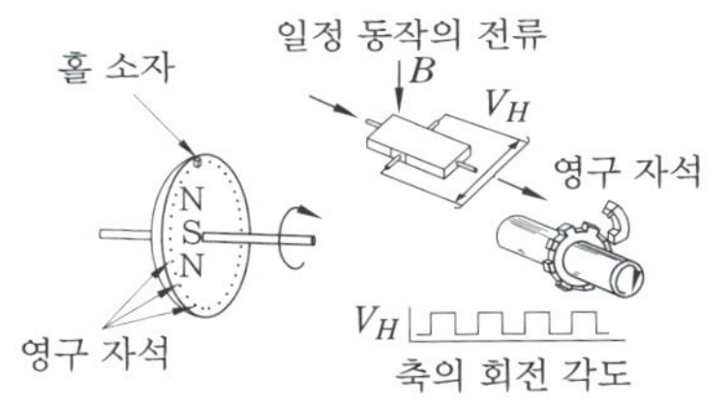

홀 태코미터의 원리

홀 효과 Hall effect　자장(磁場) 속에 반도체를 놓고 전류를 통하면 반도체의 단면에 전하가 발생하여 초전력(超電力)이 생기는 현상을 말한다. 도체에 전류를 흘리고 전류와 수직 방향으로 자계를 가하면 플레밍의 왼손 법칙에 따라 전류와 자계 양쪽의 직각 방향으로 로렌츠의 힘을 받아 하전 캐리어는 편향된다. 도체편(導體片)에서는 전류와 자계 양쪽의 직각 방향으로 기전력이 생기고, 양옆의 중앙점에 설치한 전극을 홀 전압으로서 꺼낼 수가 있다. 이 홀 효과는 미국의 존스 홉킨스

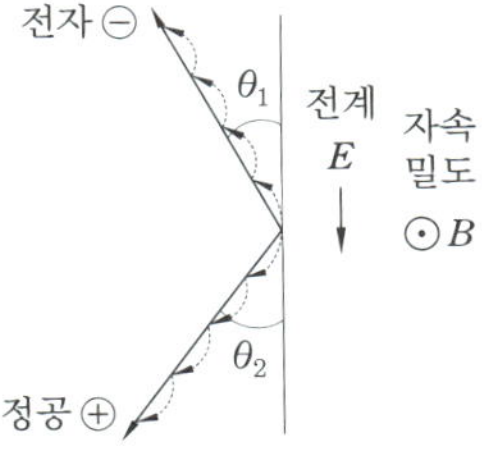

홀 효과에 의한 반도체 내의 전자와 정공의 동작

대학의 대학원생 Edwin Herbert Hall이 1897년에 발견하였다. 홀 효과는 캐리어의 종류의 판별이나 캐리어 농도, 캐리어 이동도의 산출 등 고체의 물리적 성질 측정이라든가, 홀 소자, 자기 저항 소자 등의 자기 센서에 응용되고 있다.

홈 groove 접합할 두 부재 사이에 만드는 오목하고 길게 팬 줄을 말한다.

홈면 groove face 홈 용접의 홈 표면을 말한다.

홈 붙이 너트 castle nut ⇨ 캐슬 너트

홈 붙임 플러그 V type spark plug 접지 전극 또는 중심 전극에 접지 전극과 평행이 되도록 U홈 또는 V홈을 판 점화 플러를 말한다. 홈을 설치하여 공회전 및 저속 경부하의 착화성이 개선되며 불꽃 방전에 의하여 만들어진 화염 핵의 성장을 방해하려는 소염(消焰) 작용의 감소 여부에 따라 착화성이 결정된다. 소염 작용은 중심 전극 또는는 접지 전극에 화염이 접촉했을 때 소염되는 작용을 말하는 것으로 전극에 홈을 설치하여 전극의 바깥쪽으로 비화시킴으로써 화염 핵을 넓혀 화염 작용을 감소시킬 수 있다.

홈스트레치 homestretch 그랜드스탠드 앞에 있는 레이싱 코스의 직선 부분을 가리킨다. 타원형 코스에 많이 이용되는 레이아웃이다.

홈 용접 groove weld 홈에 층으로 용접한 것으로, 표준형은 다음과 같다. I형, V형, V형(베벨형), U형, J형, X형, K형, H형, 양면 J형 등이다.

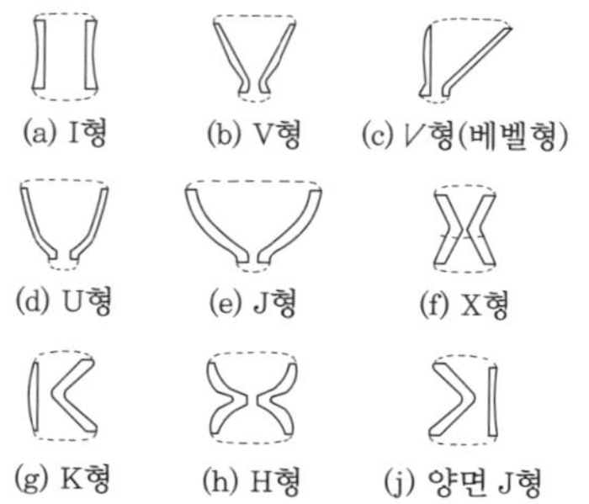

(a) I형   (b) V형   (c) V형(베벨형)

(d) U형   (e) J형   (f) X형

(g) K형   (h) H형   (j) 양면 J형

홈 용접의 종류

홈의 각도 groove angle 접합할 두 부재 사이에 가공한 홈의 각도를 말한다.

홈의 깊이 groove depth 접합할 두 부재 사이에 가공한 홈의 깊이를 말한다.

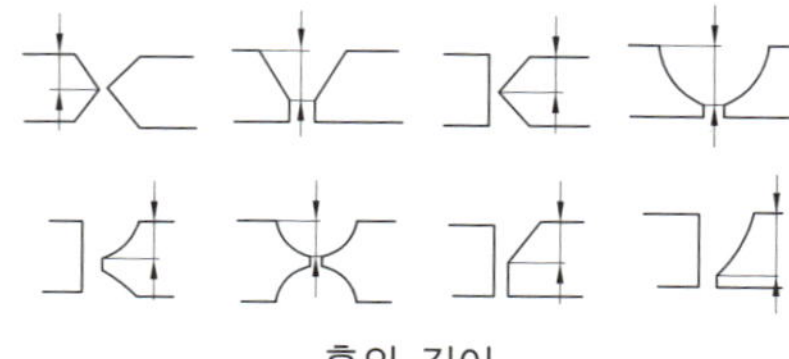

홈의 깊이

홍콩-북경 랠리 Hong Kong-Beijing Rally 1985년에 열린 중국의 근대적 랠리로 홍콩을 출발하여 약 4,000 km를 달린 후 북경에 골인한다. 도중에 만리장성을 경유하는 등 중국적인 색채를 강하게 풍기는 국제 랠리 경주다.

화구(火口) nozzle, tip ⇨ 팁

화물의 비중 화물의 비중은 대기 조건(온도 등)에 따라 변화하는데, 다음 표와 같다.

[화물의 비중]

화물	비중 (ton/m)
석유	0.75
등유	0.80
경유	0.85
중유	0.93
윤활유	0.95
투명 아스팔트	0.90
알코올	0.80
포르말린	1.05
투명 콘크리트	2.4
벌크 시멘트	1.0
쇄석	2.2
숯	0.32
자갈	$1.65{\sim}1.7(20{\sim}25\,\phi\,\mathrm{mm})$
모래	$1.50{\sim}1.65(1.0{\sim}2.5\,\phi\,\mathrm{mm})$
석탄	0.75∼0.87
건 점토	1.8
습 점토	2.0
눈	0.2∼0.8
피륙 및 직물	0.5
밀가루	0.5
비닐 파우더	0.45
물, 우유	1.0

화성 처리(化成處理) chemical conversion treatment 화학적 처리로 금속 표면에 안정된 화합물이 생성되게 하는 것으로 인산염 처리, 흑염(黑染) 처리, 크로메이트 처리 등이 있다.

화씨(華氏) °F; fahrenheit   인치식 온도 측정 단위이다. 미국이나 유럽 지역에서 주로 사용되는 온도 측정 단위로서 32°F에서 얼고(응고점) 212°F에서 끓는다(비점). 화씨를 섭씨로 환산하려면 다음과 같다.

$$(°F - 32) \times \frac{5}{9}$$

화염 경화법(火焰硬化法) frame hardening method   산소 아세틸렌 화염을 사용하여 강의 표면을 적열 상태가 되게 가열한 후, 냉각수를 뿌려 급랭시키므로 강의 표면만 담금질이 되는 것을 이른다. 주로 대형 가공물에 이용된다.

화염 억제기(火焰抑制機) flame arrestor   폭발 또는 점화로부터의 화염(flame)을 소화(extinguish)하기 위한 것을 말한다. 연소를 냉각시키거나 산소 자체를 차단함으로써 억제한다.

화염 전파(火焰傳播) flame propagation   압축된 혼합 가스가 스파크 플러그에 의해 점화하면 연소가 시작되고 플러그 선단을 중심으로 불꽃은 점점 퍼져가서 최고 압력에 도달하는 현상을 말한다. 그 속도는 매초 수십 m 정도이다.

화염 전파 기간(火焰傳播期間) frame's spread period   연료가 착화되어 폭발적으로 연소하기까지의 시간으로서, 폭발 연소 기간이라고도 한다. 분사된 연료가 동시에 연소하여 실린더 내의 온도와 압력이 상승하며, 실린더 내에서의 연료의 성질, 혼합 상태, 공기의 와류에 의해 연소 속도가 변화하고 압력 상승에도 영향을 끼친다.

화염 전파 속도(火焰傳播速度) rate of flame propagation   가연 한계 내에 있는 혼합 가스에 점화하면 화염면이라고 하는 엷은 연소대가 퍼져 나가는데, 이 진행 속도를 이르는 말이다. 온도, 압력, 흐름의 난조(亂調) 등에 의해 영향을 받게 되나 CO 가스와 공기의 혼합 가스의 경우에는 약 1 m/s 정도의 값이다.

화염 절단(火焰切斷) flame cutting   불꽃의 열을 이용하여 절단하는 것을 말하며 불꽃 절단이라고도 한다.

화이트 노이즈 white noise   FM 카 라디오의 동조가 엇갈렸을 때 발생하는 '솨' 하는 난조 노이즈를 말한다.

화이트 메탈 white metal   주석, 납, 아연, 카드뮴, 안티몬, 비스무트 등을 주성분으로 하는, 녹는점이 낮은 흰색 합금의 총칭이다. 자동차 엔진의 베어링 재료로 널리 사용되고 있다.

화이트 보디 white body   자동차의 제조 공정으로서 도장 직전의 차체나 보디 셸에 보닛과 도어를 장착한 상태이다.

화장 미러 vanity mirror   조수석 또는 운전석 선바이저 뒷면에 부착되어 있는 미러이다. 조명이 부착된 것도 있다. 여성의 화장 등에 편리하다.

화학 반응(化學反應) chemistry action   어떤 화학 결합의 파괴와 생성을 통해 반응 전 물질과는 화학적 성질이 다른 물질이 만들어지는 과정을 말한다. 화학 반응 전 물질을 반응물, 반응 후 물질을 생성물이라고 한다.

화학 발광 분석계(化學發光分析計) chemiluminescent detector(analyser)   배기가스 분석 장치의 한 형식으로 NOx의 측정에 사용된다. NOx의 측정에서는 수분의 간섭 또는 CVS 장치로 샘플 가스를 희석해서 저농도로 된 경우의 NDIR에서는 측정 정밀도가 좋지 않다. 측정 원리는 1~10 mmHg의 저압으로 유지된 반응기에 NOx를 포함한 시험 재료 가스와 O_3를 포함한 산소 O_2를 연속해서 흘리면, NOx의 일부가 활성화된 NO_2와 교환되고 이것이 정규의 상태로 되돌아올 때 0.6~3μ 파장의 빛을 발생한다. 활성화는 온도, 압력 등 반응 조건에 대해서 일정하게 되어 있기 때문에 이 빛의 광자(光子)를 광전자 배증관(光電子 倍增管)에서 검출한다.

화학 작용(化學作用) chemistry action   물질이 화합되거나 분해되는 화학적 변화를 일으키는 작용을 말한다.

화학적 불안정성(化學的不安定性) chemical instability   냉동 장치 내의 오염물이 존재하여 생기는 바람직하지 않은 상태를 가리킨다. 냉매는 안정성 화학 물질이지만, 오염물과 접촉하면 분해되어 유해한 화학 물질로 변할 수 있다.

화합물(化合物) compound   둘 또는 그 이상의 서로 다른 원자가 결합하여 이루어진 분자 또는 그 물질을 말한다.

화합성(和合性) compatibility　여러 물질이 동시에 작용할 때, 이들이 서로 혼용할 수 있는 성질을 말한다.

확대 표시 연료 게이지　확대 표시(스케일 변화) 기능을 갖는 액정 표시 연료 게이지를 말한다. 연료 잔량이 약 20 L 이하일 때에, 스케일 변화 스위치를 누르면 연료 게이지의 표시가 약 3배로 확대 표시된다. 동시에 확대 표시 스케일도 표시되며 약 3.5초 표시한 후 자동적으로 통상 표시로 되돌아 간다.

확동 캠 positive motion cam　캠의 회전이 빠른 경우에, 종동체(從動體)가 들뜨지 않도록 홈과 용수철에 의하여 종동체의 움직임을 확실하게 한 캠을 말한다.

확산 연소(擴散燃燒) diffusion combustion　디젤 엔진에서 널리 채용되고 있는 연소 방식으로, 예혼합 연소량을 억제하여 연료를 분사하면서 연소시킨다. 연료를 공급하면서 연소시키기 때문에 혼합 가스의 형성이 충분하지 못하고 착화에서 연소의 피크에 걸쳐서 매연이 발생한다.

확장측 감쇠력　댐퍼는 확장·수축될 때 감쇠력을 발생하는데, 이것을 더블 액티브 방식이라고 한다. 댐퍼는 스프링의 진동수와 크기를 줄이는 것이 목적이며, 스프링의 역할을 제한하는 것이 아니다. 일반적으로 수축측 감쇠력을 작게 하여 노면으로부터 충격을 적게 하고 승차감을 좋게 한다. 확장측 감쇠력은 스프링의 움직임을 억제하기 위하여 수축측 감쇠력보다 강하며, 확장측과 수축측의 감쇠력비는 7 : 3 정도이다.

환경보호국(環境保護局) Environmental Protection Agency　원래 미국 주정부의 국(局)을 말하며, 여기에서 기준을 정하거나 차량의 이미션(emission) 및 환경에 관계되는 활동을 조정한다.

환기(換氣) ventilation　불순한 공기를 바꾸거나 제거하기 위해 신선한 공기(fresh air)를 순환하게 하는 것을 말한다.

환기 부하(換氣負荷)　환기하기 위하여 실외 공기와 실내 공기를 교체하는 과정에서, 실내 공기를 배출하는 데 자연적으로나 강제적으로 환기할 때 받는 열 부하(熱負荷)를 말한다.

환원 불꽃 reducing flame　사용하는 부분이 환원성을 띠는 가스 불꽃을 말한다.

활동 기어식 sliding gear type　변환(shift) 레버에 의해 직접 기어를 움직여 변속하는 것으로, 가장 간단한 변속 방식이다. 구조가 간단하고 취급이 용이하지만, 변속 시 기어 자체가 축선상을 활동하며 맞물려야 한다는 단점이 있다.

활성 물질(活性物質) active material　축전지 내에 사용되는 금속 및 산(酸)을 말하며, 이들은 화학 및 전기적으로 처리되어 화학 작용을 일으켜서 전위(電位)를 발생시킨다.

활성탄(活性炭) charcoal granules　흡착성이 강하고 대부분의 구성 물질이 탄소질로 된 물질이다. 기체나 습기를 흡수시키는 흡착제 또는 탈색제로 사용된다. 목재나 갈탄 등을 염화아연 등의 약품으로 처리, 건조시켜 제조한다. 자동차에서는 연료 증발 가스를 흡착하는 캐스터나 실내의 공기를 정화하는 공기 청정기 등에 사용되고 있다.

활성탄 캐니스터 C. Cani ; charcoal canister　증발 손실 방지 장치에 사용되는 활성탄 캐니스터로서, 엔진 정지 중에 연료 탱크나 기화기에서 증발하는 연료 증기(HC)를 활성탄 캐니스터 내에서 저장하고 엔진 운전 중에 흡입 부압을 이용해서 흡기측으로 빨아들이는 것을 이른다. 그림(a)에 그 구성 부품이 나와 있으며, 그림(b)에서 차콜 캐니스터, 그림(c)에서 압력 밸런스 밸브, 그림(d)에서 퍼지 컨트롤 밸브의 단면을 보여 준다. 차콜 캐니스터의 양은 시험 중의 흡수 HC 중량이나, 시간에 밀접한 관계가 있기 때문에 교환 시에는 세심한 주의를 요한다.

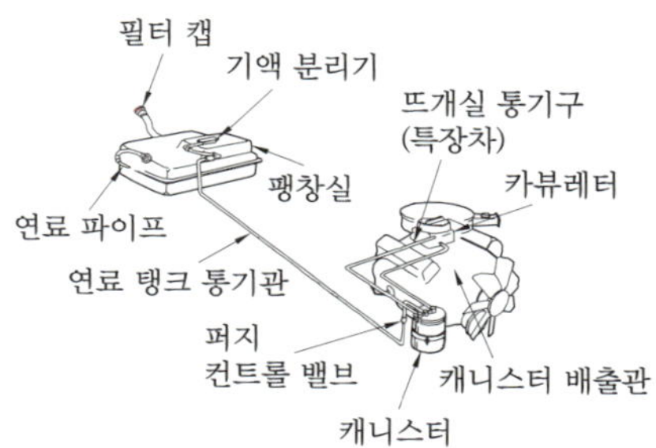

(a) 증발 손실 방지 장치(크라이슬러 자동차)

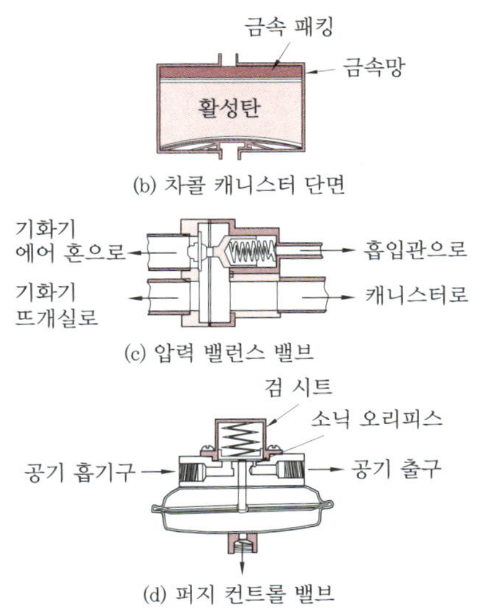

활성탄 캐니스터

활톱 hack saw 활 모양의 본체에 일회용 톱날을 끼워 사용하는 공구의 총칭이다. 수동식 활톱은 가는 금속봉을 절단하는 경우 등에 사용한다. 미는 방향으로 절단되도록 톱날을 끼워서 사용하는 것이 일반적이며, 밀 때 힘을 주는 것이 요령이다. 활톱을 사용하는 경우에는 공작물의 종류에 따라 알맞은 톱날을 선택하고, 톱질을 할 때는 날 전체를 사용하도록 한다. 날이 과열되고 부러지지 않도록 톱날 위에 농도가 옅은 기계 오일을 바르고 사용한다.

황(黃) sulfur 주기율표 16족의 3주기에 속하는 칼코겐 원소로 원소 기호는 S, 원자량은 32이다. 주로 노란색의 고체이며 연소할 때 푸른색 불꽃을 내면서 매우 강하고 지독한 냄새가 나는 이산화황을 생성한다. 많은 동소체와 동위원소가 존재하고, 절연체이자 열전도율이 낮으며, 마찰하면 대전된다. 화학적으로는 산소와 비슷하고 상당히 활성이 강하다. 공기 중에서 가루 형태로 된 것은 상온에서 산화되며, 금, 백금 이외의 금속과 직접 반응한다.

황동(黃銅) brass 구리에 아연을 첨가하여 만든 합금으로 놋쇠라고도 하는데, 청동(靑銅)과 함께 중요한 구리 합금을 이룬다. 황동이 인공적으로 제조된 것은 1520년경 아연 원소가 발견된 후부터이다. 여러 가지 기구, 장신품, 선박, 기계의 부분품에 많이 사용된다. 실용적인 성분은 구리 70 %, 아연 30 %의 7/3 황동과 구리 60 %, 아연 40 %의 6/4 황동의 2종류이다.

황산납 lead sulfate 방전하고 있는 배터리의 극판에 서서히 형성되는 딱딱하고 녹지 않은 화합물이다. 느린 충전으로만 감소시킬 수 있다.

황색 변화(黃色變化) yellowing 도막(塗膜)의 색이 변하여 노란빛을 띠는 현상으로 일광의 직사, 고온 또는 어둠, 고습의 환경 등에 있을 때에 나타나기 쉽다.

황화물(黃化物) sulfuration 전류를 발생하는 배터리 작용의 결과로 배터리 극판에 형성되는 황산납을 말한다.

회두성(回頭性) 코너링 성능을 나타내는 용어의 하나이다. 요(yaw)의 발생이 빠르고 스티어링 입력에 대해 민감하게 반응할 때 회두성이 좋다고 할 수 있다.

회로(回路) circuit 전류, 오일, 공기 등을 위한 통로의 총칭으로, 전류의 경우는 하나의 전원을 양단(+, -회로)의 도선으로 연결하여 회로를 형성하고 있다. 완전한 회로에서는 배터리 양극 단자에서 배선을 통해 부하(전류를 사용하는 장치)를 거친 다음, 접지 시스템(대개 섀시)을 통해 배터리 음극 단자로 전류가 흐른다.

회로도(回路圖) circuit diagram 전기 회로에서 배선, 연결부, 부하 및 전원 등의 연결 상태를 나타내는 도면이다.

회로 용접(回路鎔接) boxing 필릿 용접에 있어서 붙인 부재의 끝부분을 돌려서 용접하는 방법을 말한다.

회로 차단기(回路遮斷機) circuit breaker 과잉의 전류가 흘러 과열로 인한 전장품(電裝品)이 손상되는 것을 방지하기 위해 회로를 열어 차단하는 장치를 말한다.

회복 충전(回復充電) recovery charging 방전 상태로 방치되었던 축전지의 극판을 원상태로 회복시키기 위하여 실시하는 충전 방법이다. 정전류 충전에 의하여 약한 전류로 충전시킨 다음, 방전시키고 다시 충전하는 방법을 여러 번 반복하여 극판이 본래의 상태로 회복되게 한다.

회전계(回轉計) tachometer ⇨ 태코미터

회전 대좌 시트 turning seat 원박스 왜건

등의 RV(레저용 자동차)에 붙어 있는 좌석으로, 좌석이 회전하여 살롱 같은 무드를 만들어준다. 좌석은 달릴 때는 앞을 향하지만 쉴 때는 180° 돌려 마주 앉게 하고 있다. 일반 승용차와는 달리 넓은 실내 공간을 가진 차에서만 이용할 수 있다.

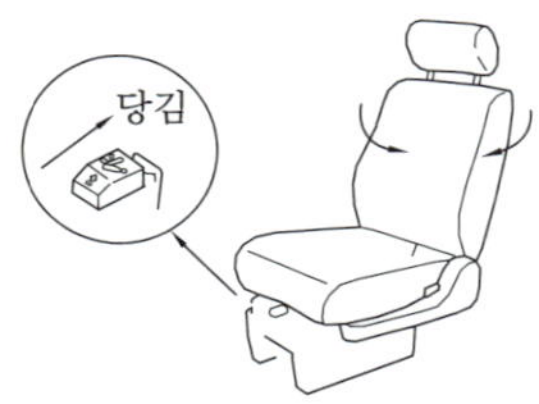

회전 대좌 시트

회전력(回轉力) torque ⇨ 토크

회전 부분 상당 중량(回轉部分相當重量) 자동차가 가속할 때는 자동차의 중량이 실제 중량보다 증가되는 효과가 있는데, 이 중량의 증가분을 이르는 말이다. 회전 부분 상당 중량의 값은 각 회전 부분의 부품 도면으로 계산하거나 또는 실물의 진동 주기(振動周期)를 측정하여 구할 수 있지만, 복잡하기 때문에 개략적인 값을 구하는 방법이 자동차 성능 시험에서 사용된다. 즉, 보통 화물차의 경우 0.07 W, 승용 자동차의 경우 0.05 W, 버스의 경우 0.05 W, 소형 화물 자동차의 경우 0.05 W이며, W는 차량 중량이다.

회전 센서 revolution sensor 회전수를 검출하는 회전수 센서와 회전각을 검출하는 회전각 센서의 총칭이다. 어느 경우나 다 원리적으로는 같은 방식으로 구성할 수 있지만, 일반적으로 회전각 센서에 더 높은 분해율이 필요하다. 발전식, 전자식, 발진식, 광전식, 홀 효과식, 자기 저항식 등의 방식이 있다. 이들 중 전자식, 발진식, 홀 효과식, 자기 저항식은 모두 회전축의 일부에 기어 모양의 요철(강자성체)을 붙여 놓고, 그 부근에 놓인 전자 코일이나 홀 소자, 자기 저항 소자에 의하여 요철의 수를 계측하여 회전수나 회전각을 얻는 회전 기기의 감시·제어, 플랜트, 자동차, 계측 등 많은 분야에 사용되고 있다.

회전 속도(回轉速度) rotative velocity 회전 운동의 순각 각속도로 정의하며 rad/s로 표시한다. 일반적으로는 회전수와 같은 뜻으로 쓰이며 미분(微分)의 회전수를 단위로 하여 RPM으로 표시된다.

회전수 감응식 엘에스디 revolution sensing type limited slip differential LSD의 일종으로서 출력축의 회전수 차이로 차동 제한 토크가 변화하는 형식이다. 비스커스 LSD가 대표적이다.

회전수 감응식 파워 스티어링 RPM assisted power steering ⇨ 속도 감응식 파워 스티어링

회전 시 토아웃 toe-out on turn 우측이나 좌측으로 회전하고 있는 내측 휠과 외측 휠의 회전각 사이의 차이이다. 이 각도는 대개 내측 휠이 20°로 돌 때 측정한다.

회전식 공기 압축기(回轉式空氣壓縮機) rotary air compressure 용기 속의 공기를 동력으로 압축하여 그 압력을 높이는 데 회전자의 회전을 이용한 것이다. 원형 실린더 내의 로터가 편심으로 설치되어 축이 고속으로 회전하면, 공기는 공간이 넓은 쪽으로 흡입되고 공간이 좁아지면 공기가 압축되어 배출되는 형식의 공기 압축기를 이른다. 축이 회전할 때 펌프실 내에 오일을 분사시켜 압축열을 냉각시킴과 동시에 윤활 작용을 한다. 압축된 공기는 오일 분리기에 의해 오일이 분리되어 깨끗한 공기로 서비스 밸브를 통하여 탱크에 공급된다.

회전 연소 기관(回轉燃燒機關) rotary combustion engine ⇨ 로터리 엔진

회전 익렬(回轉翼列) cascade ⇨ 캐스케이드

회전자(回轉子) rotor ⇨ 로터

회전 점도계(回轉粘度計) rotational viscometer 유체의 점도를 측정하는 점도계의 일종이다. 유체 내에서 원통이나 원판 또는 구(球) 등을 회전시키거나 이들 물체를 정지시킨 채 시료 용기마다 유체를 회전시켰을 때, 다음 식에 의하여 점도를 구할 수 있다.

$$\eta = \frac{T}{4\pi\omega l}\left(\frac{1}{b^2} - \frac{1}{a^2}\right)$$

여기서 η 는 점도, ω 는 시료 용기의 회전 각속도, l 은 내원통의 길이, b 는 내원통의 반지름, a 는 외원통의 반지름이다.

회전체의 불균형 rotation mechanism of unbalance　엔진은 많은 회전체로 구성되어 있는데, 이 각각이 언밸런스가 되면 진동의 강제력이 된다.

횡단 소기식(橫斷掃氣式) cross scavenging type　디젤 2행정 사이클 엔진 소기 방식의 하나이다. 실린더 아래쪽에 소기구와 배기구가 대칭으로 배치되어 소기할 때, 배기구로 배기가스도 들어오기 때문에 다른 형식에 비해 흡입 효율이 낮고 과급도 충분하지 않은 단점이 있다. ⇨ 크로스 스캔빈징

횡력(橫力) side force, lateral force　타이어가 어떤 슬립 각으로 선회할 때 접지면에 발생한 마찰력 중 타이어 중심면에 직각으로 작용하는 힘을 말한다. 슬립 각이 작은 범위에서는 타이어의 진행 방향에 직각으로 작용하는 힘의 코너링 포스와 같다고 생각해도 무관하다. 슬립 각이 클 경우, 타이어의 구동력이나 제동력이 작용하고 있을 때를 구별하여 취급해야 한다. 타이어의 코너링 성능에 대해 말할 때에는 그 힘이 쓰이는 것이 일반적이다. 사이드 포스 또는 래터럴 포스라고도 하며 SF라고 표기한다.

횡력 스티어 side force steer　컴플라이언스 조향 장치의 하나로서 타이어의 접지부에 횡력이 작용하면 현가장치가 휘어져 얼라인먼트가 변하여 타이어의 진행 방향이 변화하는 것을 말한다.

횡치식 엔진 horizontal engine　크랭크축을 자동차의 옆으로 배치한 엔진이다. 자동차 내의 공간이 커지기 때문에 소형 FF 자동차에 많이 사용되고 있다. ⇔ 종치식 엔진

횡치 판스프링식 서스펜션 transversal leaf spring type suspension　서스펜션 멤버 및 차축에 대하여 판스프링이 평행하게 배치된 현가장치의 형식이다. 하나의 판스프링을 사용함으로써 부품 수가 적고 구조가 간단한 반면에 스프링 하중이 커져 승차감이 나빠진다.

횡풍 안정성(橫風安定性) side wind stability　자동차가 옆으로 바람을 받아 진로가 동요할 때까지 운동이 보전되는 성능을 말한다. 고속 주행에서 터널을 빠져 나와 횡풍을 받았을 때, 차체에 가해지는 횡력이나 요잉 모멘트(yawing moment)는 차체의 형상에 따라 결정된다. 밴형과 캡 오버형을 비교하면, 밴형은 요잉 모멘트가 작고 차체가 옆으로만 흐르지만 버스나 트럭과 같은 캡 오버형은 횡력, 요잉 모멘트 모두 커지므로 진로가 흐트러지기 쉽다.

횡형 엔진 horizontal engine　⇨ 횡치식 엔진

횡활각(橫滑角) sideslip angle　옆 방향 미끄럼 각도이다. 선회 시 타이어의 방향과 차량의 진행 방향의 엇갈림 각을 말한다.

효율(效率) efficiency　기계에서 외부로부터 들어오는 에너지와 외부로 나가는 에너지의 비율로, 즉 효율＝출력/입력×100 (%)이다.

효율 또는 효율 사이클 duty or duty cycle　혼합 조정기(M/C) 솔레노이드가 에너지를 받고 있는 시간의 백분율이다. 만일 솔레노이드 효율이 50%이면, 솔레노이드는 주어진 기간 동안에 절반의 시간 동안 에너지를 받는다. 효율은 M/C 솔레노이드 드웰을 다른 방법으로 읽는 것이다. 드웰로 고치려면 효율에 0.6을 곱한다.

후기 연소 기간(後期燃燒期間) after combustion period　연료의 분사가 끝나는 점에서 연소되지 못한 연료가 연소하는 기간을 말한다. 즉, 직접 연소 기간에 연소하지 못한 연료가 연소하고 팽창하는 기간이다. 이 기간에 연소된 열은 유효하게 이용되지 못하며, 배기 온도와 배압이 상승하여 열효율이 떨어진다.

후드 hood　차체 앞에 있는 엔진실을 덮고 있는 패널로, 후드 패널은 개폐가 앞쪽으로 되는 것과 뒤쪽으로 되는 것이 있다. 보닛(bonnet)이라고도 한다.

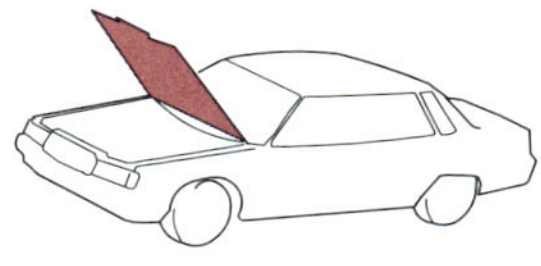

후드

후드 래치 hood latch　바람이 불 때나 주행할 때 후드(보닛)가 열리지 않도록 걸어주는 잠금쇠를 말한다.

후드 로크 hood lock　후드를 보디에 고정하는 기구이다. 스프링을 내장하고 있어서 차실 안의 레버를 조작하여 고정을 해제하면, 후드의 선단이 2~3 cm 올라가 생긴 틈으로 손가락을 넣어서 세컨더리 레버를 조작하여 후드를 열 수 있는 구조로 되어 있다.

후드 리지 패널 hood ridge panel　타이어 하우징과 엔진룸 사이를 칸막이한 격벽이다. 프런트 사이드 멤버와 함께 현가장치를 지지하여 차체 강성을 확보하는 역할도 한다.

후드 톱 마크 hood top mark　후드 앞부분에 차의 이미지를 강하게 부각시키기 위해 장착하는 상징 표식을 말한다.

후드 톱 마크

후드 힌지 hood hinge　후드를 개폐하기 위한 힌지(경첩)를 말한다. 종류에는 힌지의 회전 중심이 고정되어 있는 원 포인트 힌지와 힌지가 링크로 되어 있는 링크식 힌지가 있으며, 후드가 큰 승용차에는 링크식이 사용되는 경우가 많다.

후륜 역위상 제어 장치(後輪逆位相制御裝置) opposite direction steering between front and rear wheels control system 전자 제어 차속 감음식 4륜 조향 장치의 명칭이다. HICAS-Ⅱ를 발전시킨 것으로서 슈퍼 HICAS라고 한다. 앞바퀴 조향각을 최대로 하면 뒷바퀴가 순간 역위상 조향하여 선회에 필요한 요잉(yawing)을 발생시킨다. 이때 동위상으로 조향함으로써 안정된 코너링을 할 수 있다.

후막 IC thick film integrated circuit　하이브리드 IC의 일종으로, 세라믹 기판(基板)에 회로 패턴을 약 $1\,\mu$m 이상의 후막으로 인쇄하여 트랜지스터 등의 칩을 부착한 집적 회로이다.

후면 충돌(後面衝突)　자동차의 후부가 다른 물체에 의하여 충돌하는 것을 이른다.

후미등(後尾燈) tail lamp　야간에 주행하거나 정지하고 있을 때 차의 존재를 뒤차에게 알리는 등(lamp)으로서, 단독식(후미등으로만 사용) 등과 겸용식(제동등과 겸용으로 사용) 등으로 구분된다.

후방 감시 카메라　⇨ 리어 뷰 모니터

후연소(後燃燒) after-fire, after-burn　지각 연소를 말한다. 머플러 속에서 폭발이 일어나는 것이라든가, 점화 스위치를 OFF로 한 후의 자연 착화 연소하는 것 등을 가리킨다. 혼합 가스가 너무 농후하거나 또는 너무 희박해서 타다 남은 가스가 머플러 내에서 새로운 공기에 접촉할 때, 이 같은 현상이 일어난다.

후열(後熱) (1) post heating　용접 또는 가스 절단 후에 용접부 또는 용접물에 열을 가하는 것을 말한다. (2) after heat　엔진을 끈 후 또는 순항 속도(cruising speed)에서 어느 정도 작동시킨 후, 공전 속도(idle)에서 냉각 장치가 엔진의 온도 상승률을 따라가지 못할 때 나타나는 현상을 말한다.

후염(後焰) after fire, after burn　미연소 가스가 배기 매니폴드나 머플러 내에서 폭발하는 현상을 말한다. '빵' 하는 큰소리가 나기도 하고 배기 매니폴드 출구에서 불꽃이 보일 수 있다. 혼합 가스의 농도가 짙거나 옅을 때 연소되지 않은 가스가 배기 매니폴드나 머플러에서 다시 새로운 공기와 혼합되어 재연소되면서 발생한다. 후염과 유사한 현상인 후화열이 있지만, 이는 엔진의 연소가 상사점 가까이에서 끝나지 않고 팽창 과정의 끝까지 연소가 계속되는 것을 말한다. 원래는 다른 현상이지만 같이 사용되는 경우가 많다.

후예열(後豫熱) after glow　엔진이 시동된 후 자체 점화(self-ignite)를 위해 예열 플러그가 작동(예열)된 채로 있는 기간을 말한다. 이때 추가적인 열은 백연(white smoke, 흰 연기)을 줄이고 저속 공전 상태를 향상시키는 역할을 한다.

후적(後滴) dribbling　분사 노즐에서 연료 분사가 완료된 다음 노즐 팁에 연료 방울이 생겨 연소실에 떨어지는 것을 말한다. 후적이 생기면 배압이 발생되어 엔진의 출력이 저하되고 후기 연소 기간에 연소되는 관계로 엔진이 과열하는 원인이 된다.

후지 스피드웨이 Fuji Speedway　일본 시즈오카현 고텐바에 있는 고속 서킷이다. 1966년에 개장되었으며 1976년과 1977년, 일본 최초로 F1 GP가 열렸던 곳이기도 하다. 현재 F3000 및 JSPC(전 일본 스포츠 프로토타입 카 선수권전)를 비롯하여 많은 자동차 경주가 펼쳐지고 있다.

후진등(後進燈) back up lamp　변속기 레버를 후진 위치로 하였을 때 점등되는 후진 방향의 조명등이다. 후퇴등이라고도 한다.

후진 슈 reverse acting shoe　후진에서 자기 작동 작용을 하는 슈로서, 전진 슈에 비해 라이닝이 짧다.

후진 용접법(後進熔接法) backhand welding　용가재(鎔加材)가 토치 뒤를 따라 진행하는 용접법을 말한다.

후차축(後車軸) rear axle　뒤차축을 말한다. 자동차의 뒤쪽에 현가장치로 지지되어 엔진에서 발생된 동력을 변속기와 추진축을 통해 회전력으로 바꾸어 이 회전력을 감속시키고, 각도를 변화시켜 후륜에 전달하는 일을 하는 장치이다. 종감속 기어, 차동 기어, 액슬축, 액슬 하우징 등으로 구성되어 있다.

후퇴등(後退燈) reversing light　⇨ 후진등

후피복 용접봉(厚被覆鎔接棒) thick coated electrode　피복제가 두껍게 덮인 용접봉을 말한다.

후화(後火) after fire　소음기 내에서 폭발이 일어나는 현상이다. 혼합비가 농후하여 연소하지 못했던 가스가 배기 계통의 새어 들어온 공기에 의해 적당한 농도의 가스가 된 후, 다음의 사이클이나 다른 실린더로부터의 고온 가스에 의하여 머플러 등에서 연소되어 폭음이 일어나는 현상을 말한다.

훅 hook　(1) 갈고리쇠 모양의 기계 부품으로, 로프 등을 걸어 중량물을 달아 올리는 데 사용한다. (2) LPG 엔진의 베이퍼라이저 1차 감압실에 설치되어 1차 밸브 레버를 제어하여 페이스 밸브를 개폐하는 장치를 이른다.

훅 조인트 hook's universal joint　접속물의 한끝에 갈고리쇠를 달고 이것을 다른 쪽 접속물의 끝에 달린 고리에 걸어서 연결하는 이음 방식을 말하는데, 연결과 해체가 용이하다.

훨링 whirling　추진축의 엔진 회전력을 받아 구동축에 전달 시 추진축의 변형, 굽음, 손상 등으로 기하학적 중심과 질량적 중심이 일치하지 않아 발생되는 굽음 진동을 말한다.

휘도(輝度) brightness　일정한 범위를 가진 광원(光源)의 광도(光度)를 그 광원의 면적으로 나눈 양을 말한다. 자체가 발광하고 있는 광원뿐만 아니라 조명되어 빛나는 2차적인 광원에 대해서도 밝기를 나타내는 양으로 쓴다. 이것은 광원의 면과 수직인 방향에서 관찰했을 때의 휘도이고, 광원의 면을 비스듬한 방향에서 본 경우는 그 방향에서 본 겉보기의 면적으로 나눈다.

휘발성(揮發性) volatility　통상의 온도에서 액체가 기체로 되어 증발하는 성질이다.

휘발성 메모리 volatile storage　저장된 정보를 유지하기 위해서 전기가 필요한 컴퓨터 메모리를 가리킨다. 임시 메모리라고도 한다. 비휘발성 메모리는 지속적인 전력 공급이 필요하지 않다.

휘발유 엔진 gasoline engine　가장 대표적인 내연 기관으로, 그 밖의 엔진에 비해 가볍고 출력이 크며 진동과 소음이 적어 승용차에 알맞다. 결점은 비싼 휘발유를 사용한다는 점이다.

휠 wheel　타이어와 더불어 바퀴를 구성하는 구성품으로, 타이어가 결합되어 지지되는 림(rim)과 휠을 허브에 설치하는 디스크(disc)로 구성되어 있다. 구조상 디스크 휠, 스포크 휠, 스파이더 휠로 구분되며 재질상 강판 휠과 알루미늄 휠로 나뉜다.

휠 가드 wheel guard　바퀴와 보디 사이에 설치하는 수지 재질의 가드로서 흙이나 물 등으로 인한 녹이나 기타 손상으로부터 보디를 보호해 주는 역할을 한다.

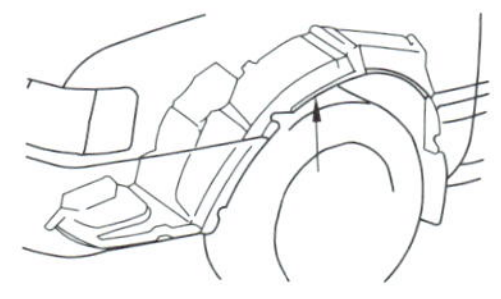

휠 가드

휠 너트 wheel nut　⇨ 허브 너트

휠 디스크 wheel disc　강판을 접시형으로 프레스에 의해 성형한 다음 림을 결합한 것으로, 가볍고 튼튼하여야 하며 허브로부터 탈착이 용이하여야 한다. 휠 디스크의 종류는 강판 휠(steel wheel disc), 강선 휠(steel wire wheel), 주조 휠(casting wheel)이 있으며 거의 강판 휠을 쓰고 있다.

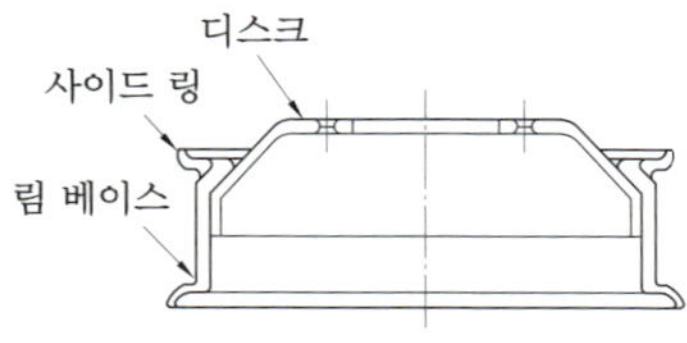

휠 디스크 단면도

휠 레이트 wheel rate　바퀴 위치에서의 현가 스프링 정수로서 서스펜션 레이트라고도 한다. 어떤 하중 조건 하에서 타이어의 증대를 무시하고 스프링 위 중심과 휠 중심의 위치를 단위 거리(mm)에 가깝도록 하는 데 필요한 중량으로 나타내는 것이다. 타이어를 포함한 휠 위치에서의 스프링 정수를 '타이어 레이트'라고 한다.

휠 리프트 wheel lift　급선회나 급제동에서 타이어가 노면으로부터 떠오르는 현상이다.

휠 밸런서 wheel balancer　휠 무게의 불균형 양을 측정하는 기계를 가리킨다. 흔히 정·동 양쪽 밸런스를 동시에 측정하여 밸런스 웨이트로 균형을 잡는다. 차에 타이어를 붙인 채로 균형을 재는 것을 온 더 카 타입(on the car type), 바퀴를 떼어내어 재는 것을 오프 더 카 타입(off the car type)이라 한다.

휠 밸런스 wheel balance　림에 붙인 타이어 무게의 균형 상태를 말한다. 고속 회전 상태로 달리는 타이어에서 밸런스 조정은 아주 중요하다. 타이어의 어떤 부분이 다른 부분보다 무거우면 주행 후 자동차가 정지하고자 할 때 이 부분이 아래가 되게 멎으려고 한다. 이때의 불균형을 정적(靜的) 불균형이라 한다. 폭이 넓은 편평 타이어에서는 정적 균형이 잡혀 있다 해도 단면(斷面) 방향으로 무게의 균형이 이루어지지 못하면 축이 흔들리는 동적(動的) 불균형이 일어나는데, 보통 90 km/h에서 핸들이 떨린다.

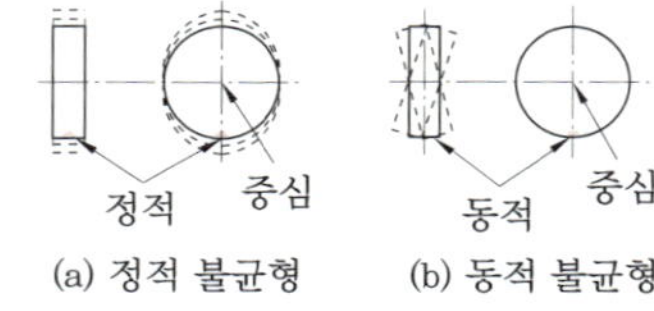

휠 밸런스

휠 밸런스 웨이트 wheel balance weight　타이어의 휠에 무게의 불균형이 있으면 바퀴가 돌아갈 때 원심력으로 회전축이 흔들린다. 이 같은 불균형을 없애기 위해서 휠에 붙여 평행을 유지하게 하는 웨이트를 가리킨다. 이것은 납을 주성분으로 한 합금으로 림 플런지에 붙이는 것과 휠에 붙이는 것이 있다. 오토바이에서는 스포크에 붙이는 경우가 많고, 자동차에서는 타이어 외에도 브레이크 드럼, 프로펠러 샤프트, 크랭크샤프트 등의 무게 균형을 잡기 위해서도 밸런스 웨이트를 사용한다.

휠 베어링 그리스 wheel bearing grease　리튬이나 나트륨 비누의 그리스로서 내열성, 내수성, 산화 안정성, 기계적 안정성이 뛰어나 브레이크의 고온이나 충격 하중을 받는 곳에 쓰인다.

휠베이스 wheelbase　⇨ 축간거리

휠 브레이크식 wheel brake type　핸드 브레이크 레버 아래쪽에 작용력을 유지하기 위한 래칫(ratchet)이 설치되어 있고 뒷바퀴에 설치된 브레이크슈를 로드나 와이어로 당겨 드럼 내부를 확장, 제동력을 발생시키는 형식을 이른다. 레버의 조작력이 양쪽에 균등히 배분되게 하기 위해서 와이어의 중간에 이퀄라이저(equalizer)를 두고 있다.

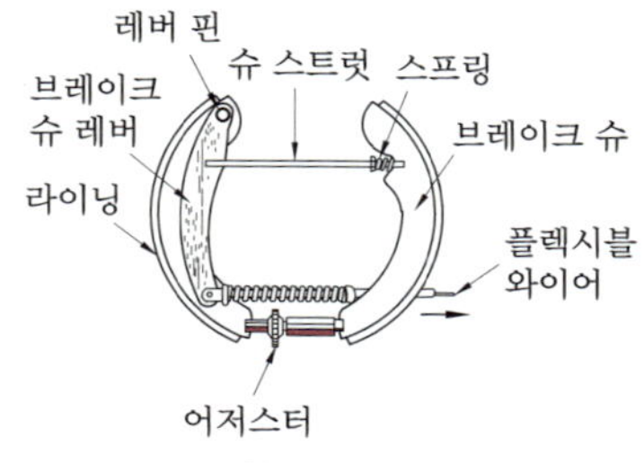

휠 브레이크

휠 속도 센서 wheel speed sensor　앞뒤 4 바퀴에 각각 설치되어 바퀴의 회전 속도를 톤 휠(tone wheel)과 센서에서의 자력선 변화로 감지하여 컴퓨터에 입력하는 역할을 한다. 급제동할 때 또는 미끄러운 노면에서 제동할 때 컴퓨터는 브레이크 유압을 제어하여 조종성을 확보하고 정지 거리를 단축시킨다.

휠 스트로크 wheel stroke 휠이 상하 방향으로 움직이는 범위이다. 기준 위치에서 스프링이 수축하는 방향으로 휠이 움직이는 것을 바운드 스트로크, 신축하는 반대 방향으로 움직이는 것을 리바운드 스트로크라고 하며, 양자를 합한 것을 휠 스트로크라고 한다.

휠 스핀 wheel spin 타이어가 지나친 구동력으로 접지력의 한계를 넘어 공전하는 것으로, 타이어의 공전은 다시 접지력을 잃게 하여 방향성을 나쁘게 만든다.

휠 실린더 wheel cylinder 마스터 실린더에서 발생되어 전달된 유압을 브레이크슈나 패드로 전달하여 드럼이나 디스크에 압착시키는 기능을 하는 부분이다. 몸체(cylinder), 피스톤(piston), 확장 스프링(expanding spring), 피스톤 컵(piston cup), 고무 부트(rubber boot), 푸시로드(push-rod)로 구성되어 있고 몸체 상부에는 회로 내 오일 및 에어를 빼는 에어 브리더 스크루(air breather screw)가 설치되어 있다. 종류로는 동일 지름형(equal bore type)이 가장 많이 사용되고 있으며, 실린더 양쪽 구멍이 서로 다른 크기인 계단 지름형(step bore type), 그리고 한쪽 방향으로만 작동을 하고 다른 한쪽에는 조정기(adjuster)를 둔 단일 지름형(single bore type)이 있다.

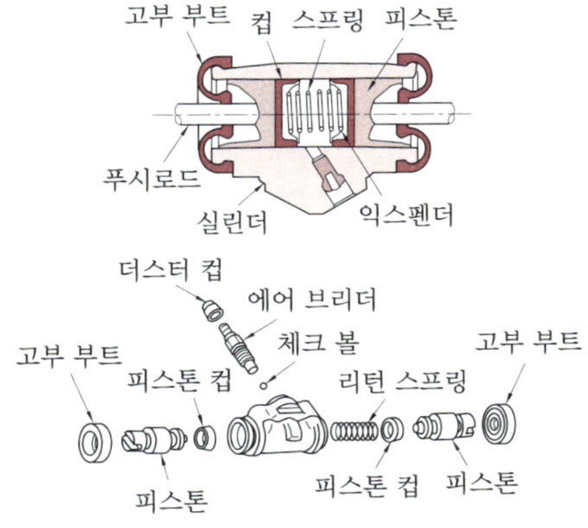

휠 실린더의 구조

휠 아치 wheel arch 휠의 탈착을 쉽게 하기 위해서 또는 타이어의 방향을 변경할 때 방해가 되지 않도록 사이드 패널에 열려 있는 반원형의 개구부(開口部)를 말한다.

휠 얼라인먼트 wheel alignment 타이어가 노면과의 관계에서 어떻게 차체에 붙여졌는가를 나타내는 것이다. 일반적으로 킹핀 경각(傾角), 캠버, 캐스터 및 토인(토아웃) 등 4가지 요소로 정해진다. 휠 얼라인먼트는 차의 주행 안전성, 조종성, 타이어 마모 등에 영향을 미친다. 차의 자세와 부하에 따라 휠 얼라인먼트가 변해서 차를 수평면에 놓고 직진 상태로 정지(靜止)했을 때의 수치로 휠 얼라인먼트가 정의된다.

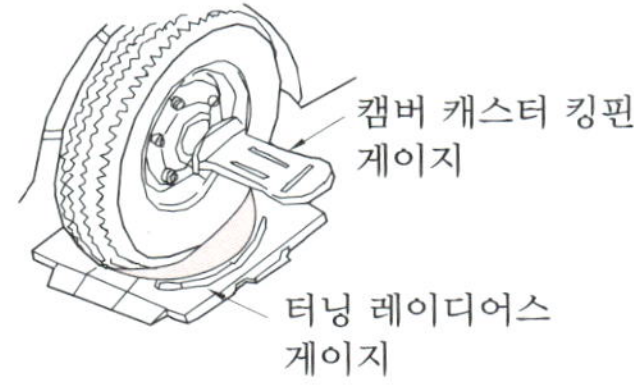

휠 얼라인먼트 측정

휠 오프셋 wheel offset 휠이 타이어의 중심으로부터 얼마나 떨어져 구동축 허브에 설치되어 있는가를 나타내는 수치이다. 림의 중심 면과 디스크 허브와의 부딪침 면과의 거리를 말한다. 트럭의 더블 타이어에서는 이 오프셋을 내면 오프셋이라 하며, 림의 중심 면과 디스크 외면과의 사이에 거리를 외면 오프셋이라고 한다.

휠 와블 wheel wobble (1) 4륜구동 차량이 60 km/h 이하로 주행하고 있을 때 조향 핸들이 좌우로 흔들리는 현상이다. 휠의 언밸런스가 클 때 또는 얼라인먼트에 이상이 있을 때 노면의 요철이나 브레이크 작동으로 발생하는 킹핀 주위의 자려(自勵) 진동이 스프링 밑의 가로 흔들림을 동반하여 진폭이 큰 것을 말한다. 저속 시미라고도 한다. (2) 2륜구동 차량이 고속 주행할 때 뒤에서 발생하는 요인과 롤링이 복합된 3~4 Hz의 차체 흔들림이다. 같은 흔들림이 고속 코너링 중에 발생하는 경우도 있으며 1~3 Hz의 흔들림을 위브라고도 한다.

휠 웰 wheel well 드롭 센터 림을 말한다. 타이어를 탈착하기 위하여 설치되어 있으며 움푹 들어간 부분이다.

휠 캡 wheel cap 휠의 덮개를 말한다. 허브 구멍을 장식하는 센터 캡, 디스크의 중앙 부분을 덮는 하프 캡, 휠 전체를 덮는 풀 캡도 있다.

휠 커버 wheel cover 타이어와 림을 보호하고 허브 너트의 풀림을 알리며 제동 기구의 방열을 돕고 외관을 미려하게 하는 커버로, 여러 가지 형태의 것이 있으며 림에 끼운다.

휠 트래킹 게이지 wheel tracking gauge 자동차의 좌우 양쪽 타이어 중심 간의 거리(wheel track)를 말한다. 또는 이것의 오차를 측정하는 게이지를 말한다.

휠 트램프 wheel tramp 섀시 진동의 하나로, 전후 방향을 축으로 하여 회전 운동을 하는 진동을 말한다.

휠 트레드 wheel tread 좌우 타이어 트레드 중심 간의 거리이다.

휠 하우스 wheel house 뒷바퀴를 덮고 있는 이너 보디 하우징이다.

휠 홉 wheel hop 섀시 진동의 하나로 상하 운동을 하는 진동을 말한다.

휨 진동 bending vibration, flexure vibration 탄성체의 굽힘 변화에 의해 나타나는 진동을 말한다. 예를 들면 배기 파이프의 휨 진동, 보디의 휨 진동이 있다.

휨 하중 deflection load 재료를 구부려 꺾으려는 하중을 말한다.

휨 홈 용접 flare groove weld 두 부재 사이의 플레어 부분에 하는 용접을 말한다.

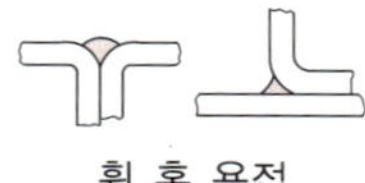

휨 홈 용접

휴먼 엔지니어링 human engineering ⇨ 인간 공학

흐름 현상 sagging 수직면에 도포한 경우, 건조 시까지 도료의 층이 부분적으로 아래로 흘러내려 두께가 불균등하게 나타난 현상을 말한다. 반원상, 고드름상, 액상 등으로 나타나며 너무 두껍게 칠했을 때 도료의 유통 특성의 부적합 또는 상태의 부적합 등에 의해서 발생한다.

흑연(黑鉛) graphite 연한 탄소의 일종이다.

흡기 가열(吸氣加熱) intake heating 흡기 다기관 내에 흐르는 혼합 가스를 가열하여 기화되기 쉽게 하는 것이다. 배기 가열 방식은 배기 다기관의 일부를 이용하며 카운터 플로 엔진에 사용되고, 온수 가열 방식은 실린더 헤드에서 고온이 된 냉각수를 이용하며 크로스 플로 엔진에 사용된다.

흡기 간섭(吸氣干涉) interference in intake manifold 엔진에 흡입되는 혼합 가스는 흡기 밸브 개폐에 따라 밀도가 높은 부분과 낮은 부분을 가진 조밀파(粗蜜波)로 변하여 흡기관을 이동한다. 흡기관을 2개 이상 모은 흡기 다기관 집합부에서 각 흡기관 혼합 가스의 조밀파가 간섭하는 것을 말하며, 조밀파의 간섭에 의해 흡입 효율이 저하되는 것을 흡기 실린더 간섭 효과라고 한다.

흡기 계통(吸氣系統) induction system 내연 기관의 전 흡기 장치를 가리킨다. 일반적으로 공기 여과기 → 기화기 → 흡기관 또는 흡기 매니폴드 → 흡기 밸브 또는 흡기 구멍 순서로 배열된다. 과급(過給)을 하는 경우 기화기 앞에 과급기를 장치한다.

흡기공(吸氣孔) intake port 엔진 흡기 밸브로 통하는 구멍을 말한다.

흡기관 부압 센서 manifold vacuum sensor 엔진의 흡기관 내 압력을 측정하기 위한 센서이다. 흡기압 센서라고도 한다. 엔진의 제어에 있어서 실린더 내에 수용된 공기량과 연료량을 아는 것은 가장 기본이 되는 사항이며, 그 공기량을 측정하는 한 방법으로 흡기 압력과 실린더의 용적으로부터 구하는 방법이 있다. 흡기관 부압 센서에는 아네로이드-차동 트랜스형, 가변 자기 저항형, 확산 반도체형, 용량형, 표면 탄성파형 등 여러 가지 방식이 있다. 이중 차동 트랜스형은 초기에 이용되었지만 현재는 확산 반도체형, 용량형이 일반화되어 있다.

흡기관 분사(吸氣管噴射) manifold injection 연료의 분사 위치에 따른 분류의 하나로 연료를 흡기관에 분사하는 방식이다. 각 기통마다 인젝터를 배치하는 MPI 방식과 흡기관 집합부에 1~2개의 인젝터를 갖춘 SPI 방식 2종류가 있다. 그 밖의 분사 위치로는 실린더 내에 직접 분사(GDI)하는 방식이 있다.

흡기 관성(吸氣慣性) 흡기 행정에서 흡기 밸브가 갑자기 열리면 흡기 매니폴드 내부의 공기(기주) 관성에 의해 밸브 쪽(폐지단)에 부압이 발생한다. 이 부압이 매니폴드 내로 전달되어 기화기 쪽(개방단)으로 반사되고 정압이 되어 폐지단에 되돌아온다. 동일 사이클의 흡기 과정 후반에 이 정압이 오게 하면 흡입 효율을 높일 수가 있는데, 이를 흡기 관성이라고 한다.

흡기 구멍 intake port ⇨ 인테이크 포트

흡기 다기관(吸氣多岐管) intake manifold 기화기 또는 스로틀 보디와 실린더를 연결하는 기통수만큼의 통로 또는 관을 말한다. 다기관(매니폴드)은 여러 가지로 갈라져 있는 파이프를 말한다. 공기나 혼합 가스를 실린더에 혼입하는 파이프로서, 주철이나 강관 또는 알루미늄 합금으로 만들어지며, 흡입 저항이 적고 각 실린더에 균등하게 배분되도록 구성되어 있다.

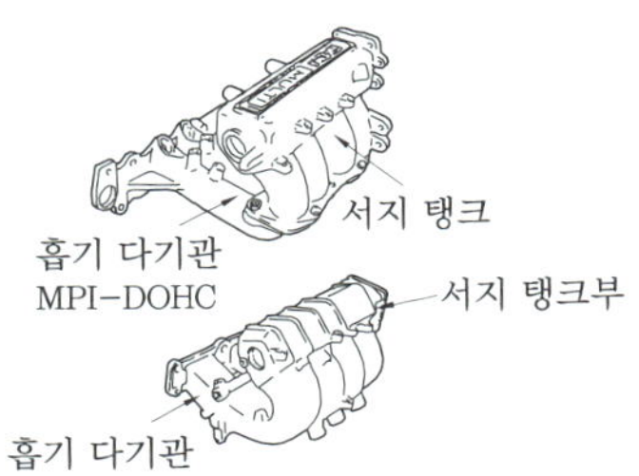

흡기 다기관과 서지탱크

흡기 다기관 개스킷 intake manifold gasket 흡기 다기관과 실린더 헤드 또는 블록 사이에 사용하는 기밀 유지용 재료를 말한다.

흡기 다기관 구멍 intake manifold port 흡기 다기관에 만든 진공 구멍으로, 공전 시 이 구멍에서 완전히 매니폴드 진공이 생성된다.

흡기 다기관 압력 제어 방식(吸氣多岐管壓力制御方式) manifold pressure controlled fuel injection type 흡기 다기관으로 유입되는 흡입 공기량이 대기압에 의해 작동되는 센서 플레이트의 움직임을 레버로 전달하여 연료 분배기 제어 플랜저의 행정을 변화시킴으로써 연료의 기본 분사량이 결정되는 방식이다.

흡기 레저네이터 suction resonator 흡기음을 감소시키는 장치이다. 레저네이터는 공명기로서 저감하려는 주파수와 수식에서 유도된 치수, 형상의 파이프와 상자를 가진 공명기를 흡기 다기관과 연결하여 헬름홀츠의 공명 원리에 의해 음을 감소시킨다.

흡기 매니폴드 intake manifold ⇨ 흡기 다기관

흡기 맥동 효과(吸氣脈動效果) pulsation effect 엔진에 흡입되는 혼합 가스나 공기는 관성에 따라 흡기관 내를 일정한 상태로 흐르려 하지만, 흡기 밸브가 열리는 것은 흡기 행정뿐이므로 흐름이 막혔다가 흐르게 되는 움직임인 맥동을 한다. 기류가 멈추어 관성에 의하여 기압이 높아진 순간에 흡기 밸브가 열리면, 보다 많은 혼합 가스나 공기를 실린더 내에 넣을 수 있다. 이 원리에 의하여 엔진의 출력이 올라갔을 때 흡기 맥동 효과를 얻었다고 한다.

흡기 밸브 intake valve 흡입 행정 동안 공기/연료의 혼합 가스로, 실린더 속으로 들어가도록 열리는 밸브를 말한다. 흡입 밸브라고도 한다.

흡기 소음(吸氣騷音) intake noise ⇨ 흡기음

흡기 스월 포트 induction swirl port 흡기 포트의 모양을 혼합 가스가 실린더 내에 소용돌이처럼 선회(旋回)하여 흘러들어 가도록 만든 것을 이른다.

흡기 압력 검출 방식(吸氣壓力檢出方式) speed density type 진공 센서로 흡기 다기관의 압력을 검출하여 연료 분사량을 결정하는 방식을 말한다. 흡기 다기관의 압력이 1사이클에 대해 흡입하는 공기량에 비례하는 원리를 이용한다. 반도체 진공 센서는 실리콘에 응력을 가하면 전기 저항이 변하는 성질을 이용한 압력 센서로 흡기 다기관 내의 절대 압력을 신호로서 검출한다.

흡기 압력 센서 intake pressure sensor ⇨ 진공 센서

흡기압(吸氣壓) 센서 manifold pressure sensor ⇨ 흡기관 부압 센서

흡기온 감지 밸브 BVSV ; bimetal vacuum switching valve 바이메탈을 사용하여 일정한 온도에서 공기·부압·온수 등의 통

로를 개폐하는 밸브를 말한다.

흡기 온도 센서 ATS ; air temperature sensor　에어 플로 센서(AFS)에 설치되어 흡입 공기 온도를 측정하는 일종의 저항이다. 센서로부터의 출력 전압에 따라 ECU는 흡기 온도를 감지한 후, 흡입 공기 온도에 대응하여 연료 분사량을 보정한다. 흡기온 센서라고도 한다.

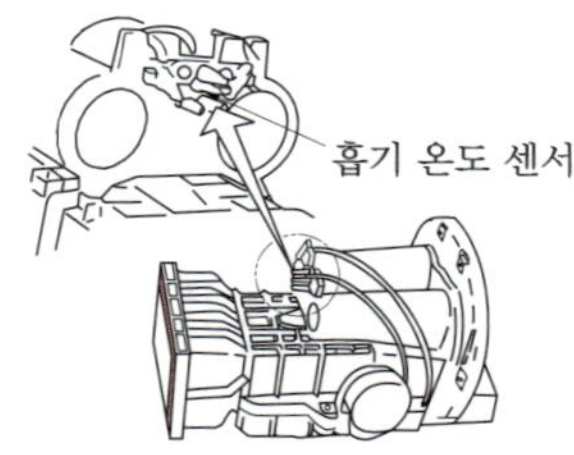

흡기 온도 센서

흡기온 센서 intake air temperature sensor ⇨ 흡기 온도 센서

흡기음(吸氣音) intake noise, induction noise　흡기 구멍으로부터 나는 음이며, 공기를 단속적으로 흡입하는 것에 의해 발생하는 맥동음과, 흡입 공기가 공기 청정기의 입구나 내부를 통과할 때의 난류에 의해 발생하는 기류음으로 분류된다.

흡기 장치(吸氣裝置) intake system　엔진을 작동시키기 위하여 실린더 안에 혼합 가스를 흡입하는 장치로, 흡입하는 공기 속에 존재하는 먼지 및 이물질 등을 여과시키는 공기 청정기와 각 실린더에 혼합 가스를 분배하는 흡기 매니폴드로 구성되어 있다.

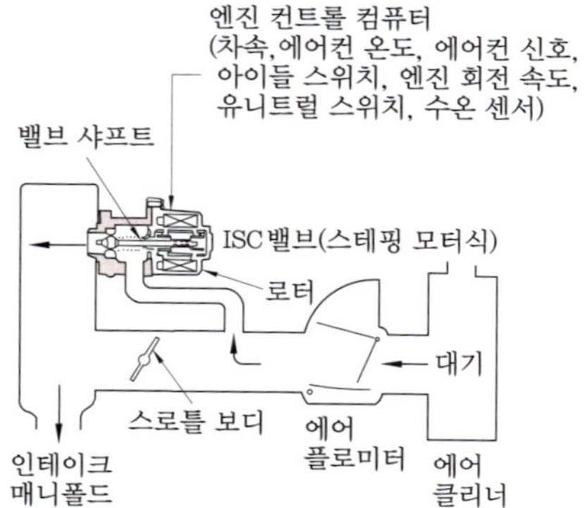

흡기 장치

흡기 컨트롤 suction control　터보차저에서

과급 압력이 규정을 넘지 않도록 설정하고 압력 이상이 되면 흡기를 빠지게 하는 방식이다.

흡기 포트 intake port　실린더 헤드 내에 있으며 각 실린더의 밸브에서 나와 있는 원통 모양의 흡기와 배기의 통로 부분이다. 이 부분의 흐름이 유연하면 그만큼 성능이 좋아지므로 포트 연마 기술로 엔진의 성능을 판단할 수 있다.

흡기 행정(吸氣行程) intake stroke　배기 행정이 끝난 후 피스톤이 하강 행정을 할 때의 행정으로, 이때 흡기 밸브는 열리고 피스톤은 공기/연료의 혼합 가스를 실린더 속으로 빨아들인다.

흡기 히터 air intake heater　기화기 내로 유입되는 공기를 약 38℃의 온도로 유지되도록 하기 위해 배기 다기관 주위의 뜨거운 공기를 흡기에 합류시키는 장치를 말한다.

흡음률(吸音率) suction noise ratio　흡음재의 표면이 음향 에너지를 흡수하는 비율을 나타내는 양으로, 정확하게는 1에서 입사측에 매초 반사되는 에너지와 매초 입사하는 에너지와의 비를 뺀 것으로 정의된다. 이것에 의하면 흡음재를 투과하는 에너지도 흡음률 속에 포함된다. 흡음 계수라고 하는 경우도 있다.

흡음재(吸音材) sound absorbing material　일반적으로 소리 에너지를 반사, 흡수함으로써 소리의 전달을 막아주는 재료를 말한다. 자동차에서는 음에너지를 열에너지로 바꾸려고 흡수하는 재료로서, 엔진 투과음을 방지하기 위하여 부착하는 사일런서, 패드, 플로어 카펫 등이 있다.

흡음 천장(吸音天障) acoustical ceiling　천장 내장을 두껍게 하여 반향음을 흡수하도록 한 것을 말한다. 특히 고주파음을 잘 흡수한다. 또한 작은 소리에 대해서도 효과가 있고, 재질은 흡음 효율이 좋은 카폭면을 사용한다.

흡인 현상(吸引現狀)　도장한 도료가 아래 페인팅에 흡수되어 페인팅 막이 얇아져서 색깔이 좋지 않거나 소정의 성능을 발휘할 수 없게 되는 상태이다. 아래 페인팅의 안료 분이 지나치게 많을 때 일어나기 쉽다.

흡입 공기량 센서 air flow sensor 스로틀 밸브의 열림량과 흡기관 내의 압력 및 엔진 회전수에 따라 엔진에 흡입되는 공기량이 결정되므로 각각의 값을 검출하기 위한 센서를 총칭해서 이르는 말이다. 공기량의 검출 방법은 직접 검출을 하는 매스 플로 방식과 간접적으로 검출하는 스피드 덴시티 방식, 스로틀 스피드 방식으로 분류한다.

흡입 공기량 제어 방식(吸入空氣量制御方式) air flow controlled injection type 흡기 다기관으로 유입되는 공기량을 감지한 후 컴퓨터에서 연산하여 연료의 기본 분사량을 결정하는 방식을 말한다.

흡입 공기 유량 센서 inhale air flow sensor ⇨ 엔진 흡입 공기 유량 센서

흡입 공기 온도 조정 기구(吸入空氣溫度調整器具) controlled combustion system 일반적으로 온도 조절 에어 클리너 장치로도 불린다. 흡입 공기 온도가 낮은 경우에는 배기관에서 더워진 공기를 에어 클리너로 빨아들이게 하며, 난기성의 향상 및 연료의 무화(霧化)를 촉진시켜 흡입 공기 온도가 높아지는 경우에는 에어 클리너를 바이패스해서 새로운 공기를 기화기에 보내 넣으면서 농도가 과농하게 되는 것을 방지한다. 그림은 흡입 공기 온도 조정 기구의 시스템을, 다음의 표는 구성 부품 및 기능을 나타내고 있다.

부 품 명	기 능
서모 센서 (thermo sensor)	흡입공기를 바이메탈 감지하고 그 온도에 응해서 진공 모터를 작동시키는 부압을 제어한다.
진공 모터 (vacuum motor)	매니폴드 부압에 의해 열풍 제어 밸브(hot air control valve)를 작동한다.
핫 에어 컨트롤 밸브 (hot air control valve)	내온기의 전환 밸브
매니폴드 밸브 (manifold cover)	배기관으로 더워진 주변의 공기를 모은다.
핫 아이들 (hot idle compensator)	흡입공기 온도가 약 47℃로 되면 에어 클리너로부터 흡입관으로 바이패스(by pass) 회로를 개방하고 새로운 공기를 관에 빨아들인다.

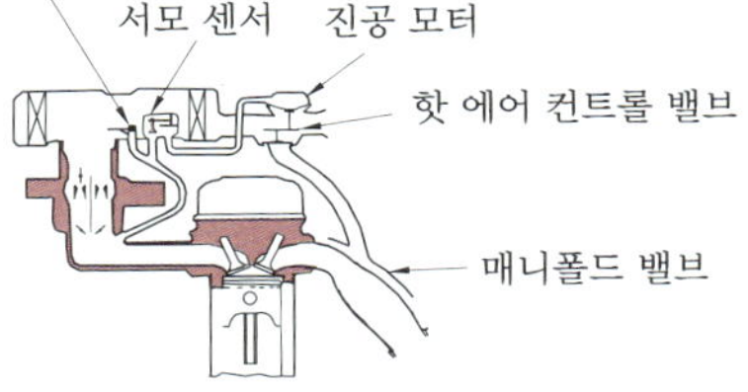

흡입 공기 온도 조정 기구

흡입 라인 suction line 액추에이터에 작동유를 공급하는 유로(油路)를 이른다. 캐비테이션 현상을 방지하기 위해서 적당한 크기와 모양의 흡입관을 설치하여야 하며, 되도록이면 가압식 오일 탱크를 설치함으로써 예압이 가해지도록 하면 효과적이다. 흡입력이 약한 플런저 펌프를 사용할 경우에는 $0.6{\sim}1.5\,\mathrm{kgf/cm^2}$ 공기압을 이용하는 가압식 탱크를 사용하면 탱크에 저장된 오일을 펌프까지 원활하게 공급할 수 있다.

흡입 매니폴드/배기 매니폴드 induction manifold/exhaust manifold 다기통 엔진에서 헤드로부터 바깥쪽 흡배기관을 매니폴드(다기관)라 한다. 흡입 쪽은 카뷰레터로부터 각 기통이 포트까지 분배해서 잇는다. 배기 쪽은 각 기통이 포트 출구로부터 모아져 하나의 배기관에 잇는 역할을 한다. 매니폴드 모양이 엔진 성능에 영향을 미치는 것은 말할 것도 없다.

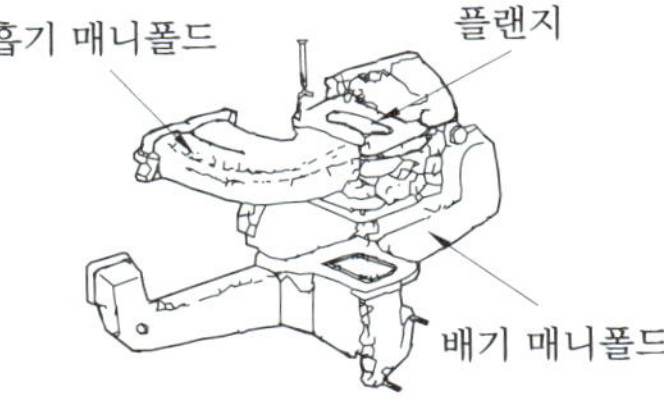

흡·배기 매니폴드

흡입 밸브 intake valve ⇨ 흡기 밸브

흡입 부압(吸入負壓) 엔진의 흡기계에 발생하는 부압이다. 표준 대기의 압력을 1기압이라 할 때, 수은의 높이로 측정하면 760 mm이다. 이것을 통상 760 mmHg로 나타낸다. 실린더가 공기를 흡입한다고 하는 것은 실린더 내의 압력이 대기압보다 낮기 때문에 외기가 흡입되는 현상을 말한다. 통상 엔진의 경우, 흡입 부압을 이용하여

점화계의 자동 진각을 행하거나, 브레이크 등의 배력 장치의 근원으로 하고 있다. 이 경우 부스트압은 마이너스가 되기 때문에 이것을 부압(vacuum)이라고 부를 때도 있다.

흡입 포트 suction port　실린더 헤드 내부에 실린더 밸브로부터 나와 있는 원통 모양의 흡입 배기 통로 부분이다. 이 부분의 흐름이 유연해지면 그만큼 성능이 좋아져서 엔진 튜닝은 포트 연마로부터 시작된다.

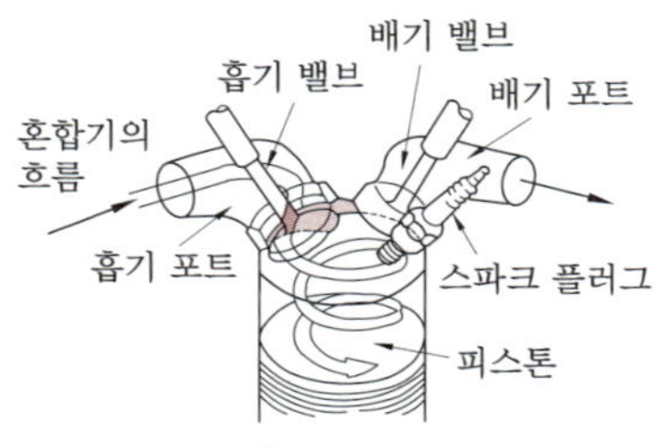

흡입 포트

흡입 행정(吸入行程) intake stroke　피스톤이 상사점에서 하사점으로 하강하는 행정으로서 차징 스트로크(charging stroke)라고도 한다. 부분 진공으로 흡기 밸브를 통하여 카뷰레터에서 혼합된 혼합 가스를 실린더 내로 흡입하고 피스톤 1행정하며 크랭크축은 180° 회전한다.

흡입 효율(吸入效率) suction volumetric efficiency　엔진의 흡입 행정에서 실제로 실린더에 흡입된 공기량과 대기압 상온에서 실린더 용적에 해당하는 공기량의 중량비를 말한다. 실린더 용적과 엔진의 회전수에 따라 엔진에 흡입되는 혼합 가스 또는 공기의 양을 검출할 수 있지만, 실제 흡입 계통에서 발생되는 저항 등에 의해서 적은 양을 흡입해야 한다. 따라서 실제로 흡입되는 공기 중량을 행정 체적에 흡입 가능한 공기 중량으로 나누어 흡입 효율을 나타낸다. 흡입 효율을 용적 효율 또는 체적 효율이라고도 한다.

흡착(吸着) adsorption　접촉하고 있는 기체나 용액의 분자를 표면에 달라붙게 하는 모든 고체 물질의 성질을 말한다.

희박 연소(稀薄燃燒) lean-burn　이론 공연비 14.6 : 1에 대해 희박 혼합비 16 : 1 이상을 말한다. 희박 혼합 가스를 안정하게 연소시키면 공기 비율이 많기 때문에 일산화탄소(CO)나 탄화수소(HC) 발생이 적다. 또한 연소 최고 온도도 그다지 높아지지 않기 때문에 질소산화물(NOx) 발생도 적고 연비점에서 유리하다. 그러나 희박 연소 방식은 농후 연소 방식에 비해 출력이 일반적으로 낮아진다.

희박 연소 방식(稀薄燃燒方式)　가솔린 엔진은 가솔린과 공기의 혼합 가스를 연소시켜 동력을 얻고 있지만, 이 혼합 가스의 비율이 희박한 것을 사용하는 연소 방식을 이르는 말이다. 가솔린 1에 대해 공기 약 15의 비율이 보통의 혼합 가스라고 하고, 이보다 공기량이 많은 상태를 희박이라고 한다. 배기가스 규제를 달성하기 위해 반구형 연소실에 제트 밸브를 설치하여 운전 상태에 따라서 연소실에 강력한 제트 터뷸런스(난류, turbulence)를 발생함으로써 점화 후의 화염 전파를 보조하고, 확실한 착화와 연소 속도의 증대를 도모하고, 초희박 연소를 가능하게 한 분류 제어 초희박 연소 방식(MCA-JET)을 적용하고, 효율이 양호한 연소와 양호한 연비를 실현하게 되었다. MVV(Mitsubishi Vertical Vortex) 엔진은 절약성 에너지를 목표로 하고, 독자적으로 신개발한 초희박 연소 방식의 엔진이다.

희박한 혼합 가스 lean mixture　비교적 많은 양의 공기와 적은 양의 연료로 구성된 공기/연료 혼합 가스이다. 이상적인 공기/연료 비율 14.7 : 1에 비교해서 17 : 1의 공기/연료비는 희박한 혼합 가스이다.

희박 혼합기(稀薄混合氣) lean mixture　가솔린의 경우 이론 혼합비가 14.8인데, 이보다 연료의 비율이 적은 혼합기, 즉 혼합비가 14.8 이상인 혼합기를 희박 혼합기라고 한다. 가솔린 기관에서는 중 정도의 부하(負荷)의 경제 운전의 경우에 희박 혼합기가 사용된다.

희석재(稀釋材) thinner　도료의 점도를 낮추기 위하여 사용하는 휘발성 액체를 말한다.

히스 노이즈 hiss noise　자기 녹음 테이프에서 발생하는 '쉭' 하는 잡음을 말한다.

히스테리시스 hysteresis　측정에 의하여 생기는 동일 측정량에 대한 출력 또는 지시의 차로서 나타나는 현상이다. 부하를 증가시키고 있을 때와 감소시키고 있을 때로서, 동일 부하량에 대하여 출력에 차이를 일으킨다.

히스테리시스 로스 hysteresis loss　고무 등 고분자 물질은 바깥쪽으로부터 힘을 받았을 때 변형이 동시에 일어나지 않고 얼마쯤 시간의 차이를 두고 나타난다. 이 때문에 고분자 물질을 되풀이해서 변형하게 하면 주어진 물질의 일부가 열로 손실된다. 이것을 히스테리시스 로스라고 하는데, 이 히스테리시스 로스는 타이어의 발열과 굴림 저항의 원인이 된다.

히터 heater　장치 내로 뜨거운 냉각수를 통과시켜 그 전도열로 차량 실내를 따뜻하게 하는 장치로, 닌방 장치라고도 한다. 이러한 히터에는 수랭식 엔진 자동차에 사용하고 있는 온수식 히터와, 공랭식 엔진에 사용하는 배기가스의 열을 이용하는 배기식 히터가 있다. 가장 많이 사용하는 온수식 히터는, 가열된 엔진의 냉각수를 열원으로 하고 이를 작은 라디에이터 속으로 순환시켜 블로어로 공기를 보내어 따뜻한 공기를 얻는 구조로 되어 있다.

히터 부착 산소 센서　산소 센서에 히터를 내장하고 배기가스 온도가 낮은 경우에도 센서 응답성을 향상시킨 산소 센서이며, 배기가스 레벨의 안정이 도모된다. 6G7계 엔진 및 4G63-DOHC-N/A(무연 프리미엄 가솔린 사양) 엔진에 적용하고 있다.

히터 부착 시트　시트 쿠션 및 시트 백, 각각의 시트커버 내부에 전기식 히터를 조입한 시트를 말한다. 시트면을 따뜻하게 하여 한랭지에서의 쾌적성 향상을 도모한 것으로, 히티드 시트(heated seat)라고도 한다.

히터 유닛 heater unit　엔진에서, 물 재킷으로부터 들어온 온수가 유닛 속의 가는 파이프를 통과하도록 만들어진 유닛으로, 각 파이프 사이가 방열 핀(fin)으로 되어 있어 방열 효과를 높인 구성품이다.

히터 컨트롤 heater control　실내에 돌아가는 공기의 온도 설정, 외기(外氣)의 도입, 송풍구 등을 조절하는 장치이다. 공조 장치와 와이어 케이블로 연결하여 직접 조작하는 것이 많았지만, 푸시 버튼과 마이크로컴퓨터로 서보 모터를 작동시켜 조절하는 것으로 바뀌어 가고 있다.

히터 코어 heater core　차 실내를 따뜻하게 하기 위한 히터 장치에서 라디에이터 내의 물 통로를 말한다.

히트 댐 heat dam　피스톤 헤드부의 높은 열이 스커트부에 전달하는 것을 방지하는 홈을 말한다.

히트 레이스 heat race　하나의 레이스를 히트 I과 히트 II로 나누어, 두 히트의 포인트 합계가 가장 많거나 타임의 합계가 가장 빠른 사람이 우승하고, 그 아래로는 포인트와 타임 순으로 입상자를 결정하는 방식의 레이스이다. 또는 같은 클래스 참가 차량을 2개의 조로 나누어 레이스를 치르고, 각 조에서 상위 입상자를 뽑아 제3레이스에서 승패를 가름하는 방식의 레이스를 말한다.

히트 레인지 heat range　열을 제거하기 위한 점화 플러그의 능력으로, 일명 열가(熱價)라고도 한다.

히트 릴레이 heat relay　예열 회로를 흐르는 전류가 크기 때문에 기동 전동기 스위치의 소손(燒損)을 방지하기 위해 사용하는 것이다. 예열용 릴레이와 기동용 릴레이가 1개 케이스 내에 설치되어 있다. 예열 플러그를 작동시킬 때는 예열용 릴레이만 작동되어 예열 회로에 큰 전류가 흐르도록 하고, 엔진을 시동할 때에는 예열용 릴레이와 기동용 릴레이가 모두 작동되어 예열 회로에는 큰 전류가 흐르며, 기동 회로에는 기동 전동기의 솔레노이드 스위치에서 요구하는 작은 전류가 흐르도록 하여 기동 전동기 스위치의 손상을 방지하고 있다.

히트 밸런스 heat balance　연료의 연소로 얻어지는 에너지가 어떻게 분배되는가를 나타내는 것이다. 연료가 완전 연소하였

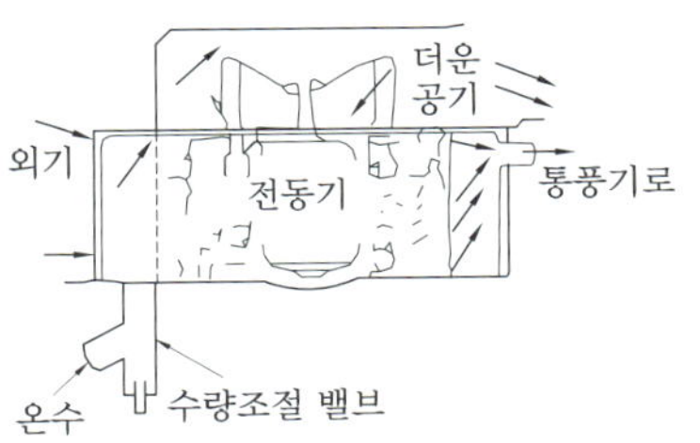

히터 유닛

을 때 발생하는 열량을 축 출력, 배기 손실, 냉각 손실, 기계 손실로 나누어 표시한다.

히트 세퍼레이션 heat separation   타이어는 사용 조건이 가혹할수록 발열량이 많아지며 이에 대하여 고무와 타이어 코드 간의 접착은 온도가 상승함에 따라서 약해지는 성질을 가지고 있는데 과적 하중이면 더욱 심하다. 예를 들어, 공기압과 하중이 적당하여도 여름철에 장시간 고속 주행하면 타이어 내부의 발열이 급격히 상승하여 속도가 증가할수록 온도가 올라가고 트레드 고무와 코크스 간의 항력이 적어지고 결국은 고무가 분리되는 현상을 일으키거나 심한 경우에는 고무에 녹아서 타이어가 파열되기도 한다.

히트 슈라우드 heat shroud   더운 공기를 공기 청정기의 입구 장치로 보내기 위해 사용되는 장치를 말한다.

히트 스폿 heat spot   브레이크의 마찰열에 의해 브레이크 디스크 드럼이 국부적으로 변질되어 둥근 반점 모양으로 변색이 표시되는 것을 말하며, 또한 오버 히트 등 이상 연소가 생겼을 때 연소실 내에 발생되는 강력한 화염의 종류를 말한다.

히트 실드 heat shield   한 매개물(medium)로부터 다른 곳으로 열을 전달하여 흡수할 수 있게 하는 장치를 말한다.

히트 싱크 heat sink   매개물로부터 그것을 다른 곳으로 전달함으로써 열을 흡수할 수 있게 한 장치로, 알터네이터에서는 다이오드가 히트 싱크 상에 설치되어 다이오드가 오버히트(과열)되는 것을 방지하여 준다. 히트 싱크는 효율적인 열 발산이 필요한 곳이면 어디든지 널리 응용되어 쓰이고 있다. 이를테면 냉장고, 열기관, 냉각기. 레이저를 들 수 있다.

히트 인슐레이터 heat insulator   열을 차단하기 위해 사용되는 물질이다. 배기 파이프, 소음기, 촉매 컨버터 등 배기 계통으로부터 나오는 열이 플로어, 연료 탱크, 연료 계통, 브레이크 계통의 파이프 등에 전달되지 않도록 하기 위하여 설치하는 것을 말하며, 보통 금속판으로 되어 있지만 단열재가 사용되는 경우도 있다.

히트 컨텐트 heat content   연소에서 어느 정도의 열이 발생해서 기계적 에너지로 전환되는가(바뀌는가)를 나타내는 연료의 성능을 말한다.

히트 컨트롤 밸브 heat control valve   시동 직후 엔진에 흡입되는 혼합 가스를 가열하여 기화를 촉진하는 흡기 가열 장치에 부착되어 있는 밸브이다. 흡기 다기관을 배기 다기관과 조합하여 온도가 낮은 상태에서는 배기가스에 의해 흡기 다기관을 가열하고, 온도가 상승하면 자동적으로 히트 컨트롤 밸브가 작동하여 가열을 멈춘다.

히프 포인트 hip point   운전석에 앉았을 때 시트와 엉덩이가 닿는 포인트를 나타내는 용어이다. 일반적으로 히프 포인트가 높으면 시야가 넓어 운전하기가 편하다고 하지만, 스포티한 고속 주행에는 부적합한 면도 있다.

힌지 hinge   핀 등을 사용하여 중심축의 주위에서 서로 움직일 수 있는 구조의 접합 부분으로 경첩을 말한다. 도어나 보닛에 부착되어 경첩과 같은 기능을 한다.

힌지 핸들 hinge handle   강한 힘을 사용하여 볼트나 너트를 풀고 죄는 작업을 할 때 복스 소켓 렌치를 연결하여 사용하는 핸들이다. 14 mm 이상의 볼트나 너트를 처음 풀 경우와 최종적으로 조일 경우에 사용한다.

힐 다운 hill down   힐 클라임과는 반대로, 언덕이나 산을 내려오는 것을 말한다. 랠리에서의 힐 클라임은 차의 성능 차이로 승부가 결정되지만, 힐 다운은 드라이버의 테크닉에 좌우된다. 또한 내리막에서는 제동 성능이 떨어지므로 제동 거리를 길게 잡아야 한다. 특히 코너링 후반에서는 그다지 스피드를 낼 수 없으며, 필요 이상으로 속도를 올리면 차가 바깥쪽으로 슬라이드하므로 유의한다. 동시에 앞쪽 하중이 커지고 뒤쪽 하중이 작아짐에 따라 바깥쪽으로 슬라이드를 일으키기 쉽고 스핀으로까지 이어질 수 있다.

힐 앤드 토 heel and toe   스포츠 주행에서 빠뜨릴 수 없는 기술이다. 오른발의 발끝(toe)을 안쪽으로 하여 브레이크 페달을 밟고, 동시

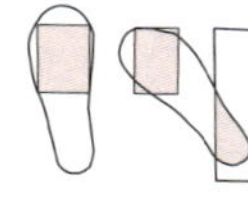

힐 앤드 토

에 뒤꿈치(heel)으로 액셀러레이터를 밟는다. 코너 입구에서 더블 클러치를 써서 시프트 다운할 때 쓰는 기술로, 엔진 회전이 떨어지지 않도록 하기 위해 브레이크뿐만 아니라 액셀러레이터 조작도 동시에 하는 기술이다. 따라서 제동 거리를 크게 줄일 수 있다. '토 앤드 힐'이라고도 한다.

힐 언더 토 heel under toe　　오른발의 발끝(toe)으로 브레이크 페달을 밟으면서 뒤꿈치(heel)로 액셀러레이터를 조작하는 운전 기술이다. 더블 클러치로 시프트 다운을 할 때 사용한다.

힐 클라임 hill climb　　스피드 행사의 하나이다. 언덕과 산길에서 오르막길의 일정 구간을 한 대씩 달려 시간을 재어 경쟁한다. 또한 랠리에서 오르막길을 달리는 것도 힐 클라임이라고 한다. 오르막에서는 제동 성능이 향상되므로 코너링할 때 제동 거리의 목측을 정확히 해야 하고, 중심점(重心點)의 후방 이동에도 신경을 써야 한다. 앞바퀴 굴림차는 가속할 때 앞바퀴의 휠 스핀이 일어나기 쉬우므로 유의해야 한다.

힐 홀더 hill holder　　⇨ 앤티롤 장치

힘 force　　운동하고 있는 물체의 속도를 바꾸거나 멈추게 하는 작용, 또는 정지 상태에 있는 물체에 운동을 일으키게 하는 작용을 말한다. 힘은 크게 기계력(機械力)처럼 물체끼리 접촉하여 작용하는 직달력(直達力)과 만유인력처럼 거리가 떨어져 서로 미치는 원달력(遠達力)으로 구분된다. 그러나 어느 경우라도 물체에 힘이 작용한다는 것은 물체의 운동 상태, 즉 속도가 변하는 것에 의해 판단되며 그 크기는 운동 법칙과의 관련에 입각하여 정의된다. 따라서 힘의 크기는 그것이 작용함으로써 생긴 가속도와 물체의 관성 질량의 곱 또는 물체가 단위 시간에 얻는 운동량에 의해 결정된다. 그리고 다인(dyn), 뉴턴(N), 그램중 등 힘의 크기를 나타내는 단위는 이러한 힘의 정의에 기준하여 정해진 것이다. 원래 힘은 물체 사이의 상호 작용으로서, 물체 A가 물체 B에 힘을 미치면 A도 B로부터 크기가 같은 반대 방향의 힘을 받는다. 지면에 공을 떨어뜨리는 것을 예로 들면, 지면으로부터 공이 받는 힘과 공이 지면에 가하는 힘은 크기가 같다. 공은 받은 힘에 의해서 가속도를 얻고 운동 방향을 바꾸어 튀어 오른다. 하지만, 지구의 경우는 질량이 매우 크기 때문에 같은 크기의 힘을 받더라도 생기는 가속도가 상대적으로 작아서 그 영향을 무시할 수 있다. 이러한 관계, 즉 힘이 상호적인 성질을 가지고 작용과 반작용에 해당하는 힘이 역방향으로 크기가 같다는 법칙을 작용-반작용의 법칙 또는 뉴턴의 운동의 제3법칙이라고 한다.

힘 센서 force sensor　　힘의 검출에 사용된

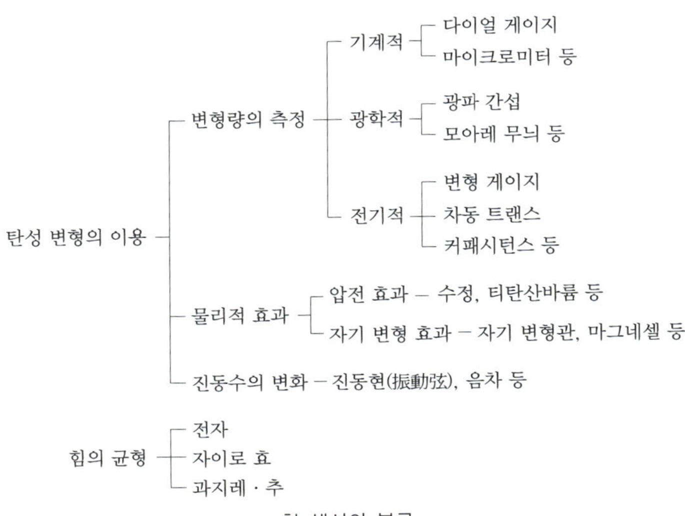

힘 센서의 분류

다. 힘을 전기량으로 변환하는 방식 등으로부터 1차 변환 요소로서 탄성체의 변형을 이용하는 것과, 피측정량과 이미 알고 있는 크기의 힘을 평형시키는 것으로 나눌 수 있다. 탄성체의 변형을 이용하는 방식에서는 변형량 자체를 검출하는 것과, 변형으로 인한 물리적 효과를 이용하는 것, 변형으로 인한 진동수의 변화를 이용하는 것 등이 있다.

힘의 모멘트 moment of force 어떤 점으로부터 힘까지의 거리(암의 모멘트)와 힘의 크기와의 곱을 말한다. 힘에 의하여 물체를 회전시키려고 하는 작용의 크기를 표시한다. 점 P에 대해서의 힘 F의 모멘트 $M = Fl$(평면상에서는 회전 방향에 따라 +, −의 부호를 붙인다.)

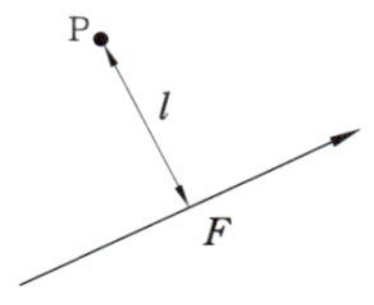

힘의 모멘트

약 어

약　　어	원　　어	설　　명	쪽
AAA	American Automobile Association	미국자동차협회	470
AAC valve	auxiliary air control valve	보조 공기 조절 밸브	421
AAP	auxiliary acceleration pump system	보조 가속 펌프 시스템	273
AAS	air adjust screw	공기 조절 나사	43
AAS	auto adjusting suspension	전자 제어 현가장치(기아자동차 차량)	665
AAV	anti afferburn valve	반 후연 밸브	239
ABCV	air bleed control valve	공연비 자동 제어 밸브	48
ABDC	after bottom dead center	하사점 후(下死點後)	469
ABS	air bag system	승객 보호 장치	469
ABS	anti-lock brake system	급제동 시 휠의 고정(lock)을 방지하는 장치	469
ABS	anti-skid brake(system)	스키드 없이 제동이 되는 시스템	449, 469
ABV	anti backfire valve	반 역화 밸브	239
AC	alternating current	교류	55
ACC	automatic combustion control	자동 연소 제어	605
ACCUS	Automobile Competition Committee for the United States	미국 자동차경기위원회	469
ACF	Automobile Club de France	프랑스 자동차 클럽	469
ACV	air control valve	공기 제어 밸브	43
ACV	air control valve	공기 조절 밸브	44
ACV	air cut valve	공기 차단 밸브	44
A/F	air fuel ratio	공연비	47
AFC	air flow control	공기 유통 조정기	43
AFCV	air fuel ratio control valve	공연비 보정 밸브	48
AFS	air flow sensor	공기 유량 센서	42, 470
AFS	air flow sensor	공기 흐름 센서	45, 468
AG tire	agriculture tire	농경용 타이어	87
AIACR	Association Internationale des Automobile Clubs Reconnus	국제자동차공인클럽협회	469
AIR	air injection reactor	공기 분사 리액터	469
ALB	anti-lock brake	급제동 시 타이어 로크 방지	447

약　　어	원　　어	설　　명	쪽
ALDL plug	assembly line diagnostic link plug	생산 공장 조립 라인에서 컴퓨터 명령 제어 장치의 이상 유무 점검 시 사용	470
AMX	American export model	미국에 수출하는 프레스토의 차종	470
analog IC	analog integrated circuit	아날로그 IC	416
ANSI	American National Standards Institute	미국표준협회	226, 470
API	American Petroleum Institute	미국석유협회	226, 471, 508
AR	air regulator	공기 조정 장치	461
ARC	American racing series	미국의 포뮬러 카 자동차 경주	418
ASA wheel	artisan spirit alloy wheel	한국타이어 자체 브랜드로 생산하는 알로이 휠	470
ASTM	American Society of Testing Material	미국재료시험협회	470
ASV	air switching valve	공기 전환 밸브	43
A/T	automatic transmission	자동 변속기	604
ATDC	after top dead center	상사점 후	323, 471
ATS	air temperature sensor	흡기 온도 센서	467, 890
AV	air valve	도요타 자동차에서 불리는 이름	464
	audio visual	시청각 의미	502
AVSV	air vent solenoid valve	기화기의 공기 구멍에 설치한 전자 밸브	464

약　　어	원　　어	설　　명	쪽
BACV	bypass air control valve	이스즈 자동차의 부조 공기 유량을 컨트롤하는 밸브	235, 682
BCDD	boost controlled deceleration device	감속 시 배출 가스 감소 장치	18
BCV	boost control valve	스프링의 힘을 이용한 제어 밸브	280
BDC	bottom dead center	하사점	857
BMW	Bavarian Motor Works	바바리안 자동차 공장	302
BPS	barometric pressure sensor	대기압 센서	101
	baro pressure sensor	대기 압력 측정 센서	232
BPT	back pressure transducer	배압 트랜스듀서	246

약 어	원 어	설 명	쪽
BPV	blend proportioning valve	공차 시의 리어 브레이크의 고정 방지 및 적차 시의 리어 브레이크 역부족 보완	296
BTDC	before top dead center	상사점 전	304, 323
B.T.U.	British thermal unit	영국 열량 단위	304
BUS	omnibus	승합자동차	397
BVSV	bimetal vacuum switching valve	바이메탈 진공 스위칭 밸브	233
		수온 감지 밸브	419
		흡기온 감지 밸브	889
BVV	bowl vent valve	매니폴드 부압으로 작동하는 밸브	277

약 어	원 어	설 명	쪽
CAD	computer aided design	컴퓨터 설계	726
C. Cani	charcoal canister	활성탄 캐니스터	880
CAFE	corporate average fuel economy	메이커 평균 연비	212
CAM	computer aided manufacturing	캠, 컴퓨터 제작 시스템	719
CA measure	cap axle measure	캡의 리어에서 리어 액슬의 중심선까지의 거리	400
CCC	computer command control	컴퓨터 조정	726
C3I	computer controlled coil ignition	컴퓨터 제어 코일 점화	726
CCD	charge coupled device	전하 결합 소자	571
CDI	capacitive discharge ignition	용량 방전 점화	398
	condenser discharge ignition system	축전기 방전식 점화 장치	703
CFI	central fuel injection	연료 중앙 분사식	490
CFR engine	cooperative fuel research engine	옥탄값 시험용 엔진	400
CFRP	carton fiber reinforced plastics	탄성 섬유 강화 수지	760
CGI	electronic controlled gasoline injection	전자 제어 연료 분사 장치	637
CIS	continuous injection system	연속 분사 시스템	494
CL	closed loop	폐회로 루프	749, 816
CO	carbon monoxide	일산화탄소	591
COE	cab over engine	원동기의 대부분이 운전실 안에 들어가 있는 버스나 트럭	721

약 어	원 어	설 명	쪽
CP	clipping point	코너링 시 코너의 안쪽으로 타이어가 가장 가까이 접근하는 지점	751
	control point	체크 포인트의 정식 명칭	725
CPS	crankshaft position sensor	크랭크샤프트 위치 센서	740
CPU	central processing unit	중앙 처리 장치	404, 672
CR	chloroprene rubber	클로로프렌 고무	749
CST	centi stokes	작동 점도 계수의 단위	344
CV	check valve	역류 방지 밸브	483
	coasting valve	작동 시 공연비의 적정화를 도모하는 밸브	731
CVCC	compound vortex controlled combustion	조합 보텍스 제어형 연소실	665
CVH	compound valve hemispherical piston	콤파운드 밸브 반구형 헤드로 된 피스톤 형식	400
CV joint	constant velocity ratio universal joint	등속성 구조의 조인트	400
CVS	computer-controlled vehicle system	컴퓨터 제어 자동 교통 시스템	399
CVS	constant volume sampling	배기가스 시험법	399
		정용적 채취법	655
		정적 샘플	656
CVT	continuously variable transmission	무단 변속기	223, 400
		벨트식 무단 변속기	267

약 어	원 어	설 명	쪽
DAT	digital audio tape recorder	디지털로 녹음·재생할 수 있는 카세트 레코드	140
DC	direct current	직류	135, 677
DCS	deceleration control system	감속(시) 제어 장치	18
DG	Diesel General	미국석유협회(API)에서 분류한 디젤 엔진용 오일 구분	138
DIN	Deutsches Institut fur Normung	독일 국가 규격	114
DIS	direct ignition system	직접 점화 시스템	678
D-jetronic	Druck Menge Messer system	흡입 부압 감지 전자 제어식 연료 분사 장치	136
DLI	distributor less ignition	전자 배전 점화 장치	136

약 어	원 어	설 명	쪽
DM	Diesel moderate	미국석유협회(API)에서 분류한 디젤 엔진용 오일 구분	136
DMM	digital multimeter	디지털 전압계	139
DOHC	double overhead camshaft	더블 오버헤드 캠샤프트	104, 136
DOHC engine	double overhead camshaft engine	더블 오버헤드 캠샤프트 엔진	105
DOHV	double overhead valve	더블 오버헤드 밸브	104, 136
DOJ	double offset joint	더블 오프셋 자재 이음	131
DRD	diode rotor distributor	로터 내에 다이오드를 내장한 배전기	95
DS	Diesel severe	미국석유협회(API)에서 분류한 디젤 엔진용 오일 구분	136
DSM	digital speed meter	디지털 속도계	136, 140
DS^3	digital super surround system	DS 큐빅, 카 오디오 시스템	136
DSSS	direct sequence spread spectrum	스펙트럼 직접 확산 방식	136
DV	delay valve	부압 지연 밸브	282
DVM	digital voltmeter	디지털 전압계	139, 140

약 어	원 어	설 명	쪽
EACV	electric air control valve	전류로 공기량을 제어하는 밸브	590
EAI control valve	exhaust air induce control valve	배기 유도 제어 밸브	574
EAT	electronic automatic transmission	전자 제어를 응용한 오토매틱 트랜스미션 컨트롤	574
EC	emission controller	배출 가스 제어기	248
ECAT	electronic control auto transmission	전자식 4단 자동 변속기	573
ECC	electronic controlled carburetor	전자 제어식 기화기	8, 636
ECC control unit	electronically controlled carburetor control unit	공연비 제어용 전자 제어 유닛	573
ECCS	electronic concentrated engine control system	엔진 집중 전자 제어 시스템	401, 478

약 어	원 어	설 명	쪽
ECE	Economic Commission of Europe	유럽 공동체	573
ECI	electronic controlled injection	전자 제어식 연료 분사 장치	636
ECPS	electrically controlled power steering	전동 파워 스티어링	625
ECS	electronic control suspension	전자 제어 서스펜션	636, 665, 835
ECTS	electrically controlled tilt steering	전동 틸트 스티어링	625
ECU	electronic control unit	컴퓨터 제어 유닛	363, 460, 573
EEC	electronic engine controls	전자식 엔진 제어 장치	634
EEC system	electronic engine control system	전자 제어 엔진 시스템	637
EF	effort	기아자동차의 프라이드 승용차	574
EFA	electronically full-automatic air conditioner	전자 제어 풀 오토 에어컨	638
EFC system	electronic feedback carburetor system	공연비 자동 제어 장치	48
EFI	electronic fuel injection	전자식 연료 분사	634
		전자 연료 분사 장치	574, 635
		전자 제어식 연료 분사	636
EFV	excess flow valve	과류 방지 밸브	51
EGI	electronic gasoline injection	전자 제어 휘발유 분사	638
EGO	exhaust gas oxygen	배기가스 중 산소량	244
EGR	exhaust gas recirculation	배기가스 재순환 장치	243, 576
EGR control	exhaust gas recirculation control	배기가스 재순환 장치 제어	576
EGR valve	exhaust gas recirculation valve	배기가스 재순환 장치 밸브	576
EIS	electronic ignition system	반도체식 점화 장치	573
EM	engine modification	엔진의 개량	480
EMC	electromagnetic compatibility	전자파 양립성	639
EPA	environment protection agency	미국환경보호청	226
EPS	electric power sreering	전자 제어 파워 스티어링	637
ERS	economy running system	연비 향상 목적의 자동 엔진 재시동 장치	573
ES	essential satisfaction	고객 만족 요건을 갖춘 자동차라는 뜻으로, 주로 현대자동차의 액센트에 표기	574

약　어	원　　어	설　　명	쪽
ESA	electronic spark advance	엔진 점화 조절	478
ESC	electronic skid control	급정거 시 충돌이나 전복을 방지하기 위한 장치	469, 574
ESC igniter	engine spark control igniter	엔진 점화 조절 이그나이터	478
ESS	engine speed sensor	엔진 회전 감지기	479
ESV	experimental safety vehicle	안전 실험차	574
ETACS	electronic time & alarm control system	에탁스, 편의 장치	402, 472, 799
ETR	electronic turning radio	전자식 터닝 방식 라디오	578

약　어	원　　어	설　　명	쪽
FACS	full auto choke system	전자동 초크 장치	607
FBC	feedback carburetor	피드백 기화기	472
FBM	feedback mixer	믹서에서 이상적인 공연비를 얻게 하는 시스템	472, 836
FC	fuel cut	연료 차단 장치	490
FCSV	fast cut solenoid valve	기화기의 슬로 통로를 차단하는 전자 밸브	803
FCV	fuel cut valve	연료 정지 밸브	490
FF	front engine front drive type	앞 엔진 앞 구동 방식	437, 797
FF/FF car	front engine front drive car	앞 엔진/앞 구동 차	473
FHP	friction horse power	마찰 마력	201
F.I.A.	Féderation Internationale de l'Automobile	국제자동차연맹	473
FIAT	Fabbrica Italiana Automobile Torino	피아트, 이탈리아 최대의 자동차 회사	851
FICD	fast idle control device	공회전 시 엔진의 회전수 감소를 방지하는 자동 장치	803
FID	fast idle device	아이들링 회전을 높이기 위한 장치	803
FISA	Féderation Internationale Sportive Automobile	국제자동차스포츠연맹	473
FMVSS	federal motor vehicle safety standards	연방 정부 자동차 안전 기준	473
FOCA	formula one constructors association	F1 제조자 협회	473
FR	front engine rear drive type	앞 엔진 뒤 구동 방식	437, 797

약　어	원　어	설　명	쪽
FR/FR car	front engine rear drive car	앞 엔진/뒤 구동 차	472
FRM	fiber reinforced metals	섬유 강화 금속	334
FRP	fiber reinforced plastics	섬유 강화 플라스틱	335, 473
FTP	federal test procedure	미국 정부가 정한 배기가스 검사 방법	473
FV	force variation	타이어 회전 시 접지면에 발생하는 힘의 변동	818
FWD	front wheel drive	앞 엔진 앞 구동	830

약　어	원　어	설　명	쪽
GCW	gross combination weight	연결 차량 총 중량	675
GT car	grand touring car	장기간·장시간 여행에 필요한 성능을 갖춘 스포츠카	60, 783
GVW	gross vehicle weight	차량 총 중량	675

약　어	원　어	설　명	쪽
HACV	hot air control valve	난기 조절 밸브	72
HAI	hot air intake	자동 난기 도입 장치	603
HC	hydro carbon	탄화수소	761
HCU	hydraulic coupling unit	캠 링크 내에 로터·베인을 조립하여 오일을 봉입한 커플링	860
HEI	high energy ignition (system)	고에너지 점화 (장치)	33
HEI coil	high energy ignition coil	고에너지 점화 코일	470
HP	horse power	마력	196
HU	hydraulic unit	유압 유닛	860

약　어	원　어	설　명	쪽
IBS	intelligent body assembly system	자동차 생산 종합 시스템	424
IC	integrated circuit	집적 회로	684
ID tire	industry tire	산업용 타이어	318

약 어	원 어	설 명	쪽
IEC	International Electronical Committee	국제전기표준회의	425
IIR	isobutylene-isoprene rubber	부틸 고무	283
ILC	idle limiter cap	조정 스크루를 덮어씌우는 플라스틱 또는 금속제의 캡	421
IMSA	International Motor Sports Association	국제모터스포츠협회	425
in/Hg	inches of mercury	인치/수은	585
INS	inertial navigation system	관성 항법 장치	52
INVECS	intelligent & innovative vehicle electronic control system	인벡스, 퍼지 제어 시스템의 통칭	425
IPS	idle position switch	공전 위치 스위치	425
IRM	inter rim advanced	광폭 인터 림	55
ISC	idle speed controller	공회전 속도 제어	50, 424, 569
ISC servo	idle speed control servo	공회전 속도 제어 서보	425
ISC valve	idle speed control valve	공회전 속도 제어 밸브	424
ISO	International Standardization for Organization	국제표준화기구	425
ITC	intake air temperature compensator	흡입 공기 온도 보상	425

약 어	원 어	설 명	쪽
LCD	liquid crystal display	엘시디, 액정 표시 소자	480
LED	light emitting diode	발광 다이오드	239
LEV	lateral force variation	타이어의 특성 표시 단위	481
LPG	liquefied petroleum gas	엘피지, 액화 석유 가스	481
LSD	limited slip differential	좌우 타이어의 자유로운 회전을 제한하는 장치	97, 179, 481
LT tire	light truck tire	경 트럭용 타이어	29

약 어	원 어	설 명	쪽
MAF	mass airflow sensor	공기 질량 센서	44
MAP	mechanical acceleration pump	기계식 가속 펌프	65

약 어	원 어	설 명	쪽
MAP sensor	manifold absolute pressure sensor	매니폴드 절대 압력 센서	206
MAS	mixture adjust screw	공회전 조정 나사	230
M/C solenoid	mixture control solenoid	혼합 가스 조정 솔레노이드	875
MCC	manifold catalytic converter	매니폴드 내장형 촉매 컨버터	33, 204
MCS	mixture control solenoid	혼합비 조절 솔레노이드	876
MCU	microprocessor control unit	마이크로프로세서 조정 유닛	200
MEGI	magnum electronic gasoline injection	매그넘 전자 인젝터	203
MF battery	maintenance-free battery	보수의 간편화를 도모한 배터리	213
MIG welding	inert-gas metal-arc welding	불활성 가스 금속 아크 용접	287
MISAR	microprocessed sensing and automatic regulation	전자식 점화 시기 제어 장치	634
MIVEC	Mitsubishi innovative valve timing & lift electronic control system	캠 프로필 전환 기구	721
ML	motor light	미국석유협회(API)에서 분류한 가솔린 엔진용 오일 구분	482
MM	motor moderate	미국석유협회(API)에서 분류한 가솔린 엔진용 오일 구분	482
MOS	metal oxide semiconductor	금속 산화물 반도체	571
MPC	manifold pressure control	매니폴드 압력 조정기	204
MPG	mile per gallon	연료 소비량	488
MPI	multi-point injection	다중 연료 분사 방식	210, 482
MPS	motor position sensor	모터 위치 센서	220, 425, 482
MS	motor severe	미국석유협회(API)에서 분류한 가솔린 엔진용 오일 구분	482
MSH	masked seat head	연소실 내에 와류를 발생시켜 엔진을 개량하는 방법	197
MS system	mechatro spark system	점화 시기 제어 장치	647
MT	manual transmission	수동 조작 변속기	204
MUT	multi use tester	전자 제어 시스템의 고장을 용이하게 진단하는 특수 공구	209

약　어	원　어	설　명	쪽
N	Newton	뉴턴, 힘을 나타내는 절대 단위	89
NA	normal aspiration	자연 흡기	475
NASCAR	national association for stock car auto racing	나스카, 미국의 대표적인 자동차 경주 대회	71
NAVI 5	new advanced vehicle with intelligence	내비 5, 이스즈 자동차가 개발한 자동 변속 장치	75
NDIR	non-dispersive infrared analyser	비분산형 적외선 분석계	300
NHP	normal horse-power	공칭 마력	50
NIASE	national institute for automotive service excellence	우수한 자동차 서비스를 위한 국가 기구	475
NOx	nitrogen oxide	산화질소	319
NTCR	negative temperature coefficient resistor	부온도 계수 저항기	282
NVH	noise vibration harness	자동차 평가의 기준이 되는 소음과 진동 및 하니스	475

O

약　어	원　어	설　명	쪽
OCR	optical character reader	광학식 문자 판독 장치	507
OCV	oil control valve	오일 조정 밸브	511
O/D	over drive	자동 증속 장치	503
OH	overhang	차축 중심선에서 차체의 앞 또는 뒤끝까지의 수평 거리	506
OHC	overhead camshaft	오버헤드 캠축	93, 507, 720
OHC	overhead camshaft system	오버헤드 캠축식	506
OHV	overhead valve	오버헤드 밸브	506, 507
OTR tire	off the road tire	건설용 타이어	24
OVM tool	owner vehicle maintenance tool	운행 중 고장에 필요한 공구	507
OVV	outer vent valve	흡기 매니폴드 내의 증발 가스를 캐니스터 쪽으로 배출시키는 밸브	419
OX	oxidant	산화제	520

P

약　어	원　어	설　명	쪽
PCD	pitch circle diameter	디스크 휠 장치 구멍 피치원의 지름 치수	850, 852
PCSV	purge control solenoid valve	연료 증발 가스 제어 밸브	690, 807, 851
PCV	positive crankcase ventilation	강제 환기식	21, 294
		블로바이 가스 환원 장치	296
PCV valve	positive crankcase ventilation valve	강제 환기식 밸브	806, 850
PFAC	pedal free auto choke	페달 프리 자동 초크	607
PGM-FI	programed fuel injection	계획된 연료 분사	832
PHP	petrol horse power	연료 마력	487
PHV	pressure hold valve	브레이크 액압을 유지하는 밸브	831
PPM	part per million	피피엠, 100만 분의 1	854
PPS	progressive power steering	도요타 자동차의 속도 감응식 동력 조향 장치	833
PR	ply rating	타이어의 강도 표시	837
PROM	programmable read only	프롬, 자동차에 사용되는 메모리	834
PRS	passive restraint system	수동식 승객 구속 장치	803
PTC heater	positive temperature coefficient heater	캐딜락 차에 채용된 전기식 자동차 초크의 바이메탈 열원	853
PTO	power take off	동력 인출 장치	796
PTO system	power take off system	동력 인출 장치	116

Q

약　어	원　어	설　명	쪽
QGS	quick glow system	저온 시의 시동 대기 시간을 단축한 시스템	739

R

약　어	원　어	설　명	쪽
R.A.C.	royal automobile club	왕립자동차클럽	417

약 어	원 어	설 명	쪽
RAC horse power	royal automotive club horse power	영국 왕실 자동차 협회에서 제정된 마력	417
RAM	random access memory	램, 컴퓨터의 주기억 장치	152, 211
REAPS	rotary engine anti-pollution system	로터리 엔진 공연비	168
RFV	radial force variation	타이어의 특성 표시 단위	417
RJ	Rzeppa Joint	제파 조인트	663
ROM	read only memory	롬, 컴퓨터의 판독 전용 기어 장치	172, 211
RPM	revolution per minute	rpm, 메커니즘의 1분당 회전수	418
RR	rear engine rear drive type	뒤 엔진 뒤 구동 방식	120, 797
RSS sheet	rubber special sheet	고무를 주성분으로 하여 성형 가공한 시트	417
RV	recreational vehicle	레크리에이션 바이클의 약자	417
RV	relief valve, safety valve	안전밸브	426

약 어	원 어	설 명	쪽
SAAB	svenska aeroplan aktiebolaget	사브, 스웨덴 항공기 회사	308
SAE horse power	society of automotive engineers horse power	영국 왕실 자동차 협회에서 제정된 마력	460
SAE	Society of Automotive Engineers	미국자동차기술협회	226, 460
SANTAMO	safety and talented motor	싼타모, 현대자동차의 레저용 7인승 미니밴	413
SAS	slow adjust screw	슬로 조정 나사	393
SAV	shot air valve	감속 시의 제어 장치	353
SCS	stabilized combustion system	안정 연소 방식	427
SCV	selector control valve	선택 조정 밸브	407
SPI	single point injection	카뷰레터와 멀티 포인트 인젝션의 중간적인 시스템	460
S-QGS	super quick glow system	가솔린 엔진과 같은 시동 조작성을 얻도록 한 글로 시스템	360
SRS air-bag	supplemental restraint system air-bag	SRS 에어백, 보조 구속 장치	460

약 어	원 어	설 명	쪽
SSC system	Suzuki saving control system	가변 기통수식 엔진	8
SUS	saybolt universal system	세이볼트 초, 오일 점도의 변화 과정 측정 방법	340
SV	side valve type	사이드 밸브식, 엔진 블록 쪽에 밸브가 붙은 형식	310

약 어	원 어	설 명	쪽
TAS	throttle adjust screw	아이들링 조정 나사	43, 421
	throttle adjusting screw	스로틀 밸브의 열림 정도를 조정하는 나사	362
TB tire	truck & bus tire	트럭 버스용 타이어	785
TBI	throttle body injection	전자식 연료 분사 시스템	362, 791
T/C	turbo charger	배기가스로 구동되는 엔진의 과급기	765
TCS	traction control system	트랙션의 약화를 방지하는 시스템	791
TDP	top dead point	상사점	322
TDS	temperature detect switch	온도 검출 스위치	521
TFV	tractive force variation	접지면에 발생하는 타이어의 앞뒤 방향에 미치는 힘의 성분	782, 792
TGP	turbulence generating pot	난류 생성 포트	72
TGS lever	transmission gear shift lever	기어 선택 레버	792
TIG welding	inert-gas tungsten arc welding	불활성 가스 텅스텐 아크 용접	287
TIR	total indicator reading	흔들림 양(mm)	791
TO	throttle opener	스로틀 오프너	362
TP	throttle positioner	스로틀 판의 열림을 고정시키는 장치	363
TPIS	transmission position indicator switch	도요타 차의 변속기 스위치	792
TPS	throttle position sensor	스로틀 밸브의 개방 각도를 감지하는 가변 저항	363, 792
TR	thermal reactor	열반응 연소기	326
TRA	The Tire & Rim Association	타이어 림 협회	757
TS	transmission switch	닛산 차의 변속기 스위치	782
TVRS cable	television radio suppression cable	잡음 방지 케이블	791

약　어	원　어	설　명	쪽
TVS	temperature vacuum switch	온도 진공 스위치	522
TVV	thermal vacuum valve	수온 진공 밸브	356
TWI	tread wear indicator	타이어의 마모 표시	786

약　어	원　어	설　명	쪽
VAB	variable air bleed	가변 공기 블리드	8
VCMV	vacuum control modulator valve	부압 제어 전자 밸브	281
VCSV	vacuum control solenoid valve	진공 컨트롤 솔레노이드 밸브	682
VCU	vacuum control unit	부압 제어 밸브	281
	viscous coupling unit	비스커스 커플링을 사용한 장치	302
VCV	vacuum control valve	부압 제어 밸브	281
		전기식 부압 제어 밸브	621
VHF	very high frequency	초단파	696
VIN	vehicle identification number	차량 번호	295
		자동차 차대 번호	607
		차대 번호	685
VIS	variable induction system	출력 및 토크의 극대화 장치	295
VL	vacuum limiter	진공 리미터	679
VLSIC	very large scale integrated circuit	초대규모 집적 회로	697
VSV	vacuum switching valve	전기식 부압 전환 밸브	621
VTV	vacuum transmitting valve	부압 지연 밸브	282
VVT	venturi vacuum transducer	벤투리 진공 트랜스듀서	265

약　어	원　어	설　명	쪽
WRC	World Rally Championship	세계 랠리 선수권전	336
WSPC	World Sports Prototype Car Championship	세계 스포츠 프로토타입 카 선수권전	336
WTC	World Touring car Championship	세계 투어링 카 선수권전	336
WTS	water temperature sensor	수온 센서	355
		냉각수 온도를 측정하는 센서	539

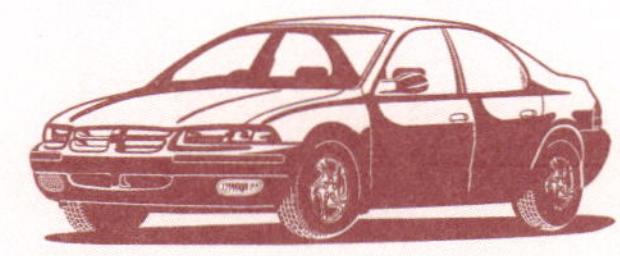

부 록

- **자동차 산업의 개요**
- **각종 단위**
    1. 기본 단위 및 유도 단위
    2. 단위 환산표
    3. 화학 원소명
    4. 수에 대한 실용 접두어
    5. 중요 물리 상수

자동차 산업의 개요

 우리 자동차 산업은 1955년에 최초의 국산 차인 시발자동차를 미군용 지프(jeep)를 개조해 생산하였다. 1962년 새나라자동차는 부평에 공장을 건설하여 조립 생산을 시작하였으며, 부품 국산화를 추진하였다. 이후 국내 완성차 업계의 창업이 뒤따랐다.
 1973년 기아산업은 컨베이어 시스템을 갖춘 조립 공장을 시흥군 소하리에 건설하여, 소형 승용차를 대량 생산하기 시작하였다. 1차 석유 파동 직후인 1974년에 GM코리아가 엔진 공장을 건설하였으며, 1975년에는 현대자동차가 종합 자동차 공장을 울산에 건설하였다.

 1976년 현대자동차는 최초의 국산 고유 모델인 포니(Pony)를 본격 생산하였으며, 최초로 베네수엘라에 수출하였다. 한국 자동차 업계가 독자적인 엔진 개발에 착수하자, 외국 업체들은 기술 이전을 기피하는 대신 자본 협력을 확대하였다. 1979년의 2차 석유 파동으로 인한 자동차 수요 억제 조치는 자동차 산업을 급속하게 위축시켰다.
 1980년대에 진입하면서 국내 자동차 산업은 양산 체제의 확보와 수출 기반을 확립하였다. 현대자동차는 수출이 증가하자 1985년에 연산 30만 대 규모의 단일 모델 전용 공장을 완공하였으며, 대우와 기아자동차도 국제 경쟁이 가능한 대량 생산 체제를 확립하였다. 1986년에 현대자동차는 세계 최대의 자동차 시장인 미국에 고유 모델인 포니엑셀을 수출하였고, 캐나다 퀘벡 주 브르몽에 조립 공장을 건설하였으며, 기아와 대우자동차도 신흥 개도국에 소규모 생산 공장을 연이어 건설하였다.

 1988년 국내 생산이 100만 대를 돌파하면서 세계 10대 자동차 생산국으로 부상하였다. 1990년대에 들어서서 한국 자동차 산업은 대량 수출 및 독자 기술 개발에 적극 나섰다. 또한 글로벌 생산 체제의 구축과 연구 개발 투자를 확대하였고, 부품 업체들도 완성차의 수출과 내수 증가에 힘입어 본격 성장하였으며, 1995년 수출 100만 대를 달성하였다.
 1990년대 중후반 국내 자동차 업계는 외환 위기를 맞게 되었으며, 대대적인 구조 조정에 돌입하였다. 이 과정에서 현대자동차가 기아자동차를 인수하였으며, 대우자동차는 GM에게, 삼성자동차는 르노에게, 그리고 쌍용자동차는 상하이자동차에게 매각되었다. 구조 조정 이후 국내 자동차 업계는 세계화와 기술 선진화를 위한 노력을 강화하였다. 현대와 기아자동차는 막대한 성장 잠재력을 보유하고 있는 중국에 공장을 건설하였으며, 품질 경영에 박차를 가하였다. 그 결과 국산 자동차의 초기 품질은 일본 업체를 추월하였다.

 21세기에 진입하면서 한국 자동차 산업은 제2의 도약기를 맞이하였다. 품질·성능·가격 면에서 우위를 확보하게 된 국산차 모델이 세계 각국 소비자들로부터 좋은 평가를 받으면서 판매가 급증하였기 때문이다. 현대·기아자동차는 인도, 중국, 터키 등 신흥 개도국에 이어 미국과 동유럽에 각각 60만 대의 생산 공장을 건설하였다. 세계 100대 부품 업체에 속하는 업체 수가 5개로 증가하였으며, 부품 업체는 완성차 업체와의 해외

동반 진출로 국제화 경험을 쌓아 나갔다.

　국산 차의 품질에 대한 우수성이 인정을 받으면서 국산 부품의 수출도 증가하기 시작하였다. 해외 완성차 업체의 글로벌 소싱 증가와 함께 상대적으로 가격이 저렴하면서도 품질과 성능이 우수한 국산 부품이 세계 시장에서 인정을 받았기 때문이다. 그동안의 기본 역량 강화와 재무 구조 개선으로 한국 자동차 산업은 2008년부터 시작된 세계적인 경기 침체에도 불구하고 상대적으로 양호한 실적을 거두면서 세계 시장 점유율을 증대해 나가고 있다.

　1990년대 말 이후 자동차 산업의 기술 패러다임이 내연 기관 중심에서 전기 에너지 중심으로 변화하자, 국내 자동차 업계는 그린 카 개발을 적극 추진하고 있다. 세계 각국의 환경 및 연비 규제가 강화되면서 이산화탄소 등 공해 배출이 적고 연비가 우수한 자동차를 개발해야만 하기 때문이다. 현대자동차는 2009년에 고유의 LPi 하이브리드 자동차를 판매하기 시작한 후 2010년에는 휘발유 하이브리드 자동차를 판매하고 있다.

　자동차 산업은 2008년 기준으로 제조업 생산의 10.6%와 고용의 10.5%를 차지하였으며, 2009년 총수출의 10.2%를 차지하였다. 우리나라는 2011년에 465만7,000대의 자동차를 생산하여 세계 자동차 총생산량의 5.7%를 차지하면서 제5위의 생산국 자리를 차지하였다. 같은 해 자동차 내수 판매는 146만2,000대에 달하여 세계 12위의 판매국 자리를 차지하였다. 2011년 12월 말 기준으로 우리나라의 자동차 보유 대수는 1,843만7,000대로 인구 2.6명당 1대의 자동차를 보유하고 있다. 우리나라의 자동차 수출은 2011년에 315만1,700대를 기록해 세계 제4위의 수출국 자리를 유지했다. 2009년 현대·기아자동차는 세계 경기 침체에도 불구하고 중·소형차 부문의 경쟁력을 바탕으로 464만 대의 자동차를 전 세계 시장에서 판매해 세계 제5위의 자동차 그룹으로 성장했다.

　세계 각국의 자동차 전문가들이 '한국이 자동차 산업을 육성하는 일은 불가능하다'는 평가에도 불구하고 우리나라는 정부의 강력한 지원 정책과 진취적인 기업가 정신을 바탕으로 자동차 산업을 성공적으로 육성하였다. 자동차 산업의 전후방 산업인 철강, 전자, 섬유, 타이어, 금융, 유통 산업이 균형 있게 발전했고, 우수한 노동력이 뒷받침되었기 때문이다. 우리 자동차 산업은 세계 5위의 종합 경쟁력을 보유하고 있다. 또한 우리 자동차 산업은 친환경 기술 개발에 선도적인 역할을 수행하면서 첨단 기술 산업으로 발전하고 있다. 향후 자동차 산업의 동력원은 화석 연료를 사용하는 내연 기관에서 전기 에너지를 사용하는 배터리와 모터로 바뀔 전망이다.

　우리 자동차 업계는 그린 카인 하이브리드, 플러그 인(plug-in) 하이브리드, 전기, 수소 연료 전지 자동차를 개발해 판매할 계획이다. 이에 따라 자동차 산업은 수출과 투자를 견인하면서 경제 성장과 환경 개선에 기여할 전망이며, 산업 구조의 고도화에도 기여할 것이다.

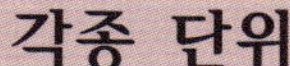

각종 단위

1. 기본 단위 및 유도 단위

(1) 국제 SI 기본 단위

단위 명칭	단위 기호	계측량	정 의
미터	m	길이	• 미터는 빛이 1/299,792,458초 동안 진공에서 진행한 거리로 정의한다.
킬로그램	kg	질량	• 킬로그램은 질량 단위로 킬로그램 국제 원기의 질량과 동일하다.
초	s	시간	• 세슘-135 원자의 바닥 상태 두 초미세 준위 사이의 전이에 해당하는 복사선의 9,192,631,770주기의 지속 시간으로 정의한다. • 이와 같은 정의는 절대 온도 0 도에 있는 세슘 원자를 기준으로 한 것이다.
암페어	A	전류	• 암페어는 진공에서 1미터 간격으로 평행하게 놓여 있는 무시할 정도의 원형 단면적을 지닌 무한이 긴 2개의 직선 모양의 도체 각각에 일정한 전류를 통하게 하여 이들 도체의 길이 미터당 2×10^{-7}에 해당하는 힘이 미치는 전류로 정의한다.
켈빈	K	열역학 온도	• 다음 같은 물질 양의 비로 정의한 동위 원소 조성을 지닌 물로 정의한다. 즉, 1H 몰(mole)당 0.00015576 몰의 ^{2}H, ^{16}O 몰당 0.0003799몰의 ^{17}O, 및 ^{16}O 몰당 0.0020052몰의 ^{18}O. • 섭씨온도 눈금 : 켈빈 눈금의 단위 증분은 섭씨 눈금을 사용한다. 열역학 눈금은 0 K에서 시작한다.
몰	mol mole	물질의 양	• 몰은 0.012 kg의 탄소-12에 존재하는 원자수와 같은 기본 입자를 지닌 계의 물질 양으로 정의한다. 이때 기호는 '몰(mol)'로 나타낸다. • 몰(mole)을 사용할 때는 기본 입자를 상술해야 한다. 기본 입자는 원자, 분자, 이온, 전자, 다른 입자 또는 그러한 입자의 특정 그룹일 수 있다. 이 정의에서는 탄소-12는 결합하지 않은 원자로 바닥 상태에 있다고 한다.
칸델라	cd	빛의 세기	• 칸델라는 주파수 540×10^{12}헤르츠의 단색 복사선을 방출하고 소정의 방향에서 복사 세기당 1/683와트인 그 방향의 광원의 광도이다.

(2) 특정 명칭을 지닌 유도 단위

명　　칭	기호	양	다른 단위로 표기	SI 기본 단위로 표기
헤르츠	Hz	주파수	1/s	s^{-1}
라디안	rad	angle	m/m	무 단위
스테라디안	sr	입체각	m^2/m^2	무 단위
뉴턴	N	힘·무게	$kg \cdot m/s^2$	$kg \cdot m \cdot s^{-2}$
파스칼	Pa	압력, 응력	N/m^2	$kg \cdot m^{-1} \cdot s^{-2}$
줄	J	에너지, 일, 열	$N \cdot m = C \cdot V = W \cdot s$	$kg \cdot m^2 \cdot s^{-2}$
와트	W	힘, 방사속	$J/s = V \cdot A$	$kg \cdot m^2 \cdot s^{-3}$
쿨롱	C	전하 또는 전기량	$s \cdot A$	$s \cdot A$
볼트	V	전위차, 기전력	$W/A = J/C$	$kg \cdot m^2 \cdot s^{-3} A^{-1}$
패럿	F	전기 용량	C/V	$kg^{-1} \cdot m^{-2} \cdot s^4 \cdot A^2$
옴	Ω	전기 저항, 임피던스, 유도 저항	V/A	$kg \cdot m^2 \cdot s^{-3} \cdot A^{-2}$
시멘스	S	전기 전도도	$1/Ω = A/V$	$kg^{-1} \cdot m^{-2} \cdot s^3 \cdot A^2$
웨버	Wb	자속, 자기장	J/A	$kg \cdot m^2 \cdot s^{-2} \cdot A^{-1}$
테스라	T	자속 밀도	$Wb/m^2 = N/(A \cdot m)$	$kg \cdot s^{-2} \cdot A^{-1}$
헨리	H	인덕턴스, 유도 계수	$V \cdot s/A = Wb/A$	$kg \cdot m^2 \cdot s^{-2} \cdot A^{-2}$
섭씨도	℃	273.15 K에 대한 온도	K	K
루멘	lm	광속	$cd \cdot sr$	cd
럭스	lx	조도	lm/m^2	$m^{-2} \cdot cd$
베크렐	Bq	방사능	1/s	s^{-1}
그레이	Gy	흡수선량	J/kg	$m^2 \cdot s^{-2}$
시버트	Sv	선량당량	J/kg	$m^2 \cdot s^{-2}$
카탈	kat	촉매 활성	mol/s	$s^{-1} \cdot mol$

(3) 유도 양의 보기와 단위

SI 유도 단위의 보기			
명　　칭	기　　호	양	SI 기본 단위로 표기
제곱미터	m^2	면적	m^2
세제곱미터	m^3	부피	m^3
미터매초	m/s	속력, 속도	$m \cdot s^{-1}$
세제곱미터매초	m^3/s	용적 흐름	$m^3 \cdot s^{-1}$
미터매초제곱	m/s^2	가속도	$m \cdot s^{-2}$
미터매세제곱초	m/s^3	뒤틂	$m \cdot s^{-3}$
라디안매초	rad/s	각속도	s^{-1}
뉴턴초	$N \cdot s$	운동량	$m \cdot kg \cdot s^{-1}$

SI 유도 단위의 보기			
명 칭	기 호	양	SI 기본 단위로 표기
뉴턴미터초	$N \cdot m \cdot s$	각운동량	$m^2 \cdot kg \cdot s^{-1}$
뉴턴미터	$N \cdot m = J/rad$	회전력, 토크	$m^2 \cdot kg \cdot s^{-2}$
뉴턴매초	N/s	yank	$m \cdot kg \cdot s^{-3}$
매미터당 개수	m^{-1}	파수	m^{-1}
킬로그램매제곱미터	kg/m^2	표면 밀도	$m^{-2} \cdot kg$
킬로그램매세제곱미터	kg/m^3	밀도, 질량 밀도	$m^{-3} \cdot kg$
세제곱미터매킬로그램	m^3/kg	비부피	$m^3 \cdot kg^{-1}$
몰매세제곱미터	mol/m^3	물질의 양, 농도	$m^{-3} \cdot mol$
미터세제곱매몰	m^3/mol	몰 부피	$m^3 \cdot mol^{-1}$
줄초	$J \cdot s$	운동량	$m \cdot kg \cdot s^{-1}$
줄매캘빈	J/K	열용량, 엔트로피	$m^2 \cdot kg \cdot s^{-2} K^{-1}$
줄매켈빈몰	$J/(K \cdot mol)$	몰 열용량, 몰 엔트로피	$m^2 \cdot kg \cdot s^{-2} K^{-1} mol^{-1}$
줄매켈빈킬로그램	$J/(K \cdot kg)$	비열용량, 비엔트로피	$m^2 \cdot s^{-2} \cdot K^{-1}$
줄매몰	J/mol	몰 에너지	$m^2 \cdot kg \cdot s^{-2} \cdot mol^{-1}$
줄매킬로그램	J/kg	비에너지	$m^2 \cdot s^{-2}$
줄매세제곱미터	J/m^3	에너지 밀도	$m^{-1} \cdot kg \cdot s^{-2}$
뉴턴매미터	$N/m = J/m^2$	표면 장력	$kg \cdot s^{-2}$
와트매제곱미터	W/m^2	열속 밀도, 복사 조도	$kg \cdot s^{-3}$
와트매미터켈빈	$W/(m \cdot K)$	열전도도	$m \cdot kg \cdot s^{-3} \cdot K^{-1}$
미터제곱매초	m^2/s	운동 점도, 확산 계수	$m^2 \cdot s^{-1}$
파스칼초	$Pa \cdot s = N \cdot s/m^2$	점도	$m^{-1} \cdot kg \cdot s^{-1}$
쿨롱매제곱미터	C/m^2	전기속 밀도	$m^{-2} \cdot s \cdot A$
쿨롱매세제곱미터	C/m^3	전하 밀도	$m^{-3} \cdot s \cdot A$
암페어매제곱미터	A/m^3	전류 밀도	$A \cdot m^{-2}$
시멘스매미터	S/m	전도도	$m^{-3} \cdot kg^{-1} \cdot s^3 \cdot A^2$
시멘스제곱미터매몰	$S \cdot m^2/mol$	몰전도도	$kg^{-1} \cdot s^3 \cdot mol^{-1} \cdot A^2$
패럿매미터	F/m	유전율	$m^{-3} \cdot kg^{-1} \cdot s^4 \cdot A^2$
헨리매미터	H/m	투과율	$m \cdot kg \cdot s^{-2} \cdot A^{-2}$
볼트매미터	V/m	전기장 세기	$m \cdot kg \cdot s^{-3} \cdot A^{-1}$
암페어매미터	A/m	자기장 세기	$A \cdot m^{-1}$
칸델라매미터	cd/m^2	휘도	$cd \cdot m^{-2}$
루멘초	$lm \cdot s$	광에너지	$cd \cdot sr \cdot s$
럭스초	$lx \cdot s$	광노출	$cd \cdot sr \cdot s/m^{-2}$
쿨롱매킬로그램	C/kg	노출(x-선 및 감마선)	$kg^{-1} \cdot s \cdot A$

SI 유도 단위의 보기			
명　칭	기　호	양	SI 기본 단위로 표기
그레이매초	Gy/s	흡수선량 속도	$m^2 \cdot s^{-3}$
옴미터	$\Omega \cdot m$	저항	$m^3 \cdot kg \cdot s^{-3} \cdot A^{-2}$

(4) SI 단위로 다루는 비-SI 단위
(SI 단위와 함께 사용하도록 공식적으로 허용하는 단위)

명　칭	기　호	양	상응하는 SI 단위
무기한 사용될 것으로 예상하는 널리 사용되는 단위			
분	min	시간	$1\,min = 60\,s$
시간	h	시간	$1\,h = 60\,min = 3600\,s$
일	d	시간	$1\,d = 24\,h = 1440\,min = 86400\,s$
도	°	평면각	$1° = (\pi/180)rad$
분	′	평면각	$1' = (1/60)° = (\pi/10800)\,rad$
초	″	평면각	$1'' = (1/60)' = (1/3600)° = (\pi/648000)rad$
헥타르	ha	넓이	$1\,ha = 100\,a = 10000\,m^2 = 1\,hm^2$
리터	l 또는 L	부피	$1\,L = 1\,dm^3 = 0.001\,m^3 = 1000\,cc = 1000\,cm^3$
톤	t	무게	$1\,t = 10^3\,kg = 1\,Mg$
실험적으로 결정한 값으로 된 단위			
전자볼트	eV	에너지	$1\,eV = 1.60217653(14) \times 10^{-19}$
원자 질량 단위 달톤	u Da	질량	$1\,u = 1\,Da = 1.66053886(28) \times 10^{-27}\,kg$
천문 단위	ua	길이	$1\,ua = 1.49597870691(6) \times 1011\,m$
자연 단위(n.u)			
빛의 속도	co	속도	$299,792,458\,m/s$
환산 프랑크 상수	$\hbar$	작용	$1.05457168(18) \times 10^{-34}\,J \cdot s$
전자의 정지 질량	me	질량	$9.1093826(16) \times 10^{-31}\,kg$
시간의 자연 단위	$\hbar/(m_2 c_0^2)$	시간	$1.2880886677(86) \times 10^{-21}\,s$
원자 단위(a.u)			
기본 전하	e	전하	$1.60217653(14) \times 10^{-19}\,C$
보아 반지름	a_0	길이	$0.5291772108(18) \times 10^{-10}\,m$
하트리 에너지	Eh	에너지	$4.35974417(75) \times 10^{-18}\,J$
시간의 원자 단위	$\hbar/Eh$	시간	$2.418884326505(16) \times 10^{-17}\,s$

(5) 공식적으로 인정하는 일반 단위

명 칭	기 호	양	상응하는 SI 단위
옹스트롬	Å	길이	$1\,\text{Å} = 0.1\,\text{nm} = 10^{-10}$
해상 마일	nm	길이	1 nautical mile = 1852 m
노트	kt	속도	1 knot = 1 nautical mile per hour = (1852/3600) m/s
아르(are)	a	면적	$1\,\text{a} = 1\,\text{dam}^2 = 100\,\text{m}^2$
반(barn)	b	면적	$1\,\text{b} = 10^{-28}\,\text{m}^2$
바(bar)	bar	압력	1 bar = 105 Pa
밀리바	mbar	압력	1 mbar = 1 = 100 Pa
대기압	atm	압력	1 atm = 1013.25 mbar = 1013.25 hPa = 101,325 Pa
다인매제곱인치	Ba	압력	$1\,\text{Ba} = 0.1 = 0.1\,\text{N/m}^2 = 100\,\text{g}\cdot\text{cm}^{-1}\cdot\text{s}^{-2}$
파운드매제곱인치	psi	압력	$1\,\text{psi} = 6,894.757\,\text{Pa} = 6.894757\,\text{kPa}$ $= 6,894.757\,\text{N/m}^2$ $= 6.894757\,\text{Mg}\cdot\text{cm}^{-1}\cdot\text{s}^{-2}$ $= 6894.757\,\text{kg}\cdot\text{cm}^{-1}\,\text{s}^{-2}$
토르	torr	압력	$133.322368421\,\cdots\,\text{N/m}^2 = 133.322368421\,\cdots$ $\text{kg}\cdot\text{cm}^{-1}\,\text{s}^{-2}$

2. 단위 환산표

(1) 속 도

초 속		분 속		시 속			
m/s	ft/s	m/min	ft/min	里/hr	knot	mile/hr	km/hr
1	3.2808	60	196.85	0.9167	1.9426	2.2369	3.6000
0.30480	1	18.288	60	0.2795	0.5921	0.6818	1.0973
0.016667	0.05468	1	3.2808	0.015278	0.03238	0.03728	0.06000
0.005080	0.016667	0.30480	1	0.004668	0.009868	0.011364	0.018288
0.0909	3.578	65.45	214.70	1	2.1192	2.4403	3.9273
0.5148	1.6889	30.898	101.34	0.4719	1	1.1515	1.8532
0.4470	1.4667	26.822	88.00	0.4098	0.8684	1	1.6093
0.27778	0.9113	16.667	54.68	0.25463	0.5396	0.6214	1

㊟ 1 knot = 1해리/hr = 6080 ft/hr

(2) 유 속

l/s	ft^3/s	m^3/s	gal/min (미)	gal/min (영)	m^3/min	ft^3/hr	m^3/hr
1	0.03531	0.001	15.850	13.198	0.0600	127.13	3.600
28.32	1	0.02832	448.8	373.7	1.6992	3600	101.94
1000	35.31	1	15850	13198	60	127130	3600
0.06309	0.002228	0.046309	1	0.8327	0.003785	8.021	0.2271
0.07578	0.002676	0.047577	1.2010	1	0.004546	9.632	0.2728
16.667	0.5885	0.016667	264.2	219.9	1	2119	60.00
0.007866	0.0002778	0.0_57866	0.12468	0.10381	0.0004720	1	0.02832
0.2778	0.00981	0.0002778	4.403	3.666	0.016667	35.31	1

㊟ 수량 $1\,t/hr = 1\,m^3/hr$

(3) 힘 및 중량

mega dyn	Kg	Lb	poundal	중량(영) ton	중량(미) ton
1	1.0197	2.248	72.33	0.0010036	0.0011240
0.9807	1	2.205	70.93	0.0009842	0.0011023
0.4448	0.4536	1	32.17	0.0004464	0.0005000
0.013825	0.014098	0.03108	1	0.0413875	0.0415540
996.4	1016.05	2240	72070	1	1.1200
889.6	907.2	200	64348	0.8929	1

㊟ $1\,mega\ dyn = 10^6\,dyn$, $1\,Kg(중량\ kg) = 1\,kg \times g_0$, $1\,Lb\,(중량\ 1b) = 1\,lb \times g_0$
　　$1\,poundal = 1\,lb$의 물체에 $1\,ft/s^2$ 의 가속도를 준 힘

(4) 밀 도

$g/l = kg/m^3$	lb/ft^3	lb/(영) gal	lb/(미) gal
1	0.06243	0.010022	0.008345
16.018	1	0.16043	0.13358
99.78	6.229	1	0.8327
119.83	7.481	1.2010	1
1000	62.43	10.022	8.345
1186.5	74.07	11.892	9.902
1328.9	82.96	13.319	11.090
27680	1728.0	277.4	231.0

$g/cm^3 = ton/m^3$	(미)ton/yd^3	(영)ton/yd^3	lb/in^3
0.001	0.0008428	0.0007525	0.043613
0.016018	0.013500	0.012054	0.0005787
0.09978	0.08409	0.07508	0.003605
0.11983	0.10099	0.09017	0.004329
1	0.8428	0.7525	0.03613
1.1865	1	0.8929	0.04287
1.3289	1.1200	1	0.04801
27.68	23.33	20.83	1

(5) 압　력

atm	bar	kg/cm^2	Lb/in^2	Hg(0℃)		H$_2$O(15℃)	
				mm	in	m	ft
1	1.01325	1.03323	14.6960	760.00	29.921	10.3416	33.929
0.98692	1	1.01972	14.5038	750.06	29.530	10.2063	33.485
0.96785	0.98067	1	14.2235	735.57	28.959	10.0091	32.838
0.068046	0.068948	0.070307	1	51.715	2.0360	0.70370	2.3087
0.00131579	0.00133322	0.00135951	0.0193368	1	0.039370	0.0136073	0.044643
0.033421	0.033864	0.034542	0.49115	25.400	1	0.34563	1.13394
0.096782	0.098064	0.099997	1.42231	73.554	2.8958	1	3.2808
0.029499	0.029890	0.030479	0.43352	22.419	0.88265	0.30480	1

㊟ 1 bar = 10^6 dyn/cm^2, 1 psia

(6) 비　열

cal/g·℃	kcal/kg·℃	Btu/lb·℉	Chu/lb·℃	Joule/g·℃
1	1	1	1	4.186
0.2389	0.2389	0.2389	0.2389	1

(7) 일, 에너지 및 열량

cm^3·atm	Joule	VA·s	ft·Lb
1	0.101325	0.101325	0.74733
9.8692	1	1	0.73756
13.3809	1.35582	1.35582	1
41.349	4.1897	4.1897	3.0902
96.784	9.8067	9.8067	7.2330
967.87	98.069	98.069	72.332
10419.8	1055.79	1055.79	778.71

calmean	m·kg	l·kg / cm^2	B.t.u. mean
0.024184	0.0103323	0.00103320	0.000095971
0.23868	0.101972	0.0101969	0.00094780
0.32361	0.138255	0.0138251	0.00128418
1	0.42723	0.042722	0.0039710
2.34066	1	0.099997	0.0092885
23.4073	10.0003	1	0.092887
251.998	107.661	10.7658	1

㊟ • 1 erg = 1 dyn·cm = 10^{-7} Joule, 1 Watt·s = 1 Joule, 1 kW·hr = 3.6×10^6 AV·s
　　1 c.h.u. = 1.8 B.t.u.
　• 1 eV(electron−volt) = 1.6020×10^{-12} erg

(8) 동 력

kW	HP electer	HP	PS
1	1.34048	1.34102	1.35962
0.74600	1	1.00040	1.01428
0.74570	0.99960	1	1.01387
0.73550	0.98592	0.98632	1
0.0175965	0.023588	0.023597	0.023925
0.0098067	0.0131457	0.0131509	0.0133333
0.0041897	0.0056162	0.0056185	0.0056964
0.00135582	0.00181745	0.00181818	0.00184340

B.t.u./min	Kg·m/s	cal/s	ft·Lb/s
56.868	101.972	238.92	737.56
42.424	76.071	178.234	550.22
42.406	76.040	178.163	550.00
41.826	75.000	175.726	542.48
1	1.79435	4.2042	12.9785
0.55769	1	2.34302	7.2330
0.238260	0.42723	1	3.0902
0.077103	0.138255	0.32393	1

(9) 점성계수

kg/m·hr	centi poise	poise	kg/m·s
1	0.2778	0.002778	0.0002778
3.600	1	0.01	0.001
360	100	1	0.1
3600	1000	10	1
5357	1488.1	14.881	1.4881
35304	9806.65	98.0665	9.80665
172368	47880	478.80	47.880
353039	98066.5	980.665	98.0665

lb/ft·s	Kg·s/m^2	Lb·s/ft^2	G·s/cm^2
0.00018667			
0.0006720	0.00010197		
0.06720	0.010197	0.0020886	0.0010197
1	0.10197	0.020886	0.010197
6.5898	0.15175	0.031081	0.015175
32.174	1	0.20482	0.1
65.898	4.8824	1	0.48824
	10	2.0482	1

㈜ 1 poise = 1 g/cm·s,　Kg = 重量 kg,　Lb = 重量 lb,　G = 重量 g

(10) 동점도, 온도전도도, 확산상수

cm^2/s	m^2/hr	ft^2/hr	in^2/s
1	0.3600	3.875	0.15500
2.778	1	10.764	0.4306
0.2581	0.09290	1	0.0400
6.452	2.323	25.00	1

주 $1 \text{ stokes} = 1 \text{ cm}^2/s$

(11) 전열계수

$cal/cm^2 \cdot s \cdot ℃$	$Btu/ft^2 \cdot hr \cdot °F$	$kcal/m^2 \cdot hr \cdot ℃$
1	7374	36000
0.00013562	1	4.882
0.00002778	0.2048	1

(12) 발열량

cal/g	kcal/kg	Chu/lb	Btu/lb
1	1	1	1.8
0.5555	0.5555	0.5555	1

(13) 열유량

$cal/s \cdot cm^2$	$Watt/cm^2$	$cal/hr \cdot cm^2$	$Btu/hr \cdot ft^2$	$kcal/hr \cdot m^2$
1	4.1858	3600	13272	36000
0.2391	1	860.6	3173	8606
0.0002778	0.0011625	1	3.687	10
0.00007535	0.0003152	0.2712	1	2.712
0.00002778	0.00011625	0.1	0.3687	1

(14) 열전도율

$cal/s \cdot cm \cdot ℃$	$Joule/s \cdot cm \cdot ℃$	$Watt/cm \cdot ℃$	$Btu/hr \cdot ft \cdot °F$	$kcal/hr \cdot m \cdot ℃$
1	4.1858	4.1858	241.9	360
0.2389	1	1	57.79	86.00
0.004134	0.017300	0.017300	1	1.4881
0.002778	0.011625	0.011625	0.6720	1

3. 화학 원소명

원자 번호	원소 기호	국어명	영어명	원자 번호	원소 기호	국어명	영어명
1	H	수소	Hydrogen	33	As	비소	Arsenic
1	D	중수소	Deuterium	34	Se	셀렌	Selenium
1	T	삼중수소	Tritium	35	Br	브롬	Bromine
2	He	헬륨	Helium	36	Kr	크립톤	Krypton
3	Li	리튬	Lithium	37	Rb	루비듐	Rubidium
4	Be	베릴륨	Beryllium	38	Sr	스트론튬	Strontium
5	B	붕소	Boron	39	Y	이트륨	Yttrium
6	C	탄소	Carbon	40	Zr	지르코늄	Zirconium
7	N	질소	Nitrogen	41	Nb	니오브	Niobium
8	O	산소	Oxygen	42	Mo	몰리브덴	Molybdenum
9	F	플루오르	Fluorine	43	Tc	테크네튬	Technetium
10	Ne	네온	Neon	44	Ru	루테늄	Ruthenium
11	Na	나트륨	Sodium	45	Rh	로듐	Rhodium
12	Mg	마그네슘	Magnesium	46	Pd	팔라듐	Palladium
13	Al	알루미늄	Aluminium	47	Ag	은	Silver
14	Si	규소	Silicon	48	Cd	카드뮴	Cadmium
15	P	인	Phosphorus	49	In	인듐	Indium
16	S	황	Sulfur	50	Sn	주석	Tin
17	Cl	염소	Chlorine	51	Sb	안티몬	Antimony
18	Ar	아르곤	Argon	52	Te	텔루르	Tellurium
19	K	칼륨	Potassium	53	I	요오드	Iodine
20	Ca	칼슘	Calcium	54	Xe	크세논	Xenon
21	Sc	스칸듐	Scandium	55	Cs	세슘	Cesium
22	Ti	티탄	Titanium	56	Ba	바륨	Barium
23	V	바나듐	Vanadium	57	La	란탄	Lanthanum
24	Cr	크롬	Chromium	58	Ce	세륨	Cerium
25	Mn	망간	Manganese	59	Pr	프라세오디뮴	Praseodymium
26	Fe	철	Iron	60	Nd	네오디뮴	Neodymium
27	Co	코발트	Cobalt	61	Pm	프로메튬	Promethium
28	Ni	니켈	Nickel	62	Sm	사마륨	Samarium
29	Cu	구리	Copper	63	Eu	유로퓸	Europium
30	Zn	아연	Zinc	64	Gd	가돌리늄	Gadolinium
31	Ga	갈륨	Gallium	65	Tb	테르븀	Terbium
32	Ge	게르마늄	Germanium	66	Dy	디스프로슘	Dysprosium

원자 번호	원소 기호	국어명	영어명	원자 번호	원소 기호	국어명	영어명
67	Ho	홀뮴	Holmium	86	Rn	라돈	Radon
68	Er	에르븀	Erbium	87	Fr	프랑슘	Francium
69	Tm	툴륨	Thulium	88	Ra	라듐	Radium
70	Yb	이테르븀	Ytterbium	89	Ac	악티늄	Actinium
71	Lu	루테튬	Lutetium	90	Th	토륨	Thorium
72	Hf	하프늄	Hafnium	91	Pa	프로트악티늄	Protactinium
73	Ta	탄탈	Tantalum	92	U	우라늄	Uranium
74	W	텅스텐	Tungsten	93	Np	넵투늄	Neptunium
75	Re	레늄	Rhenium	94	Pu	플루토늄	Plutonium
76	Os	오스뮴	Osmium	95	Am	아메리슘	Americium
77	Ir	이리듐	Iridium	96	Cm	퀴륨	Curium
78	Pt	백금	Platinum	97	Bk	버클륨	Berkelium
79	Au	금	Gold	98	Cf	칼리포르늄	Californium
80	Hg	수은	Mercury	99	Es	아인시타인늄	Einsteinium
81	Tl	탈륨	Thallium	100	Fm	페르뮴	Fermium
82	Pb	납	Lead	101	Md	멘델레븀	Mendelevium
83	Bi	비스무트	Bismuth	102	No	노벨륨	Nobelium
84	Po	폴로늄	Polonium	103	Lr	로렌슘	Lawrencium
85	At	아스타틴	Astatine				

4. 수에 대한 실용 접두어

(1) 화학명을 쓸 때의 수사 접두어

수	호	칭	수	호	칭
1	모노(유니)	mono-(uni-)	12	도데카	dodeca-
2	디(비)	di-(bi-), bis- *	13	트리데카	trideca-
3	트리(테르)	tri-(ter-), tris- *	14	테트라데카	tetradeca-
4	테트라(쿼터)	tetra-(quater-)	15	펜타데카	pentadeca-
5	펜타(퀸퀴)	penta-(quinque-)	16	헥사데카	hexadeca-
6	헥사(섹시)	hexa-(sexi-)	17	헵타데카	heptadeca-
7	헵타(셉티)	hepta-(septi-)	18	옥타데카	octadeca-
8	옥타(옥티)	octa-(octi-)	19	노나데카	nonadeca-
9	엔네아 　　(노나, 노비)	ennea- 　　(nona-, novi-)	20	에이코사	eicosa-
			21	헨에이코사	heneicosa-
10	데카(데시)	deca-(deci-)	22	도코사	docosa-
11	헨데카(운데카)	hendeca-(undeca-)	23	트리코사	tricosa-

수	호	칭	수	호	칭
24	테트라코사	tetracosa-	40	테트라콘타	tetraconta-
25	펜타코사	pentacosa-	41	헨테트라콘타	hentetraconta-
26	헥사코사	hexacosa-	42	도테트라콘타	dotetraconta-
27	헵타코사	heptacosa-	43	트리테트라콘타	tritetraconta-
28	옥타코사	octacosa-	44	테트라테트라콘타	tetratetraconta-
29	노나코사	nonacosa-	45	펜타테트라콘타	pentatetraconta-
30	트리아콘타	triaconta-	46	헥사테트라콘타	hexatetraconta-
31	헨트리아콘타	hentriaconta-	47	헵타테트라콘타	heptatetraconta-
32	도트리아콘타	dotriaconta-	48	옥타테트라콘타	octatetraconta-
33	트리트리아콘타	tritriaconta-	49	노나테트라콘타	nonatetraconta-
34	테트라트리아콘타	tetratriaconta-	50	펜타콘타	pentaconta-
35	펜타트리아콘타	pentatriaconta-	60	헥사콘타	hexaconta-
36	헥사트리아콘타	hexatriaconta-	100	헥타	hecta-
37	헵타트리아콘타	heptatriaconta-	$\frac{1}{2}$	헤미(세미)	hemi-(semi-)
38	옥타트리아콘타	octatriaconta-			
39	노나트리아콘타	nonatriaconta-	$\frac{3}{2}$	(세스퀴)	(sesqui-)

㈜ ( ) 안은 라틴어에서 유래한 것이다. * 표시는 뒤에 복잡한 기명 등이 이어 나올 때 쓰는 접두어. 4개 이상의 경우에는 해당하는 수사 접두어 다음에 kis를 붙인다(㈎ : tetrakis). 무기화합물에서는 모노에서 도데카까지 사용하고, 13 이상은 아라비아 숫자를 이용한다. 헤미와 세스퀴는 가급적 피하는 것이 좋다.

(2) 수의 자릿수를 나타내는 호칭

배 수	호	칭	기 호	비	고
10^{-12}	피코 $\left(\begin{smallmatrix}\text{마이크로}\\\text{마이크로}\end{smallmatrix}\right)$	pico-	p ($\mu\mu$)		
10^{-9}	나노	nano-	n		미(微)
10^{-6}	마이크로	micro-	μ		홀(忽)
10^{-5}	센티밀리	centi-milli-	cm		사(絲)
10^{-4}	데시밀리	deci-milli-	dm		모(毛)
10^{-3}	밀리	milli-	m		리(里)
10^{-2}	센티	centi-	c		분(分)
10^{-1}	데시	deci-	d	one	(1)
1	모노	mono-		ten	(10)
10	데카	deca-	D 또는 da	hundred	(100)
10^{2}	헥토	hecto-	h	thousand	(1000)
10^{3}	킬로	kilo-	k	ten-thousand	(10000)
10^{4}	미리아	myria-	ma	hundred-thousand	(10만)
10^{5}	헥토킬로	hecto-kilo-	hk	million	(100만)
10^{6}	메가	mega-	M	billion	(10억)
10^{9}	기가	giga-	G	trillion	(1조)
10^{12}	테라	tera-	T		

5. 중요 물리 상수

물 리 량	기 호	상 수 값
만유 인력의 상수	G	$6.672\,59 \times 10^{-11}\ \mathrm{N \cdot m^2 \cdot kg^{-2}}$
중력 가속도	g	$9.806\,65\ \mathrm{m \cdot s^{-2}}$
열의 일 (해) 당량	J	$4.185\,5\ \mathrm{J/cal_{15}}$
보편 기체 상수	R	$8.314\,510\ \mathrm{J \cdot mol^{-1} \cdot K^{-1}}$
아보가드로수	N_A	$6.022\,136\,7 \times 10^{23}\ \mathrm{mol^{-1}}$
볼츠만 상수	k	$1.380\,658 \times 10^{-23}\ \mathrm{J \cdot K^{-1}}$
광속 (진공에서)	c	$2.997\,924\,58 \times 10^{8}\ \mathrm{m \cdot s^{-1}}$
진공 유전율	ϵ_o	$8.854\,187\,817 \times 10^{-12}\ \mathrm{Fm^{-1}}$
진공 투자율	μ_0	$4\pi \times 10^{-7} = 1.256\,637\,06 \times 10^{-6}\ \mathrm{Hm^{-1}}$
기본 전하량/전기 소량	e	$1.602\,177\,33 \times 10^{-19}\ \mathrm{C}$
전자의 정지 질량	m_e	$9.109\,389\,7 \times 10^{-31}\ \mathrm{kg}$
전자의 비전하	$\dfrac{e}{m_e}$	$1.758\,819\,62 \times 10^{-11}\ \mathrm{C \cdot kg^{-1}}$
패러데이 상수	F	$9.648\,530\,9 \times 10^{4}\ \mathrm{C \cdot mol^{-1}}$
플랑크 상수	h	$6.626\,075\,5 \times 10^{-34}\ \mathrm{J \cdot s}$
슈테판 – 볼츠만 상수	σ	$5.670\,51 \times 10^{-8}\ \mathrm{W \cdot m^{-2} \cdot K^{-4}}$
리드베리 상수	R_∞	$1.097\,373\,153\,4 \times 10^{7}\ \mathrm{m^{-1}}$
보어 반지름	$a_o,\ r_B$	$5.291\,772\,49 \times 10^{-11}\ \mathrm{m}$
원자 질량 단위	u	$1.660\,540\,2 \times 10^{-27}\ \mathrm{kg}$
양성자의 정지 질량	m_p	$1.672\,623\,1 \times 10^{-27}\ \mathrm{kg}$
중성자의 정지 질량	m_n	$1.674\,928\,6 \times 10^{-27}\ \mathrm{kg}$

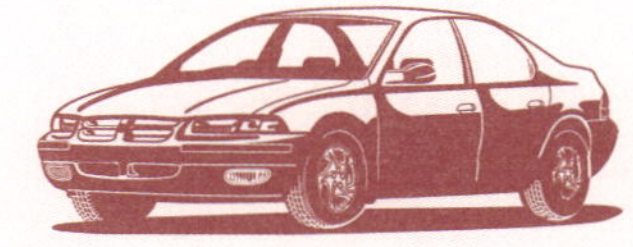

찾아보기

B

C

D

F

I

J

K

L

M

O

Q

R

S

T

U

숫자·기호